해커스
산업안전
산업기사 필기
한권완성 이론

이성찬

약력

인하대학교 대학원 기계공학과 졸업
현 | 해커스자격증 산업안전기사 강의
현 | 해커스자격증 산업안전산업기사 강의
현 | 산업안전기사, 건설안전기사, 기계기사, 가스기사,
    기계안전기술사, 건설기계기술사, 국제기술사,
    산업안전지도사
현 | 한국안전교육강사협회 전문위원
전 | 숭실사이버대학교 산업안전공학과 교수
전 | 한국산업안전보건공단 근무
전 | 중앙공과기술학원 산업안전기사 강의

저서

- 해커스 산업안전기사 필기 한권완성 이론 + 최신기출 + 핵심노트
- 해커스 산업안전산업기사 필기 한권완성 이론 + 최신기출 + 핵심노트
- 해커스 산업안전기사 실기 필수이론 + 최신 기출문제
- 해커스 산업안전산업기사 실기 필수이론 + 최신 기출문제

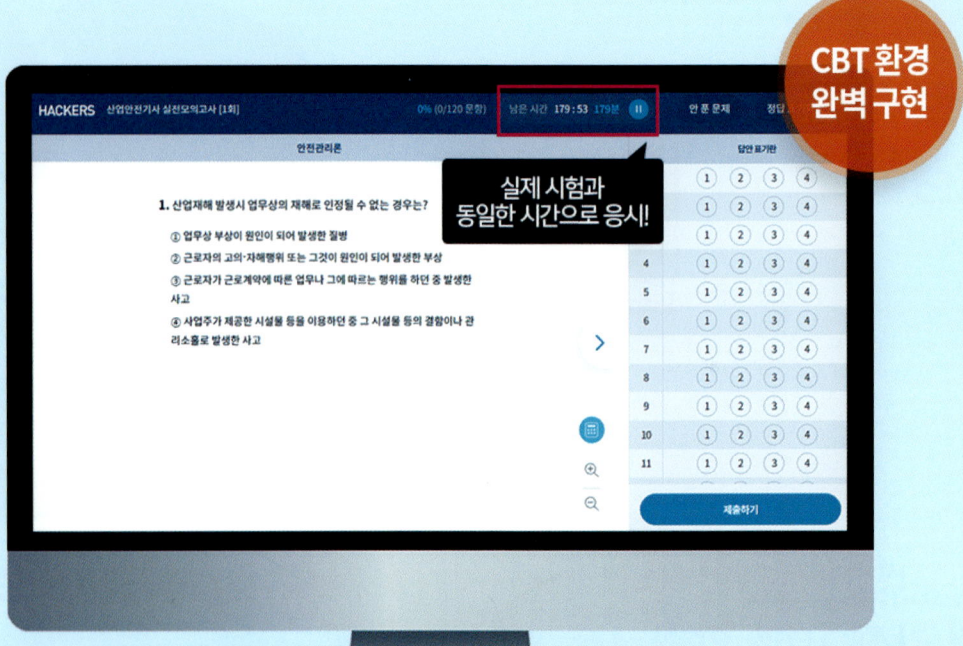

서문

'산업안전산업기사' 어떻게 공부해야 할까?

산업안전산업기사 공부는 학습해야 할 양이 적지 않아 시작 전 '과연 내가 이 많은 양의 공부를 해낼 수 있을까?' 하는 막연한 두려움에 빠질 수 있습니다. 하지만 우리의 목표는 학문으로서의 연구가 아닌 산업안전산업기사 자격증 시험의 합격이므로 시험 범위 내의 모든 이론을 완벽히 학습할 필요는 없습니다.
즉, 우리가 가져야 할 것은 오랜 시간 축적되어 온 학문으로서의 자부심이 아닌 시험에 합격할 수 있는 자신감일 것입니다.

산업안전산업기사 시험만을 위한 학습의 자신감을 채우고, 합격으로 가는 가장 빠른 지름길이 되고자 『해커스 산업안전산업기사 필기 한권완성 이론 + 최신기출 + 핵심노트』을 집필하였습니다.

『해커스 산업안전산업기사 필기 한권완성 이론 + 최신기출 + 핵심노트』은 다음과 같은 특징으로 구성되어 있습니다.

첫째, 학습하는 과정에서 자연스럽게 시험 합격의 실력을 갖출 수 있도록 체계적으로 구성하였습니다.
- '필수이론 → 적중문제 → 최신 기출문제'의 유기적인 3단계 학습으로 기본 개념부터 실전 대비까지 빠르게 완성할 수 있습니다.
- 교재만으로 혼자서도 효과적인 기출문제의 다회독 학습이 가능합니다.

둘째, 교재 전체 영역에 최신의 내용이 반영되어 있으므로 교재 외 다른 자료는 필요하지 않습니다.
- 한국산업인력공단의 출제기준을 모두 빠짐없이 반영하였습니다.
- 개정 법령과 세부 규정을 모두 최신 개정된 내용까지 반영하여 수록하였습니다.

부디 『해커스 산업안전산업기사 필기 한권완성 이론 + 최신기출 + 핵심노트』 교재가 시험 학습의 훌륭한 길잡이가 되어 함께 하는 모든 분들이 합격의 기쁨을 누리시기를 기원합니다.

이성찬

목차

책의 구성 및 특징 6 / 산업안전산업기사 시험 정보 8 / 출제기준 12 / 학습플랜 16

PART 1 산업재해예방 및 안전보건교육

CHAPTER 1	산업재해예방계획 수립	20
CHAPTER 2	안전보호구 관리	58
CHAPTER 3	산업안전심리	77
CHAPTER 4	인간의 행동과학	88
CHAPTER 5	안전보건교육의 내용 및 방법 Ⅰ	118
CHAPTER 6	안전보건교육의 내용 및 방법 Ⅱ	136
CHAPTER 7	산업안전관계법규	157

PART 2 인간공학 및 위험성 평가·관리

CHAPTER 1	안전과 인간공학	170
CHAPTER 2	표시장치 및 제어장치	181
CHAPTER 3	인체계측 및 근골격계질환예방 관리	202
CHAPTER 4	작업환경관리 및 유해요인관리	233
CHAPTER 5	시스템 위험성 추정 및 결정	256
CHAPTER 6	결함수분석	279
CHAPTER 7	위험성 파악·결정 및 감소대책 수립·실행	292
CHAPTER 8	신뢰도 계산	307

PART 3 기계·기구 및 설비 안전관리

CHAPTER 1	기계공정의 안전 및 기계안전시설관리	312
CHAPTER 2	기계분야 산업재해조사 및 관리	337
CHAPTER 3	기계설비 위험요인 분석 Ⅰ(공작기계)	359
CHAPTER 4	기계설비 위험요인 분석 Ⅱ (프레스 및 전단기)	377
CHAPTER 5	기계설비 위험요인 분석 Ⅲ (산업용 기계기구)	394
CHAPTER 6	기계설비 위험요인 분석 Ⅳ (운반기계 및 양중기)	422

PART 4 전기 및 화학설비 안전관리

CHAPTER 1	전기안전관리 업무수행	444
CHAPTER 2	감전재해 및 방지대책	464
CHAPTER 3	전기설비 위험요인관리	489
CHAPTER 4	정전기 장·재해관리	519
CHAPTER 5	전기방폭관리	540
CHAPTER 6	화학물질 안전관리 실행	564
CHAPTER 7	화공안전 비상조치계획·대응 및 화공안전 운전·점검	588
CHAPTER 8	화재·폭발 검토	597
CHAPTER 9	화학물질 취급설비 개념 확인	611
CHAPTER 10	소화원리 이해	636

PART 5 건설공사 안전관리

CHAPTER 1	건설현장 유해·위험요인관리 및 안전점검	660
CHAPTER 2	건설공구 및 장비 안전수칙	680
CHAPTER 3	공사 및 작업종류별 안전 Ⅰ (양중 및 해체공사)	689
CHAPTER 4	건설현장 안전시설관리	706
CHAPTER 5	비계·거푸집 가시설 위험방지	739
CHAPTER 6	공사 및 작업종류별 안전 Ⅱ (콘크리트 및 PC공사)	770
CHAPTER 7	공사 및 작업종류별 안전 Ⅲ (운반 및 하역작업)	797

최신기출

2025년
2025년 제3회(CBT)
2025년 제2회(CBT)
2025년 제1회(CBT)

2024년
2024년 제3회(CBT)
2024년 제2회(CBT)
2024년 제1회(CBT)

2023년
2023년 제3회(CBT)
2023년 제2회(CBT)
2023년 제1회(CBT)

2022년
2022년 제3회(CBT)
2022년 제2회(CBT)
2022년 제1회(CBT)

2021년
2021년 제3회(CBT)
2021년 제2회(CBT)
2021년 제1회(CBT)

2020년
2020년 제4회(CBT)
2020년 제3회
2020년 제1·2회

2019년
2019년 제3회
2019년 제2회
2019년 제1회

책의 구성 및 특징

기본이론

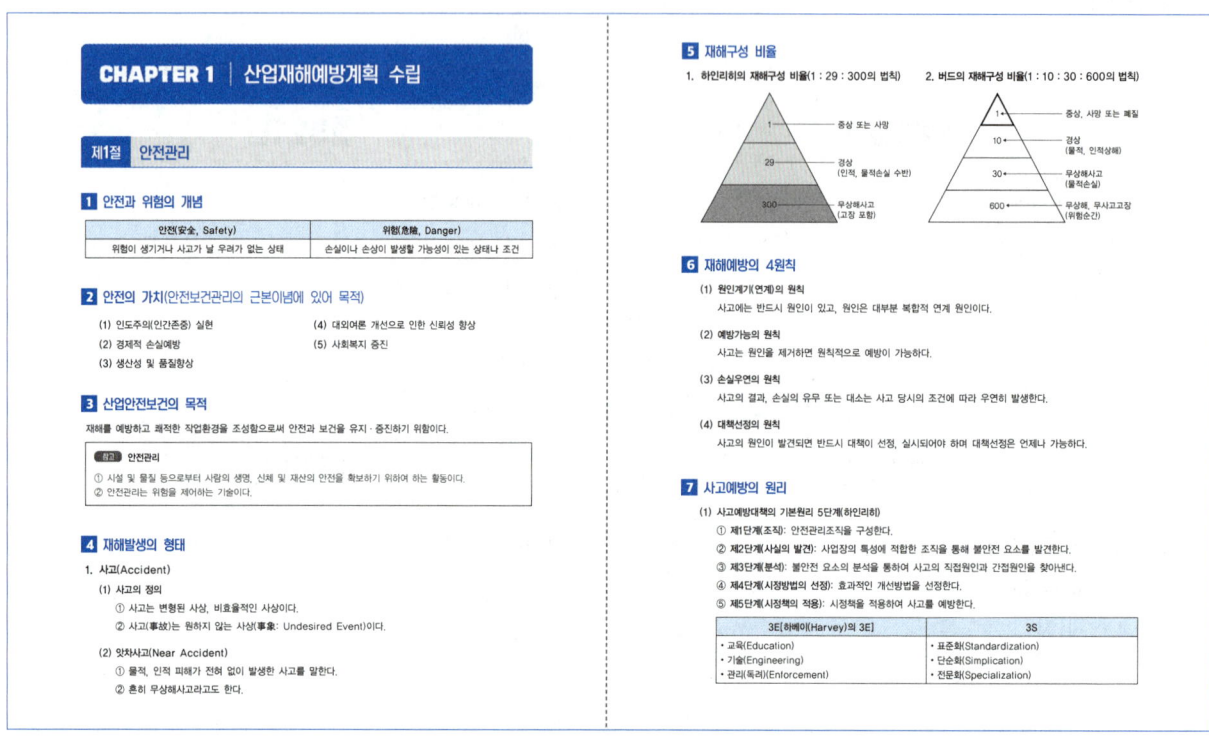

▣ 시험만을 위한 필수이론 학습하기
실전에 필요한 이론을 체계적으로 정리하여 산업안전의 내용 중 자격증 시험에 나오는 이론만을 효과적으로 학습할 수 있습니다.

▣ 최신 출제 기준 및 개정 법령이 반영된 이론 확인하기
1. 한국산업인력공단(Q-net)에 공시된 출제 기준을 교재 내 전체적으로 반영하여 정확한 내용을 효과적으로 학습할 수 있습니다.
2. 산업안전 관련법령(법률·시행령·시행규칙)과 관련 기준을 최신 개정된 내용까지 모두 반영·수록하였으므로 학습 과정에서 최신의 내용을 학습할 수 있습니다.

▣ 학습장치를 활용하여 이론 완성하기
1. **참고**: 더 알아두면 학습에 도움이 되는 내용을 '참고'에 담아 수록하였습니다. 이를 통해 이론 학습을 보충하고, 심화 내용까지 학습할 수 있습니다.
2. **그림자료**: 내용의 이해를 돕기 위해 다양한 그림자료를 내용과 함께 수록하였습니다. 이를 통해 복잡하고 어려운 이론 내용을 쉽고 빠르게 이해하고 학습할 수 있습니다.

적중문제

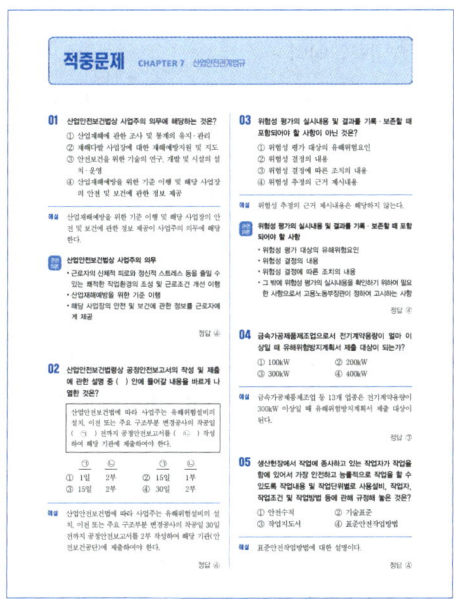

1. 기출문제를 분석하여 도출한 출제 경향을 바탕으로 자주 출제되었거나 출제가 예상되는 내용만을 지문으로 모아 '적중문제'로 구성하였습니다.

2. 적중문제를 통해 자주 출제되는 중요 포인트를 파악하고 학습한 이론이 어떻게 문제화되는지 확인하며, 부족한 부분을 확실하게 정리할 수 있습니다.

기출문제

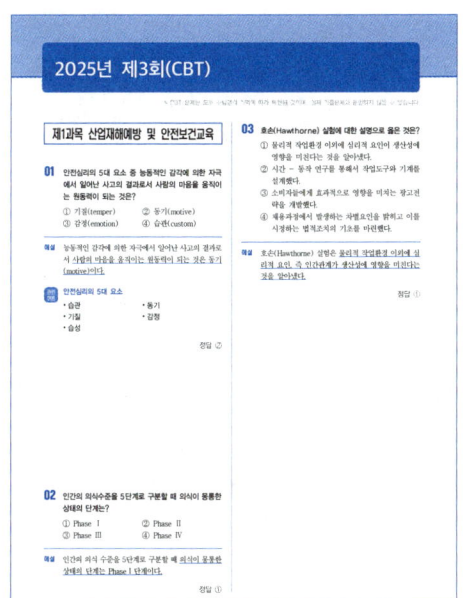

1. 2025~2019년의 7개년 기출문제를 수록하였습니다.
   ※ CBT 문제는 모두 수험생의 기억에 따라 복원된 것이며, 실제 기출문제와 동일하지 않을 수 있습니다.

2. 수록된 '모든' 문제에 상세한 해설을 수록하였습니다. 각 문제의 자세한 해설과 관련이론을 통해 문제풀이 과정에서 실전감각을 높이고, 실력을 한층 향상시킬 수 있습니다.

3. 해설을 통해 옳은 지문뿐만 아니라 옳지 않은 지문까지 내용을 확인할 수 있으므로 문제를 풀고 답을 찾아가는 과정에서 스스로 자신의 학습 수준을 점검하고 보완하여 학습 효과를 높일 수 있습니다.

산업안전산업기사 시험 정보

▣ 산업안전산업기사는 어떤 자격증인가요?

개요

1. 산업안전산업기사 취득자는 산업현장에서 근로자를 보호하고, 근로자들이 안심하고 생산성 향상에 주력할 수 있도록 작업환경을 만드는 전문지식을 가진 기술인력입니다.
2. 기계·금속·전기·화학·목재 등의 제조업이나 위험물을 다루는 산업현장에서 안전은 매우 중요한 문제이며, 산업안전산업기사는 산업현장에서 일어날 수 있는 여러 가지 안전문제에 특화된 자격증입니다.
3. 산업기사 자격증 취득을 위한 시험은 고용노동부가 주관하고, 한국산업인력공단(Q-net)에서 시행하고 있으며, 보통 1년에 3회의 시험이 실시되고 있습니다.

진로 및 전망

1. 산업재해 예방을 위해 일정 인원 이상 사업장에서는 의무적으로 안전관리자를 두게 되어 있으므로 자격증 취득 시 거의 모든 제조업체, 안전관리 대행업체, 산업안전관리 정부기관, 한국산업안전공단 등에 진출할 수 있습니다.
2. 자격증 취득 후 산업안전 관련 직무를 수행하면서 경력을 쌓아 기술사 자격을 추가로 취득하거나, 산업위생관리기사, 소방설비기사 자격 시험에 응시할 수도 있습니다. 또한, 관련 법령의 개정으로 프레스·용접기 등 기계·기구의 방호장치까지 안전인증을 취득하도록 대상이 확대됨에 따라 다양한 분야에 진출이 가능합니다.

취업 후 실무

넓은 범위의 포괄적인 사업분야에 대한 안전관리자로서 '시설물 점검과 안전사고를 예방'하는 것이 주요 업무입니다.
이러한 주요 업무에 따라 근로자의 안전교육 및 훈련을 실시하고, 산업재해 예방을 위한 계획을 수립합니다. 또한, 작업환경을 점검하고 개선시키며 사고가 발생했을 시 이를 분석하고 비슷한 사고가 재발하지 않도록 예방하기도 합니다.

우대

1. 산업현장에는 일정 수 이상의 안전관리자 채용이 의무화되어 있으며, 기업에서 안전관리자 채용 시 자격증 소지자로 응시자격을 제한하거나 자격증 소지자를 우대하고 있습니다.
2. 국가기술자격법에 의해 공공기관 및 일반기업 채용 시 보수, 승진 등에 있어 우대를 받을 수 있으며, 공무원 임용 시 3~5%의 가산점을 받을 수 있습니다.

※ 기타 국가기술자격별 활용현황 및 산업안전보건법·건설기술관리법상의 보다 자세한 우대사항 등은 한국산업인력공단 Q-net(www.Q-net.or.kr)에서 확인할 수 있습니다.

응시자격은 어떻게 되나요?

다음은 일반적인 응시자격이며, 각자의 이력에 따른 개인별 응시자격은 Q-Net에서 정확히 확인하시기 바랍니다.

자격 소지	• 기능사 이상의 취득 후 1년 이상 • 다른 종목의 산업기사 이상 자격 취득자	• 외국에서 동일 종목 자격 취득자
관련학과 졸업	• 대학의 관련학과의 졸업자(예정)자 • 관련학과의 2년제 전문대학졸업(예정)자	• 관련학과의 3년제 전문대학졸업(예정)자
기술훈련과정 이수	산업기사 수준 기술훈련과정 이수(예정)자	
경력	동일 및 유사 직무분야에서 2년 이상	

*관련학과 - 안전공학, 산업안전공학, 보건안전학, 산업안전공학 관련학과 등

검정기준·방법과 합격기준은 어떻게 되나요?

산업안전산업기사 시험은 산업기사가 되기 위한 기술이론 지식과 업무수행능력을 종합적으로 검정하며, 다음의 방법 및 기준에 따라 합격 여부를 결정합니다.

검정기준	산업안전산업기사에 대한 기술기초이론 지식 또는 숙련기능을 통해 복합적인 기초기술 및 기능업무를 수행할 수 있는지를 검정합니다.
검정방법	• 필기: 객관식 4지 택일형으로 과목당 20문제가 출제됩니다. • 실기: 복합형(필답형 + 작업형)으로 출제됩니다.
합격기준	• 필기: 과목당 40점 이상, 전과목 평균 60점 이상을 받으면 합격입니다(100점 만점 기준). • 실기: 60점 이상을 받으면 합격입니다(100점 만점 기준).

최근 5년간 응시자 수와 합격률은 어떻게 되나요?

구분		2021	2022	2023	2024	2025
필기	응시자	25,952	29,934	38,901	39,987	26,178
	합격자	12,497	13,490	17,308	16,137	10,698
	합격률	48.2%	45.1%	44.5%	40.4%	40.9%
실기	응시자	17,961	17,989	22,925	24,521	6,702
	합격자	7,728	7,886	10,746	10,403	3,844
	합격률	43.0%	43.8%	46.9%	42.4%	57.4%

*2025년 2회 실기, 2025년 3회 필기/실기 시험 미포함

산업안전산업기사 시험 정보

🔲 시험과목에는 무엇이 있나요?

자격증 취득을 위해서는 필기와 실기 시험을 모두 합격해야 하며, 각각의 시험 과목은 다음과 같습니다.

필기	① 산업재해예방 및 안전보건교육	산업안전의 기본이 되는 개론과목으로 산업현장에서 안전관리의 기초 내용을 다룹니다. **TIP** 전반적인 난도는 낮은 편이며, 안전관리에 대한 기본 개념과 산업안전보건법령을 위주로 학습하면 높은 점수를 받을 수 있습니다.
	② 인간공학 및 위험성 평가·관리	인간의 작업능률을 높이기 위한 시설 등의 개선과 사고예방을 위한 분석을 다룹니다. **TIP** 학습 범위가 넓고 난도가 높은 편이므로 기출문제 위주로 학습하되, 자주 출제되는 FT도, 직·병렬, 신뢰도 계산 등은 반드시 이해하는 학습이 필요합니다.
	③ 기계·기구 및 설비 안전관리	산업현장에 설치된 기계의 위험성 파악 및 사고 예방 대책을 다룹니다. **TIP** 전반적인 난도는 낮은 편이어서 전공자가 아닌 수험생도 높은 점수를 받을 수 있는 과목이며, 건설안전기술과 함께 암기 위주의 학습이 필요한 과목 중 하나입니다.
	④ 전기 및 화학설비 안전관리	• 전기관련 안전에 대한 내용과 화학설비 및 위험물에 대한 개념 및 안전에 대한 내용을 다룹니다. • 전기와 관련된 낯선 용어와 계산 문제 등으로 인해 많은 수험생들이 어려움을 느끼는 과목입니다. **TIP** 난도가 높기 때문에 전체 내용을 집중적으로 반복하는 학습이 필요합니다.
	⑤ 건설공사 안전관리	공사건설안전과 관련한 내용을 다루며, 학습 시간 대비 고득점을 받기 쉬운 과목입니다. **TIP** 건설 용어, 작업 시 주의 사항 등 암기해야 할 부분이 많아 기계위험방지기술과 함께 암기 위주의 학습이 필요한 과목 중 하나입니다.
실기	산업안전 실무	기계, 화공, 전기 및 건설안전 등의 종합적인 안전을 실무적인 차원에서 다룹니다. **TIP** 현장 중심의 안전활동 및 운영사례를 통한 실무 적용 위주의 학습이 필요합니다.

빠른 합격을 위한 TIP!

▣ 기출문제와 키워드 위주로 학습한다.

산업안전산업기사 시험은 학습의 범위가 넓은 반면, 실제 시험은 대부분 출제된 범위 내에서 다시 출제되는 경향이 있으므로 기출문제 위주로 학습의 범위를 줄여가는 것이 좋습니다.
또한, 시험에 자주 출제되는 주요 개념과 이론의 핵심 키워드를 중심으로 학습하는 것이 좋습니다.

🟦 자격증 시험 접수부터 취득까지의 절차가 어떻게 되나요?

원서접수부터 자격증 취득까지는 다음 과정에 따라 진행되며, 필기 합격부터 실기 시험까지는 4~6주 정도의 기간이 있습니다.

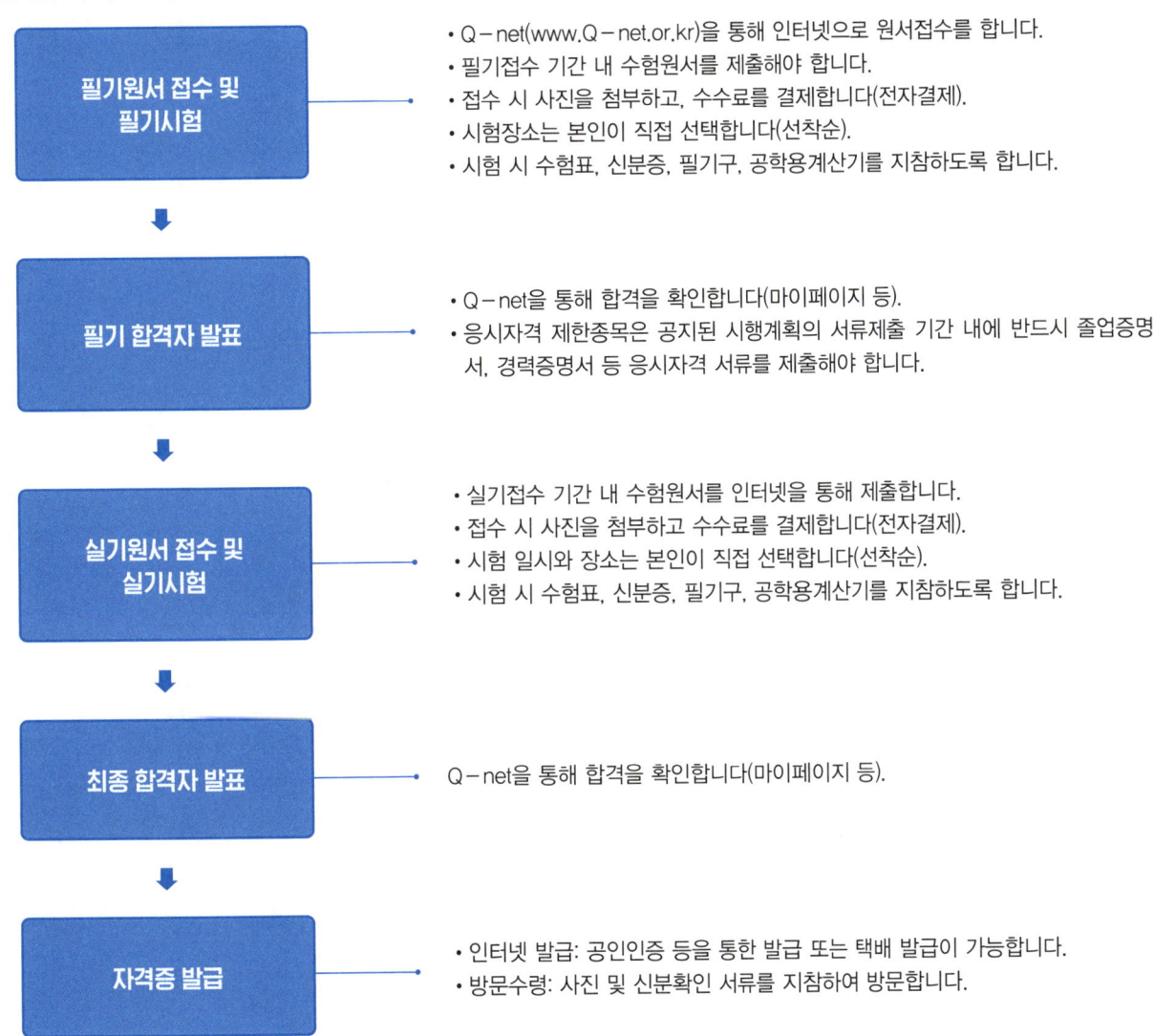

필기원서 접수 및 필기시험
- Q-net(www.Q-net.or.kr)을 통해 인터넷으로 원서접수를 합니다.
- 필기접수 기간 내 수험원서를 제출해야 합니다.
- 접수 시 사진을 첨부하고, 수수료를 결제합니다(전자결제).
- 시험장소는 본인이 직접 선택합니다(선착순).
- 시험 시 수험표, 신분증, 필기구, 공학용계산기를 지참하도록 합니다.

필기 합격자 발표
- Q-net을 통해 합격을 확인합니다(마이페이지 등).
- 응시자격 제한종목은 공지된 시행계획의 서류제출 기간 내에 반드시 졸업증명서, 경력증명서 등 응시자격 서류를 제출해야 합니다.

실기원서 접수 및 실기시험
- 실기접수 기간 내 수험원서를 인터넷을 통해 제출합니다.
- 접수 시 사진을 첨부하고 수수료를 결제합니다(전자결제).
- 시험 일시와 장소는 본인이 직접 선택합니다(선착순).
- 시험 시 수험표, 신분증, 필기구, 공학용계산기를 지참하도록 합니다.

최종 합격자 발표
- Q-net을 통해 합격을 확인합니다(마이페이지 등).

자격증 발급
- 인터넷 발급: 공인인증 등을 통한 발급 또는 택배 발급이 가능합니다.
- 방문수령: 사진 및 신분확인 서류를 지참하여 방문합니다.

▣ 과락에 주의하며, 주요 이론은 이해학습을 한다.

난도가 높은 과목은 과락(40점 미만)을 방지하기 위한 정도로 학습하고, 나머지 과목에서 고득점을 얻어 합격하는 것도 하나의 전략적 방법일 수 있습니다. 또한, 자격증을 취득하기 위해서는 필기와 실기 시험을 모두 합격해야 하므로 주요 이론은 필기 시험 대비 학습 때부터 정확하게 이해하는 학습을 하는 것이 좋습니다.

출제기준

『해커스 산업안전산업기사 필기 한권완성 이론 + 최신기출 + 핵심노트』 전체 내용은 한국산업인력공단에 공시된 산업안전기사 최신 출제기준(2025.1.1~2026.12.31)에 근거하여 제작되었습니다.

필기 과목명	문제 수	주요항목	세부항목
1과목 산업재해예방 및 안전보건교육	20문제	1. 산업재해예방 계획수립	(1) 안전관리
			(2) 안전보건관리 체제 및 운용
		2. 안전보호구 관리	(1) 보호구 및 안전장구 관리
		3. 산업안전심리	(1) 산업심리와 심리검사
			(2) 직업적성과 배치
			(3) 인간의 특성과 안전과의 관계
		4. 인간의 행동과학	(1) 조직과 인간행동
			(2) 재해 빈발성 및 행동과학
			(3) 집단관리와 리더십
			(4) 생체리듬과 피로
		5. 안전보건교육의 내용 및 방법	(1) 교육의 필요성과 목적
			(2) 교육방법
			(3) 교육실시 방법
			(4) 안전보건교육계획 수립 및 실시
			(5) 교육내용
		6. 산업안전관계법규	(1) 산업안전보건법령
2과목 인간공학 및 위험성 평가·관리	20문제	1. 안전과 인간공학	(1) 인간공학의 정의
			(2) 인간-기계체계
			(3) 체계설계와 인간요소
			(4) 인간요소와 휴먼에러
		2. 위험성 파악·결정	(1) 위험성 평가
			(2) 시스템 위험성 추정 및 결정
		3. 위험성 감소대책 수립·실행	(1) 위험성 감소대책 수립 및 실행

필기 과목명	문제 수	주요항목	세부항목
2과목 인간공학 및 위험성 평가·관리	20문제	4. 근골격계질환예방관리	(1) 근골격계 유해요인
			(2) 인간공학적 유해요인 평가
			(3) 근골격계 유해요인 관리
		5. 유해요인 관리	(1) 물리적 유해요인 관리
			(2) 화학적 유해요인 관리
			(3) 생물학적 유해요인 관리
		6. 작업환경 관리	(1) 인체계측 및 체계제어
			(2) 신체활동의 생리학적 측정법
			(3) 작업 공간 및 작업자세
			(4) 작업측정
			(5) 작업환경과 인간공학
			(6) 중량물 취급 작업
3과목 기계·기구 및 설비 안전관리	20문제	1. 기계안전시설 관리	(1) 안전시설 관리 계획하기
			(2) 안전시설 설치하기
			(3) 안전시설 유지·관리하기
		2. 기계분야산업재해 조사	(1) 재해조사
		3. 기계설비 위험요인 분석	(1) 공작기계의 안전
			(2) 프레스 및 전단기의 안전
			(3) 기타 산업용 기계 기구
			(4) 운반기계 및 양중기
		4. 기계안전점검	(1) 안전점검계획 수립
			(2) 안전점검 실행
			(3) 안전점검 평가
		5. 기계설비 유지·관리	(1) 기계설비 위험요인 대책 제시
			(2) 기계설비 유지·관리

출제기준

필기 과목명	문제 수	주요항목	세부항목
4과목 전기 및 화학설비 안전관리	20문제	1. 전기작업 안전관리	(1) 전기작업의 위험성 파악
			(2) 전기작업 안전 수행
		2. 감전재해 및 방지대책	(1) 감전재해 예방 및 조치
			(2) 감전재해의 요인
			(3) 절연용 안전장구
		3. 정전기 장·재해 관리	(1) 정전기 위험요소 파악
			(2) 정전기 위험요소 제거
		4. 전기 화재 관리	(1) 전기화재의 원인
		5. 화재·폭발 검토	(1) 화재·폭발 이론 및 발생 이해
			(2) 소화 원리 이해
			(3) 폭발방지대책 수립
		6. 화학물질 안전관리 실행	(1) 화학물질(위험물, 유해화학물질) 확인
			(2) 화학물질(위험물, 유해화학물질) 유해 위험성 확인
			(3) 화학물질 취급설비 개념 확인
		7. 화공 안전운전·점검	(1) 안전점검계획 수립
			(2) 설비 및 공정 안전
			(3) 안전점검 평가

필기 과목명	문제 수	주요항목	세부항목
5과목 건설공사 안전관리	20문제	1. 건설현장 안전점검	(1) 안전점검 계획 수립
			(2) 안전점검 고려사항
		2. 건설현장 유해·위험요인관리	(1) 건설공사 유해·위험요인확인
		3. 건설업 산업안전보건관리비 관리	(1) 건설업 산업안전보건관리비 규정
		4. 건설현장 안전시설 관리	(1) 안전시설 설치 및 관리
			(2) 건설공구 및 기계
		5. 비계·거푸집 가시설 위험방지	(1) 건설 가시설물 설치 및 관리
		6. 공사 및 작업종류별 안전	(1) 양중 및 해체 공사
			(2) 콘크리트 및 PC 공사
			(3) 운반 및 하역작업

 더 많은 내용이 알고 싶다면?

▸ 시험일정 및 자격증에 대한 더 자세한 사항은 해커스자격증(pass.Hackers.com) 또는 Q-net(www.Q-net.or.kr)에서 확인할 수 있습니다.

▸ 모바일의 경우 QR 코드로 접속이 가능합니다.

모바일 해커스자격증 (pass.Hackers.com) 바로가기 ▲

학습플랜

📅 5주 합격 학습플랜

- 이론과 기출문제를 모두 차근차근 학습하고 싶은 수험생에게 추천합니다.

	1일차 ☐	2일차 ☐	3일차 ☐	4일차 ☐	5일차 ☐	6일차 ☐	7일차 ☐
1주	PART 1	PART 1	PART 1	PART 1	PART 2	PART 2	PART 2
	CHAPTER 1~2	CHAPTER 3~4	CHAPTER 5~6	CHAPTER 7	CHAPTER 1~2	CHAPTER 3~4	CHAPTER 5~6
	8일차 ☐	**9일차** ☐	**10일차** ☐	**11일차** ☐	**12일차** ☐	**13일차** ☐	**14일차** ☐
2주	PART 2	PART 3	PART 3	PART 3	PART 4	PART 4	PART 4
	CHAPTER 7~8	CHAPTER 1~2	CHAPTER 3~4	CHAPTER 5~6	CHAPTER 1~2	CHAPTER 3~4	CHAPTER 5
	15일차 ☐	**16일차** ☐	**17일차** ☐	**18일차** ☐	**19일차** ☐	**20일차** ☐	**21일차** ☐
3주	PART 4	PART 4	PART 4	PART 5	PART 5	PART 5	PART 5
	CHAPTER 6~7	CHAPTER 8~9	CHAPTER 10	CHAPTER 1~2	CHAPTER 3~4	CHAPTER 5~6	CHAPTER 7
	22일차 ☐	**23일차** ☐	**24일차** ☐	**25일차** ☐	**26일차** ☐	**27일차** ☐	**28일차** ☐
4주	PART 1~2	PART 3~4	PART 5	최신 기출문제	최신 기출문제	최신 기출문제	최신 기출문제
	복습	복습	복습	2025년	2024년	2023년	2022년
	29일차 ☐	**30일차** ☐	**31일차** ☐	**32일차** ☐	**33일차** ☐	**34일차** ☐	**35일차** ☐
5주	최신 기출문제	최신 기출문제	최신 기출문제	최신 기출문제	최신 기출문제	최신 기출문제	최신 기출문제
	2021년	2020년	2019년	2025~2024년 복습	2023~2022년 복습	2021~2019년 복습	최종정리

📅 3주 합격 학습플랜

- 이론을 빠르게 학습하고 기출문제를 여러 번 반복학습하고 싶은 수험생에게 추천합니다.

	1일차 ☐	2일차 ☐	3일차 ☐	4일차 ☐	5일차 ☐	6일차 ☐	7일차 ☐
1주	PART 1		PART 2			PART 3	
	CHAPTER 1~4	CHAPTER 5~7	CHAPTER 1~3	CHAPTER 4~6	CHAPTER 7~8	CHAPTER 1~3	CHAPTER 4~6
	8일차 ☐	9일차 ☐	10일차 ☐	11일차 ☐	12일차 ☐	13일차 ☐	14일차 ☐
2주	PART 4				PART 5		최신 기출문제
	CHAPTER 1~3	CHAPTER 4~5	CHAPTER 6~8	CHAPTER 9~10	CHAPTER 1~4	CHAPTER 5~7	2025~2024년
	15일차 ☐	16일차 ☐	17일차 ☐	18일차 ☐	19일차 ☐	20일차 ☐	21일차 ☐
3주	최신 기출문제						
	2023~2022년	2021~2019년	2025~2024년 복습	2023~2022년 복습	2021~2019년 복습	기출문제 전체 복습	최종정리

해커스자격증
pass.Hackers.com

해커스 **산업안전산업기사 필기** 한권완성 이론 + 최신기출 + 핵심노트

PART 1
산업재해예방 및 안전보건교육

CHAPTER 1   산업재해예방계획 수립
CHAPTER 2   안전보호구 관리
CHAPTER 3   산업안전심리
CHAPTER 4   인간의 행동과학
CHAPTER 5   안전보건교육의 내용 및 방법 Ⅰ
CHAPTER 6   안전보건교육의 내용 및 방법 Ⅱ
CHAPTER 7   산업안전관계법규

CHAPTER 1 | 산업재해예방계획 수립

제1절 안전관리

1 안전과 위험의 개념

안전(安全, Safety)	위험(危險, Danger)
위험이 생기거나 사고가 날 우려가 없는 상태	손실이나 손상이 발생할 가능성이 있는 상태나 조건

2 안전의 가치(안전보건관리의 근본이념에 있어 목적)

(1) 인도주의(인간존중) 실현
(2) 경제적 손실예방
(3) 생산성 및 품질향상
(4) 대외여론 개선으로 인한 신뢰성 향상
(5) 사회복지 증진

3 산업안전보건의 목적

재해를 예방하고 쾌적한 작업환경을 조성함으로써 안전과 보건을 유지·증진하기 위함이다.

> **참고** 안전관리
> ① 시설 및 물질 등으로부터 사람의 생명, 신체 및 재산의 안전을 확보하기 위하여 하는 활동이다.
> ② 안전관리는 위험을 제어하는 기술이다.

4 재해발생의 형태

1. **사고(Accident)**

   (1) 사고의 정의
   ① 사고는 변형된 사상, 비효율적인 사상이다.
   ② 사고(事故)는 원하지 않는 사상(事象: Undesired Event)이다.

   (2) 앗차사고(Near Accident)
   ① 물적, 인적 피해가 전혀 없이 발생한 사고를 말한다.
   ② 흔히 무상해사고라고도 한다.

2. 재해(Calamity)

(1) 재해의 정의
사고의 결과로 인하여 발생한 인적, 물적 피해이다.

(2) 산업재해의 정의(산업안전보건법)
노무를 제공하는 사람이 업무에 관계되는 건설물, 설비, 원재료, 가스, 증기, 분진 등에 의하거나 작업 또는 그 밖의 업무로 인하여 사망 또는 부상하거나 질병에 걸리는 것이다.

3. 산업안전보건법상 재해 관련 사항

(1) 산업재해 발생보고 및 기록·보존
① 산업재해 발생보고(산업안전보건법 시행규칙)
  ㉠ 보고 대상: 산업재해로 사망자가 발생하거나 3일 이상의 휴업이 필요한 부상을 입거나 질병에 걸린 사람이 발생한 경우이다.
  ㉡ 보고 시기: 해당 산업재해가 발생한 날부터 1개월 이내에 산업재해조사표를 작성하여 관할 지방고용노동관서의 장에게 제출한다.
② 산업재해 발생시 기록·보존해야 할 사항(산업안전보건법 시행규칙)
  ㉠ 사업장의 개요 및 근로자의 인적사항
  ㉡ 재해 발생의 일시 및 장소
  ㉢ 재해 발생의 원인 및 과정
  ㉣ 재해재발방지계획
③ 산업재해기록의 보존기간: 3년

(2) 중대재해(산업안전보건법 시행규칙)
① 사망자가 1명 이상 발생한 재해
② 3개월 이상의 요양이 필요한 부상자가 동시에 2명 이상 발생한 재해
③ 부상자 또는 직업성 질병자가 동시에 10명 이상 발생한 재해

(3) 중대재해 발생시 사업주가 '지체 없이' 관할 지방고용노동관서의 장에게 보고할 사항(산업안전보건법 시행규칙)
① 발생 개요 및 피해 상황
② 조치 및 전망
③ 그 밖의 중요한 사항

(4) 고용노동부장관의 산업재해 발생건수 공표 대상 사업장(산업안전보건법 시행령)
① 산업재해로 인한 사망자가 연간 2명 이상 발생한 사업장
② 사망만인율이 규모별 같은 업종의 평균 사망만인율 이상인 사업장
③ 산업재해 발생 사실을 은폐한 사업장
④ 산업재해의 발생에 관한 보고를 최근 3년 이내 2회 이상 하지 않은 사업장
⑤ 중대산업사고가 발생한 사업장

4. 재해의 분류

(1) 상해정도별 분류[국제노동기구(ILO) 기준]
① **사망**: 사고로 죽거나 사고시 입은 부상의 결과로 일정기간 이내에 생명을 잃는 것
② **영구전노동불능상해**: 부상의 결과로 근로기능을 완전히 영구적으로 잃게 되는 상해(신체장해등급 1~3급)
③ **영구일부노동불능상해**: 부상의 결과로 신체의 일부가 영구적으로 근로기능을 상실한 상해(신체장해등급 4~14급)
④ **일시전노동불능상해**: 의사의 진단으로 일정기간 정규노동에 종사할 수 없는 상해
  ▶ 근로손실일수 = 휴업일수 × 300/365
⑤ **일시일부노동불능상해**: 의사의 진단으로 일정기간 정규노동에는 종사할 수 없으나 휴무 상태가 아닌 일시 가벼운 노동에 종사할 수 있는 상해
⑥ **응급조치(구급조치)상해**: 응급처치 또는 의료조치를 받아 부상한 다음 날 정상작업에 임할 수 있는 상해

(2) 재해발생형태별 분류

분류 항목	세부 항목
전도(넘어짐)	사람이 평면상으로 넘어진 경우(과속, 미끄러짐 포함)
협착(끼임, 말림)	물건에 끼워진 상태, 말려든 상태
추락(떨어짐)	사람이 건축물·비계·기계·사다리·계단·경사면·나무 등에서 떨어지는 것
낙하·비래(맞음·날아옴)	물건이 주체가 되어 사람이 맞는 경우
충돌(부딪힘)	사람이 정지물에 부딪친 경우
붕괴, 도괴(무너짐)	적재물, 비계, 건축물이 무너진 경우
감전	전기접촉이나 방전에 의해 사람이 충격을 받은 경우
폭발	압력의 급격한 발생 또는 개방으로 폭음을 수반한 팽창이 일어난 경우
화재	화재로 인한 경우
파열	용기 또는 장치가 물리적인 압력에 의해 파열한 경우
유해물 접촉	유해물 접촉으로 중독되거나 질식된 경우
이상온도 접촉	저온이나 고온에 접촉한 경우
무리한 동작	무거운 물건을 들다 허리를 삐거나 부자연스러운 자세 또는 동작의 반동으로 상해를 입은 경우
기타	분류 불능에 해당하는 경우

(3) 상해종류별 분류

분류 항목	세부 항목
절단	신체부위가 절단된 상해
골절	뼈가 부러진 상해
자상(찔림)	칼날 등 날카로운 물건에 찔린 상해
창상(베임)	창, 칼 등에 베인 상해

좌상(타박상)	타박, 충돌, 추락 등으로 피부표면보다는 피하조직 또는 근육부를 다친 상해
찰과상	스치거나 문질러서 벗겨진 상해
부종	국부의 혈액순환 이상으로 몸이 부어오르는 상해
동상	저온물 접촉으로 생긴 상해
중독·질식	음식, 약물, 가스 등에 의해 중독되거나 질식된 상해
익사	물속으로 추락하여 익사한 상해
화상	화재 또는 고온물 접촉으로 인한 상해
뇌진탕	머리를 세게 맞았을 때 장해로 일어난 상해
시력장해	시력이 감퇴 또는 실명된 상해
청력장해	청력이 감퇴 또는 난청된 상해
피부병	작업과 연관되어 발생 또는 악화되는 피부질환
기타	분류 불능에 해당되는 상해

5. 재해의 직접원인

불안전한 행동(인적원인)	불안전한 상태(물적원인)
• 기계기구의 잘못 사용 • 복장, 보호구의 잘못 사용 • 안전장치의 기능 제거 • 운전 중인 기계장치의 손질 • 위험장소 접근 • 불안전한 자세동작 • 불안전한 상태 방치 • 불안전한 속도조작 • 위험물 취급 부주의 • 감독 및 연락 불충분	• 물(物) 자체의 결함 • 복장, 보호구의 결함 • 안전방호장치의 결함 • 물의 배치 및 작업장소의 결함 • 생산공정의 결함 • 작업환경의 결함 • 경계표시 및 설비의 결함

6. 재해의 간접원인

기술적 원인(2차 원인)	교육적 원인(2차 원인)	관리적 원인(1차 원인)
• 건물·기계장치 설계불량 • 생산공정의 부적당 • 구조·재료의 부적합 • 점검 및 보전불량	• 안전수칙의 오해 • 안전지식의 부족 • 작업방법의 교육 불충분 • 유해위험작업의 교육 불충분 • 경험훈련의 미숙	• 인원배치 부적당 • 안전관리조직 결함 • 작업지시 부적당 • 작업준비 불충분 • 안전수칙 미제정

7. 재해분석

(1) 기인물

재해를 가져오게 한 근원이 되는 기계, 장치 기타 물(物) 또는 환경

(2) 가해물

직접 사람에게 접촉해서 피해를 가하는 것

(3) 재해분석 예

① 운전 중인 롤러기를 청소하던 중 걸레를 쥔 손이 롤러에 말려들어가 손에 부상을 당하였다.
- ㉠ **사고유형(재해발생형태)**: 협착(말림)
- ㉡ **기인물**: 롤러기
- ㉢ **가해물**: 롤러
- ㉣ **불안전한 행동**: 운전 중 청소
- ㉤ **불안전한 상태**: 방호장치의 결함

② 바닥에 미끄러운 기름이 흘러져 있는 통로를 작업자가 지나가다 넘어져 머리를 다쳤다.
- ㉠ **사고유형(재해발생형태)**: 전도(넘어짐)
- ㉡ **기인물**: 기름
- ㉢ **가해물**: 바닥
- ㉣ **불안전한 상태**: 바닥에 기름이 있었음(통로의 청소 불량)

③ 작업자가 벽돌을 들고 비계 위를 걷다가 벽돌을 떨어뜨려 발가락을 다쳤다.
- ㉠ **사고유형(재해발생형태)**: 낙하(맞음)
- ㉡ **기인물**: 벽돌
- ㉢ **가해물**: 벽돌

④ 2m 이상 높은 곳에서 작업 중이던 작업자가 안전대를 착용하였으나 안전대의 끈이 너무 길어 떨어지면서 바닥에 머리를 부딪혀 크게 다쳤다.
- ㉠ **사고유형(재해발생형태)**: 추락(떨어짐)
- ㉡ **기인물**: 안전대의 끈
- ㉢ **가해물**: 바닥(지면)

8. 재해의 발생형태(재해발생의 메커니즘)

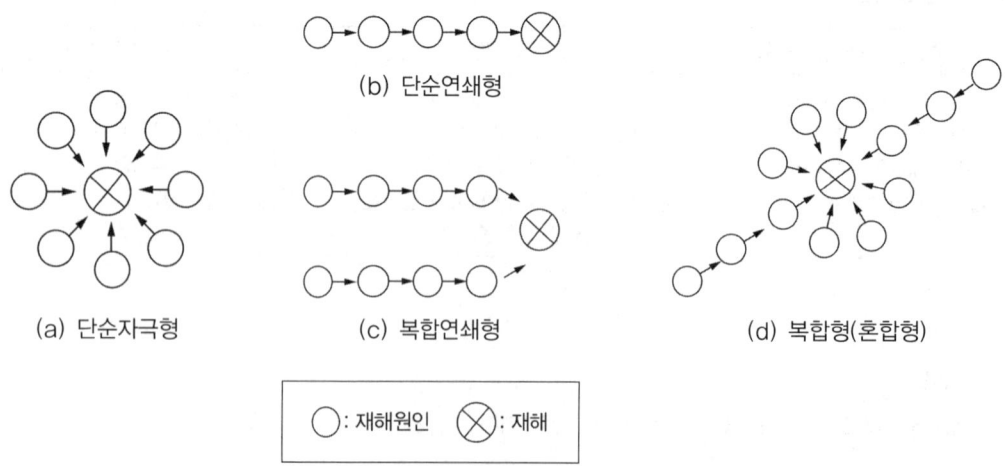

5 재해구성 비율

1. 하인리히의 재해구성 비율(1 : 29 : 300의 법칙)

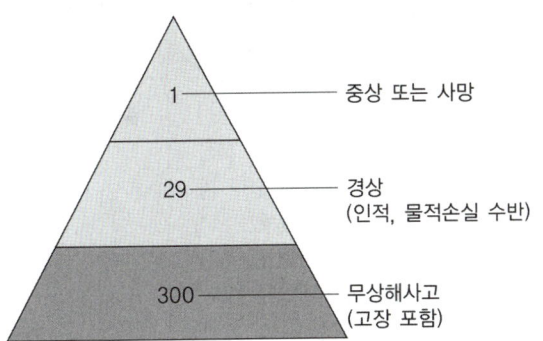

2. 버드의 재해구성 비율(1 : 10 : 30 : 600의 법칙)

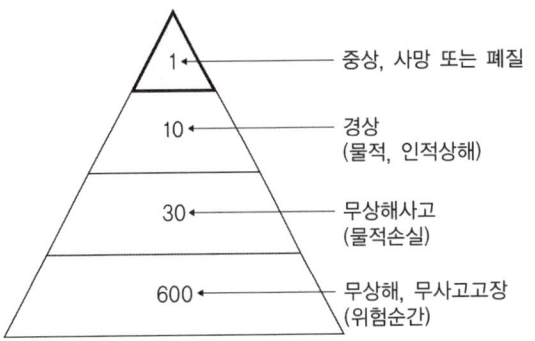

6 재해예방의 4원칙

(1) 원인계기(연계)의 원칙
　　사고에는 반드시 원인이 있고, 원인은 대부분 복합적 연계 원인이다.

(2) 예방가능의 원칙
　　사고는 원인을 제거하면 원칙적으로 예방이 가능하다.

(3) 손실우연의 원칙
　　사고의 결과, 손실의 유무 또는 대소는 사고 당시의 조건에 따라 우연히 발생한다.

(4) 대책선정의 원칙
　　사고의 원인이 발견되면 반드시 대책이 선정, 실시되어야 하며 대책선정은 언제나 가능하다.

7 사고예방의 원리

(1) 사고예방대책의 기본원리 5단계(하인리히)
　① 제1단계(조직): 안전관리조직을 구성한다.
　② 제2단계(사실의 발견): 사업장의 특성에 적합한 조직을 통해 불안전 요소를 발견한다.
　③ 제3단계(분석): 불안전 요소의 분석을 통하여 사고의 직접원인과 간접원인을 찾아낸다.
　④ 제4단계(시정방법의 선정): 효과적인 개선방법을 선정한다.
　⑤ 제5단계(시정책의 적용): 시정책을 적용하여 사고를 예방한다.

3E[하베이(Harvey)의 3E]	3S
• 교육(Education) • 기술(Engineering) • 관리(독려)(Enforcement)	• 표준화(Standardization) • 단순화(Simplification) • 전문화(Specialization)

(2) 사고예방대책의 기본원리 실시 내용

제1단계 조직	제2단계 사실의 발견	제3단계 분석	제4단계 시정방법의 선정	제5단계 시정책의 적용
• 경영자의 안전목표 설정 • 안전관리자의 선임 • 안전 라인 및 참모 조직 구성 • 안전활동 방침 및 계획 수립 • 조직을 통한 안전 활동 방향 수립	• 사고 및 안전활동 기록의 검토 • 작업분석 • 안전점검 및 검사 • 사고조사 • 안전회의 및 토의 • 근로자의 제안 및 여론조사 • 위험확인 • 자료수집	• 사고원인 및 경향 분석 • 사고기록 및 관계 자료 분석 • 인적·물적 환경조건 분석 • 작업공정 분석 • 교육훈련 및 적정 배치 분석 • 안전수칙 및 보호 장비의 적합 여부	• 기술적 개선 • 배치(인사)조정 • 교육훈련의 개선 • 안전행정의 개선 • 규칙 및 수칙 등 제도의 개선 • 안전운동의 전개 • 안전관리규정의 제정	• 기술적 대책 • 교육적 대책 • 관리적 대책

> 참고 시정책의 적용(재해예방의 4원칙 중 대책선정의 원칙을 충족하는 조건)

1. 기술적 대책	2. 교육적 대책	3. 관리적 대책
① 안전설계 ② 작업공정의 개선 ③ 안전기준의 설정 ④ 환경·설비의 개선 ⑤ 점검·보전의 확립	안전교육 및 훈련실시	① 적합한 기준 설정 ② 각종 규정 및 수칙 준수 ③ 전 종업원의 기준 이해 ④ 경영자 및 관리자의 솔선수범 ⑤ 동기부여와 사기 향상

8 안전보건관리 제(諸) 이론

(1) Webster사전에 의한 안전의 의미

안전은 상해, 손실, 위험에 노출되는 것으로 부터의 자유(自由)이다.

(2) 하인리히(Heinrich)의 안전론

안전관리는 물리적 환경과 기계 및 인간의 관계를 통제하는 기술인 동시에 과학이다.

9 안전보건 관련 용어

(1) 작업환경측정(산업안전보건법)

작업환경 실태를 파악하기 위해 해당 근로자 또는 작업장에 대하여 사업주가 측정계획을 수립한 후 시료(試料)를 채취하고 분석·평가하는 것을 말한다.

(2) 안전보건진단(산업안전보건법)

산업재해를 예방하기 위하여 잠재적 위험성을 발견하고 그 개선대책을 수립할 목적으로 조사·평가하는 것을 말한다.

10 재해발생의 연쇄이론

(1) 하인리히(Heinrich), 버드(Frank Bird)의 사고연쇄성(도미노) 5단계

하인리히(Heinrich)의 사고연쇄성 5단계	버드(Frank Bird)의 사고연쇄성 5단계
• 제1단계: 사회적 환경과 유전적 요소 • 제2단계: 개인적 결함 • 제3단계: 불안전한 행동과 불안전한 상태 • 제4단계: 사고 • 제5단계: 상해(재해)	• 제1단계: 통제의 부족(관리) • 제2단계: 기본적인 원인(기원) • 제3단계: 직접적인 원인(징후) • 제4단계: 사고(접촉) • 제5단계: 상해(손실, 손해)

> **참고** 하인리히(Heinrich)의 재해발생 이론
> • 하인리히(Heinrich)는 사고연쇄성 5단계 이론에서 사업장의 산업재해예방을 위하여 가장 효과적인 것은 제3단계인 '불안전한 행동과 불안전한 상태'를 제거하는 것이라고 주창(主唱)하였다.
> • 재해의 발생 = 설비적 결함 + 관리적 결함 + α(잠재된 위험의 상태)

(2) 아담스(Edward Adams), 자베타키스(Michael Zabetakis)의 사고연쇄성 5단계

아담스(Edward Adams)의 사고연쇄성 5단계	자베타키스(Michael Zabetakis)의 사고연쇄성 5단계
• 제1단계: 관리구조 • 제2단계: 작전적 에러(경영자, 관리자, 감독자의 잘못) • 제3단계: 전술적 에러(불안전한 행동 및 상태) • 제4단계: 사고 • 제5단계: 상해, 손해	• 제1단계: 개인적 요인 및 환경적 요인 • 제2단계: 불안전한 행동 및 상태 • 제3단계: 에너지 및 위험물의 예기치 못한 폭주(물질 에너지 기준 이탈) • 제4단계: 사고 • 제5단계: 구호(구조)

(3) 웨버(D.A. Weaver)의 사고연쇄성 5단계

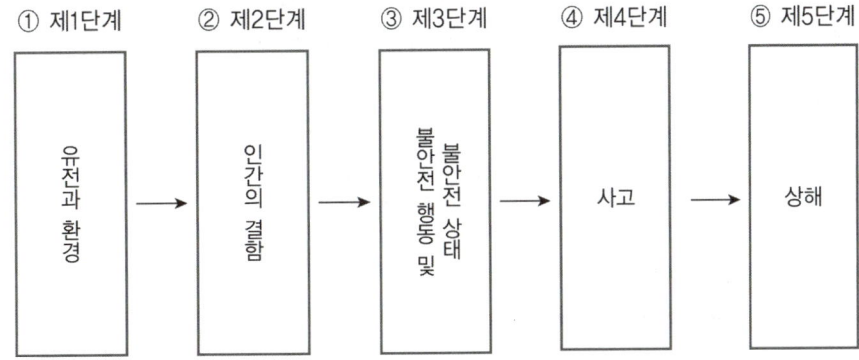

11 경제적 안전도(안전효과)

(1) 생산능률의 향상
(2) 근로자의 사기진작
(3) 대내외 여론의 신뢰성 유지·확보
(4) 손실비용 절감(사고예방을 위한 비용이 사고처리 비용보다 적게 든다)

12 제조물책임과 안전

제조물책임(Product Liability)이란 제조물의 결함(설계상, 제조상, 표시상 결함)으로 인하여 생명, 신체 또는 재산에 손해를 입은 자에게 제조업자가 그 손해를 배상하는 것이다.

13 KOSHA GUIDE(한국산업안전보건공단 안전보건기술지침)

(1) KOSHA GUIDE란?
 ① 법적 구속력은 없지만 법령에서 정한 최소한의 수준이 아니라, 좀 더 높은 수준의 안전보건 향상을 위하여 참고할 광범위한 기술적인 사항에 대하여 기술하고 있는 지침을 말한다.
 ② 사업장의 자율적 안전보건수준 향상을 지원하기 위한 안전보건기술지침이다.

(2) KOSHA GUIDE 분야별, 업종별 분류기호 구분
 ① 시료 채취 및 분석지침(A)
 ② 조선항만하역지침(B)
 ③ 건설안전지침(C)
 ④ 안전설계지침(D)
 ⑤ 전기계장일반지침(E)
 ⑥ 화재보호지침(F)
 ⑦ 안전보건일반지침(G)
 ⑧ 건강진단 및 관리지침(H)
 ⑨ 화학공업지침(K)
 ⑩ 기계일반지침(M)
 ⑪ 점검정비유지관리지침(O)
 ⑫ 공정안전지침(P)
 ⑬ 산업독성지침(T)
 ⑭ 작업환경관리지침(W)
 ⑮ 리스크관리지침(X)
 ⑯ 안전경영관리지침(Z)

(3) KOSHA GUIDE 번호 분류기호 의미

> KOSHA GUIDE
> D - 59 - 2020

 ① KOSHA GUIDE: 가이드 표시
 ② D: 분야별 또는 업종별 분류기호(안전설계지침)
 ③ 59: 공표순서
 ④ 2020: 제·개정년도

14 안전보건예산 편성 및 계상

(1) 안전보건예산 편성(중대재해처벌법 시행령 제4조)
① 다음의 사항을 이행하는데 필요한 예산을 편성하고 그 편성된 용도에 맞게 집행하도록 할 것
　㉠ 재해예방을 위해 필요한 안전보건에 관한 인력, 시설 및 장비의 구비
　㉡ 유해위험요인의 개선
　㉢ 그 밖에 안전보건관리체계 구축 등을 위해 필요한 사항으로서 고용노동부장관이 정하여 고시하는 사항

(2) 안전보건예산 실행 방법
① 기본적인 안전수칙 준수에 필요한 인력, 시설, 장비를 구비할 예산은 반드시 편성하여 실행
　㉠ 위험요인 대체·제거 및 통제를 위한 시설과 장비 확충, 위험성 평가에 따른 개선조치 등 포함
　㉡ 안전관리자, 보건관리자 등 전문인력, 타워크레인 작업시 신호수 등 포함
② 사업장마다 안전보건관리에 필요한 예산은 유해위험요인에 따라 다르므로 여건에 맞게 합리적으로 편성하여 실행
　㉠ 설비 및 시설물에 대한 안전점검 비용
　㉡ 근로자 안전보건교육 훈련 비용
　㉢ 안전관련 물품 및 보호구 등 구입 비용
　㉣ 작업환경 측정 및 특수건강검진 비용
　㉤ 안전보건진단 및 컨설팅 비용
　㉥ 위험설비 자동화 등 안전시설 개선 비용
　㉦ 작업환경 개선 및 근골격계질환예방 비용
　㉧ 안전보건 우수사례 포상 비용
　㉨ 안전보건 지원을 촉진하기 위한 캠페인 비용

제2절 안전보건관리체제 및 운용

1 안전보건관리조직 구성

1. 직계(Line)형 조직

(1) 특징

안전보건관리에 관한 계획에서부터 실시에 이르기까지 모든 안전보건업무를 생산라인을 통하여 이루어지도록 편성된 조직으로 소규모(100명 미만) 사업장에 적합하다.

(2) 장 · 단점

장점	단점
• 명령과 보고체계가 상하관계뿐이므로 간단 명료하다. • 안전보건에 관한 지시나 조치가 철저하고, 실시도 빠르다.	• 안전보건대책이 생산업무와 같이 실시되므로 불충분하고, 라인이 과중한 책임을 지기 쉽다. • 안전보건에 관한 전문지식이나 기술축적이 어렵다.

2. 참모(Staff)형 조직

  (1) 특징

  안전보건업무를 담당하는 참모(Staff)를 두고 안전보건관리에 관한 계획, 조사, 검토, 보고 등을 할 수 있도록 편성된 조직으로 중규모(100명 이상 1,000명 미만) 사업장에 적합하다.

  (2) 장 · 단점

장점	단점
• 안전보건지식 및 기술축적을 바탕으로 사업장에 알맞은 안전보건개선 대책을 수립할 수 있다. • 사업장 특성에 적합한 전문적인 기술연구를 할 수 있다.	• 생산부문은 안전보건에 대한 책임과 권한이 없다. • 안전보건에 관한 지시나 명령이 작업자까지 신속 정확하게 전달되지 않는다.

  ▶ 테일러(F.W. Tayler)의 기능형 조직(Functional Organization)에서 발전된 안전보건관리조직이다.

3. 직계 - 참모(Line - Staff)혼합형 조직

  (1) 특징

  직계형과 참모형의 장점만을 채택한 절충식 조직형태로서 안전보건업무를 전담하는 참모를 두고, 생산라인의 각 계층에도 안전보건업무를 수행하도록 편성되며, 대규모(1,000명 이상) 사업장에 적합하다.

  (2) 장 · 단점

장점	단점
• 안전보건업무와 생산업무가 균형을 유지할 수 있다. • 사업장의 전직원을 자율적으로 안전보건활동에 참여시킬 수 있다.	• 참모의 월권행위로 분쟁이 일어날 수 있다. • 안전보건에 관한 명령계통과 조언, 권고적 참여가 혼동될 우려가 있다.

> **참고** 안전보건관리조직
>
> 1. 안전보건관리조직의 목적
>   ① 조직적인 재해예방활동 추진
>   ② 책임있는 안전보건관리활동 전개
>   ③ 사업장 안전의 근원적 확보
>   ④ 조직계층간의 정보처리 및 유대강화
> 2. 안전보건관리조직 구성의 구비조건
>   ① 회사의 특성과 규모에 부합된 조직이어야 한다.
>   ② 생산라인과 밀착된 조직이어야 한다.
>   ③ 조직의 기능이 충분히 발휘될 수 있도록 제도적 체계가 잘 갖추어져야 한다.

④ 조직을 구성하는 관리자의 책임과 권한이 분명해야 한다.
3. 프로젝트(Project)식 조직의 특성
① 과제별로 조직을 구성한다.
② 플랜트, 도시개발 등 특정한 과제를 처리한다.
③ 시간적 유한성을 가진 일시적이고 잠정적인 조직이다.

2 산업안전보건위원회 운영

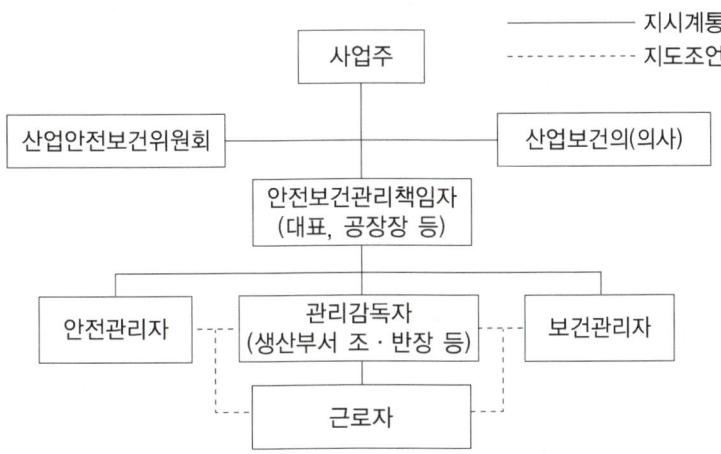

1. **안전보건관리조직 구성원의 업무**

    (1) 안전보건관리책임자의 업무(산업안전보건법)

    ① 사업장의 산업재해예방계획의 수립에 관한 사항
    ② 안전보건관리규정의 작성 및 변경에 관한 사항
    ③ 안전보건교육에 관한 사항
    ④ 작업환경측정 등 작업환경의 점검 및 개선에 관한 사항
    ⑤ 근로자의 건강진단 등 건강관리에 관한 사항
    ⑥ 산업재해의 원인조사 및 재발방지대책 수립에 관한 사항
    ⑦ 산업재해에 관한 통계의 기록 및 유지에 관한 사항
    ⑧ 안전장치 및 보호구 구입시의 적격품 여부 확인에 관한 사항
    ⑨ 그 밖에 근로자의 유해위험방지조치에 관한 사항으로서 고용노동부령으로 정하는 사항(위험성 평가의 실시에 관한 사항과 안전보건규칙에서 정하는 근로자의 위험 또는 건강장해 방지에 관한 사항)

    (2) 안전관리자의 업무(산업안전보건법 시행령)

    ① 산업안전보건위원회 또는 안전 및 보건에 관한 노사협의체에서 심의·의결한 업무와 해당 사업장의 안전보건관리규정 및 취업규칙에서 정한 업무
    ② 안전인증 대상 기계 등과 자율안전확인 대상 기계 등 구입시 적격품의 선정에 관한 보좌 및 지도·조언
    ③ 해당 사업장 안전교육계획의 수립 및 안전교육 실시에 관한 보좌 및 지도·조언

④ 사업장 순회점검, 지도 및 조치 건의
⑤ 산업재해발생의 원인 조사·분석 및 재발방지를 위한 기술적 보좌 및 지도·조언
⑥ 산업재해에 관한 통계의 유지, 관리, 분석을 위한 보좌 및 지도·조언
⑦ 법 또는 법에 따른 명령으로 정한 안전에 관한 사항의 이행에 관한 보좌 및 지도·조언
⑧ 업무수행 내용의 기록·유지
⑨ 위험성 평가에 관한 보좌 및 지도·조언
⑩ 그 밖에 안전에 관한 사항으로서 고용노동부장관이 정하는 사항

> **참고** 안전관리자의 선임·증원·교체
>
> 1. 안전관리자를 선임한 경우 증명서류 제출 시기(산업안전보건법)
>   사업주는 안전관리자를 선임한 경우 선임한 날부터 14일 이내에 고용노동부장관에게 그 사실을 증명할 수 있는 서류를 제출해야 한다.
> 2. 안전관리자 등의 증원·교체임명 명령(산업안전보건법 시행규칙)
>   지방고용노동관서의 장은 다음의 어느 하나에 해당하는 사유가 발생한 경우에는 사업주에게 안전관리자, 보건관리자 또는 안전보건관리담당자를 정수 이상으로 증원하게 하거나 교체하여 임명할 것을 명할 수 있다.
>   ① 해당 사업장의 연간재해율이 같은 업종의 평균재해율의 2배 이상인 경우
>   ② 중대재해가 연간 2건 이상 발생한 경우
>   ③ 관리자가 질병이나 그 밖의 사유로 3개월 이상 직무를 수행할 수 없게 된 경우
>   ④ 화학적 인자로 인한 직업성 질병자가 연간 3명 이상 발생한 경우

(3) 안전관리자의 선임(산업안전보건법 시행령)

전담안전관리자를 두어야 할 사업의 종류와 규모는 다음과 같다
① 상시근로자 300명 이상을 사용하는 사업장
② 건설업의 경우에는 공사금액이 120억원(토목공사업의 경우에는 150억원) 이상인 사업장

(4) 관리감독자의 업무(산업안전보건법 시행령)

① 사업장내 관리감독자가 지휘·감독하는 작업과 관련된 기계기구 또는 설비의 안전보건점검 및 이상유무의 확인
② 관리감독자에게 소속된 근로자의 작업복, 보호구 및 방호장치의 점검과 그 착용·사용에 관한 교육·지도
③ 해당 작업에서 발생한 산업재해에 관한 보고 및 이에 대한 응급조치
④ 해당 작업의 작업장 정리정돈 및 통로확보에 대한 확인·감독
⑤ 사업장의 산업보건의(醫), 안전관리자, 보건관리자, 안전보건관리담당자의 지도·조언에 대한 협조
⑥ 위험성 평가에 관한 다음의 업무
  ㉠ 유해위험요인의 파악에 대한 참여
  ㉡ 개선조치의 시행에 대한 참여
⑦ 그 밖에 해당 작업의 안전 및 보건에 관한 사항으로서 고용노동부령으로 정하는 사항

> **참고** 안전보건관리담당자

1. 안전보건관리담당자의 업무(산업안전보건법 시행령)
   ① 안전보건교육 실시에 관한 보좌 및 지도·조언
   ② 위험성 평가에 관한 보좌 및 지도·조언
   ③ 작업환경측정 및 개선에 관한 보좌 및 지도·조언
   ④ 건강진단에 관한 보좌 및 지도·조언
   ⑤ 산업재해발생의 원인조사, 산업재해통계의 기록 및 유지를 위한 보좌 및 지도·조언
   ⑥ 산업안전보건과 관련된 안전장치 및 보호구 구입시 적격품 선정에 관한 보좌 및 지도·조언

2. 안전보건관리담당자의 선임(산업안전보건법 시행령)
   다음 어느 하나에 해당하는 사업의 사업주는 상시근로자 20명 이상 50명 미만인 사업장에 안전보건관리담당자를 1명 이상 선임해야 한다.
   ① 제조업
   ② 임업
   ③ 하수, 폐수 및 분뇨처리업
   ④ 폐기물 수집, 운반, 처리 및 원료재생업
   ⑤ 환경정화 및 복원업

(5) 명예산업안전감독관의 업무(산업안전보건법 시행령)
① 사업장에서 하는 자체점검 참여 및 근로감독관이 하는 사업장 감독 참여
② 산업재해예방계획 수립 참여 및 사업장에서 하는 기계기구 자체검사 참석
③ 법령을 위반한 사실이 있는 경우 사업주에 대한 개선 요청 및 감독기관에의 신고
④ 산업재해 발생의 급박한 위험이 있는 경우 사업주에 대한 작업중지 요청
⑤ 작업환경측정, 근로자 건강진단시의 참석 및 그 결과에 대한 설명회 참여
⑥ 직업성질환의 증상이 있거나 질병에 걸린 근로자가 여러 명 발생한 경우 사업주에 대한 임시건강진단 실시 요청
⑦ 근로자에 대한 안전수칙 준수 지도
⑧ 법령 및 산업재해예방정책 개선 건의
⑨ 안전보건의식을 북돋우기 위한 활동 등에 대한 참여와 지원
⑩ 그 밖에 산업재해예방에 대한 홍보 등 산업재해예방 업무와 관련하여 고용노동부장관이 정하는 업무
▶ 명예산업안전감독관의 임기는 2년으로 하되, 연임할 수 있다.

(6) 안전보건총괄책임자
① **안전보건총괄책임자 지정 대상 사업(산업안전보건법 시행령)**
   ㉠ 관계수급인에게 고용된 근로자를 포함한 상시근로자가 100명(선박 및 보트건조업, 1차금속제조업 및 토사석광업의 경우에는 50명) 이상인 사업
   ㉡ 관계수급인의 공사금액을 포함한 해당 공사의 총공사금액이 20억원 이상인 건설업

② 안전보건총괄책임자의 업무(산업안전보건법 시행령)
　㉠ 산업재해가 발생할 급박한 위험이 있을 때 또는 중대재해가 발생하였을 때 작업의 중지
　㉡ 도급시 산업재해예방 조치
　㉢ 산업안전보건관리비의 관계수급인간의 사용에 관한 협의·조정 및 그 집행의 감독
　㉣ 안전인증 대상 기계 등과 자율안전확인 대상 기계 등의 사용여부 확인
　㉤ 위험성 평가의 실시에 관한 사항

2. 도급인의 안전조치 및 보건조치

(1) 도급에 따른 산업재해예방 조치(산업안전보건법)
　① 도급인과 수급인을 구성원으로 하는 안전 및 보건에 관한 협의체의 구성 및 운영
　② 작업장 순회점검
　③ 관계수급인이 근로자에게 하는 안전보건교육을 위한 장소 및 자료의 제공 등 지원
　④ 관계수급인이 근로자에게 하는 안전보건교육의 실시 확인
　⑤ 다음 어느 하나의 경우에 대비한 경보체계 운영과 대피방법 등 훈련
　　㉠ 작업장소에서 발파작업을 하는 경우
　　㉡ 작업장소에서 화재. 폭발, 토사·구축물 등의 붕괴 또는 지진 등이 발생한 경우
　⑥ 위생시설 등 고용노동부령으로 정하는 시설의 설치 등을 위하여 필요한 장소의 제공 또는 도급인이 설치한 위생시설 이용의 협조

(2) 협의체의 구성 및 운영(산업안전보건법 시행규칙)
　① **협의체의 구성**: 도급인 및 그의 수급인 전원으로 구성
　② **협의체의 협의사항**
　　㉠ 작업의 시작 시간
　　㉡ 작업 또는 작업장간의 연락방법
　　㉢ 재해발생 위험이 있는 경우 대피방법
　　㉣ 작업장에서의 위험성 평가의 실시에 관한 사항
　　㉤ 사업주와 수급인 또는 수급인 상호간의 연락방법 및 작업공정의 조정
　③ **협의체의 회의개최 주기**: 매월 1회 이상

(3) 작업장의 순회점검(산업안전보건법 시행규칙)
　① **다음의 사업**: 2일에 1회 이상
　　㉠ 건설업　　　　　　　　　　㉣ 서적, 잡지 및 기타 인쇄물출판업
　　㉡ 제조업　　　　　　　　　　㉤ 음악 및 기타 오디오물출판업
　　㉢ 토사석광업　　　　　　　　㉥ 금속 및 비금속원료재생업
　② **①의 ㉠~㉥ 사업을 제외한 사업**: 1주일에 1회 이상

(4) 도급사업의 합동 안전보건점검(산업안전보건법 시행규칙)
  ① 점검반 구성
    ㉠ 도급인
    ㉡ 관계수급인
    ㉢ 도급인 및 관계수급인의 근로자 각 1명
  ② 정기안전보건점검의 실시 횟수
    ㉠ 건설업, 선박 및 보트건조업: 2개월에 1회 이상
    ㉡ ㉠의 사업을 제외한 사업: 분기에 1회 이상

3. 안전 및 보건에 관한 노사협의체

(1) 노사협의체의 설치대상(산업안전보건법 시행령)

공사금액이 120억원(토목공사업은 150억원) 이상인 건설공사

▶ 노사협의체를 구성·운영하는 경우에는 산업안전보건위원회 및 안전 및 보건에 관한 협의체를 각각 구성·운영하는 것으로 본다.

(2) 노사협의체의 구성(산업안전보건법 시행령)
  ① 근로자 위원
    ㉠ 도급 또는 하도급사업을 포함한 전체 사업의 근로자 대표
    ㉡ 근로자대표가 지명하는 명예산업안전감독관 1명
    ㉢ 공사금액이 20억원 이상인 공사의 관계수급인의 각 근로자 대표
  ② 사용자 위원
    ㉠ 도급 또는 하도급사업을 포함한 전체 사업의 대표자
    ㉡ 안전관리자 1명
    ㉢ 보건관리자 1명
    ㉣ 공사금액이 20억원 이상인 공사의 관계수급인의 각 대표자

(3) 노사협의체의 운영
  ① **정기회의**: 2개월마다 노사협의체의 위원장이 소집
  ② **임시회의**: 위원장이 필요하다고 인정할 때 소집

4. 산업안전보건위원회

(1) 산업안전보건위원회 구성 대상(산업안전보건법 시행령)
  ① 상시근로자 100명 이상 사업
  ② 공사금액 120억원(토목공사업의 경우에는 150억원) 이상인 건설업

상시근로자 50명 이상 사업	상시근로자 300명 이상 사업
• 토사석광업 • 목재 및 나무제품제조업(가구는 제외) • 화학물질 및 화학제품제조업(의약품은 제외) • 비금속광물제품제조업 • 1차금속제조업 • 금속가공품제조업(기계 및 기구는 제외) • 자동차 및 트레일러제조업 • 기타 기계 및 장비제조업(사무용기계 및 장비제조업은 제외) • 기타 운송장비제조업(전투용차량제조업은 제외)	• 농업 • 어업 • 정보서비스업 • 금융 및 보험업 • 임대업(부동산 제외) • 사업지원서비스업 • 사회복지서비스업 • 전문, 과학 및 기술서비스업(연구개발업은 제외) • 소프트웨어 개발 및 공급업 • 컴퓨터프로그래밍, 시스템 통합 및 관리업

(2) 산업안전보건위원회의 구성(산업안전보건법 시행령)

① **근로자 위원**

ⓐ 근로자 대표

ⓑ 명예산업안전감독관이 위촉되어 있는 사업장의 경우 근로자대표가 지명하는 1명 이상의 명예산업안전감독관

ⓒ 근로자 대표가 지명하는 9명 이내의 해당 사업장의 근로자(명예산업안전감독관이 근로자 위원으로 지명되어 있는 경우에는 그 수를 제외한 수의 근로자)

② **사용자 위원**

ⓐ 해당 사업의 대표자

ⓑ 안전관리자(안전관리전문기관에 위탁한 사업장의 경우에는 그 전문기관의 해당 사업장 담당자) 1명

ⓒ 보건관리자(보건관리자의 업무를 보건관리전문기관에 위탁한 경우에는 그 전문기관의 해당 사업장 담당자) 1명

ⓓ 산업보건의(해당 사업장에 선임되어 있는 경우로 한정한다)

ⓔ 해당 사업의 대표자가 지명하는 9명 이내의 해당 사업장 부서의 장(다만, 상시근로자 50명 이상 100명 미만을 사용하는 사업장에서는 제외하고 구성할 수 있다)

(3) 산업안전보건위원회 심의·의결사항(산업안전보건법)

① 안전보건관리규정의 작성 및 변경에 관한 사항

② 사업장의 산업재해예방계획의 수립에 관한 사항

③ 안전보건교육에 관한 사항

④ 근로자의 건강진단 등 건강관리에 관한 사항

⑤ 작업환경측정 등 작업환경의 점검 및 개선에 관한 사항

⑥ 산업재해의 원인조사 및 재발방지대책수립에 관한 사항 중 중대재해에 관한 사항

⑦ 산업재해에 관한 통계의 기록 및 유지에 관한 사항

⑧ 유해하거나 위험한 기계·기구·설비를 도입한 경우의 안전 및 보건 관련 조치에 관한 사항

⑨ 그 밖에 해당 사업장 근로자의 안전 및 보건을 유지·증진시키기 위하여 필요한 사항

(4) 산업안전보건위원회 회의(산업안전보건법 시행령)

① 회의개최 주기

㉠ **정기회의**: 분기마다 산업안전보건위원회의 위원장이 소집

㉡ **임시회의**: 위원장이 필요하다고 인정할 때에 소집

② 회의록에 기록할 사항

㉠ 개최일시 및 장소

㉡ 출석 인원

㉢ 심의내용 및 의결·결정사항

㉣ 그 밖의 토의사항

3 안전보건관리계획

1. 안전보건관리계획 수립시 유의하여야 할 사항

(1) 직장단위로 구체적인 계획을 작성한다.

(2) 사업장의 실정에 맞도록 독자적으로 수립하되 실현가능성이 있도록 한다.

(3) 계획상의 재해감소 목표는 점진적으로 수준을 높이도록 한다.

(4) 근본적인 안전보건대책을 강구한다.

(5) 계획에서부터 실시까지의 잘못된 점, 미비점을 피드백할 수 있는 조정기능을 갖추어야 한다.

(6) 복수계획안을 수립하여 그 중에서 선택한다.

(7) 타 관리계획과 균형이 맞아야 한다.

(8) 안전보건의 저해요인을 확실히 파악해야 한다.

(9) 경영층의 기본방침을 명확하게 나타내어야 한다.

2. 안전보건관리계획의 평가

(1) 주요 평가척도

① 절대척도(재해건수 등 수치)

② 상대척도(도수율, 강도율 등)

③ 도수척도(%로 나타내는 것)

④ 평정척도(양호, 보통, 불량 등 단계로 평정)

(2) 안전보건관리의 사이클(Cycle)

① P(Plan): 계획을 수립한다.

② D(Do): 계획대로 실시한다.

③ C(Check): 결과를 검토한다.

④ A(Action): 검토결과에 따라 조치를 취한다.

4 안전보건경영시스템

1. 안전보건경영시스템의 개요
사업주가 자율적으로 해당 사업장의 산업재해를 예방하기 위하여 안전보건관리체제를 구축하고 정기적으로 위험성 평가를 실시하여 잠재 유해위험요인을 지속적으로 개선하는 등 산업재해예방을 위한 조치사항을 체계적으로 관리하는 제반 활동을 말한다.

2. 안전보건경영시스템의 구성요소

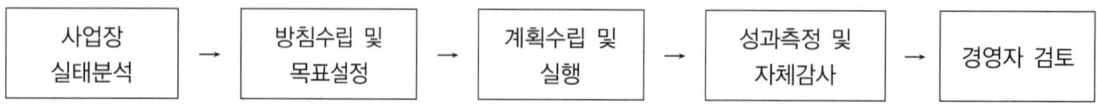

사업장 실태분석 → 방침수립 및 목표설정 → 계획수립 및 실행 → 성과측정 및 자체감사 → 경영자 검토

5 안전보건관리규정

1. 안전보건관리규정 작성시 포함되어야 할 사항(산업안전보건법)
(1) 안전 및 보건에 관한 관리조직과 그 직무에 관한 사항
(2) 작업장의 안전 및 보건관리에 관한 사항
(3) 안전보건교육에 관한 사항
(4) 사고조사 및 대책수립에 관한 사항
(5) 그 밖에 안전 및 보건에 관한 사항

> **참고** 안전보건관리규정 작성시 유의하여야 할 사항
> ① 관리자층의 직무와 권한, 근로자에게 강제하거나 요청한 부분을 명확히 할 것
> ② 작성 또는 변경시에는 현장의 의견을 충분히 반영할 것
> ③ 규정된 기준은 법정기준을 상회하도록 할 것
> ④ 관계법령의 제·개정에 따라 개정할 수 있도록 라인활용에 쉬운 규정일 것
> ⑤ 규정의 내용은 정상시는 물론 이상시, 사고시 및 재해발생시의 조치에 대해서도 규정할 것

2. 안전보건관리규정의 작성·변경절차(산업안전보건법)
안전보건관리규정을 작성하거나 변경할 때에는 산업안전보건위원회의 심의·의결을 거쳐야 한다.

3. 안전보건관리규정의 작성·변경시기(산업안전보건법 시행규칙)
사유가 발생한 날부터 30일 이내에 작성·변경하여야 한다.

4. 안전보건관리규정을 작성하여야 할 사업의 종류 및 상시근로자수(산업안전보건법 시행규칙)

사업의 종류	상시근로자수
① 농업 ② 어업 ③ 소프트웨어 개발 및 공급업 ④ 컴퓨터프로그래밍, 시스템 통합 및 관리업 ⑤ 정보서비스업 ⑥ 금융 및 보험업 ⑦ 임대업(부동산 제외) ⑧ 전문, 과학 및 기술서비스업(연구개발업은 제외) ⑨ 사업지원서비스업 ⑩ 사회복지서비스업	상시근로자 300명 이상
⑪ ①~⑩의 사업을 제외한 사업	상시근로자 100명 이상

6 안전보건개선계획

1. 안전보건개선계획 수립 대상 사업장(산업안전보건법)

(1) 사업주가 필요한 안전조치 또는 보건조치를 이행하지 아니하여 중대재해가 발생한 사업장
(2) 산업재해율이 같은 업종의 규모별 평균 산업재해율보다 높은 사업장
(3) 유해인자의 노출기준을 초과한 사업장
(4) 대통령령으로 정하는 수(직업성질병자가 연간 2명 이상 발생) 이상의 직업성질병자가 발생한 사업장

2. 안전보건개선계획서 작성 시기(산업안전보건법 시행규칙)

안전보건개선계획서를 제출해야 하는 사업주는 안전보건개선계획서 수립·시행명령을 받은 날부터 60일 이내에 관할 지방고용노동관서의 장에게 해당 계획서를 제출해야 한다.

3. 안전보건개선계획서에 포함되어야 할 사항(산업안전보건법 시행규칙)

(1) 시설
(2) 안전보건관리체제
(3) 안전보건교육
(4) 산업재해예방 및 작업환경의 개선을 위하여 필요한 사항

> **참고** 안전보건진단을 받아 안전보건개선계획을 수립·제출하도록 명할 수 있는 사업장(산업안전보건법 시행규칙)
> ① 산업재해율이 같은 업종 평균 산업재해율의 2배 이상인 사업장
> ② 사업주가 필요한 안전조치 또는 보건조치를 이행하지 아니하여 중대재해가 발생한 사업장
> ③ 직업성질병자가 연간 2명 이상(상시근로자 1,000명 이상 사업장의 경우 3명 이상) 발생한 사업장
> ④ 그 밖에 작업환경 불량, 화재·폭발 또는 누출사고 등으로 사업장 주변까지 피해가 확산된 사업장으로서 고용노동부령으로 정하는 사업장

7 재해예방활동기법

1. 무재해운동의 목적
사업주와 근로자가 모두 참가하는 운동으로서 산업재해예방을 위하여 사업장 내의 잠재위험요인을 사전에 발견·파악하고, 근원적으로 산업재해를 감소하기 위한 것이다.

2. 무재해운동 이념의 3원칙

(1) 무(zero)의 원칙

휴업재해, 불휴재해는 물론 직장 내의 모든 잠재위험요인을 적극적으로 사전에 발견·파악, 해결함으로써 뿌리에서부터 재해를 제거하는 것이다.

(2) 선취의 원칙(안전제일의 원칙)

무재해, 무질병의 직장을 실현하기 위한 궁극의 목표로서 일체 직장의 위험요인을 행동하기 전에 발견·파악, 해결하여 재해를 예방하거나 방지하자는 것이다.

(3) 참여의 원칙(참가의 원칙)

작업에 따르는 잠재적 위험요인을 발견, 해결하기 위하여 전원이 일치 협력하여 의욕을 가지고 문제해결 행동을 실천하자는 것이다.

3. 무재해운동의 3기둥

(1) 최고경영자의 경영자세
(2) 관리감독자의 안전보건에 대한 적극적 추진
(3) 자율안전보건활동의 활발화(직장소집단 자주활동의 활성화)

4. 무재해 소집단활동

(1) 지적확인

① 사람의 눈, 손, 귀 등을 활용하여 작업공정의 각 요소마다 대상을 지적하고, 작업이 오조작없이 안전하게 진행될 수 있도록 '좋아'라고 말하며 확인하는 것이다.
② 이는 작업의 정확성이나 안전을 확인하기 위해 실시한다.

(2) 터치 앤드 콜(Touch and Call)

① 팀의 일체감, 연대감을 조성할 수 있고 동시에 대뇌 구피질에 좋은 이미지를 불어 넣어 안전행동을 할 수 있도록 한다.
② 피부를 맞대고 동료끼리 같이 소리치는 것으로서 팀 전원의 스킨십(Skinship)이라고 할 수 있다.

(3) 브레인스토밍(Brainstorming)의 4원칙

브레인스토밍이란 다수의 인원이 편안한 분위기 속에서 자유분방하게 아이디어를 발언하는 발상법으로서 소집단 활동의 하나이다.

① **자유분방:** 의견에 대한 발언은 자유롭게 한다.
② **대량발언:** 한 사람이 대량으로 발언할 수 있다.
③ **비판금지:** 타인의 의견에 대하여 비판하지 않는다.
④ **수정발언:** 타인의 의견을 수정하여 발언할 수 있다.

5. 위험예지훈련 및 진행방법

(1) 위험예지훈련 4라운드(4단계)
　① 제1라운드(현상파악): 어떤 위험이 잠재하고 있는가? (잠재유해위험요인의 파악단계)
　② 제2라운드(본질추구): 이것이 위험의 포인트이다! (문제점 발견 및 문제를 결정하는 단계)
　③ 제3라운드(대책수립): 당신이라면 어떻게 하겠는가? (문제점에 대한 대책 수립단계)
　④ 제4라운드(목표설정): 우리들은 이렇게 하자! (행동목표설정단계)

(2) 위험예지훈련 응용기법
　① TBM(Tool Box Meeting)
　　㉠ TBM의 정의: 현장에서 같은 작업원 5~6명이 리더를 중심으로 둘러앉아 그 때, 그 장소에 즉응하여 실시하는 위험예지활동으로 작업시작 전·후 10분 정도 실시한다.
　　㉡ TBM의 실시단계
　　　ⓐ 도입
　　　ⓑ 점검 및 정비
　　　ⓒ 작업지시
　　　ⓓ 위험예지훈련
　　　ⓔ 확인
　② 삼각위험예지훈련
　　㉠ 전원 참여로 말하거나 쓰는 것이 미숙한 작업자를 위한 방법이다.
　　㉡ 위험예지훈련을 보다 간편하게, 보다 빠르게 하는 것이다.
　③ 원포인트(One Point)위험예지훈련
　　위험예지훈련 4R 중 2R, 3R, 4R를 모두 원포인트로 하여 실시하는 위험예지훈련이다.

> **참고** 위험예지훈련의 특성(위험예지훈련의 실질적 훈련)
> ① 감수성훈련
> ② 문제해결훈련
> ③ 단시간미팅훈련

6. 안전활동기법

(1) 안전관찰훈련(STOP: Safety Training Observation Program)

① 숙련된 관찰자는 불안전한 행위를 관찰하기 위하여 관찰 사이클(Observation Cycle)을 이용한다.

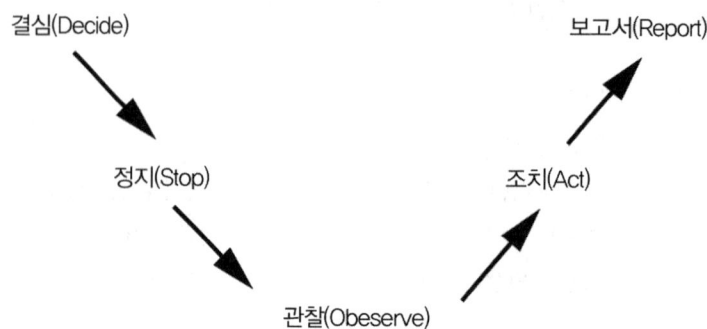

② STOP의 목적은 각 계층의 감독자들이 숙련된 안전관찰을 행하여 사고를 미연에 방지하고자 함이다.
▶ 미국 듀폰(Du Pont)회사 개발

(2) ECR제안제도(Error Cause Removal)

각 작업의 내용은 누구보다 작업자 스스로 잘 알기 때문에 작업자 자신이 자기의 부주의 이외에 제반 오류의 원인을 생각하여 의견을 제출하는 것이다.

(3) 5C운동

① 정리정돈(Clearance)
② 청소청결(Cleaning)
③ 복장단정(Correctness)
④ 점검확인(Checking)
⑤ 전심전력(Concentration)

적중문제 CHAPTER 1 | 산업재해예방계획 수립

01 제조업자는 제조물의 결함으로 인하여 생명, 신체 또는 재산에 손해(해당 제조물에 대해서만 발생한 손해를 제외한다)를 입은 자에게 그 손해를 배상하여야 하는데 이를 무엇이라 하는가?

① 입증책임 ② 제조물책임
③ 담보책임 ④ 연대책임

해설 제조업자가 제조물의 결함으로 인하여 생명, 신체 또는 재산에 손해를 입은 자에게 그 손해를 배상하는 것은 제조물책임(Product Liability)이다.

정답 ②

02 산업안전보건법상 사업주는 산업재해로 사망자가 발생하거나 3일 이상 휴업을 할 경우에는 해당 산업재해가 발생한 날부터 얼마 이내에 산업재해조사표를 작성하여 관할 지방고용노동관서의 장에게 제출하여야 하는가?

① 3일 ② 7일
③ 15일 ④ 1개월

해설 산업재해로 사망자가 발생하거나 3일 이상 휴업을 할 경우에는 산업재해가 발생한 날부터 1개월 이내에 산업재해조사표를 작성하여 관할 지방고용노동관서의 장에게 제출하여야 한다.

정답 ④

03 산업안전보건법에 따라 산업재해가 발생한 때에 사업주가 기록·보존하여야 하는 사항이 아닌 것은?

① 사업장의 개요 및 근로자의 인적사항
② 재해발생의 일시 및 장소
③ 재해발생의 원인 및 과정
④ 재해원인 수사요청 기록 및 근무상황일지

해설 재해원인 수사요청 기록 및 근무상황일지는 사업주가 기록·보존하여야 하는 사항에 포함되지 않는다.

관련이론 사업주의 기록·보존사항(산업안전보건법)
- 사업장의 개요 및 근로자의 인적사항
- 재해발생의 일시 및 장소
- 재해발생의 원인 및 과정
- 재해재발방지계획

정답 ④

04 산업안전보건법상 중대재해에 해당하지 않는 재해는?

① 1명의 사망자가 발생한 재해
② 3개월의 요양을 요하는 부상자가 동시에 3명 발생한 재해
③ 12명의 부상자가 동시에 발생한 재해
④ 5명의 직업성 질병자가 동시에 발생한 재해

해설 5명의 직업성 질병자가 동시에 발생한 재해는 중대재해에 해당하지 않는다.

관련이론 산업안전보건법상 중대재해
- 사망자가 1명 이상 발생한 재해
- 3개월 이상의 요양을 요하는 부상자가 동시에 2명 이상 발생한 재해
- 부상자 또는 직업성 질병자가 동시에 10명 이상 발생한 재해

정답 ④

05 중대재해가 발생하였을 경우 사업주가 지체없이 관할 지방고용노동관서의 장에게 보고할 사항이 아닌 것은?

① 발생개요 및 피해상황
② 조치 및 전망
③ 그 밖의 중요한 사항
④ 재해재발방지계획

해설 재해재발방지계획은 <u>사업주가 산업재해조사표를 작성하여 제출할 때 필요한 사항이다.</u>

정답 ④

06 고용노동부장관은 산업안전보건법에 따라 산업재해를 예방하기 위하여 필요하다고 인정할 때에 대통령령으로 정하는 사업장의 산업재해발생건수, 재해율 또는 그 순위 등을 공표할 수 있다. 이에 해당되지 않는 사업장은?

① 중대산업사고가 발생한 사업장
② 산업재해의 발생에 관한 보고를 최근 3년 이내 1회 이상 하지 않은 사업장
③ 사망만인율이 규모별 같은 업종의 평균 사망만인율 이상인 사업장
④ 산업재해로 인한 사망자가 연간 2명 이상 발생한 사업장

해설
- 산업재해의 발생에 관한 보고를 <u>최근 3년 이내 2회 이상 하지 않은 사업장이 공표 대상 사업장에 해당한다.</u>
- <u>산업재해 발생사실을 은폐한 사업장도 공표 대상 사업장에 해당한다.</u>

정답 ②

07 국제노동기구(ILO)에서 구분한 일시전노동불능에 대한 설명으로 옳은 것은?

① 부상의 결과로 근로기능을 완전히 잃은 부상
② 부상의 결과로 신체의 일부가 근로기능을 완전히 상실한 부상
③ 의사의 소견에 따라 일정기간 동안 노동에 종사할 수 없는 상해
④ 의사의 소견에 따라 일시적으로 근로시간 중 치료를 받는 정도의 상해

해설 <u>일시전노동불능은 의사의 소견에 따라 일정기간 동안 노동에 종사할 수 없는 상해이다.</u>

선지분석
① 영구전노동불능에 대한 설명이다.
② 영구일부(부분)노동불능에 대한 설명이다.
④ 일시일부(부분)노동불능에 대한 설명이다.

정답 ③

08 국제노동기구(ILO)의 기준에 의한 근로손실일수의 산정방법으로 옳은 것은?

① 사망의 경우 5,500일로 산정한다.
② 일시전노동불능의 경우 휴업일수에 $\frac{300}{365}$을 곱한다.
③ 영구전노동불능의 경우에는 신체장해등급에 따라 5,500일 이하로 계산한다.
④ 영구일부노동불능의 경우 신체장해등급은 1~12등급으로 구분하며, 12등급의 근로손실일수는 100일로 산정한다.

해설 근로손실일수를 산정할 때 <u>일시전노동불능의 경우 휴업일수에 $\frac{300}{365}$을 곱한다.</u>

선지분석
① 사망의 경우 7,500일로 산정한다.
③ 영구전노동불능의 경우 7,500일로 산정한다.
④ 영구일부노동불능의 경우 신체장해등급은 4~14등급으로 구분하며, 12등급의 근로손실일수는 200일로 산정한다.

정답 ②

09 불안전한 행동으로 볼 수 없는 것은?

① 위험한 장소에 접근한다.
② 불안전한 조작을 한다.
③ 방호장치의 기능을 제거한다.
④ 생산공정에 결함이 존재한다.

해설 생산공정에 결함이 존재하는 것은 불안전한 상태이다.

관련이론 불안전한 행동
- 기계기구 또는 복장, 보호구의 잘못 사용
- 안전장치의 기능 제거
- 운전 중인 기계장치의 손질
- 위험장소 접근
- 불안전한 자세동작
- 불안전한 상태 방치
- 불안전한 속도조작
- 위험물 취급 부주의
- 감독 및 연락불충분

정답 ④

10 재해발생 원인 중 기술적 원인에 해당하지 않는 것은?

① 구조·재료의 부적합
② 안전수칙의 오해
③ 생산공정의 부적당
④ 점검, 정비보전 불량

해설 안전수칙의 오해는 교육적 원인에 해당한다.

관련이론 재해발생의 간접원인

기술적 원인 (2차 원인)	• 건물·기계장치 설계불량 • 생산공정의 부적당 • 구조·재료의 부적합 • 점검 및 보전 불량
교육적 원인 (2차 원인)	• 안전지식의 부족 • 안전수칙의 오해 • 유해위험작업의 교육 불충분 • 작업방법의 교육 불충분 • 경험훈련의 미숙
관리적 원인 (1차 원인)	• 안전관리조직 결함 • 안전수칙 미제정 • 인원배치 부적당 • 작업지시 부적당 • 작업준비 불충분

정답 ②

11 다음과 같은 재해사례의 분석 내용으로 옳은 것은?

> 작업자가 벽돌을 손으로 운반하던 중 떨어뜨려 벽돌이 발등에 부딪쳐 발을 다쳤다

	사고유형	기인물	가해물
①	낙하	벽돌	벽돌
②	충돌	손	벽돌
③	비래	사람	벽돌
④	추락	손	벽돌

해설
- 사고유형: 벽돌이 떨어져 상해가 발생하였기 때문에 물건이 주체가 되어 사람이 맞은 경우로서 낙하(맞음)에 해당한다.
- 기인물: 사고발생의 원인이 된 기계나 물건으로서 상해의 원인이 된 벽돌이 기인물에 해당한다.
- 가해물: 사고발생시 사람에게 상해를 가하는 물건으로서 직접 상해를 가한 벽돌이 가해물에 해당한다.

정답 ①

12 재해의 발생형태에 있어 연쇄형에 해당하는 것은? (단, ○은 재해발생의 각종 요소를 나타낸 것이다.)

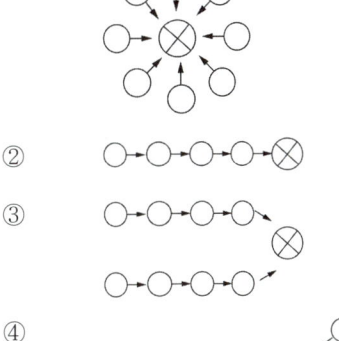

해설 ②의 경우 연쇄형에 해당한다.
선지분석 ① 단순자극형(집중형)에 해당한다.
③ 복합연쇄형에 해당한다.
④ 복합형에 해당한다.

정답 ②

13 버드(Frank E. Bird)의 도미노이론에서 재해발생 과정 중 가장 먼저 수반되는 것은?

① 관리의 부족
② 전술 및 전략적 에러
③ 불안전한 행동 및 상태
④ 사회적 환경과 유전적 요소

해설 버드의 도미노이론에서 재해발생과정 중 가장 먼저 수반되는 것은 제1단계 관리(통제)의 부족이다.

관련이론 **버드(Frank Bird)의 도미노이론**
- 제1단계: 통제의 부족(관리의 부족)
- 제2단계: 기본적 원인(기원)
- 제3단계: 직접적 원인(징후)
- 제4단계: 사고(접촉)
- 제5단계: 상해(손실, 손해)

정답 ①

15 아담스(Adams)의 사고연쇄이론에서 작전적 에러(Operational Error)로 정의한 것은?

① 선천적 결함
② 불안전한 상태
③ 불안전한 행동
④ 경영자, 감독자의 잘못

해설 경영자, 감독자의 잘못은 작전적 에러로 정의한다.
선지분석
① 선천적 결함은 아담스의 사고연쇄이론에 포함되지 않는다.
②, ③ 불안전한 상태와 불안전한 행동은 전술적 에러로 정의한다.

정답 ④

14 버드(Frank E. Bird)는 재해 발생비율에 대하여 1 : 10 : 30 : 600 이론을 주장하였다. 여기서 30에 해당하는 것은?

① 중상
② 경상
③ 무상해, 무사고 고장(위험순간)
④ 무상해사고(물적손실)

해설 버드의 재해 발생비율 중 30은 무상해사고에 대한 비율이다.

관련이론 **버드(Frank E. Bird)의 1 : 10 : 30 : 600 비율**
- 1: 중상 또는 사망, 폐질
- 10: 경상(물적, 인적상해)
- 30: 무상해사고(물적손실)
- 600: 무상해, 무사고 고장(위험순간)

정답 ④

16 버드(Frank E. Bird)의 사고발생에 관한 도미노이론을 바르게 나열한 것은?

① 통제의 부족 → 기본원인 → 직접원인 → 사고 → 상해
② 기본원인 → 직접원인 → 통제의 부족 → 사고 → 상해
③ 관리구조 → 작전적 에러 → 전술적 에러 → 사고 → 상해 또는 손해
④ 관리구조 → 전술적 에러 → 작전적 에러 → 사고 → 상해 또는 손해

해설 버드(Frank E. Bird)의 사고발생에 관한 도미노이론은 다음과 같은 순서로 진행된다.
통제의 부족 → 기본원인 → 직접원인 → 사고 → 상해
선지분석 ③ 아담스의 사고연쇄이론에 대한 내용이다.

정답 ①

17 하인리히의 사고발생연쇄이론을 바르게 나열한 것은?

① 기본원인 → 통제의 부족 → 직접원인 → 사고 → 상해
② 통제의 부족 → 기본원인 → 직접원인 → 사고 → 상해
③ 개인적 결함 → 사회적 환경과 유전적 요소 → 불안전한 행동 및 상태 → 사고 → 재해
④ 사회적 환경과 유전적 요소 → 개인적 결함 → 불안전한 행동 및 상태 → 사고 → 상해

해설 하인리히의 사고발생연쇄이론은 다음과 같은 순서로 진행된다.
사회적 환경과 유전적 요소 → 개인적 결함 → 불안전한 행동 및 상태 → 사고 → 상해

정답 ④

18 사업장에서 무상해·무사고 고장이 300건 발생하였다면 버드(Frank E. Bird)의 재해구성 비율에 따를 경우 경상은 몇 건이 발생하였겠는가?

① 5   ② 10
③ 15 ④ 20

해설 버드의 재해구성 비율은 중상 : 경상 : 무상해사고 : 무상해·무사고 고장 = 1 : 10 : 30 : 600이다.
여기서 무상해·무사고 고장이 300건이므로,
$10 : x = 600 : 300$
$x = \dfrac{10 \times 300}{600} = 5$
따라서 경상은 5건이 발생하였다.

정답 ①

19 하인리히의 재해구성 비율 중 무상해사고가 600건이라면 사망 또는 중상은 몇 건 발생되겠는가?

① 1   ② 2
③ 29 ④ 58

해설 하인리히의 재해구성 비율은 사망·중상 : 경상 : 무상해사고 = 1 : 29 : 300이다.
여기서 무상해사고가 600건이므로
$1 : 300 = x : 600$
$x = \dfrac{600}{300} = 2$
따라서 사망 또는 중상은 2건이 발생된다.

정답 ②

20 하인리히의 사고예방대책의 5단계에 속하지 않는 것은?

① 조직   ② 시정방법의 선정
③ 사실의 발견 ④ 안전활동

해설 안전활동은 하인리히의 사고예방대책의 5단계에 포함되지 않는다.

관련이론 **하인리히의 사고예방대책 5단계**
- 제1단계: 조직
- 제2단계: 사실의 발견
- 제3단계: 분석
- 제4단계: 시정방법의 선정
- 제5단계: 시정책의 적용

정답 ④

21 하인리히 사고예방원리 5단계 중 각 단계와 기본원리가 잘못 연결된 것은?

① 제1단계 – 조직
② 제2단계 – 사실의 발견
③ 제3단계 – 점검 및 검사
④ 제4단계 – 시정방법의 선정

해설 제3단계의 기본원리는 분석이다.

정답 ③

22 사고예방대책의 기본원리 5단계 중 제2단계인 사실의 발견에 대한 사항에 해당하지 않는 것은?

① 사고조사
② 사고 및 안전활동 기록 검토
③ 안전회의 및 토의
④ 교육과 훈련의 분석

해설 교육과 훈련의 분석은 제3단계인 분석단계에 관한 사항이다.

사실의 발견(제2단계)에 관한 사항
- 작업분석
- 안전점검 및 검사
- 사고조사
- 안전회의 및 토의
- 위험확인
- 자료수집
- 근로자의 제안 및 여론조사
- 사고 및 안전활동 기록 검토

정답 ④

23 재해예방의 4원칙에 대한 설명으로 옳지 않은 것은?

① 사고와 손실과의 관계는 필연적이다.
② 재해발생은 반드시 그 원인이 존재한다.
③ 재해는 원칙적으로 원인만 제거되면 예방이 가능하다.
④ 재해예방을 위한 가능한 대책은 반드시 존재한다.

해설 사고와 손실과의 관계는 우연적이다(손실우연의 원칙).
선지분석
② 원인연계(계기)의 원칙
③ 예방가능의 원칙
④ 대책선정의 원칙

정답 ①

24 재해예방을 위한 대책을 기술적 대책, 교육적 대책, 관리적 대책으로 구분할 때 다음 중 관리적 대책에 속하는 것은?

① 적합한 기준 설정
② 작업공정의 개선
③ 안전설계
④ 안전교육 실시

해설 관리적 대책에 속하는 것은 적합한 기준 설정이다.
선지분석
②, ③ 기술적 대책에 해당한다.
④ 교육적 대책에 해당한다.

재해예방을 위한 대책

관리적 대책	• 적합한 기준 설정 • 각종 규정 및 수칙의 준수 • 전 종업원의 기준 이해 • 경영자 및 관리자의 솔선수범 • 동기부여와 사기향상
기술적 대책	• 안전설계 • 작업공정의 개선 • 안전기준의 설정 • 환경설비의 개선 • 점검·보전의 확립
교육적 대책	안전교육 및 훈련실시

정답 ①

25 재해예방의 4원칙이 아닌 것은?

① 손실우연의 원칙
② 예방가능의 원칙
③ 원인연계의 원칙
④ 사고예방의 원칙

해설 사고예방의 원칙은 재해예방의 4원칙에 해당하지 않는다.

재해예방의 4원칙
- 손실우연의 원칙
- 예방가능의 원칙
- 원인연계의 원칙
- 대책선정의 원칙

정답 ④

26 안전보건관리조직 중 스탭(Staff)형 조직에 대한 설명으로 적절하지 않은 것은?

① 안전과 생산을 별개로 취급하기 쉽다.
② 100~1,000명의 중규모 사업장에 적합하다.
③ 스탭 스스로 생산라인의 안전업무를 행하는 것은 아니다.
④ 권한다툼이나 조정이 용이하며, 통제수단이 간단하지 않다.

해설 스탭(Staff)형 조직은 권한다툼이나 조정이 용이하지 않으며, 통제수단(통제수속)이 간단하지 않다.

정답 ④

27 안전보건관리조직 중 직계(Line)식 조직의 특징으로 볼 수 없는 것은?

① 소규모 사업장에 적합하다.
② 안전에 관한 명령지시가 빠르다.
③ 생산라인의 관리감독자는 주로 안전보다 생산에 관심을 가질 수 있다.
④ 별도의 안전관리전담요원이 직접 통제한다.

해설 별도의 안전관리전담요원이 직접 통제하는 것은 참모(Staff)식 조직의 특징에 해당한다.

정답 ④

28 일반적으로 사업장에서 안전보건관리조직을 구성할 때 고려할 사항과 가장 거리가 먼 것은?

① 조직구성원의 책임과 권한을 명확하게 한다.
② 회사의 특성과 규모에 부합되게 조직되어야 한다.
③ 생산조직과는 동떨어진 독특한 조직이 되도록 하여 효율성을 높인다.
④ 조직의 기능이 충분히 발휘될 수 있는 제도적 체계가 갖추어져야 한다.

해설 생산조직과 밀착된 조직이 되도록 하여 효율성을 높이는 것을 고려하여야 한다.

정답 ③

29 1,000명 이상의 대기업에서 가장 적합한 안전보건관리조직으로 옳은 것은?

① 경영형   ② 라인형
③ 스탭형   ④ 라인-스탭형

해설 1,000명 이상 대규모 사업장에는 라인-스탭형 안전조직이 가장 적합하다.

관련이론 안전보건관리조직에 따른 사업장의 규모
- 라인형: 100명 미만의 소규모 사업장
- 스탭형: 100~1,000명 미만의 중규모 사업장
- 라인-스탭형: 1,000명 이상의 대규모 사업장

정답 ④

30 라인 및 참모의 혼합식 안전보건조직의 특징이 아닌 것은?

① 라인에 과중한 책임을 지우기 쉽다.
② 안전업무에 관한 계획 등은 전문 스탭에 의해 추진되고 진행은 생산에서 행한다.
③ 명령계통과 조언, 권고적 참여가 혼동되기 쉽다.
④ 조직원 전원을 자율적으로 안전활동에 참여시킬 수 있다.

해설 라인에 과중한 책임을 지우기 쉽다는 것은 라인식 안전보건조직의 특징에 해당한다.

정답 ①

31 다음 설명에 가장 적합한 조직의 형태는?

- 과제별로 조직을 구성
- 플랜트, 도시개발 등 특정한 건설과제를 처리
- 시간적 유한성을 가진 일시적이고 잠정적인 조직

① 스탭형 조직
② 라인식 조직
③ 기능식 조직
④ 프로젝트식 조직

해설 설명의 경우 프로젝트식 조직의 형태가 가장 적합하다.

정답 ④

32 안전보건관리책임자의 업무가 아닌 것은?

① 작업환경측정 등 작업환경의 점검 및 개선에 관한 사항
② 산업재해에 관한 통계의 기록 및 유지에 관한 사항
③ 산업재해예방계획의 수립에 관한 사항
④ 건설물설비 작업장소의 위험에 따른 방지조치 사항

해설 건설물설비 작업장소의 위험에 따른 방지조치 사항은 안전보건관리책임자의 업무에 해당하지 않는다.

관련이론 산업안전보건법상 안전보건관리책임자의 업무
- 사업장의 산업재해예방계획의 수립에 관한 사항
- 안전보건관리규정의 작성 및 변경에 관한 사항
- 안전보건교육에 관한 사항
- 작업환경측정 등 작업환경의 점검 및 개선에 관한 사항
- 근로자의 건강진단 등 건강관리에 관한 사항
- 산업재해의 원인조사 및 재발방지대책 수립에 관한 사항
- 산업재해에 관한 통계의 기록 및 유지에 관한 사항
- 안전보건에 관련된 안전장치 및 보호구 구입시의 적격품 여부 확인에 관한 사항
- 위험성 평가의 실시에 관한 사항과 안전보건규칙에서 정하는 근로자의 위험 또는 건강장해의 방지에 관한 사항

정답 ④

33 산업안전보건법에 따라 사업주는 안전관리자를 선임하였을 때 선임한 날부터 몇 일 이내에 고용노동부장관에게 증명할 수 있는 서류를 제출하여야 하는가?

① 7일
② 14일
③ 30일
④ 60일

해설 안전관리자를 선임하면 14일 이내에 고용노동부장관에게 증명할 수 있는 서류를 제출하여야 한다.

정답 ②

34 산업안전보건법상 지방고용노동관서의 장이 사업주에게 안전관리자를 정수 이상으로 증원하게 하거나 교체하여 임명할 것을 명령할 수 있는 사유에 해당하는 것은?

① 사망재해가 연간 1건 발생하였다.
② 중대재해가 연간 1건 발생하였다.
③ 안전관리자가 질병의 사유로 6개월 동안 해당 직무를 수행할 수 없었다.
④ 해당 사업장의 연간재해율이 같은 업종의 평균재해율보다 1.5배 높게 발생하였다.

해설 안전관리자가 질병 그 밖의 사유로 3개월 이상 해당 직무를 수행할 수 없게 될 경우 안전관리자를 증원하거나 교체하여 임명할 것을 명령할 수 있는 사유가 된다.

관련이론 안전관리자의 증원, 교체를 명령할 수 있는 사유
- 해당 사업장의 연간재해율이 같은 업종 평균재해율의 2배 이상인 경우
- 중대재해가 연간 2건 이상 발생한 경우
- 화학적 인자로 인한 직업성 질병자가 연간 3명 이상 발생한 경우
- 관리자가 질병 그밖의 사유로 3개월 이상 직무를 수행할 수 없게 된 경우

정답 ③

35 산업안전보건법상 안전관리자가 수행하여야 할 업무가 아닌 것은? (단, 그 밖에 안전에 관한 사항으로 고용노동부장관이 정하는 사항은 제외한다.)

① 산업안전보건위원회에서 심의·의결한 업무
② 해당 사업장 안전교육계획의 수립 및 실시에 관한 보좌 및 조언·지도
③ 직업성질환 발생의 원인조사 및 대책수립
④ 사업장 순회점검, 지도 및 조치의 건의

해설 직업성질환 발생의 원인조사 및 대책수립은 안전관리자의 수행업무에 해당하지 않는다.

관련이론 산업안전보건법상 안전관리자의 업무
- 산업안전보건위원회에서 심의·의결한 업무
- 해당 사업장 안전교육계획의 수립 및 실시에 관한 보좌 및 지도·조언
- 사업장 순회점검, 지도 및 조치의 건의
- 안전인증 대상 기계 등과 자율안전확인 대상 기계 등 구입시 적격품의 선정에 관한 보좌 및 지도·조언
- 법 또는 법에 따른 명령으로 정한 안전에 관한 사항의 이행에 관한 보좌 및 지도·조언
- 산업재해 발생의 원인조사, 분석 및 재발방지를 위한 기술적 보좌 및 지도·조언
- 산업재해에 관한 통계의 유지, 관리, 분석을 위한 보좌 및 지도·조언
- 업무수행 내용의 기록·유지
- 위험성 평가에 관한 보좌 및 지도·조언

정답 ③

36 산업안전보건법에서 정하는 안전보건총괄책임자 지정 대상 사업장이 아닌 것은?

① 상시근로자가 75명인 신발제조업
② 상시근로자가 75명인 1차금속제조업
③ 상시근로자가 65명인 선박 및 보트건조업
④ 관계수급인의 공사금액을 포함한 해당 공사의 총공사금액이 20억원 이상인 건설업

해설 상시근로자가 100명 이상인 신발제조업의 경우에 지정 대상 사업장에 해당한다.

관련이론 안전보건총괄책임자 지정 대상사업
- 관계수급인에게 고용된 근로자를 포함한 상시근로자가 100명(선박 및 보트건조업, 1차금속제조업, 토사석광업의 경우에는 50명) 이상인 사업
- 관계수급인의 공사금액을 포함한 해당 공사의 총공사금액이 20억원 이상인 건설업

정답 ①

37 산업안전보건법에 의한 안전보건총괄책임자의 업무에 해당하지 않는 것은?

① 도급시 산업재해예방 조치
② 산업재해가 발생할 급박한 위험이 있을 때 또는 중대재해가 발생하였을 때 작업의 중지
③ 산업안전보건관리비의 관계수급인간의 협의·조정 및 그 집행의 감독
④ 안전인증 대상 기계 등과 자율안전확인 대상 기계 등의 구입시 적격품의 선정

해설 안전인증 대상 기계 등과 자율안전확인 대상 기계 등의 구입시 적격품의 선정은 안전보건총괄책임자의 업무에 포함되지 않는다.

관련이론 산업안전보건법상 안전보건총괄책임자의 업무
- 산업재해가 발생할 급박한 위험이 있을 때 또는 중대재해가 발생하였을 때 작업의 중지
- 도급시 산업재해예방조치
- 산업안전보건관리비의 관계수급인간의 사용에 관한 협의·조정 및 그 집행의 감독
- 안전인증 대상 기계 등과 자율안전확인 대상 기계 등의 사용여부 확인
- 위험성 평가의 실시에 관한 사항

정답 ④

38 산업안전보건법상 관리감독자의 업무에 해당하지 않는 것은?

① 사업장내 관리감독자가 지휘·감독하는 작업과 관련된 기계기구 또는 설비의 안전보건점검 및 이상 유무의 확인
② 관리감독자에게 소속된 근로자의 작업복, 보호구 및 방호장치의 점검과 그 착용, 사용에 관한 교육·지도
③ 산업재해발생의 급박한 위험이 있는 경우 사업주에 대한 작업중지 요청
④ 해당 작업에서 발생한 산업재해에 관한 보고 및 이에 대한 응급조치

해설 산업재해발생의 급박한 위험이 있는 경우 <u>사업주에 대한 작업중지 요청은 명예산업안전감독관의 업무에 해당한다.</u>

관련이론 산업안전보건법상 관리감독자의 업무
㉠ 사업장내 관리감독자가 지휘·감독하는 작업과 관련된 기계기구 또는 설비의 안전보건점검 및 이상유무의 확인
㉡ 관리감독자에게 소속된 근로자의 작업복, 보호구 및 방호장치의 점검과 그 착용, 사용에 관한 교육·지도
㉢ 해당 작업에서 발생한 산업재해에 관한 보고 및 이에 대한 응급조치
㉣ 해당 작업의 작업장 정리정돈 및 통로확보에 대한 확인·감독
㉤ 산업보건의, 안전관리자, 보건관리자, 안전보건관리담당자의 지도·조언에 대한 협조
㉥ 위험성 평가에 관한 다음의 업무
 • 유해위험요인의 파악에 대한 참여
 • 개선조치의 시행에 대한 참여

정답 ③

39 산업안전보건법상 산업안전보건위원회의 설치 대상에 관한 내용으로 옳지 않은 것은?

① 상시근로자 100명 이상을 사용하는 사업장
② 건설업의 경우 공사금액이 120억원 이상인 사업장
③ 관련법령에 따른 토목공사업에 해당하는 공사의 경우 공사금액이 150억원 이상인 사업장
④ 상시근로자 50명 미만을 사용하는 사업 중 다른 업종과 비교할 경우 근로자수 대비 산업재해 발생빈도가 현저히 높은 유해위험업종으로서 고용노동부령으로 정하는 사업장

해설 상시근로자 50명 미만을 사용하는 사업 중 다른 업종과 비교할 경우 근로자수 대비 산업재해 발생빈도가 현저히 높은 유해위험업종으로서 고용노동부령으로 정하는 사업장은 산업안전보건위원회의 설치 대상에 해당하지 않는다.

산업안전보건위원회 설치대상
㉠ 상시근로자 100명 이상을 사용하는 사업장[다만, 건설업의 경우에는 공사금액이 120억원(토목공사업은 150억원)] 이상인 사업장
㉡ 상시근로자 50명 이상을 사용하는 사업장
 • 토사석광업
 • 목재 및 나무제품제조업(가구 제외)
 • 화학물질 및 화학제품제조업(의약품 제외)
 • 비금속광물제품제조업
 • 1차금속제조업
 • 금속가공품제조업(기계 및 기구는 제외)
 • 자동차 및 트레일러제조업
 • 기타 기계 및 장비제조업(사무용기기 및 장비제조업은 제외)
 • 기타 운송장비제조업(전투용 차량제조업은 제외)
㉢ 상시근로자 300명 이상을 사용하는 사업장
 • 농업
 • 어업
 • 소프트웨어 개발 및 공급업
 • 컴퓨터프로그래밍, 시스템 통합 및 관리업
 • 정보서비스업
 • 금융 및 보험업
 • 임대업(부동산 제외)
 • 전문, 과학 및 기술서비스업(연구개발업은 제외)
 • 사업지원서비스업
 • 사회복지서비스업

정답 ④

40 산업안전보건위원회를 구성함에 있어 사용자 위원에 해당하지 않는 사람은?

① 안전관리자
② 명예산업안전감독관
③ 해당 사업의 대표자
④ 보건관리자

해설 명예산업안전감독관은 근로자 위원에 해당한다.

관련 이론 산업안전보건위원회의 구성(산업안전보건법)

사용자 위원	• 해당 사업의 대표자 • 산업보건의(해당 사업장에 선임되어 있는 경우로 한정) • 안전관리자 1명 • 보건관리자 1명 • 해당 사업의 대표자가 지명하는 9명 이내의 해당 사업장 부서의 장
근로자 위원	• 근로자 대표 • 근로자 대표가 지명하는 9명 이내의 해당 사업장의 근로자 • 근로자 대표가 지명하는 1명 이상의 명예산업안전감독관

정답 ②

41 산업안전보건위원회의 심의 · 의결사항으로 볼 수 없는 것은?

① 산업재해예방계획의 수립에 관한 사항
② 안전보건관리규정의 작성 및 변경에 관한 사항
③ 재해자에 관한 치료 및 재해보상에 관한 사항
④ 근로자의 건강진단 등 건강관리에 관한 사항

해설 재해자에 관한 치료 및 재해보상에 관한 사항은 산업안전보건위원회의 심의·의결사항에 해당하지 않는다.

관련 이론 산업안전보건법상 산업안전보건위원회 심의·의결사항

• 사업장의 산업재해예방계획의 수립에 관한 사항
• 안전보건관리규정의 작성 및 변경에 관한 사항
• 안전보건교육에 관한 사항
• 작업환경 측정 등 작업환경의 점검 및 개선에 관한 사항
• 근로자의 건강진단 등 건강관리에 관한 사항
• 산업재해의 원인조사 및 재발방지대책수립에 관한 사항 중 중대재해에 관한 사항
• 산업재해에 관한 통계의 기록 및 유지에 관한 사항
• 유해하거나 위험한 기계, 기구, 설비를 도입한 경우 안전 및 보건 관련 조치에 관한 사항

정답 ③

42 도급사업시 안전 및 보건에 관한 협의체에서 협의할 사항에 해당하지 않는 것은?

① 작업 또는 작업장간의 연락방법
② 산업재해에 관한 통계의 유지·분석
③ 재해발생 위험이 있는 경우 대피방법
④ 작업장에서의 위험성 평가의 실시에 관한 사항

해설 산업재해에 관한 통계의 유지·분석에 관한 사항은 협의할 사항에 해당하지 않는다.

관련 이론 도급사업시 안전 및 보건에 관한 협의체에서 협의할 사항

• 작업 또는 작업장간의 연락방법
• 재해발생 위험이 있는 경우 대피방법
• 작업장에서의 위험성 평가의 실시에 관한 사항
• 작업의 시작시간
• 사업주와 수급인 또는 수급인 상호간의 연락방법 및 작업공정의 조정

정답 ②

43 안전 및 보건에 관한 노사협의체의 구성·운영에 대한 설명으로 옳지 않은 것은?

① 노사협의체는 근로자와 사용자가 같은 수로 구성되어야 한다.
② 노사협의체의 회의결과는 회의록으로 작성하여 보존하여야 한다.
③ 노사협의체의 회의는 정기회의와 임시회의로 구분하되, 정기회의는 3개월마다 소집한다.
④ 노사협의체는 산업재해예방 및 산업재해가 발생한 경우의 대피방법 등에 대하여 협의하여야 한다.

해설 노사협의체의 회의는 정기회의와 임시회의로 구분하되, 정기회의는 2개월마다 소집한다.

정답 ③

44 산업안전보건법상 안전보건관리규정 작성시 포함되어야 할 내용이 아닌 것은?

① 안전보건교육에 관한 사항
② 생산성과 품질향상에 관한 사항
③ 작업장 안전 및 보건관리에 관한 사항
④ 안전 및 보건에 관한 관리조직과 그 직무에 관한 사항

해설 생산성과 품질향상에 관한 사항은 포함되지 않는다.

 안전보건관리규정 작성시 포함 내용(산업안전보건법)
- 안전보건교육에 관한 사항
- 작업장 안전 및 보건관리에 관한 사항
- 안전 및 보건에 관한 관리조직과 그 직무에 관한 사항
- 사고조사 및 대책수립에 관한 사항
- 그 밖에 안전 및 보건에 관한 사항

정답 ②

45 산업안전보건법상 안전보건관리규정을 작성해야 할 사업의 사업주는 안전보건관리규정을 작성하여야 할 사유가 발생한 날부터 몇 일 이내에 작성하여야 하는가?

① 15   ② 30
③ 60   ④ 90

해설 사업주는 안전보건관리규정을 작성하여야 할 사유가 발생한 날로부터 30일 이내에 작성하여야 한다.

정답 ②

46 산업안전보건법상 안전보건개선계획의 수립·시행에 관한 사항으로 옳지 않은 것은?

① 대상 사업장으로는 유해인자의 노출기준을 초과한 사업장이 해당된다.
② 산업재해율이 같은 업종의 규모별 평균산업재해율과 같은 사업장이 해당된다.
③ 수립·시행 명령을 받은 사업주는 안전보건 개선계획서를 작성하여 그 명령을 받은 날부터 60일 이내에 관할 지방고용노동관서의 장에게 제출하여야 한다.
④ 사업주가 필요한 안전조치 또는 보건조치를 이행하지 아니하여 중대재해가 발생한 사업장이 해당된다.

해설 산업재해율이 같은 업종의 규모별 평균 산업재해율보다 높은 사업장이 안전보건개선계획의 수립·시행 대상 사업장에 해당한다.

 안전보건개선계획

1. 안전보건개선계획의 수립·시행 대상 사업장
   - 산업재해율이 같은 업종의 규모별 평균산업재해율보다 높은 사업장
   - 유해인자의 노출기준을 초과한 사업장
   - 사업주가 필요한 안전조치 또는 보건조치를 이행하지 아니하여 중대재해가 발생한 사업장
   - 대통령령으로 정하는 수(직업성질병자가 연간 2명 이상 발생) 이상의 직업성질병자가 발생한 사업장

2. 안전보건개선계획서 제출
   사업주는 안전보건개선계획서를 작성하여 그 명령을 받은 날부터 60일 이내에 관할 지방고용노동관서의 장에게 제출하여야 한다.

정답 ②

47 안전보건개선계획의 수립 대상 사업장이 아닌 것은?

① 중대재해의 가능성이 높은 사업장
② 산업재해율이 같은 업종의 규모별 평균산업재해율보다 높은 사업장
③ 유해인자의 노출기준을 초과한 사업장
④ 사업주가 필요한 안전조치 또는 보건조치를 이행하지 아니하여 중대재해가 발생한 사업장

해설 중대재해의 가능성이 높은 사업장은 안전보건개선계획의 수립 대상 사업장에 해당하지 않는다.

정답 ①

48 안전보건개선계획서에 포함되어야 할 사항으로 옳지 않은 것은?

① 안전보건교육
② 안전보건관리예산
③ 안전보건관리체제
④ 산업재해예방 및 작업환경의 개선을 위하여 필요한 사항

해설 안전보건관리예산은 안전보건개선계획서에 포함되지 않는다.

 안전보건개선계획서에 포함되는 사항(산업안전보건법)
- 시설
- 안전보건교육
- 안전보건관리체제
- 산업재해예방 및 작업환경의 개선을 위하여 필요한 사항

정답 ②

49 고용노동부장관이 안전보건진단을 받아 안전보건개선계획을 수립·시행하도록 명할 수 있는 사업장으로 볼 수 없는 것은?

① 사업주가 필요한 안전조치 또는 보건조치를 이행하지 아니하여 중대재해가 발생한 사업장
② 산업재해율이 같은 업종 평균산업재해율의 2배 이상인 사업장
③ 직업성질병자가 연간 1명 이상 발생한 사업장
④ 그 밖에 작업환경 불량, 화재·폭발 또는 누출사고 등으로 사업장 주변까지 피해가 확산된 사업장으로서 고용노동부령으로 정하는 사업장

해설 직업성질병자가 연간 2명 이상(상시근로자 1,000명 이상 사업장의 경우 3명 이상) 발생한 사업장이어야 한다.

 고용노동부장관이 안전보건진단을 받아 안전보건개선계획을 수립·시행하도록 명할 수 있는 사업장(산업안전보건법)
- 사업주가 필요한 안전조치 또는 보건조치를 이행하지 아니하여 중대재해가 발생한 사업장
- 산업재해율이 같은 업종 평균산업재해율의 2배 이상인 사업장
- 직업성질병자가 연간 2명 이상(상시근로자 1,000명 이상 사업장의 경우 3명 이상) 발생한 사업장
- 그 밖에 작업환경 불량, 화재·폭발 또는 누출사고 등으로 사업장 주변까지 피해가 확산된 사업장으로서 고용노동부령으로 정하는 사업장

정답 ③

50 상시근로자가 20명 이상 50명 미만인 경우 안전보건관리담당자를 선임하여야 하는 사업장에 해당되지 않는 것은?

① 하수, 폐수 및 분뇨처리업
② 환경정화 및 복원업
③ 제조업
④ 보건 및 사회복지업

해설 보건 및 사회복지업의 사업장은 상시근로자가 20명 이상 50명 미만인 경우 안전보건관리담당자를 선임하여야 하는 사업장에 해당하지 않는다.

관련이론 상시근로자 20명 이상 50명 미만인 경우 안전보건관리담당자를 선임하여야 하는 사업장
- 하수, 폐수 및 분뇨처리업
- 환경정화 및 복원업
- 제조업
- 임업
- 폐기물 수집, 운반, 처리 및 원료재생업

정답 ④

51 위험예지훈련의 4단계가 아닌 것은?

① 현상파악   ② 본질추구
③ 대책수립   ④ 대책실시

해설 대책실시는 위험예지훈련의 4단계에 포함되지 않는다.

관련이론 위험예지훈련의 4단계
- 제1단계: 현상파악
- 제2단계: 본질추구
- 제3단계: 대책수립
- 제4단계: 목표설정

정답 ④

52 위험예지훈련의 4라운드법에서 실시하는 브레인스토밍(Brain-Storming)기법의 특징으로 볼 수 없는 것은?

① 타인의 의견에 대하여 비판을 할 수 없다.
② 타인의 의견을 수정하여 발언할 수 없다.
③ 한사람이 대량으로 발언할 수 있다.
④ 의견에 대한 발언은 자유롭게 한다.

해설 타인의 의견을 수정하여 발언할 수 있다(수정발언).
선지분석
① 비판금지에 대한 설명이다.
③ 대량발언에 대한 설명이다.
④ 자유분방에 대한 설명이다.

정답 ②

53 무재해운동의 이념 가운데 직장의 위험요인을 행동하기 전에 예지하여 발견·파악, 해결하는 것은?

① 선취의 원칙   ② 무의 원칙
③ 인간존중의 원칙   ④ 참여의 원칙

해설 무재해운동의 이념 가운데 직장의 위험요인을 행동하기 전에 예지하여 발견·파악, 해결하는 것은 선취의 원칙(안전제일의 원칙)이다.

정답 ①

54 위험예지훈련의 문제해결 4단계에서 이것이 위험의 포인트라고 하는 단계는?

① 현상파악   ② 본질추구
③ 대책수립   ④ 목표설정

해설 이것이 위험의 포인트라고 하는 단계는 본질추구(2단계)이다.

관련이론 위험예지훈련의 4단계(4R)
- 1R(현상파악): 어떤 위험이 잠재하고 있는지 사실을 파악하는 단계
- 2R(본질추구): 이것이 위험의 포인트라고 하는 단계
- 3R(대책수립): 구체적인 대책을 수립하는 단계
- 4R(목표설정): 수립한 대책 가운데 질이 높은 항목에 합의하는 단계

정답 ②

55 다음 설명에 해당하는 위험예지훈련은?

> 작업현장에서 그 때 그 장소의 상황에 즉응하여 실시하는 위험예지활동으로서 즉시즉응법이라고도 한다.

① TBM(Tool Box Meeting)
② One Point 위험예지훈련
③ 삼각위험예지훈련
④ 터치 앤드 콜

해설 TBM(Tool Box Meeting)에 대한 설명이다.

관련이론 TBM의 실시단계
- 1단계: 도입
- 2단계: 점검 및 정비
- 3단계: 작업지시
- 4단계: 위험예지훈련
- 5단계: 확인

정답 ①

CHAPTER 2 | 안전보호구 관리

제1절 보호구 및 안전장구 관리

1 보호구의 개요

1. **보호구의 정의**

    산업재해 예방과 건강장해 방지를 위하여 작업자가 직접 착용하거나 사용하는 기구를 총칭하여 보호구라고 한다.

    > **참고** 보호구 선택시 유의사항
    > ① 작업행동에 방해가 되지 않는 것을 선택한다.
    > ② 사용목적에 적합한 것을 선택한다.
    > ③ 검정에 합격하고 보호성능이 보장되는 것을 선택한다.
    > ④ 착용이 쉽고, 크기 등이 사용자에게 편리한 것을 선택한다.

2. **보호구의 구비조건**
    (1) 착용이 간편할 것
    (2) 작업에 방해를 주지 않을 것
    (3) 구조 및 표면가공이 우수할 것
    (4) 재료의 품질이 우수할 것
    (5) 유해위험요소에 대한 방호가 확실할 것
    (6) 외관상 보기가 좋을 것

3. **보호구의 관리방법**
    (1) 직사광선을 피하고 통풍이 잘되는 장소에 보관할 것
    (2) 항상 깨끗이 보관하고 사용 후 건조시켜 보관할 것
    (3) 세척한 후 그늘에서 완전히 건조시켜 보관할 것
    (4) 정기적으로 점검관리를 할 것
    (5) 유기용제, 부식성 액체 등과 혼합하여 보관하지 말 것

2 보호구의 종류별 특성, 성능기준 및 시험방법(보호구 안전인증 고용노동부고시)

1. **안전모**

   (1) 안전모의 종류

종류(기호)	사용구분	내전압성
AB	물체의 낙하 또는 비래 및 추락에 의한 위험을 방지 또는 경감시키기 위한 것	-
AE	물체의 낙하 또는 비래에 의한 위험을 방지 또는 경감하고, 머리부위 감전에 의한 위험을 방지하기 위한 것	내전압성
ABE	물체의 낙하 또는 비래 및 추락에 의한 위험을 방지 또는 경감하고, 머리부위 감전에 의한 위험을 방지하기 위한 것	내전압성

   ▶ 내전압성: 7,000V 이하의 전압에 견디는 것

   > **참고** 안전모의 각 부품에 사용하는 재료의 구비조건
   > ① 쉽게 부식하지 않을 것
   > ② 충분한 강도를 가질 것
   > ③ 피부에 해로운 영향을 주지 않을 것
   > ④ 모체의 표면 색은 밝고 선명할 것
   > ⑤ 사용목적에 따라 내열성, 내한성 및 내수성을 보유할 것

   (2) 안전모의 구조 및 명칭

안전모의 구조	NO.	명칭	
(그림)	①	모체	
	②	착장체	머리받침끈
	③		머리고정대
	④		머리받침 고리
	⑤	충격흡수재	
	⑥	턱끈	
	⑦	챙(차양)	

   (3) 안전모의 시험성능(안전모의 안전인증 대상 시험성능 방법 및 기준)

방법	내용
내관통성시험	AE, ABE종 안전모는 관통거리가 9.5mm 이하이고, AB종 안전모는 관통거리가 11.1mm 이하이어야 한다.
충격흡수성시험	최고전달충격력이 4,450N을 초과해서는 안되며, 모체와 착장체의 기능이 상실되지 않아야 한다.
내전압성시험	AE, ABE종 안전모는 교류 20kV에서 1분간 절연파괴 없이 견뎌야 하고, 이때 누설되는 충전전류는 10mA 이하이어야 한다.

내수성시험	• AE, ABE종 안전모는 질량증가율이 1% 미만이어야 한다. • 질량증가율(%) = $\dfrac{\text{담근 후의 질량} - \text{담그기 전의 질량}}{\text{담그기 전의 질량}} \times 100$
난연성시험	모체가 불꽃을 내며 5초 이상 연소되지 않아야 한다.
턱끈풀림시험	150N 이상 250N 이하에서 턱끈이 풀려야 한다.

▶ 내전압성시험, 내수성시험은 자율안전확인 대상 안전모의 시험성능 기준에서는 제외된다.

(4) 안전모의 일반구조

① 안전모는 모체, 착장체 및 턱끈을 가질 것
② 착장체의 머리고정대는 착용자의 머리부위에 적합하도록 조절할 수 있을 것
③ 착장체의 구조는 착용자의 머리에 균등한 힘이 분배되도록 할 것
④ 모체, 착장체 등 안전모의 부품은 착용자에게 상해를 줄 수 있는 날카로운 모서리 등이 없을 것
⑤ 모체에 구멍이 없을 것
⑥ 턱끈은 사용 중 탈락되지 않도록 확실히 고정되는 구조일 것
⑦ 안전모의 착용높이는 85mm 이상이고, 외부수직거리는 80mm 미만일 것
⑧ 안전모의 내부수직거리는 25mm 이상 50mm 미만일 것
⑨ 안전모의 수평간격은 5mm 이상일 것
⑩ 머리받침끈이 섬유인 경우에는 각각의 폭은 15mm 이상이어야 하며, 교차지점 중심으로부터 방사되는 끈폭의 총합은 72mm 이상일 것
⑪ 턱끈의 폭은 10mm 이상일 것
⑫ AB종 안전모는 ①~⑪의 조건에 적합해야 하고 충격흡수재를 가져야 하며, 리벳 등 기타 돌출부가 모체의 표면에서 5mm 이상 돌출되지 않을 것

2. 안전화

(1) 안전화의 종류(안전인증 대상 안전화의 종류)

종류	성능 구분
가죽제안전화	물체의 낙하, 충격 또는 날카로운 물체에 의한 찔림 위험으로부터 발을 보호하기 위한 것
고무제안전화	물체의 낙하, 충격 또는 날카로운 물체에 의한 찔림 위험으로부터 발을 보호하고 내수성을 겸한 것
정전기안전화	물체의 낙하, 충격 또는 날카로운 물체에 의한 찔림 위험으로부터 발을 보호하고 정전기의 인체대전을 방지하기 위한 것
발등안전화	물체의 낙하, 충격 또는 날카로운 물체에 의한 찔림 위험으로부터 발 및 발등을 보호하기 위한 것
절연화	물체의 낙하, 충격 또는 날카로운 물체에 의한 찔림 위험으로부터 발을 보호하고 저압의 전기에 의한 감전을 방지하기 위한 것
절연장화	고압에 의한 감전 방지 및 방수를 겸한 것
화학물질용 안전화	물체의 낙하, 충격 또는 날카로운 물체에 의한 찔림 위험으로부터 발을 보호하고 화학물질로부터 유해위험을 방지하기 위한 것

(2) 시험성능방법(안전인증 대상 안전화의 시험성능방법)

구분	시험성능방법
가죽제안전화	은면결렬시험, 인열강도시험, 내부식성시험, 박리저항시험, 내답발성시험, 인장강도시험 및 신장율시험, 내유성시험, 내압박성시험, 내충격성시험
고무제안전화	인장강도시험, 내유성시험, 파열강도시험, 선심 및 내답판의 내부식성시험, 누출방지시험
정전기안전화	대전방지시험
발등안전화	방호대의 내충격성시험
절연화	내전압성시험
절연장화	내전압성시험, 내열성시험
화학물질용안전화	투과저항시험

> **참고** 안전화
>
> 1. 안전화의 정의
>   ① 중작업용 안전화: 1,000mm의 낙하높이에서 시험했을 때 충격과 15.0 ± 0.1KN의 압축하중에서 시험했을 때 압박에 대하여 보호해 줄 수 있는 선심을 부착하여 착용자를 보호하기 위한 안전화이다.
>   ② 보통작업용 안전화: 500mm의 낙하높이에서 시험했을 때 충격과 10.0 ± 0.1KN의 압축하중에서 시험했을 때 압박에 대하여 보호해 줄 수 있는 선심을 부착하여 착용자를 보호하기 위한 안전화이다.
>   ③ 경작업용 안전화: 250mm의 낙하높이에서 시험했을 때 충격과 4.4 ± 0.1KN의 압축하중에서 시험했을 때 압박에 대하여 보호해 줄 수 있는 선심을 부착하여 착용자를 보호하기 위한 안전화이다.
> 2. 안전화의 몸통 높이에 따른 구분
>
> | 단화 | 중단화 | 장화 |
> |---|---|---|
> | 113mm 미만 | 113mm 이상 | 178mm 이상 |

3. 안전대

(1) 안전대의 종류

종류	벨트식, 안전그네식
사용 구분	• 1개걸이용 • U자걸이용 • 추락방지대 • 안전블록

▶ 추락방지대와 안전블록은 안전그네식에만 적용한다.

(2) 1개걸이 및 U자걸이의 방법
① **1개걸이**: 안전대 죔줄의 한쪽 끝을 D링에 고정시키고, 카라비너(Carabiner) 또는 훅(Hook)을 구명줄 또는 구조물에 고정시키는 방법이다.
② **U자걸이**: 안전대의 죔줄을 구조물 등에 U자 모양으로 돌린 후 카라비너 또는 훅(Hook)을 D링에, 신축조절기를 각 링에 연결하는 방법이다.

(3) 용어의 정의

① **추락방지대**: 신체의 추락을 방지하기 위해 자동잠김장치를 갖추고 죔줄과 수직구명줄에 연결된 금속장치를 말한다.

② **안전블록**: 안전그네와 연결하여 추락발생시 추락을 억제할 수 있는 자동잠김장치가 갖추어져 있고 죔줄이 자동적으로 수축되는 장치를 말한다.

③ **죔줄**: 벨트 또는 안전그네를 구명줄 또는 구조물 등 그 밖의 걸이설비와 연결하기 위한 줄모양의 부품을 말한다.

④ **수직구명줄**: 로프 또는 레일 등과 같은 유연하거나 단단한 고정줄로서 추락발생시 추락을 저지시키는 추락방지대를 지탱해주는 줄모양의 부품을 말한다.

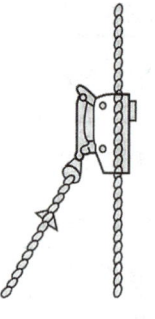
[추락방지대]

[안전블록]

4. 방진마스크

(1) 방진마스크의 형태 및 구조

종류	분리식		안면부 여과식
	격리식	직결식	
형태	전면형	전면형	반면형
	반면형	반면형	
사용조건	산소농도 18% 이상인 장소에서 사용하여야 한다.		

(2) 방진마스크의 등급

등급	특급	1급	2급
사용장소	• 베릴륨 등과 같이 독성이 강한 물질들을 함유한 분진 등 발생 장소 • 석면 취급장소	• 특급마스크 착용장소를 제외한 분진 등 발생장소 • 금속흄 등과 같이 열적으로 생기는 분진 등 발생장소 • 기계적으로 생기는 분진 등 발생장소 (규소 등과 같이 2급방진마스크를 착용하여도 무방한 경우는 제외한다)	특급 및 1급마스크 착용장소를 제외한 분진 등 발생장소
	배기밸브가 없는 안면부여과식 마스크는 특급 및 1급장소에 사용해서는 안 된다.		

> **참고** 방진마스크의 선택시 고려할 사항(구비조건)
>
> • 시야가 넓을 것
> • 안면밀착성이 좋을 것
> • 중량이 가벼울 것
> • 흡기, 배기저항이 낮을 것
> • 분진포집효율(여과효율)이 좋을 것
> • 사용적(死容積)이 적을 것(유효공간이 적을 것)

(3) 방진마스크 시험성능 기준 – 여과재 분진 등 포집효율

형태 및 등급		염화나트륨(NaCl) 및 파라핀 오일 (Paraffin Oil) 시험(%)
분리식	특급	99.95 이상
	1급	94.0 이상
	2급	80.0 이상
안면부 여과식	특급	99.0 이상
	1급	94.0 이상
	2급	80.0 이상

▶ 방진마스크는 안면부 내부의 이산화탄소 농도가 부피분율 1% 이하일 것

$$분진포집효율(P) = \frac{C_1 - C_2}{C_1} \times 100$$

- C_1: 여과재 통과 전의 분진농도
- C_2: 여과재 통과 후의 분진농도

(4) 방진마스크의 일반구조

① 착용시 이상한 압박감이나 고통을 주지 않을 것
② 전면형은 호흡시에 투시부가 흐려지지 않을 것
③ 안면부여과식 마스크는 여과재를 안면에 밀착시킬 수 있어야 할 것
④ 안면부여과식 마스크는 여과재로 된 안부부가 사용기간 동안에 심하게 변형되지 않을 것
⑤ 분리식 마스크에 있어서는 여과재, 흡기밸브, 배기밸브 및 머리끈을 쉽게 교환할 수 있고 착용자 자신이 안면과 분리시 마스크의 안면부와의 밀착성 여부를 수시로 확인할 수 있어야 할 것
⑥ 배기밸브는 방진마스크의 내부와 외부의 압력이 같을 경우 항상 닫혀 있도록 할 것
⑦ 흡기밸브는 미약한 호흡에 대하여 확실하고 예민하게 작동하도록 할 것

> **참고** 방진마스크
>
> 1. 방진마스크 재료의 구비조건
>   ① 금속부품은 내식성을 갖거나 부식방지를 위한 조치가 되어 있을 것
>   ② 안면에 밀착하는 부분은 피부에 장해를 주지 않을 것
>   ③ 여과재는 여과성능이 우수하고 인체에 장해를 주지 않을 것
>   ④ 반면형의 경우 사용할 때 충격을 받을 수 있는 부품은 알루미늄, 마그네슘, 티타늄 또는 이의 합금을 최소한 사용할 것
>   ⑤ 전면형의 경우 사용할 때 충격을 받을 수 있는 부품은 알루미늄, 마그네슘, 티타늄 또는 이의 합금을 사용하지 않을 것
> 2. 분진 등 포집효율에 따른 분리식 방진마스크의 등급
>   ① **특급**: 99.95% 이상
>   ② **1급**: 94.0% 이상
>   ③ **2급**: 80.0% 이상

5. 방독마스크

(1) 방독마스크의 종류

종류	시험가스
유기화합물용	• 시클로헥산(C_6H_{12}) • 디메틸에테르(CH_3OCH_3) • 이소부탄(C_4H_{10})
할로겐용	염소가스 또는 증기(Cl_2)
황화수소용	황화수소가스(H_2S)
시안화수소용	시안화수소가스(HCN)
아황산용	아황산가스(SO_2)
암모니아용	암모니아가스(NH_3)

> **참고** 방독마스크 사용시 주의사항
> ① 유해가스에 알맞는 흡수관을 사용한다.
> ② 산소가 결핍(18% 미만)된 곳에서는 사용하지 않는다.
> ③ 과도한 의존은 위험하므로 기초지식을 갖추고 사용한다.
> ④ 파과된 흡수관은 사용하지 않는다.

(2) 방독마스크의 등급

등급	사용장소
고농도	가스 또는 증기의 농도가 100분의 2(암모니아에 있어서는 100분의 3) 이하의 대기 중에서 사용하는 것
중농도	가스 또는 증기의 농도가 100분의 1(암모니아에 있어서는 100분의 1.5) 이하의 대기 중에서 사용하는 것
저농도 및 최저농도	가스 또는 증기의 농도가 100분의 0.1 이하의 대기 중에서 사용하는 것으로서 긴급용이 아닌 것

▶ 방독마스크는 산소농도가 18% 이상인 장소에서 사용하여야 하고, 고농도와 중농도에서 사용하는 방독마스크는 전면형(격리식, 직결식)을 사용해야 한다.

(3) 방독마스크의 일반구조

① 착용자의 얼굴과 방독마스크의 내면사이의 공간이 너무 크지 않을 것
② 착용시 이상한 압박감이나 고통을 주지 않을 것
③ 전면형은 호흡시에 투시부가 흐려지지 않을 것
④ 격리식 및 직결식 방독마스크에 있어서는 정화통, 흡기밸브, 배기밸브 및 머리끈을 쉽게 교환할 수 있고, 착용자 자신이 스스로 안면과 방독마스크 안면부와의 밀착성 여부를 수시로 확인할 수 있을 것
⑤ 전면형은 되도록 시야가 넓을 것

[방독마스크(반면형)의 형태]

⑥ 정화통 내부의 흡착제는 견고하게 충진되고 충격에 의해 외부로 노출되지 않을 것
⑦ 머리끈은 적당한 길이 및 탄력성을 갖고 길이를 쉽게 조절할 수 있을 것

> **참고** 방독마스크
>
> 1. 방독마스크 재료의 구비조건
>   ① 방독마스크에 사용하는 금속부품은 부식되지 않을 것
>   ② 안면에 밀착하는 부분은 피부에 장해를 주지 않을 것
>   ③ 흡착제는 흡착성능이 우수하고 인체에 장해를 주지 않을 것
>   ④ 방독마스크를 사용할 때 충격을 받을 수 있는 부품은 충격시에 마찰스파크가 발생되어 가연성의 가스 혼합물을 점화시킬 수 있는 알루미늄, 마그네슘, 티타늄 또는 이의 합금으로 만들지 말 것
> 2. 파과(破過)
>   대응하는 가스에 대하여 정화통 내부의 흡착제가 포화상태가 되어 흡착능력을 상실한 상태
> 3. 정화통의 유효사용시간(파과시간)
> $$\text{유효사용시간} = \frac{\text{표준유효시간} \times \text{시험가스 농도}}{\text{공기 중 유해가스 농도}}$$
> 4. 복합용 방독마스크
>   두 종류 이상의 유해물질 등에 대한 제독능력이 있는 방독마스크
> 5. 겸용 방독마스크
>   방독마스크(복합용 포함)의 성능에 방진마스크의 성능이 포함된 방독마스크

(4) 방독마스크 정화통 외부측면의 표시 색

종류	표시 색
유기화합물용 정화통	갈색
할로겐용 정화통	회색
황화수소용 정화통	회색
시안화수소용 정화통	회색
아황산용 정화통	노란색
암모니아용 정화통	녹색
복합용 및 겸용의 정화통	• 복합용의 경우: 해당 가스 모두 표시(2층 분리) • 겸용의 경우: 백색과 해당 가스 모두 표시(2층 분리)

▶ 방독마스크는 안면부 내부의 이산화탄소(CO_2)농도가 부피분율 1% 이하이어야 한다.

(5) 안전인증 방독마스크 추가 표시사항(고용노동부고시)

안전인증 방독마스크에는 안전인증의 표시 외에 다음의 내용을 추가로 표시해야 한다.

① 정화통의 외부측면의 표시 색
② 파과곡선도
③ 사용시간 기록카드
④ 사용상의 주의사항

6. 송기마스크

(1) 송기마스크의 종류

종류	형태		구분
호스마스크	폐력흡인형		안면부
	송풍기형	전동	안면부, 페이스실드, 후드
		수동	안면부
에어라인마스크	일정유량형		안면부, 페이스실드, 후드
	디맨드형		안면부
	압력디맨드형		안면부
복합식 에어라인마스크	디맨드형		안면부
	압력디맨드형		안면부

(2) 송기마스크의 시험성능 기준(송풍기형 호스마스크의 분진포집효율 시험성능 기준)

등급	효율(%)
수동	95.0 이상
전동	99.8 이상

7. 보안경

(1) 보안경의 종류(사용구분에 따른 보안경의 종류)

고용노동부고시	종류	사용 구분
자율안전확인 대상 보안경	유리보안경	비산물로부터 눈을 보호하기 위한 것으로 렌즈의 재질이 유리인 것
	플라스틱보안경	비산물로부터 눈을 보호하기 위한 것으로 렌즈의 재질이 플라스틱인 것
	도수렌즈보안경	비산물로부터 눈을 보호하기 위한 것으로 도수가 있는 것
안전인증 대상 보안경	차광보안경	자외선, 적외선 등 유해광선으로부터 눈을 보호하기 위한 것

(2) 보안경의 일반구조

① 보안경에는 돌출 부분, 날카로운 모서리 혹은 사용 도중 불편하거나 상해를 줄 수 있는 결함이 없어야 한다.
② 착용자와 접촉하는 보안경의 모든 부분에는 피부자극을 유발하지 않는 재질을 사용해야 한다.
③ 머리띠를 착용하는 경우, 착용자의 머리와 접촉하는 모든 부분의 폭이 최소한 10mm 이상 되어야 하며, 머리띠는 조절이 가능해야 한다.

(3) 차광보안경의 종류

종류	사용장소
자외선용	자외선이 발생하는 장소
적외선용	적외선이 발생하는 장소
복합용	자외선 및 적외선이 발생하는 장소
용접용	산소용접작업 등과 같이 자외선, 적외선 및 강렬한 가시광선이 발생하는 장소

> **참고 차광보안경**
>
> 1. 차광보안경의 사용목적
>   ① 적외선으로부터 눈을 보호하기 위하여 사용한다.
>   ② 자외선으로부터 눈을 보호하기 위하여 사용한다.
>   ③ 가시광선으로부터 눈을 보호하기 위하여 사용한다.
>
> 2. 안전인증 차광보안경의 추가표시사항(고용노동부고시)
>   안전인증 차광보안경에는 안전인증 표시 외에 다음 내용을 추가로 표시해야 한다.
>   ① 차광도 번호
>   ② 굴절력 성능수준
>
> 3. 접안경
>   착용자의 시야를 확보하는 보안경의 일부로서 렌즈 및 플레이트 등을 말한다.
>
> 4. 시감투과율
>   필터 입사에 대한 투과광속의 비를 말하며, 분광투과율을 측정한다.

8. 보안면

(1) 용접용 보안면의 형태

형태	구조
헬멧형	안전모나 착용자의 머리에 지지대나 헤드밴드 등을 이용하여 적정 위치에 고정, 사용하는 형태(자동용접 필터형, 일반용접 필터형)
핸드실드형	손에 들고 이용하는 보안면으로 적절한 필터를 장착하여 눈 및 안면을 보호하는 형태

(2) 추가표시사항(고용노동부고시)

안전인증 용접용 보안면에는 안전인증 표시 외에 다음 내용을 추가로 표시해야 한다.

① 차광도 번호
② 굴절력 성능수준
③ 시감투과율 차이

9. 안전장갑

(1) 내전압용 절연장갑의 등급 및 색상(고용노동부고시)

등급	최대사용전압		색상
	교류(V, 실효값)	직류(V)	
00	500	750	갈색
0	1,000	1,500	빨간색
1	7,500	11,250	흰색
2	17,000	25,500	노란색
3	26,500	39,750	녹색
4	36,000	54,000	등색

(2) 추가표시사항(고용노동부고시)

안전인증 내전압용 안전장갑에는 안전인증 표시 외에 다음 내용을 추가로 표시해야 한다.

① 등급별 사용전압

② 등급별 색상

10. 귀마개, 귀덮개(고용노동부고시)

(1) 방음용 귀마개, 귀덮개의 종류와 등급

종류	등급	기호	성능	비고
귀마개	1종	EP-1	저음부터 고음까지 차음하는 것	귀마개의 경우 재사용 여부를 제조특성으로 표기
	2종	EP-2	주로 고음을 차음하고 저음(회화음 영역)은 차음하지 않는 것	
귀덮개	-	EM	-	-

(2) 추가표시사항(고용노동부고시)

안전인증 방음용 귀마개 및 귀덮개에는 안전인증 표시 외에 다음의 내용을 추가로 표시해야 한다.

① 일회용 또는 재사용 여부

② 세척 및 소독방법 등 사용상의 주의사항(다만, 재사용 귀마개에 한한다)

11. 보호복(고용노동부고시)

(1) 방열복의 종류

종류	착용부위
방열상의	상체
방열하의	하체
방열일체복	몸체(상·하체)
방열장갑	손
방열두건	머리

(2) 방열복의 질량

종류	질량(kg)
방열상의	3.0
방열하의	2.0
방열일체복	4.3
방열장갑	0.5
방열두건	2.0

> **참고** 투과(Permeation)
>
> 화학물질용 보호복에 있어 화학물질이 보호복의 재료의 외부표면에 접촉된 후 내부로 확산하여 내부표면으로부터 탈착되는 현상이다.

제2절 안전보건표지

1 안전보건표지의 종류, 용도 및 적용

1. 안전보건표지의 분류(산업안전보건법 시행규칙)

금지표지(8종)	바탕은 흰색, 기본모형은 빨간색, 관련부호 및 그림은 검은색
경고표지(15종)	• 바탕은 노란색, 기본모형, 관련부호 및 그림은 검은색 • 다만, 인화성물질 경고, 산화성물질 경고, 폭발성물질 경고, 급성독성물질 경고, 부식성물질 경고, 발암성·변이원성·생식독성·전신독성·호흡기과민성물질 경고의 경우 바탕은 무색, 기본모형은 빨간색(검은색도 가능)
지시표지(9종)	바탕은 파란색, 관련그림은 흰색
안내표지(8종)	• 바탕은 흰색, 기본모형 및 관련부호는 녹색 • 바탕은 녹색, 관련부호 및 그림은 흰색
출입금지표지(3종)	• 글자는 흰색바탕에 흑색 • 다음 글자는 적색(○○○제조/사용/보관중, 석면취급/해체중, 발암물질취급중)

2. 안전보건표지의 적용(산업안전보건법 시행규칙)

(1) 안전보건표지의 색채, 색도기준 및 용도

색채	색도	용도	사용 예
빨간색	7.5R 4/14	금지	정지신호, 소화설비 및 그 장소, 유해행위의 금지
		경고	화학물질 취급장소에서의 유해위험 경고
노란색	5Y 8.5/12	경고	화학물질 취급장소에서의 유해위험 경고 이외의 위험경고, 주의표지 또는 기계방호물
파란색	2.5PB 4/10	지시	특정행위의 지시 및 사실의 고지
녹색	2.5G 4/10	안내	비상구 및 피난소, 사람 또는 차량의 통행표지
흰색	N9.5	–	파란색 또는 녹색에 대한 보조색
검은색	N0.5	–	문자 및 빨간색 또는 노란색에 대한 보조색

① **허용오차 범위**: H = ±2, V = ±0.3, C = ±1(H는 색상, V는 명도, C는 채도를 말한다)
② 위의 색도기준은 한국산업규격(KS 0062)에 따른 색의 3속성에 의한 표시방법에 따른다.

(2) 안전보건표지의 제작

안전보건표지 속의 그림 또는 부호의 크기는 안전보건표지의 크기와 비례해야 하며, 안전보건표지 전체 규격의 30% 이상이 되어야 한다.

3. 안전보건표지의 종류와 형태(산업안전보건법 시행규칙)

1 금지표지	101 출입금지	102 보행금지	103 차량통행금지	104 사용금지	105 탑승금지	106 금연
	107 화기금지	108 물체이동금지	2 경고표지	201 인화성물질 경고	202 산화성물질 경고	203 폭발성물질 경고	204 급성독성물질 경고
205 부식성물질 경고	206 방사성물질 경고	207 고압전기 경고	208 매달린 물체 경고	209 낙하물 경고	210 고온 경고	211 저온 경고
212 몸균형 상실 경고	213 레이저광선 경고	214 발암성·변이원성·생식독성·전신독성·호흡기 과민성 물질 경고	215 위험장소 경고	3 지시표지	301 보안경 착용	302 방독마스크 착용
303 방진마스크 착용	304 보안면 착용	305 안전모 착용	306 귀마개 착용	307 안전화 착용	308 안전장갑 착용	309 안전복 착용
4 안내표지	401 녹십자표지	402 응급구호표지	403 들것	404 세안장치	405 비상용기구	406 비상구
407 좌측비상구	408 우측비상구	5 관계자외 출입금지	501 허가대상물질 작업장 관계자외 출입금지 (허가물질 명칭) 제조/사용/보관 중 보호구/보호복 착용 흡연 및 음식물 섭취 금지	502 석면취급/해체 작업장 관계자외 출입금지 석면 취급/해체 중 보호구/보호복 착용 흡연 및 음식물 섭취 금지	503 금지대상물질의 취급 실험실 등 관계자외 출입금지 발암물질 취급 중 보호구/보호복 착용 흡연 및 음식물 섭취 금지	

적중문제 　CHAPTER 2 ｜ 안전보호구 관리

01 산업안전보건법상 사용구분에 따라 안전모의 종류를 구분할 때 ABE형 안전모에 대한 설명으로 가장 옳은 것은?

① 낙하 또는 추락에 의한 위험과 전자파 피해방지를 위한 것
② 물체의 낙하 또는 비래 및 추락에 의한 위험을 방지 또는 경감시키기 위한 것
③ 물체의 낙하 또는 비래에 의한 위험을 방지 또는 경감하고, 머리부위 감전에 의한 위험을 방지하기 위한 것
④ 물체의 낙하 또는 비래 및 추락에 의한 위험을 방지 또는 경감하고, 머리부위 감전에 의한 위험을 방지하기 위한 것

해설 ABE형 안전모는 낙하 또는 비래 및 추락에 의한 위험을 방지 또는 경감하고, 감전에 의한 위험을 방지하기 위한 것이다.

관련이론 안전모의 종류
- AB: 낙하 또는 비래 및 추락위험방지용
- AE: 낙하 또는 비래 및 감전위험방지용
- ABE: 낙하 또는 비래 및 추락, 감전위험방지용

정답 ④

02 안전인증 대상 보호구 중 안전모의 시험성능 기준의 항목이 아닌 것은?

① 충격흡수성　② 내압박성
③ 내전압성　④ 턱끈풀림

해설 내압박성시험은 안전인증 대상 보호구 중 가죽제안전화의 시험성능 기준항목에 해당한다.

관련이론 안전모의 시험성능 기준항목
1. 안전인증 대상 안전모의 시험성능 기준항목
   - 내관통성　• 내수성　• 난연성
   - 충격흡수성　• 내전압성　• 턱끈풀림
2. 자율안전확인 대상 안전모의 시험성능 기준항목
   - 내관통성　• 난연성　• 측변변형
   - 충격흡수성　• 턱끈풀림
   ▶ 내수성, 내전압성은 자율안전확인 대상 안전모 시험성능 기준항목에서 제외된다.

정답 ②

03 안전모 모체의 내수성시험을 위해 400g의 시료를 20~25℃의 물에 24시간 담근 후 마른 천으로 닦고 재었더니 무게가 410g이었다. 질량증가율과 합격기준으로 옳은 것은?

① 25%, 불합격　② 2.5%, 불합격
③ 0.25%, 합격　④ 0.025%, 합격

해설
- 질량증가율(%)
$$= \frac{\text{담근 후의 질량} - \text{담그기 전의 질량}}{\text{담그기 전의 질량}} \times 100$$
$$= \frac{410-400}{400} \times 100 = 2.5\%$$
- 합격기준은 질량증가율이 1% 미만이어야 하므로 불합격이다.

정답 ②

04 가죽제안전화 완성품에 대한 시험성능 기준 항목에 해당하지 않는 것은?

① 내유성 ② 내답발성
③ 은면결렬성 ④ 내전압성

해설 내전압성은 가죽제안전화 완성품에 대한 시험성능 기준 항목에 해당하지 않는다.

[관련이론] 가죽제안전화 완성품 시험성능 기준항목
- 내압박성
- 인열강도
- 내충격성
- 내부식성
- 박리저항
- 내유성
- 은면결렬
- 내답발성
- 인장강도 및 신장률

정답 ④

05 분리식 방진마스크 2급에서 여과재의 분진 등 포집효율은 몇 % 이상이 되도록 정해져 있는가?

① 80.0 ② 85.0
③ 94.0 ④ 99.0

해설 분리식 방진마스크 2급에서 여과재의 분진 등 포집효율은 80% 이상이어야 한다.

[관련이론] 방진마스크 여과재의 등급별 분진 등 포집효율

형태	등급	염화나트륨 및 파라핀 오일실험(%)
분리식	특급	99.95 이상
	1급	94.0 이상
	2급	80.0 이상
안면부 여과식	특급	99.0 이상
	1급	94.0 이상
	2급	80.0 이상

정답 ①

06 추락방지대와 안전블록이 적용 가능한 안전대는?

① 벨트식 ② 로프식
③ 1개걸이식 ④ 안전그네식

해설 추락방지대와 안전블록은 안전그네식 안전대에만 적용된다.

정답 ④

07 특급 방진마스크를 사용해야 할 경우로 옳은 것은?

① 주물분진 ② 금속흄
③ 베릴륨분진 ④ 규소분진

해설 베릴륨 등과 같이 독성이 강한 물질들을 함유한 분진 등 발생장소, 석면 취급장소에서는 반드시 특급 방진마스크를 사용해야 한다.

정답 ③

08 산업안전보건법상 방독마스크의 종류와 시험가스의 연결로 옳지 않은 것은?

① 할로겐용: 시클로헥산(C_6H_{12})
② 시안화수소용: 시안화수소가스(HCN)
③ 아황산용: 아황산가스(SO_2)
④ 암모니아용: 암모니아가스(NH_3)

해설 할로겐용의 경우 염소가스 또는 증기(Cl_2)가 시험가스에 해당한다.

정답 ①

09 아황산용 방독마스크의 정화통 외부 측면의 표시 색으로 옳은 것은?

① 갈색　　② 회색
③ 녹색　　④ 노란색

해설　아황산용 방독마스크의 정화통 외부 측면에는 노란색으로 표시하여야 한다.

관련이론 방독마스크 정화통 외부 측면의 표시 색

종류	표시 색
유기화합물용	갈색
할로겐용 황화수소용 시안화수소용	회색
아황산용	노란색
암모니아용	녹색

정답 ④

10 밀폐작업 공간에서 유해물과 분진이 있는 상태에서 작업할 때 가장 적합한 보호구는?

① 방진마스크　　② 방독마스크
③ 송기마스크　　④ 보안경

해설　밀폐작업 공간에서 유해물과 분진이 있는 상태에서 작업할 때 가장 적합한 보호구는 송기마스크이다.

선지분석
① 방진마스크는 분진이 발생하는 장소에 적합하다.
② 방독마스크는 독성가스의 작업에 사용한다.
④ 보안경은 유해광선 차단, 칩비산방지용으로 사용한다.

정답 ③

11 차광보안경의 종류에 해당하지 않는 것은?

① 자외선용　　② 적외선용
③ 복합용　　　④ 도수렌즈용

해설　도수렌즈용은 비산물로부터 눈을 보호하기 위한 용도로 사용되고 있다.

관련이론 차광보안경의 종류
- 자외선용
- 복합용
- 적외선용
- 용접용

정답 ④

12 내전압용 절연장갑의 성능기준에 있어 절연장갑의 등급과 최대사용전압이 바르게 연결된 것은? (단, 전압은 교류로 실효값을 의미한다.)

① 00등급: 500V
② 0등급: 2,500V
③ 1등급: 10,000V
④ 2등급: 20,000V

해설　교류일 때 00등급의 절연장갑의 최대사용전압은 500V이고, 직류일 때에는 750V이다.

관련이론 절연장갑의 등급과 최대사용전압

등급	최대사용전압		색상
	교류(V, 실효값)	직류(V)	
00	500	750	갈색
0	1,000	1,500	빨간색
1	7,500	11,250	흰색
2	17,000	25,500	노란색
3	26,500	39,750	녹색
4	36,000	54,000	등색

정답 ①

13 안전인증 대상 방음용 귀마개의 종류 중 성능에 있어 저음부터 고음까지 차음하는 것의 기호로 옳은 것은?

① EP-1　　② EP-2
③ EP-3　　④ EM

해설　저음부터 고음까지 차음하는 것은 EP-1 귀마개이다.

관련이론 안전인증 대상 방음용 보호구

형식	종류	기호	적요
귀마개	1종	EP-1	저음부터 고음까지를 차단하는 것
	2종	EP-2	고음만을 차단하는 것
귀덮개	-	EM	-

정답 ①

14 안전보건표지의 색채와 사용 사례의 연결로 옳지 않은 것은?

① 빨간색 – 소화설비 및 그 장소
② 녹색 – 사람 또는 차량의 통행표지
③ 파란색 – 특정행위의 지시 및 사실의 고지
④ 노란색 – 화학물질 취급장소에서의 유해위험경고

해설 화학물질 취급장소에서의 유해위험경고 색채는 빨간색이다.

정답 ④

15 산업안전보건법상 안전보건표지 중 경고표지의 종류에 해당하지 않는 것은?

① 고압전기 경고   ② 레이저광선 경고
③ 추락 경고   ④ 몸균형상실 경고

해설 추락 경고는 경고표지의 종류에 해당하지 않는다.

관련이론 안전보건표지 중 경고표지의 종류(산업안전보건법)
- 인화성물질 경고   • 산화성물질 경고
- 폭발성물질 경고   • 급성독성물질 경고
- 부식성물질 경고   • 방사성물질 경고
- 고압전기 경고   • 매달린 물체 경고
- 낙하물 경고   • 고온 경고
- 저온 경고   • 몸균형상실 경고
- 레이저광선 경고   • 위험장소 경고

정답 ③

16 산업안전보건법령상 안전보건표지의 색채별 색도기준이 바르게 연결된 것은? (단, 순서는 색상, 명도, 채도이며 색도기준은 KS에 따른 색의 3속성에 의한 표시방법에 따른다.)

① 빨간색: 7.5R 4/13
② 노란색: 2.5Y 8/12
③ 파란색: 7.5PB 2.5/7.5
④ 녹색: 2.5G 4/10

해설 녹색의 색도기준은 2.5G 4/10이다.

관련이론 안전보건표시의 색채별 색도기준(산업안전보건법 시행규칙)
- 빨간색: 7.5R 4/14
- 노란색: 5Y 8.5/12
- 파란색: 2.5PB 4/10
- 녹색: 2.5G 4/10
- 흰색: N9.5
- 검은색: N0.5

정답 ④

17 산업안전보건법상 안전보건표지의 분류에 있어 관계자외 출입금지표지의 종류에 해당하지 않는 것은?

① 차량통행금지
② 금지유해물질 취급
③ 허가대상유해물질 취급
④ 석면취급 및 해체, 제거

해설 차량통행금지는 금지표지의 종류에 해당한다.

정답 ①

18 산업안전보건법상 안전보건표지 중 위험장소 경고를 의미하는 것은?

①    ②

③    ④

해설 위험장소 경고에 해당하는 표지는 ③의 표지이다.

선지분석
① 인화성물질 경고표지이다.
② 폭발성물질 경고표지이다.
④ 레이저광선 경고표지이다.

정답 ③

19 안전보건표지 중 들것, 비상구, 응급구호를 나타내는 색은?

① 빨간색　　② 노란색
③ 녹색　　　④ 파란색

해설 안전보건표지 중 들것, 비상구, 응급구호를 나타내는 색은 녹색이다.

정답 ③

20 산업안전보건법령상 안전보건표지에 있어서 경고표지의 종류 중 기본모형이 다른 것은?

① 고압전기 경고　　② 매달린물체 경고
③ 방사성물질 경고　④ 폭발성물질 경고

해설 폭발성물질 경고는 기본모형이 마름모형이고, 나머지 경고표지의 기본모형은 삼각형이다.

관련이론 경고표지의 종류에 따른 기본모형(산업안전보건법)

1. 삼각형(△)
   • 방사성물질 경고
   • 고압전기 경고
   • 매달린물체 경고
   • 낙하물 경고
   • 고온 경고
   • 저온 경고
   • 몸균형상실 경고
   • 레이저광선 경고
   • 위험장소 경고

2. 마름모형(◇)
   • 인화성물질 경고
   • 산화성물질 경고
   • 폭발성물질 경고
   • 급성독성물질 경고
   • 부식성물질 경고
   • 발암성·변이원성·생식독성·전신독성·호흡기과민성물질 경고

정답 ④

CHAPTER 3 | 산업안전심리

제1절 산업심리와 심리검사

1 산업심리학의 정의

산업심리학은 근로자를 적재적소에 배치할 수 있는 과학적 판단과 배치된 근로자가 만족하며 자기직무를 다할 수 있는 여건을 어떻게 하면 만들어 줄 수 있을지를 연구하는 학문이다.

2 심리검사의 종류

종류	내용
성격검사	집단 내의 인간관계와 사업장에서의 안정성 유지여부를 측정하는 검사이다.
흥미검사	개인이 무엇에 관심이 있는가를 측정하는 검사이다.
지능검사	사고능력, 학습능력, 기억력, 적응력 등을 토대로 개인이 어떤 문제를 해결하는 데 지식을 적용하는 능력을 측정하는 검사이다.
신체능력검사	근력, 순발력, 체력, 신체조정능력 등을 측정하는 검사이다.
기계적성검사	기계적 원리를 얼마나 이해하고 있는지에 대한 것과 생산 및 제조직무에 적합한지 여부를 측정하는 검사이다.

> **참고** 심리검사의 기준과 심리검사의 타당도
>
> 1. 심리검사의 기준
>   ① 신뢰성
>   ② 객관성
>   ③ 타당성
>   ④ 표준화
>   ⑤ 규준
> 2. 심리검사의 타당도
>   ① 내용 타당도: 해당 전문가가 검사내용의 타당성을 결정하므로 전문가의 주관적 판단이 개입된다.
>   ② 수렴 타당도: 검사의 결과가 그 속성과 관계가 있는 변인과 높은 상관관계를 지니고 있는지의 정도를 측정한다.
>   ③ 구인타당도(구성개념 타당도): 검사가 이론적 구성개념이나 특성을 잘측정하는지의 정도를 측정한다.
>   ④ 준거관련 타당도: 예측변인이 준거(예 다른 검사점수 등)와 얼마나 관련되어 있는지를 나타낸다.

3 불안과 스트레스(Stress)

1. **스트레스에 영향을 주는 요인**

    (1) 내적요인

    ① 지나친 경쟁심과 재물에 대한 욕심
    ② 자존심의 손상과 공격방어 심리
    ③ 출세욕의 좌절감과 자만심의 상충
    ④ 지나친 과거에의 집착과 허탈(현실에서의 부적응)
    ⑤ 남에게 의지하고자 하는 심리
    ⑥ 업무상의 죄책감

    (2) 외적요인

    ① 대인관계상의 갈등과 대립
    ② 가족관계상의 갈등
    ③ 경제적인 어려움
    ④ 자신의 건강문제
    ⑤ 상대적인 박탈감
    ⑥ 가족의 죽음이나 질병

2. **스트레스에 대한 반응에 개인 차이가 발생하는 이유**

    (1) 성(性)의 차이
    (2) 자기존중감의 차이
    (3) 강인성의 차이

3. **산업 스트레스의 요인 중 직무특성과 관련된 요인**

    (1) 작업속도
    (2) 근무시간
    (3) 업무의 반복성

    > **참고** NIOSH(미국 국립산업안전보건연구원)의 직무스트레스 모형
    >
    > | | |
    > |---|---|
    > | 작업요인 | 작업속도, 작업부하, 교대근무 |
    > | 조직요인 | 관리유형, 역할갈등, 고용불확실, 의사결정 참여 |
    > | 환경요인 | 조명, 소음, 진동, 고열, 한랭 |
    > | 중재요인 | • 개인적 요인: 연령, 경력, 성격
• 조직의 요인: 가족상황, 결혼상태, 교육상태
• 완충작용요인: 대응능력, 업무숙달 정도, 사회적지지 |

제2절　직업적성과 인사심리

1 직업적성의 분류

1. 적성요인
(1) 지능
(2) 흥미
(3) 인간성(성격)
(4) 직업적성
▶ 적성요인에 해당하지 않는 것: 개인차, 연령 등

2. 지능과 사고
(1) 지능이 낮은 사람은 단순한 직무에 적응률이 높고 정밀한 작업에는 적응률이 저하된다.
(2) 지능이 높은 사람은 단순한 직무에 불만을 나타내며 다른 직무로 이동하는 경향이 있다.

2 적성검사의 종류

1. 직업적성검사 대상
(1) 지능
(2) 시각과 수동작의 적응력
(3) 형태식별능력
(4) 운동속도
(5) 손작업능력

2. 적성검사의 종류
(1) 속도에 의한 검사
(2) 계산에 의한 검사
(3) 정확성 및 기민성 검사
(4) 시각적 판단력 검사

3 직무분석 및 직무평가

(1) 직무기술서(과업 중심)에 포함되어야 하는 사항
　① 직무의 직종
　② 수행되는 과업
　③ 직무수행 방법
　④ 직무의 명칭
　⑤ 직무수행 도구
　⑥ 직무환경

(2) 직무명세서(인적요건 중심)에 포함되어야 하는 사항
　① 지식
　② 기술
　③ 경험
　④ 자격요건
　⑤ 능력
　⑥ 가치
　⑦ 태도
　⑧ 적성

(3) 직무확대의 방법

① 종업원들에게 직무에 부가되는 자유와 권리를 주어야 한다.

② 종업원들에게 새롭고 힘든 업무를 수행하도록 한다.

③ 종업원들에게 완전하고 자연스러운 작업단위를 제공한다.

④ 종업원들이 전문가가 될 수 있도록 전문화된 임무를 배당한다.

(4) 직무평가

조직 내에서 각 직무마다 임금수준을 결정하기 위해 직무들의 상대적 가치를 조사하는 것을 말한다.

(5) 직무평가의 방법

① 서열법
② 분류법
③ 점수법
④ 요소비교법

4 선발 및 배치

1. 적성배치의 효과

(1) 근로의욕 고취
(2) 근로자에게 자아실현 기회부여
(3) 생산성 향상
(4) 재해의 예방

> **참고** 적성배치시 고려할 사항과 인간의 적성을 발견하는 방법
>
> 1. 적성배치시 고려할 사항
>   ① 주관적인 감정요소 배제
>   ② 인사관리의 기준 원칙 준수
>   ③ 직무평가를 통하여 자격수준 결정
>   ④ 적성검사를 실시하여 개인의 능력 파악
> 2. 인간의 적성을 발견하는 방법
>   ① 계발적 경험
>   ② 자기이해
>   ③ 적성검사

2. 성격검사

(1) Y-G(Yatabe-Guilford) 성격검사

① A형(평균형): 조화적, 적응적

② B형(우편형): 정서불안정, 활동적, 외향적(불안정, 부적응, 적극형)

③ C형(좌편형): 안전소극형(온순, 소극적, 안정, 비활동, 내향적)

④ D형(우하형): 안정, 적응, 적극형(정서안정, 사회적응, 활동적, 대인관계 양호)

⑤ E형(좌하형): 불안정, 부적응, 수동형(D형과 반대)

> **참고** 망상인격과 지각의 오류
>
> 1. 망상인격
>   직장에서의 부적응 유형 중 자기주장이 강하고 빈약한 대인관계를 가지고 있는 성격의 소유자로 사소한 일에 있어서도 타인이 자신을 제외했다고 여겨 악의를 나타내는 인격이다.
> 2. 지각의 오류
>   ① 후광효과(Halo Effect: 헤일로효과): 한가지 특성에 기초하여 그 사람의 모든 측면을 판단하는 인간의 경향성을 말한다.
>   ② 최근효과: 앞의 내용보다 가장 나중에 제시된 내용을 더 많이 기억하는 현상을 말한다.
>   ③ 초두효과: 먼저 제시된 정보가 나중에 제시되는 정보보다 더 강력한 영향을 미치는 현상을 말한다.

(2) Y – K(Yukata – Kohate) 성격검사

CC'형(담즙질)	• 운동, 결단이 빠르다. • 자신감이 강하다.	• 적응이 빠르다. • 내구성·집념이 부족하다	• 세심하지 않다.
MM'형(흑담즙질)	• 운동이 느리다. • 세심하고 정확하다.	• 지속성이 풍부하다. • 내구성·집념이 강하다.	• 적응이 느리다. • 자신감이 강하다.
SS'형(다혈질)	• 운동, 결단이 빠르다. • 자신감이 약하다.	• 적응이 빠르다. • 내구성·집념이 부족하다.	• 세심하지 않다.
PP'형(점액질)	• 운동이 느리다. • 세심하고 정확하다.	• 지속성이 풍부하다. • 내구성·집념이 강하다.	• 적응이 느리다. • 자신감이 약하다.

5 인사관리의 기초

1. **인사관리의 주요기능**

   (1) 선발
   (2) 적성배치
   (3) 업무평가
   (4) 직무 및 작업분석
   (5) 조직과 리더십
   (6) 상담 및 노사간의 이해

2. **직업상담의 유형**

   (1) 개인적 카운셀링(Counseling) 방법
   ① 설명적 방법
   ② 직접적 충고(안전수칙 불이행시 적합)
   ③ 설득적 방법

   (2) 카운셀링의 순서
   장면구성 – 내담자 대화 – 의견 재분석 – 감정표출 – 감정의 명확화

   (3) 로저스(Rogers C.R)의 카운셀링 방법
   ① 비지시적 카운셀링
   ② 지시적 카운셀링
   ③ 절충적 카운셀링

CHAPTER 3 산업안전심리

제3절 인간의 특성과 안전과의 관계

1 안전사고 요인

1. **안전사고의 요인이 되는 정신적 요소**

    (1) 주의력의 부족

    (2) 안전의식의 부족

    (3) 개성적 결함요소(도전적 성격, 과도한 집착성, 과도한 자존심, 경솔성, 배타성 등)

    (4) 방심 및 공상

    (5) 판단력의 부족 또는 그릇된 판단

2. **정신적 요소에 영향을 주는 생리적 현상**

    (1) 생리 및 신경계통의 이상   (4) 육체적 능력의 초과

    (2) 극도의 피로   (5) 근육운동의 부적합

    (3) 시력 및 청각기능의 이상

    ▶ 정신적 요소에 영향을 주는 심리적 현상으로는 감정의 불안정이 있다.

2 산업안전심리의 요소

(1) 동기(Motive)   (4) 습관(Custom)

(2) 기질(Temper)   (5) 습성(Habits)

(3) 감정(Emotion)

3 착상심리

착상심리의 실험결과 – 잘못 생각하는 내용
① 인간의 능력은 태어날 때부터 동일하다. ④ 아래턱이 마른 사람은 의지가 약하다.
② 여자는 남자보다 지식이 부족하다.   ⑤ 무당은 미래를 예측할 수 있다.
③ 얼굴을 보면 지능 정도를 알 수 있다.   ⑥ 민첩한 사람은 둔한 사람보다 착오가 많다.

4 착오

1. **착오의 메커니즘(Mechanism)**

    (1) 순서의 착오   (4) 패턴(Pattern)의 착오

    (2) 위치의 착오   (5) 잘못 기억

    (3) 형(形)의 착오

> **참고** 감각차단현상
>
> 단조로운 업무가 장시간 지속될 때 작업자의 감각기능 및 판단능력이 둔화되거나 마비되는 현상이다.

2. 착오의 요인(대뇌의 휴먼에러로 인한 착오의 요인)

(1) 인지과정의 착오

　　① 정서불안정(공포, 불안, 불만)　　③ 생리적, 심리적 능력의 한계
　　② 감각차단현상　　　　　　　　　④ 정보량 저장능력의 한계

(2) 판단과정의 착오

　　① 자신 과잉　　　　　　　　　　　④ 합리화
　　② 능력부족(지식, 적성, 기술)　　　⑤ 환경조건 불비(표준 불량, 규칙 불충분, 작업조건 불량)
　　③ 정보부족

(3) 조치과정의 착오

　　① 작업경험의 부족　　　　　　　　② 작업자의 기능 미숙

5 착시

(1) 뮬러-라이어(Müller-Lyer)의 착시

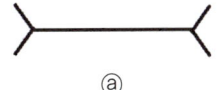　　　　　　　　　
　　　　ⓐ　　　　　　　　　　　　　　　ⓑ

ⓐ가 ⓑ보다 길게 보인다(실제 ⓐ = ⓑ).

[동화착오]

(2) 헤링(Hering)의 착시

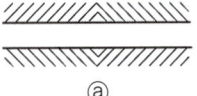　　　　　　　　　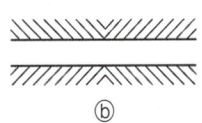
　　　　ⓐ　　　　　　　　　　　　　　　ⓑ

두 개의 평행선이 ⓐ는 양 끝이 벌어져 보이고 ⓑ는 중앙이 벌어져 보인다.

[분할착오]

(3) 헬름홀쯔(Helmholtz)의 착시

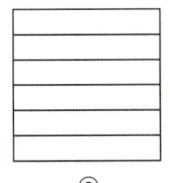　　　　　　　　　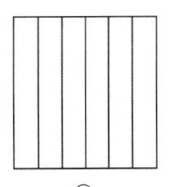
　　　　ⓐ　　　　　　　　　　　　　　　ⓑ

ⓐ는 가로로 길어 보이고 ⓑ는 세로로 길어 보인다(실제 ⓐ = ⓑ).

(4) 포겐도르프(Poggendorf)의 착시

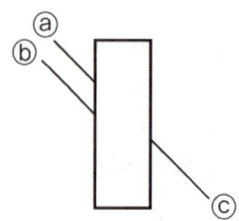

ⓑ와 ⓒ가 일직선으로 보이지만 실제로는 ⓐ와 ⓒ가 일직선이다.

[위치착오]

(5) 쾰러(Köhler)의 착시

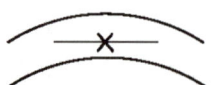

우선 평행으로 호(弧)를 보고 이어 직선을 본 경우에는 직선은 호와의 반대방향에 보인다.

[윤곽착오]

(6) 쵤러(Zöllner)의 착시

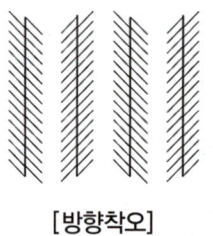

[방향착오]

6 착각현상(운동의 시지각)

(1) 유도운동

　실제로는 움직이지 않는 것이 어느 기준의 이동에 유도되어 움직이는 것처럼 느껴지는 현상이다.

(2) 가현운동

　① 객관적으로 정지하고 있는 대상물이 급속히 나타나거나 소멸하는 것으로 인하여 일어나는 운동으로 마치 대상물이 운동하는 것처럼 인식되는 현상이다.
　② 영화의 영상은 가현운동(β운동)을 활용한 것이다.

(3) 자동운동

　암실에서 정지된 소광점을 응시하고 있으면 그 광점이 움직이는 것처럼 보이는 현상이다.

> **참고** 자동운동이 발생하기 쉬운 조건
> ① 대상이 단순할 것　　　　　　③ 광의 강도가 작을 것
> ② 광점이 작을 것　　　　　　　④ 시야의 다른 부분이 어두울 것

적중문제 CHAPTER 3 | 산업안전심리

01 심리검사의 특징 중 측정하고자 하는 것을 실제로 잘 측정하는지의 여부를 판별하는 것은?

① 표준화 ② 객관성
③ 신뢰성 ④ 타당성

해설 측정하고자 하는 것을 실제로 잘 측정하는지의 여부를 판별하는 것은 타당성이다.

[관련이론] 심리검사의 구비조건
- 타당성: 측정하고자 하는 것을 실제로 잘 측정하는지의 여부를 판별하는 것이다.
- 표준화: 검사절차에 일관성과 통일성이 있어야 한다.
- 객관성: 검사자의 편견이나 주관성이 배제되어야 하며 어떤 사람이 검사하여도 동일한 결과를 얻어야 한다.
- 규준(Norms): 검사의 결과를 해석하기 위해서는 비교할 수 있는 참조 또는 비교의 틀이 있다.
- 신뢰성: 검사응답의 일관성 즉, 반복성이 있어야 한다.

정답 ④

02 안전심리의 5대 요소 중 능동적인 감각에 의한 자극에서 일어난 사고의 결과로서 사람의 마음을 움직이는 원동력이 되는 것은?

① 기질 ② 동기
③ 감정 ④ 습관

해설 능동적인 감각에 의한 자극에서 일어난 사고의 결과로 사람의 마음을 움직이는 원동력이 되는 것은 동기이다.

 안전심리의 5대 요소
- 습관
- 동기
- 기질
- 감정
- 습성

정답 ②

03 Y-G성격검사 결과, B형인 사람의 성격이라고 볼 수 없는 것은?

① 정서불안정 ② 안전소극형
③ 활동적 성격 ④ 외향적 성격

해설 Y-G성격검사 결과에서 안전소극형은 C형인 사람의 성격에 해당한다.

정답 ②

04 직무에서 수행하는 과업과 직무를 수행하는데 요구되는 인적자질에 의해 직무의 내용을 정의하는 공식적 절차를 무엇이라고 하는가?

① 직무분석(Job Analysis)
② 직무평가(Job Evaluation)
③ 직무확충(Job Enrichment)
④ 직무만족(Job Satisfaction)

해설 직무분석(Job Analysis)에 대한 설명이다.

정답 ①

05 카운셀링(Counseling)의 순서로 옳은 것은?

① 장면구성 → 내담자와의 대화 → 감정표출 → 감정의 명확화 → 의견 재분석
② 장면구성 → 내담자와의 대화 → 의견 재분석 → 감정표출 → 감정의 명확화
③ 내담자와의 대화 → 장면구성 → 감정표출 → 감정의 명확화 → 의견 재분석
④ 내담자와의 대화 → 장면구성 → 의견 재분석 → 감정표출 → 감정의 명확화

해설 카운셀링(Counseling)의 순서는 다음과 같다.
장면구성 → 내담자와의 대화 → 의견 재분석 → 감정표출 → 감정의 명확화

정답 ②

06 어떤 과업을 성취할 수 있는 자신의 능력에 대한 스스로의 믿음을 무엇이라고 하는가?
① 자아존중감(Self – Esteem)
② 통제소재(Locus of Control)
③ 자기통제(Self – Control)
④ 자기효능감(Self – Efficacy)

해설 자기효능감(Self – Efficacy)에 대한 설명이다.
선지분석
① 자아존중감은 자기 자신을 가치있고 긍정적인 존재로 평가하는 개념이다.
② 통제소재는 자신의 삶을 통제할 수 있다고 느끼는 것만큼 자신의 삶을 긍정적으로 생각하는 것이다.
③ 자기통제는 외부로부터의 강화나 벌이 전혀 없는 상태에서 자기 스스로 내적강화나 벌을 가하여 특정의 행동을 하게 되는 확률을 증가시키거나 감소시키는 것이다.

정답 ④

07 스트레스의 주요원인 중 마음 속에서 일어나는 내적 자극요인으로 볼 수 없는 것은?
① 자존심의 손상
② 업무상 죄책감
③ 현실에서의 부적응
④ 대인관계상의 갈등

해설 대인관계상의 갈등은 스트레스의 주요원인 중 외부적 자극요인에 해당한다.

정답 ④

08 미국국립산업안전보건연구소(NIOSH)의 직무스트레스 모형에서 직무스트레스 요인을 작업요인, 조직요인, 환경요인으로 구분할 때 다음 중 조직요인에 해당하는 것은?
① 관리유형
② 조명 및 소음
③ 교대근무
④ 작업속도

해설 조직요인에 해당하는 것은 관리유형이다.

관련이론 미국 국립산업안전보건연구소의 직무스트레스 모형
• 관리유형: 조직요인
• 조명 및 소음: 환경요인
• 교대근무: 작업요인
• 작업속도: 작업요인

정답 ①

09 인간의 착각현상이 아닌 것은?
① 자동운동
② 유도운동
③ 가현운동
④ 순응

해설 순응은 인간이 주어진 환경에 적응해 나가는 것을 뜻하는 것으로 인간의 착각현상에 해당하지 않는다.

정답 ④

10 인간의 착각현상 가운데 객관적으로 정지하고 있는 대상물이 급속히 나타나던가 소멸하는 것으로 인하여 일어나는 운동으로 마치 대상물이 운동하는 것처럼 인식되는 현상을 말하며, 영화영상의 방법으로 쓰이는 이와 같은 현상을 어떤 운동이라고 하는가?
① 자동운동
② 가현운동
③ 유동운동
④ 반사운동

해설 가현운동에 대한 설명이며, 가현운동(β운동)은 영화영상의 방법으로 쓰인다.

정답 ②

11 감각차단현상이 발생하기 가장 쉬운 경우는?
① 복잡한 업무가 장시간 지속될 때
② 정신적인 업무가 장시간 지속될 때
③ 단조로운 업무가 장시간 지속될 때
④ 주의력의 배분을 요하는 작업이 장시간 지속될 때

해설 감각차단현상은 단조로운 업무가 장시간 지속될 때 작업자의 감각기능 및 판단능력이 둔화되거나 마비되는 현상을 말하며, 단조로운 업무가 장시간 지속될 때 발생하기 가장 쉽다.

정답 ③

12 인간착오의 메커니즘이 아닌 것은?

① 위치의 착오   ② 패턴의 착오
③ 형의 착오   ④ 크기의 착오

해설 크기의 착오는 인간착오의 메커니즘에 해당하지 않는다.

> **관련이론** 인간착오의 메커니즘(Mechanism)
> • 위치의 착오   • 형(形)의 착오
> • 패턴(Pattern)의 착오   • 순서의 착오
> • 잘못 기억

정답 ④

13 인간의 착각현상 가운데 암실 내에서 하나의 광점을 보고 있으면 그 광점이 움직이는 것처럼 보이는 것을 자동운동이라고 하는데, 자동운동이 생기기 쉬운 조건이 아닌 것은?

① 광의 강도가 클 것
② 대상이 단순할 것
③ 광점이 작을 것
④ 시야의 다른 부분이 어두울 것

해설 광의 강도가 작아야 자동운동이 생기기 쉽다.

정답 ①

14 헤링(Herling)의 착시현상에 해당하는 것은?

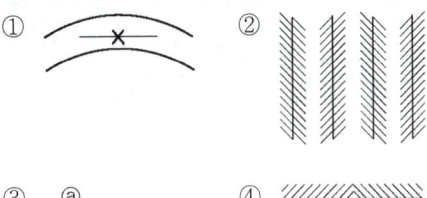

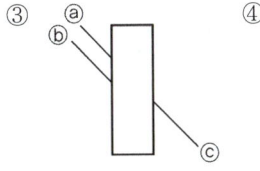

해설 ④의 현상이 헤링의 착시현상에 해당한다.
선지분석
① 쾰러(Köhler)의 착시현상이다.
② 쵤러(Zöllner)의 착시현상이다.
③ 포겐도르프(Poggendorf)의 착시현상이다.

정답 ④

15 다음 설명과 그림은 어떤 착시현상과 관계가 깊은가?

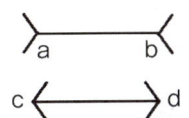

[그림]에서 선 ab와 선 cd는 그 길이가 동일한 것이지만 시각적으로는 선 ab가 선 cd보다 길어 보인다.

① 헬름홀쯔(Helmholz)의 착시
② 쾰러(Köhler)의 착시
③ 뮬러-라이어(Müller-Lyer)의 착시
④ 포겐도르프(Poggendorf)의 착시

해설 뮬러-라이어(Müller-Lyer)의 착시현상에 대한 내용이다.

> **관련이론** 뮬러-라이어(Müller-Lyer)의 착시
>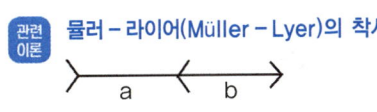
> (a)가 (b)보다 길어 보인다(실제로는 같음).

정답 ③

CHAPTER 4 | 인간의 행동과학

제1절 조직과 인간행동

1 인간관계

1. 인간관계
인간 대 인간의 상호작용 및 행위양식에 관한 것이다.

2. 호손(Hawthorne) 실험
미국의 메이요(G.E. Mayo) 교수에 의하여 호손공장에서 행한 실험으로 근로자의 작업능력(생산성 향상)은 물적인 작업조건보다는 사람의 심리적 태도, 즉 감정을 규제하고 있는 인간관계에 의하여 결정된다는 것을 확인한 것이다.

3. 인간관계의 개선기법
(1) 커뮤니케이션(Communication) 개선기법
  ① 사기조사
  ② 제안제도
  ③ 고충처리제도
  ④ 인사상담제도

(2) 심리(心理), 사회적(社會的) 기법
  ① 감수성 훈련(Sensitivity Training)
  ② 그리드 훈련(Grid Training): 도구를 이용한 실험 훈련기법
  ③ 집단역학
  ④ 소시오메트리(Sociometry): 모레노(Jacob Moreno)에 의해 고안된 것으로 집단 내의 역동성과 구성원의 사회적 위치 분석

2 사회행동의 기초

(1) 개성(Personality)
  ① 개성의 형성요인
    ㉠ 습성
    ㉡ 습관
    ㉢ 교육
    ㉣ 환경조건
  ② 집단의 개성은 개인의 개성보다 변화시키기가 용이하다.
  ③ 안전심리에서 고려되는 중요한 요소는 개성과 사고이다.

(2) 욕구(Desire)

의식적 통제가 힘든 순으로 나열하면 다음과 같다.

① 호흡욕구 → ② 안전욕구 → ③ 해갈욕구 → ④ 배설욕구 → ⑤ 수면욕구

(3) 사회행동의 기본형태

① **협력**: 조력, 분업

② **대립**: 경쟁, 공격

③ **도피**: 자살, 고립, 정신병, 우울증

④ **융합**: 타협, 통합

3 인간관계 메커니즘(Mechanism: 인간관계가 생기는 기제)

(1) 커뮤니케이션(Communication)

여러 가지 행동양식이나 기호를 매개로 어떤 사람이 타인에게 의사를 전달하는 것

(2) 모방(Imitation)

남의 행동이나 판단을 표본으로 삼아 그와 비슷하거나 같게 행동 또는 판단을 취하려는 것

(3) 암시(Suggestion)

다른 사람의 행동이나 판단을 무비판적으로 받아들이는 것

(4) 투사(Projection)

자기 마음속의 억압된 것을 다른 사람의 것으로 생각하는 것

(5) 동일화(Identification)

다른 사람 중에 자기와 비슷한 것을 발견하거나 다른 사람의 행동양식이나 태도를 스스로에게 투입시키는 것

4 집단행동

1. **통제가 있는 집단행동**

   (1) 제도적 행동

   (2) 관습

   (3) 유행

2. **비통제의 집단행동**

   (1) 모브(Mob)

   군중보다 한층 합의성이 없고 감정만에 의해서 행동하는 것으로 폭동과 같은 것을 말한다.

(2) 패닉(Panic)
이상적(理想的)인 상태에서 모브가 공격적인데 비하여 패닉은 방어적인 것이 차이점이다.

(3) 군중(Crowd)
성원 각자는 비판력이 없고 책임감을 갖지 않으며 성원 사이에 지위나 역할의 분화가 없다.

(4) 심리적 전염(Mental Epidemic)
어떤 사상이 상당한 기간을 걸쳐 광범위하게 사고적, 논리적 근거없이 무비판적으로 받아들여지는 것이다.

3. 집단의 유형
(1) 사회적 집단(Sociogroup)
(2) 심리적 집단(Psychogroup)

4. 집단의 기능
(1) 집단의 목표설정
(2) 응집력 발생
(3) 행동의 규범 존재
▶ 규범은 변화하기 쉬운 것으로 가변적이다.

5. 집단의 효과
(1) Synergy(System + Energy, 시너지)효과
(2) 동조효과
(3) 견물(見物)효과

참고 집단에 관한 사항

1. 집단간의 갈등요인
   ① 제한된 자원
   ② 집단간의 목표차이
   ③ 동일한 사안을 바라보는 집단간의 인식차이
2. 집단간 갈등의 해소방안
   ① 공동의 문제 설정
   ② 상위 목표의 설정
   ③ 사회적 범주와 편향의 최소화
   ④ 집단간 접촉기회의 증대
3. 시너지(Synergy)효과
   집단이 가지는 효과로 두 개 이상의 서로 다른 개체가 힘을 합쳐 둘이 지닌 힘 이상의 효과를 내는 현상이다.
4. 집단의 응집성이 높아지는 조건
   ① 집단의 구성원이 적을수록
   ② 외부의 위협이 있을수록
   ③ 가입하기 어려울수록
   ④ 구성원이 함께 보내는 시간이 많을수록

5. 비공식 집단
   ① 비공식 집단은 조직구성원의 태도, 행동 및 생산성에 지대한 영향력을 행사한다.
   ② 가장 응집력이 강하고 우세한 비공식 집단은 수평적 동료집단이다.
   ③ 혼합적 혹은 우선적 동료집단은 각자 위치한 부서에 근무하는 직위가 다른 성원들로 구성된다.
   ④ 비공식 집단은 관리영역 밖에 존재하고 조직표에 나타나지 않는다.
   ⑤ 직접적이고 빈번한 개인간의 접촉을 필요로 한다.
6. 집단의 역할갈등 원인
   ① 역할 부적합
   ② 역할 마찰
   ③ 역할 모호성
7. 자기 효능감(Self efficacy)
   어떤 과업을 성취할 수 있는 자신의 능력에 대한 스스로의 믿음이다.

5 의사소통 과정의 4가지 구성요소

(1) 메시지(Message)

(2) 수신자

(3) 채널(Channel)

(4) 피드백(Feed Back)

> **참고** 의사소통의 심리구조와 의사소통망
>
> 1. 의사소통의 심리구조에 관한 조하리의 창(Johari's Window)
>   ① Open Area(공개영역): 대인관계에 있어서 자신이 알고 있고 상대에게도 인지되는 영역 예 열린 창
>   ② Blind Area(맹인영역): 자신은 알 수 없으나 상대로부터는 잘 관찰되는 영역 예 보이지 않는 창
>   ③ Hidden Area(사적영역, 비밀영역): 자신은 알고 있지만 상대에게는 숨기고 있는 영역 예 숨겨진 창
>   ④ Unknown Area(미지영역): 자신에게도, 상대에게도 인지되지 않은 영역 예 암흑의 창
> 2. 의사소통망의 유형
>   ① 원형
>   ② 사슬형
>   ③ 수레바퀴형

6 인간의 일반적인 행동특성

1. **인간의 행동**

   (1) 레빈(Kurt Lewin)의 법칙

   인간의 행동은 그 사람이 가진 자질 즉, 개체와 심리학적 환경과의 상호 함수관계에 있다.

   $$B = f(P \cdot E)$$

여기서,

B: Behavior(행동) – 행동

P: Person(개체) – 연령, 경험, 심신상태, 성격, 지능, 소질 등

E: Environment(환경) – 심리적 영향을 미치는 인간관계, 작업환경, 설비적 결함, 작업조건, 직무안정, 감독 등

f: function(함수) – 적성, 기타 P, E에 영향을 주는 조건 등

(2) 인간의 동작 특성

① 외적조건

  ㉠ **정적조건**: 높이, 폭, 길이 등의 조건이다.

  ㉡ **동적(動的)조건**: 대상물의 동적성질에 따른 조건으로 최대요인이 된다.

  ㉢ **환경조건**: 기온, 습도, 조명, 분진 등의 물질적 환경조건이다.

② 내적조건

  ㉠ 개인차(개성)   ㉢ 경험시간(경력)

  ㉡ 적성   ㉣ 생리적 조건(피로, 긴장)

(3) 안전교육을 통한 안전태도 형성 요령

① 청취한다.   ④ 권장(평가)한다.

② 이해한다.   ⑤ 칭찬한다.

③ 모범을 보인다.   ⑥ 벌을 준다.

2. 군화(群化)의 법칙

(1) **근접의 요인**: 근접된 물건끼리 정리한다.

[근접의 요인]

(2) **동류(유사성)의 요인**: 매우 비슷한 물건끼리 정리한다.

[동류의 요인]

(3) **폐합(폐쇄성)의 요인**: 밀폐형을 가지런하게 정리한다.

[폐합의 요인]

(4) **연속의 요인**: 연속하여 가지런하게 정리한다.

(a) 직선과 곡선 교차　　　　　　　(b) 변형된 2개의 조합

> **참고** 간결성의 원리
> 작업장의 정리정돈 태만 등 생략행위를 유발하는 인간의 심리적 요인이다.

7 사회행동의 기초

1. **요구(Need)**

    (1) 1차적 요구(Primary Need)
    　　호흡, 갈증, 배설 등 물리적 요구

    (2) 2차적 요구(Secondary Need)
    　　지위, 금전, 명예 등 사회적 요구

2. **개성(Personality)**
    인간의 성격, 기질, 능력의 요인이 결합하여 이루어진 것

3. **인지(認知)**

4. **신념 및 태도**

제2절 재해빈발성 및 행동과학

1 사고경향

1. **사고의 경향성(사고경향성 이론)**

    (1) 소심한 사람은 사고를 일으키기 쉽다.
    (2) 침착숙고형의 사람은 사고의 경향성이 적다.
    (3) 사업장에서 일어난 대부분의 사고는 소수의 근로자에 의해서 발생한다(심리학자 Greenwood).
    (4) 어떠한 사람이 다른 사람보다 사고를 더 잘 일으킨다는 것이다.
    (5) 사고를 많이 내는 여러 사람의 특성을 측정하여 사고를 예방하는 것이다.
    (6) 검증하기 위한 효과적인 방법은 서로 다른 시기를 두고 같은 사람의 사고기록을 비교하는 것이다.

2. 재해빈발설
    (1) **기회설**: 상황성 누발자
    (2) **경향설**: 소질성 누발자
    (3) **암시설**: 습관성 누발자

    > **참고** 안전사고와 관련하여 소질적 사고요인
    > ① 지능　　　　　② 성격　　　　　③ 감각기능(시각기능)

2 재해빈발성

1. **재해누발자의 유형**
    (1) 상황성 누발자
        ① 심신에 근심이 있기 때문에
        ② 작업이 어렵기 때문에
        ③ 환경상 주의력의 집중이 혼란되기 때문에
        ④ 기계설비에 결함이 있기 때문에

    (2) 소질성 누발자
        ① 불규칙, 흐리멍텅함
        ② 소심한 성격
        ③ 주의력의 산만, 주의력의 지속불능
        ④ 흥분성(침착성의 결여)
        ⑤ 경시, 경솔함
        ⑥ 도덕성의 결여
        ⑦ 저지능
        ⑧ 정직하지 못함
        ⑨ 주의력 범위의 협소, 편중
        ⑩ 감각운동의 부적합
        ⑪ 비협조성

    (3) 습관성 누발자
        재해의 경험으로 슬럼프(Slump)에 빠지거나 신경과민이 되기 때문에 사고경향자가 되는 경우

    (4) 미숙성 누발자
        기능미숙이나 환경에 익숙하지 못하여 사고경향자가 되는 경우

3 동기부여(Motivation)

1. **안전동기의 유발(동기부여 요인)**
    (1) 안전의 근본이념을 인식시킬 것
    (2) 안전의 목표를 명확히 설정할 것
    (3) 경쟁과 협동을 유도할 것
    (4) 상과 벌을 줄 것
    (5) 결과를 알려줄 것
    (6) 동기유발 수준을 지속적으로 유지할 것

2. 동기부여이론

(1) 매슬로우(Maslow)의 욕구 5단계이론
① 제1단계: 생리적 욕구(생명유지의 기본적 욕구: 기아, 갈증, 호흡, 배설 등)
  ▶ 인간이 충족시키고자 추구하는 욕구 중 가장 강력한 욕구이다.
② 제2단계: 안전의 욕구(자기보존욕구: 안전을 구하려는 것)
③ 제3단계: 사회적 욕구(소속감과 애정욕구: 친화)
④ 제4단계: 인정받으려는 욕구(존경욕구: 자존심, 명예, 성취, 지위 등)
⑤ 제5단계: 자아실현의 욕구(잠재적 능력을 실현하고자 하는 것)
  ▶ 편견없이 받아들이는 성향, 타인과의 거리를 유지하며 사생활을 즐기거나 창의적 성격으로 봉사, 특별히 좋아하는 사람과 긴밀한 관계를 유지하려는 인간의 욕구이다.

[동기부여이론의 관계]

이론/욕구	저차원적 욕구	⟷	고차원적 욕구
매슬로우(5단계이론)	생리적 욕구, 안전의 욕구	사회적 욕구, 존경욕구	자아실현의 욕구
알더퍼(ERG이론)	생존(존재)욕구(E)	관계욕구(R)	성장욕구(G)
맥그리거 X, Y이론	X이론	Y이론	
허즈버그 동기 – 위생이론	위생요인	동기요인	

(2) 허즈버그(Herzberg)의 동기 – 위생이론
① 위생요인(유지욕구): 인간의 동물적인 욕구를 반영하는 것
② 동기요인(만족욕구): 인간의 자아실현을 하려는 독특한 경향을 반영한 것

[허즈버그의 위생 – 동기요인]

위생요인(직무환경)	동기요인(직무내용)
작업조건, 지위, 안전, 회사정책과 관리, 개인상호간의 관계, 감독, 보수 등	책임, 성취감, 성장과 발전, 인정, 도전, 일 그 자체 등

(3) 데이비스(K. Davis)의 동기부여이론
① 지식(Knowledge) × 기능(Skill) = 능력(Ability)
② 상황(Situation) × 태도(Attitude) = 동기유발(Motivation)
③ 능력 × 동기유발 = 인간의 성과(Human Performance)
④ 인간의 성과 × 물질의 성과 = 경영의 성과

(4) 맥그리거(Douglas Mcgregor)의 X이론과 Y이론
① X이론
  ㉠ 인간은 선천적으로 자기본위이고 자기가 속해 있는 조직의 요구에 무관심하다.
  ㉡ 인간은 책임지는 것을 싫어하며 타인의 지도를 받는 것을 좋아한다.
  ㉢ 인간은 본래 태만하고 놀기를 좋아하며 일하기는 싫어한다.

② 인간은 일반적으로 어리석기 때문에 선동된다.
① 인간은 본래 보수적이고 자기 방어적이기 때문에 변화와 혁신에 저항한다.
② Y이론
㉠ 인간은 조직의 방향에 적극적으로 관여하여 노력한다.
㉡ 인간은 본래 부지런하고 적극적이며 자주적이다.
㉢ 인간은 지배, 처벌, 보수 등의 외부 위협은 중요한 요인이 되지 못하며, 자기 자신이 스스로 목표를 수행하고자 한다.
㉣ 인간은 스스로의 일을 자기 책임하에 자주적으로 행한다.
③ 맥그리거의 X이론과 Y이론 비교

X이론	Y이론
인간불신감(성악설)	상호신뢰감(성선설)
저차적(물질적) 욕구	고차적(정신적) 욕구
명령통제에 의한 관리(규제관리)	목표통합과 자기통제에 의한 관리
저개발국형	선진국형

④ 맥그리거의 X이론과 Y이론 관리처방

X이론	Y이론
경제적 보상체제의 강화	자체평가제도의 활성화
권위주의적 리더십 확립	민주적 리더십 확립
면밀한 감독과 엄격한 통제	직무확장
상부책임제도의 강화	분권화와 권한의 위임
	목표에 의한 관리
	비공식적 조직의 활용

(5) 알더퍼(Alderfer)의 ERG이론
① 생존(존재)욕구(Existence)
㉠ 유기체의 생존유지 관련욕구
㉡ 의식주
㉢ 봉급, 안전한 작업조건
㉣ 직무안정
② 관계욕구(Relation)
㉠ 대인욕구
㉡ 사람과 사람의 상호작용
③ 성장욕구(Growth)
㉠ 개인적 발전능력
㉡ 잠재능력 충족
▶ 알더퍼는 여러 개의 욕구가 동시에 활성화될 수 있다고 주장하였다.

(6) 맥클랜드(McClelland)의 성취동기이론

성취동기가 높은 사람의 특징은 다음과 같다.

① 목표를 달성할 때까지 노력한다.
② 자신이 하는 일의 구체적인 진행상황을 알고 싶어한다.
③ 성공의 대가를 성취 그 자체에 만족한다.
④ 적절한 모험을 즐긴다.

4 주의와 부주의

1. 주의(Attention)의 특성

(1) 선택성
① 여러 가지 자극을 지각할 때 소수의 특정자극에 선택적으로 주의를 기울이는 기능이다.
② 주의는 동시에 두 개 이상의 방향에 집중하지 못한다(주의력의 중복집중 곤란).

(2) 방향성
① 주시점(시선이 가는 방향)만 인지하는 기능이다.
② 한지점에 주의를 집중하면 다른 곳의 주의는 약해진다.
  ▶ 주의를 집중한다는 것은 좋은 태도라 할 수 있으나 반드시 최상이라고는 할 수 없다.

(3) 변동성
① 주의집중시 주기적으로 부주의의 리듬이 존재하는 기능이다.
② 고도의 주의는 장시간 지속할 수 없다(주의력의 단속성).

2. 부주의(Inattention)

(1) 특성
① 부주의는 원인이 있다(부주의는 불안전한 행동뿐만 아니라 불안전한 상태에서도 통용된다).
② 부주의는 결과이다(부주의라는 말은 결과를 표현한다).
③ 부주의는 유사한 현상에서 발생한다(부주의는 무의식적 행위나 의식의 주변에서 행해지는 행위에서 나타난다).

(2) 부주의 현상
① **의식의 단절**: 질병
② **의식의 우회**: 걱정, 고뇌, 욕구불만
  ▶ 작업을 하고 있을 때 걱정거리, 고민거리, 욕구불만 등에 의해 다른 것에 정신을 빼앗기는 현상을 말한다.
③ **의식수준의 저하**: 심신의 피로상태, 단조로운 작업
④ **의식의 혼란**: 외부의 자극이 애매모호
⑤ **의식의 과잉**: 과긴장, 돌발사태

(3) 부주의 외적조건과 대책
　① 기상조건(온도, 습도 등): 온·습도조절
　② 작업강도(작업량, 작업속도 등): 작업조절
　③ 작업순서 부적당: 인간공학적 접근
　④ 작업 및 환경조건의 불량: 작업환경 정비

(4) 부주의 내적조건과 대책
　① 소질적 요인: 적성배치
　② 경험부족 및 미숙련: 안전보건교육
　③ 의식의 우회: 카운셀링
　④ 정서 불안정: 심리상담

3. 부주의에 대한 대책

(1) 정신적 측면에 대한 대책
　① 작업의욕의 고취
　② 안전의식의 제고
　③ 주의력의 집중훈련
　④ 스트레스의 해소

(2) 기능 및 작업측면의 대책
　① 적성배치
　② 안전작업방법 습득
　③ 표준동작의 습관화
　④ 작업조건의 개선과 적응력 향상

(3) 설비 및 환경적 측면의 대책
　① 설비 및 작업환경의 안전화
　② 표준작업제도의 도입

4. 인간의 신뢰도를 결정하는 요인

(1) 주의력
(2) 의식수준
(3) 긴장수준

5. 의식수준과 정보처리 기능

(1) 의식 레벨(Level)의 단계

단계	의식의 모드	의식의 작용	생리적 상태	신뢰성
Phase 0	무의식, 실신	없음	수면, 뇌발작	0
Phase Ⅰ	의식 흐림, 의식의 둔화	부주의	피로, 단조로움, 졸음, 술취함	0.9 이하
Phase Ⅱ	이완상태	소극적(Passive), 마음이 안정	안정시, 휴식시, 정상작업시	0.99 ~ 0.99999
Phase Ⅲ	상쾌한 상태	적극적(Active), 전향적	적극 활동시	0.999999 이상
Phase Ⅳ	과긴장 상태	한점에 집중, 판단정지	긴급 방어반응, 패닉(Panic)	0.9 이하

(2) 인간의 심리적 특성
　① **억측판단**
　　㉠ 자신의 생각대로 희망적 관찰이나 주관적인 판단에 의해 행동으로 실천하는 것이다.
　　㉡ **억측판단의 배경**: 희망적 관측, 초조한 심정, 과거의 성공한 경험 등이 있다.
　② **리스크 테이킹(Risk Taking)**: 객관적인 위험을 자기 나름대로 판단해서 결정에 옮기는 것을 말한다.
　③ **시배분(時配分)**: 작업자가 주의를 분산하여 두 가지 이상의 일을 해야 하는 상황을 말한다.

(3) 인간의 동작상 실패를 초래하는 조건 및 불안전행위
　① 인간의 동작상 실패를 초래하는 조건
　　㉠ 기상조건　　　　　　　　　　　㉢ 환경조건
　　㉡ 피로도　　　　　　　　　　　　㉣ 자세의 불균형
　　㉣ 작업강도
　② 안전수단이 생략되어 불안전행위가 나타나는 경우
　　㉠ 의식과잉이 있는 경우
　　㉡ 작업규율이 느슨한 경우
　　㉢ 피로하거나 과로한 경우
　　㉣ 조명, 소음 등 주변환경의 영향이 있는 경우

(4) ECR(Error Cause Removal)
작업자 자신이 자기의 부주의 이외에 여러가지 오류의 원인을 생각함으로써 개선을 하도록 하는 과오원인제거기법이다.

제3절 집단관리와 리더십

1 리더십의 유형

1. 헤드십(Head Ship)과 리더십(Leader Ship)

상황변수	헤드십(Head Ship)	리더십(Leader Ship)
권한행사	임명된 리더	선출된 리더
권한부여	위에서 위임	밑으로부터 동의
권한근거	법적 또는 공식적	개인능력
권한귀속	공식화된 규정에 의함	집단목표에 기여한 공로 인정
상관과 부하와의 관계	지배적	개인적인 영향
책임귀속	상사	상사와 부하
부하와 사회적 간격	넓음	좁음
지휘형태	권위주의적	민주주의적

2. 리더십의 권한 역할

(1) **보상적 권한**: 지도자가 부하직원들을 보상(승진, 봉급인상 등)할 수 있는 것

(2) **강압적 권한**: 지도자가 부하직원들을 처벌(견책, 임금삭감 등)할 수 있는 것

(3) **합법적 권한**: 지도자의 권한이 공식화되어 있는 것

(4) **위임된 권한**: 부하직원들이 지도자가 정한 목표를 자진해서 자신의 것으로 받아들이는 것

(5) **전문성의 권한**: 전문적 지식을 갖고 일하는 지도자를 부하직원들이 자발적으로 따르게 되는 것

> **참고** 리더십의 권한
>
> 1. 조직이 리더에게 부여하는 권한
>   ① 강압적 권한
>   ② 보상적 권한
>   ③ 합법적 권한
>
> 2. 리더 자신이 자신에게 부여하는 권한
>   ① 위임된 권한
>   ② 전문성의 권한

3. 지도자의 권한 행사

(1) **헤드십**: 임명된 자의 권한행사

(2) **리더십**: 선출된 자의 권한행사

> **참고** 리더십의 유효성을 증대시키는 1차적 요소
>
> ① 리더 자신　　② 상황적 변수　　③ 추종자 집단

4. 리더십의 인간변용 4단계

(1) **1단계**: 지식의 변용

(2) **2단계**: 태도의 변용

(3) **3단계**: 행동의 변용

(4) **4단계**: 조직에 대한 성과의 변용

> **참고** 피들러(Fiedler)의 상황적합성 리더십이론
>
> 1. 특징
>   ① LPC등급 척도는 8척도이다.
>   ② 18개 문항으로 과거 또는 현재 가장 함께 일하기 싫은 동료를 생각하면서 동료의 등급을 부여하여 점수가 낮을수록 과업지향적 리더, 점수가 높을수록 관계지향적 리더로 분류한다.
>   ③ 점수가 높은 리더의 특성은 배려적이다.
>
> 2. 피들러의 상황적합성 리더십이론 중 상황적 요인
>   ① 과업의 구조화
>   ② 리더와 부하간의 관계
>   ③ 리더의 직위상 권한
>
> 3. 역할 과부하
>   조직에 의한 스트레스 요인으로 역할 수행자에 대한 요구가 개인의 능력을 초과하거나 자신이 믿는 것보다 어떤 일을 보다 급하게 하거나 부주의하게 만드는 상황이다.

2 헤드십

(1) 권한근거는 공식적이다.
(2) 지휘형태는 권위주의적이다.
(3) 상사와 부하와의 관계는 지배적이다.
(4) 상사와 부하와의 사회적 간격은 넓다.

3 사기(士氣: Morale)와 집단역학

1. 슈퍼(Super. D.E.)의 역할이론

(1) 역할연기(Role Playing)
   자아실현인 동시에 자아탐색의 수단이다.

(2) 역할기대(Role Expectation)
   자기의 역할을 기대하고 감수하는 사람은 그 직업에 충실하다.

(3) 역할조성(Role Shaping)
   사람에게 여러가지 역할기대가 있을 때 그 중의 어떤 역할기대는 거부, 불응하는 수도 있다.

(4) 역할갈등(Role Conflict)
   작업 중에서 상반된 역할기대가 되는 경우 갈등이 생긴다.
   ▶ 역할갈등의 원인: 역할마찰, 역할부적합, 역할모호성

> 참고 리더십의 행동이론 중 관리 그리드(Management Grid)

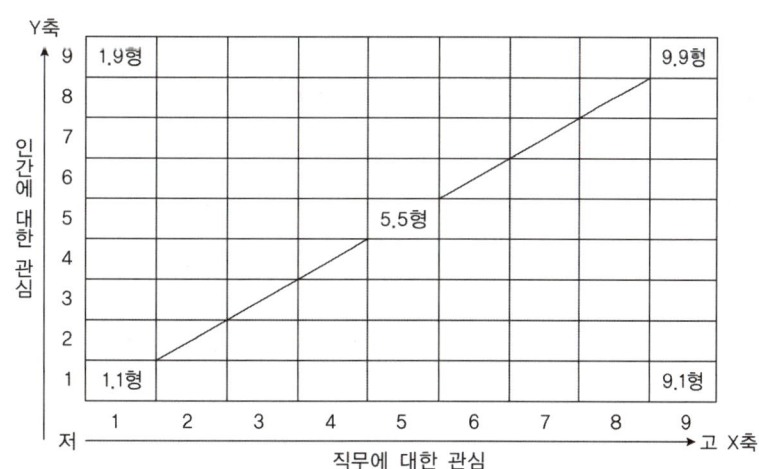

① (9·1)형: 인간에 대한 관심보다 업무에 대한 관심이 매우 높은 과업형
② (1·9)형: 인간중심적으로 업적에 대한 관심이 낮은 인기형
③ (9·9)형: 팀(Team)형으로 업적과 인간의 쌍방에 대하여 높은 관심을 갖는 이상형
④ (5·5)형: 중도형으로 업적과 인간에 대한 관심도가 중간치를 나타내는 중간형
⑤ (1·1)형: 인간과 업적 모두 최소의 관심을 가지고 있는 무기력형

2. 모랄 서베이(Morale Survey)

(1) 정의
종업원의 근로의욕, 태도 등에 대하여 측정하는 것으로서 사기조사(士氣調査), 태도조사라고도 한다.

(2) 모랄 서베이의 효과
① 근로자의 욕구, 심리를 파악하여 근로의욕을 높이고 불만을 해소한다.
② 근로자의 정화작용을 촉진시킨다.
③ 경영관리를 개선하는데 자료를 얻는다.

> **참고** 모랄 서베이의 방법
> ① **사례연구법**: 케이스 스터디(Case Study)로서 현상파악
> ② **통계에 의한 방법**: 재해율, 결근, 지각, 조퇴, 이직율 등 조사
> ③ **실험연구법**: 실험그룹과 통제그룹으로 나누고 정황, 자극을 주어 태도변화 여부 조사
> ④ **관찰법**: 종업원의 근무실태 관찰
> ⑤ **태도조사법**: 문답법, 면접법, 투사법, 집단토의법

제4절 생체리듬과 피로

1 피로의 증상 및 대책

1. 피로(Fatigue)
작업자의 몸에 생기는 변화, 스스로 느끼는 권태감 및 외부에서 보아 알 수 있는 작업능률의 저하 등이 일어나는 현상이다.

2. 피로의 직접적 원인
(1) 작업환경
(2) 작업강도
(3) 작업시간
(4) 작업속도
(5) 작업태도

3. 피로가 작업에 미치는 영향
(1) 작업속도의 저하
(2) 작업정확도의 저하

(3) 실동률(實動律)의 저하

(4) 손멈춤 시간과 그 횟수의 증대

(5) 재해의 발생

4. 신체적 피로의 증상(생리적 현상)
(1) 작업효과나 작업량이 감퇴 및 저하된다(생산성의 양적, 질적 저하).

(2) 작업에 대한 몸자세가 흐트러지고 지치게 된다(작업능력, 생리적 기능 저하).

(3) 작업에 대한 무감각, 무표정, 경련 등이 일어난다(피로감).

5. 정신적 피로의 증상(심리적 현상)
(1) 주의집중력이 감소 또는 경감된다.

(2) 권태, 태만, 관심 및 흥미감이 상실된다.

(3) 긴장감이 해지된다.

(4) 두통, 졸음, 싫증, 짜증이 온다.

(5) 불쾌한 감정이 증가된다.

6. 피로의 회복대책
(1) 휴식과 수면

(2) 산책 및 가벼운 운동

(3) 음악감상 및 오락

(4) 목욕, 마사지 등 물리적 요법

(5) 충분한 영양섭취

참고 피로의 분류

1. 원인별 분류
   ① 정신적 피로
   ② 신체적(육체적) 피로

2. 시간별 분류
   ① 급성피로: 정상피로
   ② 만성피로: 축적피로

3. 증상에 의한 분류
   ① 주관적 피로: 스스로 피곤함을 느끼고, 단조로움과 권태감 등이 따른다.
   ② 객관적 피로: 작업의 질과 양의 저하가 따른다.
   ③ 생리적 피로: 생리적 이상상태에 의하여 피로를 느낄 수 있다.

2 피로의 측정법

검사방법	검사항목	측정방법 및 기기
생리학적 방법	• 대뇌피질 활동 • 반사역치(反射閾値) • 혈압 • 근활동(筋活動) • 심전도 • 심박수(맥박수) • 순환기능 • 산소소비량	• 뇌파계(EEG) • 심전계(心電計: ECG) • 근전계(筋電計: EMG) • 청력검사(Audiometer) • 플리커 검사(Flicker Test) • 안전계(眼電計: EOG) • 신경전계(神經電計: ENG)
생화학적 방법	• 혈액성분 • 혈색소농도 • 혈단백 • 응혈시간 • 요단백성 • 요전해질 • 부신피질 기능	• 혈액 굴절률계 • 요단백 침전 • Na, K, Cl의 상태 변동 측정
심리학적 방법	• 동작분석 • 피부(전기)저항 • 연속반응시간 • 행동기록 • 집중유지기능 • 정신작업 • 전신자각증상	• 피부전기반사(GSR) • 안구운동 측정

> **참고** 피로의 측정
>
> 1. 피로의 생리학적 측정방법
>   ① 근전도(EMG: Electromyogram): 근육활동 전위차의 기록
>   ② 뇌전도(EEG: Electroencephalogram): 대뇌활동 전위차의 기록
>   ③ 심전도(ECG: Electrocardiogram): 심장근활동 전위차의 기록
>   ④ 안전도(EOG: Electrooculogram): 안구(眼球)운동 전위차의 기록
>   ⑤ 산소소비량
>   ⑥ 에너지대사율
>   ⑦ 점멸융합주파수(플리커값): 인지억제를 이용한 피로측정법
>
> 2. 플리커 검사(Flicker Test)
>   눈의 기능검사에 의해 중추기능의 활동수준을 조사하는 것으로서 주로 정신피로의 척도로 사용된다.
>
> 3. 플리커값(Flicker Fusion Frequency)
>   자극적인 빛을 규칙적인 빈도로 명멸시키면 빛이 어른거리게 느껴지지만 빈도가 일정 수 이상이 되면 어른거림이 융합되어 지속적인 빛으로 느끼게 되는데 이렇게 되는 최소빈도를 점멸융합주파수 또는 플리커값이라고 한다.

3 작업강도와 피로

1. **작업강도에 영향을 주는 요인**

    (1) 에너지소비량

    (2) 작업대상의 종류

    (3) 작업대상의 변화 및 복합성

    ※ 기초대사(Basal Metabolism)
    - 기초대사율은 활동하지 않은 상태에서 신체기능을 유지하는데 필요한 대사량이다.
    - 성인의 경우 보통 1,500~1,600kcal/day 정도이다.
    - 기초대사와 여가(Leisure)에 필요한 에너지는 약 2,300kcal/day이다.

    ※ 휴식시간의 산출

    $$R = \frac{60(E-5)}{E-1.5}$$

    여기서, R: 휴식시간(min)

    E: 작업시 평균에너지소비량(kcal/min)

    총작업시간: 60min

    휴식시 평균에너지소비량: 1.5kcal/min

    작업에 대한 평균에너지값의 상한: 5kcal/min

    > **참고** 피로의 원인
    >
    > | 인간측 피로의 요인 | 기계측 피로의 요인 |
    > |---|---|
    > | ① 작업내용 및 작업시간 | ① 기계의 종류 |
    > | ② 작업환경 및 사회환경 | ② 기계의 색채 |
    > | ③ 정신상태 및 신체상태 | ③ 조작부분의 배치 |
    > | ④ 생리적 리듬 | ④ 조작부분에 대한 감촉 |
    > | | ⑤ 기계의 쉬운 이해정도 |

2. **작업강도에 따른 에너지소비량**

    (1) 에너지대사율(RMR: Relative Metabolic Rate)

    ① 에너지대사율 산출방법

    $$RMR = \frac{작업(노동)대사량}{기초대사량} = \frac{작업시\ 소비에너지 - 안정시\ 소비에너지}{기초대사량}$$

    ▶ 작업시의 소비에너지와 안정시의 소비에너지는 더글러스백(Douglas Bag)방법을 사용한다.

② 몸의 표면적 산출방법

$$A = H^{0.725} \times W^{0.425} \times 72.46$$

여기서, A: 몸의 표면적(cm^2), H: 신장(cm), W: 체중(kg)

(2) 에너지대사율에 따른 작업의 분류
① 초경작업(超輕作業): 0~1RMR
② 경작업(輕作業): 1~2RMR
③ 중(보통)작업(中作業): 2~4RMR
④ 중(무거운)작업(重作業): 4~7RMR
⑤ 초중작업(超重作業): 7RMR 이상

4 생체리듬(Bio Rhythm)

(1) 육체적 리듬(Physical Cycle)
육체적으로 건전한 활동기(11.5일)와 그렇지 못한 휴식기(11.5일)가 23일을 주기로 하여 반복된다.
(기호: P, 색상: 청색)

(2) 감성적 리듬(Sensitivity Cycle)
감성적으로 예민한 기간(14일)과 그렇지 못한 둔한 기간(14일)이 28일을 주기로 반복된다.
(기호: S, 색상: 적색)

(3) 지성적 리듬(Intellectual Cycle)
지성적 사고능력이 재빨리 발휘되는 날(16.5일)과 그렇지 못한 날(16.5일)이 33일을 주기로 반복된다.
(기호: I, 색상: 녹색)

5 위험일(Critical Day)

(1) PSI 3개의 서로 다른 리듬은 안정기(Positive Phase(+))와 불안정기(Negative Phase (-))를 교대하면서 반복하여 사인(sine)곡선을 그려 나가는데 (+)리듬에서 (-)리듬으로, 또는 (-)리듬에서 (+)리듬으로 변화하는 점을 영(Zero) 또는 위험일이라 하며, 이런 위험일은 한달에 6일 정도 일어난다.

(2) 생체리듬의 변화
① **체온, 혈압, 맥박수**: 주간 상승, 야간 감소
② **혈액의 수분, 염분량**: 주간 감소, 야간 증가
③ 야간에는 말초운동 기능 저하, 피로의 자각증상 증대
④ 야간에는 체중 감소, 소화분비액 불량

> **참고** 생체리듬의 특성
> ① 생체상의 변화는 하루 중에 일정한 시간 간격을 두고 교환된다.
> ② 인간의 생체리듬은 낮에는 체온, 혈압, 맥박수 등이 상승하고 밤에는 저하된다.
> ③ 생체리듬에서 중요한 점은 낮에는 신체활동이 유리하며, 밤에는 휴식이 더욱 효율적이라는 것이다.
> ④ 몸이 흥분한 상태일 때는 교감신경이 우세하고, 수면을 취하거나 휴식을 할 때는 부교감신경이 우세하다.

적중문제 CHAPTER 4 | 인간의 행동과학

01 호손(Hawthorne) 실험에 대한 설명으로 옳은 것은?

① 물리적 작업환경 이외에 심리적 요인이 생산성에 영향을 미친다는 것을 알아냈다.
② 시간 – 동작연구를 통해서 작업도구와 기계를 설계했다.
③ 소비자들에게 효과적으로 영향을 미치는 광고전략을 개발했다.
④ 채용과정에서 발생하는 차별요인을 밝히고 이를 시정하는 법적조치의 기초를 마련했다.

해설 호손(Hawthorne) 실험은 물리적 작업환경 이외에 심리적요인 즉, 인간관계가 생산성에 영향을 미친다는 것을 알아냈다.

정답 ①

02 인간의 욕구 중 가장 강렬한 욕구는?

① 인지욕구   ② 해갈욕구
③ 배설욕구   ④ 수면욕구

해설 호흡욕구 다음으로 의식적 통제가 힘든 욕구는 안전욕구이다. 따라서, 안전욕구가 충족되지 않으면 인간의 잠재능력을 100% 발휘할 수 없으며 생산성 향상을 기대할 수 없다.

정답 ①

03 사회행동의 기본형태와 내용이 잘못 연결된 것은?

① 대립: 공격, 경쟁
② 도피: 정신병, 자살
③ 조직: 강제, 통합
④ 협력: 조력, 분업

해설 강제, 통합에 해당하는 사회행동의 기본형태는 융합이다.

관련이론 사회행동의 기본형태

협력	조력, 분업
대립	공격, 경쟁
도피	정신병, 자살, 고립
융합	강제, 타협, 통합

정답 ③

04 다음 설명이 의미하는 것은?

> 다른 사람의 행동양식이나 태도를 자기에게 투입시키거나 그와 반대로 다른 사람 가운데서 자기의 행동양식이나 태도와 비슷한 것을 발견하는 것

① 암시   ② 모방
③ 투사   ④ 동일화

해설 다른 사람의 행동양식이나 태도를 자기에게 투입시키거나 그와 반대로 다른 사람 가운데서 자기의 행동양식이나 태도와 비슷한 것을 발견하는 것은 동일화(Identification)이다.

선지분석
① 암시(Suggestion)는 어떤 자극이나 작용에 대하여 수동적, 무비판적으로 받아들이는 것이다.
② 모방(Imitation)은 한 행위가 행해지는 것을 보고 새롭게 배우는 것이다.
③ 투사(Projection)는 자기 속의 억압된 것을 다른 사람의 것으로 생각하는 것이다.

정답 ④

05 집단에 있어서의 인간관계를 하나의 단면(斷面)에서 포착하였을 때 이러한 단면적인 인간관계가 생기는 기제(Mechanism)와 가장 거리가 먼 것은?

① 모방　　② 습성
③ 동일화　　④ 커뮤니케이션

해설　습성은 인간관계가 생기는 기제와 관계가 없다.

> **관련이론** **인간관계가 생기는 기제(Mechanism)**
> • 모방　　• 동일화
> • 커뮤니케이션　　• 일체화
> • 역할학습　　• 투사
> • 공감　　• 암시

정답 ②

06 합리화의 유형에 있어 자기의 실패나 결함을 다른 대상에게 책임을 전가시키는 유형으로 자신의 잘못에 대해 조상 탓을 하거나 축구선수가 공을 잘못 찬 후 신발 탓을 하는 등에 해당하는 것은?

① 신포도형　　② 투사형
③ 망상형　　④ 달콤한 레몬형

해설　투사형에 대한 설명이다.

정답 ②

07 이상적인 상황하에서 방어적인 행동특징을 보이는 집단행동은?

① 군중　　② 모브
③ 패닉　　④ 심리적 전염

해설　패닉(Panic)에 대한 설명이다.
선지분석
① 군중(Crowd)은 공통된 규범이나 조직성 없이 우연히 조직된 인간의 일시적 집합이다.
② 모브(Mob)는 폭동과 같은 공격적인 집단행동이다.
④ 심리적 전염은 어떤 사람의 심리가 다른 사람들에게 전파되는 현상이다.

정답 ③

08 집단의 효과에 속하지 않는 것은?

① 시너지(Synergy)효과
② 동조효과(응집력)
③ 리스크 테이킹(Risk Taking)
④ 견물(見物)효과

해설　리스크 테이킹(Risk Taking)이란 객관적인 위험을 자기 나름대로 판단해서 결정에 옮기는 것을 말하며, 집단의 효과에 속하지 않는다.

정답 ③

09 집단의 응집성이 높아지는 조건은?

① 가입하기 쉬운 집단일수록
② 집단의 구성원이 많을수록
③ 외부의 위협이 없을수록
④ 함께 보내는 시간이 많을수록

해설　함께 보내는 시간이 많을수록 집단의 응집성은 높아진다.

> **관련이론** **집단의 응집성이 높아지는 조건**
> • 가입하기 어려운 집단일수록
> • 집단의 구성원이 적을수록
> • 외부의 위협이 있을수록
> • 함께 보내는 시간이 많을수록

정답 ④

10 집단간 갈등의 해소방안으로 옳지 않은 것은?

① 집단간 접촉기회의 증대
② 상위목표의 설정
③ 공동의 문제설정
④ 사회적 범주와 편향의 최대화

해설 집단간 갈등을 해소하기 위해서는 사회적 범주와 편향을 최소화하여야 한다.

관련이론 집단간 갈등의 해소방안
- 집단간 접촉기회의 증대
- 상위목표의 설정
- 공동의 문제설정
- 사회적 범주와 편향의 최소화

정답 ④

11 인간의 행동에 대하여 심리학자 레빈(K. Lewin)은 다음과 같은 식으로 표현했다. 이때 각 요소에 대한 내용으로 옳지 않은 것은?

$$B = f(P \cdot E)$$

① B: Behavior(행동)
② f: function(함수)
③ P: Person(개체)
④ E: Engineering(기술)

해설 레빈의 식에서 E는 환경(Environment)을 의미한다.

관련이론 레빈(K. Lewin)의 법칙

$$B = f(P \cdot E)$$

- B: Behavior(행동)
- f: function(함수: 적성, 기타 P와 E에 영향을 주는 조건)
- P: Person(개체: 경험, 연령, 심신상태, 지능, 성격 등)
- E: Environment(환경: 작업환경, 인간관계, 설비적 결함 등)

정답 ④

12 레빈(K. Lewin)이 제시한 인간의 행동특성에 관한 법칙에서 인간의 행동(B)은 개체(P)와 환경(E)의 함수관계를 가진다고 하였다. 개체(P)에 해당하는 요소가 아닌 것은?

① 연령
② 지능
③ 경험
④ 인간관계

해설 인간관계는 '환경'에 해당하는 요소로서, 개체와는 관계가 없다.

관련이론 개체(P)에 해당하는 요소
- 연령
- 지능
- 경험
- 소질
- 성격
- 심신상태

정답 ④

13 안전태도 형성을 위한 관리요령이라고 볼 수 없는 것은?

① 청취한다.
② 이해한다.
③ 모범을 보인다.
④ 격려한다.

해설 격려한다는 것은 안전태도 형성을 위한 관리요령에 포함되지 않는다.

관련이론 안전태도 형성을 위한 관리요령
- 청취한다.
- 이해한다.
- 모범을 보인다.
- 권장한다.
- 칭찬한다.
- 벌을 준다.

정답 ④

14 작업장의 정리정돈 태만 등 생략행위를 유발하는 심리적 요인에 해당하는 것은?

① 폐합의 요인
② 간결성의 원리
③ Risk Taking 원리
④ 주의의 일점 집중현상

해설
- 간결성의 원리에 의해 생략행위를 유발한다.
- 인간의 심리활동에 있어서 최소에너지에 의해 어느 목적을 달성하려는 경향이 있는데 이 원리에 기인하여 태만, 착각, 착오, 생략 등 심리적 요인이 일어나는 것이다.

정답 ②

---

15 군화(群化)의 법칙을 그림으로 나타낸 것 중 폐합의 요인에 해당하는 것은?

①
②
③
④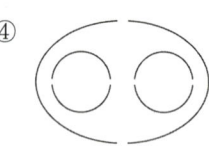

해설 ④의 경우 폐합의 요인을 나타낸다.
선지분석
① 동류의 요인을 나타낸다.
② 근접의 요인을 나타낸다.
③ 연속의 요인을 나타낸다.

정답 ④

---

16 매슬로우(A.H. Maslow)의 인간욕구 5단계이론에서 각 단계별 내용이 잘못 연결된 것은?

① 1단계: 자아실현의 욕구
② 2단계: 안전의 욕구
③ 3단계: 사회적 욕구
④ 4단계: 존경에 대한 욕구

해설 매슬로우(A.H. Maslow)의 인간욕구 5단계이론에서 1단계는 생리적 욕구이다.

관련이론 매슬로우(A.H. Maslow)의 인간욕구 5단계이론
- 1단계: 생리적 욕구
- 2단계: 안전의 욕구
- 3단계: 사회적 욕구
- 4단계: 인정받으려는 욕구(존경에 대한 욕구)
- 5단계: 자아실현의 욕구

정답 ①

---

17 허즈버그(Herzberg)의 2요인론에서 동기요인에 해당하는 것은?

① 책임감   ② 감독
③ 지위   ④ 임금

해설 허즈버그의 2요인론 중 동기요인은 높은 단계의 욕구이며 충족되지 않아도 불만을 느끼지 않으나 충족되면 만족을 느끼는 요인으로 책임감, 성취감, 도전감, 인정감 등이 있다.
선지분석 ②, ③, ④ 허즈버그(Herzberg)의 2요인론에서 위생요인에 해당한다.

정답 ①

---

18 허즈버그(Herzberg)가 직무확충의 원리로서 제시한 내용과 가장 거리가 먼 것은?

① 책임을 지고 일하는 동안에는 통제를 추가한다.
② 자신의 일에 대해서 책임을 더 지도록 한다.
③ 직무에서 자유를 제공하기 위하여 부가적 권위를 부여받는다.
④ 전문가가 될 수 있도록 전문화된 과제들을 부과한다.

해설 책임을 지고 일하는 동안에는 통제를 배제한다.

정답 ①

19 데이비스(K. Davis)의 동기부여이론에서 동기유발(Motivation)을 나타내는 식으로 옳은 것은?

① 지식×기능
② 상황×태도
③ 지식×태도
④ 능력×인간의 성과

해설 동기유발을 나타내는 식은 상황×태도이다.

 데이비스(K. Davis)의 동기부여이론

- 지식 × 기능 = 능력
- 상황 × 태도 = 동기유발
- 능력 × 동기유발 = 인간의 성과
- 인간의 성과 × 물질의 성과 = 경영의 성과

정답 ②

20 인간의 동기부여에 관한 맥그리거의 Y이론을 가장 가깝게 표현한 것은?

① 인간은 게으르다.
② 인간은 일을 즐긴다.
③ 인간은 남을 잘속인다.
④ 인간은 보수적이고 자기방어적이다.

해설 맥그리거의 Y이론에 가장 가까운 표현은 인간은 일을 즐긴다는 표현이다.

 맥그리거(Douglas Mcgregor)의 X, Y이론

X이론	• 인간불신감 • 성악설 • 물질욕구(저차적 욕구) • 인간은 본래 게으르고 태만하여 남의 지배를 받기를 즐긴다. • 명령통제에 의한 관리 • 저개발국형
Y이론	• 상호신뢰감 • 성선설 • 정신욕구(고차적 욕구) • 인간은 부지런하고 근면, 적극적이며 자주적이다 (인간은 일을 즐긴다). • 목표통합과 자기통제에 의한 자율관리 • 선진국형

정답 ②

21 알더퍼(Alderfer)의 ERG이론에서의 인간의 기본적인 3가지 욕구가 아닌 것은?

① 관계욕구
② 성장욕구
③ 생리욕구
④ 존재욕구

해설 생리욕구는 알더퍼의 ERG이론과는 관계가 없다.

 알더퍼(Alderfer)의 ERG이론

- 생존(존재)욕구(Existence)
- 관계욕구(Relation)
- 성장욕구(Growth)

정답 ③

22 맥그리거의 X, Y이론 중 Y이론의 관리처방과 관계가 깊은 것은?

① 권위주의적 리더십의 확립
② 분권화와 권한의 위임
③ 면밀한 감독과 엄격한 통제
④ 상부책임제도의 강화

해설 분권화와 권한의 위임이 Y이론의 관리처방에 해당한다.

 X이론과 Y이론의 관리처방

X이론 관리처방	Y이론 관리처방
• 권위주의적 리더십의 확립 • 면밀한 감독과 엄격한 통제 • 상부책임제도의 강화 • 경제적 보상체계의 강화	• 분권화와 권한의 위임 • 민주적 리더십의 확립 • 목표에 의한 관리 • 직무확장 • 비공식적 조직의 활용 • 자체평가제도의 활성화

정답 ②

23 다음 설명에 해당하는 주의의 특성은?

> 공간적으로 보면 시선의 주시점만 인지하는 기능으로 한지점에 주의를 집중하면 다른 곳의 주의는 약해진다.

① 선택성
② 방향성
③ 변동성
④ 일점 집중

해설 주의의 특성 중 방향성에 대한 설명이다.

정답 ②

24 주의(Attention)의 특성 중 여러 종류의 자극을 지각할 때 소수의 특정한 것에 한하여 주의가 집중되는 것은?

① 선택성 ② 방향성
③ 변동성 ④ 검출성

해설 주의의 특성 중 선택성에 대한 설명이다.

정답 ①

25 부주의에 의한 사고방지대책 중 기능 및 작업측면의 대책에 해당하는 것은?

① 주의력 집중훈련
② 표준작업의 제도도입
③ 적성배치
④ 안전의식의 제고

해설 부주의에 의한 사고방지대책 중 기능 및 작업측면의 대책에 해당하는 것은 적성배치이다.

관련이론 기능 및 작업측면의 대책
- 적성배치
- 안전작업방법 습득
- 표준작업동작의 습관화
- 작업조건의 개선

정답 ③

26 의식수준은 정상적 상태이지만 생리적 상태가 휴식일 때에 해당하는 것은?

① Phase Ⅰ ② Phase Ⅱ
③ Phase Ⅲ ④ Phase Ⅳ

해설 Phase Ⅱ에 대한 설명이다.

관련이론 인간의 의식수준

단계	의식의 상태
Phase 0	무의식, 실신, 수면
Phase Ⅰ	정상 이하, 의식 몽롱함, 피로
Phase Ⅱ	이완상태, 휴식
Phase Ⅲ	정상, 명쾌한 상태, 적극 활동
Phase Ⅳ	과긴장 상태, 패닉(panic)

정답 ②

27 리스크 테이킹(Risk Taking)의 빈도가 가장 높은 사람은?

① 안전지식이 부족한 사람
② 안전기능이 미숙한 사람
③ 안전태도가 불량한 사람
④ 신체적 결함이 있는 사람

해설 리스크 테이킹의 빈도가 가장 높은 사람은 안전태도가 불량한 사람이다.

관련이론 리스크 테이킹(Risk Taking)
객관적인 위험을 자기 나름대로 판단해서 결정에 옮기는 것을 말한다.

정답 ③

28 부주의가 발생하는 경우에 있어 자동차를 운전할 때 신호가 바뀌기 전에 신호가 바뀔 것을 예상하고 자동차를 출발시키는 것과 관련된 행동은?

① 억측판단 ② 근도반응
③ 의식의 우회 ④ 착시현상

해설 억측판단에 대한 설명이다. 억측판단이란 자기 멋대로 주관적인 판단이나 희망적인 관찰에 근거를 두고, 확인하지 않고 행동으로 옮기는 것을 말한다.

정답 ①

29 작업을 하고 있을 때 걱정거리, 고민거리, 욕구불만 등에 의해 다른 데 정신을 빼앗기는 부주의 현상은?

① 의식의 중단 ② 의식의 우회
③ 의식수준의 저하 ④ 의식의 과잉

해설 작업을 하고 있을 때 걱정거리, 고민거리, 욕구불만 등에 의해 다른 데 정신을 빼앗기는 부주의 현상은 의식의 우회이다.

정답 ②

30 인간의 의식수준(Phase) 중 중요하거나 위험한 작업을 안전하게 수행하기 위하여 근로자는 몇 단계의 수준에서 작업하는 것이 바람직한가?

① 0단계　　　② Ⅰ단계
③ Ⅲ단계　　　④ Ⅳ단계

해설 중요하거나 위험한 작업을 안전하게 수행하기 위해서는 Ⅲ단계(Phase Ⅲ)의 수준에서 작업하여야 한다.

정답 ③

31 재해빈발설에 관한 학설 중에서 기회설과 관계가 깊은 재해누발자는?

① 소질성 누발자　　　② 습관성 누발자
③ 미숙성 누발자　　　④ 상황성 누발자

해설 기회설과 관계가 깊은 재해누발자는 상황성 누발자이다.

정답 ④

32 재해누발자의 분류에 해당하지 않는 것은?

① 상황성 누발자　　　② 습관성 누발자
③ 소질성 누발자　　　④ 성숙성 누발자

해설 성숙성 누발자는 재해누발자의 분류에 해당하지 않으며, 환경에 익숙하지 못하거나 기능미숙으로 인한 재해누발자인 미숙성 누발자가 그 분류에 해당한다.

선지분석
① 작업의 어려움, 기계설비의 결함, 환경상 주의집중의 혼란, 심신의 근심에 의한 것이다.
② 재해의 경험으로 신경과민이 되거나 슬럼프(Slump)에 빠지기 때문이다.
③ 지능, 성격, 감각운동에 의한 소질적 요인에 의하여 결정된다.

정답 ④

33 상황성 누발자의 재해유발 원인과 거리가 먼 것은?

① 기능미숙 때문에
② 작업이 어렵기 때문에
③ 기계설비에 결함이 있기 때문에
④ 환경상 주의력의 집중이 혼란되기 때문에

해설 기능미숙은 미숙성 누발자의 재해유발 원인에 해당된다.

정답 ①

34 피로의 측정방법에 해당하지 않는 것은?

① 생리학적 측정　　　② 물리학적 측정
③ 생화학적 측정　　　④ 심리학적 측정

해설 물리학적 측정은 피로의 측정방법에 해당하지 않는다.

관련이론 피로의 측정방법
- 생리학적 측정: 에너지대사율(RMR), 근전도(EMG), 플리커값(점멸융합주파수), 산소소비량 등
- 생화학적 측정: 혈색소 농도, 혈단백, 혈액성분, 응혈시간 등
- 심리학적 측정: 피부(전위)저항, 정신작업, 동작분석, 집중유지 기능 등

정답 ②

35 피로의 측정방법 중 근력 및 근활동에 대한 검사방법으로 가장 적절한 것은?

① EEG　　　② ECG
③ EMG　　　④ EOG

해설 근력 및 근활동에 대한 검사방법은 EMG(Electromyogram)이다.

선지분석
① EEG(Electroencephalogram)는 뇌파에 대한 검사방법이다.
② ECG(Electrocardiogram)는 심장근활동에 대한 검사방법이다.
④ EOG(Electrooculogram)는 안구운동에 대한 검사방법이다.
* ENG(Electroneurogram)는 신경활동에 대한 검사방법이다.

정답 ③

36 피로의 측정분류 중 감각기능검사(정신, 신경기능검사)의 측정대상 항목에 해당하는 것은?

① 플리커   ② 심박수
③ 혈액   ④ 요단백

해설
- 피로의 측정분류 중 감각기능검사(정신, 신경기능검사)의 측정대상 항목에 해당되는 것은 플리커이다.
- 플리커란 정신적 부담이 대뇌피질의 활동수준에 미치고 있는 영향을 측정하는 것이다.

정답 ①

37 산업피로 검사방법으로 많이 쓰이는 플리커치는 피로 시에 어떻게 나타나는가?

① 증가한다.
② 감소한다.
③ 변화없다.
④ 근육피로시 증가, 정신피로시 감소한다.

해설 피로할수록 플리커치는 감소한다.

정답 ②

38 피로의 증상과 가장 거리가 먼 것은?

① 식욕의 증대   ② 흥미의 상실
③ 불쾌감의 증가 ④ 작업능률의 감소

해설 피로의 증상으로는 흥미의 상실, 불쾌감의 증가, 작업능률의 감소, 식욕의 감소가 있으며, 식욕의 증대는 피로의 증상과는 관계가 없다.

정답 ①

39 에너지대사율을 산출하는 공식을 옳게 나타낸 것은?

① $\dfrac{\text{기초대사량}}{\text{소비에너지량}}$

② $\dfrac{\text{작업대사량}}{\text{기초대사량}}$

③ $\dfrac{\text{기초대사량}}{\text{작업대사량}}$

④ $\dfrac{\text{소비에너지량}}{\text{기초대사량}}$

해설 에너지대사율(RMR)

$= \dfrac{\text{작업대사량}}{\text{기초대사량}}$

$= \dfrac{\text{작업시 소비에너지} - \text{안정시 소비에너지}}{\text{기초대사량}}$

정답 ②

40 어느 건설회사의 철골작업 라인에 근무하는 A씨의 작업강도가 힘든 중(重)작업으로 평가되었다면 해당되는 에너지대사율(RMR)의 범위로 가장 적절한 것은?

① 0 ~ 1   ② 2 ~ 4
③ 4 ~ 7   ④ 7 ~ 10

해설 중(重)작업의 에너지대사율의 범위는 4 ~ 7RMR이다.

관련이론 작업강도에 따른 에너지대사율(RMR)의 범위
- 경작업: 1 ~ 2RMR
- 중(中)작업: 2 ~ 4RMR
- 중(重)작업: 4 ~ 7RMR
- 초중작업: 7RMR 이상

정답 ③

41 작업에 대한 평균에너지값의 상한을 5kcal/분으로 본다면 한시간 작업시간 동안 삽입하여야 할 휴식시간(R분)을 구하는 공식으로 옳은 것은? [단, 작업에 소요되는 에너지(E)는 kcal/분이다.]

① $R(분) = \dfrac{60(E-5)}{E-1.5}$

② $R(분) = \dfrac{60(E-1.5)}{E-5}$

③ $R(분) = \dfrac{60(E-5)}{E \times 1.5}$

④ $R(분) = \dfrac{60(E+5)}{E \times 1.5}$

해설 $R(분) = \dfrac{60(E-5)}{E-1.5}$ 이 옳은 공식이며, 여기서 1.5는 휴식시 평균에너지소비량이다.

정답 ①

42 1분에 10kcal를 소비하는 작업을 수행할 경우 1시간 작업하는 동안 몇 분의 휴식을 취하여야 하는가? (단, 작업에 대한 평균에너지값의 상한은 5kcal/분으로 한다.)

① 10분　② 20분
③ 30분　④ 35분

해설 $R(분) = \dfrac{60(E-5)}{E-1.5} = \dfrac{60(10-5)}{10-1.5}$
$= 35.29 ≒ 35분$
따라서 1시간 작업을 하는 동안 약 35분의 휴식을 취하여야 한다.

정답 ④

43 생체리듬에 대한 설명으로 옳지 않은 것은?

① 혈액의 수분, 염분량은 주간에는 감소하나 야간에는 상승한다.
② 체온, 혈압, 맥박수는 주간에 감소하나 야간에는 상승한다.
③ 야간에는 체중이 감소하고, 소화액 분비상태도 좋지 않다.
④ 야간에는 말초운동 기능저하, 피로의 자각증상이 증대한다.

해설 체온, 혈압, 맥박수는 주간에 상승하나 야간에는 감소한다.

정답 ②

44 바이오리듬에 대한 설명으로 옳은 것은?

① 육체적 리듬은 영문으로 P라고 표시하며 28일을 주기로 반복된다.
② 감성적 리듬은 영문으로 S라고 표시하며 23일을 주기로 반복된다.
③ 지성적 리듬은 영문으로 I라고 표시하며 33일을 주기로 반복된다.
④ 각각의 리듬이 (−)에서 최저점에 이르렀을 때를 '위험일'이라 한다.

해설 지성적 리듬은 영문 I로 표시하며 33일을 주기로 반복된다.

선지분석
① 육체적 리듬은 영문으로 P라고 표시하며 23일을 주기로 반복된다.
② 감성적 리듬은 영문으로 S라고 표시하며 28일을 주기로 반복된다.
④ 각각의 리듬이 (−)에서 (+)로, (+)에서 (−)로 변화하는 때를 '위험일'이라 한다.

정답 ③

45 지성적 리듬은 녹색, 감성적 리듬은 적색으로 나타낼 때 육체적 리듬은 무엇으로 표시되는가?

① 노란색　② 보라색
③ 청색　④ 검정색

해설 육체적 리듬은 청색으로 표시된다.

정답 ③

46 조직에서 임명된 지도자가 가지는 권한의 행사는 무엇에 의한 것인가?
① 매니저십(Manager Ship)
② 리더십(Leader Ship)
③ 멤버십(Member Ship)
④ 헤드십(Head Ship)

해설 조직에서 임명된 지도자가 가지는 권한의 행사는 헤드십(Head Ship)에 의한 것이다.

관련이론 **헤드십과 리더십**
- 헤드십(Head Ship): 조직에서 임명된 지도자가 가지는 권한의 행사
- 리더십(Leader Ship): 조직에서 선출된 지도자가 가지는 권한의 행사

정답 ④

47 리더십의 권한 역할 중 조직의 규정에 의해 권력구조가 공식화한 권한은 어떠한 권한에 해당하는가?
① 위임된 권한 ② 합법적 권한
③ 강압적 권한 ④ 보상적 권한

해설 조직의 규정에 의해 권력구조가 공식화한 권한은 합법적 권한이다.

관련이론 **리더십에 있어서 권한의 역할**
- 합법적 권한: 조직의 규정에 의해 권력구조가 공식화한 권한을 말한다.
- 보상적 권한: 조직의 지도자들은 그들의 부하들에게 보상을 할 수 있는 권한을 가지고 있다.
- 강압적 권한: 지도자들에게 부여받은 권한 중에서 보상적 권한만큼 중요한 것이 바로 강압적 권한인데 이 권한으로 부하들을 처벌할 수 있다.
- 위임된 권한: 부하직원들이 지도자의 생각과 목표를 얼마나 잘따르는가와 관련된 권한이다.
- 전문성의 권한: 지도자가 집단의 목표수행에 필요한 분야에 얼마나 많은 전문적인 지식을 갖고 있는가와 관련된 권한이다.

정답 ②

48 리더십과 헤드십에 대한 설명으로 옳은 것은?
① 헤드십은 부하와의 사회적 간격이 좁다.
② 헤드십에서의 책임은 상사에 있지 않고 부하에 있다.
③ 리더십의 지휘형태는 권위주의적인 반면 헤드십의 지휘형태는 민주적이다.
④ 권한행사 측면에서 보면 헤드십은 임명에 의하여 권한을 행사할 수 있다.

해설 권한행사 측면에서 보면 헤드십은 임명에 의하여 권한을 행사할 수 있다.

선지분석
① 헤드십은 부하와의 사회적 간격이 넓다.
② 헤드십에서의 책임은 상사에 있다.
③ 리더십의 지휘형태는 민주적인 반면 헤드십의 지휘형태는 권위주의적이다.

정답 ④

49 리더십에 있어서 권한의 역할 중 조직이 지도자에게 부여하는 권한이 아닌 것은?
① 보상적 권한 ② 강압적 권한
③ 합법적 권한 ④ 전문성의 권한

해설 전문성의 권한은 지도자 자신이 자신에게 부여하는 권한이다.

관련이론 **리더십의 권한**

조직이 지도자에게 부여하는 권한	지도자 자신이 자신에게 부여하는 권한
• 보상적 권한 • 강압적 권한 • 합법적 권한	• 전문성의 권한 • 위임된 권한

정답 ④

50 관리 그리드(Managerial Grid) 이론에 따른 리더십의 유형 중 능률만 중시하고 인간관계는 낮은 리더십의 유형은?
① 무기력형 ② 무관심형
③ 과업형   ④ 이상형

해설 관리 그리드 이론에 따른 리더십의 유형 중 능률만 중시하고 인간관계는 낮은 리더십의 유형은 과업형이다.

정답 ③

51 성실하며 성공적인 지도자(Leader)의 공통적인 고유속성과 거리가 먼 것은?

① 상사에 대한 긍정적인 태도
② 실패에 대한 자신감
③ 강한 출세욕구
④ 조직의 목표에 대한 충성심

해설 실패에 대한 자신감이 아닌 두려움이다.

성실하며 성공적인 지도자의 공통적인 고유속성
- 상사에 대한 긍정적인 태도
- 강한 출세욕구
- 조직의 목표에 대한 충성심
- 실패에 대한 두려움

정답 ②

52 조직에 있어 구성원들의 역할에 대한 기대와 행동은 항상 일치하지 않는다. 역할기대와 실제 역할행동간에 차이가 생기면 역할갈등이 발생하는데 다음 중에서 역할갈등의 원인으로 가장 거리가 먼 것은?

① 역할민첩성 ② 역할부적합
③ 역할마찰   ④ 역할모호성

해설 역할민첩성은 역할갈등의 원인과는 관계가 없다.

정답 ①

53 슈퍼(Super. D.E)의 역할이론 중 자아탐구의 수단인 동시에 자아실현의 수단이라 할 수 있는 것은?

① 역할연기(Role Playing)
② 역할기대(Role Expectation)
③ 역할형성(Role Shaping)
④ 역할갈등(Role Conflict)

해설 역할연기는 자아탐구의 수단인 동시에 자아실현의 수단이라 할 수 있다.

정답 ①

54 슈퍼(Super. D.E)의 역할이론에 해당하지 않는 것은?

① 역할연기(Role Playing)
② 역할기대(Role Expectation)
③ 역할적응(Role Adaptation)
④ 역할갈등(Role Conflict)

해설 역할적응은 슈퍼의 역할이론에 포함되지 않는다.

슈퍼(Super. D.E)의 역할이론
- 역할연기(Role Playing)
- 역할기대(Role Expectation)
- 역할조성(Role Shaping)
- 역할갈등(Role Conflict)

정답 ③

55 모랄 서베이(Moral Survey)의 효용으로 볼 수 없는 것은?

① 조직 또는 구성원의 성과를 비교·분석한다.
② 종업원의 정화(Catharsis)작용을 촉진시킨다.
③ 경영관리를 개선하는데 대한 자료를 얻는다.
④ 근로자의 심리 또는 욕구를 파악하여 불만을 해소하고 근로의욕을 높인다.

해설 조직 또는 구성원의 성과를 비교·분석하는 것은 모랄 서베이의 효용으로 볼 수 없다.

모랄 서베이(Moral Survery)의 주요 방법
- 통계에 의한 방법
- 사례연구법
- 관찰법
- 실험연구법
- 태도조사법: 질문지법, 면접법, 집단토의법, 투사법

정답 ①

CHAPTER 4 인간의 행동과학 117

CHAPTER 5 | 안전보건교육의 내용 및 방법 I

제1절 교육의 필요성과 목적

1 교육의 개념
① 피교육자를 잠재가능성 상태로부터 바람직한 상태로 이끌어가는 작용을 교육이라고 할 수 있다.
② 일반적으로 교육이란 인간행동(내형적, 외형적 행동 모두 포함)의 계획적 변화라고 할 수 있다.

1. 교육의 3요소

(1) 주체(Subject)
  ① **형식적 교육**: 강사(교육자)
  ② **비형식적 교육**: 부모, 형, 선배, 사회지식인 등

(2) 객체(Object)
  ① **형식적 교육**: 수강자
  ② **비형식적 교육**: 자녀, 미성숙자 등

(3) 매개체(Materials)
  ① **형식적 교육**: 교재
  ② **비형식적 교육**: 교육환경, 인간관계 등

2. 교육목적의 기능

(1) 방향지시의 기능
(2) 학습평가를 위한 근거 제시기능
(3) 역동적 부여의 기능
(4) 교육활동의 통제기능
(5) 학습경험선정과 학습지도방법 채택의 근거 제시기능

> **참고** 교육의 기능과 목적
> 1. 본질적인 면에서 본 교육의 기능
>   ① 사회적 기능
>   ② 개인 완성으로서의 기능
>   ③ 문화전달과 창조적 기능

2. 안전보건교육의 목적
① 의식(정신)의 안전화
② 행동(동작)의 안전화
③ 설비와 물자의 안전화
④ 작업환경의 안전화

2 학습지도 이론

1. 학습지도의 원리

(1) **개별화의 원리**

학습자가 가지고 있는 능력에 알맞는 학습활동의 기회를 제공해야 한다는 원리이다.

(2) **직관의 원리**

구체적인 사물을 직접 제시하거나 경험하게 함으로써 큰 효과를 거둘 수 있다는 원리이다.

(3) **자발성의 원리(자기활동의 원리)**

학습자가 자발적으로 학습에 참여하는데 중점을 두는 원리이다.

(4) **사회화의 원리**

공동학습을 통하여 사회에서 경험한 것을 교류시킴으로써 우호적인 학습을 진행하는 원리이다.

(5) **통합의 원리**

학습을 종합적으로 지도하여 통합을 이루는 원리이다.

2. 학습성과 설정시 유의하여야 할 사항

(1) 학습목적에 적합하고 타당해야 한다.

(2) 주제와 학습정도가 포함되어야 한다.

(3) 구체적으로 서술해야 한다.

(4) 수강자의 입장에서 기술해야 한다.

3. 안전교육지도의 원칙

(1) 동기부여(학습의욕 고취)

(2) 쉬운 것에서부터 어려운 것으로

(3) 한번에 한가지씩 교육

(4) 피교육자 위주의 교육, 상대방의 입장에서 피교육자 중심으로 실시

(5) 반복하여 교육

(6) 인상의 강화

(7) 기능적인 이해

(8) 과거에서부터 현재, 미래로

(9) 오관(五官)의 활용

오관의 효과치	교육의 이해도(교육효과)
① 시각: 60% ② 청각: 20% ③ 촉각: 15% ④ 미각: 3% ⑤ 후각: 2%	① 귀: 20% ② 눈: 40% ③ 귀 + 눈: 60% ④ 입: 80% ⑤ 머리 + 손 + 발: 90%

4. 교육지도의 5단계

   (1) 원리의 제시

   (2) 관련된 개념의 분석

   (3) 가설의 설정

   (4) 교육자료 평가

   (5) 결론

제2절 교육심리학의 이해

1 교육심리학의 정의

교육과 관련된 여러가지 문제를 심리학적으로 연구함에 있어서 교육적인 방향을 목표로 하는 기술이며 경험과학이다.

2 교육심리학의 연구방법

(1) 관찰법

　① 자연적 관찰법

　② 실험적 관찰법

　　㉠ 면접　　　　　　　　㉣ 항목조사법

　　㉡ 질문지법　　　　　　㉤ 시간표본법

　　㉢ 사례연구법

(2) 실험법

(3) 투사법

> **참고** 엔드라고지모델(Andragogy Model)에 기초한 학습자로서 성인의 특징
>
> ① 성인들은 자기주도적으로 학습하고자 한다.
> ② 성인들은 많은 다양한 경험을 가지고 학습에 참여한다.
> ③ 성인들은 왜 배워야 하는지에 대해 알고자 하는 욕구를 가지고 있다.
> ④ 성인들의 학습동기는 사회적 역할개발과 밀접한 관련이 있다.
> ⑤ 성인들의 학습하고자 하는 동기는 외적동기라기 보다는 내적동기에 있다.
> ⑥ 성인들은 과제중심적, 문제중심적으로 학습하고자 한다.

3 성장과 발달(행동의 방정식)

(1) S – O – R(Stimulus Organization Response)

   유기체 스스로 능동적으로 자극을 주어 강화됨으로써 새로운 행동으로 발달한다[스키너(Skinner), 헐(Hull)].

(2) S – R(Stimulus Response)

   유기체에 자극을 주면 반응함으로써 새로운 행동으로 발달한다[손다이크(Thorndike), 파블로브(Pavlov)].

(3) B = f(P · E)

   유기체와 환경과의 상호작용의 결과가 행동의 발달이다(레빈: Lewin).

4 학습이론

1. S – R이론(행동심리학파이론)

   학습을 자극(Stimulus)에 의한 반응(Response)으로 보는 이론이다.

   (1) 조건반사설(파블로브: Pavlov)

   목적시행을 반복하는 가운데 자극과 반응이 결합하여 행동하는 것이다.

   ① 시간의 원리
   ② 강도의 원리
   ③ 일관성의 원리
   ④ 계속성의 원리

   (2) 시행착오설(손다이크: Thorndike)

   자극과 반응 사이가 신경학적으로 연관되어 연습을 통해 행동하는 것이다.

   ① 효과의 법칙
   ② 준비성의 법칙
   ③ 연습 또는 반복의 법칙

(3) 조작적(도구적) 조건화설(스키너: Skinner)

(4) 접근적 조건화설(거스리: Guthrie)

(5) 강화설(헐: Hull)

> **참고** 스키너(Skinner)의 조작적(도구적) 조건화설
>
> 1. 정의
>   ① 사람들의 바람직한 결과를 이끌어 내기 위해 단지 어떤 자극에 대해 수동적으로 반응하는 것이 아니라 환경 상의 어떤 능동적인 행위를 해야 한다는 것이다.
>   ② 정적(正的)강화(Positive Reinforcement), 부적(否的)강화(Negative Reinforcement), 처벌 등이 이 이론의 원리에 속한다.
> 2. 스키너의 조작적 조건화설 중 강화의 효과
>   ① 처벌은 더 강한 처벌에 의해서만 그 효과가 지속되는 부작용이 있다.
>   ② 부분강화에 의하면 학습은 빠르게 진행되지만 서서히 학습효과가 사라진다.
>   ③ 부적강화란 반응 후 처벌이나 비난 등의 해로운 자극이 주어져서 반응발생율이 감소하는 것이다.
>   ④ 정적강화란 반응 후 음식이나 칭찬 등의 이로운 자극을 주었을 때 반응발생율이 높아지는 것이다.

2. 인지이론

학습을 요소로 분해하여 파악하는 것이 아니라 전체로서 파악하여야 한다는 이론이다.

(1) 장(場)설(Field Theory): 레빈(Lewin)

(2) 통찰(洞察)설(Insight Theory): 쾰러(Köhler)

(3) 기호형태설(Sign - Gestalt Theory): 톨만(Tolman)

5 학습조건

1. 준비성

준비성을 결정하는 요인은 다음과 같다.

(1) 성숙

(2) 경험

(3) 개인차

(4) 정신연령

(5) 생활연령

2. 학습과 개인차

인간이 학습을 함에 있어서 개인간에 상호차이가 있는 것을 말한다.

3. 동기유발

(1) 내적 동기유발
   ① 성취의욕의 고취
   ② 지적호기심의 제고
   ③ 목표의 인식
   ④ 흥미 등의 방법
   ⑤ 학습자의 요구수준에 맞는 적절한 교재의 제시

(2) 외적 동기유발
   ① 학습의 결과를 알게 하고 성공감, 만족감을 갖게 할 것
   ② 경쟁심을 이용할 것
   ③ 적절한 상과 벌에 의해 학습 의욕을 환기시킬 것

6 적응기제(Adjustment Mechanism)

1. 적응기제(適應機制)의 정의
갈등이나 욕구불만을 합리적으로 해결할 수 없을 때 욕구충족을 위하여 비합리적인 방법을 취하는 것이다.

2. 적응기제의 분류

(1) 방어적 기제(Defence Mechanism)
자신의 무능력, 열등감, 약점을 위장하여 유리하게 보호함으로써 안정감을 찾으려는 것이다.
   ① **보상**(Compensation): 자신의 무능과 결함에 의하여 생긴 긴장이나 열등감을 해소시키기 위하여 장점 같은 것으로 그 결함을 보충하려는 행동이다.
   ② **승화**(Sublimation): 억압당한 욕구를 가치있는 다른 목적으로 실현할 수 있도록 노력하여 욕구를 충족하는 행동이다.
   ③ **합리화**(Rationalization): 자신의 약점이나 실패에 그럴듯한 이유를 들어 남의 비난을 받지 않도록 하는 것이다.
      ㉠ 신포도형
      ㉡ 달콤한 레몬형
      ㉢ 투사형
      ㉣ 망상형
   ④ **치환**(전위: Displacement): 어떤 대상이나 사람에 대한 충돌이나 감정을 덜 위협적인 대상이나 사람에게 돌려서 표현하는 것이다.
   ⑤ **동일화**(Identification): 사실은 자기의 것이 아님에도 불구하고 자기의 것이나 된 듯이 행동을 하여 승인을 얻고자 하는 것이다.

⑥ **투사(Projection)**: 자신조차도 승인할 수 없는 욕구를 타인이나 사물로 전환시켜 바람직하지 않은 욕구로부터 자신을 지키려는 것이다.
⑦ **반동형성**: 억압된 욕구가 나타나지 않도록 그것과 정반대의 행동을 하는 것이다.

(2) 도피적 기제(Escape Mechanism)
욕구불만에 의한 압박이나 긴장으로부터 벗어나기 위해서 비합리적인 방법으로 공상에 도피하고 현실 세계에서 벗어나 마음의 안정을 얻으려는 것이다.
① **고립(Isolation)**: 자신이 없을 때 현실을 피하여 곤란한 접촉이나 상황에서 벗어나 자기내부로 도피하려는 행동이다.
② **백일몽(Day-Dream)**: 현실적으로 도저히 만족시킬 수 없는 소원이나 욕구를 공상의 세계에서 취하려는 도피의 한 행동이다.
③ **억압(Repression)**: 욕구불만이나 불쾌감 등의 갈등으로 생긴 욕구를 의식 밖으로 배제함으로써 얻는 행동이다.
④ **퇴행(Regression)**: 발달단계를 역행(어린시절로 돌아가려는 행동 등)함으로써 욕구를 충족하려는 행동이다.
⑤ **부정**: 특정한 일이나 생각이 고통스러워 인정하지 않으려는 행동이다.

(3) 공격적 기제(Aggressive Mechanism)
능동적이며 적극적인 입장에서 어떤 욕구불만에 대한 반항으로 자신을 괴롭히는 대상에 대하여 적대시하는 태도나 감정을 취하는 것이다.
① **직접적 공격기제**: 싸움, 폭행, 기물파손 등
② **간접적 공격기제**: 비난, 조소, 중상모략, 욕설, 폭언 등

7 파지와 망각

1. 파지(Retention)
과거의 학습경험이 어떠한 형태로 현재와 미래의 행동에 영향을 주는 작용이다.

2. 망각
파지의 행동이 지속되지 않는 것이다.

3. 기억의 과정
기명(Memorizing) → 파지(Retention) → 재생(Recall) → 재인(Recognition)의 단계를 걸쳐서 비로소 확실히 기억이 기록되는 것이다.

(1) **기명**: 새로운 사상(Event)이 중추신경계에 기록되는 것
(2) **파지**: 기록이 계속 간직되는 것
(3) **재생**: 간직된 기록이 다시 의식 속으로 떠오르는 것
(4) **재인**: 과거에 경험하였던 것과 비슷한 상태에 부딪혔을 때 떠오르는 것(재생을 실현할 수 있는 것)

> **참고** 기억과 망각의 특성
>
> ① 학습한 내용의 망각률은 학습 직후에 가장 높다.
> ② 의미없는 내용은 의미있는 내용보다 빨리 망각한다.
> ③ 단순한 지식보다 사고력을 요하는 내용이 기억의 효과가 높다.
> ④ 연습은 학습직후에 하는 것이 효과적이다.

4. 에빙하우스(H. Ebbinghaus)의 망각곡선

기억에 관해서 최초로 실험·연구한 사람은 독일의 심리학자 에빙하우스이다.

(1) 파지와 망각률
① 1시간 경과: 50% 이상 망각
② 48시간 경과: 70% 이상 망각

(2) 에빙하우스의 연습효과
① 의식작용이 생략되어 무의식적으로 수행된다.
② 행동이 세련되고 신속해지며 오류가 감소된다.
③ 운동이 자동적으로 이루어진다.

(3) 고원현상(Plateau Phenomenon)
진보가 일시적으로 정체되는 현상이며, 연습곡선이 상승하다가 더 이상 오르거나 줄지 않는 상태를 말한다.

> **참고** 교육심리학의 정신분석학적 대표이론
>
> ① 융(Jung)의 성격양향설
> ② 프로이드(Freud)의 심리성격 발달이론
> ③ 에릭슨(Erikson)의 심리사회적 발달이론

5. 연습의 방법

(1) 분습법과 전습법
① **분습법**(Part Method): 학습재료를 작게 나누어서 학습하는 방법이다.
② **전습법**(Whole Method): 학습재료 전체를 하나로 묶어서 학습하는 방법이다.

(2) 분습법과 전습법의 장점

분습법(배분연습)	전습법(집중연습)
① 학습효과가 빨리 나타난다.	① 망각이 적다.
② 길고 복잡한 학습에 적당하다.	② 학습에 필요한 반복이 적다.
③ 어린이는 분습법을 좋아한다.	③ 시간과 노력이 적다.
④ 주의와 집중력의 범위를 좁히는데 적합하고 유리하다.	④ 연합이 생긴다.

8 학습의 전이

(1) 전이(Transference)의 정의

　어떤 내용을 학습한 결과가 다른 학습이나 반응에 영향을 주는 현상이다.

(2) 학습전이의 조건

　① 학습자의 지능
　② 학습자의 태도
　③ 학습정도
　④ 유사성
　⑤ 시간적 간격

(3) 학습의 연속에 있어 앞의 학습이 뒤의 학습을 방해하는 조건

　① 앞의 학습이 불완전한 경우
　② 뒤의 학습을 앞의 학습 직후에 실시하는 경우
　③ 앞의 학습내용을 재생하기 직전에 실시하는 경우

(4) 학습의 전이가 일어나기 가장 쉽고 좋은 상황

　교육훈련 상황이 실제 장면과 유사할 때

> **참고** 학습성취에 직접적인 영향을 미치는 요인
> ① 개인차
> ② 동기유발
> ③ 준비도

제3절 안전보건교육계획 수립 및 실시

1 안전보건교육의 기본방향

(1) 안전의식 향상을 위한 교육
(2) 사고사례 중심의 교육
(3) 안전작업을 위한 교육

2 안전보건교육의 단계별 교육과정

1. **안전보건교육의 3단계**

   제1단계(지식교육) → 제2단계(기능교육) → 제3단계(태도교육)

   (1) 지식교육
   - ① 지식교육의 내용
     - ㉠ 안전규정 숙지
     - ㉡ 안전의식 고취
     - ㉢ 안전책임감 부여
     - ㉣ 기능, 태도교육에 필요한 기초지식 주입
   - ② 지식교육의 4단계
     - ㉠ 제1단계: 도입
     - ㉡ 제2단계: 제시
     - ㉢ 제3단계: 적용
     - ㉣ 제4단계: 확인

   (2) 기능교육
   - ① 기능교육의 내용
     - ㉠ 전문적 기술교육
     - ㉡ 안전기술 기능
     - ㉢ 방호장치 관리기능
     - ㉣ 점검, 검사, 정비기능
   - ② 기능교육의 4단계(지도기법)
     - ㉠ 제1단계: 학습준비
     - ㉡ 제2단계: 작업설명
     - ㉢ 제3단계: 실습
     - ㉣ 제4단계: 결과시찰
   - ③ 기능교육의 3원칙
     - ㉠ 준비(Readiness)
     - ㉡ 위험작업의 규제
     - ㉢ 안전작업의 표준화

   (3) 태도교육
   - ① 태도교육의 내용
     - ㉠ 표준작업방법의 습관화
     - ㉡ 작업 전후의 점검, 검사요령의 정확화 및 습관화
     - ㉢ 안전작업 지시 전달·확인 등 언어·태도 정확화 및 습관화
     - ㉣ 공구, 보호구 취급과 관리자세의 확립
     - ㉤ 안전에 대한 가치관 형성
   - ② 태도교육의 기본과정(순서)
     - ㉠ 청취한다.
     - ㉡ 이해, 납득시킨다.
     - ㉢ 모범을 보인다.
     - ㉣ 권장한다.
     - ㉤ 칭찬한다.
     - ㉥ 상·벌을 준다.

2. **기술(기능)교육의 진행방법**

   (1) 듀이(John Dewey)의 사고과정의 5단계
   - ① 시사를 받는다.
   - ② 머리로 생각한다(지식화한다).
   - ③ 가설을 설정한다.
   - ④ 추론한다.
   - ⑤ 행동에 의하여 가설을 검토한다.

(2) 하버드학파의 5단계 교수법
① 준비시킨다(Preparation).
② 교시한다(Presentation).
③ 연합한다(Association).
④ 총괄시킨다(Generalization).
⑤ 응용시킨다(Application).

(3) 교시법의 4단계
① 제1단계: 준비단계(도입)
② 제2단계: 일을 하여 보이는 단계(실연)
③ 제3단계: 일을 시켜 보이는 단계(실습)
④ 제4단계: 추후(보습)지도의 단계(확인)

3 안전보건교육계획

1. 안전보건교육계획 수립시 고려할 사항
① 필요한 정보를 수집할 것
② 현장의 의견을 충분히 반영할 것
③ 법규정에 의한 교육에만 그치지 않을 것
④ 안전보건교육 시행체계와의 관련을 고려할 것

2. 안전보건교육계획 수립시 진행순서
교육의 필요점 발견 → 교육대상 결정 → 교육준비 → 교육실시 → 교육의 성과를 평가

3. 안전보건교육계획에 포함하여야 할 사항
① 교육목표
② 교육대상
③ 교육의 종류
④ 교육의 과목 및 교육내용
⑤ 교육기간 및 시간
⑥ 교육장소
⑦ 교육방법
⑧ 교육담당자 및 강사

4. 강의계획의 4단계
① 제1단계: 학습목적과 학습성과의 설정
② 제2단계: 학습자료의 수집 및 체계화
③ 제3단계: 교육방법의 선정
④ 제4단계: 강의안 작성

> **참고** 안전보건교육형태에서의 난이도 순서 및 강의안 작성의 원칙
>
> 1. 안전보건교육형태에서 행위나 난이도가 점차적으로 높아지는 순서
>   지식 → 태도변형 → 개인행위 → 집단행위
> 2. 강의안 작성의 원칙
>   ① 구체적
>   ② 실용적
>   ③ 명확성
>   ④ 논리적
>   ⑤ 독창적

적중문제 CHAPTER 5 | 안전보건교육의 내용 및 방법 Ⅰ

01 교육의 3요소로 옳은 것은?

① 강사 – 교육생 – 교육장소
② 강사 – 교육생 – 교육자료
③ 교육생 – 교육자료 – 교육장소
④ 교육자료 – 지식인 – 정보

해설 교육의 3요소는 강사, 교육생, 교육자료이다.

관련이론 교육의 3요소
- 교육의 주체: 강사
- 교육의 객체: 교육생
- 교육의 매개체: 교육자료

정답 ②

02 안전보건교육을 향상시키기 위한 학습지도의 원리에 해당하지 않는 것은?

① 개별화의 원리　② 통합의 원리
③ 자기활동의 원리　④ 동기유발의 원리

해설 동기유발의 원리는 학습지도의 원리에 해당하지 않는다.

관련이론 학습지도의 원리
- 개별화의 원리　• 통합의 원리
- 자기활동의 원리　• 사회화의 원리
- 직관의 원리

정답 ④

03 학습지도의 원리에서 학습자가 지니고 있는 각자의 요구와 능력 등에 알맞은 학습활동의 기회를 마련해 주어야 한다는 원리는?

① 자기활동의 원리
② 개별화의 원리
③ 사회화의 원리
④ 통합의 원리

해설 학습자가 지니고 있는 각자의 요구와 능력 등에 알맞는 학습활동의 기회를 마련해 주어야 한다는 원리는 개별화의 원리이다.

선지분석
① 자기활동(자발성)의 원리란 학습자가 자발적으로 학습에 참여하는데 중점을 두는 원리이다.
③ 사회화의 원리란 공동학습을 통하여 사회에서 경험한 것을 교류시킴으로써 우호적인 학습을 진행하는 원리이다.
④ 통합의 원리란 학습을 종합적으로 지도하여 통합을 이루는 원리이다.

정답 ②

04 안전교육의 개념에서 학습경험 선정의 원리와 가장 거리가 먼 것은?

① 동기유발의 원리
② 계속성의 원리
③ 가능성의 원리
④ 다목적 달성의 원리

해설 계속성의 원리는 학습경험 조직의 원리에 해당한다.

관련이론 학습경험 선정의 원리와 학습경험 조직의 원리

학습경험 선정의 원리	학습경험 조직의 원리
• 동기유발의 원리 • 가능성의 원리 • 다목적 달성의 원리 • 기회의 원리 • 전이가능성의 원리	• 계속성의 원리 • 계열성의 원리 • 통합성의 원리 • 균형성의 원리 • 다양성의 원리 • 건전성의 원리

정답 ②

05 학습정도(Level of Learning)란 주제를 학습시킬 범위와 내용의 정도를 뜻한다. 다음 중 학습정도의 4단계에 해당하지 않는 것은?

① 인지(to recognize)
② 이해(to understand)
③ 회상(to recall)
④ 적용(to apply)

해설 학습 정도의 4단계는 인지 → 지각 → 이해 → 적용을 말하며, 회상은 해당하지 않는다.

정답 ③

06 교육지도의 원칙과 가장 거리가 먼 것은?

① 한번에 한가지씩 교육을 실시한다.
② 쉬운 것부터 어려운 것으로 실시한다.
③ 과거부터 현재, 미래 순서로 실시한다.
④ 적게 사용하는 것에서 많이 사용하는 순으로 실시한다.

해설 많이 사용하는 것에서 적게 사용하는 순으로 실시한다.

정답 ④

07 교육지도의 5단계를 순서대로 바르게 나열한 것은?

㉠ 가설의 설정	㉡ 결론
㉢ 원리의 제시	㉣ 관련된 개념의 분석
㉤ 자료의 평가	

① ㉢ → ㉣ → ㉠ → ㉤ → ㉡
② ㉠ → ㉢ → ㉣ → ㉤ → ㉡
③ ㉢ → ㉠ → ㉤ → ㉣ → ㉡
④ ㉠ → ㉢ → ㉤ → ㉣ → ㉡

해설 교육지도 5단계의 순서는 다음과 같다.
㉢ 원리의 제시 → ㉣ 관련된 개념의 분석 → ㉠ 가설의 설정 → ㉤ 자료의 평가 → ㉡ 결론

정답 ①

08 스키너(Skinner)의 학습이론인 강화이론에서 강화에 대한 설명으로 옳지 않은 것은?

① 부적강화란 반응 후 처벌이나 비난 등의 해로운 자극이 주어져서 반응발생률이 감소하는 것이다.
② 정적강화란 반응 후 음식이나 칭찬 등의 이로운 자극을 주었을 때 반응발생률이 높아지는 것이다.
③ 부분강화에 의하면 학습은 서서히 진행되지만 빠른 속도로 학습효과가 사라진다.
④ 처벌은 더 강한 처벌에 의해서만 그 효과가 지속되는 부작용이 있다.

해설 부분강화에 의하면 학습은 빠르게 진행되지만 느린 속도로 학습효과가 사라진다.

정답 ③

09 엔드라고지 모델(Andragogy Model)에 기초한 학습자로서의 성인의 특징과 가장 거리가 먼 것은?

① 성인들은 주제중심적으로 학습하고자 한다.
② 성인들은 자기주도적으로 학습하고자 한다.
③ 성인들은 많은 다양한 경험을 가지고 학습에 참여한다.
④ 성인들은 왜 배워야 하는지에 대해 알고자 하는 욕구를 가지고 있다.

해설 엔드라고지 모델은 성인들의 학습활동을 제시한 것으로서, 엔드라고지 모델에 기초한 학습자로서의 성인들은 문제중심적, 과제중심적으로 학습하고자 한다.

관련이론 엔드라고지 모델에 기초한 학습자로서 성인의 특징
• 성인들은 자기주도적으로 학습하고자 한다.
• 성인들은 다양한 경험을 가지고 학습에 참여한다.
• 성인들은 왜 배워야 하는지에 대해 알고자 하는 욕구를 가지고 있다.
• 성인들은 문제중심적, 과제중심적으로 학습하고자 한다.
• 성인들의 학습동기는 사회적 역할개발과 밀접한 관련이 있다.
• 성인들의 학습하고자 하는 동기는 외적동기라기 보다는 내적동기에 있다.

정답 ①

10 손다이크(Thorndike)의 시행착오설에 의한 학습법칙과 관계가 가장 먼 것은?

① 연습의 법칙(The Law of Exercise)
② 동일성의 법칙(The Law of Identity)
③ 효과의 법칙(The Law of Effect)
④ 준비성의 법칙(The Law of Readiness)

해설 동일성의 법칙(The Law of Identity)은 손다이크의 시행착오설과는 관계가 없다.

관련이론 **손다이크의 시행착오설에 의한 학습법칙**
- 연습의 법칙(The Law of Exercise)
- 효과의 법칙(The Law of Effect)
- 준비성의 법칙(The Law of Readiness)

정답 ②

11 학습이론 중 S-R이론으로 볼 수 없는 것은?

① 톨만(Tolman)의 기호형태설
② 파블로브(Pavlov)의 조건반사설
③ 스키너(Skinner)의 조작적 조건화설
④ 손다이크(Thorndike)의 시행착오설

해설 톨만(Tolman)의 기호형태설은 인지이론에 해당한다.

관련이론 **학습이론 중 S-R이론과 인지이론의 구분**

S-R이론	인지이론
• 파블로브의 조건반사설 • 스키너의 조작적 조건화설 • 손다이크의 시행착오설 • 헐의 강화설 • 거스리의 접근적 조건화설	• 톨만의 기호형태설 • 레빈의 장(場)설 • 쾰러의 통찰(洞察)설

정답 ①

12 학습이론 중 S-R이론에서 조건반사설에 의한 학습이론의 원리에 해당되지 않는 것은?

① 시간의 원리 ② 기억의 원리
③ 일관성의 원리 ④ 계속성의 원리

해설 기억의 원리는 조건반사설에 의한 학습이론의 원리에 포함되지 않는다.

관련이론 **조건반사설(파블로브: Pavlov)에 의한 학습이론의 원리**
- 시간의 원리   • 강도의 원리
- 일관성의 원리   • 계속성의 원리

정답 ②

13 기억의 과정 중 과거의 학습경험을 통해서 학습된 행동이 현재와 미래에 지속되는 것을 무엇이라 하는가?

① 기명(Memorizing)
② 파지(Retention)
③ 재생(Recall)
④ 재인(Recognition)

해설 과거의 학습경험이 어떠한 형태로 현재와 미래의 행동에 영향을 주는 작용을 하며, 이와 같이 학습된 행동이 지속되는 것은 파지(Retention)이다.

선지분석
① 기명(Memorizing)이란 새로운 사상(Event)이 중추신경계에 기록되는 것이다.
③ 재생(Recall)이란 간직된 기록이 다시 의식 속으로 떠오르는 것이다.
④ 재인(Recognition)이란 재생을 실현할 수 있는 상태이다.

정답 ②

14 교육심리학에 있어 일반적으로 기억과정의 순서를 바르게 나열한 것은?

① 파지 – 재생 – 재인 – 기명
② 파지 – 재생 – 기명 – 재인
③ 기명 – 파지 – 재생 – 재인
④ 기명 – 파지 – 재인 – 재생

해설 교육심리학에 있어 기억과정의 순서는 기명 – 파지 – 재생 – 재인 순이다.

정답 ③

15 적응기제(Adjustment Mechanism) 중 방어적 기제에 해당되지 않는 것은?

① 고립　② 승화
③ 보상　④ 치환

해설　고립은 도피적 기제에 해당한다.

 적응기제(Adjustment Mechanism)

방어적 기제	보상, 합리화, 치환(전위), 동일화, 승화, 투사, 반동형성
도피적 기제	고립, 퇴행, 억압, 백일몽, 부정
공격적 기제	• 직접적 공격 기제: 싸움, 폭행, 기물파손 등 • 간접적 공격 기제: 비난, 조소, 욕설, 폭언 등

정답 ①

16 인간이 자기의 실패나 약점을 그럴듯한 이유를 들어 남의 비난을 받지 않도록 하며 또한 자위하는 방어기제를 무엇이라 하는가?

① 보상　② 투사
③ 합리화　④ 전이

해설　인간이 자기의 실패나 약점을 그럴듯한 이유를 들어 남의 비난을 받지 않도록 하며 또한 자위하는 방어기제는 합리화(Rationalization)이다.

선지분석
① 보상(Compensation): 욕구가 저지되면 그것을 대신한 목표로서 만족을 얻고자 한다.
② 투사(Projection): 자신조차 승인할 수 없는 욕구나 특성을 타인이나 사물로 전환시켜 자신의 바람직하지 않은 욕구로부터 자신을 지키고, 대상에 대해서 공격을 가함으로써 한층 더 확고하게 안정을 얻으려고 한다.
④ 전이(Transference): 어떤 내용이 다른 내용에 영향을 주는 현상이다.

정답 ③

17 적응기제의 도피적 행동인 고립에 해당하는 것은?

① 운동시합에서 진 선수가 컨디션이 좋지 않았다고 한다.
② 키가 작은 사람이 키 큰 친구들과 같이 사진을 찍으려 하지 않는다.
③ 자녀가 없는 여교사가 아동교육에 전념하게 되었다.
④ 동생이 태어나 형이 된 아이가 말을 더듬는다.

해설　고립은 현실을 피하고 자신의 내부로 도피하려는 도피적 기제로서 키가 작은 사람이 키 큰 친구들과 같이 사진을 찍으려 하지 않는 것이 그 예이다.

선지분석
① 합리화에 대한 예이다.
③ 승화에 대한 예이다.
④ 퇴행에 대한 예이다.

정답 ②

18 안전교육 중 앞의 학습이 뒤의 학습에 미치는 영향을 무엇이라 하는가?

① 반사(Reflex)
② 반응(Reaction)
③ 전이(Transference)
④ 효과(Effect)

해설　전이(Transference)란 어떤 내용을 학습한 결과가 다른 학습이나 반응에 영향을 주는 현상으로 곱셈(×)을 하면 나눗셈(÷)을 할 수도 있다는 것이다.

정답 ③

19 먼저 실시한 학습이 뒤의 학습을 방해하는 조건이 아닌 것은?

① 앞의 학습이 불완전한 경우
② 앞의 학습내용과 뒤의 학습내용이 다른 경우
③ 뒤의 학습을 앞의 학습 직후에 실시하는 경우
④ 앞의 학습에 대한 내용을 재생(再生)하기 직전에 실시하는 경우

해설 앞의 학습내용과 뒤의 학습내용이 같은 경우이다.

관련이론 **먼저 실시한 학습이 뒤의 학습을 방해하는 조건**
- 앞의 학습이 불완전한 경우
- 뒤의 학습을 앞의 학습 직후에 실시하는 경우
- 앞의 학습에 대한 내용을 재생(再生)하기 직전에 실시하는 경우
- 앞의 학습내용과 뒤의 학습내용이 같은 경우

정답 ②

20 학습전이가 일어나기 가장 쉽고 좋은 상황은?

① 정보가 많은 대단위로 제시될 때
② 훈련상황이 실제 작업장면과 유사할 때
③ 한가지가 아닌 다양한 훈련기법이 사용될 때
④ '사람 – 직무 – 조직'을 분리시키기 위한 조치들을 시행할 때

해설 학습전이가 일어나기 가장 쉽고 좋은 상황은 훈련상황이 실제 작업장면과 유사할 때이다.

정답 ②

21 학습전이의 조건에 해당되지 않는 것은?

① 유사성   ② 시간적 간격
③ 학습효과   ④ 학습자의 지능

해설 학습효과는 학습전이의 조건과 관계가 없다.

 학습전이의 조건
- 유사성
- 학습자의 지능
- 학습자의 태도
- 시간적 간격
- 학습정도
- 학습의 방법

정답 ③

22 안전보건교육계획 수립 및 추진에 있어 진행순서를 바르게 나열한 것은?

① 교육대상 결정 → 교육의 필요점 발견 → 교육준비 → 교육실시 → 교육의 성과를 평가
② 교육의 필요점 발견 → 교육준비 → 교육대상 결정 → 교육실시 → 교육의 성과를 평가
③ 교육대상 결정 → 교육준비 → 교육의 필요점 발견 → 교육실시 → 교육의 성과를 평가
④ 교육의 필요점 발견 → 교육대상 결정 → 교육준비 → 교육실시 → 교육의 성과를 평가

해설 안전보건교육계획 수립 및 추진에 있어 진행순서는 다음과 같다.
교육의 필요점 발견 → 교육대상 결정 → 교육준비 → 교육실시 → 교육의 성과를 평가

정답 ④

23 강의계획의 4단계에 포함되지 않는 사항은?

① 학습목적과 학습성과의 설정
② 학습자료의 수집 및 체계화
③ 교육방법의 선정
④ 교육대상자 범위 결정

해설 교육대상자 범위 결정은 안전보건교육 준비계획에 포함될 사항에 해당된다.

관련이론 **강의계획의 4단계**
- 제1단계: 학습목적과 학습성과의 설정
- 제2단계: 학습자료의 수집 및 체계화
- 제3단계: 교육방법의 선정
- 제4단계: 강의안 작성

정답 ④

24 안전보건교육계획에 포함하여야 할 사항과 가장 거리가 먼 것은?

① 교육방법 ② 교육장소
③ 교육생 의견 ④ 교육목표

해설 교육생의 의견은 안전보건교육계획에 포함되어야 할 사항과 관계가 없다.

관련이론 안전보건교육계획에 포함하여야 할 사항
- 교육방법
- 교육장소
- 교육목표
- 교육대상
- 교육의 종류
- 교육의 과목 및 교육내용
- 교육기간 및 시간
- 교육담당자 및 강사

정답 ③

25 안전보건교육에서 3가지 기본교육에 해당되지 않는 것은?

① 안전지식교육
② 안전기능교육
③ 안전태도교육
④ 안전실시교육

해설 안전실시교육은 안전보건교육의 3가지 기본교육에 해당하지 않는다.

관련이론 안전보건교육의 3단계(3가지 기본교육)
- 제1단계: 안전지식교육
- 제2단계: 안전기능교육
- 제3단계: 안전태도교육

정답 ④

26 안전태도교육의 기본과정에 있어 마지막 단계로 가장 적절한 것은?

① 권장한다. ② 모범을 보인다.
③ 이해시킨다. ④ 청취한다.

해설 안전태도교육의 기본과정 중 마지막 단계로 가장 옳은 것은 '권장한다.'이다.

관련이론 안전태도교육의 기본과정
- 제1단계: 청취한다.
- 제2단계: 이해시킨다.
- 제3단계: 모범을 보인다.
- 제4단계: 권장한다.
- 제5단계: 칭찬한다.
- 제6단계: 벌을 준다.

정답 ①

27 다음 교육내용과 관련이 있는 교육은?

- 작업동작 및 표준작업방법의 습관화
- 공구, 보호구 등의 관리 및 취급태도의 확립
- 작업 전·후의 점검, 검사요령의 정확화 및 습관화

① 지식교육 ② 기능교육
③ 태도교육 ④ 문제해결교육

해설 모두 태도교육에 관한 설명이다.

정답 ③

28 기능교육의 3원칙에 해당되지 않는 것은?

① 준비
② 안전의식 고취
③ 위험작업의 규제
④ 안전작업 표준화

해설 안전의식 고취는 지식교육의 내용에 해당한다.

정답 ②

29 듀이(John Dewey)의 5단계 사고과정을 올바른 순서대로 나열한 것은?

㉠ 행동에 의하여 가설을 검토한다.
㉡ 가설을 설정한다.
㉢ 지식화한다.
㉣ 시사를 받는다.
㉤ 추론한다.

① ㉣ → ㉠ → ㉡ → ㉢ → ㉤
② ㉤ → ㉡ → ㉣ → ㉠ → ㉢
③ ㉣ → ㉢ → ㉡ → ㉤ → ㉠
④ ㉤ → ㉢ → ㉡ → ㉣ → ㉠

해설 듀이의 5단계 사고과정은 다음과 같다.
- 제1단계: 시사를 받는다.
- 제2단계: 지식화한다.
- 제3단계: 가설을 설정한다.
- 제4단계: 추론한다.
- 제5단계: 행동에 의하여 가설을 검토한다.

정답 ③

30 하버드학파의 5단계 교수법에 해당하지 않는 것은?

① 추론한다. ② 교시한다.
③ 연합한다. ④ 총괄시킨다.

해설 '추론한다.'는 듀이(John Dewey)의 사고과정의 5단계 중 4단계에 해당되는 것이다.

 하버드학파의 5단계 교수법
- 제1단계: 준비시킨다.
- 제2단계: 교시한다.
- 제3단계: 연합한다.
- 제4단계: 총괄시킨다.
- 제5단계: 응용시킨다.

정답 ①

CHAPTER 6 | 안전보건교육의 내용 및 방법 Ⅱ

제1절 교육의 내용

※ 안전보건교육의 내용(산업안전보건법 시행규칙 → 2025.5.30 개정)

1. 근로자 안전보건교육의 종류 및 시간

교육과정	교육대상		교육시간
정기교육	사무직 종사 근로자		매반기 6시간 이상
	사무직 종사 근로자 외의 근로자	판매업무에 직접 종사하는 근로자	매반기 6시간 이상
		판매업무에 직접 종사하는 근로자 외의 근로자	매반기 12시간 이상
채용시 교육	일용근로자 및 근로계약기간이 1주일 이하인 기간제근로자		1시간 이상
	근로계약기간이 1주일 초과 1개월 이하인 기간제근로자		4시간 이상
	그밖의 근로자		8시간 이상
작업내용변경시 교육	일용근로자 및 근로계약기간이 1주일 이하인 기간제근로자		1시간 이상
	그밖의 근로자		2시간 이상
특별안전보건교육	특별교육 대상 작업별 교육의 어느 하나에 해당하는 작업에 종사하는 일용근로자 및 근로계약기간이 1주일 이하인 기간제근로자		2시간 이상
	타워크레인 신호작업에 종사하는 일용근로자 및 근로계약기간이 1주일 이하인 기간제근로자		8시간 이상
	특별교육 대상 작업별 교육의 어느 하나에 해당하는 작업에 종사하는 일용근로자 및 근로계약기간이 1주일 이하인 기간제근로자를 제외한 근로자		• 16시간 이상(최초 작업에 종사하기 전 4시간 이상 실시하고, 12시간은 3개월 이내에서 분할하여 실시가능) • 단기간 작업 또는 간헐적 작업인 경우에는 2시간 이상
건설업 기초안전보건교육	건설 일용근로자		4시간 이상
특수형태근로자에 대한 안전보건교육	최초 노무제공시 교육		2시간 이상(단기간 작업 또는 간헐적 작업에 노무를 제공하는 경우에는 1시간 이상)
	특별교육		일용근로자를 제외한 근로자의 특별안전보건교육시간과 동일

2. 관리감독자 안전보건교육

교육과정	교육시간
정기교육	연간 16시간 이상
채용시 교육	8시간 이상
작업내용변경시 교육	2시간 이상
특별교육	16시간 이상(최초 작업에 종사하기 전 4시간 이상 실시하고, 12시간은 3개월 이내에서 분할하여 실시 가능)
	단기간 작업 또는 간헐적 작업인 경우에는 2시간 이상

3. 안전보건관리책임자 등에 대한 교육

교육대상	교육시간	
	신규교육	보수교육
안전보건관리책임자	6시간 이상	6시간 이상
안전관리자, 안전관리전문기관의 종사자	34시간 이상	24시간 이상
보건관리자, 보건관리전문기관의 종사자	34시간 이상	24시간 이상
건설재해예방전문지도기관, 석면조사기관, 안전검사기관의 종사자	34시간 이상	24시간 이상
안전보건관리담당자	–	8시간 이상

4. 검사원 성능검사교육

교육과정	교육대상	교육시간
성능검사교육	–	28시간 이상

5. 안전보건교육 교육대상별 교육내용

(1) 근로자 안전보건교육(산업안전보건법 시행규칙 → 2025.5.30 개정)

① 근로자 정기안전보건교육

㉠ 산업안전 및 산업재해예방에 관한 사항(화재·폭발사고 발생시 대피에 관한 사항 포함)

㉡ 산업보건 및 건강장해예방에 관한 사항(폭염·한파작업으로 인한 건강장해 발생시 응급조치에 관한 사항 포함)

㉢ 건강증진 및 질병예방에 관한 사항

㉣ 유해위험작업환경관리에 관한 사항

㉤ 산업안전보건법령 및 산업재해보상보험제도에 관한 사항

㉥ 직장 내 괴롭힘, 고객의 폭언 등으로 인한 건강장해예방 및 관리에 관한 사항

㉦ 직무스트레스예방 및 관리에 관한 사항

㉧ 위험성 평가에 관한 사항

② 채용시 교육 및 작업내용변경시 교육
  ㉠ 기계기구의 위험성과 작업의 순서 및 동선에 관한 사항
  ㉡ 작업개시 전 점검에 관한 사항
  ㉢ 정리정돈 및 청소에 관한 사항
  ㉣ 사고발생시 긴급조치에 관한 사항
  ㉤ 산업보건 및 건강장해예방에 관한 사항(폭염·한파작업으로 인한 건강장해 발생시 응급조치에 관한 사항 포함)
  ㉥ 물질안전보건자료에 관한 사항
  ㉦ 산업안전보건법령 및 산업재해보상보험제도에 관한 사항
  ㉧ 직무스트레스예방 및 관리에 관한 사항
  ㉨ 산업안전 및 산업재해예방에 관한 사항(화재·폭발사고 발생시 대피에 관한 사항 포함)
  ㉩ 직장 내 괴롭힘, 고객의 폭언 등으로 인한 건강장해예방 및 관리에 관한 사항
  ㉪ 위험성 평가에 관한 사항
③ 관리감독자 정기안전보건교육
  ㉠ 정기교육
    ⓐ 작업공정의 유해위험과 재해예방대책에 관한 사항
    ⓑ 표준안전작업방법 결정 및 지도·감독요령에 관한 사항
    ⓒ 비상시 또는 재해발생시 긴급조치에 관한 사항
    ⓓ 산업보건 및 건강장해예방에 관한 사항(폭염·한파작업으로 인한 건강장해 발생시 응급조치에 관한 사항 포함)
    ⓔ 유해위험작업환경관리에 관한 사항
    ⓕ 산업안전보건법령 및 산업재해보상보험제도에 관한 사항
    ⓖ 산업안전 및 산업재해예방에 관한 사항(화재·폭발사고 발생시 대피에 관한 사항 포함)
    ⓗ 직무스트레스예방 및 관리에 관한 사항
    ⓘ 안전보건교육능력 배양에 관한 사항(현장근로자와의 의사소통능력 및 강의능력 등)
    ⓙ 직장 내 괴롭힘, 고객의 폭언 등으로 인한 건강장해예방 및 관리에 관한 사항
    ⓚ 사업장내 안전보건관리체제 및 안전보건조치 현황에 관한 사항
    ⓛ 위험성 평가에 관한 사항
    ⓜ 그밖의 관리감독자의 직무에 관한 사항
  ㉡ 채용시 교육 및 작업내용변경시 교육
    ⓐ 산업안전 및 산업재해예방에 관한 사항(화재·폭발사고 발생시 대피에 관한 사항 포함)
    ⓑ 산업보건 및 건강장해예방에 관한 사항(폭염·한파작업으로 인한 건강장해 발생시 응급조치에 관한 사항 포함)
    ⓒ 위험성 평가에 관한 사항
    ⓓ 산업안전보건법령 및 산업재해보상보험제도에 관한 사항
    ⓔ 직무스트레스예방 및 관리에 관한 사항
    ⓕ 직장 내 괴롭힘, 고객의 폭언 등으로 인한 건강장해예방 및 관리에 관한 사항

- ⑨ 기계기구의 위험성과 작업의 순서 및 동선에 관한 사항
- ⓗ 작업개시 전 점검에 관한 사항
- ⓘ 물질안전보건자료에 관한 사항
- ⓙ 사업장내 안전보건관리체제 및 안전보건조치 현황에 관한 사항
- ⓚ 표준안전작업방법 결정 및 지도·감독요령에 관한 사항
- ⓛ 비상시 또는 재해발생시 긴급조치에 관한 사항
- ⓜ 그밖의 관리감독자의 직무에 관한 사항

ⓒ 특별교육 대상 작업별 교육

작업명	교육내용
공통내용	채용시교육 및 작업내용변경시교육과 같은 내용
개별내용	특별교육 대상 작업별 교육에 따른 개별 교육내용

④ **특별안전보건교육 대상 작업별 교육내용**

	작업명	교육내용
공통내용	특별안전보건교육 대상 작업	채용시 교육 및 작업내용변경시 교육내용과 같은 내용
개별내용	① 고압실내작업(잠함공법이나 그 밖의 압기공법으로 대기압을 넘는 기압인 작업실 또는 수갱 내부에서 하는 작업만 해당한다.)	• 고기압 장해의 인체에 미치는 영향에 관한 사항 • 작업의 시간, 작업방법 및 절차에 관한 사항 • 압기공법에 관한 기초지식 및 보호구 착용에 관한 사항 • 이상발생시 응급조치에 관한 사항 • 그 밖에 안전보건관리에 필요한 사항
	② 아세틸렌용접장치 또는 가스집합용접장치를 사용하는 금속의 용접·용단 또는 가열작업(발생기, 도관 등에 의하여 구성되는 용접장치만 해당한다.)	• 용접흄, 분진 및 유해광선 등의 유해성에 관한 사항 • 가스용접기, 압력조정기, 호스 및 취관두 등의 기기점검에 관한 사항 • 작업방법, 순서 및 응급처치에 관한 사항 • 안전기 및 보호구 취급에 관한 사항 • 화재예방 및 초기대응에 관한 사항 • 그 밖에 안전보건관리에 필요한 사항
	③ 밀폐된 장소(탱크내 또는 환기가 극히 불량한 좁은 장소를 말한다)에서 하는 용접작업 또는 습한 장소에서 하는 전기용접작업	• 작업순서, 안전작업방법 및 수칙에 관한 사항 • 환기설비에 관한 사항 • 전격방지 및 보호구 착용에 관한 사항 • 질식시 응급조치에 관한 사항 • 작업환경점검에 관한 사항 • 그 밖에 안전보건관리에 필요한 사항
	④ 거푸집동바리의 조립 또는 해체작업	• 동바리의 조립방법 및 작업절차에 관한 사항 • 조립재료의 취급방법 및 설치기준에 관한 사항 • 조립·해체시의 사고예방에 관한 사항 • 보호구 착용 및 점검에 관한 사항 • 그 밖에 안전보건관리에 필요한 사항
	⑤ 그 밖의 35개 특별교육 대상 작업	특별교육 대상 작업별 교육의 교육내용

(2) 건설업 기초안전보건교육에 대한 내용

교육내용	시간
건설공사의 종류(건축·토목 등) 및 시공절차	1시간
산업재해 유형별 위험요인 및 안전보건 조치	2시간
안전보건관리체제 현황 및 산업안전보건 관련 근로자 권리·의무	1시간

※ 산업안전보건법 시행규칙 → 2022.8.18 개정

(3) 물질안전보건자료(MSDS)에 관한 교육내용
① 대상 화학물질의 명칭(또는 제품명)
② 물리적 위험성 및 건강유해성
③ 취급상의 주의사항
④ 적절한 보호구
⑤ 응급조치요령 및 사고시 대처방법
⑥ 물질안전보건자료 및 경고표지를 이해하는 방법

(4) 특수형태근로종사자에 대한 안전보건교육의 교육내용
① 최초 노무제공시 교육의 교육내용
㉠ 기계기구의 위험성과 작업의 순서 및 동선에 관한 사항
㉡ 작업개시 전 점검에 관한 사항
㉢ 정리정돈 및 청소에 관한 사항
㉣ 사고발생시 긴급조치에 관한 사항
㉤ 산업보건 및 건강장해예방에 관한 사항(폭염·한파작업으로 인한 건강장해 발생시 응급조치에 관한 사항 포함)
㉥ 물질안전보건자료에 관한 사항
㉦ 직무스트레스예방 및 관리에 관한 사항
㉧ 산업안전보건법령 및 산업재해보상보험제도에 관한 사항
㉨ 산업안전 및 산업재해예방에 관한 사항(화재·폭발사고 발생시 대피에 관한 사항 포함)
㉩ 유해위험작업환경관리에 관한 사항
㉪ 보호구 착용에 관한 사항
㉫ 교통안전 및 운전안전에 관한 사항
㉬ 건강증진 및 질병예방에 관한 사항
㉭ 직장 내 괴롭힘, 고객의 폭언 등으로 인한 건강장해예방 및 관리에 관한 사항
② **특별교육 대상 작업별 교육의 교육내용**: 근로자 안전보건교육 중 특별교육 대상 작업별 교육내용과 같은 내용

제2절 교육방법

1 교육훈련기법에 따른 분류

1. **장소에 따른 교육훈련기법**

    (1) 직장 내 교육훈련기법(OJT: On the Job Training)

    상사의 지도(멘토링), 직무순환(교대), 특별과업의 지도(코칭), 보조자로서의 투입 등

    (2) 직장 외 교육훈련기법(Off JT: Off the Job Training)

    강의, 역할연기, 사례연구, 실습, 감수성 훈련 등

2. **대상자에 따른 교육훈련기법**

    (1) 종업원 훈련

    강의, 회의, 역할연기, 사례연구, 프로그램학습 등

    (2) 관리자 훈련

    직무순환(교대), 코칭 및 상담, 복수경영, 감수성 훈련 등

2 안전보건교육방법

1. **계층별 교육훈련**

    (1) 관리자 교육훈련(MTP: Management Training Program)

    ① 관리자로 하여금 일련의 계획적인 방식을 통해 능력향상과 자기개발을 추구하도록 계획된 관리자 대상의 교육훈련을 말한다.

    ② FEAF(Far East Air Foces)라고도 하며, 대상은 TWI(관리감독자교육훈련)보다 약간 높은 관리자 계층을 목표로 하고, TWI와는 다르게 관리문제(관리의 기능 등)에 더 치중하고 있다.

    ③ 보통 한 개 반의 인원은 10 ~ 15명으로 하고, 2시간씩 20회에 걸쳐 40시간 정도 교육훈련(조직의 운영, 관리의 기능, 시간관리, 훈련의 관리 등)을 한다.

    (2) ATT(American Telephone and Telegram co.)

    ① 교육내용

    ㉠ 작업의 감독
    ㉡ 계획적 감독
    ㉢ 종업원의 향상
    ㉣ 개인작업의 개선
    ㉤ 작업계획 및 인원배치
    ㉥ 고객관계
    ㉦ 인사관계

    ② 한번 교육훈련을 수료한 관리자가 그 부하감독자에 대하여 지도할 수 있는데 대상계층이 한정되어 있지 않다.

    ③ 2주간에 걸쳐 보통 1일 8시간씩 1차 교육훈련을 한다.

(3) 관리감독자교육훈련(TWI: Training Within Industry)
① 관리감독자교육훈련은 직장, 계장 및 주임 등과 같은 감독자의 직위에 있는 사람을 대상으로 한 훈련이다.
② 이들에게는 지도·통솔력의 향상과 더불어 관리에 관한 기초적인 지식의 배양이나 능력의 향상을 목적으로 한다.
③ 관리감독자교육훈련(TWI)의 내용은 다음과 같다.
　㉠ Job Safety Training(작업안전훈련: JST)
　㉡ Job Method Training(작업방법훈련: JMT)
　㉢ Job Instruction Training(작업지도훈련: JIT)
　㉣ Job Relation Training(인간관계훈련: JRT)

> **참고** ATP(Administration Training Program)
> ① CCS(Civil Communication Section)라고도 한다.
> ② 당초 일부 회사의 톱 매니지먼트(Top Management)에 대해서만 시행하였으나 그 후 널리 보급되었으며, 조직, 정책의 수립, 통제 및 운영 등의 교육내용을 다룬다.
> ③ 4일 4시간씩 8주간(128시간) 실시한다.

2. OJT와 Off JT

(1) OJT(On the Job Training, 직장 내 교육)
관리감독자 등 직속상사가 부하직원에 대해서 일상업무를 통하여 지식, 기능, 문제해결 능력 및 태도 등을 교육훈련하는 방법으로 개별교육 및 추가지도에 적합하다.
① 장점
　㉠ 개개인에게 적절한 지도훈련이 가능하다.
　㉡ 직장의 실정에 맞게 실제적 훈련이 가능하다.
　㉢ 훈련에 필요한 업무의 계속성이 끊어지지 않는다.
　㉣ 효과가 곧 업무에 나타나며, 훈련의 좋고 나쁨에 따라 개선이 쉽다.
　㉤ 즉시 업무에 연결되는 지도훈련이 가능하다.
　㉥ 훈련효과를 보고 상호신뢰, 이해도가 높아지는 것이 가능하다.
② 단점
　㉠ 통일된 내용과 동일수준의 훈련이 될 수 없다.
　㉡ 일과 훈련의 양쪽이 반반이 될 가능성이 있다.
　㉢ 다수의 종업원을 한번에 훈련할 수 없다.
　㉣ 전문적인 고도의 지식, 기능을 가르칠 수 없다.

(2) Off JT(Off the Job Training, 직장 외 교육)
공통된 교육목적을 가진 근로자를 일정한 장소에 집합시켜 외부강사를 초빙하여 실시하는 방법으로 집합교육에 적합하다.

① 장점
  ㉠ 다수의 근로자에게 조직적 훈련을 행하는 것이 가능하다.
  ㉡ 전문가를 강사로 초청하는 것이 가능하다.
  ㉢ 각 직장의 근로자가 많은 지식이나 경험을 교류할 수 있다.
  ㉣ 훈련에만 전념하게 된다.
  ㉤ 특별설비기구를 이용하는 것이 가능하다.
② 단점
  ㉠ 훈련의 결과를 현장에 바로 활용하기가 곤란하다.
  ㉡ 훈련에 참가하지 않은 근로자들의 업무부담이 늘어난다.
  ㉢ 실시하는데 비용이 많이 든다.

3 학습목적의 3요소

(1) 목표(Goal)
  학습을 통하여 달성하는 지표이며 학습목적의 핵심이다.

(2) 주제(Subject)
  목표달성을 위한 주된 내용이다.

(3) 학습정도(Level of Learning)
  학습내용과 범위의 정도이다.
  ① **인지**: ~을 인지하여야 한다.
  ② **지각**: ~을 알아야 한다.
  ③ **이해**: ~을 이해하여야 한다.
  ④ **적용**: ~을 적용하여야 한다.

> **참고** 학습의 전개단계에서 주제를 논리적으로 체계화하기 위한 방법
> ① 간단한 것에서 복잡한 것으로
> ② 전체적인 것에서 부분적인 것으로
> ③ 많이 사용하는 것에서 적게 사용하는 것으로
> ④ 미리 알려져 있는 것에서 미지의 것으로

4 교육법의 4단계

(1) 제1단계: 도입(준비)

(2) 제2단계: 제시(설명)

(3) 제3단계: 적용(응용)

(4) 제4단계: 확인(종합)

> **참고** 강의법의 도입단계 및 교육시간의 배분

1. 강의법으로 교육시 도입단계의 내용
   ① 동기를 유발한다.
   ② 주제의 단원을 알려준다.
   ③ 수강생의 주의를 집중시킨다.
   ④ 주제에 대하여 알고 있는 정도를 확인한다.
2. 교육방법에 따른 교육시간의 배분

구분	강의식	토의식
도입	5분	5분
제시	40분	10분
적용	10분	40분
확인	5분	5분

5 교육훈련의 평가방법

1. **교육훈련 평가의 목적**
   ① 학습지도를 효과적으로 하기 위하여
   ② 학습지도방법을 개선하기 위하여
   ③ 작업자의 적정배치를 위하여

2. **교육훈련 평가의 4단계**
   ① 제1단계: 반응단계
   ② 제2단계: 학습단계
   ③ 제3단계: 행동단계
   ④ 제4단계: 결과단계

3. **교육훈련 평가방법**
   ① 면접법
   ② 관찰법
   ③ 평정법
   ④ 실험비교법
   ⑤ 상호평가법
   ⑥ 자료분석법
   ⑦ 시험(테스트)법

4. **학습평가 도구의 기준**
   ① 신뢰도
   ② 타당도
   ③ 객관도
   ④ 실용도

제3절 교육실시방법

1 강의법(강의법의 장점 및 단점)

1. 장점
① 여러 가지 수업매체를 동시에 다양하게 활용할 수 있다.
② 학생의 수에 제한을 받지 않는다.
③ 학습자의 태도, 정서 등의 감화를 위한 학습에 효과적이다.
④ 교사가 임의로 시간을 조절할 수 있고, 강조할 점을 수시로 강조할 수 있다.
⑤ 사실이나 사상을 시간, 장소의 제한없이 어디서나 제시할 수 있다.

2. 단점
① 한정된 학습과제에 대한 제한이 있다.
② 개인의 학습속도에 맞추어 수업이 불가능하다.
③ 학습자의 참여와 흥미를 지속시키기 위한 기회가 전혀 없다.
④ 대부분이 일방통행적인 지식의 배합형식이다.

2 토의법(Discussion Method)

1. 토의식 교육의 장점 및 단점

(1) 장점
① 수업의 중간이나 마지막 단계에 적용함이 좋다.
② 학교수업이나 직업훈련의 특정 분야에 더욱 효과적이다.
③ 팀워크가 필요한 경우에 더욱 좋다.
④ 학습자들에게 다양한 접근방법, 해석을 하기를 요구하는 경우에 가능하다.
⑤ 알고 있는 지식을 심화시키거나 어떠한 자료에 대해 보다 명료한 생각을 갖도록 하는 경우에 적용이 가능하다.

(2) 단점
① 시간의 소비량이 너무 많다.
② 학급 인원수의 크기에 제약을 받는다.
③ 학생들이 다같이 주어진 주제에 관해 이야기할 수 있을 만큼 충분한 배경이 필요하다.

> **참고** 토의식(토의법)교육이 효과적으로 활용되는 경우
>
> ① 피교육생들의 태도를 변화시키고자 할 경우
> ② 토의를 할 수 있는 인원이 적정 수준일 경우
> ③ 피교육생들간에 학습능력의 차이가 작을 경우
> ④ 피교육생들이 토의주제를 어느 정도 인지하고 있을 경우

2. 토의법의 종류

(1) 심포지엄(Symposium)
몇 사람의 전문가에 의해 과제에 대한 견해를 발표하고 참가자로 하여금 의견이나 질문을 하게 하는 토의 방식

(2) 포럼(Forum)
새로운 자료나 교재를 제시하고 거기서의 문제점을 피교육자로 하여금 의견을 여러가지 방법으로 제기하거나 발표하게 하여 다시 깊이 파고들어 토의하는 방법

(3) 패널 디스커션(Panel Discussion)
전문가 4~5명이 피교육자 앞에서 자유로이 토의를 한 후 피교육자 전원이 참가하여 사회자의 사회에 따라서 토의하는 방법

(4) 버즈세션(Buzz Session)
6-6회의라고도 하며, 참가자가 다수인 경우에 전원을 토의에 참가시키기 위한 방법으로 소집단을 구성하여 회의를 진행시키는 방법

(5) 사례연구(Case Study)
실제의 사례 또는 그것을 기초로 한 이야기를 소재로 하여 주로 집단토의를 통해서 여러가지 문제를 터득하고 이해를 깊게 하는 방법

(6) 문제해결법(Problem Method)
문제의 인식을 공유하고, 토의를 통해서 문제를 해결하는 방법

(7) 자유토의법(Free Discussion Method)
알고 있는 지식을 심화시키거나 어떠한 자료에 대하여 보다 명료한 생각을 갖도록 하기 위하여 토의하는 방법

3 실연법

기능이나 지식을 강사의 지휘·감독하에 직접적으로 적용하거나 연습하게 하는 방법이다.

1. 실연법의 장점 및 단점

(1) 장점
① 수업의 중간이나 마지막 단계에 적용이 가능하다.
② 학교수업이나 직업훈련의 특수 분야에 적용이 가능하다.
③ 언어학습, 문제해결학습, 원리학습 등에도 적용이 가능하다.
④ 작업이나 특수기능 훈련시 실제와 유사한 상태에서 연습해야 할 경우에도 가능하다.
⑤ 학생들이 학습한 것을 실제의 상태에 적용하는 것이 허용되는 경우에도 가능하다.

(2) 단점

① 특수시설이나 설비가 요구되며, 시설의 유지비가 많이 든다.

② 다른 방법보다 교사 대 학습자 수의 비율이 높아진다.

③ 시간의 소비량이 지극히 많아 모든 학생들이 연습을 통해 주어진 목표에 도달해야 한다.

> **참고** 구안법(프로젝트법: Project Method)
>
> 1. 정의
>   안전교육방법 중 자신의 목표를 외부에 구체적으로 실현하고 형상화하기 위하여 스스로 계획을 세워서 수행하는 학습활동이다.
> 2. 구안법의 4단계
>   ① 목표결정
>   ② 계획
>   ③ 실행
>   ④ 평가
> 3. 구안법의 장점
>   ① 동기부여가 충분하다.
>   ② 현실적인 학습방법이다.
>   ③ 작업에 대하여 창조력이 생긴다.
>   ④ 지도성, 협동성, 희생정신을 기를 수 있다.
>   ⑤ 자발적이고 능동적인 학습활동을 추구할 수 있다.

4 프로그램학습법(Programmed Self-Instruction Method)

수업프로그램이 프로그램학습의 원리에 의해 만들어지며 학습자가 프로그램 자료를 활용하여 단독으로 학습하도록 하는 방법이다(스키너의 조작적 조건화설 원리에 의하여 개발된 학습법).

(1) 장점

① 수업의 모든 단계에 가능하다.

② 학교수업, 방송수업, 직업훈련의 경우에 가능하다.

③ 학생들이 자기에게 허용된 어느 시간에나 학습이 가능하다.

④ 보충학습의 경우에도 가능하다.

⑤ 학생들의 개인차가 최대한으로 조절되어야 할 경우에도 가능하다.

(2) 단점

① 학생들의 사회성이 결여되기가 매우 쉽다.

② 개발비가 너무 많이 든다.

③ 한번 개발한 프로그램자료를 개조하기가 매우 어렵다.

5 시범교육법

(1) 장점
① 직업훈련, 특수기능의 훈련에 더욱 효과적이다.
② 수업의 전체 목표를 일목요연하게 보여야 할 경우에 가능하다.
③ 운동기능이나 외국어 학습에 적용이 효과적이다.
④ 표본적인 동작수행을 요하는 경우에 적용이 효과적이다.
⑤ 기본적인 절차에 강조점이 주어지는 경우에 적용이 가능하다.

(2) 단점
① 사고력 학습에 부적합하다.
② 학습자수에 제한을 받는다.
③ 시간조절이 어렵다.

6 모의법(Simulation Method)

실제의 장면, 상태와 극히 유사한 상태를 인위적으로 만들어 그 속에서 학습하도록 하는 교육방법이다.

(1) 장점
① 수업의 모든 단계에 가능하다.
② 작업조작을 중요시하는 경우에도 적용이 가능하다.
③ 학교수업, 직업훈련 및 어떤 분야에도 가능하다.
④ 실제상태는 위험성이 따를 경우에도 적용이 가능하다.

(2) 단점
① 단위 교육비가 비싸고 시간의 소비가 너무 많다.
② 다른 방법에 비하여 학생 대 교사의 비율이 높다.
③ 시설의 유지비가 매우 높다.

> **참고** 시청각교육법의 특징
> ① 교재의 구조화를 기할 수 있다.
> ② 대규모 수업체제의 구성이 용이하다.
> ③ 학습의 다양성과 능률화를 기할 수 있다.
> ④ 학습자에게 공통경험을 형성시켜 줄 수 있다.
> ⑤ 학습자료를 시간과 장소에 제한없이 제시할 수 없다.
> ⑥ 교수의 평준화를 기할 수 있고, 효율성을 향상시킨다.
> ⑦ 지능, 적성, 학습속도 등 개인차를 충분히 고려할 수 없다.

적중문제 — CHAPTER 6 안전보건교육의 내용 및 방법 Ⅱ

01 교육훈련평가의 4단계를 바르게 나열한 것은?

① 학습단계 → 반응단계 → 행동단계 → 결과단계
② 반응단계 → 학습단계 → 행동단계 → 결과단계
③ 학습단계 → 행동단계 → 반응단계 → 결과단계
④ 행동단계 → 학습단계 → 결과단계 → 반응단계

해설 교육훈련평가의 4단계는 다음과 같다.
- 제1단계: 반응단계
- 제2단계: 학습단계
- 제3단계: 행동단계
- 제4단계: 결과단계

정답 ②

02 학습평가의 기본적인 기준으로 합당하지 않는 것은?

① 타당도　② 실용도
③ 주관도　④ 신뢰도

해설 주관도는 학습평가의 기본적인 기준에 포함되지 않는다.

관련이론 학습평가의 기본적인 기준
- 타당도
- 객관도
- 실용도
- 신뢰도

정답 ③

03 학습평가도구의 기준 중 측정의 결과에 대해 누가 보아도 일치되는 의견이 나올 수 있는 성질은 다음 중 어떠한 특성을 설명한 것인가?

① 타당성　② 신뢰성
③ 객관성　④ 실용성

해설 학습평가도구의 기준 중 측정의 결과에 대해 누가 보아도 일치되는 의견이 나올 수 있는 성질은 객관성이다.

관련이론 타당성·신뢰성·실용성
- 타당성: 평가하려고 하는 성능을 어느 정도 충실히 수행하고 있는가를 나타내는 것이다.
- 신뢰성: 동일한 평가를 동일한 사람에게 시간차이를 두고 실시하였을 때 그 결과가 크게 다르지 않게 나타나는 것이다.
- 실용성: 평가를 실시하고 채점하기가 쉽거나 결과의 해석이나 이용의 방법이 간단하게 나타나는 것이다.

정답 ③

04 교육의 4단계기법의 순서로 옳은 것은?

① 제시 – 도입 – 적용 – 확인
② 확인 – 도입 – 제시 – 적용
③ 도입 – 확인 – 적용 – 제시
④ 도입 – 제시 – 적용 – 확인

해설 교육의 4단계기법은 도입 – 제시 – 적용 – 확인 순으로 진행된다.

관련이론 교육의 4단계기법
- 제1단계: 도입(준비한다)
- 제2단계: 제시(설명한다)
- 제3단계: 적용(응용한다)
- 제4단계: 확인(총괄한다)

정답 ④

05 안전교육방법 중 강의식 교육을 1시간 하려고 한다. 가장 시간이 많이 소비되는 단계는?

① 도입　　　　② 적용
③ 제시　　　　④ 확인

해설　교육단계에 따른 교육시간의 배분(60분 기준)은 다음과 같다.

교육법의 4단계		강의식	토의식
제1단계	도입(준비)	5분	5분
제2단계	제시(설명)	40분	10분
제3단계	적용(응용)	10분	40분
제4단계	확인(총괄)	5분	5분

강의식 교육을 1시간 진행하는 경우 제시(설명) 단계의 시간이 40분으로 가장 많다.

정답 ③

---

07 교육방법 중 강의방식의 단점으로 볼 수 없는 것은?

① 학습자의 참여가 제한적일 수 있다.
② 학습자 개개인의 이해도를 파악하기 어렵다.
③ 학습내용에 대한 집중력이 어렵다.
④ 교육에 필요한 비용이 적게 든다.

해설　교육에 필요한 비용이 적게 든다는 것은 강의방식의 장점에 해당된다.

 강의방식의 장·단점

장점	단점
• 많은 인원의 수강자에 대한 교육이 가능하다. • 안전의식 제고가 용이하다. • 광범위한 지식의 전달이 가능하다. • 교육에 필요한 비용이 적게 든다.	• 학습자의 참여가 제한적일 수 있다. • 학습자 개개인의 이해도를 파악하기 어렵다. • 학습내용에 대한 집중이 어렵다. • 교사학습방법에 따라 차이가 있다.

정답 ④

---

06 안전교육방법 중 수업의 도입이나 초기단계에 적용하며 단시간에 많은 내용을 교육하는 경우에 사용되는 방법으로 가장 적절한 것은?

① 강의법　　　② 시범
③ 반복법　　　④ 토의법

해설　강의법은 수업의 도입이나 초기단계에 적용하며 단시간에 많은 내용을 교육하는 경우에 사용되는 방법이다.

정답 ①

---

08 수업의 중간이나 마지막 단계에 행하는 것으로 언어학습이나 문제해결학습에 효과적인 학습법은?

① 강의법　　　② 실연법
③ 토의법　　　④ 프로그램법

해설　수업의 중간이나 마지막 단계에 행하는 것으로 언어학습이나 문제해결학습에 효과적인 학습법은 실연법이다.

선지분석　① 강의법은 비교적 많은 인원의 수강자(최적인원 40~50명)에게 단기간의 교육으로 많은 교육내용을 전수하는 교육방법이다.
③ 토의법은 한 개의 과제에 각각의 의견을 제시하고, 그 토의과정에 있어 효과를 얻을 수 있는 교육방법이다.
④ 프로그램법은 학습자가 프로그램자료를 가지고 단독으로 학습하도록 하는 교육방법이다.

정답 ②

09 교육방법 중 토의법이 효과적으로 활용되는 경우가 아닌 것은?

① 피교육생들간에 학습능력의 차이가 클 때
② 인원이 토의를 할 수 있는 적정수준일 때
③ 피교육생들의 태도를 변화시키고자 할 때
④ 피교육생들이 토의주제를 어느 정도 인지하고 있을 때

해설 피교육생들간에 학습능력의 차이가 작을 때 토의법이 효과적으로 활용된다.

정답 ①

10 토의식 교육방법의 종류 중 새로운 자료나 교재를 제시하고, 피교육자로 하여금 문제점을 제기하게 하거나 여러가지 방법으로 의견을 발표하게 하고, 청중과 토론자간의 활발한 의견개진과 충돌로 합의를 도출해 내는 방법을 무엇이라 하는가?

① 포럼(Forum)
② 심포지엄(Symposium)
③ 버즈세션(Buzz Session)
④ 케이스 메소드(Case Method)

해설 새로운 자료나 교재를 제시하고, 피교육자로 하여금 문제점을 제기하게 하거나 여러 가지 방법으로 의견을 발표하게 하고, 청중과 토론자간의 활발한 의견개진과 충돌로 합의를 도출해내는 방법은 포럼(Forum)이다.

선지분석
② 심포지엄이란 여러 명의 전문가가 과제에 대해서 견해를 발표한 뒤 참석자로부터 질문이나 의견을 하게 하여서 토의하는 방법이다.
③ 버즈세션이란 6 - 6회의라고도 하며, 참가자가 다수인 경우에 전원을 토의에 참가시키기 위한 방법이다.
④ 케이스 메소드란 사례(Case)를 꺼내 보이고 문제사실과 그들의 상호관계에 관하여 검토하고, 관련 사실의 수집이나 분석방법의 학습, 종합적인 상황판단, 대책입안을 하는 경우에 효과적인 방법이다.

정답 ①

11 전문가 4～5명이 피교육자 앞에서 자유로이 토의를 하고 그 후에 피교육자 전원이 사회자의 사회에 따라 토의하는 방법을 무엇이라 하는가?

① 패널 디스커션(Panel Discussion)
② 심포지엄(Symposium)
③ 버즈세션(Buzz Session)
④ 롤 플레잉(Role Playing)

해설 전문가 4～5명이 피교육자 앞에서 자유로이 토의를 하고, 뒤에 피교육자 전원이 참가하여 사회자의 사회에 따라 토의하는 방법은 패널 디스커션이다.

정답 ①

12 참가자가 다수인 경우에 전원을 토의에 참가시키기 위한 방법으로 소집단을 구성하여 회의를 진행시키는데 일명 6-6회의라고도 하는 것은?

① Symposium
② Buzz Session
③ Forum
④ Panel Discussion

해설 참가자가 다수인 경우에 전원을 토의에 참가시키기 위한 방법은 버즈세션(Buzz Session)으로 소집단을 구성하여 회의를 진행시키며, 일명 6 - 6회의라고도 한다.

정답 ②

13 ATP라고도 하며 당초 일부 회사의 톱 매니지먼트(Top Management)에 대하여만 행하여졌으나 그 후 널리 보급되었으며, 교육내용으로는 정책의 수립, 조직, 통제 및 운영 등의 안전교육방법은?

① TWI(Training Within Industry)
② MTP(Management Training Program)
③ CCS(Civil Communication Section)
④ ATT(American Telephone & Telegram co.)

해설 CCS(Civil Communication Section)란 ATP라고도 하며 당초 일부 회사의 톱 매니지먼트에 대하여만 행하여졌으나 그 후 널리 보급되었으며, 교육내용으로는 정책의 수립, 조직, 통제 및 운영 등이 있다.

정답 ③

CHAPTER 6 안전보건교육의 내용 및 방법 Ⅱ

14 몇 사람의 전문가에 의해 견해를 발표하고 참가자로 하여금 의견이나 질문을 하게 하는 토의방식은?

① 포럼(Forum)
② 자유토의법(Free Discussion Method)
③ 심포지엄(Symposium)
④ 버즈세션(Buzz Session)

해설 몇 사람의 전문가에 의해 견해를 발표하고 <u>참가자로 하여금 의견이나 질문을 하게 하는 토의방식은 심포지엄(Symposium)이다.</u>

정답 ③

15 프로그램학습법(Programmed Self-Instruction Method)의 장점이 아닌 것은?

① 학습자의 사회성을 높이는 데 불리하다.
② 한 강사가 많은 수의 학습자를 지도할 수 있다.
③ 지능, 학습적성, 학습속도 등 개인차를 충분히 고려할 수 있다.
④ 매 반응마다 피드백이 주어지기 때문에 학습자가 흥미를 갖는다.

해설 <u>학습자의 사회성을 높이는 데 불리하다는 것은</u> 프로그램학습법의 단점이다.

정답 ①

16 안전교육을 위한 시청각 교육법에 대한 설명으로 가장 적절한 것은?

① 학습자들에게 공통의 경험을 시켜줄 수 있다.
② 지능, 적성, 학습속도 등 개인차를 충분히 고려할 수 있다.
③ 학습의 다양성과 능률화에 기여할 수 없다.
④ 학습자료를 시간과 장소에 제한없이 제시할 수 있다.

해설 <u>시청각 교육은 학습자들에게 공통의 경험을 시켜줄 수 있다.</u>

선지분석
② 지능, 적성, 학습속도 등 개인차를 충분히 고려할 수 없다.
③ 학습의 다양성과 능률화에 기여할 수 있다.
④ 학습자료를 시간과 장소에 제한없이 제시할 수 없다.

정답 ①

17 Project Method의 장점으로 볼 수 없는 것은?

① 동기부여가 충분하다.
② 현실적인 학습방법이다.
③ 작업에 대하여 창조력이 생긴다.
④ 시간과 에너지가 많이 소비된다.

해설
• <u>시간과 에너지가 많이 소비된다는 것은 Project Method(구안법)의 단점이다.</u>
• Project Method는 <u>지도성, 협동성, 희생정신을 기를 수 있다는 장점이 있다.</u>
• Project Method는 <u>자발적이고 능동적인 학습활동을 추구할 수 있다는 장점이 있다.</u>

정답 ④

18 기업 내 교육방법 가운데 작업의 개선방법 및 사람을 다루는 방법, 작업을 가르치는 방법 등을 주된 교육내용으로 하는 것은?

① CCS(Civil Communication Section)
② MTP(Management Training Program)
③ TWI(Training Within Industry)
④ ATT(American Telephone & Telegram co.)

해설 TWI(Training Within Industry)란 기업 내 교육방법 가운데 <u>작업의 개선방법 및 사람을 다루는 방법, 작업을 가르치는 방법 등을 주된 교육내용으로 하는 것이다.</u>

정답 ③

19 기업 내 안전교육 중 TWI의 훈련내용이 아닌 것은?

① 작업방법훈련(JMT)
② 작업지도훈련(JIT)
③ 사례연구훈련(CST)
④ 인간관계훈련(JRT)

해설 사례연구훈련(CST)은 TWI의 훈련내용과 관계가 없다.

관련이론 **TWI(관리감독자 교육훈련)의 훈련내용**
• 작업방법훈련(JMT)   • 작업지도훈련(JIT)
• 작업안전훈련(JST)   • 인간관계훈련(JRT)

정답 ③

20 OJT(On the Job Training)의 장점이 아닌 것은?

① 직장의 실정에 맞게 실제적 훈련이 가능하다.
② 교육을 통한 훈련효과에 의해 상호신뢰, 이해도가 높아진다.
③ 대상자의 개인별 능력에 따라 훈련의 진도를 조정하기가 쉽다.
④ 교육훈련대상자가 교육훈련에만 몰두할 수 있어 학습효과가 높다.

해설 교육훈련대상자가 교육훈련에만 몰두할 수 있어 학습효과가 높다는 것은 Off JT의 장점에 해당한다.

관련이론 Off JT와 OJT의 장점 비교

Off JT의 장점	• 다수의 근로자에게 조직적 훈련을 행하는 것이 가능하다. • 훈련에만 전념하게 된다. • 전문가를 강사로 초청하는 것이 가능하다. • 특별 설비기구를 이용하는 것이 가능하다. • 각 직장의 근로자가 많은 지식이나 경험을 교류할 수 있다.
OJT의 장점	• 개인 개인에게 적절한 지도훈련이 가능하다. • 직장의 실정에 맞게 실제적 훈련이 가능하다. • 즉시 업무에 연결되는 지도훈련이 가능하다. • 훈련에 필요한 업무의 계속성이 끊어지지 않는다. • 효과가 곧 업무에 나타나며, 훈련의 좋고 나쁨에 따라 개선이 쉽다. • 훈련효과를 보고 상호신뢰, 이해도가 높아지는 것이 가능하다.

정답 ④

21 산업안전보건법령상 근로자 안전보건교육의 교육과정에 해당하지 않는 것은?

① 검사원 성능검사교육
② 특별안전보건교육
③ 근로자 정기안전보건교육
④ 작업내용변경시 교육

해설 검사원 성능검사교육은 근로자 안전보건교육의 교육과정에 해당하지 않는다.

관련이론 산업안전보건법령상 근로자 안전보건교육의 교육과정
• 근로자 정기안전보건교육 • 채용시 교육
• 작업내용변경시 교육   • 특별안전보건교육
• 건설업 기초안전보건교육

정답 ①

22 산업안전보건법상 근로자 안전보건교육 중 관리감독자 정기안전보건교육의 내용에 해당하는 것은?

① 정리정돈 및 청소에 관한 사항
② 작업개시전 점검에 관한 사항
③ 표준안전작업방법 결정 및 지도·감독요령에 관한 사항
④ 기계기구의 위험성과 작업의 순서 및 동선에 관한 사항

해설 표준안전작업방법 결정 및 지도·감독요령에 관한 사항은 관리감독자 정기안전보건교육의 내용에 해당한다.

선지분석 ①, ②, ④ 채용시 교육 및 작업내용변경시 교육의 내용에 해당한다.

관련이론 관리감독자 정기안전보건교육(산업안전보건법 시행규칙)
• 표준안전작업방법 결정 및 지도·감독요령에 관한 사항
• 작업공정의 유해위험과 재해예방대책에 관한 사항
• 비상시 또는 재해발생시 긴급조치에 관한 사항
• 산업보건 및 건강장해예방에 관한 사항(폭염·한파작업으로 인한 건강장해 발생시 응급조치에 관한 사항 포함)
• 유해위험작업환경관리에 관한 사항
• 산업안전보건법령 및 산업재해보상보험제도에 관한 사항
• 직무스트레스예방 및 관리에 관한 사항
• 산업안전 및 산업재해예방에 관한 사항(화재·폭발사고 발생시 대피에 관한 사항 포함)
• 안전보건교육능력 배양에 관한 사항(현장근로자와의 의사소통능력, 강의능력 등)
• 직장 내 괴롭힘, 고객의 폭언 등으로 인한 건강장해예방 및 관리에 관한 사항
• 사업장내 안전보건관리체제 및 안전보건조치 현황에 관한 사항
• 위험성 평가에 관한 사항
• 그밖의 관리감독자의 직무에 관한 사항
※ 산업안전보건법 시행규칙 → 2025.5.30 개정

정답 ③

23 산업안전보건법에서 정한 해당 근로자로서 건설업에 종사하는 일용근로자의 채용시 교육시간으로 옳은 것은?

① 1시간 이상
② 2시간 이상
③ 4시간 이상
④ 8시간 이상

해설 (1) 산업안전보건법에서 정한 해당 근로자로서 건설업에 종사하는 일용근로자의 채용시 교육시간은 1시간 이상이다.
(2) 산업안전보건법에서 정한 해당 근로자로서 건설업에 종사하는 일용근로자 및 근로계약이 1주일 이하인 기간제근로자의 채용시 교육시간은 1시간 이상이다. (2023.9.27 개정)

관련이론 안전보건교육 교육시간

1. 근로자 안전보건교육 과정별 교육시간(산업안전보건법 시행규칙 → 2023.9.27 개정)

교육과정	교육대상	교육시간
정기교육	판매업무에 직접 종사하는 근로자 외의 근로자	매반기 12시간 이상
	사무직 종사 근로자, 판매업무에 직접 종사하는 근로자	매반기 6시간 이상
채용시 교육	일용근로자 및 근로계약기간이 1주일 이하인 기간제근로자	1시간 이상
	근로계약기간이 1주일 초과 1개월 이하인 기간제근로자	4시간 이상
	그밖의 근로자	8시간 이상
작업내용 변경시 교육	일용근로자 및 근로계약기간이 1주일 이하인 기간제근로자	1시간 이상
	그밖의 근로자	2시간 이상
특별교육	특별교육 대상 작업에 종사하는 일용근로자 및 근로계약기간이 1주일 이하인 기간제근로자	2시간 이상
	특별교육 대상 작업에 종사하는 일용근로자 및 근로계약기간이 1주일 이하인 기간제근로자를 제외한 근로자	16시간 이상
건설업 기초 안전보건교육	건설일용근로자	4시간 이상

2. 관리감독자 안전보건교육

교육과정	교육시간
정기교육	연간 16시간 이상
채용시 교육	8시간 이상
작업내용변경시 교육	2시간 이상
특별교육	16시간 이상(최초 작업에 종사하기 전 4시간 이상 실시하고, 12시간은 3개월 이내에서 분할하여 실시 가능
	단기간 작업 또는 간헐적 작업인 경우에는 2시간 이상

정답 ①

24 산업안전보건법상 근로자 안전보건교육 중 근로자 정기안전보건교육의 내용이 아닌 것은?

① 산업안전 및 산업재해예방에 관한 사항
② 산업보건 및 건강장해예방에 관한 사항
③ 건강증진 및 질병예방에 관한 사항
④ 표준안전작업방법 결정 및 지도·감독요령에 관한 사항

해설 표준안전작업방법 결정 및 지도·감독요령에 관한 사항은 관리감독자 정기안전보건교육의 내용에 해당한다.

관련이론 근로자 정기안전보건교육의 내용
• 산업안전 및 산업재해예방에 관한 사항(화재·폭발사고 발생시 대피에 관한 사항 포함)
• 산업보건 및 건강장해예방에 관한 사항(폭염·한파작업으로 인한 건강장해 발생시 응급조치에 관한 사항 포함)
• 건강증진 및 질병예방에 관한 사항
• 유해위험작업환경관리에 관한 사항
• 산업안전보건법령 및 산업재해보상보험제도에 관한 사항
• 직무스트레스예방 및 관리에 관한 사항
• 직장 내 괴롭힘, 고객의 폭언 등으로 인한 건강장해예방 및 관리에 관한 사항
• 위험성 평가에 관한 사항
※ 산업안전보건법 시행규칙 → 2025.5.30 개정

정답 ④

25 산업안전보건법상 근로자 안전보건교육 중 채용시교육 및 작업내용변경시 교육내용에 해당되는 것은?

① 물질안전보건자료에 관한 사항
② 건강증진 및 질병예방에 관한 사항
③ 유해위험작업환경관리에 관한 사항
④ 표준안전작업방법 결정 및 지도·감독요령에 관한 사항

해설 물질안전보건자료에 관한 사항이 교육내용에 포함된다.

선지분석
② 근로자 정기안전보건교육의 교육내용
③ 근로자 정기안전보건교육, 관리감독자 정기안전보건교육의 교육내용
④ 관리감독자 정기안전보건교육의 교육내용

관련이론 채용시 교육 및 작업내용변경시 교육내용
- 물질안전보건자료에 관한 사항
- 기계기구의 위험성과 작업의 순서 및 동선에 관한 사항
- 작업개시 전 점검에 대한 사항
- 정리정돈 및 청소에 관한 사항
- 사고발생시 긴급조치에 관한 사항
- 산업보건 및 건강장해예방에 관한 사항(폭염·한파작업으로 인한 건강장해 발생시 응급조치에 관한 사항 포함)
- 산업안전보건법령 및 산업재해보상보험제도에 관한 사항
- 직무스트레스예방 및 관리에 관한 사항
- 산업안전 및 산업재해예방에 관한 사항(화재·폭발사고 발생시 대피에 관한 사항 포함)
- 직장 내 괴롭힘, 고객의 폭언 등으로 인한 건강장해예방 및 관리에 관한 사항
- 위험성 평가에 관한 사항
※ 산업안전보건법 시행규칙 → 2025.5.30 개정

정답 ①

26 산업안전보건법상 산업안전보건 관련 교육과정 중 근로자 안전보건교육에 있어 교육대상별 교육시간이 바르게 연결된 것은?

① 그밖의 근로자 채용시 교육: 2시간 이상
② 그밖의 근로자 작업내용변경시 교육: 2시간 이상
③ 사무직 종사 근로자의 정기교육: 매반기 4시간 이상
④ 관리감독자의 지위에 있는 사람의 정기교육: 연간 8시간 이상

해설 그밖의 근로자 작업내용변경시 교육은 2시간 이상 실시하여야 한다.

선지분석
① 그밖의 근로자 채용시 교육은 8시간 이상 실시하여야 한다.
③ 사무직 종사 근로자의 정기교육은 매반기 6시간 이상 실시하여야 한다.
④ 관리감독자의 지위에 있는 사람의 정기교육은 연간 16시간 이상 실시하여야 한다.
※ 산업안전보건법 시행규칙 → 2023.9.27 개정

정답 ②

27 산업안전보건법상 특별안전보건교육 대상작업이 아닌 것은?

① 건설용 리프트, 곤돌라를 이용한 작업
② 전압이 50볼트인 정전 및 활선작업
③ 화학설비 중 반응기, 교반기, 추출기의 사용 및 세척작업
④ 액화석유가스, 수소가스 등 인화성가스 또는 폭발성물질 중 가스의 발생장치 취급작업

해설 전압이 75볼트 이상인 정전 및 활선작업이 특별안전보건교육 대상작업에 해당한다.

선지분석 ①, ③, ④ 산업안전보건법상 특별안전보건교육 대상작업에 해당한다.

정답 ②

28 건설업 기초안전보건교육 내용으로 옳지 않은 것은?

① 건설공사의 종류(건축·토목 등) 및 시공절차
② 산업재해 유형별 위험요인 및 안전보건 조치
③ 안전보건관리체제 현황 및 산업안전보건 관련 근로자 권리·의무
④ 사고발생시 긴급조치에 관한 사항

해설 사고발생시 긴급조치에 관한 사항은 채용시 및 작업내용변경시 교육내용에 해당한다.

관련이론 건설업 기초안전보건교육 내용
- 건설공사의 종류(건축·토목 등) 및 시공절차
- 산업재해 유형별 위험요인 및 안전보건 조치
- 안전보건관리체제 현황 및 산업안전보건 관련 근로자 권리·의무

정답 ④

29 물질안전보건자료에 관한 교육내용에 해당되지 않는 것은?

① 산업위생 및 산업환기에 관한 사항
② 대상화학물질의 명칭
③ 물리적 위험성 및 건강유해성
④ 응급조치요령 및 사고시 대처방법

해설 산업위생 및 산업환기에 관한 사항은 보건관리자 보수교육과정의 교육내용에 해당한다.

관련이론 물질안전보건자료에 관한 교육내용
- 대상화학물질의 명칭
- 물리적 위험성 및 건강유해성
- 응급조치요령 및 사고시 대처방법
- 취급상 주의사항
- 적절한 보호구
- 물질안전보건자료 및 경고표지를 이해하는 방법

정답 ①

30 산업안전보건법에서 정하는 특수형태근로종사자의 안전보건교육 중 최초 노무제공시 교육의 교육시간은?

① 1시간 이상
② 2시간 이상
③ 3시간 이상
④ 4시간 이상

해설 특수형태근로종사자의 안전보건교육 중 최초 노무제공시 교육의 교육시간은 2시간 이상이다.

정답 ②

CHAPTER 7 | 산업안전관계법규

- 산업안전보건법 등 산업안전관계법규는 분량이 방대하기 때문에 중요한 사항과 출제빈도가 높은 사항을 중심으로 요약하여 구성함
- 산업안전보건법 중 안전관리자 업무, 안전검사, 안전보건개선계획, 기계안전기준, 전기안전기준, 화공안전기준, 건설안전기준 등 연관 내용은 PART 1~5 본문에 반영하여 수록함

제1절 산업안전보건법령

※ 산업안전보건법, 산업안전보건법시행령, 산업안전보건법시행규칙에 관한 사항

1. 위험성 평가

(1) 위험성 평가의 실시(산업안전보건법 제36조)

사업주는 건설물, 기계기구, 설비, 원재료, 가스, 증기, 분진, 근로자의 작업행동 또는 그 밖의 업무로 인한 유해위험요인을 찾아내어 부상 및 질병으로 이어질 수 있는 위험성의 크기가 허용가능한 범위인지를 평가하여야 하고, 그 결과에 따라 이 법과 이 법에 따른 명령에 따른 조치를 하여야 하며, 근로자에 대한 위험 또는 건강장해를 방지하기 위하여 필요한 경우에는 추가적인 조치를 하여야 한다.

> **참고** 위험성 평가 절차(사업장 위험성 평가에 관한 지침 고용노동부고시 → 2023.5.22 개정)
>
> 사전준비 → 유해위험요인 파악 → 위험성 결정 → 위험성 감소대책 수립 및 실행 → 위험성 평가 실시 내용 및 결과에 관한 기록 및 보존

(2) 위험성 평가 실시내용 및 결과의 기록·보존(산업안전보건법 시행규칙 제37조)

① 위험성 평가의 기록·보존시 포함되어야 할 사항
  ㉠ 위험성 평가 대상의 유해위험요인
  ㉡ 위험성 결정의 내용
  ㉢ 위험성 결정에 따른 조치의 내용
  ㉣ 그 밖에 위험성 평가의 실시내용을 확인하기 위하여 필요한 사항으로서 고용노동부장관이 정하여 고시하는 사항
② 위험성 평가 자료의 기록·보존기간: 3년

2. 유해위험방지계획서

(1) 유해위험방지계획서 제출 대상 사업장(산업안전보건법 시행령 제42조)
다음의 어느 하나에 해당되는 사업(제조업)으로서 전기계약용량이 300kW 이상인 경우
① 비금속광물제품제조업
② 금속가공제품제조업(기계 및 기구 제외)
③ 식료품제조업
④ 기타 기계 및 장비제조업
⑤ 자동차 및 트레일러제조업
⑥ 목재 및 나무제품제조업
⑦ 고무제품 및 플라스틱제품제조업
⑧ 1차금속제조업
⑨ 기타 제품제조업
⑩ 가구제조업
⑪ 화학물질 및 화학제품제조업
⑫ 반도체제조업
⑬ 전자부품제조업

(2) 설치·이전하거나 그 주요 구조부분을 변경하려는 경우 유해위험방지계획서 제출 대상 기계기구 및 설비
① 금속이나 그 밖의 광물의 용해로
② 건조설비
③ 화학설비
④ 가스집합용접장치
⑤ 근로자의 건강에 상당한 장해를 일으킬 우려가 있는 물질로서 고용노동부령으로 정하는 물질의 밀폐·환기·배기를 위한 설비

(3) 유해위험방지계획서 제출 대상 건설업 중 건설공사
① 다음의 어느 하나에 해당하는 건축물 또는 시설 등의 건설·개조 또는 해체공사
　㉠ 지상높이가 31m 이상인 건축물 또는 인공구조물
　㉡ 연면적 30,000m² 이상인 건축물
　㉢ 연면적 5,000m² 이상의 시설로서 다음의 어느 하나에 해당하는 시설
　　ⓐ 문화 및 집회시설(전시장 및 동물원·식물원은 제외한다)
　　ⓑ 판매시설, 운수시설(고속철도의 역사 및 집배송시설은 제외한다)
　　ⓒ 종교시설
　　ⓓ 의료시설 중 종합병원
　　ⓔ 숙박시설 중 관광숙박시설
　　ⓕ 지하도상가
　　ⓖ 냉동·냉장창고시설
② 최대지간길이(다리의 기둥과 기둥의 중심사이의 거리)가 50m 이상인 다리의 건설 등 공사
③ 터널의 건설 등 공사
④ 연면적 5,000m² 이상인 냉동·냉장창고시설의 설비공사 및 단열공사
⑤ 다목적댐, 발전용댐, 저수용량 2,000만톤 이상의 용수전용댐 및 지방상수도전용댐의 건설 등 공사
⑥ 깊이 10m 이상인 굴착공사

> **참고** 전담안전관리자 선임 대상(산업안전보건법 시행령 제16조)
>
> 상시근로자 300명 이상을 사용하는 사업장[건설업의 경우에는 공사금액이 120억원(토목공사업은 150억원)] 이상의 안전관리자는 안전관리업무만을 전담하여야 한다.

3. **물질안전보건자료대상물질을 제조하거나 수입하려는 자가 물질안전보건자료(MSDS)를 작성하여 고용노동부장관에게 제출할 때 포함되어야 할 사항(산업안전보건법 제110조)**

   (1) 제품명
   (2) 물질안전보건자료대상물질을 구성하는 화학물질 중 유해인자 분류기준에 해당하는 화학물질의 명칭 및 함유량
   (3) 안전 및 보건상의 취급 주의사항
   (4) 건강 및 환경에 대한 유해성, 물리적 위험성
   (5) 물리 · 화학적 특성 등 고용노동부령으로 정하는 사항
   ① 물리 · 화학적 특성
   ② 독성에 관한 정보
   ③ 폭발 · 화재시의 대처방법
   ④ 응급조치 요령
   ⑤ 그 밖에 고용노동부장관이 정하는 사항

4. **공정안전보고서(PSM: Process Safety Management)**

   (1) 공정안전보고서의 제출(산업안전보건법 제44조)

   대통령령으로 정하는 유해하거나 위험한 설비가 있는 경우 그 설비로부터의 위험물질 누출, 화재 및 폭발 등으로 인하여 사업장 내의 근로자에게 즉시 피해를 주거나 사업장 인근지역에 피해를 줄 수 있는 사고로서 대통령령으로 정하는 중대산업사고를 예방하기 위하여 대통령령으로 정하는 바에 따라 공정안전보고서를 작성하고 고용노동부장관에게 제출하여 심사를 받아야 한다.

   (2) 공정안전보고서의 제출 대상(산업안전보건법 시행령 제43조)

   다음 어느 하나에 해당하는 사업을 하는 사업장의 경우에는 그 보유설비를 말하고, 공정안전보고서의 제출 대상이 된다.

   ① 원유정제처리업
   ② 기타 석유정제물재처리업
   ③ 석유화학계 기초화학물질제조업 또는 합성수지 및 기타 플라스틱물질제조업
   ④ 질소화합물, 질소 · 인산 및 칼리질화학비료제조업 중 질소질비료 제조
   ⑤ 복합비료 및 기타 화학비료제조업 중 복합비료 제조(단순혼합 또는 배합에 의한 경우는 제외)
   ⑥ 화학살균 · 살충제 및 농업용 약제제조업(농약원제 제조만 해당)
   ⑦ 화약 및 불꽃제품제조업

(3) 공정안전보고서의 내용(산업안전보건법 시행령 제44조)

공정안전보고서에는 다음의 사항이 포함되어야 한다.
① 공정안전자료
② 공정위험성평가서
③ 안전운전계획
④ 비상조치계획
⑤ 그 밖에 공정상의 안전과 관련하여 고용노동부장관이 필요하다고 인정하여 고시하는 사항

(4) 공정안전보고서의 제출시기(산업안전보건법 시행규칙 제51조)

유해하거나 위험한 설비의 설치·이전 또는 주요 구조부분의 변경공사의 착공일 30일 전까지 공정안전보고서를 2부 작성하여 안전보건공단에 제출하여야 한다.

5. 작업환경측정 주기 및 횟수(산업안전보건법 시행규칙 제190조)

(1) 사업주는 작업장 또는 작업공정이 신규로 가동되거나 변경되는 등으로 작업환경측정 대상 작업장이 된 경우에는 그 날부터 30일 이내에 작업환경측정을 하고, 그 후 반기에 1회 이상 정기적으로 작업환경을 측정하여야 한다.

(2) 작업환경측정 결과가 다음의 어느 하나에 해당하는 작업장 또는 작업공정은 해당 유해인자에 대하여 그 측정일부터 3개월에 1회 이상 작업환경측정을 하여야 한다.
① 화학적 인자(고용노동부장관이 정하여 고시하는 물질만 해당한다)의 측정치가 노출기준을 초과하는 경우
② 화학적 인자(고용노동부장관이 정하여 고시하는 물질은 제외한다)의 측정치가 노출기준을 2배 이상 초과하는 경우

(3) 다음의 어느 하나에 해당하는 경우에는 해당 유해인자에 대한 작업환경측정을 연 1회 이상 할 수 있다(최근 1년간 작업공정에서 공정설비의 변경, 작업방법의 변경, 설비의 이전, 사용화학물질의 변경 등으로 작업환경측정 결과에 영향을 주는 변화가 없는 경우).
① 작업공정 내 소음의 작업환경측정 결과가 최근 2회 연속 85데시벨(dB) 미만인 경우
② 작업공정 내 소음 외의 다른 모든 인자의 작업환경측정 결과가 최근 2회 연속 노출기준 미만인 경우

6. 산업안전보건관리비(산업안전보건법 제72조)

건설공사발주자가 도급계약을 체결하거나 건설공사의 시공을 주도하여 총괄·관리하는 자가 건설공사 사업계획을 수립할 때는 고용노동부장관이 정하여 고시하는 바에 따라 산업재해예방을 위하여 사용하는 비용(산업안전보건관리비)을 도급금액 또는 사업비에 계상(計上)하여야 한다.

(1) 적용범위

산업안전보건관리비는 법 제2조제11호의 건설공사 중 총공사금액 2,000만원 이상인 공사에 적용한다(건설업산업안전보건관리비 계상 및 사용기준 고용노동부고시).

(2) 건설재해예방 지도 대상 건설공사도급인(산업안전보건법 시행령 제59조)

건설공사도급인이란 공사금액이 1억원 이상 120억원(토목공사업에 속하는 공사는 150억원) 미만인 공사를 하는 자와 건축법 제11조에 따른 건축허가의 대상이 되는 공사를 하는 자를 말한다. 다만, 다음의 어느 하나에 해당하는 공사를 하는 자는 제외한다.

① 공사기간이 1개월 미만인 공사
② 육지와 연결되지 아니한 섬지역(제주특별자치도는 제외)에서 이루어지는 공사
③ 안전관리자의 자격을 가진 사람을 선임하여 안전관리자의 업무만을 전담하도록 하는 공사
④ 유해위험방지계획서를 제출해야 하는 공사

> **참고** 산업안전보건관리비의 사용명세서 보존기간(산업안전보건법 시행규칙 제89조)
>
> 건설공사도급인은 산업안전보건관리비를 사용하는 해당 건설공사의 금액이 4,000만 원 이상인 때에는 고용노동부장관이 정하는 바에 따라 매월 사용명세서를 작성하고, 건설공사 종료 후 1년 동안 보존하여야 한다.

7. 방호조치를 해야 하는 유해하거나 위험한 기계·기구(산업안전보건법 시행규칙 제98조)

유해위험방지를 위하여 기계·기구에 설치하여야 할 방호장치는 다음과 같다.

(1) **공기압축기**: 압력방출장치
(2) **예초기**: 날접촉예방방지
(3) **금속절단기**: 날접촉예방장치
(4) **원심기**: 회전체접촉예방방지
(5) **포장기계(진공포장기, 래핑기로 한정)**: 구동부방호연동장치
(6) **지게차**: 헤드가드, 백레스트(Backrest), 전조등, 후미등, 안전벨트

> **참고**
>
> 1. 산업안전보건법상 건강진단의 종류(산업안전보건법 시행규칙 제209조)
>   (1) 일반건강진단
>   ① 사무직에 종사하는 근로자: 2년에 1회 이상
>   ② 그 밖의 근로자: 1년에 1회 이상
>   (2) 특수건강진단
>   (3) 배치전건강진단
>   (4) 수시건강진단
>   (5) 임시건강진단
>
> 2. 휴게시설 설치·관리기준
>   다음의 어느 하나에 해당하는 직종의 상시근로자가 2명 이상인 사업장으로서 상시근로자 10명 이상 20명 미만을 사용하는 사업장
>   ① 전화상담원
>   ② 돌봄서비스 종사원
>   ③ 텔레마케터
>   ④ 배달원
>   ⑤ 청소원 및 환경미화원

⑥ 아파트 경비원
※ 산업안전보건법 시행령 → 2022.8.16 신설

8. 서류의 보존(산업안전보건법 제164조)

(1) 2년간 보존

① 자율안전기준에 맞는 것임을 증명하는 서류
② 자율검사프로그램에 따라 실시한 검사결과에 대한 서류
③ 산업안전보건위원회 회의록 및 노사협의체 회의록

(2) 3년간 보존

① 안전보건관리책임자, 안전관리자, 보건관리자, 안전보건관리담당자 및 산업보건의의 선임에 관한 서류
② 화학물질의 유해성, 위험성조사에 관한 서류
③ 건강진단에 관한 서류
④ 작업환경측정에 관한 서류
⑤ 산업재해의 발생원인 등 기록
⑥ 안전인증, 안전검사에 관한 사항으로서 고용노동부령으로 정하는 서류
⑦ 안전인증 대상 기계 등에 대하여 기록한 서류
⑧ 작업환경측정에 관한 사항으로서 고용노동부령으로 정하는 사항을 적은 서류
⑨ 기관석면조사를 한 건축물. 설비 소유주 등과 석면조사기관은 그 결과에 관한 서류

(3) 5년간 보존

① 지도사업무에 관한 사항으로서 고용노동부령으로 정하는 사항을 적은 서류
② 작업환경측정결과를 기록한 서류
③ 건강진단결과표 및 근로자가 제출한 건강진단결과를 증명하는 서류

(4) 30년간 보존

석면 해체, 제거작업에 관한 서류 중 고용노동부령으로 정하는 서류

제2절 산업안전보건기준에 관한 규칙에 관한 사항

작업시작 전 점검사항(산업안전보건법 산업안전보건기준에 관한 규칙 별표 3)

작업의 종류	점검 내용
공기압축기를 가동할 때	• 공기저장압력용기의 외관상태 • 드레인밸브(Drain Valve)의 조작 및 배수 • 압력방출장치의 기능 • 언로드밸브(Unload Valve)의 기능 • 윤활유의 상태 • 회전부의 덮개 또는 울 • 그 밖의 연결부위의 이상 유무
프레스 등을 사용하여 작업을 할 때	• 클러치 및 브레이크의 기능 • 크랭크축, 플라이휠, 슬라이드, 연결봉 및 연결나사의 풀림 여부 • 1행정1정지기구, 급정지장치 및 비상정지장치의 기능 • 슬라이드 또는 칼날에 의한 위험방지기구의 기능 • 프레스의 금형 및 고정볼트 상태 • 방호장치의 기능 • 전단기(剪斷機)의 칼날 및 테이블의 상태
로봇의 작동범위에서 그 로봇에 관하여 교시 등(로봇의 동력원을 차단하고 하는 것은 제외)의 작업을 할 때	• 외부전선의 피복 또는 외장의 손상 유무 • 매니퓰레이터(Manipulator) 작동의 이상 유무 • 제동장치 및 비상정지장치의 기능
지게차를 사용하여 작업을 하는 때	• 제동장치 및 조종장치 기능의 이상 유무 • 하역장치 및 유압장치 기능의 이상 유무 • 바퀴의 이상 유무 • 전조등, 후미등, 방향지시기 및 경보장치 기능의 이상 유무
이동식크레인을 사용하여 작업을 하는 때	• 권과방지장치나 그 밖의 경보장치의 기능 • 브레이크, 클러치 및 조정장치의 기능 • 와이어로프가 통하고 있는 곳 및 작업장소의 지반상태
크레인을 사용하여 작업을 할 때	• 권과방지장치, 브레이크, 클러치 및 운전장치의 기능 • 주행로의 상측 및 트롤리(Trolley)가 횡행하는 레일의 상태 • 와이어로프가 통하고 있는 곳의 상태
곤돌라를 사용하여 작업을 할 때	• 방호장치, 브레이크의 기능 • 와이어로프, 슬링와이어(Sling Wire) 등의 상태
리프트(자동차정비용 리프트 포함)를 사용하여 작업을 할 때	• 방호장치, 브레이크 및 클러치의 기능 • 와이어로프가 통하고 있는 곳의 상태

컨베이어 등을 사용하여 작업을 할 때	• 원동기 및 풀리(Pulley) 기능의 이상 유무 • 이탈 등의 방지장치 기능의 이상 유무 • 비상정지장치 기능의 이상 유무 • 원동기, 회전축, 기어 및 풀리 등의 덮개 또는 울 등의 이상 유무
고소작업대를 사용하여 작업을 할 때	• 비상정지장치 및 비상하강방지장치 기능의 이상 유무 • 과부하방지장치의 작동 유무(와이어로프 또는 체인구동방식의 경우) • 아웃트리거 또는 바퀴의 이상 유무 • 작업면의 기울기 또는 요철 유무 • 활선작업용장치의 경우 홈, 균열, 파손 등 그 밖의 손상 유무

> **참고** 그 밖의 산업안전보건법에 관한 사항

1. 산업안전보건법상 사업주의 의무(산업안전보건법 제5조)
   ① 이 법(산업안전보건법)과 이 법에 따른 명령으로 정하는 산업재해예방을 위한 기준 이행
   ② 근로자의 신체적 피로와 정신적 스트레스 등을 줄일 수 있는 쾌적한 작업환경의 조성 및 근로조건 개선 이행
   ③ 해당 사업장의 안전 및 보건에 관한 정보를 근로자에게 제공

2. 유해위험작업에 대한 근로시간 제한(산업안전보건법 제139조)
   사업주는 유해하거나 위험한 작업으로서 대통령령으로 정하는 작업(잠함 또는 잠수작업 등 높은 기압에서 하는 작업)에 종사하는 근로자에게는 1일 6시간, 1주 34시간을 초과하여 근로하게 하여서는 아니 된다.

3. 고객의 폭언 등으로 인한 건강장해 발생 등에 대한 조치(산업안전보건법 시행령 제41조)
   ① 업무의 일시적 중단 또는 전환
   ② 근로기준법에 따른 휴게시간의 연장
   ③ 폭언 등으로 인한 건강장해 관련 치료 및 상담 지원
   ④ 관할 수사기관 또는 법원에 증거물, 증거서류를 제출하는 등 고객응대근로자 등이 폭언 등으로 인하여 고소, 고발 또는 손해배상 청구 등을 하는데 필요한 지원

4. 비상구의 설치(산업안전보건기준에 관한 규칙 제17조)
   위험물질을 제조·취급하는 작업장과 그 작업장이 있는 건축물에 출입구 외에 안전한 장소로 대피할 수 있는 비상구 1개 이상을 다음의 기준을 충족하는 구조로 설치하여야 한다. 다만, 작업장 바닥면의 가로 및 세로가 각 3m 미만인 경우에는 그렇지 않다.
   ① 출입구와 같은 방향에 있지 아니하고, 출입구로부터 3m 이상 떨어져 있을 것
   ② 작업장의 각 부분으로부터 하나의 비상구 또는 출입구까지의 수평거리가 50m 이하가 되도록 할 것
   ③ 비상구의 너비는 0.75m 이상으로 하고, 높이는 1.5m 이상으로 할 것
   ④ 비상구의 문은 피난방향으로 열리도록 하고, 실내에서 항상 열 수 있는 구조로 할 것

5. 경보용 설비(산업안전보건기준에 관한 규칙 제19조)
   연면적이 400m^2 이상이거나 상시 50명 이상의 근로자가 작업하는 옥내작업장에는 비상시에 근로자에게 신속하게 알리기 위한 경보용 설비 또는 기구를 설치하여야 한다.

적중문제 — CHAPTER 7 산업안전관계법규

01 산업안전보건법상 사업주의 의무에 해당하는 것은?

① 산업재해에 관한 조사 및 통계의 유지·관리
② 재해다발 사업장에 대한 재해예방지원 및 지도
③ 안전보건을 위한 기술의 연구, 개발 및 시설의 설치·운영
④ 산업재해예방을 위한 기준 이행 및 해당 사업장의 안전 및 보건에 관한 정보 제공

해설 산업재해예방을 위한 기준 이행 및 해당 사업장의 안전 및 보건에 관한 정보 제공이 사업주의 의무에 해당한다.

관련이론 산업안전보건법상 사업주의 의무
- 근로자의 신체적 피로와 정신적 스트레스 등을 줄일 수 있는 쾌적한 작업환경의 조성 및 근로조건 개선 이행
- 산업재해예방을 위한 기준 이행
- 해당 사업장의 안전 및 보건에 관한 정보를 근로자에게 제공

정답 ④

02 산업안전보건법령상 공정안전보고서의 작성 및 제출에 관한 설명 중 ( ) 안에 들어갈 내용을 바르게 나열한 것은?

> 산업안전보건법에 따라 사업주는 유해위험설비의 설치, 이전 또는 주요 구조부분 변경공사의 착공일 (㉠) 전까지 공정안전보고서를 (㉡) 작성하여 해당 기관에 제출하여야 한다.

	㉠	㉡		㉠	㉡
①	1일	2부	②	15일	1부
③	15일	2부	④	30일	2부

해설 산업안전보건법에 따라 사업주는 유해위험설비의 설치, 이전 또는 주요 구조부분 변경공사의 착공일 30일 전까지 공정안전보고서를 2부 작성하여 해당 기관(안전보건공단)에 제출하여야 한다.

정답 ④

03 위험성 평가의 실시내용 및 결과를 기록·보존할 때 포함되어야 할 사항이 아닌 것은?

① 위험성 평가 대상의 유해위험요인
② 위험성 결정의 내용
③ 위험성 결정에 따른 조치의 내용
④ 위험성 추정의 근거 제시내용

해설 위험성 추정의 근거 제시내용은 해당하지 않는다.

관련이론 위험성 평가의 실시내용 및 결과를 기록·보존할 때 포함되어야 할 사항
- 위험성 평가 대상의 유해위험요인
- 위험성 결정의 내용
- 위험성 결정에 따른 조치의 내용
- 그 밖에 위험성 평가의 실시내용을 확인하기 위하여 필요한 사항으로서 고용노동부장관이 정하여 고시하는 사항

정답 ④

04 금속가공제품제조업으로서 전기계약용량이 얼마 이상일 때 유해위험방지계획서 제출 대상이 되는가?

① 100kW
② 200kW
③ 300kW
④ 400kW

해설 금속가공제품제조업 등 13개 업종은 전기계약용량이 300kW 이상일 때 유해위험방지계획서 제출 대상이 된다.

정답 ③

05 생산현장에서 작업에 종사하고 있는 작업자가 가장 안전하고 능률적으로 작업을 할 수 있도록 작업내용 및 작업단위별로 사용설비, 작업자, 작업조건 및 작업방법 등에 관해 규정해 놓은 것은?

① 안전수칙
② 기술표준
③ 작업지도서
④ 표준안전작업방법

해설 표준안전작업방법에 대한 설명이다.

정답 ④

06 산업안전보건법에 따라 공기압축기를 가동할 때의 작업시작 전 점검사항의 점검내용에 해당하지 않는 것은?

① 윤활유의 상태
② 압력방출장치의 기능
③ 회전부의 덮개 또는 울
④ 비상정지장치 기능의 이상유무

해설 비상정지장치 기능의 이상유무는 컨베이어의 작업시작 전 점검사항에 해당한다.

관련이론 **공기압축기를 가동할 때 작업시작 전 점검사항**
- 공기저장압력용기의 외관상태
- 드레인밸브의 조작 및 배수
- 압력방출장치의 기능
- 언로드밸브의 기능
- 윤활유의 상태
- 회전부의 덮개 또는 울
- 그 밖의 연결부위의 이상유무

정답 ④

07 작업환경측정 대상 화학적 인자(발암성물질)를 취급하는 작업장에서 작업환경측정 결과, 측정치가 노출기준을 초과하는 경우 해당 유해인자에 대하여 그 측정일로부터 몇 개월에 1회 이상 작업환경측정을 실시하여야 하는가?

① 1개월 ② 2개월
③ 3개월 ④ 6개월

해설 작업환경측정 대상 화학적 인자(발암성물질)를 취급하는 작업장에서 작업환경측정 결과, 측정치가 노출기준을 초과하는 경우 해당 유해인자에 대하여 그 측정일로부터 3개월에 1회 이상 작업환경측정을 실시하여야 한다.

관련이론 **작업환경측정 횟수(산업안전보건법)**
㉠ 작업장 또는 작업공정이 신규로 가동되거나 변경되는 등으로 작업환경측정 대상 작업장이 된 경우에는 그 날로부터 30일 이내에 작업환경측정을 하고, 그 후 반기에 1회 이상 정기적으로 작업환경을 측정한다.
㉡ 다만, 작업환경측정 결과가 다음에 해당되는 작업장 또는 작업공정은 해당 유해인자에 대하여 그 측정일로부터 3개월에 1회 이상 작업환경측정을 한다.
- 화학적인자(발암성물질만 해당)의 측정치가 노출기준을 초과한 경우
- 화학적 인자(발암성물질은 제외)의 측정치가 노출기준을 2배 이상 초과한 경우

정답 ③

08 산업안전보건법에 따라 사업주는 산업재해발생 기록, 화학물질의 유해성·위험성조사에 관한 서류, 건강진단에 관한 서류를 몇 년간 보존하여야 하는가?

① 1년　　　② 2년
③ 3년　　　④ 5년

해설 3년간 보존하여야 한다.

 산업안전보건법상 사업주의 서류 보존기간

2년	• 자율안전기준에 맞는 것임을 증명하는 서류 • 자율검사프로그램에 따라 실시한 검사결과 서류 • 산업안전보건위원회 회의록, 노사협의체 회의록
3년	• 안전보건관리책임자 등 선임에 관한 서류 • 산업재해 발생원인 등 기록 • 기관석면조사를 한 건축물. 설비 소유주 등과 석면조사기관은 그 결과에 관한 서류 • 화학물질의 유해성, 위험성조사에 관한 서류 • 작업환경측정에 관한 서류 • 건강진단에 관한 서류 • 안전인증, 안전검사에 관한 서류 • 안전인증 대상 기계 등에 대하여 기록한 서류

정답 ③

09 작업표준의 주목적으로 볼 수 없는 것은?

① 위험요인의 제거
② 손실요인의 제거
③ 경영의 보편화
④ 작업의 효율화

해설 경영의 보편화는 작업표준의 주목적과는 관계가 없다.

정답 ③

10 산업안전보건기준에 관한 규칙에 따라 위험물질을 제조·취급하는 작업장과 그 작업장이 있는 건축물에 출입구 외에 안전한 장소로 대피할 수 있는 비상구를 설치하여야 한다. 이때 비상구의 너비와 비상구의 높이는 각각 얼마 이상으로 하여야 하는가?

	비상구의 너비	비상구의 높이
①	0.45m 이상	1m 이상
②	0.75m 이상	1.5m 이상
③	0.95m 이상	2m 이상
④	1.75m 이상	2.5m 이상

해설 비상구의 너비는 0.75m 이상, 비상구의 높이는 1.5m 이상으로 하여야 한다.

정답 ②

해커스자격증
pass.Hackers.com

해커스 **산업안전산업기사 필기** 한권완성 이론 + 최신기출 + 핵심노트

PART 2
인간공학 및 위험성 평가·관리

CHAPTER 1 안전과 인간공학
CHAPTER 2 표시장치 및 제어장치
CHAPTER 3 인체계측 및 근골격계질환예방 관리
CHAPTER 4 작업환경관리 및 유해요인관리
CHAPTER 5 시스템 위험성 추정 및 결정
CHAPTER 6 결함수분석
CHAPTER 7 위험성 파악·결정 및 감소대책 수립·실행
CHAPTER 8 신뢰도 계산

CHAPTER 1 | 안전과 인간공학

제1절 인간공학의 정의

1 인간공학(人間工學)의 정의

인간공학(Human Factors Engineering)이란 기계와 그 기계조작 및 환경조건을 인간의 특성과 능력의 한계에 잘 조화되도록 설계하기 위한 수단을 연구하는 것으로 인간과 기계의 조화있는 체계(Man-Machine System)를 갖추기 위한 학문이다.

> **참고** 인간공학을 나타내는 용어
> ① Human Factors
> ② Human Engineering
> ③ Ergonomics
> ④ Human Factors Engineering

2 인간공학의 연구목적(차파니스: Chapanis, A.)

(1) 기계조작의 능률성과 생산성의 향상
(2) 안전성의 향상 및 효율성 향상(인간공학의 궁극적인 목적)
(3) 환경의 쾌적성 및 사고예방

> **참고** 인간공학적 설계대상
> ① 물건(Objects)
> ② 환경(Environment)
> ③ 기계(Machine)
> ④ 작업(Work)

3 인간공학의 배경 및 필요성

1. 인간공학의 배경

인간과 기계가 정보통제의 기능을 상호 교환할 수 있는 접촉점을 만들어 안전과 능률을 극대화할 수 있도록 연구 고안된 방법이 인간-기계기능체계(Man-Machine System)로서 발전하고 있다.

2. 인간공학의 필요성

(1) 직무만족도의 향상
(2) 생산원가의 절감

(3) 산업재해의 감소

(4) 기업의 이미지와 신뢰도 향상

(5) 노사간의 신뢰구축

> **참고** 인간공학 평가기준의 구비요건 및 체계기준
>
> 1. 인간공학 평가기준의 구비요건
>   ① 적절성
>   ② 반복성(신뢰성)
>   ③ 무오염성
>   ④ 민감도
> 2. 기준의 유형 가운데 체계기준(System Criteria)에 해당되는 것
>   ① 운용비
>   ② 사용상의 용이성
>   ③ 예상수명
>   ④ 신뢰도
>   ⑤ 정비유지도
>   ⑥ 인력소요

4 사업장에서의 인간공학 적용분야

(1) 작업환경의 개선

(2) 작업공간의 설계

(3) 재해 및 질병예방

(4) 설비 및 공구의 설계

(5) 제품설계

(6) 인간-기계계면(Interface) 디자인(Design)

> **참고** 그 밖의 인간공학에 관한 사항
>
> 1. 인간공학을 활용함으로써 얻을 수 있는 이점(인간공학의 가치)
>   ① 성능의 향상
>   ② 인력이용율의 향상
>   ③ 훈련비용의 절감
>   ④ 사고 및 오용으로부터의 손실 감소
>   ⑤ 생산 및 정비유지의 경제성 증대
>   ⑥ 사용자의 수용도(Acceptance) 향상
> 2. 인간공학을 기업에 적용할 때의 기대효과
>   ① 제품과 작업의 질 향상
>   ② 작업자의 건강 및 안전향상
>   ③ 노사간의 신뢰향상
>   ④ 생산원가의 절감
>   ⑤ 이직률 감소
>   ⑥ 기업의 이미지와 상품선호도 향상
>   ⑦ 작업손실시간의 감소
>   ⑧ 산재손실비용 감소
>   ⑨ 직무만족도 향상
> 3. 인간공학에 있어서 인간성능기준(Human Criteria)
>   ① 주관적 반응
>   ② 생리학적 지표
>   ③ 인간의 성능척도
>   ④ 사고 및 과오의 빈도
> 4. 인간-기계시스템의 연구목적
>   인간 및 기계의 안전과 능률을 위하여 연구를 한다.

제2절 인간-기계체계

1. **인간-기계시스템(Man-Machine System)의 정의**
   인간-기계시스템은 인간의 역할에 주안점을 두어 상호작용을 하게 함으로써 생산능률을 향상시키고 안전을 극대화시키는 것이다.

   > **참고** 인간 커뮤니케이션 링크 및 인간-기계시스템 관련 사항
   >
   > 1. 인간 커뮤니케이션 링크(Communication Link)
   >   ① 방향성 링크
   >   ② 통신계 링크
   >   ③ 시각 링크
   > 2. 인간-기계시스템의 설계원칙
   >   ① 배열을 고려한 설계
   >   ② 양립성에 맞는 설계
   >   ③ 인체특성에 적합한 설계
   > 3. 인간-기계시스템에 대한 평가변수
   >   ① **독립변수**: 평가척도나 기준으로서 입력값이나 원인이 되는 변수
   >   ② **종속변수**: 평가척도나 기준으로서 관심의 대상(결과물 또는 효과)이 되는 변수
   >   ▶ 인간성능을 평가하는 실험을 할 때 평가의 기준이 되는 변수는 종속변수이다.
   > 4. 인간-기계시스템에서의 작동순서도표(OSD: Operational Sequence Diagram)의 기호
   >   ① ○: 수신
   >   ② □: 행동
   >   ③ ▽: 전달
   > 5. 인간-기계계면(Interface)의 조화성
   >   ① 지적 조화성
   >   ② 신체적 조화성
   >   ③ 감성적 조화성
   > 6. 계면설계에 있어서 계면의 종류
   >   ① 작업공간
   >   ② 표시장치
   >   ③ 조종장치
   >   ④ 제어장치
   >   ⑤ 전송장치

2. 인간-기계시스템의 기본기능

인간-기계시스템의 기본기능은 '감지 → 정보저장 → 정보처리 및 의사결정 → 행동기능'의 순서로 진행된다.

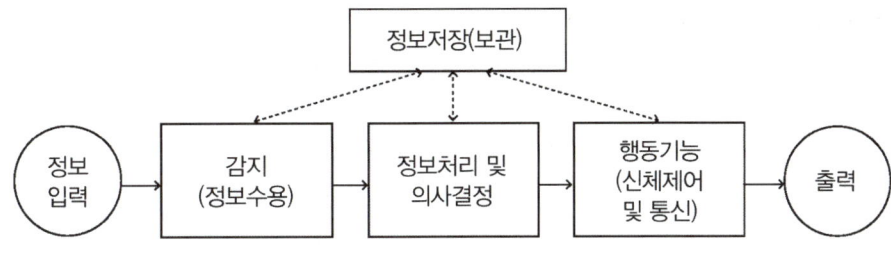

[인간-기계시스템의 기본기능 순서]

(1) 감지(Sensing)

(2) 정보저장(Information Storage)

(3) 정보처리 및 의사결정(Information Processing and Decision)
   ① 인간의 심리적 정보처리의 3단계
      ㉠ 회상(Recall)
      ㉡ 인지, 인식(Recognition)
      ㉢ 정리(집적: Retention)
   ② 인간의 정보처리 시간(인간의 반응에 대한 저항기간): 0.5초
      ▶ 인간의 반응체계에서 이미 시작된 반응을 수정하지 못하는 반응시간: 0.2초

(4) 행동기능(Action Function)

[인간-기계통합체계에서 인간과 기계의 기본기능과 유형]

기능	기계	인간
감지기능	센서	감각기관
정보저장기능	• 펀치카드, 형판 • 녹음, 자기테이프	기억(대뇌)
정보처리 및 의사결정기능	• 회수 • 연역적 처리 • 적응적 판단 불결정	• 귀납적 처리 • 적응적 판단 결정
행동기능	• Auto Hand • 로봇 • 자동이송장치 • 컨베이어	• 운동기관 • 팔, 다리

3. 인간-기계시스템(체계)의 유형

(1) 수동체계(Manual System)

   인간의 동력원 제공, 인간의 통제하에서 제품 생산

(2) 기계화 체계(Mechanical System, 반자동체계)

　기계는 동력원 제공, 인간은 조종장치를 사용하여 통제

(3) 자동체계(Automatic System)

　기계는 조종장치로 기계를 통제, 인간은 프로그램 작성, 설비보전 등 작업 담당

참고 인간 - 기계 통합체계의 유형

시스템(체계)	사용도구
수동체계	장인과 공구
기계체계	공작기계, 자동차
자동체계	컴퓨터

제3절 체계설계와 인간요소

1 인간 - 기계시스템의 설계

1. 인간 - 기계시스템 설계과정의 주요 6단계

① 목표 및 성능명세 결정 → ② 체계(시스템)의 정의 → ③ 기본설계 → ④ 계면설계 → ⑤ 촉진물(보조물)설계 → ⑥ 시험 및 평가

▶ 기본설계 과정의 내용
- 인간성능요건 명세결정
- 직무분석
- 인간, 하드웨어, 소프트웨어의 기능할당
- 작업설계

2. 인간 - 기계시스템 설계시 고려하여야 할 사항

① 시스템 설계시 동작경제의 원칙이 만족되도록 고려하여야 한다.
② 대상이 되는 시스템이 위치할 환경조건이 인간에 대한 한계치를 만족하는가의 여부를 조사한다.
③ 인간이 수행해야 할 조작이 연속적인가 불연속적인가를 알아보기 위해 특성조사를 실시한다.
④ 인간과 기계가 모두 복수인 경우 종합적인 효과가 가장 중요하며 우선적으로 고려되어야 한다.
⑤ 단독의 기계에 대하여 수행해야 할 배치는 인간의 심리 및 기능에 부합되도록 하여야 한다.
⑥ 시스템 설계의 성공적인 완료를 위하여 조작의 능률성, 보존의 용이성, 제작의 경제성 측면에서 재검토되어야 한다.

3. 인간 – 기계시스템 설계시 인간공학적 설계의 일반적인 원칙

① 인간의 특성을 고려하여야 한다.
② 인간의 특성에 적합하여야 한다.
③ 시스템을 인간의 예상과 양립시킨다.
④ 표시장치나 제어장치의 중요성, 사용빈도, 사용순서, 기능에 따라 배치하도록 한다.

2 인간과 기계의 기능 비교

1. **인간이 기계보다 우수한 기능**

   ① 예기치 못한 사건을 감지하는 기능
   ② 복잡하고 다양한 자극의 형태를 식별하는 기능
   ③ 원칙을 적용하여 다양한 문제를 해결하는 기능
   ④ 저에너지의 자극을 감지하는 기능
   ⑤ 다량의 정보를 장시간 기억하고 필요시 내용을 회상하는 기능
   ⑥ 주관적으로 추산하고 평가하는 기능
   ⑦ 관찰을 통해서 일반화하여 귀납적으로 추리하는 기능
   ⑧ 어떤 운용방법이 실패할 경우 다른 방법을 선택하는 기능(융통성)
   ⑨ 문제해결에 있어서 독창력을 발휘하는 기능
   ⑩ 과부하(Overload) 상태에서는 중요한 일에만 전념하는 기능
   ⑪ 다양한 경험을 토대로 의사결정, 상황적인 요구에 따라 적응적인 결정, 비상사태시 임기응변 기능

2. **기계가 인간보다 우수한 기능**

   ① 암호화된 정보를 신속하게 대량보관하는 기능
   ② 인간 및 기계에 대한 모니터(Monitor) 기능
   ③ 장시간 중량작업을 할 수 있는 기능
   ④ 명시된 프로그램(Program)에 따라 정량적인 정보처리 기능
   ⑤ 연역적으로 추정하는 기능
   ⑥ 과부하시에도 효율적으로 작동하는 기능
   ⑦ 인간의 정상적인 감지범위 밖에 있는 자극을 감지하는 기능
   ⑧ 반복작업 및 동시에 여러가지 작업을 수행할 수 있는 기능
   ⑨ 주위가 소란하여도 효율적으로 작동하는 기능
   ⑩ 사전에 명시된 사상(Event), 특히 드물게 발생하는 사상을 감지하는 기능

3 작업설계

1. **작업설계시 철학적으로 고려할 사항**

    (1) 작업만족도(Job Satisfaction)

    (2) 작업확대(Job Enlargement)

    (3) 작업순환(Job Rotation)

    (4) 작업윤택화(Job Enrichment)

2. **작업설계시 딜레마(Dilemma)**

    작업만족도와 작업능률과의 관계에서 발생한다.

3. **인간요소적 접근방법**

    생산성이나 작업능률을 강조한다.

> **참고** 인간의 작업기억 및 불확실한 상황에서의 의사결정
>
> 1. 인간의 작업기억
>   ① 오랜 기간 정보를 기억하지 못하며, 단기억이라고도 한다.
>   ② 작업기억 내의 정보는 시간이 흐름에 따라 쇠퇴할 수 있다.
>   ③ 리허설(Rehearsal)은 정보를 작업기억내에 유지하는 유일한 방법이다.
>   ④ 작업기억의 정보는 일반적으로 시각, 음성, 의미의 3가지로 코드(code)화 된다.
>   ⑤ 매직넘버라고도 하며, 인간이 절대식별시 작업기억 중에 유지할 수 있는 항목의 최대수는 '7 ± 2'로 나타낸다.
> 2. 불확실한 상황에서의 의사결정
>   의사결정에 있어 결정자가 각 대안에 대하여 어떤 결과가 발생할지를 알고 있으나, 주어진 상태에서 확률을 모르는 경우에 행하는 의사결정이다.

적중문제 CHAPTER 1 | 안전과 인간공학

01 인간공학의 궁극적인 목적과 가장 관계가 깊은 것은?

① 경제성 향상
② 안전성 및 효율성 향상
③ 인간능력의 극대화
④ 설비의 가동률 향상

해설 인간공학의 궁극적인 목적은 안전성 및 효율성 향상에 있다.

정답 ②

02 연구기준의 요건에 대한 설명으로 옳은 것은?

① 적절성: 반복실험시 재현성이 있어야 한다.
② 신뢰성: 측정하고자 하는 변수 이외의 다른 변수의 영향을 받아서는 안 된다.
③ 무오염성: 의도된 목적에 부합하여야 한다.
④ 민감도: 피실험자 사이에서 볼 수 있는 예상 차이점에 비례하는 단위로 측정해야 한다.

해설 연구기준의 요건 중 민감도의 경우 피실험자 사이에서 볼 수 있는 예상 차이점에 비례하는 단위로 측정해야 한다.

선지분석
① 적절성: 의도된 목적에 부합하여야 한다.
② 신뢰성: 반복실험시 재현성이 있어야 한다.
③ 무오염성: 측정하고자 하는 변수 이외의 다른 변수의 영향을 받아서는 안 된다.

정답 ④

03 시스템 설계과정에서 인간공학을 활용함으로써 얻을 수 있는 이점이 아닌 것은?

① 성능의 향상
② 훈련비용의 절감
③ 기계이용률의 향상
④ 사고 및 오용으로부터의 손실 감소

해설 기계이용률의 향상이 아닌 인력이용률의 향상을 이점으로 얻을 수 있다.

관련이론 **인간공학을 활용함으로써 얻을 수 있는 이점**
- 성능의 향상
- 훈련비용의 절감
- 사고 및 오용으로부터의 손실 감소
- 생산 및 정비유지의 경제성 증대
- 사용자의 수용도(Acceptance) 향상
- 인력이용률의 향상

정답 ③

04 인간공학에 사용되는 인간기준(Human Criteria)의 4가지 유형에 포함되지 않는 것은?

① 사고 및 과오의 빈도
② 주관적 반응
③ 생리학적 지표
④ 심리적 지표

해설 인간공학에 사용되는 인간기준(Human Criteria)의 4가지 유형은 사고 및 과오의 빈도, 주관적 반응, 생리학적 지표, 인간성능 척도이며, 심리적 지표는 포함되지 않는다.

정답 ④

05 인간 - 기계의 계면(Interface)에서 조화성의 차원으로 고려될 수 없는 것은?

① 지적 조화성
② 신체적 조화성
③ 통계적 조화성
④ 감성적 조화성

해설 인간 - 기계의 계면(Interface)에서 조화성의 차원으로 고려될 수 있는 것은 지적, 신체적, 감성적 조화성이며, 통계적 조화성은 고려 대상이 될 수 없다.

정답 ③

06 인간 - 기계시스템에서의 기본적인 기능으로 볼 수 없는 것은?

① 정보의 수용
② 정보의 저장
③ 행동기능
④ 정보의 설계

해설 정보의 설계는 인간 - 기계시스템에서의 기본적인 기능으로 볼 수 없다.

관련이론 인간 - 기계의 기본적 기능
- 행동기능
- 감지(정보수용)기능
- 정보보관(저장)기능
- 정보처리 및 의사결정기능

정답 ④

07 인간공학의 중요한 연구과제의 계면(Interface)설계에 있어서 계면에 해당하지 않는 것은?

① 작업공간
② 표시장치
③ 조종장치
④ 조명시설

해설 조명시설은 계면에 해당하지 않는다.

관련이론 계면(Interface)의 종류
- 작업공간
- 표시장치
- 조종장치
- 제어장치
- 전송장치

정답 ④

08 인간 - 기계통합체계의 유형으로 볼 수 없는 것은?

① 자동체계
② 제어체계
③ 기계화체계
④ 수동체계

해설 인간 - 기계통합체계의 유형에는 자동, 수동, 기계화체계(반자동체계)가 있으며, 제어체계는 인간 - 기계통합체계의 유형으로 볼 수 없다.

정답 ②

09 인간 - 기계시스템 설계시 인간공학적 설계의 일반적인 원칙에 해당되지 않는 것은?

① 인간의 특성을 고려한다.
② 작업특성에 적합하여야 한다.
③ 시스템을 인간의 예상과 양립시킨다.
④ 표시장치나 제어장치의 중요성, 사용빈도, 사용순서, 기능에 따라 배치하도록 한다.

해설 작업특성이 아닌 인간특성에 적합하여야 한다.

정답 ②

10 인간 - 기계시스템의 인간성능(Human Performance)을 평가하는 실험을 수행할 때 평가의 기준이 되는 것은?

① 독립변수
② 종속변수
③ 통제변수
④ 확률변수

해설 인간 - 기계시스템의 인간성능(Human Performance)을 평가하는 실험을 수행할 때 평가의 기준이 되는 것은 종속변수이다.

정답 ②

11 인간공학에 있어 시스템 설계과정의 주요단계를 다음과 같이 6단계로 구분하였을 때 바른 순서로 나열한 것은?

> ㉠ 기본설계
> ㉡ 계면설계
> ㉢ 시험 및 평가
> ㉣ 목표 및 성능명세 결정
> ㉤ 촉진물설계
> ㉥ 체계의 정의

① ㉠ → ㉡ → ㉥ → ㉣ → ㉤ → ㉢
② ㉡ → ㉠ → ㉥ → ㉣ → ㉤ → ㉢
③ ㉣ → ㉥ → ㉠ → ㉡ → ㉤ → ㉢
④ ㉥ → ㉠ → ㉡ → ㉣ → ㉤ → ㉢

해설 인간공학에 있어 시스템 설계과정의 주요단계는 다음과 같다.
- 제1단계: 목표 및 성능명세 결정
- 제2단계: 체계의 정의
- 제3단계: 기본설계
- 제4단계: 계면설계
- 제5단계: 촉진물(보조물)설계
- 제6단계: 시험 및 평가

정답 ③

12 작업기억에 대한 설명으로 옳지 않은 것은?

① 단기억이라고 한다.
② 오랜기간 정보를 기억하는 것이다.
③ 리허설(Rehearsal)은 정보를 작업기억 내에 유지하는 유일한 방법이다.
④ 작업기억 내의 정보는 시간이 흐름에 따라 쇠퇴할 수 있다.

해설 작업기억은 오랜기간 정보를 기억하지 못한다.

정답 ②

13 인간-기계시스템에서 설계의 주요단계를 6단계로 구분하였을 때 3단계인 기본설계(Basic Design)에 해당하지 않는 것은?

① 보조물설계 결정
② 인간성능 요건 명세 결정
③ 기능의 할당
④ 직무분석

해설 인간-기계시스템 설계의 기본설계 항목으로는 인간성능 요건 명세 결정, 기능의 할당, 직무분석, 작업설계가 있으며, 보조물설계 결정은 해당하지 않는다.

정답 ①

14 인간이 기계보다 우수한 기능은?

① 귀납적 추리를 한다.
② 소음 등 주위가 불안정한 상황에서도 효율적으로 작동한다.
③ 암호화된 정보를 신속하게 대량으로 보관한다.
④ 입력신호에 대해 신속하고 일관성 있는 반응을 한다.

해설 인간은 귀납적 추리, 기계는 연역적 추리능력이 우수하다.

정답 ①

15 인간이 현존하는 기계를 능가하는 기능이 아닌 것은?

① 원칙을 적용하여 다양한 문제를 해결한다.
② 관찰을 통해서 일반화하고 연역적으로 추리한다.
③ 주위의 이상하거나 예기치 못한 사건들을 감지한다.
④ 어떤 운용방법이 실패한 경우 다른 방법을 선택한다.

해설 인간은 관찰을 통해서 일반화하고 귀납적으로 추리한다.

정답 ②

16 인간과 기계의 기능비교에 대한 설명으로 옳지 않은 것은?

① 정보회수 신뢰도는 인간보다 기계가 높다.
② 정보처리는 인간은 귀납적으로 처리하나 기계는 연역적으로 처리한다.
③ 반복작업인 경우 인간은 신뢰도가 높으나 기계는 낮다.
④ 기계는 통상 사람처럼 빨리 피곤해지지 않으며 환경조건의 제약을 크게 받지 않고 큰 힘을 낸다.

해설 반복작업인 경우 인간은 신뢰도가 낮으나 기계는 높다.

정답 ③

17 인식과 자극의 정보처리과정에서 3단계에 속하지 않는 것은?

① 인식단계　② 행동단계
③ 반응단계　④ 인지단계

해설 인식과 자극의 정보처리과정에서 3단계는 인지단계(제1단계) → 인식단계(제2단계) → 행동단계(제3단계)이며, 반응단계는 포함되지 않는다.

정답 ③

18 작업만족도(Job Satisfaction)는 작업설계(Job Design)를 함에 있어서 철학적으로 고려해야 할 사항이다. 작업만족도를 얻기 위한 수단이 아닌 것은?

① 작업확대(Job Enlargement)
② 작업윤택화(Job Enrichment)
③ 작업분석(Job Analysis)
④ 작업순환(Job Rotation)

해설 작업분석(Job Analysis)은 작업만족도를 얻기 위한 수단에 해당하지 않는다.

관련이론 작업만족도를 얻기 위한 수단
- 작업확대(Job Enlargement)
- 작업윤택화(Job Enrichment)
- 작업순환(Job Rotation)

정답 ③

19 현재의 직무에 유사한 과업을 추가하여 단순반복성을 없앰으로써 능률향상을 기하고자 하는 작업설계방법은?

① 직무윤택화　② 직무충실
③ 직무순환　　④ 직무확대

해설 현재의 직무에 유사한 과업을 추가하여 단순반복성을 없앰으로써 능률향상을 기하고자 하는 작업설계방법은 직무확대이다.

관련이론 작업설계시 철학적으로 고려할 사항
- 직무확대
- 직무순환
- 직무윤택화
- 직무만족도

정답 ④

20 작업설계시 딜레마(Dilemma)는 무엇 때문인가?

① 작업의 순환
② 작업의 만족도
③ 작업의 능률화
④ 작업능률과 만족도

해설 작업능률과 만족도의 관계에서 작업설계시 딜레마에 빠지게 된다.

정답 ④

CHAPTER 2 | 표시장치 및 제어장치

제1절 시각적 표시장치

1 시각과정

(1) **각막**: 눈에서 빛이 처음으로 통과하는 곳이며, 눈을 보호하는 역할을 한다.

(2) **홍채**: 동공의 크기를 조절하여 빛이 들어오는 양을 조정하는 기능을 수행한다.

(3) **모양체**: 수정체의 두께를 변화시킴으로써 원근조절을 하는 기능을 수행한다.

(4) **수정체**: 빛을 굴절시켜 초점을 맞추는 기능을 수행한다.

(5) **망막**
   ① 시세포가 존재하는 곳으로 상이 맺히는 기능을 수행한다.
   ② 실제로 빛 정보를 수용하여 두뇌로 전달하는 기능을 수행한다.

(6) **맥락막**: 어둠상자 역할을 수행한다.

2 시식별에 영향을 주는 조건

1. **조도(照度)**

   (1) **광도(光度)**
   빛의 진행방향과 수직한 면을 통과하는 빛의 세기를 말하며, 단위는 칸델라(cd)를 사용한다.

   (2) **조도**: 어떤 물체나 표면에 도달하는 빛의 밀도(밝기 정도)를 말한다.
   ① foot-candle(fc): 1촉광의 점광원(點光源)으로부터 1foot 떨어진 수직면에 비추는 빛의 밀도
   ② lux: 1촉광의 점광원으로부터 1m 떨어진 수직면에 비추는 빛의 밀도
   ③ 거리가 증가할 때 조도는 다음과 같이 거리의 제곱에 반비례하여 감소한다.

   $$조도 = \frac{광도}{(거리)^2}$$

   (3) **광속발산도(Luminous Emittance)**
   단위면적당 표면에서 반사 또는 투과되는 빛의 양을 말한다.

(4) 휘도(輝度)

단위면적당 광도의 투영 밀도(광원을 볼 때의 눈부심 정도)를 말한다.

▶ 휘도의 단위: fL, mL, $nit = cd/m^2$, $sb = cd/cm^2$

2. 대비(對比)

대비란 보통 표적의 반사율(L_t)과 배경의 반사율(L_b)의 차를 나타내는 척도로 다음 식에 의해 계산된다.

$$대비 = \frac{L_b - L_t}{L_b} \times 100$$

여기서, L_b: 배경의 반사율(%) L_t: 표적의 반사율

3. 시간

어느 범위 내에서는 노출시간이 클수록 식별력이 커진다.

4. 광속발산비(光束發散比)

광속발산비란 시야 내에 있는 두 영역(보통 주시영역과 그 주변영역)의 광속발산도의 비를 나타낸다. 즉, 주어진 장소와 주위의 광속발산도의 비이며 사무실, 산업현장에서 추천 광속발산비는 3 : 1이다.

5. 이동(移動)

표적물체나 관측자가 움직이는 경우에는 시력의 역치가 감소한다. 이런 상황에서의 시식별 능력을 중시력(重視力)이라 한다.

6. 휘광(輝光)

눈부심은 눈이 적응된 휘도보다 훨씬 밝은 광원(직사휘광) 혹은 반사광(반사휘광)이 시계 내에 있음으로써 생기며 성가신 느낌과 불편감을 주고 가시도(可視度)와 시성능(視性能)을 저하시킨다.

7. 빛의 배분(配分)

작업하는 장소 주위의 일반조명 수준도 적절하여야만 시성능(視性能)이 향상된다.

> **참고** 시력 및 게슈탈트
>
> 1. 시력(Acuity)의 종류
>   ① 최소분간(분리)시력
>   ▶ 가장 일반적으로 통용되는 시력척도이다.
>   ② 최소지각(가시)시력
>   ③ 최소판별시력
>   • 입체시력   • 동시력
>   • 배열시력   • 경사시력
>   ④ 최소가독시력

2. 게슈탈트(Gestalt)
    ① 자신의 욕구나 감정을 하나의 의미있는 전체로 조직화하여 지각하는 것을 말한다
    ② 게슈탈트(Gestalt)는 독일어로 '형성(구성)하다'의 뜻을 가진 명사형이다.
3. 시각심리에서 형태식별의 논리적 배경을 정리하는 게슈탈트(Gestalt)의 4법칙
    ① 접근성
    ② 유사성
    ③ 연속성
    ④ 폐쇄성

3 정량적 표시장치

표시장치	정목동침형 (Moving Pointer Type)	정침동목형 (Moving Scale Type)	계수형 (Digtal Type)
구분	아날로그	아날로그	디지털
형태	지침이 움직이고 눈금이 고정된 형태	눈금이 움직이고 지침이 고정된 상태	전자적으로 숫자가 표시되는 형태
용도	• 원하는 값으로 부터의 대략적인 편차나 고도를 읽어 그 변화방향과 비율 등을 알고자 할 때 사용됨 • 수치가 자주 또는 계속 변하는 경우 사용됨	사용하고자 하는 값의 범위가 커서 비교적 작은 눈금판에 모두 나타내고자 할 때 사용됨	• 수치를 정확하게 읽어야 할 때 사용됨 • 원형 표시장치보다 판독시간이 짧고 판독오차가 작음
구조	(원형 눈금판, 감/증 지침)	(원형 눈금판, 고정 지침)	7 5 3 4 1

> **참고** 정량적 표시장치 지침의 설계원칙
> ① 가능한 뾰족한 지침을 사용한다.
> ② 뾰족한 지침의 선각은 약 20도 정도를 사용한다.
> ③ 시차를 없애기 위해 지침을 눈금면에 밀착시킨다.
> ④ 원형눈금의 지침의 색은 선단에서 눈금의 중심까지 칠한다.
> ⑤ 지침의 끝은 눈금과 맞닿되, 작은 눈금과 겹치지 않게 한다.

4 정성적 표시장치

(1) 정성적 정보를 제공하는 표시장치는 온도, 압력, 속도와 같이 연속적으로 변하는 변수의 대략적인 값이나 변화추세, 비율 등을 알고자 할 때 주로 사용한다.
(2) 색채부호가 부적합한 경우에는 계기판 표시구간을 형상부호화하여 나타낸다.
(3) 정성적 표시장치의 근본자료는 정량적인 것이다.

> **참고** 정성적(아날로그) 표시장치를 사용하는 경우
> ① 비행기 고도의 변화율을 알고자 할 경우
> ② 자동차 시속을 일정한 수준으로 유지하고자 할 경우
> ③ 색이나 형상을 암호화하여 설계할 경우

5 상태표시기

정량적 눈금 대신에 상태표시기를 사용할 수 있는데 대표적인 것은 신호등이다.

6 신호 및 경보등

1. 신호 및 경보등의 용도
(1) 고속도로 경보용
(2) 야간 항공기 식별용
(3) 등대 및 항해보조등

2. 신호 및 경보등 빛의 검출성에 영향을 주는 인자
(1) 배경광
(2) 색광
(3) 점멸속도
(4) 광원의 크기, 광속발산도 및 노출시간

> **참고** 신호 및 경보등 설계와 항공자세 표시장치
> 1. 신호 및 경보등을 설계할 때 적합한 지속시간
>   초당 3~10회의 점멸속도로 0.05초 이상의 지속시간이 바람직하다.
> 2. 항공자세 표시장치의 형태
>   ① 항공기이동형
>   ② 지평선이동형
>   ③ 빈도분리형
>   ④ 시계상자형

3. 항공자세 표시장치의 설계원칙
   ① 통합
   ② 추종표시
   ③ 표시의 현실성
   ④ 양립적 이동
4. HUD(Head Up Display)
   ① 정성적, 묘사적 표시장치는 물론 모든 종류의 정보를 표시하는 장치이다.
   ② 비행기, 자동차 앞면 유리에 설치하는 정보표시장치이다.
   ③ 비행기, 자동차의 전방표시장치로 사용된다.

7 묘사적 표시장치

대부분 위치나 구조가 변하는 경향이 있는 요소를 배경에 중첩시켜서 변화되는 상황을 나타내는 장치를 말한다 (예 항공기 이동표시장치, 추적표시장치).

8 시각적 암호

단일 차원의 시각적 암호 중 암호로서의 성능이 우수한 것부터 나열하면 다음과 같다.

숫자암호 → 영문자암호 → 구성암호

> **참고** 암호체계 사용상의 일반적 지침
> ① 암호의 검출성
> ② 부호의 양립성
> ③ 암호의 변별성(판별성)
> ④ 암호의 표준화
> ⑤ 다차원 암호의 사용
> ⑥ 부호의 의미

9 부호 및 기호

(1) **묘사적 부호**

사물의 행동을 정확하고 단순하게 묘사한 부호(안전보건표지판의 해골과 뼈, 보도표지판의 걷는 사람 등)

(2) **임의적 부호**

이미 고안되어 있는 것으로 이를 배워야 하는 부호(안전보건표지판, 교통표지판 등)

(3) **추상적 부호**

전언의 기본요소를 도식적으로 압축한 것으로 원개념과는 약간의 유사성이 있는 부호(별자리를 나타내는 12궁도)

제2절 청각적 표시장치

1 청각과정

(1) 인간의 청각과정은 '외이 → 중이 → 내이' 순으로 진행된다. 이 중 외이는 청각의 모든 역할을 수행하는 것으로 귓바퀴, 외이도로 구성되어 있다.
(2) 중이소골은 등골, 침골, 추골의 3개 작은 뼈가 서로 연결되어 있다.
(3) 중이소골이 고막의 진동을 내이의 난원창에 전달하는 과정에서 음파의 압력은 22배 정도로 증폭된다.
(4) 등골은 난원창막 바깥쪽에 있는 내이에 음압변화를 전달하는 역할을 수행한다.
(5) 중이에는 내압을 조절하는 유스타키오관이 존재한다.
(6) 고막은 중이와 외이의 경계부위에 있으며, 음파를 진동으로 바꾼다.

> **참고** 청각적 표시장치의 설계원리 및 음원의 방향을 결정하는 주된 암시신호
>
> 1. 청각적 표시장치의 설계원리
>   ① 양립성   ④ 검약성
>   ② 분리성   ⑤ 불변성
>   ③ 근사성
> 2. 인간이 음원의 방향을 결정하는 주된 암시신호로 가장 적합하게 조합된 것
>   소리의 진동수 차와 위상차

2 청각적 표시장치(Auditory Display)

1. **표시장치의 선택**

    (1) 음성통신 경로가 전부 사용되고 있을 때
    (2) 신호원 자체가 음일 때
    (3) 무선거리 신호, 항로정보 등과 같이 연속적으로 변하는 정보를 제공할 때

2. **청각적 신호의 수신에 관계되는 인간의 기능**

    (1) **청각신호 검출**: 신호의 존재여부를 결정한다.
    (2) **절대적 식별**: 어떤 분류에 속하는 특정한 신호가 단독으로 제시되었을 때 이것을 식별한다.
    (3) **상대식별(위치판별)**: 두 가지 이상의 근접신호를 구별한다.

3. **경계 및 경보신호의 선택 또는 설계시의 지침**

    (1) 귀는 중음역(中音域)에 가장 민감하기 때문에 500～3,000Hz의 진동수(주파수)를 사용한다.
    (2) 신호가 장애물을 돌아가거나 칸막이를 통과해야 할 때에는 500Hz 이하의 진동수를 사용한다.
    (3) 배경소음의 진동수(주파수)와 다른 진동수의 신호를 사용한다.
    (4) 고음(高音)은 멀리가지 못하기 때문에 300m 이상의 장거리용으로는 1,000Hz 이하의 진동수를 사용한다.

(5) 신호를 멀리 보내고자 할 때는 낮은 진동수(주파수)를 사용하는 것이 바람직하다.

(6) 가능하면 다른 용도에 사용하지 않는 확성기나 경적 등과 같은 별도의 통신계통을 사용한다.

(7) 수화기(Earphone)를 사용할 때는 좌우로 교번하는 신호를 사용하고, 경보효과를 높이기 위해서 개시시간이 짧은 고감도 신호를 사용한다.

(8) 주의를 끌기 위해서는 초당 1~8번 나는 소리나 초당 1~3번 오르내리는 소리와 같이 변조된 신호를 사용한다.

(9) 경보는 청취자에게 위급상황에 대한 정보를 제공하는 것이 바람직하다.

> **참고** bit(binary digit: 총정보량)
> ① 실현가능성이 동일한 2개의 대안 중 하나가 명시되었을 때 얻을 수 있는 정보량이다.
> ② 총정보량 = $\log_2 n$

4. 청각장치와 시각장치의 사용선택

청각장치 사용이 더 좋은 경우	시각장치 사용이 더 좋은 경우
① 전언(메세지)이 간단할 경우 ② 전언이 짧을 경우 ③ 전언이 후에 재참조되지 않을 경우 ④ 전언이 즉각적인 행동을 요구할 경우 ⑤ 직무상 수신자가 자주 움직일 경우 ⑥ 전언이 시간적인 사상(event)을 다룰 경우 ⑦ 수신장소가 너무 밝거나 암조응(暗調應) 유지가 필요할 경우 ⑧ 수신자의 시각계통이 과부하 상태일 경우	① 전언(메세지)이 복잡할 경우 ② 전언이 길 경우 ③ 전언이 후에 재참조될 경우 ④ 전언이 즉각적인 행동을 요구하지 않을 경우 ⑤ 직무상 수신자가 한곳에 머무를 경우 ⑥ 전언이 공간적인 위치를 다룰 경우 ⑦ 수신장소가 너무 시끄러울 경우 ⑧ 수신자의 청각계통이 과부하 상태일 경우

제3절 촉각적 표시장치

1 피부감각

'손바닥 → 손가락 → 손가락 끝' 순서로 피부감각의 기능이 발달되어 있다.

2 촉각적 표시장치

전기적 임펄스(Electric Impulse), 기계적 진동(Mechanical Vibration), 점자, 온도 등이 사용되고 있다.

> **참고** 2점 문턱값 및 사정효과

1. 2점 문턱값(Two-point Threshold)
   ① 손에 두점을 눌렀을 때 느끼는 감각이 서로 다르게 느끼는 점사이의 최소 거리이다.
   ② 촉각의 2점 문턱값이 감소하는 순서는 손바닥 → 손가락 → 손가락 끝 순이다.
2. 사정효과(Range Effect)
   ① 눈으로 보지 않고 손을 수평면 위에서 움직이는 경우에 짧은 거리는 지나치고 긴 거리는 못 미치는 경향을 말한다.
   ② 조작자는 작은 오차에는 과잉반응, 큰 오차에는 과소반응을 한다.

> **참고** 피츠(Fitts)의 법칙

1. 특징
   ① 인간의 제어 및 조정능력에 관한 법칙으로 인간의 행동에 대한 속도와 정확성의 관계를 나타내는 것이다.
   ② 인간의 손이나 팔을 이동시켜 조작장치를 조작하는데 걸리는 시간을 표적까지의 거리와 표적크기의 함수로 나타내는 것이다.
   ③ 표적이 작고 이동거리가 길수록 이동시간이 길어진다.
   ④ 정확성이 많이 요구될수록 이동속도가 느려진다.
   ⑤ 피츠의 법칙은 자동차 가속페달과 브레이크페달과의 간격, 브레이크 폭의 결정 등에 사용할 수 있는 인간공학 이론이다.
2. 피츠의 법칙과 관련된 변수
   ① 표적의 너비(폭)
   ② 시작점에서 표적까지의 거리(이동거리)
   ③ 작업의 난이도

3 표시장치(Display)의 구분

1. **정적 표시장치**

   간판, 도표, 그래프, 인쇄물, 필기물과 같이 시간의 흐름에 변하지 않는 것

2. **동적 표시장치**

   (1) 어떤 변수나 상황을 나타내는 표시장치

   온도계, 속도계, 기압계, 고도계 등

   (2) 전파용 표시장치

   TV, 라디오, 영화 등

   (3) CRT 표시장치

   수중음파 탐지기(Sonar), 레이더 등

   (4) 어떤 변수를 조정하거나 맞추는 것을 돕기 위한 장치

> **참고** 조종장치 및 후각적 표시장치

1. 조종장치를 촉각적으로 정확하게 식별하기 위한 촉각적 암호화(코드화)방법
    ① 형상을 이용한 암호화(코드화)
    ② 크기를 이용한 암호화(코드화)
    ③ 표면촉감을 이용한 암호화(코드화)

2. 형상암호화 조종장치

이산멈춤위치형 조종장치	다회전용 조종장치	다회전용 조종장치	단회전용 조종장치

3. 후각적 표시장치
    ① 냄새의 확산을 제어할 수 없다.
    ② 간단한 정보를 전달하는데 유용하다.
    ③ 냄새에 대한 민감도의 개별적 차이가 존재한다.
    ④ 시각적 표시장치에 비하여 널리 사용되지 않는다.
    ⑤ 경보장치로서 실용성이 있기 때문에 사용되고 있다.

제4절 인간요소와 휴먼에러

1 인간실수(Human Error)의 분류

1. **심리적(독립행동) 분류(스웨인: Swain)**
    (1) 생략오류(Omission Error): 필요한 작업 또는 절차를 수행하지 않음
    (2) 시간오류(Time Error): 수행지연 또는 조기수행
    (3) 실행오류(Commission Error): 필요한 작업 또는 절차의 불확실한 수행
    (4) 순서오류(Sequential Error): 필요한 작업 또는 절차의 순서착오
    (5) 과잉행동오류(불필요한 행동오류: Extraneous Error): 불필요한 작업 또는 절차를 수행

2. **행동과정을 통한 분류**
    (1) 입력오류(Input Error): 감지오류
    (2) 정보처리오류(Information Processing Error): 정보처리 절차오류
    (3) 출력오류(Output Error): 출력오류
    (4) 피드백오류(Feedback Error): 제어오류
    (5) 의사결정오류(Decision Making Error): 의사결정오류

3. 대뇌정보처리에 의한 분류

(1) 인지미스(Miss): 인지 및 확인 실수

(2) 판단미스(Miss): 의지결정 실수, 기억에 관한 실패

(3) 조작 또는 동작의 미스(Miss): 조작 또는 동작의 실수

4. 실수원인의 수준적 분류

(1) 1차 에러(Primary Error): 작업자 자신으로부터 발생한 오류

(2) 2차 에러(Secondary Error): 작업형태나 작업조건 중에서 다른 문제가 생겨 그 이유 때문에 필요한 사항을 시행할 수 없는 오류

(3) 커멘드 에러(Command Error): 작업자가 움직이려 해도 필요한 정보, 물건, 에너지 등의 공급이 없기 때문에 움직일 수 없어서 발생하는 오류

참고 인간에러에 관한 사항

1. 작위적 실수와 부작위적 실수
   ① 작위적 실수(실행오류: Commission Error)
      - 필요한 작업 또는 절차의 불확실한 수행으로 인한 실수(잘못된 행위에 대한 실수)
      - 작위적 실수에 해당되는 착오: 선택착오, 시간착오, 순서착오, 정성적 착오
   ② 부작위적 실수(생략오류: Omission Error)
      - 필요한 작업 또는 절차를 수행하지 않아서 발생하는 실수
      - 어떠한 일의 태만에 대한 실수

2. 인간에러의 배후요인 4요소(4M)
   ① Man(인간)
   ② Machine(기계)
   ③ Media(매체)
   ④ Management(관리)

3. 인간이 에러를 하기 쉬운 작업
   ① 속도와 정확성을 요하는 작업
   ② 변별을 요하는 작업
   ③ 공동작업
   ④ 부적당한 입력특성을 갖는 작업

4. 착각
   인간이 감각적으로 물리현상을 왜곡해서 인식하는 지각현상이다.

---

2 인간에러(Human Error)의 요인

1. 인간에러의 심리적 요인(내적요인)

(1) 선입감으로 괜찮다고 느끼고 있을 때

(2) 일을 할 의욕이 결여되어 있을 때

(3) 그 일에 대한 지식이 부족할 때

(4) 무엇인가의 체험으로 습관이 되어 있을 때

(5) 서두르거나 절박한 상황일 때

(6) 많은 자극이 있어 어떤 것에 반응해야 좋을지 알 수 없을 때

(7) 매우 피로해 있을 때

(8) 주의를 끄는 것이 있어 그것에 치우쳐 주의를 빼앗기고 있을 때

2. 인간에러의 물리적 요인(외적요인)

(1) 일이 단조로울 때

(2) 일이 너무 복잡할 때

(3) 일의 생산성이 너무 강조될 때

(4) 자극이 너무 많을 때

(5) 재촉을 느끼게 하는 조직이 있을 때

(6) 동일 형상의 것이 나란히 있을 때

> **참고** 인간에러의 종합적 요인 및 인간의 오류 모형
>
> 1. 인간에러(Human Error)의 종합적 요인
>   ① 개인특성(인간 고유의 변화성: 인간에러의 주원인)
>   ② 직장특성상의 문제
>   ③ 환경조건, 작업특성의 문제
>   ④ 훈련, 교육, 교시의 문제
>   ⑤ 인간공학적 설계상의 문제
> 2. 인간의 오류모형
>   ① 실수(Slip): 상황이나 목표의 해석은 정확하나 의도와 다른 행동을 하는 경우
>   ② 착오(Mistake): 상황해석을 잘못하거나 목표를 잘못 이해하고 착각하여 행하는 경우
>   ③ 위반(Violation): 알고 있음에도 의도적으로 따르지 않거나 무시한 경우
>   ④ 건망증(Lapse): 잘기억하지 못하거나 잊어버리는 정도가 심한 경우
> 3. 지식에 기초한 행동(Knowledge Base Behavior)
>   특수하고 친숙하지 않은 상황에서 발생하며, 부적절한 분석이나 의사결정을 잘못하여 발생하는 오류이다.

3 형태적 특성

인간의 특성과 안전에 영향을 미치는 요소는 다음과 같다.

(1) 망각(Forgetfulness)

(2) 주의력의 집중과 배분

(3) 미확인

(4) 예측의 수준

(5) 착오(Mistake)

　① 위치의 오인

　② 순서의 오인

　③ 패턴(Pattern)의 오인

　④ 형태의 오인

　⑤ 기억 착오

4 인간의 행동과 인간에러의 관계식

1. 시스템 성능(System Performance)과 인간에러(Human Error)의 관계

$$SP = f(HE) = k(HE)$$

여기서, SP(System Performance): 시스템 성능
　　　　HE(Human Error): 인간과오
　　　　f: 함수
　　　　k: 상수

(1) k ≒ 1: HE가 SP에 중대한 영향을 끼친다.

(2) k < 1: HE가 SP에 리스크(Risk)를 준다.

(3) k ≒ 0: HE가 SP에 아무런 영향에 주지 않는다.

2. 인간행동 관계요소[레빈(Lewin)]

$$B = f(P \cdot E)$$

여기서, B: 행동(Behavior), P: 개체(Person), E: 환경(Environment), f: 함수(function)

5 인간실수확률에 대한 추정기법의 종류

(1) 직무위급도분석(TCRAM: Task Criticality Rating Analysis Method)

(2) 위급사건기법(CIT: Critical Incident Technique)

(3) 인간과오율(실수율) 예측기법(THERP: Technique for Human Error Rate Prediction)

(4) 조작자행동나무(OAT: Operator Action Tree)

(5) 인간실수자료은행(HERB: Human Error Rate Bank)

> **참고** 그 밖의 인간에러 및 표시장치에 관한 사항

1. 인간에러확률(HEP: Human Error Performance)

   인간에러확률 = $\dfrac{\text{실수의 수}}{\text{실수발생의 전체기회수}}$

2. 위급사건기법(CIT: Critical Incident Technique)

   사고나 위험, 오류 등의 정보를 근로자의 직접 면접, 조사 등을 수행하여 수집하고, 인간-기계시스템 요소들의 관계 규명 및 중대작업 필요조건 확인을 통하여 시스템 개선을 수행하는 기법이다.

3. 인간과오율 예측기법(THERP: Technique of Human Error Rate Prediction)

   ① 인간실수의 분류시스템과 그 확률을 계산함으로써 원래 제품의 결함을 감소시키기 위하여 개발된 기법이다.
   ② 확률론적 안전기법이다.
   ③ 인간의 과오에 기인된 근원적 분석 및 안전공학적 대책수립에 사용되는 기법이다.
   ④ 인간의 과오를 정량적으로 평가하기 위하여 개발된 기법이다.
   ⑤ 가지처럼 갈라지는 형태의 논리구조와 나무형태의 그래프를 이용한다.

4. 조작자행동나무(OAT)에 있어서 환경적 사건에 대한 인간의 반응을 위하여 인정하는 활동

   ① 감지
   ② 반응
   ③ 진단

5. 코딩(Coding)

   ① 원래의 신호정보를 새로운 형태로 변화시켜 표시하는 것이다.
   ② 일반적으로 프로그램, 앱(App) 등을 개발하는 것을 말한다.

6. 좋은 코딩(Coding)시스템의 조건

   ① 코드의 표준화
   ② 코드의 식별성
   ③ 코드의 검출성

7. 표시장치(Display)를 판독하기 용이한 조건

   ① 수평각도
   - 최적조건: 15도 좌우
   - 제한조건: 95도 좌우
   ② 수직각도
   - 최적조건: 0~30도(하한)
   - 제한조건: 75도(상한), 85도(하한)

8. 신호검출이론(SDT: Signal Detection Thoery)

   ① 신호검출이론에 관한 사항
   - 잡음 속에서 신호를 검출할 때에 신호에 대한 옳은 반응과 잡음일 때에 반응하는 잘못을 측정하는 방법에 대한 이론이다.
   - 신호와 잡음이 중첩될 때 혼동이 일어나기 쉽다.
   - 신호와 소음을 쉽게 식별할 수 없는 상황에 적용된다.
   - 일반적인 상황에서 신호검출을 간섭하는 소음이 있다.
   - 긍정, 허위, 누락, 부정의 4가지 결과로 나눌 수 있다.
   - 통제된 실험에서 얻은 결과는 현장에 그대로 적용하는 것은 불가능하다.

   ② 신호검출이론의 응용분야
   - 의료진단
   - 품질검사
   - 교통통제

적중문제 CHAPTER 2 | 표시장치 및 제어장치

01 인간의 귀에 대한 구조에 대한 설명으로 옳지 않은 것은?
① 외이(External Ear)는 귓바퀴와 외이도로 구성된다.
② 중이(Middle Ear)에는 인두와 교통하여 고실내압을 조절하는 유스타키오관이 존재한다.
③ 내이(Inner Ear)는 신체의 평형감각수용기인 반규관과 청각을 담당하는 전정기관 및 와우로 구성되어 있다.
④ 고막은 중이와 내이의 경계부위에 위치해 있으며 음파를 진동으로 바꾼다.

해설 고막은 중이와 외이의 경계부위에 위치해 있으며 음파를 진동으로 바꾼다.

정답 ④

02 시각심리에서 형태식별의 논리적 배경을 정리한 게슈탈트(Gastalt)의 4법칙에 해당하지 않는 것은?
① 보편성 ② 접근성
③ 폐쇄성 ④ 연속성

해설 게슈탈트(Gastalt)의 4법칙은 접근성, 폐쇄성, 연속성, 유사성이며, 보편성은 해당하지 않는다.

정답 ①

03 수치를 정확히 읽어야 할 경우에 적합한 시각적 표시장치는?
① 동침형 ② 동목형
③ 수평형 ④ 계수형

해설 기계, 전자적으로 숫자가 표시되는 형(전력계, 택시요금 계기 등)으로 수치를 정확히 읽어야 할 경우에 적합한 시각적 표시장치는 계수형 표시장치이다.

관련 이론 정량적 동적표시장치의 종류
- 정목동침형: 눈금이 고정되고 지침이 움직이는 형태
- 정침동목형: 지침이 고정되고 눈금이 움직이는 형태
- 계수형: 기계, 전자적으로 숫자가 표시되는 형태

정답 ④

04 택시요금 계기와 같이 숫자로 표기되는 정량적인 동적표시장치를 무엇이라 하는가?
① 계수형 ② 동목형
③ 동침형 ④ 수평형

해설 택시요금 계기와 같이 숫자로 표기되는 정량적인 동적표시장치를 계수형이라 한다.

정답 ①

05 일반적인 지침의 설계요령과 가장 거리가 먼 것은?

① 뾰족한 지침의 선각은 약 30도 정도를 사용한다.
② 지침의 끝은 눈금과 맞닿되 겹치지 않게 한다.
③ 원형 눈금의 경우 지침의 색은 선단에서 눈의 중심까지 칠한다.
④ 시차를 없애기 위해 지침을 눈금면에 밀착시킨다.

해설 뾰족한 지침의 선각은 약 20도 정도를 사용한다.

관련이론 일반적인 지침의 설계요령
- 지침의 끝은 눈금과 맞닿되 겹치지 않게 한다.
- 시차를 없애기 위해 지침을 눈금면에 밀착시킨다.
- 뾰족한 지침의 선각은 약 20도 정도를 사용한다.
- 가능한 뾰족한 지침을 사용한다.
- 원형 눈금의 경우 지침의 색은 선단에서 눈의 중심까지 칠한다.

정답 ①

06 광원의 밝기가 100cd이고, 10m 떨어진 곡면을 비출 때의 조도는 몇 lux인가?

① 1 ② 10
③ 100 ④ 1,000

해설 조도 $= \dfrac{광도}{(거리)^2} = \dfrac{100}{10^2} = 1\text{lux}$

정답 ①

07 조도(照度)에 대한 설명으로 가장 적절한 것은?

① 광원의 밝기를 나타낸다.
② 작업면의 밝기를 나타낸다.
③ 광원에 의한 눈부심이다.
④ 1촉광이 발한 광량(光量)이다.

해설 조도는 어떤 물체나 표면에 도달하는 빛의 밀도를 말하며, 작업면의 밝기를 나타낸다.

정답 ②

08 작업장 내에서 반사경이 없는 점광원(點光源)에서 3m 떨어진 곳의 조도가 50lux일 때 5m 떨어진 곳의 조도[lux]는 얼마인가?

① 18 ② 20
③ 36 ④ 44

해설
- 조도 $= \dfrac{광도}{(거리)^2}$ 이므로

  3m 떨어진 지점의 광도 x를 구하면

  $50 = \dfrac{x}{(3)^2}$ 이므로

  $x = 50 \times 9 = 450$이다.
- 5m 떨어진 지점의 조도 y를 구하면

  $y = \dfrac{450}{(5)^2} = 18\text{lux}$이다.

정답 ①

09 정량적 표시장치에 대한 설명으로 옳은 것은?

① 연속적으로 변화하는 양을 나타내는 데에는 일반적으로 아날로그보다 디지털 표시장치가 유리하다.
② 정확한 값을 읽어야 하는 경우 일반적으로 디지털보다 아날로그 표시장치가 유리하다.
③ 동침(Moving Pointer)형 아날로그 표시장치는 바늘의 진행방향과 증감속도에 대한 인식적인 암시신호를 얻는 것이 불가능하다는 단점이 있다.
④ 동목(Moving Scale)형 아날로그 표시장치는 표시장치의 면적을 최소화할 수 있는 장점이 있다.

해설 동목(Moving Scale)형 아날로그 표시장치는 표시장치의 면적을 최소화할 수 있다.

선지분석
① 연속적으로 변화하는 양을 나타내는 데에는 일반적으로 디지털보다 아날로그 표시장치가 유리하다.
② 정확한 값을 읽어야 하는 경우 일반적으로 아날로그보다 디지털 표시장치가 유리하다.
③ 동목(Moving Scale)형 아날로그 표시장치는 바늘의 진행방향과 증감속도에 대한 인식적인 암시신호를 얻는 것이 불가능하다는 단점이 있다.

정답 ④

10 항공기 위치표시장치의 설계 제원칙에 있어 다음 설명에 해당하는 것은?

> 항공기의 경우 일반적으로 이동부분의 영상은 고정된 눈금이나 좌표계에 나타내는 것이 바람직하다.

① 통합 ② 표시의 현실성
③ 추종표시 ④ 양립적 이동

해설 항공기의 경우 일반적으로 이동부분의 영상은 고정된 눈금이나 좌표계에 나타내는 것이 바람직하다는 것은 양립적 이동원칙에 대한 설명이다.

관련이론 항공기 위치표시장치의 설계 제 원칙

통합	관련된 모든 정보를 통합하여 상호관계를 바로 인식할 수 있도록 하여야 한다.
표시의 현실성	표시장치에 묘사되는 이미지는 기준틀에 상대적인 위치(상하, 좌우), 깊이 등이 현실세계의 공간과 어느 정도 일치하여 표시가 나타내는 것을 쉽게 알 수 있어야 한다.
추종표시	원하는 목표와 실제 지표가 공통 눈금이나 좌표계에서 이동하여야 한다.
양립적 이동	항공기의 경우 일반적으로 이동 부분의 영상은 고정된 눈금이나 좌표계에 나타내는 것이 바람직하다.

정답 ④

11 단일 차원의 시각적 암호 중 구성암호, 영문자암호, 숫자암호에 대하여 암호로서의 성능이 가장 좋은 것부터 배열한 것은?

① 숫자암호 – 영문자암호 – 구성암호
② 영문자암호 – 숫자암호 – 구성암호
③ 영문자암호 – 구성암호 – 숫자암호
④ 구성암호 – 숫자암호 – 영문자암호

해설 암호로서의 성능이 좋은 것은 숫자암호 – 영문자암호 – 구성암호 순서이다.

정답 ①

12 암호체계 사용상의 일반적 지침에 해당하지 않는 것은?

① 암호의 검출성
② 암호의 변별성
③ 단순한 암호의 사용
④ 부호의 양립성

해설 단순한 암호의 사용이 아닌 다차원 암호의 사용이 암호체계 사용상의 일반적 지침에 해당한다.

관련이론 암호체계 사용상의 일반적 지침
- 암호의 검출성
- 암호의 변별성
- 암호의 표준화
- 부호의 양립성
- 부호의 의미
- 다차원 암호의 사용

정답 ③

13 경보등의 설계지침으로 가장 적절한 것은?

① 1초에 한번씩 점멸시킨다.
② 일반시야 범위 밖에 설치한다.
③ 배경보다 2배 이상의 밝기를 사용한다.
④ 일반적으로 2개 이상의 경보등을 사용한다.

해설 경보등은 배경보다 2배 이상의 밝기를 사용하여야 한다.

정답 ③

14 시각적 부호의 3가지 유형과 관계없는 것은?

① 임의적 부호 ② 묘사적 부호
③ 사실적 부호 ④ 추상적 부호

해설 사실적 부호는 시각적 부호의 유형과 관계가 없다.

정답 ③

15 산업안전보건표지에서 경고표지는 삼각형, 안내표지는 사각형, 지시표지는 원형 등으로 부호가 고안되어 있다. 이처럼 부호가 이미 고안되어 이를 사용자가 배워야 하는 부호를 무엇이라 하는가?

① 묘사적 부호　② 추상적 부호
③ 임의적 부호　④ 사실적 부호

해설 부호가 이미 고안되어 있어 이를 배워야 하는 부호는 임의적 부호이다(산업안전보건표지의 경고표지는 삼각형, 지시표지는 원형, 교통표지판 등).

선지분석
① 묘사적 부호란 사물의 행동을 단순하고 정확하게 묘사한 부호이다(위험표지판의 해골과 뼈, 도로표지판의 걷는 사람 등).
② 추상적 부호란 전언의 기본요소를 도식적으로 압축한 부호이다(별자리를 나타내는 12궁도).

정답 ③

16 암호체계 사용상의 일반적인 지침에서 암호의 변별성을 의미하는 것으로 적절한 것은 어느 것인가?

① 암호화한 자극은 감지장치나 사람이 감지할 수 있어야 한다.
② 모든 암호의 표시는 다른 암호표시와 구분될 수 있어야 한다.
③ 암호를 사용할 때에는 사용자가 그 뜻을 분명히 알 수 있어야 한다.
④ 두가지 이상의 암호차원을 조합해서 사용하면 정보전달이 촉진된다.

해설 암호의 변별성이란 모든 암호의 표시는 다른 암호표시와 구분될 수 있어야 하는 것을 의미한다.

선지분석
① 암호의 검출성이다.
③ 부호의 의미이다.
④ 다차원암호의 사용이다.

정답 ②

17 시각적 부호의 유형과 내용이 잘못 연결된 것은?

① 임의적 부호 – 주의를 나타내는 삼각형
② 묘사적 부호 – 보도표지판의 걷는 사람
③ 명시적 부호 – 위험표지판의 해골과 뼈
④ 추상적 부호 – 별자리를 나타내는 12궁도

해설 위험표지판의 해골과 뼈의 경우 묘사적 부호가 옳은 내용이다.

정답 ③

18 인간의 손이나 팔을 이동시켜 조작장치를 조작하는데 걸리는 시간을 표적까지의 거리와 표적크기의 함수로 나타내는 모형은?

① 힉(Hick)의 법칙
② 피츠(Fitts)의 법칙
③ 웨버(Weber)의 법칙
④ 신호검출이론(SDT)

해설 인간의 손이나 팔을 이동시켜 조작장치를 조작하는데 걸리는 시간을 표적까지의 거리와 표적크기의 함수로 나타내는 모형은 피츠(Fitts)의 법칙이다.

정답 ②

19 경계 및 경보신호의 설계지침으로 옳지 않은 것은?

① 귀는 중음역에 민감하므로 500~3,000Hz의 진동수를 사용한다.
② 300m 이상의 장거리용으로는 1,000Hz를 초과하는 진동수를 사용한다.
③ 배경소음의 진동수와 다른 진동수의 신호를 사용한다.
④ 주의를 환기시키기 위하여 변조된 신호를 사용한다.

해설 300m 이상의 장거리용으로는 1,000Hz 이하의 진동수를 사용한다.

정답 ②

20 주로 통신에서 잡음 중의 일부를 제거하기 위해 여과기(Filter)를 사용하였다면 이는 어느 것의 성능을 향상시키는 것인가?

① 신호의 산란성 ② 신호의 양립성
③ 신호의 검출성 ④ 신호의 표준성

해설 신호의 검출성을 향상시킬 목적으로 잡음 중의 일부를 제거하기 위해 여과기(Filter)를 사용한다.

정답 ③

21 청각적 표시장치와 시각적 표시장치 중 시각적 표시장치를 사용하는 경우로 옳은 것은?

① 정보가 간단할 때
② 정보가 일정시간 경과 후 재참조될 때
③ 직무상 수신자가 자주 움직일 때
④ 정보전달이 즉각적인 행동을 요구할 때

해설 정보가 일정시간 경과 후 재참조될 때 시각적 표시장치를 사용한다.

정답 ②

22 청각적 표시장치에서 300m 이상의 장거리용 경보기에 사용하는 진동수로 가장 적절한 것은?

① 800Hz 전후   ② 2,200Hz 전후
③ 3,500Hz 전후 ④ 4,000Hz 전후

해설 청각적 표시장치에서 300m 이상의 장거리용 경보기에 사용하는 진동수는 1,000Hz 이하를 사용해야 하므로 800Hz 전후가 가장 적절하다.

정답 ①

23 정보를 전송하기 위하여 표시장치를 선택할 때 시각장치보다 청각장치를 사용하는 것이 더 좋은 경우는?

① 메세지가 즉각적인 행동을 요구하는 경우
② 메세지가 공간적인 위치를 다루는 경우
③ 메세지가 이후에 다시 참조되는 경우
④ 직무상 수신자가 한 곳에 머무르는 경우

해설 메세지가 즉각적인 행동을 요구하는 경우에는 청각장치를 사용하는 것이 더 좋다.

관련이론 표시장치의 선택

청각장치를 사용하는 것이 더 좋은 경우	시각장치를 사용하는 것이 더 좋은 경우
• 메세지가 간단한 경우 • 메세지가 짧은 경우 • 메세지 후에 재참조되지 않는 경우 • 메세지가 시간적인 사상을 다루는 경우 • 메세지가 즉각적인 행동을 요구하는 경우 • 수신자의 시각계통이 과부하 상태인 경우 • 수신장소가 너무 밝거나 암조응 유지가 필요한 경우 • 직무상 수신자가 자주 움직이는 경우	• 메세지가 복잡한 경우 • 메세지가 긴 경우 • 메세지 후에 재참조되는 경우 • 메세지가 공간적인 위치를 다루는 경우 • 메세지가 즉각적인 행동을 요구하지 않는 경우 • 수신자의 청각계통이 과부하 상태인 경우 • 수신장소가 너무 시끄러운 경우 • 직무상 수신자가 한 곳에 머무르는 경우

정답 ①

24 사정효과(Range Effect)에 대한 설명으로 옳은 것은?

① 조작자가 움직일 수 있는 속도나 조종장치에 가할 수 있는 힘에는 상한이 있다.
② 조작자는 작은 오차에는 과잉반응, 큰 오차에는 과소반응을 한다.
③ 조작자는 비우발적 입력신호를 미리 알 수 있다.
④ 조작자는 오차가 인식의 한계를 넘을 때까지는 반응하지 못한다.

해설
• 조작자는 작은 오차에는 과잉반응, 큰 오차에는 과소반응을 한다.
• 사정효과(Range Effect)란 눈으로 보지 않고 손을 수평면 위에서 움직이는 경우에 짧은 거리는 지나치고 긴 거리는 못미치는 경향이다.

정답 ②

25 정보의 측정단위인 bit에 대한 설명으로 옳은 것은?

① 실현가능성이 같은 2개의 대안 중에 하나가 명시 되었을 때 얻는 정보량
② 실현가능성이 같은 4개의 대안 중에 하나가 명시 되었을 때 얻는 정보량
③ 실현가능성이 같은 8개의 대안 중에 하나가 명시 되었을 때 얻는 정보량
④ 실현가능성이 같은 16개의 대안 중에 하나가 명시되었을 때 얻는 정보량

해설 bit란 실현가능성이 같은 2개의 대안 중에 하나가 명시되었을 때 얻는 정보량을 말한다.

정답 ①

26 인간이 절대 식별할 수 있는 대안의 최대범위는 대략 7이라고 한다. 이를 정보량의 단위인 bit로 표시하면?

① 3.2 ② 3.0
③ 2.8 ④ 2.6

해설 $\log_2 7 = \dfrac{\log 7}{\log 2} = \dfrac{0.8451}{0.3010} = 2.8076 ≒ 2.8\text{bit}$

정답 ③

27 동전던지기에서 앞면이 나올 확률이 0.7이고, 뒷면이 나올 확률이 0.3일 때, 앞면이 나올 확률의 정보량(A)과 뒷면이 나올 확률의 정보량(B)의 연결이 옳은 것은?

	A	B
①	0.10bit	3.32bit
②	0.51bit	1.74bit
③	0.10bit	3.52bit
④	0.15bit	3.52bit

해설
- 앞면이 나올 확률의 정보량(A)

$= \dfrac{\log \dfrac{1}{0.7}}{\log 2} ≒ 0.51\text{bit}$

- 뒷면이 나올 확률의 정보량(B)

$= \dfrac{\log \dfrac{1}{0.3}}{\log 2} ≒ 1.74\text{bit}$

정답 ②

28 스웨인(Swain)의 인적오류(혹은 휴먼에러) 분류방법에 의할 때 자동차 운전 중 습관적으로 손을 창문 밖으로 내어 놓았다가 다쳤다면 이때 운전자가 행한 에러의 종류로 옳은 것은?

① 실수(Slip)
② 작위오류(Commission Error)
③ 불필요한 행동오류(Extraneous Error)
④ 누락오류(Omission Error)

해설 자동차 운전 중 습관적으로 손을 창문 밖으로 내어 놓았다가 다친 것은 불필요한 행동오류(과잉행동오류: Extraneous Error)이다.

정답 ③

29 휴먼에러 중 필요한 Task 및 절차를 수행하지 않아 발생하는 에러를 무엇이라 하는가?

① Time Error
② Omission Error
③ Commission Error
④ Extraneous Error

해설 휴먼에러 중 필요한 Task(작업) 및 절차를 수행하지 않아 발생하는 에러는 Omission Error(생략오류)이다.

정답 ②

30
Swain에 의해 분류된 휴먼에러 중 독립행동에 대한 분류에 해당하지 않는 것은?

① Omission Error
② Commission Error
③ Extraneous Error
④ Command Error

해설 Command Error는 원인의 수준적 분류에 해당한다.

 휴먼에러의 분류

스웨인에 의한 심리적(독립행동) 분류	• Omission Error • Time Error • Commission Error • Sequential Error • Extraneous Error
원인의 수준(Level)적 분류	• Primary Error • Secondary Error • Command Error

정답 ④

31
인간의 오류모형에서 알고 있음에도 의도적으로 따르지 않거나 무시한 경우를 무엇이라 하는가?

① 착오(Mistake)   ② 실수(Slip)
③ 건망증(Lapse)   ④ 위반(Violation)

해설 알고 있음에도 의도적으로 따르지 않거나 무시한 경우는 위반(Violation)이다.

 인간의 오류모형
- 실수(slip): 상황이나 목표의 해석은 정확하나 의도와는 다른 행동을 하는 경우
- 건망증(lapse): 잘 기억하지 못하거나 잊어버리는 정도가 심한 경우
- 착오(Mistake): 상황해석을 잘못하거나 목표를 잘못 이해하고 착각하여 행하는 경우

정답 ④

32
촉감의 일반적인 척도의 하나인 두 점 문턱값(Two-Point Threshold)이 감소하는 순서대로 나열된 것은?

① 손가락 → 손바닥 → 손가락 끝
② 손바닥 → 손가락 → 손가락 끝
③ 손가락 끝 → 손가락 → 손바닥
④ 손가락 → 손가락 끝 → 손바닥

해설 촉감의 일반적인 척도의 하나인 두 점 문턱값(Two-Point Threshold)이 감소하는 순서는 손바닥 → 손가락 → 손가락 끝이며, 이 순서로 피부감각의 기능이 발달되어 있다.

정답 ②

33
사고원인 가운데 인간의 과오에 기인한 원인분석, 확률을 계산함으로써 제품의 결함을 감소시키고 인간공학적 대책을 수립하는데 사용되는 분석기법은?

① CA   ② FMEA
③ THERP   ④ MORT

해설 사고원인 가운데 인간의 과오에 기인한 원인분석, 확률을 계산함으로써 제품의 결함을 감소시키고 인간공학적 대책을 수립하는데 사용되는 분석기법은 THERP(인간과오율 예측기법)이다.

정답 ③

34
검사공정의 작업자가 제품의 완성도에 대한 검사를 하고 있다. 어느 날 10,000개의 제품에 대한 검사를 실시하여 200개의 부적합품(불량품)을 발견하였으나 이 로트(Lot)에는 실제로 500개의 부적합품(불량품)이 있었다. 이 때 인간과오확률(Human Error Probability)은 얼마인가?

① 0.02   ② 0.03
③ 0.04   ④ 0.05

해설 인간의 과오확률(HEP) = $\dfrac{\text{실수의 수}}{\text{실수발생의 전체기회수}}$
$= \dfrac{500-200}{10,000} = 0.03$

정답 ②

35 인간실수확률에 대한 추정기법이 아닌 것은?

① 계층분석 모델
② 위급사건기법
③ 직무위급도분석
④ THERP

해설 계층분석 모델은 인간실수확률에 대한 추정기법에 해당하지 않는다.

관련이론 인간실수확률에 대한 추정기법
- 위급사건기법(CIT)
- 직무위급도분석(TCRAM)
- 인간과오율 예측기법(THERP)
- 조작자행동나무(OAT)
- 인간실수자료은행(HERB)

정답 ①

---

36 인간에러(Human Error)에 관한 설명으로 옳지 않은 것은?

① 생략오류(Omission Error): 필요한 작업 또는 절차를 수행하지 않는데 기인한 에러
② 실행오류(Commission Error): 필요한 작업 또는 절차의 수행지연으로 인한 에러
③ 과잉행동오류(Extraneous Error): 불필요한 작업 또는 절차를 수행함으로써 기인한 에러
④ 순서오류(Sequential Error): 필요한 작업 또는 절차의 순서착오로 인한 에러

해설 실행오류(Commission Error)란 필요한 작업 또는 절차의 불확실한 수행으로 인한 에러이다.

정답 ②

---

37 인간과오율 예측기법에 해당되지 않는 것은?

① 비확률론적인 안전기법이다.
② 확률론적 안전기법이다.
③ 인간이 과오를 줄여 제품의 결함을 감소시키기 위한 기법이다.
④ 인간의 과오에 기인된 근원적 분석 및 안전공학적 대책수립에 사용되는 방법이다.

해설 확률론적 안전기법이 인간과오율 예측기법에 해당한다.

정답 ①

---

38 100개의 부품을 육안검사하여 20개의 불량품이 발견되었다. 실제 불량품이 40개였다면 인간에러확률은 약 얼마인가?

① 0.2
② 0.3
③ 0.4
④ 0.5

해설 HEP(인간에러확률)
$$= \frac{\text{실수의 수}}{\text{실수발생의 전체기회수}}$$
$$= \frac{40-20}{100} = 0.2$$

정답 ①

---

39 운전자가 직무를 수행하지만 틀리게 수행함으로써 발생하는 작위(Commission)실수의 범주에 포함되지 않는 것은?

① 생략착오
② 시간착오
③ 순서착오
④ 정성적착오

해설 작위(Commission)실수의 범주에는 시간착오, 순서착오, 정성적 착오, 선택착오가 포함되며, 생략착오는 작위실수의 범주에 포함되지 않는다.

정답 ①

---

40 인간 – 기계시스템 설계시 고려하여야 할 사항으로 옳지 않은 것은?

① 시스템 설계시 동작경제의 원칙이 만족되도록 고려하여야 한다.
② 인간과 기계가 모두 복수인 경우 종합적인 효과보다 기계를 우선적으로 고려한다.
③ 대상이 되는 시스템이 위치할 환경조건이 인간에 대한 한계치를 만족하는가의 여부를 조사한다.
④ 인간이 수행해야 할 조작이 연속적인가 불연속적인가를 알아보기 위해 특성조사를 실시한다.

해설 인간과 기계가 모두 복수인 경우 종합적인 효과가 가장 중요하므로, 이를 우선적으로 고려한다.

정답 ②

CHAPTER 3 | 인체계측 및 근골격계질환예방 관리

제1절 인체계측 및 체계 제어

1 인체계측(Anthropometry)

1. **정적 인체계측(구조적 인체치수)**
   ① 표준자세에서 움직이지 않는 피측정자를 인체측정기로 구조적 인체치수를 측정하여 특수 또는 일반적 용품(이어폰, 색안경 등)의 설계에 기초한 자료로 활용한다.
   ② 각 지체(肢體)는 독립적으로 움직인다.
   ③ 여러 가지 설계의 표준이 되는 기초적 치수를 결정한다.
   ④ 종류로는 외곽치수와 골격치수가 있다.

2. **동적 인체계측(기능적 인체치수)**
   ① 움직이는 몸의 자세로부터 계측하는 것으로 생활조건이나 실제작업[운전, 워드(word)작업 등]에 밀접한 관계가 있는 현실성 있는 인체치수를 구하는 것이다.
   ② 정해진 동작에 있어 자세, 관절 등의 관계를 모아레(Moire)법 등의 복합적인 장비를 활용하여 측정한다.
   ③ 특정작업에 국한된다.

2 인체계측 자료의 응용원칙

(1) **최소치수와 최대치수 설계(극단치 설계)**: 최소치수(5%tile) 또는 최대치수(95%tile)를 기준으로 설계
(2) **평균치 설계**: 평균치를 기준으로 설계(5～95%tile 사이의 가장 분포도가 많은 구간을 적용)
(3) **조절식 설계**: 체격이 다른 여러 사람에 맞도록 조절식으로 설계
▶ 조절범위에서 수용하는 통상의 범위: 5～95%tile 정도

3 신체반응의 측정

1. **인체계측시 주의사항**
   (1) 목적의 확인
   (2) 피측정자의 선정
   (3) 정밀도와 측정방법
   (4) 기록용지의 작성
   (5) 자세의 규제

2. 인체계측 요령

(1) 측정점을 확인하고 랜드마크(Land Mark)를 붙인다.
(2) 피측정자에게 가능한 한 접촉하지 않는다.
(3) 피측정자의 자세를 점검한다.
(4) 측정은 원칙적으로 우측에서 한다.
(5) 복창하고 기록한다.
(6) 정확하게 기구를 유지한다.
(7) 누락이 없는지를 확인한다.

> **참고** 인체계측
>
> 1. 인체계측의 목적: 인간공학적 설계를 위한 자료를 확보하기 위함이다.
> 2. 인체계측에 사용되는 기구
>   ① 정적인 자세의 계측에 적당한 것: 마르틴측정기, 실루엣 사진기 등
>   ② 동적인 자세의 계측에 적당한 것: 사이클 그래프, 마르티스트로브, VTR, 시네필름 등
> 3. 인체계측 자료의 응용원리를 설계에 적용하는 순서
>   조절식 설계 → 극단치(최소치수와 최대치수) 설계 → 평균치 설계
> 4. 인체계측 자료의 설계원칙을 적용하는 경우
>   ① **최소치 설계**: 조작자와 제어버튼 사이의 거리, 조종장치의 거리, 선반의 높이, 버스 및 전철의 손잡이, 비상벨의 위치, 조작에 필요한 힘 등
>   ② **최대치 설계**: 울타리 및 방책의 높이, 문의 높이, 통로의 높이, 침대의 길이, 비상구의 높이, 그네의 줄 등
>   ③ **평균치 설계**: 은행창구, 슈퍼마켓의 계산대, 공원의 벤치 등
>   ④ **조절식 설계**: 자동차 운전석 의자의 위치, 사무실 의자 및 책상 등

4 통제표시비(Control Display Ratio)

1. 통제표시비(통제비)

(1) C/D비라고도 하며, 통제기기와 시각표시의 관계를 나타내는 비율로서 통제기기의 이동거리 X를 표시계기의 지침이 움직인 거리 Y로 나눈 값을 말한다.

$$\frac{C}{D}\text{비} = \frac{X}{Y}$$

여기서, X: 통제기기의 변위량(이동거리)[cm], Y: 표시계기 지침의 변위량(이동거리)[cm]

(2) 또한, 조종구(Ball Control)에서의 C/D비는 다음과 같다.

$$\frac{C}{D}\text{비} = \frac{\frac{\alpha}{360} \times 2\pi l}{\text{표시계기의 이동거리}}$$

여기서, α: 조종장치가 움직인 각도, l: 반경[cm]

▶ C/D비(통제표시비)를 확장한 개념으로 C/R비(조종 – 반응비)로도 표기한다.

(3) 일반적으로 최적통제표시비는 1.18~2.42 범위가 가장 효과적이라는 실험결과를 얻었다.

▶ 젠킨스(W.L Jenkins)의 실험치

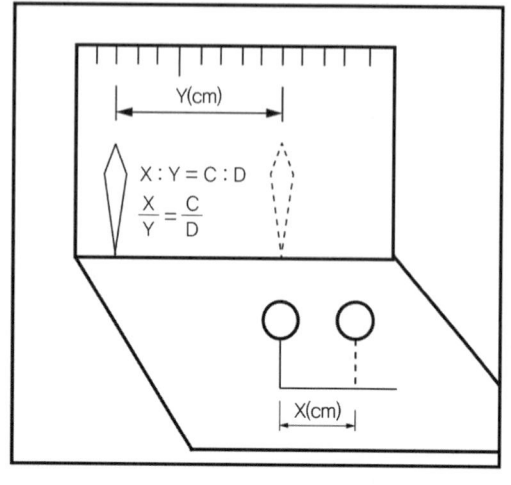

[통제표시비의 예시]

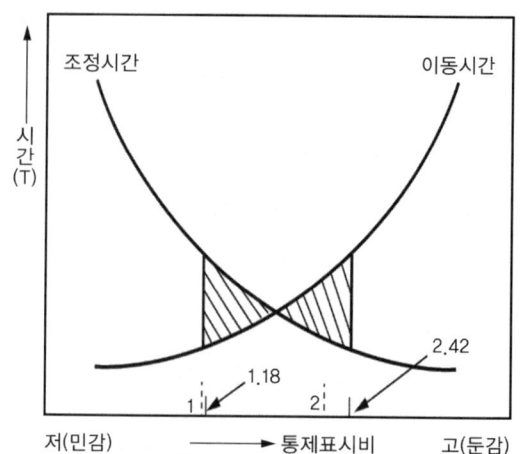

[통제표시비와 시간]

> **참고** 조종구의 설계 등
>
> 1. 인간공학적으로 조종구(Ball Control)를 설계할 때 고려해야 할 사항
>   ① 탄력성
>   ② 점성력
>   ③ 관성력
>   ④ 마찰력
> 2. 일반적인 조종장치의 경우 어떤 것을 작동시킬 때 기대되는 운동방향(예)
>   ① 레버를 앞으로 민다.
>   ② 버튼을 우측으로 민다.
>   ③ 스위치를 위로 올린다.
>   ④ 다이얼을 시계방향으로 돌린다.

2. 통제표시비의 설계시 고려하여야 하는 5요소

(1) 계기의 크기
(2) 공차
(3) 목시거리
(4) 조작시간
(5) 방향성

> **참고** 조종-반응비[C/R비: 통제표시비(C/D비)를 확장한 개념]의 특성
>
> ① C/R비가 작을수록 민감한 조종장치이다.
> ② C/R비가 클수록 둔감한 조종장치이다.
> ③ C/R비가 작으면 표시장치 지침의 이동시간이 적게 걸린다.
> ④ C/R비가 작으면 정확한 위치를 맞추는데 있어서 조정시간이 많이 걸린다.
> ⑤ C/R비가 작으면 조종장치는 조금만 움직여도 표시장치의 지침이 많이 움직인다.
> ⑥ 최적의 C/R비는 조종장치의 종류나 표시장치의 크기, 허용오차 등에 의해 달라진다.
> ⑦ 최적의 C/R비는 조종장치의 조정시간과 표시장치의 이동시간이 교차하는 값이다.
> ⑧ 노브(Knob)의 C/R비는 손잡이 1회전시 움직이는 표시장치 이동거리의 역수로 나타낸다.
> ⑨ C/R비는 조종장치와 표시장치의 물리적 크기와 성질에 따라 달라진다.

5 특수 제어장치

1. 통제의 형태 및 통제장치의 종류

(1) 개폐에 의한 통제(불연속통제장치)

주로 On-Off스위치로 동작자체를 개시하거나 중단하도록 통제하는 장치

① 수동식푸시버튼(Hand Push Button)
② 발푸시버튼(Foot Push Button)
③ 로터리스위치(Rotary Selector Switch)
④ 토글스위치(Toggle Switch)

(2) 양(量)의 조절에 의한 통제(연속통제장치)

전기량(전류, 전압, 저항), 연료량, 회전량, 음량 등의 양을 조절하여 통제하는 장치

① 크랭크(Crank)
② 핸들(Handle)
③ 레버(Lever)
④ 페달(Pedal): 왕복식, 회전식, 직동식
⑤ 노브(Knob): 보통 노브, 손잡이 노브, 동심 노브

(3) 반응에 의한 통제

신호, 계기 또는 감각에 의하여 행하는 통제장치(자동경보시스템)

> **참고** 통제장치의 종류 및 기타 관련 사항
>
> 1. 직선형, 회전형 통제장치의 종류
>   ① 직선형 통제장치: 푸시버튼, 토글스위치, 페달, 레버
>   ② 회전형 통제장치: 로터리 스위치, 크랭크, 노브, 회전페달, 핸들
> 2. 통제장치를 조작할 때 시간이 적게 걸리는 순서
>   수동식푸시버튼 → 토글스위치 → 발푸시버튼 → 로터리스위치
> 3. 점성저항
>   출력과 반대방향으로 그 속도에 비례해서 작용하는 힘 때문에 생기는 항력으로 원활한 제어를 도우며 특히, 규정된 변위속도를 유지하는 효과를 가진 조종장치의 저항력이다.

2. 통제장치의 선택

(1) 계기지침의 일치성(一致性)

① 계기지침이 움직이는 방향과 계기대상물이 움직이는 방향은 일치하는 방향의 통제장치를 사용해야 한다.
② 식별이 쉬운 통제장치를 선택해야 한다.
③ 특정 목적에 사용되는 통제장치는 여러 개를 조합하여 사용하는 것이 좋다.

(2) 연속조절통제기기에는 돌리는 운동과 조절하는 운동의 두가지 운동을 동시에 해야 하므로 노브(Knob), 핸들(Handle), 크랭크(Crank), 페달(Pedal), 레버(Lever)가 효과적이다.

(3) 불연속통제기기는 수동푸시버튼(Hand Push Button), 발푸시버튼(Foot Push Button), 로터리스위치(Rotary Selector Switch), 토글스위치(Toggle Switch)가 효과적이다.

> **참고** 통제용 조종장치의 우발작동을 방지하는 방법
> ① 오목한 곳에 둔다.
> ② 조종장치를 덮거나 방호해야 한다.
> ③ 작동을 위해서 힘이 요구되는 조종장치에는 저항을 제공한다.
> ④ 순서적 작동이 요구되는 작업일 때 순서를 지나치지 않도록 잠금장치를 설치한다.

6 양립성(Compatibility)

인간의 기대와 모순되지 않은 반응이나 자극들간 또는 자극반응조합의 관계를 말하는 것이며, 제어장치(조종장치)와 표시장치의 연관성이 인간의 예상과 어느 정도 일치하는 것을 말한다.

(1) 개념양립성

사람들이 지니고 있는 개념적 연상의 양립성(어떠한 신호가 전달하려는 내용과 연관성이 있어야 하는 것)
예 빨간색은 따뜻한 것, 파란색은 차가운 것을 연상시켜 정수기의 냉·온수를 표시하는 것

(2) 공간양립성

조종장치나 표시장치에서 공간적인 배치나 물리적 형태의 양립성(공간적 배치에서 인간의 기대와 일치하는 것)
예 오른쪽 버튼을 누르면 오른쪽 기계가 작동하는 것

(3) 운동(동작)양립성

조종장치, 표시장치, 체계반응 등 운동방향의 양립성(조종장치의 방향과 표시장치의 방향이 인간의 기대와 일치하는 것)
예 자동차의 바퀴가 핸들 조작방향으로 회전하는 것

(4) 양식양립성

청각적, 시각적 자극 제시와 이에 대한 응답과정에서 갖는 양립성(내용보다 외관적 양식을 사전에 약속하고 이행하여 인간의 기대를 일치시키는 것)
예 신호등 색깔(빨간색, 노란색, 녹색)은 사전에 약속하고 지켜나가는 것

7 수공구

수공구의 인간공학적인 설계원칙은 다음과 같다.

(1) 손바닥에 압력이 가해지지 않도록 한다.

(2) 반복적인 손가락 동작을 피한다.

(3) 손목은 곧게 유지하도록 한다.

(4) 손잡이는 접촉면적을 가능한 크게 한다.

(5) 기타 설계원칙

　① 안전측면을 고려한 디자인(Design)
　② 공구의 중량을 줄이고 균형유지
　③ 적절한 장갑의 사용
　④ 장애인을 위한 배려
　⑤ 왼손잡이, 양손잡이를 위한 배려

(6) 손잡이의 길이는 95%tile 남성의 손폭을 기준으로 한다.

(7) 동력공구 손잡이는 최소 두손가락 이상으로 작동하도록 설계한다.

(8) 정밀작업용 수공구의 손잡이는 직경을 7.5～15mm 이하로 한다.

(9) 힘을 요하는 작업용 수공구의 손잡이는 직경을 25～40mm 이하로 한다.

(10) 손목을 꺾지 않고 공구의 손잡이를 꺾을 수 있도록 한다.

(11) 손잡이의 단면이 원형을 이루어야 한다.

(12) 손잡이의 재질은 미끄러지지 않고, 비전도성이며, 열과 땀에 강해야 한다.

(13) 손잡이의 직경을 용도에 따라 조정할 수 있도록 한다.

(14) 수공구 사용시 무게 균형이 유지되도록 설계한다.

제2절　신체활동의 생리학적 측정법

1　신체반응의 측정(생리학적 측정방법)

(1) **동적근력작업(動的筋力作業)**

　　에너지대사율(RMR), 이산화탄소(CO_2) 배출량, 산소(O_2) 소비량, 심박수, 호흡량, 부정맥, 근전도(筋電圖: EMG) 등

(2) **정적근력작업(靜的筋力作業)**

　　심박수와 에너지대사량과의 상관관계

(3) **신경적작업(神經的作業)**

　　심박수, 매회 평균 호흡진폭, 피부저항치

(4) **심적작업(心的作業)**

　① **피로측정**: 호흡량, 플리커치
　② **긴장감 측정**: GSR(Galvanic Skin Reflex: 피부전기반사)

> **참고** 인간의 신체부위의 기본적인 동작
>
> 1. 외전(外轉) 및 내전(內轉)
>   ① 외전(Abduction): 몸의 중심선으로부터 밖으로 이동하는 동작
>   ② 내전(Adduction): 몸의 중심선으로 이동하는 동작
> 2. 외선(外旋) 및 내선(內旋)
>   ① 외선(Lateral Rotation): 몸의 중심선으로부터 회전하는 동작
>   ② 내선(Medial Rotation): 몸의 중심선으로 회전하는 동작
> 3. 굴곡(屈曲) 및 신전(伸展)
>   ① 굴곡(Reflex): 신체부위간의 각도 감소
>   ② 신전(Extension): 신체부위간의 각도 증가
> 4. 하향(下向) 및 상향(上向)
>   ① 하향(Pronation): 손바닥을 아래로
>   ② 상향(Supination): 손바닥을 위로

2 신체활동의 에너지 소비

1. **생리적 부담의 척도**

   (1) 맥박수(심박수)

   (2) 호흡량

   (3) 에너지대사율(RMR)

   $$RMR = \frac{작업대사}{기초대사} = \frac{작업시\ 소비에너지 - 안정시\ 소비에너지}{기초대사량}$$

   여기서, 기초대사량: 신체기능만을 유지하는데 필요한 대사량

   (4) 근전도(筋電圖, EMG: Electromyogram)
   국소적 근육활동의 척도

   (5) 플리커값
   ① 빛을 일정한 속도로 점멸시키면 '반짝반짝'하게 보이나 그 속도를 증가시키면 계속 켜져 있는 것처럼 한 점으로 보이게 된다. 이 때의 점멸빈도[Hz]를 융합빈도(CFF: Critical Flicker of Fusion Frequency)라 한다.
   ② 중추신경계의 정신적 피로도의 척도로 사용된다.
   ③ 일반적으로 점멸속도는 점멸융합주파수보다 작아야 한다.
   ④ 점멸속도는 초당 3~10회(지속시간 0.05초 이상)가 적당하다.
   ⑤ 빛의 검출성에 영향을 주는 인자 중의 하나이다.
   ⑥ 점멸속도가 30Hz 이상이면 불이 계속 켜진 것처럼 보인다.

> **참고** 플리커(Flicker)값에 영향을 미치는 변수
> ① 정신적으로 피로하면 주파수값이 내려간다.
> ② 암조응(暗調應)시에는 주파수값이 감소한다.
> ③ 휘도가 동일한 색은 주파수값에 영향을 주지 않는다.
> ④ 주파수값은 조명강도의 대수치에 선형적으로 비례한다.
> ⑤ 주파수값은 사람들간에는 큰 차이가 있으나 개인의 경우 일관성이 있다.
> ⑥ 표적과 주변의 휘도가 같을 때 주파수값은 최대가 된다.

2. 심리학적 측정법

(1) 테스트법에 의한 정신검사법
(2) 정신물리학적인 측정
(3) 평정법(評定法)

> **참고** 산소소비량의 측정 및 기타 관련 사항
>
> 1. 산소소비량의 측정
>   ① 산소소비량은 작업 중에 소모하는 에너지의 양을 측정하는 방법 중 가장 먼저 측정하는 것이다.
>   ② 더글라스백(Douglas Bag)을 사용하여 호기를 수집하고, 가스미터를 통과시켜 배기량을 측정한다.
>   ③ 산소소비량과 흡기량은 체내에서 대사되지 않는 질소의 부피비율 변화로부터 다음과 같은 식으로 구한다.
>   - 산소소비량 = 흡기량 × 21% − 배기량 × O_2%
>   - 흡기량 = 배기량 × $\dfrac{(100 - O_2\% - CO_2\%)}{79}$
>
> 2. 산소부채(산소빚)
>   작업이나 운동이 격렬해져서 근육에 생성되는 젖산의 제거속도가 생성속도에 미치지 못하면 활동이 끝난 후에도 남아 있는 젖산을 제거하기 위하여 산소가 더 필요하게 되는 현상이다.
>
> 3. 정신적 작업의 생리학적 측정치(척도)
>   ① 부정맥지수
>   ② 플리커값
>   ③ 눈깜빡임률
>   ④ 호흡속도
>   ⑤ EEG(뇌전도)
>
> 4. 육체적 작업의 생리학적 측정치(척도)
>   ① 심박수
>   ② 에너지대사율(RMR)
>   ③ 산소소비량
>   ④ EMG(근전도)

제3절 작업공간 및 작업자세

1 부품배치의 원칙

(1) 사용빈도의 원칙 ┐
(2) 중요성의 원칙 ┘ ─ 부품의 일반적인 위치를 결정하기 위한 기준으로 사용되는 원칙

(3) 사용순서의 원칙 ┐
(4) 기능별 배치의 원칙 ┘ ─ 부품의 구체적인 배치를 결정하기 위한 기준으로 사용되는 원칙

2 부품의 위치 및 배치

1. **작업공간(Work Space)**
   (1) **작업공간 포락면(包絡面: Envelope)**: 한 장소에 앉아서 수행하는 작업활동에서 사람이 작업하는데 사용하는 공간이다.
   (2) **파악한계(Grasping Reach)**: 앉은 작업자가 특정한 수작업 기능을 편히 수행할 수 있는 공간의 외각한계이다.
   (3) **특수작업역**: 특정공간에서 작업하는 구역이다.

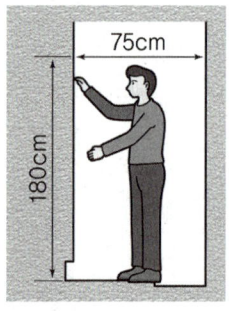
① 선 자세

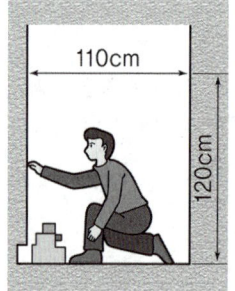
② 쪼그려 앉은 자세

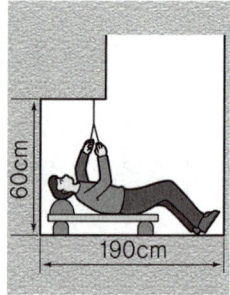
③ 누운 자세

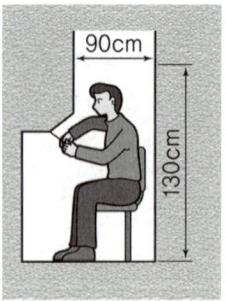
④ 의자에 앉은 자세

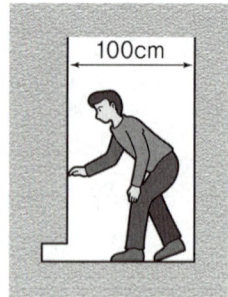
⑤ 구부린 자세

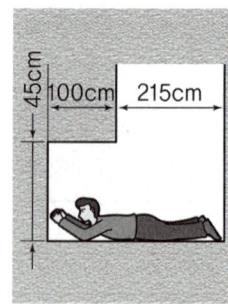
⑥ 엎드린 자세

2. 작업대(Work Surface)

(1) 수평작업대

① **정상작업역**

㉠ 상완(上腕: 위팔)을 자연스럽게 수직으로 늘어뜨린 채 전완(前腕: 아래팔)만으로 편하게 뻗어 파악할 수 있는 구역

㉡ 자연스러운 자세로 위팔을 몸통에 붙인 채 손으로 수평면상에 원을 그릴 때 부채꼴 원호의 내부지역

② **최대작업역**

㉠ 전완과 상완을 곧게 펴서 파악할 수 있는 구역

㉡ 어깨로부터 팔을 펴서 어깨를 축으로 하여 수평면상에 원을 그릴 때 부채꼴 원호의 내부지역

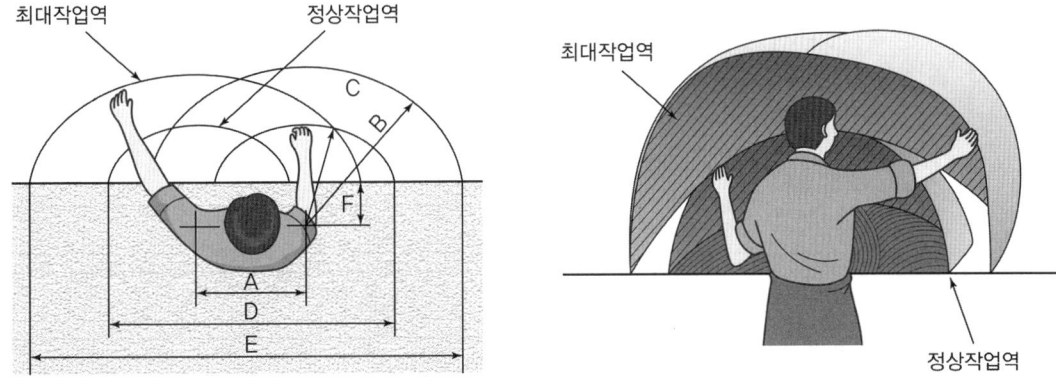

[정상작업역과 최대작업역]

(2) 작업대 높이

① **착석식 작업대 높이**: 체격의 개인차(특히 팔꿈치 높이), 수행되는 작업의 차이 때문에 가능하다면 작업대 높이, 의자 높이, 발걸이 등을 조절할 수 있도록 하는 것이 바람직하다.

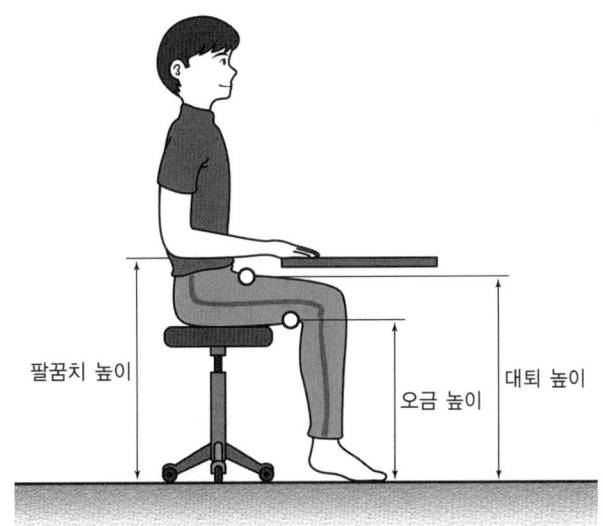

[신체치수와 작업대 및 의자 높이와의 관계]

② 입식 작업대 높이
　㉠ 경작업의 경우 팔꿈치 높이보다 약간 낮게(5～10cm 정도) 한다.
　㉡ 중작업의 경우 팔꿈치 높이보다 낮게(10～20cm 정도) 한다.
　㉢ 정밀작업의 경우 팔꿈치 높이보다 약간 높게(5～15cm 정도) 한다.
　㉣ 부피가 큰 작업물을 취급하는 경우 최소치 설계를 기본으로 한다.

> **참고** 입식 작업대 및 착석식 작업대의 높이
>
> 1. 입식 작업대의 높이를 결정하는 요소
>   ① 작업의 정밀도
>   ② 인체측정 자료
>   ③ 무게중심의 결정
>   ④ 근전도(EMG)
> 2. 착석식 작업대의 높이를 설계할 경우 고려하여야 할 사항
>   ① 작업의 성질
>   ② 작업대의 두께
>   ③ 대퇴의 여유
>   ④ 의자의 높이

3 의자설계 원칙

(1) 몸통(상반신)의 안정

(2) 체중분포

(3) 의자좌판의 깊이와 폭

(4) 의자좌판의 높이

> **참고** 의자좌판의 기준(원칙)
>
> ① 의자좌판의 깊이, 의자좌판의 높이: 최소치 설계 원칙
> ② 의자좌판의 폭(너비): 최대치 설계 원칙
> ③ 의자좌판의 높이 결정시 사용할 수 있는 인체측정치: 앉은 오금높이
> ④ 여러 사람이 사용하는 의자좌판의 높이 결정시 사용할 수 있는 인체측정치: 5%tile 오금높이

4 의자설계의 일반적인 원리

(1) 등근육의 정적부하를 줄인다.

(2) 디스크(추간판)가 받는 압력을 줄인다.

(3) 자세고정을 줄인다(일정한 자세를 계속 유지하지 않도록 한다).

(4) 요부전만(腰部前灣)을 유지한다.

(5) 쉽고 간편하게 조절할 수 있도록 설계한다.

5 의자의 등받이 설계에 대한 조건

(1) 등받이 폭은 최소 30.5cm가 되게 한다.
(2) 등받이 높이는 최소 50cm가 되게 한다.
(3) 의자의 좌판과 등받이 각도는 90~105°를 유지한다.
(4) 요부받침의 높이는 15.2~22.9cm로 하고, 폭은 30.5cm로 한다.
(5) 요부받침이 척추와 상대적으로 같은 위치에 있도록 한다.

제4절 인간의 특성과 안전

1 인간성능

1. 인간의 신뢰성 요인
(1) 주의력
(2) 긴장수준
(3) 의식수준

2. 기계의 신뢰성 요인
(1) 기능
(2) 재질
(3) 작동방법

2 성능신뢰도

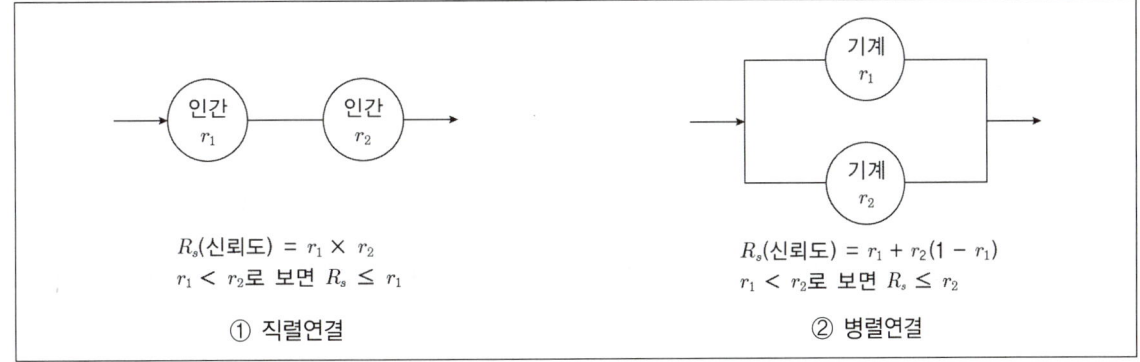

[인간 – 기계의 시스템에서의 신뢰도]

1. **신뢰도**

    (1) **직렬(Series System)연결(R_s)**

    ① 제어계가 R개의 요소로 만들어져 있으며, 시스템의 어느 한부분이 고장이 나면 시스템이 고장나는 구조이다.

    ② 직렬시스템의 수명은 요소 중에서 수명이 가장 짧은 것으로 정해진다.

    ③ **직렬시스템의 예**: 세발 자전거의 바퀴(하나의 바퀴라도 고장이 나면 운행이 불가능하다)

    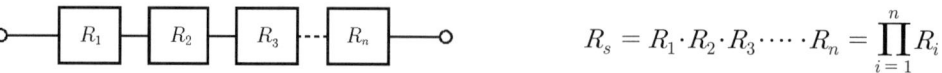

    $$R_s = R_1 \cdot R_2 \cdot R_3 \cdots R_n = \prod_{i=1}^{n} R_i$$

    (2) **병렬(Parallel System)연결(R_p)**

    ① 열차나 항공기의 제어장치처럼 한 부분의 결함이 중대한 사고를 일으킬 우려가 있는 경우 페일세이프(Fail Safe)시스템을 사용한다.

    ② 병렬시스템은 결함이 생긴 부품의 기능을 대체할 수 있는 장치를 중복 부착시키는 시스템이다.

    ③ 요소의 어느 하나라도 정상이면 시스템은 정상이다.

    ④ 요소의 수가 많을수록 고장의 기회는 줄어든다.

    ⑤ 요소의 중복도가 늘어날수록 시스템의 수명은 길어진다.

    ⑥ 요소의 전체가 고장이 발생하여야만 시스템의 고장이 발생한다.

    ⑦ 병렬시스템의 수명은 요소 중에서 수명이 가장 긴 것으로 정해진다.

    ⑧ **병렬시스템의 예**: 자동차의 브레이크시스템, 건물 내의 스프링클러, 검사인원의 중복투입 등

    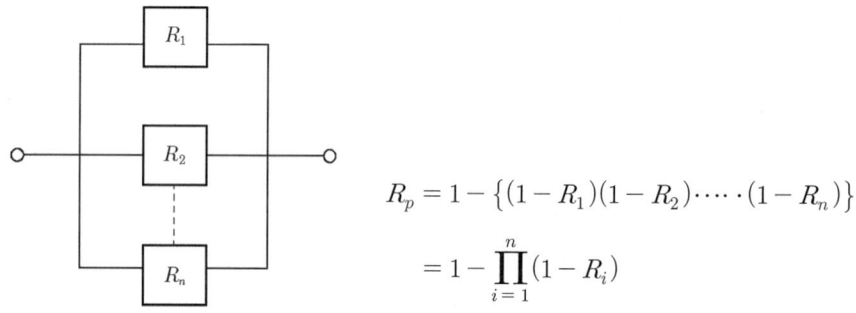

    $$R_p = 1 - \{(1-R_1)(1-R_2) \cdots (1-R_n)\}$$
    $$= 1 - \prod_{i=1}^{n}(1-R_i)$$

    > **참고** n중 k구조 등 기타 사항
    >
    > 1. n중 k구조
    >   ① 신뢰도에서 직렬이나 병렬의 구조로 분석할 수 없는 경우에 사용된다.
    >   ② n개의 부품으로 구성되어 있는 시스템이 작동하기 위해서는 최소한 k개의 부품이 작동해야 하는 중복 구조를 말한다.
    >   ③ n줄의 와이어로프로 작동하는 승강기에서 최대하중을 견디는데 있어서 k줄이 필요한 경우가 그 예라고 볼 수 있다.

2. 직렬·병렬구조로 구성된 시스템이 아닌 복잡한 구조로 구성된 시스템의 신뢰도나 고장발생 확률을 평가하는 기법
   ① **경로추적법**: 시스템이 작동하는 경로를 추적하여 집합의 확률로 시스템의 신뢰도를 평가하는 방법이다.
   ② **사상공간법**: 시스템의 구성요소들에 대하여 모든 경우의 상태를 나열하고, 시스템의 신뢰도와 불신뢰도로 나누어서 평가하는 방법이다.
   ③ **분해법**: 시스템의 복잡한 신뢰도 구조를 간단한 구조로 분해하여 조건부 확률을 사용, 시스템의 신뢰도를 평가하는 방법이다.

(3) 시스템의 병렬

항공기의 조종장치는 교류전동기 가동 유압펌프계와 엔진가동 유압펌프계의 쌍방이 고장을 일으켰을 경우 응급용으로서의 수동장치 3단의 페일세이프(Fail Safe)방법이 사용되고 있는데 이와 같은 시스템이 병렬로 연결한 방식이다.

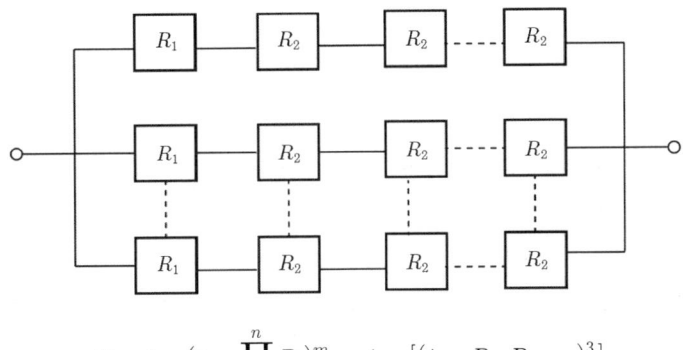

$$R = 1 - (1 - \prod_{i=1}^{n} R_i)^m = 1 - [(1 - R_1 \cdot R_2 \cdots)^3]$$

2. 설비의 고장(Failure)

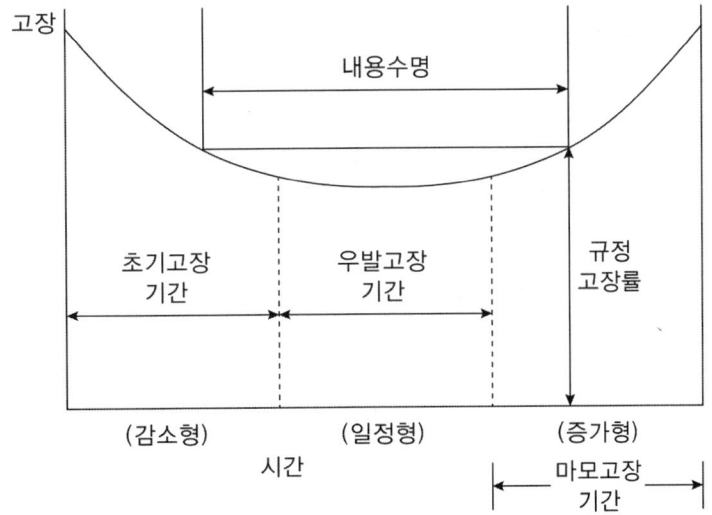

[고장의 욕조곡선(Bath – tub Curve)]

(1) 초기고장
　① 감소형(DFR), 설계미숙, 생산과정에서의 품질관리 미비 또는 불량 제조로부터 발생되는 고장을 말한다.
　② 감소대책으로는 시운전이나 점검작업(스크리닝: Screening)으로 결함을 감소시키는 것이다.
　　㉠ **디버깅(Debugging)기간**: 기계의 결함을 찾아내 고장률을 안정시키는 기간
　　㉡ **번인(Burn In)기간**: 물품을 실제로 장시간 움직여 보고 그 동안에 고장난 것을 제거하는 기간

> **참고** 초기고장기간에 발생하는 고장의 원인
> ① 표준 이하의 재료를 사용
> ② 불충분한 품질관리
> ③ 빈약한 제조기술
> ④ 설계·구조상의 결함
> ⑤ 조립상의 과오
> ⑥ 부적절한 설치
> ⑦ 오염

(2) 우발고장
　① 일정형(CFR), 사용조건상의 고장을 말하며, 고장률이 가장 낮다. 특히 CFR기간의 길이를 내용수명(耐用壽命)이라 한다.
　② 예측할 수 없을 때 발생하는 고장이다.
　③ 설계강도 이상의 급격한 스트레스(Stress), 낮은 안전계수, 사용자의 실수 등 우발적 요인에 의해 발생하는 고장이다.
　④ 감소대책으로는 안전계수를 고려한 설계, 극한 상황을 고려한 설계, 디레이팅(Derating: 계획적으로 설비의 스트레스를 경감시키는 것)으로 결함을 감소시키고, 사후보전(BM: Breakdown Maintenance)이 필요하다.

> **참고** 우발고장의 원인
> ① 낮은 안전계수
> ② 사용자의 과오
> ③ 최선의 검사방법으로도 탐색되지 않는 결함

(3) 마모고장
　① 증가형(IFR), 설비의 피로, 마모, 부식, 산화 및 불충분한 정비 등에 의해 발생하는 고장을 말한다.
　② 감소대책으로는 정기진단(검사)을 실시하고, 예방보전(PM: Prevention Maintenance)이 필요하다.

3 인간의 정보처리

1. 인간공학적 안전의 설정

(1) 페일세이프(Fail Safe)

① 페일세이프(Fail Safe)의 정의: 인간 또는 기계에 과오나 동작상의 실수가 있어도 사고를 발생시키지 않도록 2중 또는 3중으로 통제를 가하도록 한 체계이다.

② 페일세이프의 기능면에서의 분류

㉠ Fail Passive: 일반적인 산업기계방식의 구조이며 부품의 고장시 기계장치는 정지상태로 옮겨간다.

㉡ Fail Active: 부품의 고장시 기계장치는 경보를 나타내며 단시간에 역전이 된다(잠시 계속운전이 가능하다).

㉢ Fail Operational: 병렬여분계의 부품을 구성한 경우이며, 부품에 고장이 있더라도 다음 정기점검시(추후 보수)까지는 운전이 가능하다.

▶ 부품에 고장이 있더라도 공작기계 등을 가장 안전하게 운전할 수 있는 방법이다.

> **참고** 인간-기계시스템의 신뢰도 향상방안 및 Tamper Proof
>
> 1. 인간-기계시스템의 신뢰도 향상방안
>   ① Fail Safe System(페일세이프)
>   ② Fool Proof System(풀프루프)
>   ③ Redundancy(중복설계)
>   ④ 적절하고 단순한 설계
>   ⑤ 충분한 여유용량
>   ⑥ 부품 개선
>
> 2. Tamper Proof
>   ① 고의로 안전장치를 제거하는 데에도 대비하여야 하는 예방설계
>   ② 임의로 변경하는 것을 금지
>   ③ 부당하게 변경하는 것을 방지
>   ④ 안전장치를 제거할 경우 작동하지 않도록 함

(2) 록 시스템(Lock System)

① 인터록 시스템(Interlock System), 트랜스록 시스템(Translock System), 인트라록 시스템(Intralock System)의 세가지로 분류된다.

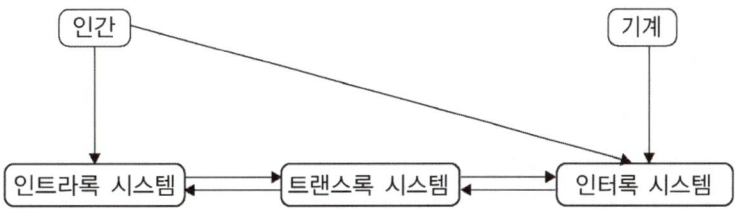

② 기계와 인간은 기계 특수성과 생리적 관습에 의하여 사고를 일으킬 수 있는 불안전한 요소를 지니고 있기 때문에 기계에 인터록 시스템, 인간에 인트라록 시스템, 그 중간에 트랜스록 시스템을 두어 불안전한 요소에 대해서 통제를 가한다.

(3) 시퀀스(Sequence) 제어(순차제어)
지시대로 동작하는 방식(수정불가)

(4) 피드백(Feed Back) 제어
제어결과를 측정하여 목표로 하는 동작이나 상태와 비교하여 잘못된 점을 수정하여 가는 방식

2. **인간에 대한 모니터링(Monitoring)의 방법**
   (1) 직접 모니터링(Monitoring) 방법
   ① **셀프 모니터링(Self-Monitoring: 자기감지) 방법**: 자극, 피로, 고통, 이상감각, 권태 등의 지각에 의해 자신의 상태를 알고 행동하는 감시방법이다.
   ② **비주얼 모니터링(Visual Monitoring: 육안) 방법**: 동작자의 태도를 보고 동작자의 상태를 파악하는 것으로서, 예를 들어 졸린 상태는 생리적으로 분석하는 것보다 태도를 보고 상태를 파악하는 것이 쉽고 정확하다.
   ③ **생리학적 모니터링 방법**: 호흡속도, 맥박수, 뇌파, 체온 등으로 인간의 상태를 생리적으로 감시하는 방법이다.
   ④ **반응에 대한 모니터링 방법**: 자극(시각, 청각, 촉각)을 가하여 이에 대한 반응을 보고 정상 또는 비정상을 판단하는 방법이다.

   (2) 환경의 모니터링(Monitoring) 방법
   간접적인 감시방법으로서 환경조건의 개선으로 인체의 안락과 기분을 좋게 하여 정상작업을 할 수 있도록 만드는 방법이다(간접적인 방법).

4 근골격계질환예방 관리

1. **근골격계질환**
   반복적인 동작, 부적절한 작업자세, 무리한 힘의 사용, 날카로운 면과의 신체접촉, 진동 및 온도 등의 요인에 의하여 발생하는 건강장해로서 목, 어깨, 허리, 팔, 다리의 신경·근육 및 그 주변 신체조직 등에 나타나는 질환이다.

   > **참고** 누적손상장해의 발생인자 및 근골격계 질환의 종류
   >
   > 1. 누적손상장해(누적외상성질환: CTDs)의 발생인자
   >   ① 무리한 힘(과도한 힘)의 사용
   >   ② 장시간의 진동 및 온도
   >   ③ 반복도가 높은 작업(반복적인 동작)
   >   ④ 부적절한 자세
   >   ⑤ 날카로운 면과의 신체접촉
   >   ▶ CTDs: Cumulative Trauma Disorders
   >
   > 2. 근골계질환의 종류
   >   ① 결절종
   >   ② 요추부염좌

③ 백색수지증
④ 방아쇠수지병
⑤ 추간판탈출증
⑥ 드퀘르뱅건초염
⑦ 손목터널증후군(수근관증후군) 등
3. 진전(손떨림: Tremor)이 가장 적은 손의 높이
  심장높이일 때

2. 근골격계부담작업

근골격계에 부담을 주는 작업으로서 작업량, 작업속도, 작업강도 및 작업장 구조 등에 따라 고용노동부장관이 정하여 고시하는 작업이다.

(1) 하루에 총 2시간 이상 목, 어깨, 팔꿈치, 손목 또는 손을 사용하여 같은 동작을 반복하는 작업

(2) 하루에 4시간 이상 집중적으로 자료입력 등을 위해 키보드 또는 마우스를 조작하는 작업

(3) 하루에 총 2시간 이상 쪼그리고 앉거나 무릎을 굽힌 자세에서 이루어지는 작업

(4) 하루에 총 2시간 이상 머리 위에 손이 있거나, 팔꿈치가 어깨 위에 있거나, 팔꿈치를 몸통으로부터 들거나, 팔꿈치를 몸통 뒤쪽에 위치하도록 하는 상태에서 이루어지는 작업

(5) 지지되지 않은 상태이거나 임의로 자세를 바꿀 수 없는 조건에서 하루에 총 2시간 이상 목이나 허리를 구부리거나 트는 상태에서 이루어지는 작업

(6) 하루에 총 2시간 이상 지지되지 않은 상태에서 4.5kg 이상의 물건을 한 손으로 들거나 동일한 힘으로 쥐는 작업

(7) 하루에 총 2시간 이상 지지되지 않은 상태에서 1kg 이상의 물건을 한 손의 손가락으로 집어 옮기거나, 2kg 이상에 상응하는 힘을 가하여 한 손의 손가락으로 물건을 쥐는 작업

(8) 하루에 25회 이상 10kg 이상의 물체를 무릎 아래에서 들거나, 어깨 위에서 들거나, 팔을 뻗은 상태에서 드는 작업

(9) 하루에 10회 이상 25kg 이상의 물체를 드는 작업

(10) 하루에 총 2시간 이상, 시간당 10회 이상 손 또는 무릎을 사용하여 반복적으로 충격을 가하는 작업

(11) 하루에 총 2시간 이상, 분당 2회 이상 4.5kg 이상의 물체를 드는 작업

> **참고** NIOSH 권장무게 한계 산출에 사용되는 계수 등

1. NIOSH(미국 국립산업안전보건연구원) Lifting Guide Line에서 권장무게 한계(RWL) 산출에 사용되는 계수
   ① 수평계수
   ② 수직계수
   ③ 비대칭각도계수
   ④ 거리계수
   ⑤ 빈도계수
   ⑥ 커플링계수

2. 인양작업시 요통재해예방을 위하여 고려할 요소
   ① 작업대상물의 인양높이
   ② 인양방법 및 빈도
   ③ 크기, 모양 등 작업대상물의 특성
   ④ 손잡이 형상
   ⑤ 허리비대칭 각도

3. 근육의 수축
   근섬유의 수축단위는 근원섬유라고 하는데 이것은 두가지 기본형의 단백질 필라멘트로 되어 있으며, 액틴(Actin: 근육을 구성하는 단백질)이 마이오신(Myosin: 근육단백질의 주요 구성성분) 사이로 미끄러져 들어가는 현상을 말한다.

3. 유해요인 조사(산업안전보건법 안전보건기준)

사업주는 근로자가 근골격계부담작업을 하는 경우에 3년마다 다음 사항에 대한 유해요인 조사를 하여야 한다. 다만, 신설되는 사업장의 경우에는 신설일부터 1년 이내에 최초의 유해요인 조사를 하여야 한다.

(1) 작업시간, 작업자세, 작업방법 등 작업조건

(2) 설비, 작업공정, 작업량, 작업속도 등 작업장 상황

(3) 작업과 관련된 근골격계질환 징후와 증상유무 등

4. 유해성 등의 주지(산업안전보건법 안전보건기준)

사업주는 근로자가 근골격계부담작업을 하는 경우에 다음의 사항을 근로자에게 알려야 한다.

(1) 근골격계질환의 징후와 증상

(2) 근골격계부담작업의 유해요인

(3) 올바른 작업자세와 작업도구, 작업시설의 올바른 사용방법

(4) 근골격계질환 발생시의 대처요령

(5) 그 밖에 근골격계질환 예방에 필요한 사항

> **참고** 근골격계질환 관련 기타 사항
>
> 1. 인체에서 뼈의 주요 기능
>   ① 신체의 지지
>   ② 조혈작용
>   ③ 장기의 보호
>   ④ 운동기능
>   ⑤ 무기질의 저장
> 2. 근섬유
>   ① Type S 근섬유: 근섬유의 직경이 작아서 큰 힘을 발휘하지 못하지만 장시간 지속시키고 피로가 쉽게 발생하지 않는 골격근의 근섬유(적근)이다.
>   ② Type F 근섬유: 근섬유의 직경이 커서 큰 힘을 발휘하며 단시간 지속시키고 피로가 쉽게 발생하는 골격근의 근섬유(백근)이다.

3. 인체 주요 관절의 힘과 모멘트(Moment)를 정역학적으로 분석하려고 할 때 반드시 필요한 인체 관련 자료
   ① 관절각도
   ② 분절(Segment)무게
   ③ 분절(Segment)무게 중심
4. 인체의 관절
   ① 경첩관절(팔꿈관절): 하나의 축을 따라 구부리고 펼 수 있는 관절
   ② 타원관절(손목관절): 2개의 축 위에서 움직이고, 굽히고 펼 수 있는 관절
   ③ 절구관절(어깨관절): 3개의 축을 따라 움직이는 관절
   ④ 고관절(엉덩이관절): 골반과 대퇴골을 연결하는 관절
5. 최대근력
   인간이 낼 수 있는 최대의 힘을 최대근력이라고 하며, 일반적으로 인간은 자기의 최대근력을 잠시동안만 낼 수 있다. 이에 근거할 때 인간이 상당히 오래 유지할 수 있는 힘은 근력의 15% 이하이다.
6. 근골격계부담작업을 평가하는 기법(작업자세평가기법)
   ① RULA(Rapid Upper Limb Analysis)
      ㉠ 윗팔, 손목, 목 등 상지(Upper Limb)에 초점을 맞추어서 작업자세로 인한 작업부하를 쉽고 빠르게 평가하기 위해서 만들어진 기법이다(조립작업, 생산작업, 컴퓨터 장시간 사용 작업 등에 활용).
      ㉡ 평가요소
         • A그룹: 윗팔, 아래팔, 손목, 손목비틀림
         • B그룹: 목, 다리, 몸통
   ② REBA(Rapid Entire Body Assessment)
      ㉠ 예측이 힘든 다양한 자세에서 이루어지는 서비스업에서의 전체적인 신체에 대한 부담정도와 유해인자의 노출정도를 평가하는 기법이다(의료업 등에 활용).
      ㉡ 평가요소
         • A그룹: 목, 몸통(허리), 다리
         • B그룹: 윗팔, 아래팔, 손목
   ③ OWAS(Ovako Working Posture Analysis System)
      ㉠ 육체작업에 있어서 부적절한 작업자세를 구별하기 위하여 개발된 것으로 현장에서 작업자들의 작업자세를 손쉽고 빠르게 평가할 수 있는 도구이다(중공업, 조선업 등에 활용).
      ㉡ 평가요소: 몸통(허리), 팔, 다리
   ④ NLE(NIOSH Lifting Equation)
      ㉠ 들기작업에 대한 작업자세 평가도구로 다양한 중량물의 무게에 따른 작업자세 평가가 가능하다(중량물 취급작업, 배달작업 등에 활용).
      ㉡ 권장무게한계(RWL)를 쉽게 산출하도록 하여 작업자의 직업성 요통을 예방
      ㉢ 평가요소: 몸통(허리)
   ⑤ 기타: SI(Strain Index), JSI(Job Strain Index), QEC(Quick Exposure Checklist)

적중문제 CHAPTER 3 | 인체계측 및 근골격계질환예방 관리

01 인체계측 중 운전 또는 워드(Word)작업과 같이 인체의 각 부분이 서로 조화를 이루며 움직이는 자세에서의 인체치수를 측정하는 것을 무엇이라 하는가?

① 구조적 치수 ② 정적 치수
③ 외곽 치수 ④ 기능적 치수

해설 인체계측 중 운전 또는 워드(Word)작업과 같이 인체의 각 부분이 서로 조화를 이루며 움직이는 자세에서의 인체치수를 측정하는 것은 기능적 치수이다.

정답 ④

02 장비나 설비의 설계에 응용하기 위한 인체측정 대상자료를 선택하는 3가지 원칙이 아닌 것은?

① 기능적 인체치수 설계
② 최대치수와 최소치수 설계
③ 조절식 설계
④ 평균치를 기준으로 한 설계

해설 기능적 인체치수 설계는 인체측정 대상자료를 선택하는 3가지 원칙에 해당하지 않는다.

정답 ①

03 은행창구나 슈퍼마켓의 계산대를 설계하는데 가장 적합한 인체측정 자료의 응용원칙은?

① 평균치를 이용한 설계원칙
② 가변적(조절식) 설계원칙
③ 최소집단치를 이용한 설계원칙
④ 최대집단치를 이용한 설계원칙

해설 은행창구나 슈퍼마켓의 계산대는 평균치를 이용한 설계원칙으로 한다.

정답 ①

04 인체측정 자료의 응용원칙에서 자동차의 좌석이나 사무실 의자 등의 설계에 가장 적합한 원칙은?

① 조절식 설계원칙
② 평균값을 이용한 설계원칙
③ 최소집단치를 이용한 설계원칙
④ 최대집단치를 이용한 설계원칙

해설 자동차의 좌석이나 사무실 의자 등의 설계에 가장 적합한 것은 조절식 설계원칙이다.

정답 ①

05 인체측정 자료를 응용하고자 할 경우 최대치수 기준으로 적용하기에 적절하지 않은 것은?

① 문의 높이 ② 선반의 높이
③ 통로의 높이 ④ 비상구의 높이

해설 선반의 높이는 최소치수 기준을 적용하여야 한다.

관련이론 최대치수와 최소치수 기준 적용

최대치수 기준 적용	최소치수 기준 적용
• 문의 높이 • 통로의 높이 • 비상구의 높이	• 선반의 높이 • 조종장치까지의 거리 • 버스, 전철의 손잡이

정답 ②

06 조종 – 반응비율(C/R)에 관한 설명으로 옳은 것은?

① C/R비가 작으면 민감하고, 크면 둔감하다.
② C/R비가 작으면 표시장치의 지침의 이동시간이 많이 걸린다.
③ C/R비가 작으면 정확한 위치를 맞추는데 있어 조정시간이 적게 걸린다.
④ C/R비가 크면 조종장치는 조금만 움직여도 표시장치의 지침이 많이 움직인다.

해설 C/R비가 작으면 이동시간이 짧아져 조종은 어려워져서 민감하고, 크면 둔감하다.

선지분석
② C/R비가 작으면 표시장치의 지침의 이동시간이 적게 걸린다.
③ C/R비가 작으면 정확한 위치를 맞추는 데에 있어 조정시간이 많이 걸린다.
④ C/R비가 작으면 조종장치는 조금만 움직여도 표시장치의 지침이 많이 움직인다.

정답 ①

07 통제기기를 5cm 이동시켰더니 표시계기의 지침이 30cm 움직였다면 이 계기의 통제표시비는?

① 15
② 6
③ $\frac{1}{3}$
④ $\frac{1}{6}$

해설 통제표시비 $= \frac{C}{D} = \frac{X}{Y}$

여기서, X: 통제기기의 이동거리(cm)
Y: 표시계기 지침의 이동거리(cm)

$= \frac{5}{30} = \frac{1}{6}$

정답 ④

08 회전운동을 하는 조종구와 같은 조종장치의 반경이 10cm이고 30도만큼 움직였을 때, 선형 표시장치의 눈금이 4.84cm 움직였다. 이때의 통제표시비는?

① 1.256
② 1.08
③ 0.965
④ 0.833

해설 통제표시비 $= \frac{C}{D} = \frac{\frac{\alpha}{360} \times 2\pi l}{\text{표시장치의 이동거리}}$

여기서, α: 조종장치가 움직인 각도
l: 반경(cm)

$= \frac{\frac{30}{360} \times 2 \times 3.14 \times 10}{4.84}$

$= 1.0812 ≒ 1.08$

정답 ②

09 인체계측자료의 응용원칙에 있어 조절범위에서 수용하는 통상의 범위는 몇 %tile 정도인가?

① 5~95
② 20~80
③ 30~70
④ 40~60

해설 인체계측자료의 응용원칙에 있어 조절범위에서 수용하는 통상의 범위는 5~95%tile 정도이다.

정답 ①

10 불연속통제장치에 해당하는 것은?

① 노브
② 페달
③ 크랭크
④ 토글스위치

해설 토글스위치는 불연속통제장치에 해당한다.

관련이론 연속통제장치와 불연속통제장치

연속통제장치	노브, 핸들, 크랭크, 레버, 페달
불연속통제장치	토글스위치, 로터리스위치, 수동식푸시버튼, 발푸시버튼

정답 ④

11 어떠한 신호가 전달하려는 내용과 연관성이 있어야 하는 것으로 정의되며, 예를 들어 위험신호는 빨간색, 주의신호는 노란색, 안전신호는 파란색으로 표시하는 것은 어떠한 양립성(Compatibility)에 해당하는가?

① 공간양립성 ② 개념양립성
③ 동작양립성 ④ 양식양립성

해설 어떠한 신호가 전달하려는 내용과 연관성이 있어야 하는 양립성은 개념양립성이다.

[관련이론] 양립성의 종류
- 공간양립성: 표시 및 조종장치에서 물리적 형태나 공간적인 배치의 양립성
- 개념양립성: 어떠한 신호가 전달하려는 내용과 연관성이 있어야 하는 양립성
- 동작(운동)양립성: 표시 및 조종장치에서 체계반응에 대한 운동방향의 양립성
- 양식양립성: 청각적, 시각적 자극 제시와 이에 대한 응답과정에서 갖는 양립성

정답 ②

12 자극 – 반응조합의 관계에서 인간의 기대와 모순되지 않는 성질을 무엇이라 하는가?

① 적응성 ② 변별성
③ 양립성 ④ 신뢰성

해설 자극 – 반응조합의 관계에서 인간의 기대와 모순되지 않는 성질은 양립성이다.

정답 ③

13 양립성(Compatibility)의 종류가 아닌 것은?

① 개념양립성 ② 공간양립성
③ 운동양립성 ④ 인지양립성

해설 양립성(Compatibility)의 종류에는 개념양립성, 공간양립성, 운동(동작)양립성, 양식양립성이 있으며, 인지양립성은 양립성의 종류에 해당하지 않는다.

정답 ④

14 다음 내용에 해당하는 양립성의 종류는?

> 자동차를 운전하는 과정에서 우측으로 회전하기 위하여 핸들을 우측으로 돌린다.

① 개념양립성 ② 운동양립성
③ 공간양립성 ④ 감성양립성

해설 자동차를 운전하는 과정에서 우측으로 회전하기 위하여 핸들을 우측으로 돌리는 것은 운동양립성에 해당한다.

정답 ②

15 수공구의 일반적인 설계원칙과 거리가 먼 것은?

① 손목은 곧게 유지되도록 설계한다.
② 손가락 동작의 반복을 피하도록 설계한다.
③ 손잡이는 손바닥과의 접촉면적을 작게 설계한다.
④ 공구의 무게를 줄이고 사용시 균형이 유지되도록 한다.

해설 손잡이는 손바닥과의 접촉면적을 크게 설계하여야 한다.

정답 ③

16 근로자가 작업 중에 소모하는 에너지의 양을 측정하는 방법 중 가장 먼저 측정하는 것은?

① 작업 중에 소비한 칼로리로 측정한다.
② 작업 중에 소비한 산소소비량으로 측정한다.
③ 작업 중에 소비한 에너지대사율로 측정한다.
④ 기초에너지를 작업시간으로 곱하여 측정한다.

해설 작업 중에 소모하는 에너지의 양을 측정하는 방법 중 가장 먼저 측정하는 것은 작업 중에 소비한 산소소비량이다.

정답 ②

17 수공구 설계의 기본원리로 가장 적절하지 않은 것은?

① 손잡이의 단면이 원형을 이루어야 한다.
② 정밀작업을 요하는 손잡이의 직경은 2.5～4cm로 한다.
③ 일반적으로 손잡이의 길이는 95%tile 남성의 손폭을 기준으로 한다.
④ 동력공구의 손잡이는 두 손가락 이상으로 작동하도록 한다.

해설 정밀작업을 요하는 손잡이의 직경은 0.75～1.5cm 이하로 한다.

관련이론 수공구 설계의 기본원리
- 손잡이의 단면이 원형을 이루어야 한다.
- 일반적으로 손잡이의 길이는 95%tile 남성의 손폭을 기준으로 한다.
- 동력공구의 손잡이는 두 손가락 이상으로 작동하도록 한다.
- 손잡이를 꺾고, 손목을 꺾지 않는다.
- 손잡이 재질은 미끄러지지 않고 비전도성이며, 열과 땀에 강해야 한다.
- 힘을 요하는 손잡이의 직경은 2.5～4cm 이하로 한다.
- 정밀작업을 요하는 손잡이의 직경은 0.75～1.5cm 이하로 한다.
- 수공구 사용시 무게균형이 유지되도록 설계한다.

정답 ②

18 작업이나 운동이 격렬해져서 근육에 생성되는 젖산의 제거속도가 생성속도에 미치지 못하면 활동이 끝난 후에도 남아 있는 젖산을 제거하기 위하여 산소가 더 필요하게 되는데 이를 무엇이라 하는가?

① 호기산소　　② 혐기산소
③ 산소잉여　　④ 산소부채

해설 작업이나 운동이 격렬해져서 근육에 생성되는 젖산의 제거속도가 생성속도에 미치지 못하면 활동이 끝난 후에도 남아있는 젖산을 제거하기 위하여 산소가 더 필요하게 되는 것은 산소부채(산소빚)이다.

정답 ④

19 정신적 작업부하에 대한 생리학적 측정치에 해당하는 것은?

① 에너지대사율　　② 최대산소소비능력
③ 근전도　　　　　④ 부정맥지수

해설 정신적 작업부하에 대한 생리학적 측정치에 해당하는 것은 부정맥지수이다.

관련이론 생리학적 측정치의 분류
1. 정신적 작업부하에 대한 생리학적 측정치
   - 부정맥지수　　・플리커값
   - 호흡속도　　　・눈깜빡임률
   - 뇌전도(EEG)
2. 육체적 작업부하에 대한 생리학적 측정치
   - 심박수　　　　・에너지대사율(RMR)
   - 산소소비량　　・근전도(EMG)

정답 ④

20 생리적 스트레스를 전기적으로 측정하는 방법이 아닌 것은?

① EEG　　② EMG
③ GSR　　④ EPG

해설 EPG는 생리적 스트레스를 전기적으로 측정하는 방법에 해당하지 않는다.

관련이론 생리적 스트레스(피로)를 전기적으로 측정하는 방법
- 근전도(EMG: Electromyogram)
- 뇌전도(EEG: Electroencephalography)
- 심전도(ECG: Electrocardiogram)
- 피부전기반사(GSR: Galvanic Skin Reflex)

정답 ④

21 점멸 - 융합주파수(Flicker-Fusion Frequency)의 용도로 옳은 것은?

① 야간시력의 척도　　② 반응시간의 척도
③ 피로정도의 척도　　④ 적외선감지의 척도

해설 점멸 - 융합(Flicker-Fusion)주파수는 중추신경계, 정신적 피로정도의 척도로 사용된다.

정답 ③

22 인간의 모든 신체부위의 동작은 기본적인 몇 가지로 분류된다. 몸의 중심선으로부터 밖으로 이동하는 동작을 지칭하는 용어는?

① 외전　　② 외선
③ 내전　　④ 내선

해설 인간의 신체부위의 기본적인 동작 중 몸의 중심선으로부터 밖으로 이동하는 동작은 외전이다.

> **관련 이론** 인간의 신체부위의 기본적인 동작

외전 및 내전	외전 (外轉, Abduction)	몸의 중심선으로부터 밖으로 이동하는 동작
	내전 (內轉, Adduction)	몸의 중심선으로 이동하는 동작
외선 및 내선	외선 (外旋, Lateral Rotation)	몸의 중심선으로부터 회전하는 동작
	내선 (內旋, Medial Rotation)	몸의 중심선으로 회전하는 동작
굴곡 및 신전	굴곡 (屈曲, Reflex)	신체부위간의 각도 감소
	신전 (伸展, Extension)	신체부위간의 각도 증가
하향 및 상향	하향 (下向, Pronation)	손바닥을 아래로
	상향 (上向, Supination)	손바닥을 위로

정답 ①

23 중량물 들기작업을 수행하는데 5분간의 산소소비량을 측정한 결과 90ℓ의 배기량 중에 산소가 16%, 이산화탄소가 4%로 분석되었다. 해당 작업에 대한 분당 산소소비량(ℓ/min)은? (단, 공기 중 질소는 79%, 산소는 21%이다.)

① 0.948　　② 1.948
③ 4.74　　④ 5.74

해설
- 분당 배기량(V_2) = $\dfrac{\text{총배기량}}{\text{시간}}$

$$= \dfrac{90}{5} = 18 \ell/\min$$

- 분당 흡기량(V_1) = $\dfrac{100 - O_2 - CO_2}{79} \times V_2$

$$= \dfrac{100 - 16 - 4}{79} \times 18$$

$$\fallingdotseq 18.23 \ell/\min$$

- 분당 산소소비량 = $(V_1 \times 21\%) - (V_2 \times O_2\%)$

$$= (18.23 \times 0.21) - (18 \times 0.16)$$

$$\fallingdotseq 0.948 \, L/\min$$

정답 ①

24 부품배치의 원칙 중 부품의 일반적 위치 내에서의 구체적인 배치를 결정하기 위한 기준이 되는 것은?

① 중요성의 원칙과 사용빈도의 원칙
② 사용빈도의 원칙과 사용순서의 원칙
③ 사용빈도의 원칙과 기능별 배치의 원칙
④ 기능별 배치의 원칙과 사용순서의 원칙

해설 부품배치의 원칙 중 부품의 일반적 위치 내에서의 구체적인 배치를 결정하기 위한 기준이 되는 것은 기능별 배치의 원칙과 사용순서의 원칙이다.

> **관련 이론** 부품배치의 원칙
> - 중요성의 원칙
> - 사용빈도의 원칙
> - 사용순서의 원칙
> - 기능별 배치의 원칙

정답 ④

25 부품배치의 4원칙에 속하지 않는 것은?

① 중요성의 원칙　② 사용빈도의 원칙
③ 기능별 배치의 원칙　④ 신뢰성의 원칙

해설　신뢰성의 원칙은 부품배치의 4원칙에 포함되지 않는다.

정답 ④

26 부품배치의 원칙 중 부품의 일반적인 위치를 결정하기 위한 기준으로 가장 적합한 것은?

① 중요성의 원칙, 사용빈도의 원칙
② 기능별 배치의 원칙, 사용순서의 원칙
③ 중요성의 원칙, 사용순서의 원칙
④ 사용빈도의 원칙, 사용순서의 원칙

해설　부품배치의 원칙 중 부품의 일반적인 위치를 결정하기 위한 기준은 중요성의 원칙과 사용빈도의 원칙이다.

정답 ①

27 수평작업대 설계에 있어서 최대작업역에 대한 설명으로 옳은 것은?

① 전완만으로 편하게 뻗어 파악할 수 있는 구역
② 전완과 상완을 곧게 펴서 파악할 수 있는 구역
③ 상완만을 뻗어 파악할 수 있는 구역
④ 사지를 최대한으로 움직여 파악할 수 있는 구역

해설　수평작업대 설계이 있어 최대작업역이란 전완(前腕)과 상완(上腕)을 곧게 펴서 파악할 수 있는 구역이다.

선지분석　① 전완만으로 편하게 뻗어 파악할 수 있는 구역은 정상작업역이다.

정답 ②

28 작업공간 포락면(Work Space Envelope)이란 사람이 작업을 할 때 사용하는 공간을 말하는데 다음의 어떤 경우인가?

① 한 장소에 엎드려서 수행하는 작업활동
② 한 장소에 누워서 수행하는 작업활동
③ 한 장소에 앉아서 수행하는 작업활동
④ 한 장소에 서서 수행하는 작업활동

해설　작업공간 포락면(Work Space Envelope)이란 한 장소에 앉아서 수행하는 작업활동의 작업공간이다.

정답 ③

29 의자설계의 일반적인 원리로 가장 적절하지 않은 것은?

① 등근육의 정적부하를 줄인다.
② 디스크가 받는 압력을 줄인다.
③ 요부전만(腰部前灣)을 유지한다.
④ 일정한 자세를 계속 유지하도록 한다.

해설　의자설계시 일정한 자세를 계속 유지하지 않도록 한다.

관련이론　의자설계의 일반적인 원리
- 등근육의 정적부하를 줄인다.
- 디스크(추간판)가 받는 압력을 줄인다.
- 요부전만(腰部前灣)을 유지한다.
- 자세고정을 줄인다(일정한 자세를 계속 유지하지 않도록 한다).
- 쉽고 간편하게 조절할 수 있도록 설계한다.

정답 ④

30 중작업의 경우 작업대의 높이로 가장 적절한 것은?

① 허리 높이보다 0~10cm 정도 낮게
② 팔꿈치 높이보다 10~20cm 정도 높게
③ 팔꿈치 높이보다 10~20cm 정도 낮게
④ 어깨 높이보다 30~40cm 정도 높게

해설 중작업 작업대의 높이는 팔꿈치 높이보다 10~20cm 정도 낮게 하여야 한다.

> **관련이론** 적절한 작업대의 높이
> - 경작업 작업대: 팔꿈치 높이보다 약간 낮게(5~10cm 정도) 한다.
> - 중작업 작업대: 팔꿈치 높이보다 낮게(10~20cm 정도) 한다.
> - 정밀 작업대: 팔꿈치 높이보다 약간 높게(5~15cm 정도) 한다.

정답 ③

31 여러 사람이 사용하는 의자의 좌판 높이는 어떤 기준으로 설계해야 하는가?

① 5% 오금 높이   ② 50% 오금 높이
③ 75% 오금 높이   ④ 95% 오금 높이

해설 여러 사람이 사용하는 의자의 좌판 높이는 5% 오금 높이를 기준으로 설계해야 하며, 의자의 좌판 높이는 좌판 앞부분이 오금 높이보다 높지 않아야 한다.

정답 ①

32 의자설계시 원칙에 고려되는 일반적인 사항으로 가장 거리가 먼 것은?

① 체중의 분포
② 의자좌판의 높이
③ 의자등판의 높이
④ 의자좌판의 깊이와 폭

해설 의자등판의 높이는 의사설계시 원칙의 고려사항에 포함되지 않는다.

> **관련이론** 의자설계시 원칙에 고려되는 일반적인 사항
> - 체중의 분포   • 의자좌판의 높이
> - 몸통(상반신)의 안정 • 의자좌판의 깊이와 폭

정답 ③

33 시스템 신뢰도에 대한 설명으로 옳지 않은 것은?

① 시스템의 성공적 퍼포먼스를 확률로 나타낸 것이다.
② 각 부품이 동일한 신뢰도를 가질 경우 직렬구조의 신뢰도는 병렬구조에 비해 신뢰도가 낮다.
③ 시스템의 병렬구조는 시스템의 어느 한 부품이 고장이 나면 시스템이 고장나는 구조이다.
④ n중 k구조는 n개의 부품으로 구성된 시스템에서 k개 이상의 부품이 작동하면 시스템이 정상적으로 가동되는 구조이다.

해설
- 시스템의 어느 한 부품이 고장이 나면 시스템이 고장나는 구조는 시스템의 직렬구조이다.
- 시스템의 병렬구조의 경우 요소 중 어느 하나라도 정상이면 시스템은 정상이다.

정답 ③

34 신뢰도 구조상으로 직렬구조에 해당하는 것은?

① 세발자전거의 바퀴
② 건물 내의 스프링클러
③ 검사인원의 중복투입
④ 자동차의 브레이크시스템

해설 세발자전거 바퀴의 경우 어느 하나라도 고장이 나면 운행이 불가능하므로 직렬구조에 해당한다.

선지분석 ②, ③, ④ 병렬구조에 해당한다.

정답 ①

35 다음 시스템의 신뢰도는? (단, 두 부품의 고장은 독립이라고 가정한다.)

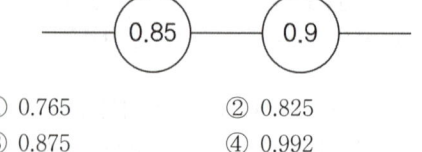

① 0.765   ② 0.825
③ 0.875   ④ 0.992

해설 $R = 0.85 \times 0.9 = 0.765$

정답 ①

36 그림과 같이 3개의 부품이 병렬로 이루어진 시스템의 전체 신뢰도는? (단, 원 안의 값은 각 부품의 신뢰도이다.)

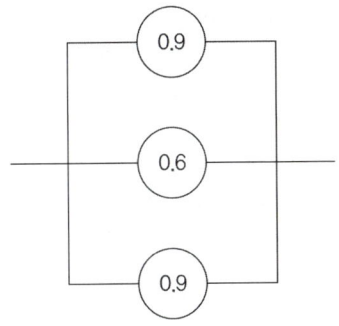

① 0.694 ② 0.744
③ 0.826 ④ 0.996

해설 $R_s = 1 - (1-0.9)(1-0.6)(1-0.9) = 0.996$

정답 ④

37 직렬계(直列系)의 특성에 대한 설명으로 옳은 것은?
① 요소의 수가 많을수록 계(系)의 신뢰도는 높아진다.
② 요소의 전부가 고장이 발생하여야 계(系)가 고장이 발생한다.
③ 계(系)의 수명은 요소 중 수명이 가장 짧은 것으로 정해진다.
④ 요소의 수가 많을수록 계(系)의 수명이 길어진다.

해설 계(系)의 수명이 요소 중 수명이 가장 짧은 것으로 정해지는 것은 직렬계의 특성에 해당한다.
선지분석 ①, ②, ④ 병렬계의 특성에 해당한다.

정답 ③

38 인간이 기계를 조종하여 임무를 수행하여야 하는 인간-기계체계가 있다. 이 체계의 신뢰도가 0.8 이상이어야 하며, 인간의 신뢰도는 0.9라 하면 기계의 신뢰도는 얼마 이상이어야 하는가?

① 0.1 ② 0.72
③ 0.89 ④ 1.125

해설 기계의 신뢰도 = $\dfrac{체계의\ 신뢰도}{인간의\ 신뢰도}$
$= \dfrac{0.8}{0.9} ≒ 0.89$

정답 ③

39 자동차는 타이어가 4개인 하나의 시스템으로 볼 수 있다. 타이어 1개가 파열될 확률이 0.01이라면 이 자동차의 신뢰도는?

① 0.92 ② 0.94
③ 0.96 ④ 0.99

해설 타이어 1개의 신뢰도 = 1 - 타이어 1개가 파열될 확률
$= 1 - 0.01 = 0.99$
자동차 타이어는 4개가 직렬로 연결되어 있으므로
R = 0.99 × 0.99 × 0.99 × 0.99
$≒ 0.96$

정답 ③

40 시스템의 병렬계에 대한 특성이 아닌 것은?
① 요소(尿素)의 중복도가 늘수록 계(系)의 수명은 길어진다.
② 요소(尿素)의 수가 많을수록 고장의 기회는 줄어든다.
③ 요소(尿素)의 어느 하나라도 정상이면 계(系)는 정상이다.
④ 계(系)의 수명은 요소(尿素) 중에서 수명이 가장 짧은 것으로 정해진다.

해설 • 계(系)의 수명이 요소(尿素) 중에서 수명이 가장 짧은 것으로 정해지는 것은 시스템의 직렬계에 대한 특성이다.
• 병렬계의 수명은 요소 중에서 수명이 가장 긴 것으로 정해진다.

정답 ④

41 초기고장과 마모고장의 고장형태와 그 예방대책에 관한 연결이 옳지 않은 것은?

① 초기고장: 감소형 – 번인(Burn In)
② 초기고장: 감소형 – 디버깅(Debugging)
③ 마모고장: 증가형 – 예방보전(PM)
④ 마모고장: 증가형 – 스크리닝(Screening)

해설
- 마모고장은 증가형 – 정기진단(검사)으로 연결되어야 한다.
- 감소형 – 스크리닝(Screeining)은 초기고장으로 연결되어야 한다.

정답 ④

42 제조나 생산과정에서의 품질관리 미비로 생기는 고장으로 점검작업이나 시운전으로 예방할 수 있는 고장은?

① 우발고장   ② 마모고장
③ 초기고장   ④ 평상고장

해설 품질관리 미비로 생기는 고장으로 점검작업이나 시운전으로 예방할 수 있으며, 감소형인 것은 초기고장이다.

선지분석
① 우발고장이란 예측할 수 없을 때 생기는 고장으로 고장률이 가장 낮고, 일정형이다.
② 마모고장이란 수명이 다해 생기는 고장으로 안전진단 및 적당한 보수, 정비 등에 의해 예방할 수 있으며, 증가형이다.

정답 ③

43 시스템 신뢰도를 증가시킬 수 있는 방법이 아닌 것은?

① 페일세이프(Fail Safe)설계
② 풀프루프(Fool Proof)설계
③ 중복(Redundancy)설계
④ 리스크 어세스먼트(Risk Assessment)설계

해설 시스템 신뢰도를 증가시킬 수 있는 방법으로는 페일세이프(Fail Safe)설계, 풀프루프(Fool Proof)설계, 중복(Redundancy)설계, 충분한 여유용량, 적절하고 단순한 설계, 부품개선이 있으며, 리스크 어세스먼트(Risk Assessment)설계는 시스템 신뢰도를 증가시킬 수 있는 방법에 해당하지 않는다.

정답 ④

44 기계나 그 부품에 파손, 고장이나 기능불량이 발생하여도 항상 안전하게 작동할 수 있는 구조와 기능을 가진 시스템을 무엇이라 하는가?

① Fail Safety System
② Lock System
③ Monitoring System
④ Fool Proof System

해설 기계나 그 부품에 파손, 고장이나 기능불량이 발생하여도 항상 안전하게 작동할 수 있는 구조와 기능을 가진 시스템은 Fail Safety System(페일세이프티 시스템)이다.

정답 ①

45 인간의 반응에는 얼마 정도의 저항기간(Refractory Period)이 존재한다고 보는가?

① 0.1초　　② 0.3초
③ 0.5초　　④ 1.0초

해설 인간의 반응에는 0.5초 정도의 저항기간(Refractory Period)이 존재한다고 본다.

> **관련이론** **반응시간**
> - 단순반응시간(하나의 특정한 자극만이 발생할 수 있을 때 반응에 걸리는 시간)은 전형적으로 0.15 ~ 0.2초이다.
> - 인간의 반응체계에서 이미 시작된 반응을 수정하지 못하는 반응시간은 0.2초이다.

정답 ③

46 록 시스템(Lock System)에서 인간과 기계의 중간에 두는 시스템은?

① 인트라록 시스템(Intralock System)
② 인터록 시스템(Interlock System)
③ 록아웃 시스템(Lockout System)
④ 트랜스록 시스템(Translock System)

해설 인간과 기계의 중간에 두는 시스템은 인터록 시스템(Interlock System)이다.

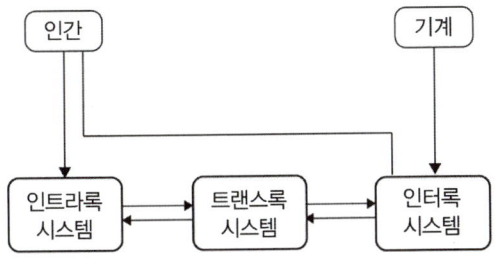

정답 ②

47 손이나 특정 신체부위에 발생하는 누적손상장해 (CTDs)의 발생인자와 가장 거리가 먼 것은?

① 무리한 힘의 사용
② 다습한 환경
③ 장시간의 진동
④ 반복도가 높은 작업

해설 다습한 환경은 직업병의 원인에 해당한다.

> **관련이론** **누적손상장해(누적외상성질환: CTDs)의 발생인자**
> - 무리한 힘(과도한 힘)의 사용
> - 장시간의 진동 및 온도
> - 반복도가 높은 작업(반복적인 동작)
> - 부적절한 자세
> - 날카로운 면과의 신체접촉

정답 ②

48 근골격계질환 예방을 위한 유해요인 평가방법인 OWAS의 평가요소와 가장 거리가 먼 것은?

① 팔　　② 손목
③ 다리　　④ 허리(몸통)

해설
- 근골격계질환 예방을 위한 유해요인 평가방법인 OWAS의 평가요소로는 팔, 다리, 허리(몸통)가 있으며, 손목은 OWAS의 평가요소와 관계가 없다.
- 손목은 RULA의 평가요소에 해당한다.

정답 ②

49 근골격계부담작업을 평가하는 기법 중 허리부위와 중량물취급작업에 대한 유해요인의 주요 평가기법은?

① RULA   ② REBA
③ JSI   ④ NLE

해설 허리부위와 중량물취급작업에 대한 유해요인의 주요 평가기법은 NLE이다.

 근골격계부담작업을 평가하는 기법(작업자세평가기법)

1. **RULA(Rapid Upper Limb Assessment)**
   ㉠ 윗팔, 손목, 목 등 상지(Upper Limb)에 초점을 맞추어서 작업자세로 인한 작업부하를 쉽고 빠르게 평가하기 위해서 만들어진 기법이다(조립작업, 생산작업, 컴퓨터 장시간 사용 작업 등에 활용).
   ㉡ 평가요소
   • A그룹: 윗팔, 아래팔, 손목, 손목비틀림
   • B그룹: 목, 다리, 몸통

2. **REBA(Rapid Entire Body Assessment)**
   ㉠ 예측이 힘든 다양한 자세에서 이루어지는 서비스업에서의 전체적인 신체에 대한 부담정도와 유해인자의 노출정도를 평가하는 기법이다(의료업 등에 활용).
   ㉡ 평가요소
   • A그룹: 목, 몸통(허리), 다리
   • B그룹: 윗팔, 아래팔, 손목

3. **OWAS(Ovako Working posture Analysis System)**
   ㉠ 육체작업에 있어서 부적절한 작업자세를 구별하기 위하여 개발된 것으로 현장에서 작업자들의 작업자세를 손쉽고 빠르게 평가할 수 있는 도구이다(중공업, 조선업 등에 활용).
   ㉡ 평가요소: 몸통(허리), 팔, 다리

4. **NLE(NIOSH Lifting Equation)**
   ㉠ 들기작업에 대한 작업자세 평가도구로 다양한 중량물의 무게에 따른 작업자세 평가가 가능하다(중량물취급작업, 배달작업 등에 활용).
   ㉡ 권장무게한계(RWL)를 쉽게 산출하도록 하여 작업자의 직업성 요통을 예방
   ㉢ 평가요소: 몸통(허리)

5. **기타**
   SI(Strain Index), JSI(Job Strain Index), QEC(Quick Exposure Checklist)

정답 ④

50 근골격계부담작업에 속하지 않는 것은?

① 하루에 10회 이상 25kg 이상의 물체를 드는 작업
② 하루에 총 2시간 이상 목, 어깨, 팔꿈치, 손목 또는 손을 사용하여 같은 동작을 반복하는 작업
③ 하루에 2시간 이상 쪼그리고 앉거나 무릎을 굽힌 자세에서 이루어지는 작업
④ 하루에 총 2시간 이상 시간당 5회 이상 손 또는 무릎을 사용하여 반복적으로 충격을 가하는 작업

해설 하루에 총 2시간 이상 시간당 10회 이상 손 또는 무릎을 사용하며 반복적으로 충격을 가하는 작업이 근골격계부담작업에 해당한다.

근골격계부담작업(고용노동부고시 기준)
• 하루에 10회 이상 25kg 이상의 물체를 드는 작업
• 하루에 총 2시간 이상 목, 어깨, 팔꿈치, 손목 또는 손을 사용하여 같은 동작을 반복하는 작업
• 하루에 2시간 이상 쪼그리고 앉거나 무릎을 굽힌 자세에서 이루어지는 작업
• 하루에 4시간 이상 집중적으로 자료입력 등을 위해 키보드 또는 마우스를 조작하는 작업
• 하루에 총 2시간 이상 머리 위에 손이 있거나, 팔꿈치가 어깨 위에 있거나, 팔꿈치를 몸통으로부터 들거나, 팔꿈치를 몸통 뒤쪽에 위치하도록 하는 상태에서 이루어지는 작업
• 지지되지 않은 상태이거나 임의로 자세를 바꿀 수 없는 조건에서, 하루에 총 2시간 이상 목이나 허리를 구부리거나 비트는 상태에서 이루어지는 작업
• 하루에 총 2시간 이상 지지되지 않은 상태에서 1kg 이상의 물건을 한손의 손가락으로 집어 옮기거나, 2kg 이상에 상응하는 힘을 가하여 한손의 손가락으로 물건을 쥐는 작업
• 하루에 총 2시간 이상 지지되지 않은 상태에서 4.5kg 이상의 물건을 한손으로 들거나 동일한 힘으로 쥐는 작업
• 하루에 25회 이상 10kg 이상의 물체를 무릎 아래에서 들거나, 어깨 위에서 들거나, 팔을 뻗은 상태에서 드는 작업
• 하루에 총 2시간 이상 , 분당 2회 이상 4.5kg 이상의 물체를 드는 작업
• 하루에 총 2시간 이상 시간당 10회 이상 손 또는 무릎을 사용하여 반복적으로 충격을 가하는 작업

정답 ④

CHAPTER 4 | 작업환경관리 및 유해요인관리

제1절 작업조건과 환경조건

1 조명수준

1. **시각(Visual Angle)**

   (1) 시계범위

   ① 정상적인 인간의 시계범위: 200°
   ② 색채를 식별할 수 있는 시계범위: 70°

   (2) 암조응(暗潮應, Dark Adaptation)

   완전 암조응에서는 보통 30~40분이 걸리며, 어두운 곳에서 밝은 곳으로 역조응, 즉 명조응은 수 초밖에 걸리지 않으며 약 1~2분 정도이다.
   ▶ 야간에는 시력이 저하되는데 야간시력은 암조응 외에 주변시와 관계가 깊다.

   (3) 자극 반응시간(Reaction Time)

   ① 청각: 0.17초
   ② 촉각: 0.18초
   ③ 시각: 0.20초
   ④ 미각: 0.29초
   ⑤ 통각: 0.70초

2. **색각(色覺)**

   (1) 만셀의 색환도(Munsell Color System)

   ① HV/C, H: Hue(색상)
   ② V: Value(명도)
   ③ C: Chroma(채도)
   ▶ 백색: 색상 중에서 시야의 범위가 가장 넓은 색상이다.

   (2) CAS

   ① 색채조절(Color Conditioning)
   ② 공기조절(Air Conditioning)
   ③ 음향조절(Sound Conditioning)

3. **조명**

   (1) 조명의 영향

   적절한 조명은 생산성을 향상시키고, 제품 불량이 감소되며 피로가 경감되어 재해가 감소된다.

(2) 양호한 조명의 조건
- ① 빛의 방향이 눈부시지 않아야 한다.
- ② 적정한 밝기를 가진다.
- ③ 광색이 적당해야 한다.
- ④ 밝기를 고르게 한다.
- ⑤ 창으로부터 채광과 인공조명을 병용한다.
- ⑥ 그림자가 생기지 않아야 한다.

2 반사율과 휘광

1. 반사율(Reflectance)
표면에 도달하는 조명과 광속발산속도의 관계를 말한다.

(1) 반사율(%) = $\dfrac{광속발산속도(fL)}{조명(fc)} \times 100$

(2) 옥내 최적반사율(IES: 미국조명기술자협회 추천반사율)
- ① 천장: 80~90%
- ② 벽: 40~60%
- ③ 가구: 25~45%
- ④ 바닥: 20~40%

(3) 천장과 바닥의 반사비율은 최소한 3 : 1 이상을 유지해야 한다.

> **참고** VDT(Visual Display Terminal)작업을 위한 조명의 일반 원칙
> ① 화면반사를 줄이기 위해 산란식 간접조명을 사용한다.
> ② 화면과 그 주변간의 휘도비는 1 : 3으로 한다.
> ③ 화면과 화면에서 먼 주위간의 휘도비는 1 : 10으로 한다.
> ④ 작업영역을 조명기구 바로 아래보다는 조명기구들 사이에 둔다.
> ⑤ 조명의 수준이 높으면 자주 주위를 둘러봄으로써 수정체의 근육을 이완시키는 것이 좋다.
> ⑥ 작업실 내의 창, 벽면 등은 반사되지 않는 재질로 하여야 한다.
> ⑦ 조명은 화면과 명암의 대조가 심하지 않도록 하여야 한다.
> ⑧ 작업장 주변 환경의 조도는 화면의 바탕색이 흰색 계통일 때는 500~700lux, 검정색 계통일 때는 300~500lux를 유지하도록 한다.
> ⑨ 화면을 바라보는 시간이 많은 작업일수록 화면 밝기와 작업대 주변 밝기의 차이를 줄이도록 한다.

2. 휘광(輝光, Glare)
눈부심은 눈이 적용된 휘도보다 훨씬 밝은 광원(직사휘광) 혹은 반사광(반사휘광)이 시계 내에 있음으로써 생기며, 성가신 느낌과 불편감을 주고 시성능(視性能, Visual Performance)을 저하시킨다.

(1) 광원으로부터의 직사휘광의 처리
- ① 광원의 휘도를 줄이고 광원의 수를 늘린다.
- ② 휘광원 주위를 밝게 하여 광속발산비를 줄인다.
- ③ 광원을 시선에서 멀리 위치시킨다.
- ④ 가리개(Shield), 갓(Hood) 혹은 차양(Visor)을 사용한다.

(2) 창문으로부터의 직사휘광의 처리

① 차양(Shade) 혹은 발(Blind)을 사용한다.

② 창의 바깥쪽에 드리우개(Overhang)를 설치한다.

③ 창문을 높이 단다.

④ 창문 안쪽에 수직날개(Fin)를 달아 직시선(直視線)을 제한한다.

(3) 반사휘광의 처리

① 발광체의 휘도를 줄인다.

② 일반(간접) 조명수준을 높인다.

③ 간접광, 산란광, 조절판(Baffle), 창문에 차양(Shade) 등을 사용한다.

④ 반사광이 눈에 비치지 않게 광원을 위치시킨다.

⑤ 빛을 산란시키는 표면색을 한 사무용 기기, 무광택 도료, 윤기를 없앤 종이 등을 사용한다.

3 소음과 청력손실

1. 소음(Noise)의 정의

소음이란 원하지 않는 소리를 말하는 것이다.

2. 음의 크기

(1) phon(음량수준)

음의 감각적 크기의 수준을 나타내기 위해서 음압수준(dB)과는 다른 phon이라는 단위를 채용하는데 어떤 음의 phon치로 표시한 음량수준은 이 음과 같은 크기로 들리는 1,000Hz 순음의 음압수준(dB)이다.

(2) sone(음량)

음량척도로서 1,000Hz, 40dB의 음압수준을 가진 순음의 크기(40phon)를 1sone이라고 한다.

(3) sone과 phon의 관계

sone(음량)과 phon(음량수준) 사이에는 다음 관계식이 성립되어 음량수준이 10phon 증가하면 음량(sone)은 2배로 된다.

$$\text{sone} = 2^{(\text{phon}-40)/10}$$

3. 소음에 관련된 사항

(1) NRN(Noise Rating Number)

ISO에서 도입하여 장려한 소음평가방법으로 소음평가지수를 의미한다.

(2) 은폐(Masking)현상

소음의 높은 음과 낮은 음이 공존할 때 낮은 음이 높은 음에 가로 막혀 숨겨져 들리지 않게 되는 현상이다.

(3) 복합소음

소음수준이 같은 2대의 기계가 있는 경우 3dB 이상 증가하는 현상이다.

(4) 소음의 영향 및 허용한계
① 소음의 일반적 영향
㉠ 소음은 불쾌감을 주고 대화, 마음집중, 휴식, 수면을 방해하며 피로를 증가시킨다.
㉡ 인간은 일정강도 및 진동수 이상의 소음에 계속적으로 노출되면 점차적으로 청각기능을 상실하게 된다.
② 가청한계
㉠ 심리적 불쾌감: 40dB 이상
㉡ 생리적 영향: 60dB 이상
㉢ 난청(C_5-dip): 90dB 이상(8시간)
③ 유해주파수(공장소음): 4,000Hz(난청현상이 오는 주파수: 인간의 청력손실이 가장 심한 주파수)

> **참고** 초음파 소음(Ultrasonics Noise)
> ① 가청영역 위의 주파수를 갖는 소음이다.
> ② 전형적으로 20,000Hz 이상이다.
> ③ 20,000Hz 이상에서 노출 제한은 110dB이다.
> ④ 소음이 2dB 증가하면 허용기간은 반감된다.

4 소음노출 한계

1. 소음노출 한계(강렬한 소음작업: 산업안전보건법 안전보건기준)

작업장의 소음노출 한계는 다음과 같다.

소음 기준	90dB	95dB	100dB	105dB	110dB	115dB
허용노출시간	8시간	4시간	2시간	1시간	30분	15분

> **참고** 소음작업 및 충격소음작업
> 1. 소음작업(산업안전보건법 안전보건기준)
>   1일 8시간 작업을 기준으로 85dB 이상의 소음이 발생하는 작업을 말한다.
> 2. 충격소음작업(산업안전보건법 안전보건기준)
>   소음이 1초 이상의 간격으로 발생하는 작업으로서 다음의 어느 하나에 해당되는 작업을 말한다.
>   ① 120dB을 초과하는 소음이 1일 10,000회 이상 발생하는 작업
>   ② 130dB을 초과하는 소음이 1일 1,000회 이상 발생하는 작업
>   ③ 140dB을 초과하는 소음이 1일 100회 이상 발생하는 작업

2. 소음의 관리방법(대책)

① **소음원의 통제**(소음원의 제거): 소음대책 중 가장 적극적인 대책이다.
② **차폐장치**(Baffle) 및 흡음재 사용
③ **소음원의 격리**: 씌우개(Enclosure), 방음벽을 사용
④ **적절한 배치**(Layout)

⑤ 음향처리제(Acoustical Treatment) 사용
⑥ 방음보호구 사용
⑦ BGM(Back Ground Music: 배경음악) 사용

> **참고** 제한된 실내공간에서의 소음문제에 대한 대책
>
> 1. 음원(音原)에 대한 대책
>   ① 저소음 기계로 대체한다.
>   ② 소음발생원을 밀폐한다.
>   ③ 소음발생원을 제거한다.
>   ④ 소음기를 설치한다.
>   ⑤ 방진장치를 설치한다.
>   ⑥ 방음덮개를 설치한다.
> 2. 수음점(受音点)에 대한 대책
>   ① 방음실내에서 작업을 한다.
>   ② 방음보호구를 착용한다.
> 3. 전파경로에 대한 대책
>   ① 방음벽을 설치한다.
>   ② 벽체의 차음성을 강화한다.
>   ③ 공조실 및 기계실내 흡음처리를 한다.

5 열교환과정과 열압박

1. 인체의 열교환과정

인간과 주위와의 열교환과정은 다음과 같이 열균형 방정식으로 나타낼 수 있다.

$$S(\text{열축적}) = M(\text{대사열}) - E(\text{증발}) \pm R(\text{복사}) \pm C(\text{대류}) - W(\text{한일})$$

① **대사열**: 인체는 대사활동의 결과로 계속 열을 발생한다.
② **증발(Evaporation)**: 공기온도가 피부온도보다 낮을 때 발생하는 열전달이다.

$$\text{열손실}(R) = \frac{\text{증발에너지}(Q)}{\text{증발시간}(t)}$$

③ **복사(Radiation)**: 물체 사이에서 전자파의 복사에 의한 열전달이다.
④ **대류(Convection)**: 고온의 액체나 기체의 흐름에 의한 열전달이다.

2. 온도변화에 대한 인체의 적응

(1) 적절한 온도에서 추운 환경으로 바뀔 때
① 피부온도가 내려간다.
② 직장(直腸)온도가 약간 올라간다.
③ 몸이 떨리고 소름이 돋는다.
④ 피부를 경유하는 혈액순환량이 감소한다.

(2) 적절한 온도에서 더운 환경으로 바뀔 때
   ① 피부온도가 올라간다.
   ② 직장온도가 내려간다.
   ③ 발한이 시작된다.
   ④ 많은 양의 혈액이 피부를 경유한다.

제2절 작업환경과 인간공학

1 작업별 조도기준

1. 공장조명의 목적
(1) 눈의 피로를 감소하고 재해를 방지한다.
(2) 작업의 능률향상을 가져온다.
(3) 정밀작업이 가능하고 불량품 발생률이 감소한다.
(4) 깨끗하고 명랑한 작업환경을 조성한다.

> **참고** 조도의 기준을 결정하는 요소
> ① 시각기능
> ② 경제성
> ③ 작업의 대상과 내용

2. 작업장 작업면 조도기준(산업안전보건법 안전보건기준)

작업의 종류	초정밀작업	정밀작업	보통작업	그 밖의 작업
작업면 조도	750럭스(lux) 이상	300럭스(lux) 이상	150럭스(lux) 이상	75럭스(lux) 이상

> **참고** 전반조명, 대비 및 조도
>
> 1. 전반조명
>   실내 전체를 일률적으로 밝히는 조명방법으로 실내 전체가 밝아지므로 기분이 명랑해지고 눈의 피로가 적어져 사고나 재해가 감소하는 조명방식이다.
>
> 2. 대비
>   ① 대비 $= \dfrac{L_b - L_t}{L_b} \times 100$
>   여기서, L_b: 배경의 반사율
> L_t: 표적의 반사율
>   ② 대비는 배경과 표적의 밝기 차이를 말한다.
>
> 3. 조도
>   조도 $= \dfrac{광도}{(거리)^2}$

2 소음의 처리

1. 소음

보통 원하지 않는 소리(Unwanted Sound)를 소음(Noise)이라고 한다.

(1) 가청 주파수

① 20 ~ 20,000Hz
② 가청 주파수 내에서 사람의 귀가 가장 민감하게 반응하는 주파수대역은 500 ~ 3,000Hz이다.

(2) 언어를 구성하는 주파수

250 ~ 3,000Hz

2. 음의 분류

(1) 순음(Pure Tone)

규칙적 진동이므로 피해를 주지 않는다.

(2) 복합음(Complex Sound)

여러가지 소리의 집합형태로 소음성 질환을 일으킨다.

(3) 충격음(Impulse Noise)

일시적 충격파동이 일어나므로 소음에 대한 피해정도가 크다.

3. 소음의 단위

(1) phon(폰)

귀에 느끼는 자극의 강도인 음의 크기를 측정하는 단위이다. 귀에 들리는 최소 음($0.0002 dyne/cm^2$)을 0폰으로 정하고, 그 10배가 될 때마다 1폰씩 증가한다.

(2) 음압수준(SPL: Sound Pressure Level)

기압변동의 평균진폭(RMS: Root Mean Square)으로 소리, 강도, 에너지량에 비례한다.

$$\text{SPL} = 20\log_{10}\frac{P}{P_0}[\text{dB}]$$

여기서 P: 측정하려는 음압
      P_0: 기준음압

(3) sone(손)

음의 감각량의 단위로서 1,000Hz, 40dB의 음압수준을 가진 순음의 크기를 1sone이라고 한다.

4. 소음의 영향

(1) **청력장해(Hearing Impairment)**
① **일시장해**: 청각피로에 의해서 일시적으로(폭로 후 2시간 이내) 들리지 않다가 보통 1~2시간 후에 회복되는 청력장해이다.
② **영구장해**: 일시장해에서 회복 불가능한 상태로 넘어가는 상태로 3,000~6,000Hz 범위에서 영향을 받으며 4,000Hz에서 현저히 커진다. 이러한 소음성 난청의 초기단계를 보이는 현상을 C_5-dip현상이라고 한다.
③ 수면방해
④ 대화방해
⑤ 작업방해
⑥ **기타 증상**: 발한이 일어나고 혈압, 맥박이 증가하며, 호흡이 변하고 동공팽창 및 전신근육에 긴장이 오며 그 상태가 지속된다.

> **참고** 차폐효과 및 웨버의 법칙
>
> 1. 차폐(遮蔽)효과
>   ① 어느 한 음 때문에 다른 음에 대한 감도가 감소되는 현상이다.
>   ② 헤어드라이어 소음 때문에 전화음을 듣지 못하게 되는 것과 관련이 있다.
>   ③ 차폐음과 배음의 주파수가 가까울 때 차폐효과가 크다.
>   ④ 유의적 신호와 배경 소음의 차이를 신호/소음(S/N)비로 나타낸다.
>
> 2. 웨버(Weber)의 법칙
>   ① 음의 높이, 무게 등 물리적 자극을 상대적으로 판단하는데 있어서 특정감각기관의 변화감지역(JND : Just Noticeable Difference)은 표준자극에 비례한다.
>   ② 웨버비 = $\triangle I / I$
>   여기서, I: 표준자극(기준자극), $\triangle I$: 변화감지역
>   ③ 웨버비가 작을수록 분별력이 민감하고, 웨버비가 클수록 분별력이 둔감하다.

3 진동

진동이란 물체의 전후운동(Back-Forth Motion)을 말하며 소음이 수반된다.

(1) **진동의 구분(신체의 받는 부위에 따라)**
① **국소진동**: 착암기, 항타기, 연마기, 자동식 톱 등에서 발생하며, 신체의 일부가 진동을 받는다.
② **전신진동**: 선박, 차량, 기중기, 항공기, 분쇄기 등에서 발생하며, 전신에 진동을 받는다.

(2) **진동의 크기**
진동의 크기는 변위, 속도, 가속도로 나타내며, 속도는 변위의 시간 변화율이고, 가속도는 중력단위(1g = 9.8m/sec)나 m/sec로 표시한다.

(3) **진동주파수**
진동주파수는 Hz로 표시한다.

(4) 신체장해

전신진동	국소진동
① 맥박증가 ② 발한과 피부전기저항 저하 ③ 말초혈관의 수축으로 혈압상승 ④ 자율신경, 특히 순환기계 이상 ⑤ 내장 하수증상과 척추 이상 ⑥ 위장장해	① 중추신경계나 내분비계의 이상 초래 ② 혈관, 신경장해 ③ 레이노드(Raynaud) 현상(저온상태에서 손부위에 잘 생기는 현상) – 말초순환장해 ④ 감각마비 및 창백 증상 ⑤ 근위축 ⑥ 관절연골의 괴저, 골편분리 ⑦ 완골의 탈석회화 촉진

(5) 진동대책

① 전신진동
  ㉠ 구조물의 진동을 최소화
  ㉡ 진동원의 격리
  ㉢ 전파경로에 대한 수용자의 위치 조정
  ㉣ 수용자의 격리

② 국소진동
  ㉠ 적절한 휴식
  ㉡ 진동공구의 무게를 10kg 이상 초과하지 않도록 할 것
  ㉢ 손에 진동이 도달하는 것을 감소시키며, 진동의 감폭을 위하여 장갑(Glove) 사용

> **참고** 기타 진동 관련 사항
> ① 진동의 영향을 가장 많이 받는 인간의 성능: 추적(Tracking)능력
> ② 시력손상에 가장 크게 영향을 미치는 전신진동의 주파수: 10 ~ 25Hz
> ③ 레이노드(Raynaud) 증후군: 진동이 발생하는 수공구를 장시간 사용하여 손과 손가락 통제능력의 훼손, 동통, 마비증상 등을 유발하는 근골격계질환이다.

4 열교환과 열압박

1. 열교환(Heat Exchange)의 경로

(1) **전도(Conduction)**: 고체나 유체의 직접 접촉에 의한 열전달이다.
(2) **대류(Convection)**: 고온의 액체나 기체의 흐름에 의한 열전달이다.
(3) **복사(Radiation)**: 물체 사이에서의 전자파 복사에 의한 열전달이다.
(4) **증발(Evaporation)**: 공기온도가 피부온도보다 낮을 때 발생하는 열전달이다.

2. 온도의 영향

(1) 심한 고온이나 저온상태하에서 사고의 강도는 증가된다.

(2) 안전활동에 가장 적당한 온도인 18~21℃보다 상승하거나 하강하면 사고빈도는 증가된다.

(3) 극단적인 온도의 영향은 연령이 많을수록 현저히 높다.

(4) 심한 저온상태와 관련된 사고는 수족부위의 한기(寒氣) 또는 손재주의 감퇴와 관계가 깊다.

(5) 고온은 심장에서 흐르는 혈액의 대부분에서 냉각시키기 위하여 외부 모세혈관으로 순환을 강요하게 되므로 뇌중추에 공급할 혈액의 순환예비량을 감소시킨다.

> **참고** 고온에서의 생리적 반응
> ① 근육의 이완
> ② 피부혈관의 확장
> ③ 체표면적의 증가
> ④ 화학적 대사작용의 감소

3. 열압박지수(HSI: Heat Stress Index)

열평형을 유지하기 위해서 증발해야 하는 발한량으로 열부하를 나타내는 지수이다.

$$HSI = \frac{E_{req}}{E_{max}}$$

여기서, E_{req}: 열평형을 유지하기 위해 필요한 증발량

증발량(Btu/h) = M(대사) + R(복사) + C(대류)

E_{max}: 특정한 환경조건의 조합하에서 증발에 의해 잃을 수 있는 열량

> **참고** 열교환에 영향을 주는 요소 등 기타 열교환 관련 사항
>
> 1. 열압박지수(HSI)를 활용, 작업지속시간과 휴식시간을 산정하여 1일 작업량을 구하는 계산식
>
> $$TW = \frac{WT}{WT + RT} \times 8$$
>
>   여기서, TW: 1일 작업량, WT: 작업지속시간(분)
> RT: 휴식시간(분), 8 : 1일 근무시간
>
> 2. 열교환에 영향을 미치는 요소
>   ① 습도   ② 기온   ③ 기류(공기의 유동)
>
> 3. 열중독의 강도크기 순서
>   열발진 < 열경련 < 열소모 < 열사병
>
> 4. 열사병
>   고온환경에 노출될 때 발한에 의한 체열방출이 축적되어 발생하는 것을 말한다.

5 실효온도와 옥스퍼드(Oxford)지수

1. 실효온도(Effective Temperature)

(1) 정의

온도, 습도 및 공기유동이 인체에 미치는 열효과를 하나의 수치로 통합한 경험적 감각지수로 상대습도 100%일 때 건구온도에서 느끼는 것과 동일한 온감(溫感)이다.

(2) 실효온도(체감온도, 감각온도)의 결정요소
① 온도
② 습도
③ 기류(공기유동)

2. 옥스퍼드(Oxford) 지수

WD(습건)지수라고도 하며, 습구, 건구온도의 가중평균치로서 다음과 같이 나타낸다.

$$WD = 0.85W(습구온도) + 0.15D(건구온도)$$

3. 습구흑구온도지수(WBGT: Wet Bulb Globe Temperature)(고열작업환경관리지침 KOSHA GUIDE)

습구흑구온도지수는 고열환경을 종합적으로 평가할 수 있는 지수로 다음과 같이 나타낸다.

(1) 옥내 또는 옥외(태양광선이 내리 쬐지 않는 장소)

$$WBGT = 0.7 \times 자연습구온도 + 0.3 \times 흑구온도$$

(2) 옥외(태양광선이 내리 쬐는 장소)

$$WBGT = 0.7 \times 자연습구온도 + 0.2 \times 흑구온도 + 0.1 \times 건구온도$$

> **참고** 환경요소복합지수 및 작업환경 개선의 기본원칙
>
> 1. 스트레스(stress)나 노출로 인해서 개인에 유발되는 긴장(strain)을 나타내는 환경요소복합지수
>   ① 실효온도
>   ② 열스트레스지수
>   ③ 옥스퍼드(oxford)지수
>   ④ 습구흑구온도지수
> 2. 작업환경 개선의 기본원칙
>   ① 대체(유해한 것을 유해하지 않은 것으로 대체)
>   ② 격리(유해, 위험요소와의 접촉금지)
>   ③ 환기(호흡용 공기공급, 유해물질 제거, 가연물질의 화재·폭발방지)
>   ④ 교육(유해성 개선에 대한 교육)

제3절 유해요인관리

1 물리적 유해요인관리

1. **물리적 유해요인 파악**

    (1) 물리적 인자의 분류기준(산업안전보건법 시행규칙 별표 18)

    ① 소음

    소음성난청을 유발할 수 있는 85dB(A) 이상의 시끄러운 소리

    ② 진동

    착암기, 손망치 등의 공구를 사용함으로써 발생되는 백랍병·레이노 현상·말초순환장애 등의 국소진동 및 차량 등을 이용함으로써 발생되는 관절통·디스크·소화장애 등의 전신진동

    ③ 방사선

    직접·간접으로 공기 또는 세포를 전리하는 능력을 가진 알파선·베타선·감마선·엑스선·중성자선 등의 전자선

    ④ 이상기압

    게이지 압력이 $1kg/cm^2$ 초과 또는 미만인 기압

    ⑤ 이상기온

    고열·한랭·다습으로 인하여 열사병·동상·피부질환 등을 일으킬 수 있는 기온

    (2) 물리적 유해요인 관리대책 수립

    ① 소음
      - ㉠ **소음감소 조치**: 대체, 시설의 밀폐·흡음, 격리 등
      - ㉡ **소음수준의 주지**: 소음수준, 인체에 미치는 영향과 증상, 보호구의 선정과 착용방법 등
      - ㉢ **난청발생에 따른 조치**: 작업전환 등 의사의 소견에 따른 조치 등
      - ㉣ **청력보호구의 지급**: 청력보호구 지급·착용
      - ㉤ **청력보존프로그램 시행**

    ② 진동
      - ㉠ **진동보호구의 지급**: 방진장갑 등 진동보호구 지급·착용
      - ㉡ **진동유해성의 주지**: 인체에 미치는 영향과 증상, 보호구의 선정과 착용방법, 진동장해예방 방법, 진동기계·기구관리 방법
      - ㉢ **진동기계·기구 사용설명서의 비치**
      - ㉣ **진동기계·기구의 관리**

    ③ 방사선
      - ㉠ **게시**: 입자가속장치, 방사성물질을 내장하고 있는 기기
      - ㉡ **차폐물 설치**: 차폐벽, 방호물 등 설치
      - ㉢ **국소배기장치 설치**: 국소배기장치 등을 설치·가동

ⓔ 방지설비 설치: 판 또는 막 등의 방지설비를 설치
ⓜ 방사성 물질 취급용구, 용기 표시
ⓗ 오염된 장소에서의 조치: 오염된 지역임을 표시하고 오염 제거
ⓢ 방사성 물질의 폐기물처리: 용기에 넣어 밀봉하고 용기 겉면에 그 사실을 표시

④ 이상기압
ⓐ 관리감독자의 휴대기구: 휴대용압력계, 손전등, 유해가스농도측정기구 등
ⓑ 출입의 금지
ⓒ 고압작업설비의 점검
ⓓ 잠수작업설비의 점검
ⓔ 송기설비 사용 전 점검
ⓗ 사고가 발생한 경우의 조치
ⓢ 점검결과의 기록
ⓞ 고기압에서의 작업시간, 잠수시간 준수

⑤ 이상기온
ⓐ 고열장해예방 조치
ⓑ 한랭장해예방 조치
ⓒ 다습장해예방 조치
ⓓ 가습
ⓔ 휴식
ⓗ 휴게시설, 세척시설의 설치
ⓢ 갱내의 온도: 37℃ 이하로 유지
ⓞ 출입의 금지
ⓩ 소금과 음료수 등의 비치

2 화학적 유해요인관리

1. 화학적 유해요인 파악

   (1) 화학적 인자의 분류기준(산업안전보건법 시행규칙 별표 18)

   ① 폭발성 물질
      자체의 화학반응에 따라 주위환경에 손상을 줄 수 있는 정도의 온도·압력 및 속도를 가진 가스를 발생시키는 고체·액체 또는 혼합물

   ② 인화성 가스
      20℃, 표준압력(101.3Kpa)에서 공기와 혼합하여 인화되는 범위에 있는 가스와 54℃ 이하 공기 중에서 자연발화하는 가스를 말한다.(혼합물을 포함한다)

   ③ 인화성 액체
      표준압력(101.3Kpa)에서 인화점이 93℃ 이하인 액체

④ 인화성 고체

쉽게 연소되거나 마찰에 의하여 화재를 일으키거나 촉진할 수 있는 물질

⑤ 에어로졸

재충전이 불가능한 금속·유리 또는 플라스틱 용기에 압축가스·액화가스 또는 용해가스를 충전하고 내용물을 가스에 현탁시킨 고체나 액상입자로, 액상 또는 가스상에서 폼·페이스트·분말상으로 배출되는 분사장치를 갖춘 것

⑥ 물반응성 물질

물과 상호작용을 하여 자연발화되거나 인화성 가스를 발생시키는 고체·액체 또는 혼합물

⑦ 산화성 가스

일반적으로 산소를 공급함으로써 공기보다 다른 물질의 연소를 더 잘일으키거나 촉진하는 가스

⑧ 산화성 액체

그 자체로는 연소하지 않더라도 일반적으로 산소를 발생시켜 다른 물질을 연소시키거나 연소를 촉진하는 액체

⑨ 산화성 고체

그 자체로는 연소하지 않더라도 일반적으로 산소를 발생시켜 다른 물질을 연소시키거나 연소를 촉진하는 고체

⑩ 고압가스

20℃, 200킬로파스칼(kpa) 이상의 압력하에서 용기에 충전되어 있는 가스 또는 냉동액화가스 형태로 용기에 충전되어 있는 가스(압축가스, 액화가스, 냉동액화가스, 용해가스로 구분한다)

⑪ 자기반응성 물질

열적(熱的)인 면에서 불안정하여 산소가 공급되지 않아도 강렬하게 발열·분해하기 쉬운 액체·고체 또는 혼합물

⑫ 자연발화성 액체

적은 양으로도 공기와 접촉하여 5분 안에 발화할 수 있는 액체

⑬ 자연발화성 고체

적은 양으로도 공기와 접촉하여 5분 안에 발화할 수 있는 고체

⑭ 자기발열성 물질

주위의 에너지 공급없이 공기와 반응하여 스스로 발열하는 물질(자기발화성 물질은 제외한다)

⑮ 유기과산화물

2가의 -O-O-구조를 가지고 1개 또는 2개의 수소원자가 유기라디칼에 의하여 치환된 과산화수소의 유도체를 포함한 액체 또는 고체 유기물질

⑯ 금속 부식성 물질

화학적인 작용으로 금속에 손상 또는 부식을 일으키는 물질

(2) 화학적 유해요인 관리대책

① 국소배기장치 사용 전 점검: 덕트와 배풍기의 분진상태, 흡기 및 배기능력, 덕트 접속부가 헐거워졌는지 여부 등

② **명칭 등의 게시**: 유해물질의 명칭, 인체에 미치는 영향, 취급상 주의사항, 착용하여야 할 보호구, 응급조치와 긴급방재요령
③ **유해물질의 저장시 안전조치**: 뚜껑 또는 마개가 있는 튼튼한 용기 사용 등
④ **빈 용기 등의 관리**: 용기 또는 포장을 밀폐하거나 실외의 일정한 장소를 지정하여 보관
⑤ **청소**: 오염을 제거하기 위하여 청소
⑥ **출입의 금지**: 관계근로자가 아닌 사람의 출입금지
⑦ **흡연 등의 금지**
⑧ **세척시설 등 설치**
⑨ **유해성 등의 주지**: 인체에 미치는 영향과 증상, 취급상의 주의사항, 착용하여야 할 보호구와 착용방법, 위급상황시의 대처방법과 응급조치요령, 유해물질의 명칭 및 물리적·화학적 특성 등
⑩ **호흡용 보호구의 지급**
⑪ **보호복 등의 비치**

3 생물학적 유해요인관리

1. 생물학적 유해요인 파악

(1) 생물학적 인자의 분류기준(산업안전보건법 시행규칙 별표 18)

① **혈액매개 감염인자**

인간면역결핍바이러스, B형·C형간염바이러스, 매독바이러스 등 혈액을 매개로 다른 사람에게 전염되어 질병을 유발하는 인자

② **공기매개 감염인자**

결핵·수두·홍역 등 공기 또는 비말감염 등을 매개로 호흡기를 통하여 전염되는 인자

③ **곤충 및 동물매개 감염인자**

쯔쯔가무시증, 렙토스피라증, 유행성출혈열 등 동물의 배설물 등에 의하여 전염되는 인자 및 탄저병, 브루셀라병 등 가축 또는 야생동물로부터 사람에게 감염되는 인자

(2) 생물학적 유해요인 관리대책

① **감염병예방 조치**: 보호구 지급, 예방접종 등 감염병예방을 위한 조치 등
② **유해성 등의 주지**: 감염병의 종류와 원인, 전파 및 감염경로, 감염병의 증상과 잠복기, 감염되기 쉬운 작업의 종류와 예방법, 노출시 보고 등 노출과 감염 후 조치
③ **환자의 가검물 등에 의한 오염방지**
④ **세척시설 설치**
⑤ **개인보호구의 지급**

적중문제 — CHAPTER 4 | 작업환경관리 및 유해요인관리

01 인간의 감각반응속도가 빠른 순서대로 나열한 것은?
① 청각 > 촉각 > 시각 > 통각
② 청각 > 시각 > 통각 > 촉각
③ 촉각 > 시각 > 통각 > 청각
④ 촉각 > 시각 > 청각 > 통각

해설 인간의 감각반응속도는 청각(0.17초) > 촉각(0.18) > 시각(0.20) > 미각(0.29) > 통각(0.70) 순이다.

정답 ①

02 가장 보편적으로 사용되는 시력의 척도는?
① 동시력 ② 최소인식시력
③ 입체시력 ④ 최소분간시력

해설 최소분간시력은 가장 보편적으로 사용되는 시력의 척도이다.

정답 ④

03 일반적으로 완전 암조응에 걸리는 시간은?
① 5~10분 ② 10~20분
③ 30~40분 ④ 50~60분

해설 일반적으로 완전 암조응에 걸리는 시간은 30~40분이며, 명조응에 걸리는 시간은 약 1~2분 정도이다.

정답 ③

04 실내 전체를 일률적으로 밝히는 조명방법으로 실내 전체가 밝아지므로 기분이 명랑해지고 눈의 피로가 적어져서 사고나 재해가 감소하는 조명방식은?
① 직접조명 ② 간접조명
③ 국부조명 ④ 전반조명

해설 실내 전체를 일률적으로 밝히는 조명방법으로 실내 전체가 밝아지므로 기분이 명랑해지고 눈의 피로가 적어져 사고나 재해가 감소하는 조명방식은 전반조명이다.

정답 ④

05 영상표시단말기(VDT) 취급 근로자를 위한 조명과 채광에 대한 설명으로 옳은 것은?
① 화면을 바라보는 시간이 많은 작업일수록 화면밝기와 작업대 주변 밝기의 차를 줄이도록 한다.
② 작업장 주변환경의 조도를 화면의 바탕색상이 흰색계통일 때에는 30lux 이하로 유지하도록 한다.
③ 작업장 주변환경의 조도를 화면의 바탕색상이 검정색계통일 때에는 50lux 이상을 유지하도록 한다.
④ 작업실 내의 창, 벽면 등은 반사되는 재질로 하여야 하며 조명은 화면과 명암의 대조가 심하지 않도록 하여야 한다.

해설 화면을 바라보는 시간이 많은 작업일수록 화면밝기와 작업대 주변 밝기의 차이를 줄여야 한다.

선지분석
② 작업장 주변환경의 조도를 화면의 바탕색상이 흰색계통일 때에는 500~700lux를 유지하도록 한다.
③ 작업장 주변환경의 조도를 화면의 바탕색상이 검정색계통일 때에는 300~500lux를 유지하도록 한다.
④ 작업실 내의 창, 벽면 등은 반사되지 않는 재질로 하여야 하며 조명은 화면과 명암의 대조가 심하지 않도록 하여야 한다.

정답 ①

06 조도의 단위로 옳은 것은?

① fL ② diopter
③ lux ④ lumen

해설 조도의 단위는 lux이다.

선지분석
① fL은 휘도의 단위이다.
② diopter는 렌즈의 굴절력 단위이다.
④ lumen은 광속의 단위이다.

관련이론 광도의 단위
광도의 단위는 cd(칸델라)이다.

정답 ③

07 조도에 대한 설명으로 옳지 않은 것은?

① 거리에 비례하고 광도에 반비례한다.
② 어떤 물체나 표면에 도달하는 광의 밀도이다.
③ lux란 1촉광의 점광원으로부터 1m 떨어진 수직면에 비추는 광의 밀도이다.
④ 1fc란 1촉광의 점광원으로부터 1foot 떨어진 수직면에 비추는 광의 밀도이다.

해설 조도는 광도에 비례하고, 거리의 제곱에 반비례한다.

$$조도 = \frac{광도}{(거리)^2}$$

정답 ①

08 일반적으로 실내 표면에서 반사율의 크기를 바르게 나열한 것은?

| ㉠ 바닥 | ㉡ 천장 |
| ㉢ 가구 | ㉣ 벽 |

① ㉠ < ㉢ < ㉣ < ㉡
② ㉠ < ㉣ < ㉢ < ㉡
③ ㉣ < ㉠ < ㉡ < ㉢
④ ㉣ < ㉡ < ㉠ < ㉢

해설 반사율의 크기는 바닥 < 가구 < 벽 < 천장 순으로 커진다.

관련이론 옥내 최적반사율
- 바닥: 20~40%
- 벽: 40~60%
- 가구: 25~45%
- 천장: 80~90%

정답 ①

09 건설현장 안전보건표지판의 반사율이 80%이고, 인쇄된 글자의 반사율이 10%이면 대비(%)는?

① 56 ② 65
③ 71 ④ 88

해설 대비 $= \dfrac{L_b - L_t}{L_b} \times 100$

여기서, L_b: 배경의 반사율, L_t: 표적의 반사율

$= \dfrac{80 - 10}{80} \times 100 = 87.5 ≒ 88\%$

정답 ④

10 광원 혹은 반사광이 시계 내에 있으면 성가신 느낌과 불편감을 주어 시성능을 저하시킨다. 이러한 광원으로부터의 직사휘광을 처리하는 방법으로 옳지 않은 것은?

① 광원을 시선에서 멀리 위치시킨다.
② 차양(Visor) 혹은 갓(Hood)을 사용한다.
③ 광원의 휘도를 줄이고 광원의 수를 늘린다.
④ 휘광원 주위를 밝게 하여 광속발산비를 늘린다.

해설 휘광원 주위를 밝게 하여 광속발산비를 줄인다.

정답 ④

11 가청주파수 내에서 사람의 귀가 가장 민감하게 반응하는 주파수 대역은?

① 20~20,000Hz ② 50~15,000Hz
③ 100~10,000H ④ 500~3,000Hz

해설 가청주파수 내에서 사람의 귀가 가장 민감하게 반응하는 주파수 대역은 500~3,000Hz이다.

정답 ④

12 1sone에 대한 설명으로 가장 적절한 것은?

① 1dB의 1,000Hz 순음의 크기
② 1dB의 4,000Hz 순음의 크기
③ 40dB의 1,000Hz 순음의 크기
④ 40dB의 4,000Hz 순음의 크기

해설 1sone이란 40dB의 1,000Hz 순음의 크기이다.

정답 ③

13 40phon이 1sone일 때 60phon은 몇 sone인가?

① 2   ② 4
③ 6   ④ 100

해설 $sone = 2^{\frac{phon-40}{10}} = 2^{\frac{60-40}{10}} = 4sone$

정답 ②

14 작업장에서 발생하는 소음에 대한 대책으로 가장 적극적인 대책은?

① 소음원의 격리
② 소음원의 제거
③ 귀마개, 귀덮개 등 보호구의 사용
④ 덮개 등 방호장치의 설치

해설 소음원의 제거는 작업장에서 발생하는 소음에 대한 대책으로 가장 적극적인 대책이다.

정답 ②

15 작업장의 소음을 통제하는 일반적인 방법과 거리가 먼 것은?

① 소음원의 격리
② 소음원의 통제
③ 자동화설비로 교체
④ 음향처리제 사용

해설 자동화설비로 교체하는 것은 작업장의 소음통제와는 관계가 없다.

관련이론 작업장의 소음을 통제하는 일반적인 방법
• 소음원의 격리
• 소음원의 통제(제거)
• 차폐장치 및 흡음재 사용
• 음향처리제 사용
• 적절한 배치
• 방음보호구
• BGM(Back Ground Music) 사용

정답 ③

16 산업안전보건법에서 정한 물리적 인자의 분류기준에 있어서 소음성 난청을 유발할 수 있는 몇 dB(A) 이상의 시끄러운 소리를 소음으로 규정하고 있는가?

① 85   ② 95
③ 120   ④ 130

해설 85dB(A) 이상은 소음성 난청을 유발할 수 있는 소음으로 산업안전보건법에 규정되어 있다.

정답 ①

17 연속되는 소음에 장시간 노출되는 경우 인간의 청력손실이 가장 심한 주파수 대역은?

① 2,000Hz   ② 4,000Hz
③ 6,000Hz   ④ 8,000Hz

해설 연속되는 소음에 장시간 노출되는 경우 인간의 청력손실이 가장 심한 주파수 대역은 4,000Hz이다.

정답 ②

18 소음노출로 인한 청력손실에 관한 내용으로 관계가 없는 것은?

① 초기의 청력손실은 1,000Hz에서 크게 나타난다.
② 청력손실의 정도와 노출된 소음수준은 비례관계에 있다.
③ 약한 소음에 대해서는 노출기간과 청력손실간에 관계가 없다.
④ 강한 소음에 대해서는 노출기간에 따라 청력손실도 증가한다.

해설 초기의 청력손실은 4,000Hz에서 크게 나타난다.

정답 ①

19 국내규정상 최대음압수준이 몇 dB(A)을 초과하는 충격소음에 노출되어서는 아니 되는가?

① 110　　② 120
③ 130　　④ 140

해설 국내규정(산업안전보건법 안전보건기준)상 최대음압수준이 140dB(A)을 초과하는 충격소음에 노출되어서는 안 된다.

정답 ④

20 급작스런 큰 소음으로 인하여 생기는 생리적 변화가 아닌 것은?

① 근육이완　　② 혈압상승
③ 동공팽창　　④ 발한

해설 급작스런 큰 소음으로 인하여 생기는 생리적 변화로는 혈압상승, 동공팽창, 발한, 심장박동수 증가, 근육긴장이 있으며, 근육이완은 해당하지 않는다.

정답 ①

21 경보사이렌으로부터 10m 떨어진 곳에서 음압수준이 140dB이면 100m 떨어진 곳에서 음의 강도는 얼마인가?

① 100dB　　② 110dB
③ 120dB　　④ 140dB

해설 $SPL_2 = SPL_1 - 20\log\dfrac{d_2}{d_1}$

$= 140 - 20\log\left(\dfrac{100}{10}\right) = 120dB$

정답 ③

22 산업안전보건법상 강렬한 소음작업은 1일 8시간 작업을 기준으로 몇 dB 이상의 소음이 발생하는 작업을 말하는가?

① 85　　② 90
③ 95　　④ 100

해설 산업안전보건법상 강렬한 소음작업은 1일 8시간 작업을 기준으로 90dB 이상의 소음이 발생하는 작업을 말한다.

정답 ②

23 소음의 1일 노출시간과 소음강도의 기준이 잘못 연결된 것은?

① 8시간 - 90dB(A)
② 2시간 - 100dB(A)
③ 30분 - 110dB(A)
④ 15분 - 120dB(A)

해설 1일 노출시간이 15분인 경우 소음강도의 기준은 115dB(A)이다.

관련이론 소음의 1일 노출시간과 소음강도의 기준

dB	90	95	100	105	110	115
허용 노출시간	8시간	4시간	2시간	1시간	30분	15분

정답 ④

24 다음 설명에 해당하는 고열장해는?

> ⊙ 고온환경에 노출될 때 발한에 의한 체열방출이 축적되어 발생한다.
> ⓒ 뇌 온도의 상승으로 체온조절 중 뇌의 기능이 장해를 받게 된다.
> ⓒ 치료를 하지 않을 경우 100%, 43℃ 이상일 때에는 80%, 43℃ 이하일 때에는 40% 정도의 치명률을 가진다.

① 열사병(Heat Stroke)
② 열경련(Heat Cramps)
③ 열부종(Heat Edema)
④ 열피로(Heat Exhaustion)

해설 열사병(Heat Stroke)에 대한 설명이다.

정답 ①

25 어떤 소리가 1,000Hz, 60dB인 음과 같은 높이임에도 4배 더 크게 들린다면 이 소리의 음압수준은 얼마인가?

① 70dB   ② 80dB
③ 90dB   ④ 100dB

해설
- 1,000Hz, 60dB은 60phon이다.
- 음량수준이 10phon 증가하면 음량(sone)은 2배로 크게 들린다.
- 4배로 크게 들린다면 20phon이 증가한 것이므로, 음압수준은 20dB이 증가한 것이다.
- 따라서 이 소리의 음압수준은 60dB + 20dB = 80dB이다.

정답 ②

26 전동공구와 같은 진동이 발생하는 수공구를 장시간 사용하여 손과 손가락 통제능력의 훼손, 동통(통증), 마비증상 등을 유발하는 근골격계질환은?

① 결절종   ② 방아쇠수지병
③ 수근관 증후군   ④ 레이노드 증후군

해설 전동공구와 같은 진동이 발생하는 수공구를 장시간 사용하여 손과 손가락 통제능력의 훼손, 동통(통증), 마비증상 등을 유발하는 근골격계질환은 레이노드 증후군이다.

선지분석
① 결절종이란 얇은 섬유성 피막 내에 약간 노랗고 젤라틴(Gelatin)처럼 끈적이는 액체를 함유하는 낭포성 종양이며 손목, 손가락, 발, 발목 등에 발병한다.
② 방아쇠수지병이란 손가락을 구부릴 때 총의 방아쇠를 당기는 듯한 저항감이 느껴지는 질환이다.
③ 수근관 증후군이란 여러 개의 힘줄과 손바닥으로 이어지는 신경이 통과하는 곳으로 통로가 좁아지면서 신경이 압박되어 생기는 것으로 손과 손가락의 신경기능을 상실시킨다.

정답 ④

27 진동이 인간성능에 미치는 영향 중 시력손상이 가장 먼저 나타난다. 이때 진폭에 비례하여 시력손상이 나타나는데 주파수는 어느 정도에서 가장 심한가?

① 1~10Hz   ② 10~25Hz
③ 25~30Hz   ④ 30~35Hz

해설 진동이 인간성능에 미치는 영향 중 10~25Hz에서 시력손상이 가장 심하다.

정답 ②

28 '음의 높이, 무게 등 물리적 자극을 상대적으로 판단하는데 있어서 특정감각기관의 변화감지역은 표준자극에 비례한다.'는 법칙을 발견한 사람은?

① 웨버(Weber)   ② 호프만(Hofman)
③ 체핀(Chaffin)   ④ 피츠(Fitts)

해설 '음의 높이, 무게 등 물리적 자극을 상대적으로 판단하는데 있어서 특정감각기관의 변화감지역은 표준자극에 비례한다.'는 법칙을 발견한 사람은 웨버(Weber)이다.

정답 ①

29 적절한 온도에서 추운 환경으로 바뀔 때 인체에 나타나는 현상이 아닌 것은?

① 피부온도가 내려간다.
② 피부를 경유하는 혈액순환량이 감소한다.
③ 직장의 온도가 내려간다.
④ 몸이 떨리고 소름이 돋는다.

해설 직장(直腸)의 온도가 올라간다.

관련이론 적절한 온도에서 추운 환경으로 바뀔 때 인체에 나타나는 현상
- 몸이 떨리고 소름이 돋는다.
- 피부온도가 내려간다.
- 직장(直腸)의 온도가 올라간다.
- 피부를 경유하는 혈액순환량이 감소한다.
- 혈액의 많은 양이 몸의 중심부를 순환한다.

정답 ③

30 적절한 온도에서 더운 환경으로 바뀔 때 인체에 나타나는 현상이 아닌 것은?

① 피부온도가 내려간다.
② 많은 혈액량이 피부를 경유한다.
③ 직장(直腸)의 온도가 내려간다.
④ 발한이 시작된다.

해설 적절한 온도에서 더운 환경으로 바뀔 때에는 피부온도가 올라간다.

관련이론 적절한 온도에서 더운 환경으로 바뀔 때
- 발한이 시작된다.
- 피부온도가 올라간다.
- 직장온도가 내려간다.
- 많은 혈액량이 피부를 경유한다.

정답 ①

31 고열작업환경하에서 심한 근육작업 후에 근육의 수축이 격렬하게 일어나며 체내 염분농도 부족에 의해 야기되는 장해는?

① 열경련 ② 열사병
③ 열쇠약 ④ 열허탈증

해설 고열작업환경하에서 심한 근육작업 후에 근육의 수축이 격렬하게 일어나며 체내 염분농도 부족에 의해 야기되는 장해는 열경련이다.

정답 ①

32 주물공장에 일하는 어느 작업자의 작업지속시간과 휴식시간을 열압박지수(HSI)를 활용하여 계산했더니 각각 45분, 15분이었다. 이 작업자의 1일 작업량(TW)은? (단, 휴식시간은 포함하지 않으며, 1일 근무시간은 8시간이다.)

① 4.5시간 ② 5시간
③ 5.5시간 ④ 6시간

해설 $TW = \dfrac{WT}{WT+RT} \times 8$

여기서, TW: 1일 작업량
WT: 작업지속시간(분)
RT: 휴식시간(분)

$= \dfrac{45}{45+15} \times 8 = 6$시간

정답 ④

33 작업환경에서의 인체의 열축적률은 얼마인가?

- 작업대사(M) = 1,000Btu/h
- 땀증발(E) = 2,000Btu/h
- 열복사(R) = 1,500Btu/h

① 4,500Btu/h ② 2,500Btu/h
③ 1,500Btu/h ④ 500Btu/h

해설
- 대사량과 열복사는 열의 축적요인이고 증발은 발산요인이다.
- 열축적률 = (작업대사량+열복사량) − 땀증발량
  = (1,000+1,500) − 2,000 = 500Btu/h

정답 ④

34 온도, 습도 및 공기의 유동이 인체에 미치는 열효과를 하나의 수치로 통합한 감각지수를 무엇이라 하는가?

① 보온율　　② 열압박지수
③ oxford지수　　④ 실효온도

해설 온도, 습도 및 공기유동이 인체에 미치는 열효과를 하나의 수치로 통합한 경험적 감각지수는 실효온도(Effective Temperature)이다. 이는 감각온도라고도 하며, 상대습도 100%일 때의 건구온도에서 느끼는 것과 동일한 온도이다.

정답 ④

35 일반적으로 인체에 가해지는 온도, 습도 및 기류 등의 외적변수를 종합적으로 평가하는 데에는 불쾌지수라는 지표가 이용된다. 이 불쾌지수를 산출하는 식이 다음과 같은 경우 건구온도와 습구온도의 단위로 옳은 것은?

> 불쾌지수 = 0.72 × (건구온도 + 습구온도) + 40.6

① 섭씨온도　　② 화씨온도
③ 절대온도　　④ 실효온도

해설 건구온도와 습구온도의 단위로는 섭씨온도를 사용한다.

정답 ①

36 감각온도와 직접 관련이 없는 것은?

① 온도　　② 습도
③ 기압　　④ 기류

해설 감각온도(ET)에 영향을 주는 요인으로는 온도, 습도, 기류가 있으며, 기압은 감각온도와 직접 관련이 없다.

정답 ③

37 열교환(Heat Exchange)의 경로에 대한 설명으로 옳지 않은 것은?

① 전도(Conduction)는 고체나 유체의 직접 접촉에 의한 열전달이다.
② 대류(Convection)는 고온의 액체나 기체의 흐름에 의한 열전달이다.
③ 복사(Radiation)는 물체 사이에서 전자파의 복사에 의한 열전달이다.
④ 증발(Evaporation)은 공기온도가 피부온도보다 높을 때 발생하는 열전달이다.

해설 증발(Evaporation)은 공기온도가 피부온도보다 낮을 때 발생하는 열전달이다.

정답 ④

38 습구온도가 20℃, 건구온도가 30℃일 때 Oxford 지수는 얼마인가?

① 21.5　　② 22.5
③ 25　　④ 28.5

해설
- 옥스퍼드(Oxford)지수는 WD(습건)지수라고도 하며, 습구, 건구온도의 가중평균치이다.
- WD = 0.85W(습구온도) + 0.15D(건구온도)
  = (0.85 × 20) + (0.15 × 30) = 21.5

정답 ①

39 진동이 인간성능에 미치는 일반적인 영향과 거리가 먼 것은?

① 진동은 진폭에 비례하여 시력을 손상하며 10~25Hz의 경우 가장 심하다.
② 진동은 진폭에 비례하여 추적능력을 손상하며 5Hz 이하의 낮은 진동수에서 가장 심하다.
③ 안정되고 정확한 근육조절을 요하는 작업은 진동에 의해서 저하된다.
④ 반응시간, 감시, 형태식별 등 주로 중앙신경처리에 달린 임무는 진동의 영향에 민감하다.

해설 　반응시간, 감시, 형태식별 등 주로 중앙신경처리에 달린 임무는 진동의 영향에 민감하지 않다.

정답 ④

40 자연습구온도가 20℃이고, 흑구온도가 30℃일 때, 실내의 습구흑구온도지수(WBGT: Wet Bulb Globe Temperature)는 약 얼마인가?

① 20℃　　② 23℃
③ 25℃　　④ 30℃

해설 　습구흑구온도지수(℃)
　= 0.7 × 자연습구온도 + 0.3 × 흑구온도
　= (0.7 × 20) + (0.3 × 30) = 23℃

정답 ②

CHAPTER 5 | 시스템 위험성 추정 및 결정

제1절 시스템 위험분석 및 관리

1 시스템안전

1. 시스템안전(System Safety)

어떤 시스템에 필요한 사항의 식별(Identification)에 있어서 시간, 코스트(Cost) 등의 제약조건하에서 인원 및 설비의 상해, 손실을 최소한으로 줄이는 것이다.

> **참고** 시스템의 정의 등
>
> 1. 시스템(System)의 정의
>   요소의 집합에 의해 구성되고, 상호간의 관계를 유지하면서 정해진 조건하에서 어떤 목적을 위하여 작용하는 집합체이다.
> 2. 운용상의 시스템안전에서 검토 및 분석해야 할 사항
>   ① 사고조사에의 참여
>   ② 교육훈련
>   ③ 고객에 의한 최종성능검사
>   ④ 시스템의 보수 및 폐기

2. 시스템의 기능

(1) 정보의 전달

(2) 물질, 사람, 에너지의 이송

(3) 물질생산, 에너지의 생산

> **참고** 시스템 평가방법 및 시스템기준
>
> 1. 시스템(System: 체계) 설계자가 통상적으로 하는 평가방법
>   ① 기능평가
>   ② 성능평가
>   ③ 신뢰성평가
> 2. 시스템(System: 체계)기준
>   ① 운용비　　　　　　　　④ 신뢰도
>   ② 예상수명　　　　　　　⑤ 인력소요
>   ③ 정비유지도　　　　　　⑥ 사용상의 용이성

3. 시스템안전의 달성방법

(1) 재해예방
① 고장의 최소화
② 위험수준의 제한
③ 위험의 소멸
④ 중지 및 회복
⑤ 페일세이프(Fail Safe)의 설계
⑥ 유해위험물의 대체사용 및 완전차폐

(2) 피해의 최소화 및 억제
① 보호구의 사용
② 탈출 및 생존
③ 격리
④ 구조

> **참고** 시스템안전의 진행단계 및 특성 등
>
> 1. 시스템안전(System Safety) 달성을 위한 프로그램 진행단계
>   ① 제1단계(구상단계): 설비에 연관된 위험요인 발견·검토 단계
>   ② 제2단계[사양결정(정의)단계]: 예비설계와 생산기술 확인, 생산물의 적합성 검토 단계
>   ③ 제3단계[설계(개발)단계]: 시스템 구조와 제어방식, 안전장치 등 선택, 시스템안전프로그램의 중점이 되는 단계
>   ④ 제4단계[제작(생산)단계]: 제작 결정, 설비운전 등 구체적 검토 단계
>   ⑤ 제5단계[조업(운전)단계]: 점검 및 운전 실시, 설계변경의 검토, 교육훈련의 진행, 안전관계자의 사고조사 참여 실시, 실증과 감시 단계
> 2. 시스템안전의 특성
>   ① 처음에는 국방과 우주항공 분야에서 필요성이 제기되었다.
>   ② 시스템의 안전관리 및 안전공학을 정확히 적용시켜 위험을 파악한다.
>   ③ 위험을 파악, 분석, 통제하는 접근방법이다.
>   ④ 수명주기 전반에 걸쳐 안전을 보장하는 것을 목표로 한다.
> 3. 안전성의 관점에서 시스템을 분석 평가하는 접근방법
>   ① '어떤 일은 하면 안된다.'라는 점검표를 사용하는 직관적인 방법
>   ② '어떻게 하면 무슨 일이 발생할 것인가?'의 연역적인 방법
>   ③ '어떤 일이 발생하였을 때 어떻게 처리하여야 안전한가?'의 귀납적인 방법

4. 시스템의 안전성 확보대책

(1) 위험상태의 존재 최소화
(2) 안전장치의 설치
(3) 경보장치의 채택
(4) 특수수단 개발과 표식 등의 규격화

2 시스템안전공학

(1) 공학적, 과학적 원리를 적용하여 시스템 내의 위험성을 적시에 식별하고, 제어 또는 예방에 필요한 조치를 도모하기 위한 시스템공학의 한 분야이다.

(2) 시스템의 안전성을 명시하고 평가 또는 예측하기 위한 공학적 설계, 안전해석의 원리 및 수법을 기초로 하며 관련 과학분야의 특수기술과 전문적 지식을 기초로 하여 성립한다.

3 시스템안전관리(시스템안전을 위한 업무수행 요건)

시스템안전에 목표가 유효하도록 실현시키기 위한 프로그램의 검토, 해석 및 평가 등의 시스템안전업무를 수행하는데 필요한 관리로 주요 업무는 다음과 같다.

(1) 안전활동의 계획, 조직과 관리
(2) 다른 시스템프로그램 영역과의 조정
(3) 시스템안전에 필요한 사항의 동일성 식별(Identification)
(4) 시스템안전활동 결과의 평가(시스템안전프로그램의 해석, 검토 및 평가)

> **참고** 시스템안전관리를 정립하기 위한 절차 등
>
> 1. 시스템안전관리를 정립하기 위한 절차
>   ① 안전분석   ③ 안전설계
>   ② 안전사양   ④ 안전확인
> 2. 시스템의 고유신뢰도를 높이기 위하여 가장 중요한 것
>   설계 개선

4 위험분석과 위험관리

1. **시스템안전프로그램(SSPP: System Safety Program Plan)의 작성계획에 포함되어야 할 사항**

   (1) 계획의 개요
   (2) 안전보건조직
   (3) 안전보건기준
   (4) 안전해석
   (5) 안전성의 평가
   (6) 관련 부문과의 조정
   (7) 계약조건
   (8) 경과 및 결과의 분석
   (9) 안전데이터의 수집 및 분석

   > **참고** 시스템안전프로그램의 계획
   >
   > 1. 시스템안전프로그램(SSPP)의 계획에서 완성해야 할 시스템안전업무에 해당하는 것
   >   ① 정성해석
   >   ② 운용해석
   >   ③ 정량해석
   >   ④ 프로그램심사의 참가
   >   ⑤ 설계심사의 참가
   >   ⑥ 계약업자의 감시활동
   > 2. 시스템안전프로그램(SSPP)계획을 이행하는 과정 중 최종분석단계에서 위험의 결정인자로 사용되는 것
   >   ① 기능효율성
   >   ② 피해가능성
   >   ③ 폭발빈도

2. 시스템안전관리상의 위험성 분류(MIL – STD – 882B: 미국국방성 시스템안전 표준규격)에 따른 위험도(심각도) 분류

(1) 범주-Ⅰ(카테고리-Ⅰ): 파국(Catastrophic), 재앙수준

사망, 중상 또는 시스템의 상실을 일으킨다.

(2) 범주-Ⅱ(카테고리-Ⅱ): 위기적(Critical), 임계수준

상해 또는 주요 시스템의 손상을 일으키고, 인원 및 시스템의 생존을 위해 시정조치를 필요로 한다.

(3) 범주-Ⅲ(카테고리-Ⅲ): 한계적(Marginal)

상해 또는 주요 시스템의 손상을 일으키지 않고 배제나 억제할 수 있다.

(4) 범주-Ⅳ(카테고리-Ⅳ): 무시가능(Negligible)

상해 또는 시스템의 손상에는 이르지 않는다.

> **참고** MIL-STD-882B(미국국방성 시스템안전 표준규격)에서 시스템안전 필요사항을 충족시키고 확인된 위험을 해결하기 위하여 우선권을 정하는 순서
>
> 최초 리스크(Risk)를 위한 설계 → 안전장치 설치 → 경보장치 채택 → 절차 및 교육훈련 개발

3. 작업위험분석

(1) 작업위험분석의 범위

작업의 주요소라고 할 수 있는 사람, 환경, 도구 또는 기계, 물자 및 절차를 비교 분석·평가하여 새로운 안전작업방법을 도출하여야 한다.

(2) 새로운 작업방법의 개선원칙(ECRS)

① 제거(Eliminate)

② 결합(Combine)

③ 재조정(Rearrange)

④ 단순화(Simplify)

> **참고** 작업위험분석을 위한 작업세분화 방법
>
> 작업자 개인단위별 세분화 → 작업집단별 세분화 → 운전(조업)별 세분화 → 공정(절차)별 세분화

4. 작업표준

(1) 작업표준의 필요성

근로자가 기능적으로 불확실한 작업행동이나 정해진 생산공정상의 규칙을 위반하고 임의적인 행동을 함으로써 발생하는 위험이나 손실요인을 최대한 예방하거나 감소시키기 위한 것이다.

(2) 작업표준의 목적

① 손실요인의 제거

② 위험요인의 제거

③ 작업의 효율화

(3) 작업표준의 작성요령

① 작업의 표준설정에 적합할 것
② 좋은 작업의 표준일 것
③ 표현은 구체적으로 나타낼 것
④ 생산성과 품질의 특성에 적합할 것
⑤ 이상시 조치기준이 설정되어 있을 것
⑥ 다른 규정 등에 위배되지 않을 것

> **참고** 작업표준 관련 기타 사항
> 1. 작업표준 작성의 기초가 되는 원칙
>   동작경제의 원칙
> 2. 작업표준의 특징
>   작업표준이 안전수칙, 안전규정 등과 다른 점은 단위작업마다 혹은 요소작업마다 동작의 순서와 급소가 명시되어 있어야 한다는 점이다.

(4) 작업표준의 작성절차

① 작업을 분류 정리한다.
② 작업을 세분화한다.
③ 검토에 의해 동작의 순서와 급소를 정한다.
④ 작업표준안을 작성한다.
⑤ 작업표준을 제정한다.
⑥ 지도(교육)한다.

(5) 작업표준을 수정해야 할 작업

① 유해위험도가 높은 작업
② 불합격품이 나오기 쉬운 작업
③ 재해가 많은 작업

5. 동작경제의 원칙(반즈: Barnes)

(1) 신체사용에 관한 원칙

① 양손으로 동시에 작업을 시작하고 동시에 끝낼 것
② 양손이 동시에 쉬지 않도록 할 것
③ 두팔의 동작은 서로 반대방향으로 대칭적으로 움직일 것
④ 손의 동작은 작업을 수행할 수 있는 최소동작 이상을 하지 않도록 할 것
⑤ 손의 동작은 유연하고 연속적인 동작일 것
⑥ 동작이 급작스럽게 크게 바뀌는 직선동작은 피하고 곡선동작을 할 것
⑦ 손과 신체의 동작은 작업을 원만하게 처리할 수 있는 범위 내에서 가장 낮은 동작등급을 사용할 것

(2) 작업장 배치에 관한 원칙

① 재료나 공구는 사용장소에 가깝게 배치할 것
② 재료나 공구는 조립순서에 부합되게 배열할 것
③ 재료나 공구는 취급하는 일정한 위치에 놓도록 할 것

④ 의자와 작업대의 모양과 높이는 작업자에게 알맞게 설계되도록 할 것
⑤ 재료는 가급적이면 낙하시켜 전달하는 방법을 따를 것
⑥ 재료를 사용장소로 보낼 때는 가급적 중력을 이용한 상자나 용기를 사용할 것
⑦ 채광이나 조명장치를 효율적으로 설치할 것

(3) 공구 및 설비디자인에 관한 원칙
① 재료나 공구는 될 수 있는 대로 다음에 사용하기 쉽도록 할 것
② 치공구, 고정장치나 발을 사용하여 손의 작업을 보존하고 손은 다음 동작을 담당하도록 할 것
③ 각종 손잡이는 알맞게 고안하여 피로를 감소시킬 것
④ 될 수 있으면 공구는 두가지 이상의 기능을 조합한 것을 사용할 것
⑤ 손가락이 사용되는 작업은 손가락마다 힘이 같지 않음을 고려할 것
⑥ 각종 레버나 핸들은 작업자가 최소의 움직임으로 사용할 수 있는 위치에 있을 것

> **참고** **동작경제의 원칙(길브레드: Gilbreth)**
>
> 1. 동작능 활용의 원칙
>   ① 발 또는 왼손으로 할 수 있는 것은 오른손을 사용하지 않을 것
>   ② 양손으로 동시에 작업을 시작하고 동시에 끝낼 것
>   ③ 양손이 동시에 쉬지 않도록 함이 좋을 것
>
> 2. 작업량 절약의 원칙
>   ① 적게 운동할 것
>   ② 재료나 공구는 취급하는 부근에 정돈할 것
>   ③ 동작의 수를 줄일 것
>   ④ 동작의 양을 줄일 것
>   ⑤ 물건을 장시간 취급할 때는 장구를 사용할 것
>
> 3. 동작개선의 원칙
>   ① 동작은 자동적으로 리드미컬(Rhythmical)한 순서로 할 것
>   ② 작업점의 높이를 적당히 하고 피로를 줄일 것
>   ③ 관성, 중력, 기계력 등을 이용할 것
>   ④ 양손은 동시에 반대방향으로, 좌우대칭적으로 운동하게 할 것

> **참고** **동작의 합리화를 위한 물리적 조건 및 동작분석의 주목적**
>
> 1. 동작의 합리화를 위한 물리적 조건
>   ① 마찰력을 감소시킨다.
>   ② 접촉면적을 작게 한다.
>   ③ 고유진동을 이용한다.
>   ④ 인체표면에 가해지는 힘을 적게 한다.
>
> 2. 동작분석의 주목적
>   ① 동작계열의 개선
>   ② 표준동작의 설계
>   ③ 모션 마인드(Motion Mind)의 체질화

5 작업측정(work measurement)

1. 작업측정의 정의
작업시스템(work system)을 과학적으로 계획하고 관리하기 위하여 그 활동에 소요되는 시간과 자원을 측정하는 것이다.

2. 작업측정의 목적
① 표준시간의 설정
② 유휴시간(遊休時間)의 제거
③ 작업성과의 측정
④ 작업방법의 우열 비교

3. 작업측정기법
(1) 직접측정법
  ① 시간연구법(Time Study Method)
    ㉠ 스톱워치법(stop watch time study)
    ㉡ 촬영법(film study)
    ㉢ VTR분석법(video tape recorder method)
    ㉣ 컴퓨터분석법(computer aided time study)
  ② 워크샘플링(Work Sampling)법
  간헐적으로 랜덤(random)한 시점에서 연구대상을 순간적으로 관측하여 대상이 처한 상황을 파악하고, 이를 토대로 관측기간 동안에 나타난 항목별로 차지하는 비율을 추정하는 방법이다.

(2) 간접측정법
  ① 표준자료법(Standard Data system)
  과거에 측정한 기록들을 기준으로 동작에 영향을 미치는 요인들을 검토하여 만든 그래프, 표, 함수식 등으로 동작시간을 측정하는 방법이다.
  ② PTS법(Predetermined Time standard System: 기정시간표준법)
  사람이 행하는 작업을 기본동작으로 분류하고, 각 기본동작들은 동작의 성질과 조건에 따라 이미 정해진 기준시간을 적용하여 전체 작업의 정미시간을 구하는 방법이다.
  ③ 실적기록법

> **참고** 작업유형별 적용 작업측정기법
> 1. 작업주기가 짧은 반복작업: 스톱워치법, PTS법
> 2. 작업주기가 길거나 비반복작업(다품종 소량생산작업): 워크샘플링법, 표준자료법
> 3. 고정적 처리시간을 요하는 작업: 표준자료법

4. 표준시간 및 연구
(1) 표준시간의 정의
표준의 작업방법과 설비로 회사에서 요구되는 숙련도와 적성을 갖춘 작업자가 그 회사의 표준적인 관리상태

하에서 생리적으로 유해한 영향을 받는 일이 없이 정상적이라고 인정되는 작업속도로 1단위의 작업량을 완성하는데 필요한 시간을 말한다.

(2) 표준시간의 계산(외경법)

$$표준시간(ST) = 정미시간(NT) \times (1 + 여유율)$$

① 정미시간(NT: Normal Time)
㉠ 매회 또는 일정한 간격으로, 주기적으로 발생하는 작업요소의 수행시간을 말하고, 정상시간이라고도 한다.
㉡
$$정미시간(NT) = 관측시간의\ 대표값(T_0) \times \left(\frac{레이팅계수(R)}{100}\right)$$

ⓐ 관측시간의 대표값은 관측평균시간이다.
ⓑ 레이팅(rating)계수(R)
대상작업자의 실제작업속도와 시간연구자의 정상작업속도와의 비를 말하고 평정계수라고도 한다.

$$레이팅계수(R) = \frac{기준수행도}{평가값} \times 100\% = \frac{정상작업속도}{실제작업속도} \times 100\%$$

② 여유시간(AT: Allowance Time)
사람의 생리적 욕구, 기계고장, 재료의 부족 등 작업지연으로 발생하는 시간을 말한다.

$$여유율(A) = \frac{여유시간}{정미시간} = \frac{여유시간}{총근무시간 - 여유시간}$$

5. 워크샘플링(Work Sampling)의 원리 및 절차

(1) 워크샘플링의 절차
① 목적의 수립
② 허용오차, 신뢰수준 결정
③ 관계되는 사람과 협의
④ 관측계획의 구체화
⑤ 관측 실시

(2) 워크샘플링의 장·단점
① 장점
㉠ 작업자의 작업을 방해하지 않으면서 용이하게 관측을 할 수 있다.
㉡ 한 사람의 평가자가 여러 작업을 동시에 측정할 수 있다.
㉢ 조사기간을 길게 하여 평상시의 작업상황을 그대로 반영시킬 수 있다.
㉣ 연구를 일시 중지하였다가 다시 계속할 수도 있다.
㉤ 특별한 시간측정장비가 필요하지 않다.
㉥ 분석에 소비되는 작업시간이 훨씬 짧은 편이다.

② 단점
- ㉠ 짧은 주기나 반복작업인 경우 적합하지 않다.
- ㉡ 한 대의 기계나 한 명의 작업자를 대상으로 관측하는 경우 비용이 많이 소요된다.
- ㉢ 시간연구법에 비하여 세밀하게 분석되지 않는다.
- ㉣ 작업방법의 변화시 전체적인 연구를 다시 해야 한다.

6. PTS(Predetermined Time standard System)법

(1) PTS법의 종류
① WF(Work Factor)
② MTM(Method Time Measurement)
③ BMT(Basic Motion Time study)
④ DMT(Dimensional Motion Times)

(2) WF(Work Factor)법
① 정의

사람의 작업은 손, 손가락, 팔, 허리, 다리 등의 동작으로 행하여지는데 이와 같은 동작을 시계로 측정하지 않고, 미리 결정되어 있는 표준치를 적용하여 각종 작업의 표준시간을 정하는 방법이다.

② 사람의 육체적 동작시간에 영향을 미치는 요인
- ㉮ 신체의 부위
- ㉯ 이동거리
- ㉰ 물건의 중량 또는 저항
- ㉱ 동작의 난이도(인위적 조절)
    - ㉠ 방향조절(Steer: S)
    - ㉡ 방향변경(U-Turn: U)
    - ㉢ 일정한 정지(Definit Stop: D)
    - ㉣ 주의(Precaution: P)

(3) MTM(Method Time Measurement)법
① 정의

모든 사람이 수행하는 작업 또는 작업방법을 기본동작으로 분석하고, 그 기본동작에 관하여 성질과 조건에 따라 이미 정해진 표준시간값을 적용하여 작업시간을 파악하는 방법이다.

② MTM의 시간값

> 1TMU(Time Measurement Unit) = 0.00001시간 = 0.0006분 = 0.036초
> 1시간 = 100,000TMU

③ MTM법에 사용되는 기본동작과 기호
  ㉠ 운반(Move: M)
  ㉡ 손을 뻗침(Reach: R)
  ㉢ 누름(Apply Pressure: AP)
  ㉣ 회전(Turn: T)
  ㉤ 정치(Position: P)
  ㉥ 잡음(Grasp: G)
  ㉦ 떼어놓음(Disengage: D)
  ㉧ 방치(Release: RL)
  ㉨ 크랭크(Crank: Q)
  ㉩ 눈의 초점맞추기(Eye Focus: EF)
  ㉪ 눈의 이동(Eye Travel: ET)

제2절 시스템위험분석의 기법

1 예비위험분석

1. 정의
① 예비위험분석(PHA: Preliminary Hazards Analysis)은 모든 시스템안전프로그램의 최초단계의 분석으로서 시스템 내의 위험요소가 얼마나 위험한 상태에 있는가를 정성적으로 평가하는 것이다.
② 시스템의 근본적인 위험성을 평가하는 가장 기초적인 위험도분석기법이다.

2. PHA의 목적
시스템의 구상단계에서 시스템 고유의 위험영역을 식별하고, 예상되는 재해의 위험수준을 평가하는데 있다.

3. PHA의 기법
위험의 요소가 어느 서브시스템에 존재하는가를 관찰하는 것으로 다음과 같은 방법이 있다.

(1) 경험에 따른 방법
(2) 기술적 판단에 의한 방법
(3) 체크리스트에 의한 방법

> **참고** OHA와 OSHA
> 1. 운용위험분석(OHA: Operations Hazards Analysis)
>   ① 시스템의 기능, 과업, 활동으로부터 발생되는 위험에 초점을 두고 위험을 분석한다.
>   ② 일반적으로 예비위험분석(PHA)이나 결함위험분석(FHA)보다 간단하다.

③ 시스템의 정의 및 개발단계에서 실행한다.
2. 운용 및 지원위험분석(OSHA: Operations Support Hazards Analysis)
생산, 보전, 시험, 운반, 저장, 비상탈출 등에 사용되는 인원, 설비에 관하여 위험을 동정(同定)하고 제어하며, 인원, 설비의 안전요건을 결정하기 위하여 실시하는 분석기법이다.

2 결함위험분석

1. 정의

결함위험분석(FHA: Fault Hazards Analysis)은 복잡한 시스템에서 공동계약자가 각각의 서브시스템(Sub-system)을 분담하고, 통합계약자가 그것을 통합하는 방식으로 서브시스템의 분석에 사용되는 방법이다.

2. FHA의 기재사항

(1) 요소고장시 시스템의 운용형식
(2) 고장형에 대한 고장률
(3) 요소의 고장형
(4) 서브시스템의 요소
(5) 2차고장
(6) 서브시스템에 대한 고장의 영향
(7) 고장형을 지배하는 뜻밖의 일
(8) 전시스템에 대한 고장의 영향
(9) 위험성의 분류
(10) 기타

3 고장의 형태와 영향분석

1. 정의

고장의 형태와 영향분석(FMEA: Failure Modes and Effects Analysis)은 각 요소의 고장유형과 그 고장이 미치는 영향을 분석하는 방법으로 귀납적이면서 정성적으로 분석하는 기법이다.

> **참고** FMEA
>
> 1. FMEA에서 고장형의 분류
>   ① 개로 또는 개방의 고장
>   ② 폐로 또는 폐쇄의 고장
>   ③ 운전단속의 고장
>   ④ 기동의 고장
>   ⑤ 정지의 고장
>   ⑥ 오작동의 고장
>
> 2. FMEA의 표준실시 절차
>   ① 1단계: 대상시스템의 분석
>   ② 2단계: 고장의 유형과 그 영향의 해석

③ 3단계: 치명도 해석과 그 개선책의 검토
3. FMEA 1단계(대상시스템의 분석)에 해당되는 내용
   ① 기기, 시스템의 구성 및 기능의 전반적 파악
   ② FMEA 실시를 위한 기본방침의 결정
   ③ 기능블록(Block)과 신뢰성 블록(Block)의 작성
4. FMEA 2단계(고장의 유형과 그 영향의 해석)에 해당되는 내용
   ① 고장등급의 평가
   ② 고장형의 예측과 선정
   ③ 상위 아이템(Item)의 고장영향 검토
   ④ 고장원인 상정
   ⑤ 고장검출법의 검토
   ⑥ 고장에 대한 보상법이나 대응법의 검토
   ⑦ FMEA 워크시트(Worksheet)에 기입

2. FMEA의 기재사항

(1) 고장의 형태

(2) 요소의 명칭

(3) 위험성의 분류

(4) 고장의 발견방법

(5) 시정방법

(6) 다른 요소 및 전시스템에 대한 고장의 영향

3. FMEA의 적용순서

(1) 대상으로 하는 시스템의 정의

(2) 논리도(Logic Block Diagram) 작성

(3) 고장모드와 영향을 해석한 표 작성

(4) 결과의 종합

> **참고** FMEA의 평가요소 등
>
> 1. FMEA의 평가요소(고장평점을 결정하는 요소)
>   각 아이템(Item)의 고장모드(Mode)가 어느 정도 치명적인가를 종합적으로 평가하기 위해 중요도 또는 치명도 C를 다음과 같은 식을 사용하여 평가한다.
>
> $$C_r = C_1 \cdot C_2 \cdot C_3 \cdot C_4 \cdot C_5$$
>
>   여기서, C_1: 고장영향의 중대도, C_2: 고장검출의 곤란도, C_3: 고장발생의 빈도, C_4: 고장방지의 가능성, C_5: 고장시정시간의 여유도
>
> 2. FMEA가 가장 유효한 경우
>   설비의 고장발생을 최소로 하고자 하는 경우에 가장 유효하다.

4. FMEA의 장점 및 단점

(1) 장점

① FTA에 비해 서식이 간단하다.

② 비교적 적은 노력으로 특별한 훈련없이 분석(해석)할 수 있다.

(2) 단점

① 두 가지 이상의 요소가 동시에 고장이 나면 분석이 곤란하다.

② 물적요소에 한정되고 있어 인적요소에 대한 분석이 곤란하다.

③ 분석방법에 대한 논리적 배경이 빈약하다.

5. FMEA에 의한 고장의 영향과 발생확률

영향	발생확률(β)
실제의 손실	$\beta = 1.00$
예상되는 손실	$0.10 < \beta < 1.00$
가능한 손실	$0 < \beta \leq 0.10$
영향 없음	$\beta = 0$

> **참고** 고장의 형태와 영향치명도분석(FMECA: Failure Modes Effects Criticality Analysis)
> - 고장의 형태와 영향분석(FMEA)에서 치명도 해석을 포함시킨 분석방법이다.
> - 사업장의 공정 및 설비고장의 형태와 영향, 고장형태별 위험도 순위 등을 결정하는 기법이다.

4 디시전 트리와 사건수 분석

1. 디시전 트리(DT: Decision Trees)

(1) 정의

① 요소의 신뢰도를 이용하여 시스템의 신뢰도를 나타내는 것으로 귀납적이고 정량적인 분석방법이다.

② 디시전 트리가 재해의 분석에 이용될 때에는 이벤트 트리(Event Tree)라고 하며, 이 경우 트리는 재해의 발단이 된 요인에서 출발하여 2차적 원인과 안전수단 등에 의해 분기되고, 최후에는 재해사상에 도달한다.

2. 사건수(사상수) 분석(ETA: Event Tree Analysis)

(1) 정의

① 미국에서 개발된 DT(Decision Tree)에서 변천해 온 것으로 설비의 설계, 심사, 제작, 검사, 보전, 운전, 안전대책의 과정에서 그 대응조치가 성공인가 실패인가를 확대해가는 과정을 검토한다.

② ETA는 FTA와 정반대의 위험해석방법으로 설비의 설계단계에서부터 사용단계에 이르기까지의 위험을 분석하는 기법이다.

③ 사고시나리오에서 연속된 사고(사건)들의 발생경로를 파악하고 평가하기 위한 기법이다.

④ 초기사상에 대하여 Event Tree를 작성하고, 그 사상에서 발생하는 결과를 분석하는 방법으로 귀납적이면서 정량적으로 분석하는 방법이다.

(2) ETA 작성방법
① 시스템 다이어그램에 의해 좌에서 우로 진행한다.
② 각 요소를 나타내는 시점에서 성공사상은 상방에 실패사상은 하방에 분기된다.
③ 분기된 각 사상의 확률의 합은 항상 1이다.
④ 각각의 제곱의 합으로서 최후에 시스템의 안전도가 계산된다.
▶ ETA와 디시전 트리(DT: Decision Trees)의 작성방법은 동일하다.

5 위험도 분석

1. 정의
위험도 분석(CA: Criticality Analysis)은 높은 위험도(Criticality)를 가진 요소 또는 그 고장의 형태에 따른 분석방법이다.

2. 고장형 위험도(Criticality)의 분류(SEA: 미국자동차협회)
(1) 카테고리(Category) Ⅰ: 생명의 상실로 이어질 염려가 있는 고장
(2) 카테고리(Category) Ⅱ: 작업수행의 실패로 이어질 염려가 있는 고장
(3) 카테고리(Category) Ⅲ: 활동의 지연으로 이어진 고장
(4) 카테고리(Category) Ⅳ: 영향없음

> **참고** CA(Criticality Analysis, 위험도 분석)
> 항공기의 안전성 평가에 널리 사용되는 기법으로서 각 중요부품의 고장률, 운용형태, 보정계수, 사용시간비율 등을 고려하여 귀납적, 정량적으로 부품의 위험도를 평가하는 분석기법이다.

6 인간과오율 예측기법

1. 정의
인간과오율 예측기법(THERP: Technique for Human Error Rate Prediction)은 시스템에 있어서 인간의 과오를 정량적으로 평가하기 위하여 개발된 기법이다.

2. 특징
(1) ETA의 변형으로 고리(Loop), 바이패스(By-Pass)를 가질 수가 있고, 인간-기계시스템(Man-Machine System)의 국부적인 상세한 분석에 적합하다.
(2) 서로 다른 상황에서 일으키는 인간의 행위 또는 시행착오간에 상대적으로 인정되는 일정한 비율의 인간과오율을 평가하는데 사용하는 것으로 5개의 스텝(Step)으로 구성된다.

(3) 사고의 원인 가운데 인간의 과오에 기인한 원인분석, 확률을 계산함으로써 제품의 결함을 감소시키고 인간공학적 대책을 수립하는데 사용된다.

7 MORT

1. 정의

MORT(Management Oversight and Risk Tree)는 미국에너지연구개발청(ERDA)의 존슨(Johnson)에 의해 1990년 개발된 시스템안전프로그램이다.

2. 특징

트리(Tree)를 중심으로 FTA와 같은 논리기법을 이용하여 설계, 생산, 관리, 보전 등 광범위하게 안전을 도모하는 것으로 고도의 안전달성을 목적으로 한 것이다(원자력산업에 이용).

> **참고** 위험 및 운전성분석(HAZOP)
>
> 1. HAZOP(Hazard and Operability: 위험 및 운전성분석)
>   화학공장에서의 위험성과 운전성을 정해진 규칙과 설계도면에 의해 체계적으로 분석 평가하는 방법이다.
> 2. 위험 및 운전성분석(HAZOP)의 전제조건
>   ① 두개 이상의 기기고장이나 사고는 일어나지 않는 것으로 간주한다.
>   ② 조작자는 위험상황이 일어났을 때 그것을 인식할 수 있고, 충분한 시간이 있는 경우 필요한 조치사항을 취하는 것으로 간주한다.
>   ③ 장치 자체는 설계 및 제작사양에 맞게 제작된 것으로 간주한다.
>   ④ 이상발생시 안전장치는 작동하는 것으로 간주한다.
> 3. 위험 및 운전성분석(HAZOP)의 유인어(Guide Words)
>   ① More 또는 Less: 양의 증가 또는 감소
>   ② Other Than: 완전한 대체의 필요
>   ③ As Well As: 성질상의 증가
>   ④ Part Of: 성질상의 감소
>   ⑤ NO 또는 NOT: 설계의도의 완전한 부정
>   ⑥ Reverse: 설계의도와 논리적인 역
> 4. 위험 및 운전성분석(HAZOP)의 특징
>   ① 화학공장의 화학설비위험성을 주로 평가하는 기법이다.
>   ② 처음에는 과거의 경험이 부족한 새로운 기술을 적용하는 화학공정설비에 대하여 실시할 목적으로 개발되었다.
>   ③ 화학설비 전체보다 위험요소가 예상되는 부문에 대하여 상세하게 평가한다.
> 5. 위험 및 운전성분석(HAZOP)에 사용되는 양식
>
>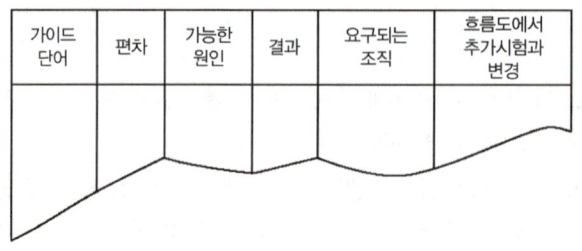

적중문제 CHAPTER 5 | 시스템 위험성 추정 및 결정

01 시스템안전관리의 내용에 해당하지 않는 것은?

① 시스템안전프로그램의 해석과 검토 및 평가
② 안전활동의 계획 및 조직과 관리
③ 시스템안전에 필요한 사항의 동일성 식별
④ 다른 시스템프로그램 영역의 배제

해설 다른 시스템프로그램 영역과의 조정이 시스템안전관리의 내용에 해당한다.

정답 ④

02 시스템안전프로그램에 있어 시스템의 수명주기를 일반적으로 5단계로 구분할 수 있는데 다음 중 시스템 수명주기의 단계에 해당하지 않는 것은?

① 구상단계 ② 생산단계
③ 운용단계 ④ 분석단계

해설 시스템 수명주기의 단계는 구상단계 – 사양결정(정의)단계 – 설계(개발)단계 – 제작(생산)단계 – 조업(운전, 운용)단계로 구분되며, 분석단계는 해당하지 않는다.

정답 ④

03 시스템안전기술관리를 정립하기 위한 절차로 가장 적절한 것은?

① 안전분석 → 안전사양 → 안전설계 → 안전확인
② 안전분석 → 안전사양 → 안전확인 → 안전설계
③ 안전사양 → 안전설계 → 안전분석 → 안전확인
④ 안전사양 → 안전분석 → 안전확인 → 안전설계

해설 시스템안전기술관리를 정립하기 위한 절차는 안전분석(제1단계) → 안전사양(제2단계) → 안전설계(제3단계) → 안전확인(제4단계) 순서로 이어진다.

정답 ①

04 시스템안전프로그램계획(SSPP)에 포함되어야 할 사항으로 적절하지 않은 것은?

① 안전자료의 수집과 갱신
② 시스템안전의 기준 및 해석
③ 위험요인에 대한 구체적인 개선대책
④ 경과와 결과의 보고

해설 위험요인에 대한 구체적인 개선대책은 시스템안전프로그램계획에 포함되어야 할 사항에 해당하지 않는다.

관련이론 시스템안전프로그램계획(SSPP)에 포함되어야 할 사항
- 안전자료의 수집과 갱신
- 시스템안전의 기준 및 해석
- 경과와 결과의 보고
- 계획의 개요
- 안전보건조직
- 계약조건
- 관련 부문과의 조정
- 안전성 평가

정답 ③

05 MIL-STD-882B에서 시스템안전 필요사항을 충족시키고 확인된 위험을 해결하기 위한 우선권을 정하는 순서로 옳은 것은?

① 최초 리스크를 위한 설계 → 안전장치 설치 → 경보장치 채택 → 절차 및 교육훈련 개발
② 최초 리스크를 위한 설계 → 경보장치 채택 → 안전장치 설치 → 절차 및 교육훈련 개발
③ 절차 및 교육훈련 개발 → 최초 리스크를 위한 설계 → 경보장치 채택 → 안전장치 설치
④ 절차 및 교육훈련 개발 → 최초 리스크를 위한 설계 → 안전장치 설치 → 경보장치 채택

해설 MIL-STD-882B(미국방성 시스템안전 표준규격)에서 우선권을 정하는 순서는 다음과 같다.
최초 리스크를 위한 설계 → 안전장치 설치 → 경보장치 채택 → 절차 및 교육훈련 개발

정답 ①

06 A제지회사의 유아용 화장지 생산공정에서 작업자의 불안전한 행동을 유발하는 상황이 자주 발생하고 있다. 이를 해결하기 위한 개선의 ECRS에 해당하지 않는 것은?

① Eliminate   ② Combine
③ Rearrange   ④ Standard

해설 개선의 ECRS는 제거(Eliminate), 결합(Combine), 재조정(Rearrange), 단순화(Simplify)이며, Standard는 해당하지 않는다.

정답 ④

07 작업표준 작성의 기초가 되는 것은?

① 최소비용의 원칙   ② 동작경제의 원칙
③ 하인리히의 원칙   ④ 볼트만의 법칙

해설 작업표준 작성의 기초가 되는 것은 동작경제의 원칙이다.

정답 ②

08 동작의 효율을 높이기 위한 동작경제의 원칙으로 볼 수 없는 것은?

① 신체사용에 관한 원칙
② 작업장의 배치에 관한 원칙
③ 공구 및 설비디자인에 관한 원칙
④ 복수작업자 분석에 관한 원칙

해설 복수작업자 분석에 관한 원칙은 동작경제의 원칙에 해당하지 않는다.

관련이론 **동작경제의 원칙(반즈: Barnes)**
- 신체사용에 관한 원칙
- 작업장의 배치에 관한 원칙
- 공구 및 설비디자인에 관한 원칙

정답 ④

09 동작경제의 원칙 중 작업장 배치에 관한 원칙에 해당하는 것은?

① 공구의 기능을 결합하여 사용하도록 한다.
② 두 팔의 동작은 동시에 서로 반대방향으로 대칭적으로 움직이도록 한다.
③ 가능하다면 쉽고도 자연스러운 리듬이 작업동작에 생기도록 작업을 한다.
④ 공구나 재료는 작업동작이 원활하게 수행되도록 그 위치를 정해준다.

해설 공구나 재료는 작업동작이 원활하게 수행되도록 그 위치를 정해준다는 것은 동작경제의 원칙 중 작업장 배치에 관한 원칙에 해당된다.

선지분석 ① 공구 및 설비디자인에 관한 원칙이다.
②, ③ 신체사용에 관한 원칙이다.

정답 ④

10 예비위험분석(PHA)의 목적으로 가장 적절한 것은?

① 시스템의 구상단계에서 시스템 고유의 위험상태를 식별하여 예상되는 위험수준을 결정하기 위한 것이다.
② 시스템에서 사고위험성이 정해진 수준 이하에 있는 것을 확인하기 위한 것이다.
③ 시스템 내의 사고의 발생을 허용레벨까지 줄이고 어떠한 안전상에 필요사항을 결정하기 위한 것이다.
④ 시스템의 모든 사용단계에서 모든 작업에 사용되는 인원 및 설비 등에 관한 위험을 분석하기 위한 것이다.

해설 예비위험분석(PHA)의 목적은 시스템의 구상단계에서 시스템 고유의 위험상태를 식별하여 예상되는 위험수준을 결정하기 위한 것이다.

정답 ①

11 복잡한 시스템을 설계가동하기 전의 구상단계에서 시스템의 근본적인 위험성을 평가하는 가장 기초적인 위험도 분석기법은 무엇인가?

① 결함수분석(FTA)
② 예비위험분석(PHA)
③ 고장의 형태와 영향분석(FMEA)
④ 운용안전성분석(OSA)

해설 복잡한 시스템을 설계가동하기 전의 구상단계에서 시스템의 근본적인 위험성을 평가하는 가장 기초적인 위험도 분석기법은 예비위험분석(PHA)이다.

정답 ②

12 시스템안전 해석방법 중 HAZOP에서 완전한 대체의 필요를 의미하는 유인어는?

① Not
② Reverse
③ Part Of
④ Other Than

해설 시스템안전 해석방법 중 HAZOP에서 완전한 대체의 필요를 의미하는 유인어는 Other Than이다.

선지분석
① 설계의도의 완전부정을 의미한다.
② 설계의도와 논리적인 역을 의미한다.
③ 성질상의 감소를 의미한다.

정답 ④

13 시스템이나 서브시스템 위험분석을 위하여 일반적으로 사용되는 전형적인 정성적, 귀납적 분석기법으로 시스템에 영향을 미치는 모든 요소의 고장을 형태별로 분석하여 그 영향을 검토하는 분석기법은?

① PHA
② FMEA
③ SSHA
④ ETA

해설 시스템이나 서브시스템 위험분석을 위하여 일반적으로 사용되는 전형적인 정성적, 귀납적 분석기법으로 시스템에 영향을 미치는 모든 요소의 고장을 형태별로 분석하여 그 영향을 검토하는 분석기법은 FMEA(고장의 형태와 영향분석)이다.

정답 ②

14 고장형의 형태와 영향분석(FMEA)에서 고장형의 분류에 해당되지 않는 것은?

① 노출 또는 개방된 고장
② 폐로 또는 폐쇄의 고장
③ 운전단속의 고장
④ 기동의 고장과 정지의 고장

해설 노출 또는 개방의 고장은 고장형의 분류에 해당하지 않는다.

관련이론 **FMEA에서 고장형의 분류**
• 폐로 또는 폐쇄의 고장
• 운전단속의 고장
• 기동의 고장과 정지의 고장
• 오작동의 고장
• 개로 또는 개방의 고장

정답 ①

15 고장의 형태와 영향분석(FMEA)에서 위험등급의 분류에 해당되지 않는 것은?

① 개연성(Probability)
② 무시(Negligible)
③ 한계적(Marginal)
④ 위기적(Critical)

해설 개연성(Probability)은 위험등급의 분류에 해당하지 않는다.

관련이론 **고장의 형태와 영향분석(FMEA)에서 위험등급의 분류**
• 카테고리-Ⅰ 파국(Catastrophic), 재앙수준
• 카테고리-Ⅱ 위기적(Critical), 임계수준
• 카테고리-Ⅲ 한계적(Marginal)
• 카테고리-Ⅳ 무시가능(Negligible)

정답 ①

16 FMEA에 의한 분석에서 고장이 상위의 조립품이나 작업 그리고 인원에 미치는 영향의 발생확률(β)을 정량화한 것 중 예상되는 손실의 β범위로 옳은 것은?

① $\beta = 1.00$
② $0.10 < \beta < 1.00$
③ $0 < \beta \leq 0.10$
④ $\beta = 0$

해설 예상되는 손실의 β범위는 $0.10 < \beta < 1.00$이다.

관련이론 FMEA에 의한 고장의 영향과 발생확률

영향	발생확률(β)
실제의 손실	$\beta = 1.00$
예상되는 손실	$0.10 < \beta < 1.00$
가능한 손실	$0 < \beta \leq 0.10$
영향 없음	$\beta = 0$

정답 ②

17 시스템 위험분석기법 중 고장의 형태와 영향분석(FMEA)에서 고장등급의 평가요소에 해당하지 않는 것은?

① 기능적 고장영향의 중요도
② 영향을 미치는 시스템의 범위
③ 고장발생의 빈도
④ 고장의 영향크기

해설 고장의 영향크기는 고장등급의 평가요소에 해당하지 않는다.

관련이론 FMEA에서 고장등급의 평가요소
다음의 평가요소 중 선택하여 고장 평점을 계산하고 등급을 결정한다.
C_1: 기능적 고장영향의 중요도
C_2: 고장검출의 곤란도
C_3: 고장발생의 빈도
C_4: 고장방지의 가능성
C_5: 고장시정시간의 여유도

정답 ④

18 FMEA의 특징에 대한 설명으로 옳지 않은 것은?

① 해석의 영역이 물체에 한정되기 때문에 인적원인의 해석이 곤란하다.
② 시스템 해석기법은 정성적, 귀납적 분석법 등에 사용된다.
③ 양식이 비교적 간단하고 적은 노력으로 특별한 훈련없이 해석이 가능하다.
④ 논리적인 해석에 강하며, 동시에 2가지 이상의 요소가 고장나는 경우에는 적합하다.

해설 논리적인 해석에 약하며, 동시에 2가지 이상의 요소가 고장나는 경우에는 적합하지 않다.

정답 ④

19 다음은 위험분석기법 중 어떠한 기법에 사용되는 양식인가?

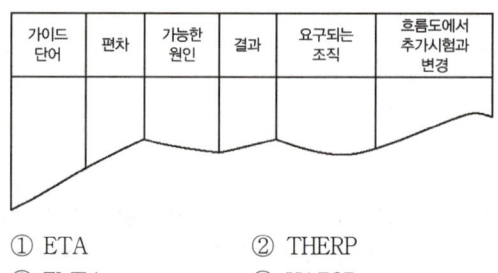

① ETA
② THERP
③ FMEA
④ HAZOP

해설 HAZOP(Hazard and Operability, 위험 및 운전성분석)에 사용되는 양식이며, 이는 화학공장에서의 위험성과 운전성을 정해진 규칙과 설계도면에 의해 체계적으로 분석 평가하는 방법이다.

정답 ④

20 다음 설명의 ( ) 안에 알맞은 용어가 바르게 짝지어진 것은?

> (㉠): FTA와 동일의 논리적 방법을 사용하여 관리, 설계, 생산, 보전에 대한 넓은 범위에 걸쳐 안전성을 확보하려는 시스템안전프로그램
> (㉡): 사고시나리오에서 연속된 사건들의 발생경로를 파악하고 평가하기 위한 귀납적이고 정량적인 시스템안전프로그램

	㉠	㉡
①	ETA	MORT
②	MORT	ETA
③	MORT	PHA
④	PHA	ETA

해설
- FTA와 동일의 논리적 방법을 사용하여 관리, 설계, 생산, 보전에 대한 넓은 범위에 걸쳐 안전성을 확보하려는 시스템안전프로그램은 MORT이다.
- 사고시나리오에서 연속된 사건들의 발생경로를 파악하고 평가하기 위한 귀납적이고 정량적인 시스템안전프로그램은 ETA이다.

정답 ②

21 디시전 트리(Decision Tree)를 재해분석에 이용한 경우의 분석법으로 설비의 설계단계로부터 사용단계까지의 각 단계에서 위험을 분석하는 귀납적, 정량적 분석방법은?

① ETA ② FMEA
③ THERP ④ CA

해설 ETA에 대한 설명이다.

선지분석
② FMEA(Failure Modes and Effects Analysis)는 고장의 형태와 영향분석방법이다.
③ THERP(Technique for Human Error Rate Prediction)는 인간과오율 예측기법이다.
④ CA(Criticality Analysis)는 위험도 분석방법이다.

정답 ①

22 위험도분석(CA: Criticality Analysis)에서 설비고장에 따른 위험도를 4가지로 분류하고 있다. 이 중 생명의 상실로 이어질 염려가 있는 고장의 분류에 해당하는 것은?

① Category Ⅰ ② Category Ⅱ
③ Category Ⅲ ④ Category Ⅳ

해설 생명의 상실로 이어질 염려가 있는 고장의 분류에 해당하는 것은 Category Ⅰ이다.

관련이론 위험도분석(CA: Criticality Analysis)에서 설비고장에 따른 위험도의 4가지 분류(SEA: 미국자동차협회)
- Category Ⅰ: 생명의 상실
- Category Ⅱ: 작업수행의 실패
- Category Ⅲ: 활동의 지연
- Category Ⅳ: 영향없음

정답 ①

23 시스템안전분석방법 중 관리, 설계, 생산, 보전 등 전반적인 광범위한 분야에서 안전성을 확보하기 위한 기법으로 이미 상당한 안전이 확보되어 있는 장소에서 더 고도의 안전달성을 목적으로 하는 것은?

① ETA ② FMEA
③ MORT ④ THERP

해설 시스템안전 분석방법 중 관리, 설계, 생산, 보전 등 전반적인 광범위한 분야에서 안전성을 확보하기 위한 기법으로 이미 상당한 안전이 확보되어 있는 장소에서 더 고도의 안전달성을 목적으로 하는 것은 MORT(Management Oversight and Risk Tree)이다.

정답 ③

24 HAZOP의 전제조건으로 적합하지 않은 것은?

① 이상발생시 안전장치는 동작하지 않는 것으로 간주한다.
② 두 개 이상의 기기고장이나 사고는 일어나지 않는 것으로 간주한다.
③ 장치 자체는 설계 및 제작사양에 맞게 제작된 것으로 간주한다.
④ 조작자는 위험상황이 일어났을 때 그것을 인식할 수 있고, 충분한 시간이 있는 경우 필요한 조치사항을 취하는 것으로 간주한다.

해설 이상발생시 안전장치는 동작하는 것으로 간주한다.

관련이론 위험 및 운전성분석(HAZOP)의 유인어(Guide Words)
- More 또는 Less: 양의 증가 또는 감소
- Other Than: 완전한 대체의 필요
- As Well As: 성질상의 증가
- Part Of: 성질상의 감소
- NO 또는 NOT: 설계의도의 완전한 부정
- Reverse: 설계의도와 논리적인 역

정답 ①

25 위험 및 운전성분석(HAZOP) 수행에 가장 좋은 시점은 어느 단계인가?

① 구상단계 ② 생산단계
③ 개발단계 ④ 설치단계

해설 위험 및 운전성분석(HAZOP) 수행에 가장 좋은 시점은 개발단계이다.

정답 ③

26 다음 중 작업측정에 관한 설명으로 틀린 내용은?

① TV조립 공정과 같이 짧은 주기의 작업은 시간연구법이 좋다.
② 레이팅(rating)은 측정작업을 보통속도로 변환하여 주는 과정이다.
③ 정미시간은 반복생산에 요구되는 여유시간을 포함한다.
④ 인적여유는 생리적 욕구에 의해 작업이 지연되는 시간을 말한다.

해설 정미시간(NT: Normal Time)은 매회 또는 일정한 간격으로, 주기적으로 발생하는 작업요소의 수행시간이다.

정답 ③

27 간헐적으로 랜덤(random)한 시점에서 연구대상을 순간적으로 관측하여 대상이 처한 상황을 파악하고, 이를 토대로 관측시간 동안에 나타난 항목별로 차지하는 비율을 추정하는 방법은?

① PTS법
② 워크샘플링
③ 웨스팅하우스법
④ 스톱워치를 이용한 시간연구

해설 워크샘플링(Work Sampling)에 관한 설명이다.

정답 ②

28 다음 중 사람이 행하는 작업을 기본동작으로 분류하고, 각 기본동작들은 동작의 성질과 조건에 따라 이미 정해진 기준시간을 적용하여 전체작업의 정미시간을 구하는 방법은?

① PTS법   ② Work Sampling법
③ Therbling 분석 ④ Rating법

해설 PTS법(predetermined time standard)에 관한 설명이다.

정답 ①

29 다음 중 표준시간에 대한 설명으로 적절하지 않은 것은?

① 숙련된 작업자가 특정의 작업 페이스(pace)로 수행하는 작업시간의 개념이다.
② 표준시간에는 여유율의 개념이 포함되어 있다.
③ 표준시간에는 수행도평가(Performacne Rating) 값이 포함되어 있다.
④ 이론상으로는 작업시간을 실제로 측정하지 않아도 표준시간을 결정할 수 있다.

해설 숙련된 작업자가 정상적인 작업 페이스(pace)로 수행하는 작업시간의 개념이다가 옳은 내용이다.

정답 ①

30 평균관측시간이 1분, 레이팅계수가 110%, 여유시간이 하루 8시간 근무 중에서 24분일 때 외경법을 적용하면 표준시간은 약 얼마인가?

① 1.235분　② 1.135분
③ 1.255분　④ 1.155분

해설
- 여유율(A) = $\dfrac{\text{여유시간}}{\text{정미시간}}$

  $= \dfrac{24}{480-24} = 0.05$

- 정미시간(NT) = 관측시간 대표값 × ($\dfrac{\text{레이팅계수}}{100}$)

  $= 1 \times (\dfrac{110}{100}) = 1.1$분

- 표준시간(ST) = 정미시간 × (1 + 여유율)

  $= 1.1 \times (1 + 0.05) = 1.155$분

정답 ④

31 다음 중 워크샘플링(Work Sampling)에 대한 설명으로 옳은 것은?

① 시간연구법보다 더 정확하다.
② 자료수집 및 분석시간이 길다.
③ 컨베이어작업처럼 짧은 주기의 작업에 알맞다.
④ 관측이 순간적으로 이루어져 작업에 방해가 적다.

해설 워크샘플링은 관측이 순간적으로 이루어져 작업자의 작업을 방해하지 않으면서 용이하게 관측을 할 수 있다.

정답 ④

32 다음 중 일반적인 시간연구방법과 비교하여 워크샘플링법의 장점이 아닌 것은?

① 분석자에 의해 소비되는 총작업시간이 훨씬 적은 편이다.
② 특별한 시간측정 장비가 별도로 필요하지 않는 간단한 방법이다.
③ 관측항목의 분류가 자유로워 작업현황을 세밀하게 관찰할 수 있다.
④ 한 사람의 평가자가 여러 작업을 동시에 측정할 수 있다.

해설 워크샘플링법은 시간연구법에 비하여 세밀하게 분석되지 않는 단점이 있다.

정답 ③

33 WF(Work Factor)분석법 중 동작의 난이도를 결정하는 요소에 해당되지 않는 것은?

① 일정한 정지   ② 방향조절
③ 방향변경   ④ 동작의 거리

해설 WF(Work Factor)분석법 중 동작의 난이도를 결정하는 요소는 다음과 같다.
- 방향조절(S)
- 일정한 정지(D)
- 방향변경(U)
- 주의(P)

정답 ④

34 다음 중 7TMU(Time Measurement Unit)를 초 단위로 환산하면 몇 초인가?

① 0.025초   ② 0.252초
③ 1.26초   ④ 2.52초

해설 • 1TMU = 0.00001시간 = 0.0006분 = 0.036초
∴ 7 × 0.036 = 0.252초

정답 ②

35 MTM(Method Time Measurement)법에서 사용되는 기호와 기본동작의 연결이 올바른 것은?

① R: 손을 뻗침   ② G: 회전
③ T: 잡음   ④ P: 누름

해설 MTM법에서 사용되는 기호는 다음과 같다.

기호	기본동작
M	운반(Move)
R	손을 뻗침(Reach)
AP	누름(Apply Pressure)
T	회전(Turn)
P	정치(Position)
G	잡음(Grasp)
D	떼어놓음(Disengage)
RL	방치(Release)
K	크랭크(Crank)
EF	눈의 초점맞추기(Eye Focus)
ET	눈의 이동(Eye Travel)

정답 ①

CHAPTER 6 | 결함수분석

제1절 결함수분석법(FTA: Fault Tree Analysis)

1 정의 및 특징

1. FTA의 정의

우주항공 분야에서 개발되어 신형 무기산업, 항공기 설계 등에도 적용되는 생산안전관리기법이다.

(1) FTA는 결함수법, 결함관련수법, 고장의 목분석법 등의 뜻을 나타내는 것으로 기계, 설비, 인간 – 기계시스템(Man – Machine System)의 고장이나 재해의 발생요인을 FT도표에 의하여 분석하는 방법이다.

(2) FTA는 고장이나 재해요인의 정성적인 분석뿐만 아니라 개개의 요인이 발생하는 확률을 얻을 수 있으며 재해발생 후의 규명보다 재해발생 이전의 예측기법으로서의 활용가치가 높다.

2. FTA의 특징

정상사상인 재해현상으로부터 기본사상인 재해원인을 향해 연역적인 분석을 행하므로 재해현상과 재해원인의 상호관련을 정확하게 해석하여 안전대책을 검토할 수 있다.

> **참고** 결함수분석법(FTA)의 특징
>
> ① Top Down형식(하향형식)
> ② 정성적, 정량적 해석의 기능
> ③ 특정사상에 대한 해석
> ④ 논리기호를 사용한 해석
> ⑤ 사고원인 규명의 연역적 해석 가능
> ⑥ 잠재위험의 효율적 분석
> ⑦ 기능적 결함의 원인분석 용이
> ⑧ 정성적 분석보다 정량적 분석시 논리의 한계성을 더 느낌
> ⑨ 짧은 시간에 분석이 가능하고 비전문가도 쉽게 할 수 있음
> ⑩ 한눈에 알기 쉽게 트리(Tree)상으로 표현 가능
> ⑪ 왓슨(Watson)이 최초로 군용으로 고안하였음
> ⑫ 새로운 시스템의 개발과 설계 및 생산지에 안전관리 측면에서 적용되는 방법

3. FTA의 작성시기

(1) 재해가 발생하였을 경우
(2) 기계설비를 설치 가동할 경우
(3) 위험 내지는 고장의 우려가 있거나 그러한 사유가 발생하였을 경우

2 FTA의 사상기호 및 논리기호

번호	기호	명칭	내용
1		결함사상	• 두가지 상태 중 하나가 고장 또는 결함으로 나타나는 비정상적인 사상이다. • 좀 더 발전시켜야 하는 사상이다.
2		기본사상	• 더 이상 전개되지 않는 기본적인 사상이다. • 더 이상 분석할 필요가 없는 사상이다. • 발생확률이 단독으로 얻어지는 낮은 레벨(Level)의 기본적인 사상이다.
3		기본사상 (인간의 실수)	
4		통상사상	• 통상 발생이 예상되는 사상이다. • 정상적인 가동상태에서 일어날 것이 기대되는 사상이다.
5		생략사상	• 정보부족, 해석기술의 불충분으로 더 이상 전개할 수 없는 사상이다. • 작업진행에 따라 해석이 가능할 때는 다시 속행한다. • 사람의 실수가 있는 경우 점선으로 나타내는 사상이다.
6		생략사상 (인간의 실수)	
7		전이기호 (IN)	• FT도상에서 다른 부분에의 이행 또는 연결을 나타낸다. • 삼각형 정상의 선은 정보의 전입 루트(Root)를 뜻한다.
8		전이기호 (OUT)	• FT도상에서 다른 부분으로의 이행 또는 연결을 나타낸다. • 삼각형 옆의 선은 정보의 전출을 뜻한다.
9		전이기호 (수량이 다르다)	전입하는 부분이 전출하는 부분과 내용은 같지만 수량이 다른 경우에 사용하는 사상이다.
10		AND게이트	모든 입력사상이 공존할 때만이 출력사상이 발생한다.
11		OR게이트	입력사상 중 어느 것이나 하나만 존재해도 출력사상이 발생한다.
12	입력 출력 조건	억제게이트	입력사상에 대하여 이 게이트로 나타내는 조건이 만족하는 경우에만 출력사상이 발생한다.
13		부정게이트	입력사상의 반대현상이 출력되는 게이트이다

14		우선적 AND게이트	입력현상 중에 어떤 현상이 다른 현상보다 먼저 일어날 때에 출력사상이 발생한다.
15		조합 AND게이트	3개 이상의 입력사상 중에 2개가 존재하면 출력사상이 발생한다.
16		배타적 OR게이트	OR게이트지만 2개 또는 그 이상의 입력이 동시에 존재하는 경우에는 출력사상이 발생하지 않는다.
17		위험지속기호 (위험지속 AND게이트)	• 입력현상이 생겨 어떤 일정한 시간이 지속될 때 출력사상이 발생한다. • 만약 그 시간이 지속되지 않으면 출력사상은 발생하지 않는다.

▶ 1~9: 사상(event)기호
　10~13: 논리(gate)기호
　14~17: 수정(조건)기호

3 FTA의 작성순서

(1) 분석대상이 되는 시스템(System)을 정의한다.
(2) 정상사상의 원인이 되는 기초사상을 분석한다.
(3) 정상사상과의 관계는 논리게이트를 이용하여 도해화한다.
(4) 이전 단계에서 결정된 사상이 조금 더 전개가 가능한지 점검한다.
(5) FT를 간소화한다.
(6) 정성적, 정량적으로 해석, 평가한다.

> **참고** FTA의 절차
> 시스템의 정의 → FT의 작성 → 정성적 평가 → 정량적 평가

4 FT의 수정

1. 트리(Tree)의 간략화
모든 사상이 ANDGate로 이어져 있는 트리(Tree)의 부분, 모든 사상이 ORGate로 이어져 있는 트리(Tree)의 부분을 간략화할 수 있다.

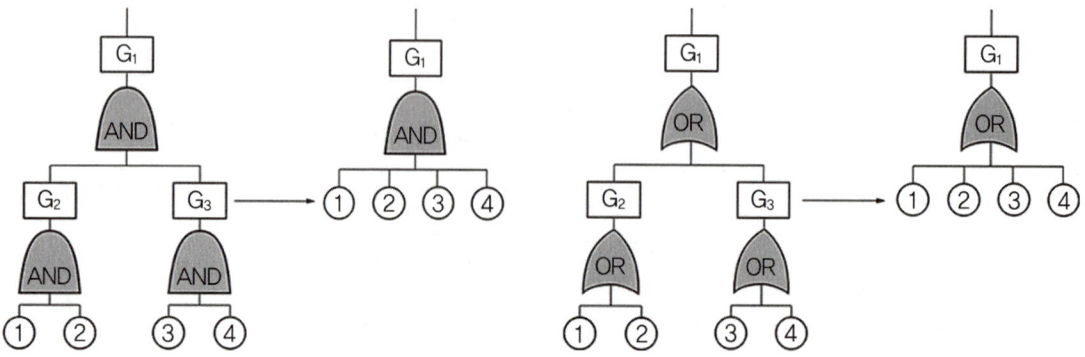

> **참고** 결함수분석법(FTA)을 적용할 필요가 있는 경우
> ① 여러가지 지원시스템이 관련된 경우
> ② 시스템의 강력한 상호작용이 있는 경우
> ③ 바람직하지 않은 사상 때문에 하나 이상의 시스템이나 기능이 정지될 수 있는 경우
> ④ 설계특성상 바람직하지 않은 사상이 시스템에 영향을 주는 경우

2. 체리턴(D.R. Cherition)의 FTA에 의한 재해사례연구 순서
(1) 제1단계: 톱(TOP)사상의 선정
(2) 제2단계: 각 사상의 재해원인의 규명
(3) 제3단계: FT도의 작성
(4) 제4단계: 개선계획의 작성

5 결함수분석법의 기대효과(FTA의 기대효과)

(1) 사고원인 분석의 정량화
(2) 사고원인 규명의 간편화
(3) 사고원인 분석의 일반화
(4) 시스템결함 진단
(5) 사고원인 분석에 대한 노력, 시간의 절감
(6) 안전점검표 작성
(7) 사고원인 규명의 연역적 해석 가능
(8) 재해발생 후의 원인규명보다 재해예방을 위한 예측기법으로 활용가치가 높음
(9) 복잡하고 대형화된 시스템의 신뢰성 분석 및 안전성 분석 가능

제2절 정성적, 정량적 분석

1 확률사상의 계산

1. 논리적(곱)의 확률

$$q(A \cdot B \cdot C \cdot \cdots \cdot N) = qA \cdot qB \cdot qC \cdot \cdots \cdot qN$$

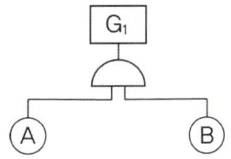

A의 발생확률이 0.1, B의 발생확률이 0.2라고 할 때
G_1의 발생확률 → $G_1 = A \times B = 0.1 \times 0.2 = 0.02$

2. 논리화(합)의 확률

$$q(A + B + C + \cdots + N)$$
$$= 1 - (1 - qA)(1 - qB)(1 - qC) \cdots (1 - qN)$$

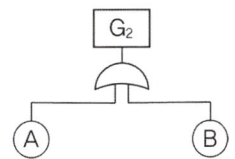

A의 발생확률이 0.1, B의 발생확률이 0.2라고 할 때
G_2의 발생확률 → $G_2 = 1 - (1 - 0.1)(1 - 0.2) = 0.28$

2 컷셋과 패스셋

1. 컷셋(Cut Set)

(1) 정의
 ① 그 속에 포함되어 있는 모든 기본사상이 일어났을 때 정상사상을 일으키는 기본사상의 집합이다.
 ② 시스템 고장을 유발시키는 기본고장들의 집합이다.

(2) 최소 컷셋(Minimal Cut Sets)
 ① 컷셋 중 그 부분집합만으로는 정상사상을 일으키는 일이 없는 것, 즉 정상사상을 일으키기 위해 필요한 최소한의 컷셋이다.
 ② 최소 컷셋은 어느 고장이나 에러를 일으키면 재해가 일어나는가 하는 것, 즉 시스템의 위험성을 나타내는 것이다.
 ③ 최소 컷셋은 시스템의 기능을 마비시키는 사고요인의 집합이다.
 ④ 최소 컷셋은 시스템의 고장을 발생시키는 최소한의 컷셋을 의미한다.
 ⑤ 최소 컷셋은 사고에 대한 시스템의 약점을 표현한다.
 ⑥ 최소 컷셋은 컷셋 중에서 다른 컷셋을 포함하고 있는 것을 배제하고 남은 컷셋들을 의미한다.
 ⑦ 시스템에서 최소 컷셋의 사상개수가 늘어나면 위험수준은 높아진다.

2. 패스셋(Path Set)

(1) 정의
① 그 속에 포함되는 기본사상이 일어나지 않을 때 처음으로 정상사상이 일어나지 않는 기본사상의 집합이다.
② 시스템이 고장나지 않도록 하는 사상의 집합이다.
③ 시스템을 성공적으로 작동시키는 경로의 집합을 의미한다.

(2) 최소 패스셋(Minimal Path Sets)
① 어느 고장이나 에러를 일으키지 않으면 재해가 일어나지 않는다는 것, 즉 시스템의 신뢰성을 나타내는 것이다.
② 최소 패스셋은 시스템의 기능을 살리는 요인의 집합이다.
③ 시스템에서 최소 패스셋의 사상개수가 적어지면 위험수준은 높아진다.

> **참고** FTA 관련 기타 사항
>
> 1. FTA의 중요도 지수
>   ① 구조중요도
>   ② 확률중요도
>   ③ 치명중요도
> 2. 불대수(Boolean Algebra)의 관계식
>
> | | |
> |---|---|
> | 분배법칙 | $A \cdot (B+C) = A \cdot B + A \cdot C$
$A + (B \cdot C) = (A+B) \cdot (A+C)$
$A + AB = A(1+B) = A$
$A \cdot (A+B) = (A \cdot A) + (A \cdot B) = A + (A \cdot B) = A(1+B) = A$ |
> | 교환법칙 | $A+B = B+A \quad A \cdot B = B \cdot A$ |
> | 결합법칙 | $A+(B+C) = (A+B)+C$
$A \cdot (B \cdot C) = (A \cdot B) \cdot C$ |
> | 항등법칙 | $A+0 = A \quad A+1 = 1$
$A \cdot 0 = 0 \quad A \cdot 1 = A$ |
> | 멱등법칙 | $A+A = A \quad A \cdot A = A$ |
> | 보수법칙 | $A + \overline{A} = 1 \quad A \cdot \overline{A} = 0$ |
> | 복원법칙 | $\overline{\overline{A}} = A$ |
> | 드 모르간의 정리 | $\overline{(A+B)} = \overline{A} \cdot \overline{B} \quad \overline{(A \cdot B)} = \overline{A} + \overline{B}$ |
>
> 3. FTA의 최소컷셋을 구하는 알고리즘(Algorithm: 어떤 문제를 해결하는 절차)
>   ① Boolean algorithm
>   ② Fussel algorithm
>   ③ Limnios and Ziani algorithm
>   ④ MOCUS algorithm

적중문제 CHAPTER 6 | 결함수분석

01 결함수분석법(FTA)에 대한 설명으로 옳지 않은 것은?

① 재해발생 후의 원인규명보다 재해예방을 위한 예측기법으로 활용가치가 높다.
② 재해발생요인을 논리적 도표에 의해 분석하는 기법이다.
③ 일정의 약속된 기호에 의하여 논리적 순서에 따라 논리의 한계까지 전개한다.
④ 정량적 분석시보다 정성적 분석시 논리의 한계성을 더 느낀다.

해설 정성적 분석시보다 정량적 분석시 논리의 한계성을 더 느낀다.

정답 ④

02 결함수분석법(FTA)의 특징이 아닌 것은 어느 것인가?

① Bottom up형식
② Top down형식
③ 특정사상에 대한 해석
④ 논리기호를 사용한 해석

해설 Bottom up 형식은 결함수분석법(FTA)의 특징에 해당하지 않는다.

관련이론 결함수분석법(FTA)의 특징
- Top down형식
- 특정사상에 대한 해석
- 논리기호를 사용한 해석
- 정성적, 정량적 해석의 가능

정답 ①

03 FTA를 이용하여 사고원인의 분석 등 시스템의 위험을 분석할 경우 기대효과와 관계없는 것은?

① 사고원인의 분석의 정량화 가능
② 사고원인의 규명의 귀납적 해석 가능
③ 안전점검을 위한 체크리스트 작성 가능
④ 복잡하고 대형화된 시스템의 신뢰성 분석 및 안전성 분석 가능

해설 사고원인 규명의 연역적 해석이 가능하다.

관련이론 결함분석법(FTA)의 기대효과
- 사고원인 분석의 정량화
- 사고원인 규명의 간편화
- 사고원인 분석의 일반화
- 시스템결함 진단
- 안전점검표 작성
- 사고원인 분석에 대한 노력, 시간의 절감
- 사고원인 규명의 연역적 해석 가능
- 재해발생 후의 원인규명보다 재해예방을 위한 예측기법으로 활용가치가 높음
- 복잡하고 대형화된 시스템의 신뢰성 분석 및 안전성 분석 가능

정답 ②

04 성공수(Sucess Tree)의 정상사상을 발생시키는 기본사상들의 최소집합을 시스템 신뢰도 측면에서는 무엇이라고 하는가?

① Cut Set   ② True Set
③ Path Set   ④ Midule Set

해설 성공수(Sucess Tree)의 정상사상을 발생시키는 기본사상들의 최소집합은 Cut Set(컷셋)이다.

정답 ①

05 FTA에서 사용되는 Minimal Cut Sets에 대한 설명으로 옳지 않은 것은?

① 사고에 대한 시스템의 약점을 표현한다.
② 정상사상(Top Event)을 일으키는 최소한의 집합이다.
③ 시스템의 고장이 발생하지 않도록 하는 사상의 집합이다.
④ 일반적으로 Fussell Algorithm을 이용한다.

해설 시스템의 고장이 발생하지 않도록 하는 사상의 집합이라는 것은 패스셋(Path Set)에 대한 설명이다.

관련 이론 최소 컷셋(Minimal Cut Sets)
- 사고에 대한 시스템의 약점을 표현한다.
- 정상사상(Top Event)을 일으키는 최소한의 집합이다.
- 일반적으로 Fussell Algorithm을 이용한다.
- 컷셋 중 그 부분집합만으로는 정상사상을 일으키는 일이 없는 것, 즉 정상사상을 일으키기 위한 필요 최소한의 컷셋을 말한다.
- 미니멀 컷셋은 어느 고장이나 에러를 일으키면 재해가 일어나는가 하는 것, 즉 시스템의 위험성을 나타내는 것이다.
- 미니멀 컷셋은 시스템의 기능을 마비시키는 사고요인의 집합이다.

정답 ③

06 FTA에서 시스템의 기능을 살리는데 필요한 최소요인의 집합을 무엇이라 하는가?

① Critical set
② Minimal gate
③ Minimal path
④ Boolean indicated cut set

해설 FTA에서 시스템의 기능을 살리는데 필요한 최소요인의 집합은 Minimal path(미니멀 패스)이다.

정답 ③

07 결함수분석법(FTA)에서의 미니멀 컷셋과 미니멀 패스셋에 대한 설명으로 옳은 것은?

① 미니멀 컷셋은 정상사상(Top Event)을 일으키기 위한 최소한의 컷셋이다.
② 미니멀 컷셋은 시스템의 신뢰성을 표시하는 것이다.
③ 미니멀 패스셋은 시스템의 위험성을 표시하는 것이다.
④ 미니멀 패스셋은 시스템의 고장을 발생시키는 최소의 패스셋이다.

해설 미니멀 컷셋은 정상사상(Top Event)을 일으키기 위한 최소한의 컷셋이다.

선지 분석
② 시스템의 신뢰성을 표시하는 것은 미니멀 패스셋이다.
③ 시스템의 위험성을 표시하는 것은 미니멀 컷셋이다.
④ 시스템의 고장을 발생시키는 최소의 컷셋은 미니멀 컷셋이다.

관련 이론 미니멀 패스셋(Minimal Path sets)
- 어느 고장이나 패스를 일으키지 않으면 재해가 일어나지 않는다는 것, 즉 시스템의 신뢰성을 나타내는 것이다.
- 미니멀 패스셋은 시스템의 기능을 살리는 요인의 집합이다.

정답 ①

08 FT도에 사용되는 기호 중 시스템의 정상적인 가동상태에서 일어날 것이 기대되는 사상을 나타내는 것은?

① 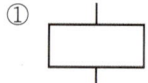 ②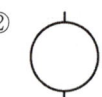

③ 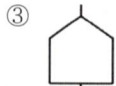 ④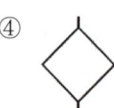

해설 시스템의 정상적인 가동상태에서 일어날 것이 기대되는 사상은 통상사상이며, 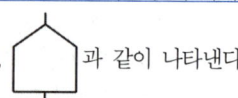 과 같이 나타낸다.

정답 ③

09 FT도에 사용되는 다음 게이트의 명칭은?

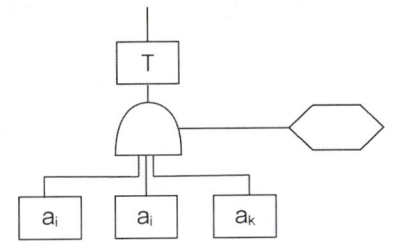

① 억제게이트
② 부정게이트
③ 배타적 OR게이트
④ 우선적 AND게이트

해설 그림의 게이트는 우선적 AND게이트이며, 이는 입력 현상 중에 어떤 현상이 다른 현상보다 먼저 일어날 때에 출력현상이 생기는 것이다.

정답 ④

10 FTA에서 어떤 고장이나 실수를 일으키지 않으면 정상사상(Top Event)은 일어나지 않는다고 하는 것으로 시스템의 신뢰성을 표시하는 것은?

① Cut Set
② Minimal Cut Sets
③ Free Event
④ Minimal Path Sets

해설 FTA에서 어떤 고장이나 실수를 일으키지 않으면 정상사상(Top Event)은 일어나지 않는다고 하는 것으로 시스템의 신뢰성을 표시하는 것은 Minimal Path Sets이다.

정답 ④

11 반복되는 사건이 많이 있는 경우에 FTA의 최소 컷셋을 구하는 알고리즘이 아닌 것은?

① Boolean Algorithm
② Monte Carlo Algorithm
③ MOCUS Algorithm
④ Limnios & Ziani Algorithm

해설 Monte Carlo Algorithm은 오차범위를 예측하는 시뮬레이션법이다.

관련이론 **FTA의 최소 컷셋을 구하는 알고리즘**
- Boolean Algorithm
- MOCUS Algorithm
- Limnios & Ziani Algorithm
- Fussel Algorithm

정답 ②

12 FTA 도표에서 사용하는 논리기호 중 다른 부분에 관한 이행 또는 연결을 나타내는 기호로 사용하는 것은?

① 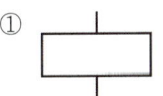   ②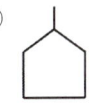

③ 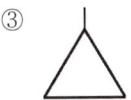   ④

해설 다른 부분에 관한 이행 또는 연결을 나타내는 기호는 전이기호로서 △ 과 같이 표시한다.

선지분석
① 결함사상으로서 두 가지 상태 중 하나가 고장 또는 결함으로 나타나는 비정상적인 사상이다.
② 통상사상으로서 정상적인 가동상태에서 일어날 것이 기대되는 사상이다.
④ 생략사상으로서 정보부족, 해석기술의 불충분으로 더 이상 전개할 수 없는 사상이다.

정답 ③

13 FTA에 대한 재해사례연구 순서 중 제1단계는?

① 사상의 재해원인 규명
② FT도의 작성
③ 톱(Top)사상의 선정
④ 개선계획의 작성

해설 체리턴(D.R. Cherition)의 FTA에 의한 재해사례연구 순서의 제1단계는 톱(Top)사상의 선정이다.

[관련이론] 체리턴의 FTA에 의한 재해사례연구 순서
- 제1단계: 톱(Top)사상의 선정
- 제2단계: 사상의 재해원인 규명
- 제3단계: FT도의 작성
- 제4단계: 개선계획의 작성

정답 ③

14 그림에 대한 설명으로 옳지 않은 것은?

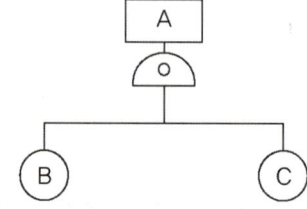

① R(A) = B×C
② B와 C가 동시에 발생하지 않으면 A는 발생하지 않는다.
③ 는 AND를 나타낸다.
④ 논리합의 경우이다.

해설 논리합의 경우가 아닌 논리곱의 경우이다.

정답 ④

15 FT도에서 사용되는 기호 중 입력현상의 반대현상이 출력되는 게이트는?

① AND게이트   ② 부정게이트
③ OR게이트   ④ 억제게이트

해설 입력현상의 반대현상이 출력되는 게이트는 부정게이트이다.

정답 ②

16 FT도에서 사용하는 기호나 게이트 중 입력현상이 발생하여 어떤 일정시간이 지속된 후 출력이 발생하는 것은?

① 조합 AND게이트   ② 위험지속기호
③ 시간단축기호   ④ 억제게이트

해설 기호나 게이트 중 입력현상이 발생하여 어떤 일정시간이 지속된 후 출력이 발생하는 것은 위험지속기호이다.

정답 ②

17 FTA에 사용되는 논리게이트 중 여러 개의 입력사상이 정해진 순서에 따라 순차적으로 발생해야만 결과가 출력되는 것은?

① 억제게이트   ② 조합 AND게이트
③ 배타적 OR게이트   ④ 우선적 AND게이트

해설 여러 개의 입력사상이 정해진 순서에 따라 순차적으로 발생해야만 결과가 출력되는 것은 우선적 AND게이트이다.

정답 ④

18 FT도에 사용되는 다음 기호의 명칭으로 옳은 것은?

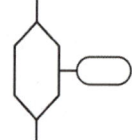

① 억제게이트   ② 부정게이트
③ 생략사상   ④ 전이기호

해설 억제게이트(Inhibit Gate)의 기호이다.

[관련이론] 억제게이트(Inhibit Gate)
입력현상이 일어나 조건을 만족하면 출력현상이 생기고 만약 조건이 만족되지 않으면 출력이 발생하지 않는다.

정답 ①

19 FT도에서 사용되는 다음 기호의 명칭으로 옳은 것은?

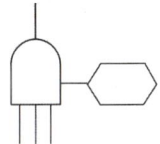

① 억제게이트 ② 조합 AND게이트
③ 부정게이트 ④ 배타적 OR게이트

해설
- 그림에 나타난 기호의 명칭은 조합 AND게이트이다.
- 조합 AND게이트는 3개 이상의 입력현상 중에 언젠가 2개가 일어나면 출력이 생기는 것이다.

정답 ②

20 FT도에서 사용하는 기호 중 그림과 같이 OR게이트이지만 2개 또는 그 이상의 입력이 동시에 존재하는 경우에는 출력이 생기지 않는 경우에 사용하는 것은?

① 부정 OR게이트 ② 배타적 OR게이트
③ 억제게이트   ④ 조합 OR게이트

해설 배타적 OR게이트에 대한 설명이다.

관련이론 **배타적 OR게이트**
OR게이트이지만 2개 또는 그 이상의 입력이 동시에 존재하는 경우에는 출력이 생기지 않는 경우에 사용하는 것이다.

정답 ②

21 흐름공정도(Flow Process Chart)에서 기호와 그 의미가 잘못 연결된 것은?

① ◇: 검사   ② ▽: 저장
③ →: 운반   ④ ○: 가공

해설 검사에 대한 기호는 □이다.

정답 ①

22 결함수분석법(FTA)에 의한 재해사례의 연구순서를 바르게 나열한 것은?

┌─────────────────────────────┐
│ ㉠ 정상사상의 선정   │
│ ㉡ FT도 작성 및 분석   │
│ ㉢ 개선계획의 작성   │
│ ㉣ 각 사상의 재해원인 규명   │
└─────────────────────────────┘

① ㉠ → ㉡ → ㉢ → ㉣
② ㉠ → ㉣ → ㉢ → ㉡
③ ㉠ → ㉢ → ㉡ → ㉣
④ ㉠ → ㉣ → ㉡ → ㉢

해설 결함수분석법(FTA)에 의한 재해사례의 연구순서는 다음과 같다.
㉠ 정상사상의 선정 → ㉣ 각 사상의 재해원인 규명 → ㉡ FT도 작성 및 분석 → ㉢ 개선계획의 작성

정답 ④

23 FTA기법의 절차로 옳은 것은?

① 시스템의 정의 → FT의 작성 → 정성적 평가 → 정량적 평가
② 시스템의 정의 → FT의 작성 → 정량적 평가 → 정성적 평가
③ 시스템의 정의 → 정성적 평가 → FT의 작성 → 정량적 평가
④ 시스템의 정의 → 정량적 평가 → FT의 작성 → 정성적 평가

해설 FTA기법의 절차는 시스템의 정의 → FT의 작성 → 정성적 평가 → 정량적 평가 순이다.

정답 ①

24 FT도에서 정상사상의 발생확률은 얼마인가? (단, ㉠과 ㉡의 발생확률은 각각 0.1, 0.2이다.)

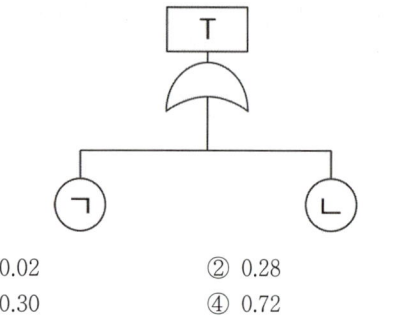

① 0.02 ② 0.28
③ 0.30 ④ 0.72

해설 T = 1 − (1 − ㉠)(1 − ㉡)
    = 1 − (1 − 0.1)(1 − 0.2) = 0.28

정답 ②

25 FT에서 각 요소의 발생확률이 요소 ㉠은 0.15, 요소 ㉡은 0.2, 요소 ㉢은 0.25, 요소 ㉣은 0.3일 때 A 사상의 발생확률은 얼마인가?

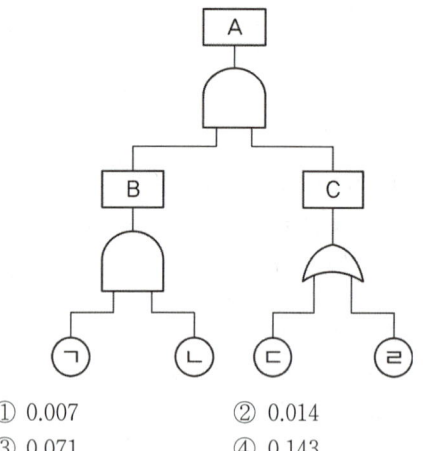

① 0.007 ② 0.014
③ 0.071 ④ 0.143

해설 A = B × C = ㉠ × ㉡ × [1 − (1 − ㉢)(1 − ㉣)]
    = 0.15 × 0.2 × [1 − (1 − 0.25)(1 − 0.3)]
    = 0.01425 ≒ 0.014

정답 ②

26 그림과 같이 FTA로 분석된 시스템에서 현재 모든 기본사상에 대한 부품이 고장난 상태이다. 부품 X_1부터 부품 X_5까지 순서대로 복구한다면 어느 부품을 수리 완료하는 순간부터 시스템은 정상가동되겠는가?

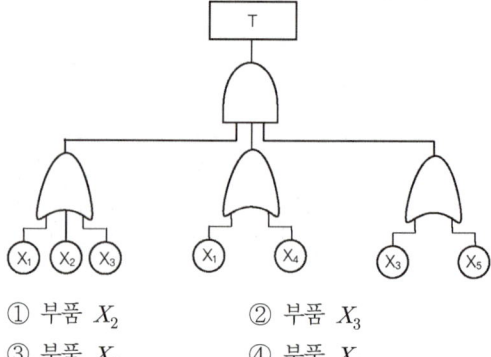

① 부품 X_2 ② 부품 X_3
③ 부품 X_4 ④ 부품 X_5

해설
- 현재 시스템상 T(정상사상)의 바로 아래에 있는 것이 AND게이트이며, AND게이트 아래 OR게이트가 모두 복구되었을 때 시스템이 정상가동된다.
- X_1과 X_2를 복구하는 것은 부분복구이므로 정상가동이 되지 않지만, X_3까지 복구가 되면 3가지 OR게이트가 모두 복구되고, 시스템은 정상가동된다.
- 따라서 X_3의 부품을 수리완료하는 시점부터 시스템은 정상가동된다.

정답 ②

27 Fussell의 알고리즘을 이용하여 최소 컷셋을 구하는 방법에 대한 설명으로 옳지 않은 것은?
① OR게이트는 항상 컷셋의 수를 증가시킨다.
② AND게이트는 항상 컷셋의 크기를 증가시킨다.
③ 중복되는 사건이 많은 경우 매우 간편하고 적용하기 적합하다.
④ 불대수(Boolean Algebra) 이론을 적용하여 시스템 고장을 유발시키는 모든 기본사상들의 조합을 구한다.

해설 중복되는 사건이 많은 경우 매우 간편하고 적용하기 적합하다는 것은 Fussell의 알고리즘을 이용하여 최소 컷셋을 구하는 방법에 해당하지 않는다.

정답 ③

28 불대수(Boolean Algebra)의 관계식으로 옳은 것은?

① $A(A \cdot B) = B$
② $A + B = A \cdot B$
③ $A + (B \cdot C) = A \cdot B \cdot C$
④ $(A+B)(A+C) = A + B \cdot C$

해설
$(A+B)(A+C)$
$= AA + AC + BA + BC$
$= A + AC + BA + BC$
$= A(1+C+B) + BC \ (\because 1+C=1)$
$= A(1+B) + BC \ (\because 1+B=1)$
$= A + B \cdot C$

선지분석
① $A(A \cdot B) = (AA)B = A \cdot B$
② $A + B = B + A$
③ $A + (B \cdot C) = (A+B) \cdot (A+C)$

정답 ④

29 불대수(Boolean Algebra)의 정리를 나타낸 관계식으로 옳지 않은 것은?

① $A + 1 = A$
② $A + \overline{A} = 1$
③ $A + AB = A$
④ $A + A = A$

해설 $A+1 = A$가 아닌 $A+1 = 1$이다.

선지분석
② (보수법칙) $A + \overline{A} = 1$
③ (분배법칙) $A + AB = A(1+B)$
$\qquad\qquad\qquad = A \cdot 1 = A$
④ (멱등법칙) $A + A = A$

정답 ①

30 결함수분석법에서 시스템이 고장나지 않도록 하는 사상의 집합은?

① Cut Set
② Minimal Cut Set
③ Path Set
④ Minimal Path Set

해설 결함수분석법에서 시스템이 고장나지 않도록 하는 사상의 집합은 Path Set이다.

관련이론 Path Set(패스셋)
- 그 속에 포함되는 기본사상이 일어나지 않을 때 처음으로 정상사상이 일어나지 않는 기본사상의 집합이다.
- 시스템이 고장나지 않도록 하는 사상의 집합이다.
- 시스템을 성공적으로 작동시키는 경로의 집합이다.

정답 ③

CHAPTER 7 | 위험성 파악·결정 및 감소대책 수립·실행

제1절 안정성 평가

1 정의
안정성 평가(Safety Assessment)는 설비나 제품의 설계, 제조, 사용에 있어서 관리적, 기술적 측면에 대하여 종합적인 안전성을 사전에 평가하여 개선책을 제시하는 것이다.

2 안전성 평가의 단계
(1) **제1단계**: 관계자료의 정비검토(관계자료의 작성준비)
(2) **제2단계**: 정성적 평가
(3) **제3단계**: 정량적 평가
(4) **제4단계**: 안전대책
(5) **제5단계**: 재해정보에 의한 재평가
(6) **제6단계**: FTA에 의한 재평가

3 안전성 평가의 4가지 기법
(1) 결함수분석법(FTA법)
(2) 고장의 형태와 영향분석법(FMEA법)
(3) 위험의 예측평가(Layout의 검토)
(4) 체크리스트(Check List)에 의한 평가

> **참고** 안전성 평가 항목
> ① 작업공정에 대한 평가
> ② 기계설비에 대한 평가
> ③ 레이아웃(Layout: 배치)에 대한 평가

4 위험성 평가(Risk Assessment: 리스크 어세스먼트)의 순서

(1) 리스크의 검출과 확인
(2) 리스크의 측정과 분석
(3) 리스크의 처리
(4) 리스크 처리방법과 선택
(5) 계속적인 리스크 감시

> **참고** 리스크(Risk) 관련 기타 사항
>
> 1. 리스크의 개념
>   피해의 크기(파급효과: 강도) × 발생확률(빈도)
> 2. 리스크의 3요소
>   ① 사고시나리오
>   ② 사고발생확률
>   ③ 파급효과 또는 손실
> 3. 리스크 처리기술(리스크관리의 용어, 정의에 관한 지침: 한국산업안전보건공단)
>   ① 위험(리스크)회피(Risk Avoidance)
>   ② 위험(리스크)감소 및 제거(Risk Reduction)
>   ③ 위험(리스크)보유(Risk Retention)
>   ④ 위험(리스크)분담(Risk Sharing)
> 4. 위험관리(Risk Management)의 단계
>   ① 제1단계: 위험의 파악
>   ② 제2단계: 위험의 분석
>   ③ 제3단계: 위험의 평가
>   ④ 제4단계: 위험의 처리
> 5. 위험관리의 단계 중 위험의 분석 및 위험의 평가단계에서 유의하여야 할 사항
>   ① 한 가지의 사고가 여러 가지의 손실을 수반하는지 확인한다.
>   ② 발생의 빈도보다는 손실의 규모에 중점을 둔다.
>   ③ 기업간의 의존도는 어느 정도인지 점검을 한다.
> 6. 차파니스(Chapanis)의 위험수준에 의한 위험발생률
>   ① 전혀 발생하지 않는(Impossible) 발생빈도 $> 10^{-8}/day$
>   ② 극히 발생할 것 같지 않는(Extremely) 발생빈도 $> 10^{-6}/day$
>   ③ 거의 발생하지 않는(Remote) 발생빈도 $> 10^{-5}/day$
>   ④ 가끔 발생하는(Occasional) 발생빈도 $> 10^{-4}/day$
>   ⑤ 보통 발생하는(Reasonable) 발생빈도 $> 10^{-3}/day$
>   ⑥ 자주 발생하는 발생빈도 $> 10^{-2}/day$
> 7. MIL-STD-882B(미국국방성 시스템안전 표준규격)의 위험성 평가 메트릭스(Matrix)분류에 속하지 않는 것
>   전혀 발생하지 않는(Impossible) 발생빈도 $> 10^{-8}/day$
> 8. 기능적으로 분류한 전형적인 안전성 설계 기준
>   ① 기계시스템
>   ② 화기 또는 폭약시스템
>   ③ 수송설비

5 화학설비의 안전성 평가

1. **화학설비의 안전성 평가단계**

    (1) 제1단계: 관계자료의 정비검토(관계자료의 작성준비)

    (2) 제2단계: 정성적 평가

    (3) 제3단계: 정량적 평가

    (4) 제4단계: 안전대책

    (5) 제5단계: 재해정보에 의한 재평가

    (6) 제6단계: FTA에 의한 재평가(위험도의 등급이 Ⅰ에 해당되는 화학설비)

2. **화학설비의 안전성 평가**

    (1) 제1단계: 관계자료의 정비검토(관계자료의 작성준비)

    ① 제조공정의 개요

    ② 화학설비의 배치도

    ③ 입지조건

    ④ 건조물의 평면도, 단면도, 입면도

    ⑤ 전기실 및 기계실의 평면도, 단면도, 입면도

    ⑥ 공정계통도

    ⑦ 공정기기목록

    ⑧ 제조공정상 일어나는 화학반응

    ⑨ 배관계장계통도

    ⑩ 요원배치계획, 운전요령, 안전보건교육훈련계획

    ⑪ 안전설비의 종류와 설치장소

    ⑫ 원재료, 중간제품, 제품 등의 화학적, 물리적 성질 및 인체에 미치는 영향

    (2) 제2단계: 정성적 평가

구분	주요 진단 항목
설계관계	• 입지조건 • 공장 내 배치 • 건조물 • 소방설비
운전관계	• 원재료, 중간제품, 제품 • 공정 • 저장, 수송 • 공정기기

(3) 제3단계: 정량적 평가
    ① 해당 화학설비의 용량, 취급물질, 온도, 압력 및 조작의 5항목에 대하여 A, B, C, D급으로 분류한다.
    ② 다음 표와 같이 급수에 따른 점수를 정한 후 5항목에 관한 점수들의 합을 구한다.

A급	B급	C급	D급
10점	5점	2점	0점

    ③ 합산결과에 의한 위험도의 등급은 다음 표와 같다.

등급	점수	내용
등급 Ⅰ	16점 이상	위험도가 높다.
등급 Ⅱ	11 ~ 15점 이하	다른 설비, 주위상황과 관련해서 평가
등급 Ⅲ	10점 이하	위험도가 낮다.

(4) 제4단계: 안전대책
    ① 설비 등에 관한 대책수립시 포함시켜야 할 사항
        ㉠ 경보장치
        ㉡ 용기 내의 폭발방지설비
        ㉢ 특수한 계장 또는 설비
        ㉣ 살수설비 및 소화용수
        ㉤ 비상용전원
        ㉥ 배기장치
        ㉦ 원격조작
        ㉧ 가스검지설비
        ㉨ 폭풍으로부터의 보호대책
    ② 관리적 대책
        ㉠ 적정인원의 배치
        ㉡ 교육훈련
    ③ 보전

(5) 제5단계: 재해정보에 의한 재평가

(6) 제6단계: FTA에 의한 재평가

제2절 위험성 평가

1 위험성 평가의 실시(산업안전보건법 제36조)

사업주는 건설물, 기계·기구·설비, 원재료, 가스, 증기, 분진, 근로자의 작업행동 또는 그 밖의 업무로 인한 유해·위험요인을 찾아내어 부상 및 질병으로 이어질 수 있는 위험성의 크기가 허용가능한 범위인지를 평가하여야 하고, 그 결과에 따라 이 법과 이 법에 따른 명령에 따른 조치를 하여야 하며, 근로자에 대한 위험 또는 건강장해를 방지하기 위하여 필요한 경우에는 추가적인 조치를 하여야 한다.

2 위험성 평가 용어의 정의(사업장 위험성 평가에 관한 지침 고용노동부고시)

(1) 유해·위험요인

유해·위험을 일으킬 잠재적 가능성이 있는 것의 고유한 특징이나 속성을 말한다.

(2) 위험성

유해·위험요인이 사망, 부상 또는 질병으로 이어질 수 있는 가능성과 중대성 등을 고려한 위험의 정도를 말한다.

(3) 위험성 평가

사업주가 스스로 유해·위험요인을 파악하고 해당 유해·위험요인의 위험성 수준을 결정하여, 위험성을 낮추기 위한 적절한 조치를 마련하고 실행하는 과정을 말한다.

3 위험성 평가의 방법(사업장 위험성 평가에 관한 지침 고용노동부고시)

사업주는 사업장의 규모와 특성 등을 고려하여 다음의 위험성 평가 방법 중 한 가지 이상을 선정하여 위험성 평가를 실시할 수 있다.

(1) 위험가능성과 중대성을 조합한 빈도·강도법
(2) 체크리스트(Checklist)법
(3) 위험성 수준 3단계(저·중·고)판단법
(4) 핵심요인 기술(One Point Sheet)법
(5) 그 외 산업안전보건법 시행규칙 제50조제1항제2호의 방법
  ① 상대위험순위 결정(Dow and Mond Indices)
  ② 작업자실수분석(HEA)
  ③ 사고예상질문분석(What-if)
  ④ 위험과 운전분석(HAZOP)
  ⑤ 이상위험도분석(FMECA)
  ⑥ 결함수분석(FTA)

⑦ 사건수분석(ETA)
⑧ 원인결과분석(CCA)
⑨ ①부터 ⑧까지의 규정과 같은 수준 이상의 기술적 평가기법

4 위험성 평가의 대상(사업장 위험성 평가에 관한 지침 고용노동부고시)

(1) 위험성 평가의 대상이 되는 유해·위험요인은 업무 중 근로자에게 노출된 것이 확인되었거나 노출될 것이 합리적으로 예견 가능한 모든 유해·위험요인이다.
(2) 사업주는 사업장 내 부상 또는 질병으로 이어질 가능성이 있었던 상황(이하 '아차사고'라 한다)을 확인한 경우에는 해당 사고를 일으킨 유해·위험요인을 위험성 평가의 대상에 포함시켜야 한다.
(3) 사업주는 사업장 내에서 중대재해가 발생한 때에는 지체없이 중대재해의 원인이 되는 유해·위험요인에 대해 위험성 평가를 실시하고, 그 밖의 사업장 내 유해·위험요인에 대해서는 위험성 평가 재검토를 실시하여야 한다.

5 근로자 참여(사업장 위험성 평가에 관한 지침 고용노동부고시)

사업주는 위험성 평가를 실시할 때 다음에 해당하는 경우 해당 작업에 종사하는 근로자를 참여시켜야 한다.
(1) 유해·위험요인의 위험성 수준을 판단하는 기준을 마련하고, 유해·위험요인별로 허용가능한 위험성 수준을 정하거나 변경하는 경우
(2) 해당 사업장의 유해·위험요인을 파악하는 경우
(3) 유해·위험요인의 위험성이 허용가능한 수준인지 여부를 결정하는 경우
(4) 위험성 감소대책을 수립하여 실행하는 경우
(5) 위험성 감소대책 실행 여부를 확인하는 경우

6 사전준비(사업장 위험성 평가에 관한 지침 고용노동부고시)

(1) 사업주는 위험성 평가를 효과적으로 실시하기 위하여 최초 위험성 평가시 다음의 사항이 포함된 위험성 평가 실시규정을 작성하고, 지속적으로 관리하여야 한다.
   ① 평가의 목적 및 방법
   ② 평가담당자 및 책임자의 역할
   ③ 평가시기 및 절차
   ④ 근로자에 대한 참여·공유방법 및 유의사항
   ⑤ 결과의 기록·보존
(2) 사업주는 위험성 평가를 실시하기 전에 다음 각 호의 사항을 확정하여야 한다.
   ① 위험성의 수준과 그 수준을 판단하는 기준
   ② 허용가능한 위험성의 수준(이 경우 법에서 정한 기준 이상으로 위험성의 수준을 정하여야 한다)

(3) 사업주는 다음의 사업장 안전보건정보를 사전에 조사하여 위험성 평가에 활용할 수 있다.
① 작업표준, 작업절차 등에 관한 정보
② 기계·기구, 설비 등의 사양서, 물질안전보건자료(MSDS) 등의 유해·위험요인에 관한 정보
③ 기계·기구, 설비 등의 공정흐름과 작업주변의 환경에 관한 정보
④ 법 제63조에 따른 작업을 하는 경우로서 같은 장소에서 사업의 일부 또는 전부를 도급을 주어 행하는 작업이 있는 경우 혼재작업의 위험성 및 작업상황 등에 관한 정보
⑤ 재해사례, 재해통계 등에 관한 정보
⑥ 작업환경측정결과, 근로자 건강진단결과에 관한 정보
⑦ 그 밖에 위험성 평가에 참고가 되는 자료 등

7 위험성 평가의 절차(사업장 위험성 평가에 관한 지침 고용노동부고시)

(1) 사전준비
(2) 유해·위험요인 파악
(3) 위험성 결정
(4) 위험성 감소대책 수립 및 실행
(5) 위험성 평가 실시내용 및 결과에 관한 기록 및 보존

8 유해·위험요인 파악(사업장 위험성 평가에 관한 지침 고용노동부고시)

(1) 사업장 순회점검에 의한 방법
(2) 근로자들의 상시적 제안에 의한 방법
(3) 설문조사·인터뷰 등 청취조사에 의한 방법
(4) 물질안전보건자료, 작업환경측정결과, 특수건강진단결과 등 안전보건자료에 의한 방법
(5) 안전보건 체크리스트에 의한 방법
(6) 그 밖에 사업장의 특성에 적합한 방법

9 위험성 결정(사업장 위험성 평가에 관한 지침 고용노동부고시)

(1) 사업주는 파악된 유해·위험요인이 근로자에게 노출되었을 때의 위험성을 '위험성 수준과 그 수준을 판단하는 기준'에 따른 기준에 의해 판단하여야 한다.
(2) 사업주는 제1항에 따라 판단한 위험성의 수준이 '허용가능한 위험성의 수준'에 의한 허용가능한 위험성의 수준인지 결정하여야 한다.

10 위험성 감소대책 수립 및 실행(사업장 위험성 평가에 관한 지침 고용노동부고시)

사업주는 허용가능한 위험성이 아니라고 판단한 경우에는 위험성의 수준, 영향을 받는 근로자 수 및 다음의 순서를 고려하여 위험성 감소를 위한 대책을 수립하여 실행하여야 한다.

(1) 위험한 작업의 폐지·변경, 유해·위험물질 대체 등의 조치 또는 설계나 계획단계에서 위험성을 제거 또는 저감하는 조치
(2) 연동장치, 환기장치 설치 등의 공학적 대책
(3) 사업장 작업절차서 정비 등의 관리적 대책
(4) 개인용 보호구의 사용

11 위험성 평가의 공유(사업장 위험성 평가에 관한 지침 고용노동부고시)

사업주는 위험성 평가를 실시한 결과 중 다음에 해당하는 사항을 근로자에게 게시, 주지 등의 방법으로 알려야 한다.

(1) 근로자가 종사하는 작업과 관련된 유해·위험요인
(2) 유해·위험요인의 위험성 결정 결과
(3) 유해·위험요인의 위험성 감소대책과 그 실행계획 및 실행 여부
(4) 위험성 감소대책에 따라 근로자가 준수하거나 주의하여야 할 사항

12 위험성 평가 실시 내용 및 결과에 관한 기록 및 보존(산업안전보건법 시행규칙 제37조)

(1) 사업주가 위험성 평가의 결과와 조치사항을 기록·보존할 때에는 다음의 사항이 포함되어야 한다.
  ① 위험성 평가 대상의 유해·위험요인
  ② 위험성 결정의 내용
  ③ 위험성 결정에 따른 조치의 내용
  ④ 그 밖에 위험성 평가의 실시내용을 확인하기 위하여 필요한 사항으로서 고용노동부장관이 정하여 고시하는 사항
    ㉠ 위험성 평가를 위해 사전조사 한 정보
    ㉡ 그 밖에 사업장에서 필요하다고 정한 사항
(2) 사업주는 제1항에 따른 자료를 3년간 보존해야 한다.

13 위험성 평가의 실시 시기(사업장 위험성 평가에 관한 지침 고용노동부고시)

(1) 사업주는 사업이 성립된 날(사업개시일을 말하며, 건설업의 경우 실착공일을 말한다)로부터 1개월이 되는 날까지 위험성 평가의 대상이 되는 유해·위험요인에 대한 최초 위험성 평가의 실시에 착수하여야 한다.
(2) 사업주는 다음의 어느 하나에 해당하여 추가적인 유해·위험요인이 생기는 경우에는 해당 유해·위험요인에 대한 수시 위험성 평가를 실시하여야 한다.

① 사업장 건설물의 설치·이전·변경 또는 해체
② 기계·기구, 설비, 원재료 등의 신규 도입 또는 변경
③ 건설물, 기계·기구, 설비 등의 정비 또는 보수(주기적·반복적 작업으로서 이미 위험성 평가를 실시한 경우에는 제외)
④ 작업방법 또는 작업절차의 신규 도입 또는 변경
⑤ 중대산업사고 또는 산업재해(휴업 이상의 요양을 요하는 경우에 한정한다) 발생
⑥ 그 밖에 사업주가 필요하다고 판단한 경우

(3) 사업주는 다음의 사항을 고려하여 제1항에 따라 실시한 위험성 평가의 결과에 대한 적정성을 1년마다 정기적으로 재검토하여야 한다.
① 기계·기구, 설비 등의 기간경과에 의한 성능저하
② 근로자의 교체 등에 수반하는 안전·보건과 관련되는 지식 또는 경험의 변화
③ 안전·보건과 관련되는 새로운 지식의 습득
④ 현재 수립되어 있는 위험성 감소대책의 유효성 등

적중문제 CHAPTER 7 위험성 파악·결정 및 감소대책 수립·실행

01 리스크(Risk)에 대하여 바르게 나타낸 식은?

① 피해의 크기 × 발생확률
② 노동손실일수 × 총 노동시간
③ 발생확률 × 총 노동시간
④ 피해의 크기 × 재해발생건수

해설 리스크(Risk)는 피해의 크기(파급효과: 강도) × 발생확률(사고발생빈도)로 나타낸다.

정답 ①

02 위험관리의 내용으로 옳지 않은 것은?

① 위험의 파악
② 위험의 처리
③ 사고의 발생확률 예측
④ 작업분석

해설 위험관리의 내용으로는 위험의 파악, 위험의 처리, 사고의 발생확률 예측, 위험의 분석 및 평가가 있으며, 작업분석은 해당하지 않는다.

정답 ④

03 위험관리의 단계를 순서대로 바르게 나열한 것은?

| ㉠ 위험의 분석 | ㉡ 위험의 파악 |
| ㉢ 위험의 처리 | ㉣ 위험의 평가 |

① ㉠ → ㉡ → ㉢ → ㉣
② ㉡ → ㉢ → ㉠ → ㉣
③ ㉡ → ㉠ → ㉣ → ㉢
④ ㉠ → ㉢ → ㉡ → ㉣

해설 위험관리의 단계는 ㉡ 위험의 파악(제1단계) → ㉠ 위험의 분석(제2단계) → ㉣ 위험의 평가(제3단계) → ㉢ 위험의 처리(제4단계)의 순서로 진행된다.

정답 ③

04 리스크 관리에서 리스크를 통제하는 4가지 방법에 해당하지 않는 것은?

① 리스크 회피
② 리스크 감소 및 제거
③ 리스크 보유
④ 리스크 적정

해설 리스크 적정은 리스크 통제방법에 해당하지 않는다.

관련이론 리스크(Risk)를 통제하는 방법
- 리스크 회피(Risk Avoidance)
- 리스크 감소 및 제거(Risk Reduction)
- 리스크 보유(Risk Retention)
- 리스크 분담(Risk Sharing)

정답 ④

05 MIL-STD-882B의 위험성 평가 메트릭스(Matrix) 분류에 속하지 않는 것은?

① 가끔 발생하는(Occasional) 발생빈도 > 10^{-4}/day
② 자주 발생하는(Reasonable) 발생빈도 > 10^{-2}/day
③ 거의 발생하지 않는(Remote) 발생빈도 > 10^{-5}/day
④ 전혀 발생하지 않는(Impossible) 발생빈도 > 10^{-8}/day

해설 전혀 발생하지 않는(Impossible) 발생빈도 > 10^{-8}/day는 MIL-STD-882B(미국방성 시스템안전 표준규격)의 위험성 평가 메트릭스(Matrix) 분류에 해당하지 않는다.

정답 ④

06 Chapanis는 위험분석을 위험의 확률수준과 그에 따른 위험발생률로 정의하였다. 이에 대한 위험분석 내용으로 옳은 것은?

① 전혀 발생하지 않는(Impossible) 발생빈도 > 10^{-8}/day
② 극히 발생할 것 같지 않는(Extremely Unlikely) 발생빈도 > 10^{-7}/day
③ 거의 발생하지 않는(Remote) 발생빈도 > 10^{-6}/dayz
④ 가끔 발생하는(Occasional) 발생빈도 > 10^{-5}/day

해설 전혀 발생하지 않는(Impossible) 발생빈도 > 10^{-8}/day이다.

관련 이론 **차파니스(Chapanis)의 위험분석**
- 전혀 발생하지 않는(Impossible) 발생빈도 > 10^{-8}/day
- 극히 발생할 것 같지 않는(Extremely) 발생빈도 > 10^{-6}/day
- 거의 발생하지 않는(Remote) 발생빈도 > 10^{-5}/day
- 가끔 발생하는(Occasional) 발생빈도 > 10^{-4}/day
- 보통 발생하는(Reasonable) 발생빈도 > 10^{-3}/day
- 자주 발생하는 발생빈도 > 10^{-2}/day

정답 ①

07 화학설비에 대한 안전성 평가에서 정량적 평가항목에 해당되지 않는 것은?

① 보전 ② 조작
③ 취급물질 ④ 화학설비용량

해설 보전은 화학설비에 대한 안전성 평가에서 제4단계인 안전대책의 항목에 해당된다.

관련 이론 **화학설비에 대한 안전성 평가에서 정량적 평가항목**

- 취급물질
- 화학설비용량
- 온도
- 압력
- 조작

정답 ①

08 화학설비에 대한 안전성 평가방법 중 공장의 입지조건이나 공장 내 배치에 관한 사항은 어느 단계에서 하는가?

① 제1단계: 관계자료의 작성준비
② 제2단계: 정성적 평가
③ 제3단계: 정량적 평가
④ 제4단계: 안전대책

해설 공장의 입지조건, 공장 내 배치에 관한 사항은 정성적인 평가(제2단계)에서 한다.

정답 ②

09 안전성 평가의 기본원칙 6단계 과정이 다음과 같을 때 올바른 순서로 나열한 것은?

㉠ FTA에 의한 재평가
㉡ 정성적 평가
㉢ 정량적 평가
㉣ 재해정보에 의한 재평가
㉤ 관계자료의 정비검토
㉥ 안전대책 수립

① ㉡ → ㉢ → ㉣ → ㉤ → ㉥ → ㉠
② ㉢ → ㉡ → ㉤ → ㉣ → ㉠ → ㉥
③ ㉣ → ㉡ → ㉢ → ㉥ → ㉤ → ㉠
④ ㉤ → ㉡ → ㉢ → ㉥ → ㉣ → ㉠

해설 안전성 평가의 기본원칙 6단계는 다음과 같다.
㉤ 관계자료의 정비검토 → ㉡ 정성적 평가 → ㉢ 정량적 평가 → ㉥ 안전대책 수립 → ㉣ 재해정보에 의한 재평가 → ㉠ FTA에 의한 재평가

정답 ④

10 염산을 취급하는 A업체에서는 신설설비에 관한 안전성 평가를 실시해야 한다. 다음 중 정성적 평가 단계에 있어 설계와 관련된 주요 진단항목에 해당하는 것은?

① 공장 내의 배치
② 제조공정의 개요
③ 재평가 방법 및 계획
④ 안전보건교육훈련계획

해설 공장 내의 배치가 정성적 평가 단계에 있어 설계와 관련된 주요 진단항목에 해당한다.

관련이론 정성적 평가단계의 진단항목
1. 설계와 관련된 주요 진단항목
   - 입지조건
   - 공장 내의 배치
   - 건조물
   - 소방설비
2. 운전관계와 관련된 주요 진단항목
   - 원재료, 중간제품, 제품
   - 공정
   - 저장, 수송
   - 공정기기

정답 ①

11 다음은 Z(주)에서 냉동저장소 건설 중 건물내 바닥 방수도포 작업시 발생된 가연성 가스가 폭발하여 작업자 2명이 사망한 재해보고서를 토대로 가연성 가스를 누출한 설비의 안전성에 대한 정량적 평가표이다. 이 중 위험등급 Ⅱ에 해당하는 항목만을 나열한 것은?

항목분류	A급	B급	C급	D급
취급물질	○			○
화학설비의 용량	○	○	○	
온도		○	○	○
조작	○		○	○
압력	○	○		○

① 압력, 조작
② 취급물질, 압력
③ 온도, 조작
④ 화학설비의 용량, 온도

해설
- 정량적 평가시 A급 10점, B급 5점, C급 2점, D급 0점으로 점수를 정한다.

취급물질	10 + 0 = 10점
화학설비의 용량	10 + 5 + 2 = 17점
온도	5 + 2 + 0 = 7점
조작	10 + 2 = 12점
압력	10 + 5 + 0 = 15점

- 위험도의 등급 구분은 다음과 같이 분류한다.

등급 Ⅰ	16점 이상
등급 Ⅱ	11 ~ 15점 이하
등급 Ⅲ	10점 이하

따라서, 압력 15점, 조작 12점은 위험등급 Ⅱ에 해당한다.

정답 ①

12 위험성 평가 용어의 정의에 관한 사항이다. ( ) 안의 기호에 알맞은 내용은?

> (1) '위험성'이란 유해·위험요인이 사망, 부상 또는 질병으로 이어질 수 있는 (㉠) 등을 고려한 위험의 정도를 말한다.
> (2) '위험성 평가'란 사업주가 스스로 (㉡)을 파악하고 해당 유해·위험요인의 (㉢)을 결정하여, 위험성을 낮추기 위한 적절한 조치를 마련하고 실행하는 과정을 말한다.

① ㉠ 가능성과 중대성 ㉡ 유해·위험요인 ㉢ 위험성 추정
② ㉠ 가능성과 중대성 ㉡ 유해·위험요인 ㉢ 위험성 수준
③ ㉠ 예견성과 심각성 ㉡ 재해결과 ㉢ 위험성 추정
④ ㉠ 예견성과 심각성 ㉡ 재해결과 ㉢ 위험성 수준

해설 (1) '위험성'이란 유해·위험요인이 사망, 부상 또는 질병으로 이어질 수 있는 (가능성과 중대성) 등을 고려한 위험의 정도를 말한다.
(2) '위험성 평가'란 사업주가 스스로 (유해·위험요인)을 파악하고 해당 유해·위험요인의 (위험성 수준)을 결정하여, 위험성을 낮추기 위한 적절한 조치를 마련하고 실행하는 과정을 말한다.

정답 ②

13 위험성 평가의 절차가 순서대로 옳게 나열된 것은?

① 사전준비 → 위험성 결정 → 유해·위험요인 파악 → 위험성 감소대책 수립 및 실행 → 위험성평가 실시 내용 및 결과에 관한 기록 및 보존
② 사전준비 → 위험성 감소대책 수립 및 실행 → 위험성 결정 → 유해·위험요인 파악 → 위험성평가 실시 내용 및 결과에 관한 기록 및 보존
③ 사전준비 → 유해·위험요인 파악 → 위험성 결정 → 위험성 감소대책 수립 및 실행 → 위험성평가 실시 내용 및 결과에 관한 기록 및 보존
④ 사전준비 → 유해·위험요인 파악 → 위험성 감소대책 수립 및 실행 → 위험성 결정 → 위험성평가 실시 내용 및 결과에 관한 기록 및 보존

해설 위험성 평가의 절차
사전준비 → 유해·위험요인 파악 → 위험성 결정 → 위험성 감소대책 수립 및 실행 → 위험성 평가 실시 내용 및 결과에 관한 기록 및 보존

정답 ③

14 사업주가 위험성 평가를 실시할 때, 해당 작업에 종사하는 근로자를 참여시켜야 하는 경우에 해당되지 않는 것은?

① 유해·위험요인의 위험성이 허용가능한 수준인지 여부를 결정하는 경우
② 해당 사업장의 유해·위험요인을 파악하는 경우
③ 위험성 감소대책을 수립하여 실행하는 경우
④ 해당 사업장의 재해조사를 실시하여 위험성 평가 사전준비를 하는 경우

해설 위험성 평가를 실시할 때 해당 사업장의 재해조사를 실시하여 위험성 평가 사전준비를 하는 경우에는 근로자를 참여시키지 않아도 된다.

관련이론 위험성 평가를 실시할 때 해당 작업에 종사하는 근로자를 참여시켜야 하는 경우(사업장 위험성 평가에 관한 지침 고용노동부고시)
- 유해·위험요인의 위험성 수준을 판단하는 기준을 마련하고, 유해·위험요인별로 허용가능한 위험성 수준을 정하거나 변경하는 경우
- 해당 사업장의 유해·위험요인을 파악하는 경우
- 유해·위험요인의 위험성이 허용가능한 수준인지 여부를 결정하는 경우
- 위험성 감소대책을 수립하여 실행하는 경우
- 위험성 감소대책 실행 여부를 확인하는 경우

정답 ④

15 최초 위험성 평가시 위험성 평가 실시규정에 포함되어야 할 사항으로 틀린 것은?

① 평가시기 및 절차
② 근로자에 대한 참여·공유방법 및 유의사항
③ 재해사례, 재해통계 등에 관한 정보
④ 평가의 목적 및 방법

해설 재해사례, 재해통계 등에 관한 정보는 위험성 평가 실시규정에 포함되어야 할 사항에 해당하지 않는다.

관련이론 최초 위험성 평가시 위험성 평가 실시규정에 포함되어야 할 사항(사업장 위험성 평가에 관한 지침 고용노동부고시)
① 평가의 목적 및 방법
② 평가담당자 및 책임자의 역할
③ 평가시기 및 절차
④ 근로자에 대한 참여·공유방법 및 유의사항
⑤ 결과의 기록·보존

정답 ③

16 위험성 평가의 방법에 해당되지 않는 것은?

① 구안법(Project method)
② 위험가능성과 중대성을 조합한 빈도·강도법
③ 위험성 수준 3단계(저·중·고)판단법
④ 체크리스트(Checklist)법

해설 위험성 평가 방법(사업장 위험성 평가에 관한 지침 고용노동부고시)
- 위험가능성과 중대성을 조합한 빈도·강도법
- 체크리스트(Checklist)법
- 위험성 수준 3단계(저·중·고)판단법
- 핵심요인 기술(One Point Sheet)법
- 그 외 산업안전보건법 시행규칙 제50조 제1항 제2호의 방법

정답 ①

17 사업주가 최초 위험성 평가의 실시에 착수하여야 하는 시기로 옳은 것은?

① 사업이 성립된 날로부터 14일이 되는 날까지
② 사업이 성립된 날로부터 1개월이 되는 날까지
③ 사업이 성립된 날로부터 2개월이 되는 날까지
④ 사업이 성립된 날로부터 3개월이 되는 날까지

해설 사업주는 사업이 성립된 날(사업개시일을 말하며, 건설업의 경우 실착공일을 말한다)로부터 1개월이 되는 날까지 최초 위험성 평가의 실시에 착수하여야 한다.

정답 ②

18 사업주가 추가적인 유해·위험요인이 생기는 경우에는 해당 유해·위험요인에 대한 수시 위험성 평가를 실시하여야 하는 경우에 해당되지 않는 것은?

① 기계·기구, 설비, 원재료 등의 신규 도입 또는 변경
② 사업장 건설물의 설치·이전·변경 또는 해체
③ 작업방법 또는 작업절차의 신규 도입 또는 변경
④ 주기적·반복적 작업으로 이미 위험성 평가를 실시한 건설물, 기계·기구, 설비 등의 정비 또는 보수

해설 주기적·반복적 작업으로 이미 위험성 평가를 실시한 건설물, 기계·기구, 설비 등의 정비 또는 보수의 경우에는 수시 위험성 평가가 제외된다.

관련이론 해당 유해·위험요인에 대한 수시 위험성 평가를 실시하여야 하는 경우(사업장 위험성 평가에 관한 지침 고용노동부고시)
- 사업장 건설물의 설치·이전·변경 또는 해체
- 기계·기구, 설비, 원재료 등의 신규 도입 또는 변경
- 건설물, 기계·기구, 설비 등의 정비 또는 보수(주기적·반복적 작업으로서 이미 위험성 평가를 실시한 경우에는 제외)
- 작업방법 또는 작업절차의 신규 도입 또는 변경
- 중대산업사고 또는 산업재해(휴업 이상의 요양을 요하는 경우에 한정한다) 발생
- 그 밖에 사업주가 필요하다고 판단한 경우

정답 ④

19 위험성 감소대책 수립 및 실행에 관한 내용으로 옳지 않은 것은?

① 위험한 작업의 폐지·변경, 유해·위험물질 대체 등의 조치
② 설계나 계획단계에서 위험성을 제거 또는 저감하는 조치
③ 연동장치, 환기장치 설치 등의 관리적 대책
④ 개인용 보호구의 사용

해설 연동장치, 환기장치 설치 등의 관리적 대책이 아니라 연동장치, 환기장치 설치 등의 공학적 대책이 옳은 내용이다.

관련이론 위험성 감소대책 수립 및 실행에 관한 내용(사업장 위험성 평가에 관한 지침 고용노동부고시)
- 위험한 작업의 폐지·변경, 유해·위험물질 대체 등의 조치 또는 설계나 계획단계에서 위험성을 제거 또는 저감하는 조치
- 연동장치, 환기장치 설치 등의 공학적 대책
- 사업장 작업절차서 정비 등의 관리적 대책
- 개인용 보호구의 사용

정답 ③

20 사업주는 위험성 평가의 결과에 대한 적정성을 1년마다 정기적으로 재검토하여야 한다. 이때 고려하여야 할 사항에 해당되지 않는 것은?

① 근로자의 교체 등에 수반하는 안전·보건과 관련되는 지식 또는 경험의 변화
② 기계·기구, 설비 등의 기간경과에 의한 성능저하
③ 현재 수립되어 있는 위험성 감소대책의 유효성
④ 안전·보건과 관련되는 과거 지식의 유지

해설 안전·보건과 관련되는 새로운 지식의 습득이 정기적으로 재검토할 때 고려하여야 할 사항에 해당된다.

관련이론 위험성 평가의 결과에 대한 적정성을 1년마다 정기적으로 재검토할 때 고려하여야 할 사항(사업장 위험성 평가에 관한 지침 고용노동부고시)
- 기계·기구, 설비 등의 기간경과에 의한 성능저하
- 근로자의 교체 등에 수반하는 안전·보건과 관련되는 지식 또는 경험의 변화
- 안전·보건과 관련되는 새로운 지식의 습득
- 현재 수립되어 있는 위험성 감소대책의 유효성 등

정답 ④

CHAPTER 8 | 신뢰도 계산

제1절 신뢰도 계산

(1) 평균고장간격(MTBF: Mean Time Between Failure)

시스템, 부품 등 고장 사이의 작동시간 평균치이다.

- 평균고장간격 $MTBF = \dfrac{1}{\lambda}$
- 신뢰도 $R_{(t)} = e^{-\lambda t} = e^{-\frac{t}{t_0}}$
- 고장률 $\lambda = \dfrac{고장건수(r)}{총가동시간(t)}$
- 불신뢰도 $F_{(t)} = 1 - R_{(t)}$

- $R_{(t)}$: 신뢰도
- λ: 고장률
- t_o: 평균수명시간
- t: 가동시간
- r: 고장건수
- $F_{(t)}$: 고장발생(불신뢰도)

(2) 평균고장시간(MTTF: Mean Time To Failure)

① 하나의 고장에서부터 다음 고장까지의 평균동작시간이다. ② $MTTF = \dfrac{1}{고장률(\lambda)} = \dfrac{총가동시간(t)}{고장건수(r)}$

(3) 평균수리시간(MTTR: Mean Time To Repair)

① 고장수리시간을 그 기간의 고장횟수로 나눈 시간이다.

② 고장을 수리하거나 복구했을 때까지의 시간이다. ③ $MTTR = \dfrac{고장수리시간}{고장횟수}$

> **참고** 신뢰도 계산 관련 기타 사항
>
> 1. 신뢰성과 보전성 개선을 목적으로 하는 효과적인 보전기록 자료
>   ① 설비이력카드 ② 고장원인대책표 ③ MTBF(평균고장간격)분석표
> 2. 시스템의 수명
>   ① 병렬계의 수명: MTTF(1 + 1/2 + ⋯ + 1/n) ② 직렬계의 수명: MTTF/n
> 3. 확률분포
>   ① 지수분포(Exponential Distribution): 어떤 설비의 시간당 고장률이 일정하다고 할 때 이 설비의 고장간격을 측정하는데 가장 적합한 확률분포이다.
>   ② 푸아송분포(Poisson Distribution): 특정 시간 또는 구간에 어떤 사건의 발생확률이 적은 경우, 그 사건의 발생횟수를 측정하는데 가장 적합한 확률분포이다.
>   ③ 와이블분포(Weibull Distribution): 설비의 일부 고장이 부품전체의 파손, 기능정지 등을 발생시키는 것을 측정하는데 가장 적합한 확률분포이다.
>   ④ 이항분포(Binomial Distribution): 오직 두가지 결과(설비의 일부 또는 가동)만이 나올 수 있는 독립시행을 측정하는데 가장 적합한 확률분포이다.

적중문제 CHAPTER 8 | 신뢰도 계산

01 보전효과 측정을 위해 사용되는 설비고장강도율의 식으로 옳은 것은?

① 설비고장정지시간/설비가동시간
② 설비고장건수/설비가동시간
③ 총수리시간/설비가동시간
④ 부하시간/설비가동시간

해설 설비고장강도율은 다음과 같이 나타낸다.

$$설비고장강도율 = \frac{설비고장정지시간}{설비가동시간}$$

정답 ①

02 기계설비가 설계사양대로 성능을 발휘하기 위한 적정 윤활의 원칙이 아닌 것은?

① 적정량의 규정 준수
② 윤활기간의 올바른 준수
③ 올바른 윤활법의 채용
④ 주유방법의 통일화

해설 적정 윤활의 4원칙에는 적정량의 규정, 윤활기간의 올바른 준수, 올바른 윤활법의 채용, 기계가 필요로 하는 윤활유의 선정이 있으며, 주유방법의 통일화는 해당하지 않는다.

정답 ④

03 어떤 설비의 시간당 고장률이 일정하다고 하면 이 설비의 고장간격은 어떠한 확률분포를 따르는가?

① t분포
② 푸아송분포
③ 와이블분포
④ 지수분포

해설 어떤 설비의 시간당 고장률이 일정하다고 하면 이 설비의 고장간격은 지수분포를 따른다.

정답 ④

04 설비의 고장과 같이 특정시간 또는 구간에 어떤 사건의 발생 확률이 적은 경우 그 사건의 발생횟수를 측정하는데 가장 적합한 확률분포는?

① 와이블분포(Weibull Distribution)
② 푸아송분포(Poisson Distribution)
③ 지수분포(Exponential Distribution)
④ 이항분포(Bunomial Distribution)

해설 설비의 고장과 같이 특정시간 또는 구간에 어떤 사건의 발생 확률이 적은 경우 그 사건의 발생횟수를 측정하는데 가장 적합한 확률분포는 푸아송분포(Poisson Distribution)이다.

정답 ②

05 어떤 전자기기의 수명은 지수분포를 따르는 그 평균수명을 1,000시간이라고 할 때 500시간 동안 고장 없이 작동할 확률은?

① 0.5
② $e^{-0.5}$
③ $1 - e^{-0.5}$
④ e^{-2}

해설 고장없이 작동할 확률(신뢰도)

$$R_{(t)} = e^{-\lambda t} = e^{-\frac{t}{t_0}}$$
$$= e^{-\frac{500}{1,000}} = e^{-0.5}$$

정답 ②

06 사후보전에 필요한 수리시간의 평균치를 나타낸 것은?

① MTTF ② MTBF
③ MDT   ④ MTTR

해설 사후보전에 필요한 수리시간의 평균치를 나타내는 것은 MTTR(평균수리시간, Mean Time To Repair)이다.

정답 ④

07 어떤 기기의 고장률이 시간당 0.002로 일정하다고 한다. 이 기기를 100시간 사용했을 때 고장이 발생할 확률은?

① 0.1813 ② 0.2214
③ 0.6253 ④ 0.8187

해설
- 신뢰도 $R(t) = e^{-\lambda t}$
- 고장이 발생할 확률(불신뢰도)
$$F(t) = 1 - R(t)$$
$$= 1 - e^{-\lambda t}$$
$$= 1 - e^{-0.002 \times 100} \fallingdotseq 0.1813$$

정답 ①

08 n개의 요소를 가진 병렬시스템에 있어 요소의 수명(MTTF)이 지수분포를 따를 경우 시스템의 수명은?

① $\text{MTTF} \times n$
② $\text{MTTF} \times \dfrac{1}{n}$
③ $\text{MTTF}\left(1 + \dfrac{1}{2} + \cdots + \dfrac{1}{n}\right)$
④ $\text{MTTF}\left(1 \times \dfrac{1}{2} \times \cdots \times \dfrac{1}{n}\right)$

해설 시스템의 수명은 다음과 같이 나타낸다.
- 병렬계의 수명 $= \text{MTTF}\left(1 + \dfrac{1}{2} + \cdots + \dfrac{1}{n}\right)$
- 직렬계의 수명 $= \dfrac{\text{MTTF}}{n}$

정답 ③

09 평균고장시간(MTTF)이 6×10^5시간인 요소 3개소가 병렬계를 이루었을 때의 계(System)의 수명으로 옳은 것은?

① 2×10^5시간 ② 6×10^5시간
③ 11×10^5시간 ④ 18×10^5시간

해설 병렬계의 수명 $= 6 \times 10^5 \left(1 + \dfrac{1}{2} + \dfrac{1}{3}\right)$
$= 1{,}100{,}000 \fallingdotseq 11 \times 10^5$

정답 ③

10 한 화학공장에는 24개의 공정제어회로가 있으며 4,000시간의 공정가동 중 이 회로에는 14번의 고장이 발생하였고 고장이 발생하였을 때마다 회로는 즉시 교체되었다. 이 회로의 평균고장시간(MTTF)은?

① 6,857시간 ② 7,571시간
③ 8,240시간 ④ 9,800시간

해설 평균고장시간(MTTF) $= \dfrac{\text{총가동시간}}{\text{고장건수}}$
$= \dfrac{24 \times 4{,}000}{14}$
$= 6{,}857.14 \fallingdotseq 6{,}857$시간

정답 ①

해커스자격증
pass.Hackers.com

해커스 **산업안전산업기사 필기** 한권완성 이론 + 최신기출 + 핵심노트

PART 3
기계·기구 및 설비 안전관리

CHAPTER 1 기계공정의 안전 및 기계안전시설관리
CHAPTER 2 기계분야 산업재해조사 및 관리
CHAPTER 3 기계설비 위험요인 분석 Ⅰ(공작기계)
CHAPTER 4 기계설비 위험요인 분석 Ⅱ(프레스 및 전단기)
CHAPTER 5 기계설비 위험요인 분석 Ⅲ(산업용 기계기구)
CHAPTER 6 기계설비 위험요인 분석 Ⅳ(운반기계 및 양중기)

CHAPTER 1 | 기계공정의 안전 및 기계안전시설관리

제1절 기계의 위험 및 안전조건 분석

1 기계의 위험점

(1) **끼임점**(Sheer Point)

기계의 고정부와 회전운동 또는 직선운동 부분이 함께 형성하는 위험점이다.
① 연삭숫돌과 베드 사이
② 교반기 교반날개와 몸체(하우스) 사이
③ 회전풀리와 베드 사이
④ 탈수기 회전체와 몸체 사이
⑤ 반복 동작되는 링크기구

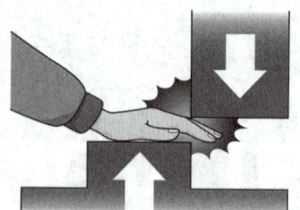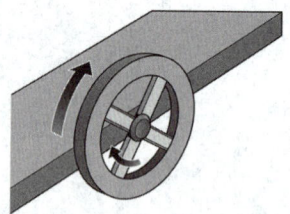

(2) **협착점**(Squeez Point)

왕복운동을 하는 운동부와 고정부 사이에 형성되는 위험점이다.
① 프레스금형 조립 부위
② 프레스브레이크금형 조립 부위
③ 전단기 누름판 및 칼날 부위
④ 선반 및 평삭기 베드끝 부위

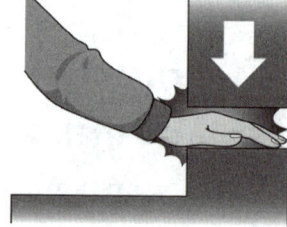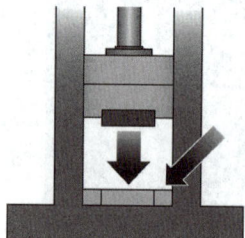

(3) **절단점**(Cutting Point)

운동하는 기계 자체와 회전하는 운동부분 자체와의 위험이 형성되는 점이다.
① 회전대패날 부분
② 목공용 띠톱 부분
③ 둥근톱날 부분
④ 밀링커터 부분
⑤ 컨베이어의 호퍼 부분
⑥ 평벨트레싱 이음 부분

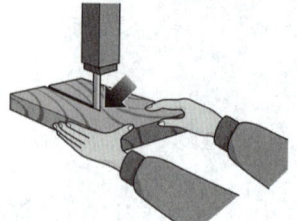

(4) 물림점(Nip Point)

서로 반대방향으로 맞물려 회전하는 두 개의 회전체에 물려 들어갈 위험이 형성되는 점이다.

① 롤러 회전
② 기어 회전

(5) 접선물림점(Tangential Nip Point)

회전하는 부분의 접선방향으로 물려 들어갈 위험이 형성되는 점이다.

① 롤러와 평벨트
② 체인과 스프라켓
③ 랙과 피니언
④ V벨트와 V풀리

(6) 회전말림점(Trapping Point)

회전하는 물체의 불규칙 부위와 돌기회전 부위에 의해 말려 들어갈 위험이 형성되는 점이다.

① 나사 회전부
② 드릴 회전부

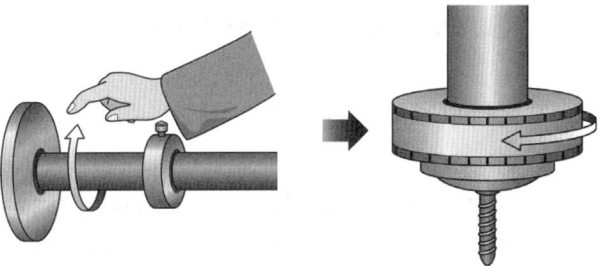

참고 사고요인을 분석하기 위한 위험분류 체크(Check)요인(압출가공시 발생하는 위험요인)

① 충격(Impact)
② 함정(Trap)
③ 접촉(Contact)
④ 얽힘 또는 말림(Entanglement)
⑤ 튀어나옴(Ejection)

2 기계의 일반적인 안전사항

1. **기계설비의 점검**
   (1) 기계설비의 정지상태에서 점검할 사항
   ① 볼트, 너트 등의 풀림상태
   ② 슬라이드 부분의 이상유무
   ③ 급유상태
   ④ 스위치 위치, 구조상태 및 접지상태
   ⑤ 힘이 걸린 부분의 흠집, 손상여부
   ⑥ 방호장치, 동력전도장치 및 전동기 개폐기 등의 이상유무

   (2) 기계설비의 운전상태에서 점검할 사항
   ① 이상음, 진동상태
   ② 클러치상태
   ③ 접동부상태
   ④ 기어의 교합상태
   ⑤ 베어링, 슬라이드면의 온도상승여부

2. **기계설비의 배치시 유의사항**
   ① 아크용접기, 발전기, 가솔린 엔진 등 소음이 나는 기계는 각 기계마다 격벽으로 분리시켜 배치한다.
   ② 회전부분(기어, 벨트, 로프 등)은 위험하므로 통로에 노출되지 않도록 배치하고, 반드시 커버를 씌운다.
   ③ 열간압연공장, 주물공장 등 고열물을 취급하는 작업장에서는 화재·화상에 대비해 안전관리를 철저히 한다.

   > **참고** 기계설비의 배치 관련 기타 사항
   >
   > 1. 기계설비의 작업능률과 안전을 위한 배치(Layout)의 3단계
   >   지역배치 → 건물배치 → 기계배치
   > 2. 공장설비의 배치(Layout)계획에서 고려하여야 할 사항
   >   ① 작업의 흐름에 따라 기계설비 배치
   >   ② 공장 내 안전통로 설정
   >   ③ 기계설비 주변 공간 최대화
   >   ④ 기계설비의 보수점검 용이성을 고려한 배치
   > 3. 공장소음의 방지계획에 있어 음원(音原)에 대한 대책
   >   ① 해당 설비의 밀폐
   >   ② 설비실의 차음벽 시공
   >   ③ 소음기 및 흡음장치 설치

3. 통행과 통로

① 통로의 주요한 부분에는 통로표시를 하고 안전하게 통행할 수 있도록 하여야 한다.
② 옥내에 통로를 설치하는 때에는 걸려 넘어지거나 미끄러지는 등의 위험이 없도록 하여야 한다.
③ 안전하게 통행할 수 있도록 통로에 75lux 이상의 채광 또는 조명시설을 하여야 한다.
④ 통로에 대하여는 통로면으로부터 높이 2m 이내에 장애물이 없도록 하여야 한다.
⑤ 연면적이 400m² 이상이거나 상시 50명 이상의 근로자가 작업하는 옥내작업장에는 비상시에 근로자에게 신속하게 알리기 위한 경보용 설비 또는 기구를 설치하여야 한다.

3 기계의 안전조건

(1) 외형의 안전화

① **가드(Guard) 설치**: 기계 외형부분 및 회전체 돌출부분
② **별실 또는 구획된 장소에 격리**: 원동기 및 동력전도장치(기어, 벨트, 체인, 축 등)
③ **안전색채 조절**: 기계, 장비 및 부수되는 배관
　㉠ **급정지단추식 스위치**: 적색
　㉡ **시동단추식 스위치**: 녹색
　㉢ **물배관**: 청색
　㉣ **공기배관**: 백색
　㉤ **가스배관**: 황색
　㉥ **증기배관**: 암적색
　㉦ **고열기계**: 회청색(청록색)
　㉧ **대형기계**: 밝은 연녹색

(2) 작업의 안전화

① 불필요한 동작을 피하도록 작업 표준화
② 급정지장치, 급정지버튼 등의 배치
③ 조작장치의 적당한 위치 고려
④ 안전한 기동장치의 설치
⑤ 인칭(Inching, 촌동)기능의 활용
⑥ 작업에 필요한 적당한 공구의 사용

(3) 작업점의 안전화

① 기계설비에 의하여 제품이 직접 가동되는 부분은 특히 위험성이 크다.
② 작업점의 위험을 방지하기 위하여 방호장치, 자동제어 및 원격제어장치를 설치해야 한다.

> **참고** 작업점(Point of Operation)
>
> 기계설비에서 특히 위험을 발생하게 할 우려가 있는 부분으로서 일이 물체에 행해지는 점 또는 가공물이 가공되는 부분이다(프레스기의 슬라이드 하사점과 다이부분, 롤러기의 맞물림점 등).

(4) 구조의 안전화
   ① 설계의 안전화(충분한 강도계산)
      ㉠ 기계설비 설계상 가장 큰 과오의 요인은 강도 산정상의 오산이다.
      ㉡ 재료의 강도가 열화될 것을 감안해서 안전율을 충분히 고려하여 설계해야 한다.

$$안전율 = \frac{파단하중}{안전하중} = \frac{극한강도}{최대설계응력} = \frac{파괴하중}{최대사용하중}$$

   ② **가공상의 안전화**: 재료가공 도중에 결함(응력집중, 가공경화 등)이 생길 수 있으므로 열처리 등을 통하여 사전에 결함을 방지하는 것이 중요하다.
   ③ **재료선택시의 안전화(적합한 재질)**: 기계재료 자체에 부식, 균열, 강도저하 등 결함이 있는 경우가 있으므로 적절한 재료로 대체하는 것이 안전상 필요하다.

> **참고** 안전율
>
> 1. 안전율
>   재료 자체의 필연성 중에 잠재되어 있는 우연성을 감안하여 계산한 것이다.
> 2. 안전율 결정시 고려해야 할 사항
>   ① 하중의 종류　　　　　　　④ 부품의 모양
>   ② 하중과 응력의 정확성　　 ⑤ 공작방법 및 정밀도
>   ③ 재료의 품질　　　　　　　⑥ 사용장소
> 3. 기계의 안전을 확보하기 위해서 안전율을 감안할 때 고려하여야 하는 사항
>   ① 탄성률, 충격률, 여유율의 곱으로 안전율을 계산하기도 한다.
>   ② 안전율 계산에 사용되는 여유율은 연성재에 비하여 취성재를 크게 잡는다.
>   ③ 재료의 균질성, 응력계산의 정확성, 응력의 분포 등 각종 인자를 고려한 경험적 안전율도 사용한다.
>   ④ 안전율은 크면 클수록 안전하지만 안전율이 높은 기계는 반드시 우수한 기계라고 할 수는 없다.
> 4. 안전여유 산정식
>
> $$안전여유 = 극한강도 - 허용응력(정격하중)$$
>
> 5. cardullo의 안전율 계산식
>
> $$F = a \times b \times c \times d$$
>
>   여기서, F: 안전율
>   　　　　a: 탄성비(사용재료의 극한강도/사용재료의 탄성한도
>   　　　　b: 하중의 종류
>   　　　　c: 하중속도
>   　　　　d: 재료의 조건

(5) 기능의 안전화
   최근 기계는 오작동(전압강하 또는 정전시, 밸브계통의 고장시, 단락 또는 스위치와 릴레이(Relay)의 고장시, 사용압력 변동시)이 발생함에 따라 기능의 안전화가 요구되고 있다.
   ① **소극적 대책**: 방호장치의 작동, 이상시 기계의 급정지로 안전화 도모
   ② **적극적 대책**: 페일세이프, 별도의 안전한 회로에 의해 정상기능 회복, 전기회로의 개선으로 오작동 방지

> **참고** 페일세이프(Fail Safe)

1. 페일세이프의 정의
   ① 기계 등에 고장이 발생하였을 경우 그대로 사고나 재해로 연결되지 않도록 안전을 확보하는 기능을 말한다.
   ② 기계나 그 부품에 고장이나 기능불량이 생겨도 항상 안전을 유지하는 구조와 기능을 말한다.
   ③ 인간이나 기계 등에 과오나 동작상의 실수가 있더라도 사고를 발생시키지 않도록 철저하게 2중, 3중으로 통제를 가하는 것이다.

2. 페일세이프 구조의 기능면에서의 분류
   ① Fail Passive: 일반적인 산업기계방식의 구조이며 부품의 고장시 기계장치는 정지상태로 옮겨간다.
   ② Fail Active: 부품의 고장시 기계장치는 경보를 나타내며 단시간에 역전이 된다(잠시 계속운전이 가능하다).
   ③ Fail Operational: 병렬여분계의 부품을 구성한 경우이며 부품의 고장이 있어도 추후 보수까지는 운전이 가능하다.

3. 페일세이프의 구분
   ① 회로적 페일세이프(개폐기의 용장회로, 철도신호)
      - 개폐기의 용장회로: 직렬회로와 병렬회로가 있고, 각각 ON 또는 OFF에 대한 안전회로를 구성하고 있다.
      - 철도신호: 신호기가 고장이 생긴 때에는 항상 적색이 표시되어 중대재해를 막아주고 있다.
   ② 구조적 페일세이프(압력용기의 안전밸브, 항공기의 엔진, 엘리베이터의 정전시 브레이크기구, 내진소화기구를 적용한 석유난로 등)
      - 다경로하중구조: 하중을 받아주는 부재가 몇개로 나뉘어져 있어서 일부 부재가 파열되어도 다른 부재로 인하여 하중을 받아줄 수 있는 구조이다.
      - 저균열속도구조: 기계장치 등에 균열이 발생하더라도 그 진전속도가 늦어 정지를 일으키는 구조이다.
      - 조합구조: 다층재 등에서와 같이 여러 개의 재료를 조합시켜 하나의 재료에서 균열이 생겨도 다른 재료가 하중을 받아주는 구조이다.
      - 하중해방구조: 안전파열판 등과 같이 어딘가가 파열되면 그 이상의 하중이 걸리지 않는 구조이다.
      - 이중구조: 통상시에는 하중을 받아주고 있지 않지만 어떤 부재가 파열되면 모든 하중을 받아줄 수 있는 이중 유리창 같은 구조이다.

(6) 보전작업의 안전화
  ① 정기점검 실시
  ② 구성부품의 신뢰도 향상
  ③ 분해 · 교환의 철저
  ④ 급유방법의 개선
  ⑤ 보전용 통로나 작업장 확보

4 기계설비의 본질적 안전

(1) 본질적 안전화(근원적 안전화)란 근로자가 동작상 과오나 실수를 하여도 사고나 재해가 일어나지 않도록 하는 것이다.

(2) 기계설비에 이상이 생겨도 안전성이 확보되어 사고나 재해가 발생하지 않도록 설계되는 것이다.

(3) 기계설비의 본질적 안전화를 추구하기 위한 사항

① 페일세이프(Fail Safe)의 기능을 가질 것
② 풀프루프(Fool Proof)의 기능을 가질 것
③ 인터록(Interlock)의 기능을 가질 것
④ 안전기능이 기계설비에 내장되어 있을 것
⑤ 가능한 조작상 위험이 없도록 설계할 것

> **참고** 풀프루프와 인터록장치
>
> 1. 풀프루프(Fool Proof)
>   ① 풀프루프(Fool Proof)의 정의
>   - 기계장치 설계단계에서 안전화를 도모하는 기본적 개념이며, 근로자(미숙련자)가 기계 등의 취급을 잘못해도 그것이 바로 사고나 재해와 연결되는 일이 없도록 하는 확고한 안전기구를 말한다.
>   - 인간의 착오, 실수 등 인간과오(Human Error)를 방지하기 위한 것이다[예 기계의 안전장치(가드, 안전블록 등), 카메라의 이중촬영방지기구, 리프트의 과부하방지장치, 크레인의 권과방지장치 등]
>   ② 풀프루프(Fool Proof)의 기구 종류
>   - 가드
>   - 트립(Trip)기구
>   - 록(Lock)기구
>   - 밀어내기기구
>   - 오버런(Over-run)기구
>   - 기동방지기구
>
> 2. 풀프루프(Fool Proof) 중 인터록가드와 고정가드의 차이
>   ① 인터록가드(Interlock Guard): 공압 등의 방법으로 연동시켜 놓은 것으로 가드가 열리면 기계가 정지되는 구조로 된 가드를 말한다.
>   ② 고정가드(Fixed Guard): 기계의 구동부에 고정되어 설치된 것으로 가드가 열려도 기계가 정지되지 않는 구조로 된 가드를 말한다.
>
> 3. 인터록장치(Interlock System)
>   ① 인터록장치(Interlock System)의 정의
>   - 일종의 연동(連動)기구로 걸림장치라고도 하며, 어떤 목적을 달성하기 위하여 한 동작 또는 여러가지 동작을 행하는 경우도 있다.
>   - 동작종료시에는 자동적으로 안전상태를 확보하는 기구로 기계적, 전기적 구조 등으로 되어 있다.
>   ② 인터록장치(Interlock System)의 종류
>   - 직접수동스위치 인터록(Direct Manual Switch Interlock): 가드가 닫혀질 때까지 동력원인 밸브나 스위치가 작동될 수 없고, 스위치가 실행 위치에 있을 때는 가드가 열려지지 않는 방식이다.
>   - 캡티브 키 인터록(Captive Key Interlock): 처음 열쇠를 돌리면 기계적으로 가드를 닫게 하고, 계속 돌리면 전기스위치를 작동시켜 안전회로를 구성하는 방식이다. 기계적인 잠금장치와 전기스위치가 조합된 형태로 보통 이동형 가드에 많이 부착된다.
>   - 캠구동제한스위치 인터록(Cam Operated Limit Switch Interlock): 안전위치로부터 가드가 움직이게 되면 스위치 플런저가 눌려지면서 제어기능을 작동시켜 기계를 멈추게 하는 방식이다. 매우 효과적이며 잘 파손되지 않아 다양하게 활용되고 있다.
>   - 시간지연장치(Time Delay Arrangement): 볼트의 첫번째 움직임이 기계의 회로를 차단시키며, 계속하여 상당한 시간동안 풀려져야 비로소 가드가 열리는 방식이다. 방호되어야 할 기계가 큰 관성을 가지고 있어 정지하는 데 있어서 장시간이 소요될 때 사용된다.
>   - 열쇠교환시스템(Key Exchange System): 마스터상자에서 개개의 열쇠들이 잠겨져야 마스터스위치가 비로소 작동이 되는 방식이다. 개개의 열쇠는 각자 해당되는 방호문을 열 수 있으며, 작업자가 기계 안에 들어갈 때 개개의 열쇠로 해당 방호문을 연다.
>   - 기계적인 인터록(Mechanical Interlock): 가드로부터 동력이나 동력전달 조절까지 직접적으로 연결되는 것으로 동력프레스는 가장 일반적인 적용 예라고 할 수 있다.

제2절 기계의 방호

1 안전장치의 설치

1. 안전장치(방호장치)의 설치목적

(1) 작업자의 보호

(2) 기계위험부위의 접촉방지(협착, 낙하, 추락 등에 의한 위험방지)

(3) 인적 · 물적손실 방지

2. 안전장치(방호장치)의 구비조건

(1) 기계기구 특성에 적합할 것

(2) 확실한 방호성능을 갖출 것

(3) 작업에 방해되지 않을 것

(4) 견고할 것

3. 안전장치(방호장치)를 선정할 때 고려할 사항

(1) 적용의 범위

(2) 작업성

(3) 신뢰도

(4) 방호의 정도

(5) 보수의 난이(유지관리)

(6) 경비

> **참고** 기계설비에 있어서 방호의 기본원리
> ① 위험의 제거
> ② 위험의 차단
> ③ 덮어씌움
> ④ 위험에의 적응

2 작업점의 방호

(1) 프레스기, 전단기, 롤러기, 목공기계 등과 같은 동력기계는 실제 가공물이 직접 가공되는 부분 즉, 작업점(Point of Operation)을 가지고 있다.

(2) 작업점에서 가공도중 사고가 많이 발생하므로 방호를 하여야 한다.

(3) **작업점의 방호방법(작업점에 대한 가드의 기본방향)**

① 손을 작업점에 넣지 않도록 할 것

② 작업점에는 작업자가 절대로 가까이 가지 않도록 할 것

③ 작업자가 작업점에서 떨어지지 않는 한 기계를 작동하지 못하게 할 것

④ 기계를 조작할 때는 작업점에서 떨어지게 할 것

3 작업점 가드

1. 방호덮개(가드)의 설치목적
(1) 위험부위에 인체의 접촉 또는 접근방지
(2) 공구, 가공물 등의 낙하비래에 의한 위험방지
(3) 방진, 방음

2. 가드(Guard)의 설치조건
(1) 위험점 방호가 확실할 것
(2) 충분한 강도를 유지할 것
(3) 구조가 단순하고 조정이 용이할 것
(4) 개구부 등 간격(틈새)이 적정할 것
(5) 작업, 점검, 주유시 장해가 없을 것

3. 가드의 개구부 간격
(1) 가드를 설치할 때 개구부 간격을 구하는 식(ILO기준)은 다음과 같다.

$$Y = 6 + 0.15X$$

여기서, Y: 가드 개구부 간격(안전간극)(mm)
　　　　X: 가드와 위험점간의 거리(안전거리)(mm)

(2) 이 계산식은 프레스 및 전단기의 작업점, 롤러기의 맞물림점에 설치하는 가드 등에 주로 적용된다.

> **참고** 동력전도부분에 일방 평행보호망을 설치할 때 개구부 간격을 구하는 식
>
> $$Y = 6 + 0.1X$$
>
> 여기서, Y: 보호망 최대개구부 간격(안전간극)(mm)
> 　　　　X: 보호망과 위험점간의 거리(안전거리)(mm)

4. 가드의 종류
(1) 고정(Fixed)형 가드
　① 완전밀폐형 가드
　② 작업점용 가드

(2) 자동형(Auto) 가드

(3) 조정형(Adjustable) 가드

(4) 인터록(Interlock) 가드

5. 기계설비의 방호장치

> **참고** 방호장치의 분류
> 1. 위험장소에 따른 방호장치
>   ① 격리형
>   ② 위치제한형
>   ③ 접근반응형
>   ④ 접근거부형
> 2. 위험원에 따른 방호장치
>   ① 포집형
>   ② 감지형

(1) 격리형 방호장치
① 안전방책(방호망)　　② 완전차단형 방호장치　　③ 덮개형 방호장치

(2) 위치제한형 방호장치
① 작업자의 신체부위가 의도적으로 위험한계 밖에 있도록 기계의 조작장치를 기계로부터 일정거리 이상 떨어지게 설치해 놓고, 조작하는 두손 중에서 어느 하나가 떨어져도 기계의 가동이 중지되게 하는 장치이다.
② 프레스의 양수조작식 안전장치가 이에 해당한다.

(3) 접근반응형 방호장치
① 작업자의 신체부위가 위험한계로 들어오게 되면 이를 감지하여 작동 중인 기계를 즉시 정지시키거나 스위치가 꺼지도록 하는 기능을 가지고 있는 장치이다.
② 프레스의 광전자식(감응식) 안전장치가 이에 해당한다.

(4) 접근거부형 방호장치
① 작업자의 신체부위가 위험한계 내로 접근하면 기계의 동작위치에 설치해 놓은 기구가 접근하는 신체부위를 안전한 위치로 되돌리는 장치이다.
② 프레스의 손쳐내기식, 수인식 안전장치가 이에 해당한다.

(5) 포집형 방호장치
① 위험원에 대한 방호장치이다.
② 목재가공용 둥근톱의 반발예방장치, 연삭기의 덮개가 이에 해당한다.

(6) 감지형 방호장치
① 이상압력, 이상온도, 과부하 등 기계설비의 부하가 한계치를 초과하는 경우 이를 감지하여 설비작동을 중지시킨다.
② 크레인, 리프트의 과부하방지장치가 이에 해당한다.

> **참고** 기계·기구의 방호조치에 대한 준수사항(산업안전보건법 시행규칙)
> 1. 근로자의 준수사항
>   ① 방호조치를 해체하려는 경우: 사업주의 허가를 받아 해체할 것
>   ② 방호조치 해체사유가 소멸된 경우: 지체없이 원상으로 회복시킬 것
>   ③ 방호조치의 기능이 상실된 것을 발견한 경우: 지체없이 사업주에게 신고할 것
> 2. 사업주의 준수사항
>   방호조치의 기능상실에 따른 신고가 있으면 즉시 수리, 보수 및 작업중지 등 적절한 조치를 할 것

제3절 기타 기계안전 관련 주요사항

(1) **기계설비안전의 첫걸음**
    회전운동 부분의 돌출부분(세트스크류, 너트 및 볼트, 키 등의 머리부)을 없애는 것이다.

(2) **원동기, 회전축, 기어, 풀리, 벨트, 체인, 플라이휠 등의 위험방지 조치**
    ① 덮개　　　　　　　　　　　　　③ 건널다리
    ② 울　　　　　　　　　　　　　　④ 슬리브

(3) **회전축, 기어, 풀리 및 플라이휠 등에 부속되는 키, 핀 등의 기계요소**
    묻힘형으로 하거나 덮개를 부착한다.

(4) **벨트의 이음부분**
    돌출된 고정구를 사용하지 않는다.

(5) **동력기계의 동력차단장치**
    ① 스위치　　　　　② 클러치　　　　　③ 벨트이동장치

(6) **공작기계 중 덮개 또는 울 등을 설치해야 하는 경우**
    ① 연삭기 또는 평삭기의 테이블, 형삭기 램 등의 행정끝 부위
    ② 선반 등으로부터 돌출하여 회전하고 있는 가공물 부근
    ③ 띠톱기계의 위험한 톱날부위
    ④ 종이, 천, 비닐 및 와이어로프 등의 감김통
    ⑤ 압력용기 및 공기압축기 등에 부속하는 원동기, 축이음, 벨트, 풀리의 회전부위
    ⑥ 분쇄기, 혼합기 등을 가동하거나 원료가 흩날리는 등 근로자가 위험해질 우려가 있는 부위

(7) **원형톱기계(목재가공용 원형톱기계 제외)의 방호장치**: 톱날접촉예방장치

(8) **사출성형기, 주형조형기, 형단조기 등에 적합한 방호장치**: 게이트가드식 또는 양수조작식

(9) **기계부품에 작용하는 힘 중에서 안전율을 가장 크게 취해야 될 하중순서**
    충격하중 > 교번하중 > 반복하중 > 정하중

(10) **기계의 능률과 안전을 위한 통제기능**
    ① 개폐에 의한 통제　　　② 양 조절에 의한 통제　　　③ 반응에 의한 통제

(11) **리밋 스위치(Limit Swich)**
    기계설비의 안전장치에서 과도하게 한계를 벗어나 계속적으로 감아올리거나 하는 일이 없도록 제한하는 장치이다(과부하방지장치, 권과방지장치, 압력제한장치, 과전류차단장치 등).

(12) 기계고장률의 기본모형

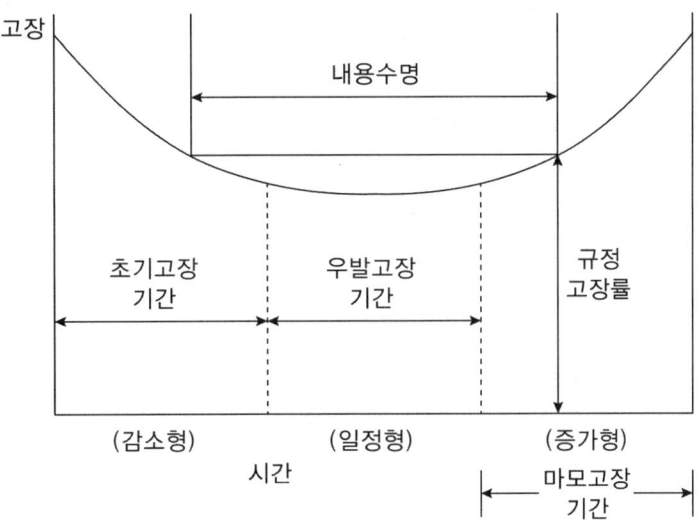

[고장의 욕조곡선(Bath – tub Curve)]

① 초기고장
   ㉠ 감소형(DFR), 설계미숙, 생산과정에서의 품질관리 미비 또는 불량 제조로부터 발생되는 고장이다.
   ㉡ 감소대책으로는 시운전이나 점검작업(스크리닝: Screening)으로 결함을 감소시키는 것이 있다.
      ⓐ **디버깅(Debugging)기간**: 기계의 결함을 찾아내 고장률을 안정시키는 기간
      ⓑ **번인(Burn In)기간**: 물품을 실제로 장시간 움직여 보고 그동안에 고장난 것을 제거하는 기간

   > **참고** 초기고장기간에 발생하는 고장의 원인
   > ① 표준 이하의 재료를 사용
   > ② 불충분한 품질관리
   > ③ 빈약한 세소기술
   > ④ 설계, 구조상의 결함
   > ⑤ 조립상의 과오
   > ⑥ 부적절한 설치
   > ⑦ 오염

② 우발고장
   ㉠ 일정형(CFR), 사용조건상의 고장이며, 고장률이 가장 낮다. 특히 CFR기간의 길이를 내용수명(耐用壽命)이라 한다.
   ㉡ 예측할 수 없을 때 발생하는 고장이다.
   ㉢ 설계강도 이상의 급격한 스트레스, 낮은 안전계수, 사용자의 실수 등 우발적 요인에 의해 발생하는 고장이다.
   ㉣ 감소대책으로는 안전계수를 고려한 설계, 극한 상황을 고려한 설계, 디레이팅(Derating: 계획적으로 설비의 스트레스를 경감시키는 것)으로 결함을 감소시키고, 사후보전(BM: Breakdown Maintenance)이 필요하다.

③ 마모고장
   ㉠ 증가형(IFR), 설비의 피로, 마모, 부식, 노화 및 불충분한 정비 등에 의해 발생하는 고장이다.
   ㉡ 감소대책으로는 정기진단(검사)을 실시하고, 예방보전(PM: Prevention Maintenance)이 필요하다.

제4절 설비보전의 개념

(1) 예방보전(PM: Prevention Maintenance)
① 설비를 항상 정상, 양호한 상태로 유지하기 위한 정기적인 검사와 초기의 단계에서 성능의 저하나 고장을 제거, 조정 또는 수복하기 위한 보전활동이다.
② 설비의 이용도 향상을 목표로 하며, 교체주기와 가장 밀접한 관련성이 있는 보수활동이다.
③ 고장손실에 따른 피해가 큰 중점설비에 적합하다.

(2) 보전예방(MP: Maintenance Prevention)
① 설비를 새로 계획, 설계하는 단계에서 보전정보나 신기술을 채용하여 신뢰성, 보전성, 경제성, 조작성, 안전성 등을 고려해 보전비나 열화손실을 적게 하는 보전활동이다.
② 궁극적으로 설비의 설계, 제작단계에서 보전활동이 불필요한 체제를 목표로 한 보전활동이다.

(3) 개량보전(CM: Corrective Maintenance)
① 낡은 기술로 작동 중인 기계에 새로운 기술을 접목, 개량시켜 성능을 향상시키는 보전활동이다.
② 설비고장시 단지 수리하는 것뿐만 아니라 보다 좋은 부품교체 등을 통하여 마모의 방지, 설비의 열화방지는 물론 수명의 연장(설비의 체질 개선)을 기하도록 한 보전활동이다.

(4) 사후보전(BM: Breakdown Maintenance)
① 기계, 설비장치가 기능저하 또는 기능정지된 뒤에 보수, 교체를 실시하는 보전활동이다.
② 수리부품을 준비하거나 예비기계를 설치하는 등 고장을 대비하여 수리에 대한 대책(설비의 고장회복)을 수립·실천하는 보전활동이다.

(5) 예지보전(豫知保全: Predictive Maintenance)
① 설비의 이상상태 여부를 감시하여 열화의 정도가 사용한도에 이른 시점에서 부품교환 및 수리를 실시하는 보전활동이다(감도가 높은 계측기 사용).
② 설비상태를 정량적으로 파악하여 설비의 이상상태나 앞으로 일어날 수 있는 사태를 미리 예상하고 적절하게 유지하고 보수하는 보전활동이다.

(6) 일상보전(RM: Routin Maintenance)
매일, 매주 급유점검, 청소 등의 작업을 함으로써 설비의 마모나 열화를 방지하는 보전활동이다.

(7) 생산보전
기계설비의 전과정에서 소요되는 설비의 열화손실과 보전비용을 최소화하여 생산성을 향상시키는 보전활동이다(미국의 GE사가 처음으로 시행한 보전활동).

(8) 집중보전(Central Maintenance)
공장의 모든 보전요원을 한사람의 관리자 아래에 조직으로 구성하고 보전을 집중관리하는 활동이다.

> **참고** 설비보전 관련 기타 사항

1. Tamper proof
   산업현장의 생산설비의 경우 안전장치가 부착되어 있으나 생산성을 위해 제거하고 사용하는 경우가 있다. 이러한 경우를 대비하여 설계시 안전장치를 제거하면 작동이 되지 않는 구조를 채택하는데 이러한 설계 개념을 말한다.

2. 예방설계(Prevention Design)
   인간오류에 관한 설계기법에 있어 오류를 전혀 범하지 않게는 할 수 없으므로 인간이 오류를 범하기 어렵도록 사물을 설계하는 것이다.

3. 가치공학(VE: Value Engineering)활동의 분석항목과 안전성과의 관계
   ① 설비: 사고, 재해건수
   ② 제품: 불량률
   ③ 검사포장: 육체피로
   ④ 운반 레이아웃(Layout): 작업피로

4. 기계설비에 대한 적정 윤활의 원칙
   ① 올바른 윤활법의 채용
   ② 적정량의 규정 준수
   ③ 윤활기간의 올바른 준수
   ④ 기계가 필요로 하는 윤활유의 선정

5. 예방보전과 사후보전을 모두 실시할 때 보전성의 척도로 사용되는 것
   MDT(Mean Down Time: 평균정지시간)

6. TPM(Total Productive Maintenance: 전사적 생산설비보전활동)
   작업자의 자주보전활동과 설비의 예방보전활동의 효과를 높이고자 추진하는 활동이다.

7. TPM(Total Productive Maintenance)의 추진단계
   ① 제1단계: 자주보전활동단계
   ② 제2단계: 개별개선활동단계
   ③ 제3단계: 계획보전활동단계
   ④ 제4단계: 개량보전활동단계

8. TPM(Total Productive Maintenance)의 5가지 기본활동
   ① 설비운전 사용부문의 자주보전활동
   ② 프로젝트팀에 의한 설비효율화 개별개선활동
   ③ 설비보전부문의 계획보전활동
   ④ 운전자, 보전자의 기능, 기술향상 교육훈련
   ⑤ 설비계획부문의 설비초기관리체제 확립활동

9. 기업에서 보전효과 측정을 위해 일반적으로 사용되는 평가 요소
   ① 제품단위당 보전비 = 총보전비/제품수량
   ② 운전1시간당 보전비 = 총보전비/설비운전시간
   ③ 계획공사율 = 계획공사공수(工數)/전공수(全工數)
   ④ 설비고장강도율 = 설비고장정지시간/설비가동시간
   ⑤ 설비고장도수율 = 설비고장건수/설비가동시간

제5절 기계공정의 특수성 분석

1 설계도 검토

1. **공정도**

   작업이 진행되는 과정이나 진행정도를 알아보기 쉽게 그림으로 표현하는 것으로 원재료에서부터 완제품이 되기까지 작업의 전반적인 과정을 나타낸 것이다.

2. **설계도**

   각각의 작업공정 흐름을 세밀하게 분석하는 도표이다.

3. **설계도 검토**

   기계공정의 안전확보를 위하여 설비도면, 장비사양서 등을 검토하는 것이 중요하다.

2 공정의 특수성에 따른 위험요인

1. **공정의 위험요인**

   기계를 사용하는 작업은 각 공정마다 여러 가지 위험요인이 잠재하고 있다. 이러한 각 공정의 위험요인을 도출하여 위험요인별 제거·대체 및 통제방안을 검토하여 실행을 하여야 한다.

2. **공정의 위험요인(예: 철강 및 비철금속제조업)**

   (1) 주요 공정

   ① 원재료 입고 → ② 모형·주형제작 → ③ 용해 → ④ 용탕주입 → ⑤ 탈사 및 후처리 → ⑥ 열처리 → ⑦ 도장 및 건조 → ⑧ 포장 및 출고

   (2) 공정에 따른 위험요인

   ① 용해
   ㉠ 용해로에 원재료 장입 중 수증기 폭발에 의한 화상 위험
   ㉡ 용해작업 중 누출로 인한 화재·폭발 위험
   ㉢ 반복적인 불순물 제거작업에 따른 근골격계질환 위험 등

   ② 용탕주입
   ㉠ 이동식 대차 운행 중 근로자와 부딪힘 위험
   ㉡ 작업장 바닥의 부품방치 등 정리정돈 불량으로 넘어짐 위험
   ㉢ 크레인 방호장치 불량에 의한 맞음 위험

   ③ 탈사 및 후처리
   ㉠ 가스용접, 가스용단작업 중 화재·폭발 위험

　　　　ⓒ 연삭작업시 숫돌파손으로 인한 날아옴 위험
　　　　ⓒ 열처리로의 전기충전부에 접촉으로 인한 감전 위험
　　④ 도장 및 건조
　　　　㉠ 도장작업시 유해화학물질 노출에 따른 건강장해 위험
　　　　ⓒ 건조로의 안전난간 미설치로 떨어짐 위험
　　　　ⓒ 인화성의 물질 사용에 따른 화재 · 폭발 위험

3 설계도에 따른 안전지침

1. 안전지침
설계도에 표기된 안전지침을 준수하여 작업을 수행하는 것이 중요하다.

2. 안전지침의 종류
① 공작기계 안전기준 일반에 관한 기술상의 지침 등 고용노동부고시
② 프레스 방호장치의 선정 등 KOSHA GUIDE(한국산업안전보건공단 안전보건기술지침)

4 표준안전작업절차서

1. 표준안전작업절차서
① 산업현장에서 안전하게 작업하는 방법을 제시한 것이다.
② 작업의 순서를 정하여 능률적으로 작업을 수행할 수 있도록 작업방법, 작업조건, 위험시 대처방안 등을 나타낸 절차서이다.
③ 반복작업, 사고발생 위험이 있는 작업, 정확도를 요구하는 작업 등에서 유효하다.

2. 표준안전작업절차 사이클(Cycle)
① 표준안전작업방법을 정한다.(Plan)
② 표준안전작업방법대로 작업을 할 수 있도록 지도하고, 수행을 하도록 한다.(Do)
③ 표준안전작업방법대로 작업을 하고 있는지 검토한다.(Check)
④ 검토결과, 표준안전작업방법대로 작업을 하고 있지 않으면 그 원인을 파악하여 대책을 수립한다.(Action)

5 공정도를 활용한 공정분석기술

1. 공정분석기술(PAT: Process Analytical Technology)
① 공정 중의 물질을 실시간으로 분석하고, 분석한 결과에 따라 공정을 조절(feed back)할 수 있는 기술을 말한다.
② 완제품만을 평가하는 기존의 방법에서 탈피하여 공정의 깊은 이해와 공정제어를 통한 품질확보를 지향하는 기술이다.

6 KSB규격과 ISO규격 통칙에 대한 지식

1. KS규격
한국산업표준(KS: Korean Industrial Standard)은 산업표준화법에 의하여 산업표준심의회의 심의를 거쳐 국가기술표준원장이 고시함으로써 확정되는 국가표준으로서 약칭하여 KS로 표시한다.

2. KS규격의 분류
한국산업표준(KS)은 기본부문(A)에서부터 정보부문(X)까지 21개 부문으로 구성되며, 기계부문은 KSB로 나타내고 있다.
① **제품표준**: 제품의 형상, 치수, 품질 등 규정
② **방법표준**: 시험, 검사, 분석 및 측정방법 등 규정
③ **전달표준**: 용어, 단위, 기술 등 규정

3. KSB(기계부문)
① 기계일반
② 기계요소
③ 공구
④ 공작기계
⑤ 측정계산용기계기구 · 물리기계
⑥ 일반기계
⑦ 산업기계
⑧ 농업기계
⑨ 열사용기기 · 가스기기
⑩ 계량 · 측정
⑪ 산업자동화
⑫ 기타

4. ISO규격
국제표준화기구(ISO)가 세계 공통적으로 제정한 품질 및 환경시스템 규격을 말한다.

5. 주요 ISO규격
① ISO 9001: 품질경영시스템
② ISO 45001: 안전보건경영시스템
③ ISO 22000: 식품안전경영시스템
④ ISO 13485: 의료기기품질경영시스템

적중문제 CHAPTER 1 | 기계공정의 안전 및 기계안전시설관리

01 기계설비의 위험점 중 끼임점(Sheer Point)이 형성되는 경우로 옳지 않은 것은?

① 회전풀리와 베드 사이
② 연삭숫돌과 베드 사이
③ 선반 및 평삭기 베드끝 부위
④ 반복 동작되는 링크기구

해설 선반 및 평삭기 베드끝 부위는 기계설비의 위험점 중 협착점이 형성되는 경우에 해당한다.

관련이론 끼임점(Sheer Point)이 형성되는 경우
- 회전풀리와 베드 사이
- 연삭숫돌과 베드 사이
- 반복 동작되는 링크기구
- 교반기 교반날개와 몸체(하우스) 사이
- 탈수기 회전체와 몸체 사이

정답 ③

02 기계의 왕복운동을 하는 운동부와 고정부 사이에 위험이 형성되는 기계의 위험점에 적합한 것은?

① 끼임점 ② 절단점
③ 물림점 ④ 협착점

해설 기계의 왕복운동을 하는 운동부와 고정부 사이에 위험이 형성되는 기계의 위험점은 협착점(Squeez Point)이다.

선지분석
① 끼임점(Sheer Point)이란 기계의 고정부와 회전운동 또는 직선운동이 함께 형성하는 부분 사이에 형성되는 위험점이다.
② 절단점(Cutting Point)이란 회전하는 운동부분 자체와 운동하는 기계 자체와의 위험이 형성되는 점이다.
③ 물림점(Nip Point)이란 회전하는 두 개의 회전체에 물려 들어갈 위험이 형성되는 점이다.

정답 ④

03 회전축, 커플링에 사용하는 덮개는 다음 중 어떠한 위험점을 방호하기 위한 것인가?

① 회전말림점 ② 접선물림점
③ 절단점 ④ 협착점

해설 회전축, 커플링에 사용하는 덮개는 회전말림점을 방호하기 위한 것이다.

정답 ①

04 기계설비의 작업능률과 안전을 위한 배치(Layout)의 3단계를 올바른 순서대로 나열한 것은?

① 지역배치 → 건물배치 → 기계배치
② 건물배치 → 지역배치 → 기계배치
③ 기계배치 → 건물배치 → 지역배치
④ 지역배치 → 기계배치 → 건물배치

해설 기계설비의 작업능률과 안전을 위한 배치의 3단계는 지역배치 → 건물배치 → 기계배치의 순서이다.

정답 ①

05 기계설비의 안전조건에 해당하지 않는 것은?

① 외형의 안전화
② 기능의 안전화
③ 구조의 안전화
④ 기계조작 방법의 안전화

해설 기계설비의 안전조건은 다음과 같으며, 기계조작 방법의 안전화는 기계설비의 안전조건에 해당하지 않는다.
- 외형의 안전화
- 구조의 안전화
- 작업의 안전화
- 기능의 안전화
- 작업점의 안전화
- 보전작업의 안전화

정답 ④

06 기계설비 안전화를 외형의 안전화, 기능의 안전화, 구조의 안전화로 구분할 때 구조의 안전화에 해당하는 것은?

① 가공 중에 발생한 예리한 모서리, 버르(burr) 등을 연삭기로 라운딩
② 기계의 오동작을 방지하도록 자동제어장치 구성
③ 이상발생시 기계를 급정지시킬 수 있도록 동력차단장치를 부착하는 조치
④ 열처리를 통하여 기계의 강도와 인성을 향상

해설 열처리를 통하여 기계의 강도와 인성을 향상하는 것은 구조의 안전화에 해당한다.

선지분석
① 기계설비 안전화 중 외형의 안전화에 해당한다.
② 기계설비 안전화 중 기능의 안전화에 해당한다.
③ 기계설비 안전화 중 작업의 안전화에 해당한다.

정답 ④

07 기계의 안전조건 중 외관적 안전화와 가장 거리가 먼 것은?

① 급정지장치 설치
② 안전색채 조절
③ 가드의 설치
④ 구획된 장소에 격리

해설
- 급정지장치 설치는 기계의 안전조건 중 작업의 안전화에 해당된다.
- 외관적 안전화에는 안전색채 조절, 가드의 설치, 구획된 장소에 격리, 상자로 내장이 있다.

정답 ①

08 기계나 그 부품에 고장이나 기능불량이 생겨도 항상 안전하게 작동하는 구조와 기능을 추구하는 안전기능은?

① 풀프루프
② 페일세이프
③ 이중낙하방지
④ 연동기구

해설 기계나 그 부품에 고장이나 기능불량이 생겨도 항상 안전하게 작동하는 구조와 기능을 추구하는 안전기능은 페일세이프(Fail Safe)이다.

정답 ②

09 페일세이프(Fail Safe) 기능의 3단계 중 페일 액티브(Fail Active)에 관한 내용으로 옳은 것은?

① 부품고장시 기계는 경보를 울리나 짧은 시간 내의 운전은 가능하다.
② 부품고장시 기계는 정지방향으로 이동한다.
③ 부품고장시 추후 보수까지는 안전기능을 유지한다.
④ 부품고장시 병렬계통방식이 작동되어 안전기능이 유지된다.

해설 부품고장시 기계는 경보를 울리나 짧은 시간 내의 운전은 가능하다는 것은 페일 액티브(Fail Active)에 대한 내용이다.

관련이론 페일세이프(Fail Safe) 기능의 내용
- 페일 액티브(Fail Active)
- 페일 패시브(Fail Passive)
- 페일 오퍼레이셔널(Fail Operational)

정답 ①

10 페일세이프화된 기계설비에 속하지 않는 것은?

① 덮개 및 울이 부착된 회전기계
② 내진기구를 적용한 석유스토브
③ 엘리베이터의 정전시 브레이크기구
④ 클러치나 브레이크 고장시 슬라이드가 급정지 하는 프레스

해설 덮개 및 울이 부착된 회전기계는 풀프루프화된 기계설비에 속하며, 크레인의 권과방지장치, 프레스의 광선식 안전장치 등도 풀프루프에 해당한다.

정답 ①

11 기계구조부분의 강도적 안전화를 위한 안전조건에 해당하지 않는 것은?

① 재료선택시의 안전화
② 설계시의 올바른 강도계산
③ 사용상의 안전화
④ 가공상의 안전화

해설 기계구조부분의 강도적 안전화를 위한 안전조건에는 재료선택시의 안전화, 설계시의 올바른 강도계산, 가공상의 안전화가 있으며, 사용상의 안전화는 이에 해당하지 않는다.

정답 ③

12 작업자가 기계를 잘못 취급하여 불안전 행동이나 실수를 하여도 기계설비의 안전기능이 적용되어 재해를 방지할 수 있는 기능은?

① 페일세이프
② 풀프루프
③ 연동잠김 기능
④ 자동송급 기능

해설 작업자가 기계를 잘못 취급하여 불안전 행동이나 실수를 하여도 기계설비의 안전기능이 적용되어 재해를 방지할 수 있는 기능은 풀프루프(Fool Proof)이다.

정답 ②

13 풀프루프(Fool Proof)에 대한 사항으로 옳지 않은 것은?

① 엘리베이터의 정전시 브레이크기구
② 권과방지장치
③ 카메라의 이중촬영방지기구
④ 기계의 안전장치(가드, 안전블록 등)

해설 엘리베이터의 정전시 브레이크기구는 페일세이프화된 기계설비에 해당한다.

정답 ①

14 기계설비구조의 안전화 가운데 설계상 안전율의 결정은 매우 중요한 고려사항이다. 안전율(Safety Factor) 산출 공식이 아닌 것은?

① 기초강도/허용응력
② 극한강도/최대설계응력
③ 파괴하중/최대사용하중
④ 안전하중/파단하중

해설 안전율은 파단하중/안전하중으로 산출한다.

관련이론 안전율(Safety Factor) 산출 공식
• 안전율 = 기초강도/허용응력
• 안전율 = 극한강도/최대설계응력
• 안전율 = 파괴하중/최대사용하중
• 안전율 = 극한강도/허용응력
• 안전율 = 인장강도/허용응력
• 안전율 = 극한강도/정격하중
• 안전율 = 파괴하중/정격하중
• 안전율 = 파단하중/안전하중

정답 ④

15 크랭크축의 극한강도는 600kg이고 정격하중이 100kg인 경우에 안전계수는 얼마인가?

① 6   ② 8
③ 9   ④ 10

해설 안전계수(안전율) $= \dfrac{극한강도}{정격하중} = \dfrac{600}{100} = 6$

정답 ①

16 기계의 각 작동부분 상호간을 전기적, 기계적 유공압 장치 등으로 연결해서 기계의 각 작동부분이 정상으로 작동하기 위한 조건이 만족되지 않을 경우 자동적으로 그 기계를 작동할 수 없도록 하는 것은?

① 인터록기구 ② 과부하방지장치
③ 트립기구   ④ 오버런기구

해설 기계의 각 작동부분 상호간을 전기적, 기계적 유공압 장치 등으로 연결해서 기계의 각 작동부분이 정상으로 작동하기 위한 조건이 만족되지 않을 경우 자동적으로 그 기계를 작동할 수 없도록 하는 것은 인터록(Inter-lock)기구이다.

정답 ①

17 기계의 안전장치에서 과도하게 한계를 벗어나 계속적으로 감아올리거나 하는 일이 없도록 제한을 주는 장치는?

① 호이스트   ② 리밋 스위치
③ 일렉트렉 아이 ④ 슬링

해설 기계의 안전장치에서 과도하게 한계를 벗어나 계속적으로 감아올리거나 하는 일이 없도록 제한을 주는 장치는 리밋 스위치(Limit Switch)이다.

정답 ②

18 기계설비의 방호원리에 속하지 않는 것은?

① 위험의 제거
② 위험에의 적응
③ 위험의 차단
④ 위험의 경고

해설 위험의 경고는 기계설비의 방호원리에 해당하지 않는다.

관련이론 **기계설비의 방호원리**
• 위험의 제거   • 덮어씌움
• 위험에의 적응   • 위험의 차단

정답 ④

19 조작자의 신체부위가 위험한계 밖에 있도록 기계의 조작장치를 위험구역에서 일정거리 이상 떨어지게 한 방호장치는?

① 덮개형 방호장치
② 차단형 방호장치
③ 위치제한형 방호장치
④ 접근반응형 방호장치

해설 조작자의 신체부위가 위험한계 밖에 있도록 기계의 조작장치를 위험구역에서 일정거리 이상 떨어지게 한 방호장치는 위치제한형 방호장치이다.

관련이론 **기계설비 방호장치의 종류**

격리형 방호장치	기계설비 외부에 차단벽이나 방호망을 설치하는 방호장치(완전차단형, 방호망, 덮개형)
접근반응형 방호장치	신체부위가 위험한계로 들어오면 이를 감지하여 작동 중인 기계를 즉시 정지시키거나 스위치가 꺼지도록 하는 방호장치[프레스의 광전자식(감응식)]
접근거부형 방호장치	신체부위가 위험한계내로 접근하면 기계의 기구가 접근하는 신체부위를 안전한 위치로 되돌리는 방호장치(프레스의 손쳐내기식, 수인식)
포집형 방호장치	파편을 포집하는 형태의 방호장치(연삭기의 덮개, 목재가공용 둥근톱기계의 반발예방장치)

정답 ③

20 기계설비의 방호방법에서 위험원에 따른 방호방법은?

① 덮개형 방호장치
② 접근반응형 방호장치
③ 위치제한형 방호장치
④ 접근거부형 방호장치

해설
• 위험원에 따른 방호방법에 해당하는 것은 포집형 방호장치로 이에 해당 되는 것은 연삭기의 덮개, 목재가공용 둥근톱의 반발예방장치가 있다.
• 위험원에 따른 방호방법으로는 감지형 방호장치도 있으며, 이에 해당하는 것은 크레인, 리프트의 과부하방지장치가 있다.

정답 ①

21 기계설비의 간접방호조치방법에서 위험장소에 따른 방호방법이 아닌 것은?

① 접근거부형 ② 포집형
③ 완전격리형 ④ 위치제한형

해설 포집형 방호장치는 위험원에 따른 방호방법에 해당된다.

관련이론 위험장소에 따른 방호방법
• 격리형   • 접근거부형
• 위치제한형 • 접근반응형

정답 ②

22 기계·기구의 방호조치에 대한 근로자의 준수사항에 해당하지 않는 것은?

① 방호조치 해체시 사업주에게 허가를 받을 것
② 방호조치 해체사유 소멸시 지체없이 원상회복을 할 것
③ 방호조치 기능상실 발견시 지체없이 사업주에게 신고할 것
④ 방호조치 기능상실에 따른 신고시 수리, 보수, 작업중지 등 조치를 할 것

해설 방호조치 기능상실에 따른 신고시 수리, 보수, 작업중지 등 조치를 할 것은 사업주의 준수사항에 해당한다.

정답 ④

23 기계의 위험을 예방할 수 있는 일반적인 안전기준으로 옳지 않은 것은?

① 회전축 등 동력전달장치에는 덮개나 건널다리 등을 설치한다.
② 회전축, 풀리 등에 부속되는 키, 핀 등의 기계요소는 묻힘형으로 한다.
③ 벨트의 이음부분에는 돌출된 고정구를 사용하여야 한다.
④ 건널다리에는 안전난간 및 미끄러지지 아니하는 구조의 발판을 설치하여야 한다.

해설 벨트의 이음부분에는 돌출된 고정구를 사용하지 않는다.

정답 ③

24 기계의 원동기, 회전축, 기어, 풀리, 플라이휠 및 벨트 등의 위험으로부터 작업자를 보호하기 위한 방호장치가 아닌 것은?

① 덮개   ② 동력차단장치
③ 슬리브   ④ 건널다리

해설 원동기, 회전축, 기어, 풀리, 플라이휠 및 벨트 등의 위험으로부터 작업자를 보호하기 위한 장치로는 덮개, 슬리브, 건널다리, 울이 있다.

정답 ②

25 회전축, 기어, 풀리, 플라이휠 등에는 어떤 고정구를 설치해야 하는가?

① 개방형 고정구   ② 돌출형 고정구
③ 묻힘형 고정구   ④ 고정형 고정구

해설 회전축, 기어, 풀리, 플라이휠 등에는 묻힘형 고정구를 설치한다.

정답 ③

26 원동기 및 동력전도장치의 설치장소로 옳은 것은?

① 별실 또는 구획된 장소
② 위험물 취급장소
③ 사무실 부근
④ 건조물 취급장소

해설 별실 또는 구획된 장소란 콘크리트로 만든 건축물이나 지하실 같은 곳이며, 원동기 및 동력전도장치의 설치장소로 적합하다.

정답 ①

27 사출성형기, 주형조형기, 형단조기 등에 근로자 신체의 일부가 말려 들어갈 우려가 있을 때 가장 적합한 안전장치는?

① 광전자식
② 덮개 또는 울
③ 손처내기식 및 수인식
④ 게이트가드식 또는 양수조작식

해설 근로자 신체의 일부가 말려 들어갈 우려가 있을 때 사출성형기, 주형조형기, 형단조기에 가장 적합한 안전장치는 게이트가드식 또는 양수조작식이다.

정답 ④

28 원형톱기계의 위험을 방지하기 위한 방호장치에 해당하는 것은? (단, 목재가공용 원형톱기계는 제외)

① 방호덮개
② 반발예방장치
③ 톱날접촉예방장치
④ 방호판

해설 원형톱기계(목재가공용 원형톱기계는 제외)에는 톱날접촉예방장치를 설치하여야 한다.

정답 ③

29 동력전도부분의 전방 30cm 위치에 일방 평행보호망을 설치하고자 한다. 보호망의 최대개구간격은 얼마로 하여야 하는가?

① 36mm 이하
② 37.5mm 이하
③ 51mm 이하
④ 56mm 이하

해설 $Y = 6 + \frac{1}{10}X$

여기서, Y: 보호망 최대개구부 간격(mm)
X: 보호망과 위험점간의 거리(mm)

$= 6 + \frac{1}{10} \times 300 = 36\text{mm}$ 이하

정답 ①

30 공작기계에서 덮개, 울 등을 설치하지 않아도 되는 것은?

① 연삭기 또는 평삭기의 테이블, 형삭기 램 등의 행정끝
② 선반으로부터 돌출하여 회전하고 있는 가공물 부근
③ 톱날접촉예방장치가 설치된 원형톱기계의 위험부위
④ 띠톱기계의 위험한 톱날(절단부분 제외)

해설 톱날접촉예방장치가 설치된 원형톱기계의 위험부위에는 덮개, 울 등을 설치하지 않아도 된다.

관련이론 공작기계에서 덮개, 울 등을 설치하는 경우
- 연삭기 또는 평삭기의 테이블, 형삭기 램 등의 행정끝
- 선반으로부터 돌출하여 회전하고 있는 가공물 부근
- 띠톱기계의 위험한 톱날(절단부분 제외)
- 압력용기 및 공기압축기 등에 부속하는 원동기, 축이음, 벨트, 풀리의 회전부위
- 종이·천, 비닐 및 와이어로프 등의 감김통
- 분쇄기, 혼합기 등을 가동하거나 원료가 흩날리는 등 근로자가 위험해질 우려가 있는 부위

정답 ③

31 설비고장 형태 중 사용조건상의 결함에 의해 발생하는 것은?

① 마모고장
② 우발고장
③ 초기고장
④ 피로고장

해설 설비고장형태 중 사용조건상의 결함에 의해 발생하는 것은 우발고장이다.

선지분석
① 마모고장: 설비의 피로, 마모, 부식, 노화 및 불충분한 정비 등에 의해 생기는 고장(IFR: 증가형)으로 감소대책으로는 정기진단(검사), 예방보전(PM: Prevention Maintenance)이 필요하다.
③ 초기고장: 생산과정에서의 불량제조 또는 품질관리의 미비로 인하여 생기는 고장(DFR: 감소형)으로 위험분석, 시운전 및 점검작업을 하여 결함을 찾아 내어야 한다.

정답 ②

32 다음 설명에 해당하는 설비보전방식은?

> 설비를 항상 정상, 양호한 상태로 유지하기 위한 정기적인 검사와 초기의 단계에서 성능의 저하나 고장을 제거, 조정(調整) 또는 수복(修復)하기 위한 설비의 보수활동을 의미한다.

① 예방보전(Prevention Maintenance)
② 보전예방(Maintenance Prevention)
③ 개량보전(Corrective Maintenance)
④ 사후보전(Break-down Maintenance)

해설 설비를 항상 정상, 양호한 상태로 유지하기 위한 정기적인 검사와 초기의 단계에서 성능의 저하나 고장을 제거, 조정(調整) 또는 수복(修復)하기 위한 설비의 보수활동을 의미하는 것은 예방보전이다.

선지분석
② 보전예방은 설비를 새로 계획, 설계하는 단계에서 보전정보나 새로운 기술을 채용해서 신뢰성, 보전성, 경제성, 조작성, 안전성 등을 고려하여 보전비나 열화손실을 적게 하는 활동이다.
③ 개량보전은 낡은 기술로 작동 중인 기계에 새로운 기술을 접목, 개량시켜 성능 향상하는 것이다.
④ 사후보전은 설비장치, 기기가 기능저하 또는 기능정지(고장정지)된 뒤에 보수, 교체를 실시하는 것이다.

정답 ①

33 고장손실에 따른 피해가 큰 중점설비가 대상일 때 가장 적합한 보전방식은?

① 예방보전(Prevention Maintenance)
② 일상보전(Routine Maintenance)
③ 개량보전(Corrective Maintenance)
④ 사후보전(Break-down Maintenance)

해설 고장손실에 따른 피해가 큰 중점설비가 대상일 때 가장 적합한 보전방식은 예방보전이다.

정답 ①

34 설비고장 대책으로 그 원인을 조사, 해석하여 고장을 미연에 방지하기 위하여 설비개조의 조치 등 설비의 체질개선을 도모하는 설비보전방법을 무엇이라 하는가?

① 일상보전
② 예방보전
③ 개량보전
④ 특별보전

해설 설비고장 대책으로 그 원인을 조사, 해석하여 고장을 미연에 방지하기 위하여 설비개조, 조치 등 설비의 체질개선을 도모하는 설비보전방법은 개량보전이다.

정답 ③

35 다음 설명에 해당하는 설비보전방식의 유형은?

> 설비보전정보와 신기술을 기초로 신뢰성, 조작성, 보전성, 안전성, 경제성 등이 우수한 설비의 선정, 조달 또는 설계를 통하여 궁극적으로 설비의 설계, 제작단계에서 보전활동이 불필요한 체제를 목표로 한 설비의 보전활동을 말한다.

① 개량보전
② 사후보전
③ 일상보전
④ 보전예방

해설 설비보전정보와 신기술을 기초로 신뢰성, 조작성, 보전성, 안전성, 경제성 등이 우수한 설비의 선정, 조달 또는 설계를 통하여 궁극적으로 설비의 설계, 제작단계에서 보전활동이 불필요한 체제를 목표로 한 설비의 보전활동은 보전예방이다.

정답 ④

36 신뢰성과 보전성 개선을 목적으로 한 일반적이고 효과적인 보전기록자료에 해당하지 않는 것은?

① 설비이력카드
② 일정계획표
③ MTBF분석표
④ 고장원인대책표

해설 신뢰성과 보전성 개선을 목적으로 한 보전기록자료에는 설비이력카드, MTBF분석표, 고장원인대책표가 있으며, 일정계획표는 보전기록자료에 해당하지 않는다.

정답 ②

37 예방보전과 사후보전을 모두 실시할 때 보전성의 척도로 사용되는 것은?

① MTTP ② MTBF
③ MTTR ④ MDT

해설 예방보전과 사후보전을 모두 실시할 때 보전성의 척도로 사용되는 것은 MDT(Mean Down Time: 평균정지시간)이다.

정답 ④

38 설비보전방법 중 설비의 열화를 방지하고 그 진행을 지연시켜 수명을 연장하기 위한 점검, 주유 및 교체 등의 활동은 무엇인가?

① 사후보전 ② 개량보전
③ 일상보전 ④ 보전예방

해설 설비보전방법 중 설비의 열화를 방지하고 그 진행을 지연시켜 수명을 연장하기 위한 점검, 주유 및 교체 등의 활동은 일상보전이다.

정답 ③

39 설비관리책임자 A는 동종 업종의 TPM 추진사례를 벤치마킹하여 설비관리 효율화를 꾀하고자 한다. 그 중 작업자 본인이 직접 운전하는 설비의 마모율 저하를 위하여 설비의 윤활관리를 일상에서 직접 행하는 활동과 가장 관계가 깊은 TPM 추진 단계는?

① 개별개선활동단계 ② 자주보전활동단계
③ 계획보전활동단계 ④ 개량보전활동단계

해설 작업자 본인이 직접 운전하는 설비의 마모율 저하를 위하여 설비의 윤활관리를 일상에서 직접 행하는 활동과 가장 깊은 TPM 추진 단계는 자주보전활동단계이다.

 TPM

1. **TPM의 5가지 기본활동**
   - 프로젝트팀에 의한 설비효율화 개별개선활동
   - 설비운전 사용부문의 자주보전활동
   - 설비보전부문의 계획보전활동
   - 운전자, 보전자의 기능, 기술향상 교육훈련활동
   - 설비계획부문의 설비초기관리체제 확립활동

2. **TPM의 추진단계**
   - 제1단계: 자주보전활동단계
   - 제2단계: 개별개선활동단계
   - 제3단계: 계획보전활동단계
   - 제4단계: 개량보전활동단계

정답 ②

40 교체주기와 가장 밀접한 관련성이 있는 보전방식은?

① 보전예방 ② 생산보전
③ 품질보전 ④ 예방보전

해설 예방보전은 상시 또는 정기적으로 감시하여 고장 및 결함을 사전에 검출하므로 교체주기와 가장 밀접한 관련성이 있다.

정답 ④

CHAPTER 2 | 기계분야 산업재해조사 및 관리

제1절 재해조사

1 재해조사의 목적

(1) 재해발생원인 및 결함 규명
(2) 재해예방대책자료의 수집
(3) 동종재해 및 유사재해의 재발방지

2 재해조사시 유의사항

(1) 조사는 신속하게 행하고, 긴급조치하여 2차재해의 방지를 도모한다.
(2) 피해자에 대한 구급조치를 우선한다.
(3) 객관적인 입장에서 공정하게 조사하고, 조사는 2명 이상이 한다.
(4) 사실을 수집한다.
(5) 2차재해의 예방과 위험성에 대비하여 보호구를 착용한다.
(6) 사람, 기계설비 양면의 재해요인을 모두 도출한다.
(7) 책임추궁보다는 재발방지를 우선으로 하는 태도를 갖는다.
(8) 목격자 등이 증언하는 사실 이외의 추측의 말은 참고만 한다.

> **참고** 인간과오의 배후요인(재해발생의 배후요인) 4M
> ① 인간(Man): 인적요인(동료, 상사, 본인 이외의 사람)
> ② 기계설비(Machine): 물적요인(기계설비의 고장, 결함)
> ③ 매체(Media): 인간과 기계를 잇는 매체(작업정보, 작업환경, 작업방법)
> ④ 관리(Management): 관리(법규준수방법, 관리)

3 재해발생시 조치사항

(1) 긴급처리
　① 피재기계의 정지 및 피해확산 방지
　② 피재자의 구조 및 응급처치
　③ 관계자에게 통보
　④ 2차재해 방지
　⑤ 현장 보존

(2) 재해조사

6하원칙(5W 1H)에 의하여 객관적인 재해조사 실시

(3) 원인강구

① **직접원인**: 사람, 물체

② **간접원인**: 관리

(4) 대책수립

① 동종재해의 재발방지

② 유사재해의 재발방지

(5) 대책실시 계획

(6) 실시

(7) 평가

4 재해의 원인분석

1. 개별적 재해원인분석 방법

(1) 개개의 재해를 하나하나 분석하는 것으로 상세하게 그 원인을 규명하는 것이다.

(2) 특수재해나 중대재해 및 재해건수가 적은 사업장 또는 개별재해 특유의 조사항목을 사용할 필요성이 있을 때 사용한다.

2. 통계적 재해원인분석[거시적(Macro)] 방법

(1) 파레토도(Pareto Diagram)

① 사고의 유형, 기인물 등 분류항목을 큰 순서대로 도표화한다.

② 문제나 목표의 이해에 편리하다.

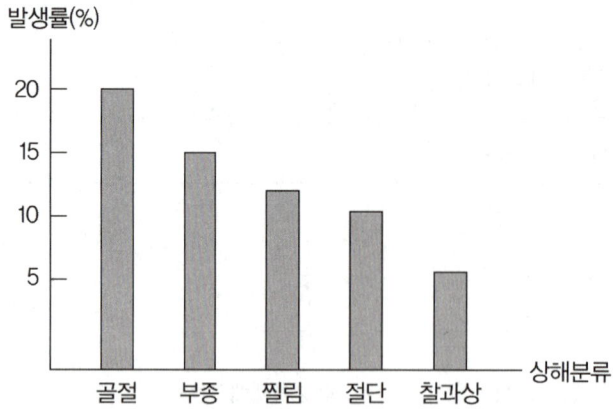

(2) 특성요인도

특성과 요인관계를 도표로 하여 재해발생의 유형을 어골상(魚骨狀)으로 세분화한다.

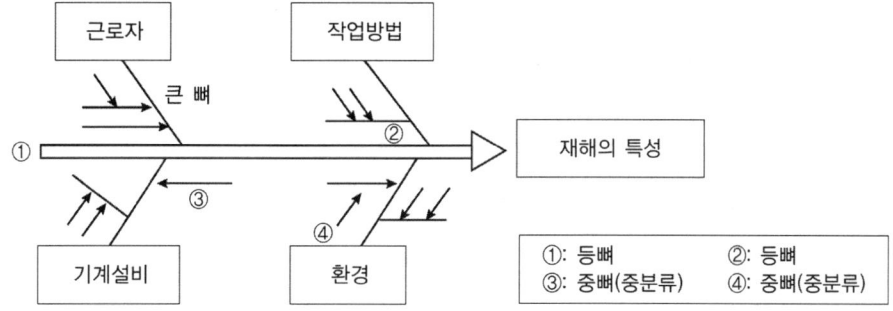

(3) 크로스 분석(크로스도)

2개 이상의 문제 관계를 분석하는데 사용하는 것으로 데이터(Data)를 집계하고 표로 표시하여 요인별 결과 내역을 교차한 크로스 그림을 작성하여 분석한다.

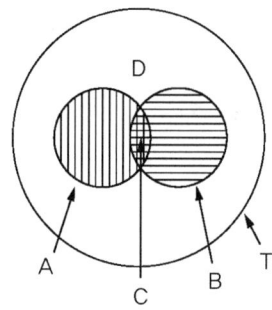

(4) 관리도

재해발생건수 등의 추이를 파악하여 목표관리를 행하는데 필요한 월별 재해발생건수를 그래프화하고 관리선을 설정·관리하는 방법이다. 관리선은 상방관리한계(UCL: Upper Control Limit), 중심선(CL), 하방관리한계(LCL: Low Control Limit)로 표시한다.

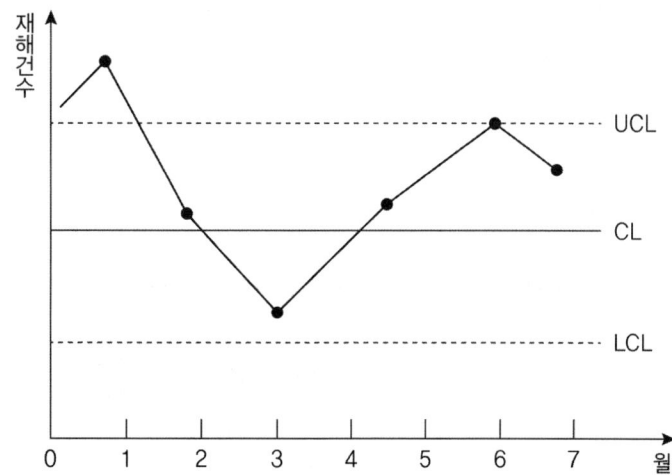

제2절 산재분류 및 통계분석

1 재해관련 통계의 종류 및 계산

1. 연천인율

(1) 연천인율 = $\dfrac{\text{사상자(재해자)수}}{\text{연평균 근로자수}} \times 1{,}000$

▶ 근로자 1,000명당 1년간 발생하는 사상자수(재해자수)를 나타내는 것이다.

(2) 연천인율 = 도수율(빈도율) × 2.4

2. 도수율(빈도율, FR: Frequency Rate of Injury)

(1) 도수율 = $\dfrac{\text{재해발생건수}}{\text{연근로시간수}} \times 1{,}000{,}000$

▶ 연근로시간 100만시간당 재해발생건수를 나타내는 것이다.

(2) 연근로시간 = 실근로자수 × 근로자 1인당 연근로시간수

(1년: 300일, 2,400시간, 1월: 25일, 200시간, 1일: 8시간)

▶ 연근로시간수의 정확한 산출이 곤란할 때는 2,400시간(1일 8시간, 1월 25일, 1년 300일)을 기준으로 한다.

3. 강도율(SR: Severity Rate of Injury)

(1) 강도율 = $\dfrac{\text{근로손실일수}}{\text{연근로시간수}} \times 1{,}000$

▶ 연근로시간 1,000시간당 재해로 인하여 발생한 근로손실일수를 나타내는 것이다.

(2) 근로손실일수의 산정 기준(ILO, 국제노동기구 기준)

① **사망 및 영구전노동불능**(신체장해등급 1~3급): 7,500일
② **영구일부노동불능**(신체장해등급 4~14등급)

신체장해 등급	4	5	6	7	8	9	10	11	12	13	14
근로손실 일수	5,500	4,000	3,000	2,200	1,500	1,000	600	400	200	100	50

③ 일시전노동불능(의사의 진단에 따라 노동에 일정기간 종사할 수 없는 상해)

$$\text{근로손실일수} = \text{휴업일수} \times \dfrac{300}{365}$$

4. **평균강도율**: 재해 1건당 평균근로손실일수를 나타낸다.

$$평균강도율 = \frac{강도율}{도수율} \times 1,000$$

5. **환산도수율과 환산강도율**
   (1) **환산도수율**: 평생근로시간 10만시간당 발생한 재해건수를 나타낸다.

   $$환산도수율 = \frac{도수율}{10}$$

   (2) **환산강도율**: 평생근로시간 10만시간당 잃을 수 있는 근로손실일수를 나타낸다.

   $$환산강도율 = 강도율 \times 100$$

6. **종합재해지수(도수강도치, FSI)**: 재해의 빈도와 재해의 강도를 종합한 것이다.

   $$종합재해지수(FSI) = \sqrt{도수율(FR) \times 강도율(SR)}$$

7. **세이프 티 스코어(Safe. T. Score)**
   (1) **의미**: 사업장의 과거와 현재의 안전성적을 비교, 평가하는 방법이다. 산정결과, (+)이면 나쁜 기록으로 (−)이면 과거에 비해 현재의 안전성적이 좋은 기록으로 평가한다.

   (2) **계산식**

   $$\text{Safe. T. Score} = \frac{도수율(현재) - 도수율(과거)}{\sqrt{\frac{도수율(과거)}{총근로시간(현재)} \times 1,000,000}}$$

   (3) **평가방법**
   ① +2 이상인 경우: 안전성적이 과거보다 심각하게 나쁘다.
   ② −2 초과 +2 미만인 경우: 안전성적이 과거에 비해 심각한 차이가 없다.
   ③ −2 이하인 경우: 안전성적이 과거보다 좋다.

   > **참고** 재해 관련 통계의 계산
   >
   > ① **안전활동율**: 안전활동율 $= \dfrac{안전활동건\ 수}{총근로시간수} \times 1,000,000$
   >
   > ② **사망만인율**: 사망만인율 $= \dfrac{사망자수}{총근로자수} \times 10,000$
   >
   > ③ **불안전한 행동율**: 불안전한 행동율 $= \dfrac{불안전한\ 행동\ 적발\ 건수}{근로자수 \times 순회횟수} \times 100$
   >
   > ④ **재해발생율**: 재해발생율 $= \dfrac{재해자수}{연근로자수} \times 100$

2 재해손실비의 종류 및 계산

1. 하인리히(Heinrich) 방식

> 총재해코스트 = 직접비 + 간접비

(1) 직접비와 간접비의 비율

  직접비 : 간접비 = 1 : 4

(2) 직접비

  법령으로 정한 피해자에게 지급되는 산재보상보험비이다.

  ① 휴업보상비
  ② 장해보상비
  ③ 유족보상비
  ④ 요양보상비
  ⑤ 장의비
  ⑥ 장해특별보상비
  ⑦ 유족특별보상비
  ⑧ 직업재활보상비
  ⑨ 상병보상연금

(3) 간접비

  생산중단, 재산손실 등으로 기업이 입은 손실비용이다.

  ① 물적손실(시설복구비용, 동력·연료류의 손실비용, 설비손실비용)
  ② 인적손실(신규인력채용비용, 교육훈련비용)
  ③ 특수손실(작업대기로 인한 손실시간비용)
  ④ 생산손실(매출손실비용, 생산손실비용)
  ⑤ 기타 손실(입원중의 잡비, 소송관계비용 등)

2. 시몬즈(Simonds) 방식

> - 총재해코스트 = 산재보험코스트 + 비보험코스트
> - 비보험코스트 = (휴업상해건수 × A) + (통원상해건수 × B) + (구급조치건수 × C) + (무상해사고건수 × D)

① A, B, C, D: 장해정도별 비보험코스트의 평균치

② 비보험코스트의 분류

  ㉠ **휴업상해**: 영구일부노동불능상해, 일시전노동불능상해
  ㉡ **통원상해**: 일시일부노동불능상해
  ㉢ **구급(응급)조치상해**: 응급조치 또는 8시간 미만의 휴업 의료조치상해
  ㉣ **무상해사고**: 의료조치를 필요로 하지 않는 정도의 극미한 상해사고나 무상해사고
  ▶ 사망, 영구전노동불능상해가 코스트 산정 범주에서 제외되는 이유는 자주 발생하는 것이 아니어서 필요에 따라 산정하기 때문이다.

3. 버드(Bird)의 방식

> 총재해코스트 = 보험비용 + 비보험 재산비용 + 기타 재산비용

▶ 보험비용 : 비보험 재산비용 : 기타 재산비용 = 1 : 5~50 : 1~3

3 재해사례 분석 절차

1. 재해사례연구(Accident Analysis and Control Method)

(1) 재해사례연구의 목적

① 재해방지의 원칙을 습득해서 이것을 일상 안전보건활동에 실천한다.

② 재해요인을 체계적으로 규명해서 대책을 세운다.

③ 참가자의 안전보건활동에 관한 견해나 생각을 깊게 하고 태도를 바꾸게 하기도 한다.

(2) 재해사례연구 순서

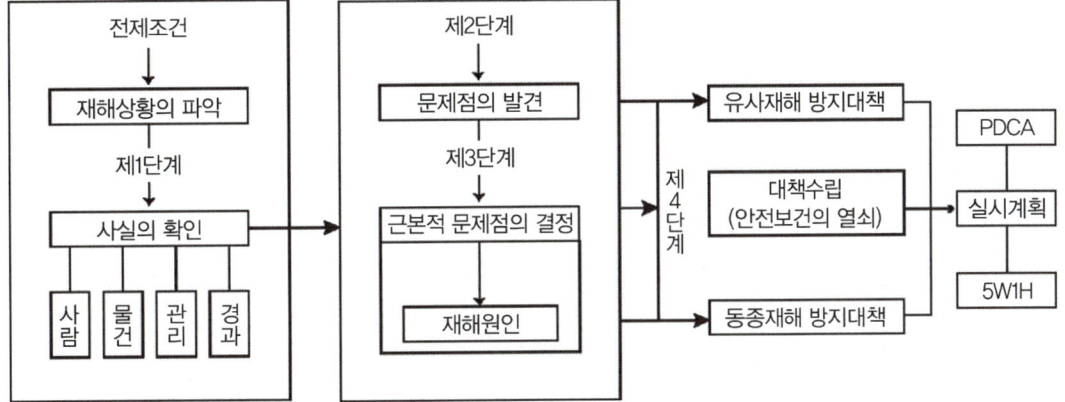

① **전제조건(재해상황의 파악)**: 사례연구의 전제조건으로서 재해상황의 주된 항목에 대해 파악한다.

   ㉠ 재해발생의 일시 및 장소
   ㉡ 사고의 형태
   ㉢ 상해의 정도
   ㉣ 기인물
   ㉤ 가해물
   ㉥ 물적 피해상황
   ㉦ 사업의 업종 및 규모

② **제1단계(사실의 확인)**: 사례의 해결에 필요한 정보를 정확히 파악한다.

③ **제2단계(문제점의 발견)**: 사실로 판단하고 기준에서 차이의 문제점을 발견한다.

④ **제3단계(근본적 문제점의 결정)**: 문제점 가운데 재해의 중심이 된 근본적 문제점을 결정하고 재해원인을 결정한다.

⑤ **제4단계(대책수립)**: 사례를 해결하기 위한 대책을 세운다.

제3절 안전점검, 검사, 인증 및 진단

1 안전점검의 정의 및 목적

(1) 안전점검의 정의
  인간의 불안전한 행동이나 기계설비의 불안전한 상태에서 발생하는 결함을 발견하여 안전대책의 상태를 확인하는 행위나 수단이다.

(2) 안전점검의 목적
  ① 설비의 안전상태 유지
  ② 인적인 안전행동상태 유지
  ③ 설비의 안전확보
  ④ 합리적인 생산관리

2 안전점검의 종류(점검시기에 의한 구분)

(1) 일상점검(수시점검)
  현장의 관리감독자 등이 기계, 설비, 공구 등을 매일 수시로 작업 전, 중, 후에 실시하는 점검이다.

(2) 정기점검
  매주 또는 매월 1회 주기로 해당 분야의 작업책임자가 기계설비의 안전상 주요 부분의 마모, 피로, 부식, 손상 등 장치의 변화유무 등에 대해 실시하는 점검으로 계획점검이라고도 한다.

(3) 특별점검
  ① 기계기구 또는 설비를 신설, 변경하거나 고장·수리 등을 할 때 실시하는 부정기점검이다.
  ② 천재지변의 발생 직후에 실시하는 점검, 산업안전보건강조주간에 실시하는 점검, 동절기·해빙기에 실시하는 점검도 이에 해당한다.

(4) 임시점검
  기계설비의 갑작스런 이상발견시 임시로 실시하는 점검이다.

3 안전점검표의 작성

(1) 안전점검표(체크리스트)에 포함되어야 할 주요 사항
  ① 점검대상
  ② 점검주기
  ③ 점검방법
  ④ 점검항목
  ⑤ 점검부분
  ⑥ 판정기준 및 조치사항

(2) 안전점검표(체크리스트) 작성시 유의하여야 할 사항

① 사업장에 적합한 독자적인 내용으로 할 것
② 중점도가 높은 것부터 순서대로 작성할 것
③ 점검표의 내용은 이해하기 쉽도록 표현하고 구체적일 것
④ 일정양식을 정하여 점검대상을 정할 것
⑤ 정기적으로 검토하여 재해방지에 실효성있게 개조된 내용일 것

4 안전검사

1. 안전검사의 실시(산업안전보건법)

사업주는 유해하거나 위험한 기계·기구·설비로서 안전에 관한 성능이 고용노동부장관이 정하여 고시하는 검사기준에 맞는지에 대하여 고용노동부장관이 실시하는 검사를 받아야 한다.

2. 안전검사 대상 기계 등(산업안전보건법 시행령 → 2024.6.25 개정)

(1) 프레스
(2) 전단기
(3) 리프트
(4) 압력용기
(5) 곤돌라
(6) 국소배기장치(이동식은 제외)
(7) 원심기(산업용만 해당)
(8) 롤러기(밀폐형 구조는 제외)
(9) 사출성형기(형체결력 294kN 미만은 제외)
(10) 크레인(정격하중 2t 미만인 것은 제외)
(11) 고소작업대(화물 또는 특수자동차에 탑재한 것)
(12) 컨베이어
(13) 산업용 로봇
(14) 혼합기
(15) 파쇄기 또는 분쇄기

3. 안전검사의 주기(산업안전보건법 시행규칙 → 2024.6.28 개정)

(1) 크레인, 리프트 및 곤돌라

사업장에 설치가 끝난 날부터 3년 이내에 최초 안전검사를 실시하되, 그 이후부터 2년마다 검사하여야 한다(건설현장에서 사용하는 것은 최초로 설치한 날부터 6개월마다).

(2) 이동식 크레인, 이삿짐운반용 리프트 및 고소작업대

자동차관리법에 따른 신규등록 이후 3년 이내에 최초 안전검사를 실시하되, 그 이후부터 2년마다 검사하여야 한다.

(3) 그 밖의 유해위험기계

① 사업장에 설치가 끝난 날부터 3년 이내에 최초 안전검사를 실시하되, 그 이후부터 2년마다 검사하여야 한다(공정안전보고서를 제출하여 확인을 받은 압력용기는 4년마다).
② 프레스, 전단기, 원심기, 압력용기, 국소배기장치, 롤러기, 사출성형기, 컨베이어, 산업용 로봇, 혼합기, 파쇄기 또는 분쇄기 등이 이에 해당한다.

4. 안전검사원의 자격(산업안전보건법 시행규칙)

(1) 국가기술자격법에 따른 기계·전기·전자·화공 또는 산업안전 분야에서 기사 이상의 자격을 취득한 사람으로서 해당 분야의 실무경력이 3년 이상인 사람

(2) 국가기술자격법에 따른 기계·전기·전자·화공 또는 산업안전 분야에서 산업기사 이상의 자격을 취득한 사람으로서 해당 분야의 실무경력이 5년 이상인 사람

(3) 국가기술자격법에 따른 기계·전기·전자·화공 또는 산업안전 분야에서 기능사 이상의 자격을 취득한 사람으로서 해당 분야의 실무경력이 7년 이상인 사람

(4) 고등교육법에 따른 학교 중 수업연한이 4년인 학교(같은 법 및 다른 법령에 따라 이와 같은 수준 이상의 학력이 인정되는 학교를 포함한다)에서 기계·전기·전자·화공 또는 산업안전 분야의 관련 학과를 졸업한 사람으로서 해당 분야의 실무경력이 3년 이상인 사람

(5) 고등교육법에 따른 학교 중 제4호에 따른 학교 외의 학교(같은 법 및 다른 법령에 따라 이와 같은 수준 이상의 학력이 인정되는 학교를 포함한다)에서 기계·전기·전자·화공 또는 산업안전 분야의 관련 학과를 졸업한 사람으로서 해당 분야의 실무경력이 5년 이상인 사람

(6) 초·중등교육법에 따른 고등학교·고등기술학교에서 기계·전기 또는 전자·화공 관련 학과를 졸업한 사람으로서 해당 분야의 실무 경력이 7년 이상인 사람

(7) 자율검사프로그램에 따라 안전에 관한 성능검사교육을 이수한 후 해당 분야의 실무경력이 1년 이상인 사람

5. 자율검사프로그램의 인정(산업안전보건법 시행규칙)

(1) 요건

사업주가 자율검사프로그램을 인정받기 위해서는 다음 요건을 모두 충족하여야 한다.
① 검사원을 고용하고 있을 것
② 고용노동부장관이 정하여 고시하는 바에 따라 검사를 할 수 있는 장비를 갖추고 이를 유지·관리할 수 있을 것
③ 안전검사주기의 2분의 1에 해당하는 주기(크레인 중 건설현장 외에서 사용하는 크레인의 경우 6개월)마다 검사를 할 것
④ 자율검사프로그램의 검사기준이 고용노동부장관이 정하여 고시하는 안전검사기준을 충족할 것

(2) 서류의 제출

자율검사프로그램을 인정받으려는 자는 자율검사프로그램 인정신청서에 다음의 내용이 포함된 자율검사프로그램을 확인할 수 있는 서류 2부를 첨부하여 안전보건공단에 제출하여야 한다.
① 안전검사 대상 기계 등의 보유현황
② 검사원 보유현황과 검사를 할 수 있는 장비 및 장비관리방법(자율안전검사기관에 위탁한 경우에는 위탁을 증명할 수 있는 서류를 제출한다)
③ 안전검사 대상 기계 등의 검사주기 및 검사기준
④ 향후 2년간 안전검사 대상 기계 등의 검사수행계획
⑤ 과거 2년간 자율검사프로그램 수행 실적(재신청의 경우만 해당한다)

> **참고** 안전검사의 신청과 합격표시
>
> 1. 안전검사의 신청(산업안전보건법 시행규칙)
>   안전검사 신청서를 검사주기 만료일 30일 전에 안전검사기관에 제출하여야 한다.
> 2. 안전검사 합격표시에 포함되어야 할 사항(산업안전보건법 시행규칙)
>   ① 안전검사 대상기계명   ④ 합격번호
>   ② 신청인   ⑤ 검사유효기간
>   ③ 형식번(기)호(설치장소)   ⑥ 검사기관(실시기관)

5 안전인증

1. 안전인증의 실시(산업안전보건법)

① 고용노동부장관은 유해하거나 위험한 기계, 기구, 설비 및 방호장치, 보호구의 안전성을 평가하기 위하여 그 안전에 관한 성능과 제조자의 기술능력 및 생산체계 등에 관한 안전인증기준을 정하여 고시하여야 한다.

② 안전인증기준은 유해·위험기계 등의 종류별, 규격 및 형식별로 정할 수 있다.

2. 안전인증 대상 기계 등(산업안전보건법 시행령)

(1) 안전인증 대상 기계 또는 설비
   ① 프레스
   ② 전단기 및 절곡기
   ③ 크레인
   ④ 리프트
   ⑤ 압력용기
   ⑥ 롤러기
   ⑦ 사출성형기
   ⑧ 고소작업대
   ⑨ 곤돌라

(2) 안전인증 대상 방호장치
   ① 프레스 및 전단기 방호장치
   ② 양중기용 과부하방지장치
   ③ 보일러 압력방출용 안전밸브
   ④ 압력용기 압력방출용 안전밸브
   ⑤ 압력용기 압력방출용 파열판
   ⑥ 절연용 방호구 및 활선작업용 기구
   ⑦ 방폭구조 전기기계·기구 및 부품
   ⑧ 추락, 낙하, 붕괴 등의 위험방지 및 보호에 필요한 가설기자재로서 고용노동부장관이 정하여 고시하는 것
   ⑨ 충돌, 협착 등의 위험방지에 필요한 산업용 로봇 방호장치로서 고용노동부장관이 정하여 고시하는 것

(3) 안전인증 대상 보호구
   ① 추락 및 감전위험방지용 안전모
   ② 안전화
   ③ 안전장갑
   ④ 방진마스크
   ⑤ 방독마스크
   ⑥ 송기마스크
   ⑦ 전동식 호흡보호구
   ⑧ 보호복
   ⑨ 안전대
   ⑩ 차광 및 비산물위험방지용 보안경
   ⑪ 용접용 보안면
   ⑫ 방음용 귀마개 또는 귀덮개

> **참고** 안전인증의 표시(보호구 안전인증 고용노동부고시)
> ① 형식 또는 모델명　　　　　　　④ 규격 또는 등급 등
> ② 제조자명　　　　　　　　　　⑤ 제조번호 및 제조연월
> ③ 안전인증번호

3. 안전인증 심사의 종류 및 심사기간(산업안전보건법 시행규칙)

예비심사		7일
서면심사		15일(외국에서 제조한 경우 30일)
기술능력 및 생산체계심사		30일(외국에서 제조한 경우 45일)
제품심사	개별 제품심사	15일
	형식별 제품심사	30일

4. 자율안전확인 대상 기계 등(산업안전보건법 시행령)

    (1) 자율안전확인 대상 기계 또는 설비
        ① 연삭기 또는 연마기(휴대형은 제외)
        ② 산업용 로봇
        ③ 혼합기
        ④ 파쇄기 또는 분쇄기
        ⑤ 식품가공용기계(파쇄, 절단, 혼합, 제면기만 해당)
        ⑥ 컨베이어
        ⑦ 자동차정비용 리프트
        ⑧ 공작기계(선반, 드릴기, 평삭·형삭기, 밀링만 해당)
        ⑨ 고정형 목재가공용기계(둥근톱, 대패, 루타기, 띠톱, 모떼기기계만 해당)
        ⑩ 인쇄기

    (2) 자율안전확인 대상 방호장치
        ① 아세틸렌용접장치용 또는 가스집합용접장치용 안전기
        ② 교류아크용접기용 자동전격방지기
        ③ 롤러기 급정지장치
        ④ 연삭기 덮개
        ⑤ 목재가공용둥근톱 반발예방장치와 날접촉예방장치
        ⑥ 동력식수동대패용 칼날접촉방지장치
        ⑦ 추락, 낙하, 붕괴 등의 위험방지 및 보호에 필요한 가설기자재로서 고용노동부장관이 정하여 고시하는 것

    (3) 자율안전확인 대상 보호구
        ① 안전모(추락 및 감전위험방지용 제외)
        ② 보안경(차광 및 비산물위험방지용 제외)

③ 보안면(용접용 제외)

> **참고** 그 밖의 안전인증에 관한 사항
>
> 1. 자율안전확인의 표시(보호구 자율안전확인 고용노동부고시)
>   ① 형식 또는 모델명 ④ 제조번호 및 제조연월
>   ② 규격 또는 등급 등 ⑤ 자율안전확인번호
>   ③ 제조자명
> 2. 설치·이전하는 경우 안전인증을 받아야 하는 기계(산업안전보건법 시행규칙)
>   ① 크레인
>   ② 리프트
>   ③ 곤돌라
> 3. 주요 구조부분을 변경하는 경우 안전인증을 받아야 하는 기계 및 설비(산업안전보건법 시행규칙)
>   ① 프레스   ⑥ 고소작업대
>   ② 전단기 및 절곡기   ⑦ 크레인
>   ③ 압력용기   ⑧ 리프트
>   ④ 롤러기   ⑨ 곤돌라
>   ⑤ 사출성형기
> 4. 안전인증의 전부 또는 일부를 면제할 수 있는 경우(산업안전보건법)
>   ① 연구·개발을 목적으로 제조·수입하거나 수출을 목적으로 제조하는 경우
>   ② 고용노동부장관이 정하여 고시하는 외국의 안전인증기관에서 인증을 받은 경우
>   ③ 다른 법령에 따라 안전성에 관한 검사나 인증을 받은 경우로서 고용노동부령으로 정하는 경우

6 안전보건진단

(1) 안전보건진단 명령(산업안전보건법)

고용노동부장관은 추락·붕괴, 화재·폭발, 유해하거나 위험한 물질의 누출 등 산업재해 발생의 위험이 현저히 높은 사업장의 사업주에게 안전보건진단기관이 실시하는 안전보건진단을 받을 것을 명할 수 있다.

(2) 안전보건진단 의뢰 및 결과의 보고(산업안전보건법 시행규칙)

① 안전보건진단 명령을 받은 사업주는 15일 이내에 안전보건진단기관에 안전보건진단을 의뢰해야 한다.
② 안전보건진단을 실시한 안전보건진단기관은 진단내용에 해당하는 사항에 대한 조사·평가 및 측정결과와 그 개선방법이 포함된 보고서를 진단을 의뢰받은 날부터 30일 이내에 해당 사업장의 사업주 및 관할 지방고용노동관서의 장에게 제출해야 한다.

(3) 안전보건진단의 종류(산업안전보건법 시행령)

① 종합진단
② 안전진단
③ 보건진단

> **참고** 안전보건진단의 정의
>
> 사업장 내의 물적, 인적재해의 잠재위험성을 사전에 발견하여 그 예방대책을 세우기 위한 안전보건관리 행위이다.

적중문제 — CHAPTER 2 | 기계분야 산업재해조사 및 관리

01 재해조사의 목적에 해당하지 않는 것은?
① 재해발생 원인 및 결함 규명
② 재해관련책임자 문책
③ 재해예방자료 수집
④ 동종 및 유사재해재발방지

해설 재해관련책임자의 문책은 재해조사의 목적에 해당하지 않는다.

정답 ②

02 재해발생시 가장 먼저 해야 할 일로 옳은 것은?
① 현장 보존
② 상급 부서에 보고
③ 피재자의 구조 및 응급처치
④ 2차재해의 방지

해설 재해발생시 피재자의 구조 및 응급처치가 선행되어야 한다.

관련이론 재해발생시 긴급처리 순서
피재기계의 정지 → 피재자의 구조 및 응급처치 → 관계자에게 통보 → 2차재해의 방지 → 현장 보존

정답 ③

03 안전점검의 시스템 중 인간과오의 배후요인 4M에 해당하는 것은?
① Man, Management, Machine, Media
② Man, Management, Machine, Material
③ Man, Management, Machine, Maker
④ Man, Machine, Maker, Media

해설 인간과오의 배후요인 4M은 인적요인(Man), 물적요인(Machine), 매체(Media), 관리(Management)이다.

정답 ①

04 재해조사시 유의사항으로 옳지 않은 것은?
① 목격자 증언 이외의 추측의 말은 참고만 한다.
② 사람과 설비 양면의 재해요인을 모두 도출한다.
③ 조사는 현장이 변경되기 전에 실시한다.
④ 조사는 혼란을 방지하기 위하여 단독으로 실시하며, 주관적 판단을 반영하여 신속하게 한다.

해설 조사는 혼란을 방지하기 위하여 2명 이상이 실시하며, 객관적 판단을 반영하여 공정하게 한다.

정답 ④

05 재해의 분석에 있어 사고유형, 기인물, 불안전한 상태, 불안전한 행동을 하나의 축으로 하고, 그것을 구성하고 있는 몇 개의 분류항목을 크기가 큰 순서대로 나열하여 비교하기 쉽게 도시한 통계양식의 도표는?

① 특성요인도 ② 크로스도
③ 파레토도   ④ 관리도

해설 파레토도(Pareto Diagram)에 대한 설명이다.

관련이론 재해의 통계적 원인분석 방법
- 파레토도(Pareto Diagram): 사고유형, 기인물 등 분류항목을 큰 순서대로 도표화한다.
- 특성요인도: 특성과 요인관계를 도표로 하여 재해발생의 유형을 어골상(魚骨狀)으로 세분화한다.
- 크로스(Cross) 분석: 2개 이상의 문제 관계를 분석하는데 사용하는 것으로 데이터(Data)를 집계하고 표로 표시하여 요인별 결과내역을 교차한 크로스 그림을 작성하여 분석한다.

정답 ③

06 재해사례연구의 순서를 바르게 나열한 것은?

① 재해상황의 파악 – 사실의 확인 – 문제점의 발견 – 근본적 문제점의 결정 – 대책수립
② 재해상황의 파악 – 문제점의 발견 – 근본적 문제점의 결정 – 사실의 확인 – 대책수립
③ 문제점의 발견 – 재해상황의 파악 – 근본적 문제점의 결정 – 사실의 확인 – 대책수립
④ 문제점의 발견 – 재해상황의 파악 – 사실의 확인 – 근본적 문제점의 결정 – 대책수립

해설 재해사례연구는 재해상황의 파악 – 사실의 확인 – 문제점의 발견 – 근본적 문제점의 결정 – 대책수립의 순으로 진행된다.

관련이론 재해사례연구의 순서
- 전제조건: 재해상황의 파악
- 제1단계: 사실의 확인
- 제2단계: 문제점의 발견
- 제3단계: 근본적 문제점의 결정
- 제4단계: 대책수립

정답 ①

07 재해의 통계적 원인분석법 중 결과에 대한 원인 요소 및 상호의 관계를 인과관계로 결부하여 나타내는 방법은?

① 특성요인도(Cause & Effect diagram)
② 파레토도(Pareto diagram)
③ 크로스(Cross) 분석
④ 체크리스트(Check List)

해설 재해의 통계적 원인분석법 중 결과에 대한 원인 요소 및 상호의 관계를 인과관계로 결부하여 나타내는 방법은 특성요인도(Cause & Effect diagram)이다.

정답 ①

08 상시근로자가 1,500명인 사업장에서 1년에 8건의 재해로 인하여 10명의 사상자가 발생하였을 경우 이 사업장의 연천인율은?

① 5.33 ② 6.67
③ 7.43 ④ 8.28

해설
$$연천인율 = \frac{사상자수}{연평균근로자수} \times 1,000$$
$$= \frac{10}{1,500} \times 1,000 = 6.666 ≒ 6.67$$

정답 ②

09 A공장의 근로자수가 440명, 1일 근로시간은 7시간 30분, 연간 총근로일수는 300일, 평균출근율 95%, 총 잔업시간이 10,000시간, 지각 및 조퇴시간이 500시간이고, 이 기간 중 발생한 재해는 휴업재해 4건, 불휴재해 6건이라고 한다. 이 공장의 도수율은?

① 0.11
② 4.26
③ 6.32
④ 10.53

해설 도수율 = $\frac{재해발생건수}{연근로시간수} \times 1,000,000$

= $\frac{4+6}{(440 \times 7.5 \times 300 \times 0.95) + (10,000 - 500)} \times 1,000,000$

= 10.526 ≒ 10.53

정답 ④

10 1일 8시간, 연간 300일, 100명의 근로자가 근무하고 있는 어떤 건설현장이 있다. 1년 동안 8명이 부상당하는 재해가 발생하여 휴업일수 219일의 손실을 가져왔다면 근로손실일수와 강도율은?

	근로손실일수	강도율
①	160일	0.91
②	170일	0.81
③	180일	0.75
④	219일	0.91

해설
• 근로손실일수 = 휴업일수 × $\frac{300}{365}$

= $219 \times \frac{300}{365}$ = 180일

• 강도율 = $\frac{근로손실일수}{연근로시간수} \times 1,000$

= $\frac{180}{100 \times 8 \times 300} \times 1,000$ = 0.75

따라서 이 건설현장의 근로손실일수는 180일, 강도율은 0.75이다.

정답 ③

11 어떤 작업장의 도수율이 5일 때 이 작업장의 연천인율은?

① 12
② 1.2
③ 24
④ 2.4

해설 연천인율 = 도수율 × 2.4
= 5 × 2.4 = 12
따라서 이 작업장의 도수율이 5일 때 연천인율은 12가 된다.

정답 ①

12 연평균 1,000명의 근로자가 작업하는 사업장에서 1일 8시간, 연간 300일을 근무하는 동안 24건의 재해가 발생하였다. 만약 이 사업장에서 한 작업자가 평생동안 근무한다면 약 몇 건의 재해를 당하겠는가? (단, 1인당 평생근로시간은 100,000시간으로 한다.)

① 1건
② 3건
③ 7건
④ 10건

해설
• 도수율 = $\frac{재해발생건수}{연근로시간수} \times 1,000,000$

= $\frac{24}{1,000 \times 8 \times 300} \times 1,000,000$ = 10

• 환산도수율 = $\frac{도수율}{10}$

= $\frac{10}{10}$ = 1건

정답 ①

13 500명의 상시근로자가 있는 사업장에서 1년간 발생한 근로손실일수가 1,200일이고, 이 사업장의 도수율이 9일 때, 종합재해지수(FSI)는? (단, 근로자는 1일 8시간씩 연간 300일을 근무하였다.)

① 2.0 ② 2.5
③ 2.7 ④ 3.0

해설
- 강도율 = $\dfrac{근로손실일수}{연근로시간수} \times 1,000$
  $= \dfrac{1,200}{500 \times 8 \times 300} \times 1,000 = 1$
- 종합재해지수(FSI) = $\sqrt{도수율 \times 강도율}$
  $= \sqrt{9 \times 1} = 3$

정답 ④

14 과거와 현재의 안전도를 비교한 Safe. T. Score가 −1.5로 나타났을 때의 판정으로 가장 옳은 것은?

① 과거와 별 차이가 없다.
② 과거보다 심하게 안전도가 나빠졌다.
③ 과거보다 안전도가 상당히 좋아졌다.
④ 이것을 가지고 안전도의 변화를 평가할 수 없다.

해설 Safe. T. Score가 +2 ~ −2인 경우 안전성적이 과거에 비해 심각한 차이가 없다고 볼 수 있다.

관련이론 Safe. T. Score 판정기준

+2 이상	안전성적이 과거보다 심각하게 나쁘다.
+2 ~ −2	안전성적이 과거에 비해 심각한 차이가 없다.
−2 이하	안전성적이 과거보다 좋다.

정답 ①

15 어느 사업장의 강도율이 7.5일 때 이에 대한 설명으로 가장 옳은 것은?

① 근로자 1,000명당 7.5건의 재해가 발생하였다.
② 근로시간 1,000시간당 7.5건의 재해가 발생하였다.
③ 한 건의 재해로 평균 7.5일의 근로손실이 발생하였다.
④ 근로시간 1,000시간당 재해로 인하여 7.5일의 근로손실이 발생하였다.

해설 강도율이 7.5라고 하는 것은 근로시간 1,000시간당 재해로 인하여 7.5일의 근로손실이 발생하였다는 것이다.

정답 ④

16 안전에 관한 과거와 현재의 중대성 차이를 비교하고자 사용하는 통계방식은?

① 강도율(SR)
② 안전활동율
③ 종합재해지수(FSI)
④ 세이프 티 스코어(Safe. T. Score)

해설 안전에 관한 과거와 현재의 중대성 차이를 비교하고자 사용하는 통계방식은 세이프 티 스코어(Safe. T. Score)이다.

정답 ④

17 1,000명이 일하는 사업장에서 6개월 동안 안전관리부서에서 안전개선 권고수 40건, 불안전행동 적발건수 5건, 불안전상태 지적건수 25건, 안전회의 20건, 안전홍보(PR) 10건이 있었다고 한다. 이 사업장의 안전활동율은? (단, 1일 8시간, 월 25일 근무하였다.)

① 73.3 ② 83.3
③ 93.3 ④ 100.3

해설
- 안전활동건수 = 40 + 5 + 25 + 20 + 10 = 100건
- 안전활동율 = $\dfrac{\text{안전활동건수}}{\text{총근로시간수}} \times 10^6$

  $= \dfrac{100}{1,000 \times 8 \times 25 \times 6} \times 10^6 \fallingdotseq 83.3$

따라서 이 사업장의 안전활동율은 약 83.3이다.

정답 ②

18 하인리히의 재해비용 산출방법에 있어서 간접손실비에 속하지 않는 것은?

① 장제비(장의비)
② 입원중의 잡비
③ 작업대기로 인한 손실시간 임금
④ 동력, 연료류의 손실

해설 장제비(장의비)는 직접손실비에 해당한다.

관련이론 하인리히의 재해비용 산출방법

직접손실비	• 휴업보상비 • 유족보상비 • 장의비 • 유족특별보상비 • 상병보상연금 • 장해보상비 • 요양보상비 • 장해특별보상비 • 직업재활보상비
간접손실비	• 물적손실(시설복구비용, 동력·연료류의 손실비용, 설비손실비용) • 인적손실(신규인력채용비용, 교육훈련비용) • 특수손실(작업대기로 인한 손실시간비용) • 생산손실(매출손실비용, 생산손실비용) • 기타 손실(입원중의 잡비, 소송관계비용 등)

정답 ①

19 재해손실비 산정방법 중 하인리히방식에 있어 직접비에 해당하지 않는 것은?

① 장해급여
② 직업재활급여
③ 장의비
④ 신규채용 교육훈련비

해설 신규채용 교육훈련비는 간접비에 해당된다.

정답 ④

20 하인리히 재해손실비용 산정에 있어서 1 : 4의 비율은 각각 무엇을 의미하는가?

① 치료비와 보상비의 비율
② 직접손실비와 간접손실비의 비율
③ 보험지급비와 비보험손실비의 비율
④ 급료와 손해보상의 비율

해설 하인리히 재해손실비용 산정
재해손실비용 = 직접손실비(1) + 간접손실비(4)

정답 ②

21 재해가 발생했을 때 손실Cost 계산에 있어 Simonds 방식에 의한 계산방법으로 옳은 것은?

① 직접비 + 간접비
② 산재보험코스트 + 비보험코스트
③ 보험코스트 + 사업주부담금
④ 직접비 + 비보험코스트

해설 하인리히는 직접손실비와 간접손실비의 비율을 1 : 4, 시몬즈(Simonds)는 산재보험Cost + 비보험Cost로 계산하였다.

정답 ②

22 우리나라에서 어떤 한 해의 산업재해로 인한 경제적 직접손실액(산재보상금 지급액)이 2조원으로 집계되었다. 하인리히의 직접비와 간접비의 비율을 적용해 볼 때 총경제적손실 추정액은?

① 4조원　　② 6조원
③ 8조원　　④ 10조원

해설
- 하인리히의 재해손실비 방식에 따를 경우 직접비와 간접비의 비율은 1 : 4이며, 총재해손실비는 직접비와 간접비의 합에 해당한다.
- 따라서 총재해손실비는 2조원(직접비) + 8조원(간접비 ; 2조원×4) = 10조원이 된다.

정답 ④

23 시몬즈(Simonds)의 재해코스트 계산방식에 있어 비보험코스트 항목에 해당하지 않는 것은?

① 사망재해건수　　② 통원상해건수
③ 응급조치건수　　④ 무상해사고건수

해설 사망재해건수는 시몬즈의 재해코스트 계산방식에 있어 비보험코스트 항목에 포함되지 않는다.

 시몬즈(R.H. Simonds) 방식의 재해코스트 계산방식

총재해코스트 = 산재보험코스트 + 비보험코스트

※ 비보험코스트 = (휴업상해건수 × A) + (통원상해건수 × B) + (응급조치건수 × C) + (무상해사고건수 × D)
여기서, A, B, C, D는 장해정도별 비보험코스트의 평균치이다.

정답 ①

24 시몬즈(Simonds) 방식 중 비보험코스트에 해당하지 않는 상해건수는?

① 영구전노동불능상해건수
② 영구부분노동불능상해건수
③ 일시전노동불능상해건수
④ 일시부분노동불능상해건수

해설 영구전노동불능상해건수는 시몬즈 방식에 있어 비보험코스트 항목에 포함되지 않는다.

 시몬즈방식에 의한 재해코스트(Cost) 산정

재해Cost = 산재보험Cost + 비보험Cost

[비보험Cost의 분류]

휴업상해	영구부분노동불능 및 일시전노동불능
통원상해	일시부분노동불능 및 통원치료를 필요로 하는 상해
응급(구급) 조치상해	응급조치 또는 8시간 미만의 휴업 의료조치상해
무상해사고	의료조치를 필요로 하지 않는 정도의 극미한 상해사고나 무상해사고

※ 비보험Cost에서 사망 및 영구전노동불능은 자주 발생하는 것이 아니어서 필요에 따라 산정하기 때문에 Cost 산정에서 제외된다.

정답 ①

25 안전점검에 대한 설명으로 옳지 않은 것은?
① 안전점검은 점검자의 주관적 판단에 의하여 점검하거나 판단한다.
② 잘못된 사항은 수정이 될 수 있도록 점검결과에 대하여 통보한다.
③ 점검 중 사고가 발생하지 않도록 위험요소를 제거한 후 실시한다.
④ 사전에 점검대상 부서의 협조를 구하고 관련 작업자의 의견을 청취한다.

해설 안전점검은 점검자의 객관적 판단에 의하여 점검하거나 판단한다.

정답 ①

26 점검시기의 구분에 의한 안전점검의 종류에 해당하지 않는 것은?
① 집중점검 ② 수시점검
③ 특별점검 ④ 계획점검

해설 안전점검을 점검시기로 구분할 경우 집중점검은 해당하지 않는다.

관련이론 **점검시기의 구분에 의한 안전점검의 종류**
- 임시점검
- 수시점검(일상점검)
- 특별점검
- 정기점검(계획점검)

정답 ①

27 안전점검표를 작성할 때의 유의사항으로 옳지 않은 것은?
① 구체적이고 재해방지에 실효성이 있을 것
② 중요도가 낮은 것부터 순서있게 작성할 것
③ 쉽고 이해하기 쉬운 표현으로 할 것
④ 점검표는 되도록 일정한 양식으로 할 것

해설 안전점검표는 중요도가 높은 것부터 순서있게 작성하여야 한다.

정답 ②

28 기계기구 또는 설비의 신설, 변경 또는 고장수리 등 부정기적인 점검을 말하며 기술적 책임자가 시행하는 점검은?
① 정기점검 ② 수시점검
③ 특별점검 ④ 임시점검

해설 기계기구 또는 설비의 신설, 변경 또는 고장수리 등 부정기적인 점검으로 기술적 책임자가 시행하는 점검은 특별점검이다.

선지분석
① 정기점검(계획점검)은 일정기간마다 정기적으로 시행하는 점검이다.
② 수시점검(일상점검)은 공정의 설비, 기계, 공구 등을 매일 일의 시작이나 종료시 또는 작업 중에 계속해서 시설과 사람의 작업동작에 대하여 점검이다.
④ 임시점검은 정기점검 실시 후 다음 점검일 이전에 임시로 실시하는 점검으로, 유사 기계설비의 갑작스런 이상 등이 발생되었을 때 실시하는 점검이다.

정답 ③

29 산업안전보건법상 안전검사 대상 기계 등에 해당하지 않는 것은?

① 리프트 ② 곤돌라
③ 전단기 ④ 연삭기

해설 연삭기는 자율안전확인 대상 기계에 해당한다.

관련이론 안전검사 대상 기계 등(산업안전보건법 시행령 → 2024. 6.25 개정)
- 프레스
- 전단기
- 크레인(정격하중 2t 미만인 것은 제외)
- 리프트
- 압력용기
- 곤돌라
- 국소배기장치(이동식은 제외)
- 원심기(산업용만 해당)
- 롤러기(밀폐형구조는 제외)
- 사출성형기(형체결력 294kN 미만은 제외)
- 차량탑재형 고소작업대
- 컨베이어
- 산업용 로봇
- 혼합기
- 파쇄기 또는 분쇄기

정답 ④

30 안전검사 대상 기계 중 공정안전보고서를 제출하여 확인을 받은 압력용기는 사업장에 설치한 후 몇 년마다 안전검사를 실시하여야 하는가?

① 6개월 ② 1년
③ 2년 ④ 4년

해설 공정안전보고서를 제출하여 확인을 받은 압력용기는 4년마다 안전검사를 실시하여야 한다.

관련이론 안전검사 주기(산업안전보건법 시행규칙 → 2024.6.28 개정)

1. **크레인, 리프트 및 곤돌라**
   - 사업장에 설치가 끝난 날부터 3년 이내에 최초 안전검사를 실시하되, 그 이후부터 2년마다 검사
   - 건설현장에서 사용하는 것은 최초 설치한 날부터 6개월마다 검사

2. **이동식 크레인, 이삿짐운반용 리프트 및 고소작업대**
   자동차관리법에 따른 신규등록 이후 3년 이내에 최초 안전검사를 실시하되, 그 이후부터 2년마다 검사

3. **프레스, 전단기, 원심기, 압력용기, 국소배기장치, 롤러기, 사출성형기, 컨베이어, 산업용 로봇, 혼합기, 파쇄기 또는 분쇄기**
   - 사업장에 설치가 끝난 날부터 3년 이내에 최초 안전검사를 실시하되, 그 이후부터 2년마다 검사
   - 공정안전보고서를 제출하여 확인을 받은 압력용기는 4년마다 검사

정답 ④

31 산업안전보건법상 건설현장에서 사용하는 크레인의 안전검사주기로 옳은 것은?

① 최초로 설치한 날부터 1개월마다 실시
② 최초로 설치한 날부터 3개월마다 실시
③ 최초로 설치한 날부터 6개월마다 실시
④ 최초로 설치한 날부터 1년마다 실시

해설 산업안전보건법상 건설현장에서 사용하는 크레인은 최초로 설치한 날부터 6개월마다 안전검사를 실시하여야 한다.

정답 ③

32 산업안전보건법상 안전인증 대상 기계에 해당하지 않는 것은?

① 교류아크용접기 ② 크레인
③ 압력용기 ④ 고소작업대

해설 교류아크용접기는 산업안전보건법상 안전인증 대상 기계에 해당하지 않는다.

관련이론 산업안전보건법상 안전인증, 자율안전확인 대상 기계

안전인증 대상 기계	자율안전확인 대상 기계
• 프레스 • 전단기 및 절곡기 • 크레인 • 리프트 • 압력용기 • 롤러기 • 사출성형기 • 고소작업대 • 곤돌라	• 연삭기 또는 연마기(휴대형 제외) • 산업용 로봇 • 혼합기 • 파쇄기 또는 분쇄기 • 식품가공용기계(파쇄, 절단, 혼합, 제면기만 해당) • 컨베이어 • 자동차정비용 리프트 • 공작기계(선반, 드릴기, 평삭·형삭기, 밀링만 해당) • 고정형 목재가공용기계(둥근톱, 대패, 루타기, 띠톱, 모떼기기계만 해당) • 인쇄기

정답 ①

33 안전인증을 받은 보호구의 표시사항에 해당하지 않는 것은?

① 제조자명 ② 규격 또는 등급
③ 안전인증번호 ④ 사용유효기간

해설 사용유효기간은 안전인증을 받은 보호구의 표시사항에 해당하지 않는다.

관련이론 안전인증을 받은 보호구의 표시사항(보호구 안전인증 고용노동부고시)
- 형식 또는 모델명
- 규격 또는 등급 등
- 제조자명
- 제조번호 및 제조년월
- 안전인증번호

정답 ④

34 산업안전보건법상 안전인증 대상 방호장치에 해당하는 것은?

① 교류아크용접기용 자동전격방지기
② 동력식수동대패용 칼날접촉방지장치
③ 절연용 방호구 및 활선작업용 기구
④ 아세틸렌용접장치용 또는 가스집합용접장치용 안전기

해설 절연용 방호구 및 활선작업용 기구는 안전인증 대상 방호장치에 해당한다.

선지분석 ①, ②, ④ 모두 자율안전확인 대상 방호장치에 해당한다.

관련이론 안전인증 대상 방호장치
- 프레스 및 전단기 방호장치
- 양중기용 과부하방지장치
- 보일러 압력방출용 안전밸브
- 압력용기 압력방출용 안전밸브
- 압력용기 압력방출용 파열판
- 절연용 방호구 및 활선작업용 기구
- 방폭구조 전기기계기구 및 부품
- 추락, 낙하 및 붕괴 등의 위험방지 및 보호에 필요한 가설기자재로서 고용노동부장관에 정하여 고시하는 것
- 충돌, 협착 등의 위험방지에 필요한 산업용 로봇 방호장치로서 고용노동부장관에 정하여 고시하는 것

정답 ③

35 산업안전보건법상 자율안전확인 대상 기계 또는 설비에 해당하지 않는 것은?

① 연삭기 ② 산업용 로봇
③ 롤러기 ④ 컨베이어

해설 롤러기는 안전인증 대상 기계에 해당한다.

관련이론 자율안전확인 대상 기계 또는 설비
- 연삭기 또는 연마기(휴대형은 제외)
- 산업용 로봇
- 혼합기
- 파쇄기 또는 분쇄기
- 식품가공용기계(파쇄, 절단, 혼합, 제면기)
- 컨베이어
- 자동차정비용 리프트
- 공작기계(선반, 드릴기, 평삭·형삭기, 밀링)
- 고정형 목재가공용기계(둥근톱, 대패, 루타기, 띠톱, 모떼기기계)
- 인쇄기

정답 ③

CHAPTER 3 | 기계설비 위험요인 분석 Ⅰ (공작기계)

제1절 절삭가공기계의 종류 및 방호장치

1 선반의 안전장치 및 작업시 유의사항

1. 선반(Lathe)의 안전장치

① 칩브레이커(Chip Breaker)
② 브레이크(Break)
③ 칩비산방지투명판(Shield: 쉴드)
④ 덮개 또는 울
⑤ 척의 인터록 덮개(척커버)

> **참고** 선반 관련 기타 사항
>
> 1. 선반의 칩브레이커(Chip Breaker)의 형태
>   ① 클램프형
>   ② 연삭형
>   ③ 자동조정식
> 2. 선반의 크기 표시
>   ① 최대가공물의 크기
>   ② 왕복대위의 스윙(Swing)
>   ③ 주축과 심압축 센터사이의 최대거리
>   ④ 베드위의 스윙
> 3. 선반의 주요 구조 부분
>   ① 주축대
>   ② 왕복대
>   ③ 심압대
>   ④ 베드(Bed)

2. 선반작업시 안전수칙

① 선반의 베드(Bed) 위에 공구를 올려 놓지 말 것
② 회전부분에 손을 대지 말 것
③ 치수를 측정할 때에는 기계를 정지시키고 측정할 것
④ 칩(Chip)이나 부스러기를 제거할 때는 반드시 브러시(Brush)를 사용할 것
⑤ 시동 전에 심압대가 잘 죄어져 있는가를 확인할 것

⑥ 기계의 운전 중에 백 기어(Back Gear)를 넣거나 풀지 말 것
⑦ 쇳조각이 튈 때는 보안경을 착용할 것
⑧ 보링작업이나 암나사를 깎을 때 구멍 안에 손가락을 넣어 소제하지 말 것
⑨ 기계에 주유 및 청소를 할 때는 반드시 기계를 정지시키고 할 것
⑩ 바이트는 가급적 짧게 설치하여 진동이나 휨을 막을 것
⑪ 양 센터 작업을 할 때는 심압센터에 자주 기름을 주어 열의 발생을 막을 것
⑫ 가늘고 긴 일감을 깎을 때에는 방진구를 사용하여 진동을 막을 것
⑬ 가능한 한 절삭방향을 주축대 쪽으로 할 것
⑭ 일감의 센터구멍과 센터는 반드시 일치시킬 것
⑮ 공작물의 설치가 끝나면 척(Chuck)에서 척핸들은 곧바로 제거할 것
⑯ 심압대의 스핀들(Spindle)은 가능하면 짧게 나오도록 설치할 것
⑰ 장갑을 끼고 작업하지 말 것

3. 기타 선반작업 관련 주요사항

(1) **칩브레이커 사용 목적**

연속 칩을 짧게 끊기 위하여 사용한다.

(2) **수직선반, 터릿선반 등으로부터 돌출 가공물에 설치할 방호장치**

덮개 또는 울

(3) **선반의 절삭속도 구하는 식**

$$V = \frac{\pi DN}{1,000}$$

여기서, V: 절삭속도[m/min], D: 직경[mm], N: 회전수[rpm]

> **참고** 선반의 방진구 및 리드스크류
> ① 방진구: 공작물의 길이가 직경의 12배 이상으로 가늘고 길 때 일감의 고정에 사용된다.
> ② 선반의 리드스크류 부분: 작업자의 바지가 걸리기 쉬워 신체하부에 상해를 잘 입히는 부분이다.

2 밀링작업시 안전수칙

1. 밀링(Milling)작업시 안전수칙

① 강력절삭을 할 때는 일감을 바이스에 깊이 물릴 것
② 가공 중에 손으로 가공면을 점검하지 않을 것
③ 테이블 위에 공구나 기타 물건 등을 올려 놓지 않을 것
④ 칩의 제거는 반드시 브러시를 사용하며, 걸레를 사용하지 않을 것
⑤ 기계를 가동 중에 변속시키지 않을 것

⑥ 일감과 공구는 견고하게 고정하여 작업 중 풀어지는 일이 없도록 할 것
⑦ 주유시 브러시를 이용할 때에는 밀링커터에 닿지 않도록 할 것
⑧ 사용 전에는 기계·기구를 점검하고 시운전을 할 것
⑨ 밀링커터에 작업복의 소매나 기타 옷자락이 걸려 들어가지 않도록 할 것
⑩ 밀링작업에서 생기는 칩은 가늘고 길기 때문에 비산하여 부상을 당하기가 쉬우므로 보안경을 착용하도록 할 것
⑪ 장갑을 끼지 않도록 할 것
⑫ 공작물을 풀어낼 때나 측정할 때는 반드시 운전을 정지시킬 것
⑬ 상하 좌우의 이송장치 핸들은 사용 후 풀어 둘 것
⑭ 밀링커터를 끼울 때는 아버를 깨끗이 닦을 것
⑮ 밀링커터는 걸레 등으로 감싸 쥐고 다룰 것
▶ 공작기계 중 칩이 가장 가늘고 예리한 것은 밀링 칩이다.

2. 기타 밀링작업 관련 주요사항

(1) 밀링작업 후 커터 취급방법
① 커터에 남은 칩을 솔(브러시)로 제거한다.
② 기름을 칠해 둔다.
③ 목재상자에 넣어 보관한다.

(2) 밀링커터 교환시 주의사항: 밑에 목재를 받쳐 놓고 교환을 한다.

(3) 보안경을 착용하고 해야 되는 작업: 밀링, 드릴링, 선반, 연삭작업 등

(4) 밀링 절삭속도를 구하는 식

$$V = \frac{\pi DN}{1,000}$$

여기서, V: 절삭속도(m/min) D: 커터의 지름(mm) N: 회전수(rpm)

(5) 밀링커터의 절삭방향
① **하향절삭(Down Cutting)**: 밀링커터의 회전방향과 공작물의 이송방향이 같을 때의 절삭
   ㉠ 공작물의 설치가 간단하다.
   ㉡ 커터의 마모가 적다(커터의 수명이 길다).
   ㉢ 칩이 커터와 공작물 사이에 끼여 절삭을 방해한다.
   ㉣ 백래시(Back Lash)가 커지고 공작물이 날에 끌려온다. 따라서 떨림현상이 나타나 커터와 공작물을 손상시킨다.
   ㉤ 일감의 가공면이 깨끗하다.
② **상향절삭(Up Cutting)**: 밀링커터의 회전방향과 공작물의 이송방향이 서로 반대인 때의 절삭
   ㉠ 공작물의 설치를 확실히 해야 한다.
   ㉡ 커터의 마모가 많고 동력이 낭비된다(커터의 수명이 짧다).

ⓒ 칩은 커터에 의해 가공된 면에 떨어지므로 절삭을 방해하지 않는다.
　　ⓓ 백래시(Back Lash)가 자연히 제거된다.
　　ⓔ 일감의 가공면이 거칠다.

3 플레이너와 세이퍼의 방호장치 및 안전수칙

1. 플레이너(Planer)작업시 안전수칙
① 바이트는 되도록 짧게 설치할 것
② 베드 위에는 다른 물건을 올려 놓지 않을 것
③ 테이블 위에는 기계작동 중 절대로 올라가지 않을 것
④ 프레임(Frame) 내의 피트(Pit)에는 뚜껑을 설치할 것
⑤ 반드시 스위치를 끄고 일감의 고정작업을 할 것
⑥ 일감의 고정작업은 균일한 힘을 유지할 것
⑦ 압판이 수평이 되도록 고정시킬 것
⑧ 압판은 죄는 힘에 의해 휘어지지 않도록 충분히 두꺼운 것을 사용할 것
⑨ 절삭행정 중 일감에 손을 대지 말 것

> **참고** 공작기계 중 가공물 고정시 바이스(Vice)를 사용하는 기계
> ① 플레이너(Planer)　　　　　③ 세이퍼(Shaper)
> ② 슬로터(Slotter)　　　　　　④ 드릴(Drill)

2. 세이퍼(Shaper)작업시 안전수칙
① 램(Ram)은 필요 이상 긴 행정으로 하지 말고, 일감에 알맞은 행정으로 조정할 것
② 시동 전에 기계의 점검 및 주유를 할 것
③ 운전 중에 급유를 하지 말 것
④ 가공품을 측정하거나 청소를 할 때는 기계를 정지할 것
⑤ 시동하기 전에 행정조정용 핸들을 빼놓을 것
⑥ 바이트는 잘 갈아서 사용하며, 가급적 짧게 물릴 것
⑦ 측면에 서서 작업을 할 것
⑧ 측면을 절삭할 때는 수직으로 바이트를 고정할 것
⑨ 일감가공 중 바이트(Bite)와 부딪쳐 떨어지는 경우가 있으므로 일감은 견고하게 물릴 것
⑩ 칩이 튀어나오지 않도록 칩받이를 만들어 달거나 칸막이를 할 것
⑪ 가공면의 거칠기 확인은 운전정지 상태에서 점검할 것
⑫ 반드시 재질에 따라 절삭속도를 정할 것
⑬ 행정의 길이 및 공작물, 바이트의 재질에 따라 절삭속도를 정할 것
⑭ 보안경을 착용할 것

> **참고** 세이퍼 관련 기타 사항

1. 세이퍼작업시 위험요인
   ① 가공 칩의 비산
   ② 바이트의 이탈
   ③ 램 말단부 충돌
2. 세이퍼(Shaper), 슬로터(Slotter)의 안전장치
   ① 칸막이
   ② 칩받이
   ③ 방책(방호울)
3. 세이퍼에서 바이트 고정방법
   가능한 범위 내에서 짧게 고정하고, 날끝은 생크의 뒷면과 일직선상에 있게 한다.
4. 선반, 세이퍼, 연삭기 등 공작기계 칩(chip)비산방지를 위하여 설치해야 할 방호장치
   ① 칩비산방지투명판
   ② 칩브레이커
   ③ 칩받이
   ④ 칸막이

4 드릴링 머신(Drilling Machine)작업시 안전수칙

(1) 회전 중에 주축과 드릴에 손이나 걸레가 닿아 감겨 돌아가지 않도록 할 것
(2) 일감은 견고하게 고정시켜야 하며, 손으로 쥐고 구멍을 뚫지 말 것
(3) 칩을 털어 낼 때는 브러시를 사용하여야 하며, 입으로 불어내지 말 것
(4) 드릴로 구멍을 뚫을 때 끝까지 뚫린 것을 확인하기 위하여 손을 집어 넣지 말 것
(5) 얇은 판이나 황동 등은 흔들리기 쉬우므로 목재를 밑에 받치고 구멍을 뚫도록 할 것
(6) 드릴을 끼운 뒤 척핸들은 반드시 빼 놓을 것
(7) 구멍을 뚫을 때는 반드시 작은 구멍을 먼저 뚫은 뒤 큰 구멍을 뚫을 것
(8) 자동이송작업 중 기계를 멈추지 말 것
(9) 가공 중에 구멍이 관통되면 기계를 멈추고 손으로 돌려서 드릴을 뺄 것
(10) 고정구를 사용하여 작업시 공작물의 유동을 방지할 것
(11) 쇳가루가 날리기 쉬운 작업은 보안경을 착용할 것
(12) 장갑을 끼고 작업을 하지 말 것

> **참고** 드릴 관련 기타 사항

1. 드릴작업시 일감의 고정방법
   ① 일감이 크고 복잡할 때: 볼트와 고정구(클램프) 사용
   ② 일감이 작을 때: 바이스로 고정
   ③ 대량생산과 정밀도를 요구할 때: 지그(Jig) 사용

2. 드릴의 절삭속도를 구하는 식

$$V = \frac{\pi DN}{1,000}$$

여기서, V: 절삭속도(m/min) D: 드릴직경(mm) N: 회전수(rpm)

5 연삭기작업시 안전수칙

1. 연삭기의 재해발생 형태
① 숫돌파괴로 인한 파편의 비래
② 가공 중 공작물의 반발
③ 숫돌에 인체 접촉
④ 연삭분진이 눈에 튀어 들어가는 것

2. 연삭기 숫돌의 파괴원인
① 숫돌의 회전속도가 적정속도를 초과할 때

$$V = \pi DN [\text{mm/min}]$$
$$= \frac{\pi DN}{1,000}[\text{m/min}]$$

여기서, V: 회전속도(mm/min, m/min), D: 숫돌의 지름(mm), N: 회전수(rpm)

② 숫돌에 과대한 충격을 가할 때
③ 작업에 부적당한 숫돌을 사용할 때
④ 숫돌의 치수가 부적당할 때
⑤ 숫돌자체에 균열이 있을 때
⑥ 숫돌반경방향의 온도변화가 심할 때
⑦ 숫돌의 측면을 사용하여 작업할 때
⑧ 숫돌의 불균형이나 베어링 마모에 의한 진동이 있을 때
⑨ 플랜지(Flange)가 현저히 작을 때

> **참고** 플랜지(Flange)
> ① 연삭숫돌은 보통 플랜지에 의해서 연삭기에 고정된다.
> ② 숫돌축에 고정되는 측을 고정측 플랜지, 그 반대편을 이동측 플랜지라고 한다.
> ③ 플랜지의 직경은 숫돌 직경의 1/3 이상인 것이 적당하며, 고정측과 이동측의 직경은 같아야 한다.

3. 연삭기 구조면에 있어서의 안전대책

① 구조규격(치수, 재료, 두께)에 적당한 덮개를 설치할 것
  ▶ 연삭숫돌의 직경이 5cm 이상인 경우 덮개를 설치하여야 한다.
② 치수나 형상이 구조규격에 적합한 숫돌을 사용할 것
  ▶ 숫돌결합시 축과는 0.05~0.15mm 정도의 틈새를 두어야 한다.
③ 플랜지는 수평을 잡아서 바르게 설치할 것
④ 탁상용 연삭기는 작업받침대(Workrest)와 조정편을 설치할 것
⑤ 칩비산방지투명판(Shield), 국소배기장치를 설치할 것
⑥ 연삭숫돌을 연삭기에 고정시킬 때 라벨(Label)을 부착한 채로 견고히 부착시킬 것

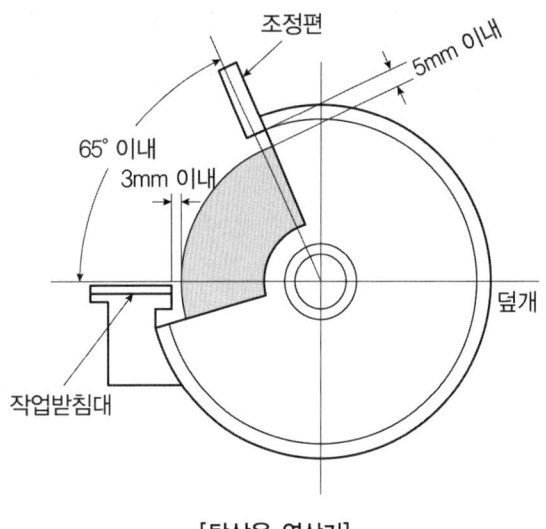

[탁상용 연삭기]

> **참고** 탁상용 연삭기의 작업받침대 조정
> ① 작업받침대와 숫돌과의 간격: 3mm 이내
> ② 덮개의 조정편과 숫돌과의 간격: 5mm 이내
> ③ 작업받침대(Workrest)의 높이: 숫돌의 중심과 거의 같은 높이로 고정

4. 연삭기 덮개의 각도(방호장치 자율안전기준 고용노동부고시)

(1) 탁상용 연삭기의 덮개
  ① 숫돌의 상부를 사용하는 것을 목적으로 하는 경우: 60도 이내
  ② 일반 연삭작업 등에 사용하는 것을 목적으로 하는 경우: 125도 이내
  ③ ① 및 ② 이외의 탁상용 연삭기 그 밖에 이와 유사한 연삭기의 경우: 80도 이내

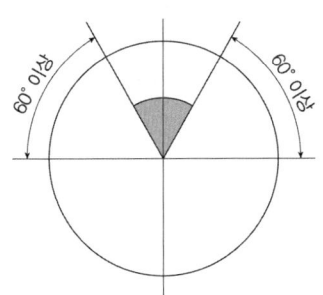 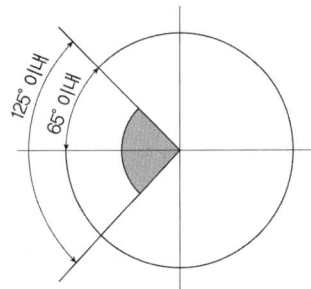 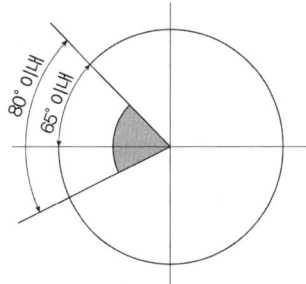

[탁상용 연삭기의 덮개 노출각도]

(2) 휴대용 연삭기, 스윙연삭기, 스라브연삭기 그 밖에 이와 비슷한 연삭기의 덮개: 180도 이내

(3) 원통연삭기, 센터리스연삭기, 공구연삭기, 만능연삭기 그 밖에 이와 비슷한 연삭기의 덮개: 180도 이내

(4) 평면연삭기, 절단연삭기 그 밖에 이와 비슷한 연삭기 덮개: 150도 이내

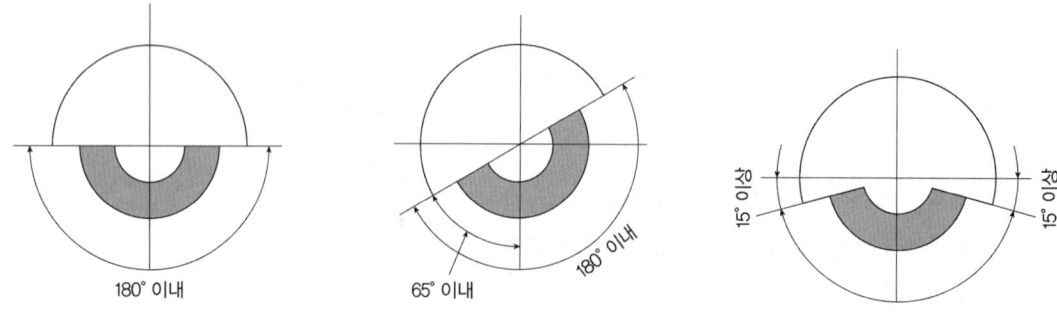

[연삭기 종류에 따른 덮개의 노출각도]

> **참고** 연삭기
>
> 1. 연삭기 덮개의 성능기준(방호장치 자율안전확인 고용노동부고시)
>   ① 탁상용 연삭기의 덮개에는 워크레스트(Workres: 작업받침대) 및 조정편을 구비하여야 한다.
>   ② 워크레스트는 연삭숫돌과의 간격은 3mm 이하로 조정할 수 있는 구조이어야 한다.
> 2. 연삭기 덮개의 시험방법 중 연삭기 작동시험의 확인사항(방호장치 자율안전확인 고용노동부고시)
>   ① 연삭숫돌과 덮개의 접촉 여부
>   ② 탁상용 연삭기는 덮개, 워크레스트및 조정편 부착상태의 적합성 여부
> 3. 연삭기 덮개에 자율안전확인에 따른 표시 외에 추가로 표시하여야 할 사항(방호장치 자율안전확인 고용노동부고시)
>   ① 숫돌사용 주속도
>   ② 숫돌회전방향
> 4. 새 연삭숫돌차를 교환, 고정하는 방법
>   ① 고정하기 전에 음향검사를 한다.
>   ② 숫돌차에 붙은 종이를 그대로 고정한다.
>   ③ 사용 중에 풀리지 않도록 강하고 빠르게 조인다.
>   ④ 고정 후 편심을 수정한다.

5. 연삭기 작업면에 있어서의 안전대책

① 작업시작 전에 1분 이상 시운전을 하고, 숫돌교체시는 3분 이상 시운전을 할 것
② 연삭숫돌의 최고사용원주속도를 초과하여 사용하지 말 것
③ 연삭숫돌에 충격을 주지 않도록 할 것
④ 측면을 사용하는 것을 목적으로 하는 연삭숫돌 이외에는 측면을 사용하지 말 것
⑤ 공기연삭기는 공기압력관리를 적정하게 하고 사용할 것

6. 연삭기의 안전수칙

① 연삭숫돌은 제조 후 사용속도의 1.5배로 안전시험을 할 것
② 숫돌차의 회전은 규정 이상 빠르게 하지 말 것
③ 숫돌차를 끼우고 최소한 3분 이상 시운전할 것
④ 연삭기는 덮개를 벗긴 채 사용하지 말 것
⑤ 연삭기의 덮개는 충분한 강도를 가진 것으로 규정된 치수의 것일 것
⑥ 숫돌차의 정면에 서지 말고 측면으로 비켜서서 작업할 것
⑦ 숫돌차를 시운전할 때에는 숫돌의 외관을 검사하고 정해진 사람이 할 것
⑧ 연삭숫돌차의 표면은 때때로 드레싱(Dressing)하여 수정하여 줄 것
⑨ 연삭숫돌을 끼우기 전에 가벼운 해머로 가볍게 두들겨 균열이 있는가를 조사할 것(만약 균열이 있으면 탁음이 난다)

7. 기타 연삭작업 관련 주요사항

(1) **연삭숫돌의 회전속도시험**: 규정속도값의 1.5배로 실시

(2) **숫돌차가 가장 많이 파열되는 순간**: 스위치를 넣는 순간

(3) **연삭숫돌의 구성요소**: 숫돌입자, 결합제, 기공

(4) **연삭숫돌의 강도를 결정하는 요소**: 결합제

(5) **연삭숫돌의 수정**
   ① 드레싱(Dressing): 절삭성이 나빠진 숫돌면에 새롭고 날카로운 입자를 발생시켜 주는 것
   ② 트루잉(Truing): 숫돌의 연삭면을 숫돌과 축에 대하여 일정한 형태 또는 평행으로 성형시켜 주는 것

(6) **연삭숫돌의 이상현상**
   ① 글레이징(Glazing: 무딤)
      ㉠ 정의: 연삭숫돌에 결합도가 높아 무디어진 입자가 탈락하지 않아 절삭이 어렵고, 납작하게 된 상태로 일감을 상하게 하거나 표면이 변질되는 현상이다.
      ㉡ 발생원인
         ⓐ 연삭숫돌의 결합도가 높다.
         ⓑ 연삭숫돌의 원주속도가 너무 빠르다.
         ⓒ 숫돌의 재료가 공작물의 재료에 부적합하다.
   ② 로딩(Loading: 눈메꿈)
      ㉠ 정의: 연삭작업 중 숫돌입자의 기공이나 표면에 쇳가루가 차 있는 상태이다.
      ㉡ 발생원인
         ⓐ 숫돌입자가 너무 미세하다.
         ⓑ 숫돌차의 원주속도가 너무 느리다.
         ⓒ 조직이 너무 치밀하다.
         ⓓ 연삭깊이가 깊다.

(7) 연삭기 또는 평삭기(플레이너) 테이블 등의 행정끝에 설치하여야 할 방호장치: 덮개 또는 울

> **참고** 입자에 의한 기계가공 방법의 종류
>
> ① 연삭(Grinding)
> ② 호닝(Honing): 숫돌로 공작물을 가볍게 문지르면서 원통의 내면을 정밀하게 다듬질 하는 가공
> ③ 슈퍼 피니싱(Super Finishing): 입도가 작은 숫돌을 공작물에 진동을 주면서 가공면을 단시간에 평활한 면으로 다듬는 가공
> ④ 래핑(Lapping): 미세입자를 분말상태로 사용하여 표면을 매끈하게 다듬는 가공

제2절 소성가공

1 소성가공의 개요

1. 소성가공
재료에 소성변형을 발생시켜 목적하는 형상치수로 절단 또는 성형하는 것이다.

(1) 냉간가공
재결정 온도 이하에서 작업하는 가공이다.

(2) 열간가공
재결정 온도 이상에서 작업하는 가공이다.

2. 소성가공의 장점
① 대량생산에 적합하고, 균일한 제품을 얻을 수 있다.
② 일반적으로 재료의 사용량을 경제적으로 할 수 있다.
③ 금속의 결정조직을 개량할 수 있고, 강한 성질을 얻는다.
④ 보통 주물에 비하여 성형된 치수가 정확하다.

> **참고** 가공경화
>
> 탄성한계 이상의 응력을 주어 소성변형을 일으키면 가공하기 전의 원재료보다 더 강하게 되는 현상이다.

3. 재결정
경화된 금속을 가열하면 연화되기 전에 먼저 내부응력이 제거되어 회복되고 더욱 가열하면 점차 내부응력이 없는 새로운 결정이 경계에 나타나는 현상이다.

4. 재결정 온도가 낮아지는 경우

① 금속의 순도가 높을수록
② 변형 전의 결정립이 작을수록
③ 변형 전의 온도가 낮을수록
④ 가공도가 클수록

2 소성가공 기계의 종류

1. 단조용 기계 및 공구

(1) 단조용 기계

에어해머, 스프링해머, 증기해머, 드롭해머, 수압프레스 등

(2) 단조용 공구

엔빌, 정반, 이형공대, 집게, 정, 해머 등

2. 압연기계

(1) 냉간압연기
(2) 열간압연기

3 소성가공의 종류

(1) 압출(Extruding)

재료를 실린더 모양의 컨테이너에 넣은 뒤, 한쪽에서 압력을 가하여 완성하는 가공이다.

(2) 압연(Rolling)

회전하는 롤러 사이에 재료를 넣어 소정의 제품을 완성하는 가공이다.

(3) 전조(Thread and Gear Forming)

나사나 기어를 가공하는 것으로 압연과 비슷한 가공이다.

(4) 인발(Drawing)

재료를 다이에 통과시키고, 축방향으로 인발하면서 제품을 완성하는 가공이다.

(5) 단조(Forging)

재료를 해머나 기계로 두들겨 성형하는 가공이다.

(6) 하이드로포밍(Hydroforming)

강판을 튜브형태로 만들고 튜브 안으로 물과 같은 액체를 강한 압력으로 밀어 넣어 제품을 완성하는 가공이다.

> **참고** 단조작업시 업세팅(Up Setting)
> 소재를 축방향으로 압축하여 단면을 크게 하고, 길이를 짧게 하는 가공이다.

4 수공구

1. 수공구에 의한 재해를 예방하는 4대 원칙
① 결함이 없는 완전한 공구 사용
② 작업에 맞는 공구의 선택과 올바른 취급
③ 공구의 올바른 취급과 사용
④ 공구는 안전한 장소에 보관

2. 해머 사용시 안전수칙
① 해머는 처음부터 힘을 주어 치지 말 것
② 해머는 사용목적 이외의 용도에 사용하지 않을 것
③ 녹이 슨 것은 녹이 튀어 눈에 들어가면 실명이 되므로 반드시 보안경을 착용할 것
④ 장갑을 끼고 해머를 사용하면 쥐는 힘이 작아지므로 장갑을 끼지 않을 것
⑤ 해머에 쐐기가 없는 것, 자루가 빠지려고 하는 것, 부러지려고 하는 것은 절대로 사용하지 말 것
⑥ 열처리된 재료는 약하게 때릴 것

3. 정 사용시 안전수칙
① 자르기 시작할 때와 끝날 무렵에는 세게 치지 말 것
② 철강재를 정으로 절단할 때에는 철편이 날아 튀는 것에 주의할 것
③ 정으로 담금질 된 재료를 가공하지 않을 것
④ 정작업을 할 때는 반드시 보안경을 착용할 것

4. 줄 사용시 안전수칙
① 줄은 다른 용도로 사용하지 말 것
② 줄은 반드시 자루를 끼워서 사용할 것
③ 해머 대용으로 두들기지 말 것
④ 땜질한 줄은 부러지기 쉬우므로 사용하지 말 것
⑤ 줄의 눈이 막힌 것은 반드시 와이어브러시로 제거할 것

적중문제 CHAPTER 3 | 기계설비 위험요인 분석 Ⅰ (공작기계)

01 선반작업시 안전사항으로서 옳지 않은 것은?

① 가능한 한 절삭방향을 심압대쪽으로 한다.
② 장갑을 끼어서는 안 된다.
③ 일감의 길이가 지름의 12배 이상이면 방진구를 쓴다.
④ 돌리개의 고정나사는 되도록 짧게 한다.

해설 절삭방향은 가능한 한 주축대쪽으로 한다.

관련이론 선반작업시 안전사항
- 장갑을 끼지 않을 것
- 일감의 길이가 지름의 12배 이상이면 방진구를 쓸 것
- 돌리개의 고정나사는 되도록 짧게 할 것
- 회전부분에는 손을 대지 말 것
- 치수를 측정할 때에는 기계를 정지시키고 측정할 것
- 칩이나 부스러기를 제거할 때는 반드시 브러시를 사용할 것
- 기계의 운전 중에는 백 기어를 넣거나 풀지 말 것
- 바이트는 가급적 짧게 설치하여 진동이나 휨을 막을 것
- 선반의 베드(Bed) 위에 공구를 올려 놓지 말 것
- 주유 및 청소를 할 때는 반드시 기계를 정지시키고 할 것
- 공작물의 설치가 끝나면 척(Chuck)에서 척핸들은 곧바로 제거할 것

정답 ①

02 선반작업에서 방진구를 사용해야 하는 조건은?

① 가공물의 길이가 직경의 8배 이상
② 가공물의 길이가 바이트 길이의 10배 이상
③ 가공물의 길이가 직경의 12배 이상
④ 가공물의 길이가 바이트 길이의 12배 이상

해설 가공물의 길이가 직경의 12배 이상으로 가늘고 길 때는 방진구를 사용하여 진동을 방지해야 한다.

정답 ③

03 직경 30mm인 연강을 선반에서 절삭할 때 스핀들 회전수는? (단, 절삭속도는 20m/min)

① 132rpm   ② 212rpm
③ 360rpm   ④ 418rpm

해설
$$V = \frac{\pi DN}{1,000}$$
$$N = \frac{1,000\,V}{\pi D}$$

여기서, V: 절삭속도(m/min)
D: 드릴직경(mm), N: 회전수(rpm)

$$= \frac{1,000 \times 20}{3.14 \times 30} = 212.3 \doteqdot 212\text{rpm}$$

정답 ②

04 선반의 방호장치 중 적당하지 않은 것은?

① 슬라이딩   ② 덮개 또는 울
③ 척커버   ④ 칩브레이커

해설 슬라이딩은 선반의 방호장치에 해당하지 않는다.

관련이론 선반의 방호장치
- 덮개 또는 울
- 척커버
- 칩브레이커
- 브레이크

정답 ①

05 칩브레이커(Chip Breaker)는 어떠한 목적으로 이용되는가?

① 취성금속을 밀링가공할 때 커터 윗면에 파서 칩을 유도하기 위한 홈이다.
② 강을 선삭할 때 바이트 윗면에 붙여 연속 칩을 짧게 끊어내기 위한 것이다.
③ 주철을 절삭하는 셰이퍼 윗면에 붙여 칩을 짧게 끊기 위한 것이다.
④ 공구 윗면에 마멸을 감소시키고 공구의 수명을 길게 하기 위한 장치이다.

해설 칩브레이커는 선반에 설치하는 안전장치로서 바이트 윗면에 붙여 연속 칩을 짧게 끊어내기 위한 것이다.

정답 ②

06 밀링작업에 있어서의 안전대책이 아닌 것은?

① 장갑의 착용을 금한다.
② 급속이송은 백래시 제거장치를 작동한 후 실시한다.
③ 상하, 좌우 이송 손잡이는 사용 후 반드시 빼둔다.
④ 밀링커터는 걸레 등으로 감싸 쥐고 다루도록 한다.

해설 급속이송은 백래시(Back Lash) 제거장치를 작동하기 전에 실시한다.

관련이론 그 밖의 밀링작업시 안전대책
- 칩의 제거는 반드시 브러시를 사용한다.
- 테이블 위에 공구나 기타 물건 등을 올려 놓지 않는다.
- 강력절삭을 할 때는 일감을 바이스에 깊게 물린다.
- 가공 중에 손으로 가공면을 점검하지 않는다.
- 기계를 가동 중에 변속시키지 않는다.
- 공작물을 풀어낼 때나 측정할 때 반드시 운전을 정지시킨다.

정답 ②

07 밀링기계로서 하향절삭작업을 할 때에 공구나 기계를 손상시킬 위험요소는?

① 커터의 마모가 빨라짐
② 이송장치의 진동
③ 절삭속도의 증감
④ 공작물이 떨리는 현상

해설
- 하향절삭은 커터의 회전방향과 같은 방향으로 공작물에 이송을 주는 방식으로서 공작물의 떨리는 현상으로 인하여 공구나 기계를 손상시킨다.
- 상향절삭은 커터의 회전방향과 반대방향으로 공작물에 이송을 주는 방식이다.

관련이론 밀링의 상향절삭, 하향절삭의 특징

상향절삭	• 공작물의 설치를 확실히 해야 한다. • 이송기구의 백래시는 저절로 제거된다. • 커터의 마모가 크고, 동력 낭비가 많다. • 칩은 커터에 의해 가공된 면에 떨어지므로 절삭을 방해하지 않는다.
하향절삭	• 공작물의 설치가 간단하다. • 백래시가 커지고 공작물이 날에 끌려 온다. 따라서 떨림이 나타나 공작물과 커터를 손상시킨다. • 커터의 마모가 작다. • 칩이 커터와 공작물 사이에 끼여 절삭을 방해한다.

정답 ④

08 셰이퍼(Shaper)의 안전장치가 아닌 것은?

① 방책
② 칩받이
③ 칸막이
④ 프레임

해설 셰이퍼(Shaper) 안전장치로는 방책, 칩받이, 칸막이가 있으며, 프레임(Frame)은 셰이퍼의 몸체를 말하는 것으로 안전장치에 해당하지 않는다.

정답 ④

09 공작기계에서 가공물을 고정할 때 바이스를 사용하는 기계가 아닌 것은?

① 세이퍼 ② 슬로터
③ 선반   ④ 플레이너

해설 공작기계에서 가공물을 고정할 때 바이스를 사용하는 기계로는 세이퍼, 슬로터, 플레이너, 드릴이 있으며, 선반은 해당하지 않는다.

정답 ③

---

11 드릴링작업에서 일감의 고정방법을 설명한 것으로 옳지 않은 것은?

① 일감이 작을 때는 바이스로 고정한다.
② 일감이 작고 길 때에는 플라이어로 고정한다.
③ 일감이 크고 복잡할 때에는 볼트와 고정구로 고정한다.
④ 대량생산과 정밀도를 요할 때에는 지그로 고정한다.

해설 드릴링작업시 일감이 작고 길 때 플라이어로 고정하는 방법은 없다.

정답 ②

---

10 드릴작업의 안전수칙으로 옳은 것은?

① 정확한 작업을 위하여 구멍에 손을 넣어 확인한다.
② 비래를 방지하기 위하여 양손으로 공작물을 견고히 잡는다.
③ 손을 보호하기 위하여 목장갑을 착용한다.
④ 척 렌치(Chuck Wrench)를 척에서 반드시 뺀다.

해설 드릴작업시 척 렌치(Chuck Wrench)를 척에서 반드시 빼야 한다.

선지분석
① 뚫린 것을 확인하기 위하여 구멍에 손을 집어넣지 않는다.
② 공작물을 견고하게 고정하고, 손으로 잡고 구멍을 뚫지 않는다.
③ 장갑(목장갑)을 끼고 작업하지 않는다.

관련이론 **드릴작업의 안전수칙**
- 뚫린 것을 확인하기 위하여 손을 집어넣지 않는다.
- 공작물을 견고하게 고정하고, 손으로 잡고 구멍을 뚫지 않는다.
- 장갑(목장갑)을 끼고 작업하지 않는다.
- 척 렌치(Chuck Wrench)를 척에서 반드시 뺀다.
- 작은 구멍을 먼저 뚫은 뒤 큰 구멍을 뚫는다.
- 칩이 날리기 쉬운 작업은 보안경을 착용한다.
- 회전 중에는 칩을 불거나 손으로 털지 않도록 한다.

정답 ④

---

12 연삭기의 안전수칙에 대한 설명으로 옳지 않은 것은?

① 숫돌의 정면에 서서 숫돌 원주면을 사용한다.
② 숫돌교체시에는 3분 이상 시운전을 한다.
③ 숫돌의 회전은 최고사용원주속도를 초과하여 사용하지 않는다.
④ 손으로 쥘 수 있는 부분이 30mm 이하인 것은 작업을 하지 않는다.

해설 숫돌의 정면에 서지 않고, 측면으로 비켜서서 숫돌 원주면을 사용한다.

관련이론 **연삭기의 안전수칙**
- 숫돌교체시에는 3분 이상 시운전을 한다.
- 숫돌의 회전은 최고사용원주속도를 초과하여 사용하지 않는다.
- 손으로 쥘 수 있는 부분이 30mm 이하인 것은 작업을 하지 않는다.
- 작업시작 전에 1분 이상 시운전을 하고, 숫돌교체시에는 3분 이상 시운전을 한다.
- 연삭기의 덮개는 벗긴 채 사용하지 않는다.
- 숫돌의 외관을 검사하고, 정해진 사람이 한다.

정답 ①

13 연삭기 숫돌의 파괴원인으로 볼 수 없는 것은?

① 숫돌의 회전속도가 너무 빠를 때
② 숫돌 자체에 균열이 있을 때
③ 숫돌의 정면을 사용할 때
④ 숫돌에 과대한 충격을 주게 되는 때

해설 숫돌의 정면이 아닌 측면을 사용할 때가 연삭기 숫돌의 파괴원인에 해당한다.

관련이론 연삭기 숫돌의 파괴원인
• 숫돌의 회전속도가 너무 빠를 때
• 숫돌 자체에 균열이 있을 때
• 숫돌에 과대한 충격을 주게 되는 때
• 숫돌반경방향의 온도변화가 심할 때
• 숫돌의 치수가 부적당할 때
• 숫돌의 불균형이나 베어링 마모에 의한 진동이 있을 때
• 작업에 부적당한 숫돌을 사용할 때
• 플랜지가 현저히 작을 때
• 숫돌의 측면을 사용할 때

정답 ③

14 회전 중인 연삭숫돌이 근로자에게 위험을 미칠 우려가 있을 때는 덮개를 설치하고 연삭숫돌의 최고사용회전속도를 초과하여 사용하게 하여서는 아니 된다. 연삭숫돌에 덮개를 설치해야 할 대상으로 옳은 것은? (단, 산업안전보건법에 준한다.)

① 연삭숫돌의 직경이 3cm 이상인 것
② 연삭숫돌의 직경이 4cm 이상인 것
③ 연삭숫돌의 직경이 5cm 이상인 것
④ 연삭숫돌의 직경이 9cm 이상인 것

해설 산업안전보건법상 연삭숫돌의 직경이 5cm 이상인 것에 덮개를 설치해야 한다.

정답 ③

15 연삭숫돌의 원주면과 작업받침대와의 간격으로 옳은 것은?

① 10mm 이내   ② 6mm 이내
③ 5mm 이내   ④ 3mm 이내

해설
• 연삭숫돌의 원주면과 작업받침대(워크레스트)와의 간격은 3mm 이내로 한다.
• 작업받침대의 높이는 숫돌의 중심과 거의 같은 높이로 고정한다.
• 덮개의 조정편과 숫돌과의 간격은 5mm 이내로 한다.

정답 ④

16 숫돌의 지름이 D(mm), 회전수 N(rpm)이라 할 때 연삭숫돌의 원주속도(V)는?

① $D \cdot N$ [m/min]   ② $\pi \cdot D \cdot N$ [m/min]
③ $\dfrac{D \cdot N}{1,000}$ [m/min]   ④ $\dfrac{\pi \cdot D \cdot N}{1,000}$ [m/min]

해설
$V = \dfrac{\pi DN}{1,000}$ [m/min], $V = \pi DN$ [mm/min]
여기서, V: 원주속도[m/min, mm/min]
D: 숫돌의 지름[mm]
N: 회전수[rpm]

정답 ④

17 숫돌 외경이 150mm일 경우 평형 플랜지의 직경은 최소 몇 mm 이상이어야 하는가?

① 25mm   ② 50mm
③ 75mm   ④ 100mm

해설 평형 플랜지의 직경 = 숫돌 외경 × $\dfrac{1}{3}$
= $150 \times \dfrac{1}{3}$ = 50mm 이상

정답 ②

18 연삭작업시 안전사항으로 옳지 않은 것은?

① 플랜지는 반드시 숫돌차 직경의 1/5 이상 되는 것을 사용한다.
② 연삭숫돌의 최고사용원주속도를 초과하지 않는다.
③ 숫돌의 결합시에는 축과 0.05~0.15mm 정도의 틈새를 주어야 한다.
④ 연삭작업은 숫돌의 측면에서 서서한다.

해설 플랜지는 반드시 숫돌차 직경의 1/3 이상 되는 것을 사용한다.

정답 ①

20 탁상용 연삭기의 일반 연삭작업에 사용하는 것을 목적으로 하는 경우 덮개 노출각도로 옳은 것은?

① 60도 이상 ② 80도 이내
③ 125도 이내 ④ 150도 이내

해설 일반 연삭작업에 사용하는 것을 목적으로 하는 경우 125도 이내로 노출하여야 한다.

관련이론 탁상용 연삭기의 덮개 노출각도
㉠ 숫돌의 상부사용을 목적으로 할 경우 60도 이내
㉡ 일반 연삭작업에 사용하는 것을 목적으로 하는 경우 125도 이내
㉢ ㉠ 및 ㉡ 이외의 탁상용 연삭기 그 밖에 이와 유사한 연삭기 덮개의 경우 80도 이내

정답 ③

19 탁상용 연삭기의 방호장치를 그림과 같이 설치할 때 (a)의 각도 및 (b), (c)의 간격으로 옳은 것은?

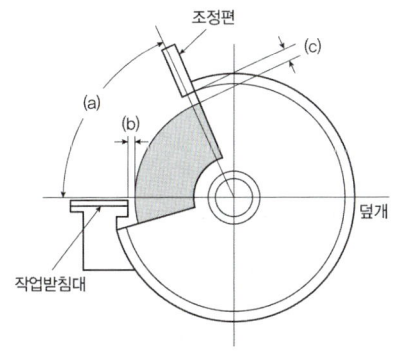

	(a)	(b)	(c)
①	65도 이내	3mm 이내	5mm 이내
②	60도 이내	3mm 이내	10mm 이내
③	90도 이내	5mm 이내	5mm 이내
④	65도 이내	5mm 이내	10mm 이내

해설 탁상용 연삭기의 방호장치에 대한 설치각도(숫돌주축에서 수평면 위로 이루는 각도)는 65도 이내, 작업받침대와 숫돌과의 간격은 3mm 이내, 덮개의 조정편과 숫돌과의 간격은 5mm 이내로 하여야 한다.

정답 ①

21 원통연삭기 덮개의 노출각도로 적합한 것은?

① 135도 이내 ② 140도 이내
③ 150도 이내 ④ 180도 이내

해설 원통, 만능, 공구, 스라브, 센터리스, 스윙, 휴대용 연삭기 덮개의 노출각도는 180도 이내로 하여야 하며, 절단연삭기, 평면연삭기 덮개의 노출각도는 150도 이내로 하여야 한다.

정답 ④

22 다음과 같은 연삭기 덮개의 용도로 가장 적절한 것은?

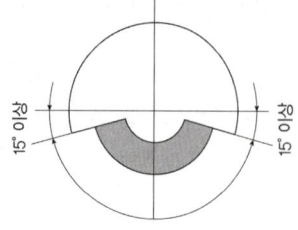

① 원통연삭기, 센터리스연삭기
② 휴대용연삭기, 스윙연삭기
③ 공구연삭기, 만능연삭기
④ 평면연삭기, 절단연삭기

해설 그림에 나타난 연삭기 덮개의 노출각도는 150도이며, 이에 따른 용도로 적합한 것은 평면연삭기, 절단연삭기이다.

정답 ④

23 소성가공의 종류에 해당하지 않는 것은?

① 선반가공　　② 하이드로포밍가공
③ 압연가공　　④ 전조가공

해설 선반가공은 절삭가공에 해당하며, 그 외 절삭가공으로는 밀링가공, 드릴가공, 연삭가공 등이 있다.

관련이론 **소성가공의 종류**
- 하이드로포밍가공
- 압연가공
- 전조가공
- 압출가공
- 단조가공
- 인발가공

정답 ①

24 기계가공에는 절삭에 의한 가공과 입자에 의한 가공이 있다. 입자에 의한 가공 중 미세입자를 분말상태로 사용하여 가공하는 방법은?

① 연삭　　② 래핑
③ 호닝　　④ 슈퍼 피니싱

해설 입자에 의한 가공 중 미세입자를 분말상태로 사용하여 가공하는 방법은 래핑이다.

선지분석
③ 호닝이란 숫돌로 공작물을 가볍게 문지르면서 원통의 내면을 정밀하게 다듬질하는 가공이다.
④ 슈퍼 피니싱이란 입도가 작은 숫돌을 공작물에 진동을 주면서 가공면을 단시간에 평활하게 다듬는 가공이다.

정답 ②

25 다음 안전수칙을 적용해야 하는 수공구는?

- 칩이 튀는 작업에는 보안경 착용
- 처음에는 가볍게 점차 힘을 가함
- 절단된 철재 끝이 튕길 위험 발생에 주의

① 해머　　② 정
③ 쇠톱　　④ 줄

해설 안전수칙의 내용은 정작업시 안전수칙에 대한 설명이다.

관련이론 **정작업시 안전수칙**
- 칩이 튀는 작업에는 보안경 착용할 것
- 처음에는 가볍게, 이후 점차 힘을 가할 것
- 절단된 철재 끝이 튕길 위험 발생에 주의할 것
- 담금질 된 재료는 가공을 하지 않을 것

정답 ②

CHAPTER 4 | 기계설비 위험요인 분석 Ⅱ (프레스 및 전단기)

제1절 프레스 재해방지의 근본적인 대책

1 프레스의 종류

1. 프레스 및 전단기의 정의

(1) 프레스(Press)

동력에 의해 금형을 사용하여 금속 또는 비금속물질을 압축, 절단 또는 조형하는 기계이다.

(2) 전단기(Shearing Machine)

동력전달방식이 프레스와 유사한 구조의 것으로 원재료를 절단하기 위하여 사용하는 기계이다.

2. 프레스의 분류

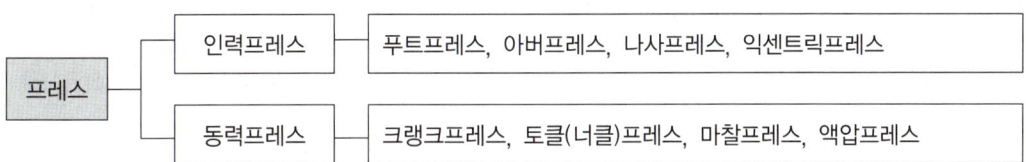

▶ 크랭크프레스는 프레스 중 가장 많이 사용되며, 파워프레스라고도 불린다.

3. 프레스기의 주요 구조부분

① 프레임
② 1행정1정지기구
③ 비상정지장치
④ 제어기
⑤ 유·공압계통
⑥ 방호장치
⑦ 급정지장치
⑧ 전동기, 크랭크축, 기어, 클러치, 실린더 및 브레이크

4. 프레스·전단기의 위험성(안전대책 추진을 저해하는 문제점)

① 작업의 위험성
② 기계자체의 위험성
③ 범용성에 뒤따르지 못하는 안전조치
④ 비정상작업 수행(금형 및 재료의 운반, 금형의 조립, 해체, 조정 등)

5. 프레스·전단기에 의한 재해발생 원인

(1) 슬라이드 하강
   ① 오동작
   ② 오조작
   ③ 조정불량
   ④ 이상발생
   ⑤ 고장

(2) 신체의 일부가 금형 등 위험점에 위치
   ① 방호장치 미사용
   ② 방호장치 무효화
   ③ 방호장치 조정불량
   ④ Hand in Die 방식 금형 사용

6. 동력프레스기에 대한 안전대책

Hand in Die 방식 (작업자의 손을 금형 사이로 집어 넣는 방식)	No Hand in Die 방식 (작업자의 손을 금형 사이로 집어 넣지 않는 방식)
① 프레스기의 종류, 압력능력, 매분 행정수, 행정의 길이 및 작업방법에 상응하는 방호장치 　㉠ 손쳐내기식 방호장치 　㉡ 수인식 방호장치 　㉢ 가드식 방호장치 ② 프레스기의 정지성능에 상응하는 방호장치 　㉠ 광전자식(감응식) 방호장치 　㉡ 양수조작식 방호장치	① 전용프레스의 도입(작업자의 손을 금형 사이에 넣을 필요가 없도록 한 프레스) ② 자동프레스의 도입(자동송급, 자동배출장치를 부착한 프레스) ③ 안전울을 부착한 프레스(작업을 위한 개구부를 제외하고 다른 틈새는 8mm 이하) ④ 안전금형을 부착한 프레스(상형과 하형의 틈새 및 가이드 포스트와 부시와의 틈새는 8mm 이하)

> **참고** 자동배출장치와 자동송급장치
>
> 1. 자동배출장치
>   제품 및 스크랩(Scrap)을 자동적으로 또는 위험한계 밖으로 배출하기 위한 장치이다.
>   ① 이젝터(Ejector)
>   ② 공기분사장치
>   ③ 키커(Kicker)
>
> 2. 자동송급장치(No Hand in Die 방식에 따른 장치)
>   재료를 자동적으로 금형 사이에 이송시키는 장치이다.
>
> | 1차가공용 | 2차가공용 | |
> |---|---|---|
> | • 그리퍼 피더
• 롤 피더 | • 푸셔 피더
• 다이얼 피더
• 트랜스퍼 피더 | • 호퍼 피더
• 슈트 |

2 프레스·전단기의 방호장치

1. 프레스·전단기 방호장치의 종류(방호장치 안전인증 고용노동부고시)

종류	분류	용도
광전자식	A-1	프레스 또는 전단기에서 일반적으로 많이 활용하고 있는 형태이며, 투광부, 수광부, 컨트롤 부분으로 구성된 것으로서 신체의 일부가 광선을 차단하면 기계를 급정지시키는 방호장치
	A-2	급정지기능이 없는 프레스의 클러치 개조를 통해 광선차단시 급정지시킬 수 있도록 한 방호장치
양수조작식	B-1 (유·공압밸브식)	1행정1정지식 프레스에 사용되는 것으로서 동시에 조작하지 않으면 기계가 동작하지 않으며, 한 손이라도 떼어내면 기계를 정지시키는 방호장치
	B-2 (전기버튼식)	
가드식	C	가드가 열려있는 상태에서는 기계의 위험부분이 동작되지 않고, 기계가 위험한 상태일 때에는 가드를 열 수 없도록 한 방호장치
손쳐내기식	D	손을 위험영역에서 밀어내거나 쳐내는 것으로 확동식클러치형 프레스에 한하여 사용되는 방호장치
수인식	E	손을 끈으로 연결하여 슬라이드 하강시 손을 당겨 위험영역에서 빼낼 수 있도록 한 것으로 확동식클러치형 프레스에 한하여 사용되는 방호장치

2. 프레스기계 및 행정길이에 따른 방호장치의 선택(프레스 방호장치의 선정·설치 및 사용기술지침: 한국산업안전보건공단)

구분	방호장치
1행정1정지식 프레스	양수조작식, 가드식
행정길이(Stroke)가 40mm 이상, 100spm 이하	손쳐내기식
행정길이(Stroke)가 50mm 이상, 100spm 이하	수인식
슬라이드 작동 중 정지가능한 구조(급정지기구가 있는 프레스)	광전자식

3. 급정지기구에 따른 유효한 방호장치

(1) 급정지기구가 부착되어 있지 않아도 유효한 방호장치

① 게이트가드식 방호장치

② 수인식 방호장치

③ 손쳐내기식 방호장치

④ 양수기동식 방호장치

(2) 급정지기구가 부착되어 있어야만 유효한 방호장치

① 광전자식(감응식) 방호장치

② 양수조작식 방호장치

3 방호장치의 설치기준 및 설치방법

1. 양수조작식 방호장치

(1) 작동개요

누름단추를 양손으로 동시에 조작하지 않으면 슬라이드가 작동하지 않으며, 슬라이드의 작동 중에 누름단추 등에서 손이 떨어진 때는 즉시 복귀하고 1행정마다 슬라이드의 작동이 정지되는 구조의 방호장치이다.

> **참고** 기동스위치를 활용한 프레스 안전장치
>
> 양수조작식 안전장치

(2) 방호장치의 일반구조

① 누름버튼을 양손으로 동시에 조작하지 않으면 작동시킬 수 없는 구조이어야 한다.
② 양쪽버튼의 작동시간 차이는 최대 0.5초 이내일 때 프레스가 동작되도록 하여야 한다.
③ 누름버튼의 상호간 내측거리는 300mm 이상으로 하고, 매립형의 구조로 하여야 한다.
④ 1행정1정지기구에 사용할 수 있어야 한다.
⑤ 방호장치는 릴레이, 리밋 스위치 등의 전기부품의 고장, 전원전압의 변동 및 정전에 의해 사용 전원전압의 ±100분의 20의 변동에 대하여 정상으로 작동되어야 한다.
⑥ 버튼 및 레버는 작업점에서 위험한계를 벗어나게 설치해야 한다.
⑦ 램의 하행정 중 버튼에서 손을 뗄 때는 정지하는 구조이어야 한다.
⑧ 푸트스위치를 병행하여 사용할 수 없는 구조이어야 한다.
⑨ 정상동작표시등은 녹색, 위험표시등은 붉은 색으로 하며 근로자가 쉽게 볼 수 있는 곳에 설치하여야 한다.
⑩ 슬라이드 하강 중 정전 또는 방호장치의 이상시에 정지할 수 있는 구조이어야 한다.

(3) 양수조작식 방호장치의 안전거리

프레스기 작동 직후 손이 위험구역에 들어가지 못하도록 위험구역(슬라이드 작동부)으로부터 다음에 정하는 거리(안전거리) 이상에 설치해야 한다.

① 설치거리[cm] = 160 × 프레스 작동 후 작업점까지의 도달시간[s]
② $D = 1.6(T_l + T_s)$

여기서, D: 안전거리[mm]

T_l: 누름단추 등에서 손이 떨어지는 때부터 급정지기구가 작동을 개시할 때까지의 시간(광전자식의 경우, 손이 광선을 차단한 직후로부터 급정지기구가 작동을 개시할 때까지의 시간)[ms]

T_s: 급정지기구가 작동을 개시한 때부터 슬라이드가 정지할 때까지의 시간[ms]

$(T_l + T_s)$: 최대정지시간[ms]

▶ 위 계산식은 광전자식 방호장치에도 동일하게 적용된다.

(4) 양수기동식 방호장치

① 급정지기구가 부착되어 있지 않은 크랭크(확동식클러치)프레스기에 적합한 전자식 또는 스프링식 당김형 방호장치이다.

② 2개의 누름단추를 누르고 있으면 클러치가 작동하여 슬라이드가 하강하지만 레버와 복귀용 와이어로프의 작용에 의해 강제적으로 조작기구는 원래의 상태로 복귀되는 것이다.

(5) 양수기동식 방호장치의 안전거리

$$D_m = 1.6 T_m$$

여기서, D_m : 안전거리(mm)
T_m : 양손으로 누름단추를 누르기 시작할 때부터 슬라이드가 하사점에 도달하기까지 소요시간(ms)
$$T_m = (\frac{1}{\text{클러치 물림(봉합) 개소수}} + \frac{1}{2}) \times \frac{60,000}{\text{매분 행정수}}$$

(6) 양수조작식 방호장치의 특징
① 프레스기 방호장치 중 가장 널리 쓰이고 원천적으로 방호할 수 있는 장치이다.
② 급정지기구가 부착된 크랭크 프레스에 적합하다.
③ 굽힘가공 등 2차가공에 적합하며, 급정지 성능이 양호하면 작업능률이 좋아진다.
④ 클러치, 브레이크의 기계적인 고장으로 인한 이상행정에는 효과가 없다.
⑤ 급정지 성능이 약화되지 않는 한 위험구역으로부터 근로자를 완전히 보호한다.

(7) 양수조작식 방호장치의 장·단점

장점	단점
① 행정수가 빠른 기계에 사용할 수 있다. ② 반드시 양손을 사용하여야 하므로 정상적인 사용에서는 완전한 방호가 가능하다. ③ 다른 방호장치와 병용하는 것이 가능하다.	① 행정수가 느린 기계에는 사용이 부적합하다. ② 기계적 고장에 의한 2차낙하에는 효과가 없다.

2. 가드식(Guard) 방호장치

(1) 작동 개요
① 가드식 방호장치는 슬라이드의 작동 중에 열 수 없는 구조의 것이어야 하며, 가드를 닫지 않으면 슬라이드를 작동시킬 수 없어야 한다.
② 게이트가드식 방호장치는 작동방식에 따라 상승식, 하강식, 도립식, 횡슬라이드식 등이 있다.

(2) 방호장치의 일반구조
① 가드의 닫힘으로 슬라이드의 기동신호를 알리는 구조의 것은 닫힘을 표시하는 표시램프를 설치하여야 한다.
② 게이트가드식 방호장치는 가드가 열린 상태에서 슬라이드를 동작시킬 수 없고 또한 슬라이드 작동 중에는 게이트가드를 열 수 없는 구조의 것이어야 한다.
③ 게이트가드식 방호장치에 설치된 슬라이드 동작용 리밋 스위치는 신체의 일부나 재료 등의 접촉을 방지할 수 있는 구조이어야 한다.
④ 가드는 금형의 탈착이 용이하도록 설치하여야 한다.

⑤ 가드에 인체가 접촉하여 손상될 우려가 있는 곳은 부드러운 고무 등을 부착해야 한다.

⑥ 가드의 용접부위는 완전히 용착되고 면이 깨끗해야 한다.

(3) 가드식 방호장치의 특징

① 핸드 인 다이(Hand in Die)의 작업방식에 가장 안전한 장치이다.

② 일반적으로 2차가공에 적합하다.

③ 기계고장에 의한 이상행정, 공구파손시에도 안전하다.

(4) 가드식 방호장치의 장·단점

장점	단점
① 금형파손에 따른 파편으로부터 작업자를 보호할 수 있다. ② 완전한 방호를 할 수 있다.	① 금형의 크기에 따라 가드를 선택하여야 한다. ② 금형교환 빈도수가 적은 기계에만 사용이 가능하다.

3. 손쳐내기식(제수형) 방호장치(Sweep Guard)

(1) 작동개요

① 슬라이드와 연결된 손쳐내기봉이 슬라이드 하강에 의해 위험구역에 있는 작업자의 손을 우에서 좌로 또는 좌에서 우로 쳐내어 방호하는 것이다.

② 손쳐내는 기구(제수봉)가 슬라이드와 직결되어 있기 때문에 연속낙하에도 상해의 우려가 없다.

(2) 방호장치의 일반구조

① 방호판의 폭은 금형 폭의 1/2 이상으로 하여야 한다(단, 행정길이가 300mm 이상의 프레스에는 방호판의 폭을 300mm로 하여야 한다).

② 손쳐내기봉의 행정길이를 금형의 높이에 따라 조정할 수 있고, 진동폭은 금형 폭 이상이어야 한다.

③ 슬라이드 하행정거리의 3/4 위치에서 손을 완전히 밀어 내어야 한다.

④ 손쳐내기봉은 손접촉시 충격을 완화할 수 있는 완충재를 부착하여야 한다.

⑤ 부착볼트 등의 고정금속부분은 예리하게 돌출되지 않아야 한다.

⑥ 방호판과 손쳐내기봉은 경량이면서 충분한 강도를 가져야 한다.

(3) 손쳐내기식 방호장치의 특징

① 대형프레스기에는 효과가 적고, 소형프레스기에는 적합하다.

② 방호장치 양쪽 측면은 무방호상태이다.

(4) 손쳐내기식 방호장치의 장·단점

장점	단점
① 설치가 용이하다. ② 슬라이드의 2차낙하에도 재해방지가 가능하다. ③ 수리, 보수가 쉽다. ④ 가격이 저렴하다.	① 행정수가 빠른 기계에 사용이 곤란하다. ② 행정길이의 끝에서 방호가 불충분하다. ③ 측면방호가 불가능하다. ④ 작업자의 손을 가격하였을 때 아프다.

4. 수인식 방호장치(Pull Out)

(1) 작동개요
① 프레스기의 위험한 작동에 따라 작업자의 손을 위험구역 밖으로 끌어내는 작용을 함으로써 방호를 하는 것이다.
② 작업자의 손과 수인기구가 슬라이드와 직결되어 있기 때문에 연속낙하로 인한 재해를 막을 수 있다.

(2) 방호장치의 일반구조
① 수인끈의 재료는 합성섬유로 직경이 4mm 이상이어야 한다.
② 수인끈은 작업자와 작업공정에 따라 그 길이를 조정할 수 있어야 한다.
③ 수인끈의 안내통은 끈의 마모와 손상을 방지할 수 있는 조치를 하여야 한다.
④ 손목밴드(Wrist Band)의 재료는 유연한 내유성 피혁 또는 이와 동등한 재료를 사용해야 한다.
⑤ 손목밴드는 착용감이 좋으며 쉽게 착용할 수 있는 구조이어야 한다.

(3) 수인식 방호장치의 특징
① 확동식클러치 방식에 적합하다.
② 일반적으로 2차가공에 적합하다.
③ 끈의 조절을 확실하게 하면 기계적 고장에 의한 이상행정에도 안전하다.

(4) 수인식 방호장치의 장·단점

장점	단점
① 설치가 용이하다. ② 슬라이드의 2차낙하에도 재해방지가 가능하다. ③ 줄의 길이를 적절히 조절하게 되면 수공구를 사용할 필요가 없다. ④ 가격이 저렴하다.	① 작업의 변경시마다 조정이 필요하다. ② 행정길이가 짧은 프레스는 되돌리기가 불충분하다. ③ 작업반경의 제한으로 행동의 제약을 받는다. ④ 작업자를 구속하여 사용을 기피한다.

5. 광전자식(감응식) 방호장치

(1) 작동개요
① 검출기구(센서)에 의해서 작업자의 손이나 신체의 존재를 검출하여 제어회로를 통해서 안전하게 작동하는 것이다.
② 투광기에서 광선을 항상 투사하고, 수광기에서 받는 구조로 작업자의 손이나 신체 일부 또는 물체가 광선을 차단하게 되면 릴레이(Relay)가 작동하여 프레스기의 급정지기구에 신호를 보내어 슬라이드를 급정지시켜 방호하는 것이다.
③ 슬라이드가 작동 중 정지가 가능한 구조의 마찰프레스(급정지기구가 있는 프레스)에 적합하다.

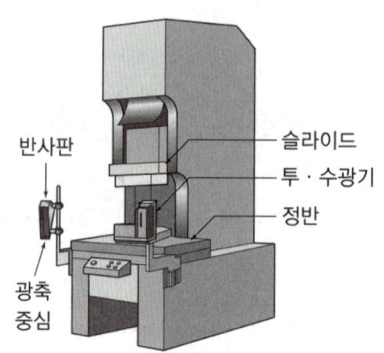

(2) 방호장치의 일반구조

① 정상동작표시램프는 녹색, 위험표시램프는 붉은색으로 하며 근로자가 쉽게 볼 수 있는 곳에 설치해야 한다.
② 슬라이드 하강 중 정전 또는 방호장치의 이상시에 정지할 수 있는 구조이어야 한다.
③ 방호장치는 릴레이, 리밋 스위치 등의 전기부품의 고장, 전원전압의 변동 및 정전에 의해 슬라이드가 불시에 동작하지 않아야 하며, 사용전원 전압의 ±100분의 20의 변동에 대하여 정상으로 작동되어야 한다.
④ 방호장치의 정상작동 중에 감지가 이루어지거나 공급전원이 중단되는 경우 적어도 두 개 이상의 독립된 출력신호 개폐장치가 꺼진 상태로 되어야 한다.
⑤ 방호장치의 감지기능은 규정한 검출영역 전체에 걸쳐 유효하여야 한다(다만, 블랭킹 기능이 있는 경우에는 그러하지 아니하다).
⑥ 방호장치에 제어기(Controller)가 포함되는 경우에는 이를 연결한 상태에서 모든 시험을 한다.
⑦ 방호장치를 무효화하는 기능이 있어서는 안 된다.

(3) 광전자식(감응식) 방호장치의 특징

① 연속운전작업 및 발스위치 조작에 사용된다.
② 굽힘가공 등 2차가공에 적합하다.
③ 클러치나 브레이크의 기계적 고장에 의한 이상행정시 효과가 없다.

(4) 광전자식(감응식) 방호장치의 장·단점

장점	단점
① 시계를 차단하지 않아서 작업에 지장을 주지 않는다. ② 연속운전작업에 사용할 수 있다.	① 작업 중의 진동에 의해 위치변동이 생길 우려가 있다. ② 기계적 고장에 의한 2차낙하에는 효과가 없다. ③ 핀클러치(확동식클러치)방식에는 사용할 수 없다. ④ 설치가 어렵다.

> **참고** 광전자식(감응식) 방호장치의 형식구분(방호장치 안전인증 고용노동부고시)
>
> 광전자식 방호장치는 구조와 성능이 같은 것을 동일 형식으로 하며, 광축 수에 따라 그 형식을 구분한다.
>
> | 형식 구분 | 광축의 범위 |
> |---|---|
> | Ⓐ | 12광축 이하 |
> | Ⓑ | 13광축 이상 56광축 미만 |
> | Ⓒ | 56광축 이상 |

4 기타 프레스 및 전단기 관련 주요사항

(1) 프레스기에서 동력전달에 가장 중요한 부분: 클러치(Clutch)

(2) 프레스 등의 금형을 부착, 해체 또는 조정작업을 하는 때 슬라이드 불시 하강방지조치: 안전블록 설치

(3) 프레스기 페달에 U자형 덮개를 씌우는 이유: 페달의 불시작동으로 인한 사고예방(안전작업 실시)

(4) 동력프레스기의 위험방지기구
   ① 1행정1정지기구
   ② 급정지기구
   ③ 비상정지장치
   ④ 안전블록
   ⑤ 전환스위치

(5) 제품 및 스크랩(Scrap)이 금형에 부착되는 것을 방지하기 위한 장치
   ① 스프링 플런저(Spring Plunger)
   ② 볼 플런저(Ball Plunger)
   ③ 키커 핀(Kicker Pin)

(6) 프레스·전단기 작업시작 전 점검사항(산업안전보건법 안전보건기준)
   ① 클러치 및 브레이크의 기능
   ② 크랭크축, 플라이휠, 슬라이드, 연결봉 및 연결나사의 풀림 여부
   ③ 1행정1정지기구, 급정지장치 및 비상정지장치의 기능
   ④ 슬라이드 또는 칼날에 의한 위험방지기구의 기능
   ⑤ 프레스의 금형 및 고정볼트 상태
   ⑥ 방호장치의 기능
   ⑦ 전단기의 칼날 및 테이블의 상태

(7) 프레스 및 전단기의 제작 및 안전기준에 따른 프레스 이름판의 표시 내용(위험기계기구 안전인증 고용노동부고시)
   ① 압력능력(전단기는 전단능력)
   ② 사용전기설비의 정격

③ 제조자명

④ 제조년월

⑤ 안전인증의 표시

⑥ 제조번호

⑦ 형식 또는 모델번호

(8) 프레스 공정

① 업세팅(Upsetting): 재료를 상하방향으로 눌러 붙여서 높이를 줄이고 단면을 넓히는 가공이다.

② 스웨징(Swazing): 재료를 상하방향으로 압축하여 직경이나 두께를 줄여서 길이나 폭을 넓히는 가공이다.

③ 트리밍(Trimming): 드로잉된 용기의 나머지 가장자리를 잘라내는 가공이다.

④ 슬리팅(Slitting): 둥근 칼날을 가진 연속 전단기계를 사용하여 길이가 긴 판재를 일정한 폭으로 잘라내는 가공이다.

⑤ 시밍(Seaming): 2장의 판재 단부를 굽혀 겹쳐서 눌러 접합하는 가공이다.

제2절 금형의 안전화

1. **금형에 의한 위험방지**(프레스 금형작업의 안전에 관한 기술지침: 한국산업안전보건공단)

   (1) 금형 사이에 손을 집어 넣을 필요가 없도록 한다.

   자동송급장치(롤 피더, 슈트 등), 자동배출장치(공기분사장치, 이젝터 등), 슬라이딩 다이를 설치한다.

   (2) 금형 사이에 작업자의 신체 일부가 들어가지 않도록 다음의 간격을 8mm 이하가 되도록 설치한다.

   ① 펀치와 다이, 이동스트리퍼와 다이, 펀치와 스트리퍼, 고정스트리퍼와 다이 등의 간격

   ② 금형 사이에 작업자의 신체 일부가 들어가지 않도록 울(wool)을 설치한다.

   (3) 금형 사이에 손을 넣게 될 경우에는 방호조치를 한다.

   ① 재료는 금형 외부에서 투입하게 하고, 위치결정은 확실하게 한다.

   ② 안내(가이드)의 경우 다음의 방법은 위험하기 때문에 피한다.

   ㉠ 작업자가 직접 하는 방법

   ㉡ 두드려서 강제로 위치를 결정하는 방법

   ㉢ 제품을 지지하고 있어야만 하는 방법

   ③ 핀 게이지, 파일럿 핀은 충분히 고정함과 동시에 이탈방지를 해두어야 한다.

2. **금형의 파손에 의한 위험방지**(프레스 금형작업의 안전에 관한 기술지침: 한국산업안전보건공단)

   ① 맞춤 핀을 사용할 때는 억지끼워맞춤으로 한다. 상형에 사용할 때에는 낙하방지의 대책을 세워둔다.

   ② 금형의 조립에 사용하는 볼트 및 너트는 헐거움 방지를 위해 분해, 조립을 고려하면서 스프링와셔, 로크 너트, 키, 핀, 용접, 접착제 등을 적절히 사용한다.

③ 가이드 포스트, 샹크는 확실하게 고정한다.
④ 쿠션 핀을 사용할 경우에는 상승시 누름판의 이탈방지를 위하여 단붙임한 나사로 견고히 조여야 한다.
⑤ 파일럿 핀, 직경이 작은 펀치, 핀 게이지 등 삽입부품은 빠질 위험이 있으므로 플랜지를 설치하거나 테이퍼로 하는 등 이탈방지대책을 세워둔다.
⑥ 금형의 하중중심은 편하중 방지를 위해 원칙적으로 프레스의 하중중심과 일치하도록 한다.
⑦ 금형 내의 가동부분은 모두 운동하는 범위를 제한하여야 한다. 또한 누름, 노크아웃, 스트리퍼, 패드, 슬라이드 등과 같은 가동부분은 움직였을 때 원칙적으로 확실하게 원점으로 되돌아가야 한다.
⑧ 상부 금형 내에서 작동하는 패드가 무거운 경우에는 운동제한과는 별도로 낙하방지를 한다.
⑨ 스프링 등의 파손에 의해 부품이 비산될 우려가 있는 부분에는 덮개를 설치한다.
⑩ 금형에 사용하는 스프링은 압축형으로 한다.

3. 수공구의 활용
① 핀세트류
② 집게류
③ 진공컵류
④ 밀대 · 갈고리류
⑤ 플라이어류
⑥ 자석공구류(마그네틱공구류)

> **참고** 금형의 설치, 해체, 운반시 안전준수 사항(프레스 금형작업의 안전에 관한 기술지침: 한국산업안전보건공단)
> ① 금형의 설치용구는 프레스의 구조에 적합한 형태로 한다.
> ② 금형을 설치하는 프레스의 T홈 안길이는 설치볼트 직경의 2배 이상으로 한다.
> ③ 고정볼트는 고정 후 가능하면 나사산을 3~4개 정도 짧게 남겨 슬라이드면과의 사이에 협착이 발생하지 않도록 하여야 한다.
> ④ 금형고정용 브래킷(물림판)을 고정시킬 때 고정용 브래킷은 수평이 되게 하고, 고정볼트는 수직이 되게 고정하여야 한다.
> ⑤ 운반시 관통 아이볼트가 사용될 때에는 구멍틈새가 최소화되도록 한다.
> ⑥ 아이볼트 고정을 위한 탭(Tap)이 있는 구멍들은 볼트크기가 섞이지 않도록 한다.
> ⑦ 금형을 안전하게 취급하기 위해 아이볼트를 사용할 때는 반드시 쇼울더(Shoulder)형으로서 완전하게 고정되어야 한다.
> ⑧ 운반시 상부금형과 하부금형이 닿을 위험이 있을 때는 고정패드를 이용한 스트랩(Strap), 금속재질이나 우레탄고무의 블록(Block) 등을 사용한다.
> ⑨ 금형을 운반하기 위해 꼭 들어 올려야 할 때는 다이(Die)를 최소한의 간격으로 유지하기 위하여 필요한 높이 이상으로 들어 올려서는 안된다.
> ⑩ 부적합한 프레스에 금형을 설치하는 것을 방지하기 위하여 금형에 부품번호, 상형중량, 총중량, 다이하이트 (Die Height), 제품소재(재질) 등을 기록하여야 한다.

적중문제 CHAPTER 4 | 기계설비 위험요인 분석 Ⅱ (프레스 및 전단기)

01 프레스의 재료 이송장치는?
① 푸셔 피더 ② 포토트랜지스터
③ 인터록 ④ 실린더

해설 프레스의 재료 이송장치에 해당하는 것은 푸셔 피더이다.

관련이론 프레스의 자동송급장치와 자동배출장치

자동송급장치 (재료 이송장치)	• 1차 가공용: 그리퍼 피더, 롤 피더 • 2차 가공용: 푸셔 피더, 호퍼 피더, 다이얼 피더, 슈트, 트랜스퍼 피더
자동배출장치	• 이젝터(ejector) • 공기분사장치 • 키커(kicker)

정답 ①

02 프레스에 대한 안전장치 중 금형 안에 손이 들어가지 않는 구조(No Hand in Die Type)인 것은?
① 자동송급식 ② 양수조작식
③ 손쳐내기식 ④ 감응식

해설 No Hand in Die Type에 해당하는 것은 자동송급식이며, No Hand in Die Type은 금형 안에 손이 들어가지 않는 구조로 본질적 안전화방식이다.

관련이론 프레스에 대한 안전장치의 구조

1. No Hand in Die Type(금형 안에 손이 들어가지 않는 구조)
   • 안전울을 부착한 프레스
   • 안전금형을 부착한 프레스
   • 전용프레스
   • 자동프레스(자동송급식, 자동배출식)
2. Hand in Die Type(금형 안에 손이 들어가야만 하는 구조)
   • 광전자식(감응식) • 수인식
   • 양수조작식 • 게이트가드식
   • 손쳐내기식

정답 ①

03 다음 프레스 안전장치 중 SPM(Stroke Per Minute)이 100 이하이며, 행정길이가 50mm 이상의 프레스에 설치해야 하는 것은?
① 양수조작식 ② 수인식
③ 게이트가드식 ④ 광선식

해설
• 수인식 방호장치의 경우 SPM(Stroke Per Minute)이 100 이하이며, 행정길이가 50mm 이상의 프레스에 설치해야 한다.
• 수인식 방호장치는 확동식클러치를 갖는 크랭크 프레스기에 적합하며, 작업자의 손과 수인기구가 슬라이드와 직결되어 있기 때문에 연속낙하로 인한 재해를 막을 수 있다.

정답 ②

04 반드시 급정지기구가 부착되어 있어야만 유효한 프레스의 방호장치는?
① 수인식 방호장치
② 양수조작식 방호장치
③ 손쳐내기식 방호장치
④ 양수기동식 방호장치

해설 양수조작식 방호장치의 경우 반드시 급정지기구가 부착되어 있어야만 유효하다.

관련이론 급정지기구의 부착과 유효 여부

1. 급정지기구가 부착되어 있어야만 유효한 프레스의 방호장치
   • 광전자식(감응식) 방호장치
   • 양수조작식 방호장치
2. 급정지기구가 부착되어 있지 않아도 유효한 방호장치
   • 양수기동식 방호장치
   • 게이트가드식 방호장치
   • 수인식 방호장치
   • 손쳐내기식 방호장치

정답 ②

05 프레스작업시 양수조작식 방호장치에서 누름버튼 또는 조작레버의 상호간 내측거리는?

① 300mm 이상 ② 300mm 이하
③ 250mm 이하 ④ 250mm 이상

해설
- 양수조작식 방호장치에서 <u>누름버튼 또는 조작레버의 상호간 내측거리는 300mm 이상이어야 한다.</u>
- 누름버튼은 양손으로 <u>0.5초 이내에 조작하여</u> 슬라이드가 작동할 수 있는 구조이어야 한다.

정답 ①

06 행정길이가 40mm 이상의 프레스에 적당한 방호장치는?

① 감응식 ② 게이트가드식
③ 양수조작식 ④ 손쳐내기식

해설 <u>행정길이가 40mm 이상의 프레스에 적당한 방호장치는 손쳐내기식이다.</u>

관련이론 **방호장치의 분류**
- 1행정1정지식 프레스: 양수조작식, 게이트가드식
- 슬라이드 작동 중 정지 가능한 구조(급정지기구가 있는 프레스): 광전자식(감응식)
- 행정길이가 50mm 이상 프레스에 적합한 방호장치: 수인식

정답 ④

07 프레스에 사용되는 방호장치의 설치방법이 올바르지 않은 것은?

① 수인식에서 수인끈의 재료는 합성섬유로 직경이 4mm 이상이어야 한다.
② 광전자식 방호장치를 사용할 경우 위험한계까지의 거리가 짧은 200mm 이하의 프레스에는 연속차광폭이 작은 30mm 이하의 방호장치를 선택한다.
③ 광전자식 검출기구를 부착한 손쳐내기식 방호장치에서 위험한계에서 광축까지의 거리는 광선을 차단 직후 위험한계 내에 도달하기 전에 손쳐내기봉 기구로 손을 쳐낼 수 있도록 안전거리를 확보할 수 있어야 한다.
④ 양수조작식 방호장치에서는 누름버튼 등을 양손으로 동시에 조작하지 않으면 슬라이드를 작동시킬 수 없으며 양손에 의한 동시조작은 0.5초 이상에서 작동되는 것으로 한다.

해설 양수조작식 방호장치에서 <u>양손에 의한 동시조작은 0.5초 이내에서 작동되는 것으로 한다.</u>

정답 ④

08 금형의 교환 빈도수가 적은 프레스에 가장 적합한 것은?

① 가드식 ② 광전자식
③ 양수조작식 ④ 수인식

해설 <u>가드식은 2차가공에 적합하고, 기계고장에 의한 이상 행정, 공구파손시에도 안전하며, 금형의 교환 빈도수가 적은 프레스에 가장 적합하다.</u>

정답 ①

09 마찰프레스(Friction Press)에 가장 적합한 안전장치는?

① 광전자식　　② 손쳐내기식
③ 가드식　　　④ 양수조작식

해설　광전자식은 슬라이드가 작동 중 정지 가능한 구조의 마찰프레스(Friction Press)에 가장 적합하다.

정답 ①

10 슬라이드가 내려옴에 따라 손을 쳐내는 막대가 좌우 또는 앞뒤로 왕복하면서 위험점으로부터 손을 보호하여 주는 프레스의 안전장치는?

① 스위프가드　　② 풀 아웃
③ 게이트가드　　④ 양수조작식장치

해설　슬라이드가 내려옴에 따라 손을 쳐내는 막대가 좌우 또는 앞뒤로 왕복하면서 위험점으로부터 손을 보호하여 주는 프레스의 안전장치는 스위프가드(Sweep Guard: 손쳐내기식)이다.

정답 ①

11 프레스의 게이트가드(Guard)식 방호장치의 종류가 아닌 것은?

① 하강식　　② 도립식
③ 경사식　　④ 횡슬라이드식

해설　게이트가드식 방호장치의 종류에는 상승식, 하강식, 도립식, 횡슬라이드식이 있으며, 경사식은 게이트가드식 방호장치의 종류에 해당하지 않는다.

정답 ③

12 다음 (　) 안에 들어갈 말로 옳은 것은?

> 광전자식 프레스 방호장치에서 위험한계까지의 거리가 짧은 200mm 이하의 프레스에는 연속차광폭이 작은 (　　)의 방호장치를 선택한다.

① 30mm 초과　　② 30mm 이하
③ 50mm 초과　　④ 50mm 이하

해설
- 광전자식 프레스 방호장치에서 위험한계까지의 거리가 짧은 200mm 이하의 프레스에는 연속차광폭이 작은 30mm 이하의 방호장치를 선택한다.
- 광전자식 프레스 방호장치에서 위험한계까지의 거리가 500mm를 초과하는 프레스에는 연속차광폭이 40mm 이하인 방호장치를 선택한다.

정답 ②

13 프레스기 작동 후 작업점까지 도달시간이 0.5초 걸렸다면 양수조작식 안전장치의 조작부의 설치거리는?

① 60cm　　② 70cm
③ 80cm　　④ 90cm

해설　설치거리(cm)
= 160 × 프레스 작동 후 작업점까지의 도달시간(초)
= 160 × 0.5 = 80cm

정답 ③

14 프레스의 수인식 안전장치에 관한 사항으로 옳은 것은?

① 수인식 방호장치는 행정길이를 30mm 이상으로 제한한다.
② 수인끈의 직경은 4mm 이상이어야 한다.
③ 수인끈의 강도시험은 1,200N의 인장력을 가하여 끈 표면에 내부의 이상유무를 확인한다.
④ 손목밴드 강도시험은 300N의 인장력을 가하여 밴드의 이상유무를 확인한다.

해설 수인식 안전장치의 수인끈의 직경은 4mm 이상이어야 한다.

선지분석
① 수인식 방호장치는 행정길이를 50mm 이상으로 제한한다.
③ 수인끈의 강도시험은 1,500N의 인장력을 가하여 끈 표면에 내부의 이상유무를 확인한다.
④ 손목밴드 강도시험은 500N의 인장력을 가하여 밴드의 이상유무를 확인한다.

정답 ②

15 프레스의 손쳐내기식 방호장치 설치기준에 해당하지 않는 것은?

① SPM이 100 이상의 것에 사용한다.
② 슬라이드의 행정길이가 40mm 이상의 것에 사용한다.
③ 손쳐내기식 막대는 그 길이 및 진폭을 조정할 수 있는 구조이어야 한다.
④ 금형크기의 절반 이상의 크기를 가진 손쳐내기판을 손쳐내기 막대에 부착한다.

해설 손쳐내기식 방호장치는 SPM이 100 이하의 것에 사용한다.

관련이론 손쳐내기식 방호장치 설치기준
- 슬라이드의 행정길이가 40mm 이상의 것에 사용한다.
- 손쳐내기식 막대는 그 길이 및 진폭을 조정할 수 있는 구조이어야 한다.
- 금형크기의 절반 이상의 크기를 가진 손쳐내기판을 손쳐내기 막대에 부착한다.
- 손쳐내기판은 고무 등 완충물을 설치해야 한다.
- 슬라이드 하행정거리의 3/4 위치에서 손을 완전히 밀어 내어야 한다.

정답 ①

16 제품 및 스크랩(scrap)이 금형에 부착되는 것을 방지하기 위한 장치가 아닌 것은?

① 스프링 플런저   ② 볼 플런저
③ 키커 핀   ④ 슈트

해설 슈트는 재료를 자동적으로 금형사이에 이송시키는 장치(자동송급장치)에 해당한다.

정답 ④

17 프레스의 광전자식 방호장치의 광선에 신체의 일부가 감지된 후로부터 급정지기구의 작동시까지의 시간이 40ms이고, 급정지기구의 작동직후로부터 프레스기가 정지될 때까지의 시간이 20ms라면 광축의 설치거리는?

① 65mm 이내   ② 76mm 이내
③ 85mm 이내   ④ 96mm 이내

해설 광축의 설치거리(mm) $= 1.6(T_l + T_s)$

여기서, T_l: 광선에 신체의 일부가 감지된 후로부터 급정지기구의 작동시까지의 시간(ms)
T_s: 급정지기구의 작동직후로부터 프레스기가 정지될 때까지의 시간(ms)

$= 1.6(40 + 20) = 96\text{mm}$

▶ 단위(s, ms)에 따라 식이 달라짐에 유의하여야 한다.
- $1.6(T_l + T_s)$ T_l, T_s 단위 → ms
- $1,600(T_l + T_s)$ T_l, T_s 단위 → s

정답 ④

18 동력프레스의 방호장치 중 양수조작식의 장점이 아닌 것은?

① 다른 방호장치와 병용할 수 있는 것이 좋다.
② 행정수가 빠른 기계에 사용할 수 있다.
③ 반드시 양손을 사용하여야 하므로 정상적인 사용에는 완전한 방호가 가능하다.
④ 슬라이드의 2차낙하에도 재해방지가 가능하다.

해설 슬라이드의 2차낙하에는 재해방지가 불가능하다.

정답 ④

19 확동식클러치 프레스에 부착된 양수기동식 방호장치에 있어서 클러치 물림개소수가 4군데, 300SPM일 때 양수기동식 조작부 설치거리는 어느 것인가?

① 360mm ② 260mm
③ 240mm ④ 340mm

해설 $D_m = 1.6 T_m$

$T_m = [(\dfrac{1}{클러치\,물림\,개소수} + \dfrac{1}{2}) \times \dfrac{60,000}{매분\,행정수}]$

여기서, D_m: 안전거리(조작부 설치거리)(mm)
T_m: 양손으로 누름단추를 누르기 시작할 때부터 슬라이드가 하사점에 도달하기까지 소요시간(ms)

$= 1.6 \{(\dfrac{1}{4} + \dfrac{1}{2}) \times \dfrac{60,000}{300}\} = 240 \text{mm}$

정답 ③

20 프레스기의 금형부착·해체 또는 조정작업시 해당 작업에 종사하는 근로자의 신체의 일부가 위험한계 내에 들어갈 때 슬라이드가 갑자기 작동함으로써 발생하는 근로자의 위험을 방지하기 위하여 사용하는 것은?

① 접촉예방방지장치 ② 전환스위치
③ 과부하방지장치   ④ 안전블록

해설 프레스기의 금형부착·해체 또는 조정작업시 해당 작업에 종사하는 근로자의 신체의 일부가 위험한계 내에 들어갈 때 슬라이드가 갑자기 작동함으로써 발생하는 근로자의 위험을 방지하기 위하여 사용하는 것은 안전블록이다.

정답 ④

21 프레스 등을 사용하여 작업할 때 작업시작 전 점검사항으로 옳지 않은 것은?

① 클러치 및 브레이크의 기능
② 1행정1정지기구, 급정지기구 및 비상정지장치의 기능
③ 프레스의 금형 및 고정볼트
④ 이상음, 진동상태

해설 이상음, 진동상태는 프레스 등을 사용하여 작업할 때 작업시작 전 점검사항에 해당하지 않는다.

관련이론 프레스 등을 사용하여 작업할 때 작업시작 전 점검사항 (산업안전보건법 안전보건기준)

• 클러치 및 브레이크의 기능
• 1행정1정지기구, 급정지기구 및 비상정지장치의 기능
• 프레스의 금형 및 고정볼트
• 슬라이드, 칼날에 의한 위험방지기구의 기능
• 크랭크축, 플라이휠, 슬라이드, 연결봉 및 연결나사의 풀림 여부
• 방호장치의 기능
• 전단기의 칼날 및 테이블의 상태

정답 ④

22 금형의 안전화에 대한 설명으로 옳지 않은 것은?

① 금형을 설치하는 프레스의 T홈 안길이는 설치볼트 직경의 2배 이상으로 한다.
② 맞춤핀을 사용할 때에는 헐거움끼워맞춤으로 하고, 이를 하형에 사용할 때에는 낙하방지의 대책을 세워둔다.
③ 금형 사이에 신체의 일부가 들어가지 않도록 이동 스트리퍼와 다이의 간격은 8mm 이하로 한다.
④ 대형 금형에서 생크가 헐거워짐이 예상될 경우 생크만으로 상형을 슬라이드에 설치하는 것을 피하고 볼트를 사용하여 조인다.

해설 맞춤핀을 사용할 때에는 억지끼워맞춤으로 하고, 이를 상형에 사용할 때에는 낙하방지의 대책을 세워둔다.

정답 ②

23 일반적으로 프레스에서 사용하는 수공구로 적합하지 않은 것은?

① 플라이어류
② 마그네틱공구류
③ 진공컵류
④ 엔드밀류

해설 엔드밀류는 밀링작업시 사용하는 공구에 해당한다.

관련이론 프레스에서 사용하는 수공구
- 플라이어류
- 마그네틱공구류
- 진공컵류
- 집게류
- 핀세트류
- 밀대 · 갈고리류

정답 ④

24 부적합한 프레스에 금형을 설치하는 것을 방지하기 위하여 금형에 기록할 사항에 해당하지 않는 것은?

① 상형 중량
② 부품번호
③ 테이블의 크기
④ 총 중량

해설 테이블의 크기는 금형에 기록할 사항에 해당하지 않는다.

관련이론 금형에 기록할 사항
- 총 중량
- 상형 중량
- 부품번호
- 길이(전후, 좌우)(mm)
- 제품소재(재질)
- 다이하이트(Die Height)

정답 ③

25 금형의 사이에 작업자의 신체의 일부가 들어가지 않도록 펀치와 다이, 펀치와 스트리퍼 등의 간격은 얼마로 하여야 하는가?

① 3mm 이하   ② 5mm 이하
③ 8mm 이하   ④ 10mm 이하

해설 금형의 사이에 작업자의 신체의 일부가 들어가지 않도록 펀치와 다이, 펀치와 스트리퍼 등의 간격은 8mm 이하로 하여야 한다.

정답 ③

CHAPTER 5 | 기계설비 위험요인 분석 Ⅲ(산업용 기계기구)

제1절 롤러(Roller)기

1 가드(Guard) 설치

(1) 롤러기의 맞물리는 점에는 작업자의 손이 끼이는 등 매우 위험하기 때문에 가드를 설치하여야 한다.

(2) ILO(국제노동기구)에서 정한 프레스 및 전단기의 작업점이나 롤러기의 맞물림점에 설치하는 롤러기 가드의 개구부 간격을 구하는 식은 다음과 같다.

$$Y = 6 + 0.15X$$

여기서, Y: 개구부의 간격(안전간격)(mm)
X: 개구부에서 위험점까지의 거리(안전거리)(mm)

2 방호장치 설치방법 및 성능조건

1. 롤러기 급정지장치의 일반구조(방호장치 자율안전기준 고용노동부고시)

① 작동이 원활하여야 한다.
② 견고하게 설치되어야 한다.
③ 조작부는 긴급시에 근로자가 조작부를 쉽게 알아볼 수 있게 하기 위해 안전에 관한 색상으로 표시하여야 한다.
④ 조작스위치 및 기동스위치는 분진 및 그 밖의 불순물이 침투하지 못하도록 밀폐형으로 제조되어야 한다.
⑤ 조작부는 그 조작에 지장이나 변형이 생기지 않고 강성이 유지되도록 설치하여야 한다.
⑥ 조작부에 로프를 사용할 경우는 직경 4mm 이상의 와이어로프 또는 직경 6mm 이상이고, 절단하중이 2.94kN 이상의 합성섬유의 로프를 사용하여야 한다.

2. 롤러기의 급정지장치(방호장치 자율안전기준 고용노동부고시)

(1) 롤러기에는 조작부의 이상 움직임으로 인한 브레이크 계통의 작동으로 롤러가 급정지되도록 하는 급정지장치를 설치하여야 한다.

(2) 급정지장치의 종류와 조작부의 설치위치는 다음 표와 같다.

급정지장치 조작부의 종류	설치위치	비고
손조작로프식	밑면(바닥)에서 1.8m 이내	설치위치는 급정지장치 조작부의 중심점을 기준으로 한다.
복부조작식	밑면(바닥)에서 0.8m 이상 1.1m 이내	
무릎조작식	밑면(바닥)에서 0.6m 이내	

3. 급정지장치의 성능조건(무부하동작에서의 급정지거리)

(1) 롤러를 무부하상태로 회전시켜 앞면 롤러의 표면속도에 따라 규정된 정지거리 내에 해당 롤러를 정지시킬 수 있는 성능을 보유한 급정지장치이어야 한다.

앞면 롤러의 표면속도[m/min]	급정지거리
30 미만	앞면 롤러 원주의 1/3 이내
30 이상	앞면 롤러 원주의 1/2.5 이내

(2) 롤러기 표면속도의 산출공식

$$V = \frac{\pi DN}{1,000}$$

여기서, V: 표면속도[m/min], D: 롤러 원통의 직경[mm], N: 회전수[rpm]

4. 롤러기의 안전수칙

① 가공물이 유해물인 경우에는 덮개를 설치할 것
② 롤러기 주위 바닥은 평탄하고, 돌출물이나 장애물이 있으면 안 되며, 기름이 묻어 있을 경우 즉시 제거할 것
③ 롤러기를 사용하여 고무, 고무화합물 또는 합성수지를 연화하는 작업에는 경험을 가진 작업자를 배치할 것
④ 청소시에는 롤러기를 정지시키고 할 것
⑤ 장갑을 끼고 작업하지 말 것

> **참고** 롤러기 관련 사항
>
> 1. 롤러기의 가드설치시 사고를 일으키는 공간함정(Trap)을 막기 위한 신체부위와의 최소틈새
>   ① 몸: 500mm ④ 팔: 120mm
>   ② 다리: 180mm ⑤ 손목: 100mm
>   ③ 발: 120mm ⑥ 손가락: 25mm
> 2. 롤러기 급정지장치의 시험 방법(방호장치 자율안전기준 고용노동부고시)
>   ① 내전압시험 ② 절연저항시험 ③ 무부하동작시험

제2절 원심기

1. 원심기의 사용방법

(1) 원심기(원심력을 이용하여 물질을 분리하거나 추출하는 일련의 작업을 행하는 기계)는 날개류의 강도나 균형을 고려하고 축의 임계속도를 고려하여 방호덮개에 상응하는 외통의 강도를 충분히 크게 할 필요가 있다.
(2) 원심기는 이상소음이나 이상진동에 주의하고 점검을 철저히 하여야 한다.

2. 원심기의 방호장치

원심기에는 회전체접촉예방장치(덮개)를 설치하여야 한다.

3. 원심기의 안전수칙

① 원심기의 최고사용회전수를 초과하여 사용하여서는 안 된다.
② 원심기로부터 내용물을 꺼내거나 원심기의 정비, 청소, 수리, 검사 그 밖에 이와 유사한 작업할 때에는 그 기계의 운전을 정지하여야 한다.

4. 기타 원심기(분쇄기 및 혼합기 포함) 관련 주요사항

(1) 분쇄기, 혼합기 등의 개구부에 취해야 할 조치: 덮개, 울 설치
(2) 분쇄기, 파쇄기, 미분기, 혼합기 등의 가동 또는 원료의 비산 등으로 근로자에게 위험을 미칠 우려가 있는 부위에 취해야 할 조치: 덮개 설치

제3절 아세틸렌 용접장치 및 가스집합 용접장치

1 용접장치의 구조

1. 아세틸렌 용접장치의 구조(산업안전보건법 안전보건기준)

(1) 아세틸렌 발생기실의 설치장소
① 아세틸렌 용접장치의 발생기를 설치하는 경우에는 전용의 발생기실에 설치할 것
② 발생기실을 옥외에 설치한 경우에는 그 개구부를 다른 건축물로부터 1.5m 이상 떨어지도록 할 것
③ 발생기실은 건물 최상층에 위치하여야 하며, 화기를 사용하는 설비로부터 3m를 초과하는 장소에 설치할 것

(2) 아세틸렌 발생기실의 구조
① 지붕과 천장에는 얇은 철판이나 가벼운 불연성 재료를 사용할 것
② 벽은 불연성 재료로 하고 철근콘크리트 또는 그 밖에 이와 같은 수준이거나 그 이상의 강도를 가진 구조로 할 것
③ 출입구의 문은 불연성 재료로 하고 두께 1.5mm 이상의 철판이나 그 이상의 강도를 가진 구조로 할 것
④ 바닥면적의 1/16 이상의 단면적을 가진 배기통을 옥상으로 돌출시키고, 그 개구부를 창이나 출입구로부터 1.5m 이상 떨어지도록 할 것
⑤ 벽과 발생기 사이에는 발생기의 조정 또는 카바이트 공급 등의 작업을 방해하지 않도록 간격을 확보할 것

2. 가스집합 용접장치의 구조(산업안전보건법 안전보건기준)

(1) 가스장치실의 구조
① 벽에는 불연성 재료를 사용할 것
② 지붕과 및 천장에는 가벼운 불연성 재료를 사용할 것
③ 가스가 누출된 경우에는 그 가스가 정체되지 않도록 할 것

(2) 가스집합 용접장치의 위험방지

① 가스집합장치를 설치하는 때에는 전용의 방(가스장치실)에 설치할 것

② 가스집합장치는 화기를 사용하는 설비로부터 5m 이상 떨어진 장소에 설치할 것

③ 가스장치실에서 가스집합장치의 가스용기를 교환하는 작업을 할 때 가스장치실의 부속설비 또는 다른 가스용기에 충격을 줄 우려가 있는 경우에는 고무판 등을 설치하는 등 충격방지조치를 할 것

2 방호장치의 설치방법 및 성능조건

1. 개요

아세틸렌 용접장치 및 가스집합 용접장치에는 가스의 역류 및 역화를 방지할 수 있는 안전기(역화방지기)를 설치해야 하는데 건식 안전기와 수봉식 안전기가 있으며, 사용압력에 따라 저압용과 중압용이 있다.

2. 안전기의 설치(산업안전보건법 안전보건기준)

① 아세틸렌 용접장치의 취관마다 안전기를 설치하여야 한다. 다만, 주관 및 취관에 가장 가까운 분기관마다 안전기를 부착한 경우에는 그러하지 아니하다.

② 가스용기가 발생기와 분리되어 있는 아세틸렌 용접장치에 대하여 발생기와 가스용기 사이에 안전기를 설치하여야 한다.

③ 가스집합 용접장치는 주관 및 분기관에 안전기를 설치하여야 한다. 이 경우 하나의 취관에 2개 이상의 안전기를 설치하여야 한다.

3. 안전기(역화방지기)의 일반구조(방호장치 자율안전기준 고용노동부고시)

① 역화방지기는 그 다듬질면이 매끈하고 사용상 지장이 있는 부식, 흠, 균열 등이 없어야 한다.

② 역화방지기의 구조는 소염소자, 역화방지장치 및 방출장치 등으로 구성되어야 한다. 다만, 토치입구에 사용하는 것은 방출장치를 생략할 수 있다.

③ 소염소자는 금망, 소결금속, 스틸 울(Steel Wool), 다공성 금속물 또는 이와 동등 이상의 소염성능을 갖는 것이어야 한다.

④ 가스의 흐름방향은 지워지지 않도록 돌출 또는 각인하여 표시하여야 한다.

⑤ 역화방지기는 역화를 방지한 후 복원이 되어 계속 사용할 수 있는 구조이어야 한다.

> **참고** 안전기(역화방지기)의 시험방법(방호장치 자율안전기준 고용노동부고시)
>
> ① 내압시험
> ② 역류방지시험
> ③ 가스압력손실시험
> ④ 기밀시험
> ⑤ 역화방지시험
> ⑥ 방출장치동작시험

4. 방호장치의 종류

(1) 수봉식 안전기(저압용)
① 도입부 및 수봉배기관은 가스가 역류하고 또는 역화폭발한 때에 위험을 확실히 차단할 수 있는 구조일 것
② 주요 부분은 두께 2mm 이상의 강판 또는 강관을 사용하고, 내부의 가스폭발에 견디어 낼 수 있는 구조일 것
③ 유효수주는 25mm 이상으로 할 것
④ 아세틸렌과 접촉할 우려가 있는 부분(주요 부분은 제외)은 동을 사용하지 않을 것
⑤ 물의 보급 및 교환이 용이한 구조로 할 것

(2) 건식 안전기
① **소결금속식 안전기**: 역화된 불꽃이 소결금속에 의해 냉각 소화되고 역화압력에 의해 폐쇄밸브가 스스로 작동하여 가스통로를 폐쇄시키는 방식이다.
② **우회로식 건식 안전기**: 가스의 역화시 연소파와 압력파를 분리하여 연소파가 우회로를 통과하고 있는 사이에 가스통로를 폐쇄시켜 역화를 저지하는 방식이다.

3 가스용접작업의 안전

1. 아세틸렌 용접장치의 관리(산업안전보건법 안전보건기준)

아세틸렌 용접장치를 사용하여 금속의 용접, 용단 및 가열작업을 하는 경우에는 다음 사항을 준수하여야 한다.
① 발생기의 종류, 형식, 제작업체명, 매시 평균가스발생량 및 1회 카바이트 공급량을 발생기실내의 보기 쉬운 장소에 게시할 것
② 발생기실에는 관계근로자가 아닌 사람이 출입하는 것을 금지할 것
③ 발생기에서 5m 이내 또는 발생기실에서 3m 이내의 장소에서는 흡연, 화기의 사용 또는 불꽃이 발생할 위험한 행위를 금지시킬 것
④ 도관에는 산소용과 아세틸렌용과의 혼동을 방지하기 위한 조치를 할 것
⑤ 아세틸렌 용접장치의 설치장소에는 적당한 소화설비를 갖출 것
⑥ 이동식 아세틸렌 용접장치의 발생기는 고온의 장소, 통풍이나 환기가 불충분한 장소 또는 진동이 많은 장소 등에 설치하지 않도록 할 것

> **참고** 압력의 제한(산업안전보건법 안전보건기준)
> 아세틸렌 용접장치를 사용하여 금속의 용접, 용단 또는 가열작업을 하는 경우에는 게이지 압력이 127kpa를 초과하는 압력의 아세틸렌을 발생시켜 사용해서는 아니 된다.

2. 가스집합 용접장치의 관리

가스집합 용접장치를 사용하여 금속의 용접, 용단 및 가열작업을 하는 경우에는 다음 사항을 준수하여야 한다.
① 사용하는 가스의 명칭 및 최대가스저장량을 가스장치실의 보기 쉬운 장소에 게시할 것
② 가스용기를 교환하는 경우에는 관리감독자가 참여한 가운데 할 것

③ 밸브, 콕 등의 조작 및 점검요령을 가스장치실의 보기 쉬운 장소에 게시할 것
④ 가스장치실에는 관계근로자가 아닌 사람의 출입을 금지할 것
⑤ 가스집합장치로부터 5m 이내 장소에서는 흡연, 화기의 사용 또는 불꽃을 발생할 우려가 있는 행위를 금지할 것
⑥ 도관에는 산소용과의 혼동을 방지하기 위한 조치를 할 것
⑦ 가스집합장치의 설치장소에는 적당한 소화설비를 설치할 것
⑧ 이동식 가스집합 용접장치의 가스집합장치는 고온의 장소, 통풍이나 환기가 불충분한 장소 또는 진동이 많은 장소에 설치하지 않도록 할 것
⑨ 해당 작업을 행하는 근로자에게 보안경과 안전장갑을 착용시킬 것

3. 가스용접작업시 안전수칙

① 작업하기 전에 안전기와 산소조정기의 상태를 점검할 것
② 용접하기 전에 반드시 소화기, 소화수의 위치를 확인할 것
③ 토치의 점화는 조정기의 압력을 조정하고, 먼저 토치의 아세틸렌밸브를 연 다음 산소밸브를 열어 점화시키며, 작업 후에는 산소밸브를 먼저 닫고 아세틸렌밸브를 닫을 것
④ 토치 내에서 소리가 날 때 또는 과열되었을 때는 역화에 주의할 것
⑤ 보안경, 안전장갑 및 용접용 앞치마를 착용하고 작업할 것
⑥ 용접 이외의 목적으로 산소를 사용하지 말 것
⑦ 작업이 끝난 후에는 화기나 가스의 누설 여부를 확인할 것
⑧ 조정용 나사를 너무 세게 죄지 말 것
⑨ 토치에 기름이나 그리스를 바르지 말 것
⑩ 산소용 호스와 아세틸렌용 호스는 색으로 구별된 것을 사용할 것

> **참고** 호스 및 용기의 색깔
>
> ① 산소 호스: 흑색　　　　　　④ 아세틸렌 용기: 황색
> ② 아세틸렌 호스: 적색　　　　⑤ 프로판 용기: 회색
> ③ 산소 용기: 녹색　　　　　　⑥ 아르곤 용기: 회색

⑪ 용해 아세틸렌의 용기에서 아세틸렌이 급격히 분출될 때에는 정전기가 발생되어 인체가 접근하면 방전되므로 급격히 분출시키지 말 것
⑫ 토치 팁의 청소용구는 줄이나 팁 클리너를 사용할 것
⑬ 용기저장소의 온도는 40°C 이하를 유지할 것

> **참고** 아세틸렌 용접장치의 역화 등
>
> 1. 아세틸렌 용접장치의 역화원인
>   ① 산소공급이 과다할 때　　　　④ 토치 팁에 이물질이 묻었을 때
>   ② 압력조정기가 고장났을 때　　⑤ 토치의 성능이 좋지 않을 때
>   ③ 토치(취관)가 과열되었을 때
>
> 2. 아세틸렌 용접장치의 역화시 조치사항
>   산소밸브를 먼저 잠그고 아세틸렌밸브를 나중에 잠근다.

3. 산소 – 아세틸렌가스용접시 발생되는 재해
   ① 화재
   ② 폭발
   ③ 화상

4 기타 가스용접작업 관련 주요사항

(1) 구리(Cu)의 사용제한
용해아세틸렌의 가스집합용접장치의 배관 및 부속기구는 구리나 구리함유량이 70% 이상인 합금을 사용해서는 아니 된다.

(2) 아세틸렌이 구리와 접촉시 생성되는 폭발성 물질
아세틸라이드(Cu_2C_2)

(3) 가스 등의 용기(산업안전보건법 안전보건기준)
금속의 용접·용단 또는 가열에 사용되는 가스 등의 용기를 취급하는 경우 다음의 사항을 준수하여야 한다.
① 다음 어느 하나에 해당하는 장소에서 사용하거나 해당 장소에 설치·저장 또는 방치하지 않도록 할 것
   ㉠ 통풍이나 환기가 불충분한 장소
   ㉡ 화기를 사용하는 장소 및 그 부근
   ㉢ 위험물 또는 인화성 액체를 취급하는 장소 및 그 부근
② 용기의 온도를 섭씨 40도 이하로 유지할 것
③ 전도의 위험이 없도록 할 것
④ 충격을 가하지 않도록 할 것
⑤ 운반하는 경우에는 캡을 씌울 것
⑥ 사용하는 경우에는 용기의 마개에 부착되어 있는 유류 및 먼지를 제거할 것
⑦ 밸브의 개폐는 서서히 할 것
⑧ 사용 전 또는 사용 중인 용기와 그 밖의 용기를 명확히 구별하여 보관할 것
⑨ 용해아세틸렌의 용기는 세워 둘 것
⑩ 용기의 부식, 마모 또는 변형상태를 점검한 후 사용할 것

(4) 용접부의 결함
① **블로홀(Blow Hole)**: 수소 혹은 탄산가스 등의 가스가 용접부에 밀봉된 채로 응고하여 생긴 용착금속의 공동(기공)현상으로 발생원인은 다음과 같다.
   ㉠ 용착부가 급냉할 경우
   ㉡ 용접봉이 습기가 있을 경우
   ㉢ 아크길이, 전류가 부적당할 경우
   ㉣ 아크분위기의 수소 또는 탄산가스가 너무 많을 경우
   ㉤ 모재에 유황성분이 많을 경우

② **언더컷(Under Cut)**: 모재와 용착금속과의 경계에서 용착금속이 이 부분에 충만되지 않은 채 홈 형상과 같은 것이 남아 있는 상태이다.

③ **오버랩(Over-Lap)**: 모재와 용착금속과의 경계에서 용착금속이 모재와 융합되지 않고 겹친 상태이다.

(5) 가스용접용 산소용기에 각인된 기호의 의미
① TP50: 내압시험압력 50Mpa
② FP10: 최고충전압력 10Mpa

제4절 보일러 및 압력용기

1 보일러의 종류와 구조

1. 보일러의 종류

종류		형식
원통보일러	입형 보일러	입연관식, 입횡관식, 횡수관식, 코크란식, 노튜브식 보일러
	노통 보일러	랭커셔 보일러, 코르니시 보일러
	연관 보일러	횡연관식 보일러, 로코모빌형 보일러, 기관차형 보일러
	노통연관 보일러	노통연관 보일러, 하우덴존슨 보일러, 스코치 보일러
수관보일러	자연순환식 수관보일러	곡관식, 직관식, 조합식 보일러
	강제순환식 수관보일러	라몬트식, 조정순환식, 벨록스식 보일러
	관류 보일러	슬저식, 벤손식, 소형관류식 보일러
기타보일러	난방용 보일러	수관식 보일러, 주철제조합식 보일러, 리 보일러
	특수 보일러	폐열 보일러, 특수유체 보일러, 특수연료 보일러, 간섭가열식 보일러

2. 보일러의 3대 구성요소
① 보일러 본체
② 연소장치
③ 부속장치

3. 보일러 주요 부속장치의 용도
① **공기예열기**: 연도가스의 여열을 이용하여 연소에 쓰이는 공기를 예열하는 장치
② **연소실 및 연소장치**: 연료를 연소시켜 열을 발생시키는 장치
③ **절탄기(이코노마이저)**: 연도를 흐르는 여열로 보일러에 공급되는 급수를 예열하여 증발량을 증가시키고 연료 소비량을 감소시키기 위한 장치
④ **과열기**: 보일러 본체에서 발생되는 증기 중에 함유된 수분을 증발시키고, 재가열하여 과열증기를 만들기 위한 장치
⑤ **급수장치**: 보일러에 물을 공급하는 급수관, 급수펌프 및 급수밸브 등을 포함하는 장치

2 보일러의 사고형태 및 원인

1. **과열**

    (1) 정의

    보일러용 강재가 급격한 온도상승으로 과열되어 원래의 성질을 회복하지 못하고 가치를 잃어 버리는 현상이다.

    (2) 과열의 발생원인

    ① **저수위**: 급수장치의 누설 및 고장, 수면계 막힘

    ② **순환 불량**: 급수처리 불량

    ③ **유지분 부착**: 급수처리 불량

    ④ **스케일(Scale)**: 청소 불량, 급수처리 불량

2. **파열**

    (1) 정의

    보일러 본체의 일부에 강도가 약한 부분이 생겨 그 결과 내부의 압력에 견디지 못하여 갈라지고 찢어져 대량의 증기를 분출하는 것이다.

    (2) 파열의 발생원인

    ① **구조상의 결함**: 설계의 착오, 재료불량, 가공불량

    ② **취급의 결함**: 부식, 과열에 의한 강도저하, 균열 등에 의한 열화

    ③ **압력의 초과**: 안전장치의 능력부족, 안전장치의 부작동

    ▶ 보일러가 최고사용압력 이하에서 파열하는 주된 이유는 '구조상의 결함'이다.

3. **이상감수(저수위)**

    (1) 정의

    급수장치로부터의 공급이 원활하지 못하여 보일러 내부가 저수위로 되면서 과열되는 것이다.

    (2) 이상감수(저수위)의 발생원인

    ① 분출밸브 등의 누수

    ② 급수관의 이물질 축적

    ③ 급수장치 및 수면계의 고장

    ④ 급수내관의 스케일 축적

    > **참고** 보일러 관련 기타 사항
    > 1. 보일러의 관벽과 드럼 내면에 관석(Scale)이 부착하였을 때 끼치는 영향
    >   ① 보일러의 효율 저하
    >   ② 보일러수의 순환 저하
    >   ③ 과열
    > 2. 보일러에서 수면계로 수면을 확보할 때 사용 중 유의하여야 할 안전수위 체크 항목
    >   상용수위(항상 사용되고 있는 물의 높이)

3 보일러의 취급시 이상현상

1. 역화(Back Fire)

(1) 정의

보일러를 점화할 때 노 내에 남아있는 미연소가스에 불이 붙어 급격한 연소를 일으키며 불꽃이 노 밖으로 분출되는 현상이다.

(2) 역화의 발생원인

① 연료밸브를 과대하게 급히 열었을 경우
② 연도 내에 미연가스가 다량 남아 있는 경우
③ 압입통풍이 지나치게 강할 경우
④ 점화할 때 착화가 늦어졌을 경우
⑤ 댐퍼(Damper)를 지나치게 조인 경우
⑥ 흡입통풍이 부족한 경우
⑦ 연소 중 갑자기 소화된 후 노 내의 여열로 점화했을 경우

2. 캐리오버(Carry Over)

보일러수 중에 용해, 부유되어 있는 고형물이나 물방울이 증기에 혼입되어 보일러 외부로 운반되는 현상이다.

(1) 포밍(Foaming: 거품의 발생)

보일러 관수 중의 유지분, 용존고형물에 의하여 수면 위에 거품이 발생하고 심하면 보일러 밖으로 흘러 넘치는 현상이다.

(2) 프라이밍(Priming: 비수현상)

보일러의 급격한 압력강하, 급격한 부하, 고수위 등에 의해 물방울 또는 물거품이 수면 위로 튀어올라 관 밖으로 운반되는 현상이다.

(3) 포밍 및 프라이밍 발생원인

① 증기부하가 과대한 경우
② 증기부가 작고 수부가 큰 경우
③ 고수위인 경우
④ 기수분리장치가 불완전한 경우
⑤ 주증기 밸브를 급격히 개방한 경우
⑥ 보일러수가 농축된 경우
⑦ 부유물, 유지분이 많이 함유되었을 경우

3. 워터해머(Water Hammer: 수격작용)

(1) 정의

보일러 배관 내 액체속도가 급격히 변화하여 관내의 액(응축수)에 심한 압력변화가 생겨 관벽을 치는 현상이다.

(2) 워터해머의 발생원인

① 관내의 심한 유동
② 밸브의 급격한 개폐
③ 압력변화에 의한 압력파 발생

> **참고** 보일러의 부식원인
> ① 급수처리를 하지 않은 물을 사용할 때
> ② 급수에 해로운 불순물이 혼입되었을 때
> ③ 불순물을 사용하여 수관이 부식되었을 때

4 보일러의 안전장치

1. 압력방출장치

(1) 압력방출장치의 작동개요

보일러 내부의 증기압력이 최고사용압력에 달하면 자동적으로 밸브가 열려 증기를 외부로 분출시키고 증기압력의 상승을 막는 것이다.

(2) 압력방출장치의 종류

스프링식, 지렛대식, 중추식이 있으며, 보일러용으로는 스프링식이 가장 많이 쓰이고 있다.

(3) 압력방출장치의 설치기준(산업안전보건법 안전보건기준)

① 보일러의 안전한 가동을 위하여 보일러 규격에 맞는 압력방출장치를 1개 또는 2개 이상 설치하고, 최고사용압력(설계압력 또는 최고허용압력) 이하에서 작동되도록 하여야 한다.

② 압력방출장치가 2개 이상 설치된 경우에는 최고사용압력 이하에서 1개가 작동되고, 다른 압력방출장치는 최고사용압력 1.05배 이하에서 작동되도록 부착하여야 한다.

③ 압력방출장치는 매년 1회 이상 국가교정기관에서 교정을 받은 압력계를 이용하여 설정압력에서 적정하게 작동하는지를 검사한 후 납으로 봉인하여 사용하여야 한다.

> **참고** 공정안전보고서 제출 대상 압력방출장치의 검사주기(산업안전보건법 안전보건기준)
>
> 공정안전보고서 제출 대상으로서 고용노동부장관이 실시하는 공정안전보고서 이행상태 평가 결과가 우수한 사업장은 압력방출장치에 대하여 4년마다 1회 이상 설정압력에서 적정하게 작동하는지를 검사할 수 있다.

(4) 압력방출장치의 설치방법

① 최고사용압력 이하에서 작동하는 방호장치를 설치해야 한다.

② 검사가 용이한 위치에 밸브축이 수직되게 설치해야 한다.

③ 가능한 보일러 동체에 직접 설치해야 한다.

2. 압력제한스위치

보일러의 과열을 방지하기 위하여 최고사용압력과 상용압력 사이에서 보일러의 버너 연소를 차단하여 정상압력으로 유도하는 안전장치이다.

▶ 압력제한스위치는 보일러의 압력계가 설치된 배관상에 설치해야 한다.

3. 고저수위 조절장치

보일러 내의 수위가 고저수위점에 도달하였을 때, 자동적으로 경보를 발하는 동시에 급수되거나 단수되는 등 수위를 조절하는 안전장치이다.

4. 기타

그 밖의 보일러의 안전장치로는 도피밸브, 화염검출기 등이 있다.

5 압력용기

1. 압력용기의 정의
용기의 내면 또는 외면에서 일정한 유체의 압력을 받는 밀폐된 용기를 말한다.

2. 압력용기의 구분

(1) 갑종 압력용기
① 설계압력이 게이지압력으로 1Mpa(10kgf/cm^2)을 초과하는 공기 및 질소저장탱크
② 설계압력이 게이지압력으로 0.2Mpa(2kgf/cm^2) 이상인 화학공정 유체취급용기

(2) 을종 압력용기
갑종 압력용기 이외의 용기

3. 압력용기의 종류
① 저장용기
② 공기저장탱크
③ 탑류(증류탑, 흡수탑, 추출탑, 감압탑 등)
④ 반응기 및 혼합탱크
⑤ 열교환기류(가열기, 증발기, 냉각기, 응축기 등)

4. 압력용기의 방호장치(안전밸브 등)의 설치(산업안전보건법 안전보건기준 → 2024.6.28 개정)

① 다음 어느 하나에 해당하는 설비에 대해서는 과압에 따른 폭발을 방지하기 위하여 폭발방지 성능과 규격을 갖춘 안전밸브 또는 파열판을 설치하여야 한다.
  ㉠ 압력용기(안지름이 150mm 이하인 압력용기는 제외하며, 압력용기 중 관형열교환기의 경우에는 관의 파열로 인하여 상승한 압력이 압력용기의 최고사용압력을 초과할 우려가 있는 경우만 해당한다.)
  ㉡ 정변위 압축기
  ㉢ 정변위 펌프(토출측에 차단밸브가 설치된 것만 해당한다.)
  ㉣ 배관(2개 이상의 밸브에 의하여 차단되어 대기온도에서 액체의 열팽창에 의하여 파열될 우려가 있는 것으로 한정한다.)
② 다단형 압축기 또는 직렬로 접속된 공기압축기에 대해서는 각 단 또는 각 공기압축기별로 압력방출장치를 설치하여야 한다.
③ 다음 사항의 구분에 따른 검사주기마다 국가교정기관에서 교정을 받은 압력계를 이용하여 설정압력에서 안전밸브가 적정하게 작동하는지를 검사한 후 납으로 봉인하여 사용하여야 한다.
  ㉠ **화학공정 유체와 안전밸브의 디스크 또는 시트가 직접 접촉될 수 있도록 설치된 경우: 2년마다 1회 이상**
  ㉡ **안전밸브 전단에 파열판이 설치된 경우: 3년마다 1회 이상**
  ㉢ **공정안전보고서 제출 대상으로서 고용노동부장관이 실시하는 공정안전보고서 이행상태 평가결과가 우수한 사업장의 안전밸브의 경우: 4년마다 1회 이상**

④ 다음 어느 하나에 해당하는 경우에는 파열판을 설치하여야 한다.
    ㉠ 반응폭주 등 급격한 압력상승 우려가 있는 경우
    ㉡ 급성독성물질의 누출로 인하여 주위의 작업환경을 오염시킬 우려가 있는 경우
    ㉢ 운전 중 안전밸브에 이상물질이 누적되어 안전밸브가 작동되지 아니할 우려가 있는 경우
⑤ 급성독성물질이 지속적으로 외부에 유출될 수 있는 화학설비 및 그 부속설비에 파열판과 안전밸브를 직렬로 설치하고 그 사이에는 압력지시계 또는 자동경보장치를 설치하여야 한다.
⑥ 안전밸브 등의 작동요건
    ㉠ 안전밸브 등이 안전밸브 등을 통하여 보호하려는 설비의 최고사용압력 이하에서 작동되도록 하여야 한다.
    ㉡ 안전밸브 등이 2개 이상 설치된 경우에 1개는 최고사용압력의 1.05배(외부화재를 대비한 경우에는 1.1배)이하에서 작동되도록 설치할 수 있다.
⑦ 안전밸브 등에 대하여 배출용량은 그 작동원인에 따라 각각의 소요분출량을 계산하여 가장 큰 수치를 해당 안전밸브 등의 배출용량으로 하여야 한다.

> **참고** 압력용기 관련 기타 사항
>
> 1. 최고사용압력의 표시(산업안전보건법 안전보건기준)
>   압력용기 등을 식별할 수 있도록 하기 위하여 '최고사용압력, 제조연월일, 제조회사명' 등이 지워지지 아니하도록 각인(刻印) 표시된 것을 사용하여야 한다.
> 2. 공기압축기의 작업시작 전 점검사항(산업안전보건법 안전보건기준)
>   ① 압력방출장치의 기능　　　　　⑤ 회전부의 덮개 또는 울
>   ② 언로드밸브의 기능　　　　　　⑥ 윤활유의 상태
>   ③ 드레인밸브의 조작 및 배수　　⑦ 그 밖의 연결부위의 이상유무
>   ④ 공기저장 압력용기의 외관상태
> 3. 언로드밸브
>   공기압축기에서 공기탱크 내의 압력이 최고사용압력에 달하면 압송을 정지하고, 소정의 압력까지 강하하면 다시 압송을 하는 밸브로서 일정한 조건하에서 공기압축기를 무부하로 하여 압력상승을 방지하기 위한 밸브이다.
> 4. 안전밸브(Safety Valve)의 형식 표시(안전밸브의 성능기준: 방호장치 안전인증 고용노동부고시)
>   SFⅡ1 - B
>   ① S: 요구성능(증기의 분출압력을 요구)
>   ▶ G: 가스의 분출압력을 요구
>   ② F: 유량제한기구(전량식)
>   ▶ L: 유량제한기구(양정식)
>   ③ Ⅱ: 호칭입구크기 구분(25mm 초과 50mm 이하)
>   ▶ Ⅰ: 호칭입구크기 구분(25mm 이하)
>   Ⅲ: 호칭입구크기 구분(50mm 초과 80mm 이하)
>   ④ 1: 호칭압력 구분(1Mpa 이하)
>   ▶ 3: 호칭압력 구분(1Mpa 초과 3Mpa 이하)
>   5: 호칭압력 구분(3Mpa 초과 5Mpa 이하)
>   ⑤ B: 안전밸브의 형식(평형형)
>   ▶ C: 안전밸브의 형식(비평형형)

5. 파열판(Ruptur disk)의 형식 표시(파열판의 성능기준: 방호장치 안전인증 고용노동부고시)

   RS Ⅱ 3
   ① RS: 파열판의 구조(역동형 파열판, 전단작동형)
   ② Ⅱ: 파열판의 지름(25mm 초과 50mm 이하)
   ③ 3: 파열판의 호칭압력(1Mpa 초과 3Mpa 이하)

제5절 산업용 로봇

1 산업용 로봇의 종류

1. 동작형태에 의한 종류

종류	기능
① 다관절(Robot articulated robot)	팔의 자유도가 주로 다관절인 매니퓰레이터
② 원통좌표(Robot cylinderical coordinates robot)	팔의 자유도가 주로 원통좌표 형식인 매니퓰레이터
③ 직각좌표(Robot cartesian coordinates robot)	팔의 자유도가 주로 직각좌표 형식인 매니퓰레이터
④ 극좌표(Robot polar coordinates robot)	팔의 자유도가 주로 극좌표 형식인 매니퓰레이터

2. 입력정보, 교시에 의한 종류

산업용 로봇의 입력정보, 교시[매니퓰레이터(Manipulator)의 작동순서, 위치·속도의 설정·변경 또는 그 결과를 확인하는 것]에 의한 종류는 다음 표와 같다.

종류	기능
① 지능 로봇	감각기능 및 인식기능에 의해 행동결정을 할 수 있는 로봇
② 매뉴얼 매니퓰레이션	인간이 조작하는 매니퓰레이터
③ 플레이백 로봇	인간이 매니퓰레이터를 움직여서 미리 작업을 수행하고 그 작업의 순서, 위치 및 기타의 정보를 기억시켜 이를 재생함으로써 그 작업을 되풀이 할 수 있는 매니퓰레이터
④ 감각제어 로봇	감각정보를 가지고 동작의 제어를 행하는 로봇
⑤ 적응제어 로봇	환경의 변화 등에 따라 제어 등의 특성을 필요로 하는 조건을 충족시키기 위하여 변화되는 적응 제어기능을 가지는 로봇
⑥ 수치제어 로봇	순서, 위치 기타의 정보를 수치에 의해 지령받는 작업을 할 수 있는 로봇
⑦ 가변시컨스 로봇	미리 설정된 순서와 조건 및 위치에 따라 동작의 각 단계를 차례로 거쳐나가는 매니퓰레이터로서 설정정보의 변경을 쉽게 할 수 있는 로봇
⑧ 고정시컨스 로봇	미리 설정된 순서와 조건 및 위치에 따라 동작의 각 단계를 차례로 거쳐나가는 매니퓰레이터로서 설정정보의 변경을 쉽게 할 수 없는 로봇
⑨ 학습제어 로봇	작업경험 등을 반영시켜 적절한 작업을 행하는 제어기능을 가지는 로봇

2 산업용 로봇의 안전관리

1. **산업용 로봇작업 안전수칙**(산업안전보건법 안전보건기준)

    (1) 다음 사항에 관한 지침을 정하고 그 지침에 따라 작업을 시킬 것

    ① 로봇의 조작방법 및 순서
    ② 작업 중의 매니퓰레이터의 속도
    ③ 2명 이상의 근로자에게 작업을 시킬 경우의 신호방법
    ④ 이상을 발견한 경우의 조치
    ⑤ 이상을 발견하여 로봇의 운전을 정지시킨 후 이를 재가동시킬 경우의 조치
    ⑥ 그 밖에 로봇의 예기치 못한 작동 또는 오조작에 의한 위험을 방지하기 위하여 필요한 조치

    (2) 작업에 종사하고 있는 근로자 또는 그 근로자를 감시하는 사람은 이상을 발견하면 즉시 로봇의 운전을 정지시키기 위한 조치를 할 것

    (3) 작업을 하고 있는 동안 로봇의 기동스위치 등에 작업 중이라는 표시를 하는 등 작업에 종사하고 있는 근로자가 아닌 사람이 그 스위치 등을 조작할 수 없도록 필요한 조치를 할 것

    (4) 운전 중의 위험방지

    ① 로봇의 운전으로 인하여 근로자에게 발생할 수 있는 부상 등의 위험을 방지하기 위하여 안전매트 및 높이 1.8m 이상의 울타리를 설치하는 등 필요한 조치를 하여야 한다.
    ② 컨베이어 시스템의 설치 등으로 울타리를 설치할 수 없는 일부 구간에 대해서는 안전매트, 광전자식 방호장치 등 감응형 방호장치를 설치하여야 한다.

    (5) 수리 등 작업시의 조치

    로봇의 운전을 정지함과 동시에 작업을 하고 있는 동안 로봇의 기동스위치를 열쇠로 잠근 후 열쇠를 별도 관리하거나 해당 로봇의 기동스위치에 작업 중이라는 표지판을 부착하는 등 해당 작업에 종사하고 있는 근로자가 아닌 사람이 해당 기동스위치 등을 조작할 수 없도록 필요한 조치를 하여야 한다.

2. **로봇의 작동범위에서 그 로봇에 관하여 교시 등의 작업시 작업시작 전 점검사항**(산업안전보건법 안전보건기준)

    ① 외부전선의 피복 또는 외장의 손상유무
    ② 매니퓰레이터(Manipulator)작동의 이상유무
    ③ 제동장치 및 비상정지장치의 기능

    > **참고** 산업용 로봇 관련 기타 사항
    >
    > 1. 산업용 로봇작업을 할 때의 준수사항
    >   ① 작업개시 전에 외부전선의 피복손상, 비상정지장치를 반드시 검사하여야 한다.
    >   ② 로봇의 교시작업을 수행할 때에는 작업지침에서 정한 매니퓰레이터의 속도를 따라야 한다.
    >   ③ 자동운전 중에는 방책의 출입구에 안전플러그를 사용한 인터록이 작동되어야 한다.
    >   ④ 액튜에이터(Actuator)의 잔압제거시에는 사전에 안전블록 등으로 강하방지를 한 후 잔압을 제거하여야 한다.

2. 산업용 로봇 안전매트(방호장치 안전인증 고용노동부고시)
   ① 안전매트의 종류
      - 단일감지기(형태 A): 감지기를 단독으로 사용
      - 복합감지기(형태 B): 여러 개의 감지기를 연결하여 사용
   ② 안전매트의 일반구조
      - 단선경보장치가 부착되어 있어야 한다.
      - 감응시간을 조절하는 장치는 부착되어 있지 않아야 한다.
      - 감응도 조절장치가 있는 경우 봉인되어 있어야 한다.

제6절 목재가공용기계

1 목재가공용기계의 종류

(1) 목재가공용 둥근톱
(2) 동력식 수동대패기계
(3) 띠톱기계
(4) 모떼기기계

2 목재가공용 둥근톱

1. 방호장치

(1) 목재가공용 둥근톱은 날접촉예방장치와 반발예방장치를 설치해야 한다.
(2) 날접촉예방장치는 보호덮개를 말한다.
(3) 반발예방장치로는 반발방지기구(Finger), 분할날, 반발방지 롤(Roll)이 있다.

2. 방호장치의 설치방법

① 반발방지기구(Finger)는 목재송급쪽에 설치하되 목재의 반발을 충분히 방지할 수 있도록 설치되어야 한다.
② 분할날은 톱날로부터 12mm 이상 떨어지지 않게 설치해야 하며, 그 두께는 톱날두께의 1.1배 이상 되어야 한다.
③ 날접촉예방장치는 분할날에 대면하고 있는 부분과 가공재를 절단하는 부분 이외의 톱날은 전부 덮을 수 있는 구조이어야 한다.

3. 반발예방장치의 종류

(1) 반발방지기구(Finger)
① 목재송급쪽에 설치하는 것으로 가공재가 톱날후면에서 조금 들뜨고 역행하려고 할 때, 기구가 가공재에 깊이 먹혀 들어가 반발을 방지하는 것이다.
② 보통 접촉예방장치의 본체에 부착되기 때문에 강도를 고려하여 일반구조용 압연강재 2종 이상의 것을 사용해야 하며, 일명 반발방지발톱이라고도 한다.

(2) 분할날(방호장치 자율안전기준 고용노동부고시)
① 분할날의 두께는 둥근톱 두께의 1.1배 이상이고, 톱날의 치진 폭 이하로 할 것
② 견고히 고정할 수 있으며, 분할날과 톱날 원주면과의 거리는 12mm 이내로 조정, 유지할 수 있어야 하고, 표준테이블면상의 톱 뒷날의 2/3 이상을 덮도록 할 것
③ 분할날 조임볼트는 2개 이상일 것
④ 재료는 STC5(탄소공구강) 또는 이와 동등 이상의 재료를 사용할 것
▶ 톱 뒷날은 톱날 길이의 1/4 정도이다.

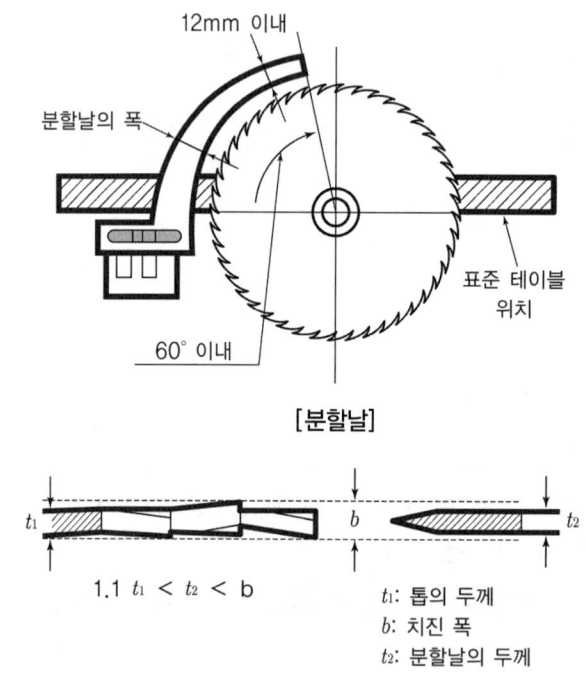

[분할날]

$1.1\, t_1 < t_2 < b$

t_1: 톱의 두께
b: 치진 폭
t_2: 분할날의 두께

[톱두께 및 치진 폭과 분할날 두께의 관계]

(3) 반발방지 롤러
① 보통 날접촉예방장치의 본체에 설치되므로 가공재를 충분히 누르는 강도를 가질 필요가 있다.
② 가공재가 톱의 후면날쪽에서 떠오르는 것을 방지하므로 가공재의 상면을 항상 일정한 힘으로 누르고 있어야 한다.

4. 날접촉예방장치의 종류

   (1) 고정식 날접촉예방장치

   (2) 가동식 날접촉예방장치

   > **참고** 자율안전확인 덮개(날접촉예방장치)와 분할날에 자율안전확인표시 외에 추가로 표시하여야 할 사항(방호장치 자율안전기준 고용노동부고시)
   > ① 덮개의 종류
   > ② 둥근톱의 사용가능 치수

3 동력식 수동대패기

1. 방호장치
① 동력식 수동대패기는 칼날접촉방지장치를 설치하여야 한다.
② 칼날접촉방지장치인 덮개와 송급테이블면과의 간격이 8mm 이내여야 한다.

2. 칼날접촉방지장치의 종류
① 고정식 칼날접촉방지장치(고정식 덮개)
② 가동식 칼날접촉방지장치(가동식 덮개)

3. 방호장치의 설치방법
① 칼날접촉방지장치를 고정시키는 볼트나 핀 등은 견고하게 부착되어 있어야 한다.
② 칼날접촉방지장치의 덮개는 가공재를 절삭하고 있는 부분 이외의 날 부분은 완전히 덮을 수 있는 구조이어야 한다.
③ 다수의 가공재를 절삭 폭이 일정하게 절삭하는 경우 이외에 사용하는 것은 가동식 칼날접촉방지장치이어야 한다.

4. 기타 목재가공용기계 관련 주요사항
① **기계대패작업시 가장 위험한 때**: 작업이 거의 끝날 때
② **띠톱기계의 방호장치**: 날접촉예방장치, 덮개
③ **모떼기기계의 방호장치**: 날접촉예방장치

제7절 고속회전체

1. 회전시험 중의 위험방지(산업안전보건법 안전보건기준)

고속회전체[터빈로터, 원심분리기의 버켓 등의 회전체로서 원주속도(圓周速度)가 25m/s를 초과하는 것]의 회전시험을 하는 경우, 고속회전체의 파괴로 인한 위험을 방지하기 위하여 전용의 견고한 시설물의 내부 또는 견고한 장벽 등으로 격리된 장소에서 하여야 한다.

2. 비파괴검사의 실시(산업안전보건법 안전보건기준)

고속회전체(회전축의 중량이 1t을 초과하고 원주속도가 120m/s 이상인 것)의 회전시험을 하는 경우, 미리 회전축의 재질 및 형상 등에 상응하는 종류의 비파괴검사를 실시하여 결함유무를 확인해야 한다.

제8절 사출성형기

1. 사출성형기 등의 방호장치(산업안전보건법 안전보건기준)

① 사출성형기(射出成形機), 주형조형기(鑄型造形機) 및 형단조기(프레스 등은 제외한다) 등에 근로자의 신체 일부가 말려들어갈 우려가 있는 경우 게이트가드(Gate Guard) 또는 양수조작식 등에 의한 방호장치 그 밖에 필요한 방호조치를 하여야 한다.
② 게이트가드는 닫지 아니하면 기계가 작동되지 아니하는 연동구조(連動構造)이어야 한다.
③ 기계의 히터 등의 가열부위 또는 감전 우려가 있는 부위에는 방호덮개를 설치하는 등 필요한 안전조치를 하여야 한다.

> **참고** 산업안전보건법상 방호조치를 하여야 할 유해하거나 위험한 기계·기구(양도, 대여, 설치 또는 사용에 제공하거나 양도, 대여의 목적으로 진열이 제한되는 유해하거나 위험한 기계·기구)
> ※ 산업안전보건법 시행규칙
>
> | 유해하거나 위험한 기계·기구 | 방호장치 |
> |---|---|
> | 예초기 | 날접촉예방장치 |
> | 원심기 | 회전체접촉예방장치 |
> | 공기압축기 | 압력방출장치 |
> | 금속절단기 | 날접촉예방장치 |
> | 지게차 | 헤드가드, 백레스트, 전조등, 후미등, 안전벨트 |
> | 포장기계(진공포장기, 래핑기로 한정) | 구동부방호연동장치 |

적중문제 CHAPTER 5 | 기계설비 위험요인 분석 Ⅲ (산업용 기계기구)

01 롤러기의 방호장치 중 로프식 급정지장치의 설치거리는?

① 바닥에서 0.4m 이상 0.6m 이내
② 바닥에서 1.1m 이내
③ 바닥에서 0.8m 이상 1.2m 이내
④ 바닥에서 1.8m 이내

해설 로프식(손조작식) 급정지장치의 설치거리는 바닥에서 1.8m 이내이다.

관련이론 급정지장치의 설치

1. 급정지장치의 설치거리
   - 무릎조작식: 바닥에서 0.6m 이내
   - 복부조작식: 밑면(바닥)에서 0.8m 이상 1.1m 이내
2. 조작부의 설치위치
   조작부의 설치위치는 급정지장치의 조작부 중심점을 기준으로 한다.

정답 ④

02 롤러를 무부하로 회전시킨 상태에서 앞면 롤의 표면속도가 35m/min이었다면 이 롤러기에 설치한 급정지장치의 성능으로 옳은 것은?

① 앞면 롤러 원주의 1/2 거리에서 급정지
② 앞면 롤러 원주의 1/2.5 거리에서 급정지
③ 앞면 롤러 원주의 1/3 거리에서 급정지
④ 앞면 롤러 원주의 1/3.5 거리에서 급정지

해설 앞면 롤러 원주의 1/2.5 거리에서 급정지하여야 한다.

관련이론 롤러기 급정지장치의 성능

앞면 롤러의 표면속도 (m/min)	급정지거리
30 미만	앞면 롤러 원주의 1/3 이내
30 이상	앞면 롤러 원주의 1/2.5 이내

정답 ②

03 롤러기의 급정지를 위한 방호장치를 설치하고자 한다. 앞면 롤러의 직경이 30cm, 분당 회전속도는 40rpm이라면 어떤 성능의 급정지장치를 부착해야 하는가?

① 급정지거리가 앞면 롤러 원주의 1/3.5
② 급정지거리가 앞면 롤러 원주의 1/3
③ 급정지거리가 앞면 롤러 원주의 1/2.5
④ 급정지거리가 앞면 롤러 원주의 1/2

해설 $V = \dfrac{\pi DN}{1,000}$

여기서, V: 앞면 롤러의 표면속도(m/min)
D: 롤러의 직경(mm)
N: 회전수(rpm)

$= \dfrac{3.14 \times 300 \times 40}{1,000} = 37.68 \text{m/min}$

따라서, 앞면 롤러의 표면속도가 30m/min 이상이므로 급정지거리는 앞면 롤러 원주의 $\dfrac{1}{2.5}$ 이 된다.

정답 ③

04 롤러의 러닝 닙 포인트(Nip Point)의 전방 40mm 거리에 가드를 설치하고자 한다. 가드의 개구부 설치간격은? (단, 국제노동기구(ILO) 규정을 따른다.)

① 12mm ② 15mm
③ 18mm ④ 20mm

해설 $Y = 6 + 0.15X$

여기서, Y: 가드 개구부 설치간격(mm)
X: 가드와 위험점간의 거리(mm)

$= 6 + (0.15 \times 40) = 12 \text{mm}$

정답 ①

05 아세틸렌용접장치의 산업안전보건기준에 맞는 것은?
① 아세틸렌 용접장치의 발생기실을 옥외에 설치한 때에는 그 개구부를 다른 건축물로부터 1m 이상 떨어지도록 하여야 한다.
② 가스집합장치로부터 10m 이내의 장소에서는 화기의 사용을 금지한다.
③ 아세틸렌 발생기에서 10m 이내 또는 발생기실에서 4m 이내의 장소에서는 흡연행위를 금지시킨다.
④ 아세틸렌 발생기실은 건물의 최상층에 위치하여야 하며, 화기를 사용하는 설비로부터 3m를 초과하는 장소에 설치한다.

해설 아세틸렌 발생기실은 건물의 최상층에 위치하여야 하며, 화기를 사용하는 설비로부터 3m를 초과하는 장소에 설치하여야 한다.

선지분석
① 아세틸렌 용접장치의 발생기실을 옥외에 설치한 때에는 그 개구부를 다른 건축물로부터 1.5m 이상 떨어지도록 하여야 한다.
② 가스집합장치로부터 5m 이내의 장소에서는 화기의 사용을 금지한다.
③ 아세틸렌 발생기에서 5m 이내 또는 발생기실에서 3m 이내의 장소에서는 흡연행위를 금지시킨다.

정답 ④

06 가스집합 용접장치의 위험방지를 위하여 사업주는 화기를 사용하는 설비로부터 몇 m 이상 떨어진 장소에 장치를 설치하여야 하는가?
① 20   ② 10
③ 7   ④ 5

해설 가스집합 용접장치의 위험방지를 위하여 화기를 사용하는 설비로부터 5m 이상 떨어진 장소에 장치를 설치하여야 한다.

정답 ④

07 가스용접장치에서 역화를 방지하는 방호장치는?
① 토치   ② 가스발생기
③ 압력조정기   ④ 건식 안전기

해설 가스용접장치에서 역화를 방지하는 방호장치로는 안전기가 있으며, 그 종류로는 건식 안전기, 수봉식 안전기가 있다.

정답 ④

08 가스집합 용접장치에 설치해야 할 안전기는 최소 몇 개인가? (단, 분기관마다 안전기를 설치한 경우는 제외)
① 5개   ② 3개
③ 2개   ④ 1개

해설 가스집합 용접장치는 하나의 취관에 대하여 2개 이상의 안전기를 설치하여야 한다.

정답 ③

09 용해아세틸렌의 가스집합 용접장치의 배관 및 부속기구는 구리나 구리함유량이 얼마 이상인 합금을 사용해서는 안 되는가?
① 60%   ② 65%
③ 70%   ④ 75%

해설 용해아세틸렌의 가스집합 용접장치의 배관 및 부속기구는 구리나 구리함유량이 70% 이상의 합금을 사용할 경우 폭발의 위험이 있다.

정답 ③

10 가스용접에서 산소아세틸렌 불꽃이 순간적으로 팁 끝에 흡인되고 '빵빵'하면서 꺼졌다가 다시 켜졌다가 하는 현상을 무엇이라 하는가?

① 역화(Back Fire)
② 인화(Flash Back)
③ 역류(Contra Flow)
④ 점화(Ignition)

해설 가스용접에서 산소 아세틸렌 불꽃이 순간적으로 팁 끝에 흡인되고 '빵빵'하면서 꺼졌다가 다시 켜졌다가 하는 현상은 역화(Back Fire) 현상에 대한 설명이다.

정답 ①

11 산소아세틸렌 용접시 역류, 역화의 원인에 해당하지 않는 것은?

① 팁에 불순물이 부착되있을 때
② 토치의 팁이 과열되었을 때
③ 토치의 성능이 불량할 때
④ 산소공급이 부족할 때

해설 산소공급이 과다할 때 역류, 역화의 원인이 된다.

관련이론 역류 · 역화의 원인 및 조치

1. 가스용접장치의 역류, 역화의 원인
   • 토치가 과열되었을 때
   • 압력조정기가 고장났을 때
   • 토치의 성능이 좋지 않을 때
   • 토치 팁에 이물질이 묻었을 때
   • 산소공급이 과다할 때

2. 산소아세틸렌 용접장치의 역화시 조치사항
   산소밸브를 먼저 잠그고 아세틸렌밸브를 나중에 잠근다.

정답 ④

12 가스용접작업을 하는 중 고무호스에 역화현상이 일어나면 제일 먼저 어떻게 하여야 하는가?

① 산소밸브를 닫는다.
② 아세틸렌밸브를 닫는다.
③ 토치에 물을 넣는다.
④ 조금 지나면 정상으로 된다.

해설
• 역화현상이 일어날 때는 산소밸브를 먼저 닫고, 아세틸렌밸브는 나중에 닫는다.
• 토치에 점화할 때는 아세틸렌밸브를 연 다음, 산소밸브를 열어 점화시킨다.

정답 ①

13 가스용접 등에 쓰여지는 가스용기의 취급에 대한 안전사항으로 옳지 않은 것은?

① 용기의 온도는 40℃ 이하로 유지한다.
② 아세틸렌 용기는 뉘어 놓고 사용한다.
③ 빈 용기와 충전된 용기와는 명백히 구별하여 놓는다.
④ 운반이나 이동에 있어서는 밸브를 완전히 조이고 캡은 확실하게 고정한다.

해설 아세틸렌 용기는 충격, 마찰 등에 매우 민감하므로 반드시 세워 놓고 사용한다.

정답 ②

14 산업안전보건법령상 아세틸렌 용접장치를 사용하여 금속의 용접 · 용단 또는 가열작업을 하는 경우 게이지 압력은 얼마를 초과하는 압력의 아세틸렌을 발생시켜 사용하여서는 아니 되는가?

① 98kPa   ② 127kPa
③ 147kPa ④ 196kPa

해설 산업안전보건법령상 아세틸렌 용접장치를 사용하여 금속의 용접·용단 또는 가열작업을 하는 경우 게이지 압력이 127kPa를 초과하는 압력의 아세틸렌을 발생시켜 사용하여서는 아니 된다.

정답 ②

15 기계구조물의 파손은 주로 용접부에서 발생한다. 이는 용접시 발생되는 결함에 기인하기 때문이다. 용접의 결함으로 볼 수 없는 것은?

① 언더컷(Under Cut)
② 비드(Bead) 형성
③ 용입 불량
④ 기공(Blow Hole)

해설 비드(Bead)는 모재와 용접봉이 녹아서 생긴 용착금속의 가늘고 긴 파형의 띠로서 용접결함에 해당하지 않는다.

정답 ②

16 보일러 발생 증기의 이상현상이 아닌 것은?

① 역화현상   ② 프라이밍현상
③ 포밍현상   ④ 캐리오버현상

해설 역화현상은 보일러 취급시 미연소가스 등에 의한 이상현상에 해당된다.

정답 ①

17 보일러에 유지류, 고형물 등의 부유물로 인한 거품이 발생하여 수위를 판단하지 못하는 현상을 무엇이라 하는가?

① 프라이밍   ② 워터햄머
③ 포밍   ④ 기수

해설 보일러에 유지류, 고형물 등의 부유물로 인한 거품이 발생하여 수위를 판단하지 못하는 현상은 포밍이다.

관련이론 포밍과 프라이밍

포밍 (Foaming)	보일러에 유지류, 고형물 등의 부유물로 인한 거품이 발생하여 수위를 판단하지 못하는 현상
프라이밍 (Priming)	보일러의 급격한 부하, 급격한 압력강하, 고수위 등에 의해 물방울 혹은 물거품이 수면 위로 튀어 올라 관 밖으로 운반되는 현상
프라이밍과 포밍의 발생원인	• 보일러수가 농축된 경우 • 고수위인 경우 • 주증기밸브를 급격히 개방한 경우 • 증기부하가 과대한 경우 • 부유물, 유지분이 많이 함유되었을 경우 • 기수분리장치가 불완전한 경우 • 증기부가 적고 수부가 큰 경우

정답 ③

18 보일러에서 스케일(Scale)의 악영향으로 가장 적합한 것은?

① 국부과열   ② 비수작용
③ 물망치 작용   ④ 파이프 누설

해설 보일러에서 스케일(Scale)이 형성되면 국부과열현상이 발생한다.

정답 ①

19 보일러의 부식원인으로 가장 적당한 것은?

① 급수처리를 하지 않은 물을 사용할 때
② 수면계의 고장으로 드럼 내 물이 감소되었을 때
③ 압력계의 고장으로 기능이 불안전할 때
④ 증기발생이 너무 고온일 때

해설 급수처리를 하지 않은 물을 사용할 때 보일러가 부식하게 된다.

관련이론 보일러의 부식원인
• 불순물을 사용하여 수관이 부식되었을 때
• 급수에 해로운 불순물이 혼입되었을 때
• 구조상 변형에 의해 국부적으로 큰 전위차가 생겼을 때
• 보일러 내에 국부적인 온도차가 생겨 열전류가 발생하였을 때
• 강재 중에 황, 인 등이 함유되었을 때
• 누전에 의해 전기가 장시간 흐를 때
• 급수처리를 하지 않은 물을 사용할 때

정답 ①

20 보일러의 파열원인 중 구조상의 결함요인에 해당하지 않는 것은?

① 가공불량   ② 압력불량
③ 재료불량   ④ 설계불량

해설 압력불량은 구조상의 결함요인에 해당하지 않는다.

관련이론 보일러의 파열원인

구조상의 결함요인	• 설계불량 • 재료불량 • 가공불량
취급상의 결함요인	• 부식 • 과열 • 균열

정답 ②

21 보일러의 안전한 가동을 위하여 압력방출장치를 2개 설치한 경우에 바른 작동 방법은?

① 최고사용압력 이상에서 2개 동시 작동
② 최고사용압력 이하에서 2개 동시 작동
③ 최고사용압력 이하에서 1개가 작동되고, 다른 것은 최고사용압력 1.05배 이하에서 작동
④ 최고사용압력 이하에서 1개가 작동되고, 다른 것은 최고사용압력 1.03배 이하에서 작동

해설 압력방출장치를 2개 설치한 경우 최고사용압력 이하에서 1개가 작동되고, 다른 것은 최고사용압력 1.05배 이하에서 작동하여야 한다.

관련이론 **보일러의 압력방출장치에 관한 안전기준(산업안전보건법 안전보건기준)**
- 압력방출장치를 2개 설치한 경우 최고사용압력 이하에서 1개가 작동되고, 다른 것은 최고사용압력 1.05배 이하에서 작동하여야 한다.
- 보일러의 안전한 가동을 위하여 압력방출장치를 1개 또는 2개 이상 설치하고 최고사용압력(설계압력 또는 최고허용압력) 이하에서 작동되도록 하여야 한다.
- 압력방출장치는 매년 1회 이상 국가교정기관으로부터 교정을 받은 압력계를 이용하여 토출압력을 시험한 후 납으로 봉인하여 사용하여야 한다.

정답 ③

22 보일러의 과열을 방지하기 위하여 버너의 연소를 차단할 수 있는 자동제어장치는?

① 압력방출장치   ② 고저수위 조절장치
③ 압력제한스위치 ④ 연소장치

해설 압력제한스위치는 상용운전 압력 이상으로 압력이 상승할 경우, 보일러의 과열을 방지하기 위해서 버너의 연소를 차단하는 등 열원을 제거하여 정상압력으로 유도하는 장치이다.

정답 ③

23 보일러의 방호장치가 아닌 것은?

① 압력방출장치
② 압력제한스위치
③ 언로드밸브
④ 고저수위 조절장치

해설 언로드밸브는 압력용기의 제어장치에 해당한다.

관련이론 **보일러의 방호장치**
- 압력방출장치
- 고저수위 조절장치
- 압력제한스위치
- 화염검출기

정답 ③

24 보일러가 최고사용압력 이하에서 파손되는 이유로 가장 적합한 것은?

① 수관에 스케일이 많이 끼어 있다.
② 방호장치가 작동하지 않는다.
③ 불안전한 방호장치가 설치되었다.
④ 구조상의 결함이 있다.

해설 보일러가 최고사용압력 이하에서 파손되는 이유는 구조상의 결함 즉, 강도부족으로 발생는 것이다.

정답 ④

25 고용노동부장관이 실시하는 공정안전관리 이행수준 평가결과가 우수한 사업장을 제외한 나머지 사업장은 보일러 압력방출장치에 대하여 몇 년마다 1회 이상 토출압력을 시험하여야 하는가?

① 1년 ② 2년
③ 3년 ④ 4년

해설 토출압력시험은 일반사업장의 경우 매년마다 1회 이상, 공정안전관리 이행수준 평가결과가 우수한 사업장의 경우 4년에 1회 이상 시험을 하여야 한다.

정답 ①

26 보일러에서 압력방출장치가 2개 설치된 경우 사용압력을 10kgf/cm²로 할 때 압력방출장치의 설정방법으로 가장 옳은 것은?

① 2개 모두 1kgf/cm²에서 작동되도록 설정하였다.
② 하나는 10kgf/cm²에서 작동되고, 나머지는 11kgf/cm²에서 작동되도록 설정하였다.
③ 하나는 10kgf/cm²에서 작동되고, 나머지는 10.5kgf/cm²에서 작동되도록 설정하였다.
④ 2개 모두 12kgf/cm²에서 작동되도록 설정하였다.

해설 압력방출장치의 설정은 하나는 최고사용압력 이하에서 1개가 작동하고, 다른 하나는 최고사용압력의 1.05배 이하에서 작동되도록 설치해야 한다.
따라서 하나는 10kgf/cm²(최고사용압력 이하)에서 작동되고 10×1.05 = 10.5kgf/cm²(최고사용압력의 1.05배 이하)에서 작동되도록 하여야 한다.

정답 ③

27 압력용기의 압력방출장치 봉인에 사용되는 재료는?

① 동 ② 주석
③ 납 ④ 알루미늄

해설 압력용기의 압력방출장치는 납으로 봉인하여 사용하여야 한다.

정답 ③

28 공기압축기의 공기저장 압력용기의 식별이 가능하도록 하기 위하여 각인 표시를 해야 할 사항으로 옳은 것은?

① 최고사용압력, 제조년월일, 제조회사명
② 최고사용압력, 제조년월일, 사용방법
③ 저장온도, 명칭, 제조회사명
④ 최고사용압력, 제조년원일, 내용물의 명칭

해설 산업안전보건법 안전보건기준상 공기압축기의 공기저장 입력용기의 식별이 가능하도록 각인 표시를 해야 할 사항으로는 최고사용압력, 제조년월일, 제조회사명이 있다.

정답 ①

29 압력용기에 설치하는 압력방출장치의 작동 설정점은?

① 상용압력 초과시
② 최고사용압력 이전
③ 최고사용압력 초과시
④ 최고사용압력의 110%

해설 압력용기에 설치하는 압력방출장치의 작동 설정점은 최고사용압력 이전이다.

정답 ②

30 공기압축기에서 공기탱크 내의 압력이 최고사용압력에 달하면 압송을 정지하고, 소정의 압력까지 강하하면 다시 압송작업을 하는 밸브는?

① 감압밸브 ② 언로드밸브
③ 릴리프밸브 ④ 시퀀스밸브

해설 공기압축기에서 공기탱크 내의 압력이 최고사용압력에 달하면 압송을 정지하고, 소정의 압력까지 강하하면 다시 압송작업을 하는 밸브는 언로드밸브이다.

정답 ②

31 기계의 동작상태가 설정한 순서, 조건에 따라 진행되어 한가지 상태의 종료가 다음 상태를 생성하는 제어시스템을 가진 로봇은?

① 플레이백 로봇
② 학습제어 로봇
③ 수치제어 로봇
④ 시컨스 로봇

해설 기계의 동작상태가 설정한 순서, 조건에 따라 진행되어 한가지 상태의 종료가 다음 상태를 생성하는 제어시스템을 가진 로봇은 시컨스 로봇이다.

선지분석
① 플레이백 로봇은 인간이 매니퓰레이터를 움직여서 미리 작업을 수행하는 것으로 그 작업의 순서, 위치 및 기타의 정보를 기억시켜 이를 재생함으로써 그 작업을 되풀이 할 수 있는 로봇이다.
② 학습제어 로봇은 작은 경험 등을 반영시켜 적절한 작업을 행하는 제어기능을 가지는 로봇이다.
③ 수치제어 로봇은 순서, 위치 기타의 정보를 수치에 의해 지령받는 작업을 할 수 있는 로봇이다.

정답 ④

32 산업용 로봇에 사용되는 안전매트의 종류 및 일반구조에 대한 설명으로 옳지 않은 것은?

① 안전매트의 종류는 연결사용 가능여부에 따라 단일감지기와 복합감지기가 있다.
② 단선 경보장치가 부착되어 있어야 한다.
③ 감응시간을 조절하는 장치가 부착되어 있어야 한다.
④ 감응도 조절장치가 있는 경우 봉인되어 있어야 한다.

해설 감응시간을 조절하는 장치는 부착되어 있지 않아야 한다.

관련이론 산업용 로봇에 사용되는 안전매트의 종류 및 일반구조(고용노동부고시 기준)
• 안전매트의 종류는 연결사용 가능여부에 따라 단일감지기와 복합감지기가 있다.
• 단선 경보장치가 부착되어 있어야 한다.
• 감응도 조절장치가 있는 경우 봉인되어 있어야 한다.
• 감응시간을 조절하는 장치는 부착되어 있지 않아야 한다.

정답 ③

33 산업용 로봇 재해발생의 주된 원인이며, 본체의 외부에 조립되어 인간의 팔에 해당하는 기능을 하는 것은?

① 제동장치
② 외부전선
③ 매니퓰레이터
④ 배관

해설 산업용 로봇에 있어서 인간의 팔에 해당하는 기능을 하는 것은 매니퓰레이터(Manipulator)이다.

정답 ③

34 일반적으로 산업용 로봇을 운전하는 경우, 해당 로봇에 접촉함으로써 근로자에게 위험이 발생할 우려가 있을 때 설치하는 울타리의 높이기준은?

① 1.2m 이상
② 1.5m 이상
③ 1.8m 이상
④ 2m 이상

해설 산업용 로봇을 운전하는 경우, 근로자에게 위험이 발생할 우려가 있을 때 설치하는 울타리의 높이기준은 1.8m 이상이다.

정답 ③

35 산업용 로봇의 작동범위 내에서 교시 등의 작업을 하는 때에는 작업시작 전에 어떤 사항을 점검하는가?

① 언로드밸브의 기능
② 자동제어장치(압력제한스위치 등) 기능의 이상유무
③ 제동장치 및 비상정지장치의 기능
④ 권과방지장치의 이상유무

해설 로봇의 교시 등의 작업을 하는 때에 작업시작 전 점검사항은 다음과 같다.
• 제동장치 및 비상정지장치의 기능
• 외부전선의 피복 또는 외장손상의 유무
• 매니퓰레이터의 작동 이상유무

정답 ③

36 둥근톱기계에서 분할날의 설치에 대한 사항으로 옳지 않은 것은?

① 분할날 조임볼트는 이완방지조치가 되어야 한다.
② 분할날과 톱날 원주면과의 거리는 12mm 이내로 조정, 유지해야 한다.
③ 둥근톱의 두께가 1.20mm라면 분할날의 두께는 1.32mm 이상이어야 한다.
④ 분할날은 표준 테이블면(승강반에 있어서도 테이블을 최하로 내릴 때의 면)상의 톱뒷날의 1/3 이상을 덮도록 하여야 한다.

해설 분할날은 표준 테이블면상의 톱뒷날의 2/3 이상을 덮고, 톱날과의 간격은 12mm 이내로 설치하여야 한다.

선지분석 ③ 분할날의 두께는 톱 두께의 1.1배 이상이어야 한다.
$1.20 \times 1.1 = 1.32mm$

정답 ④

37 두께 1mm이고 치진 폭이 1.3mm인 목재가공용 둥근톱의 반발예방장치 분할날의 두께(t)는?

① $1.1 \leq t < 1.3$
② $1.3 \leq t < 1.5$
③ $0.9 \leq t < 1.1$
④ $1.5 \leq t < 1.7$

해설 분할날의 두께는 톱날 두께의 1.1배 이상이고, 톱날의 치진 폭 이하이어야 한다.
따라서 $1.1 \leq t < 1.3$이 분할날의 두께이다.

정답 ①

38 목재가공용 둥근톱작업에서 반발예방장치가 아닌 것은?

① 반발방지기구
② 반발방지롤
③ 분할날
④ 립소

해설 립소(Rip Saws)는 목재를 절단하는 목재가공용기계의 일종이다.

정답 ④

39 목재가공용 둥근톱의 목재송급쪽에 설치하는 목재 반발예방장치는?

① 누름목
② 분할날
③ 덮개
④ Finger

해설 Finger는 반발방지기구라고도 하며, 가공재가 톱날의 후면에서 조금 들뜨고 역행하려고 할 때 기구가 가공재에 깊게 박혀 들어가 반발을 방지하는 예방장치로 목재송급쪽에 설치한다.

정답 ④

40 톱의 뒷날 바로 가까이에 설치되고 절삭된 가공재의 홈 사이로 들어가면서 가공재의 모든 두께에 걸쳐 쐐기작용을 하여 가공재가 톱 자체를 조이지 않게 하는 안전장치는?

① 반발방지장치
② 분할날
③ 날접촉예방장치
④ 가동식 날접촉예방장치

해설
• 톱의 뒷날 바로 가까이에 설치되고 절삭된 가공재의 홈 사이로 들어가면서 가공재의 모든 두께에 걸쳐 쐐기작용을 하여 가공재가 톱 자체를 조이지 않게 하는 안전장치는 분할날이다.
• 분할날은 톱날 두께의 1.1배 이상이고 톱날의 치진 폭 이하로 하여야 하며, 재료는 탄소공구강 5종에 상당하는 재질로 제작하여야 한다.

정답 ②

41 목재가공용 둥근톱 분할날의 설치거리는?

① 톱날에서 10mm 이내
② 톱날에서 11mm 이내
③ 톱날에서 12mm 이내
④ 톱날에서 15mm 이내

해설 분할날은 표준 테이블면상 톱날 후면날의 2/3 이상을 덮고, 톱날과의 간격은 12mm 이내가 되도록 설치하여야 한다.

정답 ③

42 동력식 수동대패기계의 안전장치는?

① 급정지장치 ② 반발예방장치
③ 칼날접촉방지장치 ④ 시건장치

해설 동력식 수동대패기계의 안전장치는 칼날접촉방지장치이다.

선지분석
① 롤러기의 안전장치이다.
② 목재가공용 둥근톱의 안전장치이다.
④ 방적기, 전기기계·기구의 안전장치이다.

정답 ③

---

43 동력식 수동대패기계에 대한 설명으로 옳지 않은 것은?

① 칼날접촉방지장치에는 가동식과 고정식이 있다.
② 접촉 절단재해가 발생할 수 있다.
③ 덮개와 송급측 테이블면 간격은 8mm 이내로 한다.
④ 가동식 칼날접촉방지장치는 동일한 폭의 가공재를 대량생산하는데 적합하다.

해설 고정식 칼날접촉방지장치는 동일한 폭의 가공재를 대량생산하는데 적합하다.

정답 ④

---

44 회전시험을 할 때 미리 비파괴검사를 실시해야 하는 고속회전체는?

① 회전축의 중량이 1톤을 초과하고, 원주속도가 25m/s 이상인 것
② 회전축의 중량이 5톤을 초과하고, 원주속도가 25m/s 이상인 것
③ 회전축의 중량이 1톤을 초과하고, 원주속도가 120m/s 이상인 것
④ 회전축의 중량이 5톤을 초과하고, 원주속도가 120m/s 이상인 것

해설 회전축의 중량이 1톤을 초과하고, 원주속도가 120m/sec 이상인 고속회전체의 회전시험을 하는 때에는 미리 회전축의 재질 및 형상 등에 상응하는 종류의 비파괴검사를 실시하여 결함유무를 확인하여야 한다.

정답 ③

---

45 방호조치를 하지 않으면 양도, 대여, 설치가 제한되는 유해하거나 위험한 기계기구의 방호조치로 옳지 않은 것은?

① 예초기: 닐접촉예방장치
② 포장기계: 구동부방호연동장치
③ 원심기: 압력방출장치
④ 지게차: 헤드가드, 백레스트, 안전벨트

해설 원심기에는 회전체접촉예방장치를 설치해야 한다.

관련이론 방호조치를 하지 않으면 양도, 대여, 설치가 제한되는 유해하거나 위험한 기계기구의 방호조치(산업안전보건법 시행규칙)

- 예초기: 날접촉예방장치
- 포장기계(진공포장기, 래핑기로 한정): 구동부방호연동장치
- 지게차: 헤드가드, 백레스트, 안전벨트, 전조등, 후미등
- 공기압축기: 압력방출장치
- 금속절단기: 날접촉예방장치
- 원심기: 회전체접촉예방장치

정답 ③

CHAPTER 6 | 기계설비 위험요인 분석 Ⅳ(운반기계 및 양중기)

제1절 지게차(Fork Lift)

1 취급시 안전대책

1. **지게차에 의한 재해**
   (1) 지게차와의 접촉
   (2) 하물(荷物)의 낙하
   (3) 지게차의 전도·전락
   (4) 추락

2. **지게차의 안전유지 관계식**

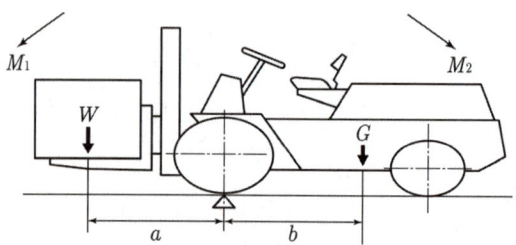

$$W \cdot a < G \cdot b$$

여기서, W: 화물의 중량(kg), G: 차량의 중량(kg)
a: 앞바퀴에서 화물의 중심까지의 최단거리(m), b: 앞바퀴에서 차량의 중심까지의 최단거리(m)

> **참고** 지게차운행시 주의사항 및 방호조치
> 1. 지게차운행시 주의사항
>   ① 정해진 하중, 높이를 초과하는 적재를 하지 말 것
>   ② 운전자 이외의 사람은 승차시키지 말 것
>   ③ 급격한 후진은 피할 것
>   ④ 정해진 구역 밖에서의 운전은 하지 말 것
>   ⑤ 난폭한 운전, 과속을 하지 말 것
>   ⑥ 견인할 때는 반드시 견인봉을 사용할 것
> 2. 지게차의 방호조치(산업안전보건법 시행규칙)
>   ① 헤드가드   ④ 후미등
>   ② 백레스트   ⑤ 안전벨트
>   ③ 전조등

2 지게차의 안정도

안정도	지게차의 상태
주행시 전후안정도: 18%	
하역작업시 전후안정도: 4% (5톤 이상의 것은 3.5%)	
주행시 좌우안정도: (15 + 1.1V)% 여기서, V: 최고속도(km/h)	
하역작업시 좌우안정도: 6%	
안정도(%) = $\dfrac{h}{l} \times 100$	

3 지게차의 헤드가드(Head Guard)

(1) 상부틀의 각 개구의 폭 또는 길이가 16cm 미만일 것
(2) 강도는 지게차의 최대하중의 2배 값(4t을 넘는 값에 대해서는 4t으로 한다)의 등분포정하중에 견딜 수 있을 것
(3) 운전자가 앉아서 조작하거나 서서 조작하는 지게차의 헤드가드는 한국산업표준에서 정하는 높이 기준 이상일 것

4 기타 지게차 관련 주요사항

(1) 지게차 작업시작 전 점검사항(산업안전보건법 안전보건기준)
   ① 하역장치 및 유압장치 기능의 이상유무
   ② 제동장치 및 조종장치 기능의 이상유무
   ③ 전조등, 후미등, 방향지시기 및 경보장치 기능의 이상유무
   ④ 바퀴의 이상유무

(2) 지게차에 화물적재시 안전조치 사항
   ① 운전자의 시야를 가리지 않도록 화물을 적재할 것
   ② 하중이 한쪽으로 치우치지 않도록 적재할 것
   ③ 화물을 적재하는 경우에는 최대적재량을 초과하지 않을 것

(3) 지게차의 적절한 포크 간격: 1/2b ~ 3/4b
   여기서, b: 작업대상물의 팔레트 폭

제2절 컨베이어(Conveyer)

1 종류 및 용도

종류	구조	용도
벨트 컨베이어 (Belt Conveyer)	프레임(Frame)의 양끝에 설치한 풀리에 벨트를 엔드리스(Endless)로 감아 걸고 그 위에 하물을 싣고 운반하는 컨베이어	댐이나 대형 토공에서 시멘트, 골재, 토사의 운반 및 소규모공사의 운반
롤러 컨베이어 (Roller Conveyer)	롤러 또는 휠(Wheel)을 많이 배열하여 그것으로 하물을 운반하는 컨베이어	시멘트 포장품의 이동
체인 컨베이어 (Chain Conveyer)	엔드리스로 감아 걸은 체인 또는 체인에 슬레이트(Slate), 버켓(Bucket) 등을 부착하여 하물을 운반하는 컨베이어	시멘트, 골재, 토사의 운반
스크류 컨베이어 (Screw Conveyer)	하물을 스크류에 의하여 운반하는 컨베이어	시멘트의 운반

▶ 컨베이어 중 가장 널리 쓰이는 것은 벨트 컨베이어이다.

> **참고** 컨베이어의 주요 구성부분
> ① 롤러(Roller)
> ② 벨트(Belt)
> ③ 체인(Chain)

2 컨베이어의 안전조치 및 사용시 안전수칙

(1) 컨베이어 안전조치
① 기어, 체인 또는 이동부위에는 덮개를 설치할 것
② 지면으로부터 2m 이상 높이에 설치된 컨베이어에는 승강계단을 설치할 것
③ 인력으로 화물을 싣는 컨베이어에는 하중제한 표시를 할 것
④ 컨베이어는 마지막쪽의 컨베이어부터 시동하고, 처음쪽의 컨베이어부터 정지할 것

(2) 컨베이어 사용시 안전수칙
① 스위치를 넣을 때는 미리 분명한 신호를 할 것
② 운전 중인 컨베이어에 근로자의 탑승을 금지할 것
③ 작업 중 컨베이어를 타고 넘기 위해서 기계에 올라가는 일이 없도록 할 것
④ 운전상태에서는 벨트나 기계부분을 소제하지 말 것
⑤ 안전커버 등이 있을 경우, 이것을 벗긴채로 작업하지 말 것

3 컨베이어 방호장치 및 기타 관련 주요사항

1. 컨베이어 방호장치
① 비상정지장치
② 덮개 또는 울
③ 이탈방지방치
④ 역주행방지장치(역전방지장치)

2. 기타 컨베이어 관련 주요사항

(1) 컨베이어 작업시작 전 점검사항(산업안전보건법 안전보건기준)
① 원동기 및 풀리 기능의 이상유무
② 이날 등의 방시장치 기능의 이싱유무
③ 비상정지장치 기능의 이상유무
④ 원동기, 회전축, 기어 및 풀리 등의 덮개 또는 울 등의 이상유무

(2) 포터블 벨트 컨베이어(Portable Belt Conveyer) 운전시 유의사항
① 정해진 조작스위치를 사용한다.
② 공회전하여 기계의 운전상태를 파악한다.
③ 운전시작 전 주변 근로자에게 경고하여야 한다.
④ 하물적치 전 몇 번씩 시동, 정지를 반복 테스트한다.
⑤ 이동하는 경우에는 먼저 컨베이어를 최저의 위치로 내리고, 전동식의 경우 전원을 차단한 후에 이동하여야 한다.

(3) 컨베이어 역전방지장치의 형식
① 기계식
  ㉠ 라쳇식
  ㉡ 밴드식
  ㉢ 롤러식
② 전기식: 슬러스트식

제3절 크레인 등 양중기

1 양중기의 정의

양중기란 다음의 기계를 말한다(산업안전보건법 안전보건기준).

(1) 크레인[호이스트(Hoist)를 포함한다.]
(2) 이동식 크레인
(3) 리프트(이삿짐운반용 리프트의 경우에는 적재하중이 0.1t 이상인 것으로 한정한다.)
(4) 곤돌라
(5) 승강기

2 방호장치의 조정

다음의 양중기에 과부하방지장치, 권과방지장치(捲過防止裝置), 비상정지장치 및 제동장치 그 밖의 방호장치[승강기의 파이널 리밋 스위치(Final Limit Switch), 속도조절기, 출입문 인터록(Inter Lock) 등]가 정상적으로 작동할 수 있도록 미리 조정해 두어야 한다.

(1) 크레인   (3) 리프트   (5) 승강기
(2) 이동식 크레인   (4) 곤돌라

3 리프트

리프트는 동력을 사용하여 사람이나 화물을 운반하는 것을 목적으로 하는 기계설비이다.

1. 리프트의 종류

종류	기능
건설용 리프트	동력을 사용하여 가이드 레일을 따라 상하로 움직이는 운반구를 매달아 사람이나 화물을 운반할 수 있는 설비 또는 이와 유사한 구조 및 성능을 가진 것으로 건설현장에서 사용하는 것
산업용 리프트	동력을 사용하여 가이드레일을 따라 상하로 움직이는 운반구를 매달아 화물을 운반할 수 있는 설비 또는 이와 유사한 구조 및 성능을 가진 것으로 건설현장 외의 장소에서 사용하는 것
자동차정비용 리프트	동력을 사용하여 가이드 레일을 따라 움직이는 지지대로 자동차 등을 일정한 높이로 올리거나 내리는 구조의 리프트로서 자동차 정비에 사용하는 것
이삿짐운반용 리프트	연장 및 축소가 가능하고 끝단을 건축물 등에 지지하는 구조의 사다리형 붐에 따라 동력을 사용하여 움직이는 운반구를 매달아 화물을 운반하는 설비로서 화물자동차 등 차량 위에 탑재하여 이삿짐운반 등에 사용하는 것

※ 산업안전보건법 안전보건기준 → 2021.11.19 개정

2. 리프트의 방호장치

(1) 권과방지장치 (3) 비상정지장치
(2) 과부하방지장치 (4) 제동장치

3. 리프트의 안전기준

(1) 붕괴 등의 방지
  ① 지반침하, 불량한 자재사용 또는 헐거운 결선 등으로 인하여 리프트가 붕괴되거나 넘어지지 않도록 필요한 조치를 하여야 한다.
  ② 순간풍속이 초당 35m를 초과하는 바람이 불어올 우려가 있는 경우 건설용 리프트에 대하여 받침의 수를 증가시키는 등 그 붕괴 등을 방지하기 위한 조치를 하여야 한다.

(2) 조립 등의 작업(리프트, 승강기 공통사항)
  ① 리프트의 설치, 조립, 수리, 점검 또는 해체작업을 하는 경우 다음의 조치를 하여야 한다.
    ㉠ 작업을 지휘하는 사람을 선임하여 그 사람의 지휘하에 작업을 실시할 것
    ㉡ 작업을 할 구역에 관계 근로자가 아닌 사람의 출입을 금지하고 그 취지를 보기 쉬운 장소에 표시할 것
    ㉢ 비, 눈 그 밖에 기상상태의 불안정으로 날씨가 몹시 나쁜 경우에는 그 작업을 중지시킬 것
  ② 작업을 지휘하는 사람에게 다음의 사항을 이행하도록 하여야 한다.
    ㉠ 작업방법과 근로자의 배치를 결정하고 해당 작업을 지휘하는 일
    ㉡ 재료의 결함유무 또는 기구 및 공구의 기능을 점검하고 불량품을 제거하는 일
    ㉢ 작업 중 안전대 등 보호구의 착용 상황을 감시하는 일

4. 리프트(자동차정비용 리프트 포함) 작업시작 전 점검사항

① 방호장치, 브레이크 및 클러치의 기능
② 와이어로프가 통하고 있는 곳의 상태

▶ 리프트의 정격속도: 운반구에 적재하중을 싣고 상승할 수 있는 최고속도
▶ 리프트의 적재하중: 운반구에 화물을 적재하고 상승시킬 수 있는 최대 하중

4 곤돌라

곤돌라는 달기발판, 또는 운반구, 승강장치 그 밖의 장치 및 이들에 부속된 기계부품에 의하여 구성되고, 와이어로프 또는 달기강선에 의하여 달기발판 또는 운반구가 전용의 승강장치에 의하여 오르내리는 설비이다.

1. 곤돌라의 안전기준

① **방호장치의 조정**: 곤돌라에 권과방지장치, 과부하방지장치, 비상정지장치, 제동장치 그 밖의 방호장치가 정상적으로 작동될 수 있도록 미리 조정해 두어야 한다.
② **과부하의 제한**: 사업주는 곤돌라에 그 적재하중을 초과하는 하중을 걸어서 사용하도록 해서는 아니 된다.
③ **운전방법의 주지**: 사업주는 곤돌라의 운전방법 또는 고장이 났을 때의 처치방법을 그 곤돌라를 사용하는 근로자에게 교육하여야 한다.

2. 곤돌라 작업시작 전 점검사항
① 방호장치, 브레이크의 기능
② 와이어로프, 슬링와이어(Sling Wire) 등의 상태

5 승강기

승강기는 동력을 사용하여 운전하는 것으로서 가이드 레일을 따라 오르내리는 운반구에 사람이나 화물을 상하 또는 좌우로 이동·운반하는 기계설비로서 탑승장을 가진 것을 말한다.

1. 승강기의 종류

승강기의 종류	용도
승객용 엘리베이터	사람의 운송에 적합하게 제조·설치된 엘리베이터
승객화물용 엘리베이터	사람의 운송과 화물운반을 겸용하는데 적합하게 제조·설치된 엘리베이터
화물용 엘리베이터	화물운반에 적합하게 제조·설치된 엘리베이터로서 조작자 또는 화물취급자 1명은 탑승할 수 있는 것(적재용량이 300kg 미만인 것은 제외한다.)
소형화물용 엘리베이터	음식물이나 서적 등 소형화물의 운반에 적합하게 제조·설치된 엘리베이터로서 사람의 탑승이 금지된 것
에스컬레이터	일정한 경사로 또는 수평로를 따라 위·아래 또는 옆으로 움직이는 디딤판을 통해 사람이나 화물을 승강장으로 운송시키는 설비

2. 승강기의 안전기준

(1) 방호장치의 조정

파이널 리밋 스위치(Final Limit Switch), 속도조절기, 출입문 인터록(Inter Lock) 그 밖의 방호장치(과부하방지장치, 권과방지장치, 비상정지장치, 제동장치)가 유효하게 작동될 수 있도록 미리 조정해 두어야 한다.

(2) 과부하의 제한

승강기에 그 적재하중을 초과하는 하중을 걸어서 사용하도록 해서는 아니 된다.

(3) 폭풍에 의한 무너짐방지

순간풍속이 초당 35m를 초과하는 바람이 불어올 우려가 있는 경우 옥외에 설치되어 있는 승강기에 대하여 받침의 수를 증가시키는 등 그 무너짐을 방지하기 위한 조치를 하여야 한다.

> **참고** 승강기를 구성하고 있는 장치
> ① 권상장치
> ② 가이드레일
> ③ 완충기 등

6 크레인

크레인은 동력을 사용하여 중량물을 매달아 상하 및 좌우(수평 또는 선회)로 운반하는 것을 목적으로 하는 기계 또는 기계장치이다.

> **참고** 호이스트(Hoist)
> 훅이나 그 밖의 달기구 등을 사용하여 화물을 권상 및 횡행 또는 권상동작만을 하여 양중하는 것이다.

1. 크레인의 재해유형
① 매단 물건의 낙하
② 구조부분의 절손, 기계파괴
③ 추락
④ 협착

2. 크레인에 관련된 용어의 정의
① **정격하중(Safe Working Load)**: 크레인의 권상하중에서 훅, 그래브 또는 버켓 등 달기구의 중량에 상당하는 하중을 뺀 하중
② **정격속도**: 정격하중에 상당하는 하중을 크레인에 매달고 주행, 횡행, 선회할 수 있는 최고속도
③ **권상하중(Hoisting Load)**: 들어올릴 수 있는 하중
④ **양정(Lift)**: 훅 등 달기구의 유효한 수직이동거리
⑤ **스팬(Span)**: 주행레일 중심간의 수평거리

3. 크레인의 방호장치
① 과부하방지장치
② 권과방지장치
③ 비상정지장치
④ 제동장치

> **참고** 권과방지장치
> 권상용 로프를 크레인이 과도하게 감아 올리게 되면 로프가 절단되어 하물이 낙하할 위험이 있으므로 어느 정도 감기게 되면 자동적으로 스위치가 끊어져 권상용 전동기의 회전을 멈추도록 한 것으로서 일종의 리밋 스위치(Limit Switch)이다.

4. 크레인의 안전기준(산업안전보건법 안전보건기준)

(1) 해지장치의 사용

훅걸이용 와이어로프 등이 훅으로부터 벗겨지는 것을 방지하기 위한 장치(해지장치)를 구비한 크레인을 사용하여야 한다.

(2) 경사각의 제한

지브 크레인을 사용하여 작업을 하는 경우에 크레인 명세서에 기재되어 있는 지브의 경사각의 범위에서 사용하도록 하여야 한다.

(3) 폭풍에 의한 이탈방지

순간풍속이 초당 30m를 초과하는 바람이 불어올 우려가 있는 경우 옥외에 설치되어 있는 주행 크레인에 대하여 이탈방지장치를 작동시키는 등 그 이탈을 방지하기 위한 조치를 하여야 한다.

(4) 조립 등의 작업시 조치사항

크레인의 설치, 조립, 수리, 점검 또는 해체작업을 하는 경우 다음의 조치를 하여야 한다.
① 작업순서를 정하고 그 순서에 따라 작업을 할 것
② 작업을 할 구역에 관계근로자가 아닌 사람의 출입을 금지하고 그 취지를 보기 쉬운 곳에 표시할 것
③ 비, 눈 그 밖에 기상상태의 불안정으로 날씨가 몹시 나쁜 경우에는 그 작업을 중지시킬 것
④ 작업장소는 안전한 작업이 이루어질 수 있도록 충분한 공간을 확보하고 장애물이 없도록 할 것
⑤ 들어올리거나 내리는 기자재는 균형을 유지하면서 작업을 하도록 할 것
⑥ 크레인의 성능, 사용조건 등에 따라 충분한 응력을 갖는 구조로 기초를 설치하고 침하 등이 일어나지 않도록 할 것
⑦ 규격품인 조립용 볼트를 사용하고 대칭되는 곳을 차례로 결합하고 분해할 것

(5) 폭풍 등으로 인한 이상유무 점검

순간풍속이 초당 30m를 초과하는 바람이 불거나 중진(中震) 이상 진도의 지진이 있는 후에 옥외에 설치되어 있는 양중기를 사용하여 작업을 하는 경우에는 미리 기계 각 부위에 이상이 있는지를 점검하여야 한다.

(6) 건설물 등과의 사이의 통로

주행 크레인 또는 선회 크레인과 건설물 또는 설비와의 사이에 통로를 설치하는 경우 그 폭을 0.6m 이상으로 하여야 한다. 다만, 그 통로 중 건설물의 기둥에 접촉하는 부분에 대하여는 0.4m 이상으로 할 수 있다.

(7) 타워크레인의 지지

① **벽체에 지지하는 경우**: 타워크레인을 벽체에 지지하는 경우 다음의 사항을 준수하여야 한다.
  ㉠ 서면심사에 관한 서류 또는 제조사의 설치작업 설명서 등에 따라 설치할 것
  ㉡ 서면심사 서류 등이 없거나 명확하지 아니한 경우에는 건축구조, 건설기계, 기계안전, 건설안전기술사 또는 건설안전분야 산업안전지도사의 확인을 받아 설치하거나 기종별·모델별 공인된 표준방법으로 설치할 것
  ㉢ 콘크리트구조물에 고정시키는 경우에는 매립이나 관통 또는 이와 같은 수준 이상의 방법으로 충분히 지지되도록 할 것
  ㉣ 건축 중인 시설물에 지지하는 경우에는 그 시설물의 구조적 안정성에 영향이 없도록 할 것
② **와이어로프로 지지하는 경우**: 타워크레인을 와이어로프로 지지하는 경우 다음의 사항을 준수하여야 한다.
  ㉠ 서면심사에 관한 서류 또는 제조사의 설치작업 설명서 등에 따라 설치할 것
  ㉡ 서면심사 서류 등이 없거나 명확하지 아니한 경우에는 건축구조, 건설기계, 기계안전, 건설안전기술사 또는 건설안전분야 산업안전지도사의 확인을 받아 설치하거나 기종별·모델별 공인된 표준방법으로 설치할 것
  ㉢ 와이어로프를 고정하기 위한 전용 지지프레임을 사용할 것
  ㉣ 와이어로프 설치각도는 수평면에서 60도 이내로 하되, 지지점은 4개소 이상으로 하고, 같은 각도로 설치할 것

◎ 와이어로프와 그 고정부위는 충분한 강도와 장력을 갖도록 설치하고, 와이어로프를 클립, 샤클 등의 고정기구를 사용하여 견고하게 고정시켜 풀리지 아니하도록 하며, 사용 중에는 충분한 강도와 장력을 유지하도록 할 것

ⓗ 와이어로프가 가공전선에 근접하지 않도록 할 것

(8) 강풍시 타워크레인의 작업제한
① 순간풍속이 10m/s를 초과하는 경우에는 타워크레인의 설치, 수리, 점검 또는 해체작업을 중지하여야 한다.
② 순간풍속이 15m/s를 초과하는 경우에는 타워크레인의 운전작업을 중지하여야 한다.

(9) 건설물 등의 벽체와 통로의 간격
다음 통로의 간격을 0.3m 이하로 하여야 한다. 다만, 근로자가 추락할 위험이 없는 경우에는 그 간격을 0.3m 이하로 유지하지 아니할 수 있다.
① 크레인의 운전실 또는 운전대를 통하는 통로의 끝과 건설물 등의 벽체의 간격
② 크레인 거더(Girder)의 통로 끝과 크레인 거더의 간격
③ 크레인 거더의 통로로 통하는 통로의 끝과 건설물 등의 벽체의 간격

(10) 크레인의 수리 등의 작업
① 같은 주행로에 병렬로 설치되어 있는 주행 크레인의 수리, 조정 및 점검 등의 작업을 하는 경우, 주행로상이나 그 밖에 주행 크레인이 근로자와 접촉할 우려가 있는 장소에서 작업을 하는 경우 등에 주행 크레인끼리 충돌하거나 주행 크레인이 근로자와 접촉할 위험을 방지하기 위하여 감시인을 두고, 주행로상에 스토퍼(Stopper)를 설치하는 등 위험방지 조치를 하여야 한다.
② 갠트리 크레인(Gantry Crane) 등과 같이 작업장 바닥에 고정된 레일을 따라 주행하는 크레인의 새들(Saddle) 돌출부와 주변 구조물 사이의 안전공간이 40cm 이상 되도록 바닥에 표시를 하는 등 안전공간을 확보하여야 한다.

5. 크레인 작업시의 준수사항(산업안전보건법 안전보건기준)
① 인양할 하물(荷物)을 바닥에서 끌어당기거나 밀어내는 작업을 하지 아니할 것
② 유류드럼이나 가스통 등 운반 도중에 떨어져 폭발하거나 누출될 가능성이 있는 위험물 용기는 보관함(또는 보관고)에 담아 안전하게 매달아 운반할 것
③ 고정된 물체를 직접 분리·제거하는 작업을 하지 아니할 것
④ 미리 근로자의 출입을 통제하여 인양 중인 하물이 작업자의 머리 위로 통과하지 않도록 할 것
⑤ 인양할 하물이 보이지 아니하는 경우에는 어떠한 동작도 하지 아니할 것(신호하는 사람에 의하여 작업을 하는 경우는 제외한다)

6. 크레인 작업시작 전 점검사항(산업안전보건법 안전보건기준)
① 권과방지장치, 브레이크, 클러치 및 운전장치의 기능
② 주행로의 상측 및 트롤리가 횡행(橫行)하는 레일의 상태
③ 와이어로프가 통하고 있는 곳의 상태

7 이동식 크레인

1. **이동식 크레인의 안전기준**
   (1) **설계기준 준수**: 이동식 크레인이 구조 부분을 구성하는 강재 등이 변형되거나 부러지는 일 등을 방지하기 위하여 해당 이동식 크레인의 설계기준(제조자가 제공하는 사용설명서)을 준수하여야 한다.
   (2) **안전밸브의 조정**: 유압을 동력으로 사용하는 이동식 크레인의 과도한 압력상승을 방지하기 위한 안전밸브에 대하여 최대의 정격하중을 건 때의 압력 이하로 작동되도록 조정하여야 한다.
   (3) **해지장치의 사용**: 이동식 크레인을 사용하여 하물을 운반하는 경우에는 해지장치를 사용하여야 한다.
   (4) **경사각의 제한**: 이동식 크레인을 사용하여 작업을 하는 경우 이동식 크레인 명세서에 적혀 있는 지브의 경사각(인양하중이 3t 미만인 이동식 크레인의 경우에는 제조한 자가 지정한 지브의 경사각)의 범위에서 사용하도록 하여야 한다.

2. **이동식 크레인의 작업시작 전 점검사항**(산업안전보건법 안전보건기준)
   ① 권과방지장치 그 밖의 경보장치의 기능
   ② 브레이크, 클러치 및 조정장치의 기능
   ③ 와이어로프가 통하고 있는 곳 및 작업장소의 지반상태

8 와이어로프(Wire Rope)

1. **와이어로프의 구성**
   ① 와이어로프는 여러 개의 와이어로 1개의 가닥(Strand)을 만들어 이것을 보통 6개 이상 꼬아서 만든 것으로 심에는 기름을 칠한 대마심선을 삽입시킨다.
   ② 크기는 지름의 굵기로 나타내며 재료는 연철과 강선이 주로 사용된다.

2. **와이어로프에 걸리는 하중**
   (1) **와이어로프에 걸리는 하중의 변화**
   하물을 달아 올릴 때 로프에 걸리는 힘은 슬링 와이어의 각도가 작을수록 작게 걸린다.

   (2) **와이어로프에 걸리는 하중을 구하는 식**

   $$W_1 = \frac{\frac{W}{2}}{\cos\frac{\theta}{2}}$$

   여기서, W_1: 로프에 걸리는 하중(kg)
   W: 화물의 무게(kg)
   θ: 로프의 각도

(3) 와이어로프에 걸리는 총하중을 구하는 식

$$총하중(W) = 정하중(W_1) + 동하중(W_2)$$

$$W_2 = \frac{W_1}{g} \cdot \alpha$$

여기서, g: 중력가속도(9.8m/s²), α: 가속도(m/s²)

3. 와이어로프 등 달기구의 안전계수(산업안전보건법 안전보건기준)

양중기의 와이어로프 등 달기구의 안전계수(달기구 절단하중의 값을 그 달기구에 걸리는 하중의 최대값으로 나눈 값)가 다음에 따른 기준에 맞지 아니한 경우에는 이를 사용해서는 아니 된다.
① 근로자가 탑승하는 운반구를 지지하는 달기와이어로프 또는 달기체인의 경우: 10 이상
② 화물의 하중을 직접 지지하는 달기와이어로프 또는 달기체인의 경우: 5 이상
③ 훅, 샤클, 클램프, 리프팅 빔의 경우: 3 이상
④ 그 밖의 경우: 4 이상

4. 와이어로프 안전율을 구하는 식

$$S = \frac{NP}{Q}$$ 여기서, S: 안전율 P: 로프의 파단강도(kg) N: 로프 가닥수(개) Q: 안전하중(kg)

5. 곤돌라형 달비계의 와이어로프 사용금지 기준(산업안전보건법 안전보건기준)

① 이음매가 있는 것
② 와이어로프 한꼬임(스트랜드)에서 끊어진 소선(필러선 제외)의 수가 10% 이상인 것
③ 지름의 감소가 공칭지름의 7%를 초과하는 것
④ 꼬인 것
⑤ 심하게 변형되거나 부식된 것
⑥ 열과 전기충격에 의해 손상된 것
※ 산업안전보건법 안전보건기준 → 2021.11.19 개정

6. 곤돌라형 달비계의 늘어난 달기체인의 사용금지 기준(산업안전보건법 안전보건기준)

① 달기체인의 길이가 달기체인이 제조된 때의 길이의 5%를 초과한 것
② 링의 단면지름이 달기체인이 제조된 때의 해당 링의 지름의 10%를 초과하여 감소한 것
③ 균열이 있거나 심하게 변형된 것
※ 산업안전보건법 안전보건기준 → 2021.11.19 개정

7. 곤돌라형 달비계의 섬유로프 또는 섬유벨트 사용금지 기준(산업안전보건법 안전보건기준) → 기준 삭제

① 꼬임이 끊어진 것   ② 심하게 손상되거나 부식된 것
※ 산업안전보건법 안전보건기준 → 2021.11.19 개정

8. 변형되어 있는 훅·샤클 등의 사용금지

① 훅, 샤클, 클램프 및 링 등의 철구로서 변형되어 있는 것 또는 균열이 있는 것을 크레인 또는 이동식 크레인의 고리걸이용구로 사용해서는 아니 된다.

② 중량물을 운반하기 위해 제작하는 지그(Gig), 훅(Hook)의 구조물 운반 중 주변 구조물과의 충돌로 슬링(Sling)이 이탈되지 않도록 하여야 한다.

③ 안전성 시험을 거쳐 안전율이 3 이상 확보된 중량물 취급용구를 구매하여 사용하거나 자체 제작한 중량물 취급용구에 대하여 비파괴시험을 하여야 한다.

9. 와이어로프의 절단방법

① 와이어로프를 절단하여 양중작업 용구를 제작하는 경우 반드시 기계적인 방법으로 절단하여야 하며, 가스용단 등 열에 의한 방법으로 절단해서는 아니 된다.

② 아크(Arc), 화염, 고온부 접촉 등으로 인하여 열영향을 받은 와이어로프를 사용해서는 아니 된다.

10. 링 등의 구비

① 엔드리스(Endless)가 아닌 와이어로프 또는 달기체인에 대하여 그 양단에 훅, 샤클, 링 또는 고리를 구비한 것이 아니면 크레인 또는 이동식 크레인의 고리걸이용구로 사용해서는 아니 된다

② 고리는 꼬아넣기[아이스프라이스(Eye Splice)를 말한다], 압축멈춤 또는 이러한 것과 같은 정도 이상의 힘을 유지하는 방법으로 제작된 것이어야 한다.

11. 와이어로프의 단말처리

① 클립(Clip)고정

③ 아이스프라이스(Eye Splice) 고정

② 압축고정

④ 소켓(Socket)고정

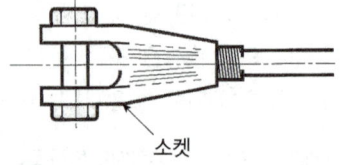

9 크레인 등 양중기작업의 표준신호방법

① 위로 올리기(집게 손가락을 위로 해서 수평원을 크게 그린다.)

② 비상정지(양손을 들어올려 크게 2~3회 좌우로 흔든다.)

10 기타 크레인 등 양중기 관련 주요사항

(1) **크레인의 운전반경**: 상부회전체 회전중심에서 화물중심까지의 수평거리

(2) **크레인 권과방지장치에 사용되는 것**: 리밋 스위치(Limit Switch)

(3) **와이어로프 '6 × Fi19' 표시법이 뜻하는 것**
   ① 6 → 꼬임의 수(Strand의 수)
   ② Fi: 필러(filler)형
   ③ 19 → 소선의 수(Wire의 수)

(4) **와이어로프의 꼬임**
   ① **랭꼬임**: 로프의 꼬임방향과 가닥(Strand)의 꼬임방향이 같은 것이다.
   ② **보통꼬임**: 로프의 꼬임방향과 가닥(Strand)의 꼬임방향이 반대로 된 것이다.
   ③ 랭꼬임과 보통꼬임의 특성

랭꼬임(Lang Lay)	보통꼬임(Regular Lay)
① 꼬임이 풀리기 쉽다.	① 하중을 걸었을 때 저항이 크다.
② 내마모성, 유연성, 내피로성이 우수하다.	② 로프 자체의 변형이 적고 킹크(Kink)가 잘생기지 않는다.
③ 킹크(Kink)가 생기기 쉬운 곳은 적합하지 않다.	③ 소선의 외부길이가 짧아서 마모되기 쉽다.
	④ 취급이 용이하여 선박, 육상작업 등에 많이 사용된다.

(5) **와이어로프 신장률 저하에 대하여 가장 위험한 하중**: 충격하중

(6) **로프에 걸리는 마찰의 함수**: 접촉력, 표면과 물체의 상태에 따른 함수

(7) **크레인 붐 지시기의 목적**: 여러 붐 각도에 따른 안전하중을 지시

(8) **운전위치의 이탈금지**(산업안전보건법 안전보건기준)
   사업주는 다음의 기계를 운전하는 경우 운전자가 운전위치를 이탈하게 해서는 아니 된다.
   ① 양중기
   ② 항타기 또는 항발기(권상장치에 하중을 건 상태)
   ③ 양화장치(화물을 적재한 상태)

(9) **크레인의 제작 및 안전기준에 따라 크레인의 이름판에 나타내어야 하는 항목**(위험기계기구 안전인증 고용노동부고시)
   ① 정격하중
   ② 사용전기설비의 정격
   ③ 제조자명
   ④ 제조년월
   ⑤ 안전인증의 표시
   ⑥ 제조번호
   ⑦ 형식 또는 모델명

(10) **양중기의 과부하방지장치**
   ① **정의**: 양중기에 있어서 정격하중 이상의 하중이 부하되었을 경우 자동적으로 동작을 정지시켜 주는 방호장치이다.
   ② 과부하방지장치의 종류(방호장치 안전인증 고용노동부고시)
      ㉠ **전자식(J − 1)**: 크레인, 리프트, 곤돌라, 승강기에 적용
      ㉡ **전기식(J − 2)**: 크레인, 호이스트에 적용
      ㉢ **기계식(J − 3)**: 크레인, 리프트, 곤돌라, 승강기에 적용

적중문제 CHAPTER 6 | 기계설비 위험요인 분석 Ⅳ (운반기계 및 양중기)

01 그림과 같은 지게차에서 W를 화물 중량, G를 지게차 자체 중량, a를 앞바퀴부터 화물의 중심까지의 최단거리, b를 앞바퀴 중심에서 지게차의 중심까지의 최단거리라고 할 때 지게차의 안정조건은?

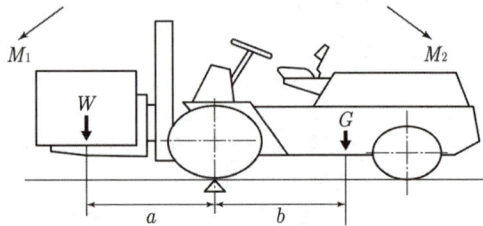

M_1: 화물의 모멘트 M_2: 차의 모멘트

① $W \cdot a < G \cdot b$
② $W - 1 < G \cdot \dfrac{b}{a}$
③ $W \cdot a > G \cdot (b-1)$
④ $W > G \cdot \dfrac{b}{a}$

해설 $G \cdot b$(차의 모멘트)가 $W \cdot a$(화물의 모멘트) 보다 클 때($W \cdot a < G \cdot b$)가 지게차의 안정조건이 된다.

정답 ①

02 지게차에서 통상적으로 갖추고 있어야 하나, 마스트의 후방에서 화물이 낙하함으로써 근로자에게 위험을 미칠 우려가 없는 때에는 반드시 갖추지 않아도 되는 것은?

① 전조등   ② 헤드가드
③ 백레스트   ④ 포크

해설 백레스트(Back Rest)란 지게차에서 통상적으로 갖추고 있어야 하나, 마스트(Mast)의 후방에서 화물이 낙하함으로써 근로자에게 위험을 미칠 우려가 없는 때에는 반드시 갖추지 않아도 되는 것이다.

정답 ③

03 하물중량이 200kg인 지게차의 중량이 400kg이고 앞바퀴에서 하물의 중심까지의 최단거리가 1m이면 지게차가 안정되기 위한 앞바퀴에서 지게차 중심까지의 최단거리(m)는?

① 0.2m 초과   ② 0.5m 초과
③ 1m 초과   ④ 3m 초과

해설 $W \cdot a < G \cdot b$
여기서, W: 하물의 중량(kg)
G: 차량의 중량(kg)
a: 앞바퀴에서 하물 중심까지 최단거리(m)
b: 앞바퀴에서 차량 중심까지 최단거리(m)
$200 \times 1 < 400 \times b$
$\dfrac{200}{400} < b = 0.5 < b$
따라서 앞바퀴에서 지게차 중심까지의 최단거리는 0.5m 초과이다.

정답 ②

04 지게차 헤드가드의 강도는 지게차의 최대하중의 2배의 값의 등분포정하중에 견딜 수 있어야 한다. 최대하중의 2배의 값이 8t일 경우에 헤드가드의 강도는? (단, 단위는 t이다.)

① 2t   ② 4t
③ 8t   ④ 16t

해설 지게차 헤드가드의 강도는 지게차 최대하중의 2배의 값(그 값이 4t을 넘는 것에 대하여서는 4t으로 함)의 등분포 정하중에 견딜수 있어야 한다.
따라서, 4t을 넘는 8t이므로 헤드가드의 강도는 4t이 된다.

정답 ②

05 지게차의 헤드가드 상부틀에 있어서 각 개구부의 폭 또는 길이의 크기는?

① 8cm 미만 　　② 10cm 미만
③ 16cm 미만 　　④ 20cm 미만

해설 상부틀의 각 개구의 폭 또는 길이가 16cm 미만이어야 한다.

관련이론 **지게차의 헤드가드(산업안전보건법 안전보건기준)**
- 상부틀의 각 개구의 폭 또는 길이가 16cm 미만일 것
- 강도는 지게차의 최대하중의 2배 값(그 값이 4t을 넘는 것은 4t으로 한다)의 등분포정하중에 견딜 수 있는 것일 것
- 운전자가 앉아서 조작하거나 서서 조작하는 지게차의 헤드가드는 한국산업표준에서 정하는 높이 기준 이상일 것

정답 ③

06 지게차로 20km/h의 속력으로 주행할 경우 좌우안정도는 얼마이어야 하는가?

① 37% 　　② 39%
③ 40% 　　④ 42%

해설 지게차의 좌우안정도를 구하는 식은 다음과 같다.
좌우안정도(%) = (15 + 1.1 V)
여기서, V: 최고속도(km/h)
　　　　 = 15 + 1.1 × 20 = 37%

정답 ①

07 컨베이어에 작업하는 근로자의 신체 일부가 말려들 위험이 있을 때에 설치하여야 할 안전장치는?

① 헤드가드 　　② 비상정지장치
③ 이탈방지방치 　　④ 역주행방지장치

해설 컨베이어에 작업하는 근로자의 신체 일부가 말려들 위험이 있을 때에 설치하여야 할 안전장치는 비상정지장치이다.

  컨베이어의 안전장치
- 이탈방지장치
- 덮개 또는 울
- 역주행방지장치
- 비상정지장치

정답 ②

08 컨베이어(conveyor) 역전방지장치의 형식을 기계식과 전기식으로 구분할 때 기계식에 해당하지 않는 것은?

① 라쳇식 　　② 밴드식
③ 슬러스트식 　　④ 롤러식

해설 슬러스트식은 컨베이어 역전방지장치의 형식 중 전기식에 해당된다.

정답 ③

09 컨베이어에 대한 안전조치 사항으로 옳지 않은 것은?

① 컨베이어에서 화물의 낙하로 인하여 근로자에게 위험을 미칠 우려가 있을 때에는 덮개 또는 울을 설치하여야 한다.
② 정전이나 전압강하 등에 의한 화물 또는 운반구의 이탈 및 역주행을 방지할 수 있어야 한다.
③ 컨베이어에는 벨트 부위에 근로자가 접근할 때의 위험을 방지하기 위하여 권과방지장치 및 과부하방지방치를 설치하여야 한다.
④ 컨베이어에 근로자의 신체 일부가 말려들 위험이 있을 때는 운전을 즉시 정지시킬 수 있어야 한다.

해설 크레인에는 위험을 방지하기 위하여 권과방과방지장치 및 과부하방지장치를 설치하여야 한다.

정답 ③

10 컨베이어작업을 시작하기 전 이상유무를 점검할 사항이 아닌 것은?

① 원동기와 풀리 　　② 이탈방지장치
③ 비상정지장치 　　④ 원동기의 급유

해설 컨베이어작업을 시작하기 전 원동기의 급유는 점검사항에 해당하지 않는다.

관련이론 **컨베이어작업을 시작하기 전 점검사항**
- 원동기 및 풀리기능의 이상유무
- 비상정지장치기능의 이상유무
- 이탈 등의 방지장치기능의 이상유무
- 원동기, 회전축, 기어 및 풀리 등의 덮개 또는 울 등의 이상유무

정답 ④

11 산업안전보건법상 양중기에 해당하지 않는 것은?
① 크레인   ② 곤돌라
③ 리프트   ④ 컨베이어

해설 컨베이어는 산업안전보건법상 양중기에 해당하지 않는다.

> **관련이론** 산업안전보건법상 양중기에 해당되는 것
> - 크레인(호이스트 포함)
> - 이동식 크레인
> - 리프트(이삿짐운반용 리프트는 적재하중이 0.1t 이상)
> - 곤돌라
> - 승강기

정답 ④

12 리프트의 방호장치가 아닌 것은?
① 권과방지장치
② 과부하방지장치
③ 출입문 인터록
④ 해지장치

해설 해지장치는 크레인에 설치하는 방호장치에 해당된다.

정답 ④

13 하중이 정격을 초과하였을 때 자동적으로 상승이 정지되는 장치는?
① 비상정지장치   ② 브레이크장치
③ 과부하방지장치 ④ 와이어로프 훅장치

해설 과부하방지장치는 크레인, 리프트, 승강기 등에 설치하는 방호장치로서 하중이 정격을 초과하였을 때 자동적으로 상승이 정지되는 장치이다.

정답 ③

14 산업안전보건법상 승강기의 종류에 해당하지 않는 것은?
① 에스컬레이터
② 화물용 엘리베이터
③ 승객화물용 엘리베이터
④ 리프트

해설 리프트는 승강기의 종류에 해당하지 않는다.

> **관련이론** 승강기의 종류
> - 에스컬레이터
> - 화물용 엘리베이터
> - 승객화물용 엘리베이터
> - 승객용 엘리베이터
> - 소형화물용 엘리베이터

정답 ④

15 순간풍속이 몇 m/s 초과하는 바람이 불어 올 우려가 있을 때 옥외에 설치되어 있는 승강기에 대하여 받침수를 증가하는 등 무너지는 것을 방지하기 위한 조치를 해야 하는가?
① 25   ② 30
③ 35   ④ 40

해설 순간풍속이 35m/s 초과하는 바람이 불어올 우려가 있을 때 받침수를 증가하는 등 무너지는 것을 방지하기 위한 조치를 해야 한다.

> **관련이론** 승강기 사용시 폭풍에 관한 사항
> - 폭풍에 의해 무너지는 것을 방지(옥외 설치 승강기에 대하여 받침수 증가): 35m/s 초과
> - 폭풍으로 인한 이상유무 점검(미리 승강기의 각 부위 이상유무 점검): 30m/s 초과

정답 ③

16 승강기의 안전장치가 아닌 것은?

① 속도조절기 ② 출입문 인터로크
③ 이탈방지장치 ④ 파이널리미트스위치

해설 이탈방지장치는 컨베이어의 안전장치에 해당된다.

관련이론 승강기의 안전장치
- 속도조절기
- 출입문 인터로크
- 파이널리미트스위치
- 비상정지장치

정답 ③

17 양중기에서 절단하중이 100t인 와이어로프를 사용하여 화물을 직접적으로 지지하는 경우, 화물의 최대허용하중으로 가장 적당한 것은?

① 20톤 ② 30톤
③ 40톤 ④ 50톤

해설 안전계수 = $\dfrac{절단하중}{최대허용하중}$

최대허용하중 = $\dfrac{절단하중}{안전계수}$

양중기에서 와이어로프를 사용하여 화물을 직접적으로 지지하는 경우 안전계수가 5이므로,

최대허용하중 = $\dfrac{100}{5}$ = 20톤

정답 ①

18 크레인작업시의 준수사항으로 옳지 않은 것은?

① 인양할 하물은 바닥에서 끌어 당기거나 밀어 작업하지 아니할 것
② 유류 드럼이나 가스통 등의 위험물 용기는 보관함에 담아 운반할 것
③ 고정된 물체는 직접 분리, 제거하는 작업을 할 것
④ 근로자의 출입을 통제하여 하물이 작업자의 머리 위로 통과하지 않게 할 것

해설 고정된 물체는 직접 분리, 제거하는 작업을 하지 않아야 한다.

정답 ③

19 지브가 있는 크레인에서 정격하중에 대한 정의는?

① 부하할 수 있는 최대하중에서 달기구의 중량에 상당하는 하중을 공제한 하중
② 부하할 수 있는 최대하중
③ 짐을 싣고 상승할 수 있는 최대의 하중
④ 가장 위험한 상태에서 부여할 수 있는 최대하중

해설 정격하중은 부하할 수 있는 최대하중에서 달기구의 중량에 상당하는 하중을 공제한 하중이다.

선지분석
② 권상하중에 대한 정의이다.
③ 적재하중에 대한 정의이다.

정답 ①

20 와이어로프의 꼬임은 특수로프를 제외하고 보통꼬임(Regular-Lay)과 랭꼬임(Lang-Lay)으로 나눈다. 이 중 보통꼬임의 특성이 아닌 것은?

① 로프 자체의 변형이 적다.
② 킹크가 잘생기지 않는다.
③ 하중을 걸었을 때 저항성이 크다.
④ 내마모성, 유연성, 내피로성이 우수하다.

해설 내마모성, 유연성, 내피로성이 우수하다는 것은 랭꼬임의 특성에 해당한다.

관련이론 보통꼬임과 랭꼬임

	정의	로프의 꼬임방향과 가닥(Strand)의 꼬임방향이 반대로 된 것이다.
보통꼬임	특성	• 로프 자체의 변형이 적다. • 킹크가 잘생기지 않는다. • 하중을 걸었을 때 저항성이 크다. • 소선의 외부 길이가 짧아서 마모되기 쉽다. • 취급이 용이하여 선박, 육상작업 등에 많이 쓰이고 있다.
	정의	로프의 꼬임방향과 가닥(Strand)의 꼬임방향이 같은 것이다.
랭꼬임	특성	• 꼬임이 풀이기 쉽다. • 내마모성, 유연성, 내피로성이 우수하다. • 킹크(Kink)가 생기기 쉬운 곳은 적합하지 않다.

정답 ④

21 와이어로프가 6×19×G, S×A.B.G.E×500L로 표시되어 있다면, 이때 6이 의미하는 것은?

① Grease 종류 ② 소선의 수
③ 스트랜드의 수 ④ 소선 인장강도

해설 6은 스트랜드(Strand)의 수(꼬임의 수)를 의미한다

관련이론 **와이어로프 6×19가 표기하는 뜻**
- 6: 스트랜드(Strand: 가닥)의 수
- 19: 와이어(소선)의 수

정답 ③

22 크레인에 있어서 걸기고리의 와이어로프 안전계수는? (단, 화물의 하중을 직접 지지하는 경우이다.)

① 정격하중의 10 이상
② 정격하중의 8 이상
③ 정격하중의 5 이상
④ 정격하중의 3 이상

해설 크레인에 있어서 화물의 하중을 직접 지지하는 경우 걸기고리의 와이어로프 안전계수는 정격하중의 5 이상이어야 한다.

관련이론 **크레인에 있어서 걸기고리의 와이어로프 안전계수(산업안전보건법 안전보건기준)**
- 화물의 하중을 직접 지지하는 경우에는 5 이상
- 근로자가 탑승하는 운반구를 지지하는 경우에는 10 이상
- 훅, 샤클, 클램프, 리프팅 빔의 경우에는 3 이상
- 그 밖의 경우에는 4 이상

정답 ③

23 권상용 와이어로프의 사용제한 사항이 아닌 것은?

① 이음매가 있는 것
② 로프의 한가닥에서 소선의 수가 7% 정도 절단된 것
③ 지름의 감소가 공칭지름의 7%를 초과한 것
④ 심하게 변형 또는 부식된 것

해설 로프의 한가닥에서 소선의 수가 10% 이상 절단된 것이 사용제한 사항에 해당한다.

관련이론 **권상용 와이어로프의 사용제한 사항**
- 이음매가 있는 것
- 지름의 감소가 공칭지름의 7%를 초과한 것
- 심하게 변형 또는 부식된 것
- 와이어로프의 한꼬임(Strand)에서 끊어진 소선의 수가 10% 이상인 것
- 꼬인 것
- 열과 전기충격에 의해 손상된 것

정답 ②

24 고리걸이용 와이어로프의 절단하중이 4t일 때 이 로프에 걸리는 하중의 최대값은? (단, 안전계수는 5이다.)

① 400kg ② 50kg
③ 600kg ④ 800kg

해설 하중의 최대값 = $\dfrac{절단하중}{안전계수}$
= $\dfrac{4,000}{5}$ = 800kg

정답 ④

25 와이어로프로 중량물을 달아 올릴 때 로프에 가장 힘이 작게 걸리는 각도는?

① 30° ② 60°
③ 90° ④ 120°

해설 와이어로프로 중량물을 달아 올릴 때 슬링 와이어의 각도가 작을수록 힘이 작게 걸리므로 30도가 가장 힘이 작게 걸린다.

정답 ①

26 그림과 같이 500kg의 중량물을 와이어로프로 상부 60도의 각으로 들어 올릴 때, 로프 한줄에 걸리는 하중(T)은?

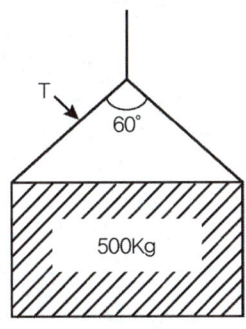

① 168.49kg ② 248.58kg
③ 288.67kg ④ 378.79kg

해설
$$T = \frac{\frac{W}{2}}{\cos\frac{\theta}{2}} = \frac{\frac{500}{2}}{\cos\frac{60°}{2}} ≒ 288.67kg$$

정답 ③

27 양중기에서 절단하중이 100톤인 와이어로프를 사용하여 근로자가 탑승하는 운반구를 지지하는 경우, 와이어로프에 걸리는 최대하중은?

① 10톤 ② 20톤
③ 25톤 ④ 50톤

해설 근로자가 탑승하는 운반구를 지지하는 경우 와이어로프 안전계수는 10이다.

안전계수 = 절단하중 / 와이어로프에 걸리는 최대하중

와이어로프에 걸리는 최대하중 = 절단하중 / 안전계수

= $\frac{100}{10}$ = 10톤

정답 ①

28 크레인작업시 2ton의 중량을 걸어 20m/s² 가속도로 감아 올릴 때 로프에 걸리는 총하중은?

① 5,998kg ② 6,000kg
③ 6,082kg ④ 6,112kg

해설 $W = W_1 + W_2 = W_1 + \frac{W_1}{g}\alpha$

여기서, W: 총하중, W_1: 정하중, W_2: 동하중
g: 중력가속도, α: 가속도

$= 2,000 + \frac{2,000}{9.8} \times 20 = 6,081.63 ≒ 6,082kg$

정답 ③

29 산업안전보건기준에 관한 규칙에서 타워크레인의 운전작업을 중지시켜야 하는 순간풍속의 기준은?

① 초당 10m를 초과하는 경우
② 초당 15m를 초과하는 경우
③ 초당 30m를 초과하는 경우
④ 초당 40m를 초과하는 경우

해설 타워크레인의 운전작업을 중지시켜야 하는 순간풍속의 기준은 초당 15m를 초과하는 경우이다.

선지분석 ① 초당 10m를 초과하는 경우는 타워크레인의 설치, 수리, 점검 또는 해체작업을 중지하여야 하는 순간풍속의 기준이다.

정답 ②

30 와이어로프의 절단하중이 1,116kgf이고, 한줄로 물건을 매달고자 할 때 안전계수를 6으로 하면 몇 kgf 이하의 물건을 매달 수 있는가?

① 186 ② 192
③ 198 ④ 212

해설 $S = \frac{NP}{Q}$ $Q = \frac{NP}{S}$

여기서,
S: 안전율, N: 로프 가닥수
P: 절단하중, Q: 안전하중

$= \frac{1 \times 1,116}{6} = 186kgf$

정답 ①

해커스자격증
pass.Hackers.com

해커스 **산업안전산업기사 필기** 한권완성 이론 + 최신기출 + 핵심노트

PART 4
전기 및 화학설비 안전관리

CHAPTER 1 전기안전관리 업무수행
CHAPTER 2 감전재해 및 방지대책
CHAPTER 3 전기설비 위험요인관리
CHAPTER 4 정전기 상·재해관리
CHAPTER 5 전기방폭관리
CHAPTER 6 화학물질 안전관리 실행
CHAPTER 7 화공안전 비상조치계획·대응 및 화공안전 운전·점검
CHAPTER 8 화재·폭발 검토
CHAPTER 9 화학물질 취급설비 개념 확인
CHAPTER 10 소화원리 이해

CHAPTER 1 | 전기안전관리 업무수행

제1절 전기의 위험성

1. **감전재해**
    (1) 전기감전에 의하여 일어나는 재해라 함은 감전과 동시에 쇼크를 받아 주위 물건에 부딪치거나 넘어져서 상해를 입게 되는 것을 말한다.
    (2) 감전에 의한 심장마비는 전류가 심장을 통과하여 심장근육을 긴축시켜 마비상태가 되는 것이다.
    (3) 전기화상은 인체에 전류가 흘러 들어가거나 인체에서 흘러 나간 것이 화상을 입히는 것이다.

2. **감전의 위험요소(전격의 위험을 결정하는 1차적 원인)**
    (1) 1차적 감전의 위험요소
        ① 통전시간(인체의 감전시간)
        ② 통전전류의 크기(인체에 흐른 전류의 크기)
        ③ 통전경로(전류가 흐른 인체의 부위)
        ④ 전원의 종류(직류, 교류)

    > **참고** 전원의 종류에 따른 위험성과 전격의 위험도
    > 1. 전원의 종류에 따른 위험성
    >   ① **직류감전**: 화상의 위험이 있다.
    >   ② **교류감전**: 근육마비 현상, 통전시간이 길어짐, 접촉부위에서 인체가 잘 떨어지지 않는다.
    >   ▶ 일반적으로 직류에 비하여 교류에 의한 감전의 위험성이 더 크다.
    > 2. 전격의 위험도
    >   통과전류가 크고, 장시간 흐르고, 인체 주요 부분(심장 등)을 흐를수록 위험도가 크다.
    > 3. 감전에 의한 사망의 위험성
    >   보통 통전전류의 크기에 의해서 결정된다.

    (2) 2차적 감전의 위험요소
        ① 전압(인체에 흐른 전압의 크기)
        ② 인체의 조건(저항)
        ③ 주파수
        ④ 계절

3. 통전전류의 세기 및 그에 따르는 영향(감전시 응급조치에 관한 기술지침: 한국산업안전보건공단)

(1) 최소감지전류
① 전기가 짜릿하게 흐르는 것을 감지할 수 있는 전류치로서 상용주파수 60Hz 교류에서 성인 남자 기준 1~2mA 정도이다.
② 최소감지전류는 전원의 종류, 인체 및 주위의 조건 등에 따라 달라진다.
③ 최소감지전류(실효치)의 크기

전류의 영향	직류		교류(60Hz)	
	남자	여자	남자	여자
최소감지전류(조금 따끔하다)	5.2mA	3.5mA	1.1mA	0.7mA

(2) 고통한계전류
인체가 운동의 자유를 잃지 않고 고통을 느끼지만 참을 수 있는 한계전류치로서 상용주파수 60Hz 교류에서 성인 남자 기준 7~8mA 정도이다.

(3) 마비한계전류
인체 각 부위의 근육이 수축현상을 일으키고 신경이 마비되어 신체를 자유로이 움직일 수 없게 되는 한계전류치로서 상용주파수 60Hz 교류에서 성인 남자 기준 10~15mA 정도이다.

> **참고** 가수전류(可隨電流)와 불수전류(不隨電流)
>
> 1. 가수전류(Let Go Current)
>   안전하게 스스로 접촉된 전원으로부터 떨어질 수 있는 최대한도의 전류로서 전류치는 교류 8~15mA 정도이다.
> 2. 불수전류(Freezing Current)
>   전격을 받았음을 느끼면서 스스로 그 전원으로부터 떨어질 수 없는 전류로서 전류치는 교류 15~50mA 정도이다.

(4) 심실세동전류(치사전류)
① 인체에 흐르는 전류가 더욱 증가하게 되면 심장은 정상적인 맥동을 하지 못하고 불규칙적인 세동(細動)을 일으키며 혈액의 순환이 곤란하게 되고, 심장의 기능을 잃게 되어 전원으로부터 떨어져도 수 분 이내에 사망하는 전류를 말한다.
② 통전시간과 심실세동전류값의 관계식

$$I = \frac{165}{\sqrt{T}} \text{(Dalziel 주장 관계식)}$$

여기서, I : 심실세동전류(mA)
T : 통전시간(초)

▶ 심실세동전류 I는 1,000명 중 5명 정도가 심실세동을 일으킬 수 있는 값을 말한다.

③ 인체의 전기저항을 500Ω이라 할 때, 심실세동을 일으키는 위험한계에너지

$$W = I^2RT = (\frac{165}{\sqrt{T}} \times 10^{-3})^2 \times 500 \times T \fallingdotseq 13.61\text{ws} = 13.61\text{J} \fallingdotseq 13.61 \times 0.24 \fallingdotseq 3.3\text{cal}$$

여기서, W: 위험한계에너지(J), R: 인체의 전기저항(Ω), T: 통전시간(초)

4. 인체의 통전경로별 위험도

통전경로	위험도 (심장전류계수)	통전경로	위험도 (심장전류계수)
오른손 – 등	0.3	양손 – 양발	1.0
왼손 – 오른손	0.4	왼손 – 한발 또는 양발	1.0
왼손 – 등	0.7	오른손 – 가슴	1.3
한손 또는 양손 – 앉아 있는 자리	0.7	왼손 – 가슴	1.5
오른손 – 한발 또는 양발	0.8		

▶ 통전경로가 '왼손 – 가슴'인 경우, 전류가 심장을 통과하게 되므로 가장 위험도가 크다.

제2절 전기설비 및 기기

1 배전반 및 분전반

1. 배전반
(1) 송·배전계통과 전력기기의 상태를 항상 감시하고, 차단기 등의 개폐상태를 한눈에 볼 수 있다.
(2) 변전소 내의 기기를 원격제어할 수 있도록 계기, 개폐기, 계전기, 과전류차단기 등을 한곳에 집중시켜 놓은 것이다.

> **참고** 특별고압용 기구 및 전선을 붙이는 배전반의 안전조치 사항
> 방호장치(시건장치) 및 안전통로 설치

2. 분전반
저압 옥내간선에서 옥내선로를 분기하는데 쓰이고 분기용 개폐기 및 자동차단기 등을 설치한 장치이다.

3. 분전반의 종류
① 나이프식 분전반
② 텀블러식 분전반
③ 브레이커식 분전반

2 개폐기

1. 개폐기의 부착장소
① 퓨즈의 전원측
② 인입구 및 고장점검회로
③ 평소에 부하전류를 단속하는 장소

2. 개폐기 부착시 유의사항
① 나이프 스위치는 규정된 퓨즈를 사용할 것
② 전선이나 기구부분에 직접 닿지 않도록 할 것
③ 전자개폐기는 반드시 용량에 맞는 것을 선택할 것
④ 커버나이프 스위치나 콘센트 등은 커버가 부서지지 않도록 신중을 기할 것

3. 개폐기의 분류

(1) 저압개폐기(스위치 내부에 퓨즈를 삽입한 개폐기)

① **칼날형 개폐기(Knife Switch)**: 저압회로의 배전반 등에 사용되는 것으로 정격전압은 250V이다.
　▶ 칼받이로 많이 쓰이는 재료는 인청동이다.
② **커버개폐기(Cover Knife Switch)**: 저압회로에 많이 사용된다.
③ **박스개폐기(Box Switch)**: 전동기 회로용으로 사용되는 것으로 박스 밖으로 나온 손잡이로 개폐하는 것이다.
④ **안전개폐기(Cut Out Switch)**: 배전반의 인입개폐기 및 분기개폐기, 전등 수용가의 인입구개폐기로 사용된다.

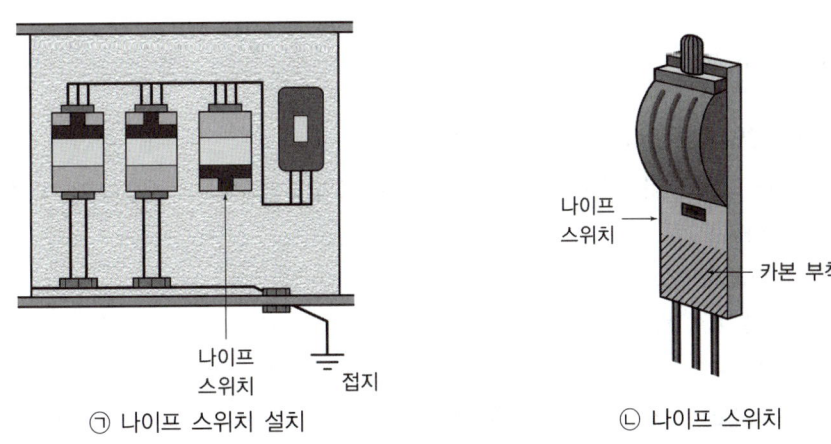

[칼날형 개폐기]

(2) 고압개폐기

① **부하개폐기**
　㉠ 부하상태에서 개폐할 수 있는 것으로 차단기(OLB), 리클로저(Recloser)가 있다.
　㉡ 차단기(OLB)는 부하상태에서 개폐할 수 있는 것이고, 리클로저(Recloser)는 자동차단의 능력을 보유하고 있다.

② **주상유입개폐기(POS)**
　㉠ 반드시 개폐의 표시가 되어 있는 고압개폐기이어야 한다.
　㉡ 배전선로의 개폐 및 타계통으로 변환, 콘덴서의 개폐, 고장구간의 구분, 접지사고의 차단 등에 사용된다.

③ **단로기(Disconnecting Switch: DS)**
　㉠ 차단기의 전후 또는 차단기의 측로회로 및 회로접속의 변환에 사용되는 것으로 무부하회로에서 개폐하는 것이다.
　㉡ 단로기 및 차단기의 투입, 개방시의 조작순서
　　ⓐ **전원투입시**: 단로기를 투입한 후에 차단기를 투입한다.
　　ⓑ **전원개방시**: 차단기를 개방한 후에 단로기를 개방한다.

(3) 자동개폐기

① **스냅개폐기(Snap Switch)**: 전등 점멸, 전열기 또는 소형 전동기의 기동과 정지 등에 사용된다.
② **전자개폐기**: 보통 전동기의 기동과 정지에 많이 사용되며, 과부하 보호용으로 적합한 것으로 단추를 눌러서 개폐하는 것이다.
③ **압력개폐기**: 압력변화에 따라 작동하는 것으로 배수용, 옥내 급수용 등의 전동기회로에 사용된다.
④ **시한개폐기(Time Switch)**: 옥외의 신호회로 등에 사용된다.

3 과전류차단기

1. 과전류차단기(CB: Circuit Breaker)의 종류

차단기는 평상시의 전류 및 고장시의 전류를 보호계전기와의 조합에 의하여 안전하게 차단하고 전로 및 기구를 보호하는 것이다.

① **공기차단기(ACB)**: 압축공기로 아크를 소호하는 차단기이다.
② **가스차단기(GCB)**: 아크의 소호매질로 가스를 사용한 차단기이다.
③ **애자형 차단기(PCB)**: 탱크형 유입차단기를 개량한 차단기이다.
④ **진공차단기(VCB)**: 고진공의 용기 속에서는 대기의 수 배, 절연유의 2배 이상의 절연내력이 얻어지므로 이 원리를 이용하여 진공 속에서 전극을 개폐하여 소호하는 방식의 차단기이다.
⑤ **배선용 차단기(MCCB)**: 평상시에는 수동으로 개폐하고, 고장전류와 같은 대전류, 과부하전류나 단락시에는 자동적으로 작동하여 과전류를 차단하는 차단기이다.
⑥ **유입차단기(OCB)**: 탱크 속에 절연유를 넣어 유중 개폐하는 차단기이다.

> **참고** 유입차단기

1. 보통형 유입차단기는 자연소호식이며, 절연유 속에서 과전류를 차단한다.

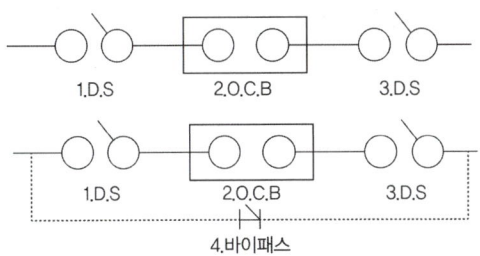

2. 유입차단기의 작동순서
   ① 투입순서: 3 - 1 - 2
   ② 차단순서: 2 - 3 - 1
   ③ 바이패스회로 설치시: 4투입, 2, 3, 1차단
3. 유입차단기의 절연유 온도는 90℃ 이하로 한다.

2. 차단기의 정격용량

① 3상: 정격차단용량 = $\sqrt{3}$ × 정격차단전압 × 정격차단전류

② 단상: 정격차단용량 = 정격차단전압 × 정격차단전류

3. 배선용 차단기의 특성

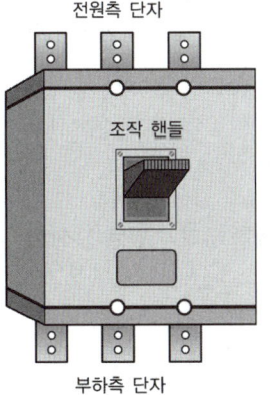

[배선용 차단기]

정격전류의 구분	자동 동작시간 ※ 한국전기설비규정: KEC	
	정격전류의 1.25배의 전류를 통한 경우	정격전류의 2배의 전류를 통한 경우
30A 이하	60분	2분
30A 초과 50A 이하	60분	4분
50A 초과 100A 이하	120분	6분
100A 초과 225A 이하	120분	8분
225A 초과 400A 이하	120분	10분

> **참고** 과전류차단장치의 설치(산업안전보건법 안전보건기준)
>
> 과전류로 인한 재해를 방지하기 위하여 다음의 방법으로 과전류차단장치(차단기, 퓨즈, 보호계전기 등과 이에 수반되는 변성기를 말한다)를 설치하여야 한다.
> ① 과전류차단장치는 반드시 접지선이 아닌 전로에 직렬로 연결하여 과전류 발생시 전로를 자동으로 차단하도록 설치할 것
> ② 차단기, 퓨즈는 계통에서 발생하는 최대과전류에 대하여 충분하게 차단할 수 있는 성능을 가질 것
> ③ 과전류차단장치가 전기계통상에서 상호 협조·보완되어 과전류를 효과적으로 차단하도록 할 것

4 보호계전기

수전설비에 있어서 선로 또는 기기에 이상현상이 발생하면 곧 이것을 검출하여 고장구간을 신속하게 차단하고, 전기기기의 손상을 최소화하는 등 전력계의 안정도를 향상시킬 목적으로 사용된다.

1. 보호계전기의 구비조건
① 동작이 예민하고 틀린 동작을 하지 않을 것
③ 고장상태를 식별하여 정도를 판단할 수 있을 것
② 고장개소를 정확히 선택할 수 있을 것

2. 보호계전기의 종류
① **과전류계전기(OCR)**: 전류가 일정한 값 이상으로 흘렀을 때 동작하는 것으로 발전기, 전선로, 변압기 등의 단락보호용으로 사용된다.
② **비율차동계전기(RDFR)**: 고장시의 불평형 차전류가 평형전류의 어떤 비율 이상이 되었을 때 동작하는 것으로 변압기의 내부고장 보호용으로 사용된다.
③ **차동계전기(DFR)**: 두점에서 전류가 같을 때에는 동작하지 않으나 고장시 전류의 차가 생기면 동작하는 계전기로 전류차동계전기, 전압차동계전기 등이 있다. 전선의 중간 단락사고를 검출하는 계전기로 적합하다.
④ **기타**: 선택단락계전기(SSR), 과전압계전기(OVR), 온도계전기(TR), 방향단락계전기(DSR), 거리계전기(ZR) 등이 있다.

3. 보호계전기의 동작시한에 의한 분류
① **순한시계전기**: 동작시한이 0.3초 이내의 계전기이다.
② **정한시계전기**: 구동전기량의 최소 동작값 이상으로 주어지면 일정시한으로 동작하는 계전기이다.
③ **반한시계전기**: 구동전기량의 동작전류가 작을수록 동작시한이 길어지고, 동작전류가 클수록 동작시한이 짧아지는 계전기이다.

5 누전차단기

금속제 외함을 가지는 전기기계·기구에 전기를 공급하는 전로로서 사람이 쉽게 접촉할 우려가 있는 장소에는 누전이 발생할 경우, 자동적으로 전로를 차단하는 누전차단기를 설치해야 한다.

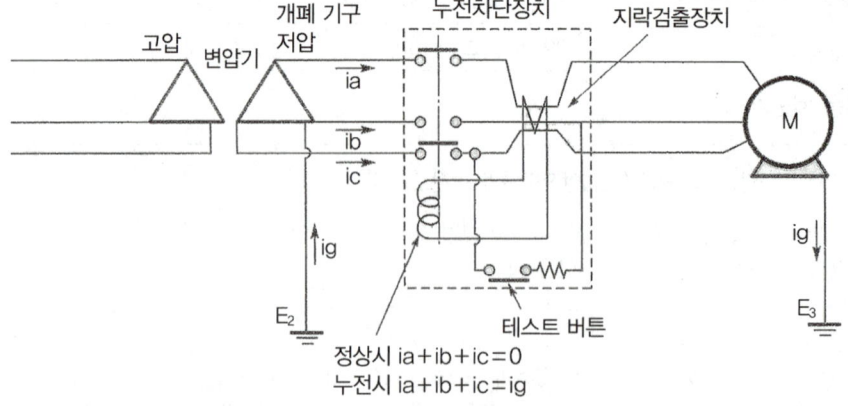

[누전차단기의 작동원리]

6 퓨즈(Fuse)

퓨즈는 전기회로가 단락되었을 때 순간적으로 과전류를 차단시켜 전기기계·기구나 배선을 보호하는 역할을 한다.

1. 퓨즈의 선택시 고려할 사항
① 정격전압　　　③ 차단용량
② 정격전류　　　④ 사용장소

2. 퓨즈의 재료
퓨즈는 쉽게 용단되어야 하므로 주석, 납, 알루미늄, 아연 및 이들의 합금으로 제조된다.

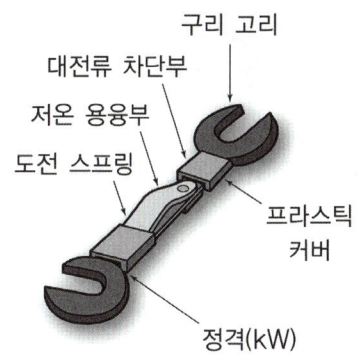

[고압용 비포장 퓨즈(고리형 퓨즈)]

3. 퓨즈의 종류
① 일반적으로 저압용 회로의 것은 포장 퓨즈 및 비포장 퓨즈가 사용된다.
② 고압용 회로는 전력퓨즈(Power Fuse)로 방출형 퓨즈 및 한류형 퓨즈가 사용된다.

4. 퓨즈의 특성(한국전기설비규정: KEC)

(1) 퓨즈의 종류

① 저압용 포장 퓨즈
　㉠ **정격용량**: 정격전류의 1.1배의 전류에 견디어야 한다.
　㉡ **용단시간**

정격전류	시간	
	정격전류의 1.6배의 전류를 통한 경우	정격전류의 2배의 전류를 통한 경우
30A 이하	60분	2분
30A 초과 60A 이하	60분	4분
60A 초과 100A 이하	120분	6분
100A 초과 200A 이하	120분	8분

② 고압용 포장 퓨즈
　㉠ **정격용량**: 정격전류의 1.3배의 전류에 견디어야 한다.
　㉡ **용단시간**: 2배의 전류로 120분 안에 용단되어야 한다.

③ 고압용 비포장 퓨즈
　㉠ **정격용량**: 정격전류의 1.25배의 전류에 견디어야 한다.
　㉡ **용단시간**: 2배의 전류로 2분 안에 용단되어야 한다.

> **참고** 고압용 비포장(고리형) 퓨즈의 구성요소 등
> ① 고압용 비포장(고리형) 퓨즈의 구성요소: 절연판, 저온 용융부, 플라스틱 커버
> ② 전로나 부하의 단락전류를 제한할 수 있는 퓨즈: 한류형 퓨즈

제3절 전기작업안전

1 전기작업 안전대책의 기본요건
(1) 전기시설의 안전관리 확립
(2) 전기설비의 품질향상
(3) 취급자의 자세

2 정전전로에서의 전기작업

1. 정전작업의 개요
정전작업이란 전로를 개로하여 해당 전로 또는 그 지지물의 설치, 점검, 수리 및 도장 등 일련의 작업을 말한다.

2. 정전작업시 전로차단 절차(산업안전보건법 안전보건기준)
① 전기기기 등에 공급되는 모든 전원을 관련 도면, 배선도 등으로 확인할 것
② 전원을 차단한 후 각 단로기 등을 개방하고 확인할 것
③ 차단장치나 단로기 등에 잠금장치 및 꼬리표를 부착할 것
④ 개로된 전로에서 유도전압 또는 전기에너지가 축적되어 근로자에게 전기위험을 끼칠 수 있는 전기기기 등은 접촉하기 전에 잔류전하를 완전히 방전시킬 것
⑤ 검전기를 이용하여 작업대상 기기가 충전되었는지를 확인할 것
⑥ 전기기기 등이 다른 노출 충전부와의 접촉, 유도 또는 예비동력원의 역송전 등으로 전압이 발생할 우려가 있는 경우에는 충분한 용량을 가진 단락접지기구를 이용하여 접지할 것

3. 정전작업 중 또는 정전작업을 마친 후 전원을 공급하는 경우 준수사항(산업안전보건법 안전보건기준)
① 작업기구, 단락접지기구 등을 제거하고 전기기기 등이 안전하게 통전될 수 있는지를 확인할 것
② 모든 작업자가 작업이 완료된 전기기기 등에서 떨어져 있는지를 확인할 것
③ 잠금장치와 꼬리표는 설치한 근로자가 직접 철거할 것
④ 모든 이상 유무를 확인한 후 전기기기 등의 전원을 투입할 것

> **참고** 정전전로에서의 전기작업 주요사항
> 1. 정전전로에서의 전기작업시 전로를 차단하지 않아도 되는 경우(산업안전보건법 안전보건기준)
>   ① 생명유지장치, 비상경보설비, 폭발위험장소의 환기설비, 비상조명설비 등의 장치·설비의 가동이 중지되어 사고의 위험이 증가되는 경우
>   ② 기기의 설계상 또는 작동상 제한으로 전로차단이 불가능한 경우
>   ③ 감전, 아크 등으로 인한 화상, 화재·폭발의 위험이 없는 것으로 확인된 경우
> 2. 단락접지 실시 목적
>   다른 전로와의 접촉, 오통전, 다른 전로로부터의 유도 및 예비동력원의 역송전에 의한 감전의 위험을 방지하기 위한 것이다.

3. 정전작업 전 조치순서
   ① 전원차단
   ② 개폐기의 잠금장치 및 표지판 설치
   ③ 잔류전하 방전
   ④ 충전여부 확인
   ⑤ 단락접지 실시
4. 정전작업 종료시 조치순서
   ① 단락접지기구 철거
   ② 위험표지판 철거
   ③ 작업자에 대한 위험여부 확인(미리 통지)
   ④ 개폐기 투입
5. 지락차단장치의 시설(전기설비기술기준 산업통상자원부고시)
   금속제 외함을 가지는 사용전압이 50V를 초과하는 저압의 기계기구로서 사람이 쉽게 접촉할 우려가 있는 전로에 지락이 발생하였을 때 자동적으로 전로를 차단하는 장치를 시설해야 한다.

3 충전전로에서의 전기작업(활선작업)시 조치사항

1. 충전전로 전기작업(활선작업)의 개요
활선작업이란 전기를 통전시킨 상태에서 충전전로나 지지 애자의 수리, 점검 및 청소작업 등 일련의 작업을 말한다.

2. 충전전로에서의 전기작업시 안전조치 사항(산업안전보건법 안전보건기준)
(1) 근로자가 충전전로를 취급하거나 그 인근에서 작업하는 경우에는 다음의 조치를 하여야 한다.
   ① 충전전로를 정전시키는 경우에는 정전전로에서의 전기작업에 따른 조치를 할 것
   ② 충전전로를 방호, 차폐하거나 절연 등의 조치를 하는 경우에는 근로자의 신체가 전로와 직접접촉하거나 도전재료, 공구 또는 기기를 통하여 간접접촉되지 않도록 할 것
   ③ 충전전로를 취급하는 근로자에게 그 작업에 적합한 절연용 보호구를 착용시킬 것
   ④ 충전전로에 근접한 장소에서 전기작업을 하는 경우에는 해당 전압에 적합한 절연용 방호구를 설치할 것 (다만, 저압인 경우에는 해당 전기작업자가 절연용 보호구를 착용하되, 충전전로에 접촉할 우려가 없는 경우에는 절연용 방호구를 설치하지 아니할 수 있다.)
   ⑤ 고압 및 특별고압의 전로에서 전기작업을 하는 근로자에게 활선작업용 기구 및 장치를 사용하도록 할 것
   ⑥ 근로자가 절연용 방호구의 설치·해체작업을 하는 경우에는 절연용 보호구를 착용하거나 활선작업용 기구 및 장치를 사용하도록 할 것
   ⑦ 유자격자가 아닌 근로자가 충전전로 인근의 높은 곳에서 작업할 때에 근로자의 몸 또는 긴 도전성 물체가 방호되지 않은 충전전로에서 대지전압이 50kV 이하인 경우에는 300cm 이내로, 대지전압이 50KV를 넘는 경우에는 10kV당 10cm씩 더한 거리 이내로 각각 접근할 수 없도록 할 것
   ⑧ 유자격자가 충전전로 인근에서 작업하는 경우에는 다음의 경우를 제외하고는 노출 충전부에 다음 표에 제시된 접근한계거리 이내로 접근하거나 절연손잡이가 없는 도전체에 접근할 수 없도록 할 것
      ㉠ 근로자가 노출 충전부로부터 절연된 경우 또는 해당 전압에 적합한 절연장갑을 착용한 경우
      ㉡ 노출 충전부가 다른 전위를 갖는 도전체 또는 근로자와 절연된 경우
      ㉢ 근로자가 다른 전위를 갖는 모든 도전체로부터 절연된 경우

충전전로의 선간전압(단위: kV)	충전전로에 대한 접근한계거리(단위: cm)
0.3 이하	접촉금지
0.3 초과 0.75 이하	30
0.75 초과 2 이하	45
2 초과 15 이하	60
15 초과 37 이하	90
37 초과 88 이하	110
88 초과 121 이하	130
121 초과 145 이하	150
145 초과 169 이하	170
169 초과 242 이하	230
242 초과 362 이하	380
362 초과 550 이하	550
550 초과 800 이하	790

(2) 절연이 되지 않은 충전부나 그 인근에 근로자가 접근하는 것을 막거나 제한할 필요가 있는 경우에는 울타리를 설치하고 근로자가 쉽게 알아볼 수 있도록 하여야 한다.

(3) 울타리 설치의 조치가 곤란한 경우에는 근로자를 감전위험에서 보호하기 위하여 사전에 위험을 경고하는 감시인을 배치하여야 한다.

3. **충전전로 인근에서의 차량, 기계장치작업시 안전조치사항**(산업안전보건법 안전보건기준)

충전전로 인근에서 차량, 기계장치 등의 작업이 있는 경우에는 차량 등을 충전전로의 충전부로부터 300cm 이상 이격시켜 유지시키되, 대지전압이 50kV를 넘는 경우 이격시켜 유지하여야 하는 거리는 10kV 증가할 때마다 10cm씩 증가시켜야 한다. 다만, 차량 등의 높이를 낮춘 상태에서 이동하는 경우에는 이격거리를 120cm 이상(대지전압이 50kV를 넘는 경우에는 10kV 증가할 때마다 이격거리를 10cm씩 증가)으로 할 수 있다.

4 전기공사의 안전수칙

① 정전작업에 대한 연락 및 협조사항을 사전에 완전히 준비할 것
② 개로된 개폐기에는 시건장치를 하거나 통전금지표지를 부착 또는 감시인을 배치할 것
③ 검전기에 의하여 정전을 확인할 것
④ 잔류전하를 방전시킬 것
⑤ 단락접지를 할 것
⑥ 통전되어 있는 인접부근에는 절연방호를 할 것
⑦ 작업지휘자를 정할 것
⑧ 작업이 끝났을 때는 개로된 전선에 통전할 때의 조치를 완전히 할 것

> **참고** 전기안전 관련 기타 사항

1. **활선작업장구**: 핫스틱, 안전모, 고무장갑, 안전대 등이 있다.
2. **활선작업시 장갑착용 요령**: 내부에 고무장갑, 외부에 가죽장갑을 끼고 작업을 한다.
3. **활선작업 수행시 다른 공사와의 관계**: 동일 전주 혹은 인접주위에서의 다른 작업은 하지 못한다.
4. **전동기 운전시 개폐기 조작순서**
   ① 메인 스위치 ② 분전반 스위치 ③ 전동기용 개폐기
5. **코로나(corona)현상**
   전선간에 가해지는 전압이 어떤 값 이상으로 되면 전선 주위의 전기장이 강하게 되면서 국부적으로 절연이 파괴되어 전선표면의 공기가 빛과 소리를 내는 현상이다.
6. **페란티(ferranti)효과**
   선로가 무부하 또는 경부하 운전시 정전용량에 의해 충전전류의 영향이 증대되어 수전단 전압이 송전단 전압보다 높아지는 현상이다.

5 이동 및 휴대장비 등 사용 전기작업시 안전조치사항(산업안전보건법 안전보건기준)

① 근로자가 착용하거나 취급하고 있는 도전성 공구, 장비 등이 노출 충전부에 닿지 않도록 할 것
② 근로자가 사다리를 노출 충전부가 있는 곳에서 사용하는 경우에는 도전성 재질의 사다리를 사용하지 않도록 할 것
③ 근로자가 젖은 손으로 전기기계·기구의 플러그를 꽂거나 제거하지 않도록 할 것
④ 근로자가 전기회로를 개방, 변환 또는 투입하는 경우에는 전기차단용으로 특별히 설계된 스위치, 차단기 등을 사용하도록 할 것
⑤ 차단기 등의 과전류차단장치에 의하여 자동차단된 후에는 전기회로 또는 전기기계·기구가 안전하다는 것이 증명되기 전까지는 과전류차단장치를 재투입하지 않도록 할 것

6 전기기계·기구의 안전조치 및 설치

1. 전기기계·기구의 조작시 안전 조치(산업안전보건법 안전보건기준)

① 전기기계·기구의 조작부분을 점검하거나 보수하는 경우에 70cm 이상의 작업공간을 확보할 것. 단, 작업공간을 확보하는 것이 곤란하여 절연용 보호구(절연장갑, 절연안전모, 절연장화 등)를 착용하도록 한 경우는 제외한다.
② 전기적 불꽃 또는 아크에 의한 화상의 우려가 높은 고압 이상의 충전전로작업에 근로자를 종사시키는 경우에는 난연성능 또는 방염처리된 작업복을 착용시킬 것

2. 전기기계·기구의 적정 설치(산업안전보건법 안전보건기준)

전기기계·기구를 설치하려는 경우에는 다음의 사항을 고려하여 적절하게 설치하여야 한다.
① 전기적, 기계적 방호수단의 적정성
② 습기, 분진 등 사용장소의 주위 환경
③ 전기기계·기구의 충분한 전기적 용량 및 기계적 강도

7 꽂음접속기의 설치·사용시 주의사항(산업안전보건법 안전보건기준)

① 서로 다른 전압의 꽂음접속기는 서로 접속되지 아니한 구조의 것을 사용할 것
② 습윤한 장소에 사용되는 꽂음접속기는 방수형 등 그 장소에 적합한 것을 사용할 것
③ 근로자가 해당 꽂음접속기를 접속시킬 경우에는 땀 등으로 젖은 손으로 취급하지 않도록 할 것
④ 해당 꽂음접속기에 잠금장치가 있는 경우에는 접속 후 잠그고 사용할 것

8 배선공사

1. **전선의 종류**

   ```
   전선 ─┬─ 피복전선 ─┬─ 고무절연전선 – 저압옥내공사 또는 고압가공선에 사용
         │           │              ┌─ 600V 비닐절연전선: 600V 이하의 옥내배선
         │           └─ 비닐절연전선 ─┼─ 옥외용 비닐절연전선: 저압가공 배전전선
         │                          └─ 인입용 비닐절연전선: 저압가공 인입선
         └─ 나전선 – 경동선이 주로 쓰이며, 단선과 연선으로 구분
   ```

2. **전선굵기의 결정시 고려해야 할 사항**

   ① 전압강하
   ② 기계적 강도
   ③ 허용전류
   ▶ 전선굵기는 우선적으로 전압강하에 의해 결정되고, 전선의 전압강하는 간선 및 분기회로에서 각각 표준전압의 2% 이하로 하는 것을 원칙으로 한다.

3. **전선을 접속할 때 유의사항**

   ① 접속부분의 전기저항은 같은 길이의 전기저항보다 증가하지 않아야 한다.
   ② 철도궤도, 다른 전선로 등을 횡단하는 장소에서는 전선접속 개소를 만들어서는 안 된다.
   ③ 전선의 세기(인장하중으로 표시한다)를 20% 이상 감소시키지 않아야 한다.

4. **전선의 용도**

   ① **동선**
      ㉠ **경동선**: 옥외배선용
      ㉡ **연동선**: 옥내배선용
   ② **나전선**: 옥내배선에서 특수한 경우에 사용된다.
   ③ **절연전선**: 나전선에 고무와 비닐 등의 절연물을 입혀 전기적으로 절연한 전선
      ㉠ **인입용 비닐절연전선(DV)**: 옥외인입배선용
      ㉡ **옥외용 비닐절연전선(OW)**: 옥외배선용
      ㉢ **600V 비닐절연전선(IV)**: 습기·물기 많은 곳, 금속관 공사용
      ㉣ **600V 고무절연전선(RB)**: 옥외배선용

> **참고** 배선공사 관련 기타 사항
>
> 1. 작업장 내 저압전선에서는 감전 등의 위험으로 나전선을 사용하지 않고 있지만 특별한 이유에 의하여 나전선을 사용할 수 있도록 규정된 곳
>   ① 버스덕트 작업에 의한 시설작업
>   ② 애자사용 작업에 의한 전로용 전선
>   ③ 유희용 전차시설의 규정에 준하는 접촉전선을 시설하는 경우
> 2. 저압 및 고압선을 직접매설식으로 매설할 때 매설깊이
>   ① 중량물의 압력을 받지 않는 장소에서의 매설깊이: 60cm 이상
>   ② 중량물의 압력을 받는 장소에서의 매설깊이: 100cm 이상
> 3. 자동차가 통행하는 도로에서 고압의 지중선로를 직접 매설식으로 시설할 때 사용되는 전선
>   콤바인덕트 케이블(combine duct cable)

5. 송·배전 계통

발전소 → 송전선로 → 배전선로 → 옥내배선

(1) 송전

변전소에서 다른 변전소로, 발전소에서 다른 발전소로 또는 변전소에서 발전소로 접속된 선로에 전력을 수송하는 경우

(2) 배전

변전소나 발전소에서 다른 변전소나 발전소를 거치지 않고 직접 수용가로 전력을 공급하는 경우

> **참고** 발전소 등의 울타리, 담 등의 시설(한국전기설비규정: KEC)
>
> | 사용전압 | 울타리, 담 등의 높이와 울타리, 담 등으로부터 충전부문까지의 거리의 합계 |
> |---|---|
> | 35kV 이하 | 5m |
> | 35kV 초과 160kV 이하 | 6m |
> | 160kV 초과 | 6m에 160kV를 초과하는 10kV 또는 그 단수마다 12cm를 더한 값 |
>
> ※ 울타리, 담 등의 높이는 2m 이상으로 하고, 지표면과 울타리, 담 등의 하단 사이의 간격은 15cm 이하로 할 것

적중문제 CHAPTER 1 | 전기안전관리 업무수행

01 전기에 감전되었을 경우 인체에 미치는 위험성을 결정하는 1차적 요인이 아닌 것은?
① 인체에 흐른 전류의 크기(통전전류)
② 인체의 감전시간(통전시간)
③ 인체에 흐른 전압의 크기(통전전압)
④ 전류가 흐른 신체부위(통전경로)

해설 통전전압은 위험성을 결정하는 2차적 요인에 해당한다.

관련이론 위험성을 결정하는 1차적 요인
- 인체에 흐른 전류의 크기(통전전류)
- 인체의 감전시간(통전시간)
- 전류가 흐른 신체부위(통전경로)
- 전원의 종류(직류, 교류)

정답 ③

02 인체가 전기설비에 접촉되어 감전재해가 발생하였을 때 감전재해의 위험도에 가장 큰 영향을 미치는 요인은?
① 통전전류의 크기 ② 통전시간
③ 통전경로 ④ 전원의 종류

해설 감전재해의 위험도에 가장 큰 영향을 미치는 요인은 통전전류의 크기이다.

정답 ①

03 인체에 감전되었을 때 견디기 어려울 정도의 마비한계전류의 크기는?
① 7~8mA ② 10~15mA
③ 30~35mA ④ 100mA 이상

해설 감전되었을 때 견디기 어려울 정도의 마비한계전류의 크기는 60Hz 교류에서 성인 남자 기준 10~15mA 정도이다.

관련이론 통전전류의 크기와 인체에 미치는 영향과의 관계
- 최소감지전류: 1~2mA 정도
- 고통한계전류: 7~8mA 정도
- 마비한계전류: 10~15mA 정도

정답 ②

04 가수전류에 대한 설명으로 옳은 것은?
① 마이크 사용 중 전격으로 사망에 이른 전류
② 전격을 일으킨 전류가 교류인지 직류인지 구별할 수 없는 전류
③ 충전부로부터 자력으로 이탈할 수 있는 전류
④ 몸이 물에 젖어 전압이 낮은데도 전격을 일으킨 전류

해설 충전부로부터 자력으로 이탈할 수 있는 전류를 가수전류(이탈가능전류)라고 하며, 충전부로부터 자력으로 이탈할 수 없는 전류를 불수전류(이탈불능전류)라고 한다.

정답 ③

05 220V 전압에 접촉된 사람의 인체저항이 약 1,000Ω일 때 인체전류와 그 결과값의 위험성 여부로 알맞은 것은?

① 10mA, 안전 ② 45mA, 위험
③ 50mA, 안전 ④ 220mA, 위험

해설 $I = \dfrac{V}{R} = \dfrac{220}{1,000} = 0.22\text{A} \times 1,000 = 220\text{mA}$

따라서, 100mA를 넘는 수치이므로 아주 위험한 상태이다.

정답 ④

06 심장의 맥동주기 중 어느 때에 전격이 인가되면 심실세동을 일으킬 확률이 크고 위험한가?

① 심방의 수축이 있을 때
② 심실의 수축이 있을 때
③ 심실의 수축 종료 후 심실의 휴식이 있을 때
④ 심실의 수축이 있고 심방의 휴식이 있을 때

해설 심장의 맥동주기 중 심실의 수축 종료 후 심실의 휴식이 있을 때 전격이 인가되면 심실세동을 일으킬 확률이 크고 위험하다.

정답 ③

07 인체에 전류가 흐를 때 통전경로별 위험도가 가장 큰 경우는?

① 오른손 – 가슴 ② 양손 – 양발
③ 왼손 – 등 ④ 왼손 – 가슴

해설 왼손 – 가슴의 위험도는 1.5로 가장 높은데 그 이유는 통전경로가 심장부위를 관통하기 때문이다.

관련이론 통전경로별 위험도

통전경로	위험도 (심장전류계수)	통전경로	위험도 (심장전류계수)
오른손 – 등	0.3	양손 – 양발	1.0
왼손 – 오른손	0.4	왼손 – 한발 또는 양발	1.0
왼손 – 등	0.7	오른손 – 가슴	1.3
한손 또는 양손 – 앉아 있는 자리	0.7	왼손 – 가슴	1.5
오른손 – 한발 또는 양발	0.8		

정답 ④

08 Dalziel에 의하여 동물실험을 통해 얻어진 전류값을 인체에 적용했을 때 심실세동을 일으키는 전기에너지(J)는? (단, 인체전기저항은 500Ω으로 보며, 흐르는 전류 $I = \dfrac{165}{\sqrt{T}}$ mA로 한다.)

① 9.8 ② 13.6
③ 19.6 ④ 27

해설 $W = I^2RT$
$= (\dfrac{165}{\sqrt{T}} \times 10^{-3})^2 \times 500 \times T = 13.6125$
$\fallingdotseq 13.6\text{J}$

정답 ②

09 다음 ( ) 안에 들어갈 내용으로 알맞은 것은?

> 과전류차단장치는 반드시 접지선 외의 전로에 ( )로 연결하여 과전류 발생시 전로를 자동으로 차단하도록 설치할 것

① 직렬 ② 병렬
③ 임시 ④ 직·병렬

해설 과전류차단장치는 반드시 접지선 외의 전로에 직렬로 연결하여 과전류 발생시 전로를 자동으로 차단하도록 설치하여야 한다.

정답 ①

10 개폐조작의 순서에 있어서 그림의 기구번호의 경우 차단순서와 투입순서가 안전수칙에 적합한 것은?

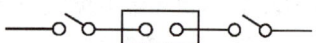

(1) DS (2) OCB (3) DS

① 차단 (1)(2)(3), 투입 (1)(2)(3)
② 차단 (2)(3)(1), 투입 (2)(3)(1)
③ 차단 (3)(2)(1), 투입 (3)(2)(1)
④ 차단 (2)(3)(1), 투입 (3)(1)(2)

해설 • 개폐조작의 순서에 있어서 과전류를 차단하는 순서는 차단 (2)(3)(1), 투입 (3)(1)(2)이다.
• 유입차단기(OCB)의 절연유온도는 90℃ 이하로 하고, 자연소호식이다.

정답 ④

11 전동기용 퓨즈의 사용 목적으로 알맞은 것은?

① 회로에 흐르는 과전류 차단
② 과전압 차단
③ 누설전류 차단
④ 역전시 과전류 차단

해설 퓨즈는 전기회로가 단락되었을 때 회로에 흐르는 과전류 차단을 목적으로 사용된다.

관련 이론 **퓨즈에 관한 사항**

퓨즈(Fuse) 선택시 고려사항	• 정격전류 • 정격전압 • 차단용량 • 사용장소
퓨즈의 종류	• 저압용 회로의 것: 비포장 퓨즈, 포장 퓨즈 • 고압용 회로의 것: 전력퓨즈(한류형 퓨즈, 방출형 퓨즈)

정답 ①

12 감전 등의 재해를 예방하기 위하여 고압기계·기구 주위에 관계자 이외의 출입을 금하도록 울타리를 설치할 때 울타리의 높이와 울타리로부터 충전부분까지의 거리의 합이 최소 몇 m 이상이 되어야 하는가?

① 5m 이상 ② 6m 이상
③ 7m 이상 ④ 9m 이상

해설 감전 등의 재해를 예방하기 위하여 울타리를 설치할 때 울타리의 높이와 울타리로부터 충전부분까지의 거리의 합이 최소 5m 이상 되어야 한다.

정답 ①

13 배전선로에 정전작업 중 단락접지기구를 사용하는 목적으로 적합한 것은?

① 통신선 유도장해 방지
② 배전용 기계·기구의 보호
③ 배전선 통전시 전위강도 저감
④ 혼촉 또는 오동작에 의한 감전방지

해설 배전선로에 정전작업 중 단락접지기구를 사용하는 목적은 혼촉 또는 오동작에 의한 감전방지이다.

정답 ④

14 정전작업시 조치사항으로 옳지 않은 것은?

① 작업 전 전기설비의 잔류전하를 확실히 방전한다.
② 개로된 전로의 충전여부를 검전기구에 의하여 확인한다.
③ 개폐기에 시건장치를 하고 통전금지에 관한 표지판은 제거한다.
④ 예비동력원의 역송전에 의한 감전의 위험을 방지하기 위해 단락접지기구를 사용하여 단락접지를 한다.

해설 개폐기에 시건장치를 하고 통전금지에 관한 표지판을 설치한다.

정답 ③

15 전로 또는 지지물의 신설, 증설, 수리 등의 전기공사를 안전하게 하기 위하여 정전작업을 할 경우 작업순서로 옳은 것은?

① 개폐기 시건장치 – 잔류전하 방전 – 전로검전 – 단락접지 설치 – 작업
② 개폐기 시건장치 – 위험표시 부착 – 보호용구 사용 – 단락접지 설치 – 작업
③ 주회로 개방 – 단락접지 설치 – 전로검전 – 개폐기 시건장치 – 작업
④ 주회로 개방 – 전로검전 – 단락접지 설치 – 위험표시 부착 – 작업

해설 정전작업시 올바른 작업순서는 개폐기 시건장치 – 잔류전하 방전 – 전로검전 – 단락접지 설치 – 작업이다.

정답 ①

16 전력케이블을 사용하는 경우나 역률개선용 콘덴서 등이 접속되어 있는 전로에서 정전작업을 할 경우 반드시 취해야 하는 조치사항은?

① 개폐기의 통전금지
② 잔류전하의 방전
③ 안전표지의 부착
④ 활선근접작업에 대한 방호

해설 정전작업시 개로된 전로가 전력케이블, 전력콘덴서 등을 가진 것으로서 위험이 발생할 우려가 있는 것은 잔류전하의 방전을 확실하게 하여야 한다.

정답 ②

17 산업안전보건법령에 따라 충전전로 인근에서 차량, 기계장치 등의 작업이 있는 경우에는 차량 등을 충전전로의 충전부로부터 얼마 이상 이격시켜 유지하여야 하는가?

① 1m   ② 2m
③ 3m   ④ 5m

해설 충전전로 인근에서 차량, 기계장치 등의 작업이 있는 경우에는 차량 등을 충전전로의 충전부로부터 3m 이상 이격시켜 유지하여야 한다.

정답 ③

18 근로자가 충전전로에 취급하거나 그 인근에서 작업하는 경우 조치하여야 하는 사항으로 옳지 않은 것은?

① 충전전로를 취급하는 근로자에게 그 작업에 적합한 절연용 보호구를 착용시킬 것
② 충전전로를 정전시키는 경우 차단장치나 단로기 등의 잠금장치 확인없이 빠른 시간 내에 작업을 완료할 것
③ 충전전로에 근접한 장소에서 전기작업을 하는 경우에는 해당 전압에 적합한 절연용 방호구를 설치할 것
④ 고압 및 특별고압의 전로에서 전기작업을 하는 근로자에게 활선작업용 기구 및 장치를 사용하도록 할 것

해설 충전전로를 정전시키는 경우 차단장치나 단로기 등의 잠금장치를 확인하고 안전하게 작업을 완료하여야 한다.

정답 ②

19 충전전로의 선간전압이 2kV 초과 15kV 이하인 고압에서의 충전전로 인근작업시 유자격근로자가 유지해야 할 접근한계거리는?

① 30cm ② 60cm
③ 90cm ④ 110cm

해설 충전전로의 선간전압이 2kV 초과 15kV 이하인 고압에서의 충전전로 인근작업시 유자격근로자가 유지해야 할 접근한계거리는 60cm이다.

관련이론 충전전로 인근작업시 유자격근로자가 유지해야 할 접근한계거리(산업안전보건법 안전보건기준)

충전전로의 선간전압(kV)	충전전로에 대한 접근한계거리(cm)
0.3 이하	접촉금지
0.3 초과 0.75 이하	30
0.75 초과 2 이하	45
2 초과 15 이하	60
15 초과 37 이하	90
37 초과 88 이하	110
88 초과 121 이하	130
121 초과 145 이하	150

정답 ②

20 근로자가 노출된 충전부 또는 그 부근에서 작업함으로써 감전될 우려가 있는 경우에는 작업에 들어가기 전에 해당 전로를 차단하여야 하나 전로를 차단하지 않아도 되는 예외 기준이 있다. 이러한 예외 기준에 해당하지 않는 것은?

① 생명유지장치, 비상경보설비, 폭발위험장소의 환기설비, 비상조명설비 등의 장치·설비의 가동이 중지되어 사고의 위험이 증가되는 경우
② 관리감독자를 배치하여 짧은 시간 내에 작업을 완료할 수 있는 경우
③ 기기의 설계상 또는 작동상 제한으로 전로차단이 불가능한 경우
④ 감전, 아크 등으로 인한 화상, 화재·폭발의 위험이 없는 것으로 확인된 경우

해설 관리감독자를 배치하여 짧은 시간 내에 작업을 완료할 수 있는 경우는 예외 기준에 해당하지 않는다.

관련이론 전로차단의 예외 기준(산업안전보건법 안전보건기준)
- 생명유지장치, 비상경보설비, 폭발위험장소의 환기설비, 비상조명설비 등의 장치·설비의 가동이 중지되어 사고의 위험이 증가되는 경우
- 기기의 설계상 또는 작동상 제한으로 전로 차단이 불가능한 경우
- 감전, 아크 등으로 인한 화상, 화재·폭발의 위험이 없는 것으로 확인된 경우

정답 ②

21 전기작업 안전대책의 기본요건으로 옳지 않은 것은?

① 감전안전한계 확립
② 전기시설의 안전관리 확립
③ 취급자의 자세
④ 전기설비의 품질향상

해설 전기작업 안전대책의 기본요건으로는 전기시설의 안전관리 확립, 취급자의 자세, 전기설비의 품질향상이 있으며, 감전안전한계 확립은 기본요건과 관계가 없다.

정답 ①

22 전기로 인한 위험방지를 위하여 전기기계·기구를 적정하게 설치하고자 할 때의 고려사항이 아닌 것은?

① 전기적·기계적 방호수단의 적정성
② 습기, 분진 등 사용장소의 주위 환경
③ 비상전원설비의 구비와 접지극의 매설깊이
④ 전기기계·기구의 충분한 전기적 용량 및 기계적 강도

해설 비상전원설비의 구비와 접지극의 매설깊이는 해당하지 않으며, 전기기계·기구를 적정하게 설치하고자 할 때의 고려사항은 다음과 같다.
• 전기적·기계적 방호수단의 적정성
• 습기, 분진 등 사용장소의 주위 환경
• 전기기계·기구의 충분한 전기적 용량 및 기계적 강도

정답 ③

23 전기안전에 관한 일반적인 사항에 대한 설명으로 옳은 것은?

① 220V 동력용 전동기의 외함에 접지를 하지 않았다.
② 배선에 사용할 전선의 굵기를 허용전류, 기계적 강도, 전압강하 등을 고려하여 결정하였다.
③ 누전을 방지하기 위해 피뢰침 설비를 설치하였다.
④ 전선접속시 전선의 세기가 30% 이상 감소되었다.

해설 배선에 사용할 전선의 굵기를 허용전류, 기계적 강도, 전압강하 등을 고려하여 결정해야 한다.

선지분석
① 220V 동력용 전동기의 외함에는 접지를 하여야 한다.
③ 누전을 방지하기 위해 누전차단기를 설치하여야 한다.
④ 전선접속시 전선의 세기를 20% 이상 감소되지 않아야 한다.

정답 ②

24 사용전압이 154kV인 변압기 설비를 지상에 설치할 때 감전사고 방지대책으로 울타리의 높이와 울타리로부터 충전부분까지의 거리의 합계의 최소값은?

① 3m ② 5m
③ 6m ④ 7m

해설 사용전압이 154kV인 변압기 설비를 지상에 설치할 때 울타리의 높이와 울타리로부터 충전부분까지의 거리의 합계의 최소값은 6m이다.

 변압기 설비를 지상에 설치할 때 울타리의 높이와 울타리로부터 충전부분까지 거리의 합계(한국전기설비규정: KEC)

사용전압	높이
35kV 이하	5m
35kV 초과 160kV 이하	6m
160kV 초과	6m에 160kV를 초과하는 10kV 또는 그 단수마다 12cm를 더한 값

정답 ③

25 산업안전보건법령에 따라 꽂음접속기를 설치 또는 사용하는 경우 준수하여야 할 사항으로 옳지 않은 것은?

① 서로 다른 전압의 꽂음접속기는 서로 접속되지 아니한 구조의 것을 사용할 것
② 습윤한 장소에 사용되는 꽂음접속기는 방수형 등 그 장소에 적합한 것을 사용할 것
③ 근로자가 해당 꽂음접속기를 접속시킬 경우에는 땀등으로 젖은 손으로 취급하지 않도록 할 것
④ 꽂음접속기에 잠금장치가 있는 때에는 접속 후 개방하여 사용할 것

해설 꽂음접속기에 잠금장치가 있는 때에는 접속 후 잠그고 사용한다.

정답 ④

CHAPTER 2 | 감전재해 및 방지대책

제1절 감전재해예방 및 조치

1 안전전압

(1) 안전전압은 전기회로 정격전압의 일정수준 이하의 낮은 전압으로 절연파괴 등의 이상사태시에도 인체에 위험을 주지 않는 전압이다.

(2) 우리나라에서는 일반 사업장의 안전전압을 30V로 정하고 있으며, 안전전압은 주위의 작업환경에 따라 달라질 수 있다.

(3) 세계 여러나라에서 실용적으로 채택하고 있는 안전전압은 다음과 같다.

국명	안전전압(V)	국명	안전전압(V)
한국	30	벨기에	35
영국	24	스위스	36
독일	24	프랑스	50(DC), 24(AC)
일본	24~30	네덜란드	50

2 위험전압

위험전압은 전원과 인체의 접촉으로 인하여 인체에 인가될 수 있는 전압으로, 접촉전압과 보폭전압으로 구분된다.

1. 접촉전압

사람의 손과 다른 인체의 일부 사이에 인가되는 전압이다.

(1) 허용접촉전압

인체의 접촉상태에 따른 허용접촉전압은 다음 표와 같다.

종별	접촉상태	허용접촉전압(V)
제1종	인체의 대부분이 수중에 있는 상태	2.5 이하
제2종	① 인체가 현저하게 젖어 있는 상태 ② 금속성의 전기기계장치나 구조물에 인체의 일부가 상시 접촉되어 있는 상태	25 이하
제3종	통상의 인체상태에서 접촉전압이 가해지면 위험성이 높은 상태	50 이하
제4종	① 통상의 인체상태에서 접촉전압이 가해지더라도 위험성이 낮은 상태 ② 접촉전압이 가해질 우려가 없는 상태	제한없음

(2) **허용접촉전압 계산**: 변전소 등에 고장전류가 유입되었을 때 그 부근 지표상과 도전성 구조물의 두점(보통 1m)간 변위차의 허용값은 다음과 같다.

$$E = \left(R_b + \frac{3R_s}{2}\right) \times I_k$$

여기서, E: 허용접촉전압(V), R_b: 인체의 저항(Ω), R_s: 지표상층 저항률($\Omega \cdot$m), I_k: 심실세동전류(A)

> **참고** 전원과 인체의 접촉
>
> 1. 직접접촉 형태
>   ① 정전작업 중 타인이 전원스위치를 투입하거나 활선작업 중 부주의로 인하여 발생되는 형태
>   ② 평상시 인체의 일부가 충전부에 접촉하여 전압이 인가되는 형태
> 2. 간접접촉 형태
>   ① 아크 발생 또는 전선피복의 절연손상에 의해 발생되는 형태
>   ② 평상시 충전되지 않은 전기기구의 금속제 외함 등에 누전으로 인하여 인체의 일부가 외함과 접촉함으로써 전압이 인가되는 형태

2. 보폭전압

(1) 전류가 접지극을 통하여 대지로 흘러갈 때 사람의 양발 사이에 전위가 발생하여 인가되는 전압이다.
  ▶ 보폭전압에 관련되는 두 점의 근접된 지점간의 거리는 1m 정도이다.

(2) **허용보폭전압**

변전소 등에 지락전류가 흐를 경우, 지표면상에 근접 격리된 두 점간 변위차의 허용값은 다음과 같다.

$$E = (R_b + 6R_s) \times I_k$$

여기서, E: 허용보폭전압(V), R_b: 인체의 저항(Ω), R_s: 지표상층 저항률($\Omega \cdot$m), I_k: 심실세동전류(A)

3 인체의 전기저항

(1) **피부의 전기저항**: 2,500Ω
  ① **피부에 땀이 나 있을 경우**: 1/12 정도로 감소 ② **피부가 물에 젖어 있을 경우**: 1/25 정도로 감소

> **참고** 인체피부의 전기저항에 영향을 주는 주요 인자 등
>
> 1. 감전시 인체에 흐르는 전류: 인가전압에 비례하고 인체저항에 반비례한다.
> 2. 인체피부의 전기저항에 영향을 주는 주요 인자
>   ① 전원의 종류   ⑤ 접촉면적
>   ② 인가전압의 크기   ⑥ 접촉압력
>   ③ 인가시간(접촉시간)   ⑦ 접촉부의 습기
>   ④ 접촉부위   ⑧ 피부의 건습차
> 3. 인체의 피부를 절연파괴시키는 임계전압의 크기: 1,000V 이상

(2) 인체의 피부저항과 전류밀도, 통과전류, 접촉면적의 관계
   ① 접촉면적이 커질수록 피부저항은 작아진다.
   ② 접촉면적이 커질수록 전류밀도는 작아진다.
   ③ 전류밀도와 접촉면적은 반비례한다.
   ④ 전류밀도와 통전전류는 비례한다.

(3) 인체의 전기적 등가회로(Freiberger가 제시)

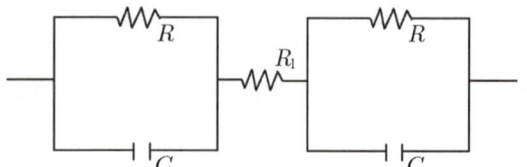

여기서, R: 피부저항(Ω) → 2,500 Ω
C: 정전용량(F) → 20μF/cm^2
R_1: 인체의 두손, 두발간의 저항값
→ 500 Ω

▶ 전압이 일정할 경우 인체의 전기저항은 통전전류의 크기를 결정하는데 있어 중요한 요소이다.

4 전압의 구분

전기의 저압, 고압, 특별고압의 분류는 다음 표와 같이 분류한다(한국전기설비규정: KEC).

압력	직류(DC)	교류(AC)
저압	1.5kV 이하	1kV 이하
고압	1.5kV 초과 7kV 이하	1kV 초과 7kV 이하
특별고압	7kV 초과	7kV 초과

※ 한국전기설비규정: KEC(Korea Electro-technical Code) → 2018.3.9 제정, 2021.1.1 시행

제2절 감전재해 방지대책

1 전기기계·기구 감전재해 방지대책

1. 직접접촉에 의한 감전재해 방지대책
   (1) 직접접촉은 정상운전시 전압이 인가된 충전부분에 인체가 접촉되는 것이다.
   (2) 직접접촉에 의한 감전재해 방지대책
      ① 충전부 방호(덮개, 방호망 등)
      ② 충전부 전체 절연(충전부는 내구성이 있는 절연물로 절연)
      ③ 전기기기구조상 안전조치(폐쇄형 외함구조 등 적절한 안전조치)
      ④ 설치장소의 제한(별도의 실내, 울타리 설치 등)
      ⑤ 작업자는 절연화 등 보호구 착용
      ⑥ 도전성 물체 및 작업장 주위의 바닥을 절연물로 도포

2. 간접접촉에 의한 감전재해 방지대책

(1) 간접접촉은 고장으로 전압이 인가된 도전성 부분에 인체가 접촉되는 것이다.

(2) 간접접촉에 의한 감전재해 방지대책
   ① 안전전압 이하의 전기기기 사용
   ② 사고회로의 신속한 차단(전원의 자동차단)
   ③ 비접지식 전로의 채용
   ④ 보호접지
      ㉠ 계통접지: 발전기 또는 변압기의 중성점 등을 접지시키는 것으로 직접접지, 비접지, 저항접지 등으로 구분되어 있다.
      ㉡ 기기접지: 금속제 외함을 접속시켜 절연파괴로 누전이 되면 접지선을 통하여 누설전류를 대지로 흘러가게 하는 것으로 인명의 보호를 주 목적으로 실시하는 접지이다.
   ⑤ 이중절연구조의 전기기기 사용
   ⑥ 누전차단기의 설치

> **참고** 전기기계·기구 등의 충전부 방호(산업안전보건법 안전보건기준)
>
> 근로자가 작업이나 통행 등으로 인하여 전기기계·기구(전동기, 변압기, 접속기, 개폐기, 분전반, 배전반 등) 또는 전로 등의 충전부분에 접촉 또는 접근함으로써 감전의 위험이 있는 충전부분에 대해서는 감전을 방지하기 위해 다음 방법으로 방호해야 한다.
> ① 충전부가 노출되지 않도록 폐쇄형 외함이 있는 구조로 할 것
> ② 충전부에 충분한 절연효과가 있는 방호망 또는 절연덮개를 설치할 것
> ③ 충전부는 내구성이 있는 절연물로 완전히 덮어 감쌀 것
> ④ 발전소, 변전소 및 개폐소 등 구획되어 있는 장소로서 관계 근로자가 아닌 사람의 출입이 금지되는 장소에 충전부를 설치하고, 위험표시 등의 방법으로 방호를 강화할 것
> ⑤ 전주 위 및 철탑 위 등 격리되어 있는 장소로서 관계 근로자가 아닌 사람이 접근할 우려가 없는 장소에 충전부를 설치할 것

2 배선 및 배선기기류 감전재해 방지대책

1. 배선

(1) 저압전로의 절연 성능(전기설비기술기준 산업통상자원부고시)

전기사용장소의 사용전압이 저압인 전로의 전선상호간 및 전로와 대지 사이의 절연저항은 개폐기 또는 과전류차단기로 구분할 수 있는 전로마다 다음 표에서 정한 값 이상이어야 한다.

전로의 사용전압	절연저항	DC시험전압
SELV 및 PELV	0.5MΩ	250V
FELV, 500V 이하	1.0MΩ	500V
500V 초과	1.0MΩ	1,000V

※ 전기설비기술기준 → 2019.3.25 개정, 2021.1.1 시행

▶ 특별저압(Extra Low Voltage: 2차전압이 AC 50V, DC 120V 이하)으로 SELV(Safety Extra Low Voltage: 비접지회로 구성) 및 PELV(Protected Extra Low Voltage: 접지회로 구성)는 1차와 2차가 전기적으로 절연된 회로, FELV(Functional Extra Low Voltage)는 1차와 2차가 전기적으로 절연되지 않은 회로

(2) 습윤한 장소에서 배선을 시공할 때 유의사항
① 이동전선은 단면적 $0.75mm^2$ 이상의 코드 또는 캡타이어케이블을 사용할 것
② 애자사용 배선에 사용하는 애자는 300V 이하일 때는 높애자 이상, 300V를 초과할 때는 특캡애자 또는 핀애자 이상 크기의 것을 사용할 것
③ 전선의 접속개소는 가능한 적게 하고, 전선접속부분에는 절연처리에 유의할 것
④ 배관공사인 경우 습기나 물기가 침입하지 않도록 할 것

2. 배선기기류

배선기기류에는 퓨즈 및 배선용 차단기 등을 설치하여야 한다.

> **참고** 임시로 사용하는 전등 등의 위험방지 및 절연내력시험
>
> 1. 임시로 사용하는 전등 등의 위험방지(산업안전보건법 안전보건기준)
>   ① 감전 및 전구의 파손에 의한 위험을 방지하기 위해 보호망을 부착할 것
>   ② 보호망을 설치하는 경우 전구의 노출된 금속부분에 근로자가 쉽게 접촉되지 아니하는 구조로 할 것
>   ③ 보호망의 재료는 쉽게 파손되거나 변형되지 아니하는 것으로 할 것
> 2. 배선용 차단기(Molded Case Circuit Breaker: MCCB)
>   트리핑(Tripping)장치, 개폐기구 등을 용기 내에 일체로 조립한 것으로 단락 및 과부하시 자동적으로 전로를 차단하고, 정상상태시 전로를 수동 또는 전기적 조작으로 개폐할 수 있는 장치이다.
> 3. 절연내력시험(한국전기설비규정: KEC)
>   ① 전로
>
> | 전로의 종류 | 시험전압 | 시험방법 |
> |---|---|---|
> | 최대사용전압 7kV 이하인 전로 | 최대사용전압의 1.5배의 전압 | 전로와 대지 사이에 시험전압을 연속하여 10분간 가한다. |
> | 최대사용전압 7kV 초과 25kV 이하인 중성점 접지식 전로 | 최대사용전압의 0.92배의 전압 | |
>
> ② 변압기의 전로
>
> | 전로의 종류 | 시험전압 | 시험방법 |
> |---|---|---|
> | 최대사용전압 7kV 이하 | 최대사용전압의 1.5배의 전압 (500V 미만으로 되는 경우에는 500V) | 권선과 다른 권선, 철심 및 외함 간에 시험전압을 연속하여 10분간 가한다. |
> | 최대사용전압 7kV 초과 25kV 이하의 권선으로 중성점 접지식 전로에 접속하는 것 | 최대사용전압의 0.92배의 전압 | |

3 일반적인 감전재해 방지대책

(1) 설비의 필요한 부분에는 보호접지를 시설한다.
(2) 전기기기 및 장치의 점검, 정비를 철저히 한다.
(3) 전기기기에 위험표시를 한다.
(4) 전기설비의 점검을 철저히 한다.
(5) 충전부가 노출된 부분에는 절연방호구를 설치한다.
(6) 고전압 선로 및 충전부에 접근하여 작업하는 작업자에게는 보호구를 착용시킨다.
(7) 유자격자 이외는 전기기계·기구에 접촉을 금지한다.
(8) 사고발생시의 처리순서를 미리 작성하여 둔다.
(9) 안전관리자는 작업에 대한 안전교육을 실시하여야 한다.
(10) 전기설비에 누전차단기를 설치한다.

제3절 감전재해시의 응급조치

1 전격에 의한 인체상해

1. **감전사**
   (1) **인체의 훼손**: 뇌를 치명적으로 파손(뇌사)시키거나 목의 경동맥을 절단(출혈사)하여 사망하는 경우가 있다.
   (2) **심장·호흡의 정지**: 대부분 심실세동이 발생하여 혈액순환이 정지되고 호흡정지로 이어져 사망하게 된다.

   > **참고** 감전재해의 사망경로[전격현상의 메커니즘(Mechanism)]
   > ① 심장의 심실세동에 의한 혈액순환 기능의 상실
   > ② 뇌의 호흡중추신경 마비에 따른 호흡정지
   > ③ 흉부수축에 의한 질식

2. **감전에 의한 국소증상**: 감전으로 인하여 피부표면 등에 상처자국이 남는 것이다.
   (1) **피부의 광성(鑛性)변화**: 감전재해시 전선로의 지락사고 및 선간단락으로 단자나 전선 등의 금속분자가 가열·용융되어 피부 속으로 녹아 들어가는 것이다.
   (2) **표피박탈**: 고전압에 의한 아크 및 선간단락 등으로 폭발적인 고열이 발생하여 인체의 표피가 벗겨지고 떨어져 나가는 것이다.
   (3) **감전성 궤양**: 감전전류의 유출입부분에 아크압력에 의한 전기적 장해나 기계작용으로 각종 궤양이 생기는 것이다.
   (4) **전류반점**: 감전전류 유출입 부분의 표피가 선상으로 또는 넓고 평평한 모양으로 융기하여 회백색이나 푸르스름하게 반점이 생기는 것으로 특유의 피부손상을 말한다.

(5) **전문(電紋)**: 낙뢰로 인한 감전재해시 흔히 나타나는 현상으로 감전전류의 유출입 부분에 붉은 색 또는 회백색의 수지상 선이 나타나는 것이다.

3. 감전 후유증: 감전재해 후유증으로는 뇌의 파손 및 경색, 심근경색 등이 생길 수 있다.

> **참고** 피전점(皮電点)에 관한 연구(B.E Maholob)
> ① 인체의 피부 중 1~2mm² 정도의 적은 부분은 전기자극에 의하여 신경이 이상적으로 흥분해 다량의 피지가 분비되어 그 부분의 전기저항이 $\frac{1}{10}$ 정도로 작아지는 곳을 피전점이라고 한다.
> ② 피전점으로는 볼, 손등, 정강이, 턱 등이 있다.

2 감전시 응급조치

감전재해가 발생하였을 때 심장은 뛰고 있으나 의식을 잃고 호흡이 끊어지는 경우가 있다. 이러한 상태를 가사상태라 하는데 이때 폐에 인공적으로 공기를 넣었다 빼었다 하여 폐의 기능을 회복시켜 자기 스스로 호흡할 수 있도록 하는 것을 인공호흡법이라고 한다.

1. 감전자의 구출

감전자의 구출은 다음 순서에 의해 신속하게 하여야 한다.
① 순간적으로 피해자의 감전상황을 판단한다.
② 몸이나 손에 들고 있는 금속 물체가 스위치, 전선, 모터 등에 접촉했는가 확인하고 피해자를 충전부로부터 분리시킨다.
③ 전기의 공급원인 스위치를 차단한다(2차재해예방).
④ 만일 스위치의 위치를 알 수 없을 때는 절연고무장갑, 고무장화를 착용하고 구출한다.
⑤ 피해자를 관찰한 결과 의식이 없고, 호흡 및 심장이 정지했을 때는 신속하게 필요한 응급조치를 한다.
⑥ 병원으로 후송한다.
▶ 감전자가 의식불명일 때는 물이나 음료수를 주어서는 안 된다.

> **참고** 감전자에 대한 주요 관찰사항 및 전기화상 사고시 응급조치
> 1. 감전자에 대한 주요 관찰사항
>   ① 의식의 상태   ④ 출혈의 상태
>   ② 맥박의 상태   ⑤ 골절의 이상 유무
>   ③ 호흡의 상태
>   ▶ 출혈의 상태, 골절의 이상 유무는 감전자가 추락했을 경우 관찰사항이 된다.
> 2. 전기화상 사고시 응급조치
>   ① 상처에 달라 붙지 않은 의복은 모두 벗긴다.
>   ② 화상부위를 세균 감염으로부터 보호하기 위하여 화상용 붕대를 감는다.
>   ③ 감전된 사람을 담요 등으로 감싸서 상처부위가 다른 곳에 닿지 않도록 한다.
>   ▶ 상처부위에 파우더, 향유 기름 등을 임의대로 바르지 않는다.

2. 심폐소생(인공호흡)에 의한 소생률

호흡이 멈춘 후 심폐소생(인공호흡)이 시작되기까지의 시간(분)	1	2	3	4	5	6
소생률(%)	95	90	75	50	25	10

3. 심폐소생(인공호흡)

① 인체의 호흡이 멎고 심장이 정지되었더라도 계속하여 심폐소생(인공호흡)을 실시하는 것이 좋다.

② 가슴압박 30회, 인공호흡 2회 정도를 교대로 반복하여 실시한다.

제4절 누전차단기

1. 누전차단기의 사용목적

① 감전보호
② 누전화재보호
③ 타 계통으로 사고파급 방지
④ 전기기계·기구의 손상보호

2. 누전차단기의 종류

구분	종류	정격감도전류(mA)	동작시간
고감도형	고속형	5, 10, 15, 30	• 정격감도전류에서 0.1초 이내 • 인체감전보호형은 0.03초 이내
	반한시형		• 정격감도전류에서 0.2초 초과 1초 이내 • 정격감도전류 1.4배의 전류에서 0.1초 초과 0.5초 이내
	시연형(지연형)		정격감도전류에서 0.1초 초과 2초 이내
중감도형	고속형	50, 100, 200, 500, 1,000	정격감도전류에서 0.1초 이내
	시연형(지연형)		정격감도전류에서 0.1초 초과 2초 이내

3. 누전차단기의 점검

① 감도전류의 측정
② 절연저항
③ 동작시간의 측정
④ 개폐
⑤ 온도상승

4. 누전차단기의 구성요소

① 트립(Trip)장치(차단장치)
② 지락검출장치(누전검출부)
③ 개폐기구
④ 영상변류기

5. 누전차단기의 사용기준(KSC기준)

① 정격감도전류는 30mA 이하이며, 동작시간은 0.03초 이내일 것(다만, 정격전부하전류가 50A 이상인 전기기계·기구에 접속되는 누전차단기는 오작동을 방지하기 위하여 정격감도전류는 200mA 이하로, 동작시간은 0.1초 이내로 할 수 있다.)
② 해당 부하에 적합한 차단용량을 갖출 것
③ 해당 부하에 적합한 정격전류를 갖출 것
④ 절연저항은 5MΩ 이상일 것
⑤ 전원전압은 정격전압의 85~110% 범위로 할 것
⑥ 정격부동작전류가 정격감도전류의 50% 이상이어야 하고, 이들의 전류차가 가능한 작을 것
⑦ 정격부하전류가 30A 이하인 이동형 전기기계·기구에 접속되어 있는 경우 일반적으로 정격감도전류는 30mA 이하인 것을 사용할 것
⑧ 설치장소가 직사광선을 받을 경우 차폐시설을 설치할 것

6. 누전차단기 선정 및 설치방법(감전방지용 누전차단기 설치에 관한 지침: 한국산업안전공단)

① 누전차단기는 분기회로 또는 전기기기마다 설치하는 것을 원칙으로 할 것
② 누전차단기는 배전반이나 분전반 등에 설치하는 것을 원칙으로 할 것(다만, 꽂음접속기형 누전차단기는 콘센트에 연결 또는 부착하여 사용할 수 있다.)
③ 전기기기의 금속제 외함, 금속제 외피 등 금속부분은 누전차단기를 접속한 경우에도 접지할 것
④ 지락보호 전용 누전차단기는 과전류를 차단할 수 있는 퓨즈 또는 차단기 등을 조합하여 설치할 것
⑤ 누전차단기의 영상변류기에 다른 배선이나 접지선이 통과되지 않도록 설치할 것
⑥ 단상용 누전차단기는 3상회로에 설치하지 말 것
⑦ 서로 다른 중성선이 누전차단기 부하측에서 공유되지 않도록 설치할 것
⑧ 중성선은 누전차단기 전원측에 접지시키고, 부하측에는 접지되지 않도록 할 것
⑨ 누전차단기의 부하측 단자는 연결되는 전기기기의 부하측 전로에 연결하고, 누전차단기의 전원측 단자는 전원이 공급되는 인입측 전로에 연결할 것
⑩ 누전차단기는 설치 전에 반드시 개로시키고 설치 후에 폐로시켜 작동시킬 것
⑪ 누전차단기의 설치가 완료되면 회로와 대지간의 절연저항을 측정할 것
⑫ 휴대용, 이동용 전기기기에 설치하는 누전차단기는 정격감도전류가 낮고, 동작시간이 짧을 것

7. 누전차단기를 설치해야 하는 전기기계·기구(산업안전보건법 안전보건기준)

① 물 등 도전성이 높은 액체가 있는 습윤장소에서 사용하는 저압용 전기기계·기구
② 대지전압이 150V를 초과하는 이동형 또는 휴대형 전기기계·기구
③ 임시배선의 전로가 설치되는 장소에서 사용하는 이동형 또는 휴대형 전기기계·기구
④ 철판, 철골 위 등 도전성이 높은 장소에서 사용하는 이동형 또는 휴대형 전기기계·기구

8. 누전차단기를 설치하지 않아도 되는 경우(산업안전보건법 안전보건기준)

① 전기용품 및 생활용품안전관리법이 적용되는 이중절연 또는 이와 같은 수준 이상으로 보호되는 전기기계·기구
② 비접지방식의 전로
③ 절연대 위 등과 같이 감전위험이 없는 장소에서 사용하는 전기기계·기구

※ 산업안전보건법 안전보건기준 → 2021.11.19 개정

9. 누전차단기의 동작확인이 필요한 경우

① 전기기기를 사용하려는 경우
② 전로에 누전차단기를 설치할 경우
③ 누전차단기가 작동한 후 재투입시킬 경우

참고 누전차단기 관련 기타 사항

1. 누전차단기가 자주 동작하는 이유
   ① 배선과 전동기기에 의해 누전이 발생한 경우
   ② 전로의 대지정전용량이 큰 경우
   ③ 전동기기의 기동전류에 비해 용량이 작은 차단기를 사용한 경우

2. 전류동작형 누전차단기의 장점
   ① 기기의 누전은 물론이고 전로로부터 발생되는 누전도 검출이 가능하다.
   ② 한대의 누전차단기로 여러 개의 부하기기를 보호할 수 있다.
   ③ 검출용 접지선이 단선되어도 동작이 가능하다.
   ④ 별도의 검출용 접지가 필요없다.

3. 감전보호형 누전차단기의 작동
   정격감도전류 30mA 이하, 작동시간 0.03초 이내에 작동한다.

4. 누전차단기의 시험
   시험버튼을 이용하여 월 1회 이상, 시험기를 이용하여 3개월에 1회 이상 정상작동여부를 확인한다.

5. 누전차단기 관련 '일상 사용상태'의 정의
   주위 온도가 −10 ~ 40℃, 상대습도 45 ~ 85%, 표고 2,000m 이하로 이상한 진동이나 충격을 받지 않는 상태이다.

6. 욕실 등 물기가 많은 장소에서 인체감전보호용 누전차단기의 정격감도전류와 동작시간
   ① 정격감도전류: 15mA 이하
   ② 동작시간: 0.03초 이내

7. 누전에 의한 감전위험을 방지하기 위하여 설치한 누전차단기를 접속하는 경우 준수사항(산업안전보건법 안전보건기준)
   ① 전기기계·기구에 설치되어 있는 누전차단기는 정격감도전류가 30mA 이하이고, 작동시간은 0.03초 이내일 것(다만, 정격전부하전류가 50A 이상인 전기기계·기구에 접속되는 누전차 단기는 오작동을 방지하기 위하여 정격감도전류는 200mA 이하로, 작동시간은 0.1초 이내로 할 수 있다.)
   ② 분기회로 또는 전기기계·기구마다 누전차단기를 접속할 것
   ③ 누전차단기는 배전반 또는 분전반 내에 접속하거나 꽂음접속기형 누전차단기를 콘센트에 접속하는 등 파손이나 감전사고를 방지할 수 있는 장소에 접속할 것
   ④ 지락보호전용 기능만 있는 누전차단기는 과전류를 차단하는 퓨즈나 차단기 등과 조합하여 접속할 것

제5절 아크용접장치

1. **아크(Arc)용접장치의 종류 및 특성**
   (1) **교류용접장치의 종류**: 가동코일형, 가동철심형
   (2) **직류용접장치의 종류**: 엔진구동형, 정류기형, 전동발전형
   (3) **아크용접기의 특성**

교류용접기	직류용접기
① 감전위험성이 크다.	① 감전위험성이 작다.
② 피복제가 있어야 아크가 안정된다.	② 아크가 대단히 안정된다.
③ 고장이 적고, 용접기가 싸다.	③ 고장이 많고, 용접기가 비싸다.
④ 후판용접에 적당하다.	④ 박판용접에 적당하다.

2. **아크광선에 의한 장해**
   (1) 적외선에 의한 눈의 수정체부분: 백내장
   (2) 자외선에 의한 눈의 각막부분: 전기성 안염
   (3) 적외선과 가시광선에 의한 눈: 망막염

3. **교류아크용접기 방호장치의 작동원리**
   (1) 교류아크용접기는 무부하전압이 높아 전격위험성이 크기 때문에 방호장치로 자동전격방지장치를 부착시켜야 한다.
   (2) 자동전격방지장치란 아크발생이 중단된 후 1초 이내에 교류아크용접기의 출력측 무부하전압을 자동적으로 25V 이하(전원전압의 변동이 있을 경우 30V 이하)로 강하시키는 방호장치이다.
   (3) 다음 그림은 자동전격방지장치의 작동원리를 나타낸 것으로 아크를 멈추었을 때는(무부하시) 아크용접기 1차회로에 설치한 주접점 S_1은 개방되고, 보조변압기(1차측: 200V, 2차측: 25V) 2차회로의 접점 S_2는 개로되므로 홀더에 가해지는 전압은 25V로 저하되는 것이다.

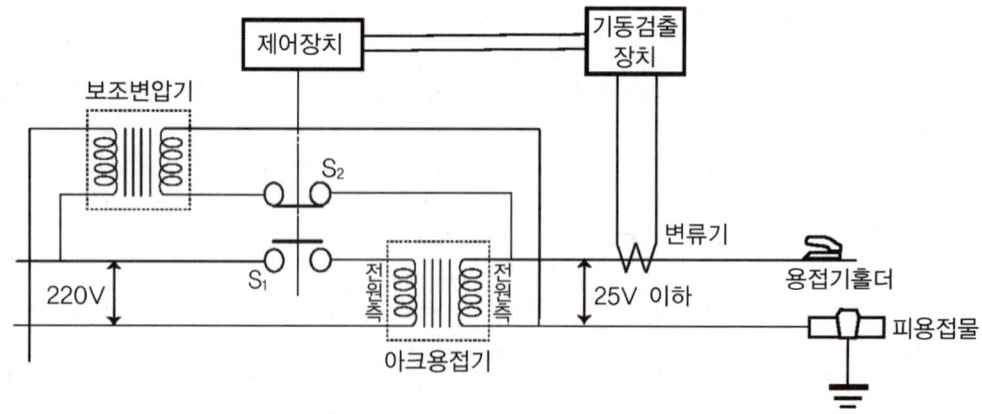

> **참고** 교류아크용접기의 시동시간 및 지동시간
>
> 1. 시동시간
>   용접봉을 피용접물에 접촉시켜서 전격방지기의 주접점이 폐로(닫힘)될 때까지의 시간을 말한다.
> 2. 지동시간
>   ① 용접봉 홀더에 출력측의 무부하전압이 발생한 후 주접점이 개로(열림)될 때까지의 시간을 말한다.
>   ② 용접봉을 모재로부터 분리시킨 후, 주접점이 개로되어 용접기의 2차측 무부하전압이 25V 이하로 될 때까지의 시간을 말한다.

4. 자동전격방지장치의 기능
① 안전전압 이하로 저하
② 감전위험방지
③ 역률 향상
④ 전력손실 절감(전기료 절감)

5. 자동전격방지장치의 구성요소
① 감지장치
② 제어장치
③ 주회로변압기
④ 보조변압기

6. 자동전격방지장치의 종류
① 외장형, 내장형
② 저저항시동형(L형), 고저항시동형(H형)

7. 자동전격방지장치를 설치해야 되는 장소(산업안전보건법 안전보건기준)
① 선박의 이중 선체 내부, 밸러스트(Ballast) 탱크, 보일러 내부 등 도전체에 둘러 쌓인 장소
② 추락할 위험이 있는 높이 2m 이상의 장소로 철골 등 도전성이 높은 물체에 근로자가 접촉할 우려가 있는 장소
③ 근로자가 물·땀 등으로 인하여 도전성이 높은 습윤상태에서 작업하는 장소

8. 자동전격방지장치를 설치할 때 주의사항
① 직각(불가피한 경우에는 직각에서 20도 이내)으로 설치할 것
② 동작상태를 알기 쉬운 곳에 설치할 것
③ 테스트 스위치는 조작이 용이한 곳에 위치시킬 것
④ 접속부분은 이완방지조치를 할 것
⑤ 접속부분은 절연커버 등으로 절연시킬 것
⑥ 진동, 충격에 견딜 수 있도록 할 것

9. 자동전격방지장치 사용 전 점검사항
① 전자접촉기의 접촉상태
② 이상소음, 이상냄새 발생유무
③ 전격방지기 외함의 뚜껑상태
④ 전격방지기 외함의 접지상태
⑤ 전격방지기와 용접기와의 배선 및 이에 부속된 접속기구의 피복 또는 외장의 손상유무

> **참고** 시동감도 및 표준시동감도

1. 시동감도
   용접봉을 모재에 접촉시켜 아크를 발생시킬 때 자동전격방지장치가 동작할 수 있는 용접기의 2차측 최대저항이다.
2. 표준시동감도
   정격전원전압에 있어서 전격방지기를 시동시킬 수 있는 출력회로의 시동감도로서 명판에 표시된 것이다.

> **참고** 교류아크용접기 관련 기타 사항

1. 교류아크용접기의 허용사용률을 구하는 식

   $$허용사용률(\%) = \frac{(최대정격\ 2차전류)^2}{(실제의\ 용접전류)^2} \times 정격사용률$$

2. 교류아크용접기의 효율을 구하는 식

   $$효율(\%) = \frac{출력(kW)}{입력(kW)} \times 100 = \frac{출력}{출력 + 내부손실} \times 100$$

3. 아크용접장치에서 특히 감전되기 쉬운 부분
   ① 용접용 케이블
   ② 용접봉 와이어
   ③ 용접봉 홀더
   ④ 용접기 케이스
   ⑤ 용접기의 리드 단자
   ▶ 가장 위험성이 큰 부분: 용접봉 홀더 노출부

4. 아크용접작업시 감전재해 방지대책
   ① 적정한 케이블의 사용
   ② 자동전격방지장치의 설치
   ③ 용접기 외함의 접지
   ④ 누전차단기의 설치
   ⑤ 절연용접봉 홀더의 사용
   ⑥ 절연장갑 등 절연보호구 착용

5. 수하특성
   용접을 하기 위한 아크(arc)가 발생할 때 교류아크용접기 2차측 전압(단자전압)이 무부하 2차측 전압(개로전압)보다 훨씬 낮아져서 안전전압 이하로 유지되는 용접변압기의 특성이다.

6. 교류아크용접기 자동전격방지기의 표시(방호장치 자율안전기준 고용노동부고시)
   「SP-3A」
   ① SP: 외장형
   ② 3: 300A
   ③ A: 용접기에 내장되어 있는 콘덴서의 유무에 관계없이 사용할 수 있는 것
   ※ 교류아크용접기 자동전격방지기의 표시 내용
   ▶ SP: 외장형, SPB: 내장형
   ▶ 출력측의 정격전류 2: 200A, 3: 300A, 5: 500A
   ▶ A: 용접기에 내장되어 있는 콘덴서의 유무에 관계없이 사용할 수 있는 것
     B: 콘덴서를 내장하지 않은 용접기에 사용하는 것
     C: 콘덴서 내장형 용접기에 사용하는 것
     E: 엔진구동 용접기에 사용하는 것

제6절 절연용 안전장구

1 절연용 안전보호구

1. 절연용 안전보호구의 종류
① 내전압용 절연장갑
② 감전방지용 안전모
③ 절연화
④ 정전기안전화
⑤ 절연장화
⑥ 안전대
⑦ 고무소매
⑧ 도전성 작업복
⑨ 제전복

2. 감전방지용 안전모

(1) 감전방지용 안전모는 머리의 감전사고 및 물체의 낙하에 의한 머리의 상해를 방지하기 위해 사용하는 것이다.

(2) 안전모의 종류

종류(기호)		용도	내전압성
일반작업용	AB	물체의 낙하 또는 비래 및 추락에 의한 위험을 방지 또는 경감시키기 위한 것	–
전기작업용	AE	물체의 낙하 또는 비래에 의한 위험을 방지 또는 경감하고, 머리부위 감전에 의한 위험을 방지하기 위한 것	내전압성
	ABE	물체의 낙하 또는 비래 및 추락에 의한 위험을 방지 또는 경감하고, 머리부위 감전에 의한 위험을 방지하기 위한 것	내전압성

※ 내전압성이란 7,000V 이하의 전압에 견디는 것을 말한다.

3. 내전압용 절연장갑

절연장갑의 등급은 최대사용전압에 따라 다음 표와 같이 한다.

등급	색상	최대사용전압	
		교류(V, 실효값)	직류(V)
00	갈색	500	750
0	빨간색	1,000	1,500
1	흰색	7,500	11,250
2	노란색	17,000	25,500
3	녹색	26,500	39,750
4	등색	36,000	54,000

4. 감전방지용 안전화

(1) 절연화

저압의 전기를 취급하는 작업시 전기에 의한 감전으로부터 인체를 보호하기 위하여 사용된다.

(2) 절연장화

고압의 전기를 취급하는 작업시 전기에 의한 감전으로부터 인체를 보호하기 위하여 사용된다.

(3) 정전기 안전화

① 정전기의 인체대전을 방지하기 위한 것으로 대전방지 성능에 따라 구분하고 있다.

② 정전기 안전화의 구분

종류	착화에너지
1종	0.1mJ 이상의 가연성 물질 또는 가스(프로판, 메탄 등 취급)
2종	0.1mJ 미만의 가연성 물질 또는 가스(아세틸렌, 수소 등 취급)

> **참고** 제전복을 착용하여야 하는 장소
> ① 분진이 발생하기 쉬운 장소
> ② 반도체 등 전기소자를 취급하는 장소
> ③ LCD 등 디스플레이(display)를 제조하는 작업장소

2 절연용 안전방호구

1. 절연용 안전방호구의 종류

① 고무블랭킷
② 방호관
③ 점퍼호스
④ 컷아웃 스위치 커버
⑤ 완금커버
⑥ 애자후드
⑦ 절연덮개
⑧ 건축지장용 방호관
⑨ 절연매트
⑩ 절연봉
⑪ 절연담요

> **참고** 절연용 안전방호구의 용도
>
> ① **고무블랭킷**: 통전 중인 전기설비에 접근하여 작업시 오접촉 등의 위험을 방지하기 위한 것이다.
> ② **방호관**: 작업자의 감전방지 목적으로 사용되며, 작업 중 고·저압 부분의 혼촉이 우려될 때 또는 고·저압 전선로에 접촉 또는 접근하여 작업할 때 사용된다.
> ③ **점퍼호스**: 고전압 전선로를 방호하여 작업자의 전기적 격리거리를 유지하고 감전을 방지하기 위한 것이다.
> ④ **컷아웃 스위치 커버**: 덮개를 개방하였을 때 커버를 씌워 설비 내부의 통전부에 접촉하는 위험을 방지하기 위한 것이다.

2. 검출용구

검출용구는 작업시작 전에 전기설비의 이상유무 및 상태를 조사 확인하여 재해발생을 미연에 방지하기 위한 것으로 다음과 같은 것이 있다.

① 검전기
② 가스검출기
③ 불량애자 검출기
④ 상회전 표시기

▶ 검전기의 종류: 풍차식 검전기, 네온 검전기, 전자음광식 검전기
▶ 네온(Neon) 검전기: 충전 중의 저압 옥내배선의 접지측과 비접지측을 알아볼 수 있는 기구

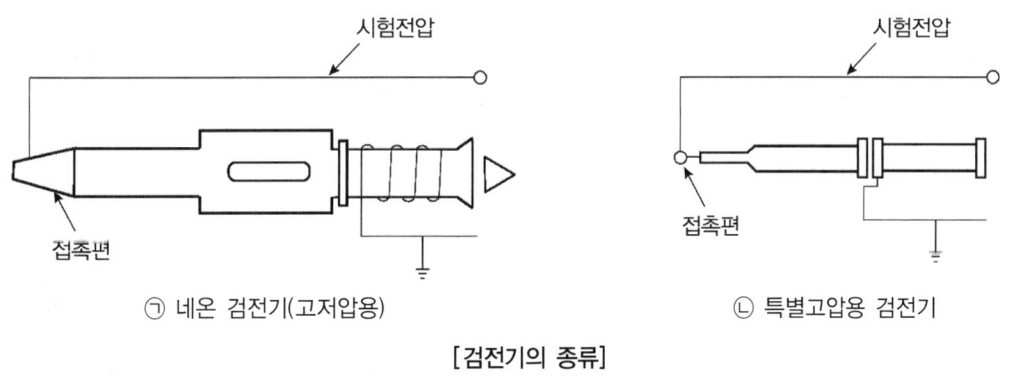

[검전기의 종류]

3. 접지용구

접지용구란 전선로 또는 설비에서 작업을 착수하기 전에 정해진 개소에 설치하여 오통전 또는 유도에 의한 충전의 위험을 방지하기 위한 것이다.

> **참고** 접지용구의 설치 및 철거시 유의사항
>
> ① 접지설치 요령은 먼저 접지측 금구에 접지선을 접속하고 금구를 기기나 전선에 확실히 부착한다.
> ② 접지용구 설치 전에 개폐기의 개방 확인 및 검전기 등으로 충전여부를 확인한다.
> ③ 접지용구의 철거는 설치 역순으로 한다.
> ④ 접지용구의 취급은 작업책임자의 책임하에 행하여야 한다.

4. 활선작업용 기구 및 장치

활선작업용 기구 및 장치란 활선작업을 할 때 사용하여 감전의 위험을 방지하고 안전한 작업을 하기 위한 것이다.

(1) 활선작업용 기구 및 장치의 종류
① 활선 커터
② 활선 시메라
③ 컷아웃 스위치 조작봉
④ 디스콘 스위치 조작봉
⑤ 점퍼선
⑥ 핫스틱
⑦ 활선애자 소제기
⑧ 활선작업대
⑨ 활선사다리

(2) 활선작업용 기구 및 장치의 용도
① **활선 커터**: 충전된 고압전선을 절단하는 작업시 사용한다.
② **활선 시메라**: 충전 중인 저·고압전선을 장선하는 작업시 사용한다.
③ **컷아웃 스위치 조작봉(배전선용 후크봉)**: 충전 중 고압 컷아웃 스위치를 개폐할 때에 아크에 의한 화상의 재해발생을 방지하기 위하여 사용한다.
④ **디스콘 스위치 조작봉**: 충전부와의 절연거리를 유지함으로써 감전재해를 방지하기 위하여 사용한다.
⑤ **점퍼선**: 고압 이하의 활선작업을 할 때 부하전류를 측로로 일시적으로 통과시키기 위하여 사용한다.

> **참고** 활선 시메라의 용도 등
>
> 1. 활선 시메라(Cimera: 장선기)의 용도
>   ① 충전 중인 전선을 장선할 때
>   ② 충전 중인 전선의 변경작업을 할 때
>   ③ 활선작업으로 애자 등을 교환할 때
> 2. 산업안전보건법상 절연용 보호구, 절연용 방호구, 활선작업용 기구에 대하여 각각의 사용목적에 적합한 종별·재질 및 치수의 것을 사용하여야 하나 적용제외 기준
>   대지전압이 30V 이하인 전기기계·기구, 배선 또는 이동전선이다.

적중문제 CHAPTER 2 | 감전재해 및 방지대책

01 인체저항에 대한 설명으로 옳지 않은 것은?

① 인체저항은 접촉면적에 따라 변한다.
② 피부저항은 물에 젖어 있는 경우 건조시의 약 1/12로 저하된다.
③ 인체저항은 한개의 단일 저항체로 보아 최악의 상태를 적용한다.
④ 인체에 전압이 인가되면 체내로 전류가 흐르게 되어 전격의 정도를 결정한다.

해설 피부저항은 물에 젖어 있는 경우 건조시의 약 1/25로 저하되며, 땀에 젖어 있는 경우 건조시의 약 1/12로 저하된다.

정답 ②

02 전압의 분류가 잘못된 것은?

① 저압 – 1kV 이하의 교류전압
② 저압 – 1.5kV 이하의 직류전압
③ 고압 – 1kV 초과 7kV 이하의 교류전압
④ 특고압 – 10kV를 초과하는 직류전압

해설 특고압은 7kV를 초과하는 직류전압이어야 한다.

전압의 분류(한국전기설비규정: KEC)

압력구분	직류	교류
저압	1.5kV 이하	1kV 이하
고압	1.5kV 초과 7kV 이하	1kV 초과 7kV 이하
특고압	7kV 초과	7kV 초과

※ 한국전기설비규정(2018.3.9 제정, 2021.1.1 시행)

정답 ④

03 인체의 대부분이 수중에 있는 상태에서의 허용접촉전압으로 옳은 것은?

① 2.5V 이하   ② 25V 이하
③ 50V 이하   ④ 75V 이하

허용접촉전압

종별	접촉상태	허용접촉 전압(V)
제1종	인체의 대부분이 수중에 있는 상태	2.5 이하
제2종	① 인체가 현저하게 젖어 있는 상태 ② 금속성의 전기기계장치나 구조물에 인체의 일부가 상시 접촉되어 있는 상태	25 이하
제3종	통상의 인체상태에 있어서 접촉전압이 가해지면 위험성이 높은 상태	50 이하
제4종	① 접촉전압이 가해질 우려가 없는 상태 ② 통상의 인체상태에 있어서 접촉전압이 가해지더라도 위험성이 낮은 상태	제한없음

정답 ①

04 어느 변전소에서 고장전류가 유입되었을 때 도전성 구조물과 그 부근 지표상의 점 사이(약 1m)의 허용접촉전압(V)은? (단, 심실세동전류: $I_k = \frac{0.165}{\sqrt{t}}$[A], 인체의 저항: 1,000Ω, 지표상층 저항률: 150Ωm, 통전시간을 1초로 한다.)

① 202   ② 186
③ 228   ④ 164

해설 허용접촉전압은 다음과 같다.

$$E = \left(R_b + \frac{3R_s}{2}\right) \times I_k$$

여기서, E: 허용접촉전압(V)
R_b: 인체의 저항(Ω)
R_s: 지표상층 저항률(Ωm)
I_k: 심실세동전류(A)

$$= \left(1,000 + \frac{3 \times 150}{2}\right) \times \frac{0.165}{\sqrt{1}} ≒ 202V$$

정답 ①

05 인체의 피부저항은 어떤 조건에 따라 달라지는데 이러한 제반조건에 해당하지 않는 것은?

① 습기에 의한 변화
② 피부와 전극의 간격에 의한 변화
③ 인가전압에 따른 변화
④ 인가시간에 의한 변화

해설 피부와 전극의 간격에 의한 변화는 인체의 피부저항이 달라지는 제반조건에 해당하지 않는다.

> **관련 이론** 인체의 피부저항에 영향을 주는 조건
> • 접촉면적   • 접촉부위
> • 접촉압력   • 피부의 건습차
> • 습기에 의한 변화   • 전원의 종류
> • 인가시간에 의한 변화 • 인가전압에 따른 변화

정답 ②

06 전기시설의 직접접촉에 의한 감전방지방법으로 적절하지 않은 것은?

① 충전부는 내구성이 있는 절연물로 완전히 덮어 감쌀 것
② 충전부가 노출되지 않도록 폐쇄형 외함이 있는 구조로 할 것
③ 충전부에 충분한 절연효과가 있는 방호망 또는 절연덮개를 설치할 것
④ 충전부는 관계자 외 출입이 용이한 장소에 설치하고 위험표시 등의 방법으로 방호를 강화할 것

해설 충전부는 <u>관계자 외 출입이 어려운 장소에 설치하고 위험표시 등의 방법으로 방호를 강화하여야 한다.</u>

> **관련 이론** 전기시설의 직접접촉에 의한 감전방지방법
> • 충전부는 내구성이 있는 절연물로 완전히 덮어 감쌀 것
> • 충전부가 노출되지 않도록 폐쇄형 외함이 있는 구조로 할 것
> • 충전부에 충분한 절연효과가 있는 방호망 또는 절연덮개를 설치할 것
> • 설치장소를 제한할 것(별도의 울타리 설치 등)
> • 전도성 물체 및 작업장 주위의 바닥을 절연물로 도포할 것
> • 작업자는 절연화 등 보호구를 착용할 것

정답 ④

07 전기시설의 간접접촉에 의한 감전사고의 방지대책으로 적합하지 않은 것은?

① 보호절연
② 사고회로의 신속한 차단
③ 보호접지
④ 절연저항 저감

해설 절연저항 저감은 간접접촉에 의한 감전사고의 방지대책에 해당하지 않는다.

> **관련 이론** 전기시설의 간접접촉에 의한 감전사고의 방지대책
> • 보호절연(이중절연구조의 전기기계·기구사용)
> • 사고회로의 신속한 차단
> • 보호접지
> • 회로의 전기적 격리
> • 안전전압 이하의 기기 사용
> • 누전차단기의 설치

정답 ④

08 저압 전기기기의 누전으로 인한 감전재해의 방지대책이 아닌 것은?

① 보호접지
② 안전전압의 사용
③ 비접지식 전로의 채용
④ 배선용차단기(MCCB)의 사용

해설 배선용차단기(MCCB)가 아닌 <u>누전차단기(ELB)를 사용하여야 한다.</u>

관련이론 저압 전기기기의 누전으로 인한 감전재해의 방지대책
- 보호접지
- 안전전압의 사용
- 비접지식 전로의 채용
- 누전차단기(ELB)의 사용

정답 ④

09 다음은 저압전로의 절연성능에 관한 사항이다. ( ) 안에 알맞은 내용은?

전로의 사용전압	절연저항 (이상)	DC(직류) 시험전압 (이상)
SELV 및 PELV	(㉠)MΩ	250V
FELV, 500V 이하	(㉡)MΩ	500V
500V 초과	(㉢)MΩ	1,000V

	㉠	㉡	㉢
①	0.3	0.5	1.0
②	0.5	0.5	1.0
③	0.5	1.0	1.0
④	0.3	1.0	1.5

해설 <u>SELV 및 PELV의 절연저항은 0.5MΩ이고, FELV, 500V 이하의 절연저항은 1.0MΩ이며, 500V 초과의 절연저항은 1.0MΩ이다.</u>

▶ 특별저압(Extra Low Voltage: 2차전압이 AC 50V, DC 120V 이하)으로 SELV(Safety Extra Low Voltage: 비접지회로 구성) 및 PELV(Protected Extra Low Voltage: 접지회로 구성)는 1차와 2차가 전기적으로 절연된 회로, FELV(Functional Extra Low Voltage)는 1차와 2차가 전기적으로 절연되지 않은 회로

※ 전기설비기술기준: 2019.3.25 개정, 2021.1.1 시행

정답 ③

10 이동전선에 접속하여 임시로 사용하는 전등이나 가설의 배선 또는 이동전선에 접속하는 가공 매달기식 전등 등을 접촉함으로 인한 감전 및 전구의 파손에 의한 위험을 방지하기 위하여 보호망을 부착하도록 하고 있다. 이들의 설치시 준수하여야 할 사항이 아닌 것은?

① 보호망은 쉽게 파손되지 않을 것
② 재료는 용이하게 변형되지 아니하는 것으로 할 것
③ 전구의 밝기를 고려하여 유리로 된 것을 사용할 것
④ 전구의 노출된 금속부분에 근로자가 쉽게 접촉되지 아니하는 구조로 할 것

해설 <u>보호망은 쉽게 파손되지 않도록 하여야 하며, 유리로 된 것을 사용하지 않아야 한다.</u>

관련이론 임시로 사용하는 전등 등의 준수사항(산업안전보건법 안전보건기준)
- 이동전선에 접속하여 임시로 사용하는 전등이나 가설의 배선 또는 이동전선에 접속하는 가공 매달기식의 전등 등을 접촉함으로 인한 감전 및 전구의 파손에 의한 위험을 방지하기 위하여 보호망을 부착할 것
- 보호망을 설치하는 때에는 재료는 쉽게 파손되거나 변형되지 아니하는 것으로 할 것
- 보호망을 설치하는 때에는 전구의 노출된 금속부분에 근로자가 쉽게 접촉되지 아니하는 구조로 할 것

정답 ③

11 습윤한 장소의 배선공사에 있어 유의하여야 할 사항으로 옳지 않은 것은?

① 애자사용 배선에 사용하는 애자는 400V 미만인 경우 편애자 이상의 크기를 사용한다.
② 이동전선을 사용하는 경우 단면적 $0.75mm^2$ 이상의 코드 또는 캡타이어 케이블공사를 한다.
③ 배관공사인 경우 습기나 물기가 침입하지 않도록 한다.
④ 전선의 접속 개소는 가능한 적게 하고 전선접속 부분에는 절연처리를 한다.

해설 애자사용 배선에 사용하는 <u>애자는 300V 이하일 때는 높애자 이상, 300V를 초과할 때는 특캡애자 또는 편애자 이상 크기의 것을 사용한다.</u>

정답 ①

12 감전사고로 인한 사망경로에 해당하지 않는 것은?
① 전류가 뇌의 호흡중추부로 흘러 발생한 호흡기능 마비
② 전류가 흉부에 흘러 발생한 흉부근육 수축으로 인한 질식
③ 전류가 심장부로 흘러 심실세동에 의한 혈액순환 기능 상실
④ 전류가 인체에 흐를 때 인체의 저항으로 발생한 주울열에 의한 화상

해설 전류가 인체에 흐를 때 인체의 저항으로 발생한 주울열에 의한 화상은 감전사고의 사망경로에 해당하지 않는다.

정답 ④

13 감전사고시 전선이나 개폐기 터미널 등의 금속분자가 고열로 용융됨으로써 피부 속으로 녹아 들어가는 것은?
① 피부의 광성변화   ② 전문
③ 표피박탈   ④ 전류반점

해설 감전사고시 전선이나 개폐기 터미널 등의 금속분자가 고열로 용융됨으로써 피부 속으로 녹아 들어가는 것은 피부의 광성(鑛性)변화이다.

정답 ①

14 감전에 의해 호흡이 정지한 후에 인공호흡을 즉시 실시하면 소생할 수 있는데, 감전에 의한 호흡정지 후 3분 이내에 올바른 방법으로 인공호흡을 실시하였을 경우 소생률은 약 몇 % 정도인가?
① 25   ② 50
③ 75   ④ 95

해설 3분 이내 인공호흡을 실시하면 소생률은 약 75%이다.

관련이론 인공호흡을 실시하였을 경우 소생률

시간	소생률	시간	소생률
1분 이내	95%	4분 이내	50%
2분 이내	90%	5분 이내	25%
3분 이내	75%	6분 이내	10%

정답 ③

15 감전으로 인한 부상자의 인공호흡 방법으로 가장 옳은 응급치료는?
① 인공호흡을 1분간 30~40회 실시한다.
② 심장이 정지되고 호흡도 멈추었다 하더라도 인공호흡을 계속해야 한다.
③ 호흡이 정상이고 심장이 정지하였을 때에 한하여 인공호흡을 한다.
④ 심장은 일시정상이고 호흡이 정지하였을 때에 한하여 인공호흡을 한다.

해설 감전으로 인한 부상자의 심장이 정지되고 호흡도 멈추었다 하더라도 인공호흡은 계속하여야 한다.

정답 ②

16 전기기계·기구 중 대지전압이 몇 V를 초과하는 이동형 또는 휴대형의 것에 대하여 누전에 의한 감전위험을 방지하기 위한 감전방지용 누전차단기를 접속하여야 하는가?
① 110V   ② 150V
③ 220V   ④ 380V

해설 전기기계·기구 중 대지전압이 150V를 초과하는 이동형 또는 휴대형의 것에 대하여는 감전방지용 누전차단기를 접속하여야 한다.

정답 ②

17 감전방지용 누전차단기의 정격감도전류 및 작동시간으로 옳은 것은?
① 5mA 이하, 0.1초 이내
② 30mA 이하, 0.03초 이내
③ 50mA 이하, 0.5초 이내
④ 100mA 이하, 0.05초 이내

해설 감전방지용 누전차단기의 정격감도전류는 30mA 이하, 작동시간은 0.03초 이내이어야 한다.

정답 ②

18 누전에 의한 감전위험을 방지하기 위하여 누전차단기를 설치하여야 하는데 누전차단기를 설치하지 않아도 되는 것은?

① 절연대 위에서 사용하는 이중절연구조의 전동기기
② 임시배선의 전로가 설치되는 장소에서 사용하는 이동형 전기기구
③ 철판 위와 같이 도전성이 높은 장소에서 사용하는 이동형 전기기구
④ 물과 같이 도전성이 높은 액체에 의한 습윤장소에서 사용하는 이동형 전기기구

해설 절연대 위에서 사용하는 이중절연구조의 전동기기에는 누전차단기를 설치하지 않아도 된다.

관련이론 **누전차단기를 설치하지 않아도 되는 것(산업안전보건법 안전보건기준)**
- 절연대 위 등과 같이 감전위험이 없는 장소에서 사용하는 전기기계·기구
- 전기용품 및 생활용품안전관리법이 적용되는 이중절연 또는 이와 같은 수준 이상으로 보호되는 전기기계·기구
- 비접지방식의 전로
※ 산업안전보건법 안전보건기준 → 2021.11.19 개정

정답 ①

19 누전에 의한 감전위험을 방지하기 위하여 감전방지용 누전차단기의 접속에 관한 일반사항으로 옳지 않은 것은?

① 분기회로마다 누전차단기를 설치한다.
② 동작시간은 0.03초 이내이어야 한다.
③ 전기기계·기구에 설치되어 있는 누전차단기는 정격감도전류가 30mA 이하이어야 한다.
④ 누전차단기는 배전반 또는 분전반 내에 접속하지 않고 별도로 설치한다.

해설 누전차단기는 배전반 또는 분전반 내에 접속하여 설치한다.

정답 ④

20 누전차단기의 사용기준에 해당하지 않는 것은?

① 해당 부하에 적합한 정격전류를 갖출 것
② 해당 부하에 적합한 차단용량을 갖출 것
③ 해당 전로의 공칭전압의 85~110% 이내의 정격전압일 것
④ 정격감도전류 30mA 이하, 동작시간은 0.3초 이내일 것

해설 정격감도전류 30mA 이하에서 동작시간은 0.3초가 아닌 0.03초 이내이어야 한다.

관련이론 **누전차단기의 사용기준(KSC 기준)**
- 해당 부하에 적합한 정격전류를 갖출 것
- 해당 부하에 적합한 차단용량을 갖출 것
- 해당 전로의 공칭전압의 85~110% 이내의 정격전압일 것
- 정격감도전류 30mA 이하, 동작시간은 0.03초 이내일 것(다만, 정격전부하전류가 50A 이상인 것은 오동작 방지를 위해 정격감도전류는 200mA 이하, 동작시간은 0.1초 이내로 할 것)
- 절연저항은 5MΩ 이상일 것
- 정격부동작전류가 정격감도전류의 50% 이상이어야 하고, 이들의 전류차가 가능한 한 작을 것
- 정격부하전류가 30A 이하인 이동형 전기기계·기구에 접속되어 있는 경우 일반적으로 정격감도전류는 30mA 이하인 것을 사용할 것
- 설치장소가 직사광선을 받을 경우 차폐시설을 설치할 것

정답 ④

21 누전차단기의 설치 환경조건에 대한 설명으로 옳지 않은 것은?

① 절연저항은 5MΩ 이상이어야 한다.
② 설치장소가 직사광선을 받을 경우 차폐시설을 설치한다.
③ 정격부동작전류가 정격감도전류의 30% 이상이어야 하고, 이들의 차가 가능한 큰 것이 좋다.
④ 정격부하전류가 30A 이하인 이동형 전기기계·기구에 접속되어 있는 경우 일반적으로 정격감도전류는 30mA 이하인 것을 사용한다.

해설 정격부동작전류가 정격감도전류의 50% 이상이어야 하고, 이들의 차가 가능한 작은 것이 좋다.

정답 ③

22 누전차단기의 고감도 고속형의 경우 동작시간은?

① 0.01초 이내 　　② 0.02초 이내
③ 0.05초 이내 　　④ 0.1초 이내

해설
- 고감도 고속형 누전차단기의 경우 동작시간은 0.1초 이내이다.
- 누전차단기는 전기기계·기구의 손상 및 감전, 화재를 방지하기 위하여 사용된다.

[관련이론] 누전차단기의 종류에 따른 동작시간

구분	종류	동작시간	정격감도 전류(mA)
고감도형	시연형(지연형)	정격감도전류에서 0.1초 초과 2초 이내	5, 10, 15, 30
	고속형	• 정격감도전류에서 0.1초 이내 • 인체감전보호형은 0.03초 이내	
	반한시형	• 정격감도전류에서 0.2초 초과 1초 이내 • 정격감도전류 1.4배의 전류에서 0.1초 초과 0.5초 이내	
중감도형	시연형(지연형)	정격감도전류에서 0.1초 초과 2초 이내	50, 100, 200, 500, 1,000
	고속형	정격감도전류에서 0.1초 이내	

정답 ④

23 욕실 등 물기가 많은 장소에서 인체감전보호형 누전차단기의 정격감도전류와 동작시간은?

① 정격감도전류 30mA, 동작시간 0.01초 이내
② 정격감도전류 30mA, 동작시간 0.03초 이내
③ 정격감도전류 15mA, 동작시간 0.01초 이내
④ 정격감도전류 15mA, 동작시간 0.03초 이내

해설 욕실 등 물기가 많은 장소에서 인체감전보호형 누전차단기는 정격감도전류 15mA, 동작시간 0.03초 이내이어야 한다.

정답 ④

24 교류아크용접기의 자동전격방지장치는 용접기의 2차 전압을 25V 이하로 자동조절하여 안전을 도모하려는 것이다. 어떤 시점에서 그 기능이 발휘되어야 하는가?

① 전체 작업시간 동안
② 아크를 발생시킬 때만
③ 용접작업을 진행하고 있는 동안만
④ 용접작업 중단 직후부터 다음 아크발생시까지

해설 교류아크용접기의 자동전격방지장치 기능이 발휘되어야 하는 시점은 용접작업 중단 직후부터 다음 아크발생시까지이다.

정답 ④

25 교류아크용접기의 자동전격방지장치에서 시동감도에 대한 용어의 정의로 옳은 것은?

① 용접봉을 모재에 접촉시켜 아크를 발생시킬 때 전격방지장치가 동작할 수 있는 용접기의 2차측 최대저항을 말한다.
② 안전전압(25V 이하)의 2차측 전압(85~95V)으로 얼마나 빨리 전환되는가 하는 것을 말한다.
③ 용접봉을 모재로부터 분리시킨 후 주접점이 개로되어 용접기의 2차측 무부하전압이 25V 이하로 될 때까지의 시간을 말한다.
④ 용접봉에서 아크를 발생시키고 있을 때 누설전류가 발생하면 전격방지장치를 작동시켜야 할지 운전을 계속해야 할지를 결정해야 하는 민감도를 말한다.

해설 시동감도는 용접봉을 모재에 접촉시켜 아크를 발생시킬 때 전격방지장치가 동작할 수 있는 용접기의 2차측 최대저항이다.

[관련이론] 지동시간

용접봉을 모재로부터 분리시킨 후 주접점이 개로되어 용접기의 2차측 무부하전압이 25V 이하로 될 때까지의 시간이다.

정답 ①

26 교류아크용접기에 자동전격방지기를 설치하는 요령으로 옳지 않은 것은?

① 직각으로만 부착해야 한다.
② 이완방지조치를 한다.
③ 동작상태를 알기 쉬운 곳에 설치한다.
④ 테스트 스위치는 조작이 용이한 곳에 위치시킨다.

해설 자동전격방지기는 직각으로 설치하여야 하나 불가피한 경우에는 직각에서 20도 이내로 설치할 수 있다.

정답 ①

27 교류아크용접기의 허용사용률(%)은? (단, 정격사용률은 10%, 2차정격전류는 500A, 교류아크용접기의 사용전류는 250A이다.)

① 30　　② 40
③ 50　　④ 60

해설 허용사용률(%)
$= (\frac{정격2차전류}{실제용접전류})^2 \times 정격사용률$
$= (\frac{500}{250})^2 \times 10 = 40$

정답 ②

28 아크용접작업시 감전사고 방지대책으로 옳지 않은 것은?

① 절연장갑의 사용
② 절연용접봉의 사용
③ 적정한 케이블의 사용
④ 절연용접봉 홀더의 사용

해설 절연용접봉의 사용은 아크용접작업시 감전사고의 방지대책에 해당하지 않는다.

관련이론 아크용접작업시 감전사고 방지대책
- 절연장갑의 사용
- 적정한 케이블의 사용
- 절연용접봉 홀더의 사용
- 자동전격방지장치의 설치
- 용접기 외함의 접지
- 누전차단기의 설치

정답 ②

29 교류아크용접기의 사용에서 무부하전압이 80V, 아크전압 25V, 아크전류 300A일 경우 효율은 약 몇 %인가? (단, 내부손실은 4kW이다.)

① 65　　② 68
③ 70　　④ 72

해설
- 효율 $= \frac{출력}{입력} \times 100$
  $= \frac{출력}{출력 + 내부손실} \times 100$
- 출력 = 아크전압 × 아크전류
  $= 25 \times 300 = 7,500W = 7.5kW$
∴ $\frac{7.5}{7.5+4} \times 100 = 65.21 ≒ 65\%$

정답 ①

30 교류아크용접에서 가장 위험한 부분은?

① 케이블　　② 홀더 노출부
③ 용접기　　④ 배전반

해설 교류아크용접시 가장 위험한 부분은 홀더 노출부이다. 그 밖에 감전되기 쉬운 부분으로는 용접봉 와이어, 용접기 케이스, 용접용 케이블, 용접기 리드단자가 있다.

정답 ②

31 교류아크용접기에 관한 설명으로 옳지 않은 것은?

① 전격방지기의 외함은 접지해야 한다.
② 설치장소는 습기가 없어야 한다.
③ 진동이나 충격이 가해질 위험이 없어야 한다.
④ 전격방지장치는 60도 이상 90도 이내가 되도록 부착해야 한다.

해설 전격방지장치는 직각으로 설치해야 한다(불가피한 경우 직각에서 20도 이내로 설치).

관련이론 교류아크용접기의 자동전격방지장치 설치기준
- 전격방지기의 외함은 접지할 것
- 설치장소는 습기가 없을 것
- 진동이나 충격이 가해질 위험이 없을 것
- 직각으로 설치할 것(불가피한 경우 직각에서 20도 이내)
- 접속부분은 절연테이프, 절연커버 등으로 절연시킬 것
- 표시 등이 보기 쉽고, 점검용 스위치의 조작이 용이하도록 설치할 것

정답 ④

32 다음 중 내전압용 절연장갑의 등급에 따른 최대사용전압이 올바르게 연결된 것은?

① 00등급: 직류 750V
② 00등급: 교류 650V
③ 0등급: 직류 1,000V
④ 0등급: 교류 1,500V

해설 내전압용 절연장갑의 00등급은 직류 750V, 교류 500V가 최대사용전압이다.

관련이론 내전압용 절연장갑의 등급에 따른 최대사용전압
• 0등급: 직류 1,500V, 교류 1,000V
• 1등급: 직류 11,250V, 교류 7,500V
• 2등급: 직류 25,500V, 교류 17,000V
• 3등급: 직류 39,750V, 교류 26,500V
• 4등급: 직류 54,000V, 교류 36,000V

정답 ①

33 작업자가 교류전압 7,000V 이하의 전로에 활선근접작업시 감전사고방지를 위한 절연용 보호구는?

① 고무절연관   ② 절연시트
③ 절연커버   ④ 절연안전모

해설 교류전압 7,000V 이하의 전로에 활선근접작업 시 감전사고방지를 위한 절연용 보호구는 절연안전모이다.

정답 ④

34 활선작업용 기구 중에서 충전 중 고압 컷아웃 등을 개폐할 때 아크에 의한 화상의 재해발생을 방지하기 위해 사용하는 것은?

① 검전기   ② 활선장선기
③ 배전선용 후크봉   ④ 고압활선용 Jumper

해설 활선작업용 기구 중에서 충전 중 고압 컷아웃 스위치 등을 개폐할 때 아크에 의한 화상의 재해발생을 방지하기 위해 사용하는 것은 배전선용 후크봉이다.

관련이론 활선작업용 기구
• 활선 시메라   • 활선 커터
• 활선 스틱공구   • 활선용 점퍼
• 활선애자 청소기   • 디스콘 스위치 조작봉
• 컷아웃 스위치 조작봉 • 배전선용 후크봉

정답 ③

35 접지용구의 설치 및 철거에 대한 설명으로 옳지 않은 것은?

① 접지용구 설치 전에 개폐기의 개방확인 및 검전기 등으로 충전여부를 확인한다.
② 접지설치 요령은 먼저 접지측 금구에 접지선을 접속하고 금구를 기기나 전선에 확실히 부착한다.
③ 접지용구 취급은 작업책임자의 책임하에 행하여야 한다.
④ 접지용구의 철거는 설치 순서에 따른다.

해설 접지용구의 철거는 설치의 역순으로 한다.

관련이론 접지용구의 종류
1. 갑종 접지용구
   • 발전소, 변전소 및 개폐소에서 작업시
   • 지중송전선로의 작업시
2. 을종 접지용구
   • 가공송전선로에서 작업시
   • 지중송전선로와 가공송전선로의 접속점 작업시
3. 병종 접지용구
   • 특고압 및 고압 배전선의 정전작업시
   • 유도전압에 의한 위험예상시
   • 수용가 설비의 전원측 접지작업시

정답 ④

CHAPTER 3 | 전기설비 위험요인관리

제1절 전기화재의 원인

1 전기화재의 발생형태

전기화재는 양상이 매우 다양하여 화재 원인을 명확하게 규명하기 어려우므로 계통적으로 분석하기 쉽지 않다. 일반적으로 전기화재의 원인은 발화원, 출화의 경과, 착화물로 분류하고 있으며, 발생형태는 다음과 같다.

① 누전, 선간단락, 정전기에 의해 착화되는 경우
② 배선의 과열로 전선피복에 착화되는 경우
③ 조명기구, 전열기 등의 과열로 주위 가연물에 착화되는 경우
④ 변압기, 전동기 등 전기기기의 과열로 착화되는 경우

2 전기화재의 분석

1. **발화원(기기별)에 의한 분석**: 발화원에 의해 전기화재를 분석한 결과, 발생하는 기기는 다음과 같다.

   ① 배선
   ② 전기기기
   ③ 전기장치
   ④ 이동식 전열기
   ⑤ 고정식 전열기
   ⑥ 배선기구
   ⑦ 누전에 의하여 발화하기 쉬운 부분

2. **출화의 경과(경로별)에 의한 분석**: 출화의 경과에 의해 전기화재를 분석한 결과, 발생경로는 다음과 같다.

   ① 단락(합선)
   ② 누전
   ③ 과전류
   ④ 스파크(Spark)
   ⑤ 절연불량
   ⑥ 접촉부 과열
   ⑦ 정전기

   ▶ 출화의 경과(경로별)에 의한 전기화재 발생순서는 경우에 따라 달라질 수 있으나 가장 높은 비율을 차지하는 것은 '단락(합선)'이다.

3. **발화원(점화원)**: 발화원이란 물질이 연소하는데 필요한 에너지원이다.

   ① 전기불꽃
   ② 고열물
   ③ 정전기
   ④ 단열압축
   ⑤ 마찰열
   ⑥ 화학반응열(산화열)
   ⑦ 충격에 의한 불꽃 및 발열
   ⑧ 화기

3 발화원에 의한 전기화재

① **배선기구**: 칼날형개폐기, 자동개폐기, 접속기, 스위치 등
② **배선**: 인입선, 옥내선, 옥외선, 코드, 배전선, 배전접속부 등
③ **이동가능한 전열기**: 전기이불, 전기난로, 용접기, 전기다리미, 살균기 등
④ **고정된 전열기**: 전기건조기, 전기로, 오븐, 전기항온기 등
⑤ **전기기기**: 변압기, 발전기, 유입차단기, 전동기, 정류기 등
▶ 배선기구, 배선, 전기장치 등의 자체 과열이나 발화원의 취급 부주의 등으로 전기화재가 많이 발생한다.

4 출화(出火)의 경과에 의한 전기화재

1. 단락(합선) 및 혼촉

(1) 단락(합선)

① 전선로에서 두 개 이상의 전선이 절연피복이 손상되어 서로 접촉되는 경우이다.
② 이 때 대부분의 전압은 접촉부에서 강하되고, 접촉전로에는 많은 전류가 흐르게 됨으로써 배선에 고열이 발생하여 단락되는 순간에 폭음과 함께 녹아 버린다.

> **참고** 단락(합선)
>
> 1. 전기작업 중 단락(합선)의 발생원인
>   ① 절연전선이나 캡타이어 케이블 등 절연피복 손상에 의한 경우
>   ② 개폐기의 퓨즈 교환 중에 드라이버 끝으로 단자간을 단락시킬 경우
>   ③ 전동기의 과부하 또는 3상에서 3선 중 1선이 단락된 상태로 운전함에 따라 과전류가 흘러 소손되는 경우
> 2. 단락된 순간의 전류: 약 1,000 ~ 1,500A 정도

(2) 혼촉

① 고압선과 저압가공선이 병가되었을 때 접촉으로 인해 발생하는 것이다.
② 변압기 1, 2차코일의 절연파괴로 인하여 발생하는 것이다.

2. 누전

(1) 누전

① 전류가 전로 이외의 곳으로 흐르는 현상이다.
② 저압전로의 경우, 누전전류는 최대공급전류의 1/2,000을 넘지 아니하도록 유지되어야 한다고 규정되어 있다(전기설비기술기준 산업통상자원부고시).

(2) 누전화재

① 누전전류는 절연물을 통하여 대지로 흐르기 때문에 절연물의 높은 전기저항에 의하여 많은 열이 발생하게 된다.
② 누전전류는 결국 착화온도에 도달하게 되므로 주위의 인화물질이 연소하게 되는데 이것을 누전화재라고 한다.

(3) 누전화재라는 것을 입증하기 위한 요건
    ① 발화점(발화된 장소)
    ② 누전점(전류의 유입점)
    ③ 접지점(확실한 접지점의 소재 및 적당한 접지저항치)

(4) 누전이 일어날 수 있는 취약부분
    ① 비닐전선을 고정하기 위한 지지용 스테플 부분
    ② 전선이 들어가는 금속제 전선관의 끝 부분
    ③ 콘센트, 스위치박스 등의 내부에 있는 배선의 끝부분 또는 전선과 배선기구와의 접속부분
    ④ 인입선과 안테나의 지지대가 교차되어 닿는 부분
    ⑤ 전선이 수목 또는 물받이 홈통과 닿는 부분
    ⑥ 정원 조명등에 전기를 공급하기 위하여 땅속으로 전선을 묻는 부분
    ⑦ 광고판, 조명기구 등의 전기기계·기구의 내부 또는 인출부에서 전선피복이 벗겨지거나 절연테이프가 노화되어 있는 부분

(5) 누전에 의하여 발화하기 쉬운 부분
    ① 금속관 또는 파이프의 접속부
    ② 고압선과 접촉한 목재
    ③ 빗물받이 받침 못
    ④ 벽에 박은 못
    ⑤ 함석판의 이은 곳

(6) 누전화재가 발생하기 전에 주로 나타나는 현상
    ① 빈번한 퓨즈(Fuse)용단 현상
    ② 전등밝기의 변화 현상
    ③ 인체감전 현상
    ④ 전기사용 기계기구의 오동작 증가

(7) 발화까지에 이르는 누전전류의 최소한계: 300 ~ 500mA

> **참고** 인체가 전기설비의 외함에 접촉시 인체통과전류를 구하는 식
>
> $$I = \frac{E}{R_m(1+\frac{R_2}{R_3})}$$
>
> 여기서, I: 인체통과전류(mA)
> R_m: 인체저항(Ω)
> R_2: 접지저항치2(Ω)
> R_3: 접지저항치3(Ω)
> E: 대지전압(V)

3. 과전류

① 전선에 전류가 흐르면 줄(Joule)의 법칙에 의하여 열이 발생하게 된다.
② 과부하가 걸리거나 전기회로 일부에 사고발생으로 회로가 비정상적이 되면 과전류에 의해 발화되는 것이다.

> **참고** 줄(Joule)의 법칙
>
> 1. 전선에 흐르는 전류를 $I[A]$, 전기저항 $R[\Omega]$, 전류가 흐른 통전시간을 $t[초]$라 하면 줄의 법칙에 의해 전류로 인한 발생열 $Q[J]$은 다음과 같다.
>
> $$Q = I^2 R t$$
>
> 2. 이때, $Q[J]$를 kcal로 환산하면 다음과 같다.
>
> $$Q(kcal) = 0.24 I^2 R t \times 10^{-3}$$
>
> - 1cal = 4.186J
> - 1J = 0.2388cal ≒ 0.24cal

4. 스파크

① 스파크(Spark)는 스위치를 개폐할 때 또는 콘센트에 플러그를 꽂거나 뽑을 경우, 불꽃이 발생하는 현상으로 주위에 증기, 가스 및 분진 등이 적당한 농도의 상태에 있으면 착화되어 화재나 폭발이 발생하게 되는 것이다.
② 아크(Arc)를 발생하는 기구(개폐기, 차단기, 피뢰기 등)는 가연성 물질에 인화되지 않도록 목재의 벽 또는 천장 기타 가연성 물체로부터 고압용은 1m 이상, 특고압용은 2m 이상 이격하여 시설하여야 한다(전기설비 기술기준 산업통상자원부고시).

5. 접촉부 과열

① 전선과 권선, 전선과 단자 등의 도체에 있어서 접촉이 불완전한 상태에서 전류가 흐르게 되면 전열이 발생하게 되는데 이 열은 대기중으로 방열하게 되며, 발열과 방열은 평형을 이루게 된다.
② 전류가 과대하게 흐르면 발열량이 커져 피복부가 변질 또는 발화하게 된다.
③ 전선은 종류에 따라 허용전류가 있는데 허용전류를 초과한 전류에 의하여 발생한 것을 과열이라고 한다.

6. 절연열화에 의한 발열

① 옥내배선이나 배선기구의 절연피복제가 노화되어 절연성이 저하되면 국부적으로 탄화현상을 나타낸다.
② 이러한 탄화현상이 촉진되어 전기화재를 일으키게 된다.

7. 지락

① 누전전류의 일부가 대지로 흐르게 되는 것이다.
② 보호접지를 의무화하고 있는 우리나라의 경우, 누전의 대부분은 지락이라고 생각할 수 있다.

8. 낙뢰

번개와 천둥을 동반하는 급격한 방전현상으로 전기화재의 원인이 된다.

9. 정전기 스파크

물체의 마찰에 의하여 정전기가 발생되며, 정전 스파크에 의하여 증기 및 가연성 가스에 인화되는 경우, 다음 조건이 만족할 때 화재가 발생한다.

① 정전 스파크의 에너지가 증기 및 가연성 가스의 최소착화에너지 이상일 것
② 방전하기에 충분한 전위가 나타나 있을 것
③ 증기 및 가연성 가스가 폭발한계 내에 있을 것

제2절 전기화재예방대책

1 발화원(전기기기)에 대한 화재예방대책

1. 배선
(1) 코드(Cord)의 연결 금지
(2) 적정 굵기의 전선 사용
(3) 코드의 고정 사용(스태플 등으로 고정시켜 사용하는 것)금지

2. 배선기구
(1) 플러그, 콘센트의 접촉상태 및 취급주의
(2) 적정용량의 퓨즈 사용
(3) 개폐기의 전선 조임부분이나 접촉면의 상태관리 철저
▶ 전기화재가 발생하는 비중이 가장 큰 발화원은 배선 및 배선기구이다.

3. 전기기기 및 장치
(1) 전등
　① 전구는 금속제 가드 및 글로브(Globe)를 설치하여 보호할 것
　② 이동형 전구는 캡타이어 케이블을 사용하고 연결부분이 없도록 할 것
　③ 소켓은 도자기제, 금속제 등을 피하고 합성수지제를 택하여 접속부가 노출되지 않도록 할 것
　④ 위험물 창고 등에서는 조명설비를 줄이거나 생략할 것

(2) 전열기
　① 열판의 밑부분에는 차열판이 있는 것을 사용할 것
　② 배선이나 코드의 용량은 충분한 것을 사용할 것
　③ 전열기의 주위 30~50cm, 상방으로부터 1~1.5m 이내에는 가연성 물질을 접근시키지 말 것
　④ 점멸을 확실하게 할 것
　⑤ 원래의 목적 이외에는 사용하지 말 것

(3) 개폐기(아크를 발생하는 시설)
① 개폐기를 설치할 경우 목재의 벽 또는 천장 기타 가연성 물체로부터 고압용은 1m 이상, 특고압용은 2m 이상 이격시킬 것
② 개폐기를 불연성 박스 내에 내장하거나 통퓨즈를 사용할 것
③ 가연성 증기 및 분진 등 위험한 물질이 있는 곳에는 방폭형 개폐기를 사용할 것
④ 접촉부분의 변형이나 산화 또는 나사풀림으로 접촉저항이 증가하는 것을 방지할 것

(4) 옥내배선
① 시설장소에 적합한 공사방법을 시행할 것
② 공사방법에 따른 적당한 전선의 종류 및 굵기를 선정할 것
③ 전선의 접속시 전선의 세기를 20% 이상 감소시키지 않아야 하며, 접속은 접속기구를 사용할 것
④ 충전될 우려가 있는 금속제 등은 확실하게 접지할 것
⑤ 부하의 종류, 용량에 따라 분기회로를 설치하고 각 회로마다 개폐기, 자동차단기 등을 시설할 것
▶ 옥내배선공사 중 나선을 사용할 수 없는 공사: 금속덕트공사

2 출화(出火)의 경과에 대한 화재예방대책

1. **단락에 대한 화재예방대책**
   (1) 이동전선의 관리 철저
   (2) 규격전선의 사용
   (3) 전원스위치 차단 후 작업
   (4) 전선인출부의 보강

2. **누전에 대한 화재예방대책**
   (1) 누전차단기의 설치
   (2) 2중절연구조 전기기계 · 기구의 사용
   (3) 보호접지의 실시
   (4) 비접지식 전로의 채용

3. **과전류에 의한 화재예방대책**
   (1) 배선용 차단기 또는 적정용량의 퓨즈 사용
   (2) 문어발식 배선사용 금지
   (3) 누전되는 전기기기 및 고장난 전기기기 사용금지
   (4) 스위치 등 접촉부분 점검 철저
   (5) 동일 전선관에 많은 전선삽입 금지

4. **스파크에 의한 화재예방대책**
   (1) 접촉부분의 변형, 퓨즈의 나사풀림 등으로 인한 접촉저항이 증가되는 것을 방지할 것
   (2) 개폐기를 불연성의 외함 내에 내장시키거나 통형 퓨즈를 사용할 것
   (3) 유입개폐기는 절연유의 열화 정도, 유량에 주의하고 주위에는 내화벽을 설치할 것
   (4) 가연성 증기, 분진 등 위험한 물질이 있는 곳에는 방폭형 개폐기를 사용할 것

5. **접촉부과열에 의한 화재예방대책**
   (1) 전기공사 시공 철저
   (2) 전기설비 점검 철저

제3절 절연저항

절연물의 절연성능을 나타내는 척도를 절연저항이라 하고, 그 수치가 클수록 양질의 절연물인 것을 나타낸다.

1. 절연물의 절연불량 요인
(1) 진동, 충격 등에 의한 기계적 요인
(2) 높은 이상전압 등에 의한 전기적 요인
(3) 온도상승에 의한 열적 요인
(4) 산화 등에 의한 화학적 요인

2. 전기기기의 절연저항값이 저하하는 요인
(1) 높은 이상전압
(2) 온도상승
(3) 충격
(4) 진동

3. 절연재료별 최고허용온도

종별	최고허용온도(℃)	절연재료
Y종	90	무명, 명주, 종이 등의 재료로 구성되고, 기름 및 니스류 속에 담그지 않은 것
A종	105	무명, 명주, 종이 등의 재료로 구성되고, 기름 및 니스류 속에 담근 것
E종	120	폴리에틸렌계 절연재료
B종	130	운모, 석면, 유리섬유 등의 재료에 접착제를 사용한 것
F종	155	운모, 석면, 유리섬유 등의 재료에 실리콘, 알키드수지 등의 접착제를 사용한 것
H종	180	운모, 석면, 유리섬유 등의 재료에 실리콘수지 또는 이와 동등한 성질을 가진 접착제를 사용한 것
C종	180 초과	생운모, 석면, 자기 등을 단독으로 사용하여 구성된 것이나 접착제를 함께 사용한 것

제4절 과전류에 의한 전선의 연소

1 과전류에 의한 전선의 연소단계(순서)

① 인화단계 → ② 착화단계 → ③ 발화단계 → ④ 순간용단단계

2 전선의 연소단계에 따른 전류밀도

연소과정(단계)	전류밀도	현상
인화단계	40 ~ 43A/mm^2	허용전류를 3배 정도 흐르게 하면 내부의 고무피복이 용해되어 불을 갖다 대면 인화된다.
착화단계	43 ~ 60A/mm^2	전류를 더욱 증가시키면 액상의 고무형태로 뚝뚝 떨어지기 시작한다.
발화단계	60 ~ 120A/mm^2	피복이 자연히 발화하고, 심선이 용단되기 시작한다.
순간용단단계	120A/mm^2 이상	대전류를 순간에 흐르게 하면 심선이 완전히 용단되어 피복이 파열되며, 동(銅)이 비산한다.

제5절 접지시스템

1 접지시스템의 개요

1. **접지(接地)의 목적**
   ① 기기절연물이 열화, 손상되었을 때 누설전류로 인한 감전방지
   ② 기기 및 선로의 이상전압 발생시 대지전위의 상승 억제 및 절연강도 경감
   ③ 변압기의 저고압 혼촉시의 감전방지
   ④ 송배전선, 고전압모선 등에서 지락사고시 보호계전기를 신속·확실하게 동작시키기 위함
   ⑤ 낙뢰로 인한 피해방지
   ⑥ 통신장해의 저감
   ▶ 이동식 전기기기의 감전사고방지를 위해 꼭 필요한 설비: 접지설비
   ▶ 대지를 접지로 이용하는 이유: 대지는 넓고, 무수한 전류통로가 있어 저항이 작기 때문이다.

2. **전기기계·기구에 대하여 접지를 해야 하는 경우(산업안전보건법 안전보건기준)**

   (1) 전기기계·기구의 금속제 외함, 금속제 외피 및 철대

   (2) 고정 설치되거나 고정배선에 접속된 전기기계·기구의 노출된 비충전금속체 중 충전될 우려가 있는 다음 어느 하나에 해당하는 비충전금속체
   ① 지면이나 접지된 금속체로부터 수직거리 2.4m, 수평거리 1.5m 이내인 것
   ② 물기 또는 습기가 있는 장소에 설치되어 있는 것
   ③ 금속으로 되어 있는 기기접지용 전선의 피복·외장 또는 배선관 등
   ④ 사용전압이 대지전압 150V를 넘는 것

(3) 전기를 사용하지 아니하는 설비 중 다음 어느 하나에 해당하는 금속체
① 전동식 양중기의 프레임과 궤도
② 전선이 붙어 있는 비전동식 양중기의 프레임
③ 고압 이상의 전기를 사용하는 전기기계·기구 주변의 금속제 칸막이·망 및 이와 유사한 장치

(4) 코드와 플러그를 접속하여 사용하는 전기기계·기구 중 다음 어느 하나에 해당하는 노출된 비충전금속체
① 사용전압이 대지전압 150V를 넘는 것
② 냉장고, 세탁기, 컴퓨터 및 주변기기 등과 같은 고정형 전기기계·기구
③ 고정형, 이동형 또는 휴대형 전동기계·기구
④ 휴대형 손전등
⑤ 물 또는 도전성이 높은 곳에서 사용하는 전기기계·기구, 비접지형 콘센트

(5) 수중펌프를 금속제 물탱크 등의 내부에 설치하여 사용하는 경우 그 탱크

3. 전기기계·기구에 대하여 접지를 할 필요가 없는 경우(산업안전보건법 안전보건기준)

① 전기용품 및 생활용품안전관리법이 적용되는 이중절연 또는 이와 같은 수준 이상으로 보호되는 전기기계·기구
② 절연대 위 등과 같이 감전위험이 없는 장소에서 사용하는 전기기계·기구
③ 비접지방식의 전로(그 전기기계·기구의 전원측의 전로에 설치한 절연변압기의 2차전압이 300V 이하, 정격용량이 3kVA 이하이고 그 절연변압기의 부하측의 전로가 접지되어 있지 아니한 것으로 한정한다)에 접속하여 사용되는 전기기계·기구

※ 산업안전보건법 안전보건기준 → 2021.11.19 개정

2 접지방식

1. 계통접지

전력계통에서 돌발적으로 발생하는 이상현상에 대비하여 대지와 계통을 연결하는 것으로서 중성점을 대지에 접속하는 것

2. 보호접지

고장시 감전에 대한 보호를 목적으로 기기의 한 점 또는 여러 점을 접지하는 것

[접지시스템의 구성요소]

※ 한국전기설비규정(KEC): 2018.3.9 제정, 2021.1.1 시행

구성요소	내용
보호도체	각 전기제품으로부터 접지단자까지의 접지선
접지도체	접지단자로부터 대지까지의 접지선
접지극	누설전류를 대지로 방전시키기 위하여 사용되는 도전체
기타 설비	-

[접지도체의 단면적]

※ 한국전기설비규정(KEC): 2018.3.9 제정, 2021.1.1 시행

구분	단면적의 크기
큰 고장전류가 접지도체를 통하여 흐르지 않을 경우	• 구리: 6mm² 이상 • 철제: 50mm² 이상
접지도체에 피뢰시스템이 접속되는 경우	• 구리: 16mm² 이상 • 철제: 50mm² 이상
고장시 흐르는 전류를 안전하게 통할 수 있는 것	• 특고압·고압전기설비용: 6mm² 이상의 연동선 • 중성점 접지용: 16mm² 이상의 연동선
이동하여 사용하는 전기기계기구의 금속제 외함 등의 접지시스템의 경우	• 특고압·고압전기설비용 접지도체 및 중성점 접지용 접지도체: 클로로프렌캡타이어케이블(3종 및 4종), 클로로설포네이트폴리에틸렌캡타이어케이블(3종 및 4종)의 1개 도체, 다심캡타이어케이블의 차폐, 기타의 금속체로 10mm² 이상 • 저압전기설비용 접지도체: 다심코드, 다심캡타이어케이블의 1개 도체의 단면적이 0.75mm² 이상인 것 다만, 기타 유연성이 있는 연동연선은 1개 도체의 단면적이 1.5mm² 이상인 것

[접지극 시설의 방법]

※ 한국전기설비규정(KEC): 2018.3.9 제정, 2021.1.1 시행

- 콘크리트에 매입된 기초접지극
- 토양에 매설된 기초접지극
- 토양에 수직 또는 수평으로 직접 매설된 금속전극(봉, 전선, 테이프, 배관, 판 등)
- 케이블의 금속외장 및 그 밖에 금속피복
- 지중 금속구조물(배관 등)
- 대지에 매설된 철근콘크리트의 용접된 금속보강재(다만, 강화콘크리트는 제외)

※ 위의 방법 중 하나 또는 복합하여 시설하여야 한다.

3. 기타 접지

① 등전위 접지
② 지락검출용 접지
③ 뇌해방지용 접지
④ 정전기장해방지용 접지
⑤ 기능용 접지
⑥ 잡음방지용 접지

> **참고** 본딩과 등전위 접지
>
> ① **본딩(Bonding)**: 금속도체 상호간 혹은 대지에 대하여 전기적으로 절연되어 있는 2개 이상의 금속도체를 전기적으로 접속하여 서로 같은 전위를 형성하여 정전기 사고를 예방하는 방법이다.
> ② **등전위 접지**: 도전성 물체 각각의 전위를 같게 하여 사고시 이상전류의 흐름을 제한하기 위한 것으로 의료용 전기전자기기의 접지방식으로 많이 쓰인다.

3 접지의 기본조건

1. 접지시스템의 구성요소

(1) 접지도체
(2) 보호도체
(3) 접지극
(4) 기타설비

2. 접지저항

(1) 접지저항이란 대지와의 전기적 접속이 잘 되어 있는 정도를 나타내는 것이다.
(2) 접지저항값은 낮을수록 바람직하다.

3. 접지저항치를 결정하는 3요소

(1) 접지전극 주위의 토양이 나타내는 저항
(2) 접지선 및 접지극의 도체저항
(3) 접지전극의 표면과 접하는 토양사이의 접촉저항
▶ 3요소 중 접지전극 주위의 토양이 나타내는 저항이 접지저항치를 결정할 때 가장 중요한 요소가 된다.

4. 접지저항의 저감대책

(1) 심타공법, 심공공법 채택(깊게 매설한다.)
(2) 접지극의 형상 및 크기 조절(규격을 크게 한다.)
(3) 병렬접지 시행
(4) 토양의 화학(약품)처리(토양을 개량하여 도전율을 증가시킨다.)

> **참고** 금속제 수도관을 접지공사의 접지극으로 사용할 수 있는 경우
> 지중에 매설되어 있고, 대지와의 전기저항값이 3Ω 이하일 때

5. 접지전극의 종류

(1) 전기용 동판
(2) 전기용 동관
(3) 전기용 동봉
(4) 동복동봉
(5) 평각동대
(6) 나연동선
(7) 탄소접지봉
(8) 금속봉입 콘크리트

6. 토양의 저항률에 영향을 미치는 요소

(1) 토양의 종류
(2) 토양에 함유된 수분의 양
(3) 토양의 온도
(4) 토양입자의 크기
(5) 토양의 밀도
(6) 토양에 함유된 물에 용해되어 있는 물질 및 그 농도

4 접지시스템의 구분 및 종류

※ 한국전기설비규정(KEC) 2018.3.9 제정, 2021.1.1 시행

접지시스템의 구분	① 계통접지(전력계통에서 돌발적으로 발생하는 이상현상에 대비하여 대지와 계통을 연결하는 것으로서 중성점을 대지에 접속하는 것) ② 보호접지(고장시 감전에 대한 보호를 목적으로 기기의 한 점 또는 여러 점을 접지하는 것) ③ 피뢰시스템접지(뇌격전류를 안전하게 대지로 흘려 보내기 위하여 대지에 접속하는 것)
접지시스템의 시설 종류	① 단독접지(특고압·고압계통의 접지극과 저압계통의 접지극을 독립적으로 접지하는 것) ② 공통접지(특고압·고압접지계통과 저압접지계통 등 전력계통은 접지극을 공용으로 하지만 건축물의 피뢰설비, 전자통신설비는 독립적으로 접지하는 것) ③ 통합접지(전기기기의 접지계통, 전자통신설비, 건축물의 피뢰설비 등의 접지극을 통합하여 공용으로 접지하는 것)
변압기의 중성점 접지저항값	① 일반적인 경우: 변압기의 특고압·고압측 전로 1선지락전류로 150을 나눈 값과 같은 저항값 이하 ② 변압기의 특고압·고압측 전로 또는 사용전압이 35kV 이하의 특고압전로가 저압측 전로와 혼촉하고 저압전로의 대지전압이 150V를 초과하는 경우의 저항값 ㉠ 1초 초과 2초 이내에 특고압·고압전로를 자동으로 차단하는 장치를 설치할 때는 300을 나눈 값 ㉡ 1초 이내에 특고압·고압전로를 자동으로 차단하는 장치를 설치할 때는 600을 나눈 값
계통접지의 종류 (보호도체 및 중성선의 접지방식에 따른 접지계통의 구분)	① TN계통(전원측의 한점을 직접 접속하고 전기설비의 노출도전부를 전원계통의 접지점에 직접 접속시키는 방식) ② TT계통(전원측의 한점을 대지에 직접 접속하고 전기설비의 노출도전부를 대지로 직접 접속하는 방식) ③ IT계통(모든 충전부를 대지와 절연시키거나 높은 임피던스를 통하여 한점을 대지에 직접 접속하고 전기설비의 노출도전부를 대지로 직접 접속하는 방식)
TN계통의 종류	① TN-S계통(전원측은 접지되어 있고 중성선과 보호도체(PE: Protective Earthing)는 각각 분리되는 방식) ② TN-C계통(전원측은 접지되어 있고 중성선(Neutral)과 보호도체는 각각 결합하여 사용되는 방식) ③ TN-C-S계통(TN-S계통과 TN-C계통의 결합방식)

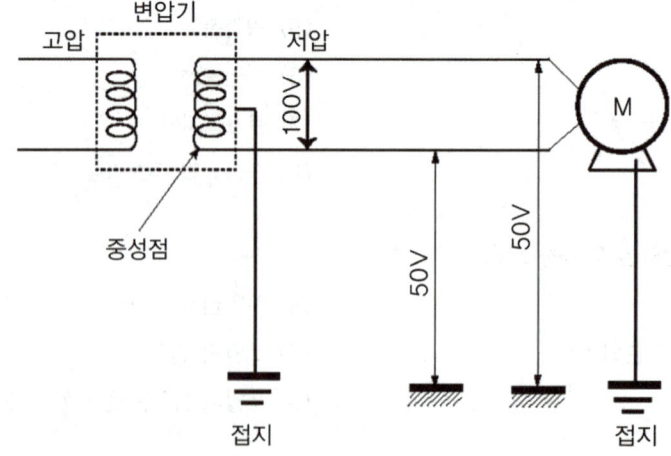

[변압기 저압측 중성점 접지]

5 접지도체의 시설 및 접지극의 매설시 유의사항(한국전기설비규정)

(1) 지하 0.75m부터 지표상 2m까지 부분은 합성수지관(두께 2mm 미만의 합성수지제 전선관 및 콤바인덕트관은 제외) 또는 이와 동등 이상의 절연효과 강도를 가지는 몰드로 덮을 것

(2) 접지극은 지표면으로부터 지하 0.75m 이상으로 하되 동결깊이를 감안하여 매설깊이를 정할 것

(3) 접지도체를 철주 기타 금속체를 따라서 시설하는 경우에는 접지극을 철주의 밑면으로부터 0.3m 이상의 깊이에 매설하는 경우 이외에는 접지극을 지중에서 그 금속체로부터 1m 이상 떼어 매설할 것

(4) 접지도체는 절연전선(옥외용 비닐절연전선은 제외) 또는 케이블(통신용 케이블은 제외)을 사용하여야 한다. 다만, 접지도체를 철주 기타의 금속체를 따라서 시설하는 경우 이외의 경우에는 접지도체의 지표상 0.6m를 초과하는 부분에 대하여는 절연전선을 사용하지 않을 수 있다.

(5) 접지극은 매설하는 토양을 오염시키지 않아야 하며, 가능한 다습한 부분에 설치할 것

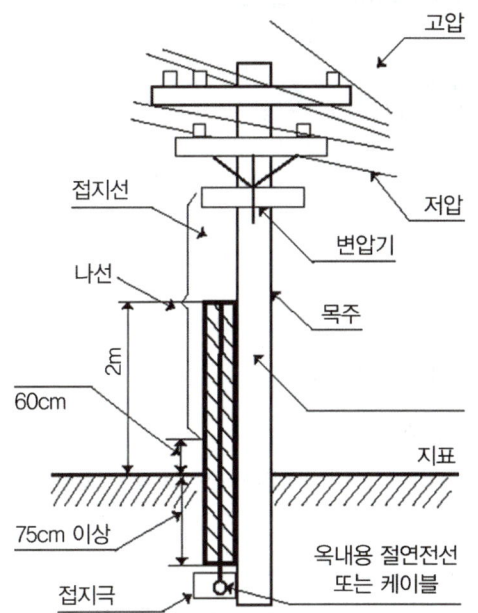

> **참고** 접지 관련 기타 사항
>
> 1. 접지를 하는 주 목적
>   ① 감전방지
>   ② 화재방지
>   ③ 기기손상 방지
>
> 2. 비접지식 전로
>   ① 고압측과 저압측 권선의 중간에 혼촉방지판을 넣어 만든 변압기를 사용한다.
>   ② 변압기 고압측과 저압측을 두고 저압전로 중간에 절연변압기를 사용한다.
>   ③ 300V 저압, 용량 3kVA 이하에서 안정적으로 사용한다.
>
> 3. 공통접지
>   특고압·고압접지계통과 저압접지계통 등 전력계통은 접지극을 공용으로 하지만 건축물의 피뢰설비, 전자통신설비는 독립적으로 접지하는 것이다.
>
> 4. 공통접지의 장점
>   ① 접지선이 짧아지고 접지계통이 단순해져 보수점검이 쉽다.
>   ② 접지극이 병렬로 되므로 독립접지에 비하여 합성저항값이 낮아진다.
>   ③ 시공 접지봉 수를 줄일 수 있어서 접지공사비를 줄일 수 있다.
>   ④ 여러 접지극을 연결함으로써 서지(surge)나 노이즈(noise) 전류방전이 쉽다.
>   ⑤ 여러 설비가 공통의 접지전극에 연결되므로 등전위가 구성되어 장비간의 전위차가 발생되지 않는다.

제6절 피뢰설비시스템

1 뇌해의 종류

(1) 직격뢰
(2) 유도뢰
(3) 측격뢰
(4) 침입뢰

▶ 직격뢰에 대한 방호설비로 적합한 것은 가공지선이다.

2 피뢰설비

1. 개요
전기설비 자체의 이상전압 또는 외부에서 침입하는 이상전압으로부터 전기설비를 보호하기 위한 것이다.

2. 피뢰설비의 종류

(1) 피뢰기(Lightning Arrester: LA)

① 피뢰기의 작동원리
  ㉠ 피뢰기는 피보호기 근방의 대지와 선로사이에 접속되어 있고, 평상시에는 직렬 갭에 의하여 대지절연이 되어 있다.
  ㉡ 기기계통에 이상전압이 발생되면 직렬 갭이 전압의 파고값을 내려서 속류를 신속하게 차단하고, 원상으로 복귀시키는 작용을 수행한다.

② 피뢰기의 설치목적
  ㉠ 전기설비 등을 뇌해로부터 보호하여 사고를 경감한다.
  ㉡ 사용의 안정성 및 전력공급을 증가시켜 신뢰성을 향상시킨다.

③ 피뢰기의 구성요소
  ㉠ 직렬 갭(gap)
  ㉡ 특성요소

④ 피뢰기의 설치장소(전기설비기술기준 산업통상자원부고시)
  ㉠ 가공전선로에 접속하는 배전용 변압기의 고압측 및 특고압측
  ㉡ 발전소, 변전소 또는 이에 준하는 장소의 가공전선 인입구 및 인출구
  ㉢ 고압 또는 특고압 가공전선로로부터 공급을 받는 수용장소의 인입구
  ㉣ 가공전선로와 지중전선로가 접속되는 곳

⑤ 피뢰기의 성능 구비조건
  ㉠ 구조가 견고하며 특성이 변화하지 않을 것
  ㉡ 충격방전개시전압이 낮을 것
  ㉢ 제한전압이 낮을 것
  ㉣ 뇌전류의 방전능력이 크고, 속류의 차단을 확실하게 할 수 있을 것
  ㉤ 반복동작이 가능할 것

ⓑ 점검, 보수가 간단할 것
ⓢ 상용주파방전개시전압이 높을 것

> **참고** 피뢰기 용어의 정의
> ① **속류**: 방전전류 통과에 이어서 전원으로부터 직렬갭을 통하여 대지로 흐르는 전류이다.
> ② **정격전압**: 속류를 차단할 수 있는 최고의 교류전압(실효값)이다.
> ③ **충격방전개시전압**: 피뢰기의 접지단자와 선로단자간에 충격전압을 인가하였을 경우 방전을 개시하는 전압이다.
>   ▶ 피뢰기의 충격방전개시전압은 공칭전압의 4.5배이다.
> ④ **제한전압**: 방전도중에 피뢰기의 접지단자와 선로단자간에 남게 되는 충격전압이다.

⑥ **피뢰기의 종류**
  ㉠ **밸브형 피뢰기**
    • 벨트형 산화막(Belt Oxide Film)피뢰기
    • 오토밸브(Auto Valve)피뢰기
    • 알루미늄 셀(Aluminium Cell)피뢰기
  ㉡ **밸브저항형 피뢰기**
    • 래지스트밸브(Resist Valve)피뢰기
    • 드라이밸브(Dry Valve)피뢰기
    • 사이라이트(Thyrite)피뢰기
  ㉢ **갭레스(Gapless)형 피뢰기**: 직렬 갭이 없으므로 소형화, 경량화가 가능하고 속류에 대한 특성요소의 변화가 작다.
  ㉣ **방출형 피뢰기**: 배전선로에 많이 설치하며, 애자의 섬락방지용으로 적합하다.
  ㉤ **갭(Gap)형 피뢰기**: 직렬 갭과 특정요소로 구성되어 있다.
⑦ **피뢰기의 접지**: 피뢰기는 접지를 하여야 한다.

(2) **서지흡수기(Surge Absorber)**
급격한 충격파(개폐서지 등)로부터 전기기기를 보호할 목적으로 설치하는 것이다.

(3) **피뢰시스템**
① **피뢰시스템(피뢰침)의 설치목적**: 뇌해로 인한 충격전류를 대지로 안전하게 흘려보내서 건축물 및 건축물 내부의 인명을 보호하기 위한 목적으로 설치한다.
② **피뢰시스템의 종류**
  ㉠ **돌침방식**: 피뢰침의 보호각도내에서 발생하는 뇌격을 흡수하여 대지로 방전하여 전기설비, 건물 등을 보호한다.
  ㉡ **회전구체방식**: 지면과 피뢰침을 동시에 닿는 회전구체를 정하고, 회전구체가 닿지 않는 부분을 보호각도로 하는 방식이다.
  ㉢ **선행스트리머 방출형(ESE방식)**: 별도의 고전압 펄스(Pulse)장치를 부착하여 지상에서 포집된 전하를 상공으로 이온방사하여 넓은 범위의 뇌격을 흡수하는 방식이다.

③ 피뢰시스템의 구성(한국전기설비규정)
  ㉠ 외부피뢰시스템(직격뢰로부터 대상물 보호)

수뢰부시스템	• 돌침, 수평도체, 메시도체의 요소 중에 한가지 또는 이를 조합한 형식으로 시설하여야 한다. • 보호각법, 회전구체법, 메시법 중 하나 또는 조합된 방법으로 배치하여야 한다.
인하도선시스템	• 복수의 인하도선을 병렬로 구성해야 한다. • 경로의 길이가 최소가 되도록 한다.
접지극시스템	–

  ㉡ 내부피뢰시스템(간접뢰 및 유도뢰로부터 대상물 보호): 등전위본딩(Bonding), 전기적 절연으로 구성된 피뢰시스템의 일부

④ 피뢰시스템의 적용범위(한국전기설비규정)
  ㉠ 전기전자설비가 설치된 건축물·구조물로서 낙뢰로부터 보호가 필요한 것 또는 지상으로부터 높이가 20m 이상인 것
  ㉡ 저압전기전자설비
  ㉢ 고압 및 특고압 전기설비

⑤ 피뢰시스템(피뢰침) 설치시 준수사항(건축물설비기준규칙)
  ㉠ 피뢰시스템은 한국산업표준이 정하는 피뢰레벨등급에 적합한 것일 것
  ㉡ 수뢰부, 접지극 및 인하도선은 단면적이 피복이 없는 동선을 기준으로 50mm^2 이상이거나 이와 동등 이상의 성능을 갖출 것
  ㉢ 수뢰부(돌침)는 건축물의 맨윗부분으로부터 25cm 이상 돌출시켜 설치하되, 설계하중에 견딜 수 있는 구조일 것
  ㉣ 피뢰설비의 인하도선을 대신하여 철골조의 철골구조물과 철근콘크리트조의 철근구조체 등을 사용하는 경우에는 전기적 연속성이 보장될 것

⑥ 피뢰시스템(피뢰침)의 보호각도
  ㉠ 피뢰침의 보호범위는 피뢰침의 선단을 통한 연직선에 대한 보호범위를 말하며, 보호각이라고도 한다.
  ㉡ 돌침방식 피뢰침의 보호각도
    ⓐ 위험물, 폭발물의 저장건물 보호각도: 45도 이하
    ⓑ 일반 건축물의 보호각도: 60도 이하

⑦ 피뢰시스템(피뢰침)의 보호여유도

$$여유도(\%) = \frac{충격절연강도 - 제한전압}{제한전압} \times 100$$

⑧ 피뢰시스템(피뢰침)의 피뢰레벨(Level)

피뢰레벨	보호법		
	회전구체 반경(m)	메시(Mesh) 치수(m)	인하도선 설치간격(m)
Ⅰ	20	5 × 5	10
Ⅱ	30	10 × 10	10
Ⅲ	45	15 × 15	15
Ⅳ	60	20 × 20	20

⑨ 피뢰시스템(피뢰침) 점검사항

  ㉠ 접지저항의 측정

  ㉡ 지상의 단선, 용융, 기타 손상개소의 유무검사

  ㉢ 지상의 각 접속부의 검사

  ▶ 피뢰침 점검사항 중 가장 중요한 것은 접지저항의 측정이다.

> **참고** 충격파의 표시
>
> 1. 가공송전선로에서 낙뢰의 직격을 받았을 때 충격파의 표시
>   충격파 = 파고치에 도달할 때까지의 시간 × 파미 부분에서 파고치의 50%가 감소할 때까지의 시간
>   ▶ 충격파(surge: 서지): 극히 짧은 시간에 파고(波高)값에 도달했다가 소멸하는 파형을 말한다.
> 2. 충격전압시험시 표준충격파형을 $1.2 \times 50\mu s$로 나타내는 경우 1.2와 50이 뜻하는 것
>   ① 1.2: 파두장(波頭長: 어떤 방향을 향하여 나아가는 전파의 앞부분을 말한다.)
>   ② 50: 파미장(波尾長: 어떤 방향을 향하여 나아가는 전파의 최저부와 최고부까지의 길이를 말한다.)

(4) 가공지선(Over Head Earthwire)

송전선의 상부에 가설한 도체로서 동웰드선, 알루미늄 합금선 등이 사용된다.

제7절 화재경보기(누전경보기)

1. 누전경보기의 구성
(1) 수신기
(2) 변류기
(3) 경보장치

2. 누전경보기의 수신기
(1) 수신기의 설치장소

옥내 건조한 장소(옥내의 점검에 편리한 장소)

(2) 수신기의 설치 제외 장소
① 화약류 제조, 저장, 취급장소
② 습도가 높은 장소
③ 온도의 변화가 급격한 장소
④ 가연성의 증기, 먼지, 가스나 부식성의 가스·증기 등이 다량으로 체류하는 장소
⑤ 고주파 발생회로, 대전류회로 등의 영향을 받을 우려가 있는 장소

3. 누설전류가 흐르지 않은 상태에서 누전경보기가 경보를 발하는 원인
① 변류기의 2차측 배선의 절연상태가 불량할 경우
② 변류기의 2차측 배선이 단락되어 지락이 되었을 경우
③ 전기적인 유도가 많을 경우

> **참고** 누전차단기와 누전경보기의 차이
>
> | 누전차단기
(ELB: Earth Leakage Breaker) | 누전경보기
(ELD: Earthed Leakage Detector) |
> | --- | --- |
> | 누설전류가 발생하면 전기회로를 차단시키는 장치 | 누설전류를 검출하여 경보를 발생시키는 장치 |

4. 누전경보기의 시험방법
(1) 도통시험
(2) 누설전류측정시험
(3) 방수시험
(4) 전류특성시험
(5) 전압특성시험
(6) 동작시험

제8절 화재대책

1. 화재의 구분

화재의 종류	표시색상	해당 물질
A급화재(일반화재)	백색	일반가연물(섬유, 종이, 목재, 합성수지류 등)
B급화재(유류, 가스화재)	황색	유류, 가연성가스
C급화재(전기화재)	청색	전기기계 · 기구설비
D급화재(금속화재)	무색	가연성 금속류

2. 화재의 대책

(1) 예방대책

(2) 국한대책

(3) 소화대책

(4) 피난대책

3. 소화의 형태

(1) 냉각소화

① 점화원을 냉각시켜 불을 끈다.

② 다량의 물을 뿌려서 불을 끈다.

(2) 질식소화

① 공기 중의 산소 농도를 희박하게 하여 불을 끈다.

② 산소 공급을 차단시켜 불을 끈다.

(3) 제거소화

가연물을 제거시켜 불을 끈다.

(4) 억제소화(화학소화)

① 화학적인 방법으로 불을 끈다.

② 연쇄반응을 차단시켜 불을 끈다.

(5) 기타

희석소화, 피복소화 등

> **참고** 화재대비 비상용 동력설비
> ① 소화펌프
> ② 스프링클러용 펌프
> ③ 배연용 송풍기

4. 전기화재(C급 화재)시 사용 가능한 소화기(위험물안전관리법)

(1) 탄산가스(이산화탄소)소화기

(2) 분말소화기

(3) 할론소화기(할로겐화합물소화기)

(4) 무상수(霧狀水)소화기

(5) 무상강화액소화기

(6) 사염화탄소소화기

5. 통전 중인 전력기기나 배선의 부근에서 일어나는 화재를 소화할 때 주수하는 방법

(1) 낙하를 시작해서 퍼지는 상태로 주수하는 방법

(2) 방출과 동시에 퍼지는 상태로 주수하는 방법

(3) 계면활성제를 혼합한 물이 방출과 동시에 퍼지는 상태로 주수하는 방법

6. 자동화재탐지설비 감지기의 종류

(1) 정온식 감지기

주위의 온도가 기준 온도(60~150℃)에 도달하였을 때 작동되는 감지기이다.

(2) 차동식 감지기

주위의 온도가 정해진 비율 이상으로 상승할 때 작동하는 것으로 온도상승이 완만한 화염의 감지에는 효과가 작다.

(3) 보상식 감지기

차동식과 정온식을 조합한 형식으로 외기온도의 영향을 거의 받지 않는 감지기이다.

(4) 복사 감지기

일정량의 화염불꽃을 포착하였거나 복사열을 받았을 때 작동되는 감지기이다.

(5) 이온화식 감지기

공기 중의 연기에 의해 이온전류가 감소되는 성질을 활용한 감지기이다.

적중문제 　**CHAPTER 3** | 전기설비 위험요인관리

01 전기화재발생 원인의 3요건으로 거리가 먼 것은?
① 발화원　　② 내화물
③ 착화물　　④ 출화의 경과

해설　내화물은 화재발생 원인의 3요건과 관계가 없다.

정답 ②

02 전기화재의 경로별 원인으로 거리가 먼 것은?
① 단락　　② 누전
③ 저전압　　④ 접촉부의 과열

해설　저전압은 전기화재의 경로별 원인에 해당하지 않는다.

 전기화재의 경로별(출화의 경과) 원인
- 단락
- 누전
- 접촉부의 과열
- 과전류
- 절연불량
- 스파크(Spark)
- 정전기

정답 ③

03 전기화재의 직접적인 발생요인과 가장 거리가 먼 것은?
① 피뢰기의 손상
② 누전, 열의 축적
③ 과전류 및 절연의 손상
④ 지락 및 접촉불량으로 인한 과열

해설　피뢰기의 손상은 전기화재의 직접적인 발생요인과 관계가 없다.

 전기화재의 직접적인 발생요인
- 누전, 열의 축적
- 과전류 및 절연의 손상
- 지락 및 접촉불량으로 인한 과열

정답 ①

04 전기화재의 주요 원인이 되는 전기의 발열현상에서 가장 큰 열원에 해당하는 것은?
① 줄(Joule) 열　　② 고주파 가열
③ 자기유도에 의한 열　　④ 전기화학 반응열

해설　전기화재의 주요원인이 되는 전기의 발열현상에서 가장 큰 열원에 해당하는 것은 줄(Joule) 열이다.

정답 ①

05 전기 누전화재라는 것을 입증하기 위한 요건에 해당하지 않은 것은?
① 발화점　　② 누전점
③ 접지점　　④ 접촉점

해설　접촉점은 전기 누전화재라는 것을 입증하기 위한 요건에 해당하지 않는다.

 전기 누전화재
1. 전기 누전화재라는 것을 입증하기 위한 요건
   - 누전점(전류의 유입점)
   - 발화점(발화된 장소)
   - 접지점(확실한 접지점의 소재 및 적당한 접지저항치)
2. 전기누전에 의한 화재예방대책
   - 감전방지용 누전차단기 설치
   - 이중절연구조 전기기계·기구의 사용
   - 보호접지의 실시
   - 비접지식 전로의 채용

정답 ④

06 전기 누전화재의 위험은 저압전로의 경우 부하에 최대공급전류의 몇 배 이상의 누전전류가 흐를 때인가?
① 1/500
② 1/1,000
③ 1/1,500
④ 1/2,000

해설 저압전로의 경우 부하에 최대공급전류의 1/2,000 이상의 누전전류가 흐를 때 전기 누전화재의 위험이 있다.

정답 ④

07 저항 20Ω인 전열기에 5A의 전류가 1시간 동안 흘렀다면 약 몇 kcal의 열량이 발생하겠는가?
① 100
② 432
③ 861
④ 14,400

해설 $Q = 0.24I^2Rt \times 10^{-3}$
$= 0.24 \times 5^2 \times 20 \times (60 \times 60) \times 10^{-3}$
$= 432 \text{Kcal}$

정답 ②

08 부하에 400A의 전류가 흐르는 단상 2선식의 한 전선에서 허용되는 누전전류는 몇 A인가?
① 0.2
② 0.1
③ 0.4
④ 0.5

해설 누전전류는 최대공급전류의 1/2,000을 넘지 않아야 한다.
$400 \times \dfrac{1}{2,000} = 0.2\text{A}$

정답 ①

09 전기화재방지를 위한 안전조치와 관련이 없는 것은?
① 퓨즈
② 누전차단기
③ 누전화재경보기
④ 검전기

해설 검전기는 정전작업시 정전여부를 확인하는 데 사용되는 기구이다.

정답 ④

10 스파크 화재의 방지책이 아닌 것은?
① 개폐기를 불연성의 외함 내에 내장시킬 것
② 통형 퓨즈를 사용할 것
③ 유입개폐기는 절연유의 열화정도 유량에 주의하고 내화벽을 설치할 것
④ 배선코드의 용량은 충분한 것을 사용하여 과열을 방지할 것

해설 배선코드의 용량은 충분한 것을 사용하여 과열을 방지하는 것은 전열기 과열 화재의 방지책에 해당한다.

관련이론 **기타 스파크 화재의 방지책**
- 접촉부분의 산화, 변형, 퓨즈의 나사풀림 등으로 인하여 접촉저항이 증가되는 것을 방지할 것
- 가연성 증기, 분진 등의 위험성 물질이 있는 곳은 방폭형 개폐기를 사용할 것

정답 ④

11 아크(Arc)를 발생하는 고압용 기구는 목재의 벽 또는 천장에서 몇 m 이상 떨어져야 하는가?
① 3.0
② 2.0
③ 1.0
④ 0.5

해설 아크(Arc)를 발생하는 고압용 기구는 목재, 벽 또는 천장에서 1m 이상, 특별고압용 기구는 2m 이상 떨어져야 한다(전기설비기술기준 산업통상자원부고시).

정답 ③

12 전선이 연소될 때의 단계별 순서로 가장 적절한 것은?

① 착화단계 → 순간용단단계 → 발화단계 → 인화단계
② 인화단계 → 착화단계 → 발화단계 → 순간용단단계
③ 순간용단단계 → 착화단계 → 인화단계 → 발화단계
④ 발화단계 → 순간용단단계 → 착화단계 → 인화단계

해설 전선이 연소될 때의 단계별 순서는 다음과 같다.
인화단계 → 착화단계 → 발화단계 → 순간용단단계

정답 ②

13 과전류에 의한 전선의 발화단계에 맞지 않는 것은?

① 인화단계: $40 \sim 43A/mm^2$
② 착화단계: $43 \sim 60A/mm^2$
③ 발화단계: $60 \sim 150A/mm^2$
④ 순간용단단계: $120A/mm^2$ 이상

해설 발화단계의 전류밀도는 $60 \sim 120A/mm^2$이다.

관련이론 과전류에 의한 전선의 발화단계(연소과정)

연소과정 (발화단계)	전류밀도	현상
인화단계	$40 \sim 43A/mm^2$	허용전류를 3배 정도 흐르게 하면 내부의 고무피복이 용해되어 불을 갖다 대면 인화된다.
착화단계	$43 \sim 60A/mm^2$	전류를 더욱 증가시키면 액상의 고무형태로 뚝뚝 떨어지기 시작한다.
발화단계	$60 \sim 120A/mm^2$	피복이 자연히 발화하고 심선이 용단되기 시작한다.
순간용단단계	$120A/mm^2$ 이상	대전류를 순간에 흐르게 하면 심선이 용단되어 피복이 파열되며 동이 비산한다.

정답 ③

14 Y종 절연물의 최고허용온도는?

① 80℃   ② 85℃
③ 90℃   ④ 105℃

해설 Y종 절연물의 최고허용온도는 90℃이다.

관련이론 절연물의 최고허용온도
- Y종: 90℃   • A종: 105℃   • E종: 120℃
- B종: 130℃   • F종: 155℃   • H종: 180℃
- C종: 180℃ 초과

정답 ③

15 3,300/220V, 20kVA인 3상 변압기에서 공급받고 있는 저압전선로의 절연부분 전선과 대지간의 절연저항 최소값(Ω)은? (단, 변압기 저압측 1단자는 접지를 시행함)

① 1,240   ② 2,794
③ 4,840   ④ 8,383

해설
- $P = \sqrt{3}\,VI$, $I = \dfrac{P}{\sqrt{3}\,V}$ [VA]

  여기서, P: 변압기의 용량(VA)
  V: 전압(V)
  I: 최대공급전류(A)

  누설전류(I_g) $= \dfrac{1}{2,000} \times I$를 넘지 않아야 한다.

- $R(절연저항) = \dfrac{V}{I_g} = \dfrac{V}{\dfrac{1}{2,000} \times \dfrac{P}{\sqrt{3}\,V}}$

  $= \dfrac{220}{\dfrac{1}{2,000} \times \dfrac{20 \times 1,000}{\sqrt{3} \times 220}} \fallingdotseq 8,383\,\Omega$

정답 ④

16 접지의 목적이 아닌 것은?

① 낙뢰에 의한 피해방지
② 송배전선, 고전압 모선 등에서 지락사고의 발생 시 보호계전기를 신속하게 동작시킴
③ 설비의 절연물이 손상되었을 때 흐르는 누설전류에 의한 감전방지
④ 송배전선로의 지락사고시 대지전위의 상승을 억제하고 절연강도를 상승시킴

해설 송배전선로의 지락사고시 대지전위의 상승을 억제하고 절연강도를 경감시키는 것이 접지의 목적이다.

관련이론 **접지의 목적**
- 낙뢰에 의한 피해방지
- 송배전선, 고전압 모선 등에서 지락사고의 발생시 보호계전기를 신속하게 동작시킴
- 설비의 절연물이 손상되었을 때 흐르는 누설전류에 의한 감전방지
- 변압기의 저·고압 혼촉시의 감전방지
- 통신장해의 저감
- 대지전위의 상승을 억제하고 송배전선로의 절연강도 경감

정답 ④

17 산업안전보건법에 따라 사업주는 누전에 의한 감전의 위험을 방지하기 위하여 접지를 하여야 하는데 다음 중 접지를 하지 아니할 수 있는 부분은?

① 관련법에 따른 이중절연구조로 보호되는 전기기계·기구
② 전기기계·기구의 금속제 외함, 금속제 외피 및 철대
③ 전기를 사용하지 아니하는 설비 중 전동식 양중기의 프레임과 궤도에 해당하는 금속체
④ 코드와 플러그를 접속하여 사용하는 고정형·이동형 또는 휴대형 전동기계·기구의 노출된 비충전 금속체

해설 관련법에 따른 이중절연구조로 보호되는 전기기계·기구는 접지를 하지 않을 수 있는 부분에 해당한다.

관련이론 **접지를 하지 않아도 되는 경우(산업안전보건법 안전보건기준)**
- 전기용품 및 생활용품안전관리법이 적용되는 이중절연 또는 이와 같은 수준 이상으로 보호되는 전기기계·기구
- 절연대 위 등과 같이 감전위험이 없는 장소에서 사용하는 전기기계·기구
- 비접지방식의 전로

정답 ①

18 접지의 종류와 목적이 바르게 짝지어지지 않은 것은?

① 계통접지 - 고압전로와 저압전로가 혼촉되었을 때의 감전이나 화재방지를 위하여
② 지락검출용접지 - 누전차단기의 동작을 확실하게 하기 위하여
③ 기능용접지 - 피뢰기 등의 기능 손상을 방지하기 위하여
④ 등전위접지 - 병원에 있어서 의료기기 사용 시 안전을 위하여

해설 기능용접지는 전자기기의 안정된 동작을 위하여 사용된다.

정답 ③

19 산업안전보건법상 전기기계·기구의 누전에 의한 감전위험을 방지하기 위하여 접지를 하여야 하는 사항으로 옳지 않은 것은?

① 전기기계·기구의 금속제 내부 충전부
② 전기기계·기구의 금속제 외함
③ 전기기계·기구의 금속제 외피
④ 전기기계·기구의 금속제 철대

해설 전기기계·기구의 금속제 내부 충전부는 접지를 하여야 하는 사항에 해당하지 않는다.

관련이론 감전위험을 방지하기 위하여 접지를 하여야 하는 사항
- 전기기계·기구의 금속제 외함
- 전기기계·기구의 금속제 외피
- 전기기계·기구의 금속제 철대
- 사용전압이 대지전압 150V를 넘는 전기기계·기구의 노출된 비충전금속체 등
- 수중펌프를 금속제 물탱크 등의 내부에 설치하여 사용하는 경우에는 그 탱크

정답 ①

20 계통접지에 대한 설명으로 옳은 것은?

① 누전되고 있는 기기에 접촉되었을 때의 감전방지
② 고압전로와 저압전로가 혼촉되었을 때의 감전이나 화재방지
③ 누전차단기의 동작을 확실하게 하며, 고주파에 의한 계통의 잡음 및 오동작 방지
④ 낙뢰로부터 전기기기의 손상을 방지

해설
- 계통접지란 발전기 또는 변압기의 중성점(고압전로와 저압전로의 혼촉점) 등을 접지시키는 것이다.
- 접지는 크게 보호접지와 계통접지로 구분되며, 보호접지란 인명의 보호를 주목적으로 실시하는 것이다.

선지분석
① 기기접지에 대한 설명이다.
③ 잡음방지용 접지에 대한 설명이다.
④ 뇌해방지용 접지에 대한 설명이다.

정답 ②

21 의료용 전자기기(Medical Electronic Instrument)에서 인체의 마이크로 쇼크(Micro Shock) 방지를 목적으로 시설하는 접지로 가장 적절한 것은?

① 기기접지   ② 계통접지
③ 등전위접지 ④ 정전접지

해설 의료용 전자기기(Medical Electronic Instrument)에서 인체의 마이크로 쇼크(Micro Shock) 방지를 목적으로 시설하는 접지는 등전위접지이다.

정답 ③

22 금속도체 상호간 혹은 대지에 대하여 전기적으로 절연되어 있는 2개 이상의 금속도체를 전기적으로 접속하여 서로 같은 전위를 형성하여 정전기 사고를 예방하는 것을 무엇이라 하는가?

① 본딩   ② 1종 접지
③ 대전분리 ④ 특별접지

해설 금속도체 상호간 혹은 대지에 대하여 전기적으로 절연되어 있는 2개 이상의 금속도체를 전기적으로 접속하여 서로 같은 전위를 형성하여 정전기 사고를 예방하는 것은 본딩(Bonding)이다.

정답 ①

23 접지시스템의 구성요소에 해당하지 않는 것은?

① 접지극   ② 트립장치
③ 보호도체 ④ 접지도체

해설 접지시스템의 구성요소에는 접지극, 보호도체, 접지도체, 기타 설비가 있고, 트립장치는 누전차단기의 구성요소에 해당한다(한국전기설비규정).

정답 ②

24 큰 고장전류가 접지도체를 통하여 흐르지 않을 경우 접지도체의 최소 단면적으로 옳은 것은?

① 구리는 50mm² 이상, 철제는 6mm² 이상
② 구리는 16mm² 이상, 철제는 70mm² 이상
③ 구리는 6mm² 이상, 철제는 50mm² 이상
④ 구리는 70mm² 이상, 철제는 16mm² 이상

해설 큰 고장전류가 접지도체를 통하여 흐르지 않을 경우 접지도체의 최소 단면적은 구리는 6mm² 이상, 철제는 50mm² 이상이다(한국전기설비규정).

정답 ③

25 한국전기설비규정의 접지시스템 구분에 해당하지 않는 것은?

① 계통접지　② 보호접지
③ 정전접지　④ 피뢰시스템접지

해설
- 한국전기설비규정의 접지시스템 구분으로는 계통접지, 보호접지, 피뢰시스템접지가 있으며, 정전접지는 이에 해당하지 않는다.
- 한국전기설비규정상 접지시스템의 시설 종류로는 단독접지, 공통접지, 통합접지가 있다.

정답 ③

26 저압전로의 보호도체 및 중성선의 접속방식에 따른 접지계통에 해당하지 않는 것은? (단, 한국전기설비규정을 따른다.)

① TT계통　② TN계통
③ IT계통　④ UT계통

해설 한국전기설비규정에 의하면 저압전로의 보호도체 및 중성선의 접속방식에 따른 접지계통으로는 TT계통, TN계통, IT계통이 있으며, UT계통은 이에 해당하지 않는다.

정답 ④

27 접지계통 분류 중 TN접지방식이 아닌 것은?

① TN - S방식　② TN - T방식
③ TN - C방식　④ TN - C - S방식

해설 접지계통 분류에서 TN접지방식으로는 TN - S방식, TN - C방식, TN - C - S방식이 있으며, TN - T방식은 이에 해당하지 않는다.

정답 ②

28 혼촉방지판이 부착된 변압기를 설치하고 혼촉방지판을 접지시켰다. 이러한 변압기를 사용하는 주요 이유로 옳은 것은?

① 2차측의 전류를 감소시킬 수 있기 때문에
② 누전전류를 감소시킬 수 있기 때문에
③ 2차측에 비접지방식을 채택하면 감전시 위험을 감소시킬 수 있기 때문에
④ 전력의 손실을 감소시킬 수 있기 때문에

해설 혼촉방지판이 부착된 변압기를 설치하고 혼촉방지판을 접지시킨 후 이러한 변압기를 사용하는 주요 이유는 2차측에 비접지방식을 채택하면 감전시 위험을 감소시킬 수 있기 때문이다.

정답 ③

29 이동하여 사용하는 전기기계·기구의 금속제 외함 등의 접지시스템의 경우, 특고압·고압전기설비용 접지도체 및 중성점 접지용 접지도체의 종류와 단면적의 기준으로 옳은 것은?

① 다심 코드, 0.75mm² 이상
② 다심 캡타이어 케이블, 2.5mm² 이상
③ 3종 클로로프렌 캡타이어 케이블, 4mm² 이상
④ 3종 클로로프렌 캡타이어 케이블, 10mm² 이상

해설 이동하여 사용하는 전기기계·기구의 금속제 외함 등의 접지시스템의 경우, 특고압·고압전기설비용 접지도체 및 중성점 접지용 접지도체는 3종 및 4종 클로로프렌 캡타이어케이블, 3종 및 4종 클로로설포네이트 폴리에틸렌 캡타이어케이블의 1개 도체, 다심캡타이어케이블의 차폐 또는 기타의 금속체로 단면적은 10mm² 이상이어야 한다.

정답 ④

30 이상전압 발생의 우려가 없는 접지방식에 해당되는 것은?

① 직접접지 ② 간접접지
③ 저항접지 ④ 소호리엑터접지

해설
- 직접접지 방식은 지락사고가 발생해도 이상전압의 우려가 없고, 계전기의 동작이 확실하여 우리나라의 송전계통에 많이 쓰이고 있다.
- 직접접지방식은 Y결선 변압기의 중성점을 도선으로 직접접지하는 방식이다.

정답 ①

31 전기설비의 접지저항을 감소시킬 수 있는 방법으로 옳지 않은 것은?

① 접지극을 깊이 묻는다.
② 접지극을 병렬로 접속한다.
③ 접지극의 길이를 길게 한다.
④ 접지극과 대지간의 접촉을 좋게 하기 위해서 모래를 사용한다.

해설 모래를 사용하는 것은 접지저항을 감소시킬 수 있는 방법에 해당하지 않으며, 토양을 개량하여 도전율을 증가시키면 전기설비의 접지저항을 감소시킬 수 있다.

정답 ④

32 지중에 매설된 금속체의 수도관에 접지할 수 있는 경우 접지저항값은?

① 1Ω 이하 ② 2Ω 이하
③ 3Ω 이하 ④ 4Ω 이하

해설 지중에 매설된 금속관 구조물(수도관 및 가스관)의 경우, 접지저항값은 3Ω 이하일 때 접지전극으로 사용할 수 있다.

정답 ③

33 접지전극을 지면으로부터 75cm 이상 깊은 곳에 매설하는 이유는?

① 전극의 부식을 방지하기 위하여
② 접지선의 단선을 방지하기 위하여
③ 접촉전압을 증가시키기 위하여
④ 접지저항을 감소시키기 위하여

해설 접지전극을 지면으로부터 75cm 이상 깊은 곳에 매설하는 이유는 접지저항을 감소시키기 위해서이다.

정답 ④

34 접지도체의 시설 및 접지극의 매설시 유의사항으로 옳지 않은 것은?

① 접지극은 지하 0.5m 이상의 깊이로 매설할 것
② 접지극은 지중에서 금속체로부터 1m 이상 이격시켜 매설할 것
③ 접지극은 매설하는 토양을 오염시키지 않아야 하며, 가능한 다습한 부분에 설치할 것
④ 접지도체는 지하 0.75m부터 지표상 2m까지 부분은 합성수지관 또는 이와 동등 이상의 절연효과 강도를 가지는 몰드로 덮을 것

해설 접지극은 지하 0.75m 이상의 깊이로 매설하여야 한다.

정답 ①

35 전기기기의 접지시설에 대한 설명으로 옳지 않은 것은?

① 접지선은 도전성이 큰 것일수록 좋다.
② 400V 이상의 저압기기는 접지를 한다.
③ 접지시설시 전로측을 먼저 연결하고 대지에 접지극을 매설한다.
④ 접지선은 가능한 한 굵은 것을 사용한다.

해설 접지시설시 전로측을 나중에 연결하고 대지에 접지극을 매설하여야 한다.

정답 ③

36 저압전로에서 그 전로에 지락이 생겼을 경우에 0.5초 이내에 자동적으로 전로를 차단하는 장치를 시설하는 경우 저항치는 자동차단기의 정격감도전류에 따라 달라지는데 정격감도전류가 30mA일 경우 접지저항값으로 옳은 것은?

① 150Ω 이하 ② 300Ω 이하
③ 500Ω 이하 ④ 1,000Ω 이하

해설 정격감도전류가 30mA일 경우 접지저항값은 500Ω 이하이어야 한다.

관련이론 **자동차단기의 정격감도전류에 따른 접지저항값**(전기설비 기술기준 산업통상자원부고시)

정격감도전류(mA)	접지저항값(Ω)	
	물기 있는 장소, 전기적 위험도가 높은 장소	그 외 다른 장소
30	500 이하	500 이하
50	300 이하	500 이하
100	150 이하	500 이하
200	75 이하	250 이하
300	50 이하	166 이하
500	30 이하	100 이하

정답 ③

37 속류를 차단할 수 있는 최고의 교류전압을 피뢰기의 정격전압이라고 하는데 이 값은 통상적으로 교류의 어떤 값으로 나타내고 있는가?

① 최대값 ② 평균값
③ 실효값 ④ 파고값

해설 피뢰기의 정격전압은 통상적으로 실효값으로 나타내고 있다.

정답 ③

38 고압 및 특고압 전로에 시설하는 피뢰기의 설치장소로 옳지 않은 것은?

① 가공전선로와 지중전선로가 접속되는 곳
② 발전소, 변전소의 가공전선 인입구 및 인출구
③ 가공전선로에 접속하는 배전용 변압기의 저압측
④ 특고압 가공전선로로부터 공급 받는 수용장소의 인입구

해설 피뢰기는 가공전선로에 접속되는 배전용 변압기의 저압측이 아닌 고압측 및 특고압측에 설치하여야 한다.

관련이론 **고압 및 특고압 전로에 시설하는 피뢰기의 설치장소**
• 고압 및 특고압 가공전선로로부터 공급을 받는 수용장소의 인입구
• 가공전선로에 접속하는 배전용 변압기의 고압측 및 특고압측
• 발전소, 변전소 또는 이에 준하는 장소의 가공전선 인입구 및 인출구
• 가공전선로와 지중전선로가 접속되는 곳

정답 ③

39 가공송전선로에서 낙뢰의 직격을 받았을 때 발생하는 낙뢰전압이나 개폐 서지 등과 같은 이상 고전압은 일반적으로 충격파라 부르는데 이러한 충격파는 어떻게 표시하는가?

① 파고치에 달할 때까지의 시간 × 파미부분에서 파고치의 50%로 감소할 때까지의 시간
② 파고치에 달할 때까지의 시간 × 파미부분에서 파고치의 30%로 감소할 때까지의 시간
③ 파고치에 달할 때까지의 시간 × 파미부분에서 파고치의 20%로 감소할 때까지의 시간
④ 파고치에 달할 때까지의 시간 × 파미부분에서 파고치의 10%로 감소할 때까지의 시간

해설 충격파 = 파고치에 달할 때까지의 시간 × 파미부분에서 파고치의 50%로 감소할 때까지의 시간으로 표시한다.

정답 ①

40 충격전압시험시 표준충격파형을 1.2 × 50μs로 나타내는 경우 1.2와 50이 각각 뜻하는 것은?

① 파두장 – 파미장
② 최초 섬락시간 – 최종 섬락시간
③ 라이징타임 – 스테이블타임
④ 라이징타임 – 충격전압인가시간

해설 충격전압시험시 표준충격파형 1.2 × 50μs가 뜻하는 것은 다음과 같다.
- 1.2: 파두장
- 50: 파미장

정답 ①

41 피뢰기가 갖추어야 할 이상적인 성능으로 옳지 않은 것은?

① 제한전압이 낮아야 한다.
② 반복동작이 가능하여야 한다.
③ 뇌전류 방전능력이 크고, 속류의 차단능력이 충분해야 한다.
④ 충격방전개시전압이 높아야 한다.

해설 피뢰기는 충격방전개시전압이 낮아야 한다.

> **관련 이론 피뢰기**
>
> 1. **피뢰기가 갖추어야 할 이상적인 성능**
>   - 제한전압이 낮아야 한다.
>   - 반복동작이 가능하여야 한다.
>   - 뇌전류 방전능력이 크고, 속류의 차단능력이 충분해야 한다.
>   - 구조가 견고하며 특성이 변화하지 않아야 한다.
>   - 점검, 보수가 간단해야 한다.
>   - 충격방전개시전압이 낮아야 한다.
>   - 상용주파방전개시전압이 높아야 한다.
>
> 2. **피뢰기의 종류**
>   - 밸브형 피뢰기
>   - 갭형 피뢰기
>   - 갭레스형 피뢰기
>   - 밸브저항형 피뢰기
>   - 방출형 피뢰기

정답 ④

42 전력용 피뢰기에서 직렬 갭의 주된 사용 목적은?

① 방전내량을 크게 하고 장시간 사용하여도 열화를 적게 하기 위함
② 충격방전개시전압을 높게 하기 위함
③ 정상시에는 누설전류를 방지하고, 충격파방전 종료 후에는 속류를 즉시 차단하기 위함
④ 충격파 침입시 대지로 흐르는 방전전류를 크게 하여 제한전압을 낮게 하기 위함

해설
- 피뢰기에서 직렬 갭의 주된 사용 목적은 정상시에 누설전류를 방지하고, 충격파방전 종료 후에는 속류를 즉시 차단하기 위함이다.
- 이상전압이 발생하면 뇌전류를 즉시 방전시키기 위함이다.

정답 ③

43 피뢰기의 제한전압이 700kV이고, 충격절연강도가 1,000kV일 때 보호여유도는?

① 12% ② 27%
③ 39% ④ 43%

해설
$$여유도(\%) = \frac{충격절연강도 - 제한전압}{제한전압} \times 100$$
$$= \frac{1,000 - 700}{700} \times 100 = 42.86 ≒ 43\%$$

정답 ④

44 방전 갭과 특성요소로 구성되는 배전선로용 피뢰기는 다음 중 어느 것을 차단하는 특성을 가지고 있는가?

① 단절 ② 용단
③ 속류 ④ 방전

해설 배전선로용 피뢰기는 속류(Follow Current)를 차단하는 특성을 가지고 있다.

정답 ③

45 피뢰시스템에 있어서 외부피뢰시스템에 해당하지 않는 구성요소는?

① 등전위본딩시스템 ② 수뢰부시스템
③ 인하도선시스템 ④ 접지극시스템

해설 피뢰시스템에 있어서 외부피뢰시스템에 해당되는 구성요소는 수뢰부시스템, 인하도선시스템, 접지극시스템이 있으며, 등전위본딩시스템은 내부피뢰시스템에 해당한다.

정답 ①

46 전기화재시 소화에 부적합한 소화기는?

① 사염화탄소소화기 ② 분말소화기
③ 산·알칼리소화기 ④ CO_2소화기

해설 산·알칼리소화기는 일반화재(A급 화재)에만 사용할 수 있다.

관련이론 **전기화재(C급 화재)시 소화에 적합한 소화기**
• 사염화탄소소화기
• 분말소화기
• CO_2소화기
• 할론소화기(할로겐화합물 소화기)
• 무상수소화기
• 무상강화액소화기

정답 ③

47 건물의 전기설비로부터 누설전류를 탐지하여 경보를 발하는 누전경보기의 구성으로 옳은 것은?

① 축전기, 변류기, 경보장치
② 변류기, 수신기, 경보장치
③ 수신기, 발신기, 경보장치
④ 비상전원, 수신기, 경보장치

해설 누전경보기는 변류기, 수신기, 경보장치로 구성되어 있다.

정답 ②

48 누전경보기의 수신기는 옥내의 편리한 곳에 설치해야 한다. 누전경보기의 수신기를 설치하지 않아도 되는 장소에 해당되지 않는 것은?

① 가연성의 증기, 먼지, 가스 등이나 부식성의 증기, 가스 등이 다량으로 체류하는 장소
② 화약류를 제조하거나 저장 또는 취급하는 장소
③ 습도가 높은 장소
④ 방식효과가 높은 장소

해설 방식효과가 높은 장소(건조한 장소)에 누전경보기의 수신기를 설치하여야 한다.

정답 ④

49 통전 중의 전력기기나 배선의 부근에서 일어나는 화재를 소화할 때 주수(注水)하는 방법으로 옳지 않은 것은?

① 화염이 일어나지 못하도록 물기둥인 상태로 주수
② 낙하를 시작해서 퍼지는 상태로 주수
③ 방출과 동시에 퍼지는 상태로 주수
④ 계면활성제를 섞은 물이 방출과 동시에 퍼지는 상태로 주수

해설 화염이 일어나지 못하도록 물기둥인 상태로 주수하여서는 아니 된다.

정답 ①

50 자동화재탐지설비에 사용되는 감지기 중 연기농도를 감지하는 방식을 채용한 것은?

① 차동식 감지기 ② 보상식 감지기
③ 이온화식 감지기 ④ 정온식 감지기

해설 자동화재탐지설비에 사용되는 감지기 중 연기농도를 감지하는 방식을 채용한 것은 이온화식 감지기이다.

관련이론 **자동화재탐지설비의 감지기 종류**
• 열감지기: 보상식, 차동식, 정온식
• 연기감지기: 광전식, 이온화식
• 불꽃감지기: 자외선, 적외선

정답 ③

CHAPTER 4 | 정전기 장·재해관리

제1절 정전기의 위험요소 파악

1 정전기의 발생원리

(1) 정전기는 어떤 물체가 양(+)전기나 음(-)전기만으로 대전된 입자에 의해 외부로 나타나는 전기적 현상이다. 정전기가 발생하면 인화성 액체, 가연성 가스, 분진 및 증기 등에 착화되어 대형화재 및 폭발을 일으킬 위험성이 있다.

(2) 물질 내부에 있는 자유전자를 외부로 방출시키는데 필요한 힘을 최소에너지라고 하는데 이것은 물질의 종류에 따라 고유한 값을 가지고 있다.

(3) 따라서 외부적 원인으로 인하여 최소에너지 이상의 에너지가 가해지게 되면 자유전자(음전기)가 물질 외부로 방출되며, 이에 따라 물질은 양전기로 대전되어 정전기가 발생하게 된다.

> **참고** 정전기(靜電氣: static electricity)
> 전하(電荷: 물체가 띠고 있는 정전기의 양)의 공간적 이동이 적고, 자계(磁界)의 효과가 전계(電界)에 비해 무시할 정도의 적은 전기를 말한다.

2 정전기의 발생요인

1. 물체의 특성

① 정전기 발생은 접촉·분리되는 두 가지 물체의 상호특성에 의하여 지배된다.
② 물체가 불순물을 포함하고 있으면 이 불순물로 인해 정전기 발생량이 많아진다.
③ 대전서열상 위에 있는 물질은 (+), 아래에 있는 물질은 (-)로 대전된다.
④ 접촉이나 분리하는 두 가지 물체가 대전서열 내에서 가까운 위치에 있으면 대전량이 적고, 먼 위치에 있을수록 대전량이 많은 경향이 있다.
  ㉠ 각 물질의 대전서열은 고유한 것이나 접촉하는 물질에 따라 그 극성은 변화한다.
  ㉡ 정전기의 대전서열은 부도체 뿐만 아니라 도체에서도 성립한다.

2. 물체의 분리력

정전기의 발생은 처음 분리·접촉이 일어날 때 최대가 되며 분리·접촉이 반복됨에 따라 발생량도 점차 감소한다.

3. 물체의 표면상태

① 물체표면이 수분이나 기름 등에 의해 오염되었을 때에는 산화부식에 의해 정전기가 많이 발생한다.
② 표면이 원활하면 발생량이 줄어들게 된다.

4. 분리속도
① 분리속도가 빠를수록 발생량도 많아진다.
② 전하 완화시간이 길면 전하분리에 주는 에너지가 커짐에 따라 발생량도 증가한다.

5. 접촉면적 및 압력
① 정전기 발생은 접촉면적이 크면 클수록 발생량도 많아진다.
② 접촉압력이 증가하면 접촉면적도 증가하며, 발생량이 많아진다.

> **참고** 정전기 발생의 특성
> ① 물체의 분리속도가 빠를수록 발생량은 많아진다.
> ② 접촉면적이 넓고 접촉압력이 높을수록 발생량은 많아진다.
> ③ 물체 표면이 수분이나 기름으로 오염되어 있으면 발생량은 많아진다.
> ④ 두 물질간의 대전서열이 서로 멀수록 발생량은 많아진다.
> ⑤ 정전기의 발생은 처음 접촉, 분리할 때가 최대로 되고 접촉, 분리가 반복됨에 따라 발생량은 감소한다.

3 정전기의 발생현상

1. 개요
(1) 정전기는 물체 중에서 정·부의 전하가 과잉되는 것이고 주로 2개의 물체가 분리 또는 접촉할 때 발생하는 것이다.

(2) 주로 고체에서는 분리, 마찰에 의한 대전, 액체에서는 유동, 분출, 교반에 의한 대전, 분체에서는 분출, 충돌, 마찰에 의한 대전이 형성된다.

2. 정전기 유발 대전(帶電: 물체가 전기를 띄는 현상)의 종류

(1) 마찰대전
① 두 물체 사이의 마찰로 인한 접촉과 분리 과정이 반복되면 이에 따라 발생하는 최소에너지에 의하여 자유전자가 방출, 흡입되면서 정전기가 발생하게 된다. 예를 들면 벨트컨베이어에서 벨트가 롤러나 운반물체와 마찰하는 과정에서 정전기가 발생하는 것을 들 수 있다.
② 일반적으로 고체, 액체 또는 분체류에서 발생하는 정전기는 주로 마찰에 의해서 기인되는 것이다.
③ 고분자물질의 대전서열은 다음과 같다.

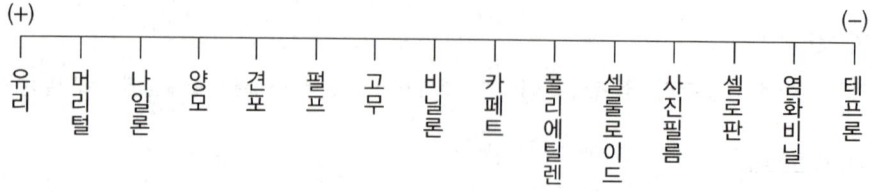

(2) 유동대전

① 가솔린과 같은 액체류가 파이프 등의 내부에서 유동할 때 관벽과 액체 사이에서 발생하는 것이다.
② 배관 내에 저항이 높은 액체류가 흐를 때 발생하는 것이다.
③ 이 때 액체의 유동속도가 정전기 발생에 가장 큰 영향을 미치게 된다.
④ 배관 내에서 액체류가 유동할 때는 정전기 발생을 줄이기 위해 물질에 따라 유속을 제한하게 된다.

(3) 분출대전

① 기체, 액체 및 분체류가 단면적이 작은 개구부를 통과할 때 물체와 개구부와의 마찰에 의해서 발생하는 것이다.
② 분출되는 물질의 구성입자들 간의 상호 충돌에 의한 발생량도 상당히 많다.

(4) 충돌대전

물체를 구성하고 있는 입자상호간 또는 입자와 다른 고체와의 충돌에 의하여 급속한 분리 또는 접촉현상이 일어나 정전기가 발생하는 것이다.

(5) 박리대전

① 일정한 압력으로 서로 밀착되어 있던 물체가 떨어지면서 보유하고 있는 기계적 에너지에 의하여 자유전자가 이동되어 정전기가 발생하는 것이다.
② 보통 마찰대전보다 더 큰 정전기가 발생하게 된다.
③ 접착테이프나 필름으로 밀착되어 있던 물체를 떼어낼 때 발생하는 정전기를 예로 들 수 있다.

(6) 비말대전

공간에 분출한 액체류가 미세하게 비산하여 분리되고 크고 작은 방울로 될 때 새로운 표면을 형성하면서 정전기가 발생하는 것이다.

(7) 기타 대전

파괴대전, 교반(진동)대전, 침강대전 등이 있다.

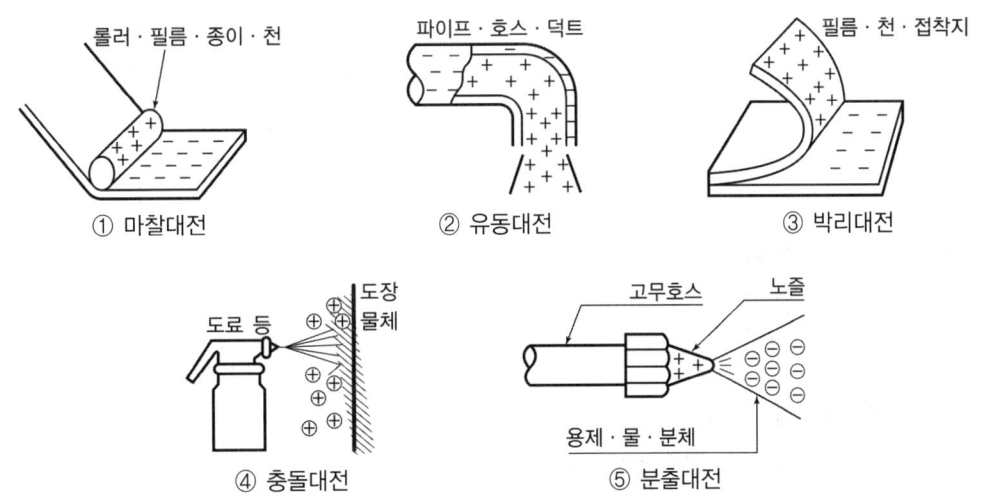

[정전기 유발 대전(帶電)의 종류]

4 정전기의 유도 및 축적

1. 정전기의 유도
① 하나의 대전체가 절연된 물체에 접근하면 정전기가 유도된다.
② 대전체와 먼 곳에는 대전체와 동일 극성의 전하가 유도되고, 가까운 곳에는 반대 극성의 전하가 유도된다.

2. 정전기의 축적 요인
① 절연격리된 도전체(액체, 고체)
② 절연물질(분진, 고체)
③ 기체의 부유상태
④ 저전도율의 액체

3. 액체의 정전기 소멸

(1) 영전위 소요시간
① 반대 극성의 전하가 있을 때 액체에 생성된 정전기는 상호 상쇄작용에 의하여 소멸된다.
② 이때 전하가 완전히 소멸될 때까지의 소요시간을 영전위 소요시간이라 하며, 다음과 같은 식으로 나타낸다.

$$T = \frac{18}{전도도}$$

- T: 영전위 소요시간(초)
- 전도도: 10,000picosiemens/m

(2) 완화시간[relaxation time = 시정수(time constant)]
보통 절연체에 발생한 정전기는 일정 장소에 축적되었다가 점차 소멸되는데 이때 처음값의 36.8%로 감소되는 시간을 말한다.

▶ 일반적으로 완화시간은 영전위 소요시간의 $\frac{1}{4} \sim \frac{1}{5}$ 정도이다.

4. 최소착화(발화)에너지
① 최소착화(발화)에너지란 폭발성 기체를 발화시키는데 소요되는 최소에너지를 말한다.
② 최소착화에너지에 영향을 주는 조건
  ㉠ 압력
  ㉡ 온도
  ㉢ 불꽃간격
  ㉣ 전극의 형상

▶ 압력이 클수록, 온도가 높을수록, 불꽃간격이 클수록 최소착화에너지는 감소한다.

5. 화재 및 폭발의 발생한계
정전기로 인한 방전에너지가 최소발화에너지보다 큰 경우에는 가연성 또는 폭발성물질에 착화되어 화재 및 폭발사고가 발생할 수 있다.

(1) 대전물체가 도체인 경우
① 대전물체가 도체인 경우 방전이 발생할 때는 거의 대부분의 전하가 방출된다.
② 에너지를 가지는 대전전위 또는 대전전하량을 구하는 식은 다음과 같다.

$$E = \frac{1}{2}CV^2 = \frac{1}{2}QV = \frac{Q^2}{2C}$$

- E: 정전기에너지[J], C: 도체의 정전용량[F]
- V: 대전전위[V], Q: 대전전하량[C]

따라서, 대전전하량과 대전전위는 다음과 같이 나타낼 수 있다.

$$Q = \sqrt{2CE}, \quad V = \sqrt{\frac{2E}{C}}$$

(2) 대전물체가 부도체인 경우
① 대전물체가 부도체인 경우에는 방전이 발생하더라도 축적된 전하가 모두 방출되는 것은 아니다.
② 따라서, 부도체인 경우 여러가지의 실험을 통한 결과로부터 대전상태를 알아볼 수 있는 것이다.

> **참고** 부도체의 대전에서 화재, 폭발한계를 추정할 때 주의를 요하는 경우
> ① 대전량 또는 대전의 극성이 매우 변화하는 경우
> ② 대전상태가 매우 불균일한 경우
> ③ 부도체 중에 국부적으로 도전율이 높은 곳이 있고, 이것이 대전한 경우

5 방전의 형태 및 영향

정전기의 방전(放電, discharge)이란 물체의 대전량이 많아지면 그 주변의 공기 중 전계강도가 높아짐에 따라 공기의 절연파괴강도에 도달하여 기체의 전리작용이 시작되는 것을 말한다.

1. 스파크(Spark: 불꽃)방전
① 직접 또는 정전기 유도에 의하여 대전된 도체(특히, 금속으로 된 물체)를 다른 접지되지 않은 절연도체에 근접시켰을 때 발생하는 것이다.
② 두개의 도체간에서 단락이 생기면서 그 공간을 잇는 발광현상을 수반하게 된다.
③ 스파크방전은 방전에너지가 높기 때문에 장해나 재해의 원인이 된다.
▶ 스파크 발생시 공기 중에 오존(O3)이 생성되어 전도성을 띄게 됨에 따라 주위 인화물에 인화되거나 먼지로 인한 분진폭발을 일으킬 위험성이 있다.

2. 연면방전
① 액체 혹은 고체절연체와 기체 사이의 경계에 따른 방전이다.
② 큰 출력의 도전용 벨트, 항공기 플라스틱제 창 등 주로 기계적 마찰에 의하여 큰 표면에 높은 전하밀도를 조성시킬 때 발생한다.
③ 대전이 큰 엷은 층상의 부도체를 박리할 때 또는 엷은 층상의 대전된 부도체의 뒷면에 밀접한 접지체가 있을 때 표면에 연한 수지상(樹枝狀)의 발광을 수반하여 발생한다.

3. 코로나(corona)방전

① 스파크방전을 억제시킨 접지 돌기상 부분이 도체표면에서 발생하여 공기 중으로 방전하거나 고체 표면을 흐르는 경우도 있다.

② 코로나방전은 방전에너지가 작기 때문에 장해나 재해의 원인이 되는 경우가 적다.

③ 코로나방전의 종류
  ㉠ 글로우 코로나(glow corona)
  ㉡ 브러시 코로나(brush corona)
  ㉢ 스트리머 코로나(streamer corona)

④ 정코로나가 진전해 가는 순서: 글로우 코로나 → 브러시 코로나 → 스트리머 코로나

4. 브러시방전

① 기체 및 고체의 절연물질이나 저전도율 액체와 곡률반경이 큰 도체사이에서 대전량이 많을 때 발생하는 펄스(Pulse)상의 파괴음과 수지상(樹枝狀)의 발광을 수반하는 방전이다.

② 위험도는 스파크방전과 코로나방전의 중간 정도이다.

5. 뇌상방전

공기 중에서 뇌상으로 부유하는 대전입자의 규모가 커졌을 때 대전구름에서 번개형의 발광이 발생하는 방전이다.

참고 정전기 관련 기타 사항

1. 방전에너지에 따른 인체반응
   ① 1mJ: 감지
   ② 10mJ: 명백한 감지
   ③ 100mJ: 불쾌한 감지(전격)
   ④ 1,000mJ: 심한 전격
   ⑤ 10,000mJ: 치사적 전격

2. 정전기로 인한 화재, 폭발 발생조건
   ① 방전하기 쉬운 전위차가 있을 때
   ② 가연성 가스가 폭발범위 내에 있을 때
   ③ 정전기 방전에너지가 가연성 물질의 최소착화에너지보다 클 때

3. 정전기 방전에 의한 폭발로 추정되는 사고를 조사할 때 필요한 조치사항
   ① 가연성 분위기 규명
   ② 방전에 따른 점화가능성 평가
   ③ 전하발생 부위 및 축적기구 규명

6 정전기의 장해

1. 화재 및 폭발

2. 전격(감전)

3. 생산장해

   (1) 방전현상에 의한 것

   ① 반도체 소자 등 전자부품의 오동작, 파괴(방전전류에 의함)

   ② 전자장치·기기 등의 오동작, 잡음(전자파에 의함)

   ③ 사진필름의 감광(발광에 의함)

   (2) 역학적 작용(정전기의 흡인, 반발력)에 의한 것

   ① 직포의 정리, 건조작업에서의 보풀발생

   ② 인쇄시 종이의 흐트러짐, 오손, 겹침, 파손 등

   ③ 제사공장에서 보풀발생, 실의 절단, 분진의 부착에 의한 품질저하

   ④ 분진(가루)에 의한 눈금의 막힘

제2절 정전기 위험요소 제거

1 정전기 재해방지대책 3단계 관리시스템

(1) 발생원을 포착하여 발생전하량 예측

(2) 대전물체의 전하축적 파악(연구)

(3) 위험성 방전을 발생하는 물리적 조건 파악

2 정전기 발생을 억제, 제거하기 위한 조치를 해야 할 설비(산업안전보건법 안전보건기준)

(1) 다음의 설비를 사용할 때에 정전기에 의한 화재 또는 폭발 등의 위험이 발생할 우려가 있는 경우에는 해당 설비에 대하여 확실한 방법으로 접지를 하거나, 도전성 재료를 사용하거나 가습 및 점화원으로 될 우려가 없는 제전(除電)장치를 사용하는 등 정전기의 발생을 억제하거나 제거하기 위하여 필요한 조치를 하여야 한다.

① 위험물을 탱크로리, 탱크차 및 드럼 등에 주입하는 설비

② 탱크로리, 탱크차 및 드럼 등 위험물 저장설비

③ 인화성 액체를 함유하는 도료 및 접착제 등을 제조, 저장, 취급 또는 도포(塗布)하는 설비

④ 위험물 건조설비 또는 그 부속설비

⑤ 인화성 고체를 저장하거나 취급하는 설비

⑥ 드라이클리닝설비, 염색가공설비 또는 모피류 등을 씻는 설비 등 인화성 유기용제를 사용하는 설비
⑦ 유압, 압축공기 또는 고전위정전기 등을 이용하여 인화성 액체나 인화성 고체를 분무하거나 이송하는 설비
⑧ 고압가스를 이송하거나 저장·취급하는 설비
⑨ 화학류 제조설비
⑩ 발파공에 장전된 화약류를 점화시키는 경우에 사용하는 발파기(발파공을 막는 재료로 물을 사용하거나 갱도발파를 하는 경우를 제외한다)

(2) 인체에 대전된 정전기로 인하여 화재 또는 폭발위험이 있는 경우에는 정전기대전방지용 안전화의 착용, 제전복(除電服)의 착용, 정전기 제전용구의 사용, 작업장 바닥 등에 도전성을 갖추도록 하는 등의 필요한 조치를 하여야 한다.

> **참고** 정전기 재해를 방지하기 위한 기본적 3단계
> 정전기 발생 억제 → 발생전하의 다량축적 방지 → 축적된 전하의 위험조건하에서의 방전 방지

3 정전기재해의 방지대책

1. 정전기재해의 방지대책
① 접지
② 배관내 액체의 유속제한, 정치시간의 확보
③ 대전방지제 사용(도전성 향상)
④ 가습
⑤ 제전기의 사용
⑥ 도전성재료의 사용
⑦ 제전복 등 보호구의 착용

2. 정전기재해의 방지대책에 관한 사항
(1) 접지
물체에 발생한 정전기를 대지로 누설함으로써 완화시켜 정전기가 대전되거나 축적되는 것을 방지하는 것으로 정전기 발생 방지대책 중 가장 기본적인 대책이다.
① **접지의 대상**: 금속도체
② **접지저항값**
  ㉠ 보통 안전을 고려하여 표준 환경조건에서 $1 \times 10^3 \Omega$ 미만이어야 한다.
  ㉡ 정전기 대책만을 목적으로 하는 접지저항값은 $1 \times 10^6 \Omega$ 이하이어야 한다.
③ **접지방법**
  ㉠ 폭발의 위험이 있는 구역은 도전성 고무류로 바닥처리를 한다(폭발성분위기 장소의 접지).
  ㉡ 이동식 용기는 전도성 고무제 바퀴를 달아서 폭발의 위험을 제거한다(이동식 기기의 접지).
  ㉢ 접지의 접속은 납땜, 용접 또는 멈춤나사로 실시한다(고정용 기기 및 설비의 접지).
  ㉣ 회전부품의 유막저항이 높으면 도전성 윤활유의 사용 및 회전부분에 슬립링을 장치한다(회전부품의 접지).
  ㉤ 절연된 금속도체는 접지를 한다.

(2) 배관내 액체의 유속제한, 정치시간의 확보
  ① 탱크, 탱커, 탱크로리, 드럼통 등에 위험물을 주입하는 배관내 유속제한
    ㉠ 물이나 기체를 포함한 비수용성 위험물의 배관유속: 1m/s 이하
    ㉡ 유동성이 심하고 폭발위험성이 높은 물질(이황화탄소, 가솔린, 에텔, 등유, 경유, 벤젠 등)의 배관유속: 1m/s 이하
    ㉢ 저항률이 $10^{10}\,\Omega\,cm$ 미만인 도전성 위험물의 배관유속: 7m/s 이하
  ② 탱크 등 주입구에 대한 정전기 감소대책
    ㉠ 탱크, 탱크로리, 탱커, 드럼통 등에서 위쪽으로부터 주입배관을 넣어 주입하는 경우에는 주입구가 용기의 바닥쪽에 이르도록 시설할 것
    ㉡ 위험물의 펌프는 가능한 한 탱크로부터 먼 곳에 설치하고 배관은 난류가 일어나지 않도록 굴곡을 적게 할 것
    ㉢ 스트레이너(여과기)의 위치는 가능한 한 탱크의 주입구로부터 떨어지게 하고, 단면적이 큰 버켓타입(Bucket Type)을 사용하도록 할 것
    ㉣ 주입구는 밑쪽으로 하고 위험물이 수평방향으로 유입되어 교반이 적도록 시설할 것
    ㉤ 탱크에 대해서는 위쪽에서 위험물을 낙하시키는 구조로 시설하지 말 것
    ㉥ 주입구 아래에 고이는 수분을 제거할 수 있도록 시설할 것

> **참고** 배관내 정치시간 및 배관의 선정·설치시 유의사항
>
> 1. 정치시간
>   탱크 등에 위험물을 주입, 용기 내의 유동이 정지하여 정전기가 완화될 때까지의 시간
> 2. 배관내 유체의 정전하량(대전량)
>   보통 유속의 1.5~2승에 비례한다.
> 3. 정전기로 인한 화재·폭발을 예방하기 위한 배관의 선정·설치시 유의사항
>   ① 도전성이 큰 재료의 관을 사용한다.
>   ② 관의 안지름을 크게 한다.
>   ③ 관을 접지시킨다.
>   ④ 탱크와 배관, 드럼(drum)간에 본딩(bonding)을 시킨다.
>   ⑤ 관내 유속을 줄인다.

(3) 보호구의 착용
  ① 제전복(작업정전복) 착용
    ㉠ 제전복이란 작업복에 도전성 섬유를 넣어 코로나방전이 발생하도록 하여 정전기를 제거하는 것이다.
    ㉡ 제전복을 착용하여야 하는 장소
      ⓐ 반도체 등 전자소자 취급 장소
      ⓑ 정전화를 착용하는 장소
      ⓒ 분진발생 장소
      ⓓ 상대습도가 낮은 장소
      ⓔ 전산실 등 전자기기 취급 장소
      ⓕ LCD등 디스플레이(display) 제조 작업장소
      ⓖ 기타 인체가 대전될 우려가 있는 장소

② 정전화(정전기대전방지용 안전화) 착용

③ 손목띠(Wrist Strap) 착용

④ 기타 보호구: 제전용 토시, 제전용 장갑 등

(4) 대전방지제 사용

대전방지제는 수지나 섬유의 표면에 이온(ion)성과 흡습성을 부여하여 도전성을 증가시킴으로써 대전방지를 도모하는 것이다.

① 대전방지제의 종류

    ㉠ 외부용 일시성 대전방지제

        ⓐ 양(陽)ion계
- 섬유에 사용할 때에는 염색이 곤란한 경우가 발생한다.
- 대전방지 성능이 뛰어나다.
- 내열성은 떨어지나 유연성이 뛰어나므로 아크릴(Acrylic) 섬유용으로 널리 사용된다.
- 비교적 고가이고, 피부에 장해를 준다.

        ▶ 음ion계와 양ion계의 활성제는 그 극성이 정반대인 관계로 혼용이나 병용이 불가능하다.

        ⓑ 음(陰)ion계
- 섬유에의 균일 부착성과 열안정성이 양호하다.
- **황산에스테르계 활성제**: 비닐론(Vinylone), 비스코스(Viscose) 등에 효과가 좋다.
- **인산에스테르계 활성제**: 폴리에스테르(Polyester), 아크릴(Acrylic), 나일론(Nylon) 등의 섬유에 효과가 좋다.
- 값이 싸고, 독성이 없어서 섬유의 원사에 많이 사용된다.

        ⓒ 양성(兩性)ion계
- 베타인계는 그 효과가 대단히 높아서 다른 이온계 활성제와 병용이 가능하다.
- 우수한 성능을 갖추고 있다.

        ⓓ 비(非)ion계
- 열안정성이 우수하다.
- 양이온계나 음이온계와 병용해서 사용할 때에는 대전방지 효과가 뛰어나지만 단독으로 사용할 때는 효과가 작다.

    ㉡ 외부용 내구성 대전방지제

        ⓐ 외부용 일시성 대전방지제의 단점을 보완한 것이다.

        ⓑ **종류**: 폴리에틸렌글리콜(Poly Ethylenglycol), 폴리알킬렌(Poly Alkylene), 폴리아민(Poly Amin) 유도체, 아크릴(Acrylic)산 유도체

    ㉢ **내부용 대전방지제**: 플라스틱 섬유를 성형할 때 그 원료에 미리 투입하여 사용하는 것이다.

(5) 가습

① 공기 중의 상대습도가 60~70% 정도가 되면 대전이 급격히 감소하기 때문에 작업공정 내의 습도를 60~70% 정도로 유지하는 것이 바람직하다.

② 가습의 방법으로는 증기를 분무하는 방법, 물을 분무하는 방법, 증발법이 있다.

③ 대부분의 물체는 습도가 증가하면 전기저항치가 저하되고 이에 따라 대전성이 저하된다.
④ 가습에 의한 부도체의 정전기 대전방지에 사용할 수 있는 물질
   ㉠ OH
   ㉡ OCH₃
   ㉢ CO
   ㉣ COOH
   ㉤ NH₂
   ㉥ SO₃H
⑤ 가습에 의한 부도체의 정전기 대전방지에 사용할 수 없는 물질
   ㉠ CH₃
   ㉡ C₆H₆
   ㉢ 폴리우레탄수지
   ㉣ 에폭시수지
   ㉤ 아닐린수지

(6) 제전기의 사용

① **제전기의 원리**: 제전에 필요한 이온(ion)을 발생시켜 대전물체 쪽으로 향하게 하면 대전물체 표면의 전하는 그와 반대 극성의 이온(ion)을 흡착함으로써 중화되어 전기가 제전되어지는 것이다.

② **제전기의 제전효과에 영향을 미치는 요인**
   ㉠ 대전물체의 대전전위 및 대전분포
   ㉡ 제전기의 설치위치 및 설치각도
   ㉢ 제전기의 이온 생성능력

③ **제전기의 종류 및 특성**
   ㉠ **자기방전식 제전기**
      ⓐ 스테인레스, 도전성 섬유, 카본 등에 작은 코로나방전을 일으켜서 제전하는 것이다.
      ⓑ 자기방전식은 코로나방전을 이용한 것으로 접지한 금속 롤(roll), 금속선, 금속 브러시(brush) 등을 대전체에 근접시키고 대전체 자체를 이용하여 방전시키는 방식이다.
      ⓒ 플라스틱, 섬유, 고무, 필름공장 등에서 정전기 제거에 유효하다.
      ⓓ 50kV 내외의 높은 대전을 제거하는 것이 특징이나 2kV 내외의 대전이 남는 결점이 있다.
      ⓔ 제전기로 인한 착화원이 되는 경우가 적어서 안전성이 높다.
      ⓕ 전원을 사용하지 않으며, 설치가 용이하고 협소한 공간에서도 설치가 가능하다.
   ㉡ **전압인가식 제전기(코로나방전식 제전기)**
      ⓐ 방전침에 약 7,000V 정도의 전압을 인가하면 공기가 전리되어 코로나방전을 일으키고, 발생된 이온으로 대전체의 전하를 중화시키는 방식이다.
      ⓑ 단시간의 제전이 가능하고, 이동하는 대전물체의 제전에 유효하다.
      ⓒ 약간의 전위가 남지만 거의 0에 가까운 효과를 거둔다(제전기 중 제전능력이 가장 뛰어나다).
      ⓓ 종류로는 송풍형, 비방폭형, 노즐형, 플랜지형, 방폭형 등이 있다.
      ⓔ 취급 및 설치가 다른 제전기에 비하여 복잡하다.
      ▶ 전압인가식 제전기는 비방폭형이 가장 널리 쓰이고 있다.
   ㉢ **방사선식 제전기(이온식 제전기)**
      ⓐ 방사선 동위원소의 전리작용에 의해 이온화된 공기를 이용하여 제전하는 방식이다.
      ⓑ 방사선 물질은 전리능력이 크고 반감기가 긴 α선, β선 등이 사용된다.
      ⓒ 방사선 장해로 인한 취급주의가 필요하고 이동하는 물체에는 부적합하다.

ⓔ 이온스프레이식 제전기
ⓐ 코로나 방전에 의해 발생된 이온을 송풍기(blower)로 대전체에 내뿜어 제전하는 방식이다.
ⓑ 제전효율이 낮다.
ⓒ 폭발위험이 있는 곳에 적당하다.

> **참고** 정전기 재해방지 관련 기타 사항
>
> 1. 부도체 물질에 적합한 정전기 재해방지대책
>   ① 가습
>   ② 대전방지제 사용(도전율 향상)
>   ③ 제전기 사용
>   ▶ 부도체 물질에는 접지가 재해방지대책으로 부적합하다.
> 2. 정전기 발생방지를 시급히 해야 될 설비
>   화학설비
> 3. 화학설비의 접지 주목적
>   정전기 발생방지
> 4. 전등 스위치가 옥내에 있으면 안되는 경우
>   카바이트 저장소(폭발위험성 때문이다.)
> 5. 반도체 취급시 정전기 재해방지대책
>   ① 작업자의 제전복(대전방지 작업복) 착용
>   ② 작업대에 정전기 매트 사용
>   ③ 송풍형 제전기 설치

④ 제전기의 특성

특성 \ 종류	전압인가식	자기방전식	방사선식
제전능력	크다	보통	작다
취급	복잡	간단	간단
구조	복잡	간단	간단
적용범위	넓다	좁다	좁다

(7) 본딩(Bonding)

도체사이의 낮은 저항치의 도체로 연결하는 것으로 배관 등 금속물체 전체를 접지하기 곤란할 때 사용되는 정전기 방지대책이다.

① 본딩의 대상
   ㉠ 금속도체 상호간
   ㉡ 대지에 대하여 절연되어 있는 2개 이상의 금속이 접촉된 금속도체
② 이송용 배관 등은 플랜지부분을 확실히 본딩시켜 접지한다(액체취급시의 접지).

(8) 도전성 재료의 사용

① 대전방지를 위하여 많이 사용되는 재료로는 도전성 섬유, 도전성 플라스틱, 도전성 고무 등이 있다
② 도전성 재료를 사용하는 방법으로 장기간에 걸친 정전기 감소효과를 기대하기 어렵다.

제3절 전자파장해 방지대책

1. 전자파
전자파는 공간을 타고 가는 전자기적 파동 현상 즉, 전계와 자계 두개의 파가 상존해 있는 파로서 X선, 자외선, 적외선, 마이크로파, 라디오파, 극저주파 등이 있다.

2. 전자파가 인체에 미치는 영향
① 줄(Joule)열에 관한 열적 작용
② 신경과 근육의 자극
③ 생체에 대한 영향(중추신경계, 혈액, 면역계의 행동변화)

> **참고** SAR과 EMI
> ① SAR(Specific Absorption Rate): 전자파의 에너지가 생체에 흡수되는 열, 즉 비흡수율(W/kg)을 나타내는 단위이다.
> ② EMI(Electro Magnetic Interference): 전자통신기기 또는 시스템의 기능을 저해하는 전자현상의 총칭, 즉 전자기 간섭, 전자기 방해, 전자파 장해라고 통용되는 기호이다.

3. 전자파 장해(EMI) 방지대책
① 접지 실시
② 흡수에 의한 대책
③ 차폐에 의한 대책
④ 필터 설치
⑤ 와이어링(배선)에 의한 대책

> **참고** 전자파
> 1. 노이즈에 따른 전자파방해 방지대책
>   ① 전도 노이즈: 접지대책 실시
>   ② 방사 노이즈: 차폐대책, 접지대책 실시
> 2. 노이즈(Noise)를 감소시키는 방법
>   ① 선간의 유전율을 감소시킬 것
>   ② 선간의 거리를 충분히 둘 것
>   ③ 부하 임피던스(Impedance)의 신호원 임피던스를 감소시킬 것
>   ④ 신호선을 완전하게 띄워 전력선과 1쌍의 신호 선간용량을 같게 할 것
> 3. 전자파 중에서 광량자 에너지 크기 순서(파장이 짧을수록 에너지가 크다.)
>   X선 > 자외선 > 가시광선 > 적외선 > 마이크로파 > 라디오파 > 극저주파

적중문제   CHAPTER 4 | 정전기 장·재해관리

01 정전기에 대한 설명으로 가장 알맞은 것은?
① 전하의 공간적 이동이 크고, 그것에 의한 자계의 효과가 전계의 효과에 비해 매우 큰 전기
② 전하의 공간적 이동이 적고, 그것에 의한 자계의 효과가 전계에 비해 무시할 정도의 적은 전기
③ 전하의 공간적 이동이 적고, 그것에 의한 전계의 효과와 자계의 효과가 서로 비슷한 전기
④ 전하의 공간적 이동이 크고, 그것에 의한 자계의 효과와 전계의 효과를 서로 비교할 수 없는 전기

해설 정전기란 전하의 공간적 이동이 적고, 그것에 의한 자계의 효과가 전계에 비해 무시할 정도의 적은 전기를 말한다.

정답 ②

02 정전기 발생원인에 대한 설명으로 옳은 것은?
① 분리속도가 느리면 정전기 발생이 커진다.
② 정전기 발생은 처음 접촉, 분리시 최소가 된다.
③ 물질 표면이 오염된 표면일 경우 정전기 발생이 커진다.
④ 접촉면적이 작고 압력이 감소할수록 정전기 발생량이 크다.

해설 물질 표면이 오염된 표면일 경우 정전기 발생이 커진다.
선지분석
① 분리속도가 빠르면 정전기 발생이 커진다.
② 정전기 발생은 처음 접촉, 분리시 최대가 된다.
④ 접촉면적이 크고 압력이 증가할수록 정전기 발생량이 크다.

정답 ③

03 정전기로 인하여 화재로 진전되는 조건이 아닌 것은?
① 대전되기 쉬운 금속물체를 접지했을 때
② 가연성 가스가 폭발범위 내에 있을 때
③ 방전하기 쉬운 전위차가 있을 때
④ 정전기의 방전에너지가 가연성 물질의 최소착화에너지보다 클 때

해설 대전되기 쉬운 금속물체를 접지하는 것은 정전기로 인한 화재방지대책에 해당한다.

정답 ①

04 정전기의 발생에 영향을 주는 요인과 거리가 먼 것은?
① 접촉면적 및 압력   ② 분리속도
③ 표면상태   ④ 풍속

해설 풍속은 정전기의 발생에 영향을 주는 요인에 해당하지 않는다.

관련이론 정전기의 발생에 영향을 주는 요인
- 접촉면적 및 압력
- 물체의 특성
- 분리속도
- 물체의 분리력
- 표면상태

정답 ④

05 정전기 발생현상으로 맞지 않는 것은?
① 마찰대전   ② 충돌대전
③ 파괴대전   ④ 유체대전

해설 유체대전은 정전기의 발생현상과 관계가 없다.

관련이론 정전기 발생현상
- 마찰대전
- 유동대전
- 충돌대전
- 교반대전
- 파괴대전
- 비말대전
- 분출대전
- 박리대전

정답 ④

06 정전기 대전현상의 설명으로 옳지 않은 것은?

① 마찰대전: 두물체가 서로 접촉시 위치의 이동으로 전하의 분리 및 재배열이 일어나는 현상
② 박리대전: 상호 밀착되어 있는 물질이 떨어질 때 전하분리에 의해 발생되는 현상
③ 유동대전: 액체류를 파이프 등으로 수송할 때 액체와 파이프 등의 고체류와 접촉하면서 서로 대전되는 현상
④ 분출대전: 도체가 전기장에 노출되면 도체에는 전하의 분극이 일어나면서 가까운 쪽에는 반대 극성이, 먼쪽은 같은 극성의 전하가 대전되는 현상

해설 분출대전은 기체, 액체 및 분체류가 단면적이 작은 분출구를 통과할 때 물체와 분출관과의 마찰에 의해서 정전기가 발생하는 현상이다.

정답 ④

07 페인트를 스프레이로 뿌려 도징직업을 하는 작업 중 발생하는 정전기 대전으로 옳은 것은?

① 박리대전, 분출대전
② 유동대전, 분출대전
③ 충돌대전, 분출대전
④ 유도대전, 분출대전

해설 페인트를 스프레이로 뿌려 도장작업을 하는 경우 충돌대전, 분출대전이 형성된다.

관련이론 충돌대전, 분출대전의 발생현상
- 충돌대전: 물체를 구성하고 있는 입자상호간 또는 입자와 다른 고체와의 충돌에 의하여 급속한 분리·접촉 현상이 일어나 정전기가 발생한다.
- 분출대전: 기체, 액체 및 분체류가 단면적이 작은 분출구를 통과할 때 물체와 분출관과의 마찰에 의해서 정전기가 발생한다.

정답 ③

08 다음 설명과 가장 관계가 깊은 것은?

- 파이프 속에 저항이 높은 액체가 흐를 때 발생된다.
- 액체의 흐름이 정전기 발생에 영향을 준다.

① 유동대전   ② 박리대전
③ 충돌대전   ④ 분출대전

해설 유동대전은 파이프 속에 저항이 높은 액체가 흐를 때 발생되며, 액체의 흐름이 정전기 발생에 영향을 준다.

정답 ①

09 파이프 등에 유체가 흐를 때 발생하는 유동대전에 가장 큰 영향을 미치는 요인은?

① 유체의 이동거리   ② 유체의 점도
③ 유체의 속도   ④ 유체의 양

해설 파이프 등에 유체가 흐를 때 발생하는 유동대전에 가장 큰 영향을 미치는 요인은 유체의 속도이다.

관련이론 불활성화할 수 없는 탱크, 탱크로리, 탱커, 드럼통 등에 위험물을 주입하는 배관내 유속제한
- 기체나 물을 혼합한 비수용성 위험물: 1m/s 이하
- 이황화탄소, 에텔 등과 같이 폭발위험성이 높고 유동대전이 심한 것: 1m/s 이하
- 저항률이 $10^{10}\,\Omega\cdot cm$ 미만의 도전성 위험물: 7m/s 이하

정답 ③

10 대전의 완화를 나타내는데 중요한 인자인 시정수(Time Constant)는 최초의 전하가 몇 % 완화할 때까지의 시간을 말하는가?

① 20%　　② 37%
③ 45%　　④ 50%

해설
- 일정한 장소에 축적되었다가 소멸되는 시간을 정전기의 완화시간 또는 시정수라고 하는데 최초의 전하가 37% 완화할 때까지의 시간을 말한다.
- 일반적으로 완화시간은 영전위 소요시간의 $\frac{1}{4} \sim \frac{1}{5}$ 정도이다.
- 영전위시간은 액체에 의해 생성된 정전기는 주위에 반대 극성의 전하가 있을 때 상호연쇄작용으로 완전히 소멸될 때까지의 소요시간을 말한다.

영전위시간(T) = $\frac{18}{액체 전도도}$

정답 ②

11 코로나방전이 발생하면 공기 중에 생성되는 기체는?

① O_2　　② O_3
③ N_2　　④ N_3

해설 코로나방전이 발생하면 공기 중에 생성되는 것은 오존(O_3)이며, 스파크(불꽃)방전시에도 오존(O_3)이 생성된다.

정답 ②

12 액체 혹은 고체 절연체와 기체 사이의 경계에 따른 방전을 무엇이라고 하는가?

① 연면방전　　② 코로나방전
③ 유도방전　　④ 스파크방전

해설
- 액체 혹은 고체 절연체와 기체 사이의 경계에 따른 방전은 연면방전이다.
- 연면방전은 큰 출력의 도전용 벨트, 항공기의 플라스틱제 창 등 주로 기계적 마찰에 의하여 큰 표면에 높은 전하밀도를 조성시킬 때 발생한다.

정답 ①

13 정전기의 방전형태에 해당하지 않는 방전은?

① 뇌상방전　　② 적외선방전
③ 코로나방전　　④ 연면방전

해설 적외선방전은 정전기의 방전형태에 해당하지 않는다.

관련이론 정전기의 방전형태
- 뇌상방전
- 코로나방전
- 연면방전
- 불꽃방전
- 브러시방전

정답 ②

14 전선간에 가해지는 전압이 어떤 값 이상으로 되면 전선주위의 전장이 강하게 되어 전선표면의 공기가 국부적으로 절연이 파괴가 되어 빛과 소리를 내는데 이와 같은 것을 무엇이라고 하는가?

① 표피작용　　② 페란티효과
③ 코로나현상　　④ 근접현상

해설 전선간에 가해지는 전압이 어떤 값 이상으로 되면 전선주위의 전장이 강하게 되어 전선표면의 공기가 국부적으로 절연이 파괴가 되어 빛과 소리를 내는 현상은 코로나(Corona)현상이다.

정답 ③

15 물체에 정전기가 대전하면 정전에너지를 갖게 되는데 그 관계식은?

① $W = \frac{1}{2}CV$　　② $W = \frac{1}{2}Q^2V$
③ $W = \frac{1}{2}C^2V$　　④ $W = \frac{1}{2}CV^2$

해설 C를 도체의 정전용량(F), Q를 대전전하량(C), V를 대전전압(V)이라 하면 정전에너지 W는 다음과 같다.

$$W = \frac{1}{2}CV^2 = \frac{1}{2}QV = \frac{Q^2}{2C}$$

정답 ④

16 아세톤을 취급하는 작업장에서 작업자의 정전기방전으로 인한 화재폭발 재해를 방지하기 위해서는 인체 대전전위는 얼마 이하로 유지해야 하는가? (단, 인체의 정전용량 100pF이고, 아세톤의 최소착화에너지는 1.15mJ로 하며 기타의 조건은 무시한다.)

① 1.5×10^3V ② 2.6×10^3V
③ 3.7×10^3V ④ 4.8×10^3V

해설 $E = \frac{1}{2}CV^2$ $V^2 = \frac{2E}{C}$ $V = \sqrt{\frac{2E}{C}}$

여기서, E: 정전기(최소착화)에너지(J)
C: 정전용량(F)
V: 대전전위(V)

$= \sqrt{\frac{2 \times 1.15 \times 10^{-3}}{100 \times 10^{-12}}}$

$= 4.79 \times 10^3 V ≒ 4.8 \times 10^3 V$

정답 ④

17 두 물체의 마찰로 3,000V의 마찰전압이 생겼다. 폭발성 위험의 장소에서 두 물체의 정전용량이 몇 pF이면 폭발로 이어지겠는가? (단, 착화에너지는 0.25mJ이다.)

① 56pF ② 27pF
③ 1.6pF ④ 22.5pF

해설 $E = \frac{1}{2}CV^2$ $C = \frac{2E}{V^2}$

여기서, E: 정전기에너지(J)
C: 도체의 정전용량(F)
V: 대전전압(V)

$= \frac{2 \times 0.25 \times 10^{-3}}{3{,}000^2} \times 10^{12} ≒ 56\text{pF}$

정답 ①

18 대전이 큰 얇은 층상의 부도체를 박리할 때 또는 얇은 층상의 대전된 부도체의 뒷면에 밀접한 접지체가 있을 때 표면에 연한 복수의 수지상의 발화에 의하여 발생하는 방전은?

① 불꽃방전 ② 브러시방전
③ 코로나방전 ④ 연면방전

해설 • 대전이 큰 얇은 층상의 부도체를 박리할 때 또는 얇은 층상의 대전된 부도체의 뒷면에 밀접한 접지체가 있을 때 표면에 연한 복수의 수지상의 발화에 의하여 발생하는 방전은 연면방전이다.
• 연면방전은 액체 또는 고체절연체와 기체 사이의 경계에 따른 방전이다.

정답 ④

19 대전물체의 표면전위를 검출전극에 의한 용량을 분할하여 측정할 수 있다. 대진물체와 검출전극간의 정전용량을 C_1, 검출전극과 대지간의 정전용량을 C_2, 검출전극의 전위를 V_e라 할 때 대전물체의 표면전위 V_s를 나타내는 것은?

① $V_s = \frac{C_1 + C_2}{C_2} V_e$ ② $V_s = \frac{C_1 + C_2}{C_1} V_e$
③ $V_s = \frac{C_1}{C_1 + C_2} V_e$ ④ $V_s = \frac{C_2}{C_1 + C_2} V_e$

해설 대전물체의 표면전위를 나타내는 식은 다음과 같다.

$V_s = \frac{C_1 + C_2}{C_1} V_e$

여기서, V_s: 대전물체의 표면전위
C_1, C_2: 정전용량
V_e: 검출전극의 전위

정답 ②

20 정전기 재해의 방지대책에 대한 관리시스템이 아닌 것은?

① 발생전하량 예측
② 정전기 발생 억제 조사
③ 대전물체의 전하 축적 파악
④ 위험성 방전을 발생하는 물리적 조건 파악

해설 정전기 발생 억제 조사는 정전기 재해의 방지대책에 대한 관리시스템에 해당하지 않는다.

관련이론 정전기 재해의 방지대책에 대한 관리시스템
- 대전물체의 전하 축적 파악(가능성)
- 발생원을 포착하여 발생전하량 예측
- 위험성 방전을 발생하는 물리적 조건 파악

정답 ②

21 정전기 제거의 방법으로서 옳지 않은 것은?

① 설비에 정전방지 도장을 한다.
② 설비 주변의 공기를 가습한다.
③ 설비의 금속부분을 접지한다.
④ 설비의 주변에 자외선을 쏘인다.

해설 설비의 주변에 자외선을 쏘이는 것은 정전기 제거 방법에 해당하지 않는다.

관련이론 정전기 제거의 방법
- 설비에 정전방지 도장을 한다.
- 설비 주변의 공기를 가습한다.
- 설비의 금속부분을 접지한다.
- 도전성 재료 사용
- 대전방지제 사용
- 제전기 사용
- 배관내 액체의 유속제한 및 정치시간의 확보
- 제전복 등 보호구 착용

정답 ④

22 정전기로 인한 재해를 방지하기 위한 조치이다. 부도체 물질에 적합하지 않은 조치는?

① 도전율 향상   ② 가습 조치
③ 접지 실시   ④ 제전기 설치

해설 접지 실시는 도체 물질에 적합한 정전기재해 방지대책에 해당한다.

정답 ③

23 대전된 정전기 제거방법으로 적당하지 않은 것은?

① 작업장 내에서의 습도를 가능한 낮춘다.
② 제전기를 이용해 물체에 대전된 정전기를 제거한다.
③ 도전성을 부여하여 대전된 전하를 누설시킨다.
④ 금속도체와 대지사이의 전위를 최소화하기 위하여 접지한다.

해설 작업장 내에서의 습도를 가능한 높인다.

정답 ①

24 정전기가 대전된 물체를 제전시키려고 한다. 제전에 효과가 없는 것은?

① 접지   ② 건조
③ 가습   ④ 제전기

해설 건조는 제전에 효과가 없다.

관련이론 정전기에 의한 재해방지대책(산업안전보건법 안전보건기준)

정전기에 의한 설비의 화재 또는 폭발 방지대책	• 도전성 재료 사용 • 가습 • 제전장치 사용 • 접지
인체에 대전된 정전기로 인해 화재 또는 폭발의 위험이 발생할 우려가 있는 때의 조치사항	• 정전기 대전방지용 안전화 착용 • 제전복 착용 • 작업장 바닥 등에 도전성을 갖추도록 함 • 정전기 제전용구의 사용

정답 ②

25 정전기 발생 방지책이 아닌 것은?
① 접지 ② 가습
③ 보호구의 착용 ④ 배관 내 유속가속

해설 배관 내 액체의 유속가속이 아닌 유속제한이다.

관련이론 정전기 발생 방지책
• 접지
• 가습
• 보호구의 착용
• 제전기의 사용
• 도전성 향상
• 대전방지제의 사용
• 배관 내 액체의 유속제한

정답 ④

26 정전기 재해방지를 위한 배관내 액체의 유속제한에 대한 사항으로 옳은 것은?
① 저항률이 $10^{10}\,\Omega\cdot cm$ 미만의 도전성 위험물의 배관유속은 7m/s 이하로 할 것
② 에텔, 이황화탄소 등과 같이 유동대전이 심하고 폭발위험성이 높으면 4m/s 이하로 할 것
③ 물이나 기체를 혼합하는 비수용성 위험물의 배관 내 유속은 5m/s 이하로 할 것
④ 저항률이 $10^{10}\,\Omega\cdot cm$ 이상인 위험물의 배관내 유속은 배관 내경이 4인치일 때 10m/s 이하로 할 것

해설 저항률이 $10^{10}\,\Omega\cdot cm$ 미만의 도전성 위험물의 배관유속은 7m/s 이하로 하여야 한다.

선지분석
② 에텔, 이황화탄소 등과 같이 유동대전이 심하고 폭발위험성이 높으면 1m/s 이하로 해야 한다.
③ 물이나 기체를 혼합하는 비수용성 위험물의 배관 내 유속은 1m/s 이하로 해야 한다.
④ 저항률이 $10^{10}\,\Omega\cdot cm$ 이상인 위험물의 배관내 유속은 배관 내경이 4인치일 때 2.5m/s 이하로 해야 한다.

정답 ①

27 제전기의 제전효과에 영향을 미치는 요인으로 볼 수 없는 것은?
① 제전기의 이온 생성능력
② 전원의 극성 및 전선의 길이
③ 대전물체의 대전전위 및 대전분포
④ 제전기의 설치위치 및 설치각도

해설 전원의 극성 및 전선의 길이는 제전기의 제전효과에 영향을 미치는 요인으로 볼 수 없다.

관련이론 제전기의 제전효과에 영향을 미치는 요인
• 제전기의 이온 생성능력
• 대전물체의 대전전위 및 대전분포
• 제전기의 설치위치 및 설치각도
• 피대전 물체의 형상
• 피대전 물체의 이동속도
• 대전물체와 제전기 사이의 기류
• 근접 접지체의 형상, 위치 및 크기

정답 ②

28 절연성 액체를 운반하는 관에 있어서 정전기로 인한 화재 및 폭발을 예방하기 위한 방법이 될 수 없는 것은?
① 유속을 줄인다.
② 관을 접지시킨다.
③ 도전성이 큰 재료의 관을 사용한다.
④ 관의 안지름을 작게 한다.

해설 관의 안지름을 작게 하면 유속이 빨라지므로 오히려 정전기가 더 많이 발생하게 된다.

정답 ④

29 정전기 화재폭발 원인인 인체대전에 대한 예방대책으로 옳지 않은 것은?
① 대전물체를 금속판 등으로 차폐한다.
② 대전방지제를 넣은 제전복을 착용한다.
③ 대전방지 성능이 있는 안전화를 착용한다.
④ 바닥재료는 고유저항이 큰 물질로 사용한다.

해설 바닥재료는 고유저항이 작은 물질을 사용한다.

정답 ④

30 정전기로 인한 화재폭발을 방지하기 위한 조치가 필요한 설비가 아닌 것은?

① 인화성 물질을 함유하는 도료 및 접착제 등을 도포하는 설비
② 위험물을 탱크로리에 주입하는 설비
③ 탱크로리·탱크차 등 위험물저장설비
④ 위험기계·기구 및 그 수중설비

해설 위험기계·기구 및 그 수중설비는 정전기로 인한 화재폭발을 방지하기 위한 조치에 필요한 설비에 해당하지 않는다.

관련이론 정전기로 인한 화재폭발을 방지하기 위한 조치가 필요한 설비
- 인화성 물질을 함유하는 도료 및 접착제 등을 도포하는 설비
- 위험물을 탱크로리에 주입하는 설비
- 탱크로리·탱크차 등 위험물저장설비
- 인화성 고체를 저장하거나 취급하는 설비
- 위험물 건조설비 또는 그 부속설비
- 고압가스를 이송하거나 저장·취급하는 설비
- 화학류 제조설비
- 드라이클리닝설비, 염색가공설비 또는 모피류 등을 씻는 설비 등 인화성 유기용제를 사용하는 설비

정답 ④

31 정전기 제거방법으로 가장 적절한 것은?

① 30% 이상의 습기부여
② 40~50% 정도의 습기부여
③ 60~70% 정도의 습기부여
④ 90% 이상의 습기부여

해설 정전기는 습도가 60~70% 정도가 되면 대전이 급격히 떨어진다.

정답 ③

32 Polyester, Nylon, Acryle 등의 섬유에 정전기 대전방지 성능이 특히 효과가 있고, 섬유에의 균일 부착성과 열안정성이 양호한 외부용 일시성 대전방지제는?

① 양ion계
② 음ion계
③ 비ion계
④ 양성ion계

해설 음ion계에 대한 설명이다.

관련이론 외부용 일시성 대전방지제인 음ion계의 특징
- 황산에스테르계 활성제: Viscose, 비닐론 등에 효과가 좋다.
- 인산에스테르계 활성제: Polyester, Nylon, Acryle 등의 섬유에 효과가 좋다.
- 값이 싸고, 독성이 없으므로 섬유의 원사 등에 사용되고 있다.

정답 ②

33 정전기의 재해방지대책 중에서 제전기에 의한 대전방지책이 아닌 것은?

① 전류제어식
② 전압인가식
③ 자기방전식
④ 방사선식

해설 제전기의 종류는 자기방전식, 전압인가식, 방사선식이 있으며, 전류제어식은 해당하지 않는다.

정답 ①

34 플라스틱, 섬유, 고무, 필름공장 등에서 정전기 제거에 유용한 제전기는?

① 가전압식 제전기
② 자기방전식 제전기
③ 이온식 제전기
④ 가압식 제전기

해설 플라스틱, 섬유, 고무, 필름공장 등에서 정전기 제거에 유용한 제전기는 자기방전식 제전기이다.

정답 ②

35 제전기에 대한 설명으로 옳지 않은 것은?

① 전압인가식은 교류 7,000V를 걸어 방전을 일으켜 발생한 이온으로 대전체의 변화를 중화시킨다.
② 방사선식은 특히 이동물체에 적합하고, α선 및 β선이 사용되며 방사선 장해, 취급에 주의를 요하지 않는다.
③ 이온스프레이식은 코로나 방전에 의해 발생된 이온을 송풍기(blower)로 대전체에 내뿜어 제전하는 방식으로 제전효율은 낮으나 폭발위험지역에 적당하다.
④ 자기방전식은 필름의 권취, 셀로판 제조, 섬유공장 등에 유효하나 2kV 내외의 대전이 남는 결점이 있다.

해설 방사선식은 이동물체에 부적합하고, α선 및 β선이 사용되며 방사선 장해, 취급에 주의를 요한다.

정답 ②

36 방전침에 약 7,000V 전압을 인가하면 코로나 방전을 일으키고, 발생된 이온으로 대전체의 전하를 중화시키는 방식은?

① 전압인가식 제전기   ② 자기방전식 제전기
③ 방사선식 제전기   ④ 이온식 제전기

해설 전압인가식 제전기에 대한 설명이다.

정답 ①

37 스테인레스, 카본, 전도성 섬유 등에 의해 작은 코로나방전을 일으켜 제전하며, 고전압의 제전도 가능하나 약간의 대전이 남는 단점이 있는 제전기는?

① 자기방전식 제전기   ② 전압인가식 제전기
③ 이온식 제전기   ④ 방사선식 제전기

해설 스테인레스, 카본, 전도성 섬유 등에 의해 작은 코로나방전을 일으켜 제전하며, 고전압의 제전도 가능하나 약간의 대전이 남는 단점이 있는 제전기는 자기방전식 제전기이다.

관련이론 방사선식(이온식) 제전기
방사선 동위원소(플루늄)의 전리작용에 의해 제전이 필요한 이온 α입자, β입자를 만드는 제전기로 제전능력이 작고, 이동하는 물체 등에는 부적합하다.

정답 ①

38 제전기는 공기 중 이온을 생성해서 제전을 하는데 제전능력이 가장 뛰어난 제전기는?

① 이온제어식   ② 전압인가식
③ 방사선식   ④ 자기방전식

해설 전압인가식은 약간의 전위가 남지만 거의 0에 가까운 효과를 거두는 것으로 제전능력이 가장 뛰어난 제전기이다.

정답 ②

39 전자, 통신기기 등의 전자파장해(EMI)를 방지하기 위한 조치로 부적절한 것은?

① 접지 실시   ② 차폐, 흡수대책 실시
③ 필터 설치   ④ 절연 보강

해설 절연 보강은 전자파장해(EMI)를 방지하기 위한 조치에 해당하지 않는다.

관련이론 전자, 통신기기 등의 전자파장해(EMI)를 방지하기 위한 조치
• 접지 실시
• 차폐, 흡수대책 실시
• 필터 설치
• 와이어링에 의한 대책 실시

정답 ④

40 다음의 전자파 중 광량자 에너지가 가장 큰 것은?

① X선   ② 적외선
③ 가시광선   ④ 마이크로파

해설 전자파 중 광량자 에너지가 가장 큰 것은 X선이다.

관련이론 전자파 중 광량자 에너지가 큰 순서
X선 > 자외선 > 가시광선 > 적외선 > 마이크로파 > 라디오파 > 극저주파

정답 ①

CHAPTER 5 | 전기방폭관리

제1절 전기방폭 설비

전기설비를 방폭구조로 설치하는 근본적 이유는 사업장에서 발생하는 화재, 폭발의 점화원으로서는 전기설비가 원인이 되지 않도록 하기 위해서이다.

1 가스, 증기 대상 방폭구조의 종류 및 특징

1. 내압방폭구조(Flameproof)
① 내압방폭구조는 용기내부에서 폭발성 가스 또는 증기가 폭발하였을 때 용기가 그 압력에 견디며 또한 개구부, 접합면 등을 통해서 외부의 폭발성 가스, 증기에 인화되지 않도록 한 전폐구조이다.
② 내압방폭구조는 점화원에 의해 용기내부에서 폭발이 발생할 경우에 용기가 폭발압력에 견딜 수 있고, 화염이 용기외부의 폭발성 분위기로 전파되지 않도록 한 방폭구조를 말한다(방호장치 안전인증 고용노동부고시).
③ 내압방폭구조의 기본적 성능(필요충분 조건)
  ㉠ 폭발화염이 외부로 유출되지 않을 것
  ㉡ 내부에서 폭발한 경우 그 압력에 견딜 것
  ㉢ 외함의 표면온도가 외부의 가연성 가스를 점화하지 않을 것
  ㉣ 폭발 후에는 협격을 통해서 고온의 가스를 서서히 방출시킴으로써 냉각되는 구조로 될 것

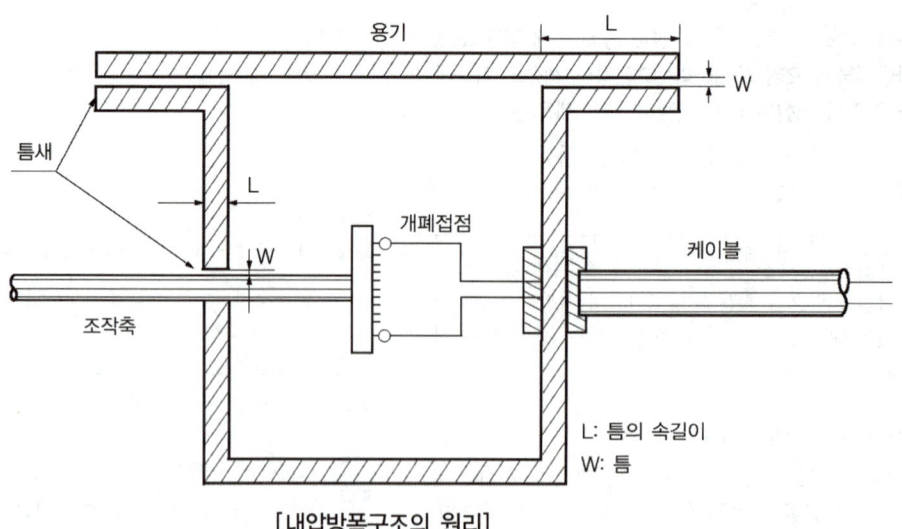

[내압방폭구조의 원리]

2. 압력방폭구조(Pressurization Purging)

압력방폭구조는 용기내부에 보호가스(신선한 공기 또는 불연성 가스)를 압입하여 내부압력을 유지함으로써 폭발성 가스 또는 증기가 용기내부로 유입되지 않도록 한 구조이다.

3. 유입방폭구조(Oil Immersion)

유입방폭구조는 전기불꽃, 아크 또는 고온이 발생하는 부분을 기름 속에 넣고, 기름면 위에 존재하는 폭발성 가스 또는 증기에 인화되지 않도록 한 구조이다.

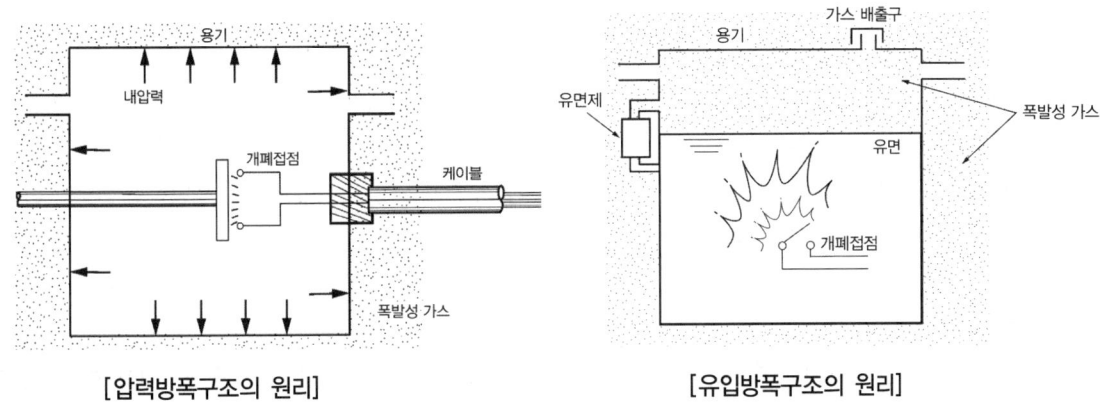

[압력방폭구조의 원리]　　　　　[유입방폭구조의 원리]

4. 안전증방폭구조(Increased Safety)

안전증방폭구조는 전기기기의 전선, 에어갭, 접점부, 단자부 등과 같이 정상운전 중에 폭발성 가스 또는 증기에 점화원이 될 전기불꽃, 아크 또는 고온부분 등의 발생을 방지하기 위하여 전기적, 기계적 구조상 또는 온도상승에 대해서 특히 안전도를 증가시킨 구조이다.

5. 본질안전방폭구조(Intrinsic Safety)

① 본질안전방폭구조는 정상시 및 사고시(단락, 단선, 지락 등)에 발생하는 아크, 전기불꽃, 고온에 의하여 폭발성 가스 또는 증기에 점화되지 않는 것이 점화시험에 의하여 확인된 구조이다.
② 공장의 제어회로에 흐르는 전류를 20mA 이하로 제한하여 주위에 폭발성 가스가 존재하더라도 지락이나 단락, 단선 등으로 인하여 폭발이 발생하지 않는 구조이다.
③ 압력계, 온도계, 유량계 등에 사용하며, 유지보수시 전원을 차단하지 않아도 된다.

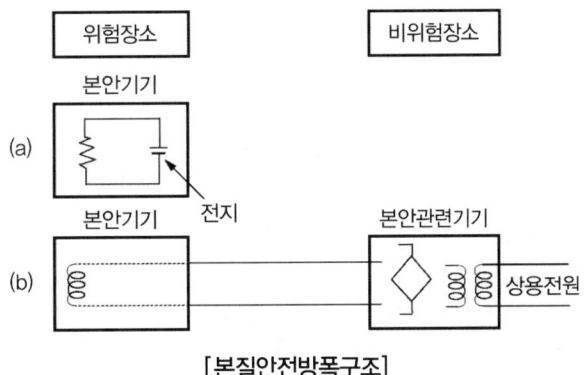

[본질안전방폭구조]

6. 몰드방폭구조(Mold Encapsulation)
몰드방폭구조는 전기기기의 불꽃 또는 열로 인해 폭발성 위험분위기에 점화되지 않도록 컴파운드(Compound)를 충전하여 보호한 구조이다.

7. 충전(充塡)방폭구조(Powder Filling)
충전방폭구조는 폭발성가스 분위기를 점화시킬 수 있는 부품을 고정하여 설치하고, 그 주위를 충전재로 완전히 둘러쌓아서 외부의 폭발성가스 분위기를 점화시키지 않도록 하는 구조이다.

8. 비점화(非點火)방폭구조(Non Incendive)
① 비점화방폭구조는 전기기기가 정상작동과 규정된 특정한 비정상상태에서 주위의 폭발성가스 분위기를 점화시키지 못하도록 만든 구조이다.
② 정상작동상태에서 가연성 가스에 의한 폭발위험분위기가 존재할 우려는 없으나 그 위험성의 빈도가 아주 적은 장소에서만 사용이 가능한 구조이다.

9. 특수방폭구조(Special)
① 특수방폭구조는 앞에서 나열된 1. ~ 8.의 구조 이외의 방폭구조로서 폭발성 가스, 증기에 점화 또는 위험분위기로 인화를 방지할 수 있는 것이 시험에 의하여 확인된 구조이다.
② 과열이나 전기불꽃에 대하여 회로특성에 의하여 폭발의 위험을 방지할 수 있도록 한 구조이다.
▶ 전폐형 방폭구조
- 내압(耐壓)방폭구조
- 압력(壓力)방폭구조
- 유입(油入)방폭구조

참고 방폭구조 관련 기타 사항

1. 최대안전틈새(= 안전간격 = 화염일주한계)
   ① 내부에서 폭발이 발생했을 때 외부에 화염이 전파되지 않는 한계치 간격이다.
   ② 폭발성 분위기에 있는 용기의 접합면 틈새를 통해 화염이 내부에서 외부로 전파되는 것을 저지할 수 있는 틈새의 최대간격치이다.
   ③ 최대안전틈새는 내용적이 8ℓ이고, 반구상의 플랜지 접합면의 안길이 25mm의 표준용기(구상용기)의 틈새를 통과시켜 화염이 용기 외부로 전파되어 폭발성 가스, 증기에 점화되지 않는 최대간격치이다.
2. 내압방폭구조의 안전간격값을 작게 하는 이유
   최소점화에너지 이하로 열을 떨어뜨려 폭발화염이 외부로 유출되지 않도록 하기 위한 것이다.
3. 연면거리
   서로 절연된 두개의 도전성 부분 사이에서 절연물의 표면에 따른 최단거리
4. 최소점화전류비
   메탄(CH_4)의 최소점화전류값에 대한 대상 가스 또는 증기의 최소점화전류값의 비이다(본질안전방폭구조의 전기기기 폭발등급을 정할 때 기준이 된다).
5. 제2종 위험장소에서만 사용가능한 방폭구조: 비점화방폭구조(n)

2 가스, 증기 방폭전기기기의 선정기준

폭발위험장소의 분류		방폭구조 전기기계·기구의 선정기준	
가스, 증기 폭발 위험장소	0종장소	본질안전방폭구조(ia)	0종장소에서 사용토록 특별히 고안된 방폭구조
	1종장소	• 내압방폭구조(d) • 압력방폭구조(p) • 유입방폭구조(o) • 안전증방폭구조(e) • 본질안전방폭구조(ia, ib) • 충전방폭구조(q) • 몰드방폭구조(m)	• 0종장소에 적합한 방폭구조 • 기타 1종장소에서 사용하도록 특별히 고안된 방폭구조
	2종장소	• 내압방폭구조(d) • 압력방폭구조(p) • 유입방폭구조(o) • 안전증방폭구조(e) • 본질안전방폭구조(ia, ib) • 충전방폭구조(q) • 몰드방폭구조(m) • 비점화방폭구조(n)	• 0종장소 또는 1종장소에 적합한 방폭구조 • 기타 2종장소에서 사용하도록 특별히 고안된 방폭구조

3 방폭구조의 기호

우리나라에서 사용되고 있는 방폭구조의 기호와 기호의 의미는 다음 표와 같다.

방폭구조의 기호	기호의 의미
d	내압방폭구조
o	유입방폭구조
p	압력방폭구조
e	안전증방폭구조
ia, ib	본질안전방폭구조
s	특수방폭구조
m	몰드방폭구조
n	비점화방폭구조
q	충전방폭구조
tD	분진내압방폭구조
pD	분진압력방폭구조
iD	분진본질안전방폭구조
mD	분진몰드방폭구조

온도등급(발화도)	최고표면온도(고용노동부고시)
T1	450℃
T2	300℃
T3	200℃
T4	135℃
T5	100℃
T6	85℃
그룹명칭	그룹의 의미(고용노동부고시)
I	폭발성 메탄가스 위험분위기에서 사용되는 전기기기(광산용)
II	잠재적 폭발성 위험분위기에서 사용되는 전기기기(산업용)
그룹을 나타내는 기호	최대안전틈새(KSC, IEC)
IIA	0.9mm 이상
IIB	0.5mm 초과 0.9mm 미만
IIC	0.5mm 이하

▶ 표기 (1): 가스, 증기의 경우

Exd IIA T2 IP54

여기서, Exd: 방폭구조의 기호(내압방폭구조)

　　　　IIA: 그룹을 나타내는 기호[산업용(가스, 증기), 0.9mm 이상]

　　　　T2: 온도등급(최고표면온도 300℃)

　　　　IP54: 보호등급

▶ 표기(2): 분진의 경우

ExpD A22 IP6x T120

여기서, ExpD: 방폭구조의 기호(분진압력방폭구조)　　IP6x: 보호등급
　　　　A22: 형식, 분진위험장소(A형식, 22종)　　　　T120: 최고표면온도(120℃)

4 분진 대상 방폭전기기기 구조의 종류 및 특징

(1) 분진폭발

① 분진폭발의 개요: 분진 중에서 가연성이 있는 것이 일으키는 폭발을 분진폭발이라고 한다.

> **참고** 분진폭발
>
> 1. 분진폭발의 위험성을 증대시키는 조건
>   ① 분진의 비표면적이 클수록 폭발성이 높아진다.
>   ② 분진의 입자가 작을수록 폭발성이 높아진다.

③ 분위기 중 산소농도가 클수록 폭발성이 높아진다.
④ 연소열이 큰 분진일수록 저농도에서 폭발하고 폭발위력도 크다.
⑤ 분진 내의 수분농도가 작을수록 폭발성이 높아진다.

2. 분진폭발의 방지대책
   ① 작업장을 분진이 퇴적되지 않는 형상으로 한다.
   ② 분진취급 장소에는 유효한 집진장치를 설치한다.
   ③ 분체 프로세스의 장치는 밀폐화 하고, 누설이 없도록 한다.
   ④ 분진물질을 수송하는 설비의 접속부에는 접지를 한다.
   ⑤ 질소 등의 불활성 가스를 봉입한다.
   ⑥ 분진취급 장소에서는 점화원을 철저하게 관리를 한다.

② 분진의 종류
   ㉠ **폭연성 분진**: 공기 중에서 산소가 적은 분위기 또는 이산화탄소 중에서도 착화되고, 과열된 폭발을 일으키는 금속분진을 말한다.
   ㉡ **가연성 분진**: 공기 중에서 산소와 발열반응을 일으키며 폭발하는 분진을 말한다. 전도성 분진(전기저항률이 $10^3 \Omega m$ 이하인 것)과 비전도성 분진으로 구분하고 있다.
   ㉢ **기타 분진**: 옥수수 분진, 밀가루 분진, 플라스틱 분진, 목재 분진 등

③ 분진 발화도의 분류

발화도	분진의 발화온도(℃)
I 1	270 이상
I 2	200 이상 270 미만
I 3	150 이상 200 미만

④ 발화도에 따른 분진의 분류

발화도 \ 분진	폭연성 분진	가연성 분진 전도성	가연성 분진 비전도성
I 1 (270℃ 이상)	알루미늄, 알루미늄브론즈, 마그네슘	코크스, 아연, 카본블랙	고무, 소맥, 염료, 폴리에틸렌, 페놀수지
I 2 (200℃ ~ 270℃ 미만)	알루미늄수지	석탄, 철	쌀겨, 코코아, 리그닌
I 3 (150℃ ~ 200℃ 미만)	-	-	유황

> **참고** 분진폭발이 일어나지 않는 물질(불연성 물질)
> ① 대리석가루
> ② 질석가루
> ③ 생석회
> ④ 가성소다
> ⑤ 시멘트가루

(2) 분진폭발 위험장소의 구분(KSC, IEC)

분류		특징	장소
분진폭발 위험장소	20종장소	공기 중에서 가연성 분진운의 형태가 연속적, 장기간 또는 단기간 자주 폭발성 분위기가 존재하는 장소	• 분진 이송설비 • 분진설비 내부 • 제분기, 배합기, 건조기 등 • 사일로, 호퍼, 필터, 사이클론 등
	21종장소	공기 중에서 가연성 분진운의 형태가 정상작동 중에 빈번하게 폭발성 분위기를 형성할 수 있는 장소	• 분진운이 발생할 수 있는 분진설비 • 분진이 축적될 수 있는 분진설비의 외부 • 분진설비의 개폐문 인근 • 분진이 발생하지 않는 충전 및 배출지점, 이송벨트, 샘플링 지점
	22종장소	공기 중에서 가연성 분진운의 형태가 정상작동 중에 폭발성 분위기를 거의 발생하지 않고 만약 발생한다 하더라도 단기간만 지속될 수 있는 장소	• 분진층 또는 공기혼합물, 폭발성 분진이 형성되는 것을 제어하는 장소 • 백필터 배기구의 배출구 • 손상되기 쉬운 분진 취급 공기압장비, 유연 접속부 등

(3) 분진 대상 방폭전기기기 구조

① **분진내압방폭구조(tD)**: 주변의 분진입자가 침입할 수 없도록 된 특수방진 밀폐함 또는 전기설비의 안전운전에 방해될 정도의 분진이 침투할 수 없도록 한 보통방진 밀폐함을 갖는 구조이다.

② **분진본질안전방폭구조(iD)**: 폭발성 분진분위기에 노출되어 있는 기계, 기구 내의 전기에너지, 권선상호간의 열 또는 전기불꽃의 영향을 점화에너지 이하의 수준까지 제한하는 것을 기반으로 하는 구조이다.

③ **분진압력방폭구조(pD)**: 밀폐함 내부에 폭발성 분진 분위기의 형성을 막기 위하여 주위 환경보다 높은 압력을 가하여 밀폐함에 보호가스를 적용하는 구조이다.

④ **분진몰드방폭구조(mD)**: 분진운 또는 분진층의 점화를 방지하기 위하여 전기불꽃 또는 열에 의한 점화가 될 수 있는 부분을 컴파운드(Compound)로 덮은 구조이다.

(4) 분진방폭전기기기의 선정기준(KSC, IEC)

위험장소	분진방폭구조
20종장소	• 분진내압방폭구조(tDA20 또는 tDB20) • 분진본질안전방폭구조(iaD) • 분진몰드방폭구조(maD)
21종장소	• 20종장소에서 사용가능한 방폭구조 • 분진내압방폭구조(tDA20, tDA21 또는 tDB20, tDB21) • 분진본질안전방폭구조(iaD, ibD) • 분진몰드방폭구조(maD, mbD) • 분진압력방폭구조(pD)
22종장소	• 20종장소, 21종장소에서 사용가능한 방폭구조 • 분진내압방폭구조(tDA20, tDA21, tDA22, tDB20, tDB21, tDB22)

제2절 전기설비의 방폭 및 대책

1 폭발의 기본조건

① 최소착화에너지 이상의 점화원 존재
② 폭발위험분위기의 조성
③ 가연성 가스 또는 증기의 존재

> **참고** 점화원, 발화점 및 인화점 등
>
> 1. 점화원
>   전기불꽃, 고열물, 단열압축, 마찰, 충격, 화학반응열, 정전기, 자연발열 등
> 2. 최소착화에너지에 영향을 주는 조건
>   ① 불꽃간격
>   ② 전극의 형상
>   ③ 온도
>   ④ 압력
> 3. 발화점
>   물질을 공기 중에서 가열할 경우 점화원이 없어도 자연발화될 수 있는 최저온도
> 4. 인화점
>   공기 중 인화성 액체의 표면에 점화원을 근접시켜 착화시키는데 필요한 농도의 증기를 발생하는 최저온도

2 화재·폭발의 위험성

가연성 기체나 가연성 액체의 증기가 산소 또는 공기와 혼합하여 폭발가능한 농도범위로 되는 위험분위기가 조성되었을 때, 그 장소에 최소착화에너지 이상의 에너지를 가지는 점화원이 존재하여 일어나는 현상을 폭발이라고 한다.

> **참고** 폭발성 가스분위기 및 최소발화에너지가 낮아지는 조건
>
> 1. 폭발성 가스분위기
>   점화 후에 자체적으로 화염을 확산시킬 수 있는 가스 또는 증기형태로 인화성 물질과 공기가 대기상태에서 섞인 혼합물이 있는 상태를 말한다.
> 2. 최소발화에너지가 낮아지는 조건
>   ① 온도가 높아질수록
>   ② 압력이 증가할수록
>   ③ 혼합기체의 흐름이 있을 때 유속이 감소할수록
>   ④ 산소의 농도가 높을수록

1. **폭발한계(연소범위)**
   (1) 가연성 가스 및 가연성 액체의 증기가 공기 또는 산소와 혼합하여 폭발할 수 있는 농도범위이다.
   (2) 폭발이 일어나는 가장 낮은 농도값을 폭발하한계, 가장 높은 농도값을 폭발상한계라고 한다.

2. 최대안전틈새(MESG: Maximum Experimental Safe Gap)

(1) 정의
표준용기의 내부에서 폭발이 발생했을 때 외부에 화염이 미치지 않는 간격이다.

(2) 폭발그룹(KSC, IEC)

폭발그룹	ⅡA	ⅡB	ⅡC
최대안전틈새(mm)	0.9 이상	0.5 초과 0.9 미만	0.5 이하
대표적 해당 가스	일산화탄소, 암모니아, 벤젠, 에탄, 메탄, 아세톤, 프로판 등	에틸렌, 부타디엔, 에틸렌 옥사이드 등	아세틸렌, 수소, 수성가스, 이황화탄소 등

① 최대안전틈새는 내압방폭구조의 분류에 사용한다.
② 최대안전틈새는 대상으로 한 가스 또는 증기와 공기와의 혼합에 대하여 화염일주가 일어나지 않는 틈새의 최대치를 말한다.
③ 탄광용(광산용)을 그룹Ⅰ, 산업용을 그룹Ⅱ로 표기한다.

3. 최소점화전류비(MIC: Minimun Ignition Current)

① 최소점화전류비는 메탄가스(CH_4)의 최소점화전류값에 대한 대상 가스 또는 증기의 최소점화전류값의 비로 나타낸다.
② 최소점화분류비는 본질안전방폭구조의 분류에 사용한다.

[최소점화전류비(KSC, IEC)]

가스 또는 증기의 분류	최소점화전류비
A	0.8 초과
B	0.45 이상 0.8 이하
C	0.45 미만

4. 온도등급

폭발성 가스의 최고표면온도에 따라 온도등급을 다음과 같이 분류한다.

[온도등급(KSC, IEC고용노동부고시)]

온도등급	최고표면온도(℃)
T1	450(또는 300 초과 450 이하)
T2	300(또는 200 초과 300 이하)
T3	200(또는 135 초과 200 이하)
T4	135(또는 100 초과 135 이하)
T5	100(또는 85 초과 100 이하)
T6	85(또는 85 이하)

3 가스, 증기 위험장소 선정(고용노동부고시 기준)

1. 비방폭지역
① 환기가 불충분한 장소에 설치된 배관으로 밸브, 피팅(Fitting), 플랜지(Flange) 등 이상발생시 누설될 수 있는 부속품이 전혀 없고, 모두 용접으로 접속된 배관 주위
② 환기가 충분한 장소에 설치하고, 개구부가 없는 상태에서 인화성 또는 가연성 액체가 간헐적으로 사용되는 배관으로 적절한 유지관리가 이루어지는 배관 주위
③ 보일러, 소각로 등 개방된 화염이나 고온표면의 존재가 불가피한 설비로서 연료주입배관상의 밸브, 펌프 등의 위험발생원 주변의 전기기계·기구가 적합한 방폭구조이거나 연료주입 배관 주위에 전기기계·기구가 없는 경우의 개방화염 또는 고온표면이 있는 설비 주위
④ 가연성 물질이 완전히 밀봉된 수납용기 속에 저장되고 있는 경우에 수납용기 주위
⑤ 분진발생량이 아주 적거나 발생하지 않아 화재, 폭발의 우려가 없는 장소

2. 환기가 충분한 장소
대기 중의 가스 또는 증기의 밀도가 폭발하한계의 25%를 초과하여 축적되는 것을 방지하기 위한 충분한 환기량이 보장되는 장소이며, 환기가 충분한 장소는 다음과 같다.
① 옥외
② 수직 또는 수평의 외부공기 흐름을 방해하지 않는 구조의 건축물 또는 실내로서 지붕과 한면의 벽만 있는 건축물
③ 밀폐 또는 부분적으로 밀폐된 장소로서 옥외의 동등한 정도의 환기가 자연환기방식 또는 고장시 경보발생 등의 조치가 되어 있는 강제환기방식으로 보장되는 장소
④ 기타 적합한 방법으로 환기량을 계산하여 폭발하한계의 15% 농도를 초과하지 않음이 보장되는 장소

3. 폭발위험장소
(1) 0종장소: 위험분위기가 지속적으로 또는 장기간 존재하는 장소
　① 인화성 또는 가연성 가스나 증기가 지속적 또는 장기간 체류하는 곳
　② 인화성 또는 가연성 액체가 존재하는 피트(Pit) 등의 내부
　③ 용기, 배관, 장치 등의 내부 등

(2) 1종장소: 정상(상시사용)상태에서 위험분위기가 존재하기 쉬운 장소
　① 운전, 유지보수 또는 누설에 의하여 자주 위험분위기가 생성되는 곳
　② 통상(상용)상태에서 위험분위기가 쉽게 생성되는 곳
　③ 환기가 불충분한 장소에 설치된 배관계통으로 쉽게 누설되는 구조의 곳
　④ 설비 일부의 고장시 가연성 물질의 방출과 전기계통의 고장이 동시에 발생되기 쉬운 곳
　⑤ 상용상태에서 위험분위기가 주기적 또는 간헐적으로 존재하는 곳
　⑥ 주변 지역보다 낮아 가스나 증기가 체류할 수 있는 곳
　⑦ 피트, 맨홀, 밴트 등의 주위

(3) 2종장소: 이상상태(일부기기의 고장, 오작동, 기능상실 등) 하에서 위험분위기가 단시간 동안 존재할 수 있는 장소

① 1종장소와 직접 접하고 개방되어 있는 곳 또는 1종장소와 덕트, 트랜치, 파이프 등으로 연결되어 이들을 통해 가스나 증기의 유입이 가능한 곳

② 환기가 불충분한 장소에 설치된 배관계통으로 쉽게 누설되지 않는 구조의 곳

③ 가스켓(Gasket), 패킹(Packing) 등의 고장과 같이 이상상태에서만 누출될 수 있는 공정설비 또는 배관이 환기가 충분한 곳에 설치될 경우

④ 강제환기방식이 채용되는 곳으로 환기설비의 고장이나 이상시에 위험분위기가 생성될 수 있는 곳

> **참고** 폭발위험장소 관련 기타 사항
>
> 1. 가스 위험장소를 3종으로 분류하는 목적
>   방폭전기설비의 선정을 하고, 균형있는 방폭협조를 실시하기 위해서이다.
> 2. 이상상태
>   통상적인 유지보수 및 관리상태에서 벗어난 것으로 기기의 고장, 오작동, 기능상실 등의 상태를 말한다.
> 3. 폭발분위기
>   대기상태에 증기, 가스 또는 분진상태의 가연성 물질이 혼합되어 있는 상태를 말한다.
> 4. 폭발위험장소에서 점화성 불꽃이 발생하지 않도록 전기설비를 설치하는 방법
>   ① 정전기 영향을 안전한계 이내로 줄인다.
>   ② 모든 설비를 등전위 시킨다.
>   ③ 낙뢰방호조치를 한다.
> 5. 가스, 증기 폭발위험장소(KSC, IEC)
>
> | 0종장소 | 폭발성 가스 분위기가 연속적, 장기간 또는 빈번하게 존재하는 장소 |
> |---|---|
> | 1종장소 | 폭발성 가스 분위기가 정상작동 중 주기적 또는 빈번하게 생성되는 장소 |
> | 2종장소 | 폭발성 가스 분위기가 정상작동 중 조성되지 않거나 조성된다 하더라도 짧은 기간에만 존재할 수 있는 장소 |
>
> 6. 폭발위험장소의 구분도 표시(KSC, IEC)

4. 위험장소의 판정기준
   ① 위험가스의 현존 가능성
   ② 위험증기의 양
   ③ 통풍의 정도
   ④ 가스의 특성(공기와의 비중차)
   ⑤ 작업자에 의한 영향

5. 방폭지역 여부 결정(고용노동부고시 기준)
   ① 인화점 40℃ 이하의 액체가 저장, 취급되고 있는 장소
   ② 인화점 65℃ 이하의 액체가 인화점 이상으로 저장, 취급될 수 있는 장소
   ③ 인화성 가스 또는 가연성의 증기가 쉽게 존재할 가능성이 있는 장소
   ④ 인화점이 100℃ 이하인 액체의 경우 해당 액체의 인화점 이상으로 저장·취급되고 있는 장소

4 방폭전기기기 설치시 표준환경 조건(KSC, IEC)

① **상대습도**: 45 ~ 85%
② **주변온도**: −20℃ ~ 40℃
③ **압력**: 80 ~ 110Kpa
④ **공기**: 산소함유율 21%의 공기

5 방폭전기기기의 선정시 고려하여야 할 사항(고용노동부고시기준)

① 가스 등의 발화온도
② 방폭전기기기가 설치될 지역의 방폭지역 등급 구분
③ 본질안전방폭구조의 경우 최소점화전류
④ 내압방폭구조의 경우 최대안전틈새
⑤ 압력방폭구조, 유입방폭구조, 안전증방폭구조의 경우 최고표면온도
⑥ 방폭전기기기가 설치될 장소의 주변온도, 표고, 상대습도, 먼지, 부식성 가스 또는 습기 등의 환경조건

> **참고** 방폭전기기기의 선정 및 설치
>
> 1. 방폭전기기기의 선정시 유의사항
>   ① 분위기의 위험도에의 적응
>   ② 환경조건에의 적응성
>   ③ 방폭구조 득실의 고려
>   ④ 보수의 난이성
>   ⑤ 경제성
>
> 2. 방폭전기기기의 설치 시 고려하여야 할 환경조건
>   ① 열
>   ② 온도
>   ③ 수분 및 습기
>   ④ 진동
>   ⑤ 부식성 가스
>   ⑥ 공해

6 방폭화 이론

전기기기의 점화원 확률과 폭발위험분위기의 생성 확률과의 곱이 가능한 0에 가까운 작은 값이 되도록 하는 것이 화재폭발 방지를 위하여 필요하다.

1. 폭발위험분위기 생성 방지
① 가연성 물질, 폭발성 가스의 누설방지
② 가연성 물질, 폭발성 가스의 체류방지
③ 가연성 물질, 폭발성 가스의 방출방지

2. 전기기기의 점화원 억제
전기기기의 점화원을 억제하는 것이 폭발방지를 위해 필요하다.

(1) 점화원의 분류
① 정상상태에서 점화원으로 될 수 있는 전기불꽃 또는 고온부를 발생하는 전기설비(현재적 점화원을 가진 전기설비)
  ㉠ 3상권선형 유도전동기의 슬립링
  ㉡ 단상유도전동기의 시동접점
  ㉢ 보호계전기의 접점
  ㉣ 개폐기의 접점
  ㉤ 직류전동기의 정류자
  ㉥ 히터
  ㉦ 조명기구(전구온도가 비교적 높은 광원) 등

② 이상상태에서만 점화원으로 될 수 있는 전기불꽃 또는 고온부를 발생할 우려가 있는 전기설비(잠재적 점화원을 가진 전기설비)
  ㉠ 변압기의 권선, 전동기의 권선
  ㉡ 3상 농형 유도전동기
  ㉢ 마그넷 코일
  ㉣ 케이블
  ㉤ 배선
  ㉥ 조명기구(전구온도가 비교적 낮은 광원) 등

③ 정상상태 및 이상상태에서도 발생하는 전기불꽃 또는 고온부가 점화원으로 되지 않도록 에너지를 제어할 수 있는 전기설비
  ㉠ 전송기류
  ㉡ 측온저항체
  ㉢ 유량계
  ㉣ 신호·경보장치
  ㉤ 휴대용 무전기 등

④ 정상상태 및 이상상태에서 발생하는 전기불꽃 및 고온부가 점화원으로 되지 않는 전기설비
 ㉠ 무전지식 전화기
 ㉡ 열전온도계 등

3. **전기기기 방폭화의 기본개념 및 대상 방폭구조**
   (1) **점화원의 방폭적 격리**: 내압방폭구조, 압력방폭구조, 유입방폭구조
   (2) **전기기기의 안전도 증강**: 안전증방폭구조
   (3) **점화능력의 본질적 억제**: 본질안전방폭구조

제3절 방폭설비의 공사 및 보수

1 방폭전기설비계획 수립시 고려하여야 할 사항

(1) 전기기기 배치의 결정
(2) 위험장소 종별 및 범위의 결정
(3) 방폭전기설비의 선정
(4) 시설장소의 제조건 검토
(5) 가연성 가스 및 인화성 액체의 위험특성 확인

2 방폭전기 배선(고용노동부고시 기준)

위험분위기 내에서의 사용에 적합하도록 케이블, 절연전선 및 배선재료 등으로 구성된 전기회로를 방폭전기 배선이라 한다.

1. **저압방폭 전기설비 배선**
   ① 내압방폭용 전선관은 KSC에서 정하는 후강전선관을 사용하여야 하며, 전선관용 부속품은 내압방폭성능을 가진 것을 사용하여야 한다.
   ② 전선관용부속품 상호의 접속 또는 전기기기와의 접속은 KSB에서 규정한 관용평형나사에 의해 나사산이 5산 이상 결합되도록 하여야 한다.
   ③ 전선관을 상호 접속시에는 유니온 커플링을 사용하여 5산 이상 유효하게 접속되도록 하여야 한다.
   ④ 가요성을 요하는 접속부분에는 내압방폭성능을 가진 가요전선관을 사용하여 접속하여야 한다.
   ⑤ 가요전선관공사시에는 구부림 내측반경은 가요전선관 외경의 5배 이상으로 하여 비틀림이 없도록 하여야 한다.

   > **참고** 금속관 공사
   > 폭연성 분진 또는 화약류의 분말이 존재하는 곳의 저압옥내배선공사에 적합한 공사이다.

2. **고압방폭전기설비 배선**
   ① 배선과 방폭전기기기의 접속은 전기기기의 단자함 내에서 행하여야 한다.
   ② 배선이 전기기기에 인입되는 경우에는 전기기기의 방폭성능이 상실되지 않도록 하여야 한다.

3. **본질안전회로의 배선**
   ① 본질안전회로 배선공사를 노출배선공사로 할 경우 비본질안전회로 배선으로부터 5cm 이상 이격시켜 설치하여야 한다.
   ② 본질안전회로의 배선공사를 케이블 트레이, 케이블 및 전선관을 사용한 경우에는 본질안전회로 도체와 비본질안전회로 도체는 동일한 케이블 트레이, 케이블 및 전선관 내에 설치하여서는 안 된다.
   ③ 본질안전회로 배선과 비본질안전회로 배선은 동일한 외함 내에 설치하여서는 안 된다.
   ④ 본질안전회로 배선이 상호접근시에는 각 도체마다 절연체의 두께가 0.25mm 이상인 것을 사용한다.
   ⑤ 본질안전회로 배선은 0종장소에 가장 적합하다.

3 방폭전기기기의 전기적 보호

(1) 지락보호
(2) 과전류보호
(3) 노출도전성부분의 보호접지

4 방폭전기기기의 설치위치 선정시 고려하여야 할 사항(고용노동부고시 기준)

(1) 보수가 용이한 위치에 설치하고 점검 또는 정비에 필요한 공간을 확보하여야 한다.
(2) 운전, 조작, 조정 등이 편리한 위치에 설치하여야 한다.
(3) 부식성 가스 발산구의 주변 및 부식성 액체가 비산하는 위치에 설치하는 것을 피하여야 한다.
(4) 가능하면 수분이나 습기에 노출되지 않는 위치를 선정하고, 상시 습기가 많은 장소에 설치하는 것을 피하여야 한다.
(5) 기계장치 등으로부터 현저한 진동의 영향을 받을 수 있는 위치에 설치하는 것을 피하여야 한다.
(6) 열유관, 증기관 등의 고온 발열체에 근접한 위치에는 가능하면 설치를 피하여야 한다.

5 방폭부품에 대한 표시사항(고용노동부고시)

(1) 제조자의 이름 또는 등록상표
(2) 형식
(3) 해당 방폭구조의 기호
(4) 기호 Ex
(5) 방폭부품의 그룹기호

(6) 인증서 발급기관의 이름 또는 마크, 인증번호

(7) 합격번호 및 U기호(X기호는 사용될 수 없음)

(8) 해당 방폭구조에서 정한 추가 표시

6 소형전기기기와 방폭부품에 대한 표시사항(고용노동부고시)

소형전기기기와 방폭부품의 경우 표시크기를 줄일 수 있으며, 다음의 표시를 하여야 한다.

(1) 제조자의 이름 또는 등록상표

(2) 형식

(3) 기호 Ex 및 방폭구조의 기호

(4) 인증서 발급기관의 이름 또는 마크, 인증번호

(5) X 또는 U기호(다만, 기호 X와 U를 함께 사용하지 않음)

> **참고** 기타 방폭구조 전기기기 관련 주요 사항
>
> 1. 방폭전기설비 보수작업 전 준비사항(고용노동부고시 기준)
>   ① 보수내용의 명확화
>   ② 정전 필요성의 유무와 정전범위의 결정 및 확인
>   ③ 공구, 재료, 교체부품 등의 준비
>   ④ 폭발성 가스 등의 존재유무와 비방폭지역으로서의 취급
>   ⑤ 작업자의 지식 및 기능 확인
>   ⑥ 방폭지역 구분도 등 관련서류 및 도면
>
> 2. 방폭용 공구류의 제작에 많이 쓰이는 재료
>   베릴륨 동합금제
>
> 3. 이동전기기기 배선에서의 이동전선
>   3종 캡타이어 케이블 또는 이와 동등 이상의 성능을 가진 케이블 사용
>
> 4. 방폭지역에서 저압케이블공사시 사용가능한 케이블(고용노동부고시 기준)
>   ① MI케이블
>   ② 600v 폴리에틸렌외장케이블
>   ③ 600v 콘크리트 직매용 케이블
>   ④ 보상도선
>   ⑤ 강대외장케이블
>   ⑥ 연피케이블
>   ⑦ 600v 비닐절연외장케이블
>   ⑧ 약전계장용케이블
>   ⑨ 강관외장케이블
>   ⑩ 제어용 비닐절연비닐외장용케이블
>
> 5. 분진방폭배선시설에 분진침투방지재료로 가장 적합한 것
>   자기융착성 테이프

적중문제 CHAPTER 5 | 전기방폭관리

01 가연성 가스를 사용하는 시설에는 방폭구조의 전기기기를 사용하여야 한다. 전기기기의 방폭구조의 선택은 가연성 가스의 무엇에 의해서 좌우되는가?

① 폭발한계, 폭발등급
② 발화도, 최소발화에너지
③ 화염일주한계, 발화온도
④ 인화점, 폭굉한계

해설 전기기기의 방폭구조의 선택은 가연성 가스의 화염일주한계, 발화온도에 의해 좌우된다.

정답 ③

02 방폭형 기기에 폭발성 가스가 내부로 침입하여 내부에서 폭발이 발생하여도 이 압력에 견디도록 제작한 방폭구조는?

① 내압(d)방폭구조 ② 압력(p)방폭구조
③ 안전증(e)방폭구조 ④ 본질안전(i)방폭구조

해설 방폭형 기기에 폭발성 가스가 내부로 침입하여 내부에서 폭발이 발생하여도 이 압력에 견디도록 제작한 방폭구조는 내압(d)방폭구조이다.

선지분석
② 압력(p)방폭구조란 용기내부에 보호가스(신선한 공기 또는 불연성 가스)를 압입하여 내부압력을 유지함으로써 폭발성 가스 또는 증기가 용기내부로 유입되지 않도록 한 구조이다.
③ 안전증(e)방폭구조란 정상운전 중에 폭발성 가스 또는 증기에 점화원이 될 전기불꽃, 아크 또는 고온부분 등의 발생을 방지하기 위하여 전기적, 기계적 구조상 또는 온도상승에 대해서 특히 안전도를 증가시킨 구조이다.
④ 본질안전(i)방폭구조란 정상시 및 사고시에 발생하는 전기불꽃, 아크, 고온에 의하여 폭발성 가스 또는 증기에 착화되지 않는 것이 점화시험에 의하여 확인된 구조이다.

정답 ①

03 내압(耐壓)방폭구조의 화염일주한계를 작게 하는 이유로 가장 알맞은 것은?

① 최소점화에너지를 높게 하기 위하여
② 최소점화에너지를 낮게 하기 위하여
③ 최소점화에너지 이하로 열을 떨어뜨리기 위하여
④ 최소점화에너지 이상으로 열을 높이기 위하여

해설 내압방폭구조의 화염일주한계(안전간극, 최대안전틈새)를 작게 하는 이유는 최소점화에너지 이하로 열을 떨어뜨리기 위해서이다.

정답 ③

04 방폭구조의 종류가 아닌 것은?

① 유압방폭구조 ② 내압방폭구조
③ 압력방폭구조 ④ 본질안전방폭구조

해설 유압방폭구조가 아니라 유입방폭구조이다.

정답 ①

05 내압(耐壓)방폭구조에서 방폭전기기기의 폭발등급에 따른 최대안전틈새의 범위(mm) 기준으로 옳은 것은?

① ⅡA - 0.65 이상
② ⅡA - 0.5 초과 0.9 미만
③ ⅡC - 0.25 미만
④ ⅡC - 0.5 이하

해설 ⅡC 등급의 최대안전틈새의 범위는 0.5mm 이하이다.

관련이론 **내압방폭구조에서 방폭전기기기의 폭발등급에 따른 최대안전틈새의 범위**
- ⅡA - 0.9mm 이상
- ⅡB - 0.5mm 초과 0.9mm 미만
- ⅡC - 0.5mm 이하

정답 ④

06 다음은 어떤 방폭구조에 대한 설명인가?

> 전기기기의 전선, 에어갭, 접점부, 단자부 등과 같이 정상적인 운전 중에 불꽃, 아크 또는 과열이 생겨서는 안될 부분에 대하여 이를 방지하거나 온도상승을 제한하기 위하여 전기기기의 안전도를 증가시킨 구조이다.

① 압력방폭구조
② 유입방폭구조
③ 안전증방폭구조
④ 본질안전방폭구조

해설 전기기기의 전선, 에어갭, 접점부, 단자부 등과 같이 정상적인 운전 중에 불꽃, 아크 또는 과열이 생겨서는 안될 부분에 대하여 이를 방지하거나 온도상승을 제한하기 위하여 전기기기의 안전도를 증가시킨 구조는 안전증방폭구조(e)이다.

정답 ③

07 내압방폭구조에서 안전간격(Safe Gap)을 작게 하는 이유는?

① 최소점화에너지를 높게 하기 위해
② 폭발화염이 외부로 유출되지 않도록 하기 위해
③ 폭발압력에 견디고 파손되지 않도록 하기 위해
④ 쥐가 침입해서 전선 등을 갉아먹지 않도록 하기 위해

해설
- 안전간극을 작게 하는 이유는 최소점화에너지 이하로 열을 떨어뜨려 폭발화염이 외부로 유출되지 않도록 하기 위해서이다.
- 안전간격이란 내부에서 폭발이 발생했을 때 외부에 화염이 전파되지 않는 한계치를 말한다.

정답 ②

08 내압방폭구조의 기본적 성능에 관한 사항에 해당하지 않는 것은?

① 내부에서 폭발할 경우 그 압력에 견딜 것
② 습기침투에 대한 보호가 될 것
③ 폭발화염이 외부로 유출되지 않을 것
④ 외함표면온도가 주위의 가연성 가스를 점화하지 않을 것

해설 습기침투에 대한 보호는 내압방폭구조의 기본적 성능에 해당하지 않는다.

관련이론 내압방폭구조의 기본적 성능
- 내부에서 폭발할 경우 그 압력에 견딜 것
- 폭발화염이 외부로 유출되지 않을 것
- 외함표면온도가 주위의 가연성 가스를 점화하지 않을 것
- 폭발 후에는 협격을 통해서 고온의 가스를 서서히 방출시킴으로써 냉각되는 구조로 될 것

정답 ②

09 전폐형의 구조로 되어 있으며 외부의 폭발성 가스가 내부로 침입해서 폭발을 하였을 때 고열가스나 화염을 협격을 통하여 서서히 방출시킴으로써 냉각되는 방폭구조는?

① 내압방폭구조
② 유입방폭구조
③ 압력방폭구조
④ 안전증방폭구조

해설 전폐형의 구조로 되어 있으며 외부의 폭발성 가스가 내부로 침입해서 폭발을 하였을 때 고열가스나 화염을 협격을 통하여 서서히 방출시킴으로써 냉각되는 방폭구조는 내압방폭구조이며, 내압방폭구조의 기호는 d로 표시한다.

정답 ①

10 방폭전기기기의 발화온도의 온도등급과 최고표면온도에 의한 폭발성 가스의 분류 표기를 가장 바르게 나타낸 것은?

① T1: 450℃
② T2: 350℃
③ T3: 125℃
④ T4: 100℃

해설 온도등급 T1의 최고표면온도는 450℃이다.

관련이론 방폭전기기기의 발화온도의 온도등급과 최고표면온도에 의한 폭발성 가스의 분류 표기(KSC, IEC, 고용노동부고시 기준)

온도등급	최고표면온도(℃)
T1	450(또는 300 초과 450 이하)
T2	300(또는 200 초과 300 이하)
T3	200(또는 135 초과 200 이하)
T4	135(또는 100 초과 135 이하)
T5	100(또는 85 초과 100 이하)
T6	85(또는 85 이하)

정답 ①

11 전기불꽃이나 과열에 대하여 회로특성에 의해서 폭발성의 Hazard를 방지할 수 있도록 한 방폭구조는?

① 본질안전방폭구조
② 내압방폭구조
③ 특수방폭구조
④ 유입방폭구조

해설 폭발성 가스 또는 증기에 점화 또는 위험분위기로 인화를 방지할 수 있는 것이 시험에 의하여 확인된 구조는 특수방폭구조이다.

정답 ③

12 전기기기의 방폭구조를 나타내는 기호로 옳지 않은 것은?

① 내압방폭구조: d
② 안전증방폭구조: e
③ 본질안전방폭구조: s
④ 압력방폭구조: p

해설 본질안전방폭구조의 기호는 ia, ib이다.

관련이론 전기기기의 방폭구조

1. 전기기기의 방폭구조 기호
   • 내압방폭구조: d   • 유입방폭구조: o
   • 안전증방폭구조: e   • 특수방폭구조: s
   • 압력방폭구조: p   • 본질안전방폭구조: ia, ib

2. 전기기기의 방폭구조의 표기

   Exd ⅡA T2 IP54

   여기서, d: 방폭구조의 종류(내압방폭구조)
   ⅡA: 그룹을 나타내는 기호[산업용(가스, 증기), 최대안전틈새 0.9mm 이상]
   T2: 온도등급(최고표면온도 300℃)
   IP54: 보호등급

정답 ③

13 정상작동 상태에서 가연성 가스에 의한 폭발위험 분위기가 존재할 우려는 없으나 그 위험성의 빈도가 아주 적은 장소에서만 사용이 가능한 방폭구조는?

① ib   ② p
③ e   ④ n

해설 정상작동 상태에서 가연성 가스에 의한 폭발위험 분위기가 존재할 우려는 없으나 그 위험성의 빈도가 아주 적은 장소(제2종 위험장소)에서만 사용이 가능한 방폭구조는 n(비점화방폭구조)이다.

정답 ④

14 방폭전기기기의 성능을 나타내는 기호표시로 EXP ⅡA T5를 나타내었을 때 관계가 없는 표시 내용은?

① 온도등급 ② 폭발성능
③ 방폭구조 ④ 폭발등급

해설 폭발성능은 방폭전기기기의 성능을 나타내는 기호표시인 EXP ⅡA T5와 관계가 없다.

> EXP ⅡA T5

여기서, P: 방폭구조
　　　　ⅡA: 폭발등급(폭발그룹)
　　　　T5: 온도등급

정답 ②

15 가스폭발 위험장소 중 1종장소의 방폭구조 전기기계·기구의 선정기준에 속하지 않는 것은?

① 내압방폭구조 ② 압력방폭구조
③ 유입방폭구조 ④ 비점화방폭구조

해설 비점화방폭구조는 2종장소에 적합하다.

관련이론 1종장소의 방폭구조에 적합한 것
- 내압방폭구조(d)
- 안전증방폭구조(e)
- 압력방폭구조(p)
- 본질안전방폭구조(ia, ib)
- 유입방폭구조(o)
- 몰드방폭구조(m)
- 충전방폭구조(q)

정답 ④

16 폭발성 가스 또는 증기에 점화시킬 수 있는 전기불꽃 또는 고온 발생부분을 컴파운드(Compound)로 밀폐시킨 방폭구조는?

① 충전방폭구조 ② 몰드방폭구조
③ 비점화방폭구조 ④ 안전증방폭구조

해설 폭발성 가스 또는 증기에 점화시킬 수 있는 전기불꽃 또는 고온 발생부분을 컴파운드(Compound)로 밀폐시킨 방폭구조는 몰드방폭구조이다.

정답 ②

17 방폭구조 중 전폐형 구조로 된 것이 아닌 것은?

① 내압방폭구조 ② 유입방폭구조
③ 압력방폭구조 ④ 안전증방폭구조

해설 전폐형 구조에 해당하는 것은 내압, 유입, 압력방폭구조가 있다.

정답 ④

18 0종장소에 일반적으로 가장 많이 사용되는 방폭구조는?

① 유입방폭구조(o) ② 내압방폭구조(d)
③ 본질안전방폭구조(ia) ④ 안전증방폭구조(e)

해설 0종장소에 일반적으로 가장 많이 사용되는 방폭구조는 본질안전방폭구조(ia)이다.

정답 ③

19 전도성 가연성 분진에 해당하지 않는 것은?

① 유황 ② 아연
③ 코크스 ④ 석탄

해설 유황은 비전도성 가연성 분진에 해당한다.

관련이론 분진의 분류

분진 발화도	폭연성 분진 (금속분진)	가연성 분진	
		전도성	비전도성
Ⅰ1 (270℃ 이상)	• 마그네슘 • 알루미늄 • 알루미늄 브론즈	아연, 코크스, 카본블랙	소맥, 고무, 염료, 페놀수지, 폴리에틸렌
Ⅰ2 (200~270℃ 미만)	알루미늄 수지	석탄, 철	코코아, 리그린, 쌀겨
Ⅰ3 (150~200℃ 미만)			유황

정답 ①

20 분진폭발이 일어나지 않는 물질은?
① 마그네슘   ② 스텔라이트
③ 소맥분   ④ 질석가루

해설 질석가루는 불연성 물질로 분진폭발이 일어나지 않는다.

관련이론 **분진폭발이 일어나지 않는 물질**
- 시멘트가루   • 대리석가루   • 가성소다
- 생석회   • 질석가루

정답 ④

21 다음 설명에 해당하는 위험장소의 종류로 옳은 것은?

> 공기 중에서 가연성 분진운의 형태가 연속적, 장기간 또는 단기간 자주 폭발성 분위기가 존재하는 장소

① 0종 장소   ② 1종 장소
③ 20종 장소   ④ 21종 장소

해설 20종 장소에 대한 설명이다.

관련이론 **분진폭발 위험장소의 종류**

분류		내용
분진폭발 위험장소	20종 장소	공기 중에서 가연성 분진운의 형태가 연속적, 장기간 또는 단기간 자주 폭발성 분위기가 존재되는 장소
	21종 장소	공기 중에서 가연성 분진운의 형태가 정상작동 중에 빈번하게 폭발성 분위기를 형성할 수 있는 장소
	22종 장소	공기 중에서 가연성 분진운의 형태가 정상작동 중에 폭발성 분위기를 거의 발생하지 않고 만약 발생한다 하더라도 단기간만 지속될 수 있는 장소

정답 ③

22 산업안전보건법에 따른 방폭구조의 종류에 있어 분진내압방폭구조를 나타내는 표시로 옳은 것은?
① tD   ② pD
③ iD   ④ mD

해설 분진내압방폭구조는 tD로 표시한다.
선지분석
② 분진압력방폭구조를 나타내는 표시이다.
③ 분진본질안전방폭구조를 나타내는 표시이다.
④ 분진몰드방폭구조를 나타내는 표시이다.

정답 ①

23 폭발의 기본조건에 해당하지 않는 것은?
① 가연성 가스 또는 증기의 존재
② 폭발위험분위기의 조성
③ 최소착화에너지 이상의 점화원 존재
④ 전기설비의 안전도 증가

해설 전기설비의 안전도 증가는 폭발의 방지대책에 해당한다.

관련이론 **폭발의 기본조건**
- 가연성 가스 또는 증기의 존재
- 폭발위험분위기의 조성
- 최소착화에너지 이상의 점화원 존재

정답 ④

24 전기설비로 인한 화재폭발의 위험분위기를 생성하지 않도록 하기 위해 필요한 대책으로 가장 거리가 먼 것은?
① 폭발성 가스의 사용방지
② 폭발성 분진의 생성방지
③ 폭발성 가스의 체류방지
④ 폭발성 가스의 누설 및 방출방지

해설 화재폭발의 위험분위기를 생성하지 않도록 하기 위해 필요한 대책으로는 다음과 같은 것이 있으며, 폭발성 가스의 사용방지는 이와 관계가 없다.
- 폭발성 분진의 생성방지
- 폭발성 가스의 체류방지
- 폭발성 가스의 누설 및 방출방지

정답 ①

25 전기설비 방폭화의 기본에 해당하지 않는 것은?

① 점화원의 방폭적 격리
② 전기기기의 안전도 증강
③ 폭발성 가스 누설방지
④ 점화능력의 에너지 제한(본질적 억제)

해설 폭발성 가스 누설방지는 전기설비 방폭화의 기본에 해당하지 않는다.

 전기설비 방폭화의 기본

- 점화원의 방폭적 격리
- 전기설비의 안전도 증강
- 점화능력의 에너지 제한(본질적 억제)

정답 ③

26 전기설비의 방폭화 기본사항 중 점화원의 방폭적 격리방법에 해당하지 않는 것은?

① 안전증방폭구조 ② 내압방폭구조
③ 유입방폭구조   ④ 압력방폭구조

해설 안전증방폭구조는 전기기기의 안전도 증강에 해당한다.

 전기설비의 방폭화 기본사항

- 점화원의 방폭적 격리방법: 유입방폭구조, 압력방폭구조, 내압방폭구조
- 전기기기 안전도 증강: 안전증방폭구조
- 점화능력의 본질적 억제: 본질안전방폭구조

정답 ①

27 다음 중 점화원이 될 수 없는 것은?

① 전기불꽃   ② 증기열
③ 정전기   ④ 단열압축

해설 증기열은 점화원이 될 수 없다.

 점화원이 될 수 있는 것

- 전기불꽃   · 정전기   · 단열압축
- 고열물   · 충격   · 마찰
- 화학반응열 · 자연발열

정답 ②

28 전기설비로 인한 화재, 폭발을 방지하기 위해 가장 우선적으로 취해야 할 조치는?

① 전기설비의 점화원 억제
② 위험분위기 생성 방지
③ 가연성 가스 및 증기의 희석
④ 전기설비의 방폭화

해설 위험분위기 생성 방지가 가장 우선적으로 조치해야 할 사항이며, 이에 대한 것으로 가연성 물질 누설 및 방출 방지, 가연성 물질의 체류방지가 있다.

정답 ②

29 전기설비 사용장소의 폭발위험성에 대한 위험장소 판정시의 기준과 가장 관계가 먼 것은?

① 위험가스의 현존 가능성
② 통풍의 정도
③ 위험물질의 온도
④ 작업자에 의한 영향

해설 위험물질의 온도는 폭발위험성에 대한 위험장소 판정시의 기준과 관계가 없다.

 폭발위험성에 대한 위험장소 판정시의 기준

- 위험가스의 현존 가능성
- 통풍의 정도
- 작업자의 영향
- 가스의 특성(공기와의 비중 차이)
- 위험증기의 양

정답 ③

30 가스, 증기 대상 방폭전기기기구조에서 위험장소의 등급분류에 해당하지 않는 것은?

① 3종장소 ② 2종장소
③ 1종장소 ④ 0종장소

해설 3종장소는 위험장소의 등급분류에 해당하지 않는다.

선지분석
② 2종장소는 이상상태하에서 위험분위기가 단시간 동안 존재할 수 있는 장소이다.
③ 1종장소는 정상(상시사용)상태에서 위험분위기가 존재하기 쉬운 장소이다.
④ 0종장소는 위험분위기가 지속적으로 또는 장기간 존재하는 장소이다.

정답 ①

31 방폭전기기기를 올바르게 선정하여 균형있는 방폭능력을 유지하기 위하여 위험장소를 분류할 때 0종장소란 어떤 조건을 말하는가?

① 이상상태나 통상상태에서 위험분위기를 생성할 우려가 없는 장소
② 이상상태에서 위험분위기를 생성할 우려가 있는 장소
③ 위험분위기가 지속적으로 또는 장기간 존재하는 장소
④ 수선, 보수 등의 경우 누설되어 폭발성 가스가 집적되어 있는 장소.

해설 0종장소란 위험분위기가 지속적으로 또는 장기간 존재하는 장소이며, 0종장소가 가장 위험성이 큰 장소에 해당한다.

정답 ③

32 방폭지역 0종장소로 결정해야 할 곳으로 옳지 않은 것은?

① 기기의 내부, 밀폐함 내부
② 인화성 물질 또는 가연성 가스가 존재하는 피트(Pit) 등의 내부
③ 인화성 물질 또는 가연성 가스가 지속적 또는 장기간 체류하는 곳
④ 주변지역보다 낮아 가스나 증기가 체류할 수 있는 곳

해설 주변지역보다 낮아 가스나 증기가 체류할 수 있는 곳은 방폭지역 1종장소로 결정해야 할 곳에 해당한다.

정답 ④

33 가연성 가스 또는 인화성 액체의 용기류가 부식, 열화 등으로 파손되어 가스 또는 액체가 누출할 염려가 있는 경우의 폭발위험장소를 무엇이라 하는가?

① 0종장소 ② 1종장소
③ 2종장소 ④ 비방폭지역

해설 가연성 가스 또는 인화성 액체의 용기류가 부식, 열화 등으로 파손되어 가스 또는 액체가 누출할 염려가 있는 경우의 폭발위험장소는 2종장소이다.

정답 ③

34 폭연성 분진 또는 화약류의 분말이 존재하는 곳의 저압옥내배선은 어느 공사에 의하는가?

① 금속관공사 ② 캡타이어 케이블공사
③ 합성수지관공사 ④ 애자사용공사

해설 폭연성 분진 또는 화약류의 분말이 존재하는 곳의 저압옥내배선은 금속관공사에 의해 시설한다.

정답 ①

35 0종장소에 가장 적합한 배선방식은?

① 내압방폭금속관 배선
② 케이블 배선
③ 안전증방폭금속관 배선
④ 본질안전회로 배선

해설 0종장소에는 본질안전회로 배선이 가장 적합하다. 내압방폭금속관 배선, 케이블 배선은 1종 및 2종장소에 적합한 배선방식에 해당된다.

정답 ④

36 금속관의 방폭형 부속품에 관한 설명으로 옳지 않은 것은?

① 아연도금을 한 위에 투명한 도료를 칠하거나 녹스는 것을 방지한 강 또는 가단주철일 것
② 안쪽면 및 끝부분은 전선의 피복을 손상하지 않도록 매끈한 것일 것
③ 전선관과의 접속부분의 나사는 5턱(산) 이상 완전히 나사결합이 될 수 있는 길이일 것
④ 접합면은 유입방폭구조의 폭발압력시험에 적합할 것

해설 접합면은 내압방폭구조의 폭발압력시험에 적합하여야 한다.

정답 ④

37 방폭전기기기의 선정시 유의사항으로 옳지 않은 것은?

① 강도 및 완전성
② 분위기의 위험도에의 적응
③ 방폭구조 득실의 고려
④ 보수의 난이도

해설 강도 및 완전성은 방폭전기기기의 선정시 유의사항에 해당하지 않는다.

방폭전기기기의 선정시 유의사항
• 분위기의 위험도에의 적용
• 방폭구조 득실의 고려
• 보수의 난이도
• 환경조건에의 적응성
• 경제성

정답 ①

38 내압방폭금속관 배선에 대한 설명으로 옳지 않은 것은?

① 전선관은 박강전선관을 사용한다.
② 배관 인입부분은 실링피팅(Sealing Fitting)을 설치하고 실링컴파운드로 밀봉한다.
③ 전선관과 전기기기와의 접속은 관용평형나사에 의해 완전나사부가 5턱 이상 결합되도록 한다.
④ 가요성을 요하는 접속부분에는 플렉시블 피팅(Flexible Fitting)을 사용하고, 플렉시블 피팅은 비틀어서 사용해서는 안 된다.

해설 내압방폭금속관의 배선으로 전선관은 후강전선관을 사용한다.

정답 ①

39 방폭전기기기 설치시 표준환경 조건으로 옳지 않은 것은?

① 주변온도: -20℃~40℃
② 압력: 80~110kpa
③ 상대습도: 20~40%
④ 공기: 산소함유율 21%의 공기

해설 상대습도는 45%~85%이어야 한다.

방폭전기기기 설치시 표준환경 조건(KSC, IEC)
• 주변온도: -20℃~+40℃
• 상대습도: 45~85%
• 압력: 80~110kpa
• 공기: 산소함유율 21%의 공기

정답 ③

40 전기방폭구조 중 가장 취약한 부분은?

① 단자함 ② 방폭구조체
③ 도선의 인입부 ④ 접지단자함

해설 도선의 인입부를 통하여 화염이 전파될 우려가 있기 때문에 도선의 인입부가 전기방폭구조 중 가장 취약한 부분이 된다.

정답 ③

CHAPTER 6 | 화학물질 안전관리 실행

제1절 위험물, 유해화학물질의 종류

1 위험물의 정의 및 특성

1. **정의**

    위험물이란 폭발 또는 화재를 일으키는 위험성이 있는 물질, 즉 인화성 또는 발화성 물질이다.

2. **특성**

    (1) 화학적 구조 및 결합력이 대단히 불안정하다.
    (2) 인화성 또는 발화성이 강하다.
    (3) 수소, 산소 또는 물과의 반응이 용이하고 격렬하다.
    (4) 반응속도가 매우 빠르다.
    (5) 반응시 나타나는 열량이 크다.
    (6) 그 자체가 위험하거나 환경조건에 따라 위험성을 나타낸다.

2 위험물의 종류

1. **위험물질의 종류**(산업안전보건법 안전보건기준)

    (1) 폭발성 물질 및 유기과산화물

    ① 질산에스테르류
    ② 니트로화합물
    ③ 니트로소화합물
    ④ 아조화합물
    ⑤ 디아조화합물
    ⑥ 하이드라진 유도체
    ⑦ 유기과산화물

    (2) 물반응성 물질 및 인화성 고체

    ① 리튬
    ② 칼륨, 나트륨
    ③ 황
    ④ 황린(P_4)
    ⑤ 황화인, 적린
    ⑥ 셀룰로이드류
    ⑦ 알킬알루미늄, 알킬리튬
    ⑧ 마그네슘 분말
    ⑨ 금속 분말(마그네슘 분말 제외)
    ⑩ 알칼리금속(리튬, 칼륨 및 나트륨 제외)
    ⑪ 유기금속화합물(알킬알루미늄 및 알킬리튬 제외)
    ⑫ 금속의 수소화물
    ⑬ 금속의 인화물
    ⑭ 칼슘탄화물, 알루미늄탄화물

> **참고** 리튬(Li) 및 황린(P_4)의 특성

1. 리튬(Li)의 특성
   ① 연소시 산소와는 격렬하게 반응한다.
   ② 물과 반응하여 수소를 발생한다.
   ③ 염산과 반응하여 수소를 발생한다.
   ④ 화재발생시 소화방법으로는 건조된 마른 모래 등을 이용한다.
   ⑤ 자동차, 컴퓨터 등의 전지에 많이 사용된다.
2. 황린(P_4)의 특성
   ① 인(P)의 화합물로 독성이 있다.
   ② 연소시 오산화인(P_2O_5)이 발생한다.
   ③ 보관시 물속에 저장한다.

(3) 산화성 액체 및 산화성 고체

① 차아염소산 및 그 염류
② 아염소산 및 그 염류
③ 염소산 및 그 염류
④ 과염소산 및 그 염류
⑤ 브롬산 및 그 염류
⑥ 요오드산 및 그 염류
⑦ 과산화수소 및 무기과산화물
⑧ 질산 및 그 염류
⑨ 과망간산 및 그 염류
⑩ 중크롬산 및 그 염류

> **참고** 질산과 과염소산칼륨

1. 산화성 액체 중 질산(HNO_3)의 특성
   ① 물과 반응하면 발열반응을 일으키므로 물과의 접촉을 피한다.
   ② 무색의 액체로 흡습성이 강하다.
   ③ 피부 및 의복을 부식시키는 성질이 있다.
   ④ 쉽게 연소되지 않는 불연성 물질이다.
   ⑤ 누출시 건조사를 뿌리거나 중화제로 중화를 한다.
   ⑥ 로켓의 추진체, 화약의 원료로도 많이 쓰인다.
2. 과염소산칼륨($KCLO_4$)
   ① 과염소산칼륨은 고온에서 완전 열분해되었을 때 산소를 발생시키는 물질이다.
   ② 반응식: $KCLO_4 \rightarrow KCL + 2O_2$

(4) 인화성 액체

① 에틸에테르, 가솔린, 아세트알데히드, 산화프로필렌 그 밖에 인화점이 23℃ 미만이고 초기 끓는점이 35℃ 이하인 물질
② 노르말헥산, 아세톤, 메틸에틸케톤, 메틸알코올, 이황화탄소 그밖에 인화점이 23℃ 미만이고 초기 끓는점이 35℃를 초과하는 물질
③ 크실렌, 아세트산아밀, 등유, 경유, 테레핀유, 이소아밀알코올, 아세트산, 하이드라진 그 밖에 인화점이 23℃ 이상 60℃ 이하인 물질

(5) 인화성 가스
① 수소
② 에틸렌
③ 메탄
④ 에탄
⑤ 프로판
⑥ 부탄
⑦ 아세틸렌
  ㉠ 물과 탄화칼슘(카바이트)이 결합하면 아세틸렌 가스가 생성된다.
  $CaC_2 + 2H_2O \rightarrow Ca(OH)_2 + C_2H_2$
  ㉡ 아세틸렌을 용해가스로 만들 때 사용되는 용제: 아세톤(CH_3COCH_3), 디메틸포름아미드(DMF)

> **참고** 인화성 액체와 인화성 가스의 정의
> 1. 인화성 액체(산업안전보건법 시행령)
>   표준압력(101.3kPa)에서 인화점이 60℃ 이하이거나 고온·고압의 공정 운전조건으로 인하여 화재, 폭발 위험이 있는 상태에서 취급되는 가연성 물질을 말한다.
> 2. 인화성 가스(산업안전보건법 시행령)
>   인화한계농도의 최저한도가 13% 이하 또는 최고한도와 최저한도의 차가 12% 이상인 것으로서 표준압력 (101.3kPa), 20℃에서 가스상태인 물질을 말한다.

(6) 부식성 물질
① 부식성 산류
  ㉠ 농도가 20% 이상인 염산, 황산, 질산 그 밖에 이와 같은 정도 이상의 부식성을 가지는 물질
  ㉡ 농도가 60% 이상인 인산, 아세트산, 불산 그 밖에 이와 같은 정도 이상의 부식성을 가지는 물질
② **부식성 염기류**: 농도가 40% 이상인 수산화나트륨, 수산화칼륨 그 밖에 이와 같은 정도 이상의 부식성을 가지는 염기류

(7) 급성 독성물질
① 쥐에 대한 경구투입실험에 의하여 실험동물의 50%를 사망시킬 수 있는 물질의 양 즉, LD50(경구, 쥐)이 kg당 300mg – 체중 이하인 화학물질
② 쥐 또는 토끼에 대한 경피흡수실험에 의하여 실험동물의 50%를 사망시킬 수 있는 물질의 양 즉, LD50(경피, 토끼 또는 쥐)이 kg당 1,000mg – 체중 이하인 화학물질
③ 쥐에 대한 4시간 동안의 흡입실험에 의하여 실험동물의 50%를 사망시킬 수 있는 물질의 농도 즉, 가스 LC50(쥐, 4시간 흡입)이 2,500ppm 이하인 화학물질, 증기 LC50(쥐, 4시간 흡입)이 10mg/L 이하인 화학물질, 분진 또는 미스트 1mg/L 이하인 화학물질

2. 위험물의 구분(위험물안전관리법)
(1) 제1류(산화성 고체)
① 염소산염류
② 아염소산염류
③ 과염소산염류
④ 질산염류
⑤ 브롬산염류
⑥ 무기과산화물

> **참고** 산화성 고체와 가연성 물질이 혼합하고 있을 때 연소에 미치는 현상
> ① 착화온도(발화점)가 낮아진다.
> ② 가스나 가연성 증기의 경우 공기혼합보다 연소범위가 확대된다.
> ③ 공기 중에서보다 산화작용이 강하게 발생하여 화염온도가 증가하며, 연소속도가 빨라진다.
> ④ 최소점화에너지가 감소하며, 폭발의 위험성이 증가한다.

(2) 제2류(가연성 고체)
① 적린
② 황화인
③ 유황
④ 금속분
⑤ 철분
⑥ 마그네슘
⑦ 인화성 고체

(3) 제3류(자연발화성 및 금수성 물질)
① 나트륨
② 칼륨
③ 알킬리튬
④ 알킬알루미늄
⑤ 황린
⑥ 유기금속화합물
⑦ 금속의 수소화물
⑧ 금속의 인화물
⑨ 알칼리금속(칼륨 및 나트륨 제외) 및 알칼리토금속

(4) 제4류(인화성 액체)
① 제1석유류
② 제2석유류
③ 제3석유류
④ 제4석유류
⑤ 특수인화물
⑥ 알코올류
⑦ 동식물유류

(5) 제5류(자기반응성 물질)
① 질산에스테르류
② 유기과산화물
③ 니트로화합물
④ 니트로소화합물
⑤ 디아조화합물
⑥ 아조화합물
⑦ 히드라진 유도체
⑧ 히드록실아민 염류

> **참고** 니트로화합물
> 가열, 마찰, 충격 또는 다른 화학물질과의 접촉 등으로 인하여 산소나 산화제의 공급이 없더라도 폭발 등 격렬한 반응을 일으킬 수 있는 물질이다.

(6) 제6류(산화성 액체)
① 질산
② 과염소산
③ 과산화수소

3. 가스의 구분(고압가스안전관리법)

(1) 가연성 가스

공기 중에서 연소할 수 있는 가스이다[( ) 안 숫자는 가연성 가스의 폭발범위].

① 아세틸렌(2.5 ~ 81%)
② 수소(4 ~ 75%)
③ 프로판(2.1 ~ 9.5%)
④ 부탄(1.8 ~ 8.4%)
⑤ 메탄(5 ~ 15%) 등

> **참고** LNG, LPG 및 최소발화에너지
>
> 1. LNG(Liquefied Natural Gas: 액화천연가스)
>   메탄(CH_4)을 주성분으로 한 가스를 저온의 상태로 액화한 것으로 도시가스용으로 많이 사용된다.
> 2. LPG(Liquefied Petroleum Gas: 액화석유가스)
>   ① 프로판(C_3H_8), 부탄(C_4H_{10})을 주성분으로 한 가스를 액화한 것으로 일반가스용으로 많이 사용된다.
>   ② LPG의 특성
>   • 가연성 가스이다.
>   • 공기보다 가스의 비중이 크다.
>   • 누설시 인화, 폭발성이 있다.
>   • 질식의 위험성이 있다.
> 3. 최소발화에너지(mJ)
>   ① 아세톤(1.15)
>   ② 암모니아(0.77)
>   ③ 메탄(0.28)
>   ④ 프로판(0.26)
>   ⑤ 부탄(0.25)
>   ⑥ 시클로헥산(0.22)
>   ⑦ 벤젠(0.20)
>   ⑧ 에틸렌(0.096)
>   ⑨ 이황화수소(0.064)
>   ⑩ 아세틸렌(0.019)
>   ⑪ 수소(0.019)
>   ⑫ 이황화탄소(0.009)

(2) 조연성 가스

자신은 연소하지 않고 다른 가스의 연소를 도와주는 가스(지연성 가스)

① 산소(O_2)
② 오존(O_3)
③ 염소(Cl_2)
④ 불소(F)
⑤ 이산화질소(NO_2) 등

> **참고** 아산화질소(N_2O)
>
> ① 질산암모늄(NH_4NO_3)의 가열·분해로부터 생성되는 무색의 가스로, 일명 웃음가스(흡입시 얼굴, 근육에 경련이 일어나 마치 웃는 것처럼 보이기 때문에 붙여진 명칭)라고도 한다.
> ② 반응식: $NH_4NO_3 \rightarrow N_2O + 2H_2O$

(3) 불연성 가스

자신도 연소하지 않고, 다른 가스도 연소시키지 않는 가스

① 질소(N_2)
② 네온(Ne)
③ 헬륨(He)
④ 아르곤(Ar)
⑤ 이산화탄소(CO_2) 등

(4) 독성 가스

인체에 유해한 독성을 가진 가스(화학물질 및 물리적 인자의 노출기준 고용노동부고시에 따른 TWA 허용기준)

① 일산화탄소(30ppm)
② 암모니아(25ppm)
③ 이황화탄소(1ppm)
④ 황화수소(10ppm)
⑤ 염화수소(1ppm)
⑥ 톨루엔(50ppm)
⑦ 염소(0.5ppm)
⑧ 포스겐(0.1ppm)
⑨ 불소(0.1ppm)
⑩ 오존(0.08ppm)

> **참고** 일산화탄소의 특성 및 허용농도
>
> 1. 가연성 가스와 조연성 가스가 혼합하면 폭발위험성이 매우 높아진다.
>   예 아세틸렌(C_2H_2) + 염소(Cl_2)
> 2. 일산화탄소(CO)의 특성
>   ① 독성이 있고, 무색·무취의 가스이다.
>   ② 염소(Cl_2)와는 촉매의 존재하에 반응하여 포스겐($COCl_2$)이 된다.
>   ③ 인체 내의 헤모글로빈과 결합하여 산소운반 기능을 저하시킨다.
> 3. 허용농도(TLV: Threshold Limit Value)
>   유해물질을 함유하는 공기 중에서 거의 모든 작업자가 일상작업에서 반복하여 노출되더라도 건강장해를 일으키지 않는 유해물질의 한계농도를 말한다.

3 노출기준

1. 노출기준의 정의

근로자가 유해인자에 노출되는 경우 노출기준 이하 수준에서는 거의 모든 근로자에게 건강상 나쁜 영향을 미치지 아니하는 기준을 말한다.

> **참고** 유해물질의 측정단위
>
> ① 분진, 흄(Fume), 미스트(Mist): mg/m^3 [단, 석면은 (개수/cm^3)]
> ② 증기 및 가스: ppm

2. 노출기준의 구분

(1) 시간가중평균노출기준(TWA: Time Weighted Average)

1일 8시간 작업을 기준으로 하여 유해요인의 측정값에 발생시간을 곱하여 8시간으로 나눈 값을 말한다.

$$TWA = \frac{C_1 \cdot T_1 + C_2 \cdot T_2 + \cdots + C_n \cdot T_n}{8}$$

여기서, TWA: 시간가중평균노출값(mg/m^3, ppm, 개/cm^3)
   C: 유해인자의 측정농도값(mg/m^3, ppm, 개/cm^3)
   T: 유해인자의 발생시간(h)

> **참고** 유해물질별 노출농도 및 크롬(Cr)의 특성

1. 유해물질별 노출농도의 허용기준(산업안전보건법 시행규칙 별표 19)

유해물질		허용기준			
		시간가중평균값(TWA)		단시간노출값(STEL)	
		ppm	mg/m³	ppm	mg/m³
디클로로메탄		50			
디메틸포름아미드		10			
벤젠		0.5		2.5	
메탄올		200		250	
석면			0.1개/cm³		
6가크롬화합물	불용성		0.01		
	수용성		0.05		
암모니아		25		35	
염소		0.5		1	
이황화탄소		1			
일산화탄소		30		200	
톨루엔		50		150	
아크릴로니트릴		2			
산화에틸렌		1			
염화비닐		1			
트리클로로에틸렌		10		25	
포름알데히드		0.3			
n-헥산		50			
스티렌		20		40	
시클로헥사논		25		50	
니켈카르보닐		0.001			

2. 크롬(Cr)
   ① 크롬(Cr)은 3가와 6가의 화합물이 주로 사용된다.
   ② 크롬은 3가보다 6가화합물이 인체에 더 유해하다.
   ③ 크롬은 급성중독물질로 접촉성 피부염이 발생한다.
   ④ 크롬중독시 비중격천공증이 발생한다.

(2) 단시간노출기준(STEL: Short Term Exposure Limit)
   ① 작업자가 1회에 15분간 유해요인에 노출되는 경우의 시간가중평균값이다.
   ② **노출농도가 시간가중평균값을 초과하고 단시간노출값 이하인 경우**
      ㉠ 1회 노출 지속시간이 15분 미만이어야 하고,
      ㉡ 이러한 상태가 1일 4회 이하로 발생하여야 하며,
      ㉢ 각 회의 간격은 60분 이상이어야 한다.

(3) **최고노출기준(C: Celing)**: 작업자가 1일 작업시간 동안 잠시라도 노출되어서는 아니 되는 기준이다.

> **참고** 혼합물질의 노출기준 산출식
>
> $$R = \frac{C_1}{T_1} + \frac{C_2}{T_2} + \cdots \frac{C_n}{T_n}$$
>
> - R: 혼합노출기준(ppm, mg/m³)
> - C: 유해·위험물질의 공기 중 농도(ppm, mg/m³)
> - T: 유해·위험물질의 허용농도(ppm, mg/m³)

4 유해화학물질의 유해요인 분류

(1) **자극성**: 주로 피부나 점막에 수포 또는 부식이 생기고, 고농도에 노출될 경우 호흡정지를 발생시킨다.

① 염소   ④ 아황산가스   ⑦ 이산화질소
② 포스겐   ⑤ 암모니아   ⑧ 스틸렌
③ 포름알데히드   ⑥ 오존   ⑨ 불화수소 등

(2) **중독성**: 두통, 현기증, 식욕감퇴 등을 유발하고 중추신경을 마비시킨다.

① 아세톤   ④ 이소프로필알코올   ⑦ 톨루엔
② 노르말헥산   ⑤ 메틸알코올   ⑧ 스틸렌 등
③ 메탄   ⑥ 벤젠

(3) **질식성**: 혈액의 상호작용으로 산소공급을 방해하여 질식을 일으킨다.

① 탄산가스   ④ 에탄   ⑦ 황화수소
② 질소   ⑤ 메탄   ⑧ 시안화합물 등
③ 일산화탄소   ⑥ 프로판

(4) **발암성**: 암을 유발할 수 있다.

① 벤젠   ⑤ 니켈   ⑨ 콜타르
② 톨루엔   ⑥ 산화에틸렌   ⑩ 피치
③ 사염화탄소   ⑦ 포름알데히드   ⑪ 석면 등
④ 카드뮴   ⑧ 크롬

> **참고** 유해화학물질의 중독시 대처방법
>
> 1. 유해화학물질 중독시 응급처치방법
>   ① 환자를 안정시키고, 침대에 옆으로 눕게 할 것
>   ② 신선한 공기를 확보하고 인체를 따뜻하게 할 것
>   ③ 호흡이 정지되었을 때는 심폐소생(인공호흡)을 실시할 것
>   ④ 오용 등의 문제가 있으므로 약품이나 약물을 투여하지 않을 것
>
> 2. 유해화학물질 중독 근로자 구출시 유의사항
>   가스농도 측정, 환기, 보호구 착용, 외부연락기구 확대 등 안전조치를 하고 응급구조를 할 것

제2절 위험물, 유해화학물질의 취급 및 안전수칙

1 위험물의 성질 및 저장

1. 위험물의 성질

(1) **부식성**: 화학적인 작용에 의해 물질을 부식시키는 현상

(2) **조해성**: 고체가 스스로 공기 중의 수분을 흡수하여 녹는 현상

(3) **풍해성**: 공기 중에서 결정수를 잃어 버리는 현상

(4) **산화성**: 자신과 다른 물질을 산화시키는 현상

(5) **금수성**: 물과 격렬하게 반응하여 가연성 가스를 발생시키는 현상
  ① 알킬리튬, 알킬알루미늄
  ② 아크릴산 에스테르
  ③ 메틸아크릴 에스테르
  ④ 칼륨, 나트륨, 리튬
  ⑤ 탄화칼슘, 탄화알루미늄

> **참고** 중합반응 및 칼륨, 칼슘
>
> 1. 중합반응(Polymerization)
>   분자량이 작은 분자가 연속적으로 결합을 하여 분자량이 큰 분자를 가진 물질을 만들어 가는 것이다.
> 2. 중합반응으로 발화, 발열하는 화학물질
>   ① 아크릴산 에스테르
>   ② 메틸아크릴 에스테르
>   ③ 액화시안화수소
>   ④ 비닐아세틸렌 등
> 3. 칼륨(K), 칼슘(Ca)
>   ① 칼륨(K)과 칼슘(Ca)은 상온에서 물과 격렬하게 반응하여 수소(H_2)를 발생시킨다.
>   ② 물(H_2O)과의 반응식
>   - 칼륨(K): $2K + 2H_2O \rightarrow 2KOH + H_2$
>   - 칼슘(Ca): $Ca + 2H_2O \rightarrow Ca(OH)_2 + H_2$

2. 위험물의 저장 및 취급시 주의사항

(1) 가스누설의 우려가 있는 장소에서는 점화원의 철저한 관리가 필요하다.

(2) 도전성이 나쁜 액체는 정전기 발생을 방지하기 위한 조치를 하여야 한다.

(3) 산화성 물질의 경우 가연물과의 접촉을 피해야 한다.

(4) 모든 폭발성 물질은 통풍이 잘되는 장소에 보관하여야 한다.

(5) 충격, 마찰, 가열 등 분해를 촉진하는 행위를 하지 않아야 한다.

(6) 조해성(수산화칼륨, 수산화나트륨 등)이 있는 것은 방습을 고려하여 용기를 밀폐하여야 한다.

> **참고** 유해미립자의 분류 및 위험물질 계산식

1. 유해미립자의 분류
   ① 미스트(Mist): 공기 중에 액체의 미세한 입자가 부유하고 있는 것
   ② 분진(Dust): 고체미립자가 기계적 작용으로 발생하여 공기 중에 부유하고 있는 것
   ③ 흄(Fume): 공기 중에서 금속의 증기가 응고되어 화학변화를 일으켜 미립자가 되어 공기 중에 부유하고 있는 것(입경 0.1~1μm 정도)
   ④ 스모크(Smoke): 불완전연소에 의해 생긴 유기물의 미립자
2. 위험물질의 ppm단위를 mg/m³단위로 환산하는 계산식

$$mg/m^3 = ppm \times \frac{분자량(g)}{22.4 \times \frac{273+℃}{273}}$$

3. 위험물질의 저장방법

(1) **이황화탄소(CS_2), 황린(P_4)**: 물속에 저장

(2) **칼륨(K), 나트륨(Na)**: 석유(경유, 등유)속에 저장

(3) **마그네슘(Mg), 적린(P_2)**: 냉암소(冷暗所)에 격리하여 저장

(4) **탄화칼슘(CaC_2: 카바이트)**: 밀폐된 용기에 저장

(5) **질산은($AgNO_3$)**: 햇빛을 피하여 저장하고, 물기와의 접촉금지(갈색병에 넣어 냉암소에 저장)

> **참고** 위험물질의 취급 및 저장

1. 질화면(니트로셀룰로스: Nitrocellulose)을 이소프로필알코올 또는 에틸알코올로 습면상태(촉촉한 상태)로 저장, 취급하는 이유
   질화면(니트로셀룰로스: Nitrocellulose)은 건조상태에서는 자연발열을 일으켜 분해폭발을 일으키기 때문에 폭발위험성을 낮추기 위해서이다.
2. 니트로셀룰로스의 취급 및 저장방법
   ① 충격과 마찰을 하지 않아야 한다.
   ② 자연발화를 방지하기 위하여 용제를 사용한다.
   ③ 화재발생시 질식소화는 적응성이 없기 때문에 냉각소화를 한다.
   ④ 건조상태에서는 자연발열을 일으켜 분해폭발의 위험성이 있기 때문에 이소프로필알코올 등으로 습면상태를 유지한다.
3. 마그네슘(Mg)의 취급 및 저장방법
   ① 화기를 엄금하고, 충격, 마찰, 가열을 하지 않아야 한다.
   ② 분말이 비산하지 않도록 밀봉하여 저장을 한다.
   ③ 제6류 위험물과 같은 산화제와 혼합되지 않도록 격리 저장을 한다.
   ④ 고온의 물이나 과열 수증기와 접촉하면 격렬히 반응하므로 주의한다.
   ⑤ 화재발생시 물의 사용을 금하고, 팽창질석, 팽창진주암 또는 건조사소화제를 사용한다.

2 인화성 가스 취급시 주의사항

1. **인화성 가스가 발생할 우려가 있는 지하작업장의 안전조치 사항**(산업안전보건법 안전보건기준)
   (1) 가스의 농도를 측정하는 사람을 지명하고 다음의 경우에 그 사람으로 하여금 해당 가스의 농도를 측정하도록 할 것
      ① 매일 작업을 시작하기 전
      ② 가스의 누출이 의심되는 경우
      ③ 가스가 발생하거나 정체할 위험이 있는 장소가 있는 경우
      ④ 장시간 작업을 계속하는 경우(이 경우 4시간마다 가스농도를 측정하도록 하여야 한다.)
   (2) 가스의 농도가 인화하한계값의 25% 이상으로 밝혀진 경우에는 즉시 근로자를 안전한 장소에 대피시키고 통풍, 환기 등을 할 것

2. **고압가스 용기의 색상**

가스종류	색상	가스종류	색상
암모니아	백색	이산화탄소	청색
아세틸렌	황색	수소	주황색
액화석유가스	회색	헬륨	회색
산소	녹색	에틸렌	회색
질소	회색	기타 가스	회색
액화염소	갈색		

> **참고** 압력의 제한 등
>
> 1. 밀폐된 공간에서 스프레이건(Spray Gun)을 사용하여 인화성 액체로 세척, 도장 등의 작업을 하는 경우 조치사항(산업안전보건법 안전보건기준)
>   인화성 액체, 인화성 가스 등으로 폭발위험 분위기가 조성되지 않도록 해당 물질의 공기 중 농도가 인화하한계값의 25%를 넘지 않도록 충분히 환기를 유지할 것
> 2. 압력의 제한(산업안전보건법 안전보건기준)
>   금속의 용접, 용단 또는 가열작업을 하는 경우에는 게이지압력 127kPa를 초과하는 압력의 아세틸렌가스를 발생시켜 사용해서는 안된다.

3 유해물질의 취급시 주의사항

1. **위험물질의 제조, 취급시 안전조치사항**(산업안전보건법 안전보건기준)
   위험물을 제조하거나 취급하는 경우에 폭발, 화재 및 누출을 방지하기 위한 적절한 방호조치를 하지 아니하고 다음의 행위를 해서는 아니 된다.
   ① 폭발성 물질, 유기과산화물을 화기나 그 밖에 점화원이 될 우려가 있는 것에 접근시키거나 가열하거나 마찰시키거나 충격을 가하는 행위

② 물반응성 물질, 인화성 고체를 각각 그 특성에 따라 화기나 그 밖에 점화원이 될 우려가 있는 것에 접근시키거나 발화를 촉진하는 물질 또는 물에 접촉시키거나 가열하거나 마찰시키거나 충격을 가하는 행위
③ 산화성 액체, 산화성 고체를 분해가 촉진될 우려가 있는 물질에 접촉시키거나 가열하거나 마찰시키거나 충격을 가하는 행위
④ 인화성 액체를 화기나 그 밖에 점화원이 될 우려가 있는 것에 접근시키거나 주입 또는 가열하거나 증발시키는 행위
⑤ 인화성 가스를 화기나 그 밖에 점화원이 될 우려가 있는 것에 접근시키거나 압축·가열 또는 주입하는 행위
⑥ 부식성 물질 또는 급성 독성물질을 누출시키는 등으로 인체에 접촉시키는 행위
⑦ 위험물 제조나 취급하는 설비가 있는 장소에 인화성 가스 또는 산화성 액체 및 산화성 고체를 방치하는 행위

2. 유해물질 취급시 안전보건대책

① 표준작업절차 수립 및 준수
② 유해물질에 노출되는 노출시간 축소방법 강구
③ 생산공정 및 작업방법의 개선
④ 유해물 발생원의 봉쇄, 유해성이 적은 물질로 대체
⑤ 유해한 생산공정의 격리와 원격조정의 적용
⑥ 전체환기에 의한 오염물질의 희석 배출
⑦ 국소배기에 의한 오염물질의 확산방지
⑧ 적정한 보호구 착용
⑨ 안전보건교육 실시

3. 가스누출감지경보기의 선정기준, 구조 및 설치방법

① 암모니아를 제외한 가연성 가스 누출감지경보기는 방폭성능을 갖는 것이어야 한다.
② 가연성 가스 누출감지경보기는 해당 가스 폭발하한계값 25% 이하에서 경보가 울리도록 설정해야 한다.
③ 하나의 감지대상가스가 가연성이면서 독성인 경우에는 독성가스를 기준으로 하여 가스누출감지경보기를 선정하여야 한다.
④ 건축물 내에 설치되고 감지대상가스의 비중이 공기보다 무거운 경우 건축물 내의 하부에 설치하여야 한다.
⑤ 독성가스 누출감지경보기는 해당 가스 허용농도 이하에서 경보가 울리도록 설정하여야 한다.

> **참고** 유해위험물질 관련 기타 주요사항
>
> 1. 방유제의 설치목적
>   액체상태로 위험물질을 저장하는 저장탱크에서 누출시 누출확산 방지를 하기위하여 설치한다.
> 2. 가솔린이 남아 있는 설비에 휘발유의 주입시 적정한 주입속도
>   액체표면의 높이가 주입관 선단의 높이를 넘을 때까지 1m/s 이하로 하여야 한다.
> 3. 밀폐공간작업시 적정 공기기준(산업안전보건법 안전보건기준)
>   ① 산소(O_2): 18% 이상 23.5% 미만
>   ② 탄산가스(CO_2): 1.5% 미만
>   ③ 황화수소(H_2S): 10ppm 미만
>   ④ 일산화탄소(CO): 30ppm 미만
> 4. 산소결핍의 정의
>   공기 중의 산소농도가 18% 미만인 상태를 말한다.
> 5. 밀폐공간에 작업자가 작업을 시작하기 전에 사업주가 확인하여야 할 사항(산업안전보건법 안전보건기준)
>   ① 작업일시, 기간, 장소 및 내용 등 작업정보
>   ② 관리감독자, 근로자, 감시인 등 작업자정보

③ 산소 및 유해가스농도의 측정결과 및 후속조치 사항
④ 작업 중 불활성가스 또는 유해가스의 누출·유입·발생 가능성 검토 및 후속조치 사항
⑤ 작업시 착용하여야 할 보호구의 종류
⑥ 비상연락체계

6. 밀폐공간작업프로그램에 포함되어야 할 사항(산업안전보건법 안전보건기준)
① 사업장 내 밀폐공간의 위치파악 및 관리방안
② 밀폐공간 내 질식·중독 등을 일으킬 수 있는 유해위험요인의 파악 및 관리방안
③ 밀폐공간작업시 사전확인이 필요한 사항에 대한 확인절차
④ 안전보건교육 및 훈련
⑤ 그 밖에 밀폐공간작업 근로자의 건강장해예방에 관한 사항

7. 밀폐공간작업내 작업시 안전조치 사항(산업안전보건법 안전보건기준)
① 해당 작업장을 적정한 공기상태로 유지되도록 환기를 하여야 한다.
② 해당 작업장소에 작업자를 입장시킬 때와 퇴장시킬 때에 각각 인원을 점검하여야 한다.
③ 해당 작업장과 외부의 감시인 사이에 상시 연락을 취할 수 있는 설비를 설치하여야 한다.
④ 산소결핍이 우려되거나 유해가스 등의 농도가 높아서 폭발할 우려가 있는 경우에는 작업을 즉시 중단하고 근로자를 대피시켜야 한다.

8. 가스누출감지경보기의 설치장소
① 가연성 및 독성물질의 충전용 설비의 접속부위 주위
② 방폭지역 안에 위치한 변전실, 배전반실, 제어실 등
③ 가열로 등 발화원이 있는 제조설비 주위의 가스가 체류하기 쉬운 장소
④ 건축물 내·외에 설치되어 있는 가연성 및 독성물질을 취급하는 밸브, 압축기, 배관, 반응기 연결부위 등 가스의 누출이 우려되는 화학설비 및 부속설비 주변
⑤ 그 밖에 가스가 특별히 체류하기 쉬운 장소

9. 미국소방협회(NFPA: National Fire Protection Association)의 위험물에 대한 위험성의 분류(색상)
① 건강 위험성: 청색
② 반응 위험성: 황색
③ 화재 위험성: 적색
④ 기타 위험성: 백색

4. 안전거리(산업안전보건법 안전보건기준)

구분	안전거리
단위공정시설 및 설비로부터 다른 단위공정시설 및 설비의 사이	설비의 바깥면으로부터 10m 이상
플레어스텍으로부터 단위공정시설 및 설비, 위험물질 하역설비의 사이	플레어스텍으로부터 반경 20m 이상(다만, 단위공정시설 등이 불연재료로 시공된 지붕 아래에 설치된 경우에는 그러하지 아니하다.)
위험물질 저장탱크로부터 단위공정시설 및 설비, 보일러 또는 가열로의 사이	저장탱크의 바깥면으로부터 20m 이상(다만, 저장탱크의 방호벽, 원격조정 소화설비 또는 살수설비를 설치한 경우에는 그러하지 아니하다.)
사무실, 연구실, 실험실, 정비실 또는 식당으로부터 단위공정시설 및 설비, 위험물질 저장탱크, 위험물질 하역설비, 보일러 또는 가열로의 사이	사무실 등의 바깥 면으로부터 20m 이상(다만, 난방용 보일러인 경우 또는 사무실 등의 벽을 방호구조로 설치한 경우에는 그러하지 아니하다.)

제3절 물질안전보건자료(MSDS)

1. **물질안전보건자료(MSDS: Material Safety Data Sheets)의 작성항목**(화학물질의 분류 · 표시 및 물질안전보건자료에 관한 기준 고용노동부고시)

   ① 화학제품과 회사에 관한 정보
   ② 유해성 · 위험성
   ③ 구성성분의 명칭 및 함유량
   ④ 취급 및 저장방법
   ⑤ 물리화학적 특성
   ⑥ 독성에 관한 정보
   ⑦ 폭발 · 화재시 대처방법
   ⑧ 응급조치요령
   ⑨ 누출사고시 대처방법
   ⑩ 노출방지 및 개인보호구
   ⑪ 안정성 및 반응성
   ⑫ 폐기시 주의사항
   ⑬ 운송에 필요한 정보
   ⑭ 환경에 미치는 영향
   ⑮ 법적 규제 현황
   ⑯ 그 밖의 참고사항

2. **하나의 물질안전보건자료(MSDS)를 작성할 수 있는 경우**(화학물질의 분류 · 표시 및 물질안전보건자료에 관한 기준 고용노동부고시)

   혼합물로 된 제품들이 다음의 요건을 충족하는 경우에는 각각의 제품을 대표하여 하나의 물질안전보건자료(MSDS)를 작성할 수 있다.
   ① 비슷한 유해성을 가질 것
   ② 각 구성성분의 함량 변화가 10% 이하일 것
   ③ 혼합물로 된 제품의 구성성분이 같을 것

3. **물질안전보건자료(MSDS)의 작성 · 제출 제외 대상**(산업안전보건법)

   ① 원자력안전법에 따른 방사성물질
   ② 약사법에 따른 의약품 및 의약외품
   ③ 화장품법에 따른 화장품
   ④ 마약류 관리에 관한 법률에 따른 마약 및 향정신성의약품
   ⑤ 농약관리법에 따른 농약
   ⑥ 사료관리법에 따른 사료
   ⑦ 비료관리법에 따른 비료
   ⑧ 식품위생법에 따른 식품 및 식품첨가물
   ⑨ 총포 · 도검 · 화약류 등의 안전관리에 관한 법률에 따른 화약류
   ⑩ 폐기물관리법에 따른 폐기물
   ⑪ 건강기능식품에 관한 법률에 따른 건강기능식품
   ⑫ 생활주변방사선 안전관리법에 따른 원료물질
   ⑬ 위생용품관리법에 따른 위생용품

⑭ 의료기기법에 따른 의료기기
⑮ 생활화학제품 및 살생물제의 안전관리에 관한 법률에 따른 안전확인대상 생활화학제품 및 살생물제품 중 일반소비자의 생활용으로 제공되는 제품
⑯ 첨단재생의료 및 첨단바이오의약품 안전 및 지원에 관한 법률에 따른 첨단바이오의약품
⑰ ①부터 ⑯까지의 규정 외의 화학물질 또는 혼합물로서 일반소비자의 생활용으로 제공되는 것
⑱ 고용노동부장관이 정하여 고시하는 연구·개발용 화학물질 또는 화학제품
⑲ 그 밖에 고용노동부장관이 독성·폭발성 등으로 인한 위해의 정도가 적다고 인정하여 고시하는 화학물질

> **참고** 물질안전보건자료(MSDS) 관련 기타 사항
>
> 1. 물질안전보건자료(MSDS) 경고표지에 포함되어야 할 사항(산업안전보건법 시행규칙)
>   ① 명칭
>   ② 그림문자
>   ③ 신호어
>   ④ 유해·위험 문구
>   ⑤ 예방조치 문구
>   ⑥ 공급자 정보
> 2. 물질안전보건자료 대상 물질의 작업공정별 관리요령에 포함되어야 할 사항(산업안전보건법 안전보건기준)
>   ① 제품명
>   ② 건강 및 환경에 대한 유해성, 물리적 위험성
>   ③ 안전 및 보건상의 취급주의 사항
>   ④ 적절한 보호구
>   ⑤ 응급조치요령 및 사고시 대처방법
>   ⑥ 비상연락체계
> 3. 물질안전보건자료의 작성 및 제출(산업안전보건법)
>   화학물질 또는 이를 함유한 혼합물로서 분류기준에 해당하는 물질안전보건자료 대상 물질을 제조하거나 수입하려는 자는 다음의 사항을 작성하여 고용노동부장관에게 제출하여야 한다.
>   ① 제품명
>   ② 건강 및 환경에 대한 유해성, 물리적 위험성
>   ③ 안전 및 보건상의 취급주의 사항
>   ④ 물질안전보건자료 대상 물질을 구성하는 화학물질 중 분류기준에 해당하는 화학물질의 명칭 및 함유량
>   ⑤ 물리·화학적 특성 등 고용노동부령으로 정하는 사항
>   • 물리·화학적 특성
>   • 독성에 관한 정보
>   • 폭발·화재시의 대처방법
>   • 응급조치요령
> 4. 관리대상 또는 허가대상 유해물질을 취급하는 작업장에 게시하여야 할 사항(산업안전보건법 안전보건기준)
>   ① 관리대상 유해물질의 명칭(허가대상 유해물질의 경우 허가대상 유해물질의 명칭)
>   ② 인체에 미치는 영향
>   ③ 취급상 주의사항
>   ④ 착용하여야 할 보호구
>   ⑤ 응급조치와 긴급방재요령

적중문제 CHAPTER 6 | 화학물질 안전관리 실행

01 산업안전보건법령상 위험물질의 종류를 구분할 때 다음 물질들이 해당하는 것은?

> 리튬, 칼륨, 나트륨, 황, 황린, 황화인, 적린

① 폭발성 물질 및 유기과산화물
② 산화성 액체 및 산화성 고체
③ 물반응성 물질 및 인화성 고체
④ 급성 독성물질

해설 물반응성 물질 및 인화성 고체에 해당한다.

관련이론 위험물질의 분류

분류	물질
물반응성 물질 및 인화성 고체	• 리튬, 칼륨, 나트륨 • 황, 황린, 적린 • 셀룰로이드류, 알킬알루미늄, 알킬리튬 • 마그네슘 분말, 금속 분말(마그네슘 분말 제외) • 유기금속화합물(알킬알루미늄, 알킬리튬 제외) • 금속의 수소화물 • 금속의 인화물(칼슘탄화물, 알루미늄탄화물, 황화인)
폭발성 물질 및 유기과산화물	• 질산에스테르류 • 니트로화합물, 니트로소화합물 • 아조화합물, 디아조화합물 • 하이드라진 유도체 • 유기과산화물
산화성 액체 및 산화성 고체	• 차아염소산 및 그 염류 • 아염소산 및 그 염류 • 염소산 및 그 염류 • 과염소산 및 그 염류 • 브롬산 및 그 염류 • 요오드산 및 그 염류 • 과산화수소 및 무기과산화물 • 질산 및 그 염류 • 과망간산 및 그 염류 • 중크롬산 및 그 염류

정답 ③

02 산업안전보건법에서 규정하고 있는 위험물 중 부식성 염기류로 분류되기 위하여 농도가 40% 이상이어야 하는 물질은?

① 염산
② 아세트산
③ 불산
④ 수산화칼륨

해설 부식성 염기류로 분류되기 위하여 농도가 40% 이상이어야 하는 물질은 수산화칼륨이다.

관련이론 부식성 염기류

농도가 40% 이상인 수산화칼륨, 수산화나트륨 그 밖에 이와 같은 정도 이상의 부식성을 가지는 염기류

정답 ④

03 산업안전보건기준에 관한 규칙에서 규정하는 급성 독성물질에 해당되지 않는 것은?

① 쥐에 대한 경구투입실험에 의하여 실험동물의 50%를 사망시킬 수 있는 물질의 양이 kg당 300mg - (체중) 이하인 화학물질
② 쥐에 대한 경피흡수실험에 의하여 실험동물의 50%를 사망시킬 수 있는 물질의 양이 kg당 1,000mg - (체중) 이하인 화학물질
③ 토끼에 대한 경피흡수실험에 의하여 실험동물의 50%를 사망시킬 수 있는 물질의 양이 kg당 1,000mg - (체중) 이하인 화학물질
④ 쥐에 대한 4시간 동안의 흡입실험에 의하여 실험동물의 50%를 사망시킬 수 있는 가스의 농도가 3,000ppm 이상인 화학물질

해설 쥐에 대한 4시간 동안의 흡입실험에 의하여 실험동물의 50%를 사망시킬 수 있는 가스의 농도가 2,500ppm 이하인 화학물질이어야 한다.

관련이론 급성 독성물질(산업안전보건법 안전보건기준)
- 쥐에 대한 경구투입실험에 의하여 실험동물의 50%를 사망시킬 수 있는 물질의 양이 kg당 300mg - (체중) 이하인 화학물질
- 쥐에 대한 경피흡수실험에 의하여 실험동물의 50%를 사망시킬 수 있는 물질의 양이 kg당 1,000mg - (체중) 이하인 화학물질
- 토끼에 대한 경피흡수실험에 의하여 실험동물의 50%를 사망시킬 수 있는 물질의 양이 kg당 1,000mg - (체중) 이하인 화학물질

정답 ④

04 산업안전보건법에서 규정한 급성 독성물질은 쥐에 대한 4시간 동안의 흡입실험으로 실험동물 50%를 사망시킬 수 있는 농도(LC50)가 몇 ppm 이하인 물질을 말하는가?

① 1,500   ② 2,500
③ 3,000   ④ 4,000

해설 급성 독성물질이란 쥐에 대한 4시간 동안의 흡입실험에 의하여 실험동물의 50%를 사망시킬 수 있는 물질의 농도 즉, 가스 LC50이 2,500ppm 이하인 화학물질을 말한다.

정답 ②

05 위험물안전관리법령에서 정한 제3류 위험물에 해당하지 않는 것은?

① 나트륨   ② 알킬알루미늄
③ 황린   ④ 니트로글리세린

해설 니트로글리세린은 제5류 위험물에 해당한다.

관련이론 제3류 위험물(위험물안전관리법)
- 나트륨
- 칼륨
- 알킬리튬
- 알킬알루미늄
- 황린
- 알칼리금속(나트륨 및 칼륨 제외)
- 알칼리토금속
- 유기금속 화합물
- 금속의 수소화물
- 금속의 인화물

정답 ④

06 산업안전보건법령상 위험물질의 종류와 해당 물질의 연결이 옳은 것은?

① 폭발성 물질: 마그네슘 분말
② 인화성 고체: 중크롬산
③ 산화성 물질: 니트로소화합물
④ 인화성 가스: 에탄

해설 에탄은 인화성 가스에 해당한다.

선지분석
① 마그네슘 분말은 물반응성 물질 및 인화성 고체에 해당한다.
② 중크롬산은 산화성 액체 및 산화성 고체에 해당한다.
③ 니트로소화합물은 폭발성 물질 및 유기과산화물에 해당한다.

정답 ④

07 가연성 가스로만 구성된 것은?

① 메탄, 에틸렌　② 헬륨, 염소
③ 오존, 암모니아　④ 산소, 아황산가스

해설 메탄과 에틸렌은 가연성 가스에 해당한다.

선지분석
② 헬륨은 불연성 가스, 염소는 조연성 가스에 해당한다.
③ 오존은 조연성 가스, 암모니아는 가연성 가스이면서 독성가스에 해당한다.
④ 산소는 조연성 가스, 아황산가스는 독성가스에 해당한다.

정답 ①

08 두 종류의 가스가 혼합될 때 폭발위험이 가장 높은 것은?

① 염소, 아세틸렌　② CO_2, 염소
③ 암모니아, 질소　④ 질소, CO_2

해설 두 종류 가스가 혼합될 때 폭발위험이 가장 높은 것은 조연성 가스와 가연성 가스가 만났을 때이다.
따라서 염소(조연성 가스)와 아세틸렌(가연성 가스)이 혼합될 때 폭발위험이 가장 높다.

정답 ①

09 독성이 강한 순으로 옳게 나열된 것은?

① 일산화탄소 > 염소 > 아세톤
② 일산화탄소 > 아세톤 > 염소
③ 염소 > 일산화탄소 > 아세톤
④ 염소 > 아세톤 > 일산화탄소

해설 화학물질 및 물리적 인자의 노출기준 고용노동부고시에 따른 독성가스의 허용농도(TWA)는 다음과 같다.
- 아세톤(500ppm)
- 일산화탄소(30ppm)
- 염소(0.5ppm)

정답 ③

10 아세톤에 대한 설명으로 옳지 않은 것은?

① 증기는 유독하므로 흡입하지 않도록 주의한다.
② 무색이고 휘발성이 강한 액체이다.
③ 비중이 0.79이므로 물보다 가볍다.
④ 인화점이 20℃이므로 여름철에 더 인화위험이 높다.

해설 아세톤(CH_3COCH_3)은 인화점이 -18℃이므로 여름철에 더 인화위험이 높다.

정답 ④

11 폭발이나 화재방지를 위하여 물과의 접촉을 방지하여야 하는 물질에 해당하는 것은?

① 칼륨　② 트리니트로톨루엔
③ 황린　④ 니트로셀룰로오스

해설 칼륨은 물반응성 물질 및 인화성 고체에 해당되는 것으로서 공기 중의 물 또는 수분과 반응하여 수소가스를 발생하여 폭발의 위험이 있다.
$2K + 2H_2O \rightarrow 2KOH + H_2$

정답 ①

12 가연성 물질과 산화성 고체가 혼합하고 있을 때 연소에 미치는 현상으로 옳은 것은?

① 착화온도가(발화점)가 높아진다.
② 최소점화에너지가 감소하며, 폭발의 위험성이 증가한다.
③ 가스나 가연성 증기의 경우 공기혼합보다 연소범위가 축소된다.
④ 공기 중에서 보다 산화작용이 약하게 발생하여 화염온도가 감소하며 연소속도가 늦어진다.

해설 가연성 물질과 산화성 고체가 혼합하고 있을 때에는 최소점화에너지가 감소하며, 폭발의 위험성이 증가한다.

정답 ②

13 혼합 또는 접촉하였을 때 발화 또는 폭발의 위험성이 가장 낮은 물질끼리 바르게 묶인 것은?

① 니트로셀룰로오스와 물
② 나트륨과 물
③ 염소산칼륨과 유황
④ 황화인과 무기과산화물

해설 니트로셀룰로오스와 물을 혼합 또는 접촉하였을 때 위험성이 감소하여 발화 또는 폭발의 위험성이 가장 낮다.

정답 ①

14 중합반응으로 발열을 일으키는 물질은?

① 인산
② 아세트산
③ 옥살산
④ 액화시안화수소

해설 액화시안화수소(HCN)는 중합반응으로 발열을 일으키는 물질에 해당된다.

관련이론 중합반응(Polymerization)

정의	분자량이 작은 분자가 연속적으로 결합을 하여 분자량이 큰 분자를 가진 물질을 만들어 가는 것이다.
중합반응 물질	• 액화시안화수소 • 비닐아세틸렌 • 메틸아크릴 에스테르 • 아크릴산 에스테르 • 스틸렌 등

정답 ④

15 화학공장에서 주로 사용되는 불활성 가스는?

① 수소
② 수증기
③ 질소
④ 일산화탄소

해설 화학공장에서 주로 사용되는 불활성 가스는 질소(N_2)이다.

정답 ③

16 산업안전보건기준에 관한 규칙에서는 인화성 액체를 수시로 사용하는 밀폐된 공간에서 해당 가스 등으로 폭발위험 분위기가 조성되지 않도록 하기 위해서 해당 물질의 공기 중 농도를 인화하한계값의 얼마를 넘지 않도록 규정하고 있는가?

① 10%
② 15%
③ 20%
④ 25%

해설 인화성 액체를 수시로 사용하는 밀폐된 공간에서 해당 가스 등으로 폭발위험 분위기가 조성되지 않도록 하기 위해서 해당 물질의 공기 중 농도를 인화하한계값의 25%를 넘지 않도록 하여야 한다.

정답 ④

17 금속의 증기가 공기 중에서 응고되어 화학변화를 일으켜 고체의 미립자로 되어 공기 중에 부유하는 것을 의미하는 용어는?

① 흄(Fume)
② 분진(Dust)
③ 미스트(Mist)
④ 스모크(Smoke)

해설 금속의 증기가 공기 중에서 응고되어 화학변화를 일으켜 고체의 미립자로 되어 공기 중에 부유하는 것을 흄(Fume)이라 한다.

선지분석
② 분진(Dust)은 고체 미립자가 기계적 작용으로 발생하여 공기 중에 부유하고 있는 것이다.
③ 미스트(Mist)는 공기 중에 액체의 미세한 입자가 부유하고 있는 것이다.
④ 스모크(Smoke)는 불완전연소에 의해 생긴 유기물의 미립자이다.

정답 ①

18 미국소방협회(NFPA)의 위험표시 라벨에서 황색이 의미하는 것은?

① 건강위험성 ② 화재위험성
③ 반응위험성 ④ 기타위험성

해설 황색 라벨은 반응위험성을 나타낸다.

관련이론 미국소방협회(National Fire Protection Association)의 위험표시 라벨의 위험성
- 청색: 건강위험성
- 황색: 반응위험성
- 적색: 화재위험성
- 백색: 기타위험성

정답 ③

19 물질의 저장방법에 대한 설명으로 옳은 것은?

① 황린은 저장용기 중에 물을 넣어 보관한다.
② 과산화수소는 장기보존시 유리용기에 저장한다.
③ 피크린산은 철 또는 구리로 된 용기에 저장한다.
④ 마그네슘은 다습하고 통풍이 잘되는 장소에 보관한다.

해설 황린은 저장용기 중에 물을 넣어 보관한다.

관련이론 위험물질의 저장방법
- 밀폐된 용기에 저장: 탄화칼슘(카바이트)
- 격리하여 저장: 적린, 마그네슘
- 석유속에 저장: 칼륨, 나트륨
- 물속에 저장: 황린, 이황화탄소

정답 ①

20 마그네슘의 저장 및 취급에 대한 설명으로 옳지 않은 것은?

① 산화제와 접촉을 피한다.
② 고온의 물이나 과열 수증기와 접촉하면 격렬히 반응하므로 주의한다.
③ 분말은 분진폭발성이 있으므로 누설되지 않도록 포장한다.
④ 화재발생시 물의 사용을 금하고, 이산화탄소 소화기를 사용하여야 한다.

해설 화재발생시 물의 사용을 금하고, 건조사, 팽창진주암 또는 팽창질석 소화제를 사용하여야 한다.

정답 ④

21 질화면(Nitrocellulose)의 저장·취급 중에는 에틸알코올 또는 이소프로필알코올로 습면의 상태로 되어 있는 이유로 옳은 것은?

① 질화면은 건조상태에서는 자연발열을 일으켜 분해폭발의 위험이 존재하기 때문이다.
② 질화면은 알코올과 반응하여 안정한 물질을 만들기 때문이다.
③ 질화면은 건조상태에서 공기 중의 산소와 환원반응을 하기 때문이다.
④ 질화면은 건조상태에서 용이하게 중합물을 형성하기 때문이다.

해설 질화면은 건조상태에서는 자연발열을 일으켜 분해폭발의 위험이 존재하기 때문에 에틸알코올 또는 이소프로필알코올로 습면의 상태로 저장·취급을 한다.

정답 ①

22 만성중독과 가장 관계가 깊은 유독성 지표는?

① LD50(median Lethal Does)
② MLD(Minimum Lethal Does)
③ TLV(Threshold Limit Value)
④ LC50(median Lethal Concentration)

해설 만성중독과 가장 관계가 깊은 유독성지표는 TLV(Threshold Limit Value: 허용농도)이며, 이는 유해물질을 함유하는 공기 중에서 거의 모든 작업자가 일상작업에서 반복하여 노출되더라도 건강장해를 일으키지 않는 농도를 말한다.

정답 ③

23 화학물질 및 물리적 인자의 노출기준에 있어 유해물질 대상에 대한 노출기준의 표시단위가 잘못 연결된 것은?

① 분진: ppm
② 증기: ppm
③ 가스: ppm
④ 고온: 습구·흑구온도지수

해설
- 분진의 표시단위는 mg/m^3이다.
- 이 중 석면은 개수/cm^3로, 흄과 미스트는 mg/m^3의 단위로 표시한다.

정답 ①

24 화학물질 및 물리적 인자의 노출기준에 따른 TWA 노출기준이 가장 낮은 물질은?

① 불소 ② 아세톤
③ 니트로벤젠 ④ 사염화탄소

해설 불소의 TWA 노출기준이 0.1ppm으로 가장 낮다.

선지분석
② 아세톤: 500ppm
③ 니트로벤젠: 1ppm
④ 사염화탄소: 5ppm

관련이론 **TWA(Time Weight Average)**
- 정의: 1일 8시간 작업을 기준으로 하여 유해인자의 측정치에 발생시간을 곱하여 8시간으로 나눈 값을 말한다.
- 화학물질 및 물리적 인자의 노출기준(고용노동부고시)에 따른 주요 화학물질 TWA 노출기준

구분	노출기준	구분	노출기준
포스겐	0.1ppm	황화수소	10ppm
염소	0.5ppm	암모니아	25ppm
염화수소	1ppm	일산화탄소	30ppm
이황화탄소	1ppm	메탄올	200ppm

정답 ①

25 공기 중에 3ppm의 디메탈아민(Dimethylamine, TLV-TWA: 10ppm)과 20ppm의 시클로헥산(Cyclohexane, TLV-TWA: 50ppm)이 있고, 10ppm의 산화프로필렌(Propyleneoxide, TLV-TWA: 20ppm)이 존재한다면 혼합 TLV-TWA은 몇 ppm인가?

① 12.5 ② 22.5
③ 27.5 ④ 32.5

해설 혼합물질의 허용농도(TLV-TWA)

$$= \frac{C_1 + C_2 + C_3}{\frac{C_1}{T_1} + \frac{C_2}{T_2} + \frac{C_3}{T_3}}$$

여기서, T: 위험물질의 허용농도(ppm)
C: 위험물질의 공기 중 농도(ppm)

$$= \frac{3 + 20 + 10}{\frac{3}{10} + \frac{20}{50} + \frac{10}{20}} \fallingdotseq 27.5 \text{ppm}$$

정답 ③

26 다음 중 SO_2, 20ppm은 약 몇 g/m^3인가? (단, SO_2의 분자량은 64이고, 온도는 21℃, 압력은 1기압으로 한다.)

① 0.571 ② 0.531
③ 0.0571 ④ 0.0531

해설 ppm의 단위를 g/m^3 단위로 변환하는 식은 다음과 같다.

$$g/m^3 = \frac{ppm \times 분자량}{22.4 \times \frac{273 + t(℃)}{273}} \times 10^{-3}$$

$$= \frac{20 \times 64}{22.4 \times \frac{273 + 21}{273}} \times 10^{-3} \fallingdotseq 0.0531$$

정답 ④

27 물질안전보건자료 대상 물질을 취급하는 작업공정별 관리요령에 포함되어야 할 사항에 해당되지 않는 것은?

① 건강 및 환경에 대한 유해성, 물리적 위험성
② 응급조치요령 및 사고시 대처방법
③ 안전 및 보건상의 취급주의 사항
④ 운송정보 및 폐기시 주의사항

해설 물질안전보건자료 대상 물질을 취급하는 작업공정별 관리요령에 운송정보 및 폐기시 주의사항은 포함되어야 할 사항에 해당되지 않는다.

관련이론 **물질안전보건자료 대상 물질의 작업공정별 관리요령에 포함되어야 할 사항(산업안전보건법 안전보건기준)**
- 제품명
- 건강 및 환경에 대한 유해성, 물리적 위험성
- 안전 및 보건상의 취급주의 사항
- 적절한 보호구
- 응급조치요령 및 사고시 대처방법
- 비상연락체계

정답 ④

28 물질안전보건자료(MSDS)의 작성항목이 아닌 것은?
① 물리·화학적 특성 ② 유해물질의 제조법
③ 환경에 미치는 영향 ④ 누출사고시 대처방법

해설 유해물질의 제조법은 물질안전보건자료의 작성항목에 해당하지 않는다.

관련이론 물질안전보건자료(MSDS)의 작성항목
① 화학제품과 회사에 관한 정보
② 유해성·위험성
③ 구성성분의 명칭 및 함유량
④ 그 밖의 참고사항
⑤ 취급 및 저장방법
⑥ 물리·화학적 특성
⑦ 독성에 관한 정보
⑧ 폭발·화재시 대처방법
⑨ 응급조치 요령
⑩ 누출사고시 대처방법
⑪ 노출방지 및 개인보호구
⑫ 안정성 및 반응성
⑬ 폐기시 주의사항
⑭ 운송에 필요한 정보
⑮ 환경에 미치는 영향
⑯ 법적규제 현황

정답 ②

29 산업안전보건법령상 물질안전보건자료의 작성·비치 제외대상이 아닌 것은?
① 원자력법에 의한 방사성 물질
② 농약관리법에 의한 농약
③ 비료관리법에 의한 비료
④ 관세법에 의해 수입되는 공업용 유기용제

해설 관세법에 의해 수입되는 공업용 유기용제는 물질안전보건자료의 작성·비치 제외대상에 해당하지 않는다.

관련이론 물질안전보건자료의 작성·비치 제외대상(산업안전보건법)
① 원자력안전법에 따른 방사성물질
② 약사법에 따른 의약품 및 의약외품
③ 화장품법에 따른 화장품
④ 마약류 관리에 관한 법률에 따른 마약 및 향정신성 의약품
⑤ 농약관리법에 따른 농약
⑥ 사료관리법에 따른 사료
⑦ 비료관리법에 따른 비료
⑧ 식품위생법에 따른 식품 및 식품첨가물
⑨ 총포·도검·화약류 등의 안전관리에 관한 법률에 따른 화약류
⑩ 폐기물관리법에 따른 폐기물
⑪ 건강기능식품에 관한 법률에 따른 건강기능식품
⑫ 생활주변방사선 안전관리법에 따른 원료물질
⑬ 위생용품관리법에 따른 위생용품
⑭ 의료기기법에 따른 의료기기
⑮ 생활화학제품 및 살생물제의 안전관리에 관한 법률에 따른 안전확인대상 생활화학제품 및 살생물제품 중 일반소비자의 생활용으로 제공되는 제품
⑯ 첨단재생의료 및 첨단바이오의약품 안전 및 지원에 관한 법률에 따른 첨단바이오의약품
⑰ ①부터 ⑯까지의 규정 외의 화학물질 또는 혼합물로서 일반소비자의 생활용으로 제공되는 것
⑱ 고용노동부장관이 정하여 고시하는 연구·개발용 화학물질 또는 화학제품
⑲ 그 밖에 고용노동부장관이 독성·폭발성 등으로 인한 위해의 정도가 적다고 인정하여 고시하는 화학물질

정답 ④

30 가스누출감지경보기의 선정기준, 구조 및 설치방법에 대한 설명으로 옳지 않은 것은?

① 암모니아를 제외한 가연성 가스 누출감지경보기는 방폭성능을 갖는 것이어야 한다.
② 독성가스 누출감지경보기는 해당 독성가스 허용농도의 25% 이하에서 경보가 울리도록 설정하여야 한다.
③ 하나의 감지대상가스가 가연성이면서 독성인 경우에는 독성가스를 기준하여 가스누출감지경보기를 선정하여야 한다.
④ 건축물 내에 설치되는 경우 감지대상가스의 비중이 공기보다 무거운 경우에는 건축물 내의 하부에 설치하여야 한다.

해설 독성가스 누출감지경보기는 해당가스 허용농도의 이하에서 경보가 울리도록 설정하여야 한다.

관련이론 가스누출감지경보기의 선정기준, 구조 및 설치방법
- 암모니아를 제외한 가연성 가스 누출감지경보기는 방폭성능을 갖는 것이어야 한다.
- 하나의 감지대상가스가 가연성이면서 독성인 경우에는 독성가스를 기준하여 가스누출감지경보기를 선정하여야 한다.
- 건축물 내에 설치되는 경우 감지대상가스의 비중이 공기보다 무거운 경우에는 건축물 내의 하부에 설치하여야 한다.
- 가연성 가스 누출감지경보기는 해당 가스 폭발한계값 25% 이하에서 경보가 울리도록 설정하여야 한다.

정답 ②

31 위험물을 저장, 취급하는 화학설비 및 그 부속설비를 설치할 때 '단위공정시설 및 설비로부터 다른 단위공정시설 및 설비의 사이'의 안전거리는 설비의 바깥 면으로부터 몇 m 이상이 되어야 하는가?

① 5 ② 10
③ 15 ④ 20

해설 단위공정시설 및 설비로부터 다른 단위공정시설 및 설비의 사이 안전거리는 설비의 바깥 면으로부터 10m 이상이 되어야 한다.

관련이론 안전거리(산업안전보건법 안전보건기준)

구분	안전거리
단위공정시설 및 설비로부터 다른 단위공정시설 및 설비의 사이	설비의 바깥면으로부터 10m 이상
플레어스텍으로부터 단위공정시설 및 설비, 위험물질 하역설비의 사이	플레어스텍으로부터 반경 20m 이상(다만, 단위공정시설 등이 불연재료로 시공된 지붕 아래에 설치된 경우에는 그러하지 아니하다.)
위험물질 저장탱크로부터 단위공정시설 및 설비, 보일러 또는 가열로의 사이	저장탱크의 바깥면으로부터 20m 이상(다만, 저장탱크의 방호벽, 원격조정 소화설비 또는 살수설비를 설치한 경우에는 그러하지 아니하다.)
사무실, 연구실, 실험실, 정비실 또는 식당으로부터 단위공정시설 및 설비, 위험물질 저장탱크, 위험물질 하역설비, 보일러 또는 가열로의 사이	사무실 등의 바깥면으로부터 20m 이상(다만, 난방용 보일러인 경우 또는 사무실 등의 벽을 방호구조로 설치한 경우에는 그러하지 아니하다.)

정답 ②

32 마그네슘(Mg)의 취급 및 저장방법으로 옳지 않은 것은?

① 화기를 엄금하고, 충격, 마찰, 가열을 하지 않아야 한다.
② 분말이 비산하지 않도록 밀봉하여 저장을 한다.
③ 제6류 위험물과 같은 산화제와 혼합되지 않도록 격리 저장을 한다.
④ 일단 연소하면 소화가 곤란하지만 초기소화 또는 소규모화재시 물, 이산화탄소 소화설비를 이용하여 소화한다.

해설 마그네슘(Mg)의 화재발생시 물의 사용을 금하고, 팽창질석, 팽창진주암 또는 건조사 소화제를 사용한다.

정답 ④

33 산화성 고체와 가연성 물질이 혼합하고 있을 때 연소에 미치는 현상으로 옳지 않은 것은?

① 착화온도(발화점)가 낮아진다.
② 가스나 가연성 증기의 경우 공기혼합보다 연소범위가 확대된다.
③ 공기 중에서보다 산화작용이 약하게 발생하여 화염온도가 감소하며, 연소속도가 빨라진다.
④ 최소점화에너지가 감소하며, 폭발의 위험성이 증가한다.

해설 공기 중에서보다 산화작용이 강하게 발생하여 화염온도가 증가하며, 연소속도가 빨라진다.

정답 ③

34 일산화탄소(CO)에 대한 설명으로 옳지 않은 것은?

① 무색, 무취의 가스이다.
② 불연성 가스로 허용농도가 10ppm이다.
③ 염소와는 촉매 존재하에 반응하여 포스겐이 된다.
④ 인체 내의 헤모글로빈과 결합하여 산소운반 기능을 저하시킨다.

해설 일산화탄소는 독성가스로 허용농도(TWA)가 30ppm이다.

정답 ②

35 산업안전보건법상 물반응성물질 및 인화성고체에 해당하는 리튬(Li)에 대한 설명으로 옳지 않은 것은?

① 연소시 산소와는 반응하지 않는 특성이 있다.
② 물과 반응하여 수소를 발생한다.
③ 염산과 반응하여 수소를 발생한다.
④ 화재발생시 소화방법으로는 건조된 마른 모래 등을 이용한다.

해설 리튬은 연소시 산소와 격렬하게 반응하는 특성이 있다.

정답 ①

CHAPTER 7 | 화공안전 비상조치계획·대응 및 화공안전 운전·점검

제1절 공정안전일반

1 공정안전관리(PSM)의 개요

1. 공정안전관리(PSM: Process Safety Management)의 실시목적

원유정제처리업 등 유해·위험설비를 보유한 사업장으로 하여금 공정안전보고서를 작성하게 하고 이를 이행하도록 함으로써 중대산업사고를 예방하기 위하여 실시한다.

2. 공정안전보고서의 작성·제출(산업안전보건법)

① 사업주가 공정안전보고서를 작성할 때에는 산업안전보건위원회의 심의를 거쳐야 한다. 다만, 산업안전보건위원회가 설치되어 있지 아니한 사업장의 경우에는 근로자 대표의 의견을 들어야 한다.
② 공정안전보고서를 제출한 사업주는 고용노동부장관의 확인을 받아야 한다.
③ 고용노동부장관은 공정안전보고서를 심사한 후 필요하다고 인정하는 경우에는 그 공정안전보고서의 변경을 명할 수 있다.

> **참고** 공정안전보고서의 제출시기(산업안전보건법 시행규칙)
>
> 공정안전보고서를 2부 작성하여 유해하거나 위험한 설비의 설치·이전 또는 주요 구조부분의 변경공사의 착공일 30일 전까지 산업안전보건공단에 제출하여야 한다.

3. 공정안전보고서(PSM) 제출 대상(산업안전보건법 시행령)

① 원유정제처리업
② 기타 석유정제물재처리업
③ 석유화학계 기초화학물질제조업 또는 합성수지 및 기타 플라스틱물질제조업
④ 질소화합물, 질소·인산 및 칼리질화학비료제조업 중 질소질 비료 제조
⑤ 복합비료 및 기타 화학비료제조업 중 복합비료 제조(단순 혼합 또는 배합의 경우는 제외)
⑥ 화학살균·살충제 및 농업용 약제제조업(농약원제 제조만 해당)
⑦ 화약 및 불꽃제품제조업

> **참고** 공정안전보고서 제출 대상 유해 · 위험설비(산업안전보건법 시행령)
>
> 사업장에서 다음의 구분에 따라 해당 유해 · 위험물질을 그 규정량 이상 제조 · 취급 · 저장하는 경우에는 유해 · 위험설비로 본다.
>
> 1. 한 종류의 유해 · 위험물질을 제조 · 취급 · 저장 하는 경우
>   해당 유해 · 위험물질을 제조 · 취급 또는 저장할 수 있는 최대치 중 가장 큰 값(C/T)이 1 이상인 경우
> 2. 두종류 이상의 유해 · 위험물질을 제조 · 취급 · 저장 하는 경우
>   유해 · 위험물질별로 1.에 따른 가장 큰 값(C/T)을 각각 구하여 합산한 값(R)이 1 이상인 경우 계산식
>
> $$R = \frac{C_1}{T_1} + \frac{C_2}{T_2} + \cdots \frac{C_n}{T_n}$$
>
> - C_n: 유해 · 위험물질별 규정량과 비교하여 하루동안 제조 · 취급 또는 저장할 수 있는 최대치 중 가장 큰 값
> - T_n: 유해 · 위험물질별 기준량

4. 공정안전보고서(PSM) 제출 제외 설비

① 원자력설비
② 군사시설
③ 사업주가 해당 사업장 내에서 직접 사용하기 위한 난방용 연료의 저장설비 및 사용설비
④ 도매 · 소매시설
⑤ 차량 등의 운송설비
⑥ 액화석유가스의 안전관리 및 사업법에 따른 액화석유가스의 충전 · 저장시설
⑦ 도시가스사업법에 따른 가스공급시설
⑧ 그 밖에 고용노동부장관이 누출, 화재, 폭발 등의 사고가 있더라도 그에 따른 피해의 정도가 크지 않다고 인정하여 고시하는 설비

5. 설비의 주요 구조부분을 변경하였을 때 공정안전보고서를 제출해야 하는 경우(공정안전보고서의 제출 · 심사 · 확인 및 이행상태평가 등에 관한 규정 고용노동부고시)

① 플레어스택(Flarestack)을 설치 또는 변경하는 경우
② 반응기를 교체(같은 용량과 형태로 교체되는 경우는 제외)하거나 추가로 설치하는 경우 또는 이미 설치된 반응기를 변형하여 용량을 늘리는 경우
③ 생산설비 및 부대설비(유해 · 위험물질의 누출, 화재, 폭발과 무관한 조명설비, 자동화창고 등은 제외) 전기정격용량의 총합이 300kW 이상인 경우

2 중대산업사고

① 근로자가 사망하거나 부상을 입을 수 있는 유해 · 위험설비(PSM 제출 대상)에서의 누출, 화재, 폭발사고
② 인근지역의 주민이 인적피해를 입을 수 있는 유해 · 위험설비(PSM 제출 대상)에서의 누출, 화재, 폭발사고

제2절 공정안전보고서 작성 심사·확인

1 공정안전보고서의 내용

(1) 공정안전자료
(2) 공정위험성평가서
(3) 안전운전계획
(4) 비상조치계획
(5) 그 밖에 공정상의 안전과 관련하여 고용노동부장관이 필요하다고 인정하여 고시하는 사항

2 공정안전보고서의 세부 내용

1. 공정안전자료

① 취급·저장하고 있거나 취급·저장하려는 유해·위험물질의 종류 및 수량
② 유해·위험물질에 대한 물질안전보건자료
③ 유해·위험설비의 목록 및 사양
④ 유해하거나 위험한 설비의 운전방법을 알 수 있는 공정도면
⑤ 각종 건물·설비의 배치도
⑥ 폭발위험장소 구분도 및 전기단선도
⑦ 위험설비의 안전설계·제작 및 설치관련 지침서

> **참고** 공정안전보고서 심사
>
> 1. 공정안전보고서 심사기준에 있어서 공정배관·계장도에 포함되어야 할 사항(공정안전보고서의 제출·심사·확인 및 이행상태평가 등에 관한 규정 고용노동부고시)
>   ① 안전밸브 등의 크기 및 설정압력
>   ② 모든 동력기계와 장치 및 설비의 명칭
>   ③ 기기번호 및 주요 명세(예비기기 포함)
>   ④ 인터록 및 조업중지 여부
>   ⑤ 제어밸브(Control Valve)의 작동 중지시의 상태
>   ⑥ 배관 및 기기의 열 유지 및 보온·보냉
>   ⑦ 모든 계기류의 번호, 종류 및 기능 등
>   ⑧ 모든 배관의 공칭직경, 라인번호, 재질, 플랜지의 공칭압력 등
>   ⑨ 설치되는 모든 밸브류 및 배관의 부속품 등
> 2. 공정안전보고서의 심사
>   산업안전보건공단은 공정안전보고서를 제출받은 경우에는 30일 이내에 심사하여야 한다.
> 3. 공정안전보고서의 심사결과 구분
>   ① 적정
>   ② 조건부 적정
>   ③ 부적정

4. 공정흐름도(PFD: Process Flow Diagram)에 표시되어야 할 사항(공정흐름도 작성에 관한 기술지침: 한국산업안전보건공단)
   ① 제조공정 개요와 흐름
   ② 공정제어의 원리
   ③ 제조설비의 종류 및 기본사양

3 공정위험성 평가

1. 위험성 평가의 개요
건설물, 기계·기구, 설비, 원재료, 가스, 증기, 분진 등에 의하거나 작업행동 그 밖에 업무에 기인하는 유해·위험요인을 찾아내어 위험성을 결정하고, 그 결과에 따른 안전보건조치를 하는 것이다.

2. 위험성 평가시 고려하여야 할 사항
① 공정의 위험성
② 취급하는 물질의 위험성과 취급량
③ 설비 노후화정도
④ 사고발생시의 피해정도
⑤ 공정에 참여하는 종업원 수
⑥ 과거 사고사례 등 경험정도

3. 위험성 평가기법의 종류(산업안전보건법 시행규칙)
① 체크리스트(Check List)
② 상대위험순위 결정(Dow and Mond Indices)
③ 작업자실수분석(HEA)
④ 사고예상질문분석(What – if)
⑤ 위험과 운전분석(HAZOP)
⑥ 이상위험도분석(FMECA)
⑦ 결함수분석(FTA)
⑧ 사건수분석(ETA)
⑨ 원인결과분석(CCA)

▶ ①~⑨까지 위험성 평가기법의 종류는 공정안전보고서의 세부내용 중 '공정위험성 평가서 및 잠재위험에 대한 사고예방·피해 최소화대책'에 해당되는 것이다.

참고 위험성 평가기법의 선정(공정안전보고서의 제출·심사 확인 및 이행상태 등에 관한 규정 고용노동부고시)

1. 제조공정 중 반응, 분리(증류, 추출 등), 이송시스템 및 전기·계장시스템 등의 단위공정
   ① 공정위험분석기법(PHR)
   ② 위험과 운전분석기법(HAZOP)
   ③ 이상위험도분석기법(FMECA)

④ 결함수분석기법(FTA)
⑤ 사건수분석기법(ETA)
⑥ 원인결과분석기법(CCA)
2. 저장탱크설비, 유틸리티설비 및 제조공정 중 고체건조 · 분쇄설비 등 간단한 단위공정
① 체크리스트기법(Check List)
② 상대 위험순위결정기법(Dow and Mond Indices)
③ 작업자실수분석기법(HEA)
④ 사고예상질문분석기법(What-If)
⑤ 위험과 운전분석기법(HAZOP)

4. 위험성 평가 절차

사전준비 – 유해 · 위험요인 파악 – 위험성 결정 – 위험성 감소대책수립 및 실행 – 위험성 평가 실시 내용 및 결과에 관한 기록 및 보존

5. 위험성 평가의 기록 · 보존

(1) 위험성 평가의 실시내용 및 결과를 기록 · 보존할 때 포함되어야 할 사항
① 위험성 평가 대상의 유해 · 위험요인
② 위험성 결정의 내용
③ 위험성 결정에 따른 조치의 내용
④ 그 밖에 위험성 평가의 실시내용을 확인하기 위하여 필요한 사항으로서 고용노동부장관이 정하여 고시하는 사항

(2) 사업주는 위험성 평가 실시 관련 자료를 3년간 보존하여야 한다.

> **참고** 화학물질의 위험성 평가시 유의사항(문헌조사 등을 통하여 계산에 의해 평가하는 방법시 유의사항)
> ① 분해열, 연소열, 폭발열의 크기에 의해 발화 또는 폭발의 위험을 예측할 수 있다.
> ② 위험성이 너무 커서 물성을 측정할 수 없을 경우 계산에 의한 평가를 할 수 있다.
> ③ 계산에 의한 평가를 하기 위해서는 분해 또는 폭발에 따른 생성물 예측이 선행되어야 한다.
> ④ 계산에 의한 위험성 예측은 모든 물질에 대해 정확성이 있는 것은 아니므로 실험이 필요하다.

4 안전운전계획

① 안전운전지침서
② 설비점검 · 검사 및 보수계획, 유지계획 및 지침서
③ 안전작업허가
④ 도급업체 안전관리계획
⑤ 근로자 등 교육계획
⑥ 가동 전 점검지침
⑦ 변경요소관리계획

⑧ 자체감사 및 사고조사계획
⑨ 그 밖에 안전운전에 필요한 사항

5 비상조치계획

① 비상조치를 위한 장비·인력 보유현황
② 사고발생시 각 부서·관련기관과의 비상연락체계
③ 사고발생시 비상조치를 위한 조직의 임무 및 수행절차
④ 비상조치계획에 따른 교육계획
⑤ 주민홍보계획
⑥ 그 밖에 비상조치 관련 사항

6 공정안전보고서의 확인(산업안전보건법 시행규칙)

(1) 신규로 설치될 유해하거나 위험한 설비: 설치과정 및 설치완료 후 시운전단계에서 각 1회
(2) 기존에 설치되어 사용 중인 유해하거나 위험한 설비: 심사완료 후 3개월 이내
(3) 유해하거나 위험한 설비와 관련한 공정의 중대한 변경이 있는 경우: 변경완료 후 1개월 이내
(4) 유해하거나 위험한 설비 또는 이와 관련된 공정에 중대한 사고 또는 결함이 발생한 경우: 1개월 이내
▶ 산업안전보건공단은 사업주로부터 확인요청을 받은 날부터 1개월 이내에 내용이 현장과 일치하는지 여부를 확인하고, 확인한 날부터 15일 이내에 그 결과를 사업주에게 통보하여야 한다.

> **참고** 공정안전보고서의 평가
>
> 1. 공정안전보고서 이행상태의 평가(산업안전보건법 안전보건기준)
>   ① 고용노동부장관은 공정안전보고서의 확인 후 1년이 지난 날부터 2년 이내에 공정안전보고서 이행상태의 평가를 해야 한다.
>   ② 고용노동부장관은 ①에 따른 이행상태 평가 후 4년마다 이행상태 평가를 해야 한다. 다만, 다음의 어느 하나에 해당하는 경우에는 1년 또는 2년마다 이행상태 평가를 할 수 있다.
>   • 이행상태 평가 후 사업주가 이행상태 평가를 요청하는 경우
>   • 사업장에 출입하여 검사 및 안전·보건점검 등을 실시한 결과 변경요소관리계획 미준수로 공정안전보고서 이행상태가 불량한 것으로 인정되는 경우 등 고용노동부장관이 정하여 고시하는 경우
> 2. 내용 중 안전작업허가지침에 포함되어야 하는 위험작업의 종류(안전작업허가지침: 한국산업안전보건공단)
>   ① 화기작업
>   ② 정전작업
>   ③ 방사선사용작업
>   ④ 고소작업
>   ⑤ 굴착작업
>   ⑥ 중장비작업
>   ⑦ 일반위험작업

적중문제 CHAPTER 7 | 화공안전 비상조치계획·대응 및 화공안전 운전·점검

01 산업안전보건법에 따라 유해하거나 위험한 설비의 설치, 이전 또는 주요 구조부분의 변경공사시 공정안전보고서의 제출시기는 착공일 며칠 전까지 관련 기관에 제출하여야 하는가?

① 15일 ② 30일
③ 60일 ④ 90일

해설 유해하거나 위험한 설비의 설치, 이전 또는 주요 구조부분의 변경 공사시 공정안전보고서의 제출시기는 착공일 30일 전까지 관련 기관(산업안전보건공단)에 제출하여야 한다.

정답 ②

02 산업안전보건법상 공정안전보고서의 제출 대상이 아닌 것은?

① 원유정제처리업
② 농약제조업(원제 제조)
③ 화약 및 불꽃제품제조업
④ 복합비료의 단순혼합제조업

해설 복합비료의 단순혼합제조업은 공정안전보고서의 제출 대상에 포함되지 않는다.

 공정안전보고서 제출 대상(산업안전보건법)
- 원유정제처리업
- 기타 석유정제물재처리업
- 석유화학계 기초화학물질제조업 또는 합성수지 및 기타 플라스틱물질제조업
- 질소화합물, 질소·인산 및 칼리질화학비료제조업 중 질소질비료 제조
- 복합비료 및 기타 화학비료제조업 중 복합비료 제조 (단순 혼합 또는 배합에 의한 경우 제외)
- 화학살균·살충제 및 농업용 약제제조업(농약원제 제조만 해당)
- 화약 및 불꽃제품제조업

정답 ④

03 산업안전보건법에서 정한 공정안전보고서의 제출 대상 업종이 아닌 사업장으로서 유해·위험물질의 1일 취급량이 염소 10,000kg, 수소 20,000kg인 경우 공정안전보고서 제출대상 여부를 판단하기 위한 R의 값은 얼마인가? (단, 유해·위험물질의 규정수량은 표에 따른다.)

유해·위험물질	규정수량(kg)
인화성 가스	5,000
염소	20,000
수소	50,000

① 0.9 ② 1.2
③ 1.5 ④ 1.8

해설
- $R = \dfrac{C_1}{T_1} + \dfrac{C_2}{T_2} + \cdots \dfrac{C_n}{T_n}$

여기서, C_n: 유해·위험물질의 1일 취급할 수 있는 최대치 중 가장 큰 값(kg)
T_n: 유해·위험물질별 기준량(kg)

$= \dfrac{10,000}{20,000} + \dfrac{20,000}{50,000} = 0.9$

- 두 종류 이상의 유해·위험물질을 제조하거나 취급하는 경우 각 공식에 따라 산출한 값 R이 1 이상인 경우 공정안전보고서 제출 대상에 해당된다.

따라서, R이 0.9이므로 공정안전보고서 제출 대상에서 제외된다.

정답 ①

04 산업안전보건법상 공정안전보고서에 포함되어야 할 사항으로 가장 거리가 먼 것은?

① 평균안전율 ② 공정안전자료
③ 비상조치계획 ④ 공정위험성평가서

해설 평균안전율은 공정안전보고서에 포함되지 않는다.

 공정안전보고서에 포함되어야 할 사항(산업안전보건법)
- 공정안전자료
- 공정위험성평가서
- 비상조치계획
- 안전운전계획

정답 ①

05 산업안전보건법에 의한 공정안전보고서에 포함되어야 하는 내용 중 공정안전자료의 세부내용에 해당하지 않는 것은?

① 안전운전지침서
② 각종 건물·설비의 배치도
③ 유해·위험설비의 목록 및 사양
④ 위험설비의 안전설계·제작 및 설치관련 지침서

해설 안전운전지침서는 공정안전자료의 세부내용에 해당하지 않는다.

 공정안전자료의 세부내용
- 취급·저장하고 있는 유해·위험물질의 종류 및 수량
- 유해·위험설비의 목록 및 사양
- 유해·위험물질에 대한 물질안전보건자료
- 유해 하거나 위험한 설비의 운전방법을 알 수 있는 공정도면
- 폭발위험장소 구분도 및 전기단선도
- 각종 건물·설비의 배치도
- 위험설비의 안전설계·제작 및 설치관련 지침서

정답 ①

06 산업안전보건법령상 공정안전보고서의 안전운전계획에 포함되지 않는 항목은?

① 안전작업허가
② 안전운전지침서
③ 가동 전 점검지침
④ 비상조치계획에 따른 교육계획

해설 비상조치계획에 따른 교육계획은 공정안전보고서의 안전운전계획에 포함되지 않는다.

 공정안전보고서에 포함되어야 할 사항
1. 공정안전보고서의 안전운전계획에 포함되어야 할 항목
   - 안전운전지침서
   - 안전작업허가
   - 가동 전 점검지침
   - 변경요소관리계획
   - 도급업체 안전관리계획
   - 근로자 등 교육계획
   - 설비점검·검사 및 보수계획, 유지계획 및 지침서
   - 자체감사 및 사고조사계획
   - 그 밖에 안전운전에 필요한 사항
2. 공정안전보고서의 비상조치계획에 포함되어야 할 사항
   - 비상조치를 위한 장비·인력보유 현황
   - 사고발생시 각 부서·관련기관과의 비상연락체계
   - 사고발생시 비상조치를 위한 조직의 임무 및 수행절차
   - 비상조치계획에 따른 교육계획
   - 주민홍보계획
   - 그 밖에 비상조치 관련 사항

정답 ④

07 설비의 주요 구조부분을 변경함으로써 공정안전보고서를 제출하여야 하는 경우가 아닌 것은?

① 플레어스택을 설치 또는 변경하는 경우
② 생산설비 및 부대설비 전기정격의 총합이 300kW 이상인 경우
③ 반응기를 교체 하거나 추가로 설치하는 경우
④ 가스누출감지경보기를 교체 또는 추가로 설치하는 경우

해설 가스누출감지경보기를 교체 또는 추가로 설치하는 경우는 설비의 주요 구조부분을 변경함으로써 공정안전보고서를 제출하여야 하는 경우에 해당하지 않는다.

정답 ④

08 공정안전보고서 심사기준에 있어 공정배관계장도(P&ID)에 반드시 포함되어야 할 사항이 아닌 것은?

① 배관 및 기기의 열 유지
② 안전밸브의 크기 및 설정압력
③ 동력기계와 장치의 주요 명세
④ 장치의 계측제어 시스템과의 상호관계

해설 장치의 계측제어 시스템과의 상호관계 공정배관계장도(P&ID)에 반드시 표시되어야 할 사항에 해당하지 않는다.

관련이론 공정안전보고서 심사기준에 있어 공정배관 - 계장도에 반드시 포함되어야 할 사항
- 안전밸브 등의 크기 및 설정압력
- 모든 동력기계와 장치 및 설비의 명칭
- 기기번호 및 주요 명세(예비기기 포함)
- 인터록 및 조업중지 여부
- 제어밸브(Control Valve)의 작동중지 상태
- 배관 및 기기의 열 유지 및 보온·보냉
- 모든 계기류의 번호, 종류 및 기능 등
- 모든 배관의 공칭직경, 라인번호, 재질, 플랜지의 공칭압력 등
- 설치되는 모든 밸브류 및 모든 배관의 부속품 등

정답 ④

09 반응성 화학물질의 위험성은 주로 실험에 의한 평가보다 문헌조사 등을 통해 계산에 의해 평가하는 방법이 사용되고 있는데 이에 대한 설명으로 옳지 않은 것은?

① 위험성이 너무 커서 물성을 측정할 수 없는 경우 계산에 의한 평가방법을 사용할 수도 있다.
② 연소열, 분해열, 폭발열 등의 크기에 의해 그 물질의 폭발 또는 발화의 위험예측이 가능하다.
③ 계산에 의한 평가를 하기 위해서는 폭발 또는 분해에 따른 생성물의 예측이 이루어져야 한다.
④ 계산에 의한 위험성 예측은 모든 물질에 대해 정확성이 있으므로 더 이상의 실험을 필요로 하지 않는다.

해설 계산에 의한 위험성 예측은 모든 물질에 대해 정확성이 있더라도 실험을 필요로 한다.

정답 ④

10 산업안전보건법에 따라 유해하거나 위험한 설비 또는 이와 관련된 공정에 중대한 사고 또는 결함이 발생한 경우 공정안전보고서의 확인기간으로 옳은 것은?

① 설치과정 및 설치완료 후 3개월 이내
② 심사완료 후 시운전 단계에서 각 1회
③ 변경완료 후 1개월 이내
④ 1개월 이내

해설 산업안전보건공단은 사업주로부터 확인요청을 받은 날부터 1개월 이내에 내용이 현장과 일치하는지 여부를 확인하고, 확인한 날부터 15일 이내에 그 결과를 사업주에게 통보하여야 한다.

관련이론 공정안전보고서의 확인
- 신규로 설치될 유해하거나 위험한 설비: 설치과정 및 설치완료 후 시운전단계에서 각 1회
- 기존에 설치되어 사용 중인 유해하거나 위험한 설비: 심사완료 후 3개월 이내
- 유해하거나 위험한 설비와 관련한 공정의 중대한 변경의 경우: 변경완료 후 1개월 이내
- 유해하거나 위험한 설비 또는 이와 관련된 공정에 중대한 사고 또는 결함이 발생한 경우: 1개월 이내

정답 ④

CHAPTER 8 | 화재 · 폭발 검토

제1절 폭발의 원리 및 특성

1 연소파와 폭굉파

1. **연소파(Combustion Wave)**

   적정한 공기가 가연성 가스에 혼합되어 폭발범위 내에서 0.1~10m/sec 정도의 진행속도로 정상적인 연소를 시작하는 것으로 불꽃 중에서 가장 빛나게 보이는 얇은 층을 말한다.

2. **폭굉파(Detonation Wave)**

   ① 어떤 물질 내에서 반응전파속도가 음속보다 빠르게 진행되고, 이로 인해 발생된 충격파가 반응을 일으키고 유지하는 반응이다.
   ② 1,000~3,500m/sec 정도의 연소속도를 가진 것으로 매우 큰 폭발음이 나며, 파괴력이 대단한 경우이다.
   ③ 전파속도는 음속보다 빠르기 때문에 그 진행 전면에 충격파(Shock Wave)가 형성되어 파괴작용이 일어난다.
   ④ 폭발충격파가 미반응 매질 속으로 음속보다 빠른 속도로 이동하는 것이다.

3. **폭굉유도거리(DID: Detonation Inducement Distance)**

   ① 완만한 연소가 폭굉으로 발전할 때까지의 거리를 말한다.
   ② **폭굉유도거리(DID)가 짧아지는 조건**
      ㉠ 점화원의 에너지가 강할수록
      ㉡ 정상 연소속도가 큰 혼합가스일 경우
      ㉢ 압력이 높을수록
      ㉣ 관속에 방해물이 있거나 관지름이 작을수록

2 폭발의 분류

1. **폭발의 정의**

   기체 또는 액체의 급속한 팽창으로 인하여 압력이 급격하게 상승하여 파괴작용이 따르는 현상이다.

2. **폭발의 성립조건**

   ① 가연성가스, 증기 또는 분진이 폭발범위 내에 있어야 한다.
   ② 점화원이 있어야 한다.
   ③ 공기와 혼합된 가스가 밀폐된 공간에 충만되어 있어야 한다.

3. 폭발에 영향을 주는 인자

① 압력
② 온도
③ 초기농도 및 조성
④ 용기의 모양과 크기

4. 폭발의 분류

(1) **물리적 폭발(응상폭발)**: 고체 또는 액체의 불안정한 물질의 연쇄적인 폭발형태

① 증기폭발
② 수증기폭발
③ 고상간(고체상태)의 전이에 의한 폭발
④ 전선폭발

(2) **화학적 폭발(기상폭발)**: 폭발을 일으키기 이전의 물질상태가 기체상태인 경우의 폭발형태

① 분해폭발
② 산화폭발(가스폭발)
③ 분무폭발
④ 분진폭발

> **참고** 안전설계 기초에 있어서의 기상폭발대책
>
> ① 발화의 저지: 예방대책
> ② 가연조건의 성립저지: 예방대책
> ③ 방폭벽과 안전거리: 예방대책
> ④ 경보: 긴급대책

(3) **분진폭발**

① **분진폭발의 정의**: 알루미늄, 마그네슘, 철, 아연 등 금속분진, 소맥분 등 고체가 미립자 상태로 공기 중에서 부유하다가 폭발범위 내에 존재할 경우 착화원에 의해 일어나는 폭발현상이다.

② **분진폭발의 요인**
  ㉠ 물리적 요인
    ⓐ 열전도율
    ⓑ 입자의 형상
    ⓒ 입도분포
  ㉡ 화학적 요인: 연소열

③ **분진이 폭발하기 위한 조건**
  ㉠ 미분상태
  ㉡ 점화원의 존재
  ㉢ 조연성 가스 중에서의 교반과 유동(공기 중에서의 교반과 유동)
  ㉣ 가연성

> **참고** 분진폭발의 영향인자
>
> ① 분진의 화학적 성질과 조성
> ② 입도 및 입도분포
> ③ 입자의 형상과 표면상태
> ④ 분진의 부유성
> ⑤ 수분함량
> ⑥ 산소농도
> ⑦ 온도 및 압력

④ **분진의 폭발위험성을 증대시키는 조건**
  ㉠ 분진의 발열량이 클수록
  ㉡ 분위기 중 산소농도가 클수록

ⓒ 분진 내의 수분농도가 작을수록
ⓔ 표면적이 입자체적에 비교하여 클수록(미세할수록)
ⓜ 분진의 초기온도가 높을수록
ⓗ 입자의 지름이 작을수록

⑤ **분진폭발의 발생 순서**: 퇴적분진 → 비산 → 분산 → 발화원 → 전면폭발 → 2차폭발

⑥ **분진폭발의 특성**
   ㉠ 폭발압력과 연소속도는 가스폭발보다 작다.
   ㉡ 가스폭발보다 연소시간이 길고 발생에너지가 크다.
   ㉢ 화염의 파급속도보다 압력의 파급속도가 빠르다.
   ㉣ 불완전연소로 인한 일산화탄소 등 가스중독의 위험성이 크다.
   ㉤ 2차, 3차폭발이 발생하면서 피해가 커진다.
   ㉥ 폭발시 입자가 비산하므로 이것에 부딪치는 가연물은 국부적으로 탄화를 일으킬 수 있다.

⑦ **분진폭발의 방지대책**
   ㉠ 점화원을 제거한다.
   ㉡ 분진의 퇴적을 방지한다.
   ㉢ 분진이 비산되지 않도록 한다.
   ㉣ 입자의 크기를 최대화한다.
   ㉤ 분진과 그 주변의 온도를 낮춘다.
   ㉥ 분진입자의 표면적을 작게 한다.
   ㉦ 불활성분위기를 조성한다.

5. 대량으로 유출된 가연성 가스의 폭발

(1) **비등액체팽창 증기폭발(BLEVE: Boiling Liquid Expanding Vapor Explosion)**
   ① 비점이나 인화점이 낮은 액체가 들어 있는 용기 주위에 화재 등으로 인하여 가열되면, 내부의 비등현상으로 인한 압력상승으로 용기의 벽면이 파열되면서 그 내용물이 폭발적으로 증발, 팽창하면서 폭발을 일으키는 현상이다
   ② 비등액체팽창 증기폭발에 영향을 주는 인자
      ㉠ 저장용기의 재질
      ㉡ 주위온도와 압력상태
      ㉢ 저장된 물질의 종류와 형태
      ㉣ 내용물의 물질적 역학상태
      ㉤ 내용물의 인화성 및 독성여부
   ③ BLEVE 방지대책
      ㉠ 탱크의 과열방지
      ㉡ 열의 침투억제

(2) **증기운폭발(UVCE: Unconfined Vapor Cloud Explosion)**
   ① 대기 중에 대량의 가연성 액체가 유출되거나 대량의 가연성 가스가 유출되면 대기 중에 구름 형태로 모여 있다가 그것으로부터 발생하는 증기가 공기와 혼합하여 가연성 혼합기체를 형성하고, 점화원에 의하여 순간적으로 폭발을 일으키는 현상이다.
   ② UVCE 방지대책: 긴급차단용 안전장치의 설치

> **참고** 반응폭주, 반응폭발 및 슬롭오버, 보일오버
>
> 1. 반응폭주
>   압력, 온도 등 제어상태가 규정의 조건을 벗어나는 것에 의해 반응속도가 증대되고 반응용기 내의 압력, 온도가 급격히 이상상승되어 규정 조건을 벗어나고 반응이 과격화되는 현상이다.
> 2. 반응폭발
>   ① 반응열에 의한 자기가열에 의해 반응속도가 급격히 증가하거나 과열되어 폭발하는 현상
>   ② 반응폭발에 영향을 끼치는 조건
>   • 압력   • 온도
>   • 교반상태   • 냉각시스템
> 3. 슬롭오버(Slop Over)
>   유류탱크 화재시 소화하기 위하여 공급한 물이나 포에 의하여 불붙은 기름이 물, 포의 비등과 함께 비산하는 현상이다.
> 4. 보일오버(Boil Over)
>   유류탱크 화재시 탱크의 바닥에 고인 물의 비등팽창에 의하여 불붙은 기름이 탱크 밖으로 넘치는 현상이다.

3 가스폭발의 원리

1. **폭발범위의 특성**

    ① 상한값과 하한값이 존재한다.
    ② 하한값이 낮을수록 상한값이 높을수록 위험이 크다.
    ③ 공기와 혼합된 가연성 가스의 체적농도로 나타낸다.
    ④ 가연성 가스의 종류에 따라 각각 다른 값을 갖는다.
    ⑤ 온도가 높아지면 상한값은 올라가고 하한값은 내려간다.
    ⑥ 압력이 높아지면 상한값은 올라가고 하한값은 거의 일정하다.
    ⑦ 온도가 높을수록 폭발범위가 넓어진다.
    ⑧ 불활성 기체를 첨가하면 혼합가스의 농도가 희석되어 폭발범위가 좁아진다.
    ⑨ 산소 중에서의 폭발범위는 공기 중에서보다 넓어지고 연소속도도 빠르게 진행된다.
    ⑩ 폭발한계농도 이하에서는 폭발성 혼합가스의 생성이 어렵다.
    ▶ 폭발범위는 가연성 가스와 공기와의 혼합가스에 점화원을 주었을 때 폭발이 일어나는 혼합가스의 농도범위를 말한다.

2. **폭발압력과 가연성 가스 농도와의 관계**

    ① 가연성 가스의 농도와 폭발압력은 비례관계이다.
    ② 최대폭발압력의 크기는 공기와의 혼합기체에서보다 산소의 농도가 큰 혼합기체에서 더 높아진다.
    ③ 폭발압력은 화학양론농도보다 약간 높은 농도에서 최대폭발압력이 된다.
    ④ 가연성 가스의 농도가 너무 희박하거나 진하여도 폭발압력은 낮아진다.
    ⑤ 혼합농도가 한계농도에 근접함에 따라 폭발이 일어나기 어렵고, 격렬한 정도도 작다.

3. 가연성 가스의 폭발한계

가스	하한계(%)	상한계(%)	가스	하한계(%)	상한계(%)
① 암모니아	15.0	28.0	⑫ 아세톤	3.0	13.0
② 일산화탄소	12.5	74.0	⑬ 에틸렌	2.7	36.0
③ 메틸알코올	7.3	36.0	⑭ 아세틸렌	2.5	81.0
④ 시안화수소	6.0	41.0	⑮ 프로필렌	2.4	11.0
⑤ 메탄	5.0	15.0	⑯ 프로판	2.1	9.5
⑥ 에틸알코올	4.3	19.0	⑰ 산화프로필렌	2.0	22.0
⑦ 황화수소	4.3	45.0	⑱ 에테르	1.9	48.0
⑧ 아세트알데히드	4.1	57.0	⑲ 부탄	1.8	8.4
⑨ 수소	4.0	75.0	⑳ 벤젠	1.4	7.1
⑩ 에탄	3.0	12.4	㉑ 사이클로헥산	1.3	8.0
⑪ 산화에틸렌	3.0	80.0	㉒ 이황화탄소	1.2	44

> **참고** 아세틸렌(C_2H_2)의 성질 및 취급, 관리
>
> 1. 아세틸렌의 성질
>   ① Cu, Ag, Hg, Mg과 반응하여 폭발성 아세틸라이드를 생성한다.
>   ② 15℃에서 물에는 1.1배 정도 녹지만, 아세톤에는 25배 녹는다.
>   ③ 아세틸렌은 용기의 내부에 미세한 공간을 가진 다공물질에 용제인 아세톤(CH_3COCH_3)을 침윤시키고 여기에 아세틸렌을 용해하여 충전함으로써 폭발을 방지한다.
>   ④ 분해반응은 발열량이 크며, 화염온도는 3,100℃에 이른다.
>   ⑤ 금속을 용접할 때 발생압력은 게이지압력으로 127kpa를 초과하여 사용하여서는 아니된다.
> 2. 아세틸렌의 취급, 관리시의 주의사항
>   ① 용기는 통풍이 잘되는 장소에 보관하고, 누출시에는 대기와 치환시킨다.
>   ② 폭발할 수 있으므로 필요 이상 고압으로 충전하지 않는다.
>   ③ 용기는 폭발할 수 있으므로 전도, 낙하되지 않도록 한다.
>   ④ 폭발성 물질을 생성할 수 있으므로 구리나 일정 함량 이상의 구리합금과 접촉하지 않도록 한다.

4. 액화가스 용기의 충전량

$$G = \frac{V}{C}$$

여기서, G: 가스충전량(kg)
　　　　C: 가스정수
　　　　V: 내용적(ℓ)

제2절 폭발방지대책

1 폭발방지대책

1. 폭발방호(Explosion Protection)

(1) **폭발억제(Explosion Suppression)**
  압력이 상승하였을 경우 소화기가 터져 가스, 증기, 분진 등에 의한 폭발을 진압함으로써 큰 폭발로 이어지지 않도록 하는 방법이다.

(2) **폭발봉쇄(Explosion Containment)**
  유독성 물질 등이 폭발하였을 경우 안전밸브 등을 통해 다른 저장소로 흘려 보내 압력을 완화시킴으로써 파열을 방지하는 방법이다.

(3) **폭발방산(Explosion Venting)**
  파열판이나 안전밸브 등에 의해 압력을 방출시킴으로써 정상화하는 방법이다.

2. 불활성화

가연성 가스에 불활성 가스(질소, 탄산가스, 헬륨, 아르곤 등)를 주입하여 산소의 농도를 최소산소농도 이하로 유지하여 폭발을 방지한다.

3. 퍼지(Purge)

잔류가스가 탱크 등 설비에 있으면 점화시 폭발가능성이 있기 때문에 이 잔류가스를 대기로 배출시킴으로써 폭발을 방지한다.

종류	내용
압력(Pressure)퍼지	① 가압하에서 불활성가스를 주입하여 잔류가스 방출 ② 진공퍼지보다 시간이 크게 절약되지만 대량의 주입가스 필요
진공(Vacuum)퍼지	① 용기를 진공으로 한 후 불활성 가스 주입 ② 용기에 대하여 가장 일반화된 방식이지만 대형용기는 사용불가
스위프(Sweep)퍼지	① 용기에 진공으로 하거나 가압을 할 수 없는 경우 사용 ② 용기의 한쪽 개구부로 가스를 주입하고 다른 개구부로 잔류가스 방출
사이펀(Siphon)퍼지	① 용기에 물을 가득 부어 넣은 다음 용기로부터 물을 배출시킴과 동시에 불활성 가스 주입 ② 경비를 최소화 할 수 있음

> **참고** 내화기준 및 폭발 또는 화재 등의 예방대책
>
> 1. 내화기준(산업안전보건법 안전보건기준)
>   가스폭발 위험장소 또는 분진폭발 위험장소에 설치되는 건축물 등에 대해서는 다음에 해당하는 부분을 내화구조로 하여야 한다. 다만, 건축물 등의 주변에 화재에 대비하여 물분무시설 또는 폼 헤드(Foam Head)설비 등의 자동소화설비를 설치하여 건축물 등이 화재시에 2시간 이상 그 안전성을 유지할 수 있도록 한 경우에는 내화구조로 하지 아니할 수 있다.

① 건축물의 기둥 및 보: 지상1층(지상 1층의 높이가 6m를 초과하는 경우에는 6m까지)
② 위험물 저장·취급용기의 지지대(높이가 30cm 이하인 것은 제외한다.): 지상으로부터 지지대의 끝부분
③ 배관·전선관 등의 지지대: 지상으로부터 1단(1단 높이가 6m를 초과하는 경우에는 6m까지)

2. 폭발 또는 화재 등의 예방대책(산업안전보건법 안전보건기준)
   ① 인화성 액체의 증기, 인화성 가스 또는 인화성 고체가 존재하여 폭발이나 화재가 발생할 우려가 있는 장소에서 해당 증기, 가스 또는 분진에 의한 폭발 또는 화재를 예방하기 위하여 환풍기, 배풍기 등 환기장치를 적절하게 설치할 것
   ② 증기나 가스에 의한 폭발이나 화재를 미리 감지하기 위하여 가스검지 및 경보성능을 갖춘 '가스검지 및 경보장치'를 설치할 것
   ※ 산업안전보건법 안전보건기준 → 2021.5.28 개정

4. **폭발구(방산구) 설치**
   내부압력 상승시 내부압력을 외부로 안전하게 배출시키기 위하여 창문, 문 등을 설치함으로써 피해를 최소화한다.

5. **기타 폭발의 방지와 피해를 최소화할 수 있는 안전대책**
   ① 환기 및 통풍실시
   ② 방유제 설치
   ③ 소화설비 비치
   ④ 정전기 제거
   ⑤ 방폭구조 확보
   ⑥ 내화구조 설치
   ⑦ 화염방지기의 설치
   ⑧ 가스검지 및 경보장치의 설치

2 폭발하한계의 계산

1. **혼합가스의 폭발한계**: 르-샤틀리에(Le Chatelier)법칙

   (1) 순수한 혼합가스인 경우

   $$L = \frac{100}{\frac{V_1}{L_1} + \frac{V_2}{L_2} + \cdots + \frac{V_n}{L_n}}$$

   (2) 공기와 혼합가스가 섞여 있는 경우

   $$L = \frac{V_1 + V_2 + \cdots + V_n}{\frac{V_1}{L_1} + \frac{V_2}{L_2} + \cdots + \frac{V_n}{L_n}}$$

   여기서, L: 혼합가스의 폭발한계(%)
   $L_1, L_2 \cdots L_n$: 각 성분가스의 폭발한계(%)
   $V_1, V_2 \cdots V_n$: 각 성분가스의 부피비(%)

   > **참고** 누설발화형 폭발재해의 예방대책
   > • 발화원 관리
   > • 누설물질의 검지·경보
   > • 밸브의 오동작 방지

적중문제 CHAPTER 8 | 화재·폭발 검토

01 화염의 전파속도가 음속보다 빨라 파면선단에 충격파가 형성되어 보통 그 속도가 1,000~3,500m/s에 이르는 현상을 무엇이라 하는가?

① 폭발현상 ② 폭굉현상
③ 파괴현상 ④ 발화현상

해설 화염의 전파속도가 음속보다 빨라 파면선단에 충격파가 형성되어 보통 그 속도가 1,000~3,500m/s에 이르는 현상은 폭굉(Detonation)현상이다.

정답 ②

02 폭발압력과 가연성 가스의 농도와의 관계에 대한 설명으로 가장 적절한 것은?

① 가연성 가스의 농도와 폭발압력은 반비례관계이다.
② 가연성 가스의 농도가 너무 희박하거나 너무 진하여도 폭발압력은 최대로 높아진다.
③ 폭발압력은 화학양론농도보다 약간 높은 농도에서 최대폭발압력이 된다.
④ 최대폭발압력의 크기는 공기와의 혼합기체에서보다 산소의 농도가 큰 혼합기체에서 더 낮아진다.

해설 폭발압력은 화학양론농도보다 약간 높은 농도에서 최대폭발압력이 된다.

선지분석
① 가연성 가스의 농도와 폭발압력은 비례관계이다.
② 가연성 가스의 농도가 너무 희박하거나 너무 진하여도 폭발압력은 낮아진다.
④ 최대폭발압력의 크기는 공기와의 혼합기체에서보다 산소의 농도가 큰 혼합기체에서 더 높아진다.

정답 ③

03 응상폭발이 아닌 것은?

① 분해폭발
② 수증기폭발
③ 전선폭발
④ 고상간의 전이에 의한 폭발

해설 분해폭발은 기상폭발(화학적 폭발)에 해당한다.

관련이론 폭발의 분류

응상폭발 (물리적 폭발)	• 증기폭발 • 수증기폭발 • 고상간의 전이에 의한 폭발 • 전선폭발
기상폭발 (화학적 폭발)	• 분해폭발 • 산화폭발(가스폭발) • 분진폭발 • 분무폭발

정답 ①

04 폭발에 관한 용어 중 BLEVE가 의미하는 것은?

① 고농도의 분진폭발
② 저농도의 분해폭발
③ 개방계 증기운폭발
④ 비등액체팽창 증기폭발

해설 BLEVE(Boiling Liquid Expanding Vapor Explosion)는 비등액체팽창 증기폭발을 의미한다.

정답 ④

05 비점이나 인화점이 낮은 액체가 들어있는 용기 주위에 화재 등으로 인하여 가열되면, 내부의 비등현상으로 인한 압력상승으로 용기의 벽면이 파열되면서 그 내용물이 폭발적으로 증발, 팽창하면서 폭발을 일으키는 현상을 무엇이라 하는가?

① BLEVE ② UVCE
③ 개방계 폭발 ④ 밀폐계 폭발

해설 비점이나 인화점이 낮은 액체가 들어있는 용기 주위에 화재 등으로 인하여 가열되면, 내부의 비등현상으로 인한 압력상승으로 용기의 벽면이 파열되면서 그 내용물이 폭발적으로 증발, 팽창하면서 폭발을 일으키는 현상을 BLEVE(Boiling Liquid Expanding Vapor Explosion)라 한다.

선지분석
② UVCE(Unconfined Vapor Cloud Explosion)는 증기운 폭발이다.
③ 개방계 폭발은 개방된 상태에서 점화원에 의해 일어나는 폭발이다.
④ 밀폐계 폭발은 밀폐된 공간 내에서 일어나는 폭발이다.

정답 ①

06 대기 중에 대량의 가연성 가스가 유출되거나 대량의 가연성 액체가 유출하여 그것으로부터 발생하는 증기와 공기와 혼합해서 가연성 혼합기체를 형성하고, 점화원에 의하여 발생하는 폭발을 무엇이라고 하는가?

① UVCE ② BLEVE
③ Detonation ④ Boil over

해설 대기 중에 대량의 가연성 가스가 유출되거나 대량의 가연성 액체가 유출하여 그것으로부터 발생하는 증기와 공기와 혼합해서 가연성 혼합기체를 형성하고, 점화원에 의하여 발생하는 폭발은 UVCE(Unconfined Vapor Cloud Explosion: 증기운폭발)이다.

선지분석
② BLEVE란 비등액체팽창 증기폭발을 말한다.
③ Detonation(폭굉)이란 1,000~3,500m/s 정도의 연소속도를 가진 것으로 매우 큰 폭발음이 나며 파괴력이 대단한 경우를 말한다.
④ Boil over란 화재가 확대될 때 연소 중인 기름에서 발생하는 현상을 말한다.

정답 ①

07 분진폭발의 특징으로 옳은 것은?

① 가스폭발보다 연소시간이 짧고, 발생에너지가 작다.
② 압력의 파급속도보다 화염의 파급속도가 크다.
③ 가스폭발에 비하여 불완전연소가 작게 발생한다.
④ 주위의 분진에 의해 2차, 3차의 폭발로 파급될 수 있다.

해설 주위의 분진에 의해 2차, 3차의 폭발로 파급되어 피해가 커질 수 있다.

관련이론 분진폭발의 특징
• 폭발압력과 연소속도는 가스폭발보다 작다.
• 가스폭발보다 연소시간이 길고 발생에너지가 크다.
• 화염의 파급속도보다 압력의 파급속도가 크다.
• 불완전연소로 인한 일산화탄소 등 가스중독의 위험성이 크다.
• 2차, 3차폭발이 발생하면서 피해가 크다.

정답 ④

08 분진폭발의 요인을 물리적 인자와 화학적 인자로 분류할 때 화학적 인자에 해당하는 것은?

① 연소열 ② 입도분포
③ 열전도율 ④ 입자의 형상

해설 연소열은 화학적 인자에 해당하며, 입도분포, 열전도율, 입자의 형상은 물리적 인자에 해당한다.

정답 ①

09 분진이 폭발하기 위한 조건으로 거리가 먼 것은?

① 불연성질
② 미분상태
③ 점화원의 존재
④ 조연성 가스 중에서의 교반과 유동

해설 불연성질은 분진이 폭발하기 위한 조건에 해당하지 않는다.

관련이론 분진이 폭발하기 위한 조건
• 미분상태
• 점화원의 존재
• 조연성 가스 중에서의 교반과 유동(공기 중에서의 교반과 유동)

정답 ①

10 분진의 폭발위험성을 증대시키는 조건으로 옳은 것은?

① 분진의 발열량이 작을수록
② 분위기 중 산소농도가 작을수록
③ 분진 내의 수분농도가 작을수록
④ 표면적이 입자체적에 비교하여 작을수록

해설 분진 내의 수분농도가 작을수록 분진의 폭발위험성을 증대시킨다.

관련이론 분진의 폭발위험성을 증대시키는 조건
- 분진의 발열량이 클수록
- 분위기 중 산소농도가 클수록
- 표면적이 입자체적에 비교하여 클수록(미세할수록)
- 분진 내의 수분농도가 작을수록
- 분진의 초기온도가 높을수록
- 입자지름이 작을수록

정답 ③

11 분진폭발의 발생 순서로 옳은 것은?

① 비산 → 분산 → 퇴적분진 → 발화원 → 2차폭발 → 전면폭발
② 비산 → 퇴적분진 → 분산 → 발화원 → 2차폭발 → 전면폭발
③ 퇴적분진 → 발화원 → 분산 → 비산 → 전면폭발 → 2차폭발
④ 퇴적분진 → 비산 → 분산 → 발화원 → 전면폭발 → 2차폭발

해설 분진폭발은 퇴적분진 → 비산 → 분산 → 발화원 → 전면폭발 → 2차폭발의 순으로 발생한다.

정답 ④

12 분진폭발을 일으킬 위험이 가장 높은 물질은?

① 염소   ② 마그네슘
③ 산화칼슘   ④ 에틸렌

해설 마그네슘이 분진폭발을 일으킬 위험이 가장 높다.

관련이론 분진폭발을 일으킬 위험이 높은 물질
- 마그네슘
- 알루미늄
- 폴리에틸렌
- 소맥분
- 알루미늄 수지
- 코크스
- 카본블랙
- 석탄 등

정답 ②

13 분진폭발의 가능성이 가장 낮은 물질은?

① 소맥분   ② 마그네슘
③ 질석가루   ④ 스텔라이트

해설 질석가루는 불연성으로 분진폭발의 가능성이 가장 낮은 물질이다.

관련이론 분진폭발의 가능성이 낮은 물질(불연성)
- 질석가루
- 대리석가루
- 생석회
- 가성소다
- 시멘트가루

정답 ③

14 분진폭발의 발생 위험성을 낮추는 방법으로 적절하지 않은 것은?

① 주변의 점화원을 제거한다.
② 분진이 날리지 않도록 한다.
③ 분진과 그 주변의 온도를 낮춘다.
④ 분진입자의 표면적을 크게 한다.

해설 분진입자의 표면적을 작게 하여야 위험성이 낮아진다.

관련이론 분진폭발의 발생 위험성을 낮추는 방법(분진폭발의 방지대책)
- 주변의 점화원을 제거한다.
- 분진이 날리지 않도록 한다.
- 분진과 그 주변의 온도를 낮춘다.
- 분진의 퇴적을 방지한다.
- 분진입자의 표면적을 작게 한다.
- 입자의 크기를 최대화한다.
- 불활성분위기를 조성한다.

정답 ④

15 다음 설명이 의미하는 것은?

> 온도, 압력 등 제어상태가 규정의 조건을 벗어나는 것에 의해 반응속도가 지수함수적으로 증대되고, 반응용기 내의 온도, 압력이 급격히 이상상승되어 규정 조건을 벗어나고, 반응이 과격화되는 현상

① 비등
② 과열·과압
③ 폭발
④ 반응폭주

해설 반응폭주에 대한 설명이다.

선지분석
① 비등(Boiling)은 일정한 압력하에서 액체를 가열하면 액체표면에 기화 이외에 액체증기 기포가 발생하는 현상이다.
② 과열·과압은 열과 압력이 이상상승하는 상태이다.
③ 폭발은 압력의 개방, 급격한 발생으로 인하여 폭음을 수반하는 파열이 발생하는 현상이다.

정답 ④

16 가연성 가스의 폭발범위에 대한 설명으로 옳지 않은 것은?

① 압력증가에 따라 폭발상한계와 하한계가 모두 현저히 증가한다.
② 불활성 가스를 주입하면 폭발범위는 좁아진다.
③ 온도의 상승과 함께 폭발범위는 넓어진다.
④ 산소 중에서의 폭발범위는 공기 중에서 보다 넓어진다.

해설 압력증가에 따라 폭발상한계는 현저히 증가하나 폭발하한계는 일정하다.

정답 ①

17 폭발범위에 대한 설명으로 옳지 않은 것은?

① 상한값과 하한값이 존재한다.
② 온도에는 비례하지만 압력과는 무관하다.
③ 가연성 가스의 종류에 따라 각각 다른 값을 갖는다.
④ 공기와 혼합된 가연성 가스의 체적농도로 나타낸다.

해설 폭발범위는 온도와 압력에 비례한다.

관련이론 폭발범위의 특성
- 상한값과 하한값이 존재한다.
- 가연성 가스의 종류에 따라 각각 다른 값을 갖는다.
- 공기와 혼합된 가연성 가스의 체적농도로 나타낸다.
- 하한값이 낮을수록 상한값이 높을수록 위험이 크다.
- 온도가 높아지면 상한값은 올라가고 하한값은 내려간다.
- 압력이 높아지면 상한값은 올라가고 하한값은 일정하다.

정답 ②

18 다음 물질을 폭발범위가 넓은 것부터 좁은 순서로 바르게 배열한 것은?

$$H_2, C_3H_8, CH_4, CO$$

① $CO > H_2 > C_3H_8 > CH_4$
② $H_2 > CO > CH_4 > C_3H_8$
③ $C_3H_8 > CO > CH_4 > H_2$
④ $CH_4 > H_2 > CO > C_3H_8$

해설 $H_2 > CO > CH_4 > C_3H_8$ 순으로 배열할 수 있다.

> **관련이론** 폭발범위
> - H_2(수소): 4 ~ 75%
> - CO(일산화탄소): 12.5 ~ 74%
> - CH_4(메탄): 5 ~ 15%
> - C_3H_8(프로판): 2.1 ~ 9.5%

정답 ②

19 공기에서 폭발상한계값이 가장 큰 물질은?

① 사이클로헥산
② 산화에틸렌
③ 수소
④ 이황화탄소

해설 폭발상한계값이 가장 큰 것은 산화에틸렌(80%)이다.

> **관련이론** 가연성가스의 폭발범위
> - 사이클로헥산: 1.3 ~ 8.0%
> - 산화에틸렌: 3 ~ 80%
> - 수소: 4 ~ 75%
> - 이황화탄소: 1.2 ~ 44%

정답 ②

20 분해폭발의 위험성이 있는 아세틸렌의 용제로 가장 적절한 것은?

① 에테르
② 에틸알코올
③ 아세톤
④ 아세트알데히드

해설 아세틸렌 용제로 많이 쓰이는 물질은 아세톤(CH_3COCH_3), 디메틸포름아미드(DMF)이다.

정답 ③

21 분해폭발하는 가스의 폭발방지를 위하여 첨가하는 불활성 가스로 가장 적합한 것은?

① 산소
② 질소
③ 수소
④ 프로판

해설 분해폭발하는 가스의 폭발방지를 위하여 첨가하는 불활성 가스로 가장 적합한 것은 질소(N_2)이다.

정답 ②

22 폭발방호(Explosion Protection)대책과 가장 거리가 먼 것은?

① 불활성화(Inerting)
② 억제(Suppression)
③ 방산(Venting)
④ 봉쇄(Containment)

해설 폭발방호대책에는 억제(Suppression), 봉쇄(Containment), 방산(Venting)이 있으며, 불활성화(Inerting)는 폭발방호대책과 관계가 없다.

정답 ①

23 누설발화형 폭발재해의 예방대책으로 가장 적합하지 않은 것은?

① 발화원 관리
② 밸브의 오동작 방지
③ 불활성 가스의 치환
④ 누설물질의 검지·경보

해설 누설발화형 폭발재해의 예방대책으로는 발화원 관리, 누설물질의 검지·경보, 밸브의 오동작 방지가 있으며, 불활성 가스의 치환은 예방대책에 해당하지 않는다.

정답 ③

24 인화성 액체 위험물을 액체상대로 저장하는 저장탱크를 설치할 때, 위험물질이 누출되어 확산되는 것을 방지하기 위하여 설치해야 하는 것은?

① 방유제   ② 유막시스템
③ 방폭제   ④ 수막시스템

해설 인화성 액체 위험물을 액체상태로 저장하는 저장탱크를 설치할 때, 위험물질이 누출되어 확산되는 것을 방지하기 위하여 설치해야 하는 것은 방유제이다.

정답 ①

25 가스 또는 분진폭발 위험장소에 설치되는 건축물의 내화구조를 설명한 것으로 옳지 않은 것은?

① 건축물 기둥 및 보는 지상 1층까지 내화구조로 한다.
② 위험물 저장·취급 용기의 지지대는 지상으로부터 지지대의 끝부분까지 내화구조로 한다.
③ 건축물 주변에 자동소화설비를 설치한 경우 건축물 화재시 1시간 이상 그 안전성을 유지하는 경우는 내화구조로 하지 아니할 수 있다.
④ 배관·전선관 등의 지지대는 지상으로부터 1단까지 내화구조로 한다.

해설 건축물 주변에 자동소화설비를 설치한 경우 건축물 화재시 2시간 이상 그 안전성을 유지할 수 있도록 하는 경우에는 내화구조로 아니할 수 있다.

정답 ③

26 다음 산업안전보건기준에 관한 규칙에서 정한 폭발 또는 화재 등의 예방에 관한 내용에서 ( )에 알맞은 용어는?

> 사업주는 인화성 액체의 증기, 인화성 가스 또는 인화성 고체가 존재하여 폭발이나 화재가 발생할 우려가 있는 장소에서 해당 증기·가스 또는 분진에 의한 폭발 또는 화재를 예방하기 위하여 ( ), ( ) 등 환기장치를 적절하게 설치해야 한다.

① 통풍기, 세척기   ② 환풍기, 배풍기
③ 제습기, 세척기   ④ 환풍기, 제습기

해설 사업주는 인화성 액체의 증기, 인화성 가스 또는 인화성 고체가 존재하여 폭발이나 화재가 발생할 우려가 있는 장소에서 해당 증기, 가스 또는 분진에 의한 폭발 또는 화재를 예방하기 위하여 환풍기, 배풍기 등 환기장치를 적절하게 설치해야 한다.
※ 산업안전보건법 안전보건기준 → 2021.5.28 개정

정답 ②

27 액화프로판 310kg을 내용적 50ℓ 용기에 충전할 때 필요한 소요용기의 수는 약 몇 개인가? (단, 액화프로판의 가스정수는 2.35이다.)

① 15   ② 17
③ 19   ④ 21

해설 $G = \dfrac{V}{C} = \dfrac{50}{2.35} ≒ 21.28$

∴ $310 ÷ 21.28 = 14.567 ≒ 15$개

정답 ①

28 밀폐공간 내 작업시의 조치사항으로 가장 거리가 먼 것은?

① 산소결핍이 우려되거나 유해가스 등의 농도가 높아서 폭발할 우려가 있는 경우는 진행 중인 작업에 방해되지 않도록 주의하면서 환기를 강화하여야 한다.
② 해당 작업장을 적정한 공기상태로 유지되도록 환기하여야 한다.
③ 해당 장소에 근로자를 입장시킬 때와 퇴장시킬 때에 각각 인원을 점검하여야 한다.
④ 해당 작업장과 외부의 감시인 사이에 상시 연락을 취할 수 있는 설비를 설치하여야 한다.

해설 산소결핍이 우려되거나 유해가스 등의 농도가 높아서 폭발할 우려가 있는 경우에는 즉시 작업을 중단하고 해당 근로자를 대피시켜야 한다.

정답 ①

29 6vol% 헥산, 4vol% 메탄, 2vol% 에틸렌으로 구성된 혼합가스의 연소하한값(LFL)은? (단, 각 물질의 공기 중 연소하한값은 헥산 1.1vol%, 메탄 5.0vol%, 에틸렌 2.7vol%이다.)

① 0.69   ② 1.21
③ 1.45   ④ 1.71

해설 혼합가스의 폭발한계는 다음과 같이 구할 수 있다.

$$L = \dfrac{V_1 + V_2 + V_3}{\dfrac{V_1}{L_1} + \dfrac{V_2}{L_2} + \dfrac{V_3}{L_3}} = \dfrac{(6+4+2)}{\dfrac{6}{1.1} + \dfrac{4}{5.0} + \dfrac{2}{2.7}}$$

$≒ 1.7144 ≒ 1.71$

정답 ④

30 표를 참조하여 메탄 70vol%, 프로판 21vol%, 부탄 9vol%인 혼합가스의 폭발범위를 구하면 약 몇 vol% 인가?

가스	폭발하한계 (vol%)	폭발상한계 (vol%)
C_4H_{10}	1.8	8.4
C_3H_8	2.1	9.5
C_2H_6	3.0	12.4
CH_4	5.0	15.0

① 3.45 ~ 9.11   ② 3.45 ~ 12.58
③ 3.85 ~ 9.11   ④ 3.85 ~ 12.58

해설
• $L(\text{폭발하한값}) = \dfrac{100}{\dfrac{70}{5} + \dfrac{21}{2.1} + \dfrac{9}{1.8}}$

$= 3.4482 ≒ 3.45$

• $L(\text{폭발상한값}) = \dfrac{100}{\dfrac{70}{15} + \dfrac{21}{9.5} + \dfrac{9}{8.4}}$

$= 12.5827 ≒ 12.58$

따라서, 폭발범위는 3.45 ~ 12.58%이다.

정답 ②

CHAPTER 9 | 화학물질 취급설비 개념 확인

제1절 화학설비의 종류 및 안전기준

1 화학설비의 종류(산업안전보건법 안전보건기준)

1. **화학설비**
   ① 반응기, 혼합조 등 화학물질 반응 또는 혼합장치
   ② 증류탑, 흡수탑, 추출탑, 감압탑 등 화학물질 분리장치
   ③ 저장탱크, 계량탱크, 호퍼, 사일로 등 화학물질 저장설비 또는 계량설비
   ④ 응축기, 냉각기, 가열기, 증발기 등 열교환기류
   ⑤ 고로 등 점화기를 직접 사용하는 열교환기류
   ⑥ 캘린더(Calender), 혼합기, 발포기, 인쇄기, 압출기 등 화학제품가공설비
   ⑦ 분쇄기, 분체분리기, 용융기 등 분체화학물질 취급장치
   ⑧ 결정조, 유동탑, 탈습기, 건조기 등 분체화학물질 분리장치
   ⑨ 펌프류, 압축기, 이젝터(Ejector) 등의 화학물질 이송 또는 압축설비

2. **화학설비의 부속설비**
   ① 배관, 밸브, 관, 부속류 등 화학물질 이송 관련 설비
   ② 온도, 압력, 유량 등을 지시·기록 등을 하는 자동제어 관련 설비
   ③ 안전밸브, 안전판, 긴급차단 또는 방출밸브 등 비상조치 관련 설비
   ④ 가스누출감지 및 경보 관련 설비
   ⑤ 세정기, 응축기, 벤트스택(Vent Stack), 플레어스택(Flare Stack) 등 폐가스처리설비
   ⑥ 사이클론, 백필터(Bag Filter), 전기집진기 등 분진처리설비
   ⑦ ①~⑥의 설비를 운전하기 위하여 부속된 전기 관련 설비
   ⑧ 정전기 제거장치, 긴급 샤워설비 등 안전 관련 설비

3. **특수화학설비**(산업안전보건법 안전보건기준)
   (1) 위험물을 기준량 이상으로 제조하거나 취급하는 설비이다.
   (2) 내부의 이상상태를 조기에 파악하기 위하여 필요한 '온도계, 유량계, 압력계' 등의 계측장치를 설치하여야 한다.
   (3) 특수화학설비의 종류
   ① 발열반응이 일어나는 반응장치
   ② 증류, 정류, 증발, 추출 등 분리를 하는 장치

③ 가열시키는 물질의 온도가 가열되는 위험물질의 분해온도 또는 발화점보다 높은 상태에서 운전되는 설비
④ 반응폭주 등 이상화학반응에 의하여 위험물질이 발생할 우려가 있는 설비
⑤ 온도가 350℃ 이상이거나 게이지압력이 980kPa 이상인 상태에서 운전되는 설비
⑥ 가열로 또는 가열기

2 반응기

1. **반응기(Chemical Reactor)**: 압력, 농도, 온도, 시간, 촉매, 물질 등의 영향에 의한 화학반응에 사용되는 장치이다.

2. **반응기의 종류**
   (1) **구조방식에 의한 분류**
   ① 탑형 반응기
   ② 관형 반응기
   ③ 교반조형 반응기
   ④ 유동층형 반응기

   > **참고** 관형 반응기의 특징
   > ① 가는 관으로 된 긴 형태의 반응기이다.
   > ② 처리량이 많아 대규모 생산에 많이 사용된다.
   > ③ 기상 또는 액상 등 반응속도가 빠른 물질에 사용된다.
   > ④ 전열면적이 커서 온도조절이 쉽다.

   (2) **조작방식에 의한 분류**
   ① 연속식 반응기
      ㉠ 원료를 연속적으로 유입시키는 동시에 다른 쪽에서는 반응생성물질을 생성시키는 방식이다.
      ㉡ 압력, 온도, 농도의 시간적인 변화가 없다.
   ② 회분식 균일상 반응기
      ㉠ 여러 가지 가스와 액체를 반응시켜 새로운 반응생성물질을 회수하는 방식이다.
      ㉡ 1회의 조작이 끝나는 경우에 사용되는 반응기로 소량다품종 생산에 적합하다.
   ③ **반회분식 반응기**: 처음부터 반응물질을 전부 넣어서 다른 물질을 연속적으로 생성시키는 방식이다.

3. **반응기의 운전을 중지할 때 주의사항**
   ① 사전에 가연성 물질이 새거나 흘러나올 때의 대책을 세운다.
   ② 급격한 압력변화, 온도변화, 유량변화를 피한다.
   ③ 불활성 가스에 의하여 잔류가스를 제거하고 물로 잔류물을 제거한다.
   ④ 개방을 하는 경우에는 우선 최고 윗부분과 아랫부분의 뚜껑을 열어 자연통풍 냉각을 실시한다.

   > **참고** 반응기
   > 1. 반응기의 유해·위험요인으로 화학반응이 있을 때 특히 유의해야 할 사항
   >   ① 과압
   >   ② 반응폭주
   > 2. 반응기가 이상과열인 경우 반응폭주를 방지하기 위하여 작동하는 장치
   >   ① 고온경보장치
   >   ② 긴급차단장치
   >   ③ 자동 셧다운(shutdown)장치

3 증류탑

1. 증류탑(Distillation Tower)
증기압이 다른 액체 혼합물로부터 끓는점의 차이를 이용하여 필요 성분을 분리하는 장치이다.

> **참고** 증류탑의 원리 및 특성
> ① 끓는 점(휘발성)의 차이를 이용하여 목적 성분을 분리한다.
> ② 열이동과 물질이동을 도모한다.
> ③ 기-액상의 접촉이 충분히 일어날 수 있는 접촉면적이 필요하다.
> ④ 여러 개의 단을 사용하는 다단탑이 사용될 수 있다.

2. 증류탑의 종류

(1) 충전탑
① 고체의 충전물을 탑내에 충전하고 액체와 증기와의 접촉면적을 크게 한 것이다.
② 탑지름이 작은 증류탑이나 부식성이 큰 물질의 증류에 사용된다.

(2) 단탑
특정한 구조의 여러 개의 단(Plate, Tray)으로 되어 있으며, 각각의 단을 단위로 하여 액체와 증기가 접촉하도록 되어 있다.
① 다공판탑
② 포종탑
③ 밸러스트 트레이(Ballast Tray)
④ 니플 트레이(Nipple Tray)

3. 증류방식

(1) 수증기증류: 수증기를 물에 용해되지 않는 휘발성 액체에 직접 불어 넣고 가열하여 증류하는 방식

(2) 추출증류
① 용매를 사용하여 혼합물로부터 특정 성분을 분리하는 방식
② 분리하여야 하는 물질의 끓는점이 비슷할 때 사용되는 방식

(3) 진공증류(감압증류): 분해할 우려가 있는 물질의 압력을 감압하여 물질의 끓는점을 낮추어 증류하는 방식

(4) 공비증류
① 제3의 성분을 첨가하여 별개의 공비 혼합물을 만들어 증류함으로써 증류 잔류물이 순수한 성분이 되도록 증류하는 방식
② 순수한 성분을 분리시킬 수 없는 혼합물의 경우에 사용되는 방식
③ 수분을 함유하는 에탄올에서 순수한 에탄올을 얻기 위해 벤젠과 같은 물질을 첨가하여 수분을 제거하는 것이다.

4. 증류탑의 점검

(1) 일상 점검사항

① 기초볼트의 헐거움 여부

② 보온재, 보냉재의 파손 여부

③ 접속부, 맨홀부 및 용접부에서의 외부누출 유무

④ 도장의 열화상태

⑤ 부식 등에 의해 두께가 얇아지고 있는지의 여부

⑥ 증기배관에 열팽창에 의한 무리한 힘이 가해지고 있는지의 여부

(2) 개방시 점검사항

① 누출의 원인이 되는 손상, 균열 여부

② 트레이(Tray)의 부식상태, 범위, 정도

③ 다공판의 굽힘(Bending)은 없는지 블라스트 유닛(Blast Unit)은 고정되어 있는지의 여부

④ 폴리머(Polymer) 등의 생성물, 녹 등으로 인하여 포종의 막힘 여부

⑤ 라이닝(Lining) 또는 코팅(Coating) 상황

⑥ 용접선의 상황과 포종이 선반에 고정되어 있는지의 여부

▶ 증류탑에서 포종탑 내에 설치되어 있는 포종의 주요역할은 증기와 액체의 접촉을 용이하게 해주는 것이다.

4 열교환기

1. 열교환기

저온의 유체와 고온의 유체의 사이에서 열을 이동시키거나 열에너지를 교환하는 장치이다.

2. 열교환기의 분류

(1) 구조에 의한 분류

① 코일식 열교환기

② 이중관식 열교환기

③ 다관식 열교환기

(2) 사용목적에 의한 분류

① **열교환기**: 폐열의 회수에 사용

② **가열기**(Heater): 저온측 유체의 가열에 사용

③ **냉각기**(Cooler): 고온측 유체의 냉각에 사용

④ **증발기**(Vaporizer): 유체의 증발에 사용

⑤ **응축기**(Condenser): 증기의 응축에 사용

3. 열교환기의 점검

(1) 일상점검 사항
   ① 플랜지부, 용접부 등의 누설여부
   ② 기초볼트의 조임상태
   ③ 보온재 및 보냉재의 파손상황
   ④ 도장의 노후상황

(2) 정기점검 사항
   ① 누출의 원인이 되는 비율, 결점
   ② 부식의 형태, 정도, 범위
   ③ 용접선의 상황
   ④ 라이닝(Lining) 또는 코팅(Coating)의 상태
   ⑤ 부식 및 고분자 등 생성물의 상황 또는 부착물에 의한 오염상황

> **참고** 열교환기의 열교환 능률을 향상시키기 위한 방법
> ① 유체의 유속을 적절하게 조절(빠르게)한다.
> ② 열교환기의 입구와 출구의 온도차를 크게 한다.
> ③ 열전도율이 높은 재료를 사용한다.
> ④ 열교환기의 전열면적을 크게 한다.
> ⑤ 관내의 스케일(scale)을 제거한다.
> ⑥ 유체의 흐르는 방향을 향류(counterflow: 고온유체와 저온유체가 반대방향으로 흐르는 것)로 한다.

제2절 건조설비의 종류 및 재해형태

1 건조설비의 종류

1. 건조설비
수분이 포함된 물질로 열작용에 의하여 물질의 수분을 증발시키는 장치이다.

2. 건조설비의 종류
① 회전건조기(Rotary Dryer)
② 상자형건조기(Compartment Dryer)
③ 터널건조기(Tunnel Dryer)
④ 드럼건조기(Drum Dryer)
⑤ 밴드건조기(Band Dryer)
⑥ 기류건조기(Pneumatic Dryer)

⑦ 유동층건조기(Fluidized Dryer)
⑧ 분무건조기
⑨ 적외선건조기
⑩ **시트건조기(Sheet Dryer)**: 건조설비의 가열방법으로 대전전열방식, 방사전열방식 등이 있고, 직교류형, 병류형 등의 강제대류방식을 사용하는 것이 많으며 종이, 직물 등의 건조물 건조에 주로 사용된다.

3. 건조설비의 구조

(1) 건조설비의 구조

① 구조부분
  ㉠ 본체(보온판, 철골부, 셸(Shell)부 등)
  ㉡ 내부구조물
  ㉢ 구동장치

② 가열장치
  ㉠ 열원장치
  ㉡ 순환용 송풍기

③ 부속설비
  ㉠ 온도조절장치
  ㉡ 온도측정장치
  ㉢ 환기장치
  ㉣ 소화장치
  ㉤ 집진장치
  ㉥ 안전장치

(2) 위험물 건조설비 중 건조실을 설치하는 건축물의 구조를 독립된 단층건물로 하여야 하는 건조설비(산업안전보건법 안전보건기준)

① 위험물 또는 위험물이 발생하는 물질을 가열, 건조하는 경우 내용적이 $1m^3$ 이상인 건조설비

② 위험물이 아닌 물질을 가열·건조하는 경우로서 다음 중 어느 하나의 용량에 해당하는 건조설비
  ㉠ 고체 또는 액체연료의 최대사용량이 10kg/h 이상
  ㉡ 기체연료의 최대사용량이 $1m^3/h$ 이상
  ㉢ 전기사용 정격용량이 10kW 이상

(3) 건조설비의 구조(산업안전보건법 안전보건기준)

① 건조설비의 바깥면은 불연성 재료로 만들 것
② 건조설비(유기과산화물을 가열건조하는 것은 제외한다)의 내면과 내부의 선반이나 틀은 불연성 재료로 만들 것
③ 위험물 건조설비의 측벽이나 바닥은 견고한 구조로 할 것
④ 위험물 건조설비는 그 상부를 가벼운 재료로 만들고 주위상황을 고려하여 폭발구를 설치할 것
⑤ 위험물 건조설비는 건조하는 경우에 발생하는 가스, 증기 또는 분진을 안전한 장소로 배출시킬 수 있는 구조로 할 것
⑥ 액체연료 또는 인화성 가스를 열원의 연료로 사용하는 건조설비를 점화하는 경우에는 폭발이나 화재를 예방하기 위하여 연소실이나 그 밖에 점화하는 부분을 환기시킬 수 있는 구조로 할 것
⑦ 건조설비의 내부는 청소하기 쉬운 구조로 할 것

⑧ 건조설비의 감시창, 출입구 및 배기구 등과 같은 개구부는 발화시에 불이 다른 곳으로 번지지 아니하는 위치에 설치하고 필요한 경우에는 즉시 밀폐할 수 있는 구조로 할 것
⑨ 건조설비는 내부의 온도가 국부적으로 상승하지 아니하는 구조로 설치할 것
⑩ 위험물 건조설비의 열원으로서 직화를 사용하지 아니할 것
⑪ 위험물 건조설비가 아닌 건조설비의 열원으로서 직화를 사용하는 경우에는 불꽃 등에 의한 화재를 예방하기 위하여 덮개를 설치하거나 격벽을 설치할 것

> **참고** 입계부식
> 건조설비의 사용에 있어 500~800℃ 정도의 온도에 가열된 스테인레스강에서 주로 일어나는 것으로 탄화크롬이 형성되어 결정경계면의 크롬(cr)함유량이 감소하여 발생되는 부식을 말한다.

2 건조설비 취급·사용시 준수사항(산업안전보건법 안전보건기준)

① 위험물 건조설비를 사용하는 경우에는 내부를 미리 청소하거나 환기할 것
② 위험물 건조설비를 사용하는 경우에는 건조로 인하여 발생하는 가스, 증기 또는 분진에 의하여 폭발, 화재의 위험이 있는 물질을 안전한 장소로 배출시킬 것
③ 위험물 건조설비를 사용하여 가열건조하는 건조물은 쉽게 이탈되지 않도록 할 것
④ 고온으로 가열건조한 인화성 액체는 발화의 위험이 없는 온도로 냉각한 후에 격납시킬 것
⑤ 건조설비(바깥면이 현저히 고온이 되는 설비만 해당한다)에 가까운 장소에는 인화성 액체를 두지 않도록 할 것

> **참고** 함수율과 분체화학물질 분리장치
> 1. 함수율
> $$함수율 = \frac{W_1 - W_2}{W_2}$$
>   - W_1: 건조 전 질량
>   - W_2: 건조 후 질량
> 2. 화학설비 중 분체화학물질 분리장치의 종류
>   ① 건조기 ③ 결정조
>   ② 유동탑 ④ 탈습기

제3절 공정안전기술

1 제어장치

(1) 자동제어시스템의 작동
공장에서 일반적으로 사용되고 있는 자동제어시스템의 작동순서는 다음과 같다.

> 공정상황 → 검출 → 조절계 → 밸브

① 프로세스(Process)의 상태(온도, 유량 등)가 변화하면 그것을 정정하도록 출력신호를 발생한다.
② 조절계가 설정치와 검출치를 비교하고 차이가 나면 그것을 정정하도록 출력신호를 발생한다.
③ 출력신호에 의해서 밸브가 작동한다.
④ 프로세스의 상태(온도, 유량 등)가 변화한다.
⑤ 프로세스상의 변화를 검출하여 조절한다.
⑥ 조절계가 설정치와 비교하여 출력신호를 변화시킨다.
⑦ 밸브가 작동을 한다.

(2) 제어방식
① **연속제어**
  ㉠ 미분제어
  ㉡ 적분제어
  ㉢ 비례제어
② **불연속제어**: 위치제어

2 안전장치의 종류

1. **안전밸브 등의 설치**(산업안전보건법 안전보건기준)

   (1) 다음의 어느 하나에 해당하는 설비에 대해서는 과압에 따른 폭발을 방지하기 위하여 폭발방지 성능과 규격을 갖춘 안전밸브 또는 파열판을 설치하여야 한다.
   ① 압력용기(안지름이 150mm 이하인 압력용기는 제외)
   ② 정변위 압축기
   ③ 정변위 펌프(토출측에 차단밸브가 설치된 것만 해당)
   ④ 배관(2개 이상의 밸브에 의하여 차단되어 대기온도에서 액체의 열팽창에 의하여 파열될 우려가 있는 것으로 한정)
   ⑤ 그 밖의 화학설비 및 그 부속설비로서 해당 설비의 최고사용압력을 초과할 우려가 있는 것

   (2) 안전밸브 등을 설치하는 경우에는 다단형 압축기 또는 직렬로 접속된 공기압축기에 대해서는 각 단 또는 각 공기압축기별로 안전밸브 등을 설치하여야 한다.

   (3) 납으로 봉인된 안전밸브를 해체하거나 조정할 수 없도록 조치하여야 한다.

2. **안전밸브의 검사주기**(산업안전보건법 안전보건기준 → 2024.6.28 개정)
   ① 화학공정 유체와 안전밸브의 디스크 또는 시트가 직접 접촉될 수 있도록 설치된 경우: 2년마다 1회 이상
   ② 안전밸브 전단에 파열판이 설치된 경우: 3년마다 1회 이상
   ③ 고용노동부장관이 실시하는 공정안전보고서 이행상태 평가결과가 우수한 사업장의 안전밸브의 경우: 4년마다 1회 이상

3. **안전밸브 중 파열판을 설치하여야 하는 경우**(산업안전보건법 안전보건기준)
   ① 반응폭주 등 급격한 압력상승 우려가 있는 경우

② 급성 독성물질의 누출로 인하여 주위의 작업환경을 오염시킬 우려가 있는 경우
③ 운전 중 안전밸브에 이상물질이 누적되어 안전밸브가 작동되지 아니할 우려가 있는 경우

> **참고** 파열판(Rupture Disk) 및 스프링식 안전밸브 등
>
> 1. 정의
>   ① 용기, 배관 등에서 압력이 이상 상승하였을 경우 정해진 압력에서 파열되어 본체의 파괴를 막을 수 있도록 제조된 원형의 얇은 금속판이다.
>   ② 스프링식 안전밸브를 대체할 수 있는 안전장치이다.
> 2. 파열판의 특성
>   ① 압력방출속도가 빠르다.
>   ② 높은 점성의 슬러리(slurry)나 부식성 유체에 적용할 수 있다.
>   ③ 설정 파열압력 이하에서 파열될 수도 있다.
>   ④ 한번 부착한 후 영구적이지 않고, 교환할 필요가 있다.
> 3. 개방형 스프링식 안전밸브의 장·단점
>   ① 장점
>   - 구조가 비교적 간단하다.
>   - 밸브스템과 밸브시트 사이에서 누설을 확인하기가 쉽다.
>   - 증기용에 어큐뮬레이션(accumulation: 축적)을 3% 이내로 할 수 있다.
>   ② 단점
>   - 스프링, 밸브봉 등이 외기의 영향을 받는다.
>   - 배출관에 내압이 걸리는 경우 사용이 불가능하다.
>   - 옥내에서 독성가스나 가연성 가스용으로 사용이 곤란하다.
> 4. 파열판과 스프링식 안전밸브를 직렬로 설치하여야 하는 경우
>   ① 독성이 매우 강한 물질을 취급시 완벽하게 격리를 할 때
>   ② 부식성 물질로부터 스프링식 안전밸브를 보호할 때
>   ③ 스프링식 안전밸브의 막힘을 유발시킬 수 있는 슬러리(slurry)를 방출시킬 때
> 5. 가용합금(가용전식) 안전밸브
>   고압가스 용기에 주로 사용되며, 화재 등으로 용기의 온도가 상승하였을 때 금속의 일부분을 녹여 가스의 배출구를 만들어 압력을 분출시켜 용기의 폭발을 방지하는 안전장치이다.

4. 파열판 및 안전밸브의 직렬 설치(산업안전보건법 안전보건기준)

급성 독성물질이 지속적으로 외부에 유출될 수 있는 화학설비 및 그 부속설비에 파열판과 안전밸브를 직렬로 설치하고, 그 사이에는 압력지시계 또는 자동경보장치를 설치하여야 한다.

5. 안전밸브의 작동요건(산업안전보건법 안전보건기준)

① 설치한 안전밸브 등이 안전밸브 등을 통하여 보호하려는 설비의 최고사용압력 이하에서 작동되도록 하여야 한다.
② 다만, 안전밸브 등이 2개 이상 설치된 경우에 1개는 최고사용압력의 1.05배(외부 화재를 대비한 경우에는 1.1배) 이하에서 작동되도록 설치할 수 있다.

6. 차단밸브의 설치금지(산업안전보건법 안전보건기준)

(1) 안전밸브 등의 전단·후단에 차단밸브를 설치해서는 아니 된다.

(2) 다음의 어느 하나에 해당하는 경우에는 자물쇠형 또는 이에 준하는 형식의 차단밸브를 설치할 수 있다.
  ① 인접한 화학설비 및 그 부속설비에 안전밸브 등이 각각 설치되어 있고, 해당 화학설비 및 그 부속설비의 연결배관에 차단밸브가 없는 경우
  ② 안전밸브 등의 배출용량의 2분의 1 이상에 해당하는 용량의 자동압력조절밸브(구동용 동력원의 공급을 차단하는 경우 열리는 구조인 것으로 한정)와 안전밸브 등이 병렬로 연결된 경우
  ③ 화학설비 및 그 부속설비에 안전밸브 등이 복수방식으로 설치되어 있는 경우
  ④ 예비용 설비를 설치하고 각각의 설비에 안전밸브 등이 설치되어 있는 경우
  ⑤ 열팽창에 의하여 상승된 압력을 낮추기 위한 목적으로 안전밸브가 설치된 경우
  ⑥ 하나의 플레어스택(Flare Stack)에 둘 이상의 단위공정의 플레어헤더(Flare Header)을 연결하여 사용하는 경우로서 각각의 단위공정의 플레어헤더에 설치된 차단밸브의 열림, 닫힘상태를 중앙제어실에서 알 수 있도록 조치한 경우

7. 안전밸브 등으로부터 배출되는 위험물의 처리(산업안전보건법 안전보건기준)

(1) 연소, 흡수, 세정(洗淨), 포집(捕集) 또는 회수 등의 방법으로 처리하여야 한다.

(2) 위험물을 안전한 장소로 유도하여 외부로 직접 배출할 수 있는 경우는 다음과 같다.
  ① 배출물질을 연소, 흡수, 세정, 포집 또는 회수 등의 방법으로 처리할 때에 파열판의 기능을 저해할 우려가 있는 경우
  ② 배출물질을 연소처리할 때에 유해성가스를 발생시킬 우려가 있는 경우
  ③ 고압상태의 위험물이 대량으로 배출되어 연소, 흡수, 세정, 포집 또는 회수 등의 방법으로 완전히 처리할 수 없는 경우
  ④ 공정설비가 있는 지역과 떨어진 인화성 가스 또는 인화성 액체 저장탱크에 안전밸브 등이 설치될 때에 저장탱크에 냉각설비 또는 자동소화설비 등 안전상의 조치를 하였을 경우
  ⑤ 그 밖에 배출량이 적거나 배출시 급격히 분산되어 재해의 우려가 없으며, 냉각설비 또는 자동소화설비를 설치하는 등 안전상의 조치를 하였을 경우

8. 통기설비의 설치(산업안전보건법 안전보건기준)

① 인화성 액체를 저장·취급하는 대기압탱크에는 통기관 또는 통기밸브(Breather Valve) 등 통기설비를 설치하여야 한다.
② 통기설비는 정상운전시에 대기압탱크 내부가 진공 또는 가압되지 않도록 충분한 용량의 것을 사용하여야 한다.

> **참고** 통기밸브, 릴리프밸브, 체크밸브
> 1. 통기밸브(Breather Valve): 인화성 액체를 저장·취급하는 대기압 탱크에 진공이나 가압발생시 압력을 일정하게 유지하기 위하여 설치하는 밸브
> 2. 릴리프밸브(Relief Valve): 액체계의 과도한 상승압력의 방출에 이용되고, 설정압력이 되었을 때 압력상승에 비례하여 서서히 개방되는 밸브
> 3. 체크밸브(Check Valve)
>   유체의 역류를 방지하기 위하여 설치하는 밸브

9. 화염방지기의 설치(산업안전보건법 안전보건기준)

① 인화성 액체 및 인화성 가스를 저장·취급하는 화학설비에서 증기나 가스를 대기로 방출하는 경우에는 외부로부터의 화염을 방지하기 위하여 화염방지기를 그 설비 상단에 설치하여야 한다.

② 다만, 대기로 연결된 통기관에 화염방지기능이 있는 통기밸브가 설치되어 있거나, 인화점이 38℃ 이상 60℃ 이하인 인화성 액체를 저장·취급할 때에 화염방지 기능을 가지는 인화방지망을 설치한 경우에는 그러하지 아니하다.

> **참고** 화염방지기와 연소의 3요소에 대한 소화방법
>
> 1. 화염방지기(Flame Arrester)
>   ① 정의: 화염의 역화를 방지하기 위한 안전장치로 비교적 상압 또는 저압에서 가연성 증기를 발생하는 유류를 저장하는 탱크에서 외부에 그 증기를 방출하기도 하고, 탱크 내에 외기를 흡입하기도 하는 부분에 설치하며, 가는 눈금의 금망이 여러 개 겹쳐진 구조로 된 안전장치이다.
>   ② 인화점이 38℃ 이상에서 60℃ 이하인 액체취급: 인화방지망 설치
>   ③ 인화점이 38℃ 미만인 인화성 액체취급: 화염방지기 설치
> 2. 가연물이 될 수 없는 조건
>   ① 불활성 기체[주기율표의 0족 원소: 네온(Ne), 헬륨(He), 아르곤(Ar) 등]
>   ② 흡열반응 물질(질소화합물 등)
>   ③ 완전산화물(물 등)
> 3. 연소의 3요소에 대한 소화방법
>   ① 가연물: 제거소화
>   ② 산소공급원: 질식소화
>   ③ 점화원: 냉각소화

10. 긴급차단장치의 설치(산업안전보건법 안전보건기준)

특수화학설비를 설치하는 경우에는 이상상태의 발생에 따른 폭발·화재 또는 위험물의 누출을 방지하기 위하여 긴급차단장치를 설치하여야 한다.

> **참고** 화학설비 관련 기타 사항(Ⅰ)
>
> 1. 긴급차단장치의 동력원에 따른 분류
>   ① 유압식　　　　　② 전기식　　　　　③ 공기압식
> 2. 플레어스택(Flare Stack): 공정 중에서 발생하는 미연소가스를 연소하여 안전하게 밖으로 배출시키기 위하여 사용하는 설비
> 3. 벤트스택(Ventstack): 탱크 내의 압력을 정상적 상태로 유지하기 위한 통기관으로서 압력상승시 탱크 내 공기를 대기로 방출하는 장치이다.
> 4. Molecular Seal
>   플레어스택에 부착하여 공기와 가연성 가스의 접촉을 방지하기 위하여 밀도가 작은 가스를 채워주는 장치이다.
> 5. 국소배기장치 후드(Hood)의 설치기준(산업안전보건법 안전보건기준)
>   ① 유해물질이 발생하는 곳마다 설치할 것
>   ② 외부식 또는 리시버식 후드는 해당 분진 등의 발산원에 가장 가까운 위치에 설치할 것
>   ③ 후드 형식은 가능하면 포위식 또는 부스식 후드를 설치할 것
>   ④ 유해인자의 발생형태와 비중, 작업방법 등을 고려하여 해당 분진 등의 발산원을 제어할 수 있는 구조로 설치할 것

3 송풍기

1. 송풍기(Blower)

토출압력 1kg/cm² 미만의 저압공기를 다량으로 압송하는 장치이다.

2. 송풍기의 분류

구분	해당 송풍기
회전형	원심식, 축류식
용적형	회전식

3. 송풍기의 이상현상

① 가스 누출
② 베어링의 과열
③ 진동 등

4. 송풍기의 상사법칙

(1) 양정

양정은 회전수의 2승, 직경의 2승에 비례한다.

$$H_2(\mathrm{m}) = (\frac{N_2}{N_1})^2 \times (\frac{D_2}{D_1})^2 \times H_1$$

(2) 유량(송풍량)

유량은 회전수의 1승, 직경의 3승에 비례한다.

$$Q_2(\mathrm{m/min}) = \frac{N_2}{N_1} \times (\frac{D_2}{D_1})^3 \times Q_1$$

(3) 동력

동력은 회전수의 3승, 직경의 5승에 비례한다.

$$P_2(\mathrm{HP}) = (\frac{N_2}{N_1})^3 \times (\frac{D_2}{D_1})^5 \times P_1$$

여기서, Q: 유량(m/min), H: 양정(m), P: 동력(Hp), N: 회전수(rpm), D: 직경(cm)

4 압축기

1. 압축기(Compressor)

토출압력 1kg/cm² 이상인 공기 또는 기체를 압송하는 장치이다.

2. 압축기의 분류

구분	해당 압축기
회전형	원심식, 축류식
용적형	왕복식, 회전식

3. 왕복식압축기의 주요 이상현상 및 발생원인

(1) 크랭크(Crank) 주위의 이상음
    ① 크로스헤드의 마모 및 헐거움
    ② 주 베어링의 마모 및 헐거움
    ③ 연결 베어링의 마모 및 헐거움

(2) 흡입, 토출밸브의 불량
    ① 가스온도의 상승
    ② 가스압력의 변화
    ③ 밸브 작동음에 이상현상

(3) 실린더(Cylinder) 주위의 이상음
    ① 피스톤과 실린더 헤드와의 틈새가 너무 많을 때
    ② 피스톤과 실린더 헤드와의 틈새가 없을 때
    ③ 흡입, 토출밸브의 불량
    ④ 밸브 체결부품의 헐거움
    ⑤ 피스톤 링의 마모, 파손(압력변동 초래)
    ⑥ 실린더 내에 물이나 이물질 혼입

> **참고 단열압축**
>
> 1. 압축기 운전시 토출압력이 갑자기 증가하는 이유
>   토출관 내에 저항이 발생하기 때문이다.
> 2. 단열압축
>   ① 외부와 열교환없이 압력을 높게 함으로써 온도를 상승시키는 압축방식이다.
>   ② 단열압축시 공기의 온도 계산식
>
> $$T_2 = T_1 \times \left(\frac{P_2}{P_1}\right)^{\frac{\gamma-1}{\gamma}}$$
>
> 여기서, T_1: 단열압축 전 절대온도(K)
> T_2: 단열압축 후 절대온도(K)
> P_1: 단열압축 전 절대압력(atm)
> P_2: 단열압축 후 절대압력(atm)
> γ: 비열비

제4절 관의 종류 및 부속품

1 관의 종류 및 부속품

① 동일 지름의 관을 직선 결합한 경우: 소켓, 유니언 등
② 엘보, 티와 같이 내경이 나사로 된 부품을 폐쇄할 필요가 있는 경우: 플러그
③ 관의 지름을 변경하고자 할 경우: 리듀서(Reducer)

> **참고** 펌프에서 발생하는 이상현상 및 방지대책
>
> 1. 공동현상(캐비테이션: Cavitation)
>   물이 관 속을 흐를 때 유동하는 물속 어느 부분의 정압이 그 때의 물의 온도에 해당하는 증기압보다 낮을 경우 부분적으로 증기가 발생하는 것으로 배관의 부식을 초래한다.
>
> 2. 공동현상의 방지대책
>   ① 흡입관의 직경을 크게 한다.
>   ② 펌프의 설치위치를 낮추어 유효흡입양정을 짧게 한다.
>   ③ 흡입관의 내면에 마찰저항을 작게 한다.
>   ④ 임펠러를 수중에 완전히 잠기게 한다.
>   ⑤ 유효흡입헤드를 크게 한다.
>   ⑥ 양흡입펌프를 사용한다.
>   ⑦ 펌프의 회전수를 낮춘다.
>   ⑧ 흡입비속도를 작게 한다.
>   ⑨ 펌프 흡입관의 두(head) 손실을 줄인다.
>
> 3. 수격현상(워터햄머링: Water Hammering)
>   펌프에 의해 액체를 압송하고 있을 때 정전 등으로 급히 펌프가 멈추게 되거나 유량조절밸브를 급히 개폐시키는 등의 원인으로 관내 액체의 속도가 급격히 변화하면서 관내에 심한 압력변화가 생겨 관벽을 치는 현상이다.
>
> 4. 수격현상의 방지대책
>   ① 관경을 크게 하고 유속을 느리게 한다.
>   ② 펌프에 플라이 휠(Fly Wheel)을 설치하여 펌프가 서서히 멈출 수 있도록 한다.
>   ③ 밸브를 송출구 가까이 설치하며 밸브를 적당히 제어한다.
>   ④ 관로에 조압수조(Surge Tank)를 설치한다.
>
> 5. 맥동현상(서어징: Surging)
>   송출압력과 송출유량이 주기적으로 변동하며, 펌프 입구 및 출구에 설치된 진공계, 압력계의 침이 흔들리는 현상이다.
>
> 6. 맥동현상의 방지대책
>   ① 유량을 감소시킨다.
>   ② 교축밸브를 기계에 근접되게 설치한다.
>   ③ 토출가스를 흡입측에 바이패스시키거나 방출밸브에 의해 대기로 방출시킨다.
>   ④ 배관의 경사를 완만하게 한다.

2 배관 및 피팅류(Fittings)

1. 배관이음

① 용접이음

② 나사이음

③ 플랜지이음

> **참고** 가스켓(Gasket), 패킹(Packing)
>
> 1. 사용목적
>   배관의 덮개, 플랜지 또는 화학설비 등의 접속부분에서 위험물(증기, 가스 등)의 누설을 방지하기 위하여 사용한다.
> 2. 용도
>   ① 가스켓(Gasket): 정지부분에 삽입하여 기밀유지에 사용
>   ② 패킹(Packing): 운동부분에 삽입하여 기밀유지에 사용
> 3. 가스켓(Gasket)의 사용(산업안전보건법 안전보건기준)
>   화학설비 또는 그 배관의 덮개, 플랜지, 밸브 및 콕의 접합부에 대하여 접하부에서의 위험물질 등의 누출로 인한 폭발, 화재 또는 위험물의 누출을 방지하기 위한 적절한 조치는 가스켓의 사용이다.

2. 피팅류(Fittings)

배관 등에서 끼워맞춤을 하는 데 사용되는 부품이다.

(1) 관로를 차단하고자 할 때

① 캡(Cap)

② 플러그(Plug)

(2) 관로의 방향을 바꾸고자 할 때

① 십자관

② 티자관

③ Y자관

④ 엘보

(3) 관로의 크기를 바꾸고자 할 때

① 부싱(Bushing)

② 리듀서(Reducer): 관의 지름을 변경하고자 할 때 사용한다.

(4) 두개의 관을 연결하고자 할 때

① 커플링(Coupling)

② 유니언(Union)

③ 플랜지(Flange)

④ 소켓(Socket)

⑤ 니플(Nipple)

(5) 유량을 조절하고자 할 때: 밸브(Valve)
▶ 체크밸브(check valve): 유체의 역류를 방지하기 위하여 설치하는 밸브이다.

> **참고** 화학설비 관련 기타 사항(Ⅱ)
>
> 1. 특수화학설비의 안전조치 사항(산업안전보건법 안전보건기준)
>   ① 긴급차단장치의 설치
>   ② 자동경보장치의 설치
>   ③ 계측장치(온도계, 압력계, 유량계)의 설치
>   ④ 예비동력원의 안전기준
>   - 동력원의 이상에 의한 폭발이나 화재를 방지하기 위하여 즉시 사용할 수 있는 예비동력원을 갖추어 둘 것
>   - 콕, 밸브, 스위치 등에 대하여는 오조작을 방지하기 위하여 잠금장치를 하고 상시 색채표시 등으로 구분할 것
> 2. 국소배기장치의 덕트(Duct) 설치기준(산업안전보건법 안전보건기준)
>   ① 가능하면 길이는 짧게 하고 굴곡부의 수는 적게 할 것
>   ② 접속부의 안쪽은 돌출된 부분이 없도록 할 것
>   ③ 청소구를 설치하는 등 청소하기 쉬운 구조로 할 것
>   ④ 덕트 내부에 오염물질이 쌓이지 않도록 이송속도를 유지할 것
>   ⑤ 연결부위 등은 외부공기가 들어오지 않도록 할 것
> 3. 화학설비 밸브 등의 재질(산업안전보건법 안전보건기준)
>   화학설비 또는 그 배관의 밸브나 콕에는 개폐의 빈도, 유해물질 등의 종류·온도·농도 등에 따라 내구성이 있는 재료를 사용하여야 한다.
> 4. 국소배기장치의 사용 전 점검사항(산업안전보건법 안전보건기준)
>   ① 덕트와 배풍기의 분진상태
>   ② 덕트 접속부가 헐거워졌는지 여부
>   ③ 흡기 및 배기능력
>   ④ 그 밖에 국소배기장치의 성능을 유지하기 위하여 필요한 사항
> 5. 화학설비 및 그 부속설비의 안전검사 내용을 점검한 후 해당 설비를 사용하여야 하는 경우(산업안전보건법 안전보건기준)
>   ① 처음으로 사용하는 경우
>   ② 분해하거나 개조 또는 수리를 한 경우
>   ③ 계속하여 1개월 이상 사용하지 아니한 후 다시 사용하는 경우
> 6. 화학설비 또는 그 부속설비의 용도를 변경하는 경우(원재료의 종류를 변경하는 경우도 포함) 해당 설비의 다음의 사항을 점검한 후 사용하여야 한다(산업안전보건법 안전보건기준).
>   ① 그 설비 내부에 폭발이나 화재의 우려가 있는 물질이 있는지 여부
>   ② 안전밸브, 긴급차단장치 및 그 밖의 방호장치기능의 이상 유무
>   ③ 냉각장치, 가열장치, 교반장치, 압축장치, 계측장치 및 제어장치 기능의 이상 유무

적중문제 CHAPTER 9 | 화학물질 취급설비 개념 확인

01 산업안전보건기준에 관한 규칙에서 지정한 화학설비 및 그 부속설비의 종류 중 화학설비의 부속설비에 해당하는 것은?

① 응축기, 냉각기, 가열기 등에 의한 열교환기류
② 반응기, 혼합조 등의 화학물질 반응 또는 혼합장치
③ 펌프류, 압축기 등의 화학물질 이송 또는 압축설비
④ 온도, 압력, 유량 등을 지시, 기록하는 자동제어 관련 설비

해설 온도, 압력, 유량 등을 지시·기록하는 자동제어 관련 설비가 화학설비의 부속설비에 해당한다.

관련이론 화학설비의 부속설비 및 화학설비

1. 화학설비의 부속설비
   ㉠ 온도, 압력, 유량 등을 지시, 기록 등을 하는 자동제어 관련 설비
   ㉡ 배관, 밸브, 관, 부속류 등 화학물질 이송 관련 설비
   ㉢ 안전밸브, 안전판, 긴급차단 또는 방출밸브 등 비상조치 관련 설비
   ㉣ 가스누출감지 및 경보 관련 설비
   ㉤ 세정기, 응축기, 벤트스택(Vent Stack), 플레어스택(Flare Stack) 등 폐가스 처리설비
   ㉥ 사이클론, 백필터(Bag Filter), 전기집진기 등 분진처리설비
   ㉦ ㉠~㉥의 설비를 운전하기 위하여 부속된 전기 관련 설비
   ㉧ 정전기 제거장치, 긴급 샤워설비 등 안전 관련 설비

2. 화학설비
   ㉠ 반응기, 혼합조 등 화학물질 반응 또는 혼합장치
   ㉡ 응축기, 냉각기, 가열기, 증발기 등 열교환기류
   ㉢ 증류탑, 흡수탑, 추출탑, 감압탑 등 화학물질 분리장치
   ㉣ 저장탱크, 계량탱크, 호퍼, 사일로 등 화학물질 저장설비 또는 계량설비
   ㉤ 캘린더(Calender), 혼합기, 발포기, 인쇄기, 압출기 등 화학제품가공설비
    고로 등 점화기를 직접 사용하는 열교환기류
   ㉦ 결정조, 유동탑, 탈습기, 건조기 등 분체화학물질 분리장치
   ◎ 분쇄기, 분체분리기, 용융기 등 분체화학물질 취급장치
   ㉨ 펌프류, 압축기, 이젝터(Ejector) 등의 화학물질 이송 또는 압축설비

정답 ④

02 산업안전보건법에서 정한 위험물질을 기준량 이상 제조, 취급, 사용 또는 저장하는 설비로서 내부의 이상상태를 조기에 파악하기 위하여 필요한 온도계, 유량계, 압력계 등의 계측장치를 설치하여야 하는 대상이 아닌 것은?

① 가열로 또는 가열기
② 증류, 정류, 증발, 추출 등 분리를 하는 장치
③ 반응폭주 등 이상화학반응에 의하여 위험물질이 발생할 우려가 있는 설비
④ 300℃ 이상의 온도 또는 게이지압력이 7kg/cm 이상인 상태에서 운전되는 설비

해설 350℃ 이상의 온도 또는 게이지압력이 980kPa 이상인 상태에서 운전되는 설비가 그 대상이 된다.

관련이론 산업안전보건법상 온도계, 유량계, 압력계 등의 계측장치를 설치하여야 하는 대상(특수화학설비)

• 발열반응이 일어나는 반응장치
• 증류, 정류, 증발, 추출 등 분리를 하는 장치
• 반응폭주 등 이상화학반응에 의하여 위험물질이 발생할 우려가 있는 설비
• 온도가 350℃ 이상이거나 게이지압력이 980kPa 이상인 상태에서 운전되는 설비
• 가열시켜 주는 물질의 온도가 가열되는 위험물질의 분해온도 또는 발화점보다 높은 상태에서 운전되는 설비
• 가열로 또는 가열기

정답 ④

03 반응기의 구조방식에 의한 분류에 해당하는 것은?

① 유동층형 반응기
② 연속식 반응기
③ 반회분식 반응기
④ 회분식 균일상 반응기

해설 유동층형 반응기의 경우 구조방식에 의한 분류에 해당한다.

 반응기의 분류

구조방식에 의한 분류	• 탑형 반응기 • 관형 반응기 • 교반조형 반응기 • 유동층형 반응기
조작방식에 의한 분류	• 반회분식 반응기 • 회분식 균일상 반응기 • 연속식 반응기

정답 ①

04 화학장치에서 반응기의 유해·위험요인(Hazard)으로 화학반응이 있을 때 특히 유의해야 할 사항은?

① 낙하, 절단
② 감전, 협착
③ 비래, 붕괴
④ 반응폭주, 과압

해설 반응기의 화학반응이 있을 때 유해·위험요인으로 특히 유의해야 할 사항으로는 반응폭주와 과압이 있다.

정답 ④

05 반응기가 이상과열인 경우 반응폭주를 방지하기 위하여 작동하는 장치로 가장 거리가 먼 것은?

① 고온경보장치
② 블로다운 시스템
③ 긴급차단장치
④ 자동Shutdown장치

해설 반응기가 이상과열인 경우 반응폭주를 방지하기 위하여 작동하는 장치에는 긴급차단장치, 고온경보장치, 자동 Shutdown장치가 있으며, 블로다운 시스템은 이에 해당하지 않는다.

정답 ②

06 5% NaOH 수용액과 10% NaOH 수용액을 반응기에 혼합하여 6% 100kg의 NaOH 수용액을 만들려면 각각 몇 kg의 NaOH 수용액이 필요한가?

	5% NaOH 수용액	10% NaOH 수용액
①	33.3	65.7
②	50	50
③	66.7	33.3
④	80	20

해설 NaOH(5%) + NaOH(10%) → NaOH(6%, 100kg)
　　　(x)　　　($100-x$)

$0.05x + 0.1 \times (100 - x) = 0.06 \times 100$
$0.05x + 10 - 0.1x = 6$
$0.05x - 0.1x = 6 - 10$
$-0.05x = -4$
$\therefore x = \dfrac{-4}{-0.05} = 80kg$

따라서 5% NaOH은 80kg, 10% NaOH은 $100 - 80 = 20kg$이 필요하다.

정답 ④

07 여러가지 성분의 액체 혼합물을 각 성분별로 분리하고자 할 때 비점의 차이를 이용하여 분리하는 화학설비를 무엇이라 하는가?

① 건조기　　② 반응기
③ 진공관　　④ 증류탑

해설 여러 가지 성분의 액체 혼합물을 각 성분별로 분리하고자 할 때 비점의 차이를 이용하여 분리하는 화학설비를 증류탑이라 한다.

정답 ④

08 증류탑의 일상점검 항목으로 볼 수 없는 것은?

① 도장의 열화상태
② 트레이(Tray)의 부식상태
③ 보온재, 보냉재의 파손 여부
④ 접속부, 맨홀부 및 용접부에서의 외부누출 유무

해설 트레이(Tray)의 부식상태는 증류탑의 개방시 점검항목에 해당한다.

관련이론 증류탑의 일상점검 항목
- 기초볼트의 헐거움 여부
- 보온재, 보냉재의 파손 여부
- 접속부, 맨홀부 및 용접부에서의 외부누출 유무
- 도장의 열화상태
- 부식 등에 의해 두께가 얇아지고 있는지의 여부
- 증기배관에 열팽창에 의한 무리한 힘이 가해지고 있는지의 여부

정답 ②

09 열교환기의 열교환 능률을 향상시키기 위한 방법이 아닌 것은?

① 유체의 유속을 적절하게 조절한다.
② 유체의 흐르는 방향을 병류로 한다.
③ 열교환기 입구와 출구의 온도차를 크게 한다.
④ 열전도율이 높은 재료를 사용한다.

해설 유체의 흐르는 방향은 향류로 한다.

관련이론 열교환기의 열교환 능률을 향상시키기 위한 방법
- 유체의 유속을 적절하게 조절한다.
- 열교환기 입구와 출구의 온도차를 크게 한다.
- 열전도율이 높은 재료를 사용한다.
- 유체의 흐르는 방향을 향류(Counter flow)로 한다.

정답 ②

10 산업안전보건법령상 위험물 또는 위험물이 발생하는 물질을 가열, 건조하는 경우 내용적이 얼마인 건조설비는 건조실을 설치하는 건축물의 구조를 독립된 단층건물로 하여야 하는가?

① $0.3m^3$ 이하　　② $0.3 \sim 0.5m^3$
③ $0.5 \sim 0.75m^3$　　④ $1m^3$ 이상

해설 산업안전보건법령상 위험물 또는 위험물이 발생하는 물질을 가열, 건조하는 경우 내용적이 $1m^3$ 이상인 건조설비는 건조실을 설치하는 건축물의 구조를 독립된 단층건물로 하여야 한다.

정답 ④

11 건조설비를 사용하여 작업을 하는 경우에 폭발이나 화재를 예방하기 위하여 준수하여야 하는 사항으로 옳지 않은 것은?

① 위험물 건조설비를 사용하는 경우에는 미리 내부를 청소하거나 환기할 것
② 위험물 건조설비를 사용하여 가열건조하는 건조물은 쉽게 이탈되도록 할 것
③ 고온으로 가열건조한 인화성 액체는 발화의 위험이 없는 온도로 냉각한 후에 격납시킬 것
④ 바깥 면이 현저히 고온이 되는 건조설비에 가까운 장소에는 인화성 액체를 두지 않도록 할 것

해설 위험물 건조설비를 사용하여 가열건조하는 건조물은 쉽게 이탈되지 않도록 하여야 한다.

> **관련이론** 건조설비를 사용하여 작업을 하는 경우 준수사항
> - 위험물 건조설비를 사용하는 경우에는 미리 내부를 청소하거나 환기할 것
> - 고온으로 가열건조한 인화성 액체는 발화의 위험이 없는 온도로 냉각한 후에 격납시킬 것
> - 바깥 면이 현저히 고온이 되는 건조설비에 가까운 장소에는 인화성 액체를 두지 않도록 할 것
> - 위험물 건조설비를 사용하는 경우에는 건조로 인하여 발생하는 가스, 증기 또는 분진에 의하여 폭발, 화재의 위험이 있는 물질을 안전한 장소로 배출시킬 것
> - 위험물 건조설비를 사용하여 가열건조하는 건조물은 쉽게 이탈되지 않도록 할 것

정답 ②

12 어떤 습한 고체재료 10kg의 건조 후 무게를 측정하였더니 6.8kg이었다. 이 재료의 함수율은 몇 kg·H$_2$O/kg인가?

① 0.25　　② 0.36
③ 0.47　　④ 0.58

해설 함수율 $= \dfrac{W_1 - W_2}{W_2}$

여기서, W_1: 건조 전 질량
　　　　W_2: 건조 후 질량

$= \dfrac{10 - 6.8}{6.8} ≒ 0.47$

정답 ③

13 산업안전보건법에 따라 안지름 150mm 이상의 압력용기, 정변위 압축기 등에 대해서 과압에 따른 폭발을 방지하기 위하여 설치하여야 하는 방호장치는?

① 역화방지기　　② 안전밸브
③ 감지기　　　　④ 체크밸브

해설 산업안전보건법에 따라 안지름 150mm 이상의 압력용기, 정변위 압축기 등에 대해서 과압에 따른 폭발을 방지하기 위하여 설치하여야 하는 방호장치는 안전밸브이다.

정답 ②

14 파열판에 관한 설명으로 옳지 않은 것은?

① 압력방출속도가 빠르다.
② 설정 파열압력 이하에서 파열될 수 있다.
③ 한번 부착한 후에는 교환할 필요가 없다.
④ 높은 점성의 슬러리나 부식성 유체에 적용할 수 있다.

해설 파열판은 한 번 부착한 후 교환할 필요가 있다.

정답 ③

15 액체계의 과도한 상승 압력의 방출에 이용되고, 설정 압력이 되었을 때 압력상승에 비례하여 서서히 개방되는 밸브는?

① 릴리프밸브 ② 체크밸브
③ 안전밸브 ④ 통기밸브

해설 액체계의 과도한 상승 압력의 방출에 이용되고, 설정 압력이 되었을 때 압력상승에 비례하여 서서히 개방되는 밸브는 릴리프밸브(Relief Valve)이다.

선지 분석
② 체크밸브(Check Valve)는 유체의 역류를 방지하기 위하여 설치하는 밸브이다.
③ 안전밸브(Safety Valve)는 설비의 압력이 일정압력을 초과한 경우에 작동하여 압력을 분출시키는 밸브이다.
④ 통기밸브(Breather Valve)는 인화성 액체를 저장·취급하는 대기압 탱크에 진공이나 가압발생시 압력을 일정하게 유지하기 위하여 설치하는 밸브이다.

정답 ①

16 산업안전보건법령에 따라 대상설비에 설치된 안전밸브 또는 파열판에 대해서는 일정 검사주기마다 적정하게 작동하는지를 검사하여야 하는데 다음 중 설치 구분에 따른 검사주기가 바르게 연결된 것은?

① 화학공정 유체와 안전밸브의 디스크 또는 시트가 직접 접촉될 수 있도록 설치된 경우: 매년 1회 이상
② 화학공정 유체와 안전밸브의 디스크 또는 시트가 직접 접촉될 수 있도록 설치된 경우: 2년마다 1회 이상
③ 안전밸브 전단에 파열판이 설치된 경우: 2년마다 1회 이상
④ 안전밸브 전단에 파열판이 설치된 경우: 5년마다 1회 이상

해설 화학공정 유체와 안전밸브의 디스크 또는 시트가 직접 접촉될 수 있도록 설치된 경우에는 2년마다 1회 이상 검사를 진행하여야 한다.

 관련이론 안전밸브 또는 파열판의 검사주기
- 화학공정 유체와 안전밸브의 디스크 또는 시트가 직접 접촉될 수 있도록 설치된 경우: 2년마다 1회 이상
- 안전밸브 전단에 파열판이 설치된 경우: 3년마다 1회 이상
- 고용노동부장관이 실시하는 공정안전보고서 이행상태 결과가 우수한 사업장의 안전밸브의 경우: 4년마다 1회 이상

※ 산업안전보건법 안전보건기준 → 2024.6.28 개정

정답 ②

17 스프링식 안전밸브를 대체할 수 있는 안전장치는?

① 캡(Cap)
② 파열판(Rupture Disk)
③ 게이트밸브(Gate Valve)
④ 벤트스택(Vent Stack)

해설 파열판은 스프링식 안전밸브를 대체할 수 있는 안전장치이다.

 관련이론 파열판(Rupture Disk)

1. 정의
- 압력용기의 압력이 이상 상승을 하였을 경우 설정된 압력에서 파열되어 본체의 파열을 막을 수 있는 얇은 금속판이다.
- 스프링식 안전밸브를 대체할 수 있는 안전장치이다.

2. 파열판을 설치하여야 하는 경우
- 반응폭주 등 급격한 압력 상승 우려가 있는 경우
- 급성 독성물질의 누출로 인하여 주위의 작업환경을 오염시킬 우려가 있는 경우
- 운전 중 안전밸브에 이상물질이 누적되어 안전밸브가 작동되지 아니할 우려가 있는 경우

정답 ②

18 소염거리(Quenching Distance) 또는 소염직경(Quenching Diameter)을 이용한 것과 가장 거리가 먼 것은?

① 화염방지기 ② 역류방지기
③ 역화방지기 ④ 방폭전기기기

해설 소염거리(Quenching Distance) 또는 소염직경(Quenching Diameter)을 이용한 것에는 방폭전기기기, 화염방지기, 역화방지기가 있으며, 역류방지기는 해당하지 않는다.

정답 ②

19 유류저장탱크에서 화염의 차단을 목적으로 외부에 증기를 방출하기도 하고 탱크내 외기를 흡입하기도 하는 부분에 설치하는 안전장치는?

① Ventstack ② Safety Valve
③ Gate Valve ④ Flame Arrester

해설 유류저장탱크에서 화염의 차단을 목적으로 외부에 증기를 방출하기도 하고 탱크내 외기를 흡입하기도 하는 부분에 설치하는 안전장치는 Flame Arrester(화염방지기)이다.

선지분석
① Ventstack(벤트스택)이란 탱크 내의 압력을 정상적 상태로 유지하기 위한 통기관으로서 압력상승 시 탱크내 공기를 대기로 방출하는 장치이다.
② Safety Valve(안전밸브)란 설비의 압력이 일정압력을 초과한 경우에 작동하여 압력을 분출시키는 장치이다.
③ Gate Valve(게이트밸브)란 유체가 흐르는 방향에 대하여 직각으로 이동하여 유로를 개폐하는 밸브이다.

정답 ④

20 산업안전보건법령상 안전밸브 전단, 후단에 자물쇠형 차단밸브를 설치할 수 없는 경우는?

① 화학설비 및 그 부속설비에 안전밸브 등이 복수방식으로 설치되어 있는 경우
② 예비용 설비를 설치하고 각각의 설비에 안전밸브 등이 설치되어 있는 경우
③ 열팽창에 의하여 상승된 압력을 낮추기 위한 목적으로 안전밸브가 설치된 경우
④ 안전밸브 등이 배출용량의 2분의 1 이상에 해당하는 용량의 자동압력조절밸브와 안전밸브가 직렬로 연결된 경우

해설 안전밸브 등이 배출용량의 2분의 1 이상에 해당하는 용량의 자동압력조절밸브와 안전밸브가 직렬로 연결된 경우에는 자물쇠형 차단밸브를 설치할 수 없다.

관련이론 **안전밸브 전단, 후단에 자물쇠형 차단밸브를 설치할 수 있는 경우(산업안전보건법 안전보건기준)**
- 화학설비 및 그 부속설비에 안전밸브 등이 복수방식으로 설치되어 있는 경우
- 예비용 설비를 설치하고 각각의 설비에 안전밸브 등이 설치되어 있는 경우
- 열팽창에 의하여 상승된 압력을 낮추기 위한 목적으로 안전밸브가 설치된 경우
- 인접한 화학설비 및 그 부속설비에 안전밸브 등이 각각 설치되어 있고, 해당 화학설비 및 그 부속설비의 연결배관에 차단밸브가 없는 경우
- 안전밸브 등이 배출용량의 2분의 1 이상에 해당하는 용량의 자동압력조절밸브(구동용 동력원의 공급을 차단하는 경우 열리는 구조인 것으로 한정)와 안전밸브 등이 병렬로 연결된 경우
- 하나의 플레어스택(Flare Stack)에 둘 이상의 단위공정의 플레어헤더(Flare Header)를 연결하여 사용하는 경우로서 각각의 단위공정의 플레어헤더에 설치된 차단밸브의 열림, 닫힘 상태를 중앙제어실에서 알 수 있도록 조치한 경우

정답 ④

21 공정 중에서 발생하는 미연소가스를 연소하여 안전하게 밖으로 배출시키기 위하여 사용하는 설비는?

① 증류탑　　② 플레어스택
③ 흡수탑　　④ 인화방지망

해설 공정 중에서 발생하는 미연소가스를 연소하여 안전하게 밖으로 배출시키기 위하여 사용하는 설비는 플레어스택(Flare Stack)이다.

정답 ②

22 화염방지기의 구조 및 설치방법에 대한 설명으로 옳지 않은 것은?

① 화염방지기는 보호대상 화학설비와 연결된 통기관의 중앙에 설치하여야 한다.
② 화염방지성능이 있는 통기밸브인 경우를 제외하고 화염방지기를 설치하여야 한다.
③ 본체는 금속제로서 내식성이 있어야 하며, 폭발 및 화재로 인한 압력과 온도에 견딜 수 있어야 한다.
④ 소염소자는 내식, 내열성이 있는 재질이어야 하고, 이물질 등의 제거를 위한 정비작업이 용이하여야 한다.

해설 화염방지기는 보호대상 화학설비와 연결된 통기관의 중앙이 아닌 상부에 설치하여야 한다.

정답 ①

23 산업안전보건법상 화학설비 또는 그 배관의 덮개, 플랜지, 밸브 및 콕의 접합부에 대하여 해당 접합부에서의 위험물질 등의 누출로 인한 폭발, 화재 또는 위험물의 누출을 방지하기 위한 가장 적절한 조치는?

① 가스켓의 사용　　② 코르크의 사용
③ 호스밴드의 사용　　④ 호스스크립의 사용

해설 산업안전보건법상 화학설비 또는 그 배관의 덮개, 플랜지, 밸브 및 콕의 접합부에 대하여 해당 접합부에서의 위험물질 등의 누출로 인한 폭발, 화재 또는 위험물의 누출을 방지하기 위해서는 가스켓(Gasket)을 사용하여야 한다.

정답 ①

24 국소배기시설에서 후드(Hood)에 의한 제작 및 설치요령으로 적절하지 않은 것은?

① 유해물질이 발생하는 곳마다 설치한다.
② 후드의 개구부 면적은 가능한 한 크게 한다.
③ 후드를 가능한 한 발생원에 접근시킨다.
④ 후드(hood) 형식은 가능하면 포위식 또는 부스식 후드를 설치한다.

해설 후드의 개구부 면적은 가능한 한 작게 한다.

관련이론 국소배기시설에서 후드(Hood)에 의한 제작 및 설치요령
- 유해물질이 발생하는 곳마다 설치한다.
- 후드를 가능한 한 발생원에 접근시킨다.
- 후드(hood) 형식은 가능하면 포위식 또는 부스식 후드를 설치한다.
- 유해인자의 발생형태와 비중, 작업방법 등을 고려하여 발산원을 제어할 수 있는 구조로 설치한다.
- 후드의 개구부 면적은 가능한 한 작게 한다.

정답 ②

25 산업안전보건법령상 특수화학설비 설치시 반드시 필요한 장치가 아닌 것은?

① 원재료 공급의 긴급차단장치
② 즉시 사용할 수 있는 예비동력원
③ 화재시 긴급대응을 위한 물분무소화장치
④ 온도계, 유량계, 압력계 등의 계측장치

해설 화재시 긴급대응을 위한 물분무소화장치는 특수화학설비 설치 시 필요한 장치에 해당하지 않는다.

 특수화학설비 설치시 반드시 필요한 장치
- 온도계, 유량계, 압력계 등의 계측장치
- 원재료 공급의 긴급차단장치
- 즉시 사용할 수 있는 예비동력원

정답 ③

26 왕복펌프에 속하지 않는 것은?

① 피스톤펌프   ② 플런저펌프
③ 기어펌프   ④ 격막펌프

해설 기어펌프는 회전형 펌프에 해당한다.

 펌프의 종류

왕복펌프 (용적식 펌프)	• 피스톤펌프 • 플런저펌프 • 격막펌프
회전형 펌프 (원심식 펌프)	• 기어펌프 • 나사펌프(스크류펌프) • 베인펌프

정답 ③

27 20℃, 1기압의 공기를 5기압으로 단열압축하면 공기의 온도는 약 몇 ℃가 되겠는가? (단, 공기의 비열비는 1.4이다)

① 32   ② 191
③ 305   ④ 464

해설 단열압축시 공기의 온도 T_2는 다음과 같다.

$$T_2 = T_1 \times \left(\frac{P_2}{P_1}\right)^{\frac{\gamma-1}{\gamma}}$$
$$= (273+20) \times 5^{\frac{1.4-1}{1.4}} \fallingdotseq 464K$$
$$= 464K - 273 = 191℃$$

정답 ②

28 물이 관속을 흐를 때 유동하는 물속의 어느 부분의 정압이 그 때의 물의 증기압보다 낮을 경우 물이 증발하여 부분적으로 증기가 발생되어 배관의 부식을 초래하는 현상은?

① 서징현상(Surging)
② 공동현상(Cavitation)
③ 비말동반(Entrainment)
④ 수격작용(Water Hammering)

해설 물이 관속을 흐를 때 유동하는 물속의 어느 부분의 정압이 그 때의 물의 증기압보다 낮을 경우 물이 증발하여 부분적으로 증기가 발생되어 배관의 부식을 초래하는 현상을 공동현상(Cavitation)이라 한다.

선지분석
① 서징(Surging: 맥동현상)이란 송출압력과 송출유량이 주기적으로 변동하며 펌프입구 및 출구에 설치된 진공계, 압력계의 침이 흔들리는 현상을 말한다.
③ 비말동반(Entrainment)이란 액체가 비말모양의 작은 액체방울이 되어 가스나 증기와 함께 운반되는 현상을 말한다.
④ 수격작용(Water Hammering)이란 펌프에 의해서 물을 압송하고 있을 때 정전 등으로 급히 펌프가 멈추게 되거나 유량조절밸브를 급히 개폐시키는 등의 원인으로 관내의 액체속도가 급격히 변화하면서 관벽을 치는 현상으로 관내에 심한 압력변화가 생기는 현상을 말한다.

정답 ②

29 펌프의 공동현상(Cavitation)을 방지하기 위한 방법으로 가장 적절한 것은?

① 펌프의 유효흡입양정을 작게 한다.
② 펌프의 회전속도를 크게 한다.
③ 흡입측에서 펌프의 토출량을 줄인다.
④ 펌프의 설치위치를 높게 한다.

해설 공동현상을 방지하기 위해서는 <u>펌프의 유효흡입양정을 작게 하여야 한다.</u>

관련이론 펌프의 공동현상(cavitation)의 발생방지법
- 흡입관의 직경을 크게 한다.
- 펌프의 설치높이를 낮추어 유효흡입양정을 짧게(작게) 한다.
- 흡입관의 내면에 마찰저항을 작게 한다.
- 임펠러를 수중에 완전히 잠기게 한다.
- 유효흡입헤드를 크게 한다.
- 양흡입펌프를 사용한다.

정답 ①

30 관부속품 중 유로를 차단할 때 사용되는 것은?

① 유니언 ② 소켓
③ 플러그 ④ 엘보

해설 <u>유로를 차단할 때 사용하는 부속품에는 플러그, 캡이 있다.</u>

관련이론 관부속품의 종류

유니언, 소켓	두개의 관을 연결할 때 사용하는 부속품
엘보, Y자관, T자관, 십자관	관로의 방향을 바꿀 때 사용하는 부속품
리듀서, 부싱	관로의 크기를 바꿀 때 사용하는 부속품

정답 ③

CHAPTER 10 | 소화원리 이해

제1절 연소

1 연소의 3요소

1. 연소의 정의
물질이 열 또는 불꽃을 내면서 빠르게 산소와 결합하는 반응이다.

2. 연소의 3요소

(1) **가연물** – 가연물이 연소하기 쉬운 조건
- 열전도율이 작을 것
- 산소와 친화력이 클 것
- 발열량(반응열)이 클 것
- 점화에너지가 작을 것
- 산소와 접촉면적이 클 것
- 입자의 표면적이 넓을 것

(2) **산소공급원**

(3) **점화원**: 가연물을 연소시키는데 필요한 최소에너지
- 전기불꽃
- 정전기
- 충격, 마찰열
- 단열압축열
- 화학반응열
- 복사열
- 고온물질 표면

> **참고** 연소의 3요소 관련 기타 사항
>
> 1. 점화원이 될 수 없는 것
>   ① 온도
>   ② 압력
>   ③ 기화열(증발잠열)
>
> 2. 연소속도에 영향을 주는 요인
>   ① 반응계의 온도, 압력
>   ② 산소와의 혼합비(농도)
>   ③ 촉매
>   ④ 표면적
>
> 3. 가연물이 될 수 없는 조건
>   ① 불활성 기체(주기율표의 0족 원소: 네온(Ne), 헬륨(He), 아르곤(Ar) 등)
>   ② 흡열반응 물질(질소화합물 등)
>   ③ 완전산화물(물 등)
>
> 4. 연소의 3요소에 대한 소화방법
>   ① 가연물: 제거소화   ③ 점화원: 냉각소화   ② 산소공급원: 질식소화

2 연소 용어

1. 인화점(Flash Point)

(1) 정의: 점화원에 의하여 가연성 물질이 불이 붙을 수 있는 최저온도이다.

> **참고** 인화점의 특징
>
> 인화점이 낮을수록 위험성이 크며, 인화점이 0℃ 이하인 경우에는 더욱 위험성이 커진다.

(2) 가연성 가스의 인화점

물질명	벤젠	산화에틸렌	아세톤	아세트알데히드	가솔린	디에틸에테르
인화점(℃)	-11	-17.8	-18	-39	-43	-45

2. 발화점(Ignition Point)

(1) 발화점은 점화원없이 자기 스스로 연소를 시작하는 최저의 온도로 착화점이라고도 한다.

(2) 발화점에 영향을 주는 인자
- 압력
- 산소농도
- 가열속도와 지속시간
- 용기벽의 재질
- 유속
- 가연성 가스와 공기와의 혼합비
- 용기의 크기와 형태

(3) 발화점이 낮아지는 조건
- 압력이 클수록
- 산소와의 친화력이 좋을수록
- 금속의 열전도율이 좋을수록
- 발열량이 높을수록
- 반응활성도가 클수록
- 분자의 구조가 복잡할수록

(4) 발화의 발생요인
- 압력
- 조성
- 온도
- 용기의 모양과 크기

> **참고** 인화점, 발화점, 연소시험의 시험방법
>
> ① 인화점: 태그밀폐식, 클리블랜드개방식
> ② 발화점: 크루프형, 개량무어형
> ③ 연소시험: 산소지수법

3. 자연발화

가연성 물질이 서서히 산화 또는 분해되면서 열로 인하여 물질자체의 온도가 상승하고 발화점에 도달하여 점화원이 없이 스스로 발화하는 현상이다.

(1) 자연발화의 형태

① 흡착열에 의한 발화: 목탄분말, 활성탄 등

② **분해열에 의한 발화**: 니트로셀룰로오스, 셀룰로이드, 염소산칼륨, 과산화수소 등
③ **산화열에 의한 발화**: 석탄, 건성유, 고무분말 등
④ **중합열에 의한 발화**: 산화에틸렌, 시안화수소 등
⑤ **미생물에 의한 발화**: 퇴적물, 퇴비 등

(2) **자연발화의 인자**
- 열의 축적
- 공기의 유동
- 퇴적방법
- 열전도율
- 발열량
- 수분

(3) **자연발화를 촉진시키는 조건**
- 열전도율이 작을 것
- 표면적이 넓을 것
- 주위의 온도가 높을 것(분자운동 활발)
- 발열량이 클 것
- 적당한 수분이 있을 것
- 열축적이 클 것

(4) **자연발화의 방지대책**
- 저장소 등의 주위 온도를 낮출 것
- 통풍이 잘되게 할 것
- 공기와 접촉되지 않도록 불활성 물질 중에 저장할 것
- 열의 축적을 방지할 것
- 습도를 낮게 할 것

3 연소의 분류

1. 연소의 종류

① **증발연소**: 에테르, 알코올, 가솔린 등의 인화성 액체가 증발하여 증기를 형성한 후 공기와 혼합하여 연소하는 것[알코올, 황, 나프탈렌, 파라핀(양초), 왁스, 경유, 제4류 위험물 등]
② **확산연소**: 가연성기체와 공기가 유출하면서 확산에 의해 혼합되어 연소하는 것(수소, 아세틸렌, 프로판 등)
③ **표면연소**: 열분해로 인해 탄화작용이 생겨 탄소의 고체표면에 공기와 접촉하는 부분에서 연소하는 것(금속분, 알루미늄분, 코우크스, 목탄 등)
④ **분해연소**: 고체 가연물이 열분해에 의하여 가연성 가스와 공기가 혼합되어 연소하는 것(석탄, 목재, 플라스틱, 종이, 합성수지 등)
⑤ **자기(내부)연소**: 분자 내에 산소를 함유하고 있는 고체 가연물이 공기 중의 산소를 필요로 하지 않고 그 자체의 산소에 의하여 연소하는 것(피크린산, 니트로셀룰로오스, TNT, 니트로글리세린, 셀룰로이드, 제5류 위험물 등)

2. 연소의 분류

형태	해당 연소
액체의 연소	증발연소
기체의 연소	확산연소, 예혼합연소
고체의 연소	표면연소, 분해연소, 자기연소, 증발연소

4 연소범위

1. 연소범위

연소가 일어나는데 필요한 공기 중 가연성 농도(vol%)를 말하는 것으로 최고농도를 상한계(UFL), 최저농도를 하한계(LEL)라고 하며 그 사이를 연소범위라고 한다.

> **참고** 비등점, 연소점과 연소에 관한 사항
>
> 1. 비등점, 연소점
>   ① **비등점**: 증기와 액체가 평형하게 공존할 때의 온도를 말한다.
>   ② **연소점**: 액체나 고체를 공기 중에서 가열할 때, 점화한 불에서 불꽃이 발생하여 계속적으로 연소하는 최저 온도를 말한다.
> 2. 연소범위가 넓어지는 조건
>   ① 증기압이 높은 경우
>   ② 온도가 상승하는 경우
> 3. 연소에 관한 사항
>   ① 착화점(발화점)이 낮을수록 연소위험이 크다.
>   ② 인화점이 낮을수록 연소위험이 크다.
>   ③ 인화점이 낮은 물질은 반드시 착화점도 낮다고는 할 수 없다.
>   ④ 연소범위가 넓을수록 연소위험이 크다.
>   ⑤ 가연성 액체는 가열되어 완전 열분해되지 않아도 점화원이 있으면 연소한다.
>   ⑥ 가연성 액체를 발화점 이상으로 공기 중에서 가열하면 별도의 점화원이 없어도 발화할 수 있다.
>   ⑦ 열전도도가 클수록 연소하기가 어렵다.

2. 최소발화에너지(MIE: Minimum Ignition Energy)

(1) 최소발화에너지
   ① 최초의 연소에 필요한 최소한의 에너지
   ② 산소분자와 연료분자와 서로 충돌하여 화학반응을 일으켜서 열을 방출시키기 위한 최소한의 에너지
   ③ 온도가 상승하면 최소발화에너지에 도달하는 분자의 수가 증가하고 반응속도 증가

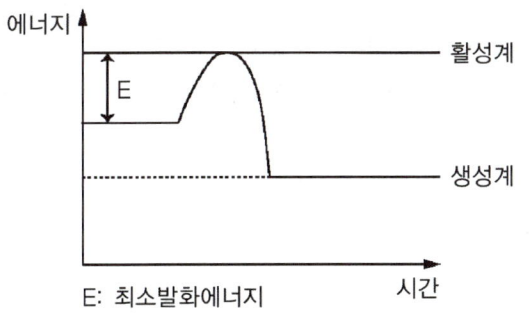

$$E = \frac{1}{2}CV^2 = \frac{1}{2}QV$$

- E: 정전기에너지(J)
- C: 도체의 정전용량(F)
- V: 대전전압(V)
- Q: 대전전하량(C)

(2) 최소발화에너지에 영향을 주는 인자
- 압력
- 농도
- 온도
- 혼합물

(3) 최소발화에너지(MIE)의 변화요인
① 연소속도가 상승하면 최소발화에너지는 감소한다.
② 농도가 높아지면 최소발화에너지는 감소한다.
③ 압력이나 온도가 증가하면 최소발화에너지는 감소한다.
④ 공기 중에서보다 산소 중에서 최소발화에너지는 더 감소한다.
⑤ 불활성물질의 증가는 최소발화에너지를 증가시킨다.

5 위험도

1. 위험도의 정의 및 계산

(1) 위험도 정의

폭발하한계값과 폭발상한계값의 차이를 폭발하한계값으로 나눈 것으로 기체의 폭발 위험수준을 나타내는 것이다.

(2) 위험도 계산: 위험도가 클수록 폭발위험성이 크다.

$$H = \frac{U-L}{L}$$

- H: 위험도
- L: 폭발하한계값
- U: 폭발상한계값

2. 위험도 증가조건

① 폭발하한계값과 폭발상한계값의 차이가 클수록 위험도는 증가한다.
② 폭발하한계값이 낮을수록 위험도는 증가한다.

6 완전연소조성농도(화학양론농도)

(1) 가연성 물질 1몰(mol)이 완전 연소할 수 있는 공기와의 혼합기체 중 가연성물질의 부피(%)이다.

$$C_{st}(\%) = \frac{100}{1 + 4.773(n + \frac{m-f-2\lambda}{4})}$$

- n: 탄소
- m: 수소
- f: 할로겐원소
- λ: 산소

▶ 폭발하한계값 계산(Jones식): $L(\%) = C_{st} \times 0.55$

(2) 가연성 물질은 완전연소조성농도(화학양론농도)에서 폭발의 위험성이 가장 높다.

7 최소산소농도(MOC: Minimum Oxygen Concentration)

$$MOC(\%) = 폭발하한계값 \times \frac{산소몰(mol) 수}{연료몰(mol) 수}$$

8 Burgess - Wheeler의 법칙

서로 유사한 탄화수소계의 가스에서 폭발하한계의 농도(vol%)와 연소열(kcal/mol)의 곱하기 한 값을 말한다.

$X(\text{vol}\%) \times Q(\text{kcal/mol})$
- X: 폭발하한계의 농도(%)
- Q: 연소열(kcal/mol)
  = 1.73 × 635.4 = 1,100vol% · kcal/mol

9 화재의 종류 및 예방대책

1. 화재의 종류

구분	A급 화재	B급 화재	C급 화재	D급 화재
명칭	일반화재 (종이, 목재, 섬유 등)	유류·가스화재 (유류, 가스 등)	전기화재 (전기, 정전기 등)	금속화재 (Al분말, Mg분말 등)
표시 색	백색	황색	청색	무색
소화효과	냉각효과	질식효과	냉각효과, 질식효과	질식효과
적합 소화기	• 물소화기 • 산·알칼리소화기 • 포말소화기	• 할로겐화합물소화기 • 이산화탄소소화기 • 분말소화기 • 포말소화기 • 강화액소화기	• 이산화탄소소화기 • 할로겐화합물소화기 • 강화액소화기 • 분말소화기	• 팽창질석 • 건조사 • 팽창진주암

> **참고** 플래시오버 등 화재 관련 기타 사항
>
> 1. 금속화재를 일으킬 수 있는 위험물
>   ① 제1류 위험물: 무기과산화물
>   ② 제2류 위험물: 금속분(마그네슘(Mg), 알루미늄(Al))
>   ③ 제3류 위험물: 칼슘(Ca), 황린(P_4), 나트륨(Na), 칼륨(K)
> 2. 플래시오버(flash over)
>   ① 갑자기 불꽃이 폭발적으로 확산하여 창문이나 문으로부터 연기나 불꽃이 뿜어져 나오는 상태를 말한다.
>   ② 플래시오버의 방지(지연)대책으로 가장 적절한 것은 '개구부 제한'이다.
> 3. 트리에틸알루미늄과 같은 금속화재시 적합한 소화약제
>   ① 팽창질석   ② 팽창진주암   ③ 건조사

2. 화재의 방지대책

(1) 예방대책

① 발화원과 위험물질의 적절한 관리

② 혼합가스의 조성을 폭발범위 안에 들지 않도록 철저히 관리

▶ 가장 근본적인 방화대책은 예방대책이다.

(2) 국한대책

① 건물, 설비의 불연화 및 난연화
② 공간의 분리와 소형화
③ 가연물의 집적방지
④ 방유제, 방화벽 등의 설치로 누출물 확대 방지
⑤ 저장탱크 등 위험물시설의 지하 매설
⑥ 일정한 공지의 확보

(3) 소화대책

① 스프링쿨러 등의 소화설비 설치
② 적응화재 및 가연물의 성질에 맞는 소화기의 사용
③ 화재확대시 소방대에 의한 소화작업 실시

(4) 피난대책

① 피난계단의 점검 및 방화문 설치
② 안전한 피난구역 지정
③ 피난통로의 유도표지 설치

> **참고** 석유화재의 거동 및 화재의 확대방지방법
>
> 1. 석유화재의 거동
>   ① 액면상의 연소확대에 있어서 액온이 인화점보다 높을 경우 예혼합형 전파연소를 나타낸다.
>   ② 액면상의 연소확대에 있어서 액온이 인화점보다 낮을 경우 예열형 전파연소를 나타낸다.
>   ③ 저장조 용기의 직경이 1m 이상에서 액면강하속도는 용기직경에 관계없이 일정하다.
>   ④ 저장조 용기의 직경이 2m 이상이면 증류화염형태를 나타낸다.
> 2. 화재의 확대방지방법
>   ① 화재를 조기에 발견하고, 초기소화에 가장 큰 중점을 둘 것
>   ② 가연물의 양을 제한할 것
>   ③ 화재확대를 가능한 한 지연시킬 수 있는 불연화 및 난연화를 갖출 것
>   ④ 공간을 구획화(분리)하여 소형화 할 것
> 3. 가연성 고체물질을 난연화시키는 난연제로 쓰이는 것
>   ① 안티몬
>   ② 비소
>   ③ 인

제2절 소화

1 소화의 정의 및 종류

1. 정의

물질이 연소할 때 연소의 3요소인 가열물, 점화원, 산소공급원 중 일부 또는 전부를 제거 또는 억제하여 연소가 계속될 수 없도록 하는 것을 말한다.

2. 소화의 종류

(1) 냉각소화
① 다량의 물을 뿌려 소화하는 방법
② 점화원을 냉각시켜 소화하는 방법
③ 증발잠열을 이용하여 열을 빼앗아 가연물의 온도를 떨어뜨려 소화하는 방법
④ 가연성물질을 발화점 이하로 냉각시켜 소화하는 방법
⑤ 열에너지를 흡수하는 매체를 화염속에 투입하여 소화하는 방법

> **참고** 냉각소화
> 1. 냉각소화방법으로 물을 많이 사용하는 이유: 물의 기화잠열이 크기 때문이다.
> 2. 물의 소화효과를 크게 하기 위한 방법: 분무상 방사(무상주수)
> 3. 물의 주수형태
>   ① 무상주수: 안개처럼 분무상으로 물을 뿌려 소화하는 것
>   ② 봉상주수: 막대모양의 물줄기를 뿌려 소화하는 것
> 4. 냉각소화의 예: 튀김 기름이 인화되었을 때 싱싱한 채소를 넣어 소화하는 것은 냉각소화의 예이다.

(2) 질식소화
① 산소공급을 차단하는 소화방법
② 산화제의 농도를 낮추어 연소가 지속될 수 없도록 하여 소화하는 방법
③ 공기 중의 산소농도를 15% 이하로 낮추어 소화하는 방법

> **참고** 질식소화의 예
> ① 담요를 덮는다.
> ② 모래를 뿌린다.
> ③ 입으로 불어서 촛불을 끈다.
> ④ 연소하고 있는 가연물이 존재하는 장소를 기계적으로 폐쇄하여 공기의 공급을 차단시킨다.

(3) 억제소화(화학소화)
① 화학적인 방법으로 화재를 억제(부촉매효과)하여 소화
② 연소의 연쇄반응을 차단하여 소화하는 방법
③ 불꽃의 억제작용으로 소화

> **참고** 억제소화(화학소화)
> ① 억제소화의 대표적인 소화기는 할로겐화합물소화기이다.
> ② 할로겐화합물소화기의 탄화수소는 원자수의 비율이 클수록 소화효과가 좋다.

(4) 제거소화
가연물을 연소구역으로부터 제거하여 소화하는 방법

> **참고** 제거소화의 예
> ① 전기화재시 신속히 전원을 차단한다.
> ② 산불의 확산방지를 위하여 산림의 일부를 벌채한다.
> ③ 금속화재시 불활성물질로 가연물을 덮어 미연소부분과 분리한다.
> ④ 화학설비의 화재시 원료공급관의 밸브를 잠근다.
> ⑤ 목재를 방염처리하여 가연성 기체의 생성을 차단한다.
> ⑥ 가연성 기체의 분출시 주공급밸브를 닫는다.

2 소화기의 종류

1. 소화기의 종류

    (1) 물소화기

    ① 물이 소화작업에 사용되는 이유

    ㉠ 구입이 용이하고, 가격이 저렴하다.

    ㉡ 취급상 안전하고 숙련을 요하지 않는다.

    ㉢ 분무시 적외선 등을 흡수하여 외부로부터 열을 차단하는 효과가 있다.

    ㉣ 기화잠열(증발잠열)이 크다.

    ② 주수형태

    ㉠ 봉상주수

    ㉡ 무상주수

    ㉢ 적상주수

    ▶ 물소화기의 주된 소화효과는 냉각, 질식, 희석효과이다.

    (2) 포소화기

    ① 포소화약제의 구비조건

    ㉠ 안정성을 가지고 내열성이 있어야 한다.

    ㉡ 유동성이 있어야 한다.

    ㉢ 독성이 적어야 한다.

    ㉣ 화재면에 부착하는 성질이 커야 한다(응집성이 있을 것).

    ㉤ 바람에 견디는 힘이 커야 한다.

    ② 포소화약제의 혼합방식

    ㉠ 펌프 프로포셔너방식(Pump Proportioner: 펌프혼합방식)

    ㉡ 프레져 프로포셔너방식(Pressure Proportioner: 차압혼합방식)

    ㉢ 라인 프로포셔너방식(Line Proportioner: 관로혼합방식)

    ㉣ 프레져 사이드 프로포셔너방식(Pressure Side Proportioner: 압입혼합방식)

(3) 분말소화기

① 분말소화약제의 종류

분자식	종류	분말색상	적응화재
$NaHCO_3$ – 중탄산(탄산수소)나트륨	제1종	백색	B, C급
$KHCO_3$ – 중탄산(탄산수소)칼륨	제2종	담회색	B, C급
$NH_4H_2PO_4$ – 인산암모늄	제3종	담홍색	A, B, C급
$KHCO_3 + (NH_2)_2CO$ – 중탄산(탄산수소)칼륨 + 요소	제4종	회(백)색	B, C급

참고 가압용 가스(압력원)

가압용 가스	해당 소화설비
질소(N_2)	① 축압식분말소화설비 ② 할로겐화합물소화설비
탄산가스(CO_2)	기타 소화설비

② 제3종 분말소화약제(인산암모늄)의 작용

 ㉠ 메타인산(HPO_3)에 의한 방진작용
 ㉡ 열분해에 의한 냉각작용
 ㉢ 유리된 암모늄(NH_4)의 부촉매작용
 ㉣ 발생한 불연성 가스에 의한 질식작용
 ㉤ 분말분무에 의한 열방사의 차단효과

> **참고** 제3종 인산암모늄 분말소화기
>
> 제3종 인산암모늄 분말소화기는 A, B, C급 화재에 사용이 가능하고, 메타인산(HPO_3)을 생성시켜 방진작용(가연물에 부착되어 차단효과를 나타내는 것)으로 다른 분말소화약제에 비하여 30% 이상 소화능력이 향상된다.

③ 분말소화기의 장점

 ㉠ 소화시간이 짧고, 소화능력이 우수하다.
 ㉡ 기기 등을 오염시키지 않고 인체에 무해하며 소화 후에도 제거가 쉽다.
 ㉢ 반영구적이고 가격이 싸다.
 ㉣ 보관시 변질의 우려가 없고 겨울철에도 동결에 따른 성능저하가 없다.
 ㉤ 소화약제의 절연성으로 전기화재(C급)에도 적합하다.

④ 분말소화기 설치장소

 ㉠ 종이 및 직물류의 일반 가연물을 취급하는 장소
 ㉡ 인화성 액체를 취급하는 장소
 ㉢ 옥내·외의 트랜스(Trans) 등 전기기기 화재가 발생하기 쉬운장소
 ㉣ 유조선 및 액체원료를 원동력으로 하는 선박 등의 엔진실

(4) 이산화탄소(CO_2)소화기
   ① 탄산가스의 분산작용으로 실내의 산소를 희석시키거나 차단하여 질식 및 냉각효과로 소화하는 기구이다.
   ② 이산화탄소소화기의 특성
      ㉠ 전기화재에 가장 적합하고 유류화재에도 사용이 가능하다.
      ㉡ 이음매없는 고압가스용기를 사용한다.
      ㉢ 용기 내의 액화탄산가스를 줄 - 톰슨(Joule - Thomson)효과에 의해 드라이아이스로 방출한다.
      ㉣ 기체팽창률 및 기화잠열이 크다.
      ㉤ 소화 후 증거보존이 용이하나 방사거리가 짧은 단점이 있다.
      ㉥ 소화약제 자체 압력으로 방출이 가능하다.
      ㉦ 액화하여 용기에 보관할 수 있다.
      ㉧ 컴퓨터 및 반도체설비 등에 사용이 가능하다.
      ㉨ 전기에 대하여 부도체이다.

   > **참고** 소화 관련 이론
   > 1. 줄 - 톰슨(Joule - Thomson)효과
   >   압축된 기체를 좁은 구멍이나 관을 통해 팽창시키면 온도가 내려가는 것을 말한다.
   > 2. 이산화탄소(CO_2)의 소화효과
   >   ① 질식효과   ② 냉각효과

(5) 할로겐화합물소화기(증발성액체소화기)
   ① 소화원리
      ㉠ 연소하고 있는 물질에 증발성이 강한 액체(할로겐화합물)가 뿌려지면 연소되고 있는 열을 흡수하여 액체가 증발함으로써 질식소화
      ㉡ 화재의 불꽃에 의해 할로겐원소가 유리되어 산소와 가연물이 결합하기 전에 가연성 유리기와 결합(부촉매효과)
         ▶ 부촉매효과: 연소의 연속적인 연쇄반응을 차단, 억제 또는 방해하여 연소현상이 일어나지 않도록 하는 소화작용
   ② 할로겐화합물소화약제의 특성
      ㉠ 화학적 부촉매효과에 의한 연소억제작용이 뛰어나서 소화능력이 크다.
      ㉡ 가연성 액체 화재에 대하여 소화속도가 매우 빠르다.
      ㉢ 금속에 대한 부식성이 작다.
      ㉣ 전기의 불량도체이다(전기절연성이 크다.)
   ③ 할로겐화합물소화약제의 표기

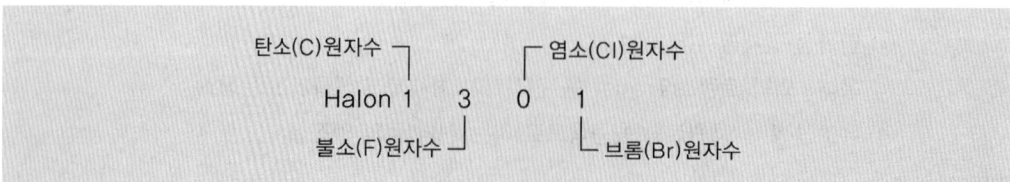

④ 할로겐화합물소화약제의 분자식

종류	분자식	약칭
Halon 104	CCl_4	CTC
Halon 1011	CH_2ClBr	CB
Halon 1211	CF_2ClBr	BCF
Halon 1301	CF_3Br	BTM
Halon 2402	$C_2F_4Br_2$	FB

> **참고** 할론소화약제 및 자기반응성 물질에 사용 가능한 소화기
>
> 1. 할론 1301(CF_3Br)의 특성
>   ① 소화성능이 가장 우수하다.
>   ② 비중은 약 5.1이다.
>   ③ 독성이 가장 약하다.
>   ④ 오존층 파괴지수가 가장 높다.
> 2. 할론소화약제의 부촉매효과(소화능력) 크기 순서
>   I(요오드) > Br(브롬) > Cl(염소) > F(불소)
> 3. 자기반응성 물질에 의한 화재에 대비하여 사용할 수 있는 소화기
>   ① 포소화기
>   ② 무상강화액소화기
>   ③ 봉상수(棒狀水)소화기
>   ④ 봉상강화액소화기
>   ⑤ 무상수(霧狀水)소화기

(6) 강화액소화기

① 물에 탄산칼륨(K_2CO_3)을 첨가시켜 동결되지 않도록 개발된 소화기이다.

② 부식성과 독성이 없고, 한냉지 또는 겨울철에 사용하기 적합한 소화기이다.

③ 화학반응식: $K_2CO_3 + H_2SO_4 \rightarrow K_2SO_4 + H_2O + CO_2$

(7) 산알칼리소화기

① 중조수와 황산의 화합물에 탄산가스를 내포한 액을 분사하여 소화

② 화학반응식: $2NaHCO_3(알칼리) + H_2SO_4(산) \rightarrow Na_2SO_4 + 2CO_2 + 2H_2O$

(8) 간이소화제

① 건조사(마른 모래)

② 팽창질석

③ 팽창진주암

3 소화기의 유지관리

1. 소화기 설치시 유의사항

① 소화기는 잘보이는 곳에 '소화기'라는 표시를 할 것

② 소화기의 설치위치는 바닥으로부터 1.5m 이하의 높이에 설치할 것

③ 소화약제가 변질, 동결 또는 분출할 우려가 없는 곳에 비치할 것

④ 통행이나 피난 등에 지장이 없고 사용하기 쉬운 위치에 있을 것

2. 소화기의 사용방법

① 소화기는 해당 화재에만 사용할 것
② 성능에 따라 화점 가까이 접근하여 사용할 것
③ 소화기는 비로 쓸듯이 소화할 것
④ 소화기를 사용할 때는 바람을 등지고 바람이 부는 위쪽에서 아래쪽의 방향으로 소화할 것

4 소방시설

1. 소화설비

① 소화기
② 옥내소화전설비
③ 옥외소화전설비
④ 스프링쿨러설비, 간이 스프링쿨러설비

2. 경보설비

① 자동화재탐지설비
② 자동화재속보설비
③ 비상벨설비 및 자동식 사이렌설비
④ 비상방송설비
⑤ 가스누설경보기
⑥ 전기누전경보기

> **참고** 자동화재탐지설비 및 소화적용방법 등
>
> 1. 자동화재탐지설비 감지기의 종류
>
> | 열감지기 | 연기감지기 | 화염(불꽃)감지기 |
> |---|---|---|
> | 보상식, 정온식, 차동식 | 광전식, 이온화식 | 자외선, 적외선 |
>
> 2. 소화설비와 주된 소화적용방법
>
> | | |
> |---|---|
> | 물소화설비, 스프링쿨러설비 | 냉각효과 |
> | 산·알칼리소화설비 | 냉각효과 |
> | 강화액소화설비 | 냉각효과 |
> | 포말소화설비 | 냉각효과, 질식효과 |
> | 이산화탄소(CO_2)소화설비 | 냉각효과, 질식효과 |
> | 증발성액체소화설비 | 냉각효과, 질식효과, 억제(부촉매)효과 |
> | 할로겐화합물소화설비 | 억제(부촉매)효과 |
> | 분말소화설비 | 질식효과 |
> | 건조사, 팽창질석, 팽창진주암소화설비 | 질식효과 |
>
> 3. 불활성기체 소화약제의 구성성분
>
> | | |
> |---|---|
> | IG – 01 | Ar(아르곤) 100% |
> | IG – 100 | N_2(질소) 100% |
> | IG – 55 | Ar(아르곤) 50%, N_2(질소) 50% |
> | IG – 541 | Ar(아르곤) 40%, N_2(질소) 52%, CO_2(이산화탄소) 8% |

적중문제 CHAPTER 10 | 소화원리 이해

01 연소의 3요소에 해당되지 않는 것은?

① 가연물 ② 점화원
③ 연쇄반응 ④ 산소공급원

해설 연소의 3요소에는 가연물, 점화원, 산소공급원이 있으며, 연쇄반응은 연소의 4요소에 해당한다.

정답 ③

02 가연성 물질이 연소하기 쉬운 조건으로 옳지 않은 것은?

① 연소발열량이 클 것
② 점화에너지가 작을 것
③ 산소와 친화력이 클 것
④ 입자의 표면적이 작을 것

해설 입자의 표면적이 작지 않고 커야 한다.

관련이론 가연성 물질이 연소하기 쉬운 조건
- 입자의 표면적이 클 것
- 연소발열량이 클 것
- 점화에너지가 작을 것
- 열전도율이 작을 것
- 산소와의 친화력과 접촉면적이 클 것

정답 ④

03 점화원에 해당되지 않는 것은?

① 기화열 ② 충격, 마찰
③ 복사열 ④ 고온물질 표면

해설 기화열(증발잠열)은 점화원에 해당하지 않는다.

관련이론 점화원의 분류
- 점화원이 되지 못하는 것: 온도, 압력, 기화열(증발잠열)
- 점화원이 되는 것: 충격, 마찰, 복사열, 고온물질 표면, 전기불꽃, 정전기, 화학반응열, 단열압축열

정답 ①

04 연소 및 폭발에 대한 용어의 설명으로 옳지 않은 것은?

① 폭굉: 폭발충격파가 미반응 매질 속으로 음속보다 큰 속도로 이동하는 폭발
② 연소점: 액체 위에 증기가 일단 점화된 후 연소를 계속할 수 있는 최고온도
③ 발화온도: 가연성 혼합물이 주위로부터 충분한 에너지를 받아 스스로 점화할 수 있는 최저온도
④ 인화점: 액체의 경우 액체표면에서 발생한 증기농도가 공기 중에서 연소 하한농도가 될 수 있는 가장 낮은 액체온도

해설 연소점은 액체나 고체를 공기 중에서 가열하였을 때, 일단 점화된 후 연소를 계속할 수 있는 최저온도이다.

정답 ②

05 인화점에 대한 설명으로 옳은 것은?

① 인화점이 높을수록 위험하다.
② 인화점이 낮을수록 위험하다.
③ 인화점과 위험성은 관계없다.
④ 인화점이 0℃ 이상인 경우만 위험하다.

해설 인화점이 낮을수록 연소 및 폭발이 일어나기 더 쉬워지므로 위험하다.

정답 ②

06 인화점이 가장 낮은 물질은?

① 등유 ② 아세톤
③ 이황화탄소 ④ 아세트산

해설 이황화탄소의 인화점이 −30℃로 가장 낮다.

선지분석
① 등유의 인화점은 30~60℃이다.
② 아세톤의 인화점은 −18℃이다.
④ 아세트산의 인화점은 42.8℃이다.

정답 ③

07 자연발화에 대한 설명으로 옳지 않은 것은?

① 분해열에 의해 자연발화가 발생할 수 있다.
② 입자의 표면적이 넓을수록 자연발화가 발생하기 쉽다.
③ 자연발화가 발생하지 않기 위해 습도를 가능한 한 높게 유지시킨다.
④ 열의 축적은 자연발화를 일으킬 수 있는 인자이다.

해설 자연발화가 발생하지 않기 위해서는 습도를 가능한 한 낮게 유지시켜야 한다.

관련이론 자연발화의 조건
- 주위의 온도가 높을 것
- 표면적이 넓을 것
- 열전도율이 작을 것
- 적당한 수분이 있을 것
- 발열량이 클 것
- 열축적이 클 것

정답 ③

08 자연발화의 방지법과 관계가 없는 것은?

① 점화원을 제거한다.
② 저장소 등의 주위온도를 낮게 한다.
③ 습기가 많은 곳에는 저장하지 않는다.
④ 통풍이나 저장법을 고려하여 열의 축적을 방지한다.

해설 점화원 제거는 자연발화의 방지법과 관계가 없다.

관련이론 자연발화의 방지법
- 습기가 많은 곳에는 저장하지 않는다.
- 저장소 등의 주위온도를 낮게 한다.
- 통풍이나 저장법을 고려하여 열의 축적을 방지한다.
- 공기가 접촉되지 않도록 불활성 물질 중에 저장한다.

정답 ①

09 가연성 가스의 연소형태에 해당하는 것은?

① 분해연소
② 자기연소
③ 표면연소
④ 확산연소

해설 기체(가연성 가스)의 연소형태에는 확산연소와 예혼합연소가 있다.

관련이론 연소의 종류

기체(가연성 가스)의 연소	확산연소, 예혼합연소
액체의 연소	증발연소
고체의 연소	표면연소, 분해연소, 자기(내부)연소, 증발연소

정답 ④

10 연소의 형태 중 확산연소의 정의로 옳은 것은?

① 고체의 표면이 고온을 유지하면서 연소하는 현상
② 가연성 가스가 공기 중의 지연성(조연성) 가스와 접촉하여 접촉면에서 연소가 일어나는 현상
③ 가연성 가스와 지연성(조연성) 가스가 미리 일정 농도로 혼합된 상태에서 점화원에 의하여 연소되는 현상
④ 액체표면에서 증발하는 가연성 증기가 공기와 혼합하여 연소범위 내에서 열원에 의하여 연소하는 현상

해설 확산연소란 가연성 가스가 공기 중의 지연성(조연성) 가스와 접촉하여 접촉면에서 연소가 일어나는 현상이다.

선지분석
① 표면연소에 대한 정의이다.
③ 예혼합연소에 대한 정의이다.
④ 증발연소에 대한 정의이다.

정답 ②

11 최소발화에너지(MIE)와 온도, 압력의 관계에 대한 설명으로 옳은 것은?

① 압력, 온도에 모두 비례한다.
② 압력, 온도에 모두 반비례한다.
③ 압력에 비례하고, 온도에 반비례한다.
④ 압력에 반비례하고, 온도에 비례한다.

해설 최소발화에너지(MIE)는 압력, 온도에 모두 반비례하므로 압력, 온도가 증가하면 최소발화에너지는 감소한다.

관련이론 최소발화에너지(MIE)의 변화요인
- 공기 중에서보다 산소 중에서 MIE는 더 감소한다.
- 농도가 높아지면 MIE는 감소한다.
- 연소속도가 상승하면 MIE는 감소한다.
- 불활성물질의 증가는 MIE를 증가시킨다.
- 압력, 온도가 증가하면 MIE는 감소한다.

정답 ②

12 [표]의 가스를 위험도가 큰 것부터 작은 순으로 바르게 나열한 것은?

구분	폭발하한값	폭발상한값
수소	4.0vol%	75vol%
산화에틸렌	3.0vol%	80vol%
이황화탄소	1.25vol%	44vol%
아세틸렌	2.5vol%	81vol%

① 아세틸렌 − 산화에틸렌 − 이황화탄소 − 수소
② 아세틸렌 − 산화에틸렌 − 수소 − 이황화탄소
③ 이황화탄소 − 아세틸렌 − 수소 − 산화에틸렌
④ 이황화탄소 − 아세틸렌 − 산화에틸렌 − 수소

해설 위험도 $= \dfrac{\text{폭발상한계}(U) - \text{폭발하한계}(L)}{\text{폭발하한계}(L)}$

- 수소: $\dfrac{75-4}{4} = 17.75$
- 산화에틸렌: $\dfrac{80-3}{3} \fallingdotseq 25.67$
- 이황화탄소: $\dfrac{44-1.25}{1.25} = 34.2$
- 아세틸렌: $\dfrac{81-2.5}{2.5} = 31.4$

따라서, 이황화탄소 − 아세틸렌 − 산화에틸렌 − 수소 순으로 나타낼 수 있다.

정답 ④

13 폭발의 위험성이 가장 높은 것은?

① 폭발상한 온도
② 완전연소조성농도
③ 폭발상한선과 하한선의 중간점 농도
④ 폭굉상한선과 하한선의 중간점 농도

해설 완전연소조성농도에서 폭발의 위험성이 가장 높다.

정답 ②

14 고체의 연소형태 중 증발연소에 속하는 것은?

① 나프탈렌   ② 목재
③ TNT   ④ 목탄

해설 나프탈렌의 연소는 고체의 연소형태 중 증발연소에 해당한다.

선지분석
② 목재의 연소형태는 분해연소이다.
③ TNT의 연소형태는 자기(내부)연소이다.
④ 목탄의 연소형태는 표면연소이다.

정답 ①

15 폭발범위에 대한 설명으로 옳은 것은?

① 공기밀도에 대한 폭발성 가스 및 증기의 폭발가능 밀도 범위
② 가연성 액체의 액면 근방에 생기는 증기가 착화할 수 있는 온도 범위
③ 폭발화염이 내부에서 외부로 전파될 수 있는 용기의 틈새 간격 범위
④ 가연성 가스와 공기와의 혼합가스에 점화원을 주었을 때 폭발이 일어나는 혼합가스의 농도 범위

해설 폭발범위란 가연성 가스와 공기와의 혼합가스에 점화원을 주었을 때 폭발이 일어나는 혼합가스의 농도 범위를 말한다.

정답 ④

16 폭발한계의 범위가 가장 넓은 가스는?

① 수소   ② 메탄
③ 프로판   ④ 아세틸렌

해설 아세틸렌의 폭발한계 범위(2.5~81%)가 가장 넓다.

선지분석
① 수소의 폭발한계의 범위는 4~75%이다.
② 메탄의 폭발한계의 범위는 5~15%이다.
③ 프로판의 폭발한계의 범위는 2.1~9.5%이다.

정답 ④

---

17 부탄의 폭발하한계값이 1.6vol%일 경우, 연소에 필요한 최소산소농도는 약 몇 vol%인가?

① 9.4   ② 10.4
③ 11.4   ④ 12.4

해설
- 부탄(C_4H_{10})의 완전연소 반응식
  $C_4H_{10} + 6.5O_2 \rightarrow 4CO_2 + 5H_2O$
- 최소산소농도(MOC) 계산식

$$MOC(\%) = 폭발하한계값 \times \frac{산소몰(mol)수}{연료몰(mol)수}$$

$$= 1.6 \times \frac{6.5}{1} = 10.4 vol\%$$

정답 ②

---

18 프로판(C_3H_8) 가스의 공기 중 완전연소조성농도는 약 몇 vol%인가?

① 2.02   ② 3.02
③ 4.02   ④ 5.02

해설
- 프로판(C_3H_8)의 완전연소 반응식
  $C_3H_8 + 5O_2 \rightarrow 3CO_2 + 4H_2O$
- 완전연소조성농도 계산식

$$C_{st} = \frac{100}{1 + 4.773(n + \frac{m-f-2\lambda}{4})}$$

여기서, C_{st}: 완전연소조성농도
n: 탄소
m: 수소
f: 할로겐 원소
λ: 산소

$$= \frac{100}{1 + 4.773(3 + \frac{8}{4})} \fallingdotseq 4.02 vol\%$$

정답 ③

---

19 완전연소조성농도가 가장 낮은 것은?

① 메탄(CH_4)   ② 프로판(C_3H_8)
③ 부탄(C_4H_{10})   ④ 아세틸렌(C_2H_2)

해설 산소농도가 클수록 완전연소조성농도는 낮아진다. 부탄의 산소농도가 6.5로 가장 크므로 완전연소조성농도는 가장 낮다.
부탄(C_4H_{10})의 산소농도
$(n + \frac{m-f-2\lambda}{4}) = (4 + \frac{10}{4}) = 6.5$

선지분석
① 메탄(CH_4)의 산소농도
$(n + \frac{m-f-2\lambda}{4}) = (1 + \frac{4}{4}) = 2$
② 프로판(C_3H_8)의 산소농도
$(n + \frac{m-f-2\lambda}{4}) = (3 + \frac{8}{4}) = 5$
④ 아세틸렌(C_2H_2)의 산소농도
$(n + \frac{m-f-2\lambda}{4}) = (2 + \frac{2}{4}) = 2.5$

정답 ③

20 메탄 20%, 에탄 40%, 프로판 40%로 구성된 혼합가스가 공기 중에서 연소할 때 이 혼합가스의 이론적 화학양론조성은 약 몇 %인가? (단, 메탄, 에탄, 프로판의 양론농도(C_{st})는 각각 9.5%, 5.6%, 4.0%이다.)

① 5.2% ② 7.7%
③ 9.5% ④ 12.1%

해설 화학양론조성(%) = $\dfrac{20+40+40}{9.5+5.6+4.0} = 5.235 ≒ 5.2\%$

정답 ①

21 프로판(C_3H_8)의 연소에 필요한 최소산소농도의 값은? (단, 프로판의 폭발하한은 Jones식에 의해 추산한다.)

① 8.1% ② 11.1%
③ 15.1% ④ 20.1%

해설 최소산소농도는 다음과 같이 구할 수 있다.
- 산소농도 = $(n + \dfrac{m-f-2\lambda}{4}) = (3 + \dfrac{8}{4}) = 5$
- 완전연소조성농도(C_{st}) = $\dfrac{100}{1+4.773 O_2}$
  = $\dfrac{100}{1+4.773 \times 5} = 4.021 ≒ 4.02\%$
- 폭발하한계(Jones식)
  = $C_{st} \times 0.55$
  = $4.02 \times 0.55 ≒ 2.211\%$
- 최소산소농도(%) = 폭발하한계 × 산소농도
  = $2.211 \times 5 = 11.055 ≒ 11.1\%$

정답 ②

22 Burgess-Wheeler의 법칙에 따르면 서로 유사한 탄화수소계의 가스에서 폭발하한계의 농도(vol%)와 연소열(Kcal/mol)의 곱의 값은 약 얼마 정도인가?

① 1,100 ② 2,800
③ 3,200 ④ 3,800

해설 Burgess-Wheeler의 법칙에 의하면, 폭발하한계의 농도 X(vol%)와 연소열 Q(kcal/mol)의 곱은 일정하게 된다.
$X \times Q = 1.73 \times 635.4 ≒ 1,100 \text{vol%·kcal/mol}$

정답 ①

23 B급 화재에 해당되는 것은?

① 유류에 의한 화재
② 전기장치에 의한 화재
③ 일반 가연물에 의한 화재
④ 마그네슘 등에 의한 금속화재

해설 유류, 가스 등에 의한 화재의 경우 B급 화재에 해당한다.

관련이론 화재의 종류
- A급 화재(일반화재): 목재, 종이, 섬유 등
- B급 화재(유류·가스화재): 유류, 가스 등
- C급 화재(전기화재): 전기, 정전기 등
- D급 화재(금속화재): Al분말, Mg분말 등

정답 ①

24 트리에틸알루미늄에 화재가 발생하였을 때 가장 적합한 소화약제는?

① 팽창질석 ② 할로겐화합물
③ 이산화탄소 ④ 물

해설 트리에틸알루미늄에 화재가 발생한 것은 D급 화재(금속 화재)이므로 팽창질석, 팽창진주암, 건조사가 가장 적합한 소화약제이다.

정답 ①

25 전기화재시 부적합한 소화기는?

① 분말소화기 ② 소화기
③ 할론소화기 ④ 산·알칼리소화기

해설 산알칼리소화기는 A급 화재(일반화재)에 적합하다.

관련이론 전기화재시 적합한 소화기(위험물안전관리법 시행규칙)
- 분말소화기
- CO_2소화기
- 할론소화기(할로겐화합물 소화기)
- 무상강화액소화기
- 무상소화기

정답 ④

26 화재예방에 있어 화재의 확대방지를 위한 방법으로 적절하지 않은 것은?

① 가연물량의 제한
② 난연화 및 불연화
③ 화재의 조기발견 및 초기소화
④ 공간의 통합과 대형화

해설 공간의 분리와 소형화가 화재의 확대방지를 위한 것으로 옳은 방법이다.

정답 ④

27 건축물 공사에 사용되고 있으나 불에 타는 성질이 있어서 화재시 유독한 시안화수소가스가 발생되는 물질은?

① 염화비닐 ② 염화에틸렌
③ 메라크산메틸 ④ 우레탄

해설 건축물 공사에 사용되고 있으나 불에 타는 성질이 있어서 화재시 유독한 시안화수소가스가 발생되는 물질은 우레탄이다.

정답 ④

28 물분무 소화설비의 주된 소화효과에 해당하는 것으로만 바르게 나열한 것은?

① 냉각효과, 질식효과
② 희석효과, 제거효과
③ 제거효과, 억제효과
④ 억제효과, 희석효과

해설 물분무 소화설비의 주된 소화효과로는 냉각효과, 질식효과, 희석효과가 있다.

정답 ①

29 액체의 증발잠열을 이용하여 소화시키는 것으로 물을 이용하는 방법은 주로 어떤 소화방법에 해당되는가?

① 냉각소화법 ② 연소억제법
③ 제거소화법 ④ 억제소화법

해설 액체의 증발잠열을 이용하여 소화시키는 것으로 물을 이용하는 방법은 냉각소화법이다.

선지분석
② 연소억제법은 연소반응을 차단하여 소화하는 방법이다.
③ 제거소화법은 가연물을 연소구역으로부터 제거하는 소화방법이다.
④ 억제소화법은 연소의 연쇄반응을 차단하여 소화하는 방법이다.

정답 ①

30 질식소화에 해당하는 것은?

① 가연성 기체의 분출화재시 주밸브를 닫는다.
② 가연성 기체의 연쇄반응을 차단하여 소화한다.
③ 화학설비의 화재시 원료공급관의 밸브를 잠근다.
④ 연소하고 있는 가연물이 존재하는 장소를 기계적으로 폐쇄하여 공기의 공급을 차단한다.

해설 공기의 공급을 차단하는 방식이므로 질식소화에 해당한다.

선지분석
① 제거소화의 방법이다.
② 억제소화의 방법이다.
③ 제거소화의 방법이다.

정답 ④

31 화재시 주수에 의해 오히려 위험성이 증대되는 물질은?

① 황린 ② 니트로셀룰로오스
③ 적린 ④ 금속나트륨

해설 금속나트륨은 화재시 주수를 하게 되면 물과 격렬하게 반응하여 발열하고 수소가스를 발생시켜 위험성이 증대되는 물질이다.

정답 ④

32 자기반응성 물질에 의한 화재에 대하여 사용할 수 없는 소화기의 종류는?

① 포소화기
② 무상강화액소화기
③ 이산화탄소소화기
④ 봉상수(棒狀水)소화기

해설 자기반응성 물질(제5류 위험물)에 의한 화재에 대하여 사용할 수 있는 소화기에는 포소화기, 무상수(霧狀水)소화기 무상강화액소화기 및 봉상수(棒狀水)소화기, 봉상강화액소화기가 있으며, 이산화탄소소화기는 사용할 수 없다.

관련이론 자기반응성 물질
- 질산에스테르류
- 유기과산화물
- 니트로화합물
- 니트로소화합물
- 디아조화합물
- 아조화합물

정답 ③

33 소화약제에 의한 소화기의 종류와 방출에 필요한 가압방법의 분류가 잘못 연결된 것은?

① 이산화탄소소화기: 축압식
② 물소화기: 펌프에 의한 가압식
③ 산·알칼리소화기: 화학반응에 의한 가압식
④ 할로겐화합물소화기: 화학반응에 의한 가압식

해설 할로겐화합물소화기의 경우 가스에 의한 가압식이며, 약제 자신의 증기압으로 방출한다.

정답 ④

34 탄산수소나트륨을 주요 성분으로 하는 것은 제 몇 종 분말소화기인가?

① 제1종 ② 제2종
③ 제3종 ④ 제4종

해설 탄산수소나트륨을 주요 성분으로 하는 것은 제1종 분말소화기이다.

관련이론 분말소화기 소화약제의 종류 및 주요 성분
- 제1종 분말: 탄산수소(중탄산)나트륨($NaHCO_3$)
- 제2종 분말: 탄산수소(중탄산)칼륨($KHCO_3$)
- 제3종 분말: 인산암모늄($NH_4H_2PO_4$)
- 제4종 분말: 탄산수소(중탄산)칼륨($KHCO_3$) + 요소 [$CO(NH_2)_2$]

정답 ①

35 분말소화설비에 대한 설명으로 옳지 않은 것은?

① 기구가 간단하고 유지관리가 용이하다.
② 온도변화에 대한 약제의 변질이나 성능의 저하가 없다.
③ 분말은 흡습력이 작으며 금속의 부식을 일으키지 않는다.
④ 다른 소화설비보다 소화능력이 우수하며 소화시간이 짧다.

해설 분말은 흡습력이 크며 금속의 부식을 일으킨다.

정답 ③

36 메타인산(HPO_3)에 의한 방진효과를 가진 분말소화약제의 종류는?

① 제1종 분말소화약제
② 제2종 분말소화약제
③ 제3종 분말소화약제
④ 제4종 분말소화약제

해설
- 제3종 분말소화약제가 메타인산에 의한 방진효과를 가진다.
- 제3종 인산암모늄 분말소화기는 A, B, C급 화재에 사용이 가능하고 메타인산(HPO_3)을 생성시켜 방진작용(가연물에 부착되어 차단효과를 나타내는 것)으로 다른 분말소화약제에 비하여 30% 이상 소화능력이 향상된다.

정답 ③

37 소화설비와 주된 소화적용방법의 연결이 옳은 것은?
① 포소화설비 - 질식소화
② 스프링쿨러설비 - 억제소화
③ 이산화탄소소화설비 - 제거소화
④ 할로겐화합물소화설비 - 냉각소화

해설 포소화설비의 주된 소화적용방법은 질식소화이다.
선지 분석
② 스프링쿨러설비의 주된 소화적용방법은 냉각소화이다.
③ 이산화탄소소화설비 주된 소화적용방법은 질식, 냉각소화이다.
④ 할로겐화합물소화설비 주된 소화적용방법은 질식소화이다.

정답 ①

38 할로겐화합물소화약제의 소화작용과 같이 연소의 연속적인 연쇄반응을 차단, 억제 또는 방해하여 연소현상이 일어나지 않도록 하는 소화작용은 무엇인가?
① 부촉매소화작용   ② 냉각소화작용
③ 질식소화작용   ④ 제거소화작용

해설
• 연소의 연속적인 연쇄반응을 차단, 억제 또는 방해하여 연소현상이 일어나지 않도록 하는 소화작용을 부촉매소화작용이라 한다.
• 부촉매소화작용에 해당되는 것은 할로겐화합물소화약제이다.

정답 ①

39 CF_3Br 소화약제를 가장 적절하게 표현한 것은?
① 할론 1031   ② 할론 1211
③ 할론 1301   ④ 할론 2402

해설 CF_3Br 소화약제를 가장 적절하게 표현한 것은 할론 1301이다.

관련 이론 **Halon 1301의 표기**
• 첫째(1): 탄소(C)원자수
• 둘째(3): 불소(F)원자수
• 셋째(0): 염소(Cl)원자수
• 넷째(1): 브롬(Br)원자수

정답 ③

40 Halon 2402의 화학식으로 옳은 것은?
① $C_2I_4Br_2$ ② $C_2F_4Br_2$
③ $C_2Cl_4Br_2$ ④ $C_2I_4Cl_2$

해설 Halon 2402의 화학식은 $C_2F_4Br_2$이다.

관련 이론 **할로겐화합물 소화약제**
• Halon 104(CTC): CCl_4
• Halon 1011(CB): CH_2ClBr
• Halon 1211(BCF): CF_2ClBr
• Halon 1301(BTM): CF_3Br
• Halon 2402(FB): $C_2F_4Br_2$

정답 ②

41 이산화탄소소화기의 사용에 대한 설명으로 옳지 않은 것은?
① B급 화재 및 C급 화재의 적용에 적절하다.
② 이산화탄소의 주된 소화작용은 질식작용이므로 산소의 농도가 15% 이하가 되도록 약제를 살포한다.
③ 액체탄산가스가 공기 중에서 이산화탄소로 기화하면 체적이 급격하게 팽창하므로 질식에 주의한다.
④ 이산화탄소는 반도체 설비와 반응을 일으키므로 통신기기나 컴퓨터설비에 사용해서는 아니 된다.

해설 이산화탄소는 반도체 설비와 반응을 일으키지 않으므로 통신기기나 컴퓨터설비에 사용하기에 적합하다.

정답 ④

42 CO₂소화약제의 장점으로 볼 수 없는 것은?

① 기체팽창률 및 기화잠열이 작다.
② 액화하여 용기에 보관할 수 있다.
③ 전기에 대해 부도체이다.
④ 자체 증기압이 높기 때문에 자체 압력으로 방사가 가능하다.

해설 CO₂소화약제는 기체팽창률 및 기화잠열이 크다.

관련이론 CO₂소화약제의 장점
- 전기에 대해 부도체이다.
- 액화하여 용기에 보관할 수 있다.
- 자체 증기압이 높기 때문에 자체 압력으로 방사가 가능하다.
- 기체팽창률 및 기화잠열이 크다.
- 전기화재에 가장 적합하고 유류화재에도 사용이 가능하다.

정답 ①

44 자동화재탐지설비의 감지기 종류 중 열감지기가 아닌 것은?

① 차동식   ② 정온식
③ 보상식   ④ 광전식

해설 광전식은 연기감지기의 종류에 해당하며, 열감지기에는 보상식, 정온식, 차동식이 있다.

관련이론 자동화재탐지설비의 감지기 종류
- 열감지기: 보상식, 정온식, 차동식
- 연기감지기: 광전식, 이온화식
- 불꽃감지기: 적외선, 자외선

정답 ④

43 물소화약제의 단점을 보완하기 위하여 물에 탄산칼륨(K_2CO_3) 등을 녹인 수용액으로 부동성이 높은 알칼리성 소화약제는?

① 포소화약제   ② 강화액소화약제
③ 분말소화약제   ④ 산알칼리소화약제

해설 물소화약제의 단점을 보완하기 위하여 물에 탄산칼륨(K_2CO_3) 등을 녹인 수용액으로 부동성이 높은 알칼리성 소화약제는 강화액소화약제이다. 강화액소화약제는 부식성과 독성이 없고, 한냉지 또는 겨울철에 사용하기에 적합하다.

정답 ②

45 프로판가스 1m³를 완전연소시키는데 필요한 이론공기량은 몇 m³인가? (단, 공기 중의 산소농도는 20%이다.)

① 20   ② 25
③ 30   ④ 35

해설
- 프로판가스 완전연소반응식
  $C_3H_8 + 5O_2 \rightarrow 3CO_2 + 4H_2O$
- 완전연소반응식에 의해
  프로판(C_3H_8) 1m³, 산소(O_2) 5m³
- 공기 중의 산소농도가 20%이므로
  이론공기량 = 5 × 100/20 = 25m³

정답 ②

해커스자격증
pass.Hackers.com

해커스 **산업안전산업기사 필기** 한권완성 이론 + 최신기출 + 핵심노트

PART 5
건설공사 안전관리

CHAPTER 1   건설현장 유해·위험요인관리 및 안전점검
CHAPTER 2   건설공구 및 장비 안전수칙
CHAPTER 3   공사 및 작업종류별 안전 Ⅰ(양중 및 해체공사)
CHAPTER 4   건설현장 안전시설관리
CHAPTER 5   비계·거푸집 가시설 위험방지
CHAPTER 6   공사 및 작업종류별 안전 Ⅱ(콘크리트 및 PC공사)
CHAPTER 7   공사 및 작업종류별 안전 Ⅲ(운반 및 하역작업)

CHAPTER 1 | 건설현장 유해·위험요인관리 및 안전점검

1 공정계획 및 안전성 심사

(1) 안전관리계획
① 공사계획은 크게 시공법의 검토결정 이후 작업계획과 공정계획으로 구분되며, 작업계획에는 설비, 자재, 노무, 기계계획 등이 있다.
② 안전상의 문제점을 개별적, 종합적으로 체크하는 기능을 갖는 안전관리계획의 도입을 꾀하여 공사의 진행에 따라 안전대책이 유효하게 실시되도록 하여야 되며 위험성평가(Risk Assessment)를 행하는 것이 필요하다.
③ 건설현장 안전관리계획에 포함될 주요사항은 다음과 같다.
   ㉠ 건설현장의 안전관리체계 확립
   ㉡ 신기술, 신공법 채택에 따른 안전확보
   ㉢ 건설안전기술 기준의 보강·적용
   ㉣ 설계 및 적산단계에서부터의 근본적 안전대책 수립
   ㉤ 건강장해예방대책 수립·시행
   ㉥ 안전보건교육 실시

(2) 건설공사의 안전관리
① **건설재해의 특성**: 건설업은 최근 들어 건물의 대형화, 고층화 추세를 보이고 있고 시설과 장비 또한 복잡하고 다양해짐에 따라 재해가 빈번하게 발생하고 있으며, 특성은 다음과 같다.
   ㉠ 중대재해가 발생하는 경향이 크다(고소작업, 중기계 사용 등).
   ㉡ 재해의 발생형태(추락, 전도 등)가 매우 다양하다.
   ㉢ 복합적인 재해가 자주 동시에 발생한다(수많은 공정의 연계성).
② **건설안전관리의 문제점**
   ㉠ 고용의 불안정 및 근로자 유동성
   ㉡ 공사계약의 편무성
   ㉢ 작업자체의 고도 위험성
   ㉣ 작업환경의 특수성
   ㉤ 하도급에서 발생되는 문제점
   ㉥ 근로자의 안전의식 부족
   ㉦ 신기술, 신공법에 따른 안전기술의 부족
③ **건설재해예방대책**
   ㉠ 경영자의 안전에 대한 인식 투철

ⓒ 재해예방을 위한 근로자의 안전자세 확립

ⓓ 하도급업체에 대한 안전보건관리체제 강화

ⓔ 근로자에 대한 안전보건교육 철저 시행

ⓕ 적정한 공사기간의 확보

> **참고** 건설업체 산업재해 발생률 및 산업재해 발생 보고의무 위반건수의 산정기준과 방법(산업안전보건법 시행규칙)
>
> ① 사고사망만인율 = $\dfrac{\text{사고사망자수}}{\text{상시근로자수}} \times 10,000$
>
> ② 상시근로자수 = $\dfrac{\text{연간국내공사실적액} \times \text{노무비율}}{\text{건설업 월평균임금} \times 12}$

2 지반의 안정성

(1) 토질에 대한 조사내용(굴착공사 표준안전작업지침 고용노동부고시)

① **사운딩(Sounding)**: 표준관입시험, 베인시험, 콘관입시험, 스웨덴식 사운딩시험

② 시추

③ 주변에 기절토된 경사면의 실태조사

④ 토질시험

⑤ 물리탐사

⑥ 지표, 토질에 대한 답사 및 조사를 함으로써 토질구성(표토, 토질, 암질), 토질구조(지층의 경사, 지층, 파쇄대의 분포, 변질대의 분포), 지하수 및 용수의 형상 등의 실태조사

(2) 굴착작업 전 지하매설물에 대한 사전조사 사항(굴착공사 표준안전작업지침 고용노동부고시)

① 가스관

② 상수도관

③ 지하케이블

④ 건축물의 기초

(3) 지하매설물의 인접작업시 안전조치사항

① 사전조사

② 지하매설물의 파악

③ 지하매설물의 방호조치

(4) 지반조사

① 지하탐사법

  ㉠ 터파보기(Test Pit)

  ㉡ 탐사간(쇠꽂이 찔러보기)

  ㉢ 물리적 탐사법

> **참고 지반조사**
>
> 1. 정의
>   ① 기계를 사용하여 지중에 구멍을 뚫어 굴진속도와 굴진 중 반응 및 파낸 찌꺼기와 시료로부터 지반의 성층을 알 수 있는 동시에 구성하는 흙 또는 암반을 관찰하는 검사방법이다.
>   ② 지반조사의 결과로 얻어진 그림은 지층단면도이다.
>
> 2. 지반조사의 목적
>   ① 지층의 분포 파악
>   ② 토질의 성질 파악
>   ③ 지하수위 및 피압수 파악
>
> 3. 지반조사의 순서
>   사전조사 – 예비조사 – 본조사 – 추가조사
>
> 4. 지반조사 중 예비조사단계에서 흙막이구조물의 형식을 선정하기 위한 조사항목
>   ① 기상조건 변동에 따른 영향 검토
>   ② 주변의 환경(하천, 지표지질, 도로, 교통 등)
>   ③ 인근 지반의 지반조사자료나 시공자료의 수집
>   ④ 지하매설물 현황
>
> 5. 지반조사보고서의 내용
>   ① 지반공학적 조건
>   ② 건설할 구조물 등에 대한 지반특성
>   ③ 시료채취, 보관, 운반의 절차
>   ④ 표준관입시험치, 콘관입저항치 등 결과분석
>   ⑤ 사용된 현장 시험장비의 종류
>   ⑥ 측량자료
>   ⑦ 현장 및 작업수량 집계표
>
> 6. 탄성파 조사
>   낙하추나 화약의 폭발 등으로 인공진동을 일으켜 지반의 종류, 지층 및 강성도 등을 알아내는데 활용되는 지반조사 방법이다.

② 보링(Boring)
  ㉠ 기계식 보링
    ⓐ 회전식 보링(Rotary Boring): 비트(Bit)를 약 40~150rpm의 속도로 회전시켜 흙을 펌프를 이용하여 지상으로 퍼내 지층상태를 판단하는 것으로 가장 정확한 방법이다.
    ⓑ 충격식 보링(Percussion Boring): 와이어로프 끝에 비트(Bit)를 달아 60~70cm 정도로 움직여 구멍 밑에 낙하충격을 주어 파쇄된 토사를 베일러(Bailer)로 퍼내어 지층상태를 판단한다.
    ⓒ 수세식 보링(Wash Boring): 연질층에 사용되는 방법으로 외관 50~65mm, 내관 25mm 정도인 관을 땅속에 때려 박고 내관 끝의 압축기를 구동, 물을 뿜게 함으로써 내관 밑의 토사를 씻어 올려 지상의 침전통에 침전시켜 지층상태를 판단한다.
  ㉡ 오거 보링(Auger Boring): 작업현장에서 인력으로 간단하게 실시할 수 있는 방법이다.

(5) 토질시험(Soil Test)방법

① **전단시험**: 흙의 역학적 성질 중 가장 중요한 것이 전단강도이며, 기초의 하중이 흙의 전단강도 이상이 되면 흙은 붕괴된다.

② **베인시험(Vane Test)**
   ㉠ 연약한 점토질시험에 주로 쓰이는 방법으로 4개의 날개가 달린 +자 날개형 베인테스터를 지반에 때려 박고 회전시켜 저항모멘트를 측정, 진흙의 점착력을 판별한다.
   ㉡ 깊이 10m 이내에 있는 연약한 점토질지반(불교란시료: Undisturbed Sample → 토질을 자연상태로 흐트러지지 않게 채취하는 시료)의 전단강도를 구하기 위한 것으로 적합한 시험이다.

③ **표준관입시험(Standard penetration Test)**
   ㉠ 보링을 할 때 스플릿 스푼 샘플러를 쇠막대 끝에 붙여서 63.5kg의 추를 76cm 정도의 높이에서 떨어뜨려 30cm 관입시킬 때의 타격횟수(N)를 측정하여 흙의 경·연 정도를 판정하는 것으로 사질토지반의 시험에 주로 쓰인다.
   ㉡ 사질토(교란시료: Disturbed Sample)지반의 시험에 이용된다.

> **참고** 표준관입시험의 결과값 및 표준관입시험의 표기
>
> 1. 표준관입시험에서 타격횟수(N)값에 따른 모래의 상대밀도(흙의 경·연 정도)
>
> | 0 ~ 4 | 매우 무르다(매우 느슨하다). |
> |---|---|
> | 4 ~ 10 | 무르다(느슨하다). |
> | 10 ~ 30 | 보통이다. |
> | 30 ~ 50 | 밀실한 상태이다(단단하다). |
> | 50 이상 | 매우 밀실한 상태이다(매우 단단하다). |
>
> 2. 표준관입시험에서 50/30 표기의 의미
>   ① 50: 타격횟수(50회)
>   ② 30: 굴진수지(30cm)

④ **평판재하시험(Plate Bearing Test)**: 지반의 지지력을 알아보기 위한 방법으로 기초저면의 위치까지 굴착하고, 지반면에 평판을 놓고 직접 하중을 가하여 허용지내력을 구한다. 평판재하시험(지내력시험)에 관한 사항은 다음과 같다.
   ㉠ 시험은 예정 기초저면에서 실시한다.
   ㉡ 재하판은 정방형 또는 원형면적 $0.2m^2$의 것을 표준으로 사용한다.
   ㉢ 매회 재하는 1t 이하 예정파괴하중의 1/5 이하로 하고 각 재하에 의한 침하가 멈출 때까지의 침하량을 측정한다.
   ▶ 2시간에 0.1mm의 비율 이하가 될 경우 침하가 정지된 것으로 본다.
   ㉣ 단기하중에 대한 허용지내력은 총 침하량이 2cm에 도달하였을 때로 한다.
   ㉤ 장기하중에 대한 허용지내력은 단기하중 허용지내력의 1/2배이다.

(6) 지반의 이상현상 및 안전대책

① **보일링(Boiling)현상**: 사질토지반을 굴착시 굴착부와 지하수위차가 있을 경우, 수두차(水頭差)에 의하여 삼투압이 생겨 흙막이벽 근입부분을 침식하는 동시에 모래가 액상화(液狀化)되어 솟아오르는 현상이다. 이때 흙막이벽의 근입부가 지지력을 상실하여 흙막이공의 붕괴가 초래되는 것이다.

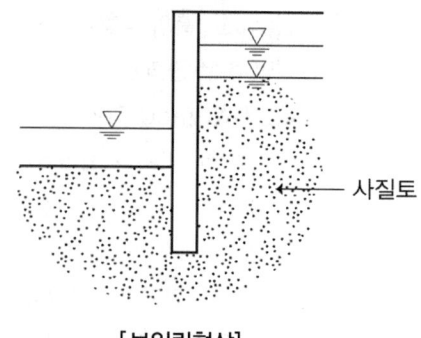

[보일링현상]

㉠ **지반조건**: 지하수위가 높은 사질토지반
㉡ **발생원인**
  ⓐ 흙막이 배면 지하수위와 굴착저면의 수위차가 클 때
  ⓑ 굴착부 하부지반에 투수성이 큰 모래층이 있을 때
  ⓒ 흙막이벽 근입장(근입깊이: 파일이 지반에 들어간 깊이)이 부족할 때
  ⓓ 굴착저면 하부의 피압수[被壓水: 지반 중의 대수층(帶水層)에 존재하는 지하수가 상위토층보다 높은 수두(水頭)를 갖는 경우를 말한다.]
㉢ **발생현상**
  ⓐ 흙막이벽 파괴
  ⓑ 굴착저면의 지지력 감소
  ⓒ 흙막이 주변의 지반침하
  ⓓ 굴착저면의 액상화(Quick Sand)현상
㉣ **방지대책**
  ⓐ 주변수위를 저하시킨다.(굴착배면의 지하수위를 낮춘다.)
  ⓑ 흙막이벽 근입도를 증가하여 동수구배(動水句配: 두 지점의 지하수위의 차이를 두 지점간의 거리로 나눈 비)를 저하시킨다.
  ⓒ 흙막이벽 상단부에 버팀대를 보강한다.
  ⓓ 약액주입에 의해 지수벽 또는 지수층을 설치하여 침투류 발생을 방지한다.
  ⓔ 흙막이벽 주위에서 배수시설을 통해 수두차(水頭差)를 작게 한다.
  ⓕ 흙막이벽 선단에 코어(core) 및 필터(filter)층을 설치한다.
  ⓖ 차수성(遮水性)이 높은 흙막이벽을 설치한다.

② **히빙(Heaving)현상**: 굴착이 진행됨에 따라 흙막이벽 뒤쪽 흙의 중량이 굴착부 바닥의 지지력 이상이 되면 흙막이벽 근입(根入)부분의 지반이동이 발생하여 굴착부 저면이 솟아오르는 현상이다. 이때 흙막이벽의 근입부분이 파괴되면서 흙막이벽 전체가 붕괴되는 경우가 많다.

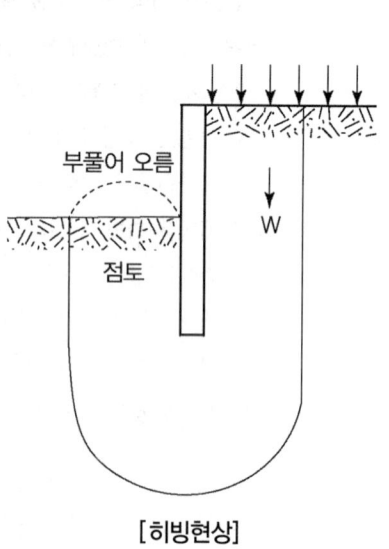

[히빙현상]

㉠ **지반조건**: 연약성 점토지반
㉡ **발생원인**
  ⓐ 흙막이벽 배면 흙의 중량이 굴착부 바닥의 지지력 이상일 때(흙막이벽 내외부의 중량차이)
  ⓑ 지표면의 하중 증가(지표 재하중)
  ⓒ 연약지반 및 하부지반의 강성부족
  ⓓ 흙막이벽의 근입장 부족

ⓒ 현상
  ⓐ 배면 토사붕괴
  ⓑ 지보공 파괴
  ⓒ 굴착저면의 솟아오름
ⓓ 방지대책
  ⓐ 흙막이벽의 근입심도를 확보한다(흙막이벽체의 근입깊이를 깊게 한다).
  ⓑ 굴착주변의 상재하중(上載荷重: 지반 위나 바닥위에 적재되는 하중)을 제거한다.
  ⓒ 어스앵커(Earth Anchor)를 설치한다.
  ⓓ 양질의 재료로 지반개량을 실시한다.(흙의 전단강도를 높인다.)
  ⓔ 굴착주변을 웰포인트(Well Point)공법과 병행한다.
  ⓕ 굴착저면에 토사 등의 인공중력을 가중시킨다.
  ⓖ 소단(小段)을 두면서 굴착한다.

> **참고** 흙과 관련된 이상현상

1. 흙의 동상(Frost Heave) 현상
물이 결빙되는 위치로 지속적으로 유입되는 조건에서 온도가 하강함에 따라 토중수가 얼어 생성된 결빙크기가 계속 커져 지표면에 부풀어 오르는 현상이다.
① 흙(지반)의 동상(동결)조건
  • 0℃ 이하의 온도가 오래 지속될 때
  • 실트(silt)질 흙이 존재할 때(동상을 받기 쉬운 흙이 존재할 때)
  • 아이스 렌즈(ice lens: 얼음결정)를 형성할 수 있는 물의 공급이 충분할 때
② 흙(지반)의 동상현상을 지배하는 인자
  • 지하수위
  • 흙의 투수계수
  • 모관상승고의 크기
  • 동결온도의 지속시간
③ 흙의 동상방지대책
  • 배수구를 설치하여 지하수위를 낮춘다(배수로설치공법).
  • 동결심도 상부의 흙을 비동결 흙(석탄재, 자갈 등)으로 치환한다(치환공법).
  • 지하수 상승을 방지하기 위하여 아스팔트, 콘크리트 등으로 차단층을 설치한다(차단공법).
  • 흙속에 단열재를 집어 넣는다(단열공법).
  • 흙을 화학약품($MgCl_2$, $CaCl_2$ 등) 처리하여 동결온도를 낮춘다(안정처리공법).
  • 조립토층을 설치하여 모관수의 상승을 억제한다.

2. 분사(Quick Sand, 퀵샌드)현상 = 액상화현상
① 정의
  • 주로 점착력이 없는 모래지반에서 일어나는 현상으로 침투수압에 의해 흙입자가 물과 함께 유출되는 현상이다.
  • 물로 가득한 모래층이 지진과 같이 강한 충격을 받으면 입자들이 재배열되면서 수축하는데 이때 모래가 순간적으로 액체처럼 이동하게 되는 현상이다.
② 방지대책
  • 입도가 불량한 재료를 양호한 재료로 치환시킨다.
  • 지하수위를 저하시키고, 포화도를 낮추기 위하여 딥웰(Deep Well)공법을 사용한다.
  • 밀도를 증가시켜 한계간극비 이하로 상대밀도를 유지하는 방법을 강구한다.

3. 파이핑(Piping)현상
   흙 중의 침투수에 의하여 지반 내에 물길이 되는 것 같은 흙입자의 이동현상이다.
4. 벌킹(Bulking)현상
   표면장력이 흙입자의 이동을 막고, 조밀하게 다져지는 것을 방해하는 현상이다.
5. 쿨롱(Coulomb)의 법칙
   $\tau = \sigma \tan \rho + c$
   여기서, τ: 전단응력, σ: 수직응력, ρ: 내부마찰각, c: 점착력

3 건설업 산업안전보건관리비

(1) 산업안전보건관리비의 계상 및 사용(산업안전보건법)
① 건설공사발주자가 도급계약을 체결하거나 건설공사의 시공을 주도하여 총괄·관리하는 자(건설공사발주자로부터 건설공사를 최초로 도급받은 수급인은 제외한다.)가 건설공사 사업계획을 수립할 때에는 고용노동부장관이 정하여 고시하는 바에 따라 산업재해예방을 위하여 사용하는 비용(산업안전보건관리비)을 도급금액 또는 사업비에 계상(計上)하여야 한다.
② 고용노동부장관은 산업안전보건관리비의 효율적인 사용을 위하여 다음의 사항을 정할 수 있다.
   ㉠ 건설공사의 진척정도에 따른 사용비율 등 기준
   ㉡ 사업의 규모별, 종류별 계상기준
   ㉢ 그 밖에 산업안전보건관리비의 사용에 필요한 사항
③ 건설공사도급인 또는 선박의 건조 또는 수리를 최초로 도급받은 수급인은 산업안전보건관리비를 산업재해예방 외의 목적으로 사용해서는 아니 된다.
④ 건설공사도급인은 산업안전보건관리비를 사용하는 해당 건설공사의 금액이 4,000만 원 이상인 때에는 고용노동부장관이 정하는 바에 따라 매월(공사가 1개월 이내에 종료되는 사업의 경우에는 공사종료시) 사용명세서를 작성하고, 건설공사종료 후 1년 동안 보존해야 한다.

(2) 산업안전보건관리비의 계상 및 사용(고용노동부고시: 2024.9.19 개정)
① 용어의 정의
   ㉠ 건설업 산업안전보건관리비(이하 '산업안전보건관리비'라 한다)란 산업재해예방을 위하여 건설공사 현장에서 직접 사용되거나 해당 건설업체의 본점 또는 주사무소(이하 '본사'라 한다)에 설치된 안전전담부서에서 법령에 규정된 사항을 이행하는데 소요되는 비용을 말한다.
   ㉡ 산업안전보건관리비 대상액(이하 '대상액'이라 한다)이란 예정가격 작성기준(기획재정부 계약예규)과 지방자치단체 입찰 및 계약집행기준(행정안전부 예규)
      ▶ 관련 규정에서 정하는 공사원가계산서 구성항목 중 직접재료비, 간접재료비와 직접노무비를 합한 금액(발주자가 재료를 제공할 경우에는 해당 재료비를 포함한다)을 말한다.
   ㉢ 자기공사자란 건설공사의 시공을 주도하여 총괄·관리하는 자를 말한다.
② 이 고시는 법 제2조제11호의 건설공사 중 총공사금액 2,000만원 이상인 공사에 적용한다. 다만, 단가계약에 의하여 행하는 공사에 대하여는 총계약금액을 기준으로 적용한다.

③ 계상의무 및 기준
　㉠ 발주자가 도급계약 체결을 위한 원가계산에 의한 예정가격을 작성하거나 자기공사자가 건설공사 사업계획을 수립할 때에는 다음과 같이 산업안전보건관리비를 계상하여야 한다. 다만, 발주자가 재료를 제공하거나 일부 물품이 완제품의 형태로 제작·납품되는 경우에는 해당 재료비 또는 완제품 가액을 대상액에 포함하여 산출한 산업안전보건관리비와 해당 재료비 또는 완제품 가액을 대상액에서 제외하고 산출한 산업안전보건관리비의 1.2배에 해당하는 값을 비교하여 그 중 작은 값 이상의 금액으로 계상한다.
　　ⓐ 대상액이 5억 원 미만 또는 50억 원 이상인 경우: 대상액에 표[공사종류 및 규모별 산업안전보건관리비 계상기준표]에서 정한 비율을 곱한 금액
　　ⓑ 대상액이 5억 원 이상 50억 원 미만인 경우: 대상액에 표[공사종류 및 규모별 산업안전보건관리비 계상기준표]에서 정한 비율을 곱한 금액에 기초액을 합한 금액
　　ⓒ 대상액이 명확하지 않은 경우: 도급계약 또는 자체사업계획상 책정된 총공사금액의 10분의 7에 해당하는 금액을 대상액으로 하고 ⓐ, ⓑ호에서 정한 기준에 따라 계상
　㉡ 발주자 또는 자기공사자는 설계변경 등으로 대상액의 변동이 있는 경우에는 지체없이 산업안전보건관리비를 조정·계상하여야 한다. 다만, 설계변경으로 공사금액이 800억 원 이상으로 증액된 경우에는 증액된 대상액을 기준으로 재계상한다.
　㉢ 발주자는 계상한 산업안전보건관리비를 입찰공고 등을 통해 입찰에 참가하려는 자에게 알려야 한다.

[공사종류 및 규모별 산업안전보건관리비 계상기준표] (고용노동부고시 → 2024.9.19 개정)

대상액 공사종류	5억원 미만 적용비율	5억원 이상 50억원 미만		50억원 이상 적용비율	보건관리자 선임 대상 건설공사 적용비율
		적용비율	기초액		
건축공사	3.11%	2.28%	4,325,000원	2.37%	2.64%
토목공사	3.15%	2.53%	3,300,000원	2.60%	2.73%
중건설공사	3.64%	3.05%	2,975,000원	3.11%	3.39%
특수건설공사	2.07%	1.59%	2,450,000원	1.64%	1.78%

> **참고** 건설공사의 종류 예시표(고용노동부고시 → 2024.9.19 개정)
>
> 1. 건축공사
>   ① 공작물 중 지붕과 기둥(또는 벽)이 있는 것과 이에 부수되는 시설물을 건설하는 공사 및 이와 함께 부대하여 현장 내에서 행하는 공사
>   ② 전문공사로서 건축물과 관련하여 분리하여 발주되었고 시간적·장소적으로도 독립하여 행하는 공사
> 2. 토목공사
>   ① 토목공작물을 설치하거나 토지를 조성·개량하는 공사
>   ② 전문공사로서 건축공사 외의 시설물과 관련하여 분리하여 발주되었고 시간적·장소적으로도 독립하여 행하는 공사

3. 중건설공사
    ① 고제방댐 공사 등
    ② 화력, 수력, 원자력, 열병합 발전시설 등 설치공사
    ③ 터널신설공사 등
4. 특수건설공사
    ① 전기공사업법에 의한 공사
    ② 정보통신공사업법에 의한 공사
    ③ 소방공사업법에 의한 공사
    ④ 문화재수리공사업법에 의한 공사

(3) 산업안전보건관리비의 사용기준(고용노동부고시: 2024.9.19 개정)

① **사용기준**

㉠ **사용가능내역**

ⓐ **안전관리자 · 보건관리자의 임금 등**
- 안전관리 또는 보건관리업무만을 전담하는 안전관리자 또는 보건관리자의 임금과 출장비 전액
- 안전관리 또는 보건관리업무를 전담하지 않는 안전관리자 또는 보건관리자의 임금과 출장비의 각각 2분의 1에 해당하는 비용
- 안전관리자를 선임한 건설공사 현장에서 산업재해예방 업무만을 수행하는 작업지휘자, 유도자, 신호자 등의 임금 전액
- 건설용리프트. 곤돌라를 이용한 작업 등 15개 작업을 직접 지휘 · 감독하는 직 · 조 · 반장 등 관리감독자의 직위에 있는 자가 업무를 수행하는 경우에 지급하는 업무수당(임금의 10분의 1 이내)

ⓑ **안전시설비 등**
- 산업재해예방을 위한 안전난간, 추락방호망, 안전대 부착설비, 방호장치(기계 · 기구와 방호장치가 일체로 제작된 경우, 방호장치 부분의 가액에 한함) 등 안전시설의 구입 · 임대 및 설치를 위해 소요되는 비용
- 「건설기술진흥법」에 따른 스마트 안전장비 구입 · 임대 비용. 다만, 계상된 산업안전보건관리비 총액의 10분의 1을 초과할 수 없다.
- 용접작업 등 화재위험작업시 사용하는 소화기의 구입 · 임대비용

ⓒ **보호구 등**
- 안전인증 대상 보호구의 구입 · 수리 · 관리 등에 소요되는 비용
- 근로자가 안전인증 대상 보호구를 직접 구매 · 사용하여 합리적인 범위 내에서 보전하는 비용
- 안전관리자 등의 업무용 피복, 기기 등을 구입하기 위한 비용
- 안전관리자 및 보건관리자가 안전보건점검 등을 목적으로 건설공사 현장에서 사용하는 차량의 유류비 · 수리비 · 보험료

ⓓ **안전보건진단비 등**
- 유해위험방지계획서의 작성 등에 소요되는 비용
- 안전보건진단에 소요되는 비용
- 작업환경 측정에 소요되는 비용

- 그 밖에 산업재해예방을 위해 법에서 지정한 전문기관 등에서 실시하는 진단, 검사, 지도 등에 소요되는 비용

ⓔ 안전보건교육비 등
- 산업안전보건법의 규정에 따라 실시하는 의무교육이나 이에 준하여 실시하는 교육을 위해 건설공사 현장의 교육장소 설치·운영 등에 소요되는 비용
- 산업안전보건법 이외 산업재해예방 목적을 가진 다른 법령상 의무교육을 실시하기 위해 소요되는 비용
- 안전보건관리책임자, 안전관리자, 보건관리자가 업무수행을 위해 필요한 정보를 취득하기 위한 목적으로 도서, 정기간행물을 구입하는데 소요되는 비용
- 건설공사 현장에서 안전기원제 등 산업재해예방을 기원하는 행사를 개최하기 위해 소요되는 비용. 다만, 행사의 방법, 소요된 비용 등을 고려하여 사회통념에 적합한 행사에 한한다.
- 건설공사 현장의 유해·위험요인을 제보하거나 개선방안을 제안한 근로자를 격려하기 위해 지급하는 비용
- 안전보건교육 대상자 등에게 구조 및 응급처치에 관한 교육을 실시하기 위해 소요되는 비용

ⓕ 근로자 건강장해예방비 등
- 산업안전보건법에서 규정하거나 그에 준하여 필요로 하는 각종 근로자의 건강장해예방에 필요한 비용
- 중대재해 목격으로 발생한 정신질환을 치료하기 위해 소요되는 비용
- 「감염병의 예방 및 관리에 관한 법률」에 따른 감염병의 확산 방지를 위한 마스크, 손소독제, 체온계 구입비용 및 감염병병원체 검사를 위해 소요되는 비용
- 산업안전보건법에 따른 휴게시설을 갖춘 경우 온도, 조명 설치·관리기준을 준수하기 위해 소요되는 비용
- 건설공사현장에서 근로자 심폐소생을 위해 사용되는 자동심장충격기(AED) 구입에 소요되는 비용

ⓖ 건설재해예방전문지도기관의 지도에 대한 대가로 지급하는 비용

ⓗ 「중대재해처벌 등에 관한 법률 시행령」에 해당하는 건설사업자가 아닌 자가 운영하는 사업에서 안전보건업무를 총괄·관리하는 3명 이상으로 구성된 본사 전담조직에 소속된 근로자의 임금 및 업무수행 출장비 전액. 다만, 계상된 산업안전보건관리비 총액의 20분의 1을 초과할 수 없다.

ⓘ 산업안전보건법에 따른 위험성 평가 또는 「중대재해처벌 등에 관한 법률 시행령」에 따라 유해·위험요인 개선을 위해 필요하다고 판단하여 산업안전보건위원회 또는 노사협의체에서 사용하기로 결정한 사항을 이행하기 위한 비용. 다만, 계상된 산업안전보건관리비 총액의 10분의 1을 초과할 수 없다.

ⓛ 사용불가내역
ⓐ 다음의 어느 하나에 해당하는 경우에는 산업안전보건관리비를 사용할 수 없다.
- (계약예규)예정가격작성기준 중 각 호에 해당되는 비용(전력비, 운반비, 가설비, 복리후생비, 연구개발비, 기계경비, 통신비, 품질관리비, 기술료, 보관비, 폐기물처리비 등)
- 다른 법령에서 의무사항으로 규정한 사항을 이행하는데 필요한 비용
- 근로자 재해예방 외의 목적이 있는 시설·장비나 물건 등을 사용하기 위해 소요되는 비용
- 환경관리, 민원 또는 수방대비 등 다른 목적이 포함된 경우

ⓒ 도급인 및 자기공사자는 별표 3에서 정한 공사진척에 따른 산업안전보건관리비 사용기준을 준수하여야 한다. 다만, 건설공사발주자는 건설공사의 특성 등을 고려하여 사용기준을 달리 정할 수 있다.

② **사용금액의 감액·반환 등**: 발주자는 도급인이 법에 위반하여 다른 목적으로 사용하거나 사용하지 않은 산업안전보건관리비에 대하여 이를 계약금액에서 감액조정하거나 반환을 요구할 수 있다.

③ 도급인은 산업안전보건관리비 사용내역에 대하여 공사 시작 후 6개월마다 1회 이상 발주자 또는 감리자의 확인을 받아야 한다. 다만, 6개월 이내에 공사가 종료되는 경우에는 종료시 확인을 받아야 한다.

④ 공사금액 4,000만 원 이상의 도급인 및 자기공사자는 공사실행예산을 작성하는 경우에 해당 공사에 사용하여야 할 산업안전보건관리비의 계상된 산업안전보건관리비 총액 이상으로 별도 편성해야 하며, 이에 따라 산업안전보건관리비를 사용하고, 산업안전보건관리비 사용내역서를 작성하여 해당 공사현장에 갖추어 두어야 한다.

> **참고** 공사진척에 따른 산업안전보건관리비 사용기준(고용노동부고시)
>
> | 공정율 | 50% 이상 70% 미만 | 70% 이상 90% 미만 | 90% 이상 |
> |---|---|---|---|
> | 사용기준 | 50% 이상 | 70% 이상 | 90% 이상 |

4 사전안전성 검토(유해위험방지계획서)

사전안전성 검토란 건설공사 등에 있어서 안전확보를 목적으로 유해위험방지계획서에 의하여 사전검토를 실시하는 것이다. 사업주는 해당 서류를 첨부하여 해당 공사의 착공 전날까지 안전보건공단에 2부를 제출하여야 한다.

(1) 유해위험방지계획서 제출 대상 건설공사(산업안전보건법 시행령)

① 다음의 어느 하나에 해당하는 건축물 또는 시설 등의 건설·개조 또는 해체공사
  ㉠ 지상높이가 31m 이상인 건축물 또는 인공구조물
  ㉡ 연면적 30,000m^2 이상인 건축물
  ㉢ 연면적 5,000m^2 이상의 시설로서 다음의 어느 하나에 해당하는 시설
    ⓐ 문화 및 집회시설(전시장 및 동물원·식물원은 제외한다)
    ⓑ 판매시설, 운수시설(고속철도의 역사 및 집배송시설은 제외한다)
    ⓒ 종교시설
    ⓓ 의료시설 중 종합병원
    ⓔ 숙박시설 중 관광숙박시설
    ⓕ 지하도상가
    ⓖ 냉동·냉장창고시설

② 최대지간길이가 50m 이상인 다리의 건설 등 공사

③ 터널의 건설 등 공사

④ 연면적 5,000m^2 이상의 냉동·냉장창고시설의 설비공사 및 단열공사

⑤ 다목적댐, 발전용댐 및 저수용량 2,000만톤 이상의 용수전용댐, 지방상수도전용댐의 건설 등 공사

⑥ 깊이 10m 이상인 굴착공사

(2) 첨부서류(산업안전보건법 시행규칙)

① **공사개요 및 안전보건관리계획**
   ㉠ 공사개요서
   ㉡ 공사현장의 주변현황 및 주변과의 관계를 나타내는 도면(매설물 현황 포함)
   ㉢ 건설물, 사용 기계설비 등의 배치를 나타내는 도면
   ㉣ 전체 공정표
   ㉤ 산업안전보건관리비 사용계획
   ㉥ 안전관리조직표
   ㉦ 재해발생위험시 연락 및 대피방법

② **작업공사 종류별 유해위험방지계획**

대상공사	작업공사 종류	첨부서류
건축물 또는 시설 등의 건설·개조 또는 해체공사	• 가설공사 • 구조물공사 • 마감공사 • 기계설비공사 • 해체공사	• 해당 작업공사 종류별 작업개요 및 재해예방계획 • 위험물질의 종류별 사용량과 저장·보관 및 사용 시의 안전작업계획
냉동·냉장창고시설의 설비공사 및 단열공사	• 가설공사 • 단열공사 • 기계설비공사	• 해당 작업공사 종류별 작업개요 및 재해예방계획 • 위험물질의 종류별 사용량과 저장·보관 및 사용 시의 안전작업계획
다리건설 등의 공사	• 가설공사 • 다리하부(하부공)공사 • 다리상부(상부공)공사	• 해당 작업공사 종류별 작업개요 및 재해예방계획 • 위험물질의 종류별 사용량과 저장·보관 및 사용 시의 안전작업계획
터널건설 등의 공사	• 가설공사 • 굴착 및 발파공사 • 구조물공사	• 해당 작업공사 종류별 작업개요 및 재해예방계획 • 위험물질의 종류별 사용량과 저장·보관 및 사용 시의 안전작업계획
댐건설 등의 공사	• 가설공사 • 굴착 및 발파공사 • 댐축조공사	• 해당 작업공사 종류별 작업개요 및 재해예방계획 • 위험물질의 종류별 사용량과 저장·보관 및 사용 시의 안전작업계획
굴착공사	• 가설공사 • 굴착 및 발파공사 • 흙막이지보공(支保工)공사	• 해당 작업공사 종류별 작업개요 및 재해예방계획 • 위험물질의 종류별 사용량과 저장·보관 및 사용 시의 안전작업계획

(3) 유해위험방지계획서 심사결과의 구분(산업안전보건법 시행규칙)

① 적정
② 조건부 적정
③ 부적정

참고 유해위험방지계획서 등

1. **유해위험방지계획서의 확인사항(산업안전보건법 시행규칙)**
   사업주는 건설공사 중 6개월 이내마다 다음 사항에 관하여 안전보건공단의 확인을 받아야 한다.
   ① 유해위험방지계획서의 내용과 실제 공사내용이 부합하는지 여부

② 유해위험방지계획서의 변경내용의 적정성
　　③ 추가적인 유해위험요인의 존재 여부
2. 유해위험방지계획서의 작성시 의견을 들어야 하는 건설안전분야의 자격(산업안전보건법 시행규칙)
　① 건설안전분야의 산업안전지도사
　② 건설안전기술사 또는 토목·건축분야 기술사
　③ 건설안전산업기사 이상의 자격을 취득한 후 건설안전 관련 실무경력이 건설안전기사 이상의 자격은 5년, 건설안전산업기사 자격은 7년 이상인 사람
3. 건설공사를 하는 동안에 건설재해예방전문지도기관에서 건설산업재해예방을 위한 지도를 받아야 하는 건설공사도급인(산업안전보건법 시행령)
　① 공사금액 1억 원 이상 120억원(토목공사업에 속하는 공사는 150억원) 미만인 공사를 하는 자
　② 건축법 제11조에 따른 건축허가의 대상이 되는 공사를 하는 자
4. 건설재해예방지도대상 건설도급인이 하는 공사 중 건설재해예방전문지도기관의 건설산업재해예방을 위한 지도 대상 제외 공사(산업안전보건법 시행령)
　① 공사기간이 1개월 미만인 공사
　② 육지와 연결되지 아니한 섬지역(제주도 제외)에서 이루어지는 공사
　③ 안전관리자의 자격을 가진 사람을 선임하여 안전관리자의 업무만을 전담하도록 하는 공사
　④ 유해위험방지계획서를 제출하여야 하는 공사
5. 건설현장에 전담안전관리자를 선임하여야 할 사업의 종류·규모(산업안전보건법 시행령)
　건설업의 경우에는 공사금액이 120억원(토목공사업의 경우에는 150억원) 이상인 사업장
6. 안전관리계획을 수립하여야 하는 건설공사(건설기술진흥법)
　① 시설물의 안전 및 유지관리에 관한 특별법에 따른 1종시설물 및 2종시설물의 공사
　② 지하 10m 이상을 굴착하는 건설공사
　③ 폭발물을 사용하는 건설공사로서 20m 안에 시설물이 있거나 100m 안에 사육하는 가축이 있어 해당 건설공사로 인한 영향을 받을 것이 예상되는 건설공사
　④ 10층 이상 16층 미만인 건축물의 건설공사
　⑤ 다음의 리모델링 또는 해체공사
　　• 10층 이상인 건축물의 리모델링 또는 해체공사
　　• 주택법에 따른 수직증축형 리모델링
　⑥ 건설기계관리법에 따라 등록된 다음의 어느 하나에 해당하는 건설기계가 사용되는 건설공사
　　• 천공기(높이가 10m 이상인 것만 해당)
　　• 항타 및 항발기
　　• 타워크레인
　⑦ 가설구조물을 사용하는 건설공사
　⑧ ①~⑦의 건설공사 외의 건설공사로서 다음의 어느 하나에 해당하는 공사
　　• 발주자가 안전관리가 특히 필요하다고 인정하는 건설공사
　　• 해당 지방자치단체의 조례로 정하는 건설공사 중에서 인·허가기관의 장이 안전관리가 특히 필요하다고 인정하는 건설공사
7. 안전관리계획의 수립 기준(안전관리계획서의 작성 내용: 건설기술진흥법)
　① 건설공사의 개요 및 안전관리조직
　② 공정별 안전점검계획
　③ 공사장 주변의 안전관리대책
　④ 통행안전시설의 설치 및 교통소통에 관한 계획
　⑤ 안전교육 및 비상시 긴급조치계획
　⑥ 공종별 안전관리계획
　⑦ 안전관리비 집행계획

적중문제 CHAPTER 1 건설현장 유해·위험요인관리 및 안전점검

01 건설업체를 대상으로 하는 사고사망만인율은?

① $\dfrac{\text{사고사망자수}}{\text{연근로시간}} \times 10,000$

② $\dfrac{\text{사고사망자수}}{\text{상시근로자수}} \times 10,000$

③ $\dfrac{\text{사고사망자수}}{\text{상시근로자수}} \times 1,000$

④ $\dfrac{\text{사고사망자수}}{\text{상시근로자수}} \times 100$

해설
- 사고사망만인율 = $\dfrac{\text{사고사망자수}}{\text{상시근로자수}} \times 10,000$
- 상시근로자수 = $\dfrac{\text{연국내공사실적액} \times \text{노무비율}}{\text{건설업월평균임금} \times 12}$

정답 ②

02 지반조사방법 중에서 사운딩(Sounding)시험에 해당하지 않는 것은?

① 표준관입시험
② 평판재하시험
③ 베인시험
④ 콘관입시험

해설 평판재하시험은 사운딩 시험에 해당하지 않는다.

 사운딩(Sounding)시험

정의	Rod(로드: 연결 지지대) 선단에 저항체를 부착하여 지중에 관입시켜 회전, 인발 등의 힘을 가하여 그 저항치로 흙의 경.연 정도를 파악하는 방법을 말한다.
종류	표준관입시험, 베인시험, 콘관입시험, 스웨덴식 사운딩

정답 ②

03 굴착작업을 실시하기 전에 조사하여야 할 사항 중 지하매설물에 해당하지 않는 것은?

① 가스관
② 상하수도관
③ 암반
④ 건축물의 기초

해설 굴착작업을 실시하기 전에 조사하여 할 사항 중 지하매설물에는 가스관, 상하수도관, 건축물의 기초, 지하케이블이 있으며, 암반은 이에 해당하지 않는다.

정답 ③

04 사질토지반의 토질시험에 가장 적합한 시험방법은?

① 샘플링
② 베인테스트
③ 표준관입시험
④ 전기적 탐사

해설 사질토지반의 상대밀도 등 토질시험에 가장 적합하고 신뢰성이 높은 것은 표준관입시험이다.

정답 ③

05 보링의 종류에 속하지 않는 것은?
① 회전식 보링
② 충격식 보링
③ 관입 보링
④ 수세식 보링

해설 보링(Boring)은 굴착용 기계를 이용하여 지반에 구멍을 뚫고 흙의 성질 및 지층상태를 판단하는 것으로 관입 보링은 보링의 종류에 해당하지 않는다.

정답 ③

06 깊은 층의 지반조사를 위해 가장 많이 이용되는 보링 방법은?
① 회전식 보링
② 수세식 보링
③ 오거 보링
④ 충격식 보링

해설 회전식 보링은 지반조사를 위해 가장 많이 이용된다.
선지분석
② 수세식 보링은 연질 지층상태를 판단하기 위해 이용된다.
④ 충격식 보링은 비교적 굳은 지층상태를 판단하기 위해 이용된다.

정답 ①

07 표준관입시험에 대한 설명으로 옳지 않은 것은?
① 토층을 구성하는 흙의 컨시스턴시 또는 상대밀도를 조사하는 시험이다.
② N값은 30cm 관입에 필요한 타격 횟수이다.
③ 추의 무게는 53.5kg이다.
④ 추의 낙하높이는 76cm 정도이다.

해설 표준관입시험은 흙의 경·연 정도를 판정하는 데에 많이 사용되며, 이때 추의 무게는 63.5kg이다.

정답 ③

08 지내력시험(재하시험)에 대한 설명으로 옳지 않은 것은?
① 시험은 예정 기초저면에서 행한다.
② 하중시험용 재하판은 정방형 또는 원형의 면적 $0.2m^2$의 것을 표준으로 한다.
③ 단기하중에 대한 허용지내력은 총침하량이 2cm에 도달하였을 때로 한다.
④ 장기하중에 대한 허용지내력은 단기하중에 대한 허용지내력의 2배이다.

해설 장기하중에 대한 허용지내력은 단기하중에 대한 허용지내력의 1/2배이다.

관련이론 지내력시험(재하시험)에 관한 사항
• 시험은 예정 기초저면에서 행한다.
• 하중시험용 재하판은 정방형 또는 원형의 면적 $0.2m^2$의 것을 표준으로 한다.
• 단기하중에 대한 허용지내력은 총침하량이 2cm에 도달하였을 때로 한다.
• 매회 재하는 1t 이하 또는 예정파괴하중의 1/5 이하로 하고, 각 재하에 의한 침하가 멈출 때까지 침하량을 측정한다.
• 2시간에 0.1mm 이하의 침하가 되면 침하가 정지된 것으로 간주한다.
• 장기하중에 대한 허용지내력은 단기하중에 대한 허용지내력의 1/2배이다.

정답 ④

09 현장토질시험으로 +자형 날개를 회전시켜 점토질지반의 점착력을 판별하는 시험방법은?

① 탐사간시험 ② 표준관입시험
③ 베인테스트 ④ 슈미트해머법

해설 현장토질시험으로 +자형 날개를 회전시켜 점토질지반의 점착력을 판별하는 시험방법은 베인테스트(Vane Test)이다.

관련이론 현장토질시험법 및 슈미트해머법

현장토질 시험법	• 탐사간시험: 지반조사를 위한 시험 • 표준관입시험: 흙의 경·연 정도 판정을 위한 시험(사질토지반에 유효) • 베인시험: 흙의 점착력 및 전단강도를 판별하기 위한 시험(점토질지반에 유효) • 지내력시험(평판재하시험): 지반의 지내력을 알아보기 위한 시험
슈미트해머법	콘크리트의 경도를 측정하기 위한 시험

정답 ③

10 타격횟수(N)값으로서 흙의 경·연 정도를 판단하는 토질시험에 속하는 것은?

① 오거 보링 ② 평판재하시험
③ 베인시험 ④ 표준관입시험

해설 토질시험 중 63.5kg의 추를 76cm 정도의 높이에서 떨어뜨려 30cm 관입시킬 때의 타격횟수(N)를 측정하여 흙의 경·연 정도를 판단하는 시험은 표준관입시험이다.

 관련이론 타격횟수(N)값으로서 흙의 경·연정도(모래의 상대밀도)

타격횟수(N)	모래의 상대밀도
0~4	매우 느슨하다(매우 무르다).
4~10	느슨하다(무르다).
10~30	보통이다.
30~50	밀실한 상태이다(단단하다).
50 이상	매우 밀실한 상태이다(매우 단단하다).

정답 ④

11 표준관입시험에서 30cm 관입에 필요한 타격횟수(N)가 50 이상일 때 모래의 상대밀도는 어떤 상태인가?

① 몹시 느슨하다. ② 느슨하다.
③ 보통이다. ④ 대단히 조밀하다.

해설 N값이 50 이상인 경우 모래의 상대밀도는 대단히 조밀하다(매우 밀실한 상태, 매우 단단하다).

정답 ④

12 연약한 점토지반에서 굴착공사를 할 때 흙막이 밖에 있는 흙의 중량이 굴착저면 흙의 중량보다 크게 되어 밖의 흙이 흙막이 저면으로 흘러들어 저면이 볼록하게 되는 현상을 무엇이라 하는가?

① 히빙(Heaving)현상
② Quick Sand
③ Well Point
④ 보일링(Boiling)현상

해설 연약한 점토지반에서 굴착공사를 할 때 흙막이 밖에 있는 흙의 중량이 굴착저면 흙의 중량보다 크게 되어 밖의 흙이 흙막이 저면으로 흘러들어 저면이 볼록하게 되는 현상은 히빙(Heaving)현상이다.

정답 ①

13 지하수 차이에 의하여 사질토가 솟아오르는 현상은?

① 히빙(Heaving) ② 보일링(Boiling)
③ 항복(Yielding) ④ 붕괴(Failure)

해설 흙파기 저면에 투수성이 좋은 사질지반에서 지하수가 얕게 있던가 흙파기 저면 부근에 피압수(被壓水)가 있을 때에는 흙파기 저면을 통하여 상승하는 유수(流水)로 말미암아 모래입자는 부력을 받아 저면 모래지반의 지지력이 없어지는 현상(사질토가 솟아오르는 현상)을 보일링(Boiling)현상이라 한다.

정답 ②

14 보일링(Boiling)현상을 방지하기 위한 대책에 대한 설명으로 옳지 않은 것은?

① 굴착배면의 지하수위를 낮춘다.
② 굴착 주변의 상재하중을 제거한다.
③ 토류벽 상단부에 버팀대를 보강한다.
④ 토류벽 선단에 코어 및 필터층을 설치한다.

해설 굴착 주변의 상재하중을 제거하는 것은 히빙(Heaving)현상의 방지대책이다.

관련이론 보일링현상 방지 대책
- 흙막이벽 주위에서 배수시설을 통해 수두차를 작게 한다.
- 주변수위를 저하시킨다.
- 흙막이벽 근입도를 증가하여 동수구배를 저하시킨다.
- 토류벽 상단부에 버팀대를 보강한다.
- 토류벽 선단에 코어 및 필터층을 설치한다.
- 차수성이 높은 흙막이벽을 설치한다.
- 약액주입에 의해 지수벽 또는 지수층을 설치하여 침투류 발생을 방지한다.

정답 ②

15 히빙(Heaving)현상 방지대책으로 옳지 않은 것은?

① 흙막이 벽체의 근입깊이를 깊게 한다.
② 흙막이 벽체 배면의 지반을 개량하여 흙의 전단강도를 높인다.
③ 부풀어 솟아 오르는 바닥면의 토사를 제거한다.
④ 소단을 두면서 굴착한다.

해설 부풀어 솟아 오르는 바닥면의 토사를 제거하는 것은 히빙현상의 방지대책에 해당하지 않는다.

관련이론 히빙현상 방지대책
- 흙막이 벽체의 근입깊이를 깊게 한다.
- 흙막이 벽체 배면의 지반을 개량하여 흙의 전단강도를 높인다.
- 소단을 두면서 굴착한다.
- 굴착주변의 상재하중을 제거한다.
- 굴착주변을 웰포인트공법과 병행한다.
- 어스앵커(Earth Anchor)를 설치한다.
- 굴착저면에 토사 등의 인공중력을 가중시킨다.

정답 ③

16 히빙현상은 어떤 경우에 발생하는가?

① 지하수위가 높은 사질토를 굴착할 경우
② 연약성 점토지반을 굴착하는 경우
③ 건조흙이 수축할 경우
④ 모래지반에 물이 침투할 경우

해설 히빙현상은 연약성 점토지반을 굴착하는 경우 발생한다. 지하수위가 높은 사질토를 굴착하는 경우에는 보일링현상이 발생한다.

정답 ②

17 물이 결빙되는 위치로 지속적으로 유입되는 조건에서 온도가 하강함에 따라 토중수가 얼어 생성된 결빙크기가 계속 커져 지표면이 부풀어 오르는 현상은?

① 압밀침하(Consolidation Settlement)
② 연화(Frost Boil)
③ 지반강화(Hardening)
④ 동상(Frost Heave)

해설 물이 결빙되는 위치로 지속적으로 유입되는 조건에서 온도가 하강함에 따라 토중수가 얼어 생성된 결빙크기가 계속 커져 지표면이 부풀어 오르는 현상을 동상(Frost Heave)이라 한다.

정답 ④

18 흙의 동상방지대책으로 옳지 않은 것은?

① 동결되지 않는 흙으로 치환하는 방법
② 흙속에 단열재료를 매입하는 방법
③ 지표의 흙을 화학약품으로 처리하는 방법
④ 세립토층을 설치하여 모관수의 상승을 촉진시키는 방법

해설 세립토가 아닌 조립토층을 설치하여 모관수의 상승을 억제시켜야 한다.

관련이론 흙의 동상방지대책
- 동결되지 않는 흙으로 치환하는 방법
- 흙속에 단열재료를 매입하는 방법
- 지표의 흙을 화학약품으로 처리하는 방법
- 배수구를 설치하여 지하수위를 저하시키는 방법
- 조립토층을 설치하여 모관수의 상승을 억제시키는 방법
- 아스팔트 등으로 차단층을 설치하는 방법

정답 ④

19 건설업 산업안전보건관리비 계상 및 사용기준에서의 산업안전보건관리비 대상액을 의미하는 것은?

① 총사용금액
② 직접재료비와 간접노무비의 합
③ 간접인건비와 직접노무비의 합
④ 직·간접재료비와 직접노무비의 합

해설 건설업 산업안전보건관리비 계상 및 사용기준에서의 산업안전보건관리비 대상액은 직·간접재료비와 직접노무비의 합을 의미한다.

정답 ④

20 건설공사의 산업안전보건관리비 계상시 대상액이 명확하지 않은 공사는 도급계약 또는 자체사업계획상의 총공사금액 중 얼마를 대상액으로 하는가?

① 10분의 5 ② 10분의 6
③ 10분의 7 ④ 10분의 8

해설 대상액이 명확하지 않은 공사는 도급계약 또는 자체사업계획상의 총공사금액 중 10분의 7을 대상액으로 한다.

정답 ③

21 건설업 산업안전보건관리비를 계상할 때 대상액에 곱해주는 비율이 가장 작은 공사 종류는?

① 건축공사
② 토목공사
③ 중건설공사
④ 특수건설공사

해설 건설업 산업안전보건관리비를 계상할 때 계상기준은 다음과 같다. (고용노동부고시 → 2024.9.19 개정)

대상액 공사종류	5억 원 미만 적용비율	50억 원 이상 적용비율
특수건설공사	2.07%	1.64%
중건설공사	3.64%	3.11%
건축공사	3.11%	2.37%
토목공사	3.15%	2.60%

따라서 비율이 가장 작은 공사는 특수건설공사이다.

정답 ④

22 건설업 산업안전보건관리비 사용내역에 해당하지 않는 것은?

① 근로자 건강장해예방비
② 안전보건진단비
③ 안전보건교육비
④ 공사수행용 시설과 일체형인 안전시설 구입비용

해설 공사수행용 시설과 일체형인 안전시설 구입비용은 사용불가 항목이다.

관련이론 인건비 및 각종 업무수당 등의 산업안전보건관리비 사용 가능 항목
- 안전관리 또는 보건관리 업무만을 전담하는 안전관리자 또는 보건관리자의 임금과 출장비 전액
- 관리감독자가 유해위험방지업무를 수행하는 경우에 지급하는 업무수당(임금의 10분의 1 이내)
- 안전관리 또는 보건관리 업무를 전담하지 않는 안전관리자 또는 보건관리자의 임금과 출장비의 각각 2분의 1에 해당하는 비용
- 안전관리자를 선임한 건설공사 현장에서 산업재해예방 업무만을 수행하는 작업지휘자, 유도자, 신호자 등의 임금 전액

정답 ④

23 건축공사에서 재료비가 30억원, 직접노무비가 50억원일 때 예정가격상의 산업안전보건관리비는? (단, 건축공사의 산업안전보건관리비 계상기준 = 2.37%)

① 127,600,000원   ② 189,600,000원
③ 257,600,000원   ④ 357,600,000원

해설 산업안전보건관리비
= (재료비 + 직접노무비) × 산업안전보건관리비 계상기준(비율)
= (30억원 + 50억원) × $\frac{2.37}{100}$ = 189,600,000원

정답 ②

24 대상액이 60억원인 토목공사인 경우 산업안전보건관리비 계상액은?

① 112,800,000원   ② 156,000,000원
③ 158,600,000원   ④ 159,600,000원

해설
- 공사종류 및 규모별 산업안전보건관리비 계상기준

공사종류 \ 대상액	5억원 미만 비율	5억원 이상 50억원 미만 비율	5억원 이상 50억원 미만 기초액	50억원 이상 비율
건축공사	3.11%	2.28%	4,325,000원	2.37%
토목공사	3.15%	2.53%	3,300,000원	2.60%
중건설공사	3.64%	3.05%	2,975,000원	3.11%

- 산업안전보건관리비 = 대상액 × 비율(대상액이 50억원 이상 공사이므로 비율은 2.60이다)
= 60억 × $\frac{2.60}{100}$ = 156,000,000원

※ 고용노동부고시 → 2024.9.19 개정

정답 ②

25 산업안전보건관리비 계상기준으로 건축공사 5억원 이상~50억원 미만의 비율 및 기초액으로 옳은 것은?

① 비율: 2.28%, 기초액: 4,325,000원
② 비율: 2.53%, 기초액: 3,300,000원
③ 비율: 3.05%, 기초액: 2,975,000원
④ 비율: 1.59%, 기초액: 2,450,000원

해설 산업안전보건관리비 계상기준은 다음과 같다.

공사종류 \ 대상액	5억원 미만 비율	5억원 이상 50억원 미만 비율	5억원 이상 50억원 미만 기초액
건축공사	3.11%	2.28%	4,325,000원
토목공사	3.15%	2.53%	3,300,000원
중건설공사	3.64%	3.05%	2,975,000원
특수건설공사	2.07%	1.59%	2,450,000원

건축공사 5억원 이상~50억원 미만의 비율은 2.28%, 기초액은 4,325,000원이다.

※ 고용노동부고시 → 2024.9.19 개정

정답 ①

26 건설재해예방전문지도기관의 건설산업재해예방을 위한 지도 대상 제외공사가 아닌 것은?

① 공사기간이 6개월 미만인 건설공사
② 육지와 연결되지 아니한 섬지역(제주도 제외)에서 이루어지는 공사
③ 유해위험방지계획서를 제출해야 하는 공사
④ 유자격 전담안전관리자를 선임한 공사

해설 공사기간이 1개월 미만인 건설공사가 기술지도 대상 제외 사업장에 해당한다.

정답 ①

27 산업안전보건법상 다음 건설공사현장 중 건설재해예방전문지도기관에서 하는 건설산업재해예방을 위한 지도에서 제외되는 건설공사도급인은?

① 공사금액 5억원인 건축공사를 하는 자
② 공사금액 140억원인 토목공사를 하는 자
③ 공사금액 5천만원인 건축공사를 하는 자
④ 공사금액 20억원인 토목공사를 하는 자

해설 공사금액이 1억원 이상 120억원(토목공사업에 속하는 공사는 150억원) 미만인 공사를 하는 자의 경우 지도를 받아야 하며, 공사금액 5천만원인 건축공사를 하는 자는 제외된다.

 건설재해예방전문지도기관에서 건설산업재해예방을 위한 지도를 받아야 하는 건설공사도급인

- 공사금액 1억원 이상 120억원(토목공사업에 속하는 공사는 150억원) 미만인 공사를 하는 자
- 건축법 제11조에 따른 건축허가의 대상이 되는 공사를 하는 자

정답 ③

28 건설공사 유해위험방지계획서 첨부서류 제출 항목 중 공사개요 및 안전보건관리계획에 포함될 내용이 아닌 것은?

① 산업안전보건관리비 사용계획
② 안전관리조직표
③ 재해발생위험시 연락 및 대피방법
④ 안전방호시설물 설치계획

해설 안전방호시설물 설치계획은 추락재해예방대책에 포함될 내용에 해당된다.

 공사개요 및 안전보건관리계획에 포함될 내용

- 산업안전보건관리비 사용계획
- 안전관리조직표
- 재해발생위험시 연락 및 대피방법
- 공사개요서
- 공사현장의 주변현황 및 주변과의 관계를 나타내는 도면
- 건설물, 사용기계설비 등의 배치를 나타내는 도면
- 전체 공정표

정답 ④

29 유해위험방지계획서 제출대상이 아닌 것은?

① 지상높이가 30m인 건축물 건설공사
② 최대지간길이가 50m인 교량 건설공사
③ 터널건설공사
④ 깊이 11m인 굴착공사

해설 지상높이가 30m인 건축물 건설공사는 유해위험방지계획서의 제출대상에 해당하지 않는다.

 유해위험방지계획서 제출 대상 건설공사(산업안전보건법)

㉠ 터널의 건설 등 공사
㉡ 깊이 10m 이상인 굴착공사
㉢ 연면적 30,000m² 이상인 건축물의 건설·개조 또는 해체공사
㉣ 지상높이가 31m 이상인 건축물 또는 인공구조물의 건설·개조 또는 해체공사
㉤ 최대지간길이가 50m 이상인 다리의 건설 등 공사
㉥ 다목적댐, 발전용댐 및 저수용량 2,000만t 이상의 용수전용댐, 지방상수도전용댐 건설 등의 공사
㉦ 연면적 5,000m² 이상의 냉동·냉장창고시설의 설비공사 및 단열공사
㉧ 연면적 5,000m² 이상의 시설로서 다음의 어느 하나에 해당하는 시설의 건설·개조 또는 해체공사
  - 문화 및 집회시설(전시장 및 동물원·식물원 제외)
  - 판매시설, 운수시설(고속철도의 역사 및 집·배송시설 제외)
  - 종교시설
  - 의료시설 중 종합병원
  - 숙박시설 중 관광숙박시설
  - 지하도상가
  - 냉동·냉장창고시설

정답 ①

30 유해위험방지계획서 제출 후 안전보건공단의 확인사항에 해당되지 않는 것은?

① 유해위험방지계획서의 변경내용의 적정성
② 유해위험방지계획서의 내용과 실제공사 내용이 부합하는지 여부
③ 추가적인 유해위험요인의 존재여부
④ 유해위험방지계획서의 내용과 산업안전보건관리비의 집행여부

해설 유해위험방지계획서의 내용과 산업안전보건관리비의 집행여부는 안전보건공단의 확인사항에 해당하지 않는다.

정답 ④

CHAPTER 2 │ 건설공구 및 장비 안전수칙

1 철근가공 수공구 및 용도

① **철선가위, 철선작두**: 가는 철선을 자르는데 사용된다.
② **철근절단기**: 철근을 자르는데 사용된다.
③ **철근굽힘기**: 철근을 굽히는데 사용된다.

> **참고** 일반적인 수공구 사용 안전수칙
>
> ① 결함이 없는 완전한 공구를 사용하여야 한다.
> ② 공구는 사용 후 안전한 곳에 보관을 하여야 한다.
> ③ 작업에 맞는 공구의 선택과 올바른 취급을 하여야 한다.
> ④ 작업 중인 공구는 작업이 편리한 반경 내의 작업대나 기계 위에 올려 놓지 않고 사용을 하여야 한다.

2 셔블계 굴착기계

(1) 작업에 따른 분류

① **파워셔블(Power Shovel)**: 중기가 위치한 지면보다 높은 장소의 땅을 굴착하는데 적합하며 산지에서의 토공사, 암반으로부터 점토질까지 굴착할 수 있다.
  ⊙ 가장 일반적이며 능률이 좋다.
  ⊙ 앞쪽으로 흙을 긁어서 굴착하는 방식이다.
  ⊙ 기체가 항상 바닥에 붙어 있기 때문에 낮은 곳으로부터 토층을 두껍게 파올릴 수 있어 효율이 좋다.
  ⊙ 굳은 점토 등 지반면보다 높은 곳의 땅파기에 적합하며 깨진 돌, 자갈 등의 옮겨쌓기나 싣기에 효율이 좋다.
② **백호(드래그셔블)**: 백호(Backhoe)는 중기가 위치한 지면보다 낮은 곳의 땅을 파는데 적합하다.
  ⊙ 기체는 높은 위치에서 아래쪽에 호 버킷(Hoe Bucket)을 찔러서 앞쪽으로 긁어올려 굴착한다.
  ⊙ 토목공사나 수중굴착에도 많이 사용된다.
  ⊙ 붐(Boom)이 견고하므로 상당히 굳은 지반이라도 굴착할 수 있어 지하층이나 기초의 굴착에 사용된다.

> **참고** 백호(Backhoe)의 안전운행방법
>
> ① 작업계획서를 작성하고 계획에 따라 작업을 실시하여야 한다.
> ② 작업 중 승차석 이외의 위치에 근로자를 탑승시켜서는 안 된다.
> ③ 경사로나 연약지반에서는 타이어식보다 무한궤도식이 더 안전하다.
> ④ 작업장소의 지형 및 지반상태 등에 적합한 제한속도를 정하고, 운전자로 하여금 이를 준수하도록 한다.

③ **드래그라인(Drag Line)**: 작업범위가 광범위하고 수중굴착 및 연약한 지반의 굴착에 적합하다.
  ⊙ 기체는 높은 위치에서 깊은 곳을 굴착할 수 있다.

ⓒ 붐은 작업내용에 의하여 작업하기에 적당한 길이로 교체할 수 있으며 될 수 있는대로 짧은 쪽이 작업하기가 용이하다.
ⓒ 기체에서 붐을 뻗쳐 그 선단에 와이어로프로 매달은 스크레이퍼 버켓(Scraper Bucket)을 앞쪽에 투하하여 버켓을 앞쪽으로 끌어당기면서 토사를 긁어모으며 작업을 하는 것이다.

④ **클램셀(Clam Shell)**: 버켓의 유압호스를 실린더에 연결하여 작동시키며 수중굴착, 건축구조물의 기초 등 정해진 범위의 깊은 굴착 및 호퍼(Hopper)작업에 적합하다.
  ⊙ 붐의 선단에서 클램셀 버켓을 와이어로프로 매단 바로 아래로 떨어뜨려 흙을 퍼올리는 것이다.
  ⓒ 연약한 지반이나 수중굴착과 자갈 등을 싣는데 적합하다.
  ⓒ 지면보다 낮은 우물통과 같은 협소한 장소의 흙을 퍼올리는데 적합하다.
  ⓔ 잠함 안의 굴착 등에 적합하고, 흙막이 버팀대에 굴착과 흙을 긁어모으는 버켓의 날끝에 발톱이 달린 대형의 것을 사용한다.

(2) 굴착기계의 전부장치
① 붐(Boom)
② 암(Arm)
③ 버켓(Bucket)

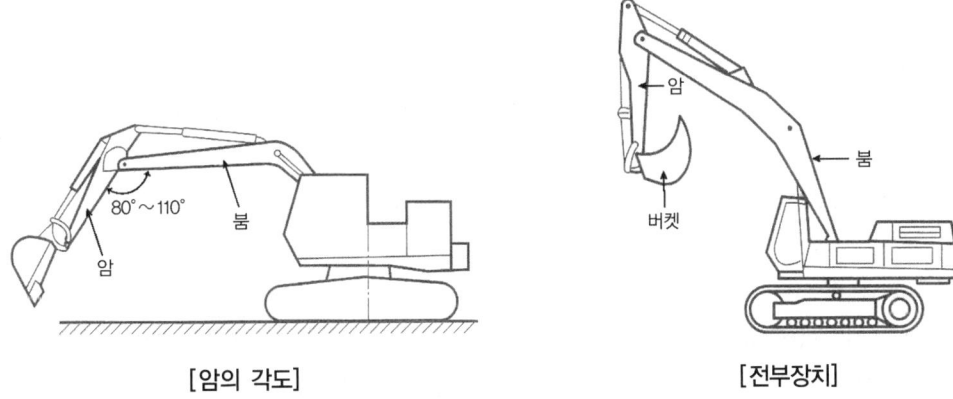

[암의 각도]   [전부장치]

> **참고** 굴착기계작업시 안전수칙
> ① 작업시에는 항상 사람의 접근에 주의하여야 한다.
> ② 장치에 오르내릴 때에는 반드시 양손으로 손잡이를 잡고 오르내려야 한다.
> ③ 운전반경 내에 사람이 있을 때는 절대로 회전하여서는 안된다.
> ④ 자신의 위치와 주위를 완전히 파악한 후 스윙붐(Swing Boom)의 상하작동을 행한다.
> ⑤ 항시 뒤쪽의 카운터 웨이트의 회전반경을 측정한 후 작업에 임하여야 한다.
> ⑥ 배관 및 지하배선 지역을 굴착시에는 배관 및 배선지역을 정확히 알고 작업하여야 한다.
> ⑦ 유압계통 분리시에는 반드시 붐을 지면에 내려 놓고 엔진을 정지시킨 다음 유압을 제거한 후 행하여야 한다.
> ⑧ 버켓(Bucket)이나 다른 부수장치 혹은 뒷부분에 사람을 태우지 말아야 한다.
> ⑨ 전선(고압선) 밑에서는 주의하여 작업을 하여야 하며, 특히 전선과 장치의 안전간격을 반드시 유지하여야 한다.
> ⑩ 장비의 주차시에는 경사지나 굴착작업장으로부터 충분히 이격시켜 주차하고, 버켓은 반드시 지면에 내려 놓아야 한다.

3 토공기계

(1) **트랙터(Tractor)**
① 트랙터는 작업 조종장치를 설치하지 않고 기관의 동력을 견인력으로 전환하는 견인차로서 건설공사용 기계와 조합해서 사용하는 이외에 작업장치를 장착하여 각종 건설공사에 사용하고 있다.
② 따라서, 단독적인 작업을 할 수 없고 각종 장비를 부착하여 사용된다.

(2) **도저(Dozer)**
① **불도저(Bull Dozer)**
  ㉠ 불도저는 블레이드(Blade)를 트랙터의 앞부분에 90도로 설치하여 블레이드를 상하로 조종하면서 블레이드를 임의의 각도로 기울일 수 없게 한 것으로 스트레이트도저(Straight Dozer)라고도 한다.
  ㉡ 불도저는 거리 60m 이하의 배토작업에 사용된다.
  ㉢ 블레이드의 측판은 많은 양의 흙을 밀 수 있게 되어 있으며 앵글도저에 비하여 블레이드의 용량이 크고, 직선송토작업, 거친 배수로 매몰작업 등에 적합하다.

② **앵글도저(Angle Dozer)**
  ㉠ 앵글도저는 불도저 및 틸트도저보다 블레이드의 길이가 길고, 좌우를 25~30도의 각도로 회전시킬 수 있어 흙을 측면으로 보낼 수 있다.
  ㉡ 앵글도저는 제설작업, 지균작업(지반평탄작업), 측면으로 흙을 밀어낼 때 효과적으로 작업할 수 있다.

③ **틸트도저(Tilt Dozer)**
  ㉠ 틸트도저는 불도저와 비슷하지만 블레이드를 레버로 조정할수 있으며, 좌우를 상하로 20~30도 까지 기울일 수 있고 수동식과 유압식이 있다.
  ㉡ 틸트도저는 V형 배수로작업, 동결된 땅, 굳은 땅 파헤치기, 나무뿌리 파내기, 바윗돌 굴리기 등에 효과적이다.

④ **기타 도저**
  ㉠ **힌지도저(Hinge Dozer)**: 앵글도저보다 큰 각으로 움직일 수 있어 흙을 깎아 옆으로 밀어내면서 전진하므로 제설·제토작업 및 다량의 흙을 전방으로 밀고 가는데 적합한 도저이다.
  ㉡ **레이크도저(Rake Dozer)**: 블레이드 대신 레이크(갈퀴)를 설치하여 나무뿌리나 잡목을 제거하는 데 적합한 도저이다.

(3) **스크레이퍼(Scraper)**
① 스크레이퍼는 굴착, 싣기, 운반, 하역 등 일련작업을 하나의 기계로서 연속적으로 행할 수 있으므로 굴착기와 운반기를 조합한 토공만능기라 할 수 있는 기계이다.
② 특히 비행장이나 도로의 신설 등과 같은 대규모 정지작업에 적합하다.
③ 흙을 얇게 깎으면서 흙을 싣거나 주어진 거리에서 높은 속도비로 하중의 중량물을 운반하고, 일정한 두께로 얇게 깔기도 한다.

(4) 모터그레이더(Motor Grader)
① 모터그레이더(Motor Grader)는 토공기계의 대패라고 하며 지면을 절삭하여 평활하게 다듬는 기계이다.
② 이 장비는 노면의 성형, 정지용 기계이므로 굴착이나 흙을 운반하는 것이 주된 것이지만 하수구 파기, 경사면 다듬기, 제방작업, 제설작업, 아스팔트 포장재료 배합 등의 작업을 할 수도 있다.

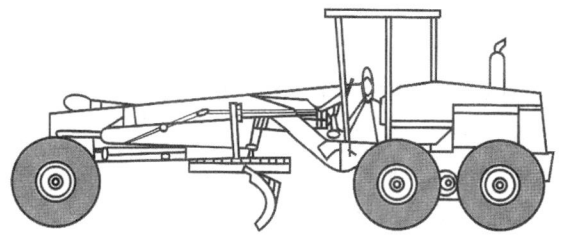

[모터그레이더]

(5) 롤러(Roller)
롤러는 2개 이상의 매끈한 드럼 롤러를 바퀴로 하는 다짐기계로 전압기계(轉壓機械)라고도 하는데 주로 도로, 제방, 활주로 등의 노면에 전압을 가하기 위하여 사용된다.

① **매커덤 롤러(Macadam Roller)**: 앞쪽에 1개의 조향륜 롤러와 뒤축에 2개의 롤러가 배치된 것(2축 3륜)으로 하층 노반다지기, 아스팔트 포장에 주로 쓰이며 3륜 롤러라고도 한다.
② **탠덤 롤러(Tandem Roller)**
　㉠ 앞뒤 2개의 차륜이 있으며(2축 2륜) 각각의 차축이 평행으로 배치된 것으로 찰흙, 점성토 등의 다짐에 적당하고, 3륜 롤러의 다짐 후 아스팔트 포장에 사용된다.
　㉡ 두꺼운 흙을 다짐하기에는 적당하지만 단단한 각재를 다짐하는 것은 부적합하다.
　㉢ 아스팔트 포장공사에서 최종적으로 노면을 매끈하게 다지는 데 적합하다.

[탠덤 롤러]

③ **탬핑 롤러(Tamping Roller)**: 강판으로 만든 통의 바깥 둘레에 다수의 돌기를 붙이는 것으로 드럼을 모래나 물로 채워 중량을 증가시켜 사용한다. 주로 자갈, 모래보다는 퍼석퍼석한 지반을 다지는데 효과적이다.
④ **진동 롤러(Vibrating Roller)**: 자기추진 진동롤러는 진흙, 부서진 돌멩이 등의 다지기 또는 안정된 흙, 자갈, 아스팔트 등의 다지기에 가장 효과적이고 경제적으로 사용된다. 비행장, 제방, 댐, 도로 등의 흙을 다질 때 매우 효과적이다.
⑤ **타이어 롤러(Tire Roller)**: 타이어 휠이 장치된 롤러로서 넓은 내압범위에 사용하는데 효과적이다.

⑥ **로드롤러(Road Roller)**: 무거운 철제의 차륜을 가지고 스스로 이동하면서 평평하게 만든 지반이나 아스팔트를 단단하게 굳히는 데 적합하다.

▶ **리퍼(Ripper)**: 아스팔트 포장도로의 노반의 파쇄 또는 토사 중에 있는 암석제거에 적합한 장비이다.

4 운반기계

(1) 지게차(Fork Lift)

지게차는 차체 앞에 화물적재용 포크(Fork)와 포크 승강용 마스트(Mast)를 갖추고, 포크 위에 화물을 적재하여 운반함과 동시에 포크의 승강작용을 이용하여 하역에 이용되는 것이다.

> **참고** 지게차 사용시 발생되는 사고의 유형
> ① 지게차의 전도, 전락
> ② 지게차의 접촉사고
> ③ 화물의 낙하

① **지게차의 안정도**

구분	상태	안정도
전후안정도	하역작업시의 기준 부하상태에서 포크를 최고로 올린 상태	• 최대하중 5톤 미만: 4 • 최대하중 5톤 이상: 3.5
	주행시의 기준 부하상태	18
좌우안정도	하역작업시의 기준 부하상태에서 포크를 최고로 올리고 마스트를 최대로 기울인 상태	6
	주행시의 기준 무부하상태	15 + 1.1 × 최고속도(v)

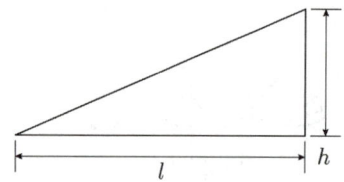

안정도(%) = $\dfrac{h}{l} \times 100$

> **참고** 지게차 작업시작 전 점검사항(산업안전보건법 안전보건기준)
> ① 하역장치 및 유압장치 기능의 이상유무
> ② 제동장치 및 조종장치 기능의 이상유무
> ③ 바퀴의 이상유무
> ④ 전조등, 후미등, 방향지시기 및 경보장치 기능의 이상유무

② **지게차 헤드가드(Head Guard)**
  ㉠ 상부틀의 각 개구의 폭 또는 길이가 16cm 미만일 것
  ㉡ 강도는 지게차의 최대하중의 2배 값(4t을 넘는 값에 대해서는 4t)의 등분포정하중에 견딜 수 있을 것

ⓒ 운전자가 앉아서 조작하거나 서서 조작하는 지게차의 헤드가드는 한국산업표준에서 정하는 높이 기준 이상일 것

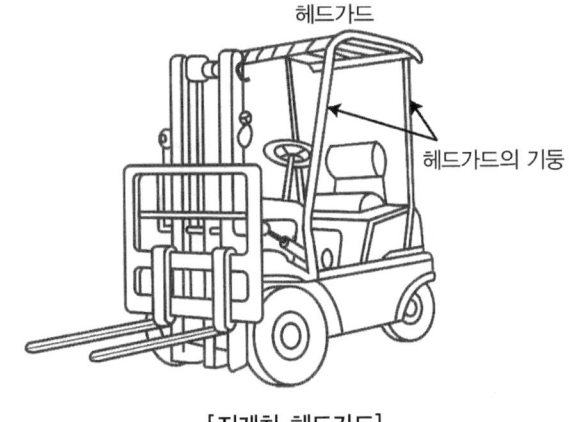

[지게차 헤드가드]

(2) 로더(Loader)

① 로더는 트랙터의 앞 작업장치에 버켓을 붙인 것으로 쇼벨도저(Shovel Dozer) 또는 트랙터쇼벨(Tractor Shovel)이라고도 하며 버켓에 의한 굴착, 상차를 주작업으로 하는 기계이다.
② 파헤쳐진 흙을 담아 올리거나 이동하는데 사용되는 기계이다.
③ 기타 부속장치를 설치하여 암석 및 나무뿌리 제거, 목재의 이동, 제설작업 등도 할 수 있다.

[로더]

(3) 덤프트럭(Dump Truck)

덤프트럭은 토사, 모래, 자갈과 같은 골재를 휠 로더에 의해 적재 받아 차체에 유압 실린더를 설치하여 적재함을 들어올려 적하하며, 토목건축 공사에 편리하게 사용되는 중장비이다.

(4) 컨베이어(Conveyer)

컨베이어는 건설자재 및 콘크리트 등의 운반에 사용되는 것으로 벨트 컨베이어를 가장 많이 사용하고, 이외에 스크류 컨베이어, 체인 컨베이어, 롤러 컨베이어 등이 있다.

적중문제 　CHAPTER 2 | 건설공구 및 장비 안전수칙

01 주행기면보다 하방의 굴착에 적합하지 않은 굴착기계는?
① 백호　　　　② 클램셀
③ 파워셔블　　 ④ 드래그라인

해설　파워셔블은 주행기면보다 상방의 굴착에 적합한 기계에 해당한다.

정답 ③

02 토공사용 기계의 용도에 관한 기술 중 부적당한 것은?
① Power Shovel은 지반면보다 높은 곳의 흙파기가 적절하다.
② Drag Shovel은 경질의 지반면보다 낮은 곳의 흙파기가 적절하다.
③ Clamshell은 좁은 곳의 수직파기에 알맞은 기계이다.
④ Dragline은 지반면보다 낮은 경질의 흙파기에 알맞다.

해설
- Dragline(드래그라인)은 작업범위가 광범위하고 수중굴착 및 연약한 지반의 굴착에 적합하며, 또한 높은 위치에서 깊은 곳을 굴착하는 데 적합한 기계이다.
- Dragline은 지반면보다 낮은 연질의 흙파기에 알맞다.

정답 ④

03 롤러의 표면에 돌기를 만들어 부착한 것으로 풍화암을 파쇄하고 흙속의 간극수압을 제거하는 작업에 적합한 롤러는?
① Tandem Roller　　② Macadam Roller
③ Tamping Roller　 ④ Tire Roller

해설　롤러의 표면에 돌기를 만들어 부착한 것으로 풍화암을 파쇄하고 흙속의 간극수압을 제거하는 작업에 적합한 롤러는 Tamping Roller(탬핑 롤러)이다.

선지분석
① Tandem Roller(탠덤 롤러)는 전후 2개의 바퀴가 있으며 각각의 차축이 평행으로 배치된 것으로 찰흙, 점성토 등의 다짐에 적합한 롤러이다.
② Macadam Roller(머캐덤 롤러)는 아스팔트 포장, 하층 노반다지기에 주로 쓰이는 것으로 앞축에 1개, 뒤축에 2개의 롤러가 배치되어 있다.
④ Tire Roller(타이어 롤러)는 흙댐건설 뿐만 아니라 조립토에서 세립토까지 광범위하게 적용할 수 있다.

정답 ③

04 아스팔트 포장도로의 노반의 파쇄 또는 토사 중에 있는 암석제거에 가장 적당한 장비는?
① 스크레이퍼　　② 롤러
③ 리퍼　　　　　④ 드래그라인

해설　아스팔트 포장도로의 노반의 파쇄 또는 토사 중에 있는 암석제거에 가장 적당한 장비는 리퍼(Ripper)이다.

정답 ③

05 불도저(Bulldozer)의 종류로 블레이드면이 진행방향의 중심선에 대하여 25~30도 경사지게 흙을 측면으로 보낼 수 있는 것은?

① 크롤러도저 ② 앵글도저
③ 레이크도저 ④ 스트레이트도저

해설 불도저 및 틸트도저보다 블레이드의 길이가 길고, 좌우로 25~30도의 각도로 회전시킬 수 있어 흙을 측면으로 보낼 수 있고 제설작업, 지균작업에 효과적인 것은 앵글도저이다.

정답 ②

06 많은 토량을 빠른 속도로 운반거리 300~1,500m의 범위에서 굴착, 운반, 평탄지 공사를 하는데 적합한 건설용 기계는?

① 불도저 ② 드래그셔블
③ 모터스크레이퍼 ④ 로더

해설
- 많은 토량을 빠른 속도로 운반거리 300~1,500m의 범위에서 굴착, 운반, 평탄지 공사를 하는 데 적합한 건설용 기계는 모터스크레이퍼(Motor Scraper)이다.
- 모터스크레이퍼는 트랙터부분과 스크레이퍼부분으로 되어 있어 굴착과 운반기능을 수행할 수 있다.

정답 ③

07 셔블계 굴착기계에 속하지 않는 것은?

① 파워셔블 ② 클램셸
③ 스크레이퍼 ④ 드래그라인

해설 스크레이퍼는 모터그레이더와 함께 정지용(整地用) 기계에 속한다.

관련이론 셔블계 굴착기계와 정지용 기계

셔블계 굴착기계	정지용 기계
• 파워셔블 • 클램셸 • 드래그라인 • 드래그셔블(백호)	• 스크레이퍼 • 불도저 • 모터그레이더

정답 ③

08 수중굴착 및 구조물의 기초바닥 등과 같은 협소하고 상당히 깊은 범위의 굴착과 호퍼작업에 가장 적당한 굴착기계는?

① 파워셔블 ② 어스드릴
③ 클램셸 ④ 크레인

해설 클램셸은 협소하고 깊은 범위의 수중굴착과 호퍼작업에 적합한 것으로 붐의 선단에서 버켓을 와이어로프로 매달아 바로 아래로 떨어뜨려 흙을 퍼올리는 굴착기계이다.

정답 ③

09 굴착, 싣기, 운반, 흙깎기 등의 작업을 하나의 기계로서 연속적으로 행할 수 있으며 비행장과 같이 대규모 정지작업에 적합하고 피견인식과 자주식으로 구분할 수 있는 차량계 건설기계는?

① 항타기 ② 로더
③ 불도저 ④ 스크레이퍼

해설 스크레이퍼는 굴착, 싣기, 운반, 흙깎기 등의 작업을 하나의 기계로 연속적으로 행할 수 있다.

정답 ④

10 굴착과 싣기를 동시에 할 수 있는 토공기계가 아닌 것은?

① 트랙터셔블 ② 백호
③ 파워셔블 ④ 모터그레이더

해설 모터그레이더(Motor Grader)는 주로 노면을 평활하게 깎아내고 비탈면의 절삭에 사용되는 정지용 기계이다.

관련이론 굴착과 싣기를 동시에 할 수 있는 토공기계
- 트랙터 셔블 • 백호 • 파워셔블
- 드래그라인 • 클램셸 • 스크레이퍼

정답 ④

11 블레이드를 레버로 조정할 수 있으며 좌우를 상하로 20 ~ 30도까지 기울일 수 있는 불도저는?

① 틸트도저　　② 스트레이트도저
③ 앵글도저　　④ 터나도저

해설　블레이드를 레버로 조정할 수 있으며 <u>좌우를 상하로 20 ~ 30도까지 기울일 수 있는 불도저는 틸트도저 (Tilt Dozer)</u>이다.

정답 ①

12 강판으로 만든 통의 바깥둘레에 다수의 돌기를 붙이는 것으로 주로 퍼석퍼석한 지반을 다지는데 효과적인 기계는?

① 탠덤 롤러　　② 진동 롤러
③ 탬핑 롤러　　④ 그리드 롤러

해설　<u>강판으로 만든 통의 바깥둘레에 다수의 돌기를 붙이는 것으로 주로 퍼석퍼석한 지반을 다지는데 효과적인 기계는 탬핑 롤러(Tamping Roller)</u>이다.

정답 ③

13 지게차의 작업시작 전 점검사항이 아닌 것은?

① 권과방지장치, 브레이크, 클러치 및 운전장치 기능의 이상유무
② 하역장치 및 유압장치 기능의 이상유무
③ 제동장치 및 조종장치 기능의 이상유무
④ 전조등, 후미등, 방향지시기 및 경보장치 기능의 이상유무

해설　권과방지장치, 브레이크, 클러치 및 운전장치 기능의 이상유무에 대한 점검은 <u>크레인의 작업시작 전 점검사항에 해당한다.</u>

> **관련이론** 지게차의 작업시작 전 점검사항
> • 하역장치 및 유압장치 기능의 이상유무
> • 제동장치 및 조종장치 기능의 이상유무
> • 전조등, 후미등, 방향지시기 및 경보장치 기능의 이상유무
> • 바퀴의 이상유무

정답 ①

14 지게차 헤드가드의 구비조건으로 옳은 것은?

> ㉠ 시야확보를 위해 상부틀의 각 개구의 폭 또는 길이는 20cm 이상일 것
> ㉡ 강도는 지게차의 최대하중의 2배값의 등분포정하중에 견딜 수 있을 것
> ㉢ 운전자가 앉아서 조작하거나 서서 조작하는 지게차의 헤드가드는 한국산업표준에서 정하는 높이 기준 이상일 것

① ㉠, ㉡　　② ㉠, ㉢
③ ㉡, ㉢　　④ ㉠, ㉡, ㉢

해설　㉡, ㉢이 지게차 헤드가드의 구비조건에 해당한다.

선지분석　㉠ 시야확보를 위해 상부틀의 각 개구의 폭 또는 길이는 16cm 미만이어야 한다.

정답 ③

15 포크리프트의 안정도값으로 기준 부하상태로 주행시 전후안정도값은?

① 6%　　② 10%
③ 18%　　④ 20%

해설　기준 부하상태로 주행시 전후안정도값은 <u>18%</u>이다.

> **관련이론** 주행시 기준 무부하상태의 좌우안정도
>
> 좌우안정도 = 15 + 1.1 최고속도

정답 ③

CHAPTER 3 | 공사 및 작업종류별 안전 Ⅰ (양중 및 해체공사)

1 양중공사시 안전수칙

산업안전보건법상 양중기의 종류로는 크레인, 이동식 크레인, 리프트(이삿짐운반용 리프트는 적재하중이 0.1t 이상인 것), 곤돌라, 승강기가 있다.

1. 크레인(Crane)

(1) **크레인의 구성**: 크레인은 하부주행장치, 상부회전체, 작업장치로 구성되어 있다.

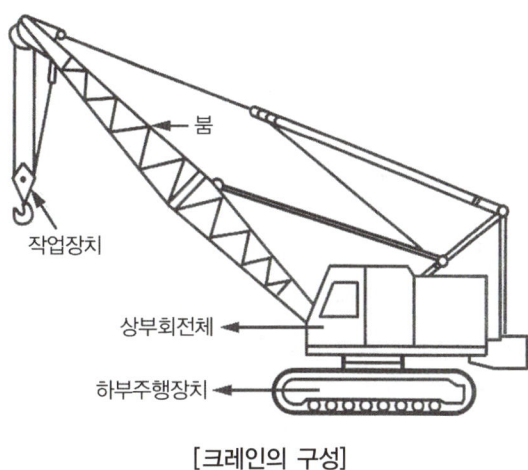

[크레인의 구성]

(2) **크레인의 방호장치(산업안전보건법 안전보건기준)**

① 크레인 등 양중기에 과부하방지장치, 권과방지장치, 비상정지장치 및 제동장치 등 방호장치를 부착하고 유효하게 작동될 수 있도록 미리 조정하여 두어야 한다.
② 권과방지장치는 훅, 도르래, 버켓 등 달기구의 윗면이 드럼, 상부도르래, 트롤리프레임 등 권상장치의 아랫면과 접촉할 우려가 있는 경우에 그 간격이 0.25m 이상(직동식 권과방지장치는 0.05m 이상)이 되도록 조정하여야 한다.
③ 와이어로프 등이 훅으로부터 벗겨지는 것을 방지하기 위한 장치(해지장치)를 구비한 크레인을 사용하여야 한다.

> **참고** 크레인 관련 기타 사항
>
> ① **크레인작업시 발생할 수 있는 재해유형**: 매단 물건의 낙하, 구조부분의 절손 및 기체파괴, 협착, 추락
> ② **정격하중 등의 표시(산업안전보건법 안전보건기준)**: 크레인 등 양중기(승강기는 제외) 및 달기구를 사용하여 작업하는 운전자 또는 작업자가 보기 쉬운 곳에 해당 기계의 정격하중, 운전속도, 경고표시 등을 부착하여야 한다. 다만, 달기구는 정격하중만 표시한다.

(3) **폭풍에 의한 이탈방지**: 순간 풍속이 30m/s를 초과하는 바람이 불어올 우려가 있는 때는 옥외에 설치되어 있는 주행크레인에 대하여 이탈방지장치를 작동시키는 등 그 이탈을 방지하기 위한 조치를 하여야 한다.

(4) **폭풍 등으로 인한 이상유무 점검**: 순간 풍속이 30m/s를 초과하는 바람이 불거나 중진(中震) 이상 진도의 지진이 있은 후에 옥외에 설치되어 있는 양중기를 사용하여 작업을 하는 경우에는 미리 기계 각 부위에 이상이 있는지를 점검하여야 한다.

> **참고** 악천후 및 강풍시 타워크레인의 작업 중지(산업안전보건법 안전보건기준)
> ① 순간 풍속이 초당 10m를 초과하는 경우 타워크레인의 설치, 수리, 점검 또는 해체작업을 중지하여야 한다.
> ② 순간 풍속이 초당 15m를 초과하는 경우에는 타워크레인의 운전작업을 중지하여야 한다.

(5) **건설물 등과 사이의 통로**: 주행크레인 또는 선회크레인과 건설물 또는 설비와의 사이에 통로를 설치하는 때에는 그 폭을 0.6m 이상으로 하여야 한다. 다만, 그 통로 중 건설물의 기둥에 접촉하는 부분에 대하여는 0.4m 이상으로 할 수 있다.

> **참고** 크레인의 작업시작 전 점검사항(산업안전보건법 안전보건기준)
> ① 권과방지장치, 브레이크, 클러치 및 운전장치의 기능
> ② 와이어로프가 통하고 있는 곳의 상태
> ③ 주행로의 상측 및 트롤리가 횡행(橫行)하는 레일의 상태

(6) **크레인작업시 일반적 안전수칙**
① 와이어로프의 상태를 항상 점검해야 한다.
② 작업반경 내에는 사람의 접근을 절대 금한다.
③ 기중상태에서 운전자는 운전석을 이탈하지 않는다.
④ 고압선 밑에서는 붐이나 장비를 3m 이상 이격시킨채 작업한다.
⑤ 붐은 70도 이상 올리지 말아야 하며 20도 이하 내려진 상태에서 작업하지 않는다.
⑥ 정차 중에는 회전제동 및 하체제동을 반드시 걸어 놓아야 한다.
⑦ 신호자를 정하여 그 신호에 따라 작업을 하여야 한다.
⑧ 작업종료시에는 붐이나 버켓을 낮게 내려 놓아야 한다.
⑨ 폭우, 폭풍, 폭설 등 기상조건이 불리할 때는 작업을 중지하여야 한다.
⑩ 운전은 자격을 가진 사람이 하여야 한다.

> **참고** 건설물 등의 벽체와 통로와의 간격(산업안전보건법 안전보건기준)
> 다음의 간격을 0.3m 이하로 하여야 한다.
> ① 크레인거더의 통로 끝과 크레인거더의 간격
> ② 크레인의 운전실 또는 운전대를 통하는 통로의 끝과 건설물 등의 벽체의 간격
> ③ 크레인거더의 통로로 통하는 통로의 끝과 건설물 등의 벽체의 간격

(7) **타워크레인 사용시 안전수칙**
① 작업자가 버켓 또는 기중기에 올라타는 일이 있어서는 안된다.
② 기중장비의 드럼에 감겨진 쇠줄은 적어도 두바퀴 이상 남도록 하여야 한다.

③ 철골 위에 설치할 경우에는 철골을 보강하여야 한다.
④ 드럼에는 회전제어기나 역회전방지기 또는 기타의 안전장치를 갖추어야 한다.
⑤ 긴 물건의 한쪽달기, 끌어당기기의 경우 지브(Jib)를 올리고 내릴 때에는 진동 등이 수반되므로 버팀로프를 사용하는 등의 조치를 하여야 한다.

▶ 크레인의 운전반경: 상부회전체의 회전중심에서 화물의 중심까지 이르는 수평거리

(8) 타워크레인의 지지(산업안전보건법 안전보건기준)

① 타워크레인을 벽체에 지지하는 경우
  ㉠ 서면심사에 관한 서류 또는 제조사의 설치작업설명서 등에 따라 설치할 것
  ㉡ 서면심사 서류 등이 없거나 명확하지 아니한 경우에는 건축구조, 건설기계, 기계안전, 건설안전기술사 또는 건설안전분야 산업안전지도사의 확인을 받아 설치하거나 기종별·모델별 공인된 표준방법으로 설치할 것
  ㉢ 콘크리트구조물에 고정시키는 경우에는 매립이나 관통 또는 이와 같은 수준 이상의 방법으로 충분히 지지되도록 할 것
  ㉣ 건축 중인 시설물에 지지하는 경우에는 그 시설물의 구조적 안정성에 영향이 없도록 할 것

② 타워크레인을 와이어로프로 지지하는 경우
  ㉠ 서면심사에 관한 서류 또는 제조사의 설치작업설명서 등에 따라 설치할 것
  ㉡ 서면심사 서류 등이 없거나 명확하지 아니한 경우에는 건축구조, 건설기계, 기계안전, 건설안전기술사 또는 건설안전분야 산업안전지도사의 확인을 받아 설치하거나 기종별·모델별 공인된 표준방법으로 설치할 것
  ㉢ 와이어로프를 고정하기 위한 전용지지프레임을 사용할 것
  ㉣ 와이어로프 설치각도는 수평면에서 60도 이내로 하되, 지지점은 4개소 이상으로 하고, 같은 각도로 설치할 것
  ㉤ 와이어로프와 그 고정부위는 충분한 강도와 장력을 갖도록 설치하고, 와이어로프를 클립·샤클 등의 고정기구를 사용하여 견고하게 고정시켜 풀리지 않도록 하여야 하며, 사용 중에는 충분한 강도와 장력을 유지하도록 할 것
  ㉥ 와이어로프가 가공전선(架空電線)에 근접하지 않도록 할 것

> **참고** 타워크레인의 작업계획서 등
>
> 1. 타워크레인 설치·조립·해체 작업시 작업계획서에 포함되어야 할 내용(산업안전보건법 안전보건기준)
>   ① 설치·조립 및 해체순서
>   ② 타워크레인의 종류 및 형식
>   ③ 타워크레인의 지지방법
>   ④ 작업도구, 장비, 가설설비 및 방호설비
>   ⑤ 작업인원의 구성 및 작업근로자의 역할범위
> 2. 크레인 등 건설장비의 가공전선로 접근시 안전대책
>   ① 크레인 등 건설장비 사용 현장의 장애물, 위험물 등을 점검한 후 작업계획을 수립한다.
>   ② 건설장비의 조립, 준비할 때부터 가공전선로에 대한 감전방지 수단을 강구한다.

③ 안전이격거리를 유지하고 작업을 한다.
④ 건설장비를 가공전선로 아래에 보관하지 않는다.

3. 고정식 크레인의 종류
   ① 타워크레인
   ② 러핑형 타워크레인
   ③ 지브크레인
   ④ 천장크레인
   ⑤ 겐트리크레인

2. 이동식 크레인

(1) 이동식 크레인의 종류

명칭	내용
트럭크레인	트럭에 탑재되어 회전할 수 있는 것
휠크레인	원동기가 하나이며 주행 및 크레인작업이 가능한 것
크롤러크레인	차내에 크레인 부분을 장착한 것

> **참고** 이동식 크레인
>
> 1. 이동식 크레인에 전용 탑승설비를 설치하고 추락위험을 방지하기 위한 조치사항(산업안전보건법 안전보건기준)
>   ① 탑승설비가 뒤집히거나 떨어지지 않도록 필요한 조치를 할 것
>   ② 안전대나 구명줄을 설치하고, 안전난간을 설치할 수 있는 구조인 경우에는 안전난간을 설치할 것
>   ③ 탑승설비를 하강시킬 때에는 동력하강방법으로 할 것
> 2. 크롤러크레인 사용시 준수사항
>   ① 붐의 조립·해체장소를 고려하여야 한다.
>   ② 크롤러크레인의 운반에는 수송차가 필요하다.
>   ③ 크롤러의 폭을 넓게 할 수 있는 형식을 사용할 경우에는 최대 폭을 고려하여 계획을 수립한다.

(2) 이동식 크레인의 방호장치
과부하방지장치, 권과방지장치 및 제동장치 등 방호장치를 부착하고 유효하게 작동될 수 있도록 미리 조정하여 두어야 한다.

(3) 이동식 크레인의 작업시 안전수칙
① 크레인의 정격하중을 표시하여 하중이 초과하지 않도록 하여야 한다.
② 붐의 이동범위 내에서는 전선 등의 장애물이 없어야 한다.
③ 인양물은 경사지 등 작업바닥의 조작이 불량한 곳에 내려놓아서는 안된다.
④ 지반이 연약할 때에는 침하방지대책을 세운 후 작업을 하여야 한다.

> **참고** 이동식 크레인의 작업시작 전 점검사항(산업안전보건법 안전보건기준)
> ① 권과방지장치나 그 밖의 경보장치의 기능
> ② 와이어로프가 통하고 있는 곳 및 작업장소의 지반상태
> ③ 브레이크, 클러치 및 조정장치의 기능

> **참고** 크레인에 관련된 용어의 정의
>
> ① **정격하중**: 붐각도 및 작업반경별로 작용시킬 수 있는 최대하중에서 훅, 와이어로프 등 달기구의 중량을 공제한 하중이다.
> ② **정격속도**: 운반기의 적재하중에 상당하는 하중의 짐을 상승시키는 경우의 최고속도이다.
> ③ **권과방지장치**: 훅이 일정높이 이상 또는 권상기 레일 하면까지 감기지 않도록 통제하는 장치이다.
> ④ **과부하방지장치**: 규정된 중량을 초과한 중량이 실렸을 때 경보를 발하며, 작동을 정지시키는 장치이다.

3. 데릭(Derrick)

(1) 종류

① 삼각데릭(Stiff Leg Derrick)
② 가이데릭(Guy Derrick)
③ 진폴데릭(Gin Pole Derrick)

(2) **용도**: 중량물의 이동, 철골조립작업, 하역작업, 항만하역작업 등에 사용된다.

(3) 데릭작업시 일반적 안전대책

① 운전은 유자격자로서 정해진 사람이 하여야 한다.
② 신호자를 정하여 그 신호에 따라 운전하여야 한다.
③ 데릭을 조립, 해체할 때는 작업책임자의 지시에 따라 작업을 행한다.

4. 리프트: 리프트는 동력을 사용하여 사람이나 화물을 운반하는 것을 목적으로 하는 기계설비이다.

(1) 종류

① **건설용 리프트**: 동력을 사용하여 가이드레일을 따라 상하로 움직이는 운반구를 매달아 사람이나 화물을 운반할 수 있는 설비 또는 이와 유사한 구조 및 성능을 가진 것으로 건설현장에서 사용하는 것
② **산업용 리프트**: 동력을 사용하여 가이드레일을 따라 상하로 움직이는 운반구를 매달아 화물을 운반할 수 있는 설비 또는 이와 유사한 구조 및 성능을 가진 것으로 건설현장 외의 장소에서 사용하는 것
③ **자동차정비용 리프트**: 동력을 사용하여 가이드레일을 따라 움직이는 지지대로 자동차 등을 일정한 높이로 올리거나 내리는 구조의 리프트로서 자동차 정비에 사용되는 것
④ **이삿짐운반용 리프트**: 연장 및 축소가 가능하고 끝단을 건축물 등에 지지하는 구조의 사다리형 붐에 따라 동력을 사용하여 움직이는 운반구를 매달아 화물을 운반하는 설비로서 화물자동차 등 차량 위에 탑재하여 이삿짐운반 등에 사용하는 것

※ 산업안전보건법 안전보건기준 → 2021.11.19 개정

(2) 리프트의 안전대책

① 적재하중을 초과하여 사용하는 일이 없도록 과부하방지장치를 설치할 것
② 권상용 와이어로프 권과에 의한 위험을 방지하기 위해 권과방지장치를 설치할 것
③ 운반구에 근로자의 탑승을 금지할 것
④ 비상시 기계를 정지시킬 수 있는 비상정지장치를 설치할 것
⑤ 근로자에게 위험을 미칠 우려가 있는 장소에는 출입을 금할 것
⑥ 순간 풍속이 35m/s를 초과하는 바람이 불어올 우려가 있는 경우 건설용 리프트에 대하여 받침수를 증가시키는 등 그 붕괴를 방지하기 위한 조치를 할 것

> **참고** 리프트의 작업시작 전 점검사항 및 적재하중
>
> 1. 리프트(자동차정비용 리프트 포함)의 작업시작 전 점검사항(산업안전보건법 안전보건기준)
>   ① 방호장치, 브레이크 및 클러치의 기능   ② 와이어로프가 통하고 있는 곳의 상태
> 2. 적재하중: 케이지(cage)에 사람 또는 화물을 적재하고 상승시킬 수 있는 최대하중이다.

(3) 리프트의 조립, 해체작업시 안전조치
① 작업을 지휘하는 사람을 선임하여 그 사람의 지휘하에 작업을 실시할 것
② 비, 눈 그 밖의 기상상태의 불안정으로 날씨가 몹시 나쁜 경우에는 그 작업을 중지시킬 것
③ 작업을 할 구역에 관계근로자가 아닌 사람의 출입을 금지하고 그 취지를 보기쉬운 장소에 표시할 것

> **참고** 리프트작업시 작업지휘자가 이행해야 될 사항(산업안전보건법 안전보건기준)
>
> ① 작업방법과 근로자의 배치를 결정하고 해당 작업을 지휘하는 일
> ② 작업 중 안전대 등 보호구의 착용 상황을 감시하는 일
> ③ 재료의 결함유무 또는 기구 및 공구의 기능을 점검하고 불량품을 제거하는 일

5. 곤돌라(Gondola)

(1) 곤돌라의 정의(산업안전보건법 안전보건기준)
달기발판 또는 운반구, 승강장치, 그 밖의 장치 및 이들에 부속된 기계부품에 의하여 구성되고, 와이어로프 또는 달기강선에 의하여 달기발판 또는 운반구가 전용 승강장치에 의하여 오르내리는 설비를 말한다.

(2) 곤돌라의 안전조치
① 곤돌라의 권과방지장치, 과부하방지장치, 제동장치, 기타의 안전장치가 유효하게 작동될 수 있도록 미리 조정하여 두어야 한다.
② 곤돌라에 그 적재하중을 초과하는 하중을 걸어서 사용하도록 하여서는 안된다.
③ 곤돌라의 운전방법 또는 고장이 났을 때의 처치방법을 그 곤돌라를 사용하는 근로자에게 주지시켜야 한다.

> **참고** 곤돌라의 작업시작 전 점검사항(산업안전보건법 안전보건기준)
>
> ① 방호장치, 브레이크의 기능
> ② 와이어로프, 슬링와이어 등의 상태

6. 승강기

(1) 승강기의 종류
① **승객용 엘리베이터**: 사람의 운송에 적합하게 제조·설치된 엘리베이터
② **승객화물용 엘리베이터**: 사람의 운송과 화물운반을 겸용하는데 적합하게 제조·설치된 엘리베이터
③ **화물용 엘리베이터**: 화물운반에 적합하게 제조·설치된 엘리베이터로서 조작자 또는 화물취급자 1명은 탑승할 수 있는 것(적재용량이 300Kg 미만인 것은 제외)

④ **소형화물용 엘리베이터**: 음식물이나 서적 등 소형화물의 운반에 적합하게 제조·설치된 엘리베이터로서 사람의 탑승이 금지된 것
⑤ **에스컬레이터**: 일정한 경사로 또는 수평로를 따라 위아래 또는 옆으로 움직이는 디딤판을 통해 사람이나 화물을 승강장으로 운송시키는 설비

(2) 승강기의 안전조치

① 승강기는 과부하방지장치, 파이널리밋스위치, 비상정지장치, 속도조절기, 출입문 인터록 기타의 방호장치가 유효하게 작동될 수 있도록 미리 조정해 두어야 한다.
② 승강기에 그 적재하중을 초과하는 하중을 걸어 사용하지 않는다.
③ 화물용 승강기에 근로자를 탑승시키지 않는다. 다만, 승강기의 수리조정 및 점검 등의 작업을 하는 때에는 그러하지 아니하다.
④ 순간 풍속이 35m/s를 초과하는 바람이 불어올 우려가 있는 경우 옥외에 설치되어 있는 승강기에 대하여 받침의 수를 증가시키는 등 승강기가 무너지는 것을 방지하기 위한 조치를 하여야 한다.
⑤ 승강기의 설치 조립, 수리, 점검 또는 해체작업을 하는 때에는 다음의 조치를 하여야 한다.
　㉠ 작업을 지휘하는 사람을 선임하여 그 사람의 지휘하에 작업을 실시할 것
　㉡ 작업을 할 구역에 관계근로자가 아닌 사람의 출입을 금지하고 그 취지를 보기 쉬운 장소에 표시할 것
⑥ 비, 눈 그 밖에 기상상태의 불안정으로 날씨가 몹시 나쁜 경우에는 그 작업을 중지시킬 것

> **참고** 승강기 평형추(counterweight)의 중량 계산식
> 평형추의 중량 = 카(car)의 자중 + (적재하중 × 오버밸런스율)

7. 양중기의 와이어로프 및 달기체인

(1) 와이어로프 및 달기체인의 안전계수

① 양중기의 와이어로프 등 달기구의 안전계수(달기구 절단하중의 값을 그 달기구에 실리는 하중의 최대값으로 나눈 값)가 다음의 기준에 맞지 아니한 경우에는 이를 사용하여서는 안된다.
　㉠ **근로자가 탑승하는 운반구를 지지하는 달기와이어로프 또는 달기체인의 경우**: 10 이상
　㉡ **화물의 하중을 직접 지지하는 달기와이어로프 또는 달기체인의 경우**: 5 이상
　㉢ **훅, 섀클, 클램프, 리프팅 빔의 경우**: 3 이상
　㉣ **그 밖의 경우**: 4 이상
② 달기구의 경우 최대허용하중 등의 표식이 견고하게 붙어 있는 것을 사용하여야 한다.

(2) 와이어로프의 절단방법

① 와이어로프를 절단하여 양중(楊重)작업 용구를 제작하는 경우 반드시 기계적인 방법으로 절단하여야 하며 가스용단(溶斷) 등 열에 의한 방법으로 절단해서는 아니 된다.
② 아크, 화염, 고온부 접촉 등으로 인하여 열영향을 받은 와이어로프를 사용해서는 아니 된다.
▶ 와이어로프 신장률의 저하에 대하여 가장 위험한 하중은 충격하중이다.

> **참고** 와이어로프 및 달기체인의 사용금지 기준
>
> 1. 이음매가 있는 와이어로프의 사용금지(산업안전보건법 안전보건기준)
>   ① 와이어로프의 한꼬임[스트랜드(Strand)]에서 끊어진 소선[필러(Pillar)선을 제외한다]의 수가 10% 이상인 것
>   ② 지름의 감소가 공칭지름의 7%를 초과하는 것
>   ③ 이음매가 있는 것
>   ④ 꼬인 것
>   ⑤ 심하게 변형되거나 부식된 것
>   ⑥ 열과 전기충격에 의해 손상된 것
> 2. 늘어난 달기체인의 사용금지(산업안전보건법 안전보건기준)
>   ① 달기체인의 길이가 달기체인이 제조된 때의 길이의 5%를 초과한 것
>   ② 링의 단면지름이 달기체인이 제조된 때의 해당 링의 지름의 10%를 초과하여 감소한 것
>   ③ 균열이 있거나 심하게 변형된 것

2 해체공사시 안전수칙

(1) **해체용 기구의 종류**: 해체공사시 사용되는 기구로는 압쇄기, 대형브레이커, 철제해머, 화약류, 핸드브레이커, 팽창제, 절단톱, 잭(Jack), 쐐기타입기, 화염방사기 등이 있다.

(2) **해체용 기구의 안전**

① **압쇄기**
  ㉠ 절단칼은 마모가 심하기 때문에 적절히 교환하여야 한다.
  ㉡ 차체에 무리를 초래하는 중량의 압쇄기 부착을 금지하여야 한다.
  ㉢ 그리스 주유를 자주 실시하고 보수점검을 수시로 하여야 한다.
  ㉣ 압쇄기 부착과 해체는 경험이 많은 사람이 하도록 하여야 한다.
  ㉤ 기름이 새는지 확인하고 배관부분의 접속부가 안전한지를 점검하여야 한다.

> **참고** 압쇄기의 사용
> ① 압쇄기를 사용하여 해체작업을 할 때 순서: 슬래브 – 보 – 벽체 – 기둥
> ② 압쇄기를 사용하여 건물 해체작업을 할 때는 위층에서 아래층으로 내려 오면서 작업을 하는 것이 안전하다.

② **대형브레이커**
  ㉠ 대형브레이커의 부착과 해체는 경험이 많은 사람이 하도록 하여야 한다.
  ㉡ 대형브레이커는 차체의 붐, 프레임에 무리가 없는 것을 부착하여야 한다.
  ㉢ 유압식일 경우는 수시로 유입호스가 새거나 막힌 곳을 점검하여야 한다.
  ㉣ 보수점검은 수시로 실시하여야 한다.

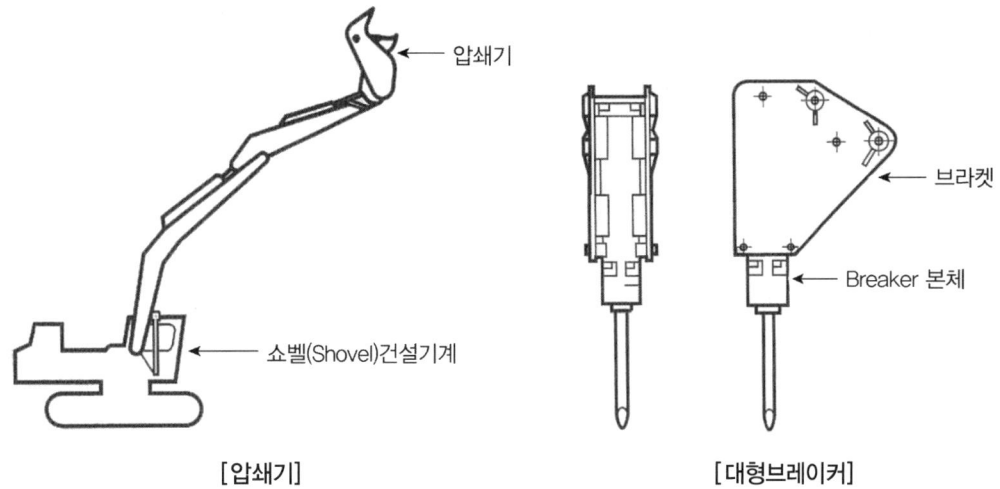

[압쇄기] [대형브레이커]

③ **철제해머**: 1t 전후의 해머를 사용하여 구조물에 충격을 주어 파쇄하는 것으로 크레인에 부착하여 사용한다.

④ **화약류**
   ㉠ 화약사용에 대한 문제점 등을 파악한 후 시행하여야 한다.
   ㉡ 소음, 공해, 진동, 마찰, 파편에 대한 예방대책을 강구하여야 한다.

⑤ **핸드브레이커**
   ㉠ 끝의 부러짐을 방지하기 위하여 작업자세는 항상 하향수직방향으로 유지하여야 한다.
   ㉡ 기계는 항상 점검하고 호스가 교차되거나 꼬여있지 않은지 점검하여야 한다.
   ㉢ 25~40kg의 브레이커를 작동시키게 되므로 현장 정리가 잘되어 있어야 한다.
   ㉣ 작은 부재의 파쇄에 유리하고, 해체작업시 소음, 진동 및 분진이 발생하므로 작업자는 보호구를 착용하여야 하며, 작업자의 작업시간을 제한하여야 한다.

⑥ **팽창제**: 반응에 의해 발열, 팽창하는 분말성 물질을 구멍에 집어 넣고 그 팽창압에 의해 파괴할 때 사용하는 물질로 취급시 안전수칙은 다음과 같다.
   ㉠ 천공직경은 30~50mm 정도를 유지하여야 한다.
   ㉡ 천공간격은 콘크리트 강도에 의하여 결정되나 30~70cm 정도가 적당하다.
   ㉢ 팽창제와 물과의 혼합비율을 확인하여야 한다.
   ㉣ 개봉되어진 팽창제는 사용하지 않아야 하며, 쓰다 남은 팽창제 처리에 유의하여야 한다.
   ㉤ 건조한 장소에 보관하고 직접 바닥에 두지 말고 습기를 피하여야 한다.

⑦ **절단톱**: 다이아몬드 입자가 혼합되어 제조된 것으로 기둥, 보, 바닥, 벽체를 적당한 크기로 절단하여 해체하는 것이다.

⑧ **잭(Jack)**: 잭은 구조물의 부재 사이에 설치한 후, 국소부에 압력을 가해서 해체할 경우 사용하는 것이다.

⑨ **쐐기타입기(Rock Jack)**: 직경 30~40mm 정도의 구멍 속에 쐐기를 박아 넣고 구멍을 확대하여 파괴할 경우 사용하는 것이다.

⑩ **화염방사기**: 구조체에 산소를 분사하여 연소시키므로 3,000~5,000℃의 고온으로 콘크리트를 천공 또는 용융시키면서 해체할 경우 사용하는 것이다.

> **참고** 해체작업
>
> 1. 해체공사에 사용되는 해체용 기계의 특징
>   ① 압쇄기와 대형브레이커는 파워쇼벨 등에 설치하여 사용을 한다.
>   ② 철제해머는 크레인 등에 설치하여 사용을 한다.
>   ③ 핸드브레이커는 사용시 수직으로 파쇄하는 것이 좋다.
>   ④ 절단톱의 회전날에는 접촉방지 커버를 설치하여야 한다.
> 2. 해체작업계획서에 포함하여야 할 사항(산업안전보건법 안전보건기준)
>   ① 해체의 방법 및 해체순서 도면
>   ② 해체작업용 화약류 등의 사용계획서
>   ③ 해체물의 처분계획
>   ④ 해체작업용 기계·기구 등의 작업계획서
>   ⑤ 사업장 내 연락방법
>   ⑥ 가설설비, 방호설비, 환기설비 및 살수·방화설비 등의 방법
>   ⑦ 그 밖에 안전보건에 관련된 사항
> 3. 해체작업시 직접적인 공해방지대책 수립 대상
>   ① 소음 및 분진   ② 폐기물   ③ 진동   ④ 지반침하
> 4. 해체작업시 발생하는 진동공해에 관한 사항
>   ① 일반적으로 연직(수직)진동이 수평진동보다 더 크다.
>   ② 진동주파수의 범위는 1 ~ 90Hz이다.
>   ③ 진동의 전파거리는 예외적인 것을 제외하면 진동원에서부터 100m 이내이다.
>   ④ 지표에 있어서 진동의 크기는 일반적으로 지진의 진도계급이라고 하는 미진에서 강진의 범위에 있다.

3 기타 건설용 기계기구의 안전수칙

(1) **항타기 및 항발기의 종류**: 항타기란 파일을 박는데 필요한 에너지를 공급하는 기계이고, 항발기란 파일에 충격을 주어 파일을 뽑아내는 기계로 기초공사에 주로 쓰인다.
   ① 파일해머   ② 드롭해머   ③ 공기해머
   ④ 디젤해머   ⑤ 진동파일해머

(2) **항타기 및 항발기의 안전대책(산업안전보건법 안전보건기준)**
   ① 무너짐의 방지
      ㉠ 시설 또는 가설물 등에 설치하는 경우에는 그 내력을 확인하고 내력이 부족하면 그 내력을 보강할 것
      ㉡ 연약한 지반에 설치하는 경우에는 아웃트리거·받침 등 지지구조물의 침하를 방지하기 위하여 깔판, 받침목 등을 사용할 것
      ㉢ 궤도 또는 차로 이동하는 항타기 또는 항발기에 대해서는 불시에 이동하는 것을 방지하기 위하여 레일클램프 및 쐐기 등으로 고정시킬 것
      ㉣ 아웃트리거·받침 등 지지구조물이 미끄러질 우려가 있는 경우에는 말뚝, 쐐기 등을 사용하여 해당 지지구조물을 고정시킬 것
      ㉤ 상단부분은 버팀대·버팀줄로 고정하여 안정시키고 그 하단부분은 견고한 버팀, 말뚝 또는 철골 등으로 고정시킬 것
      ※ 산업안전보건법 안전보건기준 → 2022.10.18 개정

② **권상용 와이어로프의 안전계수**: 항타기 및 항발기 권상용 와이어로프의 안전계수가 5 이상이 아니면 사용하지 않는다.

③ **권상용 와이어로프의 길이**
  ㉠ 권상용 와이어로프는 권상장치의 드럼에 클램프, 클립 등을 사용하여 견고하게 고정할 것
  ㉡ 권상용 와이어로프에서 추, 해머 등과의 연결은 클램프, 클립 등을 사용하여 견고하게 할 것
  ㉢ 권상용 와이어로프는 추 또는 해머가 최저의 위치에 있을 때 또는 널말뚝을 빼내기 시작할 때를 기준으로 권상장치의 드럼에 적어도 2회 감기고 남을 수 있는 충분한 길이일 것

④ **도르래의 부착**
  ㉠ 항타기 또는 항발기 권상장치의 드럼축과 권상장치로부터 도르래의 축간의 거리를 권상장치 드럼폭의 15배 이상으로 하여야 한다.
  ㉡ 도르래는 권상장치 드럼의 중심을 지나야 하며 축과 수직면상에 있어야 한다.

> **참고** 항타기 또는 항발기의 조립·해체시 점검 및 준수사항
>
> 1. 항타기 또는 항발기의 조립·해체시 점검사항(산업안전보건법 안전보건기준)
>   ① 본체 연결부의 풀림 또는 손상의 유무
>   ② 권상장치의 브레이크 및 쐐기장치 기능의 이상유무
>   ③ 권상용 와이어로프, 드럼 및 도르래의 부착상태의 이상유무
>   ④ 리더(leader)의 버팀의 방법 및 고정상태의 이상유무
>   ⑤ 권상기의 설치상태의 이상유무
>   ⑥ 본체·부속장치 및 부속품의 강도가 적합한지 여부
>   ⑦ 본체·부속장치 및 부속품에 심한 손상·마모·변형 또는 부식이 있는지 여부
>
> 2. 항타기 또는 항발기를 조립하거나 해체하는 경우 준수사항(산업안전보건법 안전보건기준)
>   ① 항타기 또는 항발기에 사용하는 권상기에 쐐기장치 또는 역회전방지용 브레이크를 부착할 것
>   ② 항타기 또는 항발기의 권상기가 들리거나 미끄러지거나 흔들리지 않도록 설치할 것
>   ③ 그밖에 조립·해체에 필요한 사항은 제조사에서 정한 설치·해체작업 설명서에 따를 것
>
> 3. 압축기를 동력원으로 하는 항타기나 항발기를 사용하는 경우 준수사항(산업안전보건법 안전보건기준)
>   ① 해머의 운동에 의하여 공기호스와 해머의 접속부가 파손되거나 벗겨지는 것을 방지하기 위하여 그 접속부가 아닌 부위를 선정하여 공기호스를 해머에 고정시켜야 한다.
>   ② 공기를 차단하는 장치를 해머의 운전자가 쉽게 조작할 수 있는 위치에 설치하여야 한다.
>   ③ 항타기나 항발기의 권상장치의 드럼에 권상용 와이어로프가 꼬인 경우에는 와이어로프에 하중을 걸어서는 아니된다.
>   ④ 항타기나 항발기의 권상장치에 하중을 건 상태로 정지하여 두는 경우에는 쐐기장치 또는 역회전방지용 브레이크를 사용하여 제동하는 등 확실하게 정지시켜 두어야 한다.
>
> ※ 산업안전보건법 안전보건기준 → 2022.10.18 개정

적중문제 | CHAPTER 3 | 공사 및 작업종류별 안전 Ⅰ (양중 및 해체공사)

01 양중기를 사용하는 작업에서 운전자가 보기 쉬운 곳에 부착하여야 하는 사항이 아닌 것은?
① 작업위치 ② 정격하중
③ 운전속도 ④ 경고표시

해설 산업안전보건법상 안전보건기준에 따를 경우 양중기를 사용하는 작업에서 운전자가 보기 쉬운 곳에 부착하여야 하는 사항은 <u>정격하중, 운전속도, 경고표시가 있으며 작업위치는 이에 해당하지 않는다.</u>

정답 ①

02 다음 기계 중 양중기에 포함되지 않는 것은?
① 리프트 ② 곤돌라
③ 크레인 ④ 지게차

해설 <u>지게차는 운반용 기계에 해당한다.</u>

 산업안전보건법상 양중기의 종류
- 크레인(호이스트 포함)
- 이동식 크레인
- 리프트(이삿짐운반용 리프트는 적재하중이 0.1t 이상)
- 곤돌라
- 승강기

정답 ④

03 폭풍시 옥외에 설치되어 있는 주행크레인에 대하여 이탈방지를 위한 조치가 필요한 풍속기준은?
① 순간 풍속이 20m/s를 초과할 때
② 순간 풍속이 25m/s를 초과할 때
③ 순간 풍속이 30m/s를 초과할 때
④ 순간 풍속이 35m/s를 초과할 때

해설 옥외에 설치되어 있는 <u>주행크레인에 대하여 이탈방지를 위한 조치가 필요한 경우는 순간 풍속이 30m/s를 초과할 때이다.</u>

순간 풍속에 따른 조치사항(산업안전보건법 안전보건기준)

순간 풍속	조치사항
10m/s 초과	타워크레인 설치, 해체작업 중지
15m/s 초과	타워크레인 운전작업 중지
30m/s 초과	• 주행크레인에 대하여 이탈방지를 위한 조치 • 옥외설치 양중기(크레인, 리프트, 승강기)에 대한 각 부위 이상유무 점검
35m/s 초과	옥외에 설치되어 있는 승강기, 건설용 리프트에 대하여 받침수를 증가시키는 등 도괴(넘어짐)방지 조치

정답 ③

04 타워크레인을 사용할 때 작업시작 전에 점검하여야 하는 사항으로 옳지 않은 것은?

① 권과방지장치, 브레이크, 클러치 및 운전장치의 기능
② 주행로의 상측 및 트롤리가 횡행하는 레일의 상태
③ 와이어로프가 통하고 있는 곳의 상태
④ 붐의 경사각도

해설 붐의 경사각도는 작업시작 전 점검사항에 해당하지 않는다.

> **관련이론** 타워크레인을 사용할 때 작업시작 전 점검사항
> - 권과방지장치, 브레이크, 클러치 및 운전장치의 기능
> - 주행로의 상측 및 트롤리가 횡행하는 레일의 상태
> - 와이어로프가 통하고 있는 곳의 상태

정답 ④

05 타워크레인의 설치, 조립, 해체작업을 하는 때에 작성하는 작업계획서에 포함시켜야 할 사항이 아닌 것은?

① 타워크레인의 종류 및 형식
② 중량물의 운반경로
③ 작업인원의 구성 및 작업근로자의 역할범위
④ 작업도구, 장비, 가설설비 및 방호설비

해설 중량물의 운반경로는 타워크레인의 작업계획서에 포함되지 않는다.

> **관련이론** 타워크레인의 설치, 조립, 해체작업을 하는 때에 작업계획서에 포함시켜야 할 사항(산업안전보건법 안전보건기준)
> - 타워크레인의 종류 및 형식
> - 작업인원의 구성 및 작업근로자의 역할범위
> - 작업도구, 장비, 가설설비 및 방호설비
> - 설치, 조립 및 해체순서
> - 타워크레인의 지지방법

정답 ②

06 타워크레인을 와이어로프로 지지하는 경우 준수해야 할 사항으로 옳지 않은 것은?

① 와이어로프를 고정하기 위한 전용지지프레임을 사용할 것
② 와이어로프 설치각도는 수평면에서 60도 이상으로 할 것
③ 와이어로프의 고정부위는 충분한 강도와 장력을 갖도록 설치할 것
④ 와이어로프가 가공전선에 접근하지 아니하도록 할 것

해설 와이어로프 설치각도는 수평면에서 60도 이내로 하여야 한다.

정답 ②

07 사람이나 화물을 운반하는 것을 목적으로 하는 기계설비인 리프트의 종류가 아닌 것은?

① 건설용 리프트   ② 상용리프트
③ 이삿짐운반용 리프트   ④ 자동차정비용 리프트

해설 리프트의 종류에는 건설용, 자동차정비용, 이삿짐운반용 리프트, 산업용 리프트가 있으며, 상용리프트는 이에 해당하지 않는다.

정답 ②

08 건설용 리프트에 대하여 받침의 수를 증가시키는 등 그 붕괴를 방지하기 위한 조치를 하여야 하는 순간풍속은?

① 순간풍속 30m/s 초과
② 순간풍속 35m/s 초과
③ 순간풍속 40m/s 초과
④ 순간풍속 45m/s 초과

해설 순간풍속 35m/s를 초과하는 바람이 불어올 우려가 있는 경우에는 건설용 리프트에 대하여 받침수를 증가시키는 등 붕괴를 방지하기 위한 조치를 하여야 한다.

정답 ②

09 승강기 강선의 과다감기를 방지하는 장치는?

① 비상정지장치　② 권과방지장치
③ 권선방지장치　④ 과부하방지장치

해설　승강기 강선이 레일 하면까지 감기지 않도록 즉, 승강기 강선의 과다감기를 방지하는 장치를 권과방지장치라 한다.

정답 ②

10 승강기의 종류에 해당하지 않는 것은?

① 승객용 엘리베이터　② 에스컬레이터
③ 화물용 엘리베이터　④ 리프트

해설　리프트는 사람이나 화물을 운반하는 것을 목적으로 하는 기계설비로서 승강기의 종류에 해당하지 않는다.

관련이론　승강기의 종류(산업안전보건법 안전보건기준)
- 승객용 엘리베이터
- 에스컬레이터
- 화물용 엘리베이터
- 승객화물용 엘리베이터
- 소형화물용 엘리베이터

정답 ④

11 정격하중이 10톤인 크레인의 화물용 와이어로프에 대한 절단하중은 얼마인가? (단, 화물용 와이어로프의 안전계수는 5이다.)

① 2톤　② 5톤
③ 15톤　④ 50톤

해설　안전계수 = $\dfrac{\text{절단하중}}{\text{정격하중}}$

절단하중 = 안전계수 × 정격하중
　　　　 = 5×10톤 = 50톤

정답 ④

12 체인(Chain)의 폐기 대상이 아닌 것은?

① 균열, 홈이 있는 것
② 뒤틀림 등 변형이 현저한 것
③ 길이가 원래 길이의 5%를 초과하여 늘어난 것
④ 링(Ring)의 단면지름의 감소가 원래 지름의 5%를 초과하여 마모된 것

해설　링의 단면지름의 감소가 원래 지름의 10%를 초과하여 마모된 것이 체인의 폐기 대상이다.

정답 ④

13 그림과 같은 와이어로프 단면의 표기로 옳은 것은?

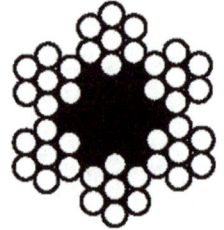

① 6×12　② 12×6
③ 7×6　④ 6×7

해설　단면표기법은 가닥의 수량×소선(와이어)의 수량이다. 그림에서 가닥은 6개, 소선은 7개로 구성되어 있으므로 와이어로프 단면의 표기는 6×7이다.

정답 ④

14 승강기에 부착시키는 안전장치에 해당되지 않는 것은?

① 파이널리밋스위치　② 비상정지장치
③ 조속기(속도조절기)　④ 긴급차단장치

해설　긴급차단장치는 승강기에 부착시키는 안전장치에 해당하지 않는다.

관련이론　승강기에 부착시키는 안전장치
- 파이널리밋스위치
- 비상정지장치
- 조속기(속도조절기)
- 과부하방지장치
- 출입문 인터록

정답 ④

15 양중기의 부적격한 와이어로프의 사용금지 기준으로 옳지 않은 것은?

① 이음매가 있는 것
② 지름의 감소가 공칭지름의 7%를 초과하는 것
③ 심하게 변형 또는 부식된 것
④ 길이의 증가가 제조길이의 10%를 초과하는 것

해설 길이의 증가가 제조길이의 10%를 초과하는 것은 사용금지 기준과는 관계가 없다.

관련이론 **양중기의 와이어로프의 사용금지 기준(산업안전보건법 안전보건기준)**

- 이음매가 있는 것
- 지름의 감소가 공칭지름의 7%를 초과하는 것
- 심하게 변형 또는 부식된 것
- 와이어로프의 한 꼬임에서 끊어진 소선의 수가 10% 이상인 것
- 꼬인 것
- 열과 전기충격에 의해 손상된 것

정답 ④

16 양중작업에 사용되는 와이어로프에 관한 사항 중 옳지 않은 것은?

① 와이어로프의 안전계수는 그 절단하중의 값을 와이어로프에 걸리는 하중의 평균값으로 나눈 것이다.
② 근로자가 탑승하는 운반구를 지지하는 경우의 안전계수는 10 이상이어야 한다.
③ 화물의 하중을 직접 지지하는 경우의 안전계수는 5 이상이어야 한다.
④ 근로자가 탑승하는 운반구를 지지하거나 화물의 하중을 직접 지지하는 경우 외의 와이어로프 안전계수는 4 이상이어야 한다.

해설 와이어로프의 안전계수는 그 절단하중의 값을 와이어로프에 걸리는 하중의 최대값으로 나눈 것이다.

$$\text{안전계수(안전율)} = \frac{\text{절단하중}}{\text{최대사용하중}}$$

정답 ①

17 압쇄기에 의한 건물의 파쇄작업 순서로 옳은 것은?

① 슬래브 – 기둥_보 – 벽체
② 기둥 – 슬래브 – 보 – 벽체
③ 기둥 – 보 – 벽체 – 슬래브
④ 슬래브 – 보 – 벽체 – 기둥

해설 압쇄기에 의한 건물의 파쇄작업 순서는 슬래브 – 보 – 벽체 – 기둥이다.

정답 ④

18 구조물 해체작업용 기계·기구의 종류가 아닌 것은?

① 포크리프트   ② 압쇄기
③ 대형브레이커   ④ 쐐기타입기

해설 포크리프트(지게차)는 운반용 기계에 해당한다.

관련이론 **구조물 해체작업용 기계·기구**

- 압쇄기
- 대형브레이커
- 쐐기타입기
- 핸드브레이커
- 팽창제
- 철제해머
- 절단톱
- 화약류
- 잭(Jack)
- 화염방사기

정답 ①

19 핸드브레이커 취급시 안전수칙과 거리가 먼 것은?

① 현장정리가 잘되어 있어야 한다.
② 작업자세는 항상 하향 45도 방향으로 유지하여야 한다.
③ 작업 전 기계에 대한 점검을 한다.
④ 호스가 교차되거나 꼬여 있는가를 점검하여야 한다.

해설 작업자세는 항상 하향 수직방향으로 유지하여야 한다.

정답 ②

20 항타기 또는 항발기에 사용하는 권상기에 부착하여야 하는 방호장치는?

① 쐐기장치 또는 과부하방지장치
② 쐐기장치 또는 자동전력방지장치
③ 쐐기장치 또는 역회전방지장치
④ 쐐기장치 또는 파이널리밋스위치

해설 항타기 또는 항발기에 사용하는 권상기에 부착하여야 하는 방호장치로는 쐐기장치 또는 역회전방지용브레이크가 있다.

정답 ③

21 동력을 사용하는 항타기 또는 항발기의 넘어짐을 방지하기 위한 준수사항으로 옳지 않은 것은?

① 연약한 지반에 설치할 때에는 아웃트리거·받침 등 지지구조물의 침하를 방지하기 위하여 깔판, 깔목 등을 사용할 것
② 시설 또는 가설물 등에 설치하는 경우에는 그 내력을 확인하고 내력이 부족하면 그 내력을 보강할 것
③ 궤도 또는 차로 이동하는 항타기 또는 항발기에 대해서는 불시에 이동하는 것을 방지하기 위하여 레일클램프 및 쐐기 등으로 고정시킬 것
④ 상단부분은 말뚝 또는 철골로 고정하여 안정시키고 그 하단부분은 버팀대, 버팀줄로 고정시킬 것

해설 상단부분은 버팀대, 버팀줄로 고정하여 안정시키고 그 하단부분은 말뚝 또는 철골 등으로 고정시켜야 한다.

관련이론 항타기 또는 항발기의 넘어짐을 방지하기 위한 준수사항
- 연약한 지반에 설치할 때에는 아웃트리거·받침 등 지지구조물의 침하를 방지하기 위하여 깔판, 깔목 등을 사용한다.
- 상단부분은 버팀대, 버팀줄로 고정하여 안정시키고 그 하단부분은 견고한 버팀, 말뚝 또는 철골 등으로 고정시킨다.
- 궤도 또는 차로 이동하는 항타기 또는 항발기에 대해서는 불시에 이동하는 것을 방지하기 위하여 레일클램프 및 쐐기 등으로 고정시킨다.
- 아웃트리거·받침 등 지지구조물이 미끄러질 우려가 있는 때에는 말뚝, 쐐기 등을 사용하여 해당 지지구조물을 고정시킨다.
- 시설 또는 가설물 등에 설치하는 경우에는 그 내력을 확인하고 내력이 부족하면 그 내력을 보강한다.
※ 산업안전보건법 안전보건기준 → 2022.10.18 개정

정답 ④

22 항타기 또는 항발기의 권상용 와이어로프는 추 또는 해머가 최저의 위치에 있는 때 또는 널말뚝을 빼어내기 시작한 때를 기준으로 하여 권상장치의 드럼에 최소한 몇 회 감기고 남을 수 있는 길이이어야 하는가?

① 1회　　　　② 2회
③ 4회　　　　④ 6회

해설　산업안전보건법상 안전보건기준에 따르면 권상장치의 드럼에 최소한 2회 감기고 남을 수 있는 충분한 길이이어야 한다.

정답 ②

23 항타기 또는 항발기를 조립·해체하는 때에 점검하여야 할 기준사항이 아닌 것은?

① 과부하방지장치의 이상유무
② 권상장치의 브레이크 및 쐐기장치 기능의 이상유무
③ 본체 연결부의 풀림 또는 손상유무
④ 리더(leader)의 버팀의 방법 및 고정상태의 이상유무

해설　과부하방지장치의 이상유무는 고소작업대에서 점검하여야 할 기준사항에 해당한다.

관련이론　항타기 또는 항발기를 조립하는 때에 점검하여야 할 기준사항(산업안전보건법 안전보건기준)
- 권상장치의 브레이크 및 쐐기장치 기능의 이상유무
- 본체 연결부의 풀림 또는 손상유무
- 리더(leader)의 버팀의 방법 및 고정상태의 이상유무
- 권상기 설치상태의 이상유무
- 권상용 와이어로프, 드럼 및 도르래의 부착상태 이상유무
- 본체·부속장치 및 부속품의 강도가 적합한지 여부
- 본체·부속장치 및 부속품에 심한 손상·마모·변형 또는 부식이 있는지 여부
※ 산업안전보건법 안전보건기준 → 2022.10.18 개정

정답 ①

24 항타기 또는 항발기에 사용되는 권상용 와이어로프의 안전계수는 최소 얼마 이상이어야 하는가?

① 3　　　　② 4
③ 5　　　　④ 6

해설　항타기 또는 항발기에 사용되는 권상용 와이어로프의 안전계수는 최소 5 이상이어야 한다.

정답 ③

25 항타기 또는 항발기 권상장치의 드럼축과 권상장치로부터 첫번째 도르래의 축과의 거리는 권상장치의 드럼폭의 최소 몇 배 이상으로 하여야 하는가?

① 5배　　　　② 10배
③ 15배　　　④ 20배

해설　항타기 또는 항발기 권상장치의 드럼축과 권상장치로부터 첫번째 도르래의 축과의 거리는 권싱장치의 드럼폭의 최소 15배 이상으로 하여야 하고, 권상장치의 드럼의 중심을 지나야 하며, 축과 수직면상에 있어야 한다.

정답 ③

CHAPTER 4 | 건설현장 안전시설관리

제1절 추락방지용 안전시설

1 추락재해 방지조치(산업안전보건법 안전보건기준 → 2024.6.28 개정)

(1) 추락의 방지

① 근로자가 추락하거나 넘어질 위험이 있는 장소(작업발판의 끝, 개구부 등을 제외한다)에서 작업을 할 때에 근로자가 위험해질 우려가 있는 경우 비계를 조립하는 등의 방법으로 작업발판을 설치하여야 한다.

② 작업발판을 설치하기 곤란한 경우 다음 기준에 맞는 추락방호망을 설치하여야 한다. 다만, 추락방호망을 설치하기 곤란한 경우에는 근로자에게 안전대를 착용하도록 하는 등 추락위험을 방지하기 위하여 필요한 조치를 하여야 한다.

   ㉠ 추락방호망의 설치위치는 가능하면 작업면으로부터 가까운 지점에 설치하여야 하며, 작업면으로부터 망의 설치지점까지의 수직거리는 10m를 초과하지 아니할 것

   ㉡ 추락방호망은 수평으로 설치하고 망의 처짐은 짧은 변 길이의 12% 이상이 되도록 할 것

   ㉢ 건축물 등의 바깥쪽으로 설치하는 경우 추락방호망의 내민 길이는 벽면으로부터 3m 이상 되도록 할 것(다만, 그물코가 20mm 이하인 추락방호망을 사용한 경우에는 낙하물방지망을 설치한 것으로 본다.)

③ 작업발판 및 추락방호망을 설치하기 곤란한 경우에는 근로자로 하여금 3개 이상의 버팀대를 가지고 지면으로부터 안정적으로 세울 수 있는 구조를 갖춘 이동식 사다리를 사용하여 작업을 하게 할 수 있다.

   ㉠ 평탄하고 견고하며 미끄럽지 않은 바닥에 이동식 사다리를 설치할 것

   ㉡ 이동식 사다리의 넘어짐을 방지하기 위해 다음 어느 하나 이상에 해당하는 조치를 할 것

      ⓐ 이동식 사다리를 견고한 시설물에 연결하여 고정할 것

      ⓑ 아웃트리거(outrigger, 전도방지용 지지대)를 설치하거나 아웃트리거가 붙어있는 이동식 사다리를 설치할 것

      ⓒ 이동식 사다리를 다른 근로자가 지지하여 넘어지지 않도록 할 것

   ㉢ 이동식 사다리의 제조사가 정하여 표시한 이동식 사다리의 최대사용하중을 초과하지 않는 범위 내에서만 사용할 것

   ㉣ 이동식 사다리를 설치한 바닥면에서 높이 3.5m 이하의 장소에서만 작업할 것

   ㉤ 이동식 사다리의 최상부 발판 및 그 하단 디딤대에 올라서서 작업하지 않을 것. 다만, 높이 1m 이하의 사다리는 제외한다.

   ㉥ 안전모를 착용하되, 작업높이가 2m 이상인 경우에는 안전모와 안전대를 함께 착용할 것

   ㉦ 이동식 사다리 사용 전 변형 및 이상 유무 등을 점검하여 이상이 발견되면 즉시 수리하거나 그밖에 필요한 조치를 할 것

(2) 안전대의 부착설비

추락할 위험이 있는 높이 2m 이상의 장소에서 근로자에게 안전대를 착용시킨 경우 안전대를 안전하게 걸어 사용할 수 있는 설비 등을 설치하여야 한다.

(3) 개구부 등의 방호조치

① 작업발판 및 통로의 끝이나 개구부로서 근로자가 추락할 위험이 있는 장소에는 안전난간, 울타리, 수직형 추락방망 또는 덮개 등(이하 '난간' 등이라 한다)을 충분한 강도를 가진 구조로 튼튼하게 설치하여야 한다.
② 난간 등을 설치하는 것이 매우 곤란하거나 작업의 필요상 임시로 난간 등을 해체하여야 하는 경우 추락방호망을 설치하여야 한다. 다만, 추락방호망을 설치하기 곤란한 경우에는 근로자에게 안전대를 착용하도록 하는 등 추락할 위험을 방지하기 위하여 필요한 조치를 하여야 한다.

(4) 조명의 유지

근로자가 높이 2m 이상에서 작업을 하는 경우 그 작업을 안전하게 하는데에 필요한 조명을 유지하여야 한다.

(5) 지붕 위에서의 위험방지

슬레이트, 선라이트(sunlight) 등 강도가 약한 재료로 덮은 지붕위에서 작업을 할 때에 발이 빠지는 등 근로자가 위험해질 우려가 있는 경우 폭 30cm 이상의 발판을 설치하거나 추락방호망을 치는 등 위험을 방지하기 위하여 필요한 조치를 하여야 한다.

(6) 승강설비의 설치

높이 또는 깊이가 2m를 초과하는 장소에서 작업하는 경우 해당 작업에 종사하는 근로자가 안전하게 승강하기 위한 건설용 리프트 등의 설비를 설치하여야 한다.

(7) 울타리 설치

근로자에게 작업 중 또는 통행시 굴러떨어짐으로 인하여 화상, 질식 등의 위험에 처할 우려가 있는 케틀(kettle), 호퍼(hopper), 피트(pit) 등이 있는 경우에 그 위험을 방지하기 위하여 필요한 장소에 높이 90cm 이상의 울타리를 설치하여야 한다.

> **참고** 추락재해의 발생원인
> ① 안전난간의 미설치
> ② 추락방호망의 미설치
> ③ 작업발판의 미설치
> ④ 개구부덮개의 미설치
> ⑤ 안전대의 미착용

2 추락재해 방호설비

추락을 방지하기 위한 설비로는 작업내용, 작업환경 등에 따라 여러 형태가 있지만 주로 쓰이는 것으로는 다음 표와 같은 것이 있다.

※ 철골공사표준안전작업지침 고용노동부고시

구분	용도, 사용장소, 조건	방호설비
1. 안전한 작업이 가능한 작업대	높이 2m 이상의 장소에서 추락의 우려가 있는 작업	비계, 달비계, 수평통로, 안전난간대
2. 추락자를 보호할 수 있는 것	작업대 설치가 어렵거나 개구부 주위로 난간설치가 어려운 곳	추락방지용 방망
3. 추락의 우려가 있는 위험장소에서 작업자의 행동을 제한하는 것	개구부 및 작업대의 끝	난간, 울타리
4. 작업자의 신체를 유지 시키는 것	안전한 작업대나 난간설비를 할 수 없는 곳	안전대, 구명줄, 안전대 부착설비

3 안전대(추락재해방지표준안전작업지침 고용노동부고시기준)

(1) 안전대의 종류

종류	벨트식, 안전그네식	
사용구분	• 1개걸이용 • 추락방지대	• U자걸이용 • 안전블록

▶ 추락방지대 및 안전블록은 안전그네식에만 적용한다.

(2) 안전대의 사용

① 1개걸이 사용시에는 다음에 정하는 사항을 준수하여야 한다.

㉠ 로프길이가 2.5m 이상인 안전대는 반드시 2.5m 이내의 범위에서 사용하도록 하여야 한다.

㉡ 추락시에 로프를 지지한 위치에서 신체의 최하사점까지의 거리를 h라 할 때 구하는 식은 다음과 같다.

$$h = \text{로프의 길이} + \text{로프의 늘어난 길이} + \frac{\text{신장}}{2}$$

② **U자걸이 사용시 준수사항**: 로프의 길이는 작업상 필요한 최소한의 길이로 하여야 한다.

> **참고** 안전대의 보관
>
> 안전대는 다음의 장소에 보관하여야 한다.
> ① 통풍이 잘 되며 습기가 없는 곳
> ② 화기 등이 근처에 없는 곳
> ③ 직사광선이 닿지 않는 곳
> ④ 부식성 물질이 없는 곳

4 안전난간(추락재해방지표준안전작업지침 고용노동부고시기준)

(1) 설치위치
안전난간은 중량물 취급 개구부, 작업대, 가설계단의 통로, 흙막이지보공의 상부 등에 설치한다.

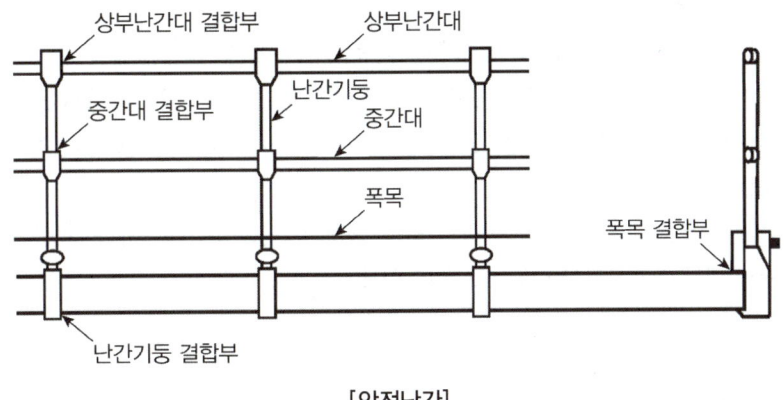

[안전난간]

(2) 하중
안전난간의 주요부분은 종류에 따라서 다음 표에 나타내는 하중에 대해 충분한 것으로 하며, 이 경우 하중의 작용방향은 상부난간대 직각인 면의 모든 방향을 말한다.

종류	안전난간 부분	작용위치	하중
제1종	상부난간대	스팬의 중앙점	120kg
	난간기둥, 난간기둥 결합부, 상부난간대 설치부	난간기둥과 상부난간대	100kg

(3) 수평최대처짐
하중에 의한 수평최대처짐은 10mm 이하로 한다.

> **참고** 안전난간의 구조 및 설치요건(산업안전보건법 안전보건기준)
> ① 상부난간대, 중간난간대, 발끝막이판 및 난간기둥으로 구성할 것
> ② 상부난간대는 바닥면, 발판 또는 경사로의 표면으로부터 90cm 이상 지점에 설치하고, 상부난간대를 120cm 이하에 설치하는 경우에는 중간난간대는 상부난간대와 바닥면 등의 중간에 설치하여야 하며, 120cm 이상 지점에 설치하는 경우에는 중간난간대를 2단 이상으로 균등하게 설치하고 난간의 상하 간격은 60cm 이하가 되도록 할 것
> ▶ 다만, 계단의 개방된 측면에 설치된 난간기둥 사이가 25cm 이하인 경우에는 중간난간대를 설치하지 아니할 수 있다.
> ③ 발끝막이판은 바닥면 등으로부터 10cm 이상의 높이를 유지할 것
> ▶ 10cm 이상의 높이를 유지해야 하는 이유는 공구 등 물체가 작업발판에서 지상으로 낙하하지 않도록 하기 위해서이다.
> ④ 난간기둥은 상부난간대와 중간난간대를 견고하게 떠받칠 수 있도록 적정한 간격을 유지할 것
> ⑤ 상부난간대와 중간난간대는 난간길이 전체에 걸쳐 바닥면 등과 평행을 유지할 것
> ⑥ 난간대는 지름 2.7cm 이상의 금속제 파이프나 그 이상의 강도가 있는 재료일 것
> ⑦ 안전난간은 구조적으로 가장 취약한 지점에서 가장 취약한 방향으로 작용하는 100kg 이상의 하중에 견딜 수 있는 튼튼한 구조일 것

제2절 붕괴방지용 안전시설

1 토사붕괴의 위험성

(1) **굴착작업시 위험방지(산업안전보건법 안전보건기준)**

토사 등의 붕괴 또는 낙하에 의하여 근로자에게 위험을 미칠 우려가 있는 경우에는 다음의 조치를 해야 한다.
① 미리 '흙막이지보공의 설치, 방호망의 설치 및 근로자의 출입금지' 등 그 위험을 방지하기 위하여 필요한 조치를 해야 한다.
② 비가 올 경우를 대비하여 측구를 설치하거나 굴착경사면에 비닐을 덮는 등 빗물 등의 침투에 의한 붕괴재해를 예방하기 위하여 필요한 조치를 해야 한다.

(2) **토사 등의 붕괴 또는 낙하에 의한 위험방지(산업안전보건법 안전보건기준)**

굴착작업을 하는 경우 토사 등의 붕괴 또는 낙하에 의한 근로자의 위험을 미리 방지하기 위하여 다음의 사항을 점검해야 한다.
① 작업장소 및 그 주변의 부석·균열의 유무하도록 해야 한다.
② 함수·용수 및 동결의 유무 또는 상태의 변화

(3) **굴착작업시 사전조사내용(산업안전보건법 안전보건기준)**

지반의 굴착작업을 하는 경우에 지반의 붕괴 등에 의하여 근로자에게 위험을 미칠 우려가 있을 때에는 미리 작업장소 및 그 주변의 지반에 대하여 보링 등 적절한 방법으로 다음 사항을 조사하여 굴착시기와 작업장소를 정하여야 한다.
① 형상, 지질 및 지층의 상태
② 매설물 등의 유무 또는 상태
③ 지반의 지하수위 상태
④ 균열, 함수·용수 및 동결의 유무 또는 상태

> **참고** 굴착작업시 작업계획서 내용(산업안전보건법 안전보건기준)
> ① 매설물 등에 대한 이설·보호대책
> ② 굴착방법 및 순서, 토사 반출방법
> ③ 필요한 인원 및 장비 사용계획
> ④ 흙막이지보공 설치방법 및 계측계획
> ⑤ 작업지휘자의 배치계획
> ⑥ 사업장 내 연락방법 및 신호방법
> ⑦ 그 밖에 안전보건에 관련된 사항

(4) **지반 등의 굴착시 위험방지**

① 지반 등을 굴착하는 때에는 굴착면의 기울기를 다음 기준에 맞도록 하여야 한다.

※ 산업안전보건법 안전보건기준 → 2023.11.14 개정

지반의 종류	기울기	지반의 종류	기울기
모래	1:1.8	경암	1:0.5
연암 및 풍화암	1:1.0	그밖의 흙	1:1.2

② 사질의 지반은 굴착면의 기울기를 1 : 1.5 이상으로 하고, 높이는 5m 미만으로 하여야 한다(굴착공사표준안전작업지침 고용노동부고시).
③ 발파 등에 의해서 붕괴하기 쉬운 상태의 지반 및 매립하거나 반출시켜야 하는 때의 굴착면 기울기는 1 : 1 이하 또는 높이는 2m 미만으로 하여야 한다(굴착공사표준안전작업지침 고용노동부고시).
④ 굴착면이 높은 경우 계단식으로 굴착하고, 소단(小段)의 폭은 수평거리로 2m 정도로 하여야 한다(굴착공사표준안전작업지침 고용노동부고시).

(5) 흙막이지보공(산업안전보건법 안전보건기준)
① 흙막이지보공을 조립하는 경우 미리 조립도를 작성하여 그 조립도에 따라 조립하도록 하여야 한다.
② 조립도는 '흙막이판, 말뚝, 버팀대, 띠장 등 부재의 배치, 치수, 재질 및 설치방법과 순서'가 명시되어 있어야 한다.

(6) 붕괴 등의 위험방지(산업안전보건법 안전보건기준)
흙막이지보공을 설치하였을 때에는 정기적으로 다음의 사항을 점검하고 이상을 발견하면 즉시 보수하여야 한다.
① 버팀대의 긴압의 정도
② 부재의 접속부, 부착부 및 교차부의 상태
③ 부재의 손상, 변형, 부식, 변위 및 탈락의 유무와 상태
④ 침하의 정도

2 토사붕괴 재해시 조치사항 및 구축물 또는 시설물의 안전성 평가

1. 토사붕괴시의 조치사항(굴착공사표준안전작업지침 고용노동부고시)
① 대피공간의 확보
② 동시작업의 금지
③ 2차재해의 방지

2. 구축물 등의 안전성 평가(산업안전보건법 안전보건기준 → 2023.11.14 개정)
구축물 등이 다음 어느 하나에 해당하는 경우 구축물 등에 대한 구조검토, 안전진단 등 안전성 평가를 실시하여 근로자에게 미칠 위험성을 미리 제거해야 한다.

(1) 구축물 등에 지진, 동해, 부동침하 등으로 균열·비틀림 등이 발생하였을 경우
(2) 구축물 등의 인근에서 굴착·항타작업 등으로 침하·균열 등이 발생하여 붕괴의 위험이 예상될 경우
(3) 오랜 기간 사용하지 않던 구축물 등을 재사용하게 되어 안전성을 검토하여야 하는 경우
(4) 구조물 등이 그 자체의 무게·적설·풍압 또는 그 밖에 부가되는 하중 등으로 붕괴 등의 위험이 있을 경우
(5) 화재 등으로 구축물 등의 내력이 심하게 저하되었을 경우
(6) 구축물 등의 주요구조부에 대한 설계 및 시공방법의 전부 또는 일부를 변경한 경우
(7) 그 밖의 잠재위험이 예상될 경우

> **참고** 구축물 등의 안전유지 및 사면활동
>
> 1. 구축물 등의 안전유지(산업안전보건법 안전보건기준 → 2023.11.14 개정)
>   구축물 등이 무너지는 등의 위험을 예방하기 위하여 설계도면, 시방서, 건축물의 구조기준 등에 관한 규칙에 따른 구조설계도서, 해체계획서 등 설계도서를 준수하여 필요한 조치를 해야 한다.
> 2. 사면활동(斜面滑動)
>   ① 유한사면활동(有限斜面滑動): 비교적 급경사에서 급격히 변형하여 붕괴가 발생하는 현상
>   ② 무한사면활동(無限斜面滑動): 직선활동으로 완만한 사면에서 이동이 서서히 발생하는 현상

3 붕괴의 예측과 점검(굴착공사표준안전작업지침 고용노동부고시)

(1) 토석붕괴의 원인

토석이 붕괴되는 원인은 다음과 같으므로 굴착작업시 적절한 조치를 취하여야 한다.

① 외적원인
  ㉠ 사면, 법면의 경사 및 기울기의 증가
  ㉡ 절토 및 성토높이의 증가
  ㉢ 지진, 차량, 구조물의 하중작용
  ㉣ 지표수 및 지하수의 침투에 의한 토사중량의 증가
  ㉤ 토사 및 암석의 혼합층 두께
  ㉥ 공사에 의한 진동 및 반복하중의 증가

② 내적원인
  ㉠ 절토사면의 토질·암질
  ㉡ 성토사면의 토질구성 및 분포
  ㉢ 토석의 강도저하

(2) 토사붕괴의 예방

토사붕괴의 발생을 예방하기 위하여 다음의 조치를 하여야 한다.

① 적절한 경사면의 기울기를 계획하여야 한다.
② 경사면의 기울기가 당초 계획과 차이가 발생되면 즉시 재검토하여 계획을 변경시켜야 한다.
③ 활동(滑動)할 가능성이 있는 토석은 제거하여야 한다.
④ 경사면의 하단부에 압성토 등 보강공법으로 활동에 대한 저항대책을 강구하여야 한다.
⑤ 말뚝(강관, H형강, 철근콘크리트)을 타입하여 지반을 강화시킨다.

(3) 점검

토사붕괴의 발생을 예방하기 위하여 다음 사항을 점검하여야 한다.

① 전 지표면의 답사
② 경사면의 지층변화부 상황 확인
③ 부석의 상황변화의 확인
④ 용수의 발생 유·무 또는 용수량의 변화 확인
⑤ 결빙과 해빙에 대한 상황의 확인
⑥ 각종 경사면 보호공의 변위, 탈락 유·무

▶ 점검시기는 작업 전·중·후, 비온 후, 인접작업구역에서 발파한 경우에 실시한다.

(4) 경사면의 안정성 검토

경사면의 안정성을 확인하기 위하여 다음 사항을 검토하여야 한다.

① 지질조사
② 토질시험
⑤ 토층의 방향과 경사면의 상호 관련성
⑥ 단층, 파쇄대의 방향 및 폭

③ 사면붕괴 이론적 분석
④ 과거의 붕괴된 사례유무
⑦ 풍화의 정도
⑧ 용수의 상황

> **참고** 토사붕괴의 형태 및 지반개량공법

1. 토사붕괴(유한사면의 원호활동에 의한 붕괴)의 형태(굴착공사표준안전작업지침 고용노동부고시)
   ① 사면천단부(사면선단부) 붕괴: 경사가 급하고 비점착성 토질인 경우 발생
   ② 사면중심부(사면내) 붕괴: 견고한 지층이 얕게 있는 경우, 지층이 여러 층인 경우 발생
   ③ 사면하단부(사면저부) 붕괴: 경사가 완만하고 점착성 토질인 경우 발생, 암반 또는 굳은 지층이 있는 경우 발생

2. 토질에 따른 지반개량공법의 종류
   ① 사질토지반 개량공법
      - 다짐말뚝공법
      - 다짐모래말뚝(바이브로콤포저)공법
      - 바이브로플로테이션공법
      - 폭파다짐공법
      - 그라우팅공법(약액주입공법)
      - 전기충격공법
      - 웰포인트공법
   ② 점성토지반(연약지반) 개량공법
      - 치환공법
      - 생석회말뚝공법
      - 여성토공법(프리로딩공법: Preloading Method)
      - 샌드드레인공법
      - 전기침투공법
      - 압성토공법(서차지공법: Surcharge method)
      - 침투압공법
      - 페이퍼드레인공법
      - 전기화학적 고결공법

3. 지반의 강제압밀공법
   지반을 강제로 개량시키는 것으로 드레인공법, 재하공법, 배수공법이 있다.
   ① 드레인공법(탈수공법)
      - 샌드드레인공법(Sand Drain Method)
      - 페이퍼드레인공법(Paper Drain Method)
      - 팩드레인공법(Pack Drain Method)
      - 플라스틱드레인공법(Plastic Drain Method)
      - 생석회말뚝공법(Lime Piling Method)
   ② 재하공법(압밀공법)
      - 성토공법: 압성토공법(Surcharge Method), 여성토공법(Preloading Method)
      - 대기압공법
      - 사면선단재하공법
   ③ 배수공법
      ㉠ 강제배수공법
         - 웰포인트공법(Well Point Method)
         - 전기침투공법
         - 진공딥웰공법(Vacuum Deep Well Method)
      ㉡ 중력배수공법
         - 딥웰공법(Deep Well Method)
         - 집수정공법

4. 사면붕괴의 원인
   ① 외적원인
      - 사면의 구배(기울기)
      - 사면의 높이
      - 토사의 중량
      - 사면안정에 불리한 지형적 조건
      - 차량에 의한 진동하중의 증가

② 내적원인
- 토석강도의 저하
- 사면의 구성 토질
- 지하수위의 증가
- 동결·융해
- 흙의 내부마찰각 감소
- 흙의 점착력 감소

5. 사면(비탈면)붕괴의 방지대책
   ① 사면(비탈면)보호공법
   - 떼붙임공법
   - 식생공법
   - 표층안정공법
   - 구조물에 의한 공법(돌쌓기공법, 돌붙임공법, 모르타르뿜어붙이기공법, 콘크리트블록공법, 돌망태공법 등)
   ② 사면(비탈면)보강공법
   - 압성토공법: 비탈면 또는 비탈면 하단을 성토하여 붕괴를 방지하는 공법
   - 절토공법: 예상 활동가능 비탈면을 제거하여 활동하중을 경감시킴으로써 붕괴를 방지하는 공법
   - 배수공법: 지표수 및 지하수를 배수시키고, 땅속의 간극수압과 함수비를 낮추어 붕괴를 방지하는 공법
   - 앵커공법: 비탈면에 앵커를 체결하여 붕괴를 방지하는 공법
   - 말뚝공법: 비탈면에 말뚝을 시공하여 붕괴를 방지하는 공법
   - 옹벽공법: 비탈면에 옹벽을 시공하여 붕괴를 방지하는 공법

6. 일반적인 토석붕괴(인공사면 토석붕괴)의 형태(굴착공사표준안전작업지침 고용노동부고시)
   ① 깊은 절토법면의 붕괴
   ② 미끄러져 내림
   ③ 얕은 표층의 붕괴
   ④ 성토경사면의 붕괴

4 흙막이공법

1. **흙의 성질**

   (1) **흙의 특성**
   ① 흙은 비선형재료이며, 응력-변형률관계가 일정하게 정의되지 않는다.
   ② 흙의 성질은 본질적으로 비균질, 비등방성이다.
   ③ 흙의 거동은 연약지반에 하중이 작용하면 시간의 변화에 따라 압밀침하가 발생한다.
   ④ 점토대상이 되는 흙은 지표면 밑에 있기 때문에 지반의 구성과 공학적 성질은 시추를 통해서 자세히 판명된다.

   > **참고** 토중수(soil water)
   > ① 자유수: 지표에 가장 가깝게 있는 불투수층과 지표사이에 있는 지하수이다.
   > ② 모관수: 모관작용에 의해 지하수면 위쪽으로 솟아 올라온 물이다.
   > ③ 화합수: 원칙적으로 이동과 변화가 없고, 공학적으로 토립자와 일체로 보며, 100℃ 이상 가열하여도 제거되지 않는다.
   > ④ 흡착수: 이동과 변화가 없고, 110 ± 5℃ 이상으로 가열하면 제거된다.

   (2) **물리적 성질**
   ① **흙의 전단강도**: 흙에 외력이 가해지면 흙은 변형되고 흙의 내부에는 그 변형에 저항하려는 응력이 발생한다. 이때 이 힘을 전단저항이라 하고 활동되기 직전의 전단저항을 전단강도라 한다.

② 흙의 다짐과 압밀(壓密)
   ㉠ **흙의 다짐**: 흙을 다지면 토립자 상호간의 간극을 좁히고 흙의 밀도가 높아져서 간극이 감소하여 투수성이 저하되고 토립자 사이의 맞물림이 양호하게 된다.
   ㉡ **압밀**: 흙에 축조된 구조물의 자중이나 흙의 자중 때문에 흙 속의 수분이 배출됨에 따라 흙이 서서히 압축되는 현상을 압밀(Consolidation)이라고 한다.
      ⓐ **압밀침하**: 투수성이 작다. 장기침하(점토)
      ⓑ **탄성침하**: 투수성이 크다. 단기침하(모래)

> **참고** 흙의 다짐효과
> ① 흙의 밀도가 증가된다.
> ② 흙의 투수성이 감소된다.
> ③ 흙의 동상현상이 감소된다.
> ④ 흙의 전단강도가 증가된다.

③ 흙의 예민비(Sensitivity Ratio)
   예민비는 흙의 함수율을 변화시키지 않고 이기면 약하게 되는 성질이 있는데 그 정도를 나타낸 것이다.

$$예민비 = \frac{자연시료의\ 강도}{이긴시료의\ 강도} = \frac{자연상태의\ 강도(흙,\ 모래)}{물에이겨진\ 상태의\ 강도(흙,\ 모래)}$$

   ㉠ 여기서, 강도란 흙의 전단강도 또는 압축강도를 말한다.
   ㉡ 예민비가 4 이상 되는 것은 일반적으로 예민비가 높다고 한다.

④ **흙의 소성한계(Plastic Limit) 및 액성한계(Liquid Limit)**: 소성한계 및 액성한계는 건조 흙을 물을 투입하여 가면 다음과 같은 상태로 변하고, 그 변화추이 상태의 한계를 정한 것이다.

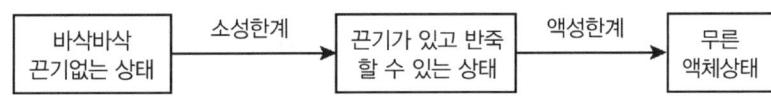

   ㉠ 점착성이 있는 흙은 함수량이 점차 감소하면 액성 → 소성 → 반고체 → 고제의 상태로 변화하는데 이들의 성질을 흙의 연·경도라 한다.
   ㉡ 흙의 체적변화에 따른 함수비 변화(에터버그 한계)는 다음 그림과 같다.

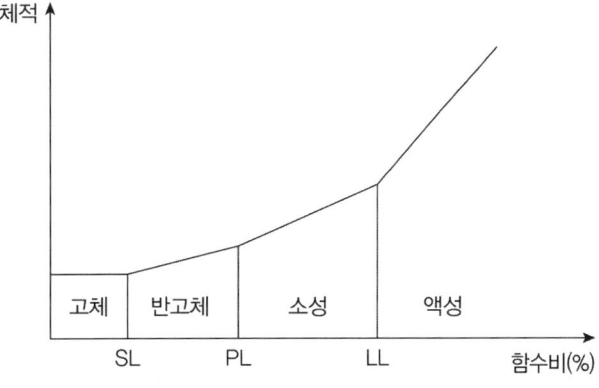

[애터버그 한계(Atterberg Limit)]

⑤ 흙의 투수성
  ㉠ 연속되어 있는 공극 사이에 물이 흐를 수 있는 흙의 성질을 투수성이라고 한다.
  ㉡ 투수성에 관해서는 다아시(Darcy)의 법칙이 있다.

> 침투유량 = 투수계수 × 수두경사 × 단면적

  ㉢ 투수계수에 관한 특성은 다음과 같다.
    ⓐ 투수계수는 불교란시료의 투수시험으로 하거나 현지에서 양수시험으로 구할 수 있다.
    ⓑ 투수계수는 간극비의 제곱에 비례하고 모래 평균지름의 제곱에 비례한다.
    ⓒ 투수계수는 모래가 진흙보다 크다.

> **참고** 흙의 투수계수
> 1. 흙의 투수계수에 영향을 미치는 요인
>   ① 흙입자의 모양과 크기
>   ② 유체의 점성계수
>   ③ 간극비(공극비)
> 2. 흙의 투수계수에 관한 사항
>   ① 투수계수는 유체의 밀도가 클수록 크다.　　④ 투수계수는 유체의 온도가 클수록 크다.
>   ② 투수계수는 유체의 농도가 클수록 크다.　　⑤ 투수계수는 간극비(공극비)가 클수록 크다.
>   ③ 투수계수는 포화도가 클수록 크다.　　　　⑥ 투수계수는 유체의 점성계수가 클수록 작다.
>   ▶ 투수계수가 큰 것은 투수량이 많다.

⑥ 흙의 간극비, 함수비, 포화도

$$\text{간극비} = \frac{\text{간극(공기, 물)의 용적}}{\text{토립자(흙입자)의 용적}} \qquad \text{함수비} = \frac{\text{물의 중량}}{\text{토립자(흙입자)의 중량}} \times 100$$

$$\text{포화도} = \frac{\text{물의 용적}}{\text{간극(공기, 물)의 용적}} \times 100 = \frac{\text{흙의 비중} \times \text{함수비}}{\text{간극비(공극비)}}$$

▶ 모래지반의 지내력은 함수율에 의해 변화가 거의 없지만 진흙은 함수율이 감소하면 큰 폭으로 지내력이 증대되고, 전단강도가 증가한다.

⑦ 사질토(조립토)와 점성토(세립토)의 특성

토질특성	사질토(조립토)	점성토(세립토)
점착력	작다	크다
투수성(투수계수)	크다	작다
내부마찰각	크다	작다
압밀량	작다	크다
압밀속도	순간침하(빠르다)	장기침하(느리다)
가소성	작다	크다
전단강도	크다	작다
장기침하량	작다	크다
지지력	크다	작다

> **참고** 점성토의 성질과 관계가 있는 현상 및 이넌데이트현상
>
> 1. 점성토의 성질과 관계가 있는 현상
>   ① 리칭현상(leaching phenomenon): 해수에 퇴적된 점성토가 담수에 의하여 오랜 시간에 걸쳐 염분이 빠져나가 강도가 저하되는 현상이다.
>   ② 틱소트로피현상(thixotrophy phenomenon): 점성토를 계속해서 뭉개어 이기면 강도가 저하되지만 그대로 방치하면 강도가 회복되는 현상이다.
>   ③ 예민비(sensitivity ratio)
> 2. 이넌데이트현상(inundate phenomenon)
>   모래의 함수율과 용적변화에서 절대건조상태와 습윤상태에서 모래의 용적이 동일한 현상을 말한다.

2. 사면(斜面)의 안정

흙속에서 발생하는 전단응력이 전단강도를 초과하게 되면 이 사면에는 활동이 일어나 토사가 붕괴하게 된다.

(1) 흙의 전단응력이 증가하는 원인(외적원인)
① 사면의 구배(기울기)가 자연구배보다 급경사일 때
② 함수량의 증가에 따른 흙의 단위체적 중량의 증가
③ 인공 또는 자연력에 의한 지하공동의 형성
④ 지진, 폭파, 기계 등에 의한 진동 및 충격
⑤ 눈, 강우, 성토 등에 의한 외력증가

(2) 흙의 전단강도가 감소하는 원인(내적원인)
① 장기응력에 대한 소성변형
② 동결토의 융해
③ 간극수압의 증가
④ 흡수에 의한 점토면의 흡수팽창, 소성감소
⑤ 수축, 팽창 또는 인장으로 균열이 발생
⑥ 흙의 건조에 의한 사질토, 유기질토의 점착력 상실

(3) 사면붕괴의 안전대책
① 느슨한 모래의 사면은 지반의 밀도를 크게 한다.
② 경점토사면은 구배를 느리게 한다.
③ 암층은 배수가 잘되도록 하며 층이 얇을 때에는 말뚝을 박아서 정지시키도록 한다.
④ 연약한 균질의 점토사면은 배수에 의하여 전단강도를 증가시킨다.
⑤ 모래층을 둘러싼 점토사면은 배수에 의하여 모래층의 함유수분을 배제한다.

3. 흙막이공법

(1) 흙막이의 역할
① 터파기 바닥 및 흙막이 하부지반의 안정
② 측압(수압과 토압)에 대한 흙벽의 안정
③ 흙벽에서 물, 흙, 모래가 흘러내리는 것 방지

(2) 흙막이공법의 분류

　① **구조방식에 의한 분류**
　　㉠ 엄지말뚝식[어미말뚝식(H-pile)]공법　　㉣ 지하연속벽공법
　　㉡ 강재널말뚝(Sheet pile)공법　　㉤ 톱다운(Top Down)공법
　　㉢ 목재널말뚝공법

　② **지지방식에 의한 분류**
　　㉠ 자립식 흙막이공법　　㉢ 어스앵커(Earth Anchor)공법
　　㉡ 버팀대식(수평, 경사)공법　　㉣ 타이로드(Tie Rod)공법

> **참고** 흙의 안식각(휴식각, 자연경사각)
> ① 흙의 흘러내림이 자연적으로 정지될 때 흙의 수평면과 경사면이 이루는 각도를 말한다.
> ② 터파기 경사각은 안식각의 2배 정도로 한다.
> ③ 안식각은 부착력, 마찰력, 응집력에 의하며 밀실도, 함수량에 따라 다르다.

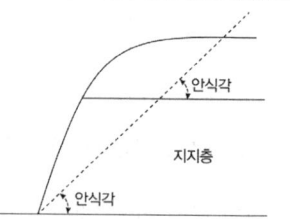

(3) 흙막이공법의 특징

　① **자립식 흙막이공법**: 지반이 양호하고 파는 깊이가 얕을 때 사용된다.
　② **엄지(어미)말뚝식 흙막이공법**
　　㉠ 엄지말뚝으로 H형강, I형강, 레일 등이 주로 쓰인다.
　　㉡ 엄지말뚝에 가로널만 대기도 하고 세로로 널을 대고 띠장을 보강하기도 한다.
　③ **주열공법**
　　㉠ **강관말뚝 주열공법**: 강관말뚝을 연속으로 설치한 흙막이공법
　　㉡ **기성철근콘크리트말뚝 주열공법**: RC말뚝(기둥)을 연속으로 설치한 흙막이공법
　　㉢ **프리팩트파일 주열공법(PIP, CIP, MIP)**: 오거(Auger)로 지반에 연속된 구멍을 뚫고 여기에 모르타르를 철근망과 함께 충전하여 주열을 만들고, 수평버팀대식이나 어스앵커로 지지하는 공법이다.
　④ **지하연속벽공법(Slurry Wall Method)**: 지하수 분출이 아주 많은 곳에 대규모의 깊은 지하층 설치시 사용되며, 종류로는 이코스파일공법, 소일시멘트공법, 격막벽공법 등이 있다.
　　㉠ 인접건물과의 경계선까지 시공할 수 있다.
　　㉡ 소음, 진동이 거의 없다.
　　㉢ 차수효과 및 지반보강이 확실하다.
　　㉣ 강성이 높고 변형이 적어 인접지반에 영향이 거의 없다.
　　㉤ 흙막이벽 시공깊이에 거의 제한이 없다.
　　㉥ 굴착토의 처리문제가 발생한다.
　　㉦ 기술적 시공이 요구되고, 시공비가 많이 소요된다.
　⑤ **버팀대식공법(수평버팀대식공법)**: 시가지에서 일반적으로 널리 사용되는 공법으로 수압 및 토압을 직교한 버팀대가 지지한다. 이때, 버팀대 설치의 위치는 다음과 같다.
　　㉠ 작업자가 편하게 작업할 수 있는 높이에 설치한다.
　　㉡ 기초 밑바닥에서 위쪽으로 굴착깊이의 1/3 위치에 설치하는 것이 바람직하다.

⑥ **어스앵커공법(Earth Anchor Method)**: 어스드릴로 흙막이벽을 뚫고 그 속에 철근이나 PC 강선을 넣은 후, 여기에 모르타르로 그라우팅(Grouting)하여 경화시킨 뒤 흙막이벽을 수평력에 저항시키는 공법이다.

⑦ **강재널(철재널)말뚝(Sheet pile Method))공법**
   ㉠ 강재널말뚝 설치시 수직도는 1/100 이내이어야 한다.
   ㉡ 토압이 크며 수량이 많고 기초가 깊을 때 주로 사용한다.
   ㉢ 해안가 등에서 물을 차단하고 기초 및 구조물을 만들 때 사용한다.
   ㉣ 종류로는 라르젠, 심플렉스, 유니버설조인트, 랜섬 등이 있다

⑧ **목재널말뚝공법**
   ㉠ 흙막이 높이가 4m 정도까지 사용이 가능하다.
   ㉡ 육송, 낙엽송 등의 생나무를 사용한다.
   ㉢ 지하수가 많이 나는 곳은 부적당하다.

5 터널굴착의 안전대책

(1) 사전조사 내용
터널굴착작업시 보링(boring) 등 적절한 방법을 통해 낙반, 출수(出水) 및 가스폭발 등으로 인한 근로자의 위험을 방지하기 위하여 미리 지형, 지질 및 지층상태를 조사하여야 한다.

> **참고** 옹벽 관련 기타 사항
>
> 1. 지반조사를 할 때 확인하여야 할 사항(터널공사표준안전작업지침 고용노동부고시)
>   ① 시추(보링)위치   ④ 지하수위
>   ② 토층분포 상태   ⑤ 지반의 지지력
>   ③ 투수계수
>
> 2. 콘크리트 옹벽의 안정조건 검토사항
>   콘크리트 옹벽의 안정조건에 대하여 검토하여야 할 사항은 다음과 같다.
>   ① 활동(Sliding)에 대한 안정
>   ② 전도(Over Turning)에 대한 안정
>   ③ 침하에 대한 안정
>
> 3. 옹벽의 안정기준
>   ① 활동(Sliding)에 대한 저항력은 옹벽에 작용하는 수평력의 1.5배 이상 이어야 한다(안전율 1.5 이상).
>   ② 전도(Over Turning)에 대한 저항모멘트는 횡토압에 의한 전도휨모멘트의 2.0배 이상이어야 한다(안전율 2.0 이상).
>   ③ 지반에 유발되는 최대지반반력은 지반의 허용지지력을 초과할 수 없다.
>   ④ 전도 및 지반지지력에 대한 안정조건은 만족하지만 활동에 대한 안정조건만을 만족하지 못할 경우에는 활동방지벽 또는 횡방향 앵커 등을 설치하여 활동저항력을 증대시킬 수 있다.
>
> 4. 침투수가 옹벽의 안정에 미치는 영향
>   ① 옹벽바닥면에서의 양압력 증가
>   ② 포화 또는 부분포화에 따른 뒤채움용 흙무게의 증가
>   ③ 수평저항력(수동토압)의 감소

(2) 작업계획서의 내용

터널굴착작업의 작업계획에는 다음 사항이 포함되어야 한다.

① 굴착의 방법

② 터널지보공 및 복공의 시공방법과 용수의 처리방법

③ 환기 또는 조명시설을 설치할 때에는 그 방법

(3) 인화성 가스의 농도측정

① 인화성 가스가 존재하여 폭발이나 화재가 발생할 위험이 있는 경우에는 인화성 가스 농도의 이상상승을 조기에 파악하기 위하여 필요한 자동경보장치를 설치하여야 한다.

② 자동경보장치에 대하여 당일 작업시작 전 다음의 사항을 점검하고 이상을 발견한 경우 즉시 조치하여야 한다.

㉠ 계기의 이상유무

㉡ 검지부의 이상유무

㉢ 경보장치의 작동상태

(4) 낙반 등에 의한 위험의 방지

터널 등의 건설작업을 하는 경우에 낙반 등에 의하여 근로자가 위험해질 우려가 있는 경우 터널지보공 및 록볼트의 설치, 부석의 제거 등의 위험을 방지하기 위하여 필요한 조치를 하여야 한다.

> **참고 터널공사**
>
> 1. 터널조명시설의 작업면 조도에 대한 기준(터널공사표준안전작업지침 고용노동부고시 → 2023.7.1. 개정)
>   ① 막장 구간: 70lux 이상
>   ② 터널중간 구간: 50lux 이상
>   ③ 터널 입·출구, 수직구 구간: 30lux 이상
>
> 2. 파일럿 터널(Pilot Tunnel)
>   본 터널(Main Tunnel)을 시공하기 전에 터널에서 약간 떨어진 곳의 지질조사, 환기, 배수, 운반 등의 상태를 알아보기 위하여 설치하는 터널이다.
>
> 3. 터널공법의 종류
>   ① 개착식터널공법: 지표면에서 소정의 위치까지 파내려가 구조물을 축조하고 되메기 후 지표면을 원상태로 복구시키는 공법이다.
>   ② NATM공법(New Austrian Tunnelling Method): 암반을 천공하고 화약을 충전하여 발파한 후 스틸리브(steel rib) 및 와이어매시(wire mash)를 설치하고 숏크리트(shotcrete)를 타설하여 시공하는 것으로 적용 지반의 범위가 넓다.
>   ③ TBM공법(Tunnel Boring Machine Method): 터널보링기계의 회전커터에 의해 전단면을 절삭·파쇄하는 것으로 주로 암반터널공사에 많이 사용된다.
>   ④ 실드공법(Shield Method): 강제원통기를 추진시켜 굴착하는 것으로 연약한 토질, 용수가 있는 지반공사에 많이 사용된다.
>
> 4. 터널공사시 뿜어붙이기(숏크리트: Shotcrete)콘크리트의 효과
>   ① 암반의 크랙(Crack)을 보강한다.
>   ② 굴착면을 덮음으로써 지반의 침식을 방지한다.
>   ③ 굴착면의 요철을 줄이고, 응력집중을 최대한 감소시킨다.
>   ④ 록볼트(Rock Bolt)의 힘을 지반에 분산시켜 전달한다.
>   ⑤ 원지반의 이완을 방지한다.

(5) 출입구 부근 등의 지반붕괴에 의한 위험의 방지

터널 등 출입구 부근의 지반의 붕괴나 토사 등의 낙하에 의하여 근로자가 위험해질 우려가 있는 경우에는 흙막이지보공이나 방호망을 설치하는 등 위험을 방지하기 위하여 필요한 조치를 하여야 한다.

(6) 터널지보공의 조립도

① 터널지보공을 조립하는 경우에는 미리 그 구조를 검토한 후 조립도를 작성하여야 한다.
② 조립도에는 '재료의 재질, 단면규격, 설치간격 및 이음방법' 등을 명시하여야 한다.

(7) 터널지보공의 조립 또는 변경시의 조치

터널지보공을 조립하거나 변경하는 경우에는 다음의 조치를 하여야 한다.
① 기둥에는 침하를 방지하기 위하여 받침목을 사용하는 등의 조치를 할 것
② 주재를 구성하는 1세트의 부재는 동일 평면 내에 배치할 것
③ 목재의 터널지보공은 그 터널지보공의 각 부재의 긴압정도가 균등하게 되도록 할 것
④ 강(鋼)아치지보공의 조립은 다음에 정하는 사항을 따를 것
    ⊙ 조립간격은 조립도에 따를 것
    ⓒ 주재(主材)가 아치작용을 충분히 할 수 있도록 쐐기를 박는 등 필요한 조치를 할 것
    ⓒ 터널 등의 출입구 부분에는 받침대를 설치할 것
    ② 연결볼트 및 띠장 등을 사용하여 주재 상호간을 튼튼하게 연결할 것
    ◎ 낙하물이 근로자에게 위험을 미칠 우려가 있는 경우에는 널판 등을 설치할 것
⑤ 강(鋼)아치지보공 및 목재지주식지보공 외의 터널지보공에 대해서는 터널 등의 출입구 부분에 받침대를 설치할 것

> **참고** 터널지보공 설치시 점검사항(산업안전보건법 안전보건기준)
>
> 터널지보공을 설치한 경우에 다음 사항을 수시로 점검하여야 하며, 이상을 발견한 경우에는 즉시 보강하거나 보수하여야 한다.
> ① 부재의 손상, 변형 부식, 변위, 탈락의 유무 및 상태
> ② 부재의 긴압정도
> ③ 부재의 접속부 및 교차부의 상태
> ④ 기둥침하의 유무 및 상태

(8) 터널계측(터널공사표준안전작업지침 고용노동부고시)

굴착지반의 거동, 지보공 부재의 변위, 응력의 변화 등에 대한 정밀측정을 실시함으로써 시공의 안전성을 사전에 확보하는데 목적이 있으며, 다음 사항을 기준으로 한다.

① 터널 내 육안조사
② 지표면침하 측정
③ 내공변위 측정
④ 천단침하 측정
⑤ 지중변위 측정
⑥ 록볼트 인발시험
⑦ 지하수위 측정
⑧ 지중침하 측정
⑨ 지중수평변위 측정
⑩ 록볼트 축력 측정
⑪ 터널내 탄성파속도 측정
⑫ 뿜어붙이기 콘크리트응력 측정
⑬ 주변 구조물의 변형상태 조사

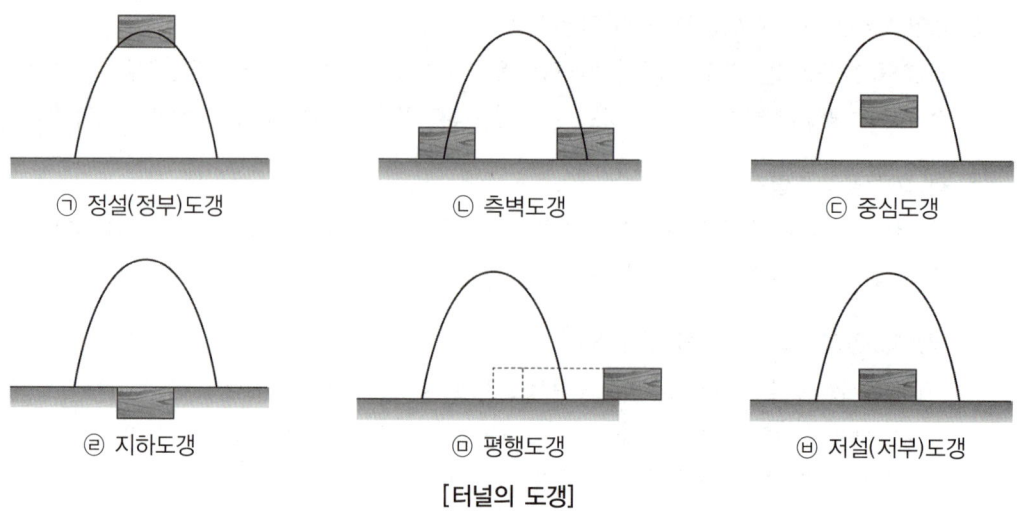

⊙ 정설(정부)도갱　　ⓒ 측벽도갱　　ⓒ 중심도갱
② 지하도갱　　ⓜ 평행도갱　　ⓗ 저설(저부)도갱
[터널의 도갱]

6 발파작업의 안전대책

(1) 발파작업시 준수하여야 할 사항(발파에 의한 굴착: 굴착공사표준안전작업지침 고용노동부고시 → 2023.7.1. 개정)

① 발파작업은 설계 및 시방에서 정한 발파기준을 준수하여 실시하여야 한다.
② 암질변화 구간의 발파는 반드시 시험발파를 선행하여 실시하고 암질에 따른 발파시방을 작성하여야 하며 진동치, 속도, 폭력 등 발파영향력을 검토하여야 한다.
③ 암질변화 구간 및 이상암질의 출현시 반드시 암질판별을 실시하여야 한다.

> **참고** RQD와 RMR
> ① RQD(Rock Quality Designation): 시추코어 중 100mm 이상 되는 코어편 길이의 합을 시추길이로 나누어 백분율로 표시한 값으로 암질의 상태를 나타내는데 사용되는 것이다.
> ② RMR(Rock Mass Rating): 암반의 상태와 강도를 판정할 수 있는 것으로 암반등급을 나타내는 것이다.

④ 발파구간 인접구조물에 대한 피해 및 손상 등을 예방하기 위한 발파허용진동치를 준수하여야 한다.
⑤ 암질판별 및 발파허용진동치는 건설기술진흥법 제44조에 따라 건설공사 설계기준 및 표준시방서 등 관계법령·규칙에서 정하는 기준에 따른다.
⑥ 터널의 경우(NATM) 계측관리시 다음 각호의 사항을 측정하고 그 결과에 따른 보강대책을 마련하고, 이상이 발견되면 즉시 작업을 중지하고 장비 및 인력의 대피조치를 하여야 한다.(터널공사표준안전작업지침 고용노동부고시)
　⊙ 지중, 지표침하
　ⓒ 내공변위
　ⓒ 천단침하
　② 숏크리트응력
　ⓜ 록볼트 축력

(2) 발파작업(발파에 의한 굴착: 굴착공사표준안전작업지침 고용노동부고시 → 2023.7.1. 개정)

발파작업에서의 재해예방을 위한 화약류의 취급, 운반, 사용 및 관리와 작업장의 안전에 관하여는 발파표준안전작업지침 고용노동부고시를 따른다.

(3) 발파의 작업안전기준(산업안전보건법 안전보건기준)

발파작업에 종사하는 근로자에게 다음의 사항을 준수하도록 하여야 한다.

① 화약이나 폭약을 장전하는 경우에는 그 부근에서 화기를 사용하거나 흡연을 하지 않도록 할 것
② 얼어붙은 다이너마이트는 화기에 접근시키거나 그 밖의 고열물에 직접 접촉시키는 등 위험한 방법으로 융해되지 않도록 할 것
③ 발파공의 충진재료는 점토, 모래 등 발화성 또는 인화성의 위험이 없는 재료를 사용할 것
④ 장전구(裝塡具)는 마찰, 충격, 정전기 등에 의한 폭발의 위험이 없는 안전한 것을 사용할 것
⑤ 점화 후 장전된 화약류가 폭발하지 아니한 경우 또는 장전된 화약류의 폭발여부를 확인하기 곤란한 경우에는 다음의 사항을 따를 것
   ㉠ 전기뇌관에 의한 경우에는 발파모선을 점화기에서 떼어 그 끝을 단락시켜 놓는 등 재점화되지 않도록 조치하고 그 때부터 5분 이상 경과한 후가 아니면 화약류의 장전장소에 접근시키지 않도록 할 것
   ㉡ 전기뇌관 외의 것에 의한 경우에는 점화한 때부터 15분 이상 경과한 후가 아니면 화약류의 장전장소에 접근시키지 않도록 할 것
⑥ 전기뇌관에 의한 발파의 경우 점화하기 전에 화약류를 장전한 장소로부터 30m 이상 떨어진 장소에서 전선에 대하여 저항측정 및 도통(道通)시험을 할 것

> **참고** 발파작업시 관리감독자의 유해위험방지 업무(산업안전보건법 안전보건기준)
>
> - 점화작업에 종사하는 근로자에게 대피장소 및 경로를 지시하는 일
> - 점화 전에 점화작업에 종사하는 근로자가 아닌 사람에게 대피를 지시하는 일
> - 점화순서 및 방법에 대하여 지시하는 일
> - 점화 전에 위험구역 내에서 근로자가 대피한 것을 확인하는 일
> - 점화작업에 종사하는 근로자에게 대피신호를 하는 일
> - 점화신호를 하는 일
> - 점화하는 사람을 정하는 일
> - 발파 후 터지지 않은 장약이나 남은 장약의 유무, 용수의 유무 및 암석·토사의 낙하여부 등을 점검하는 일
> - 안전모 등 보호구 착용상황을 감시하는 일
> - 공기압축기의 안전밸브 작동유무를 점검하는 일

7 채석작업의 안전대책

(1) 조사 및 기록

암석채취를 위한 굴착작업, 채석장에서의 암석의 분할가공 및 운반작업 등(이하 '채석작업'이라 한다)을 할 때는 지반의 붕괴, 굴착기계의 전락등에 의한 근로자에게 발생할 위험을 방지하기 위해 미리 해당 작업장의 지형, 지질 및 지층의 상태를 사전에 조사하여야 한다.

(2) 채석작업계획의 작성

① 채석작업을 할 때는 조사결과에 따라 채석작업계획을 작성하고 그 계획에 의해 작업을 실시하도록 해야 한다.

② 채석작업시 작업계획서에 포함되어야 할 내용(산업안전보건법 안전보건기준)
  ㉠ 굴착면의 높이와 기울기
  ㉡ 노천굴착과 갱내굴착의 구별 및 채석방법
  ㉢ 갱내에서의 낙반 및 붕괴방지방법
  ㉣ 굴착면 소단(小段)의 위치와 넓이
  ㉤ 암석의 분할방법
  ㉥ 발파방법
  ㉦ 표토 또는 용수의 처리방법
  ㉧ 토석 또는 암석의 적재 및 운반방법과 운반경로
  ㉨ 암석의 가공장소
  ㉩ 사용하는 굴착기계, 분할기계, 적재기계 또는 운반기계의 종류 및 성능

8 잠함(潛函: Caisson)내 작업시 안전대책

(1) 급격한 침하로 인한 위험방지(산업안전보건법 안전보건기준)

잠함 또는 우물통의 내부에서 근로자가 굴착작업을 하는 경우에는 잠함 또는 우물통의 급격한 침하에 의한 위험을 방지하기 위하여 다음 사항을 준수하여야 한다.
① 침하관계도에 따라 굴착방법 및 재하량(載荷量) 등을 정할 것
② 바닥으로부터 천장 또는 보까지의 높이는 1.8m 이상으로 할 것

(2) 잠함 등 내부에서의 작업(산업안전보건법 안전보건기준)

① 잠함, 우물통, 수직갱 그 밖에 이와 유사한 건설물 또는 설비(이하 '잠함 등'이라 한다)의 내부에서 굴착작업을 하는 경우에 다음의 사항을 준수하여야 한다.
  ㉠ 산소결핍 우려가 있는 경우에는 산소의 농도를 측정하는 사람을 지명하여 측정하도록 할 것
  ㉡ 근로자가 안전하게 오르내리기 위한 설비를 설치할 것
  ㉢ 굴착깊이가 20m를 초과하는 경우에는 해당 작업장소와 외부와의 연락을 위한 통신설비 등을 설치할 것
② 측정결과, 산소결핍이 인정되거나 굴착깊이가 20m를 초과하는 경우에는 송기를 위한 설비를 설치하여 필요한 양의 공기를 공급하여야 한다.

제3절 낙하비래방지용 안전시설

1 낙하비래의 위험성

(1) 낙하물에 의한 위험방지(산업안전보건법 안전보건기준)
  ① 작업으로 인하여 물체가 떨어지거나 날아올 위험이 있는 경우 낙하물방지망, 수직보호망 또는 방호선반의 설치, 출입금지구역의 설정, 보호구의 착용 등 위험을 방지하기 위하여 필요한 조치를 하여야 한다.
  ② **낙하물방지망 또는 방호선반을 설치하는 경우 준수하여야 할 사항**
    ㉠ 높이 10m 이내마다 설치하고 내민 길이는 벽면으로부터 2m 이상으로 할 것
    ㉡ 수평면과의 각도는 20도 이상 30도 이하를 유지할 것

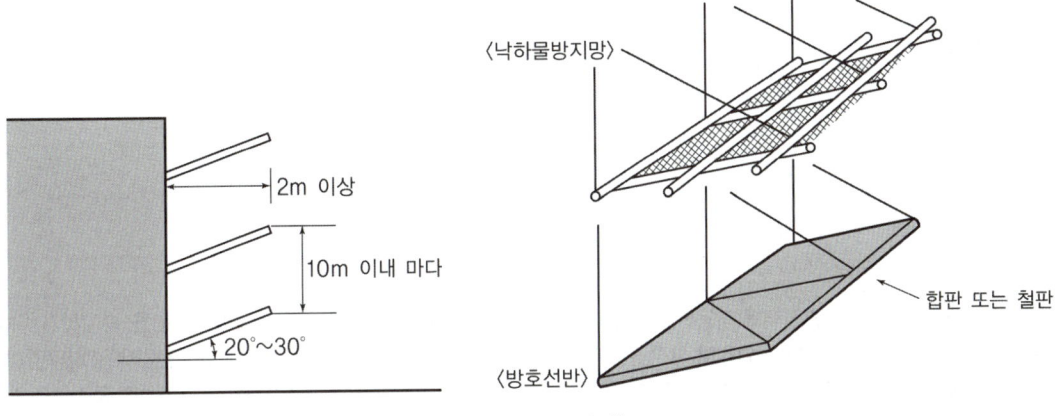

[방호선반의 설치]

(2) 투하설비의 설치(산업안전보건법 안전보건기준)
  높이가 3m 이상인 장소로부터 물체를 투하하는 경우 적당한 투하설비를 설치하거나 감시인을 배치하는 등 위험을 방지하기 위하여 필요한 조치를 하여야 한다.

2 낙하비래재해의 방호설비

※ 철골공사표준안전작업지침 고용노동부고시

구분	용도, 사용장소, 조건	방호설비
1. 위에서 낙하된 것을 막는 것	철골건립, 볼트체결 및 기타 상하작업	방호철망, 방호울타리, 가설앵커설비
2. 제3자의 위해방지	볼트, 콘크리트 덩어리, 형틀재, 일반자재, 먼지 등이 낙하비산할 우려가 있는 작업	방호철망, 방호시트, 방호울타리, 방호선반, 안전망
3. 불꽃의 비산방지	용접, 용단을 수반하는 작업	석면포

적중문제 CHAPTER 4 | 건설현장 안전시설관리

01 근로자의 추락재해방지를 위하여 작업발판을 설치하기 곤란한 때에 안전대를 착용하도록 하는 등의 조치가 필요한 높이는?

① 2m 이상　② 3m 이상
③ 4m 이상　④ 5m 이상

해설　근로자의 추락재해방지를 위하여 작업발판을 설치하기 곤란한 때에 안전대를 착용하도록 하는 등의 조치가 필요한 높이는 2m 이상이다.

정답 ①

02 로프의 길이 2m의 안전대를 착용하고 근로자가 부상당하지 않을 지면으로부터 안전대 고정점까지의 최소 높이로 알맞은 것은? (단, 로프의 신율 30%, 근로자의 신장은 180cm이다.)

① 1.5m　② 2.5m
③ 3.5m　④ 4.5m

해설　h = 로프의 길이 + (로프의 길이 × 신율) + (신장/2)
= 2 + (2 × 0.3) + (1.8/2)
= 3.5m

정답 ③

03 안전대의 사용구분에 해당되지 않는 것은?

① U자걸이용　② 추락방지대
③ 안전블록　④ 2개걸이용

해설　안전대의 사용구분에는 다음과 같은 것이 있으며, 2개걸이용은 이에 해당하지 않는다.
- U자 걸이용
- 추락방지대
- 안전블록
- 1개걸이용

정답 ④

04 근로자의 추락에 의한 위험을 방지하기 위하여 안전난간을 설치하는 때 상부난간대는 바닥면, 발판 또는 경사로의 표면으로부터 어느 정도의 높이에 설치하여야 하는가?

① 30cm 이상　② 60cm 이상
③ 90cm 이상　④ 100cm 이상

해설　상부난간대는 바닥면, 발판 또는 경사로의 표면으로부터 90cm 이상에 설치하여야 한다.

관련이론 안전난간의 구조 및 설치요건(산업안전보건법 안전보건기준)
- 상부난간대는 바닥면, 발판 또는 경사로의 표면으로부터 90cm 이상 지점에 설치할 것
- 발끝막이판은 바닥면 등으로부터 10cm 이상의 높이를 유지할 것
- 난간대는 지름 2.7cm 이상의 금속제 파이프나 그 이상의 강도가 있는 재료일 것
- 안전난간은 구조적으로 가장 취약한 지점에서 가장 취약한 방향으로 작용하는 100kg 이상의 하중에 견딜 수 있는 튼튼한 구조일 것
- 상부난간대와 중간난간대는 난간길이 전체에 걸쳐 바닥면 등과 평행을 유지할 것

정답 ③

05 지반의 굴착작업시 굴착시기와 작업순서를 정하기 위하여 조사하여야 할 사항이 아닌 것은?

① 형상, 지질 및 지층의 상태
② 흙막이지보공의 설치여부
③ 균열, 함수, 용수 및 동결의 유무
④ 지반의 지하수위 상태

해설 흙막이지보공의 설치여부는 조사하여야 할 사항에 해당하지 않는다.

관련이론 굴착시기와 작업순서를 정하기 위하여 조사하여야 할 사항
- 형상, 지질 및 지층의 상태
- 균열, 함수, 용수 및 동결의 유무
- 지반의 지하수위 상태
- 매설물 등의 유무 또는 상태

정답 ②

06 흙막이지보공의 조립도에 명시되어야 할 사항으로 옳지 않은 것은?

① 부재의 배치   ② 부재의 치수
③ 버팀대 긴압의 정도   ④ 설치방법과 순서

해설 버팀대의 긴압의 정도는 흙막이 지보공의 정기적 점검사항에 해당한다.

관련이론 흙막이지보공의 조립도에 명시되어야 할 사항
- 부재의 배치
- 부재의 치수
- 설치방법과 순서
- 부재의 재질

정답 ③

07 굴착작업시 토사 등의 붕괴 또는 낙하에 의한 근로자의 위험을 미리 방지하기 위하여 점검해야 할 사항이 아닌 것은?

① 작업장소 및 그 주변의 부석·균열의 유무
② 동결의 유무 또는 상태의 변화
③ 작업순서 결정
④ 함수, 용수의 유무 또는 상태의 변화

해설 작업순서 결정은 사업주가 해야 할 일에 해당한다.

정답 ③

08 흙막이지보공을 설치할 때에 정기적으로 점검하고 이상을 발견한 때 즉시 보수하여야 하는 사항으로 옳지 않은 것은?

① 부재의 손상, 변형, 변위 및 탈락의 유무와 상태
② 부재의 접속부, 부착부 및 교차부의 상태
③ 침하의 정도
④ 작업중 안전대 및 안전모 등 보호구 착용상황 감시

해설 ④의 내용은 정기적 점검사항에 해당하지 않는다.

관련이론 흙막이지보공을 설치할 때 붕괴 등의 위험방지를 위한 정기적 점검사항
- 부재의 손상, 변형, 변위 및 탈락의 유무와 상태
- 부재의 접속부, 부착부 및 교차부의 상태
- 침하의 정도
- 버팀대 긴압의 정도

정답 ④

09 일반적으로 사면이 가장 위험한 때는?

① 사면의 수위가 서서히 하강할 때
② 사면이 완전 건조상태일 때
③ 사면의 수위가 급격히 하강할 때
④ 사면이 완전 포화상태일 때

해설
- 사면의 수위가 급격히 하강할 때 사면의 안정성도 급격히 감소하여 붕괴위험이 가장 크다.
- 사면의 붕괴는 전단응력이 전단강도를 초과하는 경우에 발생한다.

정답 ③

10 흙의 전단응력이 증가하는 원인으로 옳지 않은 것은?

① 사면의 구배가 자연구배보다 급경사일 때
② 인공 또는 자연력에 의한 지하공동의 형성
③ 지진, 폭파, 기계 등에 의한 진동 및 충격
④ 함수량의 감소에 따른 흙의 단위체적 중량의 증가

해설　함수량의 증가에 따른 흙의 단위체적 중량이 증가하는 경우 흙의 전단응력이 증가한다.

관련이론　**흙의 전단응력이 증가하는 원인(외적원인)**
• 사면의 구배(기울기)가 자연구배보다 급경사일 때
• 인공 또는 자연력에 의한 지하공동의 형성
• 지진, 폭파, 기계 등에 의한 진동 및 충격
• 함수량의 증가에 따른 흙의 단위체적 중량의 증가
• 눈, 강우, 성토 등에 의한 외력의 증가

정답 ④

11 흙의 전단강도가 감소하는 원인으로 옳지 않은 것은?

① 흡수에 의한 점토면 흡수팽창, 소성감소
② 흙의 건조에 의해 사질토, 유기질토의 점착력 상실
③ 간극수압의 감소
④ 수축, 팽창 또는 인장으로 균열이 발생

해설　간극수압이 증가하는 경우 흙의 전단강도가 감소한다.

관련이론　**흙의 전단강도가 감소하는 원인(내적원인)**
• 흡수에 의한 점토면 흡수팽창, 소성감소
• 흙의 건조에 의해 사질토, 유기질토의 점착력 상실
• 수축, 팽창 또는 인장으로 균열이 발생
• 장기응력에 대한 소성변형
• 동결토의 융해
• 간극수압의 증가

정답 ③

12 토석붕괴의 원인이 아닌 것은?

① 사면, 법면의 경사 및 기울기의 증가
② 절토 및 성토의 높이 증가
③ 토석의 강도 상승
④ 지표수, 지하수의 침투에 의한 토사중량의 증가

해설　토석의 강도 저하가 토석붕괴의 원인이 된다.

관련이론　**토석붕괴의 원인 및 조치사항**

토석붕괴의 내적원인	• 토석의 강도 저하 • 성토사면의 토질구성 및 분포 • 절토사면의 토질·암질
토석붕괴의 외적원인	• 절토 및 성토높이의 증가 • 사면, 법면의 경사 및 기울기의 증가 • 공사에 의한 진동 및 반복하중의 증가 • 지표수 및 지하수의 침투에 의한 토사중량의 증가 • 지진, 차량, 구조물의 하중작용 • 토사 및 암석의 혼합층 두께
토사붕괴시 조치사항 (고용노동부 고시 기준)	• 2차재해의 방지 • 동시작업의 금지 • 대피공간의 확보

정답 ③

13 토석붕괴의 외적원인이 아닌 것은?

① 토석의 강도 저하
② 절토 및 성토높이의 증가
③ 사면, 법면의 경사 및 기울기의 증가
④ 지표수 및 지하수의 침투에 의한 토사중량의 증가

해설　토석의 강도 저하는 토석붕괴의 내적원인에 해당한다.

정답 ①

14 풍화암 굴착시 굴착면의 기울기 기준으로 옳은 것은?

① 1 : 1.5   ② 1 : 1.1
③ 1 : 1.0   ④ 1 : 0.5

해설 풍화암 굴착시 굴착면의 기울기는 1 : 1.0이다(산업안전보건법 안전보건기준에 따른 굴착면의 기울기 기준).

지반의 종류	굴착면의 기울기
모래	1:1.8
연암 및 풍화암	1:1.0
경암	1:0.5
그밖의 흙	1:1.2

※ 산업안전보건법 안전보건기준 → 2023.11.14 개정

관련이론 굴착공사표준안전작업지침 고용노동부고시
- 사질의 지반은 굴착면의 기울기를 1 : 1.5 이상으로 하고 높이는 5m 미만으로 하여야 한다.
- 발파 등에 의해서 붕괴하기 쉬운 상태의 지반 및 매립하거나 반출시켜야 하는 때의 굴착면의 기울기는 1 : 1 이하 또는 높이 2m 미만으로 하여야 한다.
- 굴착면이 높은 경우 계단식으로 굴착하고 소단(小段)의 폭은 수평거리로 2m 정도로 하여야 한다.

정답 ③

15 비탈면붕괴를 방지하기 위한 공법으로 옳지 않은 것은?

① 절토공법   ② 배수공법
③ 압성토공법   ④ 절토높이의 증가

해설 절토높이의 증가는 비탈면붕괴를 방지하기 위한 공법에 해당하지 않는다.

관련이론 비탈면붕괴를 방지하기 위한 공법

사면(비탈면)보강공법	• 절토공법 • 배수공법 • 압성토공법 • 앵커공법 • 말뚝공법 • 옹벽공법
사면(비탈면)보호공법	• 식생공법 • 구조물공법(돌붙임공법, 콘크리트블록공법, 돌쌓기공법, 숏크리트공법 등) • 떼붙임공법 • 표층안정공법

정답 ④

16 유한사면 중 사면기울기가 비교적 완만한 점성토에서 주로 발생되는 사면파괴의 형태는?

① 저부파괴   ② 사면선단파괴
③ 사면내파괴   ④ 국부전단파괴

해설 유한사면 중 사면기울기가 비교적 완만한 점성토에서 주로 발생되는 사면파괴의 형태는 저부파괴이다.

관련이론 사면선단파괴와 사면내파괴
- 사면선단파괴: 사면기울기가 급하고 비점착성 토질에서 주로 발생한다.
- 사면내파괴: 견고한 지층이 얕게 있는 경우, 지층이 여러 층인 경우 주로 발생한다.

정답 ①

17 함수비 20%, 공극비 0.8, 비중이 2.6인 흙의 포화도는 얼마인가?

① 55%   ② 65%
③ 75%   ④ 85%

해설
$$포화도 = \frac{흙의\ 비중 \times 함수비}{공극비(간극비)}$$
$$= \frac{2.6 \times 20}{0.8} = 65\%$$

정답 ②

18 흙의 투수계수에 영향을 미치는 요소가 아닌 것은?

① 입자의 모양과 크기   ② 유체의 점성계수
③ 공극비   ④ 압축지수

해설 흙의 투수계수에 영향을 미치는 요소에는 입자의 모양과 크기, 유체의 점성계수, 공극비가 있으며 압축지수는 흙의 투수계수에 영향을 미치는 요소에 해당하지 않는다.

정답 ④

19 점성토의 성질과 거리가 먼 것은?

① 예민비(Sensitivity Ratio)
② 리칭현상(Leaching Phenomenon)
③ 틱소트로피현상(Thixotrophy Phenomenon)
④ 액상화현상(Liquefaction, Quicksand)

해설 액상화현상(Liquefaction)은 사질토의 성질에 해당한다.

정답 ④

20 흙을 크게 분류하면 사질토와 점성토로 나눌 수 있는데 그 차이점으로 옳지 않은 것은?

① 흙의 내부마찰각은 사질토가 점성토보다 크다
② 지지력은 사질토가 점성토보다 크다.
③ 점착력은 사질토가 점성토보다 작다.
④ 장기침하량은 사질토가 점성토보다 크다.

해설 장기침하량은 사질토가 점성토보다 작다.

정답 ④

21 사면붕괴와 가장 관계가 먼 것은?

① 사면이 위치한 고도 ② 사면의 기울기
③ 사면의 높이   ④ 흙의 내부마찰각 감소

해설 사면이 위치한 고도는 사면붕괴와는 관계가 없다.

관련이론 **사면붕괴의 원인**

1. 사면붕괴의 원인(외적원인)
   - 사면의 구배(기울기)
   - 사면의 높이
   - 토사의 중량
   - 차량에 의한 진동하중의 증가
   - 사면안정에 불리한 지형적 조건

2. 사면붕괴의 원인(내적원인)
   - 흙의 내부마찰각 감소   • 지하수위의 증가
   - 토석강도의 저하   • 흙의 점착력 감소
   - 사면의 구성·토질   • 동결·융해

정답 ①

22 지반의 사면파괴 유형 중 유한사면의 종류가 아닌 것은?

① 사면내파괴   ② 사면선단파괴
③ 사면저부파괴 ④ 직립사면파괴

해설 지반의 사면파괴 유형중 유한사면(有限斜面)의 종류에는 사면내파괴, 사면선단파괴, 사면저부파괴가 있으며 직립사면파괴는 유한사면의 종류에 포함되지 않는다.

관련이론 **유한사면(有限斜面)**
활동하는 토층 깊이가 사면높이에 비하여 큰 사면을 말한다.

정답 ④

23 토사붕괴로 인한 재해를 방지하기 위한 흙막이지보공 설비가 아닌 것은?

① 흙막이판   ② 말뚝
③ 턴버클   ④ 띠장

해설 턴버클은 지지막대나 지지와이어로프 등의 길이를 조절하기 위한 기구로 철골구조 설비에 해당한다.

관련이론 **흙막이지보공 설비**
• 흙막이판   • 말뚝   • 띠장   • 버팀목

정답 ③

24 물로 포화된 점토에 다지기를 하면 물이 배출되지 않는 한 흙이 압축되며 압축하중으로 지반이 침하하는데, 이로 인하여 간극수압이 높아져 물이 배출되면 흙의 간극이 감소하는 현상 무엇이라 하는가?

① 압축 ② 압밀
③ 조립도 ④ 함수비

해설 압밀이란 흙의 간극 속에서 수압이 높아져 물이 배출되면서 오랜시간에 걸쳐 흙이 압축되는 현상이다.

관련이론 압밀(壓密, Consolidation)
물로 포화된 점토에 다지기를 하면 물이 배출되지 않는 한 흙이 압축되며 압축하중으로 지반이 침하하는데, 이로 인하여 간극수압이 높아져 물이 배출되면 흙의 간극이 감소하는 현상을 말한다.

정답 ②

25 흙의 간극비의 정의로 가장 알맞은 것은?

① $\dfrac{공기의 부피}{흙입자의 부피}$
② $\dfrac{공기와 물의 부피}{흙입자의 부피}$
③ $\dfrac{공기와 물의 부피}{공기, 물, 흙입자의 부피}$
④ $\dfrac{공기의 부피}{물, 흙입자의 부피}$

해설 흙의 간극비 = $\dfrac{공기와 물의 부피(용적)}{흙입자의 부피(용적)}$

정답 ②

26 입경이 가늘고 비교적 균일하면서 느슨하게 쌓여 있는 모래지반이 물로 포화되어 있을 때 지진이나 충격을 받으면 일시적으로 전단강도를 잃어 버리는 현상은?

① 모관현상 ② 보일링현상
③ 틱소트로피 ④ 액상화현상

해설 입경이 가늘고 비교적 균일하면서 느슨하게 쌓여 있는 모래지반이 물로 포화되어 있을 때 지진이나 충격을 받으면 일시적으로 전단강도를 잃어 버리는 현상을 액상화현상(Quicksand)이라 한다.

정답 ④

27 흙의 연·경도에서 소성상태와 액성상태 사이의 한계를 무엇이라 하는가?

① 애터버그한계 ② 액성한계
③ 소성한계 ④ 수축한계

해설 흙의 연·경도에서 소성상태와 액성상태 사이의 한계는 액성한계이다.

관련이론 수축한계(Shrinkage Limit), 소성한계(Plastic Limit), 액성한계(Liquid Limit)의 구분

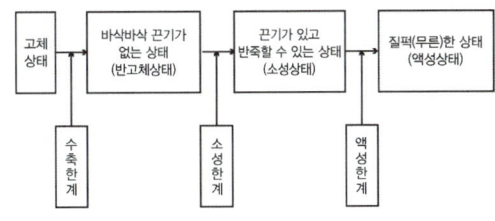

정답 ②

28 연약한 지반 위에 성토를 하거나 직접 기초를 건설하고자 할 때 지중 점토층의 압밀을 촉진시키기 위한 탈수공법의 종류가 아닌 것은?

① 샌드드레인공법 ② 웰포인트공법
③ 약액주입공법 ④ 페이퍼드레인공법

해설 약액주입공법은 벤토나이트, 시멘트, 약액, 아스팔트 등을 주입하여 사질토를 개량하는 것으로 주입공법에 해당된다.

관련이론 탈수공법의 종류
- 샌드드레인공법(Sand Drain Method): 샌드파일을 통하여 지상에 배수되어 지반이 압밀 강화되는 것으로 점토질지반에 이용되고 있다.
- 페이퍼드레인공법(Paper Drain Method): 1m 정도의 간격으로 탈수지를 매설하여 수분이 탈수지를 타고 땅위로 올라와 증발하도록 하는 공법이다.
- 팩드레인공법(Pack Drain Method)
- 플라스틱드레인공법(Plastic Drain Method)
- 생석회말뚝공법

정답 ③

29 연약지반처리공법 중 재하공법에 속하지 않는 것은?

① 여성토(Preloading)공법
② 서차지(surcharge)공법
③ 사면선단재하공법
④ 폭파치환공법

해설
- 폭파치환공법은 연약지반처리공법 중 치환공법에 해당한다.
- 연약지반처리공법 중 재하공법에는 여성토(Preloading)공법, 서차지(압성토: Surcharge)공법, 사면선단재하공법, 대기압공법(진공압밀공법)이 있다.

정답 ④

30 흙막이공법을 흙막이 지지방식에 의한 분류와 구조방식에 의한 분류로 나눌 때 다음 중 지지방식에 의한 분류에 해당하는 것은 어느 것인가?

① 수평버팀대식 흙막이공법
② H-Pile공법
③ 지하연속벽공법
④ Top Down공법

해설 지지방식에 의한 분류에 해당하는 것은 수평버팀대식 흙막이 공법이다.

관련이론 흙막이공법의 분류

흙막이 지지방식에 의한 분류	버팀대식공법 · 자립공법 어스앵커공법 · 타이로드공법
흙막이 구조방식에 의한 분류	널말뚝공법 · H-Pile공법 톱다운공법 · 지하연속벽공법

정답 ①

31 기초의 부동침하를 방지하는 대책으로 옳지 않은 것은?

① 기초상호간을 긴결로써 연결되게 한다.
② 기초지반 아래 토질이 연약한 지반쪽은 기초중량을 감한다.
③ 한 구조물의 기초는 같은 종류의 기초형식을 사용해야 한다.
④ 구조물 전하중이 기초에 균등하도록 분포하게 한다.

해설 기초지반 아래 토질이 연약한 지반쪽은 기초중량을 증가한다.

관련이론 부동침하(不同沈下)

1. **부동침하의 정의**
   구조물의 기초지반이 침하함에 따라 구조물의 여러 부분에서 불균등하게 침하를 일으키는 현상을 말한다.

2. **부동침하의 원인**
   - 이질지반
   - 연약지반
   - 경사지반
   - 지하수위의 이동
   - 증축
   - 일부지정

3. **부동침하(不同沈下)의 방지대책**
   - 기초상호간을 긴결로써 연결되게 한다.
   - 한 구조물의 기초는 같은 종류의 기초형식을 사용해야 한다.
   - 구조물 전하중이 기초에 균등하도록 분포하게 한다.
   - 기초지반 아래 토질이 연약한 지반쪽은 기초중량을 증가한다.
   - 건물의 중량을 줄인다.
   - 복합기초로 한다.

정답 ②

32 사질 및 점토질에 대한 기술로 옳지 않은 것은?

① 내부마찰각은 점토층보다 사질층면이 크다.
② 점토층은 사질층보다 침하에 시간을 요한다.
③ 압밀침하량은 점토층보다 사질층이 크다.
④ 사질층은 입도 및 밀도에 따라서는 지진시 유동화현상을 일으킨다.

해설 압밀침하량은 사질층보다 점토층이 크다.

정답 ③

33 특수지반개량공법 중 하나인 지하연속벽(Slurry Wall) 공법의 특징이 아닌 것은?

① 소음과 진동이 다른 항타, 인발 등을 동반하는 공법에 비해 낮다.
② 시공조인트의 처리를 잘하면 높은 차수성을 기대할 수 있다.
③ 지반조건에 좌우되지 않는다.
④ 차수성이 우수하나 임의의 치수와 형상을 선택할 수 없다.

해설 차수성이 우수하고 임의의 치수와 형상을 선택할 수 있다.

관련이론 **지하연속벽(Slurry Wall)공법의 특징**
- 소음과 진동이 다른 항타, 인발 등을 동반하는 공법에 비해 낮다.
- 시공조인트의 처리를 잘하면 높은 차수성을 기대할 수 있다.
- 지반조건에 좌우되지 않는다.
- 임의의 치수와 형상의 선택이 자유롭다.
- 인접건물과의 경계선까지 시공이 가능하다.
- 강성이 높고 변형이 작다.
- 지반보강 및 차수효과가 확실하다.
- 기술적 시공이 요구되고 시공비가 고가이다.
- 굴착토의 처리문제가 발생한다.

정답 ④

34 진동과 소음이 적어 시가지공사에 적합하고 벤토나이트(Bentonite)용액을 사용하는 흙막이공법은?

① 지하연속벽(Slurry Wall)공법
② 웰포인트(Well Point)공법
③ 오픈컷(Open Cut)공법
④ 샌드드레인(Sand Drain)공법

해설
- 지하연속벽공법은 진동과 소음이 적어 주로 시가지공사 또는 근접건물의 침하 우려시 유효한 흙막이공법이다.
- 지하연속벽공법에서는 벤토나이트(Bentonite)용액을 사용한다.

정답 ①

35 계측기의 설치목적에 맞지 않는 것은?

① 지표침하계 – 지표면의 침하량 변화 측정
② 간극수압계 – 지반 내 지하수위 변화 측정
③ 변형계 – 토류구조물의 각 부재와 콘크리트 등의 응력변화 측정
④ 하중계 – 버팀보, 어스앵커(Earth Anchor) 등의 실제 축하중 변화 측정

해설
- 간극수압계(Piezo Meter)의 설치 목적은 지하수의 간극수압 측정을 하기 위함이다.
- 지반 내 지하수위 변화를 측정하는 계측기는 수위계이다.

정답 ②

36 흙막이 계측기의 종류 중 주변 지반의 변형을 측정하는 계기는?

① Tilt Meter   ② Inclino Meter
③ Strain Guage   ④ Load Cell

해설 Inclino Meter(인클리노미터)는 주변 지반의 변형을 측정하는 계측기이다.

관련이론 **굴착작업시 사용되는 계측기의 용도**
- Strain Guage(변형계): 흙막이벽의 변형과 응력을 측정한다.
- Tilt Meter(경사계): 건물이 기울기를 측정한다.
- Piezo Meter(간극수압계): 지하수의 간극수압을 측정한다.
- Load Cell(하중계): 버팀대의 축력, 어스앵커의 긴장력을 측정한다.

정답 ②

37 콘크리트 옹벽의 안정검토 사항이 아닌 것은?

① 활동에 대한 안정   ② 침하에 대한 안정
③ 전도에 대한 안정   ④ 균열에 대한 안정

해설 콘크리트 옹벽의 안정검토 사항에는 활동에 대한 안정, 침하에 대한 안정, 전도에 대한 안정이 있으며, 균열에 대한 안정은 이에 해당하지 않는다.

정답 ④

38 옹벽의 안정기준에서 활동에 대하여 안전하기 위해서는 활동에 대한 저항력이 수평력보다 몇 배 이상이 되어야 하는가?
① 1배 ② 1.5배
③ 2배 ④ 3배

해설 옹벽의 안정기준은 활동에 대한 저항력이 수평력보다 1.5배 이상, 전도에 대한 저항모멘트는 횡토압에 의한 전도휨모멘트의 2배 이상이다.

정답 ②

39 개착식 굴착공사(Open Cut)에서 설치하는 계측기기와 거리가 먼 것은?
① 수위계 ② 경사계
③ 응력계 ④ 내공변위계

해설 내공변위계는 터널굴착시 사용되는 계측기이다.

관련이론 깊이 10.5m 이상의 굴착시 흙막이 구조안전을 예측하기 위해 설치하는 계측기
• 수위계 • 경사계 • 응력계 • 하중 및 침하계

정답 ④

40 터널공법 중 전단면 기계굴착에 의한 공법에 속하는 것은?
① ASSM(American Steel Supported Method)
② NATM(New Austrian Tunneling Method)
③ TBM(Tunnel Boring Machine)
④ 개착식공법

해설 TBM(Tunnel Boring Machine)은 보링기계를 사용하는 것으로 전단면 기계굴착에 의한 공법에 속한다.

정답 ③

41 터널건설작업의 터널내부에서 화기나 아크를 사용하는 경우 필히 설치하도록 법으로 규정하고 있는 설비는?
① 대피설비 ② 소화설비
③ 충전설비 ④ 차단설비

해설 터널내부에서 화기나 아크를 사용하는 경우 화재위험이 있으므로 소화설비를 필히 설치하도록 법으로 규정되어 있다.

정답 ②

42 터널지보공을 조립하거나 변경하는 경우에 조치하여야 하는 사항으로 옳지 않은 것은?
① 주재(主材)를 구성하는 1세트의 부재는 동일평면 내에 배치할 것
② 목재의 터널지보공은 그 터널지보공의 각 부재의 긴압정도가 위치에 따라 차이나도록 할 것
③ 기둥의 침하를 방지하기 위하여 받침목을 사용하는 등의 조치를 할 것
④ 강(鋼)아치지보공의 조립은 연결볼트 및 띠장을 사용하여 주재 상호간을 튼튼하게 연결할 것

해설 목재의 터널지보공은 그 터널지보공의 각 부재의 긴압정도가 균등하게 되도록 하여야 한다.

정답 ②

43 터널공사시 가연성 가스가 농도 이상으로 상승하는 것을 조기에 파악하기 위하여 자동경보장치를 설치하여야 하는데 작업시작 전에 점검해야 할 사항이 아닌 것은?
① 계기의 이상 유무 ② 발열여부
③ 검지부 이상 유무 ④ 경보장치 작동상태

해설 산업안전보건법 안전보건기준에 따라 터널공사시 자동경보장치에 대하여 작업시작 전 점검해야 할 사항에는 계기의 이상 유무, 검지부 이상 유무, 경보장치 작동상태가 있으며 발열여부는 이에 해당하지 않는다.

정답 ②

44 암반을 천공하고 화약을 충전하여 발파한 후 스틸리브(Steel Rib) 및 와이어메시(Wire Mesh)를 설치하고 숏크리트(Shot crete)를 타설하여 시공하는 터널공법은?

① NATM공법　　② TBM공법
③ 개착식공법　　④ 실드공법

해설　암반을 천공하고 화약을 충전하여 발파한 후 스틸리브(Steel Rib) 및 와이어메시(Wire Mesh)를 설치하고 숏크리트(Shot Crete)를 타설하여 시공하는 터널공법을 NATM공법(New Austrian Tunneling Method)이라 한다.

정답 ①

45 터널굴착작업시 시공계획에 포함해야 할 사항으로 가장 거리가 먼 것은?

① 지질조사방법
② 터널지보공 및 복공의 시공방법
③ 용수의 처리방법
④ 환기 또는 조명시설을 하는 때에는 그 방법

해설　지질조사방법은 터널굴착작업시 시공계획에 포함해야 할 사항에 해당하지 않는다.

관련이론　터널굴착작업시 시공계획(작업계획서)에 포함해야 할 사항(산업안전보건법 안전보건기준)
- 터널지보공 및 복공의 시공방법
- 용수의 처리방법
- 환기 또는 조명시설을 할 때에는 그 방법
- 굴착의 방법

정답 ①

46 터널지보공을 설치할 때 수시로 점검해야 할 사항이 아닌 것은?

① 부재의 긴압정도
② 기둥침하의 유무 및 상태
③ 부재의 접속부 및 교차부 상태
④ 부재의 강도

해설　부재의 강도는 터널지보공을 설치할 때 수시로 점검해야 할 사항에 해당하지 않는다.

관련이론　터널지보공을 설치할 때 수시로 점검해야 할 사항
- 부재의 긴압정도
- 기둥침하의 유무 및 상태
- 부재의 접속부 및 교차부 상태
- 부재의 손상, 변형, 부식, 변위, 탈락의 유무 및 상태

정답 ④

47 일반적으로 사용되는 암질의 판별 기준이 아닌 것은?

① RQD(%)
② 삼축압축강도(kg/cm^2)
③ RMR
④ 탄성파 속도(kine)

해설　삼축압축강도가 아닌 일축압축강도(kg/cm^2)이다.

관련이론　암질의 판별 기준
- RQD(%)
- RMR
- 탄성파 속도(m/sec = kine)
- 진동치 속도(m/sec)
- 일축압축강도(kg/cm^2)
※ 굴착공사표준안전작업지침 고용노동부고시 → 2023.7.1 개정되어 삭제되었으므로 학습 불필요

정답 ②

48 터널작업 중 낙반 등에 의한 위험방지를 위해 취할 수 있는 조치사항이 아닌 것은?

① 터널지보공 설치　② 록볼트 설치
③ 부석의 제거　　　④ 산소의 측정

해설　산소의 측정은 산소결핍작업이 우려될 때 조치해야 될 사항에 해당한다.

정답 ④

49 터널굴착작업시 작업면에 대한 조도기준으로 옳지 않은 것은?

① 막장구간: 70lux 이상
② 터널 중간구간: 50lux 이상
③ 터널 수직구간: 40lux 이상
④ 터널 입출구구간: 30lux 이상

해설 터널 수직구간의 조도기준은 30lux 이상이어야 한다.
※ 터널공사표준안전작업지침 고용노동부고시 → 2023.7.1 개정

정답 ③

50 NATM(무지보공 터널굴착)공사를 행하기 전 지반조사시 확인할 사항에 해당되지 않는 것은?

① 시추(보링) 위치 ② 토층분포 상태
③ 지하수위 ④ 지반의 침하깊이

해설 지반의 침하깊이는 조사시 확인할 사항에 해당하지 않는다.

관련이론 NATM(무지보공 터널굴착)공사를 행하기 전 지반조사시 확인할 사항
- 시추(보링) 위치
- 토층분포상태
- 지하수위
- 투수계수
- 지반의 지지력

정답 ④

51 본 터널(Main Tunnel)을 시공하기 전에 터널에서 약간 떨어진 곳에 지질조사, 환기, 배수, 운반 등의 상태를 알아보기 위하여 설치하는 터널은?

① 파일럿(Pilot) 터널
② 프리패브(Prefab) 터널
③ 사이드(Side) 터널
④ 실드(Shield) 터널

해설 지질조사, 환기, 배수, 운반 등의 상태를 알아보기 위하여 본 터널(Main Tunnel) 시공 전에 터널에서 약간 떨어진 곳에 설치하는 것은 파일럿(Pilot) 터널이다.

정답 ①

52 발파에 의한 굴착작업시 낙반, 부석의 제거가 불가능할 경우 시도해야 되는 붕괴방지방법에 속하지 않는 것은?

① 록볼트 체결 ② 포아폴링 보강조치
③ 부분 재발파 ④ 언더피닝 보강조치

해설 언더피닝공법은 기존건물의 지반과 기초를 보강하는 공법에 해당된다.
※ 굴착공사표준안전작업지침 고용노동부고시 → 2023.7.1 개정되어 삭제되었으므로 학습 불필요

정답 ④

53 다음 내용의 ( )에 채워질 내용으로 알맞게 나열된 것은?

> 발파작업에 있어 전기발파는 발파 직후 발파모선을 점화기에서 떼어 (㉠)되지 않도록 하고 (㉡)분 이상 경과 후 작업장소에 접근하여야 하며, 도화선 발파는 발파 직후 (㉢)분 이상 경과 후 작업장소에 접근하여야 한다.

	㉠	㉡	㉢
①	재도통	5	20
②	재발파	30	60
③	재통전	10	30
④	재점화	5	15

해설 발파작업에 있어 전기발파는 발파 직후 발파모선을 점화기에서 떼어 재점화되지 않도록 하고 5분 이상 경과 후 작업장소에 접근하여야 하며, 도화선 발파는 발파 직후 15분 이상 경과 후 작업장소에 접근하여야 한다.
※ 발파표준안전작업지침 고용노동부고시 → 2023.7.1 개정되어 삭제되었으므로 학습 불필요

정답 ④

54 건물기초에서 발파허용진동치 규제기준으로 옳지 않은 것은?

① 문화재: 0.2cm/sec
② 주택, 아파트: 0.5cm/sec
③ 상가: 1.0cm/sec
④ 철골콘크리트 빌딩: 0.1cm/sec

해설 철골콘크리트 빌딩의 발파허용진동치 규제기준은 1.0~4.0cm/sec이다.

※ 발파표준안전작업지침 고용노동부고시 → 2023.7.1 개정되어 삭제되었으므로 학습 불필요

정답 ④

55 발파작업에 종사하는 근로자로 하여금 발파시 준수하도록 하여야 할 사항에 대한 기준으로 옳지 않은 것은?

① 벼락이 떨어질 우려가 있는 경우에는 장약장전작업을 중지시킨다.
② 근로자가 안전한 거리에 피난할 수 없는 때에는 전면과 상부를 견고하게 방호한 피난장소를 설치한다.
③ 전기뇌관 외의 것에 의하여 점화 후 장진된 화약류의 폭발여부를 확인하기 곤란한 때에는 점화한 때부터 15분 이내에 신속히 확인하여 처리하여야 한다.
④ 얼어붙은 다이너마이트는 화기에 접근시키거나 기타의 고열물에 직접 접촉시키는 등 위험한 방법으로 융해하지 아니하도록 한다.

해설
- 전기뇌관 외의 것에 의하여 점화 후 장진된 화약류의 폭발여부를 확인하기 곤란한 때에는 점화한 때부터 15분 이상 경과한 후에 확인하여 처리하여야 한다.
- 전기뇌관에 의한 때에는 점화한 때부터 5분 이상 경과한 후에 확인하여 처리하여야 한다.

정답 ③

56 낙하재해예방을 위한 안전조치 사항으로 옳지 않은 것은?

① 낙하물방지망, 방호선반 등을 설치한다.
② 출입금지구역의 설정, 보호구의 착용 등의 조치를 취한다.
③ 낙하물방지망은 10m 이내마다 설치하고 설치각도는 수평면과 45도를 유지한다.
④ 낙하물방지망 내민길이는 벽면으로부터 2m 이상으로 설치한다.

해설 낙하물방지망은 10m 이내마다 설치하고 설치각도는 수평면과 20도 이상 30도 이하를 유지하여야 한다.

정답 ③

57 물체가 떨어지거나 날아올 위험이 있을 때 위험방지를 위해 준수해야 할 조치사항으로 가장 거리가 먼 것은?

① 낙하물방지망 설치 ② 출입금지구역 설정
③ 보호구 착용   ④ 작업지휘자 선정

해설 작업지휘자의 선정은 물체가 떨어지거나 날아올 위험이 있을 때 위험방지를 위해 준수해야 할 조치사항에 해당하지 않는다.

관련이론 물체가 떨어지거나 날아올 위험이 있을 때 위험방지를 위해 준수해야 할 조치사항(산업안전보건법 안전보건기준)

- 낙하물방지망 설치
- 출입금지구역 설정
- 보호구 착용
- 방호선반 설치
- 수직보호망 설치

정답 ④

58 채석작업계획에 포함되지 않는 사항은?

① 발파작업 ② 암석의 분할방법
③ 암석의 가공장소 ④ 지층의 분포상태

해설 지층의 분포상태는 채석작업계획에 포함되어야 할 사항에 해당하지 않는다.

관련이론 **채석작업계획에 포함되어야 할 사항**
- 발파방법
- 암석의 분할방법
- 암석의 가공장소
- 노천굴착과 갱내굴착의 구별 및 채석방법
- 굴착면의 높이와 기울기
- 굴착면 소단의 위치와 넓이
- 표토 또는 용수의 처리방법
- 갱내에서의 낙반 및 붕괴방지방법
- 토석 또는 암석의 적재 및 운반방법과 운반경로
- 사용하는 굴착기계, 분할기계, 적재기계 또는 운반기계의 종류 및 성능

정답 ④

59 건물내부의 쓰레기를 청소하여 외부로 반출하기 위해 투하설비를 설치하고자 한다. 높이가 몇 m 이상인 장소로부터 물체를 투하하는 때에 투하설비를 설치하여야 하는가?

① 2m ② 3m
③ 5m ④ 10m

해설 높이가 3m 이상인 장소로부터 물체를 투하하는 때는 투하설비를 설치하거나 감시인을 배치하여야 한다.

정답 ②

60 점성토지반의 개량공법으로 가장 적합하지 않은 것은?

① 여성토(Preloading)공법
② 바이브로플로테이션공법
③ 치환공법
④ 페이퍼드레인공법

해설 바이브로플로테이션공법은 사질토지반의 개량공법으로 적합하다.

관련이론 **토질에 따른 지반개량공법의 종류**

사질토지반 개량공법	• 다짐말뚝공법 • 다짐모래말뚝(바이브로콤포저)공법 • 바이브로플로테이션공법 • 폭파다짐공법 • 그라우팅공법(약액주입공법) • 전기충격공법 • 웰포인트공법
점성토지반 (연약지반) 개량공법	• 치환공법 • 압성토공법[서차지(surcharge)공법] • 생석회말뚝공법 • 침투압공법 • 여성토공법[프리로딩(preloading)공법] • 샌드드레인공법 • 페이퍼드레인공법 • 전기침투공법 • 전기화학적 고결공법

정답 ②

CHAPTER 5 | 비계·거푸집 가시설 위험방지

제1절 가설구조물의 문제점 및 특성

(1) 가설구조물의 문제점
　① 무너짐(도괴)재해 발생의 원인이 된다.
　② 구조상의 문제점이 있다.
　③ 떨어짐(추락) 및 날아옴·맞음(낙하비래)재해 발생의 원인이 된다.

(2) 가설구조물의 특징
　① 연결재가 적은 구조로 되기 쉽다.
　② 부재결합이 간단하고 불완전결합이 되기 쉽다.
　③ 사용부재는 과소단면이거나 결함재가 되기 쉽다.
　④ 조립도의 정밀도가 낮고, 구조물이라는 통상의 개념이 확실하지가 않다.
　⑤ 구조상의 결함이 있는 경우 중대재해로 이어질 수 있다.

제2절 비계

1 비계공사의 안전대책

(1) 비계(Scaffolding)의 구비요건
　① 재료의 운반과 적치가 가능할 것
　② 작업 또는 통행할 때 충분한 면적일 것
　③ 근로자의 추락방지와 재료의 낙하방지조치가 있을 것
　④ 작업대상물에 가능한 한 접근하여 설치할 수 있을 것
　⑤ 조립과 해체가 수월할 것
　⑥ 작업과 통행에 방해되는 부재가 없을 것
　⑦ 작업 또는 통행할 때 움직이지 않을 정도의 안전성이 있을 것
　⑧ 사람과 재료의 하중에 대하여 충분한 강도가 있을 것

(2) 비계의 조립·해체 및 변경(산업안전보건법 안전보건기준)
  ① 달비계 또는 높이 5m 이상의 비계를 조립·해체하거나 변경하는 작업을 하는 경우 다음의 사항을 준수하여야 한다.
    ㉠ 근로자가 관리감독자의 지휘에 따라 작업하도록 할 것
    ㉡ 비계재료의 연결·해체작업을 하는 경우에는 폭 20cm 이상의 발판을 설치하고 근로자로 하여금 안전대를 사용하도록 하는 등 추락을 방지하기 위한 조치를 할 것
    ㉢ 조립·해체 또는 변경의 시기·범위 및 절차를 그 작업에 종사하는 근로자에게 주지시킬 것
    ㉣ 조립·해체 또는 변경작업구역에는 해당 작업에 종사하는 근로자가 아닌 사람의 출입을 금지하고 그 내용을 보기 쉬운 장소에 게시할 것
    ㉤ 재료·기구 또는 공구 등을 올리거나 내리는 경우에는 근로자가 달줄 또는 달포대 등을 사용하게 할 것
    ㉥ 비, 눈 그 밖의 기상상태의 불안정으로 날씨가 몹시 나쁜 경우에는 그 작업을 중지시킬 것
  ② 강관비계를 조립하는 경우 쌍줄로 하여야 한다. 다만, 별도의 작업발판을 설치할 수 있는 시설을 갖춘 경우에는 외줄로 할 수 있다.

> **참고** 비계의 점검 및 보수(산업안전보건법 안전보건기준)
>
> 비, 눈 그 밖의 기상상태의 악화로 작업을 중지시킨 후 또는 비계를 조립, 해체하거나 변경한 후 그 비계에서 작업을 할 때는 해당 작업을 시작하기 전에 다음 사항을 점검하고 이상을 발견하면 즉시 보수하여야 한다.
> ① 발판재료의 손상여부 및 부착 또는 걸림상태
> ② 연결재료 및 연결철물의 손상 또는 부식상태
> ③ 해당 비계의 연결부 또는 접속부의 풀림상태
> ④ 기둥의 침하, 변형, 변위 또는 흔들림상태
> ⑤ 손잡이의 탈락여부
> ⑥ 로프의 부착상태 및 매단 장치의 흔들림상태

2 비계의 종류별 특성

(1) 본비계
  통나무비계 및 단관비계는 건축물의 외벽면에 따라서 두 줄로 기둥을 세우고 밑발판재를 수평으로 연결한 후 그 교차점과 발판재 중간에 장선을 설치하고, 발판을 이중으로 설치하여 사용한다.

(2) 안장비계
  ① 사다리 위에 직접 발판을 설치하거나 통나무 등을 깔고 발판을 설치하는 것으로 천장이 그다지 높지 않은 장소의 내장공사시 이용도가 높다.
  ② 각주비계와 말비계가 있다.

(3) 이동식 비계
  ① 이동식 비계는 타워(Tower)에 조립한 틀조립구조의 최상층에 작업발판을 갖추고 각주 밑부분에 바퀴를 단 구조의 비계이고, 롤링 타워(Rolling Tower)라고도 한다.

② 인력으로 용이하게 이동되므로 실내의 천장, 벽 등의 마무리 작업에 많이 사용된다.

> **참고** 비계가 갖추어야 할 3요소 및 가설공사의 종류
>
> 1. 비계가 갖추어야 할 3요소(비계가 갖추어야 할 구비조건)
>   ① **안전성**: 추락, 낙하에 의한 안전성 및 파괴, 도괴에 의한 안전성을 확보해야 하는데 일반적으로 안전성은 적재하중에 의해 좌우된다.
>   ② **작업성**: 비계는 작업 및 통행에 방해가 되지 않는 구조이어야 하며, 작업자세를 취할 때 무리가 없도록 작업발판의 넓이가 확보되어야 한다.
>   ③ **경제성**: 비계의 조립 및 해체가 신속하고 용이하여야 한다.
> 2. 건설공사의 착수 진행순서
>   가설공사 → 토공사 → 기초공사 → 뼈대(구조물)공사
> 3. 가설공사의 종류
>   ① 규준틀 설치 ⑤ 가설도로 설치
>   ② 비계 설치 ⑥ 현장사무실 축조
>   ③ 가설통로 설치 ⑦ 건축물 보양 등
>   ④ 가설울타리 설치 ⑧ 동력설비, 용수설비, 통신설비 설치

3 비계조립시 준수사항

1. 강관비계

(1) 강관(가설공사표준안전작업지침 고용노동부고시)

비계용 강관의 재료는 고용노동부장관이 정하는 가설기자재 성능검정규정에 합격한 것을 사용하여야 한다.

(2) 강관비계 조립시 준수사항(산업안전보건법 안전보건기준)

① 강관의 접속부 또는 교차부는 적합한 부속철물을 사용하여 접속하거나 단단히 묶을 것
② 비계기둥에는 미끄러지거나 침하하는 것을 방지하기 위하여 밑받침 철물을 사용하거나 깔판, 받침목 등을 사용하여 밑둥잡이를 설치하는 등의 조치를 할 것
③ 교차가새로 보강할 것
④ 외줄비계, 쌍줄비계 또는 돌출비계는 다음에서 정하는 바에 따라 벽이음 및 버팀을 설치할 것
   ㉠ 인장재와 압축재로 구성된 경우에는 인장재와 압축재의 간격을 1m 이내로 할 것
   ㉡ 강관, 통나무 등의 재료를 사용하여 견고한 것으로 할 것
   ㉢ 강관비계의 조립간격은 다음 표의 기준에 적합하도록 할 것

강관비계의 종류	조립간격	
	수직방향	수평방향
단관비계	5m	5m
틀비계(높이가 5m 미만의 것을 제외한다)	6m	8m

⑤ 가공전로에 근접하여 비계를 설치하는 경우에는 가공전로를 이설하거나 가공전로에 절연용 방호구를 장착하는 등 가공전로와의 접촉을 방지하기 위한 조치를 할 것

(3) 강관비계의 구조(산업안전보건법 안전보건기준)

① 띠장간격은 2m 이하로 할 것(다만, 작업의 성질상 이를 준수하기가 곤란하여 쌍기둥틀 등에 의하여 해당 부분을 보강한 경우에는 그러하지 아니하다.)

② 비계기둥의 간격은 띠장방향에서는 1.85m 이하, 장선방향에서는 1.5m 이하로 할 것(다만, 선박 및 보트 건조작업의 경우 안전성에 대한 구조검토를 실시하고 조립도를 작성하면 띠장방향 및 장선방향으로 각각 2.7m 이하로 할 수 있다.)

③ 비계기둥간의 적재하중은 400kg을 초과하지 않도록 할 것

④ 비계기둥의 제일 윗부분으로부터 31m 되는 지점 밑부분의 비계기둥은 2개의 강관으로 묶어 세울 것[다만, 브라켓(bracket: 까치발) 등으로 보강하여 2개의 강관으로 묶을 경우 이상의 강도가 유지되는 경우에는 그러하지 아니하다.]

2. 강관틀비계

(1) 강관틀(가설공사표준안전작업지침 고용노동부고시)

강관틀비계의 재료는 고용노동부장관이 정하는 가설기자재 성능검정규격에 합격한 것을 사용하여야 한다.

(2) 강관틀비계 조립시 준수사항(산업안전보건법 안전보건기준)

① 수직방향으로 6m, 수평방향으로 8m 이내마다 벽이음을 할 것

② 주틀간에 교차가새를 설치하고 최상층 및 5층 이내마다 수평재를 설치할 것

③ 높이가 20m를 초과하거나 중량물의 적재를 수반하는 작업을 할 경우에는 주틀간의 간격은 1.8m 이하로 할 것

④ 비계기둥의 밑둥에는 밑받침철물을 사용하여야 하며 밑받침에 고저차가 있는 경우에는 조절형 밑받침철물을 사용하여 각각의 강관틀비계가 항상 수평 및 수직을 유지하도록 할 것

⑤ 길이가 띠장방향으로 4m 이하이고, 높이가 10m를 초과하는 경우에는 10m 이내마다 띠장방향으로 버팀기둥을 설치할 것

▶ 강관틀비계 전체 높이는 40m를 초과할 수 없으며, 20m를 초과할 경우 주틀의 높이를 2m 이내로 하고, 주틀간의 간격을 1.8m 이하로 하여야 한다(가설공사표준안전작업지침 고용노동부고시).

3. 달비계

(1) 간이 달비계

간이 달비계는 건축물의 옥상, 난간 뒤에 필요한 간격으로 매입하던가 옥상에서 내민 보(캔틸레버보)를 돌출시켜 상부를 지지하는 것이며 건축물 벽면의 부분적 작업이나 창닦이 등에 사용된다.

(2) 쌍줄 달비계

쌍줄 달비계는 공사 중에 건축물 옥상 또는 임의 층의 개구부에서 내민 보(캔틸레버보)를 설치하고 작업발판을 달아 놓은 비계로서 고층건물 마무리작업 및 청소작업 등에 주로 이용된다.

(3) 곤돌라형 달비계의 구조(산업안전보건법 안전보건기준)

① 작업발판은 폭을 40cm 이상으로 하고 틈새가 없도록 할 것

② 달기강선 및 달기강대는 심하게 손상, 변형 또는 부식된 것을 사용하지 않도록 할 것

③ 작업발판의 재료는 뒤집히거나 떨어지지 않도록 비계의 보 등에 연결하거나 고정시킬 것

④ 달기와이어로프, 달기체인, 달기강선, 달기강대는 한쪽 끝을 비계의 보 등에 설치하고, 다른쪽 끝은 내민보, 앵커볼트 또는 건축물의 보 등에 각각 풀리지 않도록 설치할 것

⑤ 선반비계에서는 보의 접속부 및 교차부를 철선, 이음철물을 사용하여 확실하게 접속시키거나 단단하게 연결시킬 것

⑥ 비계가 흔들리거나 뒤집히는 것을 방지하기 위하여 비계의 보, 작업발판 등에 버팀을 설치하는 등 필요한 조치를 할 것

⑦ 추락에 의한 근로자의 추락위험을 방지하기 위하여 달비계에 안전대 및 구명줄을 설치하고, 안전난간을 설치할 수 있는 구조인 경우에는 안전난간을 설치할 것

※ 산업안전보건법 안전보건기준 → 2021.11.19 개정

> **참고** 달비계의 달기체인 사용제한 조건(산업안전보건법 안전보건기준)
> ① 달기체인의 길이가 달기체인이 제조된 때의 길이의 5%를 초과한 것
> ② 링의 단면지름이 달기체인이 제조된 때의 해당 링의 지름의 10%를 초과하여 감소한 것
> ③ 균열이 있거나 심하게 변형된 것

4. 달대비계

(1) 철골공사의 리벳치기, 볼트작업에 주로 이용되는 것으로 주체인 철골에 매달아 작업발판을 만드는 비계로서 상하 이동을 시킬 수 없는 것이다.

(2) 달대비계 조립시 준수사항(가설공사표준안전작업지침 고용노동부고시기준)

① 철근을 사용할 때에는 19mm 이상을 쓰며 근로자는 반드시 안전모와 안전대를 착용하여야 한다.

② 달대비계를 매다는 철선은 #8 소성철선을 사용하며 4가닥 정도로 꼬아서 하중에 대한 안전계수가 8 이상 확보되어야 한다.

5. 말비계(안장비계, 각주비계)

(1) 말비계는 비교적 천장높이가 얕은 실내에서 내장 마무리작업에 사용되는 것으로 두개의 사다리를 상부에서 핀으로 결합시켜 개폐시킬 수 있도록 하여 발판 또는 비계역할을 하도록 하는 것이다.

(2) 말비계 조립시 준수사항(산업안전보건법 안전보건기준)

① 말비계의 높이가 2m를 초과하는 경우에는 작업발판의 폭을 40cm 이상으로 할 것

② 지주부재의 하단에는 미끄럼방지장치를 하고, 양측 끝부분에 올라서서 작업하지 않도록 할 것

③ 지주부재와 수평면과의 기울기를 75° 이하로 하고, 지주부재와 지주부재 사이를 고정시키는 보조부재를 설치할 것

6. 이동식 비계

(1) 옥외의 얕은 장소 또는 실내의 부분적인 장소에서 작업을 할 때 이용되는 것으로 비계의 각부에 활차를 부착하여 이동시킬 수 있는 것이다. 비계의 전도 등에 의한 재해가 많이 발생하므로 취급에 유의하여야 한다.

(2) 이동식 비계 조립시 준수사항(Ⅰ)(산업안전보건법 안전보건기준)
① 비계의 최상부에서 작업을 하는 경우에는 안전난간을 설치할 것
② 작업발판은 항상 수평을 유지하고 작업발판 위에서 안전난간을 딛고 작업을 하거나 받침대 또는 사다리를 사용하여 작업하지 않도록 할 것
③ 승강용 사다리는 견고하게 설치할 것
④ 이동식 비계의 바퀴에는 뜻밖의 갑작스러운 이동을 방지하기 위하여 브레이크, 쐐기 등으로 바퀴를 고정시킨 다음 비계의 일부를 견고한 시설물에 고정하거나 아웃트리거(outtrigger)를 설치하는 등 필요한 조치를 할 것
⑤ 작업발판의 최대적재하중은 250kg을 초과하지 않도록 할 것

(3) 이동식 비계 조립시 준수사항(Ⅱ)(가설공사표준안전작업지침 고용노동부고시)
① 비계의 최대높이는 밑변 최소폭의 4배 이하이어야 한다.
② 안전담당자의 지휘하에 작업을 행하여야 한다.
③ 최대적재하중을 표시하여야 한다.
④ 작업대의 발판은 전면에 걸쳐 빈틈없이 깔아야 한다.
⑤ 비계의 일부를 건물에 체결하여 이동, 전도 등을 방지하여야 한다.
⑥ 이동할 때에는 작업원이 없는 상태이어야 한다.
⑦ 부재의 접속부, 교차부는 확실하게 연결하여야 한다.
⑧ 작업대에는 안전난간을 설치하여야 하며, 낙하물방지조치를 설치하여야 한다.
⑨ 안전모를 착용하여야 하며, 지지로프를 설치하여야 한다.
⑩ 비계의 이동에는 충분한 인원배치를 하여야 한다.
⑪ 작업장 부근에 고압선 등이 있는가를 확인하고 적절한 방호조치를 취하여야 한다.
⑫ 재료, 공구의 오르내리기에는 포대, 로프 등을 이용하여야 한다.
⑬ 상하에서 동시에 작업을 할 때에는 충분한 연락을 취하면서 작업을 하여야 한다.
⑭ 불의의 이동을 방지하기 위하여 제동장치를 반드시 갖추어야 한다.
⑮ 승강용 사다리는 견고하게 부착하여야 한다.

7. 시스템(System) 비계

(1)
시스템비계는 부재의 길이, 간격을 정한 다음 각각의 부재를 공장에서 제작하고 현장에서 조립하여 사용하는 조립형 비계이다.

(2) 시스템비계의 구조(산업안전보건법 안전보건기준)
① 수평재는 수직재와 직각으로 설치하여야 하며, 체결 후 흔들림이 없도록 견고하게 설치할 것
② 수직재, 수평재, 가새재를 견고하게 연결하는 구조가 되도록 할 것
③ 비계 밑단의 수직재와 받침철물은 밀착되도록 설치하고, 수직재와 받침철물의 연결부의 겹침길이는 받침철물 전체 길이의 3분의 1 이상이 되도록 할 것
④ 벽연결재의 설치간격은 제조사가 정한 기준에 따라 설치할 것
⑤ 수직재와 수직재의 연결철물은 이탈되지 않도록 견고한 구조로 할 것

> **참고** 외부비계에 설치하는 벽이음(벽연결)의 역할 등

1. 외부비계에 설치하는 벽이음(벽연결)의 역할
   ① 풍하중에 의한 무너짐(도괴)방지
   ② 비계전체의 좌굴(挫屈: Buckling)방지
   ③ 위험방지판 등에 의한 편심하중을 지탱하여 무너짐(도괴)방지
2. 강관비계 조립작업시 부속철물의 종류
   ① 받침철물   ③ 이음철물
   ② 연결철물(클램프)   ④ 벽이음용 철물
3. 기둥과 기둥을 연결시키는 비계 부재의 종류
   ① 띠장   ③ 가새
   ② 장선
4. 선박 및 보트건조작업에서 걸침비계를 설치하는 경우 매달림 부재의 안전율
   4 이상

제3절 가설통로 설치기준

1 가설통로의 종류

건설공사가 진행되는 도중에 작업자의 출입, 재료의 운반 등으로 활용되는 가설통로에는 경사로, 통로발판, 가설계단, 사다리식 통로, 사다리 등이 있다.

2 가설통로 설치시 준수사항

(1) 가설통로의 구조(산업안전보건법 안전보건기준)
   ① 견고한 구조로 할 것
   ② 경사가 15도를 초과하는 경우에는 미끄러지지 아니하는 구조로 할 것
   ③ 경사는 30도 이하로 할 것(다만, 계단을 설치하거나 높이 2m 미만의 가설통로로서 튼튼한 손잡이를 설치한 경우에는 그러하지 아니하다)
   ④ 추락할 위험이 있는 장소에는 안전난간을 설치할 것(다만, 작업상 부득이 한 경우에는 필요한 부분만 임시로 해체할 수 있다)
   ⑤ 건설공사에 사용하는 높이 8m 이상인 비계다리에는 7m 이내마다 계단참을 설치할 것
   ⑥ 수직갱에 가설된 통로의 길이가 15m 이상인 경우에는 10m 이내마다 계단참을 설치할 것

(2) 경사로 설치시 준수사항(가설공사표준안전작업지침 고용노동부고시기준)
   ① 비탈면의 경사각은 30도 이내로 하여야 한다.
   ② 경사로의 폭은 최소 90cm 이상이어야 한다.
   ③ 경사로는 항상 정비하고 안전통로를 확보하여야 한다.

④ 시공하중 또는 폭풍, 진동 등 외력에 대하여 안전하도록 설계하여야 한다.
⑤ 추락방지용 안전난간을 설치하여야 한다.
⑥ 높이 7m 이내마다 계단참을 설치하여야 한다.
⑦ 경사로 지지기둥은 3m 이내마다 설치하여야 한다.
⑧ 목재는 미송, 육송 또는 그 이상의 재질을 가진 것이어야 한다.
⑨ 결속용 못이나 철선이 발에 걸리지 않아야 한다.
⑩ 발판은 폭 40cm 이상으로 하고 틈은 3cm 이내로 설치하여야 한다.
⑪ 발판이 이탈하거나 한쪽 끝을 밟으면 다른 쪽이 들리지 않게 장선에 결속하여야 한다.

> **참고** 통로의 설치(산업안전보건법 안전보건기준)
> ① 통로의 주요 부분에는 통로표시를 하고 근로자가 안전하게 통행할 수 있도록 할 것
> ② 통로면으로부터 높이 2m 이내에는 장애물이 없도록 할 것
> ③ 근로자가 안전하게 통행할 수 있도록 통로에 75럭스 이상의 채광 또는 조명시설을 할 것
> ④ 작업장으로 통하는 장소 또는 작업장 내에 근로자가 사용할 안전한 통로를 설치하고 항상 사용할 수 있는 상태로 유지할 것

(3) 사다리식 통로의 구조(산업안전보건법 안전보건기준 → 2024.6.28 개정)

① 견고한 구조로 할 것
② 발판의 간격은 일정하게 할 것
③ 심한 손상, 부식 등이 없는 재료를 사용할 것
④ 폭은 30cm 이상으로 할 것
⑤ 발판과 벽과의 사이는 15cm 이상의 간격을 유지할 것
⑥ 사다리의 상단은 걸쳐 놓은 지점으로부터 60cm 이상 올라가도록 할 것
⑦ 사다리가 넘어지거나 미끄러지는 것을 방지하기 위한 조치를 할 것
⑧ 사다리식 통로의 길이가 10m 이상인 경우에는 5m 이내마다 계단참을 설치할 것
⑨ 사다리식 통로의 기울기는 75도 이하로 할 것(다만, 고정식 사다리식 통로의 기울기는 90도 이하로 하고 그 높이가 7m 이상인 경우에는 다음의 구분에 따른 조치를 할 것)
  ㉠ 등받이울이 있어도 근로자 이동에 지장이 없는 경우: 바닥으로부터 높이가 2.5m 되는 지점부터 등받이울을 설치할 것
  ㉡ 등받이울이 있으면 근로자가 이동이 곤란한 경우: 한국산업표준에서 정하는 기준에 적합한 개인용 추락방지시스템을 설치하고, 근로자로 하여금 한국산업표준에서 정하는 기준에 적합한 전신안전대를 사용하도록 할 것
⑩ 접이식 사다리기둥은 사용시 접혀지거나 펼쳐지지 않도록 철물 등을 사용하여 견고하게 조치할 것

(4) 가설계단의 구조(산업안전보건법 안전보건기준)

① 안전율(재료의 파괴응력도와 허용응력도의 비율)은 4 이상으로 하여야 한다.
② 계단을 설치하는 경우 그 폭을 1m 이상으로 하여야 한다. 다만, 급유용, 보수용, 비상용계단 및 나선형계단인 경우에는 그러하지 아니하다.

③ 계단에 손잡이 외의 다른 물건 등을 설치하거나 쌓아 두어서는 아니된다.
④ 계단 및 승강구 바닥을 구멍이 있는 재료로 만드는 경우 렌치나 그 밖의 공구 등이 낙하할 위험이 없는 구조로 하여야 한다.
⑤ 계단 및 계단참을 설치하는 경우 500kg/m² 이상의 하중에 견딜수 있는 강도를 가진 구조로 설치하여야 한다.
⑥ 높이 1m 이상인 계단의 개방된 측면에 안전난간을 설치하여야 한다.
⑦ 높이가 3m를 초과하는 계단에 높이 3m 이내마다 진행방향으로 길이 1.2m 이상의 계단참을 설치하여야 한다.
⑧ 계단을 설치하는 경우 바닥면으로부터 높이 2m 이내의 공간에 장애물이 없도록 하여야 한다. 다만, 급유용, 보수용, 비상용계단 및 나선형계단인 경우에는 그러하지 아니하다.

> **참고** 가설도로의 설치기준
>
> 1. 가설도로(가설공사표준안전작업지침 고용노동부고시)
>   ① 도로의 표면은 장비 및 차량이 안전운행할 수 있도록 유지·보수하여야 한다.
>   ② 도로와 작업장 높이에 차가 있을 때는 바리케이트 또는 연석 등을 설치하여 차량의 위험 및 사고를 방지하도록 하여야 한다.
>   ③ 도로는 배수를 위해 도로 중앙부를 약간 높게 하거나 배수시설을 하여야 한다.
>   ④ 운반로는 장비의 안전운행에 적합한 도로의 폭을 유지하여야 한다.
>   ⑤ 커브구간에서는 차량이 가시거리의 절반 이내에서 정지할 수 있도록 차량의 속도를 제한하여야 한다.
>   ⑥ 최고허용경사도는 부득이한 경우를 제외하고는 10%를 넘어서는 안된다.
> 2. 가설도로(산업안전보건법 안전보건기준)
>   사업주는 공사용 가설도로를 설치하여 사용함에 있어서 다음의 사항을 준수하여야 한다.
>   ① 도로는 배수를 위하여 경사지게 설치하거나 배수시설을 설치할 것
>   ② 차량의 속도제한표지를 부착할 것
>   ③ 도로와 작업장이 접하여 있을 경우에는 울타리 등을 설치할 것
>   ④ 도로는 장비와 차량이 안전하게 운행할 수 있도록 견고하게 설치할 것

3 사다리

높은 곳에서의 작업이나 물품의 운반 및 통로의 수단으로 비계를 설치하기 곤란한 곳이나 작업이 간단한 곳 또는 실내에서의 작업에 편리하게 사용하기 위한 것으로 견고하고 안전하게 설치되어야 한다.

(1) 고정식 사다리(가설공사표준안전작업지침 고용노동부고시)
   ① **옥외용 사다리**: 철재를 원칙으로 하며 길이가 10m 이상인 때에는 5m 이내의 간격으로 계단참을 두어야 하고, 사다리 전면의 사방 75cm 이내에는 장애물이 없어야 한다.
   ② **목재사다리**
      ㉠ 발받침대의 간격은 25~35cm로 하여야 한다.
      ㉡ 벽면과의 이격거리는 20cm 이상으로 하여야 한다.
      ㉢ 수직재와 발받침대는 장부촉 맞춤으로 하여야 한다.
      ㉣ 재질은 건조된 것으로 옹이, 갈라짐, 흠 등의 결함이 없고 곧은 것이어야 한다.
      ㉤ 이음 또는 맞춤부분은 보강하여야 한다.

③ 철재사다리
   ㉠ 받침대의 간격은 25～35cm로 하여야 한다.
   ㉡ 수직재와 발받침대는 횡좌굴을 일으키지 않도록 충분한 강도를 가진 것으로 하여야 한다.
   ㉢ 발받침대는 미끄러짐을 방지하기 위한 미끄럼방지장치를 하여야 한다.
   ㉣ 사다리 몸체 또는 전면에 기름 등과 같은 미끄러운 물질이 묻어 있어서는 아니 된다.

(2) 이동식 사다리(가설공사표준안전작업지침 고용노동부고시)
   ① 벽면 상부로부터 최소한 60cm 이상의 연장길이가 있어야 한다.
   ② 길이가 6m를 초과해서는 안된다.
   ③ 다리의 벌림은 벽 높이의 1/4 정도가 적당하다.
   ④ 미끄럼방지장치는 다음의 사항을 준수하여야 한다.
      ㉠ 미끄럼방지 발판은 인조고무 등으로 마감한 실내용을 사용하여야 한다.
      ㉡ 미끄럼방지 판자 및 미끄럼방지 고정쇠는 돌마무리 또는 인조석 깔기마감한 바닥용으로 사용하여야 한다.
      ㉢ 쐐기형 강스파이크는 지반이 평탄한 맨땅 위에 세울 때 사용하여야 한다.
      ㉣ 사다리 지주의 끝에 고무, 코르크, 가죽, 강스파이크 등을 부착시켜 바닥과의 미끄럼을 방지하는 안전장치가 있어야 한다.

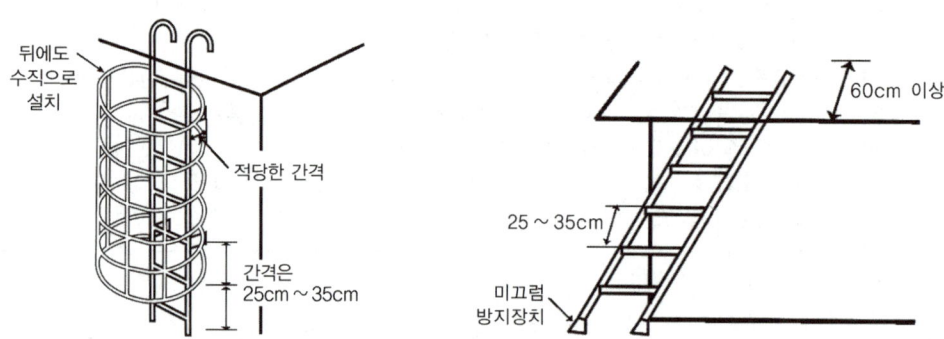

[사다리의 안전설치]

제4절 작업발판의 설치기준

(1) 작업발판(통로발판)의 구조(산업안전보건법 안전보건기준)

비계(달비계, 달대비계 및 말비계는 제외한다)의 높이가 2m 이상인 작업장소에 다음의 기준에 맞는 작업발판을 설치하여야 한다.
   ① 작업발판의 폭은 40cm 이상으로 하고, 발판재료 간의 틈은 3cm 이하로 할 것
   ② 선박 및 보트건조작업의 경우 필요하면 작업발판의 폭을 30cm 이상으로 할 수 있고, 걸침비계의 경우 발판재료간의 틈을 5cm 이하로 할 수 있다.

③ 추락의 위험이 있는 장소에는 안전난간을 설치할 것
④ 발판재료는 작업할 때의 하중을 견딜 수 있도록 견고한 것으로 할 것
⑤ 작업발판 재료는 뒤집히거나 떨어지지 않도록 둘 이상의 지지물에 연결하거나 고정시킬 것
⑥ 작업발판의 지지물은 하중에 의하여 파괴될 우려가 없는 것을 사용할 것
⑦ 작업발판을 작업에 따라 이동시킬 경우에는 위험방지에 필요한 조치를 할 것

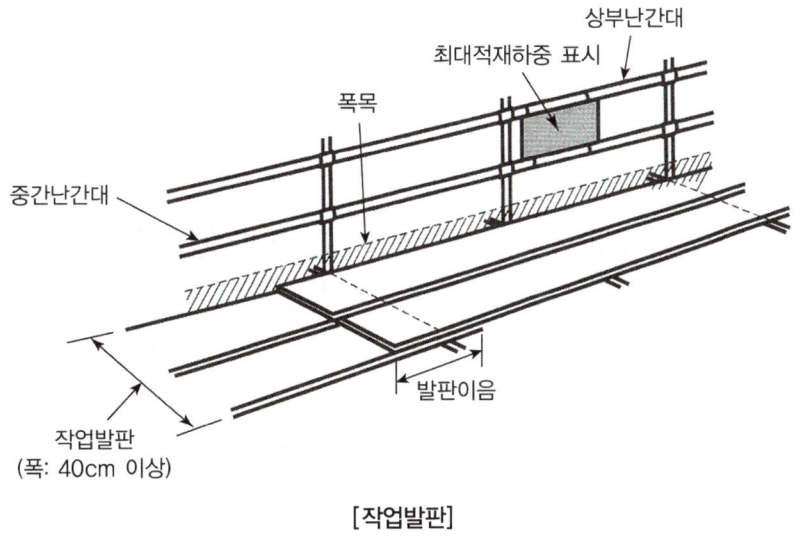

[작업발판]

제5절 방망 설치기준

(1) 구조 및 치수(추락재해방지표준안전작업지침 고용노동부고시)
① **소재**: 합성섬유 또는 그 이상의 물리적 성질을 갖는 것이어야 한다.
② **그물코**: 사각 또는 마름모로서 그 크기는 10cm 이하이어야 한다.
③ **방망의 종류**: 매듭방망으로서 매듭은 원칙적으로 단매듭을 한다.
④ **달기로프의 결속**: 달기로프는 3회 이상 엮어 묶는 방법 또는 이와 동등 이상의 강도를 갖는 방법으로 테두리 로프에 결속하여야 한다.

> **참고** 방망 지지점의 강도
>
> 방망 지지점은 600kg의 외력에 견딜 수 있는 강도를 보유하여야 한다.
>
> $$F = 200B$$
> - F: 외력(kg)
> - B: 지지점 간격(m)

(2) 방망사의 강도

방망사는 시험용사로부터 채취한 시험편의 양단을 인장시험으로 시험하거나 이와 유사한 방법으로 등속인장시험을 한 경우 다음에서 정한 값 이상의 강도이어야 한다.

① 방망사의 신품에 대한 인장강도

그물코의 크기(cm)	방망의 종류에 따른 인장강도(kg)	
	매듭없는 방망	매듭방망
10	240	200
5	-	110

② 방망사의 폐기시 인장강도

그물코의 크기(cm)	방망의 종류에 따른 인장강도(kg)	
	매듭없는 방망	매듭방망
10	150	135
5	-	60

(3) 방망의 정기시험(추락재해방지표준안전작업지침 고용노동부고시)

① 방망의 정기시험은 사용개시 후 1년 이내로 하고, 그 후 6개월마다 1회씩 정기적으로 시험용사에 대해서 등속인장시험을 하여야 한다. 다만, 사용상태가 비슷한 다수의 방망의 시험용사에 대하여는 무작위 추출한 5개 이상을 인장시험을 했을 경우 다른 방망에 대한 등속인장시험을 생략할 수 있다.

② 방망의 마모가 현저한 경우나 방망이 유해가스에 노출된 경우에는 사용 후 시험용사에 대해서 인장시험을 하여야 한다.

(4) 방망의 사용제한(추락재해방지표준안전작업지침 고용노동부고시)

① 강도가 명확하지 않은 방망
② 파손한 부분을 보수하지 않은 방망
③ 방망사가 규정한 강도 이하인 방망
④ 인체 또는 이와 동등 이상의 무게를 갖는 낙하물에 대해 충격을 받은 방망

> **참고** 방망의 표시(추락재해방지표준안전작업지침 고용노동부고시)
>
> 방망에는 보기 쉬운 곳에 다음 사항을 표시하여야 한다.
> ① 제조자명
> ② 제조연월
> ③ 재봉치수
> ④ 그물코
> ⑤ 신품인 때의 방망의 강도

제6절 거푸집 및 동바리

1 거푸집의 필요조건

(1) 시공정도에 알맞는 수평, 수직을 견지하고 변형이 생기지 않는 구조일 것
(2) 수분이나 모르타르(Mortar) 등의 누출을 방지할 수 있는 수밀성이 있을 것
(3) 최소한의 재료로 여러 번 사용할 수 있는 형상과 크기일 것
(4) 콘크리트의 자중 및 부어넣기 할 때의 충격과 작업하중에 견디며 변형(처짐, 배부름, 뒤틀림)을 일으키지 않을 강도를 가질 것
(5) 거푸집은 조립, 해체, 운반이 용이할 것

▶ 거푸집은 콘크리트가 응결·변화하는 동안 콘크리트를 일정한 형상과 치수로 유지시키는 역할을 할 뿐 아니라 콘크리트가 변화하는데 필요한 수분의 누출을 방지하여 외기의 영향을 방호하는 가설물이고, 동바리는 거푸집을 고정하기 위한 지주를 말한다.

2 거푸집의 안전에 대한 검토

거푸집은 시공시의 연직하중(수직하중), 수평하중 및 콘크리트의 측압에 대하여 안전하고 경제적이며 변형에도 충분한 강성을 지녀야 한다.

(1) **거푸집 및 동바리(지보공)설계시 고려해야 될 하중(콘크리트공사표준안전작업지침 고용노동부고시)**
    거푸집 및 동바리(지보공)는 여러 가지 시공조건을 고려하고 다음의 하중을 고려하여 설계하여야 한다.
    ① **연직방향하중**: 거푸집, 동바리(지보공), 콘크리트, 철근, 작업원, 타설용 기계·기구, 가설설비 등의 중량 및 충격하중
    ② **횡방향하중**: 작업할 때의 진동, 충격, 시공오차 등에 기인되는 횡방향하중 이외에 필요에 따라 풍압, 유수압, 지진 등
    ③ **콘크리트의 측압**: 굳지 않은 콘크리트의 측압
    ④ **특수하중**: 시공 중에 예상되는 특수한 하중
    ⑤ ①~④의 하중에 안전율을 고려한 하중

(2) **거푸집의 연직하중(수직하중)**
    거푸집의 수직방향으로 작용하는 고정하중, 충격하중, 작업하중, 적재하중의 합으로 산정한다.
    ① **고정하중**: 고정하중은 거푸집 자체의 중량(철근중량 포함)이다.
    ② **충격하중**: 콘크리트 타설시 및 중기작업시 생기는 하중으로 산정되는 고정하중의 50%를 적용한다.
    ③ **작업하중**: 작업자와 소도구의 하중으로 보통 150kg/m^{2}로 한다.
    ④ **적재하중**: 적재하중은 타설되는 콘크리트, 철근의 중량에 특별히 차량 및 중량의 기계가 적재되는 경우, 이것을 합한 하중을 말한다.

> **참고** 거푸집 연직(수직)하중 계산식
>
> $$W = 고정하중(r \cdot t) + 충격하중(0.5r \cdot t) + 작업하중(150\text{kgf/m}^2)$$
>
> 여기서, t: 슬래브 두께(m)
> r: 철근콘크리트 단위중량(kgf/m³)
>
> 일반적으로 계산시 적용하는 하중은 다음과 같다.
> ① **고정하중**: 철근을 포함한 콘크리트 자중
> ② **충격하중**: 고정하중의 50%(타설높이, 장비의 고려하중)
> ③ **작업하중**: 작업자와 소도구의 하중 → 150kgf/m²

(3) 거푸집의 수평하중

거푸집의 수평방향으로 작용하는 콘크리트의 측압, 풍하중 및 지진하중 등이 있다.

① **콘크리트의 측압**: 콘크리트의 타설속도, 타설높이, 단위용적중량, 온도, 부위 및 배근상태 등에 따라 다르지만 최대측압을 구하는데 이용되는 4요소는 다음과 같다.

  ㉠ 생콘크리트의 타설높이[m]
  ㉡ 콘크리트의 타설속도[m/h]
  ㉢ 생콘크리트의 단위용적중량[t/m³]
  ㉣ 벽길이[m]

② **풍하중**
③ **지진하중**

3 재료에 따른 거푸집의 종류

(1) 강재거푸집(금속재거푸집)

장점	단점
① 강도가 크다. ② 수밀성이 좋다. ③ 강성이 크고 정밀도가 높다. ④ 운용도가 극히 좋다. ⑤ 평면이 평활한 콘크리트가 된다.	① 초기의 투자율이 높다. ② 외부온도의 영향을 받기 쉽다. ③ 중량이 무거워 취급이 어렵다. ④ 콘크리트가 녹물로 오염될 염려가 있다.

(2) 합판거푸집

장점	단점
① 재료의 신축이 작으므로 누수의 우려가 적다. ② 운용도가 비교적 높다. ③ 콘크리트 표면이 평활하고 아름답다. ④ 보통 목재패널보다 강도가 크므로 정밀도가 높은 시공이 가능하다.	① 초기의 투자율이 높다. ② 내수성이 불완전하며 표면이 약하여 손상되기 쉽다.

> **참고** 강재거푸집과 비교시 합판거푸집의 장점
>
> ① 외기온도의 영향이 적다.
> ② 중량이 가볍다.
> ③ 삽입기구(Insert)의 삽입이 간단하다.
> ④ 녹이 슬지 않으므로 보관하기가 쉽다.
> ⑤ 보수가 간단하다.

4 거푸집의 조립

(1) 거푸집을 조립할 때에는 그 정도와 강도를 충분히 유지할 수 있고 양생이 잘되게 하며 거푸집 해체가 용이하도록 조립하여야 한다.

(2) 거푸집의 조립순서는 다음과 같은 순서에 따라 조립하여 나간다.

> 기둥 → 보받이 내력벽 → 큰 보 → 작은 보 → 바닥 → 내벽 → 외벽

(3) 기둥, 보, 벽체, 슬래브 등의 거푸집 및 동바리를 조립하거나 해체하는 작업을 하는 경우에는 다음에 정하는 사항을 준수하여야 한다(산업안전보건법 안전보건기준).

① 해당 작업을 하는 구역에는 근로자가 아닌 사람의 출입을 금지할 것
② 재료, 기구 또는 공구 등을 올리거나 내리는 경우 근로자로 하여금 달줄, 달포대 등을 사용하도록 할 것
③ 비, 눈 그 밖의 기상상태의 불안정으로 날씨가 몹시 나쁜 경우에는 그 작업을 중지할 것
④ 낙하, 충격에 의한 돌발적 재해를 방지하기 위하여 버팀목을 설치하고 거푸집 및 동바리를 인양장비에 매단 후에 작업을 하도록 하는 등 필요한 조치를 할 것

5 동바리(지보공)의 조립

조립도에는 거푸집 및 동바리를 구성하는 부재의 재질, 단면규격, 설치간격 및 이음방법 등을 명시하여야 한다. 동바리는 거푸집과 콘크리트 하중을 지지하고 거푸집의 위치를 확실하게 하는 가설구조물로서 조립도에 의하여 정확하고 견고하게 설치되어야 한다.

(1) 동바리의 종류
① **목재동바리**: 통나무로서 갈라짐, 부식, 옹이 등이 없는 것이어야 한다.
② **강재동바리**: 강재동바리의 종류는 크게 지주식과 보식으로 구분되며, 지주식은 강관지주식(Pipe Support), 틀조립식, 단관지주식, 조립강주식 등이 있으며 보식에는 경지보식과 중지보식이 있다.

> **참고** 동바리
>
> 1. 동바리의 재료선정시 고려하여야 할 사항
>   ① 강도 ④ 내구성
>   ② 강성 ⑤ 작업성
>   ③ 경제성 ⑥ 타설콘크리트에 대한 영향력
> 2. 동바리의 구조검토시 가장 선행되어야 하는 사항
>   가설물에 작용하는 하중 및 외력의 종류, 크기

(2) 동바리(지보공) 조립시 준수사항(산업안전보건법 안전보건기준 → 2023.11.14 개정)
   ① 공통적 준수사항
      ㉠ 상부, 하부의 동바리가 동일 수직선상에 위치하도록 하여 깔판, 받침목에 고정시킬 것
      ㉡ 받침목이나 깔판의 사용, 콘크리트 타설(打設), 말뚝박기 등 동바리의 침하를 방지하기 위한 조치를 할 것
      ㉢ 개구부 상부에 동바리를 설치하는 경우에는 상부하중을 견딜 수 있는 견고한 받침대를 설치할 것
      ㉣ 동바리의 상하 고정 및 미끄러짐 방지 조치를 할 것
      ㉤ 동바리의 이음은 같은 품질의 재료를 사용할 것
      ㉥ 강재와 강재의 접속부 및 교차부는 볼트, 클램프 등 전용철물을 사용하여 단단히 연결할 것
      ㉦ 거푸집의 형상에 따른 부득이한 경우를 제외하고는 깔판이나 받침목은 2단 이상 끼우지 않도록 할 것
      ㉧ 깔판이나 받침목을 이어서 사용하는 경우에는 그 깔판·받침목을 단단히 연결할 것
      ㉨ U헤드 등의 단판이 없는 동바리의 상단에 멍에 등을 올릴 경우에는 해당 상단에 U헤드 등의 단판을 설치하고, 멍에 등이 전도되거나 이탈되지 않도록 고정시킬 것

> **참고** 거푸집 및 동바리의 조립도(산업안전보건법 안전보건기준)
>
> 1. 거푸집 및 동바리를 조립하는 경우에는 그 구조를 검토한 후 조립도를 작성하고, 그 조립도에 따라 조립하도록 하여야 한다.
> 2. 거푸집 및 동바리의 조립도에 명시하여야 할 사항
>   ① 거푸집 및 동바리를 구성하는 부재의 재질
>   ② 단면규격
>   ③ 설치간격 및 이음방법

   ② 동바리로 사용하는 파이프서포트에 대한 준수사항
      ㉠ 파이프서포트를 3개 이상 이어서 사용하지 않도록 할 것
      ㉡ 파이프서포트를 이어서 사용하는 경우에는 4개 이상의 볼트 또는 전용철물을 사용하여 이을 것
      ㉢ 높이가 3.5m를 초과하는 경우에는 높이 2m 이내마다 수평연결재를 2개 방향으로 만들고 수평연결재의 변위를 방지할 것
   ③ 동바리로 사용하는 강관틀에 대한 준수사항
      ㉠ 강관틀과 강관틀과의 사이에 교차가새를 설치할 것
      ㉡ 최상단 및 5단 이내마다 동바리의 측면과 틀면의 방향 및 교차가새의 방향에서 5개 이내마다 수평연결재를 설치하고 수평연결재의 변위를 방지할 것

ⓒ 최상단 및 5단 이내마다 동바리의 틀면의 방향에서 양단 및 5개틀 이내마다 교차가새의 방향으로 띠장틀을 설치할 것

④ 동바리로 사용하는 조립강주에 대한 준수사항

조립강주의 높이가 4m를 초과하는 경우에는 높이 4m 이내마다 수평연결재를 2개방향으로 설치하고 수평연결재의 변위를 방지할 것

⑤ 시스템동바리(규격화, 부품화된 수직재, 수평재 및 가새재 등의 부재를 현장에서 조립하여 거푸집으로 지지하는 지주형식의 동바리)에 대한 준수사항

ⓐ 수평재는 수직재와 직각으로 설치해야 하며, 흔들리지 않도록 견고하게 설치할 것
ⓑ 연결철물을 사용하여 수직재를 견고하게 연결하고, 연결부위가 탈락 또는 꺾어지지 않도록 할 것
ⓒ 수직 및 수평하중에 대해 동바리의 구조적 안전성이 확보되도록 조립도에 따라 수직재 및 수평재에는 가새재를 견고하게 설치할 것
ⓓ 동바리 최상단과 최하단의 수직재와 받침철물은 서로 밀착되도록 설치하고, 수직재와 받침철물의 연결부의 겹침길이는 받침철물 전체 길이의 1/3 이상 되도록 할 것

⑥ 보 형식의 동바리에 대한 준수사항

ⓐ 접합부는 충분한 걸침길이를 확보하고 못, 용접 등으로 양끝을 지지물에 고정시켜 미끄러짐 및 탈락을 방지할 것
ⓑ 양끝에 설치된 보 거푸집을 지지하는 동바리 사이에는 수평연결재를 설치하거나 동바리를 추가로 설치하는 등 보 거푸집이 옆으로 넘어지지 않도록 견고하게 할 것
ⓒ 설계도면, 시방서 등 설계도서를 준수하여 설치할 것

6 거푸집 및 동바리의 해체

(1) 해체시기의 결정

거푸집 및 거푸집지보공의 해체작업은 콘크리트를 타설한 후 시방서에 나타나 있는 거푸집 존치기간이 경과하던가 또는 콘크리트 강도시험 결과가 기준치 이상의 값이 되었을 때 작업책임자의 승인을 받아 시행하여야 한다.

(2) 해체작업시 준수사항(콘크리트공사표준안전작업지침 고용노동부고시기준)

① 해체작업을 할 때에는 안전모 등 보호구를 착용토록 하여야 한다.
② 거푸집 및 동바리(지보공)의 해체는 순서에 의하여 실시하여야 하며 안전담당자를 배치하여야 한다.
③ 상하 동시작업은 원칙적으로 금지하며, 부득이한 경우에는 긴밀히 연락을 취하며 작업을 하여야 한다.
④ 거푸집 해체작업장 주위에는 관계자를 제외하고는 출입을 금지시켜야 한다.
⑤ 보 또는 슬래브 거푸집을 제거할 때에는 거푸집의 낙하충격으로 인한 작업원의 돌발적 재해를 방지하여야 한다.

⑥ 거푸집 해체시 구조체에 무리한 충격이나 큰 힘에 의한 지렛대 사용은 금지하여야 한다.
⑦ 해체된 거푸집이나 각목 등에 박혀 있는 못 또는 날카로운 돌출물은 즉시 제거하여야 한다.
⑧ 해체된 거푸집이나 각목은 재사용 가능한 것과 보수하여야 할 것을 선별, 분리하여 적치하고 정리정돈을 하여야 한다.
⑨ 거푸집 및 동바리(지보공)는 콘크리트자중 및 시공 중에 가해지는 기타 하중에 충분히 견딜만한 강도를 가질 때까지는 해체하지 아니하여야 한다.

> **참고** 거푸집 관련 기타 사항
>
> 1. 작업발판 일체형 거푸집의 종류(산업안전보건법 안전보건기준)
>   ① 슬립폼(Slip Form)   ④ 클라이밍폼(Climbing Form)
>   ② 갱폼(Gang Form)   ⑤ 그 밖에 거푸집과 작업발판이 일체로 제작된 거푸집
>   ③ 터널라이닝폼(Tunnel Lining Form)
>
> 2. 슬라이딩폼(Sliding Form)
>   로드(Rod), 유압잭(Jack) 등을 이용하여 거푸집을 연속적으로 이동시키면서 콘크리트를 타설할 때 사용되는 것으로 사일로(Silo)공사, 터널복공공사 등에 적합한 거푸집으로서 슬립폼(Slip Form)이라고도 한다.
>
> 3. 페코빔(Pecco Beam)
>   강재의 인장력을 이용하여 만든 조립보로서 받침기둥이 필요없고, 좌우로 신축(수평조절)이 가능한 가설 수평지지보를 말한다.
>
> 4. 동바리의 해체시기를 결정하는 요인
>   ① 시방서상의 거푸집 존치기간의 경과
>   ② 콘크리트강도시험의 결과
>   ③ 일정한 양생기간의 경과
>
> 5. 거푸집 해체에 관한 사항
>   ① 거푸집 해체시기는 시멘트의 성질, 콘크리트의 배합, 구조물의 종류, 부재가 받는 하중, 온도 등을 고려하여 결정하여야 한다.
>   ② 응력을 거의 받지 않는 거푸집은 24시간이 경과하면 해체할 수 있다.
>   ③ 아치(Arch), 라멘(Rahmen) 등의 구조물은 크리프(Creep)로 인한 균열을 적게 하기 위하여 가능한 한 거푸집을 오랫동안 존치하여야 한다.
>   ④ 거푸집은 일반적으로 수직(연직)부재를 먼저 해체하고, 다음에 수평재를 해체한다.
>   ⑤ 2가지의 거푸집 중 먼저 거푸집을 해체해야 하는 경우
>   • 보와 기둥 → 기둥
>   • 스팬(Span)이 큰 빔(Beam)과 작은 빔 → 작은 빔
>   • 기온이 낮을 때와 기온이 높을 때 타설한 거푸집 → 기온이 높을 때 타설한 거푸집
>   • 보통시멘트와 조강시멘트 사용 타설한 거푸집 → 조강시멘트 사용 타설한 거푸집
>
> 6. 거푸집 존치기간 순서(해체순서)
>   기둥 < 벽체 < 보(큰보 - 작은보) < 슬래브(바닥)
>
> 7. 거푸집공사의 향후 발전방향
>   ① 부재의 경량화   ⑤ 부재단면의 효율화
>   ② 높은 전용횟수   ⑥ 공장제작 조립화
>   ③ 설치의 단순화를 위한 유닛(Unit)화   ⑦ 기계를 사용한 운반설치
>   ④ 대형패널 위주의 거푸집 제작

7 거푸집의 존치기간(해체시기)

거푸집은 콘크리트의 강도와 중대한 관계가 있으므로 존치기간을 반드시 엄수해야 한다. 또한 캔틸레버보의 부분은 설계기준강도의 100% 이상의 콘크리트 압축강도가 얻어질 때까지 존치하고, 콘크리트 타설이 진행될 경우에는 아래 2개층까지의 지주를 해체하지 않도록 한다. 거푸집 및 지주의 존치기간(해체시기)은 다음과 같다.

1. 콘크리트의 압축강도를 시험할 경우 거푸집널의 해체시기(존치기간)

부재		콘크리트 압축강도
기초, 보, 기둥, 벽 등의 측면		5MPa 이상
슬래브 및 보의 밑면, 아치 내면	단층구조인 경우	• 설계기준압축강도의 2/3배 이상 • 또한, 최소 14MPa 이상
	다층구조인 경우	설계기준압축강도 이상(필러 동바리 구조를 이용할 경우는 구조계산에 의해 기간을 단축할 수 있음. 단, 이 경우라도 최소강도는 14MPa 이상으로 함)

2. 콘크리트의 압축강도를 시험하지 않을 경우 거푸집널의 해체시기(기초, 보, 기둥 및 벽의 측면)

시멘트의 종류 평균 기온	조강포틀랜드 시멘트	보통포틀랜드시멘트 고로슬래그시멘트(1종) 플라이애시시멘트(1종) 포틀랜드포졸란시멘트(1종)	고로슬래그시멘트(2종) 플라이애시시멘트(2종) 포틀랜드포졸란시멘트(2종)
20°C 이상	2일	4일	5일
10°C 이상, 20°C 미만	3일	6일	8일

※ KCS 14 20 12 → 2022.9.1 개정

적중문제 CHAPTER 5 | 비계·거푸집 가시설 위험방지

01 가설구조물이 가지고 있는 구조상의 문제점에 해당되지 않는 것은?
① 사용부재는 과소 단면이거나 결함재가 되기 쉽다.
② 구조물이라는 개념이 확실하지 않고 조립의 정밀도가 낮다.
③ 부재결합이 간단하므로 불완전결합이 되기 쉽다.
④ 연결재가 많은 구조로 되기 쉽다.

해설
• 연결재가 적은 구조로 되기 쉽다.
• 가설구조물은 연결재가 적은 구조로 되기 쉽기 때문에 도괴(넘어짐)재해가 많이 발생하게 된다.

정답 ④

02 비계를 조립, 해체하거나 변경한 후 작업시작 전 비계의 점검사항으로 적당하지 않은 것은?
① 기둥의 침하, 변형, 변위 또는 흔들림상태
② 손잡이의 탈락여부
③ 격벽의 설치여부
④ 발판재료의 손상여부 및 부착 또는 걸림상태

해설 격벽의 설치여부는 비계를 조립, 해체하거나 변경한 후 작업시작 전 비계의 점검사항에 해당하지 않는다.

관련이론 비계를 조립, 해체하거나 변경한 후 작업시작 전 비계의 점검사항
• 기둥의 침하, 변형, 변위 또는 흔들림상태
• 손잡이의 탈락여부
• 발판재료의 손상여부 및 부착 또는 걸림상태
• 해당 비계의 연결부 또는 접속부의 풀림상태
• 로프의 부착상태 및 매단 장치의 흔들림상태
• 연결재료 및 연결철물의 손상 또는 부식상태

정답 ③

03 공사의 착수 진행순서가 바르게 나열된 것은?
① 가설공사 - 토공사 - 뼈대공사 - 기초공사
② 가설공사 - 기초공사 - 토공사 - 뼈대공사
③ 가설공사 - 토공사 - 기초공사 - 뼈대공사
④ 토공사 - 가설공사 - 기초공사 - 뼈대공사

해설 공사의 착수 진행은 가설공사 - 토공사 - 기초공사 - 뼈대공사(구조물공사) 순서로 이루어진다.

정답 ③

04 가설구조물이 갖추어야 할 구비요건이 아닌 것은?
① 영구성   ② 경제성
③ 작업성   ④ 안전성

해설 가설구조물(비계 등)이 갖추어야 할 구비요건에는 안전성, 경제성, 작업성이 있으며, 영구성은 이에 해당하지 않는다.

정답 ①

05 달비계 또는 높이 5m 이상 비계의 조립, 해체, 변경작업시 준수할 사항이 아닌 것은?
① 악천후시 작업을 중지할 것
② 조립, 해체작업시 근로자 이외의 사람의 출입금지
③ 관리감독자의 지휘에 따라 작업하도록 할 것
④ 비계재료의 연결·해체작업시 폭 30cm 이상의 발판설치

해설 비계재료의 연결, 해체작업시에는 폭 20cm 이상의 발판을 설치하여야 한다.

관련이론 달비계 또는 높이 5m 이상의 비계를 조립·해체하거나 변경하는 작업을 하는 경우 준수사항(산업안전보건법 안전보건기준)

- 근로자가 관리감독자의 지휘에 따라 작업하도록 할 것
- 조립·해체 또는 변경의 시기·범위 및 절차를 그 작업에 종사하는 근로자에게 주지시킬 것
- 조립·해체 또는 변경작업구역에는 해당 작업에 종사하는 근로자가 아닌 사람의 출입을 금지하고 그 내용을 보기 쉬운 장소에 게시할 것
- 재료·기구 또는 공구 등을 올리거나 내리는 경우에는 근로자가 달줄 또는 달포대 등을 사용하게 할 것
- 비, 눈 그 밖의 기상상태의 불안정으로 날씨가 몹시 나쁜 경우에는 그 작업을 중지시킬 것
- 비계재료의 연결·해체작업을 하는 경우에는 폭 20cm 이상의 발판을 설치하고, 근로자로 하여금 안전대를 사용하도록 하는 등 추락을 방지하기 위한 조치를 할 것

정답 ④

07 강관비계에 있어서 비계기둥간의 적재하중은 몇 kg을 초과하지 않아야 하는가?

① 200kg　② 300kg
③ 400kg　④ 500kg

해설 비계기둥간의 적재하중은 400kg을 초과하지 않아야 한다.

관련이론 강관비계의 구조(산업안전보건법 안전보건기준)

- 비계기둥간의 적재하중은 400kg을 초과하지 아니하도록 할 것
- 비계기둥의 제일 윗부분으로부터 31m되는 지점 밑부분의 비계기둥은 2개의 강관으로 묶어 세울 것
- 비계기둥의 간격은 띠장방향에서는 1.85m 이하, 장선방향에서 1.5m 이하로 할 것
- 띠장간격은 2m 이하로 할 것

정답 ③

06 철골조립공사 중 리벳작업이나 볼트작업을 하기위해 주체인 철골에 매달아서 작업발판으로 이용하는 비계는?

① 달비계　② 말비계
③ 달대비계　④ 선반비계

해설
- 철골조립 공사 중 리벳작업이나 볼트작업을 하기 위해 주체인 철골에 매달아서 작업발판으로 이용하는 비계는 달대비계이다.
- 철골작업시 근로자가 수직방향으로 이동하는 철골부재에는 답단간격이 30cm 이내인 고정된 승강로를 설치하여야 한다.

정답 ③

08 강관비계 중 단관비계의 벽이음 설치의 기준으로 옳은 것은?

① 수직방향 5m, 수평방향 5m 이내마다
② 수직방향 6m, 수평방향 8m 이내마다
③ 수직방향 7m, 수평방향 9m 이내마다
④ 수직방향 8m, 수평방향 10m 이내마다

해설 수직방향 5m, 수평방향 5m 이내마다 설치하여야 한다.

관련이론 강관비계의 조립간격(벽이음 설치의 기준)

강관비계의 종류	벽이음 설치간격	
	수직방향	수평방향
단관비계	5m	5m
틀비계(높이 5m 미만 제외)	6m	8m

정답 ①

09 최고 51m 높이의 강관비계를 세우려고 한다. 지상에서 몇 m까지를 2개로 세워야 하는가?

① 10m
② 20m
③ 31m
④ 51m

해설 산업안전보건에 관한 규칙에 의하면 비계기둥의 제일 윗부분으로부터 31m되는 지점 밑부분의 비계기둥은 2개의 강관으로 묶어 세워야 한다.
51 − 31 = 20m
따라서, 지상에서 20m까지를 2개의 강관으로 묶어 세운다.

정답 ②

10 강관을 사용하여 비계를 구성하는 경우에 준수사항으로 옳지 않은 것은?

① 비계기둥의 간격은 띠장방향에서 1.85m 이하, 장선방향에서는 1.5m 이하로 할 것
② 띠장간격은 2m 이하로 할 것
③ 비계기둥의 제일 윗부분으로부터 31m되는 지점 밑부분의 비계기둥은 3개의 강관으로 묶어 세울 것
④ 비계기둥의 적재하중은 400kg을 초과하지 아니하도록 할 것

해설 비계기둥의 제일 윗부분으로부터 31m되는 지점 밑부분의 비계기둥은 2개 강관으로 묶어 세울 것이 옳은 내용이다.

정답 ③

11 통나무비계를 사용할 수 있는 공사규모로 옳은 것은?

① 지상높이 5층 이하 또는 12m 이하인 건축물, 공작물의 건조, 해체 및 조립작업시
② 지상높이 4층 이하 또는 15m 이하인 건축물, 공작물의 건조, 해체 및 조립작업시
③ 지상높이 5층 이하 또는 15m 이하인 건축물, 공작물의 건조, 해체 및 조립작업시
④ 지상높이 4층 이하 또는 12m 이하인 건축물, 공작물의 건조, 해체 및 조립작업시

해설 지상높이 4층 이하 또는 12m 이하인 건축물, 공작물의 건조, 해체 및 조립작업시 통나무비계를 사용할 수 있다.
※ 산업안전보건법 안전보건기준
  → 2024.6.28 개정되어 삭제되었으므로 학습 불필요

정답 ④

12 강관틀비계의 벽이음을 할 때 규격으로 옳은 것은?

① 수직방향으로 3m, 수평 방향으로 8m 이내마다
② 수직방향으로 5m, 수평방향으로 5m 이내마다
③ 수직방향으로 6m, 수평 방향으로 8m 이내마다
④ 수직방향으로 8m, 수평방향으로 10m 이내마다

해설 강관틀비계의 벽이음을 할 때 규격은 수직방향으로 6m, 수평방향으로 8m 이내마다이다.

정답 ③

13 달비계의 최대적재하중을 정함에 있어 안전계수로 옳지 않은 것은?

① 달기와이어로프 및 달기강선의 안전계수는 7 이상
② 달기체인 및 달기훅의 안전계수는 5 이상
③ 달기강대와 달비계의 하부 및 상부지점의 안전계수는 강재의 경우 2.5 이상
④ 달기강대와 달비계의 하부 및 상부지점의 안전계수는 목재의 경우 5 이상

해설 달기와이어로프 및 달기강선의 안전계수는 10 이상이다.
※ 산업안전보건법 안전보건기준
  → 2024.6.28 개정되어 삭제되었으므로 학습 불필요

정답 ①

14 강관틀비계를 조립할 때 유의사항이 아닌 것은?

① 비계기둥의 밑둥에는 밑받침철물을 사용하여야 하며 고저차가 있는 경우에도 틀비계는 항상 수평, 수직을 유지해야 한다.
② 높이가 20m를 넘을 때나 중량물을 적재할 경우 주틀의 간격은 1.8m 이하로 한다.
③ 주틀간에 교차가새를 설치하고 최상층 및 10층 이내마다 수평재를 설치한다.
④ 벽이음이나 연결재의 간격은 수직방향 6m 이하, 수평방향 8m 이하로 설치한다.

해설 주틀간에 교차가새를 설치하고 최상층 및 5층 이내마다 수평재를 설치한다.

관련이론 강관틀비계를 조립할 때 유의사항

- 비계기둥의 밑둥에는 밑받침철물을 사용하여야 하며 고저차가 있는 경우에도 틀비계는 항상 수평, 수직을 유지해야 한다.
- 높이가 20m를 넘을 때나 중량물을 적재할 경우 주틀의 간격은 1.8m 이하로 한다.
- 벽이음이나 연결재의 간격은 수직방향 6m 이하, 수평방향 8m 이하로 설치한다.
- 길이가 띠장방향으로 4m 이하이고, 높이가 10m를 초과하는 경우에는 10m 이내마다 띠장방향으로 버팀기둥을 설치한다.

정답 ③

15 달비계란 와이어로프, 강재 등으로 상부지점에서 작업용 널판을 매다는 형식의 비계를 말한다. 이러한 달비계에 설치하는 작업발판의 폭은 얼마 이상을 기준으로 하는가?

① 30cm ② 40cm
③ 50cm ④ 60cm

해설 달비계에 설치하는 작업발판의 폭은 40cm 이상으로 하고 틈새가 없도록 하여야 한다.

정답 ②

16 이동식 비계의 안전에 대한 설명으로 옳지 않은 것은?

① 승강용 사다리는 견고하게 설치한다.
② 비계의 최상부에서 작업을 할 때에는 안전난간을 설치한다.
③ 조립시 비계의 최대높이는 밑변 최소 폭의 6배 이하이어야 한다.
④ 최대적재하중을 명확하게 표시한다.

해설 조립시 비계의 최대높이는 밑변 최소폭의 6배가 아닌 4배 이하이어야 한다.

정답 ③

17 다음은 이동식 비계 조립시 준수하여야 할 사항으로 ( )에 알맞은 것으로 짝지어진 것은?

> 이동식 비계의 바퀴에는 뜻밖의 갑작스런 이동을 방지하기 위하여 (㉠), (㉡) 등으로 바퀴를 고정시키고 비계의 일부를 견고한 시설물에 잡아매는 등의 조치를 할 것

	㉠	㉡
①	브레이크	쐐기
②	콘크리트 타설	교차가새
③	교차가새	안전난간
④	안전난간	쐐기

해설 이동식 비계의 바퀴에는 뜻밖의 갑작스러운 이동을 방지하기 위하여 브레이크, 쐐기 등으로 바퀴를 고정시키고 비계의 일부를 견고한 시설물에 잡아매는 등의 조치를 하여야 한다.

정답 ①

18 이동식 비계를 조립하여 작업을 하는 경우에 작업발판의 최대적재하중은 몇 kg을 초과하지 않도록 해야 하는가?

① 150kg ② 200kg
③ 250kg ④ 300kg

해설 이동식 비계를 조립하여 작업을 하는 경우에 작업발판의 최대적재하중은 250kg을 초과하지 않도록 해야 한다.

정답 ③

19 통나무비계에 있어 외줄비계, 쌍줄비계, 돌출비계의 벽이음 또는 버팀의 설치간격으로 옳은 것은?

① 수직방향 3.5m 이하, 수평방향 5.5m 이하
② 수직방향 4.5m 이하, 수평방향 7.5m 이하
③ 수직방향 5.5m 이하, 수평방향 7.5m 이하
④ 수직방향 6.5m 이하, 수평방향 8.5m 이하

해설 수직방향에서 5.5m 이하, 수평방향에서 7.5m 이하가 통나무비계에 있어 외줄비계, 쌍줄비계, 돌출비계 등의 벽이음 또는 버팀의 설치간격이다.

※ 산업안전보건법 안전보건기준
→ 2024.6.28 개정되어 삭제되었으므로 학습 불필요

정답 ③

20 외줄비계에서 인장재와 압축재와의 간격은 얼마로 하는 것이 적당한가?

① 1m 이내   ② 2m 이내
③ 3m 이내   ④ 4m 이내

해설 외줄비계에서 인장재와 압축재는 서로 성질이 정반대의 것으로 1m 이내의 간격을 유지하도록 하는 것이 적당하다.

정답 ①

21 시스템비계를 구성하는 경우 수직재와 받침철물의 연결부의 겹침길이는 받침철물 전체 길이의 얼마 이상이 되도록 하여야 하는가?

① 1/2 이상   ② 1/3 이상
③ 1/4 이상   ④ 1/5 이상

해설 시스템비계를 구성하는 경우 수직재와 받침철물의 연결부의 겹침길이는 받침철물 전체 길이의 1/3 이상이 되도록 하여야 한다.

정답 ②

22 말비계 사용시 지주부재와 수평면과의 기울기는 얼마 이하이어야 하는가?

① 65도   ② 70도
③ 75도   ④ 80도

해설 말비계 사용시 지주부재의 수평면과의 기울기는 75도 이하로 하여야 한다.

관련이론 말비계 사용시 준수사항(산업안전보건법 안전보건기준)
- 지주부재의 하단에는 미끄럼방지장치를 하고, 양측 끝부분에 올라서서 작업하지 아니하도록 할 것
- 지주부재의 수평면과의 기울기는 75도 이하로 할 것
- 말비계의 높이가 2m를 초과하는 경우에는 작업발판의 폭을 40cm 이상으로 할 것

정답 ③

23 가설통로를 설치하는 경우에 준수하여야 할 기준으로 옳지 않은 것은?

① 건설공사에 사용하는 높이 15m 이상인 비계다리에는 10m 이내마다 계단참을 설치한다.
② 경사는 30도 이하로 한다.
③ 추락할 위험이 있는 곳에는 안전난간을 설치한다.
④ 경사가 15도를 초과할 때에는 미끄러지지 않는 구조로 하여야 한다.

해설 건설공사에 사용하는 높이 8m 이상인 비계다리에는 7m 이내마다 계단참을 설치한다.

관련이론 가설통로를 설치하는 경우에 준수사항(산업안전보건법 안전보건기준)
- 경사는 30도 이하로 한다.
- 추락할 위험이 있는 곳에는 안전난간을 설치한다.
- 경사가 15도를 초과하는 경우에는 미끄러지지 않는 구조로 하여야 한다.
- 견고한 구조로 하여야 한다.
- 수직갱에 가설된 통로의 길이가 15m 이상인 경우에는 10m 이내마다 계단참을 설치하여야 한다.
- 건설공사에 사용하는 높이 8m 이상인 비계다리에는 7m 이내마다 계단참을 설치한다.

정답 ①

24 사다리식 통로를 설치하는 경우에 준수하여야 할 사항으로 옳지 않은 것은?

① 견고한 구조로 할 것
② 발판의 간격은 일정하게 할 것
③ 발판과 벽과의 사이는 15cm 이상의 간격을 유지할 것
④ 사다리식 통로의 길이가 5m 이상인 경우에는 3m 이내마다 계단참을 설치할 것

해설 사다리식 통로의 길이가 10m 이상인 경우에는 5m 이내마다 계단참을 설치하여야 한다.

 사다리식 통로를 설치하는 경우에 준수하여야 할 사항
- 견고한 구조로 할 것
- 발판의 간격은 일정하게 할 것
- 발판과 벽과의 사이는 15cm 이상의 간격을 유지할 것
- 사다리식 통로의 길이가 10m 이상인 경우에는 5m 이내마다 계단참을 설치할 것
- 접이식 사다리기둥은 사용시 접혀지거나 펼쳐지지 않도록 철물 등을 사용하여 견고하게 조치할 것
- 사다리가 넘어지거나 미끄러지는 것을 방지하기 위한 조치를 할 것
- 사다리의 상단은 걸쳐 놓은 지점으로부터 60cm 이상 올라가도록 할 것
- 사다리식 통로의 기울기는 75도 이하로 할 것
- 폭은 30cm 이상으로 할 것
- 심한 손상, 부식 등이 없는 재료를 사용할 것

정답 ④

25 작업장에 설치하는 계단에 대한 설명으로 옳은 것은?

① 계단 및 계단참은 400kg/m² 이상의 하중에 견딜 수 있어야 한다.
② 계단참은 그 높이가 2.5m를 초과하는 계단에 높이 2.5m 이내마다 너비 1.2m 이상의 계단참을 설치하여야 한다.
③ 높이 1m 이상인 계단의 개방된 측면에는 안전난간을 설치하여야 한다.
④ 계단을 설치할 때 그 폭은 50cm 이상으로 하여야 한다.

해설 높이 1m 이상인 계단의 개방된 측면에는 안전난간을 설치하여야 하며, 계단 및 계단참의 안전율은 4 이상으로 한다.

선지분석
① 계단 및 계단참은 500kg/m² 이상의 하중에 견딜 수 있어야 한다.
② 계단참은 그 높이가 3m를 초과하는 계단에 높이 3m 이내마다 진행방향으로 길이 1.2m 이상의 계단참을 설치하여야 한다.
④ 계단을 설치할 때 그 폭은 1m 이상으로 하여야 한다.

정답 ③

26 계단과 계단참은 얼마 이상의 하중에 견딜 수 있는 강도를 가진 구조로 설치하여야 하는가?

① 200kg/m² ② 300kg/m²
③ 400kg/m² ④ 500kg/m²

해설 계단과 계단참은 500kg/m² 이상의 하중에 견딜 수 있는 강도를 가진 구조로 설치하여야 한다.

정답 ④

27 작업발판에 관한 안전기준으로 옳지 않은 것은?

① 발판의 폭은 40cm 이상이 되도록 한다.
② 발판재료간의 틈은 3cm 이하로 한다.
③ 작업발판을 작업에 따라 이동할 때에는 불시의 이동에 따른 위험방지조치를 한다.
④ 작업발판 재료는 전위나 탈락이 없도록 한개 이상의 지지물에 연결하거나 고정시킨다.

해설 작업발판 재료는 전위나 탈락이 없도록 둘 이상의 지지물에 연결하거나 고정시킨다.

정답 ④

28 추락재해를 방지하기 위하여 사용하는 방망의 지지점이 연속적인 구조물이고 지지점의 간격이 1m일 때, 외력에 견딜 수 있어야 하는 강도는 최소 얼마 이상이어야 하는가?

① 200kg   ② 400kg
③ 600kg   ④ 800kg

해설 $F = 200B$
여기서, F: 외력[kg]
B: 지지점 간격[m]
$= 200 \times 1 = 200kg$

정답 ①

29 추락방지용 방망의 기준으로 맞지 않는 것은?

① 소재는 합성섬유 또는 그 이상의 물리적 성질을 갖는 것이어야 한다.
② 그물코는 가로, 세로 15cm 이하로 한다.
③ 방망은 매듭방망으로서 매듭은 원칙적으로 단매듭을 한다.
④ 달기로프는 3회 이상 엮어 묶는 방법 등으로 테두리로프에 결속하여야 한다.

해설 그물코는 가로, 세로 10cm 이하로 하여야 한다.

관련이론 **방망의 지지점 강도와 표시사항**
1. **방망의 지지점 강도**
   • 600kg의 외력에 견딜 수 있는 강도 보유
   • 연속적인 구조물이 방망지지점인 경우
   $F = 200B$ [F: 외력(kg), B: 지지점 간격(m)]
2. **방망의 표시사항**
   • 제조자명   • 재봉치수
   • 제조연월   • 신품인 때의 방망의 강도
   • 그물코

정답 ②

30 방망의 그물코가 10cm인 신제품 매듭 방망사의 인장강도는 몇 kg 이상이어야 하는가?

① 80   ② 110
③ 150   ④ 200

해설 방망의 그물코가 10cm인 신제품 매듭방망사의 인장강도는 200kg 이상이어야 한다.

관련이론 **방망사의 인장강도**
1. **방망사의 신품에 대한 인장강도**

그물코의 크기 (cm)	인장강도(kg)	
	매듭없는 방망	매듭방망
10	240	200
5	–	110

2. **방망사의 폐기시 인장강도**

그물코의 크기 (cm)	인장강도(kg)	
	매듭없는 방망	매듭방망
10	150	135
5	–	60

정답 ④

31 거푸집의 필요조건으로 옳지 않은 것은?

① 최소한의 재료로 공사에 한번 사용할 수 있는 형상과 크기일 것
② 거푸집은 조립, 해체, 운반이 용이할 것
③ 수분이나 모르타르 등의 누출을 방지할 수 있는 수밀성이 있을 것
④ 시공정확도에 알맞는 수평, 수직, 직각을 견지하고 변형이 생기지 않는 구조일 것

해설 최소한의 재료로 공사에 여러 번 사용할 수 있는 형상과 크기이어야 한다.

관련이론 거푸집의 필요조건
- 거푸집은 조립, 해체, 운반이 용이할 것
- 수분이나 모르타르 등의 누출을 방지할 수 있는 수밀성이 있을 것
- 시공정확도에 알맞는 수평, 수직, 직각을 견지하고 변형이 생기지 않는 구조일 것
- 콘크리트의 자중 및 부어넣기를 할 때 충격과 작업하중에 견디고 변형을 일으키지 않는 강도를 갖추고 있어야 할 것
- 최소한의 재료로 공사에 여러 번 사용할 수 있는 형상과 크기일 것

정답 ①

32 거푸집 및 지보공설계시 고려해야 될 하중의 종류에 속하지 않는 것은?

① 연직방향하중   ② 콘크리트의 측압
③ 전단 및 교번하중 ④ 횡방향하중

해설 전단 및 교번하중은 거푸집 및 지보공설계시 고려해야 될 하중의 종류에 해당하지 않는다.

관련이론 거푸집 및 지보공설계시 고려해야 될 하중
- 연직방향하중
- 콘크리트의 측압
- 횡방향하중
- 특수하중

정답 ③

33 거푸집에 작용하는 하중 중에서 연직하중이 아닌 것은?

① 거푸집의 자중
② 작업원의 작업하중
③ 가설설비의 충격하중
④ 콘크리트의 측압

해설 콘크리트의 측압은 거푸집에 작용하는 수평하중에 해당한다.

관련이론 거푸집에 작용하는 하중

1. 거푸집에 작용하는 연직하중
   - 거푸집의 자중(고정하중)
   - 작업원의 작업하중
   - 가설설비의 충격하중
   - 적재하중

2. 거푸집에 작용하는 하중

거푸집의 연직하중 (수직하중)	고정하중	고정하중은 거푸집 자체의 중량(철근 중량 포함)
	충격하중	콘크리트 타설시 및 중기작업시 생기는 하중(산정되는 고정하중의 50%를 적용)
	작업하중	작업자와 소도구의 하중 (보통 150kg/m²)
	적재하중	타설되는 콘크리트, 철근의 중량에 특별히 차량 및 중량의 기계가 적재되는 경우에 합한 하중
거푸집의 수평하중	콘크리트의 측압	최대측압을 구하는데 이용되는 4요소는 다음과 같다. • 생콘크리트의 타설높이(m) • 콘크리트의 타설속도(m/h) • 생콘크리트의 단위용적중량(t/m³) • 벽길이(수평부재의 간격)(m)
	풍하중	–
	지진하중	–

정답 ④

34 콘크리트 타설시 붕괴사고를 예방하기 위하여 사전에 거푸집 및 동바리 구조계산을 실시하여야 한다. 이때 연직하중은 다음과 같이 산정한다. ( )에 알맞은 것은? (단, r: 콘크리트 단위중량[kgf/m³], t: 슬래브 두께[m])

$$W = (\;㉠\;) + (\;㉡\;) + 작업하중$$
$$= (r \cdot t) + (0.5r \cdot t) + 150\text{kgf/m}^2$$

	㉠	㉡
①	충격하중	풍하중
②	고정하중	적설하중
③	고정하중	충격하중
④	적설하중	풍하중

해설 거푸집 및 동바리 구조계산에 따른 연직(수직)하중은 다음과 같이 계산한다.
W = 고정하중 + 충격하중 + 작업하중
$= (r \cdot t) + (0.5r \cdot t) + 150\text{kg/m}^2$
여기서, r: 콘크리트 단위중량(kgf/m³)
　　　　t: 슬래브 두께(m)

정답 ③

35 거푸집의 조립순서로 옳은 것은?
① 기둥 → 보받이 내력벽 → 큰 보 → 작은 보 → 바닥 → 내벽 → 외벽
② 기둥 → 보받이 내력벽 → 큰 보 → 작은 보 → 바닥 → 외벽 → 내벽
③ 기둥 → 보받이 내력벽 → 작은 보 → 큰 보 → 바닥 → 내벽 → 외벽
④ 기둥 → 보받이 내력벽 → 내벽 → 외벽 → 큰 보 → 작은 보 → 바닥

해설 거푸집의 조립순서는 다음과 같다.
기둥 → 보받이 내력벽 → 큰 보 → 작은 보 → 바닥 → 내벽 → 외벽

정답 ①

36 거푸집 및 동바리 조립도에 표시해야 할 사항이 아닌 것은?
① 길이　　　② 이음매
③ 지주　　　④ 조립

해설 거푸집 및 동바리 조립도에는 지주, 이음매, 마디(길이) 등 부재의 배치 및 치수를 표시해야 한다.

정답 ④

37 동바리를 조립할 때의 안전조치로 옳지 않은 것은?
① 받침목의 사용, 콘크리트의 타설, 말뚝박기 등 동바리의 침하를 방지하기 위한 조치를 한다.
② 동바리의 상하 고정 및 미끄러짐방지 조치를 한다.
③ 강재의 접속부 및 교차부는 클램프 등의 전용철물을 사용하여 단단하게 연결한다.
④ 동바리의 이음은 다른 품질의 재료를 사용할 것

해설 동바리의 이음은 같은 품질의 재료를 사용한다.

정답 ④

38 동바리의 조립을 위한 기준으로 옳지 않은 것은?
① 강관틀을 사용하는 경우 강관틀과 강관틀 사이에는 교차가새를 설치한다.
② 파이프서포트를 사용하는 경우 높이가 3.5m를 초과할 때 높이 2m 이내마다 수평연결재를 2개 방향으로 설치한다.
③ 조립강주를 사용하는 경우 높이가 4m를 초과할 때 높이 4m 이내마다 수평연결재를 2개 방향으로 설치한다.
④ 시스템동바리를 사용하는 경우 수평재는 수직재와 수평으로 설치해야 한다.

해설 시스템동바리를 사용하는 경우 수평재는 수직재와 직각으로 설치해야 한다.

정답 ④

39 동바리 조립을 위한 준수사항으로 옳지 않은 것은?

① 파이프서포트는 3개 이상 이어서 사용하지 않는다.
② 조립강주는 높이가 4m를 초과하는 경우에는 높이 4m 이내마다 수평연결재를 2개 방향으로 설치한다.
③ 파이프서포트는 높이 3m 이내마다 수평연결재를 2개 방향으로 설치한다.
④ 파이프서포트를 이어서 사용할 때는 4개 이상의 볼트 또는 전용철물을 사용한다.

해설 파이프서포트는 높이가 3.5m를 초과할 때 높이 2m 이내마다 수평연결재를 2개 방향으로 만들고 수평연결재의 변위를 방지한다.

정답 ③

40 동바리를 조립하는 경우에 준수해야 할 사항으로 옳지 않은 것은?

① 동바리를 사용하는 강관틀은 최상단 및 4단 이내마다 동바리의 틀면의 방향에서 양단 및 4개틀 이내마다 교차가새의 방향으로 띠장틀을 설치할 것
② 시스템동바리는 수직재와 받침철물의 연결부의 겹침길이는 받침철물 전체길이의 3분의 1 이상으로 할 것
③ 동바리로 사용하는 파이프서포트는 3개 이상 이어서 사용하지 않도록 할 것
④ 동바리로 사용하는 파이프서포트를 이어서 사용하는 경우에는 4개 이상의 볼트 또는 전용철물을 사용하여 이을 것

해설 동바리를 사용하는 강관틀은 최상단 및 5단 이내마다 동바리 틀면의 방향에서 양단 및 5개틀 이내마다 교차가새의 방향으로 띠장틀을 설치한다.

정답 ①

41 로드(Rod), 유압잭(Jack) 등을 이용하여 거푸집을 연속적으로 이동시키면서 콘크리트를 타설할 때 사용되는 것으로 Silo공사 등에 적합한 거푸집은?

① 메탈폼   ② 슬라이딩폼
③ 워플폼   ④ 페코빔

해설 로드(Rod), 유압잭(Jack) 등을 이용하여 거푸집을 연속적으로 이동시키면서 콘크리트를 타설할 때 사용되는 것으로 Silo공사, 터널복공공사 등에 적합한 거푸집을 슬라이딩폼(Sliding Form)이라 한다.

정답 ②

42 철근콘크리트 거푸집을 조립하거나 해체할 때 준수사항으로 옳지 않은 것은?

① 거푸집 재료 및 연결상태를 점검해야 한다.
② 작업책임자를 선임해야 한다.
③ 거푸집 해체는 수평재를 먼저 하고 다음에 수직재를 해체해야 한다.
④ 거푸집 존치기간은 충분해야 한다.

해설 거푸집 해체는 수직재를 먼저 하고 다음에 수평재를 해체해야 한다.

정답 ③

43 거푸집 해체작업시의 안전수칙과 거리가 먼 것은?

① 거푸집지보공을 해체할 때는 작업책임자를 선임한다.
② 해체된 거푸집 재료를 올리거나 내릴 때는 달줄이나 달포대를 사용한다.
③ 보 밑 또는 슬래브 거푸집을 해체할 때는 동시에 해체하여야 한다.
④ 거푸집의 해체가 곤란한 경우 구조체에 무리한 충격이나 지렛대 사용은 금하여야 한다.

해설 보 밑 또는 슬래브 거푸집을 해체할 때는 동시에 해체하여서는 아니 된다.

관련이론 거푸집 해체작업시의 안전수칙

- 거푸집지보공을 해체할 때는 작업책임자를 선임한다.
- 해체된 거푸집 재료를 올리거나 내릴 때는 달줄이나 달포대를 사용한다.
- 거푸집의 해체가 곤란한 경우 구조체에 무리한 충격이나 지렛대 사용은 금하여야 한다.
- 해당 작업을 하는 구역에는 관계근로자 외의 자의 출입을 금지시켜야 한다.
- 해체작업을 할 때에는 안전모 등 안전보호장구를 착용토록 하여야 한다.
- 상하 동시작업은 원칙적으로 금지하며 부득이한 경우에는 긴밀히 연락을 취하며 작업을 하여야 한다.
- 기타 제3자의 보호조치에 대하여도 완전한 조치를 강구하여야 한다.
- 해체된 거푸집이나 각목 등에 박혀 있는 못 또는 날카로운 돌출물은 즉시 제거하여야 한다.

정답 ③

44 거푸집 해체순서를 옳게 나타낸 것은?

① 작은 보 – 바닥판 – 큰 보
② 큰 보 – 작은 보 – 바닥판
③ 바닥판 – 큰 보 – 작은 보
④ 바닥판 – 작은 보 – 큰 보

해설 큰 보 – 작은 보 – 바닥판 순으로 거푸집을 해체한다.

정답 ②

45 철근콘크리트 거푸집 존치기간 순으로 옳은 것은?

① 슬래브 < 보 < 기둥
② 보 < 슬래브 < 기둥
③ 슬래브 < 기둥 < 보
④ 기둥 < 보 < 슬래브

해설
- 철근콘크리트 거푸집 존치기간은 기둥 < 보 < 슬래브 순이다.
- 슬래브의 콘크리트 강도가 안전과 중대한 관계에 있으므로 존치기간이 가장 길어야 한다.

정답 ④

46 슬래브 및 보의 밑면, 아치 내면의 거푸집 해체가 가능한 기준은 압축강도를 시험하는 경우, 콘크리트의 압축강도가 얼마 이상일 때인가? (단, 이때 압축강도는 14MPa 이상이다.)

① 설계기준강도의 1/2 이상일 때
② 설계기준강도의 2/3 이상일 때
③ 설계기준강도의 3/4 이상일 때
④ 설계기준강도의 4/5 이상일 때

해설 콘크리트의 압축강도가 설계기준강도의 2/3 이상일 때이다.

관련이론 거푸집널의 해체시기

1. **콘크리트 압축강도를 시험할 경우 거푸집널의 해체시기(존치기간)**

부재		콘크리트 압축강도
기초, 보, 기둥, 벽 등의 측면		5MPa 이상
슬래브 및 보의 밑면, 아치 내면	단층구조인 경우	설계기준압축강도의 2/3배 이상 또한, 최소 14MPa 이상
	다층구조인 경우	설계기준압축강도 이상(필러 동바리 구조를 이용할 경우는 구조계산에 의해 기간을 단축할 수 있음. 단, 이 경우라도 최소강도는 14MPa 이상으로 함)

2. **콘크리트 압축강도를 시험하지 않을 경우 거푸집널의 해체시기(기초, 보, 기둥 및 벽의 측면)**

시멘트의 종류 평균기온	조강 포틀랜드 시멘트	보통포틀랜드 시멘트 고로슬래그 시멘트(1종) 플라이애시 시멘트(1종) 포틀랜드포졸란 시멘트(1종)	고로슬래그 시멘트(2종) 플라이애시 시멘트(2종) 포틀랜드 포졸란시멘트(2종)
20℃ 이상	2일	4일	5일
20℃ 미만 10℃ 이상	3일	6일	8일

※ KCS 14 20 12 → 2022.9.1 개정

정답 ②

47 일반적으로 콘크리트를 지탱하지 않는 부위인 보의 측면, 기둥, 벽의 거푸집널을 24시간 이상 양생한 후 시험을 통해 확인하여 해체할 수 있는 콘크리트의 압축강도는?

① 5MPa ② 7MPa
③ 8MPa ④ 10MPa

해설 일반적으로 콘크리트를 지탱하지 않는 부위인 보의 측면, 기둥, 벽의 거푸집널을 24시간 이상 양생한 후 <u>시험을 통해 확인하여 해체할 수 있는 콘크리트의 압축강도는 5MPa(50kg/cm²) 이상이다.</u>

정답 ①

48 콘크리트의 압축강도를 시험하지 않을 경우 보통포틀랜드시멘트를 사용하고 기온이 18℃일 때 기둥, 보, 기초에서의 거푸집 존치기간은?

① 3일 ② 4일
③ 5일 ④ 6일

해설 보통포틀랜드시멘트를 사용하고 기온이 <u>18℃일 때 기둥, 보, 기초에서의 거푸집 존치기간은 6일이다.</u>

 거푸집 존치기간(10℃ 이상 20℃ 미만)
- 조강포틀랜드를 사용하고 기둥, 보, 기초에서의 거푸집 존치기간: 3일
- 고로슬래그시멘트(1종), 보통포틀랜드시멘트를 사용하고 기둥, 보, 기초에서의 거푸집 존치기간: 6일
- 플라이애시시멘트(2종), 고로슬래그시멘트(2종)을 사용하고 기둥, 보, 기초에서의 거푸집 존치기간: 8일

정답 ④

49 다음 빈칸에 가장 알맞은 것으로 짝지어진 것은?

> 작업장이나 기계·설비의 바닥, 작업발판 및 통로 등의 끝이나 개구부로부터 근로자가 추락하거나 넘어질 위험이 있는 장소에는 (㉠), 울타리, 수직형 추락방망 또는 충분한 강도를 가진 (㉡) 등을 설치하는 등 필요한 조치를 하여야 한다.

	㉠	㉡
①	폭목	덮개
②	안전난간	덮개
③	안전난간	발끝막이판
④	방호선반	폭목

해설 작업장이나 기계·설비의 바닥, 작업발판 및 통로 등의 끝이나 개구부로부터 근로자가 추락하거나 넘어질 위험이 있는 장소에는 <u>안전난간, 울타리, 수직형 추락방망 또는 충분한 강도를 가진 덮개 등을 설치하는 등</u> 필요한 조치를 하여야 한다.

정답 ②

50 공사용 가설도로에 대한 설명으로 옳지 않은 것은?

① 도로는 장비 및 차량이 안전하게 운행할 수 있도록 견고하게 설치한다.
② 부득이한 경우를 제외하고는 최고허용경사도는 20%이다.
③ 도로와 작업장이 접해 있을 경우에는 방책 등을 설치한다.
④ 도로는 배수를 위해 경사지게 설치하거나 배수시설을 해야 한다.

해설 <u>부득이한 경우를 제외하고는 최고허용경사도는 10%이다.</u>

정답 ②

CHAPTER 6 | 공사 및 작업종류별 안전 Ⅱ(콘크리트 및 PC공사)

1 콘크리트 구조물공사안전

(1) 콘크리트 타설작업의 안전

① 콘크리트 타설시 안전수칙(Ⅰ)
  ㉠ 최상부의 슬래브는 이어붓기를 되도록 피하고 일시에 전체를 타설하도록 하여야 한다.
  ㉡ 타설속도는 하계(夏季) 1.5m/h, 동계(冬季) 1.0m/h를 표준으로 하나 콘크리트펌프로 압송타설(壓送打設)할 경우에는 이 표준보다 훨씬 큰 속도로 콘크리트를 부어 넣을 수 있다.
  ㉢ 높은 곳으로부터 콘크리트를 세게 거푸집 내에 부어 넣지 않는다. 반드시 호퍼(Hopper)로 받아 거푸집 내에 꽂아 넣은 벽형(壁型) 슈트(Chute)를 통해 부어 넣어야 한다.
  ㉣ 철골보의 아래, 철골·철근의 복잡한 거푸집의 부분 등은 책임자를 정하여 완전한 시공이 되도록 한다.
  ㉤ 타워에 연결되어 있는 슈트의 접속은 확실하게 하고, 달아매는 재료는 견고한지 점검하여야 한다.
  ㉥ 타설시 콘크리트의 재료분리는 가능한 적게 일어나도록 해야 한다.
  ㉦ 진동기를 가능한 적게 사용할수록 거푸집에 작용하는 측압에 대해 안전하다.
  ㉧ 비빔시작부터 타설시까지 시간은 외기온도 25℃ 이상에서는 1.5시간, 25℃ 미만에서는 2시간을 넘어서는 안된다.
  ㉨ 타설한 콘크리트를 거푸집 안에서 횡방향으로 이동시켜서는 안된다.

② 콘크리트 타설시 안전수칙(Ⅱ)(산업안전보건법 안전보건기준 2023.11.14 개정)
  ㉠ 당일의 작업을 시작하기 전에 해당 작업에 관한 거푸집 및 동바리의 변형·변위 및 지반의 침하유무 등을 점검하고 이상이 있으면 보수할 것
  ㉡ 작업 중에는 감시자를 배치하는 등의 방법으로 거푸집 및 동바리의 변형·변위 및 지반의 침하유무 등을 확인해야 하며, 이상이 있으면 작업을 중지하고 근로자를 대피시킬 것
  ㉢ 콘크리트 타설작업시 거푸집 붕괴의 위험이 발생할 우려가 있으면 충분한 보강조치를 할 것
  ㉣ 설계도서상의 콘크리트 양생기간을 준수하여 거푸집 및 동바리를 해체할 것
  ㉤ 콘크리트를 타설하는 경우에는 편심이 발생하지 않도록 골고루 분산하여 타설할 것

(2) 콘크리트 타설 - 운반용 기계·기구
  ① 손수레
  ② 콘크리트펌프
  ③ 슈트(Chute)
  ④ 버켓(Bucket)
  ⑤ 벨트 컨베이어(Belt Conveyor)

(3) 콘크리트 다지기
  ① 막대형 진동기(Rod Type Vibrator)는 수직방향으로 넣고, 넣는 간격은 60cm 이하로 한다.
  ② 진동기는 철근 또는 철골에 직접 접촉되지 않도록 하고 뽑을 때에는 서서히 뽑아내어 콘크리트에 구멍이

남지 않도록 한다.
③ 거푸집 진동기는 막대형 진동기를 사용할 수 없는 기둥 및 벽체부분에 사용하고, 표면 진동기는 슬래브와 같이 두께가 얇은 부분의 콘크리트 표면에 직접 사용한다.

(4) 슬럼프 테스트(Slump Test)
① 거푸집 속에는 철골, 철근, 배관 기타 매설물이 있으므로 거푸집의 모서리 구석 또는 철근 등의 주위에 콘크리트가 가득 채워져 밀착되도록 다져 넣으려면 콘크리트에 충분한 유동성이 있어서 다지는 작업의 용이성 즉, 시공연도(Workability)가 있어야 된다. 이 시공연도의 좋고 나쁨을 판단하기 위한 것이 슬럼프 테스트이다.

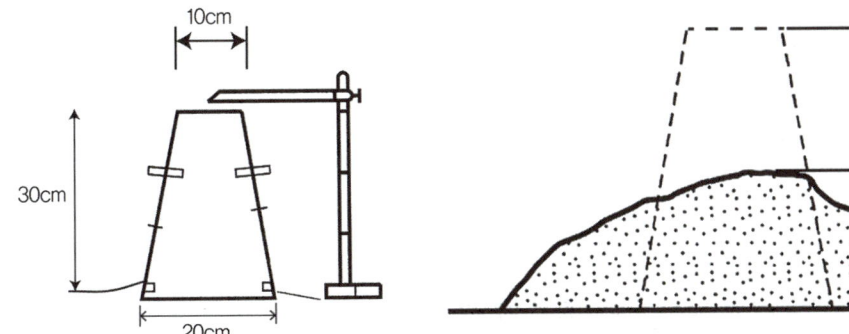

② 구조물에 대한 표준슬럼프값

장소	진동다짐일 때	진동다짐이 아닐 때
기초, 바닥판, 보	5～10cm	15～19cm
기둥, 벽	10～15cm	19～22cm

③ 슬럼프 테스트기구
  ㉠ 시험통(Slump Test Cone)
  ㉡ 수밀성 평판
  ㉢ 다짐막대
  ㉣ 측정계기

④ 슬럼프 테스트방법
  ㉠ 수밀성 평판을 수평으로 설치한다.
  ㉡ 시험통을 평판 중앙에 밀착한다.
  ㉢ 비빈 콘크리트를 10cm 높이까지 부어 넣는다.
  ㉣ 콘크리트를 3회로 나누어 부어 넣는다.
  ㉤ 다짐막대로 윗면을 고르고 밑창에 닿을 정도로 25회 찔러 다진다.
  ㉥ 시험통을 가만히 들어 올려 벗긴다.
  ㉦ 측정계기로 콘크리트의 미끄러져 내린 높이 차를 구한다.
  ▶ 슬럼프값은 시험통에 다져 넣은 높이 30cm에서 시험통을 벗기고 콘크리트가 미끄러져 내린 높이까지의 거리를 cm로 표시한 것이다.

> **참고** 콘크리트 양생(보양) 및 압축강도

1. 정의
   ① 양생이란 콘크리트를 타설한 다음 수화작용을 충분히 발휘시킴과 동시에 건조 및 외력에 의한 균열발생을 방지하고 콘크리트의 강도발현을 위해 보호하는 것을 말한다.
   ② 콘크리트 타설 후 소요기간까지 경화에 필요한 조건을 유지시켜주는 것을 말한다.
2. 콘크리트 양생시 유의사항
   ① 콘크리트 타설 후 수화작용을 돕기 위하여 최소 5일간은 수분을 보존한다.
   ② 콘크리트의 온도는 항상 2℃ 이상으로 유지하여야 한다.
   ③ 콘크리트가 충분히 경화될 때까지는 충격 및 하중을 가하지 않도록 주의한다.
   ④ 일광의 직사, 급격한 건조 및 한냉에 대하여 보호한다.
   ⑤ 콘크리트 타설 후 1일간은 그 위를 보행하거나 기구 등 기타 중량물을 올려 놓아서는 안된다.
   ⑥ 양생기간 중에 예상되는 진동, 충격, 하중 등의 유해한 작용으로부터 보호하여야 한다.
   ⑦ 습윤양생시 햇빛을 최대한 차단하여 수화작용을 촉진하도록 하여야 한다.
   ⑧ 습윤양생시 거푸집이 건조될 우려가 있는 경우에는 살수를 하여야 한다.
3. 콘크리트의 압축강도에 영향을 주는 요소
   ① 양생온도와 습도   ④ 공기량
   ② 콘크리트의 재령   ⑤ 배합 및 다짐
   ③ 물·시멘트비   ⑥ 구성재료
   ▶ 콘크리트의 압축강도는 표준양생을 실시한 재령 28일(4주)을 기준으로 한다.
4. 콘크리트 배합시 품질에 직접 영향을 주는 요소
   ① 골재의 입도   ④ 콘크리트의 소요강도
   ② 시멘트의 강도   ⑤ 슬럼프값
   ③ 물·시멘트비
5. 콘크리트의 소요강도 및 골재의 입도가 결정되어 있는 경우 콘크리트의 조합결정 순서
   시멘트의 강도 – 물·시멘트비 – 슬럼프값 – 시멘트, 모래, 자갈의 비율

(5) 콘크리트 측압
① **측압**: 콘크리트를 타설하게 되면 거푸집의 수직부재는 콘크리트의 유동성 때문에 수평방향의 압력을 받게 되는데 이것을 측압이라고 한다.
② 측압이 커지는 조건
   ㉠ 콘크리트의 다지기가 강할수록 크다.
   ㉡ 이어붓기 속도가 클수록 크다.
   ㉢ 콘크리트의 비중이 클수록 크다.
   ㉣ 거푸집의 수밀성이 높을수록 크다.
   ㉤ 거푸집의 강성이 클수록 크다.
   ㉥ 거푸집의 표면이 매끄러울수록 크다.
   ㉦ 거푸집의 수평단면이 클수록(벽두께가 클수록) 크다.
   ㉧ 응결이 빠른 시멘트를 사용할수록 크다.
   ㉨ 기온이 낮을수록(대기 중의 습도가 높을수록) 크다
   ㉩ 묽은 콘크리트일수록(슬럼프값이 클수록, 물·시멘트비가 클수록) 크다.
   ㉪ 콘크리트의 타설 높이가 높을수록 크다.
   ㉫ 시멘트가 부배합일수록 크다.
   ㉬ 철골 또는 철근량이 적을수록 크다.

> **참고** 콘크리트의 성질 등 기타 관련 사항

1. **콘크리트의 중성화현상**: 시멘트의 수화반응에서 생성되는 수산화칼슘은 pH 12∼13 정도의 알칼리성을 나타낸다. 이 수산화칼슘이 대기 중에 있는 약산성의 이산화탄소와 접촉, 반응하여 pH 8∼10 정도의 탄산칼슘과 물로 변화하는 현상이다.
2. **워커빌리티(workability: 시공연도)**
   ① 정의
     - 반죽질기(consistency) 여부에 따르는 작업의 난이정도 및 재료의 분리에 저항하는 정도를 나타내는 굳지 않은 콘크리트의 성질을 말한다.
     - 콘크리트가 분리되는 일이 없이 거푸집 속에 쉽게 타설할 수 있는 정도를 나타낸 것이다.
   ② 워커빌리티를 측정하는 시험방법
     - 슬럼프시험(slump test)
     - 흐름시험(flow test)
     - 다짐계수시험(드롭테이블시험)
     - 캐리볼관입시험(구관입시험)
     - 리몰딩시험(remolding test)
     - 비비시험(vee-bee test)
3. **탄성파법**
   초음파 또는 충격파의 전파속도와 반사파의 파형을 분석함으로써 구조물의 결함과 균열상태를 파악할 수 있는 비파괴진단법이다.
4. **콘크리트 구조물의 보수 · 보강공법**
   ① 에폭시주입공법
   ② 탄소섬유부착공법
   ③ 강판압착법
   ④ 표면처리공법
   ⑤ 보강재매입공법
   ⑥ 강선보강공법
5. **철근콘크리트건물에 있어서 신축줄눈(expansion joint)을 설치하여야 하는 경우**
   ① 기존건물과 증축건물과의 접합부
   ② 두 고층사이에 있는 긴 저층건물
   ③ 저층이 긴 건물과 고층건물과의 접합부
   ④ 건물의 한 끝에 달린 날개형 건물
   ⑤ 평면이 ㄴ, ㄷ, T형의 교차부분
   ⑥ 길이가 50∼60m를 넘는 건축물
6. **한중(寒中)콘크리트**: 하루의 평균기온이 4℃ 이하로 될 것이 예상되는 기상조건에서 낮에도 동결의 우려가 있는 경우에 사용되는 콘크리트이다.
7. **서중(暑中)콘크리트**: 하루의 평균기온이 25℃ 또는 최고기온이 30℃를 초과하는 경우에 사용되는 콘크리트이다.
8. **프리팩트콘크리트(prepacked concrete)**: 수중공사에 주로 사용되며, 거푸집을 조립하고 골재를 미리 채운 후 특수한 모르타르를 그 사이에 주입하여 형성하는 콘크리트이다.

(6) 철근작업

① 철근운반(콘크리트공사표준안전작업지침 고용노동부고시)

㉠ 인력운반시 주의사항

ⓐ 긴 철근을 부득이 한 사람이 운반할 때는 한쪽을 어깨에 메고 한쪽 끝을 끌면서 운반한다.

ⓑ 2인 이상이 1조가 되어 어깨메기로 하여 운반하는 등 안전을 도모한다.

ⓒ 운반할 때에는 양끝을 묶어 운반하여야 한다.

ⓓ 1인당 무게는 25kg 정도가 적절하며, 무리한 운반을 삼가야 한다.

ⓔ 공동작업을 할 때에는 신호에 따라 작업을 하여야 한다.

ⓒ 기계운반시 주의사항
  ⓐ 비계나 거푸집 등에 대량의 철근을 걸쳐 놓거나 얹어 놓아서는 안된다.
  ⓑ 달아 올릴 때는 로프와 기구의 허용하중을 검토하여 과다하게 달아 올리지 않아야 한다.
  ⓒ 권양기의 운전자는 현장책임자가 지정하는 자가 하여야 한다.
  ⓓ 운반작업시에는 작업책임자를 배치하여 수신호 또는 표준신호방법에 의하여 시행한다.
  ⓔ 달아올리는 부근에는 관계근로자 이외의 사람의 출입을 금지하여야 한다.

> **참고** 철근 관련 기타 사항
>
> 1. 철근운반시 감전사고를 예방하기 위해 준수하여야 할 사항
>   ① 운반장비는 반드시 전선의 배선상태를 확인한 후 운행하여야 한다.
>   ② 철근운반작업을 하는 바닥 부근에는 전선이 배치되어 있지 않아야 한다.
>   ③ 철근운반작업을 하는 주변의 전선은 사용 철근의 최대길이 이상의 높이에 배선되어야 하며 이격거리는 최소한 2m 이상이어야 한다.
>
> 2. 철근저장 및 취급시 유의사항
>   ① 철근저장은 물이 고이지 않고 배수가 잘되는 곳이어야 한다.
>   ② 철근을 저장할 때는 철근의 종류별, 규격별, 길이별로 적재를 하여야 한다.
>   ③ 철근고임대 및 간격재는 직사일광을 받지 않고, 통풍이 잘되는 곳에 저장을 하여야 한다.
>   ④ 저장장소가 해안 근처인 경우에는 창고속에 저장하여야 한다.
>
> 3. 콘크리트 구조물에서 철근부식의 주요 원인
>   ① 물, 산소 또는 부식성 화학물질의 접촉반응
>   ② 콘크리트의 중성화
>   ③ 콜드조인트, 이어치기 불량 등의 결함
>   ④ 콘크리트의 동결·융해
>   ⑤ 콘크리트의 알칼리골재반응
>   ⑥ 진동 및 충격으로 인한 콘크리트의 결함
>   ⑦ 전류에 의한 작용
>   ⑧ 염해
>
> 4. 철근가공시 유의사항
>   ① 철근의 가공은 철근배근도에 표시된 형상과 치수가 일치하고, 재질을 해치지 않는 방법으로 이루어져야 한다.
>   ② 철근은 상온에서 가공하는 것을 원칙으로 한다.
>   ③ 한번 구부린 철근을 다시 펴서 사용하여서는 안된다.
>   ④ 유해한 흠이나 단면결손, 균열 등의 손상이 있는 철근을 사용하여서는 안된다.
>   ⑤ 표준갈고리를 가공할 때는 정해진 크기 이상의 곡률반지름을 가져야 한다.
>   ⑥ D35 이상의 철근은 기계절단기를 사용하여 절단을 하여야 한다.
>
> 5. 철근콘크리트에 늑근(stirrup)을 쓰는 이유: 전단력에 의한 균열을 방지하기 위해서이다.
>
> 6. 철근의 현장가공과 공장가공에 관한 사항
>   ① 대지의 여유가 있을 때 현장가공을 우선적으로 고려한다.
>   ② 현장가공은 현장의 여건변화에 대한 신속한 대처가 가능하다.
>   ③ 현장가공은 가공과 조립을 동시에 시행할 수 있기 때문에 하도급시공이 용이하다.
>   ④ 공장가공은 구조물의 정밀시공과 복잡한 시공이 가능하다.
>   ⑤ 공장가공은 현장가공에 비하여 절단손실을 줄일 수 있다.
>   ⑥ 공장가공은 현장가공에 비하여 운반비가 많이 소요된다.
>   ⑦ 공장가공은 가공품과 재고관리가 용이하다.
>   ⑧ 공장가공은 공사비의 경비를 절감할 수 있다.

② **철근의 종류**
　㉠ 철근콘크리트공사에 사용하는 철근의 종류는 원형철근, 이형철근, 철선, 피아노선, 용접철망 등이 있다.
　㉡ 이형철근은 마디와 리브(Rib)가 붙어 있어서 콘크리트와의 부착을 좋게 한다.

③ **철근의 인양방법**
　㉠ 체결방법
　　ⓐ 매다는 각도는 60도 이내로 한다.
　　ⓑ 2개소 이상을 묶어 수평으로 인양한다.
　　ⓒ 훅(Hook)은 해지장치가 있는 것을 사용한다.
　　ⓓ 와이어로프의 미끄럼을 방지한다.
　　ⓔ 철근의 중량과 중심을 확인한다.
　　ⓕ 철근을 세워올릴 때는 포대나 상자를 이용하여 철근이 빠지지 않도록 한다.
　㉡ 인양방법
　　ⓐ 신호수의 인양신호에 의하여 인양한다.
　　ⓑ 인양 중에 짐이 흔들리거나 장해물에 걸렸을 때는 즉시 운전을 중지시킨다.
　　ⓒ 운전자와 신호수 사이에는 신호방법을 충분히 협의해 둔다.
　　ⓓ 체결작업이 끝나면 작업자는 안전한 장소로 대피한다.
　　ⓔ 인양된 것을 이동시킬 때는 지상 2m 높이로 유지하고 통행자의 위험, 장해물 등에 유의한다.

> **참고** 철근이음 및 철근의 균열
>
> 1. 철근이음의 종류
>   ① 겹침이음
>   ② 용접이음
>   ③ 가스압접이음
>   ④ 기계적 이음
> 2. 철근이음 중 기계적 이음의 종류
>   ① 나사식 이음
>   ② 충전식 이음
>   ③ 압착식 이음
> 3. 지름이 큰 철근을 이음할 경우 철근의 재료를 절감하기 위하여 활용되는 공법
>   ① 맞댄용접이음
>   ② 나사식커플링이음
>   ③ 가스압접이음
> 4. 가스압접이음: 철근단면을 맞대고 산소아세틸렌 불꽃으로 가열하여 접합단면을 녹이지 않고, 적열상태에서 부풀려 가압·접합하는 철근이음방식이다.
> 5. 건축물의 철근조립 순서: 기초 – 기둥 – 벽체 – 보 – 슬래브(slab) – 계단
> 6. 철근의 균열
>   ① 침하균열: 철근콘크리트 슬래브 윗면에 철근을 따라 규칙적으로 발생하는 초기균열로 블리딩(bleeding) 현상이 원인이 된다.
>   ② 수축균열: 철근콘크리트가 건조한 외기에 노출될 경우 표면의 급속한 수분의 증발로 인하여 발생한다.
> 7. 철근콘크리트 구조물의 철근비파괴탐지법 종류
>   ① X선법(방사선투과법)
>   ② 전자파레이더법
>   ③ 전자유도법

2 철골공사안전

(1) **철골공사의 장·단점**

장점	• 재질이 균등하다. • 공기가 단축된다. • 철근콘크리트조에 비하여 가볍고 인성이 크다. • 긴 부재의 사용으로 큰 스팬(Span)구조물에 적합하다.
단점	• 정확한 가공, 조립이 요구된다. • 비내화적이다. • 가격이 높다

(2) **철골구조의 역학적 분류**: 철골의 구조는 축조의 접합상태에 따라 라멘구조(Rahmen Frame), 트러스구조(Truss Frame), 브레이스구조(Braced Frame)로 분류하고 있다.

① **브레이스구조**: 가새(Brace)를 이용하여 풍압력이나 지진력에 견딜 수 있게 하는 구조이다.

② **라멘구조**: 축조의 각 절점이 강하게 접합되어 있는 구조이며, 역학적으로 휨재, 압축재, 인장재가 결합되어 있는 형식이다.

③ **트러스구조**: 골조의 각 결점이 모두 핀으로 접합되어 있으며, 일반적으로 각 부재가 삼각형을 구성하는 골조이다.

▶ 철골구조에서 플랜지(flange)에 커버플레이트(cover plate)를 부착하는 이유: 휨모멘트의 부족을 보충하기 위해서이다.

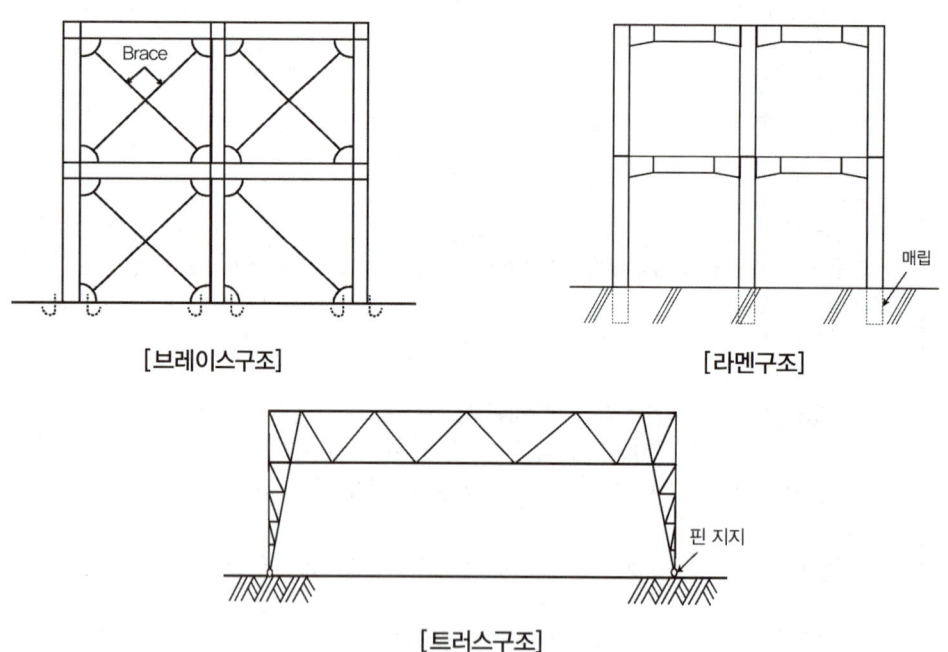

[브레이스구조] [라멘구조]

[트러스구조]

(3) 철골공사 전 검토사항

① 설계도 및 공작도 검토

㉠ 철골의 자립도 검토

ⓐ 철골 무너짐(도괴)에 따른 위험요소는 다음 표와 같다.

공정	건립	버팀대 가체결	본체결
위험 요소	• 자중 • 바람 • 앵커볼트 불량 • 가설물의 적재 • 가볼트 부족 • 조립순서 불량	• 가설물의 적재 • 바람 • 가볼트 부족 • 보강기재 또는 와이어 부족	• 가설물의 적재 • 바람 • 가설물에 대한 보강 부족 • 자립성 부족

ⓑ 구조안전의 위험이 큰 다음의 철골구조물은 건립 중 강풍에 의한 풍압 등 외압에 대한 내력이 설계에 고려되었는지 확인하여야 한다(철골공사표준안전작업지침 고용노동부고시)

• 기둥이 타이플레이트(Tie Plate)형인 구조물
• 이음부가 현장용접인 구조물
• 연면적당 철골량이 50kg/m² 이하인 구조물
• 단면구조에 현저한 차이가 있는 구조물
• 높이 20m 이상의 구조물
• 구조물의 폭과 높이의 비가 1 : 4 이상인 구조물

㉡ 부재의 형상 확인
㉢ 부재의 수량 및 중량의 확인
㉣ 볼트구멍, 이음부, 접합방법의 확인
㉤ 철골계단의 유무
㉥ 건립작업성의 검토
㉦ **가설부재 및 부품 검토**: 건립 후에 가설부재나 부품을 부착하는 것은 위험한 고소작업이 예상되므로 다음 사항을 사전에 계획하여 공작도에 포함시켜야 한다(철골공사표준안전작업지침 고용노동부고시).

ⓐ 외부비계받이 및 화물승강설비용 브라켓
ⓑ 건립에 필요한 와이어걸이용 고리
ⓒ 기둥승강용 트랩(간격은 30cm 이내, 폭은 30cm 이상)
ⓓ 구명줄 설치용 고리
ⓔ 비계연결용 부재
ⓕ 방망설치용 부재
ⓖ 난간설치용 부재
ⓗ 방호선반설치용 부재
ⓘ 양중기설치용 보강재
ⓙ 기둥 및 보 중앙의 안전대설치용 고리

㉧ 건립용 기계 및 건립순서
㉨ 사용전력 및 가설설비
㉩ 안전관리체계

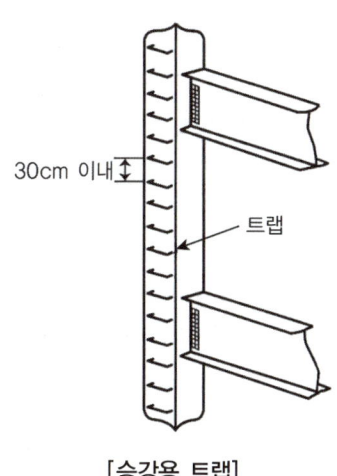

[승강용 트랩]

② 현지조사
- ⊙ 현장 주변환경조사
- ⓒ 수송로와 재료적치장조사
- ⓒ 인접가옥, 공작물, 가공전선 등의 조사

③ 건립공정 수립시 검토사항
- ⊙ 입지조건에 의한 영향
- ⓒ **철골작업의 제한**: 강풍, 폭우 등과 같은 악천후시에는 작업을 중지하도록 하여야 한다.(산업안전보건법 안전보건기준)
    - ⓐ **풍속**: 10m/s 이상
    - ⓑ **강우량**: 1mm/h 이상
    - ⓒ **강설량**: 1cm/h 이상
- ⓒ 건립순서에 의한 영향
- ⓔ 건립용 기계에 의한 영향
- ⓜ 철골부재 및 접합형식에 의한 영향
- ⓗ 안전시설에 의한 영향

(4) 건립형식

① **층별 건립형식**
- ⊙ 타워크레인, 가이데릭 등을 이용하여 건립을 하는 형식으로 건물전체를 수평으로 나누어 아래층으로부터 점차 위층으로 건립해 가는 것이다.
- ⓒ 고소작업의 심리적 불안감이 감소되는 등 작업의 안전성이 크다.

② **구조물 폭(Span) 단위별 건립형식**
- ⊙ 트럭크레인, 타워크레인과 같이 이동식 기계를 이용하여 건립하는 것으로 건물의 끝에서부터 시작하여 3스팬(Span) 정도마다 최고층까지 세우고 기계를 후퇴시키면서 건물을 완성하는 것이다.
- ⓒ 보통 공장, 창고 등과 같이 높이가 비교적 낮고, 좁고 긴 건물에 아주 효과적이며 높이 30m 정도의 건물에 사용되고 있다.

③ **변칙구조물 폭(Span) 단위별 건립형식**
- ⊙ 기둥 횡목의 조립 후에 지붕을 세우는 공법인데, 기둥 횡목, 보, 소지붕을 충분히 하여 건립하는 것으로 건립시 선별이 용이하고 공장제작시나 공장운반시 수송에 있어서 능률적이다.
- ⓒ 이 형식은 평형하고 길게 건립된 형태, 긴 폭의 건물에 많이 이용된다.

> **[참고] 철골건립 등**
>
> 1. 철골건립준비를 할 때 준수하여야 할 사항
>   ① 지상작업장에서 건립준비 및 기계기구를 배치할 경우에는 낙하물의 위험이 없는 평탄한 장소를 선정하여 정비를 하고, 작업을 하여야 한다.
>   ② 경사지에서는 작업대나 임시발판 등을 설치하는 등 안전조치를 한 후 작업을 하여야 한다.
>   ③ 기계기구를 사용하기 전에 정비 및 보수를 철저히 실시하여야 한다.
>   ④ 기계에 부착된 앵커 등 고정장치와 기초구조를 확인하여야 한다.
>   ⑤ 건립작업에 지장이 있으면 수목은 제거하거나 이설을 하여야 한다.

2. 철골기둥, 빔(beam) 및 트러스(truss) 등의 철골구조물을 일체화 또는 지상에서 조립하는 이유
   고소작업을 감소시키기 위해서이다.
3. 철골공사의 공정순서: 원척도 – 본뜨기 – 금매김 – 절단 – 구멍뚫기 – 가조립 – 리벳팅 – 검사
4. 철골공사에 있어서 가조임 볼트 수: 가조임 볼트 수는 현장치기 리벳 수의 1/5 이상을 표준으로 한다.
5. 철골구조 이음의 종류
   ① 용접이음
   ② 리벳이음
   ③ 핀이음
   ④ 고장력볼트이음
6. 철골구조 이음 중 고장력볼트의 구조적 이점
   ① 피로강도가 높다.
   ② 공기가 단축된다.
   ③ 소음이 작다.
   ④ 불량개소의 수정이 용이하다.
   ⑤ 리벳에 비해 위험성이 작다.
   ⑥ 노동력이 절감된다.
7. 리벳구멍의 지름

리벳의 지름(mm)	22	25	28	32 이상
리벳구멍의 지름(mm)	23.5	26.5	29.5	34

8. 철골공사에 있어서 앵커볼트의 매립시 준수사항(철골공사표준안전작업지침 고용노동부고시)
   ① 인접기둥간 오차는 3mm 이하일 것
   ② 앵커볼트는 기둥중심에서 2mm 이상 벗어나지 않을 것
   ③ 베이스플레이트의 하단은 기준높이 및 인접기둥의 높이에서 3mm 이상 벗어나지 않을 것

(5) 철골공사용 기계의 종류

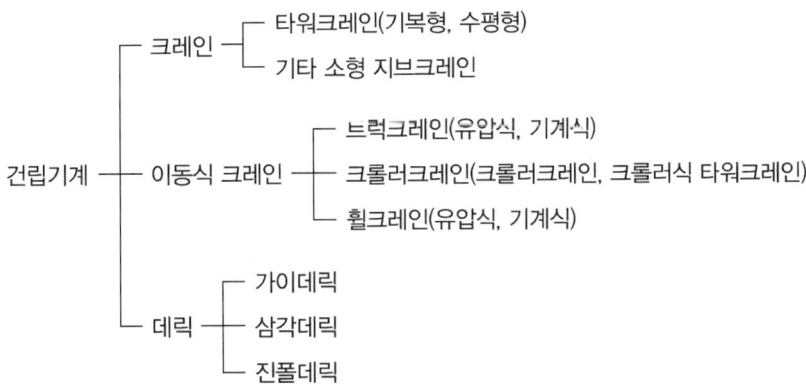

① **타워크레인(Tower Crane)**: 초고층작업이 용이하고 인접물에 장해가 없기 때문에 360도 회전이 가능하여 가장 능률이 좋은 기계이다.
② **크롤러크레인(Crawler Crane)**
   ㉠ 트럭크레인이 타이어 대신 크롤러를 장착한 것으로 외부받침대를 갖고 있지 않아 트럭크레인보다 흔들림이 크며 하중인양시 안전성이 약하다.
   ㉡ 크롤러식 타워크레인의 차체는 크롤러크레인과 같지만 직립 고정된 붐 끝에 기동이 가능한 보조 붐을 가지고 있다.
   ㉢ 최소작업반경은 6.4 ~ 11m의 범위 정도이다.

③ 트럭크레인(Truck Crane)
  ㉠ 붐의 신축과 기복을 유압에 의하여 조작하는 유압식이 있고 한 장소에서 360도 선회작업이 가능하며 기계종류도 소형에서 대형까지 다양하다.
  ㉡ 장거리 기동성이 있고 붐을 현장에서 조립하여 소정의 길이를 얻을 수 있다.
  ㉢ 최소작업반경은 1.5~6m의 범위 정도이다.

④ 삼각데릭(Stiff Leg Derrick)
  ㉠ 가이데릭과 비슷하나 주기둥을 지탱하는 지선 대신 2개의 다리에 의해 고정된 것으로 작업회전반경이 약 270도 정도이다.
  ㉡ 삼각데릭은 비교적 높이가 낮고 넓은 면적의 건물에 유리하다. 초고층 철골 위에 설치하여 타워크레인 해체 후 사용하거나 증축공사인 경우에는 기존건물 옥상 등에 설치하여 사용되고 있다.

⑤ 가이데릭(Guy Derrick)
  ㉠ 주기둥과 붐으로 구성되어 있고 6~8개의 지선으로 주기둥이 지탱되며 주각부에 붐을 설치하면 360도 회전이 가능하다.
  ㉡ 인양하중이 크고 경우에 따라 쌓아 올림도 가능하지만 타워크레인에 비하여 선회성이 떨어지므로 인양하중량이 특히 클 때 필요하다.

⑥ 진폴데릭(Gin Derrick)
  ㉠ 통나무, 철파이프 또는 철골 등으로 기둥을 세우고 난 뒤 3개 이상 지선을 매어 기둥을 경사지게 세워 기둥끝에 활차를 달고 윈치에 연결시켜 권상시키는 것이다.
  ㉡ 간단하게 설치할 수 있으며, 경미한 건물의 철골건립에 주로 사용된다.

> **참고** 철골건립기계 선정시 검토사항 및 철골보 인양작업시 준수사항
>
> 1. 철골건립기계 선정시 검토사항
>   ① 건물형태   ③ 인양하중
>   ② 입지조건   ④ 작업반경
> 2. 철골보 인양작업시 준수사항(철골공사표준안전작업지침 고용노동부고시)
>   ① 인양 와이어로프의 매달기 각도는 양변 60도를 기준으로 2열로 매달고, 와이어 체결지점은 수평부재의 1/3 지점을 기준으로 하여야 한다.
>   ② 사용될 부재가 하단부에 적치되어 있을 때는 상단부의 부재를 무너뜨리는 일이 없도록 주의하여 옆으로 옮긴 후 인양을 하여야 한다.
>   ③ 유도로프는 확실히 매어야 한다.
>   ④ 클램프로 부재를 체결할 때는 다음 사항을 준수하여야 한다.
>   • 클램프는 부재를 수평으로 하는 두곳의 위치에 사용하여야 하며, 부재 양단방향은 등간격이어야 한다.
>   • 부득이 한군데만을 사용할 때는 위험이 적은 장소로서 간단한 이동을 하는 경우에 한하여야 하며, 부재길이의 1/3 지점을 기준으로 하여야 한다.
>   • 두곳을 매어 인양시킬 때 와이어로프 내각은 60도 이하이어야 한다.
>   • 클램프의 정격용량 이상 매달지 않아야 한다.
>   • 체결작업 중 클램프 본체가 장애물에 부딪지 않게 주의하여야 한다.
>   • 클램프의 작동상태를 점검한 후 사용하여야 한다.

⑤ 철골보를 인양할 때는 다음의 사항을 준수하여야 한다.
- 인양와어로프는 후크의 중심에 걸어야 한다.
- 신호자는 운전자가 잘보이는 곳에서 신호를 하여야 한다.
- 불안정하거나 매단 부재가 경사지면 지상에 내려 다시 체결하여야 한다.
- 부재의 균형을 확인하면 서서히 인양하여야 한다.
- 흔들리거나 선회하지 않도록 유도로프로 유도하며, 장애물에 닿지 않도록 주의하여야 한다.

(6) 철골반입시 유의사항

① 부재반입시는 건립의 순서 등을 고려하여 반입토록 하여야 하며, 시공순서가 빠른 부재는 상단부에 위치하도록 한다.
② 다른 작업을 고려하여 장해가 되지 않는 곳에 철골을 적치하여야 한다.
③ 받침대는 적당한 간격으로 적치될 부재의 중량을 고려하여 안정성이 있는 것으로 하여야 한다.
④ 부재에 로프를 체결하는 작업자는 경험이 풍부한 사람이 하도록 하여야 한다.
⑤ 부재 하차시는 쌓여 있는 부재의 도괴에 대비하여야 한다.
⑥ 부재를 하차시킬 때 트럭 위의 작업은 불안정하므로 인양시킬 때 부재가 무너지지 않도록 하여야 한다.
⑦ 인양기계의 운전자는 서서히 들어 올려 일단 안정상태인가를 확인한 다음, 다시 서서히 들어 올려 트럭 적재함으로부터 2m 정도가 되면 수평이동시켜야 한다.

(7) 좌굴(Buckling)

① 양단이 힌지인 주재(柱材)에 하중 P를 가하면 중앙에 인장력을 가한 것과 같이 기둥이 수평으로 변곡하게 된다.
② 하중 P가 작으면 기둥은 쉽게 원상태로 복원되지만 일정한도 이상이 되면 복원은 커녕 변곡이 계속 진행되어 파괴에 이르게 된다.
③ 이 복원의 한계점 부근에서의 상태가 존재하게 되는데 이 상태를 좌굴이라 하고 이 때의 하중을 좌굴하중(또는 한계하중)이라고 한다.
④ 이때 기둥의 유효길이(높이)를 l(cm), 탄성계수를 E(Kg/cm^2), 단면2차모멘트를 I(cm^4)라 할 때, 좌굴하중 P(Kg)는 다음과 같이 구할 수 있다.

$$\text{좌굴하중(오일러의 한계하중)}$$
$$P = \frac{\pi^2 EI}{l^2}$$

▶ 좌굴하중 계산식에서 사용되는 유효길이: 좌굴이 발생되는 실제 길이

⑤ **좌굴의 종류**
  ㉠ **보의 횡좌굴**: 판을 옆으로 세워서 보로 사용할 경우에 생기는 좌굴이다.
  ㉡ **기둥의 휨좌굴**: 일반적으로 좌굴이라고 하는 것은 기둥의 휨좌굴이다.
  ㉢ **기둥의 휨전단좌굴**: 조립단면의 기둥에 생기는 좌굴이다.
  ㉣ **기둥의 비틀림좌굴**: 판재에 편심압축을 가할 때 생기는 좌굴이다.
  ㉤ **국부좌굴**: 두께가 얇은 단면의 부재에서 단면의 형상이 붕괴되는 듯이 좌굴을 일으키는 것이다.

⑥ 좌굴의 억제조치
　㉠ **보의 연결**: 보와 보를 경사재 및 수평재로 연결해 주면 보가 갖는 원래의 기능을 충분히 발휘하게 되고, 횡좌굴이 일어나기 어렵게 된다.
　㉡ **재단(材端)의 회전구속**: 재단의 회전을 억제하면 기둥이 휘는 것을 억제할 수 있다.
　㉢ **부재의 중간지지**: 기둥의 중간지점에서 수평방향으로 지지해 주면 같은 지점에서는 기둥이 이동을 할 수 없으므로 기둥이 휘는 것을 억제할 수 있다.

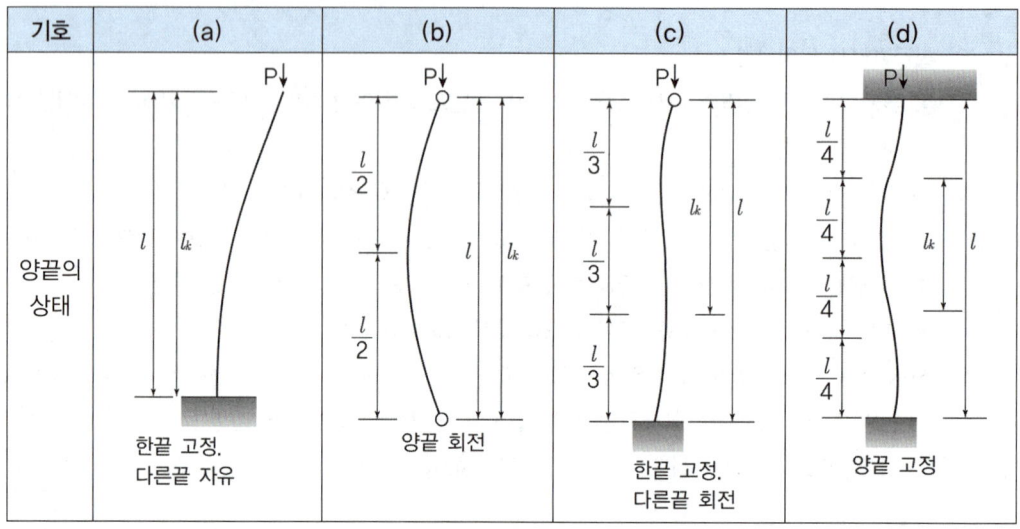

3 해체공사안전

(1) 해체작업 준비(현지조사)
시공계획에 앞서 현지조사가 필요한데 해체건물의 조사, 부지상황조사, 인근주변 조사 등이 있다.

(2) 시공계획
시공계획은 현지조사 결과에 따라 계획한다. 이러한 시공계획은 공사의 지침이 되는 것이므로 현장책임자는 내용을 잘 이해하여야 하며, 임의대로 변경하거나 본계획에서 벗어나는 작업을 해서는 안된다.

(3) 해체계획의 작성(산업안전보건법 안전보건기준)
① 해체작업을 하는 때에는 미리 해체건물의 조사결과에 따른 해체계획을 작성하고 그 해체계획에 의하여 작업하도록 하여야 한다.
② 해체계획에는 다음 사항이 포함되어야 한다.
　㉠ 해체의 방법 및 해체순서 도면
　㉡ 해체작업용 화약류 등의 사용계획서
　㉢ 해체물의 처분계획
　㉣ 해체작업용 기계·기구 등의 작업계획서
　㉤ 사업장 내 연락방법
　㉥ 가설설비, 방호설비, 환기설비 및 살수·방화설비 등의 방법
　㉦ 기타 안전보건에 관련된 사항

(4) 해체공법의 종류 및 특징

① 일반적으로 해체공사는 현장의 상황 등에 따라 여러가지 공법이 동원되고 있으며 작업의 조건, 공기, 경제성을 고려하여 가장 안전하고 효율성이 높은 공법을 선택해야 한다.

② 해체공법의 종류에 따른 장·단점은 다음 표와 같다.

공법		원리	장점	단점
압쇄공법	자주식 현수식	유압 압쇄날에 의한 해체	취급과 조작이 용이하고 철근, 철골절단이 가능하며 저소음이다.	20m 이상은 불가능, 분진비산을 막기 위해 살수설비가 필요하다.
대형 브레이커 공법	압축공기 자주형	압축공기에 의한 타격 파쇄	능률이 높으며 높은 곳에 사용이 가능하다. 보, 기둥, 슬래브, 벽체 파쇄에 유리하다.	소음과 진동이 크며, 분진발생에 주의하여야 한다.
	유압 자주형	유압에 의한 타격 파쇄		
전도공법		부재를 절단하여 파쇄	원칙적으로 한층씩 해체하고 전도방향과 전도축에 주의해야 한다.	전도에 의한 진동과 매설물에 대한 배려가 필요하다.
철해머공법		철재해머로 타격하여 파쇄	능률이 높으며 지하매설 콘크리트 해체에는 효율성이 낮다. 슬래브, 기둥, 보, 벽체 파쇄에 유리하다.	파편이 많이 비산되고 소음과 진동이 크다.
화약발파공법		가스압력과 발파충격으로 파쇄	공기를 단축할 수 있고 파괴력이 크다.	폭음과 진동이 수반되고 지하매설물에 악영향 초래, 벽체, 슬래브 파쇄에 불리하다.
핸드 브레이커 공법	압축 공기식	압축공기에 의한 타격 파쇄	진동이 작고 광범위한 작업이 가능하다. 작은 구조물이나 좁은 장소의 파쇄에 유리하다.	소음이 크고 보안경 등 보호구 착용이 필요하다.
	유압식	유압에 의한 타격 파쇄		
팽창압공법		팽창압력과 가스압력으로 파쇄	보관, 취급이 간단하고 공해 우려가 없다. 무근콘크리트 파쇄에 유리하다.	분진과 소음이 발생하고 벽체, 슬래브 파쇄에 불리하다.
절단공법		회전톱에 의한 절단파쇄	무진동이나 질서정연한 해체가 요구될 때 유리하고 최대 절단길이는 30cm 정도이다.	해체물 운반 크레인이 필요하고 냉각수가 필요하다.
재키공법		유압식 재키로 파쇄	진동, 소음이 없다.	기초와 기둥에는 사용이 불가하다.
쐐기타입공법		쐐기를 밀어 넣어 파쇄	균열이 직선적이므로 계획적인 해체가능, 무근콘크리트 파쇄에 유리하다.	소음과 분진발생, 냉각수가 필요하고 1회 파쇄량이 적다.
화염공법		화염으로 용해하여 파쇄	-	불꽃처리 대책이 필요하고 방열복 등 보호구 착용이 필요하다.
통전공법		전기쇼트를 이용하여 파쇄	-	현재 거의 실용화되어 있지 않다.

(5) 해체공사 중 압쇄공법의 작업순서
  ① 압쇄기를 지상에 설치한 경우 작업순서
    ㉠ 해체대상 건물주위에 비계를 설치하고 방호시트와 방음패널을 설치한다.
    ㉡ 건물높이, 부지 내 여유공지, 작업반경, 중기선회반경, 해체부재의 크기와 압쇄기의 중량에 따라 사용 중기를 선정한다.
    ㉢ 작업개시 부분의 외벽을 먼저 해체하여 중기운전자가 각 부분의 부재를 볼 수 있도록 시계(視界)를 확보한다.
    ㉣ 해체는 위층에서 아래로 내려오면서 슬래브 – 보 – 벽체 – 기둥 순으로 해체한다.
    ▶ 압쇄공법은 20m 이상의 건물에는 사용이 불가능하고, 철골절단이 가능하며 취급과 조작이 용이한 해체공법이다.

  ② 압쇄기를 슬래브에 설치한 경우 작업순서
    ㉠ 해체물의 비산과 낙하방지용 비계를 건물 주위에 설치하고, 방호시트와 방음패널을 설치한다.
    ㉡ 해체물 장외반출 출입구의 바닥판에 해체물처리용 낙하구를 설치한다.
    ㉢ 옥상에서 압쇄기와 이에 필요한 공구, 연료, 부속품 등을 함께 인양한다.
    ㉣ 위층에서 점차 아래층으로 1층씩 해체하여 나간다.
    ㉤ 한 층의 해체는 중앙부분에서부터 시작하여 외벽을 최후에 해체하도록 한다(안전성의 향상과 공해방지를 위함).
    ㉥ 한 층의 해체가 끝나면 해체된 잔재를 아래층으로 끌어 내려 경사로를 만들어 기계를 내린다.

> **참고** 해체공사에 따른 소음 · 진동 등 공해방지
>
> 1. 해체공사에 따른 공해방지대책
>   ① **소음 및 진동**: 해체공사의 공법에 따라 발생하는 소음과 진동은 다양하므로 현장 내에서는 대형 부재로 해체하여 장외에서 잘게 부수고, 인접건물에 피해를 줄이기 위해 방음시설을 하여야 한다.
>   ② **분진**: 분진발생을 억제하기 위하여 직접 발생부분에 물을 뿌리거나 간접적으로 방진시트 등에 의한 방진벽을 설치하여야 한다.
>   ③ **지반침하**: 해체작업 전에 대상건물의 깊이, 토질, 주변상황 등과 사용하는 중기운행시 수반되는 진동 등을 고려하여 지반침하에 대비하여야 한다.
>   ④ **폐기물**: 해체작업 과정에서 발생하는 폐기물은 관계법에서 정하는 바에 따라 처리하도록 하여야 한다.
> 2. 건설현장의 소음 및 진동관리
>   ① 일정 면적 이상의 건설현장은 특정공사 사전신고를 하여야 한다.
>   ② 방음벽 등 차음 · 방진시설을 하여야 한다.
>   ③ 파일공사(항타공사)는 가능한 진동공법 및 압입공법을 채택한다.
>   ④ 해체공사는 가능한 압쇄공법을 채택한다.
> 3. 절단기
>   철도의 위를 가로질러 횡단하는 고가다리가 노화되어 해체하고자 할 때 철도의 통행을 최대한 방해하지 않고 해체하는데 가장 적합한 해체용 기계 · 기구이다.

4 PC공법의 안전

(1) 프리캐스트콘크리트(Precast Concrete: PC)공법

① 소요 규격의 콘크리트 제품을 공장에서 제작하여 현장으로 운반하고, 타워크레인으로 들어 올려 각 부재를 조립해서 구조체를 완성한 후 방수, 마감공사 등을 함으로써 건물을 완성하는 것이다.

② 즉, 슬래브, 기둥, 벽판 및 보를 플랜트의 몰드를 사용하여 기성품으로 만든 것이다.

(2) PC공법의 장단점

장점	단점
① 자재의 규격화로 대량생산이 가능하다. ② 공기단축이 된다. ③ 공사비가 적게 소요된다. ④ 시공이 용이하다. ⑤ 현장관리가 용이하다. ⑥ 연중공사가 가능하다.	① 획일적인 건축시공이 된다. ② 초기투자비가 높게 소요된다. ③ 설계시공상 제약조건이 따른다. ④ 부재의 접합부에 결함이 생기기 쉽다.

(3) PC공법의 분류

① 구조형식에 따른 분류

㉠ 상자식공법(Box Method)

㉡ 패널식공법(Panel Method)

㉢ 골조식공법(Frame Method)

㉣ 특수공법(Special Method)

② 접합방식에 따른 분류

㉠ **습식접합**(Wet Joint): 모르타르, 콘크리트 채움

㉡ **건식접합**(Dry Joint): 볼트, 용접, 루프(Loop)처리

㉢ **기타 접합**: 합성수지 등

적중문제 CHAPTER 6 | 공사 및 작업종류별 안전 Ⅱ (콘크리트 및 PC공사)

01 콘크리트를 타설할 때 안전에 유의하여야 할 사항으로 옳지 않은 것은?

① 콘크리트를 치는 도중에는 거푸집, 지보공 등의 이상유무를 확인한다.
② 진동기 사용시 지나친 진동은 거푸집 도괴의 원인이 될 수 있으므로 적절히 사용해야 한다.
③ 최상부의 슬래브는 되도록 이어붓기를 하고 여러 번에 나누어 콘크리트를 타설한다.
④ 타워에 연결되어 있는 슈트의 접속은 확실한지 확인한다.

해설 최상부의 슬래브는 되도록 이어붓기를 하지 않고 일시에 콘크리트를 타설한다.

정답 ③

02 콘크리트 타설작업을 하는 경우에 준수해야 할 사항으로 옳지 않은 것은?

① 당일의 작업을 시작하기 전에 해당 작업에 관한 거푸집 및 동바리의 변형·변위 및 지반의 침하 유무 등을 점검하고 이상이 있으면 보수할 것
② 작업 중에는 감시자를 배치하는 등의 방법으로 거푸집 및 동바리의 변형·변위 및 침하유무 등을 확인해야 하며, 이상이 있으면 작업을 중지하고 근로자를 대피시킬 것
③ 설계도서상의 콘크리트 양생기간을 준수하여 거푸집 및 동바리를 해체할 것
④ 거푸집 붕괴의 위험이 발생할 우려가 있는 때에는 보강조치없이 즉시 해체할 것

해설 거푸집 붕괴의 위험이 발생할 우려가 있는 때에는 충분한 보강조치를 하고 해체하여야 한다.

정답 ④

03 콘크리트 타설시 내부진동기를 이용한 진동다지기를 할 때 사용상의 주의사항으로 옳지 않은 것은?

① 여러 층으로 나누어 진동다지기를 할 때는 진동기를 하층의 콘크리트 속으로 찔러 넣어서는 안 된다.
② 진동기는 수직방향으로 넣고 간격은 약 50cm 이하로 한다.
③ 진동기를 넣고 나서 뺄 때까지 시간은 보통 5~15초가 적당하다.
④ 진동기를 가지고 거푸집 속의 콘크리트를 옆방향으로 이동시켜서는 안 된다.

해설 진동기는 수직방향으로 넣고 간격은 60cm 이하로 한다.

관련이론 내부진동기를 이용한 진동다지기를 할 때 주의사항
- 여러 층으로 나누어 진동다지기를 할 때는 진동기를 하층의 콘크리트 속으로 찔러 넣어서는 안 된다.
- 진동기를 넣고 나서 뺄 때까지 시간은 보통 5~15초가 적당하다.
- 진동기를 가지고 거푸집 속의 콘크리트를 옆방향으로 이동시켜서는 안 된다.
- 진동기는 뽑을 때 서서히 뽑는 것이 좋다.
- 진동기의 사용간격은 60cm 이하로 한다.
- 내부진동기는 수직으로 사용하는 것이 좋다.
- 진동기는 단시간에 각 부분에 균등하게 사용하는 것이 좋다.
- 철근, 거푸집에 진동을 주지 않아야 한다.

정답 ②

04 콘크리트 슬럼프시험은 무엇을 검사하는 것인가?

① 강도   ② 반죽질기
③ 온도   ④ 크리프

해설 콘크리트 슬럼프시험은 반죽질기를 검사하는 것이다.

정답 ②

05 콘크리트 양생시 유의할 사항으로 옳지 않은 것은?

① 콘크리트 타설 후 수화작용을 돕기 위해 최소 3일간은 수분을 보존한다.
② 콘크리트의 온도는 항상 2℃ 이상으로 유지하여야 한다.
③ 콘크리트 타설 후 1일간은 그 위를 보행하거나 기구 등 기타 중량물을 올려 놓아서는 안 된다.
④ 콘크리트가 충분히 경화될 때까지는 충격 및 하중을 가하지 않도록 주의한다.

해설 콘크리트 타설 후 수화작용을 돕기 위해 최소 5일간은 수분을 보존한다.

관련이론 콘크리트 양생시 유의할 사항
- 콘크리트의 온도는 항상 2℃ 이상으로 유지하여야 한다.
- 콘크리트 타설 후 1일간은 그 위를 보행하거나 기구 등 기타 중량물을 올려 놓아서는 안 된다.
- 콘크리트가 충분히 경화될 때까지는 충격 및 하중을 가하지 않도록 주의한다.
- 일광의 직사, 급격한 건조, 한냉에 대하여 보호조치를 하여야 한다.

정답 ①

06 콘크리트가 분리되는 일이 없이 거푸집 속에 쉽게 타설할 수 있는 정도를 나타내는 것은?

① Workability
② Bleeding
③ Consistency
④ Filtration

해설 콘크리트가 분리되는 일이 없이 거푸집 속에 쉽게 타설할 수 있는 정도를 나타내는 것을 Workability(워커빌리티)라 한다.

관련이론 워커빌리티(Workability, 시공연도)
반죽질기(Consistency) 여부에 따르는 작업의 난이 정도 및 재료의 분리에 저항하는 정도를 나타내는 굳지 않은 콘크리트 성질

정답 ①

07 콘크리트의 워커빌리티(Workability)를 측정하는 시험방법과 관계가 없는 것은?

① 슬럼프시험(Slump Test)
② 베인시험(Vane Test)
③ 흐름시험(Flow Test)
④ 캐리볼관입시험(Kelly Ball Penetration Test)

해설 베인시험(Vane Test)은 연약한 점토질시험에 쓰이는 토질시험방법에 해당한다.

관련이론 워커빌리티(Workability)를 측정하는 시험방법
- 슬럼프시험(Slump Test)
- 흐름시험(Flow Test)
- 다짐계수시험(드롭테이블시험)
- 캐리볼관입시험(구관입시험)
- 리몰딩(Remolding)시험
- 비비(Vee-Bee)시험

정답 ②

08 그림의 슬럼프 테스트(Slump Test)에서 콘크리트(concrete)에 대한 슬럼프(Slump)의 값은?

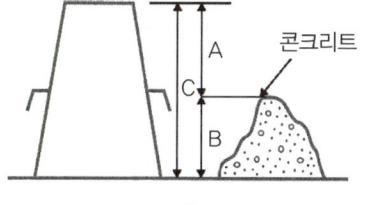

① A
② B
③ A/B
④ B/C

해설 콘크리트에 대한 슬럼프의 값은 A부분이다.

관련이론 표준 슬럼프(Slump)값

장소	진동다짐일 때	진동다짐이 아닐 때
기둥, 벽	10~15cm	19~22cm
기초, 바닥판, 보	5~10cm	15~19cm

정답 ①

09 콘크리트 타설시 거푸집의 측압에 대한 설명으로 옳지 않은 것은?

① 슬럼프가 클수록, 벽두께가 두꺼울수록 커진다.
② 부어넣기 속도가 빠를수록 커진다.
③ 온도가 높을수록 커진다.
④ 다지기가 충분할수록 커진다.

해설 온도는 낮을수록 커진다.

> **관련이론 콘크리트 타설시 거푸집의 측압이 커지는 조건**
> • 슬럼프가 클수록, 벽두께가 두꺼울수록
> • 부어넣기 속도가 빠를수록
> • 다지기가 강할수록
> • 습도가 높을수록
> • 거푸집의 강성이 클수록
> • 거푸집의 수밀성이 높을수록
> • 거푸집 표면이 매끄러울수록
> • 묽은 콘크리트일수록
> • 콘크리트의 비중이 클수록(단위중량이 클수록)
> • 철골 또는 철근량이 적을수록
> • 거푸집의 수평단면이 클수록(벽두께가 클수록)
> • 응결이 빠른 시멘트를 사용할수록
> • 콘크리트의 타설높이가 높을수록
> • 시멘트가 부배합일수록

정답 ③

10 벽체거푸집의 콘크리트 최대측압을 구하기 위해 필요한 요소가 아닌 것은?

① 콘크리트의 타설속도
② 굳지 않은 콘크리트의 타설높이
③ 거푸집 속의 콘크리트 온도
④ 수평부재의 간격

해설 거푸집 속의 콘크리트 온도는 측압을 구하는 데 아무런 관계가 없다.

> **관련이론 콘크리트 최대측압을 구하기 위해 필요한 요소**
> • 콘크리트의 타설속도
> • 굳지 않은 콘크리트의 타설높이
> • 수평부재의 간격(벽길이)
> • 굳지 않은 콘크리트의 단위용적중량

정답 ③

11 콘크리트의 소요강도 및 골재의 입도가 결정되어 있는 경우 콘크리트의 조합결정 순서는?

> ㉠ 시멘트의 강도
> ㉡ 슬럼프값
> ㉢ 시멘트, 모래, 자갈의 비율
> ㉣ 물·시멘트비

① ㉠ - ㉢ - ㉣ - ㉡
② ㉡ - ㉣ - ㉠ - ㉢
③ ㉢ - ㉡ - ㉠ - ㉣
④ ㉠ - ㉣ - ㉡ - ㉢

해설 콘크리트의 조합결정 순서는 시멘트의 강도 – 물·시멘트비 – 슬럼프값 – 시멘트, 모래, 자갈의 비율이다.

정답 ④

12 다음은 경화한 콘크리트에서 발생할 수 있는 현상을 설명한 것이다. 이러한 현상을 무엇이라 하는가?

> 시멘트의 수화반응에서 생성되는 수산화칼슘은 pH 12~13 정도의 알칼리성을 나타낸다. 이 수산화칼슘이 대기 중에 있는 약산성의 이산화탄소와 접촉, 반응하여 pH 8~10 정도의 탄산칼슘과 물로 변화하는 현상

① 알칼리 – 골재반응
② 염해
③ 동결융해
④ 중성화

해설 중성화에 대한 설명이다.

> **관련이론 콘크리트의 중성화**
>
> | 정의 | 시멘트의 수화반응에서 생성되는 수산화칼슘은 pH 12~13 정도의 알칼리성을 나타낸다. 이 수산화칼슘이 대기 중에 있는 약산성의 이산화탄소와 접촉, 반응하여 pH 8~10 정도의 탄산칼슘과 물로 변화하는 현상 |
> |---|---|
> | 콘크리트의 중성화현상 | • 콘크리트 중성화에 의해 강재표면의 보호피막이 파괴되어 철근의 녹이 발생한다.
• 물·시멘트비가 작은 콘크리트, 조강포틀랜드 시멘트를 사용하면 중성화를 늦출 수 있다.
• 중성화 깊이는 시멘트의 품질, 골재의 품질 등에 의해 영향을 받는다. |

정답 ④

13 콘크리트 중성화의 원인에 해당되지 않는 것은?

① W/C비가 클 때
② 분말도가 작은 시멘트 사용시
③ 골재자체의 공극이 큰 경량골재 사용시
④ 다짐 및 양생불량시

해설 분말도가 큰 시멘트를 사용하는 경우 중성화의 원인이 된다.

관련이론 콘크리트 중성화의 원인
- W/C비가 클 때
- 골재자체의 공극이 큰 경량골재 사용시
- 다짐 및 양생불량시
- 탄산가스(CO_2)의 농도가 클 때
- 혼합시멘트(고로, 실리카, 플라이애시)를 사용할 때
- 단기재령일 때
- 피복두께가 얇고 부재단면이 작을 때
- 온도가 높고 습도가 낮을 때

정답 ②

14 철근콘크리트건물에 있어서 신축줄눈(Expansion Joint)을 설치해야 하는 경우로 부적당한 사항은?

① 기존건물과 증축건물과의 접합부
② 두 고층사이에 있는 긴 저층건물
③ 길이가 30m를 넘는 긴 건물
④ 저층이 긴 건물과 고층건물과의 접합부

해설 길이가 50m를 넘는 긴 건물이어야 한다.

관련이론 철근콘크리트건물에 있어서 신축줄눈(Expansion Joint)을 설치해야 하는 경우
- 기존건물과 증축건물과의 접합부
- 두 고층사이에 있는 긴 저층건물
- 저층이 긴 건물과 고층건물과의 접합부
- 평면이 ㄴ, ㄷ, ㅜ형의 교차부분
- 건물의 한 끝에 달린 날개형 건물
- 길이가 50~60m를 넘는 건축물

정답 ③

15 콘크리트 배합시 물·시멘트의 혼합비는 콘크리트의 어떤 성질을 좌우하게 되는가?

① 시공연도   ② 콘크리트의 강도
③ 콘크리트의 부피 ④ 콘크리트의 중량

해설 시멘트의 배합량이 많을수록 강도는 커진다. 따라서 물·시멘트의 혼합비는 콘크리트의 강도를 좌우하게 된다.

정답 ②

16 콘크리트 강도에 영향을 주는 요소가 아닌 것은?

① 콘크리트의 재령 및 배합
② 양생온도와 습도
③ 배합 및 다지기
④ 거푸집 모양과 형상

해설 거푸집 모양과 형상은 콘크리트 강도에 영향을 전혀 주지 않는다.

관련이론 콘크리트 강도에 영향을 주는 요소
- 콘크리트 재령
- 배합 및 다지기
- 물·시멘트비
- 양생온도와 습도
- 구성재료
- 공기량

정답 ④

17 콘크리트 압축강도는 표준양생을 실시한 재령 몇 일을 기준으로 하는가?

① 7일   ② 21일
③ 28일   ④ 30일

해설 콘크리트 압축강도는 표준양생을 실시한 재령 28일(4주)을 기준으로 한다.

정답 ③

18 콘크리트 타설 이후 발생되는 블리딩(Bleeding)을 방지하기 위한 대책으로 옳지 않은 것은?

① 단위수량을 적게 해야 한다.
② 분말도가 낮은 시멘트를 사용한다.
③ 골재 중 먼지와 같은 유해물의 함량을 적게 한다.
④ AE제나 포졸란 등을 사용한다.

해설 분말도가 높은 시멘트를 사용한다.

 블리딩(Bleeding)
아직 굳지 않은 콘크리트에 있어서 물이 상승하는 현상을 말한다.

정답 ②

19 철근인양시 체결방법으로 옳지 않은 것은?

① 2군데를 묶어 인양한다.
② 매다는 각도는 45도 이내로 한다.
③ 훅은 해지장치가 있는 것을 사용한다.
④ 와이어로프의 미끄럼을 방지한다.

해설 매다는 각도는 60도 이내로 한다.

 기타 철근인양시 체결방법
• 철근의 중량과 중심을 확인한다.
• 매다는 각도는 60도 이내로 한다.

정답 ②

20 철근인력운반에 대한 설명으로 옳지 않은 것은?

① 긴철근은 두사람이 한 조가 되어 어깨메기로 운반하는 것이 좋다.
② 운반시 중앙부를 묶어 운반한다.
③ 운반시 1인당 무게는 25kg 정도가 적당하다.
④ 긴 철근을 한사람이 운반할 때에는 한쪽을 어깨에 메고 한쪽 끝을 땅에 끌면서 운반한다.

해설 운반시 양끝을 묶어 운반한다.

 기타 철근인력운반시 유의사항
• 운반시 양끝을 묶어 운반한다.
• 공동작업은 신호에 따라 작업을 행한다.

정답 ②

21 철근콘크리트에 늑근(Stirrup)을 쓰는 이유로 가장 옳은 것은?

① 압축력에 의한 균열을 방지하기 위해서
② 전단력에 의한 균열을 방지하기 위해서
③ 콘크리트의 부착력을 크게 하기 위해서
④ 주근의 위치를 정확히 하기 위해서

해설 철근콘크리트에 늑근(Stirrup)을 쓰는 이유는 전단력에 의한 균열을 방지하기 위해서이다.

정답 ②

22 철근의 이음법이 아닌 것은?

① 겹침이음 ② 용접이음
③ 기계적 이음 ④ 화학적 이음

해설
• 철근의 이음법에는 겹침이음, 용접이음, 기계적 이음, 가스압접이음이 있으며 화학적 이음은 이에 해당하지 않는다.
• 최근에 들어서는 경제적이고 신속·정확한 용접이음이 많이 활용되고 있다.

정답 ④

23 철근콘크리트 슬래브 윗면에 철근을 따라 규칙적으로 발생하는 균열은?

① 전단력에 의한 균열 ② 경화열에 의한 균열
③ 침하균열 ④ 수축균열

해설
• 침하균열은 철근콘크리트 슬래브 윗면에 철근을 따라 규칙적으로 발생하는 초기균열로 블리딩현상에 의해 발생한다.
• 수축균열은 철근콘크리트가 건조한 외기에 노출될 경우 표면의 급속한 수분의 증발로 인하여 발생한다.

정답 ③

24 철골보 인양시 준수해야 할 사항으로 옳지 않은 것은?

① 인양 와이어로프의 매달기 각도는 양변 60도를 기준으로 한다.
② 클램프로 부재를 체결할 때는 클램프의 정격용량 이상 매달지 않아야 한다.
③ 클램프는 부재를 수평으로 하는 한 곳의 위치에만 사용하여야 한다.
④ 인양 와이어로프는 후크의 중심에 걸어야 한다.

해설 클램프는 부재를 수평으로 하는 두 곳 이상의 위치에 사용하여야 한다.

관련이론 철골보 인양시 준수해야 할 사항
- 인양 와이어로프의 매달기 각도는 양변 60도를 기준으로 한다.
- 클램프로 부재를 체결할 때는 클램프의 정격용량 이상 매달지 않아야 한다.
- 인양 와이어로프는 후크의 중심에 걸어야 한다.
- 클램프는 부재를 수평으로 하는 두 곳의 위치에 사용하여야 한다.

정답 ③

25 철골건립준비를 할 때 준수하여야 할 사항과 가장 거리가 먼 것은?

① 지상작업장에서 건립준비 및 기계기구를 배치할 경우에는 낙하물의 위험이 없는 평탄한 장소를 선정하여 정비하고, 경사지에는 작업대나 임시발판 등을 설치하는 등 안전하게 한 후 작업하여야 한다.
② 건립작업에 다소 지장이 있다 하더라도 수목은 제거하여서는 안된다.
③ 사용 전에 기계기구에 대한 정비 및 보수를 철저히 실시하여야 한다.
④ 기계에 부착된 앵커 등 고정장치와 기초구조 등을 확인하여야 한다.

해설 건립작업에 지장이 있을 경우 수목은 제거하거나 이설을 하여야 한다.

정답 ②

26 철골작업을 중지하여야 하는 악천후의 조건이다. 순서대로 ( ) 안에 적합한 내용은?

가. 풍속이 초당 (㉠)m 이상인 경우
나. 강우량이 시간당 (㉡)mm 이상인 경우
다. 강설량이 시간당 (㉢)cm 이상인 경우

	㉠	㉡	㉢
①	0	10	10
②	1	1	10
③	1	10	1
④	10	1	1

해설 산업안전보건법 안전보건기준에 따라 철골작업을 중지하여야 하는 악천후의 조건은 다음과 같다.
- 풍속이 초당 10m 이상인 경우
- 강우량이 시간당 1mm 이상인 경우
- 강설량이 시간당 1cm 이상인 경우

정답 ④

27 철골공사시 도괴의 위험이 있어 강풍에 대한 안전여부를 확인해야 할 필요성이 가장 높은 경우는?

① 연면적당 철골량이 일반건물보다 많은 경우
② 기둥에 H형강을 사용하는 경우
③ 이음부가 공장용접인 경우
④ 호텔과 같이 단면구조가 현저한 차이가 있으며 높이가 20m 이상인 건물

해설 호텔과 같이 단면구조가 현저한 차이가 있으며 높이가 20m 이상인 건물에 대해 안전여부를 확인해야 한다.

관련이론 철골공사시 강풍에 대한 안전여부 확인 대상 철골구조물
- 단면구조에 현저한 차이가 있는 구조물
- 높이가 20m 이상인 구조물
- 연면적당 철골량이 50kg/m² 이하인 구조물
- 구조물의 폭과 높이의 비가 1 : 4 이상인 구조물
- 이음부가 현장용접인 구조물
- 기둥이 타이플레이트(Tie Plate)형인 구조물

정답 ④

28 다음 ( )에 알맞은 내용은?

> 철골공사와 관련하여 근로자가 수직방향으로 이동하는 철골부재에는 답단간격이 ( )cm 이내인 고정된 승강로를 설치하여야 하며, 수평방향 철골과 수직방향 철골이 연결되는 부분에는 연결작업을 위하여 작업발판 등을 설치하여야 한다.

① 10 ② 20
③ 30 ④ 40

해설 철골공사와 관련하여 근로자가 수직방향으로 이동하는 철골부재에는 답단간격이 30cm 이내인 고정된 승강로를 설치하여야 한다.

정답 ③

29 철골구조에서 플랜지(Flange)에 커버플레이트(Cover Plate)를 대는 이유는?

① 전단력을 보강하기 위하여
② 보재의 토션(Torsion)을 방지하기 위하여
③ 부재의 휨좌굴을 방지하기 위하여
④ 휨모멘트의 부족을 보충하기 위하여

해설 철골구조에서 커버플레이트는 휨모멘트의 부족을 보충하여 주며 플랜지의 단면을 증가시킨다.

정답 ④

30 철골공사에 있어서 가장 최후에 하는 공정은 어느 것인가?

① 구멍뚫기 ② 가조립
③ 리벳팅   ④ 절단

해설 철골공사에서 가장 마지막 공정은 리벳팅이다.

관련이론 철골공사의 공정순서
원척도 → 본뜨기 → 금매김 → 절단 → 구멍뚫기 → 가조립 → 리벳팅 → 검사

정답 ③

31 철골세우기공사에 있어서 가조임 볼트수는 현장치기 리벳수의 얼마를 표준으로 하는가?

① 1/3 이상 ② 1/4 이상
③ 1/5 이상 ④ 1/6 이상

해설 철골세우기공사에 있어서 가조임 볼트수는 현장치기 리벳수의 1/5 이상을 표준으로 한다.

정답 ③

32 철골구조에 있어서 고력볼트의 구조적인 이점에 대한 기술로 옳은 것은?

① 접합판재 유효단면에서 하중이 많이 전달된다.
② 피로강도가 높다.
③ 고력볼트에는 전단 또는 지압응력이 생기는 것으로 본다.
④ 접합부의 강성이 높아 볼트와 평행 및 수직방향 접합부의 변형이 크다.

해설 철골구조에 있어서 고력볼트는 피로강도가 높다.

관련이론 고력볼트의 구조적인 이점
- 소음이 작다.
- 공기가 단축된다.
- 불량개소의 수정이 용이하다.
- 리벳에 비해 위험성이 적다.
- 노동력이 절감된다.
- 피로강도가 높다.

정답 ②

33 철골공사에 있어서 앵커볼트의 매립시 준수할 기준으로 옳지 않은 것은?

① 기둥중심은 기준선 및 인접기둥의 중심에서 7mm 이상 벗어나지 않을 것
② 인접기둥간 중심거리의 오차는 3mm 이하일 것
③ 앵커볼트는 기둥중심에서 2mm 이상 벗어나지 않을 것
④ 베이스 플레이트 하단은 기준높이 및 인접기둥의 높이에서 3mm 이상 벗어나지 않을 것

해설 기둥중심은 기준선 및 인접기둥의 중심에서 5mm 이상 벗어나지 않아야 한다.

관련이론 앵커볼트의 매립시 준수할 기준(철골공사표준안전작업지침 고용노동부고시)
- 인접기둥간 중심거리의 오차는 3mm 이하일 것
- 앵커볼트는 기둥중심에서 2mm 이상 벗어나지 않을 것
- 베이스 플레이트 하단은 기준높이 및 인접기둥의 높이에서 3mm 이상 벗어나지 않을 것

정답 ①

34 용접작업을 할 때 전류의 과대 또는 용접봉의 부적당에 의하여 모재가 녹아 용착금속이 채워지지 않고 홈으로 남게 된 부분을 무엇이라 하는가?

① 언더컷 ② 피트
③ 크랙 ④ 블로홀

해설 용접작업을 할 때 전류의 과대 또는 용접봉의 부적당에 의하여 모재가 녹아 용착금속이 채워지지 않고 홈으로 남게 된 부분을 언더컷(Under Cut)이라 한다.

관련이론 언더컷의 발생원인
운봉이 잘못되었을 때, 용접전류가 높을 때, 부적당한 용접봉을 사용할 때

정답 ①

35 철골공사에서 리벳지름이 32mm 이상일 때 리벳구멍의 지름은?

① 33mm ② 33.5mm
③ 34mm ④ 35mm

해설 리벳지름이 32mm 이상일 때 리벳구멍의 지름은 34mm이다.

관련이론 리벳구멍의 지름

리벳의 지름(mm)	22	25	28	32 이상
리벳구멍의 지름(mm)	23.5	26.5	29.5	34

정답 ③

36 건립기계 선정시 검토사항으로 옳지 않은 것은?

① 입지조건 ② 건립기계의 소음영향
③ 작업반경 ④ 기계의 내용연한

해설 기계의 내용연한은 건립기계 선정시 검토사항에 해당하지 않는다.

관련이론 건립기계 선정시 검토사항
- 입지조건
- 건물형태
- 건립기계의 소음영향
- 인양하중
- 작업반경

정답 ④

37 거푸집 동바리구조에서 높이가 3.5m인 파이프 서포트의 좌굴하중은? (단, 상부받이판과 하부받이판은 힌지(hinge)로 가정하고, 단면2차모멘트는 8.31cm⁴, 탄성계수는 2.1×10⁶kg/cm²이다)

① 1,405kg ② 1,605kg
③ 1,805kg ④ 2,005kg

해설
$$P = \frac{\pi^2 EI}{l^2}$$
$$= \frac{\pi^2 \times 2.1 \times 10^6 \times 8.31}{350^2}$$
$$= 1,404.570 ≒ 1,405\text{kg}$$

정답 ①

38 부재좌굴에 대한 억제대책이 아닌 것은?
① 부재의 끝을 회전하지 않도록 구속한다.
② 부재의 중간에 사재를 연결한다.
③ 부재에 작용하는 하중을 증대시킨다.
④ 부재의 중간에 보를 연결한다.

해설 부재에 작용하는 하중을 증대시키는 것은 억제대책에 해당하지 않는다.

관련이론 부재좌굴에 대한 억제대책
- 보의 연결
- 재단(材端)의 회전구속
- 부재의 중간지지(사재의 연결)

정답 ③

39 철골공사에서 부재의 건립용 기계로 거리가 먼 것은?
① 타워크레인 ② 가이데릭
③ 삼각데릭   ④ 항타기

해설 항타기는 파일을 박는 기계로 철골공사시 부재의 건립용 기계에 해당되지 않는다.

관련이론 철골공사에서 부재의 건립용 기계
- 타워크레인   • 가이데릭
- 삼각데릭   • 진폴데릭
- 트럭크레인   • 크롤러크레인

정답 ④

40 양끝이 힌지(hinge)인 기둥에 하중을 가하면 기둥이 수평방향으로 휘게 된다. 이때의 복원한계상태를 무엇이라 하는가?
① 피로한계   ② 파괴한계
③ 좌굴   ④ 부재의 안전도

해설 양끝이 힌지(hinge)인 주재(柱材)에 하중을 가하면 중앙에 인장력을 가한 것과 같이 기둥이 수평으로 휘게 되고 이때의 복원한계상태를 좌굴이라 한다.

정답 ③

41 좌굴하중 공식에서 사용되는 유효길이가 의미하는 것은?
① 기둥 전체의 길이
② 좌굴이 발생되는 실제길이
③ 기둥 순길이
④ 기둥길이의 1/2

해설 좌굴하중 공식에서 사용되는 유효길이는 좌굴이 발생되는 실제길이이다.

정답 ②

42 두께가 얇은 단면의 부재에서 단면의 형상이 붕괴되는 듯이 좌굴을 일으키는 것은?
① 기둥의 휨좌굴   ② 보의 횡좌굴
③ 국부좌굴   ④ 기둥의 비틀림좌굴

해설 두께가 얇은 단면의 부재에서 단면의 형상이 붕괴되는 듯이 좌굴을 일으키는 것을 국부좌굴이라 한다.

관련이론 기둥의 좌굴
- **기둥의 휨좌굴**: 가장 일반적인 좌굴
- **보의 횡좌굴**: 판을 옆으로 세워서 보로 사용할 경우 생기는 좌굴
- **기둥의 비틀림좌굴**: 판재에 편심압축을 가할 때 생기는 좌굴
- **기둥의 휨전단좌굴**: 조립단면의 기둥에 생기는 좌굴
- **국부좌굴**: 두께가 얇은 단면의 부재에서 단면의 형상이 붕괴되는 듯이 좌굴을 일으키는 것

정답 ③

43 철골공사용 기계에 대한 설명으로 옳지 않은 것은?

① 타워크레인은 고층작업이 가능하고 360도 회전이 가능하다.
② 크롤러크레인은 트럭크레인보다 흔들림이 적고 하물인양시 안정성이 크다.
③ 진폴데릭은 간단하게 설치할 수 있으며 경미한 건물의 철골건립에 사용된다.
④ 삼각데릭은 2개의 다리에 의해서 고정된 것으로 작업회전반경은 270도 정도이다.

해설 크롤러크레인은 아웃트리거를 갖고 있지 않아 트럭크레인보다 흔들림이 많고 하물인양시 안정성이 약하다.

정답 ②

44 콘크리트건물의 해체작업공법이 아닌 것은?

① 전도공법   ② 화약발파공법
③ 오픈컷공법   ④ 팽창압공법

해설 오픈컷공법은 흙파기공법에 해당된다.

관련이론 콘크리트건물의 해체작업공법
- 전도공법
- 화약발파공법
- 팽창압공법
- 핸드브레이커공법
- 대형브레이커공법
- 압쇄공법
- 재키공법
- 화염공법
- 철해머공법

정답 ③

45 해체작업을 수행하기 전에 해체계획에 포함되어야 하는 사항이 아닌 것은?

① 부재 손상, 변형, 부식 등에 관한 조사계획서
② 해체작업용 기계·기구 등의 작업계획서
③ 해체의 방법 및 해체순서 도면
④ 해체작업용 화약류 등의 사용계획서

해설 부재 손상, 변형, 부식 등에 관한 조사계획서는 해체계획에 해당하지 않는다.

관련이론 해체계획에 포함되어야 하는 사항(산업안전보건법 안전보건기준)
- 해체작업용 기계·기구 등의 작업계획서
- 해체의 방법 및 해체순서 도면
- 해체작업용 화약류 등의 사용계획서
- 해체물의 처분계획
- 사업장 내 연락방법
- 가설설비, 방호설비, 환기설비 및 살수·방화설비 등의 방법

정답 ①

46 20m 이상의 건물에는 사용이 불가능하고 철골절단이 가능하며 취급과 조작이 용이한 해체공법은?

① 압쇄공법   ② 전도공법
③ 재키공법   ④ 철해머공법

해설 20m 이상의 건물에는 사용이 불가능하고 철골절단이 가능하며 취급과 조작이 용이한 해체공법은 압쇄공법이다.

선지분석
② 전도공법은 원칙적으로 한층씩 해체하고 부재를 절단하여 쓰러뜨리는 것이다.
③ 재키공법은 소음, 진동이 없으나 기둥과 기초에는 사용이 불가능하다.
④ 철해머공법은 기둥, 보, 슬래브, 벽파쇄에 유리하나 소음과 진동이 크다.

정답 ①

47 압쇄기를 지상에 설치한 압쇄단독공법의 건물파쇄작업 순서로 옳은 것은?

① 슬래브 – 기둥 – 보 – 벽체
② 기둥 – 슬래브 – 보 – 벽체
③ 기둥 – 보 – 벽체 – 슬래브
④ 슬래브 – 보 – 벽체 – 기둥

해설
- 압쇄기를 지상에 설치한 압쇄단독공법의 건물파쇄 작업 순서는 슬래브 – 보 – 벽체 – 기둥 순이다.
- 압쇄기를 사용한 건물의 해체는 위층에서 아래로 내려오면서 파쇄한다.

정답 ④

48 해체공사에 따른 방지대책을 강구해야 될 공해요소로 옳지 않은 것은?

① 분진
② 폐기물
③ 방사선
④ 소음 및 진동

해설 방사선은 해체공사에 따른 방지대책을 강구해야 할 공해요소에 해당하지 않는다.

관련이론 해체공사에 따른 방지대책을 강구해야 될 공해요소
- 분진
- 폐기물
- 소음 및 진동
- 지반침하

정답 ③

49 PC공법에 대한 장점으로 옳지 않은 것은?

① 공기단축이 된다.
② 연중공사가 가능하다.
③ 현장관리가 용이하다
④ 초기투자비가 낮게 소요된다.

해설 초기투자비가 높게 소요된다는 것은 PC공법에 대한 단점이다.

관련이론 PC공법의 장단점
1. PC공법의 장점
   - 공기단축이 된다.
   - 연중공사가 가능하다.
   - 현장관리가 용이하다
   - 자재의 규격화로 대량생산이 가능하다.
   - 공사비가 적게 소요된다.
   - 시공이 용이하다.
2. PC공법의 단점
   - 초기투자비가 높게 소요된다.
   - 획일적으로 건축시공이 된다.
   - 설계시공상 제약조건이 따른다.
   - 부재의 접합부에 결함이 생기기 쉽다.

정답 ④

50 수중공사에 주로 사용되며 거푸집을 조립하고 골재를 미리 채운 후 특수한 모르타르를 그 사이에 주입하여 형성하는 콘크리트는?

① 프리팩트콘크리트
② 한중콘크리트
③ 경량콘크리트
④ 섬유보강콘크리트

해설
- 수중공사에 주로 사용되며 거푸집을 조립하고 골재를 미리 채운 후 특수한 모르타르를 그 사이에 주입하여 형성하는 콘크리트는 프리팩트콘크리트이다.
- 프리팩트콘크리트는 주입콘크리트라고도 하며 염류에 대한 내구성이 크다.

정답 ①

CHAPTER 7 | 공사 및 작업종류별 안전 Ⅲ(운반 및 하역작업)

1 운반작업시 안전수칙

(1) 운반기계에 의한 운반작업시 안전수칙

① 운반차의 출입구는 운반차와 출입에 지장이 없는 크기로 한다.
② 미는 운반차에 화물을 실을 때는 시야를 확보한다.
③ 운반대 위에는 여러 사람이 타지 않는다.
④ 운반차를 밀 때의 자세는 750~850mm 가량의 높이가 적당하다.
⑤ 운반차의 화물적재 높이는 한국인의 체격에 맞게 1,020mm를 중심으로 함이 적당하다.
⑥ 무게가 다른 것을 쌓을 때에는 무거운 물건을 밑에서부터 순차적으로 쌓아 싣는다.
⑦ 운반차에 물건을 쌓을 때에는 될 수 있는대로 전체의 중심이 아래가 되도록 쌓는다.

(2) 공학적 견지에서 본 운반작업

인간활동의 본질은 일하는데 있어서 물건의 가치를 높임으로써 인간생활을 풍부하게 하려는 행위로서 다음과 같이 4가지의 가치증진 활동으로 나눌 수 있다.

① 장소적 효용의 증진
② 시간적 효용의 증진
③ 형태적 효용의 증진
④ 소유가치 이전의 증진

> **참고** 취급 · 운반의 5원칙
> ① 직선운반을 할 것
> ② 운반작업을 집중화시킬 것
> ③ 연속운반을 할 것
> ④ 생산을 최고로 하는 운반을 생각할 것
> ⑤ 최대한 시간과 경비를 절약할 수 있는 운반방법을 고려할 것

(3) 구내의 통행과 운반시 안전수칙

① 통로면으로부터 높이 2m 이내에는 장애물이 없도록 한다.
② 바깥으로 열리는 문을 열 때에는 천천히 연다.
③ 뛰지 말고 급할 때에는 출입구나 구부러진 곳에서 특히 주의한다.
④ 옆을 보거나 주머니에 손을 넣고 걷지 않는다.
⑤ 무거운 물건을 운반할 때에는 맨홀 등의 뚜껑에 주의한다.
⑥ 승용석이 없는 운반차에는 타지 않는다.
⑦ 기계와 기계 사이 또는 기계와 다른 설비와의 사이에 설치하는 통로의 폭은 적어도 80cm 이상 이격한다.

(4) 인력운반

① **인력운반 하중기준**: 보통 체중의 40% 정도의 운반물을 60~80m/min의 속도로 운반하는 것이 바람직하다.

② 인력운반작업시 안전수칙
  ㉠ 물건을 들어 올릴 때는 팔과 무릎을 사용하며 척추는 곧은 자세로 한다.
  ㉡ 길이가 긴 물건은 앞쪽을 높여 운반한다.
  ㉢ 무거운 물건은 공동작업으로 실시하고 보조기구를 이용한다.
  ㉣ 어깨보다 높이 들어 올리지 않는다.
  ㉤ 하물에 될 수 있는대로 접근하여 중심을 낮게 한다.
  ㉥ 무리한 자세를 장시간 지속하지 않는다.

(5) 중량물 취급 · 운반
  ① 중량물운반 공동작업시 안전수칙
    ㉠ 작업지휘자를 반드시 정한다.
    ㉡ 운반 도중 서로 신호없이 힘을 빼지 않는다.
    ㉢ 체력과 기량이 같은 사람을 골라 보조와 속도를 맞춘다.
    ㉣ 들어 올리거나 내릴 때에는 서로 신호를 하여 동작을 맞춘다.
    ㉤ 긴 목재를 둘이서 메고 운반할 때에는 서로 소리를 내어 동작을 맞춘다.
  ② **중량물 취급시 작업계획서 작성**(산업안전보건법 안전보건기준): 중량물을 취급하는 작업을 하는 때에는 다음 내용이 포함된 작업계획서를 작성하고 이를 준수하여야 한다.
    ㉠ 추락위험을 예방할 수 있는 안전대책
    ㉡ 낙하위험을 예방할 수 있는 안전대책
    ㉢ 전도위험을 예방할 수 있는 안전대책
    ㉣ 협착위험을 예방할 수 있는 안전대책
    ㉤ 붕괴위험을 예방할 수 있는 안전대책
  ③ 근로자가 반복하여 계속적으로 중량물을 취급하는 작업을 할 때 작업시작 전 점검사항(산업안전보건법 안전보건기준)
    ㉠ 중량물 취급의 올바른 자세 및 복장
    ㉡ 위험물이 날아 흩어짐에 따른 보호구의 착용
    ㉢ 카바이트, 생석회(산화칼슘) 등과 같이 온도상승이나 습기에 의하여 위험성이 존재하는 중량물의 취급방법
    ㉣ 그 밖에 하역운반기계 등의 적절한 사용방법
  ④ **차량계 하역운반기계를 사용하는 작업시 작업계획서 내용**(산업안전보건법 안전보건기준)
    ㉠ 차량계 하역운반기계 등의 운행경로 및 작업방법
    ㉡ 해당 작업에 따른 추락 · 낙하 · 전도 · 협착 및 붕괴 등의 위험예방대책

2 하역작업시 안전수칙

(1) 하역운반의 기본조건
  ① 운반장소
  ② 운반시간
  ③ 운반수단
  ④ 운반물건
  ⑤ 작업주체

> **참고** 운반안전 및 운반작업대상

1. 운반안전과 관련된 주요 사항
   ① 운반 도중 적재물이 밖으로 튀어나올 때의 위험표시 색상: 적색
   ② 작업공장 내의 교통계획 중 가장 이상적인 것: 일방통행
   ③ 작업장의 출입문 형식으로 가장 이상적인 것: 바깥쪽 여닫이
   ④ 경보용 설비 또는 기구를 설치해야 되는 작업장: 연면적 400m² 이상이거나 상시 50명 이상의 근로자가 작업하는 옥내작업장
   ⑤ 안전하게 통행할 수 있는 조명: 75lux 이상의 채광 또는 조명시설
   ⑥ 안전통로를 설치한 때: 높이 2m 이내에는 장애물이 없도록 해야 한다.

2. 운반작업대상
   ① 운반작업을 기계운반작업으로 실시하기에 적합한 대상
      • 단순하고 반복적인 작업
      • 취급물이 중량인 작업
      • 취급물의 형상, 성질, 크기 등이 단순한 작업
      • 표준화되어 있어 지속적이고 운반량이 많은 작업
   ② 운반작업을 인력운반작업으로 실시하기에 적합한 대상
      • 복잡하고 간헐적인 작업
      • 취급물이 경량인 작업
      • 취급물의 형상, 성질, 크기 등이 다양한 작업
      • 표준화되어 있지 않고 단속적이고 운반량이 적은 작업

(2) 화물취급작업 안전수칙(산업안전보건법 안전보건기준)

① 화물의 적재시 준수사항
   ㉠ 하중이 한쪽으로 치우치지 않도록 쌓는다.
   ㉡ 불안정할 정도로 높이 쌓아 올리지 않는다.
   ㉢ 침하의 우려가 없는 튼튼한 기반 위에 적재한다.
   ㉣ 건물의 칸막이나 벽 등이 화물의 압력에 견딜 만큼의 강도를 지니지 아니한 경우에는 칸막이나 벽에 기대어 적재하지 않도록 한다.

② 부두 등의 하역작업장 안전수칙
   ㉠ 부두 또는 안벽의 선을 따라 통로를 설치하는 때에는 폭을 90cm 이상으로 한다.
   ㉡ 작업장 및 통로의 위험한 부분에는 안전하게 작업할 수 있는 조명을 유지한다.
   ㉢ 육상에서의 통로 및 작업장소로서 다리 또는 갑문을 넘는 보도 등의 위험한 부분에는 적당한 울 등을 설치한다.

③ **하적단의 간격**: 바닥으로부터의 높이가 2m 이상 되는 하적단(포대·가마니 등의 용기로 포장화물에 의하여 구성된 것에 한한다)과 인접 하적단 사이의 간격을 하적단의 밑부분을 기준하여 10cm 이상으로 하여야 한다.

   ▶ 화물 중간에서 화물 빼내기 금지: 차량 등에서 화물을 내리는 작업을 하는 경우에 해당 작업에 종사하는 근로자에게 쌓여 있는 화물 중간에서 화물을 빼내도록 해서는 아니 된다.

> **참고** 하역운반의 개선 등

1. 하역운반의 개선시 고려할 사항
   ① 운반목표를 분명히 설정해야 한다.
   ② 운반설비의 배치를 검토하여 시정해야 한다.
   ③ 적정배치 및 교육훈련을 실시한다.
   ④ 작업 전 체조 및 휴식을 부여한다.
   ⑤ 취급중량을 적절히 한다.
   ⑥ 운반작업을 기계화한다.
   ⑦ 작업자세의 안전화를 도모한다.

2. 차량계 하역운반기계 등을 사용하는 작업을 할 때에 그 기계가 넘어지거나 굴러떨어짐으로써 근로자에게 위험을 미칠 우려가 있는 경우 조치사항(산업안전보건법 안전보건기준)
   ① 유도하는 사람을 배치한다.
   ② 지반의 부동침하를 방지한다.
   ③ 갓길의 붕괴를 방지한다.

(3) 차량계 하역운반기계(산업안전보건법 안전보건기준 → 2024.6.28 개정)

① **작업계획의 작성**
   ㉠ 동력원에 의하여 특정되지 아니한 장소로 스스로 이동할 수 있는 지게차, 구내운반차, 화물자동차 등의 차량계 하역운반기계는 작업장소의 넓이 및 지형, 차량계 하역운반기계 등의 종류 및 능력, 화물의 종류 및 형상에 상응하는 작업 계획을 작성하고 그 작업계획에 따라 작업을 실시하도록 하여야 한다.
   ㉡ 작업계획서에는 차량계 하역운반기계의 운행경로 및 작업방법이 포함되어야 한다.

② 차량계 하역운반기계(최대제한속도가 10km/h 이하인 것은 제외한다)를 사용하여 작업을 하는 경우 미리 작업장소의 지형 및 지반상태 등에 적합한 제한속도를 정하고, 운전자로 하여금 준수하도록 하여야 한다(차량계 건설기계의 경우에도 같은 기준을 적용한다).

③ **화물적재시의 조치**
   ㉠ 화물을 적재하는 경우 최대적재량을 초과해서는 아니 된다.
   ㉡ 화물을 적재하는 경우에는 다음 사항을 준수하여야 한다.
      ⓐ 하중이 한쪽으로 치우치지 않도록 적재한다.
      ⓑ 운전자의 시야를 가리지 않도록 화물을 적재한다.
      ⓒ 구내운반차 또는 화물자동차의 경우 화물의 붕괴 또는 낙하에 의한 근로자의 위험을 방지하기 위하여 화물에 로프를 거는 등 필요한 조치를 하여야 한다.

④ **운전위치 이탈시의 조치**
   ㉠ 원동기를 정지시키고 브레이크를 확실히 거는 등 차량계 하역운반기계의 갑작스러운 이동을 방지하기 위한 조치를 할 것
   ㉡ 포크, 버킷, 디퍼 등의 장치를 가장 낮은 위치 또는 지면에 내려둘 것
   ㉢ 운전석을 이탈하는 경우에는 시동키를 운전대에서 분리시킬 것

⑤ **수리 등의 작업시 조치**: 차량계 하역운반기계 등의 수리 또는 부속장치의 장착 및 해체작업을 하는 경우 해당 작업의 지휘자를 지정하여 다음 사항을 준수하도록 하여야 한다.
   ㉠ 작업순서를 결정하고 작업을 지휘할 것
   ㉡ 안전지지대 또는 안전블록 등의 사용상황 등을 점검할 것

⑥ **싣거나 내리는 작업**: 차량계 하역운반기계에 단위화물의 무게가 100kg 이상인 화물을 싣는 작업 또는 내리는 작업을 하는 경우에는 해당 작업의 지휘자에게 다음의 사항을 준수하도록 하여야 한다.
  ㉠ 기구와 공구를 점검하고 불량품을 제거할 것
  ㉡ 작업순서 및 그 순서마다 작업방법을 정하고 작업을 지휘할 것
  ㉢ 해당 작업을 행하는 장소에 관계근로자가 아닌 사람이 출입하는 것을 금지할 것
  ㉣ 로프 풀기작업 또는 덮개 벗기기작업은 적재함의 화물이 떨어질 위험이 없음을 확인한 후에 하도록 할 것

⑦ **경사면에서의 중량물 취급**: 경사면에서 드럼통 등의 중량물을 취급하는 경우에 다음의 사항을 준수하여야 한다.
  ㉠ 구름멈춤대, 쐐기 등을 이용하여 중량물의 동요나 이동을 조절할 것
  ㉡ 중량물이 구를 위험이 있는 방향 앞의 일정거리 이내로는 근로자의 출입을 제한할 것

(4) 화물자동차(산업안전보건법 안전보건기준)

① **승강설비**: 바닥으로부터 짐 윗면까지의 높이가 2m 이상인 화물자동차에 짐을 싣는 작업 또는 내리는 작업을 하는 경우에는 근로자의 추락위험을 방지하기 위하여 해당 작업에 종사하는 근로자가 바닥과 적재함의 짐 윗면 간을 안전하게 오르내리기 위한 설비를 설치하여야 한다.

② **꼬임이 끊어진 섬유로프 등의 사용금지**: 다음에 해당하는 섬유로프 등을 화물자동차의 짐걸이로 사용하여서는 안된다.
  ㉠ 심하게 손상되거나 부식된 것
  ㉡ 꼬임이 끊어진 것

③ **섬유로프 등의 점검**: 섬유로프 등을 화물자동차의 짐걸이에 사용하는 경우에는 해당 작업을 시작하기 전에 다음의 조치를 하여야 한다.
  ㉠ 기구와 공구를 점검하고 불량품을 제거하는 일
  ㉡ 작업순서와 순서별 작업방법을 결정하고 작업을 직접 지휘하는 일
  ㉢ 해당 작업을 하는 장소에 관계근로자가 아닌 사람의 출입을 금지하는 일
  ㉣ 로프 풀기작업 및 덮개 벗기기작업을 하는 경우에는 적재함의 화물에 낙하위험이 없음을 확인한 후에 해당 작업의 착수를 지시하는 일

> **참고** **구내운반차를 사용하는 경우 준수사항(산업안전보건법 안전보건기준 → 2024.6.28 개정)**
> ① 운전석이 차실내에 있는 것은 좌우에 한개씩 방향지시기를 갖출 것
> ② 경음기를 갖출 것
> ③ 주행을 제동하거나 정지상태를 유지하기 위하여 유효한 제동장치를 갖출 것
> ④ 전조등과 후미등을 갖출 것
> ⑤ 구내운반차가 후진 중에 주변의 근로자 또는 차량계 하역운반기계 등과 충돌할 위험이 있는 경우에는 구내운반차에 후진경보기와 경광등을 설치할 것

(5) 항만하역작업(산업안전보건법 안전보건기준)

① **통행설비의 설치**: 갑판의 윗면에서 선창 밑바닥까지의 깊이가 1.5m를 초과하는 선창의 내부에서 화물취급작업을 하는 경우에 그 작업에 종사하는 근로자가 안전하게 통행할 수 있는 설비를 설치하여야 한다.

② **통행의 금지**: 양화장치(揚貨裝置), 크레인, 이동식 크레인 또는 데릭(이하 '양화장치 등'이라 한다)을 사용하여 화물의 적하(부두 위의 화물에 훅을 걸어 선내에 적재하기까지의 작업) 또는 양하(선내의 화물을 부두 위에 내려놓고 훅을 풀기까지의 작업)를 함에 있어서 통행설비를 사용하여 근로자에게 화물이 낙하 또는 충돌할 우려가 있는 때에는 통행을 금지시켜야 한다.

③ **출입의 금지**: 다음에 해당하는 장소에 근로자를 출입시켜서는 안 된다.
  ⊙ 양화장치 붐이 넘어짐으로써 근로자에게 위험을 미칠 우려가 있는 장소
  ⓒ 양화장치 등에 매달린 화물이 떨어져 근로자에게 위험을 미칠 우려가 있는 장소
  ⓒ 해치커버(해치보드 및 해치빔을 포함한다)의 개폐, 설치 또는 해체작업을 하고 있는 장소의 아래로서 해치보드 또는 해치빔 등의 낙하에 의하여 근로자에게 위험을 미칠 우려가 있는 장소

④ **선박승강설비의 설치**
  ⊙ 현문사다리는 견고한 재료로 제작된 것으로 너비(폭)는 55cm 이상이어야 하고, 양측에 82cm 이상의 높이로 울타리를 설치하여야 하며, 바닥은 미끄러지지 않도록 적합한 재질로 처리되어야 한다.
  ⓒ 300t급 이상의 선박에서 하역작업을 하는 경우에는 근로자들이 안전하게 오르내릴 수 있는 현문(舷門)사다리를 설치하여야 하며, 이 사다리 밑에 안전망을 설치하여야 한다.
  ⓒ 현문사다리는 근로자의 통행에만 사용하여야 하며, 화물용 발판 또는 화물용 보판으로 사용하도록 하여서는 안된다.

⑤ **보호구의 착용**
  ⊙ 선창 등에서 분진이 현저히 발생하는 하역작업을 하는 때에는 작업에 종사하는 근로자로 하여금 방진마스크 등을 착용하도록 하여야 한다.
  ⓒ 항만하역작업을 하는 때에는 물체의 비래 또는 낙하에 의한 근로자의 위험을 방지하기 위하여 해당 작업에 종사하는 근로자로 하여금 안전모 등을 착용하도록 하여야 한다.
  ⓒ 섭씨 영하 18도 이하인 급냉동어창에서 하역작업을 하는 때에는 해당 작업에 종사하는 근로자로 하여금 방한모, 방한복, 방한화 등의 보호구를 착용하도록 하여야 한다.

(6) 고소작업대(산업안전보건법 안전보건기준)
  ① **고소작업대 설치 등의 조치**
    ⊙ 작업대를 와이어로프 또는 체인으로 올리거나 내릴 경우에는 와이어로프 또는 체인이 끊어져 작업대가 떨어지지 아니하는 구조이어야 하며 와이어로프 또는 체인의 안전율은 5 이상일 것
    ⓒ 작업대를 유압에 의하여 올리거나 내릴 경우에는 작업대를 일정한 위치에 유지할 수 있는 장치를 갖추고 압력의 이상 저하를 방지할 수 있는 구조일 것
    ⓒ 붐의 최대지면경사각을 초과 운전하여 전도되지 않도록 할 것
    ⓔ 권과방지장치를 갖추거나 압력의 이상 상승을 방지할 수 있는 구조일 것
    ⓜ 조작반의 스위치는 눈으로 확인할 수 있도록 명칭 및 방향표시를 유지할 것
    ⓑ 작업대에 정격하중(안전율 5 이상)을 표시할 것
    ⓢ 작업대에 끼임, 충돌 등 재해를 예방하기 위한 가드 또는 과상승방지장치를 설치할 것

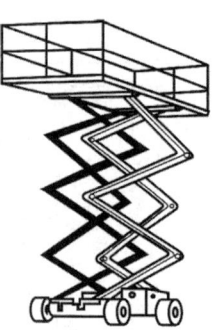

[고소작업대]

② **고소작업대를 설치하는 경우 준수사항**
  ㉠ 바닥과 고소작업대는 가능하면 수평을 유지하도록 할 것
  ㉡ 갑작스러운 이동을 방지하기 위하여 아웃트리거(Outrigger) 또는 브레이크 등을 확실히 사용할 것

③ **고소작업대를 이동하는 경우 준수사항**
  ㉠ 작업대를 가장 낮게 내릴 것
  ㉡ 작업자를 태우고 이동하지 말 것
  ㉢ 이동통로의 요철상태 또는 장애물의 유무 등을 확인할 것

④ **고소작업대를 사용하는 경우 준수사항**
  ㉠ 안전한 작업을 위하여 적정수준의 조도를 유지할 것
  ㉡ 작업자가 안전모, 안전대 등의 보호구를 착용하도록 할 것
  ㉢ 관계자가 아닌 사람이 작업구역에 들어오는 것을 방지하기 위하여 필요한 조치를 할 것
  ㉣ 전로에 근접하여 작업을 하는 경우에는 작업감시자를 배치하는 등 감전사고를 방지하기 위하여 필요한 조치를 할 것
  ㉤ 작업대를 정기적으로 점검하고 붐·작업대 등 각 부위의 이상유무를 확인할 것
  ㉥ 전환스위치는 다른 물체를 이용하여 고정하지 말 것
  ㉦ 작업대는 정격하중을 초과하여 물건을 싣거나 탑승하지 말 것
  ㉧ 작업대의 붐대를 상승시킨 상태에서 탑승자는 작업대를 벗어나지 말 것

> **참고** **벌목작업**
>
> 1. 벌목작업 안전수칙(산업안전보건법 안전보건기준)
>   ① 벌목작업을 하는 경우에는 다음의 사항을 준수하여야 한다. 다만, 유압식 벌목기를 사용하는 경우에는 그러하지 아니하다.
>   • 벌목을 하려는 경우에는 미리 대피로 및 대피장소를 정해 둔다.
>   • 벌목하려는 나무의 가슴높이 지름이 20cm 이상인 경우에는 수구의 상면, 하면의 각도를 30도 이상으로 하며, 수구깊이는 뿌리부분 지름의 4분의 1 이상 3분의 1 이하로 만든다.
>   ② 유압식 벌목기에는 견고한 헤드가드를 부착하여야 한다.
>   ※ 산업안전보건법 안전보건기준 → 2021.11.19 개정
>
> 2. 벌목작업시 작업책임자 선임(벌목표준안전작업지침 고용노동부고시기준)
>   다음 사항의 벌목작업은 작업책임자를 선임하고 그 지시에 따라 작업하여야 한다.
>   ① 가슴높이 직경이 20cm 이상으로 중심이 현저하게 기울어진 입목의 벌목
>   ② 가슴높이 직경이 70cm 이상인 입목의 벌목
>   ③ 안전대를 착용하여야 하는 벌목
>   ④ 비계 등의 받침대 위에서 특수한 방법에 의한 벌목
>   ⑤ 중심이 심하게 절단방향의 반대로 되어 있는 절단수목의 벌목
>   ⑥ 벌목시 위험을 초래할 수 있을 정도로 뒤틀렸거나 속이 빈 나무의 벌목

3 차량계 건설기계(산업안전보건법 안전보건기준)

(1) 차량계 건설기계의 정의
차량계 건설기계라 함은 동력원을 사용하여 특정되지 아니한 장소로 스스로 이동이 가능한 건설기계를 말한다.

> **참고** 차량계 건설기계 관련 유의사항
>
> 1. 차량계 건설기계 운행시 안전조치 사항
>   ① 접촉의 방지
>   ② 제한속도의 지정
>   ③ 전도 등의 방지
>   ④ 승차석 외의 탑승금지
>   ⑤ 일정한 신호
>   ⑥ 주용도 외의 사용제한
>   ⑦ 안전도 등의 준수
> 2. 차량계 건설기계를 사용하는 작업을 할 때에 그 기계가 넘어지거나 굴러떨어짐으로써 근로자에게 위험을 미칠 우려가 있는 경우 조치사항(산업안전보건법 안전보건기준)
>   ① 유도하는 사람을 배치
>   ② 지반의 부동침하 방지
>   ③ 갓길의 붕괴방지
>   ④ 도로 폭의 유지

(2) 차량계 건설기계의 종류
① 도저형 건설기계(불도저, 스트레이트도저, 틸트도저, 앵글도저, 버킷도저 등)
② 모터그레이더(motor grader: 땅고르는 기계)
③ 로더(포크 등 부착물 종류에 따른 용도변경 형식을 포함)
④ 스크레이퍼(scraper: 흙을 절삭·운반하거나 펴고르는 등의 작업을 하는 기계)
⑤ 크레인형 굴착기계(클램셸, 드래그라인 등)
⑥ 굴착기(브레이커, 크러셔, 드릴 등 부착물 종류에 따른 용도변경 형식을 포함)
⑦ 항타기 및 항발기
⑧ 천공용 건설기계(어스드릴, 어스오거, 크롤러드릴, 점보드릴 등)
⑨ 지반압밀침하용 건설기계(샌드드레인머신, 페이퍼드레인머신, 팩드레인머신 등)
⑩ 지반다짐용 건설기계(타이어롤러, 매커덤롤러, 탠덤롤러 등)
⑪ 준설용 건설기계(버킷준설선, 그래브준설선, 펌프준설선 등)
⑫ 콘크리트 펌프카
⑬ 덤프트럭
⑭ 콘크리트 믹서 트럭
⑮ 도로포장용 건설기계(아스팔트 살포기, 콘크리트 살포기, 아스팔트 피니셔, 콘크리트 피니셔 등)

(3) 전조등의 설치
차량계 건설기계에 전조등을 갖추어야 한다.

(4) 낙하물 보호구조의 설치

토사등이 떨어질 우려가 있는 등 위험한 장소에서 차량계 건설기계(불도저, 트랙터, 굴착기, 로더, 스크레이퍼, 덤프트럭, 모터그레이더, 롤러, 천공기, 항타기 및 항발기로 한정한다.)를 사용하는 경우에는 해당 차량계 건설기계에 견고한 낙하물 보호구조를 갖추어야 한다.

(5) 차량계 건설기계의 사용에 의한 위험의 방지

① **사전조사 내용**: 해당 기계의 굴러떨어짐, 지반의 붕괴 등으로 인한 근로자의 위험을 방지하기 위한 해당 작업장소의 지형 및 지반상태

② **작업계획서 작성**
  ㉠ 사용하는 차량계 건설기계의 종류 및 성능
  ㉡ 차량계 건설기계의 운행경로
  ㉢ 차량계 건설기계에 의한 작업방법

③ **운전위치 이탈시의 조치**
  ㉠ 원동기를 정지시키고 브레이크를 확실히 거는 등 차량계 건설기계의 갑작스러운 이동을 방지하기 위한 조치를 할 것
  ㉡ 포크, 버킷, 디퍼 등의 장치를 가장 낮은 위치 또는 지면에 내려둘 것
  ㉢ 운전석을 이탈하는 경우에는 시동키를 운전대에서 분리시킬 것

④ **수리 등의 작업시 조치**: 차량계 건설기계의 수리나 부속장치의 장착 및 제거작업을 하는 경우 그 작업을 지휘하는 사람을 지정하여 다음의 사항을 준수하도록 하여야 한다.
  ㉠ 작업순서를 결정하고 작업을 지휘하는 일
  ㉡ 안전지지대 또는 안전블록 등의 사용상황 등을 점검할 것

4 기타 건설안전작업 관련 중요한 사항

(1) 관리감독자의 유해위험방지업무(산업안전보건법 안전보건기준)

작업의 종류	직무수행 내용
달비계 또는 높이 5m 이상의 비계를 조립, 해체하거나 변경하는 작업(해체작업의 경우 ①의 규정 적용 제외)	① 재료의 결함유무를 점검하고 불량품을 제거하는 일 ② 기구, 공구, 안전대 및 안전모 등의 기능을 점검하고 불량품을 제거하는 일 ③ 작업방법 및 근로자의 배치를 결정하고 작업진행상태를 감시하는 일 ④ 안전대 및 안전모 등의 착용상황을 감시하는 일
거푸집 동바리의 고정, 조립 또는 해체작업/지반의 굴착작업/흙막이지보공의 고정·조립 또는 해체작업/터널의 굴착작업/건물 등의 해체작업	① 안전한 작업방법을 결정하고 작업을 지휘 하는 일 ② 재료, 기구의 결함유무를 점검하고 불량품을 제거하는 일 ③ 작업 중 안전대 및 안전모 등 보호구 착용상황을 감시하는 일

작업의 종류	점검 내용
채석을 위한 굴착작업	① 대피방법을 미리 교육하는 일 ② 작업을 시작하기 전 또는 폭우가 내린 후에는 암석, 토사의 낙하, 균열의 유무 또는 함수(含水)·용수 및 동결의 상태를 점검하는 일 ③ 발파한 후에는 발파장소 및 그 주변의 암석, 토사의 낙하, 균열의 유무를 점검하는 일
화물취급작업	① 작업방법 및 순서를 결정하고 작업을 지휘하는 일 ② 기구 및 공구를 점검하고 불량품을 제거하는 일 ③ 그 작업장소에는 관계근로자가 아닌 사람의 출입을 금지하는 일 ④ 로프 등의 해체작업을 할 때에는 하대 위의 화물의 낙하위험 유무를 확인하고 작업의 착수를 지시하는 일
발파작업	① 점화 전에 점화작업에 종사하는 근로자가 아닌 사람에게 대피를 지시하는 일 ② 점화작업에 종사하는 근로자에게 대피장소 및 경로를 지시하는 일 ③ 점화 전에 위험구역 내에서 근로자가 대피한 것을 확인하는 일 ④ 점화순서 및 방법에 대하여 지시하는 일 ⑤ 점화신호를 하는 일 ⑥ 점화작업에 종사하는 근로자에게 대피신호를 하는 일 ⑦ 발파 후 터지지 않은 장약이나 남은 장약의 유무, 용수의 유무 및 암석·토사의 낙하여부 등을 점검하는 일 ⑧ 점화하는 사람을 정하는 일 ⑨ 공기압축기의 안전밸브 작동유무를 점검하는 일 ⑩ 안전모 등 보호구 착용상황을 감시하는 일
부두 및 선박에서의 하역작업	① 작업방법을 결정하고 작업을 지휘하는 일 ② 통행설비, 하역기계, 보호구 및 기구·공구를 점검, 정비하고 이들의 사용상황을 감시하는 일 ③ 주변 작업자간의 연락조정을 행하는 일

(2) 작업시작 전 점검사항(산업안전보건법 안전보건기준)

작업의 종류	점검 내용
고소작업대를 사용하여 작업을 하는 때	① 비상정지장치 및 비상하강방지장치 기능의 이상유무 ② 과부하방지장치의 작동유무(와이어로프 또는 체인구동방식의 경우) ③ 아웃트리거 또는 바퀴의 이상유무 ④ 작업면의 기울기 또는 요철유무 ⑤ 활선작업용장치의 경우 홈, 균열, 파손 등 그 밖에 손상유무
구내운반차를 사용하여 작업을 하는 때	① 제동장치 및 조종장치 기능의 이상유무 ② 하역장치 및 유압장치 기능의 이상유무 ③ 바퀴의 이상유무 ④ 전조등, 후미등, 방향지시기 및 경음기 기능의 이상유무 ⑤ 충전장치를 포함한 홀더 등의 결합상태의 이상유무

차량계 건설기계를 사용하여 작업을 작업을 하는 때	브레이크 및 클러치 등의 기능
화물자동차를 사용하는 작업을 하게 하는 때	① 제동장치 및 조종장치의 기능 ② 하역장치 및 유압장치의 기능 ③ 바퀴의 이상유무
양화장치를 사용하여 화물을 싣고 내리는 작업을 하는 때	① 양화장치(揚貨裝置)의 작동상태 ② 양화장치에 제한하중을 초과하는 하중을 실었는지 여부
슬링 등을 사용하여 작업을 하는 때	① 훅이 붙어 있는 슬링, 와이어슬링 등의 매달린 상태 ② 슬링, 와이어슬링 등의 상태

(3) 건설작업시 착용하여야 할 보호구(산업안전보건법 안전보건기준 → 2024.6.28 개정)

다음의 구분에 따라 그 작업조건에 맞는 보호구를 작업하는 근로자 수 이상으로 지급하고 이를 착용하도록 하여야 한다.

① **안전대**: 높이 또는 깊이 2m 이상의 추락할 위험이 있는 장소에서 하는 작업
② **안전모**: 물체가 떨어지거나 날아올 위험 또는 근로자가 추락할 위험이 있는 작업
③ **안전화**: 물체의 낙하·충격, 물체에의 끼임, 감전 또는 정전기의 대전에 의한 위험이 있는 작업
④ **절연용보호구**: 감전의 위험이 있는 작업
⑤ **보안경**: 물체가 흩날릴 위험이 있는 작업
⑥ **보안면**: 용접시 불꽃이나 물체가 흩날릴 위험이 있는 작업
⑦ **방진마스크**: 선창 등에서 분진이 심하게 발생하는 하역작업
⑧ **방열복**: 고열에 의한 화상 등의 위험이 있는 작업
⑨ **승차용 안전모**: 물건을 운반하거나 수거·배달하기 위하여 이륜자동차 또는 원동기장치자전거 및 자전거 등을 운행하는 작업
⑩ **방한모, 방한복, 방한화, 방한장갑**: 영하 18℃ 이하인 급속냉동어창에서 하는 하역작업

(4) 화재감시자 배치(산업안전보건법 안전보건기준)

사업주는 근로자에게 다음의 어느 하나에 해당하는 장소에서 용접·용단작업을 하도록 하는 경우에는 화재감시자를 지정하여 용접·용단작업장소에 배치하여야 한다. 다만, 같은 장소에서 상시·반복적으로 용접·용단작업을 할 때 경보용설비·기구, 소화설비 또는 소화기가 갖추어진 경우에는 화재감시자를 지정·배치하지 않을 수 있다.

① 작업반경 11m 이내에 건물구조 자체나 내부(개구부 등으로 개방된 부분을 포함한다.)에 가연성 물질이 있는 장소
② 작업반경 11m 이내의 바닥하부에 가연성 물질이 11m 이상 떨어져 있지만 불꽃에 의해 쉽게 발화될 우려가 있는 장소
③ 가연성 물질이 금속으로 된 칸막이, 벽, 천장 또는 지붕의 반대쪽면에 인접해 있어 열전도나 열복사에 의해 발화될 우려가 있는 장소

※ 산업안전보건법 안전보건기준 → 2021.5.28 개정

적중문제 CHAPTER 7 | 공사 및 작업종류별 안전 Ⅲ(운반 및 하역작업)

01 취급·운반의 원칙으로 옳지 않은 것은?
① 연속운반을 할 것
② 생산을 최고로 하는 운반을 생각할 것
③ 운반작업을 집중하여 시킬 것
④ 곡선운반을 할 것

해설 곡선운반이 아닌 직선운반을 하여야 한다.

정답 ④

02 화물을 적재할 때 준수사항으로 옳지 않은 것은?
① 침하 우려가 없는 튼튼한 곳에 적재
② 편하중이 생기지 않도록 적재
③ 칸막이나 벽에 기대어 적재
④ 불안정하게 높이 쌓아 올리지 말 것

해설 화물을 적재할 때 칸막이나 벽에 기대어 적재하는 것은 절대로 금지하여야 한다.

정답 ③

03 부두, 안벽 등 하역작업을 하는 장소에 대하여 부두, 안벽의 선을 따라 통로를 설치할 때 통로의 최소폭은?
① 70cm   ② 80cm
③ 90cm   ④ 100cm

해설 부두 또는 안벽의 선을 따라 통로를 설치하는 때에는 폭을 90cm 이상으로 하여야 한다.

관련이론 **화물취급작업시 하적단의 간격**
바닥으로부터의 높이가 2m 이상되는 하적단과 인접 하적단 사이의 간격은 하적단의 밑부분을 기준하여 10cm 이상으로 하여야 한다.

정답 ③

04 화물을 취급하여 하역작업을 할 경우에 위험방지를 위해 준수하여야 할 사항으로 옳지 않은 것은?
① 작업장의 위험한 부분에는 안전하게 작업할 수 있는 조명을 유지할 것
② 하적단 위 붕괴위험이 있는 장소에는 관계근로자 외는 출입금지를 시킬 것
③ 침하의 우려가 없는 튼튼한 기반 위에 적재할 것
④ 부두 또는 안벽의 선을 따라 통로를 설치할 때는 폭을 50cm 이상으로 할 것

해설 부두 또는 안벽의 선을 따라 통로를 설치할 때는 폭을 90cm 이상으로 한다.

정답 ④

05 화물을 차량계 하역운반기계에 싣는 작업 또는 내리는 작업을 할 때 해당 작업지휘자를 지정하여야 하는 기준이 되는 것은?
① 단위화물의 무게가 100kg 이상일 때
② 헤드가드의 강도가 최대하중의 2배 이하일 때
③ 최대적재량을 초과하여 적재한 때
④ 차량의 무게가 1,000kg 이상일 때

해설 단위화물의 무게가 100kg 이상일 때에는 해당 작업지휘자를 지정하여야 한다.

정답 ①

06 잠함 또는 우물통의 내부에서 굴착작업을 할 때 급격한 침하로 인한 위험방지를 위해 준수하여야 할 사항은?

① 바닥으로부터 천장 또는 보까지의 높이는 1.8m 이상으로 할 것
② 산소의 농도를 측정하는 자를 지명하여 측정하도록 할 것
③ 근로자가 안전하게 승강하기 위한 설비를 설치할 것
④ 굴착깊이가 20m를 초과하는 때에는 송기를 위한 설비를 설치할 것

해설　잠함 또는 우물통의 내부에서 굴착작업을 할 때 급격한 침하로 인한 위험방지를 위해 준수하여야 할 사항은 다음과 같다.
- 바닥으로부터 천장 또는 보까지의 높이는 1.8m 이상으로 할 것
- 침하관계도에 따라 굴착방법 및 재하량 등을 정할 것

정답 ①

07 선창의 내부에서 화물취급작업을 하는 때에는 갑판의 윗면에서 선창 밑바닥까지 깊이가 몇 m를 초과하는 경우에 해당 작업 근로자가 안전하게 통행할 수 있는 설비를 설치하여야 하는가?

① 1.0m　② 1.2m
③ 1.3m　④ 1.5m

해설　갑판의 윗면에서 선창 밑바닥까지 깊이가 1.5m를 초과하는 선창의 내부에서 화물취급작업을 하는 경우에는 사다리 등 통행설비를 설치하여야 한다.

정답 ④

08 화물을 구내운반차에 적재, 적하할 때 작업지휘자의 업무사항에 해당하지 않는 것은?

① 화물의 낙하위험 유무를 확인하는 일
② 기구 및 공구를 점검하는 일
③ 차량의 안전유무를 점검하는 일
④ 작업순서 및 작업방법을 정하는 일

해설　차량의 안전유무를 점검하는 일은 작업지휘자의 업무사항에 해당하지 않는다.

관련이론　작업지휘자의 업무사항
- 화물의 낙하위험 유무를 확인하는 일
- 기구 및 공구를 점검하는 일
- 작업순서 및 작업방법을 정하는 일
- 관계근로자 이외의 사람의 출입을 금지하는 일

정답 ③

09 다음 (　) 안에 알맞은 내용은?

> 현장에서 지게차, 구내운반차, 화물자동차 등의 차량계 하역운반기계 및 고소작업대를 사용하여 작업을 하는 때에는 작업계획을 작성하고 작업지휘자를 지정하고 작업계획에 따라 작업을 실시하도록 하여야 한다. 고소작업대의 경우 와이어로프 또는 체인의 안전율은 (　) 이상이어야 한다.

① 3　② 5
③ 10　④ 15

해설
- 고소작업대의 경우에는 작업지휘자를 지정하고 작업계획에 따라 작업을 실시하도록 하여야 한다.
- 고소작업대의 경우 와이어로프 또는 체인의 안전율은 5 이상이어야 한다.

정답 ②

10 차량계 건설기계작업시 운전위치 이탈시 조치사항으로 옳지 않은 것은?

① 포크, 버킷, 디퍼 등 장치를 가장 높은 위치 또는 지면에 올려 둘 것
② 원동기를 정지시키고 브레이크를 걸어 둘 것
③ 갑작스러운 이동을 방지하기 위한 조치를 할 것
④ 운전석을 이탈하는 경우에는 시동키를 운전대에서 분리할 것

해설 포크, 버킷, 디퍼 등 장치를 가장 낮은 위치 또는 지면에 내려 두어야 한다.

관련이론 차량계 건설기계작업시 운전위치 이탈시 조치사항
- 원동기를 정지시키고 브레이크를 걸어 둘 것
- 갑작스러운 이동을 방지하기 위한 조치를 할 것
- 운전석을 이탈하는 경우에는 시동키를 운전대에서 분리할 것

정답 ①

11 차량계 건설기계를 사용하여 작업시 작업계획서에 포함되어야 할 사항이 아닌 것은?

① 차량계 건설기계의 운행경로
② 차량계 건설기계의 신호방법
③ 차량계 건설기계에 의한 작업방법
④ 사용하는 차량계 건설기계의 종류 및 성능

해설 차량계 건설기계의 신호방법은 차량계 건설기계작업시 작업계획서에 포함되어야 할 사항에 해당하지 않는다.

관련이론 차량계 건설기계 작업계획서에 포함되어야 할 사항
- 차량계 건설기계의 운행경로
- 차량계 건설기계에 의한 작업방법
- 사용하는 차량계 건설기계의 종류 및 성능

정답 ②

12 차량계 건설기계에 해당되지 않는 것은?

① 불도저　　② 항타기
③ 파워셔블　④ 타워크레인

해설 타워크레인은 양중기에 해당한다.

정답 ④

13 토사 등이 떨어질 우려가 있는 등 위험한 장소에서 낙하물 보호구조를 갖추어야 하는 장비가 아닌 것은?

① 불도저　　② 롤러
③ 트랙터　　④ 리프트

해설 리프트는 양중기로서 낙하물 보호구조를 갖출 필요가 없다.

관련이론 낙하물 보호구조를 갖추어야 하는 장비
- 불도저
- 굴착기
- 트랙터
- 롤러
- 항타기 및 항발기
- 로더
- 스크레이퍼
- 모터그레이더
- 천공기
- 덤프트럭

※ 산업안전보건법 안전보건기준 → 2024.6.28 개정

정답 ④

14 차량계 건설기계를 사용하여 작업을 할 때 기계의 전도 또는 전락에 의한 근로자의 위험을 방지하기 위하여 취하여야 할 조치사항으로 적당하지 않은 것은?

① 도로폭의 유지 ② 지반의 침하방지
③ 울, 손잡이 설치 ④ 갓길의 붕괴방지

해설 기계의 전도 또는 전락에 의한 근로자의 위험을 방지하기 위하여 취하여야 할 조치사항은 <u>도로폭의 유지, 지반의 침하방지, 갓길의 붕괴방지</u>가 있으며 울, 손잡이 설치는 추락방지를 위하여 조치할 사항이다.

정답 ③

15 차량계 건설기계의 수리, 점검, 작업 등을 할 때 붐, 암 등이 불시에 하강함으로써 발생하는 위험을 방지하기 위해 설치해야 되는 것은?

① 권과방지장치
② 안전밸브 및 경보장치
③ 안전지지대 및 안전블록
④ 과부하방지장치

해설 안전지지대 및 안전블록은 일종의 쐐기장치로 붐, 암 등의 불시하강 방지를 위해 차량계 건설기계에 <u>설치해야 한다.</u>

정답 ③

16 벌목작업을 할 때 벌목하고자 하는 나무의 가슴 높이 지름이 얼마 이상일 경우 수구깊이는 뿌리부분 지름의 4분의 1 이상 3분의 1 이하로 만들어야 하는가?

① 10cm ② 20cm
③ 30cm ④ 40cm

해설 나무의 가슴높이 지름이 <u>20cm 이상</u>일 경우 수구깊이는 뿌리부분 지름의 4분의 1 이상 3분의 1 이하로 만들어야 한다.
※ 산업안전보건법 안전보건기준 → 2021.11.19 개정

정답 ②

17 차량계 건설기계의 작업시 작업시작 전 점검사항에 해당하는 것은?

① 유압장치 및 하역장치 기능의 이상유무
② 제동장치 및 조종장치 기능의 이상유무
③ 브레이크 및 클러치의 기능
④ 바퀴의 이상유무

해설 브레이크 및 클러치의 기능은 <u>차량계 건설기계의 작업시 작업시작 전 점검사항에 해당한다.</u>

정답 ③

18 고소작업대를 사용하여 작업을 하는 때의 작업시작 전 점검사항이 아닌 것은?

① 아웃트리거 또는 바퀴의 이상유무
② 작업면의 기울기 또는 요철유무
③ 비상정지장치 및 비상하강방지장치 기능의 이상유무
④ 하역장치 및 유압장치 기능의 이상유무

해설 하역장치 및 유압장치 기능의 이상유무는 <u>구내운반차, 화물자동차를 사용하여 작업을 하는 때의 작업시작 전 점검사항에 해당한다.</u>

관련이론 **고소작업대를 사용하여 작업을 하는 때의 작업시작 전 점검사항(산업안전보건법 안전보건기준)**
- 아웃트리거 또는 바퀴의 이상유무
- 작업면의 기울기 또는 요철유무
- 비상정지장치 및 비상하강방지장치 기능의 이상유무
- 과부하방지장치의 작동유무(와이어로프 또는 체인구동방식의 경우)
- 활선작업용장치의 경우 홈, 균열, 파손 등 그 밖에 손상유무

정답 ④

---

19 물체의 낙하·충격, 물체에의 끼임, 감전 또는 정전기의 대전에 의한 위험이 있는 작업시 공통으로 근로자가 착용하여야 하는 보호구로 적합한 것은?

① 방열복   ② 안전대
③ 안전화   ④ 보안경

해설 물체의 낙하·충격, 물체에의 끼임, 감전 또는 정전기의 대전에 의한 위험이 있는 작업시에는 <u>안전화를 착용하여야 한다.</u>

선지분석
① <u>방열복</u>은 고열에 의한 화상 등의 위험이 있는 작업에 사용한다.
② <u>안전대</u>는 높이 또는 깊이 2m 이상의 추락할 위험이 있는 장소에서 하는 작업에 사용한다.
④ <u>보안경</u>은 물체가 흩날릴 위험이 있는 작업에 사용한다.

정답 ③

---

20 산업안전보건법상 화재감시자를 지정하여 배치하여야 하는 장소에 해당하지 않는 것은?

① 작업반경 11m 이내에 건물구조 자체나 내부(개구부 등으로 개방된 부분을 포함한다.)에 가연성 물질이 있는 장소
② 작업반경 11m 이내의 바닥하부에 가연성 물질이 11m 이상 떨어져 있지만 불꽃에 의해 쉽게 발화될 우려가 있는 장소
③ 가연성 물질이 금속으로 된 칸막이, 벽, 천장 또는 지붕의 반대쪽면에 인접해 있어 열전도나 열복사에 의해 발화될 우려가 있는 장소
④ 작업반경 15m 이내에 건물구조 자체나 내부(개구부 등으로 개방된 부분을 포함한다.)에 가연성 물질이 있는 장소

해설 작업반경 15m 이내에 건물구조 자체나 내부(개구부 등으로 개방된 부분을 포함한다.)에 가연성 물질이 있는 장소는 화재감시자 지정·배치 장소에 해당하지 않는다.

관련이론 **산업안전보건법상 화재감시자를 지정하여 배치하여야 하는 장소**
- 작업반경 11m 이내에 건물구조 자체나 내부(개구부 등으로 개방된 부분을 포함한다.)에 가연성 물질이 있는 장소
- 작업반경 11m 이내의 바닥하부에 가연성 물질이 11m 이상 떨어져 있지만 불꽃에 의해 쉽게 발화될 우려가 있는 장소
- 가연성 물질이 금속으로 된 칸막이, 벽, 천장 또는 지붕의 반대쪽면에 인접해 있어 열전도나 열복사에 의해 발화될 우려가 있는 장소

정답 ④

2026 대비 최신개정판

해커스
산업안전
산업기사 필기
한권완성 이론+최신기출+핵심노트

개정 6판 1쇄 발행 2025년 9월 5일

지은이	이성찬
펴낸곳	㈜챔프스터디
펴낸이	챔프스터디 출판팀
주소	서울특별시 서초구 강남대로61길 23 ㈜챔프스터디
고객센터	02-537-5000
교재 관련 문의	publishing@hackers.com
동영상강의	pass.Hackers.com
ISBN	978-89-6965-623-0 (13530)
Serial Number	06-01-01

저작권자 ⓒ 2025, 이성찬
이 책의 모든 내용, 이미지, 디자인, 편집 형태는 저작권법에 의해 보호받고 있습니다.
서면에 의한 저자와 출판사의 허락 없이 내용의 일부 혹은 전부를 인용, 발췌하거나 복제, 배포할 수 없습니다.

자격증 교육 1위
해커스자격증
pass.Hackers.com

· 산업안전지도사 **이성찬 선생님의 본 교재 인강**(교재 내 할인쿠폰 수록)
· 산업안전산업기사 **무료 특강&이벤트**, 최신 기출 문제 등 다양한 학습 콘텐츠

주간동아 선정 2022 올해의 교육브랜드 파워 온·오프라인 자격증 부문 1위

쉽고 빠른 합격의 비결,
해커스자격증
국가기술·가산자격 시리즈

해커스 산업안전기사·산업기사 시리즈

해커스 위험물산업기사

해커스 전기기사

해커스 전기기능사

해커스 소방설비기사·산업기사 시리즈

자격증 교육 1위 해커스

주간동아 선정 2022 올해의 교육브랜드 파워 온·오프라인 자격증 부문 1위 해커스

해커스 국가기술·가산자격
전 교재 보러가기 ▶

해커스 전산응용기계제도기능사

해커스 정보처리기사

해커스 일반기계기사 시리즈

해커스 식품안전기사·산업기사 시리즈

해커스 스포츠지도사 시리즈

해커스 사회조사분석사

해커스
산업안전
산업기사 필기
한권완성 이론

해커스 산업안전기사 교재

해커스
산업안전기사 필기
한권완성
이론+최신기출+핵심노트

해커스
산업안전기사 실기
한권완성 이론+14개년 기출

해커스 산업안전산업기사 교재

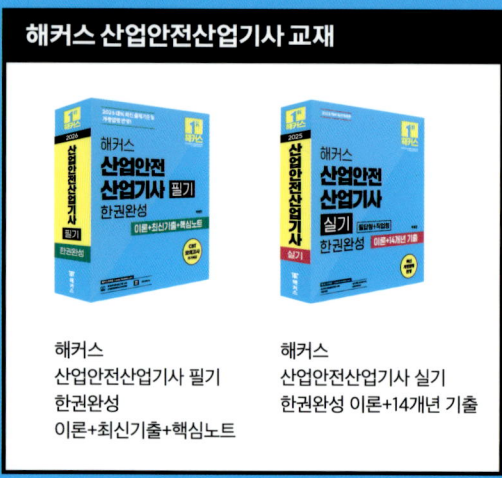

해커스
산업안전산업기사 필기
한권완성
이론+최신기출+핵심노트

해커스
산업안전산업기사 실기
한권완성 이론+14개년 기출

13530

ISBN 978-89-6965-623-0

2026 대비 최신 출제기준 및
개정법령 반영!

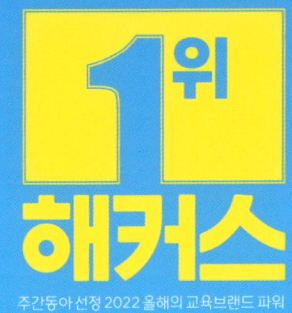

해커스
주간동아 선정 2022 올해의 교육브랜드 파워
온·오프라인 자격증 부문 1위

해커스
산업안전
산업기사 필기
한권완성

이성찬

최신기출

CBT
모의고사
추가제공

해커스자격증 | pass.Hackers.com

· 본 교재 인강(할인쿠폰 수록)
· 산업안전산업기사 무료 특강

특별
제공

· CBT 모의고사

해커스자격증의 합격 플랜

해커스 **산업안전산업기사 합격생**
평균 4개월** 내 **최종 합격!**

필기

기본
합격 꿀팁 특강 +
기출문제 3~4회독으로
이론 정복

➔

심화
CBT 모의고사 +
해설 강의로
취약 파트 완벽 보완

➔

마무리
핵심노트,
필수 암기 공식노트로
최종 핵심 정리

실기

기본
필기 이론 복습 및
실기 이론 학습

➔

심화
필답형&작업형
실전 모의고사로
유형별 풀이 연습

➔

마무리
실기 적중 220제,
벼락치기 특강으로
시험 전 실력 점검

* [자격증 교육 1위 해커스] 주간동아 선정 2022 올해의 교육브랜드 파워 온·오프라인 자격증 부문 1위 해커스
** [4개월 합격] 해커스 산업안전기사 합격후기 중 학습기간 기재한 합격생 평균 합격기간(23.06.21. 기준)

자격증 합격의 모든 것, **해커스자격증**

환급반 및 커리큘럼 바로가기 ▶
pass.Hackers.com

자격증 교육 1위* 해커스자격증

해커스 산업안전산업기사
무료 특강 제공!

지금 바로 시청하고 단기 합격하기

▲ 무료특강 바로가기

이용방법
- 해커스자격증(pass.Hackers.com) 접속 ▶
- 사이트 상단 [산업안전기사] 클릭 ▶
- 상단의 [무료콘텐츠 > 무료강의] 탭 클릭하여 이용

암기의 대가
이성찬 선생님

강의만족도** **99.7%**
한국산업안전보건공단 25년 근속

산업안전산업기사
전 강좌 10% 할인쿠폰

K370 D464 329C 4000

이용방법
- 해커스자격증(pass.Hackers.com) 접속 후 로그인 ▶
- 우측 퀵메뉴의 [쿠폰/수강권 등록] 클릭 ▶
- [나의 쿠폰] 화면에서 [쿠폰/수강권 등록] 클릭 ▶
- 쿠폰 번호 입력 후 등록 및 즉시 사용 가능

* 등록 후 3일간 사용 가능

쿠폰 바로 등록하기
(로그인 필요)

초보합격가이드

* PDF

이용방법
- 해커스자격증(pass.Hackers.com) 접속 ▶
- 사이트 상단 [산업안전기사] 클릭 ▶
- 상단의 [이벤트 > 전 강좌 무료배포] 탭 클릭하여 이동

* 매일 선착순 50명 제공(ID당 1회에 한해 참여 가능)

이벤트 바로가기

---

* [자격증 교육 1위 해커스] 주간동아 선정 2022 올해의 교육브랜드 파워 온·오프라인 자격증 부문 1위 해커스
** [강의만족도 99.7%] 해커스자격증 이성찬 선생님 수강후기 게시판 별점 평균을 백분율로 환산(2022.05.20 기준)

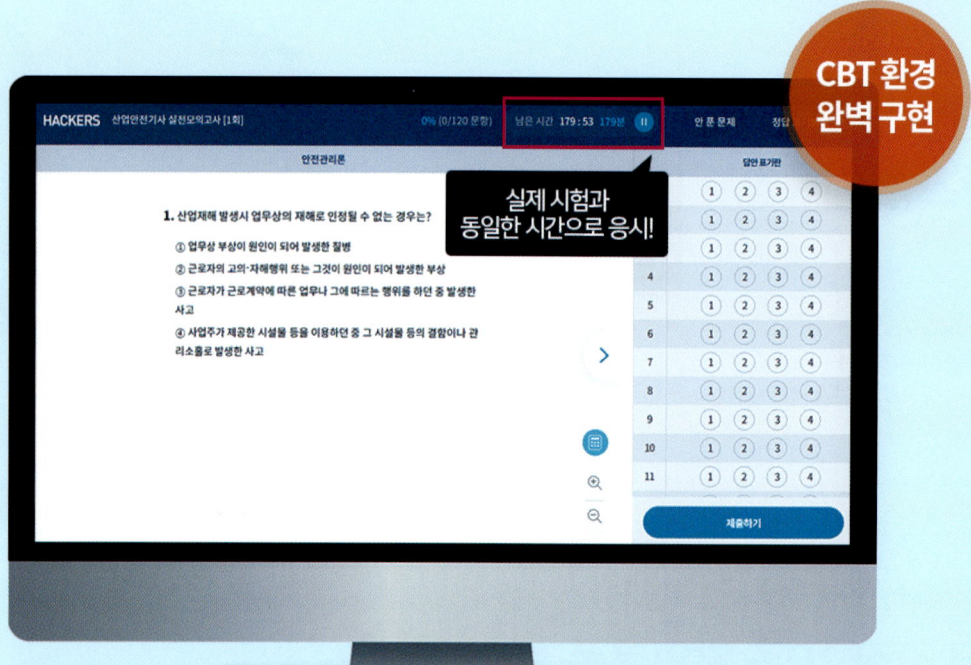

해커스
산업안전 산업기사 필기
한권완성

목차

최신기출

2025년

2025년 제3회(CBT)	4
2025년 제2회(CBT)	29
2025년 제1회(CBT)	52

2024년

2024년 제3회(CBT)	75
2024년 제2회(CBT)	98
2024년 제1회(CBT)	119

2023년

2023년 제3회(CBT)	138
2023년 제2회(CBT)	160
2023년 제1회(CBT)	181

2022년

2022년 제3회(CBT)	203
2022년 제2회(CBT)	224
2022년 제1회(CBT)	245

2021년

2021년 제3회(CBT)	265
2021년 제2회(CBT)	282
2021년 제1회(CBT)	301

2020년

2020년 제4회(CBT)	320
2020년 제3회	338
2020년 제1·2회	363

2019년

2019년 제3회	392
2019년 제2회	417
2019년 제1회	441

책의 구성 및 특징 / 산업안전산업기사 시험 정보 / 출제기준 / 학습플랜

PART 1 산업재해예방 및 안전보건교육

- CHAPTER 1 산업재해예방계획 수립
- CHAPTER 2 안전보호구 관리
- CHAPTER 3 산업안전심리
- CHAPTER 4 인간의 행동과학
- CHAPTER 5 안전보건교육의 내용 및 방법 Ⅰ
- CHAPTER 6 안전보건교육의 내용 및 방법 Ⅱ
- CHAPTER 7 산업안전관계법규

PART 2 인간공학 및 위험성 평가·관리

- CHAPTER 1 안전과 인간공학
- CHAPTER 2 표시장치 및 제어장치
- CHAPTER 3 인체계측 및 근골격계질환예방 관리
- CHAPTER 4 작업환경관리 및 유해요인관리
- CHAPTER 5 시스템 위험성 추정 및 결정
- CHAPTER 6 결함수분석
- CHAPTER 7 위험성 파악·결정 및 감소대책 수립·실행
- CHAPTER 8 신뢰도 계산

PART 3 기계·기구 및 설비 안전관리

- CHAPTER 1 기계공정의 안전 및 기계안전시설관리
- CHAPTER 2 기계분야 산업재해조사 및 관리
- CHAPTER 3 기계설비 위험요인 분석 Ⅰ (공작기계)
- CHAPTER 4 기계설비 위험요인 분석 Ⅱ (프레스 및 전단기)
- CHAPTER 5 기계설비 위험요인 분석 Ⅲ (산업용 기계기구)
- CHAPTER 6 기계설비 위험요인 분석 Ⅳ (운반기계 및 양중기)

PART 4 전기 및 화학설비 안전관리

- CHAPTER 1 전기안전관리 업무수행
- CHAPTER 2 감전재해 및 방지대책
- CHAPTER 3 전기설비 위험요인관리
- CHAPTER 4 정전기 장·재해관리
- CHAPTER 5 전기방폭관리
- CHAPTER 6 화학물질 안전관리 실행
- CHAPTER 7 화공안전 비상조치계획·대응 및 화공안전 운전·점검
- CHAPTER 8 화재·폭발 검토
- CHAPTER 9 화학물질 취급설비 개념 확인
- CHAPTER 10 소화원리 이해

PART 5 건설공사 안전관리

- CHAPTER 1 건설현장 유해·위험요인관리 및 안전점검
- CHAPTER 2 건설공구 및 장비 안전수칙
- CHAPTER 3 공사 및 작업종류별 안전 Ⅰ (양중 및 해체공사)
- CHAPTER 4 건설현장 안전시설관리
- CHAPTER 5 비계·거푸집 가시설 위험방지
- CHAPTER 6 공사 및 작업종류별 안전 Ⅱ (콘크리트 및 PC공사)
- CHAPTER 7 공사 및 작업종류별 안전 Ⅲ (운반 및 하역작업)

2025년 제3회(CBT)

※ CBT 문제는 모두 수험생의 기억에 따라 복원된 것이며, 실제 기출문제와 동일하지 않을 수 있습니다.

제1과목 산업재해예방 및 안전보건교육

01 안전심리의 5대 요소 중 능동적인 감각에 의한 자극에서 일어난 사고의 결과로서 사람의 마음을 움직이는 원동력이 되는 것은?
① 기질(temper) ② 동기(motive)
③ 감정(emotion) ④ 습관(custom)

해설 능동적인 감각에 의한 자극에서 일어난 사고의 결과로서 사람의 마음을 움직이는 원동력이 되는 것은 동기(motive)이다.

관련이론 안전심리의 5대 요소
- 습관
- 기질
- 습성
- 동기
- 감정

정답 ②

02 인간의 의식수준을 5단계로 구분할 때 의식이 몽롱한 상태의 단계는?
① Phase I ② Phase II
③ Phase III ④ Phase IV

해설 인간의 의식 수준을 5단계로 구분할 때 의식이 몽롱한 상태의 단계는 Phase I 단계이다.

정답 ①

03 호손(Hawthorne) 실험에 대한 설명으로 옳은 것은?
① 물리적 작업환경 이외에 심리적 요인이 생산성에 영향을 미친다는 것을 알아냈다.
② 시간 – 동작 연구를 통해서 작업도구와 기계를 설계했다.
③ 소비자들에게 효과적으로 영향을 미치는 광고전략을 개발했다.
④ 채용과정에서 발생하는 차별요인을 밝히고 이를 시정하는 법적조치의 기초를 마련했다.

해설 호손(Hawthorne) 실험은 물리적 작업환경 이외에 심리적 요인, 즉 인간관계가 생산성에 영향을 미친다는 것을 알아냈다.

정답 ①

04 산업안전보건법상 안전보건개선계획의 수립·시행에 관한 사항으로 옳지 않은 것은?

① 대상 사업장으로는 유해인자의 노출기준을 초과한 사업장이 해당된다.
② 산업재해율이 같은 업종의 규모별 평균산업재해율과 같은 사업장이 해당된다.
③ 수립·시행 명령을 받은 사업주는 안전보건 개선계획서를 작성하여 그 명령을 받은 날부터 60일 이내에 관할 지방고용노동관서의 장에게 제출하여야 한다.
④ 사업주가 필요한 안전조치 또는 보건조치를 이행하지 아니하여 중대재해가 발생한 사업장이 해당된다.

해설 산업재해율이 같은 업종의 규모별 평균 산업재해율보다 높은 사업장이 안전보건개선계획의 수립·시행 대상 사업장에 해당한다.

 안전보건개선계획

1. 안전보건개선계획의 수립·시행 대상 사업장
   - 산업재해율이 같은 업종의 규모별 평균산업재해율보다 높은 사업장
   - 유해인자의 노출기준을 초과한 사업장
   - 사업주가 필요한 안전조치 또는 보건조치를 이행하지 아니하여 중대재해가 발생한 사업장
   - 대통령령으로 정하는 수(직업성질병자가 연간 2명 이상 발생) 이상의 직업성질병자가 발생한 사업장
2. 안전보건개선계획서 제출
   사업주는 안전보건개선계획서를 작성하여 그 명령을 받은 날부터 60일 이내에 관할 지방고용노동관서의 장에게 제출하여야 한다.

정답 ②

05 안전인증 대상 방음용 귀마개의 종류 중 성능에 있어 저음부터 고음까지 차음하는 것의 기호로 옳은 것은?

① EP-1   ② EP-2
③ EP-3   ④ EM

해설 저음부터 고음까지 차음하는 것은 EP-1 귀마개이다.

 안전인증 대상 방음용 보호구

형식	종류	기호	적요
귀마개	1종	EP-1	저음부터 고음까지 차단하는 것
	2종	EP-2	고음만을 차단하는 것
귀덮개	-	EM	-

정답 ①

06 인간의 착각현상 가운데 암실 내에서 하나의 광점을 보고 있으면 그 광점이 움직이는 것처럼 보이는 것을 자동운동이라고 하는데, 자동운동이 생기기 쉬운 조건이 아닌 것은?

① 광의 강도가 클 것
② 대상이 단순할 것
③ 광점이 작을 것
④ 시야의 다른 부분이 어두울 것

해설 광의 강도가 작아야 자동운동이 생기기 쉽다.

정답 ①

07 산업안전보건법령상 안전보건표지 종류 중 위험장소 경고를 의미하는 것은?

①  ②

③  ④

해설 위험장소 경고에 해당하는 표지는 ③의 표지이다.

선지 분석
① 인화성 물질 경고표지이다.
② 폭발성 물질 경고표지이다.
④ 레이저광선 경고표지이다.

정답 ③

08 다음 설명이 의미하는 것은?

> 다른 사람의 행동양식이나 태도를 자기에게 투입시키거나 그와 반대로 다른 사람 가운데서 자기의 행동양식이나 태도와 비슷한 것을 발견하는 것

① 암시 ② 모방
③ 투사 ④ 동일화

해설 다른 사람의 행동양식이나 태도를 자기에게 투입시키거나 그와 반대로 다른 사람 가운데서 자기의 행동양식이나 태도와 비슷한 것을 발견하는 것은 동일화(Identification)이다.

선지 분석
① 암시(Suggestion)는 어떤 자극이나 작용에 대하여 수동적, 무비판적으로 받아들이는 것이다.
② 모방(Imitation)은 한 행위가 행해지는 것을 보고 새롭게 배우는 것이다.
③ 투사(Projection)는 자기 속의 억압된 것을 다른 사람의 것으로 생각하는 것이다.

정답 ④

09 1분에 10kcal를 소비하는 작업을 수행할 경우 1시간 작업하는 동안 몇 분의 휴식을 취하여야 하는가? (단, 작업에 대한 평균에너지값의 상한은 5kcal/분으로 한다.)

① 10분 ② 20분
③ 30분 ④ 35분

해설 $R(분) = \dfrac{60(E-5)}{E-1.5} = \dfrac{60(10-5)}{10-1.5} = 35.29 ≒ 35분$

따라서 1시간 작업을 하는 동안 약 35분의 휴식을 취하여야 한다.

정답 ④

10 인간의 행동에 대하여 심리학자 레빈(K. Lewin)은 다음과 같은 식으로 표현했다. 이 때 각 요소에 대한 내용으로 옳지 않은 것은?

$$B = f(P \cdot E)$$

① B: Behavior(행동)
② f: function(함수)
③ P: Person(개체)
④ E: Engineering(기술)

해설 레빈의 식에서 E는 환경(Environment)을 의미한다.

관련 이론 **레빈(K. Lewin)의 법칙**

$$B = f(P \cdot E)$$

- B: Behavior(행동)
- f: function(함수: 적성, 기타 P와 E에 영향을 주는 조건)
- P: Person(개체: 경험, 연령, 심신상태, 지능, 성격 등)
- E: Environment(환경: 작업환경, 인간관계, 설비적 결함 등)

정답 ④

11 피로의 측정방법에 해당하지 않는 것은?

① 생리학적 측정   ② 물리학적 측정
③ 생화학적 측정   ④ 심리학적 측정

해설 물리학적 측정은 피로의 측정방법에 해당하지 않는다.

관련이론 피로의 측정방법
- 생리학적 측정: 에너지대사율(RMR), 근전도(EMG), 플리커값(점멸융합주파수), 산소소비량 등
- 생화학적 측정: 혈색소 농도, 혈단백, 혈액성분, 응혈시간 등
- 심리학적 측정: 피부(전위) 저항, 정신작업, 동작분석, 집중유지 기능 등

정답 ②

12 재해누발자의 분류에 해당하지 않는 것은?

① 상황성 누발자   ② 습관성 누발자
③ 소질성 누발자   ④ 성숙성 누발자

해설 성숙성 누발자는 재해누발자의 분류에 해당하지 않으며, 환경에 익숙하지 못하거나 기능미숙으로 인한 재해누발자인 미숙성 누발자가 그 분류에 해당한다.

선지분석
① 작업의 어려움, 기계설비의 결함, 환경상 주의집중의 혼란, 심신의 근심에 의한 것이다.
② 재해의 경험으로 신경과민이 되거나 슬럼프(Slump)에 빠지기 때문이다.
③ 지능, 성격, 감각운동에 의한 소질적 요인에 의하여 결정된다.

정답 ④

13 토의식 교육방법의 종류 중 새로운 자료나 교재를 제시하고, 피교육자로 하여금 문제점을 제기하게 하거나 여러 가지 방법으로 의견을 발표하게 하고, 청중과 토론자간의 활발한 의견개진과 충돌로 합의를 도출해내는 방법을 무엇이라 하는가?

① 포럼(Forum)
② 심포지엄(Symposium)
③ 버즈세션(Buzz Session)
④ 케이스 메소드(Case Method)

해설 새로운 자료나 교재를 제시하고, 피교육자로 하여금 문제점을 제기하게 하거나 여러 가지 방법으로 의견을 발표하게 하고, 청중과 토론자간의 활발한 의견개진과 충돌로 합의를 도출해내는 방법은 포럼(Forum)이다.

선지분석
② 심포지엄이란 여러 명의 전문가가 과제에 대해서 견해를 발표한 뒤 참석자로부터 질문이나 의견을 하게 하여서 토의하는 방법이다.
③ 버즈세션이란 6-6회의라고도 하며, 참가자가 다수인 경우에 전원을 토의에 참가시키기 위한 방법이다.
④ 케이스 메소드란 사례(Case)를 꺼내 보이고 문제사실과 그들의 상호관계에 관하여 검토하고, 관련 사실의 수집이나 분석방법의 학습, 종합적인 상황판단, 대책입안을 하는 경우에 효과적인 방법이다.

정답 ①

14 유기화합물용 방독마스크 시험가스의 종류가 아닌 것은?

① 염소가스 또는 증기   ② 시클로헥산
③ 디메틸에테르   ④ 이소부탄

해설 염소가스 또는 증기는 할로겐용 방독마스크의 시험가스이다.

관련이론 방독마스크의 종류에 따른 시험가스

종류	표시 색
유기화합물용	• 시클로헥산(C_6H_{12}) • 디메틸에테르(CH_3OCH_3) • 이소부탄(C_4H_{10})
할로겐용	염소가스 또는 증기(Cl_2)
황화수소용	황화수소가스(H_2S)
시안화수소용	시안화수소가스(HCN)
아황산용	아황산가스(SO_2)
암모니아용	암모니아가스(NH_3)

정답 ①

15 위험예지훈련의 문제해결 4단계에서 이것이 위험의 포인트라고 하는 단계는?

① 현상파악　　② 본질추구
③ 대책수립　　④ 목표설정

해설 이것이 위험의 포인트라고 하는 단계는 본질추구(2단계)이다.

관련이론 위험예지훈련의 4단계(4R)
- 1R(현상파악): 어떤 위험이 잠재하고 있는지 사실을 파악하는 단계
- 2R(본질추구): 이것이 위험의 포인트라고 하는 단계
- 3R(대책수립): 구체적인 대책을 수립하는 단계
- 4R(목표설정): 수립한 대책 가운데 질이 높은 항목에 합의하는 단계

정답 ②

16 산업안전보건법에 따라 산업재해가 발생한 때에 사업주가 기록·보존하여야 하는 사항이 아닌 것은?

① 사업장의 개요 및 근로자의 인적사항
② 재해발생의 일시 및 장소
③ 재해발생의 원인 및 과정
④ 재해원인 수사요청 기록 및 근무상황일지

해설 재해원인 수사요청 기록 및 근무상황일지는 사업주가 기록·보존하여야 하는 사항에 포함되지 않는다.

관련이론 사업주의 기록·보존사항(산업안전보건법)
- 사업장의 개요 및 근로자의 인적사항
- 재해발생의 일시 및 장소
- 재해발생의 원인 및 과정
- 재해재발방지계획

정답 ④

17 하인리히의 사고발생연쇄이론을 바르게 나열한 것은?

① 기본원인 → 통제의 부족 → 직접원인 → 사고 → 상해
② 통제의 부족 → 기본원인 → 직접원인 → 사고 → 상해
③ 개인적 결함 → 사회적 환경과 유전적 요소 → 불안전한 행동 및 상태 → 사고 → 상해
④ 사회적 환경과 유전적 요소 → 개인적 결함 → 불안전한 행동 및 상태 → 사고 → 상해

해설 하인리히의 사고발생연쇄이론은 다음과 같은 순서로 진행된다.
사회적 환경과 유전적 요소 → 개인적 결함 → 불안전한 행동 및 상태 → 사고 → 상해

정답 ④

18 물질안전보건자료에 관한 교육내용에 해당되지 않는 것은?

① 산업위생 및 산업환기에 관한 사항
② 대상화학물질의 명칭
③ 물리적 위험성 및 건강유해성
④ 응급조치요령 및 사고시 대처방법

해설 산업위생 및 산업환기에 관한 사항은 보건관리자 보수교육과정의 교육내용에 해당한다.

관련이론 물질안전보건자료에 관한 교육내용
- 대상화학물질의 명칭
- 물리적 위험성 및 건강유해성
- 응급조치요령 및 사고시 대처방법
- 취급상 주의사항
- 적절한 보호구
- 물질안전보건자료 및 경고표지를 이해하는 방법

정답 ①

19 산업안전보건위원회의 심의·의결사항으로 볼 수 없는 것은?

① 산업재해예방계획의 수립에 관한 사항
② 안전보건관리규정의 작성 및 변경에 관한 사항
③ 재해자에 관한 치료 및 재해보상에 관한 사항
④ 근로자의 건강진단 등 건강관리에 관한 사항

해설 재해자에 관한 치료 및 재해보상에 관한 사항은 산업안전보건위원회의 심의·의결사항에 해당하지 않는다.

 산업안전보건법상 산업안전보건위원회 심의·의결사항
- 사업장의 산업재해예방계획의 수립에 관한 사항
- 안전보건관리규정의 작성 및 변경에 관한 사항
- 안전보건교육에 관한 사항
- 작업환경 측정 등 작업환경의 점검 및 개선에 관한 사항
- 근로자의 건강진단 등 건강관리에 관한 사항
- 산업재해의 원인조사 및 재발방지대책수립에 관한 사항 중 중대재해에 관한 사항
- 산업재해에 관한 통계의 기록 및 유지에 관한 사항
- 유해하거나 위험한 기계, 기구, 설비를 도입한 경우 안전 및 보건 관련 조치에 관한 사항

정답 ③

20 엔드라고지 모델(Andragogy Model)에 기초한 학습자로서의 성인의 특징과 가장 거리가 먼 것은?

① 성인들은 주제중심적으로 학습하고자 한다.
② 성인들은 자기주도적으로 학습하고자 한다.
③ 성인들은 많은 다양한 경험을 가지고 학습에 참여한다.
④ 성인들은 왜 배워야 하는지에 대해 알고자 하는 욕구를 가지고 있다.

해설 엔드라고지 모델은 성인들의 학습활동을 제시한 것으로서, 엔드라고지 모델에 기초한 학습자로서의 성인들은 문제중심적, 과제중심적으로 학습하고자 한다.

 엔드라고지 모델에 기초한 학습자로서 성인의 특징
- 성인들은 자기주도적으로 학습하고자 한다.
- 성인들은 다양한 경험을 가지고 학습에 참여한다.
- 성인들은 왜 배워야 하는지에 대해 알고자 하는 욕구를 가지고 있다.
- 성인들은 문제중심적, 과제중심적으로 학습하고자 한다.
- 성인들의 학습동기는 사회적 역할개발과 밀접한 관련이 있다.
- 성인들의 학습하고자 하는 동기는 외적동기라기 보다는 내적동기에 있다.

정답 ①

제2과목 인간공학 및 위험성 평가·관리

21 인간-기계시스템에서의 기본적인 기능으로 볼 수 없는 것은?

① 정보의 수용   ② 정보의 저장
③ 행동기능   ④ 정보의 설계

해설 정보의 설계는 인간 – 기계시스템에서의 기본적인 기능으로 볼 수 없다.

관련이론 인간 – 기계의 기본적 기능
- 행동기능
- 감지(정보수용)기능
- 정보보관(저장) 기능
- 정보처리 및 의사결정기능

정답 ④

22 적절한 온도에서 추운 환경으로 바뀔 때 인체에 나타나는 현상이 아닌 것은?

① 피부온도가 내려간다.
② 피부를 경유하는 혈액순환량이 감소한다.
③ 직장의 온도가 내려간다.
④ 몸이 떨리고 소름이 돋는다.

해설 직장(直腸)의 온도가 올라간다가 옳은 내용이다.

관련이론 적절한 온도에서 추운 환경으로 바뀔 때 인체에 나타나는 현상
- 몸이 떨리고 소름이 돋는다.
- 피부온도가 내려간다.
- 직장(直腸)의 온도가 올라간다.
- 피부를 경유하는 혈액순환량이 감소한다.
- 혈액의 많은 양이 몸의 중심부를 순환한다.

정답 ③

23 경계 및 경보신호의 설계지침으로 옳지 않은 것은?

① 귀는 중음역에 민감하므로 500~3,000Hz의 진동수를 사용한다.
② 300m 이상의 장거리용으로는 1,000Hz를 초과하는 진동수를 사용한다.
③ 배경소음의 진동수와 다른 진동수의 신호를 사용한다.
④ 주의를 환기시키기 위하여 변조된 신호를 사용한다.

해설 300m 이상의 장거리용으로는 1,000Hz 이하의 진동수를 사용한다.

정답 ②

24 시스템의 병렬계에 대한 특성이 아닌 것은?

① 요소(要素)의 중복도가 늘수록 계(系)의 수명은 길어진다.
② 요소(要素)의 수가 많을수록 고장의 기회는 줄어든다.
③ 요소(要素)의 어느 하나라도 정상이면 계(系)는 정상이다.
④ 계(系)의 수명은 요소(要素) 중에서 수명이 가장 짧은 것으로 정해진다.

해설
- 계(系)의 수명이 요소(要素) 중에서 수명이 가장 짧은 것으로 정해지는 것은 시스템의 직렬계에 대한 특성이다.
- 병렬계의 수명은 요소 중에서 수명이 가장 긴 것으로 정해진다.

정답 ④

25 FT도에 사용되는 기호 중 시스템의 정상적인 가동상태에서 일어날 것이 기대되는 사상을 나타내는 것은?

① 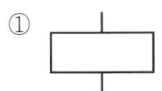 ②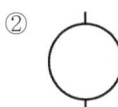

③ 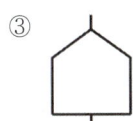 ④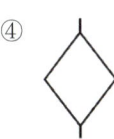

해설 시스템의 정상적인 가동상태에서 일어날 것이 기대되는 사상은 통상사상이며, ⌂ 과 같이 나타낸다.

정답 ③

26 위험성 평가의 절차가 순서대로 옳게 나열된 것은?

① 사전준비 → 위험성 결정 → 유해·위험요인 파악 → 위험성 감소대책 수립 및 실행 → 위험성평가 실시 내용 및 결과에 관한 기록 및 보존
② 사전준비 → 위험성 감소대책 수립 및 실행 → 위험성 결정 → 유해·위험요인 파악 → 위험성평가 실시 내용 및 결과에 관한 기록 및 보존
③ 사전준비 → 유해·위험요인 파악 → 위험성 결정 → 위험성 감소대책 수립 및 실행 → 위험성평가 실시 내용 및 결과에 관한 기록 및 보존
④ 사전준비 → 유해·위험요인 파악 → 위험성 감소대책 수립 및 실행 → 위험성 결정 → 위험성평가 실시 내용 및 결과에 관한 기록 및 보존

해설 위험성 평가의 절차
사전준비 → 유해·위험요인 파악 → 위험성 결정 → 위험성 감소대책 수립 및 실행 → 위험성 평가 실시내용 및 결과에 관한 기록 및 보존

정답 ③

27 시스템이나 서브시스템 위험분석을 위하여 일반적으로 사용되는 전형적인 정성적, 귀납적 분석기법으로 시스템에 영향을 미치는 모든 요소의 고장을 형태별로 분석하여 그 영향을 검토하는 분석기법은?

① PHA ② FMEA
③ SSHA ④ ETA

해설 시스템이나 서브시스템 위험분석을 위하여 일반적으로 사용되는 전형적인 정성적, 귀납적 분석기법으로 시스템에 영향을 미치는 모든 요소의 고장을 형태별로 분석하여 그 영향을 검토하는 분석기법은 FMEA(고장의 형태와 영향분석)이다.

정답 ②

28 SWAIN에 의해 분류된 휴먼에러 중 독립행동에 대한 분류에 해당하지 않는 것은?

① Omission Error ② Commission Error
③ Extraneous Error ④ Command Error

해설 Command Error는 원인의 수준적 분류에 해당한다.

휴먼에러의 분류

분류	종류
스웨인에 의한 심리적(독립행동) 분류	• Omission Error • Time Error • Sequential Error • Commission Error • Extraneous Error
원인의 수준(Level)적 분류	• Primary Error • Secondary Error • Command Error

정답 ④

29 그림에 대한 설명으로 옳지 않은 것은?

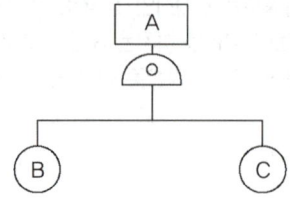

① R(A) = B × C
② B와 C가 동시에 발생하지 않으면 A는 발생하지 않는다.
③ 는 AND를 나타낸다.
④ 논리합의 경우이다.

해설 논리합의 경우가 아닌 논리곱의 경우이다.

정답 ④

30 인간공학에 있어 시스템 설계과정의 주요단계를 다음과 같이 6단계로 구분하였을 때 바른 순서로 나열한 것은?

> ㉠ 기본설계
> ㉡ 계면설계
> ㉢ 시험 및 평가
> ㉣ 목표 및 성능명세 결정
> ㉤ 촉진물설계
> ㉥ 체계의 정의

① ㉠ → ㉡ → ㉥ → ㉣ → ㉤ → ㉢
② ㉡ → ㉠ → ㉥ → ㉣ → ㉤ → ㉢
③ ㉣ → ㉥ → ㉠ → ㉡ → ㉤ → ㉢
④ ㉥ → ㉠ → ㉡ → ㉣ → ㉤ → ㉢

해설 인간공학에 있어 시스템 설계과정의 주요단계
- 제1단계: 목표 및 성능명세 결정
- 제2단계: 체계의 정의
- 제3단계: 기본설계
- 제4단계: 계면설계
- 제5단계: 촉진물(보조물)설계
- 제6단계: 시험 및 평가

정답 ③

31 택시요금 계기와 같이 숫자로 표기되는 정량적인 동적표시장치를 무엇이라 하는가?
① 계수형 ② 동목형
③ 동침형 ④ 수평형

해설 택시요금 계기와 같이 숫자로 표기되는 정량적인 동적표시장치를 계수형이라 한다.

정답 ①

32 동작의 효율을 높이기 위한 동작경제의 원칙으로 볼 수 없는 것은?
① 신체사용에 관한 원칙
② 작업장의 배치에 관한 원칙
③ 공구 및 설비디자인에 관한 원칙
④ 복수작업자 분석에 관한 원칙

해설 복수작업자 분석에 관한 원칙은 동작경제의 원칙에 해당하지 않는다.

관련이론 **동작경제의 원칙**(반즈: Barnes)
- 신체사용에 관한 원칙
- 작업장의 배치에 관한 원칙
- 공구 및 설비디자인에 관한 원칙

정답 ④

33 의자설계의 일반적인 원리로 가장 적절하지 않은 것은?

① 등근육의 정적부하를 줄인다.
② 디스크가 받는 압력을 줄인다.
③ 요부전만(腰部前灣)을 유지한다.
④ 일정한 자세를 계속 유지하도록 한다.

해설 의자설계시 일정한 자세를 계속 유지하지 않도록 한다.

관련이론 의자설계의 일반적인 원리
- 등근육의 정적부하를 줄인다.
- 디스크(추간판)가 받는 압력을 줄인다.
- 요부전만(腰部前灣)을 유지한다.
- 자세고정을 줄인다(일정한 자세를 계속 유지하지 않도록 한다).
- 쉽고 간편하게 조절할 수 있도록 설계한다.

정답 ④

34 시각적 부호의 유형과 내용이 잘못 연결된 것은?

① 임의적 부호 – 주의를 나타내는 삼각형
② 묘사적 부호 – 보도표지판의 걷는 사람
③ 명시적 부호 – 위험표지판의 해골과 뼈
④ 추상적 부호 – 별자리를 나타내는 12궁도

해설 위험표지판의 해골과 뼈의 경우 묘사적 부호가 옳은 내용이다.

정답 ③

35 MIL-STD-882B의 위험성 평가 메트릭스(Matrix) 분류에 속하지 않는 것은?

① 가끔 발생하는(Occasional) 발생빈도 > 10^{-4}/day
② 자주 발생하는 발생빈도 > 10^{-2}/day
③ 거의 발생하지 않는(Remote) 발생빈도 > 10^{-5}/day
④ 전혀 발생하지 않는(Impossible) 발생빈도 > 10^{-8}/day

해설 전혀 발생하지 않는(Impossible) 발생빈도 > 10^{-8}/day는 MIL-STD-882B(미국방성 시스템안전 표준규격)의 위험성 평가 메트릭스(Matrix) 분류에 해당하지 않는다.

정답 ④

36 양립성(Compatibility)의 종류가 아닌 것은?

① 개념양립성 ② 공간양립성
③ 운동양립성 ④ 인지양립성

해설 양립성(Compatibility)의 종류에는 개념양립성, 공간양립성, 운동(동작)양립성, 양식양립성이 있으며, 인지양립성은 양립성의 종류에 해당하지 않는다.

정답 ④

37 자연습구온도가 20°C이고, 흑구온도가 30°C일 때, 실내의 습구흑구온도지수(WBGT: Wet Bulb Globe Temperature)는 약 얼마인가?

① 20°C ② 23°C
③ 25°C ④ 30°C

해설 습구흑구온도지수(°C)=0.7×자연습구온도+0.3×흑구온도
=(0.7×20)+(0.3×30)=23°C

정답 ②

38 은행창구나 슈퍼마켓의 계산대를 설계하는데 가장 적합한 인체측정 자료의 응용원칙은?

① 평균치를 이용한 설계원칙
② 가변적(조절식) 설계원칙
③ 최소집단치를 이용한 설계원칙
④ 최대집단치를 이용한 설계원칙

해설 은행창구나 슈퍼마켓의 계산대는 평균치를 이용한 설계원칙으로 한다.

정답 ①

39 사후보전에 필요한 수리시간의 평균치를 나타낸 것은?

① MTTF   ② MTBF
③ MDT   ④ MTTR

해설 사후보전에 필요한 수리시간의 평균치를 나타내는 것은 MTTR(평균수리시간, Mean Time To Repair)이다.

정답 ④

40 결함수분석법(FTA)에 대한 설명으로 옳지 않은 것은?

① 재해발생 후의 원인규명보다 재해예방을 위한 예측기법으로 활용가치가 높다.
② 재해발생요인을 논리적 도표에 의해 분석하는 기법이다.
③ 일정의 약속된 기호에 의하여 논리적 순서에 따라 논리의 한계까지 전개한다.
④ 정량적 분석시보다 정성적 분석시 논리의 한계성을 더 느낀다.

해설 정성적 분석시보다 정량적 분석시 논리의 한계성을 더 느낀다.

정답 ④

제3과목 기계·기구 및 설비 안전관리

41 숫돌 외경이 150mm일 경우 평형 플랜지의 직경은 최소 몇 mm 이상이어야 하는가?

① 25mm   ② 50mm
③ 75mm   ④ 100mm

해설 평형 플랜지의 직경 = 숫돌 외경 $\times \frac{1}{3}$ = $150 \times \frac{1}{3}$
= 50mm 이상

정답 ②

42 어느 롤러기의 앞면 롤러 지름이 300mm, 분당 회전수가 30일 경우 허용되는 롤러기의 급정지거리는 약 몇 mm 이내이어야 하는가?

① 31.4mm   ② 314mm
③ 25.1mm   ④ 251mm

해설 1. 앞면 롤러의 표면속도

$V = \frac{\pi DN}{1,000} = \frac{3.14 \times 300 \times 30}{1,000}$
= 28.26 m/min

여기서, D: 롤러 지름(mm)
N: 회전수(rpm)

2. 급정지거리
- 급정지거리 기준: 표면속도가 30m/min 미만인 경우 앞면 롤러 원주의 1/3 이내
- 원주길이 = πD = 3.14×300 = 942mm

∴ $942 \times \frac{1}{3}$ = 314mm 이내

정답 ②

43 아세틸렌용접장치의 산업안전보건기준에 맞는 것은?

① 아세틸렌 용접장치의 발생기실을 옥외에 설치한 때에는 그 개구부를 다른 건축물로부터 1m 이상 떨어지도록 하여야 한다.
② 가스집합장치로부터 10m 이내의 장소에서는 화기의 사용을 금지한다.
③ 아세틸렌 발생기에서 10m 이내 또는 발생기실에서 4m 이내의 장소에서는 흡연행위를 금지시킨다.
④ 아세틸렌 발생기실은 건물의 최상층에 위치하여야 하며, 화기를 사용하는 설비로부터 3m를 초과하는 장소에 설치한다.

해설 아세틸렌 발생기실은 건물의 최상층에 위치하여야 하며, 화기를 사용하는 설비로부터 3m를 초과하는 장소에 설치하여야 한다.

선지분석
① 아세틸렌 용접장치의 발생기실을 옥외에 설치한 때에는 그 개구부를 다른 건축물로부터 1.5m 이상 떨어지도록 하여야 한다.
② 가스집합장치로부터 5m 이내의 장소에서는 화기의 사용을 금지한다.
③ 아세틸렌 발생기에서 5m 이내 또는 발생기실에서 3m 이내의 장소에서는 흡연행위를 금지시킨다.

정답 ④

44 시몬즈(Simonds)의 재해코스트 계산방식에 있어 비보험코스트 항목에 해당하지 않는 것은

① 사망재해건수   ② 통원상해건수
③ 응급조치건수   ④ 무상해사고건수

해설 사망재해건수는 시몬즈의 재해코스트 계산방식에 있어 비보험코스트 항목에 포함되지 않는다.

 시몬즈(R.H. Simonds) 방식의 재해코스트 계산방식
총재해코스트 = 산재보험코스트 + 비보험코스트
※ 비보험코스트 = (휴업상해건수×A) + (통원상해건수×B) + (응급조치건수×C) + (무상해사고건수×D)
여기서, A, B, C, D는 장해정도별 비보험코스트의 평균치이다.

정답 ①

45 기계설비의 위험점 중 끼임점(Sheer Point)이 형성되는 경우로 옳지 않은 것은?

① 회전풀리와 베드 사이
② 연삭숫돌과 베드 사이
③ 선반 및 평삭기 베드끝 부위
④ 반복 동작되는 링크기구

해설 선반 및 평삭기 베드끝 부위는 기계설비의 위험점 중 협착점이 형성되는 경우에 해당한다.

 끼임점(Sheer Point)이 형성되는 경우
• 회전풀리와 베드 사이
• 연삭숫돌과 베드 사이
• 반복 동작되는 링크기구
• 교반기 교반날개와 몸체(하우스) 사이
• 탈수기 회전체와 몸체 사이

정답 ③

46 연삭기의 원주속도 V(m/s)를 구하는 식은? (단, D는 숫돌의 지름(m), n은 회전수(rpm)이다)

① $V = \dfrac{\pi Dn}{16}$ ② $V = \dfrac{\pi Dn}{32}$
③ $V = \dfrac{\pi Dn}{60}$ ④ $V = \dfrac{\pi Dn}{1,000}$

해설 연삭기의 원주속도(m/s)
$$V = \pi Dn(\text{m/min}) = \dfrac{\pi Dn}{60}(\text{m/s})$$
여기서, V: 회전속도(m/min, m/s)
D: 숫돌의 지름(m)
n: 회전수(rpm)

정답 ③

47 기계기구 또는 설비의 신설, 변경 또는 고장수리 등 부정기적인 점검을 말하며 기술적 책임자가 시행하는 점검은?

① 정기점검　② 수시점검
③ 특별점검　④ 임시점검

해설 기계기구 또는 설비의 신설, 변경 또는 고장수리 등 부정기적인 점검으로 기술적 책임자가 시행하는 점검은 특별점검이다.

선지분석
① 정기점검(계획점검)은 일정기간마다 정기적으로 시행하는 점검이다.
② 수시점검(일상점검)은 공정의 설비, 기계, 공구 등을 매일 일의 시작이나 종료시 또는 작업 중에 계속해서 시설과 사람의 작업동작에 대하여 점검이다.
④ 임시점검은 정기점검 실시 후 다음 점검일 이전에 임시로 실시하는 점검으로, 유사 기계설비의 갑작스런 이상 등이 발생되었을 때 실시하는 점검이다.

정답 ③

49 회전시험을 할 때 미리 비파괴검사를 실시해야 하는 고속회전체는?

① 회전축의 중량이 1t을 초과하고, 원주속도가 25m/s 이상인 것
② 회전축의 중량이 5t을 초과하고, 원주속도가 25m/s 이상인 것
③ 회전축의 중량이 1t을 초과하고, 원주속도가 120m/s 이상인 것
④ 회전축의 중량이 5t을 초과하고, 원주속도가 120m/s 이상인 것

해설 회전축의 중량이 1t을 초과하고, 원주속도가 120m/sec 이상인 고속회전체의 회전시험을 하는 때에는 미리 회전축의 재질 및 형상 등에 상응하는 종류의 비파괴검사를 실시하여 결함유무를 확인하여야 한다.

정답 ③

48 지게차의 헤드가드 상부틀에 있어서 각 개구부의 폭 또는 길이의 크기는?

① 8cm 미만　② 10cm 미만
③ 16cm 미만　④ 20cm 미만

해설 상부틀의 각 개구의 폭 또는 길이가 16cm 미만이어야 한다.

관련이론 지게차의 헤드가드(산업안전보건법 안전보건기준)
- 상부틀의 각 개구의 폭 또는 길이가 16cm 미만일 것
- 강도는 지게차의 최대하중의 2배 값(그 값이 4t을 넘는 것은 4t으로 한다)의 등분포정하중에 견딜 수 있는 것일 것
- 운전자가 앉아서 조작하거나 서서 조작하는 지게차의 헤드가드는 산업표준화법 제12조에 따른 한국산업표준에서 정하는 높이 기준 이상일 것

정답 ③

50 설비고장 형태 중 사용조건상의 결함에 의해 발생하는 것은?

① 마모고장　② 우발고장
③ 초기고장　④ 피로고장

해설 설비고장형태 중 사용조건상의 결함에 의해 발생하는 것은 우발고장이다.

선지분석
① 마모고장: 설비의 피로, 마모, 부식, 노화 및 불충분한 정비 등에 의해 생기는 고장(IFR: 증가형)으로 감소대책으로는 정기진단(검사), 예방보전(PM: Prevention Maintenance)이 필요하다.
③ 초기고장: 생산과정에서의 불량제조 또는 품질관리의 미비로 인하여 생기는 고장(DFR: 감소형)으로 위험분석, 시운전 및 점검작업을 하여 결함을 찾아내어야 한다.

정답 ②

51 산업안전보건법령에 따라 목재가공용 기계에 설치하여야 하는 방호장치에 대한 내용으로 옳지 않은 것은?

① 목재가공용 둥근톱기계에는 분할날 등 반발예방장치를 설치하여야 한다.
② 목재가공용 둥근톱기계에는 톱날접촉예방장치를 설치하여야 한다.
③ 모떼기기계에는 가공 중 목재의 회전을 방지하는 회전방지장치를 설치하여야 한다.
④ 작업대상물이 수동으로 공급되는 동력식 수동대패기계에 날접촉예방장치를 설치하여야 한다.

해설 모떼기기계에는 날접촉예방장치를 설치하여야 한다.

 산업안전보건법령에 따라 목재가공용 기계에 설치하여야 하는 방호장치

- 목재가공용 둥근톱기계에는 분할날 등 반발예방장치를 설치하여야 한다.
- 목재가공용 둥근톱기계에는 톱날접촉예방장치를 설치하여야 한다.
- 작업대상물이 수동으로 공급되는 동력식 수동대패기계에 날접촉예방장치를 설치하여야 한다.
- 모떼기기계에는 날접촉예방장치를 설치하여야 한다.
- 목재가공용 띠톱기계의 절단에 필요한 톱날부위 외의 위험한 톱날부위에 덮개 또는 울 등을 설치하여야 한다.
- 목재가공용 띠톱기계에서 스파이크가 붙어 있는 이송롤러 또는 요철형 이송롤러에 날접촉예방장치 또는 덮개를 설치하여야 한다.

정답 ③

52 보일러의 방호장치가 아닌 것은

① 압력방출장치　② 압력제한스위치
③ 언로드밸브　　④ 고저수위 조절장치

해설 언로드밸브는 압력용기의 제어장치에 해당한다.

 보일러의 방호장치
- 압력방출장치
- 고저수위조절장치
- 압력제한스위치
- 화염검출기

정답 ③

53 기계구조부분의 강도적 안전화를 위한 안전조건에 해당하지 않는 것은?

① 재료선택시의 안전화
② 설계시의 올바른 강도계산
③ 사용상의 안전화
④ 가공상의 안전화

해설 기계구조부분의 강도적 안전화를 위한 안전조건에는 재료선택시의 안전화, 설계시의 올바른 강도계산, 가공상의 안전화가 있으며, 사용상의 안전화는 이에 해당하지 않는다.

정답 ③

54 연삭기의 종류가 아닌 것은?

① 다두연삭기　② 원통연삭기
③ 센터리스연삭기　④ 만능연삭기

해설
- 다두연삭기는 연삭기의 종류에 해당하지 않는다.
- 드릴기에는 다두드릴기가 있다.

정답 ①

55 프레스의 방호장치에 해당하지 않는 것은?
① 가드식 방호장치
② 수인식 방호장치
③ 롤 피드식 방호장치
④ 손쳐내기식 방호장치

해설 롤 피드식 방호장치는 프레스의 방호장치에 해당하지 않는다.

정답 ③

56 산소아세틸렌 용접시 역류, 역화의 원인에 해당하지 않는 것은?
① 팁에 불순물이 부착되었을 때
② 토치의 팁이 과열되었을 때
③ 토치의 성능이 불량할 때
④ 산소공급이 부족할 때

해설 산소공급이 과다할 때 역류, 역화의 원인이 된다.

관련이론 역류·역화의 원인 및 조치
1. 가스용접장치의 역류, 역화의 원인
   • 토치가 과열되었을 때
   • 압력조정기가 고장났을 때
   • 토치의 성능이 좋지 않을 때
   • 토치 팁에 이물질이 묻었을 때
   • 산소공급이 과다할 때
2. 산소아세틸렌 용접장치의 역화시 조치사항
   산소밸브를 먼저 잠그고 아세틸렌밸브를 나중에 잠근다.

정답 ④

57 직경 30mm인 연강을 선반에서 절삭할 때 스핀들 회전수는? (단, 절삭속도는 20m/min)
① 132rpm   ② 212rpm
③ 360rpm   ④ 418rpm

해설
$$V = \frac{\pi DN}{1,000}$$
$$N = \frac{1,000\,V}{\pi D}$$
여기서, V: 절삭속도(m/min)
D: 드릴직경(mm)
N: 회전수(rpm)
$$= \frac{1,000 \times 20}{3.14 \times 30} = 212.3 ≒ 212\text{rpm}$$

정답 ②

58 반드시 급정지기구가 부착되어 있어야만 유효한 프레스의 방호장치는?
① 수인식 방호장치
② 양수조작식 방호장치
③ 손쳐내기식 방호장치
④ 양수기동식 방호장치

해설 양수조작식 방호장치의 경우 반드시 급정지기구가 부착되어 있어야만 유효하다.

관련이론 급정지기구의 부착과 유효 여부
1. 급정지기구가 부착되어 있어야만 유효한 프레스의 방호장치
   • 광전자식(감응식) 방호장치
   • 양수조작식 방호장치
2. 급정지기구가 부착되어 있지 않아도 유효한 방호장치
   • 양수기동식 방호장치
   • 게이트가드식 방호장치
   • 수인식 방호장치
   • 손쳐내기식 방호장치

정답 ②

59 크레인에 있어서 걸기고리의 와이어로프 안전계수는? (단, 화물의 하중을 직접 지지하는 경우이다.)

① 정격하중의 10 이상
② 정격하중의 8 이상
③ 정격하중의 5 이상
④ 정격하중의 3 이상

해설 크레인에 있어서 화물의 하중을 직접 지지하는 경우 걸기고리의 와이어로프 안전계수는 정격하중의 5 이상이어야 한다.

관련이론 크레인에 있어서 걸기고리의 와이어로프 안전계수(산업안전보건법 안전보건기준)

- 화물의 하중을 직접 지지하는 경우: 5 이상
- 근로자가 탑승하는 운반구를 지지하는 경우: 10 이상
- 훅, 샤클, 클램프, 리프팅 빔의 경우: 3 이상
- 그 밖의 경우: 4 이상

정답 ③

60 프레스 등을 사용하여 작업할 때 작업시작 전 점검사항으로 옳지 않은 것은?

① 클러치 및 브레이크의 기능
② 1행정1정지기구, 급정지기구 및 비상정지장치의 기능
③ 프레스의 금형 및 고정볼트
④ 이상음, 진동상태

해설 이상음, 진동상태는 프레스 등을 사용하여 작업할 때 작업시작 전 점검사항에 해당하지 않는다.

관련이론 프레스 등을 사용하여 작업할 때 작업시작 전 점검사항(산업안전보건법 안전보건기준)

- 클러치 및 브레이크의 기능
- 1행정1정지기구, 급정지기구 및 비상정지장치의 기능
- 프레스의 금형 및 고정볼트
- 슬라이드, 칼날에 의한 위험방지기구의 기능
- 크랭크축, 플라이휠, 슬라이드, 연결봉 및 연결나사의 풀림 여부
- 방호장치의 기능
- 전단기의 칼날 및 테이블의 상태

정답 ④

제4과목 전기 및 화학설비 안전관리

61 전압의 분류가 잘못된 것은?

① 저압 – 1kV 이하의 교류전압
② 저압 – 1.5kV 이하의 직류전압
③ 고압 – 1kV 초과 7kV 이하의 교류전압
④ 특고압 – 10kV를 초과하는 직류전압

해설 특고압 – 7kV를 초과하는 직류전압이 옳은 내용이다.

정답 ④

62 아크용접작업시 감전재해 방지에 쓰이지 않는 것은?

① 보안면
② 절연장갑
③ 절연용접봉 홀더
④ 자동전격방지장치

해설 보안면은 아크용접작업시 유해광선으로부터 인체를 보호하기 위하여 쓰이는 것이다.

정답 ①

63 인체가 전기설비에 접촉되어 감전재해가 발생하였을 때 감전재해의 위험도에 가장 큰 영향을 미치는 요인은?

① 통전전류의 크기
② 통전시간
③ 통전경로
④ 전원의 종류

해설 감전재해의 위험도에 가장 큰 영향을 미치는 요인은 통전전류의 크기이다.

정답 ①

64 전기 누전화재의 위험은 저압전로의 경우 부하에 최대공급전류의 몇 배 이상의 누전전류가 흐를 때인가?

① 1/500 ② 1/1,000
③ 1/1,500 ④ 1/2,000

해설 저압전로의 경우 부하에 최대공급전류의 1/2,000 이상의 누전전류가 흐를 때 전기 누전화재의 위험이 있다.

정답 ④

65 옥내배선에서 누전으로 인한 화재방지의 대책이 아닌 것은?

① 배선불량시 재시공할 것
② 배선에 단로기를 설치할 것
③ 정기적으로 절연저항을 측정할 것
④ 정기적으로 배선시공 상태를 확인할 것

해설 배선에 단로기가 아닌 누전차단기를 설치해야 한다.

정답 ②

66 교류아크용접기의 허용사용률(%)은? (단, 정격사용률은 10%, 2차정격전류는 500A, 교류아크용접기의 사용전류는 250A이다.)

① 30 ② 40
③ 50 ④ 60

해설 허용사용률(%)
$$= \left(\frac{\text{정격2차전류}}{\text{실제 용접전류}}\right)^2 \times \text{정격사용률}$$
$$= \left(\frac{500}{250}\right)^2 \times 10 = 40\%$$

정답 ②

67 전기기기의 방폭구조를 나타내는 기호로 옳지 않은 것은?

① 내압방폭구조: d ② 안전증방폭구조: e
③ 본질안전방폭구조: s ④ 압력방폭구조: p

해설 본질안전방폭구조의 기호는 ia, ib이다.

> **관련 이론**
> **전기기기의 방폭구조**
> 1. 전기기기의 방폭구조 기호
>   - 내압방폭구조: d
>   - 유입방폭구조: o
>   - 안전증방폭구조: e
>   - 특수방폭구조: s
>   - 압력방폭구조: p
>   - 본질안전방폭구조: ia, ib
> 2. 전기기기의 방폭구조의 표기
>
> | Exd IIA T2 IP54 |
>
>   여기서, d: 방폭구조의 기호(내압방폭구조)
>   IIA: 그룹을 나타내는 기호[산업용(가스, 증기), 최대안전틈새 0.9mm 이상]
>   T2: 온도등급(최고표면온도 300℃)
>   IP54: 보호등급

정답 ③

68 코로나방전이 발생하면 공기 중에 생성되는 기체는?

① O_2 ② O_3
③ N_2 ④ N_3

해설 코로나방전이 발생하면 공기 중에 생성되는 것은 오존(O_3)이며, 스파크(불꽃)방전시에도 오존(O_3)이 생성된다.

정답 ②

69 누전에 의한 감전위험을 방지하기 위하여 누전차단기를 설치하여야 하는데 누전차단기를 설치하지 않아도 되는 것은?

① 절연대 위에서 사용하는 이중절연구조의 전동기기
② 임시배선의 전로가 설치되는 장소에서 사용하는 이동형 전기기구
③ 철판 위와 같이 도전성이 높은 장소에서 사용하는 이동형 전기기구
④ 물과 같이 도전성이 높은 액체에 의한 습윤장소에서 사용하는 이동형 전기기구

해설 절연대 위에서 사용하는 이중절연구조의 전동기기에는 누전차단기를 설치하지 않아도 된다.

> **관련 이론** 누전차단기를 설치하지 않아도 되는 것(산업안전보건법 안전보건기준)
> - 절연대 위 등과 같이 감전위험이 없는 장소에서 사용하는 전기기계·기구
> - 전기용품 및 생활용품안전관리법이 적용되는 이중절연 또는 이와 같은 수준 이상으로 보호되는 전기기계·기구
> - 비접지방식의 전로
>   ※ 산업안전보건법 안전보건기준 → 2021.11.19 개정

정답 ①

70 근로자가 노출된 충전부 또는 그 부근에서 작업함으로써 감전될 우려가 있는 경우에는 작업에 들어가기 전에 해당 전로를 차단하여야 하나 전로를 차단하지 않아도 되는 예외 기준이 있다. 이러한 예외 기준에 해당하지 않는 것은?

① 생명유지장치, 비상경보설비, 폭발위험장소의 환기설비, 비상조명설비 등의 장치·설비의 가동이 중지되어 사고의 위험이 증가되는 경우
② 관리감독자를 배치하여 짧은 시간 내에 작업을 완료할 수 있는 경우
③ 기기의 설계상 또는 작동상 제한으로 전로차단이 불가능한 경우
④ 감전, 아크 등으로 인한 화상, 화재·폭발의 위험이 없는 것으로 확인된 경우

해설 관리감독자를 배치하여 짧은 시간 내에 작업을 완료할 수 있는 경우는 예외 기준에 해당하지 않는다.

> **관련 이론** 전로차단의 예외 기준(산업안전보건법 안전보건기준)
> - 생명유지장치, 비상경보설비, 폭발위험장소의 환기설비, 비상조명설비 등의 장치·설비의 가동이 중지되어 사고의 위험이 증가되는 경우
> - 기기의 설계상 또는 작동상 제한으로 전로 차단이 불가능한 경우
> - 감전, 아크 등으로 인한 화상, 화재·폭발의 위험이 없는 것으로 확인된 경우

정답 ②

71 고체연소의 종류에 해당하지 않는 것은?

① 표면연소 ② 증발연소
③ 분해연소 ④ 산연소

해설 확산연소는 기체연소의 종류에 해당된다.

> **관련 이론** 연소의 종류
>
> | 기체(가연성 가스)의 연소 | 확산연소, 예혼합연소 |
> |---|---|
> | 액체의 연소 | 증발연소 |
> | 고체의 연소 | 표면연소, 분해연소, 자기(내부)연소, 증발연소 |

정답 ④

72 황린의 저장 및 취급방법으로 옳은 것은?

① 강산화제를 첨가하여 중화된 상태로 저장한다.
② 물속에 저장한다.
③ 자연발화하므로 건조한 상태로 저장한다.
④ 강알칼리용액 속에 저장한다.

해설 황린은 물속에 저장하여야 한다.

정답 ②

73 비점이나 인화점이 낮은 액체가 들어있는 용기 주위에 화재 등으로 인하여 가열되면, 내부의 비등현상으로 인한 압력상승으로 용기의 벽면이 파열되면서 그 내용물이 폭발적으로 증발, 팽창하면서 폭발을 일으키는 현상을 무엇이라 하는가?

① BLEVE   ② UVCE
③ 개방계 폭발   ④ 밀폐계 폭발

해설 비점이나 인화점이 낮은 액체가 들어있는 용기 주위에 화재 등으로 인하여 가열되면, 내부의 비등현상으로 인한 압력상승으로 용기의 벽면이 파열되면서 그 내용물이 폭발적으로 증발, 팽창하면서 폭발을 일으키는 현상을 BLEVE(Boiling Liquid Expanding Vapor Explosion)라 한다.

선지분석
② UVCE(Unconfined Vapor Cloud Explosion)는 증기운 폭발이다.
③ 개방계 폭발은 개방된 상태에서 점화원에 의해 일어나는 폭발이다.
④ 밀폐계 폭발은 밀폐된 공간 내에서 일어나는 폭발이다.

정답 ①

74 산업안전보건법령에서 정한 위험물을 기준량 이상으로 제조하거나 취급하는 설비 중 특수화학설비에 해당하지 않는 것은?

① 고로 등 점화기를 직접 사용하는 열교환기류
② 증류·정류·증발·추출 등 분리를 하는 장치
③ 가열로 또는 가열기
④ 발열반응이 일어나는 반응장치

해설 고로 등 점화기를 직접 사용하는 열교환기류는 특수화학설비에 해당하지 않는다.

정답 ①

75 다음 가스 중 가장 독성이 큰 것은?

① CO   ② $COCl_2$
③ NH_3 ④ H_2

해설 각 가스의 허용농도(화학물질 및 물리적 인자의 노출기준 고용노동부고시에 의한 TWA 허용기준)는 다음과 같다.
• CO(일산화탄소): 30ppm
• $COCl_2$(포스겐): 0.1ppm
• NH_3(암모니아): 25ppm
• H_2(수소): 기준 없음

따라서 허용농도가 0.1ppm으로 가장 낮은 $COCl_2$(포스겐)의 독성이 가장 크다.

정답 ②

76 메탄 20vol%, 에탄 25vol%, 프로판 55vol%의 조성을 가진 혼합가스의 폭발하한계값(vol%)은? (단, 메탄, 에탄 및 프로판가스의 폭발하한값은 각각 5vol%, 3vol%, 2vol%이다.)

① 2.51　　② 3.12
③ 4.26　　④ 5.22

해설
$$L = \frac{100}{\dfrac{V_1}{L_1} + \dfrac{V_2}{L_2} + \dfrac{V_3}{L_3}}$$

여기서, L: 혼합가스의 폭발하한계(%)
　　　　L_1, L_2, L_3: 각 성분가스의 폭발하한계(%)
　　　　V_1, V_2, V_3: 각 성분가스의 부피비(%)

$$= \frac{100}{\dfrac{20}{5} + \dfrac{25}{3} + \dfrac{55}{2}} = 2.5106 ≒ 2.51\%$$

정답 ①

77 화학공장에서 주로 사용되는 불활성 가스는?

① 수소　　② 수증기
③ 질소　　④ 일산화탄소

해설 화학공장에서 주로 사용되는 불활성 가스는 질소(N_2)이다.

정답 ③

78 물질안전보건자료(MSDS)의 작성항목이 아닌 것은?

① 물리·화학적 특성
② 유해물질의 제조법
③ 환경에 미치는 영향
④ 누출사고시 대처방법

해설 유해물질의 제조법은 물질안전보건자료의 작성항목에 해당하지 않는다.

관련이론 물질안전보건자료(MSDS)의 작성항목
① 화학제품과 회사에 관한 정보
② 유해성·위험성
③ 구성성분의 명칭 및 함유량
④ 그 밖의 참고사항
⑤ 취급 및 저장방법
⑥ 물리·화학적 특성
⑦ 독성에 관한 정보
⑧ 폭발·화재시 대처방법
⑨ 응급조치 요령
⑩ 누출사고시 대처방법
⑪ 노출방지 및 개인보호구
⑫ 안정성 및 반응성
⑬ 폐기시 주의사항
⑭ 운송에 필요한 정보
⑮ 환경에 미치는 영향
⑯ 법적규제 현황

정답 ②

79 분진폭발의 발생 순서로 옳은 것은?

① 비산 → 분산 → 퇴적분진 → 발화원 → 2차폭발 → 전면폭발
② 비산 → 퇴적분진 → 분산 → 발화원 → 2차폭발 → 전면폭발
③ 퇴적분진 → 발화원 → 분산 → 비산 → 전면폭발 → 2차폭발
④ 퇴적분진 → 비산 → 분산 → 발화원 → 전면폭발 → 2차폭발

해설 분진폭발은 퇴적분진 → 비산 → 분산 → 발화원 → 전면폭발 → 2차폭발의 순으로 발생한다.

정답 ④

80 산업안전보건법령상 위험물 또는 위험물이 발생하는 물질을 가열, 건조하는 경우 내용적이 얼마인 건조설비는 건조실을 설치하는 건축물의 구조를 독립된 단층건물로 하여야 하는가?

① 0.3m³ 이하
② 0.3~0.5m³
③ 0.5~0.75m³
④ 1m³ 이상

해설 산업안전보건법령상 위험물 또는 위험물이 발생하는 물질을 가열, 건조하는 경우 내용적이 1m³ 이상인 건조설비는 건조실을 설치하는 건축물의 구조를 독립된 단층건물로 하여야 한다.

정답 ④

제5과목 건설공사 안전관리

81 철골작업시의 위험방지와 관련하여 철골작업을 중지하여야 하는 강설량의 기준은?

① 시간당 1mm 이상인 경우
② 시간당 3mm 이상인 경우
③ 시간당 1cm 이상인 경우
④ 시간당 3cm 이상인 경우

해설 강설량이 시간당 1cm 이상인 경우 철골작업을 중지하여야 한다.

관련이론 악천후시 철골작업을 중지하여야 하는 기준(산업안전보건법 안전보건기준)
- 강설량: 1cm/h 이상
- 강우량: 1mm/h 이상
- 풍속: 10m/sec 이상

정답 ③

82 콘크리트 타설시 거푸집의 측압에 영향을 미치는 인자들에 대한 설명으로 옳지 않은 것은?

① 슬럼프가 클수록 측압은 크다.
② 거푸집의 강성이 클수록 측압은 크다.
③ 철근량이 많을수록 측압은 작다.
④ 타설속도가 느릴수록 측압은 크다.

해설 타설속도가 빠를수록(클수록) 측압은 크다.

관련이론 콘크리트 타설시 거푸집의 측압이 커지는 조건
- 슬럼프가 클수록, 벽두께가 두꺼울수록
- 부어넣기 속도가 빠를수록
- 다지기가 강할수록
- 습도가 높을수록
- 거푸집의 강성이 클수록
- 거푸집의 수밀성이 높을수록
- 거푸집 표면이 매끄러울수록
- 묽은 콘크리트일수록
- 콘크리트의 비중이 클수록(단위중량이 클수록)
- 철골 또는 철근량이 적을수록
- 거푸집의 수평단면이 클수록(벽두께가 클수록)
- 응결이 빠른 시멘트를 사용할수록
- 콘크리트의 타설높이가 높을수록
- 시멘트가 부배합일수록

정답 ④

83 건설업 산업안전보건관리비 계상 및 사용기준(고용노동부고시)은 법 제2조제11호의 건설공사 중 총공사금액이 얼마 이상인 공사에 적용하는가?

① 4천만 원 ② 3천만 원
③ 2천만 원 ④ 1천만 원

해설 건설업 산업안전보건관리비 계상 및 사용기준(고용노동부고시)은 법 제2조제11호의 건설공사 중 총공사금액이 2천만 원 이상인 공사에 적용한다.

정답 ③

84 양중기를 사용하는 작업에서 운전자가 보기 쉬운 곳에 부착하여야 하는 사항이 아닌 것은?

① 작업위치 ② 정격하중
③ 운전속도 ④ 경고표시

해설 산업안전보건법상 안전보건기준에 따를 경우 양중기를 사용하는 작업에서 운전자가 보기 쉬운 곳에 부착하여야 하는 사항은 정격하중, 운전속도, 경고표시가 있으며 작업위치는 이에 해당하지 않는다.

정답 ①

85 차량계 건설기계를 사용하여 작업을 할 때 기계의 전도 또는 전락에 의한 근로자의 위험을 방지하기 위하여 취하여야 할 조치사항으로 적당하지 않은 것은?

① 도로폭의 유지 ② 지반의 침하방지
③ 울, 손잡이 설치 ④ 갓길의 붕괴방지

해설 기계의 전도 또는 전락에 의한 근로자의 위험을 방지하기 위하여 취하여야 할 조치사항은 도로폭의 유지, 지반의 침하방지, 갓길의 붕괴방지가 있으며 울, 손잡이 설치는 추락방지를 위하여 조치할 사항이다.

정답 ③

86 건설작업장에서 근로자가 상시 작업하는 장소의 작업면 조도기준으로 옳지 않은 것은? (단, 갱내 작업장과 감광재료를 취급하는 작업장의 경우는 제외)

① 초정밀작업: 600럭스(lux) 이상
② 정밀작업: 300럭스(lux) 이상
③ 보통작업: 150럭스(lux) 이상
④ 초정밀, 정밀, 보통작업을 제외한 기타 작업: 75럭스(lux) 이상

해설 작업면의 조도기준으로 초정밀작업은 750럭스(lux) 이상이어야 한다.

정답 ①

87 콘크리트용 거푸집의 재료에 해당하지 않는 것은?

① 철재 ② 목재
③ 석면 ④ 경금속

해설 콘크리트용 거푸집의 재료에는 철재, 목재, 경금속이 있으며, 석면은 이에 해당하지 않는다.

정답 ③

88 산업안전보건법령에 따른 양중기의 종류에 해당하지 않는 것은?

① 고소작업차 ② 이동식 크레인
③ 승강기 ④ 리프트(Lift)

해설 고소작업차는 산업안전보건법령에 따른 양중기의 종류에 해당하지 않는다.

> **관련이론** 산업안전보건법상 양중기의 종류
> - 크레인(호이스트 포함)
> - 이동식 크레인
> - 리프트(이삿짐운반용 리프트는 적재하중이 0.1t 이상)
> - 곤돌라
> - 승강기

정답 ①

89 개착식 굴착공사(Open Cut)에서 설치하는 계측기기와 거리가 먼 것은?

① 수위계 ② 경사계
③ 응력계 ④ 내공변위계

해설 내공변위계는 터널굴착시 사용되는 계측기이다.

관련이론 깊이 10.5m 이상의 굴착시 흙막이 구조안전을 예측하기 위해 설치하는 계측기
- 수위계
- 경사계
- 응력계
- 하중 및 침하계

정답 ④

90 암석이 떨어질 우려가 있는 등 위험한 장소에서 낙하물 보호구조를 갖추어야 하는 장비가 아닌 것은

① 불도저 ② 롤러
③ 트랙터 ④ 리프트

해설 리프트는 양중기로서 낙하물 보호구조를 갖출 필요가 없다.

관련이론 낙하물 보호구조를 갖추어야 하는 장비
- 불도저
- 굴착기
- 트랙터
- 롤러
- 항타기 및 항발기
- 로더
- 스크레이퍼
- 모터그레이더
- 천공기
- 덤프트럭

※ 산업안전보건법 안전보건기준 → 2024.6.28 개정

정답 ④

91 유해위험방지계획서 제출 대상이 아닌 것은

① 지상높이가 30m인 건축물 건설공사
② 최대지간길이가 50m인 교량 건설공사
③ 터널건설공사
④ 깊이 11m인 굴착공사

해설 지상높이가 30m인 건축물 건설공사는 유해위험방지계획서의 제출대상에 해당하지 않는다.

관련이론 유해위험방지계획서 제출 대상 건설공사(산업안전보건법)
㉠ 터널의 건설 등 공사
㉡ 깊이 10m 이상인 굴착공사
㉢ 연면적 30,000m² 이상인 건축물의 건설·개조 또는 해체공사
㉣ 지상높이가 31m 이상인 건축물 또는 인공구조물의 건설·개조 또는 해체공사
㉤ 최대지간길이가 50m 이상인 다리의 건설 등 공사
㉥ 다목적댐, 발전용댐 및 저수용량 2,000만t 이상의 용수전용댐, 지방상수도전용댐 건설 등의 공사
㉦ 연면적 5,000m² 이상의 냉동·냉장창고시설의 설비공사 및 단열공사
㉧ 연면적 5,000m² 이상의 시설로서 다음의 어느 하나에 해당하는 시설의 건설·개조 또는 해체공사
- 문화 및 집회시설(전시장 및 동물원·식물원 제외)
- 판매시설, 운수시설(고속철도의 역사 및 집·배송시설 제외)
- 종교시설
- 의료시설 중 종합병원
- 숙박시설 중 관광숙박시설
- 지하도상가
- 냉동·냉장창고시설

정답 ①

92 수중굴착 및 구조물의 기초바닥 등과 같은 협소하고 상당히 깊은 범위의 굴착과 호퍼작업에 가장 적당한 굴착기계는?

① 파워셔블 ② 어스드릴
③ 클램셸 ④ 크레인

해설 클램셸은 협소하고 깊은 범위의 수중굴착과 호퍼작업에 적합한 것으로 붐의 선단에서 버켓을 와이어로프로 매달아 바로 아래로 떨어뜨려 흙을 퍼올리는 굴착기계이다.

정답 ③

93 흙막이지보공을 설치할 때에 정기적으로 점검하고 이상을 발견한 때 즉시 보수하여야 하는 사항으로 옳지 않은 것은?

① 부재의 손상, 변형, 변위 및 탈락의 유무와 상태
② 부재의 접속부, 부착부 및 교차부의 상태
③ 침하의 정도
④ 작업중 안전대 및 안전모 등 보호구 착용상황 감시

해설 ④의 내용은 정기적 점검사항에 해당하지 않는다.

관련이론 흙막이지보공을 설치할 때 붕괴 등의 위험방지를 위한 정기적 점검사항(산업안전보건법 안전보건기준)
- 부재의 손상, 변형, 변위 및 탈락의 유무와 상태
- 부재의 접속부, 부착부 및 교차부의 상태
- 침하의 정도
- 버팀대 긴압의 정도

정답 ④

94 수중공사에 주로 사용되며 거푸집을 조립하고 골재를 미리 채운 후 특수한 모르타르를 그 사이에 주입하여 형성하는 콘크리트는?

① 프리팩트콘크리트 ② 한중콘크리트
③ 경량콘크리트   ④ 섬유보강콘크리트

해설
- 수중공사에 주로 사용되며 거푸집을 조립하고 골재를 미리 채운 후 특수한 모르타르를 그 사이에 주입하여 형성하는 콘크리트는 프리팩트콘크리트이다.
- 프리팩트콘크리트는 주입콘크리트라고도 하며 염류에 대한 내구성이 크다.

정답 ①

95 콘크리트 옹벽의 안정검토 사항이 아닌 것은?

① 활동에 대한 안정   ② 침하에 대한 안정
③ 전도에 대한 안정   ④ 균열에 대한 안정

해설 콘크리트 옹벽의 안정검토 사항에는 활동에 대한 안정, 침하에 대한 안정, 전도에 대한 안정이 있으며, 균열에 대한 안정은 이에 해당하지 않는다.

정답 ④

96 진동과 소음이 적어 시가지공사에 적합하고 벤토나이트(Bentonite)용액을 사용하는 흙막이공법은?

① 지하연속벽(Slurry Wall)공법
② 웰포인트(Well Point)공법
③ 오픈컷(Open Cut)공법
④ 샌드드레인(Sand Drain)공법

해설
- 지하연속벽공법은 진동과 소음이 적어 주로 시가지공사 또는 근접건물의 침하 우려시 유효한 흙막이공법이다.
- 지하연속벽공법에서는 벤토나이트(Bentonite)용액을 사용한다.

정답 ①

97 거푸집 및 지보공설계시 고려해야 될 하중의 종류에 속하지 않는 것은?

① 연직방향하중   ② 콘크리트의 측압
③ 전단 및 교번하중   ④ 횡방향하중

해설   전단 및 교번하중은 거푸집 및 지보공설계시 고려해야 될 하중의 종류에 해당하지 않는다.

> **관련이론** 거푸집 및 지보공설계시 고려해야 될 하중
> • 연직방향하중
> • 콘크리트의 측압
> • 횡방향하중
> • 특수하중

정답 ③

98 타워크레인의 설치, 조립, 해체작업을 하는 때에 작성하는 작업계획서에 포함시켜야 할 사항이 아닌 것은?

① 타워크레인의 종류 및 형식
② 중량물의 운반경로
③ 작업인원의 구성 및 작업근로자의 역할범위
④ 작업도구, 장비, 가설설비 및 방호설비

해설   중량물의 운반경로는 타워크레인의 작업계획서에 포함되지 않는다.

> **관련이론** 타워크레인의 설치, 조립, 해체작업을 하는 때에 작업계획서에 포함시켜야 할 사항(산업안전보건법 안전보건기준)
> • 타워크레인의 종류 및 형식
> • 작업인원의 구성 및 작업근로자의 역할범위
> • 작업도구, 장비, 가설설비 및 방호설비
> • 설치, 조립 및 해체순서
> • 타워크레인의 지지방법

정답 ②

99 가설구조물이 가지고 있는 구조상의 문제점에 해당되지 않는 것은?

① 사용부재는 과소 단면이거나 결함재가 되기 쉽다.
② 구조물이라는 개념이 확실하지 않고 조립의 정밀도가 낮다.
③ 부재결합이 간단하므로 불완전결합이 되기 쉽다.
④ 연결재가 많은 구조로 되기 쉽다.

해설   • 연결재가 적은 구조로 되기 쉽다.
• 가설구조물은 연결재가 적은 구조로 되기 쉽기 때문에 넘어짐재해가 많이 발생하게 된다.

정답 ④

100 건물내부의 쓰레기를 청소하여 외부로 반출하기 위해 투하설비를 설치하고자 한다. 높이가 몇 m 이상인 장소로부터 물체를 투하하는 때에 투하설비를 설치하여야 하는가?

① 2m   ② 3m
③ 5m   ④ 10m

해설   높이가 3m 이상인 장소로부터 물체를 투하하는 때는 투하설비를 설치하거나 감시인을 배치하여야 한다.

정답 ②

2025년 제2회(CBT)

제1과목 산업재해예방 및 안전보건교육

01 산업안전보건법령상 안전모의 시험성능기준 항목이 아닌 것은?
① 난연성 ② 인장성
③ 내관통성 ④ 충격흡수성

해설 인장성은 산업안전보건법령상 안전모의 시험성능기준 항목에 해당하지 않는다.

관련이론 안전모의 시험성능 기준항목
1. 안전인증 대상 안전모의 시험성능 기준항목
   - 내관통성
   - 내수성
   - 난연성
   - 충격흡수성
   - 내전압성
   - 턱끈풀림
2. 자율안전확인 대상 안전모의 시험성능 기준항목
   - 내관통성
   - 난연성
   - 측면변형
   - 충격흡수성
   - 턱끈풀림
   ▶ 내수성, 내전압성은 자율안전확인 대상 안전모 시험성능 기준항목에서 제외된다.

정답 ②

02 인지과정 착오의 요인이 아닌 것은?
① 정서불안정
② 감각차단현상
③ 작업자의 기능미숙
④ 생리·심리적 능력의 한계

해설 작업자의 기능미숙은 조치과정 착오의 요인에 해당한다.

관련이론 착오의 요인(대뇌의 휴먼에러로 인한 착오의 요인)
1. 인지과정의 착오
   - 정서불안정(공포, 불안, 불만)
   - 감각차단현상
   - 생리적, 심리적 능력의 한계
   - 정보량 저장능력의 한계
2. 판단과정의 착오
   - 자신 과잉
   - 능력부족(지식, 적성, 기술)
   - 정보부족
   - 합리화
   - 환경조건 불비(표준 불량, 규칙 불충분, 작업조건 불량)
3. 조치과정의 착오
   - 직업경험의 부족
   - 작업자의 기능 미숙

정답 ③

03 보호구안전인증고시에 따른 안전화의 정의 중 다음 ( ) 안에 알맞은 것은?

> 경작업용 안전화란 (㉠)mm의 낙하높이에서 시험했을 때 충격과 (㉡)±0.1kN의 압축하중에서 시험했을 때 압박에 대하여 보호해 줄 수 있는 선심을 부착하여 착용자를 보호하기 위한 안전화를 말한다.

	㉠	㉡
①	500	10.0
②	1,000	15.0
③	500	4.4
④	250	4.4

해설
- 경작업용 안전화란 <u>250mm의 낙하높이에서 시험했을 때 충격과 4.4±0.1kN의 압축하중에서 시험했을 때</u> 압박에 대하여 보호해 줄 수 있는 선심을 부착하여, 착용자를 보호하기 위한 안전화를 말한다.
- <u>보통작업용안전화</u>: 500mm의 낙하높이, 10.0±0.1kN의 압축하중
- <u>중작업용안전화</u>: 1,000mm의 낙하높이, 15.0±0.1kN의 압축하중

정답 ④

04 산업안전보건법령상 안전관리자의 업무가 아닌 것은?
① 업무수행 내용의 기록
② 산업재해에 관한 통계의 유지·관리·분석을 위한 보좌 및 지도·조언
③ 안전교육계획의 수립 및 안전교육 실시에 관한 보좌 및 지도·조언
④ 작업장내에서 사용되는 전체환기장치 및 국소배기장치 등에 관한 설비의 점검

해설 작업장내에서 사용되는 전체환기장치 및 국소배기장치 등에 관한 설비의 점검은 산업안전보건법령상 보건관리자의 업무에 해당한다.

정답 ④

05 레빈(Lewin)은 인간행동 특성을 다음과 같이 표현하였다. 변수 E가 의미하는 것은?

$$B = f(P \cdot E)$$

① 연령　② 성격
③ 환경　④ 지능

해설 레빈의 식에서 E는 <u>환경(Environment)</u>을 의미한다.

관련이론 레빈(K. Lewin)의 법칙

$$B = f(P \cdot E)$$

- B: Behavior(행동)
- f: function(함수: 적성, 기타 P와 E에 영향을 주는 조건)
- P: Person(개체: 경험, 연령, 심신상태, 지능, 성격 등)
- E: Environment(환경: 작업환경, 심리적 영향을 미치는 인간관계, 설비적 결함 등)

정답 ③

06 하버드학파의 5단계 교수법에 해당하지 않는 것은?
① 응용(Application)
② 교시(Presentation)
③ 총괄(Generalization)
④ 추론(Reasoning)

해설 추론(Reasoning)은 <u>듀이(John Dewey)의 사고과정 5단계에 해당한다.</u>

관련이론 하버드학파의 5단계 교수법
- 제1단계: 준비시킨다.
- 제2단계: 교시한다.
- 제3단계: 연합한다.
- 제4단계: 총괄시킨다.
- 제5단계: 응용시킨다.

정답 ④

07 산업안전보건법령상 관리감독자 업무의 내용이 아닌 것은?

① 해당 작업에 관련되는 기계·기구 또는 설비의 안전보건점검 및 이상유무의 확인
② 해당 사업장 산업보건의 지도·조언에 대한 협조
③ 위험성 평가를 위한 업무에 기인하는 유해·위험요인의 파악 및 그 결과에 따라 개선조치의 시행
④ 작성된 물질안전보건자료의 게시 또는 비치에 관한 보좌 및 지도·조언

해설 작성된 물질안전보건자료의 게시 또는 비치에 관한 보좌 및 지도·조언은 산업안전보건법령상 보건관리자의 업무에 해당한다.

정답 ④

08 리더십에 있어서 권한의 역할 중 조직이 지도자에게 부여한 권한이 아닌 것은?

① 보상적 권한   ② 강압적 권한
③ 합법적 권한   ④ 전문성의 권한

해설 전문성의 권한은 지도자 자신이 자신에게 부여하는 권한이다.

리더십의 권한

조직이 리더에게 부여하는 권한	리더 자신이 자신에게 부여하는 권한
• 강압적 권한 • 보상적 권한 • 합법적 권한	• 위임된 권한 • 전문성의 권한

정답 ④

09 100명 미만의 소규모 사업장에 가장 적합한 안전보건관리조직으로 옳은 것은?

① 경영형   ② 라인형
③ 스탭형   ④ 라인-스탭형

해설 100명 미만의 소규모 사업장에는 라인형 안전보건관리조직이 가장 적합하다.

안전보건관리조직에 따른 사업장의 규모

• 라인형: 100명 미만의 소규모 사업장
• 스탭형: 100~1,000명 미만의 중규모 사업장
• 라인-스탭형: 1,000명 이상의 대규모 사업장

정답 ②

10 교육훈련기법 중 Off.J.T(Off the Job Training)의 장점이 아닌 것은?

① 업무의 계속성이 유지된다.
② 외부의 전문가를 강사로 활용할 수 있다.
③ 특별교재, 시설을 유효하게 사용할 수 있다.
④ 다수의 대상자에게 조직적 훈련이 가능하다.

해설 업무의 계속성이 유지된다는 것은 OJT(On the Job Training)의 장점에 해당한다.

Off.J.T의 장점

• 훈련에만 전념하게 된다.
• 외부의 전문가를 강사로 활용할 수 있다.
• 특별교재, 시설을 유효하게 사용할 수 있다.
• 다수의 대상자에게 조직적 훈련이 가능하다.
• 각 직장의 근로자가 많은 지식이나 경험을 교류할 수 있다.

정답 ①

11 산업안전보건위원회를 구성함에 있어 근로자 위원에 해당하지 않는 사람은?

① 근로자 대표
② 명예산업안전감독관
③ 안전관리자
④ 근로자대표가 지명하는 9명 이내의 해당 사업장의 근로자

해설 안전관리자는 <u>사용자 위원에 해당한다.</u>

산업안전보건위원회의 구성(산업안전보건법)

사용자 위원	• 해당 사업의 대표자 • 산업보건의(해당 사업장에 선임되어 있는 경우로 한정) • 안전관리자 1명 • 보건관리자 1명 • 해당 사업의 대표자가 지명하는 9명 이내의 해당 사업장 부서의 장
근로자 위원	• 근로자 대표 • 근로자 대표가 지명하는 9명 이내의 해당 사업장의 근로자 • 근로자 대표가 지명하는 1명 이상의 명예산업안전감독관

정답 ③

12 산업안전보건법상 산업안전보건 관련 교육과정 중 근로자 안전보건교육에 있어 사무직 종사 근로자의 교육대상별 교육시간으로 옳은 것은?

① 매반기 2시간 이상   ② 매반기 4시간 이상
③ 매반기 6시간 이상   ④ 매반기 12시간 이상

해설 사무직 종사 근로자의 정기교육은 <u>매반기 6시간 이상</u> 실시하여야 한다.

근로자안전보건교육의 종류 및 시간

교육과정	교육대상		교육시간
정기교육	사무직 종사 근로자		매반기 6시간 이상
	사무직 종사 근로자 외의 근로자	판매업무에 직접 종사하는 근로자	매반기 6시간 이상
		판매업무에 직접 종사하는 근로자 외의 근로자	매반기 12시간 이상

※ 산업안전보건법 시행규칙 → 2023.9.27 개정

정답 ③

13 산업안전보건법령상 안전보건표지의 색채별 색도기준이 바르게 연결된 것은? (단, 순서는 색상, 명도, 채도이며 색도기준은 KS에 따른 색의 3속성에 의한 표시방법에 따른다.)

① 빨간색: 7.5R 4/13
② 노란색: 2.5Y 8/12
③ 파란색: 7.5PB 2.5/7.5
④ 녹색: 2.5G 4/10

해설 녹색의 색도기준은 <u>2.5G 4/10</u>이다.

안전보건표지의 색채별 색도기준(산업안전보건법 시행규칙)

• 빨간색: 7.5R 4/14
• 노란색: 5Y 8.5/12
• 파란색: 2.5PB 4/10
• 녹색: 2.5G 4/10
• 흰색: N9.5
• 검은색: N0.5

정답 ④

14 중대재해가 발생하였을 경우 사업주가 지체없이 관할 지방고용노동관서의 장에게 보고할 사항이 아닌 것은?

① 발생개요 및 피해상황
② 조치 및 전망
③ 그 밖의 중요한 사항
④ 재해재발방지계획

해설 재해재발방지계획은 사업주가 산업재해조사표를 작성하여 제출할 때 필요한 사항이다.

정답 ④

15 금속가공제품제조업으로서 전기계약용량이 얼마 이상일 때 유해위험방지계획서 제출 대상이 되는가?

① 100kW ② 200kW
③ 300kW ④ 400kW

해설 금속가공제품제조업 등 13개 업종은 전기계약용량이 300kW 이상일 때 유해위험방지계획서 제출 대상이 된다.

정답 ③

16 학습이론 중 S-R이론에서 조건반사설에 의한 학습이론의 원리에 해당되지 않는 것은?

① 시간의 원리 ② 기억의 원리
③ 일관성의 원리 ④ 계속성의 원리

해설 기억의 원리는 조건반사설에 의한 학습이론의 원리에 포함되지 않는다.

관련이론 조건반사설(파블로브: Pavlov)에 의한 학습이론의 원리
• 시간의 원리   • 강도의 원리
• 일관성의 원리   • 계속성의 원리

정답 ②

17 안전보건관리조직 중 스탭(Staff)형 조직에 대한 설명으로 적절하지 않은 것은?

① 안전과 생산을 별개로 취급하기 쉽다.
② 100~1,000명의 중규모 사업장에 적합하다.
③ 스탭 스스로 생산라인의 안전업무를 행하는 것은 아니다.
④ 권한다툼이나 조정이 용이하며, 통제수단이 간단하지 않다.

해설 스탭(Staff)형 조직은 권한다툼이나 조정이 용이하지 않으며, 통제수단(통제수속)이 간단하지 않다.

정답 ④

18 감각차단현상이 발생하기 가장 쉬운 경우는?

① 복잡한 업무가 장시간 지속될 때
② 정신적인 업무가 장시간 지속될 때
③ 단조로운 업무가 장시간 지속될 때
④ 주의력의 배분을 요하는 작업이 장시간 지속될 때

해설 감각차단현상은 단조로운 업무가 장시간 지속될 때 작업자의 감각기능 및 판단능력이 둔화되거나 마비되는 현상을 말하며, 단조로운 업무가 장시간 지속될 때 발생하기 가장 쉽다.

정답 ③

19 아담스(Adams)의 사고연쇄이론에서 작전적 에러(Operational Error)로 정의한 것은?

① 선천적 결함 ② 불안전한 상태
③ 불안전한 행동 ④ 경영자, 감독자의 잘못

해설 경영자, 감독자의 잘못은 작전적 에러로 정의한다.

선지분석
① 선천적 결함은 아담스의 사고연쇄이론에 포함되지 않는다.
②,③ 불안전한 상태와 불안전한 행동은 전술적 에러로 정의한다.

정답 ④

20 다음 설명에 해당하는 주의의 특성은?

> 공간적으로 보면 시선의 주시점만 인지하는 기능으로 한지점에 주의를 집중하면 다른 곳의 주의는 약해진다.

① 선택성 ② 방향성
③ 변동성 ④ 일점 집중

해설 주의의 특성 중 방향성에 대한 설명이다.

정답 ②

제2과목 인간공학 및 위험성 평가·관리

21 시각적 표시장치보다 청각적 표시장치를 사용하는 것이 더 유리한 경우는?

① 정보의 내용이 복잡하고 긴 경우
② 정보가 공간적인 위치를 다룬 경우
③ 직무상 수신자가 한 곳에 머무르는 경우
④ 수신장소가 너무 밝거나 암조응이 요구될 경우

해설 수신장소가 너무 밝거나 암조응이 요구될 경우 시각적 표시장치보다 청각적 표시장치를 사용하는 것이 더 유리한 경우에 해당한다.

정답 ④

22 반복되는 사건이 많이 있는 경우에 FTA의 최소 컷셋을 구하는 알고리즘이 아닌 것은?

① Fussel Algorithm
② Boolean Algorithm
③ Monte Carlo Algorithm
④ Limnios &Ziani Algorithm

해설 Monte Carlo Algorithm은 반복되는 사건이 많이 있는 경우에 FTA의 최소 컷셋을 구하는 알고리즘에 해당하지 않는다.

정답 ③

23 사용자의 잘못된 조작 또는 실수로 인해 기계의 고장이 발생하지 않도록 설계하는 방법은?

① FMEA ② HAZOP
③ Fail safe ④ Fool Proof

해설 사용자의 잘못된 조작 또는 실수로 인해 기계의 고장이 발생하지 않도록 설계하는 방법은 Fool Proof(풀 프루프)이다.

정답 ④

24 일반적으로 인체측정치의 최대집단치를 기준으로 설계하는 것에 해당되지 않는 것은?

① 선반의 높이
② 통로의 높이
③ 출입문의 높이
④ 침대의 길이

해설 선반의 높이는 인체측정치의 최소집단치를 기준으로 설계한다.

> **관련이론** 최대치수와 최소치수 기준 적용
>
> | 최대치수 기준 적용 | 최소치수 기준 적용 |
> |---|---|
> | • 문의 높이
• 통로의 높이
• 비상구의 높이
• 울타리 및 방책의 높이
• 침대의 길이 | • 선반의 높이
• 조종장치까지의 거리
• 버스, 전철의 손잡이
• 비상벨의 위치
• 조작자와 제어버튼 사이의 거리 |

정답 ①

25 인간공학의 중요한 연구과제의 계면(Interface)설계에 있어서 계면에 해당하지 않는 것은?

① 작업공간
② 표시장치
③ 조종장치
④ 조명시설

해설 조명시설은 계면에 해당하지 않는다.

> **관련이론** 계면(Interface)의 종류
> • 작업공간
> • 표시장치
> • 조종장치
> • 제어장치
> • 전송장치

정답 ④

26 인간이 절대 식별할 수 있는 대안의 최대범위는 대략 7이라고 한다. 이를 정보량의 단위인 bit로 표시하면?

① 3.2
② 3.0
③ 2.8
④ 2.6

해설
$$\log_2 7 = \frac{\log 7}{\log 2} = \frac{0.8451}{0.3010}$$
$$= 2.8076 \doteqdot 2.8 \text{bit}$$

정답 ③

27 FTA에서 사용되는 Minimal Cut Sets에 대한 설명으로 옳지 않은 것은?

① 사고에 대한 시스템의 약점을 표현한다.
② 정상사상(Top Event)을 일으키는 최소한의 집합이다.
③ 시스템의 고장이 발생하지 않도록 하는 사상의 집합이다.
④ 일반적으로 Fussell Algorithm을 이용한다.

해설 시스템의 고장이 발생하지 않도록 하는 사상의 집합은 패스셋(Path Set)에 대한 설명이다.

> **관련이론** 최소 컷셋(Minimal Cut Sets)
> • 사고에 대한 시스템의 약점을 표현한다.
> • 정상사상(Top Event)을 일으키는 최소한의 집합이다.
> • 일반적으로 Fussell Algorithm을 이용한다.
> • 컷셋 중 그 부분집합만으로는 정상사상을 일으키는 일이 없는 것 즉, 정상사상을 일으키기 위한 필요 최소한의 컷셋을 말한다.
> • 미니멀 컷셋은 어느 고장이나 에러를 일으키면 재해가 일어나는가 하는 것 즉, 시스템의 위험성을 나타내는 것이다.
> • 미니멀 컷셋은 시스템의 기능을 마비시키는 사고요인의 집합이다.

정답 ③

28 인간의 모든 신체부위의 동작은 기본적인 몇 가지로 분류된다. 몸의 중심선으로 이동하는 동작을 지칭하는 용어는?

① 외전 ② 외선
③ 내전 ④ 내선

해설 인간의 신체부위의 기본적인 동작 중 몸의 중심선으로 이동하는 동작은 내전이다.

관련이론 인간의 신체부위의 기본적인 동작

외전 및 내전	외전(外轉, Abduction)	몸의 중심선으로부터 밖으로 이동하는 동작
	내전(內轉, Adduction)	몸의 중심선으로 이동하는 동작
외선 및 내선	외선(外旋, Lateral Rotation)	몸의 중심선으로부터 회전하는 동작
	내선(內旋, Medial Rotation)	몸의 중심선으로 회전하는 동작
굴곡 및 신전	굴곡(屈曲, Flexion)	신체부위간의 각도 감소
	신전(伸展, Extension)	신체부위간의 각도 증가
하향 및 상향	하향(下向, Pronation)	손바닥을 아래로
	상향(上向, Supination)	손바닥을 위로

정답 ③

29 인간의 오류모형에서 알고 있음에도 의도적으로 따르지 않거나 무시한 경우를 무엇이라 하는가?

① 착오(Mistake) ② 실수(Slip)
③ 건망증(Lapse) ④ 위반(Violation)

해설 알고 있음에도 의도적으로 따르지 않거나 무시한 경우는 위반(Violation)이다.

관련이론 인간의 오류모형
- 실수(slip): 상황이나 목표의 해석은 정확하나 의도와는 다른 행동을 하는 경우
- 건망증(lapse): 잘 기억하지 못하거나 잊어버리는 정도가 심한 경우
- 착오(Mistake): 상황해석을 잘못하거나 목표를 잘못 이해하고 착각하여 행하는 경우

정답 ④

30 광원의 밝기가 100cd이고, 10m 떨어진 곡면을 비출 때의 조도는 몇 lux인가?

① 1 ② 10
③ 100 ④ 1,000

해설 $조도 = \dfrac{광도}{(거리)^2} = \dfrac{100}{10^2} = 1\,lux$

정답 ①

31 산업안전보건법상 강렬한 소음작업은 1일 8시간 작업을 기준으로 몇 dB 이상의 소음이 발생하는 작업을 말하는가?

① 85 ② 90
③ 95 ④ 100

해설 산업안전보건법상 강렬한 소음작업은 1일 8시간 작업을 기준으로 90dB 이상의 소음이 발생하는 작업을 말한다.

정답 ②

32 그림과 같이 3개의 부품이 병렬로 이루어진 시스템의 전체 신뢰도는? (단, 원안의 값은 각 부품의 신뢰도이다.)

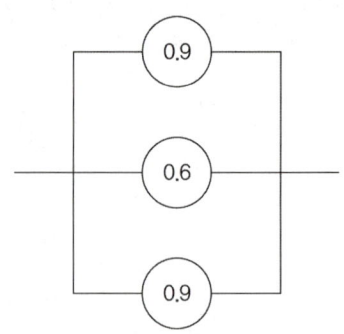

① 0.694 ② 0.744
③ 0.826 ④ 0.996

해설 $R_s = 1 - (1-0.9)(1-0.6)(1-0.9) = 0.996$

정답 ④

33 FT도에 사용되는 기호 중 모든 입력사상이 공존할 때만이 출력사상이 발생하는 것을 나타내는 것은

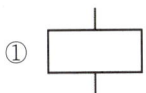 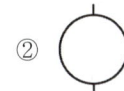

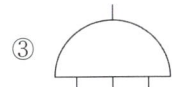 

해설 모든 입력사상이 공존할 때만이 출력사상이 발생하는 것을 나타내는 것은 AND게이트이며, 과 같이 나타낸다.

정답 ③

34 근골격계부담작업을 평가하는 기법 중 허리부위와 중량물취급작업에 대한 유해요인의 주요 평가기법은?

① RULA ② REBA
③ JSI   ④ NLE

해설 허리부위와 중량물취급작업에 대한 유해요인의 주요 평가기법은 NLE이다.

관련이론 **NLE(NIOSH Lifting Equation)**
- 들기작업에 대한 작업자세 평가도구로 다양한 중량물의 무게에 따른 작업자세 평가가 가능하다(중량물취급작업, 배달작업 등에 활용).
- 권장무게한계(RWL)를 쉽게 산출하도록 하여 작업자의 직업성 요통을 예방
- 평가요소: 몸통(허리)

정답 ④

35 회전운동을 하는 조종구와 같은 조종장치의 반경이 10cm이고 30도만큼 움직였을 때, 선형 표시장치의 눈금이 4.84cm 움직였다. 이 때의 통제표시비는?

① 1.256 ② 1.08
③ 0.965 ④ 0.833

해설

$$통제표시비 = \frac{C}{D} = \frac{\frac{\alpha}{360} \times 2\pi l}{표시장치의\ 이동거리}$$

여기서, α : 조종장치가 움직인 각도
  l : 반경(cm)

$$= \frac{\frac{30}{360} \times 2 \times 3.14 \times 10}{4.84}$$
$$= 1.0812 ≒ 1.08$$

정답 ②

36 n개의 요소를 가진 병렬시스템에 있어 요소의 수명(MTTF)이 지수분포를 따를 경우 시스템의 수명은?

① $MTTF \times n$
② $MTTF \times \frac{1}{n}$
③ $MTTF(1 + \frac{1}{2} + \cdots + \frac{1}{n})$
④ $MTTF(1 \times \frac{1}{2} \times \cdots \times \frac{1}{n})$

해설 시스템의 수명은 다음과 같이 나타낸다.
- 병렬계의 수명 = $MTTF(1 + \frac{1}{2} + \cdots + \frac{1}{n})$
- 직렬계의 수명 = $\frac{MTTF}{n}$

정답 ③

37 연구기준의 요건에 대한 설명으로 옳은 것은?
① 적절성: 반복실험시 재현성이 있어야 한다.
② 신뢰성: 측정하고자 하는 변수 이외의 다른 변수의 영향을 받아서는 안 된다.
③ 무오염성: 의도된 목적에 부합하여야 한다.
④ 민감도: 피실험자 사이에서 볼 수 있는 예상 차이점에 비례하는 단위로 측정해야 한다.

해설 연구기준의 요건 중 민감도의 경우 피실험자 사이에서 볼 수 있는 예상 차이점에 비례하는 단위로 측정해야 한다.

선지분석
① 적절성: 의도된 목적에 부합하여야 한다.
② 신뢰성: 반복실험시 재현성이 있어야 한다.
③ 무오염성: 측정하고자 하는 변수 이외의 다른 변수의 영향을 받아서는 안 된다.

정답 ④

39 인간에러(Human Error)에 관한 설명으로 옳지 않은 것은?
① 생략오류(Omission Error): 필요한 작업 또는 절차를 수행하지 않는데 기인한 에러
② 실행오류(Commission Error): 필요한 작업 또는 절차의 수행지연으로 인한 에러
③ 과잉행동오류(Extraneous Error): 불필요한 작업 또는 절차를 수행함으로써 기인한 에러
④ 순서오류(Sequential Error): 필요한 작업 또는 절차의 순서착오로 인한 에러

해설 실행오류(Commission Error)란 필요한 작업 또는 절차의 불확실한 수행으로 인한 에러이다.

정답 ②

38 부품배치의 원칙 중 부품의 일반적인 위치를 결정하기 위한 기준으로 가장 적합한 것은?
① 중요성의 원칙, 사용빈도의 원칙
② 기능별 배치의 원칙, 사용순서의 원칙
③ 중요성의 원칙, 사용순서의 원칙
④ 사용빈도의 원칙, 사용순서의 원칙

해설 부품배치의 원칙 중 부품의 일반적인 위치를 결정하기 위한 기준은 중요성의 원칙과 사용빈도의 원칙이다.

정답 ①

40 인간이 현존하는 기계를 능가하는 기능이 아닌 것은?
① 원칙을 적용하여 다양한 문제를 해결한다.
② 관찰을 통해서 일반화하고 연역적으로 추리한다.
③ 주위의 이상하거나 예기치 못한 사건들을 감지한다.
④ 어떤 운용방법이 실패한 경우 다른 방법을 선택한다.

해설 인간은 관찰을 통해서 일반화하고 귀납적으로 추리한다.

정답 ②

제3과목 기계·기구 및 설비 안전관리

41 계의 원동기, 회전축, 기어, 풀리, 플라이휠 및 벨트 등의 위험으로부터 작업자를 보호하기 위한 방호장치가 아닌 것은?

① 덮개 ② 동력차단장치
③ 슬리브 ④ 건널다리

해설 원동기, 회전축, 기어, 풀리, 플라이휠 및 벨트 등의 위험으로부터 작업자를 보호하기 위한 장치로는 덮개, 슬리브, 건널다리, 울이 있다.

정답 ②

42 프레스 작업시 양수조작식 방호장치에서 누름버튼 또는 조작레버의 상호간 내측거리는?

① 300mm 이상 ② 300mm 이하
③ 250mm 이하 ④ 250mm 이상

해설
- 양수조작식 방호장치에서 누름버튼 또는 조작레버의 상호간 내측거리는 300mm 이상이어야 한다.
- 누름버튼은 양손으로 0.5초 이내에 조작하여 슬라이드가 작동할 수 있는 구조이어야 한다.

정답 ①

43 보일러의 연도(굴뚝)에서 버려지는 여열을 이용하여 보일러에 공급되는 급수를 예열하는 부속장치는?

① 과열기 ② 절탄기
③ 공기예열기 ④ 연소장치

해설 연도(굴뚝)에서 버려지는 여열로 보일러에 공급되는 급수를 예열하여 증발량을 증가시키고 연료소비량을 감소시키기 위한 장치는 절탄기(이코노마이저)이다.

정답 ②

44 보일러의 방호장치로 옳지 않은 것은?

① 압력방출장치
② 과부하방지장치
③ 압력제한스위치
④ 고저수위조절장치

해설 과부하방지장치는 크레인, 리프트의 방호장치에 해당한다.

정답 ②

45 산업안전보건법령에 따라 컨베이어에 부착해야 할 방호장치로 적합하지 않은 것은?

① 비상정지장치 ② 권과방지장치
③ 역주행방지장치 ④ 덮개 또는 울

해설 권과방지장치는 양중기에 부착해야 할 방호장치에 해당한다.

관련이론 산업안전보건법령상 컨베이어의 방호장치
- 비상정지장치
- 역주행방지장치
- 덮개 또는 낙하방지용 울
- 이탈방지장치

정답 ②

46 선반에서 절삭가공시 발생하는 칩을 짧게 끊어지도록 공구에 설치되어 있는 방호장치의 일종인 칩제거기구를 무엇이라 하는가?

① 칩브레이커 ② 칩받침
③ 칩쉴드 ④ 칩커터

해설 선반에서 절삭가공시 발생하는 칩을 짧게 끊어지도록 공구에 설치되어 있는 방호장치의 일종인 칩제거기구를 칩브레이커(Chip Breaker)라고 한다.

정답 ①

47 지게차로 20km/h의 속력으로 주행할 경우 좌우안정도는 얼마이어야 하는가?

① 37% ② 39%
③ 40% ④ 42%

해설 지게차의 좌우안정도를 구하는 식은 다음과 같다.
좌우안정도(%) = (15 + 1.1 V)
여기서, V: 최고속도(km/h)
$= 15 + 1.1 \times 20 = 37\%$

정답 ①

48 숫돌의 지름이 D(mm), 회전수 N(rpm)이라 할 때 연삭숫돌의 원주속도(V)는?

① $D \cdot N$ [m/min]
② $\pi \cdot D \cdot N$ [m/min]
③ $\dfrac{D \cdot N}{1,000}$ [m/min]
④ $\dfrac{\pi \cdot D \cdot N}{1,000}$ [m/min]

해설 $V = \dfrac{\pi \cdot D \cdot N}{1,000}$ [m/min], $V = \pi \cdot D \cdot N$ [mm/min]
여기서, V: 원주속도[m/min, mm/min]
D: 숫돌의 지름[mm]
N: 회전수[rpm]

정답 ④

49 산업안전보건법령상 연삭숫돌의 상부를 사용하는 것을 목적으로 하는 탁상용 연삭기 덮개의 노출각도는?

① 60° 이내 ② 65° 이내
③ 80° 이내 ④ 125° 이내

해설 연삭숫돌의 상부를 사용하는 것을 목적으로 하는 탁상용 연삭기 덮개의 노출각도는 60° 이내이다.

정답 ①

50 다음은 산업안전보건법령상 파열판 및 안전밸브의 직렬설치에 대한 내용이다. ( )에 알맞은 용어는?

> 사업주는 급성독성 물질이 지속적으로 외부에 유출될 수 있는 화학설비 및 그 부속설비에 파열판과 안전밸브를 직렬로 설치하고 그 사이에는 압력지시계 또는 ( )을(를) 설치하여야 한다.

① 자동경보장치 ② 차단장치
③ 플레어헤드 ④ 콕

해설 사업주는 급성독성 물질이 지속적으로 외부에 유출될 수 있는 화학설비 및 그 부속설비에 파열판과 안전밸브를 직렬로 설치하고 그 사이에는 압력지시계 또는 자동경보장치를 설치하여야 한다.

정답 ①

51 프레스의 no-hand in die방식에 대한 안전대책이 아닌 것은?

① 안전금형을 설치
② 전용프레스의 사용
③ 방호울이 부착된 프레스 사용
④ 감응식 방호장치 설치

해설 감응식 방호장치 설치는 hand in die방식에 대한 안전대책에 해당한다.

> **관련이론** 프레스에 대한 안전장치의 구조
> 1. No Hand in Die Type(금형 안에 손이 들어가지 않는 구조)
>   - 안전울을 부착한 프레스
>   - 안전금형을 부착한 프레스
>   - 전용프레스
>   - 자동프레스(자동송급식, 자동배출식)
> 2. Hand in Die Type(금형 안에 손이 들어가야만 하는 구조)
>   - 광전자식(감응식)   • 수인식
>   - 양수조작식   • 게이트가드식
>   - 손쳐내기식

정답 ④

52 다음 중 목재가공용 기계의 방호장치에 해당하지 않는 것은?

① 반발방지기구 ② 분할날
③ 과부하방지장치 ④ 톱날접촉예방장치

해설 과부하방지장치는 크레인 등 양중기의 방호장치에 해당한다.

정답 ③

53 산업안전보건법령에 따라 타워크레인의 운전작업을 중지해야 하는 순간풍속의 기준은?

① 초당 10m를 초과하는 경우
② 초당 15m를 초과하는 경우
③ 초당 30m를 초과하는 경우
④ 초당 35m를 초과하는 경우

해설
- 초당 15m를 초과하는 경우 타워크레인 운전작업을 중지해야 한다.
- 순간풍속이 초당 10m를 초과하는 경우 타워크레인의 설치, 수리, 점검, 해체작업을 중지하여야 한다.

정답 ②

54 양중기의 와이어로프 등 달기구의 안전계수 기준으로 옳은 것은? (단, 화물의 하중을 직접 지지하는 달기와이어로프 또는 달기체인의 경우이다.)

① 3 이상 ② 4 이상
③ 5 이상 ④ 6 이상

해설 화물의 하중을 직접 지지하는 달기와이어로프 또는 달기체인의 경우 안전계수 기준은 5 이상이다.

정답 ③

55 산업안전보건법상 안전인증 대상 방호장치에 해당하는 것은?

① 교류아크용접기용 자동전격방지기
② 동력식수동대패용 칼날접촉방지장치
③ 절연용 방호구 및 활선작업용 기구
④ 아세틸렌용접장치용 또는 가스집합용접장치용 안전기

해설 절연용 방호구 및 활선작업용 기구는 안전인증 대상 방호장치에 해당한다.

선지분석 ①, ②, ④ 자율안전확인 대상 방호장치에 해당한다.

관련이론 안전인증 대상 방호장치
- 프레스 및 전단기 방호장치
- 양중기용 과부하방지장치
- 보일러 압력방출용 안전밸브
- 압력용기 압력방출용 안전밸브
- 압력용기 압력방출용 파열판
- 절연용 방호구 및 활선작업용 기구
- 방폭구조 전기기계기구 및 부품
- 추락, 낙하 및 붕괴 등의 위험방지 및 보호에 필요한 가설기자재로서 고용노동부장관이 정하여 고시하는 것
- 충돌, 협착 등의 위험방지에 필요한 산업용 로봇 방호장치로서 고용노동부장관이 정하여 고시하는 것

정답 ③

56 산업안전보건법령상 아세틸렌 용접장치를 사용하여 금속의 용접·용단 또는 가열작업을 하는 경우 게이지 압력은 얼마를 초과하는 압력의 아세틸렌을 발생시켜 사용하여서는 아니 되는가?

① 98kPa ② 127kPa
③ 147kPa ④ 196kPa

해설 산업안전보건법령상 아세틸렌 용접장치를 사용하여 금속의 용접·용단 또는 가열작업을 하는 경우 게이지 압력은 127kPa를 초과하는 압력의 아세틸렌을 발생시켜 사용하면 안 된다.

정답 ②

57 산업안전보건법상 승강기의 종류에 해당하지 않는 것은?

① 에스컬레이터
② 화물용 엘리베이터
③ 승객화물용 엘리베이터
④ 리프트

해설 리프트는 승강기의 종류에 해당하지 않는다.

> **관련이론 승강기의 종류**
> - 에스컬레이터
> - 화물용 엘리베이터
> - 승객화물용 엘리베이터
> - 승객용 엘리베이터
> - 소형화물용 엘리베이터

정답 ④

58 상시근로자수가 75명인 사업장에서 1일 8시간씩 연간 320일을 작업하는 동안에 4건의 재해가 발생하였다면 이 사업장의 도수율은?

① 17.68 ② 19.67
③ 20.83 ④ 22.83

해설
$$도수율 = \frac{재해발생건수}{연근로시간수} \times 1,000,000$$
$$= \frac{4}{75 \times 8 \times 320} \times 1,000,000$$
$$= 20.8333 ≒ 20.83$$

정답 ③

59 방호조치를 하지 않으면 양도, 대여, 설치가 제한되는 유해하거나 위험한 기계기구의 방호조치로 옳지 않은 것은?

① 예초기: 날접촉예방장치
② 포장기계: 구동부방호연동장치
③ 원심기: 압력방출장치
④ 지게차: 헤드가드, 백레스트, 안전벨트

해설 원심기에는 회전체접촉예방장치를 설치해야 한다.

> **관련이론 방호조치를 하지 않으면 양도, 대여, 설치가 제한되는 유해하거나 위험한 기계기구의 방호조치(산업안전보건법시행규칙)**
> - 예초기: 날접촉예방장치
> - 포장기계(진공포장기, 래핑기로 한정): 구동부방호연동장치
> - 지게차: 헤드가드, 백레스트, 안전벨트, 전조등, 후미등
> - 공기압축기: 압력방출장치
> - 금속절단기: 날접촉예방장치
> - 원심기: 회전체접촉예방장치

정답 ③

60 롤러를 무부하로 회전시킨 상태에서 앞면 롤의 표면속도가 35m/min이었다면 이 롤러기에 설치한 급정지장치의 성능으로 옳은 것은?

① 앞면 롤러 원주의 1/2 거리에서 급정지
② 앞면 롤러 원주의 1/2.5 거리에서 급정지
③ 앞면 롤러 원주의 1/3 거리에서 급정지
④ 앞면 롤러 원주의 1/3.5 거리에서 급정지

해설 앞면 롤러 원주의 1/2.5 거리에서 급정지하여야 한다.

> **관련이론 롤러기 급정지장치의 성능**
>
> | 앞면 롤러의 표면속도 | 급정지거리 |
> | --- | --- |
> | 30m/min 미만 | 앞면 롤러 원주의 1/3 이내 |
> | 30m/min 이상 | 앞면 롤러 원주의 1/2.5 이내 |

정답 ②

제4과목 전기 및 화학설비 안전관리

61 산업안전보건법령에 따라 꽂음접속기를 설치 또는 사용하는 경우 준수하여야 할 사항으로 옳지 않은 것은?

① 서로 다른 전압의 꽂음접속기는 서로 접속되지 아니한 구조의 것을 사용할 것
② 습윤한 장소에 사용되는 꽂음접속기는 방수형 등 그 장소에 적합한 것을 사용할 것
③ 근로자가 해당 꽂음접속기를 접속시킬 경우에는 땀등으로 젖은 손으로 취급하지 않도록 할 것
④ 꽂음접속기에 잠금장치가 있는 때에는 접속 후 개방하여 사용할 것

해설 꽂음접속기에 잠금장치가 있는 때에는 접속 후 잠그고 사용한다.

정답 ④

62 인체가 현저히 젖어 있거나 인체의 일부가 금속성의 전기기구 또는 구조물에 상시 접촉되어 있는 상태의 허용접촉전압(V)은?

① 2.5V 이하 ② 25V 이하
③ 50V 이하 ④ 제한 없음

해설 인체가 현저하게 젖어있는 상태에서의 허용접촉전압은 25V 이하이다.

관련이론 인체의 접촉상태에 따른 허용접촉전압

종별	접촉상태	허용접촉전압(V)
제1종	인체의 대부분이 수중에 있는 상태	2.5 이하
제2종	① 인체가 현저하게 젖어 있는 상태 ② 금속성의 전기기계장치나 구조물에 인체의 일부가 상시 접촉되어 있는 상태	25 이하
제3종	통상의 인체상태에서 접촉전압이 가해지면 위험성이 높은 상태	50 이하
제4종	① 통상의 인체상태에서 접촉전압이 가해지더라도 위험성이 낮은 상태 ② 접촉전압이 가해질 우려가 없는 상태	제한없음

정답 ②

63 에틸에테르(폭발하한값 1.9vol%)와 에틸알콜(폭발하한값 4.3vol%)이 4:1로 혼합된 증기의 폭발하한계(vol%)는? (단, 혼합증기는 에틸에테르가 80%, 에틸알콜이 20%로 구성되고, 르샤틀리에법칙을 이용한다.)

① 2.14vol% ② 3.14vol%
③ 4.14vol% ④ 5.14vol%

해설
$$L = \frac{100}{\frac{V_1}{L_1} + \frac{V_2}{L_2}}$$

여기서, L: 혼합증기의 폭발하한계(%)
L_1, L_2: 각 성분증기의 폭발하한계(%)
V_1, V_2: 각 성분증기의 부피비(%)

$$= \frac{100}{\frac{80}{1.9} + \frac{20}{4.3}} = 2.138 \fallingdotseq 2.14 \text{ vol\%}$$

정답 ①

64 인체의 전기저항을 500Ω이라고 하면 심실세동을 일으키는 위험한계에너지(J)는? (단, 심실세동전류값 $I = \frac{165}{\sqrt{T}}$(mA)의 Dalziel의 식을 이용하며, 통전시간은 1초로 한다.)

① 13.6 ② 12.6
③ 11.6 ④ 10.6

해설
$$W = I^2RT = \left(\frac{165}{\sqrt{1}} \times 10^{-3}\right)^2 \times 500 \times 1$$
$$= 13.6125 \fallingdotseq 13.6 \text{J}$$

정답 ①

65 관의 지름을 변경하고자 할 때 필요한 관 부속품은?

① elbow ② reducer
③ plug   ④ valve

해설 관의 지름을 변경하고자 할 때 필요한 관 부속품은 reducer(리듀서)이다.

정답 ②

66 프로판(C_3H_8)의 완전연소조성농도(vol%)는?

① 4.02   ② 4.19
③ 5.05   ④ 5.19

해설 완전연소조성농도 계산식

$$C_{st}(vol\%) = \frac{100}{1+4.773(n+\frac{m-f-2\lambda}{4})}$$

여기서, C_{st}: 완전연소조성농도
n: 탄소, m: 수소, f: 할로겐원소, λ: 산소의 원자수

$$= \frac{100}{1+4.773(3+\frac{8}{4})} \doteqdot 4.02 vol\%$$

정답 ①

67 다음 중 아세톤에 대한 설명으로 옳지 않은 것은?

① 인화점은 −18°C이다.
② 증기가 유독하므로 흡입하지 않아야 한다.
③ 물보다 비중이 무겁다.
④ 무색이고 휘발성이 강한 액체이다.

해설 아세톤의 비중은 0.79로 물보다 가볍다.

정답 ③

68 정전작업시 작업 전 안전조치 사항이 아닌 것은?

① 단락접지
② 잔류전하 방전
③ 절연보호구 수리
④ 검전기에 의한 충전여부 확인

해설 절연보호구 수리는 정전작업시 작업 전 안전조치사항에 해당하지 않는다.

관련이론 정전작업시 작업 전 안전조치 사항
- 전원차단
- 검전기에 의한 충전여부 확인
- 개폐기의 잠금장치 및 표지판 설치
- 단락접지 실시
- 잔류전하 방전

정답 ③

69 정전기 발생에 영향을 주는 요인이 아닌 것은?

① 물체의 분리속도   ② 물체의 특성
③ 물체의 접촉시간   ④ 물체의 표면상태

해설 물체의 접촉시간은 정전기 발생에 영향을 주는 요인에 해당하지 않는다.

관련이론 정전기의 발생에 영향을 주는 요인
- 접촉면적 및 압력
- 분리속도
- 표면상태
- 물체의 특성
- 물체의 분리력

정답 ③

70 물반응성 물질 및 인화성 고체에 해당하는 것은?

① 니트로화합물   ② 칼륨
③ 염소산나트륨   ④ 부탄

해설 물반응성 물질 및 인화성 고체에 해당하는 것은 칼륨이다.

선지분석
① 니트로화합물: 폭발성 물질 및 유기과산화물
③ 염소산나트륨: 산화성액체 및 산화성고체
④ 부탄: 인화성 가스

정답 ②

71 산업안전보건법령상 공정안전보고서에서 포함해야 할 세부내용 중 공정안전자료에 해당하지 않는 것은?

① 안전운전지침서
② 각종 건물·설비의 배치도
③ 유해하거나 위험한 설비의 목록 및 사양
④ 위험설비의 안전설계·제작 및 설치관련 지침서

해설 안전운전지침서는 산업안전보건법령에 따라 공정안전보고서에 포함되어야 할 세부내용 중 안전운전계획에 해당한다.

정답 ①

72 산업안전보건법령상 위험물의 종류에서 인화성 가스에 해당하지 않는 것은?

① 수소
② 질산에스테르
③ 아세틸렌
④ 메탄

해설 질산에스테르는 산업안전보건법령상 위험물의 종류에서 폭발성물질 및 유기과산화물에 해당한다.

관련이론 산업안전보건법령상 위험물의 종류

1. 인화성 가스
   - 수소
   - 아세틸렌
   - 메탄
   - 에틸렌
   - 에탄
   - 프로판
2. 폭발성물질 및 유기과산화물
   - 질산에스테르류
   - 니트로화합물
   - 니트로소화합물
   - 아조화합물
   - 디아조화합물
   - 하이드라진 유도체
   - 유기과산화물

정답 ②

73 다음 중 물리적 공정에 해당하는 것은?

① 유화중합
② 축합중합
③ 산화
④ 증류

해설 물리적 공정에 해당하는 것은 증류이다.

관련이론

화학적 공정	물리적 공정
• 유화중합 • 축합중합 • 산화 • 중화 • 환원 • 이온교환 등	• 증류 • 침전(침강) • 여과 • 흡착 등

정답 ④

74 산업안전보건법에 따라 사업주는 누전에 의한 감전 위험을 방지하기 위하여 접지를 하여야 하는데 다음 중 접지를 하지 아니할 수 있는 부분은?

① 전기용품 및 생활용품 안전관리법이 적용되는 이중절연 또는 이와 같은 수준 이상으로 보호되는 전기기계·기구
② 전기기계·기구의 금속제 외함, 금속제 외피 및 철대
③ 전기를 사용하지 아니하는 설비 중 전동식 양중기의 프레임과 궤도에 해당하는 금속체
④ 코드와 플러그를 접속하여 사용하는 고정형·이동형 또는 휴대형 전동기계·기구의 노출된 비충전 금속체

해설 전기용품 및 생활용품 안전관리법이 적용되는 이중절연 또는 이와 같은 수준 이상으로 보호되는 전기기계·기구는 접지를 하지 아니할 수 있는 부분에 해당한다.

정답 ①

75 물분무 소화설비의 주된 소화효과에 해당하는 것으로만 바르게 나열한 것은?

① 냉각효과, 질식효과
② 희석효과, 제거효과
③ 제거효과, 억제효과
④ 억제효과, 희석효과

해설 물분무 소화설비의 주된 소화효과로는 냉각효과, 질식효과가 있다.

정답 ①

76 절연체에 발생한 정전기는 일정 장소에 축적되었다가 점차 소멸되는데 처음 값의 몇 %로 감소되는 시간을 그 물체의 '시정수' 또는 '완화시간'이라 하는가?

① 25.8
② 36.8
③ 45.8
④ 67.8

해설 보통 절연체에 발생한 정전기는 일정 장소에 축적되었다가 점차 소멸되는데 이 때 처음값의 36.8%로 감소되는 시간을 완화시간(시정수)이라 한다.

정답 ②

77 저항 20Ω인 전열기에 5A의 전류가 1시간 동안 흘렀다면 약 몇 kcal의 열량이 발생하겠는가?

① 100 ② 432
③ 861 ④ 14,400

해설
$Q = 0.24 I^2 Rt \times 10^{-3}$
$= 0.24 \times 5^2 \times 20 \times (60 \times 60) \times 10^{-3}$
$= 432 \text{kcal}$

정답 ②

78 CF₃Br 소화약제를 가장 적절하게 표현한 것은?

① 할론 1031 ② 할론 1211
③ 할론 1301 ④ 할론 2402

해설 CF₃Br 소화약제를 가장 적절하게 표현한 것은 할론 1301이다.

관련이론 Halon 1301의 표기
- 첫째(1): 탄소(C)원자수
- 둘째(3): 불소(F)원자수
- 셋째(0): 염소(Cl)원자수
- 넷째(1): 브롬(Br)원자수

정답 ③

79 방폭형 기기에 폭발성 가스가 내부로 침입하여 내부에서 폭발이 발생하여도 이 압력에 견디도록 제작한 방폭구조는?

① 내압(d)방폭구조
② 압력(p)방폭구조
③ 안전증(e)방폭구조
④ 본질안전(ia, ib)방폭구조

해설 방폭형 기기에 폭발성 가스가 내부로 침입하여 내부에서 폭발이 발생하여도 이 압력에 견디도록 제작한 방폭구조는 내압(d)방폭구조이다.

선지분석
② 압력(p)방폭구조란 용기내부에 보호가스(신선한 공기 또는 불연성 가스)를 압입하여 내부압력을 유지함으로써 폭발성 가스 또는 증기가 용기내부로 유입되지 않도록 한 구조이다.
③ 안전증(e)방폭구조란 정상운전 중에 폭발성 가스 또는 증기에 점화원이 될 전기불꽃, 아크 또는 고온부분 등의 발생을 방지하기 위하여 전기적, 기계적 구조상 또는 온도상승에 대해서 특히 안전도를 증가시킨 구조이다.
④ 본질안전(ia, ib)방폭구조란 정상시 및 사고시에 발생하는 전기불꽃, 아크, 고온에 의하여 폭발성 가스 또는 증기에 착화되지 않는 것이 점화시험에 의하여 확인된 구조이다.

정답 ①

80 감전방지용 누전차단기의 정격감도전류 및 작동시간으로 옳은 것은?

① 5mA 이하, 0.1초 이내
② 30mA 이하, 0.03초 이내
③ 50mA 이하, 0.5초 이내
④ 100mA 이하, 0.05초 이내

해설 감전방지용 누전차단기의 정격감도전류 및 작동시간은 30mA 이하, 0.03초 이내이다.

정답 ②

제5과목 건설공사 안전관리

81 정기안전점검 결과 건설공사의 물리적·기능적 결함 등이 발견되어 보수·보강 등의 조치를 하기 위하여 필요한 경우에 실시하는 것은?

① 자체안전점검
② 정밀안전점검
③ 상시안전점검
④ 품질관리점검

해설 정기안전점검 결과 건설공사의 물리적·기능적 결함 등이 발견되어 보수, 보강 등의 조치를 하기 위하여 필요한 경우에 실시하는 것은 정밀안전점검이다(건설기술진흥법).

정답 ②

82 콘크리트 타설작업을 하는 경우에 준수해야 할 사항으로 옳지 않은 것은?

① 콘크리트를 타설하는 경우에는 편심을 유발하여 한쪽 부분부터 밀실하게 타설되도록 유도할 것
② 당일의 작업을 시작하기 전에 해당 작업에 관한 거푸집 및 동바리의 변형·변위 및 지반의 침하 유무 등을 점검하고 이상이 있으며 보수할 것
③ 작업 중에는 감시자를 배치하는 등의 방법으로 거푸집 및 동바리의 변형·변위 및 침하 유무 등을 확인해야 하며, 이상이 있으면 작업을 중지하고 근로자를 대피시킬 것
④ 설계도서상의 콘크리트 양생기간을 준수하여 거푸집 및 동바리를 해체할 것

해설 콘크리트를 타설하는 경우에는 편심이 발생하지 않도록 골고루 분산하여 타설하여야 한다.

정답 ①

83 콘크리트 타설시 내부진동기를 이용한 진동다지기를 할 때 사용상의 주의사항으로 옳지 않은 것은?

① 여러 층으로 나누어 진동다지기를 할 때는 진동기를 하층의 콘크리트 속으로 찔러 넣어서는 안된다.
② 진동기는 수직방향으로 넣고 간격은 약 50cm 이하로 한다.
③ 진동기를 넣고 나서 뺄 때까지 시간은 보통 5~15초가 적당하다.
④ 진동기를 가지고 거푸집 속의 콘크리트를 옆 방향으로 이동시켜서는 안된다.

해설 진동기는 수직방향으로 넣고 간격은 60cm 이하로 한다.

정답 ②

84 이동식 비계작업시 주의사항으로 옳지 않은 것은?

① 비계의 최상부에서 작업을 하는 경우에는 안전난간을 설치한다.
② 이동시 작업지휘자가 이동식 비계에 탑승하여 이동하며 안전여부를 확인하여야 한다.
③ 비계를 이동시키고자 할 때는 바닥의 구멍이나 머리 위의 장애물을 사전에 점검한다.
④ 작업발판은 항상 수평을 유지하고 작업발판 위에서 안전난간을 딛고 작업을 하거나 받침대 또는 사다리를 사용하여 작업하지 않도록 한다.

해설 이동시 작업지휘자나 근로자가 이동식 비계에 탑승하지 않아야 한다.

관련이론 이동식 비계작업시 주의사항(산업안전보건법 안전보건기준)
- 작업발판의 최대적재하중은 250kg을 초과하지 않도록 할 것
- 비계의 최상부에서 작업을 하는 경우에는 안전난간을 설치할 것
- 비계를 이동시키고자 할 때는 바닥의 구멍이나 머리 위의 장애물을 사전에 점검할 것
- 작업발판은 항상 수평을 유지하고 작업발판 위에서 안전난간을 딛고 작업을 하거나 받침대 또는 사다리를 사용하여 작업하지 않도록 할 것
- 이동식 비계의 바퀴에는 뜻밖의 갑작스러운 이동 또는 전도를 방지하기 위하여 브레이크, 쐐기 등으로 바퀴를 고정시킨 다음 비계의 일부를 견고한 시설물에 고정하거나 아웃트리거(outrigger, 전도방지용 지지대)를 설치하는 등 필요한 조치를 할 것

정답 ②

85 차량계 하역운반기계에 화물을 적재할 때의 준수사항과 거리가 먼 것은?

① 하중이 한쪽으로 치우지지 않도록 적재할 것
② 구내운반차 또는 화물자동차의 경우 화물의 붕괴 또는 낙하에 의한 위험을 방지하기 위하여 화물에 로프를 거는 등 필요한 조치를 할 것
③ 운전자의 시야를 가리지 않도록 화물을 적재할 것
④ 제동장치 및 조종장치 기능의 이상 유무를 점검할 것

해설 제동장치 및 조종장치 기능의 이상 유무를 점검하는 것은 차량계 하역운반기계에 화물을 적재할 때의 준수사항에 해당하지 않는다.

관련이론 **차량계 하역운반기계에 화물 적재시 준수사항(산업안전보건법 안전보건기준)**
- 하중이 한쪽으로 치우치지 않도록 적재할 것
- 구내운반차 또는 화물자동차에 있어서 화물의 붕괴 또는 낙하에 의한 위험을 방지하기 위하여 화물에 로프를 거는 등 필요한 조치를 할 것
- 운전자의 시야를 가리지 않도록 화물을 적재할 것
- 화물을 적재하는 경우에는 최대적재량을 초과하지 아니할 것

정답 ④

86 철근 인력운반시 주의사항으로 옳지 않은 것은?

① 긴 철근은 두 사람이 한 조가 되어 어깨메기로 운반하는 것이 좋다.
② 긴 철근을 부득이 한 사람이 운반할 때는 한쪽을 어깨에 메고 한쪽 끝을 끌면서 운반한다.
③ 운반시 1인당 무게는 운반자의 몸무게 정도가 적당하다.
④ 운반시 양끝을 묶어 운반한다.

해설 운반시 1인당 무게는 25kg 정도가 적절하며, 무리한 운반을 삼가해야 한다.

정답 ③

87 산업안전보건법령에 따른 가설통로의 구조에 관한 설치기준으로 옳지 않은 것은?

① 경사가 25도를 초과하는 경우에는 미끄러지지 아니하는 구조로 할 것
② 경사는 30도 이하로 할 것
③ 수직갱에 가설된 통로의 길이가 15m 이상인 경우에는 10m 이내마다 계단참을 설치할 것
④ 건설공사에 사용하는 높이 8m 이상인 비계다리에는 7m 이내마다 계단참을 설치할 것

해설 경사가 15도를 초과하는 경우에는 미끄러지지 아니하는 구조로 하여야 한다.

정답 ①

88 추락에 의한 위험방지를 위해 해당 장소에서 조치해야 할 사항과 거리가 먼 것은?

① 추락방호망 설치 ② 안전난간 설치
③ 덮개 설치   ④ 투하설비 설치

해설 투하설비 설치는 낙하(맞음)에 의한 위험방지를 위해 해당 장소에 조치하여야 할 사항에 해당한다.

관련이론 **추락에 의한 위험방지를 위해 해당 장소에서 조치해야 할 사항**
- 추락방호망 설치
- 울타리 설치
- 안전난간 설치
- 작업발판 설치
- 덮개 설치

정답 ④

89 산업안전보건기준에 관한 규칙에 따른 토사굴착시 굴착면의 기울기기준으로 옳지 않은 것은?

① 모래 - 1 : 1.8
② 풍화암 - 1 : 1.0
③ 연암 - 1 : 0.5
④ 경암 - 1 : 0.5

해설 연암의 기울기 기준은 1 : 1.0이다.

 굴착면의 기울기 기준(산업안전보건법 안전보건기준 → 2023.11.14 개정)

지반의 종류	굴착면의 기울기
모래	1 : 1.8
연암 및 풍화암	1 : 1.0
경암	1 : 0.5
그밖의 흙	1 : 1.2

정답 ③

90 건설공사의 산업안전보건관리비 계상시 대상액이 명확하지 않은 공사는 도급계약 또는 자체사업계획상의 총공사금액 중 얼마를 대상액으로 하는가?

① 10분의 5
② 10분의 6
③ 10분의 7
④ 10분의 8

해설 대상액이 명확하지 않은 공사는 도급계약 또는 자체사업계획상의 총공사금액 중 10분의 7을 대상액으로 한다.

정답 ③

91 보일링(Boiling)현상을 방지하기 위한 대책에 대한 설명으로 옳지 않은 것은?

① 굴착배면의 지하수위를 낮춘다.
② 굴착 주변의 상재하중을 제거한다.
③ 토류벽 상단부에 버팀대를 보강한다.
④ 토류벽 선단에 코어 및 필터층을 설치한다.

해설 굴착주변의 상재하중을 제거하는 것은 히빙(Heaving) 현상의 방지대책이다.

 보일링현상 방지 대책
- 흙막이벽 주위에서 배수시설을 통해 수두차를 작게 한다.
- 주변수위를 저하시킨다.
- 흙막이벽 근입도를 증가하여 동수구배를 저하시킨다.
- 토류벽 상단부에 버팀대를 보강한다.
- 토류벽 선단에 코어 및 필터층을 설치한다.
- 차수성이 높은 흙막이벽을 설치한다.
- 약액주입에 의해 지수벽 또는 지수층을 설치하여 침투류 발생을 방지한다.

정답 ②

92 양중기의 부적격한 와이어로프의 사용금지 기준으로 옳지 않은 것은?

① 이음매가 있는 것
② 지름의 감소가 공칭지름의 7%를 초과하는 것
③ 심하게 변형 또는 부식된 것
④ 길이의 증가가 제조길이의 10%를 초과하는 것

해설 길이의 증가가 제조길이의 10%를 초과하는 것은 사용금지 기준과는 관계가 없다.

 양중기의 와이어로프의 사용금지 기준(산업안전보건법 안전보건기준)
- 이음매가 있는 것
- 지름의 감소가 공칭지름의 7%를 초과하는 것
- 심하게 변형 또는 부식된 것
- 와이어로프의 한 꼬임에서 끊어진 소선의 수가 10% 이상인 것
- 꼬인 것
- 열과 전기충격에 의해 손상된 것

정답 ④

93 유해위험방지계획서 제출대상 건설공사가 아닌 것은?

① 지상높이가 30m인 건축물 건설공사
② 최대지간길이가 50m인 교량 건설공사
③ 터널건설공사
④ 깊이 11m인 굴착공사

해설 지상높이가 31m 이상인 건축물 건설공사가 유해위험방지계획서의 제출대상에 해당한다.

관련이론 유해위험방지계획서 제출 대상 건설공사(산업안전보건법)
- 터널의 건설 등 공사
- 깊이 10m 이상인 굴착공사
- 연면적 30,000m² 이상인 건축물의 건설·개조 또는 해체공사
- 지상높이가 31m 이상인 건축물 또는 인공구조물의 건설·개조 또는 해체공사
- 최대지간길이가 50m 이상인 다리의 건설 등 공사
- 다목적댐, 발전용댐 및 저수용량 2,000만t 이상의 용수전용댐, 지방상수도전용댐 건설 등의 공사
- 연면적 5,000m² 이상의 냉동·냉장창고시설의 설비공사 및 단열공사
- 연면적 5,000m² 이상의 시설로서 다음의 어느 하나에 해당하는 시설의 건설·개조 또는 해체공사
  - 문화 및 집회시설(전시장 및 동물원·식물원 제외)
  - 판매시설, 운수시설(고속철도의 역사 및 집·배송시설 제외)
  - 종교시설
  - 의료시설 중 종합병원
  - 숙박시설 중 관광숙박시설
  - 지하도상가
  - 냉동·냉장창고시설

정답 ①

94 강판으로 만든 통의 바깥둘레에 다수의 돌기를 붙이는 것으로 주로 퍼석퍼석한 지반을 다지는데 효과적인 기계는?

① 탠덤 롤러   ② 진동 롤러
③ 탬핑 롤러   ④ 그리드 롤러

해설 강판으로 만든 통의 바깥둘레에 다수의 돌기를 붙이는 것으로 주로 퍼석퍼석한 지반을 다지는데 효과적인 기계는 탬핑 롤러(Temping Roller)이다.

정답 ③

95 시스템비계를 구성하는 경우 수직재와 받침철물의 연결부의 겹침길이는 받침철물 전체 길이의 얼마 이상이 되도록 하여야 하는가?

① 1/2 이상   ② 1/3 이상
③ 1/4 이상   ④ 1/5 이상

해설 시스템비계를 구성하는 경우 수직재와 받침철물의 연결부의 겹침길이는 받침철물 전체 길이의 1/3 이상이 되도록 하여야 한다.

정답 ②

96 폭풍시 옥외에 설치되어 있는 주행크레인에 대하여 이탈방지를 위한 조치가 필요한 풍속기준은?

① 순간 풍속이 20m/s를 초과할 때
② 순간 풍속이 25m/s를 초과할 때
③ 순간 풍속이 30m/s를 초과할 때
④ 순간 풍속이 35m/s를 초과할 때

해설 옥외에 설치되어 있는 주행크레인에 대하여 이탈방지를 위한 조치가 필요한 경우는 순간 풍속이 30m/s를 초과할 때이다.

관련이론 순간 풍속에 따른 조치사항(산업안전보건법 안전보건기준)

순간 풍속	조치사항
10m/s 초과	타워크레인 설치, 해체작업 중지
15m/s 초과	타워크레인 운전작업 중지
30m/s 초과	• 주행크레인에 대하여 이탈방지를 위한 조치 • 옥외설치 양중기(크레인, 리프트, 승강기)에 대한 각 부위 이상유무 점검
35m/s 초과	옥외에 설치되어 있는 승강기, 건설용 리프트에 대하여 받침수를 증가시키는 등 도괴(넘어짐)방지 조치

정답 ③

97 터널작업 중 낙반 등에 의한 위험방지를 위해 취할 수 있는 조치사항이 아닌 것은?

① 터널지보공 설치 ② 록볼트 설치
③ 부석의 제거 ④ 산소의 측정

해설 산소의 측정은 산소결핍작업이 우려될 때 조치해야 될 사항에 해당한다.

정답 ④

98 건축공사에서 재료비가 30억원, 직접노무비가 50억원일 때 예정가격상의 산업안전보건관리비는? (단, 건축공사의 대상액이 50억원 이상일 때 산업안전보건관리비 계상기준=2.37%)

① 127,600,000원 ② 189,600,000원
③ 257,600,000원 ④ 357,600,000원

해설 산업안전보건관리비
= (재료비 + 직접노무비) × 산업안전보건관리비 계상기준(비율)
= (30억원 + 50억원) × $\frac{2.37}{100}$ = 189,600,000원

정답 ②

99 흙의 연·경도에서 소성상태와 액성상태 사이의 한계를 무엇이라 하는가?

① 애터버그한계 ② 액성한계
③ 소성한계 ④ 수축한계

해설 흙의 연·경도에서 소성상태와 액성상태 사이의 한계는 액성한계이다.

관련이론 수축한계(Shrinkage Limit), 소성한계(Plastic Limit), 액성한계(Liquid Limit)의 구분

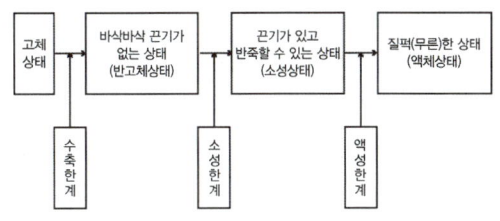

정답 ②

100 물체가 떨어지거나 날아올 위험이 있는 때 위험방지를 위해 준수해야 할 조치사항으로 가장 거리가 먼 것은?

① 낙하물방지망 설치 ② 출입금지구역 설정
③ 보호구 착용 ④ 작업지휘자 선정

해설 작업지휘자의 선정은 물체가 떨어지거나 날아올 위험이 있는 때 위험방지를 위해 준수해야 할 조치사항에 해당하지 않는다.

관련이론 물체가 떨어지거나 날아올 위험이 있는 때 위험방지를 위해 준수해야 할 조치사항(산업안전보건법 안전보건기준)

• 낙하물방지망 설치
• 출입금지구역 설정
• 보호구 착용
• 방호선반 설치
• 수직보호망 설치

정답 ④

2025년 제1회(CBT)

제1과목 산업재해예방 및 안전보건교육

01 산업안전보건법령상 안전인증 대상 안전모의 시험성능기준 항목이 아닌 것은?
① 난연성   ② 인장성
③ 내관통성 ④ 충격흡수성

해설 인장성은 산업안전보건법령상 안전인증 대상 안전모의 시험성능기준 항목이 아니다.

관련이론 안전인증 대상 안전모의 시험성능 기준항목
- 내관통성
- 내수성
- 난연성
- 충격흡수성
- 내전압성
- 턱끈풀림

정답 ②

02 보호구안전인증고시에 따른 안전화의 정의 중 다음 ( ) 안에 알맞은 것은?

경작업용 안전화란 (㉠)mm의 낙하높이에서 시험했을 때 충격과 (㉡)±0.1kN의 압축하중에서 시험했을 때 압박에 대하여 보호해 줄 수 있는 선심을 부착하여 착용자를 보호하기 위한 안전화를 말한다.

	㉠	㉡
①	500	10.0
②	1,000	15.0
③	500	4.4
④	250	4.4

해설 경작업용 안전화란 250mm의 낙하높이에서 시험했을 때 충격과 4.4±0.1kN의 압축하중에서 시험했을 때 압박에 대하여 보호해 줄 수 있는 선심을 부착하여, 착용자를 보호하기 위한 안전화를 말한다.

정답 ④

03 인지과정 착오의 요인이 아닌 것은?
① 정서불안정
② 감각차단현상
③ 작업자의 기능미숙
④ 생리·심리적 능력의 한계

해설 작업자의 기능미숙은 조치과정 착오의 요인에 해당한다.

정답 ③

04 하버드학파의 5단계 교수법에 해당하지 않는 것은?
① 응용(Application)
② 교시(Presentation)
③ 총괄(Generalization)
④ 추론(Reasoning)

해설 추론(reasoning)은 듀이(John Dewey)의 사고과정 5단계에 해당한다.

정답 ④

05 레빈(Lewin)은 인간행동 특성을 다음과 같이 표현하였다. 변수 E가 의미하는 것은?

$$B = f(P \cdot E)$$

① 연령   ② 성격
③ 환경   ④ 지능

해설 레빈의 식에서 E는 환경(Environment)을 의미한다.

정답 ③

06 산업안전보건법상 중대재해에 해당하지 않는 재해는?

① 1명의 사망자가 발생한 재해
② 3개월의 요양을 요하는 부상자가 동시에 3명 발생한 재해
③ 12명의 부상자가 동시에 발생한 재해
④ 5명의 직업성 질병자가 동시에 발생한 재해

해설 5명의 직업성 질병자가 동시에 발생한 재해는 중대재해에 해당하지 않는다.

관련이론 산업안전보건법상 중대재해
- 사망자가 1명 이상 발생한 재해
- 3개월 이상의 요양을 요하는 부상자가 동시에 2명 이상 발생한 재해
- 부상자 또는 직업성 질병자가 동시에 10명 이상 발생한 재해

정답 ④

07 어느 건설회사의 철골작업 라인에 근무하는 A씨의 작업강도가 힘든 중(重)작업으로 평가되었다면 해당되는 에너지대사율(RMR)의 범위로 가장 적절한 것은?

① 0~1   ② 2~4
③ 4~7   ④ 7~10

해설 중(重)작업의 에너지대사율의 범위는 4~7RMR이다.

관련이론 작업강도에 따른 에너지대사율(RMR)의 범위
- 경작업: 0~2RMR
- 중(中)작업: 2~4RMR
- 중(重)작업: 4~7RMR
- 초중작업: 7RMR 이상

정답 ③

08 아담스(Adams)의 사고연쇄이론에서 작전적 에러(Operational Error)로 정의한 것은?

① 경영자, 감독자의 잘못
② 선천적 결함
③ 불안전한 상태
④ 불안전한 행동

해설 경영자, 감독자의 잘못은 작전적 에러로 정의한다.

선지분석
② 선천적 결함은 아담스의 사고연쇄이론에 포함되지 않는다.
③④ 불안전한 상태와 불안전한 행동은 전술적 에러로 정의한다.

정답 ①

09 산업안전보건법상 안전보건표지 중 경고표지의 종류에 해당하지 않는 것은?

① 고압전기 경고
② 레이저광선 경고
③ 추락 경고
④ 몸균형상실 경고

해설 추락 경고는 경고표지의 종류에 해당하지 않는다.

관련이론 안전보건표지 중 경고표지의 종류(산업안전보건법)
- 인화성물질 경고
- 산화성물질 경고
- 폭발성물질 경고
- 급성독성물질 경고
- 부식성물질 경고
- 방사성물질 경고
- 고압전기 경고
- 매달린 물체 경고
- 낙하물 경고
- 고온 경고
- 저온 경고
- 몸균형상실 경고
- 레이저광선 경고
- 위험장소 경고

정답 ③

10 산업안전보건위원회를 구성함에 있어 근로자 위원에 해당하지 않는 사람은?

① 안전관리자
② 명예산업안전감독관
③ 근로자 대표
④ 근로자 대표가 지명하는 9명 이내의 해당 사업장의 근로자

해설 안전관리자는 사용자 위원에 해당한다.

관련이론 산업안전보건위원회의 구성(산업안전보건법)

사용자 위원	• 해당 사업의 대표자 • 산업보건의(해당 사업장에 선임되어 있는 경우로 한정) • 안전관리자 1명 • 보건관리자 1명 • 해당 사업의 대표자가 지명하는 9명 이내의 해당 사업장 부서의 장
근로자 위원	• 근로자 대표 • 근로자 대표가 지명하는 9명 이내의 해당 사업장의 근로자 • 근로자 대표가 지명하는 1명 이상의 명예산업안전감독관

정답 ①

11 산업안전보건법에서 정하는 사무직 종사 근로자의 교육시간은?

① 매반기 3시간 이상
② 매반기 6시간 이상
③ 매반기 9시간 이상
④ 매반기 12시간 이상

해설
• 사무직 종사 근로자와 판매업무에 직접 종사하는 근로자의 교육시간은 매반기 6시간 이상이다.
• 판매업무에 직접 종사하는 근로자 외의 근로자의 교육시간은 매반기 12시간 이상이다.

정답 ②

12 100명 미만의 소규모 사업장에 가장 적합한 안전보건조직으로 옳은 것은?

① 경영형   ② 라인형
③ 스탭형   ④ 라인-스탭형

해설 100명 미만의 소규모 사업장에는 라인형 안전보건조직이 가장 적합하다.

관련이론 안전보건조직에 따른 사업장의 규모
• 라인형: 100명 미만의 소규모 사업장
• 스탭형: 100~1000명 미만의 중규모 사업장
• 라인-스탭형: 1,000명 이상의 대규모 사업장

정답 ②

13 산업안전보건법상 근로자 안전보건교육 중 관리감독자 정기안전보건교육의 내용에 해당하는 것은?

① 정리정돈 및 청소에 관한 사항
② 작업개시전 점검에 관한 사항
③ 표준안전작업방법 결정 및 지도·감독요령에 관한 사항
④ 기계기구의 위험성과 작업의 순서 및 동선에 관한 사항

해설 표준안전작업방법 결정 및 지도·감독요령에 관한 사항은 관리감독자 정기안전보건교육의 내용에 해당한다.

선지분석 ①②④ 채용시 교육 및 작업내용변경시 교육의 내용에 해당한다.

관련이론 관리감독자 정기안전보건교육의 내용(산업안전보건법 시행규칙)

- 표준안전작업방법 결정 및 지도·감독요령에 관한 사항
- 작업공정의 유해위험과 재해예방대책에 관한 사항
- 비상시 또는 재해발생시 긴급조치에 관한 사항
- 산업보건 및 건강장해예방에 관한 사항(폭염·한파작업으로 인한 건강장해 발생시 응급조치에 관한 사항 포함)
- 유해위험작업환경관리에 관한 사항
- 산업안전보건법령 및 산업재해보상보험제도에 관한 사항
- 직무스트레스예방 및 관리에 관한 사항
- 산업안전 및 산업재해예방에 관한 사항(화재·폭발사고 발생시 대피에 관한 사항 포함)
- 안전보건교육능력 배양에 관한 사항(현장근로자와의 의사소통능력, 강의능력 등)
- 직장 내 괴롭힘, 고객의 폭언 등으로 인한 건강장해예방 및 관리에 관한 사항
- 사업장내 안전보건관리체제 및 안전보건조치 현황에 관한 사항
- 위험성 평가에 관한 사항
- 그밖의 관리감독자의 직무에 관한 사항

※ 산업안전보건법 시행규칙 → 2025.5.30 개정

정답 ③

14 OJT(On the Job Training)의 장점이 아닌 것은?

① 직장의 실정에 맞게 실제적 훈련이 가능하다.
② 교육을 통한 훈련효과에 의해 상호신뢰, 이해도가 높아진다.
③ 대상자의 개인별 능력에 따라 훈련의 진도를 조정하기가 쉽다.
④ 교육훈련대상자가 교육훈련에만 몰두할 수 있어 학습효과가 높다.

해설 교육훈련대상자가 교육훈련에만 몰두할 수 있어 학습효과가 높다는 것은 Off JT의 장점에 해당한다.

관련이론 Off JT와 OJT의 장점 비교

Off JT의 장점	• 다수의 근로자에게 조직적 훈련을 행하는 것이 가능하다. • 훈련에만 전념하게 된다. • 전문가를 강사로 초청하는 것이 가능하다. • 특별 설비기구를 이용하는 것이 가능하다. • 각 직장의 근로자가 많은 지식이나 경험을 교류할 수 있다.
OJT의 장점	• 개인 개인에게 적절한 지도훈련이 가능하다. • 직장의 실정에 맞게 실제적 훈련이 가능하다. • 즉시 업무에 연결되는 지도훈련이 가능하다. • 훈련에 필요한 업무의 계속성이 끊어지지 않는다. • 효과가 곧 업무에 나타나며, 훈련의 좋고 나쁨에 따라 개선이 쉽다. • 훈련효과를 보고 상호신뢰, 이해도가 높아지는 것이 가능하다.

정답 ④

15 리더십에 있어서 권한의 역할 중 조직이 지도자에게 부여하는 권한이 아닌 것은?

① 보상적 권한   ② 강압적 권한
③ 합법적 권한   ④ 전문성의 권한

해설 전문성의 권한은 지도자 자신이 자신에게 부여하는 권한이다.

관련이론 리더십의 권한

조직이 지도자에게 부여하는 권한	지도자 자신이 자신에게 부여하는 권한
• 보상적 권한 • 강압적 권한 • 합법적 권한	• 전문성의 권한 • 위임된 권한

정답 ④

16 안전보건개선계획서에 포함되어야 할 사항으로 옳지 않은 것은?

① 안전보건교육
② 안전보건관리예산
③ 안전보건관리체제
④ 산업재해예방 및 작업환경의 개선을 위하여 필요한 사항

해설 안전보건관리예산은 안전보건개선계획서에 포함되지 않는다.

 안전보건개선계획서에 포함되어야 할 사항(산업안전보건법 시행규칙)
- 시설
- 안전보건교육
- 안전보건관리체제
- 산업재해예방 및 작업환경의 개선을 위하여 필요한 사항

정답 ②

17 허즈버그(Herzberg)의 위생 – 동기이론에서 동기요인에 해당하는 것은?

① 감독
② 안전
③ 책임감
④ 작업조건

해설 허즈버그의 위생 – 동기이론에서 동기요인에 해당하는 것은 책임감이다.

허즈버그의 위생 – 동기요인

위생요인(직무환경)	동기요인(직무내용)
작업조건, 지위, 안전, 회사 정책과 관리, 개인상호간의 관계, 감독, 보수 등	책임, 성취감, 성장과 발전, 인정, 도전, 일 그 자체 등

정답 ③

18 다음 재해원인 중 간접원인에 해당하지 않는 것은?

① 기술적 원인
② 교육적 원인
③ 관리적 원인
④ 인적 원인

해설 인적 원인(불안전한 행동)은 재해원인 중 직접원인에 해당한다.

1. 재해원인 중 간접원인
   - 기술적 원인 · 교육적 원인 · 관리적 원인
   - 신체적 원인 · 정신적 원인
2. 재해원인 중 직접원인
   - 인적 원인(불안전한 행동)
   - 물적 원인(불안전한 상태)

정답 ④

19 적응기제(Adjustment Mechanism) 중 방어적 기제(Defence Mechanism)에 해당하는 것은?

① 고립(Isolation)
② 퇴행(Regression)
③ 억압(Suppression)
④ 합리화(Rationalization)

해설 적응기제 중 방어적 기제에 해당하는 것은 합리화이다.

 적응기제(Adjustment Mechanism)

방어적 기제	보상, 합리화, 치환(전위), 동일화, 승화, 투사, 반동형성 등
도피적 기제	고립, 퇴행, 억압, 백일몽, 부정 등
공격적 기제	• 직접적 공격 기제: 싸움, 폭행, 기물파손 등 • 간접적 공격 기제: 비난, 조소, 욕설, 폭언 등

정답 ④

20 하인리히의 재해구성비율에 따라 경상사고가 87건 발생하였다면 무상해사고는 몇 건이 발생하였겠는가?

① 300건 ② 600건
③ 900건 ④ 1,200건

해설
- 하인리히의 재해구성 비율
  = 1(중상 또는 사망) : 29(경상) : 300(무상해사고)
- 이 중 경상사고가 87건 발생하였으므로
  $29 : 87 = 300 : x$
  $29x = 87 \times 300$
  $\therefore x = \dfrac{87 \times 300}{29} = 900$ 건

정답 ③

제2과목 인간공학 및 위험성 평가·관리

21 시각적 표시장치보다 청각적 표시장치를 사용하는 것이 더 유리한 경우는?

① 정보의 내용이 복잡하고 긴 경우
② 정보가 공간적인 위치를 다룬 경우
③ 직무상 수신자가 한 곳에 머무르는 경우
④ 수신장소가 너무 밝거나 암조응이 요구될 경우

해설 수신장소가 너무 밝거나 암조응이 요구될 경우 시각적 표시장치보다 청각적 표시장치를 사용하는 것이 더 유리한 경우에 해당한다.

정답 ④

22 출력과 반대방향으로 그 속도에 비례해서 작용하는 힘 때문에 생기는 항력으로 원활한 제어를 도우며, 특히 규정된 변위속도를 유지하는 효과를 가진 조종장치의 저항력은?

① 점성저항 ② 마찰저항
③ 충격저항 ④ 정적저항

해설 출력과 반대방향으로 그 속도에 비례해서 작용하는 힘 때문에 생기는 항력으로 원활한 제어를 도우며, 특히 규정된 변위 속도를 유지하는 효과를 가진 조종장치의 저항력은 점성저항이다.

정답 ①

23 근골격계질환의 인간공학적 주요 위험요인과 가장 거리가 먼 것은?

① 과도한 힘 ② 부적절한 자세
③ 고온의 환경 ④ 단순 반복작업

해설 고온의 환경은 근골격계질환의 인간공학적 주요 위험 요인에 해당하지 않는다.

정답 ③

24 FTA에서 모든 기본사상이 일어났을 때 톱(top)사상을 일으키는 기본사상의 집합은?

① 컷셋(Cut Set)
② 최소 컷셋(Minimal Cut Set)
③ 패스셋(Path Set)
④ 최소 패스셋(Minimal Path Set)

해설
- FTA에서 모든 기본사상이 일어났을 때 톱사상을 일으키는 기본사상의 집합은 컷셋이다.
- 이는 시스템고장을 유발시키는 기본고장들의 집합이다.

정답 ①

25 건·습지수로서 습구온도와 건구온도의 가중평균치를 나타내는 Oxford지수의 공식으로 옳은 것은?

① WD=0.65WB+0.35DB
② WD=0.75WB+0.25DB
③ WD=0.85WB+0.15DB
④ WD=0.95WB+0.05DB

해설 Oxford지수의 공식은 다음과 같다.
WD=0.85WB+0.15DB
여기서, WD: Oxford지수(건·습지수)
WB: 습구온도, DB: 건구온도

정답 ③

26 휴먼에러 중 필요한 Task 및 절차를 수행하지 않아 발생하는 에러를 무엇이라 하는가?

① Time Error   ② Omission Error
③ Commission Error   ④ Extraneous Error

해설 휴먼에러 중 필요한 Task(작업) 및 절차를 수행하지 않아 발생하는 에러는 Omission Error(생략오류)이다.

정답 ②

27 FTA에 대한 설명으로 옳지 않은 것은?

① 정성적 분석만 가능
② 하향식(top-down) 방법
③ 복잡하고 대형화된 시스템에 활용
④ 논리게이트를 이용하여 도해적으로 표현하여 분석하는 방법

해설 FTA(결함수분석법)는 정성적, 정량적 분석이 가능하다.

정답 ①

28 화학공장(석유화학사업장 등)에서 가동문제를 파악하는 데 널리 사용되며, 위험요소를 예측하고, 새로운 공정에 대한 가동문제를 예측하는 데 사용되는 위험성평가방법은?

① SHA   ② EVP
③ CCFA   ④ HAZOP

해설 화학공장에서 가동문제를 파악하는 데 널리 사용되며, 위험요소를 예측하고, 새로운 공정에 대한 가동문제를 예측하는 데 사용되는 위험성평가방법은 HAZOP(Hazard and Operability)이다.

정답 ④

29 작업장에서 발생하는 소음에 대한 대책으로 가장 먼저 고려하여야 할 적극적인 방법은?

① 소음원의 통제
② 소음원의 격리
③ 귀마개 등 보호구의 착용
④ 덮개 등 방호장치의 설치

해설 작업장에서 발생하는 소음에 대한 대책으로 가장 먼저 고려할 적극적 방법은 소음원의 통제(제거)이다.

정답 ①

30 수평작업대 설계에 있어서 최대작업역에 대한 설명으로 옳은 것은?

① 전완만으로 편하게 뻗어 파악할 수 있는 구역
② 전완과 상완을 곧게 펴서 파악할 수 있는 구역
③ 상완만을 뻗어 파악할 수 있는 구역
④ 사지를 최대한으로 움직여 파악할 수 있는 구역

해설 수평작업대 설계에 있어 최대작업역이란 전완(前腕)과 상완(上腕)을 곧게 펴서 파악할 수 있는 구역이다.

선지분석 ① 전완만으로 편하게 뻗어 파악할 수 있는 구역은 정상작업역이다.

정답 ②

---

31 인간의 모든 신체부위의 동작은 기본적인 몇 가지로 분류된다. 몸의 중심선으로부터 밖으로 이동하는 동작을 지칭하는 용어는?

① 외전   ② 외선
③ 내전   ④ 내선

해설 인간의 신체부위의 기본적인 동작 중 몸의 중심선으로부터 밖으로 이동하는 동작은 외전이다.

관련이론 인간의 신체부위의 기본적인 동작

외전 및 내전	외전(外轉, Abduction)	몸의 중심선으로부터 밖으로 이동하는 동작
	내전(內轉, Adduction)	몸의 중심선으로 이동하는 동작
외선 및 내선	외선(外旋, Lateral Rotation)	몸의 중심선으로부터 회전하는 동작
	내선(內旋, Medial Rotation)	몸의 중심선으로 회전하는 동작
굴곡 및 신전	굴곡(屈曲, Reflex)	신체부위간의 각도 감소
	신전(伸展, Extension)	신체부위간의 각도 증가
하향 및 상향	하향(下向, Pronation)	손바닥을 아래로
	상향(上向, Supination)	손바닥을 위로

정답 ①

---

32 제어장치와 표시장치에 있어 물리적 형태나 배열을 유사하게 설계하는 것은 어떤 양립성(compatibility)의 원칙에 해당하는가?

① 시각적 양립성(visual compatibility)
② 양식 양립성(modality compatibility)
③ 공간적 양립성(spatial compatibility)
④ 개념적 양립성(conceptual compatibility)

해설 제어장치와 표시장치에 있어 물리적 형태나 배열을 유사하게 설계하는 것은 공간적 양립성의 원칙에 해당한다.

관련이론 양립성(Compatibility)

1. 정의
   - 인간의 기대와 모순되지 않는 반응이나 자극들간의 또는 자극반응 조합의 관계를 말하는 것이다.
   - 제어장치와 표시장치의 연관성이 인간의 예상과 어느 정도 일치하는 것을 의미한다.

2. 양립성(Compatibility)의 종류

공간적 양립성	• 조종장치나 표시장치에서 공간적인 배치나 물리적 형태의 양립성(공간적 배치에서 인간의 기대와 일치하는 것) • 예: 오른쪽 버튼을 누르면 오른쪽 기계가 작동하는 것
양식(형식) 양립성	• 청각적, 시각적 자극제시와 이에 대한 음성 응답과정에서 갖는 양립성 • 예: 신호등 색깔(빨간색, 노란색, 녹색)은 사전에 약속하고 지켜나가는 것
개념적 양립성	• 사람들이 지니고 있는 개념적 연상의 양립성(어떠한 신호가 전달하려는 내용과 연관성이 있어야 하는 것) • 예: 빨간색은 따뜻한 것, 파란색은 차가운 것을 연상시켜 정수기의 냉·온수를 표시하는 것
운동(동작) 양립성	• 조종장치, 표시장치, 체계반응 등 운동방향의 양립성(조종장치의 방향과 표시장치의 방향이 인간의 기대와 일치하는 것) • 예: 자동차의 바퀴가 핸들 조작방향으로 회전하는 것

정답 ③

33 일반적으로 인체측정치의 최대집단치를 기준으로 설계하는 것은?

① 선반의 높이　② 공구의 크기
③ 출입문의 크기　④ 안내데스크의 높이

해설 출입문의 크기는 인체측정치의 최대집단치를 기준으로 설계한다.

선지분석
① 선반의 높이는 최소집단치를 기준으로 설계한다.
② 공구의 크기는 최소집단치를 기준으로 설계한다.
④ 안내데스크의 높이는 평균치를 기준으로 설계한다.
▶ 자동차 운전석 의자의 위치는 조절식을 기준으로 설계한다.

정답 ③

34 FTA에 사용되는 기호 중 다음 기호에 해당하는 것은?

① 생략사상　② 부정사상
③ 결함사상　④ 기본사상

해설 그림의 기호는 '기본사상'이다.

정답 ④

35 중작업의 경우 작업대의 높이로 가장 적절한 것은?

① 허리 높이보다 0~10cm 정도 낮게
② 팔꿈치 높이보다 10~20cm 정도 높게
③ 팔꿈치 높이보다 10~20cm 정도 낮게
④ 어깨 높이보다 30~40cm 정도 높게

해설 중작업의 경우 작업대의 높이는 팔꿈치 높이보다 10~20cm 정도 낮게 하여야 한다.

정답 ③

36 인간의 오류모형에서 알고 있음에도 의도적으로 따르지 않거나 무시한 경우를 무엇이라 하는가?

① 착오(Mistake)　② 실수(Slip)
③ 건망증(Lapse)　④ 위반(Violation)

해설 알고 있음에도 의도적으로 따르지 않거나 무시한 경우는 위반(Violation)이다.

관련이론 인간의 오류모형
- 실수(Slip): 상황이나 목표의 해석은 정확하나 의도와는 다른 행동을 하는 경우
- 건망증(Lapse): 잘기억하지 못하거나 잊어버리는 정도가 심한 경우
- 착오(Mistake): 상황해석을 잘못하거나 목표를 잘못 이해하고 착각하여 행하는 경우

정답 ④

37 작업자가 100개의 부품을 육안검사하여 20개의 불량품을 발견하였다. 실제 불량품이 40개라면 인간에러(human error) 확률은?

① 0.2　② 0.3
③ 0.4　④ 0.5

해설 인간에러(human error) 확률
$= \dfrac{\text{실제 불량품} - \text{육안검사 불량품}}{\text{전체 부품}}$
$= \dfrac{40-20}{100} = 0.2$

정답 ①

38 조종장치를 3cm 움직였을 때 표시장치의 지침이 5cm 움직였다면, C/R비는?

① 0.25　② 0.6
③ 1.　④ 1.7

해설 C/R비(조종 - 반응비) $= \dfrac{C}{R}$

여기서, C: 조종장치의 이동거리(cm)
R: 표시장치의 이동거리(cm)

$= \dfrac{3}{5} = 0.6$

정답 ②

39 암호체계 사용상의 일반적인 지침에 해당하지 않는 것은?

① 암호의 검출성 ② 부호의 양립성
③ 암호의 표준화 ④ 암호의 단일차원화

해설 암호의 단일차원화가 아닌 암호의 다차원화가 암호체계 사용상의 일반적인 지침에 해당한다.

정답 ④

40 건설현장의 표지판 반사율이 80%이고, 인쇄된 글자의 반사율이 10%일 때 대비는?

① 56% ② 67%
③ 75% ④ 88%

해설 대비 $= \dfrac{L_b - L_t}{L_b} \times 100$

여기서, L_b: 배경의 반사율, L_t: 표적의 반사율

$= \dfrac{80-10}{80} \times 100 = 87.5 ≒ 88\%$

정답 ④

제3과목 기계·기구 및 설비 안전관리

41 연삭기 숫돌의 파괴원인으로 볼 수 없는 것은?

① 숫돌의 회전속도가 너무 빠를 때
② 숫돌 자체에 균열이 있을 때
③ 숫돌의 정면을 사용할 때
④ 숫돌에 과대한 충격을 주게 되는 때

해설 숫돌의 정면이 아닌 측면을 사용할 때가 숫돌의 파괴 원인에 해당한다.

정답 ③

42 지게차의 포크에 적재된 화물이 마스트 후방으로 낙하함으로써 근로자에게 미치는 위험을 방지하기 위하여 설치하는 것은?

① 헤드가드 ② 백레스트
③ 낙하방지장치 ④ 과부하방지장치

해설 지게차의 포크에 적재된 화물이 마스트 후방으로 낙하함으로써 근로자에게 미치는 위험을 방지하기 위하여 설치하는 것은 백레스트(Back Rest)이다.

정답 ②

43 프레스 등의 금형을 부착·해체 또는 조정작업 중 슬라이드가 갑자기 작동하여 근로자에게 발생할 수 있는 위험을 방지하기 위하여 설치하는 것은?

① 방호울 ② 안전블록
③ 시건장치 ④ 게이트가드

해설 프레스에 금형조정작업시 슬라이드가 갑자기 작동함으로써 근로자에게 발생할 우려가 있는 위험을 방지하기 위하여 사용하는 것은 안전블록(Safety Block)이다.

정답 ②

44 산업안전보건법령상 양중기에 사용하지 않아야 하는 달기체인의 기준으로 옳지 않은 것은?

① 심하게 변형된 것
② 균열이 있는 것
③ 달기체인의 길이가 달기체인이 제조된 때의 길이 3%를 초과한 것
④ 링의 단면지름이 달기체인이 제조된 때의 해당 링의 지름의 10%를 초과하여 감소한 것

해설 달기체인의 길이가 달기체인이 제조된 때의 길이 5%를 초과한 것은 양중기에 사용할 수 없다.

정답 ③

45 보일러의 안전한 가동을 위하여 압력방출장치를 2개 설치한 경우에 바른 작동방법은?

① 최고사용압력 이상에서 2개 동시 작동
② 최고사용압력 이하에서 2개 동시 작동
③ 최고사용압력 이하에서 1개가 작동되고, 다른 것은 최고사용압력 1.05배 이하에서 작동
④ 최고사용압력 이하에서 1개가 작동되고, 다른 것은 최고사용압력 1.03배 이하에서 작동

해설 압력방출장치를 2개 설치한 경우 최고사용압력 이하에서 1개가 작동되고, 다른 것은 최고사용압력 1.05배 이하에서 작동하여야 한다.

정답 ③

46 밀링작업시 안전수칙에 해당하지 않는 것은?

① 칩이나 부스러기는 반드시 브러시를 사용하여 제거한다.
② 가공 중에는 가공면을 손으로 점검하지 않는다.
③ 기계를 가동 중에는 변속시키지 않는다.
④ 바이트는 가급적 짧게 고정시킨다.

해설 바이트는 가급적 짧게 고정시키는 것은 선반작업시 안전수칙에 해당한다.

정답 ④

47 그림과 같이 500kg의 중량물을 와이어로프로 상부 60도의 각으로 들어 올릴 때, 로프 한줄에 걸리는 하중(T)은?

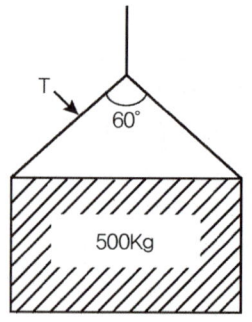

① 168.49kg
② 248.58kg
③ 288.67kg
④ 378.79kg

해설 $T = \dfrac{\dfrac{W}{2}}{\cos\dfrac{\theta}{2}} = \dfrac{\dfrac{500}{2}}{\cos\dfrac{60°}{2}} ≒ 288.67\text{kg}$

정답 ③

48 드릴작업의 안전수칙으로 옳은 것은?

① 정확한 작업을 위하여 구멍에 손을 넣어 확인한다.
② 비래를 방지하기 위하여 양손으로 공작물을 견고히 잡는다.
③ 손을 보호하기 위하여 목장갑을 착용한다.
④ 척 렌치(Chuck Wrench)를 척에서 반드시 뺀다.

해설 드릴작업시 척 렌치(Chuck Wrench)를 척에서 반드시 빼야 한다.

선지분석
① 뚫린 것을 확인하기 위하여 구멍에 손을 집어넣지 않는다.
② 공작물을 견고하게 고정하고, 손으로 잡고 구멍을 뚫지 않는다.
③ 장갑(목장갑)을 끼고 작업하지 않는다.

정답 ④

49 원심기 및 회전축 등의 방호장치로 가장 적절한 것은?

① 덮개 ② 안전기
③ 과부하방지장치 ④ 압력방출장치

해설 원심기 및 회전축 등의 방호장치로 가장 적절한 것은 덮개이다.

정답 ①

50 크레인작업시의 준수사항으로 옳지 않은 것은?

① 인양할 하물은 바닥에서 끌어 당기거나 밀어 작업하지 아니할 것
② 유류 드럼이나 가스통 등의 위험물 용기는 보관함에 담아 운반할 것
③ 고정된 물체는 직접 분리, 제거하는 작업을 할 것
④ 근로자의 출입을 통제하여 하물이 작업자의 머리 위로 통과하지 않게 할 것

해설 고정된 물체는 직접 분리, 제거하는 작업을 하지 않아야 한다.

정답 ③

51 용접부 결함에서 전류가 과대하고, 용접속도가 너무 빨라 용접부의 일부가 홈 또는 오목하게 생기는 결함은?

① 언더컷 ② 기공
③ 균열 ④ 융합불량

해설 용접부 결함에서 전류가 과대하고, 용접속도가 너무 빨라 용접부의 일부가 홈 또는 오목하게 생기는 결함은 언더컷(undercut)이다.

정답 ①

52 목재가공용 둥근톱작업에서 반발예방장치가 아닌 것은?

① 반발방지기구 ② 반발방지롤
③ 분할날 ④ 립소

해설 립소(Rip Saws)는 목재를 절단하는 목재가공용기계의 일종이다.

정답 ④

53 보일러의 이상현상 중 다음 설명에 해당하는 현상은?

> 보일러수에 불순물이 많이 포함되어 있을 경우 보일러수의 비등과 함께 수면부위에 거품을 형성하여 수위가 불안정하게 되는 현상

① 역화 ② 프라이밍
③ 포밍 ④ 워터해머

해설 포밍(Foaming)에 대한 설명이다.

정답 ③

54 산업안전보건법령상 아세틸렌 용접장치를 사용하여 금속의 용접·용단 또는 가열작업을 하는 경우 게이지 압력은 얼마를 초과하는 압력의 아세틸렌을 발생시켜 사용하면 안되는가?

① 98kPa ② 127kPa
③ 147kPa ④ 196kPa

해설 산업안전보건법령상 아세틸렌 용접장치를 사용하여 금속의 용접·용단 또는 가열작업을 하는 경우 게이지 압력은 127kPa를 초과하는 압력의 아세틸렌을 발생시켜 사용하면 안 된다.

정답 ②

55 산업안전보건법령상 지게차의 최대하중의 2배 값이 6톤일 경우 헤드가드의 강도는 몇 톤의 등분포정하중에 견딜 수 있어야 하는가?

① 4   ② 6
③ 8   ④ 10

해설 산업안전보건법령상 지게차의 최대하중의 2배 값이 6톤일 경우 헤드가드의 강도는 4톤의 등분포정하중에 견딜 수 있어야 한다.

 지게차의 헤드가드(Head Guard) 설치 안전기준
- 상부틀의 각 개구의 폭 또는 길이가 16cm 미만일 것
- 강도는 지게차의 최대하중의 2배 값(4톤을 넘는 값에 대해서는 4톤으로 한다)의 등분포정하중에 견딜 수 있을 것
- 운전자가 앉아서 조작하거나 서서 조작하는 지게차의 헤드가드는 한국산업표준에서 정하는 높이 기준 이상일 것

정답 ①

56 인간이 기계 등의 취급을 잘못해도 그것이 바로 사고나 재해와 연결되는 일이 없는 기능을 의미하는 것은?

① fail safe   ② fail active
③ fail operational   ④ fool proof

해설 인간이 기계 등의 취급을 잘못해도 그것이 바로 사고나 재해와 연결되는 일이 없는 기능을 의미하는 것은 'fool proof(풀프루프)'이다.

정답 ④

57 롤러의 위험점 전방에 개구간격 40mm의 가드를 설치하고자 한다면 개구부에서 위험점까지의 거리는 몇 mm 이상이어야 하는가? (단, 위험점이 전동체는 아니다.)

① 180   ② 227
③ 267   ④ 320

해설 $Y = 6 + 0.15X$
여기서, Y: 가드 개구부 설치간격(mm)
       X: 가드 개구부에서 위험점까지의 거리(mm)
$0.15X = Y - 6$
$X = \dfrac{40 - 6}{0.15} = 226.6666 ≒ 227\text{mm}$

정답 ②

58 산업안전보건법령상 아세틸렌 용접장치에 관한 설명이다. ( ) 안에 공통으로 들어갈 내용으로 옳은 것은?

- 사업주는 아세틸렌 용접장치의 취관마다 ( )를 설치하여야 한다.
- 사업주는 가스용기가 발생기와 분리되어 있는 아세틸렌 용접장치에 대하여 발생기와 가스용기 사이에 ( )를 설치하여야 한다.

① 분기장치   ② 자동발생확인장치
③ 유수분리장치   ④ 안전기

해설
- 사업주는 아세틸렌 용접장치의 취관마다 안전기를 설치하여야 한다.
- 사업주는 가스용기가 발생기와 분리되어 있는 아세틸렌 용접장치에 대하여 발생기와 가스용기 사이에 안전기를 설치하여야 한다.

정답 ④

59 프레스기가 작동 후 작업점까지의 도달시간이 0.2초 걸렸다면 양수조작식 방호장치의 최소설치거리는?

① 3.2cm ② 32cm
③ 6.4cm ④ 64cm

해설 최소설치거리(cm)
= 160 × 프레스 작동 후 작업점까지의 도달시간(초)
= 160 × 0.2 = 32cm

정답 ②

60 산업용 로봇의 작동범위 내에서 교시 등의 작업을 하는 경우 작업시작 전 점검사항이 아닌 것은?

① 외부전선의 피복 또는 외장손상의 유무
② 제동장치 및 비상정지장치의 기능
③ 자동제어장치(압력제한스위치 등) 기능의 이상 유무
④ 매니퓰레이터 작동의 이상 유무

해설 산업용 로봇의 작동범위 내에서 교시 등의 작업을 하는 경우 작업시작 전 점검사항에는 외부전선의 피복 또는 외장손상의 유무, 제동장치 및 비상정지장치의 기능, 매니퓰레이터 작동의 이상 유무가 있으며, 자동제어장치(압력제한스위치 등) 기능의 이상 유무는 점검사항에 해당하지 않는다.

정답 ③

제4과목 전기 및 화학설비 안전관리

61 충전전로에서의 활선작업시 충전전로의 선간전압이 37kV 초과 88kV 이하인 경우 접근한계거리는?

① 90cm ② 110cm
③ 130cm ④ 170cm

해설 충전전로의 선간전압이 37kV 초과 88kV 이하인 경우 접근한계거리는 110cm이다.

정답 ②

62 산업안전보건법령에 따라 꽂음접속기를 설치 또는 사용하는 경우 준수하여야 할 사항으로 옳지 않은 것은?

① 서로 다른 전압의 꽂음접속기는 서로 접속되지 아니한 구조의 것을 사용할 것
② 습윤한 장소에 사용되는 꽂음접속기는 방수형 등 그 장소에 적합한 것을 사용할 것
③ 근로자가 해당 꽂음접속기를 접속시킬 경우에는 땀 등으로 젖은 손으로 취급하지 않도록 할 것
④ 꽂음접속기에 잠금장치가 있는 때에는 접속 후 개방하여 사용할 것

해설 꽂음접속기에 잠금장치가 있는 경우에는 접속 후 잠그고 사용하여야 한다.

정답 ②

63 건조설비를 사용하여 작업을 하는 경우에 폭발이나 화재를 예방하기 위하여 준수하여야 하는 사항으로 옳지 않은 것은?

① 위험물 건조설비를 사용하는 경우에는 미리 내부를 청소하거나 환기할 것
② 위험물 건조설비를 사용하여 가열건조하는 건조물은 쉽게 이탈되도록 할 것
③ 고온으로 가열건조한 인화성 액체는 발화의 위험이 없는 온도로 냉각한 후에 격납시킬 것
④ 바깥 면이 현저히 고온이 되는 건조설비에 가까운 장소에는 인화성 액체를 두지 않도록 할 것

해설 위험물 건조설비를 사용하여 가열건조하는 건조물은 쉽게 이탈되지 않도록 하여야 한다.

정답 ②

64 제전기의 설치장소로 가장 적절한 것은?

① 대전물체의 뒷면에 접지물체가 있는 경우
② 정전기의 발생원으로부터 5~20cm 정도 떨어진 장소
③ 오물과 이물질이 자주 발생하고 묻기 쉬운 장소
④ 온도가 150℃, 상대습도가 80% 이상인 장소

해설 제전기의 설치장소로 가장 적절한 것은 정전기의 발생원으로부터 5~20cm 정도 떨어진 장소이다.

정답 ②

65 감전을 방지하기 위해 관계근로자에게 반드시 주지시켜야 하는 정전작업 사항으로 가장 거리가 먼 것은?

① 전원설비효율에 관한 사항
② 단락접지 실시에 관한 사항
③ 전원 재투입 순서에 관한 사항
④ 작업책임자의 임명, 정전범위 및 절연용 보호구 작업 등 필요한 사항

해설 전원설비 효율에 관한 사항은 감전을 방지하기 위하여 정전작업요령을 관계근로자에게 주지시킬 필요가 없다.

정답 ①

66 다음 중 폭발하한농도(vol%)가 가장 높은 것은?

① 일산화탄소   ② 아세틸렌
③ 디에틸에테르 ④ 아세톤

해설 일산화탄소의 폭발하한농도가 12.5vol%로 가장 높다.
선지분석
② 아세틸렌의 폭발하한농도는 2.5vol%이다.
③ 디에틸에테르의 폭발하한농도는 1vol%이다.
④ 아세톤의 폭발하한농도는 3vol%이다.

정답 ①

67 산업안전보건기준에 관한 규칙에서 정한 위험물질의 종류에서 인화성 액체에 해당하지 않는 것은?

① 적린   ② 에틸에테르
③ 산화프로필렌 ④ 아세톤

해설 적린은 산업안전보건기준에 관한 규칙에서 정한 위험물질의 종류에서 물반응성 물질 및 인화성 고체에 해당된다.

정답 ①

68 전기에 감전되었을 경우 인체에 미치는 위험성을 결정하는 1차적 요인이 아닌 것은?

① 인체에 흐른 전류의 크기(통전전류)
② 인체의 감전시간(통전시간)
③ 인체에 흐른 전압의 크기(통전전압)
④ 전류가 흐른 신체부위(통전경로)

해설 통전전압은 위험성을 결정하는 2차적 요인에 해당한다.

정답 ③

69 산업안전보건기준에 관한 규칙에서 규정하는 급성독성 물질의 기준으로 옳지 않은 것은?

① 쥐에 대한 경구투입실험에 의하여 실험동물의 50%를 사망시킬 수 있는 물질의 양이 kg당 300mg-(체중) 이하인 화학물질
② 쥐에 대한 경피흡수실험에 의하여 실험동물의 50%를 사망시킬 수 있는 물질의 양이 kg당 1,000mg-(체중) 이하인 화학물질
③ 토끼에 대한 경피흡수실험에 의하여 실험동물의 50%를 사망시킬 수 있는 물질의 양이 kg당 1,000mg-(체중) 이하인 화학물질
④ 쥐에 대한 4시간 동안의 흡입실험에 의하여 실험동물의 50%를 사망시킬 수 있는 가스의 농도가 3,000ppm 이상인 화학물질

해설 쥐에 대한 4시간 동안의 흡입실험에 의하여 실험동물의 50%를 사망시킬 수 있는 <u>가스의 농도가 2,500ppm이하인 화학물질</u>이 급성독성 물질의 기준이 된다.

정답 ④

70 산업안전보건법상 물반응성 물질 및 인화성 고체에 해당하는 리튬(Li)에 대한 설명으로 옳지 않은 것은?

① 연소시 산소와는 반응하지 않는 특성이 있다.
② 물과 반응하여 수소를 발생한다.
③ 염산과 반응하여 수소를 발생한다.
④ 화재발생시 소화방법으로는 건조된 마른 모래 등을 이용한다.

해설 <u>리튬은 연소시 산소와는 격렬하게 반응하고</u>, 자동차, 컴퓨터 등의 전지에 많이 사용된다.

정답 ①

71 인입용 비닐 절연전선을 뜻하는 약어로 옳은 것은?

① RB   ② IV
③ DV   ④ OW

해설 인입용 비닐 절연전선에 해당하는 약어는 DV이다.
선지분석
① 600V고무 절연전선의 약어이다.
② 600V비닐 절연전선의 약어이다.
④ 옥외용비닐 절연전선의 약어이다.

정답 ③

72 윤활유를 닦은 걸레를 햇빛이 잘 드는 구석에 쌓아두고 보관한 경우 발생할 수 있는 화재의 종류는?

① 자연발화   ② 증발연소
③ 자기연소   ④ 분진폭발

해설 윤활유를 닦은 걸레를 햇빛이 잘 드는 구석에 쌓아두고 보관한 경우 발생할 수 있는 화재의 종류는 자연발화이다.

정답 ①

73 폭발위험장소 중 폭발성 가스 분위기가 정상작동 중 주기적 또는 빈번하게 생성되는 장소는 몇 종 장소인가?

① 0종장소   ② 1종장소
③ 2종장소   ④ 3종장소

해설 폭발위험장소 중 폭발성 가스 분위기가 <u>정상작동 중 주기적 또는 빈번하게 생성되는 장소는 1종장소이다.</u>

정답 ②

74 인체가 현저히 젖어 있거나 인체의 일부가 금속성의 전기기구 또는 구조물에 상시 접촉되어 있는 상태의 허용접촉전압(V)은?

① 2.5V 이하 ② 25V 이하
③ 50V 이하 ④ 100V 이하

해설 인체가 현저히 젖어 있거나 인체의 일부가 금속성의 전기기구 또는 구조물에 상시 접촉되어 있는 상태의 허용접촉전압은 25V 이하이다.

정답 ②

75 아세틸렌(C_2H_2)의 공기 중 완전연소조성농도(C_{st})는?

① 6.7vol% ② 7.0vol%
③ 7.4vol% ④ 7.7vol%

해설
- 아세틸렌(C_2H_2)의 산소농도(O_2) = $n + \dfrac{m-f-2\lambda}{4}$

  여기서, n: 탄소, m: 수소, f: 할로겐원소, λ: 산소

  = $2 + \dfrac{2}{4}$ = 2.5

- 완전연소조성농도(C_{st})

  = $\dfrac{100}{1+4.773 \times O_2}$ = $\dfrac{100}{1+4.773 \times 2.5}$

  = $\dfrac{100}{12.9325}$ = 7.732 ≒ 7.7vol%

정답 ④

76 고압 및 특고압 전로에 시설하는 피뢰기의 설치장소로 옳지 않은 것은?

① 가공전선로와 지중전선로가 접속되는 곳
② 발전소, 변전소의 가공전선 인입구 및 인출구
③ 가공전선로에 접속하는 배전용 변압기의 저압측
④ 특고압 가공전선로로부터 공급받는 수용장소의 인입구

해설 가공전선로에 접속하는 배전용 변압기의 저압측이 아닌 고압측 및 특고압측에 피뢰기를 설치하여야 한다.

관련이론 고압 및 특고압 전로에 시설하는 피뢰기의 설치장소
- 고압 및 특고압 가공전선로로부터 공급을 받는 수용장소의 인입구
- 가공전선로에 접속하는 배전용 변압기의 고압측 및 특고압측
- 발전소, 변전소 또는 이에 준하는 장소의 가공전선 인입구 및 인출구
- 가공전선로와 지중전선로가 접속되는 곳

정답 ③

77 어떤 혼합가스의 성분가스 용량이 메탄 70%, 에탄 15%, 프로판 10%, 부탄 5%로 구성되어 있는 경우 이 혼합가스의 폭발하한계값(vol%)은? (단, 폭발하한계값은 메탄 5.0vol%, 에탄 3.0vol%, 프로판 2.1vol%, 부탄 1.8vol%이다.)

① 1.79 ② 2.93
③ 3.77 ④ 8.41

해설 $L = \dfrac{100}{\dfrac{V_1}{L_1}+\dfrac{V_2}{L_2}+\dfrac{V_3}{L_3}+\dfrac{V_4}{L_4}}$

= $\dfrac{100}{\dfrac{70}{5}+\dfrac{15}{3}+\dfrac{10}{2.1}+\dfrac{5}{1.8}}$ ≒ 3.77vol%

정답 ③

78 방폭전기설비의 용기내부에서 폭발성 가스 또는 증기가 폭발하였을 때 용기가 그 압력에 견디고 접합면이나 개구부를 통해서 외부의 폭발성 가스나 증기에 인화되지 않도록 한 방폭구조는?

① 내압방폭구조　② 압력방폭구조
③ 유입방폭구조　④ 본질안전방폭구조

해설　방폭전기설비의 용기내부에서 폭발성 가스 또는 증기가 폭발하였을 때 용기가 그 압력에 견디고 접합면이나 개구부를 통해서 외부의 폭발성 가스나 증기에 인화되지 않도록 한 방폭구조는 내압방폭구조(d)이다.

정답 ①

79 산업안전보건법령상의 위험물을 저장·취급하는 화학설비 및 그 부속설비를 설치하는 경우 폭발이나 화재에 따른 피해를 줄이기 위하여 단위공정시설 및 설비로부터 다른 단위공정시설 및 설비사이의 안전거리는?

① 설비의 안쪽면으로부터 10m 이상
② 설비의 바깥면으로부터 10m 이상
③ 설비의 안쪽면으로부터 5m 이상
④ 설비의 바깥면으로부터 5m 이상

해설　단위공정시설 및 설비로부터 다른 단위공정시설 및 설비 사이의 안전거리는 설비의 바깥면으로부터 10m 이상이어야 한다.

정답 ②

80 정전기 발생 방지책이 아닌 것은?

① 접지　② 가습
③ 보호구의 착용　④ 배관내 유속가속

해설　배관내 액체의 유속제한이 옳은 내용이다.

관련이론 정전기재해의 방지대책
• 접지　• 도전성 향상　• 가습
• 대전방지제의 사용　• 보호구의 착용
• 배관내 액체의 유속제한　• 제전기의 사용

정답 ④

제5과목 건설공사 안전관리

81 차량계 하역운반기계의 운전자가 운전위치를 이탈하는 경우의 조치사항으로 부적절한 것은?

① 포크 및 버킷은 가장 높은 위치에 두어 근로자 통행을 방해하지 않도록 하였다.
② 원동기를 정지시키고 브레이크를 걸었다.
③ 시동키를 운전대에서 분리시켰다.
④ 경사지에서 갑작스런 주행이 되지 않도록 바퀴에 블록 등을 놓았다.

해설　포크 및 버킷은 가장 낮은 위치에 두어 근로자 통행을 방해하지 않도록 하여야 한다.

정답 ①

82 사질토지반에서 보일링(Boiling)현상에 의한 위험성이 예상될 경우의 대책으로 옳지 않은 것은?

① 흙막이 말뚝의 밑둥넣기를 깊게 한다.
② 굴착저면보다 깊은 지반을 불투수로 개량한다.
③ 굴착밑 투수층에 만든 피트(pit)를 제거한다.
④ 흙막이벽 주위에서 배수시설을 통해 수두차를 작게 한다.

해설　굴착밑 투수층에 만든 피트(pit)를 제거하는 것은 보일링현상에 의한 위험성에 대한 대책에 해당하지 않는다.

정답 ③

83 항타기 또는 항발기를 조립·해체하는 때에 점검하여야 할 기준사항이 아닌 것은?

① 과부하방지장치의 이상유무
② 권상장치의 브레이크 및 쐐기장치 기능의 이상유무
③ 본체 연결부의 풀림 또는 손상유무
④ 리더(leader)의 버팀의 방법 및 고정상태의 이상유무

해설 과부하방지장치의 이상유무는 고소작업대에서 점검하여야 할 기준사항에 해당한다.

> **관련이론** 항타기 또는 항발기를 조립하는 때에 점검하여야 할 기준사항(산업안전보건법 안전보건기준)
> • 권상장치의 브레이크 및 쐐기장치 기능의 이상유무
> • 본체 연결부의 풀림 또는 손상유무
> • 리더(leader)의 버팀의 방법 및 고정상태의 이상유무
> • 권상기 설치상태의 이상유무
> • 권상용 와이어로프, 드럼 및 도르래의 부착상태 이상유무
> • 본체·부속장치 및 부속품의 강도가 적합한지 여부
> • 본체·부속장치 및 부속품에 심한 손상·마모·변형 또는 부식이 있는지 여부
> ※ 산업안전보건법 안전보건기준 → 2022.10.18. 개정

정답 ①

84 강풍시 타워크레인의 설치, 수리, 점검 또는 해체작업을 중지하여야 하는 순간풍속 기준으로 옳은 것은?

① 순간풍속이 초당 10m를 초과하는 경우
② 순간풍속이 초당 15m를 초과하는 경우
③ 순간풍속이 초당 20m를 초과하는 경우
④ 순간풍속이 초당 30m를 초과하는 경우

해설
• 순간풍속이 초당 10m를 초과하는 경우 타워크레인의 설치, 수리, 점검 또는 해체작업을 중지하여야 한다.
• 순간풍속이 초당 15m를 초과하는 경우 타워크레인의 운전작업을 중지하여야 한다.

정답 ①

85 잠함 또는 우물통의 내부에서 근로자가 굴착작업을 하는 경우의 준수사항으로 옳지 않은 것은?

① 산소결핍 우려가 있는 경우에는 산소의 농도를 측정하는 사람을 지명하여 측정하도록 할 것
② 근로자가 안전하게 오르내리기 위한 설비를 설치할 것
③ 굴착깊이가 20m를 초과하는 경우에는 해당 작업장소와 외부와의 연락을 위한 통신설비 등을 설치할 것
④ 잠함 또는 우물통의 급격한 침하에 의한 위험을 방지하기 위하여 바닥으로부터 천장 또는 보까지의 높이는 2m 이내로 할 것

해설 잠함 또는 우물통의 급격한 침하에 의한 위험을 방지하기 위하여 바닥으로부터 천장 또는 보까지의 높이는 1.8m 이상으로 할 것이 옳은 내용이다.

정답 ④

86 유해위험방지계획서를 고용노동부장관에게 제출하고 심사를 받아야 하는 대상 건설공사 기준으로 옳지 않은 것은?

① 최대지간길이가 50m 이상인 다리의 건설 등 공사
② 지상높이 25m 이상인 건축물 또는 인공구조물의 건설 등 공사
③ 깊이 10m 이상인 굴착공사
④ 다목적댐, 발전용댐, 저수용량 2천만톤 이상의 용수전용댐 및 지방상수도전용댐의 건설 등 공사

해설 지상높이 31m 이상인 건축물 또는 인공구조물의 건설 등 공사가 옳은 내용이다.

정답 ②

87 셔블계 굴착기계에 속하지 않는 것은?

① 파워셔블(power shovel)
② 클램셸(clamshell)
③ 스크레이퍼(scraper)
④ 드래그라인(dragline)

해설 스크레이퍼(scraper)는 굴착, 싣기, 운반, 하역 등 일련작업을 하나의 기계로서 연속적으로 행할 수 있는 것으로 굴착기와 운반기를 조합한 토공만능기이며, 셔블계 굴착기계에 해당하지 않는다.

정답 ③

88 곤돌라형 달비계에 사용이 불가한 와이어로프의 기준으로 옳지 않은 것은?

① 이음매가 있는 것
② 와이어로프의 한꼬임에서 끊어진 소선의 수가 7% 이상인 것
③ 지름의 감소가 공칭지름의 7%를 초과하는 것
④ 심하게 변형되거나 부식된 것

해설 와이어로프의 한꼬임에서 끊어진 소선의 수가 10% 이상인 것이 옳은 내용이다.

정답 ②

89 흙막이 가시설의 버팀대(Strut)의 변형을 측정하는 계측기에 해당하는 것은?

① Water level meter ② Strain gauge
③ Piezometer ④ Load cell

해설 흙막이 가시설의 버팀대의 변형을 측정하는 계측기는 Strain guage(변형계)이다.

정답 ②

90 차량계 건설기계 작업계획서 작성시 내용에 포함되지 않는 것은?

① 차량계 건설기계의 운행경로
② 작업인원의 구성 및 작업근로자의 역할범위
③ 사용하는 차량계 건설기계의 종류 및 성능
④ 차량계 건설기계에 의한 작업방법

해설 작업인원의 구성 및 작업근로자의 역할범위는 차량계 건설기계 작업계획서 작성시 내용에 해당하지 않는다.

정답 ②

91 산업안전보건법령에 따른 크레인을 사용하여 작업을 하는 때 작업시작 전 점검사항에 해당하지 않는 것은?

① 권과방지장치, 브레이크, 클러치 및 운전장치의 기능
② 주행로의 상측 및 트롤리(trolley)가 횡행하는 레일의 상태
③ 원동기 및 풀리(pulley)기능의 이상 유무
④ 와이어로프가 통하고 있는 곳의 상태

해설 원동기 및 풀리(pulley)기능의 이상 유무는 산업안전보건법령에 따른 컨베이어를 사용하여 작업을 할 때 작업시작 전 점검사항에 해당한다.

관련이론 산업안전보건법령에 따른 크레인 작업시작 전 점검사항 (산업안전보건법 안전보건기준)

• 권과방지장치, 브레이크, 클러치 및 운전장치의 기능
• 주행로의 상측 및 트롤리(trolley)가 횡행하는 레일의 상태
• 와이어로프가 통하고 있는 곳의 상태

정답 ③

92 높이 2m 이상의 말비계에 작업발판을 설치하는 경우 최소 폭은 얼마 이상이어야 하는가?

① 20cm ② 25cm
③ 30cm ④ 40cm

해설 높이 2m 이상의 말비계에 작업발판을 설치하는 경우 최소 폭은 40cm 이상이어야 한다.

정답 ④

93 토석이 붕괴되는 원인을 외적요인과 내적요인으로 나눌 때 외적요인으로 볼 수 없는 것은?

① 사면, 법면의 경사 및 기울기의 증가
② 지진발생, 차량 또는 구조물의 중량
③ 공사에 의한 진동 및 반복하중의 증가
④ 절토사면의 토질, 암질

해설 절토사면의 토질, 암질은 토석이 붕괴되는 원인 중 내적요인에 해당한다.

관련이론 토석붕괴의 원인

1. 토석붕괴의 외적원인
   - 사면, 법면의 경사 및 기울기의 증가
   - 지진, 차량, 구조물의 하중작용
   - 공사에 의한 진동 및 반복하중의 증가
   - 절토 및 성토높이의 증가
   - 지표수 및 지하수의 침투에 의한 토사중량의 증가
2. 토석붕괴의 내적원인
   - 절토사면의 토질, 암질
   - 성토사면의 토질
   - 토석의 강도저하

정답 ④

94 양중기의 와이어로프 등 달기구의 안전계수 기준으로 옳은 것은? (단, 화물의 하중을 직접 지지하는 달기와이어로프 또는 달기체인의 경우이다.)

① 3 이상   ② 4 이상
③ 5 이상   ④ 6 이상

해설 화물의 하중을 직접 지지하는 달기와이어로프 또는 달기체인의 경우 안전계수 기준은 5 이상이다.

정답 ③

95 사다리식 통로를 설치하는 경우에 준수하여야 할 사항으로 옳지 않은 것은?

① 견고한 구조로 할 것
② 발판의 간격은 일정하게 할 것
③ 발판과 벽과의 사이는 15cm 이상의 간격을 유지할 것
④ 사다리식 통로의 길이가 5m 이상인 경우에는 3m 이내마다 계단참을 설치할 것

해설 사다리식 통로의 길이가 10m 이상인 경우에는 5m 이내마다 계단참을 설치하여야 한다.

정답 ④

96 다음은 공사진척에 따른 산업안전보건관리비의 사용기준이다. ( )에 들어갈 내용으로 옳은 것은?

공정률	50% 이상 70% 미만	70% 이상 90% 미만	90% 이상
사용기준	( ) 이상	70% 이상	90% 이상

① 30% 이상   ② 40% 이상
③ 50% 이상   ④ 60% 이상

해설 공사진척에 따른 산업안전보건관리비의 사용기준은 다음과 같다(고용노동부고시).

공정률	50% 이상 70% 미만	70% 이상 90% 미만	90% 이상
사용기준	50% 이상	70% 이상	90% 이상

정답 ③

97 연약지반을 굴착할 때, 흙막이벽 뒷쪽 흙의 중량이 바닥의 지지력보다 커지면, 굴착저면에서 흙이 부풀어 오르는 현상은?

① 슬라이딩(Sliding) ② 보일링(Boiling)
③ 파이핑(Piping) ④ 히빙(Heaving)

해설 연약지반을 굴착할 때, 흙막이벽 뒤쪽 흙의 중량이 바닥의 지지력보다 커지면, 굴착저면에서 흙이 부풀어 오르는 현상은 히빙(Heaving)이다.

관련이론 히빙(Heaving)

1. 정의
   연약지반을 굴착할 때, 흙막이벽 뒤쪽 흙의 중량이 바닥의 지지력보다 커지면, 굴착저면에서 흙이 부풀어 오르는 현상이다.

2. 지반조건
   연약성 점토지반

3. 현상
   - 지보공 파괴
   - 배면 토사붕괴
   - 굴착저면의 솟아오름

4. 대책
   - 굴착주변의 상재하중을 제거한다.
   - 흙막이벽의 근입심도를 확보한다.
   - 어스앵커(earth anchor)를 설치한다.
   - 굴착저면에 토사등의 인공중력을 가중시킨다.
   - 굴착주변을 웰포인트공법과 병행한다.
   - 양질의 재료로 지반개량을 한다. (흙의 전단강도를 높인다.)
   - 소단을 두면서 굴착한다.
   - 흙막이 배면의 표토를 제거하여 토압을 경감시킨다.

정답 ④

98 근로자가 추락하거나 넘어질 위험이 있는 장소에서 추락방호망의 설치 기준으로 옳지 않은 것은?

① 망의 처짐은 짧은 변 길이의 10% 이상이 되도록 할 것
② 추락방호망은 수평으로 설치할 것
③ 건축물 등의 바깥쪽으로 설치하는 경우 추락방호망의 내민 길이는 벽면으로부터 3m 이상 되도록 할 것
④ 추락방호망의 설치위치는 가능하면 작업면으로부터 가까운 지점에 설치하여야 하며, 작업면으로부터 망의 설치지점까지의 수직거리는 10m를 초과하지 아니할 것

해설 망의 처짐은 짧은 변 길이의 12% 이상이 되도록 하여야 한다.

정답 ①

99 건설업에서 산업안전보건관리비 대상액이 5억원 미만일 때 대상액에 곱해주는 비율이 가장 작은 공사는?

① 건축공사 ② 중건설공사
③ 특수건설공사 ④ 토목공사

해설
- 건설업 산업안전보건관리비를 계상할 때 계상기준은 다음과 같다.

공사종류 \ 대상액	5억원 미만	50억원 이상
특수 및 기타 건설공사	1.85%	1.27%
철도·궤도신설공사	2.45%	1.66%
중건설공사	3.43%	2.44%
일반건설공사(갑)	2.93%	1.97%
일반건설공사(을)	3.09%	2.10%

- 따라서 대상액에 곱해주는 비율이 가장 작은 공사는 특수 및 기타 건설공사(특수건설공사 → 고용노동부고시 2024.9.19 개정)이다.

정답 ③

100 추락재해방지용 방망의 신품에 대한 인장강도는 얼마인가? (단, 그물코의 크기가 10cm이며, 매듭없는 방망이다)

① 220kg   ② 240kg
③ 260kg   ④ 280kg

해설 그물코의 크기가 10cm이며, 매듭없는 방망의 신품에 대한 인장강도는 240kg이다.

관련이론 방망사의 인장강도

1. 방망사의 신품에 대한 인장강도

그물코의 크기(cm)	인장강도(kg)	
	매듭없는 방망	매듭방망
10	240	200
5	–	110

2. 방망사의 폐기시 인장강도

그물코의 크기(cm)	인장강도(kg)	
	매듭없는 방망	매듭방망
10	150	135
5	–	60

정답 ②

2024년 제3회(CBT)

제1과목 산업재해예방 및 안전보건교육

※ 2024년부터 변경된 출제기준에 따라 제1과목의 과목명이 변경되었습니다.
안전관리론 → 산업재해예방 및 안전보건교육

01 재해원인을 통상적으로 직접원인과 간접원인으로 나눌 때 직접원인에 해당하는 것은?

① 기술적 원인
② 물적 원인
③ 교육적 원인
④ 관리적 원인

해설 물적 원인(불안전한 상태)과 인적 원인(불안전한 행동) 재해원인 중 직접원인에 해당한다.

관련이론 **재해원인**

직접원인	간접원인
• 물적 원인(불안전한 상태) • 인적 원인(불안전한 행동)	• 기술적 원인 • 교육적 원인 • 관리적 원인

정답 ②

02 산업안전보건법령상 안전보건표지의 종류와 형태 중 그림과 같은 경고표지는? (단, 바탕은 무색, 기본모형을 빨간색, 그림은 검은색이다)

① 부식성물질 경고
② 폭발성물질 경고
③ 산화성물질 경고
④ 인화성물질 경고

해설 그림은 인화성물질 경고에 해당한다.

선지분석
① 부식성물질 경고표지는  이다.

② 폭발성물질 경고표지는  이다.

③ 산화성물질 경고표지는  이다.

정답 ④

03 안전보건관리책임자의 업무가 아닌 것은?

① 작업환경측정 등 작업환경의 점검 및 개선에 관한 사항
② 산업재해에 관한 통계의 기록 및 유지에 관한 사항
③ 산업재해예방계획의 수립에 관한 사항
④ 건설물설비 작업장소의 위험에 따른 방지조치 사항

해설 건설물설비 작업장소의 위험에 따른 방지조치 사항은 안전보건관리책임자의 업무에 해당하지 않는다.

관련이론 산업안전보건법상 안전보건관리책임자의 업무
- 사업장의 산업재해예방계획의 수립에 관한 사항
- 안전보건관리규정의 작성 및 변경에 관한 사항
- 안전보건교육에 관한 사항
- 작업환경측정 등 작업환경의 점검 및 개선에 관한 사항
- 근로자의 건강진단 등 건강관리에 관한 사항
- 산업재해의 원인조사 및 재발방지대책 수립에 관한 사항
- 산업재해에 관한 통계의 기록 및 유지에 관한 사항
- 안전보건에 관련된 안전장치 및 보호구 구입시의 적격품 여부 확인에 관한 사항
- 위험성 평가의 실시에 관한 사항과 안전보건규칙에서 정하는 근로자의 위험 또는 건강장해의 방지에 관한 사항

정답 ④

04 안전보건관리조직의 형태 중 라인-스탭(Line-Staff)형에 관한 설명으로 옳지 않은 것은?

① 조직원 전원을 자율적으로 안전활동에 참여시킬 수 있다.
② 라인의 관리감독자에게도 안전에 관한 책임과 권한이 부여된다.
③ 중규모 사업장에 적합하다.
④ 안전활동과 생산업무가 유리될 우려가 없기 때문에 균형을 유지할 수 있어 이상적인 조직형태이다.

해설
- 중규모 사업장에 적합하다는 것은 스탭(Staff)형에 대한 설명이다.
- 라인-스탭형은 대규모 사업장에 적합하다.

정답 ③

05 산업안전보건법령상 안전모의 시험성능기준 항목이 아닌 것은?

① 난연성   ② 인장성
③ 내관통성 ④ 충격흡수성

해설 인장성은 산업안전보건법령상 안전모의 시험성능기준 항목에 해당하지 않는다.

관련이론 안전모의 시험성능 기준항목
(1) 안전인증 대상 안전모의 시험성능 기준항목
- 내관통성   • 내수성   • 난연성
- 충격흡수성 • 내전압성   • 턱끈풀림
(2) 자율안전확인 대상 안전모의 시험성능 기준항목
- 내관통성   • 난연성   • 측면변형
- 충격흡수성 • 턱끈풀림
▶ 내수성, 내전압성은 자율안전확인 대상 안전모 시험성능 기준항목에서 제외된다.

정답 ②

06 안전교육방법 중 강의식 교육을 1시간 하려고 한다. 가장 시간이 많이 소비되는 단계는?

① 도입   ② 적용
③ 제시   ④ 확인

해설 교육단계에 따른 교육시간의 배분(60분 기준)은 다음과 같다.

교육법의 4단계		강의식	토의식
제1단계	도입(준비)	5분	5분
제2단계	제시(설명)	40분	10분
제3단계	적용(응용)	10분	40분
제4단계	확인(총괄)	5분	5분

강의식 교육을 1시간 진행하는 경우 제시(설명) 단계의 시간이 40분으로 가장 많다.

정답 ③

07 산업안전보건법상 지방고용노동관서의 장이 사업주에게 안전관리자를 정수 이상으로 증원하게 하거나 교체하여 임명할 것을 명령할 수 있는 사유에 해당하는 것은?

① 사망재해가 연간 1건 발생하였다.
② 중대재해가 연간 1건 발생하였다.
③ 안전관리자가 질병의 사유로 6개월 동안 해당 직무를 수행할 수 없었다.
④ 해당 사업장의 연간재해율이 같은 업종의 평균재해율보다 1.5배 높게 발생하였다.

해설 안전관리자가 질병 그 밖의 사유로 3개월 이상 해당 직무를 수행할 수 없게 된 경우 안전관리자를 증원하거나 교체하여 임명할 것을 명령할 수 있는 사유가 된다.

 안전관리자의 증원, 교체를 명령할 수 있는 사유
- 해당 사업장의 연간재해율이 같은 업종 평균재해율의 2배 이상인 경우
- 중대재해가 연간 2건 이상 발생한 경우
- 화학적 인자로 인한 직업성 질병자가 연간 3명 이상 발생한 경우
- 안전관리자가 질병 그밖의 사유로 3개월 이상 직무를 수행할 수 없게 된 경우

정답 ③

08 산업재해예방의 4원칙 중 '재해발생에는 반드시 원인이 있다.'라는 원칙은?

① 대책선정의 원칙
② 원인계기의 원칙
③ 손실우연의 원칙
④ 예방가능의 원칙

해설 원인계기의 원칙에 대한 설명이다.

정답 ②

09 매슬로우(Maslow)의 욕구단계이론 중 제2단계의 욕구에 해당하는 것은?

① 사회적 욕구
② 자아실현의 욕구
③ 안전에 대한 욕구
④ 존경과 긍지에 대한 욕구

해설 매슬로우(Maslow)의 욕구단계이론 중 제2단계의 욕구는 안전에 대한 욕구이다.

매슬로우(Maslow)의 인간의 욕구 5단계이론
- 제1단계: 생리적 욕구(생명유지의 기본적 욕구: 기아, 갈증, 호흡, 배설 등)
  ▶ 인간이 충족시키고자 추구하는 욕구 중 가장 강력한 욕구
- 제2단계: 안전욕구(자기보존 욕구: 안전을 구하려는 것)
- 제3단계: 사회적 욕구(소속감과 애정욕구: 친화)
- 제4단계: 인정받으려는 욕구(존경욕구: 자존심, 명예, 성취, 지위 등)
- 제5단계: 자아실현의 욕구(잠재적 능력을 실현하고자 하는 것)

정답 ③

10 데이비스(K. Davis)의 동기부여이론에서 동기유발(Motivation)을 나타내는 식으로 옳은 것은?

① 지식×기능
② 상황×태도
③ 지식×태도
④ 능력×인간의 성과

해설 동기유발을 나타내는 식은 상황×태도이다.

 데이비스(K. Davis)의 동기부여이론
- 지식 × 기능 = 능력
- 상황 × 태도 = 동기유발
- 능력 × 동기유발 = 인간의 성과
- 인간의 성과 × 물질의 성과 = 경영의 성과

정답 ②

11 산업안전보건법령상 안전보건표지의 색채별 색도기준이 바르게 연결된 것은? (단, 순서는 색상, 명도, 채도이며 색도기준은 KS에 따른 색의 3속성에 의한 표시방법에 따른다.)

① 빨간색: 7.5R 4/13
② 노란색: 2.5Y 8/12
③ 파란색: 7.5PB 2.5/7.5
④ 녹색: 2.5G 4/10

해설 녹색의 색도기준은 2.5G 4/10이다.

관련이론 **안전보건표시의 색채별 색도기준(산업안전보건법 시행규칙)**
- 빨간색: 7.5R 4/14
- 노란색: 5Y 8.5/12
- 파란색: 2.5PB 4/10
- 녹색: 2.5G 4/10
- 흰색: N9.5
- 검은색: N0.5

정답 ④

12 안전심리의 5대 요소 중 능동적인 감각에 의한 자극에서 일어난 사고의 결과로서, 사람의 마음을 움직이는 원동력이 되는 것은?

① 기질(temper) ② 동기(motive)
③ 감정(emotion) ④ 습관(custom)

해설 능동적인 감각에 의한 자극에서 일어난 사고의 결과로서 사람의 마음을 움직이는 원동력이 되는 것은 동기(motive)이다.

 안전심리의 5대 요소
- 동기(motive): 능동적인 감각에 의한 자극에서 일어난 사고의 결과로서 사람의 마음을 움직이는 원동력이 되는 것이다.
- 기질(temper): 감정적인 경향이나 반응에 관계되는 성격의 한 측면이다.
- 감정(emotion): 생활체가 어떤 행동을 할 때 생기는 주관적인 동요를 뜻한다.
- 습관(custom): 같은 상황에서 반복된 행동의 안정화 또는 자동화된 수행을 뜻한다.
- 습성(habits): 한 종에 속하는 개체의 대부분에서 볼 수 있는 일정한 생활양식으로 본능, 학습, 조건반사 등에 따라 형성된다.

정답 ②

13 보호구안전인증고시에 따른 안전화의 정의 중 다음 ( ) 안에 알맞은 것은?

> 경작업용 안전화란 (㉠)mm의 낙하높이에서 시험했을 때 충격과 (㉡)±0.1kN의 압축하중에서 시험했을 때 압박에 대하여 보호해 줄 수 있는 선심을 부착하여 착용자를 보호하기 위한 안전화를 말한다.

	㉠	㉡
①	500	10.0
②	1,000	15.0
③	500	4.4
④	250	4.4

해설 경작업용 안전화란 250mm의 낙하높이에서 시험했을 때 충격과 4.4±0.1kN의 압축하중에서 시험했을 때 압박에 대하여 보호해 줄 수 있는 선심을 부착하여, 착용자를 보호하기 위한 안전화를 말한다.

정답 ④

14 바이오리듬에 대한 설명으로 옳은 것은?

① 육체적 리듬은 영문으로 P라고 표시하며 28일을 주기로 반복된다.
② 감성적 리듬은 영문으로 S라고 표시하며 23일을 주기로 반복된다.
③ 지성적 리듬은 영문으로 I라고 표시하며 33일을 주기로 반복된다.
④ 각각의 리듬이 (−)에서 최저점에 이르렀을 때를 '위험일'이라 한다.

해설 지성적 리듬은 영문 I로 표시하며 33일을 주기로 반복된다.

선지분석
① 육체적 리듬은 영문으로 P라고 표시하며 23일을 주기로 반복된다.
② 감성적 리듬은 영문으로 S라고 표시하며 28일을 주기로 반복된다.
④ 각각의 리듬이 (−)에서 (+)로, (+)에서 (−)로 변화하는 때를 '위험일'이라 한다.

정답 ③

15 산업안전보건법상 안전보건관리규정 작성시 포함되어야 할 내용이 아닌 것은?

① 안전보건교육에 관한 사항
② 생산성과 품질향상에 관한 사항
③ 작업장 안전 및 보건관리에 관한 사항
④ 안전 및 보건에 관한 관리조직과 그 직무에 관한 사항

해설 생산성과 품질향상에 관한 사항은 포함되지 않는다.

 안전보건관리규정 작성시 포함 내용(산업안전보건법)
- 안전보건교육에 관한 사항
- 작업장 안전 및 보건관리에 관한 사항
- 안전 및 보건에 관한 관리조직과 그 직무에 관한 사항
- 사고조사 및 대책수립에 관한 사항
- 그 밖에 안전 및 보건에 관한 사항

정답 ②

16 어떤 과업을 성취할 수 있는 자신의 능력에 대한 스스로의 믿음을 무엇이라고 하는가?

① 자아존중감(Self-Esteem)
② 통제소재(Locus of Control)
③ 자기통제(Self-Control)
④ 자기효능감(Self-Efficacy)

해설 자기효능감(Self-Efficacy)에 대한 설명이다.

선지분석
① 자아존중감은 자기 자신을 가치있고 긍정적인 존재로 평가하는 개념이다.
② 통제소재는 자신의 삶을 통제할 수 있다고 느끼는 것만큼 자신의 삶을 긍정적으로 생각하는 것이다.
③ 자기통제는 외부로부터의 강화나 벌이 전혀 없는 상태에서 자기 스스로 내적강화나 벌을 가하여 특정의 행동을 하게 되는 확률을 증가시키거나 감소시키는 것이다.

정답 ④

17 적응기제(Adjustment Mechanism) 중 방어적 기제(Defence Mechanism)에 해당하는 것은?

① 고립(Isolation)
② 퇴행(Regression)
③ 억압(Suppression)
④ 합리화(Rationalization)

해설 적응기제 중 방어적 기제에 해당하는 것은 합리화이다.

 적응기제(Adjustment Mechanism)

방어적 기제	보상, 합리화, 치환(전위), 동일화, 승화, 투사, 반동형성 등
도피적 기제	고립, 퇴행, 억압, 백일몽, 부정 등
공격적 기제	• 직접적 공격 기제: 싸움, 폭행, 기물파손 등 • 간접적 공격 기제: 비난, 조소, 욕설, 폭언 등

정답 ④

18 산업안전보건법상 산업안전보건 관련 교육과정 중 근로자 안전보건교육에 있어 교육대상별 교육시간이 바르게 연결된 것은?

① 일용근로자 및 근로계약기간이 1주일 이하인 기간제근로자의 채용시 교육: 2시간 이상
② 일용근로자 및 근로계약기간이 1주일 이하인 기간제근로자의 작업내용변경시 교육: 1시간 이상
③ 사무직 종사 근로자의 정기교육: 매반기 4시간 이상
④ 관리감독자의 정기교육: 연간 8시간 이상

해설 일용근로자 및 근로계약기간이 1주일 이하인 기간제근로자의 작업내용변경시 교육은 1시간 이상 실시하여야 한다.

선지분석
① 일용근로자 및 근로계약기간이 1주일 이하인 기간제근로자의 채용시 교육: 1시간 이상
③ 사무직 종사 근로자의 정기교육: 매반기 6시간 이상
④ 관리감독자의 정기교육: 연간 16시간 이상

정답 ②

19 엔드라고지 모델(Andragogy Model)에 기초한 학습자로서의 성인의 특징과 가장 거리가 먼 것은?

① 성인들은 주제중심적으로 학습하고자 한다.
② 성인들은 자기주도적으로 학습하고자 한다.
③ 성인들은 많은 다양한 경험을 가지고 학습에 참여한다.
④ 성인들은 왜 배워야 하는지에 대해 알고자 하는 욕구를 가지고 있다.

해설 엔드라고지 모델은 성인들의 학습활동을 제시한 것으로서, 엔드라고지 모델에 기초한 학습자로서의 성인들은 문제중심적, 과제중심적으로 학습하고자 한다.

관련이론 엔드라고지 모델에 기초한 학습자로서 성인의 특징
- 성인들은 자기주도적으로 학습하고자 한다.
- 성인들은 다양한 경험을 가지고 학습에 참여한다.
- 성인들은 왜 배워야 하는지에 대해 알고자 하는 욕구를 가지고 있다.
- 성인들은 문제중심적, 과제중심적으로 학습하고자 한다.
- 성인들의 학습동기는 사회적 역할개발과 밀접한 관련이 있다.
- 성인들의 학습하고자 하는 동기는 외적동기라기 보다는 내적동기에 있다.

정답 ①

20 위험성 평가의 실시내용 및 결과를 기록·보존할 때 포함되어야 할 사항이 아닌 것은?

① 위험성 평가 대상의 유해위험요인
② 위험성 결정의 내용
③ 위험성 결정에 따른 조치의 내용
④ 위험성 추정의 근거 제시내용

해설 위험성 추정의 근거 제시내용은 해당하지 않는다.

관련이론 위험성 평가의 실시내용 및 결과를 기록·보존할 때 포함되어야 할 사항
- 위험성 평가 대상의 유해위험요인
- 위험성 결정의 내용
- 위험성 결정에 따른 조치의 내용
- 그 밖에 위험성 평가의 실시내용을 확인하기 위하여 필요한 사항으로서 고용노동부장관이 정하여 고시하는 사항

정답 ④

제2과목 인간공학 및 위험성 평가·관리

※ 2024년부터 변경된 출제기준에 따라 제2과목의 과목명이 변경되었습니다.
인간공학 및 시스템안전공학 → 인간공학 및 위험성 평가·관리

21 체계설계 과정의 주요 단계 중 가장 먼저 실시되어야 하는 것은?

① 기본설계
② 계면설계
③ 체계의 정의
④ 목표 및 성능명세 결정

해설 인간공학시스템 설계과정의 주요 6단계는 '목표 및 성능명세 결정 → 시스템(체계)의 정의 → 기본설계 → 계면(인터페이스: Interface)설계 → 촉진물(보조물)설계 → 시험 및 평가' 순으로 이루어지며, 이 중 가장 먼저 실시되어야 하는 것은 목표 및 성능명세 결정이다.

정답 ④

22 건구온도 28℃, 습구온도 22℃일 때의 Oxford지수(℃)는?

① 12.9
② 22.9
③ 32.9
④ 42.9

해설 옥스퍼드(oxford)지수를 구하면 다음과 같다.
옥스퍼드지수
$= 0.85W(습구온도) + 0.15D(건구온도)$
$= 0.85 \times 22 + 0.15 \times 28 = 22.9℃$

정답 ②

23 결함수분석법에서 시스템이 고장나지 않도록 하는 사상의 집합은?

① 컷셋(Cut Set)
② 최소 컷셋(Minimal Cut Set)
③ 패스셋(Path Set)
④ 최소 패스셋(Minamal Path Set)

해설 결함수분석법에서 시스템이 고장나지 않도록 하는 사상의 집합은 패스셋(Path Set)이다.

정답 ③

24 SWAIN에 의해 분류된 휴먼에러 중 독립행동에 대한 분류에 해당하지 않는 것은?

① Omission Error ② Commission Error
③ Extraneous Error ④ Command Error

해설 Command Error는 실수 원인의 수준적 분류에 해당한다.

관련이론 휴먼에러의 심리적(독립행동) 분류(스웨인: Swain)
- 생략오류(omission error): 필요한 작업 또는 절차를 수행하지 않음
- 시간오류(time error): 수행지연 또는 조기수행
- 실행오류(commission error): 필요한 작업 또는 절차의 불확실한 수행
- 순서오류(sequential error): 필요한 작업 또는 절차의 순서착오
- 과잉행동오류(extraneous error): 불필요한 작업 또는 절차를 수행

정답 ④

---

25 인간-기계시스템에 대한 평가에서 평가척도나 기준(Criteria)으로서 관심의 대상이 되는 변수는?

① 독립변수 ② 종속변수
③ 확률변수 ④ 통제변수

해설
- 인간-기계시스템에 대한 평가에서 평가척도나 기준(Criteria)으로서 관심의 대상(결과물이나 효과)이 되는 변수는 종속변수이다.
- 이는 인간성능을 평가하는 실험을 할 때 평가의 기준이 된다.

정답 ②

---

26 인간공학적인 의자설계를 위한 일반적 원칙으로 적절하지 않은 것은?

① 척추의 허리부분은 요부전만을 유지한다.
② 허리강화를 위하여 쿠션은 설치하지 않는다.
③ 좌판의 앞모서리 부분은 5cm 정도 낮아야 한다.
④ 좌판과 등받이 사이의 각도는 90~105°를 유지하도록 한다.

해설
- 인간공학적인 의자설계를 위한 일반원칙에 '디스크(추간판)가 받는 압력을 줄인다'가 있다.
- '허리강화를 위하여 쿠션은 설치하지 않는다'는 것은 이 원칙에 위배된다.

정답 ②

---

27 조도의 기본단위는?

① sone ② lux
③ phon ④ fL

해설 조도의 기본단위는 lux(럭스)이다.

정답 ②

---

28 연속되는 소음에 장시간 노출되는 경우 인간의 청력손실이 가장 심한 주파수 대역은?

① 2,000Hz ② 4,000Hz
③ 6,000Hz ④ 8,000Hz

해설 연속되는 소음에 장시간 노출되는 경우 인간의 청력손실이 가장 심한 주파수 대역은 4,000Hz이다.

정답 ②

29 시스템의 병렬계에 대한 특성이 아닌 것은?

① 요소(要素)의 중복도가 늘수록 계(系)의 수명은 길어진다.
② 요소(要素)의 수가 많을수록 고장의 기회는 줄어든다.
③ 요소(要素)의 어느 하나라도 정상이면 계(系)는 정상이다.
④ 계(系)의 수명은 요소(要素) 중에서 수명이 가장 짧은 것으로 정해진다.

해설
- 계(系)의 수명이 요소(要素) 중에서 수명이 가장 짧은 것으로 정해지는 것은 시스템의 직렬계에 대한 특성이다.
- 병렬계의 수명은 요소 중에서 수명이 가장 긴 것으로 정해진다.

정답 ④

30 산업현장에서 사용하는 생산설비의 경우 안전장치가 부착되어 있으나 생산성을 위해 제거하고 사용하는 경우가 있다. 이러한 경우를 대비하여 설계시 안전장치를 제거하면 작동이 안되는 구조를 채택하고 있는 것은?

① Fail Safe
② Fool Proof
③ Lock Out
④ Tamper Proof

해설 Tamper Proof에 대한 설명이다.

정답 ④

31 인간의 기대하는 바와 자극 또는 반응들이 일치하는 관계인 것은?

① 관련성
② 반응성
③ 양립성
④ 자극성

해설 인간의 기대하는 바와 자극 또는 반응들이 일치하는 관계는 양립성이다.

정답 ③

32 반경 10cm의 조종구를 30° 움직였을 때, 표시장치가 2cm 이동하였다면 통제표시비(C/R비)는?

① 1.3
② 2.6
③ 5.2
④ 7.8

해설
$$C/R = \frac{\frac{\alpha}{360} \times 2\pi \ell}{\text{표시장치의 이동거리}}$$

여기서, R: 표시장치의 이동거리(cm)
C: 조종장치의 이동거리(cm)
α: 조종장치가 움직인 각도
ℓ: 반경(cm)

$$= \frac{\frac{30}{360} \times 2 \times 3.14 \times 10}{2} = 2.616 ≒ 2.6$$

정답 ②

33 휴먼에러의 배후요소 중 작업방법, 작업순서, 작업정보, 작업환경과 가장 관련이 깊은 것은?

① Man
② Machine
③ Media
④ Management

해설 휴먼에러의 배후요소 중 작업방법, 작업순서, 작업정보, 작업환경과 가장 관련이 깊은 것은 Media(매체)이다.

관련이론 휴먼에러(Human Error)의 배후요소
- Man(사람): 동료, 상사, 본인 이외의 사람
- Machine(기계설비): 기계설비의 고장, 결함
- Management(관리): 법규준수 방법, 관리
- Media(매체): 작업방법, 작업순서, 작업정보, 작업환경

정답 ③

34 의도는 올바른 것이었지만 행동이 의도한 것과는 다르게 나타나는 오류는?

① Slip
② Mistake
③ Lapse
④ Violation

해설 Slip에 대한 설명이다.

정답 ①

35 인간-기계시스템에서 기계와 비교한 인간의 장점으로 볼 수 없는 것은? (단, 인공지능과 관련된 사항은 제외한다.)

① 완전히 새로운 해결책을 찾아낸다.
② 여러 개의 프로그램된 활동을 동시에 수행한다.
③ 다양한 경험을 토대로 하여 의사결정을 한다.
④ 상황에 따라 변화하는 복잡한 자극형태를 식별한다.

해설 여러 개의 프로그램된 활동을 동시에 수행하는 것은 인간-기계시스템에서 인간과 비교한 기계의 장점에 해당한다.

정답 ②

36 다음 중 소음성 난청 유소견자로 판정하는 구분으로 옳은 것은?

① R
② C_1
③ A
④ D_1

해설 소음성 난청 유소견자는 D_1으로 판정한다.

정답 ④

37 고열환경에서 심한 육체노동 후에 탈수와 체내 염분 농도 부족으로 근육의 수축이 격렬하게 일어나는 고열장해는?

① 열사병(Heat Stroke)
② 열경련(Heat Cramp)
③ 열쇠약(Heat Prostration)
④ 열피로(Heat Exhaustion)

해설 열경련(Heat Cramp)에 대한 설명이다.

정답 ②

38 보기의 실내면에서 빛의 반사율이 낮은 곳에서부터 높은 순서대로 나열한 것은?

A: 바닥   B: 천장   C: 가구   D: 벽

① A < B < C < D
② A < C < B < D
③ A < C < D < B
④ A < D < C < B

해설 실내면에서 빛의 반사율이 낮은 곳에서부터 높은 순서는 다음과 같다.
A. 바닥(20~40%) < C. 가구(25~45%) < D. 벽(40~60%) < B. 천장(80~90%)

정답 ③

39 다음 중 적정 온도에서 낮은 온도로 내려갈 때의 인체 반응이 아닌 것은?

① 많은 양의 혈액이 몸의 중심부를 순환한다.
② 발한이 시작된다.
③ 피부온도가 내려간다.
④ 직장온도가 올라간다.

해설 발한이 시작되는 것은 적정 온도에서 높은 온도로 올라갈 때의 인체반응에 해당한다.

관련이론 온도변화 시 인체에 나타나는 현상

1. 적절한 온도에서 추운 환경으로 바뀔 때
   - 몸이 떨리고 소름이 돋는다.
   - 피부온도가 내려간다.
   - 직장(直腸)의 온도가 올라간다.
   - 피부를 경유하는 혈액순환량이 감소한다.
   - 혈액의 많은 양이 몸의 중심부를 순환한다.
2. 적절한 온도에서 더운 환경으로 바뀔 때
   - 발한이 시작된다.
   - 피부온도가 올라간다.
   - 직장온도가 내려간다.
   - 많은 혈액량이 피부를 경유한다.

정답 ②

40 육체적 활동에 대한 생리학적 측정방법과 가장 거리가 먼 것은?

① EMG   ② EEG
③ 심박수   ④ 에너지소비량

해설 EEG(뇌전도)는 정신적 활동에 대한 생리학적 측정방법에 해당한다.

정답 ②

제3과목 기계·기구 및 설비 안전관리

※ 2024년부터 변경된 출제기준에 따라 제3과목의 과목명이 변경되었습니다.
기계위험방지기술 → 기계·기구 및 설비 안전관리

41 선반작업시 준수하여야 하는 안전사항으로 옳지 않은 것은?

① 작업 중 면장갑 착용을 금한다.
② 작업 시 공구는 항상 정리해 둔다.
③ 운전 중에 백기어를 사용한다.
④ 주유 및 청소를 할 때에는 반드시 기계를 정지시키고 한다.

해설 선반작업시 운전 중에 백기어를 사용하지 않는다.

정답 ③

42 연삭기 숫돌의 파괴원인으로 볼 수 없는 것은?

① 숫돌의 회전속도가 너무 빠를 때
② 숫돌 자체에 균열이 있을 때
③ 숫돌의 정면을 사용할 때
④ 숫돌에 과대한 충격을 주게 되는 때

해설 숫돌의 정면이 아닌 측면을 사용할 때가 숫돌의 파괴원인에 해당한다.

관련이론 연삭기 숫돌의 파괴원인

- 숫돌의 회전속도가 너무 빠를 때
- 숫돌 자체에 균열이 있을 때
- 숫돌에 과대한 충격을 주게 되는 때
- 숫돌반경방향의 온도변화가 심할 때
- 숫돌의 치수가 부적당할 때
- 숫돌의 불균형이나 베어링 마모에 의한 진동이 있을 때
- 작업에 부적당한 숫돌을 사용할 때
- 플랜지가 현저히 작을 때
- 숫돌의 측면을 사용할 때

정답 ③

43 롤러기의 방호장치 중 로프식 급정지장치의 설치거리는?

① 바닥에서 0.4m 이상 0.6m 이내
② 바닥에서 1.1m 이내
③ 바닥에서 0.8m 이상 1.2m 이내
④ 바닥에서 1.8m 이내

해설 로프식(손조작식) 급정지장치의 설치거리는 바닥에서 1.8m 이내이다.

 급정지장치의 종류와 조작부의 설치위치

급정지장치 조작부의 종류	설치위치
손조작로프식	밑면(바닥)에서 1.8m 이내
복부조작식	밑면(바닥)에서 0.8m 이상 1.1m 이내
무릎조작식	밑면(바닥)에서 0.6m 이내(또는 0.4m 이상 0.6m 이내)

정답 ④

44 산업안전보건법령에 따른 양중기의 종류에 해당하지 않는 것은?

① 고소작업차 ② 이동식 크레인
③ 승강기   ④ 리프트(Lift)

해설 고소작업차는 산업안전보건법령에 따른 양중기의 종류에 해당하지 않는다.

 산업안전보건법상 양중기의 종류
- 크레인(호이스트 포함)
- 이동식 크레인
- 리프트(이삿짐운반용 리프트는 적재하중이 0.1t 이상)
- 곤돌라
- 승강기

정답 ①

45 산업안전보건법령상 프레스의 작업시작 전 점검사항이 아닌 것은?

① 슬라이드 또는 칼날에 의한 위험방지기구의 기능
② 프레스의 금형 및 고정볼트 상태
③ 전단기의 칼날 및 테이블의 상태
④ 권과방지장치 및 그 밖의 경보장치의 기능

해설 권과방지장치 및 그 밖의 경보장치의 기능은 산업안전보건법령상 이동식 크레인을 사용하여 작업을 할 때 작업시작 전 점검사항에 해당한다.

정답 ④

46 기계설비의 위험점 중 끼임점(Shear Point)이 형성되는 경우로 옳지 않은 것은?

① 회전풀리와 베드 사이
② 반복 동작되는 링크기구
③ 연삭숫돌과 베드 사이
④ 선반 및 평삭기 베드끝 부위

해설 선반 및 평삭기 베드끝 부위는 기계설비의 위험점 중 협착점이 형성되는 경우에 해당한다.

 끼임점과 협착점

1. **끼임점(Shear Point)**
   기계의 고정부와 회전운동 또는 직선운동 부분이 함께 형성하는 위험점이다.
   ① 연삭숫돌과 베드 사이
   ② 교반기 교반날개와 몸체(하우스) 사이
   ③ 회전풀리와 베드 사이
   ④ 탈수기 회전체와 몸체 사이
   ⑤ 반복 동작되는 링크기구

2. **협착점(Squeez Point)**
   왕복운동을 하는 운동부와 고정부 사이에 형성되는 위험점이다.
   ① 프레스금형 조립 부위
   ② 프레스브레이크금형 조립 부위
   ③ 전단기 누름판 및 칼날 부위
   ④ 선반 및 평삭기 베드끝 부위

정답 ④

47 인간이 기계 등의 취급을 잘못해도 그것이 바로 사고나 재해와 연결되는 일이 없는 기능을 의미하는 것은?

① fail safe ② fail active
③ fool proof ④ fail operational

해설 인간이 기계 등의 취급을 잘못해도 그것이 바로 사고나 재해와 연결되는 일이 없도록 하는 기능을 의미하는 것은 'fool proof(풀프루프)'이다.

정답 ③

48 보일러 등에 사용하는 압력방출장치의 봉인은 무엇으로 실시해야 하는가?

① 구리 테이프 ② 납
③ 봉인용 철사 ④ 알루미늄 실(seal)

해설 보일러 등에 사용하는 압력방출장치의 봉인은 납으로 실시해야 한다.

정답 ②

49 산업안전보건법령상 리프트의 종류로 옳지 않은 것은?

① 건설작업용 리프트
② 자동차정비용 리프트
③ 이삿짐운반용 리프트
④ 간이 리프트

해설 간이 리프트는 산업안전보건법상 리프트의 종류에 해당하지 않는다.

관련이론 **산업안전보건법령상 리프트, 승강기, 양중기의 종류**

리프트	• 건설용 리프트 • 산업용 리프트 • 자동차정비용 리프트 • 이삿짐운반용 리프트 ※ 산업안전보건법 안전보건기준 → 2021.11.19 개정
승강기	• 승객용 엘리베이터 • 승객화물용 엘리베이터 • 화물 엘리베이터 • 소형화물용 엘리베이터 • 에스컬레이터

정답 ④

50 산업안전보건법령상 지게차 작업시작 전 점검사항으로 옳지 않은 것은?

① 제동장치 및 조종장치 기능의 이상 유무
② 압력방출장치의 작동 이상 유무
③ 바퀴의 이상 유무
④ 전조등·후미등·방향지시기 및 경보장치 기능의 이상 유무

해설 압력방출장치의 작동 이상 유무(압력방출장치의 기능)는 산업안전보건법령상 공기압축기를 가동할 때 작업시작 전 점검사항에 해당한다.

정답 ②

51 산업안전보건법령상 보일러의 압력방출장치가 2개 설치된 경우 그중 1개는 최고사용압력 이하에서 작동된다고 할 때 다른 압력방출장치는 최고사용압력의 최대 몇 배 이하에서 작동되도록 하여야 하는가?

① 0.5배 ② 1배
③ 1.05배 ④ 2배

해설 보일러의 압력방출장치가 2개 설치된 경우 1개는 최고사용압력 이하에서 작동하고, 다른 압력방출장치는 최고사용압력의 최대 1.05배 이하에서 작동되도록 하여야 한다.

정답 ③

52 프레스 양수조작식 방호장치 누름버튼의 상호간 내측 거리는 몇 mm 이상인가?

① 50 ② 100
③ 200 ④ 300

해설 프레스 양수조작식 방호장치 누름버튼의 상호간 내측 거리는 300mm 이상이어야 한다.

정답 ④

53 가공재료의 칩이나 절삭유 등이 비산되어 나오는 위험으로부터 보호하기 위한 선반의 방호장치는?

① 바이트
② 권과방지장치
③ 압력제한스위치
④ 쉴드(shield)

해설 가공재료의 칩이나 절삭유 등이 비산되어 나오는 위험으로부터 보호하기 위한 선반의 방호장치는 쉴드(shield, 칩비산방지투명판)이다.

정답 ④

54 롤러의 러닝 닙 포인트(Nip Point)의 전방 40mm 거리에 가드를 설치하고자 한다. 가드의 개구부 설치 간격은? (단, 국제노동기구(ILO) 규정을 따른다.)

① 12mm
② 15mm
③ 18mm
④ 20mm

해설 $Y = 6 + 0.15X$

여기서, Y: 가드 개구부 설치간격(mm)
X: 가드와 위험점간의 거리(mm)
$= 6 + (0.15 \times 40) = 12$mm

정답 ①

55 산업안전보건법령상 지게차의 최대하중의 2배 값이 6톤일 경우 헤드가드의 강도는 몇 톤의 등분포정하중에 견딜 수 있어야 하는가?

① 4
② 6
③ 8
④ 10

해설 산업안전보건법령상 지게차의 최대하중의 2배 값이 6톤일 경우 헤드가드의 강도는 4톤의 등분포정하중에 견딜 수 있어야 한다.

정답 ①

56 산업현장에서 재해발생시 조치순서로 옳은 것은?

① 긴급처리 → 재해조사 → 원인분석 → 대책수립
② 긴급처리 → 원인분석 → 대책수립 → 재해조사
③ 재해조사 → 원인분석 → 대책수립 → 긴급처리
④ 재해조사 → 대책수립 → 원인분석 → 긴급처리

해설 산업현장에서 재해발생시 조치순서는 다음과 같다.
긴급처리 → 재해조사 → 원인분석 → 대책수립

정답 ①

57 양중기의 와이어로프 등 달기구의 안전계수 기준으로 옳은 것은? (단, 화물의 하중을 직접 지지하는 달기와이어로프 또는 달기체인의 경우이다.)

① 3 이상
② 4 이상
③ 5 이상
④ 6 이상

해설 화물의 하중을 직접 지지하는 달기와이어로프 또는 달기체인의 경우 안전계수 기준은 5 이상이다.

관련이론 양중기의 와이어로프 등 달기구의 안전계수(산업안전보건법 안전보건기준)
- 화물의 하중을 직접 지지하는 경우에는 5 이상
- 근로자가 탑승하는 운반구를 지지하는 경우에는 10 이상
- 훅, 샤클, 클램프, 리프팅 빔의 경우에는 3 이상
- 그 밖의 경우에는 4 이상

정답 ③

58 직경 30mm인 연강을 선반에서 절삭할 때 스핀들 회전수는? (단, 절삭속도는 20m/min이다)

① 132rpm
② 212rpm
③ 360rpm
④ 418rpm

해설 $V = \dfrac{\pi DN}{1,000}$

$N = \dfrac{1,000\,V}{\pi D}$

여기서, V: 절삭속도(m/min)
D: 드릴직경(mm), N: 회전수(rpm)

$= \dfrac{1,000 \times 20}{3.14 \times 30} = 212.3 \fallingdotseq 212$rpm

정답 ②

59 외력이 일정하게 유지되어 있더라도 시간의 흐름에 따라 재료의 변형이 증가되는 현상으로 옳은 것은?

① 응력집중   ② 피로
③ 크리프(Creep)   ④ 가공경화

해설 외력이 일정하게 유지되어 있더라도 시간의 흐름에 따라 재료의 변형이 증가되는 현상은 크리프(Creep)이다.

정답 ③

60 어느 롤러기의 앞면 롤러 지름이 300mm, 분당 회전수가 30일 경우 허용되는 롤러기의 급정지거리는 약 몇 mm 이내이어야 하는가?

① 31.4   ② 314
③ 25.1   ④ 251

해설 (1) 앞면 롤러의 표면속도

$$V = \frac{\pi DN}{1,000} = \frac{3.14 \times 300 \times 30}{1,000}$$
$$= 28.26 \text{m/min}$$

여기서, D: 롤러 지름(mm)
N: 회전수(rpm)

(2) 급정지거리
- 급정지거리 기준: 표면속도가 30m/min 미만인 경우 앞면 롤러 원주의 1/3 이내
- 원주길이 $= \pi D = 3.14 \times 300 = 942$mm

$$\therefore 942 \times \frac{1}{3} = 314 \text{mm 이내}$$

정답 ②

제4과목 전기 및 화학설비 안전관리

※ 2024년부터 변경된 출제기준에 따라 제4과목의 과목명이 변경되었습니다.
전기 및 화학설비위험방지기술 → 전기 및 화학설비 안전관리

61 옥내배선에서 누전으로 인한 화재방지의 대책이 아닌 것은?

① 배선불량시 재시공할 것
② 배선에 단로기를 설치할 것
③ 정기적으로 절연저항을 측정할 것
④ 정기적으로 배선시공 상태를 확인할 것

해설 배선에 단로기가 아닌 누전차단기를 설치해야 한다.

정답 ②

62 배전선로에 정전작업 중 단락접지기구를 사용하는 목적으로 가장 적합한 것은?

① 통신선 유도장해 방지
② 배전용 기계기구의 보호
③ 배전선 통전시 전위경도 저감
④ 혼촉 또는 오동작에 의한 감전방지

해설 단락접지기구를 사용하는 목적은 혼촉 또는 오동작에 의한 감전방지를 위해서이다.

정답 ④

63 전압의 분류가 잘못된 것은?

① 저압 - 1kV 이하의 교류전압
② 저압 - 1.5kV 이하의 직류전압
③ 고압 - 1kV 초과 7kV 이하의 교류전압
④ 특고압 - 10kV를 초과하는 직류전압

해설 특고압 - 7kV를 초과하는 직류전압이 옳은 내용이다.

정답 ④

64 반응폭주 등 급격한 압력상승의 우려가 있는 경우에 설치하여야 하는 것은?

① 파열판　　② 통기밸브
③ 체크밸브　④ 벤트스택

해설　반응폭주 등 급격한 압력상승의 우려가 있는 경우에 설치하여야 하는 것은 파열판이다.

정답 ①

66 충전전로에서의 활선작업시 충전전로의 선간전압이 37kV 초과 88kV 이하인 경우 접근한계거리는?

① 90cm　　② 110cm
③ 130cm　④ 170cm

해설　충전전로의 선간전압이 37kV 초과 88kV 이하인 경우 접근한계거리는 110cm이다.

관련이론 충전로 인근작업시 유자격근로자가 유지해야 할 접근한계거리(산업안전보건법 안전보건기준)

충전전로의 선간전압(kV)	충전전로에 대한 접근한계거리(cm)
0.3 이하	접촉금지
0.3 초과 0.75 이하	30
0.75 초과 2 이하	45
2 초과 15 이하	60
15 초과 37 이하	90
37 초과 88 이하	110
88 초과 121 이하	130
121 초과 145 이하	150

정답 ②

65 인체의 전기저항을 500Ω으로 하는 경우 심실세동을 일으킬 수 있는 에너지(J)는? (단, 심실세동전류 $I=\dfrac{165}{\sqrt{T}}$ mA로 한다.)

① 13.6J　　② 19.0J
③ 13.6mJ　④ 19.0mJ

해설　$W = I^2 RT$
W : 위험한계에너지(심실세동을 일으킬 수 있는 에너지)(J)
R : 인체의 전기저항(Ω)
T : 통전시간(초)
$I = \dfrac{165}{\sqrt{T}}$ (mA)
$= (\dfrac{165}{\sqrt{1}} \times 10^{-3})^2 \times 500 \times 1 = 13.61J ≒ 13.6J$

정답 ①

67 불수전류에 대한 설명으로 옳지 않은 것은?

① 마이크 사용 중 전격으로 사망에 이른 전류
② 전격을 일으킨 전류가 교류인지 직류인지 구별할 수 없는 전류
③ 충전부로부터 자력으로 이탈할 수 있는 전류
④ 몸이 물에 젖어 전압이 낮은데도 전격을 일으킨 전류

해설　충전부로부터 자력으로 이탈할 수 있는 전류를 가수전류(이탈가능전류)라고 하며, 충전부로부터 자력으로 이탈할 수 없는 전류를 불수전류(이탈불능전류)라고 한다.

정답 ③

68 방전침에 약 7,000V 전압을 인가하면 코로나 방전을 일으키고, 발생된 이온으로 대전체의 전하를 중화시키는 방식은?

① 전압인가식 제전기   ② 자기방전식 제전기
③ 방사선식 제전기   ④ 이온식 제전기

해설 전압인가식 제전기에 대한 설명이다.

정답 ①

69 산업안전보건법에 따라 사업주는 누전에 의한 감전의 위험을 방지하기 위하여 접지를 하여야 하는데 다음 중 접지를 하지 아니할 수 있는 부분은?

① 전기용품 및 생활용품 안전관리법이 적용되는 이중절연 또는 이와 같은 수준 이상으로 보호되는 전기기계·기구
② 전기기계·기구의 금속제 외함, 금속제 외피 및 철대
③ 전기를 사용하지 아니하는 설비 중 전동식 양중기의 프레임과 궤도를 해당하는 금속체
④ 코드와 플러그를 접속하여 사용하는 고정형·이동형 또는 휴대형 전동기계·기구의 노출된 비충전 금속체

해설 전기용품 및 생활용품 안전관리법이 적용되는 이중절연 또는 이와 같은 수준 이상으로 보호되는 전기기계·기구는 접지를 하지 아니할 수 있는 부분에 해당한다.

정답 ①

70 저항 20Ω인 전열기에 5A의 전류가 1시간 동안 흘렀다면 약 몇 kcal의 열량이 발생하겠는가?

① 100   ② 432
③ 861   ④ 14,400

해설
$Q = 0.24 I^2 Rt \times 10^{-3}$
$= 0.24 \times 5^2 \times 20 \times (60 \times 60) \times 10^{-3}$
$= 432 \text{kcal}$

정답 ②

71 배관용 부품에 있어 사용되는 용도가 다른 것은?

① 엘보우(elbow)   ② T자관
③ 십자관   ④ 밸브(valve)

해설 밸브(Valve)는 유량을 조절하고자 할 때 사용되며, 나머지 부품은 관로의 방향을 바꾸고자 할 때 사용된다.

관련이론 관로의 방향을 바꾸고자 할 때 사용되는 배관용 부품
• 엘보우(elbow)
• T자관
• Y자관
• 십자관

정답 ④

72 다음 중 인화점에 관한 설명으로 옳은 것은?

① 액체의 표면에서 발생한 증기농도가 공기 중에서 연소한 농도가 될 수 있는 가장 높은 액체온도
② 액체의 표면에서 발생한 증기농도가 공기 중에서 연소상한 농도가 될 수 있는 가장 낮은 액체온도
③ 액체의 표면에 발생한 증기농도가 공기 중에서 연소한 농도가 될 수 있는 가장 낮은 액체온도
④ 액체의 표면에서 발생한 증기농도가 공기 중에서 연소상한 농도가 될 수 있는 가장 높은 액체온도

해설 인화점은 액체의 표면에 발생한 증기농도가 공기 중에서 연소하한 농도가 될 수 있는 가장 낮은 액체온도를 말한다.

정답 ③

73 산업안전보건법령상 공정안전보고서에서 포함해야 할 세부내용 중 공정안전자료에 해당하지 않는 것은?

① 안전운전지침서
② 각종 건물·설비의 배치도
③ 유해하거나 위험한 설비의 목록 및 사양
④ 위험설비의 안전설계·제작 및 설치관련 지침서

해설 안전운전지침서는 산업안전보건법령에 따라 공정안전보고서에 포함되어야 할 세부내용 중 안전운전계획에 해당한다.

> **관련이론 공정안전자료의 세부내용**
> - 취급·저장하고 있는 유해·위험물질의 종류 및 수량
> - 유해·위험설비의 목록 및 사양
> - 유해·위험물질에 대한 물질안전보건자료
> - 유해 하거나 위험한 설비의 운전방법을 알 수 있는 공정도면
> - 폭발위험장소 구분도 및 전기단선도
> - 각종 건물·설비의 배치도
> - 위험설비의 안전설계·제작 및 설치관련 지침서

정답 ①

74 가스, 증기 대상 방폭전기기기구조에서 위험장소의 등급분류에 해당하지 않는 것은?

① 3종장소
② 2종장소
③ 1종장소
④ 0종장소

해설 3종장소는 위험장소의 등급분류에 해당하지 않는다.

정답 ①

75 화재시 주수에 의해 오히려 위험성이 증대되는 물질은?

① 황린
② 니트로셀룰로오스
③ 적린
④ 마그네슘

해설 마그네슘은 화재시 주수를 하게 되면 물과 격렬하게 반응하여 발열하고 수소가스를 발생시켜 위험성이 증대되는 물질이다.

정답 ④

76 할론소화약제 중 Halon 2402의 화학식으로 옳은 것은?

① $C_2F_4Br_2$
② $C_2H_4Br_2$
③ $C_2Br_4H_2$
④ $C_2Br_4F_2$

해설 Halon 2402의 화학식(분자식)은 $C_2F_4Br_2$이다.

> **관련이론 할론소화약제의 화학식**
>
> | 종류 | 분자식 |
> |---|---|
> | Halon 104 | CCl_4 |
> | Halon 1011 | CH_2ClBr |
> | Halon 1211 | CF_2ClBr |
> | Halon 1301 | CF_3Br |
> | Halon 2402 | $C_2F_4Br_2$ |

정답 ①

77 어떤 물질내에서 반응전파속도가 음속보다 빠르게 진행되며 이로 인해 발생된 충격파가 반응을 일으키고 유지하는 발열반응은?

① 점화(Ignition)
② 폭연(Deflagration)
③ 폭발(Explosion)
④ 폭굉(Detonation)

해설 어떤 물질내에서 반응전파속도가 음속보다 빠르게 진행되고 이로 인해 발생된 충격파가 반응을 일으키고 유지하는 발열반응은 폭굉(Detonation)이다.

정답 ④

78 휘발유를 저장하던 이동저장탱크에 등유나 경유를 이동저장탱크의 밑부분부터 주입할 때에 액표면의 높이가 주입관의 선단의 높이를 넘을 때까지 주입속도는 몇 m/s 이하로 하여야 하는가?

① 0.5   ② 1
③ 1.5   ④ 2.0

해설 휘발유를 저장하던 이동저장탱크에 등유나 경유를 이동저장탱크의 밑부분부터 주입할 때에 액표면의 높이가 주입관의 선단의 높이를 넘을 때까지 주입속도는 1m/s 이하로 하여야 한다.

관련이론 탱크, 탱커, 탱크로리, 드럼통 등에 위험물을 주입하는 배관내 유속제한

㉠ 물이나 기체를 포함한 비수용성 위험물의 배관유속: 1m/s 이하
㉡ 유동성이 심하고 폭발위험성이 높은 물질(이황화탄소, 가솔린, 에텔, 등유, 경유, 벤젠 등)의 배관유속: 1m/s 이하
㉢ 저항률이 $10^{10} \Omega$ cm 미만인 도전성 위험물의 배관유속: 7m/s 이하

정답 ②

79 전선간에 가해지는 전압이 어떤 값 이상으로 되면 전선주위의 전기장이 강하게 되어 전선표면의 공기가 국부적으로 절연이 파괴되어 빛과 소리를 내는 것은?

① 표피작용
② 페란티효과
③ 코로나현상
④ 근접현상

해설 전선간에 가해지는 전압이 어떤 값 이상으로 되면 전선 주위의 전기장이 강하게 되어 전선 표면의 공기가 국부적으로 절연이 파괴되어 빛과 소리를 내는 것은 코로나(Corona)현상이다.

정답 ③

80 아세틸렌(C_2H_2)의 공기 중 완전연소조성농도(C_{st})는?

① 6.7vol%   ② 7.0vol%
③ 7.4vol%   ④ 7.7vol%

해설
• 아세틸렌(C_2H_2)의 산소농도(O_2)
$$= n + \frac{m-f-2\lambda}{4}$$
여기서 n: 탄소, m: 수소, f: 할로겐원소, λ: 산소
$$= 2 + \frac{2}{4} = 2.5$$

• 완전연소조성농도(C_{st})
$$= \frac{100}{1+4.773 \times O_2} = \frac{100}{1+4.773 \times 2.5}$$
$$= \frac{100}{12.9325} = 7.732 ≒ 7.7vol\%$$

정답 ④

제5과목 건설공사 안전관리

※ 2024년부터 변경된 출제기준에 따라 제5과목의 과목명이 변경되었습니다.
건설안전기술 → 건설공사 안전관리

81 다음은 산업안전보건법령에 따른 근로자의 추락위험 방지를 위한 추락방호망의 설치기준이다. ( ) 안에 들어갈 내용으로 옳은 것은?

> 추락방호망은 수평으로 설치하고, 망의 처짐은 짧은 변 길이의 ( ) 이상이 되도록 할 것

① 10% ② 12%
③ 15% ④ 18%

해설 추락방호망은 수평으로 설치하고, 망의 처짐은 짧은 변 길이의 12% 이상이 되도록 하여야 한다.

정답 ②

82 작업으로 인하여 물체가 떨어지거나 날아올 위험이 있는 경우에 조치 및 준수하여야 할 사항으로 옳지 않은 것은?

① 낙하물방지망, 수직보호망 또는 방호선반 등을 설치한다.
② 낙하물방지망의 내민 길이는 벽면으로부터 2m 이상으로 한다.
③ 낙하물방지망의 수평면과의 각도는 20°이상 30° 이하를 유지한다.
④ 낙하물방지망은 높이 15m 이내마다 설치한다.

해설 낙하물방지망은 높이 10m 이내마다 설치하여야 한다.

정답 ④

83 지질상태를 가장 정확히 파악할 수 있는 보링방법은?

① 오거 보링 ② 수세식 보링
③ 회전식 보링 ④ 충격식 보링

해설 회전식 보링은 비트(Bit)를 약 40~150rpm의 속도로 회전시켜 흙을 펌프를 이용하여 지상으로 퍼내 지층상태를 판단하는 것으로 가장 정확하게 지질상태를 파악할 수 있는 보링방법이다.

정답 ③

84 셔블계 굴착기계에 속하지 않는 것은?

① 파워셔블(power shovel)
② 클램셸(clamshell)
③ 스크레이퍼(scraper)
④ 드래그라인(dragline)

해설 스크레이퍼(scraper)는 굴착, 싣기, 운반, 하역 등 일련작업을 하나의 기계로서 연속적으로 행할 수 있는 것으로 굴착기와 운반기를 조합한 토공만능기이며, 셔블계 굴착기계에 해당하지 않는다.

 셔블계 굴착기계
- 파워셔블(power shovel)
- 클램셸(clamshell)
- 드래그라인(dragline)
- 드래그셔블(drag shovel: 백호)

정답 ③

85 토사 등이 떨어질 우려가 있는 등 위험한 장소에서 낙하물 보호구조를 갖추어야 하는 장비가 아닌 것은?

① 불도저 ② 롤러
③ 트랙터 ④ 리프트

해설 리프트는 양중기로서 낙하물 보호구조를 갖출 필요가 없다.

 낙하물 보호구조를 갖추어야 하는 장비
- 불도저
- 로더
- 굴착기
- 스크레이퍼
- 트랙터
- 모터그레이더
- 롤러
- 천공기
- 항타기 및 항발기
- 덤프트럭

※ 산업안전보건법 안전보건기준 → 2024.9.19 개정

정답 ④

86 건설공사 유해위험방지계획서 제출시 공통적으로 제출하여야 할 첨부서류가 아닌 것은?

① 공사개요서
② 전체 공정표
③ 산업안전보건관리비 사용계획서
④ 가설도로계획서

해설 가설도로계획서는 건설공사 유해위험방지계획서 제출시 공통적으로 제출해야 할 첨부서류에 해당하지 않는다.

> **관련 이론** 건설공사 유해위험방지계획서 제출시 첨부서류
> 1. 공사개요 및 안전보건관리계획에 포함될 내용
>   - 산업안전보건관리비 사용계획
>   - 안전관리조직표
>   - 재해발생위험시 연락 및 대피방법
>   - 공사개요서
>   - 공사현장의 주변현황 및 주변과의 관계를 나타내는 도면
>   - 건설물, 사용기계설비 등의 배치를 나타내는 도면
>   - 전체 공정표
> 2. 작업공사 종류별 위험방지계획

정답 ④

87 기상상태의 악화로 비계에서의 작업을 중지시킨 후 그 비계에서 작업을 다시 시작하기 전에 점검해야 할 사항에 해당하지 않는 것은?

① 기둥의 침하·변형·변위 또는 흔들림상태
② 손잡이의 탈락여부
③ 격벽의 설치여부
④ 발판재료의 손상여부 및 부착 또는 걸림상태

해설 격벽의 설치여부는 기상상태의 악화로 비계에서의 작업을 중지시킨 후 그 비계에서 작업을 다시 시작하기 전에 점검해야 할 사항에 해당하지 않는다.

> **관련 이론** 기상상태의 악화로 비계에서의 작업을 중지시킨 후 그 비계에서 작업을 다시 시작하기 전에 점검해야 할 사항(산업안전보건법 안전보건기준)
> - 기둥의 침하·변형·변위 또는 흔들림상태
> - 손잡이의 탈락여부
> - 발판재료의 손상여부 및 부착 또는 걸림상태
> - 해당 비계의 연결부 또는 접속부의 풀림상태
> - 연결재료 및 연결철물의 손상 또는 부식상태
> - 로프의 부착상태 및 매단장치의 흔들림상태

정답 ③

88 산업안전보건법령에 따른 크레인을 사용하여 작업을 하는 때 작업시작 전 점검사항에 해당하지 않는 것은?

① 권과방지장치, 브레이크, 클러치 및 운전장치의 기능
② 주행로의 상측 및 트롤리(trolley)가 횡행하는 레일의 상태
③ 원동기 및 풀리(pulley)기능의 이상 유무
④ 와이어로프가 통하고 있는 곳의 상태

해설 원동기 및 풀리(pulley)기능의 이상 유무는 산업안전보건법령에 따른 컨베이어를 사용하여 작업을 할 때 작업시작 전 점검사항에 해당한다.

정답 ③

89 다음은 산업안전보건법령에 따른 작업장에서의 투하설비 등에 대한 사항이다. ( ) 안에 들어갈 내용으로 옳은 것은?

> 사업주는 높이가 ( ) 이상인 장소로부터 물체를 투하하는 경우 적당한 투하설비를 설치하거나 감시인을 배치하는 등 위험을 방지하기 위하여 필요한 조치를 하여야 한다.

① 2m   ② 3m
③ 5m   ④ 10m

해설 사업주는 높이가 3m 이상인 장소로부터 물체를 투하하는 경우 적당한 투하설비를 설치하거나 감시인을 배치하는 등 위험을 방지하기 위하여 필요한 조치를 하여야 한다.

정답 ②

90 추락에 의한 위험방지를 위해 해당 장소에서 조치해야 할 사항과 거리가 먼 것은?

① 추락방호망 설치 ② 안전난간 설치
③ 덮개 설치   ④ 투하설비 설치

해설 투하설비 설치는 낙하(맞음)에 의한 위험방지를 위해 해당 장소에 조치하여야 할 사항에 해당한다.

관련이론 **추락에 의한 위험방지를 위해 해당 장소에서 조치해야 할 사항**
- 추락방호망 설치
- 울타리 설치
- 안전난간 설치
- 작업발판 설치
- 덮개 설치

정답 ④

91 지반조사방법 중에서 사운딩(Sounding)시험에 해당하지 않는 것은?

① 표준관입시험   ② 평판재하시험
③ 베인시험   ④ 콘관입시험

해설 평판재하시험은 사운딩시험에 해당하지 않는다.

관련이론 **사운딩(Sounding)시험**

정의	Rod(로드: 연결 지지대) 선단에 저항체를 부착하여 지중에 관입시켜 회전, 인발 등의 힘을 가하여 그 저항치로 흙의 경·연 정도를 파악하는 방법을 말한다.
종류	표준관입시험, 베인시험, 콘관입시험, 스웨덴식 사운딩

정답 ②

92 계측기의 설치목적에 맞지 않는 것은?

① 지표침하계 – 지표면의 침하량 변화 측정
② 간극수압계 – 지반내 지하수위 변화 측정
③ 변형계 – 토류구조물의 각 부재와 콘크리트 등의 응력변화 측정
④ 하중계 – 버팀보, 어스앵커(Earth Anchor) 등의 실제 축하중 변화 측정

해설
- 간극수압계(Piezo Meter)의 설치목적은 지하수의 간극수압 측정을 하기 위함이다.
- 지반내 지하수위 변화를 측정하는 계측기는 수위계이다.

정답 ②

93 흙의 연·경도에서 소성상태와 액체상태 사이의 한계를 무엇이라 하는가?

① 애터버그한계
② 액성한계
③ 소성한계
④ 수축한계

해설 흙의 연·경도에서 소성상태와 액체상태 사이의 한계는 액성한계이다.

관련이론 **수축한계(Shrinkage Limit), 소성한계(Plastic Limit), 액성한계(Liquid Limit)의 구분**

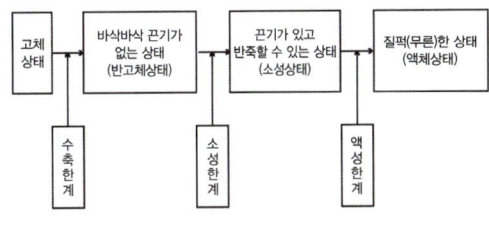

정답 ②

94 산업안전보건관리비의 사용항목에 해당하지 않는 것은?
① 안전시설비 등
② 보호구 등
③ 접대비 등
④ 안전보건진단비 등

해설 접대비 등은 산업안전보건관리비의 사용항목에 해당하지 않는다.

> **관련 이론** **산업안전보건관리비의 사용항목**
> - 안전시설비 등
> - 안전관리자, 보건관리자의 임금 등
> - 보호구 등
> - 안전보건진단비 등
> - 안전보건교육비 등
> - 근로자 건강장해예방비 등
> - 건설재해예방전문지도기관의 지도에 대한 대가로 지급하는 비용
> - 중대재해처벌 등에 관한 법률 시행령에 해당하는 건설사업자가 아닌 자가 운영하는 사업에서 안전보건업무를 총괄·관리하는 3명 이상으로 구성된 본사 전담조직에 소속된 근로자의 임금 및 업무수행 출장비 전액. 다만, 계상된 안전보건관리비 총액의 20분의 1을 초과할 수 없다.
> - 산업안전보건법에 따른 위험성 평가 또는 중대재해처벌 등에 관한 법률 시행령에 따라 유해·위험요인 개선을 위해 필요하다고 판단하여 산업안전보건위원회 또는 노사협의체에서 사용하기로 결정한 사항을 이행하기 위한 비용. 다만, 계상된 안전보건관리비 총액의 10분의 1을 초과할 수 없다.

정답 ③

95 가설통로 설치에 있어 경사가 최소 얼마를 초과하는 경우에는 미끄러지지 아니하는 구조로 하여야 하는가?
① 15도
② 20도
③ 30도
④ 40도

해설 가설통로 설치에 있어 경사가 최소 15도를 초과하는 경우에는 미끄러지지 아니하는 구조로 하여야 한다.

정답 ①

96 추락방지용 방망을 구성하는 그물코의 모양과 크기로 옳은 것은?
① 원형 또는 사각으로서 그 크기는 10cm 이하이어야 한다.
② 원형 또는 사각으로서 그 크기는 20cm 이하이어야 한다.
③ 사각 또는 마름모로서 그 크기는 10cm 이하이어야 한다.
④ 사각 또는 마름모로서 그 크기는 20cm 이하이어야 한다.

해설 추락방지용 방망의 그물코는 사각 또는 마름모로서 그 크기는 10cm 이하이어야 한다.

정답 ③

97 차량계 하역운반기계의 운전자가 운전위치를 이탈하는 경우의 조치사항으로 부적절한 것은?
① 포크 및 버킷은 가장 높은 위치에 두어 근로자 통행을 방해하지 않도록 하였다.
② 원동기를 정지시키고 브레이크를 걸었다.
③ 시동키를 운전대에서 분리시켰다.
④ 경사지에서 갑작스런 주행이 되지 않도록 바퀴에 블록 등을 놓았다.

해설 포크 및 버킷은 가장 낮은 위치에 두어 근로자 통행을 방해하지 않도록 하여야 한다.

정답 ①

98 철근 인력 운반 시 주의사항으로 옳지 않은 것은?

① 긴 철근은 두 사람이 한 조가 되어 어깨메기로 운반하는 것이 좋다.
② 긴 철근을 부득이 한 사람이 운반할 때는 한쪽을 어깨에 메고 한쪽 끝을 끌면서 운반한다.
③ 운반시 1인당 무게는 운반자의 몸무게 정도가 적당하다.
④ 운반시 양끝을 묶어 운반한다.

해설 운반시 1인당 무게는 25kg 정도가 적절하며, 무리한 운반을 삼가해야 한다.

정답 ③

99 건설공사관리의 기능이 아닌 것은?

① 안전관리   ② 품질관리
③ 재고관리   ④ 공정관리

해설 재고관리는 건설공사관리의 기능에 해당하지 않는다.

관련이론 건설공사관리의 기능
- 안전관리
- 품질관리
- 공정관리
- 원가관리
- 환경관리 등

정답 ③

100 사질토지반에서 보일링(Boiling)현상에 의한 위험성이 예상될 경우의 대책으로 옳지 않은 것은?

① 흙막이 말뚝의 밑둥넣기를 깊게 한다.
② 굴착저면보다 깊은 지반을 불투수로 개량한다.
③ 굴착밑 투수층에 만든 피트(pit)를 제거한다.
④ 흙막이벽 주위에서 배수시설을 통해 수두차를 작게 한다.

해설 굴착밑 투수층에 만든 피트(pit)를 제거하는 것은 보일링현상에 의한 위험성에 대한 대책에 해당하지 않는다.

관련이론 사질토지반에서 보일링(Boiling)현상에 의한 위험성이 예상될 경우의 대책
- 주변수위를 저하시킨다.
- 흙막이 말뚝의 밑둥넣기를 깊게 한다.
- 굴착저면보다 깊은 지반을 불투수로 개량한다.
- 흙막이벽 주위의 배수시설을 통해 수두차를 작게 한다.
- 근입도를 증가하여 동수구배를 저하시킨다.
- 흙막이벽 선단에 코어 및 필터층을 설치한다.
- 흙막이벽 상단부에 버팀대를 보강한다.

정답 ③

2024년 제2회(CBT)

제1과목 산업재해예방 및 안전보건교육

01 하인리히 재해발생 5단계 중 3단계에 해당하는 것은?

① 불안전한 행동 또는 불안전한 상태
② 사회적 환경 및 유전적 요소
③ 관리의 부재
④ 사고

해설 하인리히 재해발생 5단계 중 3단계에 해당하는 것은 불안전한 행동 또는 불안전한 상태이다.

관련이론 재해발생 5단계

1. 하인리히(Heinrich)의 사고연쇄성(재해발생) 5단계
   - 제1단계: 사회적 환경과 유전적 요소
   - 제2단계: 개인적 결함
   - 제3단계: 불안전한 행동과 불안전한 상태
   - 제4단계: 사고
   - 제5단계: 상해

2. 버드(Frank Bird)의 사고연쇄성(재해발생) 5단계
   - 제1단계: 통제의 부족(관리)
   - 제2단계: 기본적인 원인(기원)
   - 제3단계: 직접적인 원인(징후)
   - 제4단계: 사고(접촉)
   - 제5단계: 상해(손실, 손해)

정답 ①

02 무재해운동의 3원칙에 해당하지 않는 것은?

① 무의 원칙   ② 참가의 원칙
③ 선취의 원칙 ④ 대책선정의 원칙

해설 무재해운동의 3원칙에는 무의 원칙, 참가의 원칙, 선취의 원칙이 있으며, 대책선정의 원칙은 무재해운동의 3원칙에 해당하지 않는다.

정답 ④

03 교육의 3요소로 옳은 것은?

① 강사-교육생-교육장소
② 강사-교육생-교육자료
③ 교육생-교육자료-교육장소
④ 교육자료-지식인-정보

해설 교육의 3요소는 강사, 교육생, 교육자료이다.

정답 ②

04 하인리히의 재해구성 비율 중 경상이 87건이라면 무상해사고는 몇 건 발생되겠는가?

① 150   ② 300
③ 600   ④ 900

해설 하인리히의 재해구성 비율은 사망·중상 : 경상 : 무상해사고 = 1 : 29 : 300이다.
여기서 경상이 87건이므로
$29 : 300 = 87 : x$
$29x = 300 \times 87$
$\therefore x = \dfrac{300 \times 87}{29} = 900$
따라서 무상해사고는 900건이다.

정답 ④

05 위험예지훈련 4라운드기법의 진행방법에 있어 문제점 발견 및 중요문제를 결정하는 단계는?

① 대책수립단계   ② 현상파악단계
③ 본질추구단계   ④ 행동목표설정단계

해설 위험예지훈련 4라운드기법의 진행방법에 있어 문제점 발견 및 중요문제를 결정하는 단계는 제2단계인 본질추구단계이다.

정답 ③

06 안전보건교육을 향상시키기 위한 학습지도의 원리에 해당하지 않는 것은?

① 개별화의 원리 ② 통합의 원리
③ 자기활동의 원리 ④ 동기유발의 원리

해설 동기유발의 원리는 학습지도의 원리에 해당하지 않는다.

 학습지도의 원리
- 개별화의 원리
- 통합의 원리
- 자기활동의 원리
- 사회화의 원리
- 직관의 원리

정답 ④

07 고용노동부장관이 안전보건진단을 받아 안전보건개선계획을 수립·시행하도록 명할 수 있는 사업장으로 볼 수 없는 것은?

① 사업주가 필요한 안전조치 또는 보건조치를 이행하지 아니하여 중대재해가 발생한 사업장
② 산업재해율이 같은 업종 평균산업재해율의 2배 이상인 사업장
③ 직업성질병자가 연간 1명 이상 발생한 사업장
④ 그 밖에 작업환경 불량, 화재·폭발 또는 누출사고 등으로 사업장 주변까지 피해가 확산된 사업장으로서 고용노동부령으로 정하는 사업장

해설 직업성질병자가 연간 2명 이상(상시근로자 1,000명 이상 사업장의 경우 3명 이상) 발생한 사업장이어야 한다.

 고용노동부장관이 안전보건진단을 받아 안전보건개선계획을 수립·시행하도록 명할 수 있는 사업장(산업안전보건법)
- 사업주가 필요한 안전조치 또는 보건조치를 이행하지 아니하여 중대재해가 발생한 사업장
- 산업재해율이 같은 업종 평균산업재해율의 2배 이상인 사업장
- 직업성질병자가 연간 2명 이상(상시근로자 1,000명 이상 사업장의 경우 3명 이상) 발생한 사업장
- 그 밖에 작업환경 불량, 화재·폭발 또는 누출사고 등으로 사업장 주변까지 피해가 확산된 사업장으로서 고용노동부령으로 정하는 사업장

정답 ③

08 인지과정 착오의 요인이 아닌 것은?

① 정서불안정
② 감각차단현상
③ 작업자의 기능미숙
④ 생리·심리적 능력의 한계

해설 작업자의 기능미숙은 조치과정 착오의 요인에 해당한다.

 착오의 요인

인지과정의 착오	• 정서불안정(공포, 불안, 불만) • 감각차단현상 • 생리적, 심리적 능력의 한계 • 정보량 저장능력의 한계
판단과정의 착오	• 능력부족(지식, 적성, 기술의 부족) • 정보부족 • 합리화 • 환경조건 불비(표준 불량, 규칙 불충분, 작업조건 불량) • 자신 과잉
조치과정의 착오	• 작업자의 기능 미숙 • 작업경험의 부족

정답 ③

09 비통제의 집단행동 중 '군중보다 합의성이 없고, 감정에 의해서 행동하는 것'으로 폭동과 같은 것을 말하는 것은?

① 모브(Mob) ② 유행
③ 심리적 전염 ④ 군중(Crowd)

해설 비통제의 집단행동 중 '군중보다 합의성이 없고, 감정에 의해서 행동하는 것'으로 폭동과 같은 것을 말하는 것은 모브(Mob)이다.

정답 ①

10 산업안전보건법상 안전보건표지 중 경고표지의 종류에 해당하지 않는 것은?

① 고압전기 경고 ② 레이저광선 경고
③ 추락 경고 ④ 몸균형상실 경고

해설 추락 경고는 산업안전보건법상 안전보건표지 중 경고표지의 종류에 해당하지 않는다.

정답 ③

12 밀폐작업 공간에서 유해물과 분진이 있는 상태에서 작업할 때 가장 적합한 보호구는?

① 방진마스크 ② 방독마스크
③ 송기마스크 ④ 보안경

해설 밀폐작업 공간에서 유해물과 분진이 있는 상태에서 작업할 때 가장 적합한 보호구는 송기마스크이다.

정답 ③

11 인간의 의식수준을 5단계로 구분할 때 의식이 몽롱한 상태의 단계는?

① Phase I ② Phase II
③ Phase III ④ Phase IV

해설 인간의 의식 수준을 5단계로 구분할 때 의식이 몽롱한 상태의 단계는 Phase I 단계이다.

 인간의 의식수준

단계	의식의 상태
Phase 0	무의식, 실신, 수면
Phase I	정상 이하, 의식 몽롱함, 피로
Phase II	이완상태, 휴식
Phase III	정상, 명쾌한 상태, 적극 활동
Phase IV	과긴장 상태, 패닉(panic)

정답 ①

13 산업안전보건위원회를 구성함에 있어 사용자 위원에 해당하지 않는 사람은?

① 안전관리자
② 명예산업안전감독관
③ 해당 사업의 대표자
④ 보건관리자

해설 명예산업안전감독관은 근로자 위원에 해당한다.

 산업안전보건위원회의 구성(산업안전보건법)

사용자 위원	• 해당 사업의 대표자 • 산업보건의(해당 사업장에 선임되어 있는 경우로 한정) • 안전관리자 1명 • 보건관리자 1명 • 해당 사업의 대표자가 지명하는 9명 이내의 해당 사업장 부서의 장
근로자 위원	• 근로자 대표 • 근로자 대표가 지명하는 9명 이내의 해당 사업장의 근로자 • 근로자 대표가 지명하는 1명 이상의 명예산업안전감독관

정답 ②

14 하버드학파의 5단계 교수법에 해당하지 않는 것은?

① 응용(Application)
② 교시(Presentation)
③ 총괄(Generalization)
④ 추론(Reasoning)

해설 추론(reasoning)은 듀이(John Dewey)의 사고과정 5단계에 해당한다.

정답 ④

15 산업안전보건법령상 협의체 구성 및 운영에 대한 사항으로 ( )에 알맞은 내용은?

> 도급인은 관계수급인 근로자가 도급인의 사업장에서 작업을 하는 경우 도급인과 수급인을 구성원으로 하는 안전 및 보건에 관한 협의체를 구성 및 운영하여야 한다. 이 협의체는 ( ) 1회 이상 정기적으로 회의를 개최하고 그 결과를 기록·보존해야 한다.

① 매월 ② 2개월마다
③ 3개월마다 ④ 6개월마다

해설 협의체는 매월 1회 이상 정기적으로 회의를 개최하고 그 결과를 기록·보존해야 한다.

정답 ①

16 산업안전보건법령상 안전관리자의 업무가 아닌 것은?

① 업무수행 내용의 기록
② 산업재해에 관한 통계의 유지·관리·분석을 위한 보좌 및 지도·조언
③ 안전교육계획의 수립 및 안전교육 실시에 관한 보좌 및 지도·조언
④ 작업장내에서 사용되는 전체환기장치 및 국소배기장치 등에 관한 설비의 점검

해설 작업장내에서 사용되는 전체환기장치 및 국소배기장치 등에 관한 설비의 점검은 산업안전보건법령상 보건관리자의 업무에 해당한다.

정답 ④

17 토의식 교육방법의 종류 중 새로운 자료나 교재를 제시하고, 피교육자로 하여금 문제점을 제기하게 하거나 여러 가지 방법으로 의견을 발표하게 하고, 청중과 토론자간의 활발한 의견개진과 충돌로 합의를 도출해 내는 방법을 무엇이라 하는가?

① 포럼(Forum)
② 심포지엄(Symposium)
③ 버즈세션(Buzz Session)
④ 케이스 메소드(Case Method)

해설 새로운 자료나 교재를 제시하고, 피교육자로 하여금 문제점을 제기하게 하거나 여러 가지 방법으로 의견을 발표하게 하고, 청중과 토론자간의 활발한 의견개진과 충돌로 합의를 도출해내는 방법은 포럼(Forum)이다.

선지분석
② 심포지엄이란 여러 명의 전문가가 과제에 대해서 견해를 발표한 뒤 참석자로부터 질문이나 의견을 하게 하여서 토의하는 방법이다.
③ 버즈세션이란 6-6회의라고도 하며, 참가자가 다수인 경우에 전원을 토의에 참가시키기 위한 방법이다.
④ 케이스 메소드란 사례(Case)를 꺼내 보이고 문제 사실과 그들의 상호관계에 관하여 검토하고, 관련 사실의 수집이나 분석방법의 학습, 종합적인 상황판단, 대책입안을 하는 경우에 효과적인 방법이다.

정답 ①

18 산업안전보건법령상 중대재해의 범위에 해당하지 않는 것은?

① 1명의 사망자가 발생한 재해
② 1개월의 요양을 요하는 부상자가 동시에 5명 발생한 재해
③ 3개월의 요양을 요하는 부상자가 동시에 3명 발생한 재해
④ 10명의 직업성 질병자가 동시에 발생한 재해

해설 1개월의 요양을 요하는 부상자가 동시에 5명 발생한 재해는 산업안전보건법령상 중대재해의 범위에 해당하지 않는다.

관련이론 산업안전보건법령상 중대재해의 범위
- 사망자가 1명 이상 발생한 재해
- 3개월 이상의 요양이 필요한 부상자가 동시에 2명 이상 발생한 재해
- 부상자 또는 직업성 질병자가 동시에 10명 이상 발생한 재해

정답 ②

19 거푸집동바리의 조립 또는 해체작업시 교육내용에 해당되지 않는 것은?

① 동바리의 조립방법 및 작업절차에 관한 사항
② 조립재료의 취급방법 및 설치기준에 관한 사항
③ 환기설비에 관한 사항
④ 보호구 착용 및 점검에 관한 사항

해설 환기설비에 관한 사항은 밀폐된 장소에서 하는 용접작업 또는 습한 장소에서 하는 전기용접작업시 교육내용에 해당한다.

정답 ③

20 산업안전보건법령상 근로자 안전보건교육기준 중 다음 ( ) 안에 들어갈 내용으로 옳은 것은?

교육과정	교육대상	교육시간
채용시 교육	일용근로자 및 근로계약기간이 1주일 이하인 기간제근로자	(㉠)시간 이상
	그밖의 근로자	(㉡)시간 이상

① ㉠: 1, ㉡: 8
② ㉠: 2, ㉡: 8
③ ㉠: 1, ㉡: 2
④ ㉠: 3, ㉡: 6

해설
- 일용근로자 및 근로계약기간이 1주일 이하인 기간제근로자의 채용시 교육시간은 1시간 이상이다.
- 그밖의 근로자의 채용시 교육시간은 8시간 이상이다.

※ 산업안전보건법 시행규칙 → 2023.9.27 개정

정답 ①

제2과목 인간공학 및 위험성 평가·관리

21 FTA에 사용되는 기호 중 다음 기호에 해당하는 것은?

① 생략사상　② 부정사상
③ 결함사상　④ 기본사상

해설　그림의 기호는 '기본사상'이다.

정답 ④

22 조종-반응비(Control-Response Ratio, C/R비)에 대한 설명으로 옳지 않은 것은?

① 조종장치와 표시장치의 이동거리 비율을 의미한다.
② C/R비가 클수록 조종장치는 민감하다.
③ 최적C/R비는 조정시간과 이동시간의 교점이다.
④ 이동시간과 조정시간을 감안하여 최적C/R비를 구할 수 있다.

해설　C/R비가 작을수록 조종장치가 민감하다.

정답 ②

23 위험통제기술에 해당하지 않는 것은?

① 위험회피　② 위험감소 및 제거
③ 위험보유　④ 위험적정

해설　위험통제기술(리스크 처리기술)에는 위험회피, 위험감소 및 제거, 위험보유, 위험분담이 있으며, 위험적정은 위험통제기술에 해당하지 않는다.

정답 ④

24 시스템 수명주기에 있어서 예비위험분석(PHA)이 이루어지는 단계에 해당하는 것은?

① 구상단계　② 점검단계
③ 운전단계　④ 생산단계

해설　시스템 수명주기에 있어서 예비위험분석(PHA)이 이루어지는 단계에 해당하는 것은 구상단계이다.

관련이론 예비위험분석(PHA)

모든 시스템안전프로그램의 최초단계의 분석으로서 시스템 내의 위험요소가 얼마나 위험한 상태에 있는지를 정성적으로 평가하는 것이다.

정답 ①

25 시각적 표시장치보다 청각적 표시장치를 사용하는 것이 더 유리한 경우는?

① 정보의 내용이 복잡하고 긴 경우
② 정보가 공간적인 위치를 다룬 경우
③ 직무상 수신자가 한 곳에 머무르는 경우
④ 수신장소가 너무 밝거나 암조응이 요구될 경우

해설　수신장소가 너무 밝거나 암조응이 요구될 경우 시각적 표시장치보다 청각적 표시장치를 사용하는 것이 더 유리한 경우에 해당한다.

정답 ④

26 HAZOP기법에서 사용하는 가이드워드와 그 의미가 잘못 연결된 것은?

① Part of: 성질상의 감소
② As well as: 성질상의 증가
③ Other than: 기타 환경적인 요인
④ More/Less: 정량적인 증가 또는 감소

해설　Other than의 의미는 '완전한 대체의 필요'이다.

정답 ③

27 인간이 기계보다 우수한 기능으로 옳지 않은 것은? (단, 인공지능은 제외한다.)

① 암호화된 정보를 신속하게 대량으로 보관할 수 있다.
② 관찰을 통해서 일반화하여 귀납적으로 추리한다.
③ 항공사진의 피사체나 말소리처럼 상황에 따라 변화하는 복잡한 자극의 형태를 식별할 수 있다.
④ 수신상태가 나쁜 음극선관에 나타나는 영상과 같이 배경 잡음이 심한 경우에도 신호를 인지할 수 있다.

해설 암호화된 정보를 신속하게 대량으로 보관할 수 있는 것은 기계가 인간보다 우수한 기능에 해당한다.

정답 ①

28 인간-기계 시스템의 설계과정을 [보기]와 같이 분류할 때 다음 중 인간, 기계의 기능을 할당하는 단계는?

[보기]
• 제1단계: 시스템의 목표와 성능명세 결정
• 제2단계: 시스템의 정의
• 제3단계: 기본설계
• 제4단계: 인터페이스설계
• 제5단계: 보조물설계 혹은 편의수단설계
• 제6단계: 평가

① 기본설계
② 인터페이스설계
③ 시스템의 목표와 성능명세 결정
④ 보조물설계 혹은 편의수단설계

해설 인간, 기계의 기능을 할당하는 단계는 기본설계 단계이다.

관련이론 인간-기계 시스템의 설계과정 중 3단계 기본설계 단계의 기능
• 인간, 기계(하드웨어), 소프트웨어의 기능 할당
• 인간성능요건명세(정확도, 속도, 시간, 사용자 만족도)
• 직무분석
• 작업설계

정답 ①

29 고장형태 및 영향분석(FMEA: Failure Mode and Effect Analysis)에서 치명도 해석을 포함시킨 분석방법으로 옳은 것은?

① CA
② ETA
③ FMETA
④ FMECA

해설 고장의 형태와 영향분석에서 치명도 해석을 포함시킨 분석방법은 FMECA이다.

정답 ④

30 불(Boole)대수의 관계식으로 틀린 것은?

① $A + \overline{A} = 1$
② $A + AB = A$
③ $A(A+B) = A+B$
④ $A \cdot A = A$

해설 불(Boole) 대수의 관계식은 다음과 같다.
$A(A+B) = (A \cdot A) + (A \cdot B) = A + (A \cdot B)$
$= A(1+B) = A$
▶ $(1+B)$는 불대수의 관계식에서 1이다.

정답 ③

31 사무실 의자나 책상에 적용할 인체측정자료의 설계원칙으로 가장 적합한 것은?

① 평균치 설계
② 조절식 설계
③ 최대치 설계
④ 최소치 설계

해설 사무실 의자나 책상, 자동차 운전석 의자의 위치 등에 적용할 인체측정자료의 설계원칙으로 적합한 것은 조절식 설계이다.

정답 ②

32 그림과 같은 FT도에서 정상사상 T의 발생 확률은? (단, X_1, X_2, X_3의 발생 확률은 각각 0.1, 0.15, 0.1이다)

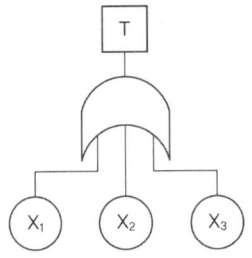

① 0.3115
② 0.35
③ 0.496
④ 0.9985

해설 $T = 1 - (1-X_1)(1-X_2)(1-X_3)$
$= 1 - (1-0.1)(1-0.15)(1-0.1) = 0.3115$

정답 ①

33 FT도에서 사용되는 기호 중 입력현상의 반대현상이 출력되는 게이트는?

① AND게이트
② 부정게이트
③ OR게이트
④ 억제게이트

해설 입력현상의 반대현상이 출력되는 게이트는 부정게이트이다.

정답 ②

34 인간 에러(human error)에 대한 설명으로 옳지 않은 것은?

① omission error: 필요한 작업 또는 절차를 수행하지 않는데 기인한 에러
② commission error: 필요한 작업 또는 절차의 수행지연으로 인한 에러
③ extraneous error: 불필요한 작업 또는 절차를 수행함으로써 기인한 에러
④ sequential error: 필요한 작업 또는 절차의 순서 착오로 인한 에러

해설 • commission error(실행오류)는 필요한 작업 또는 절차의 불확실한 수행으로 인한 에러이다.
• 수행지연 또는 조기수행으로 인한 에러는 time error(시간오류)이다.

정답 ②

35 중작업의 경우 작업대의 높이로 가장 적절한 것은?

① 허리 높이보다 0~10cm 정도 낮게
② 팔꿈치 높이보다 10~20cm 정도 높게
③ 팔꿈치 높이보다 10~20cm 정도 낮게
④ 어깨 높이보다 30~40cm 정도 높게

해설 중작업의 경우 작업대의 높이는 팔꿈치 높이보다 10~20cm 정도 낮게 하여야 한다.

정답 ③

36 화학설비의 안전성 평가에서 정량적 평가의 항목에 해당하지 않는 것은?

① 훈련
② 조작
③ 취급물질
④ 화학설비용량

해설 훈련은 화학설비의 안전성 평가에서 정량적 평가의 항목에 해당하지 않는다.

관련이론 화학설비의 안전성 평가에서 정량적 평가의 항목
• 조작
• 취급물질
• 화학설비용량
• 온도
• 압력

정답 ①

37 광원으로부터의 직사휘광을 줄이기 위한 방법으로 적절하지 않은 것은?

① 휘광원 주위를 어둡게 한다.
② 가리개, 갓, 차양 등을 사용한다.
③ 광원을 시선에서 멀리 위치시킨다.
④ 광원의 수는 늘리고 휘도는 줄인다.

해설 휘광원 주위를 밝게 한다.

정답 ①

38 출력과 반대방향으로 그 속도에 비례해서 작용하는 힘 때문에 생기는 항력으로 원활한 제어를 도우며, 특히 규정된 변위 속도를 유지하는 효과를 가진 조종장치의 저항력은?

① 점성저항 ② 마찰저항
③ 충격저항 ④ 정적저항

해설 출력과 반대방향으로 그 속도에 비례해서 작용하는 힘 때문에 생기는 항력으로 원활한 제어를 도우며, 특히 규정된 변위 속도를 유지하는 효과를 가진 조종장치의 저항력은 점성저항이다.

정답 ①

39 적절한 온도에서 더운 환경으로 바뀔 때 인체에 나타나는 현상이 아닌 것은?

① 피부온도가 내려간다.
② 많은 혈액량이 피부를 경유한다.
③ 직장(直腸)의 온도가 내려간다.
④ 발한이 시작된다.

해설 적절한 온도에서 더운 환경으로 바뀔 때에는 피부온도가 올라간다.

정답 ①

40 작업자가 100개의 부품을 육안검사하여 20개의 불량품을 발견하였다. 실제 불량품이 40개라면 인간에러(human error) 확률은?

① 0.2 ② 0.3
③ 0.4 ④ 0.5

해설 인간에러(human error) 확률
$= \dfrac{실제불량품 - 육안검사불량품}{전체\ 부품}$
$= \dfrac{40-20}{100} = 0.2$

정답 ①

제3과목 기계·기구 및 설비 안전관리

41 회전축, 커플링에 사용하는 덮개는 다음 중 어떠한 위험점을 방호하기 위한 것인가?

① 회전말림점 ② 접선물림점
③ 절단점   ④ 협착점

해설 회전축, 커플링에 사용하는 덮개는 회전말림점을 방호하기 위한 것이다.

정답 ①

42 선반의 크기를 표시하는 것으로 틀린 것은?

① 양쪽 센터 사이의 최대거리
② 왕복대 위의 스윙
③ 베드 위의 스윙
④ 주축에 물릴 수 있는 공작물의 최대지름

해설 ④의 경우 최대가공물의 크기가 선반의 크기를 표시하는 것으로 옳은 내용이다.

정답 ④

43 프레스의 수인식 안전장치에 관한 사항으로 옳은 것은?

① 수인식 방호장치는 행정길이를 30mm 이상으로 제한한다.
② 수인끈의 직경은 4mm 이상이어야 한다.
③ 수인끈의 강도시험은 1,200N의 인장력을 가하여 끈 표면에 내부의 이상유무를 확인한다.
④ 손목밴드 강도시험은 300N의 인장력을 가하여 밴드의 이상유무를 확인한다.

해설 수인식 안전장치의 수인끈의 직경은 4mm 이상이어야 한다.

선지분석 ① 수인식 방호장치는 행정길이를 50mm 이상으로 제한한다.
③ 수인끈의 강도시험은 1,500N의 인장력을 가하여 끈 표면에 내부의 이상유무를 확인한다.
④ 손목밴드 강도시험은 500N의 인장력을 가하여 밴드의 이상유무를 확인한다.

정답 ②

44 금형의 안전화에 대한 설명 중 가장 적절하지 않은 것은?

① 금형의 틈새는 8mm 이상 충분하게 확보한다.
② 금형 사이에 신체일부가 들어가지 않도록 한다.
③ 충격이 반복되어 부가되는 부분에는 완충장치를 설치한다.
④ 금형설치용 홈은 설치된 프레스의 홈에 적합한 형상의 것으로 한다.

해설 금형의 틈새는 8mm 이하로 하여 손가락이 들어가지 않도록 한다.

정답 ①

45 연삭기에서 숫돌의 바깥지름이 180mm라면, 평형플랜지의 바깥지름은 몇 mm 이상이어야 하는가?

① 30　　② 36
③ 45　　④ 60

해설 평형플랜지의 바깥지름 = 숫돌의 바깥지름 $\times \frac{1}{3}$

$= 180 \times \frac{1}{3} = 60$mm 이상

정답 ④

46 산업안전보건법령상 컨베이어를 사용하여 작업을 할 때 작업시작 전 점검사항으로 옳지 않은 것은?

① 유압장치의 기능의 이상 유무
② 이탈 등의 방지장치 기능의 이상 유무
③ 원동기 및 풀리(pulley) 기능의 이상 유무
④ 비상정지장치 기능의 이상 유무

해설 유압장치의 기능의 이상 유무는 지게차, 구내운반차를 사용하여 작업을 할 때 작업시작 전 점검사항에 해당한다.

정답 ①

47 롤러기에 사용되는 급정지장치의 종류가 아닌 것은?

① 손조작식　　② 발조작식
③ 무릎조작식　　④ 복부조작식

해설 발조작식 급정지장치는 롤러기에 사용되지 않는다.

관련이론 롤러기 급정지장치의 종류

급정지장치 조작부의 종류	설치위치
손조작식	밑면(바닥)에서 1.8m 이내
복부조작식	밑면(바닥)에서 0.8m 이상 1.1m 이내
무릎조작식	밑면(바닥)에서 0.6m 이내(또는 0.4m ~ 0.6m 이내)

정답 ②

48 사업장의 강도율이 7.92이고, 도수율이 10.83일 때 종합재해지수(FSI)는?

① 5.63　　② 7.42
③ 9.26　　④ 10.84

해설 종합재해지수(FSI)
$= \sqrt{도수율 \times 강도율}$
$= \sqrt{10.83 \times 7.92} = 9.2614 ≒ 9.26$

정답 ③

49 지게차의 포크에 적재된 화물이 마스트 후방으로 낙하함으로서 근로자에게 미치는 위험을 방지하기 위하여 설치하는 것은?

① 헤드가드　　② 백레스트
③ 낙하방지장치　　④ 과부하방지장치

해설 지게차의 포크에 적재된 화물이 마스트 후방으로 낙하함으로써 근로자에게 미치는 위험을 방지하기 위하여 설치하는 것은 백레스트(Back Rest)이다.

정답 ②

50 안전계수 5인 로프의 절단하중이 4,000N이라면 이 로프는 몇 N 이하의 하중을 매달아야 하는가?

① 500 ② 800
③ 1,000 ④ 1,600

해설 안전하중 = $\dfrac{절단하중}{안전계수}$ (* 안전계수 = $\dfrac{절단하중}{안전하중}$)

= $\dfrac{4,000}{5}$ = 800N

정답 ②

51 산업안전보건법령상 보일러 수위가 이상현상으로 인해 위험수위로 변하면 작업자가 쉽게 감지할 수 있도록 경보등, 경보음을 발하고 자동적으로 급수 또는 단수되어 수위를 조절하는 방호장치는?

① 압력방출장치 ② 고저수위조절장치
③ 압력제한스위치 ④ 과부하방지장치

해설 산업안전보건법령상 보일러 수위가 이상현상으로 인해 위험수위로 변하면 작업자가 쉽게 감지할 수 있도록 경보등, 경보음을 발하고 자동적으로 급수 또는 단수되어 수위를 조절하는 방호장치는 고저수위조절장치이다.

정답 ②

52 기계설비의 방호를 위험장소에 대한 방호와 위험원에 대한 방호로 분류할 때, 다음 중 위험원에 대한 방호장치에 해당하는 것은?

① 격리형 방호장치
② 포집형 방호장치
③ 접근거부형 방호장치
④ 위치제한형 방호장치

해설 위험원에 대한 방호장치에 해당하는 것은 포집형 방호장치이다.

관련 이론 방호장치의 분류

위험장소에 대한 방호장치	위험원에 대한 방호장치
• 격리형 방호장치 • 위치제한형 방호장치 • 접근반응형 방호장치 • 접근거부형 방호장치	• 포집형 방호장치 • 감지형 방호장치

정답 ②

53 선반작업에 대한 안전수칙으로 옳지 않은 것은?

① 척 핸들을 항상 척에 끼워 둔다.
② 베드 위에 공구를 올려놓지 않아야 한다.
③ 바이트를 교환할 때는 기계를 정지시키고 한다.
④ 일감의 길이가 외경과 비교하여 매우 길 때는 방진구를 사용한다.

해설 척 핸들은 공작물의 설치가 끝나면 척에서 제거한다.

정답 ①

54 크레인 로프에 질량 2,000kg의 물건을 10m/s²의 가속도로 감아올릴 때, 로프에 걸리는 총하중(kN)은? (단, 중력가속도는 9.8m/s²이다)

① 9.6 ② 19.6
③ 29.6 ④ 39.6

해설 • 총하중(W) = 정하중(W_1) + 동하중(W_2)

$W_2 = \dfrac{W_1}{g} \times \alpha$

여기서, g: 중력가속도[m/s²], α: 가속도[m/s²]

= $2,000 + \dfrac{2,000}{9.8} \times 10$

= 4040.816 ≒ 4040.82kg ≒ 4.04t

• 1t은 9.8kN이므로
4.04 × 9.8 = 39.592 ≒ 39.6kN

정답 ④

55 프레스 등의 금형을 부착·해체 또는 조정작업 중 슬라이드가 갑자기 작동하여 근로자에게 발생할 수 있는 위험을 방지하기 위하여 설치하는 것은?

① 방호울 ② 안전블록
③ 시건장치 ④ 게이트가드

해설 프레스에 금형조정작업시 슬라이드가 갑자기 작동함으로써 근로자에게 발생할 우려가 있는 위험을 방지하기 위하여 사용하는 것은 안전블록(Safety Block)이다.

정답 ②

56 다음 내용 중 ( ) 안에 들어갈 내용으로 옳은 것은?

> 가스용기와 발생기가 분리되어 있는 아세틸렌 용접장치에 대하여는 발생기와 가스용기 사이에 안전기를 설치하여야 한다. 아세틸렌 용접장치에 대하여는 그 ( )마다 설치한다.

① 배출관 ② 메인밸브
③ 취관   ④ 흡입관

해설 가스용기와 발생기가 분리되어 있는 아세틸렌 용접장치에 대하여는 발생기와 가스용기 사이에 안전기를 설치하여야 한다. 아세틸렌 용접장치에 대하여는 그 취관마다 설치한다.

정답 ③

57 연삭기를 이용한 작업을 할 경우 연삭숫돌을 교체한 후에는 얼마 동안 시험운전을 하여야 하는가?

① 1분 이상 ② 3분 이상
③ 10분 이상 ④ 15분 이상

해설 연삭기를 이용한 작업을 할 경우 연삭숫돌을 교체한 후에는 3분 이상 시험운전을 하고, 작업을 시작하기 전에는 1분 이상 시험운전을 하여야 한다.

정답 ②

58 산업안전보건법령상 양중기에 사용하지 않아야 하는 달기체인의 기준으로 옳지 않은 것은?

① 심하게 변형된 것
② 균열이 있는 것
③ 달기체인의 길이가 달기체인이 제조된 때의 길이 3%를 초과한 것
④ 링의 단면지름이 달기체인이 제조된 때의 해당 링의 지름의 10%를 초과하여 감소한 것

해설 달기체인의 길이가 달기체인이 제조된 때의 길이 5%를 초과한 것은 양중기에 사용할 수 없다.

정답 ③

59 산업안전보건법상 안전인증 대상 기계에 해당하지 않는 것은?

① 교류아크용접기 ② 크레인
③ 압력용기   ④ 고소작업대

해설 교류아크용접기는 산업안전보건법상 안전인증 대상 기계에 해당하지 않는다.

관련이론 산업안전보건법상 안전인증, 자율안전확인 대상 기계

안전인증 대상 기계	자율안전확인 대상 기계
• 프레스 • 전단기 및 절곡기 • 크레인 • 리프트 • 압력용기 • 롤러기 • 사출성형기 • 고소작업대 • 곤돌라	• 연삭기 또는 연마기(휴대형 제외) • 산업용 로봇 • 혼합기 • 파쇄기 또는 분쇄기 • 식품가공용기계(파쇄, 절단, 혼합, 제면기만 해당) • 컨베이어 • 자동차정비용 리프트 • 공작기계(선반, 드릴기, 평삭·형삭기, 밀링만 해당) • 고정형 목재가공용기계(둥근톱, 대패, 루타기, 띠톱, 모떼기기계만 해당) • 인쇄기

정답 ①

60 다음 중 목재가공용 둥근톱 기계의 방호장치에 해당하지 않는 것은?

① 반발방지기구   ② 분할날
③ 과부하방지장치 ④ 날접촉예방장치

해설 과부하방지장치는 크레인 등 양중기의 방호장치에 해당한다.

관련이론 목재가공용 둥근톱기계의 방호장치

(1) 날접촉예방장치
(2) 반발예방장치
   • 반발방지기구(finger)
   • 분할날
   • 반발방지롤(roll)

정답 ③

제4과목 전기 및 화학설비 안전관리

61 전기설비에 접지를 하는 목적으로 옳지 않은 것은?
① 낙뢰에 의한 피해방지
② 누설전류에 의한 감전방지
③ 지락사고시 보호계전기 신속동작
④ 지락사고시 대지전위 상승유도 및 절연강도 증가

해설 ④의 경우 지락사고시 대지전위 상승억제 및 절연강도 경감이 옳은 내용이다.

정답 ④

62 방폭구조 중 전폐구조를 하고 있으며 외부의 폭발성 가스가 내부로 침입하여 내부에서 폭발하더라도 용기가 그 압력에 견디고 내부의 폭발로 인하여 외부의 폭발성 가스에 착화될 우려가 없도록 만들어진 구조는?
① 안전증방폭구조
② 본질안전방폭구조
③ 유입방폭구조
④ 내압방폭구조

해설 방폭구조 중 전폐구조를 하고 있으며 외부의 폭발성 가스가 내부로 침입하여 내부에서 폭발하더라도 용기는 그 압력에 견디고, 내부의 폭발로 인하여 외부의 폭발성가스에 착화될 우려가 없도록 만들어진 구조는 내압방폭구조(기호: d)이다.

정답 ④

63 접지계통 분류에서 TN접지방식이 아닌 것은?
① TN-S방식
② TN-C방식
③ TN-T방식
④ TN-C-S방식

해설 TN-T방식은 TN접지방식에 해당하지 않는다.

정답 ③

64 액체가 관내를 이동할 때 정전기가 발생하는 현상은?
① 마찰대전
② 유동대전
③ 분출대전
④ 박리대전

해설
- 액체가 관내를 이동할 때에 정전기가 발생하는 현상은 유동대전이다.
- 이는 가솔린과 같은 액체류가 파이프 등의 내부에서 유동할 때 관벽과 액체사이에서 발생하는 것으로, 액체의 유동속도가 정전기 발생에 가장 큰 영향을 미친다.

정답 ②

65 정전기 발생에 영향을 주는 요인으로 가장 적절하지 않은 것은?
① 분리속도
② 물체의 질량
③ 물체의 표면상태
④ 접촉면적 및 압력

해설 물체의 질량은 정전기 발생에 영향을 주는 요인에 해당하지 않는다.

관련이론 정전기 발생에 영향을 주는 요인
- 분리속도
- 물체의 표면상태
- 접촉면적 및 압력
- 물체의 특성
- 물체의 분리력

정답 ②

66 누전차단기의 설치에 대한 설명 중 옳지 않은 것은?
① 단상용 누전차단기는 3상회로에 설치하지 않아야 한다.
② 누전차단기는 설치 전에 반드시 폐로시키고 설치 후에 개로시켜 작동시켜야 한다.
③ 누전차단기의 설치가 완료되면 회로와 대지간의 절연저항을 측정하여야 한다.
④ 누전차단기는 분기회로 또는 전기기기마다 설치하는 것을 원칙으로 한다.

해설 누전차단기는 설치 전에 반드시 개로시키고 설치 후에 폐로시켜 작동시켜야 한다.

정답 ②

67 제전기의 설치 장소로 가장 적절한 것은?

① 대전물체의 뒷면에 접지물체가 있는 경우
② 정전기의 발생원으로부터 5~20cm 정도 떨어진 장소
③ 오물과 이물질이 자주 발생하고 묻기 쉬운 장소
④ 온도가 150℃, 상대습도가 80% 이상인 장소

해설 제전기의 설치장소로 가장 적절한 것은 정전기의 발생원으로부터 5~20cm 정도 떨어진 장소이다.

정답 ②

68 인체가 현저하게 젖어있는 상태에서의 허용접촉전압으로 옳은 것은?

① 2.5V 이하   ② 25V 이하
③ 50V 이하   ④ 100V 이하

해설 인체가 현저하게 젖어있는 상태에서의 허용접촉전압은 25V 이하이다.

 인체의 접촉상태에 따른 허용접촉전압

종별	접촉상태	허용접촉전압 (V)
제1종	인체의 대부분이 수중에 있는 상태	2.5 이하
제2종	• 인체가 현저하게 젖어 있는 상태 • 금속성의 전기기계장치나 구조물에 인체의 일부가 상시 접촉되어 있는 상태	25 이하
제3종	통상의 인체상태에서 접촉전압이 가해지면 위험성이 높은 상태	50 이하
제4종	• 통상의 인체상태에서 접촉전압이 가해지더라도 위험성이 낮은 상태 • 접촉전압이 가해질 우려가 없는 상태	제한없음

정답 ②

69 피뢰기가 반드시 가져야 할 성능으로 옳지 않은 것은?

① 충격방전개시전압이 높을 것
② 뇌전류 방전능력이 클 것
③ 속류 차단을 확실하게 할 수 있을 것
④ 반복동작이 가능할 것

해설 피뢰기는 충격방전개시전압이 낮아야 한다.

 피뢰기가 갖추어야 할 이상적인 성능
• 제한전압이 낮을 것
• 반복동작이 가능할 것
• 뇌전류 방전능력이 크고, 속류의 차단능력이 충분할 것
• 구조가 견고하며 특성이 변화하지 않을 것
• 점검, 보수가 간단할 것
• 충격방전개시전압이 낮을 것
• 상용주파방전개시전압이 높을 것

정답 ①

70 어느 변전소에서 고장전류가 유입되었을 때 도전성 구조물과 그 부근 지표상의 점 사이(약 1m)의 허용접촉전압(V)은? (단, 심실세동전류: $I_k = \dfrac{0.165}{\sqrt{t}}$ [A], 인체의 저항: 1,000Ω, 지표상층 저항률: 150Ωm, 통전시간을 1초로 한다.)

① 202   ② 186
③ 228   ④ 164

해설 허용접촉전압은 다음과 같이 계산한다.

$$E = \left(R_b + \frac{3R_s}{2}\right) \times I_k$$

여기서, E: 허용접촉전압(V)
R_b: 인체의 저항(Ω)
R_s: 지표상층 저항률(Ωm)
I_k: 심실세동전류(A)

$= \left(1{,}000 + \dfrac{3 \times 150}{2}\right) \times \dfrac{0.165}{\sqrt{1}} = 202.125$

≒ 202V

정답 ①

71 방폭전기기기의 성능을 나타내는 기호표시로 ExP Ⅱ A T5를 나타내었을 때 관계가 없는 표시 내용은?

① 온도등급 ② 폭발성능
③ 방폭구조 ④ 폭발등급

해설 폭발성능은 방폭전기기기의 성능을 나타내는 기호표시인 ExP ⅡA T5와 관계가 없다.

> ExP ⅡA T5

여기서, P: 방폭구조
　　　ⅡA: 폭발등급(폭발그룹)
　　　T5: 온도등급

정답 ②

72 산업안전보건법상 공정안전보고서에 포함되어야 할 사항으로 가장 거리가 먼 것은?

① 평균안전율 ② 공정안전자료
③ 비상조치계획 ④ 공정위험성평가서

해설 평균안전율은 공정안전보고서에 포함되지 않는다.

관련이론 산업안전보건법상 공정안전보고서에 포함되어야 할 사항
- 공정안전자료
- 비상조치계획
- 공정위험성평가서
- 안전운전계획
- 그밖에 공정상의 안전과 관련하여 고용노동부장관이 필요하다고 인정하여 고시하는 사항

정답 ①

73 다음 중 기기보호등급(EPL)에 해당하지 않는 것은?

① EPL Ga ② EPL Ma
③ EPL Dc ④ EPL Mc

해설 EPL Mc는 기기보호등급(EPL)에 해당하지 않는다.

관련이론 보호등급(EPL; Equipment Protection Levels) - IEC 60079-18
- ma(EPL Ma, Ga, Da): 최고 수준의 보호를 제공
- mb(EPL Mb, Gb, Db): 높은 수준의 보호를 제공
- mc(EPL Gc, Dc): 기본적인 수준의 보호를 제공

정답 ④

74 대기 중에 대량의 가연성 가스가 유출되거나 대량의 가연성 액체가 유출하여 그것으로부터 발생하는 증기와 공기와 혼합해서 가연성 혼합기체를 형성하고, 점화원에 의하여 발생하는 폭발을 무엇이라고 하는가?

① UVCE ② BLEVE
③ Detonation ④ Boil over

해설 대기 중에 대량의 가연성 가스가 유출되거나 대량의 가연성 액체가 유출하여 그것으로부터 발생하는 증기와 공기와 혼합해서 가연성 혼합기체를 형성하고, 점화원에 의하여 발생하는 폭발은 UVCE(Unconfined Vapor Cloud Explosion: 증기운폭발)이다.

정답 ①

75 산업안전보건법령상 용해아세틸렌의 가스집합용접장치의 배관 및 부속기구에는 구리나 구리 함유량이 몇 퍼센트 이상인 합금을 사용할 수 없는가?

① 40 ② 50
③ 60 ④ 70

해설 산업안전보건법령상 용해아세틸렌의 가스집합용접장치의 배관 및 부속기구에는 구리나 구리 함유량이 70% 이상인 합금을 사용할 수 없다.

정답 ④

76 분진폭발의 발생 순서로 옳은 것은?

① 비산 → 분산 → 퇴적분진 → 발화원 → 2차폭발 → 전면폭발
② 비산 → 퇴적분진 → 분산 → 발화원 → 2차폭발 → 전면폭발
③ 퇴적분진 → 발화원 → 분산 → 비산 → 전면폭발 → 2차폭발
④ 퇴적분진 → 비산 → 분산 → 발화원 → 전면폭발 → 2차폭발

해설 분진폭발의 발생순서
퇴적분진 → 비산 → 분산 → 발화원 → 전면폭발 → 2차폭발

정답 ④

77 다음은 산업안전보건법령상 파열판 및 안전밸브의 직렬설치에 대한 내용이다. ( ) 안에 알맞은 용어는?

> 사업주는 급성독성물질이 지속적으로 외부에 유출될 수 있는 화학설비 및 그 부속설비에 파열판과 안전밸브를 직렬로 설치하고 그 사이에는 압력지시계 또는 ( )을(를) 설치하여야 한다.

① 자동경보장치　② 차단장치
③ 플레어헤드　　④ 콕

해설 사업주는 급성독성 물질이 지속적으로 외부에 유출될 수 있는 화학설비 및 그 부속설비에 파열판과 안전밸브를 직렬로 설치하고 그 사이에는 압력지시계 또는 자동경보장치를 설치하여야 한다.

정답 ①

78 위험물안전관리법령에서 정한 제3류 위험물에 해당하지 않는 것은?

① 나트륨　　　　② 알킬알루미늄
③ 황린　　　　　④ 니트로글리세린

해설 니트로글리세린은 위험물 안전관리법령에서 정한 제5류(자기반응성 물질) 위험물에 해당한다.

관련이론 제3류 위험물(자연발화성 및 금수성 물질)
- 나트륨
- 칼륨
- 알킬리튬
- 알킬알루미늄
- 황린
- 유기금속화합물
- 금속의 수소화물
- 금속의 인화물
- 알칼리금속(칼륨 및 나트륨 제외) 및 알칼리토금속

정답 ④

79 산화성 물질에 해당하지 않는 것은?

① KNO_3　　　② NH_4ClO_3
③ HNO_3　　　④ P_4S_3

해설 산화성 물질에는 KNO_3(질산칼륨), NH_4ClO_3(염소산암모늄), HNO_3(질산)이 있으며, P_4S_3(삼황화인)는 물반응성 물질에 해당한다.

정답 ④

80 다음 [표]의 가스를 위험도가 큰 것부터 작은 순으로 바르게 나열한 것은?

구분	폭발하한값	폭발상한값
수소	4.0vol%	75vol%
산화에틸렌	3.0vol%	80vol%
이황화탄소	1.25vol%	44vol%
아세틸렌	2.5vol%	81vol%

① 아세틸렌 - 산화에틸렌 - 이황화탄소 - 수소
② 아세틸렌 - 산화에틸렌 - 수소 - 이황화탄소
③ 이황화탄소 - 아세틸렌 - 수소 - 산화에틸렌
④ 이황화탄소 - 아세틸렌 - 산화에틸렌 - 수소

해설
- 위험도(H) = $\dfrac{\text{폭발상한계}(U) - \text{폭발하한계}(L)}{\text{폭발하한계}(L)}$

  - 수소: $\dfrac{75-4}{4} = 17.75$
  - 산화에틸렌: $\dfrac{80-3}{3} ≒ 25.67$
  - 이황화탄소: $\dfrac{44-1.25}{1.25} = 34.2$
  - 아세틸렌: $\dfrac{81-2.5}{2.5} = 31.4$

- 따라서 이황화탄소 - 아세틸렌 - 산화에틸렌 - 수소 순으로 나열할 수 있다.

정답 ④

제5과목 건설공사 안전관리

81 지반의 종류가 연암 및 풍화암일 때 굴착면의 기울기 기준으로 옳은 것은?

① 1 : 0.5　　② 1 : 1.0
③ 1 : 1.2　　④ 1 : 1.8

해설 지반의 종류가 연암 및 풍화암일 때 굴착면의 기울기 기준은 1 : 1.0이다.

관련이론 굴착면의 기울기 기준

지반의 종류	굴착면의 기울기
모래	1 : 1.8
연암 및 풍화암	1 : 1.0
경암	1 : 0.5
그밖의 흙	1 : 1.2

※ 산업안전보건법 안전보건기준 → 2023.11.14 개정

정답 ②

82 잠함 또는 우물통의 내부에서 근로자가 굴착작업을 하는 경우의 준수사항으로 옳지 않은 것은?

① 산소결핍 우려가 있는 경우에는 산소의 농도를 측정하는 사람을 지명하여 측정하도록 할 것
② 근로자가 안전하게 오르내리기 위한 설비를 설치할 것
③ 굴착깊이가 20m를 초과하는 경우에는 해당 작업장소와 외부와의 연락을 위한 통신설비 등을 설치할 것
④ 잠함 또는 우물통의 급격한 침하에 의한 위험을 방지하기 위하여 바닥으로부터 천장 또는 보까지의 높이는 2m 이내로 할 것

해설 잠함 또는 우물통의 급격한 침하에 의한 위험을 방지하기 위하여 바닥으로부터 천장 또는 보까지의 높이는 1.8m 이상으로 할 것이 옳은 내용이다.

정답 ④

83 철골작업을 중지하여야 하는 제한기준에 해당하지 않는 것은?

① 풍속이 초당 10m 이상인 경우
② 강우량이 시간당 1mm 이상인 경우
③ 강설량이 시간당 1cm 이상인 경우
④ 소음이 65dB 이상인 경우

해설 소음이 65dB 이상인 경우는 산업안전보건법상 철골작업을 중지하여야 하는 기준으로 규정되어 있지 않다.

관련이론 철골작업을 중지하여야 하는 제한기준(산업안전보건법 안전보건기준)

- 풍속이 초당 10m 이상인 경우
- 강우량이 시간당 1mm 이상인 경우
- 강설량이 시간당 1cm 이상인 경우

정답 ④

84 2축2륜이 있으며, 각각의 차축이 평행으로 배치된 것으로 점성토의 다짐에 적당하지만 각재를 다짐하는 것은 부적합 기계는?

① 매커덤롤러　　② 탠덤롤러
③ 타이어롤러　　④ 탬핑롤러

해설 탠덤롤러(Tandom Roller)에 관한 설명이다.

정답 ②

85 건설업 산업안전보건관리비를 계상할 때 대상액에 곱해주는 비율이 가장 작은 공사 종류는?

① 건축공사　　② 토목공사
③ 중건설공사　　④ 특수건설공사

해설
- 건설업 산업안전보건관리비를 계상할 때 계상기준은 다음과 같다. (고용노동부고시 → 2024.9.19 개정)

공사종류 \ 대상액	5억 원 미만 적용비율	50억 원 이상 적용비율
특수건설공사	2.07%	1.64%
중건설공사	3.64%	3.11%
건축공사	3.11%	2.37%
토목공사	3.15%	2.60%

- 따라서 비율이 가장 작은 공사는 특수건설공사이다.

정답 ④

86 흙막이 가시설의 버팀대(Strut)의 변형을 측정하는 계측기에 해당하는 것은?

① Water level meter ② Strain gauge
③ Piezometer ④ Load cell

해설 흙막이 가시설의 버팀대의 변형을 측정하는 계측기는 Strain guage(변형계)이다.

선지분석
① Water level meter(수위계)는 지하수위의 변화를 측정하는 계측기이다.
③ Piezometer(간극수압계)는 흙막이 벽에 미치는 간극수압의 영향을 측정하는 계측기이다.
④ Load cell(하중계)는 지보공 버팀대에 작용하는 축력을 측정하는 계측기이다.

정답 ②

87 강관비계의 구조 중 비계기둥간의 적재하중은 몇 kg을 초과하지 않아야 하는가?

① 100kg ② 200kg
③ 300kg ④ 400kg

해설 강관비계의 구조 중 비계기둥간의 적재하중은 400kg을 초과하지 않아야 한다.

정답 ④

88 동바리를 조립하는 경우에 준수하여야 하는 기준으로 옳지 않은 것은?

① 동바리로 사용하는 파이프서포트는 높이가 3.5m를 초과하는 경우에는 높이 2m이내마다 수평연결재를 2개 방향으로 만들고 수평연결재의 변위를 방지할 것
② 동바리로 사용하는 파이프서포트를 이어서 사용하는 경우에는 3개 이상의 볼트 또는 전용철물을 사용하여 이을 것
③ 받침목이나 깔판의 사용, 콘크리트 타설, 말뚝박기 등 동바리의 침하를 방지하기 위한 조치를 할 것
④ 동바리로 사용하는 파이프 서포트를 3개 이상 이어서 사용하지 않도록 할 것

해설 동바리로 사용하는 파이프서포트를 이어서 사용하는 경우에는 4개 이상의 볼트 또는 전용철물을 사용하여야 한다.

정답 ②

89 차량계 하역운반기계에 화물을 적재할 때의 준수사항과 거리가 먼 것은?

① 하중이 한쪽으로 치우지지 않도록 적재할 것
② 구내운반차 또는 화물자동차의 경우 화물의 붕괴 또는 낙하에 의한 위험을 방지하기 위하여 화물에 로프를 거는 등 필요한 조치를 할 것
③ 운전자의 시야를 가리지 않도록 화물을 적재할 것
④ 제동장치 및 조종장치 기능의 이상 유무를 점검할 것

해설
• 제동장치 및 조종장치 기능의 이상 유무를 점검하는 것은 차량계 하역운반기계에 화물을 적재할 때의 준수사항에 해당하지 않는다.
• 제동장치 및 조종장치 기능의 이상유무는 지게차 및 구내운반차를 사용하여 작업을 할 때 작업시작 전 점검사항에 해당한다.

정답 ④

90 히빙(heaving)현상이 가장 쉽게 발생하는 토질지반은?
① 연약한 점토지반 ② 연약한 사질토지반
③ 견고한 점토지반 ④ 견고한 사질토지반

해설
- 히빙(heaving)현상이 가장 쉽게 발생하는 토질지반은 연약한 점토지반이다.
- 보일링(Boiling)현상이 가장 쉽게 발생하는 토질지반은 지하수위가 높은 사질토지반이다.

정답 ①

91 강풍시 타워크레인의 설치, 수리, 점검 또는 해체작업을 중지하여야 하는 순간풍속 기준으로 옳은 것은?
① 순간풍속이 초당 10m를 초과하는 경우
② 순간풍속이 초당 15m를 초과하는 경우
③ 순간풍속이 초당 20m를 초과하는 경우
④ 순간풍속이 초당 30m를 초과하는 경우

해설
- 순간풍속이 초당 10m를 초과하는 경우 타워크레인의 설치, 수리, 점검 또는 해체작업을 중지하여야 한다.
- 초당 15m를 초과하는 경우 타워크레인의 운전작업을 중지하여야 한다.

정답 ①

92 고소작업대를 사용하는 경우 준수해야 할 사항으로 옳지 않은 것은?
① 안전한 작업을 위하여 적정수준의 조도를 유지할 것
② 전로(電路)에 근접하여 작업을 하는 경우에는 작업감시자를 배치하는 등 감전사고를 방지하기 위하여 필요한 조치를 할 것
③ 작업대의 붐대를 상승시킨 상태에서 탑승자는 작업대를 벗어나지 말 것
④ 전환스위치는 다른 물체를 이용하여 고정할 것

해설 전환스위치는 다른 물체를 이용하여 고정할 것은 고소작업대 사용시 준수사항에 해당하지 않는다.

정답 ④

93 토석붕괴의 내적요인이 아닌 것은?
① 사면, 법면의 경사증가
② 절토사면의 토질, 암질
③ 성토사면의 토질구성 및 분포
④ 토석의 강도저하

해설 사면, 법면의 경사증가는 토석붕괴의 외적요인에 해당한다.

관련이론 토석붕괴의 원인(굴착공사표준안전작업지침 고용노동부 고시)

토석붕괴의 내적원인	• 토석의 강도저하 • 성토사면의 토질구성 및 분포 • 절토사면의 토질·암질
토석붕괴의 외적원인	• 절토 및 성토높이의 증가 • 사면, 법면의 경사 및 기울기의 증가 • 공사에 의한 진동 및 반복하중의 증가 • 지표수 및 지하수의 침투에 의한 토사중량의 증가 • 지진, 차량, 구조물의 하중작용 • 토사 및 암석의 혼합층 두께

정답 ①

94 산업안전보건법령에 따른 작업발판 일체형 거푸집에 해당하지 않는 것은?
① 갱폼(Gang Form)
② 슬립폼(Slip Form)
③ 유로폼(Euro Form)
④ 클라이밍폼(Climbing Form)

해설 유로폼은 작업발판 일체형 거푸집에 해당하지 않는다.

관련이론 작업발판 일체형 거푸집의 종류(산업안전보건법 안전보건기준)
- 갱폼(Gang Form)
- 슬립폼(Slip Form)
- 클라이밍폼(Climbing Form)
- 터널라이닝폼(Tunnel Lining Form)
- 그 밖에 거푸집과 작업발판이 일체로 제작된 거푸집

정답 ③

95 추락재해방지용 방망의 신품에 대한 인장강도는 얼마인가? (단, 그물코의 크기가 10cm이며, 매듭방망이다)

① 200kg ② 240kg
③ 260kg ④ 280kg

해설 그물코의 크기가 10cm이며, 매듭방망의 신품에 대한 인장강도는 200kg이다.

관련이론 방망사의 인장강도

1. 방망사의 신품에 대한 인장강도

그물코의 크기(cm)	인장강도(kg)	
	매듭없는 방망	매듭방망
10	240	200
5	–	110

2. 방망사의 폐기시 인장강도

그물코의 크기(cm)	인장강도(kg)	
	매듭없는 방망	매듭방망
10	150	135
5	–	60

정답 ①

96 흙막이지보공을 설치하였을 때 정기적으로 점검하고, 이상을 발견하면 즉시 보수하여야 하는 사항으로 거리가 먼 것은?

① 부재의 손상, 변형, 부식, 변위 및 탈락의 유무와 상태
② 부재의 접속부, 부착부 및 교차부의 상태
③ 침하의 정도
④ 발판의 지지상태

해설 발판의 지지상태는 흙막이지보공을 설치시 정기적으로 점검하고 이상을 발견하면 즉시 보수해야 하는 사항에 해당하지 않는다.

관련이론 흙막이지보공을 설치시 정기점검 및 즉시 보수사항(산업안전보건법 안전보건기준)

- 침하의 정도
- 버팀대의 긴압의 정도
- 부재의 접속부, 부착부 및 교차부의 상태
- 부재의 손상, 변형, 부식, 변위 및 탈락의 유무와 상태

정답 ④

97 콘크리트 타설시 거푸집의 측압에 영향을 미치는 인자들에 대한 설명으로 옳지 않은 것은?

① 슬럼프가 클수록 측압은 크다.
② 거푸집의 강성이 클수록 측압은 크다.
③ 철근량이 많을수록 측압은 작다.
④ 타설속도가 느릴수록 측압은 크다.

해설 타설속도가 빠를수록(클수록) 측압은 크다.

관련이론 콘크리트 타설시 거푸집의 측압이 커지는 조건

- 슬럼프가 클수록, 벽두께가 두꺼울수록
- 부어넣기 속도가 빠를수록
- 다지기가 강할수록
- 습도가 높을수록
- 거푸집의 강성이 클수록
- 거푸집의 수밀성이 높을수록
- 거푸집 표면이 매끄러울수록
- 묽은 콘크리트일수록
- 콘크리트의 비중이 클수록(단위중량이 클수록)
- 철골 또는 철근량이 적을수록
- 거푸집의 수평단면이 클수록(벽두께가 클수록)
- 응결이 빠른 시멘트를 사용할수록
- 콘크리트의 타설높이가 높을수록
- 시멘트가 부배합일수록

정답 ④

98 다음에서 설명하는 것은?

> 양단이 힌지(Hinge)인 기둥에 수직하중을 가하면 기둥이 수평방향으로 휘게 되는 현상

① 피로한계　② 수축균열
③ 좌굴　　　④ 파괴한계

해설 좌굴(Buckling)에 대한 설명이다.

정답 ③

99 가설구조물의 특징이 아닌 것은?

① 연결재가 적은 구조로 되기 쉽다.
② 부재결합이 불완전 할 수 있다.
③ 영구적인 구조설계의 개념이 확실하게 적용된다.
④ 단면에 결함이 있기 쉽다.

해설 조립도의 정밀도가 낮고 구조물이라는 통상의 개념이 확실하지가 않으며, 영구적인 구조설계의 개념이 확실하게 적용되지는 않는다.

관련이론 가설구조물

1. 가설구조물의 특징
    - 연결재가 적은 구조로 되기 쉽다.
    - 부재결합이 간단하고 불완전 할 수가 있다.
    - 사용부재는 과소단면이거나 결함재가 되기 쉽다.
    - 조립도의 정밀도가 낮고 구조물이라는 통상의 개념이 확실하지가 않다.
    - 구조상의 결함이 있는 경우 중대재해로 이어질 수 있다.

2. 가설구조물의 문제점
    - 구조상의 문제점이 있다.
    - 도괴(무너짐)재해 발생의 원인이 된다.
    - 추락 및 낙하비래재해 발생의 원인이 된다.

정답 ③

100 건설현장에서의 PC(Precast Concrete) 조립시 안전대책으로 옳지 않은 것은?

① 달아 올린 부재의 아래에서 정확한 상황을 파악하고 전달하여 작업한다.
② 운전자는 부재를 달아 올린 채 운전대를 이탈해서는 안된다.
③ 신호는 사전에 정해진 방법에 의해서만 실시한다.
④ 크레인 사용시 PC판의 중량을 고려하여 아웃트리거를 사용한다.

해설 달아 올린 부재의 아래에서는 작업을 하여서는 아니된다.

정답 ①

2021년 제1회(CBT)

제1과목 산업재해예방 및 안전보건교육

01 재해예방의 4원칙이 아닌 것은?

① 손실우연의 원칙   ② 사전준비의 원칙
③ 원인계기의 원칙   ④ 대책선정의 원칙

해설 재해예방의 4원칙으로는 손실우연의 원칙, 원인계기의 원칙, 대책선정의 원칙, 예방가능의 원칙이 있으며, 사전준비의 원칙은 해당하지 않는다.

정답 ②

02 인간관계의 메커니즘 중 다른 사람의 행동양식이나 태도를 투입시키거나, 다른 사람 가운데서 자기와 비슷한 것을 발견하는 것은?

① 투사(Projection)
② 모방(Imitation)
③ 암시(Suggestion)
④ 동일화(Identification)

해설 인간관계의 메커니즘 중 다른 사람의 행동양식이나 태도를 투입시키거나, 다른 사람 가운데서 자기와 비슷한것을 발견하는 것은 동일화(Identification)이다.

정답 ④

03 산업안전보건법령상 보호구 안전인증 대상 방독마스크의 유기화합물용 정화통 외부측면 표시색은?

① 갈색   ② 녹색
③ 회색   ④ 노랑색

해설 산업안전보건법령상 보호구 안전인증 대상 방독마스크의 유기화합물용 정화통 외부측면 표시색은 갈색이다.

정답 ①

04 생체리듬의 변화에 대한 설명으로 옳지 않은 것은?

① 야간에는 체중이 감소한다.
② 야간에는 말초운동 기능이 증가된다.
③ 체온, 혈압, 맥박수는 주간에 상승하고 야간에 감소한다
④ 혈액의 수분과 염분량은 주간에 감소하고 야간에 상승한다.

해설 야간에는 말초운동 기능이 저하되고, 피로의 자각증상이 증가한다.

정답 ②

05 레빈(Lewin)은 인간행동 특성을 다음과 같이 표현하였다. 변수 E가 의미히는 것은?

$$B=f(P \cdot E)$$

① 연령   ② 성격
③ 환경   ④ 지능

해설 레빈의 식에서 E는 환경(Environment)을 의미한다.

관련이론 레빈(K. Lewin)의 법칙

$$B=f(P \cdot E)$$

- B: Behavior(행동)
- f: function(함수: 적성, 기타 P와 E에 영향을 주는 조건)
- P: Person(개체: 경험, 연령, 심신상태, 지능, 성격 등)
- E: Environment(환경: 작업환경, 인간관계, 설비적 결함 등)

정답 ③

06 작업을 하고 있을 때 긴급 이상상태 또는 돌발사태가 되면 순간적으로 긴장하게 되어 판단능력의 둔화 또는 정지상태가 되는 것은?

① 의식의 우회   ② 의식의 과잉
③ 의식의 단절   ④ 의식의 수준저하

해설 작업을 하고 있을 때 긴급 이상상태 또는 돌발사태가 되면 순간적으로 긴장하게 되어 판단능력의 둔화 또는 정지상태가 되는 것은 의식의 과잉이다.

정답 ②

07 위험예지훈련 4R(라운드)기법의 진행방법에서 3R에 해당하는 것은?

① 목표설정   ② 대책수립
③ 본질추구   ④ 현상파악

해설 위험예지훈련 4R(라운드)기법 중 3R은 대책수립이다.

정답 ②

08 안전모의 성능시험에 있어서 AE, ABE종에만 한하여 실시하는 시험은?

① 내관통성시험, 충격흡수성시험
② 난연성시험, 내수성시험
③ 난연성시험, 내전압성시험
④ 내전압성시험, 내수성시험

해설 AE, ABE종 안전모는 머리부위 감전에 의한 위험을 방지하기 위한 기능이 있기 때문에 내전압성시험, 내수성시험을 실시하여야 한다.

정답 ④

09 학습지도의 형태 중 참가자에게 일정한 역할을 주어 실제적으로 연기를 시켜봄으로써 자기의 역할을 보다 확실히 인식시키는 방법은?

① 포럼(Forum)
② 심포지엄(Symposium)
③ 롤 플레잉(Role playing)
④ 사례연구법(Case study method)

해설 참가자에게 일정한 역할을 주어 실제적으로 연기를 시켜봄으로써 자기의 역할을 보다 확실히 인식시키는 방법은 롤 플레잉(Role Playing: 역할연기법)이다.

정답 ③

10 주의(attention)의 특성 중 여러 종류의 자극을 받을 때 소수의 특정한 것에만 반응하는 것은?

① 선택성   ② 방향성
③ 단속성   ④ 변동성

해설 선택성에 대한 설명이다.

관련이론 주의(Attention)의 특성

(1) 선택성
- 여러 가지 자극을 지각할 때 소수의 특정자극에 선택적으로 주의를 기울이는 기능이다.
- 주의는 동시에 두 개 이상의 방향에 집중하지 못한다(주의력의 중복집중 곤란).

(2) 방향성
- 주시점(시선이 가는 방향)만 인지하는 기능이다.
- 한지점에 주의를 집중하면 다른 곳의 주의는 약해진다.

(3) 변동성
- 주의집중시 주기적으로 부주의의 리듬이 존재하는 기능이다.
- 고도의 주의는 장시간 지속할 수 없다(주의력의 단속성).

정답 ①

11 재해의 근원이 되는 기계장치나 기타의 물(物) 또는 환경을 뜻하는 것은?

① 상해 ② 가해물
③ 기인물 ④ 사고의 형태

해설 재해의 근원이 되는 기계장치나 기타의 물(物) 또는 환경을 뜻하는 것은 기인물이다.

선지분석 ② 가해물은 직접 사람에게 접촉해서 피해를 가한 것을 뜻한다.

정답 ③

---

12 안전교육방법 중 TWI(Training Within Industry)의 교육과정이 아닌 것은?

① 작업지도훈련 ② 인간관계훈련
③ 정책수립훈련 ④ 작업방법훈련

해설 정책수립훈련은 TWI의 교육과정에 해당하지 않는다.

관련이론 관리감독자 교육훈련 TWI의 교육과정
- 작업안전훈련(Job Safety Training, JST)
- 작업방법훈련(Job Method Training, JMT)
- 작업지도훈련(Job Instruction Training, JIT)
- 인간관계훈련(Job Relation Training, JRT)

정답 ③

---

13 산업안전보건법령상 건설현장에서 사용하는 크레인, 리프트 및 곤돌라의 안전검사의 주기로 옳은 것은? (단, 이동식 크레인, 이삿짐운반용 리프트는 제외한다.)

① 최초로 설치한 날부터 6개월마다
② 최초로 설치한 날부터 1년마다
③ 최초로 설치한 날부터 2년마다
④ 최초로 설치한 날부터 3년마다

해설 크레인, 리프트 및 곤돌라는 사업장에 설치가 끝난 날부터 3년 이내에 최초 안전검사를 실시하되, 그 이후부터 2년마다(건설현장에서 사용하는 것은 최초로 설치한 날부터 6개월마다) 안전검사를 하여야 한다.

정답 ①

---

14 알더퍼의 ERG(Existence Relation Growth) 이론에서 생리적 욕구, 물리적 측면의 안전욕구 등 저차원적 욕구에 해당하는 것은?

① 관계욕구 ② 성장욕구
③ 사회적욕구 ④ 존재욕구

해설
- 알더퍼의 ERG(Existence Relation Growth)이론에서 생리적 욕구, 물리적 측면의 안전욕구 등 저차원적 욕구에 해당하는 것은 존재욕구(생존욕구: Existence)이다.
- 알더퍼의 ERG 이론에서 사람과 사람의 상호작용, 대인욕구에 해당하는 것은 관계욕구(Relation)이다.
- 알더퍼의 ERG 이론에서 개인적 발전능력, 잠재능력 충족에 해당하는 것은 성장욕구(Growth)이다.

정답 ④

---

15 산업안전보건법령상 관리감독자 업무의 내용이 아닌 것은?

① 해당 작업에 관련되는 기계·기구 또는 설비의 안전보건점검 및 이상유무의 확인
② 해당 사업장 산업보건의 지도·조언에 대한 협조
③ 위험성 평가를 위한 업무에 기인하는 유해·위험요인의 파악 및 그 결과에 따라 개선조치의 시행
④ 작성된 물질안전보건자료의 게시 또는 비치에 관한 보좌 및 조언·지도

해설 작성된 물질안전보건자료의 게시 또는 비치에 관한 보좌 및 조언·지도는 산업안전보건법령상 보건관리자의 업무에 해당한다.

정답 ④

16 리더십에 있어서 권한의 역할 중 조직이 지도자에게 부여한 권한이 아닌 것은?
① 보상적 권한 ② 강압적 권한
③ 합법적 권한 ④ 전문성의 권한

해설 전문성의 권한은 지도자 자신이 자신에게 부여하는 권한이다.

관련이론 리더십의 권한
1. 조직이 리더(지도자)에게 부여하는 권한
   - 강압적 권한
   - 보상적 권한
   - 합법적 권한
2. 리더(지도자) 자신이 자신에게 부여하는 권한
   - 위임된 권한
   - 전문성의 권한

정답 ④

17 중대재해가 발생하였을 경우 사업주가 지체없이 관할 지방고용노동관서의 장에게 보고할 사항이 아닌 것은?
① 발생개요 및 피해상황
② 조치 및 전망
③ 그 밖의 중요한 사항
④ 재해재발방지계획

해설 재해재발방지계획은 사업주가 산업재해조사표를 작성하여 제출할 때 필요한 사항이다.

정답 ④

18 하인리히의 사고예방대책의 5단계에 속하지 않는 것은?
① 조직   ② 시정방법의 선정
③ 사실의 발견 ④ 안전활동

해설 안전활동은 하인리히의 사고예방대책의 5단계에 포함되지 않는다.

관련이론 하인리히의 사고예방대책 5단계
- 제1단계: 조직
- 제2단계: 사실의 발견
- 제3단계: 분석
- 제4단계: 시정방법의 선정
- 제5단계: 시정책의 적용

정답 ④

19 상황성 누발자의 재해유발원인과 거리가 먼 것은?
① 작업의 어려움 ② 기계설비의 결함
③ 심신의 근심   ④ 주의력의 산만

해설 주의력의 산만은 소질성 누발자의 재해유발원인에 해당된다.

정답 ④

20 산업안전보건법령상 안전보건표지에 있어서 경고표지의 종류 중 기본모형이 다른 것은?
① 고압전기 경고   ② 매달린물체 경고
③ 방사성물질 경고 ④ 폭발성물질 경고

해설 폭발성물질 경고는 기본모형이 마름모형이고, 나머지 경고표지의 기본모형은 삼각형이다.

관련이론 경고표지의 종류에 따른 기본모형(산업안전보건법)
1. 삼각형(△)
   - 방사성물질 경고
   - 고압전기 경고
   - 매달린물체 경고
   - 낙하물 경고
   - 고온 경고
   - 저온 경고
   - 몸균형상실 경고
   - 레이저광선 경고
   - 위험장소 경고
2. 마름모형(◇)
   - 인화성물질 경고
   - 산화성물질 경고
   - 폭발성물질 경고
   - 급성독성물질 경고
   - 부식성물질 경고
   - 발암성·변이원성·생식독성·전신독성·호흡기과민성물질 경고

정답 ④

제2과목 인간공학 및 위험성 평가·관리

21 인간공학의 궁극적인 목적과 가장 관계가 깊은 것은?

① 경제성 향상
② 인간능력의 극대화
③ 설비의 가동률 향상
④ 안전성 및 효율성 향상

해설 인간공학의 궁극적인 목적은 안전성 및 효율성 향상이다.

정답 ④

22 어느 제어장치에서 조종장치를 1cm 움직였을 때 표시장치 지침이 5cm 움직인 경우 이 기기의 통제표시비(C/D비)는?

① 0.2
② 0.25
③ 0.5
④ 1.2

해설 $C/D비 = \dfrac{X}{Y} = \dfrac{1}{5} = 0.2$

여기서, X : 조종장치의 변위량(이동거리)(cm)
　　　　Y : 표시장치의 변위량(이동거리)(cm)

정답 ①

23 설비의 고장과 같이 특정시간 또는 구간에 어떤 사건의 발생 확률이 적은 경우 그 사건의 발생횟수를 측정하는데 가장 적합한 확률분포는?

① 와이블분포(Weibull Distribution)
② 푸아송분포(Poisson Distribution)
③ 지수분포(Exponential Distribution)
④ 이항분포(Bunomial Distribution)

해설 설비의 고장과 같이 특정시간 또는 구간에 어떤 사건의 발생 확률이 적은 경우 그 사건의 발생횟수를 측정하는데 가장 적합한 확률분포는 푸아송분포(Poisson Distribution)이다.

정답 ②

24 MIL-STD-882B에서 분류한 심각도(severity) 카테고리 범주에 해당하지 않는 것은?

① 재앙수준(Catastrophic)
② 임계수준(Critical)
③ 경계수준(Precautionary)
④ 무시가능수준(Negligible)

해설 경계수준(Precautionary)은 MIL-STD-882B에서 분류한 심각도(severity) 카테고리 범주에 해당하지 않는다.

관련이론 시스템안전관리상의 위험성 분류(MIL-STD-882B: 미국방성 시스템안전 표준규격)에 따른 위험도(심각도) 분류

- 범주-Ⅰ(카테고리-Ⅰ) : 파국(Catastrophic), 재앙수준
- 범주-Ⅱ(카테고리-Ⅱ) : 위기적(Critical), 임계수준
- 범주-Ⅲ(카테고리-Ⅲ) : 한계적(Marginal)
- 범주-Ⅳ(카테고리-Ⅳ) : 무시가능(Negligible)

정답 ③

25 위팔은 자연스럽게 수직으로 늘어뜨린 채, 아래팔만을 편하게 뻗어 작업할 수 있는 범위는?

① 정상작업역
② 최대작업역
③ 최소작업역
④ 작업포락면

해설 상완(上腕: 위팔)은 자연스럽게 수직으로 늘어뜨린 채, 전완(前腕: 아래팔)만으로 편하게 뻗어 파악할 수 있는 구역은 정상작업역이다.

정답 ①

26 휴먼에러(human error)의 분류 중 필요한 작업 또는 절차를 수행하지 않아 발생하는 오류는?

① omission error
② commission error
③ sequential error
④ time error

해설 필요한 작업 또는 절차를 수행하지 않아 발생하는 오류는 omission error(생략오류)이다.

정답 ①

27 시스템의 수명곡선에 고장의 발생형태가 일정하게 나타나는 기간은?
① 초기고장기간 ② 우발고장기간
③ 마모고장기간 ④ 피로고장기간

해설 시스템의 수명곡선에서 고장의 발생형태가 일정하게 나타나는 기간은 우발고장기간이다.

정답 ②

28 근골격계질환의 인간공학적 주요 위험요인과 가장 거리가 먼 것은?
① 과도한 힘   ② 부적절한 자세
③ 고온의 환경 ④ 단순 반복작업

해설 고온의 환경은 근골격계질환의 인간공학적 주요 위험요인에 해당하지 않는다.

관련이론 근골격계질환의 인간공학적 주요 위험
- 무리한 힘(과도한 힘)의 사용
- 장시간의 진동 및 온도(저온)
- 반복도가 높은 작업(반복적인 동작)
- 부적절한 자세
- 날카로운 면과의 신체접촉

정답 ③

29 일반적인 수공구의 설계원칙으로 볼 수 없는 것은?
① 손목을 곧게 유지한다.
② 반복적인 손가락 동작을 피한다.
③ 사용이 용이한 검지만 주로 사용한다.
④ 손잡이는 접촉면적을 가능하면 크게 한다.

해설 사용이 용이한 검지만 주로 사용하는 것은 수공구 설계원칙에 해당하지 않는다.

정답 ③

30 사후보전에 필요한 평균수리시간을 나타내는 것은?
① MDT   ② MTTF
③ MTBF   ④ MTTR

해설
- 사후보전에 필요한 평균수리시간은 MTTR(Mean Time To Repair)이다.
- MTTR은 총수리시간을 그 기간의 수리횟수로 나눈 시간으로 구한다.

정답 ④

31 FTA에서 모든 기본사상이 일어났을 때 톱(top)사상을 일으키는 기본사상의 집합은?
① 컷셋(Cut Set)
② 최소 컷셋(Minimal Cut Set)
③ 패스셋(Path Set)
④ 최소 패스셋(Minimal Path Set)

해설
- FTA에서 모든 기본사상이 일어났을 때 톱사상을 일으키는 기본사상의 집합은 컷셋이다.
- 이는 시스템고장을 유발시키는 기본고장들의 집합이다.

정답 ①

32 다음은 위험분석기법 중 어떠한 기법에 사용되는 양식인가?

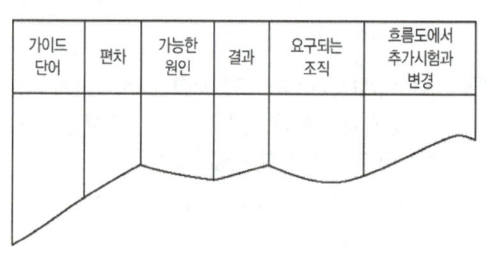

① ETA   ② THERP
③ FMEA   ④ HAZOP

해설 HAZOP(Hazard and Operability, 위험 및 운전성분석)에 사용되는 양식이며, 이는 화학공장에서의 위험성과 운전성을 정해진 규칙과 설계도면에 의해 체계적으로 분석평가하는 방법이다.

정답 ④

33 건·습지수로서 습구온도와 건구온도의 가중평균치를 나타내는 Oxford지수의 공식으로 옳은 것은?

① WD=0.65WB+0.35DB
② WD=0.75WB+0.25DB
③ WD=0.85WB+0.15DB
④ WD=0.95WB+0.05DB

해설 Oxford지수의 공식은 다음과 같다.
WD=0.85WB+0.15DB
여기서, WD: Oxford지수(건·습지수)
WB: 습구온도, DB: 건구온도

정답 ③

34 인간의 오류모형에서 알고 있음에도 의도적으로 따르지 않거나 무시한 경우를 무엇이라 하는가?

① 착오(Mistake)   ② 실수(Slip)
③ 건망증(Lapse)   ④ 위반(Violation)

해설 알고 있음에도 의도적으로 따르지 않거나 무시한 경우는 위반(Violation)이다.

정답 ④

35 FT도에서 사용되는 다음 기호의 명칭으로 옳은 것은?

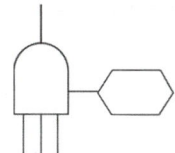

① 억제게이트   ② 조합 AND게이트
③ 부정게이트   ④ 배타적 OR게이트

해설 • 그림에 나타난 기호의 명칭은 조합 AND게이트이다.
• 조합 AND게이트는 3개 이상의 입력현상 중에 언젠가 2개가 일어나면 출력이 생기는 것이다.

정답 ②

36 인간-기계시스템에서 기계와 비교한 인간의 장점으로 볼 수 없는 것은? (단, 인공지능과 관련된 사항은 제외한다.)

① 완전히 새로운 해결책을 찾아낸다.
② 여러 개의 프로그램된 활동을 동시에 수행한다.
③ 다양한 경험을 토대로 하여 의사결정을 한다.
④ 상황에 따라 변화하는 복잡한 자극형태를 식별한다.

해설 여러 개의 프로그램된 활동을 동시에 수행하는 것은 인간-기계시스템에서 인간과 비교한 기계의 장점에 해당한다.

정답 ②

37 가청주파수 내에서 사람의 귀가 가장 민감하게 반응하는 주파수 대역은?

① 20~20,000Hz   ② 50~15,000Hz
③ 100~10,000Hz   ④ 500~3,000Hz

해설 가청주파수인 20~20,000Hz 내에서 사람의 귀가 가장 민감하게 반응하는 주파수 대역은 500~3,000Hz이다.

정답 ④

38 산업안전보건법령상 정밀작업시 갖추어져야 할 작업면의 조도기준은? (단, 갱내 작업장과 감광재료를 취급하는 작업장은 제외한다.)

① 75럭스 이상   ② 150럭스 이상
③ 300럭스 이상   ④ 750럭스 이상

해설 산업안전보건법령상 정밀작업시 갖추어져야 할 작업면의 조도기준은 300럭스(lux)이상이다.

정답 ③

39 입식작업대의 높이에 대한 설명으로 옳지 않은 것은?

① 정밀작업의 경우 팔꿈치 높이보다 약간(5~15cm 정도) 높게 한다.
② 중작업의 경우 팔꿈치 높이보다 10~20cm 정도 낮게 한다.
③ 경작업의 경우 팔꿈치 높이보다 5~10cm 정도 낮게 한다.
④ 부피가 큰 작업물을 취급하는 경우 최대치 설계를 기본으로 한다.

해설 부피가 큰 작업물을 취급하는 경우 최소치 설계를 기본으로 한다.

정답 ④

40 화학설비의 안전성평가 과정 중 정량적 평가항목(제3단계)에 해당하는 것은?

① 공장 내 배치   ② 비상용 전원
③ 화학설비의 용량 ④ 제조공정의 개요

해설 화학설비의 안전성평가 과정 중 정량적 평가항목(제3단계)에 해당하는 것은 화학설비의 용량이다.

관련이론 정성적·정량적 평가단계의 진단항목
1. 정성적 평가단계의 진단항목
   (1) 설계와 관련된 주요 진단항목
     • 입지조건
     • 공장 내의 배치
     • 건조물
     • 소방설비
   (2) 운전관계와 관련된 주요 진단항목
     • 원재료, 중간제품, 제품
     • 공정
     • 저장, 수송
     • 공정기기
2. 정량적 평가단계의 진단항목
   • 화학설비의 용량
   • 취급물질
   • 온도
   • 압력
   • 조작

정답 ③

제3과목 기계·기구 및 설비 안전관리

41 산업안전보건법령상 가스집합장치로부터 몇 m 이내의 장소에서는 화기의 사용을 금지시키는가?

① 3m   ② 5m
③ 7m   ④ 10m

해설 산업안전보건법령상 가스집합장치로부터 5m 이내의 장소에서는 화기의 사용, 흡연 또는 불꽃을 발생할 우려가 있는 행위를 금지시켜야 한다.

정답 ②

42 산업안전보건법령상 기계·기구의 방호조치에 대한 사업주, 근로자 준수사항으로 가장 적절하지 않은 것은?

① 방호조치의 기능상실에 대한 신고가 있을시 사업주는 수리, 보수 및 작업중지 등 적절한 조치를 할 것
② 방호조치 해체사유가 소멸된 경우 근로자는 즉시 원상회복 시킬 것
③ 방호조치의 기능상실을 발견시 사업주에게 신고할 것
④ 방호조치 해체시 해당 근로자가 판단하여 해체할 것

해설 방호조치 해체시 사업주의 허가를 받아 해체하여야 한다.

정답 ④

43 산업안전보건법령상 롤러기의 무릎조작식 급정지장치의 설치 위치 기준은? (단, 위치는 급정지장치 조작부의 중심점을 기준)

① 밑면에서 0.7~0.8m 이내
② 밑면에서 0.6m 이내
③ 밑면에서 0.8~1.2m 이내
④ 밑면에서 1.5m 이내

해설 산업안전보건법령상 롤러기의 무릎조작식 급정지장치는 밑면에서 0.6m 이내(또는 0.4~0.6m 이내)에 설치하여야 한다.

정답 ②

44 종이, 천, 금속박 등을 통과시키는 롤러기로서 근로자에게 위험을 미칠 우려가 있는 부위에 설치해야 할 방호장치에 해당하는 것은?

① 방호판
② 가이드롤러
③ 과부하방지장치
④ 반발예방장치

해설 종이, 천, 금속박 등을 통과시키는 롤러기로서 근로자에게 위험을 미칠 우려가 있는 부위에 설치해야 할 방호장치는 가이드롤러이다.

정답 ②

45 보일러의 이상현상 중 다음 설명에 해당하는 현상은?

> 보일러수에 불순물이 많이 포함되어 있을 경우 보일러수의 비등과 함께 수면부위에 거품을 형성하여 수위가 불안정하게 되는 현상

① 역화
② 프라이밍
③ 포밍
④ 캐리오버

해설 포밍(Foaming)에 대한 설명이다.

정답 ③

46 프레스작업시 양수조작식 방호장치에서 누름버튼 또는 조작레버의 상호간 내측거리는?

① 300mm 이상
② 300mm 이하
③ 250mm 이하
④ 250mm 이상

해설
• 양수조작식 방호장치에서 누름버튼 또는 조작레버의 상호간 내측거리는 300mm 이상이어야 한다.
• 누름버튼은 양손으로 0.5초 이내에 조작하여 슬라이드가 작동할 수 있는 구조이어야 한다.

정답 ①

47 달기발판, 또는 운반구, 승강장치 그 밖의 장치 및 이들에 부속된 기계부품에 의하여 구성되고, 와이어로프 또는 달기강선에 의하여 달기발판 또는 운반구가 전용의 승강장치에 의하여 오르내리는 설비는?

① 크레인
② 리프트
③ 곤돌라
④ 컨베이어

해설 곤돌라에 대한 설명이다.

정답 ③

48 기계나 그 부품에 고장이나 기능불량이 생겨도 항상 안전하게 작동하는 구조와 기능을 추구하는 안전기능은?

① 풀프루프
② 페일세이프
③ 이중낙하방지
④ 연동기구

해설 기계나 그 부품에 고장이나 기능불량이 생겨도 항상 안전하게 작동하는 구조와 기능을 추구하는 안전기능은 페일세이프(Fail Safe)이다.

정답 ②

49 회전하는 동작부분과 고정부분이 함께 만드는 위험점으로 주로 연삭숫돌과 작업대, 교반기의 교반날개와 몸체사이에서 형성되는 위험점은?

① 협착점   ② 절단점
③ 물림점   ④ 끼임점

해설 회전하는 동작부분과 고정부분이 함께 만드는 위험점으로 주로 연삭숫돌과 작업대, 교반기의 교반날개와 몸체사이에서 형성되는 위험점은 끼임점이다.

정답 ④

50 프레스의 방호장치에 해당하지 않는 것은?

① 가드식 방호장치
② 수인식 방호장치
③ 롤 피드식 방호장치
④ 손쳐내기식 방호장치

해설 롤 피드식 방호장치는 프레스의 방호장치에 해당하지 않는다.

관련이론 프레스의 방호장치
- 가드식 방호장치
- 수인식 방호장치
- 손쳐내기식 방호장치
- 양수조작식 방호장치
- 광전자식 방호장치

정답 ③

51 기계의 원동기, 회전축, 기어, 풀리, 플라이휠 및 벨트 등의 위험으로부터 작업자를 보호하기 위한 방호장치가 아닌 것은?

① 덮개   ② 동력차단장치
③ 슬리브   ④ 건널다리

해설 원동기, 회전축, 기어, 풀리, 플라이휠 및 벨트 등의 위험으로부터 작업자를 보호하기 위한 장치로는 덮개, 슬리브, 건널다리, 울이 있다.

정답 ②

52 산업안전보건법령에 따라 컨베이어에 부착해야 할 방호장치로 적합하지 않은 것은?

① 비상정지장치
② 과부하방지장치
③ 역주행방지장치
④ 덮개 또는 낙하방지용 울

해설 과부하방지장치는 양중기에 부착해야 할 방호장치에 해당한다.

정답 ②

53 연삭숫돌의 원주면과 워크레스트와의 간격으로 옳은 것은?

① 10mm 이내   ② 6mm 이내
③ 5mm 이내   ④ 3mm 이내

해설
- 연삭숫돌의 원주면과 워크레스트(workrest)와의 간격을 3mm 이내로 한다.
- 덮개의 조정편과 숫돌과의 간격은 5mm 이내로 한다.

정답 ④

54 선반에서 절삭가공시 발생하는 칩을 짧게 끊어지도록 공구에 설치되어 있는 방호장치의 일종인 칩제거기구를 무엇이라 하는가?

① 칩브레이커 ② 칩받침
③ 칩쉴드 ④ 칩커터

해설 선반에서 절삭가공시 발생하는 칩을 짧게 끊어지도록 공구에 설치되어 있는 방호장치의 일종인 칩제거기구를 칩브레이커(Chip Breaker)라고 한다.

정답 ①

55 다음 중 지게차의 작업상태별 안정도에 관한 설명으로 틀린 것은? [단, V는 최고속도(km/h)이다]

① 기준부하상태에서 하역작업시의 전후안정도는 20% 이내이다.
② 기준부하상태에서 하역작업시의 좌우안정도는 6% 이내이다.
③ 기준부하상태에서 주행시의 전후안정도는 18% 이내이다.
④ 기준무부하상태에서 주행시의 좌우안정도는 (15＋1.1V)% 이내이다.

해설 기준무부하상태에서 하역작업시의 전후안정도는 4% 이내(5t 이상인 것은 3.5%)이다.

정답 ①

56 크레인의 방호장치에 해당하지 않는 것은?

① 권과방지장치 ② 과부하방지장치
③ 비상정지장치 ④ 자동보수장치

해설 크레인의 방호장치에는 권과방지장치, 과부하방지장치, 비상정지장치, 제동장치가 있으며, 자동보수장치는 해당하지 않는다.

정답 ④

57 산업안전보건법령상 양중기에 사용하지 않아야 하는 달기체인의 기준으로 옳지 않은 것은?

① 심하게 변형된 것
② 균열이 있는 것
③ 달기체인의 길이가 달기체인이 제조된 때의 길이 3%를 초과한 것
④ 링의 단면지름이 달기체인이 제조된 때의 해당 링의 지름의 10%를 초과하여 감소한 것

해설 달기체인의 길이가 달기체인이 제조된 때의 길이 5%를 초과한 것은 양중기에 사용할 수 없다.

정답 ③

58 보일러의 안전한 가동을 위하여 압력방출장치를 2개 설치한 경우에 바른 작동 방법은?

① 최고사용압력 이상에서 2개 동시 작동
② 최고사용압력 이하에서 2개 동시 작동
③ 최고사용압력 이하에서 1개가 작동되고, 다른 것은 최고사용압력 1.05배 이하에서 작동
④ 최고사용압력 이하에서 1개가 작동되고, 다른 것은 최고사용압력 1.03배 이하에서 작동

해설 압력방출장치를 2개 설치한 경우 최고사용압력 이하에서 1개가 작동되고, 다른 것은 최고사용압력 1.05배 이하에서 작동하여야 한다.

관련이론 보일러의 압력방출장치에 관한 안전기준(산업안전보건법 안전보건기준)

- 압력방출장치를 2개 설치한 경우 최고사용압력 이하에서 1개가 작동되고, 다른 것은 최고사용압력 1.05배 이하에서 작동하여야 한다.
- 보일러의 안전한 가동을 위하여 압력방출장치를 1개 또는 2개 이상 설치하고 최고사용압력(설계압력 또는 최고허용압력) 이하에서 작동되도록 하여야 한다.
- 압력방출장치는 매년 1회 이상 국가교정기관으로부터 교정을 받은 압력계를 이용하여 토출압력을 시험한 후 납으로 봉인하여 사용하여야 한다.

정답 ③

59 밀링작업시 안전수칙에 해당하지 않는 것은?

① 칩이나 부스러기는 반드시 브러시를 사용하여 제거한다.
② 가공 중에는 가공면을 손으로 점검하지 않는다.
③ 기계를 가동 중에는 변속시키지 않는다.
④ 바이트는 가급적 짧게 고정시킨다.

해설　바이트를 가급적 짧게 고정시키는 것은 선반작업시 안전수칙에 해당한다.

정답 ④

60 산업용 로봇의 작동범위 내에서 교시 등의 작업을 하는 경우 작업시작 전 점검사항이 아닌 것은?

① 외부전선의 피복 또는 외장손상의 유무
② 제동장치 및 비상정지장치의 기능
③ 자동제어장치(압력제한스위치 등) 기능의 이상 유무
④ 매니퓰레이터 작동의 이상 유무

해설　산업용 로봇의 작동범위 내에서 교시 등의 작업을 하는 경우 작업시작 전 점검사항에는 외부전선의 피복 또는 외장손상의 유무, 제동장치 및 비상정지장치의 기능, 매니퓰레이터 작동의 이상 유무가 있으며, 자동제어장치(압력제한스위치 등) 기능의 이상 유무는 점검사항에 해당하지 않는다.

정답 ③

제4과목 전기 및 화학설비 안전관리

61 산업안전보건법령에 따라 꽂음접속기를 설치 또는 사용하는 경우 준수하여야 할 사항으로 옳지 않은 것은?

① 서로 다른 전압의 꽂음접속기는 서로 접속되지 아니한 구조의 것을 사용할 것
② 습윤한 장소에 사용되는 꽂음접속기는 방수형 등 그 장소에 적합한 것을 사용할 것
③ 근로자가 해당 꽂음접속기를 접속시킬 경우에는 땀등으로 젖은 손으로 취급하지 않도록 할 것
④ 꽂음접속기에 잠금장치가 있는 때에는 접속 후 개방하여 사용할 것

해설　꽂음접속기에 잠금장치가 있는 때에는 접속 후 잠그고 사용한다.

정답 ④

62 화재의 종류가 옳게 연결된 것은?

① A급 화재 – 유류화재
② B급 화재 – 유류화재
③ C급 화재 – 일반화재
④ D급 화재 – 일반화재

해설　B급 화재는 유류화재이다.

정답 ②

63 인체가 현저하게 젖어있는 상태에서의 허용접촉전압으로 옳은 것은?

① 2.5V 이하　　② 25V 이하
③ 50V 이하　　④ 100V 이하

해설　인체가 현저하게 젖어있는 상태에서의 허용접촉전압은 25V 이하이다.

정답 ②

64 정전기의 발생에 영향을 주는 요인과 가장 거리가 먼 것은?

① 분리속도
② 물체의 표면상태
③ 접촉면적 및 압력
④ 외부공기의 풍속

해설 외부공기의 풍속은 정전기의 발생에 영향을 주는 요인과는 관계가 없다.

정답 ④

65 전로 또는 지지물의 신설, 증설, 수리 등의 전기공사를 안전하게 하기 위하여 정전작업을 할 경우 작업순서로 옳은 것은?

① 개폐기 시건장치 – 잔류전하 방전 – 전로검전 – 단락접지 설치 – 작업
② 개폐기 시건장치 – 위험표시 부착 – 보호용구 사용 – 단락접지 설치 – 작업
③ 주회로 개방 – 단락접지 설치 – 전로검전 – 개폐기 시건장치 – 작업
④ 주회로 개방 – 전로검전 – 단락접지 설치 – 위험표시 부착 – 작업

해설 정전작업시 올바른 작업순서는 개폐기 시건장치 – 잔류전하 방전 – 전로검전 – 단락접지 설치 – 작업이다.

정답 ①

66 활선작업시 사용하는 안전장구가 아닌 것은?

① 절연용 보호구
② 절연용 방호구
③ 활선작업용 기구
④ 절연저항측정기구

해설 활선작업시 사용하는 안전장구에는 절연용 보호구, 절연용 방호구, 활선작업용 기구, 활선작업용 장치가 있으며, 절연저항측정기구는 해당하지 않는다(산업안전보건법 안전보건기준).

정답 ④

67 정전기의 대전현상에 대한 설명으로 옳지 않은 것은?

① 마찰대전 : 두 물체가 서로 접촉시 위치의 이동으로 전하의 분리 및 재배열이 일어나는 현상
② 박리대전 : 상호 밀착되어 있는 물질이 떨어질 때 전하분리에 의해 발생되는 현상
③ 유동대전 : 액체류를 파이프 등으로 수송할 때 액체와 파이프 등의 고체류와 접촉하면서 서로 대전되는 현상
④ 분출대전 : 도체가 전기장에 노출되면 도체에는 전하의 분극이 일어나면서 가까운 쪽에는 반대 극성이, 먼 쪽은 같은 극성의 전하가 대전되는 현상

해설 분출대전은 기체, 액체 및 분체류가 단면적이 작은 분출구를 통과할 때 물체와 분출관과의 마찰에 의해서 정전기가 발생하는 현상이다.

정답 ④

68 누설전류에 의해 화재가 발생하는데, 누전화재의 3요소에 해당하지 않는 것은?

① 누전점
② 인입점
③ 접지점
④ 출화점

해설 누설전류로 인해 화재가 발생될 수 있는 누전화재의 3요소(전기누전화재라는 것을 입증하기 위한 요건)에는 누전점, 접지점, 출화점(발화점)이 있으며, 인입점은 해당하지 않는다.

정답 ②

69 전기기계·기구의 조작부분을 점검하거나 보수하는 경우에는 근로자가 안전하게 작업할 수 있도록 전기기계·기구로부터 최소 몇 cm 이상의 작업공간 폭을 확보하여야 하는가? (단, 작업공간을 확보하는 것이 곤란하여 절연용 보호구를 착용하도록 한 경우는 제외한다.)

① 60cm　　② 70cm
③ 80cm　　④ 90cm

해설 전기기계·기구의 조작부분을 점검하거나 보수하는 경우에는 근로자가 안전하게 작업할 수 있도록 전기기계·기구로부터 최소 70cm 이상의 작업공간 폭을 확보하여야 한다(단, 작업공간을 확보하는 것이 곤란하여 절연용 보호구를 착용하도록 한 경우는 제외한다).

정답 ②

70 감전사고 방지대책으로 옳지 않은 것은?

① 설비의 필요한 부분에 보호접지 실시
② 노출된 충전부에 통전망 설치
③ 안전전압 이하의 전기기기 사용
④ 전기기기 및 설비의 정비

해설 노출된 충전부에는 절연방호구를 설치하여야 한다.

정답 ②

71 산업안전보건법상 밀폐된 공간에서 스프레이건 등을 사용하여 인화성 액체를 수시로 사용하는 경우 폭발위험 분위기가 조성되지 않도록 하기 위해서는 해당 물질의 공기 중 농도는 인화하한계값의 몇 %를 넘지 않아야 하는가?

① 15%　　② 20%
③ 25%　　④ 30%

해설 밀폐된 공간에서 스프레이건 등을 사용하여 인화성 액체를 수시로 사용하는 경우 폭발위험 분위기가 조성되지 않도록 하기 위해서는 해당 물질의 공기 중 농도는 인화하한계값의 25%를 넘지 않아야 한다.

정답 ③

72 프로판가스 $1m^3$를 완전연소 시키는 데 필요한 이론공기량은 몇 m^3인가? (단, 공기 중의 산소농도는 20%이다)

① 20　　② 25
③ 30　　④ 35

해설
- 프로판가스 완전연소반응식
  $C_3H_8 + 5O_2 \rightarrow 3CO_2 + 4H_2O$
- 완전연소반응식에 의해 프로판(C_3H_8) $1m^3$, 산소(O_2) $5m^3$
- 공기 중의 산소농도가 20%이므로 이론공기량은
  $5 \times \dfrac{100}{20} = 25m^3$

정답 ②

73 산업안전보건법령에서 정한 위험물을 기준량 이상으로 제조하거나 취급하는 설비 중 특수화학설비에 해당하지 않는 것은?

① 고로 등 점화기를 직접 사용하는 열교환기류
② 증류·정류·증발·추출 등 분리를 하는 장치
③ 가열로 또는 가열기
④ 발열반응이 일어나는 반응장치

해설 고로 등 점화기를 직접 사용하는 열교환기류는 특수화학설비에 해당하지 않는다.

정답 ①

74 다음 가스 중 공기 중에서 폭발범위가 넓은 순서로 옳은 것은?

① 아세틸렌＞프로판＞수소＞일산화탄소
② 수소＞아세틸렌＞프로판＞일산화탄소
③ 아세틸렌＞수소＞일산화탄소＞프로판
④ 수소＞프로판＞일산화탄소＞아세틸렌

해설 가연성 가스의 폭발범위를 넓은 순서로 나열하면 다음과 같다.
아세틸렌(2.5%~81%)＞수소(4%~75%)＞일산화탄소(12.5%~74%)＞프로판(2.1%~9.5%)

정답 ③

75 착화점에 대한 설명으로 옳은 것은?

① 점화원없이 자기 스스로 연소를 시작하는 최저의 온도를 말한다.
② 점화원에 의하여 가연성 물질이 불이 붙을 수 있는 최저온도이다.
③ 가연성 물질을 공기 중에서 가열했을 때, 점화한 불에서 불꽃이 발생하여 계속적으로 연소하는 최저온도이다.
④ 물체가 스스로 녹아내리기 시작하는 온도이다.

해설 착화점이란 점화원없이 자기 스스로 연소를 시작하는 최저의 온도를 말한다.

정답 ①

76 산업안전보건법령상 공정안전보고서에서 포함해야 할 세부내용 중 공정안전자료에 해당하지 않는 것은?

① 안전운전지침서
② 각종 건물·설비의 배치도
③ 유해하거나 위험한 설비의 목록 및 사양
④ 위험설비의 안전설계·제작 및 설치관련 지침서

해설 안전운전지침서는 산업안전보건법령에 따라 공정안전보고서에 포함되어야 할 세부내용 중 안전운전계획에 해당한다.

정답 ①

77 다음 중 가연성 가스가 모두 아닌 것으로만 나열된 것은?

① 일산화탄소, 프로판
② 이산화탄소, 프로판
③ 일산화탄소, 산소
④ 산소, 이산화탄소

해설 산소는 조연성 가스, 이산화탄소는 불연성 가스로서 가연성 가스에 모두 해당하지 않는다.

정답 ④

78 메타인산(HPO_3)에 의한 방진효과를 가진 분말소화약제의 종류는?

① 제1종 분말소화약제　② 제2종 분말소화약제
③ 제3종 분말소화약제　④ 제4종 분말소화약제

해설
• 제3종 분말소화약제가 메타인산에 의한 방진효과를 가진다.
• 제3종 인산암모늄 분말소화기는 A, B, C급 화재에 사용이 가능하고 메타인산(HPO_3)을 생성시켜 방진작용(가연물에 부착되어 차단효과를 나타내는 것)으로 다른 분말소화약제에 비하여 30% 이상 소화능력이 향상된다.

정답 ③

79 최소발화에너지(MIE)와 온도, 압력의 관계에 대한 설명으로 옳은 것은?

① 압력, 온도에 모두 비례한다.
② 압력, 온도에 모두 반비례한다.
③ 압력에 비례하고, 온도에 반비례한다.
④ 압력에 반비례하고, 온도에 비례한다.

해설 최소발화에너지(MIE)는 압력, 온도에 모두 반비례하므로 압력, 온도가 증가하면 최소발화에너지는 감소한다.

정답 ②

80 다음 중 반응기의 운전을 중지할 때 필요한 주의사항으로 가장 옳지 않은 것은?

① 급격한 유량 변화를 피한다.
② 가연성 물질이 새거나 흘러나올 때의 대책을 사전에 세운다.
③ 급격한 압력변화 또는 온도변화를 피한다.
④ 80~90℃의 염산으로 세정을 하면서 수소가스로 잔류가스를 제거한 후 잔류물을 처리한다.

해설 불활성 가스에 의하여 잔류가스를 제거하고 물로 잔류물을 제거하여야 한다.

정답 ④

제5과목 건설공사 안전관리

81 해체작업을 수행하기 전에 해체계획에 포함되어야 하는 사항이 아닌 것은?

① 부재 손상, 변형, 부식 등에 관한 조사계획서
② 해체작업용 기계·기구 등의 작업계획서
③ 해체의 방법 및 해체순서 도면
④ 해체작업용 화약류 등의 사용계획서

해설 부재 손상, 변형, 부식 등에 관한 조사계획서는 해체계획에 해당하지 않는다.

정답 ①

82 잠함 또는 우물통의 내부에서 근로자가 굴착작업을 하는 경우의 준수사항으로 옳지 않은 것은?

① 산소결핍 우려가 있는 경우에는 산소의 농도를 측정하는 사람을 지명하여 측정하도록 할 것
② 근로자가 안전하게 오르내리기 위한 설비를 설치할 것
③ 굴착깊이가 20m를 초과하는 경우에는 해당 작업장소와 외부와의 연락을 위한 통신설비 등을 설치할 것
④ 잠함 또는 우물통의 급격한 침하에 의한 위험을 방지하기 위하여 바닥으로부터 천장 또는 보까지의 높이는 2m 이내로 할 것

해설 잠함 또는 우물통의 급격한 침하에 의한 위험을 방지하기 위하여 바닥으로부터 천장 또는 보까지의 높이는 1.8m 이상으로 할 것이 옳은 내용이다.

정답 ④

83 물체가 떨어지거나 날아올 위험이 있을 때 위험방지를 위해 준수해야 할 조치사항으로 가장 거리가 먼 것은?

① 낙하물방지망 설치   ② 출입금지구역 설정
③ 보호구 착용   ④ 작업지휘자 선정

해설 작업지휘자의 선정은 물체가 떨어지거나 날아올 위험이 있을 때 위험방지를 위해 준수해야 할 조치사항에 해당하지 않는다.

정답 ④

84 셔블계 굴착기계에 속하지 않는 것은?

① 파워셔블(power shovel)
② 클램셸(clamshell)
③ 스크레이퍼(scraper)
④ 드래그라인(dragline)

해설 스크레이퍼(scraper)는 굴착, 실기, 운반, 하역 등 일련작업을 하나의 기계로서 연속적으로 행할 수 있는 것으로 굴착기와 운반기를 조합한 토공만능기이며, 셔블계 굴착기계에 해당하지 않는다.

정답 ③

85 추락재해방지용 방망의 신품에 대한 인장강도는 얼마인가? (단, 그물코의 크기가 10cm이며, 매듭없는 방망이다)

① 220kg   ② 240kg
③ 260kg   ④ 280kg

해설 그물코의 크기가 10cm이며, 매듭없는 방망의 신품에 대한 인장강도는 240kg이다.

관련이론 방망사의 인장강도

1. 방망사의 신품에 대한 인장강도

그물코의 크기(cm)	인장강도(kg)	
	매듭없는 방망	매듭방망
10	240	200
5	–	110

2. 방망사의 폐기시 인장강도

그물코의 크기(cm)	인장강도(kg)	
	매듭없는 방망	매듭방망
10	150	135
5	–	60

정답 ②

86 연약지반을 굴착할 때 흙막이벽 뒷쪽 흙의 중량이 바닥의 지지력보다 커지면 굴착저면에서 흙이 부풀어 오르는 현상은?

① 슬라이딩(Sliding) ② 보일링(Boiling)
③ 파이핑(Piping) ④ 히빙(Heaving)

해설 연약지반을 굴착할 때 흙막이벽 뒤쪽 흙의 중량이 바닥의 지지력보다 커지면 굴착저면에서 흙이 부풀어 오르는 현상은 히빙(Heaving)이다.

정답 ④

87 안전난간의 구조 및 설치요건과 관련하여 발끝막이판은 바닥면으로부터 얼마 이상의 높이를 유지하여야 하는가?

① 10cm 이상 ② 15cm 이상
③ 20cm 이상 ④ 30cm 이상

해설 발끝막이판은 바닥면 등으로부터 10cm 이상의 높이를 유지하여야 한다.

정답 ①

88 강관틀비계를 조립하여 사용하는 경우 준수하여야 할 사항으로 옳지 않은 것은?

① 비계기둥의 밑둥에는 밑받침 철물을 사용할 것
② 높이가 20m를 초과하거나 중량물의 적재를 수반하는 작업을 할 경우에는 주틀간의 간격을 1.8m 이하로 할 것
③ 주틀간에 교차가새를 설치하고 최하층 및 3층 이내마다 수평재를 설치할 것
④ 길이가 띠장방향으로 4m 이하이고 높이가 10m를 초과하는 경우에는 10m 이내마다 띠장방향으로 버팀기둥을 설치할 것

해설 강관틀과 강관틀 사이에 교차가새를 설치하고 최상층 및 5층 이내마다 수평재를 설치할 것이 옳은 내용이다.

정답 ③

89 항타기 및 항발기를 조립하는 경우 점검하여야 할 사항이 아닌 것은?

① 과부하장치 및 제동장치의 이상 유무
② 권상장치의 브레이크 및 쐐기장치 기능의 이상 유무
③ 본체 연결부의 풀림 또는 손상의 유무
④ 권상기의 설치상태의 이상 유무

해설 과부하장치 및 제동장치의 이상 유무는 항타기 및 항발기를 조립하는 경우 점검하여야 할 사항에 해당하지 않는다.

관련이론 **항타기 또는 항발기를 조립하는 때에 점검하여야 할 기준 사항**(산업안전보건법 안전보건기준)

- 권상장치의 브레이크 및 쐐기장치 기능의 이상유무
- 본체 연결부의 풀림 또는 손상유무
- 리더(leader)의 버팀의 방법 및 고정상태의 이상유무
- 권상기 설치상태의 이상유무
- 권상용 와이어로프, 드럼 및 도르래의 부착상태 이상 유무
- 본체·부속장치 및 부속품의 강도가 적합한지 여부
- 본체·부속장치 및 부속품에 심한 손상·마모·변형 또는 부식이 있는지 여부

※ 산업안전보건법 안전보건기준 → 2022.10.18 개정

정답 ①

90 콘크리트 타설작업을 하는 경우에 준수해야 할 사항으로 옳지 않은 것은?

① 콘크리트를 타설하는 경우에는 편심을 유발하여 한쪽 부분부터 밀실하게 타설되도록 유도할 것
② 당일의 작업을 시작하기 전에 해당 작업에 관한 거푸집 및 동바리의 변형·변위 및 지반의 침하 유무 등을 점검하고 이상이 있으며 보수할 것
③ 작업 중에는 감시자를 배치하는 등의 방법으로 거푸집 및 동바리의 변형·변위 및 침하 유무 등을 확인해야 하며, 이상이 있으면 작업을 중지하고 근로자를 대피시킬 것
④ 설계도서상의 콘크리트 양생기간을 준수하여 거푸집 및 동바리를 해체할 것

해설 콘크리트를 타설하는 경우에는 편심이 발생하지 않도록 골고루 분산하여 타설하여야 한다.

정답 ①

91 부두·안벽 등 하역작업을 하는 장소에서 부두 또는 안벽의 선을 따라 통로를 설치하는 경우에는 폭을 최소 얼마 이상으로 하여야 하는가?

① 85cm ② 90cm
③ 100cm ④ 120cm

해설 부두 또는 안벽의 선을 따라 통로를 설치하는 경우에는 폭을 90cm 이상으로 하여야 한다.

정답 ②

92 차량계 하역운반기계에 화물을 적재할 때의 준수사항과 거리가 먼 것은?

① 하중이 한쪽으로 치우지지 않도록 적재할 것
② 구내운반차 또는 화물자동차의 경우 화물의 붕괴 또는 낙하에 의한 위험을 방지하기 위하여 화물에 로프를 거는 등 필요한 조치를 할 것
③ 운전자의 시야를 가리지 않도록 화물을 적재할 것
④ 제동장치 및 조종장치 기능의 이상 유무를 점검할 것

해설 제동장치 및 조종장치 기능의 이상 유무를 점검하는것은 차량계 하역운반기계에 화물을 적재할 때의 준수사항에 해당하지 않는다.

정답 ④

93 말비계를 조립하여 사용하는 경우에 준수해야 하는 사항으로 옳지 않은 것은?

① 지주부재의 하단에는 미끄럼방지장치를 한다.
② 근로자는 양측 끝부분에 올라서서 작업하도록 한다.
③ 지주부재와 수평면의 기울기를 75° 이하로 한다.
④ 말비계의 높이가 2m를 초과하는 경우에는 작업발판의 폭을 40cm 이상으로 한다.

해설 근로자는 양측 끝부분에 올라서서 작업하지 않도록 한다.

정답 ②

94 산업안전보건법령상 차량계 건설기계의 운전자가 운전위치를 이탈시 해야 할 조치사항이 아닌 것은?

① 포크, 디퍼는 지면 또는 가장 낮은 위치에 내려둘 것
② 버킷은 지상에서 1m 정도의 위치에 내려둘 것
③ 원동기를 정지시키고, 브레이크를 확실히 걸어둘 것
④ 시동키를 운전대에서 분리시킬 것

해설 버킷은 지면 또는 가장 낮은 위치에 내려두어야 한다.

정답 ②

95 이동식 비계작업시 주의사항으로 옳지 않은 것은?

① 비계의 최상부에서 작업을 하는 경우에는 안전난간을 설치한다.
② 이동시 작업지휘자가 이동식 비계에 탑승하여 이동하며 안전여부를 확인하여야 한다.
③ 비계를 이동시키고자 할 때는 바닥의 구멍이나 머리 위의 장애물을 사전에 점검한다.
④ 작업발판은 항상 수평을 유지하고 작업발판 위에서 안전난간을 딛고 작업을 하거나 받침대 또는 사다리를 사용하여 작업하지 않도록 한다.

해설 이동시 작업지휘자나 근로자가 이동식 비계에 탑승하지 않아야 한다.

정답 ②

96 유해위험방지계획서를 제출해야 하는 공사의 기준으로 옳지 않은 것은?

① 최대지간길이 30m 이상인 교량건설 등 공사
② 깊이 10m 이상인 굴착공사
③ 터널건설 등의 공사
④ 다목적댐, 발전용댐 및 저수용량 2천만톤 이상의 용수전용댐, 지방상수도전용댐 건설 등의 공사

해설 최대지간길이 50m 이상인 교량건설 등 공사의 경우 유해위험방지계획서를 제출해야 한다.

정답 ①

97 건설현장에서의 PC(precast Concrete) 조립시 안전대책으로 옳지 않은 것은?

① 달아 올린 부재의 아래에서 정확한 상황을 파악하고 전달하여 작업한다.
② 운전자는 부재를 달아 올린 채 운전대를 이탈해서는 안된다.
③ 신호는 사전 정해진 방법에 의해서만 실시한다.
④ 크레인 사용시 PC판의 중량을 고려하여 아우트리거를 사용한다.

해설 달아 올린 부재의 아래에서는 작업을 하여서는 아니된다.

정답 ①

98 건설공사의 산업안전보건관리비 계상시 대상액이 명확하지 않은 공사는 도급계약 또는 자체사업계획상의 총공사금액 중 얼마를 대상액으로 하는가?

① 10분의 5   ② 10분의 6
③ 10분의 7   ④ 10분의 8

해설 대상액이 명확하지 않은 공사는 도급계약 또는 자체사업계획상의 총공사금액 중 10분의 7을 대상액으로 한다.

정답 ③

99 차량계 건설기계를 사용하여 작업을 할 때 기계의 전도 또는 전락에 의한 근로자의 위험을 방지하기 위하여 취하여야 할 조치사항으로 옳지 않은 것은?

① 도로폭의 유지
② 지반의 침하방지
③ 울, 손잡이 설치
④ 갓길의 붕괴방지

해설 기계의 전도 또는 전락에 의한 근로자의 위험을 방지하기 위하여 취하여야 할 조치사항은 도로폭의 유지, 지반의 침하방지, 갓길의 붕괴방지가 있으며 울, 손잡이 설치는 추락방지를 위하여 조치할 사항이다.

정답 ③

100 폭풍시 옥외에 설치되어 있는 주행크레인에 대하여 이탈방지를 위한 조치가 필요한 풍속기준은?

① 순간 풍속이 20m/s를 초과할 때
② 순간 풍속이 25m/s를 초과할 때
③ 순간 풍속이 30m/s를 초과할 때
④ 순간 풍속이 35m/s를 초과할 때

해설 옥외에 설치되어 있는 주행크레인에 대하여 이탈방지를 위한 조치가 필요한 경우는 순간 풍속이 30m/s를 초과할 때이다.

정답 ③

2023년 제3회(CBT)

제1과목 산업안전관리론

01 인간의 행동에 대하여 심리학자 레빈(K. Lewin)은 다음과 같은 식으로 표현했다. 이때 각 요소에 대한 내용으로 옳지 않은 것은?

$$B = f(P \cdot E)$$

① B: Behavior(행동)
② f: function(함수)
③ P: Person(개체)
④ E: Engineering(기술)

해설 레빈의 식에서 E는 환경(Environment)을 의미한다.

관련이론 레빈(K. Lewin)의 법칙

$$B = f(P \cdot E)$$

- B: Behavior(행동)
- f: function(함수: 적성, 기타 P와 E에 영향을 주는 조건)
- P: Person(개체: 경험, 연령, 심신상태, 지능, 성격 등)
- E: Environment(환경: 작업환경, 인간관계, 설비적 결함 등)

정답 ④

02 하인리히의 재해구성 비율 중 경상이 87건이라면 무상해사고는 몇 건 발생되겠는가?

① 150 ② 300
③ 600 ④ 900

해설 하인리히의 재해구성 비율은 사망·중상 : 경상 : 무상해사고 = 1 : 29 : 300이다.
여기서 경상이 87건이므로
29 : 300 = 87 : x
$29x = 300 \times 87$
$\therefore x = \dfrac{300 \times 87}{29} = 900$
따라서 무상해사고는 900건이다.

정답 ④

03 위험예지훈련의 4라운드법에서 실시하는 브레인스토밍(Brain-Storming)기법의 특징으로 볼 수 없는 것은?

① 타인의 의견에 대하여 비판을 할 수 없다.
② 타인의 의견을 수정하여 발언할 수 없다.
③ 한사람이 대량으로 발언할 수 있다.
④ 의견에 대한 발언은 자유롭게 한다.

해설 타인의 의견을 수정하여 발언할 수 있다(수정발언).

선지분석 ① 비판금지에 대한 설명이다.
③ 대량발언에 대한 설명이다.
④ 자유분방에 대한 설명이다.

정답 ②

04 인간이 자기의 실패나 약점을 그럴듯한 이유를 들어 남의 비난을 받지 않도록 하며 또한 자위하는 방어기제를 무엇이라 하는가?

① 보상   ② 투사
③ 합리화   ④ 전이

해설 인간이 자기의 실패나 약점을 그럴듯한 이유를 들어 남의 비난을 받지 않도록 하며 또한 자위하는 방어기제는 합리화(Rationalization)이다.

선지분석
① 보상(Compensation): 욕구가 저지되면 그것을 대신한 목표로서 만족을 얻고자 한다.
② 투사(Projection): 자신조차 승인할 수 없는 욕구나 특성을 타인이나 사물로 전환시켜 자신의 바람직하지 않은 욕구로부터 자신을 지키고, 대상에 대해서 공격을 가함으로써 한층 더 확고하게 안정을 얻으려고 한다.
④ 전이(Transference): 어떤 내용이 다른 내용에 영향을 주는 현상이다.

정답 ③

05 아황산용 방독마스크의 정화통 외부 측면의 표시 색으로 옳은 것은?

① 갈색   ② 회색
③ 녹색   ④ 노란색

해설 아황산용 방독마스크의 정화통 외부 측면에는 노란색으로 표시하여야 한다.

관련이론 방독마스크 정화통 외부 측면의 표시 색

종류	표시 색
유기화합물용	갈색
할로겐용 황화수소용 시안화수소용	회색
아황산용	노란색
암모니아용	녹색

정답 ④

06 작업을 하고 있을 때 걱정거리, 고민거리, 욕구불만 등에 의해 다른 데 정신을 빼앗기는 부주의 현상은?

① 의식의 중단   ② 의식의 우회
③ 의식수준의 저하   ④ 의식의 과잉

해설 작업을 하고 있을 때 걱정거리, 고민거리, 욕구불만 등에 의해 다른 데 정신을 빼앗기는 부주의 현상은 의식의 우회이다.

정답 ②

07 라인 및 참모의 혼합식 안전보건조직의 특징이 아닌 것은?

① 라인에 과중한 책임을 지우기가 쉽다.
② 안전업무에 관한 계획 등은 전문 스탭에 의해 추진되고 진행은 생산에서 행한다.
③ 명령계통과 조언, 권고적 참여가 혼동되기 쉽다.
④ 조직원 전원을 자율적으로 안전활동에 참여시킬 수 있다.

해설 라인에 과중한 책임을 지우기 쉽다는 것은 라인식 안전보건조직의 특징에 해당한다.

정답 ①

08 감각차단현상이 발생하기 가장 쉬운 경우는?

① 복잡한 업무가 장시간 지속될 때
② 정신적인 업무가 장시간 지속될 때
③ 단조로운 업무가 장시간 지속될 때
④ 주의력의 배분을 요하는 작업이 장시간 지속될 때

해설 감각차단현상은 단조로운 업무가 장시간 지속될 때 작업자의 감각기능 및 판단능력이 둔화되거나 마비되는 현상을 말하며, 단조로운 업무가 장시간 지속될 때 발생하기 가장 쉽다.

정답 ③

09 산업안전보건관리비 계상 및 사용기준에서의 안전관리비 대상액을 의미하는 것은?

① 총사용금액
② 직접재료비와 간접노무비의 합
③ 간접인건비와 직접노무비의 합
④ 직·간접재료비와 직접노무비의 합

해설 건설업 산업안전보건관리비 계상 및 사용기준에서의 안전관리비 대상액은 직·간접재료비와 직접노무비의 합을 의미한다.

정답 ④

10 조립해체작업장 입구에 설치하여야 할 출입금지표지의 색채로 가장 적당한 것은?

	바탕	기본모형	관련부호	그림
①	노란색	검은색	검은색	검은색
②	흰색	빨간색	검은색	검은색
③	흰색	녹색	녹색	검은색
④	파란색	빨간색	흰색	검은색

해설 금지표지의 경우 바탕은 흰색, 기본모형은 빨간색, 관련부호 및 그림은 검은색으로 표시하여야 한다.

 안전보건표지의 색채
- 금지표지: 바탕은 흰색, 기본모형은 빨간색, 관련부호 및 그림은 검은색
- 경고표지: 바탕은 노란색, 기본모형, 관련부호 및 그림은 검은색
- 지시표지: 바탕은 파란색, 관련그림은 흰색
- 안내표지: 바탕은 흰색, 기본모형 및 관련부호는 녹색 또는 바탕은 녹색, 관련부호 및 그림은 흰색

정답 ②

11 재해사례연구의 순서를 바르게 나열한 것은?

① 재해상황의 파악 - 사실의 확인 - 문제점의 발견 - 근본적 문제점의 결정 - 대책수립
② 재해상황의 파악 - 문제점의 발견 - 근본적 문제점의 결정 - 사실의 확인 - 대책수립
③ 문제점의 발견 - 재해상황의 파악 - 근본적 문제점의 결정 - 사실의 확인 - 대책수립
④ 문제점의 발견 - 재해상황의 파악 - 사실의 확인 - 근본적 문제점의 결정 - 대책수립

해설 재해사례연구는 재해상황의 파악 - 사실의 확인 - 문제점의 발견 - 근본적 문제점의 결정 - 대책수립의 순으로 진행된다.

재해사례연구의 순서
- 전제조건: 재해상황의 파악
- 제1단계: 사실의 확인
- 제2단계: 문제점의 발견
- 제3단계: 근본적 문제점의 결정
- 제4단계: 대책수립

정답 ①

12 기계기구 또는 설비의 신설, 변경 또는 고장수리 등 부정기적인 점검을 말하며 기술적 책임자가 시행하는 점검은?

① 정기점검
② 수시점검
③ 특별점검
④ 임시점검

해설 기계기구 또는 설비의 신설, 변경 또는 고장수리 등 부정기적인 점검으로 기술적 책임자가 시행하는 점검은 특별점검이다.

선지분석
① 정기점검(계획점검)은 일정기간마다 정기적으로 시행하는 점검이다.
② 수시점검(일상점검)은 공정의 설비, 기계, 공구 등을 매일 일의 시작이나 종료시 또는 작업 중에 계속해서 시설과 사람의 작업동작에 대하여 점검이다.
④ 임시점검은 정기점검 실시 후 다음 점검일 이전에 임시로 실시하는 점검으로, 유사 기계설비의 갑작스런 이상 등이 발생되었을 때 실시하는 점검이다.

정답 ③

13 교육의 3요소로 옳은 것은?
① 강사 – 교육생 – 교육장소
② 강사 – 교육생 – 교육자료
③ 교육생 – 교육자료 – 교육장소
④ 교육자료 – 지식인 – 정보

해설 교육의 3요소는 강사, 교육생, 교육자료이다.

관련이론 교육의 3요소
- 교육의 주체: 강사
- 교육의 객체: 교육생
- 교육의 매개체: 교육자료

정답 ②

14 바이오리듬에 대한 설명으로 옳은 것은?
① 육체적 리듬은 영문으로 P라고 표시하며 28일을 주기로 반복된다.
② 감성적 리듬은 영문으로 S라고 표시하며 23일을 주기로 반복된다.
③ 지성적 리듬은 영문으로 I라고 표시하며 33일을 주기로 반복된다.
④ 각각의 리듬이 (–)에서 최저점에 이르렀을 때를 '위험일'이라 한다.

해설 지성적 리듬은 영문 I로 표시하며 33일을 주기로 반복된다.

선지분석
① 육체적 리듬은 영문으로 P라고 표시하며 23일을 주기로 반복된다.
② 감성적 리듬은 영문으로 S라고 표시하며 28일을 주기로 반복된다.
④ 각각의 리듬이 (–)에서 (+)로, (+)에서 (–)로 변화하는 때를 '위험일'이라 한다.

정답 ③

15 산업안전보건법상 중대재해에 해당하지 않는 재해는?
① 1명의 사망자가 발생한 재해
② 3개월의 요양을 요하는 부상자가 동시에 3명 발생한 재해
③ 12명의 부상자가 동시에 발생한 재해
④ 5명의 직업성 질병자가 동시에 발생한 재해

해설 5명의 직업성 질병자가 동시에 발생한 재해는 중대재해에 해당하지 않는다.

관련이론 산업안전보건법상 중대재해
- 사망자가 1명 이상 발생한 재해
- 3개월 이상의 요양을 요하는 부상자가 동시에 2명 이상 발생한 재해
- 부상자 또는 직업성 질병자가 동시에 10명 이상 발생한 재해

정답 ④

16 집단의 응집성이 높아지는 조건은?
① 가입하기 쉬운 집단일수록
② 집단의 구성원이 많을수록
③ 외부의 위협이 없을수록
④ 함께 보내는 시간이 많을수록

해설 함께 보내는 시간이 많을수록 집단의 응집성은 높아진다.

관련이론 집단의 응집성이 높아지는 조건
- 가입하기 어려운 집단일수록
- 집단의 구성원이 적을수록
- 외부의 위협이 있을수록
- 함께 보내는 시간이 많을수록

정답 ④

17 상시근로자가 20명 이상 50명 미만인 경우 안전보건관리담당자를 선임하여야 하는 사업장에 해당되지 않는 것은?

① 하수, 폐수 및 분뇨처리업
② 환경정화 및 복원업
③ 제조업
④ 보건 및 사회복지업

해설 보건 및 사회복지업의 사업장은 상시근로자가 20명 이상 50명 미만인 경우 안전보건관리담당자를 선임하여야 하는 사업장에 해당하지 않는다.

관련이론 상시근로자 20명 이상 50명 미만인 경우 안전보건관리담당자를 선임하여야 하는 사업장
- 하수, 폐수 및 분뇨처리업
- 환경정화 및 복원업
- 제조업
- 임업
- 폐기물 수집, 운반, 처리 및 원료재생업

정답 ④

18 안전보건교육을 향상시키기 위한 학습지도의 원리에 해당하지 않는 것은?

① 개별화의 원리   ② 통합의 원리
③ 자기활동의 원리 ④ 동기유발의 원리

해설 동기유발의 원리는 학습지도의 원리에 해당하지 않는다.

관련이론 학습지도의 원리
- 개별화의 원리
- 자기활동의 원리
- 직관의 원리
- 통합의 원리
- 사회화의 원리

정답 ④

19 안전검사 대상 기계 중 공정안전보고서를 제출하여 확인을 받은 압력용기는 사업장에 설치한 후 몇 년마다 안전검사를 실시하여야 하는가?

① 6개월   ② 1년
③ 2년   ④ 4년

해설 공정안전보고서를 제출하여 확인을 받은 압력용기는 4년마다 안전검사를 실시하여야 한다.

정답 ④

20 토의식 교육방법의 종류 중 새로운 자료나 교재를 제시하고, 피교육자로 하여금 문제점을 제기하게 하거나 여러 가지 방법으로 의견을 발표하게 하고, 청중과 토론자간의 활발한 의견개진과 충돌로 합의를 도출해내는 방법을 무엇이라 하는가?

① 포럼(Forum)
② 심포지엄(Symposium)
③ 버즈세션(Buzz Session)
④ 케이스 메소드(Case Method)

해설 새로운 자료나 교재를 제시하고, 피교육자로 하여금 문제점을 제기하게 하거나 여러 가지 방법으로 의견을 발표하게 하고, 청중과 토론자간의 활발한 의견개진과 충돌로 합의를 도출해내는 방법은 포럼(Forum)이다.

선지분석
② 심포지엄이란 여러 명의 전문가가 과제에 대해서 견해를 발표한 뒤 참석자로부터 질문이나 의견을 하게 하여서 토의하는 방법이다.
③ 버즈세션이란 6 - 6회의라고도 하며, 참가자가 다수인 경우에 전원을 토의에 참가시키기 위한 방법이다.
④ 케이스 메소드란 사례(Case)를 꺼내 보이고 문제사실과 그들의 상호관계에 관하여 검토하고, 관련 사실의 수집이나 분석방법의 학습, 종합적인 상황판단, 대책입안을 하는 경우에 효과적인 방법이다.

정답 ①

제2과목 인간공학 및 시스템안전공학

21 인간의 기대와 모순되지 않은 반응이나 자극들간 또는 자극반응 조합의 관계를 말하는 것은?

① 적응성 ② 변별성
③ 양립성 ④ 신뢰성

해설 인간의 기대와 모순되지 않은 반응이나 자극들간 또는 자극반응 조합의 관계를 말하는 것은 양립성이다.

정답 ③

22 인간이 기계보다 우수한 기능으로 옳지 않은 것은? (단, 인공지능은 제외한다.)

① 암호화된 정보를 신속하게 대량으로 보관할 수 있다.
② 관찰을 통해서 일반화하여 귀납적으로 추리한다.
③ 항공사진의 피사체나 말소리처럼 상황에 따라 변화하는 복잡한 자극의 형태를 식별할 수 있다.
④ 수신상태가 나쁜 음극선관에 나타나는 영상과 같이 배경 잡음이 심한 경우에도 신호를 인지할 수 있다.

해설 암호화된 정보를 신속하게 대량으로 보관할 수 있는 것은 기계가 인간보다 우수한 기능에 해당한다.

정답 ①

23 FT도에서 생략사상의 기호는?

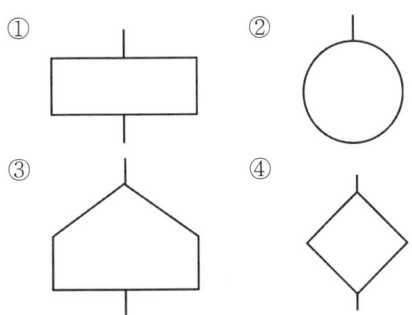

해설 FT도에서 생략사상의 기호는 ④번이다.
선지분석 ①: 결함사상 ②: 기본사상 ③: 통상사상

정답 ④

24 연속되는 소음에 장시간 노출되는 경우 인간의 청력손실이 가장 심한 주파수 대역은?

① 2,000Hz ② 4,000Hz
③ 6,000Hz ④ 8,000Hz

해설 연속되는 소음에 장시간 노출되는 경우 인간의 청력손실이 가장 심한 주파수 대역은 4,000Hz이다.

정답 ②

25 기계의 통제기능이 아닌 것은?

① 개폐에 의한 것 ② 양의 조절에 의한 것
③ 반응에 의한 것 ④ 자동제어에 의한 것

해설 자동제어에 의한 것은 기계의 통제기능에 해당하지 않는다.

관련이론 기계의 통제기능

개폐에 의한 것	수동식푸시버튼, 발푸시버튼, 토글스위치, 로터리스위치 등
양의 조절에 의한 것	Knob(노브), Crank(크랭크), Handle(핸들), Lever(레버), Pedal(페달)
반응에 의한 것	자동경보시스템

정답 ④

26 휴먼에러 중 필요한 Task 및 절차를 수행하지 않아 발생하는 에러를 무엇이라 하는가?

① Time Error ② Omission Error
③ Commission Error ④ Extraneous Error

해설 휴먼에러 중 필요한 Task(작업) 및 절차를 수행하지 않아 발생하는 에러는 Omission Error(생략오류)이다.

정답 ②

27 FTA에 대한 설명으로 옳지 않은 것은?

① 정성적 분석만 가능
② 하향식(top-down) 방법
③ 복잡하고 대형화된 시스템에 활용
④ 논리게이트를 이용하여 도해적으로 표현하여 분석하는 방법

해설 FTA(결함수분석법)는 정성적, 정량적 분석이 가능하다.

정답 ①

28 반복되는 사건이 많이 있는 경우에 FTA의 최소 컷셋을 구하는 알고리즘이 아닌 것은?

① Fussel Algorithm
② Boolean Algorithm
③ Monte Carlo Algorithm
④ Limnios & Ziani Algorithm

해설 Monte Carlo Algorithm은 반복되는 사건이 많이 있는 경우에 FTA의 최소 컷셋을 구하는 알고리즘에 해당하지 않는다.

정답 ③

29 위팔은 자연스럽게 수직으로 늘어뜨린 채, 아래팔만을 편하게 뻗어 작업할 수 있는 범위는?

① 정상작업역   ② 최대작업역
③ 최소작업역   ④ 작업포락면

해설 상완(上腕: 위팔)은 자연스럽게 수직으로 늘어뜨린 채, 전완(前腕: 아래 팔)만으로 편하게 뻗어 파악할 수 있는 구역은 정상작업역이다.

정답 ①

30 인간과 기계는 상호 보완적인 기능을 담당하며 하나의 체계로써 임무를 수행한다. 인간 - 기계체계에 의해서 수행되는 기본기능에 해당하지 않는 것은?

① 의사결정   ② 정보보관
③ 행동   ④ 학습

해설 학습은 인간 - 기계체계에 의해서 수행되는 기본기능에 해당하지 않는다.

관련이론 인간 - 기계체계에 의해서 수행되는 기본기능

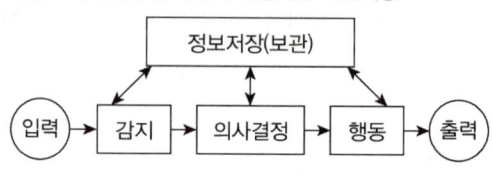

정답 ④

31 인간이 절대 식별할 수 있는 대안의 최대범위는 대략 7이라고 한다. 이를 정보량의 단위인 bit로 표시하면?

① 3.2   ② 3.0
③ 2.8   ④ 2.6

해설
$$\log_2 7 = \frac{\log 7}{\log 2} = \frac{0.8451}{0.3010}$$
$$= 2.8076 \doteq 2.8 \text{bit}$$

정답 ③

32 적절한 온도에서 추운 환경으로 바뀔 때 인체에 나타나는 현상이 아닌 것은?

① 피부온도가 내려간다.
② 피부를 경유하는 혈액순환량이 감소한다.
③ 직장의 온도가 내려간다.
④ 몸이 떨리고 소름이 돋는다.

해설 직장(直腸)의 온도가 올라간다가 옳은 내용이다.

관련이론 적절한 온도에서 추운 환경으로 바뀔 때 인체에 나타나는 현상

• 몸이 떨리고 소름이 돋는다.
• 피부온도가 내려간다.
• 직장(直腸)의 온도가 올라간다.
• 피부를 경유하는 혈액순환량이 감소한다.
• 혈액의 많은 양이 몸의 중심부를 순환한다.

정답 ③

33 복잡한 시스템을 설계가동하기 전의 구상단계에서 시스템의 근본적인 위험성을 평가하는 가장 기초적인 위험도 분석기법은 무엇인가?

① 결함수분석(FTA)
② 예비위험분석(PHA)
③ 고장의 형태와 영향분석(FMEA)
④ 운용안전성분석(OSA)

해설 복잡한 시스템을 설계가동하기 전의 구상단계에서 시스템의 근본적인 위험성을 평가하는 가장 기초적인 위험도 분석기법은 예비위험분석(PHA)이다.

정답 ②

34 인체계측 중 운전 또는 워드(Word)작업과 같이 인체의 각 부분이 서로 조화를 이루며 움직이는 자세에서의 인체치수를 측정하는 것을 무엇이라 하는가?

① 구조적 치수
② 정적 치수
③ 외곽 치수
④ 기능적 치수

해설 인체계측 중 운전 또는 워드(Word)작업과 같이 인체의 각 부분이 서로 조화를 이루며 움직이는 자세에서의 인체치수를 측정하는 것은 기능적 치수이다.

정답 ④

35 화학설비에 대한 안전성 평가방법 중 공장의 입지조건이나 공장 내 배치에 관한 사항은 어느 단계에서 하는가?

① 제1단계: 관계자료의 작성준비
② 제2단계: 정성적 평가
③ 제3단계: 정량적 평가
④ 제4단계: 안전대책

해설 공장의 입지조건, 공장 내 배치에 관한 사항은 정성적인 평가(제2단계)에서 한다.

정답 ②

36 광원의 밝기가 100cd이고, 10m 떨어진 곡면을 비출 때의 조도는 몇 lux인가?

① 1
② 10
③ 100
④ 1,000

해설 조도 $= \dfrac{광도}{(거리)^2} = \dfrac{100}{10^2} = 1 \text{lux}$

정답 ①

37 n개의 요소를 가진 병렬시스템에 있어 요소의 수명(MTTF)이 지수분포를 따를 경우 시스템의 수명은?

① $\text{MTTF} \times n$
② $\text{MTTF} \times \dfrac{1}{n}$
③ $\text{MTTF}(1 + \dfrac{1}{2} + \cdots + \dfrac{1}{n})$
④ $\text{MTTF}(1 \times \dfrac{1}{2} \times \cdots \times \dfrac{1}{n})$

해설 시스템의 수명은 다음과 같이 나타낸다.
- 병렬계의 수명 $= \text{MTTF}(1 + \dfrac{1}{2} + \cdots + \dfrac{1}{n})$
- 직렬계의 수명 $= \dfrac{\text{MTTF}}{n}$

정답 ③

38 산업안전보건표지에서 경고표지는 삼각형, 안내표지는 사각형, 지시표지는 원형 등으로 부호가 고안되어 있다. 이처럼 부호가 이미 고안되어 이를 사용자가 배워야 하는 부호를 무엇이라 하는가?

① 묘사적 부호
② 추상적 부호
③ 임의적 부호
④ 사실적 부호

해설 부호가 이미 고안되어 있어 이를 배워야 하는 부호는 임의적 부호이다(산업안전보건표지의 경고표지는 삼각형, 지시표지는 원형, 교통표지판 등).

선지분석
① 묘사적 부호란 사물의 행동을 단순하고 정확하게 묘사한 부호이다(위험표지판의 해골과 뼈, 도로표지판의 걷는 사람 등).
② 추상적 부호란 전언의 기본요소를 도식적으로 압축한 부호이다(별자리를 나타내는 12궁도).

정답 ③

39 그림과 같이 3개의 부품이 병렬로 이루어진 시스템의 전체 신뢰도는? (단, 원 안의 값은 각 부품의 신뢰도이다.)

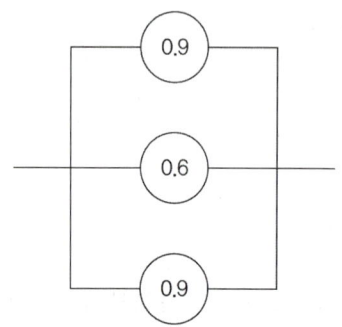

① 0.694 ② 0.744
③ 0.826 ④ 0.996

해설 $R_s = 1-(1-0.9)(1-0.6)(1-0.9) = 0.996$

정답 ④

---

40 점멸-융합주파수(Flicker-Fusion Frequency)의 용도로 옳은 것은?

① 야간시력의 척도 ② 반응시간의 척도
③ 피로정도의 척도 ④ 적외선감지의 척도

해설 점멸-융합(Flicker-Fusion)주파수는 중추신경계, 정신적 피로정도의 척도로 사용된다.

정답 ③

제3과목 기계위험방지기술

41 선반의 크기를 표시하는 것으로 틀린 것은?

① 양쪽 센터 사이의 최대거리
② 왕복대 위의 스윙
③ 베드 위의 스윙
④ 주축에 물릴 수 있는 공작물의 최대지름

해설 최대가공물의 크기가 선반의 크기를 표시하는 것으로 옳은 내용이다.

정답 ④

---

42 롤러기의 방호장치 중 로프식 급정지장치의 설치거리는?

① 바닥에서 0.4m 이상 0.6m 이내
② 바닥에서 1.1m 이내
③ 바닥에서 0.8m 이상 1.2m 이내
④ 바닥에서 1.8m 이내

해설 로프식(손조작식) 급정지장치의 설치거리는 바닥에서 1.8m 이내이다.

관련이론 급정지장치의 설치

1. 급정지장치의 설치거리
   - 무릎조작식: 바닥에서 0.6m 이내
   - 복부조작식: 밑면(바닥)에서 0.8m 이상 1.1m 이내
2. 조작부의 설치위치
   조작부의 설치위치는 급정지장치의 조작부 중심점을 기준으로 한다.

정답 ④

43 그림과 같이 500kg의 중량물을 와이어로프로 상부 60도의 각으로 들어 올릴 때, 로프 한줄에 걸리는 하중(T)은?

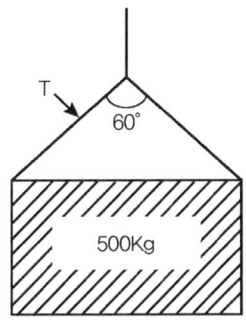

① 168.49kg   ② 248.58kg
③ 288.67kg   ④ 378.79kg

해설 $T = \dfrac{\dfrac{W}{2}}{\cos\dfrac{\theta}{2}} = \dfrac{\dfrac{500}{2}}{\cos\dfrac{60°}{2}} ≒ 288.67\text{kg}$

정답 ③

44 회전축, 커플링에 사용하는 덮개는 다음 중 어떠한 위험점을 방호하기 위한 것인가?

① 회전말림점   ② 접선물림점
③ 전단점   ④ 협착점

해설 회전축, 커플링에 사용하는 덮개는 회전말림점을 방호하기 위한 것이다.

정답 ①

45 프레스기 작동 후 작업점까지 도달시간이 0.5초 걸렸다면 양수조작식 안전장치의 조작부의 설치거리는?

① 60cm   ② 70cm
③ 80cm   ④ 90cm

해설 설치거리(cm)
= 160 × 프레스 작동 후 작업점까지의 도달시간(초)
= 160 × 0.5 = 80cm

정답 ③

46 선반의 방호장치 중 적당하지 않은 것은?

① 슬라이딩   ② 덮개 또는 울
③ 척커버   ④ 칩브레이커

해설 슬라이딩은 선반의 방호장치에 해당하지 않는다.

관련이론 선반의 방호장치
- 덮개 또는 울
- 척커버
- 칩브레이커
- 브레이크

정답 ①

47 컨베이어에 작업하는 근로자의 신체 일부가 말려들 위험이 있는 때에 설치하여야 할 안전장치는?

① 헤드가드   ② 비상정지장치
③ 이탈방지방치   ④ 역주행방지장치

해설 컨베이어에 작업하는 근로자의 신체 일부가 말려들 위험이 있는 때에 설치하여야 할 안전장치는 비상정지장치이다.

관련이론 컨베이어의 안전장치
- 이탈방지장치
- 덮개 또는 울
- 역주행방지장치
- 비상정지장치

정답 ②

48 프레스 등을 사용하여 작업할 때 작업시작 전 점검사항으로 옳지 않은 것은?

① 클러치 및 브레이크의 기능
② 1행정1정지기구, 급정지기구 및 비상정지장치의 기능
③ 프레스의 금형 및 고정볼트
④ 이상음, 진동상태

해설 이상음, 진동상태는 프레스 등을 사용하여 작업할 때 작업시작 전 점검사항에 해당하지 않는다.

관련이론 프레스 등을 사용하여 작업할 때 작업시작 전 점검사항 (산업안전보건법 안전보건기준)
- 클러치 및 브레이크의 기능
- 1행정1정지기구, 급정지기구 및 비상정지장치의 기능
- 프레스의 금형 및 고정볼트
- 슬라이드, 칼날에 의한 위험방지기구의 기능
- 크랭크축, 플라이휠, 슬라이드, 연결봉 및 연결나사의 풀림 여부
- 방호장치의 기능
- 전단기의 칼날 및 테이블의 상태

정답 ④

49 회전축, 기어, 풀리, 플라이휠 등에는 어떤 고정구를 설치해야 하는가?

① 개방형 고정구   ② 돌출형 고정구
③ 묻힘형 고정구   ④ 고정형 고정구

해설 회전축, 기어, 풀리, 플라이휠 등에는 묻힘형 고정구를 설치한다.

정답 ③

50 리프트의 방호장치가 아닌 것은?

① 권과방지장치   ② 과부하방지장치
③ 출입문 인터록   ④ 해지장치

해설 해지장치는 크레인에 설치하는 방호장치에 해당된다.

정답 ④

51 숫돌의 지름이 D(mm), 회전수 N(rpm)이라 할 때 연삭숫돌의 원주속도(V)는?

① $D \cdot N$ [m/min]   ② $\pi \cdot D \cdot N$ [m/min]
③ $\dfrac{D \cdot N}{1,000}$ [m/min]   ④ $\dfrac{\pi \cdot D \cdot N}{1,000}$ [m/min]

해설 $V = \dfrac{\pi DN}{1,000}$ [m/min], $V = \pi DN$ [mm/min]

여기서, V: 원주속도[m/min, mm/min]
D: 숫돌의 지름[mm]
N: 회전수[rpm]

정답 ④

52 금형의 사이에 작업자의 신체의 일부가 들어가지 않도록 펀치와 다이, 펀치와 스트리퍼 등의 간격은 얼마로 하여야 하는가?

① 3mm 이하   ② 5mm 이하
③ 8mm 이하   ④ 10mm 이하

해설 금형의 사이에 작업자의 신체의 일부가 들어가지 않도록 펀치와 다이, 펀치와 스트리퍼 등의 간격은 8mm 이하로 하여야 한다.

정답 ③

53 용접장치에 사용되는 가스장치실의 구조에 대한 설명으로 옳지 않은 것은?

① 벽의 재료는 불연성의 재료를 사용할 것
② 천장과 벽은 견고한 콘크리트 구조일 것
③ 가스누출시 해당 가스가 정체되지 않도록 할 것
④ 지붕 및 천장의 재료는 가벼운 불연성의 재료를 사용할 것

해설 천장과 벽은 불연성의 재료를 사용하여야 한다.

정답 ②

54 지게차 헤드가드의 강도는 지게차의 최대하중의 2배의 값의 등분포정하중에 견딜 수 있어야 한다. 최대하중의 2배의 값이 8t일 경우에 헤드가드의 강도는? (단, 단위는 t이다.)

① 2t　　② 4t
③ 8t　　④ 16t

해설 지게차 헤드가드의 강도는 지게차 최대하중의 2배의 값(그 값이 4t을 넘는 것에 대하여서는 4t으로 함)의 등분포정하중에 견딜수 있어야 한다.
따라서, 4t을 넘는 8t이므로 헤드가드의 강도는 4t이 된다.

정답 ②

55 작업자가 기계를 잘못 취급하여 불안전 행동이나 실수를 하여도 기계설비의 안전기능이 적용되어 재해를 방지할 수 있는 기능은?

① 페일세이프　　② 풀프루프
③ 연동잠김 기능　　④ 자동송급 기능

해설 작업자가 기계를 잘못 취급하여 불안전 행동이나 실수를 하여도 기계설비의 안전기능이 적용되어 재해를 방지할 수 있는 기능은 풀프루프(Fool Proof)이다.

정답 ②

56 보일러에 유지류, 고형물 등의 부유물로 인한 거품이 발생하여 수위를 판단하지 못하는 현상을 무엇이라 하는가?

① 프라이밍　　② 워터햄머
③ 포밍　　　　④ 기수

해설 보일러에 유지류, 고형물 등의 부유물로 인한 거품이 발생하여 수위를 판단하지 못하는 현상은 포밍이다.

관련이론 포밍과 프라이밍

포밍 (Foaming)	보일러에 유지류, 고형물 등의 부유물로 인한 거품이 발생하여 수위를 판단하지 못하는 현상
프라이밍 (Priming)	보일러의 급격한 부하, 급격한 압력강하, 고수위 등에 의해 물방울 혹은 물거품이 수면 위로 튀어 올라 관 밖으로 운반되는 현상
프라이밍과 포밍의 발생원인	• 보일러수가 농축된 경우 • 고수위인 경우 • 주증기밸브를 급격히 개방한 경우 • 증기부하가 과대한 경우 • 부유물, 유지분이 많이 함유되었을 경우 • 기수분리장치가 불완전한 경우 • 증기부가 적고 수부가 큰 경우

정답 ③

57 검사방법 중에서 재질의 Crack 여부를 검사하는 방법으로 옳지 않은 것은?

① X선투과검사　　② 핀홀검사
③ 자분탐상검사　　④ 침투탐상검사

해설
• 핀홀검사는 용접의 적합여부를 검사하는 방법에 해당한다.
• Crack(균열) 여부는 비파괴검사(X선투과검사, 자분탐상검사, 침투탐상검사 등)로 판단한다.

정답 ②

58 방호조치를 하지 않으면 양도, 대여, 설치가 제한되는 유해하거나 위험한 기계기구의 방호조치로 옳지 않은 것은?

① 예초기: 날접촉예방장치
② 포장기계: 구동부방호연동장치
③ 원심기: 압력방출장치
④ 지게차: 헤드가드, 백레스트, 안전벨트

해설 원심기에는 회전체접촉예방장치를 설치해야 한다.

관련이론 방호조치를 하지 않으면 양도, 대여, 설치가 제한되는 유해하거나 위험한 기계기구의 방호조치(산업안전보건법시행규칙)

- 예초기: 날접촉예방장치
- 포장기계(진공포장기, 래핑기로 한정): 구동부방호연동 장치
- 지게차: 헤드가드, 백레스트, 안전벨트, 전조등, 후미등
- 공기압축기: 압력방출장치
- 금속절단기: 날접촉예방장치
- 원심기: 회전체접촉예방장치

정답 ③

59 용해아세틸렌의 가스집합 용접장치의 배관 및 부속기구는 구리나 구리함유량이 얼마 이상인 합금을 사용해서는 안 되는가?

① 60%   ② 65%
③ 70%   ④ 75%

해설 용해아세틸렌의 가스집합 용접장치의 배관 및 부속기구는 구리나 구리함유량이 70% 이상의 합금을 사용할 경우 폭발의 위험이 있다.

정답 ③

60 하중이 정격을 초과하였을 때 자동적으로 상승이 정지되는 장치는?

① 비상정지장치   ② 브레이크장치
③ 과부하방지장치   ④ 와이어로프 혹장치

해설 과부하방지장치는 크레인, 리프트, 승강기 등에 설치하는 방호장치로서 하중이 정격을 초과하였을 때 자동적으로 상승이 정지되는 장치이다.

정답 ③

제4과목 전기 및 화학설비위험방지기술

61 피뢰기의 제한전압이 700kV이고, 충격절연강도가 1,000kV일 때 보호여유도는?

① 12%   ② 27%
③ 39%   ④ 43%

해설
$$여유도(\%) = \frac{충격절연강도 - 제한전압}{제한전압} \times 100$$
$$= \frac{1,000 - 700}{700} \times 100$$
$$= 42.86 ≒ 43\%$$

정답 ④

62 물체에 정전기가 대전하면 정전에너지를 갖게 되는데 그 관계식은?

① $W = \frac{1}{2}CV$ ② $W = \frac{1}{2}Q^2V$
③ $W = \frac{1}{2}C^2V^2$ ④ $W = \frac{1}{2}CV^2$

해설 C를 도체의 정전용량(F), Q를 대전전하량(C), V를 대전전압(V)이라 하면 정전에너지 W는 다음과 같다.
$$W = \frac{1}{2}CV^2 = \frac{1}{2}QV = \frac{Q^2}{2C}$$

정답 ④

63 인체의 대부분이 수중에 있는 상태에서의 허용접촉전압으로 옳은 것은?

① 2.5V 이하 ② 25V 이하
③ 50V 이하   ④ 75V 이하

해설 인체의 대부분이 수중에 있는 상태에서의 허용접촉전압으로 옳은 것은 2.5V 이하이다.

> **관련이론 허용접촉전압**

종별	접촉상태	허용접촉전압(V)
제1종	인체의 대부분이 수중에 있는 상태	2.5 이하
제2종	① 인체가 현저하게 젖어 있는 상태 ② 금속성의 전기기계장치나 구조물에 인체의 일부가 상시 접촉되어 있는 상태	25 이하
제3종	통상의 인체상태에서 접촉전압이 가해지면 위험성이 높은 상태	50 이하
제4종	① 통상의 인체상태에서 접촉전압이 가해지더라도 위험성이 낮은 상태 ② 접촉전압이 가해질 우려가 없는 상태	제한없음

정답 ①

64 방전침에 약 7,000V 전압을 인가하면 코로나 방전을 일으키고, 발생된 이온으로 대전체의 전하를 중화시키는 방식은?

① 전압인가식 제전기 ② 자기방전식 제전기
③ 방사선식 제전기   ④ 이온식 제전기

해설 전압인가식 제전기에 대한 설명이다.

정답 ①

65 전기에 감전되었을 경우 인체에 미치는 위험성을 결정하는 1차적 요인이 아닌 것은?

① 인체에 흐른 전류의 크기(통전전류)
② 인체의 감전시간(통전시간)
③ 인체에 흐른 전압의 크기(통전전압)
④ 전류가 흐른 신체부위(통전경로)

해설 통전전압은 위험성을 결정하는 2차적 요인에 해당한다.

> **관련이론 위험성을 결정하는 1차적 요인**
> - 인체에 흐른 전류의 크기(통전전류)
> - 인체의 감전시간(통전시간)
> - 전류가 흐른 신체부위(통전경로)
> - 전원의 종류(직류, 교류)

정답 ③

66 어느 변전소에서 고장전류가 유입되었을 때 도전성 구조물과 그 부근 지표상의 점 사이(약 1m)의 허용접촉전압(V)은? (단, 심실세동전류: $I_k = \dfrac{0.165}{\sqrt{t}}$[A], 인체의 저항: 1,000Ω, 지표상층 저항률: 150Ωm, 통전시간을 1초로 한다.)

① 202 ② 186
③ 228 ④ 164

해설 허용접촉전압은 다음과 같다.

$$E = \left(R_b + \dfrac{3R_s}{2}\right) \times I_k$$

여기서, E: 허용접촉전압(V)
R_b: 인체의 저항(Ω)
R_s: 지표상층 저항률(Ωm)
I_k: 심실세동전류(A)

$= \left(1,000 + \dfrac{3 \times 150}{2}\right) \times \dfrac{0.165}{\sqrt{1}} ≒ 202\text{V}$

정답 ①

67 전기시설의 직접접촉에 의한 감전방지방법으로 적절하지 않은 것은?

① 충전부는 내구성이 있는 절연물로 완전히 덮어 감쌀 것
② 충전부가 노출되지 않도록 폐쇄형 외함이 있는 구조로 할 것
③ 충전부에 충분한 절연효과가 있는 방호망 또는 절연덮개를 설치할 것
④ 충전부는 관계자 외 출입이 용이한 장소에 설치하고 위험표시 등의 방법으로 방호를 강화할 것

해설 충전부는 관계자 외 출입이 어려운 장소에 설치하고 위험표시 등의 방법으로 방호를 강화하여야 한다.

관련이론 전기시설의 직접접촉에 의한 감전방지방법
- 충전부는 내구성이 있는 절연물로 완전히 덮어 감쌀 것
- 충전부가 노출되지 않도록 폐쇄형 외함이 있는 구조로 할 것
- 충전부에 충분한 절연효과가 있는 방호망 또는 절연덮개를 설치할 것
- 설치장소를 제한할 것(별도의 울타리 설치 등)
- 전도성 물체 및 작업장 주위의 바닥을 절연물로 도포할 것
- 작업자는 절연화 등 보호구를 착용할 것

정답 ④

68 건물의 전기설비로부터 누설전류를 탐지하여 경보를 발하는 누전경보기의 구성으로 옳은 것은?

① 축전기, 변류기, 경보장치
② 변류기, 수신기, 경보장치
③ 수신기, 발신기, 경보장치
④ 비상전원, 수신기, 경보장치

해설 누전경보기는 변류기, 수신기, 경보장치로 구성되어 있다.

정답 ②

69 Dalziel에 의하여 동물실험을 통해 얻어진 전류값을 인체에 적용했을 때 심실세동을 일으키는 전기에너지(J)는? (단, 인체전기저항은 500Ω으로 보며, 흐르는 전류 $I = \frac{165}{\sqrt{T}}$ mA로 한다.)

① 9.8 ② 13.6
③ 19.6 ④ 27

해설
$W = I^2RT$
$= (\frac{165}{\sqrt{T}} \times 10^{-3})^2 \times 500 \times T = 13.6125$
≒ 13.6J

정답

70 내압(耐壓)방폭구조의 화염일주한계를 작게 하는 이유로 가장 알맞은 것은?

① 최소점화에너지를 높게 하기 위하여
② 최소점화에너지를 낮게 하기 위하여
③ 최소점화에너지 이하로 열을 떨어뜨리기 위하여
④ 최소점화에너지 이상으로 열을 높이기 위하여

해설 내압방폭구조의 화염일주한계(안전간극, 최대안전틈새)를 작게 하는 이유는 최소점화에너지 이하로 열을 떨어뜨리기 위해서이다.

정답 ③

71 최소발화에너지(MIE)와 온도, 압력의 관계에 대한 설명으로 옳은 것은?

① 압력, 온도에 모두 비례한다.
② 압력, 온도에 모두 반비례한다.
③ 압력에 비례하고, 온도에 반비례한다.
④ 압력에 반비례하고, 온도에 비례한다.

해설 최소발화에너지(MIE)는 압력, 온도에 모두 반비례하므로 압력, 온도가 증가하면 최소발화에너지는 감소한다.

관련이론 최소발화에너지(MIE)의 변화요인
- 공기 중에서보다 산소 중에서 MIE는 더 감소한다.
- 농도가 높아지면 MIE는 감소한다.
- 연소속도가 상승하면 MIE는 감소한다.
- 불활성물질의 증가는 MIE를 증가시킨다.
- 압력, 온도가 증가하면 MIE는 감소한다.

정답 ②

72 산업안전보건법상 화학설비 또는 그 배관의 덮개, 플랜지, 밸브 및 콕의 접합부에 대하여 해당 접합부에서의 위험물질 등의 누출로 인한 폭발, 화재 또는 위험물의 누출을 방지하기 위한 가장 적절한 조치는?

① 가스켓의 사용 ② 코르크의 사용
③ 호스밴드의 사용 ④ 호스크립의 사용

해설 산업안전보건법상 화학설비 또는 그 배관의 덮개, 플랜지, 밸브 및 콕의 접합부에 대하여 해당 접합부에서의 위험물질 등의 누출로 인한 폭발, 화재 또는 위험물의 누출을 방지하기 위해서는 가스켓(Gasket)을 사용하여야 한다.

정답 ①

73 건조설비를 사용하여 작업을 하는 경우에 폭발이나 화재를 예방하기 위하여 준수하여야 하는 사항으로 옳지 않은 것은?

① 위험물 건조설비를 사용하는 경우에는 미리 내부를 청소하거나 환기할 것
② 위험물 건조설비를 사용하여 가열건조하는 건조물은 쉽게 이탈되도록 할 것
③ 고온으로 가열건조한 인화성 액체는 발화의 위험이 없는 온도로 냉각한 후에 격납시킬 것
④ 바깥 면이 현저히 고온이 되는 건조설비에 가까운 장소에는 인화성 액체를 두지 않도록 할 것

해설 위험물 건조설비를 사용하여 가열건조하는 건조물은 쉽게 이탈되지 않도록 하여야 한다.

관련이론 **건조설비를 사용하여 작업을 하는 경우 준수사항**
- 위험물 건조설비를 사용하는 경우에는 미리 내부를 청소하거나 환기할 것
- 고온으로 가열건조한 인화성 액체는 발화의 위험이 없는 온도로 냉각한 후에 격납시킬 것
- 바깥 면이 현저히 고온이 되는 건조설비에 가까운 장소에는 인화성 액체를 두지 않도록 할 것
- 위험물 건조설비를 사용하는 경우에는 건조로 인하여 발생하는 가스, 증기 또는 분진에 의하여 폭발, 화재의 위험이 있는 물질을 안전한 장소로 배출시킬 것
- 위험물 건조설비를 사용하여 가열건조하는 건조물은 쉽게 이탈되지 않도록 할 것

정답 ②

74 방폭전기기기의 성능을 나타내는 기호표시로 ExP ⅡA T5를 나타내었을 때 관계가 없는 표시 내용은?

① 온도등급 ② 폭발성능
③ 방폭구조 ④ 폭발등급

해설 폭발성능은 방폭전기기기의 성능을 나타내는 기호표시인 ExP ⅡA T5와 관계가 없다.

ExP ⅡA T5

여기서, P: 방폭구조
ⅡA: 폭발등급(폭발그룹)
T5: 온도등급

정답 ②

75 산업안전보건법상 공정안전보고서에 포함되어야 할 사항으로 가장 거리가 먼 것은?

① 평균안전율 ② 공정안전자료
③ 비상조치계획 ④ 공정위험성평가서

해설 평균안전율은 공정안전보고서에 포함되지 않는다.

관련이론 **공정안전보고서에 포함되어야 할 사항(산업안전보건법)**
- 공정안전자료
- 공정위험성평가서
- 비상조치계획
- 안전운전계획

정답 ①

76 산업안전보건법에 따라 안지름 150mm 이상의 압력용기, 정변위 압축기 등에 대해서 과압에 따른 폭발을 방지하기 위하여 설치하여야 하는 방호장치는?

① 역화방지기 ② 안전밸브
③ 감지기 ④ 체크밸브

해설 산업안전보건법에 따라 안지름 150mm 이상의 압력용기, 정변위 압축기 등에 대해서 과압에 따른 폭발을 방지하기 위하여 설치하여야 하는 방호장치는 안전밸브이다.

정답 ②

77 일산화탄소(CO)에 대한 설명으로 옳지 않은 것은?

① 무색, 무취의 가스이다.
② 불연성 가스로 허용농도가 10ppm이다.
③ 염소와는 촉매 존재하에 반응하여 포스겐이 된다.
④ 인체 내의 헤모글로빈과 결합하여 산소운반 기능을 저하시킨다.

해설 일산화탄소는 독성가스로 허용농도(TWA)가 30ppm이다.

정답 ②

78 다음 설명이 의미하는 것은?

> 온도, 압력 등 제어상태가 규정의 조건을 벗어나는 것에 의해 반응속도가 지수함수적으로 증대되고, 반응용기 내의 온도, 압력이 급격히 이상상승되어 규정 조건을 벗어나고, 반응이 과격화되는 현상

① 비등
② 과열·과압
③ 폭발
④ 반응폭주

해설 반응폭주에 대한 설명이다.

선지분석
① 비등(Boilling)은 일정한 압력하에서 액체를 가열하면 액체표면에 기화 이외에 액체증기 기포가 발생하는 현상이다.
② 과열·과압은 열과 압력이 이상상승하는 상태이다.
③ 폭발은 압력의 개방, 급격한 발생으로 인하여 폭음을 수반하는 파열이 발생하는 현상이다.

정답 ④

79 메타인산(HPO_3)에 의한 방진효과를 가진 분말소화약제의 종류는?

① 제1종 분말소화약제
② 제2종 분말소화약제
③ 제3종 분말소화약제
④ 제4종 분말소화약제

해설
- 제3종 분말소화약제가 메타인산에 의한 방진효과를 가진다.
- 제3종 인산암모늄 분말소화기는 A, B, C급 화재에 사용이 가능하고 메타인산(HPO_3)을 생성시켜 방진작용(가연물에 부착되어 차단효과를 나타내는 것)으로 다른 분말소화약제에 비하여 30% 이상 소화능력이 향상된다.

정답 ③

80 대기 중에 대량의 가연성 가스가 유출되거나 대량의 가연성 액체가 유출하여 그것으로부터 발생하는 증기와 공기와 혼합해서 가연성 혼합기체를 형성하고, 점화원에 의하여 발생하는 폭발을 무엇이라고 하는가?

① UVCE
② BLEVE
③ Detonation
④ Boil over

해설 대기 중에 대량의 가연성 가스가 유출되거나 대량의 가연성 액체가 유출하여 그것으로부터 발생하는 증기와 공기와 혼합해서 가연성 혼합기체를 형성하고, 점화원에 의하여 발생하는 폭발은 UVCE(Unconfined Vapor Cloud Explosion: 증기운폭발)이다.

선지분석
② BLEVE란 비등액체팽창 증기폭발을 말한다.
③ Detonation(폭굉)이란 1,000 ~ 3,500m/s 정도의 연소속도를 가진 것으로 매우 큰 폭발음이 나며 파괴력이 대단한 경우를 말한다.
④ Boil over란 화재가 확대될 때 연소 중인 기름에서 발생하는 현상을 말한다.

정답 ①

제5과목 건설안전기술

81 가설통로 설치에 있어 경사가 최소 얼마를 초과하는 경우에는 미끄러지지 아니하는 구조로 하여야 하는가?

① 15도　　② 20도
③ 30도　　④ 40도

해설 가설통로 설치에 있어 경사가 최소 15도를 초과하는 경우에는 미끄러지지 아니하는 구조로 하여야 한다.

정답 ①

82 근로자가 추락하거나 넘어질 위험이 있는 장소에서 추락방호망의 설치 기준으로 옳지 않은 것은?

① 망의 처짐은 짧은 변 길이의 10% 이상이 되도록 할 것
② 추락방호망은 수평으로 설치할 것
③ 건축물 등의 바깥쪽으로 설치하는 경우 추락방호망의 내민 길이는 벽면으로부터 3m 이상 되도록 할 것
④ 추락방호망의 설치위치는 가능하면 작업면으로부터 가까운 지점에 설치하여야 하며, 작업면으로부터 망의 설치지점까지의 수직거리는 10m를 초과하지 아니할 것

해설 망의 처짐은 짧은 변 길이의 12% 이상이 되도록 하여야 한다.

정답 ①

83 산업안전보건관리비 계상기준으로 일반건설공사(갑) 5억원 이상~50억원 미만의 비율 및 기초액으로 옳은 것은?

① 비율: 1.86%, 기초액: 5,349,000원
② 비율: 2.93%, 기초액: 5,499,000원
③ 비율: 2.35%, 기초액: 5,400,000원
④ 비율: 2.45%, 기초액: 4,411,000원

해설 (1) 산업안전보건관리비 계상기준은 다음과 같다.

공사종류 \ 대상액	5억원 미만	5억원 이상 50억원 미만	
		비율	기초액
일반건설공사(갑)	2.93%	1.86%	5,349,000원
일반건설공사(을)	3.09%	1.99%	5,499,000원
중건설공사	3.43%	2.35%	5,400,000원
철도·궤도신설공사	2.45%	1.57%	4,411,000원
특수 및 기타 건설공사	1.85%	1.20%	3,250,000원

일반건설공사(갑) 5억원 이상 ~ 50억원 미만의 비율은 1.86%, 기초액은 5,349,000원이다.

(2) 산업안전보건관리비 계상기준 → 고용노동부고시 2024.9.19 개정

공사종류 \ 대상액	5억원 미만 비율	5억원 이상 50억원 미만	
		비율	기초액
건축공사	3.11%	2.28%	4,325,000원
토목공사	3.15%	2.53%	3,300,000원
중건설공사	3.64%	3.05%	2,975,000원
특수건설공사	2.07%	1.59%	2,450,000원

정답 ①

84 시스템비계를 사용하여 비계를 구성하는 경우에 준수하여야 할 사항으로 옳지 않은 것은?

① 수직재와 수직재의 연결철물은 이탈되지 않도록 견고한 구조로 할 것
② 수직재·수평재·가새재를 견고하게 연결하는 구조가 되도록 할 것
③ 수직재와 받침철물의 연결부 겹침길이는 받침철물 전체길이의 4분의 1 이상이 되도록 할 것
④ 수평재는 수직재와 직각으로 설치하여야 하며, 체결 후 흔들림이 없도록 견고하게 설치할 것

해설 수직재와 받침철물의 연결부 겹침길이는 받침철물 전체길이의 3분의 1 이상이 되도록 하여야 한다.

정답 ③

85 셔블계 굴착기계에 속하지 않는 것은?

① 파워셔블(power shovel)
② 클램셸(clamshell)
③ 스크레이퍼(scraper)
④ 드래그라인(dragline)

해설 스크레이퍼(scraper)는 굴착, 싣기, 운반, 하역 등 일련작업을 하나의 기계로서 연속적으로 행할 수 있는 것으로 굴착기와 운반기를 조합한 토공만능기이며, 셔블계 굴착기계에 해당하지 않는다.

정답 ③

86 철골공사에서 부재의 건립용 기계로 거리가 먼 것은?

① 타워크레인   ② 가이데릭
③ 삼각데릭   ④ 항타기

해설 항타기는 파일을 박는 기계로 철골공사시 부재의 건립용 기계에 해당되지 않는다.

관련이론 철골공사에서 부재의 건립용 기계
- 타워크레인
- 가이데릭
- 삼각데릭
- 진폴데릭
- 트럭크레인
- 크롤러크레인

정답 ④

87 산업안전보건기준에 관한 규칙에 따른 토사굴착시 굴착면의 기울기기준으로 옳지 않은 것은?

① 보통흙인 습지 – 1 : 1~1 : 1.5
② 풍화암 – 1 : 1.0
③ 연암 – 1 : 1.0
④ 보통흙인 건지 – 1 : 1.2~1 : 5

해설 (1) 보통흙인 건지의 기울기기준은 1 : 0.5 ~ 1 : 1이다.
(2) 굴착면의 기울기(산업안전보건법 안전보건기준 → 2023.11.14) 개정

지반의 종류	기울기
모래	1:1.8
연암 및 풍화암	1 : 1.0
경암	1 : 0.5
그밖의 흙	1:1.2

정답 ④

88 일반적으로 사용되는 암질의 판별 기준이 아닌 것은?

① RQD(%)
② 삼축압축강도(kg/cm²)
③ RMR
④ 탄성파 속도(kine)

해설 삼축압축강도가 아닌 일축압축강도(kg/cm²)이다.

관련이론 암질의 판별 기준
- RQD(%)
- RMR
- 탄성파 속도(m/sec = kine)
- 진동치 속도(m/sec)
- 일축압축강도(kg/cm²)

※ 굴착공사표준안전작업지침 고용노동부고시 → 2023.7.1 개정되어 삭제되었으므로 학습 불필요

정답 ②

89 사다리식 통로를 설치하는 경우에 준수하여야 할 사항으로 옳지 않은 것은?

① 견고한 구조로 할 것
② 발판의 간격은 일정하게 할 것
③ 발판과 벽과의 사이는 15cm 이상의 간격을 유지할 것
④ 사다리식 통로의 길이가 5m 이상인 경우에는 3m 이내마다 계단참을 설치할 것

해설 사다리식 통로의 길이가 10m 이상인 경우에는 <u>5m 이내마다 계단참을 설치하여야 한다.</u>

> **관련이론** 사다리식 통로를 설치하는 경우에 준수하여야 할 사항
> - 견고한 구조로 할 것
> - 발판의 간격은 일정하게 할 것
> - 발판과 벽과의 사이는 15cm 이상의 간격을 유지할 것
> - 사다리식 통로의 길이가 10m 이상인 경우에는 5m 이내마다 계단참을 설치할 것
> - 접이식 사다리기둥은 사용시 접혀지거나 펼쳐지지 않도록 철물 등을 사용하여 견고하게 조치할 것
> - 사다리가 넘어지거나 미끄러지는 것을 방지하기 위한 조치를 할 것
> - 사다리의 상단은 걸쳐 놓은 지점으로부터 60cm 이상 올라가도록 할 것
> - 사다리식 통로의 기울기는 75도 이하로 할 것
> - 폭은 30cm 이상으로 할 것
> - 심한 손상, 부식 등이 없는 재료를 사용할 것

정답 ④

90 승강기에 부착시키는 안전장치에 해당되지 않는 것은?

① 파이널리밋스위치
② 비상정지장치
③ 조속기(속도조절기)
④ 긴급차단장치

해설 긴급차단장치는 승강기에 부착시키는 안전장치에 해당하지 않는다.

> **관련이론** 승강기에 부착시키는 안전장치
> - 파이널리밋스위치
> - 비상정지장치
> - 조속기(속도조절기)
> - 과부하방지장치
> - 출입문 인터록

정답 ④

91 근로자의 추락재해방지를 위하여 작업발판을 설치하기 곤란한 때에 안전대를 착용하도록 하는 등의 조치가 필요한 높이는?

① 2m 이상
② 3m 이상
③ 4m 이상
④ 5m 이상

해설 근로자의 추락재해방지를 위하여 작업발판을 설치하기 곤란한 때에 <u>안전대를 착용하도록 하는 등의 조치가 필요한 높이는 2m 이상이다.</u>

정답 ①

92 토석이 붕괴되는 원인을 외적요인과 내적요인으로 나눌 때 외적요인으로 볼 수 없는 것은?

① 사면, 법면의 경사 및 기울기의 증가
② 지진발생, 차량 또는 구조물의 중량
③ 공사에 의한 진동 및 반복하중의 증가
④ 절토사면의 토질, 암질

해설 절토사면의 토질, 암질은 토석이 붕괴되는 원인 중 내적요인에 해당한다.

정답 ④

93 콘크리트 타설시 거푸집의 측압에 대한 설명으로 옳지 않은 것은?

① 슬럼프가 클수록, 벽두께가 두꺼울수록 커진다.
② 부어넣기 속도가 빠를수록 커진다.
③ 온도가 높을수록 커진다.
④ 다지기가 충분할수록 커진다.

해설 온도는 낮을수록 커진다가 옳은 내용이다.

> **관련이론** 콘크리트 타설시 거푸집의 측압이 커지는 조건
> - 슬럼프가 클수록, 벽두께가 두꺼울수록
> - 부어넣기 속도가 빠를수록
> - 다지기가 강할수록
> - 습도가 높을수록
> - 거푸집의 강성이 클수록
> - 거푸집의 수밀성이 높을수록
> - 거푸집 표면이 매끄러울수록
> - 묽은 콘크리트일수록
> - 콘크리트의 비중이 클수록(단위중량이 클수록)
> - 철골 또는 철근량이 적을수록
> - 거푸집의 수평단면이 클수록(벽두께가 클수록)
> - 응결이 빠른 시멘트를 사용할수록
> - 콘크리트의 타설높이가 높을수록
> - 시멘트가 부배합일수록

정답 ③

94 히빙현상은 어떤 경우에 발생하는가?

① 지하수위가 높은 사질토를 굴착할 경우
② 연약성 점토지반을 굴착하는 경우
③ 건조흙이 수축할 경우
④ 모래지반에 물이 침투할 경우

해설 히빙현상은 연약성 점토지반을 굴착하는 경우 발생한다. 지하수위가 높은 사질토를 굴착하는 경우에는 보일링현상이 발생한다.

정답 ②

95 달비계의 최대적재하중을 정함에 있어 안전계수로 옳지 않은 것은?

① 달기와이어로프 및 달기강선의 안전계수는 7 이상
② 달기체인 및 달기훅의 안전계수는 5 이상
③ 달기강대와 달비계의 하부 및 상부지점의 안전계수는 강재의 경우 2.5 이상
④ 달기강대와 달비계의 하부 및 상부지점의 안전계수는 목재의 경우 5 이상

해설 달기와이어로프 및 달기강선의 안전계수는 10 이상이다.
※ 산업안전보건법 안전보건기준
→ 2024.6.28 개정되어 삭제되었으므로 학습 불필요

정답 ①

96 폭풍시 옥외에 설치되어 있는 주행크레인에 대하여 이탈방지를 위한 조치가 필요한 풍속기준은?

① 순간 풍속이 20m/s를 초과할 때
② 순간 풍속이 25m/s를 초과할 때
③ 순간 풍속이 30m/s를 초과할 때
④ 순간 풍속이 35m/s를 초과할 때

해설 옥외에 설치되어 있는 주행크레인에 대하여 이탈방지를 위한 조치가 필요한 경우는 순간 풍속이 30m/s를 초과할 때이다.

> **관련이론** 순간 풍속에 따른 조치사항(산업안전보건법 안전보건기준)
>
> | 순간 풍속 | 조치사항 |
> |---|---|
> | 10m/s 초과 | 타워크레인 설치, 해체작업 중지 |
> | 15m/s 초과 | 타워크레인 운전작업 중지 |
> | 30m/s 초과 | • 주행크레인에 대하여 이탈방지를 위한 조치
• 옥외설치 양중기(크레인, 리프트, 승강기)에 대한 각 부위 이상유무 점검 |
> | 35m/s 초과 | 옥외에 설치되어 있는 승강기, 건설용 리프트에 대하여 받침수를 증가시키는 등 도괴(넘어짐)방지 조치 |

정답 ③

97 거푸집 및 지보공설계시 고려해야 될 하중의 종류에 속하지 않는 것은?

① 연직방향하중
② 콘크리트의 측압
③ 전단 및 교번하중
④ 횡방향하중

해설 전단 및 교번하중은 거푸집 및 지보공설계시 고려해야 될 하중의 종류에 해당하지 않는다.

관련이론 거푸집 및 지보공설계시 고려해야 될 하중
- 연직방향하중
- 콘크리트의 측압
- 횡방향하중
- 특수하중

정답 ③

98 흙막이공법을 흙막이 지지방식에 의한 분류와 구조방식에 의한 분류로 나눌 때 다음 중 지지방식에 의한 분류에 해당하는 것은 어느 것인가?

① 수평버팀대식 흙막이공법
② H-Pile공법
③ 지하연속벽공법
④ Top Down공법

해설 지지방식에 의한 분류에 해당하는 것은 수평버팀대식 흙막이 공법이다.

관련이론 흙막이공법의 분류

흙막이 지지방식에 의한 분류	• 버팀대식공법 • 자립공법 • 어스앵커공법 • 타이로드공법
흙막이 구조방식에 의한 분류	• 널말뚝공법 • H-Pile공법 • 주열공법 • 지하연속벽공법

정답 ①

99 20m 이상의 건물에는 사용이 불가능하고 철골절단이 가능하며 취급과 조작이 용이한 해체공법은?

① 압쇄공법
② 전도공법
③ 재키공법
④ 철해머공법

해설 20m 이상의 건물에는 사용이 불가능하고 철골절단이 가능하며 취급과 조작이 용이한 해체공법은 압쇄공법이다.

선지분석
② 전도공법은 원칙적으로 한층씩 해체하고 부재를 절단하여 쓰러뜨리는 것이다.
③ 재키공법은 소음, 진동이 없으나 기둥과 기초에는 사용이 불가능하다.
④ 철해머공법은 기둥, 보, 슬래브, 벽파쇄에 유리하나 소음과 진동이 크다.

정답 ①

100 흙의 연·경도에서 소성상태와 액성상태 사이의 한계를 무엇이라 하는가?

① 애터버그한계
② 액성한계
③ 소성한계
④ 수축한계

해설 흙의 연·경도에서 소성상태와 액성상태 사이의 한계는 액성한계이다.

관련이론 수축한계(Shrinkage Limit), 소성한계(Plastic Limit), 액성한계(Liquid Limit)의 구분

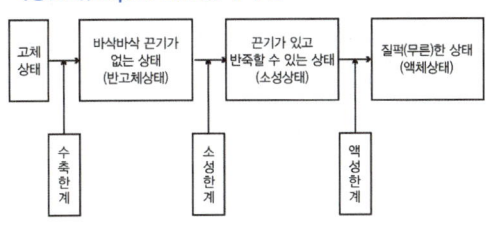

정답 ②

2023년 제2회(CBT)

제1과목 산업안전관리론

01 산업안전보건법상 안전보건표지 종류 중 관계자 외 출입금지표지에 해당하는 것은?

① 안전모 착용
② 폭발성 물질 경고
③ 방사성 물질 경고
④ 석면취급 및 해체작업장

해설 석면취급 및 해체·제거의 경우 관계자 외 출입금지표지에 해당한다.

선지분석
① 안전모 착용은 지시표지이다.
② 폭발성 물질 경고는 경고표지이다.
③ 방사성 물질 경고는 경고표지이다.

관련이론 안전보건표지 중 관계자 외 출입금지표지
- 석면취급/해체작업장
- 허가대상물질 작업장
- 금지대상물질의 취급실험실 등

정답 ④

02 연평균 1,000명의 근로자가 작업하는 사업장에서 1일 8시간, 연간 300일을 근무하는 동안 24건의 재해가 발생하였다. 만약 이 사업장에서 한 작업자가 평생동안 근무한다면 약 몇 건의 재해를 당하겠는가? (단, 1인당 평생근로시간은 100,000시간으로 한다.)

① 1건   ② 3건
③ 7건   ④ 10건

해설
- 도수율 = $\dfrac{재해발생건수}{연근로시간수} \times 1,000,000$
  = $\dfrac{24}{1,000 \times 8 \times 300} \times 1,000,000 = 10$
- 환산도수율 = $\dfrac{도수율}{10} = \dfrac{10}{10} = 1건$

정답 ①

03 레빈(Kurt Lewin)의 법칙에서 B = f(P·E)로 표시할 때 P에 해당하지 않는 것은?

① 연령   ② 심신상태
③ 작업환경   ④ 지능

해설 P(개체)에 해당하는 것은 연령, 심신상태, 지능, 소질, 경험, 성격이 있다.

선지분석 ③ 작업환경은 레빈의 법칙 중 E(환경)에 해당한다.

정답 ③

04 산업안전보건관리비의 사용항목에 해당하지 않는 것은?

① 안전시설비 등   ② 보호구 등
③ 접대비   ④ 안전보건진단비 등

해설 접대비는 안전관리비의 사용항목에 해당하지 않는다.

관련이론 산업안전보건관리비의 사용항목
- 안전시설비 등
- 보호구 등
- 안전보건진단비 등
- 안전보건교육비 등
- 안전관리자·보건관리자의 임금 등
- 근로자 건강장해예방비 등
- 건설재해예방전문지도기관의 지도에 대한 대가로 지급하는 비용
- 중대재해처벌 등에 관한 법률 시행령에 해당하는 건설사업자가 아닌 자가 운영하는 사업에서 안전보건업무를 총괄·관리하는 3명 이상으로 구성된 본사 전담조직에 소속된 근로자의 임금 및 업무수행 출장비 전액(다만, 계상된 안전보건관리비 총액의 20분의 1을 초과할 수 없다)
- 위험성 평가 또는 중대재해처벌 등에 관한 법률 시행령에 따라 유해·위험요인 개선을 위해 필요하다고 판단하여 산업안전보건위원회 또는 노사협의체에서 사용하기로 결정한 사항을 이행하기 위한 비용(다만, 계상된 안전보건관리비 총액의 10분의 1을 초과할 수 없다)

※ 건설업 산업안전보건관리비 계상 및 기준 → 2022.6.2 개정

정답 ③

05 무재해운동의 3원칙에 해당하지 않은 것은?
① 참가의 원칙　　② 무의 원칙
③ 예방의 원칙　　④ 선취의 원칙

해설　무재해운동의 3대 원칙에는 참가의 원칙, 무의 원칙, 선취의 원칙이 있으며, 예방의 원칙은 해당하지 않는다.

정답 ③

06 교육의 3요소 중 교육의 주체에 해당하는 것은?
① 강사　　　　　② 교재
③ 수강자　　　　④ 교육방법

해설
- 교육의 3요소 중 주체에 해당하는 것은 강사이다.
- 교육의 3요소 중 객체에 해당하는 것은 수강자이다.
- 교육의 3요소 중 매개체에 해당하는 것은 교재이다.

정답 ①

07 재해발생의 직접원인 중 불안전한 상태가 아닌 것은?
① 불안전한 인양
② 부적절한 보호구
③ 결함있는 기계설비
④ 불안전한 방호장치

해설　불안전한 인양은 재해발생의 직접원인 중 불안전한 행동에 해당한다.

정답 ①

08 위험예지훈련 4라운드기법의 진행방법에 있어 문제점 발견 및 중요문제를 결정하는 단계는?
① 대책수립단계
② 현상파악단계
③ 본질추구단계
④ 행동목표설정단계

해설　위험예지훈련 4라운드기법의 진행방법에 있어 문제점 발견 및 중요문제를 결정하는 단계는 제2단계인 본질추구단계이다.

정답 ③

09 안전교육의 종류로 옳지 않은 것은?
① 직무교육　　② 지식교육
③ 태도교육　　④ 기능교육

해설　안전교육의 종류에는 지식교육, 기능교육, 태도교육이 있으며, 직무교육은 안전교육의 종류에 해당하지 않는다.

정답 ①

10 하인리히방식의 재해코스트 산정에서 직접비에 해당하지 않는 것은?
① 휴업보상비　　② 병상위문금
③ 장해특별보상비　④ 상병보상연금

해설　병상위문금은 하인리히방식의 재해코스트 산정에서 간접비에 해당한다.

정답 ②

11 400명의 근로자가 종사하는 공장에서 휴업일수 127일, 재해 1건이 발생한 경우 강도율은? (단, 1일 8시간으로 연 300일 근무조건으로 한다.)

① 10　　　　② 0.1
③ 1.0　　　　④ 0.01

해설

$$강도율 = \frac{근로손실일수}{연근로시간수} \times 1,000$$

$$= \frac{127 \times \frac{300}{365}}{400 \times 8 \times 300} \times 1,000$$

$$= 0.1087 \fallingdotseq 0.1$$

정답 ②

12 산업안전보건법령상 특별안전보건교육 대상 작업이 아닌 것은?

① 전압이 70V인 정전 및 활선작업
② 건설용 리프트·곤돌라를 이용한 작업
③ 화학설비의 탱크내작업
④ 보일러(소형보일러 제외)의 설치 및 취급작업

해설　전압이 75V 이상인 정전 및 활선작업이 특별안전보건교육 대상 작업에 해당된다.

정답 ①

13 하버드학파의 5단계 교수법에 해당하지 않는 것은?

① 응용(Application)
② 교시(Presentation)
③ 총괄(Generalization)
④ 추론(Reasoning)

해설　추론(Reasoning)은 하버드학파가 아닌 듀이의 5단계 사고과정에 해당한다.

관련이론 **하버드학파의 5단계 교수법**
준비 - 교시 - 연합 - 총괄 - 응용

정답 ④

14 산업안전보건법상 안전인증 대상 기계·기구에 해당하지 않는 것은?

① 크레인　　　② 산업용 원심기
③ 리프트　　　④ 롤러기

해설　산업용 원심기는 산업안전보건법상 안전인증 대상 기계·기구에 해당하지 않고, 안전검사 대상 기계·기구에 해당한다.

정답 ②

15 상황성 누발자의 재해유발 원인과 거리가 먼 것은?

① 작업의 어려움
② 기계설비의 결함
③ 심신의 근심
④ 주의력의 산만

해설　주의력의 산만은 소질성 누발자의 재해유발원인에 해당된다.

관련이론 **상황성 누발자의 재해유발 원인**
• 작업의 어려움
• 기계설비의 결함
• 심신의 근심
• 환경상 주의력의 집중 혼란

정답 ④

16 인간관계의 메커니즘 중 다른 사람의 행동양식이나 태도를 투입시키거나, 다른 사람 가운데서 자기와 비슷한 것을 발견하는 것은?

① 투사(Projection)
② 모방(Imitation)
③ 암시(Suggestion)
④ 동일화(Identification)

해설　인간관계의 매커니즘 중 다른 사람의 행동양식이나 태도를 투입시키거나, 다른 사람 가운데서 자기와 비슷한 것을 발견하는 것은 동일화(Identification)이다.

정답 ④

17 OJT(On the Job Training)의 특징으로 옳지 않은 것은?

① 훈련과 업무의 계속성이 끊어지지 않는다.
② 직장의 실정에 맞게 실제적 훈련이 가능하다.
③ 훈련의 효과가 곧 업무에 나타나며, 훈련의 개선이 용이하다.
④ 다수의 근로자들에게 조직적 훈련이 가능하다.

해설 다수의 근로자들에게 조직적 훈련이 가능하다는 것은 Off JT(Off the Job Training)의 특징에 해당한다.

정답 ④

18 안전인증 대상 방음용 귀마개의 종류 중 성능에 있어 저음부터 고음까지 차음하는 것의 기호로 옳은 것은?

① EP – 1 ② EP – 2
③ EP – 3 ④ EM

해설 저음부터 고음까지 차음하는 것은 EP – 1 귀마개이다.

 안전인증 대상 방음용 보호구

형식	종류	기호	적요
귀마개	1종	EP – 1	저음부터 고음까지 차단하는 것
	2종	EP – 2	고음만을 차단하는 것
귀덮개	–	EM	

정답 ①

19 물질안전보건자료에 관한 교육내용에 해당되지 않는 것은?

① 산업위생 및 산업환기에 관한 사항
② 대상화학물질의 명칭
③ 물리적 위험성 및 건강유해성
④ 응급조치요령 및 사고시 대처방법

해설 산업위생 및 산업환기에 관한 사항은 보건관리자 보수교육과정의 교육내용에 해당한다.

 물질안전보건자료에 관한 교육내용

- 대상화학물질의 명칭
- 물리적 위험성 및 건강유해성
- 응급조치요령 및 사고시 대처방법
- 취급상 주의사항
- 적절한 보호구
- 물질안전보건자료 및 경고표지를 이해하는 방법

정답 ①

20 버드(Frank E. Bird)는 재해 발생비율에 대하여 1 : 10 : 30 : 600 이론을 주장하였다. 여기서 30에 해당하는 것은?

① 중상
② 경상
③ 무상해, 무사고 고장(위험순간)
④ 무상해사고(물적손실)

해설 버드의 재해 발생비율 중 30은 무상해사고에 대한 비율이다.

 버드(Frank E. Bird)의 1 : 10 : 30 : 600 비율

- 1: 중상 또는 사망, 폐질
- 10: 경상(물적, 인적상해)
- 30: 무상해사고(물적손실)
- 600: 무상해, 무사고 고장(위험순간)

정답 ④

제2과목 인간공학 및 시스템안전공학

21 인간의 오류모형에서 알고 있음에도 의도적으로 따르지 않거나 무시한 경우를 무엇이라 하는가?
① 착오(Mistake) ② 실수(Slip)
③ 건망증(Lapse) ④ 위반(Violation)

해설 알고 있음에도 의도적으로 따르지 않거나 무시한 경우는 위반(Violation)이다.

[관련이론] 인간의 오류모형
- 실수(slip): 상황이나 목표의 해석은 정확하나 의도와는 다른 행동을 하는 경우
- 건망증(lapse): 잘 기억하지 못하거나 잊어버리는 정도가 심한 경우
- 착오(Mistake): 상황해석을 잘못하거나 목표를 잘못 이해하고 착각하여 행하는 경우

정답 ④

22 안전성 평가의 기본원칙 6단계 과정이 다음과 같을 때 올바른 순서로 나열한 것은?

> ㉠ FTA에 의한 재평가
> ㉡ 정성적 평가
> ㉢ 정량적 평가
> ㉣ 재해정보에 의한 재평가
> ㉤ 관계자료의 정비검토
> ㉥ 안전대책 수립

① ㉡ → ㉢ → ㉣ → ㉤ → ㉥ → ㉠
② ㉢ → ㉡ → ㉤ → ㉣ → ㉠ → ㉥
③ ㉣ → ㉡ → ㉢ → ㉥ → ㉤ → ㉠
④ ㉤ → ㉡ → ㉢ → ㉥ → ㉣ → ㉠

해설 안전성 평가의 기본원칙 6단계는 다음과 같다.
㉤ 관계자료의 정비검토 → ㉡ 정성적 평가 → ㉢ 정량적 평가 → ㉥ 안전대책 수립 → ㉣ 재해정보에 의한 재평가 → ㉠ FTA에 의한 재평가

정답 ④

23 가청주파수 내에서 사람의 귀가 가장 민감하게 반응하는 주파수 대역은?
① 20~20,000Hz ② 50~15,000Hz
③ 100~10,000Hz ④ 500~3,000Hz

해설 가청주파수 내에서 사람의 귀가 가장 민감하게 반응하는 주파수 대역은 500~3,000Hz이다.

정답 ④

24 FTA의 활용 및 기대효과가 아닌 것은?
① 시스템의 결함진단
② 사고원인 규명의 간편화
③ 사고원인 분석의 정량화
④ 시스템의 결함비용 분석

해설 시스템의 결함비용 분석은 결함수분석의 기대효과와 관계가 없다.

[관련이론] 결함수분석의 기대효과(FTA 효과)
- 사고원인 분석에 대한 노력시간 절감
- 안전점검표 작성
- 시스템의 결함진단
- 사고원인 분석의 정량화
- 사고원인 규명의 간편화
- 사고원인 분석의 일반화
- 사고원인규명의 연역적 해석 가능

정답 ④

25 브레인 스토밍의 4원칙과 가장 거리가 먼 것은?
① 자유로운 비평 ② 자유분방한 발언
③ 대량적인 발언 ④ 타인 의견의 수정발언

해설 자유로운 비평은 브레인 스토밍의 4원칙에 해당하지 않는다.

[관련이론] 브레인 스토밍(Brainstorming)의 4원칙
- 자유분방: 자유분방한 발언
- 대량발언: 대량적인 발언
- 수정발언: 타인 의견의 수정발언
- 비판금지: 의견에 대한 비판금지

정답 ①

26 설비고장 대책으로 그 원인을 조사, 해석하여 고장을 미연에 방지하기 위하여 설비개조의 조치 등 설비의 체질개선을 도모하는 설비보전방법을 무엇이라 하는가?

① 일상보전 ② 예방보전
③ 개량보전 ④ 특별보전

해설 설비고장 대책으로 그 원인을 조사, 해석하여 고장을 미연에 방지하기 위하여 설비개조, 조치 등 설비의 체질개선을 도모하는 설비보전방법은 개량보전이다.

정답 ③

27 인간이 기계보다 우수한 기능은?

① 귀납적 추리를 한다.
② 소음 등 주위가 불안정한 상황에서도 효율적으로 작동한다.
③ 암호화된 정보를 신속하게 대량으로 보관한다.
④ 입력신호에 대해 신속하고 일관성 있는 반응을 한다.

해설 인간은 귀납적 추리, 기계는 연역적 추리능력이 우수하다.

정답 ①

28 근골격계질환의 인간공학적 주요 위험요인과 가장 거리가 먼 것은?

① 과도한 힘 ② 부적절한 자세
③ 고온의 환경 ④ 단순 반복작업

해설 고온의 환경은 근골격계질환의 인간공학적 주요 위험요인에 해당하지 않는다.

관련이론 누적손상장해(누적외상성질환: CTDs)의 발생인자
- 무리한 힘(과도한 힘)의 사용
- 장시간의 진동
- 반복도가 높은 작업(반복적인 동작)
- 부적절한 자세
- 날카로운 면과의 신체접촉

정답 ③

29 산업안전보건법령상 정밀작업시 갖추어져야 할 작업면의 조도기준은? (단, 갱 내 작업장과 감광재료를 취급하는 작업장은 제외한다.)

① 75럭스 이상 ② 150럭스 이상
③ 300럭스 이상 ④ 750럭스 이상

해설 산업안전보건법령상 정밀작업시 갖추어져야 할 작업면의 조도기준은 300럭스(lux)이상이다.

관련이론 작업장 작업면 조도기준(산업안전보건법 안전보건기준)

작업의 종류	초정밀작업	정밀작업	보통작업	그 밖의 작업
작업면 조도	750럭스(lux) 이상	300럭스(lux) 이상	150럭스(lux) 이상	75럭스(lux) 이상

정답 ③

30 건구온도 38℃, 습구온도 32℃일 때의 Oxford지수(℃)는?

① 30.2 ② 32.9
③ 35.3 ④ 37.1

해설 옥스퍼드(Oxford)지수
= 0.85W(습구온도)+0.15D(건구온도)
= 0.85×32+0.15×38 = 32.9℃

정답 ②

31 인간공학적 수공구의 설계에 대한 설명으로 옳은 것은?

① 수공구 사용시 무게균형이 유지되도록 설계한다.
② 손잡이 크기를 수공구 크기에 맞추어 설계한다.
③ 힘을 요하는 수공구의 손잡이는 직경을 60mm 이상으로 한다.
④ 정밀작업용 수공구의 손잡이는 직경을 5mm 이하로 한다.

해설 수공구 사용시 무게균형이 유지되도록 설계하여야 한다.

선지분석
② 수공구 크기를 손잡이 크기에 맞추어 설계한다.
③ 힘을 요하는 수공구의 손잡이는 직경 25~40mm로 한다.
④ 정밀작업용 수공구의 손잡이는 직경 7.5~15mm로 한다.

정답 ①

32 시스템의 수명곡선에 고장의 발생형태가 일정하게 나타나는 기간은?

① 초기고장기간 ② 우발고장기간
③ 마모고장기간 ④ 피로고장기간

해설 시스템의 수명곡선에서 고장의 발생형태가 일정하게 나타나는 기간은 우발고장기간이다.

정답 ②

33 고장형태 및 영향분석(FMEA: Failure Mode and Effect Analyis)에서 치명도 해석을 포함시킨 분석방법으로 옳은 것은?

① CA ② ETA
③ FMETA ④ FMECA

해설
- 고장의 형태와 영향분석에서 치명도 해석을 포함시킨 분석방법은 FMECA이다.
- FMECA는 사업장의 공정 및 설비고장의 형태와 영향, 고장형태별 위험도 순위 등을 결정하는 기법이다.

정답 ④

34 인간오류의 분류 중 원인에 의한 분류의 하나로 작업자 자신으로부터 발생하는 에러로 옳은 것은?

① Command Error ② Secondary Error
③ Primary Error ④ Third Error

해설 작업자 자신으로부터 발생한 오류는 Primary Error (1차 에러)이다.

정답 ③

35 음의 강약을 나타내는 기본 단위는?

① dB ② pont
③ hertz ④ diopter

해설 음의 강약을 나타내는 기본 단위는 dB(데시벨)이다.

정답 ①

36 FT도에서 사용되는 다음 기호의 명칭으로 옳은 것은?

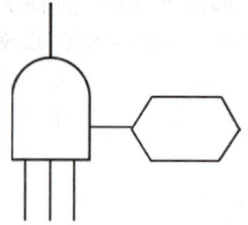

① 억제게이트 ② 조합 AND게이트
③ 부정게이트 ④ 배타적 OR게이트

해설
- 그림에 나타난 기호의 명칭은 조합 AND게이트이다.
- 조합 AND게이트는 3개 이상의 입력현상 중에 언젠가 2개가 일어나면 출력이 생기는 것이다.

정답 ②

37 Chapanis는 위험분석을 위험의 확률수준과 그에 따른 위험발생률을 정의하였다. 이에 대한 위험분석 내용으로 옳은 것은?

① 전혀 발생하지 않는(impossible) 발생빈도 > 10^{-8}/day
② 극히 발생할 것 같지 않는(extremely unlikely) 발생빈도 > 10^{-7}/day
③ 거의 발생하지 않은(remote) 발생빈도 > 10^{-6}/day
④ 가끔 발생하는(occasional) 발생빈도 > 10^{-5}/day

해설 전혀 발생하지 않는(impossible) 발생빈도 > 10^{-8}/day이다.

관련이론 차파니스(Chapanis)의 위험분석
- 전혀 발생하지 않는(impossible) 발생빈도 > 10^{-8}/day
- 극히 발생할 것 같지 않는(extremely) 발생빈도 > 10^{-6}/day
- 거의 발생하지 않은(remote) 발생빈도 > 10^{-5}/day
- 가끔 발생하는(occasional) 발생빈도 > 10^{-4}/day
- 보통 발생하는(reasonable) 발생빈도 > 10^{-3}/day
- 자주 발생하는 발생빈도 > 10^{-2}/day

정답 ①

38 성공수(Success Tree)의 정상사상을 발생시키는 기본사상들의 최소집합을 시스템 신뢰도 측면에서는 무엇이라고 하는가?

① Cut Set ② True Set
③ Path Set ④ Middle Set

해설 성공수(Success Tree)의 정상사상을 발생시키는 기본사상들의 최소집합은 Cut Set(컷셋)이다.

정답 ①

39 양립성(Compatibility)의 종류가 아닌 것은?

① 개념양립성 ② 공간양립성
③ 운동양립성 ④ 인지양립성

해설 양립성(Compatibility)의 종류에는 개념양립성, 공간양립성, 운동(동작)양립성, 양식양립성이 있으며, 인지양립성은 양립성의 종류에 해당하지 않는다.

정답 ④

40 시스템안전 해석방법 중 HAZOP에서 완전한 대체의 필요를 의미하는 유인어는?

① Not ② Reverse
③ Part Of ④ Other Than

해설 시스템안전 해석방법 중 HAZOP에서 완전한 대체의 필요를 의미하는 유인어는 Other Than이다.

선지분석
① 설계의도의 완전부정을 의미한다.
② 설계의도와 논리적인 역을 의미한다.
③ 성질상의 감소를 의미한다.

정답 ④

제3과목 기계위험방지기술

41 왕복운동을 하는 운동부와 고정부 사이에서 형성되는 위험점이 아닌 경우는?

① 프레스금형 조립부위
② 전단기 누름판 및 칼날부위
③ 연삭숫돌과 베드 사이
④ 선반 및 평삭기 베드끝 부위

해설 연삭숫돌과 베드 사이의 경우 기계의 고정부와 회전운동 또는 직선운동이 함께 형성하는 부분 사이에 형성되는 위험점(끼임점)에 해당한다.

관련이론 왕복운동을 하는 운동부와 고정부 사이에서 형성되는 위험점(협착점)
- 프레스금형 조립부위
- 전단기 누름판 및 칼날부위
- 선반 및 평삭기 베드끝 부위
- 프레스브레이크금형 조립부위

정답 ③

42 프레스기의 금형부착·해체 또는 조정작업시 해당 작업에 종사하는 근로자의 신체의 일부가 위험한계내에 들어갈 때 슬라이드가 갑자기 작동함으로써 발생하는 근로자의 위험을 방지하기 위하여 사용하는 것은?

① 접촉예방방지장치 ② 전환스위치
③ 과부하방지장치 ④ 안전블록

해설 프레스기의 금형부착·해체 또는 조정작업시 해당 작업에 종사하는 근로자의 신체의 일부가 위험한계내에 들어갈 때 슬라이드가 갑자기 작동함으로써 발생하는 근로자의 위험을 방지하기 위하여 사용하는 것은 안전블록이다.

정답 ④

43 프레스의 수인식 안전장치에 관한 사항으로 옳은 것은?
① 수인식 방호장치는 행정길이를 30mm 이상으로 제한한다.
② 수인끈의 직경은 4mm 이상이어야 한다.
③ 수인끈의 강도시험은 1,200N의 인장력을 가하여 끈 표면에 내부의 이상유무를 확인한다.
④ 손목밴드 강도시험은 300N의 인장력을 가하여 밴드의 이상유무를 확인한다.

해설 수인식 안전장치의 수인끈의 직경은 4mm 이상이어야 한다.

선지분석
① 수인식 방호장치는 행정길이를 50mm 이상으로 제한한다.
③ 수인끈의 강도시험은 1,500N의 인장력을 가하여 끈 표면에 내부의 이상유무를 확인한다.
④ 손목밴드 강도시험은 500N의 인장력을 가하여 밴드의 이상유무를 확인한다.

정답 ②

44 롤러기의 급정지를 위한 방호장치를 설치하고자 한다. 앞면 롤러의 직경이 30cm, 분당 회전속도는 40rpm이라면 어떤 성능의 급정지장치를 부착해야 하는가?
① 급정지거리가 앞면 롤러 원주의 1/3.5
② 급정지거리가 앞면 롤러 원주의 1/3
③ 급정지거리가 앞면 롤러 원주의 1/2.5
④ 급정지거리가 앞면 롤러 원주의 1/2

해설
$$V = \frac{\pi DN}{1,000}$$
여기서, V: 앞면 롤러의 표면속도(m/min)
D: 롤러의 직경(mm)
N: 회전수(rpm)
$$= \frac{3.14 \times 300 \times 40}{1,000} = 37.68 \text{m/min}$$
따라서, 앞면 롤러의 표면속도가 30m/min 이상이므로 급정지거리는 앞면 롤러 원주의 $\frac{1}{2.5}$이 된다.

정답 ③

45 드릴작업의 안전수칙으로 옳은 것은?
① 정확한 작업을 위하여 구멍에 손을 넣어 확인한다.
② 비래를 방지하기 위하여 양손으로 공작물을 견고히 잡는다.
③ 손을 보호하기 위하여 목장갑을 착용한다.
④ 척 렌치(Chuck Wrench)를 척에서 반드시 뺀다.

해설 드릴작업시 척 렌치(Chuck Wrench)를 척에서 반드시 빼야 한다.

선지분석
① 뚫린 것을 확인하기 위하여 구멍에 손을 집어넣지 않는다.
② 공작물을 견고하게 고정하고, 손으로 잡고 구멍을 뚫지 않는다.
③ 장갑(목장갑)을 끼고 작업하지 않는다.

정답 ④

46 숫돌 외경이 150mm일 경우 평형 플랜지의 직경은 최소 몇 mm 이상이어야 하는가?
① 25mm ② 50mm
③ 75mm ④ 100mm

해설
평형 플랜지의 직경 = 숫돌 외경 × $\frac{1}{3}$
$$= 150 \times \frac{1}{3} = 50\text{mm 이상}$$

정답 ②

47 프레스작업시 양수조작식 방호장치에서 누름버튼 또는 조작레버의 상호간 내측거리는?
① 300mm 이상 ② 300mm 이하
③ 250mm 이하 ④ 250mm 이상

해설
• 양수조작식 방호장치에서 누름버튼 또는 조작레버의 상호간 내측거리는 300mm 이상이어야 한다.
• 누름버튼은 양손으로 0.5초 이내에 조작하여 슬라이드가 작동할 수 있는 구조이어야 한다.

정답 ①

48 가스용접장치에서 역화를 방지하는 방호장치는?

① 토치
② 가스발생기
③ 압력조정기
④ 건식 안전기

해설 가스용접장치에서 역화를 방지하는 방호장치로는 안전기가 있으며, 그 종류로는 건식 안전기, 수봉식 안전기가 있다.

정답 ④

49 산업안전보건기준에 관한 규칙에서 타워크레인의 운전작업을 중지시켜야 하는 순간풍속의 기준은?

① 초당 10m를 초과하는 경우
② 초당 15m를 초과하는 경우
③ 초당 30m를 초과하는 경우
④ 초당 40m를 초과하는 경우

해설 타워크레인의 운전작업을 중지시켜야 하는 순간풍속의 기준은 초당 15m를 초과하는 경우이다.

선지분석 ① 초당 10m를 초과하는 경우는 타워크레인의 설치, 수리, 점검 또는 해체작업을 중지하여야 하는 순간풍속의 기준이다.

정답 ②

50 산업안전보건법에 따라 공기압축기를 가동할 때의 작업시작 전 점검사항의 점검내용에 해당하지 않는 것은?

① 윤활유의 상태
② 압력방출장치의 기능
③ 회전부의 덮개 또는 울
④ 비상정지장치 기능의 이상유무

해설 비상정지장치 기능의 이상유무는 컨베이어의 작업시작 전 점검사항에 해당한다.

관련이론 **공기압축기를 가동할 때 작업시작 전 점검사항**
- 공기저장압력용기의 외관상태
- 드레인밸브의 조작 및 배수
- 압력방출장치의 기능
- 언로드밸브의 기능
- 윤활유의 상태
- 회전부의 덮개 또는 울
- 그 밖의 연결부위의 이상유무

정답 ④

51 칩브레이커(Chip Breaker)는 어떠한 목적으로 이용되는가?

① 취성금속을 밀링가공할 때 커터 윗면에 파서 칩을 유도하기 위한 홈이다.
② 강을 선삭할 때 바이트 윗면에 붙여 연속 칩을 짧게 끊어내기 위한 것이다.
③ 주철을 절삭하는 세이퍼 윗면에 붙여 칩을 짧게 끊기 위한 것이다.
④ 공구 윗면에 마멸을 감소시키고 공구의 수명을 길게 하기 위한 장치이다.

해설 칩브레이커는 선반에 설치하는 안전장치로서 바이트 윗면에 붙여 연속 칩을 짧게 끊어내기 위한 것이다.

정답 ②

52 금형의 안전화에 대한 설명으로 옳지 않은 것은?

① 금형을 설치하는 프레스의 T홈 안깊이는 설치볼트 직경의 2배 이상으로 한다.
② 맞춤핀을 사용할 때에는 헐거움끼워맞춤으로 하고, 이를 하형에 사용할 때에는 낙하방지의 대책을 세워둔다.
③ 금형 사이에 신체의 일부가 들어가지 않도록 이동 스트리퍼와 다이의 간격은 8mm 이하로 한다.
④ 대형 금형에서 생크가 헐거워짐이 예상될 경우 생크만으로 상형을 슬라이드에 설치하는 것을 피하고 볼트를 사용하여 조인다.

해설 맞춤핀을 사용할 때에는 억지끼워맞춤으로 하고, 이를 상형에 사용할 때에는 낙하방지의 대책을 세워둔다.

정답 ②

53 일반적으로 산업용 로봇을 운전하는 경우, 해당 로봇에 접촉함으로써 근로자에게 위험이 발생할 우려가 있을 때 설치하는 울타리의 높이기준은?

① 1.2m 이상　　② 1.5m 이상
③ 1.8m 이상　　④ 2m 이상

해설　산업용 로봇을 운전하는 경우, 근로자에게 위험이 발생할 우려가 있을 때 설치하는 울타리의 높이기준은 1.8m 이상이다.

정답 ③

54 기계의 원동기, 회전축, 기어, 풀리, 플라이휠 및 벨트 등의 위험으로부터 작업자를 보호하기 위한 방호장치가 아닌 것은?

① 덮개　　② 동력차단장치
③ 슬리브　　④ 건널다리

해설　원동기, 회전축, 기어, 풀리, 플라이휠 및 벨트 등의 위험으로부터 작업자를 보호하기 위한 장치로는 덮개, 슬리브, 건널다리, 울이 있다.

정답 ②

55 다음과 같은 연삭기 덮개의 용도로 가장 적절한 것은?

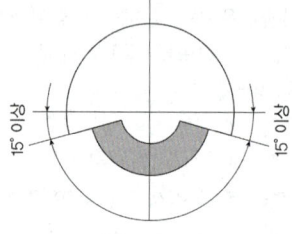

① 원통연삭기, 센터리스연삭기
② 휴대용연삭기, 스윙연삭기
③ 공구연삭기, 만능연삭기
④ 평면연삭기, 절단연삭기

해설　그림에 나타난 연삭기 덮개의 노출각도는 150도이며, 이에 따른 용도로 적합한 것은 평면연삭기, 절단연삭기이다.

정답 ④

56 사출성형기, 주형조형기, 형단조기 등에 근로자 신체의 일부가 말려 들어갈 우려가 있을 때 가장 적합한 안전장치는?

① 광전자식
② 덮개 또는 울
③ 손쳐내기식 및 수인식
④ 게이트가드식 또는 양수조작식

해설　근로자 신체의 일부가 말려 들어갈 우려가 있을 때 사출성형기, 주형조형기, 형단조기에 가장 적합한 안전장치는 게이트가드식 또는 양수조작식이다.

정답 ④

57 고용노동부장관이 실시하는 공정안전관리 이행수준 평가결과가 우수한 사업장을 제외한 나머지 사업장은 보일러 압력방출장치에 대하여 몇 년마다 1회 이상 토출압력을 시험하여야 하는가?

① 1년　　② 2년
③ 3년　　④ 4년

해설　토출압력시험은 일반사업장의 경우 매년마다 1회 이상, 공정안전관리 이행수준 평가결과가 우수한 사업장의 경우 4년에 1회 이상 시험을 하여야 한다.

정답 ①

58 지게차로 20km/h의 속력으로 주행할 경우 좌우안정도는 얼마이어야 하는가?

① 37%　　② 39%
③ 40%　　④ 42%

해설　지게차의 좌우안정도를 구하는 식은 다음과 같다.
좌우안정도(%) = $(15 + 1.1V)$
여기서, V: 최고속도(km/h)
　　　　＝ $15 + 1.1 \times 20 = 37\%$

정답 ①

59 목재가공용 둥근톱 분할날의 설치거리는?

① 톱날에서 10mm 이내
② 톱날에서 11mm 이내
③ 톱날에서 12mm 이내
④ 톱날에서 15mm 이내

해설 분할날은 표준 테이블면상 톱날 후면날의 2/3 이상을 덮고, 톱날과의 간격은 12mm 이내가 되도록 설치하여야 한다.

정답 ③

60 양중기에서 절단하중이 100톤인 와이어로프를 사용하여 근로자가 탑승하는 운반구를 지지하는 경우, 와이어로프에 걸리는 최대하중은?

① 10톤   ② 20톤
③ 25톤   ④ 50톤

해설 근로자가 탑승하는 운반구를 지지하는 경우 와이어로프 안전계수는 10이다.

$$안전계수 = \frac{절단하중}{와이어로프에 걸리는 최대하중}$$

$$와이어로프에 걸리는 최대하중 = \frac{절단하중}{안전계수}$$

$$= \frac{100}{10} = 10톤$$

정답 ①

제4과목 전기 및 화학설비위험방지기술

61 배전선로에 정전작업 중 단락접지기구를 사용하는 목적으로 가장 적합한 것은?

① 통신선 유도장해 방지
② 배전용 기계기구의 보호
③ 배전선 통전시 전위경도 저감
④ 혼촉 또는 오동작에 의한 감전방지

해설 단락접지기구를 사용하는 목적은 혼촉 또는 오동작에 의한 감전방지를 위해서이다.

정답 ④

62 전압의 분류가 잘못된 것은?

① 저압 – 1kV 이하의 교류전압
② 저압 – 1.5kV 이하의 직류전압
③ 고압 – 1kV 초과 7kV 이하의 교류전압
④ 특고압 – 10kV를 초과하는 직류전압

해설 특고압 – 7kV를 초과하는 직류전압이 옳은 내용이다.

관련이론 **전압의 분류(한국전기설비규정: KEC)**

압력구분	직류	교류
저압	1.5kV 이하	1kV 이하
고압	1.5kV 초과 7kV 이하	1kV 초과 7kV 이하
특고압	7kV 초과	7kV 초과

※ 한국전기설비규정(2018.3.9 제정, 2021.1.1 시행)

정답 ④

63 고압전로에 설치된 전동기용 고압전류제한퓨즈의 불용단전류의 조건은?

① 정격전류 1.3배의 전류로 1시간 이내에 용단되지 않을 것
② 정격전류 1.3배의 전류로 2시간 이내에 용단되지 않을 것
③ 정격전류 2배의 전류로 1시간 이내에 용단되지 않을 것
④ 정격전류 2배의 전류로 2시간 이내에 용단되지 않을 것

해설 고압전로에 설치된 전동기용 고압전류제한퓨즈의 불용단전류의 조건은 '정격전류 1.3배의 전류로 2시간 이내에 용단되지 않을 것'이다.

정답 ②

64 사업주는 가스폭발 위험장소 또는 분진폭발 위험장소에 설치되는 건축물 등에 대해서는 규정에서 정한 부분을 내화구조로 하여야 한다. 내화구조로 하여야 하는 부분에 대한 기준으로 옳지 않은 것은?

① 건축물의 기둥: 지상 1층(지상 1층의 높이가 6미터를 초과하는 경우에는 6미터)까지
② 위험물 저장·취급용기의 지지대(높이가 30센티미터 이하인 것은 제외): 지상으로부터 지지대의 끝부분까지
③ 건축물의 보: 지상 2층(지상 2층의 높이가 10미터를 초과하는 경우에는 10미터)까지
④ 배관·전선관 등의 지지대: 지상으로부터 1단(1단의 높이가 6미터를 초과하는 경우에는 6미터)까지

해설 건축물의 보는 지상 1층(지상 1층의 높이가 6미터를 초과하는 경우에는 6미터)까지 내화구조로 하여야 한다.

정답 ③

65 최소점화에너지(MIE)의 온도, 압력과의 관계를 옳게 설명한 것은?

① 압력, 온도에 모두 비례한다.
② 압력에 비례하고, 온도에 반비례한다.
③ 압력, 온도에 모두 반비례한다.
④ 압력에 반비례하고, 온도에 비례한다.

해설 최소점화(= 발화 = 착화)에너지(MIE)는 압력, 온도에 모두 반비례한다. 즉, 온도, 압력이 증가하면 최소점화에너지는 감소한다.

정답 ③

66 반응폭주 등 급격한 압력상승의 우려가 있는 경우에 설치하여야 하는 것은?

① 파열판 ② 통기밸브
③ 체크밸브 ④ 벤트스택

해설 반응폭주 등 급격한 압력상승의 우려가 있는 경우에 설치하여야 하는 것은 파열판이다.

정답 ①

67 전선이 연소될 때의 단계별 순서로 가장 적절한 것은?

① 착화단계 → 순간용단단계 → 발화단계 → 인화단계
② 인화단계 → 착화단계 → 발화단계 → 순간용단단계
③ 순간용단단계 → 착화단계 → 인화단계 → 발화단계
④ 발화단계 → 순간용단단계 → 착화단계 → 인화단계

해설 전선이 연소될 때의 단계별 순서는 다음과 같다.
인화단계 → 착화단계 → 발화단계 → 순간용단단계

정답 ②

68 전력케이블을 사용하는 경우나 역률개선용 콘덴서 등이 접속되어 있는 전로에서 정전작업을 할 경우 반드시 취해야 하는 조치사항은?

① 개폐기의 통전금지
② 잔류전하의 방전
③ 안전표지의 부착
④ 활선근접작업에 대한 방호

해설 정전작업시 개로된 전로가 전력케이블, 전력콘덴서 등을 가진 것으로서 위험이 발생할 우려가 있는 것은 잔류전하의 방전을 확실하게 하여야 한다.

정답 ②

69 인체에 전류가 흐를 때 통전경로별 위험도가 가장 큰 경우는?

① 오른손 – 가슴
② 양손 – 양발
③ 왼손 – 등
④ 왼손 – 가슴

해설 왼손 – 가슴의 위험도는 1.5로 가장 높은데 그 이유는 통전경로가 심장부위를 관통하기 때문이다.

관련이론 통전경로별 위험도

통전경로	위험도 (심장전 류계수)	통전경로	위험도 (심장전 류계수)
오른손 – 등	0.3	양손 – 양발	1.0
왼손 – 오른손	0.4	왼손 – 한발 또는 양발	1.0
왼손 – 등	0.7	오른손 – 가슴	1.3
한손 또는 양손 – 앉아 있는 자리	0.7	왼손 – 가슴	1.5
오른손 – 한발 또는 양발	0.8		

정답 ④

70 B급 화재에 해당되는 것은?

① 유류에 의한 화재
② 전기장치에 의한 화재
③ 일반 가연물에 의한 화재
④ 마그네슘 등에 의한 금속화재

해설 유류, 가스 등에 의한 화재의 경우 B급 화재에 해당한다.

관련이론 화재의 종류
- A급 화재(일반화재): 목재, 종이, 섬유 등
- B급 화재(유류·가스화재): 유류, 가스 등
- C급 화재(전기화재): 전기, 정전기 등
- D급 화재(금속화재): Al분말, Mg분말 등

정답 ①

71 열교환기의 열교환 능률을 향상시키기 위한 방법이 아닌 것은?

① 유체의 유속을 적절하게 조절한다.
② 유체의 흐르는 방향을 병류로 한다.
③ 열교환기 입구와 출구의 온도차를 크게 한다.
④ 열전도율이 높은 재료를 사용한다.

해설 유체의 흐르는 방향은 향류로 한다가 옳은 내용이다.

관련이론 열교환기의 열교환 능률을 향상시키기 위한 방법
- 유체의 유속을 적절하게 조절한다.
- 열교환기 입구와 출구의 온도차를 크게 한다.
- 열전도율이 높은 재료를 사용한다.
- 유체의 흐르는 방향을 향류(Counter flow)로 한다.

정답 ②

72 산업안전보건법령상 공정안전보고서의 안전운전계획에 포함되지 않는 항목은?

① 안전작업허가
② 안전운전지침서
③ 가동 전 점검지침
④ 비상조치계획에 따른 교육계획

해설 비상조치계획에 따른 교육계획은 공정안전보고서의 안전운전계획에 포함되지 않는다.

> **관련 이론** 공정안전보고서에 포함되어야 할 사항
>
> 1. 공정안전보고서의 안전운전계획에 포함되어야 할 항목
>   - 안전운전지침서
>   - 안전작업허가
>   - 가동 전 점검지침
>   - 변경요소관리계획
>   - 도급업체 안전관리계획
>   - 근로자 등 교육계획
>   - 설비점검·검사 및 보수계획, 유지계획 및 지침서
>   - 자체감사 및 사고조사계획
>   - 그 밖에 안전운전에 필요한 사항
> 2. 공정안전보고서의 비상조치계획에 포함되어야 할 사항
>   - 비상조치를 위한 장비·인력보유 현황
>   - 사고발생시 각 부서·관련기관과의 비상연락체계
>   - 사고발생시 비상조치를 위한 조직의 임무 및 수행 절차
>   - 비상조치계획에 따른 교육계획
>   - 주민홍보계획
>   - 그 밖에 비상조치 관련 사항

정답 ④

73 다음 설명에 해당하는 위험장소의 종류로 옳은 것은?

> 공기 중에서 가연성 분진운의 형태가 연속적, 장기간 또는 단기간 자주 폭발성 분위기가 존재하는 장소

① 0종 장소　　② 1종 장소
③ 20종 장소　　④ 21종 장소

해설 20종 장소에 대한 설명이다.

> **관련 이론** 분진폭발 위험장소의 종류
>
> | 분류 | | 내용 |
> |---|---|---|
> | 분진폭발 위험장소 | 20종 장소 | 공기 중에서 가연성 분진운의 형태가 연속적, 장기간 또는 단기간 자주 폭발성 분위기가 존재되는 장소 |
> | | 21종 장소 | 공기 중에서 가연성 분진운의 형태가 정상작동 중에 빈번하게 폭발성 분위기를 형성할 수 있는 장소 |
> | | 22종 장소 | 공기 중에서 가연성 분진운의 형태가 정상작동 중에 폭발성 분위기를 거의 발생하지 않고 만약 발생한다 하더라도 단기간만 지속될 수 있는 장소 |

정답 ③

74 전기기계·기구 중 대지전압이 몇 V를 초과하는 이동형 또는 휴대형의 것에 대하여 누전에 의한 감전위험을 방지하기 위한 감전방지용 누전차단기를 접속하여야 하는가?

① 110V　　② 150V
③ 220V　　④ 380V

해설 전기기계·기구 중 대지전압이 150V를 초과하는 이동형 또는 휴대형의 것에 대하여는 감전방지용 누전차단기를 접속하여야 한다.

정답 ②

75 교류아크용접기의 허용사용률(%)은? (단, 정격사용률은 10%, 2차정격전류는 500A, 교류아크용접기의 사용전류는 250A이다.)

① 30　　② 40
③ 50　　④ 60

해설　허용사용률(%)
$= (\frac{정격2차전류}{실제 용접전류})^2 \times 정격사용률$
$= (\frac{500}{250})^2 \times 10 = 40$

정답 ②

76 금속의 증기가 공기 중에서 응고되어 화학변화를 일으켜 고체의 미립자로 되어 공기 중에 부유하는 것을 의미하는 용어는?

① 흄(Fume)　　② 분진(Dust)
③ 미스트(Mist)　　④ 스모크(Smoke)

해설　금속의 증기가 공기 중에서 응고되어 화학변화를 일으켜 고체의 미립자로 되어 공기 중에 부유하는 것을 흄(Fume)이라 한다.

선지분석
② 분진(Dust)은 고체 미립자가 기계적 작용으로 발생하여 공기 중에 부유하고 있는 것이다.
③ 미스트(Mist)는 공기 중에 액체의 미세한 입자가 부유하고 있는 것이다.
④ 스모크(Smoke)는 불완전연소에 의해 생긴 유기물의 미립자이다.

정답 ①

77 산업안전보건법에서 규정한 급성독성 물질은 쥐에 대한 4시간 동안의 흡입실험으로 실험동물 50%를 사망시킬 수 있는 농도(LC50)가 몇 ppm 이하인 물질을 말하는가?

① 1,500　　② 2,500
③ 3,000　　④ 4,000

해설　급성독성 물질이란 쥐에 대한 4시간 동안의 흡입실험에 의하여 실험동물의 50%를 사망시킬 수 있는 물질의 농도 즉, 가스 LC50이 2,500ppm 이하인 화학물질을 말한다.

정답 ②

78 분진폭발의 발생 순서로 옳은 것은?

① 비산 → 분산 → 퇴적분진 → 발화원 → 2차폭발 → 전면폭발
② 비산 → 퇴적분진 → 분산 → 발화원 → 2차폭발 → 전면폭발
③ 퇴적분진 → 발화원 → 분산 → 비산 → 전면폭발 → 2차폭발
④ 퇴적분진 → 비산 → 분산 → 발화원 → 전면폭발 → 2차폭발

해설　분진폭발은 퇴적분진 → 비산 → 분산 → 발화원 → 전면폭발 → 2차폭발의 순으로 발생한다.

정답 ④

79 정전기 발생원인에 대한 설명으로 옳은 것은?

① 분리속도가 느리면 정전기 발생이 커진다.
② 정전기 발생은 처음 접촉, 분리시 최소가 된다.
③ 물질표면이 오염된 표면일 경우 정전기 발생이 커진다.
④ 접촉면적이 작고 압력이 감소할수록 정전기 발생량이 크다.

해설　물질표면이 오염된 표면일 경우 정전기 발생이 커진다.
선지분석
① 분리속도가 빠르면 정전기 발생이 커진다.
② 정전기 발생은 처음 접촉, 분리시 최대가 된다.
④ 접촉면적이 크고 압력이 증가할수록 정전기 발생량이 크다.

정답 ③

80 고체연소의 종류에 해당하지 않는 것은?

① 표면연소　　② 증발연소
③ 분해연소　　④ 확산연소

해설　확산연소는 기체연소의 종류에 해당된다.

 연소의 종류

기체(가연성 가스)의 연소	확산연소, 예혼합연소
액체의 연소	증발연소
고체의 연소	표면연소, 분해연소, 자기(내부)연소, 증발연소

정답 ④

제5과목 건설안전기술

81 굴착면 붕괴의 원인과 가장 거리가 먼 것은?
① 사면경사의 증가
② 성토높이의 감소
③ 공사에 의한 진동하중의 증가
④ 굴착높이의 증가

해설 성토높이의 감소가 아닌 성토높이의 증가가 굴착면 붕괴의 원인이 된다.

정답 ②

82 콘크리트 옹벽의 안정검토 사항이 아닌 것은?
① 활동에 대한 안정 ② 침하에 대한 안정
③ 전도에 대한 안정 ④ 균열에 대한 안정

해설 콘크리트 옹벽의 안정검토 사항에는 활동에 대한 안정, 침하에 대한 안정, 전도에 대한 안정이 있으며, 균열에 대한 안정은 이에 해당하지 않는다.

정답 ④

83 산업안전보건법령상 화물적재시 준수사항으로 옳지 않은 것은?
① 침하 우려가 없는 튼튼한 기반 위에 적재할 것
② 하중이 한쪽으로 치우치지 않도록 쌓을 것
③ 무거운 화물은 공간의 효율성을 고려하여 건물의 칸막이나 벽에 기대어 적재할 것
④ 불안정할 정도로 높이 쌓아올리지 말 것

해설 건물의 칸막이나 벽 등이 화물의 압력에 견딜 만큼의 강도를 지니지 아니한 경우에는 칸막이나 벽에 기대어 적재하지 않도록 하여야 한다.

정답 ③

84 콘크리트 타설작업을 하는 경우에 준수해야 할 사항으로 옳지 않은 것은?
① 콘크리트를 타설하는 경우에는 편심을 유발하여 한쪽 부분부터 밀실하게 타설되도록 유도할 것
② 당일의 작업을 시작하기 전에 해당 작업에 관한 거푸집 및 동바리의 변형·변위 및 지반의 침하유무 등을 점검하고 이상이 있으면 보수할 것
③ 작업 중에는 거푸집 및 동바리의 변형·변위 및 침하유무 등을 감시할 수 있는 감시자를 배치하여 이상이 있으면 작업을 중지하고 근로자를 대피시킬 것
④ 설계도서상의 콘크리트 양생기간을 준수하여 거푸집 및 동바리를 해체할 것

해설 콘크리트를 타설하는 경우에는 편심이 발생하지 않도록 골고루 분산하여 타설하여야 한다.

정답 ①

85 지반조사방법 중에서 사운딩(Sounding)시험에 해당하지 않는 것은?
① 표준관입시험   ② 평판재하시험
③ 베인시험   ④ 콘관입시험

해설 평판재하시험은 사운딩시험에 해당하지 않는다.

관련이론 사운딩(Sounding)시험

정의	Rod(로드: 연결 지지대) 선단에 저항체를 부착하여 지중에 관입시켜 회전, 인발 등의 힘을 가하여 그 저항치로 흙의 경.연 정도를 파악하는 방법을 말한다.
종류	표준관입시험, 베인시험, 콘관입시험, 스웨덴식 사운딩

정답 ②

86 가설통로 설치에 있어 경사가 최소 얼마를 초과하는 경우에는 미끄러지지 아니하는 구조로 하여야 하는가?
① 15도   ② 20도
③ 30도   ④ 40도

해설 가설통로 설치에 있어 경사가 최소 15도를 초과하는 경우에는 미끄러지지 아니하는 구조로 하여야 한다.

정답 ①

87 산업안전보건법상 철골작업을 중지하여야 하는 악천후의 조건이다. 순서대로 ( )안에 적합한 내용은?

가. 풍속이 초당 (㉠)m 이상인 경우
나. 강우량이 시간당 (㉡)mm 이상인 경우
다. 강설량이 시간당 (㉢)cm 이상인 경우

	㉠	㉡	㉢
①	0	10	10
②	1	1	10
③	1	10	1
④	10	1	1

해설 산업안전보건법 안전보건기준에 따라 철골작업을 중지하여야 하는 악천후의 조건은 다음과 같다.
- 풍속이 초당 10m 이상인 경우
- 강우량이 시간당 1mm 이상인 경우
- 강설량이 시간당 1cm 이상인 경우

정답 ④

88 철근콘크리트 현장타설공법과 비교한 PC(Precast Concrete)공법의 장점으로 볼 수 없는 것은?
① 기후의 영향을 받지 않아 동절기 시공이 가능하고, 공기를 단축할 수 있다.
② 현장작업이 감소되고, 생산성이 향상되어 인력절감이 가능하다.
③ 공사비가 매우 저렴하다.
④ 공장제작이므로 콘크리트 양생시 최적조건에 의한 양질의 제품생산이 가능하다.

해설 공사비가 매우 저렴하다는 것은 PC공법의 장점에 해당하지 않는다.

정답 ③

89 근로자의 추락 등의 위험을 방지하기 위한 안전난간의 설치기준으로 옳지 않은 것은?
① 상부난간대와 중간난간대는 난간길이 전체에 걸쳐 바닥면 등과 평행을 유지할 것
② 발끝막이판은 바닥면 등으로부터 20cm 이상의 높이를 유지할 것
③ 난간대는 지름 2.7cm 이상의 금속제 파이프나 그 이상의 강도가 있는 재료일 것
④ 안전난간은 구조적으로 가장 취약한 지점에서 가장 취약한 방향으로 작용하는 100kg 이상의 하중에 견딜 수 있는 튼튼한 구조일 것

해설 발끝막이판은 바닥면 등으로부터 10cm 이상의 높이를 유지하여야 한다.

정답 ②

90 강관비계 중 단관비계의 벽이음 설치의 기준으로 옳은 것은?
① 수직방향 5m, 수평방향 5m 이내마다
② 수직방향 6m, 수평방향 8m 이내마다
③ 수직방향 7m, 수평방향 9m 이내마다
④ 수직방향 8m, 수평방향 10m 이내마다

해설 수직방향 5m, 수평방향 5m 이내마다 설치하여야 한다.

관련이론 강관비계의 조립간격(벽이음 설치의 기준)

강관비계의 종류	벽이음 설치간격	
	수직방향	수평방향
단관비계	5m	5m
틀비계(높이 5m 미만 제외)	6m	8m

정답 ①

91 히빙(Heaving)현상 방지대책으로 옳지 않은 것은?
① 흙막이 벽체의 근입깊이를 깊게 한다.
② 흙막이 벽체 배면의 지반을 개량하여 흙의 전단강도를 높인다.
③ 부풀어 솟아 오르는 바닥면의 토사를 제거한다.
④ 소단을 두면서 굴착한다.

해설 부풀어 솟아 오르는 바닥면의 토사를 제거하는 것은 히빙현상의 방지대책에 해당하지 않는다.

[관련이론] 히빙현상 방지대책
- 흙막이 벽체의 근입깊이를 깊게 한다.
- 흙막이 벽체 배면의 지반을 개량하여 흙의 전단강도를 높인다.
- 소단을 두면서 굴착한다.
- 굴착주변의 상재하중을 제거한다.
- 굴착주변을 웰포인트공법과 병행한다.
- 어스앵커(Earth Anchor)를 설치한다.
- 굴착저면에 토사 등의 인공중력을 가중시킨다.

정답 ③

92 토사 등이 떨어질 우려가 있는 등 위험한 장소에서 낙하물 보호구조를 갖추어야 하는 장비가 아닌 것은?
① 불도저   ② 롤러
③ 트랙터   ④ 리프트

해설 리프트는 양중기로서 낙하물 보호구조를 갖출 필요가 없다.

[관련이론] 낙하물 보호구조를 갖추어야 하는 장비
- 불도저
- 로더
- 굴착기
- 스크레이퍼
- 트랙터
- 모터그레이더
- 롤러
- 천공기
- 항타기 및 항발기
- 덤프트럭

※ 산업안전보건법 안전보건기준 → 2024.6.28 개정

정답 ④

93 동바리 조립을 위한 준수사항으로 옳지 않은 것은?
① 파이프서포트는 3개 이상 이어서 사용하지 않는다.
② 강관틀과 강관틀과의 사이에 교차가새를 설치한다.
③ 파이프서포트는 높이 3m 이내마다 수평연결재를 2개 방향으로 설치한다.
④ 파이프서포트를 이어서 사용할 때는 4개 이상의 볼트 또는 전용철물을 사용한다.

해설 파이프서포트는 높이가 3.5m를 초과할 때 <u>높이 2m 이내마다 수평연결재를 2개 방향으로 만들고 수평연결재의 변위를 방지한다.</u>

정답 ③

94 개착식 굴착공사(Open Cut)에서 설치하는 계측기기와 거리가 먼 것은?
① 수위계   ② 경사계
③ 응력계   ④ 내공변위계

해설 내공변위계는 터널굴착시 사용되는 계측기이다.

[관련이론] 깊이 10.5m 이상의 굴착시 흙막이 구조안전을 예측하기 위해 설치하는 계측기
- 수위계
- 경사계
- 응력계
- 하중 및 침하계

정답 ④

95 추락시 로프의 지지점에서 최하단까지의 거리(h)를 구하는 식으로 옳은 것은?

① h=로프의 길이+신장
② h=로프의 길이+신장/2
③ h=로프의 길이+로프의 늘어난 길이+신장
④ h=로프의 길이+ 로프의 늘어난 길이 + 신장/2

해설 추락시 로프의 지지점에서 최하단까지의 거리(h) 계산식은 다음과 같다.
 h = 로프의 길이+(로프의 길이×신율)+신장/2
   = 로프의 길이+로프의 늘어난 길이+신장/2

정답 ④

96 롤러의 표면에 돌기를 만들어 부착한 것으로 풍화암을 파쇄하고 흙속의 간극수압을 제거하는 작업에 적합한 롤러는?

① Tandem Roller   ② Macadam Roller
③ Tamping Roller   ④ Tire Roller

해설 롤러의 표면에 돌기를 만들어 부착한 것으로 풍화암을 파쇄하고 흙속의 간극수압을 제거하는 작업에 적합한 롤러는 Tamping Roller(탬핑 롤러)이다.

선지분석
① Tandem Roller(탠덤 롤러)는 전후 2개의 바퀴가 있으며 각각의 차축이 평행으로 배치된 것으로 찰흙, 점성토 등의 다짐에 적합한 롤러이다.
② Macadam Roller(머캐덤 롤러)는 아스팔트 포장, 하층 노반다지기에 주로 쓰이는 것으로 앞축에 1개, 뒤축에 2개의 롤러가 배치되어 있다.
④ Tire Roller(타이어 롤러)는 흙댐건설 뿐만 아니라 조립토에서 세립토까지 광범위하게 적용할 수 있다.

정답 ③

97 대상액이 60억원인 일반건설공사(을)인 경우 안전관리비 계상액은?

① 112,800,000원   ② 126,000,000원
③ 135,600,000원   ④ 159,600,000원

해설 (1) 공사종류 및 규모별 안전관리비 계상기준

공사종류\대상액	5억원 미만	5억원 이상 50억원 미만		50억원 이상
		비율	기초액	
일반건설공사(갑)	2.93%	1.86%	5,349,000원	1.97%
일반건설공사(을)	3.09%	1.99%	5,499,000원	2.10%
중건설공사	3.43%	2.35%	5,400,000원	2.44%

안전관리비 = 대상액×비율(대상액이 50억원 이상 공사이므로 비율은 2.10이다)

$$= 60억 \times \frac{2.10}{100} = 126,000,000원$$

(2) 공사종류 및 규모별 안전관리비 계상기준 → 고용노동부고시 2024.9.19 개정

공사종류\대상액	5억원 미만 비율	5억원 이상 50억원 미만	
		비율	기초액
건축공사	3.11%	2.28%	4,325,000원
토목공사	3.15%	2.53%	3,300,000원
중건설공사	3.64%	3.05%	2,975,000원
특수건설공사	2.07%	1.59%	2,450,000원

정답 ②

98 사람이나 화물을 운반하는 것을 목적으로 하는 기계설비인 리프트의 종류가 아닌 것은?

① 건설용 리프트
② 상용리프트
③ 이삿짐운반용 리프트
④ 자동차정비용 리프트

해설 리프트의 종류에는 건설용, 자동차정비용, 이삿짐운반용, 산업용 리프트가 있으며, 상용리프트는 이에 해당하지 않는다.

정답 ②

99 건설공사 유해위험방지계획서 첨부서류 제출 항목 중 공사개요 및 안전보건관리계획에 포함될 내용이 아닌 것은?

① 산업안전보건관리비 사용계획
② 안전관리조직표
③ 재해발생위험시 연락 및 대피방법
④ 안전방호시설물 설치계획

해설 안전방호시설물 설치계획은 추락재해예방대책에 포함될 내용에 해당된다.

관련이론 공사개요 및 안전보건관리계획에 포함될 내용
- 산업안전보건관리비 사용계획
- 안전관리조직표
- 재해발생위험시 연락 및 대피방법
- 공사개요서
- 공사현장의 주변현황 및 주변과의 관계를 나타내는 도면
- 건설물, 사용기계설비 등의 배치를 나타내는 도면
- 전체 공정표

정답 ④

100 항타기 또는 항발기를 조립·해체하는 때에 점검하여야 할 기준사항이 아닌 것은?

① 과부하방지장치의 이상유무
② 권상장치의 브레이크 및 쐐기장치 기능의 이상 유무
③ 본체 연결부의 풀림 또는 손상유무
④ 리더(leader)의 버팀의 방법 및 고정상태의 이상 유무

해설 과부하방지장치의 이상유무는 고소작업대에서 점검하여야 할 기준사항에 해당한다.

관련이론 항타기 또는 항발기를 조립하는 때에 점검하여야 할 기준사항(산업안전보건법 안전보건기준)
- 권상장치의 브레이크 및 쐐기장치 기능의 이상유무
- 본체 연결부의 풀림 또는 손상유무
- 리더(leader)의 버팀의 방법 및 고정상태의 이상유무
- 권상기 설치상태의 이상유무
- 권상용 와이어로프, 드럼 및 도르래의 부착상태 이상유무
- 본체·부속장치 및 부속품의 강도가 적합한지 여부
- 본체·부속장치 및 부속품에 심한 손상·마모·변형 또는 부식이 있는지 여부

※ 산업안전보건법 안전보건기준 → 2022.10.18 개정

정답 ①

2023년 제1회(CBT)

제1과목 안전관리론

01 산업안전보건법령상 특별안전보건교육 대상 작업별 교육내용 중 밀폐공간에서의 작업 시 교육내용에 포함되지 않는 것은? (단, 그 밖에 안전보건관리에 필요한 사항은 제외한다.)

① 산소농도측정 및 작업환경에 관한 사항
② 유해물질이 인체에 미치는 영향
③ 보호구 착용 및 사용방법에 관한 사항
④ 사고시의 응급처치 및 비상시 구출에 관한 사항

해설 유해물질이 인체에 미치는 영향은 허가 및 관리대상 유해물질의 제조 또는 취급작업시 특별안전보건교육 내용에 해당한다.

정답 ②

02 적응기제(Adjustment Mechanism) 중 방어적 기제(Defense Mechanism)에 해당하는 것은?

① 고립(Isolation)
② 퇴행(Regression)
③ 억압(Repression)
④ 합리화(Rationalization)

해설 적응기제 중 방어적 기제에 해당하는 것은 합리화(Rationalization)이다.

정답 ④

03 재해원인을 통상적으로 직접원인과 간접원인으로 나눌 때 직접원인에 해당되는 것은?

① 기술적 원인   ② 물적 원인
③ 교육적 원인   ④ 관리적 원인

해설 물적 원인(불안전한 상태)과 인적 원인(불안전한 행동) 재해원인 중 직접원인에 해당한다.

정답 ②

04 위험예지훈련의 문제해결 4라운드에 해당하지 않는 것은?

① 현상파악   ② 본질추구
③ 대책수립   ④ 원인결정

해설 위험예지훈련의 문제해결 4라운드는 다음과 같다.
- 제1라운드: 현상파악
- 제2라운드: 본질추구
- 제3라운드: 대책수립
- 제4라운드: 목표설정

정답 ④

05 안전보건개선계획서에 포함되어야 할 사항으로 옳지 않은 것은?

① 안전보건교육
② 안전보건관리예산
③ 안전보건관리체제
④ 산업재해예방 및 작업환경의 개선을 위하여 필요한 사항

해설 안전보건관리예산은 안전보건개선계획서에 포함되지 않는다.

관련이론 안전보건개선계획서에 포함되어야 할 사항(산업안전보건법 시행규칙)
- 시설
- 안전보건교육
- 안전보건관리체제
- 산업재해예방 및 작업환경의 개선을 위하여 필요한 사항

정답 ②

06 재해예방의 4원칙에 해당하는 내용이 아닌 것은?
① 예방가능의 원칙   ② 원인계기의 원칙
③ 손실우연의 원칙   ④ 사고조사의 원칙

해설 사고조사의 원칙은 재해예방의 4원칙에 해당하지 않는다.

정답 ④

07 기능(기술)교육의 진행방법 중 하버드학파의 5단계 교수법의 순서로 옳은 것은?
① 준비 → 연합 → 교시 → 응용 → 총괄
② 준비 → 교시 → 연합 → 총괄 → 응용
③ 준비 → 총괄 → 연합 → 응용 → 교시
④ 준비 → 응용 → 총괄 → 교시 → 연합

해설 하버드학파의 5단계 교수법은 '준비 → 교시 → 연합 → 총괄 → 응용' 순서로 진행된다.

정답 ②

08 하인리히 재해발생 5단계 중 4단계에 해당하는 것은?
① 불안전한 행동 또는 불안전한 상태
② 사회적 환경 및 유전적 요소
③ 관리의 부재
④ 사고

해설 하인리히 재해발생 5단계 중 4단계에 해당하는 것은 사고이다.

관련이론 하인리히 재해발생 5단계(재해발생 연쇄이론)
• 1단계: 사회적 환경 및 유전적 요소
• 2단계: 개인적 결함
• 3단계: 불안전한 행동과 불안전한 상태
• 4단계: 사고
• 5단계: 상해(재해)

정답 ④

09 매슬로우(Maslow)의 욕구단계 이론 중 제2단계의 욕구에 해당하는 것은?
① 사회적 욕구
② 안전에 대한 욕구
③ 자아실현의 욕구
④ 존경과 긍지에 대한 욕구

해설 매슬로우(Maslow)의 욕구단계이론 중 제2단계의 욕구는 안전에 대한 욕구이다.

관련이론 매슬로우(Maslow)의 욕구단계이론
• 제1단계: 생리적 욕구
• 제2단계: 안전에 대한 욕구
• 제3단계: 사회적 욕구
• 제4단계: 존경과 긍지에 대한 욕구(인정받으려는 욕구)
• 제5단계: 자아실현의 욕구

정답 ②

10 의식수준은 정상적 상태이지만 생리적 상태가 휴식일 때에 해당하는 것은?
① Phase I   ② Phase II
③ Phase III   ④ Phase IV

해설 의식수준은 정상적 상태이지만 생리적 상태가 휴식일 때에 해당하는 것은 Phase II이다.

정답 ②

11 고용노동부장관이 안전보건진단을 받아 안전보건개선계획을 수립·시행하도록 명할 수 있는 사업장으로 볼 수 없는 것은?
① 사업주가 필요한 안전조치 또는 보건조치를 이행하지 아니하여 중대재해가 발생한 사업장
② 산업재해율이 같은 업종 평균산업재해율의 2배 이상인 사업장
③ 직업성질병자가 연간 1명 이상 발생한 사업장
④ 그 밖에 작업환경 불량, 화재·폭발 또는 누출사고 등으로 사업장 주변까지 피해가 확산된 사업장으로서 고용노동부령으로 정하는 사업장

해설 직업성질병자가 연간 2명 이상(상시근로자 1,000명 이상 사업장의 경우 3명 이상) 발생한 사업장이 옳은 내용이다.

정답 ③

12 사업장의 도수율이 10.83이고, 강도율이 7.92일 경우의 종합재해지수(FSI)는?

① 4.63　　② 6.42
③ 9.26　　④ 12.84

해설　종합재해지수(FSI)
$= \sqrt{도수율 \times 강도율}$
$= \sqrt{10.83 \times 7.92} = 9.2614 ≒ 9.26$

정답 ③

13 보호구안전인증고시에 따른 안전화의 정의 중 다음 ( ) 안에 알맞은 것은?

> 경작업용 안전화란 (㉠)mm의 낙하높이에서 시험했을 때 충격과 (㉡)±0.1kN의 압축하중에서 시험했을 때 압박에 대하여 보호해 줄 수 있는 선심을 부착하여, 착용자를 보호하기 위한 안전화를 말한다.

	㉠	㉡		㉠	㉡
①	500	10.0	②	250	10.0
③	500	4.4	④	250	4.4

해설　㉠은 250, ㉡은 4.4이다.

관련이론
- 경작업용 안전화: 250mm의 낙하높이, 4.4 ± 0.1kN의 압축하중
- 보통작업용안전화: 500mm의 낙하높이, 10.0 ± 0.1kN의 압축하중
- 중작업용안전화: 1,000mm의 낙하높이, 15.0 ± 0.1kN의 압축하중

정답 ④

14 산업안전보건법령상 건설현장에서 사용하는 크레인, 리프트 및 곤돌라의 안전검사의 주기로 옳은 것은? (단, 이동식 크레인, 이삿짐운반용 리프트는 제외한다.)

① 최초로 설치한 날부터 6개월마다
② 최초로 설치한 날부터 1년마다
③ 최초로 설치한 날부터 2년마다
④ 최초로 설치한 날부터 3년마다

해설　크레인, 리프트 및 곤돌라는 사업장에 설치가 끝난 날부터 3년 이내에 최초 안전검사를 실시하되, 그 이후부터 2년마다(건설현장에서 사용하는 것은 최초로 설치한 날부터 6개월마다) 안전검사를 하여야 한다.

정답 ①

15 인간관계의 매커니즘 중 다른 사람의 행동양식이나 태도를 투입시키거나 다른 사람 가운데에 자기와 비슷한 점을 발견하는 것은?

① 투사(Projection)　　② 모방(Imitation)
③ 암시(Suggestion)　　④ 동일화(Identification)

해설　인간관계의 매커니즘 중 다른 사람의 행동양식이나 태도를 투입시키거나, 다른 사람 가운데서 자기와 비슷한 것을 발견하는 것은 동일화(Identification)이다.

정답 ④

16 다음 ( ) 안에 들어갈 내용으로 옳은 것은?

> 사업주는 산업재해로 사망자가 발생하거나 ( )일 이상의 휴업이 필요한 부상을 입거나 질병에 걸린 사람이 발생한 경우 해당 산업재해가 발생한 날부터 1개월 이내에 산업재해조사표를 작성하여 관할 지방고용노동관서의 장에게 제출하여야 한다.

① 3일　　② 7일
③ 15일　　④ 1개월

해설　산업재해로 사망자가 발생하거나 3일 이상 휴업을 할 경우에는 산업재해가 발생한 날부터 1개월 이내에 산업재해조사표를 작성하여 관할 지방고용노동관서의 장에게 제출하여야 한다.

정답 ①

17 산업안전보건법령상 안전보건표지 종류 중 금지표지에 해당되는 것은?

①  ②

③  ④

해설 산업안전보건법령상 안전보건표지 종류 중 금지표지에 해당하는 것은 ④번(금연)이다.

선지
분석
① 인화성 물질 경고표지이다.
② 폭발성 물질 경고표지이다.
③ 위험장소 경고표지이다.

정답 ④

18 심리검사의 특징 중 측정하고자 하는 것을 실제로 잘 측정하는지의 여부를 판별하는 것은?

① 표준화   ② 객관성
③ 신뢰성   ④ 타당성

해설 측정하고자 하는 것을 실제로 잘 측정하는지의 여부를 판별하는 것은 타당성이다.

관련
이론 **심리검사의 구비조건**
- 타당성: 측정하고자 하는 것을 실제로 잘 측정하는지의 여부를 판별하는 것이다.
- 표준화: 검사절차에 일관성과 통일성이 있어야 한다.
- 객관성: 검사자의 편견이나 주관성이 배제되어야 하며 어떤 사람이 검사하여도 동일한 결과를 얻어야 한다.
- 규준(Norms): 검사의 결과를 해석하기 위해서는 비교할 수 있는 참조 또는 비교의 틀이 있다.
- 신뢰성: 검사응답의 일관성 즉, 반복성이 있어야 한다.

정답 ④

19 기계기구 또는 설비의 신설, 변경 또는 고장수리 등 부정기적인 점검을 말하며 기술적 책임자가 시행하는 점검은?

① 정기점검   ② 수시점검
③ 특별점검   ④ 임시점검

해설 기계기구 또는 설비의 신설, 변경 또는 고장수리 등 부정기적인 점검으로 기술적 책임자가 시행하는 점검은 특별점검이다.

선지
분석
① 정기점검(계획점검)은 일정기간마다 정기적으로 시행하는 점검이다.
② 수시점검(일상점검)은 공정의 설비, 기계, 공구 등을 매일 일의 시작이나 종료시 또는 작업 중에 계속해서 시설과 사람의 작업동작에 대하여 실시하는 점검이다.
④ 임시점검은 정기점검 실시 후 다음 점검일 이전에 임시로 실시하는 점검으로, 유사 기계설비의 갑작스런 이상 등이 발생되었을 때 실시하는 점검이다.

정답 ③

20 재해의 분석에 있어 사고유형, 기인물, 불안전한 상태, 불안전한 행동을 하나의 축으로 하고, 그것을 구성하고 있는 몇 개의 분류항목을 크기가 큰 순서대로 나열하여 비교하기 쉽게 도시한 통계양식의 도표는?

① 특성요인도   ② 크로스도
③ 파레토도   ④ 관리도

해설 파레토도(Pareto Diagram)에 대한 설명이다.

관련
이론 **재해의 통계적 원인분석 방법**
- 파레토도(Pareto Diagram): 사고유형, 기인물 등 분류항목을 큰 순서대로 도표화한다.
- 특성요인도: 특성과 요인관계를 도표로 하여 재해발생의 유형을 어골상(魚骨狀)으로 세분화한다.
- 크로스(Cross) 분석: 2개 이상의 문제 관계를 분석하는데 사용하는 것으로 데이터(Data)를 집계하고 표로 표시하여 요인별 결과내역을 교차한 크로스 그림을 작성하여 분석한다.

정답 ③

제2과목 인간공학 및 시스템안전공학

21 어떤 기기의 고장률이 시간당 0.002로 일정하다고 한다. 이 기기를 100시간 사용했을 때 고장이 발생할 확률은?

① 0.1813　　② 0.2214
③ 0.6253　　④ 0.8187

해설
- 신뢰도 $R(t) = e^{-\lambda t}$
- 고장이 발생할 확률(불신뢰도)
$$F(t) = 1 - R(t)$$
$$= 1 - e^{-\lambda t}$$
$$= 1 - e^{-(0.002 \times 100)}$$
$$\fallingdotseq 0.1813$$

정답 ①

22 연속되는 소음에 장시간 노출되는 경우 인간의 청력손실이 가장 심한 주파수 대역은?

① 2,000Hz　　② 4,000Hz
③ 6,000Hz　　④ 8,000Hz

해설 연속되는 소음에 장시간 노출되는 경우 인간의 청력손실이 가장 심한 주파수 대역은 4,000Hz이다.

정답 ②

23 안전보건표지판의 반사율이 80%이고, 인쇄된 글자의 반사율이 10%이면 대비(%)는?

① 56　　② 65
③ 71　　④ 88

해설
$$\text{대비} = \frac{L_b - L_t}{L_b} \times 100$$
여기서, L_b: 배경의 반사율, L_t: 표적의 반사율
$$= \frac{80 - 10}{80} \times 100 = 87.5 \fallingdotseq 88\%$$

정답 ④

24 건강한 남성이 8시간 동안 특정작업을 실시하고, 분당 산소소비량이 1.1L/분으로 나타났다면 8시간 총작업시간에 포함될 휴식시간(분)은? (단, Murrell의 방법을 적용하며, 휴식 중 에너지소비율은 1.5kcal/min이다)

① 30분　　② 54분
③ 60분　　④ 75분

해설
- Murrell의 방법을 적용하여 작업시 평균에너지소비량을 구한다.
  작업시 평균에너지소비량
  = 5kcal/L × 1.1L/min = 5.5kcal/min
  여기서, 5kcal/L는 Murrell의 방법을 적용한 작업에 대한 평균에너지가이다.
- 휴식시간 = $\frac{60(E-5)}{E-1.5} = \frac{60(5.5-5)}{5.5-1.5} = 7.5$분
  여기서, E: 작업시 평균에너지소비량(kcal/min),
  1.5: 휴식시 에너지소비량(kcal/min)
- 7.5분은 60분(1시간)당 휴식시간이다.
- 따라서 8시간 총작업시간에 포함될 휴식시간은 7.5 × 8 = 60분이다.

정답 ③

25 신뢰성과 보전성 개선을 목적으로 하는 효과적인 보전기록자료에 해당하지 않는 것은?

① 설비이력카드　　② 자재관리표
③ MTBF분석표　　④ 고장원인대책표

해설 신뢰성과 보전성 개선을 목적으로 하는 효과적인 보전기록자료에는 설비이력카드, MTBF(평균고장간격)분석표, 고장원인대책표가 있으며, 자재관리표는 이에 해당하지 않는다.

정답 ②

26 시스템안전(System Safety)에 대한 설명으로 가장 적절한 것은?

① 과학적, 공학적 원리를 적용하여 시스템의 생산성을 극대화
② 시스템 구성의 각 요인을 어떻게 활용하면 시스템 전체가 시간, 경제적으로 운영 가능
③ 특히 사고나 질병으로부터 자기자신 또는 타인을 안전하게 보호하는 것
④ 어떤 시스템에서 기능, 시간, 코스트 등의 제약조건하에서 인원, 설비의 상해, 손상 극소화

해설 시스템안전(System Safety)이란 어떤 시스템에서 기능, 시간, 코스트(cost) 등의 제약조건하에서 인원, 설비의 상해, 손상 극소화를 말한다.

 시스템(System: 체계)기준
- 운용비
- 신뢰도
- 예상수명
- 인력소요
- 정비유지도
- 사용상의 용이성

정답 ④

27 다음 시스템의 신뢰도 값은?

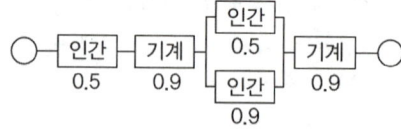

① 0.18225
② 0.38475
③ 0.4875
④ 0.58225

해설 Rs = 0.5×0.9×{1−(1−0.5)(1−0.9)}×0.9
= 0.38475

정답 ②

28 휴먼에러(human error)의 분류 중 필요한 작업 또는 절차를 수행하지 않아 발생하는 오류는?

① omission error
② commission error
③ sequence error
④ timing error

해설 필요한 작업 또는 절차를 수행하지 않아 발생하는 오류는 omission error(생략오류)이다.

정답 ①

29 일반적인 FTA기법의 순서로 옳은 것은?

| ㉠ FT의 작성 | ㉡ 시스템의 정의 |
| ㉢ 정량적 평가 | ㉣ 정성적 평가 |

① ㉠ → ㉡ → ㉢ → ㉣
② ㉠ → ㉡ → ㉣ → ㉢
③ ㉡ → ㉠ → ㉢ → ㉣
④ ㉡ → ㉠ → ㉣ → ㉢

해설 일반적인 FTA(Fault Tree Analysis: 결함수분석)기법의 순서는 ㉡ 시스템의 정의 → ㉠ FT의 작성 → ㉣ 정성적 평가 → ㉢ 정량적 평가로 진행된다.

정답 ④

30 FT도에 사용되는 기호 중 분석할 필요가 없거나 분석이 불가할 때 사상을 나타내는 기호는?

①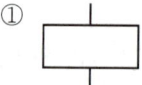
②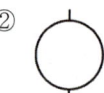
③
④

해설 분석할 필요가 없거나 분석이 불가할 때 사상은 기본사상이며, 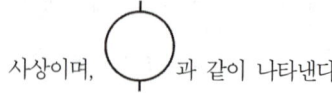 과 같이 나타낸다.

정답 ②

31 100개의 부품을 육안검사하여 20개의 불량품이 발견되었다. 실제 불량품이 40개였다면 인간에러확률은 약 얼마인가?

① 0.2 ② 0.3
③ 0.4 ④ 0.5

해설 $\text{HEP(인간에러확률)} = \dfrac{\text{실수의 수}}{\text{실수발생의 전체기회수}}$

$= \dfrac{40-20}{100} = 0.2$

정답 ①

32 택시요금 계기와 같이 숫자로 표기되는 정량적인 동적표시장치를 무엇이라 하는가?

① 계수형 ② 동목형
③ 동침형 ④ 수평형

해설 택시요금 계기와 같이 숫자로 표기되는 정량적인 동적표시장치를 계수형이라 한다.

정답 ①

33 불연속통제장치에 해당하는 것은?

① 노브 ② 페달
③ 크랭크 ④ 토글스위치

해설 토글스위치는 불연속통제장치에 해당한다.

관련이론 연속통제장치와 불연속통제장치

연속통제장치	노브, 핸들, 크랭크, 레버, 페달
불연속통제장치	토글스위치, 로터리스위치, 수동식푸시버튼, 발푸시버튼

정답 ④

34 일반적으로 기계가 인간보다 우월한 기능에 해당되는 것은? (단, 인공지능은 제외한다.)

① 귀납적으로 추리한다.
② 원칙을 적용하여 다양한 문제를 해결한다.
③ 다양한 경험을 토대로 하여 의사결정을 한다.
④ 명시된 절차에 따라 신속하고 정량적인 정보처리를 한다.

해설 명시된 절차에 따라 신속하고 정량적인 정보처리를 하는 것은 일반적으로 기계가 인간보다 우월한 기능에 해당한다.

선지분석 ①, ②, ③은 인간이 기계보다 우월한 기능에 해당한다.

정답 ④

35 FT도에서 최소 컷셋을 올바르게 구한 것은?

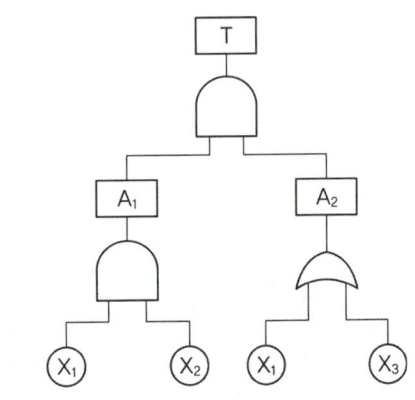

① (X₁, X₂) ② (X₁, X₃)
③ (X₂, X₃) ④ (X₁, X₂, X₃)

해설 $T = A_1 \cdot A_2 = \begin{matrix} X_1 \\ X_2 \end{matrix} \cdot A_2$

$= \begin{matrix} X_1 \cdot X_2 \cdot X_1 \\ X_1 \cdot X_2 \cdot X_3 \end{matrix}$

$= (X_1, X_2)(X_1, X_2, X_3)$

따라서 최소 컷셋은 (X_1, X_2)와 (X_1, X_2, X_3)이며, 이러한 경우 작은 값을 선택하여야 하므로 (X_1, X_2)가 최소 컷셋이 된다.

정답 ①

36 위팔은 자연스럽게 수직으로 늘어뜨린 채, 아래팔만을 편하게 뻗어 작업할 수 있는 범위는?

① 정상작업역　　② 최대작업역
③ 최소작업역　　④ 작업포락면

해설 상완(上腕: 위팔)은 자연스럽게 수직으로 늘어뜨린 채, 전완(前腕: 아래팔)만으로 편하게 뻗어 파악할 수 있는 구역은 정상작업역이다.

정답 ①

37 정보를 전송하기 위하여 표시장치를 선택할 때 시각장치보다 청각장치를 사용하는 것이 더 좋은 경우는?

① 메세지가 즉각적인 행동을 요구하는 경우
② 메세지가 공간적인 위치를 다루는 경우
③ 메세지가 이후에 다시 참조되는 경우
④ 직무상 수신자가 한 곳에 머무르는 경우

해설 메세지가 즉각적인 행동을 요구하는 경우에는 청각장치를 사용하는 것이 더 좋다.

관련이론 표시장치의 선택

청각장치를 사용하는 것이 더 좋은 경우	시각장치를 사용하는 것이 더 좋은 경우
• 메세지가 간단한 경우	• 메세지가 복잡한 경우
• 메세지가 짧은 경우	• 메세지가 긴 경우
• 메세지 후에 재참조되지 않는 경우	• 메세지 후에 재참조되는 경우
• 메세지가 시간적인 사상을 다루는 경우	• 메세지가 공간적인 위치를 다루는 경우
• 메세지가 즉각적인 행동을 요구하는 경우	• 메세지가 즉각적인 행동을 요구하지 않는 경우
• 수신자의 시각계통이 과부하 상태인 경우	• 수신자의 청각계통이 과부하 상태인 경우
• 수신장소가 너무 밝거나 암조응 유지가 필요한 경우	• 수신장소가 너무 시끄러운 경우
• 직무상 수신자가 자주 움직이는 경우	• 직무상 수신자가 한 곳에 머무르는 경우

정답 ①

38 인체측정 자료의 응용원칙에서 자동차의 좌석이나 사무실 의자 등의 설계에 가장 적합한 원칙은?

① 조절식 설계원칙
② 평균값를 이용한 설계원칙
③ 최소집단치를 이용한 설계원칙
④ 최대집단치를 이용한 설계원칙

해설 자동차의 좌석이나 사무실 의자 등의 설계에 가장 적합한 것은 조절식 설계원칙이다.

정답 ①

39 체계설계과정의 주요단계가 다음과 같을 때 인간, 하드웨어, 소프트웨어의 기능 할당, 인간성능요건 명세, 직무분석, 작업설계 등의 활동을 하는 단계는?

① 체계의 정의　　② 기본설계
③ 계면설계　　　④ 촉진물설계

해설 인간, 하드웨어, 소프트웨어의 기능 할당, 인간성능요건 명세, 직무분석, 작업설계 등의 활동을 하는 것은 제3단계인 기본설계단계이다.

정답 ②

40 시스템의 병렬계에 대한 특성이 아닌 것은?

① 요소(要素)의 중복도가 늘수록 계(系)의 수명은 길어진다.
② 요소(要素)의 수가 많을수록 고장의 기회는 줄어든다.
③ 요소(要素)의 어느 하나라도 정상이면 계(系)는 정상이다.
④ 계(系)의 수명은 요소(要素) 중에서 수명이 가장 짧은 것으로 정해진다.

해설
• 계(系)의 수명이 요소(要素) 중에서 수명이 가장 짧은 것으로 정해지는 것은 시스템의 직렬계에 대한 특성이다.
• 병렬계의 수명은 요소 중에서 수명이 가장 긴 것으로 정해진다.

정답 ④

제3과목 기계위험방지기술

41 선반의 크기를 표시하는 것으로 옳지 않은 것은?

① 양쪽 센터 사이의 최대거리
② 왕복대 위의 스윙
③ 베드 위의 스윙
④ 주축에 물릴 수 있는 공작물의 최대지름

해설 주축에 물릴 수 있는 공작물의 최대지름이 아닌 '최대 가공물의 크기'가 선반의 크기를 표시하는 것이다.

정답 ④

42 직경 30mm인 연강을 선반에서 절삭할 때 스핀들 회전수는? (단, 절삭속도는 20m/min)

① 132rpm   ② 212rpm
③ 360rpm   ④ 418rpm

해설
$$V = \frac{\pi DN}{1,000}$$
$$N = \frac{1,000\,V}{\pi D}$$

여기서, V: 절삭속도(m/min)
D: 드릴직경(mm), N: 회전수(rpm)

$$= \frac{1,000 \times 20}{3.14 \times 30} = 212.3 ≒ 212\text{rpm}$$

정답 ②

43 권상용 와이어로프의 사용제한 사항이 아닌 것은?

① 이음매가 있는 것
② 로프의 한가닥에서 소선의 수가 7% 정도 절단된 것
③ 지름의 감소가 공칭지름의 7%를 초과한 것
④ 심하게 변형 또는 부식된 것

해설 로프의 한가닥에서 소선의 수가 10% 이상 절단된 것이 사용제한 사항에 해당한다.

관련이론 와이어로프의 사용제한 사항
- 이음매가 있는 것
- 지름의 감소가 공칭지름의 7%를 초과한 것
- 심하게 변형 또는 부식된 것
- 와이어로프의 한꼬임(Strand)에서 끊어진 소선의 수가 10% 이상인 것
- 꼬인 것
- 열과 전기충격에 의해 손상된 것

정답 ②

44 프레스 등을 사용하여 작업할 때 작업시작 전 점검사항으로 옳지 않은 것은?

① 클러치 및 브레이크의 기능
② 1행정1정지기구, 급정지기구 및 비상정지장치의 기능
③ 프레스의 금형 및 고정볼트
④ 이상음, 진동상태

해설 이상음, 진동상태는 프레스 등을 사용하여 작업할 때 작업시작 전 점검사항에 해당하지 않는다.

관련이론 프레스 등을 사용하여 작업할 때 작업시작 전 점검사항 (산업안전보건법 안전보건기준)
- 클러치 및 브레이크의 기능
- 1행정1정지기구, 급정지기구 및 비상정지장치의 기능
- 프레스의 금형 및 고정볼트
- 슬라이드, 칼날에 의한 위험방지기구의 기능
- 크랭크축, 플라이휠, 슬라이드, 연결봉 및 연결나사의 풀림 여부
- 방호장치의 기능
- 전단기의 칼날 및 테이블의 상태

정답 ④

45 금형의 안전화에 대한 설명 중 가장 적절하지 않은 것은?
① 금형의 틈새는 8mm 이상 충분하게 확보한다.
② 금형 사이에 신체일부가 들어가지 않도록 한다.
③ 충격이 반복되어 부가되는 부분에는 완충장치를 설치한다.
④ 금형설치용 홈은 설치된 프레스의 홈에 적합한 형상의 것으로 한다.

해설 금형의 틈새는 8mm 이하로 하여 손가락이 들어가지 않도록 한다.

정답 ①

46 원심기 및 회전축 등의 방호장치로 가장 적절한 것은?
① 덮개　　　　② 안전기
③ 과부하방지장치　④ 압력방출장치

해설 원심기 및 회전축 등의 방호장치로 가장 적절한 것은 덮개이다.

정답 ①

47 보일러의 과열을 방지하기 위하여 버너의 연소를 차단할 수 있는 자동제어장치는?
① 압력방출장치　　② 고저수위 조절장치
③ 압력제한스위치　④ 연소장치

해설 압력제한스위치는 상용운전 압력 이상으로 압력이 상승할 경우, 보일러의 과열을 방지하기 위해서 버너의 연소를 차단하는 등 열원을 제거하여 정상압력으로 유도하는 장치이다.

정답 ③

48 아세틸렌용접장치의 산업안전보건기준에 맞는 것은?
① 아세틸렌 용접장치의 발생기실을 옥외에 설치한 때에는 그 개구부를 다른 건축물로부터 1m 이상 떨어지도록 하여야 한다.
② 가스집합장치로부터 10m 이내의 장소에서는 화기의 사용을 금지한다.
③ 아세틸렌 발생기에서 10m 이내 또는 발생기실에서 4m 이내의 장소에서는 흡연행위를 금지시킨다.
④ 아세틸렌 발생기실은 건물의 최상층에 위치하여야 하며, 화기를 사용하는 설비로부터 3m를 초과하는 장소에 설치한다.

해설 아세틸렌 발생기실은 건물의 최상층에 위치하여야 하며, 화기를 사용하는 설비로부터 3m를 초과하는 장소에 설치하여야 한다.

선지분석 ① 아세틸렌 용접장치의 발생기실을 옥외에 설치한 때에는 그 개구부를 다른 건축물로부터 1.5m 이상 떨어지도록 하여야 한다.
② 가스집합장치로부터 5m 이내의 장소에서는 화기의 사용을 금지한다.
③ 아세틸렌 발생기에서 5m 이내 또는 발생기실에서 3m 이내의 장소에서는 흡연행위를 금지시킨다.

정답 ④

49 선반의 방호장치 중 적당하지 않은 것은?
① 슬라이딩　　　② 덮개 또는 울
③ 척커버　　　　④ 칩브레이커

해설 슬라이딩은 선반의 방호장치에 해당하지 않는다.

관련이론 **선반의 방호장치**
• 덮개 또는 울　　• 척커버
• 칩브레이커　　　• 브레이크

정답 ①

50 산업안전보건법령에 따라 컨베이어에 부착해야 할 방호장치로 적합하지 않은 것은?
① 비상정지장치　　② 과부하방지장치
③ 역주행방지장치　④ 덮개 또는 낙하방지용 울

해설 과부하방지장치는 양중기에 부착해야 할 방호장치에 해당한다.

정답 ②

51 기계나 그 부품에 고장이나 기능불량이 생겨도 항상 안전하게 작동하는 구조와 기능을 추구하는 안전기능은?

① 풀프루프 ② 페일세이프
③ 이중낙하방지 ④ 연동기구

해설 기계나 그 부품에 고장이나 기능불량이 생겨도 항상 안전하게 작동하는 구조와 기능을 추구하는 안전기능은 페일세이프(Fail Safe)이다.

정답 ②

52 프레스에 금형조정작업시 슬라이드가 갑자기 작동함으로써 근로자에게 발생할 우려가 있는 위험을 방지하기 위하여 사용하는 것은?

① 안전블록 ② 비상정지장치
③ 감응식 안전장치 ④ 양수조작식 안전장치

해설 프레스에 금형조정작업시 슬라이드가 갑자기 작동함으로써 근로자에게 발생할 우려가 있는 위험을 방지하기 위하여 사용하는 것은 안전블록(Safety Block)이다.

정답 ①

53 산업안전보건법령에 따른 컨베이어의 작업시작 전 점검사항으로 옳지 않은 것은?

① 원동기 및 풀리 기능의 이상 유무
② 이탈 등의 방지장치 기능의 이상 유무
③ 과부하방지장치 기능의 이상 유무
④ 원동기, 회전축, 기어 및 풀리 등의 덮개 또는 울 등의 이상 유무

해설 과부하방지장치 기능의 이상 유무는 산업안전보건법령에 따른 고소작업대의 작업시작 전 점검사항에 해당한다.

정답 ③

54 산업안전보건법령상 롤러기의 무릎조작식 급정지장치의 설치 위치 기준은? (단, 위치는 급정지장치 조작부의 중심점을 기준)

① 밑면에서 0.7~0.8m 이내
② 밑면에서 0.6m 이내
③ 밑면에서 0.8~1.2m 이내
④ 밑면에서 1.5m 이내

해설 산업안전보건법령상 롤러기의 무릎조작식 급정지장치는 밑면에서 0.6m 이내(또는 0.4~0.6m 이내)에 설치하여야 한다.

정답 ②

55 롤러의 러닝 닙 포인트(Nip Point)의 전방 40mm 거리에 가드를 설치하고자 한다. 가드의 개구부 설치 간격은? (단, 국제노동기구(ILO) 규정을 따른다.)

① 12mm ② 15mm
③ 18mm ④ 20mm

해설 $Y = 6 + 0.15X$

여기서, Y : 가드 개구부 설치간격(mm)
X : 가드와 위험점간의 거리(mm)
$= 6 + (0.15 \times 40) = 12mm$

정답 ①

56 크레인작업시의 준수사항으로 옳지 않은 것은?

① 인양할 하물은 바닥에서 끌어 당기거나 밀어 작업하지 아니할 것
② 유류 드럼이나 가스통 등의 위험물 용기는 보관함에 담아 운반할 것
③ 고정된 물체는 직접 분리, 제거하는 작업을 할 것
④ 근로자의 출입을 통제하여 하물이 작업자의 머리 위로 통과하지 않게 할 것

해설 고정된 물체는 직접 분리, 제거하는 작업을 하지 않아야 한다.

정답 ③

57 지게차의 헤드가드 상부틀에 있어서 각 개구부의 폭 또는 길이의 크기는?

① 8cm 미만 ② 10cm 미만
③ 16cm 미만 ④ 20cm 미만

해설 상부틀의 각 개구의 폭 또는 길이가 16cm 미만이어야 한다.

> **관련 이론** 지게차의 헤드가드(산업안전보건법 안전보건기준)
> - 상부틀의 각 개구의 폭 또는 길이가 16cm 미만일 것
> - 강도는 지게차의 최대하중의 2배 값(그 값이 4t을 넘는 것은 4t으로 한다)의 등분포정하중에 견딜 수 있는 것일 것
> - 운전자가 앉아서 조작하거나 서서 조작하는 지게차의 헤드가드는 한국산업표준에서 정하는 높이 기준 이상일 것

정답 ③

58 반드시 급정지기구가 부착되어 있어야만 유효한 프레스의 방호장치는?

① 수인식 방호장치
② 양수조작식 방호장치
③ 손쳐내기식 방호장치
④ 양수기동식 방호장치

해설 양수조작식 방호장치의 경우 반드시 급정지기구가 부착되어 있어야만 유효하다.

> **관련 이론** 급정지기구의 부착과 유효 여부
> 1. 급정지기구가 부착되어 있어야만 유효한 프레스의 방호장치
>   - 광전자식(감응식) 방호장치
>   - 양수조작식 방호장치
> 2. 급정지기구가 부착되어 있지 않아도 유효한 방호장치
>   - 양수기동식 방호장치
>   - 게이트가드식 방호장치
>   - 수인식 방호장치
>   - 손쳐내기식 방호장치

정답 ②

59 회전시험을 할 때 미리 비파괴검사를 실시해야 하는 고속회전체는?

① 회전축의 중량이 1t을 초과하고, 원주속도가 25m/s 이상인 것
② 회전축의 중량이 5t을 초과하고, 원주속도가 25m/s 이상인 것
③ 회전축의 중량이 1t을 초과하고, 원주속도가 120m/s 이상인 것
④ 회전축의 중량이 5t을 초과하고, 원주속도가 120m/s 이상인 것

해설 회전축의 중량이 1t을 초과하고, 원주속도가 120m/sec 이상인 고속회전체의 회전시험을 하는 때에는 미리 회전축의 재질 및 형상 등에 상응하는 종류의 비파괴검사를 실시하여 결함유무를 확인하여야 한다.

정답 ③

60 설비의 내부에 균열결함을 확인할 수 있는 가장 적절한 검사방법은?

① 육안검사
② 액체침투탐상검사
③ 초음파탐상검사
④ 피로검사

해설 설비의 내부에 균열결함을 확인할 수 있는 가장 적절한 검사방법은 초음파탐상검사이다.

정답 ③

제4과목 전기 및 화학설비위험방지기술

61 불수전류에 대한 설명으로 옳지 않은 것은?

① 마이크 사용 중 전격으로 사망에 이른 전류
② 전격을 일으킨 전류가 교류인지 직류인지 구별할 수 없는 전류
③ 충전부로부터 자력으로 이탈할 수 있는 전류
④ 몸이 물에 젖어 전압이 낮은데도 전격을 일으킨 전류

해설 충전부로부터 자력으로 이탈할 수 있는 전류를 가수전류(이탈가능전류)라고 하며, 충전부로부터 자력으로 이탈할 수 없는 전류를 불수전류(이탈불능전류)라고 한다.

정답 ③

62 인체의 전기저항을 500Ω이라고 하면 심실세동을 일으키는 위험한계에너지(J)는? (단, 심실세동전류값 $I = \dfrac{165}{\sqrt{T}}$ (mA)의 Dalziel의 식을 이용하며, 통전시간은 1초로 한다.)

① 13.6 ② 12.6
③ 11.6 ④ 10.6

해설 $W = I^2RT = \left(\dfrac{165}{\sqrt{1}} \times 10^{-3}\right)^2 \times 500 \times 1$
$= 13.6125 ≒ 13.6 J$

정답 ①

63 정전기의 유동대전에 가장 크게 영향을 미치는 요인은?

① 액체의 밀도 ② 액체의 유동속도
③ 액체의 접촉면적 ④ 액체의 분출온도

해설 정전기의 유동대전에 가장 크게 영향을 주는 요인은 액체의 유동속도이다.

유동대전
가솔린과 같은 액체류가 파이프 등의 내부에서 유동할 때 관벽과 액체 사이에서 발생하는 것이다.

정답 ②

64 감전사고 방지대책으로 옳지 않은 것은?

① 설비의 필요한 부분에 보호접지 실시
② 노출된 충전부에 통전망 설치
③ 안전전압 이하의 전기기기 사용
④ 전기기기 및 설비의 정비

해설 노출된 충전부에는 절연방호구를 설치하여야 한다.

일반적인 감전사고 방지대책
• 설비의 필요한 부분에 보호접지 실시
• 안전전압 이하의 전기기기 사용
• 전기기기 및 설비의 정비
• 전기기기의 위험표시
• 노출된 충전부에 절연방호구 설치
• 전기설비에 누전차단기 설치
• 유자격자 이외는 전기기계기구의 접촉금지
• 안전관리자는 작업에 대한 안전교육 실시
• 고전압 선로 및 충전부에 접근하여 작업하는 작업자는 보호구 착용

정답 ②

65 다음 중 누전차단기를 시설하지 않아도 되는 전로가 아닌 것은? (단, 전로는 금속제 외함을 가지는 사용전압이 50V를 초과하는 저압의 기계기구에 전기를 공급하는 전로이며, 기계기구에는 사람이 쉽게 접촉할 우려가 있다.)

① 기계기구를 건조한 장소에 시설하는 경우
② 기계기구가 고무, 합성수지, 기타 절연물로 피복된 경우
③ 대지전압 200V 이하인 기계기구를 물기가 있는 곳 이외의 곳에 시설하는 경우
④ 전기용품 및 생활용품 안전관리법의 적용을 받는 이중절연구조의 기계기구를 시설하는 경우

해설 대지전압 150V 이하인 기계기구를 물기가 있는 곳 이외의 곳에 시설하는 경우이어야 한다.

관련이론 누전차단기를 시설하지 않아도 되는 전로(한국전기설비규정)

▶ 단, 전로는 금속제 외함을 가지는 사용전압이 50V를 초과하는 저압의 기계기구에 전기를 공급하는 전로이며 기계기구에는 사람이 쉽게 접촉할 우려가 있다.
- 기계기구를 발전소·변전소·개폐소 또는 이에 준하는 곳에 시설하는 경우
- 기계기구를 건조한 곳에 시설하는 경우
- 대지전압이 150V 이하인 기계기구를 물기가 있는 곳 이외의 곳에 시설하는 경우
- 전기용품 및 생활용품안전관리법의 적용을 받는 이중절연구조의 기계기구를 시설하는 경우
- 그 전로의 전원측에 절연변압기(2차전압이 300V 이하인 경우에 한한다)를 시설하고 또한 그 절연변압기의 부하측의 전로에 접지하지 아니하는 경우
- 기계기구가 고무·합성수지 기타 절연물로 피복된 경우
- 기계기구가 유도전동기의 2차측 전로에 접속되는 것일 경우
- 기계기구가 절연할 수 없는 부분에 규정하는 것일 경우
- 기계기구내에 전기용품 및 생활용품안전관리법의 적용을 받는 누전차단기를 설치하고 또한 기계기구의 전원연결선이 손상을 받을 우려가 없도록 시설하는 경우

정답 ③

66 정전기 제거방법으로 가장 거리가 먼 것은?

① 작업장 바닥을 도전처리한다.
② 설비의 도체부분은 접지시킨다.
③ 작업자는 대전방지화를 신는다.
④ 작업장을 항온으로 유지한다.

해설 작업장을 항습으로 유지한다가 옳은 내용이다.

관련이론 정전기재해의 방지대책
- 접지
- 배관내 액체의 유속제한, 정치시간의 확보
- 대전방지제 사용(도전성 향상)
- 가습
- 제전기의 사용
- 도전성 재료의 사용
- 제전복 등 보호구의 착용

정답 ④

67 방폭전기설비의 용기내부에서 폭발성 가스 또는 증기가 폭발하였을 때 용기가 그 압력에 견디고 접합면이나 개구부를 통해서 외부의 폭발성 가스나 증기에 인화되지 않도록 한 방폭구조는?

① 내압방폭구조   ② 압력방폭구조
③ 유입방폭구조   ④ 본질안전방폭구조

해설 방폭전기설비의 용기내부에서 폭발성 가스 또는 증기가 폭발하였을 때 용기가 그 압력에 견디고 접합면이나 개구부를 통해서 외부의 폭발성 가스나 증기에 인화되지 않도록 한 방폭구조는 내압방폭구조(d)이다.

정답 ①

68 충전전로에서의 활선작업시 충전전로의 선간전압이 37kV 초과 88kV 이하인 경우 접근한계거리는?

① 90cm   ② 110cm
③ 130cm   ④ 170cm

해설 충전전로의 선간전압이 37kV 초과 88kV 이하인 경우 접근한계거리는 110cm이다.

정답 ②

69 폭발성 가스나 전기기기 내부로 침입하지 못하도록 전기기기의 내부에 불활성가스를 압입하는 방식의 방폭구조는?

① 내압방폭구조 ② 압력방폭구조
③ 본질안전방폭구조 ④ 유입방폭구조

해설 폭발성 가스가 전기기기 내부로 침입하지 못하도록 전기기기의 내부에 불활성가스를 압입하는 방식의 방폭구조는 압력방폭구조이다.

정답 ②

70 다음은 산업안전보건법령상 파열판 및 안전밸브의 직렬설치에 대한 내용이다. ( )에 알맞은 용어는?

> 사업주는 급성독성 물질이 지속적으로 외부에 유출될 수 있는 화학설비 및 그 부속설비에 파열판과 안전밸브를 직렬로 설치하고 그 사이에는 압력지시계 또는 ( )을(를) 설치하여야 한다.

① 자동경보장치 ② 차단장치
③ 플레어헤드 ④ 콕

해설 사업주는 급성독성 물질이 지속적으로 외부에 유출될 수 있는 화학설비 및 그 부속설비에 파열판과 안전밸브를 직렬로 설치하고 그 사이에는 압력지시계 또는 자동경보장치를 설치하여야 한다.

정답 ①

71 프로판(C_3H_8)의 완전연소조성농도(vol%)는?

① 4.02 ② 4.19
③ 5.05 ④ 5.19

해설 완전연소조성농도 계산식

$$C_{st}(\text{vol}\%) = \frac{100}{1 + 4.773(n + \frac{m-f-2\lambda}{4})}$$

여기서, C_{st}: 완전연소조성농도, n: 탄소, m: 수소, f: 할로겐원소, λ: 산소의 원자수

$$= \frac{100}{1 + 4.773(3 + \frac{8}{4})} ≒ 4.02 \text{vol}\%$$

관련이론 **프로판(C_3H_8) 가스의 완전연소반응식**

$C_3H_8 + 5O_2 \rightarrow 3CO_2 + 4H_2O$

정답 ①

72 산업안전보건법령상 다음 인화성 가스의 정의에서 ( ) 안에 알맞은 값은?

> '인화성 가스'란 인화한계농도의 최저한도가 (㉠)% 이하 또는 최고한도와 최저한도의 차가 (㉡)% 이상인 것으로서 표준압력(101.3kPa), 20℃에서 가스상태인 물질을 말한다.

① ㉠: 13, ㉡: 12 ② ㉠: 13, ㉡: 15
③ ㉠: 12, ㉡: 13 ④ ㉠: 12, ㉡: 15

해설 산업안전보건법령상 인화성 가스란 인화한계농도의 최저한도가 13% 이하 또는 최고한도와 최저한도의 차가 12% 이상인 것으로서 표준압력(101.3kPa), 20℃에서 가스상태인 물질을 말한다.

정답 ①

73 방폭전기기기의 발화온도의 온도등급과 최고표면온도에 의한 폭발성 가스의 분류 표기를 가장 바르게 나타낸 것은?

① T1: 450℃ ② T2: 350℃
③ T3: 125℃ ④ T4: 100℃

해설 온도등급 T1의 최고표면온도는 450℃이다.

정답 ①

74 할론소화약제 중 Halon 2402의 화학식으로 옳은 것은?

① $C_2F_4Br_2$ ② $C_2H_4Br_2$
③ $C_2Br_4H_2$ ④ $C_2Br_4F_2$

해설 Halon 2402의 화학식(분자식)은 $C_2F_4Br_2$이다.

관련이론 **할로겐화합물 소화약제**
- Halon 104(CTC): CCl_4
- Halon 1011(CB): CH_2ClBr
- Halon 1211(BCF): CF_2ClBr
- Halon 1301(BTM): CF_3Br
- Halon 2402(FB): $C_2F_4Br_2$

정답 ①

75 메탄, 에탄, 프로판의 폭발하한계가 각각 5vol%, 3vol%, 2.1vol%일 때 다음 중 폭발하한계가 가장 낮은 것은? (단, Le Chatelier의 법칙을 이용한다)

① 메탄 20 vol%, 에탄 30 vol%, 프로판 50 vol%의 혼합가스
② 메탄 30 vol%, 에탄 30 vol%, 프로판 40 vol%의 혼합가스
③ 메탄 40 vol%, 에탄 30 vol%, 프로판 30 vol%의 혼합가스
④ 메탄 50 vol%, 에탄 30 vol%, 프로판 20 vol%의 혼합가스

해설
• 르샤틀리에(Le Chatelier)법칙은 다음과 같다.

$$L = \frac{100}{\frac{V_1}{L_1} + \frac{V_2}{L_2} + \frac{V_3}{L_3}}$$

여기서, L: 혼합가스의 폭발하한계(%)
L_1, L_2, L_3: 각성분가스의 폭발하한계(%)
V_1, V_2, V_3: 각성분가스의 부피비(%)

• ①~④의 폭발하한계는 다음과 같다.

① $\frac{100}{\frac{20}{5} + \frac{30}{3} + \frac{50}{2.1}} = 2.6448 ≒ 2.64\%$

② $\frac{100}{\frac{30}{5} + \frac{30}{3} + \frac{40}{2.1}} = 19.819 ≒ 19.82\%$

③ $\frac{100}{\frac{40}{5} + \frac{30}{3} + \frac{30}{2.1}} = 3.0969 ≒ 3.10\%$

④ $\frac{100}{\frac{50}{5} + \frac{30}{3} + \frac{20}{2.1}} = 3.3875 ≒ 3.39\%$

• 따라서 2.64%인 ①의 폭발하한계가 가장 낮다.

정답 ①

76 다음 중 반응기의 운전을 중지할 때 필요한 주의사항으로 가장 옳지 않은 것은?

① 급격한 유량 변화를 피한다.
② 가연성 물질이 새거나 흘러나올 때의 대책을 사전에 세운다.
③ 급격한 압력변화 또는 온도변화를 피한다.
④ 80 ~ 90℃의 염산으로 세정을 하면서 수소가스로 잔류가스를 제거한 후 잔류물을 처리한다.

해설 불활성 가스에 의하여 잔류가스를 제거하고 물로 잔류물을 제거하여야 한다.

관련이론 반응기

1. 반응기의 운전을 중지할 때 필요한 주의사항
   • 급격한 유량변화를 피한다.
   • 가연성 물질이 새거나 흘러나올 때의 대책을 사전에 세운다.
   • 급격한 압력변화 또는 온도변화를 피한다.
   • 불활성 가스에 의하여 잔류가스를 제거하고 물로 잔류물을 제거한다.
   • 개방을 하는 경우에는 우선 최고 윗부분과 아랫부분의 뚜껑을 열어 자연통풍 냉각을 실시한다.

2. 반응기의 유해·위험요인(Hazard)으로 화학반응이 있을 때 특히 유의해야 할 사항
   • 과압
   • 반응폭주

3. 반응기가 이상과열인 경우 반응폭주를 방지하기 위하여 작동하는 장치
   • 고온경보장치
   • 긴급차단장치
   • 자동 셧다운(shutdown)장치

정답 ④

77 화학물질 및 물리적 인자의 노출기준에 따른 TWA 노출기준이 가장 낮은 물질은?

① 불소 ② 아세톤
③ 니트로벤젠 ④ 사염화탄소

해설 불소의 TWA 노출기준이 0.1ppm으로 가장 낮다.

선지분석
② 아세톤: 500ppm
③ 니트로벤젠: 1ppm
④ 사염화탄소: 5ppm

관련이론 **TWA(Time Weight Average)**
- 정의: 1일 8시간 작업을 기준으로 하여 유해인자의 측정치에 발생시간을 곱하여 8시간으로 나눈 값을 말한다.
- 화학물질 및 물리적 인자의 노출기준(고용노동부고시)에 따른 주요 화학물질 TWA 노출기준

구분	노출기준	구분	노출기준
포스겐	0.1ppm	황화수소	10ppm
염소	0.5ppm	암모니아	25ppm
염화수소	1ppm	일산화탄소	30ppm
이황화탄소	1ppm	메탄올	200ppm

정답 ①

78 산업안전보건법상 공정안전보고서에 포함되어야 할 사항으로 가장 거리가 먼 것은?

① 평균안전율 ② 공정안전자료
③ 비상조치계획 ④ 공정위험성평가서

해설 평균안전율은 공정안전보고서에 포함되지 않는다.

관련이론 **공정안전보고서에 포함되어야 할 사항(산업안전보건법)**
- 공정안전자료
- 공정위험성평가서
- 비상조치계획
- 안전운전계획

정답 ①

79 분진폭발의 특징으로 옳은 것은?

① 가스폭발보다 연소시간이 짧고, 발생에너지가 작다.
② 압력의 파급속도보다 화염의 파급속도가 크다.
③ 가스폭발에 비하여 불완전연소가 작게 발생한다.
④ 주위의 분진에 의해 2차, 3차의 폭발로 파급될 수 있다.

해설 주위의 분진에 의해 2차, 3차의 폭발로 파급되어 피해가 커질 수 있다.

관련이론 **분진폭발의 특징**
- 폭발압력과 연소속도는 가스폭발보다 작다.
- 가스폭발보다 연소시간이 길고 발생에너지가 크다.
- 화염의 파급속도보다 압력의 파급속도가 크다.
- 불완전연소로 인한 일산화탄소 등 가스중독의 위험성이 크다.
- 2차, 3차폭발이 발생하면서 피해가 크다.

정답 ④

80 산업안전보건기준에 관한 규칙에서는 인화성 액체를 수시로 사용하는 밀폐된 공간에서 해당 가스 등으로 폭발위험 분위기가 조성되지 않도록 하기 위해서 해당 물질의 공기 중 농도를 인화하한계값의 얼마를 넘지 않도록 규정하고 있는가?

① 10% ② 15%
③ 20% ④ 25%

해설 인화성 액체를 수시로 사용하는 밀폐된 공간에서 해당 가스 등으로 폭발위험 분위기가 조성되지 않도록 하기 위해서 해당 물질의 공기 중 농도를 인화하한계값의 25%를 넘지 않도록 하여야 한다.

정답 ④

제5과목 건설안전기술

81 다음 중 산업안전보건법령상 양중기에 포함되지 않는 것은?

① 호이스트
② 승강기
③ 적재하중이 0.2톤인 이삿짐운반용 리프트
④ 체인블록

해설 체인블록은 산업안전보건법령상 양중기에 해당하지 않는다.

관련이론 **양중기의 종류**
- 크레인(호이스트 포함)
- 이동식 크레인
- 리프트(이삿짐운반용 리프트는 적재하중이 0.1t 이상)
- 곤돌라
- 승강기

정답 ④

82 산업안전보건관리비 중 안전시설비의 항목에서 사용할 수 있는 항목에 해당하는 것은?

① 외부인 출입금지, 공사장 경계표시를 위한 가설울타리
② 작업발판
③ 절토부 및 성토부 등의 토사유실 방지를 위한 설비
④ 사다리전도방지장치

해설 사다리전도방지장치는 산업안전보건관리비 중 안전시설비의 항목에서 사용할 수 있는 항목에 해당한다(고용노동부고시).
※ 건설업 산업안전보건관리비 계상 및 기준(고용노동부고시) → 2022.6.2 개정으로 안전보건관리비의 항목별 사용불가내역이 삭제되었으므로 학습 불필요

정답 ④

83 보일링(Boiling)현상을 방지하기 위한 대책에 대한 설명으로 옳지 않은 것은?

① 굴착배면의 지하수위를 낮춘다.
② 굴착주변의 상재하중을 제거한다.
③ 토류벽 상단부에 버팀대를 보강한다.
④ 토류벽 선단에 코어 및 필터층을 설치한다.

해설 굴착주변의 상재하중을 제거하는 것은 히빙(Heaving)현상의 방지대책이다.

관련이론 **보일링현상 방지 대책**
- 흙막이벽 주위에서 배수시설을 통해 수두차를 작게 한다.
- 주변수위를 저하시킨다.
- 흙막이벽 근입도를 증가하여 동수구배를 저하시킨다.
- 토류벽 상단부에 버팀대를 보강한다.
- 토류벽 선단에 코어 및 필터층을 설치한다.
- 차수성이 높은 흙막이벽을 설치한다.
- 약액주입에 의해 지수벽 또는 지수층을 설치하여 침투류 발생을 방지한다.

정답 ②

84 시스템 비계를 사용하여 비계를 구성하는 경우에 준수하여야 할 사항으로 옳지 않은 것은?

① 수직재, 수평재, 가새재를 견고하게 연결하는 구조가 되도록 할 것
② 수평재는 수직재와 직각으로 설치하여야 하며, 체결 후 흔들림이 없도록 견고하게 설치할 것
③ 비계밑단의 수직재와 받침철물은 밀착되도록 설치하고, 수직재와 받침철물의 연결부의 겹침길이는 받침철물 전체길이의 3분의 1 이상이 되도록 할 것
④ 벽연결재의 설치간격은 시공자가 안전을 고려하여 임의대로 결정한 후 설치할 것

해설 벽연결재의 설치간격은 제조사가 정한 기준에 따라 설치하여야 한다.

정답 ④

85 근로자의 추락위험이 있는 장소에서 발생하는 추락재해의 원인으로 볼 수 없는 것은?

① 안전대를 부착하지 않았다.
② 덮개를 설치하지 않았다.
③ 투하설비를 설치하지 않았다.
④ 안전난간을 설치하지 않았다.

해설 투하설비를 설치하지 않았다는 것은 근로자의 낙하비래위험이 있는 장소에서 발생하는 낙하비래재해의 원인으로 볼 수 있다.

정답 ③

86 정기안전점검 결과 건설공사의 물리적·기능적 결함 등이 발견되어 보수·보강 등의 조치를 하기 위하여 필요한 경우에 실시하는 것은?

① 자체안전점검 ② 정밀안전점검
③ 상시안전점검 ④ 품질관리점검

해설 정기안전점검 결과 건설공사의 물리적·기능적 결함 등이 발견되어 보수·보강 등의 조치를 하기 위하여 필요한 경우에 실시하는 것은 정밀안전점검이다(건설기술진흥법).

정답 ②

87 다음 ( )안에 적합한 숫자는?

> 달기체인의 길이가 달기체인이 제조된 때의 길이의 ( )%를 초과한 것은 달비계에 사용해서는 아니 된다.

① 5   ② 8
③ 10   ④ 15

해설 달기체인의 길이가 달기체인이 제조된 때의 길이의 5%를 초과한 것은 달비계에 사용해서는 아니 된다.

정답 ①

88 산업안전보건기준에 관한 규칙에 따른 토사굴착시 굴착면의 기울기 기준으로 옳지 않은 것은?

① 보통흙인 습지- 1 : 1 ~ 1 : 1.5
② 풍화암- 1 : 1.0
③ 연암- 1 : 1.0
④ 보통흙인 건지- 1 : 1.2 ~ 1 : 5

해설
• 보통흙인 건지의 기울기기준은 1 : 0.5 ~ 1 : 1이다.
• 굴착면의 기울기 기준

구분	지반의 종류	기울기
보통 흙	습지	1 : 1 ~ 1 : 1.5
	건지	1 : 0.5 ~ 1 : 1

※ 산업안전보건법 안전보건기준 → 2021.11.19. 개정

지반의 종류	굴착면의 기울기
모래	1 : 1.8
연암 및 풍화암	1 : 1.0
경암	1 : 0.5
그밖의 흙	1 : 1.2

※ 산업안전보건법 안전보건기준 → 2023.11.14. 개정

정답 ④

89 가설통로 설치시 경사가 몇 도를 초과하면 미끄러지지 않는 구조로 설치하여야 하는가?

① 15°   ② 20°
③ 25°   ④ 30°

해설 경사가 15°를 초과하는 경우에는 미끄러지지 아니하는 구조로 하여야 한다.

정답 ①

90 사다리식 통로 등을 설치하는 경우 준수해야 할 기준으로 옳지 않은 것은?

① 접이식 사다리기둥은 사용시 접혀지거나 펼쳐지지 않도록 철물 등을 사용하여 견고하게 조치할 것
② 발판과 벽과의 사이는 25cm 이상의 간격을 유지할 것
③ 폭은 30cm 이상으로 할 것
④ 사다리식 통로의 길이가 10m 이상인 경우에는 5m 이내마다 계단참을 설치할 것

해설 발판과 벽과의 사이는 15cm 이상의 간격을 유지하여야 한다.

정답 ②

91 근로자의 추락 등의 위험을 방지하기 위한 안전난간의 설치기준으로 옳지 않은 것은?

① 상부난간대와 중간난간대는 난간길이 전체에 걸쳐 바닥면 등과 평행을 유지할 것
② 발끝막이판은 바닥면 등으로부터 20cm 이상의 높이를 유지할 것
③ 난간대는 지름 2.7cm 이상의 금속제 파이프나 그 이상의 강도가 있는 재료일 것
④ 안전난간은 구조적으로 가장 취약한 지점에서 가장 취약한 방향으로 작용하는 100kg 이상의 하중에 견딜 수 있는 튼튼한 구조일 것

해설 발끝막이판은 바닥면 등으로부터 <u>10cm 이상의 높이를 유지하여야 한다.</u>

관련이론 안전난간의 구조 및 설치요건(산업안전보건법 안전보건기준)

- 상부난간대, 중간난간대, 발끝막이판, 난간기둥으로 구성할 것
- 상부난간대는 바닥면, 발판 또는 경사로의 표면으로부터 90cm 이상 지점에 설치하고, 상부난간대를 120cm 이하에 설치하는 경우에는 중간난간대는 상부난간대와 바닥면 등의 중간에 설치하여야 하며, 120cm 이상 지점에 설치하는 경우에는 중간난간대를 2단 이상으로 균등하게 설치하고 난간의 상하간격은 60cm 이하가 되도록 할 것
  ▶ 다만, 계단의 개방된 측면에 설치된 난간기둥 사이가 25cm 이하인 경우에는 중간난간대를 설치하지 아니할 수 있다.
- 발끝막이판은 바닥면 등으로부터 10cm 이상의 높이를 유지할 것
  ▶ 10cm 이상의 높이를 유지해야 하는 이유는 공구 등 물체가 작업발판에서 지상으로 낙하하지 않도록 하기 위해서이다.
- 난간기둥은 상부난간대와 중간난간대를 견고하게 떠받칠 수 있도록 적정한 간격을 유지할 것
- 상부난간대와 중간난간대는 난간길이 전체에 걸쳐 바닥면 등과 평행을 유지할 것
- 난간대는 지름 2.7cm 이상의 금속제 파이프나 그 이상의 강도가 있는 재료일 것
- 안전난간은 구조적으로 가장 취약한 지점에서 가장 취약한 방향으로 작용하는 100kg 이상의 하중에 견딜 수 있는 튼튼한 구조일 것

정답 ②

92 산업안전보건법령상 화물적재시 준수사항으로 옳지 않은 것은?

① 침하 우려가 없는 튼튼한 기반 위에 적재할 것
② 하중이 한쪽으로 치우치지 않도록 쌓을 것
③ 무거운 화물은 공간의 효율성을 고려하여 건물의 칸막이나 벽에 기대어 적재할 것
④ 불안정할 정도로 높이 쌓아올리지 말 것

해설 건물의 칸막이나 벽 등이 화물의 압력에 견딜 만큼의 강도를 지니지 아니한 경우에는 <u>칸막이나 벽에 기대어 적재하지 않도록 하여야 한다.</u>

정답 ③

93 강관비계를 사용하여 비계를 구성하는 경우 준수해야 할 기준으로 옳지 않은 것은?

① 비계기둥의 간격은 띠장방향에서는 1.85m 이하, 장선(長線)방향에서는 1.5m 이하로 할 것
② 띠장간격은 2.0m 이하로 할 것
③ 비계기둥의 제일 윗부분으로부터 31m되는 지점 밑부분의 비계기둥은 2개의 강관으로 묶어 세울 것
④ 비계기둥간의 적재하중은 600kg을 초과하지 않도록 할 것

해설 비계기둥간의 적재하중은 <u>400kg을 초과하지 않도록 하여야 한다.</u>

정답 ④

94 흙막이벽의 근입깊이를 깊게 하고, 전면의 굴착부분을 남겨두어 흙의 중량으로 대항하게 하거나 굴착예정부분의 일부를 미리 굴착하여 기초콘크리트를 타설하는 등의 대책과 가장 관계 깊은 것은?

① 파이핑현상이 있을 때
② 히빙현상이 있을 때
③ 지하수위가 높을 때
④ 굴착깊이가 깊을 때

해설 흙막이벽의 근입깊이를 깊게 하고, 전면의 굴착부분을 남겨두어 흙의 중량으로 대항하게 하거나, 굴착예정부분의 일부를 미리 굴착하여 기초콘크리트를 타설하는 등의 대책과 가장 관계 깊은 것은 히빙현상이 있을 때이다.

정답 ②

95 흙의 간극비의 정의로 가장 알맞은 것은?

① $\dfrac{공기의 부피}{흙입자의 부피}$
② $\dfrac{공기와 물의 부피}{흙입자의 부피}$
③ $\dfrac{공기와 물의 부피}{공기, 물, 흙입자의 부피}$
④ $\dfrac{공기의 부피}{물, 흙입자의 부피}$

해설 흙의 간극비 = $\dfrac{공기와 물의 부피(용적)}{흙입자의 부피(용적)}$

정답 ②

96 해체작업을 수행하기 전에 해체계획에 포함되어야 하는 사항이 아닌 것은?

① 부재 손상, 변형, 부식 등에 관한 조사계획서
② 해체작업용 기계·기구 등의 작업계획서
③ 해체의 방법 및 해체순서 도면
④ 해체작업용 화약류 등의 사용계획서

해설 부재 손상, 변형, 부식 등에 관한 조사계획서는 해체계획에 해당하지 않는다.

관련이론 해체계획에 포함되어야 하는 사항(산업안전보건법 안전보건기준)
- 해체작업용 기계·기구 등의 작업계획서
- 해체의 방법 및 해체순서 도면
- 해체작업용 화약류 등의 사용계획서
- 해체물의 처분계획
- 사업장 내 연락방법
- 가설설비, 방호설비, 환기설비 및 살수·방화설비 등의 방법

정답 ①

97 공사용 가설도로에 대한 설명으로 옳지 않은 것은?

① 도로는 장비 및 차량이 안전하게 운행할 수 있도록 견고하게 설치한다.
② 부득이한 경우를 제외하고는 최고허용경사도는 20%이다.
③ 도로와 작업장이 접해 있을 경우에는 방책 등을 설치한다.
④ 도로는 배수를 위해 경사지게 설치하거나 배수시설을 해야 한다.

해설 부득이한 경우를 제외하고는 최고허용경사도는 10%이다.

정답 ②

98 물체가 떨어지거나 날아올 위험이 있을 때 위험방지를 위해 준수해야 할 조치사항으로 가장 거리가 먼 것은?

① 낙하물방지망 설치   ② 출입금지구역 설정
③ 보호구 착용   ④ 작업지휘자 선정

해설 작업지휘자의 선정은 물체가 떨어지거나 날아올 위험이 있을 때 위험방지를 위해 준수해야 할 조치사항에 해당하지 않는다.

관련이론 물체가 떨어지거나 날아올 위험이 있을 때 위험방지를 위해 준수해야 할 조치사항(산업안전보건법 안전보건기준)
- 낙하물방지망 설치
- 출입금지구역 설정
- 보호구 착용
- 방호선반 설치
- 수직보호망 설치

정답 ④

99 계측기의 설치목적에 맞지 않는 것은?

① 지표침하계 - 지표면의 침하량 변화 측정
② 간극수압계 - 지반내 지하수위 변화 측정
③ 변형계 - 토류구조물의 각 부재와 콘크리트 등의 응력변화 측정
④ 하중계 - 버팀보, 어스앵커(Earth Anchor) 등의 실제 축하중 변화 측정

해설
- 간극수압계(Piezo Meter)의 설치목적은 지하수의 간극수압 측정을 하기 위함이다.
- 지반내 지하수위 변화를 측정하는 계측기는 수위계이다.

정답 ②

100 철근콘크리트건물에 있어서 신축줄눈(Expansion Joint)을 설치해야 하는 경우로 부적당한 사항은?

① 기존건물과 증축건물과의 접합부
② 두 고층사이에 있는 긴 저층건물
③ 길이가 30m를 넘는 긴 건물
④ 저층이 긴 건물과 고층건물과의 접합부

해설 길이가 50~60m를 넘는 긴 건물이 옳은 내용이다.

관련이론 철근콘크리트건물에 있어서 신축줄눈(Expansion Joint)을 설치해야 하는 경우
- 기존건물과 증축건물과의 접합부
- 두 고층사이에 있는 긴 저층건물
- 저층이 긴 건물과 고층건물과의 접합부
- 평면이 ㄴ, ㄷ, ┬형의 교차부분
- 건물의 한 끝에 달린 날개형 건물
- 길이가 50~60m를 넘는 건축물

정답 ③

2022년 제3회(CBT)

제1과목 산업안전관리론

01 착오의 요인 중 인지과정의 착오에 해당하지 않는 것은?
① 정서불안정
② 감각차단현상
③ 정보부족
④ 생리·심리적 능력의 한계

해설 정보부족은 착오의 요인 중 판단과정의 착오에 해당한다.

관련이론 **착오의 요인 중 인지과정의 착오**
• 정서불안정
• 감각차단현상
• 생리·심리적 능력의 한계
• 정보량 저장능력의 한계

정답 ③

02 기능교육의 3원칙에 해당되지 않는 것은?
① 준비
② 안전의식 고취
③ 위험작업의 규제
④ 안전작업의 표준화

해설 안전의식 고취는 지식교육의 내용에 해당한다.

정답 ②

03 재해빈도 및 상해 정도의 크기를 종합적으로 평가하는 지표를 무엇이라고 하는가?
① 환산도수율
② 세이프티스코어
③ 평균강도율
④ 종합재해지수

해설 재해빈도 및 상해 정도의 크기를 종합적으로 평가하는 지표는 종합재해지수이다.
▶ 종합재해지수 = $\sqrt{도수율 \times 강도율}$

정답 ④

04 매주 또는 매월 주기적으로 위험요소를 점검하는 안전점검을 무엇이라고 하는가?
① 특별점검
② 정기점검
③ 수시점검
④ 임시점검

해설 매주 또는 매월 주기적으로 위험요소를 점검하는 것은 정기점검이다.

정답 ②

05 산업스트레스의 요인 중 직무특성과 관련된 요인으로 볼 수 없는 것은?

① 조직구조　　② 작업속도
③ 근무시간　　④ 업무의 반복성

해설 산업스트레스의 요인 중 직무특성과 관련된 요인에는 작업속도, 근무시간, 업무의 반복성이 있으며, 조직구조는 해당하지 않는다.

정답 ①

06 산업안전보건법령상 보건관리자 업무가 아닌 것은?

① 위험성 평가에 관한 보좌 및 지도, 조언
② 물질안전보건자료의 게시 또는 비치에 관한 보좌 및 지도, 조언
③ 사업장 순회점검, 지도 및 조치 건의
④ 안전보건관리규정의 작성 및 변경에 관한 사항

해설 안전보건관리규정의 작성 및 변경에 관한 사항은 안전보건관리책임자의 업무에 해당한다.

정답 ④

07 하인리히의 재해구성비율에 따라 990건의 재해가 발생하여 사망이 3건이라면 경상은 몇 건 발생되겠는가?

① 29건　　② 58건
③ 87건　　④ 116건

해설
- 하인리히의 재해구성 비율은 사망·중상 : 경상 : 무상해사고 = 1 : 29 : 300이다.
- 여기서, 사망이 3건이므로 $1 : 29 = 3 : x$
  $x = 29 \times 3 = 87$
- 따라서 경상은 87건이 발생된다.

정답 ③

08 산업안전보건법상 안전보건표지 중 경고표지의 종류에 해당하지 않는 것은?

① 고압전기 경고
② 레이저광선 경고
③ 추락 경고
④ 몸균형상실 경고

해설 추락 경고는 산업안전보건법상 안전보건표지 중 경고표지의 종류에 해당하지 않는다.

정답 ③

09 안전보건개선계획서에 포함되어야 할 사항으로 옳지 않은 것은?

① 안전보건교육
② 안전보건관리예산
③ 안전보건관리체제
④ 산업재해예방 및 작업환경의 개선을 위하여 필요한 사항

해설 안전보건관리예산은 안전보건개선계획서에 포함되지 않는다.

관련이론 안전보건개선계획서에 포함되어야 할 사항(산업안전보건법)
- 시설
- 안전보건교육
- 안전보건관리체제
- 산업재해예방 및 작업환경의 개선을 위하여 필요한 사항

정답 ②

10 학습평가의 기본적인 기준으로 합당하지 않는 것은?

① 타당도　　② 실용도
③ 주관도　　④ 신뢰도

해설　학습평가의 기본적인 기준
- 타당도
- 실용도
- 신뢰도
- 객관도

정답 ③

11 학습이론 중 인지이론으로 볼 수 있는 것은?

① 톨만(Tolman)의 기호형태설
② 파블로브(Pavlov)의 조건반사설
③ 스키너(Skinner)의 조작적 조건화설
④ 손다이크(Thorndike)의 시행착오설

해설　톨만(Tolman)의 기호형태설은 인지이론에 해당한다.

관련이론　학습이론 중 S-R이론과 인지이론의 구분

S-R이론	인지이론
· 파블로브의 조건반사설 · 스키너의 조작적 조건화설 · 손다이크의 시행착오설 · 헐의 강화설 · 거스리의 접근적 조건화설	· 톨만의 기호형태설 · 레빈의 장(場)설 · 퀼러의 통찰(洞察)설

정답 ①

12 위험예지훈련의 문제해결 4라운드에 해당하지 않는 것은?

① 현상파악　　② 본질추구
③ 원인결정　　④ 대책수립

해설　원인결정은 위험예지훈련의 문제해결 4라운드에 해당하지 않는다.

관련이론　위험예지훈련의 문제해결 4라운드
- 1라운드: 현상파악
- 2라운드: 본질추구
- 3라운드: 대책수립
- 4라운드: 목표설정

정답 ③

13 무재해운동 추진의 3요소에 관한 설명이 아닌 것은?

① 안전보건은 최고경영자의 무재해 및 무질병에 대한 확고한 경영자세로 시작된다.
② 안전보건을 추진하는 데에는 관리감독자들의 생산활동 속에 안전보건을 실천하는 것이 중요하다.
③ 모든 재해는 잠재요인을 사전에 발견·파악·해결함으로써 근원적으로 산업재해를 없애야 한다.
④ 안전보건은 각자 자신의 문제이며, 동시에 동료의 문제로서 직장의 팀 멤버와 협동 노력하여 자주적으로 추진하는 것이 필요하다.

해설　무재해운동 이념의 3원칙 중 무의 원칙에 해당한다.

선지분석
① 최고경영자의 경영자세
② 관리감독자의 안전보건에 대한 적극적 추진
④ 자율안전보건활동의 활발화(직장소집단의 활성화)

정답 ③

14 알더퍼의 ERG(Existence Relation Growth)이론에서 생리적 욕구, 물리적 측면의 안전욕구 등 저차원적 욕구에 해당하는 것은?

① 관계욕구　　② 성장욕구
③ 사회적욕구　　④ 존재욕구

해설　알더퍼의 ERG(Existence Relation growth)이론에서 생리적 욕구, 물리적 측면의 안전욕구 등 저차원적 욕구에 해당하는 것은 존재욕구(생존욕구)이다.

정답 ④

15 의식수준 4단계 중 가장 적극적인 의식수준은?

① Phase I　　② Phase II
③ Phase III　　④ Phase IV

해설　의식수준 4단계 중 가장 적극적인 의식수준은 Phase III이다.

정답 ③

16 다음 중 환산강도율의 계산식으로 옳은 것은?

① 강도율×100　　② $\dfrac{강도율}{100}$

③ 강도율×10　　④ $\dfrac{강도율}{10}$

해설
- 환산강도율 = 강도율×100
- 환산강도율은 평생근로시간 10만시간당 잃을 수 있는 근로손실일수를 나타낸다.

정답 ①

17 밀폐작업 공간에서 유해물과 분진이 있는 상태에서 작업할 때 가장 적합한 보호구는?

① 방진마스크　　② 방독마스크
③ 송기마스크　　④ 보안경

해설 밀폐작업 공간에서 유해물과 분진이 있는 상태에서 작업할 때 가장 적합한 보호구는 송기마스크이다.

선지분석
① 방진마스크는 분진이 발생하는 장소에 적합하다.
② 방독마스크는 독성가스의 작업에 사용한다.
④ 보안경은 유해광선 차단, 칩비산방지용으로 사용한다.

정답 ③

18 과업의 능률과 인간적 요소를 절충하여 적당한 수준의 성과를 지향하는 리더십은?

① 무관심형　　② 이상형
③ 과업형　　④ 타협형

해설 과업의 능률과 인간적 요소를 절충하여 적당한 수준의 성과를 지향하는 리더십은 타협형이다.

정답 ④

19 산업안전보건법상 산업안전보건 관련 교육과정 중 근로자 안전보건교육에 있어 교육대상별 교육시간이 바르게 연결된 것은?

① 일용근로자 채용시 교육: 2시간 이상
② 일용근로자 작업내용변경시 교육: 1시간 이상
③ 사무직 종사 근로자의 정기교육: 매분기 4시간 이상
④ 관리감독자의 지위에 있는 사람의 정기교육: 연간 8시간 이상

해설
(1) 일용근로자 작업내용변경시 교육은 1시간 이상 실시하여야 한다.
(2) 일용근로자 및 근로계약기간이 1주일 이하인 기간제근로자 작업내용변경시 교육은 1시간 이상 실시하여야 한다.
※ 산업안전보건법 시행규칙 → 2023.9.27 개정

선지분석
① 일용근로자 채용시 교육: 1시간 이상
③ 사무직 종사 근로자의 정기교육: 매반기 6시간 이상
④ 관리감독자의 지위에 있는 사람의 정기교육: 연간 16시간 이상

정답 ②

20 인간의 행동에 대하여 심리학자 레빈(K. Lewin)은 다음과 같은 식으로 표현했다. 이 때 각 요소에 대한 내용으로 옳지 않은 것은?

$$B = f(P \cdot E)$$

① B: Behavior(행동)
② f: function(함수)
③ P: Person(개체)
④ E: Engineering(기술)

해설 레빈의 식에서 E는 환경(Environment)을 의미한다.

관련이론 레빈(K. Lewin)의 법칙

$$B = f(P \cdot E)$$

- B: Behavior(행동)
- f: function(함수: 적성, 기타 P와 E에 영향을 주는 조건)
- P: Person(개체: 경험, 연령, 심신상태, 지능, 성격 등)
- E: Environment(환경: 작업환경, 인간관계, 설비적 결함 등)

정답 ④

제2과목 인간공학 및 시스템안전공학

21 시스템 수명주기단계 중 이전단계들에서 발생되었던 사고 또는 사건으로부터 축적된 자료에 대해 실증을 통한 문제를 규명하고 이를 최소화하기 위한 조치를 마련하는 단계는?

① 구상단계　　② 정의단계
③ 생산단계　　④ 운전단계

해설 시스템 수명주기단계 중 이전단계들에서 발생되었던 사고 또는 사건으로부터 축적된 자료에 대해 실증을 통한 문제를 규명하고 이를 최소화하기 위한 조치를 마련하는 단계는 운전단계이다.

정답 ④

22 사후보전에 필요한 평균수리시간을 나타내는 것은?

① MDT　　② MTTF
③ MTBF　　④ MTTR

해설
- 사후보전에 필요한 평균수리시간은 MTTR(Mean Time To Repair)이다.
- MTTR은 총수리시간을 그 기간의 수리횟수로 나눈 시간으로 구한다.

정답 ④

23 다음 중 근골격계질환의 인간공학적 주요 발생인자에 해당하지 않는 것은?

① 장시간의 진동　　② 반복적인 동작
③ 부적절한 자세　　④ 고온의 환경

해설
- 근골격계 질환의 인간공학적 주요 발생인자에는 무리한 힘(과도한 힘)의 사용, 장시간의 진동 및 온도, 반복도가 높은 작업(반복적인 동작), 부적절한 자세, 날카로운 면과의 신체접촉이 있다.
- 고온의 환경은 근골격계질환의 인간공학적 주요 발생인자에 해당하지 않는다.

정답 ④

24 사용자의 잘못된 조작 또는 실수로 인해 기계의 고장이 발생하지 않도록 설계하는 방법은?

① FMEA　　② HAZOP
③ Fail safe　　④ Fool Proof

해설 사용자의 잘못된 조작 또는 실수로 인해 기계의 고장이 발생하지 않도록 설계하는 방법은 Fool Proof(풀프루프)이다.

정답 ④

25 조작자 한 사람의 신뢰도가 0.9일 때 요원을 중복하여 2인 1조가 되어 작업을 진행하는 공정이 있다. 작업기간 중 항상 요원 지원을 한다면 이 조의 인간신뢰도(R)는?

① 0.93　　② 0.94
③ 0.96　　④ 0.99

해설
- 요원을 중복하여 2인 1조가 되어 작업을 진행하는 공정은 병렬연결이다.
- $R = 1 - (1-0.9)(1-0.9) = 0.99$

정답 ④

26 건구온도 38℃, 습구온도 32℃일 때의 Oxford지수(℃)는?

① 30.2
② 32.9
③ 35.3
④ 37.1

해설 옥스퍼드(Oxford)지수를 구하면 다음과 같다.
옥스퍼드지수
= 0.85W(습구온도) + 0.15D(건구온도)
= 0.85 × 32 + 0.15 × 38 = 32.9℃

정답 ②

27 화학공장(석유화학사업장 등)에서 가동문제를 파악하는데 널리 사용되며, 위험요소를 예측하고, 새로운 공정에 대한 가동문제를 예측하는데 사용되는 위험성평가방법은?

① SHA
② EVP
③ CCFA
④ HAZOP

해설 화학공장에서 가동문제를 파악하는데 널리 사용되며, 위험요소를 예측하고, 새로운 공정에 대한 가동문제를 예측하는데 사용되는 위험성평가방법은 HAZOP(Hazard and Operability)이다.

정답 ④

28 제어장치와 표시장치에 있어 물리적 형태나 배열을 유사하게 설계하는 것은 어떤 양립성(compatibility)의 원칙에 해당하는가?

① 시각적 양립성(visual compatibility)
② 양식 양립성(modality compatibility)
③ 공간적 양립성(spatial compatibility)
④ 개념적 양립성(conceptual compatibility)

해설 제어장치와 표시장치에 있어 물리적 형태나 배열을 유사하게 설계하는 것은 공간적 양립성의 원칙에 해당한다.

정답 ③

29 체계설계 과정의 주요 단계 중 가장 먼저 실시되어야 하는 것은?

① 기본설계
② 계면설계
③ 체계의 정의
④ 목표 및 성능명세 결정

해설 인간공학시스템 설계과정의 주요 6단계는 '목표 및 성능명세 결정 → 시스템(체계)의 정의 → 기본설계 → 계면(인터페이스: Interface)설계 → 촉진물(보조물)설계 → 시험 및 평가' 순으로 이루어지며, 이 중 가장 먼저 실시되어야 하는 것은 목표 및 성능명세 결정이다.

정답 ④

30 다음 시스템의 신뢰도값은?

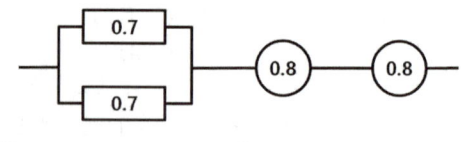

① 0.5824
② 0.6682
③ 0.7855
④ 0.8642

해설 $R_s = \{1-(1-0.7)(1-0.7)\} \times 0.8 \times 0.8$
$= 0.5824$

정답 ①

31 작업장 내부의 추천반사율이 가장 높아야 하는 곳은?

① 벽 ② 천장
③ 바닥 ④ 가구

해설 작업장 내부의 추천반사율은 다음과 같다.
- 천장: 80%~90%
- 벽: 40%~60%
- 가구: 25%~45%
- 바닥: 20%~40%

따라서, 추천반사율이 가장 높아야 하는 곳은 천장(80%~90%)이다.

정답 ②

32 다음의 FT도에서 몇 개의 미니멀 패스셋(minimal path set)이 존재하는가?

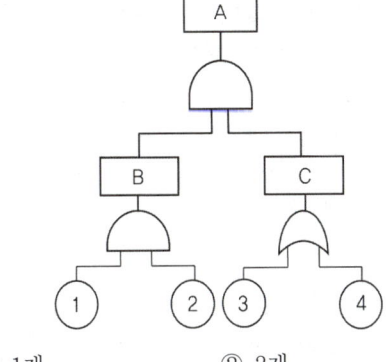

① 1개 ② 2개
③ 3개 ④ 4개

해설 그림에서 나타난 FT도에서 미니멀 패스셋(Minimal path set)은 3개[(1)(2)(3, 4)] 존재한다.

관련 이론 최소(미니멀) 패스셋(Minimal Path Set)
- 어느 고장이나 에러를 일으키지 않으면 재해가 일어나지 않는다는 것, 즉 시스템의 신뢰성을 나타내는 것이다.
- 최소 패스셋은 시스템의 기능을 살리는 요인의 집합이다.

정답 ③

33 일반적인 수공구의 설계원칙으로 볼 수 없는 것은?

① 손목을 곧게 유지한다.
② 반복적인 손가락 동작을 피한다.
③ 사용이 용이한 검지만 주로 사용한다.
④ 손잡이는 접촉면적을 가능하면 크게 한다.

해설 사용이 용이한 검지만 주로 사용하는 것은 수공구의 설계원칙에 해당하지 않는다.

정답 ③

34 다음 설명 중 ( ) 안의 내용으로 옳은 것은?

40phon은 (㉠)sone을 나타내며, 이는 (㉡)dB의 (㉢)Hz 순음의 크기를 나타낸다.

	㉠	㉡	㉢
①	1	40	1,000
②	1	32	1,000
③	2	40	2,000
④	2	32	2,000

해설 40phon은 1sone을 나타내며, 이는 40dB의 1,000Hz 순음의 크기를 나타낸다.

정답 ①

35 '인간이 감지할 수 있는 외부의 물리적 자극 변화의 최소범위는 표준자극의 크기에 비례한다.'는 현상을 설명한 이론은?

① 피츠(Fitts)법칙
② 웨버(Weber)법칙
③ 신호검출이론(SDT)
④ 힉 - 하이만(Hick - Hyman)법칙

해설 인간이 감지할 수 있는 외부의 물리적 자극 변화의 최소범위는 표준자극의 크기에 비례한다는 현상을 설명한 이론은 웨버(Weber)법칙이다.

선지분석
① 피츠(Fitts)법칙은 인간의 손이나 팔을 이동시켜 조작장치를 조작하는데 걸리는 시간을 표적까지의 거리와 표적크기의 함수로 나타내는 것이다.
③ 신호검출이론(SDT: Signal Detection Theory)은 잡음 속에서 신호를 검출할 때에 신호에 대한 옳은 반응과 잡음일 때에 반응하는 잘못을 측정하는 방법에 대한 이론이다.
④ 힉 - 하이만(Hick - Hyman)법칙은 피실험자에게 주어진 선택가능한 대안의 수가 증가할수록 선택반응시간은 선형적으로 증가하는 것이다.

정답 ②

36 동작경제의 원칙과 가장 거리가 먼 것은?

① 급작스런 방향의 전환은 피하도록 할 것
② 가능한 관성을 이용하여 작업하도록 할 것
③ 두 손의 동작은 같이 시작하고 같이 끝나도록 할 것
④ 두 팔의 동작은 동시에 같은 방향으로 움직일 것

해설 두 팔의 동작은 동시에 서로 반대방향으로 대칭적으로 움직일 것이 옳은 내용이다.

관련이론 동작경제의 원칙 중 신체사용에 관한 원칙(반즈, Barnes)
• 양손으로 동시에 작업을 시작하고 동시에 끝낼 것
• 양손이 동시에 쉬지 않도록 할 것
• 두팔의 동작은 서로 반대방향으로 대칭적으로 움직일 것
• 손의 동작은 작업을 수행할 수 있는 최소동작 이상을 하지 않도록 할 것
• 손의 동작은 유연하고 연속적인 동작일 것
• 동작이 급작스럽게 크게 바뀌는 직선동작은 피하고 곡선동작을 할 것
• 손과 신체의 동작은 작업을 원만하게 처리할 수 있는 범위 내에서 가장 낮은 동작등급을 사용할 것
• 가능한 관성으로 이용하여 작업하도록 할 것

정답 ④

37 인간 - 기계시스템 설계과정 중 직무분석을 하는 단계는?

① 제1단계: 시스템의 목표와 성능명세 결정
② 제2단계: 시스템의 정의
③ 제3단계: 기본설계
④ 제4단계: 인터페이스설계

해설 인간 - 기계시스템 설계과정 중 직무분석을 하는 단계는 제3단계(기본설계)이다.

관련이론 인간 - 기계시스템 설계과정
1. 인간 - 기계시스템 설계과정의 주요 6단계
   목표 및 성능명세 결정 → 체계(시스템)의 정의 → 기본설계 → 계면설계(인터페이스설계) → 촉진물(보조물)설계 → 시험 및 평가
2. 기본설계 과정의 내용
   • 인간성능요건 명세결정
   • 직무분석
   • 인간, 하드웨어, 소프트웨어의 기능할당
   • 작업설계

정답 ③

38 원자력산업과 같이 상당한 안전이 확보되어 있는 장소에서 추가적인 고도의 안전 달성을 목적으로 하고 있으며, 관리, 설계, 생산, 보전 등 광범위한 안전을 도모하기 위하여 개발된 분석기법은?

① DT   ② FTA
③ THERP   ④ MORT

해설 MORT에 대한 설명이다.

관련이론 MORT
MORT(Management Oversight and Risk Tree)는 관리, 설계, 생산, 보전 등 광범위한 안전을 도모하기 위하여 개발된 분석기법으로, 미국에너지연구개발청(ERDA)의 존슨(Johnson)에 의해 1973년에 개발된 시스템안전프로그램이다.

정답 ④

39 FTA에서 사용하는 수정게이트의 종류 중 3개의 입력현상 중 2개가 발생한 경우에 출력이 생기는 것은?

① 위험지속기호   ② 조합 AND게이트
③ 배타적 OR게이트   ④ 억제게이트

해설 3개의 입력현상 중 2개가 발생한 경우에 출력이 생기는 것은 조합 AND게이트이다.

관련이론 FTA에서 사용하는 수정게이트

억제게이트	입력사상에 대하여 이 게이트로 나타내는 조건이 만족하는 경우에만 출력사상이 발생한다.
우선적 AND게이트	입력현상 중에 어떤 현상이 다른 현상보다 먼저 일어날 때에 출력현상이 생긴다.
조합 AND게이트	3개의 입력현상 중에 언젠가 2개가 일어나면 출력이 생긴다.
배타적 OR게이트	OR게이트지만 2개 또는 그 이상의 입력이 동시에 존재하는 경우에는 출력이 생기지 않는다.
위험지속기호 (위험지속 AND게이트)	입력현상이 생겨서 어떤 일정한 시간이 지속된 때에 출력이 생긴다. 만약 그 시간이 지속되지 않으면 출력은 생기지 않는다.

정답 ②

40 일반적으로 인체측정치의 최대집단치를 기준으로 설계하는 것은?

① 선반의 높이   ② 공구의 크기
③ 출입문의 크기   ④ 안내데스크의 높이

해설 출입문의 크기는 인체측정치의 최대집단치를 기준으로 설계한다.

선지분석
① 선반의 높이는 최소집단치를 기준으로 설계한다.
② 공구의 크기는 최소집단치를 기준으로 설계한다.
④ 안내데스크의 높이는 평균치를 기준으로 설계한다.
▶ 자동차 운전석 의자의 위치는 조절식을 기준으로 설계한다.

정답 ③

제3과목 기계위험방지기술

41 산업안전보건법령상 프레스의 작업시작 전 점검사항이 아닌 것은?

① 슬라이드 또는 칼날에 의한 위험방지기구의 기능
② 프레스의 금형 및 고정볼트 상태
③ 전단기의 칼날 및 테이블의 상태
④ 권과방지장치 및 그 밖의 경보장치의 기능

해설 권과방지장치 및 그 밖의 경보장치의 기능은 산업안전보건법령상 이동식 크레인을 사용하여 작업을 할 때 작업시작 전 점검사항에 해당한다.

정답 ④

42 롤러기의 앞면 롤의 지름이 300mm, 분당회전수가 30회일 경우 허용되는 급정지장치의 급정지거리는 약 몇 mm 이내이어야 하는가?

① 37.7   ② 31.4
③ 377   ④ 314

해설
- 앞면 롤러의 표면속도(V)

$$V = \frac{\pi DN}{1,000}$$

여기서, V: 앞면롤러의 표면속도[m/min],
D: 롤러의 지름[mm], N: 회전수[rpm]

$$= \frac{3.14 \times 300 \times 30}{1,000} = 28.26 \text{m/min}$$

- 롤러기 급정지장치의 성능에 따른 급정지거리는 다음과 같다.

앞면 롤러의 표면속도	급정지거리
30m/min 미만	앞면 롤러 원주의 1/3 이내
30m/min 이상	앞면 롤러 원주의 1/2.5 이내

- 앞면 롤러의 원주
  $l = \pi D = 3.14 \times 300 = 942$mm
- 앞면 롤러의 표면속도가 28.26m/min으로 30m/min 미만에 해당되어 급정지거리는 앞면 롤러 원주의 1/3 이내이다.
- 앞면 롤러의 원주가 942mm이므로,
  급정지거리는 $942 \times \frac{1}{3} = 314$mm 이내이다.

정답 ④

43 아세틸렌용접장치에서 역화의 원인으로 가장 거리가 먼 것은?

① 아세틸렌의 공급과다
② 토치성능의 부실
③ 압력조정기의 고장
④ 토치 팁에 이물질이 묻은 경우

해설 아세틸렌의 공급과다가 아닌 산소의 공급과다가 역화의 원인에 해당한다.

정답 ①

44 산업안전보건법령상 보일러의 압력방출장치가 2개 설치된 경우 그중 1개는 최고사용압력 이하에서 작동된다고 할 때 다른 압력방출장치는 최고사용압력의 최대 몇 배 이하에서 작동되도록 하여야 하는가?

① 0.5배 ② 1배
③ 1.05배 ④ 2배

해설 보일러의 압력방출장치가 2개 설치된 경우 1개는 최고사용압력 이하에서 작동하고, 다른 압력방출장치는 최고사용압력의 최대 1.05배 이하에서 작동되도록 하여야 한다.

정답 ③

45 개구부에서 회전하는 롤러의 위험점까지 최단거리가 60mm일 때 개구부 간격은?

① 10mm ② 12mm
③ 13mm ④ 15mm

해설 Y = 6 + 0.15X
여기서, Y: 개구부 간격(안전간극)[mm]
X: 개구부에서 위험점까지의 거리[mm]
= 6 + 0.15 × 60 = 15mm

정답 ④

46 선반작업에 대한 안전수칙으로 가장 옳지 않은 것은?

① 선반의 바이트는 끝을 짧게 장치한다.
② 작업 중에는 면장갑을 착용하지 않도록 한다.
③ 작업이 끝난 후 절삭 칩의 제거는 반드시 브러시 등의 도구를 사용한다.
④ 작업 중 일감의 치수측정시 기계운전 상태를 저속으로 하고 측정한다.

해설 작업 중 일감의 치수측정시 기계운전 상태를 완전히 정지시키고 측정한다.

정답 ④

47 산업안전보건법령에 따른 양중기의 종류에 해당하지 않는 것은?

① 고소작업차 ② 이동식 크레인
③ 승강기   ④ 리프트(Lift)

해설 고소작업차는 산업안전보건법령에 따른 양중기의 종류에 해당하지 않는다.

정답 ①

48 보일러의 이상현상 중 다음 설명에 해당하는 현상은?

보일러수에 불순물이 많이 포함되어 있을 경우 보일러수의 비등과 함께 수면부위에 거품을 형성하여 수위가 불안정하게 되는 현상

① 역화   ② 프라이밍
③ 포밍   ④ 캐리오버

해설 포밍(Foaming)에 대한 설명이다.

정답 ③

49 선반에서 일감의 길이가 지름에 비하여 상당히 길 때 사용하는 부속품으로 절삭시 절삭저항에 의한 일감의 진동을 방지하는 장치는?

① 칩브레이커 ② 척커버
③ 방진구 ④ 실드

해설 선반에서 일감의 길이가 지름에 비하여 상당히 길 때 사용하는 부속품으로 절삭시 절삭저항에 의한 일감의 진동을 방지하는 장치는 방진구이다.

정답 ③

50 다음 연삭숫돌의 파괴원인 중 가장 적절하지 않은 것은?

① 숫돌의 회전속도가 너무 빠른 경우
② 플랜지의 직경이 숫돌 직경의 1/3 이상으로 고정된 경우
③ 숫돌 자체에 균열 및 파손이 있는 경우
④ 숫돌에 과대한 충격을 준 경우

해설 플랜지의 직경이 숫돌 직경의 1/3 이상으로 고정된 경우는 연삭숫돌의 파괴원인에 해당하지 않는다.

정답 ②

51 산업안전보건법령상 프레스를 사용하여 작업을 할 때 작업시작 전 점검사항으로 옳지 않은 것은?

① 방호장치의 기능
② 언로드밸브의 기능
③ 금형 및 고정볼트 상태
④ 클러치 및 브레이크의 기능

해설 언로드밸브의 기능은 산업안전보건법령상 공기압축기를 사용하여 작업을 할 때 작업시작 전 점검사항에 해당한다.

정답 ②

52 산업안전보건법령에 따른 컨베이어의 작업시작 전 점검사항으로 옳지 않은 것은?

① 원동기 및 풀리 기능의 이상 유무
② 이탈 등의 방지장치 기능의 이상 유무
③ 과부하방지장치 기능의 이상 유무
④ 원동기, 회전축, 기어 및 풀리 등의 덮개 또는 울 등의 이상 유무

해설 과부하방지장치 기능의 이상 유무는 산업안전보건법령에 따른 고소작업대의 작업시작 전 점검사항에 해당한다.

정답 ③

53 인간이 기계 등의 취급을 잘못해도 그것이 바로 사고나 재해와 연결되는 일이 없는 기능을 의미하는 것은?

① fail safe ② fail active
③ fail operational ④ fool proof

해설 인간이 기계 등의 취급을 잘못해도 그것이 바로 사고나 재해와 연결되는 일이 없는 기능을 의미하는 것은 'fool proof(풀프루프)'이다.

정답 ④

54 크레인의 방호장치에 해당하지 않는 것은?

① 권과방지장치 ② 과부하방지장치
③ 비상정지장치 ④ 자동보수장치

해설 크레인의 방호장치에는 권과방지장치, 과부하방지장치, 비상정지장치, 제동장치가 있으며, 자동보수장치는 해당하지 않는다.

정답 ④

55 산업안전보건법령에 따라 산업용 로봇의 작동범위에서 교시 등의 작업을 하는 경우에 로봇에 의한 위험을 방지하기 위한 조치사항으로 옳지 않은 것은?

① 2명 이상의 근로자에게 작업을 시킬 경우의 신호방법을 정한다.
② 작업 중의 매니퓰레이터 속도에 관한 지침을 정하고 그 지침에 따라 작업한다.
③ 작업을 하는 동안 다른 작업자가 작동시킬 수 없도록 기동스위치에 작업 중 표시를 한다.
④ 작업에 종사하고 있는 근로자가 이상을 발견하면 즉시 안전담당자에게 보고하고 계속해서 로봇을 운전한다.

해설 작업에 종사하고 있는 근로자 또는 그 근로자를 감시하는 사람은 이상을 발견하면 즉시 로봇의 운전을 정지시키기 위한 조치를 하여야 한다.

정답 ④

57 금형의 설치, 해체, 운반시 안전사항에 대한 설명으로 옳지 않은 것은?

① 운반을 위하여 관통 아이볼트가 사용될 때는 구멍틈새가 최소화되도록 한다.
② 금형을 설치하는 프레스의 T홈 안길이는 설치 볼트 지름의 1/2배 이하로 한다.
③ 고정볼트는 고정 후 가능하면 나사산이 3 ~ 4개 정도 짧게 남겨 설치 또는 해체시 슬라이드 면과의 사이에 협착이 발생하지 않도록 해야 한다.
④ 운반시 상부금형과 하부금형이 닿을 위험이 있을 때는 고정패드를 이용한 스트랩, 금속재질이나 우레탄 고무의 블록 등을 사용한다.

해설 금형을 설치하는 프레스의 T홈 안길이는 설치 볼트 지름의 2배 이상으로 한다.

정답 ②

56 질량이 100kg인 물체를 그림과 같이 길이가 같은 2개의 와이어로프로 매달아 옮기고자 할 때 와이어로프 T에 걸리는 장력(N)은?

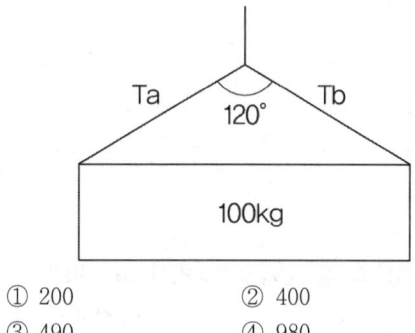

① 200
② 400
③ 490
④ 980

해설
- $T = \dfrac{\frac{W}{2}}{\cos\frac{\theta}{2}} = \dfrac{\frac{100}{2}}{\cos\frac{120}{2}} = \dfrac{\frac{100}{2}}{\frac{1}{2}} = 100\text{kg}$
- 1kg은 9.8N이므로 $100 \times 9.8 = 980$N
- 따라서 와이어로프 T에 걸리는 장력은 980N이다.

정답 ④

58 산업안전보건법령상 보일러 수위가 이상현상으로 인해 위험수위로 변하면 작업자가 쉽게 감지할 수 있도록 경보등, 경보음을 발하고 자동적으로 급수 또는 단수되어 수위를 조절하는 방호장치는?

① 압력방출장치   ② 고저수위조절장치
③ 압력제한스위치   ④ 과부하방지장치

해설 산업안전보건법령상 보일러 수위가 이상현상으로 인해 위험수위로 변하면 작업자가 쉽게 감지할 수 있도록 경보등, 경보음을 발하고 자동적으로 급수 또는 단수되어 수위를 조절하는 방호장치는 고저수위조절장치이다.

관련이론 산업안전보건법령상 보일러의 방호장치
- 압력방출장치
- 고저수위조절장치
- 압력제한스위치
- 화염검출기

정답 ②

59 연삭기의 안전작업수칙에 대한 설명으로 옳지 않은 것은?

① 숫돌의 정면에 서서 숫돌원주면을 사용한다.
② 숫돌교체시 3분 이상 시운전을 한다.
③ 숫돌의 회전은 최고사용원주속도를 초과하여 사용하지 않는다.
④ 연삭숫돌에 충격을 가하지 않는다.

해설 숫돌의 정면에 서서 숫돌원주면을 사용하지 않는다.

관련 이론 연삭기의 안전작업수칙
- 작업시작 전에 1분 이상 시운전을 하고, 숫돌 교체시에는 3분 이상 시운전을 할 것
- 연삭숫돌의 최고사용원주속도를 초과하여 사용하지 않을 것
- 연삭숫돌에 충격을 주지 않도록 할 것
- 측면을 사용하는 것을 목적으로 하는 연삭숫돌 이외에는 측면을 사용하지 말 것
- 공기연삭기는 공기압력관리를 적정하게 하고 사용할 것
- 숫돌의 정면에 서서 숫돌원주면을 사용하지 않을 것

정답 ①

60 산업안전보건법령상 아세틸렌 용접장치를 사용하여 금속의 용접·용단 또는 가열작업을 하는 경우 게이지 압력은 얼마를 초과하는 압력의 아세틸렌을 발생시켜 사용하면 안 되는가?

① 98kPa
② 127kPa
③ 147kPa
④ 196kPa

해설 산업안전보건법령상 아세틸렌 용접장치를 사용하여 금속의 용접·용단 또는 가열작업을 하는 경우 게이지 압력은 127kPa를 초과하는 압력의 아세틸렌을 발생시켜 사용하면 안 된다.

정답 ②

제4과목 전기 및 화학설비위험방지기술

61 산업안전보건기준에 관한 규칙상 과전류로 인한 재해를 방지하기 위하여 설치하는 과전류차단장치의 안전기준으로 틀린 것은?

① 과전류차단장치는 반드시 접지선이 아닌 전로에 직렬로 연결하여 과전류 발생시 전로를 자동으로 차단하도록 설치할 것
② 차단기, 퓨즈는 계통에서 발생하는 최대과전류에 대하여 충분하게 차단할 수 있는 성능을 가질 것
③ 과전류차단장치가 전기계통상에서 상호 협조·보완되어 과전류를 효과적으로 차단하도록 할 것
④ 과전류차단장치는 반드시 접지선에 병렬로 연결하여 과전류 발생시 전로를 자동을 차단하도록 설치할 것

해설 과전류차단장치는 반드시 접지선이 아닌 전로에 직렬로 연결하여 과전류 발생시 전로를 자동으로 차단하도록 설치하여야 한다.

정답 ④

62 정전기에 대한 설명으로 옳은 것은?

① 정전기는 발생에서부터 억제 – 축적방지 – 안전한 방전까지 이어져야 재해를 방지할 수 있다.
② 정전기 발생은 고체의 분쇄공정에서 가장 많이 발생한다.
③ 액체의 이송시는 그 속도(유속)를 7m/s 이상 빠르게 하여 정전기의 발생을 억제한다.
④ 접지값은 10Ω 이하로 하되, 플라스틱같은 절연도가 높은 부도체를 사용한다.

해설 정전기는 발생에서부터 억제 – 축적방지 – 안전한 방전까지 이어져야 재해를 방지할 수 있다.

선지 분석
② 정전기 발생은 분진의 취급공정에서 가장 많이 발생한다.
③ 액체(물)의 이송시는 그 속도(유속)를 1m/s 이하로 느리게 하여 정전기의 발생을 억제한다.
④ 접지값은 $1 \times 10^6 \Omega$ 이하로 하되, 플라스틱과 같은 절연도가 높은 부도체를 사용하지 않는다.

정답 ①

63 피뢰기가 구비하여야 할 조건으로 옳지 않은 것은?
① 제한전압이 낮아야 한다.
② 상용주파방전개시전압이 높아야 한다.
③ 충격방전개시전압이 높아야 한다.
④ 속류차단능력이 충분하여야 한다.

해설 충격방전개시전압이 낮아야 한다.

정답 ③

64 정전에너지를 나타내는 식으로 알맞은 것은? (단, Q는 대전전하량, C는 정전용량이다.)
① $\dfrac{Q}{2C}$ ② $\dfrac{Q}{2C^2}$
③ $\dfrac{Q^2}{2C}$ ④ $\dfrac{Q^2}{2C^2}$

해설 $E = \dfrac{1}{2}CV^2 = \dfrac{1}{2}QV = \dfrac{Q^2}{2C}$

여기서, E: 정전에너지[J], C: 정전용량[F],
V: 대전전압[V], Q: 대전전하량[C]

정답 ③

65 교류아크용접기의 허용사용률(%)은? (단, 정격사용률은 10%, 2차정격전류는 500A, 교류아크용접기의 사용전류는 250A이다)
① 30   ② 40
③ 50   ④ 60

해설 허용사용률[%]
$= \dfrac{(최대정격2차전류)^2}{(실제의\ 용접전류)^2} \times 정격사용률$
$= \dfrac{(500)^2}{(250)^2} \times 10 = 40\%$

정답 ②

66 제전기의 설치장소로 가장 적절한 것은?
① 대전물체의 뒷면에 접지물체가 있는 경우
② 정전기의 발생원으로부터 5~20cm 정도 떨어진 장소
③ 오물과 이물질이 자주 발생하고 묻기 쉬운 장소
④ 온도가 150℃, 상대습도가 80% 이상인 장소

해설 제전기의 설치장소로 가장 적절한 것은 정전기의 발생원으로부터 5~20cm 정도 떨어진 장소이다.

정답 ②

67 누전차단기의 설치에 대한 설명 중 옳지 않은 것은?
① 단상용 누전차단기는 3상회로에 설치하지 않아야 한다.
② 누전차단기는 설치 전에 반드시 폐로시키고 설치 후에 개로시켜 작동시켜야 한다.
③ 누전차단기의 설치가 완료되면 회로와 대지간의 절연저항을 측정하여야 한다.
④ 누전차단기는 분기회로 또는 전기기기마다 설치하는 것을 원칙으로 한다.

해설 누전차단기는 설치 전에 반드시 개로시키고 설치 후에 폐로시켜 작동시켜야 한다.

정답 ②

68 퍼지의 종류에 해당하지 않는 것은?
① 압력퍼지   ② 진공퍼지
③ 스위프퍼지   ④ 가열퍼지

해설 가열퍼지는 퍼지의 종류에 해당하지 않는다.

관련 이론 **퍼지(purge)의 종류**
- 압력퍼지
- 진공퍼지
- 스위프퍼지
- 사이펀퍼지

정답 ④

69 물질의 누출방지용으로써 접합면을 상호 밀착시키기 위하여 사용하는 것은?

① 가스켓 ② 체크밸브
③ 플러그 ④ 콕크

해설 물질의 누출방지용으로 접합면을 상호 밀착시키기 위하여 사용하는 것은 가스켓(gasket)이다.

정답 ①

70 [표]의 가스를 위험도가 큰 것부터 작은 순으로 바르게 나열한 것은?

구분	폭발하한값	폭발상한값
수소	4.0vol%	75vol%
산화에틸렌	3.0vol%	80vol%
이황화탄소	1.25vol%	44vol%
아세틸렌	2.5vol%	81vol%

① 아세틸렌 – 산화에틸렌 – 이황화탄소 – 수소
② 아세틸렌 – 산화에틸렌 – 수소 – 이황화탄소
③ 이황화탄소 – 아세틸렌 – 수소 – 산화에틸렌
④ 이황화탄소 – 아세틸렌 – 산화에틸렌 – 수소

해설
- 위험도(H) = $\dfrac{\text{폭발상한계}(U) - \text{폭발하한계}(L)}{\text{폭발하한계}(L)}$
  - 수소: $\dfrac{75-4}{4} = 17.75$
  - 산화에틸렌: $\dfrac{80-3}{3} ≒ 25.67$
  - 이황화탄소: $\dfrac{44-1.25}{1.25} = 34.2$
  - 아세틸렌: $\dfrac{81-2.5}{2.5} = 31.4$
- 따라서 이황화탄소 – 아세틸렌 – 산화에틸렌 – 수소 순으로 나열할 수 있다.

정답 ④

71 산화성 물질에 해당하지 않는 것은?

① KNO_3 ② NH_4ClO_3
③ HNO_3 ④ P_4S_3

해설 산화성 물질에는 KNO_3(질산칼륨), NH_4ClO_3(염소산암모늄), HNO_3(질산)이 있으며, P_4S_3(삼황화인)는 물반응성 물질에 해당한다.

정답 ④

72 관의 지름을 변경하고자 할 때 필요한 관 부속품은?

① elbow ② reducer
③ plug ④ valve

해설 관의 지름을 변경하고자 할 때 필요한 관 부속품은 reducer(리듀서)이다.

정답 ②

73 다음 중 인화점에 관한 설명으로 옳은 것은?

① 액체의 표면에서 발생한 증기농도가 공기 중에서 연소하한 농도가 될 수 있는 가장 높은 액체온도
② 액체의 표면에서 발생한 증기농도가 공기 중에서 연소상한 농도가 될 수 있는 가장 낮은 액체온도
③ 액체의 표면에 발생한 증기농도가 공기 중에서 연소하한 농도가 될 수 있는 가장 낮은 액체온도
④ 액체의 표면에서 발생한 증기농도가 공기 중에서 연소상한 농도가 될 수 있는 가장 높은 액체온도

해설 인화점은 액체의 표면에 발생한 증기농도가 공기 중에서 연소하한 농도가 될 수 있는 가장 낮은 액체온도를 말한다.

정답 ③

74 [보기]의 물질을 폭발범위가 넓은 것부터 좁은 순서로 옳게 배열한 것은?

$$H_2, C_3H_8, CH_4, CO$$

① $CO > H_2 > C_3H_8 > CH_4$
② $H_2 > CO > CH_4 > C_3H_8$
③ $C_3H_8 > CO > CH_4 > H_2$
④ $CH_4 > H_2 > CO > C_3H_8$

해설
- 가연성 가스의 폭발범위
  - H_2: 4~75%
  - CO: 12.5%~74%
  - CH_4: 5~15%
  - C_3H_8: 2.1~9.5%
- 따라서 $H_2 > CO > CH_4 > C_3H_8$ 순으로 폭발범위가 넓은 것부터 좁은 순서로 배열할 수 있다.

정답 ②

75 위험물안전관리법령에서 정한 제3류 위험물에 해당하지 않는 것은?

① 나트륨   ② 알킬알루미늄
③ 황린   ④ 니트로글리세린

해설 니트로글리세린은 위험물 안전관리법령에서 정한 제5류(자기반응성 물질) 위험물에 해당한다.

정답 ④

76 작업장에서 꽂음접속기를 설치 또는 사용하는 때에 작업자의 감전위험을 방지하기 위하여 필요한 준수사항으로 옳지 않은 것은?

① 서로 다른 전압의 꽂음접속기는 상호 접속되는 구조의 것을 사용할 것
② 습윤한 장소에 사용되는 꽂음접속기는 방수형 등 해당 장소에 적합한 것을 사용할 것
③ 꽂음접속기를 접속시킬 경우 땀 등으로 젖은 손으로 취급하지 않도록 할 것
④ 꽂음접속기에 잠금장치가 있는 때에는 접속 후 잠그고 사용할 것

해설 서로 다른 전압의 꽂음접속기는 서로 접속되지 아니한 구조의 것을 사용한다.

관련이론 꽂음접속기를 설치 또는 사용하는 때에 작업자의 감전위험을 방지하기 위하여 필요한 준수사항(산업안전보건법 안전보건기준)
- 습윤한 장소에 사용되는 꽂음접속기는 방수형 등 그 장소에 적합한 것을 사용할 것
- 근로자가 해당 꽂음접속기를 접속시킬 경우에는 땀 등으로 젖은 손으로 취급하지 않도록 할 것
- 해당 꽂음접속기에 잠금장치가 있는 경우에는 접속 후 잠그고 사용할 것
- 서로 다른 전압의 꽂음접속기는 서로 접속되지 아니한 구조의 것을 사용할 것

정답 ①

77 정전기 발생 방지책이 아닌 것은?

① 접지   ② 가습
③ 보호구의 착용   ④ 배관내 유속가속

해설 배관내 액체의 유속제한이 옳은 내용이다.

관련이론 정전기재해의 방지대책
- 접지
- 도전성 향상
- 가습
- 대전방지제의 사용
- 보호구의 착용
- 배관내 액체의 유속제한
- 제전기의 사용

정답 ④

78 감전방지용 누전차단기의 정격감도전류 및 작동시간으로 옳은 것은?

① 5mA 이하, 0.1초 이내
② 30mA 이하, 0.03초 이내
③ 50mA 이하, 0.5초 이내
④ 100mA 이하, 0.05초 이내

해설 감전방지용 누전차단기의 정격감도전류 및 작동시간은 30mA 이하, 0.03초 이내이다.

정답 ②

79 산업안전보건법상 밀폐된 공간에서 스프레이건 등을 사용하여 인화성 액체를 수시로 사용하는 경우 폭발위험 분위기가 조성되지 않도록 하기 위해서는 해당 물질의 공기 중 농도는 인화하한계값의 몇 %를 넘지 않아야 하는가?

① 15%   ② 20%
③ 25%   ④ 30%

해설 밀폐된 공간에서 스프레이건 등을 사용하여 인화성 액체를 수시로 사용하는 경우 폭발위험 분위기가 조성되지 않도록 하기 위해서는 해당 물질의 공기 중 농도는 인화하한계값의 25%를 넘지 않아야 한다.

정답 ③

80 산업안전보건법령상 공정안전보고서에서 포함해야 할 세부내용 중 공정안전자료에 해당하지 않는 것은?

① 안전운전지침서
② 각종 건물·설비의 배치도
③ 유해하거나 위험한 설비의 목록 및 사양
④ 위험설비의 안전설계·제작 및 설치관련 지침서

해설 안전운전지침서는 산업안전보건법령에 따라 공정안전보고서에 포함되어야 할 세부내용 중 안전운전계획에 해당한다.

관련이론 공정안전보고서

1. 공정안전보고서의 내용
   - 공정안전자료
   - 공정위험성평가서
   - 안전운전계획
   - 비상조치계획
   - 그 밖에 공정상의 안전과 관련하여 고용노동부장관이 필요하다고 인정하여 고시하는 사항

2. 공정안전보고서 내용 중 공정안전자료의 세부내용
   - 취급·저장하고 있거나 취급·저장하려는 유해·위험물질의 종류 및 수량
   - 유해·위험물질에 대한 물질안전보건자료
   - 유해·위험물질의 목록 및 사양
   - 유해하거나 위험한 설비의 운전방법을 알 수 있는 공정도면
   - 각종 건물·설비의 배치도
   - 폭발위험장소 구분도 및 전기단선도
   - 위험설비의 안전설계·제작 및 설치관련 지침서

정답 ①

제5과목 건설안전기술

81 항타기 또는 항발기의 권상용 와이어로프의 안전계수 기준으로 옳은 것은?
① 3 이상　　② 5 이상
③ 8 이상　　④ 10 이상

해설　항타기 또는 항발기의 권상용 와이어로프의 안전계수가 5 이상이 아니면 이를 사용해서는 아니 된다.

정답 ②

82 콘크리트 옹벽의 안정검토 사항이 아닌 것은?
① 활동에 대한 안정
② 침하에 대한 안정
③ 전도에 대한 안정
④ 균열에 대한 안정

해설　콘크리트 옹벽의 안정검토 사항에는 활동에 대한 안정, 침하에 대한 안정, 전도에 대한 안정이 있으며, 균열에 대한 안정은 이에 해당하지 않는다.

정답 ④

83 잠함 또는 우물통의 내부에서 근로자가 굴착작업을 하는 경우의 준수사항으로 옳지 않은 것은?
① 산소결핍 우려가 있는 경우에는 산소의 농도를 측정하는 사람을 지명하여 측정하도록 할 것
② 근로자가 안전하게 오르내리기 위한 설비를 설치할 것
③ 굴착깊이가 20m를 초과하는 경우에는 해당 작업장소와 외부와의 연락을 위한 통신설비 등을 설치할 것
④ 잠함 또는 우물통의 급격한 침하에 의한 위험을 방지하기 위하여 바닥으로부터 천장 또는 보까지의 높이는 2m 이내로 할 것

해설　잠함 또는 우물통의 급격한 침하에 의한 위험을 방지하기 위하여 바닥으로부터 천장 또는 보까지의 높이는 1.8m 이상으로 할 것이 옳은 내용이다.

정답 ④

84 가설통로 설치에 있어 경사가 최소 얼마를 초과하는 경우에는 미끄러지지 아니하는 구조로 하여야 하는가?
① 15도　　② 20도
③ 30도　　④ 40도

해설　가설통로 설치에 있어 경사가 최소 15도를 초과하는 경우에는 미끄러지지 아니하는 구조로 하여야 한다.

정답 ①

85 철근콘크리트 현장타설공법과 비교한 PC(Precast Concrete)공법의 장점으로 볼 수 없는 것은?
① 기후의 영향을 받지 않아 동절기 시공이 가능하고, 공기를 단축할 수 있다.
② 현장작업이 감소되고, 생산성이 향상되어 인력절감이 가능하다.
③ 공사비가 매우 저렴하다.
④ 공장제작이므로 콘크리트 양생시 최적조건에 의한 양질의 제품생산이 가능하다.

해설　공사비가 매우 저렴하다는 것은 PC공법의 장점에 해당하지 않는다.

정답 ③

86 주행기면보다 하방의 굴착에 적합하지 않은 굴착기계는?
① 백호　　② 클램셸
③ 파워셔블　　④ 드래그라인

해설　파워셔블은 주행기면보다 상방의 굴착에 적합한 기계에 해당한다.

정답 ③

87 항타기 또는 항발기 권상장치의 드럼축과 권상장치로부터 첫번째 도르래의 축과의 거리는 권상장치의 드럼폭의 최소 몇 배 이상으로 하여야 하는가?

① 5배　　② 10배
③ 15배　　④ 20배

해설 항타기 또는 항발기 권상장치의 드럼축과 권상장치로부터 첫번째 도르래의 축과의 거리는 권상장치의 드럼폭의 최소 15배 이상으로 하여야 하고, 권상장치의 드럼의 중심을 지나야 하며, 축과 수직면상에 있어야 한다.

정답 ③

88 철골조립공사 중 리벳작업이나 볼트작업을 하기 위해 주체인 철골에 매달아 작업발판으로 이용하는 비계는?

① 달비계　　② 말비계
③ 달대비계　　④ 선반비계

해설
- 철골조립 공사 중 리벳작업이나 볼트작업을 하기 위해 주체인 철골에 매달아서 작업발판으로 이용하는 비계는 달대비계이다.
- 철골작업시 근로자가 수직방향으로 이동하는 철골부재에는 답단간격이 30cm 이내인 고정된 승강로를 설치하여야 한다.

정답 ③

89 강관틀비계를 조립하여 사용하는 경우 준수하여야 할 사항으로 옳지 않은 것은?

① 비계기둥의 밑둥에는 밑받침 철물을 사용할 것
② 높이가 20m를 초과하거나 중량물의 적재를 수반하는 작업을 할 경우에는 주틀간의 간격을 1.8m 이하로 할 것
③ 주틀간에 교차가새를 설치하고 최하층 및 3층 이내마다 수평재를 설치할 것
④ 길이가 띠장방향으로 4m 이하이고 높이가 10m를 초과하는 경우에는 10m 이내마다 띠장방향으로 버팀기둥을 설치할 것

해설 강관틀과 강관틀 사이에 교차가새를 설치하고 최상층 및 5층 이내마다 수평재를 설치할 것이 옳은 내용이다.

정답 ③

90 연약지반을 굴착할 때 흙막이벽 뒷쪽 흙의 중량이 바닥의 지지력보다 커지면 굴착저면에서 흙이 부풀어 오르는 현상은?

① 슬라이딩(Sliding)
② 보일링(Boiling)
③ 파이핑(Piping)
④ 히빙(Heaving)

해설 연약지반을 굴착할 때 흙막이벽 뒤쪽 흙의 중량이 바닥의 지지력보다 커지면 굴착저면에서 흙이 부풀어 오르는 현상은 히빙(Heaving)이다.

정답 ④

91 고소작업대를 사용하는 경우 준수해야 할 사항으로 옳지 않은 것은?

① 안전한 작업을 위하여 적정수준의 조도를 유지할 것
② 전로(電路)에 근접하여 작업을 하는 경우에는 작업감시자를 배치하는 등 감전사고를 방지하기 위하여 필요한 조치를 할 것
③ 작업대의 붐대를 상승시킨 상태에서 탑승자는 작업대를 벗어나지 말 것
④ 전환스위치는 다른 물체를 이용하여 고정할 것

해설 전환스위치는 다른 물체를 이용하여 고정할 것은 고소작업대 사용시 준수사항에 해당하지 않는다.

정답 ④

92 산업안전보건법령에 따라 안전관리자와 보건관리자의 직무를 분류할 때 안전관리자의 업무에 해당하지 않는 것은?

① 산업재해에 관한 통계의 유지, 관리, 분석을 위한 보좌 및 지도·조언
② 산업재해 발생의 원인조사, 분석 및 재발방지를 위한 기술적 보좌 및 지도·조언
③ 해당 사업장 안전교육계획의 수립 및 안전교육 실시에 관한 보좌 및 지도·조언
④ 작업장내에서 사용되는 전체환기장치 및 국소배기장치 등에 관한 설비의 점검과 작업방법의 공학적 개선에 관한 보좌 및 지도·조언

해설 작업장내에서 사용되는 전체환기장치 및 국소배기장치 등에 관한 설비의 점검과 작업방법의 공학적 개선에 관한 보좌 및 지도·조언은 산업안전보건법령에 따른 보건관리자의 업무에 해당한다.

정답 ④

93 겨울철 공사중인 건축물의 벽체콘크리트 타설시 거푸집이 터져서 콘크리트가 쏟아지는 사고가 발생하였다. 이 사고의 발생원인으로 추정 가능한 사안 중 가장 타당한 것은?

① 콘크리트의 타설속도가 빨랐다.
② 진동기를 사용하지 않았다.
③ 철근사용량이 많았다.
④ 콘크리트의 슬럼프가 작았다.

해설 콘크리트의 타설속도가 빨랐기 때문에 거푸집이 터져서 콘크리트가 쏟아지는 사고가 발생한 것으로 추정할 수 있다.

정답 ①

94 차량계 하역운반기계에 단위화물의 무게가 100kg 이상인 화물을 싣는 작업 또는 내리는 작업을 하는 경우 작업지휘자의 준수사항과 거리가 먼 것은?

① 기구와 공구를 점검하고 불량품을 제거할 것
② 작업순서 및 그 순서마다 작업방법을 정하고 작업을 지휘할 것
③ 해당 작업을 행하는 장소에 관계근로자가 아닌 사람이 출입하는 것을 금지할 것
④ 제동장치 및 조종장치 기능의 이상 유무를 점검할 것

해설
- 제동장치 및 조종장치 기능의 이상 유무를 점검하는 것은 차량계 하역운반기계에 화물을 싣는 작업 또는 내리는 작업을 하는 경우 작업지휘자의 준수사항에 해당하지 않는다.
- 제동장치 및 조종장치 기능의 이상 유무는 지게차, 구내운반차, 화물자동차를 사용하여 작업할 때 작업시작 전 점검사항에 해당한다.

정답 ④

95 차량계 하역운반기계 등에 화물을 적재하는 경우에 준수하여야 할 사항으로 옳지 않은 것은?

① 하중이 한쪽으로 치우쳐서 효율적으로 적재되도록 할 것
② 구내운반차 또는 화물자동차의 경우 화물의 붕괴 또는 낙하에 의한 위험을 방지하기 위하여 화물에 로프를 거는 등 필요한 조치를 할 것
③ 운전자의 시야를 가리지 않도록 화물을 적재할 것
④ 최대적재량을 초과하지 않도록 할 것

해설 하중이 한쪽으로 치우치지 않도록 효율적으로 적재하여야 한다.

정답 ①

96 콘크리트 타설작업을 하는 경우에 준수해야 할 사항으로 옳지 않은 것은?

① 콘크리트를 타설하는 경우에는 편심을 유발하여 한쪽 부분부터 밀실하게 타설되도록 유도할 것
② 당일의 작업을 시작하기 전에 해당 작업에 관한 거푸집 및 동바리의 변형·변위 및 지반의 침하 유무 등을 점검하고 이상이 있으며 보수할 것
③ 작업 중에는 거푸집 및 동바리의 변형·변위 및 침하유무 등을 감시할 수 있는 감시자를 배치하여 이상이 있으면 작업을 중지하고 근로자를 대피시킬 것
④ 설계도서상의 콘크리트 양생기간을 준수하여 거푸집 및 동바리를 해체할 것

해설 콘크리트를 타설하는 경우에는 편심이 발생하지 않도록 골고루 분산하여 타설하여야 한다.

정답 ①

97 유해위험방지계획서를 고용노동부장관에게 제출하고 심사를 받아야 하는 대상 건설공사 기준으로 옳지 않은 것은?

① 최대지간길이가 50m 이상인 다리의 건설 등 공사
② 지상높이 25m 이상인 건축물 또는 인공구조물의 건설 등 공사
③ 깊이 10m 이상인 굴착공사
④ 다목적댐, 발전용댐, 저수용량 2천만톤 이상의 용수전용댐 및 지방상수도전용댐의 건설 등 공사

해설 지상높이 31m 이상인 건축물 또는 인공구조물의 건설 등 공사가 옳은 내용이다.

정답 ②

98 추락방지망의 달기로프를 지지점에 부착할 때 지지점의 간격이 1.5m인 경우 지지점의 강도는 최소 얼마 이상이어야 하는가?

① 200kg   ② 300kg
③ 400kg   ④ 500kg

해설
- $F = 200B = 200 \times 1.5 = 300kg$
  여기서, F: 강도(kg), B: 지지점의 간격(m)
- 추락방지용 방지망 지지점은 600kg의 외력에 견딜 수 있는 강도를 보유하여야 한다.

정답 ②

99 산업안전보건법령에 따라 제조업 등 유해위험방지계획서를 작성하고자 할 때 관련 규정에 따라 1명 이상 포함시켜야 하는 사람의 자격으로 적합하지 않은 것은?

① 한국산업안전보건공단이 실시하는 관련 교육을 8시간 이수한 사람
② 기계, 재료, 화학, 전기, 전자, 안전관리 또는 환경분야 기술사 자격을 취득한 사람
③ 관련분야 기사 자격을 취득한 사람으로서 해당 분야에서 3년 이상 근무한 경력이 있는 사람
④ 기계안전, 전기안전, 화공안전분야의 산업안전지도사 또는 산업보건지도사 자격을 취득한 사람

해설 한국산업안전보건공단이 실시하는 관련 교육을 20시간 이상 이수한 사람이어야 한다.

정답 ①

100 계단의 개방된 측면에 근로자의 추락위험을 방지하기 위하여 안전난간을 설치하고자 할 때 그 설치기준으로 옳지 않은 것은?

① 안전난간은 상부난간대, 중간난간대, 발끝막이판 및 난간기둥으로 구성할 것
② 발끝막이판은 바닥면 등으로부터 10cm 이상의 높이를 유지할 것
③ 난간기둥은 상부난간대와 중간난간대를 견고하게 떠받칠 수 있도록 적정한 간격을 유지할 것
④ 난간대는 지름 3.8cm 이상의 금속제 파이프나 그 이상의 강도가 있는 재료일 것

해설 난간대는 지름 2.7cm 이상의 금속제 파이프나 그 이상의 강도가 있는 재료일 것이 옳은 내용이다.

정답 ④

2022년 제2회(CBT)

제1과목 산업안전관리론

01 산업스트레스의 요인 중 직무특성과 관련된 요인으로 볼 수 없는 것은?
① 조직구조 ② 작업속도
③ 근무시간 ④ 업무의 반복성

해설 산업스트레스의 요인 중 직무특성과 관련된 요인에는 작업속도, 근무시간, 업무의 반복성이 있으며, 조직구조는 해당하지 않는다.

정답 ①

02 산업안전보건표지 중 안내표지가 아닌 것은?
① 응급구호표지 ② 세안장치
③ 비상구 ④ 금연

해설 금연은 산업안전보건표지 중 금지표지에 해당한다.

정답 ④

03 적응기제(適應機制)의 형태 중 방어적 기제에 해당하지 않는 것은?
① 고립 ② 보상
③ 승화 ④ 합리화

해설 고립은 적응기제의 형태 중 도피적 기제에 해당한다.

정답 ①

04 기능교육의 3원칙에 해당되지 않는 것은?
① 준비
② 안전의식 고취
③ 위험작업의 규제
④ 안전작업의 표준화

해설 안전의식 고취는 지식교육의 내용에 해당한다.

정답 ②

05 산업안전보건법령상 중대재해의 범위에 해당하지 않는 것은?
① 1명의 사망자가 발생한 재해
② 1개월의 요양을 요하는 부상자가 동시에 5명 발생한 재해
③ 3개월의 요양을 요하는 부상자가 동시에 3명 발생한 재해
④ 10명의 직업성 질병자가 동시에 발생한 재해

해설 1개월의 요양을 요하는 부상자가 동시에 5명 발생한 재해는 산업안전보건법령상 중대재해의 범위에 해당하지 않는다.

관련이론 산업안전보건법령상 중대재해의 범위
- 사망자가 1명 이상 발생한 재해
- 3개월 이상의 요양이 필요한 부상자가 동시에 2명 이상 발생한 재해
- 부상자 또는 직업성 질병자가 동시에 10명 이상 발생한 재해

정답 ②

06 산업재해보상보험법에 따른 산업재해로 인한 보상비가 아닌 것은?

① 교통비　　② 장의비
③ 휴업급여　④ 유족급여

해설　교통비는 산업재해보상보험법에 따른 산업재해로 인한 보상비에 해당하지 않는다.

> **관련이론** 산업재해보상보험법에 따른 산업재해로 인한 보상비
> - 장의비
> - 휴업급여
> - 유족급여
> - 요양급여
> - 장해급여
> - 장해특별급여
> - 유족특별급여
> - 직업재활급여
> - 상병보상연금

정답 ①

07 안전교육의 기본방향과 가장 거리가 먼 것은?

① 생산성 향상을 위한 교육
② 사고사례중심의 안전교육
③ 안전작업을 위한 교육
④ 안전의식 향상을 위한 교육

해설　생산성 향상을 위한 교육은 안전교육의 기본방향과는 거리가 멀다.

정답 ①

08 산업안전보건법령상 관리감독자 업무의 내용이 아닌 것은?

① 해당 작업에 관련되는 기계·기구 또는 설비의 안전보건점검 및 이상유무의 확인
② 해당 사업장 산업보건의 지도·조언에 대한 협조
③ 위험성 평가를 위한 업무에 기인하는 유해·위험 요인의 파악 및 그 결과에 따라 개선조치의 시행
④ 작성된 물질안전보건자료의 게시 또는 비치에 관한 보좌 및 조언·지도

해설　작성된 물질안전보건자료의 게시 또는 비치에 관한 보좌 및 조언·지도는 산업안전보건법령상 보건관리자의 업무에 해당한다.

> **관련이론** 산업안전보건법상 관리감독자의 업무
> - 사업장내 관리감독자가 지휘·감독하는 작업과 관련된 기계기구 또는 설비의 안전보건점검 및 이상유무의 확인
> - 관리감독자에게 소속된 근로자의 작업복, 보호구 및 방호장치의 점검과 그 착용, 사용에 관한 교육·지도
> - 해당 작업에서 발생한 산업재해에 관한 보고 및 이에 대한 응급조치
> - 해당 작업의 작업장 정리정돈 및 통로확보에 대한 확인·감독
> - 산업보건의, 안전관리자, 보건관리자, 안전보건관리담당자의 지도·조언에 대한 협조
> - 위험성 평가에 관한 다음의 업무
>   - 유해위험요인의 파악에 대한 참여
>   - 개선조치의 시행에 대한 참여
> - 그밖에 해당 작업의 안전 및 보건에 관한 사항으로서 고용노동부령이 정하는 사항

정답 ④

09 위험예지훈련 중 TBM(Tool Box Meeting)에 대한 설명으로 옳지 않은 것은?

① 작업장소에서 원형의 형태를 만들어 실시한다.
② 통상 작업시작 전·후 10분 정도 시간으로 미팅한다.
③ 토의는 다수인(30인)이 함께 수행한다.
④ 근로자 모두가 말하고 스스로 생각하고 "이렇게 하자."라고 합의한 내용이 되어야 한다.

해설　토의는 소수인(5~6인 정도)이 함께 수행한다.

정답 ③

10 산업안전보건위원회를 구성함에 있어 사용자 위원에 해당하지 않는 사람은?

① 안전관리자
② 명예산업안전감독관
③ 해당 사업의 대표자
④ 보건관리자

해설 명예산업안전감독관은 근로자 위원에 해당한다.

관련이론 산업안전보건위원회의 구성(산업안전보건법)

사용자 위원	• 해당 사업의 대표자 • 산업보건의(해당 사업장에 선임되어 있는 경우로 한정) • 안전관리자 1명 • 보건관리자 1명 • 해당 사업의 대표자가 지명하는 9명 이내의 해당 사업장 부서의 장
근로자 위원	• 근로자 대표 • 근로자 대표가 지명하는 9명 이내의 해당 사업장의 근로자 • 근로자 대표가 지명하는 1명 이상의 명예산업안전감독관

정답 ②

11 다음 중 피로의 직접적인 원인과 가장 거리가 먼 것은?

① 작업환경 ② 작업속도
③ 작업태도 ④ 작업적성

해설 작업적성은 피로의 직접적인 원인과 가장 거리가 멀다.

 피로의 직접적인 원인
• 작업환경   • 작업속도   • 작업태도
• 작업강도   • 작업시간

정답 ④

12 허즈버그(Herzberg)의 위생 – 동기이론에서 동기요인에 해당하는 것은?

① 감독 ② 안전
③ 책임감 ④ 작업조건

해설 허즈버그의 위생 – 동기이론에서 동기요인에 해당하는 것은 책임감이다.

관련이론 허즈버그의 위생 – 동기요인

위생요인(직무환경)	동기요인(직무내용)
작업조건, 지위, 안전, 회사 정책과 관리, 개인상호간의 관계, 감독, 보수 등	책임, 성취감, 성장과 발전, 인정, 도전, 일 그 자체 등

정답 ③

13 인간의 실수 및 과오의 요인과 직접적인 관계가 가장 먼 것은?

① 관리의 부적당 ② 능력의 부족
③ 주의의 부족 ④ 환경조건의 부적당

해설 관리의 부적당은 인간의 실수 및 과오의 요인 중 간접적인 관계에 해당한다.

정답 ①

14 산업안전보건법상 특별안전보건교육 대상 작업이 아닌 것은?

① 건설용 리프트, 곤돌라를 이용한 작업
② 전압이 50볼트인 정전 및 활선작업
③ 화학설비 중 반응기, 교반기, 추출기의 사용 및 세척작업
④ 액화석유가스, 수소가스 등 인화성가스 또는 폭발성물질 중 가스의 발생장치 취급작업

해설 전압이 75볼트 이상인 정전 및 활선작업이 특별안전보건교육 대상 작업에 해당한다.

정답 ②

15 산업안전보건법령상 안전모의 종류(기호) 중 사용구분에서 '물체의 낙하 또는 비래 및 추락에 의한 위험을 방지 또는 경감하고, 머리부위 감전에 의한 위험을 방지하기 위한 것'으로 옳은 것은?

① A
② AB
③ AE
④ ABE

해설 물체의 낙하 또는 비래 및 추락에 의한 위험을 방지 또는 경감하고, 머리부위 감전에 의한 위험을 방지하기 위한 안전모의 종류는 ABE이다.

정답 ④

16 리더십에 있어서 권한의 역할 중 조직이 지도자에게 부여한 권한이 아닌 것은?

① 보상적 권한
② 강압적 권한
③ 합법적 권한
④ 전문성의 권한

해설 전문성의 권한은 지도자 자신이 자신에게 부여하는 권한이다.

조직이 지도자에게 부여하는 권한	지도자 자신이 자신에게 부여하는 권한
• 보상적 권한 • 강압적 권한 • 합법적 권한	• 전문성의 권한 • 위임된 권한

정답 ④

17 하인리히의 사고예방대책 5단계 중 위험을 발견하는 단계는?

① 제1단계
② 제2단계
③ 제3단계
④ 제4단계

해설 하인리히의 사고예방대책 5단계 중 위험을 발견하는 단계는 제2단계(사실의 발견)이다.

하인리히의 사고예방대책 5단계
- 제1단계: 조직
- 제2단계: 사실의 발견
- 제3단계: 분석
- 제4단계: 시정방법의 선정
- 제5단계: 시정책의 적용

정답 ②

18 인간이 자기의 실패나 약점을 그럴듯한 이유를 들어 남의 비난을 받지 않도록 하며 또한 자위하는 방어기제를 무엇이라 하는가?

① 보상
② 투사
③ 합리화
④ 전이

해설 인간이 자기의 실패나 약점을 그럴듯한 이유를 들어 남의 비난을 받지 않도록 하며 또한 자위하는 방어기제는 합리화(Rationalization)이다.

정답 ③

19 연평균 1,000명의 근로자가 작업하는 사업장에서 1일 8시간, 연간 300일을 근무하는 동안 24건의 재해가 발생하였다. 만약 이 사업장에서 한 작업자가 평생동안 근무한다면 약 몇 건의 재해를 당하겠는가? (단, 1인당 평생근로시간은 100,000시간으로 한다)

① 1건 ② 3건
③ 7건 ④ 10건

해설
- 도수율 = $\dfrac{\text{재해발생건수}}{\text{연근로시간수}} \times 1,000,000$

  $= \dfrac{24}{1,000 \times 8 \times 300} \times 1,000,000 = 10$

- 환산도수율 = $\dfrac{\text{도수율}}{10} = \dfrac{10}{10} = 1$건

정답 ①

20 안전검사 대상 기계 중 공정안전보고서를 제출하여 확인을 받은 압력용기는 사업장에 설치한 후 몇 년마다 안전검사를 실시하여야 하는가?

① 6개월 ② 1년
③ 2년 ④ 4년

해설 공정안전보고서를 제출하여 확인을 받은 압력용기는 4년마다 안전검사를 실시하여야 한다.

관련이론 안전검사 주기(산업안전보건법 시행규칙 → 2024.6.28 개정)

1. 크레인, 리프트 및 곤돌라
   - 사업장에 설치가 끝난 날부터 3년 이내에 최초 안전검사를 실시하되, 그 이후부터 2년마다 검사
   - 건설현장에서 사용하는 것은 최초로 설치한 날부터 6개월마다 검사
2. 이동식 크레인, 이삿짐운반용 리프트 및 고소작업대
   자동차관리법에 따른 신규등록 이후 3년 이내에 최초 안전검사를 실시하되, 그 이후부터 2년마다 검사
3. 프레스, 전단기, 원심기, 압력용기, 국소배기장치, 롤러기, 사출성형기, 컨베이어, 산업용 로봇, 혼합기, 파쇄기 또는 분쇄기
   - 사업장에 설치가 끝난 날부터 3년 이내에 최초 안전검사를 실시하되, 그 이후부터 2년마다 검사
   - 공정안전보고서를 제출하여 확인을 받은 압력용기는 4년마다 검사

정답 ④

제2과목 인간공학 및 시스템안전공학

21 결함수분석법에서 시스템이 고장나지 않도록 하는 사상의 집합은?

① 컷셋(Cut Set)
② 최소 컷셋(Minimal Cut Set)
③ 패스셋(Path Set)
④ 최소 패스셋(Minamal Path Set)

해설 결함수분석법에서 시스템이 고장나지 않도록 하는 사상의 집합은 패스셋(Path Set)이다.

관련이론 패스셋(Path Set)
- 그 속에 포함되는 기본사상이 일어나지 않을 때 처음으로 정상사상이 일어나지 않는 기본사상의 집합이다.
- 시스템이 고장나지 않도록 하는 사상의 집합이다.
- 시스템을 성공적으로 작동시키는 경로의 집합이다.

정답 ③

22 통제표시비를 설계할 때 고려해야 할 5가지 요소에 해당하지 않는 것은?

① 공차 ② 조작시간
③ 일치성 ④ 목시거리

해설 일치성은 통제표시비를 설계할 때 고려해야 할 5가지 요소에 해당하지 않는다.

관련이론 통제표시비를 설계할 때 고려해야 할 5가지 요소
- 공차
- 조작시간
- 목시거리
- 계기의 크기
- 방향성

정답 ③

23 복잡한 시스템을 설계가동하기 전의 구상단계에서 시스템의 근본적인 위험성을 평가하는 가장 기초적인 위험도 분석기법은 무엇인가?

① 결함수분석(FTA)
② 예비위험분석(PHA)
③ 고장의 형태와 영향분석(FMEA)
④ 운용안전성분석(OSA)

해설 복잡한 시스템을 설계가동하기 전의 구상단계에서 시스템의 근본적인 위험성을 평가하는 가장 기초적인 위험도 분석기법은 예비위험분석(PHA)이다.

정답 ②

24 SWAIN에 의해 분류된 휴먼에러 중 독립행동에 대한 분류에 해당하지 않는 것은?

① Omission Error
② Commission Error
③ Extraneous Error
④ Command Error

해설 Command Error는 원인의 수준적 분류에 해당한다.

 휴먼에러의 분류

스웨인에 의한 심리적(독립행동) 분류	• Omission Error • Time Error • Sequential Error • Commission Error • Extraneous Error
원인의 수준(Level)적 분류	• Primary Error • Secondary Error • Command Error

정답 ④

25 FTA에 사용되는 기호 중 다음 기호에 해당하는 것은

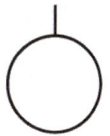

① 생략사상 ② 부정사상
③ 결함사상 ④ 기본사상

해설 그림의 기호는 '기본사상'이다.

정답 ④

26 FMEA분석시 고장평점법의 5가지 평가요소에 해당하지 않는 것은?

① 고장발생의 빈도
② 신규설계의 가능성
③ 기능적 고장영향의 중요도
④ 고장검출의 곤란도

해설 신규설계의 가능성은 FMEA분석시 고장평점법의 5가지 평가요소에 해당하지 않는다.

정답 ②

27 수리가 가능한 어떤 기계의 가용도(availability)는 0.9이고, 평균수리시간(MTTR)이 2시간일 때, 이 기계의 평균수명(MTBF)은?

① 15시간 ② 16시간
③ 17시간 ④ 18시간

해설
$$가용도 = \frac{MTBF}{MTBF+MTTR}$$
$$0.9 = \frac{x}{x+2}$$
$$0.9(x+2) = x$$
$$0.9x + 1.8 = x$$
$$1.8 = x - 0.9x$$
$$1.8 = 0.1x$$
$$\therefore x = \frac{1.8}{0.1} = 18시간$$

정답 ④

28 FT도에서 시스템의 신뢰도는? (단, 모든 부품의 고장발생확률은 0.1이다)

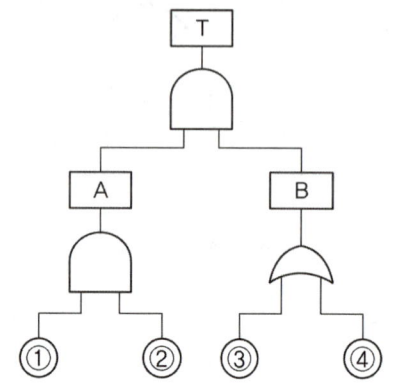

① 0.0033 ② 0.0062
③ 0.9981 ④ 0.9936

해설
- 고장발생확률
  T = A×B = ①×②×{1 − (1 − ③)(1 − ④)}
  = 0.1×0.1×{1 − (1 − 0.1)(1 − 0.1)}
  = 0.0019
- 신뢰도(Rs) = 1 − T
  = 1 − 0.0019 = 0.9981

정답 ③

29 단위면적당 표면을 떠나는 빛의 양을 설명한 것으로 옳은 것은?
① 휘도 ② 조도
③ 광도 ④ 반사율

해설 단위면적당 표면을 떠나는 빛의 양은 휘도이고, 휘도의 단위는 cd/m²이다.

정답 ①

30 인간의 시식별 기능에 영향을 주는 외적요인으로 볼 수 없는 것은?
① 사람의 개인차
② 색채의 사용과 조명
③ 물체와 배경간의 거리
④ 표적물체나 관측자의 이동

해설 사람의 개인차는 인간의 시식별 기능에 영향을 주는 내적요인에 해당한다.

정답 ①

31 일반적으로 기계가 인간보다 우월한 기능에 해당되는 것은? (단, 인공지능은 제외한다)
① 귀납적으로 추리한다.
② 원칙을 적용하여 다양한 문제를 해결한다.
③ 다양한 경험을 토대로 하여 의사결정을 한다.
④ 명시된 절차에 따라 신속하고 정량적인 정보처리를 한다.

해설 명시된 절차에 따라 신속하고 정량적인 정보처리를 하는 것은 일반적으로 기계가 인간보다 우월한 기능에 해당한다.

정답 ④

32 디시전트리(Decision Tree)를 재해분석에 이용한 경우의 분석법으로 설비의 설계단계로부터 사용단계까지의 각 단계에서 위험을 분석하는 귀납적, 정량적 분석방법은?
① ETA ② FMEA
③ THERP ④ CA

해설 ETA에 대한 설명이다.
선지분석
② FMEA(Failure Modes and Effects Analysis)는 고장의 형태와 영향분석방법이다.
③ THERP(Technique for Human Error Rate Prediction)는 인간과오율 예측기법이다.
④ CA(Criticality Analysis)는 위험도 분석방법이다.

정답 ①

33 인간이 신체기능만을 유지하는데 필요한 대사량을 무엇이라고 하는가?

① 작업대사량 ② 휴식대사량
③ 기초대사량 ④ 운동대사량

해설 인간이 신체기능만을 유지하는데 필요한 대사량은 기초대사량이다.

정답 ③

34 시력손상에 가장 크게 영향을 미치는 전신진동의 주파수는?

① 5Hz 미만 ② 5~10Hz
③ 10~25Hz ④ 25Hz 초과

해설 시력손상에 가장 크게 영향을 미치는 전신진동의 주파수는 10~25Hz이다.

정답 ③

35 산업안전보건법령상 사업장내 근로자 작업환경 중 '강렬한 소음작업'에 해당하지 않는 것은?

① 85데시벨 이상의 소음이 1일 10시간 이상 발생하는 작업
② 90데시벨 이상의 소음이 1일 8시간 이상 발생하는 작업
③ 95데시벨 이상의 소음이 1일 4시간 이상 발생하는 작업
④ 100데시벨 이상의 소음이 1일 2시간 이상 발생하는 작업

해설 85데시벨 이상의 소음이 1일 10시간 이상 발생하는 작업은 산업안전보건법령상 사업장내 근로자 작업환경 중 '강렬한 소음작업'에 해당하지 않는다.

관련이론 산업안전보건법령상 강렬한 소음작업
- 90데시벨 이상의 소음이 1일 8시간 이상 발생하는 작업
- 95데시벨 이상의 소음이 1일 4시간 이상 발생하는 작업
- 100데시벨 이상의 소음이 1일 2시간 이상 발생하는 작업
- 105데시벨 이상의 소음이 1일 1시간 이상 발생하는 작업
- 110데시벨 이상의 소음이 1일 30분 이상 발생하는 작업
- 115데시벨 이상의 소음이 1일 15분 이상 발생하는 작업

정답 ①

36 중작업의 경우 작업대의 높이로 가장 적절한 것은?

① 허리 높이보다 0~10cm 정도 낮게
② 팔꿈치 높이보다 10~20cm 정도 높게
③ 팔꿈치 높이보다 10~20cm 정도 낮게
④ 어깨 높이보다 30~40cm 정도 높게

해설 중작업의 경우 작업대의 높이는 팔꿈치 높이보다 10~20cm 정도 낮게 하여야 한다.

정답 ③

37 HAZOP기법에서 사용하는 가이드 워드와 의미가 잘못 연결된 것은?

① No 또는 Not - 설계 의도의 완전한 부정
② More Less - 정량적인 증가 또는 감소
③ Part of - 성질상의 감소
④ Other than - 기타 환경적인 요인

해설 Other than은 완전한 대체의 필요라는 의미를 가진다.

관련이론 HAZOP(Hazard and Operability: 위험 및 운전성분석)
1. 정의
   화학공장에서의 위험성과 운전성을 정해진 규칙과 설계도면에 의해 체계적으로 분석 평가하는 방법이다.
2. HAZOP(위험 및 운전성 분석)의 가이드 워드(유인어)
   - No 또는 Not: 설계의도의 완전한 부정
   - More Less: 양의 증가 또는 감소
   - Part of: 성질상의 감소
   - Other than: 완전한 대체의 필요
   - As Well As: 성질상의 증가
   - Reverse: 설계의도와 논리적인 역

정답 ④

38 설비의 고장과 같이 발생확률이 낮은 사건의 특정시간 또는 구간에서의 발생횟수를 측정하는데 가장 적합한 확률분포는?

① 이항분포(Binomial distribution)
② 푸아송분포(Poisson distribution)
③ 와이블분포(Weibulll distribution)
④ 지수분포(Exponential distribution)

해설
- 설비의 고장과 같이 발생확률이 낮은 사건의 특정시간 또는 구간에서의 발생횟수를 측정하는데 <u>가장 적합한 확률분포는 푸아송분포(Poisson Distribution)이다.</u>
- 푸아송분포는 단위 시간안에 어떤 사건이 몇 번 발생할 것인지를 표현하는 이산확률분포이다.

선지분석
① <u>이항분포(Binomial Distribution)</u>는 오직 두가지 결과(설비의 고장 또는 가동)만이 나올 수 있는 독립시행을 측정하는데 가장 적합한 확률분포이다.
③ <u>와이블분포(Weibull Distribution)</u>는 설비의 일부 고장이 부품전체의 파손, 기능정지 등을 발생시키는 것을 측정하는데 가장 적합한 확률분포이다.
④ <u>지수분포(Exponential Distribution)</u>는 설비의 시간당 고장률이 일정하다고 하면 이 설비의 고장간격(다음 고장이 일어날 때까지 대기시간)을 측정하는데 가장 적합한 확률분포이다.

정답 ②

39 정보를 전송하기 위해 청각적 표시장치보다 시각적 표시장치를 사용하는 것이 더 효과적인 경우는?

① 정보의 내용이 간단한 경우
② 정보가 후에 재참조되는 경우
③ 정보가 즉각적인 행동을 요구하는 경우
④ 정보의 내용이 시간적인 사건을 다루는 경우

해설 정보가 후에 재참조되는 경우는 <u>청각적 표시장치보다 시각적 표시장치를 사용하는 것이 더 효과적인 경우에 해당한다.</u>

관련이론 청각적 표시장치보다 시각적 표시장치 사용이 더 좋은 경우
- 전언(정보)이 복잡할 경우
- 전언이 길 경우
- 전언이 후에 재참조될 경우
- 전언이 즉각적인 행동을 요구하지 않을 경우
- 직무상 수신자가 한곳에 머무를 경우
- 전언이 공간적인 위치를 다룰 경우
- 수신장소가 너무 시끄러울 경우
- 수신자의 청각계통이 과부하상태일 경우

정답 ②

40 화학설비의 안전성 평가에서 정량적 평가의 항목에 해당하지 않는 것은?

① 훈련 ② 조작
③ 취급물질 ④ 화학설비용량

해설 훈련은 화학설비의 안전성 평가에서 정량적 평가의 항목에 해당하지 않는다.

관련이론 화학설비의 안전성 평가
1. 화학설비의 안전성 평가에서 정량적 평가의 항목
   - 조작
   - 취급물질
   - 온도
   - 압력
   - 화학설비 용량

2. 화학설비의 안전성 평가 단계
   - 제1단계: 관계자료의 작성준비(관계자료의 정비 검토)
   - 제2단계: 정성적 평가
   - 제3단계: 정량적 평가
   - 제4단계: 안전대책
   - 제5단계: 재해정보에 의한 재평가
   - 제6단계: FTA방법에 의한 재평가

정답 ①

제3과목 기계위험방지기술

41 산업안전보건법령상 탁상용 연삭기의 덮개에는 작업받침대와 연삭숫돌과의 간격을 몇 mm 이하로 조정할 수 있어야 하는가?

① 3　　② 4
③ 5　　④ 10

해설　산업안전보건법령상 탁상용 연삭기의 덮개에는 <u>작업받침대와 연삭숫돌과의 간격을 3mm 이하로 조정할 수 있어야 한다.</u>

정답 ①

42 산업안전보건법령상 연삭숫돌의 상부를 사용하는 것을 목적으로 하는 탁상용 연삭기 덮개의 노출각도는?

① 60° 이내　　② 65° 이내
③ 80° 이내　　④ 125° 이내

해설　연삭숫돌의 상부를 사용하는 것을 목적으로 하는 탁상용 연삭기 덮개의 노출각도는 60° 이내이다.

정답 ①

43 드릴작업에서의 일감 고정방법이 아닌 것은?

① 대량생산과 정밀도를 요구할 때에는 지그를 사용하여 고정한다.
② 일감이 크고 복잡할 때에는 볼트와 고정구를 사용하여 고정한다.
③ 일감이 작을 때에는 바이스로 고정한다.
④ 일감이 작고 길 때에는 플라이어로 고정한다.

해설　<u>일감이 작을 때에는 바이스로 고정하며, 플라이어는 사용하지 않는다.</u>

정답 ④

44 밀링작업시 안전수칙에 관한 설명으로 틀린 것은?

① 칩은 기계를 정지시킨 다음에 브러시 등으로 제거한다.
② 일감 또는 부속장치 등을 설치하거나 제거할 때는 반드시 기계를 정지시키고 작업한다.
③ 면장갑을 반드시 끼고 작업한다.
④ 강력절삭을 할 때는 일감을 바이스에 깊게 물린다.

해설　면장갑을 착용하지 않고 작업한다.

정답 ③

45 보일러 등에 사용하는 압력방출장치의 봉인은 무엇으로 실시해야 하는가?

① 구리 테이프　　② 납
③ 봉인용 철사　　④ 알루미늄 실(seal)

해설　<u>보일러 등에 사용하는 압력방출장치의 봉인은 납으로 실시해야 한다.</u>

정답 ②

46 산업안전보건법령에 따른 양중기의 종류에 해당하지 않는 것은?

① 고소작업차　　② 이동식 크레인
③ 승강기　　　　④ 리프트(Lift)

해설　고소작업차는 산업안전보건법령에 따른 양중기의 종류에 해당하지 않는다.

정답 ①

47 연삭기에서 숫돌의 바깥지름이 180mm라면, 평형플랜지의 바깥지름은 몇 mm 이상이어야 하는가?

① 30　　② 36
③ 45　　④ 60

해설 평형플랜지의 바깥지름
$= \text{숫돌의 바깥지름} \times \frac{1}{3}$
$= 180 \times \frac{1}{3} = 60\text{mm}$ 이상

정답 ④

48 산업용 로봇의 작동범위 내에서 교시 등의 작업을 하는 경우 작업시작 전 점검사항이 아닌 것은?

① 외부전선의 피복 또는 외장손상의 유무
② 제동장치 및 비상정지장치의 기능
③ 자동제어장치(압력제한스위치 등) 기능의 이상 유무
④ 매니퓰레이터 작동의 이상 유무

해설
- 산업용 로봇의 작동범위 내에서 교시 등의 작업을 하는 경우 작업시작 전 점검사항에는 외부전선의 피복 또는 외장손상의 유무, 제동장치 및 비상정지장치의 기능, 매니퓰레이터 작동의 이상 유무가 있다.
- 자동제어장치(압력제한스위치 등) 기능의 이상 유무는 작업시작 전 점검사항에 해당하지 않는다.

정답 ③

49 산업안전보건법령상 지게차 작업시작 전 점검사항으로 거리가 가장 먼 것은?

① 제동장치 및 조종장치 기능의 이상 유무
② 압력방출장치의 작동 이상 유무
③ 바퀴의 이상 유무
④ 전조등·후미등·방향지시기 및 경보장치 기능의 이상 유무

해설 압력방출장치의 작동 이상 유무(압력방출장치의 기능)는 산업안전보건법령상 공기압축기를 가동할 때 작업시작 전 점검사항에 해당한다.

정답 ②

50 권상용 와이어로프의 절단하중이 200ton일 때 와이어로프에 걸리는 최대하중은? (단, 안전계수는 5이다)

① 1,000ton　　② 400ton
③ 100ton　　④ 40ton

해설
$\text{안전계수} = \dfrac{\text{와이어로프의 절단하중}}{\text{와이어로프에 걸리는 최대하중}}$

$5 = \dfrac{200}{x}$

$\therefore x = \dfrac{200}{5} = 40\text{ton}$

정답 ④

51 산업안전보건법령상 롤러기의 무릎조작식 급정지장치의 설치 위치 기준은? (단, 위치는 급정지장치 조작부의 중심점을 기준)

① 밑면에서 0.7~0.8m 이내
② 밑면에서 0.6m 이내
③ 밑면에서 0.8~1.2m 이내
④ 밑면에서 1.5m 이내

해설 산업안전보건법령상 롤러기의 무릎조작식 급정지장치는 밑면에서 0.6m 이내(또는 0.4~0.6m 이내)에 설치하여야 한다.

정답 ②

52 크레인 로프에 질량 2,000kg의 물건을 10m/s²의 가속도로 감아올릴 때, 로프에 걸리는 총하중(kN)은? (단, 중력가속도는 9.8m/s²이다)

① 9.6　　② 19.6
③ 29.6　　④ 39.6

해설
- 총하중(W) = 정하중(W_1) + 동하중(W_2)

$W_2 = \dfrac{W_1}{g} \times \alpha$

여기서, g: 중력가속도[m/s²], α: 가속도[m/s²]

$= 2,000 + \dfrac{2,000}{9.8} \times 10$

$= 4040.816 ≒ 4040.82\text{kg} ≒ 4.04\text{t}$

- 1t은 9.8kN이므로
$4.04 \times 9.8 = 39.592 ≒ 39.6\text{kN}$

정답 ④

53 연삭기를 이용한 작업을 할 경우 연삭숫돌을 교체한 후에는 얼마 동안 시험운전을 하여야 하는가?

① 1분 이상   ② 3분 이상
③ 10분 이상 ④ 15분 이상

해설 연삭기를 이용한 작업을 할 경우 연삭숫돌을 교체한 후에는 3분 이상 시험운전을 하고, 작업을 시작하기 전에는 1분 이상 시험운전을 하여야 한다.

정답 ②

54 산업안전보건법령상 양중기에 사용하지 않아야 하는 달기체인의 기준으로 옳지 않은 것은?

① 심하게 변형된 것
② 균열이 있는 것
③ 달기체인의 길이가 달기체인이 제조된 때의 길이 3%를 초과한 것
④ 링의 단면지름이 달기체인이 제조된 때의 해당 링의 지름의 10%를 초과하여 감소한 것

해설 달기체인의 길이가 달기체인이 제조된 때의 길이 5%를 초과한 것은 양중기에 사용할 수 없다.

정답 ③

55 프레스의 손쳐내기식 방호장치 설치기준으로 옳지 않은 것은?

① 방호판의 폭이 금형 폭의 1/2 이상이어야 한다.
② 슬라이드 행정수가 300SPM 이상의 것에 사용한다.
③ 손쳐내기봉의 행정(Stroke) 길이를 금형의 높이에 따라 조정할 수 있고 진동폭은 금형폭 이상이어야 한다.
④ 슬라이드 하행정거리의 3/4 위치에서 손을 완전히 밀어내야 한다.

해설 슬라이드 행정수가 100SPM 이하의 것에 사용한다.

정답 ②

56 압력용기에서 안전밸브를 2개 설치한 경우 그 설치방법으로 옳은 것은? (단, 해당하는 압력용기가 외부화재에 대한 대비가 필요한 경우로 한정한다)

① 1개는 최고사용압력 이하에서 작동하고 다른 1개는 최고사용압력의 1.1배 이하에서 작동하도록 한다.
② 1개는 최고사용압력 이하에서 작동하고 다른 1개는 최고사용압력의 1.2배 이하에서 작동하도록 한다.
③ 1개는 최고사용압력의 1.05배 이하에서 작동하고 다른 1개는 최고사용압력의 1.1배 이하에서 작동하도록 한다.
④ 1개는 최고사용압력의 1.05배 이하에서 작동하고 다른 1개는 최고사용압력의 1.2배 이하에서 작동하도록 한다.

해설 압력용기에서 안전밸브 등이 2개 이상 설치된 경우에 1개는 최고사용압력의 1.05배(외부화재를 대비한 경우에는 1.1배) 이하에서 작동되도록 설치할 수 있다(산업안전보건법 안전보건기준).

정답 ①

57 산업안전보건법령상 지게차의 최대하중의 2배 값이 6톤일 경우 헤드가드의 강도는 몇 톤의 등분포정하중에 견딜 수 있어야 하는가?

① 4   ② 6
③ 8   ④ 10

해설 산업안전보건법령상 지게차의 최대하중의 2배 값이 6톤일 경우 헤드가드의 강도는 4톤의 등분포정하중에 견딜 수 있어야 한다.

관련이론 지게차의 헤드가드(Head Guard) 설치 안전기준
- 상부틀의 각 개구의 폭 또는 길이가 16cm 미만일 것
- 강도는 지게차의 최대하중의 2배 값(4톤을 넘는 값에 대해서는 4톤으로 한다)의 등분포정하중에 견딜 수 있을 것
- 운전자가 앉아서 조작하거나 서서 조작하는 지게차의 헤드가드는 한국산업표준에서 정하는 높이 기준 이상일 것

정답 ①

58 페일세이프(fail safe)의 기능적인 면에서 분류할 때 거리가 가장 먼 것은?

① Fool proof ② Fail passive
③ Fail active ④ Fail operational

해설 페일세이프(fail safe)의 기능적인 면에서 분류할 때 거리가 가장 먼 것은 Fool proof이다.

> **관련이론** 페일세이프(fail safe)
>
> 1. 페일세이프의 정의
>   - 인간이나 기계 등에 과오나 동작상의 실수가 있더라도 사고를 발생시키지 않도록 철저하게 2중, 3중으로 통제를 가하는 것이다.
>   - 기계 등에 고장이 발생하였을 경우 그대로 사고나 재해로 연결되지 않도록 안전을 확보하는 기능을 말한다.
>   - 기계나 그 부품에 고장이나 기능불량이 생겨도 항상 안전을 유지하는 구조와 기능을 말한다.
> 2. 페일세이프 구조의 기능면에서의 분류
>   - Fail Passive: 일반적인 산업기계방식의 구조이며, 부품의 고장시 기계장치는 정지상태로 옮겨간다.
>   - Fail Active: 부품의 고장시 기계장치는 경보를 나타내며 단시간에 역전이 된다(잠시 계속운전이 가능하다).
>   - Fail Operational: 병렬여분계의 부품을 구성한 경우이며, 부품의 고장이 있어도 추후 보수까지는 운전이 가능하다.

정답 ①

59 산업안전보건법령상 컨베이어를 사용하여 작업을 할 때 작업시작 전 점검사항으로 옳지 않은 것은?

① 원동기 및 풀리(pulley) 기능의 이상 유무
② 이탈 등의 방지장치 기능의 이상 유무
③ 유압장치의 기능의 이상 유무
④ 비상정지장치 기능의 이상 유무

해설 유압장치의 기능의 이상 유무는 지게차, 구내운반차를 사용하여 작업을 할 때 작업시작 전 점검사항에 해당한다.

> **관련이론** 컨베이어를 사용하여 작업을 할 때 작업시작 전 점검사항 (산업안전보건법 안전보건기준)
> - 원동기 및 풀리(pulley) 기능의 이상 유무
> - 이탈 등의 방지장치 기능의 이상 유무
> - 비상정지장치 기능의 이상 유무
> - 원동기·회전축·기어 및 풀리 등의 덮개 또는 울 등의 이상 유무

정답 ③

60 기계설비의 안전조건인 구조의 안전화와 거리가 가장 먼 것은?

① 전압강하에 따른 오동작 방지
② 재료의 결함 방지
③ 설계상의 결함 방지
④ 가공결함 방지

해설 전압강하에 따른 오동작 방지는 기계설비의 안전조건인 기능의 안전화에 해당한다.

> **관련이론** 기계설비의 안전조건인 구조의 안전화
> - 재료선택시의 안전화(재료의 결함 방지)
> - 설계의 안전화(설계상의 결함 방지)
> - 가공상의 안전화(가공결함 방지)

정답 ①

제4과목 전기 및 화학설비위험방지기술

61 산업안전보건기준에 관한 규칙상 국소배기장치의 후드 설치 기준이 아닌 것은?

① 유해물질이 발생하는 곳마다 설치할 것
② 외부식 또는 리시버식 후드는 해당 분진 등의 발산원에 가장 가까운 위치에 설치할 것
③ 후드형식은 가능하면 포위식 또는 부스식 후드를 사용할 것
④ 후드의 개구부 면적은 가능한 한 크게 할 것

해설 후드의 개구부 면적은 가능한 한 크게 할 것은 산업안전보건기준에 관한 규칙상 국소배기장치의 후드 설치 기준으로 규정되어 있지 않다.

정답 ④

62 정전작업시 작업 전 안전조치사항이 아닌 것은?

① 단락접지
② 잔류전하 방전
③ 절연보호구 수리
④ 검전기에 의한 정전확인

해설 절연보호구 수리는 정전작업시 작업 전 안전조치사항에 해당하지 않는다.

정답 ③

63 폭발성 가스나 전기기기 내부로 침입하지 못하도록 전기기기의 내부에 불활성가스를 압입하는 방식의 방폭구조는?

① 내압방폭구조　② 압력방폭구조
③ 본질안전방폭구조　④ 유입방폭구조

해설 폭발성 가스가 전기기기 내부로 침입하지 못하도록 전기기기의 내부에 불활성가스를 압입하는 방식의 방폭구조는 압력방폭구조이다.

정답 ②

64 제전기의 종류가 아닌 것은?

① 전압인가식 제전기　② 정전식 제전기
③ 방사선식 제전기　④ 자기방전식 제전기

해설 제전기의 종류에는 전압인가식 제전기, 방사선식 제전기, 자기방전식 제전기가 있으며, 정전식 제전기는 해당하지 않는다.

정답 ②

65 최대안전틈새(MESG)의 특성을 적용한 방폭구조는?

① 내압방폭구조　② 유입방폭구조
③ 안전증방폭구조　④ 압력방폭구조

해설 최대안전틈새(MESG)의 특성을 적용한 방폭구조는 내압방폭구조(기호: d)이다.

정답 ①

66 산업안전보건법에 따라 사업주는 누전에 의한 감전의 위험을 방지하기 위하여 접지를 하여야 하는데 다음 중 접지를 하지 아니할 수 있는 부분은?

① 관련법에 따른 이중절연구조로 보호되는 전기기계 · 기구
② 전기기계 · 기구의 금속제 외함, 금속제 외피 및 철대
③ 전기를 사용하지 아니하는 설비 중 전동식 양중기의 프레임과 궤도를 해당하는 금속체
④ 코드와 플러그를 접속하여 사용하는 고정형 · 이동형 또는 휴대형 전동기계 · 기구의 노출된 비충전 금속체

해설 관련법에 따른 이중절연구조로 보호되는 전기기계 · 기구는 접지를 하지 아니할 수 있는 부분에 해당한다.

관련이론 접지를 하지 않아도 되는 경우(산업안전보건법 안전보건기준)

- 관련법에 따른 이중절연구조로 보호되는 전기기계 · 기구
- 절연대 위 등과 같이 감전위험이 없는 장소에서 사용하는 전기기계 · 기구
- 비접지방식의 전로

정답 ①

67 부하에 400A의 전류가 흐르는 단상 2선식의 한 전선에 허용되는 누전전류는 몇 A인가?

① 0.2　② 0.1
③ 0.4　④ 0.5

해설　누전전류는 최대공급전류의 1/2,000을 넘지 않아야 한다.

$$400 \times \frac{1}{2,000} = 0.2A$$

정답 ①

---

68 정전기 발생에 영향을 주는 요인이 아닌 것은?

① 물체의 분리속도　② 물체의 특성
③ 물체의 접촉시간　④ 물체의 표면상태

해설　물체의 접촉시간은 정전기 발생에 영향을 주는 요인에 해당하지 않는다.

정답 ③

---

69 아세틸렌(C_2H_2)의 공기 중 완전연소조성농도(C_{st})는?

① 6.7vol%　② 7.0vol%
③ 7.4vol%　④ 7.7vol%

해설
- 아세틸렌(C_2H_2)의 산소농도(O_2)

$$= n + \frac{m - f - 2\lambda}{4}$$

여기서 n: 탄소, m: 수소, f: 할로겐원소, λ: 산소

$$= 2 + \frac{2}{4} = 2.5$$

- 완전연소조성농도(C_{st})

$$= \frac{100}{1 + 4.773 \times O_2} = \frac{100}{1 + 4.773 \times 2.5}$$

$$= \frac{100}{12.9325} = 7.732 ≒ 7.7vol\%$$

정답 ④

---

70 분진폭발의 발생 위험성을 낮추는 방법으로 적절하지 않은 것은?

① 주변의 점화원을 제거한다.
② 분진이 날리지 않도록 한다.
③ 분진과 그 주변의 온도를 낮춘다.
④ 분진입자의 표면적을 크게 한다.

해설　분진폭발의 발생 위험성을 낮추기 위해서는 분진입자의 표면적을 작게 하여야 한다.

정답 ④

---

71 폭발범위가 1.8~8.5vol%인 가스의 위험도는?

① 0.8　② 3.7
③ 5.7　④ 6.7

해설

$$H = \frac{U - L}{L}$$

여기서 H: 위험도, L: 폭발하한계값,
　　　U: 폭발상한계값

$$H = \frac{8.5 - 1.8}{1.8} = 3.722 ≒ 3.7$$

정답 ②

---

72 최소점화에너지(MIE)의 온도, 압력과의 관계를 옳게 설명한 것은?

① 압력, 온도에 모두 비례한다.
② 압력, 온도에 모두 반비례한다.
③ 압력에 비례하고, 온도에 반비례한다.
④ 압력에 반비례하고, 온도에 비례한다.

해설
- 최소점화(= 발화 = 착화)에너지(MIE)는 온도, 압력에 모두 반비례한다.
- 즉, 온도, 압력이 증가하면 최소점화에너지는 감소한다.

정답 ②

73 방폭전기설비의 용기내부에서 폭발성 가스 또는 증기가 폭발하였을 때 용기가 그 압력에 견디고 접합면이나 개구부를 통해서 외부의 폭발성 가스나 증기에 인화되지 않도록 한 방폭구조는?

① 내압방폭구조　　② 압력방폭구조
③ 유입방폭구조　　④ 본질안전방폭구조

해설 방폭전기설비의 용기내부에서 폭발성 가스 또는 증기가 폭발하였을 때 용기가 그 압력에 견디고 접합면이나 개구부를 통해서 외부의 폭발성 가스나 증기에 인화되지 않도록 한 방폭구조는 내압방폭구조이다.

정답 ①

74 산화성 액체 중 질산의 성질에 대한 설명으로 옳지 않은 것은?

① 피부 및 의복을 부식하는 성질이 있다.
② 쉽게 연소하는 가연성 물질이므로 화기에 극도로 주의한다.
③ 위험물 유출시 건조사를 뿌리거나 중화제로 중화한다.
④ 물과 반응하면 발열반응을 일으키므로 물과의 접촉을 피한다.

해설 질산은 쉽게 연소되지 않는 불연성 물질이고, 물과 반응하면 발열반응을 일으키므로 물과의 접촉에 극도로 주의하여야 한다.

정답 ②

75 배관용 부품에 있어 사용되는 용도가 다른 것은?

① 엘보(elbow)　　② 티이(T)
③ 크로스(cross)　　④ 밸브(valve)

해설 밸브(valve)는 유량을 조절하고자 할 때 사용되며, 나머지 부품은 관로의 방향을 바꾸고자 할 때 사용된다.

정답 ④

76 폭발한계에 도달한 메탄가스가 공기에 혼합되었을 경우 착화한계전압[V]은? (단, 메탄의 착화최소에너지는 0.2mJ, 극간용량은 10pF로 한다)

① 6,325　　② 5,225
③ 4,135　　④ 3,035

해설 $E = \frac{1}{2}CV^2 \qquad V^2 = \frac{2E}{C}$

$V = \sqrt{\frac{2E}{C}}$

여기서, E: 정전기(최소착화)에너지[J],
　　　　C: 정전용량[F], V: 착화한계전압[V]

$= \sqrt{\frac{2 \times 0.2 \times 10^{-3}}{10 \times 10^{-12}}} = 6,324.5553 ≒ 6,325V$

정답 ①

77 화학물질 및 물리적 인자의 노출기준에서 정한 유해인자에 대한 노출기준의 표시단위가 잘못 연결된 것은?

① 에어로졸: ppm
② 증기: ppm
③ 가스: ppm
④ 고온: 습구흑구온도지수(WBGT)

해설 에어로졸 노출기준의 표시단위는 mg/m³이다.

관련이론 화학물질 및 물리적 인자의 노출기준에서 정한 유해인자에 대한 노출기준의 표시단위(고용노동부고시)
- 에어로졸(분진, 미스트): mg/m³
- 증기: ppm
- 가스: ppm
- 고온: 습구흑구온도지수(WBGT)
- 석면: 개/cm³

정답 ①

78 전기기기의 방폭구조를 나타내는 기호로 옳지 않은 것은?

① 내압방폭구조: d   ② 안전증방폭구조: e
③ 본질안전방폭구조: s   ④ 압력방폭구조: p

해설 본질안전방폭구조의 기호는 ia, ib이다.

관련이론 전기기기의 방폭구조
1. 전기기기의 방폭구조 기호
   - 내압방폭구조: d
   - 유입방폭구조: o
   - 안전증방폭구조: e
   - 특수방폭구조: s
   - 압력방폭구조: p
   - 본질안전방폭구조: ia, ib
2. 전기기기의 방폭구조의 표기

   Exd ⅡA T2 IP54

   여기서,
   d: 방폭구조의 기호(내압방폭구조)
   ⅡA: 그룹을 나타내는 기호[산업용(가스, 증기), 최대안전틈새 0.9mm 이상]
   T2: 온도등급(최고표면온도 300℃)
   IP54: 보호등급

정답 ③

79 산업안전보건법령상 위험물질의 종류를 구분할 때 다음 물질들이 해당하는 것은?

> 리튬, 칼륨·나트륨, 황, 황린, 황화인·적린

① 폭발성 물질 및 유기과산화물
② 산화성 액체 및 산화성 고체
③ 물반응성 물질 및 인화성 고체
④ 급성독성 물질

해설 리튬, 칼륨·나트륨, 황, 황린, 황화인·적린은 물반응성 물질 및 인화성 고체에 해당한다.

정답 ③

80 유류화재의 종류에 해당하는 것은?

① A급   ② B급
③ C급   ④ D급

해설 유류화재에 해당하는 것은 B급 화재이다.

관련이론 화재의 종류 및 표시색

구분	A급 화재	B급 화재	C급 화재	D급 화재
명칭	일반화재 (종이, 목재, 섬유 등)	유류·가스화재(유류, 가스 등)	전기화재 (전기, 정전기 등)	금속화재 (Al분말, MG분말)
표시 색	백색	황색	청색	무색

정답 ②

제5과목 건설안전기술

81 근로자가 추락하거나 넘어질 위험이 있는 장소에서 추락방호망의 설치 기준으로 옳지 않은 것은?

① 망의 처짐은 짧은 변 길이의 10% 이상이 되도록 할 것
② 추락방호망은 수평으로 설치할 것
③ 건축물 등의 바깥쪽으로 설치하는 경우 추락방호망의 내민 길이는 벽면으로부터 3m 이상 되도록 할 것
④ 추락방호망의 설치위치는 가능하면 작업면으로부터 가까운 지점에 설치하여야 하며, 작업면으로부터 망의 설치지점까지의 수직거리는 10m를 초과하지 아니할 것

해설 망의 처짐은 짧은 변 길이의 12% 이상이 되도록 하여야 한다.

정답 ①

82 근로자의 추락위험이 있는 장소에서 발생하는 추락재해의 원인으로 볼 수 없는 것은?

① 안전대를 부착하지 않았다.
② 덮개를 설치하지 않았다.
③ 투하설비를 설치하지 않았다.
④ 안전난간을 설치하지 않았다.

해설 투하설비를 설치하지 않았다는 것은 근로자의 낙하비래위험이 있는 장소에서 발생하는 낙하비래재해의 원인으로 볼 수 있다.

정답 ③

83 안전난간의 구조 및 설치요건과 관련하여 발끝막이판은 바닥면으로부터 얼마 이상의 높이를 유지하여야 하는가?

① 10cm 이상 ② 15cm 이상
③ 20cm 이상 ④ 30cm 이상

해설 발끝막이판은 바닥면 등으로부터 10cm 이상의 높이를 유지하여야 한다.

정답 ①

84 사다리식 통로를 설치하는 경우에 준수하여야 할 사항으로 옳지 않은 것은?

① 견고한 구조로 할 것
② 발판의 간격은 일정하게 할 것
③ 발판과 벽과의 사이는 15cm 이상의 간격을 유지할 것
④ 사다리식 통로의 길이가 5m 이상인 경우에는 3m 이내마다 계단참을 설치할 것

해설 사다리식 통로의 길이가 10m 이상인 경우에는 5m 이내마다 계단참을 설치하여야 한다.

정답 ④

85 정기안전점검 결과 건설공사의 물리적·기능적 결함 등이 발견되어 보수·보강 등의 조치를 하기 위하여 필요한 경우에 실시하는 것은?

① 자체안전점검 ② 정밀안전점검
③ 상시안전점검 ④ 품질관리점검

해설 정기안전점검 결과 건설공사의 물리적·기능적 결함 등이 발견되어 보수, 보강 등의 조치를 하기 위하여 필요한 경우에 실시하는 것은 정밀안전점검이다(건설기술진흥법).

정답 ②

86 건설재해예방전문지도기관의 건설산업재해예방을 위한 지도대상 제외 공사가 아닌 것은?

① 공사기간이 6개월 미만인 건설공사
② 육지와 연결되지 아니한 섬지역(제주도 제외)에서 이루어지는 공사
③ 유해위험방지계획서를 제출해야 하는 공사
④ 유자격 전담안전관리자를 선임한 공사

해설 공사기간이 1개월 미만인 건설공사가 산업재해예방을 위한 지도대상 제외 공사에 해당한다.

정답 ①

87 콘크리트 옹벽의 안정검토 사항이 아닌 것은?

① 활동에 대한 안정　② 침하에 대한 안정
③ 전도에 대한 안정　④ 균열에 대한 안정

해설 콘크리트 옹벽의 안정검토 사항은 활동에 대한 안정, 침하에 대한 안정, 전도에 대한 안정이 있으며, 균열에 대한 안정은 해당하지 않는다.

정답 ④

88 리프트의 방호장치가 아닌 것은?

① 권과방지장치　② 과부하방지장치
③ 출입문 인터록　④ 해지장치

해설 해지장치는 크레인에 설치하는 방호장치에 해당된다.

정답 ④

89 다음 ( ) 안에 적합한 숫자는?

> 달기체인의 길이가 달기체인이 제조된 때의 길이의 ( )%를 초과한 것은 달비계에 사용해서는 아니 된다.

① 5　　② 8
③ 10　　④ 15

해설 달기체인의 길이가 달기체인이 제조된 때의 길이의 5%를 초과한 것은 달비계에 사용해서는 아니 된다.

정답 ①

90 부두·안벽 등 하역작업을 하는 장소에서 부두 또는 안벽의 선을 따라 통로를 설치하는 경우에는 폭을 최소 얼마 이상으로 하여야 하는가?

① 85cm　　② 90cm
③ 100cm　　④ 120cm

해설 부두 또는 안벽의 선을 따라 통로를 설치하는 경우에는 폭을 90cm 이상으로 하여야 한다.

정답 ②

91 셔블계 굴착기계에 속하지 않는 것은?

① 파워셔블(power shovel)
② 클램셸(clamshell)
③ 스크레이퍼(scraper)
④ 드래그라인(dragline)

해설 스크레이퍼(scraper)는 굴착, 싣기, 운반, 하역 등 일련작업을 하나의 기계로서 연속적으로 행할 수 있는 것으로 굴착기와 운반기를 조합한 토공만능기이며, 셔블계 굴착기계에 해당하지 않는다.

정답 ③

92 시스템 비계를 사용하여 비계를 구성하는 경우의 준수사항으로 옳지 않은 것은?

① 수직재, 수평재, 가새재를 견고하게 연결하는 구조가 되도록 할 것
② 수평재는 수직재와 직각으로 설치하여야 하며, 체결 후 흔들림이 없도록 견고하게 설치할 것
③ 비계밑단의 수직재와 받침철물은 밀착되도록 설치하고, 수직재와 받침철물의 연결부의 겹침길이는 받침철물 전체길이의 3분의 1 이상이 되도록 할 것
④ 벽연결재의 설치간격은 시공자가 안전을 고려하여 임의대로 결정한 후 설치할 것

해설 벽연결재의 설치간격은 제조사가 정한 기준에 따라 설치하여야 한다.

정답 ④

93 가설통로 설치시 경사가 몇 도를 초과하면 미끄러지지 않는 구조로 설치하여야 하는가?

① 15° ② 20°
③ 25° ④ 30°

해설 경사가 15°를 초과하는 경우에는 미끄러지지 아니하는 구조로 하여야 한다.

정답 ①

94 산업안전보건기준에 관한 규칙에 따라 위험물질을 제조·취급하는 작업장과 그 작업장이 있는 건축물에 출입구 외에 안전한 장소로 대피할 수 있는 비상구를 설치하여야 한다. 이때 비상구의 너비와 비상구의 높이는 각각 얼마 이상으로 하여야 하는가?

	비상구의 너비	비상구의 높이
①	0.45m 이상	1m 이상
②	0.75m 이상	1.5m 이상
③	0.95m 이상	2m 이상
④	1.75m 이상	2.5m 이상

해설 비상구의 너비는 0.75m 이상, 비상구의 높이는 1.5m 이상으로 하여야 한다.

정답 ②

95 토석이 붕괴되는 원인을 외적요인과 내적요인으로 나눌 때 외적요인으로 볼 수 없는 것은?

① 사면, 법면의 경사 및 기울기의 증가
② 지진발생, 차량 또는 구조물의 중량
③ 공사에 의한 진동 및 반복하중의 증가
④ 절토사면의 토질, 암질

해설 절토사면의 토질, 암질은 토석이 붕괴되는 원인 중 내적요인에 해당한다.

정답 ④

96 산업안전보건관리비의 사용항목에 해당하지 않는 것은?

① 안전시설비
② 개인보호구 구입비
③ 접대비
④ 사업장의 안전보건진단비

해설 접대비는 산업안전보건관리비의 사용항목에 해당하지 않는다.

산업안전보건관리비의 사용항목
→ 고용노동부고시 2022.6.2 개정

- 안전시설비 등
- 보호구 등
- 안전보건진단비 등
- 안전보건교육비 등
- 근로자의 건강장해예방비 등
- 안전관리자, 보건관리자의 임금 등
- 건설재해예방전문지도기관의 지도에 대한 대가로 지급하는 비용
- 중대재해처벌 등에 관한 법률 시행령에 해당하는 건설사업자가 아닌 자가 운영하는 사업에서 안전보건업무를 총괄·관리하는 3명 이상으로 구성된 본사 전담조직에 소속된 근로자의 임금 및 업무수행 출장비 전액(계상된 안전보건관리비 총액의 20분의 1을 초과할 수 없다)
- 산업안전보건법에 따른 위험성 평가 또는 중대재해처벌 등에 관한 법률 시행령에 따라 유해·위험요인 개선을 위해 필요하다고 판단하여 산업안전보건위원회 또는 노사협의체에서 사용하기로 결정한 사항을 이행하기 위한 비용(계상된 안전보건관리비 총액의 10분의 1을 초과할 수 없다)

정답 ③

97 건설현장에서 사용되는 작업발판 일체형 거푸집의 종류에 해당하지 않는 것은?

① 갱폼(gang form)
② 슬립폼(slip form)
③ 클라이밍폼(climbing form)
④ 유로폼(euro form)

해설 유로폼은 작업발판 일체형 거푸집의 종류에 해당하지 않는다.

관련이론 **작업발판 일체형 거푸집(산업안전보건법 안전보건기준)**
• 갱폼(gang form)
• 슬립폼(slip form)
• 클라이밍폼(climbing form)
• 터널라이닝폼(tunnel lining form)
• 그밖에 거푸집과 작업발판이 일체로 제작된 거푸집

정답 ④

98 산업안전보건법령에 따른 화물자동차의 승강설비에 관한 사항 중 ( ) 안에 알맞은 내용으로 옳은 것은?

사업주는 바닥으로부터 짐 윗면까지의 높이가 ( ) 이상인 화물자동차에 짐을 싣는 작업 또는 내리는 작업을 하는 경우에는 근로자의 추락 위험을 방지하기 위하여 해당 작업에 종사하는 근로자가 바닥과 적재함의 짐 윗면간을 안전하게 오르내리기 위한 설비를 설치하여야 한다.

① 2m   ② 4m
③ 6m   ④ 8m

해설 사업주는 바닥으로부터 짐 윗면까지의 높이가 2m 이상인 화물자동차에 짐을 싣는 작업 또는 내리는 작업을 하는 경우에는 근로자의 추락 위험을 방지하기 위하여 해당 작업에 종사하는 근로자가 바닥과 적재함의 짐 윗면간을 안전하게 오르내리기 위한 설비를 설치하여야 한다.

정답 ①

99 지반의 종류가 다음과 같을 때 굴착면의 기울기 기준으로 옳은 것은?

보통 흙의 습지

① 1:0.5~1:1   ② 1:1~1:1.5
③ 1:0.8   ④ 1:0.5

해설 지반의 종류가 보통 흙의 습지인 경우 굴착면의 기울기 기준은 1:1 ~ 1:1.5이다.

관련이론
• 산업안전보건법 안전보건기준에 따른 굴착면의 기울기 기준 → 2021.11.19 개정

구분	지반의 종류	기울기
보통 흙	습지	1:1 ~ 1:1.5
	건지	1:0.5 ~ 1:1
암반	풍화암	1:1.0
	연암	1:1.0
	경암	1:0.5

• 산업안전보건법 안전보건기준에 따른 굴착면의 기울기 기준 → 2023.11.14 개정

지반의 종류	굴착면의 기울기
모래	1:1.8
연암 및 풍화암	1:1.0
경암	1:0.5
그밖의 흙	1:1.2

정답 ②

100 철골공사에서 부재의 건립용 기계로 거리가 먼 것은?

① 타워크레인   ② 가이데릭
③ 삼각데릭   ④ 항타기

해설 항타기는 파일을 박는 기계로 철골공사시 부재의 건립용 기계에 해당되지 않는다.

정답 ④

2022년 제1회(CBT)

제1과목 산업안전관리론

01 고용노동부장관이 안전보건진단을 받아 안전보건개선계획을 수립·시행하도록 명할 수 있는 사업장으로 볼 수 없는 것은?

① 사업주가 필요한 안전조치 또는 보건조치를 이행하지 아니하여 중대재해가 발생한 사업장
② 산업재해율이 같은 업종 평균산업재해율의 2배 이상인 사업장
③ 직업성질병자가 연간 1명 이상 발생한 사업장
④ 그 밖에 작업환경 불량, 화재·폭발 또는 누출사고 등으로 사업장 주변까지 피해가 확산된 사업장으로서 고용노동부령으로 정하는 사업장

해설 직업성질병자가 연간 2명 이상(상시근로자 1,000명 이상 사업장의 경우 3명 이상) 발생한 사업장이어야 한다.

정답 ③

02 일반적인 재해사례연구 단계에 해당하지 않는 것은?

① 문제점의 발견   ② 사실의 확인
③ 대책수립   ④ 긴급처리

해설 재해사례연구 단계
 • 전제조건: 재해상황의 파악
 • 제1단계: 사실의 확인
 • 제2단계: 문제점의 발견
 • 제3단계: 근본적 문제점의 발견
 • 제4단계: 대책수립

정답 ④

03 인간관계의 매커니즘 중 다른 사람의 행동양식이나 태도를 투입시키거나 다른 사람 가운데에 자기와 비슷한 점을 발견하는 것은?

① 동일화   ② 일체화
③ 투사   ④ 공감

해설 인간관계의 매커니즘 중 다른 사람 가운데에 자기와 비슷한 점을 발견하거나 다른 사람의 행동양식이나 태도를 투입시키는 것은 동일화(Identification)이다.

정답 ①

04 리더십(leadership)의 특성에 대한 설명으로 옳은 것은?

① 지휘형태는 민주적이다.
② 권한부여는 위에서 위임된다.
③ 구성원과의 관계는 지배적 구조이다.
④ 권한근거는 법적 또는 공식적으로 부여된다.

해설 리더십에서의 지휘형태는 '민주적'이다.
선지분석
 ② 리더십에서의 권한부여는 '밑으로부터 동의'이다.
 ③ 리더십에서의 구성원과의 관계는 '개인적인 영향'이다.
 ④ 리더십에서의 권한근거는 '개인능력'이다.

정답 ①

05 산업안전보건법령상 건설현장에서 사용하는 크레인, 리프트 및 곤돌라의 안전검사의 주기로 옳은 것은?

① 최초로 설치한 날부터 6개월마다
② 최초로 설치한 날부터 1년마다
③ 최초로 설치한 날부터 2년마다
④ 최초로 설치한 날부터 3년마다

해설 크레인, 리프트 및 곤돌라는 사업장에 설치가 끝난 날부터 3년 이내에 최초 안전검사를 실시하되, 그 이후부터 2년마다(건설현장에서 사용하는 것은 최초로 설치한 날부터 6개월마다) 검사를 하여야 한다.

정답 ①

06 교육훈련평가의 4단계를 바르게 나열한 것은?

① 학습단계 → 반응단계 → 행동단계 → 결과단계
② 반응단계 → 학습단계 → 행동단계 → 결과단계
③ 학습단계 → 행동단계 → 반응단계 → 결과단계
④ 행동단계 → 학습단계 → 결과단계 → 반응단계

해설 교육훈련평가의 4단계는 다음과 같다.
- 제1단계: 반응단계
- 제2단계: 학습단계
- 제3단계: 행동단계
- 제4단계: 결과단계

정답 ②

07 산업안전보건법상 사업주는 산업재해로 사망자가 발생하거나 3일 이상 휴업을 할 경우에는 해당 산업재해가 발생한 날부터 얼마 이내에 산업재해조사표를 작성하여 관할 지방고용노동관서의 장에게 제출하여야 하는가?

① 3일 ② 7일
③ 15일 ④ 1개월

해설 산업재해로 사망자가 발생하거나 3일 이상 휴업을 할 경우에는 산업재해가 발생한 날부터 1개월 이내에 산업재해조사표를 작성하여 관할 지방고용노동관서의 장에게 제출하여야 한다.

정답 ④

08 안전교육의 단계에 있어 교육대상자가 스스로 행함으로써 습득하게 하는 교육은?

① 의식교육 ② 기능교육
③ 지식교육 ④ 태도교육

해설 안전교육의 단계에 있어 교육대상자가 스스로 행함으로써 습득하게 하는 교육은 기능교육이다.

정답 ②

09 안전교육훈련의 기법 중 하버드학파의 5단계 교수법을 순서대로 나열한 것으로 옳은 것은?

① 총괄 → 연합 → 준비 → 교시 → 응용
② 준비 → 교시 → 연합 → 총괄 → 응용
③ 교시 → 준비 → 연합 → 응용 → 총괄
④ 응용 → 연합 → 교시 → 준비 → 총괄

해설 하버드학파의 5단계 교수법은 준비 → 교시 → 연합 → 총괄 → 응용 순으로 진행된다.

정답 ②

10 다음 재해원인 중 간접원인에 해당하지 않는 것은?

① 기술적 원인 ② 교육적 원인
③ 관리적 원인 ④ 인적 원인

해설 인적 원인(불안전한 행동)은 재해원인 중 직접원인에 해당한다.

관련이론 (1) 재해원인 중 간접원인
- 기술적 원인 · 교육적 원인 · 관리적 원인
- 신체적 원인 · 정신적 원인

(2) 재해원인 중 직접원인
- 인적 원인(불안전한 행동)
- 물적 원인(불안전한 상태)

정답 ④

11 인간의 주의의 특성에 해당하지 않는 것은?

① 선택성　　② 변동성
③ 가능성　　④ 방향성

해설　가능성은 인간의 주의의 특성에 해당하지 않는다.

정답 ③

12 매슬로우의 욕구단계이론 중 자기의 잠재력을 최대한 살리고 자기가 하고 싶었던 일을 실현하려는 인간의 욕구에 해당하는 것은?

① 생리적 욕구　　② 사회적 욕구
③ 자아실현의 욕구　　④ 안전의 욕구

해설　자기의 잠재력을 최대한 살리고 자기가 하고 싶었던 일을 실현하려는 인간의 욕구는 <u>자아실현의 욕구</u>이다.

정답 ③

13 보호구안전인증 고시에 따른 안전화의 정의 중 ( ) 안에 알맞은 것은?

> 경작업용 안전화란 (㉠)mm의 낙하높이에서 시험했을 때 충격과 (㉡)±0.1kN의 압축하중에서 시험했을 때 압박에 대하여 보호해 줄 수 있는 선심을 부착하여 착용자를 보호하기 위한 안전화를 말한다.

	㉠	㉡
①	500	10.0
②	1,000	15.0
③	500	4.4
④	250	4.4

해설
- <u>경작업용 안전화란 250mm의 낙하높이에서 시험했을 때 충격과 4.4±0.1kN의 압축하중에서 시험했을 때 압박에 대하여 보호해 줄 수 있는 선심을 부착하여 착용자를 보호하기 위한 안전화를 말한다.</u>
- <u>보통작업용안전화</u>: 500mm의 낙하높이, 10.0±0.1kN의 압축하중
- <u>중작업용안전화</u>: 1,000mm의 낙하높이, 15.0±0.1kN의 압축하중

정답 ④

14 산업안전보건법령상 특별안전보건교육 대상 작업별 교육내용 중 밀폐공간에서의 작업시 교육내용에 포함되지 않는 것은? (단, 그 밖에 안전보건관리에 필요한 사항은 제외한다)

① 산소농도측정 및 작업환경에 관한 사항
② 유해물질이 인체에 미치는 영향
③ 보호구 착용 및 보호장비 사용에 관한 사항
④ 사고시의 응급처치 및 비상시 구출에 관한 사항

해설　유해물질이 인체에 미치는 영향은 <u>허가 및 관리대상 유해물질의 제조 또는 취급작업시 특별안전보건교육 대상 작업별 교육내용</u>에 해당한다.

관련이론　**특별안전보건교육대상 교육내용 중 밀폐공간에서의 작업시 교육내용(산업안전보건법 시행규칙)**
- 산소농도측정 및 작업환경에 관한 사항
- 보호구 착용 및 보호장비 사용에 관한 사항
- 사고시의 응급처치 및 비상시 구출에 관한 사항
- 작업내용, 안전작업방법 및 절차에 관한 사항
- 장비·설비 및 시설 등의 안전점검에 관한 사항

정답 ②

15 적응기제(Adjustment Mechanism) 중 방어적 기제(Defence Mechanism)에 해당하는 것은?

① 고립(Isolation)
② 퇴행(Regression)
③ 억압(Suppression)
④ 합리화(Rationalization)

해설　적응기제 중 방어적 기제에 해당하는 것은 합리화이다.

관련이론　**적응기제(Adjustment Mechanism)**

방어적 기제	보상, 합리화, 치환(전위), 동일화, 승화, 투사, 반동형성 등
도피적 기제	고립, 퇴행, 억압, 백일몽, 부정 등
공격적 기제	• 직접적 공격 기제: 싸움, 폭행, 기물파손 등 • 간접적 공격 기제: 비난, 조소, 욕설, 폭언 등

정답 ④

16 위험예지훈련 4라운드기법의 진행방법에 있어 문제점 발견 및 중요문제를 결정하는 단계는?

① 대책수립단계 ② 현상파악단계
③ 본질추구단계 ④ 목표설정단계

해설 위험예지훈련 4라운드기법의 진행방법에 있어 문제점 발견 및 중요문제를 결정하는 단계는 제2단계인 본질추구단계이다.

정답 ③

17 산업안전보건법령상 안전보건표지 종류 중 관계자 외 출입금지표지에 해당하는 것은?

① 안전모 착용
② 폭발성물질 경고
③ 방사성물질 경고
④ 석면취급 및 해체·제거

해설 석면취급 및 해체·제거가 안전보건표지종류 중 관계자 외 출입금지표지에 해당한다.

선지분석
① 안전모 착용: 지시표지
② 폭발성물질 경고: 경고표지
③ 방사성물질 경고: 경고표지

정답 ④

18 하인리히의 재해구성비율 '1 : 29 : 300'에서 '29'에 해당하는 사고발생비율은?

① 8.8% ② 9.8%
③ 10.8% ④ 11.8%

해설 하인리히의 재해구성비율 '1 : 29 : 300'에서 1은 사망 또는 중상, 29는 경상, 300은 무상해사고이며, 각각의 사고 발생비율은 다음과 같다.

- 사망 또는 중상: $\frac{1}{330} \times 100 = 0.303 ≒ 0.3\%$
- 경상: $\frac{29}{330} \times 100 = 8.787 ≒ 8.8\%$
- 무상해사고: $\frac{300}{330} \times 100 = 90.909 ≒ 90.9\%$

정답 ①

19 사업장의 도수율이 10.83이고, 강도율이 7.92일 경우의 종합재해지수(FSI)는?

① 4.63 ② 6.42
③ 9.26 ④ 12.84

해설 종합재해지수(FSI)
$= \sqrt{도수율(FR) \times 강도율(SR)}$
$= \sqrt{10.83 \times 7.92} = 9.2614 ≒ 9.26$

정답 ③

20 의식수준은 정상적 상태이지만 생리적 상태가 휴식일 때에 해당하는 것은?

① Phase I ② Phase II
③ Phase III ④ Phase IV

해설 의식수준은 정상적 상태이지만 생리적 상태가 휴식일 때에 해당하는 것은 Phase II이다.

관련이론 인간의 의식수준

단계	의식의 상태
Phase 0	무의식, 실신, 수면
Phase I	정상 이하, 의식 몽롱함, 피로
Phase II	이완상태, 휴식
Phase III	정상, 명쾌한 상태, 적극 활동
Phase IV	과긴장 상태, 패닉(panic)

정답 ②

제2과목 인간공학 및 시스템안전공학

21 시스템에 영향을 미치는 모든 요소의 고장을 형태별로 분석하여 그 영향을 검토하는 분석기법은?

① FTA　　　　　② CHECK LIST
③ FMEA　　　　④ DECISION TREE

해설
- 시스템에 영향을 미치는 모든 요소의 고장을 형태별로 분석하여 그 영향을 검토하는 분석기법은 FMEA(Failure Modes and Effects Analysis: 고장의형태와 영향분석)이다.
- 이는 시스템이나 서브시스템 위험분석을 위하여 일반적으로 사용되는 전형적인 정성적, 귀납적 분석기법으로 시스템에 영향을 미치는 모든 요소의 고장을 형태별로 분석하여 그 영향을 검토하는 분석기법이다.

정답 ③

22 항공기 위치 표시장치의 설계원칙에 있어 다음의 설명에 해당하는 것은?

> 항공기의 경우 일반적으로 이동부분의 영상은 고정된 눈금이나 좌표계에 나타내는 것이 바람직하다.

① 통합　　　　② 양립적 이동
③ 추종표시　　④ 표시의 현실성

해설 양립적 이동에 대한 설명이다.

정답 ②

23 연속되는 소음에 장시간 노출되는 경우 인간의 청력 손실이 가장 심한 주파수 대역은?

① 2,000Hz　　② 4,000Hz
③ 6,000Hz　　④ 8,000Hz

해설 연속되는 소음에 장시간 노출되는 경우 인간의 청력손실이 가장 심한 주파수 대역은 4,000Hz이다.

정답 ②

24 건강한 남성이 8시간 동안 특정작업을 실시하고, 분당 산소소비량이 1.1L/분으로 나타났다면 8시간 총작업시간에 포함될 휴식시간(분)은? (단, Murrell의 방법을 적용하며, 휴식 중 에너지소비율은 1.5kcal/min이다)

① 30분　　　② 54분
③ 60분　　　④ 75분

해설
- Murrell의 방법을 적용하여 작업시 평균에너지소비량을 구한다.
  작업시 평균에너지소비량
  $= 5\text{kcal/L} \times 1.1\text{L/min} = 5.5\text{kcal/min}$
  여기서, 5kcal/L는 Murrell의 방법을 적용한 작업에 대한 평균에너지이다.
- $R(\text{휴식시간}) = \dfrac{60(E-5)}{E-1.5} = \dfrac{60(5.5-5)}{5.5-1.5}$
  $= 7.5\text{분}$
  여기서, E: 작업시 평균에너지소비량(kcal/min)
  　　　1.5: 휴식중 에너지소비량(kcal/min)
- 7.5분은 60분(1시간)당 휴식시간이다.
- 따라서 8시간 총작업시간에 포함될 휴식시간은 $7.5 \times 8 = 60$분이다.

정답 ③

25 휴먼에러(human error)의 심리적 요인에 해당하지 않는 것은?

① 일을 할 의욕이 결여되어 있을 때
② 선입감으로 괜찮다고 느끼고 있을 때
③ 일이 너무 복잡할 때
④ 서두르거나 절박한 상황일 때

해설 일이 너무 복잡할 때는 휴먼에러(human error)의 물리적 요인에 해당한다.

정답 ③

26 인간의 오류모형에서 알고 있음에도 의도적으로 따르지 않거나 무시한 경우를 무엇이라 하는가?

① 착오(Mistake)   ② 실수(Slip)
③ 건망증(Lapse)   ④ 위반(Violation)

해설 알고 있음에도 의도적으로 따르지 않거나 무시한 경우는 <u>위반(Violation)이다.</u>

[관련이론] 인간의 오류모형
- 실수(Slip): 상황이나 목표의 해석은 정확하나 의도와는 다른 행동을 하는 경우
- 건망증(Lapse): 잘 기억하지 못하거나 잊어버리는 정도가 심한 경우
- 착오(Mistake): 상황해석을 잘못하거나 목표를 잘못 이해하고 착각하여 행하는 경우

정답 ④

27 통신에서 잡음 중의 일부를 제거하기 위해 필터(filter)를 사용하였다면 어느 것의 성능을 향상시키는 것인가?

① 신호의 양립성   ② 신호의 산란성
③ 신호의 표준성   ④ 신호의 검출성

해설 통신에서 잡음 중의 일부를 제거하기 위해 <u>필터(Filter)를 사용한 경우 신호의 검출성의 성능을 향상시킨다.</u>

정답 ④

28 인간-기계시스템을 설계하기 위해 고려해야 할 사항과 거리가 먼 것은?

① 시스템 설계시 동작경제의 원칙이 만족되도록 고려한다.
② 인간과 기계가 모두 복수인 경우, 종합적인 효과보다 기계를 우선적으로 고려한다.
③ 대상이 되는 시스템이 위치할 환경조건이 인간에 대한 한계치를 만족하는가의 여부를 조사한다.
④ 인간이 수행해야 할 조작이 연속적인가 불연속적인가를 알아보기 위해 특성조사를 실시한다.

해설 인간과 기계가 모두 복수인 경우, <u>기계적인 효과보다 종합적인 효과를 우선적으로 고려한다.</u>

정답 ②

29 인간-기계시스템에 대한 평가에서 평가척도나 기준(Criteria)으로서 관심의 대상이 되는 변수는?

① 독립변수   ② 종속변수
③ 확률변수   ④ 통제변수

해설
- 인간-기계시스템에 대한 평가에서 평가척도나 기준(Criteria)으로서 <u>관심의 대상(결과물이나 효과)이 되는 변수는 종속변수이다.</u>
- 이는 인간성능을 평가하는 실험을 할 때 평가의 기준이 된다.

정답 ②

30 광원으로부터의 직사휘광을 줄이기 위한 방법으로 적절하지 않은 것은?

① 휘광원 주위를 어둡게 한다.
② 가리개, 갓, 차양 등을 사용한다.
③ 광원을 시선에서 멀리 위치시킨다.
④ 광원의 수는 늘리고 휘도는 줄인다.

해설 휘광원 주위를 밝게 한다.

정답 ①

31 인간-기계시스템에서의 신뢰도 유지방안으로 가장 거리가 먼 것은

① lock system
② fail-safe system
③ fool-proof system
④ risk assessment system

해설 risk assessment system(위험성 평가시스템)은 신뢰도 유지방안에 해당하지 않는다.

정답 ④

32 전통적인 인간-기계(Man-Machine)체계의 대표적 유형과 거리가 먼 것은?

① 수동체계 ② 기계화체계
③ 자동체계 ④ 인공지능체계

해설 인공지능체계는 전통적인 인간-기계(Man-Machine)체계의 대표적 유형과는 관계가 없다.

정답 ④

33 FTA에 대한 설명으로 가장 거리가 먼 것은?

① 하향식(top-down)방법
② 정성적 분석만 가능
③ 복잡하고 대형화된 시스템에 활용
④ 논리게이트를 이용하여 도해적으로 표현하여 분석하는 방법

해설 FTA는 정성적, 정량적 분석이 모두 가능하다.

정답 ②

34 인체측정에 대한 설명으로 옳은 것은?

① 인체측정은 동적측정과 정적측정이 있다.
② 인체측정학은 인체의 생화학적 특징을 다룬다.
③ 자세에 따른 인체치수의 변화는 없다고 가정한다.
④ 측정항목에 무게, 둘레, 두께, 길이는 포함되지 않는다.

해설 인체측정은 정적측정(구조적 인체치수)과 동적측정(기능적 인체치수)으로 구분된다.

선지분석
② 인체측정학은 인체의 생리학적 특징을 다룬다.
③ 자세에 따른 인체치수의 변화는 있다고 가정한다.
④ 측정항목에 무게, 둘레, 두께, 길이는 포함된다.

정답 ①

35 출력과 반대방향으로 그 속도에 비례해서 작용하는 힘 때문에 생기는 항력으로 원활한 제어를 도우며, 특히 규정된 변위 속도를 유지하는 효과를 가진 조종장치의 저항력은?

① 점성저항 ② 마찰저항
③ 충격저항 ④ 정적저항

해설 출력과 반대방향으로 그 속도에 비례해서 작용하는 힘 때문에 생기는 항력으로 원활한 제어를 도우며, 특히 규정된 변위 속도를 유지하는 효과를 가진 조종장치의 저항력은 점성저항이다.

정답 ①

36 FTA의 활용 및 기대효과가 아닌 것은?

① 시스템의 결함진단
② 사고원인 규명의 간편화
③ 사고원인 분석의 정량화
④ 시스템의 결함비용 분석

해설 시스템의 결함비용 분석은 FTA의 활용 및 기대효과에 해당하지 않는다.

관련이론 **FTA(결함수분석법)의 활용 및 기대효과**
- 사고원인 분석의 정량화
- 사고원인 규명의 간편화
- 사고원인 분석의 일반화
- 시스템결함 진단
- 사고원인 분석에 대한 노력, 시간의 절감
- 안전점검표 작성
- 사고원인 규명의 연역적 해석 가능
- 재해발생 후의 원인규명보다 재해예방을 위한 예측기법으로 활용가치가 높음
- 복잡하고 대형화된 시스템의 신뢰성 분석 및 안전성 분석 가능

정답 ④

37 FTA에서 사용하는 다음 사상기호에 대한 설명으로 맞는 것은?

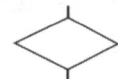

① 시스템 분석에서 좀 더 발전시켜야 하는 사상
② 시스템의 정상적인 가동상태에서 일어날 것이 기대되는 사상
③ 불충분한 자료로 결론을 내릴 수 없어 더 이상 전개할 수 없는 사상
④ 주어진 시스템의 기본사상으로 고장원인이 분석되었기 때문에 더 이상 분석할 필요가 없는 사상

해설 그림에 나타난 기호는 생략사상으로서 '불충분한 자료로 결론을 내릴 수 없어 더 이상 전개할 수 없는 사상'을 말하는 것이다.

정답 ③

38 필요한 작업 또는 절차의 잘못된 수행으로 발생하는 과오는?

① 시간적 과오(time error)
② 생략적 과오(omission error)
③ 순서적 과오(sequential error)
④ 수행적 과오(commision error)

해설 필요한 작업 또는 절차의 잘못된 수행으로 발생하는 과오는 수행적(실행적) 과오(commision error)이다.

정답 ④

39 FTA에서 모든 기본사상이 일어났을 때 톱(top)사상을 일으키는 기본사상의 집합은?

① 컷셋(Cut Set)
② 최소 컷셋(Minimal Cut Set)
③ 패스셋(Path Set)
④ 최소 패스셋(Minamal Path Set)

해설 • FTA에서 모든 기본사상이 일어났을 때 톱사상을 일으키는 기본사상의 집합은 컷셋이다.
• 이는 시스템고장을 유발시키는 기본고장들의 집합이다.

정답 ①

40 작업장에서 구성요소를 배치하는 인간공학적 원칙과 가장 거리가 먼 것은?

① 중요도의 원칙
② 선입선출의 원칙
③ 기능성의 원칙
④ 사용빈도의 원칙

해설 선입선출의 원칙은 작업장에서 구성요소를 배치하는 인간공학적 원칙과는 관계가 없다.

관련이론 작업장에서 구성요소를 배치하는 인간공학적 원칙
• 중요도의 원칙
• 기능성의 원칙
• 사용빈도의 원칙
• 사용순서의 원칙

정답 ②

제3과목 기계위험방지기술

41 원심기의 방호장치에 해당하는 것은?

① 날접촉예방장치
② 회전체접촉예방장치
③ 압력방출장치
④ 구동부방호연동장치

해설 원심기의 방호장치는 '회전체접촉예방장치'이다.

> **관련이론** 방호조치를 하지 않으면 양도, 대여, 설치가 제한되는 유해하거나 위험한 기계기구의 방호조치(산업안전보건법 시행규칙)
> - 예초기: 날접촉예방장치
> - 포장기계(진공포장기, 래핑기로 한정): 구동부방호연동장치
> - 지게차: 헤드가드, 백레스트, 안전벨트, 전조등, 후미등
> - 공기압축기: 압력방출장치
> - 금속절단기: 날접촉예방장치
> - 원심기: 회전체접촉예방장치

정답 ②

42 인간이 기계 등의 취급을 잘못해도 그것이 바로 사고나 재해와 연결되는 일이 없는 기능을 의미하는 것은?

① fail safe
② fail active
③ fail operational
④ fool proof

해설 인간이 기계 등의 취급을 잘못해도 그것이 바로 사고나 재해와 연결되는 일이 없는 기능을 의미하는 것은 'fool proof(풀프루프)'이다.

정답 ④

43 산업안전보건법령상 프레스 등 금형을 부착·해체 또는 조정하는 작업을 할 때, 슬라이드가 갑자기 작동함으로써 근로자에게 발생할 우려가 있는 위험을 방지하기 위해 사용해야 하는 것은? (단, 해당 작업에 종사하는 근로자의 신체가 위험한계내에 있는 경우)

① 방진구
② 안전블록
③ 시건장치
④ 날접촉예방장치

해설 산업안전보건법령상 프레스 등 금형을 부착·해체 또는 조정하는 작업을 할 때, 슬라이드가 갑자기 작동함으로써 근로자에게 발생할 우려가 있는 위험을 방지하기 위해 사용해야 하는 것은 안전블록(Safety block)이다.

정답 ②

44 용접부 결함에서 전류가 과대하고, 용접속도가 너무 빨라 용접부의 일부가 홈 또는 오목하게 생기는 결함은?

① 언더컷
② 기공
③ 균열
④ 융합불량

해설 용접부 결함에서 전류가 과대하고, 용접속도가 너무 빨라 용접부의 일부가 홈 또는 오목하게 생기는 결함은 언더컷(undercut)이다.

> **관련이론** 오버랩(overlap)
> 모재와 용착금속과의 경계에서 용착금속이 모재와 융합되지 않고 겹친 상태의 결함을 말한다.

정답 ①

45 산업안전보건법령상 아세틸렌 용접장치에 관한 설명이다. ( ) 안에 공통으로 들어갈 내용으로 옳은 것은?

> • 사업주는 아세틸렌 용접장치의 취관마다 ( )를 설치하여야 한다.
> • 사업주는 가스용기가 발생기와 분리되어 있는 아세틸렌 용접장치에 대하여 발생기와 가스용기 사이에 ( )를 설치하여야 한다.

① 분기장치 ② 자동발생확인장치
③ 유수분리장치 ④ 안전기

해설
• 사업주는 아세틸렌 용접장치의 취관마다 안전기를 설치하여야 한다.
• 사업주는 가스용기가 발생기와 분리되어 있는 아세틸렌 용접장치에 대하여 발생기와 가스용기 사이에 안전기를 설치하여야 한다.

정답 ④

46 산업안전보건법령상 컨베이어에 설치하는 방호장치로 거리가 가장 먼 것은?

① 건널다리 ② 반발예방장치
③ 비상정지장치 ④ 역주행방지장치

해설 반발예방장치는 산업안전보건법령상 목재가공용 둥근톱에 설치하는 방호장치에 해당한다.

정답 ②

47 지게차의 포크에 적재된 화물이 마스트 후방으로 낙하함으로써 근로자에게 미치는 위험을 방지하기 위하여 설치하는 것은?

① 헤드가드 ② 백레스트
③ 낙하방지장치 ④ 과부하방지장치

해설 지게차의 포크에 적재된 화물이 마스트 후방으로 낙하함으로써 근로자에게 미치는 위험을 방지하기 위하여 설치하는 것은 백레스트(Back Rest)이다.

선지 분석
① 헤드가드(Head Guard)는 지게차 운전석 위쪽에 설치하는 것으로 물체의 낙하에 의한 위험을 방지하기 위하여 설치하는 덮개이다.
③, ④ 낙하방지장치, 과부하방지장치는 건설용 리프트에 설치하는 방호장치이다.

정답 ②

48 회전수가 300rpm, 연삭숫돌의 지름이 200mm일 때 숫돌의 원주속도[m/min]는?

① 60.0 ② 94.2
③ 150.0 ④ 188.5

해설
$$V = \frac{\pi DN}{1{,}000}$$
여기서, V: 숫돌의 원주속도[m/min]
D: 숫돌의 지름[mm]
N: 회전수[rpm]
$$= \frac{3.1415 \times 200 \times 300}{1{,}000}$$
$$= 188.49 \text{m/min} ≒ 188.5 \text{m/min}$$

정답 ④

49 프레스 양수조작식 방호장치 누름버튼의 상호간 내측 거리는 몇 mm 이상인가?

① 50 ② 100
③ 200 ④ 300

해설 프레스 양수조작식 방호장치 누름버튼의 상호간 내측 거리는 300mm 이상이어야 한다.

정답 ④

50 산업안전보건법령상 로봇의 작동범위내에서 그 로봇에 관하여 교시 등 작업을 행하는 때 작업시작 전 점검사항으로 옳은 것은? (단, 로봇의 동력원을 차단하고 행하는 것은 제외한다)

① 과부하방지장치의 이상 유무
② 압력제한스위치의 이상 유무
③ 외부전선의 피복 또는 외장의 손상 유무
④ 권과방지장치의 이상 유무

해설
- 외부전선의 피부 또는 외장의 손상 유무는 산업안전보건법령상 로봇의 작동범위 내에서 그 로봇에 관하여 교시 등 작업을 행하는 때 작업시작 전 점검사항에 해당한다.
- 매니퓰레이터 작동의 이상 유무, 제동장치 및 비상정지장치의 기능도 로봇에 관하여 교시 등 작업을 행하는 때 작업시작 전 점검사항에 해당한다.

정답 ③

51 연강의 인장강도가 420MPa이고, 허용응력이 140MPa이라면 안전율은?

① 1   ② 2
③ 3   ④ 4

해설 안전율 = $\dfrac{인장강도}{허용응력} = \dfrac{420}{140} = 3$

정답 ③

52 달비계에 사용이 불가한 와이어로프의 기준으로 옳지 않은 것은?

① 이음매가 있는 것
② 와이어로프의 한꼬임에서 끊어진 소선의 수가 7% 이상인 것
③ 지름의 감소가 공칭지름의 7%를 초과하는 것
④ 심하게 변형되거나 부식된 것

해설 와이어로프의 한꼬임에서 끊어진 소선의 수가 10% 이상인 것이 옳은 내용이다.

정답 ②

53 회전하는 동작부분과 고정부분이 함께 만드는 위험점으로 주로 연삭숫돌과 작업대, 교반기의 교반날개와 몸체사이에서 형성되는 위험점은?

① 협착점   ② 절단점
③ 물림점   ④ 끼임점

해설 회전하는 동작부분과 고정부분이 함께 만드는 위험점으로 주로 연삭숫돌과 작업대, 교반기의 교반날개와 몸체사이에서 형성되는 위험점은 끼임점이다.

정답 ④

54 연삭기 덮개의 개구부 각도가 그림과 같이 150° 이하이어야 하는 연삭기의 종류로 옳은 것은?

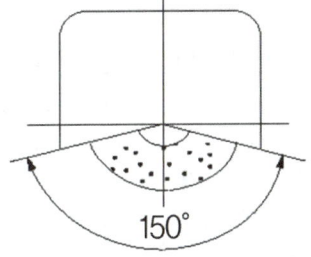

① 센터리스연삭기   ② 탁상용 연삭기
③ 내면연삭기   ④ 평면연삭기

해설 연삭기 덮개의 개구부 각도가 150° 이하이어야 하는 연삭기는 평면연삭기이다.

정답 ④

55 가공재료의 칩이나 절삭유 등이 비산되어 나오는 위험으로부터 보호하기 위한 선반의 방호장치는?

① 바이트   ② 권과방지장치
③ 압력제한스위치   ④ 쉴드(shield)

해설 가공재료의 칩이나 절삭유 등이 비산되어 나오는 위험으로부터 보호하기 위한 선반의 방호장치는 쉴드(shield, 칩비산방지투명판)이다.

정답 ④

56 산업안전보건법령상 양중기에서 절단하중이 100톤인 와이어로프를 사용하여 화물을 직접지지하는 경우 화물의 최대허용하중(t)은?

① 20 ② 30
③ 40 ④ 50

해설
- 화물의 하중을 직접 지지하는 달기와이어로프의 경우 안전계수는 5 이상이다.
- 안전계수 = $\dfrac{절단하중}{최대허용하중}$

$5 = \dfrac{100}{x}$

$\therefore x = \dfrac{100}{5} = 20\,\text{t}$

정답 ①

57 금형의 안전화에 대한 설명으로 옳지 않은 것은?

① 금형의 틈새는 8mm 이상 충분하게 확보한다.
② 금형 사이에 신체일부가 들어가지 않도록 한다.
③ 충격이 반복되어 부가되는 부분에는 완충장치를 설치한다.
④ 금형설치용 홈은 설치된 프레스의 홈에 적합한 형상의 것으로 한다.

해설 금형의 틈새는 8mm 이하로 하여 손가락이 들어가지 않도록 한다.

정답 ①

58 산업안전보건법령상 프레스의 작업시작 전 점검사항이 아닌 것은?

① 슬라이드 또는 칼날에 의한 위험방지기구의 기능
② 프레스의 금형 및 고정볼트 상태
③ 전단기의 칼날 및 테이블의 상태
④ 권과방지장치 및 그 밖의 경보장치의 기능

해설 권과방지장치 및 그 밖의 경보장치의 기능은 산업안전보건법령상 이동식 크레인을 사용하여 작업을 할 때 작업시작 전 점검사항에 해당한다.

정답 ④

59 산업안전보건법령상 롤러기의 무릎조작식 급정지장치의 설치 위치 기준은? (단, 위치는 급정지장치 조작부의 중심점을 기준)

① 밑면에서 0.7~0.8m 이내
② 밑면에서 0.6m 이내
③ 밑면에서 0.8~1.2m 이내
④ 밑면에서 1.5m 이내

해설 산업안전보건법령상 롤러기의 무릎조작식 급정지장치는 밑면에서 0.6m 이내(또는 0.4~0.6m 이내)에 설치하여야 한다.

정답 ②

60 선반의 크기를 표시하는 것으로 옳지 않은 것은?

① 양쪽 센터 사이의 최대거리
② 왕복대 위의 스윙
③ 베드 위의 스윙
④ 주축에 물릴 수 있는 공작물의 최대지름

해설 주축에 물릴 수 있는 공작물의 최대지름이 아닌 '최대가공물의 크기'가 선반의 크기를 표시하는 것이다.

정답 ④

제4과목 전기 및 화학설비위험방지기술

61 정전기 방전현상에 해당하지 않는 것은?
① 연면방전 ② 코로나방전
③ 낙뢰방전 ④ 스팀방전

해설 스팀방전은 정전기 방전현상에 해당하지 않는다.

정답 ④

62 정전기의 유동대전에 가장 크게 영향을 미치는 요인은?
① 액체의 밀도 ② 액체의 유동속도
③ 액체의 접촉면적 ④ 액체의 분출온도

해설 정전기의 유동대전에 가장 크게 영향을 주는 요인은 액체의 유동속도이다.

정답 ②

63 정전작업시 조치사항으로 옳지 않은 것은?
① 작업 전 전기설비의 잔류전하를 확실히 방전한다.
② 개로된 전로의 충전여부를 검전기구에 의하여 확인한다.
③ 개폐기에 시건장치를 하고 통전금지에 관한 표지판은 제거한다.
④ 예비동력원의 역송전에 의한 감전의 위험을 방지하기 위해 단락접지기구를 사용하여 단락접지를 한다.

해설 개폐기에 시건장치를 하고 통전금지에 관한 표지판을 설치한다.

정답 ③

64 계통접지로 적합하지 않은 것은?
① TN계통 ② TT계통
③ IN계통 ④ IT계통

해설 IN계통은 계통접지의 종류에 해당하지 않는다.

정답 ③

65 고체의 연소방식에 대한 설명으로 옳은 것은?
① 분해연소란 고체가 표면의 고온을 유지하며 타는 것을 말한다.
② 표면연소란 고체가 가열되어 열분해가 일어나고 가연성 가스가 공기 중의 산소와 타는 것을 말한다.
③ 자기연소란 공기 중 산소를 필요로 하지 않고 자신이 분해되며 타는 것을 말한다.
④ 분무연소란 고체가 가열되어 가연성 가스를 발생시키며 타는 것을 말한다.

해설 자기연소란 공기 중 산소를 필요로 하지 않고 자신이 분해되며 타는 것이다.

정답 ③

66 산업안전보건법령에서 규정하고 있는 위험물질의 종류 중 부식성 염기류로 분류되기 위하여 농도가 40% 이상이어야 하는 물질은?
① 염산 ② 아세트산
③ 불산 ④ 수산화칼륨

해설 산업안전보건법령에서 규정하고 있는 위험물질의 종류 중 부식성 염기류로 분류되기 위하여 농도가 40% 이상이어야 하는 물질은 수산화칼륨(KOH)이다.

정답 ④

67 산업안전보건기준에 관한 규칙상 섭씨 몇 ℃ 이상인 상태에서 운전되는 설비는 특수화학설비에 해당하는가? (단, 규칙에서 정한 위험물질의 기준량 이상을 제조하거나 취급하는 설비인 경우이다)

① 150℃ ② 250℃
③ 350℃ ④ 450℃

해설 산업안전보건기준에 관한 규칙상 350℃ 이상인 상태에서 운전되는 설비는 특수화학설비에 해당한다.

관련이론 특수화학설비(산업안전보건법 안전보건기준)
1. 종류
   - 온도가 350℃ 이상이거나 게이지압력이 980kPa 이상인 상태에서 운전되는 설비
   - 발열반응이 일어나는 반응장치
   - 증류 · 정류 · 증발 · 추출 등 분리를 하는 장치
   - 가열시켜주는 물질의 온도가 가열되는 위험물질의 분해온도 또는 발화점보다 높은 상태에서 운전되는 설비
   - 반응폭주 등 이상화학반응에 의하여 위험물질이 발생할 우려가 있는 설비
   - 가열로 또는 가열기
2. 특수화학설비를 설치하는 경우 갖추어야 할 계측장치
   - 온도계   · 유량계   · 압력계

정답 ③

68 산업안전보건법령상의 위험물을 저장 · 취급하는 화학설비 및 그 부속설비를 설치하는 경우 폭발이나 화재에 따른 피해를 줄이기 위하여 단위공정시설 및 설비로부터 다른 단위공정시설 및 설비사이의 안전거리는?

① 설비의 안쪽면으로부터 10m 이상
② 설비의 바깥면으로부터 10m 이상
③ 설비의 안쪽면으로부터 5m 이상
④ 설비의 바깥면으로부터 5m 이상

해설 단위공정시설 및 설비로부터 다른 단위공정시설 및 설비 사이의 안전거리는 설비의 바깥면으로부터 10m 이상이어야 한다.

정답 ②

69 저항 20Ω인 전열기에 5A의 전류가 1시간 동안 흘렀다면 약 몇 kcal의 열량이 발생하겠는가?

① 100 ② 432
③ 861 ④ 14,400

해설
$Q = 0.24 I^2 Rt \times 10^{-3}$
$= 0.24 \times 5^2 \times 20 \times (60 \times 60) \times 10^{-3}$
$= 432 \text{kcal}$

정답 ②

70 작업자가 교류전압 7,000V 이하의 전로에 활선근접 작업시 감전사고 방지를 위한 절연용 보호구는?

① 고무절연관   ② 절연시트
③ 절연커버   ④ 절연안전모

해설
- 작업자가 교류전압 7,000V 이하의 전로에 활선근접 작업시 감전사고 방지를 위하여 착용하여야 할 절연용 보호구는 절연안전모이다.
- 고무절연관, 절연시트, 절연커버는 절연용 방호구에 해당한다.

정답 ④

71 아세틸렌(C_2H_2)의 공기 중 완전연소조성농도(C_{st})는?

① 6.7vol% ② 7.0vol%
③ 7.4vol% ④ 7.7vol%

해설
- 아세틸렌(C_2H_2)의 산소농도(O_2)
  $= n + \dfrac{m-f-2\lambda}{4}$
  여기서 n: 탄소, m: 수소, f: 할로겐원소, λ: 산소
  $= 2 + \dfrac{2}{4} = 2.5$
- 완전연소조성농도(C_{st})
  $= \dfrac{100}{1+4.773 \times O_2} = \dfrac{100}{1+4.773 \times 2.5}$
  $= \dfrac{100}{12.9325} = 7.732 ≒ 7.7\text{vol}\%$

정답 ④

72 화재시 주수에 의해 오히려 위험성이 증대되는 물질은?

① 황린 ② 니트로셀룰로오스
③ 적린 ④ 마그네슘

해설 마그네슘은 화재시 주수를 하게 되면 물과 격렬하게 반응하여 발열하고 수소가스를 발생시켜 위험성이 증대되는 물질이다.

정답 ④

73 다음 중 아세톤에 대한 설명으로 옳지 않은 것은?

① 인화점은 −18℃이다.
② 증기가 유독하므로 흡입하지 않아야 한다.
③ 물보다 비중이 무겁다.
④ 무색이고 휘발성이 강한 액체이다.

해설 아세톤의 비중은 0.79로 물보다 가볍다.

정답 ③

74 교류아크용접기에 자동전격방지기를 설치하는 요령으로 옳지 않은 것은?

① 직각으로만 부착해야 한다.
② 이완방지조치를 한다.
③ 동작상태를 알기 쉬운 곳에 설치한다.
④ 테스트 스위치는 조작이 용이한 곳에 위치시킨다.

해설 자동전격방지기는 직각으로 설치하여야 하나 불가피한 경우에는 직각에서 20도 이내로 설치할 수 있다.

정답 ①

75 금속관의 방폭형 부속품에 관한 설명으로 옳지 않은 것은?

① 아연도금을 한 위에 투명한 도료를 칠하거나 녹스는 것을 방지한 강 또는 가단주철일 것
② 안쪽면 및 끝부분은 전선의 피복을 손상하지 않도록 매끈한 것일 것
③ 전선관과의 접속부분의 나사는 5턱(산) 이상 완전히 나사결합이 될 수 있는 길이일 것
④ 접합면은 유입방폭구조의 폭발압력시험에 적합할 것

해설 접합면은 내압방폭구조의 폭발압력시험에 적합할 것이 옳은 내용이다.

정답 ④

76 유체의 역류를 방지하기 위하여 설치하는 밸브는?

① 게이트밸브 ② 체크밸브
③ 드레인밸브 ④ 감압밸브

해설 유체의 역류를 방지하기 위하여 설치하는 밸브는 체크밸브(Check Valve)이다.

정답 ②

77 화학공장에서 주로 사용되는 불활성 가스는?
① 수소 ② 수증기
③ 질소 ④ 일산화탄소

해설 화학공장에서 주로 사용되는 불활성 가스는 질소(N_2)이다.

정답 ③

78 프로판가스 $1m^3$를 완전연소 시키는 데 필요한 이론 공기량은 몇 m^3인가? (단, 공기 중의 산소농도는 20%이다)
① 20 ② 25
③ 30 ④ 35

해설
- 프로판가스 완전연소반응식
  $C_3H_8 + 5O_2 \rightarrow 3CO_2 + 4H_2O$
- 완전연소반응식에 의해 프로판(C_3H_8) $1m^3$, 산소(O_2) $5m^3$
- 공기 중의 산소농도가 20%이므로 이론공기량은
  $5 \times \dfrac{100}{20} = 25m^3$

정답 ②

79 고압 및 특고압 전로에 시설하는 피뢰기의 설치장소로 옳지 않은 것은?
① 가공전선로와 지중전선로가 접속되는 곳
② 발전소, 변전소의 가공전선 인입구 및 인출구
③ 가공전선로에 접속하는 배전용 변압기의 저압측
④ 특고압 가공전선로로부터 공급받는 수용장소의 인입구

해설 가공전선로에 접속하는 배전용 변압기의 저압측이 아닌 고압측 및 특고압측에 피뢰기를 설치하여야 한다.

관련이론 고압 및 특고압 전로에 시설하는 피뢰기의 설치장소
- 고압 및 특고압 가공전선로로부터 공급을 받는 수용장소의 인입구
- 가공전선로에 접속하는 배전용 변압기의 고압측 및 특고압측
- 발전소, 변전소 또는 이에 준하는 장소의 가공전선 인입구 및 인출구
- 가공전선로와 지중전선로가 접속되는 곳

정답 ③

80 전폐형의 구조로 되어있으며 외부의 폭발성 가스가 내부로 침입해서 폭발을 하였을 때 고열가스나 화염을 협격을 통하여 서서히 방출시킴으로써 냉각되는 방폭구조는?
① 내압방폭구조 ② 유압방폭구조
③ 압력방폭구조 ④ 안전증방폭구조

해설
- 전폐형의 구조로 되어있으며 외부의 폭발성 가스가 내부로 침입해서 폭발을 하였을 때 고열가스나 화염을 협격을 통하여 서서히 방출시킴으로써 냉각되는 방폭구조는 내압방폭구조이다.
- 내압방폭구조의 기호는 d로 표시한다.

정답 ①

제5과목 건설안전기술

81 셔블계 굴착기에 설치하여 사용되는 것으로서 유압에 의한 건물, 도로 등의 파괴에 사용하는 기계는 무엇인가?

① 브레이커　　② 쐐기타입기
③ 절단톱　　　④ 팽창제

해설　브레이커(Braker)에 관한 설명이다.

정답 ①

82 2축2륜이 있으며, 각각의 차축이 평행으로 배치된 것으로 점성토의 다짐에 적당하지만 각재를 다짐하는 것은 부적합 기계는?

① 매커덤롤러　② 탠덤롤러
③ 타이어롤러　④ 탬핑롤러

해설　탠덤롤러(Tandom Roller)에 관한 설명이다.

정답 ②

83 잠함 또는 우물통이 내부에서 굴착작업을 할 때 급격한 침하로 인한 위험방지를 위해 준수하여야 할 사항은?

① 바닥으로부터 천장 또는 보까지의 높이는 1.8m 이상으로 할 것
② 산소의 농도를 측정하는 자를 지명하여 측정하도록 할 것
③ 근로자가 안전하게 승강하기 위한 설비를 설치할 것
④ 굴착깊이가 20m를 초과하는 때에는 송기를 위한 설비를 설치할 것

해설　잠함 또는 우물통의 내부에서 굴착작업을 할 때 급격한 침하로 인한 위험방지를 위해 준수하여야 할 사항을 다음과 같다
  • 바닥으로부터 천장 또는 보까지의 높이는 1.8m 이상으로 할 것
  • 침하관계도에 따라 굴착방법 및 재하량 등을 정할 것

정답 ①

84 콘크리트 타설시 내부진동기를 이용한 진동다지기를 할 때 사용상의 주의사항으로 옳지 않은 것은?

① 여러 층으로 나누어 진동다지기를 할 때는 진동기를 하층의 콘크리트 속으로 찔러 넣어서는 안 된다.
② 진동기는 수직방향으로 넣고 간격은 약 50cm 이하로 한다.
③ 진동기를 넣고 나서 뺄 때까지 시간은 보통 5~15초가 적당하다.
④ 진동기를 가지고 거푸집 속의 콘크리트를 옆방향으로 이동시켜서는 안 된다.

해설　진동기는 수직방향으로 넣고 간격은 60cm 이하로 한다.

정답 ②

85 거푸집 존치기간에 영향을 미치는 요인에 해당되지 않는 것은?

① 콘크리트 배합　② 시멘트 성질
③ 온도조건　　　　④ 운반조건

해설　거푸집 존치기간에 영향을 미치는 요인은 다음과 같다.
  • 콘크리트 배합
  • 시멘트 성질
  • 온도조건
  • 구조물·부재·하중의 종류

정답 ④

86 산업안전보건관리비의 항목으로 사용할 수 있는 것은?

① 비계해체시 하부통제를 위한 신호자의 인건비
② 외부인 출입금지, 공사장 경계표시를 위한 가설 울타리 설치비
③ 안전보건교육장 대지 구입비용
④ 교통통제를 위한 교통정리, 신호수의 인건비

해설　비계해체시 하부통제를 위한 신호자의 인건비는 산업안전보건관리비의 항목으로 사용할 수 있다.

정답 ①

87 건설업에서 안전관리비 대상액이 5억원 미만일 때 대상액에 곱해주는 비율이 가장 작은 공사는?

① 일반건설공사(을)
② 중건설공사
③ 특수 및 기타 건설공사
④ 철도, 궤도신설공사

해설 • 건설업 산업안전보건관리비를 계상할 때 계상기준은 다음과 같다.

공사종류＼대상액	5억원 미만	50억원 이상
• 특수 및 기타 건설공사	1.85%	1.27%
• 철도·궤도신설공사	2.45%	1.66%
• 중건설공사	3.43%	2.44%
• 일반건설공사(갑)	2.93%	1.97%
• 일반건설공사(을)	3.09%	2.10%

• 따라서 대상액에 곱해주는 비율이 가장 작은 공사는 특수 및 기타 건설공사(특수건설공사 → 고용노동부고시 2024.9.19 개정)이다.

정답 ③

88 흙막이 가시설의 버팀대(Strut)의 변형을 측정하는 계측기에 해당하는 것은?

① Water level meter ② Strain gauge
③ Piezometer ④ Load cell

해설 흙막이 가시설의 버팀대의 변형을 측정하는 계측기는 Strain guage(변형계)이다.

정답 ②

89 깊이 10.5m 이상의 굴착시 흙막이 구조안전을 예측하기 위해 설치하는 계측기에 해당하지 않는 것은?

① 수위계 ② 경사계
③ 응력계 ④ 내공변위계

해설 내공변위계는 터널굴착시 사용되는 계측기이다.

관련이론 깊이 10.5m 이상의 굴착시 흙막이 구조안전을 예측하기 위해 설치하는 계측기
• 수위계 • 경사계
• 응력계 • 하중 및 침하계

정답 ④

90 작업장 통로 조명의 최소조도기준으로 옳은 것은?

① 50Lux 이상 ② 75Lux 이상
③ 150Lux 이상 ④ 300Lux 이상

해설 사업주는 근로자가 안전하게 통행할 수 있도록 통로에 75Lux 이상의 채광 또는 조명시설을 하여야 한다.

정답 ②

91 산업안전보건기준에 관한 규칙에 따라 위험물질을 제조·취급하는 작업장과 그 작업장이 있는 건축물에 출입구 외에 안전한 장소로 대피할 수 있는 비상구를 설치하여야 한다. 이때 비상구의 너비와 비상구의 높이는 각각 얼마 이상으로 하여야 하는가?

	비상구의 너비	비상구의 높이
①	0.45m 이상	1m 이상
②	0.75m 이상	1.5m 이상
③	0.95m 이상	2m 이상
④	1.75m 이상	2.5m 이상

해설 비상구의 너비는 0.75m 이상, 비상구의 높이는 1.5m 이상으로 하여야 한다.

정답 ②

92 강관비계의 구조 중 비계기둥간의 적재하중은 몇 kg 을 초과하지 않아야 하는가?

① 100kg ② 200kg
③ 300kg ④ 400kg

해설 강관비계의 구조 중 비계기둥간의 적재하중은 400kg 을 초과하지 않아야 한다.

정답 ④

93 다음은 말비계를 조립하여 사용하는 경우에 대한 준수사항이다. ( ) 안에 들어갈 내용으로 옳은 것은?

- 지주부재와 수평면의 기울기를 (㉠) 이하로 하고 지주부재와 지주부재 사이를 고정시키는 보조부재를 설치할 것
- 말비계의 높이가 2m를 초과하는 경우에는 작업발판의 폭을 (㉡) 이상으로 할 것

	㉠	㉡
①	75°	30cm
②	75°	40cm
③	85°	30cm
④	85°	40cm

해설 말비계를 조립하여 사용하는 경우 준수사항(산업안전보건법 안전보건기준)
- 지주부재와 수평면의 기울기를 75° 이하로 하고 지주부재와 지주부재 사이를 고정시키는 보조부재를 설치할 것
- 말비계의 높이가 2m를 초과하는 경우에는 작업발판의 폭을 40cm 이상으로 할 것
- 지주부재의 하단에는 미끄럼방지장치를 하고, 근로자가 양측 끝부분에 올라서서 작업하지 않도록 할 것

정답 ②

94 달비계의 최대적재하중을 정함에 있어 안전계수로 옳지 않은 것은?

① 달기와이어로프 및 달기강선의 안전계수는 7 이상
② 달기체인 및 달기훅의 안전계수는 5 이상
③ 달기강대와 달비계의 하부 및 상부지점의 안전계수는 강재의 경우 2.5 이상
④ 달기강대와 달비계의 하부 및 상부지점의 안전계수는 목재의 경우 5 이상

해설 달기와이어로프 및 달기강선의 안전계수는 10 이상이다.
※ 산업안전보건법 안전보건기준
→ 2024.9.19 개정되어 삭제된 항목으로 학습 불필요

정답 ①

95 부두, 안벽 등 하역작업을 하는 장소에 대하여 부두, 안벽의 선을 따라 통로를 설치할 때 통로의 최소폭은?

① 70cm ② 80cm
③ 90cm ④ 100cm

해설 부두 또는 안벽의 선을 따라 통로를 설치하는 때에는 폭을 90cm 이상으로 하여야 한다.

정답 ③

96 차량계 건설기계를 사용하여 작업시 작업계획서에 포함되어야 할 사항이 아닌 것은?

① 차량계 건설기계의 운행경로
② 차량계 건설기계의 신호방법
③ 차량계 건설기계에 의한 작업방법
④ 사용하는 차량계 건설기계의 종류 및 성능

해설 차량계 건설기계의 신호방법은 차량계 건설기계작업 시 작업계획서에 포함되어야 할 사항에 해당하지 않는다.

관련이론 차량계 건설기계 작업계획서에 포함되어야 할 사항
- 차량계 건설기계의 운행경로
- 차량계 건설기계에 의한 작업방법
- 사용하는 차량계 건설기계의 종류 및 성능

정답 ②

97 추락재해방지용 방망의 신품에 대한 인장강도는 얼마인가? (단, 그물코의 크기가 10cm이며, 매듭없는 방망이다)

① 220kg ② 240kg
③ 260kg ④ 280kg

해설 그물코의 크기가 10cm이며, 매듭없는 방망의 신품에 대한 인장강도는 240kg이다.

관련이론 방망사의 인장강도

1. 방망사의 신품에 대한 인장강도

그물코의 크기(cm)	인장강도(kg)	
	매듭없는 방망	매듭방망
10	240	200
5	–	110

2. 방망사의 폐기시 인장강도

그물코의 크기(cm)	인장강도(kg)	
	매듭없는 방망	매듭방망
10	150	135
5	–	60

정답 ②

98 높이 2m 이상의 장소에서 추락의 우려가 있는 작업에 적합한 방호설비가 아닌 것은?

① 비계 ② 달비계
③ 수평통로 ④ 구명줄

해설 고용노동부고시기준에 의하면 높이 2m 이상의 장소에서 추락의 우려가 있는 작업에 적합한 방호설비는 비계, 달비계, 수평통로, 안전난간대가 있으며, 구명줄은 이에 해당하지 않는다.

정답 ④

99 다음 ( ) 안에 적합한 내용은 무엇인가?

> 건축물 등의 바깥쪽으로 설치하는 경우 추락방호망의 내민 길이는 벽면으로부터 ( ) 이상 되도록 할 것

① 2m ② 3m
③ 5m ④ 7m

해설 건축물 등의 바깥쪽으로 설치하는 경우 추락방호망의 내민 길이는 벽면으로부터 3m 이상 되도록 하여야 한다.

정답 ②

100 작업장에 설치하는 계단에 대한 설명으로 옳은 것은?

① 계단 및 계단참은 400kg/m² 이상의 하중에 견딜 수 있어야 한다.
② 계단참은 그 높이가 2.5m를 초과하는 계단에 높이 2.5m 이내마다 진행방향으로 길이 1.2m 이상의 계단참을 설치하여야 한다.
③ 높이 1m 이상인 계단의 개방된 측면에는 안전난간을 설치하여야 한다.
④ 계단을 설치할 때 그 폭은 50cm 이상으로 하여야 한다.

해설 높이 1m 이상인 계단의 개방된 측면에는 안전난간을 설치하여야 하며, 계단 및 계단참의 안전율을 4 이상으로 한다.

선지분석
① 계단 및 계단참은 500kg/m² 이상의 하중에 견딜 수 있어야 한다.
② 계단참은 그 높이가 3m를 초과하는 계단에 높이 3m 이내마다 진행방향으로 길이 1.2m 이상의 계단참을 설치하여야 한다.
④ 계단을 설치할 때 그 폭은 1m 이상으로 하여야 한다.

정답 ③

2021년 제3회(CBT)

제1과목 산업안전관리론

01 무재해운동의 3원칙에 해당하지 않는 것은?

① 참가의 원칙　② 무의 원칙
③ 예방의 원칙　④ 선취의 원칙

해설 무재해운동의 3대 원칙에는 <u>참가의 원칙, 무의 원칙, 선취의 원칙</u>이 있으며, 예방의 원칙은 해당하지 않는다.

정답 ③

02 하인리히의 재해구성비율에 따라 경상사고가 87건 발생하였다면 무상해사고는 몇 건이 발생하였겠는가?

① 300건　② 600건
③ 900건　④ 1,200건

해설
- 하인리히의 재해구성 비율
  = 1(중상 또는 사망) : 29(경상) : 300(무상해사고)
- 이 중 경상사고가 87건 발생하였으므로
  $29 : 87 = 300 : x$
  $29x = 87 \times 300$
  $\therefore x = \dfrac{87 \times 300}{29} = 900$ 건

정답 ③

03 주의의 특성으로 볼 수 없는 것은?

① 변동성　② 선택성
③ 방향성　④ 통합성

해설 주의의 특성에는 변동성, 선택성, 방향성이 있으며, 통합성은 이에 해당하지 않는다

정답 ④

04 안전관리조직의 형태 중 라인스탭형에 대한 설명으로 옳지 않은 것은?

① 대규모 사업장(1,000명 이상)에 효율적이다.
② 안전과 생산업무가 분리될 우려가 없기 때문에 균형을 유지할 수 있다.
③ 모든 안전관리업무를 생산라인을 통하여 직선적으로 이루어지도록 편성된 조직이다.
④ 안전업무를 전문적으로 담당하는 스탭 및 생산라인의 각 계층에도 겸임 또는 전임의 안전담당자를 둔다.

해설 모든 안전관리업무를 생산라인을 통하여 직선적으로 이루어지도록 편성된 조직은 안전관리조직의 형태 중 <u>라인형</u>이다.

정답 ③

05 재해의 원인분석법 중 사고의 유형, 기인물 등 분류항목을 큰 순서대로 도표화하여 문제나 목표의 이해가 편리한 것은?

① 관리도(control chart)
② 파레토도(pareto diagram)
③ 크로스분석(cross analysis)
④ 특성요인도(cause-reason diagram)

해설 사고의 유형, 기인물 등 분류항목을 <u>큰 순서대로 도표화하여 문제나 목표의 이해가 편리한 것은 파레토도</u>이다.

정답 ②

06 레빈의 법칙에서 B = f(P · E)로 표시할 때 P에 해당하지 않는 것은?
① 연령　　　② 심신상태
③ 작업환경　④ 지능

해설 작업환경은 레빈의 법칙 중 E(환경)에 해당한다.

정답 ③

07 적응기제(Adjustment Mechanism) 중 방어적 기제(Defence Mechanism)에 해당하는 것은?
① 고립(Isolation)
② 퇴행(Regression)
③ 억압(Suppression)
④ 합리화(Rationalization)

해설 적응기제 중 방어적 기제에 해당하는 것은 합리화이다.

정답 ④

08 매슬로우(Maslow)의 욕구단계이론 중 제2단계의 욕구에 해당하는 것은
① 사회적 욕구
② 안전에 대한 욕구
③ 자아실현의 욕구
④ 존경과 긍지에 대한 욕구

해설 매슬로우(Maslow)의 욕구단계이론 중 제2단계의 욕구는 안전에 대한 욕구이다.

정답 ②

09 안전보건표지 중 금지표지에 해당하는 바탕색은?
① 흰색　　② 빨간색
③ 녹색　　④ 노란색

해설 안전보건표지 중 금지표지에 해당하는 바탕색은 흰색이다.

정답 ①

10 다음 중 제조물의 결함에 해당하지 않는 것은?
① 설계상 결함　② 제조상 결함
③ 표시상 결함　④ 사용상 결함

해설 제조물책임법에 명시된 제조물의 결함으로는 설계상 결함, 제조상 결함, 표시상 결함이 있으며, 사용상 결함은 해당하지 않는다.

정답 ④

11 기업내 정형교육 중 대상으로 하는 계층이 한정되어 있지 않고, 한 번 훈련을 받은 관리자는 그 부하인 감독자에 대해 지도원이 될 수 있는 교육방법은?
① TWI(Training Within Industry)
② MTP(Management Training Program)
③ CCS(Civil Communication Section)
④ ATT(American Telephone & Telegram Co)

해설 한 번 훈련을 받은 관리자는 그 부하인 감독자에 대해 지도원이 될 수 있는 교육방법은 ATT이다.

정답 ④

12 교육심리학의 기본이론 중 학습지도의 원리가 아닌 것은?
① 직관의 원리　② 개별화의 원리
③ 계속성의 원리　④ 사회화의 원리

해설 계속성의 원리는 교육심리학의 기본이론 중 학습경험 조직의 원리에 해당한다.

정답 ③

13 리더와 부하의 관계를 중심으로 리더의 행동스타일을 연구하는 방식은?
① 카리스마 이론　② 리더십 행동이론
③ 리더십 상황이론　④ 전변이론

해설 리더와 부하의 관계를 중심으로 리더의 행동스타일을 연구하는 방식은 리더십 행동이론이다.

정답 ②

14 교육의 기본 3요소에 해당하지 않는 것은?

① 교육의 형태   ② 교육의 주체
③ 교육의 객체   ④ 교육의 매개체

해설 교육의 형태는 교육의 기본 3요소에 해당하지 않는다.

정답 ①

15 다음에서 설명하는 현상으로 옳은 것은?

> 작업을 하고 있을 때 걱정거리, 고민거리, 욕구불만 등에 의해 다른 데 정신을 빼앗기는 부주의 현상

① 의식의 단절   ② 의식의 중단
③ 의식의 혼란   ④ 의식의 우회

해설 의식의 우회에 대한 설명이다.

정답 ④

16 위험예지훈련 4라운드기법의 진행방법에 있어 문제점 발견 및 중요문제를 결정하는 단계는?

① 대책수립단계   ② 현상파악단계
③ 본질추구단계   ④ 목표설정단계

해설 위험예지훈련 4라운드기법의 진행방법에 있어 문제점 발견 및 중요문제를 결정하는 단계는 제2단계인 본질추구단계이다.

정답 ③

17 방독마스크의 정화통 색상으로 옳지 않은 것은?

① 유기화합물용 – 갈색
② 할로겐용 – 회색
③ 황화수소용 – 회색
④ 암모니아용 – 노란색

해설 암모니아용 방독마스크의 정화통 색상은 녹색이다.

정답 ④

18 사고예방대책의 기본원리 5단계 중 사실의 발견단계에 해당하는 것은?

① 작업환경측정
② 안전성 진단, 평가
③ 점검, 검사 및 조사실시
④ 안전관리계획 수립

해설 사실의 발견단계(제2단계)에 해당하는 것은 점검, 검사 및 조사실시이다.

정답 ③

19 거푸집동바리의 조립 또는 해체작업시 교육내용에 해당되지 않는 것은?

① 동바리의 조립방법 및 작업절차에 관한 사항
② 조립재료의 취급방법 및 설치기준에 관한 사항
③ 환기설비에 관한 사항
④ 보호구 착용 및 점검에 관한 사항

해설 환기설비에 관한 사항은 밀폐된 장소에서 하는 용접작업 또는 습한 장소에서 하는 전기용접작업시 교육내용에 해당한다.

정답 ③

20 작업현장에서 매일 작업 전, 작업 중, 작업 후 현장작업자가 스스로 이상여부를 점검하는 안전점검의 종류는?

① 정기점검   ② 특별점검
③ 임시점검   ④ 수시점검

해설 작업현장에서 매일 작업 전, 작업 중, 작업 후 현장작업자가 스스로 이상여부를 점검하는 안전점검은 수시점검(일상점검)이다.

정답 ④

제2과목 인간공학 및 시스템안전공학

21 조도의 기본단위는?
① sone   ② lux
③ phon   ④ fL

해설 조도의 기본단위는 lux(럭스)이다.

정답 ②

22 위험통제기술에 해당하지 않는 것은?
① 위험회피   ② 위험감소 및 제거
③ 위험보유   ④ 위험적정

해설 위험통제기술(리스크 처리기술)에는 <u>위험회피, 위험감소 및 제거, 위험보유, 위험분담</u>이 있으며, 위험적정은 위험통제기술에 해당하지 않는다.

정답 ④

23 고도나 배경 등이 계속 변할 때는 어떤 표시장치를 사용해야 하는가?
① Moving Pointer Type
② Digital Type
③ Moving Scale Type
④ Setting Sound Type

해설 고도나 배경 등이 계속 변할 때는 <u>Moving Pointer Type(정목동침형) 표시장치</u>를 사용해야 한다.

정답 ①

24 조종-반응비(Control-Response Ratio, C/R비)에 대한 설명으로 옳지 않은 것은?
① 조종장치와 표시장치의 이동거리 비율을 의미한다.
② C/R비가 클수록 조종장치는 민감하다.
③ 최적C/R비는 조정시간과 이동시간의 교점이다.
④ 이동시간과 조정시간을 감안하여 최적C/R비를 구할 수 있다.

해설 C/R비가 작을수록 조종장치가 민감하다.

정답 ②

25 Human error의 주원인에 해당하는 것은?
① 기술수준   ② 경험수준
③ 훈련수준   ④ 인간고유의 변화성

해설 Human error(인간실수)의 주원인에 해당되는 것은 <u>인간고유의 변화성</u>이다.

정답 ④

26 FTA에 사용되는 기호 중 다음 기호에 해당하는 것은?

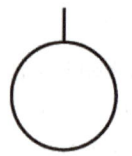

① 생략사상   ② 부정사상
③ 결함사상   ④ 기본사상

해설 그림의 기호는 '기본사상'이다.

정답 ④

27 FTA에 대한 설명으로 가장 거리가 먼 것은?

① 정성적 분석만 가능
② 하향식(top-down) 방법
③ 복잡하고 대형화된 시스템에 활용
④ 논리게이트를 이용하여 도해적으로 표현하여 분석하는 방법

해설 FTA(결함수분석법)는 정성적, 정량적 분석이 가능하다.

정답 ①

28 인간의 반응에는 얼마 정도의 저항기간(Refractory Period)이 존재한다고 보는가?

① 0.1초 ② 0.3초
③ 0.5초 ④ 1.0초

해설 인간의 반응에는 0.5초 정도의 저항기간(Refractory Period)이 존재한다고 본다.

정답 ③

29 인간공학적인 의자설계를 위한 일반적 원칙으로 적절하지 않은 것은?

① 척추의 허리부분은 요부전만을 유지한다.
② 허리강화를 위하여 쿠션은 설치하지 않는다.
③ 좌판의 앞모서리 부분은 5cm 정도 낮아야 한다.
④ 좌판과 등받이 사이의 각도는 90~105°를 유지하도록 한다.

해설
• 인간공학적인 의자설계를 위한 일반원칙에 '디스크(추간판)가 받는 압력을 줄인다'가 있다.
• '허리강화를 위하여 쿠션을 설치하지 않는다'는 것은 이 원칙에 위배된다.

정답 ②

30 인간-기계시스템을 설계하기 위해 고려해야 할 사항에 해당하지 않는 것은?

① 시스템설계시 동작경제의 원칙이 만족되도록 고려한다.
② 인간과 기계가 모두 복수인 경우, 종합적인 효과보다 기계를 우선적으로 고려한다.
③ 대상이 되는 시스템이 위치할 환경조건이 인간에 대한 한계치를 만족하는가의 여부를 조사한다.
④ 인간이 수행해야 할 조작이 연속적인가 불연속적인가를 알아보기 위해 특성조사를 실시한다.

해설 인간과 기계가 모두 복수인 경우, 기계적인 효과보다 종합적인 효과를 우선적으로 고려한다.

정답 ②

31 인체측정자료의 응용원칙에서 자동차의 좌석이나 사무실 의자 등의 설계에 가장 적합한 원칙은?

① 조절식 설계원칙
② 평균값를 이용한 설계원칙
③ 최소집단치를 이용한 설계원칙
④ 최대집단치를 이용한 설계원칙

해설 자동차의 좌석이나 사무실 의자 등의 설계에 가장 적합한 원칙은 조절식 설계원칙이다.

정답 ①

32 시각적 표시장치보다 청각적 표시장치를 사용하는 것이 더 유리한 경우는?

① 정보의 내용이 복잡하고 긴 경우
② 정보가 공간적인 위치를 다룬 경우
③ 직무상 수신자가 한 곳에 머무르는 경우
④ 수신장소가 너무 밝거나 암조응이 요구될 경우

해설 수신장소가 너무 밝거나 암조응이 요구될 경우 시각적 표시장치보다 청각적 표시장치를 사용하는 것이 더 유리한 경우에 해당한다.

정답 ④

33 작업자가 100개의 부품을 육안검사하여 20개의 불량품을 발견하였다. 실제 불량품이 40개라면 인간에러(human error) 확률은?

① 0.2 ② 0.3
③ 0.4 ④ 0.5

해설 인간에러(human error) 확률
$= \dfrac{\text{실제 불량품} - \text{육안검사 불량품}}{\text{전체 부품}}$
$= \dfrac{40-20}{100} = 0.2$

정답 ①

34 시스템안전분석방법 중 예비위험분석(PHA)단계에서 식별하는 4가지 범주에 속하지 않는 것은?

① 위기적 상태 ② 무시가능 상태
③ 파국적 상태 ④ 예비조처 상태

해설 예비조처 상태는 예비위험분석단계에서 식별하는 4가지 범주에 해당하지 않는다.

정답 ④

35 그림과 같은 FT도에서 ① = 0.015, ② = 0.02, ③ = 0.05이면, 정상사상 T가 발생할 확률은?

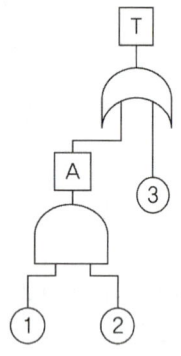

① 0.0002 ② 0.0283
③ 0.0503 ④ 0.9500

해설
- A = 0.015 × 0.02 = 0.0003
- T = 1 − (1 − A)(1 − ③)
  = 1 − {(1 − 0.0003)(1 − 0.05)}
  = 0.05028 ≒ 0.0503

정답 ③

36 어떤 소리가 1000Hz, 60dB인 음과 같은 높이임에도 4배 더 크게 들린다면, 이 소리의 음압수준은?

① 70dB ② 80dB
③ 90dB ④ 100dB

해설
- 1,000Hz 60dB은 60phon이다.
- 음량수준 10phon이 증가하면 음량(sone)은 2배로 크게 들린다.
- 4배로 더 크게 들린다면 20phon이 증가한 것이며, 음압수준도 20dB이 증가한 것이다.
- ∴ 60dB + 20dB = 80dB

정답 ②

37 다음은 위험분석기법 중 어떠한 기법에 사용되는 양식인가?

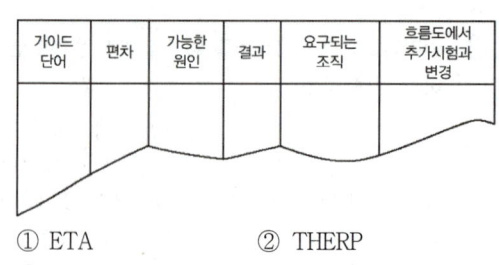

① ETA ② THERP
③ FMEA ④ HAZOP

해설 HAZOP(Hazard and Operability, 위험 및 운전성분석)에 사용되는 양식이며, 이는 화학공장에서의 위험성과 운전성을 정해진 규칙과 설계도면에 의해 체계적으로 분석평가하는 방법이다.

정답 ④

38 주물공장에 일하는 어느 작업자의 작업지속시간과 휴식시간을 열압박지수(HSI)를 활용하여 계산했더니 각각 45분, 15분이었다. 이 작업자의 1일 작업량(TW)은? (단, 휴식시간은 포함하지 않으며, 1일 근무시간은 8시간이다.)

① 4.5시간　② 5시간
③ 5.5시간　④ 6시간

해설
$$TW = \frac{WT}{WT+RT} \times 8$$
여기서, TW : 1일 작업량
WT : 작업지속시간(분)
RT : 휴식시간(분)
$$= \frac{45}{45+15} \times 8 = 6\text{시간}$$

정답 ④

39 화학공장(석유화학사업장 등)에서 가동문제를 파악하는데 널리 사용되며, 위험요소를 예측하고, 새로운 공정에 대한 가동문제를 예측하는데 사용되는 위험성평가방법은?

① SHA　② EVP
③ CCFA　④ HAZOP

해설 화학공장에서 가동문제를 파악하는데 널리 사용되며, 위험요소를 예측하고, 새로운 공정에 대한 가동문제를 예측하는데 사용되는 위험성평가방법은 HAZOP (Hazard and Operability)이다.

정답 ④

40 시스템의 수명곡선에 고장의 발생형태가 일정하게 나타나는 기간은?

① 초기고장기간
② 우발고장기간
③ 마모고장기간
④ 피로고장기간

해설 시스템의 수명곡선에서 고장의 발생형태가 일정하게 나타나는 기간은 우발고장기간이다.

정답 ②

제3과목 기계위험방지기술

41 산업안전보건법령상 양중기에서 절단하중이 100톤인 와이어로프를 사용하여 화물을 직접적으로 지지하는 경우 화물의 사용하중(톤)은?

① 20　② 30
③ 40　④ 50

해설 화물의 하중을 직접 지지하는 달기와이어로프의 경우 안전계수는 5 이상이다.
$$\text{안전계수} = \frac{\text{절단하중}}{\text{사용하중}}$$
$$5 = \frac{100}{x}$$
$$\therefore x = \frac{100}{5} = 20$$

정답 ①

42 연삭기의 종류가 아닌 것은?

① 다두연삭기　② 원통연삭기
③ 센터리스연삭기　④ 만능연삭기

해설
• 다두연삭기는 연삭기의 종류에 해당하지 않는다.
• 드릴기에는 다두드릴기가 있다.

정답 ①

43 드릴링 머신을 이용한 작업시 안전수칙에 대한 설명으로 옳지 않은 것은?

① 일감을 손으로 견고하게 쥐고 작업한다.
② 장갑을 끼고 작업을 하지 않는다.
③ 칩은 기계를 정지시킨 다음에 와이어 브러시로 제거한다.
④ 드릴을 끼운 후에는 척 렌치를 반드시 제거한다.

해설 일감은 볼트, 고정구, 바이스, 지그 등으로 고정하며, 손으로 쥐고 작업하지 않는다.

정답 ①

44 보일러의 방호장치로 옳지 않은 것은
① 압력방출장치 ② 과부하방지장치
③ 압력제한스위치 ④ 고저수위조절장치

해설 과부하방지장치는 <u>크레인, 리프트의 방호장치에 해당한다.</u>

정답 ②

45 크레인작업시 조치사항으로 옳지 않은 것은?
① 인양할 하물은 바닥에서 끌어당기거나 밀어내는 작업을 하지 아니할 것
② 유류드럼이나 가스통 등의 위험물 용기는 보관함에 담아 안전하게 매달아 운반할 것
③ 고정된 물체는 직접 분리, 제거하는 작업을 할 것
④ 근로자의 출입을 통제하여 하물이 작업자의 머리 위로 통과하지 않게 할 것

해설 고정된 물체는 직접 분리, 제거하는 작업을 하지 않아야 한다.

정답 ③

46 롤러의 위험점 전방에 개구간격 40mm의 가드를 설치하고자 한다면 개구부에서 위험점까지의 거리는 몇 mm 이상이어야 하는가? (단, 위험점이 전동체는 아니다.)
① 180 ② 227
③ 267 ④ 320

해설 $Y = 6 + 0.15X$
여기서, Y: 가드 개구부 설치간격(mm)
X: 가드 개구부에서 위험점까지의 거리(mm)
$0.15X = Y - 6$
$X = \dfrac{Y - 6}{0.15}$
$X = \dfrac{40 - 6}{0.15} = 226.6666 ≒ 227$mm

정답 ②

47 400rpm으로 회전하는 연삭기의 숫돌지름이 300mm일 때 원주속도[m/min]는?
① 377 ② 37.7
③ 314 ④ 31.4

해설 $V = \dfrac{\pi D n}{1,000}$
여기서, V: 원주속도(m/min), D: 숫돌지름(mm)
N: 회전수(rpm)
$= \dfrac{3.14 \times 300 \times 400}{1,000} = 376.8 ≒ 377$m/min

정답 ①

48 서로 반대방향으로 맞물려 회전하는 두 개의 회전체에 물려 들어갈 위험이 형성되는 점은?
① 물림점 ② 끼임점
③ 절단점 ④ 협착점

해설
• <u>서로 반대방향으로 맞물려 회전하는 두 개의 회전체에 물려 들어갈 위험이 형성되는 위험점은 물림점이다.</u>
• 주로 롤러회전, 기어회전에 형성된다.

정답 ①

49 기계설비의 안전조건 중 구조의 안전화에 대한 설명으로 가장 거리가 먼 것은?
① 기계재료의 선정시 재료 자체에 결함이 없는지 철저히 확인한다.
② 사용 중 재료의 강도가 열화 될 것을 감안하여 설계시 안전율을 고려한다.
③ 기계작동시 기계의 오동작을 방지하기 위하여 오동작 방지 회로를 적용한다.
④ 가공경화와 같은 가공결함이 생길 우려가 있는 경우는 열처리 등으로 결함을 방지한다.

해설 기계작동시 기계의 오동작을 방지하기 위하여 오동작 방지 회로를 적용하는 것은 <u>기계설비의 안전조건 중 기능의 안전화에 해당한다.</u>

정답 ③

50 프레스의 no-hand in die방식에 대한 안전대책이 아닌 것은?

① 안전금형을 설치
② 전용프레스의 사용
③ 방호울이 부착된 프레스 사용
④ 감응식 방호장치 설치

해설 감응식 방호장치 설치는 hand in die방식에 대한 안전대책에 해당한다.

정답 ④

51 연삭기 숫돌의 파괴원인으로 볼 수 없는 것은?

① 숫돌의 회전속도가 너무 빠를 때
② 숫돌 자체에 균열이 있을 때
③ 숫돌의 정면을 사용할 때
④ 숫돌에 과대한 충격을 주게 되는 때

해설 연삭작업시 숫돌의 정면이 아닌 측면을 사용하여 작업할 때 숫돌의 파괴원인에 해당한다.

정답 ③

52 보일러수에 유지류, 고형물 등의 부유물로 인한 거품이 발생하여 수위를 판단하지 못하는 현상은?

① 프라이밍(priming)
② 캐리오버(carry over)
③ 포밍(foaming)
④ 워터해머(water hammer)

해설 보일러수에 유지류, 고형물 등의 부유물로 인한 거품이 발생하여 수위를 판단하지 못하는 현상은 포밍(foaming: 거품의 발생)이다.

정답 ③

53 컨베이어(conveyor)의 방호장치로 볼 수 없는 것은?

① 반발예방장치 ② 이탈방지장치
③ 비상정지장치 ④ 덮개 또는 울

해설 반발예방장치는 목재가공용등근톱의 방호장치에 해당한다.

정답 ①

54 프레스 등의 금형을 부착·해체 또는 조정작업 중 슬라이드가 갑자기 작동하여 근로자에게 발생할 수 있는 위험을 방지하기 위하여 설치하는 것은?

① 방호울 ② 안전블록
③ 시건장치 ④ 게이트가드

해설 프레스에 금형조정작업시 슬라이드가 갑자기 작동함으로써 근로자에게 발생할 우려가 있는 위험을 방지하기 위하여 사용하는 것은 안전블록(Safety Block)이다.

정답 ②

55 산업안전보건법령상 지게차 사용시 화물의 낙하 등에 의한 위험을 방지하기 위한 장치에 해당하는 것은?

① 포크 ② 헤드가드
③ 호이스트 ④ 힌지드 버킷

해설 산업안전보건법령상 지게차 사용시 화물의 낙하 등에 의한 위험을 방지하기 위한 장치에 해당하는 것은 헤드가드이다.

정답 ②

56 다음 내용 중 ( ) 안에 들어갈 내용으로 옳은 것은?

> 가스용기와 발생기가 분리되어 있는 아세틸렌 용접장치에 대하여는 발생기와 가스용기 사이에 안전기를 설치하여야 한다. 아세틸렌 용접장치에 대하여는 그 ( )마다 설치한다.

① 배출관　　　② 메인밸브
③ 취관　　　　④ 흡입관

해설 가스용기와 발생기가 분리되어 있는 아세틸렌 용접장치에 대하여는 발생기와 가스용기 사이에 안전기를 설치하여야 한다. 아세틸렌 용접장치에 대하여는 그 취관마다 설치한다.

정답 ③

57 사용자의 잘못된 조작 또는 실수로 인해 기계의 고장이 발생하지 않도록 설계하는 방법은

① FMEA　　　② HAZOP
③ Fail safe　　④ Fool Proof

해설 사용자의 잘못된 조작 또는 실수로 인해 기계의 고장이 발생하지 않도록 설계하는 방법은 Fool Proof(풀 프루프)이다.

정답 ④

58 밀링작업시 안전수칙에 해당하지 않는 것은?

① 칩이나 부스러기는 반드시 브러시를 사용하여 제거한다.
② 가공 중에는 가공면을 손으로 점검하지 않는다.
③ 기계를 가동 중에는 변속시키지 않는다.
④ 바이트는 가급적 짧게 고정시킨다.

해설 바이트를 가급적 짧게 고정시키는 것은 선반작업시 안전수칙에 해당한다.

정답 ④

59 아세틸렌용접시 발생기에서 몇 m 이내의 장소에서는 흡연, 화기의 사용 또는 불꽃이 발생할 위험한 행위를 금지해야 하는가?

① 3m　　　② 5m
③ 7m　　　④ 10m

해설 아세틸렌 발생기로부터 5m 이내, 발생기실로부터 3m 이내에는 흡연 및 화기사용을 금지하여야 한다.

정답 ②

60 프레스의 방호장치에 해당하지 않는 것은?

① 가드식 방호장치
② 수인식 방호장치
③ 롤 피드식 방호장치
④ 손쳐내기식 방호장치

해설 롤 피드식 방호장치는 프레스의 방호장치에 해당하지 않는다.

정답 ③

제4과목 전기 및 화학설비위험방지기술

61 방폭구조의 명칭과 표기기호가 잘못 연결된 것은?

① 안전증방폭구조: e
② 유입(油入)방폭구조: o
③ 내압(耐壓)방폭구조: p
④ 본질안전방폭구조: ia 또는 ib

해설 내압(耐壓)방폭구조의 표기기호는 'd'이다.

정답 ③

62 폭발위험장소 중 폭발성 가스 분위기가 정상작동 중 주기적 또는 빈번하게 생성되는 장소는 몇 종 장소인가?

① 0종장소   ② 1종장소
③ 2종장소   ④ 3종장소

해설 폭발위험장소 중 폭발성 가스 분위기가 정상작동 중 주기적 또는 빈번하게 생성되는 장소는 1종장소이다.

정답 ②

63 윤활유를 닦은 걸레를 햇빛이 잘 드는 구석에 쌓아두고 보관한 경우 발생할 수 있는 화재의 종류는?

① 자연발화   ② 증발연소
③ 자기연소   ④ 분진폭발

해설 윤활유를 닦은 걸레를 햇빛이 잘 드는 구석에 쌓아두고 보관한 경우 발생할 수 있는 화재의 종류는 자연발화이다.

정답 ①

64 산업안전보건기준에 관한 규칙에서 규정하는 급성독성 물질의 기준으로 옳지 않은 것은?

① 쥐에 대한 경구투입실험에 의하여 실험동물의 50%를 사망시킬 수 있는 물질의 양이 kg당 300mg-(체중) 이하인 화학물질
② 쥐에 대한 경피흡수실험에 의하여 실험동물의 50%를 사망시킬 수 있는 물질의 양이 kg당 1,000mg-(체중) 이하인 화학물질
③ 토끼에 대한 경피흡수실험에 의하여 실험동물의 50%를 사망시킬 수 있는 물질의 양이 kg당 1,000mg-(체중) 이하인 화학물질
④ 쥐에 대한 4시간 동안의 흡입실험에 의하여 실험동물의 50%를 사망시킬 수 있는 가스의 농도가 3,000ppm 이상인 화학물질

해설 쥐에 대한 4시간 동안의 흡입실험에 의하여 실험동물의 50%를 사망시킬 수 있는 가스의 농도가 2,500ppm이하인 화학물질이 급성독성 물질의 기준이 된다.

정답 ④

65 정전기 대전의 종류에 해당하지 않는 것은?

① 마찰   ② 방전
③ 박리   ④ 충돌

해설 정전기 대전의 종류에는 마찰, 박리, 충돌, 유동, 분출, 비말, 교반, 파괴, 침강 등이 있으며, 방전은 해당하지 않는다.

정답 ②

66 전기기계 · 기구의 누전에 의한 감전의 위험을 방지하기 위하여 코드 및 플러그를 접속하여 사용하는 전기기계 · 기구 중 노출된 비충전 금속체에 접지를 실시하여야 하는 것이 아닌 것은?

① 사용전압이 대지전압 110V인 전기기계 · 기구
② 냉장고, 세탁기, 컴퓨터 및 주변기기 등과 같은 고정형 전기기계 · 기구
③ 고정형 · 이동형 또는 휴대형 전동기계 · 기구
④ 휴대형 손전등

해설 사용전압이 대지전압 150V를 넘는 전기기계 · 기구의 경우 접지를 실시하여야 한다.

정답 ①

67 교류아크용접기에 관한 설명으로 옳지 않은 것은?

① 전격방지기의 외함은 접지해야 한다.
② 설치장소는 습기가 없어야 한다.
③ 진동이나 충격이 가해질 위험이 없어야 한다.
④ 전격방지장치는 60도 이상 90도 이내가 되도록 부착해야 한다.

해설 전격방지장치는 직각으로 설치해야 한다(불가피한 경우 직각에서 20도 이내로 설치한다).

정답 ④

68 산업안전보건법령에서 정한 위험물질의 종류에서 물반응성 물질 및 인화성 고체에 해당하는 것은?

① 니트로화합물 ② 과염소산
③ 아조화합물   ④ 칼륨

해설 물반응성 물질 및 인화성 고체에 해당하는 것은 칼륨이다.

정답 ④

69 인체가 전격을 당했을 경우 통전시간이 1초라면 심실세동을 일으키는 전류값(mA)은? (단, 심실세동전류 값은 Dalziel의 관계식을 이용한다.)

① 100   ② 165
③ 180   ④ 215

해설 Dalziel의 관계식

$I = \dfrac{165}{\sqrt{T}}$

여기서, I: 전류(mA)
      T: 통전시간(초)

$= \dfrac{165}{\sqrt{1}} = 165\text{mA}$

정답 ②

70 산업안전보건법상 물반응성 물질 및 인화성 고체에 해당하는 리튬(Li)에 대한 설명으로 옳지 않은 것은?

① 연소시 산소와는 반응하지 않는 특성이 있다.
② 물과 반응하여 수소를 발생한다.
③ 염산과 반응하여 수소를 발생한다.
④ 화재발생시 소화방법으로는 건조된 마른 모래 등을 이용한다.

해설 리튬은 연소시 산소와는 격렬하게 반응하고, 자동차, 컴퓨터 등의 전지에 많이 사용된다.

정답 ①

71 산업안전보건법령상 공정안전보고서의 내용 중 공정안전자료에 포함되지 않는 것은?

① 유해 · 위험설비의 목록 및 사양
② 폭발위험장소 구분도 및 전기단선도
③ 안전운전지침서
④ 각종 건물 · 설비의 배치도

해설 안전운전지침서는 산업안전보건법령상 공정안전보고서의 내용 중 안전운전계획에 포함되어야 할 사항에 해당된다.

정답 ③

72 다음 중 폭발하한농도(vol%)가 가장 높은 것은

① 일산화탄소 ② 아세틸렌
③ 디에틸에테르 ④ 아세톤

해설
- 일산화탄소의 폭발하한농도가 12.5vol%로 가장 높다.
- 아세틸렌의 폭발하한농도는 2.5vol%이다.
- 디에틸에테르의 폭발하한농도는 1vol%이다.
- 아세톤의 폭발하한농도는 3vol%이다.

정답 ①

73 질화면(Nitrocellulose)의 저장·취급 중에는 에틸알코올 또는 이소프로필알코올로 습면의 상태로 되어 있는 이유로 옳은 것은?

① 질화면은 건조상태에서는 자연발열을 일으켜 분해폭발의 위험이 존재하기 때문이다.
② 질화면은 알코올과 반응하여 안정한 물질을 만들어내기 때문이다.
③ 질화면은 건조상태에서 공기중의 산소와 환원반응을 하기 때문이다.
④ 질화면은 건조상태에서 중합물을 형성하기 때문이다.

해설 질화면(니트로셀룰로스)은 건조상태에서는 자연발열을 일으켜 분해폭발의 위험이 존재하기 때문에 에틸알코올 또는 이소프로필알코올로 습면의 상태로 저장·취급을 한다.

정답 ①

74 가연성가스의 폭발한계에 대한 설명으로 옳지 않은 것은?

① 압력증가에 따라 폭발상한계와 하한계가 모두 현저히 증가한다.
② 불활성가스를 주입하면 폭발범위는 좁아진다.
③ 온도의 상승과 함께 폭발범위는 넓어진다.
④ 산소 중에서의 폭발범위는 공기 중에서보다 넓어진다.

해설 압력증가에 따라 폭발상한계는 현저히 증가하지만 폭발하한계는 거의 일정하다.

정답 ①

75 위험물을 건조하는 경우 내용적이 몇 m^3 이상인 건조설비일 때 건조실을 설치하는 건축물의 구조를 독립된 단층으로 해야 하는가? (단, 건축물은 내화구조가 아니며, 건조실을 건축물의 최상층에 설치한 경우가 아니다.)

① 0.1 ② 1
③ 10 ④ 100

해설 위험물을 건조하는 경우 내용적이 $1m^3$ 이상인 건조설비일 때 건조실을 설치하는 건축물의 구조를 독립된 단층으로 해야 한다.

정답 ②

76 할론소화약제 중 Halon 2402의 화학식으로 옳은 것은?

① $C_2F_4Br_2$ ② $C_2H_4Br_2$
③ $C_2Br_4H_2$ ④ $C_2Br_4F_2$

해설 Halon 2402의 화학식(분자식)은 $C_2F_4Br_2$이다.

정답 ①

77 보호계전기의 종류에 해당하지 않는 것은?

① 과전류계전기 ② 비율차동계전기
③ 차동계전기 ④ 유입차단기

해설 유입차단기는 보호계전기의 종류에 해당하지 않는다.

정답 ④

78 습윤한 장소의 배선공사에 있어 유의하여야 할 사항으로 옳지 않은 것은?

① 애자사용 배선에 사용하는 애자는 400V 미만인 경우 핀애자 이상의 크기를 사용한다.
② 이동전선을 사용하는 경우 단면적 $0.75mm^2$ 이상의 코드 또는 캡타이어 케이블공사를 한다.
③ 배관공사인 경우 습기나 물기가 침입하지 않도록 한다.
④ 전선의 접속개소는 가능한 적게 하고 전선접속부분에는 절연처리를 한다.

해설 애자사용 배선에 사용하는 애자는 300V 이하일 때는 높애자 이상, 300V를 초과할 때는 특캡애자 또는 핀애자 이상 크기의 것을 사용한다.

정답 ①

79 방폭전기기기의 발화온도의 온도등급과 최고표면온도에 의한 폭발성 가스의 분류 표기를 가장 바르게 나타낸 것은?

① T1: 450℃   ② T2: 350℃
③ T3: 125℃   ④ T4: 100℃

해설 온도등급 T1의 최고표면온도는 450℃이다.

정답 ①

80 어떤 물질내에서 반응전파속도가 음속보다 빠르게 진행되며 이로 인해 발생된 충격파가 반응을 일으키고 유지하는 발열반응은?

① 점화(Ignition)   ② 폭연(Deflagration)
③ 폭발(Explosion)   ④ 폭굉(Detonation)

해설 어떤 물질내에서 반응전파속도가 음속보다 빠르게 진행되고 이로 인해 발생된 충격파가 반응을 일으키고 유지하는 발열반응은 폭굉(Detonation)이다.

정답 ④

제5과목 건설안전기술

81 높이 2m 이상의 말비계에 작업발판을 설치하는 경우 최소 폭은 얼마 이상이어야 하는가?

① 20cm   ② 25cm
③ 30cm   ④ 40cm

해설 높이 2m 이상의 말비계에 작업발판을 설치하는 경우 최소 폭은 40cm 이상이어야 한다.

정답 ④

82 추락재해방지용 방망의 신품에 대한 인장강도는 얼마인가? (단, 그물코의 크기가 10cm이며, 매듭없는 방망이다.)

① 220kg   ② 240kg
③ 260kg   ④ 280kg

해설 그물코의 크기가 10cm이며, 매듭없는 방망의 신품에 대한 인장강도는 240kg이다.

정답 ②

83 앞쪽에 한개의 조향륜 롤러와 뒤쪽에 두개의 롤러가 배치된 것으로 (2축 3륜), 하층 노반다지기, 아스팔트 포장에 주로 쓰이는 장비의 이름은?

① 머캐덤 롤러   ② 탬핑 롤러
③ 페이 로더   ④ 래머

해설 앞쪽에 1개의 조향륜 롤러와 뒤쪽에 2개의 롤러가 배치된 것(2축 3륜), 하층 노반다지기, 아스팔트 포장에 주로 쓰이는 장비는 머캐덤 롤러(Macadam Roller)이다.

정답 ①

84 콘크리트 타설작업을 하는 경우에 준수해야 할 사항으로 옳지 않은 것은?

① 콘크리트를 타설하는 경우에는 편심을 유발하여 한쪽 부분부터 밀실하게 타설되도록 유도할 것
② 당일의 작업을 시작하기 전에 해당 작업에 관한 거푸집 및 동바리의 변형·변위 및 지반의 침하 유무 등을 점검하고 이상이 있으며 보수할 것
③ 작업 중에는 거푸집 및 동바리의 변형·변위 및 침하유무 등을 감시할 수 있는 감시자를 배치하여 이상이 있으면 작업을 중지하고 근로자를 대피시킬 것
④ 설계도서상의 콘크리트 양생기간을 준수하여 거푸집 및 동바리를 해체할 것

해설 콘크리트를 타설하는 경우에는 편심이 발생하지 않도록 골고루 분산하여 타설하여야 한다.

정답 ①

85 다음은 근로자가 추락하거나 넘어질 위험이 있는 장소에서 추락방호망의 설치 기준에 대한 설명이다. ( ) 안에 들어갈 내용으로 옳은 것은?

> 건축물 등의 바깥쪽으로 설치하는 경우 추락방호망의 내민 길이는 벽면으로부터 ( ) 이상 되도록 할 것

① 1m ② 2m
③ 3m ④ 4m

해설 건축물 등의 바깥쪽으로 설치하는 경우 추락방호망의 내민 길이는 벽면으로부터 3m 이상 되도록 하여야 한다.

정답 ③

86 건설현장에서 근로자의 추락재해 예방을 위한 안전난간을 설치하는 경우 그 구성요소와 거리가 먼 것은?

① 상부난간대 ② 중간난간대
③ 사다리 ④ 발끝막이판

해설 사다리는 안전난간을 설치하는 경우의 구성요소에 포함되지 않는다.

정답 ③

87 차량계 하역운반기계에 화물을 적재할 때의 준수사항과 거리가 먼 것은?

① 하중이 한쪽으로 치우지지 않도록 적재할 것
② 구내운반차 또는 화물자동차의 경우 화물의 붕괴 또는 낙하에 의한 위험을 방지하기 위하여 화물에 로프를 거는 등 필요한 조치를 할 것
③ 운전자의 시야를 가리지 않도록 화물을 적재할 것
④ 제동장치 및 조종장치 기능의 이상 유무를 점검할 것

해설 제동장치 및 조종장치 기능의 이상 유무를 점검하는 것은 차량계 하역운반기계에 화물을 적재할 때의 준수사항에 해당하지 않는다.

정답 ④

88 흙막이 가시설의 버팀대(Strut)의 변형을 측정하는 계측기에 해당하는 것은?

① Water level meter ② Strain gauge
③ Piezometer ④ Load cell

해설 흙막이 가시설의 버팀대의 변형을 측정하는 계측기는 Strain guage(변형계)이다.

정답 ②

89 터널조명시설의 작업면 조도에 대한 기준으로 옳지 않은 것은?

① 막장 구간: 60lux 이상
② 막장 구간: 50lux 이상
③ 터널중간 구간: 50lux 이상
④ 터널 입·출구, 수직구 구간: 30lux 이상

해설 (1) 막장 구간의 조도는 60lux 이상이어야 한다.
(2) 막장 구간의 조도는 70lux 이상이어야 한다.
※ 터널공사표준안전작업지침 고용노동부고시 → 2023.7.1 개정

정답 ②

90 부두·안벽 등 하역작업을 하는 장소에서 부두 또는 안벽의 선을 따라 통로를 설치하는 경우에는 폭을 최소 얼마 이상으로 하여야 하는가?

① 85cm ② 90cm
③ 100cm ④ 120cm

해설 부두 또는 안벽의 선을 따라 통로를 설치하는 경우에는 폭을 90cm 이상으로 하여야 한다.

정답 ②

91 셔블계 굴착기계에 속하지 않는 것은?

① 파워셔블(power shovel)
② 클램셸(clamshell)
③ 스크레이퍼(scraper)
④ 드래그라인(dragline)

해설 스크레이퍼(scraper)는 굴착, 싣기, 운반, 하역 등 일련작업을 하나의 기계로서 연속적으로 행할 수 있는 것으로 굴착기와 운반기를 조합한 토공만능기이며, 셔블계 굴착기계에 해당하지 않는다.

정답 ③

92 강관비계의 구조 중 비계기둥간의 적재하중은 몇 kg을 초과하지 않아야 하는가?

① 100kg ② 200kg
③ 300kg ④ 400kg

해설 강관비계의 구조 중 비계기둥간의 적재하중은 400kg을 초과하지 않아야 한다.

정답 ④

93 다음은 산업안전보건기준에 관한 규칙 중 가설통로의 구조에 관한 사항이다. (   ) 안에 들어갈 내용으로 옳은 것은?

> 수직갱에 가설된 통로의 길이가 15m 이상인 경우에는 10m 이내마다 (   )을/를 설치할 것

① 손잡이 ② 계단참
③ 클램프 ④ 버팀대

해설 수직갱에 가설된 통로의 길이가 15m 이상인 경우에는 10m 이내마다 계단참을 설치하여야 한다.

정답 ②

94 건설공사의 산업안전보건관리비 계상시 대상액이 구분되어 있지 않은 공사는 도급계약 또는 자체사업 계획상의 총공사금액 중 얼마를 대상액으로 하는가?

① 50% ② 60%
③ 70% ④ 80%

해설 건설공사의 산업안전보건관리비 계상시 대상액이 구분되어 있지 않은 공사는 도급계약 또는 자체사업계획상의 총공사금액 중 70%(10분의 7)를 대상액으로 한다.

정답 ③

95 터널 등의 건설작업을 하는 경우에 낙반 등에 의하여 근로자가 위험해질 우려가 있는 경우 그 위험을 방지하기 위하여 취해야 할 조치와 거리가 먼 것은?

① 터널지보공 설치 ② 록볼트 설치
③ 부석의 제거 ④ 산소의 측정

해설 산소의 측정은 터널 등의 건설작업을 하는 경우 낙반 등에 의하여 근로자가 위험해질 우려가 있는 경우 그 위험을 방지하기 위하여 취해야 할 조치에 해당하지 않는다.

정답 ④

96 잠함 또는 우물통의 내부에서 근로자가 굴착작업을 하는 경우의 준수사항으로 옳지 않은 것은?

① 산소결핍 우려가 있는 경우에는 산소의 농도를 측정하는 사람을 지명하여 측정하도록 할 것
② 근로자가 안전하게 오르내리기 위한 설비를 설치할 것
③ 굴착깊이가 20m를 초과하는 경우에는 해당 작업장소와 외부와의 연락을 위한 통신설비 등을 설치할 것
④ 잠함 또는 우물통의 급격한 침하에 의한 위험을 방지하기 위하여 바닥으로부터 천장 또는 보까지의 높이는 2m 이내로 할 것

해설 잠함 또는 우물통의 급격한 침하에 의한 위험을 방지하기 위하여 바닥으로부터 천장 또는 보까지의 높이는 1.8m 이상으로 하여야 한다.

정답 ④

97 안전관리비의 사용항목에 해당하지 않는 것은?

① 안전시설비
② 개인보호구 구입비
③ 접대비
④ 사업장의 안전보건진단비

해설 접대비는 안전관리비의 사용항목에 해당하지 않는다.

정답 ③

98 토석붕괴의 내적요인이 아닌 것은?

① 사면, 법면의 경사증가
② 절토사면의 토질, 암질
③ 성토사면의 토질구성 및 분포
④ 토석의 강도저하

해설 사면, 법면의 경사증가는 토석붕괴의 외적요인에 해당한다.

정답 ①

99 강풍시 타워크레인의 설치, 수리, 점검 또는 해체작업을 중지하여야 하는 순간풍속 기준으로 옳은 것은?

① 순간풍속이 초당 10m를 초과하는 경우
② 순간풍속이 초당 15m를 초과하는 경우
③ 순간풍속이 초당 20m를 초과하는 경우
④ 순간풍속이 초당 30m를 초과하는 경우

해설
- 순간풍속이 초당 10m를 초과하는 경우 타워크레인의 설치, 수리, 점검 또는 해체작업을 중지하여야 한다.
- 초당 15m를 초과하는 경우 타워크레인의 운전작업을 중지하여야 한다.

정답 ①

100 근로자가 탑승하는 운반구를 지지하는 달기와이어로프의 경우 최대하중이 50kg일 때 와이어로프의 절단하중은?

① 1,000kg
② 700kg
③ 500kg
④ 300kg

해설 근로자가 탑승하는 운반구를 지지하는 달기와이어로프의 안전계수는 10 이상이어야 한다.

$$안전계수 = \frac{와이어로프의\ 절단하중}{와이어로프의\ 최대하중}$$

$10 = \dfrac{x}{50}$

∴ $x = 10 \times 50 = 500$kg

정답 ③

2021년 제2회(CBT)

제1과목 산업안전관리론

01 교육의 3요소 중 교육의 주체에 해당하는 것은?
① 강사   ② 교재
③ 수강자   ④ 교육방법

해설 교육의 3요소 중 주체에 해당하는 것은 강사이다.

정답 ①

02 제조업자가 제조물의 결함으로 인하여 생명·신체 또는 재산에 손해를 입은 자에게 그 손해를 배상하여야 하는 것은? (단, 해당 제조물에 대해서만 발생한 손해는 제외한다.)
① 입증책임   ② 담보책임
③ 연대책임   ④ 제조물책임

해설 제조업자가 제조물의 결함으로 인하여 생명·신체 또는 재산에 손해를 입은 자에게 그 손해를 배상하는 것은 제조물책임이다.

정답 ④

03 무재해운동의 3원칙에 해당하지 않은 것은?
① 참가의 원칙   ② 무의 원칙
③ 예방의 원칙   ④ 선취의 원칙

해설 무재해운동의 3대 원칙에는 참가의 원칙, 무의 원칙, 선취의 원칙이 있으며, 예방의 원칙은 해당하지 않는다.

정답 ③

04 산업안전보건법령상 근로자 안전보건교육기준 중 다음 (   ) 안에 들어갈 내용으로 옳은 것은?

교육과정	교육대상	교육시간
채용시 교육	일용근로자	(㉠)시간 이상
	일용근로자를 제외한 근로자	(㉡)시간 이상

① ㉠: 1, ㉡: 8   ② ㉠: 2, ㉡: 8
③ ㉠: 1, ㉡: 2   ④ ㉠: 3, ㉡: 6

해설
• 일용근로자 및 근로계약기간이 1주일 이하인 기간제근로자의 채용시 교육시간은 1시간 이상이다.
• 그밖의 근로자의 채용시 교육시간은 8시간 이상이다.
※ 산업안전보건법 시행규칙 → 2023.9.27 개정

정답 ①

05 안전교육의 종류로 옳지 않은 것은?

① 직무교육　　② 지식교육
③ 태도교육　　④ 기능교육

해설 안전교육의 종류에는 지식교육, 기능교육, 태도교육이 있으며, 직무교육은 안전교육의 종류에 해당하지 않는다.

정답 ①

07 인간의 행동특성에 대하여 레빈(Lewin)은 다음과 같은 식으로 표현하였다. 각 인자에 대한 내용으로 옳지 않은 것은?

$$B = f(P \cdot E)$$

① E : 물리적 영향을 미치는 환경
② f : 함수
③ B : 행동
④ P : 개체

해설 레빈의 식에서 E는 심리적 영향을 미치는 인간관계, 작업환경, 작업조건 등의 환경을 의미한다.

정답 ①

06 1년간 80건의 재해가 발생한 A사업장은 1,000명의 근로자가 1주일당 48시간, 1년간 52주를 근무하고 있다. A사업장의 도수율은? (단, 근로자들은 재해와 관련없는 사유로 연간 노동시간의 3%를 결근하였다.)

① 31.06　　② 32.05
③ 33.04　　④ 34.03

해설
$$\text{도수율} = \frac{\text{재해발생건수}}{\text{연근로시간수}} \times 1,000,000$$
$$= \frac{80}{1,000 \times 48 \times 52 \times 0.97} \times 1,000,000$$
$$= 33.0425 ≒ 33.04$$

정답 ③

08 400명의 근로자가 종사하는 공장에서 휴업일수 127일, 재해 1건이 발생한 경우 강도율은? (단, 1일 8시간으로 연 300일 근무조건으로 한다.)

① 10　　② 0.1
③ 1.0　　④ 0.01

해설
- $\text{강도율} = \dfrac{\text{근로손실일수}}{\text{연근로시간수}} \times 1,000$
- 여기서, 휴업일수가 127일이므로 근로손실일수는 $127 \times \dfrac{300}{365}$ 로 구한다.

$$= \frac{127 \times \dfrac{300}{365}}{400 \times 8 \times 300} \times 1,000 = 0.108 ≒ 0.1$$

정답 ②

09 매슬로우(Maslow)가 제창한 인간의 욕구 5단계이론을 단계별로 나열한 것은?

① 생리적 욕구 → 안전욕구 → 사회적 욕구 → 존경의 욕구 → 자아실현의 욕구
② 안전욕구 → 생리적 욕구 → 사회적 욕구 → 존경의 욕구 → 자아실현의 욕구
③ 사회적 욕구 → 생리적 욕구 → 안전욕구 → 존경의 욕구 → 자아실현의 욕구
④ 사회적 욕구 → 안전욕구 → 생리적 욕구 → 존경의 욕구 → 자아실현의 욕구

해설 매슬로우(Maslow)가 제창한 인간의 욕구 5단계이론은 생리적 욕구 → 안전욕구 → 사회적 욕구 → 존경의 욕구 → 자아실현의 욕구로 나열할 수 있다.

정답 ①

10 부하의 행동에 영향을 주는 리더십 중 조언, 설명, 보상조건 등의 제시를 통한 적극적인 방법은?

① 강요　　② 모범
③ 제언　　④ 설득

해설 부하의 행동에 영향을 주는 리더십 중 조언, 설명, 보상조건 등의 제시를 통한 적극적인 방법은 설득이다.

정답 ④

11 산업안전보건법령상 안전보건표지의 종류에 있어 '안전모 착용'은 어떤 표지에 해당하는가?

① 경고표지　　② 지시표지
③ 안내표지　　④ 관계자 외 출입금지

해설 산업안전보건법령상 안전보건표지의 종류에 있어 안전모 착용은 지시표시에 해당한다.

정답 ②

12 적응기제(Adjustment Mechanism) 중 방어적 기제(Defence Mechanism)에 해당하는 것은?

① 고립(Isolation)
② 퇴행(Regression)
③ 억압(Suppression)
④ 합리화(Rationalization)

해설 적응기제 중 방어적 기제에 해당하는 것은 합리화이다.

정답 ④

13 상황성 누발자의 재해유발원인과 거리가 먼 것은?

① 작업의 어려움　　② 기계설비의 결함
③ 심신의 근심　　　④ 주의력의 산만

해설 주의력의 산만은 소질성 누발자의 재해유발원인에 해당된다.

정답 ④

14 하인리히방식의 재해코스트 산정에서 직접비에 해당하지 않는 것은?

① 휴업보상비　　② 병상위문금
③ 장해특별보상비　　④ 상병보상연금

해설 병상위문금은 하인리히방식의 재해코스트 산정에서 간접비에 해당한다.

정답 ②

15 Safe. T. score에 대한 설명으로 옳지 않은 것은?

① 안전관리의 수행도를 평가하는데 유용하다.
② 기업의 산업재해에 대한 과거와 현재의 안전성적을 비교 평가한 점수로 단위가 없다.
③ Safe. T. score가 +2.0 이상인 경우는 안전관리가 과거보다 좋아졌음을 나타낸다.
④ Safe. T. score가 +2.0 ~ -2.0 사이인 경우는 안전관리가 과거에 비해 심각한 차이가 없음을 나타낸다.

해설 Safe. T. score가 +2.0 이상인 경우는 안전관리가 과거보다 심각하게 나빠졌음을 나타낸다.

정답 ③

16 재해발생형태별 분류 중 물건이 주체가 되어 사람이 상해를 입는 경우에 해당되는 것은?

① 추락   ② 전도
③ 충돌   ④ 낙하·비래

해설 재해발생형태별 분류 중 물건이 주체가 되어 사람이 상해를 입는 경우에 해당되는 것은 낙하·비래(맞음·날아옴)이다.

정답 ④

17 산업안전보건법령상 안전보건관리규정을 작성하여야 할 사업 중 정보서비스업의 상시근로자 수는?

① 50명 이상   ② 100명 이상
③ 200명 이상   ④ 300명 이상

해설 산업안전보건법령상 안전보건관리규정을 작성하여야 할 사업 중 정보서비스업은 상시근로자가 300명 이상일 때 해당된다.

정답 ④

18 억측판단의 배경이 아닌 것은?

① 희망적 관측   ② 초조한 심정
③ 생략행위   ④ 과거의 성공한 경험

해설 생략행위는 억측판단의 배경에 해당하지 않는다.

정답 ③

19 재해발생의 직접원인 중 불안전한 상태가 아닌 것은?

① 불안전한 인양   ② 부적절한 보호구
③ 결함있는 기계설비   ④ 불안전한 방호장치

해설 불안전한 인양은 재해발생의 직접원인 중 불안전한 행동에 해당한다.

정답 ①

20 산업안전보건법상 안전관리자의 업무는?

① 직업성질환 발생의 원인조사 및 대책수립
② 해당 사업장 안전교육계획의 수립 및 안전교육실시에 관한 보좌 및 조언·지도
③ 근로자의 건강장해의 원인조사와 재발방지를 위한 의학적 조치
④ 해당 작업에서 발생한 산업재해에 관한 보고 및 이에 대한 응급조치

해설 해당 사업장 안전교육계획의 수립 및 안전교육 실시에 관한 보좌 및 조언·지도가 안전관리자의 업무이다.

정답 ②

제2과목 인간공학 및 시스템안전공학

21 인간의 실수 중 수행해야 할 작업 및 단계를 생략하여 발생하는 오류는?

① omission error　② commission error
③ sequential error　④ timing error

해설 수행해야 할 작업 및 단계를 생략하여 발생하는 오류는 omission error(생략오류)이다.

정답 ①

22 작업자의 작업공간과 관련된 내용으로 옳지 않은 것은?

① 서서 작업하는 작업공간에서 발바닥을 높이면 뻗침길이가 늘어난다.
② 서서 작업하는 작업공간에서 신체의 균형에 제한을 받으면 뻗침길이가 늘어난다.
③ 앉아서 작업하는 작업공간은 동적 팔뻗침에 의해 포락면(reach envelpoe)의 한계가 결정된다.
④ 앉아서 작업하는 작업공간에서 기능적 팔뻗침에 영향을 주는 제약이 적을수록 뻗침길이가 늘어난다.

해설 서서 작업하는 작업공간에서 신체의 균형에 제한을 받으면 뻗침길이가 줄어든다.

정답 ②

23 시스템에 영향을 미치는 모든 요소의 고장을 형태별로 분석하여 그 영향을 검토하는 분석기법은?

① FTA　② CHECK LIST
③ FMEA　④ DECISION TREE

해설
- 시스템에 영향을 미치는 모든 요소의 고장을 형태별로 분석하여 그 영향을 검토하는 분석기법은 FMEA (Failure Modes and Effects Analysis: 고장의 형태와 영향분석)이다.
- 이는 시스템이나 서브시스템 위험분석을 위하여 일반적으로 사용되는 전형적인 정성적, 귀납적 분석기법으로 시스템에 영향을 미치는 모든 요소의 고장을 형태별로 분석하여 그 영향을 검토하는 분석기법이다.

정답 ③

24 근골격계질환의 인간공학적 주요 위험요인과 가장 거리가 먼 것은?

① 과도한 힘　② 부적절한 자세
③ 고온의 환경　④ 단순 반복작업

해설 고온의 환경은 근골격계질환의 인간공학적 주요 위험요인에 해당하지 않는다.

정답 ③

25 FTA에서 사용되는 논리게이트 중 입력과 반대되는 현상으로 출력되는 것은?

① 부정게이트　② 억제게이트
③ 배타적 OR게이트　④ 우선적 AND게이트

해설 FTA에서 사용되는 논리게이트 중 입력과 반대되는 현상으로 출력되는 것은 부정게이트이다.

정답 ①

26 산업안전 분야에서 인간공학을 위한 제반 언급사항으로 옳지 않은 것은?

① 안전관리자와의 의사소통 원활화
② 인간과오 방지를 위한 구체적 대책
③ 인간행동 특성자료의 정량화 및 축적
④ 인간-기계체계의 설계개선을 위한 기금의 축적

해설 인간-기계체계의 설계개선을 위한 기금의 축적은 인간공학을 위한 제반 언급사항에 해당하지 않는다.

정답 ④

27 다음 FTA 그림에서 a, b, c의 부품고장률이 각각 0.01일 때, 최소 컷셋(minimal cut set)과 신뢰도로 옳은 것은?

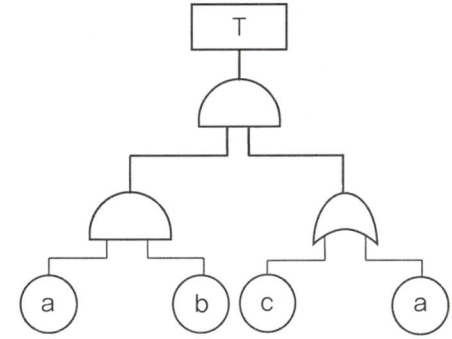

① {a, b}, R(t) = 99.99%
② {a, b, c}, R(t) = 98.99%
③ {a, c}, R(t) = 96.99%
   {a, b}
④ {a, c}, R(t) = 97.99%
   {a, b, c}

해설
- T = a·b·c
      a·b·a
  = (a, b) (a, b, c)
  따라서 최소컷셋은 {a, b}이다.
- 신뢰도(R) = 1 − T
  = 1 − [(a×b)×1 − (1 − c)(1 − a)]
  = 1 − [(0.01 × 0.01) × 1 − (1 − 0.01)(1 − 0.01)]
  = 0.9999 = 99.99%

정답 ①

28 사용자의 잘못된 조작 또는 실수로 인해 기계의 고장이 발생하지 않도록 설계하는 방법은?

① FMEA   ② HAZOP
③ Fail safe   ④ Fool Proof

해설 사용자의 잘못된 조작 또는 실수로 인해 기계의 고장이 발생하지 않도록 설계하는 방법은 Fool Proof(풀프루프)이다.

정답 ④

29 시스템 수명주기에 있어서 예비위험분석(PHA)이 이루어지는 단계에 해당하는 것은?

① 구상단계   ② 점검단계
③ 운전단계   ④ 생산단계

해설 시스템 수명주기에 있어서 예비위험분석(PHA)이 이루어지는 단계에 해당하는 것은 구상단계이다.

정답 ①

30 음의 강약을 나타내는 기본단위는?

① dB   ② pont
③ hertz   ④ diopter

해설 음의 강약을 나타내는 기본단위는 dB(데시벨)이다.

정답 ①

31 산업현장에서 사용하는 생산설비의 경우 안전장치가 부착되어 있으나 생산성을 위해 제거하고 사용하는 경우가 있다. 이러한 경우를 대비하여 설계시 안전장치를 제거하면 작동이 안되는 구조를 채택하고 있는 것은?

① Fail Safe   ② Fool Proof
③ Lock Out   ④ Tamper Proof

해설 Tamper Proof에 대한 설명이다.

정답 ④

32 인간-기계시스템의 신뢰도를 향상시킬 수 있는 방법으로 가장 적절하지 않은 것은?

① 중복설계 ② 고가재료 사용
③ 부품개선 ④ 충분한 여유용량

해설 고가재료 사용은 인간-기계시스템의 신뢰도를 향상시킬 수 있는 방법에 해당하지 않는다.

정답 ②

33 단위면적당 표면을 떠나는 빛의 양을 설명한 것으로 옳은 것은?

① 휘도 ② 조도
③ 광도 ④ 반사율

해설 단위면적당 표면을 떠나는 빛의 양은 휘도이고, 휘도의 단위는 cd/m^2이다.

정답 ①

34 건습·지수로서 습구온도와 건구온도의 가중평균치를 나타내는 Oxford지수의 공식으로 옳은 것은?

① WD = 0.65WB + 0.35DB
② WD = 0.75WB + 0.25DB
③ WD = 0.85WB + 0.15DB
④ WD = 0.95WB + 0.05DB

해설 Oxford지수의 공식은 다음과 같다.
WD = 0.85WB + 0.15DB
여기서, WD : Oxford지수(건습·지수)
　　　　WB : 습구온도
　　　　DB : 건구온도

정답 ③

35 위팔은 자연스럽게 수직으로 늘어뜨린 채, 아래팔만을 편하게 뻗어 작업할 수 있는 범위는?

① 정상작업역 ② 최대작업역
③ 최소작업역 ④ 작업포락면

해설 상완(上腕: 위팔)은 자연스럽게 수직으로 늘어뜨린 채, 전완(前腕: 아래팔)만을 편하게 뻗어 파악할 수 있는 구역은 정상작업역이다.

정답 ①

36 입식작업대의 높이에 대한 설명으로 옳지 않은 것은?

① 정밀작업의 경우 팔꿈치 높이보다 약간(5~15cm 정도) 높게 한다.
② 중작업의 경우 팔꿈치 높이보다 10~20cm 정도 낮게 한다.
③ 경작업의 경우 팔꿈치 높이보다 5~10cm 정도 낮게 한다.
④ 부피가 큰 작업물을 취급하는 경우 최대치 설계를 기본으로 한다.

해설 부피가 큰 작업물을 취급하는 경우 최소치 설계를 기본으로 한다.

정답 ④

37 인간공학의 궁극적인 목적과 가장 관계가 깊은 것은?

① 경제성 향상 ② 인간능력의 극대화
③ 설비의 가동률 향상 ④ 안전성 및 효율성 향상

해설 인간공학의 궁극적인 목적은 안전성 및 효율성 향상이다.

정답 ④

38 작업자가 100개의 부품을 육안검사하여 20개의 불량품을 발견하였다. 실제 불량품이 40개라면 인간에러(human error) 확률은?

① 0.2　　② 0.3
③ 0.4　　④ 0.5

해설　인간에러(human error) 확률
$= \dfrac{\text{실제불량품} - \text{육안검사불량품}}{\text{전체 부품}}$
$= \dfrac{40-20}{100} = 0.2$

정답 ①

39 위험 및 운전성분석(HAZOP) 수행에 가장 좋은 시점은 어느 단계인가?

① 구상단계　　② 생산단계
③ 개발단계　　④ 설치단계

해설　위험 및 운전성분석(HAZOP) 수행에 가장 좋은 시점은 개발단계이다.

정답 ③

40 조종장치를 3cm 움직였을 때 표시장치의 지침이 5cm 움직였다면, C/R비는?

① 0.25　　② 0.6
③ 1.　　④ 1.7

해설　C/R비(조종 - 반응비) $= \dfrac{C}{R}$
여기서, C : 조종장치의 이동거리(cm)
　　　　R : 표시장치의 이동거리(cm)
$= \dfrac{3}{5} = 0.6$

정답 ②

제3과목 기계위험방지기술

41 풀프루프에 해당하지 않는 것은?

① 각종 기구의 인터록 기구
② 크레인의 권과방지장치
③ 카메라의 이중촬영방지기구
④ 항공기 엔진의 병렬설계

해설　항공기 엔진의 병렬설계는 페일세이프에 해당한다.

정답 ④

42 프레스기의 안전대책 중 손을 금형 사이에 집어넣을 수 없도록 하는 본질적 안전화를 위한 방식(no-hand in die)에 해당하는 것은?

① 수인식　　② 광전자식
③ 방호울식　　④ 손쳐내기식

해설　프레스기의 안전대책 중 손을 금형 사이에 집어넣을 수 없도록 하는 본질적 안전화를 위한 방식(no-hand in die)에 해당하는 것은 방호울식이다.

정답 ③

43 아세틸렌용접장치에서 아세틸렌발생기실 설치위치 기준으로 옳은 것은?

① 건물 지하층에 설치하고 화기사용 설비로부터 3미터 초과 장소에 설치
② 건물 지하층에 설치하고 화기사용 설비로부터 1.5미터 초과 장소에 설치
③ 건물 최상층에 설치하고 화기사용 설비로부터 3미터 초과 장소에 설치
④ 건물 최상층에 설치하고 화기사용 설비로부터 1.5미터 초과 장소에 설치

해설　발생기실은 건물의 최상층에 설치하고, 화기사용 설비로부터 3m 초과 장소에 설치하여야 한다.

정답 ③

44 2개의 회전체가 회전운동을 할 때에 물림점이 발생할 수 있는 조건은?

① 두 개의 회전체 모두 시계방향으로 회전
② 두 개의 회전체 모두 시계반대방향으로 회전
③ 하나는 시계방향으로 회전하고 다른 하나는 정지
④ 하나는 시계방향으로 회전하고 다른 하나는 시계반대방향으로 회전

해설 2개의 회전체가 회전운동을 할 때에 물림점이 발생할 수 있는 조건은 <u>하나는 시계방향으로 회전하고 다른 하나는 시계반대방향으로 회전하는 것이다.</u>

정답 ④

45 연삭기 숫돌의 파괴원인으로 볼 수 없는 것은?

① 숫돌의 회전속도가 너무 빠를 때
② 숫돌 자체에 균열이 있을 때
③ 숫돌의 정면을 사용할 때
④ 숫돌에 과대한 충격을 주게 되는 때

해설 숫돌의 정면이 아닌 <u>측면을 사용할 때가 숫돌의 파괴원인에 해당한다.</u>

정답 ③

46 동력전달부분의 전방 35cm 위치에 일방 평형보호망을 설치하고자 한다. 보호망의 최대구멍 크기(mm)는?

① 41 ② 45
③ 51 ④ 55

해설
• 동력전달부분의 위치에 일방 평형보호망을 설치할 때 보호망의 최대구멍의 크기를 구하는 식은 다음과 같다.
  $Y = 6 + 0.1X$
  여기서, Y: 보호망의 최대개구부(구멍) 간격(크기)(mm)
  X: 보호망과 위험점간의 거리(mm)
• $Y = 6 + 0.1 \times 350 = 41mm$

정답 ①

47 산업안전보건법령상 양중기에 사용하지 않아야 하는 달기체인의 기준으로 옳지 않은 것은?

① 심하게 변형된 것
② 균열이 있는 것
③ 달기체인의 길이가 달기체인이 제조된 때의 길이 3%를 초과한 것
④ 링의 단면지름이 달기체인이 제조된 때의 해당 링의 지름의 10%를 초과하여 감소한 것

해설 달기체인의 길이가 달기체인이 제조된 때의 <u>길이 5%를 초과한 것은 양중기에 사용할 수 없다.</u>

정답 ③

48 컨베이어의 안전장치가 아닌 것은?

① 이탈 및 역주행방지장치
② 비상정지장치
③ 덮개 또는 울
④ 비상난간

해설 비상난간은 컨베이어의 안전장치에 해당하지 않는다.

정답 ④

49 산업안전보건법령상 아세틸렌가스 용접장치에 대한 기준으로 옳지 않은 것은?

① 전용의 발생기실은 건물의 최상층에 위치하여야 하며, 화기를 사용하는 설비로부터 1m를 초과하는 장소에 설치하여야 한다.
② 전용의 발생기실을 옥외에 설치한 경우에는 그 개구부를 다른 건축물로부터 1.5m 이상 떨어지도록 하여야 한다.
③ 아세틸렌 용접장치를 사용하여 금속의 용접·용단 또는 가열작업을 하는 경우에는 게이지압력이 127kPa을 초과하는 압력의 아세틸렌을 발생시켜 사용해서는 아니 된다.
④ 전용의 발생기실을 설치하는 경우 벽은 불연성재료로 하고 철근콘크리트 또는 그 밖에 이와 동등하거나 그 이상의 강도를 가진 구조로 하여야 한다.

해설 전용의 발생기실은 건물의 최상층에 위치하여야 하며, 화기를 사용하는 설비로부터 3m를 초과하는 장소에 설치하여야 한다.

정답 ①

50 양중기의 와이어로프 등 달기구의 안전계수 기준으로 옳은 것은? (단, 화물의 하중을 직접 지지하는 달기와이어로프 또는 달기체인의 경우이다.)

① 3 이상   ② 4 이상
③ 5 이상   ④ 6 이상

해설 화물의 하중을 직접 지지하는 달기와이어로프 또는 달기체인의 경우 안전계수 기준은 5 이상이다.

정답 ③

51 산업안전보건법령상 아세틸렌 용접장치에 관한 설명이다. ( ) 안에 공통으로 들어갈 내용으로 옳은 것은?

- 사업주는 아세틸렌 용접장치의 취관마다 (   )를 설치하여야 한다.
- 사업주는 가스용기가 발생기와 분리되어 있는 아세틸렌 용접장치에 대하여 발생기와 가스용기 사이에 (   )를 설치하여야 한다.

① 분기장치   ② 자동발생확인장치
③ 유수분리장치   ④ 안전기

해설
- 사업주는 아세틸렌 용접장치의 취관마다 안전기를 설치하여야 한다.
- 사업주는 가스용기가 발생기와 분리되어 있는 아세틸렌 용접장치에 대하여 발생기와 가스용기 사이에 안전기를 설치하여야 한다.

정답 ④

52 작업장내 운반을 주목적으로 하는 구내운반차가 준수해야 할 사항으로 옳지 않은 것은?

① 주행을 제동하거나 정지상태를 유지하기 위하여 유효한 제동장치를 갖출 것
② 경음기를 갖출 것
③ 핸들의 중심에서 차체 바깥측까지의 거리가 65cm 이내일 것
④ 운전자석이 차실내에 있는 것은 좌우에 한 개씩 방향지시기를 갖출 것

해설 핸들의 중심에서 차체 바깥쪽까지의 거리가 65cm 이상이어야 한다.
▶ '핸들의 중심에서 차체 바깥쪽까지의 거리가 65cm 이상일 것' 기준은 삭제되었음
※ 산업안전보건법 안전보건기준 → 2021.11.19 개정

정답 ③

53 선반작업시 준수하여야 하는 안전사항으로 옳지 않은 것은?

① 작업 중 면장갑 착용을 금한다.
② 작업 시 공구는 항상 정리해 둔다.
③ 운전 중에 백기어를 사용한다.
④ 주유 및 청소를 할 때에는 반드시 기계를 정지시키고 한다.

해설 선반작업시 운전 중에 백기어를 사용하지 않는다.

정답 ③

54 연삭기의 원주속도 V(m/s)를 구하는 식은? (단, D는 숫돌의 지름(m), n은 회전수(rpm)이다)

① $V=\dfrac{\pi Dn}{16}$ ② $V=\dfrac{\pi Dn}{32}$

③ $V=\dfrac{\pi Dn}{60}$ ④ $V=\dfrac{\pi Dn}{1,000}$

해설 연삭기의 원주속도(m/s)

$$V=\pi Dn(\text{m/min})=\dfrac{\pi Dn}{60}(\text{m/s})$$

여기서, V: 회전속도(m/min, m/s)
D: 숫돌의 지름(m)
n: 회전수(rpm)

정답 ③

55 다음 중 드릴링작업에 있어서 공작물을 고정하는 방법으로 가장 적절하지 않은 것은?

① 작은 공작물은 바이스로 고정한다.
② 작고 길쭉한 공작물은 플라이어로 고정한다.
③ 대량생산과 정밀도를 요구할 때는 지그로 고정한다.
④ 공작물이 크고 복잡할 때는 볼트와 고정구로 고정한다.

해설 작고 길쭉한 공작물은 바이스로 고정하여야 한다.

정답 ②

56 금형의 안전화에 대한 설명으로 옳지 않은 것은?

① 금형의 틈새는 8mm 이상 충분하게 확보한다.
② 금형사이에 신체일부가 들어가지 않도록 한다.
③ 충격이 반복되어 부가되는 부분에는 완충장치를 설치한다.
④ 금형설치용 홈은 설치된 프레스의 홈에 적합한 형상의 것으로 한다.

해설 금형의 틈새는 8mm 이하로 하여 손가락이 들어가지 않도록 한다.

정답 ①

57 산업안전보건법령상 지게차 방호장치에 해당하는 것은?

① 포크   ② 헤드가드
③ 호이스트   ④ 힌지드 버킷

해설 산업안전보건법령상 지게차의 방호장치에 해당하는 것은 헤드가드이다.

정답 ②

58 산업안전보건법령상 프레스기의 방호장치에 표시해야 할 사항이 아닌 것은?

① 제조자명
② 규격 또는 등급
③ 프레스기의 사용범위
④ 제조번호 및 제조연월

해설 프레스기의 방호장치에 표시해야 할 사항은 다음과 같다.
- 제조자명
- 규격 또는 등급
- 제조번호 및 제조연월
- 형식 또는 모델명
- 안전인증번호

정답 ③

59 산업용 로봇작업시 안전조치방법으로 옳지 않은 것은?

① 작업 중의 매니퓰레이터의 속도의 지침에 따라 작업한다.
② 로봇의 조작방법 및 순서의 지침에 따라 작업한다.
③ 작업을 하고 있는 동안 해당 작업 근로자 이외에도 로봇의 기동스위치를 조작할 수 있도록 한다.
④ 2명 이상의 근로자에게 작업을 시킬 때는 신호방법의 지침을 정하고 그 지침에 따라 작업한다.

해설 작업을 하고 있는 동안 해당 작업근로자 이외에는 로봇의 기동스위치를 조작할 수 없도록 한다.

정답 ③

60 프레스의 금형설치 및 조정시 슬라이드의 불시하강을 방지하는 것을 목적으로 설치하여야 하는 것은?

① 클러치   ② 안전블록
③ 키커 핀   ④ 이젝터

해설 프레스의 금형설치 및 조정시 슬라이드의 불시하강을 방지하는 것을 목적으로 설치해야 하는 것은 안전블록이다.

정답 ②

제4과목 전기 및 화학설비위험방지기술

61 산업안전보건기준에 관한 규칙에서 정한 위험물질의 종류에서 물반응성 물질 및 인화성 고체에 해당하는 것은?

① 질산에스테르류   ② 니트로화합물
③ 칼륨, 나트륨   ④ 니트로소화합물

해설 물반응성 물질 및 인화성 고체에 해당하는 것은 칼륨, 나트륨이다.

정답 ③

62 연소의 3요소에 해당하지 않는 것은?

① 가연물   ② 점화원
③ 연쇄반응   ④ 산소공급원

해설 연소의 3요소에는 가연물, 산소공급원, 점화원이 있으며, 연쇄반응은 이에 해당하지 않는다.

정답 ③

63 정전기 재해의 방지대책에 대한 내용으로 옳은 것은?

① 접지
② 도전성을 낮추기 위해 대전방지제 사용금지
③ 제습
④ 배관내 액체의 유속증가

해설 정전기재해의 방지대책으로는 접지, 대전방지제 사용(도전성 향상), 가습, 배관내 액체의 유속제한 및 정치시간의 확보, 제전복 등 보호구의 착용 등이 있다.

정답 ①

64 화재의 종류가 옳게 연결된 것은?

① A급 화재 – 유류화재
② B급 화재 – 유류화재
③ C급 화재 – 일반화재
④ D급 화재 – 일반화재

해설 B급 화재는 유류화재이다.

정답 ②

65 20Ω의 저항 중에 5A의 전류를 3분간 흘렸을 때의 발열량(cal)은?

① 4,320   ② 90,000
③ 21,600   ④ 376,560

해설 $Q = 0.24 I^2 Rt$
여기서, Q: 발열량(cal)
　　　　I: 전류(A)
　　　　R: 저항(Ω)
　　　　t: 통전시간(초)
$= 0.24 \times 5^2 \times 20 \times 3 \times 60 = 21,600 \text{cal}$

정답 ③

66 전기설비 등에는 누전에 의한 감전의 위험을 방지하기 위하여 전기기계·기구에 접지를 실시하도록 하고 있다. 전기기계·기구의 접지에 대한 설명으로 옳지 않은 것은?

① 특별고압의 전기를 취급하는 변전소·개폐소 그 밖에 이와 유사한 장소에서는 지락(地絡)사고가 발생할 경우 접지극의 전위상승에 의한 감전위험을 감소시키기 위한 조치를 하여야 한다.
② 코드 및 플러그를 접속하여 사용하는 전압이 대지전압 110V를 넘는 전기기계·기구가 노출된 비충전금속체에는 접지를 반드시 실시하여야 한다.
③ 접지설비에 대하여는 상시 적정상태 유지여부를 점검하고 이상을 발견한 때에는 즉시 보수하거나 재설치하여야 한다.
④ 전기기계·기구의 금속제 외함·금속제 외피 및 철대에는 접지를 실시하여야 한다.

해설 코드 및 플러그를 접속하여 사용하는 전압이 <u>대지전압 150V를 넘는 전기기계·기구가 노출된 비충전금속체에는 접지를 반드시 실시하여야 한다.</u>

정답 ②

67 액체가 관내를 이동할 때 정전기가 발생하는 현상은?

① 마찰대전   ② 박리대전
③ 분출대전   ④ 유동대전

해설
• 액체가 관내를 이동할 때에 정전기가 발생하는 현상은 <u>유동대전이다.</u>
• 이는 가솔린과 같은 액체류가 파이프 등의 내부에서 유동할 때 관벽과 액체사이에서 발생하는 것으로, 액체의 유동속도가 정전기 발생에 가장 큰 영향을 미친다.

정답 ④

68 감전을 방지하기 위하여 정전작업요령을 관계근로자에게 주지시킬 필요가 없는 것은?

① 전원설비 효율에 관한 사항
② 단락접지 실시에 관한 사항
③ 전원재투입 순서에 관한 사항
④ 작업책임자의 임명, 정전범위 및 절연용 보호구 작업 등 필요한 사항

해설 전원설비 효율에 관한 사항은 감전을 방지하기 위하여 정전작업요령을 관계근로자에게 주지시킬 필요가 없다.

정답 ①

69 위험물을 건조하는 경우 내용적이 몇 m³ 이상인 건조설비일 때 위험물 건조설비 중 건조실을 설치하는 건축물의 구조를 독립된 단층으로 해야 하는가? (단, 건축물은 내화구조가 아니며, 건조실을 건축물의 최상층에 설치한 경우가 아니다.)

① 0.1   ② 1
③ 10   ④ 100

해설 위험물 또는 위험물이 발생하는 물질을 가열·건조하는 경우 내용적이 1m³ 이상인 건조설비의 경우, 건조실을 설치하는 건축물의 구조를 독립된 단층건물로 하여야 한다.

정답 ②

70 누설전류로 인해 화재가 발생될 수 있는 누전화재의 3요소에 해당하지 않는 것은?

① 누전점   ② 인입점
③ 접지점   ④ 출화점

해설 누설전류로 인해 화재가 발생될 수 있는 누전화재의 3요소(전기누전화재라는 입증하기 위한 요건)에는 누전점, 접지점, 출화점(발화점)이 있으며, 인입점은 해당하지 않는다.

정답 ②

71 금속도체 상호간 혹은 대지에 대하여 전기적으로 절연되어 있는 2개 이상의 금속도체를 전기적으로 접속하여 서로 같은 전위를 형성하여 정전기사고를 예방하는 것을 무엇이라고 하는가?

① 본딩   ② 인하도선
③ 대전 분리   ④ 특별접지

해설 본딩(bonding)에 대한 설명이다.

정답 ①

72 활선작업시 사용하는 안전장구가 아닌 것은?

① 절연용 보호구   ② 절연용 방호구
③ 활선작업용 기구 ④ 절연저항측정기구

해설 활선작업시 사용하는 안전장구에는 절연용 보호구, 절연용 방호구, 활선작업용 기구, 활선작업용 장치가 있으며, 절연저항측정기구는 해당하지 않는다(산업안전보건법 안전보건기준).

정답 ④

73 황린의 저장 및 취급방법으로 옳은 것은?

① 강산화제를 첨가하여 중화된 상태로 저장한다.
② 물속에 저장한다.
③ 자연발화하므로 건조한 상태로 저장한다.
④ 강알칼리용액 속에 저장한다.

해설 황린은 물속에 저장하여야 한다.

정답 ②

74 물과의 반응 또는 열에 의해 분해되어 산소를 발생하는 것은?

① 적린　　　② 과산화나트륨
③ 유황　　　④ 이황화탄소

해설
- 물과의 반응 또는 열에 의해 분해되어 산소를 발생하는 것은 과산화나트륨(Na_2O_2)이다.
  $2Na_2O_2 + 2H_2O \rightarrow 4NaOH + O_2$
- 과산화나트륨(Na_2O_2)은 산화제로서 여러 가지 표백에 쓰이고, 분석시약으로도 사용된다.

정답 ②

75 어떤 혼합가스의 성분가스 용량이 메탄 70%, 에탄 15%, 프로판 10%, 부탄 5%로 구성되어 있는 경우 이 혼합가스의 폭발하한계값(vol%)은? (단, 폭발하한계값은 메탄 5.0vol%, 에탄 3.0vol%, 프로판 2.1vol%, 부탄 1.8vol%이다.)

① 1.79　　　② 2.93
③ 3.77　　　④ 8.41

해설
$$L = \frac{100}{\frac{V_1}{L_1} + \frac{V_2}{L_2} + \frac{V_3}{L_3} + \frac{V_4}{L_4}}$$
$$= \frac{100}{\frac{70}{5} + \frac{15}{3} + \frac{10}{2.1} + \frac{5}{1.8}} \fallingdotseq 3.77 \text{vol\%}$$

정답 ③

76 휘발유를 저장하던 이동저장탱크에 등유나 경유를 이동저장탱크의 밑부분부터 주입할 때에 액표면의 높이가 주입관의 선단의 높이를 넘을 때까지 주입속도는 몇 m/s 이하로 하여야 하는가?

① 0.5　　　② 1
③ 1.5　　　④ 2.0

해설 휘발유를 저장하던 이동저장탱크에 등유나 경유를 이동저장탱크의 밑부분부터 주입할 때에 액표면의 높이가 주입관의 선단의 높이를 넘을 때까지 주입속도는 1m/s 이하로 하여야 한다.

정답 ②

77 최소점화에너지(MIE)의 온도, 압력과의 관계를 옳게 설명한 것은?

① 압력, 온도에 모두 비례한다.
② 압력에 비례하고, 온도에 반비례한다.
③ 압력, 온도에 모두 반비례한다.
④ 압력에 반비례하고, 온도에 비례한다.

해설 최소점화(= 발화 = 착화)에너지(MIE)는 압력, 온도에 모두 반비례한다. 즉, 온도, 압력이 증가하면 최소점화에너지는 감소한다.

정답 ③

78 도체의 정전용량 $C = 20\mu F$, 대전전위(방전시 전압) $V = 3kV$일 때 정전에너지(J)는?

① 45　　　② 90
③ 180　　　④ 360

해설
$E = \frac{1}{2}CV^2$

여기서, E: 정전기에너지(J)
　　　　C: 정전용량(F)
　　　　V: 대전전위(방전시 전압)(V)

$= \frac{1}{2} \times 20 \times 10^{-6} \times 3,000^2 = 90J$

정답 ②

79 산업안전보건법상 물질안전보건자료 작성시 포함되어야 하는 항목이 아닌 것은? (단, 참고사항은 제외한다.)

① 제조일자 및 유효기간
② 화학제품과 회사에 관한 정보
③ 운송에 필요한 정보
④ 환경에 미치는 영향

해설 제조일자 및 유효기간은 산업안전보건법상 물질안전보건자료 작성시 포함되어야 하는 항목에 해당하지 않는다.

정답 ①

80 전기기계·기구의 조작부분을 점검하거나 보수하는 경우에는 근로자가 안전하게 작업할 수 있도록 전기기계·기구로부터 최소 몇cm 이상의 작업공간 폭을 확보하여야 하는가? (단, 작업공간을 확보하는 것이 곤란하여 절연용 보호구를 착용하도록 한 경우는 제외한다.)

① 60cm   ② 70cm
③ 80cm   ④ 90cm

해설 전기기계·기구의 조작부분을 점검하거나 보수하는 경우에는 근로자가 안전하게 작업할 수 있도록 전기기계·기구로부터 최소 70cm 이상의 작업공간 폭을 확보하여야 한다(단, 작업공간을 확보하는 것이 곤란하여 절연용 보호구를 착용하도록 한 경우는 제외한다).

정답 ②

제5과목 건설안전기술

81 차량계 하역운반기계의 운전자가 운전위치를 이탈하는 경우의 조치사항으로 부적절한 것은?

① 포크 및 버킷은 가장 높은 위치에 두어 근로자 통행을 방해하지 않도록 하였다.
② 원동기를 정지시키고 브레이크를 걸었다.
③ 시동키를 운전대에서 분리시켰다.
④ 경사지에서 갑작스런 주행이 되지 않도록 바퀴에 블록 등을 놓았다.

해설 포크 및 버킷은 가장 낮은 위치에 두어 근로자 통행을 방해하지 않도록 하여야 한다.

정답 ①

82 양중기의 와이어로프 등 달기구의 안전계수 기준으로 옳은 것은? (단, 화물의 하중을 직접 지지하는 달기와이어로프 또는 달기체인의 경우이다.)

① 3 이상   ② 4 이상
③ 5 이상   ④ 6 이상

해설 화물의 하중을 직접 지지하는 달기와이어로프 또는 달기체인의 경우 안전계수 기준은 5 이상이다.

정답 ③

83 산업안전보건관리비 계상을 위한 대상액이 56억원인 교량공사의 산업안전보건관리비는? (단, 일반건설공사(갑)에 해당한다.)

① 104,160천원   ② 110,320천원
③ 144,800천원   ④ 150,400천원

해설
- 일반건설공사(갑)으로 산업안전보건관리비 계상을 위한 대상액이 56억원이므로 비율은 1.97%이다.
- 56억원 × $\frac{1.97}{100}$ = 110,320,000원 = 110,320천원

※ 공사종류 및 규모별 안전관리비 계상기준표 고용노동부고시
→ 2024.9.19 개정
• 일반건설공사(갑) → 건축공사로 변경됨
- 건축공사 대상액이 50억원 이상인 경우 비율은 2.37%이다.

정답 ②

84 철골보 인양작업시의 준수사항으로 옳지 않은 것은?
① 인양용 와이어로프의 체결지점은 수평부재의 1/4 지점을 기준으로 한다.
② 인양용 와이어로프의 매달기 각도는 양변 60°를 기준으로 한다.
③ 흔들리거나 선회하지 않도록 유도로프로 유도한다.
④ 후크는 용접의 경우 용접규격을 반드시 확인한다.

해설 인양용 와이어로프의 체결지점은 수평부재의 1/3 지점을 기준으로 한다.

정답 ①

85 콘크리트 타설작업시 거푸집에 작용하는 연직하중이 아닌 것은?
① 콘크리트의 측압
② 거푸집의 중량
③ 굳지 않은 콘크리트의 중량
④ 작업원의 작업하중

해설 콘크리트의 측압은 콘크리트 타설작업시 거푸집에 작용하는 수평하중에 해당한다.

정답 ①

86 철골작업을 중지하여야 하는 제한기준에 해당하지 않는 것은?
① 풍속이 초당 10m 이상인 경우
② 강우량이 시간당 1mm 이상인 경우
③ 강설량이 시간당 1cm 이상인 경우
④ 소음이 65dB 이상인 경우

해설 소음이 65dB 이상인 경우는 산업안전보건법상 철골작업을 중지하여야 하는 기준으로 규정되어 있지 않다.

정답 ④

87 산업안전보건법령상 양중기에 사용하지 않아야 하는 달기체인의 기준으로 옳지 않은 것은?
① 심하게 변형된 것
② 균열이 있는 것
③ 달기체인의 길이가 달기체인이 제조된 때의 길이 3%를 초과한 것
④ 링의 단면지름이 달기체인이 제조된 때의 해당 링의 지름의 10%를 초과하여 감소한 것

해설 달기체인의 길이가 달기체인이 제조된 때의 길이 5%를 초과한 것은 양중기에 사용할 수 없다.

정답 ③

88 고소작업대를 사용하는 경우 준수해야 할 사항으로 옳지 않은 것은?
① 안전한 작업을 위하여 적정수준의 조도를 유지할 것
② 전로(電路)에 근접하여 작업을 하는 경우에는 작업감시자를 배치하는 등 감전사고를 방지하기 위하여 필요한 조치를 할 것
③ 작업대의 붐대를 상승시킨 상태에서 탑승자는 작업대를 벗어나지 말 것
④ 전환스위치는 다른 물체를 이용하여 고정할 것

해설 '전환스위치는 다른 물체를 이용하여 고정할 것'은 고소작업대를 사용하는 경우 준수해야 할 사항에 해당하지 않는다.

정답 ④

89 흙막이 가시설의 버팀대(Strut)의 변형을 측정하는 계측기에 해당하는 것은?
① Water level meter   ② Strain gauge
③ Piezometer   ④ Load cell

해설 흙막이 가시설의 버팀대의 변형을 측정하는 계측기는 Strain guage(변형계)이다.

정답 ②

90 건설업 산업안전보건관리비 계상 및 사용기준(고용노동부고시)은 산업재해보상보험법의 적용을 받는 공사 중 총공사금액이 얼마 이상인 공사에 적용하는가?

① 4천만원   ② 3천만원
③ 2천만원   ④ 1천만원

해설 건설업 산업안전보건관리비 계상 및 사용기준(고용노동부고시)은 산업재해보상보험법의 적용을 받는 공사 중(법 제2조제11호의 건설공사 중 → 고용노동부고시 2024.9.19 개정) 총공사금액이 2천만원 이상인 공사에 적용한다.

정답 ③

91 히빙(heaving)현상이 가장 쉽게 발생하는 토질지반으로 옳은 것은?

① 연약한 점토지반   ② 연약한 사질토지반
③ 견고한 점토지반   ④ 견고한 사질토지반

해설 히빙(heaving)현상이 가장 쉽게 발생하는 토질지반은 연약한 점토지반이다.

정답 ①

92 철골공사 중 용접결함의 종류에 해당하지 않는 것은?

① 비드(bead)
② 기공(blow hole)
③ 언더컷(under cut)
④ 용입불량(incomplete penetration)

해설 비드(bead)는 용접시 모재와 용접봉이 녹아서 생긴 띠모양의 용착금속으로 용접결함의 종류에 해당하지 않는다.

정답 ①

93 굴착과 싣기를 동시에 할 수 있는 토공기계가 아닌 것은?

① 트랙터 셔블(tractor shovel)
② 백호(back hoe)
③ 파워 셔블(power shovel)
④ 모터그레이더(motor grader)

해설 모터그레이더(motor grader)는 지면을 절삭하여 평활하게 다듬는 기계로서 굴착과 싣기를 동시에 할 수 있는 토공기계에 해당하지 않는다.

정답 ④

94 유해위험방지계획서를 제출해야 하는 공사의 기준으로 옳지 않은 것은?

① 최대지간길이 30m 이상인 교량건설 등 공사
② 깊이 10m 이상인 굴착공사
③ 터널건설 등의 공사
④ 다목적댐, 발전용댐 및 저수용량 2천만톤 이상의 용수전용댐, 지방상수도전용댐 건설 등의 공사

해설 최대지간길이 50m 이상인 교량건설 등 공사의 경우 유해위험방지계획서를 제출해야 한다.

정답 ①

95 굴착작업에 있어서 지반의 붕괴 또는 토석의 낙하에 의하여 근로자에게 위험을 미칠 우려가 있는 경우에 사전에 필요한 조치로 거리가 먼 것은?

① 인화성 가스의 농도 측정
② 방호망의 설치
③ 흙막이지보공의 설치
④ 근로자의 출입금지 조치

해설 인화성 가스의 농도 측정은 사전에 필요한 조치로 거리가 멀다.

정답 ①

96 건설공사 유해위험방지계획서를 제출하는 경우 자격을 갖춘 자의 의견을 들은 후 제출하여야 하는데 이 자격에 해당하지 않는 자는?

① 기계안전기술사
② 건설안전기술사
③ 토목·건축분야기술사
④ 건설안전분야 산업안전지도사

해설 건설공사 유해위험방지계획서의 건설안전분야의 자격은 다음과 같다.
- 건설안전기술사
- 토목·건축분야기술사
- 건설안전분야 산업안전지도사
- 건설안전산업기사 이상의 자격을 취득한 후 건설안전관련 실무경력이 건설안전기사 이상의 자격은 5년, 건설안전산업기사 자격은 7년 이상인 사람

정답 ①

97 건설현장에서의 PC(precast Concrete) 조립시 안전대책으로 옳지 않은 것은?

① 달아 올린 부재의 아래에서 정확한 상황을 파악하고 전달하여 작업한다.
② 운전자는 부재를 달아 올린 채 운전대를 이탈해서는 안 된다.
③ 신호는 사전 정해진 방법에 의해서만 실시한다.
④ 크레인 사용시 PC판의 중량을 고려하여 아웃트리거를 사용한다.

해설 달아 올린 부재의 아래에서는 작업을 하여서는 안 된다.

정답 ①

98 중량물의 취급작업시 근로자의 위험을 방지하기 위하여 사전에 작성하여야 하는 작업계획서 내용에 해당하지 않는 것은?

① 추락위험을 예방할 수 있는 안전대책
② 낙하위험을 예방할 수 있는 안전대책
③ 전도위험을 예방할 수 있는 안전대책
④ 침수위험을 예방할 수 있는 안전대책

해설 침수위험을 예방할 수 있는 안전대책은 중량물의 취급작업시 작업계획서 내용에 해당하지 않는다.

정답 ④

99 무한궤도식 장비와 타이어식(차륜식) 장비의 차이점에 대한 설명으로 옳은 것은?

① 무한궤도식은 기동성이 좋다.
② 타이어식은 승차감과 주행성이 좋다.
③ 무한궤도식은 경사지반에서의 작업에 부적당하다.
④ 타이어식은 땅을 다지는데 효과적이다.

해설 타이어식은 무한궤도식 장비에 비해 승차감과 주행성이 좋다.

정답 ②

100 토석붕괴의 내적요인이 아닌 것은?

① 사면, 법면의 경사증가
② 절토사면의 토질, 암질
③ 성토사면의 토질구성 및 분포
④ 토석의 강도저하

해설 사면, 법면의 경사증가는 토석붕괴의 외적요인에 해당한다.

정답 ①

2021년 제1회(CBT)

제1과목 산업안전관리론

01 주의(Attention)의 특성 중 여러 종류의 자극을 받은 때 소수의 특정한 것에만 반응하는 것은?
① 선택성 ② 방향성
③ 단속성 ④ 변동성

해설 여러 종류의 자극을 받은 때 소수의 특정한 것에만 반응하는 것은 선택성이다.

정답 ①

02 누전차단장치 등과 같은 안전장치를 정해진 순서에 따라 작동시키고 동작상황의 양부를 확인하는 점검으로 옳은 것은?
① 외관점검 ② 작동점검
③ 기술점검 ④ 종합점검

해설 누전차단장치 등과 같은 안전장치를 정해진 순서에 따라 작동시키고 동작상황의 양부를 확인하는 점검은 작동점검이다.

정답 ②

03 산업안전보건법령상 프레스를 사용하여 작업을 할 때 작업시작 전 점검사항으로 옳지 않은 것은?
① 방호장치의 기능
② 언로드밸브의 기능
③ 금형 및 고정볼트 상태
④ 클러치 및 브레이크의 기능

해설 언로드밸브의 기능은 산업안전보건법령상 공기압축기를 사용하여 작업을 할 때 작업시작 전 점검사항에 해당한다.

정답 ②

04 산업안전보건법령상 중대재해의 범위에 해당하지 않는 것은?
① 1명의 사망자가 발생한 재해
② 1개월의 요양을 요하는 부상자가 동시에 5명 발생한 재해
③ 3개월의 요양을 요하는 부상자가 동시에 3명 발생한 재해
④ 10명의 직업성 질병자가 동시에 발생한 재해

해설 1개월의 요양을 요하는 부상자가 동시에 5명 발생한 재해는 산업안전보건법령상 중대재해에 해당하지 않는다.

정답 ②

05 산업안전보건법령상 사업주가 근로자에 대하여 실시하여야 하는 교육 중 관리감독자 정기안전보건교육의 내용으로 옳지 않은 것은?

① 표준안전작업방법 결정과 지도·감독요령
② 직무스트레스예방 및 관리에 관한 사항
③ 작업개시 전 점검에 관한 사항
④ 작업공정의 유해위험과 재해예방대책에 관한 사항

해설 작업개시 전 점검에 관한 사항은 산업안전보건법령상 채용시 교육 및 작업내용변경시 교육의 내용에 해당한다.

정답 ③

06 인간의 실수 및 과오의 원인과 직접적인 관계가 가장 먼 것은?

① 관리의 부적당 ② 환경조건의 부적당
③ 능력의 부족   ④ 주의의 부족

해설 관리의 부적당은 인간의 실수 및 과오의 원인과 직접적인 관계가 가장 멀다.

정답 ①

07 산업안전보건법령상 안전모의 종류(기호) 중 사용 구분에서 '물체의 낙하 또는 비래 및 추락에 의한 위험을 방지 또는 경감하고, 머리부위 감전에 의한 위험을 방지하기 위한 것으로 옳은 것은?

① A   ② AB
③ AE   ④ ABE

해설 물체의 낙하 또는 비래 및 추락에 의한 위험을 방지 또는 경감하고, 머리부위 감전에 의한 위험을 방지하기 위한 안전모의 종류는 ABE이다.

정답 ④

08 다음에서 설명하는 방어적 기제(Defence Mechanism)로 옳은 것은?

> 자신의 무능과 결함에 의하여 생긴 긴장이나 열등감을 해소시키기 위하여 장점같은 것으로 그 결함을 보충하려는 것

① 고립(Isolation)
② 동일화(Identification)
③ 승화(Sublimation)
④ 보상(Compensation)

해설 보상에 관한 설명이다.

정답 ④

09 산업안전보건법령상 특별안전보건교육 대상 작업이 아닌 것은?

① 전압이 70V인 정전 및 활선작업
② 건설용 리프트·곤돌라를 이용한 작업
③ 화학설비의 탱크내 작업
④ 보일러(소형보일러 제외)의 설치 및 취급작업

해설 전압이 75V 이상인 정전 및 활선작업이 특별안전보건교육 대상 작업에 해당된다.

정답 ①

10 안전교육방법 중 TWI(Training Within Industry)의 교육과정이 아닌 것은?

① 작업지도훈련 ② 인간관계훈련
③ 정책수립훈련 ④ 작업방법훈련

해설 정책수립훈련은 TWI의 교육과정에 해당하지 않는다.

정답 ③

11 안전교육의 종류로 옳지 않은 것은?

① 직무교육　　② 지식교육
③ 태도교육　　④ 기능교육

해설　안전교육의 종류에는 지식교육, 기능교육, 태도교육이 있으며, 직무교육은 안전교육의 종류에 해당하지 않는다.

정답 ①

12 다음 (　) 인에 들어갈 내용으로 옳은 것은?

> 산업안전보건법상 사업주는 안전보건관리규정을 작성 또는 변경할 때에는 (㉠)의 심의·의결을 거쳐야 한다. 다만, (㉠)가 설치되어 있지 아니한 사업장에 있어서는 (㉡)의 동의를 받아야 한다.

① ㉠: 산업안전보건위원회, ㉡: 노사대표
② ㉠: 산업안전보건위원회, ㉡: 근로자대표
③ ㉠: 안전보건관리규정위원회, ㉡: 노사대표
④ ㉠: 안전보건관리규정위원회, ㉡: 근로자대표

해설　산업안전보건법상 사업주는 안전보건관리규정을 작성 또는 변경할 때에는 산업안전보건위원회의 심의·의결을 거쳐야 한다. 다만, 산업안전보건위원회가 설치되어 있지 아니한 사업장에 있어서는 근로자대표의 동의를 받아야 한다.

정답 ②

13 인지과정 착오의 요인이 아닌 것은?

① 정서불안정
② 감각차단현상
③ 작업자의 기능미숙
④ 생리·심리적 능력의 한계

해설　작업자의 기능미숙은 조치과정 착오의 요인에 해당한다.

정답 ③

14 근로자가 작업대 위에서 전기공사작업 중 감전에 의하여 지면으로 떨어져 다리에 골절상해를 입은 경우 기인물과 가해물로 옳은 것은?

	기인물	가해물
①	작업대	지면
②	전기	지면
③	지면	전기
④	작업대	전기

해설　근로자가 작업대 위에서 전기공사작업 중 감전에 의하여 지면으로 떨어져 다리에 골절상해를 입는 경우의 기인물은 전기, 가해물은 지면이다.

정답 ②

15 보호구 안전인증고시에 따른 방독마스크 중 할로겐용 정화통 외부측면의 표시색으로 옳은 것은?

① 갈색　　② 회색
③ 녹색　　④ 노란색

해설　할로겐용 정화통 외부측면의 표시색은 회색이다.

정답 ②

16 레빈(Lewin)의 법칙에서 환경조건(E)에 포함되는 것은?

$$B = f(P \cdot E)$$

① 지능 ② 소질
③ 적성 ④ 인간관계

해설 레빈(Lewin)의 법칙에서 환경조건(E)에 포함되는 것은 인간관계이다.

정답 ④

17 산업안전보건법령상 안전보건표지의 종류에 있어 '안전모 착용'은 어떤 표지에 해당하는가?

① 경고표지 ② 지시표지
③ 안내표지 ④ 관계자 외 출입금지

해설 산업안전보건법령상 안전보건표지의 종류에 있어 안전모 착용은 지시표지에 해당한다.

정답 ②

18 위험예지훈련 4라운드기법의 진행방법에 있어 문제점 발견 및 중요문제를 결정하는 단계는?

① 대책수립단계 ② 현상파악단계
③ 본질추구단계 ④ 행동목표설정단계

해설 위험예지훈련 4라운드기법의 진행방법에 있어 문제점 발견 및 중요문제를 결정하는 단계는 제2단계인 본질추구단계이다.

정답 ③

19 억측판단의 배경이 아닌 것은?

① 생략행위 ② 초조한 심정
③ 희망적 관측 ④ 과거의 성공한 경험

해설 생략행위는 억측판단의 배경에 해당하지 않는다.

정답 ①

20 파블로브(Pavlov)의 조건반사설에 의한 학습이론의 원리에 해당하지 않는 것은?

① 일관성의 원리 ② 시간의 원리
③ 강도의 원리 ④ 준비성의 원리

해설 준비성의 원리는 손다이크(Thorndike)의 시행착오설에 의한 학습이론의 원리에 해당한다.

정답 ④

제2과목 인간공학 및 시스템안전공학

21 가청주파수내에서 사람의 귀가 가장 민감하게 반응하는 주파수 대역은?

① 20 ~ 20,000Hz ② 50 ~ 15,000Hz
③ 100 ~ 10,000Hz ④ 500 ~ 3,000Hz

해설 가청주파수(20 ~ 20,000Hz)내에서 사람의 귀가 가장 민감하게 반응하는 주파수 대역은 500 ~ 3,000Hz이다.

정답 ④

22 다음 그림에서 시스템 위험분석기법 중 PHA(예비위험분석)가 실행되는 사이클의 영역으로 옳은 것은?

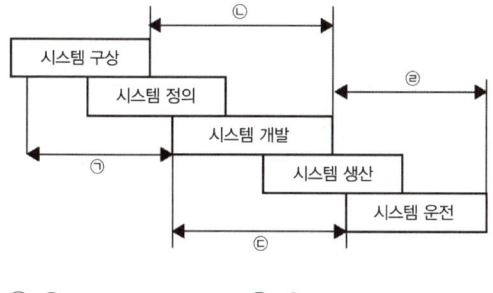

① ㉠ ② ㉡
③ ㉢ ④ ㉣

해설 PHA(예비위험분석)가 실행되는 사이클의 영역은 시스템 구상단계로서 ㉠에 해당한다.

정답 ①

23 필요한 작업 또는 절차의 잘못된 수행으로 발생하는 에러는?

① 시간적 에러(time error)
② 생략적 에러(omission error)
③ 순서적 에러(sequential error)
④ 수행적 에러(commision error)

해설 필요한 작업 또는 절차의 잘못된 수행으로 발생하는 에러는 수행적 에러(commision error)이다.

정답 ④

24 일반적인 FTA기법의 순서로 옳은 것은?

| ㉠ FT의 작성 | ㉡ 시스템의 정의 |
| ㉢ 정량적 평가 | ㉣ 정성적 평가 |

① ㉠ → ㉡ → ㉢ → ㉣
② ㉠ → ㉡ → ㉣ → ㉢
③ ㉡ → ㉠ → ㉢ → ㉣
④ ㉡ → ㉠ → ㉣ → ㉢

해설 일반적인 FTA(Fault Tree Analysis: 결함수분석)기법의 순서는 ㉡ 시스템의 정의 → ㉠ FT의 작성 → ㉣ 정성적 평가 → ㉢ 정량적 평가로 진행된다.

정답 ④

25 조종장치를 3cm 움직였을 때 표시장치의 지침이 5cm 움직였다면, C/R비는?

① 0.25 ② 0.6
③ 1.0   ④ 1.7

해설 C/R비(조종 $-$ 반응비) $= \dfrac{C}{R}$

여기서, C: 조종장치의 이동거리(cm)
R: 표시장치의 이동거리(cm)

$= \dfrac{3}{5} = 0.6$

정답 ②

26 FT에서 사용되는 사상기호에 대한 설명으로 옳은 것은?
① 위험지속기호: 정해진 횟수 이상 입력이 될 때 출력이 발생한다.
② 억제게이트: 조건부 사건이 일어나는 상황하에서 입력이 발생할 때 출력이 발생한다.
③ 우선적 AND게이트: 사건이 발생할 때 정해진 순서대로 복수의 출력이 발생한다.
④ 배타적 OR게이트: 동시에 2개 이상의 입력이 존재하는 경우에 출력이 발생한다.

해설 억제게이트는 입력사상에 대하여 이 게이트로 나타내는 조건이 만족하는 경우 즉, <u>조건부 사건이 일어나는 상황하에서 입력이 발생할 때 출력이 발생한다.</u>

정답 ②

27 실린더 블록에 사용하는 가스켓의 수명은 평균 10,000시간이며, 표준편차는 200시간으로 정규분포를 따른다. t = 9,600시간일 경우 신뢰도(R(t))는? (단, P(Z ≤ 1) = 0.8413, P(Z ≤ 1.5) = 0.9332, P(Z ≤ 2) = 0.9772, P(Z ≤ 3) = 0.9987이다.)
① 84.13%   ② 93.32%
③ 97.72%   ④ 99.87%

해설
- 평균수명 = 10,000시간, 기대수명 = 9,600시간
- 기대수명 − 평균수명 = 9,600 − 10,000 = −400시간
- 표준편차가 200시간이므로 $\frac{-400}{200} = -2$
- 표준정규분포 Z = −2이기 때문에 Z2의 표준정규분포[p(Z ≤ 2)] = 0.9772를 따른다.
∴ 0.9772 × 100 = 97.72%

정답 ③

28 시스템 수명주기에서 FMEA가 적용되는 단계는?
① 개발단계   ② 구상단계
③ 생산단계   ④ 운전단계

해설 시스템 수명주기에서 <u>FMEA(고장의 형태와 영향분석)가 적용되는 단계는 개발단계이다.</u>

정답 ①

29 정보를 전송하기 위해 청각적 표시장치를 이용하는 것이 바람직한 경우로 적합한 것은?
① 전언이 복잡한 경우
② 전언이 이후에 재참조되는 경우
③ 전언이 공간적인 사건을 다루는 경우
④ 전언이 즉각적인 행동을 요구하는 경우

해설 전언이 즉각적인 행동을 요구하는 경우는 <u>청각적 표시장치를 이용하는 것이 바람직한 경우에 해당한다.</u>

정답 ④

30 체계설계과정 중 기본설계단계의 주요 활동으로 볼 수 없는 것은?
① 작업설계   ② 체계의 정의
③ 기능의 할당   ④ 인간성능 요건 명세

해설 <u>체계설계과정 중 기본설계단계의 주요 활동</u>은 다음과 같다.
- 작업설계
- 인간, 하드웨어, 소프트웨어의 기능 할당
- 인간성능 요건 명세
- 직무분석

정답 ②

31 예비위험분석(PHA)에 대한 설명으로 옳은 것은?

① 관련된 과거 안전점검 결과의 조사에 적절하다.
② 안전관련 법규 조항의 준수를 위한 조사방법이다.
③ 시스템 고유의 위험성을 파악하고 예상되는 재해의 위험수준을 결정한다.
④ 초기단계에서 시스템내의 위험요소가 어떠한 위험상태에 있는가를 정성적으로 평가하는 것이다.

해설 예비위험분석(PHA)은 초기단계에서 시스템내의 위험요소가 어떠한 위험상태에 있는지를 정성적으로 평가하는 것이다.

정답 ④

32 인체측정치를 이용한 설계에 대한 설명으로 옳은 것은?

① 평균치를 기준으로 한 설계를 제일 먼저 고려한다.
② 의자의 깊이와 너비는 모두 작은 사람을 기준으로 설계한다.
③ 자세와 동작에 따라 고려해야 할 인체측정치수가 달라진다.
④ 큰 사람을 기준으로 한 설계는 인체측정치의 5%tile을 사용한다.

해설 인체측정치를 이용한 설계시 자세와 동작에 따라 고려해야 할 인체측정치수가 달라진다.

정답 ③

33 암호체계 사용상의 일반적인 지침에 해당하지 않는 것은?

① 암호의 검출성   ② 부호의 양립성
③ 암호의 표준화   ④ 암호의 단일차원화

해설 암호의 단일차원화가 아닌 암호의 다차원화가 암호체계 사용상의 일반적인 지침에 해당한다.

정답 ④

34 작업장에서 구성요소를 배치하는 인간공학적 원칙과 가장 거리가 먼 것은?

① 중요도의 원칙   ② 선입선출의 원칙
③ 기능별 배치의 원칙 ④ 사용빈도의 원칙

해설 작업장에서 구성요소를 배치(부품배치)하는 인간공학적 원칙으로는 중요도의 원칙, 기능별 배치의 원칙, 사용빈도의 원칙, 사용순서의 원칙이 있다.

정답 ②

35 인간-기계시스템에서 기계와 비교한 인간의 장점으로 볼 수 없는 것은? (단, 인공지능과 관련된 사항은 제외한다.)

① 완전히 새로운 해결책을 찾아낸다.
② 여러 개의 프로그램된 활동을 동시에 수행한다.
③ 다양한 경험을 토대로 하여 의사결정을 한다.
④ 상황에 따라 변화하는 복잡한 자극형태를 식별한다.

해설 여러 개의 프로그램된 활동을 동시에 수행하는 것은 인간-기계시스템에서 인간과 비교한 기계의 장점에 해당한다.

정답 ②

36 FTA에서 사용하는 다음 사상기호에 대한 설명으로 맞는 것은?

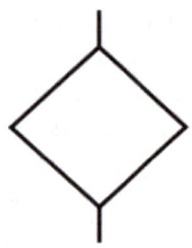

① 시스템 분석에서 좀 더 발전시켜야 하는 사상
② 시스템의 정상적인 가동상태에서 일어날 것이 기대되는 사상
③ 불충분한 자료로 결론을 내릴 수 없어 더 이상 전개할 수 없는 사상
④ 주어진 시스템의 기본사상으로 고장원인이 분석되었기 때문에 더 이상 분석할 필요가 없는 사상

해설 그림에 나타난 기호는 생략사상으로서 '불충분한 자료로 결론을 내릴 수 없어 더 이상 전개할 수 없는 사상'을 말하는 것이다.

정답 ③

37 건구온도 38℃, 습구온도 32℃일 때의 Oxford지수(℃)는?
① 30.2   ② 32.9
③ 35.3   ④ 37.1

해설 옥스퍼드(Oxford)지수를 구하면 다음과 같다.
0.85W(습구온도) + 0.15D(건구온도)
= 0.85 × 32 + 0.15 × 38 = 32.9℃

정답 ②

38 적절한 온도의 작업환경에서 추운 환경으로 온도가 변할 때 우리의 신체가 수행하는 조절작용이 아닌 것은?
① 발한(發汗)이 시작된다.
② 피부의 온도가 내려간다.
③ 직장(直腸)온도가 약간 올라간다.
④ 혈액의 많은 양이 몸의 중심부를 위주로 순환한다.

해설 발한이 시작된다는 것은 적절한 온도의 작업환경에서 더운 환경으로 변할 때 신체가 수행하는 조절작용에 해당한다.

정답 ①

39 보기의 실내면에서 빛의 반사율이 낮은 곳에서부터 높은 순서대로 나열한 것은?

| A: 바닥   B: 천장   C: 가구   D: 벽 |

① A < B < C < D
② A < C < B < D
③ A < C < D < B
④ A < D < C < B

해설 실내면에서 빛의 반사율이 낮은 곳에서부터 높은 순서는 다음과 같다.
A. 바닥(20 ~ 40%) < C. 가구(25 ~ 45%) < D. 벽(40 ~ 60%) < B. 천장(80 ~ 90%)

정답 ③

40 윤활관리시스템에서 준수해야 하는 4가지 원칙이 아닌 것은?
① 적정량 준수
② 다양한 윤활제의 혼합
③ 올바른 윤활법의 선택
④ 윤활기간의 올바른 준수

해설 다양한 윤활제의 혼합은 윤활관리시스템에서 준수해야 하는 4가지 원칙에 해당하지 않는다.

정답 ②

제3과목 기계위험방지기술

41 프레스의 방호장치에 해당하지 않는 것은?

① 가드식 방호장치
② 수인식 방호장치
③ 롤 피드식 방호장치
④ 손쳐내기식 방호장치

해설 롤 피드식 방호장치는 프레스의 방호장치에 해당하지 않는다.

정답 ③

42 산업안전보건법령상 프레스 및 전단기에서 안전블록을 사용해야 하는 작업으로 옳지 않은 것은?

① 금형가공작업 ② 금형해체작업
③ 금형부착작업 ④ 금형조정작업

해설 산업안전보건법령상 프레스 및 전단기에서 안전블록(Safety Block)을 사용해야 하는 작업에는 금형해체작업, 금형부착작업, 금형조정작업이 있으며, 금형가공작업은 해당하지 않는다.

정답 ①

43 선반작업시 준수하여야 하는 안전사항으로 옳지 않은 것은?

① 작업 중 면장갑 착용을 금한다.
② 작업시 공구는 항상 정리해 둔다.
③ 운전 중에 백기어를 사용한다.
④ 주유 및 청소를 할 때에는 반드시 기계를 정지시키고 한다.

해설 선반작업시 운전 중에 백기어를 사용하지 않는다.

정답 ③

44 산소 - 아세틸렌가스 용접에서 산소용기의 취급시 주의사항으로 옳지 않은 것은?

① 산소용기의 운반시 밸브를 닫고 캡을 씌워서 이동할 것
② 기름이 묻은 손이나 장갑을 끼고 취급하지 말 것
③ 원활한 산소공급을 위하여 산소용기는 눕혀서 사용할 것
④ 통풍이 잘되고 직사광선이 없는 곳에 보관할 것

해설 원활한 산소공급을 위하여 산소용기는 세워서 사용해야 한다.

정답 ③

45 보일러의 연도(굴뚝)에서 버려지는 여열을 이용하여 보일러에 공급되는 급수를 예열하는 부속장치는?

① 과열기 ② 절탄기
③ 공기예열기 ④ 연소장치

해설 연도(굴뚝)에서 버려지는 여열로 보일러에 공급되는 급수를 예열하여 증발량을 증가시키고 연료소비량을 감소시키기 위한 장치는 절탄기(이코노마이저)이다.

정답 ②

46 산업안전보건법령상 양중기에 사용하지 않아야 하는 달기체인의 기준으로 옳지 않은 것은?

① 심하게 변형된 것
② 균열이 있는 것
③ 달기체인의 길이가 달기체인이 제조된 때의 길이 3%를 초과한 것
④ 링의 단면지름이 달기체인이 제조된 때의 해당 링의 지름의 10%를 초과하여 감소한 것

해설 달기체인의 길이가 달기체인이 제조된 때의 길이 5%를 초과한 경우 양중기에 사용하지 않아야 한다.

정답 ③

47 산업안전보건법령상 지게차의 방호장치에 해당하는 것은?

① 포크 ② 헤드가드
③ 호이스트 ④ 힌지드 버킷

해설 산업안전보건법령상 지게차의 방호장치에 해당하는 것은 헤드가드이다.

정답 ②

48 프레스기가 작동 후 작업점까지의 도달시간이 0.2초 걸렸다면 양수조작식 방호장치의 최소설치거리는?

① 3.2cm ② 32cm
③ 6.4cm ④ 64cm

해설 최소설치거리(cm)
= 160 × 프레스 작동 후 작업점까지의 도달시간(초)
= 160 × 0.2 = 32cm

정답 ②

49 연삭기를 이용한 작업을 할 경우 연삭숫돌을 교체한 후에는 얼마동안 시험운전을 하여야 하는가?

① 1분 이상 ② 3분 이상
③ 10분 이상 ④ 15분 이상

해설 연삭기를 이용한 작업을 할 경우 연삭숫돌을 교체한 후에는 3분 이상 시험운전을 하고, 해당 기계에 이상이 있는지를 확인하여야 하며, 연삭숫돌을 사용하는 작업의 경우 작업을 시작하기 전에는 1분 이상 시험운전을 하여야 한다.

정답 ②

50 연삭기의 원주속도 V(m/s)를 구하는 식은? [단, D는 숫돌의 지름(m), n은 회전수(rpm)이다.]

① $V = \dfrac{\pi D n}{16}$ ② $V = \dfrac{\pi D n}{32}$
③ $V = \dfrac{\pi D n}{60}$ ④ $V = \dfrac{\pi D n}{1,000}$

해설 연삭기의 원주속도(m/s)
$$V = \pi D n (\mathrm{m/min}) = \dfrac{\pi D n}{60}(\mathrm{m/s})$$
여기서, V: 회전속도(m/min, m/s)
D: 숫돌의 지름(m)
n: 회전수(rpm)

정답 ③

51 드릴작업시 가장 안전한 행동에 해당하는 것은?

① 장갑을 끼고 옷소매가 긴 작업복을 입고 작업한다.
② 작업 중에 브러시로 칩을 털어 낸다.
③ 가공할 구멍지름이 큰 경우 작은 구멍을 먼저 뚫고 그 위에 큰 구멍을 뚫는다.
④ 드릴을 먼저 회전시킨 상태에서 공작물을 고정한다.

해설 가공할 구멍지름이 큰 경우 작은 구멍을 먼저 뚫고 그 위에 큰 구멍을 뚫어야 한다.

정답 ③

52 산업안전보건법령에 따라 달기체인을 달비계에 사용해서는 안 되는 경우가 아닌 것은?

① 균열이 있거나 심하게 변형된 것
② 달기체인의 한꼬임에서 끊어진 소선의 수가 10% 이상인 것
③ 달기체인의 길이가 달기체인이 제조된 때의 길이의 5%를 초과한 것
④ 링의 단면지름이 달기체인이 제조된 때의 해당 링의 지름의 10%를 초과하여 감소한 것

해설 달기체인의 한꼬임에서 끊어진 소선의 수가 10% 이상인 것은 해당하지 않는다.

정답 ②

53 안전계수 5인 로프의 절단하중이 4,000N이라면 이 로프는 몇 N 이하의 하중을 매달아야 하는가?

① 500   ② 800
③ 1,000 ④ 1,600

해설 $안전하중 = \dfrac{절단하중}{안전계수}$ (* $안전계수 = \dfrac{절단하중}{안전하중}$)

$= \dfrac{4,000}{5} = 800N$

정답 ②

54 산업안전보건법령상 리프트의 종류로 옳지 않은 것은?

① 건설용 리프트 ② 자동차정비용 리프트
③ 이삿짐운반용 리프트 ④ 간이 리프트

해설 간이 리프트는 산업안전보건법상 리프트의 종류에 해당하지 않는다.

정답 ④

55 다음 중 목재가공용 기계의 방호장치에 해당하지 않는 것은?

① 보호덮개   ② 분할날
③ 과부하방지장치 ④ 톱날접촉예방장치

해설 과부하방지장치는 크레인 등 양중기의 방호장치에 해당한다.

정답 ③

56 정(chisel)작업의 일반적인 안전수칙으로 옳지 않은 것은?

① 따내기 및 칩이 튀는 가공에서는 보안경을 착용하여야 한다.
② 절단작업시 절단된 끝이 튀는 것을 조심하여야 한다.
③ 작업을 시작할 때는 가급적 정을 세게 타격하고 점차 힘을 줄여간다.
④ 담금질 된 철강재료는 정 가공을 하지 않는 것이 좋다.

해설 작업을 시작할 때는 가급적 정을 약하게 타격하고 점차 힘을 늘려간다.

정답 ③

57 외력이 일정하게 유지되어 있더라도 시간의 흐름에 따라 재료의 변형이 증가되는 현상으로 옳은 것은?

① 응력집중   ② 피로
③ 크리프(Creep) ④ 가공경화

해설 외력이 일정하게 유지되어 있더라도 시간의 흐름에 따라 재료의 변형이 증가되는 현상은 크리프(Creep)이다.

정답 ③

58 선반작업의 안전사항으로 옳지 않은 것은?
① 베드 위에 공구를 올려놓지 않아야 한다.
② 바이트를 교환할 때는 기계를 정지시키고 한다.
③ 바이트는 끝을 길게 장치한다.
④ 반드시 보안경을 착용한다.

해설 바이트는 끝을 짧게 장치하여야 한다.

정답 ③

59 보일러의 이상현상 중 다음 설명에 해당하는 현상은?

> 보일러수에 불순물이 많이 포함되어 있을 경우 보일러수의 비등과 함께 수면부위에 거품을 형성하여 수위가 불안정하게 되는 현상

① 역화 ② 프라이밍
③ 포밍 ④ 캐리오버

해설 포밍(Foaming)에 대한 설명이다.

정답 ③

60 연삭기 이용 작업에서의 안전대책으로 옳은 것은?
① 연삭숫돌의 최고원주속도를 초과하여 사용하여야 한다.
② 공기연삭기의 경우 공기압력을 최대로 놓고 사용하여야 한다.
③ 연삭기의 종류에 구분없이 항상 연삭숫돌의 측면을 사용하여야 한다.
④ 작업시작 전에는 1분 이상 시운전을 하고, 숫돌의 교체시에는 3분 이상 시운전을 한다.

해설 연삭기를 이용한 작업시 작업시작 전에는 1분 이상 시운전을 하고, 숫돌의 교체시에는 3분 이상 시운전을 하여야 한다.

정답 ④

제4과목 전기 및 화학설비위험방지기술

61 물반응성 물질에 해당하는 것은?
① 니트로화합물 ② 칼륨
③ 염소산나트륨 ④ 부탄

해설 물반응성 물질 및 인화성고체에 해당하는 것은 칼륨이다.

정답 ②

62 방폭구조의 종류 중 방진방폭구조를 나타내는 표시로 옳은 것은?
① DDP ② tD
③ XDP ④ DP

해설 방진방폭구조를 나타내는 표시는 tD(분진내압방폭구조)이다.

정답 ②

63 방폭구조 중 전폐구조를 하고 있으며 외부의 폭발성 가스가 내부로 침입하여 내부에서 폭발하더라도 용기는 그 압력에 견디고 내부의 폭발로 인하여 외부의 폭발성 가스에 착화될 우려가 없도록 만들어진 구조는?
① 안전증방폭구조 ② 본질안전방폭구조
③ 유입방폭구조 ④ 내압방폭구조

해설 방폭구조 중 전폐구조를 하고 있으며 외부의 폭발성 가스가 내부로 침입하여 내부에서 폭발하더라도 용기는 그 압력에 견디고, 내부의 폭발로 인하여 외부의 폭발성가스에 착화될 우려가 없도록 만들어진 구조는 내압방폭구조(기호: d)이다.

정답 ④

64 어떤 물질내에서 반응전파속도가 음속보다 빠르게 진행되며 이로 인해 발생된 충격파가 반응을 일으키고 유지하는 발열반응은?

① 점화(Ignition) ② 폭연(Deflagration)
③ 폭발(Explosion) ④ 폭굉(Detonation)

해설 어떤 물질내에서 반응전파속도가 음속보다 빠르게 진행되고 이로 인해 발생된 충격파가 반응을 일으키고 유지하는 발열반응은 폭굉(Detonation)이다.

정답 ④

65 액체가 관내를 이동할 때 정전기가 발생하는 현상은?

① 마찰대전 ② 유동대전
③ 분출대전 ④ 박리대전

해설
- 액체가 관내를 이동할 때에 정전기가 발생하는 현상은 유동대전이다.
- 이는 가솔린과 같은 액체류가 파이프 등의 내부에서 유동할 때 관벽과 액체사이에서 발생하는 것으로, 액체의 유동속도가 정전기 발생에 가장 큰 영향을 미친다.

정답 ②

66 전기기계·기구의 누전에 의한 감전의 위험을 방지하기 위하여 코드 및 플러그를 접속하여 사용하는 전기기계·기구 중 노출된 비충전 금속체에 접지를 실시하여야 하는 것이 아닌 것은?

① 사용전압이 대지전압 110V인 기구
② 냉장고, 세탁기, 컴퓨터 및 주변기기 등과 같은 고정형 전기기계·기구
③ 고정형·이동형 또는 휴대형 전동기계·기구
④ 휴대형 손전등

해설 사용전압이 대지전압 150V를 넘는 기구의 경우 접지를 실시하여야 한다.

정답 ①

67 어떤 도체에 20초 동안에 100C의 전하량이 이동하면 이때 흐르는 전류(A)는?

① 200 ② 50
③ 10   ④ 5

해설 $I = \dfrac{Q}{t}$

여기서, I: 전류(A)
t: 도체에 흐르는 시간(초)
Q: 전하량(C)

$= \dfrac{100}{20} = 5A$

정답 ④

68 정전기에 의한 재해방지대책으로 옳지 않은 것은?

① 대전방지제 등을 사용한다.
② 공기 중의 습기를 제거한다.
③ 금속 등의 도체를 접지시킨다.
④ 배관내 액체가 흐를 경우 유속을 제한한다.

해설 공기 중의 습기를 부여하여야 한다.

정답 ②

69 정전기의 발생에 영향을 주는 요인과 가장 거리가 먼 것은?

① 분리속도   ② 물체의 표면상태
③ 접촉면적 및 압력 ④ 외부공기의 풍속

해설 외부공기의 풍속은 정전기의 발생에 영향을 주는 요인과는 관계가 없다.

정답 ④

70 다음 중 폭발한계(vol%)의 범위가 가장 넓은 것은?

① 아세틸렌　　② 부탄
③ 메탄　　　　④ 톨루엔

해설
- 각 물질의 폭발한계의 범위는 다음과 같다.
  - 아세틸렌(C_2H_2): 2.5 ~ 81%
  - 메탄(CH_4): 5 ~ 15%
  - 부탄(C_4H_{10}): 1.8 ~ 8.4%
  - 톨루엔($C_6H_5CH_3$): 1.3 ~ 6.7%
- 따라서 폭발한계(vol%)의 범위가 가장 넓은 것은 아세틸렌(C_2H_2)이다.

정답 ①

71 다음 중 가연성 가스가 모두 아닌 것으로만 나열된 것은?

① 일산화탄소, 프로판　② 이산화탄소, 프로판
③ 일산화탄소, 산소　　④ 산소, 이산화탄소

해설 산소는 조연성 가스, 이산화탄소는 불연성 가스로서 가연성 가스에 모두 해당하지 않는다.

정답 ④

72 산업안전보건기준에 관한 규칙에 따라 폭발성 물질을 저장·취급하는 화학설비 및 그 부속설비를 설치할 때, 단위공정시설 및 설비로부터 다른 단위공정시설 및 설비 사이의 안전거리는 설비 바깥 면으로부터 몇 m 이상 두어야 하는가? (단, 원칙적인 경우에 한한다.)

① 3　　② 5
③ 10　④ 20

해설 단위공정시설 및 설비로부터 다른 단위공정시설 및 설비 사이의 안전거리는 설비 바깥면으로부터 10m 이상 두어야 한다.

정답 ③

73 계통접지로 적합하지 않은 것은?

① TN계통　② TT계통
③ IN계통　④ IT계통

해설 IN계통은 계통접지의 종류에 해당하지 않는다.

정답 ③

74 산업안전보건법령에서 정한 위험물을 기준량 이상으로 제조하거나 취급하는 설비 중 특수화학설비에 해당하지 않는 것은?

① 고로 등 점화기를 직접 사용하는 열교환기류
② 증류·정류·증발·추출 등 분리를 하는 장치
③ 가열로 또는 가열기
④ 발열반응이 일어나는 반응장치

해설 고로 등 점화기를 직접 사용하는 열교환기류는 특수화학설비에 해당하지 않는다.

정답 ①

75 혼촉방지판이 부착된 변압기를 설치하고, 혼촉방지판을 접지시켰다. 이러한 변압기를 사용하는 주요 이유로 옳은 것은?

① 2차측의 전류를 감소시킬 수 있기 때문에
② 2차측에 비접지방식을 채택하면 감전시 위험을 감소시킬 수 있기 때문에
③ 누전전류를 감소시킬 수 있기 때문에
④ 전력의 손실을 감소시킬 수 있기 때문에

해설 혼촉방지판이 부착된 변압기를 설치하고, 혼촉방지판을 접지시킨 변압기를 사용하는 주요 이유로 2차측에 비접지방식을 채택하면 감전시 위험을 감소시킬 수 있기 때문이다.

정답 ②

76 다음 중 분진폭발의 가능성이 가장 낮은 물질은?

① 소맥분 ② 마그네슘분
③ 질석가루 ④ 석탄가루

해설 분진폭발이 일어나지 않는(가능성이 낮은) 물질(불연성 물질)에는 질석가루, 대리석가루, 생석회, 가성소다, 시멘트가루가 있다.

정답 ③

77 산업안전보건기준에 관한 규칙상 섭씨 몇 ℃ 이상인 상태에서 운전되는 설비는 특수화학설비에 해당하는가? (단, 규칙에서 정한 위험물질의 기준량 이상을 제조하거나 취급하는 설비인 경우이다.)

① 150℃ ② 250℃
③ 350℃ ④ 450℃

해설 산업안전보건기준에 관한 규칙상 350℃ 이상인 상태에서 운전되는 설비는 특수화학설비에 해당한다.

정답 ③

78 최소착화에너지가 0.25mJ, 극간 정전용량이 10pF인 부탄가스 버너를 점화시키기 위해서 최소 얼마 이상의 전압을 인가하여야 하는가?

① 0.52×10^2 V ② 0.74×10^3 V
③ 7.07×10^3 V ④ 5.03×10^5 V

해설 $E = \dfrac{1}{2}CV^2$, $V^2 = \dfrac{2E}{C}$, $V = \sqrt{\dfrac{2E}{C}}$

여기서, E: 정전기(최소착화)에너지(J)
C: 정전용량(F)
V: 대전전위(전압)(V)

$= \sqrt{\dfrac{2 \times 0.25 \times 10^{-3}}{10 \times 10^{-12}}} ≒ 7.07 \times 10^3 \text{V}$

정답 ③

79 아세틸렌(C_2H_2)의 공기 중 완전연소조성농도(C_{st})는?

① 6.7vol% ② 7.0vol%
③ 7.4vol% ④ 7.7vol%

해설 • 아세틸렌(C_2H_2)의 산소농도(O_2)
$= n + \dfrac{m-f-2\lambda}{4}$

여기서, n: 탄소, m: 수소, f: 할로겐원소, λ: 산소

$= 2 + \dfrac{2}{4} = 2.5$

• 완전연소조성농도(C_{st})
$= \dfrac{100}{1+4.773 \times O_2} = \dfrac{100}{1+4.773 \times 2.5}$
$= \dfrac{100}{12.9325} = 7.732 ≒ 7.7\text{vol\%}$

정답 ④

80 전선간에 가해지는 전압이 어떤 값 이상으로 되면 전선주위의 전기장이 강하게 되어 전선표면의 공기가 국부적으로 절연이 파괴되어 빛과 소리를 내는 것은?

① 표피작용 ② 페란티효과
③ 코로나현상 ④ 근접현상

해설 전선간에 가해지는 전압이 어떤 값 이상으로 되면 전선 주위의 전기장이 강하게 되어 전원 표면의 공기가 국부적으로 절연이 파괴되어 빛과 소리를 내는 것은 코로나(Corona)현상이다.

정답 ③

제5과목 건설안전기술

81 안전난간의 구조 및 설치요건과 관련하여 발끝막이판은 바닥면으로부터 얼마 이상의 높이를 유지하여야 하는가?

① 10cm 이상   ② 15cm 이상
③ 20cm 이상   ④ 30cm 이상

해설 발끝막이판은 바닥면 등으로부터 10cm 이상의 높이를 유지하여야 한다.

정답 ①

82 앞쪽에 한개의 조향륜 롤러와 뒤쪽에 두개의 롤러가 배치된 것으로 (2축 3륜), 하층 노반다지기, 아스팔트 포장에 주로 쓰이는 장비의 이름은?

① 머캐덤 롤러   ② 탬핑 롤러
③ 페이 로더   ④ 래머

해설 앞쪽에 1개의 조향륜 롤러와 뒤쪽에 2개의 롤러가 배치된 것(2축 3륜), 하층 노반다지기, 아스팔트 포장에 주로 쓰이는 장비는 머캐덤 롤러(Macadam Roller)이다.

정답 ①

83 다음은 산업안전보건법령에 따른 근로자의 추락위험 방지를 위한 추락방호망의 설치기준이다. ( ) 안에 들어갈 내용으로 옳은 것은?

> 추락방호망은 수평으로 설치하고, 망의 처짐은 짧은 변 길이의 ( ) 이상이 되도록 할 것

① 10%   ② 12%
③ 15%   ④ 18%

해설 추락방호망은 수평으로 설치하고, 망의 처짐은 짧은 변 길이의 12% 이상이 되도록 하여야 한다.

정답 ②

84 거푸집 및 동바리를 조립하거나 해체하는 작업을 하는 경우에 준수해야 할 사항으로 옳지 않은 것은?

① 해당 작업을 하는 구역에는 관계근로자가 아닌 사람의 출입을 금지할 것
② 비, 눈, 그 밖의 기상상태의 불안정으로 날씨가 몹시 나쁜 경우에는 그 작업을 중지할 것
③ 재료, 기구 또는 공구 등을 올리거나 내리는 경우에는 근로자간 서로 직접 전달하도록 하고, 달줄, 달포대 등의 사용을 금할 것
④ 낙하·충격에 의한 돌발적 재해를 방지하기 위하여 버팀목을 설치하고 거푸집 및 동바리를 인양장비에 매단 후에 작업을 하도록 하는 등 필요한 조치를 할 것

해설 재료, 기구 또는 공구 등을 올리거나 내리는 경우 근로자에게 달줄, 달포대 등의 사용을 하도록 해야 한다.

정답 ③

85 달비계에 사용이 불가한 와이어로프의 기준으로 옳지 않은 것은?

① 이음매가 없는 것
② 지름의 감소가 공칭지름의 7%를 초과하는 것
③ 심하게 변형되거나 부식된 것
④ 와이어로프의 한꼬임에서 끊어진 소선(素線)의 수가 10% 이상인 것

해설 이음매가 없는 와이어로프는 달비계에 사용이 가능하다.

정답 ①

86 강풍시 타워크레인의 설치, 수리, 점검 또는 해체작업을 중지하여야 하는 순간풍속 기준으로 옳은 것은?

① 순간풍속이 초당 10m를 초과하는 경우
② 순간풍속이 초당 15m를 초과하는 경우
③ 순간풍속이 초당 20m를 초과하는 경우
④ 순간풍속이 초당 30m를 초과하는 경우

해설
- 순간풍속이 초당 10m를 초과하는 경우 타워크레인의 설치, 수리, 점검 또는 해체작업을 중지하여야 한다.
- 순간풍속이 초당 15m를 초과하는 경우 타워크레인의 운전작업을 중지하여야 한다.

정답 ①

87 추락재해방지용 방망의 신품에 대한 인장강도는 얼마인가? (단, 그물코의 크기가 10cm이며, 매듭없는 방망이다.)

① 220kg   ② 240kg
③ 260kg   ④ 280kg

해설 그물코의 크기가 10cm이며, 매듭없는 방망의 신품에 대한 인장강도는 240kg이다.

정답 ②

88 작업으로 인하여 물체가 떨어지거나 날아올 위험이 있는 경우에 조치 및 준수하여야 할 사항으로 옳지 않은 것은?

① 낙하물방지망, 수직보호망 또는 방호선반 등을 설치한다.
② 낙하물방지망의 내민 길이는 벽면으로부터 2m 이상으로 한다.
③ 낙하물방지망의 수평면과의 각도는 20°이상 30°이하를 유지한다.
④ 낙하물방지망은 높이 15m 이내마다 설치한다.

해설 낙하물방지망은 높이 10m 이내마다 설치하여야 한다.

정답 ④

89 흙막이 가시설의 버팀대(Strut)의 변형을 측정하는 계측기에 해당하는 것은?

① Water level meter   ② Strain gauge
③ Piezometer   ④ Load cell

해설 흙막이 가시설의 버팀대의 변형을 측정하는 계측기는 Strain guage(변형계)이다.

정답 ②

90 산업안전보건법령상 화물적재시 준수사항으로 옳지 않은 것은?

① 침하 우려가 없는 튼튼한 기반 위에 적재할 것
② 하중이 한쪽으로 치우치지 않도록 쌓을 것
③ 무거운 화물은 공간의 효율성을 고려하여 건물의 칸막이나 벽에 기대어 적재할 것
④ 불안정할 정도로 높이 쌓아올리지 말 것

해설 건물의 칸막이나 벽 등이 화물의 압력에 견딜 만큼의 강도를 지니지 아니한 경우에는 칸막이나 벽에 기대어 적재하지 않도록 하여야 한다.

정답 ③

91 말비계를 조립하여 사용하는 경우에 준수해야 하는 사항으로 옳지 않은 것은?

① 지주부재의 하단에는 미끄럼방지장치를 한다.
② 근로자는 양측 끝부분에 올라서서 작업하도록 한다.
③ 지주부재와 수평면의 기울기를 75° 이하로 한다.
④ 말비계의 높이가 2m를 초과하는 경우에는 작업발판의 폭을 40cm 이상으로 한다.

해설 근로자는 양측 끝부분에 올라서서 작업하지 않도록 한다.

정답 ②

92 건설업 산업안전보건관리비 항목으로 사용가능한 내역은?

① 경비원, 청소원 및 폐자재처리원의 인건비
② 외부인 출입금지, 공사장 경계표시를 위한 가설울타리 설치 및 해체비용
③ 원활한 공사수행을 위하여 사업장 주변 교통정리를 하는 신호자의 인건비
④ 해열제, 소화제 등 구급약품 및 구급용구 등의 구입비용

해설 해열제, 소화제 등 구급약품 및 구급용구 등의 구입비용(구급기재 등에 사용되는 비용)은 건설업 산업안전보건관리비 항목으로 사용가능한 내역에 해당한다. 다만, 파상풍, 독감 등의 예방을 위한 접종 및 약품비용은 건설업 산업안전보건관리비 항목으로 사용 불가능한 내역에 해당한다.

※ 산업안전보건법관리비 사용가능내역 고용노동부고시
→ 2022.6.2. 개정·삭제되었으므로 학습 불필요

정답 ④

93 낙하추나 화약의 폭발 등으로 인공진동을 일으켜 지반의 종류, 지층 및 강성도 등을 알아내는 데에 활용되는 지반조사 방법은?

① 방사능탐사　② 유량검층탐사
③ 탄성파탐사　④ 전기저항탐사

해설 낙하추나 화약의 폭발 등으로 인공진동을 일으켜 지반의 종류, 지층 및 강성도 등을 알아내는 데 활용되는 지반조사 방법은 탄성파탐사이다.

정답 ③

94 콘크리트용 거푸집의 재료에 해당하지 않는 것은?

① 철재　② 목재
③ 석면　④ 경금속

해설 콘크리트용 거푸집의 재료에는 철재, 목재, 경금속이 있으며, 석면은 이에 해당하지 않는다.

정답 ③

95 강관을 사용하여 비계를 구성하는 경우의 준수사항으로 옳지 않은 것은?

① 비계기둥의 간격은 띠장방향에서는 1.85m 이하로 할 것
② 비계기둥의 간격은 장선(長線)방향에서는 1.0m 이하로 할 것
③ 띠장간격은 2.0m 이하로 할 것
④ 비계기둥간의 적재하중은 400kg을 초과하지 않도록 할 것

해설 비계기둥의 간격은 장선방향에서는 1.5m 이하로 하여야 한다.

정답 ②

96 콘크리트 타설시 거푸집의 측압에 영향을 미치는 인자들에 대한 설명으로 옳지 않은 것은?

① 슬럼프가 클수록 측압은 크다.
② 거푸집의 강성이 클수록 측압은 크다.
③ 철근량이 많을수록 측압은 작다.
④ 타설속도가 느릴수록 측압은 크다.

해설 타설속도가 빠를수록(클수록) 측압은 크다.

정답 ④

97 철골공사시 도괴의 위험이 있어 강풍에 대한 안전여부를 확인해야 할 필요성이 가장 높은 경우는?

① 연면적당 철골량이 일반 건물보다 많은 경우
② 기둥에 H형강을 사용하는 경우
③ 이음부가 공장용접인 경우
④ 단면구조가 현저한 차이가 있으며 높이가 20m 이상인 건물

해설 단면구조가 현저한 차이가 있으며 높이가 20m 이상인 건물의 경우 강풍에 대한 안전여부를 확인해야 할 필요성이 가장 높다.

정답 ④

98 사다리식 통로 등을 설치하는 경우 발판과 벽과의 사이는 최소 얼마 이상의 간격을 유지하여야 하는가?

① 10cm 이상   ② 15cm 이상
③ 20cm 이상   ④ 25cm 이상

해설 사다리식 통로 등을 설치하는 경우 발판과 벽과의 사이는 15cm 이상의 간격을 유지하여야 한다.

정답 ②

99 지면보다 낮은 땅을 파는데 적합하고 수중굴착도 가능한 굴착기계는?

① 백호   ② 파워셔블
③ 가이데릭   ④ 파일드라이버

해설 지면보다 낮은 땅을 파는데 적합하고 수중굴착도 가능한 굴착기계는 백호(드래그셔블)이다.

정답 ①

100 사다리를 설치하여 사용함에 있어 사다리 지주 끝에 사용하는 미끄럼방지재료로 적당하지 않은 것은?

① 강스파이크   ② 비닐
③ 코르크   ④ 가죽

해설 사다리를 설치하여 사용함에 있어 사다리 지주 끝에 사용하는 미끄럼방지재료로는 고무, 코르크, 가죽, 강스파이크 등이 있다.

정답 ②

2020년 제4회(CBT)

제1과목 산업안전관리론

01 국제노동기구(ILO)의 기준에 따른 상해정도별 분류 중 '일시전노동불능상해'에 대한 설명으로 옳은 것은?

① 의사의 소견에 따라 일정기간 노동에 종사할 수 없으나 휴무 상태가 아닌 일시 가벼운 노동에 종사할 수 있는 상해
② 의사의 소견에 따라 일정기간 노동에 종사할 수 없는 상해
③ 부상의 결과로 신체의 일부가 근로기능을 완전히 상실한 부상
④ 응급처치를 받아 부상한 다음 날 정상작업에 임할 수 있는 상해

해설 일시전노동불능상해란 의사의 소견에 따라 일정기간 노동에 종사할 수 없는 상해를 말한다.

정답 ②

02 산업안전보건법령상 산업재해조사표의 기록사항이 아닌 것은?

① 재발방지계획 ② 안전교육계획
③ 재해정보   ④ 재해발생개요

해설 안전교육계획은 산업재해조사표의 기록사항에 포함되지 않는다.

정답 ②

03 제조업자가 제조물의 결함으로 인하여 생명·신체 또는 재산에 손해를 입은 자에게 그 손해를 배상하여야 하는 것은? (단, 해당 제조물에 대해 발생한 손해는 제외한다.)

① 사용자책임   ② 제조자책임
③ 제조물책임   ④ 담보책임

해설 제조업자가 제조물의 결함으로 인하여 생명·신체 또는 재산에 손해를 입은 자에게 그 손해를 배상하여야 하는 것을 제조물책임이라 한다.

정답 ③

04 산업안전보건법령상 안전보건관리규정을 작성하여야 할 사업 중 정보서비스업의 상시근로자 수는?

① 50명 이상   ② 100명 이상
③ 200명 이상   ④ 300명 이상

해설 산업안전보건법령상 안전보건관리규정을 작성하여야 할 사업 중 정보서비스업은 상시근로자가 300명 이상이어야 한다.

정답 ④

05 산업재해 손실액을 산정했을 때 직접비가 3,000만원일 경우의 총손실액은? (단, 하인리히방식을 적용한다.)

① 3천만원   ② 9천만원
③ 1억 2천만원 ④ 1억 5천만원

해설 하인리히의 재해손실비 평가방식을 적용하여 총손실액을 구하면 다음과 같다.
총손실액(총재해코스트)
= 직접손실비용(1) + 간접손실비용(4)
= 3,000만원 + (3,000만원 × 4)
= 1억 5천만원

정답 ④

06 산업안전보건법상 안전인증 대상 기계·기구에 해당하지 않는 것은?

① 크레인   ② 산업용 원심기
③ 리프트   ④ 롤러기

해설 산업용 원심기는 산업안전보건법상 안전인증 대상 기계·기구에 해당하지 않는다.

정답 ②

07 위험예지훈련 4라운드(4R)에 대한 내용으로 옳은 것은?

① 1라운드: 본질추구   ② 2라운드: 목표설정
③ 3라운드: 대책수립   ④ 4라운드: 현상파악

해설 위험예지훈련 4라운드(4R)는 다음과 같다.
- 제1라운드(현상파악): 잠재유해위험요인의 파악단계
- 제2라운드(본질추구): 문제점 발견 및 문제를 결정하는 단계
- 제3라운드(대책수립): 문제점에 대한 대책수립단계
- 제4라운드(목표설정): 행동목표설정단계

정답 ③

08 안전모의 착장체 구성요소가 아닌 것은?

① 머리받침끈   ② 머리고정대
③ 턱끈   ④ 머리받침고리

해설 턱끈은 안전모의 구성요소에 해당하며, 착장체의 구성요소에는 포함되지 않는다.

정답 ③

09 산업안전보건법령상 폭발성물질 경고의 색채에 대한 내용인 것은?

① 바탕은 무색, 기본모형은 빨간색
② 바탕은 녹색, 관련부호 및 그림은 흰색
③ 바탕은 노란색, 기본모형, 관련 부호 및 그림은 검은색
④ 글자는 흰색바탕에 흑색

해설 산업안전보건법상 폭발성물질 경고는 바탕은 무색, 기본모형은 빨간색으로 표시한다.

정답 ①

10 비통제의 집단행동 중 '군중보다 합의성이 없고, 감정에 의해서 행동하는 것'으로 폭동과 같은 것을 말하는 것은?

① 모브(Mob)   ② 유행
③ 심리적 전염   ④ 군중(Crowd)

해설 비통제의 집단행동 중 '군중보다 합의성이 없고, 감정에 의해서 행동하는 것'으로 폭동과 같은 것을 말하는 것은 모브(Mob)이다.

정답 ①

11 인간의 행동특성에 대하여 레빈(Lewin)은 다음과 같은 식으로 표현하였다. 각 인자에 대한 내용으로 옳지 않은 것은?

$$B = f(P \cdot E)$$

① E: 물리적 영향을 미치는 환경
② f: 함수
③ B: 행동
④ P: 개체

해설 레빈의 식에서 E는 심리적 영향을 미치는 인간관계, 작업환경, 작업조건 등의 환경을 의미한다.

정답 ①

12 다음 매슬로우의 욕구5단계이론 중 제5단계 욕구는 무엇인가?
① 생리적 욕구　② 자아실현의 욕구
③ 사회적 욕구　④ 인정받으려는 욕구

해설　매슬로우의 욕구5단계이론은 다음과 같다.
- 제1단계: 생리적 욕구(생명유지의 기본적 욕구)
- 제2단계: 안전의 욕구(자기보존욕구)
- 제3단계: 사회적 욕구(소속감과 애정욕구)
- 제4단계: 인정받으려는 욕구(존경욕구)
- 제5단계: 자아실현의 욕구(잠재적 능력 실현)

정답 ②

13 다음에서 설명하는 현상으로 옳은 것은?

> 작업을 하고 있을 때 걱정거리, 고민거리, 욕구불만 등에 의해 다른 데 정신을 빼앗기는 부주의 현상

① 의식의 단절　② 의식의 중단
③ 의식의 혼란　④ 의식의 우회

해설　의식의 우회에 대한 설명이다.

정답 ④

14 안전보건교육의 목적으로 옳지 않은 것은?
① 작업자를 산업재해로부터 보호한다.
② 기업에 대한 신뢰감을 감소시킨다.
③ 생산성이나 품질의 향상에 기여한다.
④ 직접·간접적인 경제적 손실을 방지한다.

해설　안전보건교육을 통해 기업에 대한 신뢰감을 증가시킨다.

정답 ②

15 안전교육의 종류로 옳지 않은 것은?
① 직무교육　② 지식교육
③ 태도교육　④ 기능교육

해설　안전교육의 종류에는 지식교육, 기능교육, 태도교육이 있으며, 직무교육은 안전교육의 종류에 해당하지 않는다.

정답 ①

16 하버드학파의 5단계 교수법에 해당하지 않는 것은?
① 응용(Application)　② 교시(Presentation)
③ 총괄(Generalization)　④ 추론(Reasoning)

해설　추론(Reasoning)은 하버드학파가 아닌 듀이의 5단계 사고과정에 해당한다.

정답 ④

17 산업안전보건법령상 근로자 정기교육내용으로 옳지 않은 것은?
① 유해위험작업환경관리에 관한 사항
② 산업재해보상보험제도에 관한 사항
③ 산업안전 및 산업재해예방에 관한 사항
④ 표준안전작업방법 결정 및 지도·감독요령에 관한 사항

해설　표준안전작업방법 결정 및 지도·감독요령에 관한 사항은 산업안전보건법령상 관리감독자 정기교육내용에 포함된다.

정답 ④

18 산업안전보건법령상 특별안전보건교육 대상 작업이 아닌 것은?

① 전압이 70V인 정전 및 활선작업
② 건설용 리프트·곤돌라를 이용한 작업
③ 화학설비의 탱크 내 작업
④ 보일러(소형보일러 제외)의 설치 및 취급작업

해설 전압이 75V 이상인 정전 및 활선작업이 특별안전보건교육 대상 작업에 포함된다.

정답 ①

19 다음은 산업안전보건법령상 근로자 안전보건교육시간에 대한 내용이다. ㉠과 ㉡에 들어갈 내용으로 옳은 것은?

교육과정	교육대상	교육시간
작업내용 변경시 교육	일용근로자	(㉠)시간 이상
	일용근로자를 제외한 근로자	(㉡)시간 이상

① ㉠ 1, ㉡ 2
② ㉠ 2, ㉡ 1
③ ㉠ 1, ㉡ 8
④ ㉠ 8, ㉡ 8

해설 (1) 일용근로자 및 근로계약기간이 1주일 이하인 기간제근로자의 작업내용 변경시 교육시간은 1시간 이상이다.
(2) 그밖의 근로자의 작업내용 변경시 교육시간은 2시간 이상이다.
※ 산업안전보건법 시행규칙 → 2023.9.27 개정

정답 ①

20 산업안전보건법령상 프레스 등을 사용하여 작업을 할 때의 작업시작 전 점검항목이 아닌 것은?

① 전단기(剪斷機)의 칼날 및 테이블의 상태
② 드레인밸브의 조작 및 배수
③ 급정지장치 및 비상정지장치의 기능
④ 프레스의 금형 및 고정볼트 상태

해설 드레인밸브의 조작 및 배수는 공기압축기를 가동하는 작업을 할 때의 작업시작 전 점검사항에 해당한다.

정답 ②

제2과목 인간공학 및 시스템안전공학

21 인간이 기계보다 우수한 기능으로 옳지 않은 것은?

① 예기치 못한 사건을 감지할 수 있다.
② 여러 개의 프로그램된 활동을 동시에 수행할 수 있다.
③ 다량의 정보를 장시간 기억하고 필요시 내용을 회상할 수 있다.
④ 복잡하고 다양한 자극의 형태를 식별할 수 있다.

해설 여러 개의 프로그램된 활동을 동시에 수행할 수 있는 것은 기계가 인간보다 우수한 기능에 해당한다.

정답 ②

22 눈의 구조 중 기능결함이 발생했을 때 색맹이나 색약이 되는 세포로 옳은 것은?

① 원추세포   ② 양극세포
③ 수평세포   ④ 간상세포

해설 눈의 구조 중 기능결함이 발생했을 때 색맹이나 색약이 되는 세포는 원추세포이다.

정답 ①

23 다음에서 설명하는 표시장치로 옳은 것은?

자동차나 항공기의 앞유리 또는 차양판 등에 정보를 중첩 투사하는 표시장치

① Sonar   ② HUD
③ LCD   ④ bit

해설 HUD(Head Up Display)에 대한 설명이다.

정답 ②

24 경보신호 중 300m 이상의 장거리용에 사용하여야 하는 진동수로 가장 옳은 것은?

① 500Hz 전후   ② 800Hz 전후
③ 1,200Hz 전후 ④ 2,000Hz 전후

해설 경보신호 중 300m 이상의 장거리용으로는 1,000Hz 이하의 진동수를 사용하여야 하므로 800Hz 전후가 가장 적절하다.

정답 ②

25 어느 제어장치에서 조종장치를 1cm 움직였을 때 표시장치 지침이 5cm 움직인 경우 이 기기의 통제표시비(C/D비)는?

① 0.2   ② 0.25
③ 0.5   ④ 1.2

해설 $C/D비 = \dfrac{X}{Y} = \dfrac{1}{5} = 0.2$

여기서, X: 조종장치의 변위량(이동거리)(cm)
Y: 표시장치의 변위량(이동거리)(cm)

정답 ①

26 어떠한 작업을 수행하는 작업자의 산소소비량을 측정한 결과 5분동안 90L의 배기량 중 산소(O_2)가 16%, 이산화탄소(CO_2)가 4%로 분석되었다. 이때 해당 작업에 대한 분당 산소소비량은? (단, 공기 중 질소는 79%, 산소는 21%이다.)

① 0.49L/min   ② 0.948L/min
③ 1.52L/min   ④ 2.85L/min

해설
- 분당 배기량(V_2) = $\dfrac{총배기량}{시간} = \dfrac{90}{5}$
  = 18L/min
- 분당 흡기량(V_1) = $\dfrac{100 - O_2 - CO_2}{79} \times V_2$
  = $\dfrac{100 - 16 - 4}{79} \times 18$
  = 18.23L/min
- 분당 산소소비량 = $(V_1 \times 21\%) - (V_2 \times O_2\%)$
  = $(18.23 \times 0.21) - (18 \times 0.16)$
  ≒ 0.948L/min

정답 ②

27 입식작업대의 높이에 대한 설명으로 옳지 않은 것은?

① 정밀작업의 경우 팔꿈치 높이보다 약간(5~15cm 정도) 높게 한다.
② 중작업의 경우 팔꿈치 높이보다 10~20cm 정도 낮게 한다.
③ 경작업의 경우 팔꿈치 높이보다 5~10cm 정도 낮게 한다.
④ 부피가 큰 작업물을 취급하는 경우 최대치 설계를 기본으로 한다.

해설 부피가 큰 작업물을 취급하는 경우 최소치 설계를 기본으로 한다.

정답 ④

28 다음 중 근골격계질환의 인간공학적 주요 발생인자에 해당하지 않는 것은?

① 장시간의 진동   ② 반복적인 동작
③ 부적절한 자세   ④ 고온의 환경

해설 근골격계 질환의 인간공학적 주요 발생인자에는 무리한 힘(과도한 힘)의 사용, 장시간의 진동 및 온도, 반복도가 높은 작업(반복적인 동작), 부적절한 자세, 날카로운 면과의 신체접촉이 있으며, 고온의 환경은 근골격계질환의 인간공학적 주요 발생인자에 해당하지 않는다.

정답 ④

29 다음 장소 중 추천반사율(옥내 최적반사율)이 가장 낮은 장소는?

① 천장   ② 바닥
③ 벽   ④ 가구

해설 추천반사율(옥내 최적반사율)은 다음과 같다.
- 천장: 80~90%
- 벽: 40~60%
- 가구: 25~45%
- 바닥: 20~40%

따라서 추천반사율이 가장 낮은 장소는 바닥이다.

정답 ②

30 영상표시단말기(VDT) 취급 작업장에서 화면의 바탕색이 검정색 계통일 때 유지해야 하는 조명수준은?

① 50~150lux ② 100~250lux
③ 300~500lux ④ 500~700lux

해설 작업장 주변 환경의 조도는 화면의 바탕색이 흰색 계통일 때 500~700lux, 검정색 계통일 때 300~500lux를 유지하도록 한다.

정답 ③

31 다음 방법 중 작업장에서 발생하는 소음에 대한 가장 적극적인 대책은?

① 덮개 등 방호장치의 설치
② 차폐장치 및 흡음재 사용
③ 소음원의 통제
④ 소음원의 격리

해설 작업장에서 발생하는 소음에 대한 가장 적극적인 대책은 소음원의 통제(제거)이다.

정답 ③

32 다음 중 소음성 난청 유소견자로 판정하는 구분으로 옳은 것은?

① R ② C_1
③ A ④ D_1

해설 소음성 난청 유소견자는 D_1으로 판정한다.

정답 ④

33 다음 중 청각신호의 위치 식별시 사용하는 것은?

① MAMA ② JND
③ AI ④ PNC

해설 청각신호의 위치 식별시 사용하는 것은 MAMA(Minimum Audible Movement Angle : 최소가청각도)이다.

정답 ①

34 건설현장의 표지판 반사율이 80%이고, 인쇄된 글자의 반사율이 10%일 때 대비는?

① 56% ② 67%
③ 75% ④ 88%

해설 대비 = $\dfrac{L_b - L_t}{L_b} \times 100$

여기서, L_b : 배경의 반사율, L_t : 표적의 반사율

$= \dfrac{80-10}{80} \times 100 = 87.5 ≒ 88\%$

정답 ④

35 다음 중 낮은 온도로 내려갈 때의 인체반응이 아닌 것은?

① 많은 양의 혈액이 몸의 중심부를 순환한다.
② 발한이 시작된다.
③ 피부온도가 내려간다.
④ 직장온도가 올라간다.

해설 발한이 시작되는 것은 적정 온도에서 높은 온도로 올라갈 때의 인체반응에 해당한다.

정답 ②

36 다음 설명에 해당하는 고열장해는?

> 고열환경에서 심한 육체노동 후에 탈수와 체내 염분농도 부족으로 근육의 수축이 격렬하게 일어난다.

① 열사병(Heat Stroke)
② 열경련(Heat Cramp)
③ 열쇠약(Heat Prostration)
④ 열피로(Heat Exhaustion)

해설 열경련(Heat Cramp)에 대한 설명이다.

정답 ②

37 다음 FTA 논리기호 중 '3개 이상의 입력사상 중 2개가 존재하면 출력이 발생'하는 것은?

① AND게이트 ② 배타적OR게이트
③ 부정게이트 ④ 조합AND게이트

해설 3개 이상의 입력사상 중 2개가 존재하면 출력이 발생하는 것은 조합AND게이트이다.

정답 ④

39 화학설비의 안전성평가 과정 중 정량적 평가항목(제3단계)에 해당하는 것은?

① 공장 내 배치 ② 비상용 전원
③ 화학설비 용량 ④ 제조공정의 개요

해설 화학설비의 안전성평가 과정 중 정량적 평가항목(제3단계)에 해당하는 것은 화학설비 용량이다.

정답 ③

38 다음의 FT도에서 최소 패스셋(Minimal Path Set)을 구하면?

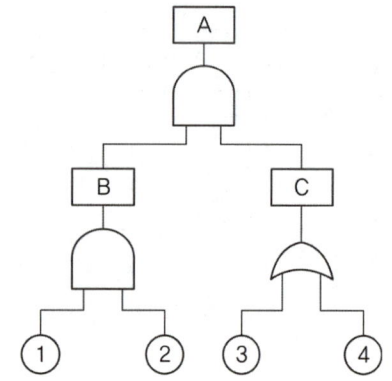

① {1}, {2}, {3, 4}
② {1, 3}, {2, 4}
③ {1, 2, 3}, {2, 3, 4}
④ {1, 2}, {1, 3}, {1, 4}

해설
• 최소 패스셋(Minimal Path set)은 어느 고장이나 에러를 일으키지 않으면 재해가 일어나지 않는다는 것, 즉 시스템의 신뢰성을 나타내는 것이다.
• B는 AND게이트이므로 최소 패스셋은 {1}, {2}이다.
• C는 OR게이트이므로 최소 패스셋은 {3, 4}이다.

정답 ①

40 어떠한 기계의 고장률이 시간당 0.002일 때 이 기계가 100시간 동안 고장이 나지 않고 작동할 확률로 옳은 것은? (단, 고장률은 일정한 지수분포를 가진다.)

① 0.24 ② 0.47
③ 0.82 ④ 0.94

해설 고장이 나지 않고 작동할 확률(신뢰도)는 다음과 같다.
$R(t) = e^{-\lambda t}$
여기서, $R(t)$: 신뢰도
λ: 고장률
t: 가동시간
$= e^{-(0.002 \times 100)} = 0.8187 ≒ 0.82$

정답 ③

제3과목 기계위험방지기술

41 다음 방호장치 중 격리형 방호장치에 해당하지 않는 것은?

① 안전방책(방호망)
② 양수조작식 방호장치
③ 완전차단형 방호장치
④ 덮개형 방호장치

해설 격리형 방호장치에는 안전방책(방호망), 완전차단형 방호장치, 덮개형 방호장치가 있으며, 양수조작식 방호장치는 위치제한형 방호장치에 해당한다.

정답 ②

42 다음에서 설명하는 장치에 해당하는 것은?

> 사업주는 근로자에게 위험에 처할 우려가 있는 기계의 원동기, 회전축, 기어, 풀리 등에 설치하여야 한다.

① 체인   ② 클러치
③ 스위치   ④ 울

해설 사업주는 근로자에게 위험에 처할 우려가 있는 기계의 원동기, 회전축, 기어, 풀리 등에 덮개, 울, 건널다리, 슬리브를 설치하여야 한다.

정답 ④

43 외력이 일정하게 유지되어 있더라도 시간의 흐름에 따라 재료의 변형이 증가되는 현상으로 옳은 것은?

① 응력집중   ② 피로
③ 크리프(Creep)   ④ 가공경화

해설 외력이 일정하게 유지되어 있더라도 시간의 흐름에 따라 재료의 변형이 증가되는 현상은 크리프(Creep)이다.

정답 ③

44 다음 중 목재가공용 기계의 방호장치에 해당하지 않는 것은?

① 보호덮개   ② 분할날
③ 과부하방지장치   ④ 톱날접촉예방장치

해설 과부하방지장치는 목재가공용 기계의 방호장치에 해당하지 않는다.

정답 ③

45 드릴작업에서의 일감 고정방법이 아닌 것은?

① 대량생산과 정밀도를 요구할 때에는 지그를 사용하여 고정한다.
② 일감이 크고 복잡할 때에는 볼트와 고정구를 사용하여 고정한다.
③ 일감이 작을 때에는 바이스로 고정한다.
④ 일감이 작고 길 때에는 플라이어로 고정한다.

해설 일감이 작을 때에는 바이스로 고정하며, 플라이어는 사용하지 않는다.

정답 ④

46 다음 연삭숫돌의 덮개 재료 중 동일한 최고속도에서 가장 얇은 판을 쓸 수 있는 덮개의 재료인 것은?

① 압연강판   ② 가단주철
③ 주강   ④ 알루미늄

해설
- 연삭숫돌의 덮개 재료 중 동일한 최고속도에서 가장 얇은 판을 쓸 수 있는 덮개의 재료는 압연강판이다.
- 덮개의 재료 두께 순서(방호장치 안전인증 고용노동부고시)
  압연강판 < 탄소주강품 < 가단주철 < 회주철

정답 ①

47 연삭기 이용 작업에서의 안전대책으로 옳은 것은?
① 연삭숫돌의 최고원주속도를 초과하여 사용하여야 한다.
② 공기연삭기의 경우 공기압력을 최대로 놓고 사용하여야 한다.
③ 연삭기의 종류에 구분없이 항상 연삭숫돌의 측면을 사용하여야 한다.
④ 작업시작 전에는 1분 이상 시운전을 하고, 숫돌의 교체시에는 3분 이상 시운전을 한다.

해설 연삭기를 이용한 작업시 작업시작 전에는 1분 이상 시운전을 하고, 숫돌의 교체시에는 3분 이상 시운전을 하여야 한다.

정답 ④

48 프레스에 사용하는 양수조작식 방호장치의 일반구조에 대한 내용이 아닌 것은?
① 누름버튼의 상호간 내측거리는 300mm 이상으로 하고, 매립형의 구조로 하여야 한다.
② 양쪽버튼의 작동시간 차이는 최대 1.5초 이내일 때 프레스가 동작되도록 하여야 한다.
③ 누름버튼을 양손으로 동시에 조작하지 않으면 작동시킬 수 없는 구조이어야 한다.
④ 정상표시등은 녹색, 위험표시등은 붉은색으로 하여 근로자가 쉽게 볼 수 있는 곳에 설치하여야 한다.

해설 양쪽버튼의 작동시간 차이는 최대 0.5초 이내일 때 프레스가 동작되도록 하여야 한다.

정답 ②

49 프레스의 금형설치 및 조정시 슬라이드의 불시하강을 방지하는 것을 목적으로 설치하여야 하는 것은?
① 클러치   ② 안전블록
③ 키커 핀   ④ 이젝터

해설 프레스의 금형설치 및 조정시 슬라이드의 불시하강을 방지하는 것을 목적으로 설치해야 하는 것은 안전블록이다.

정답 ②

50 다음 중 롤러기에 사용하는 급정지장치에 해당하지 않는 것은?
① 무릎조작식   ② 손조작식
③ 복부조작식   ④ 광전자식

해설 롤러기에 사용하는 급정지장치에는 손조작식, 복부조작식, 무릎조작식이 있으며, 광전자식은 프레스에 사용하는 안전장치에 해당한다.

정답 ④

51 어느 롤러기의 앞면 롤러 지름이 300mm, 분당 회전수가 30일 경우 허용되는 롤러기의 급정지거리는 약 몇 mm 이내이어야 하는가?
① 31.4   ② 314
③ 25.1   ④ 251

해설 (1) 앞면 롤러의 표면속도
$$V = \frac{\pi DN}{1,000} = \frac{3.14 \times 300 \times 30}{1,000}$$
$$= 28.26 \text{m/min}$$
여기서, D: 롤러 원통의 지름(mm)
N: 회전수(rpm)
(2) 급정지거리
• 급정지거리 기준: 표면속도가 30m/min 미만인 경우 앞면 롤러 원주의 1/3 이내
• 원주길이 = πD = 3.14 × 300 = 942mm
∴ $942 \times \frac{1}{3} = 314$mm 이내

정답 ②

52 가스용접시 역화의 원인이 아닌 것은?
① 토치성능이 좋지 않은 경우
② 산소공급량이 부족한 경우
③ 토치가 과열되었을 경우
④ 압력조정기가 고장난 경우

해설 가스용접시 산소공급량이 과다한 경우에 역화가 발생한다.

정답 ②

53 보일러의 이상현상 중 다음 설명에 해당하는 현상은?

> 보일러수에 불순물이 많이 포함되어 있을 경우 보일러수의 비등과 함께 수면부위에 거품을 형성하여 수위가 불안정하게 되는 현상

① 역화 ② 프라이밍
③ 포밍 ④ 캐리오버

해설 포밍(Foaming)에 대한 설명이다.

정답 ③

54 산업용 로봇의 작동범위 내에서 교시 등의 작업을 하는 경우 작업시작 전 점검사항이 아닌 것은?

① 외부전선의 피복 또는 외장손상의 유무
② 제동장치 및 비상정지장치의 기능
③ 자동제어장치(압력제한스위치 등) 기능의 이상 유무
④ 매니퓰레이터 작동의 이상 유무

해설 산업용 로봇의 작동범위 내에서 교시 등의 작업을 하는 경우 작업시작 전 점검사항에는 외부전선의 피복 또는 외장손상의 유무, 제동장치 및 비상정지장치의 기능, 매니퓰레이터 작동의 이상 유무가 있으며, 자동제어장치(압력제한스위치 등) 기능의 이상 유무는 점검사항에 해당하지 않는다.

정답 ③

55 다음 그림과 같은 지게차가 안정적인 작업이 가능한 상태의 조건으로 옳은 것은?

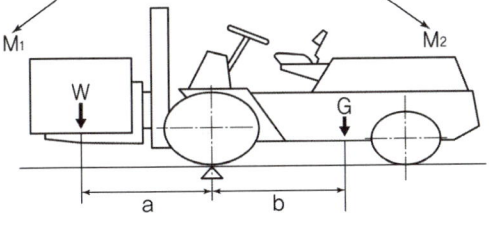

① $M_1 < M_2$ ② $M_1 = 1.5M_2$
③ $M_1 \geq M_2$ ④ $M_1 > M_2$

해설 M_1(화물의 중량) < M_2(차량의 중량)의 상태인 경우 지게차의 안정조건이 된다.

정답 ①

56 다음 중 산업안전보건법령상 양중기에 포함되지 않는 것은?

① 호이스트
② 승강기
③ 적재하중이 0.2톤인 이삿짐운반용 리프트
④ 체인블록

해설 체인블록은 산업안전보건법령상 양중기에 해당하지 않는다.

정답 ④

57 다음 중 컨베이어에 대한 방호조치로 옳지 않은 것은?

① 작업 중인 컨베이어를 넘어가도록 하는 때에는 건널다리 등 필요한 조치를 하여야 한다.
② 컨베이어에 근로자의 신체의 일부가 말려들 위험이 있는 때에는 즉시 운전을 정지시킬 수 있어야 한다.
③ 컨베이어에서 화물의 낙하로 인하여 근로자에게 위험을 미칠 우려가 있을 때에는 덮개 또는 울을 설치하여야 한다.
④ 컨베이어의 역주행을 방지하기 위한 권과방지장치를 갖추어야 한다.

해설
• 컨베이어의 역주행을 방지하기 위한 역주행방지장치를 설치하여야 한다.
• 컨베이어가 아닌 크레인의 위험을 방지하기 위하여 권과방지장치 및 과부하방지장치를 설치하여야 한다.

정답 ④

58 산업안전보건법령상 타워크레인의 운전작업을 중지하여야 하는 순간풍속의 기준으로 옳은 것은?

① 초당 5m를 초과하는 경우
② 초당 10m를 초과하는 경우
③ 초당 15m를 초과하는 경우
④ 초당 20m를 초과하는 경우

해설 초당 15m를 초과하는 경우 타워크레인의 운전작업을 중지하여야 한다.

정답 ③

59 크레인작업시 1톤의 중량을 걸어 20m/s² 가속도로 감아 올릴 때 로프의 걸리는 총하중(kg)은? (단 중력가속도는 9.8m/s²이다.)

① 2,040　② 2,100
③ 3,040　④ 3,100

해설
$$W = W_1 + W_2 = W_1 + \frac{W_1}{g}\alpha$$
여기서, W: 총하중(kg)
　　　　W_1: 정하중(kg), W_2: 동하중(kg)
　　　　g: 중력가속도(m/s²), α: 가속도(m/s²)
$$= 1,000 + \frac{1,000}{9.8} \times 20 ≒ 3,040 kg$$

정답 ③

60 아래 그림과 같이 2.4톤의 중량물을 와이어로프 상부 60°의 각으로 들어올릴 때 와이어로프 1줄(A)에 걸리는 하중은?

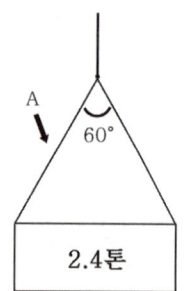

① 1.38톤　② 2.42톤
③ 3.66톤　④ 4.12톤

해설
$$T = \frac{\frac{W}{2}}{\cos\frac{\theta}{2}} = \frac{\frac{2.4}{2}}{\cos\frac{60}{2}} = \frac{1.2}{\cos 30} ≒ 1.38톤$$

정답 ①

제4과목 전기 및 화학설비위험방지기술

61 충전전로에서의 활선작업시 충전전로의 선간전압이 37kV 초과 88kV 이하인 경우 접근한계거리는?

① 90cm　② 110cm
③ 130cm　④ 170cm

해설　충전전로의 선간전압이 37kV 초과 88kV 이하인 경우 접근한계거리는 110cm이다.

정답 ②

62 산업안전보건법령상 꽂음접속기를 설치·사용하는 경우의 준수사항으로 옳지 않은 것은?

① 서로 다른 전압의 꽂음접속기는 서로 접속되지 않는 구조의 것을 사용할 것
② 꽂음접속기에 잠금장치가 있을 때에는 접속 후 잠금을 해제하여 사용할 것
③ 근로자가 해당 꽂음접속기를 접속시킬 경우에는 젖은 손으로 취급하지 않도록 할 것
④ 습윤한 장소에 사용되는 꽂음접속기는 방수형 등 그 장소에 적합한 것을 사용할 것

해설　꽂음접속기에 잠금장치가 있는 경우에는 접속 후 잠그고 사용하여야 한다.

정답 ②

63 누전차단기의 설치에 대한 설명 중 옳지 않은 것은?

① 단상용 누전차단기는 3상회로에 설치하지 않아야 한다.
② 누전차단기는 설치 전에 반드시 폐로시키고 설치 후에 개로시켜 작동시켜야 한다.
③ 누전차단기의 설치가 완료되면 회로와 대지간의 절연저항을 측정하여야 한다.
④ 누전차단기는 분기회로 또는 전기기기마다 설치하는 것을 원칙으로 한다.

해설　누전차단기는 설치 전에 반드시 개로시키고 설치 후에 폐로시켜 작동시켜야 한다.

정답 ②

64 전기화재의 직접적인 발생요인이 아닌 것은?
① 지락 및 접속불량으로 인한 과열
② 과전류 및 절연의 손상
③ 누전, 열의 축적
④ 피뢰기의 손상

해설 피뢰기의 손상은 전기화재의 직접적인 발생요인에 해당하지 않는다.

정답 ④

65 접지의 종류 중 의료용 전자기기에서 인체의 마이크로 쇼크방지를 목적으로 시설하는 접지는?
① 기능용 접지   ② 계통접지
③ 등전위접지   ④ 지락검출용 접지

해설 의료용 전자기기에서 인체의 마이크로 쇼크방지를 목적으로 시설하는 접지는 등전위접지이다.

정답 ③

66 도체의 정전용량 C는 $30\mu F$이고, 대전전위(방전시 전압) V가 5kV인 경우 정전에너지(J)는?
① 75   ② 375
③ 750   ④ 2,250

해설 $E = \dfrac{1}{2}CV^2$

여기서, E : 정전에너지(J)
C : 정전용량(F)
V : 대전전위(V)

$= \dfrac{1}{2} \times 30 \times 10^{-6} \times (5,000)^2$
$= 375J$

정답 ②

67 정전기 재해의 방지대책에 대한 내용으로 옳은 것은?
① 접지
② 도전성을 낮추기 위해 대전방지제 사용 금지
③ 제습
④ 배관 내 액체의 유속증가

해설 정전기재해의 방지대책으로는 접지, 대전방지제 사용 (도전성 향상), 가습, 배관 내 액체의 유속제한 및 정치시간의 확보, 제전복 등 보호구의 착용 등이 있다.

정답 ①

68 정전기재해를 방지하기 위한 제전기의 종류에 해당하지 않는 것은?
① 자기방전식   ② 방사선식
③ 전압인가식   ④ 접지제어식

해설 제전기의 종류에는 자기방전식, 전압인가식, 방사선식이 있으며, 접지제어식은 제전기의 종류에 해당하지 않는다.

정답 ④

69 전기설비의 방폭구조 중 전기기기의 과도한 온도상승, 아크 또는 스파크 발생의 위험을 방지하기 위해 추가적 안전조치를 통한 안전도를 증가시킨 방폭구조는?
① 본질안전방폭구조   ② 충전방폭구조
③ 내압방폭구조   ④ 안전증방폭구조

해설 전기기기의 과도한 온도상승, 아크 또는 스파크 발생의 위험을 방지하기 위해 추가적 안전조치를 통한 안전도를 증가시킨 방폭구조는 안전증방폭구조이다.

정답 ④

70 폭발위험장소의 분류상 1종장소에 대한 설명으로 옳은 것은?

① 폭발성 가스 분위기가 연속적, 장기간 또는 빈번하게 존재하는 장소
② 폭발성 가스 분위기가 조성될 우려가 없는 장소
③ 폭발성 가스 분위기가 정상작동 중 조성되지 않거나 조성된다 하더라도 짧은 기간에만 존재할 수 있는 장소
④ 폭발성 가스 분위기가 정상작동 중 주기적 또는 빈번하게 생성되는 장소

해설 폭발위험장소는 다음과 같이 분류한다.
- 0종장소: 폭발성 가스 분위기가 연속적, 장기간 또는 빈번하게 존재하는 장소
- 1종장소: 폭발성 가스 분위기가 정상작동 중 주기적 또는 빈번하게 생성되는 장소
- 2종장소: 폭발성 가스 분위기가 정상작동 중 조성되지 않거나 조성된다 하더라도 짧은 기간에만 존재할 수 있는 장소

정답 ④

71 다음 물질 중 산업안전보건법령상 폭발성 물질 및 유기과산화물에 포함되는 것은?

① 황린　　　　② 요오드산 및 그 염류
③ 아세틸렌　　④ 하이드라진 유도체

해설 산업안전보건법령상 폭발성 물질 및 유기과산화물에 포함되는 것은 하이드라진 유도체이다.

정답 ④

72 다음 중 아세톤에 대한 설명으로 옳지 않은 것은?

① 인화점은 -18℃이다.
② 증기가 유독하므로 흡입하지 않아야 한다.
③ 물보다 비중이 무겁다.
④ 무색이고 휘발성이 강한 액체이다.

해설 아세톤의 비중은 0.79로 물보다 가볍다.

정답 ③

73 산업안전보건법상 밀폐된 공간에서 스프레이건 등을 사용하여 인화성 액체를 수시로 사용하는 경우 폭발위험 분위기가 조성되지 않도록 하기 위해서는 해당 물질의 공기 중 농도는 인화하한계값의 몇 %를 넘지 않아야 하는가?

① 15%　　　② 20%
③ 25%　　　④ 30%

해설 밀폐된 공간에서 스프레이건 등을 사용하여 인화성 액체를 수시로 사용하는 경우 폭발위험 분위기가 조성되지 않도록 하기 위해서는 해당 물질의 공기 중 농도는 인화하한계값의 25%를 넘지 않아야 한다.

정답 ③

74 다음 중 건조설비 사용시의 주의사항에 해당하지 않는 것은?

① 위험물 건조설비를 사용하는 경우에는 내부를 미리 청소하거나 환기할 것
② 위험물 건조설비를 사용하는 경우에는 건조로 인하여 발생하는 가스, 증기 또는 분진에 의하여 폭발, 화재의 위험이 있는 물질을 안전한 장소로 배출시킬 것
③ 위험물 건조설비를 사용하여 가열건조하는 건조물은 쉽게 이탈되지 않도록 할 것
④ 고온으로 가열, 건조한 물질은 즉시 격리·저장할 것

해설 고온으로 가열, 건조한 인화성 액체는 발화의 위험이 없는 온도로 냉각한 후에 격납시켜야 한다.

정답 ④

75 분진폭발의 방지대책으로 옳지 않은 것은?

① 분진이 퇴적되지 않도록 한다.
② 입자의 크기를 최소화한다.
③ 불활성 가스를 봉입한다.
④ 분진취급 장소에는 유효한 집진장치를 설치한다.

해설 분진폭발의 방지대책으로 입자의 크기를 최대화하여야 한다.

정답 ②

76 어떤 혼합가스의 성분가스 용량이 메탄 70%, 에탄 15%, 프로판 10%, 부탄 5%로 구성되어 있는 경우 이 혼합가스의 폭발하한계값(vol%)은? (단, 폭발하한계값은 메탄 5.0vol%, 에탄 3.0vol%, 프로판 2.1vol%, 부탄 1.8vol%이다.)

① 1.79　　② 2.93
③ 3.77　　④ 8.41

해설
$$L = \cfrac{100}{\cfrac{V_1}{L_1} + \cfrac{V_2}{L_2} + \cfrac{V_3}{L_3} + \cfrac{V_4}{L_4}}$$

$$= \cfrac{100}{\cfrac{70}{5} + \cfrac{15}{3} + \cfrac{10}{2.1} + \cfrac{5}{1.8}} ≒ 3.77\text{vol\%}$$

정답 ③

---

77 산업안전보건법령상 특수화학설비에 설치하여야 할 계측장치에 해당하지 않는 것은?

① 압력계　　② 온도계
③ 경보계　　④ 유량계

해설 경보계는 산업안전보건법령상 특수화학설비에 설치하여야 할 계측장치에 해당하지 않는다.

정답 ③

---

78 메탄(CH_4) 100mol이 산소 중에서 완전연소한 경우 소비된 산소량(mol)은?

① 50　　② 100
③ 150　　④ 200

해설
- 메탄(CH_4)의 완전연소반응식
  $CH_4 + 2O_2 → CO_2 + 2H_2O$
- 메탄(CH_4)과 산소(O_2)의 몰(mol)비
  $CH_4 : 2O_2 → 1 : 2$
- 따라서 메탄 100mol이 산소 중에서 완전연소한 경우 소비된 산소량(mol)은 100×2 = 200mol이다.

정답 ④

---

79 착화점에 대한 설명으로 옳은 것은?

① 점화원없이 자기 스스로 연소를 시작하는 최저의 온도를 말한다.
② 점화원에 의하여 가연성 물질이 불이 붙을 수 있는 최저온도이다.
③ 가연성 물질을 공기 중에서 가열했을 때, 점화한 불에서 불꽃이 발생하여 계속적으로 연소하는 최저온도이다.
④ 물체가 스스로 녹아내리기 시작하는 온도이다.

해설 착화점이란 점화원없이 자기 스스로 연소를 시작하는 최저의 온도를 말한다.

정답 ①

---

80 소화에 대한 설명으로 옳은 것은?

① 할로겐화합물소화기는 A급 화재에 가장 적합하다.
② B급 화재의 소화에 있어서는 연료의 공급의 차단이 가장 우선되어야 한다.
③ 일반적으로 물에 의한 소화는 모든 화재에 적용할 수 있다.
④ 간이소화제로는 건조사, 팽창질석, 팽창진주암, 마그네슘이 있다.

해설 B급 화재(유류·가스화재)의 소화에 있어서는 연료의 공급의 차단이 가장 우선되어야 한다.

정답 ②

제5과목 건설안전기술

81 지질상태를 가장 정확히 파악할 수 있는 보링방법은?

① 오거 보링　② 수세식 보링
③ 회전식 보링　④ 충격식 보링

해설　회전식 보링은 비트(Bit)를 약 40~150rpm의 속도로 회전시켜 흙을 펌프를 이용하여 지상으로 퍼내 지층상태를 판단하는 것으로 가장 정확하게 지질상태를 파악할 수 있는 보링방법이다.

정답 ③

82 공사종류 및 규모별 안전관리비 계상기준표에 따른 공사종류의 명칭이 아닌 것은?

① 철도·궤도 신설공사
② 일반건설공사(을)
③ 특수 및 기타 건설공사
④ 일반건설공사(병)

해설　일반건설공사(병)은 공사종류 및 규모별 안전관리비 계상기준표에 따른 공사종류의 명칭에 포함되지 않는다.
※ 공사종류 및 규모별 안전관리비 계상기준표 고용노동부고시
　→ 2023.10.5 개정
- 일반건설공사(갑) → 건축공사
- 일반건설공사(을) → 토목공사
- 중건설공사 → 중건설공사
- 특수 및 기타 건설공사 → 특수건설공사

정답 ④

83 산업안전보건법령상 유해위험방지계획서 작성 대상 건설공사에 해당하지 않는 것은?

① 최대지간길이 30m 이상인 교량건설 등 공사
② 깊이 10m 이상인 굴착공사
③ 터널의 건설 등 공사
④ 지상높이가 31m 이상인 건축물 또는 인공구조물 공사

해설　최대지간길이 50m 이상인 교량건설 등 공사의 경우에 산업안전보건법령상 유해위험방지계획서 작성 대상 건설공사에 해당한다.

정답 ①

84 다음에서 설명하는 도저는?

> 블레이드의 길이가 길고, 블레이드를 좌우, 전후로 30° 정도의 각도로 회전시킬 수 있어 측면으로 흙을 밀어낼 수 있는 도저

① 불도저　② 레이크도저
③ 힌지도저　④ 앵글도저

해설　앵글도저(Angle Dozer)에 대한 설명이다.

정답 ④

85 다음 중 달비계에 사용 불가능한 와이어로프 기준이 아닌 것은?

① 열과 전기충격에 의해 손상된 것
② 지름의 감소가 공칭지름의 7%를 초과하는 것
③ 이음매가 없는 것
④ 꼬인 것

해설　이음매가 있는 것이 달비계에 사용 불가능한 와이어로프 기준에 해당한다.

관련이론　달비계에 사용이 불가한 와이어로프의 기준(산업안전보건법 안전보건기준)
- 이음매가 있는 것
- 지름의 감소가 공칭지름의 7%를 초과하는 것
- 꼬인 것
- 심하게 변형되거나 부식된 것
- 와이어로프의 한 꼬임에서 끊어진 소선의 수가 10% 이상인 것
- 열과 전기충격에 의해 손상된 것

정답 ③

86 다음 산업안전보건법령에 따른 굴착면 기울기의 기준 중 ㉠~㉢에 들어갈 내용으로 옳은 것은?

구분	지반의 종류	기울기
보통흙	습지	1:1~1:1.5
	건지	1:0.5~1:1
암반	(㉠)	1:0.8
	(㉡)	1:0.5
	(㉢)	1:0.3

① ㉠: 경암, ㉡: 풍화암, ㉢: 연암
② ㉠: 연암, ㉡: 경암, ㉢: 풍화암
③ ㉠: 풍화암, ㉡: 연암, ㉢: 경암
④ ㉠: 풍화암, ㉡: 경암, ㉢: 연암

해설 ㉠~㉢에 들어갈 내용은 다음과 같다.
㉠: 풍화암
㉡: 연암
㉢: 경암

▶ 법령 개정(굴착면 기울기의 기준)
풍화암 – 1:1.0
연암 – 1:1.0
경암 – 1:0.5
모래 – 1:1.8
그밖의 흙 – 1:1.2
※ 산업안전보건법 안전보건기준 → 2023.11.14 개정

정답 ③

87 토석붕괴의 주요 원인에 해당하지 않는 것은?
① 공사에 의한 진동 및 반복하중의 증가
② 성토높이의 감소
③ 토석의 강도 저하
④ 지진, 차량, 구조물의 하중작용

해설 성토높이의 감소가 아닌 증가가 토석붕괴의 주요 원인에 해당한다.

정답 ②

88 흙의 상태가 함수량에 따라 액체, 소성, 반고체, 고체 등으로 변화하는 성질은?
① 흙의 연경도
② 흙의 압밀
③ 흙의 예민비
④ 흙의 전단강도

해설 흙의 상태가 함수량에 따라 액체, 소성, 반고체, 고체 등으로 변화하는 성질은 흙의 연경도이다.

정답 ①

89 산업안전보건법령에서 터널건설작업을 하는 경우 터널내부에서 화기나 아크를 사용하는 장소에 필히 설치하도록 규정하고 있는 것은?
① 제전설비
② 대피설비
③ 소화설비
④ 절연설비

해설 산업안전보건법령에서 터널건설작업을 하는 경우 터널내부에서 화기나 아크를 사용하는 장소에 필히 설치하도록 규정하고 있는 것은 소화설비이다.

정답 ③

90 건설공사작업으로 인하여 물체가 떨어지거나 날아올 위험이 있을 때의 조치사항이 아닌 것은?
① 보호구 착용
② 출입금지구역 설정
③ 수직보호망 설치
④ 안전난간 설치

해설
• 작업으로 인하여 물체가 떨어지거나 날아올 위험이 있는 경우 낙하물방지망, 수직보호망, 방호선반의 설치, 출입금지구역의 설정, 보호구의 착용 등 위험을 방지하기 위하여 필요한 조치를 하여야 한다.
• 안전난간 설치는 추락방지조치사항에 해당한다.

정답 ④

91 강관비계의 구조 중 비계기둥간의 적재하중은 몇 kg을 초과하지 않아야 하는가?

① 100kg ② 200kg
③ 300kg ④ 400kg

해설 강관비계의 구조 중 비계기둥간의 적재하중은 400kg을 초과하지 않아야 한다.

정답 ④

92 가설통로의 구조에 관한 기준으로 옳지 않은 것은?

① 추락할 위험이 있는 장소에는 안전난간을 설치할 것
② 경사가 15°를 초과하는 경우에는 미끄러지지 않는 구조로 할 것
③ 건설공사에 사용하는 높이 8m 이상인 비계다리에는 4m 이내마다 계단참을 설치할 것
④ 수직갱에 가설된 통로의 길이가 15m 이상인 경우에는 10m 이내마다 계단참을 설치할 것

해설 건설공사에 사용하는 높이 8m 이상인 비계다리에는 7m 이내마다 계단참을 설치하여야 한다.

정답 ③

93 거푸집 및 동바리 조립도에 명시해야 할 사항으로 옳지 않은 것은?

① 작업환경 조건 ② 부재의 재질
③ 단면규격 ④ 설치간격 및 이음방법

해설 작업환경 조건은 거푸집 및 동바리 조립도에 명시해야 할 사항에 해당하지 않는다.

정답 ①

94 철근콘크리트공사에서 거푸집동바리의 해체시기를 결정하는 요인으로 가장 거리가 먼 것은?

① 시방서상의 거푸집 존치기간의 경과
② 후속공정의 착수시기
③ 일정한 양생기간의 경과
④ 콘크리트강도시험의 결과

해설 후속공정의 착수시기는 철근콘크리트공사에서 거푸집동바리의 해체시기를 결정하는 요인에 해당하지 않는다.

정답 ②

95 철골공사시 트랩을 이용해 승강할 경우의 안전과 관련된 항목에 포함되지 않는 것은?

① 추락방지대 ② 수평구명줄
③ 안전대 ④ 수직구명줄

해설 수평구명줄은 철골공사시 트랩을 이용해 승강할 경우의 안전과 관련된 항목에 포함되지 않는다.

정답 ②

96 다음에서 설명하는 것은?

> 양단이 힌지(Hinge)인 기둥에 수직하중을 가하면 기둥이 수평방향으로 휘게 되는 현상

① 피로한계 ② 수축균열
③ 좌굴 ④ 파괴한계

해설 좌굴(Buckling)에 대한 설명이다.

정답 ③

97 산업안전보건법령상 화물적재시 준수사항으로 옳지 않은 것은?

① 침하 우려가 없는 튼튼한 기반 위에 적재할 것
② 하중이 한쪽으로 치우치지 않도록 쌓을 것
③ 무거운 화물은 공간의 효율성을 고려하여 건물의 칸막이나 벽에 기대어 적재할 것
④ 불안정할 정도로 높이 쌓아올리지 말 것

해설　건물의 칸막이나 벽 등이 화물의 압력에 견딜 만큼의 강도를 지니지 아니한 경우에는 <u>칸막이나 벽에 기대어 적재하지 않도록 하여야 한다.</u>

정답 ③

98 다음은 부두 등의 하역작업장에서의 안전수칙에 관한 사항이다. ( ) 안에 들어갈 내용으로 옳은 것은?

> 부두 또는 안벽의 선을 따라 통로를 설치하는 때에는 폭을 ( )으로 한다.

① 70cm 이상　② 90cm 이상
③ 100cm 이상　④ 120cm 이상

해설　부두 또는 안벽의 선을 따라 통로를 설치하는 때에는 <u>폭을 90cm 이상으로 한다.</u>

정답 ②

99 산업안전보건법령상 차량계 건설기계의 운전자가 운전위치를 이탈시 해야 할 조치사항이 아닌 것은?

① 포크, 디퍼는 지면 또는 가장 낮은 위치에 내려 둘 것
② 버킷은 지상에서 1m 정도의 위치에 내려둘 것
③ 원동기를 정지시키고, 브레이크를 확실히 걸어 둘 것
④ 시동키를 운전대에서 분리시킬 것

해설　<u>버킷은 지면 또는 가장 낮은 위치에 내려두어야 한다.</u>

정답 ②

100 차량계 건설기계 작업계획서 작성시 내용에 포함되지 않는 것은?

① 차량계 건설기계의 운행경로
② 작업인원의 구성 및 작업근로자의 역할범위
③ 사용하는 차량계 건설기계의 종류 및 성능
④ 차량계 건설기계에 의한 작업방법

해설　작업인원의 구성 및 작업근로자의 역할범위는 차량계 건설기계 작업계획서 작성시 내용에 해당하지 않는다.

정답 ②

2020년 제3회

제1과목 산업안전관리론

01 무재해운동의 이념 가운데 직장의 위험요인을 행동하기 전에 예지하여 발견, 파악, 해결하는 것을 의미하는 것은?

① 무의 원칙
② 선취의 원칙
③ 참가의 원칙
④ 인간 존중의 원칙

해설
- 선취의 원칙(안전제일의 원칙)에 대한 설명이다.
- 선취의 원칙은 무재해, 무질병의 직장을 실현하기 위한 궁극의 목표로서 일체 직장의 위험요인을 행동하기 전에 발견·파악, 해결하여 재해를 예방하거나 방지하는 것이다.

선지 분석
① 무(Zero)의 원칙은 휴업재해, 불휴재해는 물론 직장 내의 모든 잠재위험요인을 적극적으로 사전에 발견·파악, 해결함으로써 뿌리에서부터 재해를 제거하는 것이다.
③ 참가의 원칙(참여의 원칙)은 작업에 따르는 잠재적 위험요인을 발견, 해결하기 위하여 전원이 일치협력하여 해보겠다는 의욕으로 문제해결 행동을 실천하는 것이다.

정답 ②

02 산업안전보건법령상 안전보건표지의 종류 중 인화성 물질에 대한 표지에 해당하는 것은?

① 금지표지
② 경고표지
③ 지시표지
④ 안내표지

해설
- 산업안전보건법령상 안전보건표지의 종류 중 인화성물질에 관한 표시에 해당하는 것은 경고표지이다.
- 경고표지에 관한 색채는 노란색이며, 색도기준은 5Y 8.5/12이다.

정답 ②

03 인간관계의 메커니즘 중 다른 사람의 행동양식이나 태도를 투입시키거나, 다른 사람 가운데서 자기와 비슷한 것을 발견하는 것은?

① 투사(Projection)
② 모방(Imitation)
③ 암시(Suggestion)
④ 동일화(Identification)

해설 인간관계의 메커니즘 중 다른 사람의 행동양식이나 태도를 투입시키거나, 다른 사람 가운데서 자기와 비슷한 것을 발견하는 것은 동일화(Identification)이다.

관련 이론 인간관계 메커니즘(Mechanism: 기제(機制))

1. 투사
   자기 마음 속의 억압된 것을 다른 사람의 것으로 생각하는 것이다.
2. 모방
   남의 행동이나 판단을 표본으로 삼아 그와 비슷하거나 같게 행동 또는 판단을 취하려는 것이다.
3. 암시
   다른 사람의 행동이나 판단을 무비판적으로 받아들이는 것이다.
4. 커뮤니케이션
   여러가지 행동양식이나 기호를 매개로 어떤 사람이 타인에게 의사를 전달하는 것이다.

정답 ④

04 산업안전보건법령상 근로자 안전보건교육 대상과 교육시간으로 옳은 것은?

① 정기교육인 경우: 사무직 종사근로자 – 매반기 6시간 이상
② 정기교육인 경우: 관리감독자 지위에 있는 사람 – 연간 10시간 이상
③ 채용시교육인 경우: 일용근로자 – 4시간 이상
④ 작업내용변경시교육인 경우: 일용근로자를 제외한 근로자 – 1시간 이상

해설 정기교육인 경우 <u>사무직 종사근로자는 매반기 6시간 이상 교육을 받아야 한다.</u>

선지분석
② 정기교육인 경우 관리감독자 지위에 있는 사람은 연간 16시간 이상 교육을 받아야 한다.
③ 채용시교육인 경우 일용근로자 및 근로계약기간이 1주일 이하인 기간제근로자는 1시간 이상 교육을 받아야 한다.
④ 작업내용변경시교육인 경우 그밖의 근로자는 2시간 이상 교육을 받아야 한다.

※ 산업안전보건법 시행규칙 → 2023.9.27 개정

정답 ①

05 위험예지훈련 4라운드기법의 진행방법에 있어 문제점 발견 및 중요문제를 결정하는 단계는?

① 대책수립단계   ② 현상파악단계
③ 본질추구단계   ④ 행동목표설정단계

해설 위험예지훈련 4라운드기법의 진행방법에 있어 문제점 발견 및 중요문제를 결정하는 단계는 제2단계인 본질추구단계이다.

관련이론 위험예지훈련

1. 위험예지훈련 4라운드(4단계)
   • 제1라운드(현상파악): 어떤 위험이 잠재하고 있는가? (유해위험요인 파악)
   • 제2라운드(본질추구): 이것이 위험의 포인트이다! (문제점 발견 및 중요문제 결정)
   • 제3라운드(대책수립): 당신이라면 어떻게 하겠는가? (문제점에 대한 대책수립)
   • 제4라운드(목표설정): 우리들은 이렇게 하자! (행동목표 설정)

2. 위험예지훈련의 특성(위험예지훈련의 실질적 훈련)
   • 감수성훈련
   • 문제해결훈련
   • 단시간미팅훈련

정답 ③

06 산업안전보건법령상 안전모의 시험성능기준 항목이 아닌 것은?

① 난연성   ② 인장성
③ 내관통성 ④ 충격흡수성

해설 인장성은 산업안전보건법령상 안전모의 시험성능기준 항목에 해당하지 않는다.

관련이론 안전모의 시험성능기준(안전인증 대상)
• 난연성   • 내관통성
• 충격흡수성   • 내전압성
• 내수성   • 턱끈풀림

정답 ②

07 OJT(On the Job Training)의 특징으로 옳지 않은 것은?

① 훈련과 업무의 계속성이 끊어지지 않는다.
② 직장의 실정에 맞게 실제적 훈련이 가능하다.
③ 훈련의 효과가 곧 업무에 나타나며, 훈련의 개선이 용이하다.
④ 다수의 근로자들에게 조직적 훈련이 가능하다.

해설 다수의 근로자들에게 조직적 훈련이 가능하다는 것은 Off JT(Off the Job Training)의 특징에 해당한다.

관련이론 OJT(On the Job Training: 직장 내 교육)

1. 정의
   관리감독자 등 직속상사가 부하직원에 대해서 일상 업무를 통하여 지식, 기능, 문제해결능력 및 태도 등을 교육훈련하는 방법으로 개별교육 및 추가지도에 적합하다.

2. OJT의 특징
   • 훈련과 업무의 계속성이 끊어지지 않는다.
   • 직장의 실정에 맞게 실제적 훈련이 가능하다.
   • 훈련의 효과가 곧 업무에 나타나며, 훈련의 개선이 용이하다.
   • 개인 개인에게 적절한 지도훈련이 가능하다.
   • 즉시 업무에 연결되는 지도훈련이 가능하다.
   • 훈련효과를 보고 상호신뢰, 이해도가 높아지는 것이 가능하다.
   • 통일된 내용과 동일수준의 훈련이 될 수 없다.
   • 일과 훈련의 양쪽이 반반이 될 가능성이 있다.
   • 다수의 종업원을 한번에 훈련할 수 없다.
   • 전문적인 고도의 지식, 기능을 가르칠 수 없다.

정답 ④

08 인지과정 착오의 요인이 아닌 것은?

① 정서 불안정
② 감각차단 현상
③ 작업자의 기능미숙
④ 생리·심리적 능력의 한계

해설 작업자의 기능미숙은 인간의 동작특성 중 판단과정의 착오요인에 해당한다.

 착오의 요인

인지과정의 착오	• 정서불안정(공포, 불안, 불만) • 감각차단현상 • 생리적, 심리적 능력의 한계 • 정보량 저장능력의 한계
판단과정의 착오	• 능력부족(지식, 적성, 기술의 부족) • 정보부족 • 합리화 • 환경조건 불비(표준 불량, 규칙 불충분, 작업조건 불량) • 자신 과잉
조치과정의 착오	• 작업자의 기능 미숙 • 작업경험의 부족

정답 ③

09 학습성취에 직접적인 영향을 미치는 요인과 가장 거리가 먼 것은?

① 적성   ② 준비도
③ 개인차   ④ 동기유발

해설 적성은 학습성취에 직접적인 영향을 미치는 요인에 해당하지 않는다.

 학습성취에 직접적인 영향을 미치는 요인
• 개인차
• 동기유발
• 준비도

정답 ①

10 태풍, 지진 등의 천재지변이 발생한 경우나 이상상태 발생시 기능상 이상 유무에 대한 안전점검의 종류는?

① 일상점검   ② 정기점검
③ 수시점검   ④ 특별점검

해설
• 태풍, 지진 등의 천재지변이 발생한 경우나 이상상태 발생시 기능상 이상 유무에 대한 안전점검의 종류는 특별점검이다.
• 특별점검은 기계기구 또는 설비를 신설, 변경하거나 고장, 수리 등을 할 때 실시하는 부정기점검이다.

안전점검의 종류(점검시기에 의한 구분)
• 일상점검(수시점검)   • 정기점검
• 특별점검   • 임시점검

정답 ④

11 연간 근로자수가 300명인 A 공장에서 지난 1년간 1명의 재해자(신체장해등급 : 1급)가 발생하였다면 이 공장의 강도율은? (단, 근로자 1인당 1일 8시간씩 연간 300일을 근무하였다.)

① 4.27   ② 6.42
③ 10.05   ④ 10.42

해설 강도율 = $\dfrac{\text{근로손실일수}}{\text{연근로시간수}} \times 1{,}000$

여기서, 신체장해등급 1급의 근로손실일수: 7,500일

$= \dfrac{7{,}500}{300 \times 8 \times 300} \times 1{,}000$

$= 10.4166 \fallingdotseq 10.42$

정답 ④

12 재해예방의 4원칙에 해당하는 내용이 아닌 것은?

① 예방가능의 원칙   ② 원인계기의 원칙
③ 손실우연의 원칙   ④ 사고조사의 원칙

해설 사고조사의 원칙은 재해예방의 4원칙에 해당하지 않는다.

재해예방의 4원칙
• 예방가능의 원칙   • 원인계기(연계)의 원칙
• 손실우연의 원칙   • 대책선정의 원칙

정답 ④

13 알더퍼의 ERG(Existence Relation Growth) 이론에서 생리적 욕구, 물리적 측면의 안전욕구 등 저차원적 욕구에 해당하는 것은?

① 관계욕구   ② 성장욕구
③ 존재욕구   ④ 사회적욕구

해설 알더퍼의 ERG(Existence Relation Growth)이론에서 생리적 욕구, 물리적 측면의 안전욕구 등 저차원적 욕구에 해당하는 것은 존재욕구(생존욕구)이다.

관련이론 알더퍼(Alderfer)의 ERG이론

존재(생존)욕구 (Existence)	• 유기체의 생존유지 관련욕구 • 의식주 • 봉급, 완전한 작업조건 • 직무안정
관계욕구 (Relation)	• 대인욕구 • 사람과 사람의 상호작용
성장욕구 (Growth)	• 개인적 발전능력 • 잠재능력 충족

정답 ③

14 상황성 누발자의 재해유발원인과 거리가 먼 것은?

① 작업의 어려움   ② 기계설비의 결함
③ 심신의 근심   ④ 주의력의 산만

해설 주의력의 산만은 소질성 누발자의 재해유발원인에 해당된다.

관련이론 재해누발자

1. 재해누발자의 유형
   • 상황성 누발자
   • 습관성 누발자
   • 소질성 누발자
   • 미숙성 누발자

2. 상황성 누발자의 재해유발원인
   • 작업의 어려움
   • 심신의 근심
   • 기계설비의 결함
   • 환경상 주의력의 집중혼란

정답 ④

15 리더십(leadership)의 특성에 대한 설명으로 옳은 것은?

① 지휘형태는 민주적이다.
② 권한부여는 위에서 위임된다.
③ 구성원과의 관계는 지배적 구조이다.
④ 권한근거는 법적 또는 공식적으로 부여된다.

해설 리더십에서의 지휘형태는 민주적이다.

관련이론 헤드십과 리더십

1. 헤드십(Head Ship)과 리더십(Leader Ship)

개인과 상황변수	헤드십 (Head Ship)	리더십 (Leader Ship)
권한행사	임명된 리더	선출된 리더
권한부여	위에서 위임	밑으로부터 동의
권한근거	법적 또는 공식적	개인능력
권한귀속	공식화된 규정에 의함	집단목표에 기여한 공로 인정
상관과 부하와의 관계	지배적	개인적인 영향
책임귀속	상사	상사와 부하
부하와 사회적 간격	넓음	좁음
지휘형태	권위주의적	민주주의적

2. 리더십의 권한

조직이 리더에게 부여하는 권한	리더 자신이 자신에게 부여하는 권한
• 강압적 권한 • 보상적 권한 • 합법적 권한	• 위임된 권한 • 전문성의 권한

정답 ①

16 재해원인을 통상적으로 직접원인과 간접원인으로 나눌 때 직접원인에 해당하는 것은?

① 기술적 원인   ② 물적 원인
③ 교육적 원인   ④ 관리적 원인

해설 물적 원인(불안전한 상태)은 재해원인 중 직접원인에 해당한다.

 재해원인

직접원인	간접원인
• 물적 원인(불안전한 상태) • 인적 원인(불안전한 행동)	• 기술적 원인 • 교육적 원인 • 관리적 원인

정답 ②

17 안전교육계획 수립시 고려하여야 할 사항과 관계가 가장 먼 것은?

① 필요한 정보를 수집한다.
② 현장의 의견을 충분히 반영한다.
③ 법 규정에 의한 교육에 한정한다.
④ 안전교육 시행 체계와의 관련을 고려한다.

해설 안전교육계획 수립시 법규정에 의한 교육에만 한정하지 않는다.

 안전교육계획 수립시 고려하여야 할 사항
• 필요한 정보를 수집한다.
• 현장의 의견을 충분히 반영한다.
• 안전교육 시행 체계와의 관련을 고려한다.
• 법규정에 의한 교육에만 한정하지 않는다.

정답 ③

18 안전관리조직의 형태 중 라인스탭형에 대한 설명으로 옳지 않은 것은?

① 대규모 사업장(1,000명 이상)에 효율적이다.
② 안전과 생산업무가 분리될 우려가 없기 때문에 균형을 유지할 수 있다.
③ 모든 안전관리 업무를 생산라인을 통하여 직선적으로 이루어지도록 편성된 조직이다.
④ 안전업무를 전문적으로 담당하는 스탭 및 생산라인의 각 계층에도 겸임 또는 전임의 안전담당자를 둔다.

해설 모든 안전관리 업무를 생산라인을 통하여 직선적으로 이루어지도록 편성된 조직은 안전관리조직 형태 중 라인형이다.

 라인스탭형 안전관리조직

1. 라인스탭(Line Staff)형 조직
   직계(Line)형과 참모(Staff)형의 장점만을 채택한 절충식 조직형태로 안전보건업무를 전담하는 참모(Staff)를 두고, 생산라인의 각 계층에도 안전보건 업무를 수행하도록 편성된 조직이다.

2. 안전관리조직 형태 중 라인스탭형의 특징
   • 대규모 사업장(1,000명 이상)에 효율적이다.
   • 참모(Staff)의 월권행위로 분쟁이 일어날 수 있다.
   • 안전과 생산업무가 분리될 우려가 없기 때문에 균형을 유지할 수 있다.
   • 사업장의 전직원을 자율적으로 안전보건활동에 참여시킬 수 있다.
   • 안전보건에 관한 명령계통과 조언, 권고적 참여가 혼동될 우려가 있다.
   • 안전업무를 전문적으로 담당하는 스탭 및 생산라인의 각 계층에도 겸임 또는 전임의 안전담당자를 둔다.

정답 ③

19 기능(기술)교육의 진행방법 중 하버드학파의 5단계 교수법의 순서로 옳은 것은?

① 준비 → 연합 → 교시 → 응용 → 총괄
② 준비 → 교시 → 연합 → 총괄 → 응용
③ 준비 → 총괄 → 연합 → 응용 → 교시
④ 준비 → 응용 → 총괄 → 교시 → 연합

해설 하버드학파의 5단계 교수법은 '준비 → 교시 → 연합 → 총괄 → 응용' 순으로 진행된다.

관련이론 기능(기술)교육의 진행방법
1. 하버드학파의 5단계 교수법
   ㉠ 준비시킨다(Preparation)
   ㉡ 교시한다(Presentation)
   ㉢ 연합한다(Association)
   ㉣ 총괄시킨다(Generalization)
   ㉤ 응용시킨다(Application)
2. 듀이(John Dewey)의 사고과정의 5단계
   ㉠ 시사를 받는다.
   ㉡ 머리로 생각한다(지식화한다).
   ㉢ 가설을 설정한다.
   ㉣ 추론한다.
   ㉤ 행동에 의하여 가설을 검토한다.

정답 ②

20 재해의 원인과 결과를 연계하여 상호관계를 파악하기 위해 도표화하는 분석방법은?

① 관리도 ② 파레토도
③ 특성요인도 ④ 크로스분류도

해설
- 재해의 원인과 결과를 연계하여 상호관계를 파악하기 위해 도표화하는 분석방법은 특성요인도이다.
- 특성요인도는 특성과 요인관계를 도표로 하여 어골상(魚骨狀)으로 세분화한다.
- 특성요인도는 재해사례연구법 중 사실의 확인단계에서 사용하기 가장 적절한 분석방법에 해당한다.

정답 ③

제2과목 인간공학 및 시스템안전공학

21 산업안전보건법령상 정밀작업시 갖추어져야 할 작업면의 조도기준은? (단, 갱 내 작업장과 감광재료를 취급하는 작업장은 제외한다.)

① 75럭스 이상 ② 150럭스 이상
③ 300럭스 이상 ④ 750럭스 이상

해설 산업안전보건법령상 정밀작업시 갖추어져야 할 작업면의 조도기준은 300럭스(lux)이상이다.

관련이론 산업안전보건법령상 작업면의 조도기준
- 초정밀작업: 750럭스(lux)이상
- 정밀작업: 300럭스(lux)이상
- 보통작업: 150럭스(lux)이상
- 그 밖의 작업: 75럭스(lux)이상

정답 ③

22 시스템 수명주기단계 중 이전 단계들에서 발생되었던 사고 또는 사건으로부터 축적된 자료에 대해 실증을 통한 문제를 규명하고 이를 최소화하기 위한 조치를 마련하는 단계는?

① 구상단계 ② 정의단계
③ 생산단계 ④ 운전단계

해설 시스템 수명주기단계 중 이전 단계들에서 발생되었던 사고 또는 사건으로부터 축적된 자료에 대해 실증을 통한 문제를 규명하고 이를 최소화하기 위한 조치를 마련하는 단계는 운전단계이다.

관련이론 시스템안전
1. 시스템안전 달성을 위한 프로그램 진행단계(시스템 수명주기단계)
   - 제1단계: 구상단계
   - 제2단계: 사양결정(정의)단계
   - 제3단계: 설계(개발)단계
   - 제4단계: 제작(생산)단계
   - 제5단계: 운전(조업)단계
2. 시스템의 안전성 확보대책
   - 위험상태의 존재를 최소화
   - 안전장치의 설치
   - 경보장치의 채택
   - 특수수단 개발과 표식 등의 규격화

정답 ④

23 FTA에 의한 재해사례연구의 순서를 올바르게 나열한 것은?

> A. 목표사상 선정
> B. FT도 작성
> C. 사상마다 재해원인 규명
> D. 개선계획 작성

① A → B → C → D
② A → C → B → D
③ B → C → A → D
④ B → A → C → D

해설 FTA에 의한 재해사례연구의 순서는 다음과 같다.
목표사상(톱사상) 선정(A) → 사상마다 재해원인 규명(C) → FT도 작성(B) → 개선계획 작성(D)

정답 ②

24 반복되는 사건이 많이 있는 경우에 FTA의 최소 컷셋을 구하는 알고리즘이 아닌 것은?

① Fussel Algorithm
② Boolean Algorithm
③ Monte Carlo Algorithm
④ Limnios &Ziani Algorithm

해설 Monte Carlo Algorithm은 반복되는 사건이 많이 있는 경우에 FTA의 최소 컷셋을 구하는 알고리즘에 해당하지 않는다.

정답 ③

25 신뢰도가 0.4인 부품 5개가 병렬결합 모델로 구성된 제품이 있을 때 이 제품의 신뢰도(R)는?

① 0.90　　② 0.91
③ 0.92　　④ 0.93

해설 신뢰도(R)
$= 1-(1-0.4)(1-0.4)(1-0.4)(1-0.4)(1-0.4)$
$= 0.9222 ≒ 0.92$

정답 ③

26 조작자 한 사람의 신뢰도가 0.9일 때 요원을 중복하여 2인 1조가 되어 작업을 진행하는 공정이 있다. 작업 기간 중 항상 요원 지원을 한다면 이 조의 인간 신뢰도(R)는?

① 0.93　　② 0.94
③ 0.96　　④ 0.99

해설 신뢰도(R) $= 1-(1-0.9)(1-0.9) = 0.99$

정답 ④

27 주물공장 A작업자의 작업지속시간과 휴식시간을 열압박지수(HSI)를 활용하여 계산하니 각각 45분, 15분이었다. A작업자의 1일 작업량(TW)은? (단, 휴식시간은 포함하지 않으며, 1일 근무시간은 8시간이다.)

① 4.5시간　　② 5시간
③ 5.5시간　　④ 6시간

해설 $TW = \dfrac{WT}{WT+RT} \times 8$

여기서 TW: 1일 작업량(시간), WT: 작업지속시간(분)
RT: 휴식시간(분), 8: 1일 근무시간

$= \dfrac{45}{45+15} \times 8 = 6$시간

정답 ④

28 다수의 표시장치(디스플레이)를 수평으로 배열할 경우 해당 제어장치를 각각의 표시장치 아래에 배치하면 좋아지는 양립성의 종류는?

① 공간양립성　　② 운동양립성
③ 개념양립성　　④ 양식양립성

해설
- 공간양립성에 대한 설명이다.
- 공간양립성은 조종장치나 표시장치에서 공간적인 배치나 물리적 형태의 양립성(공간적 배치에서 인간의 기대와 일치하는 것)이다.
  예) 오른쪽 버튼을 누르면 오른쪽 기계가 작동하는 것

정답 ①

29 환경요소의 조합에 의해서 부과되는 스트레스나 노출로 인해서 개인에 유발되는 긴장(strain)을 나타내는 환경요소복합지수가 아닌 것은?

① 카타온도(kata temperature)
② Oxford지수(wet-dry index)
③ 실효온도(effective temperature)
④ 열스트레스지수(heat stress index)

해설 카타온도(kata temperature)는 체감을 바탕으로 하여 더위나 추위를 측정하는 온도이다.

관련이론 환경요소의 조합에 의해서 부과되는 스트레스나 노출로 인해서 개인에 유발되는 긴장(strain)을 나타내는 환경요소복합지수의 종류
- 옥스퍼드지수(wet-dry index)
- 실효온도(effective temperature)
- 열스트레스지수(heat stress index)
- 습구흑구온도지수(wet bulb globe temperature)

정답 ①

31 MIL-STD-882B에서 분류한 심각도(severity) 카테고리 범주에 해당하지 않는 것은?

① 재앙수준(Catastrophic)
② 임계수준(Critical)
③ 경계수준(Precautionary)
④ 무시가능수준(Negligible)

해설 경계수준(Precautionary)은 MIL-STD-882B에서 분류한 심각도(Severity) 카테고리 범주에 해당하지 않는다.

관련이론 MIL-STD-882B(미국방성 시스템안전 표준규격)에서 분류한 심각도(severity) 카테고리 범주
- 카테고리 I : 재앙수준(Catastrophic), 파국
- 카테고리 II : 임계수준(Critical), 위기적
- 카테고리 III : 한계수준(Marginal), 한계적
- 카테고리 IV : 무시가능수준(Negligible), 무시가능

정답 ③

30 활동이 내용마다 '우·양·가·불가'로 평가하고 이 평가내용을 합하여 다시 종합적으로 정규화하여 평가하는 안전성 평가기법은?

① 평점척도법
② 쌍대비교법
③ 계층적 기법
④ 일관성 검정법

해설 활동의 내용마다 '우·양·가·불가'로 평가하고 이 평가내용을 합하여 다시 종합적으로 정규화하여 평가하는 안전성 평가기법은 평점척도법이다.

정답 ①

32 육체적 활동에 대한 생리학적 측정방법과 가장 거리가 먼 것은?

① EMG
② EEG
③ 심박수
④ 에너지소비량

해설 EEG는 정신적 활동에 대한 생리학적 측정방법에 해당한다.

관련이론 생리학적 측정방법
1. 육체적 활동에 대한 생리학적 측정방법
   - 심박수(맥박수)
   - 산소소비량
   - 에너지대사율(에너지소비량)
   - EMG(Electromyogram: 근전도)

2. 정신적 활동에 대한 생리학적 측정방법
   - 부정맥
   - 플리커값
   - 호흡속도
   - 눈깜빡임률(Blinkrate)
   - EEG(Electroencephalogram: 뇌전도)

정답 ②

33 작업기억(working memory)과 관련된 설명으로 옳지 않은 것은?

① 오랜 기간 정보를 기억하는 것이다.
② 작업기억 내의 정보는 시간이 흐름에 따라 쇠퇴할 수 있다.
③ 작업기억의 정보는 일반적으로 시각, 음성, 의미코드의 3가지로 코드화된다.
④ 리허설(rehearsal)은 정보를 작업기억 내에 유지하는 유일한 방법이다.

해설 오랜 기간 정보를 기억하지 못하며, 단기억이라고도 한다.

관련이론 작업기억(Working Memory)과 관련된 사항
- 오랜기간 정보를 기억하지 못하며, 단기억이라고 한다.
- 작업기억 내의 정보는 시간의 흐름에 따라 쇠퇴할 수 있다.
- 작업기억의 정보는 일반적으로 시각, 음성, 의미코드의 3가지로 코드화된다.
- 리허설(rehearsal)은 정보를 작업기억 내에 유지하는 유일한 방법이다.
- 매직넘버라고도 하며, 인간이 절대식별시 작업기억 중 유지할 수 있는 항목의 최대수를 나타낸 것은 '7 ± 2'이다.

정답

34 다음 형상 암호화 조종장치 중 이산멈춤위치용 조종장치는?

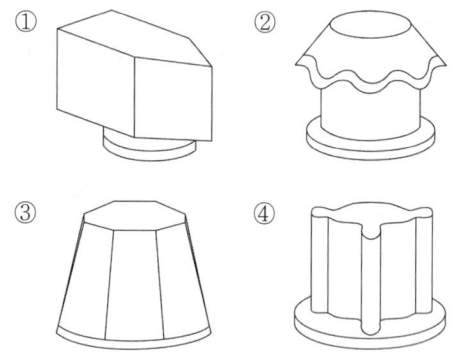

해설 ①의 그림이 이산멈춤위치용(Detent Positioning) 조종장치에 해당한다.

선지분석 ②, ③ 다(Multiple)회전용 조종장치에 해당한다.
④ 단(Fractional)회전용 조종장치에 해당한다.

정답 ①

35 표시 값의 변화 방향이나 변화 속도를 나타내어 전반적인 추이의 변화를 관측할 필요가 있는 경우에 가장 적합한 표시장치 유형은?

① 계수형(digital)
② 묘사형(descriptive)
③ 동목형(moving scale)
④ 동침형(moving pointer)

해설 표시값의 변화방향이나 변화속도를 나타내 전반적인 추이의 변화를 관측할 필요가 있는 경우에 가장 적합한 표시장치 유형은 동침형(Moving Pointer)이다.

관련이론 정량적 표시장치

표시장치	용도
동목형	사용하고자 하는 값의 범위가 커서 비교적 작은 눈금판에 모두 나타나고자 할 때 사용
동침형	원하는 값으로 부터의 대략적인 편차나 고도를 읽어 그 변화방향과 비율 등을 알고자 할 때 사용
계수형	• 수치를 정확하게 읽어야 할 때 사용 • 원형표시장치보다 판독시간이 짧고 판독오차가 작음

정답 ④

36 사용자의 잘못된 조작 또는 실수로 인해 기계의 고장이 발생하지 않도록 설계하는 방법은?

① FMEA ② HAZOP
③ Fail safe ④ Fool Proof

해설 사용자의 잘못된 조작 또는 실수로 인해 기계의 고장이 발생하지 않도록 설계하는 방법은 Fool Proof(풀프루프)이다.

관련이론 풀프루프(Fool Proof)의 기구 종류
- 가드
- 록(Lock)기구
- 트립(Trip)기구
- 밀어내기기구
- 기동방지기구
- 오버런(over-run)기구

정답 ④

37 인간-기계시스템을 설계하기 위해 고려해야 할 사항과 거리가 먼 것은?

① 시스템설계시 동작경제의 원칙이 만족되도록 고려한다.
② 인간과 기계가 모두 복수인 경우, 종합적인 효과보다 기계를 우선적으로 고려한다.
③ 대상이 되는 시스템이 위치할 환경조건이 인간에 대한 한계치를 만족하는가의 여부를 조사한다.
④ 인간이 수행해야 할 조작이 연속적인가 불연속적인가를 알아보기 위해 특성조사를 실시한다.

해설 인간과 기계가 모두 복수인 경우, 기계적인 효과보다 종합적인 효과를 우선적으로 고려한다.

정답 ②

38 한국산업표준상 결함나무분석(FTA)시 다음과 같이 사용되는 사상기호가 나타내는 사상은?

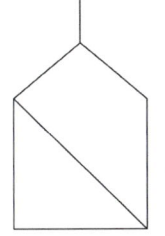

① 공사상
② 기본사상
③ 통상사상
④ 심층분석사상

해설 한국산업표준상 결함나무분석(FTA)시 사용되는 그림의 사상기호는 공사상이다.

정답 ①

39 작업자의 작업공간과 관련된 내용으로 옳지 않은 것은?

① 서서 작업하는 작업공간에서 발바닥을 높이면 뻗침길이가 늘어난다.
② 서서 작업하는 작업공간에서 신체의 균형에 제한을 받으면 뻗침길이가 늘어난다.
③ 앉아서 작업하는 작업공간은 동적 팔뻗침에 의해 포락면(reach envelope)의 한계가 결정된다.
④ 앉아서 작업하는 작업공간에서 기능적 팔뻗침에 영향을 주는 제약이 적을수록 뻗침 길이가 늘어난다.

해설 서서 작업하는 작업공간에서 신체의 균형에 제한을 받으면 뻗침길이가 줄어든다.

작업공간(Work Space)
• 포락면(包絡面: Envelope): 한 장소에 앉아서 수행하는 작업활동에서 사람이 작업하는데 사용하는 공간을 말한다.
• 파악한계(Grasping Reach): 앉은 작업자가 특정한 수작업 기능을 편히 수행할 수 있는 공간의 외각한계를 말한다.
• 특수작업역: 특정공간에서 작업하는 구역을 말한다.

정답 ②

40 조종장치의 촉각적 암호화를 위하여 고려하는 특성으로 볼 수 없는 것은?

① 형상
② 무게
③ 크기
④ 표면촉감

해설 조종장치의 촉각적 암호화를 위하여 고려하는 특성에는 형상, 크기, 표면촉감이 있으며, 무게는 조종장치의 촉각적 암호화를 위하여 고려하는 특성에 해당하지 않는다.

정답 ②

제3과목 기계위험방지기술

41 크레인작업시 로프에 1t의 중량을 걸어 20m/s²의 가속도로 감아올릴 때, 로프에 걸리는 총하중(kgf)은? (단, 중력가속도는 10m/s²이다.)

① 1,000 ② 2,000
③ 3,000 ④ 3,500

해설
$W = W_1 + W_2$
$W_2 = \dfrac{W_1}{g} + \alpha$

여기서, W: 총하중(kgf)
  W_1: 정하중(kgf)
  W_2: 동하중(kgf)
  g: 중력가속도(9.8m/s²)
  α: 가속도(m/s²)

$= 1,000 + \dfrac{1,000}{10} \times 20 = 3,000 \text{kgf}$

정답 ③

42 선반작업시 준수하여야 하는 안전사항으로 옳지 않은 것은?

① 작업 중 면장갑 착용을 금한다.
② 작업 시 공구는 항상 정리해 둔다.
③ 운전 중에 백기어를 사용한다.
④ 주유 및 청소를 할 때에는 반드시 기계를 정지시키고 한다.

해설 선반작업시 운전 중에 백기어를 사용하지 않는다.

 선반의 안전장치 및 크기표시

1. 선반의 안전장치
   • 칩브레이커(Chip Breaker)
   • 브레이크
   • 칩비산방지투명판(Shield: 쉴드)
   • 덮개 또는 울
   • 척커버

2. 선반의 크기 표시
   • 최대가공물의 크기
   • 왕복대 위의 스윙(Swing)
   • 주축과 심압축 센터사이의 최대거리
   • 베드 위의 스윙

정답 ③

43 기계설비의 안전조건 중 구조의 안전화에 대한 설명으로 가장 거리가 먼 것은?

① 기계재료의 선정시 재료 자체에 결함이 없는지 철저히 확인한다.
② 사용 중 재료의 강도가 열화 될 것을 감안하여 설계시 안전율을 고려한다.
③ 기계작동시 기계의 오동작을 방지하기 위하여 오동작 방지 회로를 적용한다.
④ 가공경화와 같은 가공결함이 생길 우려가 있는 경우는 열처리 등으로 결함을 방지한다.

해설 기계작동시 기계의 오동작을 방지하기 위하여 오동작 방지 회로를 적용한다는 것은 기계설비의 안전조건 중 기능의 안전화에 해당한다.

 기계설비의 안전조건

• 외형의 안전화   • 구조의 안전화
• 기능의 안전화   • 작업의 안전화
• 작업점의 안전화 • 보전작업의 안전화

정답 ③

44 산업안전보건법령상 리프트의 종류로 옳지 않은 것은?

① 건설용 리프트   ② 자동차정비용 리프트
③ 이삿짐운반용 리프트 ④ 간이 리프트

해설 간이 리프트는 산업안전보건법상 리프트의 종류에 해당하지 않는다.

 산업안전보건법령상 리프트, 승강기, 양중기의 종류

리프트	• 건설용 리프트 • 산업용 리프트 • 자동차정비용 리프트 • 이삿짐운반용 리프트 ※ 산업안전보건법 안전보건기준 → 2021.11.19 개정
승강기	• 승객용 엘리베이터 • 승객화물용 엘리베이터 • 화물용 엘리베이터 • 소형화물용 엘리베이터 • 에스컬레이터
양중기	• 곤돌라 • 크레인(호이스트 포함) • 승강기 • 이동식 크레인 • 리프트(이삿짐운반용은 0.1t 이상인 것)

정답 ④

45 보일러수 속에 불순물 농도가 높아지면서 수면에 거품이 형성되어 수위가 불안정하게 되는 현상은?

① 포밍 ② 서징
③ 수격현상 ④ 공동현상

해설 보일러 관수 중의 유지분, 용존고형물에 의하여 <u>수면 위에 거품이 발생하고 심하면 보일러 밖으로 흘러 넘치는 현상은 포밍</u>(Foaming: 거품의 발생)이다.

관련이론 포밍(Foaming)과 프라이밍(Priming)

포밍 (거품의 발생)	보일러 관수 중의 유지분, 용존고형물에 의하여 수면 위에 거품이 발생하고 심하면 보일러 밖으로 흘러 넘치는 현상
프라이밍 (비수현상)	보일러의 급격한 압력강하, 급격한 부하, 고수위 등에 의해 물방울 혹은 물거품이 수면 위로 튀어올라 관 밖으로 운반되는 현상
발생원인	• 증기부하가 과대한 경우 • 증기부가 작고 수부가 큰 경우 • 고수위인 경우 • 기수분리장치가 불완전한 경우 • 주증기 밸브를 급격히 개방한 경우 • 보일러수가 농축된 경우 • 부유물, 유지분이 많이 함유되었을 경우

정답 ①

46 산업안전보건법령상 연삭숫돌의 상부를 사용하는 것을 <u>목적으로</u> 하는 탁상용 연삭기 덮개의 노출각도는?

① 60° 이내 ② 65° 이내
③ 80° 이내 ④ 125° 이내

해설 연삭숫돌의 상부를 사용하는 것을 목적으로 하는 탁상용 연삭기 덮개의 <u>노출각도는 60° 이내이다.</u>

관련이론 연삭기의 덮개

탁상용 연삭기	• 숫돌 상부사용: 60° 이내 • 일반 연삭작업: 125° 이내 • 그 외 탁상용 및 이와 유사한 연삭기: 80° 이내
휴대용 연삭기, 스윙연삭기, 스라브연삭기	180° 이내
원통연삭기, 센터리스연삭기, 공구연삭기, 만능연삭기	180° 이내
평면연삭기, 절단연삭기	150° 이내

정답 ①

47 산업안전보건법령상 위험기계·기구별 방호조치로 가장 적절하지 않은 것은?

① 산업용 로봇 – 안전매트
② 보일러 – 급정지장치
③ 목재가공용 둥근톱기계 – 반발예방장치
④ 프레스 – 광전자식 방호장치

해설
• 보일러의 방호조치로 적합한 것은 <u>압력방출장치이다.</u>
• 급정지장치는 롤러기에 적합한 방호장치이다.

관련이론 산업안전보건법령상 위험기계·기구별 방호조치
• 산업용 로봇: 안전매트
• 보일러: 압력방출장치
• 목재가공용 둥근톱기계: 반발예방장치, 날접촉예방장치
• 동력식수동대패기: 칼날접촉방지장치
• 롤러기: 급정지장치
• 공기압축기: 압력방출장치
• 아세틸렌용접장치: 안전기
• 연삭기: 덮개
• 크레인 등 양중기: 과부하방지장치, 권과방지장치, 비상정지장치
• 원심기: 회전체접촉예방장치
• 예초기, 금속절단기: 날접촉예방장치
• 포장기계(진공포장기, 래핑기로한정): 구동부방호연동장치
• 사출성형기: 게이트가드 또는 양수조작식 방호장치
• 프레스 및 전단기: 양수조작식, 광전자식, 수인식, 손쳐내기식방호장치

정답 ②

48 산업안전보건법령상 연삭숫돌의 시운전에 대한 설명으로 옳은 것은?

① 연삭숫돌의 교체시에는 바로 사용할 수 있다.
② 연삭숫돌의 교체시 1분 이상 시운전을 하여야 한다.
③ 연삭숫돌의 교체시 2분 이상 시운전을 하여야 한다.
④ 연삭숫돌의 교체시 3분 이상 시운전을 하여야 한다.

해설 연삭숫돌은 작업시작 전에 1분 이상 시운전을 하고, 숫돌의 교체시 3분 이상 시운전을 하여야 한다.

관련이론 연삭기 덮개의 성능기준(방호장치 자율안전기준 고용노동부고시)
- 탁상용 연삭기의 덮개에는 워크레스트(workrest) 및 조정편을 구비하여야 한다.
- 워크레스트는 연삭숫돌과의 간격은 3mm 이하로 조정할 수 있는 구조이어야 한다.

정답 ④

50 금형의 안전화에 대한 설명으로 옳지 않은 것은?

① 금형의 틈새는 8mm 이상 충분하게 확보한다.
② 금형 사이에 신체일부가 들어가지 않도록 한다.
③ 충격이 반복되어 부가되는 부분에는 완충장치를 설치한다.
④ 금형설치용 홈은 설치된 프레스의 홈에 적합한 형상의 것으로 한다.

해설 금형의 틈새는 8mm 이하로 하여 손가락이 들어가지 않도록 한다.

관련이론 금형의 안전화(프레스금형작업의 안전에 관한 기술지침: 한국산업안전보건공단)
- 금형 사이에 신체일부가 들어가지 않도록 한다.
- 충격이 반복되어 부가되는 부분에는 완충장치를 설치한다.
- 금형설치용 홈은 설치된 프레스의 홈에 적합한 형상의 것으로 한다.
- 금형의 틈새는 8mm이하로 하여 손가락이 들어가지 않도록 한다.
- 금형사이에 손을 집어 넣을 필요가 없도록 한다.
- 금형사이에 손을 집어 넣어야 할 때는 방호조치를 한다.
- 금형에 사용하는 스프링은 압축형으로 한다.
- 맞춤핀을 사용할 때에는 억지끼워맞춤으로 한다. 상형에 사용할 때에는 낙하방지대책을 세워둔다.
- 파일럿 핀, 직경이 작은 펀치, 핀게이지 등 삽입부품은 빠질 위험이 있으므로 플랜지를 설치하거나 테이퍼를 하는 등 이탈방지대책을 세워둔다.

정답 ①

49 컨베이어의 종류가 아닌 것은?

① 체인컨베이어
② 스크류컨베이어
③ 슬라이딩컨베이어
④ 유체컨베이어

해설 슬라이딩컨베이어는 컨베이어의 종류에 해당하지 않는다.

관련이론 컨베이어의 종류
- 체인컨베이어
- 스크류컨베이어
- 유체컨베이어
- 벨트컨베이어
- 롤러컨베이어

정답 ③

51 산업안전보건법령상 지게차 방호장치에 해당하는 것은?

① 포크
② 헤드가드
③ 호이스트
④ 힌지드 버킷

해설 산업안전보건법령상 지게차의 방호장치에 해당하는 것은 헤드가드이다.

관련이론 산업안전보건법령상 지게차 방호장치
- 헤드가드
- 백레스트
- 전조등
- 후미등
- 안전벨트

정답 ②

52 프레스의 방호장치에 해당하지 않는 것은?

① 가드식 방호장치 ② 수인식 방호장치
③ 롤 피드식 방호장치 ④ 손쳐내기식 방호장치

해설 롤 피드식 방호장치는 프레스의 방호장치에 해당하지 않는다.

관련이론 프레스의 방호장치
- 가드식 방호장치
- 광전자식 방호장치
- 수인식 방호장치
- 양수조작식 방호장치
- 손쳐내기식 방호장치

정답 ③

53 산업안전보건법령상 양중기에서 절단하중이 100톤인 와이어로프를 사용하여 화물을 직접적으로 지지하는 경우 화물의 최대허용하중(톤)은?

① 20 ② 30
③ 40 ④ 50

해설 화물의 하중을 직접 지지하는 달기와이어로프의 경우 안전계수는 5 이상이다.

$$안전계수 = \frac{절단하중}{최대허용하중}$$

$$5 = \frac{100}{x}$$

$$\therefore x = \frac{100}{5} = 20$$

정답 ①

54 산업안전보건법령상 기계·기구의 방호조치에 대한 사업주, 근로자 준수사항으로 가장 적절하지 않은 것은?

① 방호조치의 기능상실에 대한 신고가 있을시 사업주는 수리, 보수 및 작업중지 등 적절한 조치를 할 것
② 방호조치 해체사유가 소멸된 경우 근로자는 즉시 원상회복 시킬 것
③ 방호조치의 기능상실을 발견시 사업주에게 신고할 것
④ 방호조치 해체시 해당 근로자가 판단하여 해체할 것

해설 방호조치 해체시 사업주의 허가를 받아 해체하여야 한다.

정답 ④

55 산업안전보건법령상 프레스를 사용하여 작업을 할 때 작업시작 전 점검항목에 해당하지 않는 것은?

① 전선 및 접속부 상태
② 클러치 및 브레이크의 기능
③ 프레스의 금형 및 고정볼트 상태
④ 1행정1정지기구·급정지장치 및 비상정지장치의 기능

해설 전선 및 접속부 상태는 이동식 방폭구조기계·기구를 사용할 때 작업시작 전 점검항목에 해당한다.

관련이론 프레스 등을 사용하여 작업을 할 때 작업시작 전 점검사항
- 클러치 및 브레이크 기능
- 프레스의 금형 및 고정볼트 상태
- 1행정1정지기구, 급정지장치 및 비상정지장치의 기능
- 크랭크축, 플라이휠, 슬라이드, 연결봉 및 연결나사의 풀림 여부
- 방호장치의 기능
- 전단기(剪斷機)의 칼날 및 테이블의 상태

정답 ①

56 프레스의 분류 중 동력프레스에 해당하지 않는 것은?

① 크랭크프레스 ② 토글프레스
③ 마찰프레스 ④ 아버프레스

해설 아버프레스는 프레스의 분류 중 인력프레스에 해당된다.

관련이론 프레스의 분류

동력프레스	인력프레스
• 크랭크프레스 • 마찰프레스 • 토클(너클)프레스 • 액압프레스	• 아버프레스 • 푸트프레스 • 나사프레스 • 익센트릭프레스

정답 ④

57 밀링작업시 안전수칙에 해당하지 않는 것은?
① 칩이나 부스러기는 반드시 브러시를 사용하여 제거한다.
② 가공 중에는 가공면을 손으로 점검하지 않는다.
③ 기계를 가동 중에는 변속시키지 않는다.
④ 바이트는 가급적 짧게 고정시킨다.

해설 바이트는 가급적 짧게 고정시키는 것은 선반작업시 안전수칙에 해당한다.

관련이론 **밀링커터의 절삭방향**

하향절삭 (Down Cutting)	밀링커터의 회전방향과 공작물의 이송방향이 같을 때의 절삭 • 공작물의 설치가 간단하다. • 커터의 마모가 적다.(커터의 수명이 길다) • 칩이 커터와 공작물 사이에 끼여 절삭을 방해한다. • 백래시(Back Lash)가 커지고 공작물이 날에 끌려온다. 따라서 떨림현상이 나타나 커터와 공작물을 손상시킨다. • 일감의 가공면이 깨끗하다.
상향절삭 (Up Cutting)	밀링커터의 회전방향과 공작물의 이송방향이 서로 반대인 때의 절삭 • 공작물의 설치를 확실히 해야 한다. • 커터의 마모가 많고 동력이 낭비된다.(커터의 수명이 짧다) • 칩은 커터에 의해 가공된 면에 떨어지므로 절삭을 방해하지 않는다. • 백래시(Back Lash)가 자연히 제거된다. • 일감의 가공면이 거칠다.

정답 ④

58 산소-아세틸렌가스용접에서 산소용기의 취급시 주의사항으로 옳지 않은 것은?
① 산소용기의 운반시 밸브를 닫고 캡을 씌워서 이동할 것
② 기름이 묻은 손이나 장갑을 끼고 취급하지 말 것
③ 원활한 산소공급을 위하여 산소용기는 눕혀서 사용할 것
④ 통풍이 잘되고 직사광선이 없는 곳에 보관할 것

해설 원활한 산소공급을 위하여 산소용기는 세워서 사용해야 한다.

정답 ③

59 가드(guard)의 종류가 아닌 것은?
① 고정식 ② 조정식
③ 자동식 ④ 반자동식

해설 반자동식은 가드의 종류에 해당하지 않는다.

관련이론 **가드(Guard)**
1. **가드(Guard)의 종류**
   • 고정식 • 조정식 • 자동식 • 인터록식
2. **가드(Guard)의 설치조건**
   • 위험점 방호가 확실할 것
   • 충분한 강도를 유지할 것
   • 구조가 단순하고 조정이 용이할 것
   • 개구부 등 간격(틈새)이 적당할 것
   • 작업, 점검, 주유시 장애가 없을 것

정답 ④

60 산업안전보건법령상 롤러기의 무릎조작식 급정지장치의 설치 위치 기준은? (단, 위치는 급정지장치 조작부의 중심점을 기준)
① 밑면에서 0.7~0.8m 이내
② 밑면에서 0.6m 이내
③ 밑면에서 0.8~1.2m 이내
④ 밑면에서 1.5m 이내

해설 산업안전보건법령상 롤러기의 무릎조작식 급정지장치는 밑면에서 0.6m 이내(또는 0.4~0.6m 이내)에 설치하여야 한다.

관련이론 **조작부의 설치위치에 따른 급정지장치의 종류**

급정지장치 조작부의 종류	설치위치	비고
손조작식	밑면(바닥)에서 1.8m 이내	설치위치는 급정지장치의 조작부의 중심점을 기준으로 한다.
복부조작식	밑면(바닥)에서 0.8m 이상 1.1m 이내	
무릎조작식	밑면(바닥)에서 0.6m 이내(또는 0.4~0.6m 이내)	

정답 ②

제4과목 전기 및 화학설비위험방지기술

61 대전된 물체가 방전을 일으킬 때에 에너지 $E(J)$를 구하는 식으로 옳은 것은? (단, 도체의 정전용량을 $C(F)$, 대전전위를 $V(V)$, 대전전하량을 $Q(C)$라 한다.)

① $E = \sqrt{2CQ}$
② $E = \dfrac{1}{2}CV$
③ $E = \dfrac{Q^2}{2C}$
④ $E = \sqrt{\dfrac{2V}{C}}$

해설 대전된 물체가 방전을 일으킬 때의 에너지를 구하는 식은 다음과 같다.

- $E = \dfrac{1}{2}CV^2 = \dfrac{1}{2}QV = \dfrac{Q^2}{2C}$
- $Q = \sqrt{2CE}$
- $V = \sqrt{\dfrac{2E}{C}}$

여기서, E: 정전기 에너지(J), V: 대전전위(V)
C: 도체의 정전용량(F), Q: 대전전하량(C)

정답 ③

62 인체의 대부분이 수중에 있는 상태에서의 허용접촉전압으로 옳은 것은?

① 2.5V 이하
② 25V 이하
③ 50V 이하
④ 100V 이하

해설 인체의 대부분이 수중에 있는 상태에서의 허용접촉전압은 2.5V 이하이다.

관련이론 허용접촉접압

종별	접촉상태	허용접촉전압(V)
제1종	인체의 대부분이 수중에 있는 상태	2.5 이하
제2종	• 인체가 현저하게 젖어 있는 상태 • 금속성의 전기기계장치나 구조물에 인체의 일부가 상시 접촉되어 있는 상태	25 이하
제3종	통상의 인체상태에 있어 접촉전압이 가해지면 위험성이 높은 상태	50 이하
제4종	• 통상의 인체상태에 있어 접촉전압이 가해지더라도 위험성이 낮은 상태 • 접촉전압이 가해질 우려가 없는 상태	제한없음

정답 ①

63 전기설비에서 제1종 접지공사는 접지저항을 몇 Ω 이하로 해야 하는가?

① 5
② 10
③ 50
④ 100

해설 제1종 접지공사는 접지저항을 10Ω 이하로 해야 한다.

관련이론 접지공사의 종류에 따른 접지선의 공칭단면적 및 접지저항(전기설비기술기준 산업통상자원부고시)

접지종류	접지선의 공칭단면적	접지저항
제1종	6mm² 이상의 연동선	10Ω 이하
제2종	16mm² 이상의 연동선	$\dfrac{150}{1\text{선지락전류}}$ Ω 이하
제3종	2.5mm² 이상의 연동선	100Ω 이하
특별 제3종	2.5mm² 이상의 연동선	10Ω 이하

※ 한국전기설비규정(KEC) → 접지에 관한 새로운 규정이 2018.3.9 제정, 2021.1.1 시행되었으므로 해당 문제의 접지에 관한 규정은 학습 불필요

정답 ②

64 방폭구조 전기기계·기구의 선정기준에 있어 가스폭발위험장소의 제1종 장소에 사용할 수 없는 방폭구조는?

① 내압방폭구조
② 안전증방폭구조
③ 본질안전방폭구조
④ 비점화방폭구조

해설 방폭구조 전기기계·기구의 선정기준에 있어 가스폭발 위험장소의 제1종 장소에 사용할 수 없는 방폭구조는 비점화방폭구조이다.

관련이론 가스, 증기 방폭구조 전기기기의 선정기준

분류	방폭구조 전기기계·기구의 선정기준	
0종 장소	본질안전방폭구조(ia)	0종장소에서 사용토록 특별히 고안된 방폭구조
1종 장소	내압방폭구조(d) 압력방폭구조(p) 유입방폭구조(o) 안전증방폭구조(e) 본질안전방폭구조(ia, ib) 충전방폭구조(q) 몰드방폭구조(m)	• 0종장소에 적합한 방폭구조 • 기타 1종장소에서 사용토록 특별히 고안된 방폭구조
2종 장소	비점화방폭구조(n)	• 0종장소 또는 1종장소에 적합한 방폭구조 • 기타 2종장소에서 사용토록 특별히 고안된 방폭구조

정답 ④

65 저압전선로 중 절연부분의 전선과 대지간 및 전선의 심선 상호간의 절연저항은 사용전압에 대한 누설전류가 최대공급전류의 얼마를 넘지 않도록 규정하고 있는가?

① 1/1,000 ② 1/1,500
③ 1/2,000 ④ 1/2,500

해설 저압전선로 중 절연부분의 전선과 대지간 및 전선의 심선 상호간의 절연저항은 사용전압에 대한 <u>누설전류가 최대공급전류의 1/2,000을 넘지 않도록 규정하고 있다</u>(전기설비기술기준 산업통상자원부고시).

정답 ③

66 폭발성 가스나 전기기기 내부로 침입하지 못하도록 전기기기의 내부에 불활성가스를 압입하는 방식의 방폭구조는?

① 내압방폭구조 ② 압력방폭구조
③ 본질안전방폭구조 ④ 유입방폭구조

해설 폭발성 가스가 전기기기 내부로 침입하지 못하도록 <u>전기기기의 내부에 불활성가스를 압입하는 방식의 방폭구조는 압력방폭구조이다.</u>

관련이론 가스, 증기 대상 방폭전기기기 구조
- 내압방폭구조(Flameproof): 내압방폭구조는 용기내부에서 폭발성 가스 또는 증기가 폭발하였을 때 용기가 그 압력에 견디며 또한 개구부, 접합면 등을 통해서 외부의 폭발성 가스, 증기에 인화되지 않도록 한 전폐구조이다.
- 안전증방폭구조(Increased Safety): 안전증방폭구조는 정상운전 중에 폭발성 가스 또는 증기에 점화원이 될 전기불꽃, 아크 또는 고온부분 등의 발생을 방지하기 위하여 전기적, 기계적 구조상 또는 온도상승에 대해서 특히 안전도를 증가시킨 구조이다.
- 본질안전방폭구조(Intrinsic Safety): 본질안전방폭구조는 정상시 및 사고시(단락, 단선, 지락 등)에 발생하는 아크, 전기불꽃, 고온에 의하여 폭발성 가스 또는 증기에 점화되지 않는 것이 점화시험에 의하여 확인된 구조이다.
- 유입방폭구조(Oil Immersion): 유입방폭구조는 전기불꽃, 아크 또는 고온이 발생하는 부분을 기름 속에 넣고, 기름면 위에 존재하는 폭발성 가스 또는 증기에 인화되지 않도록 한 구조이다.

정답 ②

67 옥내배선에서 누전으로 인한 화재방지의 대책이 아닌 것은?

① 배선불량시 재시공할 것
② 배선에 단로기를 설치할 것
③ 정기적으로 절연저항을 측정할 것
④ 정기적으로 배선시공 상태를 확인할 것

해설 배선에 단로기가 아닌 <u>누전차단기를 설치해야 한다.</u>

정답 ②

68 제전기의 설치 장소로 가장 적절한 것은?

① 대전물체의 뒷면에 접지물체가 있는 경우
② 정전기의 발생원으로부터 5~20cm 정도 떨어진 장소
③ 오물과 이물질이 자주 발생하고 묻기 쉬운 장소
④ 온도가 150℃, 상대습도가 80% 이상인 장소

해설 제전기의 설치장소로 가장 적절한 것은 <u>정전기의 발생원으로부터 5~20cm 정도 떨어진 장소이다.</u>

정답 ②

69 전기적 불꽃 또는 아크에 의한 화상의 우려가 높은 고압 이상의 충전전로작업에 근로자를 종사시키는 경우에는 어떠한 성능을 가진 작업복을 착용시켜야 하는가?

① 방충처리 또는 방수성능을 갖춘 작업복
② 방염처리 또는 난연성능을 갖춘 작업복
③ 방청처리 또는 난연성능을 갖춘 작업복
④ 방수처리 또는 방청성능을 갖춘 작업복

해설 전기적 불꽃 또는 아크에 의한 화상의 우려가 높은 고압 이상의 충전전로작업에 근로자를 종사시키는 경우 <u>방염처리 또는 난연성능을 갖춘 작업복을 착용시켜야 한다.</u>

정답 ②

70 감전을 방지하기 위해 관계근로자에게 반드시 주지시켜야 하는 정전작업 사항으로 가장 거리가 먼 것은?

① 전원설비효율에 관한 사항
② 단락접지 실시에 관한 사항
③ 전원 재투입 순서에 관한 사항
④ 작업책임자의 임명, 정전범위 및 절연용 보호구 작업 등 필요한 사항

해설 전원설비 효율에 관한 사항은 정전작업 사항에 해당하지 않는다.

관련이론 관계근로자에게 반드시 주지시켜야 하는 정전작업사항
- 충전여부확인
- 잔류전하 방전
- 단락접지 실시
- 전원 재투입 순서
- 작업 책임자의 임명, 정전범위 및 절연용 보호구 착용 등
- 전원차단 및 개폐기의 잠금장치, 표지판 설치

정답 ①

71 위험물안전관리법령상 제3류 위험물의 금수성 물질이 아닌 것은?

① 과염소산염 ② 금속나트륨
③ 탄화칼슘 ④ 탄화알루미늄

해설 과염소산염은 제1류 위험물(산화성 고체)에 해당한다.

관련이론 위험물 중 제1류 및 제3류 위험물(위험물안전관리법)

제1류 위험물 (산화성 고체)	• 염소산염류 • 아염소산염류 • 과염소산염류 • 질산염류 • 브롬산염류	• 무기과산화물 • 요오드산염류 • 과망간산염류 • 중크롬산염류
제3류 위험물 (자연발화성 및 금수성 물질)	• 나트륨 • 황린 • 알킬리튬 • 알킬알루미늄(트리에틸알루미늄) • 칼슘 또는 알루미늄의 탄화물(탄화칼슘) • 알칼리금속(칼륨 및 나트륨 제외) 및 알칼리토 금속: 리튬, 세슘, 베릴륨 등 • 유기금속화합물(알킬리튬 및 알킬알루미늄 제외): 부틸리튬, 디메틸카드뮴, 사에틸납 등 • 금속의 수소화물: 수소화리튬, 수소화나트륨, 수소화칼슘 등	• 칼륨 • 금속의 인화물

정답 ①

72 이산화탄소 소화기에 대한 설명으로 옳지 않은 것은?

① 전기화재에 사용할 수 있다.
② 주된 소화작용은 질식작용이다.
③ 소화약제 자체 압력으로 방출이 가능하다.
④ 전기전도성이 높아 사용시 감전에 유의해야 한다.

해설 이산화탄소 소화기는 전기전도성이 낮다.

관련이론 이산화탄소(CO_2) 소화기의 특징
- 전기화재에 사용할 수 있다.
- 주된 소화작용은 질식 및 냉각작용이다.
- 소화약제 자체 압력으로 방출이 가능하다.
- 전기전도성이 낮다.
- 기체팽창률 및 기화잠열이 크다.

정답 ④

73 낮은 압력에서 물질의 끓는점이 내려가는 현상을 이용하여 시행하는 분리법으로 온도를 높여서 가열할 경우 원료가 분해될 우려가 있는 물질을 증류할 때 사용하는 방법은?

① 진공증류 ② 추출증류
③ 공비증류 ④ 수증기증류

해설 낮은 압력에서 물질의 끓는 점이 내려가는 현상을 이용하여 시행하는 분리법으로 온도를 높여서 가열할 경우 원료가 분해될 우려가 있는 물질을 증류할 때 사용하는 방법은 진공증류이다.

관련이론 증류방식

추출 증류	• 용매를 사용하여 혼합물로부터 특정 성분을 분리하는 방식 • 분리하여야 하는 물질의 끓는 점이 비슷할 때 사용되는 방식
공비 증류	• 제3의 성분을 첨가하여 별개의 공비 혼합물을 만들어 증류함으로써 증류 잔류물이 순수한 성분이 되도록 증류하는 방식 • 순수한 성분을 분리시킬 수 없는 혼합물의 경우에 사용되는 방식
수증기 증류	수증기를 물에 용해되지 않는 휘발성 액체에 직접 불어 넣고 가열하여 증류하는 방식

정답 ①

74 다음 중 폭발하한농도(vol%)가 가장 높은 것은?

① 일산화탄소 ② 아세틸렌
③ 디에틸에테르 ④ 아세톤

해설 일산화탄소의 폭발하한농도가 12.5vol%로 가장 높다.
선지분석
② 아세틸렌의 폭발하한농도는 2.5vol%이다.
③ 디에틸에테르의 폭발하한농도는 1vol%이다.
④ 아세톤의 폭발하한농도는 3vol%이다.

정답 ①

75 불연성 가스에 해당하는 것은?

① 프로판 ② 탄산가스
③ 아세틸렌 ④ 암모니아

해설 탄산가스는 불연성 가스에 해당한다.

  가스의 분류

불연성 가스	• 탄산가스(CO_2) • 헬륨(He) • 아르곤(Ar) 등	• 질소(N_2) • 네온(Ne)
가연성 가스	• 프로판 • 수소 • 메탄 등	• 아세틸렌 • 부탄
독성 가스	• 암모니아 • 황화수소 • 포스겐 등	• 일산화탄소 • 염소

정답 ②

76 염소산칼륨에 대한 설명으로 옳은 것은?

① 탄소, 유기물과 접촉시에도 분해폭발 위험은 거의 없다.
② 열에 강한 성질이 있어서 500℃의 고온에서도 안정적이다.
③ 찬물이나 에탄올에도 매우 잘 녹는다.
④ 산화성 고체물질이다.

해설 염소산칼륨($KClO_3$)은 산화성 고체물질로 위험물안전관리법상 제1류 위험물(산화성 고체)에 해당된다.

정답 ④

77 메탄 20vol%, 에탄 25vol%, 프로판 55vol%의 조성을 가진 혼합가스의 폭발하한계값(vol%)은? (단, 메탄, 에탄 및 프로판가스의 폭발하한값은 각각 5vol%, 3vol%, 2vol%이다.)

① 2.51 ② 3.12
③ 4.26 ④ 5.22

해설
$$L = \frac{100}{\dfrac{V_1}{L_1}+\dfrac{V_2}{L_2}+\dfrac{V_3}{L_3}}$$

여기서, L: 혼합가스의 폭발하한계(%)
L_1, L_2, L_3: 각 성분가스의 폭발하한계(%)
V_1, V_2, V_3: 각 성분가스의 부피비(%)

$$= \frac{100}{\dfrac{20}{5}+\dfrac{25}{3}+\dfrac{55}{2}} = 2.5106 ≒ 2.51\%$$

정답 ①

78 증류탑의 원리로 옳지 않은 것은?

① 끓는점(휘발성) 차이를 이용하여 목적 성분을 분리한다.
② 열이동은 도모하지만 물질이동은 관계하지 않는다.
③ 기-액 두 상의 접촉이 충분히 일어날 수 있는 접촉 면적이 필요하다.
④ 여러 개의 단을 사용하는 다단탑이 사용될 수 있다.

해설 열이동과 물질이동을 모두 도모한다.

정답 ②

79 물과 접촉할 경우 화재나 폭발의 위험성이 더욱 증가하는 것은?

① 칼륨
② 트리니트로톨루엔
③ 황린
④ 니트로셀룰로오스

 해설
- 칼륨(K)은 물과의 접촉을 방지하여야 하는 물질 즉, 금수성 물질에 해당한다.
- 칼륨(K)은 물반응성 물질 및 인화성 고체에 해당되는 것으로서 공기 중의 물 또는 수분과 반응하여 수소가스를 발생하여 화재나 폭발의 위험성이 더욱 증가한다.

관련이론 칼륨과 물의 반응식

$2K + 2H_2O \rightarrow 2KOH + H_2$

정답 ①

80 화재의 종류가 옳게 연결된 것은?

① A급 화재 – 유류화재
② B급 화재 – 유류화재
③ C급 화재 – 일반화재
④ D급 화재 – 일반화재

 해설 B급 화재는 유류화재로 연결되어야 한다.

관련이론 화재의 종류

구분	내용
A급 화재	일반화재(종이, 목재, 섬유 등)
B급 화재	유류·가스화재(유류, 가스 등)
C급 화재	전기화재(전기, 정전기 등)
D급 화재	금속화재(Al분말, Mg분말 등)

정답 ②

제5과목 건설안전기술

81 항타기 및 항발기를 조립하는 경우 점검하여야 할 사항이 아닌 것은?

① 과부하장치 및 제동장치의 이상 유무
② 권상장치의 브레이크 및 쐐기장치 기능의 이상 유무
③ 본체 연결부의 풀림 또는 손상의 유무
④ 권상기의 설치상태의 이상 유무

 해설 과부하장치 및 제동장치의 이상 유무는 항타기 및 항발기를 조립하는 경우 점검하여야 할 사항에 해당하지 않는다.

관련이론 항타기 및 항발기를 조립하는 경우 점검하여야 할 사항 (산업안전보건법 안전보건기준)
- 권상장치의 브레이크 및 쐐기장치 기능의 이상 유무
- 본체 연결부의 풀림 또는 손상의 유무
- 권상기의 설치상태의 이상 유무
- 권상용 와이어로프, 드럼 및 도르래의 부착상태의 이상 유무
- 리더(leader)의 버팀의 방법 및 고정상태의 이상 유무
- 본체·부속장치 및 부속품의 강도가 적합한지 여부
- 본체·부속장치 및 부속품에 심한 손상·마모·변형 또는 부식이 있는지 여부

※ 산업안전보건법 안전보건기준 → 2022.10.18 개정

정답 ①

82 신축공사 현장에서 강관으로 외부비계를 설치할 때 비계기둥의 최고 높이가 45m 라면 관련 법령에 따라 비계기둥을 2개의 강관으로 보강하여야 하는 높이는 지상으로부터 얼마까지인가?

① 14m
② 20m
③ 25m
④ 31m

해설
- 비계기둥의 제일 윗부분으로부터 31m되는 지점 밑부분의 비계기둥은 2개의 강관으로 묶어 세워야 한다(산업안전보건법 안전보건기준).
- 비계기둥의 최고높이가 45m이므로 지상으로부터 45 − 31 = 14m 되는 지점부터 비계기둥을 2개의 강관으로 보강하여야 한다.

정답 ①

83 건설공사 유해위험방지계획서 제출시 공통적으로 제출하여야 할 첨부서류가 아닌 것은?

① 공사개요서
② 전체 공정표
③ 산업안전보건관리비 사용계획서
④ 가설도로계획서

해설 가설도로계획서는 건설공사 유해위험방지계획서 제출시 공통적으로 제출해야 할 첨부서류에 해당하지 않는다.

> **관련이론** 건설공사 유해위험방지계획서 제출시 첨부서류(산업안전보건법 안전보건기준)
> 1. 공사개요 및 안전보건관리계획
>   - 공사개요서
>   - 공사현장의 주변현황 및 주변과의 관계를 나타내는 도면(매설물 현황 포함)
>   - 건설물, 사용 기계설비 등의 배치를 나타내는 도면
>   - 전체공정표
>   - 산업안전보건관리비 사용계획
>   - 안전관리조직표
>   - 재해발생위험시 연락 및 대피방법
> 2. 작업공사 종류별 유해위험방지계획

정답 ④

84 흙막이지보공을 설치하였을 때 붕괴 등의 위험방지를 위하여 정기적으로 점검하고, 이상 발견시 즉시 보수하여야 하는 사항이 아닌 것은?

① 침하의 정도
② 버팀대의 긴압의 정도
③ 지형·지질 및 지층상태
④ 부재의 손상·변형·변위 및 탈락의 유무와 상태

해설 지형·지질 및 지층상태는 정기적으로 점검하고, 이상 발견시 즉시 보수하여야 하는 사항에 해당하지 않는다.

> **관련이론** 흙막이지보공 설치시 붕괴 등의 위험방지를 위해 정기적으로 점검하고, 이상 발견시 즉시 보수하여야 하는 사항 (산업안전보건법 안전보건기준)
> - 침하의 정도
> - 버팀대의 긴압의 정도
> - 부재의 손상·변형·변위 및 탈락의 유무와 상태
> - 부재의 접속부, 부착부 및 교차부의 상태

정답 ③

85 철근콘크리트 현장타설공법과 비교한 PC(Precast Concrete)공법의 장점으로 볼 수 없는 것은?

① 기후의 영향을 받지 않아 동절기 시공이 가능하고, 공기를 단축할 수 있다.
② 현장작업이 감소되고, 생산성이 향상되어 인력절감이 가능하다.
③ 공사비가 매우 저렴하다.
④ 공장제작이므로 콘크리트 양생시 최적조건에 의한 양질의 제품생산이 가능하다.

해설 공사비가 매우 저렴하다는 것은 PC공법의 장점에 해당하지 않는다.

> **관련이론** PC(Precast Concrete)공법
> 1. 정의
>   벽과 바닥 등을 구성하는 콘크리트부재를 미리 운반 가능한 모양과 크기로 공장에서 제작하고, 현장에서는 조립만 하는 공법을 말한다.
> 2. PC 공법의 장점
>   - 기후의 영향을 받지 않아 동절기 시공이 가능하고, 공기를 단축할 수 있다.
>   - 현장작업이 감소되고, 생산성이 향상되어 인력절감이 가능하다.
>   - 공장제작이므로 콘크리트 양생시 최적조건에 의한 양질의 제품생산이 가능하다.

정답 ③

86 작업발판 및 통로의 끝이나 개구부로서 근로자가 추락할 위험이 있는 장소에서의 방호조치로 옳지 않은 것은?

① 안전난간 설치   ② 와이어로프 설치
③ 울타리 설치   ④ 수직형 추락방망 설치

해설 와이어로프 설치는 작업발판 및 통로의 끝이나 개구부로서 근로자가 추락할 위험이 있는 장소에서의 방호조치에 해당하지 않는다.

> **관련이론** 작업발판 및 통로의 끝이나 개구부로서 근로자가 추락할 위험이 있는 장소에서의 방호조치(산업안전보건법 안전보건기준)
> - 안전난간 설치
> - 수직형 추락방망 설치
> - 울타리 설치
> - 덮개 설치

정답 ②

87 히빙(heaving)현상이 가장 쉽게 발생하는 토질지반은?

① 연약한 점토지반 ② 연약한 사질토지반
③ 견고한 점토지반 ④ 견고한 사질토지반

해설
- 히빙(heaving)현상이 가장 쉽게 발생하는 토질지반은 연약한 점토지반이다.
- 보일링(Boiling)현상이 가장 쉽게 발생하는 토질지반은 지하수위가 높은 사질토지반이다.

정답 ①

88 암질 변화구간 및 이상 암질 출현시 판별방법과 가장 거리가 먼 것은?

① RQD ② RMR
③ 지표침하량 ④ 탄성파 속도

해설 지표침하량은 암질 변화구간 및 이상 암질 출현시 판별방법에 해당하지 않는다.

선지분석
① RQD(Rock Quality Designation)는 시추코어 중 100mm 이상 되는 코어편 길이의 합을 시추길이로 나누어 백분율로 표시한 값으로 암질의 상태를 나타내는데 사용되는 것이다.
② RMR(Rock Mass Rating)은 암반의 상태와 강도를 판정할 수 있는 것으로 암반등급을 나타내는 것이다.

관련이론 암질변화구간 및 이상암질 출현시 판별방법(굴착공사 표준안전작업지침 고용노동부 고시)
- RQD(%)
- RMR
- 탄성파 속도(m/sec)
- 진동치 속도(cm/sec = Kine)
- 일축압축강도(kg/cm^2)
- ※ 굴착공사표준안전작업지침 고용노동부고시 → 2023.7.1 개정되어 삭제되었으므로 학습 불필요

정답 ③

89 블레이드의 길이가 길고 낮으며 블레이드의 좌우를 전후 25~30° 각도로 회전시킬 수 있어 흙을 측면으로 보낼 수 있는 도저는?

① 레이크 도저 ② 스트레이트 도저
③ 앵글도저 ④ 틸트도저

해설 블레이드의 길이가 길고 낮으며 블레이드의 좌우를 전후 25~30° 각도로 회전시킬 수 있어 흙을 측면으로 보낼 수 있는 도저는 앵글도저이다.

선지분석
① 레이크도저는 블레이드 대신에 레이크를 설치하고 잡목이나 나무뿌리를 제거하는데 사용된다.
② 스트레이트도저는 블레이드를 트랙터의 앞부분에 90°로 설치하여 블레이드를 상하로 조종하면서 블레이드를 임의의 각도로 기울일 수 없게 한 것으로 블레이드의 용량이 크고, 직선송토작업, 거친 배수로 매몰작업 등에 적합하다.
④ 틸트도저는 불도저와 비슷하지만 블레이드를 레버로 조정할 수 있으며, 좌우를 상하로 20~30°까지 기울일 수 있고 수동식과 유압식이 있다.

정답 ③

90 동바리로 사용하는 파이프 서포트의 설치 기준으로 옳지 않은 것은?

① 파이프 서포트를 3개 이상 이어서 사용하지 않도록 할 것
② 파이프 서포트를 이어서 사용하는 경우에는 4개 이상의 볼트 또는 전용철물을 사용하여 이을 것
③ 높이가 3.5m를 초과하는 경우에는 높이 2m 이내마다 수평연결재를 2개 방향으로 만들고 수평연결재의 변위를 방지할 것
④ 파이프 서포트 사이에 교차가새를 설치하여 수평력에 대하여 보강 조치할 것

해설 파이프 서포트 사이에 교차가새를 설치하여 수평력에 대하여 보강 조치하는 것은 파이프 서포트의 설치 기준에 해당하지 않는다.

정답 ④

91 건물외부에 낙하물 방지망을 설치할 경우 벽면으로부터 돌출되는 거리의 기준은?

① 1m 이상   ② 1.5m 이상
③ 1.8m 이상 ④ 2m 이상

해설 건물외부에 낙하물 방지망을 설치할 경우 <u>벽면으로부터 돌출되는 거리는 2m 이상이어야 한다.</u>

> **관련이론** 낙하물방지망 또는 방호선반을 설치하는 경우 준수사항 (산업안전보건법 안전보건기준)
> - 높이 10m 이내마다 설치하고, 내민 길이는 벽면으로부터 2m 이상으로 할 것
> - 수평면과의 각도는 20° 이상 30° 이하를 유지할 것

정답 ④

92 콘크리트를 타설할 때 거푸집에 작용하는 콘크리트 측압에 영향을 미치는 요인과 가장 거리가 먼 것은?

① 콘크리트 타설속도   ② 콘크리트 타설높이
③ 콘크리트의 강도   ④ 기온

해설 콘크리트의 강도는 콘크리트를 타설할 때 콘크리트 측압에 영향을 미치는 요인에 해당하지 않는다.

> **관련이론** 콘크리트 측압에 영향을 미치는 요인
> - 콘크리트 타설속도
> - 콘크리트 타설높이
> - 기온
> - 콘크리트의 단위용적중량
> - 부위 및 배근상태

정답 ③

93 다음과 같은 조건에서 추락시 로프의 지지점에서 최하단까지의 거리 h는?

- 로프 길이 150cm
- 로프 신율 30%
- 근로자 신장 170cm

① 2.8m   ② 3.0m
③ 3.2m   ④ 3.4m

해설 로프의 지지점에서 최하단까지의 거리(h)
$= 로프의\ 길이 + (로프의\ 길이 \times 신율) + \dfrac{신장}{2}$
$= 1.5 + (1.5 \times 0.3) + \dfrac{1.7}{2} = 2.8m$

정답 ①

94 산업안전보건법령에 따른 크레인을 사용하여 작업을 하는 때 작업시작 전 점검사항에 해당하지 않는 것은?

① 권과방지장치, 브레이크, 클러치 및 운전장치의 기능
② 주행로의 상측 및 트롤리(trolley)가 횡행하는 레일의 상태
③ 원동기 및 풀리(pulley)기능의 이상 유무
④ 와이어로프가 통하고 있는 곳의 상태

해설 <u>원동기 및 풀리(pulley)기능의 이상 유무는 산업안전보건법령에 따른 컨베이어를 사용하여 작업을 할 때 작업시작 전 점검사항에 해당한다.</u>

> **관련이론** 산업안전보건법령에 따른 작업시작 전 점검사항(산업안전보건법 안전보건기준)
> 1. 크레인을 사용하여 작업을 하는 때 작업시작 전 점검사항
>   - 권과방지장치, 브레이크, 클러치 및 운전장치의 기능
>   - 주행로의 상측 및 트롤리(trolley)가 횡행하는 레일의 상태
>   - 와이어로프가 통하고 있는 곳의 상태
> 2. 컨베이어 등을 사용하여 작업을 할 때 작업시작 전 점검사항
>   - 원동기 및 풀리(pulley) 기능의 이상 유무
>   - 이탈 등의 방지장치 기능의 이상 유무
>   - 비상정지장치 기능의 이상 유무
>   - 원동기, 회전축, 기어 및 풀리 등의 덮개 또는 울 등의 이상 유무

정답 ③

95 다음은 비계를 조립하여 사용하는 경우 작업발판설치에 대한 기준이다. ( )에 들어갈 내용으로 옳은 것은?

> 사업주는 비계(달비계, 달대비계 및 말비계는 제외한다)의 높이가 ( ) 이상인 작업장소에 다음 각 호의 기준에 맞는 작업발판을 설치하여야 한다.
> 1. 발판재료는 작업할 때의 하중을 견딜 수 있도록 견고한 것으로 할 것
> 2. 작업발판의 폭은 40cm 이상으로 하고, 발판재료간의 틈은 3cm 이하로 할 것

① 1m ② 2m
③ 3m ④ 4m

해설 사업주는 비계(달비계, 달대비계 및 말비계는 제외한다)의 높이가 2m 이상인 작업장소에 다음 각 호의 기준에 맞는 작업발판을 설치하여야 한다.

 비계(달비계, 달대비계 및 말비계 제외)의 높이가 2m 이상인 작업장소에 작업발판 설치시 준수사항(산업안전보건법 안전보건기준)

- 발판재료는 작업할 때의 하중을 견딜 수 있도록 견고한 것으로 할 것
- 작업발판의 폭은 40cm 이상으로 하고, 발판재료간의 틈은 3cm 이하로 할 것
- 추락의 위험이 있는 장소에는 안전난간을 설치할 것
- 작업발판의 지지물은 하중에 의하여 파괴될 우려가 없는 것을 사용할 것
- 작업발판 재료는 뒤집히거나 떨어지지 않도록 둘 이상의 지지물에 연결하거나 고정시킬 것
- 작업발판을 작업에 따라 이동시킬 경우에는 위험방지에 필요한 조치를 할 것
- 선박 및 보트건조작업의 경우, 선박블록 또는 엔진실 등의 좁은 작업공간에 작업발판을 설치하기 위하여 필요하면 작업발판의 폭을 30cm 이상으로 할 수 있고, 걸침비계의 경우 강관기둥때문에 발판재료간의 틈을 3cm 이하로 유지하기 곤란하면 5cm 이하로 할 수 있다.

정답 ②

96 다음은 산업안전보건법령에 따른 승강설비의 설치에 대한 내용이다. ( )에 들어갈 내용으로 옳은 것은?

> 사업주는 높이 또는 깊이가 ( )를 초과하는 장소에서 작업하는 경우 해당 작업에 종사하는 근로자가 안전하게 승강하기 위한 건설작업용 리프트 등의 설비를 설치하여야 한다. 다만, 승강설비를 설치하는 것이 작업의 성질상 곤란한 경우에는 그러하지 아니하다.

① 2m ② 3m
③ 4m ④ 5m

해설 사업주는 높이 또는 깊이가 2m를 초과하는 장소에서 작업하는 경우 해당 작업에 종사하는 근로자가 안전하게 승강하기 위한 건설작업용 리프트 등의 설비를 설치하여야 한다. 다만, 승강설비를 설치하는 것이 작업의 성질상 곤란한 경우에는 그러하지 아니하다.

정답 ①

97 리프트(Lift)의 방호장치에 해당하지 않는 것은?

① 권과방지장치 ② 비상정지장치
③ 과부하방지장치 ④ 자동경보장치

해설 자동경보장치는 리프트의 방호장치에 해당하지 않는다.

 리프트(Lift)의 방호장치
- 권과방지장치
- 비상정지장치
- 과부하방지장치
- 제동장치

정답 ④

98 부두·안벽 등 하역작업을 하는 장소에서 부두 또는 안벽의 선을 따라 통로를 설치하는 경우 그 폭을 최소 얼마 이상으로 하여야 하는가?

① 60cm ② 90cm
③ 120cm ④ 150cm

해설 부두·안벽 등 하역작업을 하는 장소에서 부두 또는 안벽의 선을 따라 통로를 설치하는 경우 <u>그 폭을 최소 90cm 이상으로 하여야 한다.</u>

정답 ②

100 강관을 사용하여 비계를 구성하는 경우의 준수사항으로 옳지 않은 것은?

① 비계기둥의 간격은 띠장 방향에서는 1.85m 이하로 할 것
② 비계기둥의 간격은 장선(長線) 방향에서는 1.0m 이하로 할 것
③ 띠장 간격은 2.0m 이하로 할 것
④ 비계기둥 간의 적재하중은 400kg을 초과하지 않도록 할 것

해설 비계기둥의 간격은 <u>장선</u> 방향에서는 <u>1.5m 이하로 하여야 한다.</u>

 강관을 사용하여 비계를 구성하는 경우 준수사항(산업안전보건법 안전보건기준)
- 띠장간격은 2m 이하로 할 것
- 비계기둥의 간격은 띠장방향에서는 1.85m 이하로 할 것
- 비계기둥간의 적재하중은 400kg을 초과하지 않도록 할 것
- 비계기둥의 제일 윗부분으로부터 31m 되는 지점 밑부분의 비계기둥은 2개의 강관으로 묶어 세울 것
- 비계기둥의 간격은 장선(長線)방향에서는 1.5m 이하로 할 것. 다만, 선박 및 보트건조작업의 경우 안전성에 대한 구조검토를 실시하고 조립도를 작성하면 띠장방향 및 장선방향으로 각각 2.7m 이하로 할 수 있다.

정답 ②

99 안전관리비의 사용항목에 해당하지 않는 것은?

① 안전시설비
② 개인보호구 구입비
③ 접대비
④ 사업장의 안전·보건진단비

해설 접대비는 안전관리비의 사용항목에 해당하지 않는다.

 안전관리비의 사용항목
- 안전시설비
- 근로자의 건강관리비
- 본사 사용비
- 사업장의 안전진단비
- 건설재해예방기술지도비
- 안전보건교육비 및 행사비
- 개인보호구 및 안전장구 구입비
- 안전관리자 등의 인건비 및 각종 업무수당 등

정답 ③

2020년 제1·2회

제1과목 산업안전관리론

01 상시근로자수가 75명인 사업장에서 1일 8시간씩 연간 320일을 작업하는 동안에 4건의 재해가 발생하였다면 이 사업장의 도수율은?

① 17.68   ② 19.67
③ 20.83   ④ 22.83

해설
$$도수율 = \frac{재해발생건수}{연근로시간수} \times 1,000,000$$
$$= \frac{4}{75 \times 8 \times 320} \times 1,000,000$$
$$= 20.8333 ≒ 20.83$$

정답 ③

02 보호구 안전인증고시에 따른 안전화의 정의 중 ( ) 안에 알맞은 것은?

경작업용 안전화란 (㉠)mm의 낙하높이에서 시험했을 때 충격과 (㉡) ± 0.1kN의 압축하중에서 시험했을 때 압박에 대하여 보호해 줄 수 있는 선심을 부착하여, 착용자를 보호하기 위한 안전화를 말한다.

	㉠	㉡		㉠	㉡
①	500	10.0	②	250	10.0
③	500	4.4	④	250	4.4

해설 ㉠은 250, ㉡은 4.4이다.

관련이론 안전화의 정의(보호구 안전인증 고용노동부고시)
- 보통작업용 안전화란 500mm의 낙하높이에서 시험했을 때 충격과 10.0 ± 0.1kN의 압축하중에서 시험했을 때 압박에 대하여 보호해 줄 수 있는 선심을 부착하여, 착용자를 보호하기 위한 안전화를 말한다.
- 중작업용 안전화란 1,000mm의 낙하높이에서 시험했을 때 충격과 15.0 ± 0.1kN의 압축하중에서 시험했을 때 압박에 대하여 보호해 줄 수 있는 선심을 부착하여, 착용자를 보호하기 위한 안전화를 말한다.

정답 ④

03 산업안전보건법령상 안전보건표지의 종류와 형태 중 그림과 같은 경고표지는? (단, 바탕은 무색, 기본모형은 빨간색, 그림은 검은색이다.)

① 부식성물질 경고   ② 폭발성물질 경고
③ 산화성물질 경고   ④ 인화성물질 경고

해설 그림은 인화성물질 경고에 해당한다.

선지분석
① 부식성물질 경고표지는  이다.

② 폭발성물질 경고표지는  이다.

③ 산화성물질 경고표지는  이다.

정답 ④

04 일반적으로 사업장에서 안전관리조직을 구성할 때 고려할 사항과 가장 거리가 먼 것은?
① 조직구성원의 책임과 권한을 명확하게 한다.
② 회사의 특성과 규모에 부합되게 조직되어야 한다.
③ 생산조직과는 동떨어진 독특한 조직이 되도록 하여 효율성을 높인다.
④ 조직의 기능이 충분히 발휘될 수 있는 제도적 체계가 갖추어져야 한다.

해설 생산조직과 밀착된 조직이 되도록 하여 효율성을 높인다.

 안전관리조직의 목적
- 조직적인 재해예방활동 추진
- 책임있는 안전보건관리활동 전개
- 사업장 안전의 근원적 확보
- 조직계층간의 정보처리 및 유대 강화

정답 ③

05 주의의 특성으로 볼 수 없는 것은?
① 변동성   ② 선택성
③ 방향성   ④ 통합성

해설 주의의 특성에는 변동성, 선택성, 방향성이 있으며, 통합성은 이에 해당하지 않는다.

 주의(Attention)의 특성

변동성	• 주의집중시 주기적으로 부주의의 리듬이 존재하는 기능 • 주의력의 단속성(고도의 주의는 장시간 지속 불능)
선택성	• 여러가지 자극을 지각할 때 소수의 특정자극에 선택적으로 주의를 기울이는 기능 • 주의력의 중복집중 곤란(주의는 동시에 두 개 이상의 방향에 집중하지 못함)
방향성	• 주시점(시선이 가는 방향)만 인지하는 기능 • 한지점에 주의를 집중하면 다른 곳의 주의는 약해짐

정답 ④

06 테크니컬 스킬즈(technical skills)에 대한 설명으로 옳은 것은?
① 모럴(morale)을 앙양시키는 능력
② 인간을 사물에게 적응시키는 능력
③ 사물을 인간에게 유리하게 처리하는 능력
④ 인간과 인간의 의사소통을 원활히 처리하는 능력

해설 테크니컬 스킬즈(technical skills)는 사물을 인간에게 유리하게 처리하는 능력이다.

 소셜 스킬즈(social skills)
사람과 사람 사이의 소통을 양호하게 하고 사람들의 요구를 충족시키면서 감정을 제고시키는 능력이다.

정답 ③

07 산업재해예방의 4원칙 중 '재해발생에는 반드시 원인이 있다.'라는 원칙은?
① 대책선정의 원칙   ② 원인계기의 원칙
③ 손실우연의 원칙   ④ 예방가능의 원칙

해설 원인계기의 원칙에 대한 설명이다.

재해예방의 4원칙
- 원인계기(연계)의 원칙: 재해발생에는 반드시 원인이 있고, 원인은 대부분 복합적 연계 원인이다.
- 예방가능의 원칙: 사고는 원인만 제거하면 원칙적으로 예방이 가능하다.
- 손실우연의 원칙: 사고의 결과, 손실의 유무 또는 대소는 사고당시의 조건에 따라 우연적으로 발생한다.
- 대책선정의 원칙: 사고의 원인이나 불안전 요소가 발견되면 반드시 대책은 선정, 실시되어야 하며 대책선정은 가능하다.

정답 ②

08 심리검사의 특징 중 '검사의 관리를 위한 조건과 절차의 일관성과 통일성'을 의미하는 것은?

① 규준   ② 표준화
③ 객관성 ④ 신뢰성

해설 심리검사의 특징 중 검사의 관리를 위한 조건과 절차의 일관성과 통일성을 의미하는 것은 표준화이다.

 심리검사의 구비조건
- 표준화: 검사절차의 일관성과 통일성이다.
- 객관성: 검사자의 편견이나 주관성이 배제되어야 하며 어떤 사람이 검사하여도 동일한 결과를 얻어야 한다.
- 신뢰성: 검사응답의 일관성 즉, 반복성이다.
- 규준(Norms): 검사의 결과를 해석하기 위해서는 비교할 수 있는 참조 또는 비교의 어떤 틀이 있다.
- 타당성: 측정하고자 하는 것을 실제로 잘측정하는지의 여부를 판별하는 것이다.

정답 ②

09 조직이 리더에게 부여하는 권한으로 볼 수 없는 것은?

① 보상적 권한   ② 강압적 권한
③ 합법적 권한   ④ 위임된 권한

해설 위임된 권한은 리더 자신이 스스로에게 부여하는 권한이다.

 리더십의 권한

조직이 리더에게 부여하는 권한	리더 자신이 자신에게 부여하는 권한
• 강압적 권한 • 보상적 권한 • 합법적 권한	• 위임된 권한 • 전문성의 권한

정답 ④

10 기억의 과정 중 과거의 학습경험을 통해서 학습된 행동이 현재와 미래에 지속되는 것은?

① 기명(memorizing)   ② 파지(retention)
③ 재생(recall)   ④ 재인(recognition)

해설 과거의 학습경험을 통해서 학습된 행동이 현재와 미래에 지속되는 것은 파지(retention)이다.

기억과 망각

1. 기억의 과정
   기명(memorizing) → 파지(retention) → 재생(recall) → 재인(recognition)
   - 기명: 새로운 사상(event)이 중추신경계에 기록되는 것
   - 파지: 기록이 계속 간직되는 것
   - 재생: 간직된 기록이 다시 의식 속으로 떠오르는 것
   - 재인: 과거에 경험하였던 것과 비슷한 상태에 부딪혔을 때 떠오르는 것(재생을 실현할 수 있는 것)

2. 기억과 망각의 특성
   - 학습된 내용은 학습 직후의 망각률이 가장 높다.
   - 의미없는 내용은 의미있는 내용보다 빨리 망각한다.
   - 단순한 지식보다 사고력을 요하는 내용이 기억의 효과가 높다.
   - 연습은 학습 직후에 시키는 것이 효과가 있다.

정답 ②

11 하인리히 재해 발생 5단계 중 3단계에 해당하는 것은?

① 불안전한 행동 또는 불안전한 상태
② 사회적 환경 및 유전적 요소
③ 관리의 부재
④ 사고

해설 하인리히 재해발생 5단계 중 3단계에 해당하는 것은 불안전한 행동 또는 불안전한 상태이다.

 재해발생 5단계

1. 하인리히(Heinrich)의 사고연쇄성(재해발생) 5단계
   - 제1단계: 사회적 환경과 유전적 요소
   - 제2단계: 개인적 결함
   - 제3단계: 불안전한 행동과 불안전한 상태
   - 제4단계: 사고
   - 제5단계: 상해

2. 버드(Frank Bird)의 사고연쇄성(재해발생) 5단계
   - 제1단계: 통제의 부족(관리)
   - 제2단계: 기본적인 원인(기원)
   - 제3단계: 직접적인 원인(징후)
   - 제4단계: 사고(접촉)
   - 제5단계: 상해(손실, 손해)

정답 ①

12
산업안전보건법령상 특별교육 대상 작업별 교육 작업 기준으로 옳지 않은 것은?

① 전압이 75V 이상인 정전 및 활선작업
② 굴착면의 높이가 2m 이상이 되는 암석의 굴착작업
③ 동력에 의하여 작동되는 프레스기계를 3대 이상 보유한 사업장에서 해당 기계로 하는 작업
④ 1t미만의 크레인 또는 호이스트를 5대 이상 보유한 사업장에서 해당 기계로 하는 작업

해설 동력에 의하여 작동되는 프레스기계를 5대 이상 보유한 사업장에서 해당 기계로 하는 작업이어야 한다.

관련이론 산업안전보건법령상 특별교육 대상 작업별 교육 작업기준
- 전압이 75V 이상인 정전 및 활선작업
- 굴착면의 높이가 2m 이상이 되는 암석의 굴착작업
- 1t 미만의 크레인 또는 호이스트를 5대 이상 보유한 사업장에서 해당 기계로 하는 작업
- 동력에 의하여 작동되는 프레스기계를 5대 이상 보유한 사업장에서 해당 기계로 하는 작업
- 1t 이상의 크레인을 사용하는 작업
- 목재가공용기계를 5대 이상 보유한 사업장에서 해당 기계로 하는 작업
- 굴착면의 높이가 2m 이상이 되는 지반굴착작업
- 콘크리트 파쇄기를 사용하여 하는 파쇄작업(2m 이상인 구축물의 파쇄작업)
- 높이가 2m 이상인 물건을 쌓거나 무너뜨리는 작업
- 높이가 2m 이상인 콘크리트 인공구조물의 해체 또는 파괴작업
- 처마높이가 5m 이상인 목조건축물의 구조 부재의 조립이나 건축물의 지붕 또는 외벽밑에서의 설치작업
- 5m 이상인 건축물의 골조, 다리의 상부구조 또는 탑의 금속제의 부재로 구성되는 것의 조립·해체 또는 변경작업
- 게이지 압력을 cm^2당 1kg 이상으로 사용하는 압력용기의 설치 및 취급작업 등 40개 작업

정답 ③

13
기계·기구 또는 설비의 신설, 변경 또는 고장수리 등 부정기적인 점검을 말하며, 기술적 책임자가 시행하는 점검은?

① 정기점검
② 수시점검
③ 특별점검
④ 임시점검

해설
- 기계·기구 또는 설비의 신설, 변경 또는 고장수리 등 부정기적인 점검을 말하며, 기술적 책임자가 시행하는 점검은 특별점검이다.
- 천재지변이나 중대재해 발생 직후, 산업안전보건감독주간에 시행하는 부정기적인 점검도 특별점검에 해당된다.

선지분석
① 정기점검은 매주 또는 매월 1회 주기로 해당 분야의 작업책임자가 기계설비의 안전상 주요 부분의 마모, 피로, 부식, 손상 등 장치의 변화유무 등에 대해 실시하는 점검이다.
② 수시점검(일상점검)은 현장의 관리감독자 등이 기계, 설비, 공구 등을 매일 수시로 작업 전, 중, 후에 실시하는 점검이다.
④ 임시점검은 기계설비의 갑작스런 이상발견시 임시로 실시하는 점검이다.

정답 ③

14
재해의 원인 분석법 중 사고의 유형, 기인물 등 분류항목을 큰 순서대로 도표화하여 문제나 목표의 이해가 편리한 것은?

① 관리도(control chart)
② 파레토도(pareto diagram)
③ 크로스분석(cross analysis)
④ 특성요인도(cause-reason diagram)

해설 사고의 유형, 기인물 등 분류항목을 큰 순서대로 도표화한 것은 파레토도이다.

선지분석
① 관리도는 재해발생건수 등의 추이를 파악하여 목표관리를 행하는데 필요한 월별 재해발생건수를 그래프(graph)화하고, 관리선을 설정하여 관리하는 방법이다.
③ 크로스분석은 2개 이상의 문제 관계를 분석하는데 사용하는 것으로 데이터(data)를 집계하고 표로 표시하여 요인별 결과내역을 교차한 크로스 그림을 작성하여 분석한다.
④ 특성요인도는 특성과 요인관계를 도표로 하여 어골상(魚骨狀)으로 세분화한다.

정답 ②

15 매슬로우(Maslow)가 제창한 인간의 욕구 5단계이론을 단계별로 나열한 것은?

① 생리적 욕구 → 안전욕구 → 사회적 욕구 → 존경의 욕구 → 자아실현의 욕구
② 안전욕구 → 생리적 욕구 → 사회적 욕구 → 존경의 욕구 → 자아실현의 욕구
③ 사회적 욕구 → 생리적 욕구 → 안전욕구 → 존경의 욕구 → 자아실현의 욕구
④ 사회적 욕구 → 안전욕구 → 생리적 욕구 → 존경의 욕구 → 자아실현의 욕구

해설 매슬로우(Maslow)가 제창한 인간의 욕구 5단계이론은 생리적 욕구 → 안전욕구 → 사회적 욕구 → 존경의 욕구 → 자아실현의 욕구로 나열할 수 있다.

관련이론 매슬로우(Maslow)의 인간의 욕구 5단계이론
- 제1단계: 생리적 욕구(생명유지의 기본적 욕구: 기아, 갈증, 호흡, 배설 등)
- 제2단계: 안전욕구(자기보존 욕구: 안전을 구하려는 것)
- 제3단계: 사회적 욕구(소속감과 애정욕구: 친화)
- 제4단계: 인정받으려는 욕구(존경욕구: 자존심, 명예, 성취, 지위 등)
- 제5단계: 자아실현의 욕구(잠재적 능력을 실현하고자 하는 것)

정답 ①

16 교육의 3요소 중 교육의 주체에 해당하는 것은?

① 강사 ② 교재
③ 수강자 ④ 교육방법

해설 교육의 3요소 중 주체에 해당하는 것은 강사이다.

관련이론 교육의 3요소

주체 (subject)	• 형식적 교육: 강사(교육자) • 비형식적 교육: 부모, 형, 선배, 사회지식인 등
객체 (object)	• 형식적 교육: 수강자(피교육생) • 비형식적 교육: 자녀, 미성숙자 등
매개체 (materials)	• 형식적 교육: 교재 • 비형식적 교육: 교육환경, 인간관계 등

정답 ①

17 OJT(On the Job Training) 교육의 장점과 가장 거리가 먼 것은?

① 훈련에만 전념할 수 있다.
② 직장의 실정에 맞게 실제적 훈련이 가능하다.
③ 개개인의 업무능력에 적합한 자세한 교육이 가능하다.
④ 교육을 통하여 상사와 부하간의 의사소통과 신뢰감이 깊게 된다.

해설 훈련에만 전념할 수 있는 것은 Off JT(Off the Job Training)교육의 장점이다.

관련이론 OJT와 Off JT

1. OJT(On the Job Training): 직장 내 교육

정의	관리감독자 등 직속상사가 부하직원에 대해서 일상업무를 통하여 지식, 기능, 문제해결능력 및 태도 등을 교육훈련하는 방법으로 개별교육 및 추가지도에 적합하다.
장점	• 개개인에게 적절한 지도훈련이 가능하다. • 직장의 실정에 맞게 실제적 훈련이 가능하다. • 훈련에 필요한 업무의 계속성이 끊어지지 않는다. • 효과가 곧 업무에 나타나며, 훈련의 좋고 나쁨에 따라 개선이 쉽다. • 즉시 업무에 연결되는 지도훈련이 가능하다. • 훈련효과를 보고 상호신뢰, 이해도가 높아지는 것이 가능하다.
단점	• 통일된 내용과 동일수준의 훈련이 될 수 없다. • 일과 훈련의 양쪽이 반반이 될 가능성이 있다. • 다수의 종업원을 한번에 훈련할 수 없다. • 전문직인 고도의 지식, 기능을 기르칠 수 없다.

2. Off JT(Off the Job Training): 직장 외 교육

정의	공통된 교육목적을 가진 근로자를 일정한 장소에 집합시켜 외부강사를 초빙하여 실시하는 방법으로 집합교육에 적합하다.
장점	• 다수의 근로자에게 조직적 훈련을 행하는 것이 가능하다. • 전문가를 강사로 초청하는 것이 가능하다. • 각 직장의 근로자가 많은 지식이나 경험을 교류할 수 있다. • 훈련에만 전념하게 된다. • 특별설비기구를 이용하는 것이 가능하다.
단점	• 훈련의 결과를 현장에 바로 활용하기가 곤란하다. • 훈련에 참가하지 않은 근로자들의 업무부담이 늘어난다. • 실시하는데 비용이 많이 든다.

정답 ①

18 산업안전보건법령상 근로자 안전보건교육 중 채용시 교육 및 작업내용변경시 교육 사항으로 옳은 것은?

① 물질안전보건자료에 관한 사항
② 건강증진 및 질병예방에 관한 사항
③ 유해위험작업환경관리에 관한 사항
④ 표준안전작업방법 결정 및 지도·감독요령에 관한 사항

해설 물질안전보건자료에 관한 사항은 근로자 안전보건교육 중 채용시 교육 및 작업내용변경시 교육 사항에 해당한다.

 산업안전보건법령상 안전보건교육

1. **채용시 교육 및 작업내용변경시 교육의 교육내용**
   - 사고발생시 긴급조치에 관한 사항
   - 산업보건 및 건강장해예방에 관한 사항(폭염·한파 작업으로 인한 건강장해 발생시 응급조치에 관한 사항 포함)
   - 기계기구의 위험성과 작업의 순서 및 동선에 관한 사항
   - 작업개시 전 점검에 관한 사항
   - 정리정돈 및 청소에 관한 사항
   - 물질안전보건자료에 관한 사항
   - 산업안전보건법령 및 산업재해보상보험제도에 관한 사항
   - 직무스트레스예방 및 관리에 관한 사항
   - 산업안전 및 산업재해예방에 관한 사항(화재·폭발 사고 발생시 대피에 관한 사항 포함)
   - 직장 내 괴롭힘, 고객의 폭언 등으로 인한 건강장해예방 및 관리에 관한 사항
   - 위험성 평가에 관한 사항

2. **근로자 정기안전보건교육의 교육내용**
   - 건강증진 및 질병예방에 관한 사항
   - 유해위험작업환경관리에 관한 사항
   - 산업안전 및 산업재해예방에 관한 사항(화재·폭발 사고 발생시 대피에 관한 사항 포함)
   - 산업보건 및 건강장해예방에 관한 사항(폭염·한파 작업으로 인한 건강장해 발생시 응급조치에 관한 사항 포함)
   - 산업안전보건법령 및 산업재해보상보험제도에 관한 사항
   - 직무스트레스예방 및 관리에 관한 사항
   - 직장 내 괴롭힘, 고객의 폭언 등으로 인한 건강장해예방 및 관리에 관한 사항
   - 위험성 평가에 관한 사항

3. **관리감독자 정기안전보건교육의 교육내용**
   - 유해위험작업환경관리에 관한 사항
   - 표준안전작업방법 결정 및 지도요령에 관한 사항
   - 작업공정의 유해위험과 재해예방대책에 관한 사항
   - 그밖의 관리감독자의 직무에 관한 사항
   - 산업보건 및 건강장해예방에 관한 사항(폭염·한파 작업으로 인한 건강장해 발생시 응급조치에 관한 사항 포함)
   - 산업안전보건법령 및 산업재해보상보험제도에 관한 사항
   - 직무스트레스예방 및 관리에 관한 사항
   - 산업안전 및 산업재해예방에 관한 사항(화재·폭발 사고 발생시 대피에 관한 사항 포함)
   - 안전보건교육 능력배양에 관한 사항(현장근로자와의 의사소통능력, 강의능력 등)
   - 직장 내 괴롭힘, 고객의 폭언 등으로 인한 건강장해예방 및 관리에 관한 사항
   - 비상시 또는 재해발생시 긴급조치에 관한 사항
   - 사업장내 안전보건관리체제 및 안전보건조치 현황에 관한 사항
   - 위험성 평가에 관한 사항
   ※ 산업안전보건법 시행규칙 → 2025.5.30 개정

정답 ①

19 위험예지훈련 기초 4라운드(4R)에서 라운드별 내용이 바르게 연결된 것은?

① 1라운드: 현상파악 ② 2라운드: 대책수립
③ 3라운드: 목표설정 ④ 4라운드: 본질추구

해설 위험예지훈련 기초 4라운드(4R) 중 1라운드의 내용은 현상파악이다.

선지분석
② 2라운드의 내용은 본질추구이다.
③ 3라운드의 내용은 대책수립이다.
④ 4라운드의 내용은 목표설정이다.

정답 ①

20 산업재해의 발생 유형으로 볼 수 없는 것은?

① 지그재그형 ② 집중형
③ 연쇄형   ④ 복합형

해설 지그재그형은 산업재해의 발생유형에 해당하지 않는다.

산업재해의 발생유형(메커니즘)
- 집중형(단순자극형)
- 연쇄형(단순연쇄형, 복합연쇄형)
- 복합형(혼합형)

정답 ①

제2과목 인간공학 및 시스템안전공학

21 모든 시스템안전프로그램 중 최초 단계의 분석으로 시스템 내의 위험요소가 어떤 상태에 있는지를 정성적으로 평가하는 방법은?

① CA ② FHA
③ PHA ④ FMEA

해설 PHA(Preliminary Hazards Analysis: 예비위험분석)에 대한 설명이다.

선지분석
① CA(Criticality Analysis: 위험도 분석): 각 중요부품의 고장률, 운용형태, 보정계수, 사용시간비율 등을 고려하여 귀납적, 정량적으로 부품의 위험도를 평가하는 분석기법이다.
② FHA(Fault Hazards Analysis: 결함위험분석): 복잡한 시스템에서 몇 개의 공동계약자가 각각의 서브시스템(subsystem)을 분담하고, 통합계약자가 그것을 통합하는 방식으로 서브시스템의 분석에 사용되는 방법이다.
④ FMEA(Failure Modes and Effects Analysis: 고장의 형태와 영향분석): 각 요소의 고장유형과 그 고장이 미치는 영향을 분석하는 방법으로 귀납적이면서 정성적으로 분석하는 기법이다.

정답 ③

22 결함수분석법에서 일정 조합 안에 포함되는 기본사상들이 동시에 발생할 때 반드시 목표사상을 발생시키는 조합은?

① Cut set ② Decision tree
③ Path set ④ 불대수

해설 일정 조합 안에 포함되는 기본사상들이 동시에 발생할 때 반드시 목표사상(정상사상)을 발생시키는 조합은 Cut set(컷셋)이며, 시스템 고장을 유발시키는 기본고장들의 집합이다.

관련이론 Path set(패스셋)
일정 조합 안에 포함되는 기본사상이 일어나지 않을 때 처음으로 목표사상(정상사상)이 일어나지 않는 기본사상의 조합이며, 시스템이 고장나지 않도록 하는 사상의 조합이다.

정답 ①

23 시스템의 성능저하가 인원의 부상이나 시스템 전체에 중대한 손해를 입히지 않고 제어가 가능한 상태의 위험강도는?

① 범주Ⅰ: 파국적 ② 범주Ⅱ: 위기적
③ 범주Ⅲ: 한계적 ④ 범주Ⅳ: 무시

해설 상해 또는 주요 시스템의 손상을 일으키지 않고 제어가능한 상태의 위험강도는 '범주Ⅲ: 한계적'이다.

관련이론 시스템안전관리상의 위험성 분류(미국 국방성 표준규격(MIL-STD-882B)에 따른 위험성 분류
- 범주Ⅰ(카테고리-Ⅰ) - 파국(catastrophic): 사망, 중상 또는 시스템의 상실을 일으킨다.
- 범주Ⅱ(카테고리-Ⅱ) - 위험(critical), 위기적: 상해 또는 주요 시스템의 손상을 일으키고, 인원 및 시스템의 생존을 위해 시정조치를 필요로 한다.
- 범주Ⅲ(카테고리-Ⅲ) - 한계적(marginal): 상해 또는 주요 시스템의 손상을 일으키지 않고 배제나 억제할 수 있다(control 가능단계).
- 범주Ⅳ(카테고리-Ⅳ) - 무시가능(negligible): 상해 또는 시스템의 손상에는 이르지 않는다.

정답 ③

24 통제표시비(C/D비)를 설계할 때의 고려할 사항으로 가장 거리가 먼 것은?

① 공차 ② 운동성
③ 조작시간 ④ 계기의 크기

해설 운동성이 아닌 방향성을 고려하여야 한다.

관련이론 통제표시비(C/D비)를 설계할 때 고려할 사항
- 공차
- 조작시간
- 계기의 크기
- 방향성
- 목시거리

정답 ②

25
건구온도 38℃, 습구온도 32℃일 때의 Oxford지수(℃)는?

① 30.2 ② 32.9
③ 35.3 ④ 37.1

해설 옥스퍼드(Oxford)지수를 구하면 다음과 같다.
= 0.85w(습구온도) + 0.15D(건구온도)
= 0.85 × 32 + 0.15 × 38 = 32.9℃

관련이론 Oxford지수와 WBGT

1. Oxford(옥스퍼드)지수
   WD(습건)지수라고도 하며, 습구·건구온도의 가중평균치를 나타낸다.

2. WBGT(Wet Bulb Globe Temperature: 습구흑구온도지수)
   - 실내에서 사용하는 지수이다.
   - WBGT = 0.7NWB(자연습구온도) + 0.3GT(흑구온도)

정답 ②

26
건강한 남성이 8시간 동안 특정 작업을 실시하고, 분당 산소소비량이 1.1L/분으로 나타났다면 8시간 총 작업시간에 포함될 휴식시간(분)은? (단, Murrell의 방법을 적용하며, 휴식 중 에너지소비율은 1.5kcal/min이다.)

① 30분 ② 54분
③ 60분 ④ 75분

해설
- Murrell의 방법을 적용하여 작업시 평균에너지 소비량을 구한다.
  작업시 평균에너지소비량
  = 5kcal/L × 1.1L/min = 5.5kcal/min
  여기서, 5kcal/L는 Murrell의 방법을 적용한 작업에 대한 평균에너지이다.
- R(휴식시간) = $\dfrac{60(E-5)}{E-1.5}$
  여기서, E: 작업시 평균에너지소비량(kcal/min)
  1.5: 휴식중 에너지소비량(kcal/min)
  = $\dfrac{60(5.5-5)}{5.5-1.5}$ = 7.5분
- 7.5분은 60분(1시간)당 휴식시간이다.
- 따라서 8시간 총작업시간에 포함될 휴식시간은 7.5 × 8 = 60분이다.

정답 ③

27
점광원(point source)에서 표면에 비추는 조도(lux)의 크기를 나타내는 식으로 옳은 것은? (단, D는 광원으로부터의 거리를 말한다.)

① $\dfrac{광도(fc)}{D^2(m^2)}$ ② $\dfrac{광도(lm)}{D(m)}$
③ $\dfrac{광도(cd)}{D^2(m^2)}$ ④ $\dfrac{광도(fL)}{D(m)}$

해설 점광원에서 표면에 비추는 조도의 크기는 다음과 같다.
조도 = $\dfrac{광도(cd)}{D^2(m^2)}$ (여기서, D: 거리)

정답 ③

28
인간공학적 수공구의 설계에 대한 설명으로 옳은 것은?

① 수공구 사용시 무게균형이 유지되도록 설계한다.
② 손잡이 크기를 수공구 크기에 맞추어 설계한다.
③ 힘을 요하는 수공구의 손잡이는 직경을 60mm 이상으로 한다.
④ 정밀작업용 수공구의 손잡이는 직경을 5mm 이하로 한다.

해설 수공구 사용시 무게균형이 유지되도록 설계하여야 한다.

선지분석
② 수공구 크기를 손잡이 크기에 맞추어 설계한다.
③ 힘을 요하는 수공구의 손잡이는 직경 25~40mm 이하로 한다.
④ 정밀작업용 수공구의 손잡이는 직경 7.5~15mm 이하로 한다.

정답 ①

29 인간-기계시스템에서 기계와 비교한 인간의 장점으로 볼 수 없는 것은? (단, 인공지능과 관련된 사항은 제외한다.)

① 완전히 새로운 해결책을 찾아낸다.
② 여러 개의 프로그램된 활동을 동시에 수행한다.
③ 다양한 경험을 토대로 하여 의사결정을 한다.
④ 상황에 따라 변화하는 복잡한 자극형태를 식별한다.

해설 여러 개의 프로그램된 활동을 동시에 수행하는 것은 인간-기계시스템에서 인간과 비교한 기계의 장점에 해당한다.

관련이론 인간-기계시스템 비교
1. 인간-기계시스템에서 기계와 비교한 인간의 장점
   - 문제해결에 있어서 독창력을 발휘하는 기능(완전히 새로운 해결책을 찾아내는 기능)
   - 다양한 경험을 토대로 의사결정, 상황적인 요구에 따라 적응적인 결정, 비상사태시 임기응변 기능
   - 복잡 다양한 자극의 형태를 식별하는 기능
   - 예기치 못한 사건들을 감지하는 기능
   - 원칙을 적용하여 다양한 문제를 해결하는 기능
   - 저에너지의 자극을 감지하는 기능
   - 다량의 정보를 장시간 기억하고 필요시 내용을 회상하는 기능
   - 주관적으로 추산하고 평가하는 기능
   - 관찰을 통해서 일반화하여 귀납적으로 추리하는 기능
   - 어떤 유용방법이 실패할 경우 다른 방법을 선택하는 기능(융통성)
   - 과부하(Overload)상태에서는 중요한 일에만 전념하는 기능
2. 인간-기계시스템에서 인간과 비교한 기계의 장점
   - 반복작업 및 동시에 여러가지 작업을 수행할 수 있는 기능
   - 암호화된 정보를 신속하게 대량 보관
   - 인간 및 기계에 대한 모니터(Monitor) 기능
   - 장시간 중량작업을 할 수 있는 기능
   - 명시된 프로그램에 따라 정량적인 정보처리
   - 연역적으로 추정하는 기능
   - 과부하시에도 효율적으로 작동하는 기능
   - 인간의 정상적인 감지범위 밖에 있는 자극을 감지하는 기능
   - 주위가 소란하여도 효율적으로 작동하는 기능
   - 사전에 명시된 사상(Event), 특히 드물게 발생하는 사상을 감지하는 기능

정답 ②

30 인터페이스설계시 고려해야 하는 인간과 기계와의 조화성에 해당하지 않는 것은?

① 지적 조화성 ② 신체적 조화성
③ 감성적 조화성 ④ 심미적 조화성

해설 인터페이스(Interface: 계면)설계시 고려해야 하는 인간과 기계와의 조화성에는 지적, 신체적, 감성적 조화성이 있으며, 심미적 조화성은 해당하지 않는다.

관련이론 인터페이스(Interface: 계면)의 종류
- 작업공간
- 표시장치
- 조종장치
- 제어장치
- 전송장치

정답 ④

31 반복되는 사건이 많이 있는 경우, FTA의 최소 컷셋과 관련이 없는 것은?

① Fussel Algorithm
② Boolean Algorithm
③ Monte Carlo Algorithm
④ Limnios & Ziani Algorithm

해설 Monte Carlo Algorithm은 시뮬레이션 테크닉의 일종으로 구하고자 하는 수치의 확률적 분포를 반복 가능한 실험의 통계로부터 구하는 방법으로 FTA의 최소 컷셋을 구하는 알고리즘과는 관계가 없다.

관련이론 반복되는 사건이 많은 경우 FTA의 최소컷셋을 구하는 알고리즘(Algorithm)
- Fussel Algorithm
- Boolean Algorithm
- Limnios & Ziani Algorithm
- Mocus Algorithm

정답 ③

32 설비보전관리에서 설비이력카드, MTBF분석표, 고장원인대책표와 관련이 깊은 관리는?

① 보전기록관리 ② 보전자재관리
③ 보전작업관리 ④ 예방보전관리

해설 설비보전관리에서 설비이력카드, MTBF분석표, 고장원인대책표와 관련이 깊은 것은 보전기록관리이다.

정답 ①

33 공간배치의 원칙에 해당하지 않는 것은?

① 중요성의 원칙 ② 다양성의 원칙
③ 사용빈도의 원칙 ④ 기능별 배치의 원칙

해설 다양성의 원칙은 공간배치의 원칙에 해당하지 않는다.

관련이론 **공간배치(부품배치)의 원칙**
- 중요성의 원칙
- 기능별 배치의 원칙
- 사용빈도의 원칙
- 사용순서의 원칙

정답 ②

34 화학공장(석유화학사업장 등)에서 가동문제를 파악하는 데 널리 사용되며, 위험요소를 예측하고, 새로운 공정에 대한 가동문제를 예측하는데 사용되는 위험성 평가방법은?

① SHA ② EVP
③ CCFA ④ HAZOP

해설 화학공장에서 가동문제를 파악하는 데 널리 사용되며, 위험요소를 예측하고, 새로운 공정에 대한 가동문제를 예측하는 데 사용되는 위험성평가방법은 HAZOP (Hazard and Operability)이다.

관련이론 **HAZOP**
1. HAZOP의 전제조건
   - 두 개 이상의 기기고장이나 사고는 일어나지 않는 것으로 간주한다.
   - 조작자는 위험상황이 일어났을 때 그것을 인식할 수 있고, 충분한 시간이 있는 경우 필요한 조치사항을 취하는 것으로 간주한다.
   - 장치 자체는 설계 및 제작사양에 맞게 제작된 것으로 간주한다.
   - 이상발생시 안전장치는 작동하는 것으로 간주한다.
2. 위험 및 운전성 분석(HAZOP)의 유인어(Guide Words)
   - MORE LESS: 양의 증가 또는 감소
   - OTHER THAN: 완전한 대체의 필요
   - AS WELL AS: 성질상의 증가
   - PART OF: 성질상의 감소
   - NO 또는 NOT: 설계의도의 완전한 부정
   - REVERSE: 설계의도와 논리적인 역

정답 ④

35 다음은 1/100초 동안 발생한 3개의 음파를 나타낸 것이다. 음의 세기가 가장 큰 것과 가장 높은 음은?

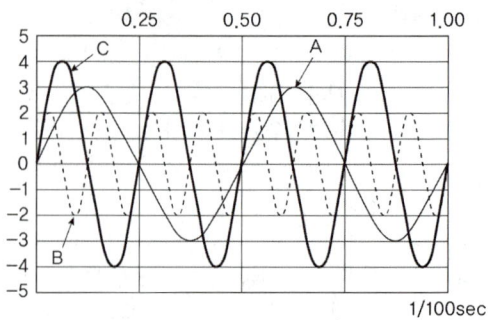

① 가장 큰 음의 세기: A, 가장 높은 음: B
② 가장 큰 음의 세기: C, 가장 높은 음: B
③ 가장 큰 음의 세기: C, 가장 높은 음: A
④ 가장 큰 음의 세기: B, 가장 높은 음: C

해설
- 가장 큰 음(음의 강도가 가장 센 음)의 세기는 진폭이 가장 높은 C이다.
- 가장 높은 음은 파형의 주기가 가장 짧은 B이다.

정답 ②

36 글자의 설계요소 중 검은 바탕에 쓰여진 흰 글자가 번져 보이는 현상과 가장 관련 있는 것은?

① 획폭비 ② 글자체
③ 종이 크기 ④ 글자 두께

해설 글자의 설계요소 중 검은 바탕에 쓰여진 흰 글자가 번져 보이는 현상과 관련이 있는 것은 '획폭비'이다.

관련이론 **획폭비(劃幅比)**
- 문자의 높이에 대한 획 굵기의 비를 말한다.
- 문자의 해독성(legibility)에 영향을 미친다.
- 숫자의 경우 최적 해독성을 주는 획폭비는 검은 바탕에 흰 숫자는 1:13.3 정도, 흰 바탕에 검은 숫자는 1:8 정도이다.

정답 ①

37 FTA에 사용되는 기호 중 다음 기호에 해당하는 것은?

① 생략사상　② 부정사상
③ 결함사상　④ 기본사상

해설　그림의 기호는 '기본사상'이다.

> **관련이론** **FTA의 사상기호**

기호	기호의 의미
□	결함사상
○	기본사상
○(점선)	기본사상 (인간의 실수)
⌂	통상사상

정답 ④

38 휴먼에러(human error)의 분류 중 필요한 임무나 절차의 순서착오로 인하여 발생하는 오류는?

① omission error
② sequential error
③ commission error
④ extraneous error

해설　필요한 임무나 절차의 순서 착오로 인하여 발생하는 오류는 sequential error(순서오류)이다.

> **관련이론** **휴먼에러의 심리적(독립행동) 분류(스웨인: Swain)**
> - 생략오류(omission error): 필요한 작업 또는 절차를 수행하지 않음
> - 시간오류(time error): 수행지연 또는 조기수행
> - 실행오류(commission error): 필요한 작업 또는 절차의 불확실한 수행
> - 순서오류(sequential error): 필요한 작업 또는 절차의 순서착오
> - 과잉행동오류(extraneous error): 불필요한 작업 또는 절차를 수행

정답 ②

39 가청주파수 내에서 사람의 귀가 가장 민감하게 반응하는 주파수 대역은?

① 20~20,000Hz　② 50~15,000Hz
③ 100~10,000Hz　④ 500~3,000Hz

해설　가청주파수인 20~20,000Hz 내에서 사람의 귀가 가장 민감하게 반응하는 주파수 대역은 500~3,000Hz이다.

정답 ④

40 작업자가 100개의 부품을 육안검사하여 20개의 불량품을 발견하였다. 실제 불량품이 40개라면 인간에러(human error) 확률은?

① 0.2　② 0.3
③ 0.4　④ 0.5

해설　인간에러(human error) 확률
$= \dfrac{\text{실제불량품} - \text{육안검사불량품}}{\text{전체 부품}}$
$= \dfrac{40-20}{100} = 0.2$

정답 ①

제3과목 기계위험방지기술

41 작업장 내 운반을 주목적으로 하는 구내운반차가 준수해야 할 사항으로 옳지 않은 것은?

① 주행을 제동하거나 정지상태를 유지하기 위하여 유효한 제동장치를 갖출 것
② 경음기를 갖출 것
③ 핸들의 중심에서 차체 바깥측까지의 거리가 65cm 이내일 것
④ 운전자석이 차실내에 있는 것은 좌우에 한 개씩 방향지시기를 갖출 것

해설 핸들의 중심에서 차체 바깥쪽까지의 거리가 65cm 이상이어야 한다.
※ 2021.11.19 개정으로 이 기준은 삭제되었음

관련이론 구내운반차가 준수해야 할 사항(산업안전보건법 안전보건기준)
- 주행을 제동하거나 정지상태를 유지하기 위하여 유효한 제동장치를 갖출 것
- 경음기를 갖출 것
- 운전자석이 차실내에 있는 것은 좌우에 한 개씩 방향지시기를 갖출 것
- 전조등과 후미등을 갖출 것
- 구내운반차가 후진 중에 주변의 근로자 또는 차량계 하역운반기계 등과 충돌할 위험이 있는 경우에는 구내운반차에 후진경보기와 경광등을 갖출 것
※ 산업안전보건법 안전보건기준 → 2024.6.28 개정

정답 ③

42 연삭기를 이용한 작업을 할 경우 연삭숫돌을 교체한 후에는 얼마동안 시험운전을 하여야 하는가?

① 1분 이상   ② 3분 이상
③ 10분 이상 ④ 15분 이상

해설 연삭기를 이용한 작업을 할 경우 연삭숫돌을 교체한 후에는 3분 이상 시험운전을 하고, 해당 기계에 이상이 있는지를 확인하여야 하며, 연삭숫돌을 사용하는 작업의 경우 작업을 시작하기 전에는 1분 이상 시험운전을 하여야 한다.

정답 ②

43 프레스기가 작동 후 작업점까지의 도달시간이 0.2초 걸렸다면 양수기동식 방호장치의 최소 설치거리는?

① 3.2cm   ② 32cm
③ 6.4cm   ④ 64cm

해설 설치거리(cm)
= 160 × 프레스 작동 후 작업점까지의 도달시간(초)
= 160 × 0.2 = 32cm

정답 ②

44 대패기계용 덮개의 시험방법에서 날접촉예방장치인 덮개와 송급테이블면과의 간격기준은 몇 mm 이하이어야 하는가?

① 3   ② 5
③ 8   ④ 12

해설 대패기계용 덮개의 시험방법에서 날접촉예방장치인 덮개와 송급테이블면과의 간격기준은 8mm 이하이어야 한다(대패기계용 덮개의 시험방법: 방호장치 자율안전기준 고용노동부고시).

정답 ③

45 프레스 등의 금형을 부착·해체 또는 조정 작업 중 슬라이드가 갑자기 작동하여 근로자에게 발생할 수 있는 위험을 방지하기 위하여 설치하는 것은?

① 방호 울   ② 안전블록
③ 시건장치 ④ 게이트 가드

해설 프레스 등의 금형을 부착·해체 또는 조정작업 중 슬라이드가 갑자기 작동하여 근로자에게 발생할 수 있는 위험을 방지하기 위하여 설치하는 것은 안전블록(safety block)이다.

정답 ②

46 산업안전보건법령상 프레스를 사용하여 작업을 할 때 작업시작 전 점검 항목에 해당하지 않는 것은?

① 전선 및 접속부 상태
② 클러치 및 브레이크의 기능
③ 프레스의 금형 및 고정볼트 상태
④ 1행정1정지기구·급정지장치 및 비상 정지장치의 기능

해설 전선 및 접속부 상태의 점검은 이동식 방폭구조 전기기계기구 작업시작 전 점검항목에 해당한다.

정답 ①

47 선반작업의 안전사항으로 옳지 않은 것은?

① 베드 위에 공구를 올려놓지 않아야 한다.
② 바이트를 교환할 때는 기계를 정지시키고 한다.
③ 바이트는 끝을 길게 장치한다.
④ 반드시 보안경을 착용한다.

해설 바이트는 끝을 짧게 장치하여야 한다.

관련이론 선반작업의 안전수칙
- 바이트는 끝을 짧게 장치할 것
- 회전부분에 손을 대지 말 것
- 치수를 측정할 때에는 기계를 정지시키고 측정할 것
- 칩(Chip)이나 부스러기를 제거할 때는 반드시 브러시를 사용할 것
- 시동 전에 심압대기 잘죄어저 있는가를 확인할 것
- 기계의 운전중에 백기어(Back Gear)를 넣거나 풀지 말 것
- 보링작업이나 암나사를 깎을 때 구멍 안에 손가락을 넣어 소제하지 말 것
- 기계에 주유 및 청소를 할 때는 반드시 기계를 정지시키고 할 것
- 양센터작업을 할 때는 심압센터에 자주 기름을 주어 열의 발생을 막을 것
- 가늘고 긴 일감을 깎을 때에는 방진구를 사용하여 진동을 막을 것
- 가능한 한 절삭방향을 주축대 쪽으로 할 것
- 일감의 센터구멍과 센터는 반드시 일치시킬 것
- 공작물은 설치가 끝나면 척(Chuck)에서 척 핸들은 곧 제거할 것
- 심압대의 스핀들(Spindle)을 가능하면 짧게 나오도록 설치할 것
- 장갑을 끼고 작업하지 말 것

정답 ③

48 연삭기 숫돌의 파괴원인으로 볼 수 없는 것은?

① 숫돌의 회전속도가 너무 빠를 때
② 숫돌 자체에 균열이 있을 때
③ 숫돌의 정면을 사용할 때
④ 숫돌에 과대한 충격을 주게 되는 때

해설 숫돌의 정면이 아닌 측면을 사용할 때가 숫돌의 파괴원인에 해당한다.

관련이론 연삭숫돌의 파괴원인
- 숫돌의 회전속도가 너무 빠를 때
- 숫돌 자체에 균열이 있을 때
- 숫돌에 과대한 충격을 주게 되는 때
- 숫돌의 측면을 사용하여 작업할 때
- 작업에 부적당한 숫돌을 사용할 때
- 숫돌의 치수가 부적당할 때
- 숫돌반경방향의 온도가 심할 때
- 숫돌의 불균형이나 베어링 마모에 의한 진동이 있을 때
- 플랜지(Flange)가 현저히 작을 때

정답 ③

49 기계설비의 방호는 위험장소에 대한 방호와 위험원에 대한 방호로 분류할 때, 다음 위험원에 대한 방호장치에 해당하는 것은?

① 격리형 방호장치
② 포집형 방호장치
③ 접근거부형 방호장치
④ 위치제한형 방호장치

해설 위험원에 대한 방호장치에 해당하는 것은 포집형 방호장치이다.

관련이론 방호장치의 분류

위험장소에 대한 방호장치	위험원에 대한 방호장치
• 격리형 방호장치 • 위치제한형 방호장치 • 접근반응형 방호장치 • 접근거부형 방호장치	• 포집형 방호장치 • 감지형 방호장치

정답 ②

50 산업용 로봇작업시 안전조치방법으로 옳지 않은 것은?
① 작업 중의 매니플레이터의 속도의 지침에 따라 작업한다.
② 로봇의 조작방법 및 순서의 지침에 따라 작업한다.
③ 작업을 하고 있는 동안 해당 작업 근로자 이외에도 로봇의 기동스위치를 조작할 수 있도록 한다.
④ 2명 이상의 근로자에게 작업을 시킬때는 신호방법의 지침을 정하고 그 지침에 따라 작업한다.

해설 작업을 하고 있는 동안 해당 작업근로자 이외에는 로봇의 기동스위치를 조작할 수 없도록 한다.

 산업용 로봇작업시 안전조치방법(산업안전보건법 안전보건기준)

1. 다음의 사항에 관한 지침을 정하고 그 지침에 따라 작업을 시킬 것
   • 로봇의 조작방법 및 순서
   • 작업 중의 매니퓰레이터의 속도
   • 이상을 발견한 경우의 조치
   • 2명 이상의 근로자에게 작업을 시킬 경우의 신호방법
   • 이상을 발견하여 로봇의 운전을 정지시킨 후 이를 재가동시킬 경우의 조치
   • 그 밖에 로봇의 예기치 못한 작동 또는 오조작에 의한 위험을 방지하기 위하여 필요한 조치
2. 작업에 종사하고 있는 근로자 또는 그 근로자를 감시하는 사람은 이상을 발견하면 즉시 로봇의 운전을 정지시키기 위한 조치를 할 것
3. 작업을 하고 있는 동안 로봇의 기동스위치 등에 작업 중이라는 표시를 하는 등 작업에 종사하고 있는 근로자가 아닌 사람이 그 스위치 등을 조작할 수 없도록 필요한 조치를 할 것

정답 ③

51 크레인작업시 조치사항으로 옳지 않은 것은?
① 인양할 하물은 바닥에서 끌어당기거나 밀어내는 작업을 하지 아니할 것
② 유류드럼이나 가스통 등의 위험물 용기는 보관함에 담아 안전하게 매달아 운반할 것
③ 고정된 물체는 직접 분리, 제거하는 작업을 할 것
④ 근로자의 출입을 통제하여 하물이 작업자의 머리 위로 통과하지 않게 할 것

해설 고정된 물체는 직접 분리, 제거하는 작업을 하지 아니하여야 한다.

 크레인작업시 조치사항(산업안전보건법 안전보건기준)
• 인양할 하물은 바닥에서 끌어당기거나 밀어내는 작업을 하지 아니할 것
• 유류드럼이나 가스통 등의 위험물 용기는 보관함에 담아 안전하게 매달아 운반할 것
• 근로자의 출입을 통제하여 하물이 작업자의 머리 위로 통과하지 않게 할 것
• 고정된 물체는 직접 분리, 제거하는 작업을 하지 아니할 것
• 인양할 하물이 보이지 아니하는 경우에는 어떠한 동작도 하지 아니할 것(신호하는 사람에 의하여 작업을 하는 경우는 제외한다.)

정답 ③

52 롤러기에 사용되는 급정지장치의 종류가 아닌 것은?
① 손조작식   ② 발조작식
③ 무릎조작식   ④ 복부조작식

해설 발조작식 급정지장치는 롤러기에 사용되지 않는다.

 롤러기 급정지장치의 종류

급정지장치 조작부의 종류	설치위치
손조작식	밑면(바닥)에서 1.8m 이내
복부조작식	밑면(바닥)에서 0.8m 이상 1.1m 이내
무릎조작식	밑면(바닥)에서 0.6m 이내(또는 0.4m ~ 0.6m 이내)

정답 ②

53 산업안전보건법령상 양중기에 사용하지 않아야 하는 달기체인의 기준으로 옳지 않은 것은?

① 심하게 변형된 것
② 균열이 있는 것
③ 달기체인의 길이가 달기체인이 제조된 때의 길이 3%를 초과한 것
④ 링의 단면지름이 달기체인이 제조된 때의 해당 링의 지름의 10%를 초과하여 감소한 것

해설 달기체인의 길이가 달기체인이 제조된 때의 길이 5%를 초과한 경우 양중기에 사용할 수 없다.

관련이론 양중기에 사용하지 않아야 하는 달기와이어로프의 기준 (산업안전보건법 안전보건기준)

- 이음매가 있는 것
- 와이어로프의 한꼬임에서 끊어진 소선의 수가 10% 이상인 것
- 지름의 감소가 공칭지름의 7%를 초과하는 것
- 꼬인 것
- 심하게 변형되거나 부식된 것
- 열과 전기충격에 의해 손상된 것

정답 ③

54 개구부에서 회전하는 롤러의 위험점까지 최단거리가 60mm일 때 개구부 간격은?

① 10mm ② 12mm
③ 13mm ④ 15mm

해설 $Y = 6 + 0.15X$
여기서, Y: 개구부 간격(안전간극)(mm)
X: 개구부에서 위험점까지의 거리(mm)
$= 6 + 0.15 \times 60 = 15mm$

정답 ④

55 드릴작업의 안전조치 사항으로 옳지 않은 것은?

① 칩은 와이어 브러시로 제거한다.
② 드릴작업에서는 보안경을 쓰거나 안전덮개를 설치한다.
③ 칩에 의한 자상을 방지하기 위해 면장갑을 착용한다.
④ 바이스 등을 사용하여 작업 중 공작물의 유동을 방지한다.

해설 회전부위에 협착을 방지하기 위해 면장갑을 착용하지 않는다.

관련이론 드릴작업의 안전조치 사항

- 칩은 와이어 브러시로 제거한다.
- 드릴 작업에서는 보안경을 쓰거나 안전덮개를 설치한다.
- 바이스 등을 사용하여 작업 중 공작물의 유동을 방지한다.
- 면장갑을 끼고 작업을 하지 말 것
- 회전 중에 주축과 드릴에 손이나 걸레가 닿아 감겨 돌아가지 않도록 할 것
- 일감은 견고하게 고정시켜야 하며, 손으로 쥐고 구멍을 뚫지 말 것
- 드릴로 구멍을 뚫을 때 끝까지 뚫린 것을 확인하기 위하여 손을 집어 넣지 말 것
- 얇은 판이나 황동 등은 흔들리기 쉬우므로 목재를 밑에 받치고 구멍을 뚫도록 할 것
- 드릴을 끼운 뒤 척 핸들(척 렌치)은 반드시 빼놓을 것
- 구멍을 뚫을 때는 반드시 작은 구멍을 먼저 뚫은 뒤 큰 구멍을 뚫을 것
- 자동이송작업 중 기계를 멈추지 말 것
- 가공 중에 구멍이 관통되면 기계를 멈추고 손으로 돌려서 드릴을 뺄 것
- 고정구를 사용하여 작업시 공작물의 유동을 방지할 것

정답 ③

56 연삭숫돌과 작업받침대, 교반기의 날개, 하우스 등 기계의 회전운동하는 부분과 고정부분 사이에 위험이 형성되는 위험점은?

① 물림점　　　② 끼임점
③ 절단점　　　④ 접선물림점

해설 기계의 고정부와 회전운동 부분이 함께 형성하는 위험점은 끼임점(sheer point)이다.

관련이론 기계의 위험요인

끼임점 (sheer point)	기계의 고정부와 회전운동 부분이 함께 형성하는 위험점 • 연삭숫돌과 작업받침대 사이 • 교반기의 날개와 하우스 • 회전풀리와 베드 사이 • 탈수기 회전체와 몸체 사이 • 반복 동작되는 링크기구
협착점 (squeez point)	왕복운동을 하는 운동부와 고정부 사이에 형성되는 위험점 • 프레스금형 조립 부위 • 프레스브레이크금형 조립 부위 • 전단기 누름판 및 칼날 부위 • 선반 및 평삭기 베드끝 부위
절단점 (cutting point)	운동하는 기계 자체와 회전하는 운동부분 자체와의 위험이 형성되는 점 • 회전대패날 부분 • 목공용 띠톱 부분 • 둥근톱날 부분 • 밀링커터 부분 • 컨베이어의 호퍼 부분 • 평벨트레싱 이음 부분

정답 ②

57 보일러의 연도(굴뚝)에서 버려지는 여열을 이용하여 보일러에 공급되는 급수를 예열하는 부속장치는?

① 과열기　　　② 절탄기
③ 공기예열기　　④ 연소장치

해설 연도(굴뚝)에서 버려지는 여열로 보일러에 공급되는 급수를 예열하여 증발량을 증가시키고 연료소비량을 감소시키기 위한 장치는 절탄기(이코노마이저)이다.

선지분석
① 과열기는 보일러 본체에서 발생되는 증기 중에 함유된 수분을 증발시키고, 재가열하여 과열증기를 만들기 위한 장치이다.
③ 공기예열기는 연도가스의 여열을 이용하여 연소에 쓰이는 공기를 예열하는 장치이다.
④ 연소실 및 연소장치는 연료를 연소시켜 열을 발생시키는 장치이다.

관련이론 급수장치
보일러에 물을 공급하는 급수관, 급수펌프 및 급수밸브 등을 포함하는 장치이다.

정답 ②

58 컨베이어의 안전장치가 아닌 것은?

① 이탈 및 역주행방지장치
② 비상정지장치
③ 덮개 또는 울
④ 비상난간

해설 비상난간은 컨베이어의 안전장치에 해당하지 않는다.

관련이론 컨베이어에 부착해야 할 방호장치
• 비상정지장치　　• 덮개 또는 울
• 건널다리　　　　• 이탈 및 역주행방지장치

정답 ④

59 밀링머신의 작업시 안전수칙에 대한 설명으로 옳지 않은 것은?

① 커터의 교환시는 테이블 위에 목재를 받쳐 놓는다.
② 강력절삭시에는 일감을 바이스에 깊게 물린다.
③ 작업 중 면장갑은 착용하지 않는다.
④ 커터는 가능한 컬럼(column)으로 부터 멀리 설치한다.

해설 커터는 가능한 컬럼(column)으로부터 가까이 설치한다.

관련이론 밀링머신의 작업시 안전수칙
- 커터는 가능한 컬럼으로부터 가까이 설치할 것
- 가공 중에 손으로 가공면을 점검하지 않을 것
- 테이블 위에 공구나 기타 물건 등을 올려 놓지 않을 것
- 칩의 제거는 반드시 브러시를 사용하며, 걸레를 사용하지 않을 것
- 기계를 가동 중에 변속시키지 않을 것
- 일감과 공구는 견고하게 고정하여 작업 중 풀어지는 일이 없도록 할 것
- 주유시 브러시를 이용할 때에는 밀링 커터에 닿지 않도록 할 것
- 사용 전에는 기계·기구를 점검하고 시운전을 할 것
- 밀링커터에 작업복의 소매나 기타 옷자락이 걸려 들어가지 않도록 할 것
- 밀링작업에서 생기는 칩은 가늘고 길기 때문에 비산하여 부상을 입히기 쉬우므로 보안경을 착용할 것
- 제품을 풀어낼 때나 측정할 때는 반드시 운전을 정지시킬 것
- 상하 좌우의 이송장치 핸들은 사용 후 풀어 둘 것
- 밀링커터를 끼울 때는 아버를 깨끗이 닦을 것
- 밀링커터는 걸레 등으로 감싸 쥐고 다룰 것

정답 ④

60 선반의 크기를 표시하는 것으로 옳지 않은 것은?

① 양쪽 센터 사이의 최대거리
② 왕복대 위의 스윙
③ 베드 위의 스윙
④ 주축에 물릴 수 있는 공작물의 최대지름

해설 주축에 물릴 수 있는 공작물의 최대지름이 아닌 최대가공물의 크기가 선반의 크기를 표시하는 것이다.

정답 ④

제4과목 전기 및 화학설비위험방지기술

61 최대안전틈새(MESG)의 특성을 적용한 방폭구조는?

① 내압방폭구조 ② 유입방폭구조
③ 안전증방폭구조 ④ 압력방폭구조

해설 최대안전틈새(MESG)의 특성을 적용한 방폭구조는 내압방폭구조(기호: d)이다.

관련이론 내압방폭구조(flameproof)

1. 정의
   용기내부에서 폭발성 가스 또는 증기가 폭발하였을 때 용기가 그 압력에 견디며 또한 개구부, 접합면 등을 통해서 외부의 폭발성 가스, 증기에 인화되지 않도록 한 전폐구조의 방폭구조이다.

2. 내압방폭구조의 기본적 성능(필요충분 조건)
   - 내부에서 폭발할 경우 화염이 외부로 유출되지 않을 것
   - 내부에서 폭발할 경우 용기가 그 압력에 견딜 것
   - 외함표면온도가 주위의 가연성 가스에 점화되지 않을 것

정답 ①

62 내전압용절연장갑 등급에 따른 최대사용전압의 연결이 옳은 것은?

① 00등급: 직류 750V
② 00등급: 교류 650V
③ 0등급: 직류 1,000V
④ 0등급: 교류 800V

해설 00등급 내전압용·절연장갑의 최대사용전압은 직류 750V이다.

관련이론 내전압용 절연장갑의 등급에 따른 최대사용전압(내전압용 절연장갑의 성능기준: 보호구 안전인증 고용노동부고시)

등급	최대사용전압		색상
	교류(V, 실효값)	직류(V)	
00	500	750	갈색
0	1,000	1,500	빨간색
1	7,500	11,250	흰색
2	17,000	25,500	노란색
3	26,500	39,750	녹색
4	36,000	54,000	등색

정답 ①

63 선간전압이 6.6kV인 충전전로 인근에서 유자격자가 작업하는 경우, 충전전로에 대한 최소접근한계거리(cm)는? (단, 충전부에 절연조치가 되어 있지 않고, 작업자는 절연장갑을 착용하지 않았다.)

① 20　　② 30
③ 50　　④ 60

해설 선간전압이 6.6kV인 충전전로에 대한 최소접근한계거리는 60cm이다.

<u>관련 이론</u> **충전전로의 선간전압에 따른 충전전로에 대한 접근한계거리(산업안전보건법 안전보건기준)**

충전전로의 선간전압(kV)	충전전로에 대한 접근한계거리(cm)
0.3 이하	접촉금지
0.3 초과 0.75 이하	30
0.75 초과 2 이하	45
2 초과 15 이하	60
15 초과 37 이하	90
37 초과 88 이하	110
88 초과 121 이하	130
121 초과 145 이하	150
145 초과 169 이하	170
169 초과 242 이하	230
242 초과 362 이하	380
362 초과 550 이하	550
550 초과 800 이하	790

정답 ④

64 어떤 도체에 20초 동안에 100C의 전하량이 이동하면 이때 흐르는 전류(A)는?

① 200　　② 50
③ 10　　　④ 5

해설 $I = \dfrac{Q}{t}$

여기서, I: 전류(A)
　　　　t: 도체에 흐르는 시간(초)
　　　　Q: 전하량(C)

$= \dfrac{100}{20} = 5A$

정답 ④

65 피뢰기가 반드시 가져야 할 성능으로 옳지 않은 것은?

① 방전개시전압이 높을 것
② 뇌전류 방전능력이 클 것
③ 속류 차단을 확실하게 할 수 있을 것
④ 반복동작이 가능할 것

해설 피뢰기는 <u>방전개시전압이 낮아야 한다.</u>

<u>관련 이론</u> **피뢰기**

1. 피뢰기가 반드시 가져야 할 성능
   - 뇌전류의 방전능력이 클 것
   - 속류의 차단을 확실하게 할 수 있을 것
   - 반복동작이 가능할 것
   - 충격방전개시전압이 낮을 것
   - 제한전압이 낮을 것
   - 구조가 견고하며 특성이 변화하지 않을 것
   - 점검, 보수가 간단할 것
   - 상용주파방전개시전압이 높을 것

2. 피뢰기의 설치장소
   - 가공전선로에 접속되는 배전용 변압기의 고압측 및 특고압측
   - 발전소, 변전소 또는 이에 준하는 장소의 가공전선 인입구 및 인출구
   - 특고압 가공전선로로부터 공급을 받는 수용장소의 인입구
   - 가공전선로와 지중전선로가 접속되는 곳

정답 ①

66 가스 또는 분진폭발위험장소에는 변전실·배전반실·제어실 등을 설치하여서는 아니 된다. 다만, 실내기압이 항상 양압을 유지하도록 하고, 별도의 조치를 한 경우에는 그러하지 않는데 이때 요구되는 조치사항으로 옳지 않은 것은?

① 양압을 유지하기 위한 환기설비의 고장 등으로 양압이 유지되지 아니한 때 경보를 할 수 있는 조치를 한 경우
② 환기설비가 정지된 후 재가동하는 경우 변전실 등에 가스 등이 있는지를 확인할 수 있는 가스검지기 등의 장비를 비치한 경우
③ 환기설비에 의하여 변전실 등에 공급되는 공기는 가스폭발위험장소 또는 분진폭발위험장소가 아닌 곳으로부터 공급되도록 하는 조치를 한 경우
④ 실내기압이 항상 양압 10Pa 이상이 되도록 장치를 한 경우

해설 실내기압이 항상 양압 25Pa 이상이 되도록 장치를 한 경우이어야 한다.

정답 ④

67 절연체에 발생한 정전기는 일정 장소에 축적되었다가 점차 소멸되는데 처음 값의 몇 %로 감소되는 시간을 그 물체의 '시정수' 또는 '완화시간'이라 하는가?

① 25.8 ② 36.8
③ 45.8 ④ 67.8

해설
- 보통 절연체에 발생한 정전기는 일정 장소에 축적되었다가 점차 소멸되는데 이 때 처음값의 36.8%로 감소되는 시간을 완화시간(시정수)이라 한다.
- 일반적으로 완화시간은 영전위 소요시간의 1/4 ~ 1/5정도이다.

관련 이론 영전위 소요시간
- 반대 극성의 전하가 있을 때 액체에 생성된 정전기는 상호 상쇄작용에 의하여 소멸된다.
- 이 때 전하가 완전히 소멸될 때까지의 소요시간을 영전위 소요시간이라 하고 다음과 같은 식으로 나타낸다.

$$T = \frac{18}{전도도}$$

여기서, T: 영전위 소요시간(초)
전도도: 10,000picosiemens/m

정답 ②

68 누전차단기의 선정 및 설치에 대한 설명으로 옳지 않은 것은?

① 차단기를 설치한 전로에 과부하보호장치를 설치하는 경우는 서로 협조가 잘 이루어지도록 한다.
② 정격부동작전류와 정격감도전류와의 차는 가능한 큰 차단기를 선정한다.
③ 감전방지 목적으로 시설하는 누전차단기는 고감도고속형을 선정한다.
④ 전로의 대지정전용량이 크면 차단기가 오동작하는 경우가 있으므로 각 분기회로마다 차단기를 설치한다.

해설 정격부동작전류와 정격감도전류와의 차는 가능한 작은 차단기를 선정한다.

관련 이론 누전차단기의 선정 및 설치방법(감전방지용 누전차단기 설치에 관한 기술지침: 한국산업안전보건공단)
- 차단기를 설치한 전로에 과부하보호장치를 설치하는 경우는 서로 협조가 잘 이루어지도록 한다.
- 정격부동작전류와 정격감도전류와의 차는 가능한 작은 차단기로 선정한다.
- 감전방지 목적으로 시설하는 누전차단기는 고감도고속형을 선정한다.
- 정격부동작전류는 정격감도전류의 50% 이상이어야 하고 이들의 전류 차는 가능한 한 작을 것
- 누전차단기는 배전반이나 분전반 등에 설치하는 것을 원칙으로 할 것(다만, 꽂음접속기형 누전차단기는 콘센트에 연결하거나 부착하여 사용할 수 있다.)
- 전기기기의 금속제 외함, 금속제 외피 등 금속부분은 누전차단기를 접속한 경우에도 접지를 할 것
- 지락보호 전용 누전차단기는 과전류를 차단할 수 있는 퓨즈 또는 차단기 등을 조합하여 설치할 것
- 누전차단기의 영상변류기에 다른 배선이나 접지선이 통과되지 않도록 설치할 것
- 단상용누전차단기는 3상회로에 설치하지 않을 것
- 서로 다른 중성선이 누전차단기 부하측에서 공유되지 않도록 할 것
- 중성선은 누전차단기의 전원측에 접지시키고, 부하측에는 접지되지 않도록 할 것
- 누전차단기의 부하측 단자는 연결되는 전기기기의 부하측 전로에 연결하고, 누전차단기의 전원측 단자는 전원이 공급되는 인입측 전로에 연결할 것
- 누전차단기는 설치전에 반드시 개로시키고 설치 후에 폐로시켜 작동시킬 것
- 누전차단기의 설치가 완료되면 회로와 대지간의 전열저항을 측정할 것
- 누전차단기는 분기회로 또는 전기기기마다 설치하는 것을 원칙으로 할 것

정답 ②

69 정전기 발생량과 관련된 내용으로 옳지 않은 것은?

① 분리속도가 빠를수록 정전기 발생량이 많아진다.
② 두물질간의 대전서열이 가까울수록 정전기 발생량이 많아진다.
③ 접촉면적이 넓을수록, 접촉압력이 증가할수록 정전기 발생량이 많아진다.
④ 물질의 표면이 수분이나 기름 등에 오염되어 있으면 정전기 발생량이 많아진다.

해설 두물질간의 대전서열이 멀수록 정전기 발생량이 많아진다.

관련이론 정전기

1. 정전기의 발생량
   - 분리속도가 빠를수록 발생량이 많아진다.
   - 접촉면적이 넓을수록, 접촉압력이 증가할수록 발생량이 많아진다.
   - 물질의 표면이 수분이나 기름 등에 오염되어 있으면 발생량이 많아진다.
   - 두 물질간 대전서열이 멀수록 발생량이 많아진다.
   - 정전기의 발생량은 처음 접촉, 분리할 때 최대로 되고, 접촉, 분리가 반복됨에 따라 발생량은 감소한다.

2. 정전기의 발생요인
   - 물체의 특성
   - 분리속도
   - 물체의 분리력
   - 접촉면적 및 압력
   - 물체의 표면상태

정답 ②

70 전기설비 등에는 누전에 의한 감전의 위험을 방지하기 위하여 전기기계·기구에 접지를 실시하도록 하고 있다. 전기기계·기구의 접지에 대한 설명으로 옳지 않은 것은?

① 특별고압의 전기를 취급하는 변전소·개폐소 그 밖에 이와 유사한 장소에서는 지락(地絡)사고가 발생할 경우 접지극의 전위상승에 의한 감전위험을 감소시키기 위한 조치를 하여야 한다.
② 코드 및 플러그를 접속하여 사용하는 전압이 대지전압 110V를 넘는 전기기계·기구가 노출된 비충전금속체에는 접지를 반드시 실시하여야 한다.
③ 접지설비에 대하여는 상시 적정상태 유지여부를 점검하고 이상을 발견한 때에는 즉시 보수하거나 재설치하여야 한다.
④ 전기기계·기구의 금속제 외함·금속제 외피 및 철대에는 접지를 실시하여야 한다.

해설 코드 및 플러그를 접속하여 사용하는 전압이 대지전압 150V를 넘는 전기기계·기구가 노출된 비충전금속체에는 접지를 반드시 실시한다.

관련이론 전기기계·기구의 접지에 관한 사항(산업안전보건법 안전보건기준)

㉠ 특별고압의 전기를 취급하는 변전소·개폐소 그밖에 이와 유사한 장소에서는 지락(地絡)사고가 발생할 경우 접지극의 전위상승에 의한 감전위험을 감소시키기 위한 조치를 하여야 한다.
㉡ 접지설비에 대하여는 상시 적정상태 유지여부를 점검하고 이상을 발견한 때에는 즉시 보수하거나 재설치하여야 한다.
㉢ 전기기계·기구의 금속제 외함·금속제 외피 및 철대에는 접지를 실시하여야 한다.
㉣ 코드 및 플러그를 접속하여 사용하는 전압이 대지전압 150V를 넘는 전기기계·기구가 노출된 비충전금속체에는 접지를 반드시 실시하여야 한다.
㉤ 고정 설치되거나 고정배선에 접속된 전기기계·기구의 노출된 비충전금속체 중 충전될 우려가 있는 다음의 어느 하나에 해당하는 비충전금속체 중 접지를 하여야 하는 대상
   - 지면이나 접지된 금속체로부터 수직거리 2.4m, 수평거리 1.5m 이내인 것
   - 물기 또는 습기가 있는 장소에 설치되어 있는 것
   - 금속으로 되어 있는 기기접지용 전선의 피복·외장 또는 배선관 등
   - 사용전압이 대지전압 150V를 넘는 것
㉥ 전기를 사용하지 아니하는 설비 중 다음의 어느 하나에 해당하는 금속체 중 접지를 하여야 하는 대상
   - 전동식 양중기의 프레임과 궤도
   - 전선이 붙어 있는 비전동식 양중기의 프레임
   - 고압 이상의 전기를 사용하는 전기기계·기구 주변의 금속제 칸막이·망 및 이와 유사한 장치
㉦ 코드와 플러그를 접속하여 사용하는 전기기계·기구 중 다음의 어느 하나에 해당하는 노출된 비충전금속체 중 접지를 하여야 하는 대상
   - 사용전압이 대지전압 150V를 넘는 것
   - 냉장고, 세탁기, 컴퓨터 및 주변기기 등과 같은 고정형 전기기계·기구
   - 고정형, 이동형 또는 휴대형 전동기계·기구
   - 물 또는 도전성이 높은 곳에서 사용하는 전기기계·기구, 비접지용 콘센트
   - 휴대형 손전등
㉧ 수중펌프를 금속제 물탱크 등의 내부에 설치하여 사용하는 경우 그 탱크

정답 ②

71 다음 가스 중 공기 중에서 폭발범위가 넓은 순서로 옳은 것은?

① 아세틸렌 > 프로판 > 수소 > 일산화탄소
② 수소 > 아세틸렌 > 프로판 > 일산화탄소
③ 아세틸렌 > 수소 > 일산화탄소 > 프로판
④ 수소 > 프로판 > 일산화탄소 > 아세틸렌

해설 가연성 가스의 폭발범위를 넓은 순서로 나열하면 다음과 같다.
아세틸렌(2.5%~81%) > 수소(4%~75%) > 일산화탄소(12.5%~74%) > 프로판(2.1%~9.5%)

정답 ③

72 산업안전보건법상 물질안전보건자료 작성시 포함되어야 하는 항목이 아닌 것은? (단, 참고사항은 제외한다.)

① 화학제품과 회사에 관한 정보
② 제조일자 및 유효기간
③ 운송에 필요한 정보
④ 환경에 미치는 영향

해설 제조일자 및 유효기간은 산업안전보건법상 물질안전보건자료 작성시 포함되어야 하는 항목에 해당하지 않는다.

관련이론 산업안전보건법상 물질안전보건자료 작성시 포함되어야 하는 항목
- 화학제품과 회사에 관한 정보
- 운송에 필요한 정보
- 환경에 미치는 영향
- 유해성·위험성
- 구성성분의 명칭 및 함유량
- 취급 및 저장방법
- 물리화학적 특성
- 독성에 관한 정보
- 폭발·화재시 대처방법
- 응급조치요령
- 누출사고시 대처방법
- 노출방지 및 개인보호구
- 안정성 및 반응성
- 폐기시 주의사항
- 법적 규제 현황
- 그 밖의 참고사항

정답 ②

73 물반응성 물질에 해당하는 것은?

① 니트로화합물 ② 칼륨
③ 염소산나트륨 ④ 부탄

해설 물반응성 물질 및 인화성고체에 해당하는 것은 칼륨이다.

선지분석
① 니트로화합물은 폭발성물질 및 유기과산화물에 해당한다.
③ 염소산나트륨은 산화성액체 및 산화성고체에 해당한다.
④ 부탄은 인화성 가스에 해당한다.

정답 ②

74 위험물을 건조하는 경우 내용적이 몇 m³ 이상인 건조설비일 때 위험물 건조설비 중 건조실을 설치하는 건축물의 구조를 독립된 단층으로 해야 하는가? (단, 건축물은 내화구조가 아니며, 건조실을 건축물의 최상층에 설치한 경우가 아니다.)

① 0.1 ② 1
③ 10   ④ 100

해설 위험물 또는 위험물이 발생하는 물질을 가열·건조하는 경우 내용적이 1m³ 이상인 건조설비의 경우, 건조실을 설치하는 건축물의 구조를 독립된 단층건물로 하여야 한다.

관련이론 위험물 건조설비 중 건조실을 설치하는 건축물의 구조를 독립된 단층건물로 하여야 하는 경우(산업안전보건법 안전보건기준)

㉠ 위험물 또는 위험물이 발생하는 물질을 가열·건조하는 경우 내용적이 1m³ 이상인 건조설비
㉡ 위험물이 아닌 물질을 가열·건조하는 경우로서 다음의 어느 하나의 용량에 해당하는 건조설비
  - 고체 또는 액체연료의 최대사용량이 시간당 10kg 이상
  - 기체연료의 최대사용량이 시간당 1m³ 이상
  - 전기사용 정격용량이 10kw 이상

정답 ②

75 다음 중 반응기의 운전을 중지할 때 필요한 주의사항으로 가장 옳지 않은 것은?

① 급격한 유량 변화를 피한다.
② 가연성 물질이 새거나 흘러나올 때의 대책을 사전에 세운다.
③ 급격한 압력변화 또는 온도변화를 피한다.
④ 80~90℃의 염산으로 세정을 하면서 수소가스로 잔류가스를 제거한 후 잔류물을 처리한다.

해설 불활성 가스에 의하여 잔류가스를 제거하고 물로 잔류물을 제거하여야 한다.

 반응기

1. **반응기의 운전을 중지할 때 필요한 주의사항**
   - 급격한 유량변화를 피한다.
   - 급격한 압력변화 또는 온도변화를 피한다.
   - 가연성 물질이 새거나 흘러나올 때의 대책을 사전에 세운다.
   - 불활성 가스에 의하여 잔류가스를 제거하고 물로 잔류물을 제거한다.
   - 개방을 하는 경우에는 우선 최고 윗부분과 아랫부분의 뚜껑을 열어 자연통풍 냉각을 실시한다.

2. **반응기의 유해·위험요인(Hazard)으로 화학반응이 있을 때 특히 유의해야 할 사항**
   - 과압
   - 반응폭주

3. **반응기가 이상과열인 경우 반응폭주를 방지하기 위하여 작동하는 장치**
   - 고온경보장치
   - 긴급차단장치
   - 자동 셧다운(shutdown)장치

정답 ④

76 어떤 물질내에서 반응전파속도가 음속보다 빠르게 진행되며 이로 인해 발생된 충격파가 반응을 일으키고 유지하는 발열반응은?

① 점화(Ignition)   ② 폭연(Deflagration)
③ 폭발(Explosion) ④ 폭굉(Detonation)

해설 어떤 물질내에서 반응전파속도가 음속보다 빠르기 진행되고 이로 인해 발생된 충격파가 반응을 일으키고 유지하는 발열반응은 폭굉(Detonation)이다.

 폭굉

1. **폭굉파(Detonation Wave)**
   - 1,000~3,500m/s 정도의 연소속도를 가진 것으로 매우 큰 폭발음이 나며, 파괴력이 대단한 경우이다.
   - 전파속도는 음속보다 빠르기 때문에 그 진행 전면에 충격파(Shock Wave)가 형성되어 파괴작용이 일어난다.
   - 폭발충격파가 미반응 매질속으로 음속보다 큰 속도로 이동하는 것이다.

2. **폭굉유도거리(DID: Detonation Inducement Distance)**
   ㉠ 완만한 연소가 폭굉으로 발전할 때까지의 거리를 말한다.
   ㉡ 폭굉유도거리가 짧아지는 조건
   - 점화원의 에너지가 강할수록 폭굉유도거리가 짧아진다.
   - 정상 연소속도가 큰 혼합가스일 경우 폭굉유도거리가 짧아진다.
   - 압력이 높을수록 폭굉유도거리가 짧아진다.
   - 관속에 방해물이 있거나 관지름이 작을수록 폭굉유도거리가 짧아진다.

정답 ④

77 A가스의 폭발하한계가 4.1vol%, 폭발상한계가 62vol%일 때 이 가스의 위험도(H)는?

① 8.94　　② 12.75
③ 14.12　　④ 16.12

해설　$H = \dfrac{U-L}{L}$

여기서, H: 위험도
L: 폭발하한계값
U: 폭발상한계값

$= \dfrac{62-4.1}{4.1} = 14.1219 \fallingdotseq 14.12$

정답 ③

78 사업장에서 유해·위험물질의 일반적인 보관방법으로 적합하지 않는 것은?

① 질소와 격리하여 저장
② 서늘한 장소에 저장
③ 부식성이 없는 용기에 저장
④ 차광막이 있는 곳에 저장

해설　질소(불연성가스)와 병행하여 저장하여야 한다.

관련이론　유해·위험물질의 보관

1. 유해·위험물질의 일반적인 보관방법
   - 서늘한 장소에 저장
   - 부식성이 없는 용기에 저장
   - 차광막이 있는 곳에 저장
   - 질소와 병행하여 저장
   - 통풍이 잘되는 장소에 저장

2. 위험물질의 저장방법
   - 이황화탄소(CS_2), 황린(P_4): 물속에 저장
   - 칼슘(K), 나트륨(Na): 석유속에 저장
   - 마그네슘(Mg), 적린(P_2): 격리하여 저장
   - 탄화칼슘(CaC_2: 카바이트): 밀폐된 용기에 저장
   - 질산은($AgNO_3$): 햇빛을 피하여 저장하고 물기와의 접촉금지

정답 ①

79 다음 중 분진폭발의 가능성이 가장 낮은 물질은?

① 소맥분　　② 마그네슘분
③ 질석가루　④ 석탄가루

해설　분진폭발이 일어나지 않는(가능성이 낮은) 물질(불연성 물질)에는 질석가루, 대리석가루, 생석회, 가성소다, 시멘트가루가 있다.

관련이론　분진

1. 가연성 분진

전도성 분진	비전도성 분진	
• 코크스	• 소맥분	• 쌀겨
• 아연	• 고무	• 유황
• 카본블랙	• 염료	• 코코아
• 석탄	• 폴리에틸렌	• 리그닌
• 철	• 페놀수지	

2. 폭연성 분진
   - 마그네슘분　　• 알루미늄수지
   - 알루미늄분　　• 알루미늄브론즈

정답 ③

80 산업안전보건기준에 관한 규칙에서 규정하는 급성독성 물질의 기준으로 옳지 않은 것은?

① 쥐에 대한 경구투입실험에 의하여 실험동물의 50%를 사망시킬 수 있는 물질의 양이 kg당 300mg – (체중) 이하인 화학물질
② 쥐에 대한 경피흡수실험에 의하여 실험동물의 50%를 사망시킬 수 있는 물질의 양이 kg당 1,000mg – (체중) 이하인 화학물질
③ 토끼에 대한 경피흡수실험에 의하여 실험동물의 50%를 사망시킬 수 있는 물질의 양이 kg당 1,000mg – (체중) 이하인 화학물질
④ 쥐에 대한 4시간 동안의 흡입실험에 의하여 실험동물의 50%를 사망시킬 수 있는 가스의 농도가 3,000ppm 이상인 화학물질

해설　쥐에 대한 4시간 동안의 흡입실험에 의하여 실험동물의 50%를 사망시킬 수 있는 가스의 농도가 2,500ppm 이하인 화학물질이 급성독성 물질의 기준이 된다.

정답 ④

제5과목 건설안전기술

81 건설현장에서 계단을 설치하는 경우 계단의 높이가 최소 몇 미터 이상일 때 계단의 개방된 측면에 안전난간을 설치하여야 하는가?

① 0.8m ② 1.0m
③ 1.2m ④ 1.5m

해설 건설현장에서 계단을 설치하는 경우 높이 1m 이상인 계단의 개방된 측면에 안전난간을 설치하여야 한다.

관련이론 건설현장에서 계단을 설치하는 경우 안전조치 사항(산업안전보건법 안전보건기준)
- 높이 1m 이상인 계단의 개방된 측면에 안전난간을 설치하여야 한다.
- 계단을 설치하는 경우 바닥면으로부터 높이 2m 이내의 공간에 장애물이 없도록 하여야 한다.
- 높이가 3m를 초과하는 계단에 높이 3m 이내마다 진행방향으로 길이 1.2m 이상의 계단참을 설치하여야 한다.
- 계단을 설치하는 경우 그 폭을 1m 이상으로 하여야 한다.
- 계단 및 계단참을 설치하는 경우 500kg/m² 이상의 하중에 견딜 수 있는 강도를 가진 구조로 설치하여야 하며, 안전율은 4 이상으로 하여야 한다.

정답 ②

82 산업안전보건관리비 중 안전시설비의 항목에서 사용할 수 있는 항목에 해당하는 것은?

① 외부인 출입금지, 공사장 경계표시를 위한 가설울타리
② 작업발판
③ 절토부 및 성토부 등의 토사유실 방지를 위한 설비
④ 사다리전도방지장치

해설 사다리전도방지장치는 산업안전보건관리비 중 안전시설비의 항목에서 사용할 수 있는 항목에 해당한다(고용노동부고시).

관련이론
1. 산업안전보건관리비중 안전시설비의 항목에서 사용할 수 있는 항목(고용노동부고시)
   - 비계, 통로, 계단에 추가 설치하는 추락방지용 안전난간
   - 사다리전도방지장치
   - 틀비계에 별도로 설치하는 안전난간, 사다리
   - 통로의 낙하물방호선반
   - 근로자의 재해예방을 위한 목적으로만 사용하는 CCTV에 소요되는 비용
   - 기성제품에 부착된 안전장치 고장시 수리 및 교체 비용
   - 동일 시공업체 소속의 타 현장에서 사용한 안전시설물을 전용하여 사용할 때의 운반비

2. 산업안전보건관리비 중 안전시설비의 항목에서 사용할 수 없는 항목(고용노동부고시)
   - 외부인 출입금지, 공사장 경계표시를 위한 가설울타리
   - 각종 비계, 작업발판, 가설계단·통로, 사다리 등
   - 절토부 및 성토부 등의 토사유실 방지를 위한 설비
   - 작업장간 상호연락, 작업상황 파악 등 통신수단으로 활용되는 통신시설·설비
   - 공사목적물의 품질확보 또는 건설장비 자체의 운행 감시, 공사진척상황 확인 등의 목적을 가진 CCTV 등 감시용 장비
   - 건설현장 소음방지를 위한 방음시설, 분진망 등 먼지·분진비산방지시설 등
   - 도로 확·포장공사, 관로공사, 도심지공사 등에서 공사차량 외의 차량유도, 안내·주의·경고 등을 목적으로 하는 교통안전시설물(공사안내·경고표지판, 차량유도등·점멸등, 라바콘, 현장경계 펜스, PE드럼 등)
   - 기계·기구 등과 일체형 안전장치의 구입비용
   - 기성제품에 부착된 안전장치(톱날과 일체식으로 제작된 목재가공용 둥근톱의 톱날접촉예방장치, 플러그와 접지시설이 일체식으로 제작된 접지형플러그 등)
   - 공사수행용 시설과 일체형인 안전시설
   - 동일 시공업체 소속의 타 현장에서 사용한 안전시설물을 전용하여 사용할 때의 자재비

※ 산업안전보건법관리비 사용가능내역 고용노동부고시 → 2022.6.2. 개정·삭제되었으므로 학습 불필요

정답 ④

83 포화도 80%, 함수비 28%, 흙입자의 비중 2.7일 때 공극비는?

① 0.940
② 0.945
③ 0.950
④ 0.955

해설 공극비 = $\dfrac{함수비}{포화도} \times 흙입자의\ 비중$

= $\dfrac{28}{80} \times 2.7 = 0.945$

정답 ②

84 다음 터널공법 중 전단면 기계굴착에 의한 공법에 속하는 것은?

① ASSM(American Steel Supported Method)
② NATM(New Austrian Tunneling Method)
③ TBM(Tunnel Boring Machine)
④ 개착식 공법

해설 터널공법 중 절단면 기계굴착에 의한 공법에 속하는 것은 TBM으로, 이는 터널굴착기를 사용하여 암반을 절삭하여 굴착하는 기계식 굴착공법이다.

정답 ③

85 부두 등의 하역작업상에서 부두 또는 안벽의 선을 따라 설치하는 통로의 최소 폭 기준은?

① 30cm 이상
② 50cm 이상
③ 70cm 이상
④ 90cm 이상

해설 부두 또는 안벽의 선을 따라 통로를 설치하는 때에는 폭을 90cm 이상으로 하여야 한다.

관련이론 부두·안벽 등 하역작업을 하는 장소 안전조치 사항(산업안전보건법 안전보건기준)

- 부두 또는 안벽의 선을 따라 통로를 설치하는 때에는 폭을 90cm 이상으로 할 것
- 작업장 및 통로의 위험한 부분에는 안전하게 작업할 수 있는 조명을 유지할 것
- 육상에서의 통로 및 작업장소로서 다리 또는 선거갑문을 넘는 보도 등의 위험한 부분에는 적당한 울타리 등을 설치할 것

정답 ④

86 크레인 운전실을 통하는 통로의 끝과 건설물 등의 벽체와의 간격은 최대 얼마 이하로 하여야 하는가?

① 0.3m
② 0.4m
③ 0.5m
④ 0.6m

해설 크레인의 운전실 또는 운전대를 통하는 통로의 끝과 건설물 등의 벽체의 간격은 0.3m 이하로 하여야 한다.

관련이론 건설물 등의 간격(폭)(산업안전보건법 안전보건기준)

1. 건설물 등의 벽체와 통로와의 간격
   다음 사항에 규정된 간격을 0.3m 이하로 해야 한다.
   - 크레인의 운전실 또는 운전대를 통하는 통로의 끝과 건설물 등의 벽체의 간격
   - 크레인거더의 통로의 끝과 크레인거더의 간격
   - 크레인거더의 통로로 통하는 통로의 끝과 건설물 등의 벽체의 간격

2. 건설물 등과의 사이 통로
   주행 크레인 또는 선회크레인과 건설물 또는 설비와의 사이에 통로를 설치하는 경우 그 폭을 0.6m 이상으로 해야 한다. 다만, 그 통로 중 건설물의 기둥에 접촉하는 부분은 0.4m 이상으로 할 수 있다.

정답 ①

87 가설통로 설치시 경사가 몇 도를 초과하면 미끄러지지 않는 구조로 설치하여야 하는가?

① 15°
② 20°
③ 25°
④ 30°

해설 경사가 15°를 초과하는 경우에는 미끄러지지 아니하는 구조로 하여야 한다.

관련이론 가설통로의 구조(산업안전보건법 안전보건기준)

- 경사가 15°를 초과하는 경우에는 미끄러지지 아니하는 구조로 할 것
- 견고한 구조로 할 것
- 경사는 30° 이하로 할 것(다만, 계단을 설치하거나 높이 2m 미만의 가설통로로서 튼튼한 손잡이를 설치한 경우에는 그러하지 아니하다)
- 추락할 위험이 있는 장소에는 안전난간을 설치할 것
- 수직갱에 가설된 통로의 길이가 15m 이상인 경우에는 10m 이내마다 계단참을 설치할 것
- 건설공사에 사용하는 높이 8m 이상인 비계다리에는 7m 이내마다 계단참을 설치할 것

정답 ①

88 옹벽축조를 위한 굴착작업에 대한 설명으로 옳지 않은 것은?

① 수평방향으로 연속적으로 시공한다.
② 하나의 구간을 굴착하면 방치하지 말고 기초 및 본체구조물 축조를 마무리 한다.
③ 절취경사면에 전석, 낙석의 우려가 있고 혹은 장기간 방치할 경우에는 숏크리트, 볼트, 캔버스 및 모르타르 등으로 방호한다.
④ 작업위치 좌우에 만일의 경우에 대비한 대피통로를 확보하여 둔다.

해설 수평방향의 연속시공을 금하며, 블록으로 나누어 단위시공 단면적을 최소화하여 분단시공을 한다.

정답 ①

89 이동식 비계작업시 주의사항으로 옳지 않은 것은?

① 비계의 최상부에서 작업을 하는 경우에는 안전난간을 설치한다.
② 이동시 작업지휘자가 이동식 비계에 탑승하여 이동하며 안전여부를 확인하여야 한다.
③ 비계를 이동시키고자 할 때는 바닥의 구멍이나 머리 위의 장애물을 사전에 점검한다.
④ 작업발판은 항상 수평을 유지하고 작업발판 위에서 안전난간을 딛고 작업을 하거나 받침대 또는 사다리를 사용하여 작업하지 않도록 한다.

해설 이동시 작업지휘자나 근로자가 이동식 비계에 탑승하지 않아야 한다.

관련이론 이동식 비계작업시 주의사항(산업안전보건법 안전보건기준)
- 작업발판의 최대적재하중은 250kg을 초과하지 않도록 할 것
- 비계의 최상부에서 작업을 하는 경우에는 안전난간을 설치할 것
- 비계를 이동시키고자 할 때는 바닥의 구멍이나 머리 위의 장애물을 사전에 점검할 것
- 작업발판은 항상 수평을 유지하고 작업발판 위에서 안전난간을 딛고 작업을 하거나 받침대 또는 사다리를 사용하여 작업하지 않도록 할 것
- 이동식 비계의 바퀴에는 뜻밖의 갑작스러운 이동 또는 전도를 방지하기 위하여 브레이크, 쐐기 등으로 바퀴를 고정시킨 다음 비계의 일부를 견고한 시설물에 고정하거나 아웃트리거(outrigger, 전도방지용 지지대)를 설치하는 등 필요한 조치를 할 것

정답 ②

90 가설구조물의 특징이 아닌 것은?

① 연결재가 적은 구조로 되기 쉽다.
② 부재결합이 불완전 할 수 있다.
③ 영구적인 구조설계의 개념이 확실하게 적용된다.
④ 단면에 결함이 있기 쉽다.

해설 조립도의 정밀도가 낮고 구조물이라는 통상의 개념이 확실하지가 않으며, 영구적인 구조설계의 개념이 확실하게 적용되지는 않는다.

관련이론 가설구조물
1. 가설구조물의 특징
   - 연결재가 적은 구조로 되기 쉽다.
   - 부재겹합이 간단하고 불완전 할 수가 있다.
   - 사용부재는 과소단면이거나 결함재가 되기 쉽다.
   - 조립도의 정밀도가 낮고 구조물이라는통상의 개념이 확실하지가 않다.
   - 구조상의 결함이 있는 경우 중대재해로 이어질 수 있다.
2. 가설구조물의 문제점
   - 구조상의 문제점이 있다.
   - 도괴(무너짐)재해 발생의 원인이 된다.
   - 추락 및 낙하비래재해 발생의 원인이 된다.

정답 ③

91 건설현장에서 사용하는 공구 중 토공용이 아닌 것은?

① 착암기   ② 포장파괴기
③ 연마기   ④ 점토굴착기

해설 연마기는 건설현장에서 사용하는 공구 중 토공용 기계에 해당하지 않는다.

정답 ③

92 물체가 떨어지거나 날아올 위험 또는 근로자가 추락할 위험이 있는 작업시 착용하여야 할 보호구는?
① 보안경 ② 안전모
③ 방열복 ④ 방한복

해설 물체가 떨어지거나 날아올 위험 또는 근로자가 추락할 위험이 있는 작업시 착용하여야 할 보호구는 안전모이다.

 보호구의 지급(산업안전보건법 안전보건기준)
• 높이 또는 깊이 2m 이상의 추락할 위험이 있는 장소에서 하는 작업: 안전대
• 물체의 낙하·충격, 물체에의 끼임, 감전 또는 정전기의 대전에 의한 위험이 있는 작업: 안전화
• 물체가 흩날릴 위험이 있는 작업: 보안경
• 용접시 불꽃이나 물체가 흩날릴 위험이 있는 작업: 보안면
• 감전의 위험이 있는 작업: 절연용 보호구
• 고열에 의한 화상 등의 위험이 있는 작업: 방열복
• 선창 등에서 분진이 심하게 발생하는 하역작업: 방진마스크
• 영하 18℃ 이하인 급냉동어창에서 하는 하역작업: 방한모·방한복·방한화·방한장갑
• 물건을 운반하거나 수거·배달하기 위하여 자동차관리법에 따른 이륜자동차를 운행하는 작업: 승차용 안전모
• 물체가 떨어지거나 날아올 위험 또는 근로자가 추락할 위험이 있는 작업: 안전모

정답 ②

93 운반작업 중 요통을 일으키는 인자가 아닌 것은?
① 물건의 중량 ② 작업자세
③ 작업시간 ④ 물건의 표면마감 종류

해설 운반작업 중 요통을 일으키는 인자에는 물건의 중량, 작업자세, 작업시간, 작업강도가 있으며, 물건의 표면마감 종류는 해당하지 않는다.

정답 ④

94 콘크리트용 거푸집의 재료에 해당하지 않는 것은?
① 철재 ② 목재
③ 석면 ④ 경금속

해설 콘크리트용 거푸집의 재료에는 철재, 목재, 경금속이 있으며, 석면은 이에 해당하지 않는다.

 거푸집의 재료선정시 고려하여야 할 사항
• 강도 • 내구성
• 강성 • 작업성
• 경제성 • 타설콘크리트에 대한 영향력

정답 ③

95 공사종류 및 규모별 안전관리비 계상 기준표에서 공사종류의 명칭에 해당하지 않는 것은?
① 철도·궤도신설공사 ② 일반건설공사(병)
③ 중건설공사 ④ 특수 및 기타 건설공사

해설 일반건설공사(병)은 공사종류의 명칭에 해당하지 않는다.

공사종류 및 규모별 안전관리비 계상 기준표(고용노동부 고시)에서 공사 종류의 명칭 → 2023.10.5 개정
• 일반건설공사(갑) → 건축공사
• 일반건설공사(을) → 토목공사
• 중건설공사 → 중건설공사
• 특수 및 기타 건설공사 → 특수건설공사

정답 ②

96 콘크리트 타설작업을 하는 경우에 준수해야 할 사항으로 옳지 않은 것은?

① 콘크리트를 타설하는 경우에는 편심을 유발하여 한쪽 부분부터 밀실하게 타설되도록 유도할 것
② 당일의 작업을 시작하기 전에 해당 작업에 관한 거푸집 및 동바리의 변형·변위 및 지반의 침하유무 등을 점검하고 이상이 있으며 보수할 것
③ 작업 중에는 거푸집 및 동바리의 변형·변위 및 침하유무 등을 감시할 수 있는 감시자를 배치하여 이상이 있으면 작업을 중지하고 근로자를 대피시킬 것
④ 설계도서상의 콘크리트 양생기간을 준수하여 거푸집 및 동바리를 해체할 것

해설 콘크리트를 타설하는 경우에는 편심이 발생하지 않도록 골고루 분산하여 타설하여야 한다.

관련이론 콘크리트 타설작업시 준수사항
- 콘크리트를 치는 도중에는 거푸집, 지보공 등의 이상유무를 확인한다.
- 진동기 사용시 지나친 진동은 거푸집 도괴의 원인이 될 수 있으므로 적절히 사용해야 한다.
- 타워에 연결되어 있는 슈트의 접속이 확실한지 확인한다.
- 최상부의 슬래브는 이어붓기를 되도록 피하고 일시에 전체를 타설하도록 하여야 한다.
- 높은 곳으로부터 콘크리트를 타설할 때는 호퍼로 받아 거푸집 내에 꽂아 넣는 슈트를 통해서 부어 넣어야 한다.
- 콘크리트를 한곳에만 치우쳐서 타설하지 않도록 주의한다.
- 당일의 작업을 시작하기 전에 해당 작업에 관한 거푸집 및 동바리의 변형, 변위 및 지반의 침하유무 등을 점검하고 이상이 있으면 보수하여야 한다.
- 작업 중에는 거푸집 및 동바리의 변형, 변위 및 지반의 침하유무 등을 감시할 수 있는 감시자를 배치하여 이상이 있으면 작업을 중지하고 근로자를 대피시켜야 한다.
- 설계도서상의 콘크리트 양생기간을 준수하여 거푸집 및 동바리를 해체하여야 한다.
- 거푸집 붕괴의 위험이 발생할 우려가 있으면 충분한 보강조치를 하여야 한다.

정답 ①

97 다음 그림은 풍화암에서 토사붕괴를 예방하기 위한 기울기를 나타낸 것이다. X의 값은?

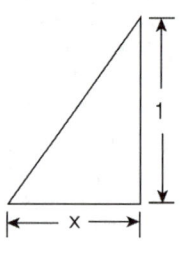

① 1.0　② 0.8
③ 0.5　④ 0.3

해설 토사붕괴를 예방하기 위한 굴착면의 기울기 기준(산업안전보건법 안전보건기준)은 다음과 같다.

구분	지반의 종류	기울기
보통흙	습지	1:1～1:1.5
	건지	1:0.5～1:1
암반	풍화암	1:0.8
	연암	1:0.5
	경암	1:0.3

따라서 풍화암의 기울기 기준이 1:0.8이므로 X의 값은 0.8이다.

▶ 법령 개정

지반의 종류	굴착면의 기울기
풍화암	1:1.0
연암	1:1.0
경암	1:0.5
모래	1:1.8
그밖의 흙	1:1.2

※ 산업안전보건법 안전보건기준 → 2023.11.14 개정

관련이론 굴착면 붕괴의 원인
- 사면경사의 증가
- 공사에 의한 진동하중의 증가
- 굴착높이의 증가
- 성토높이의 증가
- 내부마찰각의 감소
- 지하수위의 증가
- 점착력의 감소

정답 ②

98 지반의 사면파괴 유형 중 유한사면의 종류가 아닌 것은?

① 사면내파괴   ② 사면선단파괴
③ 사면저부파괴   ④ 직립사면파괴

해설 직립사면파괴는 유한사면의 종류에 해당하지 않는다.

 사면활동

1. 유한사면활동
   비교적 급경사에서 급격히 변형하여 붕괴가 발생하는 현상

원호활동	• 사면내파괴: 견고한 지층이 얕게 있는 경우 발생 • 사면선단파괴: 경사가 급하고 비점착성 토질에서 발생 • 사면저부파괴: 경사가 완만하고 점착성 토질에서 발생
대수나선활동	토층, 성상이 불균일 할 때
복합곡선활동	연약한 얇은 토층이 비교적 얕은 곳에 존재할 때

2. 무한사면활동
   완만한 사면에 이동이 서서히 일어나는 현상

정답 ④

99 철근콘크리트공사에서 거푸집동바리의 해체시기를 결정하는 요인으로 가장 거리가 먼 것은?

① 시방서상의 거푸집 존치기간의 경과
② 콘크리트 강도시험 결과
③ 동절기일 경우 적산온도
④ 후속공정의 착수시기

해설 후속공정의 착수시기는 거푸집동바리의 해체시기를 결정하는 요인에 해당하지 않는다.

정답 ④

100 건설현장에서의 PC(precast Concrete) 조립시 안전대책으로 옳지 않은 것은?

① 달아 올린 부재의 아래에서 정확한 상황을 파악하고 전달하여 작업한다.
② 운전자는 부재를 달아 올린 채 운전대를 이탈해서는 안 된다.
③ 신호는 사전 정해진 방법에 의해서만 실시한다.
④ 크레인 사용시 PC판의 중량을 고려하여 아웃트리거를 사용한다.

해설 달아 올린 부재의 아래에서는 작업을 하여서는 안 된다.

 PC공법

1. 프리캐스트콘크리트(Precast Concrete: PC)공법의 정의
   • 소요 규격의 콘크리트 제품을 공장에서 제작하여 현장으로 운반하고, 타워크레인으로 들어 올려 각 부재를 조립해서 구조체를 완성한 후 방수, 마감공사 등을 함으로써 건물을 완성하는 것이다.
   • 즉, 슬래브, 기둥, 벽판 및 보를 플랜트의 몰드를 사용하여 기성품으로 만든 것이다.

2. 건설현장에서 PC조립시 안전대책
   • 운전자는 부재를 달아 올린 채 운전대를 이탈해서는 안 된다.
   • 신호는 사전 정해진 방법에 의해서만 실시한다.
   • 크레인 사용시 PC판의 중량을 고려하여 아웃트리거를 사용한다.
   • 부재의 아래에서는 작업을 하여서는 안 된다.

정답 ①

2019년 제3회

제1과목 산업안전관리론

01 산업안전보건법령상 안전·보건표지의 종류에 있어 '안전모 착용'은 어떤 표지에 해당하는가?

① 경고표지
② 지시표지
③ 안내표지
④ 관계자 외 출입금지

해설 산업안전보건법령상 안전보건표지의 종류에 있어 안전모 착용은 지시표시에 해당한다.

관련이론 지시표지의 색채(산업안전보건법 시행규칙)
- 바탕은 파란색
- 관련 그림은 흰색

정답 ②

02 산업안전보건법상 특별안전·보건교육 대상 작업이 아닌 것은?

① 건설용 리프트·곤돌라를 이용한 작업
② 전압이 50볼트(V)인 정전 및 활선작업
③ 화학설비 중 반응기, 교반기·추출기의 사용 및 세척작업
④ 액화석유가스·수소가스 등 인화성 가스 또는 폭발성 물질 중 가스의 발생장치 취급작업

해설 전압이 75볼트(V) 이상인 정전 및 활선작업의 경우 특별안전·보건교육 대상 작업에 해당한다.

정답 ②

03 사고의 간접원인이 아닌 것은?

① 물적 원인
② 정신적 원인
③ 관리적 원인
④ 신체적 원인

해설 물적원인은 인적원인과 더불어 사고의 직접원인에 해당된다.

관련이론 사고의 간접원인
- 정신적 원인
- 기술적 원인
- 관리적 원인
- 교육적 원인
- 신체적 원인

정답 ①

04 다음 재해손실비용 중 직접손실비에 해당하는 것은?

① 진료비
② 입원 중의 잡비
③ 당일 손실시간손비
④ 구원, 연락으로 인한 부동임금

해설 진료비는 산업재해보상보험에서 지급되는 것으로 재해손실비용 중 직접손실비에 해당한다.

관련이론 재해손실비용
1. 재해손실비용 중 직접손실비
   - 휴업보상비
   - 장해특별보상비
   - 장해보상비
   - 유족특별보상비
   - 유족보상비
   - 직업재활보상비
   - 요양보상비
   - 상병보상연금
   - 장의비
2. 간접비
   - 생산중단, 재산손실 등으로 기업이 입은 손실비용
   - 물적손실(시설복구비용, 동력·연료류의 손실비용, 설비손실비용)
   - 인적손실(신규인력채용비용, 교육훈련비용)
   - 특수손실(작업대기로 인한 손실시간비용)
   - 생산손실(매출손실비용, 생산손실비용)
   - 기타 손실(입원중의 잡비, 구원, 연락으로 인한 부동임금)

정답 ①

05 기업조직의 원리 중 지시일원화의 원리에 대한 설명으로 가장 적절한 것은?

① 지시에 따라 최선을 다해서 주어진 임무나 기능을 수행하는 것
② 책임을 완수하는 데 필요한 수단을 상사로부터 위임받은 것
③ 언제나 직속 상사에게서만 지시를 받고 특정 부하직원들에게만 지시하는 것
④ 가능한 조직의 각 구성원이 한가지 특수 직무만을 담당하도록 하는 것

해설 기업 조직의 원리 중 지시일원화의 원리(명령통일의 원리)란 언제나 직속 상사에게서만 지시를 받고 특정 부하 직원들에게만 지시를 하는 것을 말한다.

정답 ③

06 안전모에 대한 내용으로 옳은 것은?

① 안전모의 종류는 안전모의 형태로 구분한다.
② 안전모의 종류는 안전모의 색상으로 구분한다.
③ A형 안전모는 물체의 낙하, 비래에 의한 위험을 방지, 경감시키는 것으로 내전압성이다.
④ AE형 안전모는 물체의 낙하, 비래에 의한 위험을 방지 또는 경감하고 머리부위의 감전에 의한 위험을 방지하기 위한 것으로 내전압성이다.

해설 AE형 안전모는 물체의 낙하, 비래에 의한 위험을 방지, 경감하고 머리부위의 감전에 의한 위험을 방지하기 위한 것으로서 내전압성을 가진다.

선지분석
①, ② 안전모의 종류는 안전모의 용도로 구분한다.
③ A형 안전모는 내전압성이 아니다.

관련이론 안전모의 종류(보호구 안전인증 고용노동부고시 기준)

종류 및 기호	사용 구분
AB	물체의 낙하 또는 비래 및 추락에 의한 위험을 방지, 경감시키기 위한 것
AE	물체의 낙하 또는 비래에 의한 위험을 방지, 경감하고 머리부위 감전에 의한 위험을 방지할 수 있는 것
ABE	물체의 낙하 또는 비래 및 추락에 의한 위험을 방지, 경감하고 머리부위 감전에 의한 위험을 방지하기 위한 것

정답 ④

07 어느 공장의 연평균근로자가 180명이고, 1년간 사상자가 6명이 발생했다면, 연천인율은? (단, 근로자는 하루 8시간씩 연간 300일을 근무한다.)

① 12.79
② 13.89
③ 33.33
④ 43.69

해설 연천인율 = $\dfrac{\text{재해자(사상자) 수}}{\text{연평균근로자 수}} \times 1,000$

= $\dfrac{6}{180} \times 1,000 = 33.3333 ≒ 33.33$

정답 ③

08 교육의 기본 3요소에 해당하지 않는 것은?

① 교육의 형태
② 교육의 주체
③ 교육의 객체
④ 교육의 매개체

해설 교육의 형태는 교육의 3요소에 포함되지 않는다.

관련이론 교육의 3요소

1. 교육의 주체(Subject)
   - 형식적 교육: 강사(교육자)
   - 비형식적 교육: 부모, 형, 선배, 사회지식인 등
2. 교육의 객체(Object)
   - 형식적 교육: 수강자(피교육생)
   - 비형식적 교육: 자녀, 미성숙자 등
3. 교육의 매개체(Materials)
   - 형식적 교육: 교재
   - 비형식적 교육: 교육환경, 인간관계 등

정답 ①

09 안전교육방법 중 TWI(Training Within Industry)의 교육과정이 아닌 것은?

① 작업지도훈련
② 인간관계훈련
③ 정책수립훈련
④ 작업방법훈련

해설 정책수립훈련은 TWI의 교육과정에 해당하지 않는다.

관련이론 관리감독자 교육훈련 TWI의 교육과정

- 작업안전훈련(Job Safety Training, JST)
- 작업방법훈련(Job Method Training, JMT)
- 작업지도훈련(Job Instruction Trainin, JIT)
- 인간관계훈련(Job Relation Training, JRT)

정답 ③

10 안전심리의 5대 요소 중 능동적인 감각에 의한 자극에서 일어난 사고의 결과로서, 사람의 마음을 움직이는 원동력이 되는 것은?

① 기질(temper) ② 동기(motive)
③ 감정(emotion) ④ 습관(custom)

해설 능동적인 감각에 의한 자극에서 일어난 사고의 결과로서 사람의 마음을 움직이는 원동력이 되는 것은 동기(motive)이다.

> **관련이론** 안전심리의 5대 요소
> - 동기(motive): 능동적인 감각에 의한 자극에서 일어난 사고의 결과로서 사람의 마음을 움직이는 원동력이 되는 것이다.
> - 기질(temper): 감정적인 경향이나 반응에 관계되는 성격의 한 측면이다.
> - 감정(emotion): 생활체가 어떤 행동을 할 때 생기는 주관적인 동요를 뜻한다.
> - 습관(custom): 같은 상황에서 반복된 행동의 안정화 또는 자동화된 수행을 뜻한다.
> - 습성(habits): 한 종에 속하는 개체의 대부분에서 볼 수 있는 일정한 생활양식으로 본능, 학습, 조건반사 등에 따라 형성된다.

정답 ②

11 지적확인이란 사람의 눈이나 귀 등 오감의 감각기관을 총동원해서 작업의 정확성과 안전을 확인하는 것이다. 지적확인과 정확도가 올바르게 짝지어진 것은?

① 지적확인한 경우 – 0.3%
② 확인만 하는 경우 – 1.25%
③ 지적만 하는 경우 – 1.0%
④ 아무 것도 하지 않은 경우 – 1.8%

해설 확인만 하는 경우의 정확도는 1.25%이다.
선지분석
① 지적확인한 경우의 정확도는 0.8%이다.
③ 지적만 하는 경우의 정확도는 1.5%이다.
④ 아무것도 하지 않는 경우의 정확도는 2.85%이다.

정답 ②

12 토의(회의)방식 중 참가자가 다수인 경우에 전원을 토의에 참가시키기 위하여 소집단으로 구분하고, 각각 자유토의를 행하여 의견을 종합하는 방식은?

① 포럼(forum)
② 심포지엄(symposium)
③ 버즈 세션(buzz session)
④ 패널 디스커션(panel discussion)

해설 참가자가 다수인 경우에 전원을 토의에 참가시키기 위한 방법으로 소집단을 구성하여 회의를 진행시키는 방법은 버즈 세션이며, 6-6회의라고도 한다.

> **관련이론** 토의방식(토의법)의 종류
> - 포럼: 새로운 자료나 교재를 제시하여 거기서의 문제점을 피교육자로 하여금 제기하게 하여서 의견을 여러 가지 방법으로 발표하게 하여 다시 깊이 파고들어 토의하는 방법
> - 심포지엄: 몇 사람의 전문가에 의해 과제에 대한 견해를 발표하고 참가자로 하여금 의견이나 질문을 하게 하는 토의방식
> - 패널 디스커션: 교육과제에 정통한 전문가 4~5명이 피교육자 앞에서 자유로이 토의를 실시한 다음에 피교육자 전원이 참가하여 사회자의 사회에 따라서 토의하는 방법
> - 사례연구: 실제의 사례 또는 그것을 기초로 한 이야기를 소재로 하여 주로 집단토의를 통해서 여러가지 문제를 터득하고 이해를 깊게 하는 방법
> - 자유토의법: 알고 있는 지식을 심화시키거나 어떠한 자료에 대해 보다 명료한 생각을 갖도록 하기 위하여 실시하는 교육방법

정답 ③

13 매슬로우(Maslow)의 욕구위계이론 5단계를 올바르게 나열한 것은?

① 생리적 욕구 → 안전의 욕구 → 사회적욕구 → 존경의 욕구 → 자아실현의 욕구
② 생리적 욕구 → 안전의 욕구 → 사회적욕구 → 자아실현의 욕구 → 존경의 욕구
③ 안전의 욕구 → 생리적 욕구 → 사회적욕구 → 자아실현의 욕구 → 존경의 욕구
④ 안전의 욕구 → 생리적 욕구 → 사회적욕구 → 존경의 욕구 → 자아실현의 욕구

해설 매슬로우의 욕구위계이론 5단계는 다음과 같다.
생리적 욕구 → 안전의 욕구 → 사회적욕구 → 존경의 욕구 → 자아실현의 욕구

정답 ①

14 레빈(Lewin)의 법칙에서 환경조건(E)에 포함되는 것은?

$$B=f(P\cdot E)$$

① 지능　　② 소질
③ 적성　　④ 인간관계

해설 레빈(Lewin)의 법칙에서 환경조건(E)에 포함되는 것은 인간관계이다.

관련이론 레빈(Lewin)의 법칙

$$B=f(P\cdot E)$$

B: Behavior(행동)
f: function(함수) – 적성, 기타 P, E에 영향을 주는 조건
P: Person(개체) – 연령, 경험, 심신상태, 성격, 지능, 소질 등
E: Environment(환경) – 심리적 영향을 미치는 인간관계, 작업환경, 설비적 결함, 작업조건, 직무안정, 감독 등

정답 ④

15 기기의 적정한 배치, 변형, 균열, 손상, 부식 등의 유무를 육안, 촉수 등으로 조사 후 그 설비별로 정해진 점검기준에 따라 양부를 확인하는 점검은?

① 외관점검　　② 작동점검
③ 기능점검　　④ 종합점검

해설 기기의 적정한 배치, 변형, 균열, 손상, 부식 등의 유무를 육안, 촉수 등으로 조사 후 그 설비별로 정해진 점검기준에 따라 양부를 확인하는 점검은 외관점검이다.

정답 ①

16 재해누발자의 유형 중 작업이 어렵고, 기계설비에 결함이 있기 때문에 재해를 일으키는 유형은?

① 상황성 누발자　　② 습관성 누발자
③ 소질성 누발자　　④ 미숙성 누발자

해설 재해누발자의 유형 중 작업이 어렵고, 기계설비에 결함이 있기 때문에 재해를 일으키는 유형은 상황성 누발자이다.

관련이론 재해누발자의 유형

1. 상황성 누발자
   - 작업이 어렵기 때문에
   - 기계설비에 결함이 있기 때문에
   - 심신에 근심이 있기 때문에
   - 환경상 주의력의 집중이 혼란되기 때문에

2. 소질성 누발자
   - 저지능
   - 불규칙, 흐리멍텅함
   - 경시, 경솔성
   - 정직하지 못함
   - 흥분성(침착성의 결여)
   - 비협조성
   - 도덕성의 결여
   - 소심한 성격(도전적)
   - 감각운동의 부적합
   - 주의력의 산만, 주의력의 지속 불능
   - 주의력 범위의 협소, 편중

3. 미숙성 누발자
   기능미숙이나 환경에 익숙하지 못하여 사고경향자가 되는 경우

4. 습관성 누발자
   재해의 경험으로 슬럼프에 빠지거나 신경과민이 되기 때문에 사고경향자가 되는 경우

정답 ①

17 무재해운동의 3원칙에 해당하지 않은 것은?

① 참가의 원칙　　② 무의 원칙
③ 예방의 원칙　　④ 선취의 원칙

해설 무재해운동의 3대 원칙에는 참가의 원칙, 무의 원칙, 선취의 원칙(안전제일의 원칙)이 있으며, 예방의 원칙은 해당하지 않는다.

정답 ③

18 적응기제(Adjustment Mechanism) 중 방어적 기제(Defense Mechanism)에 해당하는 것은?

① 고립(Isolation)
② 퇴행(Regression)
③ 억압(Suppression)
④ 합리화(Rationalization)

해설 적응기제 중 방어적 기제에 해당하는 것은 합리화이다.

관련이론 적응기제(Adjustment Mechanism)의 유형

1. 방어적 기제(Defense Mechanism)
   자신의 무능력, 열등감, 약점을 위장하여 유리하게 보호함으로써 안정감을 찾으려는 것이다.
   - 합리화: 자신의 약점이나 실패를 그럴듯한 이유를 들어 남의 비난을 받지 않도록 하는 것이다.
   - 보상: 자신의 무능과 결함에 의하여 생긴 긴장이나 열등감을 해소시키기 위하여 장점 같은 것으로 그 결함을 보충하려는 행동이다.
   - 승화: 정신적인 역량의 전환을 의미하는 것이다.
   - 치환: 어떤 대상이나 사람에 대한 충돌이나 감정을 덜 위협적인 대상이나 사람에게 돌려서 표현하는 것이다.
   - 동일화: 자기의 것이 사실은 아님에도 불구하고 자기의 것이나 된 듯이 행동을 하여 승인을 얻고자 하는 것이다.
   - 투사: 자신조차도 승인할 수 없는 욕구를 타인이나 사물로 전환시켜 바람직한 욕구로부터 자신을 지키려는 것이다.
   - 반동형성: 억압된 감정이나 욕구가 나타나지 않도록 그 것과 정반대의 행동을 하는 것이다.

2. 도피적 기제(Escape Mechanism)
   욕구불만에 의한 압박이나 긴장으로부터 벗어나기 위해서 비합리적인 방법으로 공상에 도피하고 현실세계에서 벗어나 마음의 안정을 얻으려는 것이다.
   - 고립: 자신이 없을 때 현실을 피하여 곤란한 접촉이나 상황에서 벗어나 자기내부로 도피하려는 행동이다.
   - 퇴행: 발달단계를 역행(어린시절로 돌아가려는 행동 등)함으로써 욕구를 충족하려는 행동이다.
   - 억압: 욕구불만이나 불쾌감 등의 갈등으로 생긴 욕구를 의식밖으로 배제함으로써 얻는 행동이다.
   - 백일몽: 현실적으로 도저히 만족시킬 수 없는 소원이나 욕구를 공상의 세계에서 취하려는 행동이다.
   - 부정: 특정한 일이나 생각, 느낌을 있는 그대로 받아들이는 것이 고통스럽기 때문에 인정하지 않으려는 경향이다.

정답 ④

19 안전관리 조직의 형태 중 참모식(Staff) 조직에 대한 설명으로 옳지 않은 것은?

① 이 조직은 분업의 원칙을 고도로 이용한 것이며, 책임 및 권한이 직능적으로 분담되어 있다.
② 생산 및 안전에 관한 명령이 각각 별개의 계통에서 나오는 결함이 있어, 응급처치 및 통제수속이 복잡하다.
③ 참모(Staff)의 특성상 업무관장은 계획안의 작성, 조사, 점검결과에 따른 조언, 보고에 머무는 것이다.
④ 참모(Staff)는 각 생산라인의 안전업무를 직접 관장하고 통제한다.

해설 참모(Staff)는 각 생산라인의 안전업무를 직접 관장하고 통제하지 않는다.

관련이론 참모식(Staff) 조직의 특징
- 참모(Staff)는 각 생산라인의 안전업무를 직접 관장하고 통제하지 않는다.
- 안전과 생산을 별개로 취급하기가 쉽다.
- 사업장 특성에 적합한 전문적인 기술연구를 할 수 있다.
- 안전보건 지식 및 기술축적을 바탕으로 사업장에 알맞은 안전보건개선대책을 수립할 수 있다.
- 안전보건에 관한 지시나 명령이 작업자까지 신속 정확하게 전달되지 않는다.
- 생산부문은 안전보건에 대한 책임과 권한이 없다.
- 분업의 원칙을 고도로 이용한 것이며, 책임 및 권한이 직능적으로 분담되어 있다.
- 생산 및 안전에 관한 명령이 각각 별개의 계통에서 나오는 결함이 있어, 응급처치 및 통제수속이 복잡하다.
- 참모(Staff)의 특성상 업무관장은 계획안의 작성, 조사, 점검결과에 따른 조언, 보고에 머무는 것이다.

정답 ④

20 재해의 근원이 되는 기계장치나 기타의 물(物) 또는 환경을 뜻하는 것은?

① 상해   ② 가해물
③ 기인물   ④ 사고의 형태

해설 재해의 근원이 되는 기계장치나 기타의 물(物) 또는 환경을 뜻하는 것은 기인물이다.

선지분석 ② 가해물은 직접 사람에게 접촉해서 피해를 가한 것을 뜻한다.

정답 ③

제2과목 인간공학 및 시스템안전공학

21 정적자세 유지시, 진전(tremor)을 감소시킬 수 있는 방법으로 옳지 않은 것은?

① 시각적인 참조가 있도록 한다.
② 손이 심장높이에 있도록 유지한다.
③ 작업대상물에 기계적 마찰이 있도록 한다.
④ 손을 떨지 않으려고 힘을 주어 노력한다.

해설 손을 떨지 않으려고 힘을 주어 노력하는 것은 진전을 감소시킬 수 있는 방법에 해당하지 않는다.

정답 ④

22 인간의 과오를 정량적으로 평가하기 위한 기법으로, 인간과오의 분류시스템과 확률을 계산하는 안전성 평가기법은?

① THERP   ② FTA
③ ETA   ④ HAZOP

해설 인간의 과오를 정량적으로 평가하기 위한 기법으로, 인간과오의 분류시스템과 확률을 계산하는 안전성 평가기법은 THERP[Technique for Human Error Rate Prediction: 인간과오율(실수율) 예측기법]이다.

관련이론 인간실수확률에 대한 추정기법
- 직무위급도분석(TCRAM: Task Criticality Rating Analysis Method)
- 위급사건기법(CIT: Critical Incident Technique)
- 조작자행동나무(OAT: Operator Action Tree)
- 인간과오율(실수율) 예측기법(THERP: Technique for Human Error Rate Prediction)
- 인간실수자료은행(HERB: Human Error Rate Bank)

정답 ①

23 어떤 기기의 고장률이 시간당 0.002로 일정하다고 한다. 이 기기를 100시간 사용했을 때 고장이 발생할 확률은?

① 0.1813   ② 0.2214
③ 0.6253   ④ 0.8187

해설
- 고장률(λ) = $\dfrac{\text{고장건수}(r)}{\text{총 가동시간}(t)}$
- 고장이 발생할 확률(F) = $1 - e^{-\lambda t}$
  $= 1 - e^{-(0.002 \times 100)}$
  $= 0.18126 ≒ 0.1813$

정답 ①

24 시스템의 수명곡선에 고장의 발생형태가 일정하게 나타나는 기간은?

① 초기고장기간   ② 우발고장기간
③ 마모고장기간   ④ 피로고장기간

해설 시스템의 수명곡선에서 고장의 발생형태가 일정하게 나타나는 기간은 우발고장기간이다.

관련이론 설비의 고장(Failure)
1. 초기고장
   감소형(DFR), 생산과정에서의 품질관리 미비 또는 불량 제조로부터 발생되는 고장을 말하며, 예방대책으로는 위험분석을 하여 결함을 찾아내는 것이다.
   - 디버깅(Debugging)기간: 기계의 결함을 찾아내 고장률을 안정시키는 기간
   - 번인(Burn In)기간: 물품을 실제로 장시간 움직여 보고 그 동안에 고장난 것을 제거하는 기간
2. 우발고장
   일정형(CFR), 사용조건상의 고장을 말하며 고장률이 가장 낮다. 특히 CFR기간의 길이를 내용수명(耐用壽命)이라 한다.
3. 마모고장
   증가형(IFR), 정기진단(검사)이 필요하며, 설비의 피로에 의해 생기는 고장을 말한다.

정답 ②

25 작업장에서 발생하는 소음에 대한 대책으로 가장 먼저 고려하여야 할 적극적인 방법은?

① 소음원의 통제
② 소음원의 격리
③ 귀마개 등 보호구의 착용
④ 덮개 등 방호장치의 설치

해설 작업장에서 발생하는 소음에 대한 대책으로 가장 먼저 고려할 적극적 방법은 소음원의 통제(제거)이다.

관련이론 소음의 대책(관리방법)
- 소음원의 통제(소음원의 제거): 가장 먼저 고려하여야 할 적극적인 방법
- 소음원의 격리: 씌우개(Enclosure), 방음벽 사용
- 차폐장치(Baffle) 및 흡음재 사용
- 음향처리제(Acoustical Treatment) 사용
- 적절한 배치(Layout)
- 방음보호구 사용
- BGM(Back Ground Music: 배경음악) 사용

정답 ①

26 반복적 노출에 따라 민감성이 가장 쉽게 떨어지는 표시장치는?

① 시각표시장치
② 청각표시장치
③ 촉각표시장치
④ 후각표시장치

해설 반복적 노출에 따라 민감성이 가장 쉽게 떨어지는 표시장치는 후각표시장치이다.

관련이론 후각표시장치의 특징
- 냄새의 확산을 통제하기 힘들다.
- 코가 막히면 민감도가 떨어진다.
- 냄새에 대한 민감도의 개인차가 있다.
- 간단한 정보를 전달하는데 유용하다.
- 반복적 노출에 따라 민감성이 가장 쉽게 떨어지는 표시장치이다.

정답 ④

27 Fussell의 알고리즘으로 최소 컷셋을 구하는 방법에 대한 설명으로 옳지 않은 것은?

① OR게이트는 항상 컷셋의 수를 증가시킨다.
② AND게이트는 항상 컷셋의 크기를 증가시킨다.
③ 중복 및 반복되는 사건이 많은 경우에 적용하기 적합하고 매우 간편하다.
④ 톱(top)사상을 일으키기 위해 필요한 최소한의 컷셋이 최소 컷셋이다.

해설 ③의 경우 Fussell의 알고리즘으로 최소 컷셋을 구하는 방법에 해당하지 않는다.

관련이론 Fussell의 알고리즘으로 최소 컷셋을 구하는 방법
- OR게이트는 항상 컷셋의 수를 증가시킨다.
- AND게이트는 항상 컷셋의 크기를 증가시킨다.
- 톱사상을 일으키기 위해 필요한 최소한의 컷셋이 최소 컷셋이다.
- 톱사상에서 차례로 상단의 사상을 하단의 사상으로 치환하면서 AND게이트는 가로로 나열하고, OR게이트는 세로로 나열하면서 모든 사상에 달했을 때 이들의 각 행이 최소 컷셋이 된다.

정답 ③

28 FMEA기법의 장점에 해당하는 것은?

① 서식이 간단하다.
② 논리적으로 완벽하다.
③ 해석의 초점이 인간에 맞추어져 있다.
④ 동시에 복수의 요소가 고장나는 경우의 해석이 용이하다.

해설 FMEA기법은 FTA에 비해 서식이 간단하다.

관련이론 FMEA기법(고장의 형태와 영향분석기법)
1. 장점
   - FTA에 비해 서식이 간단하다.
   - 적은 노력으로 특별한 훈련없이 해석할 수 있다.
2. 단점
   - 논리적으로 빈약하다.
   - 물적요소에 한정되고 있어 인적해석이 곤란하다.
   - 동시에 복수의 요소가 고장나는 경우에 해석이 곤란하다.

정답 ①

29 60fL의 광도를 요하는 시각표시장치의 반사율이 75%일 때, 소요조명은 몇 fc인가?

① 75   ② 80
③ 85   ④ 90

해설 소요조명(fc) = $\dfrac{광도(소요광속발산도)}{반사율}$

= $\dfrac{60}{0.75}$ = 80 fc

정답 ②

---

30 FT에서 사용되는 사상기호에 대한 설명으로 옳은 것은?

① 위험지속기호: 정해진 횟수 이상 입력이 될 때 출력이 발생한다.
② 억제게이트: 조건부 사건이 일어나는 상황하에서 입력이 발생할 때 출력이 발생한다.
③ 우선적 AND게이트: 사건이 발생할 때 정해진 순서대로 복수의 출력이 발생한다.
④ 베타적 OR게이트: 동시에 2개 이상의 입력이 존재하는 경우에 출력이 발생한다.

해설 억제게이트는 입력사상에 대하여 이 게이트로 나타내는 조건이 만족하는 경우 즉, 조건부 사건이 일어나는 상황하에서 입력이 발생할 때 출력이 발생한다.

사상기호의 종류

기호	명칭	내용
위험지속 시간	위험지속 기호(위험 지속 AND 게이트)	입력현상이 생겨서 어떤 일정한 시간이 지속될 때 출력이 생긴다. 만약 그 시간이 지속되지 않으면 출력은 생기지 않는다.
입력 출력 조건	억제게이트	입력사상에 대하여 이 게이트로 나타내는 조건이 만족하는 경우에만 출력사상이 발생한다.
A₁ A₂ A₃	우선적 AND 게이트	입력현상 중에 어떤 현상이 다른 현상보다 먼저 일어날 때에 출력현상이 생긴다.
동시발생 안한다	배타적 OR게이트	OR게이트지만 2개 또는 그 이상의 입력이 동시에 존재하는 경우에는 출력이 생기지 않는다.

정답 ②

---

31 온도가 적정 온도에서 낮은 온도로 내려갈 때의 인체 반응으로 옳지 않은 것은?

① 발한을 시작
② 직장온도가 상승
③ 피부온도가 하강
④ 혈액은 많은 양이 몸의 중심부를 순환

해설 발한을 시작하는 것은 온도가 적정 온도에서 높은 온도로 올라갈 때의 인체반응에 해당된다.

온도변화에 대한 인체의 적응

1. 적정온도에서 낮은 온도로 바뀔 때
   • 직장(直腸)온도가 약간 올라간다.
   • 피부온도가 내려간다.
   • 혈액은 피부를 경유하는 순환량이 감소하고 많은 양이 몸의 중심부를 순환한다.
   • 몸이 떨리고 소름이 돋는다.

2. 적정온도에서 높은 온도로 바뀔 때
   • 발한이 시작된다.
   • 피부온도가 올라간다.
   • 직장온도가 내려간다.
   • 많은 혈액의 양이 피부를 경유한다.

정답 ①

---

32 인간공학의 연구 방법에서 인간-기계시스템을 평가하는 척도의 요건으로 적합하지 않은 것은?

① 적절성, 타당성   ② 무오염성
③ 주관성   ④ 신뢰성

해설 주관성은 인간-기계시스템을 평가하는 척도의 요건에 해당하지 않는다.

인간-기계시스템을 평가하는 척도의 요건

• 적절성, 타당성: 기준이 의도된 목적에 적당하다고 판단되는 정도이다.
• 무오염성: 기준척도는 측정하고자 하는 변수 외의 다른 변수들의 영향을 받아서는 안 된다.
• 신뢰성(반복성): 반복실험시 재현성이 있어야 한다.
• 측정의 민감도: 피실험자 사이에서 볼 수 있는 예상 차이점에 비례하는 단위로 측정해야 한다.
• 실제적 요건: 객관적이고, 정량적이며, 강요적이 아니고 수집이 쉬워야 한다.

정답 ③

33 NIOSH의 연구에 기초하여, 목과 어깨 부위의 근골격계질환 발생과 인과관계가 가장 적은 위험요인은?

① 진동 ② 반복작업
③ 과도한 힘 ④ 작업자세

해설 NIOSH(미국 국립산업안전보건연구원)의 연구에 기초하여, 목과 어깨 부위의 근골격계 질환 발생과 인과관계가 가장 적은 위험요인은 '진동'이다.

정답 ①

34 인간-기계시스템에서의 기본적인 기능에 해당하지 않는 것은?

① 행동기능 ② 정보의 설계
③ 정보의 수용 ④ 정보의 저장

해설 인간-기계시스템에서의 기본적인 기능은 감지(정보의 수용) → 정보저장(보관) → 정보처리 및 의사결정 → 행동기능의 순서로 진행된다.

정답 ②

35 시력과 대비감도에 영향을 미치는 인자에 해당하지 않는 것은?

① 노출시간 ② 연령
③ 주파수 ④ 휘도 수준

해설 시력과 대비감도에 영향을 미치는 인자에는 노출시간, 연령, 휘도 수준이 있으며, 주파수는 이에 해당하지 않는다.

정답 ③

36 조종장치를 3cm 움직였을 때 표시장치의 지침이 5cm 움직였다면, C/R비는?

① 0.25 ② 0.6
③ 1.6 ④ 1.7

해설 통제표시비 $= \dfrac{C}{R}$

여기서, C: 조종장치의 이동거리(cm)
R: 표시장치의 이동거리(cm)

$= \dfrac{3}{5} = 0.6$

정답 ②

37 필요한 작업 또는 절차의 잘못된 수행으로 발생하는 과오는?

① 시간적 과오(time error)
② 생략적 과오(omission error)
③ 순서적 과오(sequential error)
④ 수행적 과오(commision error)

해설 필요한 작업 또는 절차의 잘못된 수행으로 발생하는 과오는 수행적 과오(commision error)이다.

관련이론 인간과오(human error)의 분류

1. 심리적(독립행동) 분류(스웨인: Swain)
   - 수행적(실행적) 과오(commission Error): 필요한 작업 또는 절차의 잘못된 수행
   - 시간적 과오(time error): 수행지연 또는 조기수행
   - 생략적 과오(omission error): 필요한 작업 또는 절차를 수행하지 않음
   - 순서적 과오(sequential error): 필요한 작업 또는 절차의 순서착오
   - 과잉행동과오(extraneous error): 불필요한 작업 또는 절차를 수행

2. 행동과정을 통한 분류
   - 입력과오(input error): 감지오류
   - 정보처리과오(information processing error): 정보처리절차오류
   - 출력과오(output error): 출력오류
   - 피드백과오(feedback error): 제어오류
   - 의사결정과오(decision making error): 의사결정오류

정답 ④

38 일반적인 FTA기법의 순서로 옳은 것은?

> ㉠ FT의 작성   ㉡ 시스템의 정의
> ㉢ 정량적 평가 ㉣ 정성적 평가

① ㉠ → ㉡ → ㉢ → ㉣
② ㉠ → ㉡ → ㉣ → ㉢
③ ㉡ → ㉠ → ㉢ → ㉣
④ ㉡ → ㉠ → ㉣ → ㉢

해설 일반적인 FTA(Fault Tree Analysis: 결함수분석)기법의 순서는 시스템의 정의 → FT의 작성 → 정성적 평가 → 정량적 평가로 진행된다.

정답 ④

39 인체측정치를 이용한 설계에 대한 설명으로 옳은 것은?

① 평균치를 기준으로 한 설계를 제일 먼저 고려한다.
② 의자의 깊이와 너비는 모두 작은 사람을 기준으로 설계한다.
③ 자세와 동작에 따라 고려해야 할 인체측정치수가 달라진다.
④ 큰 사람을 기준으로 한 설계는 인체측정치의 5%tile을 사용한다.

해설 인체측정치를 이용한 설계시 자세와 동작에 따라 고려해야 할 인체측정치수가 달라진다.

선지분석
① 평균치를 기준으로 한 설계를 제일 나중에 고려한다.
② 의자의 깊이는 작은 사람을 기준으로 설계하고, 의자의 너비(폭)는 큰 사람을 기준으로 설계한다.
④ 큰 사람을 기준으로 한 설계는 인체측정치의 95%tile을 사용한다.

관련이론
1. 인체계측(측정)의 목적
   인간공학적 설계를 위한 자료를 확보하기 위함이다.
2. 인체계측 자료의 응용원리를 설계에 적용하는 순서
   조절식 설계 → 극단치(최소치수와 최대치수)설계 → 평균치 설계

정답 ③

40 제어장치와 표시장치에 있어 물리적 형태나 배열을 유사하게 설계하는 것은 어떤 양립성(compatibility)의 원칙에 해당하는가?

① 시각적 양립성(visual compatibility)
② 양식 양립성(modality compatibility)
③ 공간적 양립성(spatial compatibility)
④ 개념적 양립성(conceptual compatibility)

해설 제어장치와 표시장치에 있어 물리적 형태나 배열을 유사하게 설계하는 것은 공간적 양립성의 원칙에 해당한다.

관련이론 양립성(Compatibility)
1. 정의
   - 인간의 기대와 모순되지 않는 반응이나 자극들간의 또는 자극반응 조합의 관계를 말하는 것이다.
   - 제어장치와 표시장치의 연관성이 인간의 예상과 어느 정도 일치하는 것을 의미한다.
2. 양립성(Compatibility)의 종류

공간적 양립성	• 조종장치나 표시장치에서 공간적인 배치나 물리적 형태의 양립성(공간적 배치에서 인간의 기대와 일치하는 것) • 예: 오른쪽 버튼을 누르면 오른쪽 기계가 작동하는 것
양식 (형식) 양립성	• 청각적, 시각적 자극제시와 이에 대한 음성 응답과정에서 갖는 양립성 • 예: 신호등 색깔(빨간색, 노란색, 녹색)은 사전에 약속하고 지켜나가는 것
개념적 양립성	• 사람들이 지니고 있는 개념적 연상의 양립성(어떠한 신호가 전달하려는 내용과 연관성이 있어야 하는 것) • 예: 빨간색은 따뜻한 것, 파란색은 차가운 것을 연상시켜 정수기의 냉·온수를 표시하는 것
운동 (동작) 양립성	• 조종장치, 표시장치, 체계반응 등 운동방향의 양립성(조종장치의 방향과 표시장치의 방향이 인간의 기대와 일치하는 것) • 예: 자동차의 바퀴가 핸들 조작방향으로 회전하는 것

정답 ③

제3과목 기계위험방지기술

41 프레스기의 방호장치의 종류가 아닌 것은?
① 가드식 ② 초음파식
③ 광전자식 ④ 양수조작식

해설 초음파식은 프레스기의 방호장치에 해당하지 않는다.

관련이론 프레스기의 방호장치의 종류
- 가드식
- 수인식
- 광전자식(감응식)
- 손쳐내기식
- 양수조작식

정답 ②

42 다음 중 프레스의 안전작업을 위하여 활용하는 수공구로 가장 거리가 먼 것은?
① 브러시 ② 진공 컵
③ 마그넷 공구 ④ 플라이어(집게)

해설 브러시는 선반, 밀링의 안전작업을 위하여 활용하는 수공구에 해당한다.

관련이론 프레스의 안전작업을 위하여 활용하는 수공구
- 진공컵
- 핀세트
- 마그넷공구(자석공구)
- 밀대, 갈고리
- 플라이어(집게)

정답 ①

43 연삭기에서 숫돌의 바깥지름이 180mm라면, 평형플랜지의 바깥지름은 몇 mm 이상이어야 하는가?
① 30 ② 36
③ 45 ④ 60

해설 평형플랜지의 바깥지름 = 숫돌의 바깥지름 $\times \frac{1}{3}$
$= 180 \times \frac{1}{3} = 60mm$ 이상

정답 ④

44 산업안전보건법령에 따라 컨베이어에 부착해야 할 방호장치로 적합하지 않은 것은?
① 비상정지장치
② 과부하방지장치
③ 역주행방지장치
④ 덮개 또는 낙하방지용 울

해설 과부하방지장치는 양중기에 부착해야 할 방호장치에 해당한다.

관련이론 컨베이어에 부착해야 할 방호장치
- 비상정지장치
- 역주행방지장치
- 덮개 또는 낙하방지용 울
- 이탈방지장치

정답 ②

45 보일러의 방호장치로 옳지 않은 것은?
① 압력방출장치
② 과부하방지장치
③ 압력제한스위치
④ 고저수위조절장치

해설 과부하방지장치는 크레인, 리프트의 방호장치에 해당한다.

관련이론 보일러의 방호장치
- 압력방출장치
- 압력제한스위치
- 고저수위조절장치
- 화염검출기

정답 ②

46 프레스의 손쳐내기식 방호장치에서 방호판의 기준에 대한 설명이다. ( )에 들어갈 내용으로 옳은 것은?

> 방호판의 폭은 금형 폭의 (㉠) 이상이어야 하고, 행정길이가 (㉡)mm 이상인 프레스 기계에서는 방호판의 폭을(㉢)mm로 해야 한다.

① ㉠ 1/2, ㉡ 300, ㉢ 200
② ㉠ 1/2, ㉡ 300, ㉢ 300
③ ㉠ 1/3, ㉡ 300, ㉢ 200
④ ㉠ 1/3, ㉡ 300, ㉢ 300

해설
- 방호판의 폭은 금형 폭의 1/2 이상으로 하여야 한다.
- 행정길이가 300mm 이상의 프레스에는 방호판의 폭을 300mm로 하여야 한다(고용노동부고시 기준).

관련이론 프레스의 손쳐내기식 방호장치의 기준(고용노동부고시 기준)
- 방호판의 폭은 금형 폭의 1/2 이상으로 하여야 한다. 행정길이가 300mm 이상의 프레스에는 방호판의 폭을 300mm로 하여야 한다.
- 손쳐내기봉의 행정길이를 금형의 높이에 따라 조정할 수 있고, 진동폭은 금형 폭 이상이어야 한다.
- 슬라이드 하행정거리의 3/4 위치에서 손을 완전히 밀어내어야 한다.
- 손쳐내기봉은 손접촉시 충격을 완화할 수 있는 완충재를 부착해야 한다.
- 부착볼트 등의 고정금속부분은 예리하게 돌출되지 않아야 한다.
- 방호판 및 손쳐내기봉은 경량이면서 충분한 강도를 가져야 한다.

정답 ②

47 선반작업에서 가공물의 길이가 외경에 비하여 과도하게 길 때, 절삭저항에 의한 떨림을 방지하기 위한 장치는?

① 센터
② 심봉
③ 방진구
④ 돌리개

해설 선반작업에서 가공물의 길이가 외경에 비하여 과도하게 길 때(가공물의 길이가 외경의 12배 이상으로 과도하게 길 때), 절삭저항에 의한 떨림을 방지하기 위한 장치는 방진구이다.

정답 ③

48 산업안전보건법령에 따라 목재가공용 기계에 설치하여야 하는 방호장치에 대한 내용으로 옳지 않은 것은?

① 목재가공용 둥근톱기계에는 분할날 등 반발예방장치를 설치하여야 한다.
② 목재가공용 둥근톱기계에는 톱날접촉예방장치를 설치하여야 한다.
③ 모떼기기계에는 가공 중 목재의 회전을 방지하는 회전방지장치를 설치하여야 한다.
④ 작업대상물이 수동으로 공급되는 동력식 수동대패기계에 날접촉예방장치를 설치하여야 한다.

해설 모떼기기계에는 날접촉예방장치를 설치하여야 한다.

관련이론 산업안전보건법령에 따라 목재가공용 기계에 설치하여야 하는 방호장치
- 목재가공용 둥근톱기계에는 분할날 등 반발예방장치를 설치하여야 한다.
- 목재가공용 둥근톱기계에는 톱날접촉예방장치를 설치하여야 한다.
- 작업대상물이 수동으로 공급되는 동력식 수동대패기계에 날접촉예방장치를 설치하여야 한다.
- 모떼기기계에는 날접촉예방장치를 설치하여야 한다.
- 목재가공용 띠톱기계의 절단에 필요한 톱날부위 외의 위험한 톱날부위에 덮개 또는 울 등을 설치하여야 한다.
- 목재가공용 띠톱기계에서 스파이크가 붙어 있는 이송롤러 또는 요철형 이송롤러에 날접촉예방장치 또는 덮개를 설치하여야 한다.

정답 ③

49 산소-아세틸렌가스용접시 역화의 원인과 가장 거리가 먼 것은?

① 토치의 과열
② 토치 팁의 이물질
③ 산소공급의 부족
④ 압력조정기의 고장

해설 산소공급의 과다가 역화의 원인이 되며, 산소공급의 부족은 관계가 없다.

관련이론 산소-아세틸렌가스용접시 역화의 원인
- 토치의 과열
- 토치 팁의 이물질
- 압력조정기의 고장
- 산소공급의 과다
- 토치성능의 부실

정답 ③

50 그림과 같은 지게차가 안정적으로 작업할 수 있는 상태의 조건으로 적합한 것은?

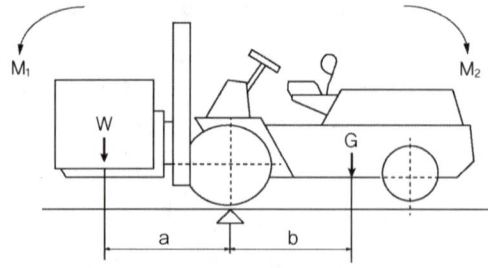

M₁: 화물의 모멘트
M₂: 차의 모멘트

① $M_1 < M_2$　　② $M_1 > M_2$
③ $M_1 \geqq M_2$　　④ $M_1 > 2M_2$

해설 지게차가 안정적으로 작업할 수 있는 상태의 조건은 다음과 같다.
$M_1 < M_2$
여기서, M₁: 화물의 모멘트, M₂: 차의 모멘트

관련이론 지게차의 방호조치(산업안전보건법 시행규칙)
- 헤드가드
- 백레스트
- 전조등
- 후미등
- 안전벨트

정답 ①

51 그림과 같이 2줄의 와이어로프로 중량물을 달아 올릴 때, 로프에 가장 힘이 적게 걸리는 각도(θ)는?

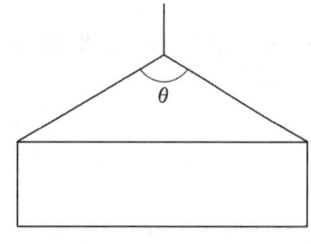

① 30°　　② 60°
③ 90°　　④ 120°

해설 와이어로프로 중량물을 달아 올릴 때 슬링 와이어의 각도가 작을수록 힘이 적게 걸리므로 30°가 가장 힘이 적게 걸린다.

정답 ①

52 기계 설비의 안전조건에서 구조적 안전화에 해당하지 않는 것은?
① 가공결함　　② 재료결함
③ 설계상의 결함　　④ 방호장치의 작동결함

해설 방호장치의 작동결함은 기계설비의 안전조건에서 기능적 안전화에 해당한다.

관련이론 구조적 안전화
1. 기계설비의 안전조건에서 구조적 안전화
   - 가공결함 → 가공상의 안전화
   - 재료결함 → 재료선택시의 안전화
   - 설계상의 결함 → 설계의 안전화(충분한 강도계산)
2. 안전율

$$안전율 = \frac{파단하중}{안전하중}$$
$$= \frac{극한강도}{최대설계응력}$$
$$= \frac{파괴하중}{최대사용하중}$$

정답 ④

53 2개의 회전체가 회전운동을 할 때에 물림점이 발생할 수 있는 조건은?
① 두 개의 회전체 모두 시계방향으로 회전
② 두 개의 회전체 모두 시계반대방향으로 회전
③ 하나는 시계방향으로 회전하고 다른 하나는 정지
④ 하나는 시계방향으로 회전하고 다른 하나는 시계반대방향으로 회전

해설 2개의 회전체가 회전운동을 할 때에 물림점이 발생할 수 있는 조건은 하나는 시계방향으로 회전하고 다른 하나는 시계반대방향으로 회전하는 것이다.

관련이론 물림점(Nip Point)
- 서로 반대방향으로 맞물려 회전하는 두 개의 회전체에 물려 들어갈 위험이 형성되는 점이다.
- 종류: 롤러 회전, 기어 회전

정답 ④

54 양수조작식 방호장치에서 누름버튼 상호간의 내측 거리는 몇 mm 이상이어야 하는가?

① 250 ② 300
③ 350 ④ 400

해설 양수조작식 방호장치 누름버튼의 상호간 내측거리는 300mm 이상으로 하여야 한다(고용노동부고시 기준).

관련이론 양수조작식 방호장치의 일반구조(고용노동부고시 기준)
- 누름버튼의 상호간 내측거리는 300mm 이상으로 하고, 매립형의 구조로 하여야 한다.
- 누름버튼을 양손으로 동시에 조작하지 않으면 작동시킬 수 없는 구조이어야 한다.
- 양쪽버튼의 작동시간 차이는 최대 0.5초 이내일 때 프레스가 동작되도록 해야 한다.
- 1행정1정지기구에 사용할 수 있어야 한다.
- 사용 전원전압 ±100분의 20의 변동에 대하여 정상으로 작동되어야 한다.
- 버튼 및 레버는 작업점에서 위험한계를 벗어나게 설치해야 한다.
- 램의 하행정 중 버튼에서 손을 뗄 때는 정지하는 구조이어야 한다.
- 푸트스위치를 병행하여 사용할 수 없는 구조이어야 한다.
- 정상동작표시등은 녹색, 위험표시등은 붉은색으로 하며, 쉽게 근로자가 볼 수 있는 곳에 설치해야 한다.
- 슬라이드 하강 중 정전 또는 방호장치의 이상시에 정지할 수 있는 구조이어야 한다.

정답 ②

55 기계의 왕복운동을 하는 동작부분과 움직임이 없는 고정부분 사이에 형성되는 위험점으로 프레스 등에서 주로 나타나는 것은?

① 물림점 ② 협착점
③ 절단점 ④ 회전말림점

해설 기계의 왕복운동을 하는 동작부분과 움직임이 없는 고정부분 사이에 형성되는 위험점으로 프레스 등에서 주로 나타나는 것은 협착점(Squeez Point)이다.

 관련이론 협착점의 형성(예)
- 프레스금형 조립부위
- 프레스 브레이크금형 조립부위
- 전단기 누름판 및 칼날부위
- 선반 및 형삭기 베드 끝 부위

정답 ②

56 연삭기의 방호장치에 해당하는 것은?

① 주수장치 ② 덮개장치
③ 제동장치 ④ 소화장치

해설 연삭기의 방호장치에 해당하는 것은 덮개장치이며, 연삭숫돌의 직경이 5cm 이상인 경우 덮개를 설치하여야 한다.

정답 ②

57 산업안전보건법령에 따라 달기체인을 달비계에 사용해서는 안 되는 경우가 아닌 것은?

① 균열이 있거나 심하게 변형된 것
② 달기체인의 한 꼬임에서 끊어진 소선의 수가 10% 이상인 것
③ 달기체인의 길이가 달기체인이 제조된 때의 길이의 5%를 초과한 것
④ 링의 단면지름이 달기체인이 제조된 때의 해당 링의 지름의 10%를 초과하여 감소한 것

해설 달기체인의 한 꼬임에서 끊어진 소선의 수가 10% 이상인 것은 해당하지 않는다.

관련이론 달비계에 사용해서는 안 되는 경우
1. 산업안전보건법령에 따라 달기체인을 달비계에 사용해서는 안 되는 경우
   - 달기체인의 길이가 달기체인이 제조된 때의 길이의 5%를 초과한 것
   - 링의 단면지름이 달기체인이 제조된 때의 해당 링의 지름의 10%를 초과하여 감소한 것
   - 균열이 있거나 심하게 변형된 것
2. 산업안전보건법령에 따라 와이어로프를 달비계에 사용해서는 안 되는 경우
   - 이음매가 있는 것
   - 와이어로프의 한꼬임[스트랜드(Strand)]에서 끊어진 소선[필러(Piler)선을 제외한다]의 수가 10% 이상인 것
   - 지름의 감소가 공칭지름의 7%를 초과하는 것
   - 꼬인 것
   - 심하게 변형되거나 부식된 것
   - 열과 전기충격에 의해 손상된 것

정답 ②

58 연삭기의 원주속도 V(m/s)를 구하는 식은? (단, D는 숫돌의 지름(m), n은 회전수(rpm)이다.)

① $V = \dfrac{\pi Dn}{16}$ ② $V = \dfrac{\pi Dn}{32}$

③ $V = \dfrac{\pi Dn}{60}$ ④ $V = \dfrac{\pi Dn}{1000}$

해설 연삭기의 원주속도(m/s)

$V = \pi Dn \,(\text{m/min}) = \dfrac{\pi Dn}{60}\,(\text{m/s})$

여기서, V: 회전속도(m/min, m/s)
D: 숫돌의 지름(m)
n: 회전수(rpm)

정답 ③

59 기계설비 외형의 안전화방법이 아닌 것은?

① 덮개
② 안전색채 조절
③ 가드(guard)의 설치
④ 페일세이프(fail safe)

해설 페일세이프(fail safe)는 <u>기계설비의 기능의 안전화에 해당한다.</u>

 기계설비 외형의 안전화
- 덮개
- 안전색채 조절
- 가드(Guard)의 설치
- 별실 또는 구획된 장소에 격리

정답 ④

60 산업용 로봇의 동작형태별 분류에 해당하지 않는 것은?

① 관절 로봇 ② 극좌표 로봇
③ 수치제어 로봇 ④ 원통좌표 로봇

해설 수치제어 로봇은 산업용 로봇의 입력정보, 교시에 의한 분류에 해당한다.

 산업용 로봇의 분류

1. 산업용 로봇의 동작형태별 분류
- 다관절(Robot articulated robot): 팔의 자유도가 주로 다관절인 로봇
- 직각좌표(Robot cartesian coordinates robot): 팔의 자유도가 주로 직각좌표 형식의 로봇
- 원통좌표(Robot cylinderical coordinates robot): 팔의 자유도가 주로 원통좌표 형식의 로봇
- 극좌표(Robot polar coordinates robot): 팔의 자유도가 주로 원통좌표 형식의 로봇

2. 산업용 로봇의 입력정보, 교시별 분류
- 수치제어 로봇: 순서, 위치 기타의 정보를 수치에 의해 지령받는 작업을 할 수 있는 로봇
- 지능 로봇: 감각기능 및 인식기능에 의해 행동결정을 할 수 있는 로봇
- 매뉴얼 매니퓰레이션: 인간이 조작하는 매니퓰레이터
- 플레이백 로봇: 인간이 매니퓰레이터를 움직여서 미리 작업을 수행하는 것으로 그 작업의 순서, 위치 및 기타의 정보를 기억시켜 이를 재생함으로써 그 작업을 되풀이 할 수 있는 매니퓰레이터
- 감각제어 로봇: 감각정보를 가지고 동작의 제어를 행하는 로봇
- 적응제어 로봇: 환경의 변화 등에 따라 제어 등의 특성을 필요로 하는 조건을 충족시키기 위하여 변화되는 적응 제어기능을 가지는 로봇
- 가변 시컨스 로봇: 미리 설정된 순서와 조건 및 위치에 따라 동작의 각 단계를 차례로 거쳐나가는 매니퓰레이터로서 설정정보의 변경을 쉽게 할 수 있는 로봇
- 고정 시컨스 로봇: 미리 설정된 순서와 조건 및 위치에 따라 동작의 각 단계를 차례로 거쳐나가는 매니퓰레이터로서 설정정보의 변경을 쉽게 할 수 없는 로봇
- 학습제어 로봇: 작업경험 등을 반영시켜 적절한 작업을 행하는 제어기능을 가지는 로봇

정답 ③

제4과목 전기 및 화학설비위험방지기술

61 액체가 관내를 이동할 때에 정전기가 발생하는 현상은?

① 마찰대전 ② 박리대전
③ 분출대전 ④ 유동대전

해설 액체가 관내를 이동할 때에 정전기가 발생하는 현상은 유동대전이다.
이는 가솔린과 같은 액체류가 파이프 등의 내부에서 유동할 때 관벽과 액체사이에서 발생하는 것으로, 액체의 유동속도가 정전기 발생에 가장 큰 영향을 미친다.

관련이론 정전기 유발 대전의 종류
- 마찰대전
- 박리대전
- 분출대전
- 유동대전
- 충돌대전
- 파괴대전
- 비말대전
- 침강대전
- 교반(진동)대전

정답 ④

62 전기기계·기구의 누전에 의한 감전의 위험을 방지하기 위하여 코드 및 플러그를 접속하여 사용하는 전기기계·기구 중 노출된 비충전 금속체에 접지를 실시하여야 하는 것이 아닌 것은?

① 사용전압이 대지전압 110V인 기구
② 냉장고, 세탁기, 컴퓨터 및 주변기기 등과 같은 고정형 전기기계·기구
③ 고정형·이동형 또는 휴대형 전동기계·기구
④ 휴대형 손전등

해설 사용전압이 대지전압 150V를 넘는 기구의 경우 접지를 실시하여야 한다.

관련이론 코드 및 플러그를 접속하여 사용하는 전기기계·기구 중 노출된 비충전금속체에 접지를 실시하여야 하는 것(산업안전보건법 안전보건기준)
- 냉장고, 세탁기, 컴퓨터 및 주변기기 등과 같은 고정형 전기기계·기구
- 고정형·이동형 또는 휴대형 전동기계·기구
- 휴대형 손전등
- 사용전압이 대지전압 150V를 넘는 것

정답 ①

63 도체의 정전용량 C = 20μF, 대전전위(방전시 전압) V = 3kV일 때 정전에너지(J)는?

① 45 ② 90
③ 180 ④ 360

해설
$$E = \frac{1}{2}CV^2$$
여기서, E: 정전기에너지(J)
C: 정전용량(F)
V: 대전전위(방전시 전압)(V)
$$= \frac{1}{2} \times 20 \times 10^{-6} \times 3000^2 = 90J$$

정답 ②

64 사람이 접촉될 우려가 있는 장소에서 제1종 접지공사의 접지선을 시설할 때 접지극의 최소 매설깊이는?

① 지하 30cm 이상 ② 지하 50cm 이상
③ 지하 75cm 이상 ④ 지하 90cm 이상

해설 접지극은 지하 75cm 이상의 깊이로 묻어야 한다.

관련이론 접지시설시 유의사항(한국전기설비규정)
- 접지극은 지표면으로부터 지하 0.75m 이상으로 하되 동결깊이를 감안하여 매설깊이를 정할 것
- 지하 0.75m부터 지표상 2m까지 부분은 합성수지관(두께 2mm 미만의 합성수지제전선관 및 콤바인덕트관은 제외) 또는 몰드로 덮을 것
- 접지도체를 철주 기타 금속체를 따라서 시설하는 경우에는 접지극을 철주의 밑면으로부터 0.3m 이상의 깊이에 매설하는 경우 이외에는 접지극을 그 금속체로부터 1m 이상 떼어 매설할 것
- 접지도체는 절연전선(옥외용 비닐절연전선은 제외) 또는 케이블(통신용 케이블은 제외)을 사용할 것. 다만, 접지도체를 철주 기타의 금속체를 따라서 시설하는 경우 이외의 경우에는 접지도체의 지표상 0.6m를 초과하는 부분에 대하여는 절연전선을 사용하지 않을 수 있다.

정답 ③

65 산업안전보건기준에 관한 규칙에 따라 꽂음접속기를 설치 또는 사용하는 경우 준수하여야 할 사항으로 옳지 않은 것은?

① 서로 다른 전압의 꽂음접속기는 서로 접속되지 아니한 구조의 것을 사용할 것
② 습윤한 장소에 사용되는 꽂음접속기는 방수형 등 그 장소에 적합한 것을 사용할 것
③ 근로자가 해당 꽂음접속기를 접속시킬 경우에는 땀 등으로 젖은 손으로 취급하지 않도록 할 것
④ 꽂음접속기에 잠금장치가 있을 때에는 접속 후 개방하여 사용할 것

해설 꽂음접속기에 잠금장치가 있을 때에는 접속 후 잠그고 사용하여야 한다.

정답 ④

66 인체가 현저히 젖어 있거나 인체의 일부가 금속성의 전기기구 또는 구조물에 상시 접촉되어 있는 상태의 허용접촉전압(V)은?

① 2.5V 이하 ② 25V 이하
③ 50V 이하 ④ 제한 없음

해설 체가 현저히 젖어 있거나 인체의 일부가 금속성의 전기기구 또는 구조물에 상시 접촉되어 있는 상태의 허용접촉전압은 25V 이하이다.

관련이론 허용접촉전압의 계산

변전소 등에 고장전류가 유입되었을 때 그 부근 지표상과 도전성 구조물의 두점(보통 1m)간 변위차의 허용값은 다음과 같이 계산한다.

$$E = (R_b + \frac{3R_s}{2}) \times I_k$$

여기서, E: 허용접촉전압(V)
R_b: 인체의 저항(Ω)
R_s: 지표상층 저항률(Ωm)
I_k: 심실세동전류(A)

정답 ②

67 방폭전기설비에서 1종위험장소에 해당하는 것은?

① 이상상태에서 위험분위기를 발생할 염려가 있는 장소
② 보통장소에서 위험분위기를 발생할 염려가 있는 장소
③ 위험분위기가 보통의 상태에서 계속해서 발생하는 장소
④ 위험분위기가 장기간 또는 거의 조성되지 않는 장소

해설 보통장소에서 위험분위기를 발생할 염려가 있는 장소의 경우 1종위험장소에 해당한다.

관련이론 폭발위험장소(가스, 증기 대상 위험장소)

1. 0종장소
   위험분위기가 지속적으로 또는 장기간 존재하는 장소
   • 인화성물질 또는 가연성 가스가 지속적 또는 장기간 체류하는 곳 또는 피트(Pit) 등의 내부
   • 기기의 내부, 밀폐함 내부, 장치 및 배관의 내부 등

2. 1종장소
   정상(상시 사용)상태에서 위험분위기가 존재하기 쉬운 장소(보통 장소에서 위험분위기를 발생할 염려가 있는 장소)
   • 운전, 정비 또는 누설에 의하여 자주 위험분위기가 생성되는 곳
   • 정상상태에서 위험분위기가 쉽게 생성되는 곳
   • 환기가 불충분한 장소에 설치된 배관계통으로 쉽게 누설되는 구조의 곳
   • 기기 일부의 고장시 가연성 물질의 누출과 전기기기의 고장이 동시에 발생되기 쉬운 곳
   • 상용상태에서 위험분위기가 주기적 또는 간헐적으로 존재하는 곳

3. 2종장소
   이상상태(일부기기 고장, 오작동, 기능상실 등)하에서 위험분위기가 단시간 동안 존재할 수 있는 장소
   • 1종장소와 직접 접하며 개방되어 있는 곳 또는 1종장소와 덕트, 트랜치, 파이프 등으로 연결되어 이들을 통해 가스나 증기의 유입이 가능한 곳
   • 환기가 불충분한 장소에 설치된 배관계통으로 쉽게 누설되지 않는 구조의 곳
   • 가스켓(Gasket), 패킹(Packing) 등의 고장과 같이 이상상태에서만 누출될 수 있는 공정기기 또는 배관이 환기가 충분한 곳에 설치된 장소
   • 강제환기방식이 채용되는 곳으로 환기기기의 고장이나 이상시에 위험분위기가 생성될 수 있는 곳

정답 ②

68 과전류차단기로 시설하는 퓨즈 중 고압전로에 사용하는 포장퓨즈는 정격전류의 몇 배를 견딜 수 있어야 하는가?

① 1.1배　　② 1.3배
③ 1.6배　　④ 2.0배

해설　고압전로에 사용하는 포장퓨즈는 정격전류의 1.3배를 견딜 수 있어야 한다.

[관련이론] 퓨즈의 특성

퓨즈의 종류	정격용량	용단시간
저압용 포장퓨즈	정격전류의 1.1배	• 30A 이하: 2배의 전류로 2분 • 30~60A 이하: 2배의 전류로 4분 • 60~100A 이하: 2배의 전류로 6분
고압용 포장퓨즈	정격전류의 1.3배	2배의 전류로 120분
고압용 비포장 퓨즈	정격전류의 1.25배	2배의 전류로 2분

정답 ②

69 접지공사의 종류별로 접지선의 굵기 기준이 바르게 연결된 것은?

① 제1종 접지공사 – 공칭단면적 1.6mm² 이상의 연동선
② 제2종 접지공사 – 공칭단면적 2.6mm² 이상의 연동선
③ 제3종 접지공사 – 공칭단면적 2mm² 이상의 연동선
④ 특별제3종 접지공사 – 공칭단면적 2.5mm² 이상의 연동선

해설　특별제3종 접지공사에는 공칭단면적 2.5mm² 이상의 연동선을 사용하여야 한다.

선지분석
① 제1종 접지공사에는 공칭단면적 6mm² 이상의 연동선을 사용하여야 한다.
② 제2종 접지공사에는 공칭단면적 16mm² 이상의 연동선을 사용하여야 한다.
③ 제3종 접지공사에는 공칭단면적 2.5mm² 이상의 연동선을 사용하여야 한다.

※ 한국전기설비규정(KEC) → 접지에 관한 새로운 규정이 2018.3.9 제정, 2021.1.1 시행되었으므로 해당 문제의 접지에 관한 규정은 학습 불필요

정답 ④

70 신선한 공기 또는 불연성가스 등의 보호기체를 용기의 내부에 압입함으로써 내부의 압력을 유지하여 폭발성가스가 침입하지 않도록 하는 방폭구조는?

① 내압방폭구조
② 압력방폭구조
③ 안전증방폭구조
④ 특수방진방폭구조

해설　신선한 공기 또는 불연성 가스 등의 보호기체를 용기의 내부에 압입함으로써 내부의 압력을 유지하여 폭발성 가스가 침입하지 않도록 하는 방폭구조는 압력방폭구조(기호: p)이다.

정답 ②

71 연소의 3요소에 해당하지 않는 것은?

① 가연물　　② 점화원
③ 연쇄반응　　④ 산소공급원

해설　연소의 3요소에는 가연물, 산소공급원, 점화원이 있으며, 연쇄반응은 이에 해당하지 않는다.

[관련이론] 연소의 3요소

1. 가연물이 되기 쉬운 조건
   • 열전도율이 작을 것
   • 산소와의 친화력이 클 것
   • 발열량(반응열)이 클 것
   • 점화에너지가 작을 것
   • 산소와의 접촉면적이 클 것
   • 입자의 표면적이 클 것(넓을 것)

2. 산소공급원

3. 점화원
   가연물을 연소시키는데 필요한 최소에너지
   • 전기불꽃
   • 정전기
   • 마찰열
   • 단열압축열
   • 화학반응열

정답 ③

72 산업안전보건법령에서 정한 위험물을 기준량 이상으로 제조하거나 취급하는 설비 중 특수화학설비에 해당하지 않는 것은?

① 발열반응이 일어나는 반응장치
② 증류·정류·증발·추출 등 분리를 하는 장치
③ 가열로 또는 가열기
④ 고로 등 점화기를 직접 사용하는 열교환기류

해설 고로 등 점화기를 직접 사용하는 열교환기류는 특수화학설비에 해당하지 않는다.

관련이론 산업안전보건법령에서 정한 위험물을 기준량 이상으로 제조하거나 취급하는 설비 중 특수화학설비
- 발열반응이 일어나는 반응장치
- 증류·정류·증발·추출 등 분리를 하는 장치
- 가열로 또는 가열기
- 가열시켜 주는 물질의 온도가 가열되는 위험물질의 분해온도 또는 발화점보다 높은 상태에서 운전되는 설비
- 반응폭주 등 이상화학반응에 의하여 위험물질이 발생할 우려가 있는 설비
- 온도가 350℃ 이상이거나 게이지압력이 980kPa 이상인 상태에서 운전되는 설비

정답 ④

73 프로판(C_3H_8)의 완전연소조성농도(vol%)는?

① 4.02   ② 4.19
③ 5.05   ④ 5.19

해설 완전연소조성농도 계산식

$$C_{st}(\text{vol\%}) = \frac{100}{1+4.773(n+\frac{m-f-2\lambda}{4})}$$

여기서, C_{st}: 완전연소조성농도
n: 탄소, m: 수소, f: 할로겐원소, λ: 산소의 원자수

$$= \frac{100}{1+4.773(3+\frac{8}{4})} \fallingdotseq 4.02 \text{vol\%}$$

관련이론 프로판(C_3H_8) 가스의 완전연소반응식
$C_3H_8 + 5O_2 \rightarrow 3CO_2 + 4H_2O$

정답 ①

74 물과의 반응 또는 열에 의해 분해되어 산소를 발생하는 것은?

① 적린   ② 과산화나트륨
③ 유황   ④ 이황화탄소

해설
- 물과의 반응 또는 열에 의해 분해되어 산소를 발생하는 것은 과산화나트륨(Na_2O_2)이다.
  $2Na_2O_2 + 2H_2O \rightarrow 4NaOH + O_2$
- 과산화나트륨(Na_2O_2)은 산화제로서 여러 가지 표백에 쓰이고, 분석시약으로도 사용된다.

정답 ②

75 위험물안전관리법령상 제3류 위험물이 아닌 것은?

① 황화린   ② 금속나트륨
③ 황린   ④ 금속칼륨

해설 황화린은 위험물안전관리법령상 제2류 위험물에 해당한다.

관련이론 위험물안전관리법령상 위험물
1. 제2류 위험물(가연성 고체)
   - 황화린   · 철분
   - 적린   · 마그네슘
   - 유황   · 인화성 고체
   - 금속분
2. 제3류 위험물(자연발화성 및 금수성 물질)
   - 나트륨   · 알킬알루미늄
   - 황린   · 유기금속 화합물
   - 칼륨   · 금속의 수소화물
   - 알킬리튬   · 금속의 인화물
   - 알칼리금속(칼륨 및 나트륨 제외) 및 알칼리토금속

정답 ①

76 환풍기가 고장난 장소에서 인화성 액체를 취급할 때, 부주의로 마개를 막지 않았다. 여기서 작업자가 담배를 피우기 위해 불을 켜는 순간 인화성 액체에서 불꽃이 일어나는 사고가 발생하였다. 이와 같은 사고의 발생 가능성이 가장 높은 물질은? (단, 작업현장의 온도는 20℃이다.)

① 글리세린   ② 중유
③ 디에틸에테르 ④ 경유

해설
- 사고의 발생 가능성이 가장 높은 물질은 디에틸에테르($C_2H_5OC_2H_5$)이다.
- 디에틸에테르는 인화성과 휘발성을 띠는 무색의 액체이다.

정답 ③

77 유해물질의 농도를 c, 노출시간을 t라 할 때 유해물지수(k)와의 관계인 Haber의 법칙을 바르게 나타낸 것은?

① k = c + t ② k = c/k
③ k = c×t ④ k = c − t

해설 Haber(하버)의 법칙은 다음과 같이 나타낸다.
k = c×t
여기서, k: 유해물지수
c: 유해물질의 농도
t: 노출시간

정답 ③

78 20℃인 1기압의 공기를 압축비 3으로 단열압축하였을 때, 온도(℃)는? (단, 공기의 비열비는 1.4이다.)

① 84 ② 128
③ 182 ④ 1091

해설 단열압축시 공기의 온도

$$T_2 = T_1 \left(\frac{P_2}{P_1}\right)^{\frac{r-1}{r}}$$

여기서, T_1: 단열압축 전 절대온도(K)
T_2: 단열압축 후 절대온도(K)
$\frac{P_2}{P_1}$: 압축비
r: 비열비

$= (273+20) \times 3^{\frac{1.4-1}{1.4}}$
$= 401°K - 273 ≒ 128℃$

정답 ②

79 절연성 액체를 운반하는 관에서 정전기로 인해 일어나는 화재 및 폭발을 예방하기 위한 방법으로 가장 거리가 먼 것은?

① 유속을 줄인다.
② 관을 접지시킨다.
③ 도전성이 큰 재료의 관을 사용한다.
④ 관의 안지름을 작게 한다.

해설 관의 안지름을 크게 한다.

관련이론 절연성 액체를 운반하는 관에서 정전기로 인해 일어나는 화재 및 폭발을 예방하기 위한 방법
• 유속을 줄인다.
• 관을 접지시킨다.
• 도전성이 큰 재료의 관을 사용한다.
• 관의 안지름을 크게 한다.
• 관의 굴곡을 없도록 한다.

정답 ④

80 분진폭발에 대한 안전대책으로 적절하지 않은 것은?

① 분진의 퇴적을 방지한다.
② 점화원을 제거한다.
③ 입자의 크기를 최소화한다.
④ 불활성 분위기를 조성한다.

해설 입자의 크기를 최대화한다.

관련이론 분진폭발
1. 분진폭발에 대한 안전대책
   • 분진의 퇴적을 방지한다.
   • 점화원을 제거한다.
   • 불활성 분위기를 조성한다.
   • 입자의 크기를 최대화한다.
   • 분진이 날리지 않도록 한다.
   • 분진과 그 주변의 온도를 낮춘다.
   • 분진입자의 표면적을 작게 한다.

2. 분진폭발의 특성
   • 폭발압력과 연소속도는 가스폭발보다 작다.
   • 가스폭발보다 연소시간이 길고 발생에너지가 크다.
   • 화염의 파급속도보다 압력의 파급속도가 크다.(빠르다)
   • 불완전연소로 인한 일산화탄소 등 가스중독의 위험성이 크다.

정답 ③

제5과목 건설안전기술

81 토석이 붕괴되는 원인을 외적요인과 내적요인으로 나눌 때 외적요인으로 볼 수 없는 것은?

① 사면, 법면의 경사 및 기울기의 증가
② 지진발생, 차량 또는 구조물의 중량
③ 공사에 의한 진동 및 반복하중의 증가
④ 절토사면의 토질, 암질

해설 절토사면의 토질, 암질은 토석이 붕괴되는 원인 중 내적요인에 해당한다.

관련이론 토석붕괴의 원인

1. 토석붕괴의 외적원인
   - 사면, 법면의 경사 및 기울기의 증가
   - 지진, 차량, 구조물의 하중작용
   - 공사에 의한 진동 및 반복하중의 증가
   - 절토 및 성토높이의 증가
   - 지표수 및 지하수의 침투에 의한 토사중량의 증가
2. 토석붕괴의 내적원인
   - 절토사면의 토질, 암질
   - 성토사면의 토질
   - 토석의 강도저하

정답 ④

82 건설용 양중기에 대한 설명으로 옳은 것은?

① 삼각데릭의 인접시설에 장해가 없는 상태에서 360° 회전이 가능하다.
② 이동식크레인(crane)에는 트럭크레인, 크롤러크레인 등이 있다.
③ 휠크레인에는 무한궤도식과 타이어식이 있으며 장거리 이동에 적당하다.
④ 크롤러크레인은 휠크레인보다 기동성이 뛰어나다.

해설 이동식크레인(crane)에는 트럭크레인, 크롤러크레인 등이 있다.

선지분석
① 삼각데릭은 인접시설에 장해가 없는 상태에서 270° 회전이 가능하다
③ 휠크레인에는 타이어식이 있으며 장거리 이동에 적당하다.
④ 크롤러크레인은 휠크레인보다 기동성이 부족하다.

정답 ②

83 다음은 공사진척에 따른 안전관리비의 사용기준이다. ( )에 들어갈 내용으로 옳은 것은?

공정률	50% 이상 70% 미만	70% 이상 90% 미만	90% 이상
사용기준	( ) 이상	70% 이상	90% 이상

① 30% 이상
② 40% 이상
③ 50% 이상
④ 60% 이상

해설 공사진척에 따른 안전관리비의 사용기준은 다음과 같다(고용노동부고시).

공정률	50% 이상 70% 미만	70% 이상 90% 미만	90% 이상
사용기준	50% 이상	70% 이상	90% 이상

정답 ③

84 거푸집동바리 조립도에 명시해야 할 사항과 거리가 가장 먼 것은?

① 작업환경조건
② 부재의 재질
③ 단면규격
④ 설치간격

해설 거푸집동바리 조립도에 명시해야 할 사항으로는 부재의 재질, 단면규격, 설치간격, 이음방법이 있으며, 작업환경조건은 관계가 없다(산업안전보건법 안전보건기준).

정답 ①

85 굴착공사시 안전한 작업을 위한 사질지반(점토질을 포함하지 않은 것)의 굴착면 기울기와 높이 기준으로 옳은 것은?

① 1:1.5 이상, 5m 미만
② 1:0.5 이상, 5m 미만
③ 1:1.5 이상, 2m 미만
④ 1:0.5 이상, 2m 미만

해설 점토질을 포함하지 않은 사질지반의 굴착공사시 안전한 작업을 위한 굴착면 기울기 기준은 1:1.5 이상, 높이 기준은 5m 미만이다(굴착공사 표준안전작업 지침 고용노동부고시).

정답 ①

86 철골공사시 도괴의 위험이 있어 강풍에 대한 안전여부를 확인해야 할 필요성이 가장 높은 경우는?

① 연면적당 철골량이 일반 건물보다 많은 경우
② 기둥에 H형강을 사용하는 경우
③ 이음부가 공장용접인 경우
④ 단면구조가 현저한 차이가 있으며 높이가 20m 이상인 건물

해설 단면구조가 현저한 차이가 있으며, 높이가 20m 이상인 건물의 경우 강풍에 대한 안전여부를 확인해야 할 필요성이 가장 높다.

관련이론 철골공사시 도괴의 위험성이 있어 강풍에 대한 안전여부를 확인할 필요성이 있는 경우
- 단면구조에 현저한 차이가 있는 구조물
- 높이 20m 이상인 구조물
- 구조물의 폭과 높이의 비가 1:4 이상인 구조물
- 연면적당 철골량이 50kg/m² 이하인 구조물
- 기둥이 타이플레이트(Tie Peate)형인 건물
- 이음부가 현장용접인 구조물

정답 ④

87 강관을 사용하여 비계를 구성하는 경우 준수해야 할 기준으로 옳지 않은 것은?

① 비계기둥의 간격은 띠장방향에서는 1.85m 이하, 장선방향에서는 1.5m 이하로 할 것
② 띠장간격은 1.5m 이하로 할 것
③ 비계기둥의 제일 윗부분으로부터 31m 되는 지점 밑부분의 비계기둥은 2개의 강관으로 묶어 세울 것
④ 비계기둥간의 적재하중은 400kg을 초과하지 않도록 할 것

해설 띠장간격은 2m 이하로 하여야 한다.

정답 ②

88 양중기의 와이어로프 등 달기구의 안전계수 기준으로 옳은 것은? (단, 화물의 하중을 직접 지지하는 달기와이어로프 또는 달기체인의 경우)

① 3 이상 ② 4 이상
③ 5 이상 ④ 6 이상

해설 화물의 하중을 직접 지지하는 달기와이어로프 또는 달기체인의 경우 안전계수 기준은 5 이상이다.

관련이론 양중기의 와이어로프 등 달기구의 안전계수 기준(산업안전보건법 안전보건기준)

1. 양중기의 와이어로프 등 달기구의 안전계수(달기구 절단하중의 값을 그 달기구에 걸리는 하중의 최대값으로 나눈 값)가 다음의 기준에 맞지 아니한 경우에는 이를 사용하여서는 안된다.
   - 근로자가 탑승하는 운반구를 지지하는 달기와이어로프 또는 달기체인의 경우: 10 이상
   - 화물의 하중을 직접 지지하는 달기와이어로프 또는 달기체인의 경우: 5 이상
   - 훅, 섀클, 클램프, 리프팅 빔의 경우: 3 이상
   - 그 밖의 경우: 4 이상
2. 달기구의 경우 최대허용하중 등의 표식이 견고하게 붙어 있는 것을 사용하여야 한다.

정답 ③

89 옥내작업장에는 비상시에 근로자에게 신속하게 알리기 위한 경보용 설비 또는 기구를 설치하여야 한다. 그 설치대상 기준으로 옳은 것은?

① 연면적이 400m² 이상이거나 상시 40명 이상의 근로자가 작업하는 옥내작업장
② 연면적이 400m² 이상이거나 상시 50명 이상의 근로자가 작업하는 옥내작업장
③ 연면적이 500m² 이상이거나 상시 40명 이상의 근로자가 작업하는 옥내작업장
④ 연면적이 500m² 이상이거나 상시 50명 이상의 근로자가 작업하는 옥내작업장

해설 연면적이 400m² 이상이거나 상시 50명 이상의 근로자가 작업하는 옥내작업장의 경우 옥내작업장의 비상용 경보설비 또는 기구 설치대상에 해당한다(산업안전보건법 안전보건기준).

정답 ②

90 비탈면 붕괴방지를 위한 붕괴방지공법과 가장 거리가 먼 것은?

① 배토공법
② 압성토공법
③ 공작물의 설치
④ 언더피닝공법

해설 언더피닝공법은 기존건물 가까이에 건축공사를 할 때 기존(인접)건물의 지반과 기초를 보강하는 공법으로, 붕괴방지공법과는 관계가 없다.

관련 이론 비탈면(사면) 붕괴방지를 위한 붕괴방지공법
- 배토공법(배수공법)
- 공작물의 설치
- 압성토공법
- 앵커공법

정답 ④

91 거푸집동바리 등을 조립하거나 해체하는 작업을 하는 경우에 준수해야 할 사항으로 옳지 않은 것은?

① 해당 작업을 하는 구역에는 관계 근로자가 아닌 사람의 출입을 금지할 것
② 비, 눈, 그 밖의 기상상태의 불안정으로 날씨가 몹시 나쁜 경우에는 그 작업을 중지할 것
③ 재료, 기구 또는 공구 등을 올리거나 내리는 경우에는 근로자간 서로 직접 전달하도록 하고, 달줄, 달포대 등의 사용을 금할 것
④ 낙하·충격에 의한 돌발적 재해를 방지하기 위하여 버팀목을 설치하고 거푸집동바리 등을 인양장비에 매단 후에 작업을 하도록 하는 등 필요한 조치를 할 것

해설 재료, 기구 또는 공구 등을 올리거나 내리는 경우 근로자로 하여금 달줄, 달포대 등의 사용하도록 해야 한다.

정답 ③

92 철근의 가스절단작업시 안전상 유의해야 할 사항으로 옳지 않은 것은?

① 작업장에는 소화기를 비치하도록 한다.
② 호스, 전선 등은 다른 작업장을 거치는 곡선상의 배선이어야 한다.
③ 전선의 경우 피복이 손상되어 있는지를 확인하여야 한다.
④ 호스는 작업 중에 겹치거나 밟히지 않도록 한다.

해설 호스, 전선 등은 다른 작업장을 거치지 않는 직선상의 배선이어야 한다.

정답 ②

93 터널 등의 건설작업을 하는 경우에 낙반 등에 의하여 근로자가 위험해질 우려가 있는 경우, 그 위험을 방지하기 위하여 취해야 할 조치와 거리가 먼 것은?

① 터널지보공 설치   ② 록볼트 설치
③ 부석의 제거   ④ 산소의 측정

해설 산소의 측정은 터널 등의 건설작업을 하는 경우 낙반 등에 의하여 근로자가 위험해질 우려가 있는 경우, 그 위험을 방지하기 위하여 취해야 할 조치에 해당하지 않는다.

정답 ④

94 철골공사 중 트랩을 이용해 승강할 때 안전과 관련된 항목이 아닌 것은?

① 수평구명줄   ② 수직구명줄
③ 죔줄   ④ 추락방지대

해설 수평구명줄은 트랩을 이용한 승강시의 안전과는 관계가 없다.

관련 이론 철골공사 중 트랩을 이용해 승강할 때 안전과 관련된 항목
- 수직구명줄
- 죔줄
- 추락방지대
- 안전대
- 안전대 부착설비

정답 ①

95 거푸집 및 동바리 설계시 적용하는 연직방향하중에 해당하지 않는 것은?

① 콘크리트의 측압
② 철근콘크리트의 자중
③ 작업하중
④ 충격하중

해설 콘크리트의 측압은 거푸집 및 동바리 설계시 적용하는 수평방향하중에 해당한다.

> **관련이론** 거푸집의 설계
>
> 1. 거푸집 및 동바리 설계시 연직방향하중(수직방향하중)
>   ① 고정하중(철근콘크리트의 자중): 고정하중은 거푸집 자체의 중량(철근중량 포함)이다.
>   ② 작업하중: 작업자와 소도구의 하중으로 보통 150kg/m²로 한다.
>   ③ 충격하중: 콘크리트 타설시 및 중기작업시 생기는 하중으로 산정되는 적재하중의 50%를 적용한다.
>   ④ 적재하중: 적재하중은 타설되는 콘크리트, 철근의 중량에 특별히 차량 및 중량의 기계가 적재되는 경우에 합한 하중을 말한다.
>
> 2. 거푸집 설계시의 수평하중
>   ㉠ 콘크리트의 측압: 콘크리트의 타설속도, 타설높이, 단위용적중량, 온도, 부위 및 배근상태 등에 따라 다르지만 최대측압을 구하는데 이용되는 4요소는 다음과 같다.
>   • 생콘크리트의 타설높이(m)
>   • 콘크리트의 타설속도(m/h)
>   • 생콘크리트의 단위용적중량(t/m³)
>   • 벽길이(m)
>   ㉡ 풍하중
>   ㉢ 지진하중

정답 ①

96 철골작업시의 위험방지와 관련하여 철골작업을 중지하여야 하는 강설량의 기준은?

① 시간당 1mm 이상인 경우
② 시간당 3mm 이상인 경우
③ 시간당 1cm 이상인 경우
④ 시간당 3cm 이상인 경우

해설 강설량이 시간당 1cm 이상인 경우 철골작업을 중지하여야 한다.

> **관련이론** 악천후시 철골작업을 중지하여야 하는 기준(산업안전보건법 안전보건기준)
> • 강설량: 1cm/h 이상
> • 강우량: 1mm/h 이상
> • 풍속: 10m/sec 이상

정답 ③

97 굴착공사의 경우 유해·위험방지계획서 제출 대상의 기준으로 옳은 것은?

① 깊이 5m 이상인 굴착공사
② 깊이 8m 이상인 굴착공사
③ 깊이 10m 이상인 굴착공사
④ 깊이 15m 이상인 굴착공사

해설 깊이 10m 이상인 굴착공사의 경우 유해·위험방지계획서를 제출하여야 한다.

> **관련이론** 건설업 중 유해위험방지계획서 제출 대상(산업안전보건법)
> ㉠ 지상높이가 31m 이상인 건축물 또는 인공구조물의 건설·개조 또는 해체공사
> ㉡ 연면적 30,000m² 이상인 건축물의 건설·개조 또는 해체공사
> ㉢ 최대지간길이가 50m 이상인 다리의 건설 등 공사
> ㉣ 터널건설 등의 공사
> ㉤ 다목적댐, 발전용댐 및 저수용량 2,000만t 이상의 용수전용댐, 지방상수도전용댐 건설 등의 공사
> ㉥ 깊이 10m 이상인 굴착공사
> ㉦ 연면적 5,000m² 이상의 시설로서 다음의 어느 하나에 해당되는 시설의 건설·개조 또는 해체공사
>   • 문화 및 집회시설(전시장 및 동물원·식물원 제외)
>   • 판매시설, 운수시설(고속철도의 역사 및 집배송시설은 제외)
>   • 종교시설
>   • 의료시설 중 종합병원
>   • 숙박시설 중 관광숙박시설
>   • 지하도상가
>   • 냉동·냉장창고시설

정답 ③

98 비계의 높이가 2m 이상인 작업장소에 설치되는 작업발판의 구조에 대한 기준으로 옳지 않은 것은?

① 작업발판의 폭은 40cm 이상으로 할 것
② 발판재료간의 틈은 5cm 이하로 할 것
③ 작업발판재료는 뒤집히거나 떨어지지 않도록 둘 이상의 지지물에 연결하거나 고정시킬 것
④ 작업발판을 작업에 따라 이동시킬 경우에는 위험방지에 필요한 조치를 할 것

해설 발판재료간의 틈은 3cm 이하로 하여야 한다.

정답 ②

99 고소작업대를 사용하는 경우 준수해야 할 사항으로 옳지 않은 것은?

① 안전한 작업을 위하여 적정수준의 조도를 유지할 것
② 전로(電路)에 근접하여 작업을 하는 경우에는 작업감시자를 배치하는 등 감전사고를 방지하기 위하여 필요한 조치를 할 것
③ 작업대의 붐대를 상승시킨 상태에서 탑승자는 작업대를 벗어나지 말 것
④ 전환스위치는 다른 물체를 이용하여 고정할 것

해설 전환스위치를 다른 물체를 이용하여 고정하는 것은 고소작업대 사용시 준수사항에 해당하지 않는다.

관련이론 고소작업대를 사용하는 경우 준수해야 할 사항(산업안전보건법 안전보건기준)

- 안전한 작업을 위하여 적정수준의 조도를 유지할 것
- 전로(電路)에 근접하여 작업을 하는 경우에는 작업감시자를 배치하는 등 감전사고를 방지하기 위하여 필요한 조치를 할 것
- 작업대의 붐대를 상승시킨 상태에서 탑승자는 작업대를 벗어나지 말 것
- 작업자가 안전모, 안전대 등의 보호구를 착용하도록 할 것
- 관계자 이외의 사람이 작업구역 내에 들어오는 것을 방지하기 위하여 필요한 조치를 할 것

정답 ④

100 계단의 개방된 측면에 근로자의 추락위험을 방지하기 위하여 안전난간을 설치하고자 할 때 그 설치기준으로 옳지 않은 것은?

① 안전난간은 상부난간대, 중간난간대, 발끝막이판 및 난간기둥으로 구성할 것
② 발끝막이판은 바닥면 등으로부터 10cm 이상의 높이를 유지할 것
③ 난간기둥은 상부난간대와 중간난간대를 견고하게 떠받칠 수 있도록 적정한 간격을 유지할 것
④ 난간대는 지름 3.8cm 이상의 금속제 파이프나 그 이상의 강도가 있는 재료일 것

해설 난간대는 지름 2.7cm 이상의 금속제 파이프나 그 이상의 강도가 있는 재료이어야 한다.

관련이론 안전난간의 설치기준(산업안전보건법 안전보건기준)

- 안전난간은 상부난간대, 중간난간대, 발끝막이판, 난간기둥으로 구성할 것
- 발끝막이판은 바닥면 등으로부터 10cm 이상의 높이를 유지할 것
- 난간기둥은 상부난간대와 중간난간대를 견고하게 떠받칠 수 있도록 적정한 간격을 유지할 것
- 상부난간대와 중간난간대는 난간길이 전체에 걸쳐 바닥면 등과 평행을 유지할 것
- 난간대는 지름 2.7cm 이상의 금속제 파이프나 그 이상의 강도가 있는 재료일 것
- 안전난간은 구조적으로 가장 취약한 지점에서 가장 취약한 방향으로 작용하는 100kg 이상의 하중에 견딜 수 있는 튼튼한 구조일 것
- 상부난간대는 바닥면, 발판 또는 경사로의 표면으로부터 90cm 이상 지점에 설치하고, 상부난간대를 120cm 이하에 설치하는 경우에는 중간난간대는 상부난간대와 바닥면 등의 중간에 설치하여야 하며, 120cm 이상 지점에 설치하는 경우에는 중간난간대를 2단 이상으로 균등하게 설치하고 난간의 상하간격은 60cm 이하가 되도록 할 것

정답 ④

2019년 제2회

제1과목 산업안전관리론

01 다음 중 무재해운동의 기본이념 3원칙에 포함되지 않는 것은?

① 무의 원칙 ② 선취의 원칙
③ 참가의 원칙 ④ 라인화의 원칙

해설 무재해 운동의 기본이념 3원칙에는 무의 원칙, 선취의 원칙(안전제일의 원칙), 참가의 원칙이 있으며, 라인화의 원칙은 이에 포함되지 않는다.

정답 ④

02 산업안전보건법령상 상시 근로자수의 산출내역에 따라, 연간국내공사실적액이 50억 원이고 건설업평균임금이 250만 원이며, 노무비율은 0.06인 사업장의 상시 근로자수는?

① 10인 ② 30인
③ 33인 ④ 75인

해설 상시 근로자수

$= \dfrac{\text{연간 국내공사 실적액} \times \text{노무비율}}{\text{건설업 월평균 임금} \times 12}$

$= \dfrac{50억 \times 0.06}{250만 \times 12} = 10$인

정답 ①

03 산업안전보건법령상 산업재해조사표에 기록되어야 할 내용으로 옳지 않은 것은?

① 사업장 정보
② 재해정보
③ 재해발생개요 및 원인
④ 안전교육계획

해설 안전교육계획은 산업안전보건법령상 산업재해조사표에 기록되어야 할 내용에 해당하지 않는다.

관련이론 산업안전보건법령상 산업재해조사표의 기록 내용
- 사업장 정보
- 재해정보
- 재해발생 개요 및 원인
- 재발방지계획

정답 ④

04 하인리히의 재해발생 원인 도미노이론에서 사고의 직접원인으로 옳은 것은?

① 통제의 부족
② 관리구조의 부적절
③ 불안전한 행동과 상태
④ 유전과 환경적 영향

해설 하인리히의 재해발생 원인 도미노이론에서 사고의 직접원인은 불안전한 행동과 상태(제3단계)이다.

관련이론 하인리히의 재해발생(도미노) 5단계
- 제1단계: 사회적 환경과 유전적 요소
- 제2단계: 개인적 결함
- 제3단계: 불안전한 행동과 불안전한 상태(사고의 직접적인 원인)
- 제4단계: 사고
- 제5단계: 상해

정답 ③

05 매슬로우(Maslow)의 욕구단계이론 중 제2단계의 욕구에 해당하는 것은?
① 사회적 욕구
② 안전에 대한 욕구
③ 자아실현의 욕구
④ 존경과 긍지에 대한 욕구

해설 매슬로우(Maslow)의 욕구단계이론 중 제2단계의 욕구는 안전에 대한 욕구이다.

> 관련이론 **매슬로우(Maslow)의 욕구단계이론**
> • 제1단계: 생리적 욕구(생명유지의 기본적 욕구: 기아, 갈증, 호흡, 배설 등)
> • 제2단계: 안전의 욕구(자기보존 욕구: 안전을 구하려는 것)
> • 제3단계: 사회적 욕구(소속감과 애정욕구: 친화)
> • 제4단계: 인정받으려는 욕구(존경욕구: 자존심, 명예, 성취, 지위 등)
> • 제5단계: 자아실현의 욕구(잠재적 능력을 실현하고자 하는 것)

정답 ②

06 산업안전보건법령상 안전모의 종류(기호) 중 사용 구분에서 '물체의 낙하 또는 비래 및 추락에 의한 위험을 방지 또는 경감하고, 머리부위 감전에 의한 위험을 방지하기 위한 것'으로 옳은 것은?
① A
② AB
③ AE
④ ABE

해설 물체의 낙하 또는 비래 및 추락에 의한 위험을 방지 또는 경감하고, 머리부위 감전에 의한 위험을 방지하기 위한 안전모의 종류는 ABE이다.

 관련이론 **안전모의 종류(보호구안전인증 고용노동부고시 기준)**

종류 기호	사용 구분	내전압성
AB	물체의 낙하 또는 비래 및 추락에 의한 위험을 방지, 경감시키기 위한 것	-
AE	물체의 낙하 또는 비래에 의한 위험을 방지, 경감하고 머리부위 감전에 의한 위험을 방지할 수 있는 것	내전압성
ABE	물체의 낙하 또는 비래에 의한 위험을 방지, 경감하고 머리부위 감전에 의한 위험을 방지하기 위한 것	내전압성

※ 내전압성: 7,000V 이하의 전압에 견디는 것

정답 ④

07 다음 중 산업심리의 5대 요소에 해당하지 않는 것은?
① 적성
② 감정
③ 기질
④ 동기

해설 산업심리의 5대 요소에는 동기(motive), 감정(emotion), 기질(temper), 습관(custom), 습성(habits)이 있으며, 적성은 이에 해당하지 않는다.

정답 ①

08 주의의 수준에서 중간 수준에 포함되지 않는 것은?
① 다른 곳에 주의를 기울이고 있을 때
② 가시 시야 내 부분
③ 수면 중
④ 일상과 같은 조건일 경우

해설 수면 중은 주의의 수준에서 하위 수준에 포함된다.

정답 ③

09 다음 중 안전태도교육의 원칙으로 적절하지 않은 것은?
① 청취위주의 대화를 한다.
② 이해하고 납득한다.
③ 항상 모범을 보인다.
④ 지적과 처벌 위주로 한다.

해설 지적과 처벌 위주가 아닌 칭찬 위주로 한다.

> 관련이론 **안전태도교육의 원칙(안전태도교육의 순서)**
> • 청취한다.
> • 이해, 납득시킨다.
> • 모범을 보인다.
> • 권장한다.
> • 칭찬한다.
> • 벌을 준다.

정답 ④

10 레빈(Lewin)은 인간행동과 인간의 조건 및 환경조건의 관계를 다음과 같이 표시하였다. 이 때 f의 의미는?

$$B = f(P \cdot E)$$

① 행동 ② 조명
③ 지능 ④ 함수

해설 레빈(Lewin)의 법칙에서의 f는 함수(function)를 의미하며 적성 기타 $P \cdot E$에 영향을 주는 조건이다.

정답 ④

11 적응기제(Adjustment Mechanism)의 유형에서 동일화(identification)의 사례에 해당하는 것은?

① 운동시합에 진 선수가 컨디션이 좋지 않았다고 한다.
② 결혼에 실패한 사람이 고아들에게 정열을 쏟고 있다.
③ 아버지의 성공을 자신의 성공인 것처럼 자랑하며 거만한 태도를 보인다.
④ 동생이 태어난 후 초등학교에 입학한 큰 아이가 손가락을 빨기 시작했다.

해설 동일화의 사례에 해당하는 것은 ③의 내용이다.
선지분석
① 합리화의 사례이다.
② 승화의 사례이다.
④ 퇴행의 사례이다.

정답 ③

12 특성에 따른 안전교육의 3단계에 포함되지 않는 것은?

① 태도교육 ② 지식교육
③ 직무교육 ④ 기능교육

해설 직무교육은 특성에 따른 안전교육의 3단계에 해당하지 않는다.

관련이론 **특성에 따른 안전교육의 단계**
• 제1단계(지식교육): 강의, 시청각교육을 통한 지식의 전달과 이해
• 제2단계(기능교육): 시범, 실습, 현장실습교육, 견학을 통한 이해와 경험
• 제3단계(태도교육): 생활지도, 작업동작지도 등을 통한 안전의 습관화

정답 ③

13 산업안전보건법령상 다음 그림에 해당하는 안전·보건표지의 종류로 옳은 것은?

① 부식성물질경고 ② 산화성물질경고
③ 인화성물질경고 ④ 폭발성물질경고

해설 그림은 인화성물질경고표지이다.

관련이론 **산업안전보건법령상 안전보건표지의 종류 중 경고표지**

인화성물질경고	산화성물질경고	폭발성물질경고
급성독성물질경고	부식성물질경고	방사성물질경고

정답 ③

14 작업표준의 구비조건으로 옳지 않은 것은?

① 작업의 실정에 적합할 것
② 생산성과 품질의 특성에 적합할 것
③ 표현은 추상적으로 나타낼 것
④ 다른 규정 등에 위배되지 않을 것

해설 표현은 구체적으로 나타내어야 한다.

관련이론 **작업표준의 구비조건**
• 작업의 실정에 적합할 것
• 생산성과 품질의 특성에 적합할 것
• 다른 규정 등에 위배되지 않을 것
• 표현은 구체적으로 나타낼 것
• 이상시 조치기준이 설정되어 있을 것
• 좋은 작업의 표준일 것

정답 ③

15
위험예지훈련 4라운드의 순서가 올바르게 나열된 것은?

① 현상파악 → 본질추구 → 대책수립 → 목표설정
② 현상파악 → 대책수립 → 본질추구 → 목표설정
③ 현상파악 → 본질추구 → 목표설정 → 대책수립
④ 현상파악 → 목표설정 → 본질추구 → 대책수립

해설 위험예지훈련 4라운드는 현상파악 → 본질추구 → 대책수립 → 목표설정 순으로 진행된다.

관련이론 위험예지훈련의 4라운드(4단계)
- 1라운드(현상파악): 어떤 위험이 잠재하고 있는가?
- 2라운드(본질추구): 이것이 위험의 포인트이다!
- 3라운드(대책수립): 당신이라면 어떻게 하겠는가?
- 4라운드(목표설정): 우리들은 이렇게 하자!

정답 ①

16
산업안전보건법령상 특별안전·보건교육 대상 작업별 교육내용 중 밀폐공간에서의 작업시 교육내용에 포함되지 않는 것은? (단, 그 밖에 안전·보건관리에 필요한 사항은 제외한다.)

① 산소농도측정 및 작업환경에 관한 사항
② 유해물질이 인체에 미치는 영향
③ 보호구 착용 및 사용방법에 관한 사항
④ 사고시의 응급처치 및 비상시 구출에 관한 사항

해설 유해물질이 인체에 미치는 영향은 허가 및 관리대상 유해물질의 제조 또는 취급작업시 특별안전보건교육 내용에 해당한다.

관련이론 밀폐공간에서의 작업시 특별안전보건교육 내용(산업안전보건법 시행규칙)
- 산소농도 측정 및 작업환경에 관한 사항
- 보호구 착용 및 보호장비 사용에 관한 사항
- 사고시의 응급처치 및 비상시 구출에 관한 사항
- 작업내용·안전작업방법 및 절차에 관한 사항
- 장비·설비 및 시설 등의 안전점검에 관한 사항

 산업안전보건법 시행규칙 → 2021.11.19 개정

정답 ②

17
안전지식교육 실시 4단계에서 지식을 실제의 상황에 맞추어 문제를 해결해 보고 그 수법을 이해시키는 단계로 옳은 것은?

① 도입 ② 제시
③ 적용 ④ 확인

해설 안전지식교육 실시 4단계에서 지식을 실제의 상황에 맞추어 문제를 해결해 보고 그 수법을 이해시키는 단계는 적용 단계이다.

정답 ③

18
산업재해통계에 대한 설명으로 옳지 않은 것은?

① 산업재해통계는 구체적으로 표시되어야 한다.
② 산업재해 통계는 안전 활동을 추진하기 위한 기초자료이다.
③ 산업재해 통계만을 기반으로 해당 사업장의 안전수준을 추측한다.
④ 산업재해 통계의 목적은 기업에서 발생한 산업재해에 대하여 효과적인 대책을 강구하기 위함이다.

해설 산업재해 통계만을 기반으로 해당 사업장의 안전수준을 추측하지 않고, 판단한다.

관련이론 산업재해통계의 작성방법에 대하여 고려하여야 할 사항
- 산업재해통계는 구체적으로 표시되어야 한다.
- 산업재해통계는 안전활동을 추진하기 위한 기초자료이다.
- 산업재해통계의 목적은 기업에서 발생한 산업재해에 대하여 효과적인 대책을 강구하기 위함이다.
- 산업재해통계를 기반으로 해당 사업장의 안전수준을 판단한다.
- 산업재해통계는 안전성적의 평가를 위한 자료로 보기 쉽게 정기적으로 작성되어야 한다.
- 산업재해통계는 안전활동을 추진하기 위한 자료이지 안전활동 자체는 아니다.
- 산업재해통계는 재해방지대책의 자료로 활용할 수 있도록 정확하게 파악되어야 한다.

정답 ③

19 French와 Raven이 제시한, 리더가 가지고 있는 세력의 유형이 아닌 것은?

① 전문세력(expert power)
② 보상세력(reward power)
③ 위임세력(entrust power)
④ 합법세력(legitimate power)

해설 위임세력은 French와 Raven이 제시한, 리더가 가지고 있는 세력의 유형에 포함되지 않는다.

관련이론 **리더가 가지고 있는 세력의 유형**
1. French와 Raven이 제시한, 리더가 가지고 있는 세력의 유형(공식적 지위에 기반을 두는 세력)
   - 전문세력
   - 강압세력
   - 보상세력
   - 준거적세력
   - 합법세력
2. 특징
   - 미국의 사회심리학자 French(프렌치)와 Raven(레이븐)이 제시한 리더가 가지고 있는 5가지 세력의 유형은 공식적 지위에 기반을 두는 것이다.
   - 즉, 법규, 제도, 공식적 규칙에 의하여 선출되거나 임명된 리더가 행사하는 권력으로 정부나 기업 등의 공식적인 조직에서 흔히 볼 수 있는 것이다.

정답 ③

20 산업안전보건법령상 안전검사 대상 유해·위험기계의 종류에 포함되지 않는 것은?

① 전단기   ② 리프트
③ 곤돌라   ④ 교류아크용접기

해설 교류아크용접기는 산업안전보건법령상 안전검사 대상 유해·위험기계의 종류에 해당하지 않는다.

관련이론 **안전검사 대상 유해위험기계의 종류**(산업안전보건법 시행령 → 2024.6.25 개정)
- 프레스
- 컨베이어
- 전단기
- 산업용 로봇
- 리프트
- 국소배기장치(이동식은 제외)
- 곤돌라
- 원심기(산업용만 해당)
- 압력용기
- 롤러기(밀폐형 구조는 제외)
- 사출성형기(형체결력 294kN 미만은 제외)
- 크레인(정격하중 2t 미만인 것은 제외)
- 고소작업대(화물자동차 또는 특수자동차에 탑재한 고소작업대로 한정)
- 혼합기
- 파쇄기 또는 분쇄기

정답 ④

제2과목 인간공학 및 시스템안전공학

21 체계설계 과정의 주요 단계 중 가장 먼저 실시되어야 하는 것은?

① 기본설계   ② 계면설계
③ 체계의 정의   ④ 목표 및 성능명세 결정

해설 인간공학시스템 설계과정의 주요 6단계는 '목표 및 성능명세 결정 → 시스템(체계)의 정의 → 기본설계 → 계면(인터페이스: Interface)설계 → 촉진물(보조물)설계 → 시험 및 평가' 순으로 이루어지며, 이 중 가장 먼저 실시되어야 하는 것은 목표 및 성능명세 결정이다.

정답 ④

22 고장형태 및 영향분석(FMEA: Failure Mode and Effect Analyis)에서 치명도 해석을 포함시킨 분석방법으로 옳은 것은?

① CA   ② ETA
③ FMETA   ④ FMECA

해설
- 고장의 형태와 영향분석에서 치명도 해석을 포함시킨 분석방법은 FMECA이다.
- 이는 사업장의 공정 및 설비고장의 형태와 영향, 고장형태별 위험도 순위 등을 결정하는 기법이다.

정답 ④

23 그림과 같은 시스템의 신뢰도(R)로 옳은 것은? (단, 그림의 숫자는 각 부품의 신뢰도이다.)

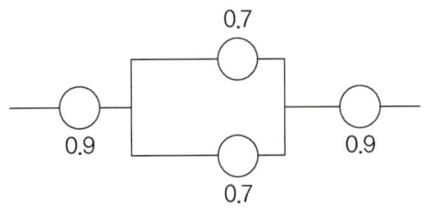

① 0.6261   ② 0.7371
③ 0.8481   ④ 0.9591

해설 $R = 0.9 \times \{1 - (1 - 0.7)(1 - 0.7)\} \times 0.9$
$= 0.7371$

정답 ②

24 인간의 시각특성을 설명한 것으로 옳은 것은?
① 적응은 수정체의 두께가 얇아져 근거리의 물체를 볼 수 있게 되는 것이다.
② 시야는 수정체의 두께 조절로 이루어진다.
③ 망막은 카메라의 렌즈에 해당된다.
④ 암조응에 걸리는 시간은 명조응보다 길다.

해설 완전 암조응(暗調應, Dark Adaptation)에서는 보통 30~40분이 걸리며, 어두운 곳에서 밝은 곳으로 역조응 즉, 명조응은 수초밖에 걸리지 않으며 약 1~2분 정도이다.

정답 ④

25 생리적 스트레스를 전기적으로 측정하는 방법으로 옳지 않은 것은?
① 뇌전도(EEG) ② 근전도(EMG)
③ 전기피부반응(GSR) ④ 안구반응(EOG)

해설 안구반응(EOG)은 생리적 스트레스를 전기적으로 측정하는 방법과는 관계가 없다.

관련이론 생리적 스트레스를 전기적으로 측정하는 방법
- 근전도(EMG: Electromyogram)
- 전기피부반응(GSR: Galvanic Skin Reflex)
- 뇌전도(EEG: Electroencephalography)
- 심전도(ECG: Electrocardiogram)

정답 ④

26 레버를 10° 움직이면 표시장치는 1cm 이동하는 조종장치가 있다. 레버의 길이가 20cm라고 하면 이 조종장치의 통제표시비(C/D 비)는?
① 1.27 ② 2.38
③ 3.49 ④ 4.51

해설
$$C/D = \frac{\frac{\alpha}{360} \times 2\pi\ell}{\text{표시장치의 이동거리}}$$
여기서, α 조종장치가 움직인 각도
L 반지름(레버의 길이)
$$= \frac{\frac{10}{360} \times 2 \times 3.14 \times 20}{1}$$
$$= 3.4888 \fallingdotseq 3.49$$

정답 ③

27 서서 하는 작업의 작업대 높이에 대한 설명으로 옳지 않은 것은?
① 정밀작업의 경우 팔꿈치 높이보다 약간 높게 한다.
② 경작업의 경우 팔꿈치 높이보다 약간 낮게 한다.
③ 중작업의 경우 경작업의 작업대 높이보다 약간 낮게 한다.
④ 작업대의 높이는 기준을 지켜야 하므로 높낮이가 조절되어서는 안된다.

해설 작업대의 높이는 기준을 지켜야 하므로 높낮이가 조절되어야 한다.

관련이론 입식작업대 높이
- 경작업의 경우 팔꿈치 높이보다 약간 낮게(5~10cm 정도) 한다.
- 중작업의 경우 팔꿈치 높이보다 낮게(10~20cm 정도) 한다.
- 정밀작업의 경우 팔꿈치 높이보다 약간 높게(5~15cm 정도) 한다.
- 부피가 큰 작업물을 취급하는 경우 최소치 설계를 기본으로 한다.

정답 ④

28 작업장 내부의 추천반사율이 가장 낮아야 하는 곳은?
① 벽 ② 천장
③ 바닥 ④ 가구

해설 작업장 내부의 추천반사율은 다음과 같다.

천장	80%~90%
벽	40%~60%
가구	25%~45%
바닥	20%~40%

따라서, 추천반사율이 가장 낮아야 하는 곳은 작업장 내부의 바닥(20%~40%)이다.

관련이론 반사율
- 반사율(%) = $\frac{\text{광속발산속도(fL)}}{\text{조명(fc)}} \times 100$
- 천장과 바닥의 반사비율은 최소한 3:1 이상을 유지해야 한다.

정답 ③

29 인간의 정보처리 기능 중 그 용량이 7개 내외로 작아, 순간적 망각 등 인적 오류의 원인이 되는 것은?

① 지각 ② 작업기억
③ 주의력 ④ 감각보관

해설
- 인간의 정보처리 기능 중 그 용량이 7개 내외로 작아 순간적 망각 등 인적 오류의 원인이 되는 것은 작업기억(working memory)이다.
- 이는 감각기관을 통해 입력된 정보를 단기적으로 기억하며 능동적으로 이해하고 조작하는 과정(기억)을 말한다.

정답 ②

30 인간오류의 분류 중 원인에 의한 분류의 하나로, 작업자 자신으로부터 발생하는 에러로 옳은 것은?

① Command Error
② Secondary Error
③ Primary Error
④ Third Error

해설 작업자 자신으로부터 발생한 오류는 Primary Error (1차 에러)이다.

관련이론 인간오류의 분류

1. 원인에 의한 분류
   - 1차 에러(Primary Error): 작업자 자신으로부터 발생한 오류
   - 2차 에러(Secondary Error): 작업형태나 작업조건 중에서 다른 문제가 생겨 그 이유 때문에 필요한 사항을 시행할 수 없는 오류
   - 커멘드 에러(Command Error): 작업자가 움직이려 해도 움직일 수 없으므로 발생하는 오류

2. 심리적(독립행동) 분류(스웨인: Swain)
   - 생략오류(Omission Error): 필요한 작업 또는 절차를 수행하지 않음
   - 시간오류(Time Error): 수행지연 또는 조기 수행
   - 실행오류(Commission Error): 필요한 작업 또는 절차의 불확실한 수행
   - 순서오류(Sequential Error): 필요한 작업 또는 절차의 순서착오
   - 과잉행동오류(Extraneous Error): 불필요한 작업 또는 절차를 수행

정답 ③

31 일반적으로 인체에 가해지는 온·습도 및 기류 등의 외적변수를 종합적으로 평가하는 데에는 '불쾌지수'라는 지표가 이용된다. 불쾌지수의 계산식이 다음과 같은 경우, 건구온도와 습구온도의 단위로 옳은 것은?

불쾌지수 = 0.72 × (건구온도 + 습구온도) + 40.6

① 실효온도 ② 화씨온도
③ 절대온도 ④ 섭씨온도

해설 건구온도와 습구온도의 단위로는 섭씨온도를 사용한다.

정답 ④

32 FT도에 사용되는 논리기호 중 AND게이트에 해당하는 것은?

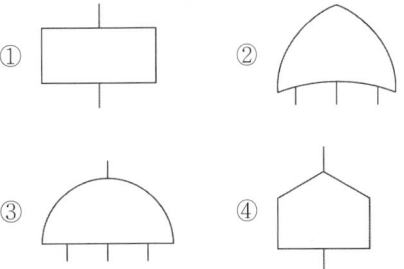

해설 AND게이트에 해당하는 것은 ③의 기호이다.

선지분석
① 결함사상의 기호이다.
② OR게이트의 기호이다.
④ 통상사상의 기호이다.

정답 ③

33 신뢰성과 보전성 개선을 목적으로 하는 효과적인 보전기록 자료에 해당하지 않는 것은?

① 설비이력카드 ② 자재관리표
③ MTBF분석표 ④ 고장원인대책표

해설 신뢰성과 보전성 개선을 목적으로 하는 효과적인 보전기록자료에는 설비이력카드, MTBF(평균고장간격)분석표, 고장원인 대책표가 있으며, 자재관리표는 이에 해당하지 않는다.

정답 ②

34 위팔은 자연스럽게 수직으로 늘어뜨린 채, 아래팔만을 편하게 뻗어 작업할 수 있는 범위는?

① 정상작업역　　② 최대작업역
③ 최소작업역　　④ 작업포락면

해설 상완(上腕: 위팔)은 자연스럽게 수직으로 늘어뜨린 채, 전완(前腕: 아래팔)만으로 편하게 뻗어 파악할 수 있는 구역은 정상작업역이다.

선지분석
② 최대작업역은 전완(아래팔)과 상완(위팔)을 곧게 펴서 파악할 수 있는 구역이다.
④ 작업공간의 포락면(包絡面: Envelope)은 한 장소에 앉아서 수행하는 작업활동에서 사람이 작업하는데 사용하는 공간이다.

관련이론 기타 작업구역
• 파악한계(Trasping Reach): 앉은 작업자가 특정한 수작업 기능을 편히 수행할 수 있는 공간의 외각한계
• 특수작업역: 특정공간에서 작업하는 구역

정답 ①

35 음의 강약을 나타내는 기본 단위는?

① dB　　② pont
③ hertz　　④ diopter

해설 음의 강약을 나타내는 기본 단위는 dB(데시벨)이다.

정답 ①

36 예비위험분석(PHA)에 대한 설명으로 옳은 것은?

① 관련된 과거 안전점검 결과의 조사에 적절하다.
② 안전관련 법규 조항의 준수를 위한 조사방법이다.
③ 시스템 고유의 위험성을 파악하고 예상되는 재해의 위험수준을 결정한다.
④ 초기단계에서 시스템 내의 위험요소가 어떠한 위험상태에 있는가를 정성적으로 평가하는 것이다.

해설 예비위험분석은 초기단계에서 시스템 내 위험요소가 어떠한 위험상태에 있는지를 정성적으로 평가하는 것이다.

관련이론 예비위험분석(PHA: Preliminary Hazards Analysis)
1. 정의
   초기단계에서 시스템 내의 위험요소가 어떠한 위험상태에 있는가를 정성적으로 평가하는 것이다.
2. PHA의 목적
   시스템의 구상단계에서 시스템 고유의 위험영역을 식별하고, 예상되는 재해의 위험수준을 평가하는데 있다.
3. PHA의 기법
   위험의 요소가 어느 서브시스템에 존재하는가를 관찰하는 것으로 다음과 같은 방법이 있다.
   • 경험에 따른 방법
   • 기술적 판단에 의한 방법
   • 체크리스트에 의한 방법
4. 시스템 위험분석기법 중 PHA가 실행되는 사이클의 영역은 '구상단계'이다.

정답 ④

37 다음의 FT도에서 몇 개의 미니멀 패스셋(minimal path set)이 존재하는가?

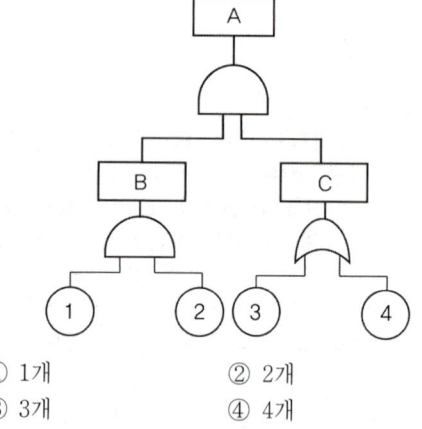

① 1개　　② 2개
③ 3개　　④ 4개

해설 그림에서 나타난 FT도에서 미니멀 패스셋(Minimal path set)은 3개[(1)(2)(3, 4)] 존재한다.

관련이론 최소(미니멀) 패스셋(Minamal Path Set)
• 어느 고장이나 패스를 일으키지 않으면 재해가 일어나지 않는다는 것, 즉 시스템의 신뢰성을 나타내는 것이다.
• 최소 패스셋은 시스템의 기능을 살리는 요인의 집합이다.

정답 ③

38 정보를 전송하기 위해 청각적 표시장치를 이용하는 것이 바람직한 경우로 적합한 것은?

① 전언이 복잡한 경우
② 전언이 이후에 재참조되는 경우
③ 전언이 공간적인 사건을 다루는 경우
④ 전언이 즉각적인 행동을 요구하는 경우

해설 전언이 즉각적인 행동을 요구하는 경우는 청각적 표시장치를 이용하는 것이 바람직한 경우에 해당한다.

 청각장치와 시각장치의 사용선택

청각장치 사용이 더 좋은 경우	시각장치 사용이 더 좋은 경우
• 전언(메세지)이 짧을 경우 • 전언이 간단할 경우 • 전언이 즉각적인 행동을 요구할 경우 • 전언이 후에 재참조되지 않을 경우 • 전언이 시간적인 사상(event)을 다룰 경우 • 직무상 수신자가 자주 움직이는 경우 • 수신자의 시각계통이 과부하상태일 경우 • 수신장소가 너무 밝거나 암조응(暗調應) 유지가 필요할 경우	• 전언(메세지)이 길 경우 • 전언이 복잡할 경우 • 전언이 즉각적 행동을 요구하지 않을 경우 • 전언이 후에 재참조될 경우 • 전언이 공간적인 위치를 다룰 경우 • 직무상 수신자가 한곳에 머무르는 경우 • 수신자의 청각계통이 과부하상태일 경우 • 수신장소가 너무 시끄러울 경우

정답 ④

39 FTA에서 모든 기본사상이 일어났을 때 톱(top)사상을 일으키는 기본사상의 집합은?

① 컷셋(Cut Set)
② 최소 컷셋(Minimal Cut Set)
③ 패스셋(Path Set)
④ 최소 패스셋(Minamal Path Set)

해설 FTA에서 모든 기본사상이 일어났을 때 톱사상을 일으키는 기본사상의 집합은 컷셋이다.
이는 시스템고장을 유발시키는 기본고장들의 집합이다.

 최소 컷셋과 패스셋

1. **최소(미니멀) 컷셋(Minimal Cut Set)**
   • 컷셋 중 그 부분집합만으로는 정상사상을 일으키는 일이 없는 것 즉, 정상사상을 일으키기 위한 필요 최소한의 컷셋을 말한다.
   • 최소 컷셋은 어느 고장이나 에러를 일으키면 재해가 일어나는가 하는 것 즉, 시스템의 위험성을 나타내는 것이다.
   • 최소 컷셋은 시스템의 기능을 마비시키는 사고요인의 집합이다.
   • 최소 컷셋은 시스템의 고장을 발생시키는 최소한의 컷셋을 말한다.
   • 최소 컷셋은 컷셋 중에서 다른 컷셋을 포함하고 있는 것을 배제하고 남은 컷셋들을 의미한다.

2. **패스셋(Path Set)**
   • 그 속에 포함되는 기본사상이 일어나지 않을 때 처음으로 정상사상이 일어나지 않는 기본사상의 집합을 말한다.
   • 시스템이 고장나지 않도록 하는 사상의 조합이다.
   • 시스템을 성공적으로 작동시키는 경로의 집합을 말한다.

정답 ①

40 조종장치를 통한 인간의 통제 아래 기계가 동력원을 제공하는 시스템의 형태로 옳은 것은?

① 기계화시스템 ② 수동시스템
③ 자동화시스템 ④ 컴퓨터시스템

해설 조종장치를 통한 인간의 통제 아래 기계가 동력원을 제공하는 시스템의 형태는 기계화시스템이다.

인간-기계시스템(체계)의 유형

1. **수동시스템(Manual System)**
   수동체계는 수공구나 기타 보조물로 이루어지며 인간의 신체적 힘을 동력원으로 사용하여 작업을 통제하는 인간 사용자와 결합된다.

2. **자동화시스템(Automatic System)**
   • 체계가 완전히 자동화되는 경우에는 감지, 정보처리 및 의사결정, 행동을 포함한 모든 임무를 수행한다.
   • 대부분의 자동체계(Automatic System)는 폐회로를 갖는 체계이다. 그러나 신뢰성이 완벽한 자동체계란 불가능하므로 인간은 주로 감시(Monitor) 프로그램 유지 등의 기능을 수행하게 된다.

정답 ①

제3과목 기계위험방지기술

41 선반에서 냉각재 등에 의한 생물학적 위험을 방지하기 위한 방법으로 옳지 않은 것은?
① 냉각재가 기계에 잔류되지 않고 중력에 의해 수집탱크로 배유되도록 해야 한다.
② 냉각재 저장탱크에는 외부 이물질의 유입을 방지하기 위해 덮개를 설치해야 한다.
③ 특별한 경우를 제외하고는 정상 운전 시 전체 냉각재가 계통 내에서 순환되고 냉각재 탱크에 체류하지 않아야 한다.
④ 배출용 배관의 지름은 대형 이물질이 들어가지 않도록 작아야 하고, 지면과 수평이 되도록 제작해야 한다.

해설 배출용 배관의 지름은 대형 이물질이 들어가지 않도록 작아야 하고, 지면과 수직이 되도록 제작해야 한다.

정답 ④

42 기계장치의 안전설계를 위해 적용하는 안전율 계산식은?
① 안전하중 ÷ 설계하중
② 최대사용하중 ÷ 극한강도
③ 극한강도 ÷ 최대설계응력
④ 극한강도 ÷ 파단하중

해설 안전율 = $\dfrac{극한강도}{최대설계응력}$ = $\dfrac{파단하중}{안전하중}$
= $\dfrac{파괴하중}{최대사용하중}$

정답 ③

43 산업용 로봇의 작동범위에서 그 로봇에 관하여 교시 등의 작업을 하는 경우 작업시작 전 점검사항에 해당하지 않는 것은? (단, 로봇의 동력원을 차단하고 행하는 것을 제외한다.)
① 회전부의 덮개 또는 울 부착여부
② 제동장치 및 비상정지장치의 기능
③ 외부전선의 피복 또는 외장의 손상유무
④ 매니퓰레이터(manipulator) 작동의 이상유무

해설 회전부의 덮개 또는 울 부착여부 점검은 공기압축기를 가동하는 경우 작업시작 전 점검사항에 해당한다.

관련이론 작업시작 전 점검사항의 구분
1. 로봇의 작동 범위에서 그 로봇에 관하여 교시 등(로봇의 동력원을 차단하고 하는 것은 제외)의 작업을 하는 때의 작업시작 전 점검사항
 • 제동장치 및 비상정지장치의 기능
 • 외부전선의 피복 또는 외장의 손상유무
 • 매니퓰레이터 작동의 이상유무
2. 공기압축기를 가동할 때 작업시작 전 점검사항
 • 회전부의 덮개 또는 울
 • 공기저장 압력용기의 외관상태
 • 드레인밸브(drain valve)의 조작 및 배수
 • 압력방출장치의 기능
 • 언로드밸브(unloading valve)의 기능
 • 윤활유의 상태
 • 그 밖의 연결부위의 이상유무

정답 ①

44 양수조작식 방호장치에서 양쪽 누름버튼 간의 내측거리는 몇 mm 이상이어야 하는가?
① 100 ② 200
③ 300 ④ 400

해설 양수조작식 방호장치에서 양쪽 누름버튼 간의 내측거리는 300mm 이상이어야 한다.

정답 ③

45 '가'와 '나'에 들어갈 내용으로 옳은 것은?

> 순간풍속이 (가)를 초과하는 경우에는 타워크레인의 설치, 수리, 점검 또는 해체작업을 중지하여야 하며, 순간풍속이 (나)를 초과하는 경우에는 타워크레인의 운전 작업을 중지하여야 한다.

① 가: 10m/s, 나: 15m/s
② 가: 10m/s, 나: 25m/s
③ 가: 20m/s, 나: 35m/s
④ 가: 20m/s, 나: 45m/s

해설
- 순간풍속이 10m/s를 초과하는 경우에는 타워크레인의 설치, 수리, 점검 또는 해체작업을 중지하여야 한다.
- 순간풍속이 15m/s를 초과하는 경우 타워크레인의 운전작업을 중지하여야 한다.

관련이론 **풍속과 작업**

1. **풍속에 의한 이탈방지**
   순간풍속이 30m/s를 초과하는 바람이 불어올 우려가 있는 경우 옥외에 설치되어 있는 주행 크레인에 대하여 이탈방지장치를 작동시키는 등 그 이탈을 방지하기 위한 조치를 하여야 한다.

2. **폭풍 등으로 인한 이상유무 점검**
   순간풍속이 30m/s를 초과하는 바람이 불거나 중진(中震) 이상 진도의 지진이 있는 후에 옥외에 설치되어 있는 양중기를 사용하여 작업을 하는 경우에는 미리 기계 각 부위에 이상이 있는지를 점검하여야 한다.

정답 ①

46 드릴작업시 올바른 작업안전수칙이 아닌 것은?

① 구멍을 뚫을 때 관통된 것을 확인하기 위해 손으로 만져서는 안 된다.
② 드릴을 끼운 후에 척 렌치(chuck wrench)를 부착한 상태에서 드릴작업을 한다.
③ 작업모를 착용하고 옷소매가 긴 작업복은 입지 않는다.
④ 보호안경을 쓰거나 안전덮개를 설치한다.

해설 드릴을 끼운 후에 척 렌치(chuck wrench)를 빼놓은 상태에서 드릴작업을 한다.

관련이론 **드릴작업시 올바른 작업안전수칙**
- 드릴을 끼운 뒤 척 핸들(척 렌치)은 반드시 빼놓을 것
- 회전 중에 주축과 드릴에 손이나 걸레가 닿아 감겨 돌아가지 않도록 할 것
- 일감은 견고하게 고정시켜야 하며, 손으로 쥐고 구멍을 뚫지 말 것
- 칩을 털어 낼 때는 브러시를 사용하여야 하며, 입으로 불어 내지 말 것
- 드릴로 구멍을 뚫을 때 끝까지 뚫린 것을 확인하기 위하여 손을 집어 넣지 말 것
- 얇은 판이나 황동 등은 흔들리기 쉬우므로 목재를 밑에 받치고 구멍을 뚫도록 할 것
- 구멍을 뚫을 때는 반드시 작은 구멍을 먼저 뚫은 뒤 큰 구멍을 뚫을 것
- 자동이송작업 중 기계를 멈추지 말 것
- 가공 중에 구멍이 관통되면 기계를 멈추고 손으로 돌려서 드릴을 뺄 것
- 고정구를 사용하여 작업시 공작물의 유동을 방지할 것
- 쇳가루가 날리기 쉬운 작업은 보안경을 착용할 것
- 장갑을 끼고 작업을 하지 말 것

정답 ②

47 지게차 헤드가드의 안전기준에 대한 설명으로 옳지 않은 것은?

① 상부틀의 각 개구의 폭 또는 길이가 20cm 이상일 것
② 강도는 지게차의 최대하중의 2배 값(4톤을 넘는 값에 대해서는 4톤으로 한다.)의 등분포정하중에 견딜 수 있을 것
③ 운전자가 서서 조작하는 방식의 지게차의 경우에는 운전석의 바닥면에서 헤드가드의 상부틀 하면까지의 높이가 2m 이상일 것
④ 운전자가 앉아서 조작하는 방식의 지게차의 경우에는 운전자의 좌석 윗면에서 헤드가드의 상부틀 아랫면까지의 높이가 1m 이상일 것

해설 ① 상부틀의 각 개구부의 폭 또는 길이가 16cm 미만이어야 한다.
③, ④ 운전자가 앉아서 조작하거나 서서 조작하는 지게차의 헤드가드는 한국산업표준에서 정하는 높이 기준 이상이어야 한다.

관련이론 지게차의 헤드가드(Head Guard)의 안전기준
- 강도는 지게차의 최대하중의 2배 값(4톤을 넘는 값에 대해서는 4톤으로 한다)의 등분포정하중에 견딜 수 있을 것
- 상부틀의 각 개구의 폭 또는 길이가 16cm 미만일 것
- 운전자가 앉아서 조작하거나 서서 조작하는 지게차의 헤드가드는 한국산업표준에서 정하는 높이 기준 이상일 것
※ 산업안전보건법 개정으로 인하여 ①, ③, ④번 모두 정답 처리됨

정답 ①, ③, ④

48 프레스 가공품의 이송방법으로 2차가공용 송급배출장치가 아닌 것은?

① 다이얼 피더(dial feeder)
② 롤 피더(roll feeder)
③ 푸셔 피더(pusher feeder)
④ 트랜스퍼 피더(transfer feeder)

해설 롤 피더(roll feeder)는 1차가공용 송급배출장치에 해당한다.

관련이론 프레스 가공 관련 장치
1. 프레스 가공품의 이송방법(자동송급장치)

1차가공용 송급배출장치	• 롤 피더(roll feeder) • 그리퍼 피더(gripper feeder)
2차가공용 송급배출장치	• 다이얼 피더(dial feeder) • 푸셔 피더(pusher feeder) • 트랜스퍼 피더(transfer feeder) • 호퍼 피더(hopper feeder) • 슈트(chute)

2. 자동배출장치
   - 산업용 로봇
   - 이젝터(ejector)
   - 공기분사장치
   - 키커(kicker)

3. 제품 및 스크랩(scrap)이 금형에 부착되는 것을 방지하기 위한 장치
   - 스프링 플런저(spring plunger)
   - 볼 플런저(ball plunger)
   - 키커 핀(kicker pin)

정답 ②

49 연삭기를 이용한 작업의 안전대책으로 가장 옳은 것은?

① 연삭숫돌의 최고원주속도 이상으로 사용하여야 한다.
② 운전 중 연삭숫돌의 균열 확인을 위해 수시로 충격을 가해 본다.
③ 정밀한 작업을 위해서는 연삭기의 덮개를 벗기고 숫돌의 정면에 서서 작업한다.
④ 작업시작 전에는 1분 이상 시운전을 하고 숫돌의 교체시에는 3분 이상 시운전을 한다.

해설 연삭기의 작업시작 전에는 1분 이상 시운전을 하고, 숫돌의 교체시에는 3분 이상 시운전을 해야 한다.

선지분석
① 연삭숫돌의 최고원주속도를 초과하여 사용하지 않아야 한다.
② 운전 중 연삭숫돌에 충격을 가하지 않아야 한다.
③ 정밀한 작업을 위해서는 연삭기의 덮개를 벗기지 않고 숫돌의 측면에 서서 작업한다.

정답 ④

50 범용 수동선반의 방호조치에 대한 설명으로 옳지 않은 것은?

① 대형 선반의 후면 칩 가드는 새들의 전체 길이를 방호할 수 있어야 한다.
② 척 가드의 폭은 공작물의 가공작업에 방해되지 않는 범위에서 척 전체 길이를 방호해야 한다.
③ 수동조작을 위한 제어장치는 정확한 제어를 위해 조작 스위치를 돌출형으로 제작해야 한다.
④ 스핀들 부위를 통한 기어박스에 접촉될 위험이 있는 경우에는 해당 부위에 잠금장치가 구비된 가드를 설치하고 스핀들 회전과 연동회로를 구성해야 한다.

해설 수동조작을 위한 제어장치는 정확한 제어를 위해 조작 스위치를 매립형으로 제작해야 한다.

정답 ③

51 압력용기에서 안전밸브를 2개 설치한 경우 그 설치방법으로 옳은 것은? (단, 해당하는 압력용기가 외부화재에 대한 대비가 필요한 경우로 한정한다.)

① 1개는 최고사용압력 이하에서 작동하고 다른 1개는 최고사용압력의 1.1배 이하에서 작동하도록 한다.
② 1개는 최고사용압력 이하에서 작동하고 다른 1개는 최고사용압력의 1.2배 이하에서 작동하도록 한다.
③ 1개는 최고사용압력의 1.05배 이하에서 작동하고 다른 1개는 최고사용압력의 1.1배 이하에서 작동하도록 한다.
④ 1개는 최고사용압력의 1.05배 이하에서 작동하고 다른 1개는 최고사용압력의 1.2배 이하에서 작동하도록 한다.

해설 사업주는 안전밸브 등이 2개 이상 설치된 경우에 1개는 최고사용압력의 1.05배(외부화재를 대비한 경우에는 1.1배) 이하에서 작동되도록 설치할 수 있다(산업안전보건법 안전보건기준).

관련이론 안전밸브 등의 작동요건과 압력방출장치

1. 안전밸브 등의 작동요건(산업안전보건법 안전보건기준)
   - 사업주는 압력용기에 설치한 안전밸브 등이 안전밸브 등을 통하여 보호하려는 설비의 최고사용압력 이하에서 작동되도록 하여야 한다.
   - 다만, 안전밸브 등이 2개 이상 설치된 경우에 1개는 최고사용압력의 1.05배(외부화재를 대비한 경우에는 1.1배) 이하에서 작동되도록 설치할 수 있다.

2. 보일러의 압력방출장치(산업안전보건법 안전보건기준)
   - 사업주는 보일러의 안전한 가동을 위하여 보일러 규격에 맞는 압력방출장치를 1개 또는 2개 이상 설치하고 최고사용압력(설계압력 또는 최고허용압력을 말한다) 이하에서 작동되도록 하여야 한다.
   - 다만, 압력방출장치가 2개 이상 설치된 경우에는 최고사용압력 이하에서 1개가 작동되고, 다른 압력방출장치는 최고사용압력의 1.05배 이하에서 작동되도록 부착하여야 한다.

정답 ①

52 프레스에 금형조정작업시 슬라이드가 갑자기 작동함으로써 근로자에게 발생할 우려가 있는 위험을 방지하기 위하여 사용하는 것은?
① 안전블록 ② 비상정지장치
③ 감응식 안전장치 ④ 양수조작식 안전장치

해설 프레스에 금형조정작업시 슬라이드가 갑자기 작동함으로써 근로자에게 발생할 우려가 있는 위험을 방지하기 위하여 사용하는 것은 안전블록(Safety Block)이다.

정답 ①

53 크레인작업시 300kg의 질량을 10m/s²의 가속도로 감아올릴 때 로프에 걸리는 총하중(N)은? (단, 중력가속도는 9.81m/s²로 한다.)
① 2,943 ② 3,000
③ 5,943 ④ 8,886

해설 $W = W_1 + W_2 = W_1 + \frac{W_1}{g}\alpha$

여기서, W: 총하중(kN), W_1: 정하중(kg), W_2: 동하중(kg)
g: 중력가속도(m/s²), α: 가속도(m/s²)

$= 300 + \frac{300}{9.81} \times 10$
$= 605.8103 kg \times 9.81 ≒ 5,943N$
※ 1kg = 9.81N

정답 ③

54 사고 체인의 5요소에 해당하지 않는 것은?
① 함정(trap) ② 충격(impact)
③ 접촉(contact) ④ 결함(flaw)

해설 결함(flaw)은 사고 체인의 5요소에 해당하지 않는다.

관련이론 사고 체인의 5요소
- 함정(trap)
- 충격(impact)
- 접촉(contact)
- 얽힘 또는 말림(entanglement)
- 튀어나옴(ejection)

정답 ④

55 프레스작업시 왕복운동하는 부분과 고정부분 사이에서 형성되는 위험점은?
① 물림점 ② 협착점
③ 절단점 ④ 회전말림점

해설 프레스작업시 왕복운동하는 부분과 고정부분 사이에서 형성되는 위험점은 협착점이다.

관련이론 위험점
1. 물림점(Nip Point)
   서로 반대방향으로 맞물려 회전하는 두 개의 회전체에 물려 들어갈 위험이 형성되는 점
   - 롤러 회전
   - 기어 회전
2. 협착점(Squeez Point)
   왕복운동을 하는 운동부와 고정부 사이에 형성되는 위험점
   - 프레스금형 조립부위
   - 프레스브레이크금형 조립부위
   - 전단기 누름판 및 칼날부위
   - 선반 및 평삭기 베드끝 부위
3. 절단점(Cutting Point)
   운동하는 기계 자체와 회전하는 운동부분 자체와의 위험이 형성되는 점
   - 회전대패날 부분
   - 목공용 띠톱 부분
   - 둥근톱날 부분
   - 밀링커터 부분
   - 컨베이어의 호퍼 부분
   - 평벨트레싱 이음 부분
4. 회전말림점(Trapping Point)
   회전하는 물체의 불규칙 부위와 돌기회전 부위에 의해 말려 들어갈 위험이 형성되는 점
   - 나사 회전부
   - 드릴 회전부

정답 ②

56 기계설비의 안전화를 크게 외관의 안전화, 기능의 안전화, 구조적 안전화로 구분할 때, 기능의 안전화에 해당하는 것은?

① 안전율의 확보
② 위험부위 덮개 설치
③ 기계 외관에 안전색채 사용
④ 전압강하시 기계의 자동정지

해설 기능의 안전화에 해당하는 것은 전압강하시 기계의 자동정지이다.

선지분석
① 안전율의 확보는 구조적 안전화에 해당한다.
② 위험부위 덮개 설치는 외관의 안전화에 해당한다.
③ 기계 외관에 안전색채 사용은 외관의 안전화에 해당한다.

정답 ④

57 근로자에게 위험을 미칠 우려가 있는 원동기, 축이음, 풀리 등에 설치하여야 하는 것은?

① 덮개
② 압력계
③ 통풍장치
④ 과압방지기

해설 근로자에게 위험을 미칠 우려가 있는 원동기, 축이음, 풀리 등에 설치하여야 하는 것은 덮개이다.

정답 ①

58 컨베이어(conveyer)의 역전방지장치 형식이 아닌 것은?

① 램식
② 라쳇식
③ 롤러식
④ 전기브레이크식

해설 컨베이어(conveyer)의 역전방지장치 형식에는 라쳇식, 롤러식, 전기브레이크식, 밴드식이 있으며, 램식은 해당하지 않는다.

정답 ①

59 롤러기의 급정지를 위한 방호장치를 설치하고자 한다. 앞면 롤러의 지름이 30cm이고, 회전수가 30rpm일 때 요구되는 급정지거리의 기준은?

① 급정지거리가 앞면 롤러의 원주의 1/3 이상일 것
② 급정지거리가 앞면 롤러의 원주의 1/3 이내일 것
③ 급정지거리가 앞면 롤러의 원주의 1/2.5 이상일 것
④ 급정지거리가 앞면 롤러의 원주의 1/2.5 이내일 것

해설
• $V = \dfrac{\pi DN}{1,000}$

여기서, V: 앞면 롤러의 표면속도(m/min)
D: 롤러의 지름(mm)
N: 회전수(rpm)

$= \dfrac{3.14 \times 300 \times 30}{1,000} = 28.26 \, \text{m/min}$

• 롤러기 급정지장치의 성능기준

앞면 롤러의 표면속도(m/min)	급정지 거리
30 미만	앞면 롤러 원주의 1/3 이내
30 이상	앞면 롤러 원주의 1/2.5 이내

• 따라서, 앞면 롤러의 표면속도가 30m/min 미만이므로 급정지거리가 앞면 롤러 원주의 1/3 이내이어야 한다.

정답 ②

60 프레스의 작업시작 전 점검사항으로 거리가 먼 것은?

① 클러치 및 브레이크의 기능
② 금형 및 고정볼트 상태
③ 전단기(剪斷機)의 칼날 및 테이블의 상태
④ 언로드밸브의 기능

해설 언로드밸브의 기능은 공기압축기의 작업시작 전 점검사항에 해당한다.

관련이론 공기압축기의 작업시작 전 점검사항
• 언로드밸브의 기능
• 공기저장 압력용기의 외관상태
• 드레인밸브의 조작 및 배수
• 압력방출장치의 기능
• 윤활유의 상태
• 회전부의 덮개 또는 울
• 그 밖의 연결부위의 이상유무

정답 ④

제4과목 전기 및 화학설비위험방지기술

61 혼촉방지판이 부착된 변압기를 설치하고 혼촉방지판을 접지시켰다. 이러한 변압기를 사용하는 주요 이유로 옳은 것은?

① 2차측의 전류를 감소시킬 수 있기 때문에
② 누전전류를 감소시킬 수 있기 때문에
③ 2차측에 비접지방식을 채택하면 감전시 위험을 감소시킬 수 있기 때문에
④ 전력의 손실을 감소시킬 수 있기 때문에

해설 혼촉방지판이 부착된 변압기를 설치하고, 혼촉방지판을 접지시킨 변압기를 사용하는 주된 이유는 2차측에 비접지방식을 채택하면 감전시 위험을 감소시킬 수 있기 때문이다.

정답 ③

62 인체가 현저히 젖어 있는 상태 또는 금속성의 전기·기계장치나 구조물에 인체의 일부가 상시 접촉되어 있는 상태에서의 허용접촉전압으로 옳은 것은?

① 2.4V 이하
② 25V 이하
③ 50V 이하
④ 75V 이하

해설 인체가 현저히 젖어 있는 상태 또는 금속성의 전기·기계장치나 구조물에 인체의 일부가 상시 접촉되어 있는 상태에서의 허용접촉전압은 25V 이하이다.

정답 ②

63 아크용접작업시 감전재해 방지에 쓰이지 않는 것은?

① 보호면
② 절연장갑
③ 절연용접봉 홀더
④ 자동전격방지장치

해설 보호면은 아크용접작업시 유해광선으로부터 인체를 보호하기 위하여 쓰이는 것이다.

정답 ①

64 산업안전보건법상 전기기계·기구의 누전에 의한 감전 위험을 방지하기 위하여 접지를 하여야 하는 사항으로 옳지 않은 것은?

① 전기기계·기구의 금속제 내부 충전부
② 전기기계·기구의 금속제 외함
③ 전기기계·기구의 금속제 외피
④ 전기기계·기구의 금속제 철대

해설 전기기계·기구의 금속제 내부 충전부는 누전에 의한 감전 위험 방지를 위하여 접지를 해야 하는 부분에 해당하지 않는다.

정답 ①

65 변압기 전로의 1선지락전류가 6A일 때 제2종 접지공사의 접지저항값은? (단, 자동전로차단장치는 설치되지 않았다.)

① 10Ω
② 15Ω
③ 20Ω
④ 25Ω

해설 접지저항(제2종)값 = $\dfrac{150}{1선 지락전류}$
= $\dfrac{150}{6}$ = 25Ω

정답 ④

66 전폐형 방폭구조가 아닌 것은?

① 압력방폭구조
② 내압방폭구조
③ 유입방폭구조
④ 안전증방폭구조

해설 전폐형 방폭구조에는 압력방폭구조(기호: p), 내압방폭구조(기호: d), 유입방폭구조(기호: o)가 있으며, 안전증방폭구조는 해당하지 않는다.

정답 ④

67 파이프 등에 유체가 흐를 때 발생하는 유동대전에 가장 큰 영향을 미치는 요인은?

① 유체의 이동거리
② 유체의 점도
③ 유체의 속도
④ 유체의 양

해설 파이프 등에 유체가 흐를 때 발생하는 유동대전에 가장 큰 영향을 미치는 요인은 유체의 속도이다.

정답 ③

68 방폭구조의 명칭과 표기기호가 잘못 연결된 것은?

① 안전증방폭구조: e
② 유입(油入)방폭구조: o
③ 내압(耐壓)방폭구조: p
④ 본질안전방폭구조: ia 또는 ib

해설 내압(耐壓) 방폭구조의 표기기호는 d이다.

> **관련이론** 방폭구조의 기호

표시항목	기호	기호의 의미
방폭구조	EX	방폭구조의 상징
방폭구조의 종류	d	내압방폭구조
	o	유입방폭구조
	p	압력방폭구조
	e	안전증방폭구조
	ia, ib	본질안전방폭구조
	s	특수방폭구조
	m	몰드방폭구조
	n	비점화방폭구조
	q	충전방폭구조
	tD	분진내압방폭구조
	pD	분진압력방폭구조
	iD	분진본질안전방폭구조
	mD	분진몰드방폭구조

정답 ③

69 충전전로의 선간전압이 121kV 초과 145kV 이하의 활선작업시 충전전로에 대한 접근한계거리(cm)는?

① 130　　② 150
③ 170　　④ 230

해설 충전전로의 선간전압이 121kV 초과 145kV 이하의 활선작업시 접근한계거리는 150cm이다.

정답 ②

70 정전기 발생의 원인에 해당하지 않는 것은?

① 마찰　　② 냉장
③ 박리　　④ 충돌

해설 냉장은 정전기 발생의 원인에 해당하지 않는다.

정답 ②

71 분진폭발에 대한 설명으로 옳지 않은 것은?

① 일반적으로 입자의 크기가 클수록 위험이 더 크다.
② 산소의 농도는 분진폭발 위험에 영향을 주는 요인이다.
③ 주위 공기의 난류확산은 위험을 증가시킨다.
④ 가스폭발에 비하여 불완전 연소를 일으키기 쉽다.

해설 일반적으로 입자의 크기가 작을수록 분진폭발의 위험이 더 크다.

> **관련이론** 분진폭발

1. 분진폭발의 정의
   알루미늄, 마그네슘, 철, 아연 등 금속분진, 소맥분 등 고체가 미립자 상태로 공기 중에서 부유하다가 폭발범위 내에 존재할 경우 착화원에 의해 일어나는 폭발현상

2. 분진폭발의 요인
   • 물리적 인자: 열전도율, 입자의 형상, 입도분포
   • 화학적 인자: 연소열

3. 분진이 폭발하기 위한 조건
   • 미분상태
   • 점화원의 존재
   • 조연성(지연성) 가스(공기) 중에서의 교반과 유동
   • 가연성

4. 분진폭발의 발생 위험성을 증대시키는 조건
   • 분진의 발열량이 클수록
   • 분위기 중 산소농도가 클수록
   • 분진 내의 수분농도가 작을수록
   • 표면적이 입자체적에 비교하여 클수록(미세할수록)
   • 분진의 초기온도가 높을수록
   • 분진입자의 지름이 작을수록
   • 입자의 형상이 복잡할수록

정답 ①

72 폭굉(detonation)현상에 있어서 폭굉파의 진행 전면에 형성되는 것은?

① 증발열 ② 충격파
③ 역화   ④ 화염의 대류

해설 폭굉파의 진행 전면에는 충격파(Shock Wave)가 형성되어 파괴작용이 일어난다.

정답 ②

73 위험물안전관리법령상 제4류 위험물(인화성 액체)이 갖는 일반성질로 가장 거리가 먼 것은?

① 증기는 대부분 공기보다 무겁다.
② 대부분 물보다 가볍고 물에 잘 녹는다.
③ 대부분 유기화합물이다.
④ 발생증기는 연소하기 쉽다.

해설 대부분 물보다 가볍고 물에 잘녹지 않는다.

관련이론 제4류 위험물(인화성 액체)의 일반적 성질
- 증기는 대부분 공기보다 무겁다.
- 대부분 유기화합물이다.
- 대부분 물보다 가볍고 물에 잘녹지 않는다.
- 상온에서 액체이다.

정답 ②

74 아세틸렌(C_2H_2)의 공기 중 완전연소조성농도(C_{st})는?

① 6.7vol% ② 7.0vol%
③ 7.4vol% ④ 7.7vol%

해설
- 아세틸렌(C_2H_2)의 산소농도(O_2) $= n + \dfrac{m-f-2\lambda}{4}$

  여기서, n: 탄소, m: 수소, f: 할로겐원소, λ: 산소

  $= 2 + \dfrac{2}{4} = 2.5$

- 안전연소조성농도(C_{st})

  $= \dfrac{100}{1 + 4.773 \times O_2} = \dfrac{100}{1 + 4.773 \times 2.5}$

  $= \dfrac{100}{12.9325} = 7.732 \fallingdotseq 7.7\,vol\%$

정답 ④

75 산업안전보건기준에 관한 규칙에 따라 폭발성 물질을 저장·취급하는 화학설비 및 그 부속설비를 설치할 때, 단위공정시설 및 설비로부터 다른 단위공정시설 및 설비 사이의 안전거리는 설비 바깥 면으로부터 몇 m 이상 두어야 하는가? (단, 원칙적인 경우에 한한다.)

① 3   ② 5
③ 10 ④ 20

해설 단위공정시설 및 설비로부터 다른 단위공정시설 및 설비 사이의 안전거리는 설비 바깥면으로부터 10m 이상 두어야 한다.

관련이론 안전거리(산업안전보건법 안전보건기준)

구분	안전거리
단위공정시설 및 설비로부터 다른 단위공정시설 및 설비의 사이	설비의 바깥면으로부터 10m 이상
플레어스텍으로부터 단위공정시설 및 설비, 위험물질 하역설비의 사이	플레어스텍으로부터 반경 20m 이상. 다만, 단위공정시설 등이 불연재료로 시공된 지붕 아래에 설치된 경우에는 그러하지 아니하다.
위험물질 저장탱크로부터 단위공정시설 및 설비, 보일러 또는 가열로의 사이	저장탱크의 바깥면으로부터 20m 이상. 다만, 저장탱크의 방호벽, 원격조정 소화설비 또는 살수설비를 설치한 경우에는 그러하지 아니하다.
사무실, 연구실, 실험실, 정비실 위험물질 저장탱크 또는 식당으로부터 단위공정시설 및 설비, 위험물질 저장탱크, 위험물질 하역설비, 보일러 또는 가열로의 사이	사무실 등의 바깥 면으로부터 20m 이상. 다만, 난방용 보일러인 경우 또는 사무실 등의 벽을 방호구조로 설치한 경우에는 그러하지 아니하다.

정답 ③

76 다음 중 가연성 가스가 아닌 것으로만 나열된 것은?

① 일산화탄소, 프로판
② 이산화탄소, 프로판
③ 일산화탄소, 산소
④ 산소, 이산화탄소

해설 산소는 조연성 가스, 이산화탄소는 불연성 가스로서 가연성 가스에 해당하지 않는다.

정답 ④

77 나트륨은 물과 반응할 때 위험성이 매우 크다. 그 이유로 적합한 것은?

① 물과 반응하여 지연성 가스 및 산소를 발생시키기 때문이다.
② 물과 반응하여 맹독성 가스를 발생시키기 때문이다.
③ 물과 발열반응을 일으키면서 가연성 가스를 발생시키기 때문이다.
④ 물과 반응하여 격렬한 흡열반응을 일으키기 때문이다.

해설 나트륨(Na)은 물과 반응할 때 물과 발열반응을 일으키면서 가연성 가스를 발생시키기 때문에 그 위험성이 매우 크다.

정답 ③

78 다음은 산업안전보건기준에 관한 규칙에서 정한 부식 방지와 관련한 내용이다. ( )에 해당하지 않는 것은?

> 사업주는 화학설비 또는 그 배관(화학설비 또는 그 배관의 밸브나 콕은 제외한다) 중 위험물 또는 인화점이 섭씨 60도 이상인 물질이 접촉하는 부분에 대해서는 위험물질 등에 의하여 그 부분이 부식되어 폭발·화재 또는 누출되는 것을 방지하기 위하여 위험물질 등의 ( )·( )·( ) 등에 따라 부식이 잘되지 않는 재료를 사용하거나 도장(塗裝) 등의 조치를 하여야 한다.

① 종류　② 온도
③ 농도　④ 색상

해설 사업주는 화학설비 또는 그 배관(화학설비 또는 그 배관의 밸브나 콕은 제외한다) 중 위험물 또는 인화점이 섭씨 60도 이상인 물질이 접촉하는 부분에 대해서는 위험물질 등에 의하여 그 부분이 부식되어 폭발·화재 또는 누출되는 것을 방지하기 위하여 위험물질 등의 종류·온도·농도 등에 따라 부식이 잘되지 않는 재료를 사용하거나 도장(塗裝) 등의 조치를 하여야 한다.

정답 ④

79 메탄올의 연소반응이 다음과 같을 때 최소산소농도(MOC)는? [단, 메탄올의 연소하한값(L)은 6.7vol%이다.]

$$CH_3OH + 1.5O_2 \rightarrow CO_2 + 2H_2O$$

① 1.5vol%　② 6.7vol%
③ 10vol%　④ 15vol%

해설 $MOC(\%) = 연소하한값(\%) \times \dfrac{산소(mol)수}{연료(mol)수}$

$= 6.7 \times \dfrac{1.5}{1}$

$= 10.05 ≒ 10vol\%$

관련이론 메탄올(CH_3OH)의 완전연소반응식
$CH_3OH + 1.5O_2 \rightarrow CO_2 + 2H_2O$

정답 ③

80 산업안전보건기준에 관한 규칙에서 부식성 염기류에 해당하는 것은?

① 농도 30퍼센트인 과염소산
② 농도 30퍼센트인 아세틸렌
③ 농도 40퍼센트인 디아조화합물
④ 농도 40퍼센트인 수산화나트륨

해설 농도가 40% 이상인 수산화나트륨, 수산화칼륨 그 밖에 이와 같은 정도 이상의 부식성을 가지는 염기류가 부식성 염기류에 해당한다.

관련이론 부식성 산류
- 농도가 20% 이상인 염산, 황산, 질산, 그 밖에 이와 같은 정도 이상의 부식성을 가지는 물질
- 농도가 60% 이상인 인산, 아세트산, 불산, 그 밖에 이와 같은 정도 이상의 부식성을 가지는 물질

정답 ④

제5과목 건설안전기술

81 근로자가 추락하거나 넘어질 위험이 있는 장소에서 추락방호망의 설치 기준으로 옳지 않은 것은?

① 망의 처짐은 짧은 변 길이의 10% 이상이 되도록 할 것
② 추락방호망은 수평으로 설치할 것
③ 건축물 등의 바깥쪽으로 설치하는 경우 추락방호망의 내민 길이는 벽면으로부터 3m 이상 되도록 할 것
④ 추락방호망의 설치위치는 가능하면 작업면으로부터 가까운 지점에 설치하여야 하며, 작업면으로부터 망의 설치지점까지의 수직거리는 10m를 초과하지 아니할 것

해설 망의 처짐은 짧은 변 길이의 12% 이상이 되도록 하여야 한다.

관련이론 추락재해를 방지하기 위한 추락방호망의 설치기준(산업안전보건법 안전보건기준)
- 안전방망(추락방호망)은 수평으로 설치하고 망의 처짐은 짧은 변 길이의 12% 이상이 되도록 할 것
- 안전방망(추락방호망)의 설치위치는 가능하면 작업면으로부터 가까운 지점에 설치하여야 하며, 작업면으로부터 망의 설치지점까지의 수직거리는 10m를 초과하지 아니할 것
- 건축물 등의 바깥쪽으로 설치하는 경우 추락방호망의 내민 길이는 벽면으로부터 3m 이상 되도록 할 것. 다만, 그물코가 20mm 이하인 추락방호망을 사용한 경우에는 낙하물방지망을 설치한 것으로 본다.

정답 ①

82 산업안전보건관리비에 대한 설명으로 옳지 않은 것은?

① 발주자는 수급인이 안전관리비를 다른 목적으로 사용한 금액에 대해서는 계약금액에서 감액 조정할 수 있다.
② 발주자는 수급인이 안전관리비를 사용하지 아니한 금액에 대하여는 반환을 요구할 수 있다.
③ 자기공사자는 원가계산에 의한 예정가격 작성시 안전관리비를 계상한다.
④ 발주자는 설계변경 등으로 대상액의 변동이 있는 경우 공사 완료 후 정산하여야 한다.

해설 발주자는 설계변경 등으로 대상액의 변동이 있을 경우 공사완료 전 정산하여야 한다.

정답 ④

83 굴착면 붕괴의 원인과 가장 거리가 먼 것은?

① 사면경사의 증가
② 성토높이의 감소
③ 공사에 의한 진동하중의 증가
④ 굴착높이의 증가

해설 성토높이는 감소가 아닌 증가시 굴착면 붕괴의 원인이 된다.

정답 ②

84 유해·위험방지계획서 작성 및 제출대상에 해당하는 공사는?

① 지상높이가 20m인 건축물의 해체공사
② 깊이 9.5m인 굴착공사
③ 최대지간거리가 50m인 교량건설공사
④ 저수용량 1천만톤인 용수전용댐

해설 최대지간거리가 50m 이상인 교량건설공사는 유해위험방지계획서 제출 대상에 해당한다.

정답 ③

85 철근콘크리트 슬래브에 발생하는 응력에 대한 설명으로 옳지 않은 것은?

① 전단력은 일반적으로 단부보다 중앙부에서 크게 작용한다.
② 중앙부 하부에는 인장응력이 발생한다.
③ 단부 하부에는 압축응력이 발생한다.
④ 휨응력은 일반적으로 슬래브의 중앙부에서 크게 작용한다.

해설 전단력은 일반적으로 중앙부보다 단부에서 크게 작용한다.

정답 ①

86 연약지반을 굴착할 때, 흙막이벽 뒷쪽 흙의 중량이 바닥의 지지력보다 커지면, 굴착저면에서 흙이 부풀어 오르는 현상은?

① 슬라이딩(Sliding) ② 보일링(Boiling)
③ 파이핑(Piping) ④ 히빙(Heaving)

해설 연약지반을 굴착할 때, 흙막이벽 뒤쪽 흙의 중량이 바닥의 지지력보다 커지면, 굴착저면에서 흙이 부풀어 오르는 현상은 히빙(Heaving)이다.

관련이론 히빙(Heaving)

1. 정의
   연약지반을 굴착할 때, 흙막이벽 뒤쪽 흙의 중량이 바닥의 지지력보다 커지면, 굴착저면에서 흙이 부풀어 오르는 현상이다.
2. 지반조건
   연약성 점토지반
3. 현상
   • 지보공 파괴
   • 배면 토사붕괴
   • 굴착저면의 솟아오름
4. 대책
   • 굴착주변의 상재하중을 제거한다.
   • 흙막이벽의 근입심도를 확보한다.
   • 어스앵커(earth anchor)를 설치한다.
   • 굴착저면에 토사등의 인공중력을 가중시킨다.
   • 굴착주변을 웰포인트공법과 병행한다.
   • 양질의 재료로 지반개량을 한다. (흙의 전단강도를 높인다.)
   • 소단을 두면서 굴착한다.
   • 흙막이 배면의 표토를 제거하여 토압을 경감시킨다.

정답 ④

87 철근콘크리트공사시 활용되는 거푸집의 필요조건이 아닌 것은?

① 콘크리트의 하중에 대해 뒤틀림이 없는 강도를 갖출 것
② 콘크리트내 수분 등에 대한 물빠짐이 원활한 구조를 갖출 것
③ 최소한의 재료로 여러 번 사용할 수 있는 전용성을 가질 것
④ 거푸집은 조립·해체·운반이 용이하도록 할 것

해설 콘크리트내 수분 등에 대한 누출을 방지할 수 있는 수밀성이 있어야 한다.

관련이론 철근콘크리트공사시 활용되는 거푸집의 필요조건
• 콘크리트의 하중에 대해 뒤틀림이 없는 강도를 갖출 것
• 최소한의 재료로 여러 번 사용할 수 있는 전용성을 가질 것
• 거푸집은 조립·해체·운반이 용이하도록 할 것
• 수분이나 모르타르(Mortar) 등의 누출을 방지할 수 있는 수밀성이 있을 것
• 시공정도에 알맞은 수평, 수직을 견지하고 변형이 생기지 않는 구조일 것
• 콘크리트의 자중 및 부어넣기 할 때의 충격과 작업하중에 견딜 것

정답 ②

88 슬레이트, 선라이트 등 강도가 약한 재료로 덮은 지붕 위에서 작업을 할 때 발이 빠지는 등 근로자의 위험을 방지하기 위하여 필요한 발판의 폭 기준은?

① 10cm 이상 ② 20cm 이상
③ 25cm 이상 ④ 30cm 이상

해설 슬레이트, 선라이트(sunlight) 등 강도가 약한 재료로 덮은 지붕 위에서 작업을 할 때에 발이 빠지는 등 근로자가 위험해질 우려가 있는 경우 폭 30cm 이상의 발판을 설치하거나 추락방호망을 치는 등 위험을 방지하기 위하여 필요한 조치를 하여야 한다.

정답 ④

89 말비계를 조립하여 사용하는 경우에 준수해야 하는 사항으로 옳지 않은 것은?

① 지주부재의 하단에는 미끄럼방지장치를 한다.
② 근로자는 양측 끝부분에 올라서서 작업하도록 한다.
③ 지주부재와 수평면의 기울기를 75° 이하로 한다.
④ 말비계의 높이가 2m를 초과하는 경우에는 작업발판의 폭을 40cm 이상으로 한다.

해설 근로자는 양측 끝부분에 올라서서 작업하지 않도록 한다.

말비계(안장비계, 각주비계)

1. **정의**
   말비계는 비교적 천장높이가 얕은 실내에서 내장마무리작업에 사용되는 것으로 두개의 사다리를 상부에서 핀으로 결합시켜 개폐시킬 수 있도록 하여 발판 또는 비계역할을 하도록 하는 것이다.

2. **말비계를 조립하여 사용하는 경우에 준수해야 하는 사항(산업안전보건법 안전보건기준)**
   - 지주부재의 하단에는 미끄럼방지장치를 하고, 근로자가 양측 끝부분에 올라서서 작업하지 않도록 할 것
   - 지주부재와 수평면의 기울기를 75° 이하로 하고, 지주부재와 지주부재 사이를 고정시키는 보조부재를 설치할 것
   - 말비계의 높이가 2m를 초과하는 경우에는 작업발판의 폭을 40cm 이상으로 할 것

정답 ②

90 추락방지용 방망 그물코의 모양 및 크기의 기준으로 옳은 것은?

① 원형 또는 사각으로서 그 크기는 5cm 이하이어야 한다.
② 원형 또는 사각으로서 그 크기는 10cm 이하이어야 한다.
③ 사각 또는 마름모로서 그 크기는 5cm 이하이어야 한다.
④ 사각 또는 마름모로서 그 크기는 10cm 이하이어야 한다.

해설 추락방지용 방망의 그물코는 사각 또는 마름모로서 그 크기는 10cm 이하이어야 한다.

방망의 구조 및 안전기준(고용노동부고시 기준)
- 그물코: 사각 또는 마름모로서 그 크기는 10cm 이하이어야 한다.
- 소재: 합성섬유 또는 그 이상의 물리적 성질을 갖는 것이어야 한다.
- 방망의 종류: 매듭방망으로서 매듭은 원칙적으로 단매듭을 한다.
- 테두리로프와 방망의 재봉: 테두리로프는 각 그물코를 관통시키고 서로 중복됨이 없이 재봉사로 결속한다.
- 테두리로프 상호의 접합: 테두리로프를 중간에서 결속하는 경우는 충분한 강도를 갖도록 한다.
- 달기로프의 결속: 달기로프는 3회 이상 엮어 묶는 방법 등으로 테두리로프에 결속하여야 한다.
- 시험용사: 방망 폐기시 방망사의 강도를 점검하기 위하여 테두리로프에 연하여 방망에 재봉한 방망사이다.

정답 ④

91 콘크리트를 타설할 때 안전상 유의하여야 할 사항으로 옳지 않은 것은?

① 콘크리트를 치는 도중에는 거푸집, 지보공 등의 이상유무를 확인한다.
② 진동기 사용시 지나친 진동은 거푸집 도괴의 원인이 될 수 있으므로 적절히 사용해야 한다.
③ 최상부의 슬래브는 되도록 이어붓기를 하고 여러 번에 나누어 콘크리트를 타설한다.
④ 타워에 연결되어 있는 슈트의 접속이 확실한지 확인한다.

해설 최상부의 슬래브는 되도록 이어붓기를 피하고 일시에 전체 콘크리트를 타설한다.

정답 ③

92 무한궤도식 장비와 타이어식(차륜식) 장비의 차이점에 대한 설명으로 옳은 것은?

① 무한궤도식은 기동성이 좋다.
② 타이어식은 승차감과 주행성이 좋다.
③ 무한궤도식은 경사지반에서의 작업에 부적당하다.
④ 타이어식은 땅을 다지는데 효과적이다.

해설 타이어식은 무한궤도식 장비에 비해 승차감과 주행성이 좋다.

선지분석
① 기동성이 좋은 것은 타이어식이다.
③ 타이어식은 경사지반에서의 작업에 부적당하다.
④ 땅을 다지는데 효과적인 것은 무한궤도식이다.

정답 ②

93 사다리식 통로 등을 설치하는 경우 발판과 벽과의 사이는 최소 얼마 이상의 간격을 유지하여야 하는가?

① 10cm 이상
② 15cm 이상
③ 20cm 이상
④ 25cm 이상

해설 발판과 벽과의 사이는 15cm 이상의 간격을 유지하여야 한다.

 사다리식 통로 등의 구조(산업안전보건법 안전보건기준)
- 발판과 벽과의 사이는 15cm 이상의 간격을 유지할 것
- 견고한 구조로 할 것
- 심한 손상, 부식 등이 없는 재료를 사용할 것
- 발판의 간격은 일정하게 할 것
- 폭은 30cm 이상으로 할 것
- 사다리가 넘어지거나 미끄러지는 것을 방지하기 위한 조치를 할 것
- 사다리의 상단은 걸쳐 놓은 지점으로부터 60cm 이상 올라가도록 할 것
- 사다리식 통로의 길이가 10m 이상인 경우에는 5m 이내마다 계단참을 설치할 것
- 사다리식 통로의 기울기는 75° 이하로 할 것
- 접이식 사다리기둥은 사용시 접혀지거나 펼쳐지지 않도록 철물 등을 사용하여 견고하게 조치할 것

정답 ②

94 정기안전점검 결과 건설공사의 물리적·기능적 결함 등이 발견되어 보수·보강 등의 조치를 하기 위하여 필요한 경우에 실시하는 것은?

① 자체안전점검
② 정밀안전점검
③ 상시안전점검
④ 품질관리점검

해설 정기안전점검 결과 건설공사의 물리적·기능적 결함 등이 발견되어 보수, 보강 등의 조치를 하기 위하여 필요한 경우에 실시하는 것은 정밀안전점검이다(건설기술진흥법).

건설기술진흥법상 안전점검의 종류
- 정기안전점검
- 정밀안전점검
- 초기점검
- 공사재개전안전점검
- 자체안전점검

정답 ②

95 차량계 하역운반기계에 화물을 적재할 때의 준수사항과 거리가 먼 것은?

① 하중이 한쪽으로 치우지지 않도록 적재할 것
② 구내운반차 또는 화물자동차의 경우 화물의 붕괴 또는 낙하에 의한 위험을 방지하기 위하여 화물에 로프를 거는 등 필요한 조치를 할 것
③ 운전자의 시야를 가리지 않도록 화물을 적재할 것
④ 제동장치 및 조종장치 기능의 이상 유무를 점검할 것

해설 제동장치 및 조종장치 기능의 이상 유무를 점검하는 것은 차량계 하역운반기계에 화물을 적재할 때의 준수사항에 해당하지 않는다.

차량계 하역운반기계에 화물 적재시 준수사항(산업안전보건법 안전보건기준)
- 하중이 한쪽으로 치우치지 않도록 적재할 것
- 구내운반차 또는 화물자동차에 있어서 화물의 붕괴 또는 낙하에 의한 위험을 방지하기 위하여 화물에 로프를 거는 등 필요한 조치를 할 것
- 운전자의 시야를 가리지 않도록 화물을 적재할 것
- 화물을 적재하는 경우에는 최대적재량을 초과하지 아니할 것

정답 ④

96 시스템비계를 사용하여 비계를 구성하는 경우에 준수하여야 할 사항으로 옳지 않은 것은?

① 수직재와 수직재의 연결철물은 이탈되지 않도록 견고한 구조로 할 것
② 수직재·수평재·가새재를 견고하게 연결하는 구조가 되도록 할 것
③ 수직재와 받침철물의 연결부 겹침길이는 받침철물 전체길이의 4분의 1 이상이 되도록 할 것
④ 수평재는 수직재와 직각으로 설치하여야 하며, 체결 후 흔들림이 없도록 견고하게 설치할 것

해설 수직재와 받침철물의 연결부 겹침길이는 받침철물 전체길이의 3분의 1 이상이 되도록 하여야 한다.

관련이론 시스템비계를 사용하여 비계 구성시 준수사항(산업안전보건법 안전보건기준)

- 수직재와 수직재의 연결철물은 이탈되지 않도록 견고한 구조로 할 것
- 수직재, 수평재, 가새재를 견고하게 연결하는 구조가 되도록 할 것
- 수평재는 수직재와 직각으로 설치하여야 하며, 체결 후 흔들림이 없도록 견고하게 설치할 것
- 비계 밑단의 수직재와 받침철물은 밀착되도록 설치하고, 수직재와 받침철물 연결부의 겹침길이는 받침철물 전체길이의 3분의 1 이상이 되도록 할 것
- 벽연결재의 설치간격은 제조사가 정한 기준에 따를 것

정답 ③

97 공사현장에서 낙하물방지망 또는 방호선반을 설치할 때 설치높이 및 벽면으로부터 내민길이의 기준은?

① 설치높이 10m 이내마다, 내민길이 2m 이상
② 설치높이 15m 이내마다, 내민길이 2m 이상
③ 설치높이 10m 이내마다, 내민길이 3m 이상
④ 설치높이 15m 이내마다, 내민길이 3m 이상

해설 설치높이 10m 이내마다 설치하고, 내민 길이는 벽면으로부터 2m 이상으로 하여야 한다.

관련이론 공사현장에서 낙하물방지망 또는 방호선반을 설치하는 경우 준수사항(산업안전보건법 안전보건기준)

- 설치높이 10m 이내마다 설치하고, 내민 길이는 벽면으로부터 2m 이상으로 할 것
- 낙하물방지망 또는 방호선반은 수평면과의 각도는 20° 이상 30° 이하를 유지할 것

정답 ①

98 가설구조물이 갖추어야 할 구비요건과 가장 거리가 먼 것은?

① 영구성　　　② 경제성
③ 작업성　　　④ 안전성

해설 가설구조물이 갖추어야 할 구비요건으로는 경제성, 작업성, 안전성이 있으며, 영구성은 해당하지 않는다.

정답 ①

99 가설통로를 설치하는 경우 준수하여야 할 기준으로 옳지 않은 것은?

① 견고한 구조로 할 것
② 경사는 30° 이하로 할 것
③ 경사가 30°를 초과하는 경우에는 미끄러지지 아니하는 구조로 할 것
④ 수직갱에 가설된 통로의 길이가 15m 이상인 경우에는 10m 이내마다 계단참을 설치할 것

해설 경사가 15°를 초과하는 경우에는 미끄러지지 아니하는 구조로 해야 한다.

정답 ③

100 산업안전보건기준에 관한 규칙에 따른 토사굴착시 굴착면의 기울기기준으로 옳지 않은 것은?

① 보통흙인 습지 – 1 : 1 ~ 1 : 1.5
② 풍화암 – 1 : 0.8
③ 연암 – 1 : 0.5
④ 보통흙인 건지 – 1 : 1.2 ~ 1 : 5

해설 보통흙인 건지의 기울기기준은 1 : 0.5 ~ 1 : 1이다.

관련이론 굴착면의 기울기 기준

지반의 종류	굴착면의 기울기
모래	1 : 1.8
연암 및 풍화암	1 : 1.0
경암	1 : 0.5
그밖의 흙	1 : 1.2

※ 산업안전보건법 안전보건기준 → 2023.11.14 개정

정답 ④

2019년 제1회

제1과목 산업안전관리론

01 하인리히의 재해구성비율에 따라 경상사고가 87건 발생하였다면 무상해사고는 몇 건이 발생하였겠는가?

① 300건 ② 600건
③ 900건 ④ 1200건

해설
- 하인리히의 재해구성 비율 = 1(중상 또는 사망) : 29(경상) : 300(무상해사고)
- 이 중 경상사고가 87건 발생하였으므로
  $29 : 87 = 300 : x$
  $29x = 87 \times 300$
  $\therefore x = \dfrac{87 \times 300}{29} = 900$건

정답 ③

02 OJT(On the Job Training)의 특징이 아닌 것은?

① 훈련에 필요한 업무의 계속성이 끊어지지 않는다.
② 교육효과가 업무에 신속히 반영된다.
③ 다수의 근로자들을 대상으로 동시에 조직적 훈련이 가능하다.
④ 개개인에게 적절한 지도훈련이 가능하다.

해설 다수의 근로자들을 대상으로 동시에 조직적 훈련이 가능한 것은 Off JT(Off the Job Training)의 특징이다.

정답 ③

03 재해사례연구에 대한 설명으로 옳지 않은 것은?

① 재해사례연구는 주관적이며 정확성이 있어야 한다.
② 문제점과 재해요인의 분석은 과학적이고, 신뢰성이 있어야 한다.
③ 재해사례를 과제로 하여 그 사고와 배경을 체계적으로 파악한다.
④ 재해요인을 규명하여 분석하고 그에 대한 대책을 세운다.

해설 재해사례연구(accident analysis and control method)는 객관적이며 정확성이 있어야 한다.

관련이론 재해사례연구

1. **재해사례연구의 목적**
   - 재해요인을 체계적으로 규명해서 대책을 세운다.
   - 재해방지의 원칙을 습득해서 이것을 일상 안전보건활동에 실천한다.
   - 참가자의 안전보건활동에 관한 견해나 생각을 깊게 하고 태도를 바꾸게 하기도 한다.

2. **재해사례연구 순서**
   - 전제조건(재해상황의 파악): 사례연구의 전제조건으로서 재해상황의 주된 항목에 관해서 파악한다.
   - 제1단계(사실의 확인): 사례의 해결에 필요한 정보를 정확히 파악한다.(사람, 물건, 관리, 경과를 확인한다)
   - 제2단계(문제점의 발견): 사실로 판단하고 기준에서 차이의 문제점을 발견한다.
   - 제3단계(근본적 문제점의 결정): 문제점 가운데 재해의 중심이 된 근본적 문제점을 결정하고 재해원인을 결정한다.
   - 제4단계(대책수립): 사례를 해결하기 위해 대책을 세운다.

3. **재해사례연구시 유의사항**
   - 재해사례연구는 객관적이며 정확성이 있어야 한다.
   - 신뢰성이 있는 자료수집이 있어야 한다.
   - 현장 사실을 분석하여 논리적이어야 한다.
   - 재해사례연구의 기준으로는 법규, 사내규정, 작업표준 등이 있다.
   - 문제점과 재해요인의 분석은 과학적이고, 신뢰성이 있어야 한다.
   - 재해사례를 과제로 하여 그 사고와 배경을 체계적으로 파악한다.
   - 재해요인을 규명하여 분석하고 그에 대한 대책을 세운다.

정답 ①

04 산업안전보건법상 안전보건표지에서 기본모형의 색상이 빨강이 아닌 것은?

① 산화성물질경고　② 화기금지
③ 탑승금지　　　　④ 고온경고

해설　고온경고의 바탕은 노란색, 기본모형은 검은색이다.

관련이론　산업안전보건법상 안전보건표지에서 기본모형의 색상이 빨간색인 것
- 화기금지
- 탑승금지
- 출입금지
- 보행금지
- 차량통행금지
- 사용금지
- 금연
- 물체이동금지
- 인화성물질경고
- 산화성물질경고
- 폭발성물질경고
- 급성독성물질경고
- 부식성물질경고
- 발암성, 변이원성, 생식독성, 호흡기과민성물질경고

정답 ④

05 모랄 서베이(Morale Survey)의 효용이 아닌 것은?

① 조직 또는 구성원의 성과를 비교·분석한다.
② 종업원의 정화(Catharsis)작용을 촉진시킨다.
③ 경영관리를 개선하는데에 대한 자료를 얻는다.
④ 근로자의 심리 또는 욕구를 파악하여 불만을 해소하고, 노동의욕을 높인다.

해설　조직 또는 구성원의 성과를 비교·분석하는 것은 모랄 서베이의 효용과는 관계가 없다.

관련이론　모랄 서베이(moral survey)
1. **모랄 서베이의 효용**
   - 종업원의 정화(catharsis)작용을 촉진시킨다.
   - 경영관리를 개선하는 자료를 얻는다.
   - 근로자의 심리 또는 욕구를 파악하여 불만을 해소하고, 노동의욕을 높인다.
2. **모랄 서베이의 주요방법**
   - 사례연구법: 경영관리상 여러가지 사례에 대해 연구하여 현상을 파악하는 방법
   - 통계에 의한 방법: 조퇴, 지각, 결근, 이직 등을 분석하여 파악하는 방법
   - 실험연구법: 통제그룹과 실험그룹으로 나누고 자극을 주어 태도변화 여부를 조사하는 방법
   - 관찰법: 근로자의 근무상태를 계속 관찰함으로써 문제점을 찾아내는 방법
   - 태도조사법: 면접법, 질문지법, 투사법, 집단토의법 등에 의해 의견을 조사하는 방법

정답 ①

06 주의(attention)의 특징 중 여러 종류의 자극을 지각할 때, 소수의 특정한 것에 한하여 주의가 집중되는 것은?

① 선택성　② 방향성
③ 변동성　④ 검출성

해설　여러가지 자극을 지각할 때 소수의 특정 자극에 선택적으로 주의를 기울이는 기능은 선택성이다.

정답 ①

07 인간의 적응기제(適應機制)에 포함되지 않는 것은?

① 갈등(conflict)
② 억압(repression)
③ 공격(aggression)
④ 합리화(rationalization)

해설　갈등(conflict)은 인간의 적응기제에 포함되지 않는다.

정답 ①

08 산업안전보건법상 직업병 유소견자가 발생하거나 다수 발생할 우려가 있는 경우에 실시하는 건강진단은?

① 특별건강진단　② 일반건강진단
③ 임시건강진단　④ 채용시건강진단

해설　직업병 유소견자가 발생하거나 다수 발생할 우려가 있는 경우 실시하는 건강진단은 임시건강진단이다.

관련이론　건강진단(산업안전보건법 시행규칙)
1. **임시건강진단을 해야 하는 경우**
   - 직업병 유소견자가 발생하거나 다수 발생할 우려가 있는 경우
   - 같은 부서에 근무하는 근로자 또는 같은 유해인자에 노출되는 근로자에게 유사한 질병의 자각, 타각 증상이 발생한 경우
   - 그 밖에 지방고용노동관서의 장이 필요하다고 판단하는 경우
2. **특수건강진단을 받아야 하는 근로자(제99조)**
   - 특수건강진단 대상 유해인자에 노출되는 업무에 종사하는 근로자
   - 근로자건강진단 실시결과 직업병 유소견자로 판정받은 후 작업전환을 하거나 작업장소를 변경하고, 직업병 유소견판정의 원인이 된 유해인자에 대한 건강진단이 필요하다는 의사의 소견이 있는 근로자

정답 ③

09 위험예지훈련 중 TBM(Tool Box Meeting)에 대한 설명으로 옳지 않은 것은?

① 작업장소에서 원형의 형태를 만들어 실시한다.
② 통상 작업시작 전·후 10분 정도 시간으로 미팅한다.
③ 토의는 다수인(30인)이 함께 수행한다.
④ 근로자 모두가 말하고 스스로 생각하고 "이렇게 하자."라고 합의한 내용이 되어야 한다.

해설 토의는 5~6명이 함께 수행한다.

 TBM(Tool Box Meeting)
- TBM의 정의: 작업시작 전·후 10분 정도 같은 작업원 5~6명이 리더를 중심으로 둘러앉아 현장에서 그 때 그 장소에 즉응하여 실시하는 위험예지활동
- TBM활동의 5단계 추진법: 도입 – 점검정비 – 작업지시 – 위험예지훈련 – 확인

정답 ③

10 제조업자가 제조물의 결함으로 인하여 생명·신체 또는 재산에 손해를 입은 자에게 그 손해를 배상하여야 하는 것은? (단, 해당 제조물에 대해서만 발생한 손해는 제외한다.)

① 입증책임 ② 담보책임
③ 연대책임 ④ 제조물책임

해설 제조업자가 제조물의 결함으로 인하여 생명·신체 또는 재산에 손해를 입은 자에게 그 손해를 배상하는 것은 제조물책임이다.

 제조물의 결함
- 설계상 결함
- 제조상 결함
- 표시상(경고상) 결함

정답 ④

11 하버드학파의 5단계 교수법에 해당하지 않는 것은?

① 교시(presentation)
② 연합(association)
③ 추론(reasoning)
④ 총괄(generalization)

해설 추론(reasoning)은 듀이(John Dewey)의 사고과정 5단계에 해당한다.

정답 ③

12 객관적인 위험을 자기 나름대로 판정해서 의지결정을 하고 행동에 옮기는 인간의 심리특성은?

① 세이프 테이킹(safe taking)
② 액션 테이킹(action taking)
③ 리스크 테이킹(risk taking)
④ 휴먼 테이킹(human taking)

해설
- 객관적인 위험을 자기 나름대로 판정해서 의지결정을 하고 행동에 옮기는 인간의 심리 특성을 리스크 테이킹(risk taking)이라 한다.
- 리스크 테이킹의 발생요인으로는 부적절한 태도를 들 수 있으며, 리스크 테이킹의 빈도가 가장 높은 사람은 안전태도가 불량한 사람이다.

정답 ③

13 재해예방의 4원칙에 해당하지 않는 것은?

① 예방가능의 원칙
② 손실우연의 원칙
③ 원인계기의 원칙
④ 선취해결의 원칙

해설 선취해결의 원칙은 재해예방의 4원칙에 해당하지 않는다.

재해예방의 4원칙
- 예방가능의 원칙: 사고는 원인만 제거하면 원칙적으로 예방이 가능하다.
- 손실우연의 원칙: 사고의 결과, 손실의 유무 또는 대소는 사고당시의 조건에 따라 우연적으로 발생한다.
- 원인계기(연계)의 원칙: 사고에는 반드시 원인이 있고, 원인의 대부분은 복합적 연계원인이다.
- 대책선정의 원칙: 사고의 원인이나 불안전 요소가 발견되면 반드시 대책은 선정, 실시되어야 하며 대책선정은 가능하다.

정답 ④

14 방독마스크의 정화통 색상으로 옳지 않은 것은?

① 유기화합물용 – 갈색
② 할로겐용 – 회색
③ 황화수소용 – 회색
④ 암모니아용 – 노란색

해설 암모니아용 방독마스크의 정화통 색상은 녹색이다.

 방독마스크

1. 정화통 외부측면의 표시 색

종류	표시 색
유기화합물용 정화통	갈색
할로겐용 정화통	회색
황화수소용 정화통	
시안화수소용 정화통	
아황산용 정화통	노란색
암모니아용 정화통	녹색
복합용 및 겸용의 정화통	① 복합용의 경우: 해당 가스 모두 표시(2층 분리) ② 겸용의 경우: 백색과 해당 가스 모두 표시(2층 분리)

2. 안전인증 방독마스크 추가 표시사항
안전인증 방독마스크에는 산업안전보건법 시행규칙(안전인증의 표시)에 따른 표시 외에 다음의 내용을 추가로 표시해야 한다.
• 파과곡선도
• 사용시간 기록카드
• 정화통 외부측면의 표시색
• 사용상의 주의사항

정답 ④

15 스트레스(stress)에 대한 설명으로 가장 적절한 것은?

① 스트레스는 나쁜 일에서만 발생한다.
② 스트레스는 부정적인 측면만 가지고 있다.
③ 스트레스는 직무몰입과 생산성 감소의 직접적인 원인이 된다.
④ 스트레스 상황에 직면하는 기회가 많을수록 스트레스 발생 가능성은 낮아진다.

해설 스트레스는 직무몰입과 생산성 감소의 직접적 원인이 된다.

선지 분석
① 스트레스는 나쁜 일뿐만 아니라 좋은 일에서도 발생한다.
② 스트레스는 부정적인 측면만 있는 것이 아니라 긍정적인 측면도 가지고 있다.
④ 스트레스 상황에 직면하는 기회가 많을수록 스트레스 발생 가능성은 높아진다.

정답 ③

16 누전차단장치 등과 같은 안전장치를 정해진 순서에 따라 작동시키고 동작상황의 양부를 확인하는 점검은?

① 외관점검 ② 작동점검
③ 기술점검 ④ 종합점검

해설 누전차단장치 등과 같은 안전장치를 정해진 순서에 따라 작동시키고 동작상황의 양부를 확인하는 점검은 작동점검이다.

정답 ②

17 재해발생형태별 분류 중 물건이 주체가 되어 사람이 상해를 입는 경우에 해당되는 것은?

① 추락 ② 전도
③ 충돌 ④ 낙하 · 비래

해설 재해발생형태별 분류 중 물건이 주체가 되어 사람이 상해를 입는 경우에 해당되는 것은 낙하 · 비래(맞음 · 날아옴)이다.

 재해발생형태별 분류 중 사람의 동작이 주체가 되어 사람이 상해를 입는 경우에 해당되는 것
• 추락(떨어짐)   • 충돌(부딪힘)
• 전도(넘어짐)   • 협착(끼임, 말림)

정답 ④

18 산업안전보건법령상 특별안전보건교육의 대상 작업에 해당하지 않는 것은?

① 석면해체·제거작업
② 밀폐된 장소에서 하는 용접작업
③ 화학설비 취급품의 검수·확인작업
④ 2m 이상의 콘크리트 인공구조물의 해체작업

해설 화학설비 취급품의 검수·확인작업은 산업안전보건법령상 특별안전보건교육의 대상 작업에 해당하지 않는다.

정답 ③

19 안전을 위한 동기부여로 옳지 않은 것은?

① 기능을 숙달시킨다.
② 경쟁과 협동을 유도한다.
③ 상벌제도를 합리적으로 시행한다.
④ 안전목표를 명확히 설정하여 주지시킨다.

해설 기능을 숙달시키는 것은 안전을 위한 동기부여에 해당하지 않는다.

관련이론 **안전을 위한 동기부여**
- 경쟁과 협동을 유도한다.
- 상벌제도를 합리적으로 시행한다.
- 안전목표를 명확히 설정하여 주지시킨다.
- 안전의 근본이념을 인식시킨다.
- 결과를 알려순다.
- 동기유발 수준을 지속적으로 유지한다.

정답 ①

20 안전교육의 3단계에서 생활지도, 작업동작지도 등을 통한 안전의 습관화를 위한 교육은?

① 지식교육　　② 기능교육
③ 태도교육　　④ 인성교육

해설 생활지도, 작업동작지도 등을 통한 안전의 습관화를 위한 교육은 태도교육(제3단계)이다.

선지분석 ① 지식교육(제1단계)은 강의, 시청각교육을 통한 지식의 전달과 이해를 위한 교육이다.
② 기능교육(제2단계)은 시범, 실습, 현장실습교육, 견학을 통한 이해와 경험을 위한 교육이다.

정답 ③

제2과목 인간공학 및 시스템안전공학

21 인간-기계시스템에 대한 평가에서 평가척도나 기준(criteria)으로서 관심의 대상이 되는 변수는?

① 독립변수　　② 종속변수
③ 확률변수　　④ 통제변수

해설 인간-기계시스템에 대한 평가에서 평가 척도나 기준(Criteria)으로서 관심의 대상(결과물이나 효과)이 되는 변수는 종속변수이며, 이는 인간성능을 평가하는 실험을 할 때 평가의 기준이 된다.

관련이론 **독립변수**
평가척도나 기준으로서 입력값이나 원인이 되는 변수

정답 ②

22 화학설비의 안전성 평가 과정에서 제3단계인 정량적 평가 항목에 해당되는 것은?

① 목록　　　　② 공정계통도
③ 화학설비 용량　　④ 건조물의 도면

해설 정량적 평가항목에 해당하는 것은 화학설비 용량이다.

관련이론 **화학설비의 안전성 평가과정**
1. 화학설비의 안전성 평가과정 중 정량적 평가항목
   - 온도
   - 화학설비 용량
   - 압력
   - 화학설비의 취급물질
   - 조작
2. 화학설비의 안전성 평가과정에서 제1단계인 관계자료의 작성준비에 해당하는 것
   - 공정기기목록
   - 공정계통도
   - 건조물의 평면도, 단면도 및 입면도
   - 입지조건
   - 전기실 및 기계실의 평면도, 단면도 및 입면도
   - 화학설비의 배치도
   - 제조공정의 개요
   - 제조공정상 일어나는 화학반응
   - 배관, 계장계통도
   - 안전설비의 종류와 설치장소
   - 요원배치계획, 운전요령, 안전보건교육 훈련계획
   - 원재료, 중간제품, 제품 등의 화학적, 물리적 성질 및 인체에 미치는 영향

정답 ③

23 다음 FTA 그림에서 a, b, c의 부품고장률이 각각 0.01일 때, 최소 컷셋(minimal cut set)과 신뢰도로 옳은 것은?

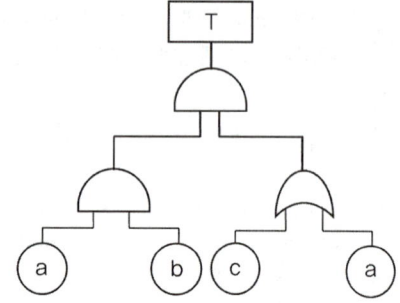

① {a, b}, R(t) = 99.99%
② {a, b, c}, R(t) = 98.99%
③ {a, c}, R(t) = 96.99%
　{a, b}
④ {a, c}, R(t) = 97.99%
　{a, b, c}

해설
- T = a·b·c
　　　a·b·a
　= (a·b) (a·b·c)
- (a·b) (a·b·c) 둘 다 답이 될 수 있지만 작은 것을 선택하는 것이 최소 컷셋이므로, (a·b)가 최소 컷셋이다.
- 신뢰도
　= 1 − T
　= 1 − [(a×b)×1 − (1 − c)(1 − a)]
　= 1 − [(0.01×0.01)×1 − (1 − 0.01)(1 − 0.01)]
　= 0.9999 = 99.99%

정답 ①

24 FT도에 사용되는 기호 중 입력신호가 생긴 후, 일정 시간이 지속된 후에 출력이 생기는 것을 나타내는 것은?

① OR게이트
② 위험지속기호
③ 억제게이트
④ 배타적 OR게이트

해설 입력신호가 생긴 후 일정시간이 지속된 후에 출력이 생기는 것을 나타내는 기호는 위험지속기호이다. 만약, 그 시간이 지속되지 않으면 출력은 생기지 않는다.

관련이론 **FT도에 사용되는 기호**

기호	명칭	내용
OR 게이트 모양	OR 게이트	입력사상 중 어느 것 하나가 존재할 때 출력사상이 발생한다.
AND 게이트 모양	AND 게이트	모든 입력사상이 공존할 때만이 출력사상이 발생한다.
억제게이트 모양	억제게이트	입력사상에 대하여 이 게이트로 나타내는 조건이 만족하는 경우에만 출력사상이 발생한다.
부정게이트 모양	부정게이트	입력사상이 반대현상이 출력되는 게이트이다.
조합 AND게이트 모양	조합 AND게이트	3개 이상의 입력현상 중에 언젠가 2개가 일어나면 출력이 생긴다.
배타적 OR게이트 모양	배타적 OR게이트	OR게이트지만 2개 또는 그 이상의 입력이 동시에 존재하는 경우에는 출력이 생기지 않는다.
위험지속 AND게이트 모양	위험지속기호 (위험지속 AND게이트)	입력현상이 생겨서 어떤 일정한 시간이 지속될 때 출력이 생긴다. 만약 그 시간이 지속되지 않으면 출력은 생기지 않는다.
우선적 AND게이트 모양	우선적 AND게이트	입력현상 중에 어떤 현상이 다른 현상보다 먼저 일어날 때에 출력현상이 생긴다.

정답 ②

25 자동차나 항공기의 앞유리 혹은 차양판 등에 정보를 중첩 투사하는 표시장치는?

① CRT ② LCD
③ HUD ④ LED

해설 자동차나 항공기의 앞유리 혹은 차양판 등에 정보를 중첩 투사하는 표시장치를 HUD(Head Up Display: 전방표시장치)라 한다.
이는 정성적, 묘사적 표시장치는 물론이고 모든 종류의 정보를 표시하는 장치이다.

선지분석
① CRT(Cathode Ray Tube Display: 음극선관): 전자를 투사하여 형광면에 충돌시켜 화면을 보여주는 장치이다.
② LCD(Liquid Crystal Display: 액정표시장치): 두 장의 얇은 판 사이에 액정을 주입하고, 전기적 압력을 가하여 분자의 배열상태를 변화시켜 빛을 통과시키고 반사시키는 방법으로 문자나 영상을 표시하는 장치이다.
④ LED(Light Emitting Diode: 발광다이오드): 화합물 반도체의 특성을 이용해 전기신호를 적외선이나 빛으로 변환시켜 신호를 보내고 받는데 사용된다.

정답 ③

26 암호체계 사용상의 일반적인 지침에 해당하지 않는 것은?

① 암호의 검출성
② 부호의 양립성
③ 암호의 표준화
④ 암호의 단일차원화

해설 단일차원이 아닌 다차원 암호를 사용하여야 한다.

관련이론 암호체계 사용상의 일반적인 지침
• 암호의 검출성
• 부호의 양립성
• 암호의 표준화
• 암호의 변별성(판별성)
• 부호의 의미
• 다차원 암호의 사용

정답 ④

27 일반적인 수공구의 설계원칙으로 볼 수 없는 것은?

① 손목을 곧게 유지한다.
② 반복적인 손가락 동작을 피한다.
③ 사용이 용이한 검지만 주로 사용한다.
④ 손잡이는 접촉면적을 가능하면 크게 한다.

해설 사용이 용이한 검지만 주로 사용하는 것은 수공구의 설계원칙에 해당하지 않는다.

관련이론 일반적인 수공구의 설계원칙
• 손목을 곧게 유지한다.
• 반복적인 손가락 동작을 피한다.
• 손잡이는 접촉면적을 가능하면 크게 한다.
• 손바닥에 압력이 가해지지 않도록 한다.
• 손잡이 길이는 95%tile 남성의 손폭을 기준으로 한다.
• 동력공구 손잡이는 최소 두손가락 이상으로 작동하도록 설계한다.
• 손잡이의 직경은 사용용도에 따라 조정하도록 한다.
• 정밀작업용 수공구의 손잡이는 직경을 7.5∼15mm 이하로 한다.
• 힘을 요하는 작업용 수공구의 손잡이는 직경을 25∼40 mm 이하로 한다.
• 손목을 꺾지 말고 공구의 손잡이를 꺾을 수 있도록 한다.
• 손잡이 재질은 미끄러지지 않고 비전도성이고 열과 땀에 강해야 한다.
• 수공구 사용시 무게균형이 유지되도록 설계한다.
• 손잡이의 단면이 원형을 이루어야한다.
• 안전측면을 고려한 디자인(Design)을 해야 한다.
• 공구의 중량을 줄이고 균형을 유지해야 한다.
• 적절한 상갑을 사용해야 한다.
• 장애인 및 왼손잡이, 양손잡이를 위한 배려를 해야 한다.

정답 ③

28 광원으로부터의 직사휘광을 줄이기 위한 방법으로 적절하지 않은 것은?

① 휘광원 주위를 어둡게 한다.
② 가리개, 갓, 차양 등을 사용한다.
③ 광원을 시선에서 멀리 위치시킨다.
④ 광원의 수는 늘리고 휘도는 줄인다.

해설 휘광원 주위를 밝게 한다.

관련이론 **휘광의 처리**
1. 광원으로부터 직사휘광의 처리
    - 광원을 시선에서 멀리 위치시킨다.
    - 광원의 휘도를 줄이고 광원의 수를 늘린다.
    - 휘광원 주위를 밝게 하여 광속발산비를 줄인다.
    - 가리개(Shade), 갓(Hood) 혹은 차양(Visor)을 사용한다.
2. 창문으로부터의 직사휘광의 처리
    - 창문을 높이 단다.
    - 차양(Shade) 혹은 발(Blind)을 사용한다.
    - 창의 바깥쪽에 드리우개(Overhang)를 설치한다.
    - 창문 안쪽에 수직날개(Fin)를 달아 직시선(直視線)을 제한한다.

정답 ①

29 신뢰성과 보전성을 효과적으로 개선하기 위해 작성하는 보전기록 자료로서 가장 거리가 먼 것은?

① 자재관리표
② MTBF분석표
③ 설비이력카드
④ 고장원인대책표

해설 신뢰성과 보전성을 효과적으로 개선하기 위해 작성하는 보전기록자료에는 MTBF분석표, 설비이력카드, 고장원인대책표가 있으며, 자재관리표는 해당하지 않는다.

정답 ①

30 통제표시비(control/display ratio)를 설계할 때 고려하는 요소에 대한 설명으로 옳지 않은 것은?

① 통제표시비가 낮다는 것은 민감한 장치라는 것을 의미한다.
② 목시거리(目示距離)가 길면 길수록 조절의 정확도는 떨어진다.
③ 짧은 주행시간 내에 공차의 인정범위를 초과하지 않는 계기를 마련한다.
④ 계기의 조절시간이 짧게 소요되도록 계기의 크기(size)는 항상 작게 설계한다.

해설 계기의 조절시간이 짧게 소요되도록 계기의 크기를 설계한다.

관련이론 **통제표시비를 설계할 때 고려하는 요소**
- 계기의 크기는 조절시간이 짧게 소요되도록 설계한다 (계기의 크기가 너무 작으면 오차가 커진다).
- 목시거리가 길수록 조절의 정확도가 떨어진다.
- 조작시간의 지연은 직접적으로 통제표시비에 가장 크게 작용을 하고 있다.
- 공차의 인정범위를 초과하지 않도록 한다.
- 계기의 방향성은 안전과 능률에 영향을 미친다.

정답 ④

31 연마작업장의 가장 소극적인 소음대책은?

① 음향처리제를 사용할 것
② 방음보호용구를 착용할 것
③ 덮개를 씌우거나 창문을 닫을 것
④ 소음원으로부터 적절하게 배치할 것

해설 연마작업장의 가장 소극적인 안전대책은 '방음보호용구(귀마개, 귀덮개)를 착용할 것'이다.

관련이론 **공장소음문제의 대책**

소음원에 대한 대책	· 방진장치 설치 · 방음덮개 설치 · 소음발생원 제거	· 소음발생원 밀폐 · 저소음 기계로 대체 · 소음기, 흡음장치 설치
수음점에 대한 대책	· 방음보호구 착용 · 방음실내에서 작업 실시	
전파경로에 대한 대책	· 방음벽 설치 · 벽체의 차음성 강화 · 공조실 및 기계실내 흡음처리	

정답 ②

32 다음 설명 중 ( ) 안의 내용으로 옳은 것은?

> 40phon은 (㉠)sone을 나타내며, 이는 (㉡)dB의 (㉢)Hz 순음의 크기를 나타낸다.

	㉠	㉡	㉢
①	1	40	1,000
②	1	32	1,000
③	2	40	2,000
④	2	32	2,000

해설 40phon은 1sone을 나타내며, 이는 40dB의 1,000Hz 순음의 크기를 나타낸다.

정답 ①

33 위험조정을 위해 필요한 기술은 조직형태에 따라 다양하며, 4가지로 분류하였을 때 이에 속하지 않는 것은?

① 전가(transfer)
② 보류(retention)
③ 계속(continuation)
④ 감축(reduction)

해설 계속(continuation)은 위험조정을 위해 필요한 기술에 포함되지 않는다.

 리스크

1. 리스크(risk)의 3요소
   • 사고시나리오
   • 사고발생확률
   • 파급효과 또는 손실
2. 위험조정을 위해 필요한 기술(리스크 처리 기술)
   • 위험보류(보유)(retention)
   • 위험감축 및 제거(reduction)
   • 위험회피(avoidance)
   • 위험분담
     – 위험전가(transfer)

정답 ③

34 체내에서 유기물을 합성하거나 분해하는데는 반드시 에너지의 전환이 뒤따른다. 이것을 무엇이라 하는가?

① 에너지 변환
② 에너지 합성
③ 에너지 대사
④ 에너지 소비

해설 체내에서 유기물을 합성하거나 분해하는데는 반드시 에너지의 전환이 뒤따르는 것은 에너지 대사이다.

에너지 대사율(RMR)

에너지 대사율

$= \dfrac{\text{운동대사}}{\text{기초대사}}$

$= \dfrac{\text{운동시 산소소비량} - \text{안정시 산소소비량}}{\text{기초대사}}$

정답 ③

35 전통적인 인간-기계(Man-Machine) 체계의 대표적 유형과 거리가 먼 것은?

① 수동체계
② 기계화체계
③ 자동체계
④ 인공지능체계

해설 인공지능체계는 전통적인 인간-기계(Man-Machine) 체계의 대표적 유형과는 관계가 없다.

인간-기계(Man-Machine) 체계

1. 전통적인 인간-기계체계의 대표적 유형
   • 수동체계(Manual System)
   • 기계화체계(반자동체계: Mechanical System)
   • 자동체계(Automatic System)
2. 인간-기계 체계의 유형에 따른 사용 도구

체계	사용도구
수동체계	장인과 공구
기계화체계	공작기계, 자동차
자동체계	컴퓨터

정답 ④

36 다음 그림 중 형상암호화된 조종장치에서 단회전용 조종장치로 가장 적절한 것은?

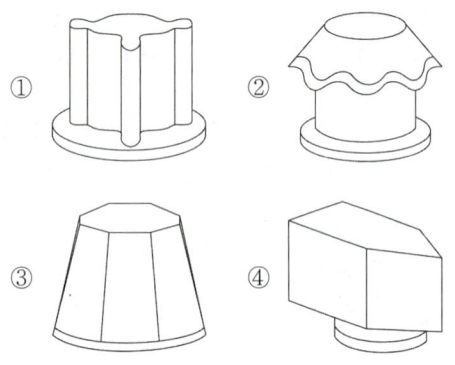

해설 형상암호화된 조종장치에서 단회전용 조종장치로 가장 적절한 것은 ①의 장치이다.

선지 분석
②, ③ 형상암호화된 조종장치에서 다회전용 조종장치에 해당한다.
④ 형상암호화된 조종장치에서 이산멈춤위치형 조종장치에 해당한다.

정답 ①

37 작업장에서 구성요소를 배치하는 인간공학적 원칙과 가장 거리가 먼 것은?

① 중요도의 원칙
② 선입선출의 원칙
③ 기능성의 원칙
④ 사용빈도의 원칙

해설 선입선출의 원칙은 작업장에서 구성요소를 배치하는 인간공학적 원칙과는 관계가 없다.

정답 ②

38 동전던지기에서 앞면이 나올 확률 P(앞) = 0.6이고, 뒷면이 나올 확률 P(뒤) = 0.4일 때, 앞면과 뒷면이 나올 사건의 정보량(bit)을 각각 맞게 나타낸 것은?

	앞면	뒷면
①	0.01	1.00
②	0.74	1.32
③	1.32	0.74
④	2.00	1.00

해설
- 앞면이 나올 확률의 정보량(A)

$$A = \frac{\log(\frac{1}{0.6})}{\log 2} = 0.7369 ≒ 0.74\text{bit}$$

- 뒷면의 나올 확률의 정보량(B)

$$B = \frac{\log(\frac{1}{0.4})}{\log 2} = 1.3219 ≒ 1.32\text{bit}$$

정답 ②

39 어떤 결함수의 쌍대결함수를 구하고, 컷셋을 찾아내어 결함(사고)을 예방할 수 있는 최소의 조합을 의미하는 것은?

① 최대 컷셋
② 최소 컷셋
③ 최대 패스
④ 최소 패스셋

해설 어떤 결함수의 쌍대결함수를 구하고, 컷셋을 찾아내어 결함(사고)을 예방할 수 있는 최소의 조합을 의미하는 것은 최소 패스셋(minimal path set)이다.

정답 ④

40 인간-기계시스템에서의 신뢰도 유지방안으로 가장 거리가 먼 것은?

① lock system
② fail-safe system
③ fool-proof system
④ risk assessment system

해설 risk assessment system은 신뢰도 유지방안에 해당하지 않는다.

관련이론 **인간-기계 시스템에서의 신뢰도 유지방안**
- 록 시스템(lock system)
- 페일 세이프 시스템(fail-safe system)
- 풀 프루프 시스템(fool-proof system)
- 중복설계(redundancy)
- 적절하고 단순한 설계
- 충분한 여유용량
- 부품개선

정답 ④

제3과목 기계위험방지기술

41 금형조정작업시 슬라이드가 갑자기 작동하는 것으로부터 근로자를 보호하기 위하여 가장 필요한 안전장치는?

① 안전블록 ② 클러치
③ 안전1행정스위치 ④ 광전자식 방호장치

해설 금형조정작업시 슬라이드가 갑자기 작동하는 것으로부터 근로자를 보호하기 위하여 가장 필요한 장치는 안전블록(safety block)이다.

정답 ①

42 프레스작업 중 작업자의 신체일부가 위험한 작업점으로 들어가면 자동적으로 정지되는 기능이 있는데, 이러한 안전대책을 뜻하는 것은?

① 풀프루프(fool proof)
② 페일 세이프(fail safe)
③ 인터록(inter look)
④ 리미트 스위치(limit switch)

해설 • 프레스작업 중 작업자의 신체일부가 위험한 작업점으로 들어가면 자동적으로 정지되는 기능을 풀프루프(fool proof)라 한다.
• 이는 기계장치 설계단계에서 안전화를 도모하는 기본적 개념이며, 근로자(미숙련자)가 기계 등의 취급을 잘못해도 그것이 바로 사고나 재해와 연결되는 일이 없도록 하는 확고한 안전기구를 말하며, 인간의 착오, 실수 등 인간과오(human error)를 방지하기 위한 것이다.
예 기계의 안전장치(가드, 안전블록 등), 카메라의 이중촬영방지기구, 리프트의 과부하방지장치, 크레인의 권과방지장치, 프레스의 광전자식 방호장치 등

정답 ①

43 취급운반시 준수해야 할 원칙으로 옳지 않은 것은?

① 연속 운반으로 할 것
② 직선 운반으로 할 것
③ 운반작업을 집중화시킬 것
④ 생산을 최소로 하도록 운반할 것

해설 생산을 최고로 하도록 운반하여야 한다.

 취급운반시 준수해야 할 원칙
• 연속운반으로 할 것
• 직선운반으로 할 것
• 운반작업을 집중화시킬 것
• 생산을 최고로 하도록 운반할 것
• 최대한 시간과 경비를 절약할 수 있는 운반 방법을 고려할 것

정답 ④

44 프레스기에 사용하는 양수조작식 방호장치의 일반구조에 대한 설명으로 옳지 않은 것은?

① 1행정1정지기구에 사용할 수 있어야 한다.
② 누름버튼을 양손으로 동시에 조작하지 않으면 작동시킬 수 없는 구조이어야 한다.
③ 양쪽버튼의 작동시간 차이는 최대 0.5초 이내일 때 프레스가 동작되도록 해야 한다.
④ 방호장치는 사용전원전압의 ±50%의 변동에 대하여 정상적으로 작동되어야 한다.

해설 방호장치는 사용전원전압의 ±20%(±100분의 20)의 변동에 대하여 정상적으로 작동되어야 한다.

정답 ④

45 피복아크용접작업시 생기는 결함에 대한 설명으로 옳지 않은 것은?

① 스패터(spatter): 용융된 금속의 작은 입자가 튀어나와 모재에 묻어있는 것
② 언더컷(under cut): 전류가 과대하고 용접속도가 너무 빠르며, 아크를 짧게 유지하기 어려운 경우 모재 및 용접부의 일부가 녹아서 발생하는 홈 또는 오목하게 생긴 부분
③ 크레이터(crater): 용착금속 속에 남아있는 가스로 인하여 생긴 구멍
④ 오버랩(overlap): 용접봉의 운봉이 불량하거나 용접봉의 용융온도가 모재보다 낮을 때 과잉용착 금속이 남아 있는 부분

해설
- 크레이터(crater)는 아크용접시 끝부분이 항아리 모양으로 패이는 현상이다.
- 용착금속 속에 남아있는 가스로 인하여 생긴 구멍은 블로홀(blow hole: 기공)이다.

정답 ③

46 선반(lathe)의 방호장치에 해당하는 것은?

① 슬라이드(slide)
② 심압대(tail stock)
③ 주축대(head stock)
④ 척 가드(chuck guard)

해설 척 가드는 선반의 방호장치에 해당한다.

정답 ④

47 안전계수 5인 로프의 절단하중이 4,000N이라면 이 로프는 몇 N 이하의 하중을 매달아야 하는가?

① 500 ② 800
③ 1,000 ④ 1,600

해설 안전하중 = $\frac{절단하중}{안전계수}$ (* 안전계수 = $\frac{절단하중}{안전하중}$)

= $\frac{4,000}{5}$ = 800N

정답 ②

48 산업안전보건법령에 따라 아세틸렌 발생기실에 설치해야 할 배기통은 얼마 이상의 단면적을 가져야 하는가?

① 바닥면적의 1/16 ② 바닥면적의 1/20
③ 바닥면적의 1/24 ④ 바닥면적의 1/30

해설 바닥면적이 1/16 이상의 단면적을 가진 배기통을 옥상으로 돌출시켜야 한다.

관련이론 아세틸렌 발생기실의 구조(산업안전보건법 안전보건기준)
- 바닥면적이 1/16 이상의 단면적을 가진 배기통을 옥상으로 돌출시키고, 그 개구부를 창이나 출입구로부터 1.5m 이상 떨어지도록 할 것
- 지붕과 천장에는 얇은 철판이나 가벼운 불연성 재료를 사용할 것
- 벽은 불연성의 재료로 하고 철근콘크리트 그 밖에 이와 같거나 그 이상의 강도를 가진 구조로 할 것
- 출입구의 문은 불연성 재료로 하고 두께 1.5mm 이상의 철판이나 그 밖에 그 이상의 강도를 가진 구조로 할 것
- 벽과 발생기 사이에는 발생기의 조정 또는 카바이트 공급 등의 작업을 방해하지 않도록 간격을 확보할 것

정답 ①

49 롤러기에서 앞면 롤러의 지름이 200mm, 회전속도가 30rpm인 롤러의 무부하 동작에서의 급정지거리로 옳은 것은?

① 66mm 이내 ② 84mm 이내
③ 209mm 이내 ④ 248mm 이내

해설
- $V = \frac{\pi DN}{1,000}$

  $= \frac{3.14 \times 200 \times 30}{1,000} = 18.84$m/min

- 롤러기 급정지장치의 성능

앞면 롤러의 표면속도(m/min)	급정지 거리
30 이상	앞면 롤러 원주의 1/2.5 이내
30 미만	앞면 롤러 원주의 1/3 이내

- 앞면 롤러 원주
  L = πD = 3.14 × 200 = 628mm
- 앞면 롤러의 표면속도가 30m/min 미만이므로 급정지거리는 앞면 롤러 원주의 $\frac{1}{3}$ 이내이어야 하므로, 628 × $\frac{1}{3}$ = 209.3333 ≒ 209mm 이내이다.

정답 ③

50 정(chisel)작업의 일반적인 안전수칙으로 옳지 않은 것은?

① 따내기 및 칩이 튀는 가공에서는 보안경을 착용하여야 한다.
② 절단작업시 절단된 끝이 튀는 것을 조심하여야 한다.
③ 작업을 시작할 때는 가급적 정을 세게 타격하고 점차 힘을 줄여간다.
④ 담금질 된 철강재료는 정 가공을 하지 않는 것이 좋다.

해설 작업을 시작할 때는 가급적 정을 약하게 타격하고 점차 힘을 늘려간다.

관련이론 정(chisel)작업의 일반적인 안전수칙
• 따내기 및 칩이 튀는 가공에서는 보안경을 착용하여야 한다.
• 절단작업시 절단된 끝이 튀는 것을 조심하여야 한다.
• 담금질 된 철강재료는 정 가공을 하지 않는 것이 좋다.
• 작업을 시작할 때는 가급적 정을 약하게 타격하고 점차 힘을 늘려간다.
• 철강재를 정으로 절단할 때는 철판이 날아 튀는 것에 주의한다.

정답 ③

51 다음과 같은 작업조건일 경우 와이어로프의 안전율은?

> 작업대에서 사용된 와이어로프 1줄의 파단하중이 100kN, 인양하중이 40kN, 로프의 줄수가 2줄

① 2　　② 2.5
③ 4　　④ 5

해설 $S = \dfrac{N \times P}{Q}$

여기서, S: 안전율
Q: 인양하중(안전하중)(kN)
N: 로프 줄수
P: 파단하중(kN)

$= \dfrac{2 \times 100}{40} = 5$

정답 ④

52 컨베이어 역전방지장치의 형식 중 전기식 장치에 해당하는 것은?

① 라쳇 브레이크　② 밴드 브레이크
③ 롤러 브레이크　④ 슬러스트 브레이크

해설 컨베이어 역전방지장치의 형식 중 전기식 장치에 해당하는 것은 슬러스트 브레이크이다.

선지분석 ①, ②, ③ 컨베이어 역전방지장치의 형식 중 기계식 장치에 해당한다.

정답 ④

53 공장설비의 배치계획에서 고려할 사항이 아닌 것은?

① 작업의 흐름에 따라 기계 배치
② 기계설비의 주변공간 최소화
③ 공장내 안전통로 설정
④ 기계설비의 보수점검 용이성을 고려한 배치

해설 기계설비의 주변공간 최대화를 고려하여야 한다.

정답 ②

54 기계설비에 의해 형성되는 위험점이 아닌 것은?

① 회전말림점　② 접선분리점
③ 협착점　　　④ 끼임점

해설 접선분리점은 기계설비에 의해 형성되는 위험점에 해당하지 않는다.

관련이론 기계설비에 의해 형성되는 위험점
• 협착점
• 절단점
• 끼임점
• 물림점
• 접선물림점
• 회전말림점

정답 ②

55 가스용접에서 역화의 원인으로 볼 수 없는 것은?
① 토치성능이 부실한 경우
② 취관이 작업소재에 너무 가까이 있는 경우
③ 산소공급량이 부족한 경우
④ 토치 팁에 이물질이 묻은 경우

해설 산소공급량이 과다한 경우 역화의 원인이 된다.

> **관련이론** 가스용접에서의 역화
> 1. 가스용접에서 역화의 원인
>   - 토치성능이 부실한 경우
>   - 취관이 작업소재에 너무 가까이 있는 경우
>   - 토치 팁에 이물질이 묻은 경우
>   - 산소공급량이 과다한 경우
>   - 압력조정기가 고장났을 경우
>   - 과열되었을 경우
> 2. 가스용접장치의 역화시 조치사항
>   산소밸브를 먼저 잠그고 아세틸렌 밸브를 나중에 잠근다.

정답 ③

56 위험기계에 조작자의 신체부위가 의도적으로 위험점 밖에 있도록 하는 방호장치는?
① 덮개형 방호장치
② 차단형 방호장치
③ 위치제한형 방호장치
④ 접근반응형 방호장치

해설 위험기계에서 조작자의 신체부위가 의도적으로 위험점밖에 있도록 하는 방호장치는 위치제한형 방호장치이다. 위치제한형 방호장치로는 프레스의 양수조작식 방호장치가 있다.

정답 ③

57 선반작업에 대한 안전수칙으로 옳지 않은 것은?
① 척 핸들을 항상 척에 끼워 둔다.
② 베드 위에 공구를 올려놓지 않아야 한다.
③ 바이트를 교환할 때는 기계를 정지시키고 한다.
④ 일감의 길이가 외경과 비교하여 매우 길 때는 방진구를 사용한다.

해설 척 핸들은 공작물의 설치가 끝나면 척에서 제거한다.

정답 ①

58 양중기에 사용 가능한 와이어로프에 해당하는 것은?
① 와이어로프의 한 꼬임에서 끊어진 소선의 수가 10% 초과한 것
② 심하게 변형 또는 부식된 것
③ 지름의 감소가 공칭지름의 7% 이내인 것
④ 이음매가 있는 것

해설 지름의 감소가 공칭지름의 7% 이내인 것이 양중기에 사용 가능한 와이어로프에 해당된다.

정답 ③

59 프레스의 방호장치 중 확동식 클러치가 적용된 프레스에 한해서만 적용 가능한 방호장치로만 나열된 것은? (단, 방호장치는 한가지 종류만 사용한다고 가정한다.)
① 광전자식, 수인식
② 양수조작식, 손쳐내기식
③ 광전자식, 양수조작식
④ 손쳐내기식, 수인식

해설 급정지기구가 부착되어 있지 않아도 유효한 방호장치 중 확동식클러치 부착 프레스에 한하여 적용 가능한 방호장치는 다음과 같다.
- 게이트가드식 방호장치
- 수인식 방호장치
- 손쳐내기식 방호장치
- 양수기동식 방호장치

> **관련이론** 급정지기구가 부착되어 있어야만 유효한 방호장치(마찰식클러치 부착 프레스)
> - 광전자식 방호장치
> - 양수조작식 방호장치

정답 ④

60 산업안전보건법령에 따라 압력용기에 설치하는 안전밸브의 설치 및 작동에 대한 설명으로 옳지 않은 것은?

① 다단형 압축기에는 각 단별로 안전밸브 등을 설치하여야 한다.
② 안전밸브는 이를 통하여 보호하려는 설비의 최저사용압력 이하에서 작동되도록 설정하여야 한다.
③ 화학공정 유체와 안전밸브의 디스크 또는 시트가 직접 접촉될 수 있도록 설치된 경우에는 매년 1회 이상 국가교정기관에서 교정을 받은 압력계를 이용하여 검사한 후 납으로 봉인하여 사용한다.
④ 공정안전보고서 이행상태 평가결과가 우수한 사업장의 안전밸브의 경우 검사주기는 4년마다 1회 이상이다.

해설 안전밸브는 이를 통하여 보호하려는 설비의 최고사용압력 이하에서 작동하도록 하여야 한다.

관련이론 산업안전보건법령에 따라 압력용기에 설치하는 안전밸브의 설치 및 작동에 관한 사항
- 다단형 압축기에는 각 단별로 안전밸브 등을 설치하여야 한다.
- 화학공정 유체와 안전밸브의 디스크 또는 시트가 직접 접촉될 수 있도록 설치된 경우에는 매년 1회 이상 국가교정기관에서 교정을 받은 압력계를 이용하여 검사한 후 납으로 봉인하여 사용한다.
- 공정안전보고서 이행상태 평가결과가 우수한 사업장의 안전밸브의 경우 검사주기는 4년마다 1회 이상이다.
- 안전밸브는 이를 통하여 보호하려는 설비의 최고사용압력 이하에서 작동하도록 하여야 한다.
- 안전밸브에 대하여 배출용량은 그 작동원인에 따라 각각의 소요 분출량을 계산하여 가장 큰 수치를 해당 안전밸브 등의 배출용량으로 하여야 한다.
- 안전밸브의 전단·후단에 차단밸브를 설치해서는 아니 된다.

정답 ②

제4과목 전기 및 화학설비위험방지기술

61 다음 정의에 해당하는 방폭구조는?

전기기기의 과도한 온도상승, 아크 또는 불꽃 발생의 위험을 방지하기 위하여 추가적인 안전조치를 통한 안전도를 증가시킨 방폭구조를 말한다.

① 내압방폭구조   ② 유입방폭구조
③ 안전증방폭구조   ④ 본질안전방폭구조

해설 안전증방폭구조에 대한 설명이다.

선지분석
① 내압방폭구조란 용기내부에서 폭발성 가스 또는 증기가 폭발하였을 때 용기가 그 압력에 견디며 또한 개구부, 접합면 등을 통해서 외부의 폭발성 가스, 증기에 인화되지 않도록 한 전폐방폭구조이다.
② 유입방폭구조란 전기불꽃, 아크 또는 고온이 발생하는 부분을 기름 속에 넣고, 기름면 위에 존재하는 폭발성 가스 또는 증기에 인화되지 않도록 한 방폭구조이다.
④ 본질안전방폭구조란 정상시 및 사고시(단락, 단선, 지락 등)에 발생하는 아크, 전기불꽃, 고온에 의하여 폭발성 가스 또는 증기에 점화되지 않는 것이 점화시험에 의하여 확인된 방폭구조이다.

관련이론 압력방폭구조
용기내부에 보호가스(신선한 공기 또는 불연성 가스)를 압입하여 내부압력을 유지함으로써 폭발성 가스 또는 증기가 용기내부로 유입되지 않도록 된 방폭구조

정답 ③

62 근로자가 활선작업용기구를 사용하여 작업할 경우 근로자의 신체 등과 충전전로 사이의 사용전압별 접근한계거리로 옳지 않은 것은?

① 15kV 초과 37kV 이하: 80cm
② 37kV 초과 88kV 이하: 110cm
③ 121kV 초과 145kV 이하: 150cm
④ 242kV 초과 362kV 이하: 380cm

해설 15kV 초과 37kV 이하의 접근한계거리는 90cm이다.

정답 ①

63 정전기 제거방법으로 가장 거리가 먼 것은?
① 설비 주위를 가습한다.
② 설비의 금속부분을 접지한다.
③ 설비의 주변에 적외선을 조사한다.
④ 정전기 발생 방지 도장을 실시한다.

해설 설비의 주변에 적외선을 조사하는 것은 정전기 제거방법과 관계가 없다.

관련이론 정전기의 제거방법
- 설비 주위 가습
- 설비의 금속부분 접지
- 정전기 발생 방지 도장 실시
- 배관내 액체의 유속제한, 정치시간의 확보
- 대전방지제를 사용(도전성 향상)
- 제전기의 사용
- 도전성재료의 사용

정답 ③

64 활선작업시 사용하는 안전장구가 아닌 것은?
① 절연용 보호구
② 절연용 방호구
③ 활선작업용 기구
④ 절연저항측정기구

해설 활선작업시 사용하는 안전장구에는 절연용 보호구, 절연용 방호구, 활선작업용 기구, 활선작업용 장치가 있으며, 절연저항측정기구는 해당하지 않는다(산업안전보건법 안전보건기준).

정답 ④

65 정상운전 중의 전기설비가 점화원으로 작용하지 않는 것은?
① 변압기 권선
② 개폐기 접점
③ 직류전동기의 정류자
④ 권선형 전동기의 슬립링

해설 변압기 권선은 이상운전 중(이상상태)에서만 점화원으로 작용하는 것(잠재적 점화원을 가진 설비)에 해당한다.

관련이론 점화원으로 작용하는 것의 구분
1. 정상운전 중(정상상태)의 전기설비가 점화원으로 작용하는 것(현재적 점화원을 가진 설비)
   - 개폐기 접점
   - 직류전동기의 정류자
   - 3상권선형 유도전동기의 슬립링(권선형 전동기의 슬립링)
   - 단상 유도전동기의 시동접점
   - 계전기의 접점
   - 직류 전동기의 정류자
   - 히터
   - 조명기구(전구온도가 비교적 높은 광원)
2. 이상운전 중(이상상태)에서만 점화원으로 작용하는 것(잠재적 점화원을 가진 설비)
   - 변압기 권선
   - 3상농형 유도전동기
   - 조명기구(전구온도가 비교적 낮은 광원)

정답 ①

66 인체가 전격을 당했을 경우 통전시간이 1초라면 심실세동을 일으키는 전류값(mA)은? (단, 심실세동전류값은 Dalziel의 관계식을 이용한다.)
① 100
② 165
③ 180
④ 215

해설 $I = \dfrac{165}{\sqrt{T}}$ (* Dalziel의 관계식)

여기서, I: 심실세동전류(mA)
T: 통전시간(s)

$= \dfrac{165}{\sqrt{1}} = 165\,\text{mA}$

정답 ②

67 건설현장에서 사용하는 임시배선의 안전대책으로 거리가 먼 것은?

① 모든 전기기기의 외함은 접지시켜야 한다.
② 임시배선은 다심케이블을 사용하지 않아도 된다.
③ 배선은 반드시 분전반 또는 배전반에서 인출해야 한다.
④ 지상 등에서 금속관으로 방호할 때는 그 금속관을 접지해야 한다.

해설 임시배선은 다심케이블을 사용하여야 한다.

정답 ②

68 접지에 사용하는 접지도체에 사람이 접촉할 우려가 있는 경우 접지공사 방법으로 옳지 않은 것은?

① 접지극은 지하 75cm 이상 깊이에 묻을 것
② 접지도체를 시설한 지지물에는 피뢰침용 지선을 시설하지 않을 것
③ 접지도체는 캡타이어케이블, 절연전선 또는 통신용 케이블 이외의 케이블을 사용할 것
④ 지하 60cm부터 지표 위 1.5m까지의 부분의 접지도체는 합성수지관 또는 몰드로 덮을 것

해설 지하 75cm부터 지표 위 2m까지의 접지도체 부분은 합성수지관 또는 몰드로 덮어야 한다.

관련이론 접지도체에 사람이 접촉할 우려가 있는 경우 접지시설 방법(한국전기설비규정)
- 접지극은 지표면으로부터 지하 0.75m 이상으로 하되 동결깊이를 감안하여 매설깊이를 정할 것
- 지하 0.75m부터 지표상 2m까지 부분은 합성수지관(두께 2mm 미만의 합성수지제전선관 및 콤바인덕트관은 제외) 또는 몰드로 덮을 것
- 접지도체를 철주 기타 금속체를 따라서 시설하는 경우에는 접지극을 철주의 밑면으로부터 0.3m 이상의 깊이에 매설하는 경우 이외에는 접지극을 그 금속체로부터 1m 이상 떼어 매설할 것
- 접지도체는 절연전선(옥외용 비닐절연전선은 제외) 또는 케이블(통신용 케이블은 제외)을 사용할 것. 다만, 접지도체를 철주 기타의 금속체를 따라서 시설하는 경우 이외의 경우에는 접지도체의 지표상 0.6m를 초과하는 부분에 대하여는 절연전선을 사용하지 않을 수 있다.

정답 ④

69 전기화재의 원인을 직접원인과 간접원인으로 구분할 때, 직접원인과 거리가 먼 것은?

① 애자의 오손 ② 과전류
③ 누전   ④ 절연열화

해설 애자의 오손은 전기화재의 간접원인에 해당한다.

관련이론 전기화재의 직접원인
- 과전류
- 누전
- 절연열화
- 단락(합선)
- 스파크
- 절연불량
- 접속부 과열
- 정전기

정답 ①

70 정전기의 발생에 영향을 주는 요인과 가장 거리가 먼 것은?

① 박리속도   ② 물체의 표면상태
③ 접촉면적 및 압력 ④ 외부공기의 풍속

해설 외부공기의 풍속은 정전기의 발생에 영향을 주는 요인과는 관계가 없다.

관련이론 정전기의 발생에 영향을 주는 요인
- 박리속도(분리속도)
- 물체의 표면상태
- 접촉면적 및 압력
- 물체의 특성
- 물체의 분리력

정답 ④

71 알루미늄 금속분말에 대한 설명으로 옳지 않은 것은?

① 분진폭발의 위험성이 있다.
② 연소시 열을 발생한다.
③ 분진폭발을 방지하기 위해 물속에 저장한다.
④ 염산과 반응하여 수소가스를 발생한다.

해설 알루미늄 금속분말은 금수성 물질로 물과 격렬하게 반응하여 가연성가스(수소 : H_2)를 발생시키므로 물속에 저장하지 않아야 한다.

정답 ③

72 다음 중 가연성 가스가 아닌 것은?

① 이산화탄소　　② 수소
③ 메탄　　　　　④ 아세틸렌

해설 이산화탄소(CO_2)는 불연성 가스이다.

> **관련이론** **가연성 가스**
> - 수소(H_2)
> - 프로판(C_3H_8)
> - 메탄(CH_4)
> - 부탄(C_4H_{10})
> - 아세틸렌(C_2H_2)

정답 ①

73 벤젠(C_6H_6)이 공기 중에서 연소될 때의 이론혼합비(화학양론조성)는?

① 0.72vol%　　② 1.22vol%
③ 2.72vol%　　④ 3.22vol%

해설 벤젠(C_6H_6)의 이론혼합비(화학양론조성)

$$C_{st}(\text{vol}\%) = \frac{100}{1 + 4.773(n + \frac{m - f - 2\lambda}{4})}$$

여기서, C_{st}: 화학양론조성
　　　　n: 탄소, m: 수소, f: 할로겐원소, λ: 산소

$$= \frac{100}{1 + 4.773(6 + \frac{6}{4})}$$

$= 2.7177 \fallingdotseq 2.72\text{vol}\%$

정답 ③

74 다음은 산업안전보건법령상 파열판 및 안전밸브의 직렬설치에 대한 내용이다. (　)에 알맞은 용어는?

> 사업주는 급성독성 물질이 지속적으로 외부에 유출될 수 있는 화학설비 및 그 부속설비에 파열판과 안전밸브를 직렬로 설치하고 그 사이에는 압력지시계 또는 (　)을(를) 설치하여야 한다.

① 자동경보장치　　② 차단장치
③ 플레어헤드　　　④ 콕

해설 사업주는 급성독성 물질이 지속적으로 외부에 유출될 수 있는 화학설비 및 그 부속설비에 파열판과 안전밸브를 직렬로 설치하고 그 사이에는 압력지시계 또는 자동경보장치를 설치하여야 한다.

정답 ①

75 산업안전보건법령상 용해아세틸렌의 가스집합용접장치의 배관 및 부속기구에는 구리나 구리 함유량이 몇 퍼센트 이상인 합금을 사용할 수 없는가?

① 40　　② 50
③ 60　　④ 70

해설 산업안전보건법령상 용해아세틸렌의 가스집합용접장치의 배관 및 부속기구에는 구리나 구리 함유량이 70% 이상인 합금을 사용할 수 없다.

정답 ④

76 분진폭발의 발생 위험성을 낮추는 방법으로 적절하지 않은 것은?

① 주변의 점화원을 제거한다.
② 분진이 날리지 않도록 한다.
③ 분진과 그 주변의 온도를 낮춘다.
④ 분진입자의 표면적을 크게 한다.

해설 분진폭발의 발생 위험성을 낮추기 위해서는 분진입자의 표면적을 작게 하여야 한다.

정답 ④

77 유해·위험물질 취급시 보호구로서 구비조건이 아닌 것은?

① 방호성능이 충분할 것
② 재료의 품질이 양호할 것
③ 작업에 방해가 되지 않을 것
④ 외관이 화려할 것

해설 외관이 화려할 것이 아닌 외관이 보기 좋을 것이다.

> **관련이론** **유해·위험물질 취급시 보호구로서 구비조건**
> - 방호성능이 충분할 것
> - 재료의 품질이 양호할 것
> - 작업에 방해가 되지 않을 것
> - 외관이 보기 좋을 것
> - 구조 및 표면가공이 우수할 것
> - 착용이 간편할 것

정답 ④

78 공기 중에 3ppm인 디메틸아민(demethylamine TLV-TWA: 10ppm)과 20ppm의 시클로헥산올(cyclohexanol, TLV-TWA: 50ppm)이 있고, 10ppm의 산화프로필렌(propyleneoxide, TLV-TWA: 20ppm)이 존재한다면 혼합 TLV-TWA (ppm)는?

① 12.5　　② 22.5
③ 27.5　　④ 32.5

해설
$$L = \frac{V_1 + V_2 + V_3}{\frac{V_1}{L_1} + \frac{V_2}{L_2} + \frac{V_3}{L_3}}$$

여기서, L: 혼합 TLV-TWA(ppm)
　　　　L_1, L_2, L_3: 각 성분가스의 TLV-TWA(ppm)
　　　　V_1, V_2, V_3: 각 성분가스의 농도(ppm)

$$L = \frac{3 + 20 + 10}{\frac{3}{10} + \frac{20}{50} + \frac{10}{20}} = 27.5 \text{ppm}$$

정답 ③

79 건조설비의 사용에 있어 500~800°C 범위의 온도에 가열된 스테인레스강에서 주로 일어나며, 탄화크롬이 형성되었을 때 결정경계면의 크롬함유량이 감소하여 발생되는 부식형태는?

① 전면부식　　② 층상부식
③ 입계부식　　④ 격간부식

해설 입계부식에 대한 설명이다.

정답 ③

80 위험물안전관리법령상 칼륨에 의한 화재에 적응성이 있는 것은?

① 건조사(마른모래)　　② 포소화기
③ 이산화탄소소화기　　④ 할로겐화합물소화기

해설 위험물 안전관리법령상 칼륨(K), 알루미늄(Al), 마그네슘(Mg)에 의한 화재에 적응성이 있는 것은 건조사(마른 모래)이다.

정답 ①

제5과목 건설안전기술

81 흙막이 가시설의 버팀대(Strut)의 변형을 측정하는 계측기에 해당하는 것은?

① Water level meter
② Strain gauge
③ Piezometer
④ Load cell

해설 흙막이 가시설의 버팀대의 변형을 측정하는 계측기는 Strain guage(변형계)이다.

선지분석
① Water level meter(수위계)는 지하수위의 변화를 측정하는 계측기이다.
③ Piezometer(간극수압계)는 흙막이 벽에 미치는 간극수압의 영향을 측정하는 계측기이다.
④ Load cell(하중계)는 지보공 버팀대에 작용하는 축력을 측정하는 계측기이다.

정답 ②

82 사다리식 통로 등을 설치하는 경우 준수해야 할 기준으로 옳지 않은 것은?

① 접이식 사다리 기둥은 사용시 접혀지거나 펼쳐지지 않도록 철물 등을 사용하여 견고하게 조치할 것
② 발판과 벽과의 사이는 25cm 이상의 간격을 유지할 것
③ 폭은 30cm 이상으로 할 것
④ 사다리식 통로의 길이가 10m 이상인 경우에는 5m 이내마다 계단참을 설치할 것

해설 발판과 벽과의 사이는 15cm 이상의 간격을 유지하여야 한다.

정답 ②

83 추락방지망의 달기로프를 지지점에 부착할 때 지지점의 간격이 1.5m인 경우 지지점의 강도는 최소 얼마 이상이어야 하는가?

① 200kg ② 300kg
③ 400kg ④ 500kg

해설 F = 200B
여기서, F: 강도(kg)
　　　　B: 지지점의 간격(m)
　　= 200 × 1.5 = 300kg
다만, 추락방지용 방망 지지점은 600kg의 외력에 견딜 수 있는 강도를 보유하여야 한다.

정답 ②

84 가설통로를 설치하는 경우 준수해야 할 기준으로 옳지 않은 것은?

① 경사는 45° 이하로 할 것
② 경사가 15°를 초과하는 경우에는 미끄러지지 아니하는 구조로 할 것
③ 추락할 위험이 있는 장소에는 안전난간을 설치할 것
④ 수직갱에 가설된 통로의 길이가 15m 이상인 경우에는 10m 이내마다 계단참을 설치할 것

해설 경사는 30° 이하로 해야 한다.

정답 ①

85 유해위험방지계획서를 제출해야 하는 공사의 기준으로 옳지 않은 것은?

① 최대지간길이 30m 이상인 교량 건설등 공사
② 깊이 10m 이상인 굴착공사
③ 터널건설 등의 공사
④ 다목적댐, 발전용댐 및 저수용량 2천만톤 이상의 용수전용댐, 지방상수도 전용댐 건설 등의 공사

해설 최대지간길이 50m 이상인 교량건설 등 공사의 경우 유해위험방지계획서를 제출해야 한다.

정답 ①

86 굴착이 곤란한 경우 발파가 어려운 암석의 파쇄굴착 또는 암석제거에 적합한 장비는?

① 리퍼 ② 스크레이퍼
③ 롤러 ④ 드래그라인

해설 굴착이 곤란한 경우 발파가 어려운 암석의 파쇄굴착 또는 암석제거에 적합한 장비는 리퍼(Ripper)이다.

선지분석
② 스크레이퍼(Scraper)는 굴착, 싣기, 운반, 하역 등 일련작업을 하나의 기계로서 연속적으로 행할 수 있는 굴착기와 운반기를 조합한 기계이다. 특히 비행장이나 도로의 신설 등과 같은 대규모 정지작업에 적합하다. 또 얇게 깎으면서 흙을 싣거나 주어진 거리에서 높은 속도비로 하중의 중량물을 운반하거나 일정한 두께로 얇게 깔기도 한다.
③ 롤러(Roller)는 2개 이상의 매끈한 드럼 롤러를 바퀴로 하는 다짐기계로 전압기계(轉壓機械)라고도 하는데 주로 도로, 제방, 활주로 등의 노면에 전압을 가하기 위하여 사용된다(진동식, 충격식).
④ 드래그라인(Dragline)은 작업범위가 광범위하고 수중굴착 및 연약한 지반의 굴착에 적합하다. 붐은 작업내용에 의하여 작업하기에 적당한 길이로 교체할 수 있으며 될 수 있는대로 짧은 쪽이 작업하기가 용이하며, 기체는 높은 위치에서 깊은 곳을 굴착도 할 수 있어 적합하다.

정답 ①

87 중량물의 취급작업시 근로자의 위험을 방지하기 위하여 사전에 작성하여야 하는 작업계획서 내용에 해당하지 않는 것은?

① 추락위험을 예방할 수 있는 안전대책
② 낙하위험을 예방할 수 있는 안전대책
③ 전도위험을 예방할 수 있는 안전대책
④ 침수위험을 예방할 수 있는 안전대책

해설 침수위험을 예방할 수 있는 안전대책은 중량물 작업계획서 내용에 해당하지 않는다.

관련이론 중량물의 취급작업시 작업계획서 내용
• 추락위험을 예방할 수 있는 안전대책
• 낙하위험을 예방할 수 있는 안전대책
• 전도위험을 예방할 수 있는 안전대책
• 협착위험을 예방할 수 있는 안전대책
• 붕괴위험을 예방할 수 있는 안전대책

정답 ④

88 콘크리트 타설용 거푸집에 작용하는 외력 중 연직방향 하중으로 옳지 않은 것은?

① 고정하중 ② 충격하중
③ 작업하중 ④ 풍하중

해설 풍하중은 콘크리트 타설용 거푸집에 작용하는 외력 중 횡방향 하중에 해당한다.

관련이론 거푸집에 작용하는 하중

연직방향 하중	횡방향 하중
• 고정하중 • 충격하중 • 작업하중 • 적재하중	• 풍하중 • 콘크리트의 측압 • 지진하중

정답 ④

89 화물을 적재하는 경우에 준수하여야 하는 사항으로 옳지 않은 것은?

① 침하의 우려가 없는 튼튼한 기반 위에 적재할 것
② 건물의 칸막이나 벽 등이 화물의 압력에 견딜 만큼의 강도를 지니지 아니한 경우에는 칸막이나 벽에 기대어 적재하지 않도록 할 것
③ 불안정할 정도로 높이 쌓아 올리지 말 것
④ 편하중이 발생하도록 쌓아 적재효율을 높일 것

해설 편하중이 생기지 아니하도록 적재하여야 한다.

정답 ④

90 핸드브레이커 취급시 안전에 관한 유의사항으로 옳지 않은 것은?

① 기본적으로 현장정리가 잘되어 있어야 한다.
② 작업자세는 항상 하향 45° 방향으로 유지하여야 한다.
③ 작업 전 기계에 대한 점검을 철저히 한다.
④ 호스의 교차 및 꼬임여부를 점검하여야 한다.

해설 작업자세는 항상 하향 수직방향으로 유지하여야 한다.

관련이론 핸드브레이커 취급시 안전에 관한 유의사항
• 작업자세는 항상 하향 수직방향으로 유지하여야 한다.
• 기계는 항상 점검해야 한다.
• 호스가 교차되거나 꼬여있지 않은지 점검하여야 한다.
• 기본적으로 현장정리가 잘 되어 있어야 한다.

정답 ②

91 유한사면에서 사면기울기가 비교적 완만한 점성토에서 주로 발생되는 사면파괴의 형태는?

① 저부파괴 ② 사면선단파괴
③ 사면내파괴 ④ 국부전단파괴

해설 유한사면에서 사면기울기가 비교적 완만한 점성토에서 주로 발생되는 사면파괴의 형태는 저부파괴이다.

정답 ①

92 산업안전보건관리비 중 안전시설비 등의 항목에서 사용가능한 내역은?

① 외부인 출입금지, 공사장 경계표시를 위한 가설울타리
② 비계·통로·계단에 추가 설치하는 추락방지용 안전난간
③ 절토부 및 성토부 등의 토사유실 방지를 위한 설비
④ 공사목적물의 품질확보 또는 건설장비 자체의 운행 감시, 공사 진척상황 확인, 방범 등의 목적을 가진 CCTV 등 감시용 장비

해설 비계, 통로, 계단에 추가 설치하는 추락방지용 안전난간은 산업안전보건관리비 중 안전시설비 등의 항목에서 사용가능한 내역에 해당한다.

※ 고용노동부고시 → 2023.10.5 개정되어 삭제된 항목으로 학습 불필요

정답 ②

93 추락방지용 방망을 구성하는 그물코의 모양과 크기로 옳은 것은?

① 원형 또는 사각으로서 그 크기는 10cm 이하이어야 한다.
② 원형 또는 사각으로서 그 크기는 20cm 이하이어야 한다.
③ 사각 또는 마름모로서 그 크기는 10cm 이하이어야 한다.
④ 사각 또는 마름모로서 그 크기는 20cm 이하이어야 한다.

해설 추락방지용 방망의 그물코는 사각 또는 마름모로서 그 크기는 10cm 이하이어야 한다.

정답 ③

94 지반조사의 방법 중 지반을 강관으로 천공하고 토사를 채취 후 여러가지 시험을 시행하여 지반의 토질분포, 흙의 층상과 구성 등을 알 수 있는 것은?

① 보링
② 표준관입시험
③ 베인시험
④ 평판재하시험

해설
- 지반을 강관으로 천공하고 토사를 채취한 후 여러가지 시험을 시행하여 지반의 토질분포, 흙의 층상과 구성 등을 알 수 있는 지반조사의 방법은 보링이다.
- 보링의 종류에는 기계식 보링(충격식, 수세식, 회전식)과, 오거 보링(Auger Boring)이 있다.

선지분석
② 표준관입시험(Standard Penetration Test)은 보링을 할 때 스플릿 스푼 샘플러를 쇠막대 끝에 붙여서 63.5kg의 추를 76cm 정도의 높이에서 떨어뜨려 30cm 관입시킬 때의 타격횟수(N)를 측정하여 흙의 경·연 정도를 판정하는 것으로 사질토 지반의 시험에 주로 쓰인다.
③ 베인시험(Vane Test)는 연한 점토질시험에 주로 쓰이는 방법으로 4개의 날개가 달린 +자 날개형 베인테스터를 지반에 때려 박고 회전시켜 저항모멘트를 측정, 진흙의 점착력을 판별한다.
④ 평판재하시험(Plate Bearing Test)는 지반의 지지력을 알아보기 위한 방법으로 기초 저면의 위치까지 굴착하고, 지반면에 평판을 놓고 직접 하중을 가하여 허용지내력을 구한다.

정답 ①

95 말비계를 조립하여 사용하는 경우의 준수사항으로 옳지 않은 것은?

① 지주부재의 하단에는 미끄럼방지장치를 할 것
② 지주부재와 수평면과의 기울기는 85° 이하로 할 것
③ 말비계의 높이가 2m를 초과할 경우에는 작업발판의 폭을 40cm 이상으로 할 것
④ 지주부재와 지주부재 사이를 고정시키는 보조부재를 설치할 것

해설 지주부재와 수평면과의 기울기는 75° 이하로 해야 한다.

정답 ②

96 철골작업을 중지하여야 하는 제한기준에 해당하지 않는 것은?

① 풍속이 초당 10m 이상인 경우
② 강우량이 시간당 1mm 이상인 경우
③ 강설량이 시간당 1cm 이상인 경우
④ 소음이 65dB 이상인 경우

해설 소음이 65dB 이상인 경우는 산업안전보건법상 철골작업을 중지하여야 하는 기준으로 규정되어 있지 않다.

관련이론 철골작업을 중지하여야 하는 제한기준(산업안전보건법 안전보건기준)
- 풍속이 초당 10m 이상인 경우
- 강우량이 시간당 1mm 이상인 경우
- 강설량이 시간당 1cm 이상인 경우

정답 ④

97 강관틀비계의 높이가 20m를 초과하는 경우 주틀간의 간격을 최대 얼마 이하로 사용해야 하는가?

① 1.0m
② 1.5m
③ 1.8m
④ 2.0m

해설 강관틀비계의 높이가 20m를 초과하거나 중량물의 적재를 수반하는 작업을 할 경우에는 주틀간의 간격은 1.8m 이하로 해야 한다.

관련이론 강관틀비계 조립시 안전조치 사항(산업안전보건법 안전기준)
- 비계기둥의 밑둥에는 밑받침철물을 사용해야 하며 밑받침에 고저차가 있는 경우에는 조절형 밑받침첨물을 사용해 각각의 강관틀비계가 항상 수평 및 수직을 유지하도록 할 것
- 높이가 20m를 초과하거나 중량물의 적재를 수반하는 작업을 할 경우에는 주틀간의 간격은 1.8m 이하로 할 것
- 주틀간에 교차가새를 설치하고 최상층 및 5층 이내마다 수평재를 설치할 것
- 수직방향으로 6m, 수평방향으로 8m 이내마다 벽이음을 할 것
- 길이가 띠장방향으로 4m 이하이고 높이가 10m를 초과하는 경우에는 10m 이내마다 띠장방향으로 버팀기둥을 설치할 것
※ 강관틀비계 전체 높이는 40m를 초과할 수 없다(고용노동부고시 기준).

정답 ③

98 철골공사에서 용접작업을 실시함에 있어 전격예방을 위한 안전조치로 옳지 않은 것은?

① 전격방지를 위해 자동전격방지기를 설치한다.
② 우천, 강설시에는 야외작업을 중단한다.
③ 개로전압이 낮은 교류용접기는 사용하지 않는다.
④ 절연 홀더(Holder)를 사용한다.

해설 개로전압이 낮은 교류용접기를 사용한다.

관련이론 철골공사에서 용접작업을 실시함에 있어 전격예방을 위한 안전조치
- 전격방지를 위해 자동전격방지기를 설치한다.
- 우천, 강설시에는 야외작업을 중단한다.
- 절연 홀더를 사용한다.
- 개로전압이 낮은 용접기를 사용한다.
- 가죽장갑, 가죽구두 등 보호구를 착용한다.
- 용접기의 바깥상자를 접지한다.

정답 ③

99 타워크레인의 운전작업을 중지하여야 하는 순간풍속 기준으로 옳은 것은?

① 초당 10m 초과 ② 초당 12m 초과
③ 초당 15m 초과 ④ 초당 20m 초과

해설 순간풍속이 초당 15m를 초과하는 경우에는 타워크레인의 운전작업을 중지하여야 한다.

관련이론 악천후 및 강풍시 타워크레인의 작업중지(산업안전보건법 안전보건기준)
- 순간풍속이 초당 10m를 초과하는 경우에는 타워크레인의 설치, 수리, 점검 또는 해체작업을 중지하여야 한다.
- 순간풍속이 초당 15m를 초과하는 경우에는 타워크레인의 운전작업을 중지하여야 한다.

정답 ③

100 흙막이지보공을 설치하였을 때 정기적으로 점검하고 이상을 발견하면 즉시 보수하여야 하는 사항으로 거리가 먼 것은?

① 부재의 손상, 변형, 부식, 변위 및 탈락의 유무와 상태
② 부재의 접속부, 부착부 및 교차부의 상태
③ 침하의 정도
④ 발판의 지지상태

해설 발판의 지지상태는 흙막이지보공을 설치시 정기적으로 점검하고 이상을 발견하면 즉시 보수해야 하는 사항에 해당하지 않는다.

관련이론 흙막이지보공을 설치시 정기점검 및 즉시 보수사항(산업안전보건법 안전보건기준)
- 부재의 손상, 변형, 부식, 변위 및 탈락의 유무와 상태
- 버팀대의 긴압의 정도
- 부재의 접속부, 부착부 및 교차부의 상태
- 침하의 정도

정답 ④

해커스
**산업안전
산업기사** 필기
한권완성

시험장에 꼭 가져가야 할

핵심노트

PART 1 | 산업재해예방 및 안전보건교육

CHAPTER 1 | 산업재해예방계획 수립

★★
1 산업안전보건법상 재해 관련 사항

1. 산업재해

(1) 산업재해 발생보고 및 기록·보존(보존기간: 3년)
   ① 산업재해 발생보고
      - 대상: 사망자 발생, 3일 이상 휴업이 필요한 부상, 질병
      - 시기: 재해가 발생한 날부터 1개월 이내
   ② 산업재해 발생시 기록·보존해야 할 사항: 사업장 개요 및 근로자 인적사항, 재해 발생 일시 및 장소, 재해 발생 원인 및 과정, 재해재발방지계획

(2) 중대재해
   ① 사망자 1명 이상
   ② 3개월 이상 요양이 필요한 부상자 동시 2명 이상
   ③ 부상자 또는 직업성 질병자 동시 10명 이상

(3) 중대재해 발생시 사업주의 보고사항(지체 없이)
   발생 개요 및 피해 상황, 조치 및 전망, 그밖의 중요한 사항

(4) 고용노동부장관의 산업재해 발생건수 공표 대상 사업장
   ① 산업재해로 인한 사망자가 연간 2명 이상 발생한 사업장
   ② 사망만인율이 규모별 같은 업종의 평균 사망만인율 이상인 사업장
   ③ 산업재해 발생 사실을 은폐한 사업장
   ④ 산업재해 발생에 관한 보고를 최근 3년 이내 2회 이상 하지 않은 사업장
   ⑤ 중대산업사고가 발생한 사업장

2. 상해정도별 분류[국제노동기구(ILO) 기준]

① 사망
② 영구전노동불능상해(신체장해등급 1~3급)
③ 영구일부노동불능상해(신체장해등급 4~14급)
④ 일시전노동불능상해
⑤ 일시일부노동불능상해
⑥ 응급조치(구급조치)상해

★★
2 재해구성 비율

하인리히	1(중상 또는 사망) : 29(경상) : 300[무상해사고(고장 포함)]
버드	1(중상, 사망 또는 폐질) : 10(경상) : 30[무상해사고(물적손실)] : 600[(무상해, 무사고고장(위험순간)]

★★
3 재해예방의 4원칙

원인계기(연계)의 원칙, 예방가능의 원칙, 손실우연의 원칙, 대책선정의 원칙

★★
4 사고예방의 원리

- 사고예방대책의 기본원리 5단계(하인리히):
  조직 → 사실의 발견 → 분석 → 시정방법의 선정 → 시정책의 적용
- 3E(하베이): 교육(Education), 기술(Engineering), 관리(Enforcement)

★★★
5 재해발생의 연쇄이론

- 하인리히의 사고연쇄성 5단계:
  사회적 환경과 유전적 요소 → 개인적 결함 → 불안전한 행동과 불안전한 상태 → 사고 → 상해(재해)
- 버드의 사고연쇄성 5단계:
  통제의 부족(관리) → 기본적인 원인(기원) → 직접적인 원인(징후) → 사고(접촉) → 상해(손실, 손해)
- 아담스의 사고연쇄성 5단계:
  관리구조 → 작전적 에러 → 전술적 에러 → 사고 → 상해, 손해

⭐⭐ 6 안전보건관리조직 구성

직계형	• 모든 안전보건업무를 생산라인을 통하여 이루어 지도록 편성, 소규모 사업장(100명 미만)에 적합 • 장점: 명령과 보고체계 간단명료 • 단점: 안전보건대책 불충분, 전문지식이나 기술축적 곤란
참모형	• 참모를 두고 안전보건관리에 관한 계획, 조사, 검토, 보고 등을 할 수 있도록 편성, 중규모 사업장(100명 이상 1,000명 미만)에 적합 • 장점: 사업장에 알맞은 안전보건개선대책 수립 • 단점: 안전보건 관련 지시나 명령이 작업자까지 신속·정확하게 전달되지 않음
직계-참모형	• 직계형과 참모형의 장점만 채택, 대규모 사업장(1,000명 이상)에 적합 • 장점: 안전보건업무와 생산업무 균형 유지 • 단점: 참모의 월권행위로 인한 분쟁 발생

⭐⭐ 7 산업안전보건위원회 등 운영 (산업안전보건법)

1. 안전보건관리책임자의 업무
- 사업장의 산업재해예방계획의 수립
- 안전보건관리규정의 작성 및 변경
- 안전보건교육
- 작업환경측정 등 작업환경의 점검 및 개선
- 근로자의 건강진단 등 건강관리
- 산업재해의 원인조사 및 재발방지대책 수립
- 산업재해에 관한 통계의 기록 및 유지
- 안전장치 및 보호구 구입시의 적격품 여부 확인

2. 안전관리자의 업무
- 산업안전보건위원회 또는 안전 및 보건에 관한 노사협의체에서 심의·의결한 업무와 사업장의 안전보건관리규정 및 취업규칙에서 정한 업무
- 안전인증 대상 기계 등과 자율안전확인 대상 기계 등 구입시 적격품의 선정에 관한 보좌 및 지도·조언
- 사업장 안전교육계획 수립 및 안전교육 실시에 관한 보좌 및 지도·조언
- 사업장 순회점검, 지도 및 조치 건의
- 산업재해발생의 원인 조사·분석 및 재발방지를 위한 기술적 보좌 및 지도·조언
- 산업재해에 관한 통계의 유지, 관리, 분석을 위한 보좌 및 지도·조언
- 법으로 정한 안전에 관한 사항의 이행에 관한 보좌 및 지도·조언
- 업무수행 내용의 기록·유지
- 위험성 평가에 관한 보좌 및 지도·조언

3. 안전관리자 등의 증원·교체임명 명령
- 해당 사업장의 연간재해율이 같은 업종 평균재해율의 2배 이상인 경우
- 중대재해가 연간 2건 이상 발생한 경우
- 관리자가 질병 등 사유로 3개월 이상 직무를 수행할 수 없게 된 경우
- 화학적 인자로 인한 직업성 질병자가 연간 3명 이상 발생한 경우

4. 안전보건총괄책임자의 업무
- 산업재해가 발생할 급박한 위험이 있을 때 또는 중대재해가 발생하였을 때 작업의 중지
- 도급시 산업재해예방조치
- 산업안전보건관리비의 관계수급인간의 사용에 관한 협의·조정 및 그 집행의 감독
- 안전인증 대상 및 자율안전확인 대상 기계 등의 사용여부 확인
- 위험성 평가의 실시에 관한 사항

5. 도급에 따른 산업재해예방 조치
- 안전 및 보건에 관한 협의체 구성 및 운영
- 작업장 순회점검
- 관계수급인이 근로자에게 하는 안전보건교육을 위한 장소 및 자료의 제공 등 지원
- 안전보건교육의 실시 확인
- 경보체계 운영과 대피방법 등 훈련(발파작업, 붕괴 또는 지진 등이 발생한 경우)
- 위생시설 등 필요한 장소의 제공 또는 도급인이 설치한 위생시설 이용의 협조

6. 산업안전보건위원회의 심의·의결사항
- 안전보건관리규정의 작성 및 변경
- 사업장의 산업재해예방계획의 수립
- 안전보건교육
- 근로자의 건강진단 등 건강관리
- 작업환경측정 등 작업환경의 점검 및 개선
- 산업재해의 원인조사 및 재발방지대책수립에 관한 사항 중 중대재해
- 산업재해에 관한 통계의 기록 및 유지
- 유해·위험한 기계·기구·설비 도입시 안전 및 보건 관련 조치

★★★
8 안전보건관리규정 작성시 포함되어야 할 사항
- 안전 및 보건에 관한 관리조직과 그 직무에 관한 사항
- 작업장의 안전 및 보건관리에 관한 사항
- 안전보건교육에 관한 사항
- 사고조사 및 대책수립에 관한 사항
- 그 밖에 안전 및 보건에 관한 사항

★★
9 안전보건개선계획 수립 대상 사업장
- 사업주가 필요한 안전조치 또는 보건조치를 이행하지 아니하여 중대재해가 발생한 사업장
- 산업재해율이 같은 업종의 규모별 평균 산업재해율보다 높은 사업장
- 유해인자의 노출기준을 초과한 사업장
- 직업성질병자가 연간 2명 이상 발생한 사업장

★★★
10 재해예방활동기법

1. 무재해운동 이론
(1) 무재해운동 이념의 3원칙

무의 원칙, 선취(안전제일)의 원칙, 참여(참가)의 원칙

(2) 무재해운동의 3기둥
- 최고경영자의 경영자세
- 관리감독자의 안전보건에 대한 적극적 추진
- 자율안전보건활동의 활발화(직장소집단 자주활동의 활성화)

2. 브레인스토밍(Brainstorming)의 4원칙
- 자유분방: 의견에 대한 발언은 자유롭게 한다.
- 대량발언: 한 사람이 대량으로 발언할 수 있다.
- 비판금지: 타인의 의견에 대하여 비판하지 않는다.
- 수정발언: 타인의 의견을 수정하여 발언할 수 있다.

3. 위험예지훈련 4라운드(4단계)

제1라운드(현상파악)	잠재유해위험요인 파악 단계
제2라운드(본질추구)	문제점 발견 및 문제 결정 단계
제3라운드(대책수립)	문제점에 대한 대책 수립 단계
제4라운드(목표설정)	행동목표설정 단계

★★
11 안전보건개선계획서에 포함되어야 할 사항
- 시설
- 안전보건관리체제
- 안전보건교육
- 산업재해예방 및 작업환경의 개선을 위하여 필요한 사항

CHAPTER 2 | 안전보호구 관리

★★★
1 보호구의 종류별 특성, 성능기준 및 시험방법(보호구 안전인증 고용노동부고시)

1. 안전모(안전인증 대상)

종류	AB, AE, ABE
시험성능	내관통성시험, 충격흡수성시험, 내전압성시험, 내수성시험, 난연성시험, 턱끈풀림시험

▶ 내전압성시험, 내수성시험은 자율안전확인 대상 안전모의 시험성능 기준 대상에서는 제외

2. 안전대

종류	벨트식, 안전그네식
사용 구분	1개걸이용, U자걸이용, 추락방지대, 안전블록

▶ 추락방지대와 안전블록은 안전그네식에만 적용

3. 방진마스크

(1) 방진마스크의 등급

등급	사용장소
특급	베릴륨 등을 함유한 분진 발생 장소, 석면 취급장소
1급	• 특급마스크 착용장소 제외한 장소 • 금속흄, 기계적으로 생기는 분진 발생 장소
2급	특급 및 1급마스크 착용장소를 제외한 장소

(2) 방진마스크 시험성능 기준 – 여과재 분진 등 포집효율

형태 및 등급		염화나트륨(NaCl) 및 파라핀 오일 (Paraffin Oil) 시험(%)
분리식	특급	99.95 이상
	1급	94.0 이상
	2급	80.0 이상
안면부 여과식	특급	99.0 이상
	1급	94.0 이상
	2급	80.0 이상

4. 방독마스크

(1) 방독마스크 정화통 외부측면의 표시 색

종류	표시 색
유기화합물	갈색
할로겐용, 황화수소용, 시안화수소용	회색
아황산용	노란색
암모니아용	녹색

▶ 방독마스크: 안면부 내부의 이산화탄소(CO_2)농도가 부피분율 1% 이하

(2) 안전인증 방독마스크 추가 표시사항(고용노동부고시)
- 정화통의 외부측면의 표시 색
- 파과곡선도
- 사용시간 기록카드
- 사용상의 주의사항

5. 보안경

(1) 사용구분에 따른 보안경의 종류
- 자율안전확인 대상 보안경: 유리보안경, 플라스틱보안경, 도수렌즈보안경
- 안전인증 대상 보안경: 차광보안경

(2) 차광보안경의 종류
자외선용, 적외선용, 복합용, 용접용

6. 안전장갑

(1) 내전압용 절연장갑의 등급 및 색상

등급	최대사용전압		색상
	교류(V, 실효값)	직류(V)	
00	500	750	갈색
0	1,000	1,500	빨간색
1	7,500	11,250	흰색
2	17,000	25,500	노란색
3	26,500	39,750	녹색
4	36,000	54,000	등색

7. 귀마개, 귀덮개

종류	등급	기호	성능
귀마개	1종	EP-1	저음부터 고음까지 차음하는 것
	2종	EP-2	주로 고음을 차음하고 저음(회화음 영역)은 차음하지 않는 것
귀덮개	-	EM	-

2 안전보건표지의 종류, 용도 및 적용 (산업안전보건법)

1. 안전보건표지의 분류

금지표지 (8종)	바탕은 흰색, 기본모형은 빨간색, 관련부호 및 그림은 검은색
경고표지 (15종)	• 바탕은 노란색, 기본모형, 관련부호 및 그림은 검은색 • 다만, 인화성물질 경고 등 7종은 바탕은 무색, 기본모형은 빨간색(검은색도 가능)
지시표지 (9종)	바탕은 파란색, 관련그림은 흰색
안내표지 (8종)	• 바탕은 흰색, 기본모형 및 관련부호는 녹색 • 바탕은 녹색, 관련부호 및 그림은 흰색
출입금지표지 (3종)	• 글자는 흰색바탕에 흑색 • 다음 글자는 적색: 000제조/사용/보관중, 석면취급/해체중

2. 안전보건표지의 색채, 색도기준 및 용도

색채	색도	용도	사용 예
빨간색	7.5R 4/14	금지	정지신호, 소화설비 및 그 장소, 유해행위의 금지
		경고	화학물질 취급장소에서의 유해위험 경고
노란색	5Y 8.5/12	경고	화학물질 취급장소에서의 유해위험 경고 이외의 위험경고, 주의표지 또는 기계방호물
파란색	2.5PB 4/10	지시	특정행위의 지시 및 사실의 고지
녹색	2.5G 4/10	안내	비상구 및 피난소, 사람 또는 차량의 통행표지
흰색	N9.5	-	파란색 또는 녹색에 대한 보조색
검은색	N0.5	-	문자 및 빨간색 또는 노란색에 대한 보조색

CHAPTER 3 | 산업안전심리

★★
1 산업안전심리의 요소

- 동기(Motive)
- 기질(Temper)
- 감정(Emotion)
- 습관(Custom)
- 습성(Habits)

★★★
2 착오

1. 착오의 메커니즘
- 순서의 착오
- 위치의 착오
- 형(形)의 착오
- 패턴의 착오
- 잘못 기억

2. 착오의 요인(대뇌의 휴먼에러로 인한 착오의 요인)

(1) 인지과정의 착오
  ① 정서불안정(공포, 불안, 불만)
  ② 감각차단현상
  ③ 생리적, 심리적 능력의 한계
  ④ 정보량 저장능력의 한계

(2) 판단과정의 착오
  ① 자신 과잉
  ② 능력부족(지식, 적성, 기술)
  ③ 정보부족
  ④ 합리화
  ⑤ 환경조건 불비(표준 불량, 규칙 불충분, 작업조건 불량 등)

(3) 조치과정의 착오
  ① 작업경험의 부족
  ② 작업자의 기능 미숙

★★
3 착각현상(운동의 시지각)

- 유도운동: 실제로는 움직이지 않는 것이 어느 기준의 이동에 유도되어 움직이는 것처럼 느껴지는 현상
- 가현운동: 객관적으로 정지하고 있는 대상물이 급속히 나타나거나 소멸하는 것으로 인하여 일어나는 운동으로 마치 대상물이 운동하는 것처럼 인식되는 현상(영화의 영상은 가현운동을 활용한 것)
- 자동운동: 암실에서 정지된 소광점을 응시하고 있으면 그 광점이 움직이는 것처럼 보이는 현상

CHAPTER 4 | 인간의 행동과학

★★
1 인간관계 메커니즘(Mechanism)

- 커뮤니케이션: 여러 가지 행동양식이나 기호를 매개로 어떤 사람이 타인에게 의사를 전달하는 것
- 모방: 남의 행동이나 판단을 표본으로 삼아 그와 비슷하거나 같게 행동 또는 판단을 취하려는 것
- 암시: 다른 사람의 행동, 판단을 무비판적으로 받아들이는 것
- 투사: 자기 마음속의 억압된 것을 다른 사람의 것으로 생각하는 것
- 동일화: 다른 사람 중에 자기와 비슷한 것을 발견하거나 다른 사람의 행동양식이나 태도를 스스로에게 투입시키는 것

★★
2 비통제의 집단행동

1. 모브(Mob): 군중보다 한층 합의성이 없고 감정만에 의해서 행동하는 것으로 폭동과 같은 것을 말한다.
2. 패닉(Panic): 이상적(理想的)인 상태에서 모브가 공격적인데 비하여 패닉은 방어적인 것이 차이점이다.
3. 군중(Crowd): 성원 각자는 비판력이 없고 책임감을 갖지 않으며 성원 사이에 지위나 역할의 분화가 없다.
4. 심리적 전염(Mental Epidemic): 어떤 사상이 상당한 기간을 걸쳐 광범위하게 사고적, 논리적 근거없이 무비판적으로 받아들여지는 것이다.

★★★
3 인간의 일반적인 행동특성

1. 레빈(Kurt Lewin)의 법칙

$$B = f(P \cdot E)$$

- B : Behavior(행동)
- P : Person(개체) – 연령, 경험, 성격, 지능, 소질 등
- E : Environment(환경) – 인간관계, 작업환경 등
- f : function(함수) – $P \cdot E$에 영향을 주는 조건

2. 안전교육을 통한 안전태도 형성 요령
- 청취한다.
- 이해한다.

- 모범을 보인다.
- 권장(평가)한다.
- 칭찬한다.
- 벌을 준다.

★★ 4 사고경향

1. 재해빈발설
- 기회설: 상황성 누발자
- 경향설: 소질성 누발자
- 암시설: 습관성 누발자

2. 재해누발자의 유형
- 상황성 누발자
- 소질성 누발자
- 습관성 누발자
- 미숙성 누발자

3. 상황성 누발자 발생 원인
- 심신에 근심이 있기 때문에
- 작업이 어렵기 때문에
- 환경상 주의력의 집중이 혼란되기 때문에
- 기계설비에 결함이 있기 때문에

★★★ 5 동기부여이론

1. 매슬로우(Maslow)의 욕구 5단계이론
- 제1단계: 생리적 욕구(생명유지의 기본적 욕구)
- 제2단계: 안전의 욕구(자기보존욕구)
- 제3단계: 사회적 욕구(소속감과 애정욕구)
- 제4단계: 인정받으려는 욕구(존경욕구)
- 제5단계: 자아실현의 욕구(잠재적 능력의 실현)

2. 허즈버그(Herzberg)의 동기 - 위생이론
- 위생요인(유지욕구): 작업조건, 지위, 안전, 회사정책과 관리, 개인상호간의 관계, 감독, 보수 등
- 동기요인(만족욕구): 책임, 성취감, 성장과 발전, 인정, 도전, 일 그 자체 등

3. 데이비스(K. Davis)의 동기부여이론
- 지식(Knowledge) × 기능(Skill) = 능력(Ability)
- 상황(Situation) × 태도(Attitude) = 동기유발(Motivation)
- 능력 × 동기유발 = 인간의 성과(Human Performance)
- 인간의 성과 × 물질의 성과 = 경영의 성과

4. 맥그리거(Douglas - Mcgregor)의 X이론과 Y이론

구분	X이론	Y이론
비교	- 인간불신감(성악설) - 저차적(물질적) 욕구 - 명령통제에 의한 관리 (규제관리) - 저개발국형	- 상호신뢰감(성선설) - 고차적(정신적) 욕구 - 목표통합과 자기통제에 의한 관리 - 선진국형
관리 처방	- 경제적 보상체제 강화 - 권위주의적 리더십 확립 - 면밀한 감독과 엄격한 통제 - 상부책임제도의 강화	- 자체평가제도의 활성화 - 민주적 리더십 확립 - 직무확장 - 분권화와 권한의 위임 - 목표에 의한 관리 - 비공식적 조직의 활용

5. 알더퍼(Alderfer)의 ERG이론
- 생존욕구(Existence)
- 관계욕구(Relation)
- 성장욕구(Growth)

★★★ 6 주의와 부주의

1. 주의의 특성
- 선택성: 동시에 두 개 이상의 방향에 집중하지 못함
- 방향성: 한 곳에 주의를 집중하면 다른 곳의 주의는 약해짐
- 변동성: 고도의 주의는 장시간 지속할 수 없음

2. 부주의(Inattention) 현상
- 의식의 단절: 질병
- 의식의 우회: 걱정, 고뇌, 욕구불만
- 의식수준의 저하: 심신의 피로, 단조로운 작업
- 의식의 혼란: 외부의 자극이 애매모호
- 의식의 과잉: 과긴장, 돌발사태

3. 부주의에 대한 대책

(1) 정신적 측면에 대한 대책
- 작업의욕의 고취
- 안전의식의 제고
- 주의력의 집중훈련
- 스트레스의 해소

(2) 기능 및 작업측면의 대책
- 적성배치
- 안전작업방법 습득
- 표준동작의 습관화
- 작업조건의 개선과 적응력 향상

(3) 설비 및 환경적 측면의 대책
- 설비 및 작업환경의 안전화
- 표준작업제도의 도입

4. 의식 레벨(Level)의 단계

단계 (Phase)	의식 모드	의식 작용	생리적 상태
0	무의식, 실신	없음	수면, 뇌발작
I	의식 흐림, 의식의 둔화	부주의	피로, 단조로움, 졸음, 술취함
II	이완상태	소극적, 마음이 안정	안정시, 휴식시, 정상작업시
III	상쾌한 상대	적극적, 전향적	직극 활동시
IV	과긴장상태	한점에 집중, 판단정지	긴급 방어반응, 패닉(Panic)

★★
7 리더십의 유형

1. 헤드십(Head Ship)과 리더십(Leader Ship)

상황변수	헤드십	리더십
권한행사	임명된 리더	선출된 리더
권한부여	위에서 위임	밑으로부터 동의
권한근거	법적 또는 공식적	개인능력
권한귀속	공식화된 규정	집단목표 기여 공로
상관-부하 관계	지배적	개인적인 영향
책임귀속	상사	상사와 부하
부하와의 간격	넓음	좁음
지휘형태	권위주의적	민주주의적

2. 리더십의 권한 역할
- 조직이 리더에게 부여하는 권한: 보상적 권한, 강압적 권한, 합법적 권한
- 리더 자신이 자신에게 부여하는 권한: 위임된 권한, 전문성의 권한

★★
8 에너지대사율에 따른 작업의 분류
- 초경작업: 0 ~ 1RMR
- 경작업: 1 ~ 2RMR
- 중(보통)작업: 2 ~ 4RMR
- 중(무거운)작업: 4 ~ 7RMR
- 초중작업: 7RMR 이상

★★
9 생체리듬의 변화
- 체온, 혈압, 맥박수: 주간 상승, 야간 감소
- 혈액의 수분, 염분량: 주간 감소, 야간 증가
- 야간에는 말초운동 기능 저하, 피로의 자각증상 증대
- 야간에는 체중 감소, 소화분비액 불량

CHAPTER 5 | 안전보건교육의 내용 및 방법 Ⅰ

★★
1 학습지도 이론

1. 학습지도의 원리
개별화의 원리, 직관의 원리, 자발성의 원리, 사회화의 원리, 통합의 원리

2. 교육지도의 5단계
원리 제시 → 관련된 개념 분석 → 가설의 설정 → 교육자료 평가 → 결론

★★
2 학습이론

1. S - R이론(학습을 자극에 의한 반응으로 보는 이론)
- 조건반사설(파블로브): 시간, 강도, 일관성, 계속성의 원리
- 시행착오설(손다이크): 효과, 연습 또는 반복, 준비성의 법칙
- 접근적 조건화설(거스리)
- 강화설(헐)
- 조작적(도구적)조건화설(스키너)

2. 인지이론(학습을 전체로서 파악하여야 한다는 이론)
장(場)설(레빈), 통찰설(쾰러), 기호형태설(톨만)

★★★
3 적응기제(Adjustment Mechanism)

정의	갈등이나 욕구불만을 합리적으로 해결할 수 없을 때 욕구충족을 위하여 비합리적인 방법을 취하는 것	
분류	방어적 기제	보상, 승화, 합리화, 치환, 동일화, 투사, 반동형성
	도피적 기제	고립, 백일몽, 억압, 퇴행, 부정
	공격적 기제	직접적(싸움, 폭행 등), 간접적(비난, 욕설 등)

★★
4 파지와 망각

파지	과거의 학습경험이 어떠한 형태로 현재와 미래의 행동에 영향을 주는 작용
망각	파지의 행동이 지속되지 않는 것
기억의 과정	기명 → 파지 → 재생 → 재인

★★
5 안전보건교육의 단계별 교육과정

1. 안전보건교육의 3단계(지식 → 기능 → 태도)

지식 교육	• 안전규정 숙지 • 안전책임감 부여	• 안전의식 고취 • 기초지식 주입
기능 교육	• 전문적 기술교육 • 방호장치 관리기능	• 안전기술 기능 • 점검, 검사, 정비기능
태도 교육	• 표준작업방법의 습관화 • 작업 전후 점검, 검사요령의 정확화 및 습관화 • 언어태도 습관화 및 정확화 • 공구, 보호구 취급과 관리자세의 확립 • 안전에 대한 가치관 형성	

2. 기술(기능)교육의 진행방법
- 듀이의 사고과정 5단계: 시사를 받는다. → 머리로 생각한다. → 가설을 설정한다. → 추론한다. → 행동에 의하여 가설을 검토한다.
- 하버드학파의 5단계 교수법: 준비시킨다. → 교시한다. → 연합한다. → 총괄시킨다. → 응용시킨다.

★★
6 학습의 전이

1. 전이(Transference)의 정의
어떤 내용을 학습한 결과가 다른 학습이나 반응에 영향을 주는 현상이다.

2. 학습전이의 조건
- 학습자의 지능
- 학습자의 태도
- 학습정도
- 유사성
- 시간적 간격

3. 학습의 연속에 있어 앞의 학습이 뒤의 학습을 방해하는 조건
- 앞의 학습이 불완전한 경우
- 뒤의 학습을 앞의 학습 직후에 실시하는 경우
- 앞의 학습내용을 재생하기 직전에 실시하는 경우

4. 학습의 전이가 일어나기 가장 쉽고 좋은 상황

교육훈련 상황이 실제 장면과 유사할 때

★★
7 안전보건교육계획

1. 안전보건교육계획 수립시 진행순서

교육의 필요점 발견 → 교육대상 결정 → 교육준비 → 교육실시 → 교육의 성과를 평가

2. 안전보건교육계획에 포함하여야 할 사항
- 교육목표, 교육대상, 교육의 종류
- 교육의 과목 및 교육내용
- 교육기간 및 시간, 교육장소, 교육방법
- 교육담당자 및 강사

3. 강의계획의 4단계

학습목적과 학습성과의 설정 → 학습자료의 수집 및 체계화 → 교육방법의 선정 → 강의안 작성

CHAPTER 6 | 안전보건교육의 내용 및 방법 Ⅱ

★★
1 근로자 안전보건교육의 종류 및 시간
(산업안전보건법 → 2023.9.27 개정)

교육과정	교육대상		교육시간
정기교육	사무직근로자		매반기 6시간 이상
	그밖의 근로자	판매업무근로자	매반기 6시간 이상
		판매업무 외 근로자	매반기 12시간 이상
채용시 교육	일용근로자 및 근로계약기간이 1주일 이하인 기간제 근로자		1시간 이상
	근로계약기간이 1주일 초과 1개월 이하인 기간제 근로자		4시간 이상
	그밖의 근로자		8시간 이상
작업내용 변경시 교육	일용근로자 및 근로계약기간이 1주일 이하인 기간제근로자		1시간 이상
	그밖의 근로자		2시간 이상
특별안전 보건교육	특별교육대상작업 일용근로자 및 근로계약기간이 1주일 이하인 기간제근로자		2시간 이상
	타워크레인 신호작업 일용근로자 및 근로계약기간이 1주일 이하인 기간제근로자		8시간 이상
	특별교육대상작업 일용근로자 및 근로계약기간이 1주일 이하인 기간제근로자를 제외한 근로자		16시간 이상
			단기간, 간헐적 작업 2시간 이상
건설업 기초안전 보건교육	건설 일용근로자		4시간 이상
특수형태 근로자에 대한 안전 보건 교육	최초 노무제공시 교육		2시간 이상
	특별교육: 일용근로자 외 근로자의 특별안전보건교육시간과 동일		

★★ 2 관리감독자 안전보건교육 및 시간
(산업안전보건법 → 2023.9.27 개정)

교육대상	교육시간
정기교육	연간 16시간 이상
채용시교육	8시간 이상
작업내용변경 시교육	2시간 이상
특별교육	16시간 이상(최초 작업에 종사하기 전 4시간 이상 실시하고, 12시간은 3개월 이내에서 분할하여 실시 가능)
	단기간 작업 또는 간헐적 작업인 경우에는 2시간 이상

★★ 3 안전보건관리책임자 등에 대한 교육
(산업안전보건법)

| 교육대상 | 교육시간 | |
	신규교육	보수교육
안전보건관리책임자	6시간 이상	6시간 이상
안전관리자, 안전관리전문기관 종사자	34시간 이상	24시간 이상
보건관리자, 보건관리전문기관 종사자	34시간 이상	24시간 이상
건설재해예방전문지도기관, 석면조사기관, 안전검사기관 종사자	34시간 이상	24시간 이상
안전보건관리담당자	–	8시간 이상

★★★ 4 안전보건교육 교육대상별 교육내용
(산업안전보건법 → 2025.5.30 개정)

1. 근로자 안전보건교육

(1) 근로자 정기안전보건교육
① 산업안전 및 산업재해예방에 관한 사항(화재·폭발사고 발생시 대피에 관한 사항 포함)
② 산업보건 및 건강장해예방에 관한 사항(폭염·한파작업으로 인한 건강장해 발생시 응급조치에 관한 사항 포함)
③ 건강증진 및 질병예방에 관한 사항
④ 유해위험작업환경관리에 관한 사항
⑤ 산업안전보건법령 및 산업재해보상보험제도에 관한 사항
⑥ 직무스트레스예방 및 관리에 관한 사항
⑦ 직장 내 괴롭힘, 고객의 폭언 등으로 인한 건강장해예방 및 관리에 관한 사항
⑧ 위험성 평가에 관한 사항

(2) 채용시 교육 및 작업내용변경시 교육
① 기계기구의 위험성과 작업의 순서 및 동선에 관한 사항
② 작업개시 전 점검에 관한 사항
③ 정리정돈 및 청소에 관한 사항
④ 사고발생시 긴급조치에 관한 사항
⑤ 산업보건 및 건강장해예방에 관한 사항(폭염·한파작업으로 인한 건강장해 발생시 응급조치에 관한 사항 포함)
⑥ 물질안전보건자료에 관한 사항
⑦ 산업안전보건법령 및 산업재해보상보험제도에 관한 사항
⑧ 직무스트레스예방 및 관리에 관한 사항
⑨ 산업안전 및 산업재해예방에 관한 사항(화재·폭발사고 발생시 대피에 관한 사항 포함)
⑩ 직장 내 괴롭힘, 고객의 폭언 등으로 인한 건강장해예방 및 관리에 관한 사항
⑪ 위험성 평가에 관한 사항

2. 관리감독자 안전보건교육

(1) 관리감독자 정기안전보건교육
① 작업공정의 유해위험과 재해예방대책에 관한 사항
② 표준안전작업방법 결정 및 지도·감독요령에 관한 사항
③ 위험성 평가에 관한 사항
④ 산업보건 및 건강장해예방에 관한 사항(폭염·한파작업으로 인한 건강장해 발생시 응급조치에 관한 사항 포함)
⑤ 유해위험작업환경관리에 관한 사항
⑥ 산업안전보건법령 및 산업재해보상보험제도에 관한 사항
⑦ 직무스트레스예방 및 관리에 관한 사항
⑧ 안전보건교육능력 배양에 관한 사항(강의능력 향상 등)
⑨ 산업안전 및 산업재해예방에 관한 사항(화재·폭발사고 발생시 대피에 관한 사항 포함)
⑩ 직장 내 괴롭힘, 고객의 폭언 등으로 인한 건강장해예방 및 관리에 관한 사항

⑪ 사업장내 안전보건관리체제 및 안전보건조치 현황에 관한 사항

⑫ 비상시 또는 재해발생시 긴급조치에 관한 사항

⑬ 그밖의 관리감독자의 직무에 관한 사항

(2) 관리감독자 채용시 교육 및 작업내용변경시 교육

① 산업안전 및 산업재해예방에 관한 사항(화재·폭발사고 발생시 대피에 관한 사항 포함)

② 산업보건 및 건강장해예방에 관한 사항(폭염·한파작업으로 인한 건강장해 발생시 응급조치에 관한 사항 포함)

③ 위험성 평가에 관한 사항

④ 산업안전보건법령 및 산업재해보상보험제도에 관한 사항

⑤ 직무스트레스예방 및 관리에 관한 사항

⑥ 직장 내 괴롭힘, 고객의 폭언 등으로 인한 건강장해예방 및 관리에 관한 사항

⑦ 기계기구의 위험성과 작업의 순서 및 동선에 관한 사항

⑧ 작업개시 전 점검에 관한 사항

⑨ 물질안전보건자료에 관한 사항

⑩ 사업장내 안전보건관리체제 및 안전보건조치 현황에 관한 사항

⑪ 표준안전작업방법 결정 및 지도·감독요령에 관한 사항

⑫ 비상시 또는 재해발생시 긴급조치에 관한 사항

⑬ 그밖의 관리감독자의 직무에 관한 사항

(3) 특별교육 대상 작업별 교육

작업명	교육내용
<공통내용>	채용시교육 및 작업내용변경시교육과 같은 내용
<개별내용>	특별교육 대상 작업별 교육에 따른 교육내용

3. 물질안전보건자료(MSDS)에 관한 교육내용

- 대상 화학물질의 명칭(또는 제품명)
- 물리적 위험성 및 건강유해성
- 취급상의 주의사항
- 적절한 보호구
- 응급조치요령 및 사고시 대처방법
- 물질안전보건자료 및 경고표지를 이해하는 방법

4. 특수형태근로종사자에 대한 안전보건교육의 교육내용

(1) 최초 노무제공시 교육의 교육내용

① 기계기구의 위험성과 작업의 순서 및 동선에 관한 사항

② 작업개시 전 점검에 관한 사항

③ 정리정돈 및 청소에 관한 사항

④ 사고발생시 긴급조치에 관한 사항

⑤ 산업보건 및 건강장해예방에 관한 사항(폭염·한파작업으로 인한 건강장해 발생시 응급조치에 관한 사항 포함)

⑥ 물질안전보건자료에 관한 사항

⑦ 직무스트레스예방 및 관리에 관한 사항

⑧ 산업안전보건법령 및 산업재해보상보험제도에 관한 사항

⑨ 산업안전 및 산업재해예방에 관한 사항(화재·폭발사고 발생시 대피에 관한 사항 포함)

⑩ 유해위험작업환경관리에 관한 사항

⑪ 보호구 착용에 대한 사항

⑫ 교통안전 및 운전안전에 관한 사항

⑬ 직장 내 괴롭힘, 고객의 폭언 등으로 인한 건강장해예방 및 관리에관한 사항

⑭ 건강증진 및 질병예방에 관한 사항

(2) 특별교육대상작업별 교육의 교육내용

특별안전보건교육의 교육내용과 같은 내용

5. 건설업 기초안전보건교육에 대한 내용

교육내용	시간
건설공사의 종류(건축·토목 등) 및 시공절차	1시간
산업재해 유형별 위험요인 및 안전보건 조치	2시간
안전보건관리체제 현황 및 산업안전보건 관련 근로자 권리·의무	1시간

★★★
5 안전보건교육방법

1. 계층별 교육훈련

(1) 관리자 교육훈련(MTP)

관리자로 하여금 일련의 계획적인 방식을 통해 능력향상과 자기개발을 추구하도록 계획된 관리자 대상의 교육훈련

(2) 관리감독자교육훈련(TWI)

- 작업안전훈련(JST)
- 작업방법훈련(JMT)
- 작업지도훈련(JIT)
- 인간관계훈련(JRT)

2. OJT와 Off JT의 장단점

(1) OJT(직장 내 교육)

① 장점
- 개개인에게 적절한 지도훈련이 가능하다.
- 직장의 실정에 맞게 실제적 훈련이 가능하다.
- 훈련에 필요한 업무의 계속성이 끊어지지 않는다.
- 효과가 곧 업무에 나타나며, 개선이 쉽다.
- 즉시 업무에 연결되는 지도훈련이 가능하다.
- 훈련효과를 보고 상호신뢰, 이해도가 높아지는 것이 가능하다.

② 단점
- 통일된 내용과 동일수준의 훈련이 될 수 없다.
- 일과 훈련의 양쪽이 반반이 될 가능성이 있다.
- 다수의 종업원을 한번에 훈련할 수 없다.
- 전문적인 고도의 지식, 기능을 가르칠 수 없다.

(2) Off JT(직장 외 교육)

① 장점
- 다수의 근로자에게 조직적 훈련을 행하는 것이 가능하다.
- 전문가를 강사로 초청하는 것이 가능하다.
- 각 직장의 근로자가 많은 지식이나 경험을 교류할 수 있다.
- 훈련에만 전념하게 된다.
- 특별설비기구를 이용하는 것이 가능하다.

② 단점
- 훈련의 결과를 현장에 바로 활용하기가 곤란하다.
- 훈련에 참가하지 않은 근로자들의 업무부담이 늘어난다.
- 실시하는데 비용이 많이 든다.

★★ 6 교육법의 4단계

도입(준비) → 제시(설명) → 적용(응용) → 확인(종합)

★★ 7 교육방법에 따른 교육시간의 배분

구분	강의식	토의식
도입	5분	5분
제시	40분	10분
적용	10분	40분
확인	5분	5분

★★ 8 교육훈련 평가의 4단계

① 제1단계: 반응단계
② 제2단계: 학습단계
③ 제3단계: 행동단계
④ 제4단계: 결과단계

★★ 9 토의법의 종류

1. 심포지엄(Symposium): 몇 사람의 전문가에 의해 과제에 대한 견해를 발표하고 참가자로 하여금 의견이나 질문을 하게 하는 토의 방식
2. 포럼(Forum): 새로운 자료나 교재를 제시하고 거기서의 문제점을 피교육자로 하여금 의견을 여러가지 방법으로 제기하거나 발표하게 하여 다시 깊이 파고들어 토의하는 방법
3. 패널 디스커션(Panel Discussion): 전문가 4~5명이 피교육자 앞에서 자유로이 토의를 한 후 피교육자 전원이 참가하여 사회자의 사회에 따라서 토의하는 방법
4. 버즈세션(Buzz Session): 6-6회의라고도 하며, 참가자가 다수인 경우에 전원을 토의에 참가시키기 위한 방법으로 소집단을 구성하여 회의를 진행시키는 방법
5. 사례연구(Case Study): 실제의 사례 또는 그것을 기초로 한 이야기를 소재로 하여 주로 집단토의를 통해서 여러가지 문제를 터득하고 이해를 깊게 하는 방법
6. 문제해결법(Problem Method): 문제의 인식을 공유하고, 토의를 통해서 문제를 해결하는 방법
7. 자유토의법(Free Discussion Method): 알고 있는 지식을 심화시키거나 어떠한 자료에 대하여 보다 명료한 생각을 갖도록 하기 위하여 토의하는 방법

⑥ 위험 및 운전성분석(HAZOP)

1. 정의
화학공장에서의 위험성과 운전성을 정해진 규칙과 설계도면에 의해 체계적으로 분석 평가하는 방법

2. 위험 및 운전성분석의 유인어(Guide Words)
- More Less: 양의 증가 또는 감소
- Other Than: 완전한 대체의 필요
- As Well As: 성질상의 증가
- Part Of: 성질상의 감소
- NO 또는 NOT: 설계의도의 완전한 부정
- Reverse: 설계의도와 논리적인 역

CHAPTER 6 | 결함수분석

① 결함수분석법(FTA: Fault Tree Analysis)의 특징
- Top Down(하향)형식
- 정성적, 정량적 해석 가능
- 특정사상에 대한 해석
- 논리기호를 사용한 해석
- 사고원인규명의 연역적 해석 가능
- 잠재위험의 효율적 분석
- 기능적 결함의 원인분석 용이
- 짧은 시간에 분석 가능
- 한눈에 알기 쉽게 트리상으로 표현

② FTA의 사상기호 및 논리기호

기호	명칭	기호	명칭
직사각형	결함사상	타원	부정게이트
원	기본사상	AND게이트(A₁우선)	우선적 AND게이트
오각형(집)	통상사상	AND게이트(2개의 출력)	조합 AND게이트
마름모	생략사상	OR게이트(동시발생 안한다)	배타적 OR게이트
입력-조건-출력	억제게이트	AND게이트(위험지속시간)	위험지속기호 (위험지속 AND게이트)

3 FTA의 작성순서

- 분석대상이 되는 시스템(System)을 정의한다.
- 정상사상의 원인이 되는 기초사상을 분석한다.
- 정상사상과의 관계는 논리게이트를 이용하여 도해화한다.
- 이전 단계에서 결정된 사상이 더 전개가 가능한지 점검한다.
- FT를 간소화한다.
- 정성적, 정량적으로 해석, 평가한다.

4 체리턴(D.R. Cheriton)의 FTA에 의한 재해사례연구 순서

톱(TOP)사상의 선정 → 각 사상의 재해원인의 규명 → FT도의 작성 → 개선계획의 작성

5 컷셋과 패스셋

1. 컷셋(Cut Set)
- 그 속에 포함되어 있는 모든 기본사상이 일어났을 때 정상사상을 일으키는 기본사상의 집합
- 시스템 고장을 유발시키는 기본고장들의 집합

2. 최소 컷셋(Minimal Cut Sets)
- 컷셋 중 그 부분집합만으로는 정상사상을 일으키는 일이 없는 것, 즉 정상사상을 일으키기 위해 필요한 최소한의 컷셋
- 시스템의 고장을 발생시키는 최소한의 컷셋

3. 패스셋(Path Set)
- 그 속에 포함되는 기본사상이 일어나지 않을 때 처음으로 정상사상이 일어나지 않는 기본사상의 집합
- 시스템이 고장나지 않도록 하는 사상의 집합
- 시스템을 성공적으로 작동시키는 경로의 집합

4. 최소 패스셋(Minimal Path Sets)
- 어느 고장이나 에러를 일으키지 않으면 재해가 일어나지 않는다는 것, 즉 시스템의 신뢰성을 나타내는 것
- 시스템의 기능을 살리는 요인의 집합
- 시스템에서 최소 패스셋의 사상개수가 적어지면 위험수준은 높아짐

CHAPTER 7 위험성 파악·결정 및 감소대책 수립·실행

1 리스크(Risk) 관련 사항

1. 리스크 처리기술(리스크 관리의 용어, 정의에 관한 지침: 한국산업안전보건공단)
- 위험(리스크)회피(Risk Avoidance)
- 위험(리스크)감소 및 제거(Risk Reduction)
- 위험(리스크)보유(Risk Retention)
- 위험(리스크)분담(Risk Sharing)

2. 차파니스(Chapanis)의 위험분석
※ 위험성 평가에서 위험의 정성적 확률 순서
- 전혀 발생하지 않는(Impossible) 발생빈도 > 10^{-8}/day
- 극히 발생할 것 같지 않는(Extremely) 발생빈도 > 10^{-6}/day
- 거의 발생하지 않는(Remote) 발생빈도 > 10^{-5}/day
- 가끔 발생하는(Occasional) 발생빈도 > 10^{-4}/day
- 보통 발생하는(Reasonable) 발생빈도 > 10^{-3}/day
- 자주 발생하는 발생빈도 > 10^{-2}/day

2 화학설비의 안전성 평가

1. 화학설비의 안전성 평가단계
- 제1단계: 관계자료의 정비검토(관계자료의 작성준비)
- 제2단계: 정성적 평가
- 제3단계: 정량적 평가
- 제4단계: 안전대책
- 제5단계: 재해정보에 의한 재평가
- 제6단계: FTA에 의한 재평가

2. 화학설비의 안전성 평가 제2단계(정성적 평가)의 진단항목

설계관계	입지조건, 공장 내 배치, 건조물, 소방설비
운전관계	원재료, 중간제품, 제품, 공정, 저장, 수송, 공정기기

3. 화학설비의 안전성 평가 제3단계(정량적 평가)에 관한 사항

해당 화학설비의 용량, 취급물질, 온도, 압력 및 조작의 5항목에 대하여 A, B, C, D급으로 분류한다.

★★ 3 위험성 평가

1. 위험성 평가의 방법
(1) 위험가능성과 중대성을 조합한 빈도 · 강도법
(2) 체크리스트(Checklist)법
(3) 위험성 수준 3단계(저 · 중 · 고)판단법
(4) 핵심요인 기술(One Point Sheet)법
(5) 그 외 산업안전보건법 시행규칙 제50조제1항제2호의 방법

2. 위험성 감소대책 수립 및 실행
(1) 위험한 작업의 폐지 · 변경, 유해 · 위험물질 대체 등의 조치 또는 설계나 계획단계에서 위험성을 제거 또는 저감하는 조치
(2) 연동장치, 환기장치 설치 등의 공학적 대책
(3) 사업장 작업절차서 정비 등의 관리적 대책
(4) 개인용 보호구의 사용

5. 위험성 평가의 실시 시기
(1) 수시 위험성 평가를 실시하여야 하는 경우
① 사업장 건설물의 설치 · 이전 · 변경 또는 해체
② 기계 · 기구, 설비, 원재료 등의 신규 도입 또는 변경
③ 건설물, 기계 · 기구, 설비 등의 정비 또는 보수(주기적 · 반복적 작업으로서 이미 위험성 평가를 실시한 경우에는 제외)
④ 작업방법 또는 작업절차의 신규 도입 또는 변경
⑤ 중대산업사고 또는 산업재해(휴업 이상의 요양을 요하는 경우에 한정한다) 발생
⑥ 그 밖에 사업주가 필요하다고 판단한 경우

CHAPTER 8 신뢰도 계산

★ 1 신뢰성과 보전성 개선을 목적으로 하는 효과적인 보전기록 자료
- 설비이력카드
- 고장원인대책표
- MTBF(평균고장간격)분석표

★★ 2 시스템의 수명
- 병렬계의 수명: MTTF(1 + 1/2 + ⋯ + 1/n)
- 직렬계의 수명: MTTF/n

★★ 3 확률분포
- 지수분포(Exponential Distribution): 어떤 설비의 시간당 고장률이 일정하다고 할 때 이 설비의 고장간격을 측정하는데 가장 적합한 확률분포이다.
- 푸아송분포(Poisson Distribution): 특정 시간 또는 구간에 어떤 사건의 발생확률이 적은 경우, 그 사건의 발생횟수를 측정하는데 가장 적합한 확률분포이다.

★ 4 흐름공정도(Flow Process Chart)에서 기호와 의미
- ○ 가공
- ▽ 저장
- □ 검사
- D 정체
- ⇨ 운반

PART 3 | 기계·기구 및 설비 안전관리

CHAPTER 1 | 기계공정의 안전 및 기계안전시설관리

★★★
1 기계의 위험점

- 끼임점: 기계의 고정부와 회전운동 또는 직선운동 부분이 함께 형성하는 위험점
- 협착점: 왕복운동을 하는 운동부와 고정부 사이에 형성되는 위험점
- 절단점: 운동하는 기계 자체와 회전하는 운동부분 자체와의 위험이 형성되는 점
- 물림점: 서로 반대방향으로 맞물려 회전하는 두 개의 회전체에 물려 들어갈 위험이 형성되는 점
- 접선물림점: 회전하는 부분의 접선방향으로 물려 들어갈 위험이 형성되는 점
- 회전말림점: 회전하는 물체의 불규칙 부위와 돌기회전 부위에 의해 말려 들어갈 위험이 형성되는 점

★★
2 기계의 안전조건

- 외형의 안전화: 가드 설치, 별실 또는 구획된 장소에 격리, 안전색채 조절
- 작업의 안전화
- 작업점의 안전화
- 구조의 안전화: 설계의 안전화, 가공상의 안전화, 재료선택시의 안전화
- 기능의 안전화
- 보전작업의 안전화

★★★
3 페일세이프(Fail Safe)

1. 페일세이프의 정의

인간, 기계 등에 과오나 동작상의 실수가 있더라도 사고를 발생시키지 않도록 철저하게 2중, 3중으로 통제를 가하는 것

2. 페일세이프 구조의 기능면에서의 분류

- Fail Passive: 일반적인 산업기계방식의 구조이며 부품의 고장시 기계장치는 정지상태로 옮겨간다.
- Fail Active: 부품의 고장시 기계장치는 경보를 나타내며 단시간에 역전이 된다(잠시 계속운전이 가능하다).
- Fail Operational: 병렬여분계의 부품을 구성한 경우이며 부품의 고장이 있어도 추후 보수까지는 운전이 가능하다.

★★★
4 풀프루프(Fool Proof)

1. 풀프루프의 정의

기계장치 설계단계에서 안전화를 도모하는 기본적 개념이며, 근로자(미숙련자)가 기계 등의 취급을 잘못해도 그것이 바로 사고나 재해와 연결되는 일이 없도록 하는 확고한 안전기구

★★
5 기계설비의 방호장치

격리형	• 안전방책(방호망) • 완전차단형 방호장치 • 덮개형 방호장치
위치제한형	프레스의 양수조작식 안전장치
접근반응형	프레스의 광전자식(감응식) 안전장치
접근거부형	프레스의 손쳐내기식, 수인식 안전장치
포집형	• 목재가공용 둥근톱의 반발예방장치 • 연삭기의 덮개
감지형	크레인, 리프트의 과부하방지장치

★★
6 원동기, 회전축, 기어, 풀리, 벨트, 체인, 플라이휠 등의 위험방지조치

- 덮개
- 울
- 건널다리
- 슬리브

CHAPTER 2 | 기계분야 산업재해조사 및 관리

★
1 재해발생시 조치사항(긴급처리)

피재기계의 정지 및 피해확산 방지 → 피재자의 구조 및 응급처치 → 관계자에게 통보 → 2차재해 방지 → 현장 보존

★★
2 통계적 재해원인분석[거시적(Macro) 방법]

파레토도	사고의 유형, 기인물 등 분류항목을 큰 순서대로 도표화
특성요인도	특성과 요인관계를 도표로 하여 재해발생의 유형을 어골상으로 세분화
크로스 분석	2개 이상 문제 관계를 분석하는데 사용하는 것으로 데이터를 집계하고 표로 표시하여 요인별 결과내역을 교차한 크로스 그림을 작성하여 분석
관리도	재해발생건수 등의 추이를 파악하여 목표관리를 행하는데 필요한 월별 재해발생건수를 그래프화하고 관리선을 설정·관리하는 방법

★★
3 재해사례연구 순서

재해상황의 파악(전제조건) → 사실의 확인(1단계) → 문제점의 발견(2단계) → 근본적 문제점의 결정(3단계) → 대책수립(4단계)

★
4 안전점검의 종류(점검시기에 의한 구분)

- 일상점검(수시점검)
- 특별점검
- 정기점검(계획점검)
- 임시점검

★★★
5 안전검사의 주기(산업안전보건법 시행규칙)

- 크레인, 리프트 및 곤돌라: 설치가 끝난 날부터 3년 이내 최초 안전검사, 그 이후부터 2년마다(건설현장에서 사용하는 것은 최초 설치한 날부터 6개월마다)
- 이동식 크레인, 이삿짐운반용 리프트 및 고소작업대: 신규등록 이후 3년 이내 최초 안전검사, 그 이후부터 2년마다
- 프레스, 전단기, 원심기, 압력용기, 국소배기장치, 롤러기, 사출성형기, 컨베이어, 산업용 로봇, 혼합기, 파쇄기 또는 분쇄기: 설치가 끝난 날부터 3년 이내 최초 안전검사, 그 이후부터 2년마다(공정안전보고서를 제출하여 확인을 받은 압력용기는 4년마다)

★★★
6 안전인증(산업안전보건법 시행령)

1. 안전인증 대상 기계 등

기계 또는 설비	프레스, 전단기 및 절곡기, 크레인, 리프트, 압력용기, 롤러기, 사출성형기, 고소작업대, 곤돌라
방호장치	· 프레스 및 전단기 방호장치 · 양중기용 과부하방지장치 · 보일러 압력방출용 안전밸브 · 압력용기 압력방출용 안전밸브 · 압력용기 압력방출용 파열판 · 절연용 방호구 및 활선작업용 기구 · 방폭구조 전기기계·기구 및 부품 · 추락, 낙하, 붕괴 등 위험방지 및 보호용 가설기자재 · 충돌, 협착 등 위험방지용 산업용 로봇 방호장치
보호구	추락 및 감전위험방지용 안전모, 안전화, 안전장갑, 방진마스크, 방독마스크, 송기마스크, 전동식 호흡보호구, 안전대, 차광 및 비산물위험방지용 보안경, 용접용 보안면, 방음용 귀마개 또는 귀덮개, 보호복

2. 안전인증의 표시

형식 또는 모델명, 제조자명, 안전인증번호, 규격 또는 등급, 제조번호 및 제조연월

3. 자율안전확인 대상 기계 등

기계 또는 설비	• 연삭기 또는 연마기(휴대형 제외) • 산업용 로봇 • 혼합기 • 파쇄기 또는 분쇄기 • 식품가공용기계(파쇄, 절단, 혼합, 제면기) • 컨베이어 • 자동차정비용 리프트 • 공작기계(선반, 드릴기, 평삭·형삭기, 밀링) • 고정형 목재가공용기계(둥근톱, 대패, 루타기, 띠톱, 모떼기기계) • 인쇄기
방호장치	• 아세틸렌용접장치용 또는 가스집합용접장치용 안전기 • 교류아크용접기용 자동전격방지기 • 롤러기 급정지장치 • 연삭기 덮개 • 목재가공용둥근톱 반발예방장치와 날접촉예방장치 • 동력식수동대패용 칼날접촉방지장치 • 추락, 낙하, 붕괴 등 위험방지 및 보호용 가설기자재
보호구	• 안전모(추락 및 감전위험방지용 제외) • 보안경(차광 및 비산물위험방지용 제외) • 보안면(용접용 제외)

CHAPTER 3   기계설비 위험요인 분석 I (공작기계)

★★★
1 선반의 안전장치 및 작업시 유의사항

1. 선반의 크기 표시
- 최대가공물의 크기
- 왕복대위의 스윙(Swing)
- 주축과 심압축 센터사이의 최대거리
- 베드위의 스윙

2. 선반작업시 안전수칙
- 선반의 베드(Bed) 위에 공구를 올려 놓지 말 것
- 회전부분에 손을 대지 말 것
- 치수를 측정할 때에는 기계를 정지시키고 측정할 것
- 칩이나 부스러기를 제거할 때는 반드시 브러시를 사용할 것
- 시동 전에 심압대가 잘 죄어져 있는가를 확인할 것
- 기계의 운전 중에 백 기어를 넣거나 풀지 말 것
- 쇳조각이 튈 때는 보안경을 착용할 것
- 보링작업이나 암나사를 깎을 때 구멍 안에 손가락을 넣어 소제하지말 것
- 기계에 주유 및 청소를 할 때는 반드시 기계를 정지시키고 할 것
- 바이트는 가급적 짧게 설치하여 진동이나 휨을 막을 것
- 양 센터 작업을 할 때는 심압센터에 자주 기름을 주어 열의 발생을막을 것
- 가늘고 긴 일감을 깎을 때에는 방진구를 사용하여 진동을 막을 것
- 가능한 한 절삭방향을 주축대 쪽으로 할 것
- 일감의 센터구멍과 센터는 반드시 일치시킬 것
- 공작물의 설치가 끝나면 척(Chuck)에서 척핸들은 곧바로 제거할 것
- 심압대의 스핀들(Spindle)은 가능하면 짧게 나오도록 설치할 것
- 장갑을 끼고 작업하지 말 것

2 밀링

밀링(Milling)작업시 안전수칙

- 강력절삭을 할 때는 일감을 바이스에 깊이 물릴 것
- 가공 중에 손으로 가공면을 점검하지 않을 것
- 테이블 위에 공구나 기타 물건 등을 올려 놓지 않을 것
- 칩의 제거는 반드시 브러시를 사용하며, 걸레를 사용하지 않을 것
- 기계를 가동 중에 변속시키지 않을 것
- 일감과 공구는 견고하게 고정하여 작업 중 풀어지는 일이 없도록 할 것
- 주유시 브러시를 이용할 때에는 밀링 커터에 닿지 않도록 할 것
- 사용 전에는 기계·기구를 점검하고 시운전을 할 것
- 밀링 커터에 작업복의 소매나 옷자락이 걸려 들어가지 않도록 할 것
- 밀링작업에서 생기는 칩은 가늘고 길기 때문에 비산하여 부상을 당하기가 쉬우므로 보안경을 착용하도록 할 것
- 장갑을 끼지 않도록 할 것
- 공작물을 풀어낼 때나 측정할 때는 반드시 운전을 정지시킬 것
- 상하 좌우의 이송장치 핸들은 사용 후 풀어 둘 것
- 밀링커터를 끼울 때는 아버를 깨끗이 닦을 것
- 밀링커터는 걸레 등으로 감싸 쥐고 다룰 것

3 연삭기

1. 연삭기 숫돌의 파괴원인

- 숫돌의 회전속도가 적정속도를 초과할 때
- 숫돌에 과대한 충격을 가할 때
- 작업에 부적당한 숫돌을 사용할 때
- 숫돌의 치수가 부적당할 때
- 숫돌자체에 균열이 있을 때
- 숫돌반경방향의 온도변화가 심할 때
- 숫돌의 측면을 사용하여 작업할 때
- 숫돌의 불균형이나 베어링 마모에 의한 진동이 있을 때
- 플랜지(Flange)가 현저히 작을 때

2. 플랜지(Flange)

- 연삭숫돌은 보통 플랜지에 의해서 연삭기에 고정됨
- 플랜지의 직경은 숫돌 직경의 1/3 이상인 것이 적당하며, 고정측과 이동측의 직경은 같아야 한다.

3. 연삭기 덮개의 각도(방호장치 자율안전기준 고용노동부고시)

(1) 탁상용 연삭기의 덮개

① 숫돌의 상부 사용 목적: 60도 이내
② 일반 연삭작업 등에 사용하는 것 목적: 125도 이내
③ ① 및 ② 이외의 탁상용 연삭기 및 이와 유사한 연삭기: 80도 이내

(2) 휴대용 연삭기, 스윙연삭기, 스라브연삭기 그 밖에 이와 비슷한 연삭기의 덮개

180도 이내

(3) 원통연삭기, 센터리스연삭기, 공구연삭기, 만능연삭기 그 밖에 이와 비슷한 연삭기의 덮개

180도 이내

(4) 평면연삭기, 절단연삭기 그 밖에 이와 비슷한 연삭기의 덮개

150도 이내

4. 연삭기 덮개의 성능기준

- 탁상용 연삭기의 덮개에는 워크레스트(Workrest: 작업받침대) 및 조정편을 구비하여야 한다.
- 워크레스트는 연삭숫돌과의 간격은 3mm 이하로 조정할 수 있는 구조이어야 한다.

5. 연삭기 작업면에 있어서의 안전대책

- 작업시작 전에 1분 이상 시운전을 하고, 숫돌교체시는 3분 이상 시운전을 할 것
- 연삭숫돌의 최고사용원주속도를 초과하여 사용하지 말 것
- 연삭숫돌에 충격을 주지 않도록 할 것
- 측면을 사용하는 것을 목적으로 하는 연삭숫돌 이외에는 측면을 사용하지 말 것
- 공기연삭기는 공기압력관리를 적정하게 하고 사용할 것

CHAPTER 4 | 기계설비 위험요인 분석 Ⅱ (프레스 및 전단기)

1 동력프레스기에 대한 안전대책

구분	내용
Hand in Die 방식	• 프레스기의 종류, 압력능력, 매분 행정수, 행정의 길이 및 작업방법에 상응하는 방호장치: 손쳐내기식, 수인식, 가드식 방호장치 • 프레스기의 정지성능에 상응하는 방호장치: 광전자식(감응식) 방호장치, 양수조작식 방호장치
No Hand in Die 방식	• 전용프레스의 도입 • 자동프레스의 도입 • 안전울을 부착한 프레스 • 안전금형을 부착한 프레스

2 프레스기계 및 행정길이에 따른 방호장치의 선택 (프레스 방호장치의 선정·설치 및 사용 기술지침: 한국산업안전보건공단)

구분	방호장치
1행정1정지식 프레스	양수조작식, 가드식
행정길이 40mm 이상, 100spm 이하	손쳐내기식
행정길이 50mm 이상, 100spm 이하	수인식
슬라이드 작동 중 정지가능한 구조 (급정지기구가 있는 프레스)	광전자식

3 급정지기구에 따른 유효한 방호장치

1. 급정지기구가 부착되어 있지 않아도 유효한 방호장치
- 게이트가드식 방호장치
- 수인식 방호장치
- 손쳐내기식 방호장치
- 양수기동식 방호장치

2. 급정지기구가 부착되어 있어야만 유효한 방호장치
- 광전자식(감응식) 방호장치
- 양수조작식 방호장치

4 방호장치의 일반구조

1. 양수조작식 방호장치
- 누름버튼을 양손으로 동시에 조작하지 않으면 작동시킬 수 없는 구조이어야 한다.
- 양쪽버튼의 작동시간 차이는 최대 0.5초 이내일 때 프레스가 동작되도록 하여야 한다.
- 누름버튼의 상호간 내측거리는 300mm 이상으로 하고, 매립형의 구조로 하여야 한다.
- 1행정1정지기구에 사용할 수 있어야 한다.
- 방호장치는 릴레이, 리밋 스위치 등의 전기부품의 고장, 전원전압의 변동 및 정전에 의해 사용 전원전압의 ± 100분의 20의 변동에 대하여 정상으로 작동되어야 한다.

2. 손쳐내기식(제수형) 방호장치(Sweep Guard)
- 방호판의 폭은 금형 폭의 1/2 이상으로 하여야 한다.
- 손쳐내기봉의 행정길이를 금형의 높이에 따라 조정할 수 있고, 진동폭은 금형 폭 이상이어야 한다.
- 슬라이드 하행정거리의 3/4 위치에서 손을 완전히 밀어 내어야 한다.

3. 수인식 방호장치(Pull Out)
- 수인끈의 재료는 합성섬유로 직경이 4mm 이상이어야 한다.
- 수인끈은 작업자와 작업공정에 따라 그 길이를 조정할 수 있어야 한다.

4. 광전자식(감응식) 방호장치
- 정상동작표시램프는 녹색, 위험표시램프는 붉은색으로 하며 근로자가 쉽게 볼 수 있는 곳에 설치해야 한다.
- 슬라이드 하강 중 정전 또는 방호장치의 이상시에 정지할 수 있는 구조이어야 한다.
- 방호장치는 릴레이, 리밋 스위치 등의 전기부품의 고장, 전원전압의 변동 및 정전에 의해 슬라이드가 불시에 동작하지 않아야 하며, 사용전원 전압의 ± 100분의 20의 변동에 대하여 정상으로 작동되어야 한다.

★★★
5 프레스 · 전단기 작업시작 전 점검사항

- 클러치 및 브레이크의 기능
- 크랭크축, 플라이휠, 슬라이드, 연결봉 및 연결나사의 풀림 여부
- 1행정1정지기구, 급정지장치 및 비상정지장치의 기능
- 슬라이드 또는 칼날에 의한 위험방지기구의 기능
- 프레스의 금형 및 고정볼트 상태
- 방호장치의 기능
- 전단기의 칼날 및 테이블의 상태

CHAPTER 5 | 기계설비 위험요인 분석 Ⅲ(산업용 기계기구)

★★★
1 롤러(Roller)기(방호장치 자율안전기준 고용노동부고시)

1. 롤러기의 급정지장치

조작부의 종류	설치위치
손조작로프식	밑면(바닥)에서 1.8m 이내
복부조작식	밑면(바닥)에서 0.8m 이상 1.1m 이내
무릎조작식	밑면(바닥)에서 0.6m 이내

2. 급정지장치의 성능조건(무부하동작에서의 급정지 거리)

앞면 롤러의 표면속도	급정지거리
30m/min 미만	앞면 롤러 원주의 1/3 이내
30m/min 이상	앞면 롤러 원주의 1/2.5 이내

★★★
2 아세틸렌 용접장치 및 가스집합 용접장치

1. 아세틸렌 용접장치의 구조

(1) 아세틸렌 발생기실의 설치장소

① 발생기를 설치하는 경우 전용의 발생기실에 설치
② 옥외에 설치한 경우 개구부를 다른 건축물로부터 1.5m 이상 이격할 것
③ 발생기실은 건물 최상층에 위치, 화기를 사용하는 설비로부터 3m 초과하는 장소에 설치

(2) 아세틸렌 발생기실의 구조

① 지붕 · 천장은 얇은 철판, 가벼운 불연성 재료 사용
② 벽은 불연성 재료로 하고 철근콘크리트 또는 이와 같은 수준이거나 그 이상의 강도를 가진 구조로 할 것
③ 출입구의 문은 불연성 재료로 하고 두께 1.5mm 이상의 철판이나 그 이상의 강도를 가진 구조로 할 것
④ 바닥면적의 1/16 이상의 단면적을 가진 배기통을 옥상으로 돌출시키고, 그 개구부를 창이나 출입구로부터 1.5m 이상 이격할 것

⑤ 벽과 발생기 사이에는 발생기의 조정 또는 카바이트 공급 등의 작업을 방해하지 않도록 간격을 확보할 것

2. 안전기의 설치
- 아세틸렌 용접장치의 취관마다 안전기로 설치
- 가스용기가 발생기와 분리되어 있는 아세틸렌 용접장치에 대하여 발생기와 가스용기 사이에 안전기를 설치
- 가스집합 용접장치는 주관 및 분기관에 안전기를 설치

3. 아세틸렌 용접장치의 관리
- 발생기 종류, 형식, 제작업체명, 매시 평균가스발생량 및 1회 카바이트 공급량을 발생기실내 보기 쉬운 장소에 게시
- 발생기실에는 관계근로자가 아닌 사람의 출입 금지조치
- 발생기에서 5m 이내 또는 발생기실에서 3m 이내의 장소에서는 흡연, 화기의 사용 또는 불꽃이 발생할 위험한 행위 금지
- 도관에는 산소용과 아세틸렌용과의 혼동을 방지하기 위한 조치를 할 것
- 적당한 소화설비를 갖출 것
- 이동식 아세틸렌 용접장치의 발생기는 고온의 장소, 통풍이나 환기가 불충분한 장소 또는 진동이 많은 장소 등에 설치하지 않도록 할 것

4. 압력의 제한
아세틸렌 용접장치를 사용하여 금속의 용접, 용단 또는 가열 작업을 하는 경우 127kpa를 초과하는 아세틸렌을 발생시켜 사용해서는 아니 된다.

5. 아세틸렌 용접장치의 역화원인
산소공급 과다, 압력조정기 고장, 토치(취관) 과열, 토치 팁에 이물질이 묻었을 때, 토치 성능이 좋지 않을 때

★★★
3 보일러

1. 캐리오버(Carry Over)
보일러수 중에 용해, 부유되어 있는 고형물이나 물방울이 증기에 혼입되어 보일러 외부로 운반되는 현상
① 포밍(Foaming: 거품의 발생)
보일러 관수의 유지분, 용존고형물에 의하여 수면 위에 거품이 발생하고 심하면 보일러 밖으로 흘러 넘치는 현상

② 프라이밍(Priming: 비수현상)
보일러의 급격한 압력강하, 급격한 부하, 고수위 등에 의해 물방울 또는 물거품이 수면 위로 튀어올라 관 밖으로 운반되는 현상

2. 압력방출장치의 설치기준(산업안전보건법)
- 보일러 규격에 맞는 압력방출장치를 1개 또는 2개 이상 설치하고, 최고사용압력 이하에서 작동되도록 하여야 한다.
- 압력방출장치가 2개 이상 설치된 경우에는 최고사용압력 이하에서 1개가 작동되고, 다른 압력방출장치는 최고사용압력 1.05배 이하에서 작동되도록 부착하여야 한다.
- 매년 1회 이상 국가교정기관에서 교정을 받은 압력계를 이용하여 검사한 후 납으로 봉인하여 사용하여야 한다(공정안전보고서 이행상태 평가 결과가 우수한 사업장은 4년마다 1회 이상 검사할 수 있다).

3. 보일러의 안전장치
- 압력방출장치
- 압력제한스위치
- 고저수위조절장치
- 화염검출기

★★
4 압력용기

1. 안전밸브 등의 작동요건
- 보호하려는 설비의 최고사용압력 이하에서 작동
- 안전밸브 등이 2개 이상 설치된 경우에 1개는 최고사용압력의 1.05배(외부화재 대비시 1.1배) 이하에서 작동되도록 설치할 수 있다.

2. 압력용기의 각인 표시사항
- 최고사용압력
- 제조연월일
- 제조회사명

3. 공기압축기의 작업시작 전 점검사항
① 압력방출장치의 기능
② 언로드밸브의 기능
③ 드레인밸브의 조작 및 배수
④ 공기저장 압력용기의 외관상태
⑤ 회전부의 덮개 또는 울
⑥ 윤활유의 상태
⑦ 그밖의 연결부위 이상유무

★★ 5 산업용 로봇

로봇의 동작범위에서 그 로봇에 관하여 교시 등의 작업시 작업시작 전 점검사항(산업안전보건법)
- 외부전선의 피복 또는 외장의 손상유무
- 매니퓰레이터(Manipulator)작동의 이상유무
- 제동장치 및 비상정지장치의 기능

★★★ 6 목재가공용 둥근톱

1. 방호장치
날접촉예방장치와 반발예방장치
- 날접촉예방장치: 보호덮개
- 반발예방장치: 반발방지기구, 분할날, 반발방지 롤

2. 방호장치의 설치방법
① 반발방지기구: 목재송급쪽에 설치하되 목재의 반발을 충분히 방지할 수 있도록 설치
② 분할날: 톱날로부터 12mm 이상 떨어지지 않게 설치해야 하며, 그 두께는 톱날두께의 1.1배 이상
③ 날접촉예방장치: 분할날에 대면하고 있는 부분과 가공재를 절단하는 부분 외 톱날은 전부 덮을 수 있는 구조

3. 분할날(방호장치 자율안전기준 고용노동부고시)
① 분할날의 두께는 둥근톱 두께의 1.1배 이상이고, 톱날의 치진 폭 이하로 할 것
② 견고히 고정할 수 있으며, 분할날과 톱날 원주면과의 거리는 12mm 이내로 조정, 유지할 수 있어야 하고, 표준테이블면상의 톱 뒷날의 2/3 이상을 덮도록 할 것
③ 분할날 조임볼트는 2개 이상일 것
④ 재료는 STC5(탄소공구강) 또는 이와 동등 이상의 재료를 사용할 것

CHAPTER 6 기계설비 위험요인 분석 Ⅳ(운반기계 및 양중기)

★★★ 1 지게차

1. 지게차의 안정도
- 주행시 전후안정도: 18%
- 하역작업시 전후안정도: 4%(5톤 이상의 것은 3.5%)
- 주행시 좌우안정도: $15 + 1.1V(\%)$ [V: 최고속도(km/h)]
- 하역작업시 좌우안정도: 6%

2. 지게차의 헤드가드(Head Guard)
- 상부틀의 각 개구의 폭 또는 길이가 16cm 미만일 것
- 강도는 지게차의 최대하중의 2배 값(4톤을 넘는 값에 대해서는 4톤으로 함)의 등분포정하중에 견딜 수 있을 것
- 운전자가 앉아서 조작하거나 서서 조작하는 지게차의 헤드가드는 한국산업표준에서 정하는 높이 기준 이상일 것

3. 지게차 작업시작 전 점검사항
- 하역장치 및 유압장치 기능의 이상유무
- 제동장치 및 조종장치 기능의 이상유무
- 전조등, 후미등, 방향지시기, 경보장치 기능의 이상유무
- 바퀴의 이상유무

★★ 2 컨베이어(Conveyer)

방호장치	• 비상정지장치 • 덮개 또는 울 • 이탈방지방치 • 역주행방지장치(역전방지장치)
작업시작 전 점검사항	• 원동기 및 풀리 기능의 이상유무 • 이탈 등의 방지장치 기능의 이상유무 • 비상정지장치 기능의 이상유무 • 원동기, 회전축, 기어 및 풀리 등의 덮개 또는 울 등의 이상유무
역전방지장치 형식	• 기계식: 라쳇식, 밴드식, 롤러식 • 전기식: 슬러스트식

★★★
3 크레인 등 양중기

1. 양중기의 정의
- 크레인(호이스트 포함)
- 이동식 크레인
- 곤돌라
- 승강기
- 리프트(이삿짐운반용 리프트는 적재하중 0.1t 이상)

2. 방호장치의 조정
크레인, 이동식 크레인, 리프트, 곤돌라, 승강기에 과부하방지장치, 권과방지장치, 비상정지장치 및 제동장치 그 밖의 방호장치[승강기의 파이널 리밋 스위치, 속도조절기, 출입문 인터록 등]가 정상적으로 작동할 수 있도록 미리 조정해 두어야 함

3. 리프트
(1) 리프트의 종류
- 건설용 리프트
- 산업용 리프트
- 자동차정비용 리프트
- 이삿짐운반용 리프트

(2) 리프트의 안전기준
① 지반침하, 불량한 자재사용 또는 헐거운 결선 등으로 인하여 리프트가 붕괴되거나 넘어지지 않도록 조치
② 순간풍속이 초당 35m를 초과하는 바람이 불어올 우려가 있는 경우 건설작업용 리프트에 대하여 받침의 수를 증가시키는 등 그 붕괴 방지 조치

4. 승강기
(1) 승강기의 종류
- 승객용 엘리베이터
- 승객화물용 엘리베이터
- 화물용 엘리베이터
- 소형화물용 엘리베이터
- 에스컬레이터

(2) 안전기준
① 방호장치의 조정: 파이널 리밋 스위치, 속도조절기, 출입문 인터록그 밖의 방호장치(과부하방지장치, 권과방지장치, 비상정지장치, 제동장치)가 유효하게 작동될 수 있도록 미리 조정
② 폭풍에 의한 무너짐 방지: 순간풍속이 초당 35m를 초과하는 바람이 불어올 우려가 있는 경우 옥외에 설치된 승강기에 대해 받침의 수를 증가시키는 등 무너짐 방지 조치

5. 크레인
(1) 안전기준
① 해지장치의 사용: 훅걸이용 와이어로프 등이 훅으로부터 벗겨지는 것을 방지하기 위한 장치를 구비한 크레인 사용
② 폭풍에 의한 이탈방지: 순간풍속이 30m/s를 초과하는 바람이 불어올 우려가 있는 경우 옥외에 설치되어 있는 주행 크레인에 대하여 이탈방지장치를 작동시키는 등 이탈방지조치
③ 폭풍 등으로 인한 이상유무 점검: 순간풍속이 30m/s를 초과하는 바람이 불거나 중진 이상 진도의 지진 후 옥외에 설치되어 있는 양중기를 사용하여 작업을 하는 경우 미리 각 부위에 이상이 있는지 점검
④ 건설물 등과의 사이의 통로: 주행 크레인 또는 선회 크레인과 건설물 또는 설비와의 사이에 통로를 설치하는 경우 그 폭은 0.6m 이상(그 통로 중 건설물의 기둥에 접촉하는 부분은 0.4m 이상)
⑤ 강풍시 타워크레인의 작업제한
- 순간풍속이 10m/s를 초과하는 경우 타워크레인의 설치, 수리, 점검 또는 해체작업 중지
- 순간풍속이 15m/s를 초과하는 경우 타워크레인의 운전작업 중지

(2) 크레인 작업시의 준수사항
- 인양할 하물을 바닥에서 끌어당기거나 밀어내는 작업 금지
- 유류드럼이나 가스통 등 운반 도중에 떨어져 폭발하거나 누출될 가능성이 있는 위험물 용기는 보관함에 담아 안전하게 매달아 운반
- 고정된 물체를 직접 분리·제거하는 작업 금지
- 미리 근로자의 출입을 통제하여 인양 중인 하물이 작업자의 머리 위로 통과하지 않도록 할 것

- 인양할 하물이 보이지 아니하는 경우에는 어떠한 동작도 하지 아니할 것(신호하는 사람에 의해 작업시 제외)

(3) 크레인 작업시작 전 점검사항
- 권과방지장치, 브레이크, 클러치 및 운전장치의 기능
- 주행로의 상측 및 트롤리가 횡행(橫行)하는 레일의 상태
- 와이어로프가 통하고 있는 곳의 상태

6. 이동식 크레인의 작업시작 전 점검사항
- 권과방지장치 그 밖의 경보장치의 기능
- 브레이크, 클러치 및 조정장치의 기능
- 와이어로프가 통하고 있는 곳 및 작업장소의 지반상태

7. 와이어로프(Wire Rope)

(1) 양중기의 와이어로프 등 달기구의 안전계수(산업안전보건법)
  ① 근로자가 탑승하는 운반구를 지지하는 달기와이어로프 또는 달기체인: 10 이상
  ② 화물의 하중을 직접 지지하는 달기와이어로프 또는 달기체인: 5 이상
  ③ 훅, 샤클, 클램프, 리프팅 빔: 3 이상
  ④ 그 밖의 경우: 4 이상

(2) 곤돌라형 달비계의 와이어로프 사용금지 기준(산업안전보건법)
  ① 이음매가 있는 것
  ② 와이어로프 한꼬임(스트랜드)에서 끊어진 소선(필러선 제외)의 수가 10% 이상인 것
  ③ 지름의 감소가 공칭지름의 7%를 초과하는 것
  ④ 꼬인 것
  ⑤ 심하게 변형되거나 부식된 것
  ⑥ 열과 전기충격에 의해 손상된 것

(3) 곤돌라형 달비계의 늘어난 달기체인의 사용금지 기준(산업안전보건법)
  ① 달기체인의 길이가 달기체인이 제조된 때의 길이의 5%를 초과한 것
  ② 링의 단면지름이 달기체인이 제조된 때의 해당 링의 지름의 10%를 초과하여 감소한 것
  ③ 균열이 있거나 심하게 변형된 것

PART 4 | 전기 및 화학설비 안전관리

CHAPTER 1 | 전기안전관리 업무수행

★★★
1 전기의 위험성

1. 감전의 위험요소(전격의 위험을 결정하는 1차적 원인)
- 1차적 감전의 위험요소: 통전시간, 통전전류의 크기, 통전경로, 전원의 종류
- 2차적 감전의 위험요소: 전압, 인체의 조건(저항), 주파수, 계절

2. 통전전류의 세기 및 그에 따르는 영향(감전시 응급조치에 관한 기술지침: 한국산업안전보건공단)
- 최소감지전류: 전기가 짜릿하게 흐르는 것을 감지할 수 있는 전류치로서 상용주파수 60Hz 교류에서 성인 남자 기준 1~2mA 정도
- 고통한계전류: 인체가 운동의 자유를 잃지 않고 고통을 느끼지만 참을 수 있는 한계전류치로서 상용주파수 60Hz 교류에서 성인 남자 기준 7~8mA 정도
- 마비한계전류: 인체 각 부위의 근육이 수축현상을 일으키고 신경이 마비되어 신체를 자유로이 움직일 수 없게 되는 한계전류치로서 상용주파수 60Hz 교류에서 성인 남자 기준 10~15mA 정도
- 심실세동전류(치사전류): 인체에 흐르는 전류가 더욱 증가하게 되면 심장은 정상적인 맥동을 하지 못하고 불규칙적인 세동(細動)을 일으키며 혈액의 순환이 곤란하게 되고, 심장의 기능을 잃게 되어 전원으로부터 떨어져도 수 분 이내에 사망하는 전류

3. 인체의 통전경로별 위험도

통전경로	위험도 (심장전류계수)
오른손 - 등	0.3
왼손 - 오른손	0.4
왼손 - 등	0.7
한손 또는 양손 - 앉아 있는 자리	0.7
오른손 - 한발 또는 양발	0.8
양손 - 양발	1.0
왼손 - 한발 또는 양발	1.0
오른손 - 가슴	1.3
왼손 - 가슴	1.5

▶ 통전경로가 '왼손 - 가슴'인 경우, 가장 위험도가 크다.

★★
2 전기설비 및 기기

1. 과전류차단장치의 설치(산업안전보건법)
- 과전류차단장치는 반드시 접지선이 아닌 전로에 직렬로 연결하여 과전류 발생시 전로를 자동으로 차단하도록 설치할 것
- 차단기, 퓨즈는 계통에서 발생하는 최대과전류에 대하여 충분하게 차단할 수 있는 성능을 가질 것
- 과전류차단장치가 전기계통상에서 상호 협조·보완되어 과전류를 효과적으로 차단하도록 할 것

2. 퓨즈의 종류 및 특성(한국전기설비규정: KEC)

(1) 저압용 포장 퓨즈
- 정격용량: 정격전류의 1.1배의 전류에 견디어야 한다.

- 용단시간

정격전류	시간	
	정격전류의 1.6배의 전류를 통한 경우	정격전류의 2배의 전류를 통한 경우
30A 이하	60분	2분
30A 초과 60A 이하	60분	4분
60A 초과 100A 이하	120분	6분
100A 초과 200A 이하	120분	8분

(2) 고압용 포장 퓨즈
- 정격용량: 정격전류의 1.3배의 전류에 견디어야 한다.
- 용단시간: 2배의 전류로 120분 안에 용단되어야 한다.

(3) 고압용 비포장 퓨즈
- 정격용량: 정격전류의 1.25배의 전류에 견디어야 한다.
- 용단시간: 2배의 전류로 2분 안에 용단되어야 한다.

★★★
3 전기작업안전

1. 정전전로에서의 전기작업(산업안전보건법)

(1) 정전작업시 전로차단 절차
① 전기기기 등에 공급되는 모든 전원을 관련 도면, 배선도 등으로 확인
② 전원을 차단한 후 각 단로기 등을 개방하고 확인
③ 차단장치나 단로기 등에 잠금장치 및 꼬리표 부착
④ 개로된 전로에서 유도전압 또는 전기에너지가 축적되어 근로자에게 전기위험을 끼칠 수 있는 전기기기 등은 접촉하기 전에 잔류전하를 완전히 방전
⑤ 검전기를 이용하여 작업대상기기가 충전되었는지 확인
⑥ 전기기기 등이 다른 노출 충전부와의 접촉, 유도 또는 예비동력원의 역송전 등으로 전압이 발생할 우려가 있는 경우 충분한 용량을 가진 단락접지기구를 이용하여 접지

(2) 정전작업을 마친 후 전원을 공급하는 경우
① 작업기구, 단락접지기구 등을 제거하고 전기기기 등이 안전하게 통전될 수 있는지를 확인할 것
② 모든 작업자가 작업이 완료된 전기기기 등에서 떨어져 있는지를 확인할 것
③ 잠금장치와 꼬리표는 설치한 근로자가 직접 철거할 것
④ 모든 이상 유무를 확인한 후 전기기기 등의 전원을 투입할 것

2. 충전전로에서의 전기작업(활선작업)시 조치사항 (산업안전보건법)

(1) 안전조치사항
① 충전전로를 취급하는 근로자에게 그 작업에 적합한 절연용 보호구를 착용시킬 것
② 충전전로에 근접한 장소에서 전기작업을 하는 경우에는 해당 전압에 적합한 절연용 방호구를 설치할 것
③ 고압 및 특별고압의 전로에서 전기작업을 하는 근로자에게 활선작업용 기구 및 장치를 사용하도록 할 것
④ 근로자가 절연용 방호구의 설치·해체작업을 하는 경우에는 절연용 보호구를 착용하거나 활선작업용 기구 및 장치를 사용하도록 할 것
⑤ 유자격자가 아닌 근로자가 충전전로 인근의 높은 곳에서 작업할 때에 근로자의 몸 또는 긴 도전성 물체가 방호되지 않은 충전전로에서 대지전압이 50kV 이하인 경우에는 300cm 이내로, 대지전압이 50KV를 넘는 경우에는 10kV당 10cm씩 더한 거리 이내로 각각 접근할 수 없도록 할 것
⑥ 충전전로에 대한 접근한계거리

충전전로의 선간전압 (단위: kV)	충전전로에 대한 접근한계 거리(단위: cm)
0.3 이하	접촉금지
0.3 초과 0.75 이하	30
0.75 초과 2 이하	45
2 초과 15 이하	60
15 초과 37 이하	90
37 초과 88 이하	110
88 초과 121 이하	130
121 초과 145 이하	150
145 초과 169 이하	170
169 초과 242 이하	230
242 초과 362 이하	380
362 초과 550 이하	550
550 초과 800 이하	790

CHAPTER 2 | 감전재해 및 방지대책

★ 1 안전전압

우리나라에서는 일반 사업장의 안전전압을 30V로 정하고 있음
(안전전압은 주위의 작업환경에 따라 달라짐)

★★★ 2 위험전압

1. 허용접촉전압

종별	접촉상태	허용접촉 전압(V)
제1종	인체의 대부분이 수중에 있는 상태	2.5 이하
제2종	① 인체가 현저하게 젖어 있는 상태 ② 금속성의 전기기계장치나 구조물에 인체의 일부가 상시 접촉되어 있는 상태	25 이하
제3종	통상의 인체상태에서 접촉전압이 가해지면 위험성이 높은 상태	50 이하
제4종	① 통상의 인체상태에서 접촉전압이 가해지더라도 위험성이 낮은 상태 ② 접촉전압이 가해질 우려가 없는 상태	제한없음

2. 보폭전압

전류가 접지극을 통하여 대지로 흘러갈 때 사람의 양발 사이에 전위가 발생하여 인가되는 전압

★★ 3 인체의 전기저항

피부의 전기저항: $2,500\Omega$

- 피부에 땀이 나 있을 경우: 1/12 정도로 감소
- 피부가 물에 젖어 있을 경우: 1/25 정도로 감소

★★★ 4 전압의 구분(한국전기설비규정: KEC)

압력	직류(DC)	교류(AC)
저압	1.5kV 이하	1kV 이하
고압	1.5kV 초과 7kV 이하	1kV 초과 7kV 이하
특별고압	7kV 초과	7kV 초과

★★ 5 직접접촉에 의한 감전재해 방지대책

- 충전부 방호(덮개, 방호망 등)
- 충전부 전체 절연(충전부는 내구성 있는 절연물로 절연)
- 전기기기구조상 안전조치(폐쇄형 외함구조 등)
- 설치장소의 제한(별도의 실내, 울타리 설치 등)
- 작업자는 절연화 등 보호구 착용
- 도전성 물체 및 작업장 주위의 바닥을 절연물로 도포

★★ 6 간접접촉에 의한 감전재해 방지대책

- 안전전압 이하의 전기기기 사용
- 사고회로의 신속한 차단(전원의 자동차단)
- 비접지식 전로의 채용
- 보호접지
- 이중절연구조의 전기기기 사용
- 누전차단기의 설치

★★ 7 전기기계 · 기구 등의 충전부 방호 (산업안전보건법)

- 충전부가 노출되지 않도록 폐쇄형 외함이 있는 구조로 할 것
- 충전부에 충분한 절연효과가 있는 방호망 또는 절연덮개를 설치할 것
- 충전부는 내구성이 있는 절연물로 완전히 덮어 감쌀 것
- 발전소, 변전소 및 개폐소 등 구획되어 있는 장소로서 관계 근로자 외의 자의 출입이 금지되는 장소에 충전부를 설치하고, 위험표시 등의 방법으로 방호를 강화할 것
- 전주 위 및 철탑 위 등 격리되어 있는 장소로서 관계 근로자 외의 자가 접근할 우려가 없는 장소에 충전부를 설치할 것

8 저압전로의 절연 성능
(전기설비기술기준 산업통상자원부고시)

전로의 사용전압	절연저항	DC시험전압
SELV 및 PELV	0.5MΩ 이상	250V 이상
FELV, 500V 이하	1.0MΩ 이상	500V 이상
500V 초과	1.0MΩ 이상	1,000V 이상

9 감전재해의 사망경로

- 심장의 심실세동에 의한 혈액순환 기능의 상실
- 뇌의 호흡중추신경 마비에 따른 호흡정지
- 흉부수축에 의한 질식

10 누전차단기

1. 누전차단기의 사용목적
- 감전보호
- 누전화재보호
- 타 계통으로 사고파급 방지
- 전기기계 · 기구의 손상보호

2. 누전차단기의 구성요소
- 트립장치(차단장치)
- 영상변류기
- 지락검출장치(누전검출부)
- 개폐기구

3. 누전차단기를 설치해야 하는 전기기계 · 기구 (산업안전보건법)
- 물 등 도전성이 높은 액체가 있는 습윤장소에서 사용하는 저압용 전기기계 · 기구
- 대지전압이 150V를 초과하는 이동형 또는 휴대형 전기기계 · 기구
- 임시배선의 전로가 설치되는 장소에서 사용하는 이동형 또는 휴대형 전기기계 · 기구
- 철판, 철골 위 등 도전성이 높은 장소에서 사용하는 이동형 또는 휴대형 전기기계 · 기구

4. 누전차단기를 설치하지 않아도 되는 경우(산업안전보건법)
- 전기용품 및 생활용품안전관리법이 적용되는 이중절연 또는 이와 같은 수준 이상으로 보호되는 전기기계 · 기구
- 비접지방식의 전로
- 절연대 위 등과 같이 감전위험이 없는 장소에서 사용하는 전기기계 · 기구

5. 욕실 등 물기가 많은 장소에서 인체감전보호용 누전차단기의 정격감도전류와 동작시간
- 정격감도전류: 15mA 이하
- 동작시간: 0.03초 이내

11 교류아크용접기

1. 교류아크용접기 방호장치의 작동원리
- 교류아크용접기는 무부하전압이 높아 전격위험성이 크기 때문에 방호장치로 자동전격방지장치를 부착시켜야 한다.
- 자동전격방지장치란 아크발생이 중단된 후 1초 이내에 교류아크용접기의 출력측 무부하전압을 자동적으로 25V 이하(전원전압의 변동이 있을 경우 30V 이하)로 강하시키는 방호장치이다.

2. 교류아크용접기에 자동전격방지장치를 설치하여야 하는 장소(산업안전보건법)
- 선박의 이중 선체 내부, 밸러스트 탱크, 보일러 내부 등 도전체에 둘러 쌓인 장소
- 추락할 위험이 있는 높이 2m 이상의 장소로 철골 등 도전성이 높은 물체에 근로자가 접촉할 우려가 있는 장소
- 근로자가 물 · 땀 등으로 인하여 도전성이 높은 습윤상태에서 작업하는 장소

CHAPTER 3 전기설비 위험요인관리

★★
1 절연물의 절연불량 요인

(1) 진동, 충격 등에 의한 기계적 요인
(2) 높은 이상전압 등에 의한 전기적 요인
(3) 온도상승에 의한 열적 요인
(4) 산화 등에 의한 화학적 요인

★★★
2 접지시스템의 구분 및 종류
(한국전기설비규정: KEC)

접지시스템의 구분	• 계통접지(전력계통에서 돌발적으로 발생하는 이상현상에 대비하여 대지와 계통을 연결하는 것으로서 중성점을 대지에 접속) • 보호접지(고장시 감전에 대한 보호를 목적으로 기기의 한 점 또는 여러 점을 접지) • 피뢰시스템접지(뇌격전류를 안전하게 대지로 흘려 보내기 위하여 대지에 접속)
접지시스템의 시설 종류	• 단독접지(특고압 · 고압계통의 접지극과 저압계통의 접지극을 독립적으로 접지) • 공통접지(특고압 · 고압접지계통과 저압접지계통 등 전력계통은 접지극을 공용으로 하지만 건축물의 피뢰설비, 전자통신설비는 독립적으로 접지) • 통합접지(전기기기의 접지계통, 전자통신설비, 건축물의 피뢰설비 등의 접지극을 통합하여 공용으로 접지)
변압기의 중성점 접지저항값	일반적인 경우 변압기의 특고압 · 고압측 전로 1선지락전류로 150을 나눈 값과 같은 저항값 이하
계통접지의 종류	• TN계통(전원측의 한점을 직접 접속하고 전기설비의 노출도전부를 전원계통의 접지점에 직접 접속) • TT계통(전원측의 한점을 대지에 직접 접속하고 전기설비의 노출도전부를 대지로 직접 접속) • IT계통(모든 충전부를 대지와 절연시키거나 높은 임피던스를 통하여 한점을 대지에 직접 접속하고 전기설비의 노출도전부를 대지로 직접 접속하는 방식)
TN계통의 종류	• TN-S계통(전원측은 접지되어 있고 중성선과 보호도체(PE: Protective Earthing)는 각각 분리되는 방식) • TN-C계통(전원측은 접지되어 있고 중성선(Neutral)과 보호도체는 각각 결합하여 사용되는 방식) • TN-C-S계통(TN-S계통과 TN-C계통의 결합방식)

★★
3 피뢰기

1. 피뢰기의 설치장소(전기설비기준 산업통상자원부 고시)

- 가공전선로에 접속하는 배전용 변압기의 고압측 및 특고압측
- 발전소, 변전소 또는 이에 준하는 장소의 가공전선 인입구 및 인출구
- 고압 또는 특고압 가공전선로로부터 공급을 받는 수용장소의 인입구
- 가공전선로와 지중전선로가 접속되는 곳

2. 피뢰기의 성능 구비조건

- 구조가 견고하며 특성이 변화하지 않을 것
- 충격방전개시전압이 낮을 것
- 제한전압이 낮을 것
- 뇌전류의 방전능력이 크고, 속류의 차단을 확실하게 할 수 있을 것
- 반복동작이 가능할 것
- 점검, 보수가 간단할 것
- 상용주파방전개시전압이 높을 것

CHAPTER 4 | 정전기 장·재해관리

★★
1 정전기의 발생요인

- 물체의 특성
- 물체의 분리력
- 물체의 표면상태
- 분리속도
- 접촉면적 및 압력

★★★
2 정전기 유발 대전의 종류

- 마찰대전: 두 물체 사이의 마찰로 인한 접촉과 분리 과정이 반복되면 이에 따라 발생하는 최소에너지에 의하여 자유전자가 방출, 흡입되면서 발생
- 유동대전: 가솔린과 같은 액체류가 파이프 등의 내부에서 유동할 때 관벽과 액체 사이에서 발생
- 분출대전: 기체, 액체 및 분체류가 단면적이 작은 개구부를 통과할 때 물체와 개구부와의 마찰에 의해서 발생
- 충돌대전: 물체를 구성하는 입자상호간 또는 입자와 다른 고체와의 충돌에 의해 급속한 분리, 접촉현상으로 발생
- 박리대전: 일정한 압력으로 서로 밀착되어 있던 물체가 떨어지면서 보유하고 있는 기계적 에너지에 의하여 자유전자가 이동되어 발생
- 비말대전: 공간에 분출한 액체류가 미세하게 비산하여 분리되고 크고 작은 방울로 될 때 새로운 표면을 형성하면서 발생
- 기타 대전: 파괴대전, 교반(진동)대전, 침강대전 등

★★★
3 정전기재해의 방지대책

- 접지
- 대전방지제 사용
- 가습
- 제전기의 사용
- 도전성재료의 사용
- 제전복 등 보호구의 착용
- 배관 내 액체의 유속제한 및 정치시간의 확보

CHAPTER 5 | 전기방폭관리

★★★
1 가스, 증기 대상 방폭구조의 종류 및 특징

- 내압방폭구조: 용기내부에서 폭발성 가스 또는 증기가 폭발하였을 때 용기가 그 압력에 견디며 또한 개구부, 접합면 등을 통해서 외부의 폭발성 가스, 증기에 인화되지 않도록 한 전폐구조

> ※ 내압방폭구조의 기본적 성능(필요충분 조건)
> · 폭발화염이 외부로 유출되지 않을 것
> · 내부에서 폭발한 경우 그 압력에 견딜 것
> · 외함의 표면온도가 외부의 가연성 가스를 점화하지 않을 것
> · 폭발 후에는 협력을 통해서 고온의 가스를 서서히 방출시킴으로써 냉각되는 구조로 될 것

- 압력방폭구조: 용기내부에 보호가스(신선한 공기 또는 불연성 가스)를 가압하여 내부압력을 유지함으로써 폭발성 가스 또는 증기가 용기내부로 유입되지 않도록 한 구조
- 유입방폭구조: 전기불꽃, 아크 또는 고온이 발생하는 부분을 기름 속에 넣고, 기름면 위에 존재하는 폭발성 가스 또는 증기에 인화되지 않도록 한 구조
- 안전증방폭구조: 전기기기의 전선, 에어갭, 접점부, 단자부 등과 같이 정상운전 중에 폭발성 가스 또는 증기에 점화원이 될 전기불꽃, 아크 또는 고온부분 등의 발생을 방지하기 위하여 전기적, 기계적 구조상 또는 온도상승에 대해서 특히 안전도를 증가시킨 구조
- 본질안전방폭구조: 정상시 및 사고시(단락, 단선, 지락 등)에 발생하는 아크, 전기불꽃, 고온에 의하여 폭발성 가스 또는 증기에 점화되지 않는 것이 점화시험에 의하여 확인된 구조

★★
2 최대안전틈새(= 안전간격 = 화염일주한계)

- 내부에서 폭발 발생시 외부에 화염이 전파되지 않는 한계치 간격
- 폭발성 분위기에 있는 용기의 접합면 틈새를 통해 화염이 내부에서 외부로 전파되는 것을 저지할 수 있는 틈새의 최대간격치

★★★
3 방폭구조의 기호

기호	의미	기호	의미
d	내압방폭구조	n	비점화방폭구조
o	유입방폭구조	q	충전방폭구조
p	압력방폭구조	tD	분진내압방폭구조
e	안전증방폭구조	pD	분진압력방폭구조
ia, ib	본질안전방폭구조	iD	분진본질안전방폭구조
s	특수방폭구조	mD	분진몰드방폭구조
m	몰드방폭구조		

온도등급(발화도)	최고표면온도	온도등급(발화도)	최고표면온도
T1	450℃ (또는 300℃ 초과 450℃ 이하)	T4	135℃ (또는 100℃ 초과 135℃ 이하)
T2	300℃ (또는 200℃ 초과 300℃ 이하)	T5	100℃ (또는 85℃ 초과 100℃ 이하)
T3	200℃ (또는 135℃ 초과 200℃ 이하)	T6	85℃ (또는 85℃ 이하)

그룹 명칭	그룹의 의미
I	폭발성 메탄가스 위험분위기에서 사용되는 전기기기 (광산용)
II	잠재적 폭발성 위험분위기에서 사용되는 전기기기 (산업용)

그룹 기호	최대안전틈새(KSC, IEC)
IIA	0.9mm 이상
IIB	0.5mm 초과 0.9mm 미만
IIC	0.5mm 이하

※ 표기: 가스, 증기의 경우

Exd IIA T2 IP54

- Exd: 방폭구조의 기호(내압방폭구조)
- IIA: 그룹 기호[산업용(가스, 증기), 0.9mm 이상]
- T2: 온도등급(최고표면온도 300℃)
- IP54: 보호등급

★★
4 분진 대상 방폭전기기기 구조

1. 분진폭발 위험장소의 구분(KSC, IEC)

분류		특징
분진폭발 위험장소	20종장소	공기 중에서 가연성 분진운의 형태가 연속적, 장기간 또는 단기간 자주 폭발성 분위기가 존재하는 장소
	21종장소	공기 중에서 가연성 분진운의 형태가 정상작동 중에 빈번하게 폭발성 분위기를 형성할 수 있는 장소
	22종장소	공기 중에서 가연성 분진운의 형태가 정상작동 중에 폭발성 분위기를 거의 발생하지 않고 만약 발생한다 하더라도 단기간만 지속될 수 있는 장소

2. 분진 대상 방폭전기기기 구조
① 분진내압방폭구조(tD)
② 분진본질안전방폭구조(iD)
③ 분진압력방폭구조(pD)
④ 분진몰드방폭구조(mD)

★★
5 전기설비의 방폭 및 대책

폭발의 기본조건
- 최소착화에너지 이상의 점화원 존재
- 폭발위험분위기의 조성
- 가연성 가스 또는 증기의 존재

★★★
6 가스, 증기 위험장소 선정

가스, 증기 폭발위험장소(KSC, IEC)
- 0종장소: 폭발성 가스 분위기가 연속적, 장기간 또는 빈번하게 존재하는 장소
- 1종장소: 폭발성 가스 분위기가 정상작동 중 주기적 또는 빈번하게 생성되는 장소
- 2종장소: 폭발성 가스 분위기가 정상작동 중 조성되지 않거나 조성된다 하더라도 짧은 기간에만 존재할 수 있는 장소

7 방폭전기기기 설치시 표준환경 조건 (KSC, IEC)

- 상대습도: 45 ~ 85%
- 주변온도: -20℃ ~ 40℃
- 압력: 80 ~ 110Kpa
- 공기: 산소함유율 21%

8 전기기기 방폭화의 기본개념 및 대상 방폭구조

- 점화원의 방폭적 격리: 내압방폭구조, 압력방폭구조, 유입방폭구조
- 전기기기의 안전도 증강: 안전증방폭구조
- 점화능력의 본질적 억제: 본질안전방폭구조

CHAPTER 6 | 화학물질 안전관리 실행

1 위험물질의 종류

분류	종류
폭발성 물질 및 유기과산화물	질산에스테르류, 디아조화합물, 니트로화합물, 아조화합물, 하이드라진 유도체, 니트로소화합물, 유기과산화물
물반응성 물질 및 인화성 고체	리튬, 마그네슘 분말, 칼륨, 나트륨, 금속 분말(마그네슘 분말 제외), 황, 알칼리금속(리튬, 칼륨 및 나트륨 제외), 황린(P4), 유기금속화합물(알킬알루미늄 및 알킬리튬 제외), 황화인, 적린, 금속의 수소화물, 셀룰로이드류, 금속의 인화물, 알킬알루미늄, 알킬리튬, 칼슘탄화물, 알루미늄탄화물
산화성 액체 및 산화성 고체	차아염소산 및 그 염류, 요오드산 및 그 염류, 아염소산 및 그 염류, 과산화수소 및 무기과산화물, 염소산 및 그 염류, 질산 및 그 염류, 과염소산 및 그 염류, 과망간산 및 그 염류, 브롬산 및 그 염류, 중크롬산 및 그 염류
인화성 액체	• 에틸에테르, 가솔린, 아세트알데히드, 산화프로필렌 그밖에 인화점이 23℃ 미만이고 초기 끓는점이 35℃ 이하인 물질 • 노르말헥산, 아세톤, 메틸에틸케톤, 메틸알코올, 이황화탄소 그밖에 인화점이 23℃ 미만이고 초기 끓는점이 35℃를 초과하는 물질 • 크실렌, 아세트산아밀, 등유, 경유, 테레핀유, 이소아밀알코올, 아세트산, 하이드라진 그 밖에 인화점이 23℃ 이상 60℃ 이하인 물질
인화성 가스	수소, 에틸렌, 메탄, 에탄, 프로판, 부탄, 아세틸렌 등
부식성 물질	• 부식성 산류 - 농도가 20% 이상인 염산, 황산, 질산 등 부식성 물질 - 농도가 60% 이상인 인산, 아세트산, 불산 등 부식성 물질 • 부식성 염기류: 농도 40% 이상인 수산화나트륨, 수산화칼륨 그 밖에 이와 같은 정도 이상의 부식성을 가지는 염기류

급성 독성 물질	① 쥐에 대한 경구투입실험에 의하여 실험동물의 50%를 사망시킬 수 있는 물질의 양 즉, LD50(경구, 쥐)이 kg당 300mg-(체중) 이하인 화학물질 ② 쥐 또는 토끼에 대한 경피흡수실험에 의하여 실험동물의 50%를 사망시킬 수 있는 물질의 양 즉, LD50(경피, 토끼 또는 쥐)이 kg당 1,000mg-(체중) 이하인 화학물질 ③ 쥐에 대한 4시간 동안의 흡입실험에 의하여 실험동물의 50%를 사망시킬 수 있는 물질의 농도 즉, 가스 LC50(쥐, 4시간 흡입)이 2,500ppm 이하인 화학물질, 증기 LC50(쥐, 4시간 흡입)이 10mg/ℓ 이하인 화학물질, 분진 또는 미스트 1mg/ℓ 이하인 화학물질

★★ 2 노출기준

- 시간가중평균노출기준(TWA: Time Weighted Average): 1일 8시간 작업을 기준으로 하여 유해요인의 측정값에 발생시간을 곱하여 8시간으로 나눈 값
- 단시간노출기준(STEL: Short Term Exposure Limit): 작업자가 1회에 15분간 유해요인에 노출되는 경우의 시간가중평균값
- 최고노출기준(C: Celing): 작업자가 1일 작업시간 동안 잠시라도 노출되어서는 아니되는 기준

★★ 3 물질안전보건자료의 작성항목

- 화학제품과 회사 정보
- 유해성·위험성
- 구성성분 명칭, 함유량
- 취급 및 저장방법
- 물리화학적 특성
- 독성에 관한 정보
- 폭발·화재시 대처방법
- 응급조치요령
- 누출사고시 대처방법
- 노출방지 및 개인보호구
- 안정성 및 반응성
- 폐기시 주의사항
- 운송에 필요한 정보
- 환경에 미치는 영향
- 법적 규제 현황
- 그 밖의 참고사항

CHAPTER 7 화공안전 비상조치계획·대응 및 화공안전 운전·점검

★★ 1 공정안전일반

공정안전보고서(PSM) 제출 대상(산업안전보건법)

① 원유정제처리업
② 기타 석유정제물재처리업
③ 석유화학계 기초화학물질제조업 또는 합성수지 및 기타 플라스틱물질제조업
④ 질소화합물, 질소·인산 및 칼리질화학비료제조업 중 질소질 비료 제조
⑤ 복합비료 및 기타 화학비료제조업 중 복합비료 제조(단순 혼합 또는 배합의 경우는 제외)
⑥ 화학살균·살충제 및 농업용 약제제조업(농약원제 제조만 해당)
⑦ 화약 및 불꽃제품제조업

★★ 2 공정안전보고서 작성·심사·확인

1. 공정안전보고서의 내용(산업안전보건법)

- 공정안전자료
- 공정위험성평가서
- 안전운전계획
- 비상조치계획

2. 공정안전보고서의 세부 내용(산업안전보건법)

(1) 공정안전자료

- 취급·저장하고 있거나 취급·저장하려는 유해·위험물질 종류·수량
- 유해·위험물질에 대한 물질안전보건자료
- 유해·위험설비의 목록 및 사양
- 유해하거나 위험한 설비의 운전방법을 알 수 있는 공정도면
- 각종 건물·설비의 배치도
- 폭발위험장소 구분도 및 전기단선도
- 위험설비의 안전설계·제작 및 설치관련 지침서

CHAPTER 8 | 화재·폭발 검토

★★★
1 폭발의 분류

1. 물리적 폭발(응상폭발)
증기폭발, 수증기폭발, 고상간의 전이에 의한 폭발, 전선폭발

2. 화학적 폭발(기상폭발)
분해폭발, 산화폭발(가스폭발), 분무폭발, 분진폭발

3. 분진폭발
① 분진이 폭발하기 위한 조건: 미분상태, 점화원의 존재, 조연성 가스 중에서의 교반과 유동(공기 중에서의 교반과 유동), 가연성

② 분진의 폭발위험성을 증대시키는 조건
- 분진의 발열량이 클수록
- 분위기 중 산소농도가 클수록
- 분진 내의 수분농도가 작을수록
- 표면적이 입자체적에 비교하여 클수록(미세할수록)
- 분진의 초기온도가 높을수록
- 입자의 지름이 작을수록

③ 분진폭발의 발생 순서:
퇴적분진 → 비산 → 분산 → 발화원 → 전면폭발 → 2차폭발

④ 분진폭발의 특성
- 폭발압력과 연소속도는 가스폭발보다 작다.
- 가스폭발보다 연소시간이 길고 발생에너지가 크다.
- 화염의 파급속도보다 압력의 파급속도가 빠르다.
- 일산화탄소 등 가스중독의 위험성이 크다.
- 2차, 3차폭발이 발생하면서 피해가 커진다.
- 가연물은 국부적으로 탄화를 일으킬 수 있다.

⑤ 분진폭발의 방지대책
- 점화원 제거
- 분진과 그 주변 온도저하
- 분진의 퇴적방지
- 분진입자 표면적 축소
- 분진 비산방지
- 불활성분위기 조성
- 입자의 크기 최대화

★★
2 대량으로 유출된 가연성 가스의 폭발

- 비등액체팽창 증기폭발(BLEVE): 비점이나 인화점이 낮은 액체가 들어 있는 용기 주위에 화재 등으로 인하여 가열되면, 내부의 비등현상으로 인한 압력상승으로 용기의 벽면이 파열되면서 그 내용물이 폭발적으로 증발, 팽창하면서 폭발을 일으키는 현상
- 증기운폭발(UVCE): 대기 중에 대량의 가연성 액체가 유출되거나 대량의 가연성 가스가 유출되면 대기 중에 구름 형태로 모여 있다가 그것으로부터 발생하는 증기가 공기와 혼합하여 가연성 혼합기체를 형성하고, 점화원에 의하여 순간적으로 폭발을 일으키는 현상
  - ▶ 반응폭주: 압력, 온도 등 제어상태가 규정의 조건을 벗어나는 것에 의해 반응속도가 증대되고 반응용기 내의 압력, 온도가 급격히 이상상승되어 규정 조건을 벗어나고 반응이 과격화되는 현상

★
3 폭발방지대책

(1) 불활성화

(2) 폭발방호(폭발억제, 폭발봉쇄, 폭발방산)

(3) 폭발구(방산구) 설치

(4) 퍼지(Purge)
- 잔류가스가 탱크 등 설비에 있으면 점화시 폭발가능성이 있기 때문에 이 잔류가스를 대기로 배출시킴으로써 폭발을 방지하는 것
- 종류: 압력퍼지, 진공퍼지, 스위프퍼지, 사이펀퍼지

CHAPTER 9 | 화학물질 취급설비 개념 확인

★★★
1 화학설비의 종류(산업안전보건법)

1. 화학설비
- 화학물질 반응 또는 혼합장치
- 화학물질 분리장치
- 화학물질 저장설비 또는 계량설비
- 열교환기류, 점화기를 직접 사용하는 열교환기류
- 분체화학물질 취급장치
- 분체화학물질 분리장치
- 화학제품가공설비
- 화학물질 이송 또는 압축설비

2. 특수화학설비
- 발열반응이 일어나는 반응장치
- 증류, 정류, 증발, 추출 등 분리를 하는 장치
- 가열시키는 물질의 온도가 가열되는 위험물질의 분해온도 또는 발화점보다 높은 상태에서 운전되는 설비
- 반응폭주 등 이상화학반응에 의하여 위험물질이 발생할 우려가 있는 설비
- 온도가 350℃ 이상이거나, 게이지압력 980kPa 이상에서 운전되는 설비
- 가열로 또는 가열기

★★
2 독립된 단층건물로 하여야 하는 위험물 건조설비

- 위험물 또는 위험물이 발생하는 물질을 가열, 건조하는 경우 내용적이 1m³ 이상인 건조설비
- 위험물이 아닌 물질을 가열·건조하는 경우로서 다음 중 어느 하나의 용량에 해당하는 건조설비
  - 고체 또는 액체연료의 최대사용량이 10kg/h 이상
  - 기체연료의 최대사용량이 1m³/h 이상
  - 전기사용 정격용량이 10kW 이상

★★
3 피팅류
- 관로 차단: 캡, 플러그
- 관로 방향 변경: 십자관, 티자관, Y자관, 엘보
- 관로 크기 변경: 부싱, 리듀서(관의 지름 변경)
- 두 개의 관을 연결: 커플링, 유니언, 플랜지, 소켓, 니플
- 유량 조절: 밸브(※ 체크밸브: 유체의 역류방지)

★★★
4 안전장치

1. 안전밸브 등의 설치(산업안전보건법)
다음의 어느 하나에 해당하는 설비에 대해서는 과압에 따른 폭발을 방지하기 위하여 폭발방지 성능과 규격을 갖춘 안전밸브 또는 파열판을 설치하여야 한다.
① 압력용기(안지름이 150mm 이하인 압력용기는 제외)
② 정변위 압축기
③ 정변위 펌프(토출축에 차단밸브가 설치된 것만 해당)
④ 배관(2개 이상의 밸브에 의하여 차단되어 대기온도에서 액체의 열팽창에 의하여 파열될 우려가 있는 것으로 한정)
⑤ 그 밖의 화학설비 및 그 부속설비로서 해당 설비의 최고 사용압력을 초과할 우려가 있는 것

2. 안전밸브 중 파열판을 설치하여야 하는 경우
- 반응폭주 등 급격한 압력상승 우려가 있는 경우
- 급성독성물질의 누출로 인하여 주위의 작업환경을 오염시킬 우려가 있는 경우
- 운전 중 안전밸브에 이상물질이 누적되어 안전밸브가 작동되지 아니할 우려가 있는 경우

★★
5 특수화학설비의 안전조치 사항 (산업안전보건법)
① 긴급차단장치의 설치
② 자동경보장치의 설치
③ 계측장치(온도계, 압력계, 유량계)의 설치
④ 예비동력원의 안전기준

CHAPTER 10 | 소화원리 이해

★ 1 연소의 3요소

가연물, 산소공급원, 점화원

★★ 2 연소 용어

1. 인화점(Flash Point)
점화원에 의하여 가연성 물질이 불이 붙을 수 있는 최저온도

2. 발화점(Ignition Point)(= 착화점)
점화원없이 자기 스스로 연소를 시작하는 최저의 온도

3. 자연발화
(1) 가연성 물질이 서서히 산화 또는 분해되면서 열로 인하여 물질자체의 온도가 상승하고 발화점에 도달하여 점화원이 없이 스스로 발화하는 현상
(2) 자연발화의 방지대책
- 저장소 등의 주위 온도를 낮출 것
- 열의 축적을 방지할 것
- 통풍이 잘되게 할 것
- 습도를 낮게 할 것
- 공기와 접촉되지 않도록 불활성 물질 중에 저장할 것

★★★ 3 연소의 분류

형태	해당 연소
액체의 연소	증발연소
기체의 연소	확산연소, 예혼합연소
고체의 연소	표면연소, 분해연소, 자기연소, 증발연소

★★ 4 최소발화에너지(MIE)의 변화요인

- 연소속도가 상승하면 최소발화에너지는 감소한다.
- 농도가 높아지면 최소발화에너지는 감소한다.
- 압력이나 온도가 증가하면 최소발화에너지는 감소한다.
- 공기 중에서보다 산소 중에서 최소발화에너지는 더 감소한다.
- 불활성물질의 증가는 최소발화에너지를 증가시킨다.

★★ 5 화재의 종류

화재	명칭	소화효과	적합 소화기
A급	일반화재	냉각	물, 산·알칼리, 포말
B급	유류·가스화재	질식	할로겐화합물, 이산화탄소, 분말, 포말, 강화액
C급	전기화재	냉각 질식	이산화탄소, 할로겐화합물, 강화액, 분말
D급	금속화재	질식	팽창질석, 건조사, 팽창진주암

★★ 6 소화의 종류

냉각소화, 질식소화, 억제소화(화학소화), 제거소화

★★ 7 소화기의 종류

(1) 물소화기, 포소화기, 강화액소화기, 분말소화기, 이산화탄소소화기, 할로겐화합물소화기, 산·알칼리소화기

(2) 분말소화기

종류	분말색상	적응화재
제1종	백색	B, C급
제2종	담회색	B, C급
제3종	담홍색	A, B, C급
제4종	회(백)색	B, C급

(3) 이산화탄소소화기
- 전기화재에 가장 적합하고 유류화재에도 사용 가능
- 용기 내의 액화탄산가스를 드라이아이스로 방출한다.

(4) 할로겐화합물소화기(증발성액체소화기) - 약제의 표기

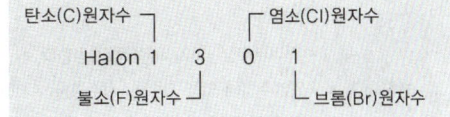

★★ 8 자동화재탐지설비 감지기의 종류

열감지기	연기감지기	화염(불꽃)감지기
보상식, 정온식, 차동식	광전식, 이온화식	자외선, 적외선

PART 5 | 건설공사 안전관리

CHAPTER 1 | 건설현장 유해·위험요인관리 및 안전점검

★★ 1 토질시험(Soil Test)방법

- 베인시험(Vane Test): 연약한 점토질시험에 주로 쓰이는 방법으로 4개의 날개가 달린 + 자 날개형 베인테스터를 지반에 때려 박고 회전시켜 저항모멘트를 측정, 진흙의 점착력을 판별하는 시험
- 표준관입시험(Standard penetration Test): 보링을 할 때 스플릿 스푼 샘플러를 쇠막대 끝에 붙여서 63.5kg의 추를 76cm 정도의 높이에서 떨어뜨려 30cm 관입시킬 때의 타격횟수(N)를 측정하여 흙의 경·연 정도를 판정하는 시험
- 평판재하시험(Plate Bearing Test): 지반의 지지력을 알아보기 위한 방법으로 기초저면의 위치까지 굴착하고, 지반면에 평판을 놓고 직접 하중을 가하여 허용지내력을 구하는 시험

★★★ 2 지반의 이상현상 및 안전대책

1. 보일링(Boiling)현상

정의	사질토지반을 굴착시 굴착부와 지하수위차가 있을 경우, 수두차에 의해 삼투압이 생겨 흙막이벽 근입부분을 침식하는 동시에 모래가 액상화되어 솟아오르는 현상
지반조건	지하수위가 높은 사질토지반
방지대책	• 주변수위를 저하시킨다(굴착배면의 지하수위를 낮춘다). • 흙막이벽 근입도를 증가하여 동수구배를 저하시킨다. • 흙막이벽 상단부에 버팀대를 보강한다. • 약액주입에 의해 지수벽, 지수층을 설치하여 침투류 발생을 방지한다. • 흙막이벽 주위에서 배수시설을 통해 수두차를 작게 한다. • 흙막이벽 선단에 코어 및 필터층을 설치한다. • 차수성이 높은 흙막이벽을 설치한다.

2. 히빙(Heaving)현상

정의	굴착이 진행됨에 따라 흙막이벽 뒤쪽 흙의 중량이 굴착부 바닥의 지지력 이상이 되면 흙막이벽 근입부분의 지반이동이 발생하여 굴착부 저면이 솟아오르는 현상
지반조건	연약성 점토지반
방지대책	• 흙막이벽의 근입심도를 확보한다(흙막이벽체의 근입깊이를 깊게 한다). • 굴착주변의 상재하중을 제거한다. • 어스앵커를 설치한다. • 양질의 재료로 지반개량을 실시한다(흙의 전단강도를 높인다). • 굴착주변을 웰포인트공법과 병행한다. • 굴착저면에 토사 등의 인공중력을 가중시킨다. • 소단을 두면서 굴착한다.

★★★ 3 건설업 산업안전보건관리비

1. 산업안전보건관리비의 계상 및 사용

① 적용 대상: 법제2조11호의 건설 공사 중 총공사금액 2,000만 원 이상인 공사
② 계상의무 및 기준(공사종류 및 규모별 산업안전보건관리비 계상기준표 고용노동부고시 → 2024.9.19 개정)

대상액 공사 종류	5억원 미만 적용비율	5억 이상 50억 미만		50억원 이상 적용비율
		적용 비율	기초액(원)	
건축공사	3.11%	2.28%	4,325,000원	2.37%
토목공사	3.15%	2.53%	3,300,000원	2.60%
중건설공사	3.64%	3.05%	2,975,000원	3.11%
특수건설공사	2.07%	1.59%	2,450,000원	1.64%

2. 산업안전보건관리비 사용가능내역

- 안전관리자 · 보건관리자의 임금 등
- 안전시설비 등
- 보호구 등
- 안전보건진단비 등
- 안전보건교육비 등
- 근로자 건강장해예방비 등
- 건설재해예방전문지도기관의 지도에 대한 대가로 지급하는 비용

CHAPTER 2 | 건설공구 및 장비 안전수칙

1 셔블계 굴착기계

1. 파워셔블(Power Shovel)
- 중기가 위치한 지면보다 높은 장소의 땅을 굴착하는데 적합하며 산지에서의 토공사, 암반으로부터 점토질까지 굴착할 수 있다.
- 가장 일반적이며 능률이 좋다.
- 앞쪽으로 흙을 긁어서 굴착하는 방식이다.

2. 백호(드래그셔블)
- 중기가 위치한 지면보다 낮은 곳의 땅을 파는데 적합하다.
- 기체는 높은 위치에서 아래쪽에 호 버킷을 찔러서 앞쪽으로 긁어올려 굴착한다.
- 토목공사나 수중굴착에도 많이 사용된다.

3. 드래그라인(Drag Line)
작업범위가 광범위하고 수중굴착 및 연약한 지반의 굴착에 적합하다.

4. 클램셸(Clam Shell)
- 버킷의 유압호스를 실린더에 연결하여 작동시키며 수중굴착, 건축구조물의 기초 등 정해진 범위의 깊은 굴착 및 호퍼작업에 적합하다.
- 연약한 지반이나 수중굴착과 자갈 등을 싣는데 적합하다.
- 지면보다 낮은 우물통과 같은 협소한 장소의 흙을 퍼올리는데 적합하다.

2 토공기계

1. 스크레이퍼(Scraper)
굴착, 싣기, 운반, 하역 등 일련작업을 하나의 기계로서 연속적으로 행할 수 있어 굴착기와 운반기를 조합한 토공만능기라 할 수 있는 기계

2. 모터그레이더(Motor Grader)
토공기계의 대패라고 하며 지면을 절삭하여 평활하게 다듬는 기계

3. 롤러(Roller)

- 매커덤 롤러(Macadam Roller): 앞쪽에 1개의 조향륜 롤러와 뒤축에 2개의 롤러가 배치된 것(2축 3륜)으로 하층 노반다지기, 아스팔트 포장에 주로 사용됨
- 탠덤 롤러(Tandem Roller): 앞뒤 2개의 차륜이 있으며(2축 2륜) 각각의 차축이 평행으로 배치된 것으로 찰흙, 점성토 등의 다짐에 적당하고, 3륜 롤러의 다짐 후 아스팔트 포장에 사용됨
- 탬핑 롤러(Temping Roller): 강판으로 만든 통의 바깥 둘레에 다수의 돌기를 붙이는 것으로 드럼을 모래나 물로 채워 중량을 증가시켜 사용한다. 주로 자갈, 모래보다는 퍼석퍼석한 지반을 다지는데 효과적임
- 진동 롤러(Vibrating Roller)
- 타이어 롤러(Tire Roller)
- 로드롤러(Road Roller)
- ▶ 리퍼(Ripper): 아스팔트 포장도로의 노반의 파쇄 또는 토사 중에 있는 암석제거에 적합한 장비

CHAPTER 3 | 공사 및 작업종류별 안전 I (양중 및 해체공사)

★★
1 크레인

1. 크레인의 방호장치
크레인 등 양중기에 과부하방지장치, 권과방지장치, 비상정지장치 및 제동장치 등 방호장치를 부착하고 유효하게 작동될 수 있도록 미리 조정

2. 악천후 및 강풍시 타워크레인의 작업 중지(산업안전보건법)
- 순간 풍속이 초당 10m를 초과하는 경우 타워크레인의 설치, 수리, 점검 또는 해체작업을 중지하여야 한다.
- 순간 풍속이 초당 15m를 초과하는 경우에는 타워크레인의 운전작업을 중지하여야 한다.

3. 타워크레인 설치·조립·해체작업시 작업계획서 내용
- 설치·조립 및 해체순서
- 타워크레인의 종류 및 형식
- 타워크레인의 지지방법
- 작업도구, 장비, 가설설비 및 방호설비
- 작업인원의 구성 및 작업근로자의 역할범위

★
2 리프트

1. 리프트의 종류
- 건설용 리프트
- 산업용 리프트
- 자동차정비용 리프트
- 이삿짐운반용 리프트

2. 조립, 해체작업시 안전조치(산업안전보건법)
- 작업을 지휘하는 사람을 선임하여 그 사람의 지휘하에 작업을 실시할 것
- 기상상태의 불안정으로 날씨가 몹시 나쁜 경우에는 그 작업을 중지시킬 것
- 작업을 할 구역에 관계근로자가 아닌 사람의 출입을 금지하고 그 취지를 보기 쉬운 장소에 표시할 것

3 해체용 기구의 종류 및 안전

1. 해체용 기구의 종류
압쇄기, 대형브레이커, 철제해머, 화약류, 핸드브레이커, 팽창제, 절단톱, 잭, 쐐기타입기, 화염방사기 등

2. 해체작업계획서에 포함하여야 할 사항
- 해체의 방법 및 해체순서 도면
- 해체작업용 화약류 등의 사용계획서
- 해체물의 처분계획
- 해체작업용 기계·기구 등의 작업계획서
- 사업장 내 연락방법
- 가설설비, 방호설비, 환기설비, 살수·방화설비 등의 방법

4 항타기 및 항발기의 안전대책

1. 권상용 와이어로프의 안전계수
안전계수가 5 이상이 아니면 사용하지 않는다.

2. 항타기 또는 항발기의 조립·해체시 점검사항
- 본체 연결부의 풀림 또는 손상의 유무
- 권상장치의 브레이크 및 쐐기장치 기능의 이상유무
- 권상용 와이어로프, 드럼 및 도르래의 부착상태의 이상유무
- 리더(leader)의 버팀의 방법 및 고정상태의 이상유무
- 권상기의 설치상태의 이상유무
- 본체·부속장치 및 부속품의 강도가 적합한지 여부
- 본체·부속장치 및 부속품에 심한 손상·마모·변형 또는 부식이 있는지 여부

CHAPTER 4 | 건설현장 안전시설관리

1 추락재해 방지조치(산업안전보건법)

1. 추락방호망 설치기준
① 추락방호망의 설치위치는 가능하면 작업면으로부터 가까운 지점에 설치하여야 하며, 작업면으로부터 망의 설치지점까지의 수직거리는 10m를 초과하지 아니할 것
② 추락방호망은 수평으로 설치하고 망의 처짐은 짧은 변 길이의 12% 이상이 되도록 할 것
③ 건축물 등의 바깥쪽으로 설치하는 경우 추락방호망의 내민 길이는 벽면으로부터 3m 이상 되도록 할 것

2. 안전난간의 구조 및 설치요건
- 상부난간대, 중간난간대, 발끝막이판 및 난간기둥으로 구성할 것
- 상부난간대는 바닥면, 발판 또는 경사로의 표면으로부터 90cm 이상 지점에 설치하고, 상부난간대를 120cm 이하에 설치하는 경우에는 중간난간대는 상부난간대와 바닥면 등의 중간에 설치하여야 하며, 120cm 이상 지점에 설치하는 경우에는 중간난간대를 2단 이상으로 균등하게 설치하고 난간의 상하 간격은 60cm 이하가 되도록 할 것
- 발끝막이판은 바닥면 등으로부터 10cm 이상의 높이를 유지할 것
- 난간기둥은 상부난간대와 중간난간대를 견고하게 떠받칠 수 있도록 적정한 간격을 유지할 것
- 난간대는 지름 2.7cm 이상의 금속제 파이프나 그 이상의 강도가 있는 재료일 것
- 상부난간대와 중간난간대는 난간길이 전체에 걸쳐 바닥면 등과 평행을 유지할 것
- 안전난간은 구조적으로 가장 취약한 지점에서 가장 취약한 방향으로 작용하는 100kg 이상의 하중에 견딜 수 있는 튼튼한 구조일 것

2 붕괴재해 및 안전대책(산업안전보건법)

1. 지반 등의 굴착시 굴착면의 기울기

지반의 종류	기울기
모래	1:1.8
연암 및 풍화암	1:1.0
경암	1:0.5
그밖의 흙	1:1.2

2. 붕괴 등의 위험방지
흙막이지보공 설치 시 정기적으로 다음 사항을 점검하고 이상 발견시 즉시 보수하여야 한다.
① 버팀대의 긴압의 정도
② 부재의 접속부, 부착부 및 교차부의 상태
③ 부재의 손상, 변형, 부식, 변위 및 탈락의 유무와 상태
④ 침하의 정도

3 붕괴의 예측과 점검(굴착공사표준안전작업지침 고용노동부고시)

1. 토석붕괴의 원인

외적 원인	• 사면, 법면의 경사 및 기울기의 증가 • 절토 및 성토높이의 증가 • 지진, 차량, 구조물의 하중작용 • 지표수 및 지하수 침투에 의한 토사중량의 증가 • 토사 및 암석의 혼합층 두께 • 공사에 의한 진동 및 반복하중의 증가
내적 원인	• 절토사면의 토질·암질 • 성토사면의 토질구성 및 분포 • 토석의 강도저하

2. 사면(비탈면)붕괴의 방지대책
① 사면(비탈면)보호공법: 떼붙임공법, 식생공법, 표층안정공법, 구조물에 의한 공법(모르타르뿜어붙이기공법 등)
② 사면(비탈면)보강공법: 압성토공법, 절토공법, 배수공법, 앵커공법, 말뚝공법, 옹벽공법

4 흙막이공법

구조방식에 의한 분류	• 엄지말뚝식[어미말뚝식(H-pile)]공법 • 강재널말뚝공법 • 목재널말뚝공법 • 지하연속벽공법 • 톱다운(Top Down)공법
지지방식에 의한 분류	• 자립식 흙막이공법 • 버팀대식(수평, 경사)공법 • 어스앵커공법 • 타이로드공법

5 터널굴착의 안전대책(산업안전보건법)

1. 작업계획서의 내용
① 굴착의 방법
② 터널지보공 및 복공의 시공방법과 용수의 처리방법
③ 환기 또는 조명시설을 설치할 때에는 그 방법

2. 낙반 등에 의한 위험의 방지
터널지보공 및 록볼트의 설치, 부석의 제거 등의 위험을 방지하기 위하여 필요한 조치를 하여야 한다.

3. 터널지보공 설치시 점검사항
• 부재의 손상, 변형 부식, 변위, 탈락의 유무 및 상태
• 부재의 긴압정도
• 접속부 및 교차부의 상태
• 기둥침하의 유무 및 상태

6 발파의 작업안전기준(산업안전보건법)

① 점화 후 장전된 화약류가 폭발하지 아니한 경우 또는 폭발 여부를 확인하기 곤란한 경우
• 전기뇌관에 의한 경우에는 발파모선을 점화기에서 떼어 그 끝을 단락시켜 놓는 등 재점화되지 않도록 조치하고 그 때부터 5분 이상 경과한 후가 아니면 화약류의 장전장소에 접근시키지 않도록 할 것
• 전기뇌관 외의 것에 의한 경우에는 점화한 때부터 15분 이상 경과한 후가 아니면 화약류의 장전장소에 접근시키지 않도록 할 것

② 전기뇌관에 의한 발파의 경우 점화하기 전에 화약류를 장전한 장소로부터 30m 이상 떨어진 장소에서 전선에 대하여 저항측정 및 도통시험을 할 것

★★★
7 잠함(潛函: Caisson)내 작업시 안전대책 (산업안전보건법)

1. 잠함 또는 우물통의 내부에서 근로자가 굴착작업을 하는 경우 급격한 침하에 의한 위험을 방지하기 위한 준수사항
- 침하관계도에 따라 굴착방법 및 재하량 등을 정할 것
- 바닥으로부터 천장 또는 보까지의 높이는 1.8m 이상으로 할 것

2. 잠함, 우물통, 수직갱 그밖에 이와 유사한 건설물 또는 설비(잠함 등) 내부에서의 작업시 준수사항
① 잠함 등 내부에서 굴착작업을 하는 경우 준수사항
  - 산소결핍 우려가 있는 경우에는 산소의 농도를 측정하는 사람을 지명하여 측정하도록 할 것
  - 근로자가 안전하게 오르내리기 위한 설비를 설치할 것
  - 굴착깊이가 20m를 초과하는 경우에는 해당 작업장소와 외부와의 연락을 위한 통신설비 등을 설치할 것
  ▶ 측정결과, 산소결핍이 인정되거나 굴착깊이가 20m를 초과하는 경우: 송기를 위한 설비를 설치하고 필요한 양의 공기 공급

★★
8 낙해비래재해 및 안전대책(산업안전보건법)

1. 낙하물에 의한 위험방지
(1) 작업으로 인하여 물체가 떨어지거나 날아올 위험이 있는 경우
  낙하물방지망, 수직보호망 또는 방호선반의 설치, 출입금지구역의 설정, 보호구 착용 등 위험 방지를 위한 조치 필요
(2) 낙하물방지망 또는 방호선반을 설치하는 경우 준수사항
  ① 높이 10m 이내마다 설치하고 내민 길이는 벽면으로부터 2m 이상으로 할 것
  ② 수평면과의 각도는 20도 이상 30도 이하를 유지할 것

2. 투하설비의 설치
  높이가 3m 이상인 장소로부터 물체를 투하하는 경우 적당한 투하설비를 설치하거나 감시인 배치

CHAPTER 5 | 비계·거푸집 가시설 위험방지

★★★
1 비계공사의 안전대책(산업안전보건법)

1. 비계의 조립·해체 및 변경
(1) 달비계 또는 높이 5m 이상 비계의 조립·해체·변경 작업시 준수사항
  ① 근로자가 관리감독자의 지휘에 따라 작업
  ② 비계재료의 연결·해체작업시 폭 20cm 이상의 발판 설치 및 안전대를 사용하도록 하는 등 추락방지조치
  ③ 조립·해체·변경의 시기·범위·절차를 그 작업에 종사하는 근로자에게 주지시킬 것
  ④ 조립·해체·변경작업 구역에는 작업에 종사하는 근로자 외 사람의 출입금지 및 그 내용을 보기 쉬운 장소에 게시
  ⑤ 재료·기구 또는 공구 등을 올리거나 내리는 경우 근로자가 달줄 또는 달포대 등을 사용하게 할 것
  ⑥ 기상상태의 불안정으로 날씨가 몹시 나쁜 경우 작업을 중지시킬 것

2. 기상상태의 악화로 작업을 중지시킨 후 또는 비계를 조립, 해체하거나 변경한 후 그 비계에서 작업을 할 때 작업시작 전 점검사항
- 발판재료의 손상여부 및 부착 또는 걸림상태
- 연결재료 및 연결철물의 손상 또는 부식상태
- 해당 비계의 연결부 또는 접속부의 풀림상태
- 기둥의 침하, 변형, 변위 또는 흔들림상태
- 손잡이의 탈락여부
- 로프의 부착상태 및 매단 장치의 흔들림상태

2 비계조립시 준수사항(산업안전보건법)

1. 강관비계
(1) 강관비계 조립시 준수사항
① 강관의 접속부 또는 교차부는 적합한 부속철물을 사용하여 접속하거나 단단히 묶을 것
② 외줄비계, 쌍줄비계 또는 돌출비계의 벽이음 및 버팀 설치
- 인장재와 압축재로 구성된 경우 인장재와 압축재의 간격은 1m 이내
- 강관, 통나무 등의 재료를 사용하여 견고한 것으로 할 것
- 강관비계의 조립간격

강관비계의 종류	조립간격	
	수직방향	수평방향
단관비계	5m	5m
틀비계(높이 5m 미만 제외)	6m	8m

(2) 강관비계의 구조
① 띠장간격은 2m 이하로 할 것
② 비계기둥의 간격은 띠장방향에서는 1.85m 이하, 장선방향에서는 1.5m 이하로 하는 것
③ 비계기둥간의 적재하중은 400kg을 초과하지 않도록 할 것
④ 비계기둥의 제일 윗부분으로부터 31m 되는 지점 밑부분의 비계기둥은 2개의 강관으로 묶어 세울 것

2. 강관틀비계 조립시 준수사항
① 수직방향 6m, 수평방향 8m 이내마다 벽이음을 할 것
② 주틀간에 교차가새를 설치하고 최상층 및 5층 이내마다 수평재를 설치할 것
③ 높이가 20m를 초과 또는 중량물 적재 수반 작업시 주틀간 간격은 1.8m 이하로 할 것
④ 길이가 띠장방향으로 4m 이하, 높이가 10m를 초과하는 경우 10m 이내마다 띠장방향으로 버팀기둥 설치

3. 곤돌라형 달비계의 구조
① 작업발판은 폭을 40cm 이상으로 하고 틈새가 없도록 할 것
② 달기강선 및 달기강대는 심하게 손상, 변형 또는 부식된 것을 사용하지 않도록 할 것
③ 작업발판의 재료는 뒤집히거나 떨어지지 않도록 비계의 보 등에 연결하거나 고정시킬 것

4. 달비계의 달기체인 사용제한 조건(산업안전보건법)
① 달기체인의 길이가 달기체인이 제조된 때의 길이의 5%를 초과한 것
② 링의 단면지름이 달기체인이 제조된 때의 해당 링의 지름의 10%를 초과하여 감소한 것
③ 균열이 있거나 심하게 변형된 것

5. 말비계(안장비계, 각주비계) 조립시 준수사항
① 말비계의 높이가 2m를 초과하는 경우 작업발판의 폭은 40cm 이상
② 지주부재의 하단에는 미끄럼방지장치를 하고, 양측 끝부분에 올라서서 작업 금지
③ 지주부재와 수평면과의 기울기는 75° 이하로 하고, 보조부재 설치

6. 이동식 비계 조립시 준수사항
① 비계의 최상부에서 작업을 하는 경우 안전난간 설치
② 작업발판은 항상 수평 유지, 작업발판 위에서 안전난간을 딛고 작업을 하거나 받침대 또는 사다리 사용 금지
③ 승강용 사다리는 견고하게 설치
④ 이동식 비계의 바퀴는 브레이크, 쐐기 등으로 고정시킨 후 비계 일부를 견고한 시설물에 고정하거나 아웃트리거 설치
⑤ 작업발판의 최대적재하중은 250kg을 초과하지 않도록 할 것

7. 시스템(System)비계 구조
① 수평재는 수직재와 직각으로 설치, 체결 후 흔들림이 없도록 할 것
② 수직재, 수평재, 가새재를 견고하게 연결하는 구조가 되도록 할 것
③ 비계 밑단의 수직재와 받침철물은 밀착되도록 설치할 것
④ 수직재와 받침철물의 연결부 겹침길이는 받침철물 전체 길이의 1/3 이상이 되도록 할 것
⑤ 벽연결재의 설치간격은 제조사가 정한 기준에 따라 설치할 것
⑥ 수직재와 수직재의 연결철물은 이탈되지 않도록 할 것

3 가설통로 설치기준(산업안전보건법)

1. 가설통로의 구조
① 견고한 구조
② 경사가 15도를 초과하는 경우 미끄러지지 아니하는 구조
③ 경사는 30도 이하로 할 것(계단 또는 높이 2m 미만 가설통로로서 튼튼한 손잡이를 설치한 경우 제외)
④ 추락할 위험이 있는 장소에는 안전난간 설치
⑤ 건설공사 사용 높이 8m 이상인 비계다리에는 7m 이내마다 계단참 설치
⑥ 수직갱에 가설된 통로의 길이가 15m 이상인 경우 10m 이내마다 계단참 설치

2. 사다리식 통로의 구조
① 견고한 구조
② 발판의 간격은 일정하게 할 것
③ 심한 손상, 부식 등이 없는 재료를 사용
④ 폭은 30cm 이상
⑤ 발판과 벽과의 사이는 15cm 이상의 간격
⑥ 사다리 상단은 걸쳐 놓은 지점으로부터 60cm 이상
⑦ 사다리가 넘어지거나 미끄러지는 것 방지 조치
⑧ 사다리식 통로 길이가 10m 이상인 경우 5m 이내마다 계단참 설치
⑨ 사다리식 통로의 기울기는 75도 이하(다만, 고정식 사다리식 통로의 기울기는 90도 이하)
⑩ 접이식 사다리기둥은 사용시 접혀지거나 펼쳐지지 않도록 철물 등으로 견고하게 조치

3. 가설계단의 구조
① 안전율은 4 이상
② 계단을 설치하는 경우 그 폭은 1m 이상(급유·보수·비상용 및 나선형계단 제외)
③ 계단에 손잡이 외의 다른 물건 등을 설치하거나 쌓아두는 것 금지
④ 계단 및 계단참을 설치하는 경우 500kg/m² 이상의 하중에 견딜 수 있는 강도를 가진 구조로 설치
⑤ 높이 1m 이상인 계단의 개방된 측면에 안전난간 설치
⑥ 높이 3m를 초과하는 계단에 높이 3m 이내마다 너비(폭) 1.2m 이상의 계단참 설치
⑦ 바닥면으로부터 높이 2m 이내의 공간에 장애물이 없도록 설치

4 작업발판의 설치기준

작업발판(통로발판)의 구조
비계(달비계, 달대비계 및 말비계는 제외한다)의 높이가 2m 이상인 작업장소에 다음의 기준에 맞는 작업발판 설치
① 작업발판의 폭은 40cm 이상, 발판재료 간의 틈은 3cm 이하로 할 것
② 선박 및 보트건조작업의 경우 필요하면 작업발판의 폭을 30cm 이상으로 할 수 있고, 걸침비계의 경우 발판재료간의 틈을 5cm 이하로 할 수 있다.
③ 추락의 위험이 있는 장소에는 안전난간을 설치할 것
④ 발판재료는 작업할 때의 하중을 견딜 수 있도록 견고한 것으로 할 것
⑤ 작업발판 재료는 뒤집히거나 떨어지지 않도록 둘 이상의 지지물에 연결하거나 고정시킬 것
⑥ 작업발판의 지지물은 하중에 의하여 파괴될 우려가 없는 것을 사용
⑦ 작업발판을 작업에 따라 이동시킬 경우 위험방지에 필요한 조치

5 방망 설치기준(추락재해방지표준안전작업지침 고용노동부고시)

1. 구조 및 치수
① 소재: 합성섬유 또는 그 이상의 물리적 성질을 갖는 것
② 그물코: 사각 또는 마름모서 그 크기는 10cm 이하
③ 방망의 종류: 매듭방망으로서 원칙적으로 단매듭

2. 방망사의 강도

구분	그물코의 크기 (cm)	방망의 종류에 따른 인장강도 (kg)	
		매듭없는 방망	매듭방망
신품	10	240	200
	5	–	110
폐기시	10	150	135
	5	–	60

★★ 6 거푸집의 안전에 대한 검토(콘크리트공사 표준안전작업지침 고용노동부고시)

(1) 거푸집 및 동바리(지보공)설계시 고려할 하중
① 연직방향하중
② 횡방향하중
③ 콘크리트의 측압
④ 특수하중
⑤ ① ~ ④의 하중에 안전율을 고려한 하중

(2) 거푸집의 연직하중(수직하중)
고정하중, 충격하중, 작업하중, 적재하중

(3) 거푸집의 수평하중
콘크리트의 측압, 풍하중, 지진하중

★★★ 7 동바리(지보공)의 조립시 안전조치사항 (산업안전보건법)

공통	㉠ 상부하중을 견딜 수 있는 견고한 받침대 설치 ㉡ 동바리의 침하 방지를 위한 조치(받침목이나 깔판, 말뚝박기, 콘크리트타설) ㉢ 동바리 이음은 같은 품질 재료 사용 ㉣ 동바리의 상하고정 및 미끄러짐방지 조치 ㉤ 깔판이나 받침목은 2단 이상 끼우지 않도록 할 것 ㉥ 강재와 강재의 접속부 및 교차부는 볼트, 클램프 등 전용철물을 사용하여 단단히 연결 ㉦ 상부·하부의 동바리가 동일 수직선상에 위치하도록 하여 깔판, 받침목에 고정시킬 것
파이프 서포트	㉠ 파이프서포트를 3개 이상 이어서 사용 금지 ㉡ 파이프서포트를 이어서 사용하는 경우 4개 이상의 볼트 또는 전용철물 사용 ㉢ 높이가 3.5m를 초과하는 경우 높이 2m 이내마다 수평연결재를 2개 방향으로 만들고 수평연결재의 변위 방지
강관틀	㉠ 강관틀과 강관틀과의 사이에 교차가새 설치 ㉡ 최상단 및 5단 이내마다 동바리의 측면과 틀면의 방향 및 교차가새의 방향에서 5개 이내마다 수평연결재를 설치하고 수평연결재의 변위 방지 ㉢ 최상단 및 5단 이내마다 동바리의 틀면의 방향에서 양단 및 5개틀 이내마다 교차가새의 방향으로 띠장틀 설치

★★ 8 거푸집의 조립

1. 거푸집의 조립순서
기둥 → 보받이 내력벽 → 큰 보 → 작은 보 → 바닥 → 내벽 → 외벽

2. 거푸집 및 동바리 조립·해체작업시 준수사항 (산업안전보건법)
① 해당 작업을 하는 구역에 근로자가 아닌 사람 출입금지
② 재료, 기구, 공구 등을 올리거나 내리는 경우 달줄, 달포대 등 사용
③ 비, 눈 등 날씨가 몹시 나쁜 경우에는 작업중지
④ 돌발적 재해방지를 위한 버팀목 설치, 거푸집동바리 등을 인양장비에 매단 후에 작업

★★ 9 거푸집 및 동바리의 조립도에 명시하여야 할 사항

- 동바리, 멍에 등 부재의 재질
- 단면규격
- 설치간격 및 이음방법

★ 10 작업발판 일체형 거푸집의 종류

- 슬립폼
- 갱폼
- 터널라이닝폼
- 클라이밍폼
- 그 밖에 거푸집과 작업발판이 일체로 제작된 거푸집

CHAPTER 6 | 공사 및 작업종류별 안전 Ⅱ(콘크리트 및 PC공사)

★★★
1 콘크리트구조물공사 안전

1. 콘크리트 타설작업의 안전(산업안전보건법)

① 당일의 작업을 시작하기 전에 해당 작업에 관한 거푸집 및 동바리의 변형·변위 및 지반의 침하유무 등을 점검하고 이상이 있으면 보수할 것

② 작업 중에는 감시자를 배치하는 등의 방법으로 거푸집 및 동바리의 변형·변위 및 지반의 침하유무 등을 확인해야 하며, 이상이 있으면 작업을 중지하고 근로자를 대피시킬 것

③ 콘크리트 타설작업시 거푸집 붕괴의 위험이 발생할 우려가 있으면 충분한 보강조치를 할 것

④ 설계도서상의 콘크리트 양생기간을 준수하여 거푸집 및 동바리를 해체할 것

⑤ 콘크리트를 타설하는 경우에는 편심이 발생하지 않도록 골고루 분산하여 타설할 것

2. 콘크리트 측압

① 측압이 커지는 조건
- 콘크리트의 다지기가 강할수록 크다.
- 이어붓기 속도가 클수록 크다.
- 콘크리트의 비중이 클수록 크다.
- 거푸집의 수밀성이 높을수록 크다.
- 거푸집의 강성이 클수록 크다.
- 거푸집의 표면이 매끄러울수록 크다.
- 거푸집의 수평단면이 클수록(벽두께가 클수록) 크다.
- 응결이 빠른 시멘트를 사용할수록 크다.
- 기온이 낮을수록(대기 중의 습도가 높을수록) 크다.
- 묽은 콘크리트일수록(슬럼프값이 클수록, 물·시멘트비가 클수록) 크다.
- 콘크리트의 타설 높이가 높을수록 크다.
- 시멘트가 부배합일수록 크다.
- 철골 또는 철근량이 적을수록 크다.

★★★
2 철골공사 안전

1. 철골공사 전 검토사항(철골공사 표준안전작업지침 고용노동부고시)

(1) 설계도 및 공작도 검토

구조안전의 위험이 큰 다음의 철골구조물은 건립 중 강풍에 의한 풍압 등 외압에 대한 내력이 설계에 고려되었는지 확인하여야 한다.
- 기둥이 타이플레이트형인 구조물
- 이음부가 현장용접인 구조물
- 연면적당 철골량이 50kg/m² 이하인 구조물
- 단면구조에 현저한 차이가 있는 구조물
- 높이 20m 이상의 구조물
- 구조물의 폭과 높이의 비가 1 : 4 이상인 구조물

(2) 철골작업의 제한(산업안전보건법)

강풍, 폭우 등과 같은 악천후시에는 작업을 중지하도록 하여야 한다.
- 풍속: 10m/s 이상
- 강우량: 1mm/h 이상
- 강설량: 1cm/h 이상

CHAPTER 7 | 공사 및 작업종류별 안전 Ⅲ(운반 및 하역작업)

★★
1 운반작업

1. 화물취급작업 안전수칙(산업안전보건법)

(1) 화물의 적재시 준수사항
- 하중이 한쪽으로 치우치지 않도록 쌓는다.
- 불안정할 정도로 높이 쌓아 올리지 않는다.
- 침하의 우려가 없는 튼튼한 기반 위에 적재한다.
- 건물의 칸막이나 벽 등이 화물의 압력에 견딜 만큼의 강도를 지니지 아니한 경우에는 칸막이나 벽에 기대어 적재하지 않도록 한다.

(2) 부두 등의 하역작업장 안전수칙

- 부두 또는 안벽의 선을 따라 통로를 설치하는 때에는 폭을 90cm 이상으로 한다.
- 작업장 및 통로의 위험한 부분에는 안전하게 작업할 수 있는 조명을 유지한다.
- 육상에서의 통로 및 작업장소로서 다리 또는 갑문을 넘는 보도 등의 위험한 부분에는 적당한 울 등을 설치한다.
- 하적단의 간격: 바닥으로부터의 높이가 2m 이상 되는 하적단(포대·가마니 등의 용기로 포장화물에 의하여 구성된 것에 한한다)과 인접 하적단 사이의 간격을 하적단의 밑부분을 기준하여 10cm 이상으로 하여야 한다.
  ▶ 화물 중간에서 화물을 빼내도록 해서는 아니 된다.

2. 차량계 하역운반기계(산업안전보건법)

① 작업계획의 작성
  작업계획서에는 차량계 하역운반기계의 운행경로 및 작업방법이 포함되어야 한다.

② 싣거나 내리는 작업: 차량계 하역운반기계에 단위화물의 무게가 100kg 이상인 화물을 싣는 작업 또는 내리는 작업을 하는 경우에는 해당 작업의 지휘자에게 다음의 사항을 준수하도록 하여야 한다.
  - 기구와 공구를 점검하고 불량품을 제거할 것
  - 작업순서 및 그 순서마다 작업방법을 정하고 작업을 지휘할 것
  - 해당 작업을 행하는 장소에 관계근로자가 아닌 사람이 출입하는 것을 금지할 것
  - 로프 풀기작업 또는 덮개 벗기기작업은 적재함의 화물이 떨어질 위험이 없음을 확인한 후에 하도록 할 것

③ 구내운반차를 사용하는 경우 준수사항
  - 운전석이 차실내에 있는 것은 좌우에 한개씩 방향지시기를 갖출 것
  - 경음기를 갖출 것
  - 주행을 제동하거나 정지상태를 유지하기 위하여 유효한 제동장치를 갖출 것
  - 전조등과 후미등을 갖출 것

④ 항만하역작업
  ㉠ 통행설비의 설치: 갑판의 윗면에서 선창 밑바닥까지의 깊이가 1.5m를 초과하는 선창의 내부에서 화물취급작업을 하는 경우에 그 작업에 종사하는 근로자가 안전하게 통행할 수 있는 설비를 설치하여야 한다.

  ㉡ 선박승강설비의 설치
  - 현문사다리는 견고한 재료로 제작된 것으로 너비(폭)는 55cm 이상이어야 하고, 양측에 82cm 이상의 높이로 울타리를 설치하여야 하며, 바닥은 미끄러지지 않도록 적합한 재질로 처리되어야 한다.
  - 300톤급 이상의 선박에서 하역작업을 하는 경우에는 근로자들이 안전하게 오르내릴 수 있는 현문사다리를 설치하여야 하며, 이 사다리 밑에 안전망을 설치하여야 한다.

⑤ 고소작업대
  ㉠ 고소작업대 설치 등의 조치
  - 작업대를 와이어로프 또는 체인으로 올리거나 내릴 경우에는 와이어로프 또는 체인이 끊어져 작업대가 떨어지지 아니하는 구조이어야 하며 와이어로프 또는 체인의 안전율은 5 이상일 것
  - 붐의 최대지면경사각을 초과 운전하여 전도되지 않도록 할 것
  - 권과방지장치를 갖추거나 압력의 이상 상승을 방지할 수 있는 구조일 것
  - 조작반의 스위치는 눈으로 확인할 수 있도록 명칭 및 방향표시를 유지할 것
  - 작업대에 정격하중(안전율 5 이상)을 표시할 것
  - 작업대에 끼임, 충돌 등 재해를 예방하기 위한 가드 또는 과상승방지장치를 설치할 것

  ㉡ 고소작업대를 이동하는 경우 준수사항
  - 작업대를 가장 낮게 내릴 것
  - 작업대를 올린 상태에서 작업자를 태우고 이동하지 말 것
  - 이동통로의 요철상태 또는 장애물의 유무 등을 확인할 것

2 벌목작업 안전수칙(산업안전보건법)

① 벌목작업을 하는 경우에는 다음의 사항을 준수하여야 한다. 다만, 유압식 벌목기를 사용하는 경우에는 그러하지 아니하다.
- 벌목을 하려는 경우에는 미리 대피로 및 대피장소를 정해 둔다.
- 벌목하려는 나무의 가슴높이 지름이 20cm 이상인 경우에는 수구의 상면, 하면의 각도를 30도 이상으로 하며, 수구깊이는 뿌리부분 지름의 4분의 1 이상 3분의 1 이하로 만든다.

② 유압식 벌목기에는 견고한 헤드가드를 부착하여야 한다.

3 차량계 건설기계(산업안전보건법)

1. 차량계 건설기계를 사용하는 작업을 할 때에 그 기계가 넘어지거나 굴러떨어짐으로써 근로자에게 위험을 미칠 우려가 있는 경우 조치사항
- 유도하는 사람을 배치
- 지반의 부동침하 방지
- 갓길의 붕괴방지
- 도로 폭의 유지

2. 낙하물 보호구조의 설치

토사 등이 떨어질 우려가 있는 등 위험이 발생할 우려가 있는 장소에서 차량계 건설기계(불도저, 트랙터, 굴착기, 로더, 스크레이퍼, 덤프트럭, 모터그레이더, 롤러, 천공기, 항타기 및 항발기로 한정한다.)를 사용하는 경우에는 해당 차량계 건설기계에 견고한 낙하물 보호구조를 갖추어야 한다.

3. 차량계 건설기계의 사용에 의한 위험의 방지

① 사전조사 내용: 해당 기계의 굴러떨어짐, 지반의 붕괴 등으로 인한 근로자의 위험을 방지하기 위한 해당 작업장소의 지형 및 지반상태

② 작업계획서 작성
- 사용하는 차량계 건설기계의 종류 및 성능
- 차량계 건설기계의 운행경로
- 차량계 건설기계에 의한 작업방법

③ 운전위치 이탈시의 조치
- 원동기를 정지시키고 브레이크를 확실히 거는 등 차량계 건설기계의 갑작스러운 이동을 방지하기 위한 조치를 할 것
- 포크, 버킷, 디퍼 등의 장치를 가장 낮은 위치 또는 지면에 내려둘 것
- 운전석을 이탈하는 경우에는 시동키를 운전대에서 분리시킬 것

④ 수리 등의 작업시 조치: 차량계 건설기계의 수리나 부속장치의 장착 및 제거작업을 하는 경우 그 작업을 지휘하는 사람을 지정하여 다음의 사항을 준수하도록 하여야 한다.
- 작업순서를 결정하고 작업을 지휘하는 일
- 안전지지대 또는 안전블록 등의 사용상황 등을 점검할 것

4 작업시작 전 점검사항(산업안전보건법)

작업의 종류	점검 내용
고소작업대를 사용하여 작업을 하는 때	① 비상정지장치 및 비상하강방지장치 기능 이상유무 ② 과부하방지장치의 작동유무(와이어로프 또는 체인구동방식의 경우) ③ 아웃트리거 또는 바퀴의 이상유무 ④ 작업면의 기울기 또는 요철유무 ⑤ 활선작업용장치의 경우 홈, 균열, 파손 등 그 밖에 손상유무
구내운반차를 사용하여 작업을 하는 때	① 제동장치 및 조종장치 기능의 이상유무 ② 하역장치 및 유압장치 기능의 이상유무 ③ 바퀴의 이상유무 ④ 전조등, 후미등, 방향지시기 및 경음기 기능의 이상유무 ⑤ 충전장치를 포함한 홀더 등의 결합상태의 이상유무

★★
5 건설작업시 착용하여야 할 보호구 (산업안전보건법)

① 안전대: 높이 또는 깊이 2m 이상의 추락할 위험이 있는 장소에서 하는 작업
② 안전모: 물체가 떨어지거나 날아올 위험 또는 근로자가 추락할 위험이 있는 작업
③ 안전화: 물체의 낙하·충격, 물체에의 끼임, 감전 또는 정전기의 대전에 의한 위험이 있는 작업
④ 절연용보호구: 감전의 위험이 있는 작업
⑤ 보안경: 물체가 흩날릴 위험이 있는 작업
⑥ 보안면: 용접시 불꽃이나 물체가 흩날릴 위험이 있는 작업
⑦ 방진마스크: 선창 등에서 분진이 심하게 발생하는 하역작업
⑧ 방열복: 고열에 의한 화상 등의 위험이 있는 작업
⑨ 승차용 안전모: 물건을 운반하거나 수거·배달하기 위하여 이륜자동차 또는 원동기장치자전거 및 자전거 등을 운행하는 작업
⑩ 방한모, 방한복, 방한화, 방한장갑: 영하 18℃ 이하인 급속냉동어창에서 하는 하역작업

★★
6 화재감시자 배치(산업안전보건법)

① 작업반경 11m 이내에 건물구조 자체나 내부(개구부 등으로 개방된 부분을 포함한다.)에 가연성 물질이 있는 장소
② 작업반경 11m 이내의 바닥하부에 가연성 물질이 11m 이상 떨어져 있지만 불꽃에 의해 쉽게 발화될 우려가 있는 장소
③ 가연성 물질이 금속으로 된 칸막이, 벽, 천장 또는 지붕의 반대쪽면에 인접해 있어 열전도나 열복사에 의해 발화될 우려가 있는 장소

해커스 자격증

이번 산업안전(산업)기사, 합격일까? 불합격일까?

1분 만에 알아보는
해커스 자가진단 테스트

응시 분야와 **시험 종류** 선택

내 수준을 알아보는 **테스트 응시**

시민?
중수!
고수?
기사의 신!

나만의 **공부 내공 확인**

쉽고 빠른 합격의 비결, 해커스자격증 국가기술·가산자격 시리즈

해커스 산업안전기사·산업기사 시리즈

해커스 위험물산업기사

해커스 전기기사

해커스 전기기능사

해커스 소방설비기사·산업기사 시리즈
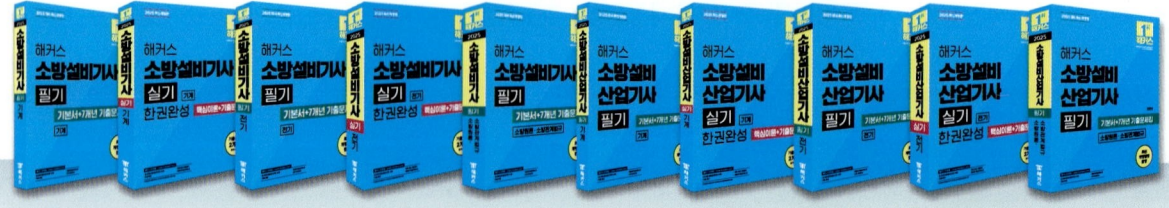